现代植保新技术图解丛书 5

世界农药应用技术大全

鲁传涛 等 主编

中国农业科学技术出版社

图书在版编目（CIP）数据

世界农药应用技术大全/鲁传涛等主编. -北京：
中国农业科学技术出版社，2021.11
ISBN 978-7-5116-4983-6

Ⅰ.①农 …Ⅱ.①鲁 …Ⅲ.①农药施用 Ⅳ.①S48

中国版本图书馆CIP数据核字(2020)第165884号

责任编辑 姚 欢 褚 怡
责任校对 马广洋
责任印制 姜义伟 王思文

出 版 者 中国农业科学技术出版社
北京市中关村南大街12号 邮编100081
电 话 (010)82109704(发行部)(010)82106631(编辑室)
传 真 (010)82106636
网 址 http://www.castp.cn
经 销 者 各地新华书店
印 刷 者 河南省诚和印制有限公司
开 本 889×1 194mm 1/16
印 张 82.5
字 数 2 220千字
版 次 2021年11月第1版 2021年11月第1次印刷
定 价 498.00元

《现代植保新技术图解》
总编委会

顾　问　陈剑平

主　编　鲁传涛　封洪强　杨共强　张振臣　李好海　李洪连　任春玲　刘红彦　武予清　张玉聚

副主编　任应党　李国平　吴仁海　郝俊杰　王振宇　孙　静　苗　进　张　煜　杨丽荣　张　洁
宋玉立　韩　松　徐　飞　赵　辉　乔广行　王建宏　全　鑫　姚　欢　夏明聪　张德胜
刘玉霞　倪云霞　刘新涛　王恒亮　王　飞　文　艺　孙祥龙　苏旺苍　徐洪乐　杨共强
高素霞　段　云　孙兰兰　刘　英　张志新　蔡　磊　孙　辉　秦光宇　朱丽莹　马会江
杜桂芝　陈玉华　薛　飞　张书钧　刘雪平　高新菊　薛华政　黎世民　李秀杰　杨党伟
蒋月丽　李　彤　王灵敏　乔耀淑　李迅帆　马永会　王军亮　吴　寅　田迎芳　薛　飞
张清军　杨胜军　张为桥　王合生　赵振欣　卜　勇　马建华　刘东洋　郭学治　孙炳剑
吴　寅

编写人员　卜　勇　马　蕾　马东波　马永会　马会江　马红平　马建华　王　飞　王　丽　王　倩
王卫琴　王玉辉　王光华　王伟芳　王向杰　王合生　王军亮　王红霞　王宏臣　王建宏
王恒亮　王艳民　王艳艳　王素萍　王振宇　王高平　王瑞华　王瑞霞　牛平平　文　艺
孔素娟　厉　伟　石珊珊　叶文武　田兴山　田迎芳　田彩红　白　蕙　冯　威　冯海霞
邢小萍　朱丽莹　朱荷琴　乔　奇　乔彩霞　乔耀淑　任　尚　任应党　任俊美　华旭红
全　鑫　刘　英　刘　丽　刘　胜　刘　娜　刘玉霞　刘东洋　刘明忠　刘佳中　刘俊美
刘晓光　刘雪平　刘新涛　闫　佩　闫晓丹　安世恒　许子华　孙　骞　孙　辉　孙　静
孙兰兰　孙炳剑　孙祥龙　苏旺苍　杜桂芝　李　宇　李　威　李　培　李　巍　李伟峰
李迅帆　李好海　李红丽　李红娜　李应南　李国平　李绍建　李洪连　李晓娟　李登奎
杨玉涛　杨共强　杨丽荣　杨胜军　杨爱霞　杨琳琳　吴　寅　吴仁海　吴绪金　何艳霞
何梦菡　汪醒平　宋小芳　宋晓兵　宋雪原　张　军　张　航　张　翀　张　平　张　志
张　洁　张　猛　张　煜　张为桥　张书钧　张玉秀　张玉聚　张东艳　张占红　张志新
张芙蓉　张丽英　张迎彩　张秋红　张振臣　张清军　张德胜　陆春显　陈玉华　陈剑平
苗　进　范腕腕　周国友　周海萍　周增强　郑　雷　孟颢光　封洪强　赵　辉　赵　韶
赵利敏　赵玲丽　赵俊坤　赵振欣　赵寒梅　郝俊杰　胡喜芳　段云侯　珲　侯　海　霞
施　艳　姚　欢　姚　倩　秦光宇　秦艳红　夏　睿　夏明聪　党英喆　倪云霞　徐　飞
徐洪乐　凌金锋　高　萍　高树广　高素霞　高新菊　郭小丽　郭长永　郭学治　桑素玲
崔丽雅　彭成绩　彭埃天　韩松焦　竹　青　蒋月丽　鲁传涛　鲁漏军　谢金良　靳晓丹
蔡　磊　蔡富贵　雒德才　黎世民　潘春英　薛　飞　薛华政　藏　睿

《世界农药应用技术大全》
编委会

前 言

农药是重要的农业生产资料，是农业安全生产的物质保证。为了普及农药科技知识，指导农民和农业科技工作者合理使用农药，保护作物安全和农业生态环境安全，我们组织国内权威专家，在查阅大量国内外文献的基础上，结合作者多年的科研工作实践，对2010年出版的《农业病虫草害防治新技术精解》（第五卷）进行了重新修订和补充完善，进而编写了这本《世界农药应用技术大全》。

全书收录最新农药品种约2 000种，包括杀虫剂、杀菌剂、除草剂、植物生长调节剂和重要的农药混剂。简要介绍各类农药的作用原理、作用机制；对每个品种的中文通用名、英文通用名、商品名、理化性质、毒性、剂型、作用特点、应用技术、注意事项、主要生产登记企业进行了介绍；其中对每种农药作用特点和田间应用技术做了较为详细的介绍。

该书在编纂过程中，得到了中国农业科学院、南京农业大学、西北农林科技大学、华中农业大学、山东农业大学、河南农业大学，以及河南、山东、河北、黑龙江、江苏、湖北、广东等省市农科院和植保站专家的支持和帮助。有关专家提供了很多形态诊断识别照片和自己多年的研究成果；同时，本书的出版得到了国家重点研发计划“黄淮海冬小麦化肥农药减施技术集成研究与示范”（2017YFD0201700）、国家重点研发计划“河南稻区农药减施增效技术集成与示范”（2018YFD0200209）、国家重点研发计划，粮食丰产增效科技创新重点专项“河南多热少雨区小麦-玉米周年集约化丰产增效技术集成与示范”（2018YFD0300700）、国家重点研发计划“大豆及花生化肥农药减施技术集成研究与示范”（2018YFD0201008）、国家重点研发计划“黄河流域棉区棉花化肥农药减施增效技术集成与示范”（2017YFD0201906）、国家重点研发计划“黄淮海夏玉米农药减施增效共性关键技术研究”（2018YFD0200602）、国家重点研发计划“大豆及花生化肥农药减施技术集成研究与示范”（2018YFD0201008）、国家重点研发计划“黄淮海夏玉米草地贪夜蛾综合防控技术研究与示范”（2019YFD0300105）、现代农业产业技术体系建设专项（CARS-14-1-19）、现代农业产业技术体系建设专项（CARS-21）、国家自然基金-河南联合基金重点项目“小麦与水稻/玉米轮作栽培制度下灰飞虱暴发成灾的机制”（U1704234）等项目的支持，在此谨致衷心感谢。

农药是特殊商品，其效果和安全性受环境条件影响较大，对每种农药国家有明确的安全使用技术规范。书中内容仅供读者参考，建议在先行先试的基础上再大面积推广应用，避免出现药效或药害问题。由于作者水平有限，书中内容不当之处，敬请读者批评指正。

作　者

2021年8月20日

目 录

第一章 杀虫剂

第二章　杀菌剂

第三章 除草剂

第四章 植物生长调节剂

第五章 农药混剂

四、植物生长调节混剂

第一章 杀虫剂

一、杀虫剂的作用机制

高效、低毒、低残留是现代优良杀虫剂的重要条件，利用高等动物与昆虫间生理上的差别，是研制低毒药剂的重要途径。近年来，杀虫作用机理的研究有了很大发展，已进入到分子毒理学水平，这对新类型杀虫剂的研制以及高度生理选择性药剂的发现，都很有帮助。

目前大量使用的杀虫剂，例如，有机磷类、氨基甲酸酯类、拟除虫菊酯类杀虫剂等，从杀虫剂的作用机制看，大致可分为两大类：

第一类为神经系统毒剂，包括①胆碱酯酶抑制剂，如有机磷、氨基甲酸酯类；②乙酰胆碱受体抑制剂，如烟碱、巴丹；③轴突部位传导抑制剂，如有机氯、除虫菊及拟除虫菊酯类；④章鱼胺等突触传导抑制剂，如甲脒类。

第二类为干扰代谢毒剂，包括①破坏能量代谢，如鱼藤酮、氢氰酸、磷化氢等；②抑制几丁质合成，如取代苯基脲类；③抑制激素代谢，如保幼激素类似物等；④抑制毒物代谢酶系，如多功能氧化酶增效醚、3，4–亚甲二氧苯基类化合物MDP、水解酶三磷甲苯磷酸酯TOCP和正丙基对氧磷等、转移酶如杀螨醇等。

(一)神经系统毒剂

1. 神经构造和生理

神经系统是由无数个神经元(neuron)构成，神经元是一个细胞单位，从这里伸出若干个树枝状突起(dendrite)以及长的轴突(axon)或神经纤维(nervefiber)，神经元之间的连接部位称突触(synapse)，中枢神经(central nervous system)也是由复杂的神经突触联接，神经纤维和肌肉或功能器官间的连接点，称为神经肌肉连接部(neuro musculer junction)。这也是一种神经突触，由末梢神经的感觉细胞，经由中枢神经和运动神经达到组织器官，以构成反射弧。昆虫的神经可分为三类，即感觉神经元、联系神经元和运动神经元，无自主神经系统。

神经元的膜为二层磷脂分子间夹有蛋白质或胆固醇类复杂物质构成，突触前神经元和后神经元之间，神经元和肌肉之间不连接，有20～50 nm的间距。无脊椎动物的神经纤维均为无髓神经，脊椎动物则有髓和无髓都有。有髓神经上有很厚的神经髓鞘，并每隔1～2mm就分节断开。

神经元和肌肉细胞膜，膜内膜外带有相反电荷，内负外正；这种电位差称为膜电位(membrane potential)，通常其值在－50～100mV。细胞由于刺激而兴奋时，膜电位就瞬间向相反方向变动而产生动作电位(action potential)，即所谓“冲动”。这个过程极快，通常只有1～10ms。与此动作电位相反的静止期，称为静止电位(resting potential)。已知这种膜电位是细胞内外离子浓度梯度受膜的离子渗透选择性限制而产生的。一般情况下K^+浓度在细胞内高，细胞外低；Na^+则相反，在静止时，膜可以允许K^+透过，而

Na^+则不易透过，由于选择渗透性的原因，K^+在细胞内外浓度梯度的不同就产生了膜的静止电位。如果受到刺激，神经膜对Na^+的渗透性就急剧升高，但很快下降，K^+的渗透性又开始上升。动作电位上升，主要是由于Na^+渗入而引起，动作电位下降，主要是由于K^+流出引起。为了使膜电位恢复到原来状态，离子泵开始发挥作用，其能量由ATP供给。

2．神经细胞的兴奋传导

从外界来的刺激，不管是机械的、化学的，还是光的，树枝突起接受后，细胞膜即发生脱极化作用(depolarization)，与此同时引起膜的渗透性改变，膜内外K^+、Na^+的改变，使膜内外的电位差发生变化。由脱极化作用产生的动作电位，像电波一样沿轴突传导以达到相应器官。

当刺激在某一点发生时，该部位由于脱极化作用变为活性区，Na^+突然大量进入膜内，K^+流出膜外，膜的该部位内侧电荷暂时成为内正外负(此时也称为钠平衡电位)。由此形成由正到负的局部电流回路，瞬间之后，钠由Na^+泵从膜内排出，K^+自膜外进入，这一瞬间K^+进入膜内稍多，使比原浓度稍大，膜电位有少量降低，这就是正后电位的来源。然后K^+又从膜内向外排出电位开始上升，此时产生了后负电位。因为神经轴突周围包着胶质细胞，其孔隙很容易通过K^+的扩散，而且容量很大，所以负后电位在几个毫秒间即使电位恢复至原来的静止电位。电位的波动幅度一般在-80～40mV，大的刺激仅仅是频率的增加。冲动一旦通过后，该部位即变为不感应的区域，时间可以继续数毫秒。因此，冲动不能逆方向传导，永远沿一定方向前进。

3．突触处冲动的传导

冲动(或兴奋)通过轴突后，向另一轴突传导，此时传导与上述不同，须经过突触传导。突触处的传导主要是化学传导物质起作用。传导物质包含在突触小胞体内，由前膜放出，后膜上的感受器(receptor)接受，引起轴突膜的脱极化作用，冲动即可向前传导。

化学传导物质完成任务后立即被分解，在昆虫的神经中(主要是中枢神经)的传导物质主要是乙酰胆碱，神经和肌肉连接处为其他化学传导物质，可能是一种一元胺化合物。突触处冲动的通过也很快，一般只要1～5ms。

根据以上所述，神经系统冲动的传导主要有两种方式，即轴突上的传导和突触处的传导。硫丹及环戊二烯类有机氯剂、拟除虫菊酯类主要是对前者的抑制；有机磷、氨基甲酸酯类杀虫剂主要是对后者的抑制。

4．有机磷杀虫剂的作用机理

神经系统内的乙酰胆碱酯酶(AChE)或胆碱酯酶(ChE)和有机磷杀虫剂发生磷酸化反应，形成共价键的“磷酰化酶”是有机磷杀虫剂的主要作用机制。从水解胆碱酯类底物的专化性来看，至少可分为两大类：

(1)乙酰胆碱酯酶(AChE)对乙酰胆碱的亲和力和水解能力比其他任何胆碱酯类都强，而且存在许多同工酶。

(2)胆碱酯酶(ChE)或称非专化性胆碱酯酶，与乙酰胆碱酯酶不同的是它不会被过高的底物浓度所抑制，而乙酰胆碱酯酶在适当的底物浓度，例如，在4～7mmol/L的乙酰胆碱溶液中活性最强，超过此浓度活性反而降低。此外，胆碱酯酶对丁酰胆碱的亲和力和水解能力大于乙酰胆碱酯酶。

无脊椎动物(包括昆虫、螨类等)和脊椎动物的神经组织内，都含有高浓度的乙酰胆碱酯酶，人和哺乳动物的血红细胞中也含有AChE，但大多数动物的血浆中含有胆碱酯酶(ChE)。有些动物和人的血浆中还含有不同量的脂肪酯酶(可以水解直链酯的酶)。此外，还有一些其他酶，例如，存在于胰腺中的胰蛋白酶和縻蛋白酶，也可以被一些有机磷化合物抑制。也有一些有机磷化合物可被一些酶水解，使其失去毒性，因此，一种药剂进入昆虫或高等动物体内，可以产生不同的毒性效果，各种作用交织在一起，情况比较复杂。

乙酰胆碱酯酶的活性和作用部位最早研究电鳗的乙酰胆碱酯酶(AChE)，到1967年才得到了该酶结晶，分子量很大；许多实验证明，AChE表面有两个活性部位，一为阴离子部位(anionic site)，一为酯解部位(esteratic site)。前者又称结合部位，后者又称催化部位。前者的作用是为了更好地和底物结合，发挥专化性的结合作用(hinding)，后者主要是对底物进行水解的催化作用。

5．氨基甲酸酯杀虫剂的作用机理

氨基甲酸酯的作用也是抑制胆碱酯酶，与有机磷杀虫剂的作用十分类似，但也有所不同。与有机磷类杀虫剂不同，全部反应是可逆的，称为可逆性抑制反应。由于这个反应与胆碱酯酶分解乙酰胆碱十分类似，所以又叫竞争性抑制剂。也就是说氨基甲酸酯可作为胆碱酯酶的底物与乙酰胆碱竞争，如果在反应中，加入乙酰胆碱使浓度提高($10^{-4}\sim10^{-3}$)则反应向左进行；所以作为整个反应过程，始终是进行着竞争性的可逆反应。由于各种不同的氨基甲酸酯化学结构的不同，即连接的X基不同，最后的水解速率也不同。如果水解太快或整个分子与胆碱酯酶的亲和力不强，都不能表现较高的毒效。试验证明，氨基上连接甲基的氨基甲酸酯水解的速度最慢(但比有机磷快)，所以许多实用化的品种多是这类结构。

6．有机氯杀虫剂的作用机理

有机氯杀虫剂的主要品种为滴滴涕、六六六以及环戊二烯类杀虫剂，这类杀虫剂自20世纪70年代以来，包括我国在内的许多国家都采取了禁用措施或限制使用，使这类药剂的用量逐渐减少，对这类药剂的毒理，研究的时间虽然很长，研究的学者也很多，但是作用机理至今并未彻底清楚。负后电位的增大是对神经产生作用最有力的证明，这种现象很多研究者都得到了证实。所以进一步解释负后电位的增大是解释滴滴涕作用机理的关键之一。

7．拟除虫菊酯杀虫剂的作用机理

许多试验证明，拟除虫菊酯类杀虫剂主要作用于神经突触和神经纤维。对丙烯菊酯(allethrin)神经电生理学的研究表明，主要是作用于神经突触的末梢，引起反复兴奋，促进了神经突触和肌肉间的传导。由于神经末端很细小，所以一般都采用巨大神经纤维细胞内电极法或膜电位法来进行研究。试验证明，拟除虫菊酯可引起膜电位的异常，主要是对膜的离子渗透性产生了影响。迄今为止，拟除虫菊酯推测的作用点大约有9个部位之多，但一般都认为主要作用点是电位性钠离子通道。根据钠离子流入以及通道膜结合试验研究，证明拟除虫菊酯存在时，可推迟钠离子通道的关闭。和滴滴涕几乎在同一部位起作用，发挥生理活性。

拟除虫菊酯中毒的昆虫，除神经系统的传导受到干扰和阻断外，许多研究发现还引起一些组织器官发生病变。例如神经细胞病变，肌肉组织病变，甚至其他一些如失水、泌尿等不正常生理生化现象。也有研究证明与滴滴涕一样，溴氰菊酯可引起神经系统产生酪胺毒素，不过这些现象大多产生于中毒后期。因此，一般认为这些病变不是这类药的初级作用，可能是神经系统受到干扰或破坏以后的次级反应，促使昆虫死亡，所有这些都是造成昆虫死亡的因素。

Narahashi(1982)将拟除虫菊酯分为两个类型，即I型和Ⅱ型；后者一般含有a-CN基而前者不含。两种类型分别对神经作用引起不同反应，前者诱发突触前纤维反复兴奋，扰乱突触功能，例如，丙烯菊酯、胺菊酯、氯菊酯等。后者使感觉神经元脱极化，然后在突触前纤维末端脱极化，扰乱突触机能引起过度兴奋、运动失调、麻痹、死亡，例如，氰戊菊酯、氯氰菊酯、溴氰菊酯等。

8．沙蚕毒素杀虫剂的作用机理

这类杀虫剂是沙蚕毒素(nereistoxin)的类似物，以杀螟丹、杀虫双为代表。沙蚕毒素具有神经毒性是很早就知道的，因为很早就发现蝇和蚂蚁接触沙蚕尸体时会发生麻痹现象。经过研究，沙蚕毒素对脊椎动物的作用部位是胆碱能突触。在昆虫中，突触集中的神经节对沙蚕毒素和杀螟丹有突出的亲和作用，所以一般认为在昆虫体内的作用部位在神经节。对胆碱能突触的作用方式可归纳如下：①沙蚕毒素在烟碱样胆碱能突触部位作用于突触后膜，与乙酰胆碱竞争；占领受体使受体失活，影响了离子通道，从而降低突触后膜对ACh的敏感性，最后降低了终板电位(EPP)，使不能引起动作电位，去极化现象不再产生，突触传递被阻断；②作用于突触前膜上的受体，抑制ACh的释放。沙蚕毒素无论是阻断受体还是抑制释放，结果都是抑制突触的传递，这与其他类型杀虫剂不同；③对胆碱酯酶抑制作用的研究表明，沙蚕毒素及其类似物，也是一个微弱的、竞争性的、可逆的胆碱酯酶抑制剂。但由于其作用较弱，在低剂量时可能不是主要作用；④对毒蕈碱样胆碱能突触的作用与烟碱样胆碱能突触相反。前者是竞争性阻断作用，后者则是兴奋作用，产生去极化而阻断。这两种相反的作用可能在不同剂量水平时分别表现出来，并不矛盾。此外，沙蚕毒素还刺激温血动物的毒蕈碱受体也就是刺激消化管和子宫的运动，促进泪腺和唾液腺的分泌，并使瞳孔缩小。因此，沙蚕毒素本身不宜作为杀虫剂使用。经过对化学结构和活性关系的研究，明确了沙蚕毒素的化学结构中，双硫结构是毒作用的关键，因而开发出了杀螟丹、杀虫双等优良杀虫剂。在昆虫体内杀螟丹和杀虫双被转变成沙蚕毒素而起作用。

（二）干扰代谢毒剂

1．干扰能量代谢

昆虫的能量代谢主要是呼吸作用，一般是通过气门、气管进行气体交换，吸进氧气排出二氧化碳。昆虫细胞内的呼吸代谢，首先是糖、脂肪和蛋白质大部分转变为乙酰辅酶A，然后进入三羧酸循环，通过电子转移及偶联进行氧化磷酸化作用，将营养中的能量转变为具有高能量的腺苷三磷酸(ATP)。ATP分解放出化学能作为昆虫生命活动的能量来源。

鱼藤酮、熏蒸剂磷化氢、氢氰酸、二硝基酚类杀虫剂以及有机锡杀虫剂等的作用机制，都是进入能量代谢中的三羧酸循环，影响电子传递系统和氧化磷酸化作用，致使昆虫死亡。不过，具体的作用点有所不同，从本质上看昆虫和高等动物的呼吸作用差别是很小的。因此，上述这些杀虫剂一般选择性差，对高等动物的毒性较大。

砷素杀虫剂包括三价砷的亚砷酸和五价砷的砷酸化合物，这类药剂在历史上起过作用，目前已很少应用。砷素剂的作用机制主要是抑制能量代谢中含-SH基的酶，例如，三价砷是丙酮酸去氢酶及α-酮戊二酸去氢酶的抑制剂，作用部位主要是结合在二硫辛酸乙酰转移酶上形成复合体，使酮酸去氢酶系失去作用。

鱼藤酮是豆科植物毛鱼藤(*Derris elliptica*)根中含有的杀虫活性物质，20世纪50年代以前是主要的植物性杀虫剂之一，目前用量已极少。它是一个线粒体呼吸作用的抑制剂，作用于电子传递系统，影响到ATP产生。作用点在NADH去氢酶与辅酶Q之间，使呼吸链被切断。

氢氰酸是一种气体熏蒸杀虫剂。它作用于呼吸链的电子传递系统，作用点是抑制细胞色素C。另一种熏蒸剂磷化氢，经试验证实作用点也是在电子传递系统末端的细胞色素C，从而影响了呼吸作用。但是应该指出，氢氰酸或磷化氢都不是专一的细胞色素氧化酶抑制剂，还有多种酶可以被其抑制，但对细胞色素氧化酶最为敏感。

此外，也有一些有机磷杀虫剂，例如，杀螟硫磷等也能抑制线粒体的氧化磷酸化作用，所以也是能量代谢的抑制剂；根据报道滴滴涕也对氧化磷酸化有抑制作用，但不是它们的主要作用。

2．干扰几丁质合成

在研究除草剂敌草腈(dichlobenil)的过程中，发现苯基苯甲酰脲类化合物有杀虫活性。以后研制出了除虫脲(diflubenzuron)等一系列高活性化合物。它们的作用机制主要是抑制昆虫的几丁质合成，因此也叫几丁质合成抑制剂。这类药剂主要是胃毒剂，只对具咀嚼口器的害虫有效，所以是高度选择性杀虫剂。

当幼虫吃下伏虫脲后，影响正常蜕皮的进行，幼虫不能蜕皮而死亡，老熟幼虫不能蜕皮化蛹，或变成畸形蛹，或羽化后成为畸形成虫。从组织学的观察结果来看，内表皮形成过程受到抑制，致使不能脱皮而导致死亡。昆虫的表皮是由几丁质和蛋白质形成的，除虫脲抑制了几丁质前驱物尿苷二磷酸乙酰氨基葡糖(UDP-acetyl glucosamine)向几丁质转化。从而抑制了几丁质的生物合成，使新表皮变薄，不能硬化。此外，这类药剂还可对昆虫体产生多方面的作用，例如，破坏激素调节、影响细胞膜的通透性和各种酶的活性等，但不是主要作用。

3．抑制激素代谢

早在1956年，Williams从天蚕雄虫腹部提取分离到保幼激素化合物(JH)以来，激素类似化合物作为杀虫药剂得到了很大发展。目前不只是昆虫激素类物质，一般对昆虫有生理活性，能干扰生理机能的化合物，都有可能被开发利用，这类药剂可统称为昆虫生长调节剂(Insect growth regulator，简称IGR)。由于它们的作用机制与一般杀虫剂不同，所以也是特异性杀虫剂的重要组成之一。

这类化合物包括保幼激素、抗保幼激素、蜕皮激素等，与昆虫性外激素不同，为昆虫的内激素，它们的最大特点是有很高的选择性，并且活性很高。因此，对人、畜、野生生物和自然环境都没有不良影响。以下主要对保幼激素、抗保幼激素的作用机理进行简要介绍。蜕皮激素及其类似物因亲水性大，难于通过昆虫表皮蜡质层，使用的剂量很高，所以很难实用化。

保幼激素的作用机制主要是抑制昆虫变态，具体的生理功能经过了很长时间的研究尚不十分清楚。当完全变态昆虫处于末龄幼虫时，正常情况下体内保幼激素的分泌减少以至消失，蜕皮后变成蛹。如果在末龄幼虫时给以保幼激素类似物则会产生超龄幼虫或介于幼虫和蛹之间的畸形虫，因而无法正常生活而导致死亡。完全变态的昆虫，经常是蛹形成阶段对这类药剂最敏感。抑制胚胎发育的机制很难和抑制变态分开，刚产下的卵或产卵前的雌成虫接触药剂，则抑制胚发育过程中的胚分化期，结果卵不能孵化。在幼虫后期或变态时期接触药剂则引起形态异常。这种现象产生的主要原因是施加的保幼激素类似物，干扰了咽侧体正常分泌保幼激素的工作，使昆虫的变态激素失调。除以上主要作用外，也有报道JH类似物还有对雌虫的不育作用，施药于雄虫，虽与正常雌虫交尾也不育；由于昆虫滞育是受内激素调节的，因此，也有打破滞育的作用。

Bowers等(1965)是抗保幼激素物质的最早发现者，他们在研究植物生理活性物质时，从熊耳草(*Aqeratum houstonianum*)中发现两种抗保幼激素化合物，定名为早熟素Ⅰ和早熟素Ⅱ。

用上述化合物处理长蝽的若虫，就能促进大龄若虫向成虫转变物质的形成，越过一些龄期而出现早熟状态。早熟素Ⅰ比早熟素Ⅱ的活性大10倍。对许多昆虫来说，早熟的雌成虫，卵巢的发育不良，无法产卵。对正常的雌虫给药，卵的成熟也受到抑制。早熟素的作用主要是影响咽侧体的机能，抑制JH的生物合成，所以早熟素的影响可通过给以JH类似物而得到恢复。在较高浓度下还可以有杀卵作用，但是上述化合物对完全变态的昆虫无效。

第一个有机磷化合物的研究始于1820年，直到1937年，德国的施拉德第一次在拜耳实验室发现具有杀虫活性的有机磷化合物。1943年，施拉德的第一个有机磷杀虫剂进入德国市场，然后这一领域便有了突飞猛进的发展。据粗略的统计，至今为止，有机磷农药超过了300个品种，在这一历史过程中，众多的农药公司均投入到有机磷农药品种的开发研究之中。

商品化有机磷杀虫剂开发的鼎盛时期是1950—1965年。在1930—1985年，有147个有机磷化合物被发现，并由29个公司参与开发，其中35%的化合物都由拜耳公司开发。前50个品种开发的时间，每个需2～3年，成本也相当的便宜，后来的每个品种开发的时间至少为6年，开发费用也不断上涨。从第一个有机磷杀虫剂发现到大批推广使用的62年间，国外总共有51个公司非常认真地投入到这个在商业上非常繁荣的有机磷酸酯类的研究与开发的领域，涉足这一领域的有21家美国公司、13家日本公司、5家德国公司、3家比利时公司、2家法国公司、1家意大利公司和1个苏联研究所。

有机磷农药的研究开发与推广应用至今已有60多年的历史，在经历了极其辉煌的黄金时代之后，也面临着许多不能与人类环境相容的安全性问题。但从有机磷农药发展的整体趋势而言，有机磷仍是当今农药的主要类别之一。它几乎遍及了农药的所有领域，目前世界上应用的有机磷农药商品仍达上百种，特别在杀虫剂方面，有机磷类为三大支柱之一，并长年鳌居首位。从销售额看，近年来世界有机磷杀虫剂的销售额一直维持在30亿美元以上，仍居各类农药之首。其占杀虫剂的比例也一直保持在35%以上，即有机磷杀虫剂占整个杀虫剂市场的1/3以上。可见，有机磷农药在世界农药市场中仍具有举足轻重的地位。

二、有机磷酸酯类杀虫剂

(一)有机磷酸酯类杀虫剂的作用机制

正常情况下，乙酰胆碱从突触前膜的小泡释放后扩散通过突触间隙到达突触后膜，和乙酰胆碱受体结合后引起新的动作电位，然后就及时地被AchE催化分解灭活。有机磷杀虫剂的作用机制就在于其抑制了AchE的活性，使得乙酰胆碱不能及时地分解而积累，不断和受体结合，造成后膜上Na^+通道长时间开放，突触后膜长期兴奋，从而影响了神经兴奋的正常传导，引起死亡。

(二)有机磷酸酯类杀虫剂的结构类型(表1)

表1 有机磷酸酯类杀虫剂的结构类型

类型	特点	代表品种
磷酸酯类	毒性低，稳定性差，代谢快，击倒力强，少数有熏蒸作用	敌敌畏、敌百虫
硫逐磷酸酯类	毒性较大，稳定性好，对水解稳定性高，亲油性强，具强烈触杀、胃毒作用	辛硫磷、杀螟硫磷、倍硫磷、毒死蜱
硫赶磷酸酯类	生物活性及毒性均高，具强的触杀、胃毒和内吸作用	内吸磷（已禁用）
硫醚类	生物活性及毒性均高，具强的触杀、胃毒和内吸作用	甲拌磷
二硫代磷酸酯类	具有选择毒性，毒性较低。稳定性好，具强的触杀、胃毒和内吸作用，有杀螨作用	马拉硫磷

续表1

类型	特点	代表品种
磷酰胺酯类	部分品种毒性低，具有强内吸作用，杀螨作用较好	乙酰甲胺磷
羧酸胺二硫代磷酸酯类	低毒，强内吸，具有杀虫、杀螨作用	氧乐果

(三)有机磷酸酯类杀虫剂的主要品种

敌百虫 trichlorfon

其他名称 Bayer15922；OMS 800；ENT-19763；Anthon；Dipterex；Totalene；Richlorphon(former BSI)；Higalfon；Pronto；Dipterex(former exception Turhey)；Chlorophos(USSR)；Rochlor；Foschlot；Kilsect；Notox；Trinex。

化学名称 O,O-二甲基-(2,2,2-三氯-羟基乙基)膦酸酯。

结构式

$$\mathrm{Cl_3C{-}CH(OH){-}P(=O)(OCH_3)_2}$$

理化性质 纯品为无色结晶。熔点83～84℃，密度为1.73。室温下水中溶解度为15%，易溶于苯、乙醇、甲醇等有机溶剂，但不溶于石油。挥发性较小，20℃时0.11mg/m^3。固体状态时，化学性质很稳定，配成水溶液后逐渐分解失效，在酸性溶液中较稳定，碱性溶液中转变为毒性更高、挥发性更强的敌敌畏。

毒　　性 急性口服LD_{50}值雄大鼠为630mg/kg，雌大鼠为560mg/kg；大鼠的急性经皮LD_{50} > 2 000mg/kg。

剂　　型 80%、90%可溶粉剂，30%、40%乳油，87%、90%、97%原药。

作用特点 毒性低、杀虫谱广的有机磷杀虫剂。在弱碱中可变成敌敌畏，但不稳定，很快分解失效。对害虫有很强的胃毒作用，并有触杀作用，对植物具有渗透性，但无内吸传导作用。主要用于防治咀嚼式口器害虫，对害螨和蚜虫防效差。

应用技术 对双翅目、鳞翅目、鞘翅目害虫都很有效，对螨类和某些蚜虫防治效果很差，适于防治粮食、棉花、果树、蔬菜、油料、烟草、茶叶等各种作物害虫以及卫生害虫和家畜体外寄生虫。

防治小麦田黏虫可以用80%可溶粉剂350～700倍液，97%原药124g/亩、90%可溶粉剂133g/亩、87%可溶粉剂138g/亩；防治水稻螟虫，用80%可溶粉剂85～100g/亩或700倍液喷雾；大豆造桥虫用原药进行喷防，用量分别为97%原药124g/亩、90%可溶粉剂133g/亩、87%可溶粉剂138g/亩；防治烟草烟青虫，可以用97%原药1 078倍液、90%可溶粉剂1 000倍液、87%可溶粉剂967倍液对水防治；防治菜青虫、小菜蛾、斜纹夜蛾，于卵孵化高峰期至低龄幼虫发生期，用97%原药66～82g/亩、90%可溶粉剂71～89g/亩、87%可溶粉剂74～92g/亩对水防治，或用30%、40%乳油100～150ml/亩，防治十字花科蔬菜菜青虫；防治白菜地下害虫，用97%原药52～103g/亩或90%可溶粉剂56～111g/亩、87%可溶粉剂57～115g/亩；防治柑橘卷叶蛾，用97%原药1 293～1 617倍液、90%可溶粉剂1 200～1 500倍液、87%可溶粉剂1 160～1 450倍液喷雾；防治茶树刺蛾、尺蠖用97%原药1 078～2 156倍液、90%可溶粉剂1 000～2 000倍液、87%可溶粉剂967～1 933倍液喷雾；防治林木松毛虫，用97%原药1 078～1 617倍液、90%可溶粉剂1 000~1 500倍液、87%可溶粉剂967～1 450倍液。

另据资料报道，可防治地老虎、蝼蛄等地下害虫，掌握在2龄幼虫盛期，用有效成分50～100g/亩，先以少量水将敌百虫溶化，然后与60～75kg炒香的棉仁饼或菜籽饼拌匀；亦可与切碎鲜草300～450kg拌匀成毒饵，在傍晚撒施于作物根部土表诱杀害虫；防治蛴螬，在卵孵化盛期至1龄幼虫初期，用2.5%粉剂2kg/亩，拌细土20～25kg，撒施根部附近，结合中耕、翻地培土埋入浅层土中。防治松毛虫等林业害虫，可用25%乳油150～300ml/亩，用超低量喷雾器喷雾。防治马、牛、羊体皮寄生害虫，如牛虱、羊虱、猪虱、牛瘤蝇蛆等家畜及卫生害虫，可用80%可湿性粉剂400倍药液洗刷；防治马、牛厩内的厩蝇和家蝇，可用80%可湿性粉剂按1：100制成毒饵诱杀。

注意事项 一般使用浓度0.1%左右对作物无药害。玉米、苹果(曙光、元帅在早期)对敌百虫较敏感，施药时应注意。高粱、豆类特别敏感，容易产生药害，不宜使用。药剂稀释液不宜放置过久。应现配现用。90%敌百虫原药已在水稻、蔬菜、柑橘和烟草上制定农药安全使用标准(国家标准GB 4283-84)：烟草在收获前10d；水稻、蔬菜在收获前7d停止使用。敌百虫直接抑制胆碱酯酶活性，但被抑制的胆碱酯酶部分可自行恢复，故中毒快，恢复亦快。人中毒后全血胆碱酯酶活性下降。流涎、大汗、瞳孔缩小、血压升高、肺水肿、昏迷等，个别病人可引起迟发性神经中毒和心肌损害。解毒治疗以阿托品类药物为主。洗胃要彻底，忌用碱性液体洗胃和冲洗皮肤，可用高锰酸钾溶液或清水。

开发登记 安道麦股份有限公司、江苏安邦电化有限公司、合肥合农农药有限公司等企业登记生产。

敌敌畏 dichlorvos

其他名称 DDV；Bayer 19149；OMS 14；ENT-20738；DDVP(JMAF)；DDVF (USSR)；Nogos；Nuvan；Vapona；Dedevap；oku。

化学名称 O,O-二甲基-O-(2,2-二氯乙烯基)磷酸酯。

结构式

$$(Cl)_2C{=}CH{-}O{-}P({=}O)(O{-}CH_3)_2$$

理化性质 纯品为无色至琥珀色液体。芳香味，沸点74℃(0.133kPa)，密度为1.42，20℃时蒸气压1.6Pa。在室温下水中溶解度为10g/L，在煤油中溶解度为2～3g/kg，能与大多数有机溶剂和气溶胶推进剂混溶。对热稳定，但能水解。

毒　性 原药雄大鼠急性经口LD_{50}为80mg/kg，雌大鼠经口LD_{50}为80mg/kg，雄大鼠经皮LD_{50}为107mg/kg，雌大鼠经皮LD_{50}为75mg/kg。

剂　型 25%块剂，48%、50%、77.5%、80%乳油，85%、90%可溶液剂，2%、15%、30%烟剂，22.5%油剂。

作用特点 是一种高效、速效广谱的有机磷杀虫剂。主要是抑制胆碱酯酶(ChE)活性，使其失去分解乙酰胆碱(Ach)的能力，造成乙酰胆碱积聚，引起神经功能紊乱。具有熏蒸、胃毒和触杀作用。对咀嚼式口器害虫均有良好的防治效果，敌敌畏蒸气压较高，对害虫特别是对同翅目、鳞翅目的昆虫有极强的击倒力，药后易分解，无残留，残效期短。对仓储害虫同样具有良好的效果。

应用技术 适用于防治棉花、果树和经济林、蔬菜、甘蔗、烟草、茶以及用材林上的多种害虫。对蚊、蝇等家庭卫生害虫以及仓库害虫米象、谷盗等也有良好的防治效果。

防治水稻稻飞虱，于2～3龄若虫盛发期用 90%乳油33.3～40g/亩，50%乳油60～90ml/亩、30%乳油100～120ml/亩喷雾防治；防治小麦蚜虫、小麦黏虫、青菜菜青虫、桑树尺蠖、茶树食叶害虫，均可用48%、50%乳油80ml/亩，77.5%、80%乳油50ml/亩喷雾防治；防治棉花蚜虫、小造桥虫，可用48%、50%乳油80～160ml/亩，77.5%、80%乳油50～100ml/亩喷雾防治；防治苹果树蚜虫、小卷叶蛾，用48%、50%乳油1 000～1 250倍液，77.5%、80%乳油1 600～2 000倍液喷雾防治；防治多种粮仓仓储害虫，可用48%、50%乳油300～400倍液喷雾或0.8～1ml/m^3 挂条熏蒸、77.5%、80%乳油400～500倍液喷雾或0.5～0.63g/m^3 挂条熏蒸；防治黄瓜（保护地）蚜虫，用15%、30%烟剂300g/亩点燃放烟；防治林木松毛虫、天幕毛虫、杨柳毒蛾、竹蝗，用2%烟剂500～1 000g/亩点燃放烟；防治林木松毛虫，还可用22.5%油剂356～712ml/亩地面超低量喷雾或178～356ml/亩飞机超低量喷雾；防治多种卫生害虫，可用25%块剂、48%乳油、50%乳油250～300倍液喷雾或0.16ml/ m^3挂条熏蒸、77.5%乳油、80%乳油300～400倍液喷雾或0.1g/m^3挂条熏蒸。

另据资料报道，还可防治桃小食心虫、二十八星瓢虫、棉造桥虫、金毛虫、萍螟、萍灰螟、萍象甲、萍丝虫和各种刺蛾、粉虱、烟青虫、介壳虫等，可以用80%乳油1 000倍液喷雾；田间熏蒸防治大豆食心虫，选高粱秸或玉米秸，截成30cm长一段，一端剥去秫秸皮浸于乳油中(约3min)使其吸饱，于大豆食心虫成虫盛发期，将未剥去秫秸皮另一端均匀地插入豆株垄台上，插30～50个/亩，此时大豆封垄，田间比较密闭，药液逐渐挥发，药效可达半个月左右，或者将玉米秫秸皮断成4瓣，浸药后插入田间，效果与上述相同；防治豆野螟，于豇豆盛花期(2～3个花相对集中时)，在早晨8时前花瓣张开时，喷洒80%乳油1 000倍液，重点喷洒蕾、花、嫩荚及落地花，连喷2～3次；防治西瓜上的棉蚜，用80%乳油150～200ml/亩，对水45～60kg，拌细砂300kg，均匀撒施在瓜田里；防治白菜蛆，在白菜移栽定植后10d，每亩放1.5%缓释剂10～20块。

注意事项 敌敌畏乳油对高粱、月季花易产生药害，不宜使用。玉米、豆类、瓜类幼苗及柳树也较敏感，稀释不能低于800倍液，最好先进行试验再使用。敌敌畏油剂不可在高粱、大豆和瓜类作物上喷雾使用。使用柴油稀释应随用随配，当天用完，不能加水稀释。不宜与碱性药剂配用。敌敌畏用于室内(特别是居室)卫生害虫防治必须注意成人儿童安全。中毒症状：中毒后潜伏期短，发病快，病情危重，常见有昏迷、抽搐和肺水肿，甚至不出现典型有机磷中毒症状即陷于昏迷、数十分钟内死亡。口服者消化道刺激症状明显，全血胆碱酯酶活性下降，但与中毒程度不相平行，并可造成心、肝、肾和胰腺损害。皮肤污染后应尽快用碱性液体或清水冲洗。误服者迅速催吐、洗胃。因敌敌畏对黏膜有强烈刺激作用，洗胃操作要细心、轻柔，防止造成消化道黏膜破损出血或穿孔。治疗以阿托品为主。胆碱酯酶复能剂对敌敌畏中毒者效果较差，用量不宜过大，可酌情选用。阿托品停药不宜过早，注意心肝监护，防止病情反复和猝死。

开发登记 安道麦股份有限公司、深圳诺普信农化股份有限公司、东莞市瑞德丰生物科技有限公司、湖北仙隆化工股份有限公司、上海悦联化工有限公司、江西众和化工有限公司等企业登记生产。

对硫磷 parathion

其他名称 E605；Thiothophos；Panthion；Parnmar；Parathene；Parawet；Phoskil；Rhodiatox；Soprathion；Stathion；Paraphos。

化学名称 O,O-二乙基-O-(4-硝基苯基)硫代磷酸酯。

结构式

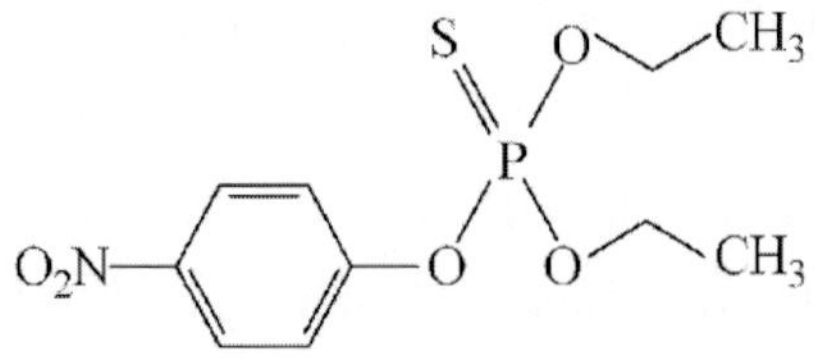

理化性质 纯品为黄色油状液体，无臭味，低温下变成针状晶体，蒸气压5.0MPa(20℃)。在水中溶解度25℃时为2.4mg/L，30℃挥发度为0.35mg/m³；能溶于苯、甲苯、醇、酮、二氯乙烷、氯仿等有机溶剂。

毒　　性 纯品对大白鼠急性经口LD_{50}为4～13mg/kg，急性经皮LD_{50}为55mg/kg，急性吸入最低致死量为10ml/m³。50%乳油雄性小鼠急性经口LD_{50}为6～12mg/kg。25%微胶囊剂雄性小鼠急性经口LD_{50}为68.1mg/kg，经皮LD_{50}为758.3～1 443.8mg/kg。

剂　　型 50%乳油。

作用特点 为广谱性杀虫杀螨剂，对害虫有强烈的触杀和胃毒作用，在密闭场所也有一定的熏蒸作用，气温在30℃以上熏蒸作用明显。无内吸杀虫作用，但有强烈的内渗力。施于稻田水中的药剂，能渗入叶鞘内及心叶中杀死已侵入叶鞘及心叶内的1龄螟虫幼虫。对硫磷在植物体表及体内，由于阳光和酶的作用分解较快，残效期一般为4～5d。对硫磷对瓜类、番茄较敏感，对苹果、桃、小麦的某些品种在高浓度下易发生药害。对硫磷是昆虫体内胆碱酯酶的抑制剂。它进入昆虫体内后，在多功能氧化酶的作用下，先氧化成毒力比对硫磷更大的对氧磷(E600)，然后与胆碱酯酶结合，破坏神经系统的传导作用，而使昆虫中毒死亡。

应用技术 该药剂在我国已被禁用。

开发登记 本品由G.Schrader发现，其后由American Cyanamid Co. 和Bayer AG相继投产，获专利DE814152，USl893018，US2842063，现不再生产和销售。

甲基对硫磷 parathion-methyl

其他名称 A-Gro；Bafer 11405；Bay-e-601；Dimethylparathion；E 601；ENT-17292；Fosfero noM50；Metaphos；Methyl folidol；Methyl fosferno；Methyl niran；Metron；Niletar；Partron M；Tekwaisa；Wofatox；Methylparathion(ESA，JMAF)；Metaphos(USSR)；甲基1605；Dalf；Folidol-M；Metalidi。

化学名称 O,O-二甲基-O-(4-硝基苯基)硫代磷酸酯。

结构式

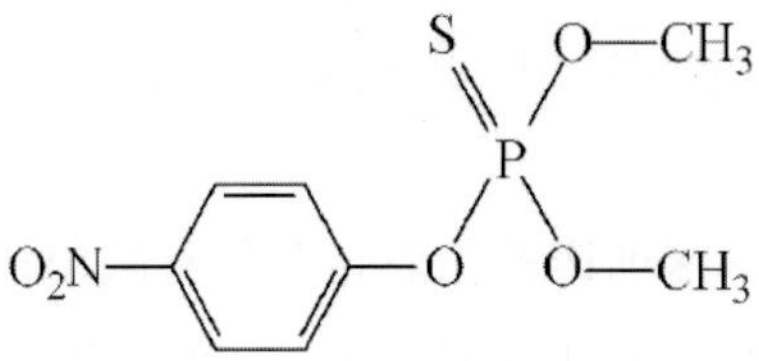

理化性质 纯品为无色晶体，工业品为黄色或棕黄色油状液体，熔点35～36℃；25℃水中溶解度为55～60mg/L，微溶于石油醚和矿物油。密度为1.20～1.22，易溶于乙醇、丙酮、苯等有机溶剂，蒸气压12.9MPa(20℃)，在中性或弱酸性溶液中比较稳定，但遇碱则迅速分解，水解比对硫磷快，加热时容易异构化。

毒　　性 大鼠急性经口LD_{50}为14～24mg/kg，急性经皮LD_{50}为67mg/kg。对鱼毒性中等，比对硫磷低些。对蜜蜂、寄生蜂、捕食性瓢虫有高毒。

剂　　型 80%溶液、50%乳油、2.5%粉剂。

作用特点 具有内吸、胃毒、触杀和熏蒸，杀虫谱广等特点。其作用机制及杀虫谱与对硫磷相似，但该药的药效比对硫磷低，且残效期短，对人、畜的毒性也较低，但它仍属高毒农药。对棉铃虫杀伤毒性强，为防治棉铃虫的复配剂的主要品种之一，具有一定的渗透作用，喷洒在叶面上对叶背的害虫仍有效。杀虫有速效性，高温时效果更快的特点。

应用技术 该药剂已被禁用。

辛硫磷 phoxim

其他名称 腈肟磷；倍腈松；肟硫磷；Baythion；Volaton。

化学名称 O,O–二乙基–O–(α–氰基亚苄氨基)氧硫代磷酸酯。

结 构 式

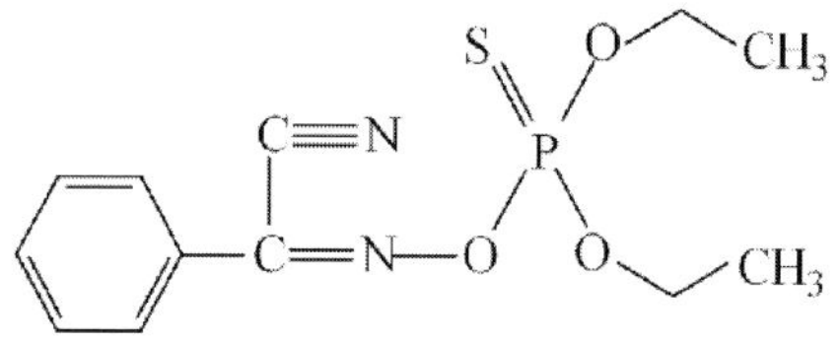

理化性质 纯品为浅黄色油状液体，工业品为红棕色油状液体，熔点5～6℃，密度为1.176，100g水中可溶解0.7mg(20℃)，易溶于醇、酮、芳烃、卤代烃等有机溶剂，稍溶于脂肪烃、植物油及矿物油。在中性和酸性介质中稳定，遇碱易分解。

毒　　性 大白鼠急性经口LD_{50}为800mg/kg。对鱼有一定毒性，对蜜蜂有接触、熏蒸毒性，对蚜虫天敌七星瓢虫的卵、幼虫、成虫均有强烈的杀伤作用。

剂　　型 15%、40%、56%、70%乳油，20%微乳剂，30%、35%微囊悬浮剂，0.3%、1.5%、3%、5%、10%颗粒剂，3%水乳种衣剂。

作用特点 具有触杀、胃毒、效果迅速的特点，无内吸作用，对鳞翅目幼虫很有效。当害虫接触药液后，抑制昆虫体内胆碱酶的活性，神经系统麻痹中毒停食导致死亡。在田间因对光不稳定，很快分解，所以残留期短，残留危险小；但该药施入土中，持效期长，适合于防治地下害虫。

应用技术 适宜于花生、小麦、水稻、棉花、玉米等 作物的害虫防治， 也可防治果树、蔬菜、桑、茶等害虫， 还可防治蚊蝇等卫生害虫及仓储害虫。尤以防治花生、小麦田的蛴螬、蝼蛄等地下害虫有良好效果。

防治小麦田的蛴螬，用0.3%颗粒剂40～50kg/亩撒施，3%颗粒剂3 000～4 000g/亩沟施或者用40%乳油1：（417～556）（药种比）拌种防治小麦田地下害虫；防治棉花棉铃虫、蚜虫，可用40%乳油50～

100ml/亩或用35%微囊悬浮剂100～120ml/亩防治棉花棉铃虫；蔬菜菜青虫，40%乳油50～75ml/亩喷雾，或用20%微乳剂80～100ml/亩，或用56%乳油43～54ml/亩；防治烟草食叶害虫，用40%乳油50～100ml/亩；防治水稻稻纵卷叶螟，用40%乳油100～150ml/亩喷雾，或用20%乳油250～300ml/亩，或用600g/L乳油80～100ml/亩喷雾；防治玉米玉米螟，用40%乳油75～100ml/亩灌心叶，或用5%颗粒剂200～240g/亩撒施，或用10%颗粒剂60～105g/亩撒施，或用3%颗粒剂300～400g/亩、1.5%颗粒剂500~750g/亩心叶期喇叭口撒施；防治玉米蛴螬，用3%颗粒剂4～5kg/亩沟施；防治花生地下害虫，可用3%颗粒剂6 000～8 000g/亩沟施，或用10%颗粒剂1.6～2kg/亩沟施，或用35%微囊悬浮剂600～800ml/亩灌根，或用30%微囊悬浮剂1：（40～60）（药种比）种子包衣，还可用5%颗粒剂4 200～4 800g/亩撒施；防治茶树食叶害虫、果树食心虫、果树蚜虫、果树螨、桑树食叶害虫，可用40%乳油1 000～2 000倍液喷雾；防治林木食叶害虫，可用40%乳油500～1 000ml/亩；防治甘蔗蔗龟、蔗螟，0.3%颗粒剂80~100kg沟施，3%颗粒剂4～8kg/亩沟施，10%颗粒剂1 800～2 400g/亩沟施，或用5%颗粒剂3 600～4 800g/亩沟施；防治大蒜根蛆、韭菜根（韭）蛆，用70%乳油351～560ml/亩灌根，或用35%微囊悬浮剂520～700ml/亩灌根；防治蝇类卫生害虫，可用15%乳油10g/m^2喷洒。

注意事项 使用前要将药液摇均匀。配制药液时，采取两次稀释法，即：先将一定量药液在空瓶中稀释10～20倍，然后再倒入定量的水中搅拌均匀，稀释到要求浓度即可使用。该品不可与碱性物质混用，以免分解失效。存放时应置于阴凉、干燥处，避免日光暴晒。应远离火源，谨防失火。辛硫磷在应用浓度范围内对蚜虫的天敌七星瓢虫的卵、幼虫和成虫均有强烈的杀伤作用，用药时应注意。该品残效期3～5d，因此，在作物收获前3～5d不得用药；必须在害虫盛发期施药，才能发挥最大药效。辛硫磷无内吸传导作用，喷药应均匀。本品有毒，使用时应遵守一般农药安全操作规程，严禁人、畜中毒。喷药后，应及时用肥皂水洗手，若发现中毒症状，应立即送医院治疗。施药时期应在傍晚以后或阴天进行，尤其适合夜出性害虫。白天阳光下不宜使用，药液要随配随用，配好的药液不宜超过4h，以免影响药效。

开发登记 江苏宝灵化工股份有限公司、南京红太阳股份有限公司、山东华阳和乐农药有限公司等企业登记生产。

甲基辛硫磷 phoxim-methyl

化学名称 O,O-二甲基-O-(α-氰基亚苄氨基)氧硫代磷酸酯。

结构式

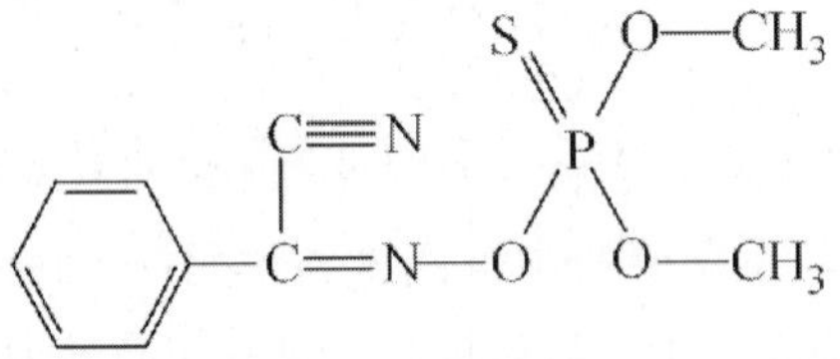

理化性质 外观为棕色油状液体或黄色结晶。对光、热均不稳定，不溶于水，易溶于芳烃、醇、酮、醚等有机溶剂。

毒　　性 原药大鼠急性经口LD_{50}为4 065mg/kg，大鼠急性经皮LD_{50}＞4 000mg/kg。

剂　　型 40%乳油。

作用特点 该药与辛硫磷是同系物，毒性较辛硫磷更低，具有杀虫谱广、残效期短等特点。对害虫具有胃毒和触杀作用，无内吸性。

应用技术 可用于防治多种作物上的害虫及地下害虫。

据资料报道，防治小麦田蝼蛄、蛴螬、金针虫等地下害虫，在小麦播种前用40%乳油125ml，拌种50kg，拌种时先将麦种摊开，将125ml药剂加到5L水中，用喷雾器边喷边拌，然后堆闷4～5h即可播种；防治水稻害虫，防治枯梢和枯心苗，在二化螟卵孵化高峰前1～2d施药；防治虫伤株及白穗，在卵孵化盛期施药，用40%乳油50～100ml/亩，对水75～100kg均匀喷雾，可兼治稻飞虱、稻蝗等害虫；防治棉蚜，棉田大面积有蚜株率达30%，平均单株蚜数5～6头，或卷叶株率在5%时进行防治，用40%乳油50～100ml/亩，对水40～50kg均匀喷雾；防治棉铃虫，在卵孵化初期至孵化盛期施药，用40%乳油50～100ml/亩，对水50～60kg均匀喷雾。

据资料报道，防治蔬菜田蚜虫，在无翅蚜盛发期，用40%乳油25～50ml/亩，对水40～50kg均匀喷雾，也可以用来防治菜青虫。

据资料报道，防治苹果食心虫，应在成虫产卵高峰期施药，用40%乳油1 500倍液，均匀喷雾。

据资料报道，防治茶树害虫，于茶尺蠖幼虫2～3龄期施药，用40%乳油1 000～2 000倍液，均匀喷雾，可兼治茶橙瘿螨。

注意事项 本品为低毒杀虫剂，但在运输、使用、储藏中应遵守农药的安全操作规程。不能与碱性农药混用，本品易光解，施用时应选择光线较暗时喷雾，避光储存。使用时应现配现用。施药时，工作人员应使用安全防护用品，并不得进食、吸烟、饮水，工作完毕后要洗净手、脸。如不慎中毒，应按有机磷农药中毒急救方法治疗。

开发登记 天津农药股份有限公司等企业曾登记生产。

倍硫磷 fenthion

其他名称 Bayer 29493；S 1752；百治屠；Baytex；Baycid；Entex；Lebaycid；Mercaptophos；Metcaptophos；Queleton；Tigxvon；Tiguron；Pillarlex。

化学名称 O,O-二甲基-O-4-甲硫基-间-甲苯基硫代磷酸酯。

结构式

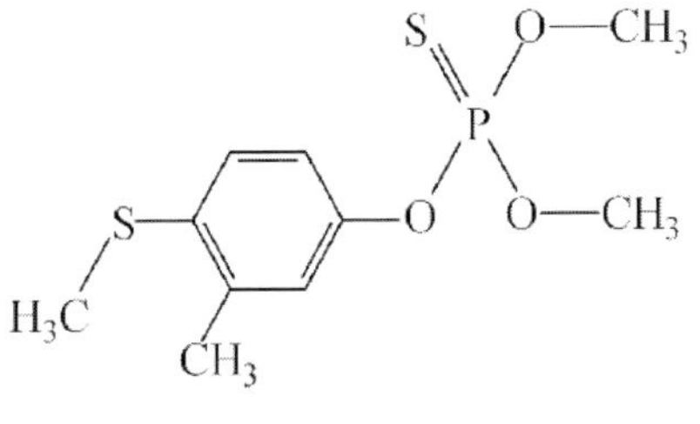

理化性质 纯品为无色液体，沸点87℃(1.33Pa)，密度为1.250。工业品为棕色油状液体，具有葱蒜气味。微溶于水；能溶于甲醇、乙醇、丙酮、橄榄油等大多数有机溶剂中。对光、热、碱稳定性强。

毒性 雄大鼠急性经口LD_{50}为215mg/kg。对人、畜毒性中等。对狗和家禽的毒性较大，对蜜蜂高毒，无慢性毒性。

剂型 50%乳油、2%水乳剂 、5%颗粒剂。

作用特点 具有触杀和胃毒作用，对作物具有一定渗透性，但无内吸传导作用，杀虫广谱，作用迅速。在植物体内氧化成亚砜和砜，杀虫活性提高。

应用技术 防治小麦吸浆虫，可以用50%乳油50～100ml/亩喷雾；防治大豆食心虫，可用50%乳油120～160ml/亩喷雾；防治十字花科蔬菜蚜虫，用50%乳油40～60g/亩喷雾。防治蚊蝇等卫生害虫，可用5%颗粒剂30～40g/m^2撒施，对室外蚊蝇可用50%乳油3g/m^2喷雾；防治室内臭虫，可以用2%水乳剂15ml/m^2喷雾。

另据资料报道，可防治水稻害虫，二化螟、三化螟，在低龄幼虫期，用50%乳油75～150ml/亩加细土75～150kg制成毒土撒施或对水50～100kg喷雾；稻叶蝉、稻草飞虱可用相同剂量喷雾进行防治；防治稻水象甲，用50%乳油100ml/亩，对水30～40kg喷雾；防治蔬菜害虫，在菜青虫2～3龄幼虫期、菜蚜发生盛期，用50%乳油50ml/亩，对水30kg喷雾；防治柑橘花蕾蛆，在开花前期，用5%粉剂3kg/亩喷粉；防治绿翅蔗蝗，害虫发生初期，用50%乳油500～1 000倍液喷雾。

注意事项 不能与碱性药剂混用。果树收获前14d，蔬菜收获前10d禁止使用。倍硫磷对蜜蜂毒性大，作物开花期间不宜使用。对十字花科蔬菜的幼苗、梨树、樱桃易引起药害，使用时特别注意。皮肤接触中毒可用清水或碱性溶液冲洗，忌用高锰酸钾溶液，误服治疗可用阿托品，但服用阿托品不宜太快、太早，维持时间一般应3～5d。

开发登记 江苏功成生物科技有限公司、兴农药业(中国)有限公司等企业生产。

三唑磷 triazophos

其他名称 EOE2960；三唑硫磷；Hostathion；Phentriazophos。

化学名称 O,O–二乙基–O–(1–苯基–1,2,4–三唑–3–基)硫代磷酸酯。

结 构 式

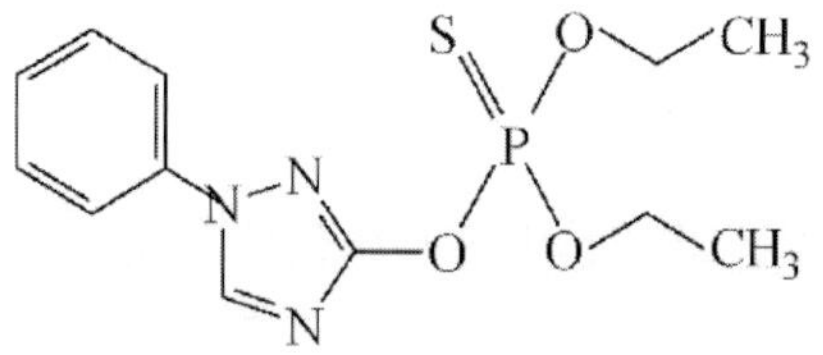

理化性质 纯品为浅黄色油状物，熔点2～5℃；23℃时水中的溶解度为39mg/L，可溶于大多数有机溶剂。20℃时在下列溶剂中的溶解度(g/100ml)分别为：乙醇30；甲苯30；正己烷0.7；丙酮0.1；二氯甲烷小于0.1；乙酸乙酯230.1。对光稳定，在酸碱介质中水解；200℃分解。

毒　　性 大鼠急性经口LD_{50}为82mg/kg，经皮LD_{50}为1 100mg/kg；鱼LC_{50}(48h)，鲫鱼8.4mg/L，鲤鱼1mg/L。对蜜蜂、鱼均有毒。

剂　　型 8%、15%水乳剂，20%、40%、30%、60%乳油，8%、15%、20%、25%微乳剂。

作用特点 触杀、胃毒，可内渗入植物组织，但不是内吸剂。杀虫广谱，可以用于多种作物防治不同害虫，是防治水稻螟虫的高效杀虫剂。渗透性强，在作物组织和虫体表面有很强的渗透性，具有良好的触杀作用，对虫卵尤其是鳞翅目害虫卵有明显的杀伤作用。

应用技术 为广谱的杀虫、杀螨剂，同时对线虫有一定杀伤作用。一般用于防治农作物、果树的鳞翅目害虫；也可在种植前用其处理土壤，防治地老虎等夜蛾科害虫。对为害棉花、粮食、果树、蔬菜等主要农作物的害虫(螟虫、棉铃虫、红蜘蛛、蚜虫等)都有良好的防治效果，尤其对植物线虫和松毛虫的作用更为显著。

防治水稻二化螟、三化螟，于二化螟卵孵盛期至低龄幼虫钻蛀前，三化螟卵孵盛期或水稻破口期，均匀喷雾20%乳油120～150ml/亩、40%乳油75～100ml/亩、15%微乳剂120～150ml/亩、20%乳油40～50ml/亩、60%乳油40～50ml/亩喷雾；在稻水象甲成虫迁入高峰为害期，喷雾20%乳油120～160ml/亩、30%乳油53～107ml/亩、40%乳油60～80ml/亩防治；防治棉花棉铃虫，可用20%乳油140～160ml/亩、30%乳油107～133ml/亩；防治棉花红铃虫用40%乳油80～100ml/亩；防治水稻稻瘿蚊，用40%乳油200～250ml/亩喷雾。

另据资料报道，可防治谷类作物上的蚜虫、红蜘蛛，可以用40%乳油20～40ml/亩，对水40～50kg喷雾；在花生田做土壤处理，在种植前以40%乳油66～133ml/亩混入20～25kg土壤中进行撒施，可防治地老虎和其他害虫；防治马尾松毛虫，用20%乳油1 000倍液喷雾。

注意事项 本品不能与碱性物质混用，以免分解失效。本品禁止在菜田施用。对家蚕、鱼类等生物有毒。若误食中毒，应及时送医院诊治，可用阿托品或解磷啶解毒。残效期长，最后1次用药距收获期应不少于7d。本品易燃，远离火种并存放阴凉处。

开发登记 陕西上格之路生物科学有限公司、陕西标正作物科学有限公司等企业登记生产。

杀螟硫磷 fenitrothion

其他名称 OM S43；Bayer41831；杀虫松(优质杀螟硫磷，专用于防治储粮害虫)；杀螟松；速灭虫。

化学名称 O,O–二甲基–O–(3–甲基苯基–4–硝基)硫代磷酸酯。

结构式

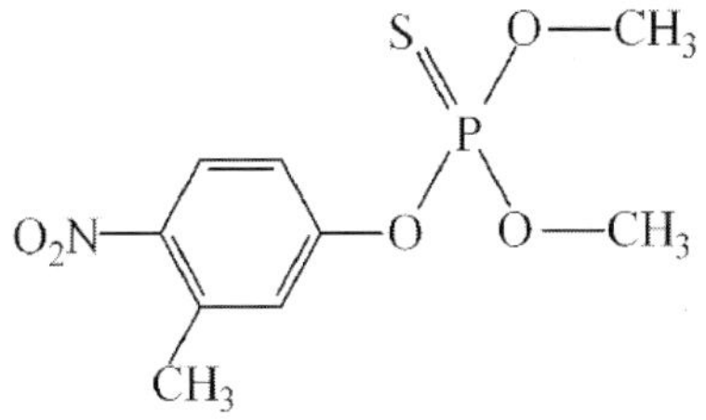

理化性质 原油为棕黄色液体，沸点为140～145℃。不溶于水，微溶于石油醚和煤油，易溶于甲醇、乙醇、丙酮、乙醚、苯、氯仿等有机溶剂，在脂肪烃中溶解度低。常温下对日光稳定，遇碱水解失效。

毒　　性 大白鼠经口LD_{50}雄性为501mg/kg，雌性为584mg/kg；小白鼠经口LD_{50}雄性为794mg/kg，雌性为1 080mg/kg。

剂　　型 45%、50%乳油，0.8%、0.9%饵剂。

作用特点 杀螟硫磷为有机磷杀虫剂，触杀作用强烈，也有胃毒作用。杀虫谱广，有渗透性，能杀死钻蛀性害虫。

应用技术 广谱性有机磷杀虫剂，用于防治储粮害虫，可广泛用于防治国库和农户的稻谷、大麦、玉米等禾谷类原粮及种子粮的害虫，如玉米象、赤拟谷盗、锯谷盗、长角谷盗、锈赤扁谷盗多种储粮害虫。也可作空仓环境消毒之用。杀螟硫磷除对水稻螟虫有特效外，还可防治棉花、蔬菜、茶、果树上的多种害虫。

喷雾50%乳油50～75g/亩，可防治水稻稻飞虱、螟虫、叶蝉，棉花蚜虫、叶蝉、造桥虫，喷雾50%乳油50～100g/亩，可防治棉花红铃虫、棉铃虫；喷雾50%乳油1 000～2 000倍，可防治麦田麦叶蜂；喷雾50%乳油70～120g/亩防治甘薯小象甲。

喷雾45%乳油55～85g/亩，可防治玉米螟、高梁条螟，玉米蚜虫、叶蝉，45%乳油55～110g/亩，可防治烟青虫、棉铃虫；喷雾50%乳油1 000～2 000倍，可防治茶树尺蠖、毛虫、小绿叶蝉，果树卷叶蛾、毛虫、食心虫。

投放0.8%或0.9%饵剂，可用于防治蜚蠊。

防治水稻稻纵卷叶螟，用50%乳油50～75ml/亩或45%乳油70～83ml/亩。

据资料报道，还可用于防治苹果叶蛾、梨星毛虫，在幼虫发生期，用50%乳油1 000倍液喷雾；防治桃小食心虫，在幼虫始蛀期，用50%乳油1 000～1 500倍液喷雾；介壳虫类在若虫期，用50%乳油800～1 000倍液喷雾；防治柑橘潜叶蛾，在幼虫发生期，用50%乳油2 000～3 000倍液喷雾。储粮杀虫用药量一般为5～15mg/kg，空仓消毒一般用药量为0.5g/m³。

注意事项 杀螟硫磷对十字花科蔬菜和高粱作物较敏感，不宜使用。不能与碱性药剂混用。水果、蔬菜在收获前10～15d停止使用。本品虽属低毒农药，但仍需注意安全操作，在使用、储运期间，如与手、脸接触，应立即用水、肥皂洗净，以免发生意外。储存保管时，应存放在阴凉、干燥处，并注意防火。中毒时，应按照有机磷急救办法处理。

开发登记 宁波三江益农化学有限公司、江苏龙灯化学有限公司等企业登记生产。

杀螟腈 cyanophos

其他名称 S4084；OMS226；OMS869；Cyanox；氰硫磷。

化学名称 O,O–二甲基–O–(4–氰基苯基)硫代磷酸酯。

结构式

$$N{\equiv}C-C_6H_4-O-P(=S)(OCH_3)_2$$

理化性质 液体，熔点14～15℃。溶于水及醇、酮、醚等有机溶剂，遇碱性介质易分解。

毒　　性 大鼠急性经口LD_{50}为610mg/kg，急性经皮LD_{50}为800mg/kg，鲤鱼TLm(48h)5mg/L，金鱼在6mg/L浓度下24h不会死亡。

剂　　型 50%乳油、2%粉剂、1%液剂、5%乳剂。

作用特点 本品为高效、广谱杀虫剂，对水稻螟虫具有强烈的触杀、胃毒和内吸作用。具有对害虫击倒速度快、持效期长、对作物安全等特点。

应用技术 据资料报道，可以用于防治稻螟、稻纵卷叶螟、稻叶蝉、稻飞虱、黏虫、蚜虫、菜青虫、黄条跳甲、茶尺蠖、黑刺粉虱及红蜘蛛等害虫。防治水稻害虫，在二化螟、三化螟、稻纵卷叶螟、稻苞虫、蓟马、叶蝉等，在卵盛孵期，用50%乳油100～133ml/亩，对水50～70kg喷雾。用2%粉剂1.0～1.5kg/亩配成毒土撒施，对防治稻苞虫、稻螟、稻叶蝉、稻蓟马等均有很好防治效果；用2%粉剂2kg/亩加细土

10kg拌匀撒施，防治稻纵卷叶螟的4龄幼虫效果很好。

另据资料报道，可防治大豆食心虫、棉铃虫、玉米螟等，可用2%粉剂2～2.7kg/亩喷粉；防治茶叶害虫，对茶小绿叶蝉、茶尺蠖及黑刺粉虱，可以用50%乳油800～1 200倍液喷雾；防治甜菜夜蛾，在低龄幼虫期，用50%乳油800～1 000倍液喷雾；防治蔬菜害虫，对蚜虫、菜青虫、黏虫、黄条跳甲、红蜘蛛等，可以用50%乳油100～133ml/亩，对水50～70kg喷雾。

注意事项 使用时应穿戴防护服、口罩、手套等防护用具，喷药时勿进食和饮水、吸烟。本品不能和碱性药剂混合使用。本品对瓜、豆类作物敏感，使用时应注意。食用作物收获前14d应停止使用。存放于阴凉、干燥、通风处，远离食品及饲料。

开发登记 浙江禾本农药化学有限公司等企业曾登记生产。

甲基嘧啶磷 pirimiphos-methyl

其他名称 虫螨磷；PP511；甲基灭定磷；安定磷；Actellic(安得利)；Actellifog；Blex；Silosan。

化学名称 O,O-二甲基-O-(2-二乙基氨基6-甲基嘧啶-4-基)硫代磷酸酯。

结构式

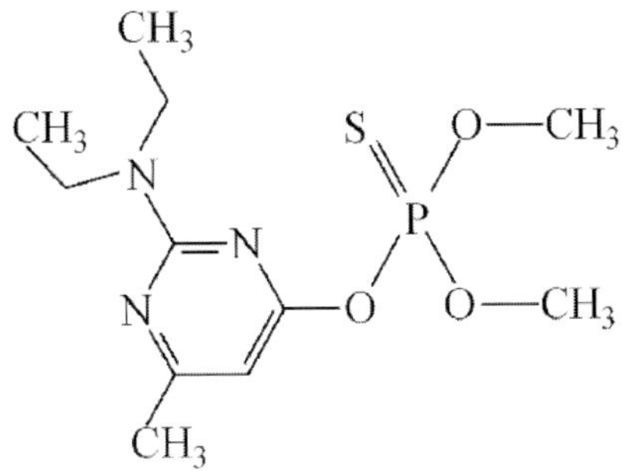

理化性质 原药(90%)为黄色液体，纯化合物为淡黄色液体。常温下几乎不溶于水(30℃水中溶解度约为5mg/L)，易溶于多数有机溶剂。在30℃时蒸气压为0.015Pa，可被强酸和碱水解，对光不稳定，对黄铜、不锈铜、尼龙、聚乙烯和铝无腐蚀性，对未加保护的马口铁有轻微的腐蚀性。

毒 性 急性经口LD_{50}：大白鼠雌性为2 050mg/kg，小白鼠雄性为1 180mg/kg，豚鼠雌性为1～2g/kg。对鸟类毒性较大，黄雀LD_{50}200～400mg/kg，鹌鹑LD_{50}140mg/kg，母鸡LD_{50}30～50mg/kg。

剂 型 1%颗粒剂，5%粉剂，30%微囊悬浮剂，500g/L、55%乳油，20%水乳剂。

作用特点 是一种对储粮害虫、害螨毒力较大的有机磷杀虫剂，作用机理是抑制生物体内胆碱酯酶的活性。具有胃毒、触杀和一定的熏蒸作用，也能渗入叶片组织具有叶面输导作用，是一种广谱性杀虫药剂，可防治多种作物害虫。甲基嘧啶磷用药量低，对防治甲虫和蛾类有较好的效果，尤其是对防治储粮害螨药效较高，所以又称为虫螨磷。

应用技术 甲基嘧啶磷是有机磷杀虫剂，低毒，具有触杀、胃毒、熏蒸和一定的内吸作用，其作用机理为抑制乙酰胆碱酯酶。用于仓库内仓储原粮防治赤拟谷盗、谷蠹、玉米象等仓储害虫，采用55%乳油9～18mg/kg，或5%粉剂5 000～10 000倍拌粮处理；用于防治稻谷原粮和小麦原粮的玉米象，可采用55g/L乳油50 000～100 000倍液喷雾。

还可作为卫生杀虫剂，防治室内蚊蝇时，用55g/L乳油4ml/m^2(室内) 滞留喷洒或0.06ml/m^2(室外)超低量喷雾，或30%微囊悬浮剂3.3ml/m²滞留喷洒；防治蛆，可用1%颗粒剂20g/m²撒布处理。

注意事项 解毒药为阿托品或解磷啶。该药有毒、易燃，应将本药剂贮放在远离火源和儿童接触不到的地方。除使用砻糠载体法外，直接喷雾施药后，应经一定安全间隔期后，才能加工供应。一般剂量在10mg/kg以下者间隔3个月，15mg/kg间隔6个月，20mg/kg间隔8个月后方能加工供应。必要时应按规定方法粮食中药剂残留进行测定。药剂应储存在阴凉、干燥处，不宜久储。乳剂加水稀释后应1次用完，不能储存，以防药剂分解。

开发登记 英国先正达有限公司、南通联农佳田作物科技有限公司等企业登记生产。

嘧啶磷 pirimiphos-ethyl

其他名称 PP211；灭定磷；安定磷；派灭赛；乙基虫螨磷；Primicid；Primotec；Fernex；E-pirniphos。

化学名称 O,O-二乙基-O-(2-二乙基氨基-6-甲基嘧啶-4-基)硫代磷酸酯。

结构式

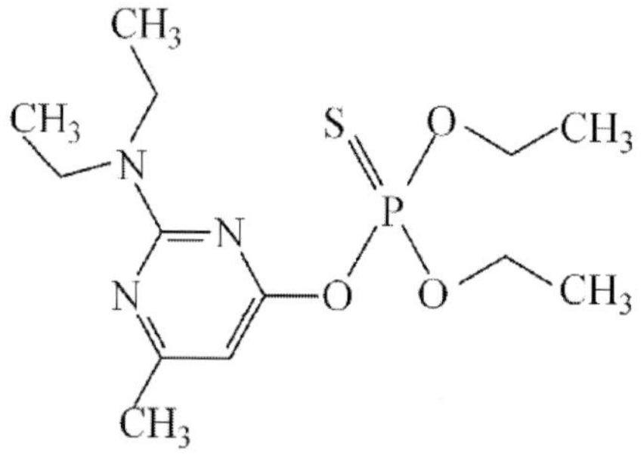

理化性质 纯品为淡黄色液体，密度为1.14。25℃时蒸气压为0.013 3Pa。几乎不溶于水，30℃时水中溶解度为1mg/L，但可溶于大多数有机溶剂。在80℃保存5d仍稳定，在室温下直到一年也稳定；130℃以上开始分解。无沸点。对铁容器有腐蚀性。可与多数杀虫剂混用。在强酸或强碱物质中易水解；工业品不稳定易降解。

毒　　性 对大鼠急性经口LD_{50}为192mg/kg，急性经皮LD_{50}为1～2g/kg，对小鼠LD_{50}为105mg/kg。对大鼠90d无作用剂量为0.08mg/(kg·d)，对犬为0.2mg/(kg·d)。

剂　　型 25%、50%乳油，5%颗粒剂，10%颗粒剂，20%悬浮剂。

作用特点 嘧啶磷是一种高效、广谱性杀虫杀螨剂，抑制胆碱酯酶。使用安全，成本低，不易产生药害，对作物安全。具有内吸、触杀和熏蒸作用，并可与杀菌剂混用。为高毒有机磷农药，如对硫磷、甲基对硫磷的换代性替代产品。在防治主要害虫的同时，可兼防多种害虫。

应用技术 据资料报道，本品可以防治果树、水稻、棉花等作物的多种害虫以及仓储和地下害虫；无药害，可做种子处理剂，是防治稻飞虱、稻叶蝉的特效药。

注意事项 不能与碱性农药混用，安全间隔期为4d，应储存于通风阴凉处。

开发登记 湖南海利化工股份有限公司等企业曾登记生产。

喹硫磷 quinalphos

其他名称 Bayer77049；Sandoz6626；SRA7312；喹恶磷；爱卡士；Bayrusil；Ekalux；Benzodiazine；

Diethqninalphione；Dithehiualphion。

化学名称 O,O–二乙基–O–喹恶啉–2–基硫代磷酸酯。

结 构 式

$$
\text{quinoxalin-2-yl}-O-P(=S)(OCH_2CH_3)_2
$$

理化性质 纯品为无色无嗅结晶，熔点31～32℃，分解温度为120℃，蒸气压0.347MPa(20℃)，密度在20℃时为1.235。24℃时在水中的溶解度为22mg/L，易溶于甲苯、二甲苯、乙醚、乙酸乙酯、丙酮、乙腈、甲醇、乙醇等有机溶剂，微溶于石油醚。耐热性较差，但在50℃以下，在有稳定剂存在的非极性溶剂中稳定。23℃时，在pH值为7的水中半衰期为40d，对酸碱都不稳定，对光稳定。原油(含喹硫磷约70%)外观为棕褐色油状液体，沸点为142℃(0.04Pa)，稳定性差，但在适宜的非极性溶剂中稳定；制剂是稳定的(货架寿命约2年)。

毒 性 纯品大鼠和小鼠急性经口LD_{50}分别为71mg/kg和57mg/kg，大鼠急性经皮LD_{50}为1 750mg/kg；大鼠急性吸入LD_{50}为0.71mg/L。原药大鼠急性经口LD_{50}为195mg/kg，大鼠急性经皮LD_{50}为2g/kg。对兔皮肤和眼睛无刺激性。该剂对鱼及水生动物毒性高。野鸭急性经口LD_{50}为37mg/kg，鹌鹑为4.3mg/kg。对蜜蜂毒性高，急性经口LD_{50}为0.07μg/头。

剂 型 10%、25%乳油，5%颗粒剂，30%超低容量喷雾剂，50%超低容量喷雾剂。

作用特点 有机磷杀虫、杀螨剂。具胃毒和触杀作用，无内吸和熏蒸性能。在植物上有良好的渗透性。杀虫谱广，有一定的杀卵作用。在植物上降解速度快，残效期短。

应用技术 主要用于防治棉花蚜虫和棉铃虫、水稻螟虫。

防治棉花蚜虫和棉铃虫，用25%乳油48～160ml/亩；防治水稻螟虫，用25%乳油100～132ml/亩喷雾，或用10%乳油100～150ml/亩防治水稻稻纵卷叶螟和三化螟。

另据资料报道，可用于烟草害虫的防治，防治烟青虫在幼虫低龄期时用药最好，用25%乳油140～170ml/亩，对水60～75kg喷雾防治，对发生于烟草上的其他各种害虫，斜纹夜蛾等鳞翅目幼虫，用此药防治均有防效，其用药方法和用药量同烟青虫。防治桃小食心虫、梨小食心虫、梨大食心虫等多种食心虫及卷叶虫，对于桃小、梨小，首先进行成虫诱集调查，利用成虫的不同趋性，用糖醋、性诱剂等诱集成虫，5d内诱集到1头开始用25%乳油1 000～2 000倍液喷雾，以后每隔15d喷1次；其次查卵用药，7月开始调查，定株定果，有卵果率达到0.5%～1%开始用药，用25%乳油1 000～1 500倍液喷雾；对于梨大食心虫的防治关键在于其转芽为害期和转果为害期，所以在这2次要着重调查，转芽期调查从芽萌动开始定株定芽调查，当有虫芽数达到3%～5%时开始防治，用25%乳油1 000～2 000倍液喷雾；转果期调查从萼片脱落开始用药，用25%乳油1 000～1 500倍液喷雾。防治红蜘蛛类，树芽膨大期，红蜘蛛开始活动时，用25%乳油750～1 500倍液喷雾，间隔7～10d1次，连续喷1～3次。防治石榴介壳虫，在6月上旬，用25%乳油600～1 000倍液喷雾。

注意事项 不能与碱性药剂混用。蔬菜收获前10～15d停止使用。对蜜蜂、鱼毒性大，蜂群附近花期不宜使用，也不能污染鱼塘。人体每日允许摄入量(ADI)为0.015mg/kg。喹硫磷的安全使用防护、中毒症状、急救措施及解毒剂参照一般有机磷农药的原则处理。

开发登记 邯郸市新阳光化工有限公司、苏州遍净植保科技有限公司、四川省化学工业研究设计院、江西巴菲特化工有限公司、江门市大光明农化新会有限公司、深圳诺普信农化股份有限公司、广西金土地生化有限公司等企业生产。

哒嗪硫磷 pyridaphenthion

其他名称 苯哒磷；苯哒嗪硫磷；必芬松；哒净硫磷；哒净松；杀虫净。

化学名称 O,O-二乙基-O-(2,3-二氢-3-氧代-2-苯基-6-哒嗪基)硫代磷酸酯。

结构式

理化性质 纯品为白色结晶，熔点54.5～56℃，原药为淡黄色固体，熔点53～54.5℃，48℃蒸气压为25.3Pa，65℃蒸气压为52Pa，90℃蒸气压为110.6Pa，相对密度1.325。难溶于水，易溶于丙酮、甲醇、乙醚等有机溶剂，微溶于已烷、石油醚。

毒性 急性经口LD_{50}：雄大白鼠769.4mg/kg，雄小白鼠554.6mg/kg，雌小白鼠为458.7mg/kg，兔为4 800mg/kg。急性经皮LD_{50}：雄大白鼠2 300mg/kg，小白鼠660mg/kg，兔2 000mg/kg以上。鱼毒LC_{50}(48h)：鲤鱼12mg/L，金鱼10mg/L，青鳉鱼10mg/L。

剂型 20%、40%乳油，2%粉剂。

作用特点 是一种高效、低毒、低残留广谱性杀虫剂，具有触杀和胃毒作用，但无内吸作用。对多种咀嚼式口器害虫均有较好的防治效果。

应用技术 本品是触杀和胃毒杀虫剂，杀虫谱广，对水稻、小麦、棉花、杂粮、油料、蔬菜、果树、森林等作物的多种害虫有良好的防治效果，尤其对水稻螟虫、棉花红蜘蛛有特效，对稻纵卷叶螟和稻飞虱的防效较差。

防治小麦黏虫、玉米螟，用20%乳油200～250ml/亩对水40～50kg喷雾；水稻害虫的防治，防治二化螟、三化螟，在低龄幼虫期，用20%乳油200～300ml/亩，对水60kg喷雾；防治稻苞虫、稻叶蝉、稻蓟马，在幼虫发生盛期，用20%乳油200ml/亩，对水100kg喷雾；防治稻瘿蚊，用20%乳油200～250ml/亩，对水75kg喷雾，或混细土1.5～2.5kg撒施；棉花害虫的防治，防治棉花叶螨，在害虫发生盛期，用20%乳油1 000倍液喷雾；防治棉蚜、棉铃虫、红铃虫、造桥虫，在低龄幼虫期，用20%乳油500～1 000倍液喷雾或每亩用2%粉剂3kg喷粉，效果良好；防治大豆蚜虫、豆荚螟，在低龄幼虫期，可以用20%乳油750～1 500倍液喷雾；防治茶树害虫，用20%乳油800～1 000倍液喷雾。

防治蔬菜田菜青虫、蚜虫，在害虫发生盛期，用20%乳油750～1 500倍液喷雾。

防治果树食心虫、蚜虫，在害虫发生为害初期，可以用20%乳油750～1 500倍液喷雾。

注意事项 不可与2，4-滴类除草剂同时或先后使用，以免产生药害。

开发登记 安徽省池州新赛德化工有限公司等企业登记生产。

水胺硫磷 isocarbophos

其他名称 羧胺磷。

化学名称 O-甲基-O-(2-异丙氧基甲酰基苯基)硫代磷酰胺。

结 构 式

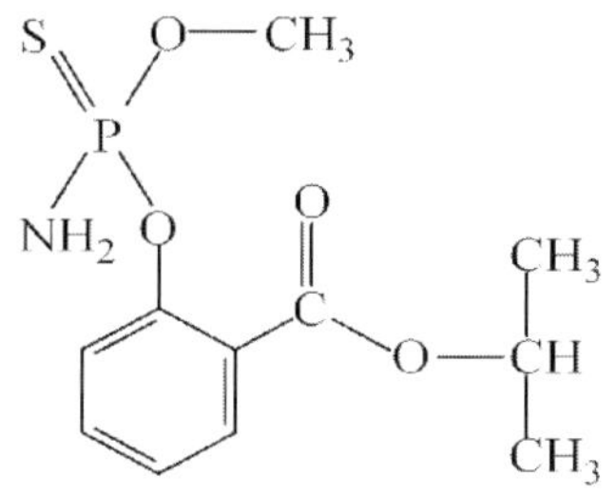

理化性质 纯品为无色片状结晶，原油为浅黄色至茶褐色油状液体，有效成分含量为85%~90%。在常温下放置逐渐会有结晶析出，能溶于乙醚、丙酮、苯、乙酸乙酯等有机溶剂，不溶于水，难溶于石油醚。常温下贮存较稳定。

毒 性 急性经口LD_{50}：雄大鼠为25mg/kg，雌大鼠为36mg/kg，雄小鼠为11mg/kg，雌小鼠为13mg/kg。急性经皮LD_{50}：雄大鼠为197mg/kg，雌大鼠为218mg/kg。

剂 型 20%、28%、40%、35%、20%乳油，30%高渗乳油。

作用特点 广谱有机磷杀虫、杀螨剂，具触杀、胃毒和杀卵作用。在昆虫体内能首先被氧化成毒性更大的水胺氧磷，抑制昆虫体内的乙酰胆碱酯酶。在土壤中持久性差，易分解。残效期7~14d。

应用技术 主要用于防治水稻、棉花害虫等。防治水稻蓟马和螟虫，防治棉花红蜘蛛和棉铃虫可用35%乳油57~114g/亩喷雾或用40%乳油50~100ml/亩喷雾。

水稻害虫防治，防治二化螟，防枯心苗和枯梢在蚁螟孵化高峰前后3d内用药，防治虫伤株、枯孕穗和白穗在孵化始盛期至高峰期用药，可用35%乳油 86~171g/亩喷雾，或40%乳油75~150g/亩喷雾；防治三化螟，防枯心苗，在幼虫孵化高峰前1~2d用药，防白穗在5%~10%破口露穗时用药，用药量同二化螟；防治稻瘿蚊，本田防治在成虫高峰期至幼虫盛孵期施药，用药量同二化螟；防治稻蓟马，水稻4叶期后，达到防治指标时用药，用20%乳油600~750倍液喷雾；防治稻纵卷叶螟，在1~2龄幼虫高峰期施药，用20%乳油600~750倍液喷雾；防治稻水象甲，用28%乳油25~50ml/亩对水40~50kg喷雾；棉花害虫的防治，防治棉花棉铃虫、红蜘蛛，用35%乳油57~114g/亩喷雾或40%乳油50~100ml/亩喷雾。

注意事项 不可与碱性农药混合使用。本品为高毒农药，禁止用于蔬菜、瓜果、茶树、中草药植物上；禁止用于防治卫生害虫，禁止用于水生植物的病虫害防治。使用时，应注意劳动保护，穿长袖长裤工作服，戴防护口罩和风镜，并站在上风处施药，施药后的剩余药液和清洗药械的废水应妥善处理，不得乱倒。工作结束后必须用肥皂仔细洗手、洗脸，严禁用不洁的手接触面部和眼睛，操作过程中不得抽烟和吃东西。能通过食道、皮肤和呼吸道引起中毒，中毒症状有头晕、恶心、无力、盗汗和其他典型有机磷农药的中毒症状。如遇中毒，应立即请医生治疗，误服或沾污皮肤应彻底洗胃或清洗皮肤。洗涤液宜用碱性液体或清水，忌用高锰酸钾溶液，可用阿托品类药物治疗，中、重度中毒应并用胆碱酯酶复能剂，并积极采取对症处理和支持疗法。

开发登记 安道麦股份有限公司、湖北仙隆化工股份有限公司等企业登记生产。

甲基异柳磷 isofenphos-methyl

化学名称 O-甲基-O-[(2-异丙氧基甲酰基)苯基]-N-异丙基硫代磷酰胺。

结构式

$$(CH_3)_2CHNH-P(=S)(OCH_3)-O-C_6H_4-C(=O)-O-CH(CH_3)_2$$

理化性质 纯品为淡黄色油状液体，原油为棕色油状液体。易溶于苯、甲苯、二甲苯、乙醚等有机溶剂，难溶于。常温下储存较稳定。遇强酸和碱易分解，光和热也能加速分解。

毒　　性 纯品雄性大鼠急性经口LD_{50}为28.40mg/kg，雌性大鼠LD_{50}为29.69mg/kg；雄性小鼠急性经口LD_{50}为30.70mg/kg，雌性小鼠经口LD_{50}为28.08mg/kg；雄性大鼠LD_{50}为60.08mg/kg，雌性大鼠急性经皮LD_{50}为49.20mg/kg。

剂　　型 17%、20%、40%乳油，2.5%、3%颗粒剂，2.5%粉剂。

作用特点 新型土壤杀虫剂，对害虫具有较强的触杀和胃毒作用。杀虫谱广、残效期长，是防治地下害虫的优良药剂。

应用技术 主要用于小麦、花生、大豆、玉米、甘薯、甜菜等作物，防治蛴螬、蝼蛄、金针虫等地下害虫，也可用于防治黏虫、蚜虫、烟青虫、桃小食心虫、红蜘蛛等。对甘薯茎线虫、花生根结线虫、大豆孢囊线虫也有较好的防治效果。

防治小麦地下害虫，可用40%乳油1∶1 000（药种比）或35%乳油1∶800（药种比）拌种；防治玉米地下害虫，可用40%乳油400倍液或35%乳油350倍液拌种；防治高粱地下害虫，可用40%乳油800倍液或35%乳油700倍液拌种；防治花生蛴螬，可用40%乳油250ml/亩或35%乳油285ml/亩沟施花生墩旁；防治甘薯蛴螬，可用40%乳油100ml/亩或35%乳油114ml/亩撒毒饵防治；防治甘薯茎线虫病，可用40%乳油250～500ml/亩或35%乳油285～571ml/亩拌土条施或铺施；防治小麦吸浆虫，可以用2.5%颗粒剂19 800～30 000g/ha土壤处理。

注意事项 甲基异柳磷只准用于拌种或土壤处理，本品禁止在蔬菜、瓜果、茶叶、菌类、中草药材和甘蔗作物上使用。禁止用于水生植物的病虫害防治。拌药的种子最好机播，如用手接触必须戴胶皮手套。严禁在施药区放牲畜，以免引起中毒。甲基异柳磷乳油能通过食道、呼吸道和皮肤引起中毒，中毒症状有头痛、头昏、恶心、呕吐等，如遇有这类症状应立即去医院治疗，解毒药可选用阿托品或解磷啶。应储存在干燥、避光和通风良好的仓库内。

开发登记 河北威远生物化工有限公司、湖北仙隆化工股份有限公司、湖北省天门易普乐农化有限公司、开封市普朗克生物化学有限公司。

氯唑磷 isazofos

其他名称 CGAl2223；异唑磷；异丙三唑硫磷；Miral；米乐尔；Brace；Triumph。

化学名称 O,O-二乙基-O-(5-氯-1-异丙基-1H-1,2,4-三唑-3-基)硫代磷酸酯。

结构式

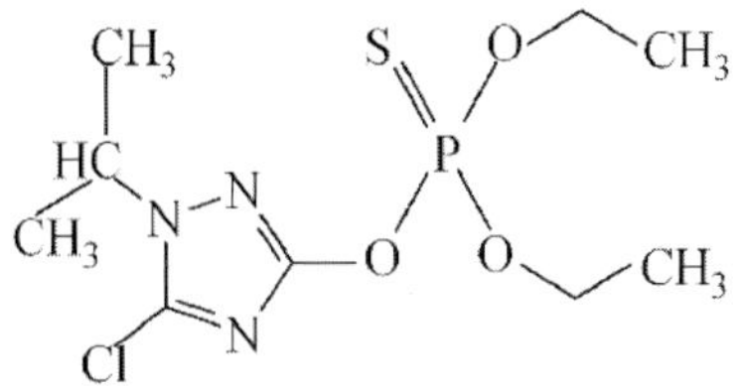

理化性质 原药为黄色液体。沸点100℃(0.133 3Pa)，密度为1.22。微溶于水，20℃时水中的溶解度为150mg/L。蒸气压1.76MPa/20℃。能溶于甲醇、氯仿、甲烷、苯及乙烷等有机溶剂，20℃时在水中溶解度250mg/L。在中性及微酸性条件下稳定，在碱性条件下不稳定。

毒　　性 大鼠急性经口LD_{50}为40～60mg/kg，急性经皮LD_{50}为250～700mg/kg，4h急性吸入LC_{50}为250mg/L。3%颗粒剂对大鼠急性经口LD_{50}＞150mg/kg，急性经皮LD_{50}＞3 500mg/kg，对皮肤有中等刺激，对眼的刺激轻微。对鱼类等水生动物高毒，LC_{50}(96h)：虹鳟鱼0.006～0.019mg/L，鲤鱼0.22mg/L，蓝鳃翻车鱼0.004mg/L。对鸟有毒，急性经口LD_{50}：日本鹌鹑1.5mg/kg，美洲鹌鹑11.1mg/kg，野鸭61mg/kg。

剂　　型 2%、3%、5%、10%颗粒剂，50%微囊悬浮剂，50%乳油。

作用特点 高效广谱的有机磷杀虫、杀线虫剂，具有触杀、胃毒和一定的内吸作用。主要用于防治地下害虫和线虫，对刺吸式、咀嚼式口器害虫和钻蛀性害虫也有较好的防治效果。抑制胆碱酯酶的活性，干扰线虫、昆虫神经系统的协调作用而致死亡。该药在土壤中的残效期较长，对多数害虫有快速击倒作用。

应用技术 由于毒性原因，本品禁止在蔬菜、瓜果、茶叶、中草药材上使用。据资料报道，可用于防治花生、玉米、豆类、水稻、牧草等作物上的根结线虫、孢囊线虫、茎线虫等。此外，也可有效地防治稻螟、稻飞虱、稻瘿蚊、稻蓟马、金针虫、玉米螟、地老虎、切叶蚁等害虫。既能作为叶面喷洒又可作为土壤处理或种子处理，防治茎叶害虫及根部线虫，使用剂量为33～133g/亩(有效成分)。

注意事项 对皮肤有刺激作用，施药时要戴防护手套，不得饮食抽烟，施药后立即换洗工作服，用肥皂水洗净裸露皮肤。不宜在烟草上使用，以防产生药害。本品禁止在蔬菜、果树、茶树、和中草药上使用；药剂不能与食品、饲料同放，应储放于小孩、禽畜不到之处，通风干燥、阴凉，温度不高于35℃。解毒剂为阿托品和肟类制剂，如解磷啶或双复磷，应在医护人员指导下使用。

开发登记 瑞士先正达作物保护有限公司等企业曾登记生产。

丙溴磷 profenofos

其他名称 溴氯磷；CGA-15324；OMS2004；Curacron；Polycron；Selecron。

化学名称 O-(4溴-2-氯苯基)-O-乙基-S-丙基硫代磷酸酯。

结构式

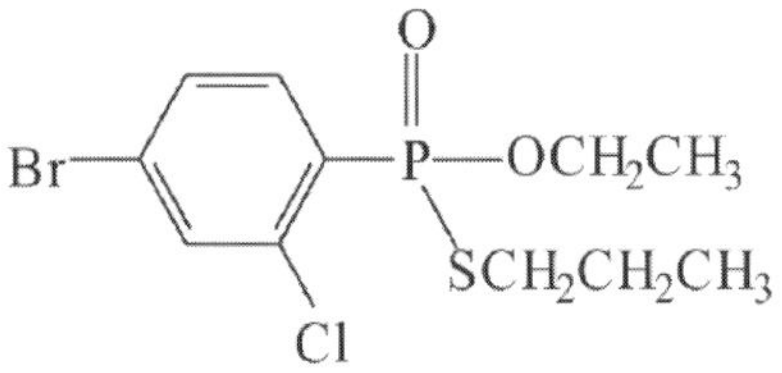

理化性质 淡黄色的液体，沸点110℃(0.133Pa)，水中溶解度20mg/L(20℃)，可溶于甲醇、丙酮、乙醚、氯仿等有机溶剂。在中性、弱酸性条件下稳定，在碱性条件下易分解。

毒　　性 中等毒性。大鼠急性经口LD_{50}为358 mg/kg，急性经皮LD_{50}为3.3g/kg。无慢性毒性，无致癌、致畸、致突变作用。对皮肤无刺激作用。对鱼、鸟、蜜蜂有毒。

剂　　型 20%、40%、50%、500g/L、720g/L乳油，20%微乳剂、50%水乳剂，25%超低容量喷雾剂，3%、10%颗粒剂。

作用特点 广谱性有机磷杀虫剂，具有速效性，在植物叶上有较好的渗透性，但不是内吸药剂。其作用机制是抑制昆虫体内胆碱酯酶。

应用技术 本品为三元不对称结构有机磷杀虫剂。具有触杀、胃毒作用。防治水稻稻纵卷叶螟，可用50%乳油80～120ml/亩、40%乳油100～120ml/亩、720g/L乳油40～50ml/亩喷雾；防治水稻二化螟，可用720g/L乳油40～50ml/亩喷雾；防治棉花棉铃虫，用500g/L乳油75～125ml/亩喷雾、40%乳油50～75ml/亩、50%乳油48～72ml/亩喷雾；防治棉盲蝽，可用720g/L乳油40～50ml/亩喷雾；防治甘蓝小菜蛾，用20%微乳剂130～150ml/亩、40%乳油60～90ml/亩、50%乳油52～64g/亩喷雾；防治苹果树红蜘蛛，可用40%乳油2 000～4 000倍液喷雾；防治柑橘树红蜘蛛，可用50%乳油2 000～3 000倍液喷雾。

据资料报道，还可用于小麦蚜虫的防治，麦田齐苗后，有蚜株率5%，百株蚜量10头左右，冬麦返青拔节前，有蚜株率20%，百株蚜量5头以上进行防治，用50%乳油25～35ml/亩对水50kg喷施。

注意事项 在棉花上的安全间隔期为5～12d。果园中不宜使用。该药对苜蓿和高粱有药害。丙溴磷是中等毒性的有机磷杀虫剂，吞噬或吸入均有毒，故使用本品应戴防护手套。喷雾时要顺风方向进行，防止口鼻吸入，皮肤或身体裸露部位接触本品后，应及时用肥皂和水洗净并应及时请医生诊治。

开发登记 青岛中达农业科技有限公司、江西正邦作物保护有限公司、广西兄弟农药厂、河南欣农化工有限公司、深圳诺普信农化股份有限公司、河北国欣诺农生物技术有限公司、上海沪联生物药业（夏邑）股份有限公司、山东邹平农药有限公司、江苏丰山集团股份有限公司、海南正业中农高科股份有限公司、济南天邦化工有限公司、兴农药业(中国)有限公司、陕西标正作物科学有限公司等企业登记生产。

毒死蜱 chlorpyrifos

其他名称 Dowco 179；ENT27311；氯蜱硫磷；Dursban；乐斯本。

化学名称 O,O-二乙基-O-(3,5,6-三氯-2-吡啶基)硫代磷酸酯。

结 构 式

理化性质 原药为无色颗粒状结晶，室温下稳定，有硫磺臭味，密度1.398(43.5℃)，熔点41.5～43.5℃，蒸气压为2.5MPa(25℃)，水中溶解度为1.2mg/L，溶于大多数有机溶剂。

毒　　性 原药对大鼠急性经口LD_{50}为163mg/kg，急性经皮LD_{50}＞2g/kg。

剂　　型 45%、480g/L、50%、48%乳油，15%、30%、40%、50%微乳剂，20%、30%、36%微囊悬浮剂，20%、25%、30%、40%水乳剂，0.5%、3%、5%、10%、15%、20%颗粒剂，0.1%、0.2%、

0.52%、0.9%、1.0%饵剂，40%可湿性粉剂，30%、40%种子处理微囊悬浮剂，15%烟雾剂。

作用特点 具有触杀、胃毒和熏蒸作用。在叶片上的残留期不长，但在土壤中的残留期则较长，因此对地下害虫的防治效果较好。在推荐剂量下，对多数作物没有药害，但对烟草敏感。杀虫谱可与甲胺磷相比，但毒性比甲胺磷低很多，属中等毒性。在有机磷杀虫剂中属低毒。与土壤有机质吸附能力极强，因此对地下害虫(小地老虎、金针虫、蛴螬、白蚁、蝼蛄等)防效好，控制期长。

应用技术 防治小麦蚜虫，于麦蚜始发盛期，可用本品有效成分108～180g/ha喷雾处理；防治小麦吸浆虫，用5%颗粒剂1 000～2 000g/亩撒施处理；防治水稻稻飞虱、稻纵卷叶螟，用本品乳油有效成分302.4～612g/ha对水喷雾；防治水稻二化螟、三化螟，用本品乳油有效成分360～576g/ha喷雾；防治水稻稻瘿蚊，用本品有效成分1 800～2 160g/亩喷雾；防治棉花害虫，用本品有效成分453.6～900g/ha喷雾；防治苹果树绵蚜，用480g/L乳油1 800～2 400倍液或40%乳油1 000～2 000倍液喷雾；防治小麦蛴螬、蝼蛄、金针虫，用微囊悬浮剂，于地下害虫发生期，用20%微囊悬浮剂550～650g/亩灌根处理；防治大豆食心虫，于大豆食心虫卵孵盛期，用40%乳油有效成分480～600g/ha对水喷雾；防治棉花棉铃虫和蚜虫，用48%乳油900～1 800g/ha喷雾处理；防治甘蔗蔗螟，于甘蔗蔗螟卵的孵化始期，可以用10%颗粒剂1 200～1 500g/亩，在甘蔗苗期将药剂均匀撒施于蔗苗基部周围泥土，并覆盖薄土，或拌细土后均匀撒施，然后用土覆盖；防治甘蔗蔗龟，用乳油有效成分1 800～3 000g/ha喷淋甘蔗根部，或用30%微囊悬浮剂400～500g/亩或10%颗粒剂1 200～1 500g/亩，于甘蔗苗期蔗龟成虫羽化前施药，拌毒土均匀撒施于蔗沟内或蔗苗基部后，用薄土覆盖；防治甘蔗绵蚜，用15%烟剂，于6—7月甘蔗绵蚜大发生时用烟雾机喷施，视虫害发生情况每天15～20d施药1次，可连续用药2次。

地下害虫，防治花生蛴螬，于花生下针期，用微囊悬浮剂有效成分1 575～2 250g/ha灌根处理，或0.5%颗粒剂30～36kg/亩撒施，或用5%颗粒剂2 400～3 000g/亩药土法处理或2 625～3 000g/ha于下针期撒施，或用种子处理微囊悬浮剂有效成分600～900g/100kg种子拌种处理；防治花生地下害虫，用10%颗粒剂1 200～1 500g/亩，于花生播种期拌土施药1次；防治甘蔗地下害虫，用10%颗粒剂500～1 000g/亩，于播种时穴施或幼苗期开沟撒施，施药深度为土层下15～20cm处，施药时可拌土或细沙。

对果树害虫，防治苹果树桃小食心虫，用480g/L乳油2 000～3 000倍液，或40%乳油1 660～2 500倍液喷雾处理；防治柑橘树红蜘蛛、矢尖蚧，用480g/L乳油1 000～2 000倍液或40%乳油800～1 000倍液喷雾。

注意事项 为保护蜜蜂，应避开作物开花期使用，不能与碱性农药混用。由于农药残留问题，本品在国内禁止在蔬菜上使用。各种作物收获前停止用药的安全间隔期，棉花为21d，水稻7d，小麦10d，甘蔗7d，啤酒花21d，大豆14d，花生21d，玉米10d。在棉花上最高用药量每次有效成分12g/亩。最高残留限量(MRL)棉籽中为0.05mg/kg，最高残留限量(MRL)甘蓝中为1mg/kg。发生中毒时应立即送医院治疗。并可注射阿托品作解毒剂。

开发登记 美国陶氏益农公司、新加坡利农私人有限公司、兰博尔开封科技有限公司、河南瀚斯作物保护有限公司、江苏新农化工有限公司、六夫丁作物保护有限公司等企业登记生产。

甲基毒死蜱 chlorpyrifos-methyl

其他名称 Dowlo 214；甲基氯蜱硫磷；Reldan。

化学名称 O,O-二甲基-O-(3,5,6-三氯-2-吡啶基)硫代磷酸酯。

结构式

$$(CH_3O)_2\overset{S}{\overset{\|}{P}}O-\text{(3,5,6-trichloro-2-pyridyl)}$$

理化性质 纯品为无色结晶体，有轻微硫磺味。熔点为45.5～46.5℃，25℃蒸气压为3MPa，密度为1.64(23℃)。在20℃水中溶解度为2.6mg/L，易溶于多种有机溶剂。在一般储存条件下和中性介质中比较稳定，在碱性(pH值8～10)和酸性(pH值4～6)介质中都会水解，碱性介质里水解更快。

毒　　性 急性经口LD_{50}：大鼠＞3g/kg，小鼠1 100～2 250mg/kg，豚鼠2 250mg/kg，兔2g/kg。大鼠急性吸入LC_{50}(4h)＞0.67mg/L。小鸡急性经口＞7 950mg/kg(胶囊施药)，野鸭的LC_{50}(8d)为2.5～5g/kg。虹鳟鱼LC_{50}(96h)为0.3mg/L。对蜜蜂有毒，LD_{50}(接触)0.38μg/蜜蜂。水蚤LC_{50}(24h)0.016～0.025mg/kg。小龙虾的LC_{50}(36h)为0.004mg/L。

剂　　型 25%、40%、400g/L乳油。

作用特点 高效、低毒、低残留、广谱性的杀虫剂，具有触杀、胃毒、熏蒸和一定的渗透作用。抑制胆碱酯酶活性。

应用技术 本品具有高效广谱的杀虫活性，可防治棉花田棉铃虫，可以用40%乳油1 000 ～ 2 000倍液或400g/L乳油100～175ml/亩均匀喷施。

防治十字花科蔬菜田菜青虫，在幼虫盛发期用400g/L乳油60～80ml/亩对水均匀喷施。

据资料报道，还可用于防治蚊、蝇、其他作物害虫、家庭住宅和仓库害虫以及水中幼虫等。用5～15mg/L剂量处理仓库储粮，能有效地控制米象、玉米象、咖啡豆象、拟谷盗、锯谷盗、长角扁谷盗、土耳其扁谷盗、麦蛾、印度谷蛾等10多种常见害虫；10mg/L剂量的甲基毒死蜱具有与20mg/L剂量的防虫磷(高纯度马拉硫磷)同样防治效果，在甲基毒死蜱中加入少量的溴氰菊酯混合使用，对有机磷一类产生交互抗性的害虫种的效果特别好；对有机械输送设备的粮库可于入仓库时在输送带上按4～10mg/kg剂量对粮流喷雾，无机械输送装置可按同量人工喷雾拌和粮食，或用药剂砻糠载体拌和粮食。对粮袋、仓墙可按0.5～1g/m^{2}喷雾处理。

注意事项 被处理粮食水分在安全储藏标准以内，并于害虫发生初期施药。参加喷雾拌粮和药物载体制作人员，应戴橡胶手套及防毒口罩进行操作，工作完毕后，用肥皂水洗净手、脸及其他部位后，方可饮水、吸烟和进食。中毒症状：开始有头痛、多涎、昏睡等感觉，继而恶心、呕吐、腹痛，可能出现胸闷、呼吸困难、瞳孔缩小、视力模糊等；若中毒严重，全身痉挛、不省人事。治疗：有中毒症状者，应立即送医院治疗，按有机磷农药中毒治疗方案，对症处治。按规定剂量施药，仅限用于原粮，成品粮上不能使用。

开发登记 江苏蓝丰生物化工股份有限公司、美国陶氏益农公司等企业登记生产。

二嗪磷 diazinon

其他名称 二嗪农；亚农；大亚仙农；G-2448；Diazinon Basudin；Neocidol。

化学名称 O,O-二乙基-O-(2-异丙基-6-甲基嘧啶-4-基)硫代磷酸酯。

结 构 式

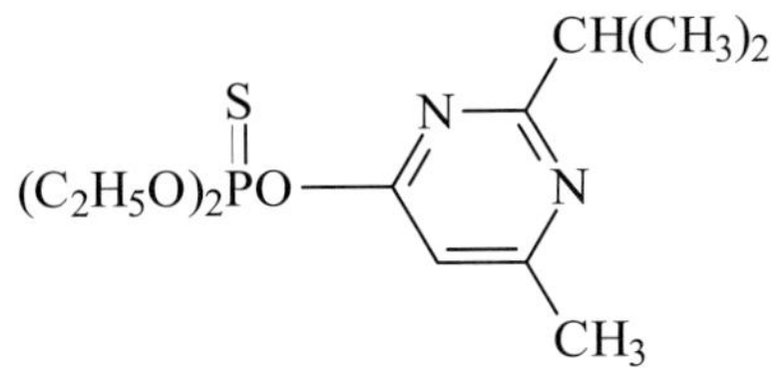

$CH(CH_3)_2$

S N

$(C_2H_5O)_2PO$ N

CH_3

理化性质 纯品为无色油状液体，沸点为83～84℃(26.7mPa)，蒸气压为0.097MPa(20℃)。常温下水中溶解度为40mg/L，溶解于乙醇、丙酮、苯、二甲苯及石油烃类有机溶剂。在50℃以上不稳定，对酸和碱不稳定，对光稳定。

毒　　性 大鼠急性经口LD_{50}为1 250mg/kg，小鼠急性经口LD_{50}为80～135mg/kg，豚鼠250～355mg/kg。大鼠急性经皮LD_{50}为2 150mg/kg，兔急性经皮LD_{50}为540～650mg/kg，对兔皮肤和眼睛无刺激。野鸭急性经口LD_{50}为3.5mg/kg，野鸡急性经口LD_{50}为4.3mg/kg。鱼毒LC_{50}(96h)：蓝鳃为16mg/L，虹鳟2.6～3.2mg/L，鲤鱼7.6～23.4mg/L，对蜜蜂有毒。水蚤LC_{50}(48h)为0.96μg/L。

剂　　型 25%、50%、60%乳油，0.1%、2%、4%、5%、10%颗粒剂，20%超低容量液剂等。

作用特点 为广谱性有机磷杀虫剂，具有触杀、胃毒、熏蒸和一定的内吸作用。其作用机理为抑制乙酰胆碱酯酶。它对鳞翅目、同翅目等多种害虫均有较好的防治效果，亦可拌种防治多种作物的地下害虫。并有一定的内吸活性及杀螨活性和杀线虫活性，残效期较长。

应用技术 对鳞翅目、同翅目等多种害虫均有较好的防治效果，亦可拌种防治多种地下害虫，主要以乳油对水喷雾用于水稻、棉花、果树、蔬菜、甘蔗、玉米、烟草、马铃薯等作物，防治刺吸式口器害虫和食叶害虫，如鳞翅目、双翅目幼虫、蚜虫、叶蝉、飞虱、蓟马、介壳虫、二十八星瓢虫及叶螨等，对虫卵、螨卵也有一定杀伤效果。也可用于小麦、玉米、高粱、花生等拌种，可防治蝼蛄、蛴螬等土壤害虫。颗粒剂灌心叶，可防治玉米螟。

水稻害虫的防治，防治三化螟，防治枯心应掌握在卵孵盛期，防治白穗在5%～10%破口露穗期，用50%乳油50～75ml/亩，对水50～75kg喷雾；防治二化螟，大发生年份蚁螟孵化高峰前3d第1次用药，7～10d后再用药1次，用50%乳油50～75ml/亩，对水50～75kg喷雾；防治稻瘿蚊，主要防治中、晚稻秧苗田，防治将虫源带入本田，在成虫高峰期至幼虫盛孵高峰期施药，用50%乳油50～100ml/亩对水50～75kg喷雾；防治稻飞虱、稻叶蝉、稻秆蝇，在害虫发生期，用50%乳油50～75ml/亩对水50～75kg喷雾防治；防治玉米螟，于心叶末期，用10%颗粒剂0.4～0.6kg/亩，拌毒土灌心叶；防治华北蝼蛄、华北大黑金龟子，用50%乳油30ml，加水25kg，拌玉米或高粱种300kg，拌匀闷种7h后播种，用50%乳油30ml，加水25kg，拌小麦种250kg，待种子把药液吸收，稍晾干后即可播种；棉花害虫的防治，防治棉田苗蚜的指标为大面积有蚜株率达30%、平均单株蚜数近10头以及卷叶株率不超过5%，用50%乳油40～60ml/亩，对水40～60kg喷雾；防治棉红蜘蛛，6月底前的害螨发生期特别加强防治，以免棉花减产，用50%乳油60～80ml/亩，对水50kg喷雾；防治春花生蛴螬，花生始花期或果针期，用10%颗粒剂500g/亩沟施，并结合中耕将药剂拌入土层中，视虫害发生程度增加至1kg/亩；防治甘蔗地下害虫，初植蔗，在播种后用10%颗粒剂2kg拌细土5kg撒入定植沟后盖土，能有效杀灭地下害虫，保护蔗根、蔗芽不受害，宿根蔗在开春结合松土，在蔗芽萌发期，用10%颗粒剂每亩2～3kg拌细土10kg，撒在根周围后松土培根，使药土埋在根周围发挥其触杀和熏蒸的作用。

蔬菜害虫的防治，防治菜青虫，在产卵高峰后1星期，幼虫处于2～3龄期防治，用50%乳油50ml/亩，对水40～50kg均匀喷雾；防治菜蚜，在蚜虫发生期防治，用50%乳油50ml/亩，对水40～50kg均匀喷雾；防治圆葱潜叶蝇、豆类种蝇，用50%乳油50～100ml/亩，对水50～100kg均匀喷雾。

另据资料报道还可用于防治烟草地下害虫，为害烟草的地下害虫主要有蛴螬、地老虎和蟋蟀等，造成烟草缺棵，可在烟草移栽时，用10%颗粒剂每株0.5～1g作塘施后盖土浇水，能充分的发挥其触杀和熏蒸作用，杀灭害虫；防治芒果根粉蚧和苹果根瘤蚜等，结果果树进行冬季土壤管理时，在翻挖根周土壤后，用10%颗粒剂2～3kg拌细土10kg，每株用药土300～500g，撒入翻挖过的土壤中，然后再翻挖1次，把药土翻入土中即可；防治万寿菊等其他作物的黄蚂蚁，在万寿菊等作物的栽培中，局部地区苋蚂蚁的为害也十分严重，可用10%颗粒剂每亩1～2kg拌细土5～10kg，在万寿菊等作物移栽后撒在根周围，然后培土浇水盖膜。

注意事项 此药不可与碱性药物和敌稗混合使用，在施用敌稗前后两周内不得使用本剂。本品不能用铜、铜合金罐、塑料瓶盛装，储存时应放置在阴凉、干燥处。如果是喷洒农药而引起中毒时，应立即使病人脱离现场，移至空气新鲜处。药物误服进入肠胃时，应立即使中毒者呕吐，口服1%～2%苏打水或用水洗胃，让病人休息，保持安静，送医院就医；进入眼内时，用大量的清水冲洗10～15min，滴入磺乙酰钠眼药，严重时可用10%磺乙酰软膏涂眼，中毒者呼吸困难时应输氧，严重者需做人工呼吸，解毒药有硫酸阿托品、解磷啶等。二嗪磷最高残留限量为0.75mg/kg，收获前安全间隔期为10d。

开发登记 江苏丰山集团股份有限公司、江苏省南通派斯第农药化工有限公司、浙江禾本科技有限公司、浙江永农化工有限公司、江苏省南通江山农药化工股份有限公司等企业登记生产。

甲基吡恶磷 azamethiphos

其他名称 蟑螂宁；氯吡恶唑磷；加强蝇必净；Alfracron；CGA 18809；GS 40616；SNIP RBI。

化学名称 O,O–二甲基–S–(6–氯–2,3–二氢–2–氧–1,3–恶唑[4, 5–b]吡啶–3–基)甲基硫代磷酸酯。

结构式

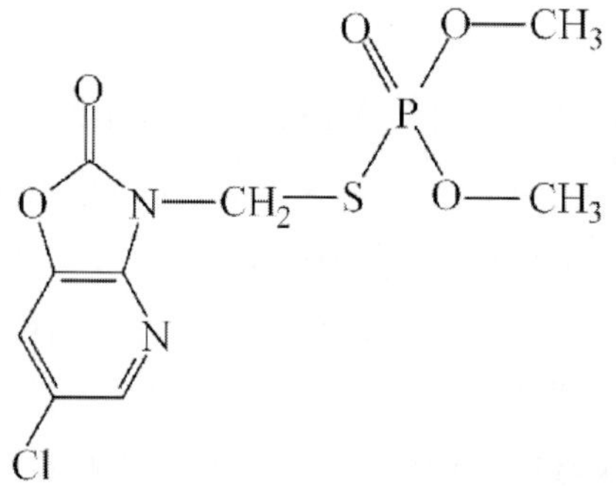

理化性质 本品为无色晶体，熔点89℃，20℃蒸气压为0.004 9MPa，20℃相对密度1.60。溶解性(20℃温度下，g/kg)：苯13，二氯甲烷61，甲醇10，正辛醇5.8，水1.1 g/L。酸碱介质中不稳定。

毒　性 大白鼠急性经口LD_{50}为1 180mg/kg，大白鼠急性经皮LD_{50}＞2 150mg/kg，对兔皮肤无刺激作用，但对眼睛有轻微刺激作用。鱼毒：LC_{50}(96h，mg/L)虹鳟鱼0.2，鲤鱼6.0，蓝鳃翻车鱼8.0。对蜜蜂有毒，对日本鹌鹑无毒。

剂　型 10%可湿性粉剂、0.8%灭蝇饵剂(B型)。

作用特点 是一种有机磷杀虫剂，胃毒为主，兼有触杀作用。主要作用于昆虫及高等动物体内的乙酰胆碱酯酶，它们与机体内的乙酰胆碱酯酶结合，使其催化活性受抑制。由于乙酰胆碱是神经突触的信号传递介质，乙酰胆碱酯酶活性被抑制后，造成乙酰胆碱在体内大量积蓄，使神经兴奋失常，引起虫体震颤、痉挛，麻痹而死亡。如与诱致剂配合，能增加诱致苍蝇能力2～3倍。

应用技术 据资料报道，可用于用于棉花、果树和蔬菜以及卫生害虫，防治苹果蠹蛾、螨、蚜虫、叶蝉、木虱、梨小食心虫、马铃薯甲虫、家蝇、蚊子、蟑螂等害虫。

注意事项 使用时应避免与皮肤和黏膜接触。不能污染河流、池塘及下水道，远离儿童和动物，废弃物禁止污染水源。有蜂群处严禁使用。紧急救助。吸入中毒，转移到新鲜空气中，皮肤接触或溅入眼中，立即用大量水清洗，误吞可通过大量饮水服下大量的医用炭。

生产登记 河北安霖制药有限公司等企业曾登记生产。

马拉硫磷 malathion

其他名称 马拉松；T.M.4049；Mercaptothion(So.Africa)；Carbofos(USSR)；防虫磷(优质马拉硫磷，专用于防治储粮害虫)；Mercaptotion (Argentina)；Maldison(Australia，NewZealand)；Maltox；Cythion；Fytaron；ForMal；Hilthion；Hilmala；Malixol；MLT；Lucathion。

化学名称 O,O-二甲基-S-1,2-双(乙氧基甲酰基)乙基二硫代磷酸酯。

结构式

$$
\begin{array}{l}
\qquad\qquad\quad S \qquad O \\
\qquad\qquad\quad \| \qquad\ \| \\
(CH_3O)_2PSCHCOCH_2CH_3 \\
\qquad\qquad\qquad | \\
\qquad\qquad\quad CH_2COCH_2CH_3 \\
\qquad\qquad\qquad\qquad \| \\
\qquad\qquad\qquad\qquad O
\end{array}
$$

理化性质 纯品为透明琥珀色液体。熔点2.85℃，沸点156～157℃(93.3Pa)，蒸气压30℃时为5.33MPa。密度1.25，折光率为1.498 5。挥发度为2.26mg/m^3(20℃)，工业品纯度在95%以上，淡棕色液体，微溶于水(溶解度为125mg/L)，能溶于多种有机溶剂，如酯、醇、酮、苯类、氯化烃、植物油等。

毒　　性 对大白鼠急性经口LD_{50}为5 696mg/kg；对兔急性经皮LD_{50}为4 100mg/kg。在高等动物体内很快被肠胃吸收，而且排出很快，未见积累。对蜜蜂为高毒。

剂　　型 1.70%、2.45%、45%、50%乳油，25%油剂，75%乳油(防虫磷)。

作用特点 马拉硫磷是一种高效、低毒、广谱有机磷类杀虫剂。具有触杀和胃毒作用，也有一定的熏蒸和渗透作用，对害虫击倒力强，作用迅速，残效期短。但其药效受温度影响较大，高温时效果好。在粮堆内，害虫接触药剂经1～2d即死亡，但由于药剂主要存在粮粒外，故对钻蛀性害虫如玉米象、谷蠹等，它的幼虫、蛹等潜伏在粮粒内部时无杀伤作用。对高等动物毒性低，高等动物口服后，通过肝脏和肾脏，在体内羧酸酯酶的作用下形成的氧化物，可迅速分解成无毒的一酸或二酸化物，而在昆虫体内主要是受混合功能氧化酶作用，被氧化成毒性更强的马拉氧磷而发挥毒杀作用。

应用技术 主要用于防治多种作物咀嚼式口器害虫和刺吸式口器害虫，于鳞翅目害虫卵孵化高峰期至低龄幼虫发生期，刺吸式口器害虫始发盛期施药。

防治水稻飞虱、蓟马、叶蝉，小麦蚜虫、黏虫，大豆食心虫、造桥虫，蔬菜黄条跳甲、蚜虫，可用有效成分573.75～776.25g/ha对水喷雾；防治棉花盲蝽、蚜虫、叶跳甲，用45%乳油371.25～573.75g/ha对水喷雾；防治林木、牧草、农田蝗虫，用有效成分438.75～607.5g/ha对水喷雾；防治茶树长白蚧、象甲，用45%乳油450～720倍液喷雾；防治果树蚜虫，用45%乳油1 350～1 800倍液喷雾。

防除稻谷、大麦、小麦、玉米和高粱等原粮及种子粮害虫，每1 000kg粮食加本药70%乳油14～42g，再加入适量水，均匀喷雾于粮食表面或用谷糠作载体，将所需药液施入相当于粮食重量0.11%的谷糠上，再将其均匀撒进粮内。

另据资料报道，还可用于马铃薯二十八星瓢虫的防治，在二十八星瓢虫孵化高峰期(6月下旬至7月上旬)，用50%乳油1 000倍液喷雾，效果较好。

注意事项 不能与碱性农药混用。对高粱、瓜豆类和梨、葡萄、樱桃等一些品种易发生药害，应慎用。应存放在阴凉通风干燥处。由于药剂遇水后易分解失效，必须现用现配，一次用完。在作物收获前10d，停止用药。粮食含水量应在安全水分以内，如水分过高会引起药剂分解而失效。对人、畜和储粮都不安全，除使用砻糠载体法外，其他施药方法施药后应有一安全间隔期，一般施药在20mg/kg以下者应间隔3个月，30mg/kg者为4个月，然后粮食才能加工食用。

开发登记 江苏好收成韦恩农化股份有限公司、海利尔药业集团股份有限公司、河南欣农化工有限公司、江西正邦作物保护有限公司、湖北仙隆化工股份有限公司、浙江嘉化集团股份有限公司、兴农药业(中国)有限公司等企业登记生产。

稻丰散 phenthoate

其他名称 益尔散；甲基乙酯磷；Bayer 18510；Bayer33051；ENT-27386；L-561；OMS1075；S-2940；PAP；爱乐散；Cidial；Elsan；Ersan；Papthion；Tanone；Imephenthoate。

化学名称 O,O-二甲基-S-(α-乙氧基甲酰基苄基)二硫代磷酸酯。

结构式

$$C_6H_5-CH(COOCH_2CH_3)-S-P(=S)(OCH_3)_2$$

理化性质 纯品为无色结晶固体，熔点17～18℃，蒸气压5.33MPa(40℃)。在水中溶解度为10mg/L(25℃)，可与丙酮、苯、乙醇、甲醇、环己烷等以任何比例混溶。在室内储存1年减少率为1%～2%。对酸稳定，在碱性条件(pH值9.7)下20d降解25%。

毒　　性 对大鼠急性经口LD_{50}为410mg/kg，急性经皮$LD_{50}>5$g/kg，急性吸入$LC_{50}>0.8$mg/L。对眼睛和皮肤无刺激作用。金鱼LC_{50}为2.4mg/L(48h)。鹌鹑、鸡、野鸭的急性经口LD_{50}分别为300mg/kg、296mg/kg、218mg/kg。对蜜蜂有毒。

剂　　型 50%、60%乳油，5%油剂，40%可湿性粉剂，3%粉剂，2%颗粒剂，85%水溶性粉剂。

作用特点 是高效、广谱、低毒、低残留的非内吸性有机磷杀虫剂。具有触杀性和胃毒作用，其作用机制为抑制昆虫体内的乙酰胆碱酯酶。对多种咀嚼式口器和刺吸式口器害虫有效。具有良好杀卵活性。并能用于防治蚊成虫和幼虫。

应用技术 主要用于防治水稻的二化螟、三化螟、稻纵卷叶螟、飞虱等害虫，也可用作柑橘树介壳虫防治药剂 。

水稻害虫的防治，于螟虫卵孵化高峰前1～3d或飞虱始发盛期，用乳油有效成分540～900g/ha，对水60～75kg喷雾。

防治柑橘树矢尖蚧、褐圆蚧、米糠蚧、吹绵蚧， 在第1代若虫盛孵期，用50％乳油1 000～1 500倍液对水喷雾，间隔7d左右再喷药1次。

另据资料报道还可用于防治棉花害虫，棉铃虫低龄幼虫期，蚜虫、叶蝉始盛期，用50%乳油149～200ml/亩，对水60～75kg喷雾；果树害虫的防治，防治苹果卷叶蛾、介壳虫、食心虫、梨冠网蝽、蚜虫，在卷叶蛾幼虫期，介壳虫幼虫期，食心虫蛀果初期，蚜虫发生期，用50%乳油1 000倍液喷雾。

注意事项 本品不能与碱性农药混用。茶树在采收前30d，桑树在采收前15d内禁用。对葡萄、桃、无花果和苹果的某些品种有药害。一般使用量对鱼类与虾类影响很小，但要广泛施药时，则须充分注意，因此避免在有可能溅入或流进养鱼池及河水的地方使用该农药，若万一中毒，马上就医，解毒剂以使用阿托品或解磷定较为有效。

开发登记 江苏腾龙生物药业有限公司、陕西上格之路生物科学有限公司、河南省浚县绿宝农药厂等企业登记生产。

乐果 dimethoate

其他名称 百敌灵；绿乐；乐意；AC12880；Bi58；EI12880；L395；NC262；OMS594；OMS 111；ENT24650。

化学名称 O,O-二甲基-S-(N-甲基氨基甲酰甲基)二硫代磷酸酯。

结构式

$$S=P(OCH_3)_2-S-CH_2-C(=O)-NH-CH_3$$

理化性质 纯品为无色结晶，熔点为51～52℃；在25℃时，蒸气压为1.13MPa；密度为1.281。在21℃时，水中的溶解度为25g/L，除己烷类饱和烃外，它可溶于苯、二甲苯、醇类、酮类、醚类等大多数有机溶剂；在中性和弱酸性液中稳定，遇碱易分解。原药(纯度96%)为灰色至白色结晶，熔点45～47℃。溶解性(20℃)：乙醇＞300g/kg，苯、二氯甲烷、酮类、甲苯中＞300g/kg，四氯化碳、饱和烃、正辛醇中＞50g/kg。不能与碱性农药混用，遇热分解。

毒　　性 急性经口LD_{50}：雄大白鼠为500～600mg/kg，雌大白鼠为570～680mg/kg；雄大白鼠为180～325mg/kg，雌大白鼠为240～336mg/kg；大白鼠急性经皮LD_{50}＞800mg/kg。

剂　　型 40%、50%乳油，1.5%、30%可溶性粉剂。

作用特点 是内吸性有机磷杀虫剂，杀虫范围广，对害虫和螨类有强烈的触杀和一定的胃毒作用。在昆虫体内能氧化成毒性更高的氧乐果，其作用机制是抑制昆虫体内的乙酰胆碱酯酶，能阻碍神经传导而导致死亡。适用于防治多种作物上的刺吸式口器害虫。

应用技术 适用于农作物，防治多种蚜虫、红蜘蛛、叶跳甲、盲蝽、蓟马、潜叶蝇及水稻螟虫等。

防治小麦蚜虫，用40%乳油22.5～45g/亩对水50～60kg喷雾；适用于小麦、棉花、烟草的蚜虫、红蜘蛛及水稻稻飞虱、叶蝉等作物害虫。防治水稻飞虱、叶蝉、螟虫，防治棉花蚜虫、红蜘蛛，于害虫发生盛期和螟虫卵孵化高峰期至低龄幼虫发生期，用药40%乳油75～100ml/亩或50%乳油60～80ml/亩，对水70～100kg喷雾，防治棉花蚜虫、红蜘蛛或烟草蚜虫，还可以用1.5%粉剂1 500～2 000g/亩喷粉处理。

注意事项 本品使用前药液要振摇均匀，若有结晶需全部溶解后使用；分2次稀释，先用100倍水搅拌成乳液，然后按需要浓度补加水量；高温时稀释倍数可大些，低温时稀释倍数可小些。本品不可用于用于蔬菜、瓜果、茶叶、菌类和中草药材作物害虫防治。本品不可与碱性药剂混用，其水溶液易分解，应随配随用。本品易燃，严禁火种。

开发登记 江苏龙灯化学有限公司、辽宁省大连诺斯曼化工有限公司、湖北贝斯特农化有限责任公司、河北志诚生物化工有限公司、河南力克化工有限公司、湖南海利常德农药化工有限公司等企业登记生产。

亚胺硫磷 phosmet

其他名称 稻棉杀虫；亚氨硫磷；亚胺磷；酞胺硫磷；R-1504；phtulofos(USSR)；PMP(JMAF)；Imidan；Phtalophos；Fosdan；Inovat；Prdate。

化学名称 O,O-二甲基-S-(酞酰亚氨基甲基)二硫代磷酸酯。

结构式

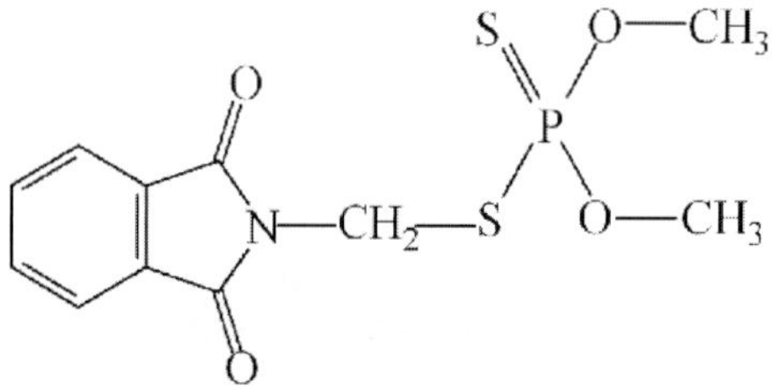

理化性质 原药为灰白色固体，熔点72.5℃，蒸气压0.133Pa(50℃)。25℃时溶解度在水中22mg/L，丙酮中650g/L，苯中600g/L，甲苯中300g/L，二甲苯中250g/L，甲醇中50g/L，煤油中5g/L。在碱性介质中迅速分解，在酸性条件下相对稳定，DT_{50}(20℃)13d(pH值4.5)，＜12h(pH值7)，＜4h(pH值8.3)。100℃以上迅速分解。水溶液在阳光下分解。

毒性 急性经口LD_{50}雄大鼠113mg/kg，雌大鼠160mg/kg；大鼠急性经皮LD_{50}＞5g/kg。鹌鹑LC_{50}(5d)507mg/kg饲料，野鸭LC_{50}(5d)5 000mg/kg饲料。蜜蜂LD_{50} 0.001mg/L；鱼LC_{50}(96h)值：虹鳟鱼为0.23mg/L，大鳍鳞鳃翻车鱼为0.07mg/L。

剂型 20%乳油、25%乳油。

作用特点 亚胺硫磷是一种广谱有机磷杀虫剂，具有触杀和胃毒作用，残效期长，抑制昆虫体内的乙酰胆碱酯酶。

应用技术 适用于水稻、玉米、棉花、果树、蔬菜等多种作物害虫。

水稻螟虫的防治，防治重点在水稻穗期，在幼虫1～2龄高峰期用20%乳油250～300ml/亩，对水

50 ~ 70kg喷雾；

防治大豆食心虫，用20%乳油325 ~ 425ml/亩对水喷雾。

棉花害虫的防治，防治棉铃虫、苗期蚜虫和螨，用20%乳油300 ~ 2 000倍液，对水60kg喷雾。

白菜害虫的防治，防治蚜虫、菜青虫，在蚜虫发生盛期及菜青虫幼虫盛发期，用20%乳油700 ~ 1 000倍液，每亩对水30 ~ 40kg喷雾。

防治柑橘介壳虫：在若虫期防治，用20%乳油250 ~ 400倍液喷雾。

防治玉米害虫玉米螟、黏虫，用20%乳油200 ~ 400倍液喷雾。

另外，据资料报道还可用于防治地老虎，在幼虫3龄期进行防治，用25%乳油400 ~ 600倍液水灌根；防治豌豆潜叶蝇、瓜绢螟，在豌豆潜叶蝇产卵盛期至孵化期、瓜绢螟卵孵化盛期及幼虫卷叶前，用25%乳油800 ~ 1 000倍液喷雾；防治马铃薯瓢虫、茄二十八星瓢虫，在卵孵化盛期，用25%乳油400倍液喷雾；防治苹果叶螨，在开花前后，用25%乳油1 000倍液喷雾；防治苹果卷叶蛾、天幕毛虫，在幼虫发生期，用25%乳油600倍液喷雾；防治桑尺蠖，于桑尺蠖3代初龄幼虫发生盛期，用20%乳油800 ~ 1 000倍液施药。

注意事项 对蜜蜂有毒，喷药后不能放蜂。此药剂遇碱不稳定，不能与波尔多液等碱性农药混用。在蔬菜收获前10d停用。若有结晶析出，可把药瓶放在温水中，待结晶溶解后再用。中毒后解毒药剂可选用阿托品、解磷定等。

开发登记 湖北仙隆化工股份有限公司等企业登记生产。

治螟磷 sulfotep

其他名称 硫特普；苏化203；ASP-47；Bayer E393；TEPP E-393；STEPP；TEDP；TEDTP；Dithio；Dithione；Thiotep；Bladafum。

化学名称 O,O,O,O-四乙基二硫代焦磷酸酯。

结 构 式

$$(C_2H_5O)_2\overset{\overset{\displaystyle S}{\|}}{P}-O-\overset{\overset{\displaystyle S}{\|}}{P}(OC_2H_5)_2$$

理化性质 纯品为浅黄色液体。沸点为136 ~ 139℃(0.267kPa)，20℃时的蒸气压为0.023Pa，密度1.196。室温下水中溶度25mg/L，可溶于大多数有机溶剂。

毒　　性 纯品大鼠急性经口LD_{50}为7 ~ 10mg/kg，家兔急性经皮LD_{50}为20mg/kg，原油小鼠急性经口LD_{50}为33mg/kg。乳油小鼠急性经口LD_{50}为(14.634 ± 1.96)mg/kg。

剂　　型 40%乳油。

作用特点 具有触杀作用、杀虫谱较广、在叶面持效期短等特点，多用来混制毒土撒施。

应用技术 本品因毒性原因，已被禁止使用。

注意事项 能通过人体食道、呼吸道和皮肤引起中毒，中毒症状有头痛、头晕、腹痛、恶心、呕吐、淌汗、流泪、瞳孔缩小等，遇有这类症状应立即去医院治疗。治疗可采用服用或注射阿托品或解磷啶。如误服毒物应立即催吐，并口服1% ~ 2%苏打水或和水洗胃，并立即送医院治疗。

开发登记 山东胜邦鲁南农药有限公司等企业曾登记生产。

伏杀硫磷 phosalone

其他名称 伏杀磷；RP11974；ENT-27163；佐罗纳；Embacide；Rubitox；Zolone。

化学名称 O,O-二乙基-S-(6-氯-2-氧代苯并恶唑啉-3-基甲基)二硫代磷酸酯。

结 构 式

$$(C_2H_5O)_2P(=S)SCH_2—N$$ (6-氯-2-氧代苯并恶唑啉-3-基)

理化性质 纯品为无色结晶，具有轻微的大蒜气味，熔点45～48℃。挥发性小，空气中的饱和浓度小于0.01mg/m^3(24℃)。几乎不溶于水。溶解度：丙酮、乙腈、苯乙酮、苯、氯仿、环己酮、二恶烷、醋酸乙酯、二氯甲烷、甲基、乙基酮、甲苯、二甲苯约100%；甲醇、乙醇约20%；水约0.1%。原药常温储存稳定性为2年。

毒　　性 原药小白鼠急性经口LD_{50}为180mg/kg，雌大鼠经口LD_{50}为135mg/kg；雌大鼠经皮LD_{50}为1 500mg/kg，兔经皮LD_{50}为1g/kg。虹鳟鱼LD_{50}为0.3mg/L，野鸭LD_{50}为2 250mg/L，对蜜蜂有毒。

剂　　型 30%乳油、33%乳油、35%乳油、30%可湿性粉剂、2.5%粉剂、4%粉剂。

作用特点 伏杀硫磷是触杀性杀虫剂，无内吸作用，持效期长，代谢产物仍具杀虫活性。在植物叶上有较好的渗透性，但不是内吸药剂，主要通过抑制体内胆碱酯酶活性而杀死害虫。药效发挥速度较慢，在植物上持效期约为14d，随后代谢成为可迅速水解的硫代磷酸酯。在常用剂量下，对作物安全。

应用技术 用于防治棉花棉铃虫，速效性好，残留量低。于在棉铃虫二三代卵孵期或产卵高发期用药160～180ml/亩对水喷雾，每隔10～15d用药1次。

另外，据资料报道可用于防治小麦害虫，防治黏虫，在2～3龄幼虫盛发期防治，用35%乳油100～133ml/亩，对水50～70kg喷雾；防治麦蚜，小麦孕穗期，当虫茎率达30%、百茎虫口在150头以上时，用35%乳油100～133ml/亩，对水50～70kg喷雾；防治豆野螟，在豇豆、菜豆开花初盛期，害虫卵孵化盛期，初龄幼虫钻蛀花柱、豆幼荚之前进行防治，用35%乳油133～200ml/亩，对水50～70kg喷雾；防治茶叶害虫，茶尺蠖、丽绿刺蛾、茶毛虫2～3龄幼虫盛期防治，用35%乳油1 000～1 400倍液均匀喷雾；防治小绿叶蝉，在若虫盛发期用35%乳油800～1 000倍液，主要在叶背面均匀喷雾，防治茶叶瘿螨、茶橙瘿螨、茶短须螨，在茶叶非采摘期和害螨发生高峰期，用35%乳油700～800倍液均匀喷雾。防治茄子红蜘蛛，在若螨盛期防治，用35%乳油133～200ml/亩，对水50～70kg喷雾；防治桃小食心虫，在卵果率0.5%～1%、初孵幼虫蛀果之前，用35%乳油700～800倍液喷雾；防治柑橘潜叶蛾，在放梢初期，橘树嫩芽长至2～3mm或抽出嫩芽达50%时，用35%乳油1 000～1 400倍液喷雾。

注意事项 要求喷药均匀周到，施药时期宜较其他有机磷药剂提前。对钻蛀性害虫，宜在幼虫蛀入作物前施药。不要与碱性农药混用。我国农药合理使用准则规定35%伏杀硫磷乳油在叶菜上的常用药量为133g/亩，最高用量为187g/亩，最多施药次数为2次，最后1次施药距收获前的天数(安全间隔)为7d。如误食，应立即引吐并请医生诊治，解毒药为阿托品硫酸盐或Z-PAM(碘吡肟)。

开发登记 安徽华星化工有限公司等企业登记生产。

特丁硫磷 terbufos

其他名称 抗虫得；叔丁硫磷；特丁磷；特福松；AC 92100；Counter。

化学名称 O,O-二乙基-S-(特丁基硫甲基)二硫代磷酸酯。

结构式

$$(C_2H_5O)_2\overset{\overset{\displaystyle S}{\|}}{P}SCH_2SC(CH_3)_3$$

理化性质 工业品为无色或浅黄色液体，熔点-29.2℃，沸点69℃(1.3Pa)，蒸气压25℃时为3.3×10^{-2}Pa，相对密度1.112 5。溶解度：在20℃水中为10～15mg/L，易溶于丙酮、醇类、芳烃和氯代烃中。在120℃以上或pH＜2或pH＞9的条件下分解，在中性或弱碱性条件下较稳定。

毒　　性 大白鼠急性经口LD_{50}：1.6mg/kg(雄)，5.4mg/kg(雌)，急性经皮LD_{50}为1.0～7.4mg/kg。

剂　　型 2%颗粒剂、5%颗粒剂、10%颗粒剂、15%颗粒剂。

作用特点 特丁硫磷是高效、内吸、广谱性杀虫剂。具有内吸、胃毒和熏蒸作用。该药剂持效期长。

应用技术 本品因毒性原因，已禁止使用。

开发登记 天津农药股份有限公司、河北昊阳化工有限公司等企业曾登记生产。

杀扑磷 methidathion

其他名称 甲噻硫磷；灭达松；GS13005；NC-2964；速扑杀。

化学名称 O,O-二甲基-S-(2,3-二氢-5-甲氧基-2-氧代-1,3,4-噻二唑-3-甲基)二硫代磷酸酯。

结构式

$$(CH_3O)_2\overset{\overset{\displaystyle S}{\|}}{P}SCH_2-N\underset{N=C(OCH_3)-S}{\overset{C=O}{}}$$

理化性质 纯品为无色结晶，20℃ 时密度1.495，熔点39～40℃，蒸气压0.187MPa。20℃时溶解度水中为250mg/L，丙酮中690g/kg，乙醇260g/kg，环已酮850g/kg，二甲苯600g/kg。不易燃，不易爆炸。常温下贮存稳定性约2年。在弱酸和中性介质中稳定。

毒　　性 原药雌、雄大鼠急性经口LD_{50}分别为43.8mg/kg和26mg/kg，大鼠急性经皮LD_{50}为546mg/kg，兔急性经皮LD_{50}为200mg/kg。虹鳟鱼毒性LC_{50}(96h)为0.01mg/L。对蜜蜂有毒。

剂　　型 40%乳油。

作用特点 是一种广谱的有机磷杀虫剂，具有触杀、胃毒和渗透作用，能渗入植物组织内，无内吸性，不易挥发。对咀嚼式和刺吸式口器害虫均有杀灭效力，尤其对介壳虫有特效，对螨类也有一定的控制作用。持效期可达30d。

应用技术 由于毒性原因，本品已被禁止使用。

开发登记 山东省青岛瀚生生物科技股份有限公司、浙江富农生物科技有限公司进行原药生产。

地虫硫磷 fonofos

其他名称 大风雷(Dyfonate)；地虫磷；N-2790；ENT-25796；OMS 410；Captos；Cudgel；Tycap。

化学名称 O-乙基-S-苯基(R, S)-乙基二硫代膦酸酯。

结构式

$$CH_3CH_2O\overset{S}{\overset{\|}{P}}S-C_6H_5 \quad (P-CH_2CH_3)$$

理化性质 本品(纯度99.5%)为无色透明液体，具有芳香气味，沸点约130℃/0.1mmHg，相对密度1.16(25℃)，25℃蒸气压为28MPa。溶解性：水中13mg/L(22℃)，可与丙酮、乙醇、煤油、二甲苯等混溶。100℃以下稳定，在酸性和碱性介质中水解。DT_{50}101d(pH4)，1.8d(pH10)(40℃)。在光下DT_{50}12d(pH5，25℃)。

毒　　性 急性经口LD_{50}：雄大鼠11.5mg/kg，雌大鼠5.5mg/kg，野鸭128mg/kg。急性经皮LD_{50}：大鼠147mg/kg，兔32～261mg/kg，豚鼠278mg/kg。吸入LC_{50}(4h)：雄大鼠51μg/L，雌大鼠17μg/L。对皮肤和眼睛无刺激作用。

剂　　型 48%乳油，3%、5%、10%、15%、20%颗粒剂。

作用特点 触杀性杀虫剂，它是胆碱酯酶的抑制剂。该药毒性较大，由于硫代磷酸酯类比磷酸酯类结构容易穿透昆虫的角质层，因此防除害虫效果较佳。该药在土壤中的持效期较长，适于防除生长期长的作物如小麦、花生、玉米、甘蔗的地下害虫。

应用技术 因毒性原因，本品已被禁止使用。

开发登记 英国先正达有限公司等企业曾登记生产。

灭线磷 ethoprophos

其他名称 灭克磷；丙线磷；益舒宝；虫线磷；Mocap。

化学名称 O-乙基-S,S-二丙基二硫代磷酸酯。

结构式

$$C_2H_5O\overset{O}{\overset{\|}{P}}(SCH_2CH_2CH_3)_2$$

理化性质 本品为浅黄色液体，沸点86～91℃(26.7Pa)，相对密度(20℃)1.094，蒸气压46.5MPa(26℃)。水中溶解度(20℃)700mg/L。有机溶剂中溶解度(g/kg，20℃)：乙醇、丙酮、二甲苯、1,2-二氯乙烷、乙醚、乙酸乙酯、石油溶剂油、环己烷>300。稳定性：在中性和弱酸性介质中均稳定，而在碱性介质中分解。其中溶液在pH7，100℃以下稳定。

毒　　性 急性经口LD_{50}(mg/kg)：大鼠62，兔55。兔急性经皮LD_{50}为26 mg/kg。对兔皮肤和眼睛有刺激性。大鼠急性吸入LC_{50}(4h)123mg/L；急性经皮LD_{50}(mg/kg)：野鸭61，母鸡5.6。鱼毒LC_{50}(96h)mg/L：虹鳟鱼13.8，蓝鳃太阳鱼2.1，金鱼13.6；对蜜蜂无直接伤害。

剂　　型 5%颗粒剂、10%颗粒剂、20%颗粒剂、20%乳油、40%乳油、50%乳油、70%乳油。

作用特点 抑制乙酰胆碱酯酶的活性。其主要作用方式为触杀作用，主要作为杀线虫剂和土壤处理剂，并具有很好的内渗性。因此只要药剂接触虫体，尤其是在线虫幼虫蜕皮开始活动后便能充分发挥其药效。无熏蒸作用，无明显的内吸作用。

应用技术 主要用于防治水稻稻瘿蚊，花生根结线虫。

防治水田稻瘿蚊，用10% 颗粒剂1～1.2kg/亩， 在秧田于秧苗立针期至 1叶1心期； 本田于插秧后7～10d， 按每亩剂量拌适量 细沙均匀撒施。施药时要保持有水层；

防治花生根结线虫，用10%颗粒剂2～3kg/亩， 混土撒施于播种沟或穴内 ， 覆土后再播种， 最后盖土， 避免药剂与种子直接接触 ， 以免发生药害；

另外，据资料报道还可用于防治甘蔗蛴螬等地下害虫，用10%颗粒剂3～4kg/亩，混适量细土撒施于播种沟内，也可将混土后的颗粒剂均匀条施于蔗苗基部，然后培土。防治小麦孢囊线虫病，用10%颗粒剂3kg/亩顺垄沟施；防治大豆线虫，用10%颗粒剂2～4kg/亩，播前1周内或播种时撒于播种沟内，覆土后播种；防治烟草线虫及地下害虫，用10%颗粒剂4～6kg/亩，在播前一星期内撒施于播种沟内(可在施底肥后施药)，随即与表土混匀。

注意事项 本药剂易经皮肤进入人体，因此在施药及搬运时应穿戴保护服，以免药剂接触皮肤。如果药剂接触皮肤，应用清水冲洗，工作完毕后应用肥皂水洗手、脸及工作服。若药液溅入眼睛，应立即用清水冲洗。有些作物对灭线磷敏感，播种时不能与种子直接接触，否则易发生药害。在穴内或沟内施药后要覆盖一薄层有机肥料或土，然后再播种覆土。此药对鱼类、鸟类高毒，避免药剂污染河流和水塘及其他非目标区域。药剂应储存在远离食品、饲料及儿童接触不到的地方。如误服中毒，应立即用盐水或芥末水引吐，并给患者喝牛奶或水，但切忌给昏迷状态的患者喂食任何东西。由于毒性问题本品禁止在果树、蔬菜、茶叶和中草药上使用。

开发登记 江苏丰山集团有限公司、山东东信生物农药有限公司等企业登记生产。

硫线磷 cadusafos

其他名称 Ebufos；克线丹；Apache；Rugby。

化学名称 O-乙基-S-二仲丁基二硫代磷酸酯。

结 构 式

$$C_2H_5O\overset{\overset{\Large O}{\|}}{P}(S\overset{\overset{\large CH_3}{|}}{C}HCH_2CH_3)_2$$

理化性质 纯品为白色至黄色液体，沸点112～114℃(106.7Pa)，蒸气压120MPa(25℃)。水中溶解度248mg/L(22℃)，能与丙酮、乙腈、二氯甲烷、乙酸乙酯、甲苯、甲醇、异丙醇和庚烷互溶。在50℃以下稳定，日光下DT_{50} < 115d。

毒　　性 急性经口LD_{50}(mg/kg，原药)：大鼠37.1，小鼠71.4；急性经皮LD_{50}(mg/kg，原药)：雄兔24.4，雌兔71.4，对兔皮肤和眼睛无刺激性；急性经口LD_{50}(mg/kg)：山齿鹑16，日本鹌鹑230；蓝鳃翻车鱼0.17，鱼毒LC_{50}(96h，mg/L)：虹鳟鱼0.13，水蚤LC_{50}(48h)1.6μg/L，海藻LC_{50}(96h)5.3mg/L，蚯蚓LC_{50}(14d)72 mg/kg土壤。

剂　　型 10%颗粒剂、20%颗粒剂、25%乳油、75%乳油。

作用特点 乙酰胆碱酯酶抑制剂。触杀性杀线虫剂，无熏蒸作用，水溶性及土壤移动性较低，在沙壤土和黏土中半衰期为40～60d。

应用技术 本品因毒性原因，已被禁止使用。

开发登记 美国富美实公司等企业曾登记生产。

乙硫磷 ethion

其他名称 益赛昂；易赛昂；乙赛昂；蚜螨立死；1240；FMC 1240；ENT24105；Ethanox；Vegfru Fosmite；Tafetuion。

化学名称 O,O, O',O' –四乙基–S, S' –亚甲基双(二硫代磷酸酯)。

结 构 式

$$(C_2H_5O)_2\overset{\overset{S}{\|}}{P}-SCH_2S-\overset{\overset{S}{\|}}{P}(OC_2H_5)_2$$

理化性质 纯品为白色至琥珀色油状液体，沸点164～165℃/0.3mmHg。微溶于水，易溶于有机溶剂，蒸气压0.2MPa(25℃)。遇碱、酸分解。常温稳定，高温易氧化加速分解，在150℃以上时会引起爆炸，应在阴凉地方保存。

毒　　性 急性经口LD_{50}：大鼠208mg/kg(纯品)，47mg/kg(工业品)，小鼠和豚鼠为40～45mg/kg；豚鼠和兔的急性经皮LD_{50}为915mg/kg(工业品对兔急性经皮为1 084mg/kg)。

剂　　型 50%乳油。

作用特点 具有触杀和胃毒作用，对蚜、螨、螟有较好的杀伤作用，抑制昆虫胆碱酯酶活性。

应用技术 据资料报道，可用于防治水稻、果树、棉花、花卉等植物的蚜虫、红蜘蛛、飞虱、叶蝉、蓟马、蝇、蚧类、鳞翅目幼虫。水稻害虫的防治，防治稻飞虱、稻蓟马，用50%乳油2 000～2 500倍液于蓟马发生初期喷雾，残效期10d左右，安全间隔期应控制在1个月以上；棉花害虫的防治，防治棉红蜘蛛，于成、若螨发生期或螨卵盛孵期施药，用50%乳油1 500～2 000倍液喷雾，残效期在15d左右，此浓度还可防治棉花叶蝉、盲蝽等害虫；防治棉蚜，苗期蚜虫发生期施药，用50%乳油1 000～1 500倍液，可在15～20d内有效控制蚜虫为害。

另外，据资料报道，还可用于防治果树食叶害虫、叶螨、木虱等，害虫发生期，用50%乳油1 000～1 500倍液喷雾，喷至淋洗状态；防治杨毒蛾，用50%乳油800～1 000倍液喷雾；防治油桐始叶螨，卵盛孵期及若螨发生期用50%乳油4 000倍液喷雾。

注意事项 蔬菜、茶树上禁用。食用作物在采收前30～60d禁止使用该剂。因其易分解高温爆炸，应保存在通风干燥避光和远离火源的仓库中。乙硫磷能通过食道、呼吸道和皮肤引起中毒，中毒症状表现与一般有机磷杀虫剂中毒表现相似，轻度中毒治疗可服用或注射阿托品，中度或重度中毒应合并使用阿托品和解磷定等，还应注意保护心肌，积极控制肺水肿和脑水肿。如误服应立即催吐，口服1%～2%苏打水或清水洗胃，并立即送医院治疗，忌用高锰酸钾溶液。

开发登记 浙江省化工研究所农药车间曾登记生产。

甲拌磷 phorate

其他名称 AC8911；AC35024；3911；西梅脱；赛美特；拌种磷；Thimet；Rampart；Granutox。

化学名称 O,O–二乙基–S–(乙硫基甲基)二硫代磷酸酯。

结构式

$$(C_2H_5O)_2\overset{S}{\overset{\|}{P}}SCH_2SCH_2CH_3$$

理化性质 纯品为略有臭味的油状液体。沸点114℃(0.133kPa)，密度1.167，25℃时蒸气压为0.085Pa。室温下水中溶解度为50mg/L，能与醇类、酯类、醚类、四氯化碳、二甲苯等混溶。在正常储存条件下稳定两年。水溶液在光下分解，pH5 ~ 7稳定性最佳，DT_{50}3.2d(pH7)，3.9d(pH9)。

毒　　性 急性经口LD_{50}：雄大鼠3.7mg/kg，雌大鼠1.6mg/kg，小鼠约6mg/kg，野鸭0.62mg/kg，环颈野鸡7.1mg/kg。急性经皮LD_{50}：雄大鼠6.2mg/kg，雌大鼠2.5mg/kg，豚鼠20 ~ 30mg/kg，雄兔5.6mg/kg，雌兔2.9mg/kg。鱼毒LC_{50}(96h)：虹鳟鱼0.013mg/L；对蜜蜂有毒，对蜜蜂LD_{50}为10μg/只。

剂　　型 60%乳油、75%乳油、2.5%颗粒剂、5%颗粒剂、30%粉粒剂。

作用特点 为高毒、高效、广谱的内吸性杀虫杀螨剂，有触杀、胃毒、熏蒸作用。甲拌磷进入植物体后，受植物代谢的影响而转化成毒性更大的氧化物(亚砜)，昆虫取食后体内神经组织中的乙酰胆碱酯酶的活性受到抑制，从而破坏了正常的神经冲动传导，而导致中毒，直至死亡。由于甲拌磷及其代谢物形成的更毒的氧化物，在植物体内能保持较长的时间(1 ~ 2个月，甚至更长)，因此药效期长。

应用技术 适用于棉花、小麦、高粱等。对刺吸式口器和咀嚼式口器害虫都有效， 如蚜虫、红蜘蛛、蝼蛄、金针虫等。对鳞翅目幼虫药效较差。因其毒性甚高， 禁止喷洒，只准用于种子处理。

小麦、高粱害虫的防治，目前我国北部地区大面积使用的是 30%粉粒拌种， 处理小麦种子，防治小麦地下害虫，26%粉剂1：100（药种比）拌种或用5%颗粒剂2 000 ~ 2 500g/亩播种沟施药，拌种时为使粉粒剂能很好地沾在小麦种子上，应先用相当于种子量 2% ~ 3%的水，将种子喷拌湿润再进行拌种；防治高粱蚜虫时， 5%的颗粒剂200~300g/亩， 掺细砂或土15 ~ 20kg， 在高粱地中，每隔垄施药1垄，熏蒸治蚜虫； 棉花害虫的防治， 棉花种子的处理， 可采用浸种和 拌种等方法，防治棉花蚜虫、螨和地下害虫，可用 30%粉粒剂1 : (14 ~ 20)（药种比）拌种或55%乳油1 : (60 ~ 92)（药种比）浸种拌种, 浸种时加水100kg稀释后， 在容器内浸泡50kg棉籽12 ~ 24h， 浸泡期间，用长柄工具，每隔1 ~ 2h才进行播种， 浸完后将种子捞起， 再堆闷8 ~ 12h， 等种子有1/3左右开始萌动时， 即可播种；防治棉花蚜虫还可以用2.5%颗粒剂3 000 ~ 4 000g/亩沟施、5%颗粒剂1 500 ~ 2 500g/亩沟施或穴施处理。

注意事项 甲拌磷对人、畜剧毒。只限用于棉花、甜菜、小麦、籽用油菜的拌种；不准用于蔬菜、茶叶、果树、桑树、中药材等作物。严禁喷雾使用。播种时不能用手直接接触毒物种子，以防中毒。长期使用会使害虫产生抗药性，应注意与别的类似拌种药，如甲基硫环磷、甲基异柳磷等交替使用。在水、肥过大的条件下，若甲拌磷用量过大，会推迟棉花的成熟期。中毒症状：头昏、呕吐、盗汗、无力、恶心、腹痛、流涎，严重时会出现瞳孔缩小、呼吸困难、肺心肿等症状。大雨前不宜施药。施药人员要做好防护。储藏室和施药地点应远离食物、宿舍、畜禽、蔬菜地。

开发登记 山东省济宁市通达化工厂、江苏丰山集团股份有限公司等企业登记生产。

甲胺磷 methamidophos

其他名称 Bayer 71628；SRA5172；Tamaron；多灭磷；克螨隆；Monitor。

化学名称 O–甲基–S–甲基硫代磷酰胺。

结 构 式

$$CH_3SP(=O)(OCH_3)—NH_2$$

理化性质 纯品为无色结晶，熔点44.5℃；密度1.322(25℃)；易溶于水，20℃时溶解度>2kg/L，可溶于醇、丙酮、二氯甲烷、二氯乙烷等，在苯、二甲苯中溶解度不超过10%，在醚和汽油中溶解度很小。30℃时蒸气压为0.04Pa。在碱性或强酸性介质中分解。常温储存稳定。

毒　　性 纯品大鼠急性经口LD_{50}为29.9mg/kg，小鼠为30mg/kg，兔为10～30mg/kg；雄大鼠急性经皮LD_{50}为50～110mg/kg。

剂　　型 50%乳油、2%粉剂、3%颗粒剂。

作用特点 对害虫和螨类具有内吸、触杀、胃毒和一定的熏蒸作用，对螨类还有杀卵作用。持效期较长，对蚜、螨可维持10d左右，对飞虱、叶蝉约15d。对鳞翅目幼虫胃毒作用小于敌百虫，而对蝼蛄、蛴螬等地下害虫防效优于对硫磷。杀虫机理是抑制昆虫体内胆碱酯酶。

应用技术 该药剂在我国已被禁用。

甲基硫环磷 phosfolan–methyl

其他名称 甲基棉安磷。

化学名称 O,O–二甲基–N–(1,3–二硫戊环–2–亚基)磷酰胺。

结 构 式

$$(CH_3O)_2P(=O)—N=C\langle S—CH_2CH_2—S\rangle$$

理化性质 原油为浅黄色透明油状液体，密度为1.39。沸点100～150℃(0.133Pa)。溶于水，易溶于丙酮、苯、乙醇等有机溶剂。常温下储存较稳定，遇碱易分解，光和热也能加速其分解。

毒　　性 雌大鼠急性经口LD_{50}为27～50mg/kg，雄小鼠急性经口LD_{50}为72～79mg/kg。

剂　　型 35%乳油、3%颗粒剂。

作用特点 是具触杀、胃毒、内吸作用的有机磷杀虫剂，具有高效、广谱、残效期长、残留量低的特点。其作用机制是抑制害虫的乙酰胆碱酯酶活性。

应用技术 由于毒性原因，本品在国内已被禁止使用。

开发登记 山东富安集团农药有限公司等企业曾登记生产。

硫环磷 phosfolan

其他名称 Cyalane Cylan；Cyolan；Cyolane；棉安磷；乙环磷；乙基硫环磷；AC47031；American

Cyanamid-47031；E.I. 47031；ENT 25830。

化学名称 O,O-二乙基-N-(1,3-二硫戊环-2-亚基)磷酰胺。

结构式

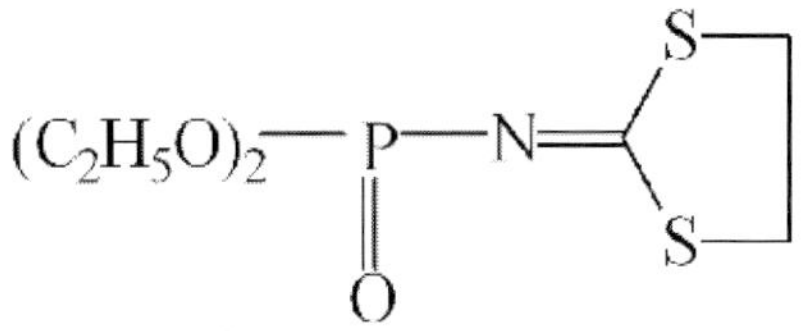

$$(C_2H_5O)_2-\underset{\underset{O}{\|}}{P}-N=C\langle\begin{matrix}S-CH_2\\ S-CH_2\end{matrix}$$

理化性质 无色至黄色固体，熔点37～45℃，在0.133Pa下沸点为115～118℃，可溶于水(650g/L)、丙酮、苯、乙醇、环己烷和甲苯，微溶于乙醚，难溶于己烷。其水溶液在中性和酸性条件下稳定，可被碱水解。

毒　　性 雄大鼠急性经口LD_{50}为8.9mg/kg；豚鼠急性经皮LD_{50}约54mg/kg。以每天1mg/kg剂量喂犬13周以上，未发现临床症状，无“三致”慢性毒性。

剂　　型 30%、35%乳油，2%、5%、10%颗粒剂。

作用特点 高效、内吸、持效期较长的广谱性杀虫、杀螨剂。具有高效、广谱、持效期长、残留量低的特点。虽然急性毒性较高，但在动物体内可降解为无毒物质，在土壤中无残留。

应用技术 据资料报道，可用于棉花、小麦、水稻、大豆、花生等作物多种害虫的防治，尤其对棉红蜘蛛和抗性棉蚜有特效。防治棉花红蜘蛛、蚜虫，在害虫盛发期，用35%乳油1 000～2 000倍液喷雾；防治大豆孢囊线虫，用35%乳油1 000～2 000倍液喷淋根茎基部。

注意事项 该药施于作物，可迅速被根、茎、叶吸收，并输送到各生长点，即使短时间遇雨也不影响药效。本品因毒性原因，在国内已被禁止在蔬菜、瓜果、茶叶、中草药材上使用。

开发登记 山东富安集团农药有限公司等企业曾登记生产。

乙酰甲胺磷 acephate

其他名称 高灭磷；Ortho 12420；益土磷；杀虫灵；Orthene；Ortran。

化学名称 O-甲基-S-甲基-N-乙酰基-硫代磷酰胺。

结构式

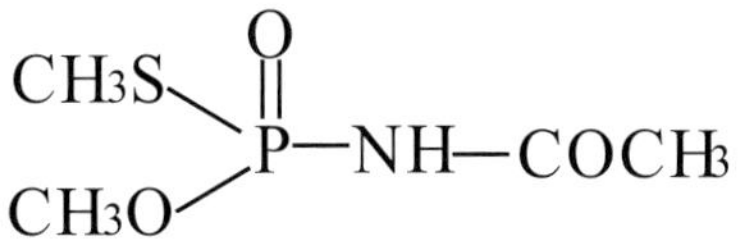

$$\begin{matrix}CH_3S\\ CH_3O\end{matrix}\rangle\overset{\overset{O}{\|}}{P}-NH-COCH_3$$

理化性质 纯品为白色结晶，熔点90~91℃。易溶于水，室温下水中溶解度约65%；不易溶于有机溶剂中，在芳香烃溶剂中溶解小于5%，在丙酮或乙醇中大于10%，醚中溶解度很小。

毒　　性 大鼠的急性经口LD_{50}值为886mg/kg(雌)，945mg/kg(雄)；小鼠急性经口LD_{50}为361mg/kg。

剂　　型 25%可湿性粉剂，20%、30%、40%乳油，25%、50%、75%可溶性粉剂，97%水分散粒剂。

作用特点 是高效低毒广谱性有机磷杀虫剂，能被植物内吸输导，具有胃毒、触杀、熏蒸及杀卵作用。对鳞翅目害虫的胃毒作用大于触杀毒力，对蚜、螨的触杀速度较慢，一般在施药后2～3d才发挥触杀毒力。残效期适中，在土壤中半衰期为3d。抑制昆虫体内的胆碱酯酶活性。

应用技术 主要用乳油或可湿性粉剂对水作为叶面喷雾，可防治棉花、水稻、玉米、大豆、烟草、林木等作物上的蚜虫、蓟马、叶蝉、飞虱、叶螨、叶蜂、介壳虫、蝽象及鳞翅目幼虫。对小麦种子进行处理，可防治地下害虫。一般使用下无药害，但向日葵、某些品种的苹果等作物较敏感。

防治玉米、小麦黏虫、玉米螟、水稻二化螟，在3龄幼虫前用30%乳油120～240ml/亩，对水50～70kg喷雾，并对蚜虫、麦叶蜂等有兼治作用。

防治水稻三化螟，在水稻破口到齐穗期，使用30%乳油150~200ml/亩，对水50～70kg喷雾；防治稻纵卷叶螟，水稻分蘖期，2～3龄幼虫百兜虫量45～50头，叶被害率7%～9%，孕穗抽穗期，2～3龄幼虫百兜虫量25～35头，叶被害率3%～5%时，用40%乳油95～150ml/亩或75%可溶性粉剂85～100g/亩，对水60～70kg喷雾；防治稻飞虱，水稻孕穗抽穗期。2～3龄若虫高峰期，百株虫量1 300头；乳熟期，2～3龄若虫高峰期，百株虫量2 100头时，用30%乳油150～225ml/亩，对水60～70kg喷雾；防治稻叶蝉，于稻叶蝉低龄若虫盛发期喷药，用30%乳油125～225ml/亩或40%乳油100～125ml/亩，对水60～70kg喷雾，若田间虫口基数高，应适当加大药量，对稻蓟马等也有良好的兼治效果。

防治棉蚜、棉铃虫，用40%乳油100～125ml亩或30%乳油100～200ml/亩，对水50～70kg喷雾，施药后2～3d内防效上升很慢，有效控制期7～10d；防治盲蝽象，在发生为害初期，用97%水分散粒剂，45～60g/亩，对水50~70kg喷雾；防治棉铃虫，在2～3代卵孵盛期，还可使用75%可溶粉剂70～80g/亩对水喷雾。

烟草烟青虫的防治，于烟青虫3龄幼虫期，用30%乳油100～200ml/亩，或用40%乳油500～1 000倍液，对水50～100kg喷雾。

另外，据资料报道还可用于防治烟田地老虎，在烟苗移栽后，用30%乳油75ml/亩对水200kg稀释浇灌，每株200ml药液。防治花卉、盆景上的蚜虫、红蜘蛛、刺蛾等，用40%乳油400倍液常量喷雾；防治花卉盆景上的各种介壳虫，在1龄若虫期使用40%乳油450～600倍液喷雾。

注意事项 不能与碱性农药混用。由于毒性原因，本品在国内已被禁止使用在蔬菜、果树、茶叶、菌类及中草药上。该药易燃，在运输和储存过程中注意防火，远离火源。中毒症状为典型的有机磷中毒症状，但病程持续时间较长，胆碱酯酶恢复较慢。用碱水或清水彻底清除毒物。用阿托品或解磷定解毒，要对症处理，注意防止脑水肿。

开发登记 安道麦股份有限公司、河北威远生物化工有限公司、江门市大光明农化新会有限公司、浙江泰达作物科技有限公司、江苏恒隆作物保护有限公司、上海悦联化工有限公司等企业登记生产。

氧乐果 omethoate

其他名称 氧化乐果；华果；克介灵；Bayer-45432；S6876；Folimate。

化学名称 O,O-二甲基-S-(N-甲基氨甲酰甲基)硫代磷酸酯。

结构式

$$CH_3NH-C(=O)-CH_2-S-P(=O)(OCH_3)_2$$

理化性质 纯品为白色透明至黄色油状液体，有韭葱气味。能溶于水，易溶于乙醇、丙酮、苯等，微溶于乙醚。蒸气压20℃时3.33MPa。沸点132℃，密度1.32。在中性及弱酸性液中稳定，遇碱分解，分解速度比乐果快。

毒　　性 大鼠口服LD_{50}为50mg/kg，经皮LD_{50}为700mg/kg。对鱼低毒，对蜜蜂、瓢虫、食蚜蝇高毒。

剂　　型 18%、40%乳油。

作用特点 高效的有机磷杀虫杀螨剂，具有较高的内吸、触杀和胃毒作用，杀虫谱广。可被植物的根茎叶吸收并传导。药效受温度的影响较小，在气温较低时用药仍有良好的效果。昆虫中毒机制是抑制其胆碱酯酶的活性。

应用技术 对咀嚼、刺吸、吮食、钻蛀、刺伤产卵为害粮、棉、果、林、菜等害虫以及螨、蚧都可防治，尤其适于早春防治应用。主要有喷雾、涂抹、浇注。对喷雾技术应逐步改常规大容量粗喷雾为中容量或小容量细喷雾。采用小孔径喷片把喷雾量控制在25～40kg。要求喷至淋洗或湿润状态。

防治农田蚜虫、红蜘蛛、叶蝉、盲蝽象、飞虱、粟负泥虫、菜青虫、棉铃虫、黏虫等，用40%乳油50～80ml/亩，对水25～40kg，搅拌均匀喷雾，喷至湿润状态；水稻害虫的防治，稻纵卷叶螟卵孵化高峰期，稻飞虱低龄若虫期，稻蓟马若虫孵化高峰期，用40%乳油63～100g/亩喷雾；棉花害虫的防治，棉蚜若虫孵化高峰期，红蜘蛛发生盛期，用40%乳油63～100g/亩喷雾。

注意事项 本品在水稻上安全间隔期不少于21d；在小麦上安全间隔期不少于21d，每季作物最多使用2次；在棉花上的安全间隔期不少于14d，每季作物用药最多2次。建议与其他作用机制不同的杀虫剂轮换使用，以延缓抗性产生。本品为中等毒农药（原药高毒），施药时必须穿戴好防护用品并严禁饮食和吸烟。施药后及时用肥皂水清洗手、脸和身体被污染部位，施过药的区域严禁人畜进入。本品不得与碱性药剂混用。本品在国内已禁止在蔬菜、瓜果、茶叶、菌类、中草药材上使用，禁止用于防治卫生害虫，禁止用于水生植物的病虫害防治。

开发登记 郑州兰博尔科技有限公司等企业登记生产。

久效磷 monocrotophos

其他名称 A 3805；C 1414；CIBA 1414；suvin SD-9129；ENT-2729；OMS834；纽瓦克；Nuvacron；Aimocron；Anocron；Monoeil；Plantdrin；Rapid X；Monosul；Monocron；Monodrim；Suncrotophos；Pillardrin；Susvin；Balwan；Sufos；Phoskill；Surin Nuvacron；Azobane；Azo-drim；Monophos；Crisodrin；Hilcron。

化学名称 O,O-二甲基-O-[1-甲基-2-(甲基氨基甲酰)乙烯基]磷酸酯。

结 构 式

$$(CH_3O)_2\overset{\overset{O}{\|}}{P}-O-C(CH_3)=CH-CO-NHCH_3$$

理化性质 纯品为无色结晶，有轻微酸气味。20℃时的密度1.33，蒸气压在0.29MPa，沸点125℃(0.067Pa)，熔点54～55℃。在水和甲醇中的溶解度为100%，丙酮中70%，正辛醇25%，甲苯6%，乙烷0.05。水解速度在pH值1～7水中慢，pH值＞7时，迅速加快。

毒　　性 大鼠急性经口LD_{50}为8～23mg/kg，大鼠急性经皮LD_{50}为354 mg/kg，大鼠急性吸入LD_{50}为80mg/L，对兔皮肤和眼睛有轻微刺激作用(4h)。久效磷对鱼类有毒，虹鳟鱼LC_{50}(96h)30mg/kg，鲫鱼、鲇鱼LC50(96h)＞49mg/kg。对鸟类高毒，鹌鹑急性经口LD_{50}约为0.7mg/kg(7d)，鸭急性经口LD_{50}为8.5～11.6mg/kg(14d)。对蜜蜂高毒，施药后残毒在1d以上。

剂　　型 40%、50%乳油，5%、20%、40%、50%颗粒剂，60%水剂。

作用特点 久效磷是一种高效内吸性有机磷杀虫剂，具有很强的触杀和胃毒作用。杀虫谱广，速效性好，残留期长。可被植物的根部和叶部吸收，在植物体内发生向顶性传导作用。

应用技术 该药剂在我国已被禁用。

速杀硫磷 heterophos

其他名称 T2101。

化学名称 O–乙基–O–苯基–S–丙基硫代磷酸酯。

结 构 式

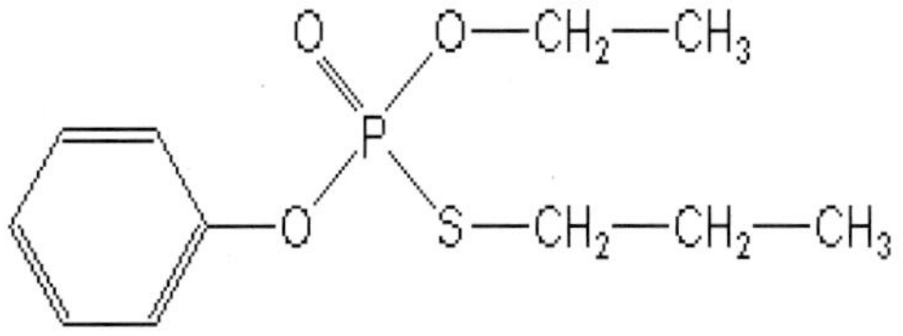

O　O—CH2—CH3
P
O　S—CH2—CH2—CH3

理化性质 棕黄色均相液体，比重1.267，沸点111～112℃/1mmHg。

毒　　性 大鼠急性经口LD_{50}为92.6mg/kg。大鼠急性经皮LD_{50}为392mg/kg。

剂　　型 40%乳油。

作用特点 一种高效不对称有机磷杀虫剂。具有触杀、胃毒、药效迅速等特点。

应用技术 据资料报道，可用于防治棉铃虫，在二代棉铃虫孵化盛期，375~750g/ha均匀喷雾。

开发登记 湖南资江农药厂曾登记生产。

硝虫硫磷

化学名称 O,O–二乙基–O–(2, 4–二氯–6–硝基苯基)硫代磷酸酯。

结 构 式

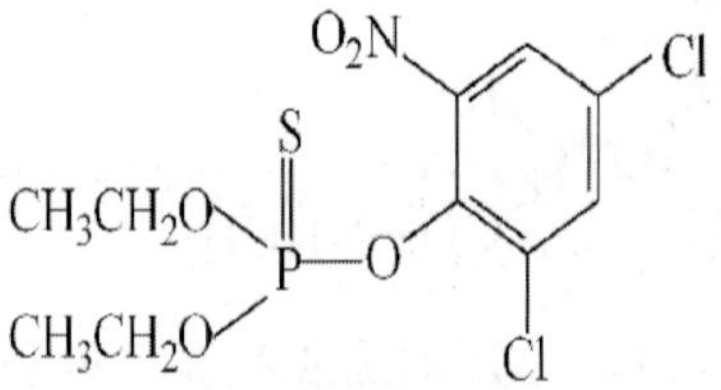

O_2N　Cl
S
CH_3CH_2O
P—O
CH_3CH_2O
Cl

理化性质 纯品为无色晶体，熔点31℃，原药为棕色油状液体，相对密度1.437 7，几乎不溶于水，在水中溶解度为60mg/kg(24℃)，易溶于有机溶剂，如醇、酮、芳烃、卤代烷烃、乙酸乙酯及乙醚等溶剂。

毒　　性 原药大鼠急性经口LD_{50}为212mg/kg。制剂大鼠急性经口$LD_{50} > 198$mg/kg，大鼠急性经皮$LD_{50} > 1\ 000$mg/kg。

剂　　型 30%乳油。

作用特点 广谱性杀虫。

应用技术 对水稻、小麦、棉花、蔬菜及果树等作物的十余种害虫都有很好的防治效果，尤其对柑橘和茶树等作物的害虫，如红蜘蛛、矢尖蚧效果突出。

防治柑橘矢尖蚧，于第1代若虫发生高峰期后，二龄若虫始发期，用30%乳油600～800倍液喷雾，有较好的防治效果。

开发登记 四川省化学工业研究设计院登记生产。

蚜灭磷 vamidothion

其他名称 蚜灭多；完灭硫磷；Kilval；Trucidor；Vamidoate；RP 10465；NPH83。

化学名称 O,O-二甲基-S-[2-(1-甲基氨基甲酰乙硫基)乙基]硫代磷酸酯。

结 构 式

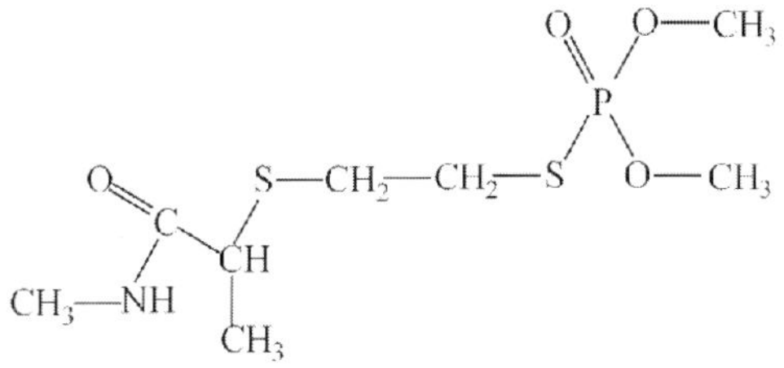

理化性质 纯品为无色针状结晶，熔点为46～48℃。20℃时的蒸气压很小。易溶于水(在水中溶解度4kg/L)和大多数有机溶剂，但不溶于环己烷和石油醚。原药和纯品在室温下都有轻微分解，但纯品分解少，某些溶剂(苯甲醚、甲乙酮)可阻止分解，无腐蚀性。

毒　　性 急性口服LD_{50}值雄大鼠为100～105mg/kg，雌大鼠为64～77mg/kg，小鼠为34～37mg/kg；急性经皮LD_{50}值小鼠为1 460mg/kg，兔为1 160mg/kg。水蚤EC_{50}(48h)为0.19mg/L。

剂　　型 40%乳油。

作用特点 内吸，药效与乐果大致相同。

应用技术 据资料报道，可用于防治各种蚜、螨、稻飞虱、叶蝉等。防治苹果绵蚜，用40%乳油1 000～1 500倍液喷雾，以40%乳油800～1 000倍液喷施，能防治苹果、梨、桃、李、水稻、棉花等作物上的刺吸口器害虫。

开发登记 高密建滔化工有限公司、山东省泰安市泰山现代农业科技有限公司等企业曾登记生产。

氯胺磷 chloramine phosphorus

其他名称 乐斯灵。

化学名称 O,S-二甲基(2,2,2-三氯-1-羟基-乙基)硫代磷酰胺。

结 构 式

$$\mathrm{(CH_3O)(CH_3S)P(=O)-NH-CH(OH)-C-Cl_3}$$

理化性质 纯品为白色针状结晶，熔点99.2～101℃，蒸气压(30℃)21MPa，溶解度(20℃，g/L)苯、甲苯、二甲苯<300，氯化烃、甲醇、DMF等极性溶剂中40～50，煤油15，水中<8。在常温下稳定；pH值2时，40℃下半衰期为145h，pH值9时，37℃下半衰期为115h。

毒　　性 大鼠急性经口LD_{50}316mg/kg，大鼠急性经皮LD_{50}≥2 000mg/kg。

剂　　型 30%乳油。

作用特点 毒性较低、高效、安全的有机磷杀虫剂，内吸作用性能与甲胺磷相近。

应用技术 据资料报道，可用于对稻纵卷叶螟、螟虫、稻飞虱、叶蝉、蓟马、棉铃虫等害虫的防治(效果优于乙酰甲胺磷，与甲胺磷相当)。

对蚜虫、稻纵卷叶螟、二化螟、三化螟、大螟、稻飞虱、叶蝉、蓟马、棉铃虫、甜菜夜蛾、菜青虫、柑橘红蜘蛛等多种害虫持效期长，1次施药药效长达10～15d，用30%乳油160～200ml/亩对水50kg作叶面均匀喷雾，能有效的杀灭多种害虫，应用作物也较为广泛。

防治松褐天牛，用30%乳油0.7ml/cm，进行注干处理；防治美国白蛾，用30%乳油2ml/15cm进行注干处理；防治中华松梢蚧，用30%乳油与水1∶1打孔注药。

开发登记 江苏嘉隆化工有限公司、乐斯化学有限公司等企业曾登记生产。

二溴磷 naled

其他名称 RE-4355；二溴灵；ENT-24988；Dbcp；K4355；Dibrom；Bromex；Hibrom。

化学名称 O,O-二甲基-O-(1, 2-二溴-2,2-二氯乙基)磷酸酯。

结 构 式

$$\mathrm{Cl-CCl(Br)-CH(Br)-O-P(=O)(O-CH_3)(O-CH_3)}$$

理化性质 纯品为白色结晶，熔点25.5～26.5℃，沸点110℃(66.7Pa)，密度为1.97。挥发度4.5mg/m^3。可溶于丙酮、丙二醇、芳香烃及含氧烃等有机溶剂中，稍溶于脂肪烃及水中。高温和碱性条件下水解速度更快，在玻璃容器中稳定。对金属具有腐蚀性；在金属和还原剂存在下失去嗅味，变成敌敌畏。

毒　　性 对大白鼠急性经口LD_{50}为430mg/kg；小白鼠为180mg/kg。

剂　　型 50%乳油。

作用特点 本品系高效、低毒、低残留新型杀虫、杀螨剂。对昆虫具有触杀、熏蒸和胃毒作用，对家蝇击倒作用强，无内吸性。

应用技术 据资料报道，可用于防治苹果蚜虫，用50%乳油1 000～1 500倍液均匀喷雾。防治稻飞虱，用50%乳油60～80ml/亩，对水40～50kg喷雾；防治蚜虫、红蜘蛛、叶跳虫、卷叶虫、蜻象、尺蠖、粮食害虫及菜蚜、菜青虫等，可用50%乳油1 000～1 500倍液喷雾；防治高粱黏虫，用50%乳油1 500～2 000倍液喷雾。防治葱蓟马、菜螟、温室白粉虱，在害虫发生初期，用50%乳油1 500～2 000倍液喷雾；防治黄条跳甲、斜纹夜蛾，于低龄幼虫期，用50%乳油1 500倍液喷雾。防治枣黏虫，于幼虫期用50%乳油500～800倍液喷雾；防治长白蚧，在1～2代幼虫期，可选用50%乳油800～1 200倍液喷洒；防治桑白蚧，用50%乳油800～1 200倍液喷洒，防治在1～2代；绿化树种白榆虫，用50%乳油800～1 200倍液喷雾；防治榆毒蛾、舞毒蛾、油茶尺蠖，用50%乳油800～1 200倍液喷雾；防治天牛幼虫(灌洞)及毛织品、地毯的害虫用50%乳油1 000倍液。二溴磷也有一些熏蒸作用，用于温室和蘑菇房，用量约为50%乳油33mg/m^2；二溴磷100mg/kg浓度能100%抑制黄曲霉毒素产生。

注意事项 水溶液易分解，要随配随用，不能与碱性农药混用。对人皮肤、眼睛等刺激性较强，使用时应注意保护。本品在豆类、瓜类作物上易引起药害，使用时应慎重，最好改用其他杀虫剂。对蜜蜂毒性强，开花期不宜用药。

开发登记 陕西恒田化工有限公司等企业曾登记生产。

双硫磷 temephos

其他名称 AC52160；OMS-786；ENT 27165；Abaphos；Abat；Abate；Abathion；Biothion；Difenthos；Lypor；Nimetox；Swebate。

化学名称 4,4'-双(O,O-二甲基硫代磷酰氧基)苯硫醚。

结 构 式

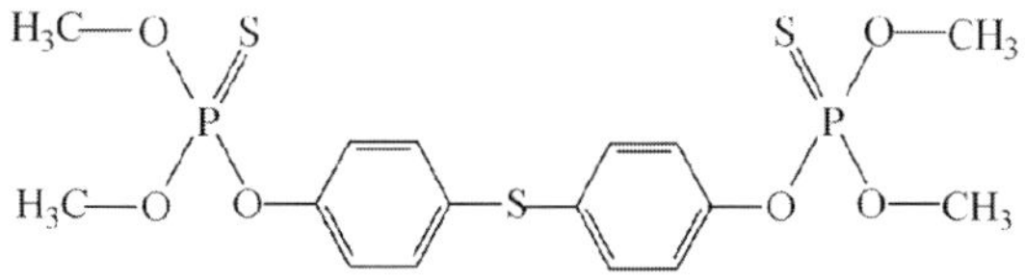

理化性质 纯品为无色结晶固体，熔点30～30.5℃，密度为1.86(工业品1.32)，不溶于水[水中溶解度约0.03mg/L(25℃)]，可溶于乙腈、四氯化碳、乙醚、二氯乙烷、甲苯、丙酮等有机溶剂中。双硫磷在pH5～7范围内稳定性好，但在强酸性(pH值＜2)或强碱性(pH值＞9)介质中能加速水解，水解速度取决于温度的高低及酸碱度。

毒 性 急性口服毒性LD_{50}：雄大鼠4 204mg/kg，雌大鼠＞10g/kg。急性经皮LD_{50}(24h)：兔2 181mg/kg，大鼠＞49g/kg。对眼睛和皮肤无刺激。虹鳟鱼LC_{50}为31.8mg/L。直接接触对蜜蜂高毒；LD_{50}(局部)为1.55μg/只蜜蜂。

剂 型 50%乳油、1%颗粒剂。

作用特点 具有强烈的触杀作用。它的最大特点是对蚊和蚊幼虫特效，残效期也很长。当水中药的浓度为1mg/kg时，37d后仍能在12h后把蚊幼虫100%杀死。无内吸性，具有高度选择性，适于歼灭水塘、下水道、污水沟中的蚊蚋幼虫。稳定性好，残效持久。

应用技术 蚊虫、库蠓等的幼虫和成虫。对防治人体上的虱，狗、猫身上的跳蚤亦有效。还能防治水稻、棉花、玉米、花生等作物上的多种害虫，如黏虫、棉铃虫、稻纵卷叶螟、卷叶蛾、地老虎、小造桥虫和蓟马等。

防治死水、浅湖、林区、池塘中的蚊类，用1%颗粒剂2~5g/m^2撒施。

注意事项 因双硫磷对鸟类和虾有毒，如养殖这类生物地区禁用。双硫磷对蜜蜂有毒，果树开花期禁用。

开发登记 巴斯夫欧洲公司、江苏功成生物科技有限公司等企业登记生产。

苯线磷 fenamiphos

其他名称 克线磷；Nemacur；苯胺磷；力满库；Bay 68138。

化学名称 O-乙基-O-(3-甲基-4-甲硫基)苯基-N-异丙基磷酰酯。

结 构 式

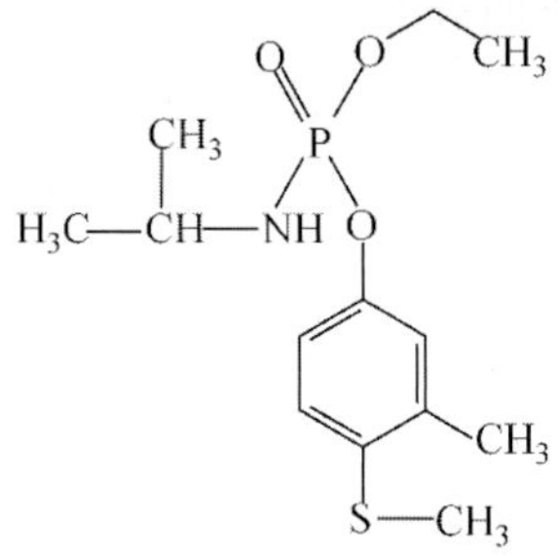

理化性质 纯品为无色结晶。室温下水中溶解度为700mg/L，易溶于有机溶剂。在中性介质中稳定储存50d无分解，在酸性或碱性介质中有缓慢分解现象。pH值为2时14d分解40%。1：1异丙醇溶液pH值11.3。40℃时半衰期为31.5h。纯品熔点为49.2℃，原药熔点为46℃。

毒 性 大鼠急性经口LD_{50}为10～20mg/kg，小鼠LD_{50}为22.7mg/kg，雄豚鼠LD_{50}为75～100mg/kg；狗LD_{50}为10mg/kg；雄大鼠急性经皮LD_{50}为500mg/kg；金鱼LC_{50}(96h)为3.2mg/L，鲶鱼为3.8mg/L，虹鳟鱼为0.11mg/L。10%颗粒剂雌、雄大鼠急性经口LD_{50}为26～77mg/kg，雄大鼠急性经皮LD_{50}＞5g/kg。

剂 型 5%颗粒剂、10%颗粒剂、40%乳油。

作用特点 具有触杀和内吸作用。药剂从根部吸收进入植物体内，经茎秆和叶片向顶部输导，在植物体内可以上下传导，同时药剂也能很好地分布于土壤中，由于药剂水溶性好，借助雨水或灌溉水进入作物的根层，对线虫的防治提供了双重的保护作用。

应用技术 本品因毒性原因，在国内已被禁止使用。

开发登记 拜耳股份公司、山东省青岛瀚生生物科技股份有限公司、浙江禾本科技有限公司等企业曾登记生产。

丁苯硫磷 fosmethilan

其他名称 NE-79168；Nevifos。

化学名称 O,O-二甲基-S-[N-(2-氯苯基)丁酰氨基甲基]二硫代磷酸酯。

结 构 式

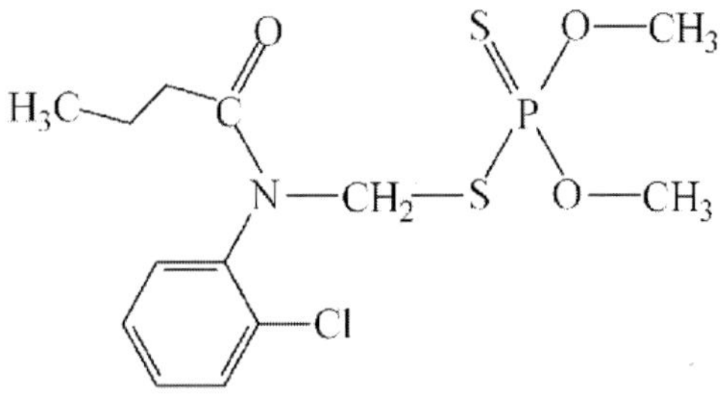

理化性质 无色晶体，熔点42℃，蒸气压12MPa。20℃水中溶解度为2.3mg/L。正辛酸-水分配系数为3.6。水解(20℃)DT_{50}12.7d(pH值4)、13.1d(pH值7)、11.4d(pH值8.3)。

毒　　性 雄大鼠急性经口LD_{50}为110mg/kg，雌大鼠急性经口LD_{50}为49mg/kg，雄大鼠急性经皮LD_{50}＞110mg/kg，雌小鼠急性经皮LD_{50}为6g/kg。对兔眼睛和皮肤有轻微刺激作用。野鸡急性经口LD_{50}为92mg/kg，日本鹌鹑急性经口LD_{50}为68～7.4mg/kg；野鸡LD_{50}(8d)为1 330mg/kg饲料，鹌鹑LD_{50}(8d)为11 250mg/kg饲料。鱼毒LC_{50}(96h)：鲤鱼6mg/L，金鱼1 212mg/L。

剂　　型 50%乳油。

作用特点 高效内吸性有机磷杀虫剂，具有很强的触杀和胃毒作用。杀虫谱广，速效性好，残留期长，对刺吸式、咀嚼式和蛀食性的多种害虫有效。可被植物的根部和叶部吸收，在植物体内发生向顶性传导作用。抑制昆虫体内的乙酰胆碱酯酶。

应用技术 据资料报道，可用于双翅目、半翅目、膜翅目、鳞翅目和缨翅目害虫。该产品的主要优点是将它在傍晚施于正开花的芸苔等作物上，对采蜜的蜜蜂是安全的。可用于防治油菜露尾甲、甘蓝茎象甲和芜菁叶蜂，用50%乳油50ml/亩对水40～50kg喷雾时效果优良。防治苹果园叶部多种害虫，施药量为50%乳油1 000～2 000倍液。根据虫情，施5～9次药；用50%乳油800～1 000倍液对下列害虫防治效果优良：苹果蠹蛾、樱桃褐卷叶蛾、苹褐卷叶蛾、网纹卷叶蛾、苹芽小卷叶蛾、枣尺蠖、赭色蛾类、梨叶潜蛾等；用不同类型地面机械喷施50%乳油1 500～2 500倍液，用于防治苜蓿地某些为害叶和种子的害虫效果优良，这些害虫包括叶甲根瘤象甲属、车轴草叶象甲、象甲、苜蓿盲蝽、苜蓿广肩叶蜂和夜蛾。

注意事项 蔬菜采收前3周停止施药，在傍晚前施药，并避开植物花期施药。

吡唑硫磷 pyraclofos

其他名称 氯吡唑磷；TIA-230；OMS 3040；SC-1069；Boltage；Voltage；lStarlex。

化学名称 O-[1-(4-氯苯基)吡唑-4-基]-O-乙基-S-丙基硫代磷酸酯。

结 构 式

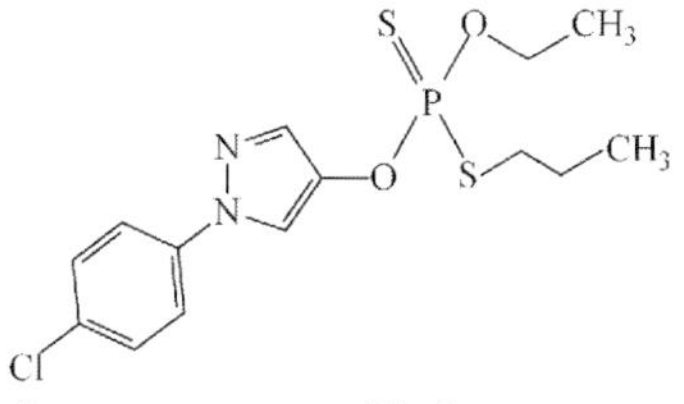

理化性质 淡黄色油状液体，密度1.271(28℃)，沸点164℃(1.33Pa)，蒸气压1.6MPa(20℃)，水中溶解度为33mg/L(20℃)。

毒　　性 急性经口毒性LD_{50}(mg/kg)：大鼠(雄、雌)237，小鼠(雄)575，(雌)420。经皮毒性LD_{50}(mg/kg)：

大鼠(雄、雌) > 2 000。吸入毒性LD_{50}(mg/L)：大鼠雄1.69，雌1.46。对兔眼和皮肤无刺激。

剂　　型 35%可湿性粉剂、50%乳油、6%颗粒剂。

作用特点 具有触杀和胃毒作用，无内吸性及熏蒸作用，几乎没有根系内吸活性。氧化激活：尽管吡唑硫磷体外抗乙酰胆碱酯酶的活性弱，但它对斜纹夜蛾显示出强的杀虫活性。随着药剂毒性作用，夜蛾幼虫头部的乙酰胆碱酯酶(ChE)被抑制。认为吡唑硫磷在昆虫中枢神经内被氧化激活。脂族酯酶(AliE)抑制作用和选择性：吡唑硫磷本身对昆虫A1iE的抑制活性比对神经系统的AChE的抑制活性要高。

应用技术 可以防治鳞翅目、鞘翅目、蚜虫、双翅目和蜚蠊等多种害虫，对叶螨科螨、根螨属螨、蜱和线虫也有效。对已产生抗性的甜菜夜蛾、棕黄蓟马、家蝇也有效；还可有效防治蔬菜上的鳞翅目害虫夜蛾属和棉花的埃及棉夜蛾、棉铃虫、红铃虫、粉虱、蓟马，马铃薯的马铃薯甲虫、块茎蛾，甘薯的甘薯茎夜蛾、麦蛾、茶的茶叶细蛾、黄蓟马等。

资料报道，防治烟草甘蓝夜蛾、烟夜蛾，用50%乳油1 500 ~ 2 000倍液均匀喷施；蚜虫类用50%乳油1 500倍液喷施；防治甘薯茎夜蛾、甘薯小蛾，在幼虫期，用50%乳油1 000 ~ 1 500倍液喷施；防治甜菜、甘蓝夜蛾，在幼虫期，用50%乳油1 500倍液喷施；防治马铃薯块茎蛾，在卵孵化盛期，用50%乳油750倍液喷施。

资料报道，对棉花的埃及棉夜蛾、棉铃虫、红铃虫、飞虱、蓟马、马铃薯的马铃薯甲虫、块茎蛾，甘薯的甘薯夜蛾、麦蛾，茶的茶叶细蛾、黄蓟马等，田间防治用量为50%乳油67 ~ 133ml/亩，对水60 ~ 70kg喷雾。

注意事项 本剂对蚕有长期毒性，在桑树附近的场所不要使用；防治甜菜的甘蓝夜蛾时，在生育前期(6—7月)施药，叶可产生轻微药斑；对鱼类影响较强，在河、湖、海域及养鱼池附近不要使用。对果树如苹果、日本梨、桃和柑橘依品种而定，略有轻微药害。

蔬果磷 dioxabenzofos

其他名称 杀抗松；水杨硫磷；Salithion；Sarithion。

化学名称 2-甲氧基-4H-1,3,2-苯并-二氧杂磷-2-硫化物。

结 构 式

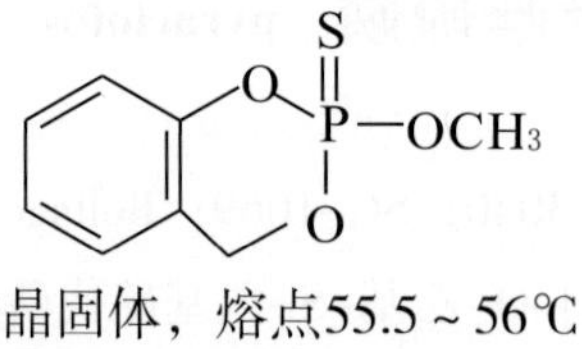

S
‖
O—P—OCH₃ (benzodioxaphosphorin ring; O)

理化性质 纯品为无色至淡蓝色结晶固体，熔点55.5 ~ 56℃，25℃时的蒸气压为0.627Pa。30℃下溶于水(58mg/L)，可溶于丙酮、苯、乙醇和乙醚，适量溶于甲苯、二甲苯、甲基戊酮和环丙酮。对弱酸或碱稳定。

毒　　性 急性口服LD_{50}雌大白鼠为180mg/kg，雄大白鼠为125mg/kg，雄小白鼠为94mg/kg，雌小白鼠为128mg/kg。急性经皮LD_{50}雄大白鼠为400mg/kg，雌大白鼠为590mg/kg，小白鼠 > 1 250mg/kg。

剂　　型 20%乳油、25%乳油、25%可湿性粉剂、5%颗粒剂。

作用特点 蔬果磷是一种广谱、高效、低残留的杂环有机磷杀虫剂，毒性中等，对害虫具有较强的触杀作用。抑制乙酰胆碱酯酶活性，杀虫作用迅速。

应用技术 据资料报道，主要用于防治果树、蔬菜、茶、桑、烟草、水稻和纤维作物的蚜虫、桃小食心虫、康氏粉蚧、桑白蚧、红蜡蚧、角蜡蚧、果树卷叶蛾、舞毒蛾、顶梢潜叶蛾、葡萄天牛、烟青虫、桑螟、桑小象甲、茶小卷叶蛾、斜纹夜蛾、菜青虫、小菜蛾、甘蓝夜蛾、水稻螟虫和稻瘿蚊。防治对有机磷农药有抗性的棉铃虫也有效，果树一般用25%乳油1 000～2 000倍液喷雾，对蔬菜、桑、烟草、茶等作物500～2 000倍液喷雾。

资料报道用于防治水稻螟虫、稻瘿蚊、稻飞虱等害虫，用20%乳油80ml/亩对水80～100kg喷雾，但对稻叶蝉效果不好；对棉花棉铃虫、红铃虫、棉蚜、果树卷叶虫、食心虫、柑橘介壳虫、蔬菜菜青虫、小地老虎、斜纹夜蛾等害虫均有效，在害虫低龄幼虫时喷雾，一般使用浓度为25%乳油1 000～2 000倍喷雾；防治菜青虫，在菜青虫2～3龄幼虫期，用20%乳油50～100ml/亩对水80～100kg喷雾。防治介壳虫、凤蝶，用20%乳油1 000～2 000倍液喷雾；防治栗实象鼻虫，于害虫发生初期，用25%乳油1 000～2 000倍液喷雾。

注意事项 本药剂对各种作物的药害较轻，但对桃的幼果和蔬菜的幼苗有药害。对柿树部分品种，会伤害5—6月新叶。在收获前10d禁用，本品不能与碱性物质混合使用。

嘧啶氧磷 pirimioxyphos

化学名称 O,O–二乙基–O–(2–甲氧基–6–甲基嘧啶–4–基)硫代磷酸酯。

结 构 式

S
$(C_2H_5O)_2P$—O N O—CH_3
N
CH_3

理化性质 纯品为淡黄色黏稠液体，具有硫代磷酸酯类的特有气味。密度为1.197 7，溶于多种有机溶剂。难溶于水，且遇水发生分解。沸点128～132℃(133.3Pa)。酸碱和光热都能促进分解。

毒　　性 大鼠口服LD_{50}为183.4mg/kg，经皮LD_{50}为1 662mg/kg，吸入LC_{50}为2g/L。

剂　　型 40%乳油。

作用特点 具有触杀和胃毒作用，也具有一定的内吸渗透作用。抑制昆虫乙酰胆碱酯酶的活性。是一个好的轮换药剂。

应用技术 据资料报道，主要用于稻区，对稻瘿蚊、螟虫有特效。也可对棉、豆、粮、果、菜等作物的蚜、螨、潜叶蝇、螟虫、飞虱、叶蝉、地下害虫进行防治。

资料报道，用于对水稻主要害虫的防治，防治水稻螟虫(二化螟、三化螟)，在卵孵化高峰前1～3d，用40%乳油150～300ml/亩，对水40～50kg喷雾，因水稻叶片狭小而直立，必须细喷雾；防治稻飞虱、叶蝉、蓟马、瘿蚊，害虫发生盛期，用40%乳油150～300ml/亩，对水40～50kg细喷雾；防治卷叶螟、稻苞虫，1～2龄幼虫期，用40%乳油100～200ml/亩，对水50～60kg细喷雾；防治棉花害虫，防治棉蚜、棉红蜘蛛，害虫发生期，用40%乳油50～80ml/亩，对水50～60kg，均匀混合后喷雾；防治棉铃虫等蕾铃蛀虫，在低龄幼虫期，用40%乳油80～100ml/亩，对水50～60kg，混合均匀后喷雾，对卵也有良好的效果；防治大豆食心虫幼虫，在幼虫入荚前，用40%乳油50～80ml/亩，对水40～50kg，混合均匀后喷雾；防治地下害虫咬食棉苗、玉米苗，可用40%乳油200ml/亩对水45kg，喷拌细土20kg使之湿润制成毒土撒施苗垄，或围苗。

注意事项 嘧啶氧磷乳油对高粱敏感，不宜使用。不能与碱性农药混用，与水长期接触易分解，故加水后应立即使用。嘧啶氧磷中毒症状为典型有机磷的中毒症状，解毒方法同一般有机磷，用碱性液体洗皮肤或洗胃，忌用高锰酸钾。治疗药物为阿托品、氯磷定。原粮中允许残留量为0.1mg/kg。对蜜蜂、鱼和水生动物有毒害。施过药的稻田应防止水流入河塘。

特普 teraethyl pyrophosphate

化学名称 双-(O,O-二乙基)磷酸酐。

结 构 式

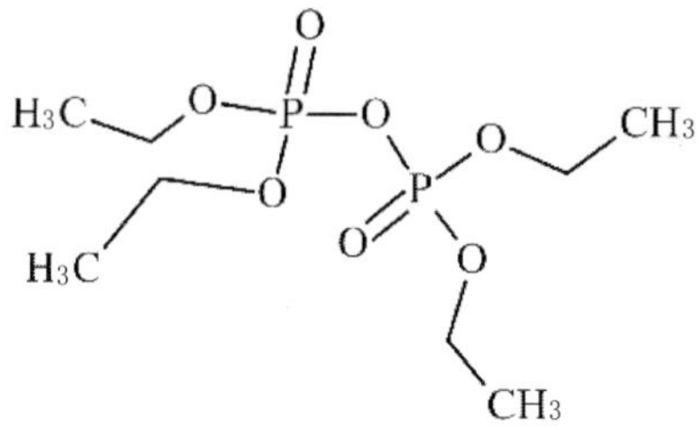

理化性质 无色无嗅的吸湿性液体，沸点为124℃(133.3Pa)，20℃的蒸气压为0.02Pa，密度为1.185，折光率为1.419 6。与水和大多数有机溶剂混溶，难溶于矿油，工业品是暗琥珀色的可流动的液体，密度为1.2。易水解，在pH7和25℃时的半衰期为6.8h；它在170℃时分解放出乙烯，对大多数金属有腐蚀性。

毒　　性 大鼠口服LD_{50}为0.5mg/kg；小鼠口服 LD_{50}为3mg/kg。

作用特点 非内吸性的杀蚜剂和杀螨剂，残效期较短。

剂　　型 至少含40%焦磷酸四乙酯的多磷酸酯混合物；35%、40%乳剂；气溶胶制剂。

应用技术 据资料报道，收获前治蚜虫和棉红蜘蛛。由于它水解很快，残效短，在收获作物上没有残毒，故能用于桑及蔬菜上。

开发登记 1938年由G. Schrader和HKiikenthal报道，1943由年Bayer Leverkusen推广。

敌敌磷 OS 1836

其他名称 棉宁。

化学名称 O,O-二乙基-O-(2-氯乙烯基)磷酸酯。

结 构 式

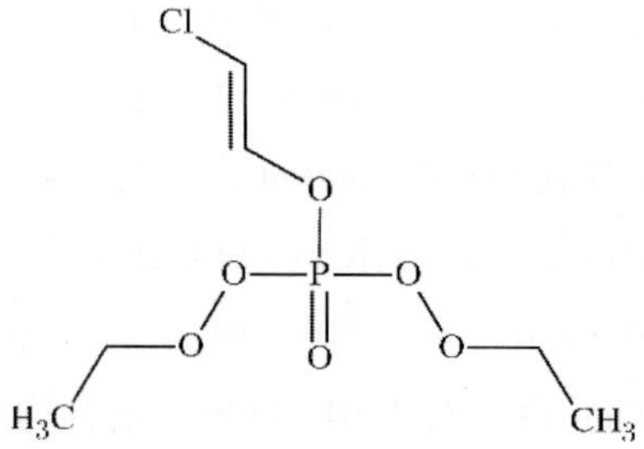

理化性质 无色透明流动性液体，沸点110~114℃(1.33kPa)，密度为1.208 1，折光率为1.434 5。稍溶于水，能溶于有机溶剂。

毒　　性 大鼠口服LD_{50}为3mg/kg，小鼠口服LD_{50}为30.5mg/kg。

剂　　型 乳剂等。

作用特点 具有内吸、触杀和熏蒸作用，挥发性高，作用迅速，残效期短。

应用技术 资料报道，对棉铃虫有特效，对豆类作物的螨类、食心虫、欧洲家蝇及红粉介壳虫亦有效，也能防治东亚飞蝗、玉米螟、三化螟、蓖麻蚕幼虫等。因残效期太短，推广使用受到影响。

开发登记 1955年由Shell Chemical Co. 开发。

速灭磷 mevinphos

其他名称 OS-2046；PD-5；ENT-22374。

化学名称 O,O-二甲基-O-(2-甲氧甲酰基-1-甲基)乙烯基磷酸酯。

结 构 式

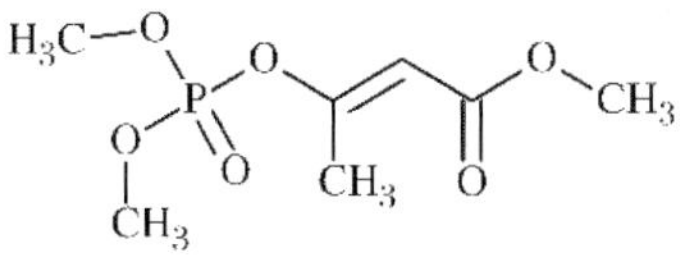

理化性质 原药浅黄色液体。纯品系无色液体，沸点为99～103℃(0.3mmHg)，20℃时蒸气压为17MPa，相对密度为1.24(20℃)。顺式异构体熔点21℃，相对密度为1.235(20℃)。反式异构体熔点6.9℃，相对密度为1.245(20℃)。原药能与水、醇类、酮类、氯化烃、芳烃完全混溶，微溶于脂肪烃。在常温储存下稳定，但在碱性水溶液下水解，其DT_{50}120d(pH6)，35d(pH7)，3d(pH9)，1.4h(pH11)。

毒　　性 大鼠口服LD_{50}为 3mg/kg；小鼠口服 LD_{50}为 4mg/kg。

剂　　型 40%乳油、50%乳油等。

注意事项 包装及储运包装和储运与其他有机磷杀虫剂相同。该药剂剧毒，挥发性大，使用时应严加注意，要在专人指导下使用，不能在炎热的中午进行大田喷雾。

开发登记 1953年由Shell Development Company推广，获有专利US2685552。

保米磷 bomyl

其他名称 GC-3707；ENT-24833；EHT-24833。

化学名称 O,O-二甲基-O-1,3-(二甲氧甲酰基)丙烯-2-基磷酸酯。

结 构 式

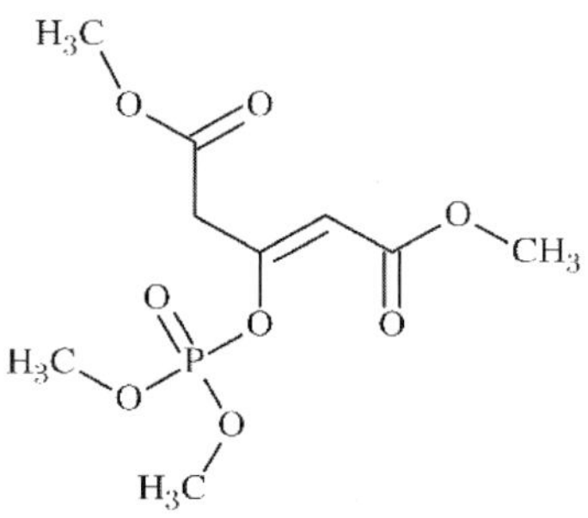

理化性质 无色或黄色油状物，沸点155~164℃(2.27kPa)，密度1.2；不溶于水和煤油，溶于丙酮、乙醇、丙二酸和二甲苯。可被碱水解，pH5时半衰期＞10d，pH6时＞4d，pH9时＜1d。

毒　　性 大鼠口服 LD_{50}为31mg/kg。

作用特点 具有抗胆碱酯酶活性、广效性、触杀性，残效期较长，施于土壤中，尚可维持有效期长达3个月之久。在结构上它和马拉硫磷和速灭磷都有相似之处，从性能看，它具有内吸性，杀虫范围略同马拉硫磷，但它的持久性却为这两种药剂中任何一种所不能及。

应用技术 资料报道，用于防治棉花上的棉铃虫、棉铃象甲和棉蚜，用53～73g/亩有效剂量。防治蝗虫，用10g/亩剂量撒施；用0.5%有效成分糖饵诱杀害虫。

开发登记 1959年由Allied Chemical Corporation推广，获有专利USP2891887。

百治磷　dicrotophos

其他名称 C709；CIBA709；ENT-24482；SD3562；Shell3562；OMS253。

化学名称 O,O-二甲基-O-1-甲基-2-(二甲基氨基甲酰)乙烯基磷酸酯。

结 构 式

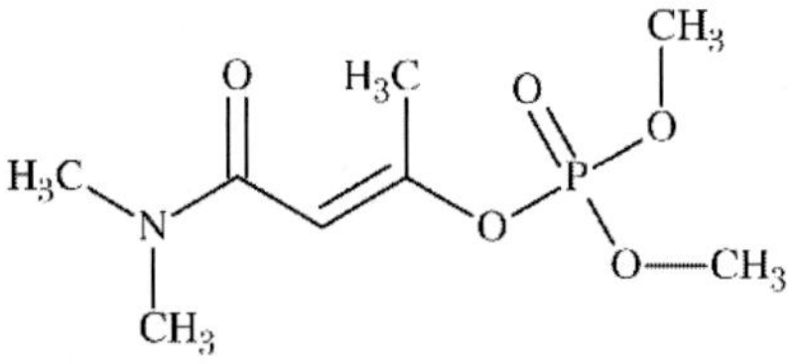

理化性质 琥珀色液体，有轻微的酯味，工业品约含85%(E)-异构体，沸点400℃(760mmHg)，130℃(0.1mmHg)，密度1.216，折光率为1.468 0，20℃时的蒸气压为9.3MPa。可与水及很多有机溶剂(如丙酮、双丙酮醇、2-丙醇、乙醇)混溶，但在柴油和煤油中的溶解度低于10g/kg。储藏在玻璃和聚乙烯容器中，直到40℃也是稳定的，但在75℃存放31d后或在90℃存放7d后则分解。

毒　　性 大白鼠急性经口LD_{50}为17～22mg/kg。

剂　　型 24%可湿性粉剂、40%乳剂、50%乳剂。

作用特点 (E)-异构体较(Z)-异构体活性大，具有中等残效，内吸性杀虫杀螨。

应用技术 资料报道用于防治蛀食性害虫，防治咖啡豆浆果蛀虫和潜叶蝇，于害虫发生初期，用50%乳剂40～80ml/亩对水80~100kg喷雾。

注意事项 除某些种类的果树外，一般无药害。

开发登记 1963年Ciba AG推广此品种，1965年Shell Development Company.也开发了此品种，获有专利US3068268。

福太农　forstenon

化学名称 O,O-二乙基-O-(2,2-二氯-1-β-氯乙氧基乙烯基)磷酸酯。

结 构 式

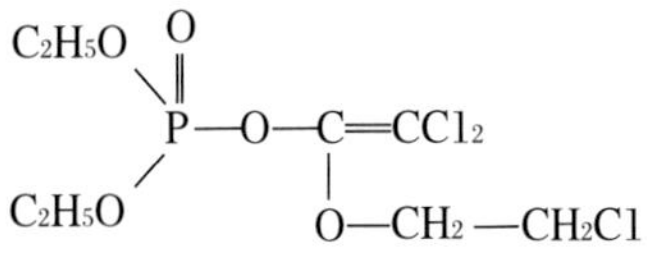

$$C_2H_5O(C_2H_5O)P(=O)-O-C(=CCl_2)-O-CH_2-CH_2Cl$$

理化性质 流动的透明液体，难溶于水，易溶于有机溶剂和矿物油中。

毒　　性 大白鼠急性经口LD_{50}为6.8~9.7mg/kg。

剂　　型 5%矿油溶液。

作用特点 具有触杀及呼吸中毒作用，兼具内吸性，为有机磷剂中毒机理。

应用技术 据资料报道,可用于害虫休眠期喷雾用。

巴毒磷 crotoxyphos

其他名称 赛吸磷；丁烯磷。

化学名称 顺-1-甲基-2-(1-苯基乙氧基羰基) 乙烯基磷酸二甲酯。

结 构 式

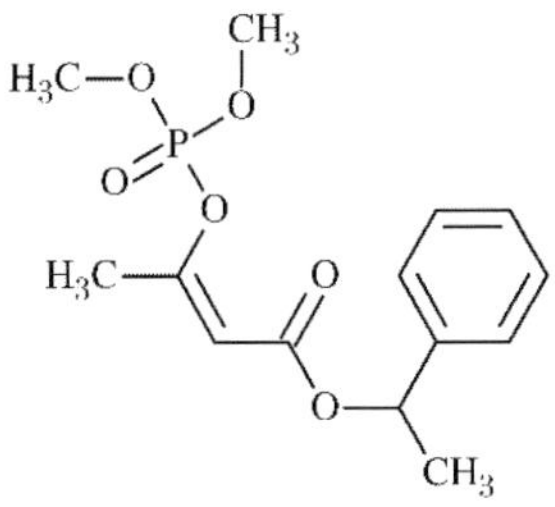

$$(CH_3O)_2P(=O)-O-C(CH_3)=CH-C(=O)-O-CH(CH_3)-C_6H_5$$

理化性质 淡黄色液体，有轻微的酯气味，工业品含80%有效成分。沸点为135℃/4Pa，20℃时的蒸气压为1.87MPa。在室温下于水中的溶解度约为1g/L；略溶于煤油和饱和烃类；可溶于丙酮、氯仿和其他多氯烃、乙醇、2-丙醇，可与二甲苯混溶。

毒　　性 急性经口LD_{50}：大白鼠52.8mg/kg，小白鼠90mg/kg，兔急性经皮LD_{50}为384mg/kg。

剂　　型 24%乳剂、3%粉剂。

应用技术 据资料报道，可用于防治牛和猪身体上的蝇、螨和蜱，0.1%～0.3%喷雾。

开发登记 1963年美国壳牌公司(Shell Developent Co.)开发品种。获有专利USP3268、3116201。

杀虫畏 tetrachlorvinphos

其他名称 杀虫威。

化学名称 (Z)-2-氯-1-(2,4,5-三氯苯基)乙烯基二甲基磷酸酯 。

结 构 式

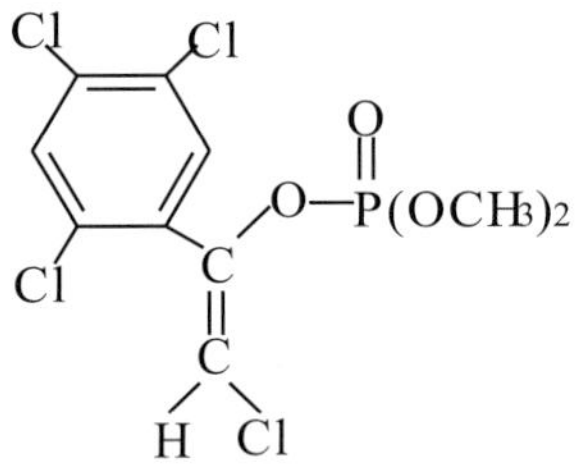

$$2,4,5\text{-}Cl_3C_6H_2-C(-O-P(=O)(OCH_3)_2)=C(H)Cl$$

理化性质 原药(纯度98%)为灰白色结晶固体；熔点94 ~ 97℃，20℃蒸气压为0.005 6MPa。溶解性(20℃)：水中11mg/L，丙酮 < 200g/kg，氯仿400g/kg，二氯甲烷400g/kg，二甲苯中 < 150g/kg。在100℃以下稳定，在水中缓慢水解。50℃时水解半衰期：pH3为54d，pH7为44d，pH10.5为80h。

毒　　性 大鼠急性经口LD_{50}为4 000 ~ 5 000mg/kg；小鼠急性经口LD_{50} > 5 000mg/kg；兔急性经皮LD_{50} > 2 500mg/kg。2年饲喂试验表明，大鼠无作用剂量为125mg/kg，犬为200mg/kg饲料。鲤鱼LC_{50}为1 ~ 4mg/L，野鸭急性经口LD_{50} > 2 000mg/kg。

剂　　型 50%可湿性粉剂、75%可湿性粉剂、5%颗粒剂、150g/L乳剂、240g/L乳剂。

作用特点 广泛用于粮、棉、果、蔬菜和林业上，亦可防治仓储粮、仓储织物害虫。防效优异。以触杀为主，对鳞翅目、双翅目和多种鞘翅目害虫药效高。

应用技术 据资料报道，可用于防治水稻二化螟，于卵孵化盛期，用 50%可湿性粉剂100g/亩对水40 ~ 50kg喷雾；防治蓟马，以5%浓度喷雾；防治棉蚜，于若虫盛发期，用50%可湿性粉剂1 200倍液喷雾；防治棉红蜘蛛，用50%可湿性粉剂2 000倍液喷雾。防治果树鳞翅目和双翅目害虫，用50%可湿性粉剂1 200 ~ 2 000倍液喷雾。

注意事项 因其能迅速分解，所以防治土壤害虫无效。

开发登记 1966年美国壳牌公司(Shell Developent Co.)推广，获有专利USP3102842。

毒虫畏 chlorfenvinphos

其他名称 Compound 4072；C8949；OMS-166；GC4072；SD7859；Birlane 24。

化学名称 2-氯-1-(2,5-二氯苯基)乙烯基磷酸二乙酯。

结 构 式

Cl　Cl　O　O　P　O　O　H$_3$C　Cl　CH$_3$

理化性质 工业品为琥珀色液体，具轻微气味。熔点-23~19℃，沸点167~170℃(66.7Pa)，密度1.36，蒸气压0.533MPa(20℃)，1mPa(45℃)，0.35Pa(80℃)。微溶于水(23℃时溶解度为145mg/L)，可与丙酮、乙醇、煤油、二甲苯和丙二醇混溶。贮于玻璃或聚乙烯容器中稳定，遇水能缓慢水解。

毒　　性 大鼠口服 LD_{50}为10mg/kg，小鼠口服 LD_{50}为65mg/kg。

剂　　型 24%乳油、5%粉剂、10%颗粒剂等。

作用特点 用于水稻、玉米、甘蔗、蔬菜、柑橘、茶树等防治二化螟、黑尾叶蝉、飞虱、稻根蛆、根蛆、萝卜蝇、葱蝇、菜青虫、小菜蛾、菜螟、黄条跳甲、二十八星瓢虫、柑橘卷叶虫、红圆蚧、梨圆盾蚧、粉蚧、矢尖蚧、蚜虫、蓟马、茶卷叶蛾、茶绿叶蝉、马铃薯甲虫、地老虎等以及家畜的蜱螨、疥癣虫、蝇、虱、跳蚤、羊鼻蝇等。

应用技术 资料报道，用于防治根蛆和地老虎，用10%颗粒剂2kg/亩进行土壤处理；防治果树和蔬菜害虫，用24%乳油500 ~ 1 000倍液喷雾；防治水稻害虫，用24%乳油1 000~2 000倍液喷雾。

注意事项 茶树须在采茶前20d停止施药，对覆盖栽培的茶树则不能使用。

开发登记 1962年N. F. chamber lain等首先介绍其杀虫性质，由美国壳牌公司(Shell Developent Co.)开发，但均未长期生产和销售。获专利号VS2956075、VS3116201。

对氧磷 paraoxon

其他名称 E-600；Ester25；Pestoxl01；HC-2072；TS-219；ENT-16087；Eticol。

化学名称 O,O-二乙基磷酸对硝基苯酯。

结构式

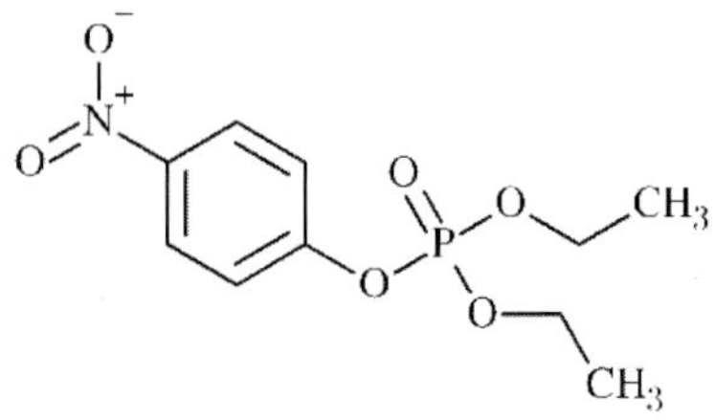

理化性质 纯品无色油状，原油为棕色液体，稍带臭味，沸点169～170℃(0.133kPa)，相对密度1.273 6(27.4℃)，折光率1.510 5。易溶于醚及其他有机溶剂，在水中的溶解度为1∶100。水溶液在中性时稳定，在水和油中溶解度低，可溶于大多数有机溶剂，难溶于石油醚及石蜡油。在阳光下部分分解，变为暗黑色液体，在中性或酸性条件下，比较稳定，在碱性介质中易水解。

毒性 大鼠口服LD_{50}为1.8 mg/kg，小鼠口服 LD_{50}为0.76 mg/kg。

作用特点 是对硫磷的活性形式，为强胆碱酯酶抑制，具有触杀和内吸作用。

开发登记 于1944年由德国拜耳公司所制得，1948年以来曾被推荐于眼科治疗中作瞳孔收缩剂。

灭蝇磷 nexion 1378

化学名称 O-甲基-O-乙基氧基硫基乙基-O-(2,2-二氯乙烯基)磷酸酯。

结构式

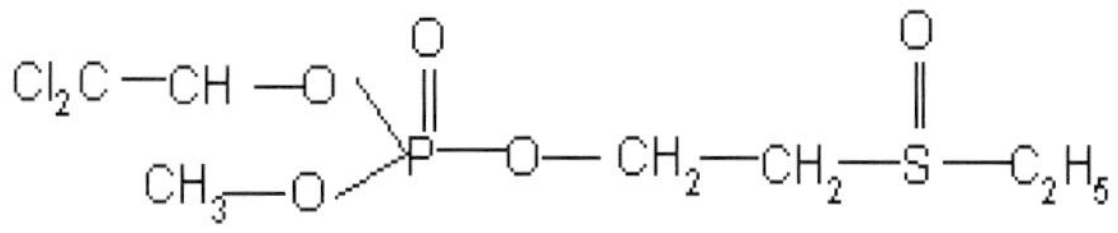

$Cl_2C{-}CH{-}O{-}P(=O)(O{-}CH_3){-}O{-}CH_2{-}CH_2{-}S(=O){-}C_2H_5$

理化性质 具有芳香味的油状液体，难溶于水，能溶于大多数有机溶剂中。

毒性 中等毒性。

作用特点 具有较强的触杀和胃毒作用。

应用技术 据资料报道，可适用于防治家蝇等卫生害虫。

注意事项 产品宜储于阴凉处，避免阳光照射，勿与食物、饲料等混放在一起，严防人畜入口。

吡唑磷 pyrazoxon

其他名称 彼氧磷；G-24483。

化学名称 O,O-二乙基-O-(3-甲基-5-吡唑基)磷酸酯。

结 构 式

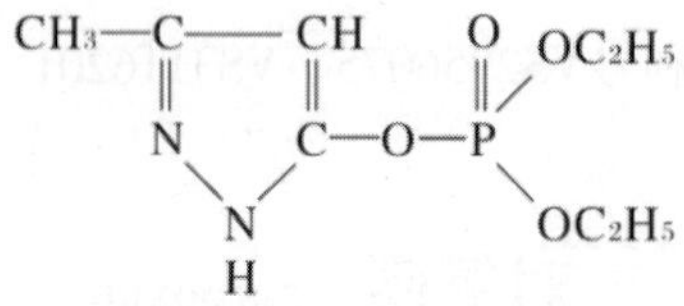

```
CH3—C——CH    O  OC2H5
    ‖    ‖    ‖ /
    N    C—O—P
     \  /      \
      N         OC2H5
      H
```

理化性质 工业品为黄色液体，稍有气味，密度1.001。在水中的溶解度为1%，溶于二甲苯、丙酮、乙醇，不溶于石油。

毒　　性 剧毒，小鼠口服 LD_{50}为4mg/kg。

作用特点 具有较强的触杀内吸活性。

开发登记 1952年由瑞士S. A. Geigy合成，获有专利USP 2754244，已停产。

甲硫磷 Gc6506

其他名称 ENT-25734；甲虫磷。

化学名称 O,O-二甲基-O-(4-甲硫基苯基)磷酸酯。

结 构 式

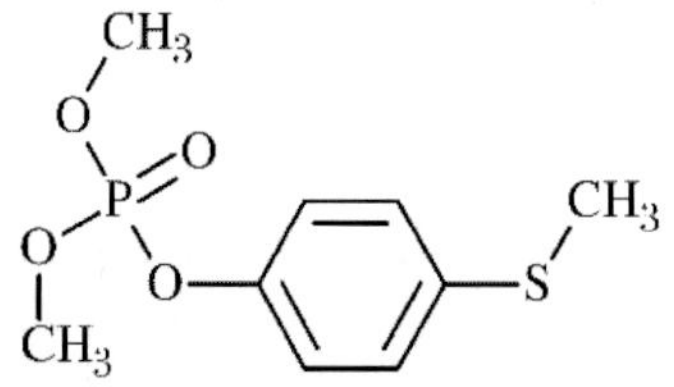

$(CH_3O)_2P(=O)O-C_6H_4-SCH_3$

理化性质 无色液体，在269～284℃分解。

毒　　性 对雄大白鼠的急性经口LD_{50}值为6.5～7.5mg/kg；对白兔的急性经皮LD_{50}值为46～50mg/kg；以含0.35mg/kg甲硫磷的饲料喂大鼠10d，处理组与对照组之间，未观察到对胆碱酯酶有显著的影响。对蜜蜂高毒。

剂　　型 25%可湿性粉剂、749.4g/L乳剂、10%颗粒剂等。

作用特点 具有较强的触杀内吸活性，抑制胆碱酶的活性。

应用技术 据资料报道，可用于防治多种蚜、螨和鳞翅目幼虫，用10%颗粒剂400～800g/亩，进行土壤处理。

注意事项 在有效杀虫剂量范围内，对所试的大多数作物无损害。133g（有效剂量）/亩，对菜豆和马铃薯的发芽率有所影响。

开发登记 1963年双辉联合化学公司(Allied Chemical Co.)开发。

甲基杀螟威 tetrachlorvinphos

其他名称 虫畏磷；甲基毒虫畏；SD8280；SKI-13。

化学名称 (Z)-2-氯-1-(2,4,5-三氯苯基)乙烯基磷酸二甲酯。

结 构 式

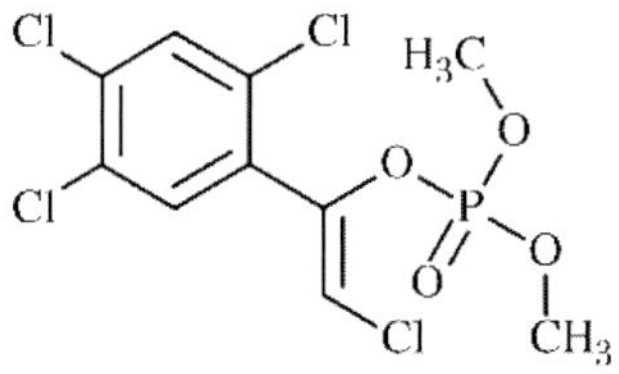

理化性质 纯品为白色菱形结晶，熔点101～102℃，室温下溶于丙酮、乙醇、氯仿等有机溶剂；几乎不溶于水；粗品略带黄色，熔点70～80℃。

毒　　性 对人畜低毒，小白鼠急性口服LD_{50}为430mg/kg。

剂　　型 15%水剂、5%可湿性粉剂等。

作用特点 强触杀性杀虫和杀螨剂，无内吸作用，但有一定的内渗效果。

应用技术 据资料报道，可用于防治可用于防治水稻三化螟和抗性棉蚜螨；对棉铃虫、黏虫、稻蓟马、麦蚜、斜纹夜蛾等多种害虫也有一定兼治效果。对作物安全，无药害。

丙基硫特普 spon

其他名称 A-42；E-8573；ASP-51。

化学名称 O,O,O,O-四丙基二硫代焦磷酸酯。

结 构 式

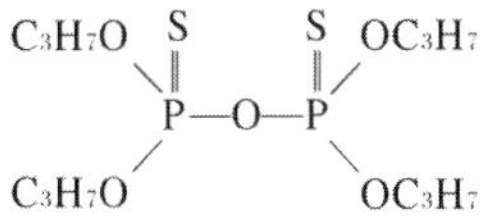

理化性质 淡黄色至暗琥珀色液体，稍有芳香气味。沸点104℃(1.333Pa)，室温时，在水中溶解度为0.16(m/v)，可溶于酒精、丙酮、苯等有机溶剂，难溶于石油醚。在室温的水中无明显的水解，加热至149℃，则分解，无爆炸危险。与金属长时间接触可引起脱色和物理变化，对钢有腐蚀性。

毒　　性 低毒。

剂　　型 0.48kg/L乳油、25%可湿性粉剂、5%颗粒剂等。

应用技术 据资料报道，可用 0.1%浓度对红蜘蛛的死亡率为100%，0.25%浓度对红蜘蛛卵的死亡率为97%，对橘介壳虫为73%。温室中0.01%浓度对蓟马死亡率为100%。在土壤中残效期较长。

扑杀磷 potasan

其他名称 扑打杀；E-838。

化学名称 O,O-二乙基-O-(4-甲基香豆素-7-基)硫代磷酸酯。

结 构 式

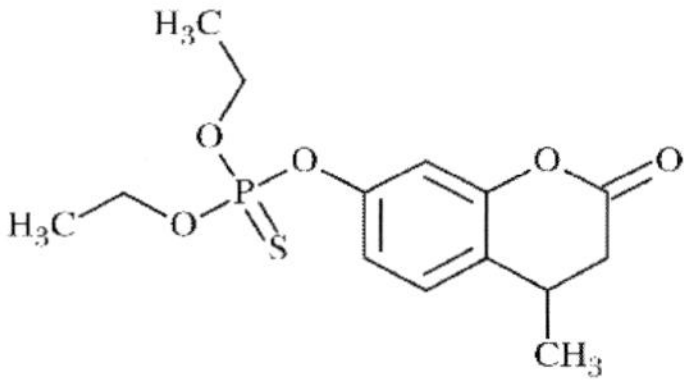

理化性质 其外观呈具有轻微芳香气味的无色晶体，熔点380℃，密度为1.307；折光指数为1.568 5，室温下蒸气压极低。几乎不溶于水，中度溶于石油醚，易溶于大多数有机溶剂。在pH值为5～8时，对水解稳定。

毒　　性 大鼠口服LD_{50}为14.7mg/kg；小鼠 LD_{50}口服为99mg/kg。

剂　　型 2%粉剂。

作用特点 是有选择作用的非内吸性杀虫剂，具有较弱的触杀作用，但有强烈的胃毒作用，还有轻微的熏蒸作用，对咀嚼式口器害虫有显著防效。

应用技术 据资料报道，可用防治马铃薯甲虫，在低龄害虫期，用2%粉剂333～666g/亩喷粉。

开发登记 1947年由德国拜耳公司开发，已停产。

蝇毒磷 Coumaphos

化学名称 O,O–二乙基–O–(3–氯–4–甲基–2–氧代–2H–1–苯并吡喃–7–基)硫代磷酸酯。

结 构 式

CH_3 O O O P S O CH_3 Cl CH_3

理化性质 其外观呈无色结晶，熔点95℃，20℃时的蒸气压为13.3μPa，密度为1.474。室温下水中的溶解度为1.5mg/L。在有机溶剂中的溶解度有限。工业品为棕色结晶，熔点90～92℃。

毒　　性 大鼠口服LD_{50}为13mg/kg；小鼠口服LD_{50}为28mg/kg。

剂　　型 15%乳剂等。

作用特点 本品对害虫有触杀和胃毒作用，对双翅目害虫特别有效。可用于防治猪、牛、羊、马的疥螨、蜱类、虱类、蚤类、蝇类(牛皮蝇、马胃蝇、羊鼻蝇)及虻类等体外寄生虫。其可抑制乙酰胆碱酯酶。

应用技术 本品因毒性原因，在国内已被禁止使用。

内吸磷 demeton

其他名称 1059。

化学名称 O,O–二乙基–O–(2–乙硫基乙基)硫代磷酸酯与O,O–二乙基–S–(2–乙硫基乙基)硫代磷酸酯。

结 构 式

$$H_3C-CH_2-O-P(=O)(-O-CH_2-CH_3)-S-CH_2-CH_2-S-CH_2-CH_3$$

$$H_3C-CH_2-O-P(=S)(-O-CH_2-CH_3)-O-CH_2-CH_2-S-CH_2-CH_3$$

理化性质 纯品为淡黄色油状液，具有特殊的蒜臭味。能溶于大多数有机溶剂。能被碱性物质分解，但在水中溶解度不一致，在25℃时硫酮式为60mg/L，硫醇式为2 000mg/L。

毒　　性 为高毒杀虫剂，硫酮式酯对雄大鼠急性口服LD_{50}为30mg/kg；硫醇式酯对雄大鼠急性口服LD_{50}为1.5 mg/kg。

剂　　型 50%乳油。

作用特点 具有内吸作用，并具有一定的熏蒸活性。内吸磷能渗透到植物的组织内部，通过植物的根、茎、叶被吸收到植物体内然后传导至各部位。内吸磷在植物体内能转化为毒力更强的内吸磷亚砜和砜等代谢产物。对害虫的毒力比对硫磷大得多，对人畜的急性毒性大，但无累积毒性。

应用技术 此药在我国已经禁止使用。

开发登记 1951年由德国拜耳公司合成并推广。

甲基内吸磷 demeton-methyl

其他名称 Bay 15203；甲基1059。

化学名称 O,O-二甲基-S-(2-乙硫基乙基)硫代磷酸脂。

结 构 式

$$H_3C-O-P(=S)(-O-CH_3)-O-CH_2-CH_2-S-CH_2-CH_3$$

理化性质 纯品为淡黄色油状液体，具有特殊的蒜臭味，工业品含两种异构体，硫逐式异构体占70%，硫赶式异构体占30%，均匀淡黄色至深褐色油状液体。沸点78℃(26.7Pa)，74℃(20Pa)，蒸气压0.61Pa。水溶度为330mg/L，易溶于多数有机溶剂。但遇碱易分解失效。

毒　　性 甲基内吸磷对人、畜的毒性低于内吸磷。硫逐内吸磷：大白鼠急性口服LD_{50}为180mg/kg。大鼠急性经皮LD_{50}为300mg/kg。空气中中毒极限值为500μg/m^3(空气)。硫赶内吸磷：大白鼠急性口服LD_{50}为雌鼠80mg/kg，雄鼠57～106.5mg/kg。雄大白鼠急性经皮LD_{50}为302.5mg/kg，大白鼠静脉注射致死最低量为40mg/kg。

剂　　型 25%乳油、50%乳油。

作用特点 甲基内吸磷兼有内吸和触杀作用。叶面或土壤施药，都能在植物体内传导，高浓度对多种作物害虫有显著防效，低浓度对多种作物害虫和蚜虫、红蜘蛛有效。该药一般主要用于棉花害虫的防治。

应用技术 据资料报道，可用于防治棉铃虫、红铃虫、造桥虫，在幼虫低龄期，用50%乳油50～75ml/亩对水60～75kg喷雾。防治棉蚜、蓟马、红蜘蛛、棉盲蝽，用50%乳油1 500～2 500倍液喷雾。

注意事项 不能与碱性农药混用，配药和施药人员需身体健康，操作时要戴防护眼镜，防毒口罩和乳胶手套，并穿工作服，严格防止污染手、脸和皮肤。如万一污染应立即清洗。操作时切忌抽烟、喝水或吃东西。工作完毕后应及时清洗防护用品，并用肥皂洗手、脸和可能污染的部位。该药能通过食道、呼吸道和皮肤引起中毒，中毒症状有头痛、恶心、呼吸困难、呕吐、痉挛、瞳孔缩小等，遇到这类症状应立即送医院治疗。施药后，各种工具要认真清洗，污水和剩余药液要妥善处理或保存，不得任意倾倒，以免污染水源和土壤，空瓶要及时收回并妥善处理，不得作为他用。药剂应储存在干燥、避光和通风良好的仓库中。该药在植物体中的残效长，须在作物收获前20d停用。

开发登记 1954年由德国拜耳公司合成并推广。

锰克磷

其他名称 锰克硫磷；P 663。

化学名称 O,O–二乙基O–(N–乙氧甲基)氨基甲酰甲基硫代磷酸酯。

结 构 式

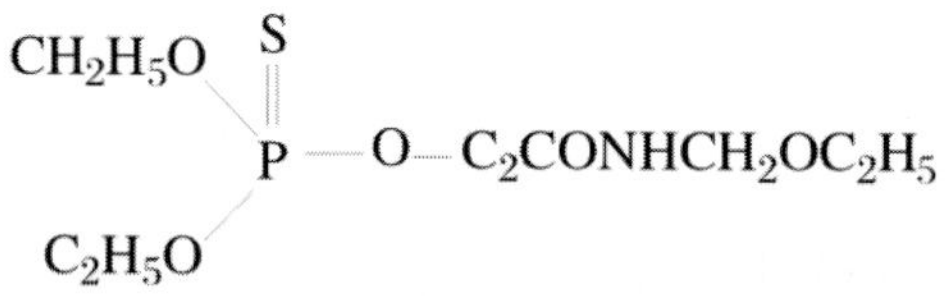

$$(CH_2H_5O)(C_2H_5O)P(=S)-O-C_2CONHCH_2OC_2H_5$$

理化性质 密度为1.19，可溶于水。

毒　　性 高毒，大白鼠急性经口LD_{50}为7.5mg/kg。

剂　　型 64%浓液剂等。

作用特点 具有内吸和触杀活性。

应用技术 据资料报道，可以1%浓度的溶液防治甜菜、韭菜、棉花害虫，如蚜虫、红蜘蛛等。

开发登记 1959年由英国Murphy Co. 试制。

乙氧嘧啶磷 etrimfos

其他名称 乙嘧硫磷；SAN 1971；OMS 1806。

化学名称 O,O–二甲基–O–(6–乙氧基–2–乙基–4–嘧啶基)硫代磷酸酯。

结 构 式

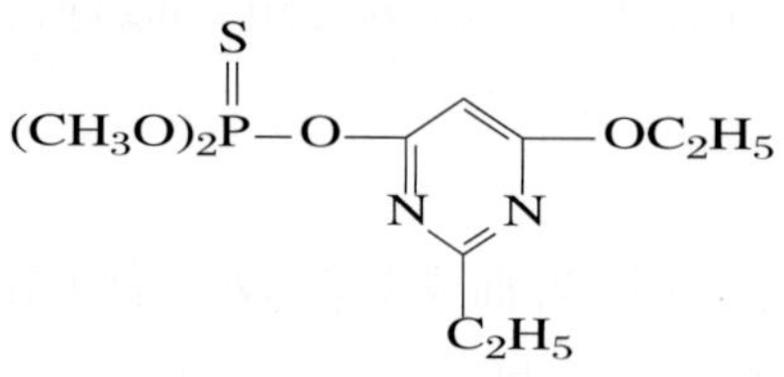

$$(CH_3O)_2P(=S)-O-C_4HN_2(C_2H_5)-OC_2H_5$$

理化性质 无色油状液体。熔点-3.4℃，相对密度1.195(20℃)，20℃时水中溶解度为40mg/L，可溶于乙醇、丙酮、乙醚、二甲苯和煤油。20℃下蒸气压6.5MPa。在非极性溶剂中稳定。25℃下50mg/L缓冲水溶液中半衰期：pH6时16d，pH9时14d。

毒　　性 急性经口LD_{50}大鼠为1.6～1.8g/kg，小鼠为470～620mg/kg。急性经皮LD_{50}大鼠>5g/kg，雄兔>500mg/kg。大鼠吸入LC_{50}(1h)>200mg /L空气。

剂　　型 50%乳油、2%粉剂、400g/L超低容量喷雾剂。

作用特点 具有触杀、胃毒、广谱性，但无内吸性，作用机理为抑制胆碱酯酶活性。

应用技术 据资料报道，可用于防治仓库害虫，用2%粉剂3～10mg/kg向粮仓喷雾或撒粉。

注意事项 计算控制好使用药量，不可随意加大。仅限于处理原粮，加工过的成品粮上不能使用。药剂应储放于-10～25℃下。

开发登记 1975年H. J. Knutti和F. W. Reisser介绍其杀虫性能，由Sandoz Agro AG(现为Novartis Crop Protection AG)开发。

果虫磷 cyanthoate

其他名称 M 1568。

化学名称 S-{2-[(1-氰基-1-甲基乙基)氨基]-2-氧代乙基}-O,O-二乙基硫代磷酸酯。

结 构 式

$$(C_2H_5O)_2P(=O)SCH_2C(=O)NHC(CH_3)_2-CN$$

理化性质 纯品为淡黄色液体，略带有令人不愉快的气味；折光率为1.484 5。工业品纯度为90%，为橙色液体，具有苦杏仁味；密度为1.200；折光率为1.485。在20℃于水中的溶解度为70g/L，在大多数有机溶剂中微溶。

毒　　性 急性口服LD_{50}值大鼠为3.2mg/kg，小鼠和豚鼠为13mg/kg；大鼠的急性经皮LD_{50}(接触4h)值为105mg/kg。每天以0.035mg/kg喂大鼠3个月后，没有发现有明显的中毒作用。

剂　　型 20%液剂、25%可湿性粉剂、5%颗粒剂。

作用特点 是杀螨剂和杀虫剂，具有触杀、胃毒和内吸活性。

应用技术 据资料报道，可以200～300mg/L剂量使用，能防治红蜘蛛、蚜类、木虱和其他刺吸式口器害虫，尤其对苹果、梨和桃树上的害虫更为有效。

开发登记 1963年由意大利MontedisOn S. P. A开发，现已停产。

异砜磷 oxydeprofos

其他名称 Bay 23655。

化学名称 S-(2-乙基亚硫酰基-1-甲基乙基)-O,O-二甲基硫赶磷酸酯。

结 构 式

$$\begin{array}{l} CH_3O \quad \overset{O}{\|} \\ \qquad \; P—S—\underset{\displaystyle |\atop \displaystyle CH_3}{CH}—CH_2—SO—C_2H_3 \\ CH_3O \end{array}$$

理化性质 容易氧化为砜，对碱不稳定。黄色无嗅油状液体，沸点115℃/2.67Pa，蒸气压0.627MPa(20℃)。可溶于水、氯化烃、乙醇和酮类，稍溶于石油醚。

毒　　性 急性口服LD_{50}大白鼠为103mg/kg，雄小白鼠为264mg/kg，腹腔注射LD_{50}大白鼠为50mg/kg，豚鼠为100mg/kg。以10mg/kg饲料的浓度饲养大鼠，50d之久不影响其生长。鲤鱼TLm(48h)为40mg/L。

剂　　型 50%乳油。

作用特点 为内吸性有机磷杀虫、杀螨剂，并有触杀作用。药液喷布后会迅速渗透植物体内，不受雨水冲刷和阳光照射的影响，残效期为15～20d，用于防治果树害虫如柑橘介壳虫、锈壁虱、恶性叶虫、花蕾蛆、潜叶蛾、红蜘蛛、黄蜘蛛等，对苹果、梨、桃、梅、葡萄、茶树等的蚜虫类、螨类、叶蝉类、梨茎蜂以及十字花科蔬菜、瓜类等蚜虫、菜粉蝶、黄守瓜防治均有效。

应用技术 据资料报道，可用于防治柑橘、苹果、桃、梨及各类蔬菜的蚜虫、螨类、叶蝉类、蚧类，用50%乳油1 000～2 000倍液喷雾；或在树干周围1cm涂50%乳油0.2～0.3ml，每株涂4～5ml或20ml(视树龄大小而定)。涂药后为安全和避免雨水冲刷起见，须用塑料薄膜覆盖5～6d。

防治黄瓜、茄子和番茄害虫、亦可采用土壤灌注法，在定植后用50%乳油10 000～20 000倍液灌根，每株灌1L。

注意事项 不能与碱性农药混用，配药和施药人员需身体健康，操作时要戴防护眼镜，防毒口罩和乳胶手套，并穿工作服，严格防止污染手、脸和皮肤。如果万一污染应立即清洗。操作时切忌抽烟、喝水或吃东西。工作完毕后应及时清洗防护用品，并用肥皂洗手、脸和可能污染的部位。该药能通过食道、呼吸道和皮肤引起中毒，中毒症状有头痛、恶心、呼吸困难、呕吐、痉挛、瞳孔缩小等，遇到这类症状应立即送医院治疗。施药后，各种工具要认真清洗，污水和剩余药液要妥善处理或保存，不得任意倾倒，以免污染水源和土壤，空瓶要及时收回并妥善处理，不得作为他用。药剂应储存在干燥、避光和通风良好的仓库中。该药在植物体中的残效长，须在作物收获前20d停用。

开发登记 1960年由德国拜耳公司推广，获有专利DBP1035958、USP2952700。

亚砜吸磷 oxydemeton-methyl

其他名称 Bayer 21097；R2170；ENT-24964。

化学名称 O,O二甲基S-[2-(乙基亚砜基)乙基]硫赶磷酸酯。

结 构 式

$$(CH_3O)_2\overset{O}{\overset{\|}{P}}SCH_2CH_2\overset{O}{\overset{\|}{S}}CH_2CH_3$$

理化性质 透明琥珀色液体，熔点低于-20℃；沸点为106℃(1.33Pa)，20℃蒸气压为3.8MPa，可与水混溶；溶于大多数有机溶剂，但石油醚除外。在碱性介质中水解DT_{50}(计值)107d(pH4)，46d(pH7)，2d(pH9)(22℃)，闪点113℃。

毒　　性 大鼠口服LD_{50}为30mg/kg，小鼠口服LD_{50}为10mg/kg。

剂　　型 500g/L可溶粉剂、250g/L乳剂等。

开发登记 G.Schrader介绍其杀虫性能，1956年德国拜耳公司试验后，于1960年推广，获专利号DE947368、US2963505。

甲基乙拌磷 thiometon

其他名称 Bayer 23129。

化学名称 S-2-乙基硫基乙基-O,O-二甲基二硫代磷酸酯。

结 构 式

$$(CH_3O)_2\overset{\overset{S}{\|}}{P}SCH_2CH_2SCH_2CH_3$$

理化性质 无色油状物，具有特殊气味；沸点为110℃(13.3Pa)，20℃时的蒸气压为39.9MPa；密度为1.209；折光率为1.551 5。在25℃于水中的溶解度为200mg/L；难溶于石油醚，但能溶于大多数有机溶剂；纯品的稳定性较低，但它的二甲苯和氯苯溶液则稳定。在非极性溶剂中的稀溶液稳定，其制剂稳定(20℃时货架寿命约2年)。本品在碱性介质中易水解，在酸性介质中水解相对较慢，DT_{50}90d(pH3)，83d(pH6)，43d(pH9)(5℃)；25d(pH3)，27d(pH6)，17d(pH9)(25℃)。

毒　　性 急性经口LD_{50}雄大鼠为73mg/kg，雌大鼠为136mg/kg。急性经皮LD_{50}雄大鼠为1 429mg/kg，雌大鼠为1 997mg/kg。对皮肤无刺激，大鼠吸入LC_{50}(4h)为1.93mg/L空气(制剂)。

剂　　型 25%、50%乳油等。

作用特点 具有触杀内吸作用，能防治所有作物上的刺吸性害虫，如蚜类和螨类，持效期长。

应用技术 据资料报道，可用于防治棉花蚜虫、红蜘蛛、蓟马、水稻叶蝉、飞虱、介壳虫等，用50%乳油 2 000～3 000倍液喷雾；或用50%乳油200倍液涂抹棉茎；防治介壳虫，于若虫期用25%乳油1 500～2 000倍液喷雾。

注意事项 粮食作物收获前21d禁止使用，稀释液务需当天配制当天使用。不得放置过久，以防失效，其他注意事项，参考甲基内吸磷。

开发登记 1953年由德国拜耳公司开发。1952年由W. Loreni和G. Schrader首先合成(DBP 917668)；K. Luti等也同时独立制得(Swiss P 319579)。

乙拌磷 disulfoton

其他名称 二硫松；敌死通。

化学名称 O,O-二乙基-S-2-乙硫基乙基二硫代磷酸酯。

结 构 式

H_3C, O, P, S, S, CH_3, O, S, H_3C

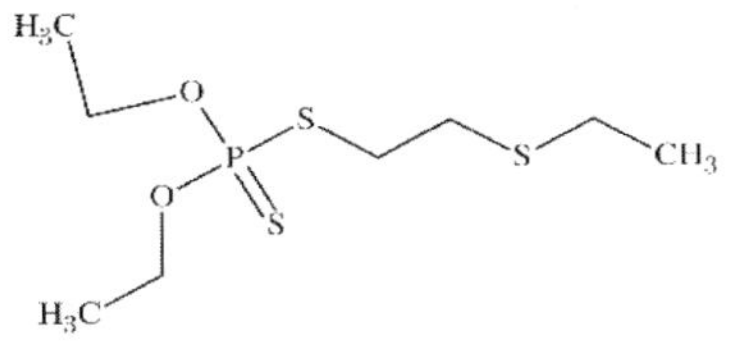

理化性质 带有特殊气味的无色油状物，熔点-25℃，沸点128℃/1mmHg，蒸气压7.2MPa(20℃)，13MPa(25℃)，22mPa(30℃)，密度1.144(20℃)。工业品为暗黄色油状物，在室温水中溶解度为25mg/L，易溶于多数有机溶剂，pH＜8时，不易水解。

毒　　性 急性经口LD_{50}雌、雄大鼠为2～12mg/kg，雌、雄小鼠为7.5mg/kg。鹌鹑为39mg/kg。急性经皮LD_{50}雄大鼠为15.9mg/kg，雌大鼠为3.6mg/kg。对兔眼睛和皮肤无刺激。急性吸入LC_{50}(4h)雄大鼠约0.06mg/L(气溶胶)，雌大鼠约0.015mg/L(气溶胶)。

剂　　型 50%活性炭浸渗剂、5%颗粒剂、10%颗粒剂、50%乳剂。

作用特点 有内吸作用。防治对象及使用方法与甲拌磷相似。药效期较甲拌磷长，药效期可保持45d左右。

应用技术 据资料报道，可用于防治防治棉花地下害虫，可用50%乳剂0.5kg加水25kg，拌种50kg，堆闷12h后播种；若采用浸种法，可用50%乳剂0.5kg加水75kg，搅匀后放入棉种45kg，浸种14h左右，定时翻动几次捞出晾干后播种。

注意事项 同甲拌磷，作物收获前禁用期为40～60d。

开发登记 1956年由德国拜耳公司开发。

丰丙磷 IPSP

其他名称 异丙丰；P-204。

化学名称 S-乙基亚磺酰甲基-O,O-二异丙基二硫代磷酸酯。

结 构 式

$$\begin{matrix}(CH_3)_2HC-O \\ (CH_3)_2HC-O\end{matrix}\Big\rangle \overset{O}{\overset{\|}{P}}-S-CH_2-\overset{O}{\overset{\|}{S}}-C_2H_5$$

理化性质 无色液体，15℃在水中的溶解度为1.5g/L；可与大多数有机溶剂混溶，但己烷除外。工业品为无色至淡黄色液体，纯度约为90%；具有中等程度的稳定性，如加热至100℃保持5h，就有30%分解，但在70℃以下就没有分解现象。丰丙磷在酸碱性条件下较稳定，所以在酸性土壤中表现稳定。也可与化学肥料混合进行土壤处理，必须避免与还原性物质接触，无腐蚀性。

毒　　性 大白鼠急性经口LD_{50}为25mg/kg，小白鼠为320mg/kg；雄大白鼠急性经皮LD_{50}为28mg/kg，雌小白鼠1 300mg/kg。

剂　　型 5%颗粒剂、5%粉剂等。

作用特点 内吸，具有一定的熏蒸作用，主要用颗粒剂进行沟施或穴施，防治高粱、甜菜、西瓜、菠菜、萝卜、白菜等作物上的蚜虫、叶螨、二十八星瓢虫；大豆、小豆上的蚜虫、螨；葱、圆葱上的圆葱潜蝇、圆葱蝇、葱根瘿螨、豌豆潜叶蝇、葱种蝇等。残效一般可达2个月之久，是较好的土壤处理用的内吸杀虫剂。

应用技术 资料报道，用于防治马铃薯和蔬菜上的蚜虫，用5%颗粒剂200～300g/亩进行土壤处理，防治高粱蚜虫，用5%颗粒剂2.5～4kg/亩沟施或穴施，或先撒颗粒剂后播种，或播种后撒颗粒剂或颗粒剂与种子混播，防治甜菜蚜虫，用5%颗粒剂2.5kg/亩撒施，防治黄瓜、番茄、辣椒、马铃薯、茄子上的蚜虫、叶螨、二十八星瓢虫和大豆、小豆、豌豆、豇豆上的蚜虫、叶螨、豌豆潜叶蝇等，用5%颗粒剂2～

2.5kg/亩撒施。

注意事项 丰丙磷不宜拌种，以免发生药害，叶菜类应在收获前30d停止使用。

开发登记 1963年由日本北兴化学公司推广，获有专利Japanese P531126、USP3408426。

砜拌磷 oxydisulfoton

其他名称 乙拌磷亚砜；乙拌砜磷；敌虫磷。

化学名称 O,O-二乙基-S-[2(乙基亚硫酰基) 乙基]二硫代磷酸酯。

结 构 式

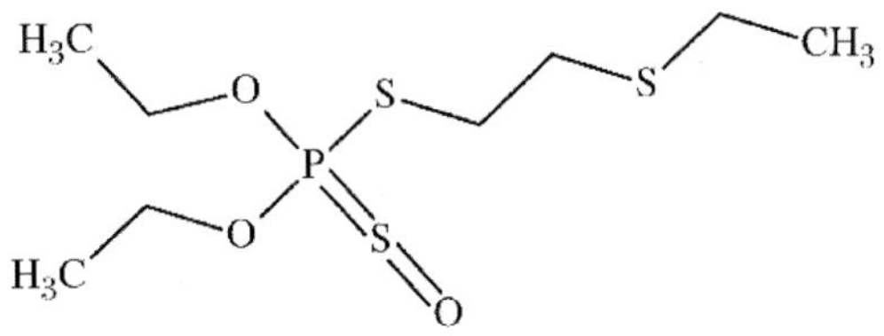

理化性质 纯品为浅棕色液体，不能蒸馏，20℃时蒸气压为8.38μPa，密度为1.209，折光率为1.402，在室温水中溶解度为100mg/L，易溶于多数有机溶剂。

毒　　性 大鼠口服LD_{50}为3.5mg/kg，小鼠口服LD_{50}为12mg/kg。

剂　　型 可加工成各种有效成分含量的拌种剂，包括乳油和颗粒剂。

作用特点 具有触杀和内吸活性。

应用技术 据资料报道，可用于杀虫、杀螨剂，用于种子处理，兼防治苗期病毒病。

开发登记 1955年试验后，1965年由德国拜耳公司生产推广，现已停产。

异拌磷 isothioate

其他名称 甲丙乙拌磷；叶蚜磷；异丙硫磷；异丙吸磷。

化学名称 O,O-二甲基-S-2-(异丙基硫基)乙基二硫代磷酸酯。

结 构 式

$$(CH_3O)_2\overset{S}{\overset{\|}{P}}SCH_2CH_2SCH(CH_3)_2$$

理化性质 具有芳香味的淡黄褐色液体，20℃时的蒸气压为0.29Pa。在25℃，于水中的溶解度为97mg/L。在1.33Pa压力下沸点53～56℃。

毒　　性 大鼠口服LD_{50}为150mg/kg，小鼠口服LD_{50}为50mg/kg。

剂　　型 50%乳油、30%粉剂等。

应用技术 据资料报道，可用于防治萝卜、白菜、甘蓝、葱、黄瓜、西瓜、茄子、番茄、马铃薯、菊科的蚜虫类。使用时可采取土壤处理或叶面施用。在使用剂量范围内，残效性比乙拌磷稍短。

开发登记 Nihou Nohyaku Co. Ltd.开发，1984年停产。

威尔磷 veldrin

化学名称 2-(O,O-二甲基二硫代磷酸甲酯基)-1,4,5,6,7,7-六氯双环-(2,2,1)-2,5-庚二烯。

结 构 式

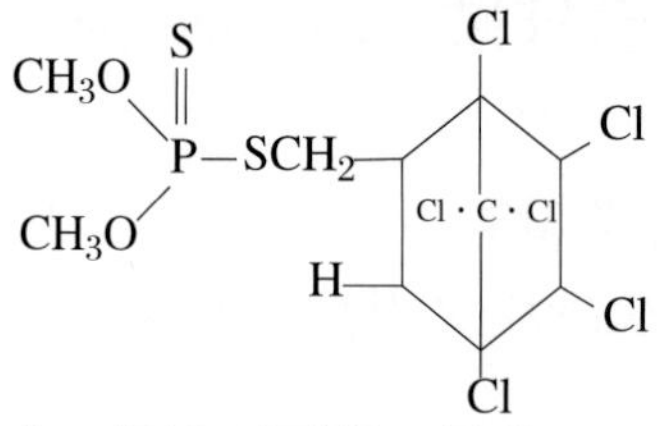

理化性质 沸点为135℃，不溶于水，易溶于丙酮、甲苯。

毒　　性 高毒，大白鼠急性经口LD_{50}为30～100mg/kg。

作用特点 为内吸性杀螨剂。

应用技术 据资料报道，能防治棉蚜、棉红蜘蛛，且有杀卵作用。杀家蝇的毒力是滴滴涕的1.5倍。

甲基三硫磷 methyl trithion

其他名称 Tri-Me。

化学名称 S-4-氯苯基硫基甲基-O,O-二甲基二硫代磷酸酯。

结 构 式

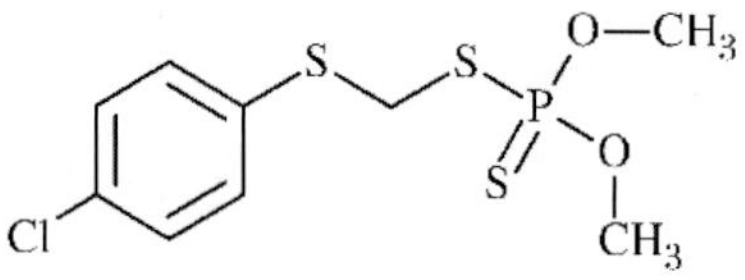

理化性质 为浅黄色至琥珀色液体，具有中度的硫醇气味。室温下，在水中的溶解度约为1mg/L；它可与大多数有机溶剂混溶。本品对热为中度稳定，由于它在水中溶解度低，故能抗水解。它可与其他普通农药混用，对软钢无腐蚀性，可在无衬里的钢筒中无限期地储藏。

毒　　性 大鼠口服LD_{50}为48mg/kg；小鼠口服LD_{50}为112 mg/kg。

剂　　型 480g/L乳油等。

作用特点 据资料报道，是一种非内吸性杀螨剂和杀虫剂，生物活性类似于三硫磷，但防治墨西哥棉铃象甲效果较好。

应用技术 一般使用剂量为0.5～1g(有效成分)/L。

开发登记 1958年由Stauffer Chemical Co. 推广。

三硫磷 carbophenothion

其他名称 三赛昂。

化学名称 S-(4-氯苯基硫代甲基)-O,O-二乙基二硫代磷酸酯。

结 构 式

$$(C_2H_5O)_2\overset{S}{\overset{\|}{P}}SCH_2S-\langle\bigcirc\rangle-Cl$$

理化性质 灰白色至琥珀色的微有硫醇气味液体，工业品纯度为95%左右，密度为1.265 ~ 1.285。不溶于水(10.34mg/L)，可溶于苯、二甲苯、醇、酮等一般有机溶剂中，蒸气压低，挥发性小。三硫磷比较稳定，但遇碱分解失效。对水解作用相对稳定，在叶子表面被氧化，变成硫代磷酸酯。可与大多数农药混用。残效期长。对软钢无腐蚀性。

毒　　性 高浓度时，对某些作物有药害。大白鼠雄性口服急性LD_{50}为30mg/kg；大白鼠雌性口服急性LD_{50}为10mg/kg；大白鼠雄性体表涂抹LD_{50}为54mg/kg；大白鼠雌性体表涂抹LD_{50}为27mg/kg；三硫磷对人、畜毒性高。

剂　　型 30%乳油、50%乳油、2%粉剂等。

作用特点 本品具有强烈的触杀作用，并有较好的内吸性，为触杀性杀虫、杀螨剂。在高浓度下有很好的杀卵作用，但对作物叶子有杀伤作用，使用浓度达0.2%对作物有药害。主要可用于防治棉花、果树等作物上的蚜、蚧；果树锈壁虱、卷叶虫等。

应用技术 资料报道，用于防治各种螨类和蚜虫，用50%乳油2 000 ~ 4 000倍液喷雾或用2%粉剂1.5 ~ 2kg/亩喷粉。

注意事项 收获前21d禁止使用三硫磷，不能与碱性药剂混用，使用时应按《剧毒农药安全使用操作规程》进行。

开发登记 1955年由Stauffer Chemical Co. 开发。

家蝇磷 acethion

其他名称 Acetoxon；Azethion；Propoxon；Prothion。

化学名称 O,O–二乙基–S–(乙氧基甲酰基甲基)二硫代磷酸酯。

结 构 式

$$(C_2H_5O)_2\overset{S}{\overset{\|}{P}}SCH_2\overset{O}{\overset{\|}{C}}OCH_2CH_3$$

理化性质 浅黄色黏稠液体，沸点92℃(1.33Pa)，密度为1.176，折光率为1.499 2。难溶于水，易溶于大多数有机溶剂。

毒　　性 大鼠口服LD_{50}为1 100mg/kg，小鼠口服LD_{50}为1 200mg/kg。

作用特点 为选择性杀虫剂，对家蝇有良好的作用，杀蝇效果及选择性均比马拉硫磷好。

应用技术 据资料报道，用于卫生杀虫剂。

开发登记 1955年以法国专利发表。

乙基稻丰散 Phenthoate ethyl

化学名称 O,O–二乙基–S–(α–乙氧基羰基苄基)二硫代磷酸酯。

结 构 式

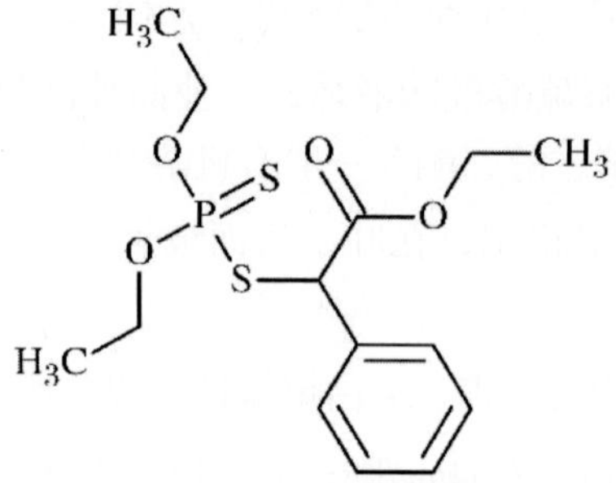

理化性质 纯品在常温下为无色透明油状液体。工业品为黄色油状液体，具有辛辣刺激臭味。不溶于水，易溶于乙醇、丙酮，苯等溶剂。在酸性和中性条件下稳定，遇碱性物质易分解失效。

毒　　性 中等毒性。

剂　　型 3%粉剂、50%乳油等。

作用特点 触杀和胃毒，无内吸作用。作用速度快，残效期较短。用于防治刺吸式口器害虫。适用于防治棉花、水稻、果树、豆类和蔬菜上的多种害虫，对蛀食性害虫和各种瘤蚜效果较差。

应用技术 资料报道,用3%粉剂1.5～2kg/亩喷粉或撒毒土或用50%乳油2 000倍液喷雾，可防治稻叶蝉、稻飞虱、稻苞虫、大豆食心虫、豆荚螟、斜纹夜蛾、黏虫、烟青虫、烟蓟马和各种蚜虫。

注意事项 不能与碱性农药混用，该药仅登记在水稻和柑橘树上使用，应严格按登记使用剂量用药，对某些鱼有毒性，注意对水源的污染。

酰胺磷 AC-3741

化学名称 O,O-二乙基-S-(氨基甲酰甲基)二硫代磷酸酯。

结 构 式

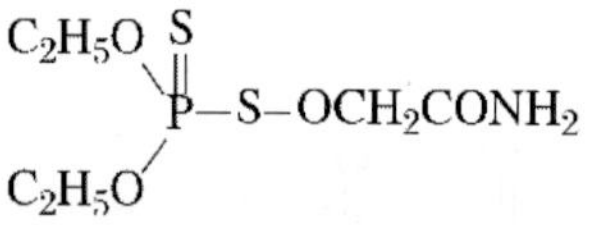

$$(C_2H_5O)_2P(=S)-S-OCH_2CONH_2$$

理化性质 纯品为无色针状结晶。熔点为57～58℃，工业品为白色或浅黄色结晶，熔点为50～52℃(或53～56℃)。不溶于水，易溶于丙酮、氯仿、乙醇等有机溶剂，并可用四氯化碳进行重结晶。

毒　　性 大白鼠急性经口LD_{50}为10～20mg/kg。

剂　　型 1%粉剂、30%乳油、50%乳剂等。

作用特点 内吸和触杀，胃毒作用较小。

应用技术 据资料报道，用于防治棉花、果树作物的蚜虫、红蜘蛛。

开发登记 1950年国外报道了本品的杀虫性能，1958年美国氰胺公司介绍了它的杀虫作用。

甲乙基乐果 Bopardil Rm60

化学名称 O-甲基-O-乙基-S-甲基氨基甲酰甲基二硫代磷酸酯。

结构式

$$\begin{array}{l} CH_3O \quad S \qquad\qquad\qquad\quad O \\ \quad\ \ \backslash \ \ \| \qquad\qquad\qquad\quad \| \\ \qquad\ P{-}S{-}CH_2{-}C{-}NHCH_3 \\ \quad\ \ / \\ C_2H_5O \end{array}$$

理化性质 可溶于大多数有机溶剂，在水中的溶解度为8.4g/L。熔点61～62℃。

毒　　性 对温血动物的接触呼吸毒性低。

剂　　型 粉剂、可湿性粉剂、乳剂等。

应用技术 资料报道用于防治蚜、螨，0.1%～0.15%浓度防治苹果蚜虫和叶螨；0.2%浓度防治梨小食心虫，还能防治橄榄实蝇和樱桃实蝇的幼虫。

注意事项 本品使用时分两次稀释，先用100倍水搅拌成乳液，然后按需要浓度补加水量；高温时稀释倍数可大些，低温时稀释倍数可小些，对啤酒花、菊科植物、某些高粱品种及烟草、枣树、桃、杏、梅树、橄榄、无花果、柑橘等作物，对稀释倍数在1 500倍以下乳剂敏感，使用时要先作药害试验，再确定使用浓度。本品对牛、羊、家禽的毒性高，喷过药的牧草在1个月内不可饲喂，施过药的田地在7～10d不可放牧，本品不可与碱性药剂混用，其水溶液易分解，应随配随用。本品易燃，严禁火种。

开发登记 1965年由意大利Bombrini Parodi–Delfino公司开发。

益　果 ethoate–methyl

其他名称 OMS252；EMF25506。

化学名称 S–乙基氨基甲酰甲基–O,O–二甲基二硫代磷酸酯。

结构式

$$\begin{array}{l} CH_3O \quad S \qquad\qquad\qquad\quad O \\ \quad\ \ \backslash \ \ \| \qquad\qquad\qquad\quad \| \\ \qquad\ P{-}S{-}CH_2{-}C{-}NHCH_3 \\ \quad\ \ / \\ C_2H_5O \end{array}$$

理化性质 纯品为白色结晶固体，微带芳香气味，熔点65.5～66.7℃；密度为1.164；在25℃于水中的溶解度为8.5g/L；苯中为630g/kg；易溶于丙酮、乙醇。在水溶液中是稳定的，但在室温下，遇碱则分解。

毒　　性 无刺激性。以含300mg/kg饲料喂大鼠50d，无中毒症状。雄大鼠急性口服LD_{50}为340mg/kg，小白鼠为350mg/kg；大鼠急性经皮LD_{50}为1g/kg。

剂　　型 200g/L、400g/L乳油，25%可湿性粉剂，5%粉剂，5%颗粒剂。

作用特点 是一种内吸性杀虫剂和杀螨剂，具有触杀活性。

应用技术 资料报道以0.6g/L有效浓度防治橄榄蝇，0.5g/L有效浓度防治果蝇；以0.1～0.25kg/亩有效剂量用于果树、栽培和蔬菜作物上，防治蚜类和红蜘蛛。

注意事项 不能与碱性农药混用，注意用药安全。

开发登记 1963年由Bombrini Parodi–Delfino开发，现已停产。

发　果 prothoate

其他名称 E118682；L343；EN–24652。

化学名称 O,O-二乙基-S-异丙基氨基甲酰甲基二硫代磷酸酯。

结 构 式

$$(C_2H_5O)_2P(=S)-S-CH_2-C(=O)-NHCH(CH_3)_2$$

理化性质 纯品为无色结晶固体，带有樟脑气味，熔点28.5℃，折光率为1.512 8。在20℃时，它在水中的溶解度为2.5g/L。工业品为琥珀色至黄色半固体物质，凝固点为21～24℃。发果虽溶于大多数有机溶剂，但在20℃时，乙醇中的溶解度小于1%，在石油醚中小于2%，在环己烷、己烷和石油醚中小于3%。其在中性、中度酸或弱碱介质中稳定，但在pH9.2、50℃时，48h内分解。

毒　　性 对鲫鱼的无作用浓度(10d)为6～8mg/L。LC_{100}(4d)为50～70mg/L。工业品急性口服LD_{50}值雄大鼠为8mg/kg，雌大鼠为8.9mg/kg；在90d试验中，不产生毒作用的最高剂量大鼠为0.5mg/(kg・d)，小鼠为1mg/(kg・d)。

剂　　型 20%可湿性粉剂、40%可湿性粉剂等。

应用技术 据资料报道，为内吸性杀螨、杀虫剂。用0.2～0.3g(有效成分)/L，保护柑橘和蔬菜作物，不受叶螨、瘿螨科和一些害虫，尤其蚜类、缨翅目、跳甲的为害。

注意事项 不能与碱性溶液混用。

开发登记 1948年美国Cyanamid Co. 发表专利，1956年由意大利Montecatini Co. S. P. A. (现在Mintedi Son S. P. A)发展品种。

苏　果 sophamide

其他名称 Mc62。

化学名称 O,O-二甲基-S-甲氧基甲基氨基甲酰甲基二硫代磷酸酯。

结 构 式

$$(CH_3O)_2P(=O)-S-CH_2CH_2SCH(CH_3)_2$$

理化性质 其外观呈白色结晶状，熔点40～42℃。在水中溶解2.5%，溶于乙醇、酮类和芳香烃。在强酸、强碱介质中分解。

毒　　性 大鼠急性口服LD_{50}值为600mg/kg，小鼠为450mg/kg。

剂　　型 5%颗粒剂、25%混合溶液。

作用特点 为触杀和内吸性杀虫、杀螨剂。

应用技术 据资料报道，以0.1%及0.2%浓度防治蚜虫和红蜘蛛。

开发登记 本品为Montecntini Co. 介绍品种。

赛　果 amidithion

其他名称 C2446；ENT27160。

化学名称 O,O–二甲基–S–甲氧乙基氨基甲酰甲基二硫代磷酸酯。

结 构 式

$$(CH_3O)_2P(=S)SCH_2CONHCH_2OCH_3$$

理化性质 其外观为黄色黏稠油状物，有臭味，不能蒸馏；沸点为25～26℃，密度1.136。在水中的溶解度约为2%，易溶于有机溶剂。

毒　　性 对蜜蜂有毒，大鼠急性口服LD_{50}为600～660mg/kg；大鼠急性经皮LD_{50}为1 600mg/kg。

剂　　型 30%乳剂、50%可湿性粉剂。

作用特点 为内吸性杀螨、杀虫剂和种子处理剂。

应用技术 据资料报道，用于防治棉花、玉米、花生、甜菜、果树害虫，如棉蚜、蓟马、叶螨、果蝇、叶跳甲等。

注意事项 在植株中的半衰期为2～3d。

开发登记 1960年由瑞士Ciba-Geigy开发。

茂　果 morphothion

其他名称 吗啉硫磷；吗福松。

化学名称 O,O–二甲基–S–吗啉基甲酰基甲基二硫代磷酸酯。

结 构 式

$$(CH_3O)_2P(=S){-}S{-}CH_2CON\langle{}^{CH_2CH_2}_{CH_2CH_2}\rangle O$$

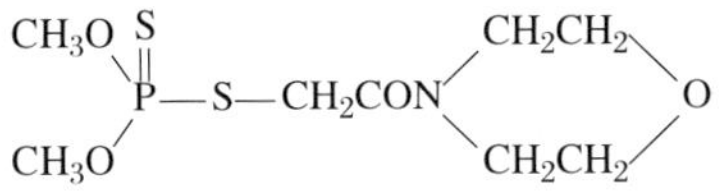

理化性质 其外观呈无色结晶状，有特殊气味，熔点64～65℃。在水中溶解度为0.5%；难溶于石油；中度溶于醇类、苯；易溶于丙酮、乙腈、氯仿、二恶烷、甲乙酮。

毒　　性 具有比较低的动物毒性，对大鼠的急性口服LD_{50}值为190mg/kg。

剂　　型 20%乳剂、25%乳油等。

作用特点 具有内吸和触杀活性。

应用技术 据资料报道，用于防治蚜虫和螨类。

开发登记 1957年由Sandoz Co. 开发后，Bayer公司和英国芬生公司亦生产。

浸移磷 DAEP

其他名称 Amiphos。

化学名称 S–(2–乙酰胺基乙基–O,O)–二甲基二硫代磷酸酯。

结 构 式

$$(CH_3O)_2P(=S){-}SCH_2CH_2NHCOCH_3$$

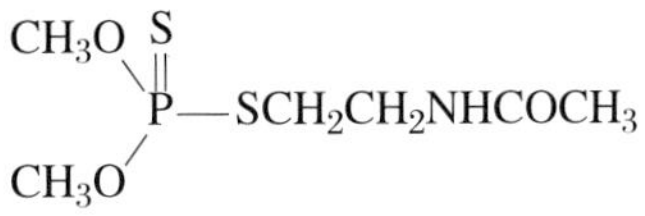

理化性质 其外观呈无色晶体，工业品为浅棕色液体。纯品熔点为22～23℃，密度为1.536 9，在13.33～26.7Pa时沸点110℃；不溶于水，溶于有机溶剂。

毒　　性 易被人的皮肤吸收，用量超过规定范围，达到高剂量时，会引起人的脑腺萎缩。大鼠急性经口LD_{50}为438mg/kg；大鼠急性经皮LD_{50}为472mg/kg。

剂　　型 40%乳剂、60%乳剂等。

作用特点 是具有速效和特效的内吸性杀虫、杀螨剂。

应用技术 据资料报道，防治蔬菜、果树上的蚜螨类等刺吸口器害虫，对柑橘介壳虫有特效。

开发登记 1965年由日本曹达公司开发，现已停产。

对磺胺硫磷 S-4115

其他名称 OMS-868；磺胺磷。

化学名称 O,O-二甲基-O-[4-(N, N-二乙基氨磺酰基)-3-氯苯基]硫逐磷酸酯。

结 构 式

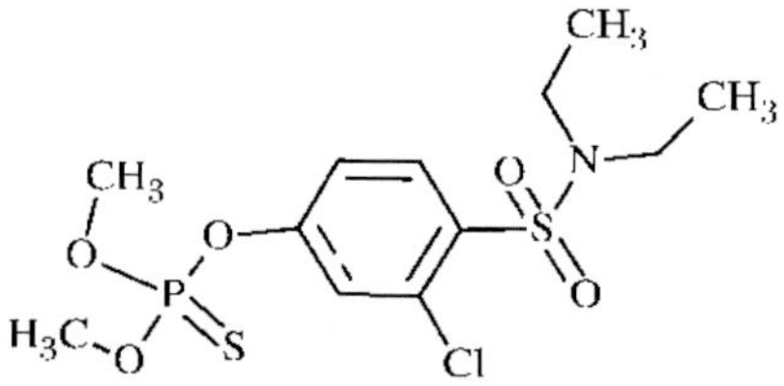

CH_3 CH_3 O N CH_3 O O S O P O H_3C O S Cl

理化性质 纯品为白色结晶，熔点45～48℃。可溶于大多数有机溶剂(如醇、醚、酮、芳烃等)中；难溶于烷烃和水。

毒　　性 大白鼠急性经口LD_{50}为510mg/kg。

剂　　型 乳剂。

作用特点 杀虫谱和对硫磷相当，可防治水稻二化螟、黑尾叶蝉、蔬菜害虫。

应用技术 据资料报道，实际使用浓度为500mg/L,持效期约1周，500～2 000mg/L对水稻安全，但是，100mg/L以上浓度对大豆和萝卜稍有药害。

开发登记 日本住友化学公司研制，约1970年提出。

地安磷 mephosfolan

其他名称 甲基环胺磷；二噻磷；稻棉磷。

化学名称 O,O二乙基-4-甲基-1,3-二硫戊环-2-叉氨基磷酰胺酯。

结 构 式

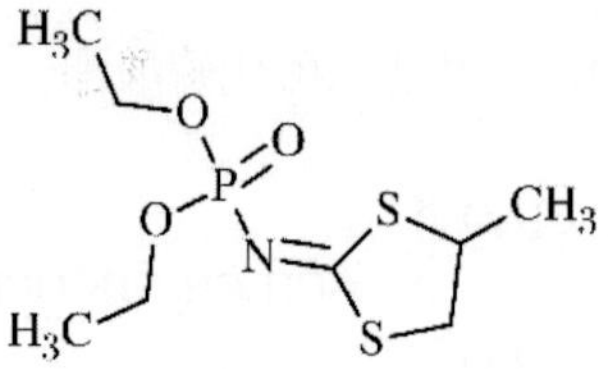

H_3C O O P S CH_3 O N H_3C S

理化性质 其外观呈黄色至琥珀色液体状，在0.133Pa时，沸点为120℃，折光率为1.539，在水中具有中等溶解度；可溶于丙酮、乙醇、二氯乙烷、苯，在通常条件下，在水中是稳定的，但遇碱或酸(pH>9或pH<2)则水解。

毒　　性 工业品的急性口服LD_{50}值雌雄大鼠为8.9mg/kg，小白鼠为11.3mg/kg；工业品对雄白兔的急性经皮LD_{50}值为9.7mg/kg，颗粒剂对雄白兔的急性经皮LD_{50}值为5g/kg；以15mg/L地安磷对雄大白鼠的90d饲喂试验表明，对其体重的增加无明显的影响，但其红细胞和脑胆碱酯酶有所降低。

剂　　型 25%乳油、50%乳油等。

作用特点 触杀、胃毒，兼有内吸性，可被根、叶吸收，用于防治刺吸口器与咀嚼式口器害虫。施于田间作物后，可迅速地被植物的根吸收输送到生长点，从而发挥良好的保护作用。持效期在21d以上。

应用技术 资料报道，用于防治水稻三化螟，用25%乳油60ml/亩对水30～40kg喷雾；防治棉红铃虫，用25%乳油60ml/亩对水40～50kg喷雾；防治红蜘蛛，用25%乳油25ml/亩对水40～50kg喷雾。

开发登记 1963年由American Cyanamid Company(美国氰胺公司)推广，获有专利BP974138、FP1327386。

敌螟松

其他名称 杀螟强；敌螟强。

化学名称 O,O-二甲基-O-(2-甲氧基-4-硝基苯基)硫代磷酸酯。

结 构 式

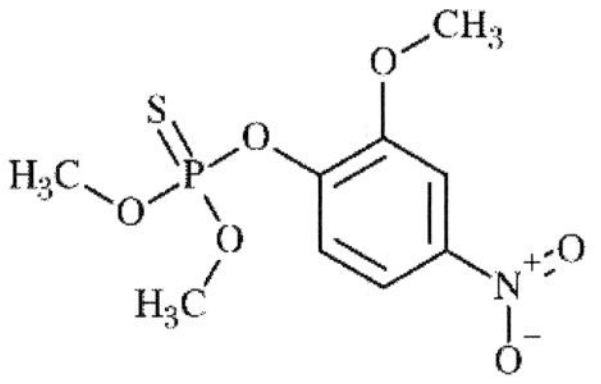

理化性质 熔点为54℃。

毒　　性 低毒。

剂　　型 50%乳剂、2%油剂等。

应用技术 据资料报道，防治对象包括鳞翅目、半翅目、直翅目、鞘翅目昆虫和螨类，特别对二化螟有强杀伤力。

开发登记 1963年由日本住友化学公司出品。

氯硫磷 chlorthion

其他名称 Bayer 22/190。

化学名称 O,O-二甲基-O-(3-氯-4-硝基苯基)硫代磷酸酯。

结 构 式

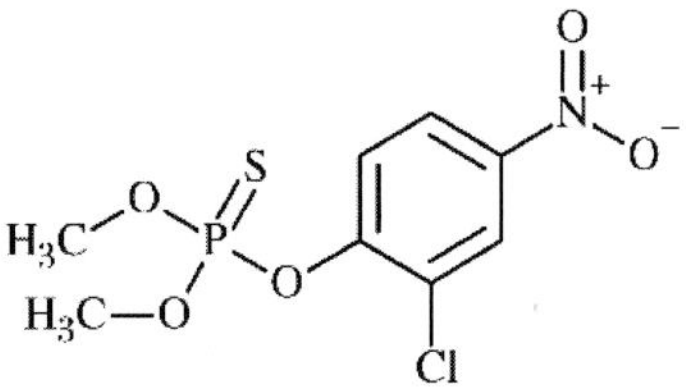

理化性质 纯品外观为黄色结晶粉末，熔点21℃，沸点136℃(26.7Pa)，密度为1.437；折光率1.566，在室温下，1份药剂约溶于25 000份水中；易溶于苯、甲苯、醇及脂肪油类中，难溶于石油醚中，在20℃时蒸气压为0.56MPa；20℃时挥发度为0.07mg/m^3。工业品纯度97%，是带有中等粘度的棕黄色液体，对水解作用氯硫磷比甲基对硫磷要敏感，在70℃下，20%甲醇水溶液中50%水解时间为7.3h，与甲基对硫磷相比，遇碱更易分解失效。

毒　　性 雄性大白鼠口服LD_{50}为880mg/kg，对人畜低毒，对蜜蜂有强烈的毒害作用。

剂　　型 5%粉剂、20%可湿性粉剂、50%乳油等。

作用特点 是作用很快的接触杀虫剂，主要用于防治卫生害虫，对滴滴涕产生抗性的苍蝇有特效，也可防治牲畜寄生蝇。对黏虫、荔枝蝽象、麦蝽象、东方蜚蠊有良好效果，对桃小食心虫卵有良好效果。还可防治蚜、螨、蚧、潜叶蛾等。

应用技术 据资料报道，用50%乳油1 000～2 000倍液喷雾，防治蚜虫、红蜘蛛、潜叶蛾、梨小食心虫、梨木虱、锯蜂等害虫；用50%乳油500～800倍液喷雾可防治介壳虫和水稻害虫。

注意事项 收获前7d停止用药，果树花期不宜施用，以防毒杀蜜蜂。

开发登记 1952年由拜耳公司出品。

异氯磷 dicapthon

其他名称 DSP；AC4124。

化学名称 O-(2-氯-4-硝基苯基)-O,O-二甲基硫代磷酸酯。

结 构 式

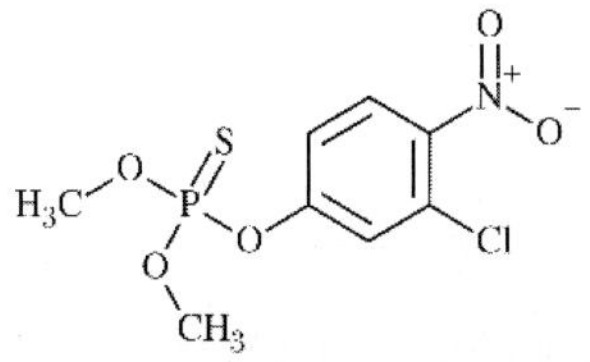

理化性质 纯品为白色结晶状粉末，不易溶于水，但易溶于多种有机溶剂。熔点为52～53℃。在100℃下保持稳定，加热到200℃以上即可分解。可与大多数农药混用。工业品纯度大于90%。

毒　　性 以含25mg/kg、100mg/kg和250mg/kg剂量的饲料喂养大鼠1年，仅在高剂量时生长减缓。雄性大白鼠口服LD_{50}为400mg/kg，雌大鼠为330mg/kg；对豚鼠皮肤施药2g/kg，保持18h无影响。

剂　　型 4%粉剂、1%～2%可湿性粉剂、50%可湿性粉剂等。

作用特点 非内吸性杀虫杀螨剂，杀虫范围和杀虫效力与氯硫磷相近。

应用技术 据资料报道，主要用于防治卫生、家畜等方面的害虫及棉铃象鼻虫。室内、奶牛房等处防治苍蝇、家畜蚤、鸡螨效果显著。防治粮食害虫的效果与马拉硫磷相近，且残效期更长。

注意事项 收获前禁用期为10d，对于十字花科蔬菜易发生药害，使用时须加注意，不得与强碱性农药混合，若需与波尔多液混用时，应在施药前临时混配。

开发登记 1954年由美国氰胺公司推广，现已停产。获有专利USP2664437。

皮蝇磷 tenchlorphos

其他名称 ENT-23284；OMSl23。

化学名称 O,O-二甲基-O-(2,4,5-三氯苯基)硫逐磷酸酯。

结构式

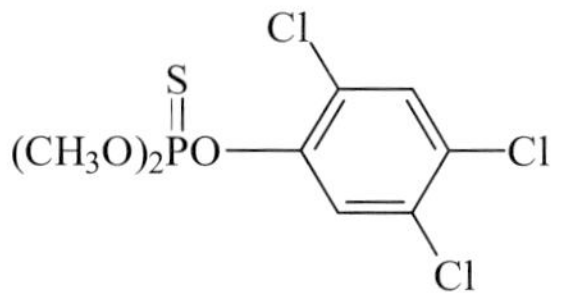

理化性质 其外观呈白色粉末状，35～37℃软化，熔点为41℃；沸点97℃(1.33Pa)，在25℃蒸气压为0.107Pa；密度为1.485；折光率为1.553 7。可溶于多种有机溶剂，如丙酮、四氯化碳、氯仿、醚、二氯甲烷、甲苯和二甲苯等；室温下水中溶解度为44mg/L。原粉纯度90%以上。在温度达60℃时仍稳定，但在碱性介质中不稳定。

毒 性 由于皮蝇磷对植物有很高的药害，故不能作为植物化学保护药剂。皮蝇磷对人体低毒，大白鼠急性口服LD_{50}雄性为1 250mg/kg，雌性为2 630mg/kg。牛急性口服LD_{50}为400～600mg/kg。

剂 型 12%乳油、24%乳油、25%可湿性粉剂等。

作用特点 皮蝇磷对牲畜口服有内吸传导作用，可供牛、羊、猪等家畜体内外施用。

应用技术 据资料报道，口服可防治动物体外寄生虫如牛皮蝇、牛瘤蝇、纹皮蝇，用量100mg/kg体重；外用可防治牛虱、蜱类、猪羊体上的虱子及对角蝇等。用25%可湿性粉剂20倍液，喷洒在禽舍、厩舍的地面防治家蝇。

注意事项 对植物药害严重，切不可用于作物。

开发登记 1954年由美国陶氏化学公司开发，已停产。

溴硫磷 bromophos

其他名称 S-1942；Nexion。

化学名称 O-(4-溴-2,5-二氯苯基)-O,O-二甲基硫代磷酸酯。

结构式

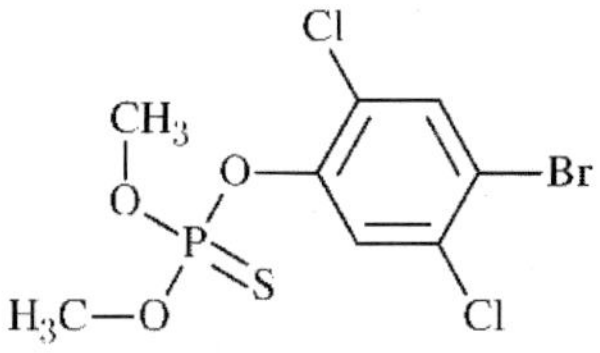

理化性质 其外观呈黄色结晶状，有霉臭味，熔点53～54℃；在20℃时，蒸气压为0.017Pa，在室温下，水中的溶解度为40mg/L，但能溶于大多数有机溶剂，特别是四氯化碳、乙醚、甲苯中，工业品纯度至少90%，熔点在51℃以上。在pH值9的介质中，它仍是稳定的，无腐蚀性，除硫磺粉和有机金属杀菌剂外，能与所有农药混用。

毒 性 急性口服LD_{50}值大鼠为3 750～7 700mg/kg，小鼠为2 829～5 850mg/kg，母鸡为9 700mg/kg，兔为720mg/kg；对兔的急性经皮LD_{50}值为2 181mg/kg；对大鼠以350mg/(kg·d)剂量，对狗以44mg/(kg·d)剂量饲喂2年，均没有临床症状；对虹鳟的TLm值为0.5mg/L，以0.5～1.0mg/L浓度，不能引起自然环境中食

蚊鱼属的死亡。

剂　　型 25%乳剂、40%乳剂等。

作用特点 为非内吸性的、具有触杀和胃毒的广谱性杀虫剂。

应用技术 据资料报道，以250～750mg/L有效浓度用于作物保护；以$0.5g/m^2$浓度防治蝇蚊。在杀虫的剂量范围内无药害，叶面喷雾持效期为7～10d。

开发登记 1964年由德国Cela Co. 开发。

乙基溴硫磷 bromophos-ethyl

其他名称 ENT 27258；OMS659。

化学名称 O-(4-溴-2,5-二氯苯基)-O,O-二乙基硫代磷酸酯。

结 构 式

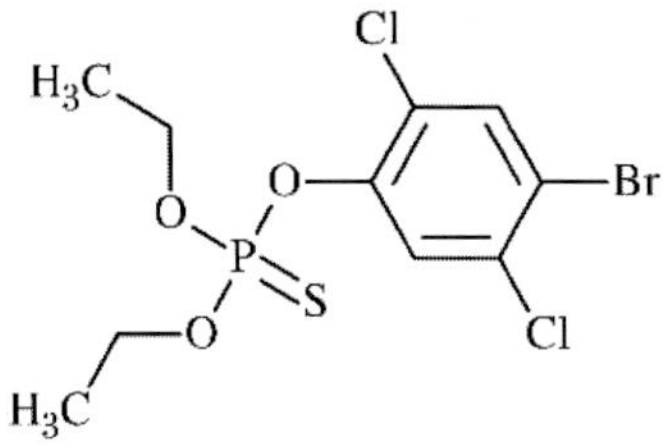

Cl
H_3C
O
Br
O
P
S
O
Cl
H_3C

理化性质 纯品外观为无色至淡黄色液体，几乎无味；沸点为122～133℃(0.133Pa)，30℃时蒸气压为6.13MPa，工业品的密度为1.52～1.55，在室温下，纯品于水中的溶解度为2mg/L，能与所有普通有机溶剂混溶，在水悬浮液中稳定，但在pH9的溶液中缓慢水解，在均相的乙醇水溶液中，pH为9时，出现脱乙基作用，在较高pH值溶液中，能脱掉苯酚，乙基溴硫磷无腐蚀性；除硫磺粉和有机金属杀菌剂外，能与其他农药混用。

毒　　性 急性口服LD_{50}值大鼠为71～127mg/kg，小鼠为225～550mg/kg；口服100mg/kg剂量能杀死豚鼠，羊口服125mg/kg也能致死；对白兔作24h贴敷试验表明，急性经皮LD_{50}值为1.366mg/kg；以约1.5mg/(kg·d)剂量喂大鼠12d，约1mg/(kg·d)喂犬42d，对大鼠和狗均无害。

剂　　型 400g/L乳油、800g/L乳剂、25%可湿性粉剂等。

作用特点 非内吸性触杀和胃毒杀虫剂，具有一定的杀螨活性。

应用技术 资料报道以0.4～0.6g/L有效剂量用于作物保护，以0.4～0.8g/L有效剂量防治螨类，以0.5～1g/L有效防治家畜身上的蜱类，以$0.4～0.8ml/m^2$浓度防治蝇类和蚊类，无药害。

开发登记 由C. H. Boehringer Sohn/Cela Gmb H开发。

碘硫磷 iodofenphos

其他名称 C9491；CGA33456；Elocril 50。

化学名称 O-(2,5-二氯-4-碘苯基)-O,O-二甲基硫代磷酸酯。

结构式

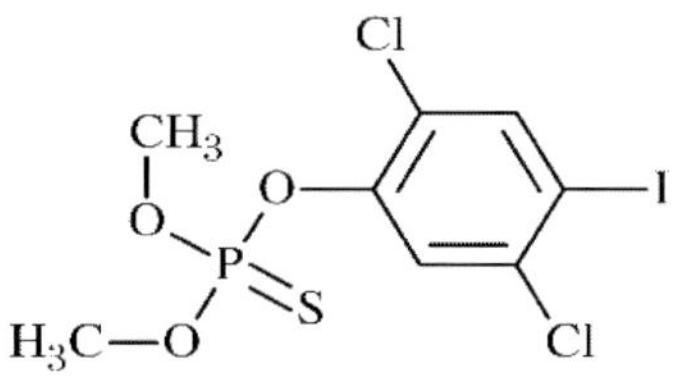

理化性质 其外观呈无色结晶状，微带气味，熔点76℃，在20℃时，蒸气压为0.107MPa，20℃时在水中的溶解度低于2mg/L，丙酮为480g/L，苯为610g/L，己烷为33g/L，丙醇为23g/L，二氯甲烷为860g/L，在中性或弱酸性或碱性介质中相对稳定，但对浓酸和浓碱是不稳定的。

毒　　性 急性口服LD_{50}值大鼠为2.1g/kg，犬 > 3g/kg；大鼠的急性经皮LD_{50}值 > 2g/kg；每天以300mg/kg涂抹皮肤，共21d，既未发生临床症状，也不刺激皮肤。

剂　　型 50%可湿性粉剂、200g/L乳剂等。

作用特点 为非内吸性的触杀和胃毒杀虫剂。能有效地防治仓库害虫、卫生害虫。

应用技术 据资料报道，以1 ~ 2g/m²有效剂量，能维持3个月；而周剂量0.3g/m²能有效防治垃圾堆上的苍蝇；对羊进行浴洗时，用0.05%有效成分；对农作物时，用40 ~ 100g(有效剂量)/亩能有效地防治鞘翅目、双翅目和鳞翅目害虫，持效期为1 ~ 2周。

开发登记 1966年由Ciba-Geigy Ltd开发。

伐灭磷 famphur

其他名称 伐灭硫磷。

化学名称 O,O-二甲基-O-(4-对二甲基氨基磺酰基苯基)硫代磷酸酯。

结构式

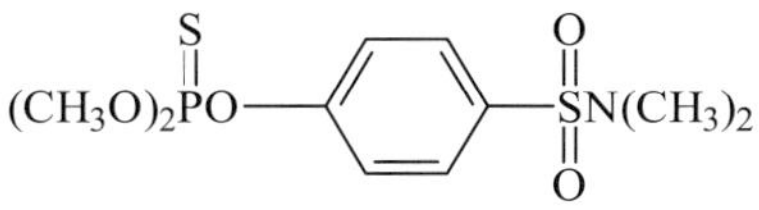

理化性质 其外观呈结晶粉末状，熔点52.5 ~ 55℃；在水中溶解0.1%，溶于丙酮、四氯化碳、氯仿、环己酮、二氯甲烷、甲苯、二甲苯，微溶于脂肪烃；在室温下能稳定19个月以上。

毒　　性 雄大鼠急性经口LD_{50}为25mg工业品/kg，雌大鼠27mg工业品/kg，雄小鼠27mg工业品/kg，白兔急性经皮LD_{50}为2 730mg/kg。

剂　　型 20%可湿性粉剂等。

作用特点 具有内吸和触杀活性。

应用技术 据资料报道，防治牲畜害虫，如肉蝇，蔬菜害虫，如螨类。

开发登记 1959年由美国氰胺公司开发，获专利US3005004。

硫虫畏 Akton

其他名称 硫毒虫畏。

化学名称 O,O-二乙基-O-[2-氯-1-(2,5-二氯苯基)乙烯基]硫代磷酸酯。

结 构 式

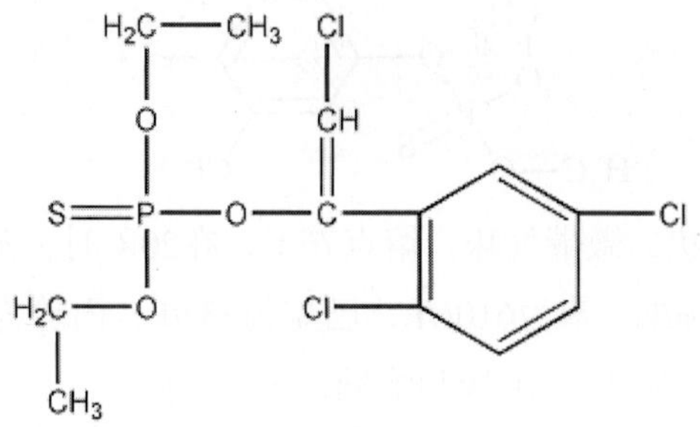

理化性质 纯品外观为褐色液体；熔点27℃；沸点为145℃(0.667Pa)。

毒　　性 大鼠急性口服LD_{50}为146mg/kg。每公顷使用112g原药时，对鱼有高毒。

剂　　型 26%乳剂。

应用技术 据资料报道，草坪长蝽和草皮草螟亚科害虫，用26%乳剂75～150ml/亩喷雾。

开发登记 美国壳牌化学公司，已停产。

萘氨磷

其他名称 萘氨硫磷、Bayer 22408。

化学名称 O, O–二乙基–O–2–氯–1–间位萘二甲酰氨基硫代磷酸酯。

结 构 式

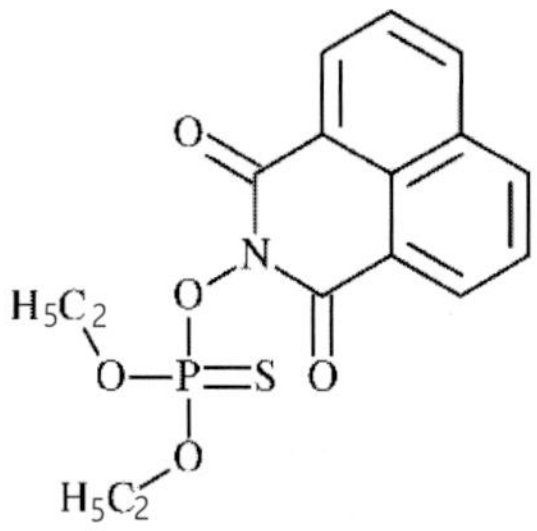

理化性质 纯品为褐色液体，熔点27℃；沸点为145℃/0.667Pa。

毒　　性 对哺乳动物低毒，大白鼠急性经口LD_{50}为500mg/kg。

剂　　型 50%可湿性粉剂、2.5%颗粒剂、5%粉剂等。

作用特点 非内吸性杀虫剂。

应用技术 据资料报道，用于防治棉花害虫、马铃薯甲虫、蝇及蚊的幼虫。

开发登记 1952年由拜耳公司开发。

恶唑磷 isoxathion

其他名称 异恶唑硫磷；异恶唑磷；佳硫磷。

化学名称 O,O–二乙基–O–5–苯基异恶唑–3–基硫代磷酸酯。

结构式

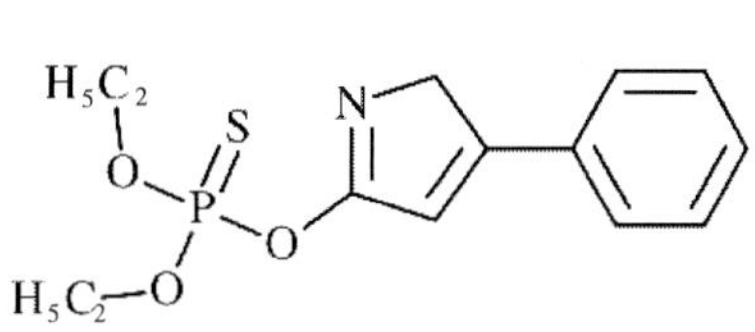

理化性质 纯品为微黄色液体，沸点160℃/20Pa，几乎不溶于水，但易溶于有机溶剂。遇碱不稳定，在高温下分解。

毒　　性 中等毒性。

剂　　型 50%乳剂、40%可湿性粉剂。

作用特点 具有触杀性，无内吸性。

应用技术 据资料报道，以330～500mg/L浓度防治蚜虫和介壳虫；同时也能有效地防治稻二化螟、稻瘿蚊、稻飞虱和其他鳞翅目幼虫及许多作物的甲虫和螨类。

开发登记 1972年由日本三共株式会社推广，获有专利Japanese P525850，杀虫活性由N. Sanpei等在Am. Sankyo Res, Lab, 1970, 22上作过报道。

乙基异柳磷 isofenphos

其他名称 异丙胺磷；Bayer SRA 12869。

化学名称 N-异丙基-O-乙基-O-[(2-异丙氧基羰基)苯基] 硫代磷酰胺酯。

结构式

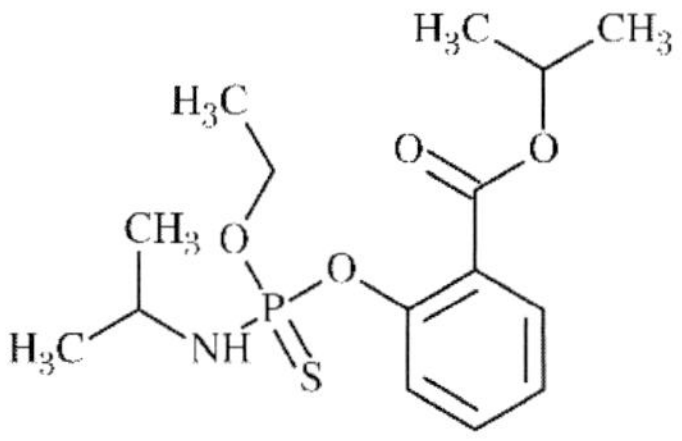

理化性质 其外观为无色油状液体，工业品有独特的气味。蒸气压为0.22MPa(20℃)，0.44MPa(25℃)。密度为1.131(20℃)。溶解度(20℃)：在水中为18mg/L，在氯仿、己烷、二氯甲烷、甲苯中＞200g/L。水解DT_{50}为2.8年(pH4)，＞1年(pH7)，＞1年(pH9)(22℃)。因在实验室中油表面光解迅速。在自然光照下，光解不是很快。闪点＞115℃(工业品)。

毒　　性 急性经口LD_{50}雄、雌大鼠约20mg/kg，小鼠约125mg/kg。雌、雄大鼠急性经皮LD_{50}约70mg/kg。对兔皮肤和眼睛有轻微刺激。急性吸入LC_{50}(4h)：雄大鼠约0.5mg/L，雌大鼠0.3mg/L空气(气溶胶)。

剂　　型 40%乳油、5%颗粒剂等。

作用特点 触杀和胃毒，在一定程度上可以经根部向植物体内输导，残效期较长，可达3～16周。

应用技术 据资料报道，防治地下害虫，用5%颗粒剂5～6kg/亩撒施。防治水稻害虫，用5%颗粒剂1.5～2kg/亩撒施。防治食叶性害虫，用40%乳油2～4g/亩喷雾。

注意事项 乙基异柳磷属高毒农药，禁止在果树、蔬菜等作物上使用，在储藏、运输、使用时，要严格遵守《农药安全使用规定》，以防中毒。

开发登记 1974年由拜耳公司(Bayer levertkusen)推广，获有专利DBP1668047。

硫醚磷 diphenprophos

其他名称 RH 994。

化学名称 O-[4-(4-氯苯基硫基苯基)]-O-乙基-S-丙基硫赶磷酸酯。

结构式

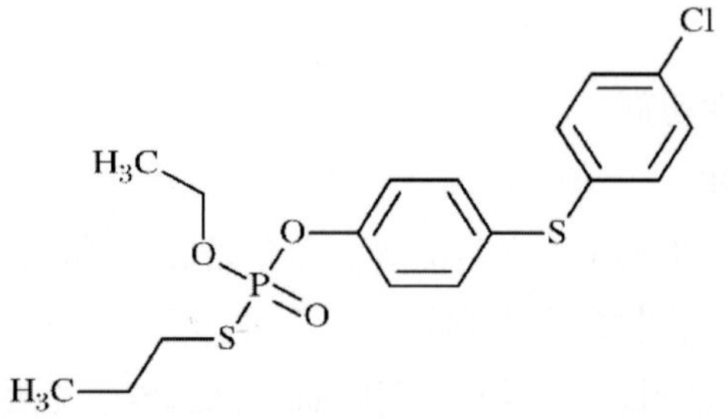

理化性质 在碱性、中性条件下迅速分解，酸性条件则很缓慢。本品在pH10.0、7.0、4.0的半衰期分别为＜1d、约14d、28d以上。

毒　　性 低毒。

剂　　型 40%可湿性粉剂。

作用特点 为杀虫剂和杀螨剂。对棉铃虫、烟蚜夜蛾有较优异的防效，对普通的红叶螨有优异的杀螨活性。

应用技术 据资料报道，防治大豆夜蛾，用40%可湿性粉剂13～26g/亩对水40～50kg喷雾，持效期为10d左右。

畜蜱磷 cythioate

其他名称 Proban。

化学名称 O,O-二甲基-O-(4-氨基磺酰基苯基硫代磷酸酯)。

结构式

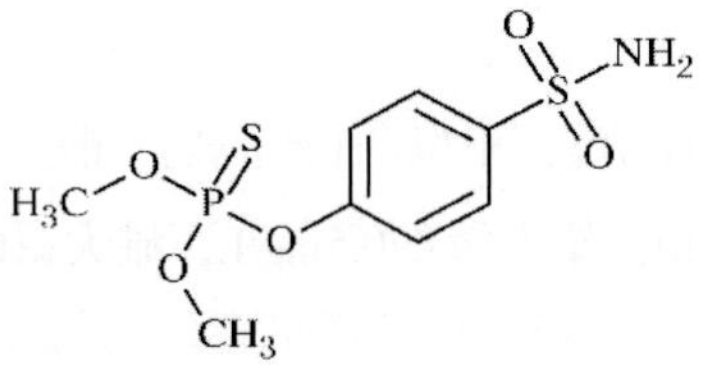

理化性质 其外观呈固体状，熔点84～85℃。

毒　　性 大鼠急性经口LD_{50}为160mg/kg，小鼠为38～60mg/kg。急性经皮LD_{50}兔＞2 500mg/kg。

剂　　型 喷雾剂、乳剂和粉剂。

应用技术 据资料报道，用于家畜体外寄生虫的防治，如长角血蜱、微小牛蜱、具环牛蜱，绵羊身上的疥螨、血红扇头蜱、扁虱，犬、猫身上的跳蚤等。

开发登记 American Potashon Chemical Co. 开发，1970年停产。

灭虫畏 temivinphos

其他名称 SKI-16；甲乙毒虫畏。

化学名称 2-氯-1-(2,4-二氯苯基)乙烯基乙基甲基磷酸酯。

结 构 式

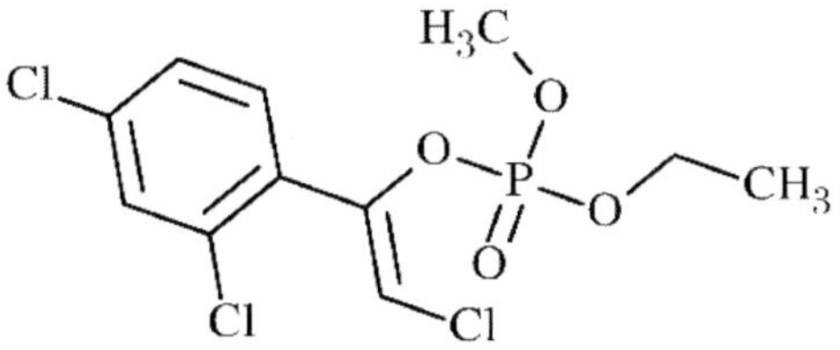

理化性质 其外观呈淡黄褐色液体状，蒸气压1.33MPa/20℃，沸点124～125℃(0.133Pa)。微溶于水，易溶于乙醇、丙酮、己烷。

毒　　性 急性经口LD_{50}为大鼠(雄)130mg/kg，(雌)150mg/kg；小鼠(雄)250mg/kg，(雌)210mg/kg。急性经皮LD_{50}为大鼠(雄)70mg/kg，(雌)60mg/kg；小鼠(雄)60mg/kg，(雌)95mg/kg；LC_{50}鲤鱼0.58mg/L/48h。

应用技术 资料报道，用于防治二化螟、黑尾叶蝉、稻褐飞虱、稻灰飞虱，剂量10g(有效剂量)/亩。

氯氧磷 chlorethoxyfos

其他名称 Fortress；SD208304。

化学名称 O,O-二乙基-O-(1, 2,2,2-四氯乙基)硫代磷酸酯。

结 构 式

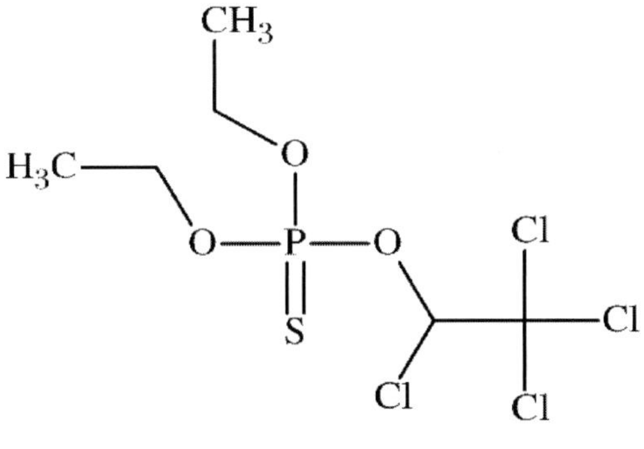

理化性质 其外观呈白色结晶粉末状，蒸气压约0.107Pa(20℃)，闪点105℃。20℃水中溶解度3mg/L，可溶于己烷、乙醇、二甲苯、乙腈、氯仿。原药和制剂在常温下稳定。

毒　　性 大鼠急性经口LD_{50}为1.8～4.8mg/kg；吸入LC_{50}为0.4～0.7mg/L；小鼠急性经口LD_{50}为20～50mg/kg，兔经皮LD_{50}为12.5～18.5mg/kg。5%颗粒剂大鼠急性经口LD_{50}为44～224mg/kg，鼠经皮＞2g/kg。20～200mg/kg，对皮肤刺激很小，对眼睛有中等程度的刺激作用。对鱼、鸟类高毒。

剂　　型 15%颗粒剂等。

作用特点 广谱土壤杀虫剂，可防治玉米上的所有害虫，对夜蛾、叩甲特别有效。在疏苗时，以低剂量使用可有效地防治南瓜十二星叶甲幼虫和小地老虎及金针虫，在蔬菜作物上的研究表明对各种蝇科有极好的活性。

应用技术 据资料报道，防治南瓜十二星叶甲，用15%颗粒剂40g/亩沟施和带施。

开发登记 杜邦公司推出的新广谱土壤杀虫剂。

丁酯磷 butonate

其他名称 ENT20852。

化学名称 O,O–二甲基–(2,2,2–三氯–1–正丁酰氧乙基)膦酸酯。

结 构 式

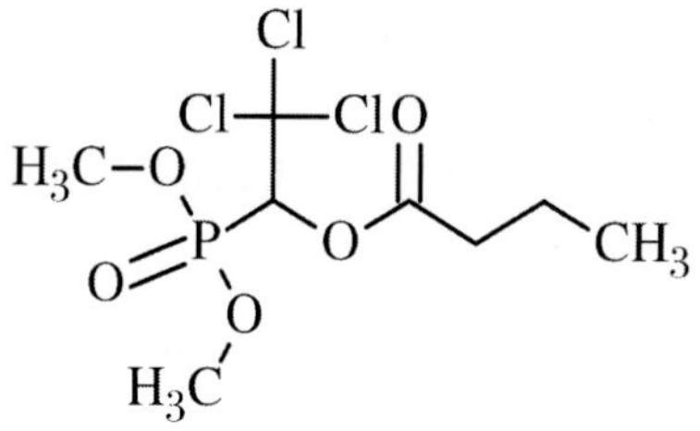

理化性质 产品为稍带酯气味的无色油状液体。稍溶于水，易溶于二甲苯、乙醇、乙烷等有机溶剂，在煤油中可溶解2%～3%。4Pa下沸点为112～114℃。对光稳定，高于150℃即分解。可被碱水解，能与非碱性农药混用。

毒　　性 大白鼠急性经口LD_{50}为1 100～1 600mg/kg，大白鼠急性经皮LD_{50}为7 000mg/kg。

作用特点 具有触杀性，不具有内吸性，抑制胆碱酯酶活性，用于防治卫生害虫、家畜体外寄生虫、蚜虫、步行虫、蜘蛛等。有希望用于工业和家庭。

应用技术 据资料报道，室内喷洒防治卫生害虫，畜体喷雾或涂抹药液杀灭体外寄生虫。

注意事项 室内喷药前应移去或收藏好食品及餐饮用具，以免药剂与其接触。

开发登记 1958年由Prentiss Drag and Chemical Co. 推广，获有专利USP2911435、USP2927881。

毒壤磷 trichloronat

其他名称 壤虫硫磷；壤虫磷。

化学名称 O–乙基–O–(2, 4,5–三氯苯基)乙基硫代磷酸酯。

结 构 式

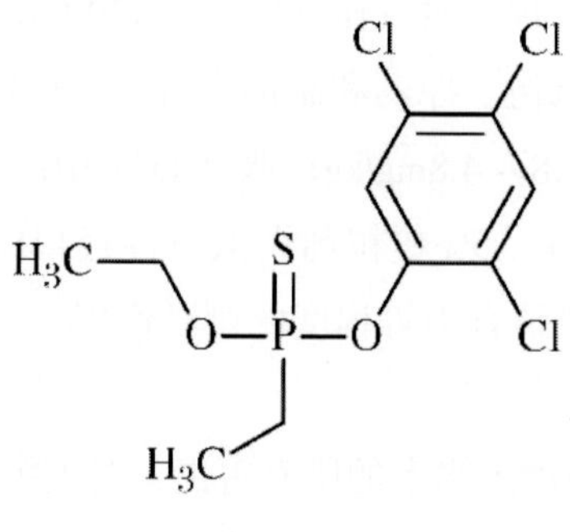

理化性质 琥珀色液体。在20℃水中溶解度50mg/L，溶于丙酮、乙醇、芳香烃类溶剂、煤油和氯代烃等有机溶剂。1.33Pa下沸点为108℃。可被碱水解。

毒　　性 急性经口LD_{50}大白鼠为16～37.5mg/kg，兔为25～50mg/kg。

剂　　型 乳油、颗粒剂等。

作用特点 具有触杀，无内吸性，作用机理为抑制昆虫胆碱酯酶活性，用于防治根蛆、金针虫及其他土壤害虫。

应用技术 据资料报道乳油对少量水稀释后拌种；颗粒剂撒施于播种沟内；乳油用水稀释后喷在炉渣或砂土上，拌匀后撒施于播种沟内。

注意事项 该药毒性较大，储存和使用时应注意安全防护。

开发登记 1960年由德国拜尔公司推广，获有专利DBP1099530。

伊比磷 EPBP

其他名称 S-7；氯苯磷。

化学名称 O-乙基O-(2,4-二氯苯基)苯基硫代膦酸酯。

结 构 式

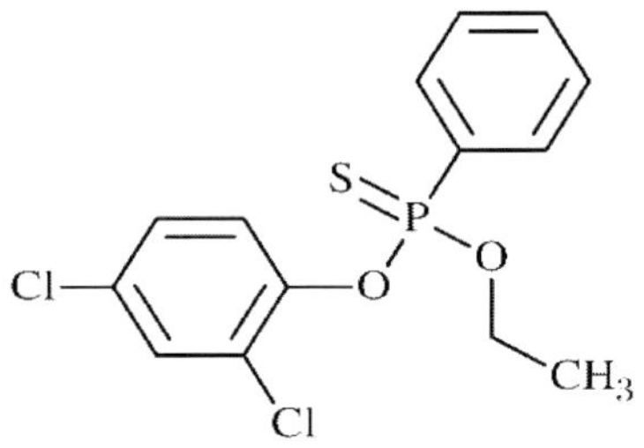

S P O O Cl Cl CH_3

理化性质 其外观为淡黄色油状物；沸点为206℃(0.667kPa)，密度为1.12。不溶于水，溶于有机溶剂。在碱性介质中分解。工业品纯度约90%。无腐蚀性。

毒　　性 小白鼠的急性经口LD_{50}值为274.5mg/kg；急性皮下注射LD_{50}值为783.5mg/kg。

剂　　型 3%粉剂。

作用特点 具有广泛的触杀，胃毒作用，不具有内吸活性。

应用技术 据资料报道，主要用于防治土壤害虫，如种蝇、跳甲、地老虎、葱根瘿螨等。用量3%粉剂4～6kg/亩，用于防治蚜螨，尤其是防治对有机氯产生抗性的害虫，如豆科作物、黄瓜和其他蔬菜作物上的各种实蝇有突出效果。

注意事项 不能与敌稗混用。

开发登记 由Nisan Chemical Industries，Ltd. 开发，1984年停产。

苯硫磷 EPN

其他名称 ENT17798；伊皮恩。

化学名称 O-乙基-O-(4-硝基苯基）苯基硫逐膦酸酯。

结 构 式

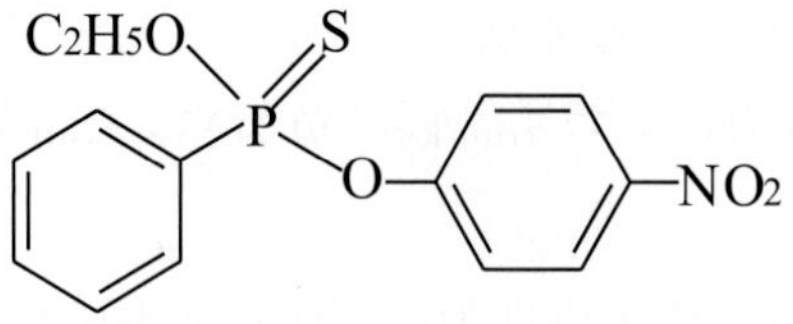

理化性质 纯品为淡黄色结晶粉末，熔点36℃，在100℃时的蒸气压为0.04Pa。不溶于水，但溶于大多数有机溶剂。工业品为深琥珀色液体，密度为1.27，折光率为1.597 8。在中性和酸性介质中稳定；但遇碱水解，不能与碱性农药混用，在密封管中加热时，变成S-乙基异构物。

毒　　性 急性口服LD_{50}值雄大鼠为33～42mg/kg，雌大鼠为14mg/kg，小鼠为50～100mg/kg；犬的致死剂量为20～45mg/kg；大鼠的急性经皮LD_{50}值为110～230mg/kg。

剂　　型 1.5%粉剂、45%乳油。

作用特点 非内吸性杀虫剂和杀螨剂，具有触杀、胃毒和熏蒸作用。

应用技术 资料报道，用于防治稻叶蝉、稻飞虱、二化螟、三化螟、稻苞虫等，用1.5%粉剂2～3kg/亩喷粉；防治水稻三化螟、二化螟、叶蝉，用45%乳油1.5～3L/亩拌细土15kg，配成毒土撒施；防治棉铃虫、叶跳虫、棉小造桥虫、大豆茎荚瘿蝇、根潜蝇、果树食心虫、卷叶蛾、粉蚧等，用45%乳油2 000倍液喷雾。防治蚜虫和叶蝉，用45%乳油2 500～3 000倍液喷雾。

注意事项 作物收获前30d停止使用，本剂对果树嫩芽易引起药害，使用时应注意，本剂对蜜蜂有毒，避免在作物开花时使用，其他注意事项可参考对硫磷。收获前禁用期为21d。

庚烯磷 heptenophos

其他名称 蚜螨磷；OMSl845；AEF002982。

化学名称 O,O-二甲基-O-7-氯双环(3,2, 0)庚-2, 6-二烯-6-基磷酸酯。

结 构 式

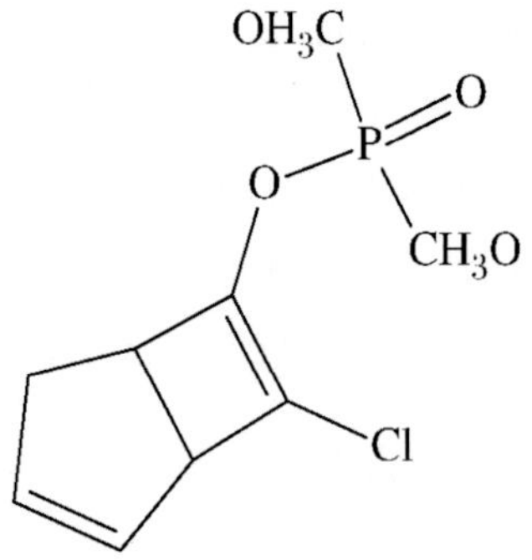

理化性质 其外观呈浅琥珀色液体，沸点为64℃(0.075mmHg)，15℃时蒸气压为65MPa，25℃时蒸气压170MPa，密度1.28(20℃)。20℃在水中的溶解度2.2g(工业品)/L。大多数有机溶剂中迅速溶解，在丙酮、甲醇、二甲苯＞1kg/L，己烷0.13kg/L(25℃)。在酸性和碱性介质中水解。闪点165℃(Cleveland，敞开)；152℃(Pensky-Martens，封闭)。

毒　　性 急性口服LD_{50}值大鼠为96～121mg/kg，犬为500～1 000mg/kg；大鼠的急性经皮LD_{50}值约为2g/kg。对眼睛有中等刺激。大鼠急性吸入LC_{50}(4h)0.95mg/L空气。

剂　　型 25%乳油、50%乳油、40%可湿性粉剂等。

作用特点 胃毒、触杀，并有很强的内吸活性。具起始活性高和持效短的特点，它能渗透到植物组织中。且迅速地转移到植物的所有部位。主要防治刺吸口器害虫的某些双翅目害虫。对猫、犬、羊、猪的体外寄生虫(如虱、蝇、螨和蜱)也有效。

应用技术 据资料报道，可以喷洒方式使用(一般为5d)，并能从植物表面熏蒸扩散。它具有速效、持效短、残留量低等特点。48mg/L药液可杀灭豆蚜98%；适用于果树和蔬菜蚜虫的防治，其最突出的特点是适用于临近收获期防治害虫，无须很长的安全间隔期，喷药后5d即可采食。也是猪、犬、牛、羊和兔等体外寄生虫的有效防治剂。该药能在这些动物体内很快排泄而无残留。

开发登记 1970年由赫司特公司(Hoechsl AG Co.)推广。获专利GB1194603、US3600474、US3705240、DE1643608。

苯腈磷 cyanofenphos

其他名称 S-4087；CYP。

化学名称 O-乙基-O-(对-氰基苯基)苯基硫代磷酸酯。

结 构 式

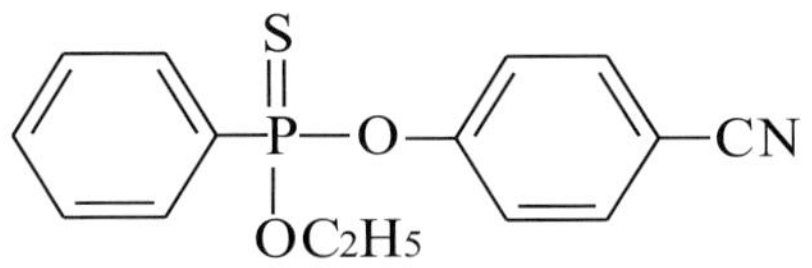

S
‖
C6H5—P—O—C6H4—CN
|
OC_2H_5

理化性质 其外观呈白色结晶固体状；熔点为83℃；25℃时，蒸气压为1.76MPa；30℃时在水中的溶解度为0.6mg/L，中度溶于酮类和芳香族溶剂；工业品纯度为92%。

毒　　性 大鼠口服LD_{50}为28.5mg/kg，小鼠口服LD_{50}为43.7mg/kg。

剂　　型 1.5%粉剂、25%乳油等。

应用技术 据资料报道，在热带，对稻螟虫、稻瘿蚊和棉铃虫有效；在温带，对鳞翅目幼虫和蔬菜上其他害虫有效。

开发登记 1962年由日本住友化学公司开发。获有专利Japanese P410930、410925。

丙硫磷 prothiofos

其他名称 Tokuthion；BAY NTN 8629；Bayer 123231。

化学名称 O-乙基-O-(2,4-二氯苯基)-S-丙基二硫代磷酸酯。

结 构 式

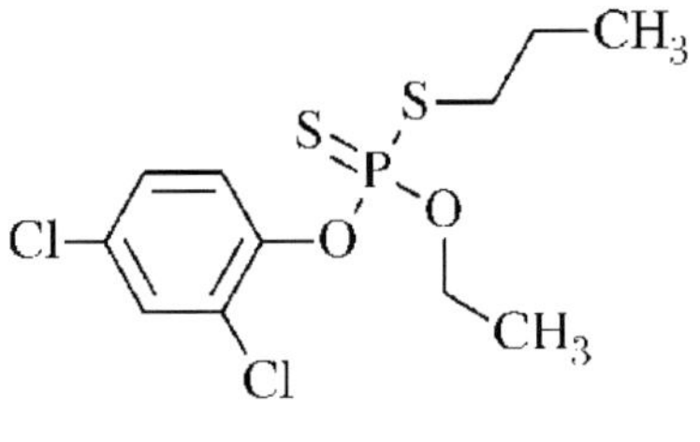

S=P(—S—CH2CH2—CH_3)(—O—CH2—CH_3)—O—(2,4-二氯苯基：Cl，Cl)

理化性质 其外观呈无色液体状，13.3Pa压力下沸点125 ~ 128℃，20℃蒸气压为0.3MPa，20℃密度为1.31，在20℃水中溶解度为0.07mg/kg，在二氯甲烷、甲苯中>200g/L。在缓冲溶液中DT_{50}(22℃)120d(pH4)，280d(pH7)，12d(pH9)。光解DT_{50}13h。闪点大于110℃。

毒　　性 急性经口LD_{50}雄大鼠1 569mg/kg，雌大鼠1 390mg/kg，小鼠约2 200mg/kg。急性经皮LD_{50}(24h) > 5g/kg。对兔皮肤和眼睛无刺激。对皮肤有致敏作用。大鼠急性吸入LC_{50}(4h) > 2.1mg/L空气(气溶胶)。

剂　　型 50%乳油、40%可湿性粉剂、50%可湿性粉剂等。

作用特点 为触杀和胃毒性杀虫剂，对鳞翅目幼虫有特效，并能防治对氨基甲酸酯类或其他有机磷杀虫剂产生抗药性的害虫。

应用技术 据资料报道，防治食叶性鳞翅目幼虫。在蔬菜上，用量为50%可湿性粉剂1 000 ~ 1 200倍液喷雾。

注意事项 丙硫磷对钻蛀性和潜叶性害虫防效差，必须参照说明书使用，或先试验后应用，避免发生药害。包装与储运本产品可用200kg铁桶包装。在运输和储存过程中，要注意安全，远离火源，保持良好的通风。严禁与食品、饲料和种子混储混运。若发生误服或其他原因引起的中毒，应及时送医院处理，按一般有机磷农药中毒处置。

开发登记 1975年由NihonTokushu Noyaku Seizo K. K. (现为Nihon Bayer Agrochem K. K.)和拜耳公司(Bayer AG)推广，获有专利DE 2111414。

敌敌钙 calvinphos

其他名称 K-701Dm-15；钙敌畏；钙杀畏；CAVP。

化学名称 O-甲基-O-(2,2-二氯乙烯基)磷酸钙与O,O-二甲基-O-(2,2-二氯乙烯基)磷酸酯的立体配位络合物。

结 构 式

$$(CH_3O)(Cl_2C{=}CHO)P(=O)O^-)_2\cdot Ca\cdot((CH_3O)_2P(=O)OCH{=}CCl_2)$$

理化性质 其外观为白色结晶体；熔点64 ~ 67℃；溶于醇类、丙酮、乙醚、氯仿、四氯化碳、苯、甲苯、二甲苯等有机溶剂；不溶于正已烷、煤油等烷烃类；25℃时，在水中溶解度为4%。在酸性中较在碱性中稳定，室温时年分解率为1.5% ~ 2%。

毒　　性 对小白鼠口服LD_{50}为330mg/kg；小白鼠经皮LD_{50}为3 400mg/kg。鲤鱼TLm为122mg/L(48h)。

剂　　型 10%、65%可溶性粉剂等。

作用特点 用于苹果、蔬菜、玉米上杀虫、杀螟及家畜体内、体外寄生虫的防治。

应用技术 据资料报道，防治玉米螟，用10%可溶性粉剂500g加入10kg细砂，制0.5%颗粒剂，每株玉米投0.3g，玉米螟杀虫率为98%，兼治蚜虫效果为97.6%。

叔丁硫磷 terbufos

其他名称 特丁磷、抗得安、特丁甲拌磷。

化学名称 S–叔丁硫基甲基–O,O–二乙基二硫代磷酸酯。

结 构 式

```
C2H5O  S              CH3
     \ ‖              |
      P—S—CH2—S—C—CH3
     /                |
C2H5O                 CH3
```

理化性质 纯度在85%以上的工业品为无色或淡黄色液体，熔点–29.2℃，蒸气压 25℃时为0.035Pa在常温下，水中的溶解度为4.5ms/L(21℃)，能溶于丙酮、醇类、芳烃和氯化烃中。在 120℃以上长时间加热或pH<2，或pH9的情况下分解。

毒　　性 急性经口LD_{50}雄大白鼠为1.6mg/kg，雌小白鼠为5.4mg/kg。

剂　　型 5%、10%和15%颗粒剂等。

作用特点 高效、内吸、广谱性杀虫剂，触杀和胃毒作用，只作土壤处理剂或拌种，残效期长，在动植物体及土壤中容易生物降解，不积累在食物链和环境中。

应用技术 土壤处理，用15%颗粒剂1～2kg/亩，防治玉米、甜菜、甘蓝、棉花、水稻等地下的叶甲幼虫、甜菜根斑蝇、甘蓝根花蝇、葱蝇、金针虫、红蜘蛛、蓟马、叶蝉、螟虫等害虫。

注意事项 不适宜在地上部叶面喷雾，不能与皮肤和碱性物质直接接触。如发生中毒，可用阿托品硫酸盐做解毒剂。

开发登记 1973年由E. B. Fagan报道其杀虫活性，由美国辄胺公司开发的杀虫剂1974年注册。

胺丙畏 propetamphos

其他名称 巴胺磷；烯虫磷；赛福丁。

化学名称 (E)–O–2–异丙氧基羰基–(–甲氧乙烯基)–O–甲基–N–乙基硫代磷酰胺酯。

结 构 式

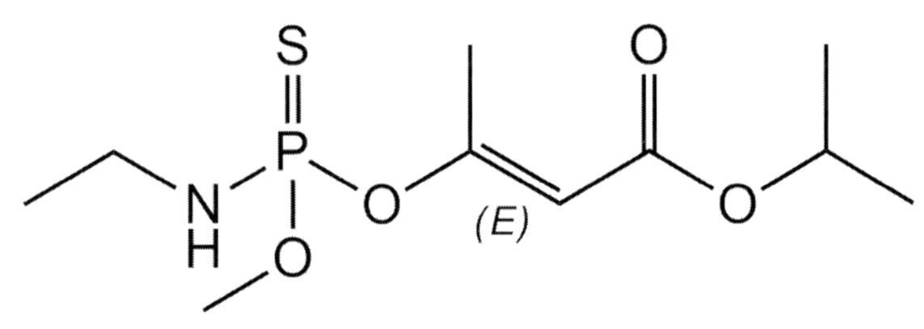

理化性质 其外观呈黄色液体，沸点87～89℃/66.7Pa，20℃蒸气压为1.9MPa，密度为1.129 4，折光率为1.495。在24℃水中的溶解度为110mg/L，能溶于多数有机溶剂。储存期间稳定；25℃水解半衰期：pH3为11d，pH6为1年，pH9为41d，其水溶液对光稳定，70h内不分解。

毒　　性 雄大白鼠急性经口LD_{50}为119mg/kg，大白鼠急性经皮LD_{50}为2 825mg/kg。

剂　　型 20%乳油、40%乳油、50%乳油、2%粉剂等。

作用特点 触杀，兼有胃毒作用，还有使雌蜱不育的作用，防治蟑螂、苍蝇和蚊子等卫生害虫，也能防治家畜体外寄生螨虫类，还可用于防治棉花蚜虫等。

应用技术 据资料报道，防治棉花苗蚜、伏蚜，在害虫发生期用40%乳油1 000倍喷雾。

开发登记 1969年由山道公司(Sandoz AG.)推广，获有专利DBP 2035103、Swiss P526585、Belg P753579。

氯辛硫磷 chlorphoxim

其他名称 BAY78182；DMSll97；BAYSRA7747。

化学名称 O,O–二乙基–O–(2–氯–α–氰基亚苄氨基)硫代磷酸酯。

结 构 式

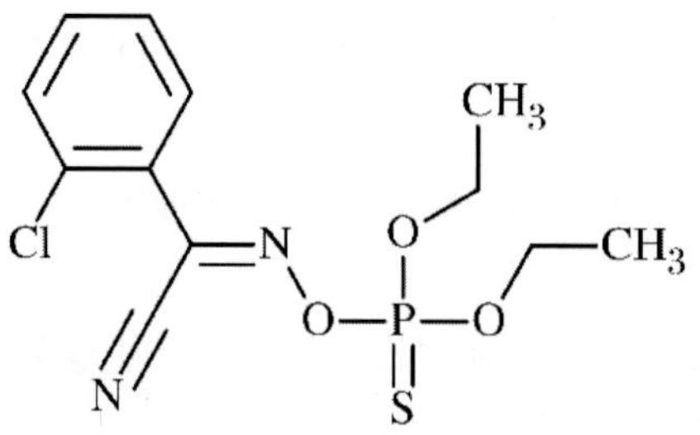

理化性质 纯品是无色结晶固体，熔点66.5℃，不能蒸馏，蒸气压小于1.0MPa。20℃时的溶解度在水中为1.7mg/kg，在环己酮和甲苯中为400～600g/kg。

毒　　性 对大鼠急性经口LD_{50}值为2 500mg/kg以上，急性经皮LD_{50}值在500mg/kg以上。

剂　　型 50%可湿性粉剂、200g/L超低容量剂。

作用特点 触杀和胃毒，无内吸性，作用机理为抑制昆虫体内胆碱酯酶，用于蚊、蝇及玉米、棉花、果蔬上的害虫。

应用技术 据资料报道，50%可湿性粉剂可以喷雾和毒土(5%颗粒剂)，200g/L超低容量剂主要用在喷雾。

注意事项 不能与皮肤和碱性物质直接接触。如中毒可用阿托品硫酸盐作解毒剂。

开发登记 拜耳公司推广。

安硫磷 formothion

其他名称 安果；福尔莫硫磷；奥西安；SAN 69131。

化学名称 O,O–二甲基–S–(N–甲酰–N–甲基氨基甲酰甲基)二硫代磷酸酯。

结 构 式

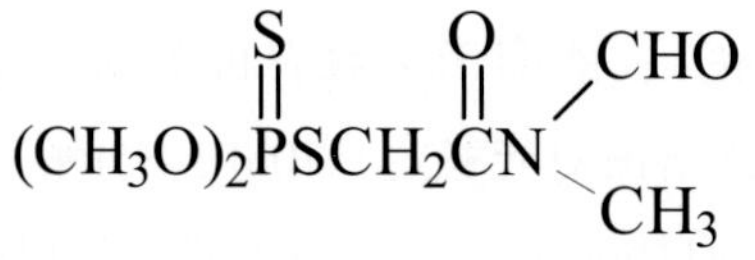

$$(CH_3O)_2\overset{S}{\overset{\|}{P}}SCH_2\overset{O}{\overset{\|}{C}}N\begin{matrix}CHO\\CH_3\end{matrix}$$

理化性质 黄色黏稠状液体，无臭味，纯品可以结晶；熔点25～26℃；20℃时蒸气压0.113MPa；在24℃水中溶解度为2 600mg/L，能与醇、氯仿、乙醚、酮、苯混溶。蒸馏时分解。遇水和酸迅速分解，生成乐果和乙酸。在碱性介质中水解更快。在非极性溶剂中的稀溶液稳定。

毒　　性 大白鼠急性经口LD_{50}为365~500mg/kg，鸽子630mg/kg，雄大鼠急性经皮LD_{50} > 1 000mg/kg。

剂　　型 25%乳油、33%乳油。

作用特点 内吸性杀虫、杀螨剂，除内吸性外，还具有触杀、胃毒作用，在化学结构上和乐果相似，只是在氨基上加入一个甲酰基。在植物中内吸后残留时间较长，可以达到3个星期之久。

应用技术 据资料报道，能杀死多种害虫，对双翅目、同翅目、鞘翅目及许多其他害虫均有效，也能杀死红蜘蛛。在果树上应用很为适宜，我国也曾试用，可有效地防治食叶性害虫、果蝇和螨类。用量为28 ~ 37ml(有效成分)/亩。

注意事项 不能和碱性农药混用。

开发登记 1959年由Sandoz Co. 开发。获有专利USP3176035、3178337。

四硫特普 phostex

其他名称 蚜螨特；Bio-1137；NHT-23584；FMC-137。

化学名称 双(二乙基硫代磷酰基)二硫化物与双(二异丙基硫代磷酰基)二硫化物的混合物。

结构式

$(C_2H_5O)_2P(=S)-S-S-P(=S)(OC_2H_5)_2$ 75%

$(CH_3)_2CHO)_2P(=S)-S-S-P(=S)(OCH(CH_3)_2)_2$ 25%

理化性质 工业品为可流动的琥珀色液体；微溶于水，可与大多数有机溶剂混溶；室温下几乎不挥发。

毒　　性 对大鼠的急性口服LD_{50}值为250mg/kg；以2.5g/kg剂量涂敷到皮肤上，有轻微的刺激性；以5g/kg剂量喂大鼠40d，体重减轻。

剂　　型 958g/L乳剂、25%可湿性粉剂。

应用技术 据资料报道，本品为杀虫、杀螨剂，用于防治落叶树上的介壳虫、梨叶肿瘿螨和作杀蚜卵剂。对仁果树的叶有药害，应在收获后或冬眠期用药。

开发登记 美国Food Machinery and Chemiael Company 介绍的试验性品种，Niagara Chemicals开发，1966年停产。

砜吸磷 demeton-S-methyl sulphon

其他名称 砜吸硫磷；异砜吸磷；Bayer 20315；Bayer 23453；E158。

化学名称 S-2-乙基磺酰乙基-O,O-二甲基硫代磷酸酯。

结构式

$(CH_3O)_2P(=O)-S-CH_2CH_2-S(=O)_2-CH_2CH_3$

理化性质 外观呈白色至黄色结晶固体；熔点60℃；沸点120℃/4Pa；20℃时蒸气压为0.667MPa。易溶于醇类，不溶于芳香族烃，在pH＞7.0时，易水解。

毒　　性 对大鼠的急性口服LD_{50}值约为37.5mg/kg；对大鼠的急性经皮LD_{50}值约为500mg/kg；对大鼠的急性腹腔注射LD_{50}值约为20.8mg/kg。

作用特点 内吸性杀虫剂，除内吸作用外还具有触杀和胃毒作用。

除害磷 lythidathion

其他名称 GS 12968；NC2962；G 12968。

化学名称 S-(5-乙氧基-2,3-二氢-2-氧代-1,3,4-噻二唑-3-基甲基)-O,O-二甲基二硫代磷酸酯。

结 构 式

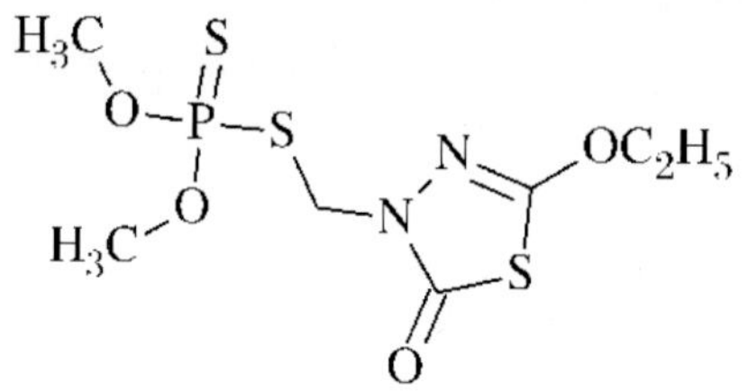

理化性质 其在水中的溶解度低于1%，极易溶于甲醇、丙酮、苯和其他有机溶剂。熔点为49～50℃；蒸气压极小。

毒　　性 大鼠急性口服LD_{50}为268～443mg/kg。

剂　　型 40%可湿性粉剂、40%乳剂、5%颗粒剂等。

作用特点 非内吸性，无药害。

应用技术 据资料报道，杀虫谱广，对鳞翅目、双翅目和直翅目害虫特别有效。

开发登记 1963年由瑞士嘉基公司开发。

灭蚜硫磷 menazon

其他名称 灭蚜灵；灭蚜松；灭那虫；ENT-15760；JF-279；PP-175；R-15175。

化学名称 S-(4,6-二氨基-1,3,5-三嗪-2-基-甲基)-O,O-二甲基二硫代磷酸酯。

结 构 式

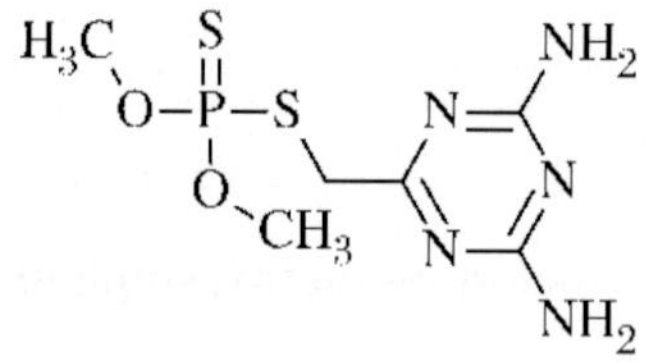

理化性质 纯品为棕黄色固体。可溶于二氯甲烷、乙酸乙酯等有机溶剂，丙酮300g/L，甲醇2 470g/L，甲苯2 450g/L，己烷80g/L。原药在水中的溶解度为240mg/L(20℃)。在pH≤7.5条件下稳定，在土壤中半衰期为1d。

毒　　性 雄大鼠急性经口LD_{50}为1 950mg/kg。

剂　　型 70%可湿性粉剂、50%乳油等。

作用特点 选择性内吸杀虫剂，具有胃毒和触杀作用。对蚜虫有特效，作用比较缓慢，残效期为10~15d，叶部喷药、土壤处理、拌种和浸渍根部或涂树干等都有效。

应用技术 资料报道，用于防治棉蚜、花生蚜、桃蚜、苹果蚜、花椒蚜、烟蚜等多种作物蚜虫，用50%乳油1 000~1 500倍液喷雾。防治棉蚜，用70%可湿性粉剂1.5~2kg拌棉籽100kg，药效可持续1~2个月之久；防治马铃薯蚜虫，在害虫发生期，用70%可湿性粉剂1 000~1 500倍液喷洒植株；防治烟蚜，在出苗后1周，用70%可湿性粉剂50g/亩对水30kg稀释灌注。

注意事项 该药速效性差，防治蚜虫与敌敌畏、乐果等混用更为理想，该药对人、畜的毒性虽低，但使用时仍需要注意安全。用药后要用肥皂洗净手、足、面部，该药对黄花菜浸根有药害，不宜使用，收获前3个星期内禁止使用。

开发登记 1961年由ICI Ltd. 推广，随后又被P1ant Protection Ltd. 推广，获有专利BP899701。

氯亚胺硫磷 dialifos

其他名称 氯甲亚胺硫磷。

化学名称 O,O–二乙基–S–(2–氯–1–酞酰亚氨基乙基)二硫代磷酸酯。

结 构 式

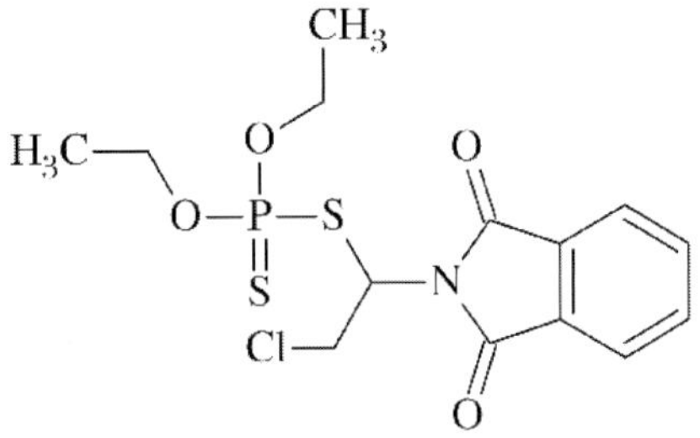

理化性质 其外观呈无色结晶固体，熔点67~69℃。不溶于水，微溶于脂肪族烃和醇类，易溶于丙酮、环已酮、异佛尔酮和二甲苯。工业品及其制剂在一般储藏条件下，能稳定2年以上，但遇强碱迅速水解，无腐蚀性，能与大多数农药混用。

毒　　性 急性经口LD_{50}值为5~97mg/kg，根据品种和性别而定；对兔的急性经皮LD_{50}值为145mg/kg。

剂　　型 240~719g/L乳剂等。

作用特点 非内吸性杀虫剂和杀螨剂。

应用技术 据资料报道，可用于防治对象苹果、柑橘、葡萄、坚果树、马铃薯和蔬菜上的许多害虫和螨类。用1 000~1 200倍液防治柑橘叶螨，用1 000倍液防治柑橘锈螨。

开发登记 1965年由Hercules Co. 推广，获有专利BP1091738、USP3355353。

益棉磷 azinphos–ethyl

其他名称 乙基谷硫磷；谷硫磷–A；乙基谷赛昂；Bayer16259；R1513；E 1513；ENT–22014。

化学名称 S-(3,4-二氢-4-氧代苯并-4-1, 2, 3-三嗪-3-甲基)二硫代磷酸酯。

结构式

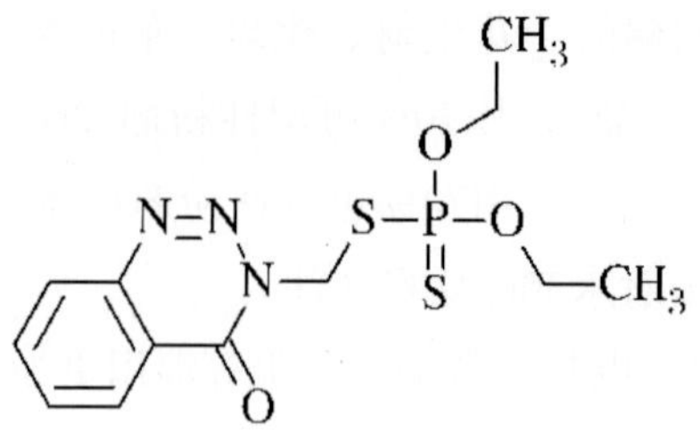

理化性质 无色针状结晶体，熔点50℃，沸点为147℃(1.3Pa)；20℃时蒸气压为0.32MPa；密度为1.284，折光率为1.592 8。在水中的溶解度很小，但溶于除石油醚和脂肪族烃以外的有机溶剂。对热稳定，但遇碱易水解。

毒性 对兔皮肤和眼睛无刺激。大鼠急性吸入LC_{50}(4h)约0.15mg/L空气。急性口服LD_{50}值大鼠约为12mg/kg。大鼠急性经皮LD_{50}约为500mg/kg(24h)。两年饲喂试验无作用剂量：大鼠为2mg/kg饲料，犬为0.1mg/kg饲料，小鼠为1.4mg/kg饲料，猴子为0.02mg/kg体重。日本鹌鹑急性经口LD_{50}为12.5～20mg/kg。鱼毒LC_{50}(96h)：虹鳟鱼为0.08mg/L，金色圆腹雅罗鱼为0.03mg/L。对蜜蜂无毒(依据应用方法)。水蚤LC_{50}(48h)为0.000 2mg/L。

剂型 200～400g/L乳剂、25%～40%可湿性粉剂等。

作用特点 非内吸性杀虫剂和杀螨剂，具有很好的杀卵特性和持效性。

应用技术 据资料报道，可用于用于防治大田、果园害虫、螨，对抗性螨也有效，对棉红蜘蛛的防效比保棉磷稍高。

开发登记 由W. Lorenz发现，于1953年由Bayer Co. 推广。获有专利USP2758115。

甲氟磷 dimefox

其他名称 DIFO；DMF；ENT-19109；BFPO。

化学名称 双(二甲胺基)磷酰氟。

结构式

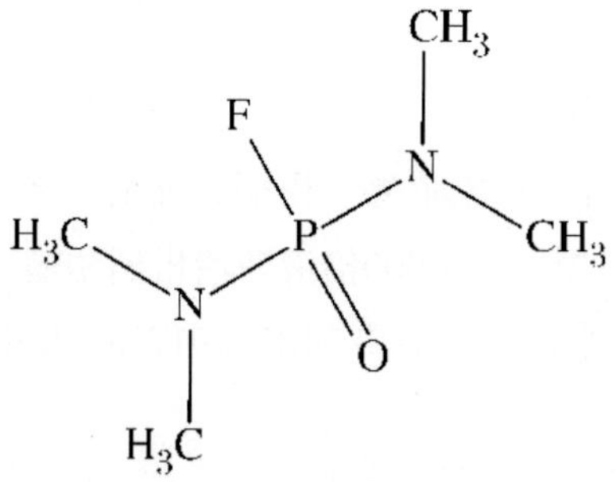

理化性质 无色液体；沸点为67℃/0.533kPa；在25℃时的蒸气压为48Pa；密度为1.15。可与水和大多数溶剂混溶，在氯仿/水中时分配系数为15：1。遇碱不水解，遇酸则水解，强氧化剂能使它缓慢地氧化，氯能使其迅速氧化。先用酸处理，然后用漂白粉处理能消除甲氟磷引起的污染。可与其他农药混用，工业品可缓慢地腐蚀金属。

毒　　性 大白鼠急性经口LD_{50}为1~2mg/kg，大白鼠急性经皮LD_{50}为5mg/kg。

剂　　型 500g/L甲氟磷液剂里还含有八甲磷和(二甲基氨基)膦化氧(170g/L)。

作用特点 内吸性的杀虫剂和杀螨剂。

应用技术 据资料报道，可用于蛇麻栽培中进行土壤处理，以防蚜类和红蜘蛛，在无药害的浓度范围内，持效期6~8周。

开发登记 1949年由Pest Control Ltd. 开发，1953年Murphy Chemical Ltd. 也开发。

丙胺氟磷 mipafox

其他名称 Isopestox；Pestox15。

化学名称 双异丙氨基磷酰氟。

结 构 式

$$[(CH_3)_2CHNH]_2\overset{\overset{O}{\|}}{P}F$$

理化性质 白色结晶固体；室温下，在水中溶解8%；除石油醚外，可溶于大多数有机溶剂中。沸点125℃/0.267Pa；熔点61~62℃，密度为1.200。

毒　　性 大鼠的腹腔注射LD_{50}值为25~50mg/kg，对兔的急性口服LD_{50}值为100mg/kg。

应用技术 据资料报道，可用于以0.1%和0.08%浓度分别防治巢菜蚜、豆卫矛蚜，其药效分别为67%和95.5%。

开发登记 1950年由英国Fisons Pest Control Ltd. 发展品种。

八甲磷 schradan

化学名称 八甲基焦磷酰胺。

结 构 式

$$[(CH_3)_2N]_2P(=O)-O-P(=O)[N(CH_3)_2]_2$$

理化性质 纯品为无色黏稠状液体；能与水和大多数有机溶剂混溶，微溶于石油；用氯仿很容易从水溶液中萃取出八甲磷。对水和碱稳定，但在酸性条件下水解，生成二甲胺和正磷酸。沸点为118~122℃/40Pa；熔点14~20℃，在25℃时，蒸气压约为0.133Pa；折光率为1.462 1；密度为1.134。工业品为深棕色的黏稠液体，沸点为190~200℃/66.7Pa，折光率为1.466。

毒　　性 急性口服LD_{50}雄大鼠是9.1mg/kg，雌大鼠为42mg/kg；急性经皮LD_{50}值雄大鼠为15mg/kg，雌大鼠为44mg/kg。

剂　　型 300g/L水溶液。

作用特点 内吸性杀虫剂，对刺吸式口器害虫和螨类有效。在杀虫的浓度范围内无药害。

注意事项 该药在我国已被禁用。

开发登记 1941年由德国拜耳公司合成。

畜安磷

其他名称 Dow-ET15；ET-15。

化学名称 O-甲基-O-(2,4,5-三氯苯基)硫代磷酰胺酯。

结构式

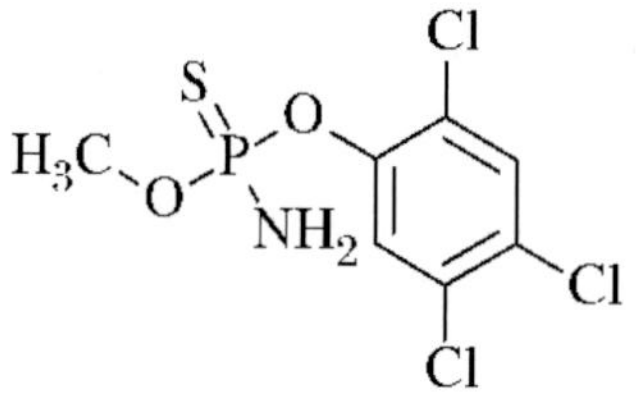

理化性质 纯品为固体，熔点65℃。不溶于水，可溶于丙酮、二甲苯等有机溶剂。

毒　　性 大鼠急性经口LD_{50}为710mg/kg。

应用技术 据资料报道，可用于粮食害虫(米象等)、卫生害虫(如蜚蠊)和牲畜害虫(如牛皮蝇)等。

育畜磷 crufomate

其他名称 Dowco 132；Hypolin；Kempak。

化学名称 O-甲基-O-2-氯-4-叔丁基-苯基)-N-甲基磷酰胺酯。

结构式

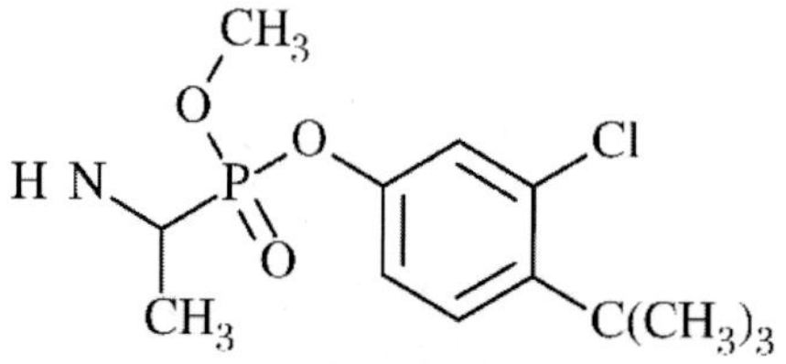

理化性质 白色结晶，熔点60℃。工业品亦为白色结晶。不溶于水和石油醚，但易溶于乙腈、丙酮、苯和四氯化碳。在强酸介质中不稳定。在pH7时稳定。

毒　　性 急性口服LD_{50}：雌大鼠为770mg/kg、雄大鼠为950mg/kg、兔为400～600mg/kg。家畜以100mg/kg剂量口服，皮肤有轻度到中度抑制胆碱酯酶的症状。

剂　　型 25%乳油、25%可湿性粉剂。

作用特点 具有内吸性的杀虫剂和驱虫药，主要用于处理家畜，以防皮蝇、体外寄生虫和肠道寄生虫。不能用于作物保护。

应用技术 据资料报道，可用于牲口，为了便于灌注，使用浓度为122g(有效成分)/L；缓慢浸透时的使用浓度为210g(有效成分)/L；药浴用375g(有效成分)/L的药液。

注意事项 不能与碱性农药混用。

开发登记 1959年由美国陶氏化学公司开发，获有专利Belg P579237。

丁基嘧啶磷 tebupirimfos

化学名称 O-(2-叔丁基嘧啶-5-基)-O-乙基-O-异丙基硫代磷酸酯。

结构式

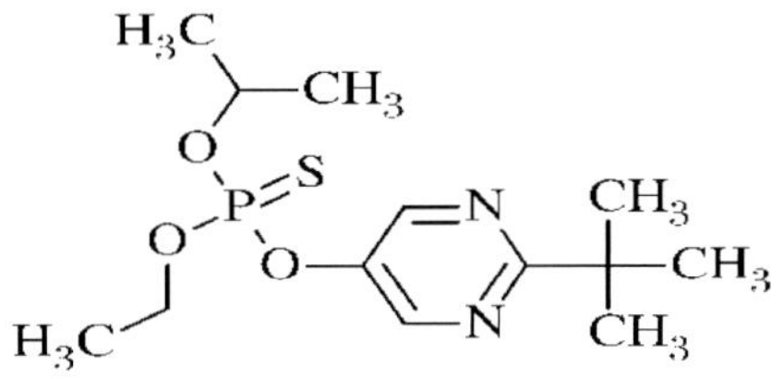

理化性质 纯品为无色液体，沸点为135℃(0.2kPa)，蒸气压为3.89MPa(20℃)，在pH7、20℃下水中的溶解度为5.5mg/L。正辛醇/水分配系数为8 500(20℃)。在碱性条件下水解，能溶于酮、醇、甲苯等多种有机溶剂。

毒　　性 对大鼠急性经皮LD_{50}(24h)雄性为31.0mg/kg，雌性9.4mg/kg。大鼠急性经口LD_{50}雌性为1.3～1.8mg/kg，雄性为2.9～3.6mg/kg，小鼠急性经口LD_{50}雄性为14.0mg/kg，雌性9.3mg/kg。

作用特点 对叶甲属害虫有高活性及足够的持效性，特别适用于玉米田。当土壤中有机质含量极高时，会影响持效性。

应用技术 据资料报道，可用于叶甲类害虫的防治。

开发登记 由拜耳公司开发。

保棉磷 azinphos-methyl

其他名称 谷硫磷；谷赛昂。

化学名称 S-(3,4-二氢-4-氧代苯并)-(1,2,3-三嗪-3-基甲基)二硫代磷酸酯。

结构式

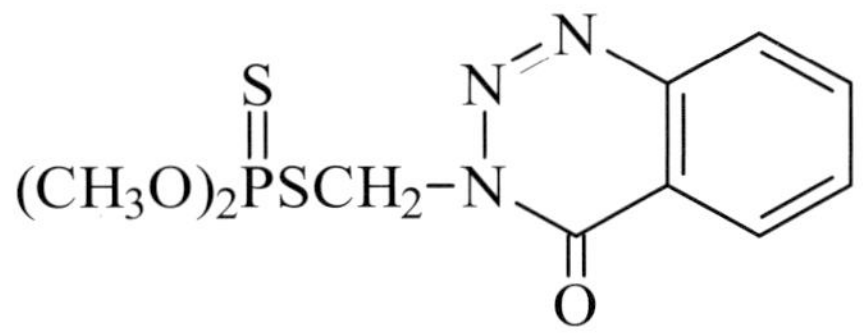

理化性质 白色晶体，熔点72.4℃，蒸气压0.18MPa(20℃)，密度(20℃)1.518g/cm^3。溶解度(20℃)：水28mg/L，正己烷小于1g/L。大于200℃时分解，在酸碱中分解。

毒　　性 大鼠急性经口LD_{50}约为9mg/kg，大鼠急性经皮LD_{50}为150～200mg/kg。

作用特点 非内吸性的杀虫、杀螨剂。本品在植物上的持效期约为两周，随后代谢为迅速水解的硫代磷酸酯。

应用技术 据资料报道，防治棉花上的蚜虫、棉铃虫、红蜘蛛等害虫，用25～50g(有效成分)/亩，对水喷雾。

开发登记 法国罗纳-普朗克公司开发生产。

磷　胺　phosphamidon

其他名称　Dimeeron；Aphidamon；迪莫克；大灭虫。

化学名称　2-氯-3-二乙胺基甲酰基-1-甲基乙烯基磷酸二甲酯。

结 构 式

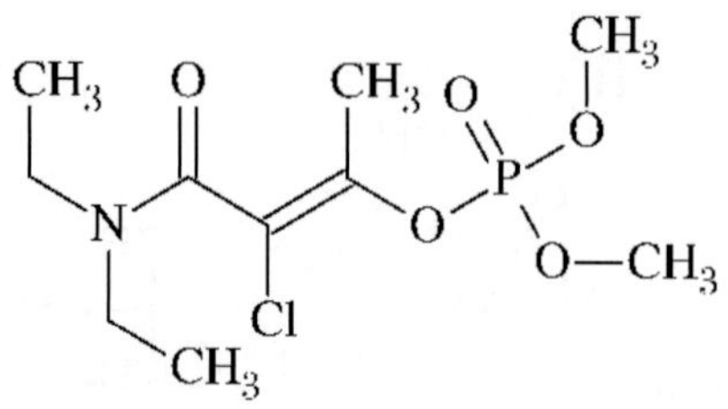

理化性质　本品为无色无嗅液体，熔点-48~-45℃，沸点162℃(0.2kPa)，相对密度1.213(25℃)，折光率1.471(25℃)。

毒　　性　本品对大鼠经口LD_{50}为7.5 ~ 28mg/kg，经皮LD_{50}为374 ~ 530mg/kg，兔皮下注射LD_{50}为80mg/kg，对兔皮肤和眼睛有刺激作用。两年喂养试验测定，大鼠无作用剂量为每天1.25mg/kg，犬为每天0.1mg/kg。动物试验无致畸、致癌、致突变作用。对鱼低毒，五种鱼类LC_{50}值为60 ~ 600mg/L。

剂　　型　50%乳油、80%乳油等。

应用技术　该药剂在我国已被禁用。

虫螨畏　methacrifos

其他名称　丁烯硫磷；CGA 20168；OMS 2005。

化学名称　(E)-3-(二甲氧基硫磷基氧基)-2-甲基丙烯酸甲酯 。

结 构 式

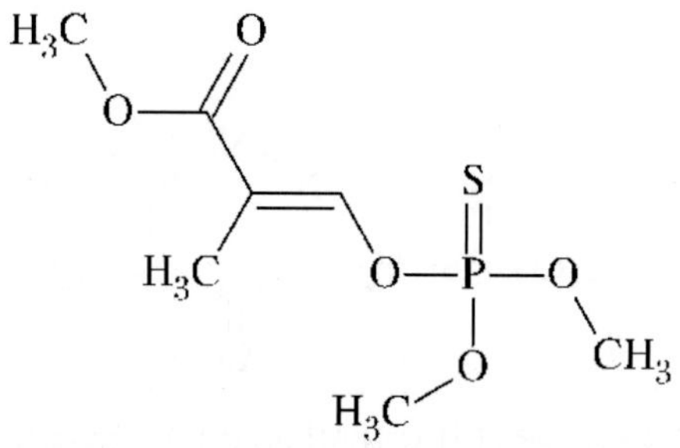

理化性质　纯品为无色液体，易溶于苯、己烷、二氯甲烷、甲醇。蒸气压160MPa(20℃)，密度1.225g/cm^3(20℃)，沸点90℃(1.33Pa)。溶解度(20℃)为水400mg/L。在20℃水解50%所需天数：66d(pH1)、29d(pH7)、9.5d(pH9)。闪点69 ~ 73℃。

毒　　性　对大鼠急性经皮毒性LD_{50}在3.1g/kg以上，对兔眼睛无刺激、对皮肤有轻微刺激。对大鼠急性口服毒性LD_{50}为678mg/kg，对日本鹌鹑无毒。对大鼠吸入LC_{50}(6h)为2 200mg/m^3空气。大鼠2年饲喂试验无作用剂量为0.6mg/（kg・d），对人的ADI为0.006mg/kg体重。日本鹌鹑LD_{50}为116mg/kg。鱼毒LC_{50}(96h)：鲤鱼30.0mg/L，虹鳟鱼0.4mg/L。

作用特点 具有熏蒸、触杀和胃毒作用。

应用技术 据资料报道，可用于防治仓储谷物的节肢动物害虫。混合或表面处理。

开发登记 1977年由R. Wyniger等报道，获专利BE766000，GB1342630。

甲丙硫磷 sulprofos

其他名称 merpafos；mereaprofos。

化学名称 O-乙基-O-(4-甲硫基苯基)-S-丙基二硫代磷酸酯。

结 构 式

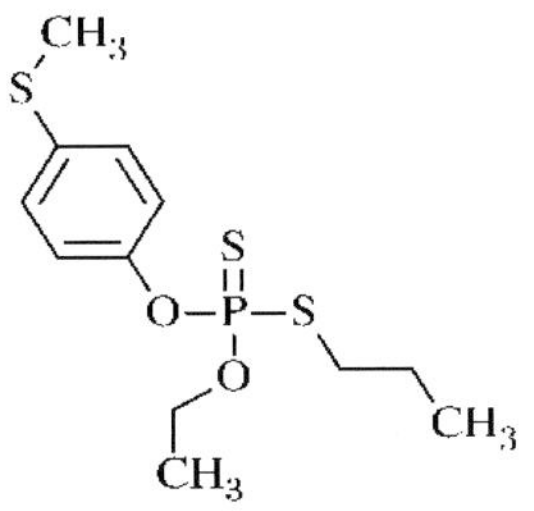

理化性质 纯品为无色油状液体，常规情况下不会分解，没有危险反应。20℃时溶解度：异丙醇＞400g/kg，甲苯1 200g/kg，环己酮120g/kg，水5mg/kg。沸点(0.01Pa)为125℃；相对密度(20℃)为1.20；蒸气压为1×10^{-4}Pa；折射率为1.585 9。

毒　　性 急性经口LD_{50}：雌大鼠为120mg/kg，雄大鼠为140mg/kg，雄小鼠为580mg/kg，雌小鼠为490mg/kg。急性经皮LD_{50}：雄大鼠＞2 000mg/kg，雌小鼠为2 000mg/kg左右。鲤鱼LC_{50}为5.2 mg/L，鹌鹑LD_{50}为25mg/kg。

剂　　型 72%乳油。

作用特点 作用方式为触杀作用，无内吸熏蒸作用，持效期较长，与其他有机磷没有交互抗性。

应用技术 据资料报道，可用于防治棉田鳞翅目害虫。防治棉田棉铃虫，在卵孵盛期施药，用72%乳油50～75ml/亩，对水50～60kg喷雾。

注意事项 甲丙硫磷对鱼高毒，应避免在鱼塘周围使用，不能与碱性物质混合作用。

开发登记 本品为拜耳公司开发。

丙虫磷 propaphos

其他名称 NK-1158；DPMP；丙苯磷。

化学名称 4-(甲硫基苯基)二丙基磷酸酯。

结 构 式

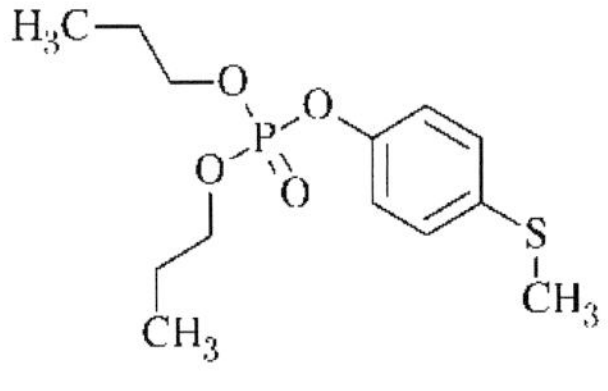

理化性质 纯品为无色液体，在中性和酸性介质中稳定，在碱性介质中缓慢分解。25℃蒸气压为0.12MPa，230℃以下稳定。在25℃水中溶解度为125mg/L，溶于大多数有机溶剂。密度为1.150 4(20℃)，113.3Pa下沸点176±1℃。

毒　　性 纯品对小鼠急性口服LD_{50}为90mg/kg，对小鼠急性经皮LD_{50}为156mg/kg。大鼠的急性口服LD_{50}为70mg/kg，大鼠急性经皮LD_{50}为88.5mg/kg。大鼠急性吸入LC_{50}为39.2mg/m^3。

剂　　型 20%粉剂、40%乳油、5%颗粒剂。

作用特点 丙虫磷可有效地防治对其他有机磷及氨基甲酸酯类杀虫剂有抗性的害虫种系。具有内吸性。

注意事项 密封储存于0～6℃阴凉干燥环境。

开发登记 本品由日本化学公司开发。

扣尔磷 colep

化学名称 O-(4-硝基苯基)-O-苯基甲基硫代膦酸酯。

结 构 式

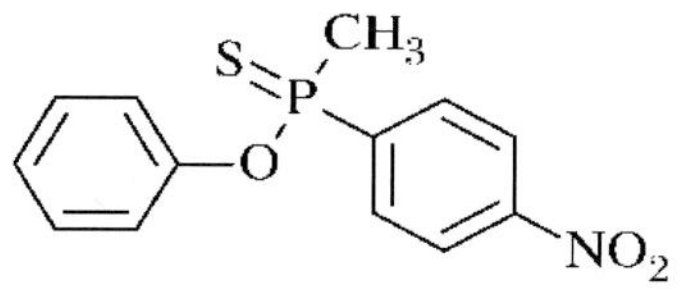

S=P(CH3)(O-C6H5)-C6H4-NO2

应用技术 据资料报道，本品对棉花象鼻虫、蔬菜、果树害虫(如蚜虫)有高效。

开发登记 1961年由Monsant Co.制得，产品已停止出售。

乙酯磷 acetophos

化学名称 O,O-二乙基-S-乙氧羰基甲基硫赶磷酸酯。

结 构 式

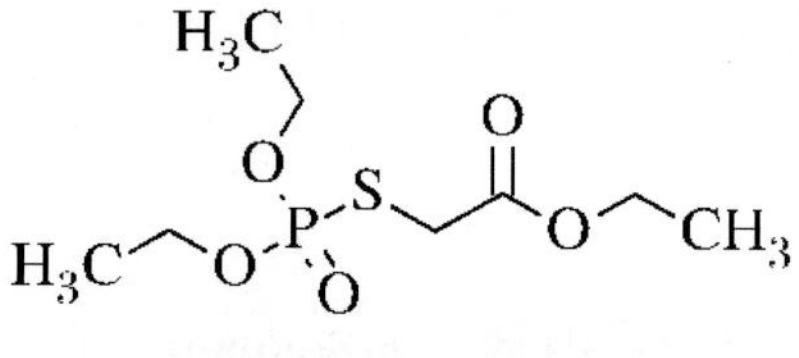

H_3C-CH2-O-P(=O)(O-CH2-CH_3)-S-CH2-C(=O)-O-CH2-CH_3

理化性质 本品沸点120℃/0.15mmHg，溶于水。

毒　　性 大白鼠急性经口LD_{50}为300～700mg/kg。

应用技术 乙酯磷为触杀性杀虫、杀螨剂，据资料报道，可用于防治谷象、蚜虫、红蜘蛛、家蝇等。

开发登记 本品由拜耳公司开发。

胺吸磷 amiton

其他名称 R5158。

化学名称 S-(2-二乙胺基乙基-O,O-二乙基硫赶磷酸酯。

结 构 式

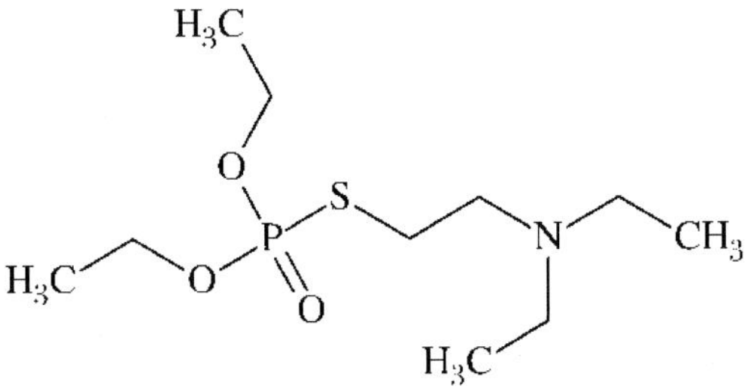

理化性质 纯品为无色至黄色、黏度很小的液体，略有气味，沸点80℃/0.1mmHg，较易挥发。极易溶于水，能溶于大多数有机溶剂。遇碱则分解。

毒　　性 对温血动物毒性高，特别易被皮肤吸收。大白鼠经口LD_{50}为3～7mg/kg。

应用技术 本品为杀虫、杀螨剂，据资料报道，可用1mg/kg防治棉红蜘蛛，用8mg/kg防治埃及伊蚊幼虫，用3mg/kg防治黑色豆卫矛蚜。

因毒磷 endothion

化学名称 S-(5-甲氧基-4-氧代-4H-吡喃-2-基甲基)-O,O-二甲基硫赶磷酸酯。

结 构 式

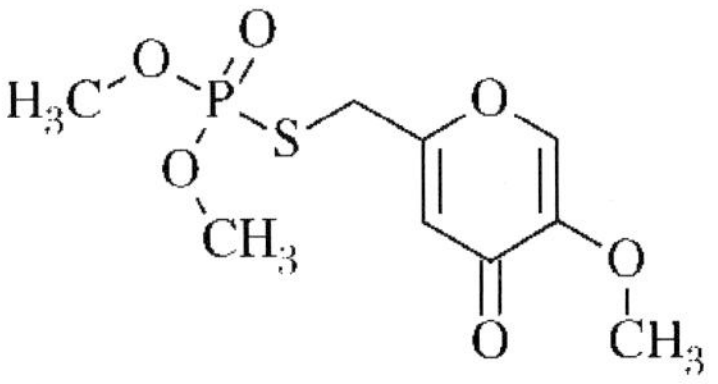

理化性质 白色结晶，有轻微气味，熔点96℃。易溶于水(在水中的溶解度为1.5kg/L)、氯仿和橄榄油，不溶于石油醚和环己烷。原药熔点91～93℃。

毒　　性 大白鼠急性经口LD_{50}为30～50mg/kg，大白鼠急性经皮LD_{50}为400～1 000mg/kg，以50mg/kg饲料喂大白鼠49d，无有害影响。将金鱼放在含10mg/L本品的水中，能生存14d。

应用技术 本品为内吸性杀虫剂，据资料报道，可以25～50g(有效成分)/100L浓度使用，能有效地防治园艺、大田作物及经济作物上的刺吸式口器害虫和各种螨类。

噻唑磷 fosthiazate

化学名称 S-仲丁基-O-乙基-2-氧代-1,3-噻唑烷-3-基硫代磷酸酯。

结 构 式

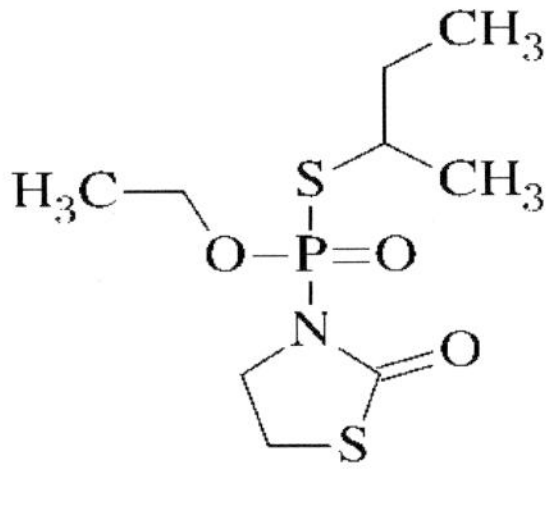

理化性质 纯品外观为浅黄色液体。沸点198℃/66.66Pa，蒸气压为5.6×10^{-4}Pa (25℃)。在水中溶解度为9.85g/L (0.87%)，分配系数1.75。

毒　　性 雌大鼠急性经口LD_{50}为57mg/kg、雄大鼠急性经口LD_{50}为73mg/kg，雌大鼠急性经皮LD_{50}为861mg/kg、雄大鼠急性经皮LD_{50}为2 396mg/kg。

作用特点 杀虫剂和杀线虫剂。主要作用方式是抑制靶标害虫的乙酰胆碱酯酶活性。

应用技术 据资料报道，用于防治地面缨翅目、鳞翅目、鞘翅目、双翅目许多害虫，对地下根部害虫也十分有效；对许多螨类也有效，对各种线虫具良好杀灭活性，对常用杀虫剂产生抗性害虫(如蚜虫)有良好内吸杀灭活性。噻唑磷施用后以立即混于土中最为有效，可在作物种植前直接施于土表，也可在作物播种时使用。

开发登记 日本石原产业公司开发。

田乐磷 demephion

化学名称 O,O-二甲基-O-(2-甲硫基)乙基硫代磷酸酯(i)。O,O-二甲基-S-(2-甲硫基)乙基硫代磷酸酯(ii)。

结 构 式

H_3C—O, P(=S), O—CH₂CH₂—S—CH_3, O—H_3C

i

H_3C—O, P(=S), S—CH₂CH₂—S—CH_3, O—H_3C

ii

理化性质 本品为稻草色液体，(i)沸点为107℃(分解)/0.1mmHg，(ii)沸点为65℃(分解)/0.1mmHg，室温条件下的溶解性：水300mg/L(i)、3g/L(ii)，混合物(i+ii)与大多数芳烃溶剂、氯苯和酮互溶，与大多数脂肪烃不互溶，一般无腐蚀性，除强碱外可与大多数农药混配。

毒　　性 对大鼠的急性经口LD_{50}值为50mg/kg；异构体(ii)对大鼠的急性经口LD_{50}值为40mg/kg。

剂　　型 50%乳油等。

作用特点 田乐磷是一种内吸性杀虫剂。对果树、啤酒花上蚜螨、叶蜂有效。

应用技术 本品为内吸性杀虫、杀螨剂，对刺吸式口器昆虫有效，据资料报道，在170～510g(有效成分)/hm^2或是7.5～22.5g/100L剂量下对大多数作物无药害，对果树、啤酒花上蚜螨、叶蜂有效。在植物体内代谢为亚砜，然后缓慢地变为砜和磷酸盐。

敌害磷 defol

化学名称 O,O-二乙基-S-(2,3,4-三氯戊基)二硫代磷酸酯。

结构式

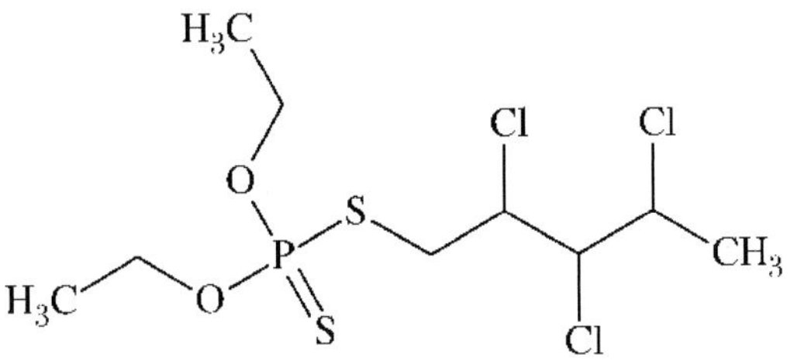

应用技术 据资料报道，主要用于防治麦盲蝽、蝗虫。

芬硫磷 phenkapton

化学名称 S-(2-5-二氯苯基硫基甲基)-O,O-二乙基二硫代磷酸酯。

结构式

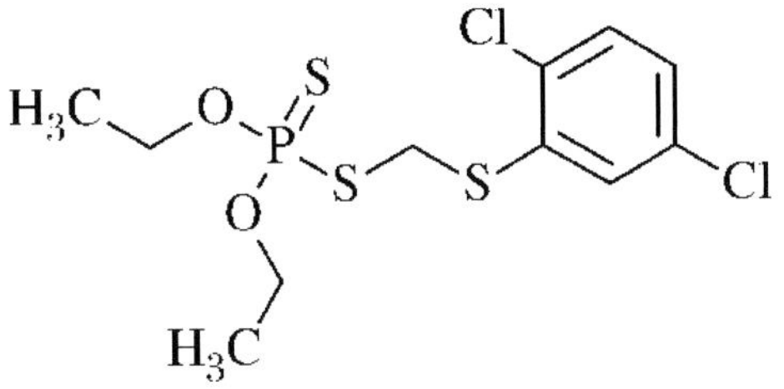

理化性质 本品为无色油状液体，熔点16.9±0.3℃，原药为琥珀色油状物，纯度为90%~95%。沸点为120℃(0.001mmHg)，本品几乎不溶于水，可溶于非极性溶剂，本品130℃分解；对水稳定不水解，但遇碱水解。

毒性 大白鼠急性经口LD_{50}为182mg/kg，对蜜蜂无毒。

敌恶磷 dioxathion

其他名称 二恶硫磷；敌杀磷；环氧硫磷。

化学名称 S,S'-(1,4-二恶烷-2,3二基)-O,O,O',O'-四乙基双(二硫代磷酸酯)。

结构式

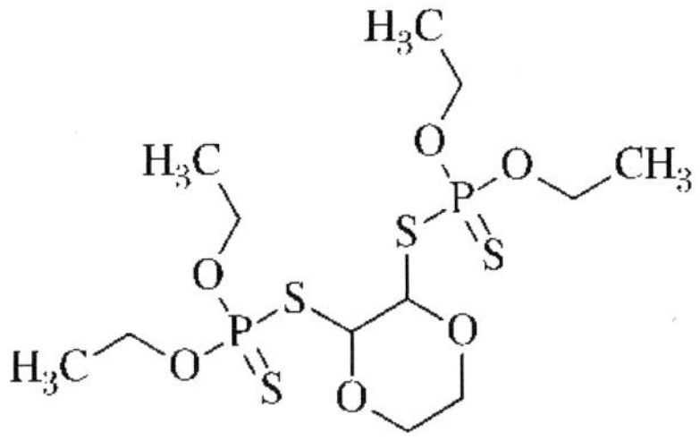

理化性质 原药为棕色液体，在中性水中稳定，但遇碱加热时水解；当遇铁和锡表面和与某些载体混合时是不稳定的。

毒性 急性经口LD_{50}雄大白鼠为43mg/kg，雌大白鼠为23mg/kg。

剂型 280g/L乳油。

作用特点 非内吸性杀虫剂和杀螨剂，特别适用于处理家畜，以防治包括蜱类的体外害虫也可用于果树和观赏植物，防治植食性螨类。无药害，对传粉昆虫无害。

乙虫磷 N 4543

化学名称 O-异丁基-S-(酞酰亚胺甲基)乙基二硫代磷酸酯。

结构式

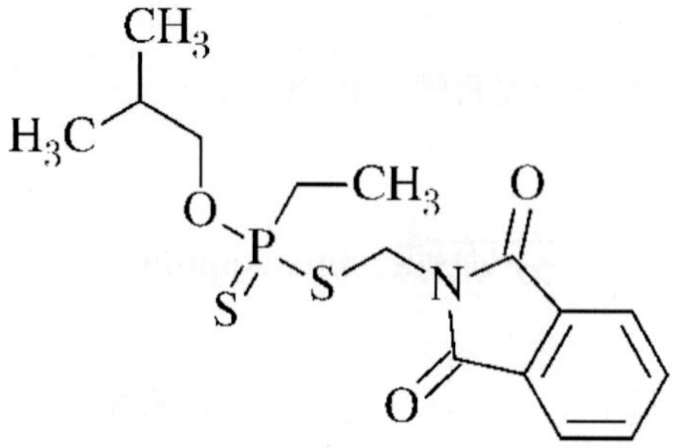

理化性质 原药为白色结晶固体，熔点63℃。

毒性 急性经口LD_{50}雄大白鼠为75mg/kg，雌大白鼠为23mg/kg，雄小白鼠为316mg/kg，雌小白鼠为430mg/kg。兔急性经皮LD_{50}为121mg/kg。

四甲磷 mecarphon

化学名称 O-甲基-S-(N-甲氧羰基-N-甲基氨基甲酰甲基)甲基二硫代磷酸酯。

结构式

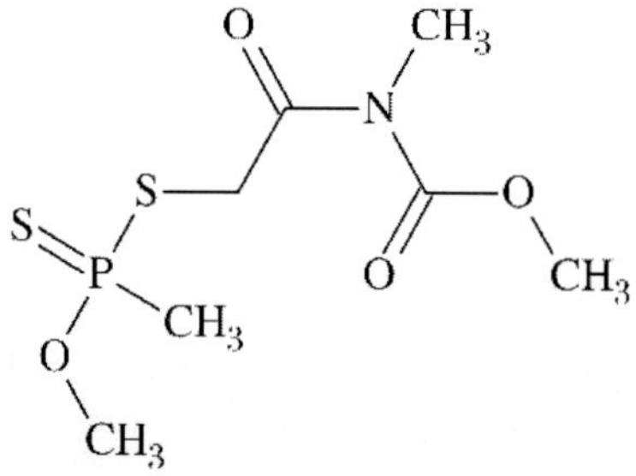

理化性质 本品是一种无色固体，熔点36℃，折光率为1.548 9。20℃时，在水中的溶解度为3mg/kg，可溶于乙醇、芳香烃和氯代烃，但几乎不溶于己烷。稳定，无腐蚀性。

毒性 大鼠急性经口LD_{50}为57mg/kg；对大白鼠的急性经皮LD_{50}为720mg/kg。

剂型 25%可湿性粉剂、50%乳剂。

应用技术 本品是一种触杀性杀虫剂。据资料报道，以25%可湿性粉剂500倍液防治半翅目害虫，包括梨、核果、柑橘和油橄榄上的介壳虫和果蝇。

丙氟磷 DFP

化学名称 O,O-二异丙基磷酰氟。

结 构 式

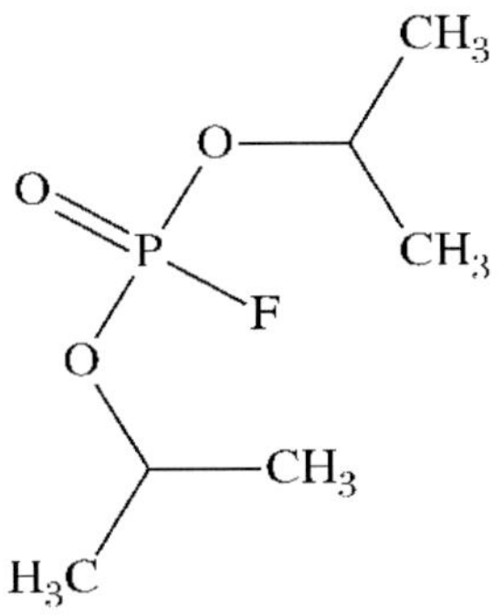

理化性质 本品为具有愉快气味的、蒸气压很高的无色液体，熔点-82℃，沸点183℃，在水中的溶解度为15g/L，遇碱易水解。

毒　　性 大白鼠急性经口LD_{50}为5～13mg/kg，小白鼠皮下注射LD_{50}为5mg/kg。

应用技术 丙氟磷为一种良好的触杀性杀虫剂，具有广谱性，对咀嚼式口器和刺吸式口器害虫都有效。但因其对温血动物高毒，从而阻碍了其在农业上的应用。

甘氨硫磷 phosglycin

其他名称 RA-17。

化学名称 O,O-二乙基- N-二丙胺基甲酰甲基-N-乙基硫代磷酸酯。

结 构 式

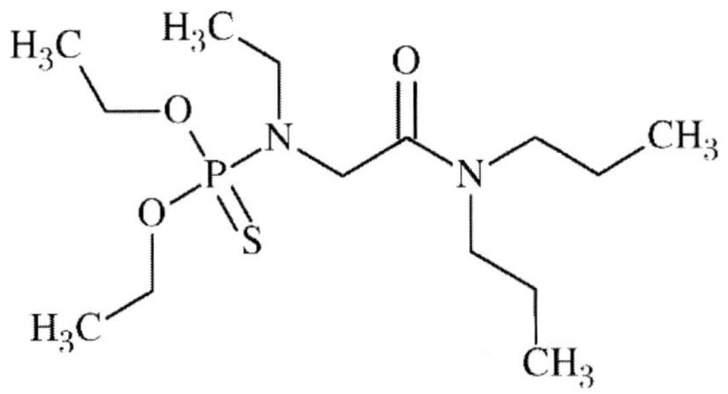

理化性质 固体，熔点34℃，蒸气压1.8MPa(25℃)。溶解度(20℃)：水140mg/L，(室温下)苯、丙酮、氯仿、乙醇、二氯甲烷、已烷＞200g/L。稳定性：180℃以下稳定，在硅胶板上光降解DT_{50} 18h。

毒　　性 大鼠急性经口LD_{50} 2g/kg，雌小鼠急性经口LD_{50} 1.55g/kg，雄小鼠急性经口LD_{50} 1.8g/kg。大鼠急性经皮LD_{50}＞5g/kg，在0.59mg/L空气(可达到的最高浓度)浓度下，对大鼠无急性吸入毒性。鱼毒LC_{50}：鲤鱼9.47mg/L，须鲶12mg/L，草鱼12.5mg/L。

作用特点 属有机磷杀螨剂，是胆碱酯酶抑制剂。

剂　　型 500g/L乳油、40%可湿性粉剂等。

应用技术 据资料报道，对苹果、柑橘和葡萄上植食性螨的成螨和幼螨有效。

开发登记 1987年由Eszakmagyarorszagi Vegyimuvek 在匈牙利投产。获有专利HU(匈牙利专利)2164940，BE(比利时专利)903304(1986)，在我国获有专利CN85108113(1987)。

甲基增效磷

化学名称 O,O -二甲基-O-苯基硫代磷酸酯。

结构式

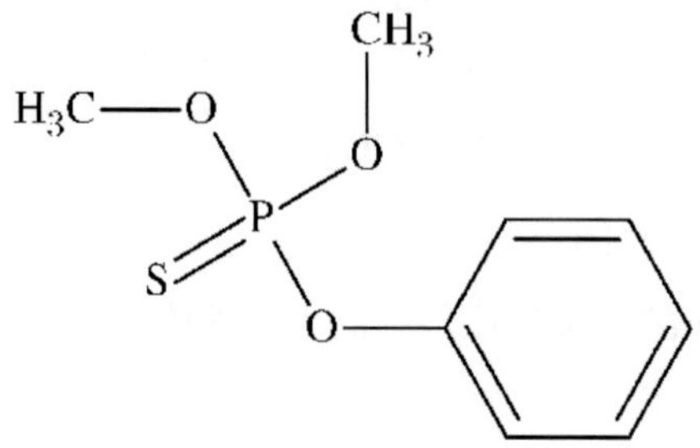

$$CH_3O-P(=S)(OCH_3)-O-C_6H_5$$

理化性质 浅黄色透明液体，相对密度1.12。

毒　　性 大鼠急性经口LD_{50}为1 088mg/kg，中等毒性。

剂　　型 40%乳油。

作用特点 与某些农药混后有增效作用，是一种低毒有机磷增效剂，本身无杀虫作用。其增效原理为能抑制害虫体内的多功能氧化酶，从而减少药剂在体内的分解，提高杀虫效果。

开发登记 湖北仙隆化工股份有限公司登记生产。

三、氨基甲酸酯类杀虫剂

20世纪40年代后期，从研究毒扁豆生物碱中，发现氨基甲酸酯类化合物对蝇脑胆碱酯酶有强烈的抑制作用；并发现$-OCONHCH_3$是其活性基团。此后进行了大量类似物的合成与昆虫毒力的生物测定研究。1953年合成甲萘威，1956年推广应用，自此新品种不断出现，在全世界得到了广泛的应用，成为现代杀虫剂的主要类型之一。

这类杀虫剂虽不如有机磷杀虫剂杀虫范围广泛，但却有很多优点：多数品种对高等动物低毒，虽有些品种高毒但可以加工成使用安全的剂型；由于其分子结构接近于天然有机物，在自然界中易被分解。具有较好的选择毒性，使用时可以不伤害天敌。缺点是许多品种在合成时都要用含羟基的环酚类化合物中间体及光气，因此容易使生产成本高，工业生产不安全。经过研究的氨基甲酸酯类化合物很多，商品化的只不过40个左右，真正大吨位的品种不超过十几个，但销售额却占全部杀虫剂的近1/4，可见这类品种的重要性。

(一)氨基甲酸酯类杀虫剂的作用机制

关于氨基甲酸酯类杀虫剂的作用机制，一般都认为是由于它抑制了虫体内的乙酰胆碱酯酶(AchE)的活性。但对这种抑制作用，长期以来就有两种不同的看法。一种看法认为，氨基甲酸酯分子与AchE的酯动部位和结合部位形成一种比较稳定的复合物，从而使AchE失去活性。但在适当条件下，这种复合物又可分解，使酶复活。因此这种抑制属于可逆的竞争性抑制。抑制过程中，氨基甲酸酯和AchE没有发生真正的化学反应。另一种看法则认为，和有机磷酸酯类杀虫剂一样，氨基甲酸酯和AchE发生了化学反应，生成了氨基甲酰化酶，从而抑制了AchE的活性。因此这种抑制属于不可逆的竞争性抑制。现在倾向于认为氨基甲酸酯对AchE的抑制，既是因为复合物的形成又是因为氨基甲酰化酶的生成。但抑制AchE，使昆虫中毒的主要原因是形成了稳定的复合物，生成的氨基甲酰化酶因不稳定，仅是次要原因。

(二)氨基甲酸酯类杀虫剂的结构类型

氨基甲酸酯类杀虫剂的分子结构与毒性有密切关系。大致可以分为如下几类。

芳基N–甲基氨基甲酸酯类：如甲萘威、克百威、猛扑威等，对人、畜毒性经口高毒，经皮低毒，杀虫效果好，具有内吸性，可以防治除螨、介壳虫以外的多种害虫。

取代苯基N–甲基氨基甲酸酯类：如残杀威、混灭威、仲丁威、异丙威、速灭威等，是一类高效、低毒杀虫剂，不具内吸性，但有强的渗透性，对叶蝉、飞虱有速效，但对其他害虫防效甚差或无效。

O–甲基氨基甲酸肟酯类：如涕灭威、灭多威、抗虫威等，是一类高效高毒且具强内吸性杀虫剂，可以防治多种害虫。

嘧啶基–N–甲基氨基甲酸酯类：如抗蚜威，对麦蚜、菜蚜、烟蚜等有高效，对其他害虫防效较差，具触杀、胃毒、熏蒸和渗透叶面作用。

(三)氨基甲酸酯类杀虫剂的主要品种

唑蚜威 triazmate

其他名称 灭蚜唑；Triaguron；RH7988；WL145158；CL90050。

化学名称 (3–叔丁基–1–N,N–二甲基氨基甲酰–1H–1,2,4–三唑–5–基硫基)乙酸乙酯。

结构式

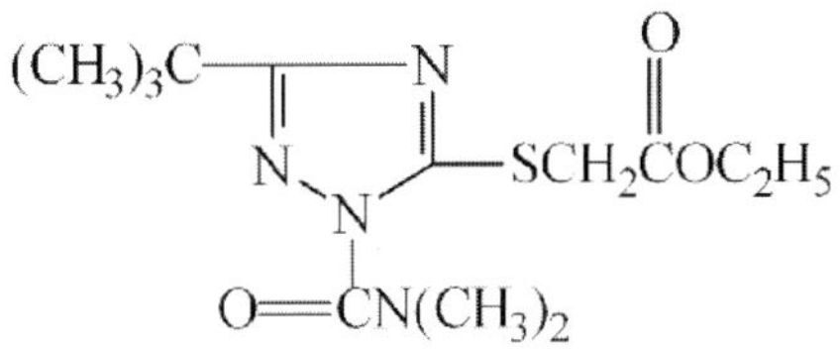

$(CH_3)_3C$—三唑环—$SCH_2COC_2H_5$（C=O）；环上N—$C(=O)N(CH_3)_2$

理化性质 白色至浅棕色结晶固体。熔点53℃，沸点＞280℃，25℃时蒸气压为0.16MPa，密度1.222(25℃)。溶解度：水中433mg/kg(pH值7，25℃)，溶于二氯甲烷和乙酸乙酯(工业品)。

毒　　性 急性经口LD_{50}(工业品)雄大鼠为100～200mg/kg，雌大鼠为50～100mg/kg，小鼠为54mg/kg。大鼠急性经皮LD_{50}＞5g/kg。

剂　　型 25%可湿性粉剂、15%乳油、25%乳油、48%乳油。

作用特点 高选择性内吸杀蚜虫剂。对胆碱酯酶有快速抑制作用。通过蚜虫内脏壁的吸附作用和接触作用，对多种作物上的各种蚜虫均有效。用常规防治蚜虫的剂量对双翅目和鳞翅目害虫无效。对有益昆虫和蜜蜂安全。由于唑蚜威在植物体内能向上向下传导，因此能保护植物整体。在土壤中施药可防治为害茎叶的蚜虫；在植物叶面喷施药液可防治为害根部的蚜虫。

应用技术 室内和田间试验表明，可防治抗性品系的桃蚜。

资料报道，可以防治棉蚜、麦蚜，在蚜虫发生盛期，用25%可湿性粉剂2 000～3 000倍液作茎叶喷雾处理；防治大豆蚜，在蚜虫大量发生时，田间露水干后，用15%乳油4～6ml/亩对水40～50kg喷施；防治烟草蚜虫，在蚜虫大量发生时，田间露水干后，用15%乳油6ml/亩对水40～50kg喷施。

注意事项 唑蚜威为高选择性杀蚜剂。不能与碱性农药混用；不能与食物、饲料混放；使用时注意安全防护，防止皮肤、眼睛接触药液；若误服，可用阿托品解毒；乳油应储存在干燥、避光、避热处，严禁与明火接触。

开发登记 江苏常隆化工有限公司登记生产。

丁硫克百威 carbosulfan

其他名称 克百丁威；好年冬；丁呋丹；丁硫威；克百丁威；Advantage；Advantage AsG；Marshal；Posse；FMC 35001；OMS 3022；Marshall；Adrantage。

化学名称 2,3-二氢-2,2-二甲基苯并呋喃-7-基(二丁基氨基硫基)-N-甲基氨基甲酸酯。

结构式

理化性质 褐色黏稠液体，沸点为124～128℃，蒸气压为0.041mPa，密度为1.056～1.083(20℃)。溶解度(25℃)：水0.03mg/L，在二甲苯、己烷、氯仿、二氯甲烷、甲醇和丙酮中的溶解度均大于50%。

毒　　性 雄、雌大鼠急性经口LD_{50}分别为250mg/kg和185mg/kg，兔急性经皮＞6 370mg/kg，大鼠急性吸入LC_{50}(1h)为1.53mg/L。鱼毒LC_{50}(96h)：虹鳟鱼0.042mg/L、蓝鳃翻车鱼0.015mg/L、鲤鱼(48h)0.55mg/L。对蜜蜂有毒。水蚤LC_{50}(48h)为1.5μg/L，海藻(96h)20mg/L。

剂　　型 20%乳油、40%乳油、47%乳剂、20%水乳剂、2%粉剂、15%粉剂、35%种子处理剂、35%拌种剂、5% 颗粒剂。

作用特点 是一种具有广谱、内吸作用的氨基甲酸酯类杀虫剂。对害虫以胃毒作用为主。有较高的内吸性，较长的残效期，对成虫、幼虫都有防效。对水稻无药害。系克百威低毒化衍生物，在生物体内代谢为克百威，使生物体内胆碱酯酶受到抑制，致昆虫神经中毒死亡。

应用技术 主要用于防治棉花、玉米、小麦等作物地下害虫，棉花蚜虫，水稻及甘蔗主要害虫。

防治小麦地下害虫，用47%种子处理乳剂143～200g/100kg种子拌种；防治水稻三化螟，用20%乳油200～250ml/亩对水40～50kg喷雾；防治水稻稻飞虱，在水稻孕穗末期或圆秆期，或在孕穗期或抽穗期，或在灌浆乳熟期或蜡熟期，用20%乳油175～200ml/亩对水40～50kg喷雾；防治水稻稻水象甲、秧田蓟马，用5%颗粒剂2～3kg/亩撒施，防治水稻蓟马，用47%种子处理乳剂250～1 333g/100kg种子拌种，或用35%干拌种剂600～1 142g/100kg种子防治水稻蓟马、1 714～2 285g/100kg种子拌种防治水稻瘿蚊。

防治棉花蚜虫，金针虫、蛴螬、地老虎、蝼蛄等地下害虫，于棉花播种期，用47%种子处理乳剂800～1 000g/100kg种子进行拌种处理。

防治玉米地下害虫，用47%种子处理乳剂222～286g/100kg种子拌种。

另外，资料报道还可以防治棉红蜘蛛，发生盛期，用20%乳油1 000～2 000倍液喷雾；防治棉铃虫，于棉铃虫卵孵化初盛期，用20%乳油150ml/亩对水50～60kg喷雾。

注意事项 由于毒性原因，本品在国内被禁止应用于蔬菜、果树、菌类、茶叶和中草药的虫害防治。在稻田施药时，不要施敌稗和灭草灵，以防产生药害。丁硫克百威对水稻三化螟和稻纵卷叶螟防治效果不好，不宜使用。在蔬菜上安全间隔期为25d。若吸入中毒，立即将病人移至空气新鲜的地方，并请医生诊治。若药液溅入眼睛，要用水冲洗至少15min，并请医生诊治。如皮肤沾染药液，脱去受污染的衣服并用大量的水冲洗。

开发登记 美国富美实公司、陕西恒田生物农业有限公司、安徽沙隆达生物科技有限公司、江苏常隆化工有限公司、美国富美实公司等企业登记生产。

克百威 carbofuran

其他名称 Furadan；呋喃丹；卡巴呋喃；大扶农；Brifur；Bripox-ur；Carbodan；Chinufur；Crisfuran；Curaterr；Furacarb；Kenofuran；Yaltox；Bay 70142；D1221；ENT27164；FMC-10242；NIA10242。

化学名称 2,3-二氢-2,2-二甲基-苯并呋喃-7-基-N-甲基氨基甲酸酯。

结构式

O
OCNHCH$_3$
O
CH$_3$
CH$_3$

理化性质 纯品为白色无气味结晶体。熔点为153～154℃，溶解度(25m/m)：二甲基甲酰胺27%、丙酮15%、乙腈14%、氯甲烷12%、环己酮9%、苯4%、水700mg/L。无腐蚀性，不易燃。在中性、酸性介质中较稳定；在碱性介质中不稳定。

毒　　性 对大鼠急性经口LD_{50}为8～14mg/kg，35%种子处理剂大鼠急性经口LD_{50}为40mg/kg，3%颗粒剂大鼠急性经口LD_{50}为437mg/kg。兔急性经皮LD_{50}＞10 200mg/kg，无蓄积作用。鱼毒LC_{50}(96h)：虹鳟鱼0.28mg/L，蓝鳃翻车鱼0.24mg/L，鲶鱼0.21mg/L，白鲢1.18～2.0mg/L，鲤鱼0.8～1.1mg/L，草鱼0.88～2.44mg/L，鲫鱼9.0mg/L，鳝鱼0.9mg/L。本品对某些昆虫的LD_{50}值：家蝇7μg/g；玉米根食叶虫5μg/g。

剂　　型 75%母粉(供加工剂型用)、25%种子处理剂、35%种子处理剂、3%颗粒剂、3%微粒剂、9%悬浮种衣剂、35%悬浮种衣剂。

作用特点 为高效广谱性杀虫、杀线虫剂，具有强烈的内吸和触杀作用，还有一定的胃毒作用。药剂通过植株的叶、茎、根或种子吸进植物体内，当害虫咀嚼和刺吸带毒植物的汁液或咬食带毒组织时，害虫体内胆碱酯酶受到抑制，引起害虫神经中毒死亡。对多种刺吸式口器和咀嚼式口器害虫有效。

应用技术 广泛用于水稻、小麦、玉米、棉花、大豆、马铃薯、花生、咖啡、烟草等作物害虫的防治。

防治水稻螟虫，用3%颗粒剂2～3kg/亩撒施；防治水稻稻瘿蚊，用3%颗粒剂2～3kg/亩撒施；防治玉米地下害虫，用350g/L悬浮种衣剂1：（30～50）（药种比）进行种子处理；防治大豆地下害虫，用9%悬浮种衣剂1：（50～60）（药种比）进行种子包衣；防治花生线虫，用3%颗粒剂4～5kg/亩条施、沟施；

防治棉花蚜虫，在棉花移栽时，用3%颗粒剂1.5～2kg/亩条施、沟施；防治甘蔗蚜虫、螟虫、蔗龟，用3%颗粒剂3～5kg/亩沟施。

防治甜菜地下害虫，用350g/L悬浮种衣剂1：35（药种比）进行种子处理。

另外，资料报道还可以防治玉米蚜，把3%颗粒剂和同样粗细的细沙，按1：2的比例混合掺匀，配制成毒沙，在玉米心叶末期抽雄前，将毒沙均匀撒入心叶内，每株1.5～2g，施药要在露水干后进行，防止毒沙黏附在叶面上；防治水稻稻飞虱、稻蓟马、稻叶蝉、稻苞虫、黑尾叶蝉，大田根区施药，用3%颗粒剂1.5～2kg/亩，均匀撒入田内，耙平后栽秧；秧田根区施药：用3%颗粒剂1.5～2kg/亩，均匀撒在已整平的秧板上，轻耧入土内3～4cm深；防治棉花蓟马、地老虎及线虫等，种子处理：用3%微粒剂拌种，用药量为干种子重量的1/4，拌种前先进行温水浸种，用微粒剂渗入半干土，随渗随拌随播。播种沟施药：在棉花播种时，用3%颗粒剂1.5～2kg/亩，与种子同时施入播种沟内；移栽期穴施：在棉花移栽时，用3%颗粒剂1～2kg/亩，开穴后将颗粒剂撒在穴内，再将营养钵棉苗栽入；防治大豆蚜虫、豆秆潜蝇、花生蚜虫等，用3%颗粒剂1.5～2kg/亩沟施，施药后覆土；防治大豆孢囊线虫，用3%颗粒剂2.2～4.4kg/亩，随种子施于播种沟内，施药后覆土；防治花生蛴螬，用3%颗粒剂2～2.5kg/亩撒在花生行间，结合中耕培土锄入土中；防治烟草根结线虫、烟草夜蛾、烟蚜、烟草潜叶蛾、小地老虎及蝼蛄等，苗床期施药，用3%颗粒剂15～30g/m^{2}均匀撒施于苗床上面，然后翻入土中8～10cm。烟苗移栽前1周，按上述用药量再施1次，施于土面，然后浇水。本田施药，烟苗移栽时，在移栽穴内施3%颗粒剂1～1.5g，再移栽烟苗。防治斜纹夜蛾，用3%颗粒剂4～5kg/亩，在播种时采用带状施药；防治玉米、甜菜、油菜害虫，用3%颗粒剂于玉米喇叭口期按照3～4粒/株放入玉米叶心(喇叭口)。

注意事项 我国在棉花、水稻、甘蔗、花生、甜菜上登记使用，严禁在柑橘、蔬菜、果树、茶叶、中草药材和甘蔗上使用。克百威不能与碱性农药混用，不能与敌稗除草剂同时使用。施用敌稗应在施用克百威前3～4d或1个月后施用。克百威对人、畜有高毒。稻田施药后禁止放鸭，管理好田水，不得流入邻近河、塘等水域，施药后河内如出现死鱼虾严禁食用。克百威必须按高毒农药规定，配戴安全防护用具进行操作，严禁将克百威加水制成悬浮液，直接喷施。

开发登记 美国富美实公司、湖南海利化工股份有限公司、安徽蓝田农业开发有限公司、山东华阳农药化工集团有限公司等企业登记生产。

混灭威 dimethacarb

化学名称 N–甲基氨基甲酸二甲苯酯。

结构式

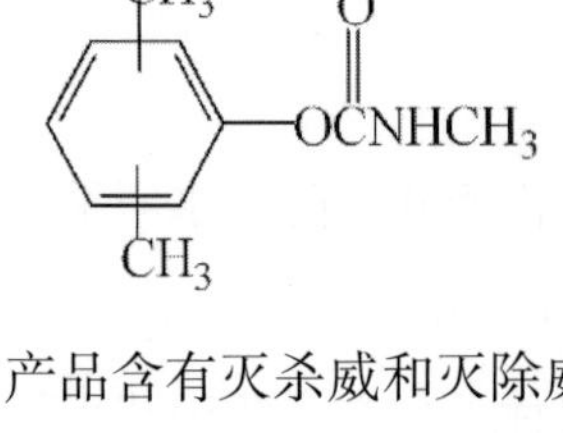

CH_3 O

—$OCNHCH_3$

CH_3

理化性质 以混合二甲苯酚为原料，产品含有灭杀威和灭除威两种异构式。原油为淡黄色至红棕色油状液体，密度约为1.088 5，微臭。当温度低于10℃时，有结晶析出。不溶于水，微溶于汽油、石油醚，易溶于甲醇、乙醇、苯和甲苯等有机溶剂。混灭威遇碱易分解。

毒　　性 雄性大鼠急性经口LD_{50}为441～1 050mg/kg，雌性大鼠急性经口LD_{50}为295～626mg/kg。原油小鼠急性经口LD_{50}为21.4mg/kg，小鼠急性经皮LD_{50}>400mg/kg。红鲤鱼TLm48h为30.2mg/L。

剂　　型 50%乳油。

作用特点 由两种同分异构体混合而成的氨基甲酸酯类杀虫剂。对飞虱、叶蝉有强烈的触杀作用，有胃毒作用。击倒速度快，一般施药后1h左右，大部分害虫即跌落水中，但残效期只有2～3d。其药效不受温度的影响，在低温下仍有很好的防效。抑制昆虫体内的胆碱酯酶。杀虫范围较广，对鳞翅目、同翅目和双翅目等害虫有效。

应用技术 对稻飞虱、叶蝉有特效，药效迅速，持效期短；对蓟马、稻苞虫、棉蚜、棉铃虫、棉小造桥虫、豆蚜、大豆食心虫、麦蛾、黏虫、玉米螟、地下害虫以及茶树、果树害虫均有较好的防治效果。

防治水稻飞虱，在水稻分蘖期到圆秆拔节期，平均每丛稻有虫(大发生前一代)1头以上；在孕穗期、抽穗期，每丛有虫5头以上；在灌浆乳熟期，每丛有虫10头以上；在蜡熟期，每丛有虫15头以上，用50%乳油50～100ml/亩对水40～50kg喷雾或泼浇；防治水稻叶蝉，用50%乳油50～100ml/亩对水40～50kg喷雾或泼浇，秧田防治，早稻秧田在害虫迁飞高峰期防治，晚稻秧田在秧苗返青期，每隔5～7d用药1次；本田防治，早稻在第1次若虫高峰期施药，晚稻在插秧后3d内，对离田边3m范围内的稻苗喷药。

另外，资料报道还可以防治稻蓟马，一般在若虫盛孵期，用50%乳油50～60ml/亩对水40～50kg喷雾；或用3%粉剂1.5～2kg/亩加入15kg过筛细土，拌匀撒施；防治棉花棉蚜，大面积有蚜株率达到30%，平均单株蚜数近10头，以及卷叶株率达到5%时，用50%乳油38～50ml/亩对水60kg喷雾；防治棉铃虫，当2、3代棉铃虫发生时，或百株幼虫达到5头时用50%乳油100～200ml/亩对水60kg喷雾；防治棉花红蜘蛛，红蜘蛛发生盛期，用50%乳油100～200ml/亩对水60kg喷雾；防治大豆食心虫，在成虫盛发期到幼虫入荚前，用3%粉剂1.5～2kg/亩喷粉；防治高粱上小穗螟、粟灰螟，在幼虫发生期，用3%粉剂2kg/亩喷粉；防治甘蔗蓟马，蓟马发生期，用50%乳油60ml/亩对水60kg喷雾；防治茶长白蚧，于第1、2代卵孵化盛期到1、2龄若虫期前，用50%乳油250～300ml/亩对水70kg喷雾；防治黑刺粉虱、小绿叶蝉等茶树和果树害虫，用25%乳油500～1 000倍液喷雾；防治花卉刺蛾、蚜虫、介壳虫等，幼虫发生期，用25%乳油500～750倍液喷雾。

注意事项 本品不可与碱性农药混用。本品不能在烟草上使用，以免引起药害。本剂主要是触杀作用，施药必须均匀，以利于提高防效。在稻田施用混灭威前后10d内不能使用敌稗。作物收获前7d要停止用药。有疏果作用，宜在花期后2～3周使用最好。本品毒性虽较低，但在运输、储存和使用过程中仍要注意安全，加强防护。如发生中毒，可服用或注射硫酸阿托品治疗，忌用2-PAM。

开发登记 江苏辉丰农化股份有限公司、江苏常隆化工有限公司等企业登记生产。

甲萘威 carbaryl

其他名称 西维因；胺甲萘；Bugmaster；Carbamine；Car-polin；Cekubaryl；Crunch；Denapon；Devicarb、Dicarbam；Drexel；Hexavin；Karbaspray；Karbatox；Karbosep；Kilex；Murvin；NAC；NMC、Patrin；Ravion、Ravyon；Resistox；Sebitol；Septene；Septon；Sevin；Tercyl；Tricarnam；Zevilon；Davam；Sebimol；Dimoth、Vetox；Hi Kill；Fleax；Sevimol；UC-7744；Exptl.Insecticide 7744；ENT2369；G-7744；OMS-29。

结 构 式

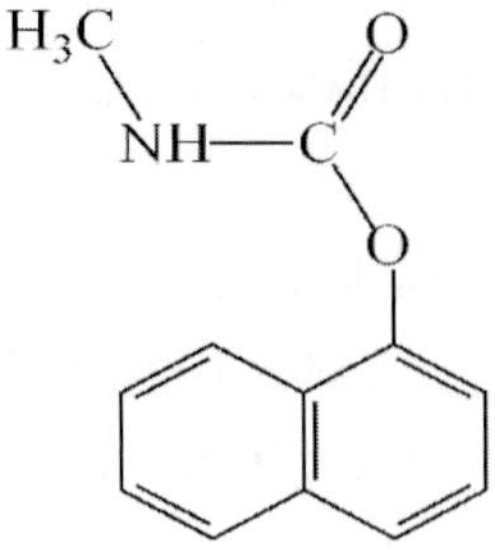

化学名称 1-萘基-N-甲基氨基甲酸酯。

理化性质 纯品为白色结晶，熔点142℃，密度1.232，30℃时水中溶解度为40mg/L，可溶于多数极性有机溶剂如混甲酚、二甲亚砜等。在下列溶剂中的溶解度(m/m)为：二甲基甲酰胺30%～40%，丙酮20%～30%，环己酮20%～25%，异丙醇10%，二甲苯10%。本品对光、热稳定，遇碱迅速分解。25℃时甲萘威在0.1mol巴比妥缓冲溶液中(pH值9.3)的半衰期为0.5h。对金属包装材料和应用器械没有腐蚀性。

毒　　性 原药急性口服LD_{50}值大鼠(雌)为246mg/kg、(雄)为283mg/kg、兔为710mg/kg。急性经皮LD_{50}值为大鼠＞4 000mg/kg、兔＞2 000mg/kg。本品对鱼有毒，对不同鱼类的致死浓度为1.75～4.25mg/L(24h)，对金鱼的LC_{50}值为28mg/L。甲萘威对以鱼为饲料的兽亦有毒。对水生生物的毒性LC_{50}为水蚤0.011mg/L、蚊幼虫1.000mg/L，对蜜蜂有毒：LD_{50}(局部)为1μg/蜜蜂。对益虫有害。

剂　　型 1.5%粉剂、2%粉剂、5%粉剂、10%粉剂、50%可湿性粉剂、80%可湿性粉剂、85%可湿性粉剂、25%可湿性粉剂、5%饵剂、20%饵剂、5%颗粒剂、10%颗粒剂、13%乳油、15%乳油、24%乳油、45%雾剂。

作用特点 是一种广谱杀虫剂，对害虫具有触杀、胃毒作用。其作用机制是抑制昆虫体内的乙酰胆碱酯酶。对叶蝉、飞虱等害虫有较好的防效；对一些不易防治的咀嚼式口器的害虫，如红铃虫等也有很好的防治效果，但对螨类和大多数介壳虫毒力很小。对六六六、滴滴涕、对硫磷等农药已产生抗药性的害虫，用甲萘威防治都有良好的效果。甲萘威对害虫的毒杀速度较慢，药效期7d以上，一般在喷药后2d才开始发挥药效。与一些有机磷农药如马拉硫磷、乐果、敌敌畏等混用有明显的增效作用，其杀虫效果优于单独使用。在低温时使用防效较差。

应用技术 主要用于防治水稻、棉花、烟草、豆类及蔬菜作物害虫。

防治水稻飞虱，2～3龄若虫发生盛期，用85%可湿性粉剂80~100g/亩对水40～50kg喷雾；防治水稻稻瘿蚊、蓟马、二化螟，于水稻移栽1周后稻瘿蚊幼虫卵孵盛期至低龄幼虫期，蓟马始发期或二化螟卵孵化高峰期，用5%颗粒剂 2 500～3 000g/亩撒施；防治水稻叶蝉，在若虫孵化期，用25%可湿性粉剂200～260g/亩对水40～50kg喷雾；防治棉花地老虎，用85%可湿性粉剂120～160g/亩对水50～60kg喷雾；防治棉花红铃虫，用85%可湿性粉剂100～150g/亩对水50～60kg喷雾；防治棉花棉铃虫，用85%可湿性粉剂100～150g/亩对水50～60kg喷雾；防治棉花蚜虫，用25%可湿性粉剂100～260g/亩对水50～60kg喷雾；防治烟青虫，用25%可湿性粉剂100～260g/亩对水40～50kg喷雾；防治豆类造桥虫，用25%可湿性粉剂200～260g/亩对水50kg喷雾。

另外，资料报道还可以防治吸浆虫，小麦开花期，用5%粉剂1.5～2.5kg/亩喷粉；防治黏虫，在幼虫3龄前，用25%可湿性粉剂500倍液喷雾；防治麦叶蜂，在幼虫发生期，用25%可湿性粉剂200倍液喷雾；防治玉米螟，用25%可湿性粉剂500g/亩拌细土7.5～10kg，撒施于玉米喇叭口，每株施毒土1g；防治水稻三化螟，在成虫羽化高峰后3～5d，用25%可湿性粉剂200～300g/亩对水40～50kg喷雾1～2次，效果良好；防治稻蓟马，在为害高峰期，用25%可湿性粉剂250倍液喷雾；防治棉叶蝉，若虫孵化期，用25%可湿性粉剂200～300倍液喷雾。防治甜菜夜蛾，在低龄幼虫期，用25%可湿性粉剂400倍液喷雾；防治果树害虫，对刺蛾用25%可湿性粉剂200倍液喷雾；防治梨小食心虫和桃小食心虫，在害虫蛀果初期，用25%可湿性粉剂400倍液喷雾；防治梨蚜，在卵孵化期，可用25%可湿性粉剂400～600倍液喷雾。防治柑橘潜叶蛾，用25%可湿性粉剂600～800倍液喷雾；防治枣龟蜡蚧，用50%可湿性粉剂600～800倍液喷雾。

注意事项 甲萘威对益虫杀伤力较强，使用时注意对蜜蜂的安全防护。甲萘威不能防治螨类，使用不当会因杀伤天敌过多而促使螨类盛发。瓜类对甲萘威敏感，易发生药害。储存时应注意防潮，以免结块而失效。中毒症状：头痛、恶心、呕吐、出汗、腹痛、食欲下降、瞳孔缩小、流泪、流涎、震颤，严重者血压下降，肺水肿等。解毒药物为阿托品，但不要使用解磷定等肟类药物。治疗时要对症处理，及时控制肺水肿。

开发登记 安道麦股份有限公司、江苏常隆化工有限公司等企业登记生产。

抗蚜威 pirimicarb

其他名称 灭定威；蚜宁；Pirimor(辟蚜雾)；ENT-27766；PP062；Aphox；Fernos；Rapid；Abol；Aficida OMS1330。

化学名称 2-N,N-二甲基氨基-5,6-二甲基嘧啶-4-基-N,N-二甲基氨基甲酸酯。

结构式

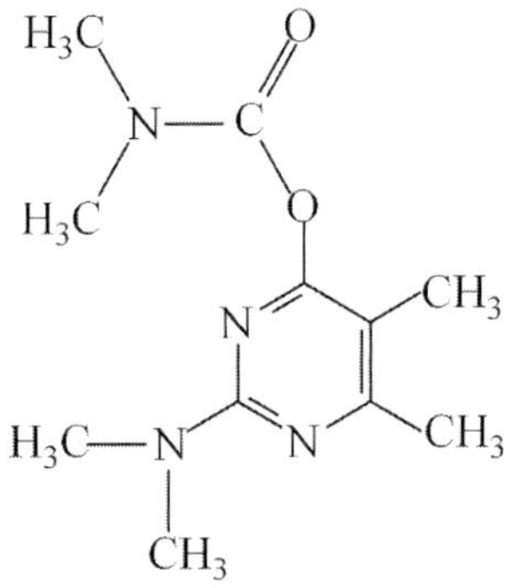

理化性质 无色无嗅固体，熔点90.5℃，蒸气压4.0MPa(30℃)。25℃时水中溶解0.27g/100ml，溶于大多数有机溶剂，易溶于醇、酮、酯、芳烃、氯代烷烃。在一般条件下存放比较稳定，但遇强酸或强碱或在酸碱中煮沸分解。紫外光照易分解。同酸形成很好的结晶，并易溶于水，其盐酸盐很易吸潮。在应用中对一般金属设备不腐蚀。

毒　　性 大鼠急性口服LD_{50}为147mg/kg，小鼠急性口服LD_{50}为107mg/kg，家禽LD_{50}为25～50mg/kg。狗LD_{50}为100～200mg/kg。具有接触毒性和呼吸毒性。大鼠经皮LD_{50}为500mg/kg。

剂　　型 25%可湿性粉剂、50%可湿性粉剂、10%烟剂、10%乳剂、10%浓乳剂、10%气雾剂、50%可分散微粒剂、5%高渗可溶性液剂、25%高渗可湿性粉剂、25%水分散粒剂、50%水分散粒剂。

作用特点 具有触杀、熏蒸和渗透叶面作用的选择性杀蚜虫剂，为植物根部吸收，可向上输导；但从叶面进入是由于穿透而非传导。和其他氨基甲酸酯类杀虫剂一样，是胆碱酯酶的抑制剂。能防治对有机磷杀虫剂产生抗性的、除棉蚜外的蚜虫。该药剂杀虫迅速，施药后数分钟即可迅速杀死蚜虫。

应用技术 为高效、中等毒性、低残留的选择性杀蚜虫剂(包括对有机磷农药已产生抗性的蚜虫)，在推荐浓度下不伤害蜜蜂和天敌，对双翅目害虫亦很有效。对多种作物无药害，可用于果树、谷类、浆果类、豆类、甘蓝、油菜、莴苣、甜菜、马铃薯、花卉及一些观赏植物上，有速效性，持效期不长。抗蚜威对瓢虫、食蚜蝇和蚜茧蜂等蚜虫天敌没有不良影响，保护了天敌。可有效地延长对蚜虫的控制期。

防治小麦蚜虫，用50%可湿性粉剂10～20g/亩对水40～50kg喷雾；防治大豆蚜虫，用25%水分散粒剂20～32g/亩对水40～50kg喷雾；防治油菜蚜虫，用50%可湿性粉剂12～20g/亩对水40～50kg喷雾；防治烟草蚜虫，用25%水分散粒剂32～44g/亩对水40～50kg喷雾。

防治甘蓝蚜虫，在蚜虫始发盛期用25%水分散粒剂20～36g/亩对水40～50kg喷雾。

另外，资料报道还可以防治花生蚜虫，用50%可湿性粉剂6～8g/亩对水40～50kg喷雾；防治高粱蚜虫，用50%可湿性粉剂6～8g/亩对水40～50kg喷雾；防治白菜、豆类和蔬菜上的蚜虫，用50%可湿性粉剂10～18g/亩对水40～50kg喷雾；苹果蚜虫的防治，在蚜虫盛发期，用50%可湿性粉剂3 000倍液喷雾；防治花卉、中药材蚜虫，用50%可湿性粉剂8～16g/亩加水40～50kg喷雾。

注意事项 抗蚜威药效与温度关系紧密，20℃以上主要是熏蒸作用。15℃以下以触杀作用为主，基本无熏蒸作用。因此温度低时，施药要均匀，最好选择无风，温暖天气施药，效果较好。药后24h，禁止家畜家禽进入施药区。同一作物一季内最多施用3次，安全间隔期为10d。中毒处理：中毒症状为头疼、恶心、失去协调的痉挛。严重时呼吸困难并导致呼吸停止。在确定是抗蚜威中毒后，先引吐，再洗胃。出现严重中毒症状时，需立即肌注1～4mg阿托品，并每隔30min注射2mg。勿给病人用镇静剂。本品对棉蚜效果差，棉花不宜使用。

开发登记 江阴苏利化学股份有限公司、陕西上格之路生物科学有限公司、英国先正达有限公司等企业登记生产。

硫双威 thiodicarb

其他名称 硫双灭多威；双灭多威；索斯；田静二号；双捷；桑得卡；胜森；田静；拉维因；Larvin；Semevin；Dicarbasulf；Lepicron。

化学名称 3,7,9,13-四甲基-5,11-二氧杂-2,8,14-三硫杂-4,7,9,12-四氮杂十五烷-3,12-二烯-6,10-二酮。

结 构 式

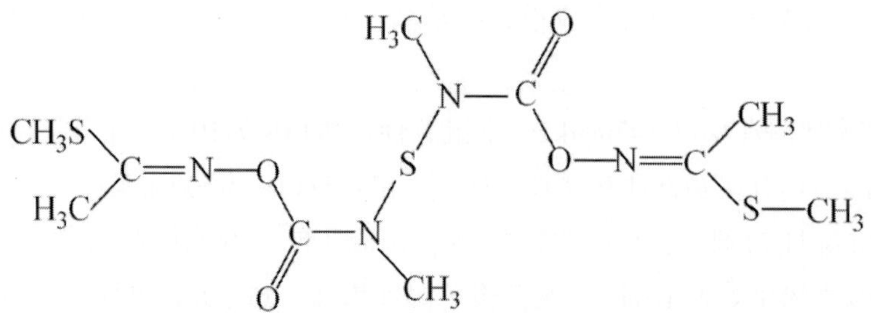

理化性质 浅棕色结晶固体，有轻微硫磺气味。熔点为173～174℃。相对密度1.442，蒸气压5.73MPa(20℃)。25℃时溶解度(g/L)：水0.035，丙酮8.0，甲醇5.0，二甲苯3.0，二氯甲烷150。在中性水溶液中较稳定。

毒　　性 急性口服LD_{50}大鼠为66mg/kg，120mg/kg，犬＞800mg/kg，猴子＞467mg/kg。兔急性经皮LD_{50}＞2g/kg，对兔皮肤和眼睛有轻微的刺激。经过2年饲喂试验无作用剂量为3.75mg/(kg・d)，小鼠5.0mg/(kg・d)。

剂　　型 75%可湿性粉剂、5%悬浮剂、85%可湿性粉剂、44%胶悬剂、3%粒剂、10%粒剂、2%饵剂、10%饵剂、2%粉剂、3%粉剂。

作用特点 硫双威属氨基甲酸酯类杀虫剂。杀虫活性与灭多威相近，毒性较灭多威低，对害虫主要是胃毒作用，还有一些杀卵和杀成虫作用，几乎没有触杀性能。其作用机制在于神经阻碍作用，即通过抑制乙酰胆碱酯酶活性而阻碍神经纤维内传导物质的再活性化导致害虫中毒死亡。既能杀卵，也能杀幼虫和某些成虫。杀卵活性极高，表现在3个方面：①药液接触未孵化的卵，可阻止卵的孵化或孵化后幼虫发育到2龄前即死亡；②施药后3d以内产的卵不能孵化或不能完成幼期发育；③卵孵后出壳时因咀嚼卵膜而能有效地毒杀初孵幼虫。由于硫双威的结构中引入了硫醚键，因此，对以氧化代谢为解毒机制的抗性害虫品系，亦具有较高杀虫活力。杀虫迅速，但残效期短，一般只能维持4～5d。

应用技术 对鳞翅目、鞘翅目害虫有效，对鳞翅目的卵和成虫也有较高活性。防治棉花、大豆、玉米等作物上的棉铃虫、黏虫、卷叶蛾、尺蠖等。

防治棉花棉铃虫，在棉铃虫产卵比较集中、孵化相对整齐时，在卵孵化盛期，用75%可湿性粉剂60～70g/亩、45%悬浮剂56～70ml/亩、375g/L悬浮剂80～100ml/亩，对水50～60kg喷雾。

防治十字花科蔬菜甜菜夜蛾，用80%水分散粒剂20～25g/亩对水40～50kg喷雾。

另外，资料报道还可以防治小麦黏虫、麦叶蜂等，用75%可湿性粉剂20～40g/亩对水40～50kg喷雾；防治稻纵卷叶螟，用75%可湿性粉剂30～50g/亩对水40～50kg喷雾；防治水稻三化螟及二化螟，用75%可湿性粉剂50～60g/亩对水40～50kg喷雾；防治棉红铃虫、棉田玉米螟，用75%可湿性粉剂80～100g/亩对水50～60kg喷雾；防治大豆尺蠖、银纹夜蛾、豆叶甲及豆荚夜蛾，用75%可湿性粉剂40～67g/亩对水40～50kg喷雾；防治茶小卷叶蛾，用75%可湿性粉剂1 000～2 000倍液喷雾。防治十字花科蔬菜菜青虫、菜野螟、甘蓝夜蛾及地老虎等，用75%可湿性粉剂25～50g/亩对水40～50kg喷雾；防治烟青虫、小菜蛾等，用75%可湿性粉剂40～80g/亩对水40～50kg喷雾。防治葡萄果蠹蛾，用75%可湿性粉剂1 000～2 000倍液喷雾；防治苹果蠹蛾、梨小食心虫、苹果小卷叶蛾、果树黄卷叶蛾、柑橘凤蝶及梅象甲等，用75%可湿性粉剂500～1 000倍液喷雾。

注意事项 为了防止棉铃虫在短时间内对该药剂产生抗药性，应注意避免连续使用该药或与灭多威交替使用。建议每一季棉花上使用最多不超过3次。本品对蚜虫、螨类、蓟马等刺吸式口器害虫作用不显著，如同时防治这类害虫时，可与其他有机磷、菊酯类等农药混用，但要严格掌握不能与碱性和强酸性(pH值＞8.5或pH值＜3.07)农药混用，也不能与代森锰、代森锰锌混用。施药时要注意尽量不要露出皮肤和眼睛，不要吸入和进食。如误服本药剂，应立即喝食盐水和肥皂水催吐，待吐液变为透明为止。施药后要洗手、脸，作业服及用具用强碱洗净。本品应放于干燥、阴凉和安全处。

开发登记 山东华阳科技股份有限公司、深圳诺普信农化股份有限公司等企业登记生产。

灭多威 methomyl

其他名称 乙肟威；灭多虫；灭索威；万灵；Halvard；Harubado；Nu–Bait Ⅱ；Nudrin；Du Pont 1179；ENT27341；SD14999；Kipsin；Lannate；Lanoate；Lanox Methavin；Methomex；Metox；Kuik；Tech；Pillarmate。

化学名称 O–甲基氨基甲酰基–2–甲硫基乙醛肟。

结构式

H_3C—NH—C(=O)—O—N=C(CH_3)—S—CH_3

理化性质 纯品为白色结晶固体，略带硫磺气味，熔点78～79℃；25℃时蒸气压为6.67MPa；密度(25/40℃)1.295g/ml。在室温下，溶解度(g/100g)为：水5.8，丙酮73，乙醇42，甲醇100，甲苯3。其水溶液无腐蚀性，它在结晶态时亦是稳定的，碱性条件或潮湿土壤中易分解。

毒　　性 原药急性经口LD_{50}大鼠为17～24mg/kg，小鼠为10mg/kg；24%水溶性液剂大鼠为130mg/kg；25%可湿性粉剂大鼠为190mg/kg；2%粉剂大鼠为4g/kg。原药吸入LC_{50}大鼠为0.3mg/L(4h)。本品对皮肤无刺激，接触眼睛能引起轻度结膜炎。本品对鱼类毒性(96h)LC_{50}虹鳟鱼为3.4mg/L，蓝鳃翻车鱼为0.87mg/L，金鱼为0.1mg/L，鲤鱼LC_{50}(48h)为2.8mg/L。本品对蜜蜂有毒。

剂　　型 90%可溶性粉剂、10%可湿性粉剂、25%可湿性粉剂、24%乳油、15%～24%(重量/体积)水溶性液剂、5%颗粒剂、2%～5%粉剂、20%乳油、40%乳油。

作用特点 具有内吸性的接触杀虫剂，兼有胃毒作用。抑制昆虫体内胆碱酯酶活性。

应用技术 是一种内吸性广谱杀虫剂，杀虫谱超过120种。可在果树、蔬菜、苜蓿、观赏植物、草场等作叶面喷洒，可防治棉铃虫、玉米螟、苜蓿象甲、菜青虫、水稻螟虫、烟草卷叶虫、黏虫、大豆夜蛾、飞虱、蚜虫、蓟马等多种害虫。

防治棉花蚜虫，蚜虫盛发期，用20%乳油25～50ml/亩对水50～60kg喷雾；防治棉花棉铃虫，在蛾产卵盛期，用20%乳油50～70ml/亩对水50～60kg喷雾；防治烟草蚜虫、烟草烟青虫，于烟草蚜虫始发期，烟青虫低龄幼虫发生期，用24%可溶液剂50～75g/亩或10%可湿性粉剂180~240g/亩，对水40～50kg喷雾。

防治桑树桑螟，用40%乳油4 000～8 000倍液喷雾；防治桑树螟蚕，用40%乳油4 000～8 000倍液喷雾。

另外，资料报道还可以防治造桥虫、玉米蚜等其他农作物害虫，用20%乳油30～40ml/亩对水40～50kg喷雾。

注意事项 本品因毒性原因，在国内已被禁止在蔬菜、瓜果、茶叶、菌类、中草药材上使用，禁止用于防治卫生害虫，禁止用于水生植物的病虫害防治。本品的浓液剂如经口服，可以致死；吸入和接触均有可能中毒。故须注意防护，戴手套和面具。勿将药液溅到眼内、皮肤和衣服上。本品的液体剂型为可燃性，应储放在远离高热、明火和有火花的地方，亦不能放置在低于0℃的温度下，以防冻结，剩余药液和废液应按说明书的要求，做有毒化合物的处理。硫酸阿托品是本品的解毒药，在任何情况下出现中毒后，如何救治必须遵照医嘱，勿使用吗啡和2-PAM。只有在灭多威和有机磷杀虫剂同时中毒时，2-PAM方能用作硫酸阿托品的补充处理剂。

开发登记 山东省青岛东生药业有限公司、江苏嘉隆化工有限公司、江苏嘉隆化工有限公司、江西中迅农化有限公司等企业登记生产。

速灭威 metolcarb

其他名称 Tumacide；C-3；Metacrate Tsumacide。

化学名称 3-甲基苯基-N-甲基氨基甲酸酯。

结构式

理化性质 纯品为白色结晶，熔点76～77℃，密度1.2，沸点180℃。在水中溶解度为2 600mg/L(30℃)，在其他溶剂(g/100g)中的溶解度：二甲苯为9.8，甲苯为112.1，二甲基甲酰胺为286.7。遇碱易分解。

毒 性 雄小鼠急性经口LD_{50}为268mg/kg，大鼠经口LD_{50}为498～580mg/kg；大鼠急性经皮LD_{50}为6g/kg。大鼠无作用剂量为15mg/(kg·d)。鲤鱼TLm(48h)为22.2mg/L。

剂 型 25%可湿性粉剂、23%粉剂、4%粉剂、20%乳油、30%乳油。

作用特点 具有触杀作用的内吸性杀虫剂，主要抑制乙酰胆碱酯酶的活性。

应用技术 主要用于防治稻飞虱、稻叶蝉、稻蓟马及蝽象等，对稻纵卷叶螟、柑橘锈壁虱、棉红铃虫、蚜虫、红蜘蛛等也有一定效果。

防治水稻飞虱，在若虫盛发期，用25%可湿性粉剂200～300g/亩，或用20%乳油150~200g/亩，对水40～50kg喷雾；防治水稻叶蝉，在若虫盛发期，用25%可湿性粉剂100～200g/亩对水40～50kg喷雾。

另外，资料报道还可以防治棉花棉蚜、棉铃虫，用25%可湿性粉剂200～300倍液喷雾；防治粟叶甲，用20%乳油1 500～2 000倍液喷雾；防治棉叶蝉，用3%粉剂2.5～3kg/亩直接喷粉。防治茶树蚜虫、茶小绿叶蝉、茶长白蚧和龟甲蚧，用25%可湿性粉剂600～800倍液喷雾；防治柑橘锈壁虱，果园内有个别黑皮果和锈斑果发生时，用25%可湿性粉剂400倍液喷雾。

注意事项 不得与碱性农药混用或混放，应放在阴凉干燥处。对蜜蜂的杀伤力大，不宜在花期使用。某些水稻品种，如农工73、农虎3号等对速灭威敏感，应在分蘖末期使用。浓度不宜高，否则会使叶片发黄变焦。下雨前不宜施药，作物在收获前10d应停止用药。中毒症状：头痛、恶心、呕吐、食欲下降、出汗、流泪、流涎，严重时震颤、四肢瘫痪等。解毒药剂可用阿托品、葡萄糖醛酸内酯及胆碱，但不要用解磷定等肟类药剂。

开发登记 湖南海利化工股份有限公司、浙江泰达作物科技有限公司等企业登记生产。

涕灭威 aldicarb

其他名称 铁灭克(Temik)；神农丹；Sanacarb；Ambush；OMS-771；UC21149；Shaugh nessy 098301；A13-27093。

化学名称 O-(甲基氨基甲酰基)-2-甲基-2-(甲硫基)丙醛肟。

结构式

$$\begin{array}{l} H_3C\diagdown \quad\quad O \\ \quad NH-C\!\!\diagup\!\!\!\!\diagup \\ \quad\quad\quad \diagdown O-N{=}CH-\underset{\underset{S-CH_3}{|}}{\overset{\overset{CH_3}{|}}{C}}-CH_3 \end{array}$$

理化性质 纯品为白色结晶，略带硫磺气味，密度为1.195(25/20℃)，熔点100℃。温度高于100℃时分解。工业品含量在90%以上，略具硫磺气味。蒸气压1.33MPa/0℃；13.1MPa/20℃；0.093Pa/75℃。在水中溶解度为0.6%(25℃)，可溶于丙酮、氯仿、苯、四氯化碳等大多数有机溶剂。纯品对光稳定，在一般储存条件下放置2年，不会分解或凝聚。

毒　　性 大鼠急性经口LD_{50}为0.56～0.93mg/kg，小鼠为0.59mg/kg。大鼠急性经皮LD_{50}7.0mg/kg，兔为5～12.5mg/kg，大鼠吸入200mg/m^3浓度的粉尘在5min内全部被杀死；在7.6mg/m^3浓度中8h有67%大鼠死亡。

剂　　型 3%颗粒剂、5%颗粒剂、10%颗粒剂、15%颗粒剂。

作用特点 涕灭威具有触杀、胃毒和内吸作用。涕灭威能通过根部吸收并转移到木质部向细胞内渗透。当进入动物体内，由于其结构上有甲氨基甲酰肟，它和乙酰胆碱类似，能阻碍胆碱酯酶的反应。涕灭威是强烈的胆碱酯酶抑制剂，当与昆虫(或螨)接触时，显示出一种典型的胆碱酯酶受阻症状，但它对线虫的作用机制，目前尚不清楚。

应用技术 涕灭威对多种作物的害虫都有很高的防治效果。

防治棉花蚜虫，用5%颗粒剂600～1 200g/亩沟施或穴施；防治花生线虫，结合播种施药，用5%颗粒剂3～4kg/亩均匀地盖在种仁上，药种接触，最后覆土耙平；防治甘薯茎线虫病，用5%颗粒剂2～3kg/亩穴施；防治烟草烟蚜，在烟草移栽后7d左右，用5%颗粒剂750～1 000g/亩穴施。防治月季红蜘蛛，用5%颗粒剂3.5～4kg/亩穴施。

另外，资料报道还可以防治玉米螟，第一代玉米螟为害初期，用5%颗粒剂3kg/亩根施，或在玉米心叶末期(喇叭口期)，将5%颗粒剂1kg/亩均匀地投入玉米心叶内；防治大豆孢囊线虫，播种前，用5%颗粒剂150g/亩拌细土，均匀撒施于垄上沟内，然后播种；防治油菜蚜虫，3月上中旬，用5%颗粒剂500～1 000g/亩，与煤灰混合穴施入油菜根部，覆土后浇灌。

注意事项 本品因毒性原因，在国内已被禁止在蔬菜、瓜果、茶叶、菌类、中草药材上使用，禁止用于防治卫生害虫，禁止用于水生植物的病虫害防治。本品为高毒，不能将涕灭威颗粒剂与水混合作喷雾剂用。亦不能使用可破碎颗粒剂的施药器械。使用时要穿长袖防护服和戴橡胶手套。因涕灭威对棉花种子发芽产生药害，故不能拌种。本品应贮存在清洁干燥和通风的场所，远离食物和饲料，勿让儿童靠近。

开发登记 山东华阳科技股份有限公司、德国拜耳作物科学公司等企业登记生产。

异丙威 isoprocarb

其他名称 Bayer 39731；Bayer 105807；KHE 0145；叶蝉散；灭扑威；异灭威；灭扑散；叶蝉散；速死威；Etrofolan；Hytox；Mipcide；Mipcin。

化学名称 2–异丙基苯基–N–甲基氨基甲酸酯。

结构式

O

$OCNHCH_3$

$CH(CH_3)_2$

理化性质 纯品为白色结晶状粉末，熔点96～97℃。20℃时，在丙酮中溶解度为400g/L，在甲醇中125g/L，在二甲苯中小于50g/L，在水中265mg/L。在碱性和强酸性中易分解，但在弱酸中稳定。对阳光和热稳定。

毒　　性 大鼠急性经口LD_{50}为403～485mg/kg，雄小鼠为193mg/kg，雄大鼠急性经皮LD_{50}＞500mg/kg，兔为10g/kg。雄大鼠急性吸入LD_{50}＞0.4mg/L。对兔眼睛和皮肤的刺激性极小。鲤鱼LC_{50}＞100mg/L(48h)，金鱼LC_{50}为32mg/L(24h)。

剂　　型 2%粉剂、4%粉剂、5%粉剂、20%乳油、75%可湿性粉剂、50%可湿性粉剂、5%热雾剂、4%颗粒剂、5%颗粒剂、10%烟剂、20%烟剂。

作用特点 具有胃毒、触杀和熏蒸作用。对昆虫的作用机制是抑制乙酰胆碱酯酶活性，致使昆虫麻痹至死亡。对稻飞虱、叶蝉等害虫具有特效。击倒力强，药效迅速，但残效期较短，一般只有3～5d。可兼治蓟马和蚂蟥，对稻飞虱天敌、蜘蛛类安全。选择性强，对多种作物安全，可以和大多数杀菌剂或杀虫剂混用。

应用技术 用于防治果树、蔬菜、粮食、烟草上的各种蚜虫，对有机磷农药产生抗性的蚜虫十分有效。

防治水稻飞虱、水稻叶蝉，在若虫高峰期，用20%乳油150～200ml/亩，或用10%粉剂300～600g/亩，于水稻飞虱、叶蝉等若虫高峰期，直接喷粉对水40～50kg喷雾；防治黄瓜(保护地)蚜虫，用10%烟剂350～500g/亩点燃放烟；防治黄瓜(保护地)白粉虱，用20%烟剂200～300g/亩点燃放烟。

另外，资料报道还可以防治烟草、菊花上的蚜虫，旱地作物用10%颗粒剂0.6～1kg/亩行施或沟施，蔬菜用10%颗粒剂1.3～2kg/亩；防治柑橘潜叶蛾，在柑橘放梢时用20%乳油500～800倍液喷雾；防治甘蔗飞虱，留宿根的甘蔗在开垄松兜后培土前，用2%粉剂2～2.5kg/亩，混细沙土20kg，撒施于甘蔗心叶及叶鞘间。

注意事项 本品对薯类有药害，不宜在薯类作物上使用。施用本品前、后10d不可使用敌稗。应在阴凉干燥处保存，勿靠近粮食和饲料，勿让儿童接触。对蜜蜂毒性较大，不要在蜂场及其周围使用。不可与碱性物质混用。可与毒死蜱、噻嗪酮、抗蚜威、哒螨灵、吡虫啉、丁硫克百威、马拉硫磷、辛硫磷及井冈霉素等多种药剂混用，以扩大防治范围和增强防治效果。

开发登记 江苏辉丰农化股份有限公司、山东华阳科技股份有限公司等企业登记生产。

仲丁威 fenobcarb

其他名称 Bayer 41637；OMS-313、T321；巴沙；扑杀威；丁苯威；Baycarb；Brodan；Carvil；Hopcin。

化学名称 2-仲丁基苯基-N-甲基氨基甲酸酯。

结 构 式

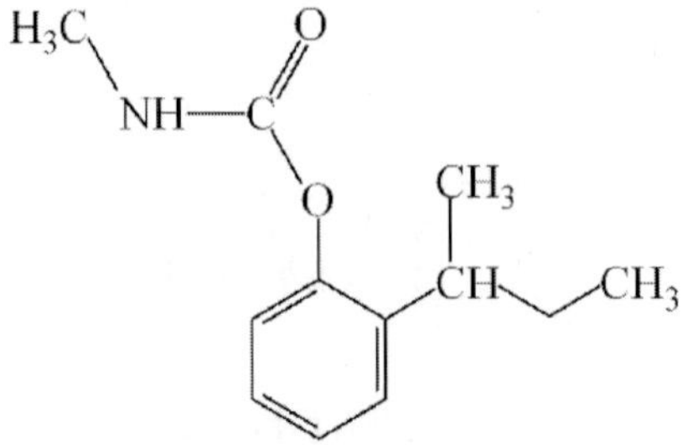

理化性质 纯品为无色结晶，熔点为33～34℃。本品30℃时在水中溶解660mg/L，易溶于一般有机溶剂，如丙酮、三氯甲烷、苯、甲苯、二甲苯等。对碱和强酸不稳定，水解(20℃)DT_{50}＞28d，16.9d(pH值9)，2.06d(pH值10)。

毒 性 急性经口LD_{50}雄大鼠为623mg/kg，雌大鼠为657mg/kg，野鸭为323mg/kg。兔急性经皮LD_{50}为10.25g/kg。野鸭LC_{50}(5d)＞5 500mg/kg饲料，鹌鹑LC_{50}(5d)为5 417mg/kg饲料。对鲤鱼LC_{50}(48h) 16mg/L，水蚤LC_{50}(3h)为0.32mg/L。

剂 型 25%乳油、50%乳油、2%粉剂、4%颗粒剂、3%微粒剂、50%超低容量液剂。

作用特点 对害虫有触杀作用，并具有一定胃毒、熏蒸和杀卵作用。作用迅速，但残效期短。其毒力机制为抑制昆虫体内胆碱酯酶活性。

应用技术 对稻飞虱、黑尾叶蝉和稻蟒象的防治有速效，持效期短的特点，亦可防治棉蚜和棉铃虫。如与杀螟硫磷混用，可兼治二化螟。本品对植物体有渗透输导作用，将药剂施于植物表面或水面，即可发挥杀虫作用，一般情况下残效期为5～6d。

防治水稻飞虱，在发生初盛期或在水稻始穗期，用25%乳油100～150ml/亩，或用80%乳油35～45g/亩喷雾对水60～80kg喷雾；防治水稻叶蝉，水稻始穗期，50%乳油80～120ml/亩对水60～80kg喷雾。

另外，资料报道还可以防治水稻三化螟、稻纵卷叶螟，在低龄幼虫期，用25%乳油200～250ml/亩对水80～100kg喷雾。防治蚊、蝇及蚊幼虫，用25%乳油加水稀释成1%的溶液，按1～3ml/m^2喷洒。

注意事项 本品在一般用量下，对作物无药害，但在水稻上使用的前后10d，要避免使用除草剂敌稗。我国规定50%乳油在水稻上的常用量每亩80ml，最高用量120ml，一季水稻最多使用4次，安全间隔期21d，每次施药间隔7～10d。本品对人、畜毒性较低，对操作人员比较安全，使用时可采用一般防护措施，但在鱼塘附近使用时要多加小心。不能与碱性农药混合使用。如发生中毒，可用硫酸阿托品解毒。

开发登记 江苏常隆化工有限公司、江苏剑牌农化股份有限公司、深圳诺普信农化股份有限公司、江西正邦作物保护有限公司等企业登记生产。

杀螟丹 cartap

其他名称 巴丹、派丹、培丹、沙蚕胺、禾丹、金倍好、T1258、TI1258。

化学名称 1,3–二(氨基甲酰硫)–2–二甲基氨基丙烷。

结构式

CH_3

O　　　$N—CH_3$　　　O

$H_2N—C$　　　　　　　$C—NH_2$

$S—CH_2—CH—CH_2—S$

理化性质 纯品为无色柱状结晶，熔点为183 ~ 183.5℃(分解)。可溶于水(25℃约溶解20%)；稍溶于甲醇，难溶于乙醇、丙酮、氯仿、苯等有机溶剂。稍有吸湿性。具腐蚀性，原粉及水溶液可使铁等金属生锈。在常温及酸性条件下稳定，碱性条件下不稳定。

毒　　性 急性经口LD_{50}雄大鼠为345mg/kg，雌大鼠为325mg/kg；雄小鼠为150mg/kg，雌小鼠为154mg/kg。小鼠的急性经皮LD_{50} > 1g/kg；对兔皮肤和眼无刺激。

剂　　型 25%、50%、95%、98%可溶性粉剂，2%、4%、10%粉剂，3%、5%颗粒剂，6%水剂。

作用特点 是沙蚕毒素的一种衍生物，胃毒作用强，同时具有触杀和一定的拒食和杀卵等作用，对害虫击倒较快(但常有复苏现象，使用时应注意)，有较长的残效期。阻滞神经细胞点在中枢神经系统中的传递冲动作用，使昆虫麻痹，这与一般有机磷、有机氯、氨基甲酸酯类杀虫剂的作用机制不同。

应用技术 可防治水稻螟虫、稻纵卷叶螟、稻苞虫、稻潜叶蝇、稻秆蝇、负泥虫等水稻害虫；还可防治菜青虫、小菜蛾、潜叶蝇、马铃薯叶甲和黄守瓜等蔬菜害虫和玉米螟、梨小食心虫等螟虫。

防治水稻二化螟，在卵孵化高峰前1 ~ 2d，用50%可溶性粉剂70 ~ 100g/亩对水50 ~ 70kg喷雾；防治水稻三化螟，在卵孵化高峰前1 ~ 2d，用50%可溶性粉剂80 ~ 100g/亩对水50 ~ 70kg喷雾；防治水稻稻纵卷叶螟，在水稻穗期，幼虫1 ~ 2龄高峰期，用50%可溶性粉剂100 ~ 150g/亩对水50 ~ 60kg喷雾或用0.8%颗粒剂12.5 ~ 15kg/亩撒施；防治水稻干尖线虫病，用6%水剂1 000 ~ 2 000倍液浸种；防治茶树茶小绿叶蝉，用98%可溶性粉剂30 ~ 40g/亩对水50 ~ 70kg喷雾。

防治十字花科蔬菜菜青虫，在2 ~ 3龄幼虫期，用98%可溶性粉剂30 ~ 40g/亩对水40 ~ 50kg喷雾；或用98%可溶粉剂40 ~ 60g/亩喷雾处理；防治十字花科蔬菜小菜蛾，在2 ~ 3龄幼虫期，用98%可溶性粉剂40 ~ 50g/亩对水40 ~ 50kg喷雾；防治十字花科蔬菜黄条跳甲，蔬菜苗期，幼虫出土后，用4%颗粒剂1.5 ~ 2kg/亩撒施。

防治柑橘潜叶蛾，在柑橘新梢期，用98%可溶性粉剂1 800 ~ 2 000倍液喷雾；防治甘蔗螟，在甘蔗螟卵盛孵期，用98%可溶性粉剂6 500 ~ 9 800倍液对水喷雾，或对水300kg淋浇蔗苗，间隔7d后再施药1次。此用药量对条螟、大螟均有良好的防治效果。

另外，资料报道还可以防治玉米螟，掌握玉米生长的喇叭口期和雄穗即将抽发前，用50%可溶性粉剂100g/亩对水100kg喷雾或均匀地将药液灌在玉米心内；防治水稻稻苞虫，在3龄幼虫期，用50%可溶性粉剂100 ~ 150g/亩对水50 ~ 60kg喷雾或对水600kg泼浇；防治稻飞虱、稻叶蝉，在2 ~ 3龄若虫高峰期，用50%可溶性粉剂50 ~ 100g/亩对水40 ~ 50kg喷雾；防治稻瘿蚊，掌握成虫高峰期到幼虫盛孵期，用50%可溶性粉剂50 ~ 100g/亩对水40 ~ 50kg喷雾；防治蝼蛄，用50%可溶性粉剂拌麦麸(1：50)制成毒饵施用；防治马铃薯块茎蛾，在卵盛期，用50%可溶性粉剂100 ~ 150g/亩对水40 ~ 50kg均匀喷雾。防治二十八星瓢虫，在幼虫盛孵期和分散为害前及时防治，在害虫集中地点挑治，用98%可溶性粉剂40 ~ 50g/亩对水40 ~ 50kg喷雾。防治桃小食心虫，在成虫产卵盛期，卵果率达1%时开始防治，用50%可溶性粉剂1 000倍液喷雾。防治茶尺蠖：在第1代、第2代的1～2龄幼虫期，用50%可溶性粉剂1 000～2 000倍液均匀喷雾；防治茶细蛾，在幼虫未卷苞前，用50%可溶性粉剂1 000～2 000倍液均匀喷在上部嫩叶和成叶上；防治茶小绿叶蝉，在田间第1次高峰出现前，用50%可溶性粉剂1 000～2 000倍液喷雾；防治森林松毛虫，用3%粉剂1 000～1 500g/亩喷粉。

注意事项 对蚕毒性大，蚕区施药要防止药液污染桑叶和桑室。对鱼有毒，应加注意。水稻扬花期或作物被雨露淋湿时，不宜施药。喷药浓度过高，对水稻也会产生药害。白菜、甘蓝等十字花科蔬菜的幼苗，对该药剂较敏感，在夏季高温或生长幼弱时，不宜施药。不同的水稻品种对杀螟丹的敏感性不同，用杀螟丹浸稻种时，应先进行浸种的发芽试验。使用杀螟丹原粉对水喷雾，应按药液的0.1%量加人中性洗涤剂，以增加药液的湿润展布性。毒性虽较低，但施用仍须戴安全防护工具，如不慎误服，应立即反复洗胃，从速就医。

开发登记 湖北仙隆化工股份有限公司、湖南国发精细化工科技有限公司等企业登记生产。

苯氧威 fenoxycarb

其他名称 苯醚威；RO13-5223；NR8501；Efenoxecarb；Insegar；Logic；Torus；Pictyl。

化学名称 2-(4-苯氧基苯氧基)乙基氨基甲酸乙酯。

结构式

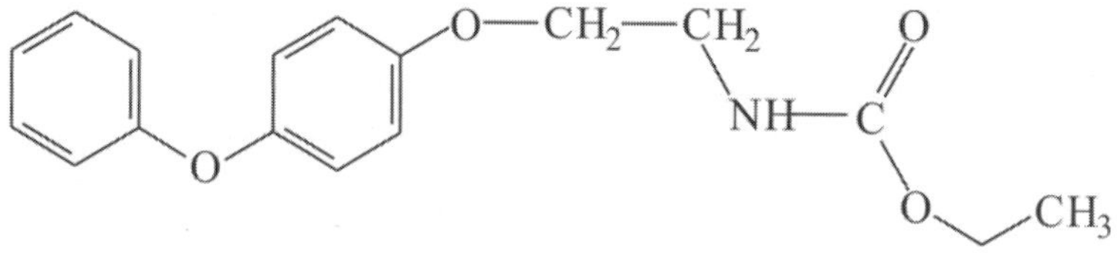

理化性质 纯品为无色结晶，熔点53～54℃，25℃时蒸气压1.7μPa，20℃时7.8μPa。溶解性(20℃)情况下：水6mg/kg，已烷5g/kg，大部分有机溶剂＞250g/kg。在室温下储存在密封容器中时，稳定期大于2年。在pH3～9，50℃下水解，对光稳定。

毒　　性 急性口服LD_{50}大鼠＞10g/kg；急性经皮毒性LD_{50}大鼠＞2g/kg，对豚鼠皮肤无刺激性，对兔眼有极轻微刺激性，吸入毒性LC_{50}大鼠＞0.46mg/L空气。鱼毒LC_{50}(96h)鲤鱼10.3mg/L，虹鳟鱼1.6mg/L。日本鹌鹑急性经口LD_{50}＞7g/kg，山齿鹑LC_{50}(8d)＞25g/kg。对蜜蜂无毒，经口LC_{50}(24h)＞lg/kg。水蚤LC_{50}(48h)0.4mg/L。

剂　　型 250g/L悬浮剂、12.5%乳油、3%乳油、3%高渗乳油、3%颗粒剂、10%微乳状液、25%可湿性粉剂、5%粉剂。

作用特点 是一种非萜烯类氨基甲酸酯化合物，具有胃毒和触杀作用，并具有昆虫生长调节作用。杀虫广谱；对害虫高效，而对哺乳动物低毒。持效期长，对环境无污染。但它的杀虫作用是非神经性的，表现为对多种昆虫有强烈的保幼激素活性，可导致杀卵、抑制成虫期的变态和幼虫期的蜕皮，造成幼虫后期或蛹期死亡，杀虫专一，对蜜蜂和有益生物无害。

应用技术 主要用于防治柑橘树潜叶蝇，于柑橘树潜叶蛾卵孵盛期或低龄幼虫钻蛀前用250g/L稀释420～600倍喷雾。

另外，资料报道还可以防治十字花科蔬菜小菜蛾，在幼虫发生盛期，用3%高渗乳油1 000倍液喷雾；

防治芦毒蛾，在第1代芦毒蛾若虫发生盛期，用3%高渗乳油1 500倍液喷雾；防治黄杨绢野螟，越冬幼虫已出蛰并大量取食时，用3%乳油1 000～2 000倍液均匀喷雾；防治美国白蛾，在美国白蛾低龄幼虫时，用3%高渗乳油1 000～1 500倍液喷雾；防治核桃举肢蛾，在低龄幼虫期，用3%乳油1 000～1 500倍液喷雾；防治柿长绵粉蚧，在若虫期，用3%乳油1 000～1 500倍液喷雾。防治十字花科蔬菜菜青虫，在幼虫发生盛期，用25%可湿性粉剂40～60g/亩对水40～50kg喷雾；防治柑橘介壳虫，用3%乳油1 000～1 500倍液喷雾；防治松树松毛虫，用3%乳油1 000～2 000倍液喷雾；防治粮食储粮害虫，用5%粉剂10～20mg/kg拌原粮。

注意事项 本品在植物、储藏物上和水中，显示有较好的持效，在土壤中能迅速消解，但对昆虫的杀死作用较慢。本品尚在试用阶段，虽对人、畜无害，但在使用中仍须注意安全。

开发登记 江苏常隆农化有限公司等企业登记生产。

猛杀威 promecarb

其他名称 ENT 27300；EP316；OMS716；SN34615；UC-9880；Carbamult；Minacide。

化学名称 3-异丙基-5-甲基苯基-N-甲基氨基甲酸酯。

结 构 式

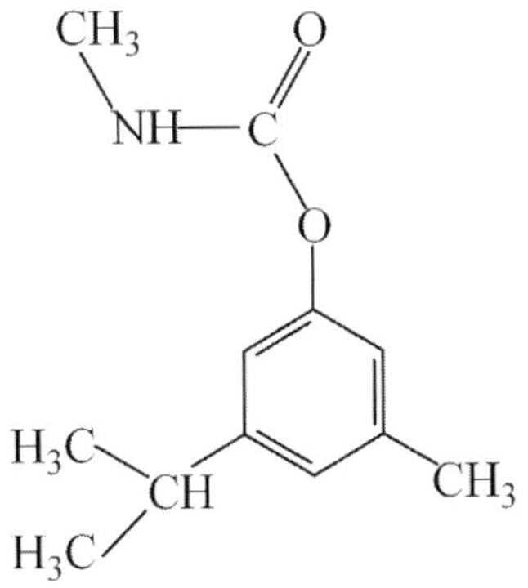

理化性质 纯品为无色、几乎无嗅的结晶，熔点87～88℃；室温于水中的溶解度为92mg/L，在有机溶剂中的溶解度：四氯化碳、二甲苯中为10%～20%，环乙醇、环乙酮、异丙醇、甲醇中为20%～40%，丙酮、二甲基甲酰胺、1, 2-二氯乙烷中为40%～60%。50℃储藏140h不变质，在37℃，pH值7时，其半衰期为310h，pH值9时，为5.7h。在一般情况下，耐光照、温度和水解，但在碱性介质中迅速水解。

毒　　性 急性口服LD_{50}值大鼠(在玉米胚芽油中调服)为74(61～90)mg/kg；在金合欢胶的悬浮体中调服时，雌大鼠为78(70～87)mg/kg，雄大鼠为90(75～108)mg/kg。50%可湿性粉剂急性经皮LD_{50}值：兔＞1g/kg，大鼠＞2g/kg。

剂　　型 20%乳油、25%乳油、5%乳油、5%粉剂、30%可湿性粉剂、50%可湿性粉剂、10%气雾剂。

作用特点 为非内吸性触杀性杀虫剂，并有胃毒和熏蒸杀虫作用。在进入动物体内后，即能抑制胆碱酯酶的活性。

应用技术 对水稻稻飞虱、白背飞虱、灰飞虱、稻叶蝉、稻蓟马、棉蚜、棉叶蝉、柑橘潜叶蛾、刺粉蚧、康氏蚧、锈壁虱、茶树介壳虫、小绿叶蝉以及马铃薯甲虫等均有防效。

资料报道，可以防治稻飞虱和稻叶蝉，掌握在若虫高峰期，用50%乳油100～133ml/亩对水70kg喷雾，可兼治稻蓟马等；防治棉花叶蝉、棉蚜、棉盲蝽，用50%乳油100～200ml/亩对水70kg喷雾；防治柑橘、茶树害虫，对柑橘各类介壳虫、锈壁虱、茶树长白蚧，掌握在第1、第2代若虫孵化盛末期，用50%乳油250～300ml/亩对水70～100kg喷雾。

注意事项 不得与碱性农药混用或混放，应放在阴凉干燥处。对蜜蜂有较大的杀伤力，不宜在花期使用。食用在收获前10d应停止用药。施用过程中，万一中毒即产生头痛、恶心、呕吐、食欲下降、出汗、流泪、流涎等现象，应立即就医。解毒药可用阿托品、葡萄糖醛酸内脂。中毒严重的应送往医院就医。

开发登记 江苏常隆化工有限公司等企业登记生产。

残杀威 propoxur

其他名称 残杀畏；Hercon Insectape；IMPC；IPMC；Isocarb；Rhoden；Sendran；Bayer 9010；Tendex；Tugen；Unden；Bripoxur；Pillargon；Prentox；Mitoxllr。

化学名称 2-异丙氧基苯基-N-甲基氨基甲酸酯。

结构式

$$\text{(2-OCH(CH}_3)_2\text{-phenyl)}-O\overset{O}{\overset{\|}{C}}NHCH_3$$

理化性质 纯品为白色晶体，熔点90～91℃。蒸气压在20℃时为1.3MPa；蒸馏时分解；20℃时在水中的溶解度约1.9g/L；能溶于大多数有机溶剂，如异丙醇中＞200g/L，甲苯中50～100g/L，己烷中1～2g/L。pH值7时在水中稳定，DT_{50}(22℃)1年(pH值4)，93d(pH值7)；在强碱性介质中不稳定。

毒　　性 急性口服LD_{50}雌、雄大鼠约50mg/kg。雌、雄大鼠急性经皮LD_{50}(24h)＞5g/kg。对兔皮肤无刺激，对兔眼睛有轻微刺激。鱼毒LC_{50}(96h)：蓝鳃翻车鱼6.2～6.6mg/L，虹鳟鱼3.7～13.6mg/L，金色圆腹雅罗鱼为12.4mg/L。

剂　　型 10%微乳剂、20%乳油、20%热雾剂、10%水剂。

作用特点 为具有强触杀力的非内吸性杀虫剂，有胃毒、熏蒸和快速击倒作用。药效接近敌敌畏，但残效期长。在进入动物体内后，即能抑制胆碱酯酶的活性。

应用技术 主要用于防治家庭害虫(蚊、蝇、蜚蠊等)、牲畜体外寄生虫和仓库害虫。本品还可用以防治棉花、果树、蔬菜、水稻等作物害虫如蚜虫、叶蝉、棉蚜、粉虱等。持效期可达6个月。

防治桑树桑象虫，于桑象虫成虫盛发期，用8%可湿性粉剂1 000~1 500倍液。

防治卫生蜚蠊，用20%乳油50ml/m^2滞留喷洒。

另外，资料报道还可以防治水稻叶蝉、稻飞虱，用20%乳油200ml/亩对水60kg喷雾；防治棉蚜，大面积有蚜株率达到30%，平均单株蚜数近10头，以及卷叶株率不超过50%，用20%乳油250ml/亩对水100kg喷雾；防治棉铃虫，当第2、第3代棉铃虫发生时，用20%乳油250ml/亩对水100kg喷雾。

注意事项 不可与碱性药物混用。对玉米有轻微药害，一般1周后可消灭。储存处远离食物和饲料，勿让儿童接近。最后1次喷药要在收获前4～21d进行。使用时采取一般防护，避免药液接触皮肤，勿吸入液雾或粉尘。如中毒，可在医生指导下用硫酸阿托品治疗。

开发登记 江苏常隆化工有限公司等企业登记生产。

恶虫威 bendiocarb

其他名称 NC6897；SN52020；苯恶威；高卫士；OMS1394； Ficam；Garvox；Tattoo；Seedox；Dycarb；Ficam D；Ficam Plus；Ficam；Garvox；Multamat Niomil；Rotate；Seedox；Seedoxin。

化学名称 2,3-(异亚丙基二氧基)苯基-N-甲基氨基甲酸酯。

结 构 式

理化性质 纯品为白色结晶体。熔点124.6～128.7℃；蒸气压4.6MPa(25℃)；饱和蒸汽浓度66 μ g/m^3；溶于极性溶剂，在非极性溶剂中较难溶解。溶解度(25℃，g/100g)：丙酮20，二氯甲烷20，乙醇4，苯4，邻二甲苯1，乙烷0.035，煤油0.03，水0.004。在碱性溶液水解较快；在酸性中较慢；在20℃在中性水溶液中，水解半衰期为10d。对日光相对稳定。

毒 性 大鼠口服LD_{50}为40～156mg/kg(因鼠品系不同)。大白鼠经皮LD_{50}为566～800mg/kg，对大鼠急性吸入LC_{50}(4h)为0.55mg/L空气。对人的ADI为0.004mg/kg体重。对虹鳟鱼的LC_{50}(96h)为1.55mg/L。对小鱼LC_{50}(24h)为0.5mg/L。对鸟类、蜜蜂有毒。

剂 型 50%悬浮剂，20%、50%、76%、80%可湿性粉剂，3%、5%颗粒剂，1%、2%粉剂。

作用特点 具有触杀和胃毒作用。在哺乳动物体内和其他氨基甲酸酯类杀虫剂一样，可直接、迅速和可逆地抑制胆碱酯酶，其毒性机制是一种典型的抗胆碱酯酶反应，过量吞服，可以致死。并可能通过皮肤吸收。

应用技术 用于卫生害虫的防治如蟑螂、蟋蟀、皮蠹、蠼螋、蚂蚁、衣鱼、跳蚤、臭虫等，以及室内和建筑物上的一些害虫，剂量为0.4g/m^2。

资料报道，可以防治水稻叶蝉、飞虱、二化螟、三化螟、稻纵卷叶虫等，在害虫低龄幼虫期，用80%可湿性粉剂27g/亩对水40～50kg喷雾；防治油菜黄条跳甲，成虫盛发期，用80%可湿性粉剂5～14g/亩对水40～50kg喷雾；防治玉米叩甲、蛴螬、种蝇、麦秆蝇、甘蓝蓟马等，用3%颗粒剂667～800g/亩拌毒土撒施；防治糖用甜菜隐食甲、叩甲、跳虫等，用80%可湿性粉剂8g/亩作种子干粉处理；防治马铃薯甲虫，成虫发生高峰期，用80%可湿性粉剂8～16g/亩对水40～50kg喷雾。防治草莓花蓟马，在害虫发生盛期用20%可湿性粉剂1 000倍液喷雾。

灭蟑螂，0.125%～0.5%浓度药液喷洒，0.25g/m^2，持效数周，无驱避作用。灭蚊，可以用0.5g/m^{2}药液喷洒，对淡色库蚊持效6个月。灭蚁，可以用0.25%～0.5%粉剂撒布或溶剂喷洒。灭蚤，可以用0.25%倍液喷洒。

注意事项 误食会造成中毒，以致死亡，应保持安静，并立即送医院诊治。本品可经皮肤吸收，要严防接触眼、皮肤、衣物等，勿吸入药雾；使用时要戴上胶手套和面罩，操作后用肥皂洗手和裸露的皮肤。药物不应放在饲料和食物附近，勿让牲畜和儿童接近。室内喷药时要将用具移出或盖好，以防粘污。

开发登记 广东省江门市大光明农化有限公司、拜耳有限责任公司等企业登记。

丙硫克百威 benfuracarb

其他名称 OK-174；呋喃威；OC-11588；安克力；Oncol；Aminofuracarb；Furacon。

化学名称 2,3-二氢-2,2-二甲基苯并呋喃-7-基-[(N-乙氧基甲酰乙基-N-异丙基)氨基硫基]-N-甲基氨基甲酸酯。

结构式

O　$CH(CH_3)_2$

$OCNSNCH_2CH_2COC_2H_5$

H_3C　O　CH_3　O

H_3C

理化性质 红棕色黏稠液体，蒸气压26.7μPa(20℃)，相对密度1.142，20℃时水中溶解度8mg/L，在苯、二甲苯、丙酮、二氯甲烷、甲醇、正乙烷、乙酸乙酯和玉米油等有机溶剂中可溶解50%以上。在中性和弱酸性介质中稳定，在强酸和碱性介质中不稳定。

毒　　性 急性经口LD_{50}雄大鼠为222.6mg/kg，雌大鼠205.4mg/kg，小鼠为175mg/kg，犬为300mg/kg。大鼠急性经皮$LD_{50}>2\ 000$mg/kg。大鼠吸入LC_{50}为0.34mg/L。鸡急性经口LD_{50}为92.2mg/kg。对鸟低毒。鱼毒LC_{50}(48h)0.65mg/L。水蚤LC_{50}(3h)>10mg/L。蜜蜂的毒性为0.28μg/头。

剂　　型 3%颗粒剂、5%颗粒剂、10%颗粒剂、20%乳油、30%乳油、25%悬浮种衣剂。

作用特点 属内吸性广谱杀虫剂，触杀、胃毒。丙硫克百威是克百威的亚磺酰基衍生物，其对一些刺吸式口器害虫的毒力与克百威相近，而对一些鳞翅目害虫的毒力比克百威高，持效期与克百威相当，对哺乳动物的毒性大大降低。有很快的内吸传导作用，可以被作物的根系吸收，向地上部分的茎叶传导，当害虫咀嚼和刺吸带毒植物的汁液或咬食带毒组织时，体内胆碱酯酶受到抑制，使害虫死亡。

应用技术 据资料报道，本品可作土壤和叶面用杀虫剂施用。防治长角叶甲、跳甲、玉米螟、苹果蠹蛾，马铃薯甲虫、金针虫、小菜蛾、稻象甲和蚜虫等，活性高，持效期长。防治玉米螟，在心叶末期和授粉期的玉米螟第2、第3代卵孵盛期，用5%颗粒剂2～3kg/亩，各施药1次，防治效果达90%以上；防治水稻二化螟、三化螟及大螟造成的枯心，在卵孵高峰期前，用5%颗粒剂2～2.5kg/亩撒施；防治三化螟及大螟造成的白穗、虫伤株，在卵孵盛期，用5%颗粒剂2～3kg/亩撒施；防治褐飞虱、白背飞虱，在水稻孕穗期，用5%颗粒剂2kg/亩撒施，撒施时，田间保持水层3～4d，药效期可达1个月以上；防治稻象甲、稻纵卷叶螟，用20%乳油150～250ml/亩对水60kg喷雾；防治棉蚜，在棉苗移栽时施于棉株穴，用5%颗粒剂1.2～2kg/亩，或在棉蚜为害高峰期，用20%乳油750～1 000倍液均匀喷雾；防治烟蚜，用20%乳油20～30ml/亩对水40～50kg喷雾。防治苹果蚜、苹果瘤蚜、黄蚜等，用20%乳油2 000～3 000倍液喷雾。

另据资料报道还可用于，防治水稻干尖线虫，用25%悬浮种衣剂5～8ml/kg拌种；防治甜菜金针虫、跳甲、根蛆等，用5%颗粒剂1.3～2kg/亩，在甜菜播种时，随种同时施下；防治菜蚜、菜青虫、小菜蛾、二十八星瓢虫、葱蓟马及马铃薯甲虫等，用20%乳油150～250m1/亩对水40～50kg喷雾。防治果树的介壳虫，在1、2龄若虫期，用20%乳油3 000～4 000倍液喷雾；防治柑橘蚜虫、桃小食心虫等，用20%乳油3 000～4 000倍液喷雾。防治甘蔗螟虫，在甘蔗苗期，第1代蔗螟发生初期，施用5%颗粒剂3kg/亩，撒施于蔗苗基部，并覆土盖药。

注意事项 颗粒剂在作物上要经溶解吸收过程，施药适期应较液剂提前3d左右，尤其对钻蛀性害虫，应在蛀入作物前施药，在土壤干旱或湿度低时，抗旱灌水有利于药效发挥。稻田施用丙硫克百威不能与敌稗混用，施用敌稗应在丙硫克百威施用前3～4d，或施用后1个月进行。在使用过程中，如有药剂触及身体，应立即脱去衣服用肥皂水冲洗沾染的皮肤；如有药剂溅入眼中，应立即用大量清水冲洗，如误服中毒，应立即饮1～2杯清水，用阿托品解毒。

开发登记 日本欧爱特农业科技株式会社曾登记生产。

苯硫威 fenothiocarb

其他名称 克螨威；排螨净；苯丁硫威；芬硫克；KCO-3001；B1-5452；Phenothiocarb；Panocon。

化学名称 S-(4-苯氧基丁基)二甲基硫代氨基甲酸酯。

结 构 式

$$(H_3C)_2N-C(=O)-S-(CH_2)_4-O-C_6H_5$$

理化性质 本品为无色结晶，熔点40～41℃，蒸气压0.166MPa(23℃)。溶解性(20℃)：水中30 mg/L，丙酮2.53kg/L，乙腈中3.12kg/L，环己酮中3.8kg/L，己烷中66mg/L，甲醇中1.426kg/L，二甲苯中2.464kg/L。稳定性：在日光下缓慢分解，在40℃、pH5～9条件下5d内不水解。

毒　　性 对大鼠急性经口LD_{50}为1 150～1 200mg/kg，对雄小鼠为7 000mg/kg，对雌小鼠为4 875mg/kg，对小鼠急性经皮LD_{50}为＞8 000mg/kg。大鼠急性吸入LC_{50}(4h)＞1.79mg/L。饲喂试验的无作用剂量：雄大鼠1.86mg/(kg・d)，雌大鼠1.94mg/(kg・d)。急性经口LD_{50}：野鸭>2 000mg/kg，雄、雌鹌鹑分别为1 013mg/kg、878mg/kg。对鲤鱼LC_{50}(48h)：7.9mg/L。

剂　　型 35%乳油。

作用特点 本剂为氨基甲酸酯类杀螨剂，对卵、幼螨、若螨均有很高的活性，对雌成螨活性不高，但低浓度时能明显降低雌螨的繁殖能力及降低卵的孵化。

应用技术 防治柑橘全爪螨，在10—11月，用35%乳油800～1 000倍液均匀喷施。在秋冬季节低温条件下施用，也可作冬季清园之用。

开发登记 日本组合化学工业株式会社等企业登记生产。

呋线威 furathiocarb

其他名称 CGA-73102；CG-137；呋喃硫威；Deltanet；Promet。

化学名称 2,3-二氢-2,2-二甲基苯并呋喃-7-基-N, N'-二甲基-N,N'-亚硫基二氨基甲酸丁酯。

结构式

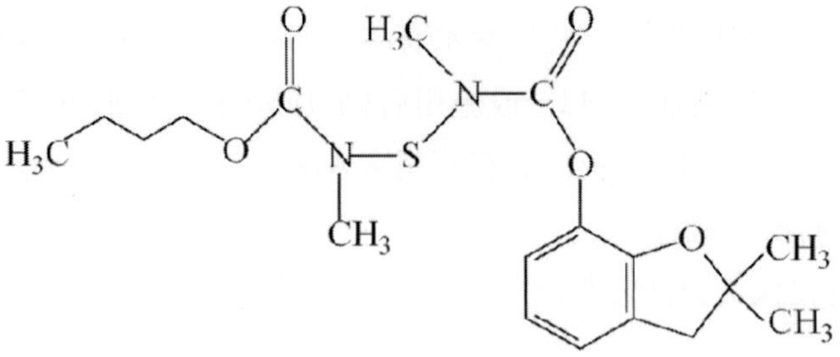

理化性质 纯品为黄色液体，沸点160℃(1.33Pa)，密度1.16g/cm^3(20℃)，蒸气压0.084MPa(20℃)。溶解度(20℃)：水10mg/L，溶于丙酮、己烷、甲醇、正辛醇、异丙醇、甲苯。加热到400℃稳定。

毒　　性 大鼠急性经口LD_{50} > 2g/kg，对皮肤稍有刺激，对眼睛的刺激极其轻微，大鼠急性吸入LC_{50}(4h)为0.214mg/L空气。

剂　　型 40%拌种用粉剂、5%颗粒剂、10%颗粒剂、400g/L叶面喷雾剂。

作用特点 属氨基甲酸酯类杀虫剂，是胆碱酯酶抑制剂。本品是杀虫剂、杀线虫剂，具有触杀、胃毒及内吸作用。

应用技术 杀虫剂、杀线虫剂，防治土壤害虫。也可作茎叶喷雾，种子处理用于棉花和其他作物田。

资料报道，主要用于防治土壤害虫。在播种时用10%颗粒剂333～1 330g/亩进行撒施，可保护玉米、油菜、甜菜和蔬菜的种子和幼苗不受为害，时间可达42d。

灭梭威 methiocarb

其他名称 灭虫威；Bay37344；H321；甲硫威。

化学名称 3,5-二甲基-4-(甲硫基)苯基-N-甲基氨基甲酸酯。

结构式

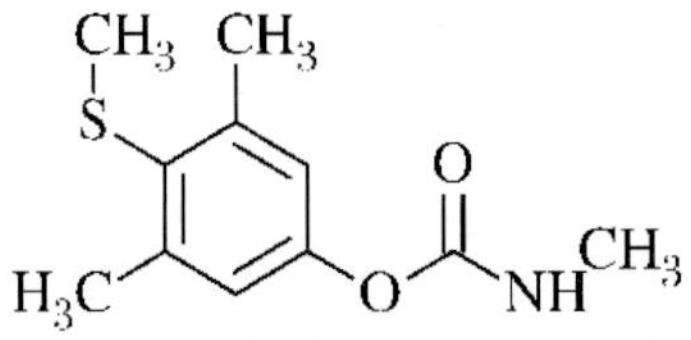

理化性质 纯品为白色结晶粉末，熔点119℃，20℃时蒸气压为0.015MPa，密度为1.236(20℃)，溶解度(20℃)：水中27mg/L，二氯甲烷中 > 200g/L，异丙醇中53g/L，甲苯33g/L，己烷1.3g/L，在强碱介质中不稳定。

毒　　性 大鼠口服LD_{50}为20mg/kg，小鼠口服LD_{50}为25.2mg/kg，高毒。

剂　　型 50%可湿性粉剂、75%可湿性粉剂、5%毒饵、3%粉剂等。

作用特点 触杀和胃毒，当进入动物体内，可产生抑制胆碱酯酶的作用。杀软体动物主要是胃毒作用，杀虫谱广，适于防治鳞翅目、鞘翅目和同翅目害虫。防治对有机磷有抗性的螨类也有一定效果。

应用技术 资料报道，防治棉花害虫，用50%可湿性粉剂125～240g/亩对水40～50kg喷雾。防治蜗牛和蛞蝓，用5%毒饵200～250g/亩，每平方米内20～30粒，兼治长脚龟、土鳖、马陆和蜈蚣等。

注意事项 不能与碱性农药混用，稻田施药的前后10d内，不能使用敌稗，当使用本品时，按照一般农药的防护措施，工作后必须使用肥皂和水洗涤手、脸及身体的露出部分。脱去防护服，方能进食。如发生中毒，可在医生指导下服用大治疗剂量的硫酸阿托品，必要时须反复使用至允许极限，对苹果有一定的疏果作用，须在花前施药。

开发登记 该杀虫剂1962年由G. Unter-stenhofer报道，拜耳公司和Mobay Chem. 公司推广，获有专利FR1275658，DE1162352。

兹克威 mexacarbate

其他名称 自克威；净草威；Doweo 139；CAS315184。

化学名称 3,5-二甲基-4-二甲基氨基苯基-N-甲基氨基甲酸酯。

结构式

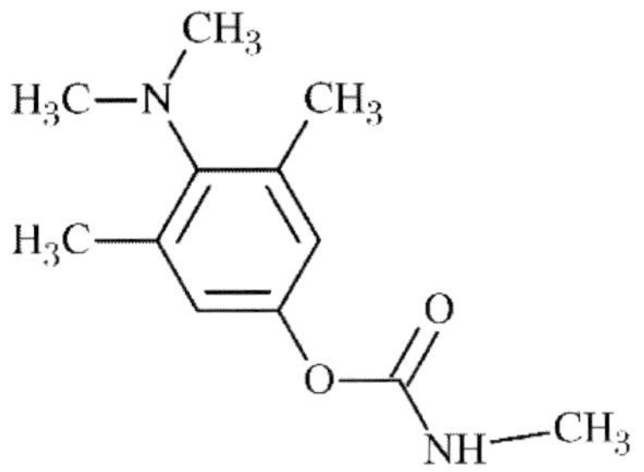

理化性质 白色无嗅结晶固体，易溶于多数有机溶剂。在正常储藏条件下，化学性质稳定。遇碱分解，熔点850℃，溶解度25℃下溶于水100mg/L，蒸气压为13.3Pa(139℃)。

毒　　性 急性口服LD_{50}大鼠为15～63mg/kg，兔为37mg/kg，小鼠为39mg/kg，鸽为6.5mg/kg，鸡为4mg/kg。小鼠腹腔注射致死最低量为15mg/kg。急性经皮LD_{50}大鼠为1 500mg/kg，兔＞500mg/kg。大鼠饲喂100～300mg/kg无病变。LC_{50}(96h)鲤鱼13.4mg/L。对蜜蜂有毒。

剂　　型 2%面粉毒饵(供毒杀蛞蝓、蜗牛)、25%可湿性粉剂、23%乳油等。

作用特点 具有一定内吸作用。本品为有效的杀虫剂、杀螨剂、杀软体动物剂，和其他氨基甲酸酯类杀虫剂一样，主要是对动物体内胆碱酯酶的抑制作用，对食叶性害虫、螨类和蜗牛、蛞蝓等软体动物都有效。适于防治森林、灌木、花卉等害虫。

应用技术 据资料报道，可用于防治森林害虫用量22～90g(有效成分)/亩，杀蛞蝓，蜗牛等软体动物用量15g(有效成分)/亩。

注意事项 本品要存放在凉爽、干燥和通风良好的地方，远离食品和饲料，勿让儿童接近，避免药液和口、眼及皮肤接触，中毒时注射硫酸阿托品解毒，勿用2-PAM、麻醉剂或抑制胆碱酯酶的药物。如已误服，可使患者饮以大量的牛奶、蛋白、明胶液或水，促使呕吐，并立即送医诊治。

开发单位 1961年由美国陶氏化学公司推广(已停产)，获有专利BP 925424。

灭害威 aminocarb

其他名称 Bayer44646；A363；ENT25784。

化学名称 甲基氨基甲酸-4-二甲基氨基-3-甲苯酯。

结 构 式

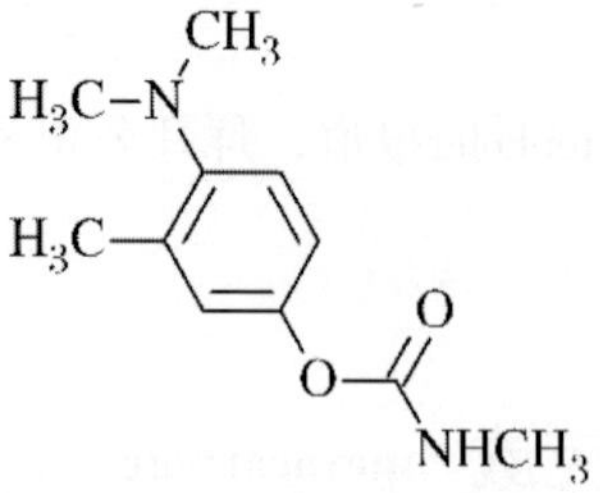

理化性质 白色结晶固体，或略带褐色。微溶于水(915mg/L)，中度溶解于芳烃溶剂，易溶于极性溶剂，如醇类。蒸气压1.7MPa(20℃)，熔点93～94℃。

毒　　性 大鼠急性经皮LD_{50}为200mg/kg，大鼠急性口服LD_{50}为50mg/kg，小鼠急性口服LD_{50}为30mg/kg。大鼠腹腔注射LD_{50}为21mg/kg。小鼠腹腔注射致死最低量为7mg/kg。对蜜蜂有毒。

剂　　型 50%可湿性粉剂、80%可湿性粉剂、5%粉剂等。

作用特点 是非内吸性的胃毒杀虫剂，亦有触杀作用。它和许多氨基甲酸酯类杀虫剂相同，能阻碍昆虫体内的乙酰胆碱酯酶分解乙酰胆碱，从而使乙酰胆碱积聚，导致昆虫过度兴奋、剧烈动作、麻痹而至死亡。主要用于防治鳞翅目害虫的幼虫和同翅目害虫，毒力极强，对螨类也有防治效果。还可用于防治森林害虫(如枞色卷蛾、松色卷蛾)以及软体动物(如蛞蝓、蜗牛)等。对白蚁的防治效果也很突出，在热带条件下使用，持效期长达1～3个月。

应用技术 据资料报道，可用于果树、蔬菜、烟草、油菜、玉米、观赏植物等害虫的防治。一般用量为66～100g(有效成分)/亩，喷雾浓度0.75%～0.1%。

注意事项 属氨基甲酸酯类杀虫剂，故在核果类作物上喷药，不可接近花期，除碱性农药外，本品可与常用杀虫剂或杀菌剂混用，在大多数园艺作物上施药，需在收获前3周。

开发登记 1963年德国拜耳公司Bayer AG，Mobav Chem. 首先提出，后在德国拜耳公司进行开发研究。1989年停产，获有专利DBP1145162。

除害威 allyxycarb

其他名称 丙烯威；除虫威；A546；Bay 50282；OMS 773。

化学名称 4-N,N-二烯丙基氨基-3,5-二甲基苯基-N-氨基甲酸酯。

结 构 式

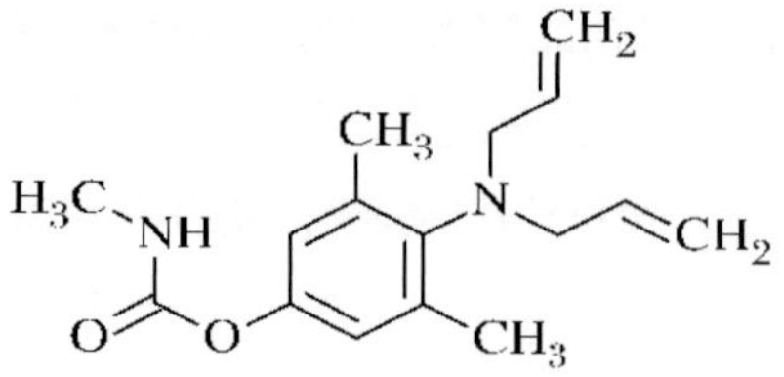

理化性质 无色到淡黄色结晶固体。熔点68～69℃。溶解度：20℃下溶于水70mg/L；18℃下溶于丙酮48.1g/100ml；可溶于乙醇和苯。蒸气压：5.73MPa(50℃)。对光、热稳定，遇碱性分解。

毒　　性 急性经口LD_{50}对雄大鼠为90～99mg/kg，对小鼠为48～71.2mg/kg。

剂　　型 50%可湿性粉剂、30%粉剂以及乳油等。

作用特点 氨基甲酸酯类非内吸性杀虫剂，抑制胆碱酶的活性。

应用技术 据资料报道，防治刺吸式、咀嚼式、钻蛀性害虫，用50%可湿性粉剂1 000～1 500倍液喷雾。

注意事项 使用时要穿戴防护服装和用具，勿吸入药雾，避免药液接触眼和皮肤，药品储存于低温和通风场所，远离食品和饲料，勿让儿童接近，中毒时注射硫酸阿托品。

开发登记 1967年德国拜耳公司推广，现已停止生产。

多杀威 EMPC

其他名称 Toxamate；Toxisamate；乙硫威。

化学名称 4–乙硫基苯基–N–甲基氨基甲酸酯。

结 构 式

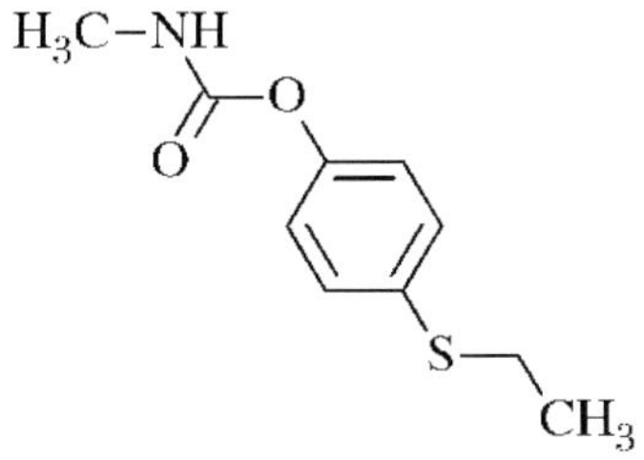

理化性质 工业品为无色结晶，略带有特殊气味，纯度在95%以上，熔点83～84℃。难溶于水，可溶于丙酮等有机溶剂。对酸稳定，但对强碱不稳定。

毒　　性 对鼠的急性口服LD_{50}值为109mg/kg，急性经皮LD_{50}值为2.6g/kg。

剂　　型 20%乳油。

作用特点 作用机理为抑制胆碱酯酶活性。

应用技术 据资料报道，可用20%乳油1 000倍液喷洒，对苹果的桑粉蚧、蚜虫、柿粉蚧、橘粉蚧、橘蚜、橘黄粉虱等，有一定特效。

注意事项 多杀威不能与碱性物质混用，使用时要注意防护，勿吸入药雾，避免药液溅到眼睛和露出的皮肤表面，药品存储处宜和食品与饲料隔开，勿让儿童接近，中毒时使用硫酸阿托品。

开发登记 1960年日本化学工业公司出品。

乙硫苯威 ethiofencarb

其他名称 除蚜威、蔬蚜威。

化学名称 2–(乙硫基甲基)苯基–N–甲基氨基甲酸酯。

结 构 式

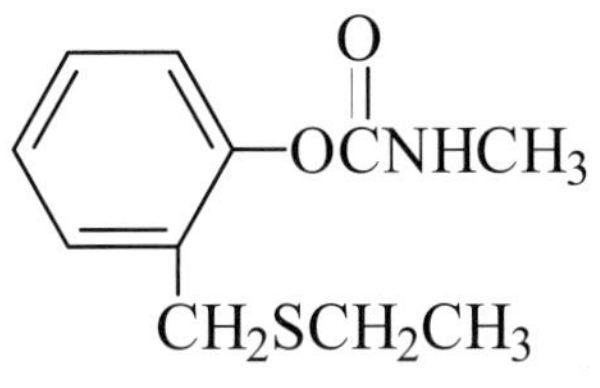

理化性质 原药为棕红色油状液体，蒸气压(30℃)1.333×10^{-2}Pa。相对密度(20℃)约1.147，常温下在

苯、甲苯、正丙醇、二甲苯、二氯甲烷中溶解度>600g/L，在水中溶解度为900mg/L。

毒　　性　大鼠急性经皮LD_{50} > 4 000mg/kg，大鼠急性经口LD_{50}为464mg/kg；对兔眼睛无刺激性，大鼠90d喂养试验无作用剂量为每天4.64mg/kg，蓄积系数大于5.3，在试验条件下无致突变作用，未见致畸作用。

剂　　型　2%粉剂、50%乳油、10%颗粒剂等。

作用特点　高效、低毒、低残留杀虫剂，具内吸性，兼有触杀作用，抑制胆碱酯酶。是优良的杀蚜剂，用于防治果树、蔬菜、粮食、马铃薯、甜菜、烟草、观赏植物上的各种蚜虫。对有机磷农药产生抗性的蚜虫也十分有效。

应用技术　据资料报道，可用于防治马铃薯、烟草蚜虫，用颗粒剂处理土壤。旱地作物用10%颗粒剂0.6 ~ 1kg/亩，行施或沟施，蔬菜用10%颗粒剂1.2 ~ 2kg/亩，防治萝卜蚜虫，用2%粉剂2 ~ 3kg/亩撒施。

注意事项　按农药的一般要求防护，储存时远离食物和饲料，勿让儿童接触。不慎中毒可用硫酸阿托品，勿用肟类药物治疗。最后一次施药距收获期：柑橘100d，桃、梅30d，苹果、梨21d，大豆、萝卜、白菜7d，黄瓜、茄子、番茄、辣椒4d。该药有良好的选择性，对一些寄生蜂无影响，对多种作物安全。可以和大多数杀虫剂和杀菌剂混用。

开发登记　J. Hammann和H. Hoffmann报道该杀虫剂，拜耳公司(Bayer AG Leverkusan)推广，获有专利DE1910588，BE746649。

间位异丙威　UC10854

其他名称　虫草灵；AC-5727。

化学名称　3-异丙基苯基-N-甲基氨基甲酸酯。

结 构 式

H_3C—NH—C(=O)—O—(3-异丙基苯基)，异丙基：H_3C—CH—CH_3

理化性质　白色结晶粉末，无嗅。30℃时水中溶解85mg/kg，不溶于环己酮和精制煤油，在丙酮中溶50%，在二甲替甲酰胺中溶60%，甲苯中溶20%，在异丙醇中溶40%，在二甲苯中溶10%。熔点70℃。对光和热稳定，但不能与碱性物质混用。

毒　　性　大鼠急性口服LD_{50}值为41 ~ 36mg/kg，豚鼠10mg/kg，大鼠急性经皮LD_{50}值为113mg/kg，兔为40mg/kg，大鼠静脉注射LD_{50}值为3.2mg/kg，肌肉注射LD_{50}值为14mg/kg。

作用特点　杀虫剂兼有杀螨作用，并能用作除草剂。对哺乳动物的作用机制和其他氨基甲酸酯类杀虫剂类似，可参见异丙威。

应用技术　据资料报道，对各种蚊的成虫有良好的持效性。对棉花、果树、蔬菜、玉米等害虫亦有效，如棉铃虫，稻飞虱、黄瓜条叶甲幼虫等。

注意事项　参见异丙威，中毒时使用硫酸阿托品。

开发登记　1961年美国Union Carbider公司推荐作为除草剂，试验代号UC10854，同时Hercules以H5727推荐，后来发现具有广谱杀虫活性，但一直停留在试验阶段，没有进一步发展。

除蝇威 HRS1422

化学名称 3,5–二异丙基苯基–N–甲基氨基甲酸酯。

结 构 式

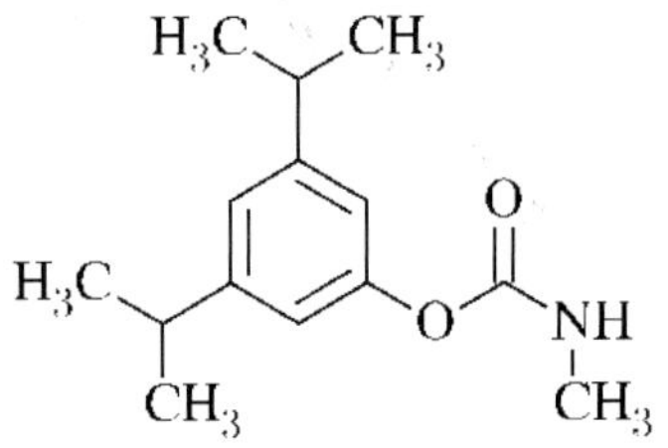

理化性质 纯品为无色结晶，熔点78～80℃。

毒　　性 对大鼠急性经口LD_{50}为350mg/kg。

剂　　型 可湿性粉剂或乳油。

作用特点 抑制胆碱酯酶的活性。

应用技术 据资料报道，用于防治家蝇和蚊很有效。

注意事项 对人畜毒性较低，对操作人员比较安全，也应按照一般农药的防护措施办理。药品储存不能靠近食物和饲料。施药后须用肥皂水和水清洗手和脸。解毒药为硫酸阿托品。

开发登记 1961年美国Hokker公司创制。

特灭威 Re5030

化学名称 3–叔丁基苯基–N–甲基氨基甲酸酯。

结 构 式

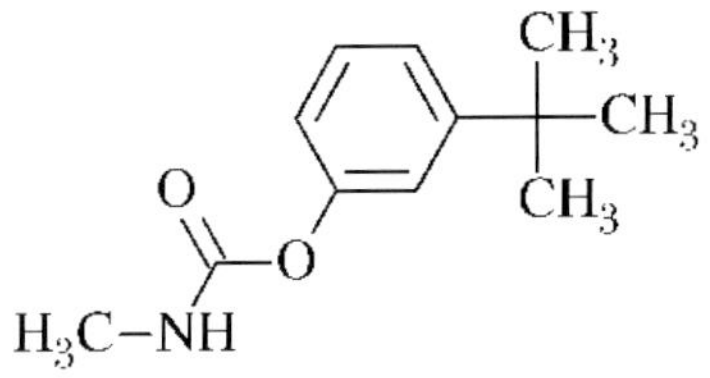

理化性质 白色粉末，原药熔点为144.5℃。

毒　　性 对小鼠的急性口服LD_{50}值为470mg/kg，本品对鱼有毒。

剂　　型 50%可湿性粉剂、2%粉剂。

作用特点 系具触杀毒性的氨基甲酸酯类杀虫剂，杀虫谱广，作用机理为抑制生物体内的胆碱酯酶活性。

应用技术 据资料报道，可用于水稻、桃树、茶树、森林，以防治稻叶蝉、飞虱、蚧类、卷叶蛾和螨类。

开发登记 1959年由美国California Chem. Co. 创制。1970年由日本Hokko Chem. 和保土谷化学公司开发。

畜虫威 butacarb

其他名称 BMK；Scomol；RD14639。

化学名称 3,5-二叔丁基苯基-N-甲基氨基甲酸酯。

结构式

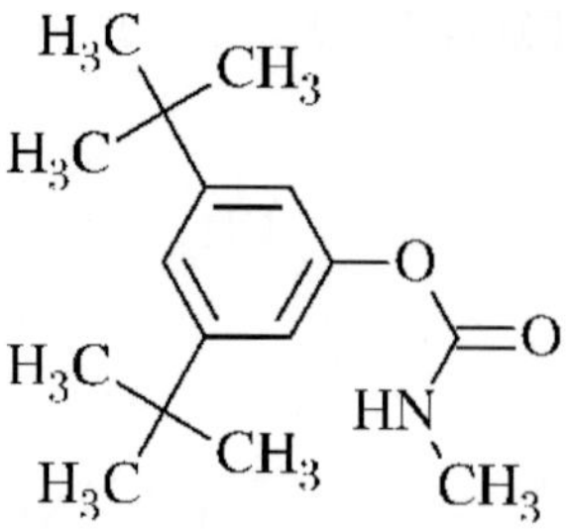

理化性质 白色结晶固体。溶于大多数有机溶剂中。在碱性条件下不稳定。熔点102.5～103.3℃。

毒　　性 大鼠急性口服LD_{50}＞4g/kg。

剂　　型 20%～25%可混油剂、20%同氟硅酸镁混配的可湿性粉剂等。

作用特点 作用机理为抑制昆虫体内胆碱酯酶活性。

应用技术 系性畜体外用药，可用于羊浸浴防治丝光绿蝇，对有机磷农药产生抗性的蝇也有效，持效期较长，浸洗1次，有效防治可达10～16周，对羊身体安全。

注意事项 中毒时使用硫酸阿托品。

开发登记 1963年由英国布兹公司研制并生产，现已停止生产。

合杀威 bufencarb

其他名称 Ortho 5353；Metalkamate。

化学名称 3-(1-甲基丁基)苯基-N-甲基氨基甲酸酯和3-(1-乙基丙基)苯基-N-甲基氨基甲酸酯的混合物。

结构式

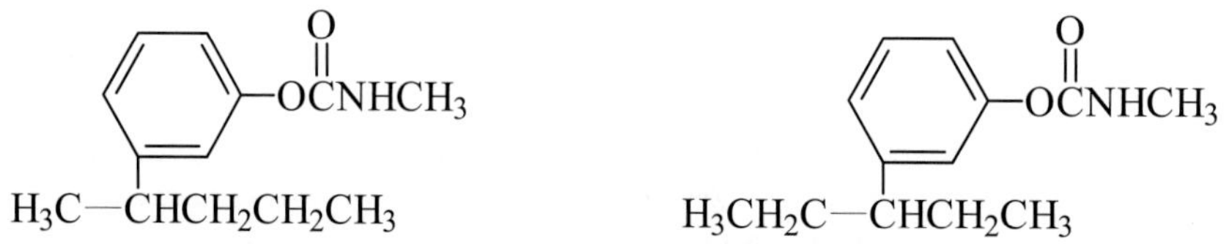

$-OC(O)NHCH_3$ ；$H_3C—CHCH_2CH_2CH_3$　　$-OC(O)NHCH_3$ ；$H_3CH_2C—CHCH_2CH_3$

理化性质 工业品为熔融固体，黄色至琥珀色，熔点26～39℃，在30℃时的蒸气压为4.0MPa，沸点约为125℃/5.33Pa，在室温，水中的溶解度低于50mg/L，易溶于甲醇或二甲苯，很少溶于脂肪族烃(如己烷)。在中性或酸性溶液中稳定，水解的速度随pH或温度的升高而加快。

毒　　性 大鼠急性经口LD_{50}值为87mg/kg，中等毒性。

剂　　型 10%颗粒剂、240g/L乳剂、360g/L乳剂等。

作用特点 本品为土壤残留性杀虫剂，通过摄食或皮肤吸收引起的毒性，能抑制红细胞的胆碱酯酶活性，具有胃毒和触杀作用。

应用技术 据资料报道，以33～133g(有效成分)/亩剂量，能防治一定范围内的土壤和叶面害虫，尤其是南瓜十二星叶甲幼虫、水稻象鼻虫、二化螟、黑尾叶蝉、灰褐稻虱、棉潜叶蛾、黏虫、菠萝根粉蚧等。

注意事项 可参见其他氨基甲酸酯类杀虫剂，中毒时使用硫酸阿托品(勿用2-PAM)。

开发登记 1966年Chevron Chemical Co.发现，1976年作试验性杀虫剂推荐，1984年停产。

二氧威 dioxacarb

其他名称 138353；OMS1102；ENT 27389。

化学名称 2-(1,3-二氧戊环-2-基)苯基-N-甲基氨基甲酸酯。

结构式

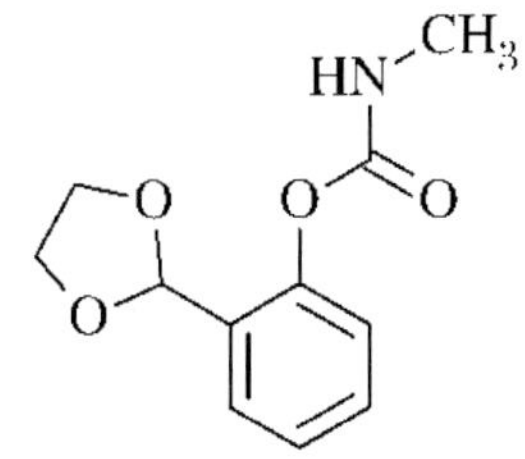

理化性质 本品为白色结晶，微带臭味。熔点114～115℃，在20℃时，蒸气压为0.04MPa。20℃时在水中的溶解度为6g/L，环己酮中为235g/L，丙酮中为280g/L，乙醇中为80g/L，二甲基甲酰胺中为550g/L，二氯甲烷中为345g/L，己烷中为180mg/L，二甲苯中为9g/L。可与大多数农药混用，无腐蚀性。在20℃，pH3时，其半衰期为40min，pH5时为3d，pH7时为60d，pH9时为20h，pH10时为2h。在土壤中迅速地分解，不适宜用来防治土壤害虫。

毒　　性 工业品对大鼠的急性口服LD_{50}值为60～80mg/kg，对兔为1 950mg/kg，大鼠急性经皮LD_{50}值约为3g/kg；每天以100mg/kg剂量用到兔皮上21d，既未引起临床症状，也未局部刺激皮肤；以10mg/kg剂量喂大鼠或2mg/kg剂量喂犬90d，未产生有害影响。对鸟类、鱼和野生动物的毒性低，但对蜜蜂有毒。

剂　　型 50%可湿性粉剂、80%可湿性粉剂、2%残留性气雾剂等。

作用特点 本品是一种速效的触杀和胃毒药剂，进入动物体内抑制胆碱酯酶。

应用技术 据资料报道，以0.5～2g(有效成分)/m^2剂量用于墙上。二氧威对防治刺吸式和咀嚼式食叶害虫，包括抗有机磷的蚜类、马铃薯甲虫、稻飞虱、叶蝉等害虫有效。对刺吸式害虫的防治，推荐剂量为16～33g(有效成分)/亩，咀嚼式害虫为33～50g(有效成分)/亩，具有快的击倒活性。在叶上有5～7d的持效，在墙表面的持效期为6个月左右。

注意事项 按照常规处理，避免药液与眼和皮肤接触。存储处应远离食物和饲料，并勿让儿童接近。中毒时使用硫酸阿托品(勿与2-PAM合用)。

开发登记 1968年由瑞士汽巴嘉基公司(Ciba AG)开发品种，已停产。

壤虫威 fondaren

其他名称 甲二恶威；C10015；ENT-27410。

化学名称 2-(4,5-二甲基-1, 3-二氧戊环-2-基)苯基-N-甲基氨基甲酸甲酯。

结构式

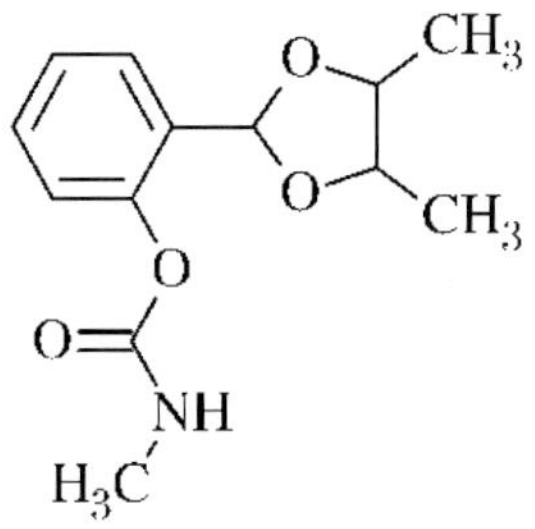

理化性质 熔点81～83℃，顺式异构体熔点123～125℃。在20℃于水中的溶解度为4g/L，溶于苯、丙酮、溶纤剂等。在中性条件下稳定，在强碱或强酸介质中稳定，与二氧威不一样，它在土壤中比较稳定。

毒　　性 对大鼠的急性口服LD_{50}值为110mg/kg，大鼠的急性经皮LD_{50}＞2g/kg；犬为300mg/kg；在对大鼠的30d喂养试验中，无作用剂量为500mg/kg，对蜜蜂有毒。

作用特点 为触杀性、胃毒性杀虫剂，进入动物体内后，有抑制胆碱酯酶的作用，其机制和其他的氨基甲酸酯杀虫剂类似，能穿透某些植物表面，可有效地防治叶面害虫。

应用技术 据资料报道，可用于防治蚜虫、鳞翅目和鞘翅目害虫，使用剂量为33～66g(有效成分)/亩，133～400g(有效成分)/亩，处理土壤，防治根蛆有特效，有效期约6周。

注意事项 使用时需穿戴防护服和面罩，避免吸入药雾和避免药液接触眼与皮肤，储存于低温和通风的房内，勿和食品或饲料混储，亦勿让儿童进入。中毒时使用硫酸阿托品。

开发单位 1968年由瑞士汽巴嘉基公司(Ciba AG)发展品种，已停产。

猛捕因　mobam

其他名称 猛扑威；百亩威；噻嗯威。

化学名称 N-(4-苯并噻嗯基)-N-甲基氨基甲酸酯。

结 构 式

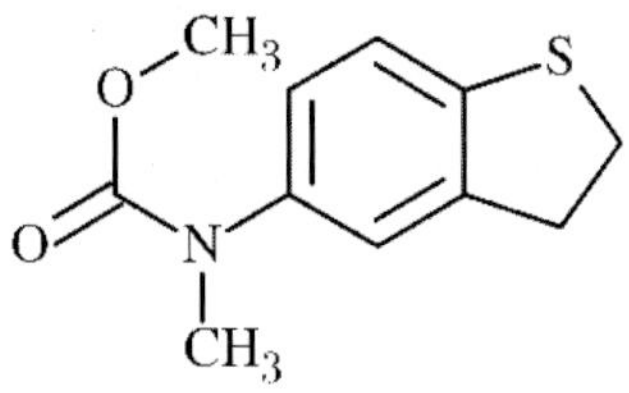

理化性质 白色无嗅结晶固体，熔点为128～129℃，蒸气压1.33μPa(25℃)。水中溶解度小于0.1%(25℃)。

毒　　性 对大鼠的急性口服LD_{50}值为234mg/kg；家兔急性经皮LD_{50}值＞6.23g/kg；对一些鸟的急性口服LD_{50}值鸽子为270mg/kg，野鸭为1 130mg/kg，野鸡为230mg/kg，家雀为58mg/kg。对水蚤和蚊幼虫的LC_{50}值，前者为0.17mg/L，后者为0.58mg/L。

剂　　型 10%颗粒剂、80%可湿性粉剂等。

作用特点 系残留性触杀杀虫剂，在进入动物体内后，亦和其他氨基甲酸酯杀虫剂那样产生抑制胆碱酯酶活性的作用。

应用技术 资料报道，用于防治蚊、蝇、蟑螂等家庭害虫和牲畜害虫，亦可用于棉花、玉米、柑橘、梨、花生、大豆、蔬菜等农作物，防治象鼻虫、蓟马、蚜虫、棉铃虫和豆甲虫。

注意事项 采取一般防护，注意事项参见其他氨基甲酸酯类杀虫剂。中毒时，使用硫酸阿托品。

开发登记 由Mobil化学公司开发。

异索威　isolan

其他名称 G-23611；ENT-19060。

化学名称 1–异丙基–3–甲基–5–吡唑基–N,N–二甲基氨基甲酸酯。

结构式

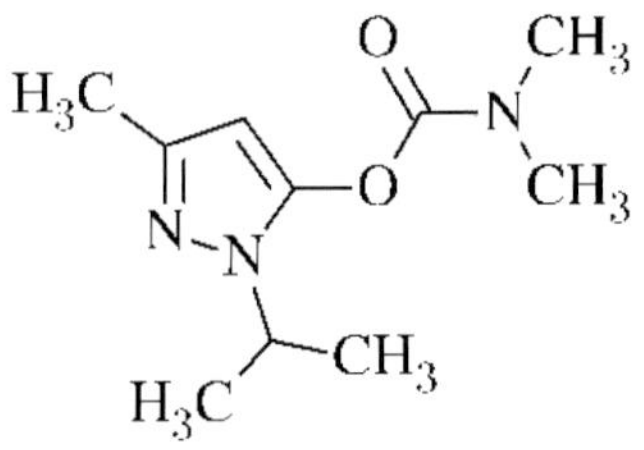

理化性质 纯品为无色液体，工业品为浅红色至棕色液体，沸点为105～107℃/44Pa，20℃时的蒸气压为0.13Pa。本品可溶于水、醇和酮类。在强酸和强碱中能分解。

毒　　性 大鼠急性经口LD_{50}值为11~50mg/kg，高毒。

剂　　型 乳油、颗粒剂、水溶液。

作用特点 二甲基氨基甲酸酯类化合物进入动物体后，即抑制胆碱酯酶的活性，其抗胆碱酯酶的活性一般要比与它相似的一甲基氨基甲酸酯弱，本品的作用机理仍可参照其相似的一甲基化合物，具有触杀胃毒和内吸作用。

应用技术 异索威具有内吸性，能防治蚜类和其他一些刺吸式口器害虫。据资料报道，可用于防治谷物、棉花、饲料等作物上的害虫，可采用喷叶、涂茎、土壤处理或拌种等方法进行。

注意事项 使用时必须戴面具和穿着防护服，勿吸入药雾，并防止药液溅入眼睛或接触皮肤，应与食物、饲料分开储存，勿让儿童接近，中毒时使用硫酸阿托品。

开发单位 1952年瑞士汽巴嘉基公司出品，迄今应用范围不广，已停产。

吡唑威 pyrolan

其他名称 G–22008。

化学名称 3–甲基–1–苯基吡唑–5–基–N,N–二甲基氨基甲酸酯。

结构式

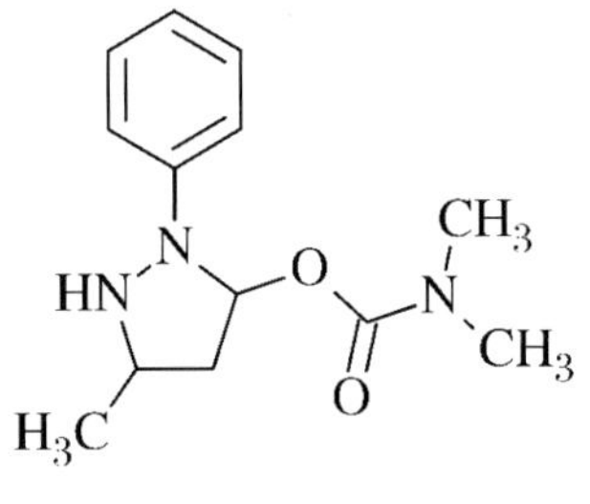

毒　　性 急性口服LD_{50}值大鼠为62～90mg/kg，鼷鼠为46～90mg/kg。

剂　　型 可湿性粉剂、乳油、喷雾剂。

作用特点 具有触杀，胃毒和内吸作用，系二甲基氨基甲酸酯类，进入动物体后，即抑制胆碱酯酶的活性，其抑制胆碱酯酶的活性一般要比与它相似的一甲基氨基甲酸酯弱。

应用技术 据资料报道，可用于防治蚊、蝇和蚜虫。

注意事项 本品急性口服毒性较大，在使用和储存过程中，应注意防护，中毒时使用硫酸阿托品。

开发登记 1950年由瑞士汽巴嘉基公司出品，现已停产。

嘧啶威 pyramat

其他名称 G 23330；ENT–19059。

化学名称 6–甲基–2–正丙基–4–嘧啶基–N,N–二甲基氨基甲酸酯。

结构式

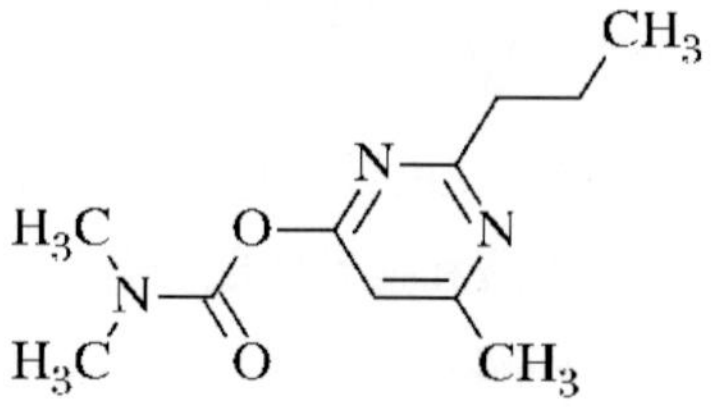

理化性质 原药为淡黄色油状液体，沸点为108～109℃。

毒　　性 对鼠的急性口服LD_{50}值为225mg/kg。

剂　　型 乳油、颗粒剂、可湿性粉剂和液剂。

作用特点 为触杀性杀虫剂，在动物体内有抑制胆碱酯酶的活性，可参见其他二甲基氨基甲酸酯类化合物。

应用技术 据资料报道，对家蝇高效，此外还能防治蔬菜、果树、谷物上的某些害虫，如豆象鼻虫等。

注意事项 使用时勿吸入药雾，勿让药液溅入眼睛内，要注意防护。药品储存在低温通风场所，远离食物和饲料，勿让儿童接近，中毒时使用硫酸阿托品。

开发登记 由瑞士汽巴嘉基公司开发。

抗虫威 thiocarboxime

其他名称 SDl7250；WL–21959。

化学名称 1–(2–氰基乙基硫基)–1,1–亚乙基氨基–N–甲基氨基甲酸酯。

结构式

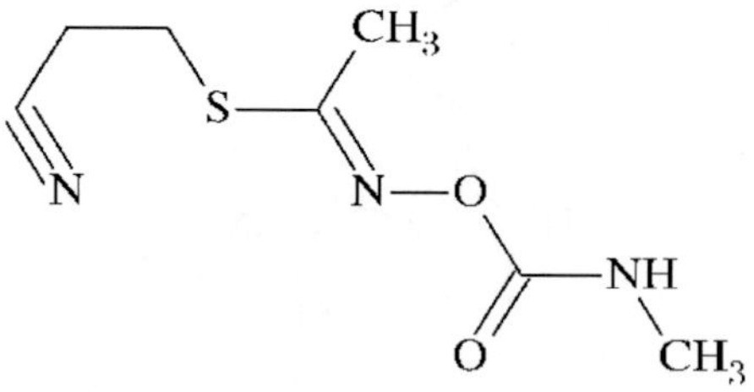

理化性质 白色结晶，熔点90～92℃(在石油醚中)。

毒　　性 剧毒，小鼠急性经口LD_{50}为12.6 mg/kg。

剂　　型 颗粒剂、可湿性粉剂、粉剂等。

作用特点 杀软体动物剂，并能杀螨和某些害虫，有较长持效性。有较强的抑制胆碱酯酶作用，杀虫作用与其他肟基氨基甲酸酯类杀虫剂相似。

应用技术 据资料报道，可用于叶面喷雾，剂量为18g(有效成分)/亩，能防治高粱上的麦二叉蚜；如在作物旁撒施颗粒剂，其持效将高于液剂。在棉田用0.01%浓度防治烟草夜蛾，其药效比常用的甲基对硫磷为好。本品亦是有效的杀螨剂，能用于防治苹果红蜘蛛、红叶螨、爪叶螨、阿拉伯叶螨等。

注意事项 使用时穿着防护服、戴面罩和橡胶手套，勿吸进药雾，并避免药液接触皮肤。身体的露出部分如沾到药液，应立即用肥皂和清水冲洗。药品储存在低温、干燥和通风房内，远离食物和饲料，勿让儿童接近。中毒时使用硫酸阿托品。

开发登记 1969年由英国壳牌石油公司开发。

地麦威 dimetan

其他名称 G-19258。

化学名称 5, 5-二甲基-3-氧代-1-环己烯基-N,N-二甲基氨基甲酸酯。

结 构 式

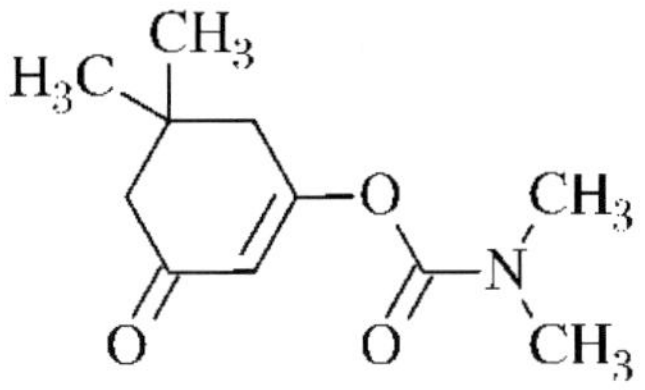

理化性质 原药为淡黄色结晶，熔点为43～45℃，经过重结晶熔点为45～46℃；在20℃时水中溶解3.15%，溶于丙酮、乙醇、二氯乙烷、氯仿；沸点122～124℃/46.7Pa。遇酸、碱水解。

毒　　性 对大鼠的急性口服LD_{50}值约为150mg/kg，对鼠约为120mg/kg。

剂　　型 粉剂、颗粒剂、可湿性粉剂、油剂。

作用特点 略具内吸作用的杀虫剂。

应用技术 用0.01%浓度杀蚜和全爪螨。

开发登记 1951年由瑞士汽巴嘉基公司创制，已停产。

蜱虱威 promacyl

其他名称 Promecarb-A。

化学名称 3-异丙基-5-甲基苯基-N-甲基-N-丙基羰基氨基甲酸酯。

结 构 式

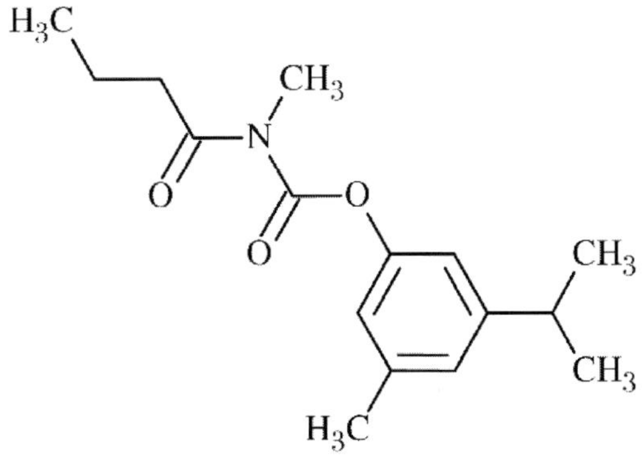

理化性质 无色液体，沸点158℃/0.67kPa，略有甜香气味，可与有机溶剂混溶，不溶于水。室温下稳定。

毒　　性 原药急性经口LD_{50}(mg/kg)：小鼠为2 000～4 000，大鼠为1 220，豚鼠为250，兔为8 000。

剂　　型 可湿性粉剂、缓释剂。

作用特点 为杀虫剂和杀螨剂，强烈地抑制微小牛蜱的产卵。

应用技术 据资料报道，可用于与有机磷杀虫剂或拟除虫菊酯杀虫剂制成的混剂，对牛壁虱特别有效，如10g/kg与500mg/kg乙基溴硫磷制成混剂，能使微小牛蜱100%死亡。

棉铃威 alanycarb

其他名称 农虫威；OK-135。

化学名称 (Z)-N-苄基-N-{[甲基(1-甲硫基亚乙基氨基氧基羰基)氨基]硫基}-β-丙氨酸乙酯。

结 构 式

$$C_6H_5\text{-}CH_2N(\text{-}S\text{-}N(CH_3)\text{-}C(=O)\text{-}O\text{-}N{=}C(CH_3)\text{-}SCH_3)(\text{-}CH_2CH_2C(=O)OCH_2CH_3)$$

理化性质 纯品为晶体。室温下在水溶解度20mg/L，溶于苯、丙酮、甲醇、二甲苯、二氯甲烷、乙酸乙酯等有机溶剂。沸点134℃(26.7Pa)，熔点46.8～47.20℃，蒸气压小于0.004 7MPa。工业品为红棕色黏稠液，水中溶解度约为60mg/L。100℃以下稳定，在195℃分解，在54℃，30d分解0.2%～1.0%；在中性和弱碱性条件下稳定，在强酸或碱性条件下不稳定。有效成分在玻璃板上的DT_{50}为6h(日光下)。

毒　　性 雄大鼠急性经口LD_{50}为220mg/kg，雌小鼠皮下注射LD_{50}为395mg/kg，小鼠急性经口LD_{50}为220mg/kg，大鼠急性经皮LD_{50}为2g/kg以上。野鸭LC_{50}(8d) > 5g/kg，鹌鹑LC_{50}(8d)为3.5g/kg。鲤鱼LC_{50}(48h)为1.0mg/L。Ames试验为阴性。蜜蜂LD_{50}(局部)为0.8μg/蜜蜂。水蚤LC_{50}(3h) > 9.4mg/L。

剂　　型 50%可湿性粉剂、30%乳油、40%乳油等。

作用特点 是一种灭多威的衍生物，属氨基甲酸类杀虫剂，是胆碱酯酶抑制剂。具有触杀和胃毒作用，杀虫谱广，对以鳞翅目类昆虫为主的多种害虫具有特效，作用方式和灭多威很相似，但它比灭多威对哺乳动物的毒性低得多，且对农作物的药害轻，持效期也较长。

应用技术 据资料报道，可用于防治蚜虫，用20～40g(有效成分)/亩剂量，喷雾。防治葡萄缀穗蛾，用25～50g(有效成分)/亩剂量喷雾。防治仁果蚜虫和烟草烟青虫，用20～40g(有效成分)/亩剂量喷雾。防治棉铃虫、大豆毒蛾、卷叶蛾、小地老虎，甘蓝夜蛾，则用20～40g(有效成分)/亩剂量喷雾。

注意事项 穿戴防护服、面罩和胶手套，勿吸进药雾，并防止药液接触皮肤。喷药后用肥皂和清水冲洗皮肤露出部分。操作时勿取食、抽烟或喝水。药品储存在低温、干燥的房间内，应远离食物和饲料，亦勿让儿童接近。如误服，应即请医生治疗。让中毒者饮1～2杯水，并用手指触及咽喉后部，诱发呕吐；对失去知觉的中毒者，不允许喂食任何东西或诱发其呕吐：如为吸进中毒，则可让病人在通风处躺下，并保持安静，请医生诊治。如中毒者已停止呼吸，则应立即进行人工呼吸，亦不能喂食任何物品。医疗措施：给中毒者每10～30min静脉注射1.2～2.0mg硫酸阿托品，直至阿托品完全作用为止，必要时进行人工呼吸或输氧，直到确信完全恢复正常前，不允许再接触任何胆碱酯酶抑制剂，不要使用吗啡或2-PAM。

开发登记 N. Umetsu首先报道该杀虫剂和杀线虫剂，1982年日本大塬化学公司(Otsuka Chemical C0. Ltd.)开发。

磷亚威 U-47319

其他名称 U-47319；MK-7906。

化学名称 N[[[[(二乙氧基硫赶膦基)异丙基氨]硫]甲基氨]羰基]氧]硫代乙酰亚胺酸甲酯。

结 构 式

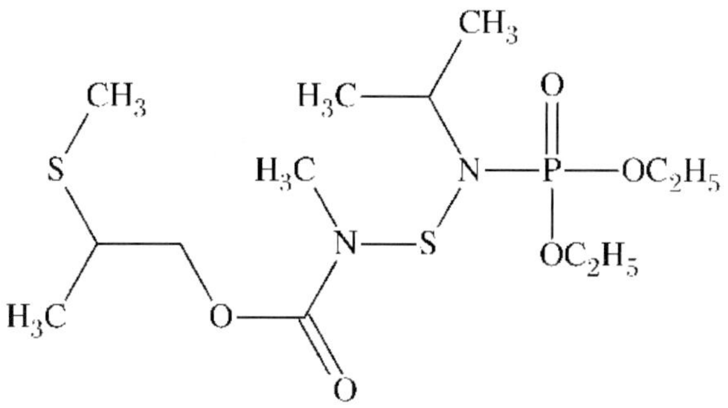

理化性质 易水解，在碱性条件下易分解，因而不能和碱性物质混合；易氧化，热分解，易于在自然环境中或动植物体内降解。

毒　　性 与灭多威相比，在哺乳动物的安全性方面得到很大改进，如对雄、雌大鼠的急性口服毒性。

剂　　型 20%乳油。

作用特点 本品是灭多威的硫代膦酰胺衍生物，其主要用途与灭多威一样，可用于棉花、蔬菜、果树、水稻等作物，防治鳞翅目害虫、甲虫和蟏象，对植物无药害。

应用技术 据资料报道，可用于棉花、蔬菜、果树、水稻等防治鳞翅目害虫、甲虫、蟏象等。用量为20%乳油1 000倍液，如在0.06mg/kg浓度下能100%杀死埃及伊蚊。

久效威 thiofanox

其他名称 肟吸威；己酮肟威；特氨叉威；DS-15647。

化学名称 3,3-二甲基-1-(甲硫基)-2-丁酮-O-甲基氨基-羰基肟。

结 构 式

$$CH_3SCH_2\underset{\displaystyle |\atop C(CH)_3}{C}{=}N{-}O\overset{\displaystyle O \atop \|}{C}NHCH_3$$

理化性质 白色结晶固体，有刺激性气味，蒸气压：22.6MPa(25℃)，熔点：56.5 ~ 57.5℃，闪燃点：136℃。常温储存下对热稳定；在pH为5 ~ 9低于30℃的水中相当稳定，可以被强酸和碱分解。对金属无腐蚀性。22℃时在水中的溶解度为5.2g/L，易溶于芳香烃、氯化烃、酮类和极性溶剂，微溶于脂肪族烃。

毒　　性 兔急性经皮LD_{50}为39.0mg/kg；对兔眼无刺激反应。急性吸入LC_{50}兔为0.07mg/L空气，对大鼠急性经口LD_{50}值为8.5mg/kg(工业品)，10%颗粒剂大鼠经口LD_{50}为64.5mg/kg。

剂　　型 5%颗粒剂、10%颗粒剂和15%颗粒剂。

作用特点 是高毒性的胆碱酯酶抑制剂，它在动物体内的毒力机制和同类型的内吸性氨基甲酸酯杀虫杀螨剂涕灭威等是相同的。

应用技术 据资料报道，可用于防治棉花、马铃薯、花生、油菜、甜菜、甘蔗、水稻、谷类作物、烟草、咖啡、茶树以及观赏植物上的多种食叶害虫和螨类。具有内吸性杀虫和杀螨作用。

注意事项 避免与皮肤和眼接触，勿吸入粉尘，并要穿着防护服，药品存放在远离食物和饲料的场所，勿让儿童接近。如有中毒，可用硫酸阿托品解毒，勿用2-PAM或Pralidoxime chloride(2-PAMChloride)。

开发登记 R. L. Schauer报道该杀虫剂，T. A. Magee和L. E. Limpel报道其化学结构和生物活性之间的关系。由Diamond Shamrock Chemical Co. (现为Rhne-Poulenc Agrochimie)开发。

棉果威　tranid

其他名称 ENT-25962；UC-20047A。

化学名称 3-氯-6-氰基-二环[2,2,1]庚-2-酮-O-(甲基氨基甲酰基)肟。

结 构 式

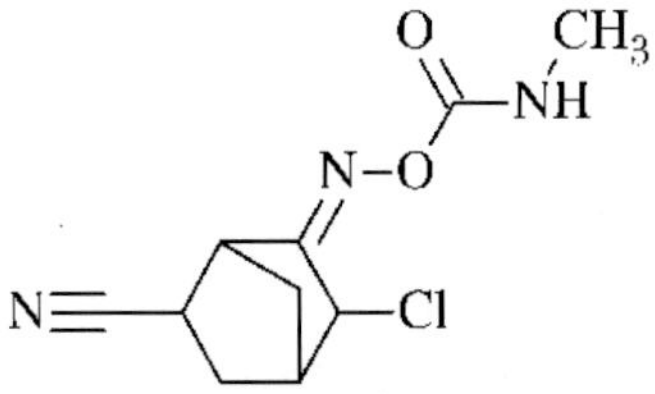

O　CH3
NH
N-O
N≡　-Cl

理化性质 纯品为白色结晶，熔点90~91℃，具有微弱苯酚气味。溶于丙酮、甲醇、乙醇、二甲基、甲酰胺等，在水中的溶解度为0.1%。性质比较稳定，但在碱性介质中分解。

毒　　性 大鼠口服LD_{50}为19mg/kg，剧毒。

剂　　型 50%可湿性粉剂、10%粉剂等。

作用特点 为杀虫、杀螨和杀软体动物剂，对红蜘蛛(包括几种对有机磷农药有抗性的螨)有残留活性；但不内吸，亦不能杀卵。

注意事项 适用于棉花、果树、甜菜、玉米、韭菜上的红蜘蛛，也可以防治棉铃虫、马铃薯甲虫等。用量为20g(有效成分)/亩，其杀螨作用优于杀虫作用。

开发登记 1963年美国联合碳化物公司发展品种。

害扑威　CPMC

化学名称 2-氯苯基-N-甲基氨基甲酸酯。

结 构 式

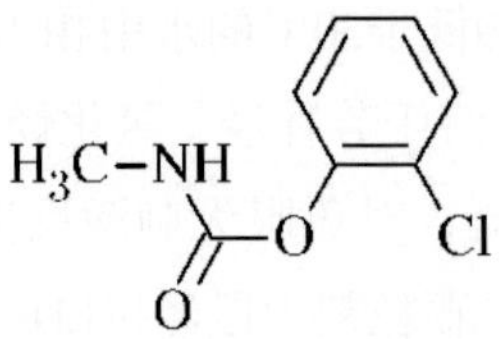

H_3C-NH
O　Cl
O

理化性质 纯品为白色结晶，性质比较稳定，但在碱性介质中分解。熔点为90～91℃，具有微弱苯酚气味，溶于丙酮、甲醇、二甲基、乙醇、甲酰胺等，在水中的溶解度为0.1%。

毒　　性 急性口服LD_{50}(mg/kg)小鼠为118～190，大鼠为648。对大鼠的急性经皮LD_{50}值＞500mg/kg。

剂　　型 20%乳油、50%可湿性粉剂、1.5%粉剂。

作用特点 具有触杀作用，速效，残效期短。温度的变化对杀虫效果无影响。

应用技术 资料报道，防治水稻黑尾叶蝉、褐飞虱，用20%乳油100ml/亩对水50kg喷雾。防治水稻螟虫，用20%乳油400倍液喷雾。防治枣树龟蜡蚧，用20%乳油400倍液喷雾。

开发登记 该杀虫剂由Nihon Nohyaku Co. Ltd. 开发(已不再生产和销售该杀虫剂)和住友化学公司开发。

灭杀威 MPMC

化学名称 3, 4–二甲苯基–N–甲基氨基甲酸酯。

结 构 式

H_3C–NH–C(=O)–O–(3,4-二甲苯基: CH_3, CH_3)

理化性质 纯品为白色结晶，pH值大于12时水解，除碱性药物外一般均可配伍。熔点为79～80℃(工业品71.5～76℃)。溶解性(20℃)：水中580mg/L(室温)，环已酮43.5%，乙腈48.3%，二甲苯11.8%。

毒　　性 对大鼠急性经皮LD_{50}＞1 000mg/kg。急性口服LD_{50}对雄大鼠为375mg/kg，对雌大鼠为325mg/kg。

剂　　型 50%可湿性粉剂、30%乳剂、2%粉剂、3%微粒剂及混合剂型。

作用特点 和其他氨基甲酸酯类杀虫剂相同，主要是对动物体内胆碱酯酶的抑制作用，本品种在日本已代替马拉硫磷防治对有机磷农药有抗性的水稻害虫。具有与马拉硫磷同等速效性，就是在降温下效果亦不发生变化，其残效性能不如甲萘威。

应用技术 据资料报道，可用于水稻黑尾叶蝉、稻飞虱、蔬菜上鳞翅目幼虫及果树介壳虫，2%粉剂2～3kg/亩。

注意事项 参考其他氨基甲酸酯类杀虫剂，中毒时使用硫酸阿托品。

开发登记 该杀虫剂由R. L. Metcalf等报道，1966年日本住友化学公司发现，1967年研究开发。

灭除威 XMC

其他名称 二甲威；H4069；MaqbarL；DRS3340。

化学名称 3,5–二甲苯基–N–甲基氨基甲酸酯。

结 构 式

(H_3C, H_3C)-苯基–$OCNHCH_3$ (C=O)

理化性质 白色粉末或白色结晶，相对密度0.54。工业品纯度97%，熔点99℃。略溶于水，可溶于乙醇、丙酮、苯等大多数有机溶剂。20℃时的溶解度(g/L)：丙酮5.74，乙醇2.77，苯2.04，乙酸乙酯2.77，水0.47。在中性下稳定，遇碱和强酸易分解。

毒　　性 急性口服LD_{50}小鼠为245mg/kg，鸟75mg/kg，小鼠和大鼠90d无作用剂量分别为每日230mg/kg。大鼠急性口服LD_{50}值542mg/kg；兔急性口服LD_{50}值445mg/kg。对人的ADI为0.003 4mg/kg体重(暂时性)。水蚤LC_{50}(3h)0.05mg/L。通常使用不会产生为害。对鱼的毒性较弱，金鱼、鲤鱼、泥鳅、蝌蚪TLm(48h) > 40mg/L。

剂　　型 2%粉剂、3%粉剂、3%颗粒剂、50%可湿性粉剂等。

作用特点 触杀性杀虫剂，并有一定的内吸作用，有较快的击倒作用，能抑制动物体内胆碱酯酶，故其作用机制和其他氨基甲酸酯杀虫剂类似。对稻飞虱、叶蝉有很好防治效果。对蚜虫，蚧及水稻负泥虫等也有较好的防治效果。亦可用于木材防腐，以及海生生物和森林害虫的防治。还可用于歼除蛞蝓、蜗牛等。

应用技术 据资料报道，可用于防治水稻黑尾叶蝉、褐稻虱、白背飞虱及灰飞虱等，用2%粉剂2～3kg/亩喷粉，或用50%可湿性粉剂100～150g/亩，对水常量针对性喷雾。防治水稻负泥虫，用3%颗粒剂2～2.5kg/亩撒施。防治棉花苗期蚜虫，用50%可湿性粉剂40～50g/亩，对水40～50kg喷雾；防治棉花伏蚜，用50%可湿性粉剂100g/亩对水40～50kg喷雾。

注意事项 不能与碱性或强酸性农药混用，稻田施药的前后10d内，不能使用敌稗。

开发登记 1969年由日本保土谷化学工业公司开发。

氯灭杀威 carbanolate

其他名称 U-12927。

化学名称 6-氯-3, 4-二甲苯基-N -甲基氨基甲酸酯。

结 构 式

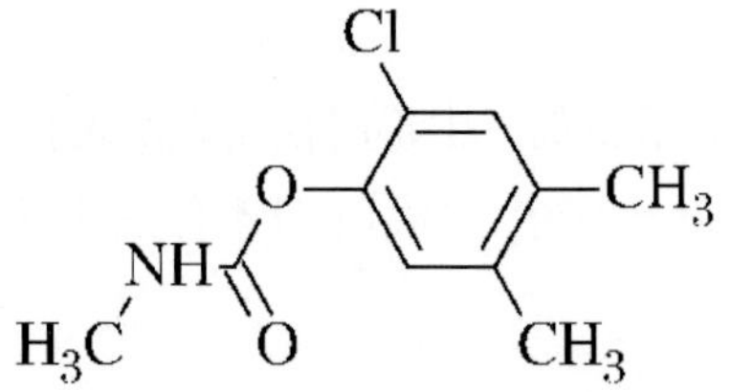

Cl
O
CH$_3$
NH
H$_3$C
O
CH$_3$

理化性质 原药为白色结晶，纯度98%。本品在pH7以上的溶液中不稳定，但对酸是稳定的，在熔点以上的温度不稳定。不能与石灰或其他碱性物质混用。熔点122.5～124℃，不溶于水，在下列溶剂中的溶解度为：丙酮25%、甲苯10%、苯14%、二甲苯6.7%、氯仿33%。

毒　　性 大鼠急性口服LD_{50}为56mg/kg，以含300mg/kg氯灭杀威喂2年大鼠，对大鼠未显出明显的影响，此剂量下胆碱酯酶的抑制作用是完全可逆的。

剂　　型 1.5%粉剂、75%可湿性粉剂等。

作用特点 它是一种广谱触杀性杀虫剂。主要抑制动物体内的胆碱酯酶，这和其他氨基甲酸酯杀虫剂的作用机制相同。

应用技术 据资料报道，对蔬菜、果树害虫、成蚊、土壤害虫有效。防治水稻黑尾叶蝉、稻黄背飞虱、白背飞虱，用75%可湿性粉剂1 500～2 000倍液喷施，具有速效性，其残效期同甲萘威。

注意事项 本品不宜与石灰或其他碱性物质混用，以防失效。

开发登记 1960年美国厄普约翰(Upjohn)公司试制品种，已停产。

涕灭砜威 aldoxycarb

其他名称 Aldicarb sulfone；Sulfocarb；涕灭氧威；硫酰涕灭威AN4-9；ENT29261；UC-21865。

化学名称 2-甲磺酰基-2-甲基丙醛-O-甲基氨基甲酰基肟。

结 构 式

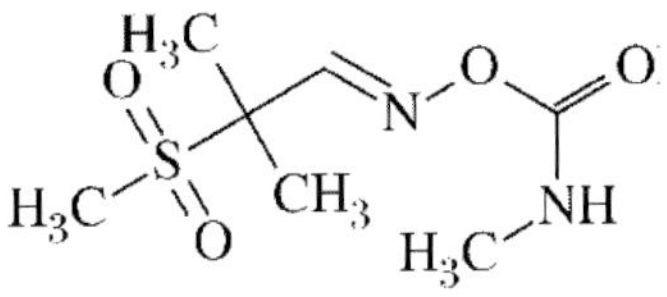

理化性质 无色结晶固体，略带刺激性气味，熔点140～142℃。25℃时蒸气压12MPa。25℃时溶解度(g/L)：水1～9、丙酮50、乙腈75、二氯甲烷4。本品对光稳定，但在碱性溶液中不稳定，不易燃烧，对合金无腐蚀性。

毒　　性 大鼠口服LD_{50}为20mg/kg，小鼠经腹腔LD_{50}为21mg/kg。

剂　　型 75%可湿性粉剂、5%颗粒剂。

作用特点 是内吸性杀虫、杀螨和杀线虫剂，能有效地抑制动物体内胆碱酯酶，也是涕灭威在动物体内代谢过程的一种产物。本品对动物的毒性约比涕灭威或涕灭威的亚砜低25倍，但降解慢。本品可通过根部吸收传输到植物叶部，有4～8周的残留活性。

应用技术 据资料报道，用水溶液作灌根处理防治根线虫、短体线虫和切根线虫，用5%颗粒剂2～4kg/ 亩；作为拌种剂防治烟草、棉花地上线虫，拌种量为0.5～2.0kg/100kg种子。

注意事项 同涕灭威，解毒和求治同涕灭威。

开发登记 1965年M. H. J. Weiden等人报道了它的杀虫和杀线虫活性，1976年美国联合碳化物公司进行工业化生产。

腈叉威 nitrilacarb

其他名称 戊氰威；AC85258(1：1氯化锌络合物)；CL72613。

化学名称 4,4-二甲基(甲基氨基甲酰氧基亚氨基)戊腈。

结 构 式

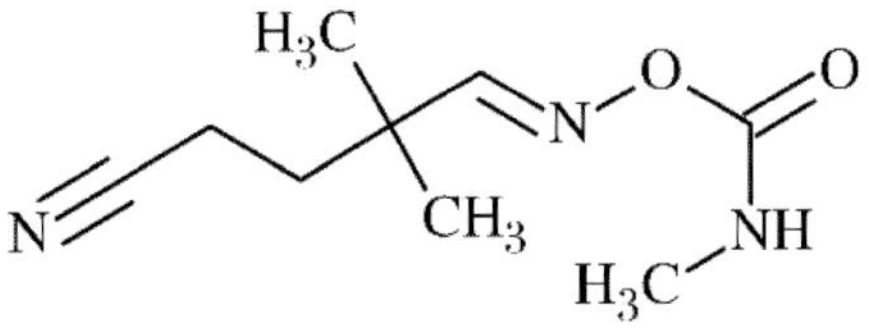

理化性质 工业品为无嗅、白色粉末，熔点120～125℃，密度为0.5g/cm^3。易溶于水、丙酮、乙腈、醇类，微溶于氯仿，不溶于苯、乙醚、己烷、甲苯和二甲苯。具有强吸湿性，不使用时必须保存于密封的容器中。在25℃以下，产品储存于原封容器中，稳定期为1年以上。

毒　　性 工业品对雄大鼠急性口服LD_{50}为9mg/kg，小鼠为18mg/kg。

剂　　型 25%可湿性粉剂等。

作用特点 防治多种植食性螨类和蚜虫，以及其他几种重要害虫：粉虱、蓟马、叶蝉和马铃薯甲虫，并具有穿透叶片的能力。

应用技术 据资料报道，可用于防治马铃薯甲虫的有效剂量为33g(有效成分)/亩。腈叉威不仅能杀成螨，且能杀卵，用250mg/L浓度防治黄瓜上红蜘蛛。

注意事项 使用时须穿戴防护服、面罩和橡胶手套，避免吸入药雾，勿让药液接触皮肤；如溅到药液，要立即用肥皂和大量清水冲洗，药品储存要远离食物和饲料，不能让儿童接近，中毒时，可用硫酸阿托品。

开发登记 1973年由美国氰胺公司(American Cyanamid Company)推广，获有专利USP3681505和T3621049。

丁酮威 butocarboxim

其他名称 甲硫卡巴威；Co755。

化学名称 3-甲硫基-2-丁酮-O-甲基氨基甲酰基肟。

结 构 式

$$H_3C-NH-C(=O)-O-N=C(CH_3)-CH(CH_3)-S-CH_3$$

理化性质 工业品为浅棕色黏稠液，在低温下可得白色结晶，熔点37℃。20℃时密度为1.12，蒸气压为10.6MPa(20℃)，蒸馏时分解。易溶于大多数有机溶剂，但略溶于四氯化碳和汽油。20℃时在水中溶解3.5%，在pH5～7时稳定，能被强酸和碱水解。对水、光照和氧均稳定。工业品是顺式和反式异构体的混合物，顺式：反式＝15：85，纯反式异构体的熔点为37℃。本品无腐蚀性。

毒　　性 对大鼠急性口服LD_{50}值为153～215mg/kg，皮下注射LD_{50}值为188mg/kg，吸入(气雾4h)LC_{50}值为1mg/L空气。对兔急性经皮LD_{50}值为360mg/kg。

剂　　型 50%乳油、5%液剂等。

应用技术 据资料报道，通常是以50%乳油稀释成0.1%浓度或5%液剂稀释成1%的浓度作喷雾使用，剂量为166～280g(有效成分)/亩，持效期可达15～20d。花卉作水溶液培养，每升水培养液中可加入5%液剂1ml，以防治虫害。

注意事项 储存在远离食物和饲料的场所，按照常规办法处理，勿吸进喷射药雾，避免药液和眼睛、皮肤等接触，中毒时可用硫酸阿托品，但勿用2-PAM。

开发登记 M. Vulic等报道该杀虫剂，1973年德国瓦克化学公司(Wacker-Chemie GmbH)开发品种。获专利号GB1353202，US3816532，DE2036491。

丁酮氧威 butoxycarboxim

其他名称 硫酰卡巴威；Co859。

化学名称 3-甲磺酰基-2-丁酮-O-甲基氨基甲酰基肟。

结 构 式

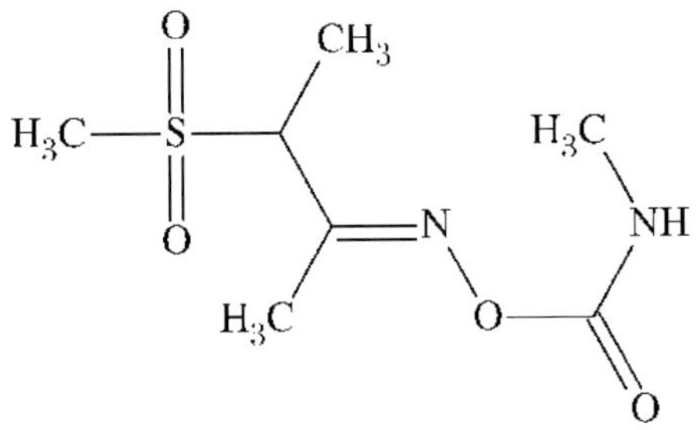

理化性质 无色结晶固体，熔点85～89℃，蒸馏时分解。20℃时蒸气压为0.267MPa，极易溶于水、甲醇、三氯甲烷、二甲基甲酰胺、二甲基亚砜等，稍溶于苯、乙酸乙酯和脂肪烃，难溶于石油醚和四氯化碳。在中性介质中稳定，但易被强酸和碱水解，本品无腐蚀性。

毒　　性 大鼠急性经口LD_{50}为458mg/kg，大鼠急性经皮$LD_{50}>11\ 000$mg/kg。

剂　　型 胶纸板条(40mm × 8mm)，每条含有效成分50mg(含丁酮氧威有效成分相当于重量的10%)，药剂夹在两纸条的中间。

作用特点 具有胃毒和触杀作用的内吸性杀虫剂，和其他氨基甲酸酯类杀虫剂一样，在动物体内是胆碱酯酶抑剂型。

应用技术 据资料报道，将胶纸板条插入盆钵的土壤中，每棵植物周围插1～3支，有效成分即迅速分散到土壤的水分中，为植物根系吸收。可以防治观赏植物上的刺吸式口器害虫，如蚜虫、蓟马、螨等。在3～7d就可以见效，持效期可达6～8周。本品不能用于食用作物。

注意事项 这种加工品能很大地消除在使用时的危害，制品勿与食物、饲料等储放在一处，亦勿让儿童接近，中毒时使用硫酸阿托品，但勿用2-PAM。

开发登记 由M. Vulic和H. Braunling报道了该杀虫剂和主要施用方法，1972年，德国瓦克化学公司(Wacker-chemie GmbH)开发品种。获专利号DE2036491，US3816532。

双乙威 fenethocarb

其他名称 双苯威；蚊蝇氨。

化学名称 3,5-二乙基苯基-N-甲基-N-氨基甲酸酯。

结 构 式

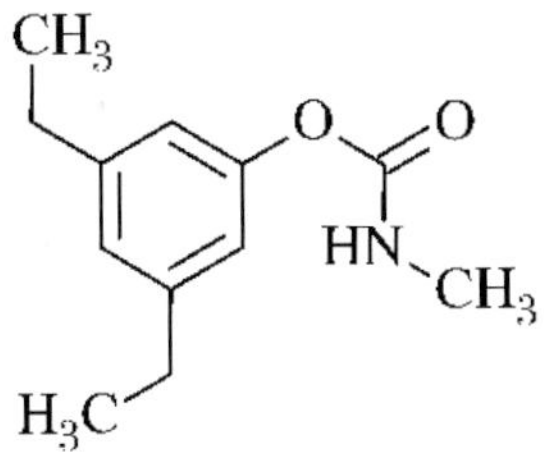

理化性质 白色结晶，无嗅；不溶于水，能溶于乙醇、丙酮等有机溶剂。遇碱能分解。在室内和阳光直接照射下均稳定。

毒　　性 低毒。

剂　　型 50%可湿性粉剂。

作用特点 能抑制动物体内的胆碱酯酶，其作用机制与灭除威类似，对双翅目昆虫有良好的防治效果，主要用于防治室内蚊蝇。

应用技术 资料报道，用2g/m^{2}剂量喷射灭蚊，持效期达2个月以上。对蚊幼虫的杀灭效果较差，本品0.2mg/kg浓度只能杀死50%淡色库蚊幼虫，本品的击倒作用差，无驱避作用。

开发登记 1970年德国巴斯夫公司试验开发。

除线威 cloethocarb

其他名称 地虫威；BAS-2631。

化学名称 2-(2-氯-1-甲氧乙氧基)苯基甲-N-基氨基甲酸酯。

结 构 式

O
$OCNHCH_3$
$OCHCH_2Cl$
OCH_3

理化性质 无色结晶固体，熔点80℃。蒸气压：0.01MPa。溶解度(20℃)：水1.3g/kg；丙酮、氯仿在1kg/kg以上；乙醇153g/kg。在浓碱和酸性条件下水解。

毒　　性 大鼠急性口服LD_{50}为35.4mg/kg，急性经皮LD_{50}为4g/kg，对鱼和野生动物有毒。

剂　　型 5%、10%和15%颗粒剂等。

作用特点 内吸性杀虫、杀线虫剂，具有触杀和胃毒作用。毒力机制是阻碍昆虫体内胆碱酯酶的作用，这和其他的氨基甲酸酯杀虫剂类似。本品通过根系输导到植物叶部，残留活性为3～7周。

应用技术 据资料报道，以颗粒剂防治玉米、豆类和黄瓜地刺线虫，用量为5%颗粒剂500～2 000g/亩。如用作麦种处理，用量为2.5～10g/kg种子时。可使春小麦增产12%～18%。

注意事项 本品尚处于试验阶段，使用时注意防止粉尘吸进口鼻中。防护措施可参考其他氨基甲酸酯杀虫剂，操作过程中勿取食、勿饮水、勿抽烟，操作后必须用肥皂和大量清水冲洗身体的露出部分，药剂应存放在低温、干燥和通风房间内，远离食物和饲料，勿让儿童接近。发生中毒时可用硫酸阿托品。

开发登记 1978年德国巴斯夫公司开发，作为试验性商品上市，1989年停止生产。

磷硫灭多威 U-56295

化学名称 N-(1,1-二甲基乙基)-N-(5,5-二甲基-2-硫代-1,3,2-二氧磷杂己烷-2-基氨基硫基)-N-甲基氨基羰基氧基硫代乙酸酰亚胺酯。

结构式

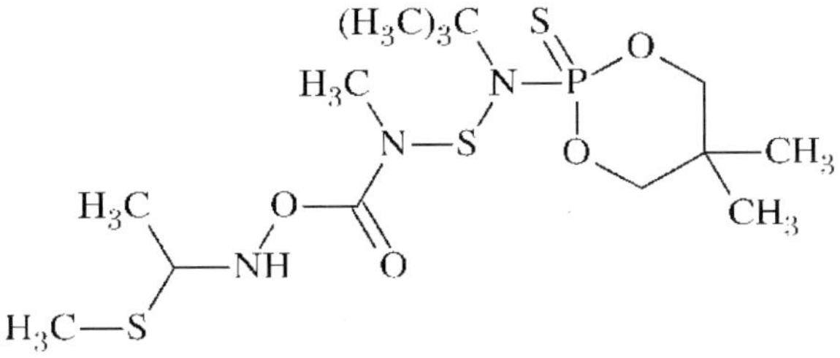

理化性质 纯品为结晶固体，熔点166～168℃。

毒　　性 对大鼠的急性经口LD_{50}为8 659mg/kg。

剂　　型 85%可湿性粉剂等。

作用特点 该药是叶用氨基甲酸酯类杀虫剂，是灭多威的低毒化衍生物，有触杀和胃毒活性，还有一定的杀卵活性，在叶面上的残留性好，对许多有益昆虫毒性相当低。

应用技术 据资料报道，适用于棉花及其他农业和园艺作物上，防治棉铃虫、尺蠖、跳甲、黏虫、南瓜十二星叶甲、日本甲虫、苜蓿叶象甲、玉米螟、苹果蠹蛾、卷叶蛾等许多害虫，使用剂量35～75g/亩。对螨类活性低。

开发登记 1980年由Upjohn Co. 开发。

四、拟除虫菊酯类杀虫剂

除虫菊酯的研究从20世纪早期开始，先后经历了两个时期的发展。第一个时期研究人员着重研究天然除虫菊酯的化学结构，发现其包括6个有效的活性化合物，它们的化学结构都由醇部分、酸部分和酯键部分组成。第二个时期是在第一个时期取得成果的基础上，开始了拟除虫菊酯的人工合成。合成的大量活性化合物不仅具有天然除虫菊酯击倒快、生物活性强、广谱、低毒、低残留的理想特征，还克服了天然除虫菊酯对日光和空气不稳定、只能用于防治家庭卫生害虫、不适合防治农业和林业害虫的缺陷。20世纪60年代后期，特别是70年代，随着第一个对日光较稳定的拟除虫菊酯苯醚菊酯开发成功，许多可农用的产品相继出现，例如，Elliott研发的氯菊酯、氯氰菊酯、溴氰菊酯不仅比天然除虫菊酯活性更强，并且对日光稳定，只需使用有机磷、氨基甲酸酯10%～20%的剂量就能达到很好的防治效果。随后，围绕天然除虫菊酯醇部分和酸部分的研究成为拟除虫菊酯杀虫剂研究的热点，拟除虫菊酯的开发应用也有了迅猛的发展，以致拟除虫菊酯类杀虫剂很快在农用及卫生杀虫剂市场中占有重要地位。

(一)拟除虫菊酯类杀虫剂的作用机制

拟除虫菊酯类杀虫剂主要作用于神经突触和神经纤维，主要是作用于神经突触的末梢，引起反复兴奋，促进了神经突触和肌肉间的传导。由于神经末端很细小，所以一般都采用巨大神经纤维细胞内电极法或膜电位法来进行研究。试验证明，拟除虫菊酯可引起膜电位的异常，主要是对膜的离子渗透性产生了影响。迄今为止，拟除虫菊酯推测的作用点大约有9个部位之多，但一般都认为主要作用点是电位性钠离子通道。拟除虫菊酯类杀虫剂的作用机制比较复杂，还有许多问题不清楚。昆虫在不同剂量作用下分别产生忌避、击倒、拒食和毒杀效果，而且不同的分子结构其作用机制也不尽相同。Cammon等(1981)按其分子中有无α-CN基将拟除虫菊酯类杀虫剂分成两种类型：

Ⅰ型：包括天然除虫菊酯、胺菊酯、烯丙菊酯及氯菊酯等。这一类型的作用机制和滴滴涕相似，外周神经系统对其最为敏感，主要作用于神经膜，改变了膜的通透性，特别是延迟了钠离子通道的关闭，负后电位延长并加强，导致产生重复后放，中毒昆虫表现为高度兴奋及不协调运动。

Ⅱ型：包括溴氰菊酯、氯氰菊酯、氰戊菊酯等。这一类型虽然也影响神经膜上钠离子通道，但并不引起重复后放，反而阻断兴奋的传导，中毒昆虫不表现为高度兴奋，而是很快就产生痉挛并进入麻痹状态。Ramadan等(1988)认为Ⅱ型主要是作用于抑制性突触，具体讲是作用于GABA受体(即γ-氨基丁酸受体，GABA亦是神经递质)，从而改变了氯离子的通透性，引起氯离子内流，造成神经膜超极化，产生抑制效应。

(二)拟除虫菊酯类杀虫剂的主要品种

氟氯氰菊酯 cyfluthrin

其他名称 BAY-FCR-1272；OMS-2012；百树菊酯；百树得(Baythroid)；Balecol；Bay-oily；Cyfloxylate；Cylathrin；Responsar；Solfac；Tempo；氟氯氰醚菊酯。

化学名称 (RS)-α-氰基-4-氟-3-苯氧基苄基-(1RS，3RS;1RS,3SR)-3-(2,2-二氯乙烯基)-2,2-二甲基环丙烷羧酸酯。

结构式

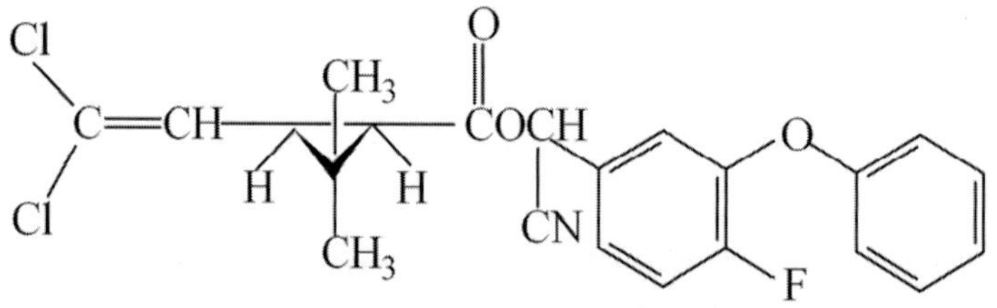

理化性质 原药为棕色无嗅含结晶的黏稠液体，密度为1.27～1.28，蒸气压大于1.0MPa(20℃)。微溶于水，易溶于丙酮、甲苯和二氯甲烷。在酸性条件下稳定，但在碱性(pH＞7.5)条件下易分解。

毒　　性 大鼠急性经口LD_{50}为0.6～1.2g/kg，大鼠急性经皮LD_{50}＞5g/kg。大鼠急性吸入LC_{50}(1h)＞1g/m^3，LC_{50}(4h)为496～592mg/m^3。对鱼高毒，鳟鱼LC_{50}（96h）为0.6μg/L，金鱼LC_{50}（96h）为3.2μg/L，鲤鱼LC_{50}（96h）＜10μg/L。鸟类经口LD_{50}为0.25～1g/kg，鹌鹑LD_{50}＞5g/kg。

剂　　型 5%乳油、5.7%乳油、10%乳油、10%可湿性粉剂、0.05%颗粒剂、8%超低容量喷雾剂、10%可湿性粉剂、50g/L乳油、2.5%悬浮剂。

作用特点 以触杀和胃毒作用为主，无内吸及熏蒸作用。对多种鳞翅目幼虫有很好效果，亦可有效地防治某些地下害虫。杀虫谱广，作用迅速，持效期长。具有一定的杀卵活性。并对某些成虫有拒避作用。神经轴突毒剂，可引起昆虫极度兴奋、痉挛、麻痹，最终可导致神经传导完全阻断，也可引起神经系统以外的其他细胞组织产生病变而死亡。

应用技术 用于防治棉花、蔬菜、果树、茶树、烟草和大豆等多种作物上害虫，但不宜作土壤杀虫剂。

防治小麦蚜虫，用5.7%乳油20～30ml/亩、用50ml/亩32～50ml/亩，对水40～50kg喷雾；防治棉花棉铃虫，在卵盛孵期，用5.7%乳油80～100ml/亩对水80kg喷雾。

防治十字花科蔬菜菜青虫，在卵孵化高峰期至低龄幼虫发生期，用5.7%乳油20～30ml/亩，或用50g/L乳油27~33ml/亩喷雾，对水40～50kg喷雾；防治甘蓝蚜虫，用5.7%乳油24～30ml/亩对水40～50kg喷雾。

防治烟草地老虎，于烟草苗期，用5.7%水乳剂30～40ml/亩喷雾。

防治卫生蚊、蝇、蜚蠊，用10%可湿性粉剂50～62.5mg/m^2滞留喷洒。

另外，资料报道还可以防治玉米螟，在玉米心叶期，用5.7%乳油30～40ml/亩对水50～70kg喷雾；防治棉蚜，在棉花苗期蚜虫发生时，用5.7%乳油10～20ml/亩对水50kg喷雾；防治大豆食心虫，在卵盛孵期或菜豆开花结荚期，用5.7%乳油30～50ml/亩对水50kg喷雾，可兼治豆蚜；防治烟青虫，于卵孵盛期施药，用5.7%乳油40～50ml/亩对水50kg喷雾，可兼治烟蚜。防治小菜蛾，用5.7%乳油20～40ml/亩对水50kg喷雾。防治桃小食心虫，在初孵幼虫蛀果前，用5.7%乳油1 700～2 500倍液喷雾；防治柑橘潜叶蛾，在夏秋梢放梢初期，用5.7%乳油2 500～3 500倍液喷雾，隔7d续喷1次，有良好的保梢效果。防治茶尺蠖、茶毛虫，于2～3龄幼虫期，用5.7%乳油1 000～2 000倍液喷雾。防治苹果黄蚜，5.7%乳油1 000～2 000倍液喷雾；防治茶树茶小绿叶蝉，用5.7%乳油20～30ml/亩，对水50～60kg喷雾。

注意事项 喷药时应将药剂喷洒均匀。不能与碱性物质混用，以免分解失效。不能在桑园、鱼塘及河流、养蜂场所使用，避免污染和发生中毒事故。菊酯类药剂是负温度系数药剂，即温度低时效果好，因此，应在温度低时用药。药剂应放在儿童接触不到的通风、凉爽的地方，并加锁保护。喷药时应穿防护服，向高处喷药时应戴风镜。喷药后应尽快脱去防护服，并用肥皂和清水洗净手脸。安全间隔期21d，在棉籽中的最高残留量为0.05mg/kg。

开发登记 安徽华星化工有限公司、德国拜耳作物科学公司等企业登记生产。

高效氟氯氰菊酯 beta-cyfluthrin

其他名称 保得；保富；乙体氟氯氰菊酯；拜虫杀；卫得；闪净杀虫；歼飞杀虫；优士杀虫；Bulldock；FCR1272；FCR 4545；Mafu；Muscatox；Naythroid；NTN-8241；Oko；Responsar。

化学名称 本品是两对对映体的混合物，其比例约为1∶2，即(S)-α-氰基-4-氟-3-苯氧基苄基(1R,3R)-3-(2,2-二氯乙烯基)-2,2-二甲基环丙烷羧酸酯和(R)-α-氰基-4-氟-3-苯氧基苄基(1S,3S)-3-(2, 2-二氯乙烯基)-2,2-二甲基环丙烷羧酸酯与(S)-α-氰基-4-氟-3-苯氧基苄基(1R,3S)-3-(2,2-二氯乙烯基)-2,2-二甲基环丙烷羧酸酯和(R)-α-氰基-4-氟-3-苯氧基苄基(1S,3R)-3-(2,2-二氯乙烯基)-2,2-二甲基环丙烷羧酸酯。

结构式

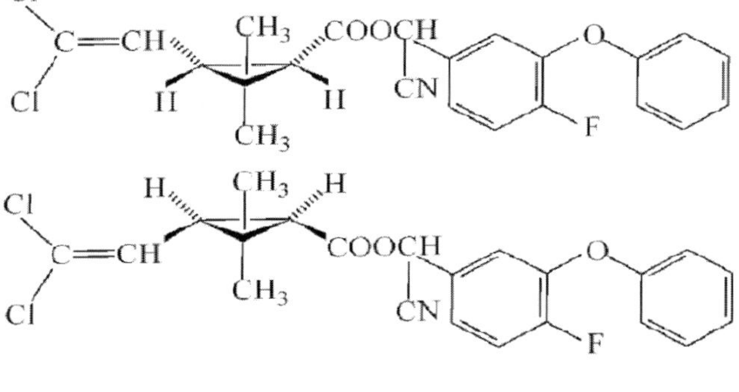

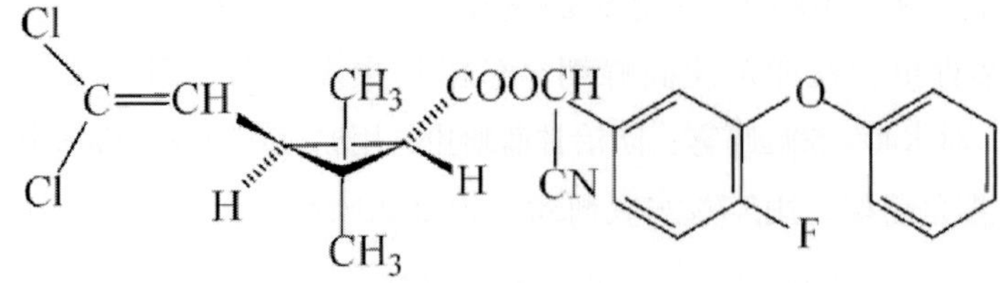

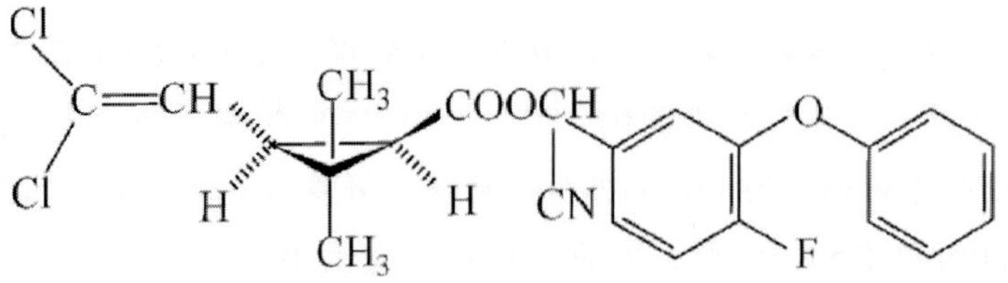

理化性质 无色无嗅结晶体，(1R，3R，αS)对映体的熔点为50～52℃，(1R，3S，αS)对映体的熔点为68～69℃，蒸气压10nPa(20℃)。溶解性(20℃，g/L)二氯甲烷、甲苯大于200，己烷1～2，异丙醇2～5；水2×10^{-6}。在酸性介质中稳定，在碱性(pH值>7.5)介质中不稳定。

毒　性 大鼠急性经口LD_{50}约450mg/kg，小鼠急性经口LD_{50}约140mg/kg。大鼠急性经皮LD_{50}>5 000mg/kg，大鼠急性吸入LC_{50}(24h)约0.1mg/L(气雾剂)、约0.9mg/L(粉剂)。对鱼剧毒，虹鳟鱼LC_{50}为0.9μg/L，金鱼LC_{50}为3.3μg/L(96h)。水蚤EC_{50}0.002mg/L，水藻EC_{50}0.01mg/L。鹌鹑LD_{50}>2 000mg/kg体重。蚯蚓LD_{50} 1 000mg/kg干物质。对蜜蜂高毒，LD_{50}>0.01μg/头。

剂　型 1.25%、2.5%、12.5%悬浮剂，2.5%、2.8%乳油，2.5%、5%水乳剂。

作用特点 是一种合成的拟除虫菊酯类杀虫剂，具有触杀和胃毒作用，无内吸作用和渗透性。本品杀虫谱广，击倒迅速，持效期长，除对咀嚼式口器害虫(如鳞翅目幼虫或鞘翅目的部分甲虫)有效外，还可用于刺吸式口器害虫(如梨木虱)的防治。植物对其有良好的耐药性。该药为神经轴突毒剂，可以引起昆虫极度兴奋、痉挛与麻痹，还能诱导产生神经毒素，最终导致神经传导阻断，也能引起其他组织产生病变。

应用技术 能有效地防治棉花、果树和蔬菜上的鞘翅目、半翅目、同翅目和鳞翅目害虫，如，棉铃虫、棉红铃虫、烟夜蛾、棉铃象甲、苜蓿叶象甲、菜粉蝶、尺蠖、苹果蠹蛾、菜青虫、小菜蛾、美洲黏虫、马铃薯甲虫、蚜虫、玉米螟、地老虎等害虫。

防治小麦蚜虫，在小麦扬花灌浆期，用5%水乳剂7～10ml/亩对水40～50kg喷雾；防治棉花棉铃虫，一代棉铃虫发生期，用25g/L乳油40～60ml/亩或用12.5%悬浮剂8～12g/亩,对水喷雾；防治棉花红铃虫，重点在防治第2代、第3代红铃虫，用25g/L乳油30～50ml/亩对水60kg喷雾。

防治甘蓝菜青虫，用25g/L乳油27～49ml/亩,或用2.8%乳油20～30ml/亩,对水40～50kg喷雾。

防治苹果金纹细蛾，在成虫盛期或卵孵盛期，用25g/L乳油1 500～2 000喷雾；防治苹果桃小食心虫，在桃小食心虫蛀果初期，用25g/L乳油2 000～3 000倍液喷雾。

防治卫生害虫蚊、蝇、蜚蠊，用2.5%微囊悬浮剂20～25mg/m^2滞留喷洒。

另外，资料报道还可以用高效氟氯氰菊酯拌玉米或小麦种子，防治蛴螬、蝼蛄、金针虫和地老虎等地下害虫。100kg玉米或小麦种子使用12.5%悬浮剂80～160ml，先将所用药剂用2kg水混匀，再将种子倒入搅拌均匀，使药剂均匀包在种子上，堆闷2～4h即可播种。

注意事项 喷药时应将药剂喷洒均匀。不能与碱性药剂混用。不能在桑园、养蜂场或河流、湖泊附近使用。应在温度较低时用药。药剂应储藏在儿童接触不到的通风凉爽的地方，并加锁保管。喷药时应穿防护服，向高处喷药时应戴风镜。喷药后应尽快脱去防护服，并用肥皂和清水洗净手脸。在棉花上每生长季最多使用2次，安全间隔期为21d，在棉籽中的最高残留限量为0.05mg/kg。

开发登记 拜耳股份公司、安徽华星化工股份有限公司、德国拜耳作物科学公司等企业登记生产。

甲氰菊酯 fenpropathrin

其他名称 FD-706；OMS-1999；S-3206；SD-41706；WL-41706；XE-938Danitol；Fenpropanate；Herald；Meothrin；Or-tho Danitol；Rody；灭扫利；阿托力；甲扫灭；果奇。

化学名称 (RS)-α-氰基-3-苯氧基苄基-2,2,3,3-四甲基环丙烷羧酸酯。

结构式

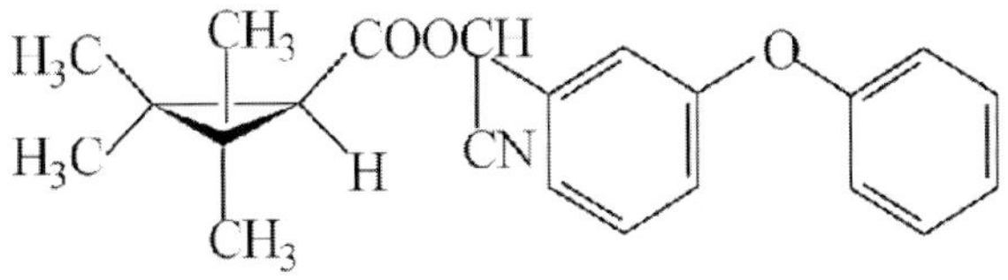

H_3C CH_3 COOCH O H_3C H CN CH_3

理化性质 纯品为白色结晶固体，熔点49～50℃，密度1.153。原药为棕黄色液体或固体，纯度在90%以上，相对密度1.15(25℃)，熔点45～50℃，蒸气压1.3MPa(25℃)。几乎不溶于水，不溶于二甲苯、环己烷等有机溶剂，可与丙酮、环己酮、甲基异丁酮、乙腈、二甲苯、氯仿和二甲基甲酰胺混溶，溶于甲醇和正己烷。它在日光、热和潮湿条件下稳定，但在碱性溶液中不稳定。

毒　　性 原药大鼠急性经口LD_{50}为107～160mg/kg，急性经皮LD_{50}为600～870mg/kg，急性吸入LC_{50}＞96mg/m^3。对鱼高毒，对鱼毒性LC_{50}(96h)：鲇鱼5.5μg/L；蓝鳃翻车鱼2.5μg/L；虹鳟鱼2.3μg/L，对蜜蜂高毒，LD_{50}为0.05μg/头。对鸟低毒，对禽鸟毒性LC_{50}(8d喂食)：鹌鹑＞10g/kg饲料；绿头鸭9g/kg饲料。野鸭的急性口服LD_{50}为1 089mg/kg。

剂　　型 10%乳油、20%乳油、30%乳油、5%可湿性粉剂、2.5%悬浮剂、10%悬浮剂、10%微乳剂。

作用特点 甲氰菊酯是一种广谱、高效，兼具杀虫、杀螨活性的新型菊酯类农药，具有触杀和驱避作用，胃毒和熏蒸作用不显著。该药克服了同类菊酯农药杀虫不杀螨的弱点，具有杀虫谱广，残效期长，对多种叶螨及蚜虫、食心虫等果树害虫有良好防治效果，对人畜低毒，是目前防治果树害虫理想药剂。触杀、胃毒和驱避，无内吸、熏蒸作用。能杀幼虫、成虫和卵，对多种螨类有效，但不能杀锈壁虱。在田间有中等程度的持效期，在低温下药效更好。

应用技术 可用于果树、棉花、茶树、蔬菜等农作物上防治鳞翅目、同翅目、半翅目、双翅目和鞘翅目等害虫及多种害螨，尤其在害虫、害螨并发时施用可虫螨兼治。

可用于防治棉花、果树、茶树、蔬菜等农作物上的害虫。

防治棉花棉铃虫，于卵孵化盛期，用20%乳油40～50ml/亩对水60kg喷雾；防治棉花红铃虫，用20%乳油30～40ml/亩喷雾；防治棉花红蜘蛛，用20%乳油30～50ml/亩对水60kg喷雾。

防治十字花科蔬菜菜青虫，在幼虫3龄前，用20%乳油25～30ml/亩对水40～50kg喷雾；防治十字花科蔬菜小菜蛾，在2～3龄幼虫发生期，用20%乳油40～80ml/亩对水40～50kg喷雾。

防治苹果红蜘蛛，于害螨发生始盛期，用20%乳油1 500～2 000倍液喷雾；防治苹果桃小食心虫，于卵盛期，用20%乳油2 000～3 000倍液喷雾；防治柑橘潜叶蛾，在新梢放出初期3～6d，用20%乳油1 000～3 000倍液喷雾；防治柑橘红蜘蛛，于成、若螨发生期，用20%乳油1 000～2 000ml/亩喷雾；防治茶树茶尺蠖，于幼虫2～3龄期，用20%乳油30～40ml/亩，对水50～60kg喷雾。

茶树害虫的防治，防治茶尺蠖等，于幼虫2～3龄期施药，使用20%乳油1 000～2 000倍液喷雾，此剂量还可防治茶毛虫及茶小绿叶蝉。

另外，资料报道还可以防治温室白粉虱，于若虫盛发期施药，用20%乳油10～35ml/亩对水40～50kg均匀喷雾；防治美洲斑潜蝇，在10月上旬，用20%乳油1 000倍液喷雾；防治果树蚜虫，用20%乳油4 000～6 000倍液喷雾；防治橘蚜，于成、若蚜发生期，用20%乳油4 000～8 000倍液喷雾；防治荔枝蝽象，3月下旬至5月下旬，成虫大量活动产卵期和若虫盛发期各施药1次，用20%乳油3 000～4 000倍液喷雾；防治介壳虫，6月上中旬介壳虫为害盛期，用20%乳油2 000～3 000倍液喷布；防治花卉介壳虫、榆蓝金花虫毒蛾及刺蛾幼虫，在害虫发生期使用20%乳油2 000～3 000倍液均匀喷雾；防治豆荚野螟，用20%乳油1 500～2 000倍液喷雾。

注意事项 由于无内吸作用，因而喷药要均匀周到。为延缓抗药性产生，一种作物生长季节内施药次数不要超过2次，或与有机磷等其他农药轮换使用或混用。对鱼、蚕、蜂高毒，施药时要注意避免在桑园、养蜂区施药或药液流入河塘。在低温条件下药效要高、残效期更长，提倡早春和秋冬施药。此药虽有杀螨作用，但不能作为专用杀螨剂使用。只能做替代品种，最好用于虫螨兼治。除碱性物质外，可与各种药剂混用。对皮肤有刺激性，在作业时应避免药液直接接触人体。若不慎溅到眼睛和皮肤上，应立即用大量清水冲洗。安全间隔期棉花为21d，苹果为14d。

开发登记 江苏常隆化工有限公司、辽宁省大连瑞泽农药股份有限公司、江苏皇马农化有限公司、日本住友化学株式会社、东莞市瑞德丰生物科技有限公司、陕西上格之路生物科学有限公司等企业登记生产。

S-甲氰菊酯 S-fenpropathrin

化学名称 S-α-氰基-3-苯氧基苄基-2,2,3,3-四甲基环丙烷羧酸酯。

结构式

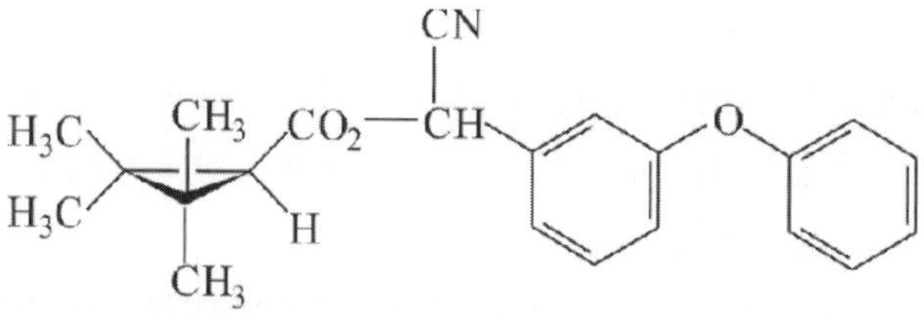

理化性质 原药外观为白色至淡黄色晶形粉末。熔点45～50℃，沸点151～167℃，蒸气压(25℃时)1.29×10^{-3}Pa。对热稳定。

毒　　性 大鼠急性经口LD_{50}为68.1mg/kg，大鼠急性经皮LD_{50}为2 150mg/kg。

剂　　型 10%乳油。

作用特点 本品为拟除虫菊酯类杀虫剂，具有触杀、驱避作用。作用特点与应用技术同甲氰菊酯。

应用技术 可用于防治果树、蔬菜上的害虫。

据资料报道，可用于防治十字花科蔬菜菜青虫，用10%乳油20～30ml/亩对水40～50kg喷雾。防治苹果红蜘蛛，用10%乳油2 000～3 000倍液喷雾。

开发登记 大连九信精细化工有限公司等企业登记生产。

联苯菊酯 bifenthrin

其他名称 FMC-54800；OMS3024；氟氯菊酯；Biflex；Biphenthrin；Brigade；Capture；Brookade；Talstar；天王星；虫螨灵；毕芬宁。

化学名称 2-甲基联苯-3-基甲基-(2-(1R,3R;1S,3S)-3-(2-氯-3,3,3-三氟丙-1-烯基)-2,2-二甲基环丙烷羧酸酯。

结构式

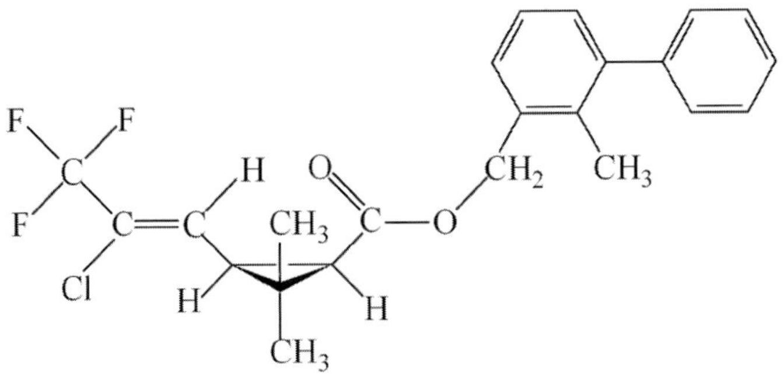

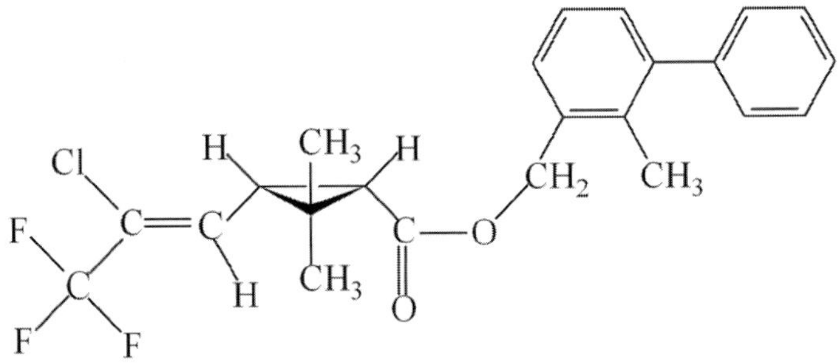

理化性质 蜡状固体，熔点51～70℃，密度1.210g/cm^3(25℃)，蒸气压为0.024Pa(25℃)。溶解性：在水中溶解度为0.1mg/L，丙酮(1.25kg/L)，氯仿、二氯甲烷、乙醚、甲苯、庚烷(89g/L)，微溶于戊烷、甲醇。稳定性：原药熔点61～66℃，在25℃稳定期为1年以上，在常温下储存，稳定期为1年以上。

毒　　性 原药大鼠急性经口LD_{50}为54.5mg/kg，兔急性经皮LD_{50}＞2g/kg，对皮肤和眼无刺激作用。1年饲喂试验的无作用剂量：犬1.5mg/(kg·d)，大鼠≤2mg/(kg·d)。无致畸作用。鹌鹑急性经口LD_{50}1.8g/kg，野鸭急性经口LD_{50}＞4.45g/kg。鱼毒LC_{50}(96h)：蓝鳃翻车鱼0.35μg/L，虹鳟鱼0.15μg/L。蜜蜂LD_{50}(经口)0.1μg/只，(接触)0.014 62μg/只。

剂　　型 2.5%乳油、10%乳油、10%可湿性粉剂、2%超低量剂、3%水乳剂、25g/L乳油、100g/L乳油、2.5%水乳剂。

作用特点 联苯菊酯是一种高效合成除虫菊酯杀虫、杀螨剂。具有触杀、胃毒作用，无内吸、熏蒸作用。杀虫谱广，对螨也有较好防效。作用迅速。在土壤中不移动，对环境较为安全，残效期长。

应用技术 用于防治棉铃虫、棉红蜘蛛、桃小食心虫、梨小食心虫、苹果全爪螨、山楂叶螨，柑橘红蜘蛛、黄斑蝽、茶翅蝽、菜蚜、菜青虫、小菜蛾、茄子红蜘蛛、温室白粉虱、茶尺蠖、茶毛虫、茶细蛾等多种害虫。

防治小麦蚜虫，于蚜虫始发盛期，用2.5%微乳剂50～60ml/亩喷雾，或4.5%水乳剂30～40ml/亩喷雾；防治小麦红蜘蛛，于小麦红蜘蛛初发期，用4%微乳剂 30～50ml/亩喷雾。

防治棉花棉铃虫，在卵孵盛期，用10%乳油30～50ml/亩对水60～80kg喷雾；防治棉花红铃虫，用

10%乳油20～35ml/亩对水60～80kg喷雾；防治棉花红蜘蛛，成、若螨发生期，用10%乳油30～40ml/亩对水60～80kg喷雾。

防治番茄白粉虱，用10%乳油5～10ml/亩对水40～50kg喷雾；防治黄瓜白粉虱，在害虫发生初期，用3%水乳剂20～35ml/亩对水40～50kg喷雾。

防治苹果桃小食心虫，在产卵盛期，用10%乳油3 000～4 000倍液喷雾；防治苹果红蜘蛛，成、若螨发生期，用10%乳油2 500～5 000倍液喷雾；防治柑橘红蜘蛛，在成、若螨发生期，用10%乳油3 000～4 000倍液喷雾；防治柑橘潜叶蛾，于新梢初放期，用10%乳油8 000～10 000倍液喷雾。

防治柑橘树木虱，于橘春梢萌发前、春梢期、夏梢期、秋梢期（大部分秋梢1～3cm长时）、晚秋梢、冬梢期采果后、砍柑橘黄龙病树前，用4.5%水乳剂1 500～2 500倍稀释液喷雾。

防治茶树茶小绿叶蝉，用10%乳油20～30ml/亩对水100kg喷雾；防治茶树茶尺蠖、茶毛虫，于幼虫2～3龄发生期，用10%乳油5～10ml/亩对水100kg喷雾；防治茶树粉虱，用10%乳油20～25ml/亩对水100kg喷雾；防治茶树象甲，用10%乳油20～35ml/亩对水100kg喷雾。

另外，资料报道还可以防治禾谷类作物上的蚜虫，于蚜虫发生初期，用10%乳油30～35ml/亩对水40～50kg喷雾；防治烟青虫，在幼虫盛发期用2.5%乳油3 000倍液喷雾；防治蔬菜上的菜蚜、菜青虫、小菜蛾等害虫，在害虫发生期，用10%乳油30～40ml/亩对水40～50kg喷雾；防治茄子红蜘蛛，成、若螨发生期，用2.5%乳油120～160ml/亩对水40～50kg喷雾；防治山楂红蜘蛛，在果树上成、若螨发生期，用10%乳油3 300～5 000倍液喷雾；防治枣绿盲蝽，用25g/L乳油2 000～2 500倍液喷雾；防治葡萄叶螨，用2.5%乳油1 500倍液喷雾；防治茶叶瘿螨，于成、若螨发生期，每片叶上有4～8头螨时施药，可以用10%乳油3 300～5 000倍液喷雾。

注意事项 不能与碱性农药混用。施药时一定要均匀周到。可与其他类型的杀虫剂轮换施用，以延缓抗性的产生；使用时要特别注意远离水源，以免造成污染。低气温下更能发挥药效，建议在春秋两季使用该药。茶叶在采收前7d禁用此药。如发生吸入中毒，应立即将患者移至空气清新的地方，并送就医。

开发登记 江苏扬农化工股份有限公司、江苏辉丰生物农业股份有限公司等企业登记生产。

氯氰菊酯 cypermethrin

其他名称 安绿宝(Arrivo)；灭百可(Ripcord)；兴棉宝(Cymbush)；赛波凯(Cyperkilt)；韩乐宝；阿锐克；倍力散。

化学名称 (RS)-α-氰基-(3-苯氧苄基)-(SR)-3-(2,2-二氯乙烯基)-2,2-二甲基环丙烷羧酸酯。

结构式

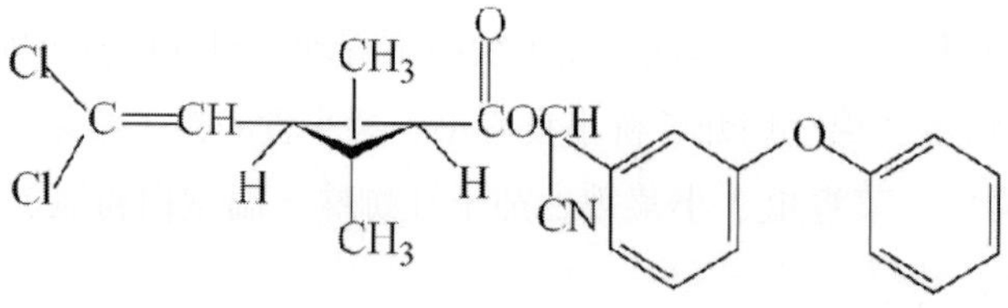

理化性质 原药为黄色或棕色黏稠半固体物质。(25℃)蒸气压0.227 1Pa，在水中溶解度极低，易溶于酮类、醇类及芳烃类溶剂。在中性、酸性条件下稳定，在强碱条件下水解，热稳定性良好，常温储存稳定期为2年以上。

毒　　性 大鼠急性经口LD_{50}为251mg/kg；大鼠经皮LD_{50}为1.6g/kg，兔急性经皮LD_{50} > 2 400mg/kg，大鼠急性吸入LC_{50} > 0.048mg/L。对鸟类毒性较低，急性口服LD_{50} > 2g/kg。对蜜蜂、蚕和蚯蚓剧毒。

剂　　型 5%乳油、10%乳油、12%乳油、20%乳油、25%乳油、10%可湿性粉剂、12.5%可湿性粉剂、20%可湿性粉剂、1%超低容量喷雾剂、1.5%超低容量喷雾剂、5%微乳剂、30%悬浮种剂、8%微囊剂、5%颗粒剂。

作用特点 具有触杀和胃毒作用，无内吸和熏蒸作用。杀虫谱广，药效迅速，对光、热稳定。对某些害虫的卵具有杀伤作用。用此药防治对有机磷产生抗性的害虫效果良好，但对螨类和盲蝽防治效果差。该药残效期长，正确使用时对作物安全。

应用技术 杀虫范围较广。防治禾谷类、柑橘、棉花、果树、葡萄、大豆、烟草、番茄、蔬菜、油菜和其他作物上的鳞翅目、鞘翅目和双翅目害虫效果很好。也可防治地下害虫，并有很好的残留活性。

防治小麦蚜虫，用5%乳油50 ~ 70ml/亩喷雾；防治小麦、玉米地下害虫，用30%悬浮种衣剂50 ~ 60g/100kg种子进行种子包衣；防治棉花棉铃虫，在卵盛孵期，用10%乳油40 ~ 60ml/亩对水60kg喷雾；防治棉花红铃虫，用5%乳油32 ~ 50ml/亩对水60kg喷雾；防治棉花蚜虫，用10%乳油30 ~ 60ml/亩对水60kg喷雾；防治棉盲蝽、二十八星瓢虫，于害虫发生期，用10%乳油30 ~ 50ml/亩对水40 ~ 50kg均匀喷雾；防治烟草小地老虎，用2.5%乳油15 ~ 20ml/亩，在烟苗移栽时按每株200ml将药液浇施在烟苗周围的土壤内；防治烟草烟青虫，用5%乳油7.5 ~ 10ml/亩对水40 ~ 50kg喷雾。

防治十字花科蔬菜小菜蛾，于小菜蛾卵孵高峰至低龄幼虫发生期，用10%乳油25 ~ 35ml/亩喷雾。防治甘蓝菜青虫，于3龄幼虫始发期，用10%乳油30 ~ 40ml/亩对水40 ~ 50kg喷雾；防治十字花科蔬菜蚜虫，用10%乳油20 ~ 30ml/亩对水40 ~ 50kg喷雾；防治十字花科蔬菜甜菜夜蛾，在2 ~ 3龄幼虫期，用10%乳油20 ~ 40ml/亩对水40 ~ 50kg喷雾。

防治苹果桃小食心虫，在卵盛孵期，用10%乳油1 000 ~ 1 500倍液喷雾；防治苹果蚜虫，用5%乳油5 000 ~ 6 000倍液喷雾；防治梨树梨木虱，用10%乳油1 000 ~ 1 500倍液喷雾；防治柑橘潜叶蛾，于放梢初期或卵盛孵期，用10%乳油1 000 ~ 2 000倍液喷雾；防治荔枝蝽，用10%乳油2 000 ~ 3 000倍液喷雾；防治甘蔗蔗龟，用5%颗粒剂2.5 ~ 3kg/亩拌毒土撒施；防治茶树茶尺蠖、茶毛虫、小绿叶蝉，于3龄幼虫期前，用10%乳油2 000 ~ 3 000倍液喷雾。

另外，资料报道还可以防治大豆豆天蛾、大豆食心虫、造桥虫，在害虫发生初盛期，用10%乳油35 ~ 45ml/亩对水40 ~ 50kg喷雾。防治黄守瓜，在发生期，用10%乳油30 ~ 50ml/亩对水40 ~ 50kg喷雾；防治桃蛀螟，于成虫始发期，用10%乳油1 500 ~ 4 000倍液均匀喷雾，施药2 ~ 3次；防治枣树枣步曲、食芽象甲、枣瘿蚊、食心虫，用10%乳油2 000 ~ 3 000倍液喷雾；防治茶翅蝽，在茶翅蝽成虫发生盛期，用10%乳油1 500 ~ 2 000倍液喷施；防治月季、菊花上的蚜虫用10%乳油5 000 ~ 6 000倍液喷雾。

注意事项 用药量及施药次数不要随意增加，注意与非菊酯类农药交替使用。不与强碱性农药，如波尔多液、石硫合剂等混用。在瓜类、叶菜类、豆类、柑橘、苹果等作物收获前14d应停止使用本产品。储存处要远离食品和饲料，勿让孩童接近。处理药剂时要戴手套、穿工作服和戴面罩，慎勿吸入药雾，防止药液沾染眼部或皮肤。氯氰菊酯对水生动物、蜜蜂、蚕剧毒，因而在使用中必须注意不可污染水域及饲养蜂、蚕场地。

开发登记 江苏扬农化工集团有限公司、陕西标正作物科学有限公司、山东兆丰年生物科技有限公司、陕西标正作物科学有限公司等企业登记生产。

顺式氯氰菊酯 alpha-cypermethrin

其他名称 高效灭百可(Fastac)；高效安绿宝(Bestox)；Balas；Bonsul；Concord；Dominex；Efitax；高顺氯氰菊酯；快杀敌；百事达。

化学名称 本品是个外消旋体，含(S)-α-氰基-3-苯氧基苄基-(1R,3R)-3-(2,2-二氯乙烯基)-2, 2-二甲基环丙烷羧酸酯和(R)-α-氰基-3-苯氧基苄基-(1S,3S)-3-(2, 2-二氯乙烯基)-2,2-二甲基环丙烷羧酸酯。

结构式

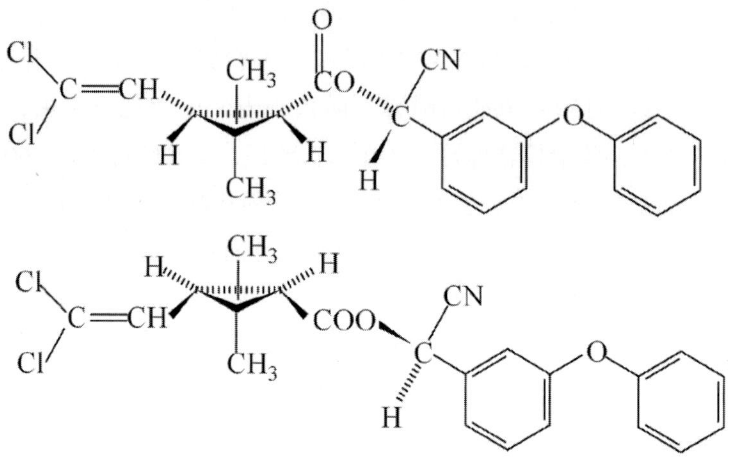

理化性质 原药为白色或奶油色结晶或粉末，纯度不低于90%，熔点78～81℃，(纯品熔点82～83℃)。在20℃时相对密度1.12。常温下在水中溶解度极低，易溶于酮类、醇类及芳烃类溶剂。25℃时溶解度，水中0.01mg/kg，环己酮中515g/L，二甲苯中315g/L。在中性、酸性条件下稳定，在强碱条件下水解，热稳定性良好。

毒　　性 大鼠急性经口LD_{50}为79mg/kg，大鼠急性经皮LD_{50}为500mg/kg，兔急性经皮$LD_{50}>2$g/kg。对皮肤和眼睛有刺激性，但不会使皮肤过敏。禽鸟毒性：急性经口$LD_{50}>2$g/kg。对鱼、蜜蜂高毒，虹鳟鱼LD_{50}为28mg/L(96h)，蜜蜂LD_{50}为0.033μg/头。

剂　　型 3%乳油、5%乳油、10%乳油、5%可湿性粉剂、4.5%微乳剂、50g/L悬浮剂、100g/L悬浮剂。

作用特点 触杀、胃毒，杀虫速效。具杀卵活性。在植物上有良好的稳定性，能耐雨水冲刷，顺式氯氰菊酯为一种生物活性较高的拟除虫菊酯类杀虫剂，它是由氯氰菊酯的高效异构体组成。其杀虫活性约为氯氰菊酯的1～3倍，因此单位面积用量更少，效果更高。神经轴突毒剂，可引起昆虫极度兴奋、痉挛、麻痹，并产生神经毒素，最终可导致神经传导完全阻断，也可引起神经系统以外的其他细胞组织产生病变而死亡。

应用技术 用于防治棉花、果树、蔬菜、大豆和烟草等作物上的多种害虫。

防治小麦蚜虫，在小麦灌浆期，用3%乳油30～45ml/亩对水40～50kg喷雾；防治玉米地下害虫，用20%悬浮种衣剂30～35g/100kg种子进行种子处理；防治棉花盲蝽，用50g/L乳油对水70kg喷雾；防治棉花棉铃虫、红铃虫，于卵盛孵期，用50g/L乳油34～46ml/亩对水70kg喷雾。

防治玉米地下害虫，用200g/L种子处理悬浮剂1：（570～665）（药种比）种子包衣。

防治十字花科蔬菜蚜虫，在蚜虫始发盛期，用50g/L乳油20～30ml/亩对水40～50kg喷雾；防治十字花科蔬菜小菜蛾，2龄幼虫盛发期，用50g/L乳油12～24ml/亩对水40～50kg喷雾；防治黄瓜蚜虫，用3%乳油40～50ml/亩，或用100g/L乳油5~10ml/亩喷雾，对水40～50kg喷雾；防治豇豆大豆卷叶螟，用100g/L乳油10～13ml/亩对水40～50kg喷雾。

防治柑橘潜叶蛾，于新梢放出5d左右，用50g/L乳油1 000～1 500倍液喷雾；防治荔枝蝽象，在成虫交尾产卵前和若虫发生期各施药1次，用50g/L乳油2 000～2 500倍液喷雾；防治荔枝蒂蛀虫，于第1次生理落果后、果实膨大期、果实成熟前20d各施1次药50g/L乳油2 000~2 500倍液喷雾。

防治卫生害虫蝇、蚊，用10%悬浮剂20mg/m^2滞留喷洒；防治卫生害虫蜚蠊、跳蚤，用10%悬浮剂15～25mg/m^2滞留喷洒。

另外，资料报道还可以防治玉米黏虫，在7月中旬，黏虫5龄期，用10%乳油7ml/亩对水40～50kg喷雾，防效较好；防治大豆食心虫，在害虫发生盛期，用5%乳油20～30ml/亩对水40～50kg喷雾，还可兼治大豆卷叶螟；防治棉花蚜虫，用10%乳油5～10ml/亩对水50kg喷雾。防治二十八星瓢虫，于害虫发生期，用5%乳油20～40ml/亩对水40～50kg均匀喷雾。防治桃小食心虫、梨小食心虫，卵盛孵期，用10%乳油6 000倍液喷雾；防治桃蚜，于发生期，用10%乳油2 000倍液喷雾；防治柑橘红蜡蚧，于若虫盛发期，用10%乳油2 000倍液喷雾；防治茶尺蠖，于3龄幼虫前，用10%乳油10 000～20 000倍液喷雾；防治茶小绿叶蝉，若虫发生期，用10%乳油7 000～10 000倍液喷雾；防治菊花、月季花蚜虫，蚜虫发生期，用10%乳油10 000～20 000倍液喷雾。

注意事项 忌与碱性农药(如波尔多液、石硫合剂等)混用，以免分解失效。用药量与用药次数不要随意增加，注意与非菊酯类农药交替混用。在瓜类、叶菜类、豆类、柑橘、苹果等作物收获前14d应停止使用本产品。该药无特效解毒药。如误服，应立即请医生对症治疗。使用中不要污染水源、池塘、养蜂场等。

开发登记 美国富美实公司、巴斯夫欧洲公司、新加坡利农私人有限公司、山东兆丰年生物科技有限公司、上海生农生化制品股份有限公司等企业登记生产。

高效氯氰菊酯 bata-cypermethrin

其他名称 爱克宁；歼灭；Icon；High effect cypermethrin；High activecyanothrin；高灭灵；三敌粉；无敌粉；卫害净。

化学名称 本品是两对外消旋体混合物，其顺反比约为2：3。即(S)-α-氰基-3-苯氧基苄基(1R,3R)-3-(2,2-二氯乙烯基)-2,2-二甲基环丙烷羧酸酯和(R)-α-氰基-3-苯氧基苄基(1S,3S)-3-(2,2-二氯乙烯基)-2,2二甲基环丙烷羧酸酯与(S)-α-氰基-3-苯氧基苄基(1R，3S)-3-(2, 2-二氯乙烯基)-2,2-二甲基环丙烷羧酸酯和(R)-α-氰基-3-苯氧基苄基(1S,3R)-3-(2,2-二氯乙烯基)-2, 2-二甲基环丙烷羧酸酯。

结构式

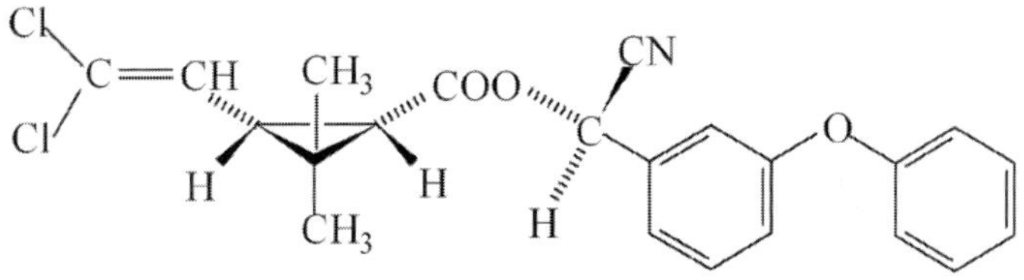

Cl、Cl、C=CH、CH_3、COO、CN、C、O、H、H、CH_3、H

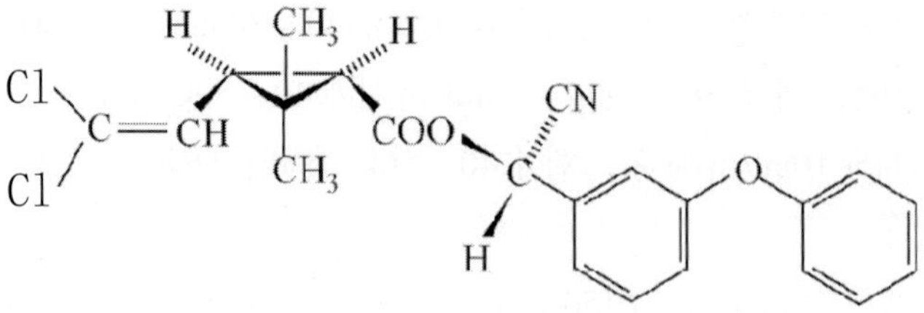

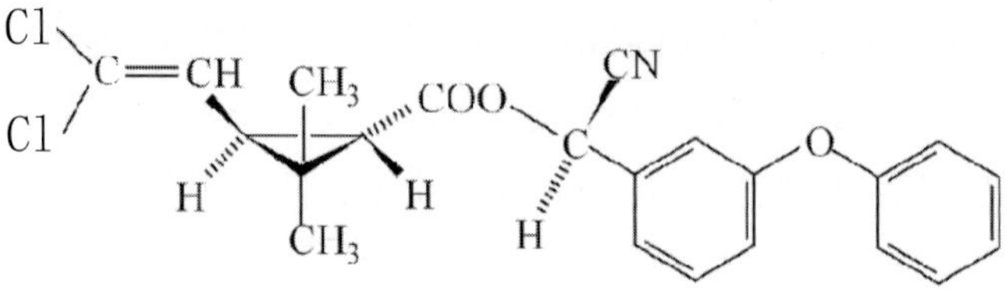

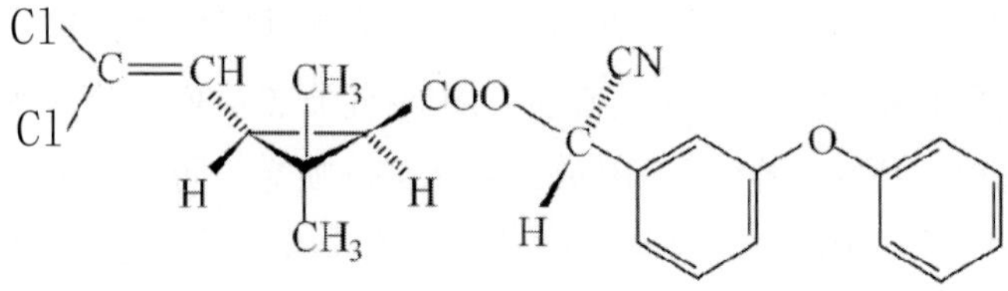

理化性质 白色或略带奶油色的结晶或粉末，熔点60～65℃。难溶于水，易溶于酮类(如丙酮)及芳烃(如苯、二甲苯)，也能溶于醇类。在中性及弱酸性下稳定，遇碱易分解。

毒　　性 大鼠急性口服LD_{50}为649mg/kg。4.5%乳油大鼠急性口服LD_{50}为853mg/kg，急性经皮LD_{50}为1.8g/kg。

剂　　型 4.5%乳油、10%乳油、5%可湿性粉剂、4.5%水乳剂、10%水乳剂、5%微乳剂。

作用特点 高效氯氰菊酯是氯氰菊酯的高效异构体，具有触杀和胃毒作用。杀虫谱广，击倒速度快，杀虫活性较氯氰菊酯高。该药主要用于防治棉花、蔬菜、果树、茶等多种作物上的害虫及卫生害虫。

应用技术 对棉花、蔬菜、果树等作物上的鳞翅目、半翅目、双翅目、同翅目、鞘翅目等农林害虫及蚊蝇、蟑螂、跳蚤、臭虫、虱子和蚂蚁等卫生害虫都有极高的杀灭效果。本品在农作物上的残效期可保持5～7d，在室内作滞留处理可达3个月以上。

防治小麦蚜虫，用4.5%乳油30～40ml/亩，或用4.5%乳油20～40ml/亩喷雾，对水40～50kg喷雾；防治棉花棉铃虫，于卵孵化盛期至3龄前，用4.5%乳油30～50ml/亩对水60kg喷雾；防治棉花红铃虫，用4.5%乳油20～40ml/亩对水60kg喷雾；防治棉花蚜虫，用4.5%乳油40～67ml/亩对水60kg喷雾；防治烟草烟青虫，在卵孵化盛期至3龄幼虫期，用4.5%乳油20～30ml/亩对水40～50kg喷雾；防治烟草蚜虫，于蚜虫始发盛期，用4.5%乳油20～40ml/亩喷雾处理。

防治十字花科蔬菜菜青虫，卵孵化盛期至3龄前，用4.5%乳油20～50ml/亩对水40～50kg喷雾；防治十字花科蔬菜蚜虫，发生盛期，用4.5%乳油40～50ml/亩，对水40～50kg喷雾；防治十字花科蔬菜小菜蛾，用4.5%乳油40～60ml/亩，或用10%水乳剂14～18ml/亩喷雾对水40～50kg喷雾；防治十字花科蔬菜美洲斑潜蝇，用4.5%乳油40～50ml/亩对水40～50kg喷雾；防治番茄白粉虱，用3%烟剂250～350g/亩点燃放烟；防治马铃薯二十八星瓢虫，用4.5%乳油22～44ml/亩对水40～50kg喷雾；防治辣椒烟青虫，于卵孵化盛期，用4.5%乳油 35～50ml/亩喷雾；防治枸杞蚜虫，于蚜虫始发盛期，用4.5%乳油 2 250～2 500倍液喷雾处理；防治番茄美洲斑潜蝇，用4.5%乳油28～3ml/亩或2.5%乳油50～60ml/亩喷雾；防治豇豆豆荚螟，于卵孵高峰期至低龄幼虫发生期，用4.5%乳油 30～40ml/亩喷雾处理；防治韭菜迟眼蕈蚊，于迟眼蕈蚊成虫始盛期和盛期，用 10～20ml/亩喷雾防治两次，间隔5～7d。

用3%微囊悬浮剂，600～1 000倍液喷雾防治桃树天牛，500～1 000倍液喷雾防治林木天牛；防治荔枝树蒂蛀虫，于成虫羽化高峰和幼虫发生初期用4.5%乳油 65～85ml/亩喷雾；防治苹果桃小食心虫，于卵孵化盛期，用4.5%微乳剂1 350～2 250倍液或4.5%乳油1 000～2 000倍液喷雾；防治苹果黄蚜，用2.5%水乳剂1 000～2 000倍液喷雾；防治梨树梨木虱，越冬代或1～3龄若虫发生期，用4.5%乳油800～1 200倍液喷雾；防治柑橘潜叶蛾，用4.5%乳油500～1 000倍液喷雾；防治柑橘红蜡蚧，在若虫分散转移期，用4.5%乳油900倍液喷雾；防治茶树茶尺蠖，在3龄前，用4.5%乳油1 000～2 000倍液喷雾。

防治茶小绿叶蝉，用4.5%乳油 30～60ml/亩喷雾。

防治卫生害虫蚊、蝇、蜚蠊，用4.5%水乳剂40mg/m^{2}滞留喷洒。

另外，资料报道还可以防治小麦黏虫，应在卵孵盛期至3龄前，用10%乳油10～12ml/亩对水40～50kg均匀喷雾；防治玉米螟，用10%乳油10～20ml/亩对水40～50kg均匀喷雾，重点喷喇叭口、叶腋和叶背面；防治水稻螟虫、蟒象、稻水象甲、稻纵卷叶螟等害虫，用10%乳油50～70ml/亩对水40～50kg喷雾；防治大豆豆天蛾、豆荚螟、食心虫，用10%乳油30～75ml/亩对水40～50kg喷雾；防治棉盲蝽，6月下旬，用4.5%乳油1 000倍液喷雾，防效高，持效期长达14d；防治地老虎，在烟苗移栽时用10%乳油20ml/亩按每株200ml将药液浇施在烟苗根部周围土壤内。防治马铃薯蚜虫、马铃薯甲虫、蟒象，用10%乳油40～75ml/亩对水40～50kg喷雾；防治斜纹夜蛾、甘蓝夜蛾、黄守瓜、黄条跳甲等，用10%乳油10～15ml/亩对水40～50kg喷雾。防治桃蚜，用10%乳油2 000倍液喷雾；防治苹果黄蚜、梨蚜，用10%乳油1 000～2 000倍液均匀喷雾，重点喷嫩梢。

注意事项 喷雾要均匀、仔细、周到，雾滴覆盖整个植株。忌与碱性物质混用，以免分解失效。对鱼、蜜蜂和蚕有毒，不应在鱼塘、蜂场和桑园等处及其周围地区使用。施药时应穿防护服、戴口罩和手套，如药液沾染眼部和皮肤要立即用水冲洗15min以上。注意防火，远离火源。储存于干燥、避光、阴凉处，远离食品、饲料和儿童。

开发登记 湖北仙隆化工股份有限公司、河北双吉化工有限公司等企业登记生产。

高效氯氟氰菊酯 lambda-cyhalothrin

其他名称 功夫；爱克宁；λ-三氟氯氰菊酯。

化学名称 本品是一个混合物，含等量的(S)-α-氰基-3-苯氧基苄基(Z)-(1R，3R)-3-(2-氯-3,3,3-三氟丙烯基)-2,2-二甲基环丙烷羧酸酯和(R)-α-氰基-3-苯氧基苄基(Z)(1S,3S)-3-(2-氯-3,3,3-三氟丙烯基)-2,2-二甲基环丙烷羧酸酯。

结构式

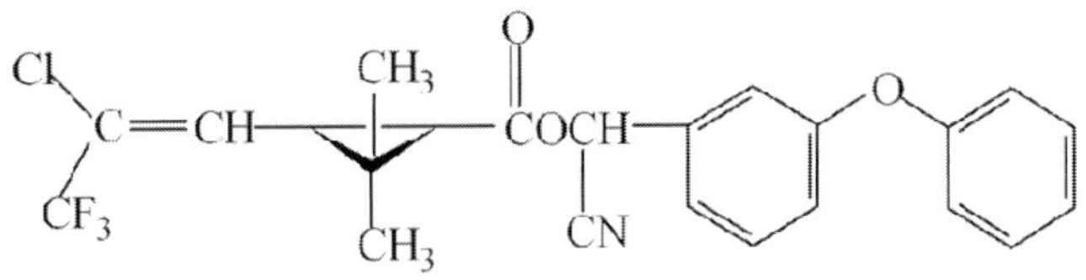

Cl, CF_3, C=CH, CH_3, CH_3, O, COCH, CN, O

理化性质 纯品为无色固体，熔点49.2℃，蒸气压200μPa(20℃)。溶解性：丙酮、乙酸乙酯、己烷、甲醇、甲苯大于500g/L(21℃)，纯水0.005mg/L(pH6.5)、缓冲液0.004mg/L(pH5.0)。15～25℃下储存可稳定半年以上。

毒　性 大鼠急性经口LD_{50}为56～482mg/kg，雄大鼠急性经皮LD_{50}为632mg/kg，雌大鼠急性经皮LD_{50}为696mg/kg。对皮肤无刺激作用，对眼睛稍有刺激。大鼠急性吸入LC_{50}(4h)为0.06mg/L空气。

剂　型 40%母液、2.5%乳油、25%乳油、25%微乳剂、10%可湿性粉剂、1.5%悬浮剂、2.5%悬浮剂、2.5%水乳剂、25g/L乳油、50g/L乳油。

作用特点 是新一代低毒高效拟除虫菊酯类杀虫剂，具有触杀、胃毒作用，无内吸作用。同其他拟除虫菊酯类杀虫剂相比，其化学结构式中增添了3个氟原子，使其杀虫谱更广、活性更高，药效更为迅速，并且具有强烈的渗透作用，增强了耐雨性，延长了持效期。药效迅速，用量少，击倒力强，低残留，并且能杀灭那些对常规农药产生抗性的害虫。对人、畜及有益生物毒性低，对作物安全，对环境安全。害虫对其产生抗性缓慢。

应用技术 防治烟草烟青虫，于烟青虫低龄幼虫发生期，用25g/L乳油3 300～4 000倍液喷雾；防治十字花科蔬菜菜青虫用25g/L乳油40～50ml/亩喷雾。

据资料报道，还可用于防治棉花、花生、大豆、果树、蔬菜、烟草上鳞翅目、鞘翅目、半翅目、双翅目、同翅目等多种害虫、害螨，也可用来防治多种地表和公共卫生害虫。还可用于防治牲畜寄生虫，如牛身上的微小牛蜱和东方角蝇，羊身上的虱子、蜱、蝇等害虫，对刺吸式口器害虫也有一定防效。对鳞翅目中的蛀果蛾、卷叶蛾、潜叶蛾、毒蛾、尺蠖、菜粉蝶、小菜蛾、甘蓝夜蛾、切根虫、斑螟、烟青虫、金斑蛾，同翅目中的蚜虫、叶蝉、粉虱，半翅目中的蝽象，鞘翅目中的蓝光丽金龟、象鼻虫、叶甲、瓢虫，双翅目的瘿蚊，膜翅目的叶蜂以及蓟马等害虫均有较好的防效。

防治小麦蚜虫、黏虫，用2.5%乳油12～20ml/亩对水40～50kg喷雾；防治玉米黏虫，用2.5%水乳剂16～20ml/亩对水40～50kg喷雾；防治棉花棉铃虫、红铃虫，于2～3代卵孵盛期，用2.5%乳油50～60ml/亩对水40～50kg喷雾；防治大豆食心虫，在成虫盛发期，用2.5%水乳剂16～20ml/亩对水40～50kg喷雾；防治棉花蚜虫，用2.5%水乳剂15～25ml/亩对水50～60kg喷雾；防治烟草烟青虫、蚜虫，在烟青虫3龄期以前，用2.5%乳油20～30ml/亩对水40～50kg喷雾。

防治十字花科蔬菜蚜虫，用2.5%乳油25～50ml/亩对水40～50kg喷雾；防治十字花科蔬菜菜青虫，2～3龄幼虫发生期，用2.5%乳油20～30ml/亩对水40～50kg喷雾；防治十字花科蔬菜小菜蛾，用2.5%乳油40～80ml/亩对水40～50kg喷雾；防治茄子白粉虱，用2.5%水乳剂20～25ml/亩对水40～50kg喷雾；防治马铃薯蚜虫，用2.5%水乳剂12～20ml/亩对水40～50kg喷雾；防治菜豆美洲斑潜蝇，用2.5%水乳剂16～20ml/亩对水40～50kg喷雾。

防治苹果桃小食心虫，卵孵盛期，用2.5%水乳剂4 000～5 000倍液喷雾；防治柑橘潜叶蛾、蚜虫，在潜叶蛾卵盛期，用2.5%水乳剂3 000～4 000倍液喷雾；防治荔枝蝽象，用2.5%水乳剂3 000～4 000倍液喷雾；防治茶树茶小绿叶蝉，成、若虫发生盛期，用2.5%乳油4 000～4 500倍液喷雾；防治茶树茶尺蠖，用2.5%水乳剂10～20ml/亩对水60kg喷雾。

另外，资料报道还可以防治玉米螟，在玉米抽穗期，用2.5%乳油25～50ml/亩对水30～45kg喷雾；防治水稻二化螟，在第1代二化螟卵孵盛期，水稻的分蘖期，用2.5%乳油1 000～1 500倍液喷施；防治稻纵卷叶螟，在稻纵卷叶螟卵孵盛期，水稻处于分蘖末期，用2.5%乳油1 000～1 500倍液喷施；防治稻螟蛉，在第3代稻螟蛉4龄幼虫发生盛期，用2.5%乳油1 000～2 000倍液喷施；防治大豆蚜虫，在蚜虫盛发期，用2.5%乳油20～50ml/亩对水40kg喷雾。防治苹果蠹蛾，低龄幼虫始发期或开花坐果期，用2.5%乳油1 000～3 000倍液喷雾；防治柑橘矢尖蚧、吹绵蚧，在若虫发生期，用2.5%乳油1 000～2 000倍液对水喷雾；防治柑橘蚜虫，于发生期施药，用2.5%乳油1 000～2 000倍液，均匀喷雾；防治柑橘叶螨，于发生期，用2.5%乳油1 000～2 000倍液喷雾；防治柑橘吸果夜蛾，在9月末开始，用2.5%乳油1 000～1 500倍液喷药，间隔12天，再喷1次；防治茶叶瘿螨、茶橙瘿螨，在发生期，用2.5%乳油1 000～3 000倍液喷雾。

注意事项 由于高效氯氟氰菊酯亩用量少，喷液量低，雾滴直径小，因此施药时应选择无风或微风、气温低时进行；飞机作业更应注意选择微侧风时施药，避免大风天及高温时施药，药液飘移或挥发降低药效而造成无效作业。若虫情紧急，施药时气温高，应适当加大用药量及喷液量，保证防虫效果。若天气干旱、空气相对湿度低时用高量；土壤水分条件好、空气相对湿度高时用低量。喷雾时空气相对湿度应大于65%、温度低于30℃、风速小于4m/s，空气相对湿度小于65%时应停止作业。本剂具有速效、高效的杀虫作用，故在卷叶蛾卷叶前或蛀果蛾、潜叶蛾侵入果实或蚕食叶子前喷药最为适宜。将药液均匀喷于叶背或下部叶片就十分重要。苹果、梨、桃子、柿子等果树，可在采收前7d使用。对广范围害虫具卓效，一次喷洒可同时防治多种害虫。应与有机磷类和氨基甲酸酯类杀虫机理不同的其他药剂轮用。对蚕有长时间的毒性，不能在蚕桑地区使用。不要与碱性物质混用，不要做土壤处理。如药液溅到皮肤和眼睛上，立即用大量清水冲洗，如误服，立即引吐，并迅速就医。安全间隔期为21d。

开发登记 南京红太阳股份有限公司、山东新势立生物科技有限公司等企业登记生产。

精高效氯氟氰菊酯 gamma cyhalothrin

其他名称 普乐斯。

化学名称 (S)-α-氰基-3-苯氧基苄基-(Z)-(1R, 3R)-3-(2-氯-3,3,3-三氟丙烯基)-2,2-二甲基环丙烷羧酸酯。

结 构 式

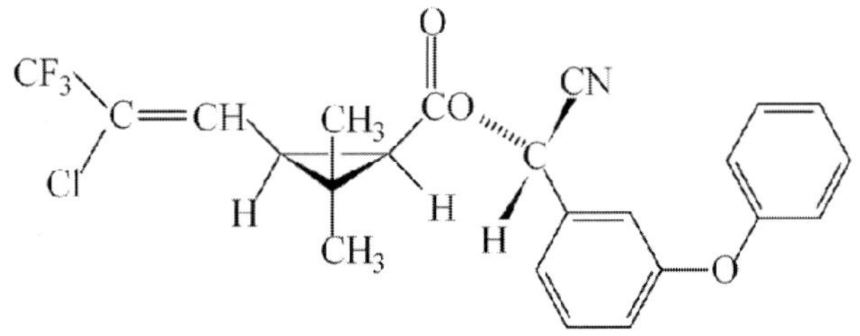

理化性质 外观为白色、无嗅的绒毛状固体。高温时稳定，20℃时密度1.319g/ml，熔点55.6℃，蒸气压20℃时1.03×10^{-7}Pa(7.73×10^{-10}mmHg)。溶解度19℃时在丙酮、乙酸乙酯、1, 2-二氯乙烷、对二甲苯中大于500g/kg，庚烷中0.030 7g/mL，甲醇中0.138g/mL，正辛醇中0.036 6g/mL。50℃时，在黑暗条件下，至少4年保持稳定。

毒　　性 大鼠急性经口LD_{50}为55mg/kg(原药)、5 000mg/kg以上(制剂)；大鼠急性经皮LD_{50}为1 500mg/kg(原药)、5 000mg/kg以上(制剂)。

剂　　型 1.5%悬浮剂、1.5%微囊悬浮剂。

应用技术 防治甘蓝菜青虫，于菜青虫卵孵高峰期至低龄幼虫发生期，用1.5%微囊悬浮剂25~35g/亩喷雾；防治苹果树桃小食心虫，于卵果率在1%时，喷雾1.5%微囊悬浮剂1 000~1 500倍液。

据资料报道，防治小麦蚜虫、黏虫，用2.5%乳油12～20ml/亩对水40～50kg喷雾；防治玉米黏虫，用2.5%水乳剂16～20ml/亩对水60kg喷雾；防治棉花棉铃虫，用2.5%乳油50～60ml/亩对水70kg喷雾；防治棉花红铃虫，用2.5%乳油20～60ml/亩对水70kg喷雾；防治棉花蚜虫，用2.5%水乳剂15～25ml/亩对水70kg喷雾；防治大豆食心虫，用2.5%水乳剂16～20ml/亩对水40～50kg喷雾；防治烟草烟青虫、蚜虫，在烟青虫3龄期以前，用2.5%乳油20～30ml/亩对水40～50kg喷雾。

据资料报道，防治十字花科蔬菜蚜虫，用2.5%乳油25～50ml/亩对水40～50kg喷雾；防治十字花科蔬菜菜青虫，2～3龄幼虫发生期，用2.5%乳油20～30ml/亩对水40～50kg喷雾；防治十字花科蔬菜小菜蛾，用2.5%乳油40～80ml/亩对水40～50kg喷雾；防治茄子白粉虱，用2.5%水乳剂20～25ml/亩对水40～50kg喷雾；防治马铃薯蚜虫，用2.5%水乳剂12～16.7ml/亩对水40～50kg喷雾；防治菜豆美洲斑潜蝇，用2.5%乳油40～50ml/亩对水40～50kg喷雾。防治苹果桃小食心虫，用2.5%乳油4 000～5 000倍液喷雾；防治柑橘潜叶蛾、蚜虫，用2.5%乳油1 000～1 830倍液喷雾；防治荔枝蝽象，用2.5%水乳剂3 000～4 000倍液喷雾；防治茶树茶小绿叶蝉，成、若虫发生盛期，用2.5%乳油2 000～3 000倍液喷雾；防治茶树茶尺蠖，用2.5%乳油10～20ml/亩对水60kg喷雾。

另外，资料报道还可以防治水稻二化螟，在卵孵化盛期，水稻分蘖期，用2.5%乳油1 000～1 500倍液均匀喷雾；防治稻纵卷叶螟，在卵孵化盛期，水稻分蘖末期，用2.5%乳油1 000～2 000倍液均匀喷雾。

开发登记 美国富美实公司登记生产。

氰戊菊酯 fenvalerate

其他名称 速灭菊酯；杀灭菊酯；杀灭速丁；速灭杀丁；中西杀灭菊酯；敌虫菊酯；异戊氰酸酯；戊酸氰醚酯。

化学名称 (RS)-α-氰基-3-苯氧基苄基-(RS)-2-(4-氯苯基)-3-甲基丁酸酯。

结构式

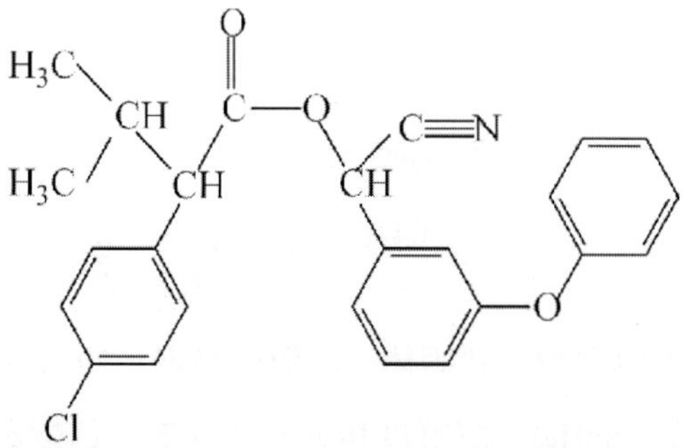

理化性质 黄色晶体，相对密度1.175(25℃)。23℃时，在水中溶解度为0.02mg/L，在二甲苯、甲醇、丙酮、氯仿中溶解度大于50%，已烷中13.4%，乙二醇中小于0.1%。耐光性较强，光照7h的分解率：波长212.4μm为46.8%，494.1μm时为0.2%。

毒　　性 大鼠急性经口LD_{50}为451mg/kg，大鼠急性经皮$LD_{50}>5\ 000$mg/kg。对兔皮肤有轻度刺激性，对眼睛有中度刺激性。

剂　　型 5%乳油、10%乳油、20%乳油、30%乳油、40%乳油、20%水乳剂、10%微乳剂。

作用特点 具有较高生物活性非三元环结构的合成拟除虫菊酯杀虫剂。杀虫谱广，对天敌无选择性，以触杀和胃毒作用为主，无内吸传导和熏蒸作用。

应用技术 对鳞翅目幼虫效果好。对同翅目、直翅目、半翅目等害虫也有较好效果，但对螨类无效。

适用于棉花、果树、蔬菜、大豆、小麦等作物。

防治大豆豆荚螟，卵孵盛期，用20%乳油20～40ml/亩对水40～50kg喷雾；防治大豆食心虫，用20%乳油20～30ml/亩对水40～50kg喷雾；防治大豆蚜虫，用20%乳油10～20ml/亩对水40～50kg喷雾；防治棉花棉铃虫，于卵孵盛期，用20%乳油40～60ml/亩对水80kg喷雾；防治棉花红铃虫，用20%乳油25～50ml/亩对水80kg喷雾；防治棉花蚜虫，卷叶株率不超过5%时，用20%乳油25～50ml/亩对水80kg喷雾；防治烟草小地老虎、烟青虫，用20%乳油3.6~5ml/亩对水40～50kg喷雾。

防治十字花科蔬菜蚜虫、菜青虫，2～3龄幼虫发生期，用20%乳油20～40ml/亩对水40～50kg喷雾。

防治苹果桃小食心虫，于虫卵孵盛期，用20%乳油2 000～4 000倍液喷雾；防治苹果蚜虫，用5%乳油3 000～4 000倍液喷雾；防治柑橘蚜虫，用8%增效乳油800～ 1 200倍液喷雾。

另外，资料报道还可以防治麦蚜、黏虫，于麦蚜发生期、黏虫2～3龄幼虫发生期，用20%乳油2 000～3 000倍液喷雾；防治小菜蛾，3龄幼虫前，用20%乳油1 000～2 000倍液喷雾，残效期在7～10d；防治柑橘介壳虫，于发生期施药，用20%乳油1 000～2 000倍液加1%矿物油混用；防治黑刺粉虱，于若虫高峰期，用20%乳油800～1 500倍液喷雾，残效期5～7d。

注意事项 因残留原因，本品在国内禁止应用于茶叶。施药要均匀周到，方能有效控制害虫。害虫、害螨并发的作物上使用此药，由于对螨无效，要配合使用杀螨剂。蚜虫、棉铃虫等害虫对此药易产生抗性，使用时尽可能轮用、混用。可以与马拉硫磷、代森锰锌、克菌丹等非碱性农药混用。不要与碱性农药等物质混用。对蜜蜂、鱼虾、家蚕等毒性高，使用时注意不要污染河流、池塘、桑园、养蜂场所。在使用过程中，如有药液溅到皮肤上，应立即用肥皂清洗；如药液溅入眼中，应立即用大量清水冲洗。如发误服，立即喝大量盐水促使呕吐，或慎重进行洗胃，使药物尽快排出。

开发登记 南京红太阳股份有限公司、江苏丰山集团股份有限公司、江苏省扬州市苏灵农药化工有限公司等企业登记生产。

顺式氰戊菊酯 esfenvalerate

其他名称 Fenvalerate；来福灵；Sumi-alpha；Sumicidin Aa；S-氰戊菊酯；高效氰戊菊酯；强力农；强福灵；高氰戊菊酯。

化学名称 (S)-α-氰基-3-苯氧基苄基-(S)-2-(4-氯苯基)-3-甲基丁酸酯。

结构式

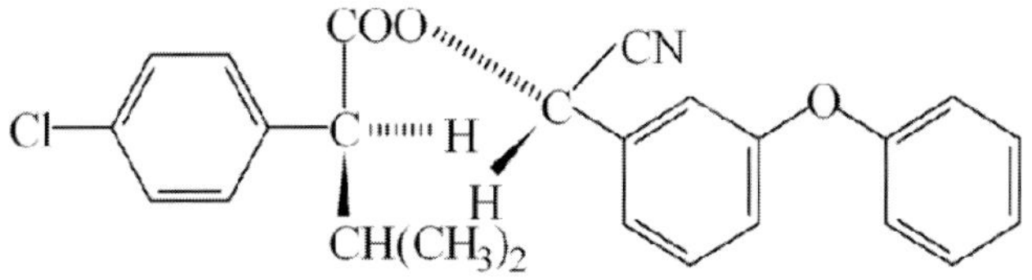

Cl, COO, CN, C, H, O, H, $CH(CH_3)_2$

理化性质 纯品为白色结晶固体，熔点59.0～60.2℃，密度1.163。蒸气压20℃时为35.1μPa和25℃时为66.7μPa。25℃时的溶解度(%)：二甲苯、丙酮、甲基异丁酮、醋酸乙酯、氯仿、乙腈、二甲基甲酰胺、二甲亚砜等均大于60，α-甲基萘50～60，乙基溶纤剂40～50，甲醇7～10，正己烷1～5，煤油小于1。

毒　　性 鼠急性口服LD_{50}为325mg/kg，急性经皮LD_{50}＞5g/kg。兔急性经皮LD_{50}＞5g/kg，对兔皮肤有轻微刺激，对兔眼睛有中等刺激。工业品大鼠亚急性经口无作用剂量为150mg/kg，慢性毒性可参考氰戊菊酯。

剂　　型　2.5%、5%、50g/L乳油，50g/L水乳剂。

作用特点　属拟除虫菊酯类杀虫剂，具广谱触杀和胃毒特性，无内吸和熏蒸作用，对光稳定，耐雨水冲刷，但它是氰戊菊酯所含4个异构体中最高效的1个，杀虫活性比氰戊菊酯高出约4倍，同时在阳光下较稳定，且耐雨水淋洗。

应用技术　用于防治棉铃虫、红铃虫、桃小食心虫、菜青虫、梨小食心虫、豆荚螟、大豆蚜、茶毛虫、小绿叶蝉、玉米螟、甘蓝夜蛾、菜粉蝶、苹果蛀蛾、苹果蚜、桃蚜和螨类等多种害虫。

防治小麦黏虫、麦蚜，黏虫3龄以前，用50g/L乳油12～15ml/亩对水40～50kg喷雾；防治玉米黏虫，用50g/L乳油10~20ml/亩喷雾;防治大豆蚜虫、食心虫，在成虫盛发期，用50g/L乳油10～20ml/亩对水40～50kg喷雾；防治棉花棉铃虫，于卵盛孵期，用50g/L乳油40～50ml/亩对水60～70kg喷雾；防治棉花棉蚜，用50g/L乳油25～35ml/亩对水60～70kg喷雾；防治棉花红铃虫，用5%乳油30～40ml/亩对水60～70kg喷雾；防治烟草烟青虫、蚜虫，于卵盛孵期或幼虫低龄期，用5%乳油10～15ml/亩对水40～50kg喷雾。

防治十字花科蔬菜菜青虫、菜蚜、甜菜夜蛾，于卵孵高峰期至低龄幼虫发生期或蚜虫始发盛期，用50g/L乳油10～20ml/亩对水40～50kg喷雾。

防治苹果桃小食心虫，于卵盛孵期，用50g/L乳油2 000～3 000倍液喷雾；防治柑橘潜叶蛾，在卵盛孵期，用5%乳油7 000～8 000倍液喷雾。

防治森林松毛虫，在幼虫2～3龄期，用5%乳油6 250～10 000倍液喷雾。

另外，资料报道还可以防治玉米螟，玉米抽雄率10%，每100株有玉米螟卵块30块时施药，用5%乳油1 000～1 500倍液喷雾。防治小菜蛾，于幼虫3龄期，用5%乳油1 000～1 500倍液喷雾；防治豆野螟，于豇豆、菜豆开花始盛期、卵盛孵期施药，用5%乳油1 000～1 500倍液，持效期7～10d。

注意事项　因残留原因，本品在国内禁止应用于茶叶。本品不宜与碱性物质混用；喷药应均匀周到，尽量减少用药次数及用药量，而且应与其他杀虫剂交替使用或混用，以延缓抗药性的产生；由于该药对螨无效，在害虫、螨并发时，要配合杀螨剂使用，以免螨害猖獗发生；用药时不要污染河流、池塘、桑园和养蜂场等。

开发登记　山东华阳科技股份有限公司等企业登记生产。

氟氰戊菊酯 flucythrinate

其他名称　氟氰菊酯；中西氟氰菊酯；保好鸿。

化学名称　(RS)-α-氰基-3-苯氧基苄基-(S)-2-(4-二氟甲氧基苯基)-3-甲基丁酸酯。

结 构 式

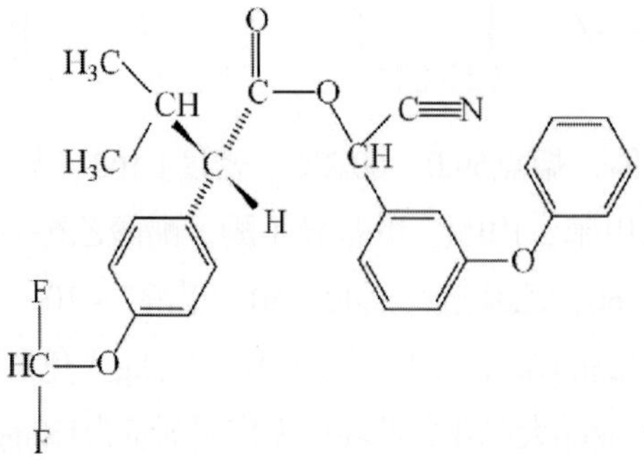

理化性质 深琥珀色黏稠液体，沸点108℃/46.7Pa，相对密度1.189，蒸气压1.2μPa(25℃)。溶解性(21℃)：水中为5mg/L，丙酮大于820g/L，已烷90g/L，二甲苯1.81g/L。稳定性：在37℃时稳定期为1年以上；在25℃时稳定期为2年以上；在土壤中因日光促进降解，DT_{50}约21d；在27℃时水解DT_{50}约40d (pH3)，52d(pH5)，6.3d(pH9)。

毒　　性 口服LD_{50}大鼠为81mg/kg，雌小鼠为76mg/kg。兔经皮LD_{50}(24h) > 1 000mg/kg，大鼠急性吸入LC_{50}(4h)为4.85mg/L空气(气雾剂)。

剂　　型 10%乳油、30%乳油。

作用特点 对害虫主要是触杀作用，也有胃毒和杀卵作用，在致死浓度下有忌避作用，但无熏蒸和内吸作用。对害虫的毒力为滴滴涕的10～20倍，属负温度系数农药，即气温低要比气温高时的药效好，因此在傍晚施药为宜。其杀虫机理主要是改变昆虫神经膜的渗透性，影响离子的通道，因而抑制神经传导，使害虫运动失调、痉挛、麻痹以致死亡。

应用技术 据资料报道，可对鳞翅目、双翅目、半翅目等多种害虫有效。常用于防治甘蓝、棉花、豇豆、玉米、仁果、核果、马铃薯、大豆、甜菜、烟草和蔬菜等植物上的蚜虫、棉铃虫、棉红铃虫、烟草夜蛾、造桥虫、卷叶虫、金刚钻、潜叶蛾、食心虫、菜青虫、小菜蛾、毒蛾类、蓟马、叶蝉等害虫，对螨、蝉也有较好的防治效果，使植食性螨类得到抑制或延缓，但不提倡单独用作杀螨剂。

资料报道，可以防治棉花棉铃虫，于卵孵盛期施药，用30%乳油1 000～3 000倍液；防治棉蚜，于苗期蚜虫发生期，用30%乳油2 000～3 000倍液。防治菜青虫，于2～3龄发生期，用30%乳油1 000～3 000倍液喷雾。防治桃小食心虫，于卵孵盛期，用30%乳油2 000～4 000倍液喷雾；防治柑橘潜叶蛾，在开始放梢后3～5d，用30%乳油3 000～4 000倍液；防治茶尺蠖，于2～3龄幼虫盛发期，用30%乳油2 000～3 000倍液喷雾；防治茶小绿叶蝉，于成、若虫发生期施药，用30%乳油3 000～4 000倍液喷雾。

注意事项 该药对眼睛、皮肤刺激性较大，施药人员要做好劳动防护；不能在桑园、鱼塘、养蜂场所使用；因无内吸和熏蒸作用，故喷药要周到细致、均匀；用于防治钻蛀性害虫时，应在卵孵期或卵孵化前1～2d施药，不能与碱性农药混用，不能做土壤处理使用；连续使用害虫易产生抗药性。

开发登记 上海中西药业股份有限公司等企业曾登记生产。

溴氰菊酯 deltamethrin

其他名称 敌杀死；凯素灵；Decame-thrin；Decis。

化学名称 (S)-α-氰基-3苯氧基苄基-(1R, 3R)-3-(2,2-二溴乙烯基)-2,2-二甲基环丙烷羧酸酯。

结 构 式

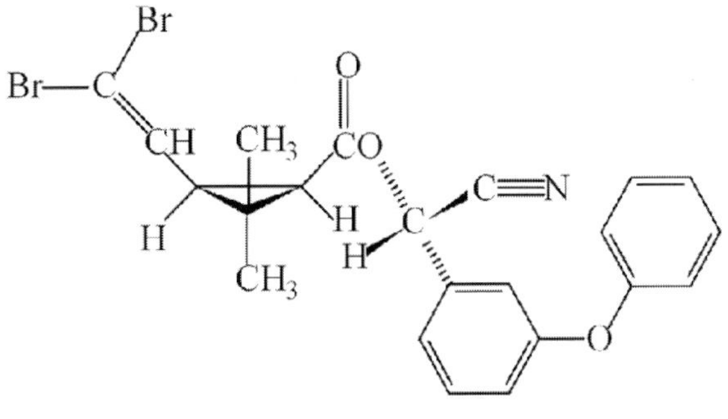

理化性质 无色晶体，熔点101～102℃，25℃时蒸气压为2.0μPa。常温下几乎不溶于水，在20℃水中溶解度小于0.002mg/L，溶于丙酮及二甲苯等大多数芳香族溶剂。20±2℃在其他有机溶剂中的溶解度(g/100ml)为：煤油和异构石蜡溶剂0.5，异丙醇0.6，乙醇1.5，增效醚8，乙腈9，甲苯25，二甲苯25,醋酸乙酯35，二甲基亚砜45，苯45，丙酮50，二氯甲烷70，环已酮75，六甲基磷酰胺83，四氢呋喃85，二甲基甲酰胺87, 1, 4–二恶烷90。在酸性介质中较稳定，在碱性介质中不稳定，对光稳定，在玻璃瓶中暴露在空气和光下，2年仍无分解现象。

毒　　性 大鼠急性经口LD_{50}为138.7mg/kg，急性经皮LD_{50}＞2.94g/kg，吸入LC_{50}为600mg/m^3。对皮肤无刺激作用，对眼睛有轻度刺激作用，但在短期内即可消失。对鱼类、水生昆虫等水生生物高毒，大多数鱼类LC_{50}均＜1μg/L，但在水田中因被土壤颗粒和有机质吸附，且用量低，因此实际毒性大为降低。对蜜蜂和蚕剧毒，蜜蜂经口LD_{50}为0.079μg/头，接触LD_{50}为0.047μg/头。对鸟类毒性较低，野鸡急性经口LD_{50}为4.64g/kg。蚯蚓LC_{50}(14d)为28.57mg/kg土壤，水蚤LC_{50}(48h)为3.5μg/L。无致癌性、致畸性、致突变性。

剂　　型 2.5%乳油，1.5%超低量喷雾剂，0.5%超低量喷雾剂，2.5%、5%可湿性粉剂，25g/L悬浮剂，2.5%水乳剂。

作用特点 触杀和胃毒，也有一定的驱避和拒食作用。但无内吸及熏蒸作用。杀虫谱广，击倒速度快，尤其对鳞翅目幼虫及蚜虫杀伤力大，是当代最高效的拟除虫菊酯类杀虫剂之一，药效比氯菊酯高，但对螨类无效。对家蝇的毒力比天然除虫菊素高约1 000倍。本品性质稳定，持效长。

应用技术 适用于防治棉花、水稻、果树、蔬菜、旱粮作物、茶和烟草等作物上的多种害虫，尤其是对鳞翅目幼虫以及某些卫生害虫有特效，但对螨类无效。

防治小麦黏虫，于幼虫3龄前，用25g/L乳油10～15ml/亩对水40～50kg喷雾；防治小麦蚜虫，于麦蚜始发盛期，用25g/L乳油15–25ml/亩喷雾;防治玉米螟，用25g/L乳油20～30ml/亩拌毒土于喇叭口期撒施；防治大豆食心虫，在大豆开花结荚期或食心虫卵盛期，用25g/L乳油16～24ml/亩对水40～50kg喷雾；防治花生蚜虫，用2.5%乳油20～25ml/亩对水40～50kg喷雾；防治棉花棉铃虫，卵初孵至盛期，用2.5%乳油30～50ml/亩对水80kg喷雾；防治棉花蚜虫，用2.5%乳油40～50ml/亩对水80kg喷雾；防治棉花红铃虫、棉小造桥虫、盲蝽象，用2.5%乳油20～40ml/亩对水80kg喷雾；防治油菜蚜虫，用2.5%乳油15～25ml/亩对水40～50kg喷雾；防治烟草烟青虫，用2.5%乳油20～24ml/亩，或用25g/L乳，对水40～50kg喷雾。

防治十字花科蔬菜菜青虫，幼虫2～3龄时用2.5%微乳剂20~40g/亩对水40～50kg喷雾；防治十字花科蔬菜蚜虫，用25g/L乳油20~40ml/亩对水40～50kg喷雾；防治十字花科蔬菜小菜蛾，幼虫2～3龄时用2.5%乳油40～50ml/亩对水40～50kg喷雾；防治大白菜黄条跳甲、斜纹夜蛾，用2.5%乳油20～40ml/亩对水40～50kg喷雾；防治油菜蚜虫，用25g/L乳油15～25ml/亩喷雾处理。

防治苹果桃小食心虫，于卵孵盛期，幼虫蛀果前，用25g/L乳油2 500~5 000倍液喷雾；防治苹果蚜虫，用2.5%乳油27～33.3g/亩喷雾；防治梨树梨小食心虫，于卵孵盛期，幼虫蛀果前，用25g/L乳油2 000～2 500倍液喷雾；防治柑橘潜叶蛾，用2.5%乳油1 500～2 500倍液喷雾；防治柑橘蚜虫，用25g/L乳油2 000～3 000倍液喷雾；防治荔枝树蝽象，用25g/L乳油3 000～5 000倍液喷雾。防治柑橘树害虫，于柑橘树新梢放梢初期用2.5%乳油 2 500～5 000倍液喷雾。

防治森林松毛虫，用0.006%粉剂625～1 250g/亩喷粉、25g/L乳油3 500～6 225倍液喷雾、1 250～2 500倍液弥雾。防治森林害虫，用25g/L乳油1 000～2 500倍液涂药环处理。防治荒地飞蝗，用2.5%乳油30～50ml/亩喷雾。

防治稻谷原粮和小麦原粮的仓储害虫，还可用25g/L乳油 20～40ml/1 000kg原粮喷雾或拌糠处理。喷雾时，可将本品对水稀释50倍，即1L药剂对水50L，约可处理50t原粮。将药液均匀地喷洒在入库输送带的原粮上，边喷边入库。该办法适用于大型粮库。 拌糠时，将1L本品均匀喷到50kg糠上，50kg药糠可处理50t原粮，将药康与粮食混匀或每隔20～30cm粮食放置一层药糠。该办法适用于农户储粮。

另外，资料报道还可以防治水稻害虫，害虫发生时，用2.5%乳油1 000～1 500倍液，每亩用药液60～70kg喷雾；防治棉蚜、蓟马，害虫发生期，用2.5%乳油1 000～3 000倍液喷雾，若害虫发生较严重，可隔7～14d再喷药1次；防治菜螟，在2龄幼虫发生初期，用2.5%乳油1 000～1 500倍液，均匀喷雾防治；防治黄守瓜、黄条跳甲，在幼、成虫期，用2.5%乳油1 000～3 000倍液喷雾。防治柑橘潜叶蛾，新梢放梢初期(2～3cm)施药，用2.5%乳油1 000～1 500倍液喷雾，间隔7～10d再喷1次；防治甘蔗条螟、二点螟，于卵盛孵期幼虫蛀茎前，用2.5%乳油1 000～1 500倍液喷雾。

注意事项 在气温低时防效更好，使用时应避开高温天气。喷药要均匀周到，否则，效果偏低。要尽可能减少用药次数和用药量，或与有机磷等非菊酯类农药交替使用或混用，有利于减缓害虫抗药性产生。不可与碱性物质混用，以免降低药效。该药对螨蚧类的防效甚低，不可专门用作杀螨剂，以免害螨猖獗为害。最好不单一用于防治棉铃虫、蚜虫等抗性发展快的害虫。对鱼、虾、蜜蜂、家蚕毒性大，用该药时应远离其饲养场所，以免造成损失严重。安全间隔期，叶菜类收获前15d禁用此药。

开发登记 拜耳有限责任公司、江苏功成生物科技有限公司、江苏省南通派斯第农药化工有限公司等企业登记生产。

溴氟菊酯 brofluthrinate

其他名称 中西溴氟菊酯；nubrocythrinate。

化学名称 (RS)-α-氰基-3-(4-溴苯氧基)苄基-(RS)-2-(4-二氟甲氧基苯基)-3-甲基丁酸酯。

结构式

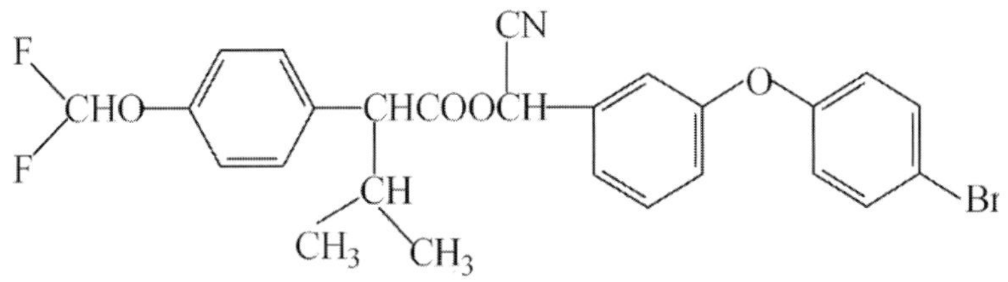

理化性质 原药淡黄色至深棕色浓酱油状液体。易溶于苯、醚、醇等各种有机溶剂，不溶于水。在碱性介质中易水解，在微酸性介质中稳定，对光比较稳定。

毒　　性 急性经口毒性LD_{50}为小鼠≥10 000mg/kg，大鼠≥12 600mg/kg；急性经皮毒性LD_{50}对小鼠≥20 000mg/kg。涂抹试验对眼和皮肤均无影响，无致畸、致癌、致突变性。

剂　　型 5%乳油、10%乳油。

作用特点 溴氟菊酯是我国自行开发研制的一种拟除虫菊酯类杀虫剂，该药具有高效、广谱、杀卵、持效期长、使用安全等特点。可用于防治多种作物上的鳞翅目、同翅目害虫以及害螨，并对蜜蜂害螨有效，且对蜜蜂低毒。

应用技术 对多种害虫、害螨(如棉铃虫、小菜蛾等)有良好的效果。

资料报道，可以防治大豆食心虫、大豆蚜，在大豆食心虫的卵盛期，此时大豆蚜也普遍发生，用10%乳油1 000～2 000倍液均匀喷雾。防治甘蓝菜青虫、小菜蛾，在幼虫发生盛期，用10%乳油800～1 000倍液喷施；防治甘蓝蚜，在6月中、下旬，用10%乳油1 000～2 000倍液喷施；防治甘蓝夜蛾，用10%乳油500～1 500倍液喷施。防治苹果黄蚜、桃蚜，在6月初，用10%乳油800～1 000倍液喷施；防治茶尺蠖，在2～3龄高峰期，用10%乳油1 000～1 500倍液均匀喷施。

注意事项 不能与碱性农药混用。蔬菜收获前10d停止使用。对家蚕、鱼类毒性较大，使用时应注意。

开发登记 上海中西药业股份有限公司等企业曾登记生产。

醚菊酯 etofenprox

其他名称 多来宝；MTI-500；OMS 3002。

化学名称 2-(4-乙氧基苯基)-2-甲基丙基-3-苯氧基苄基醚。

结 构 式

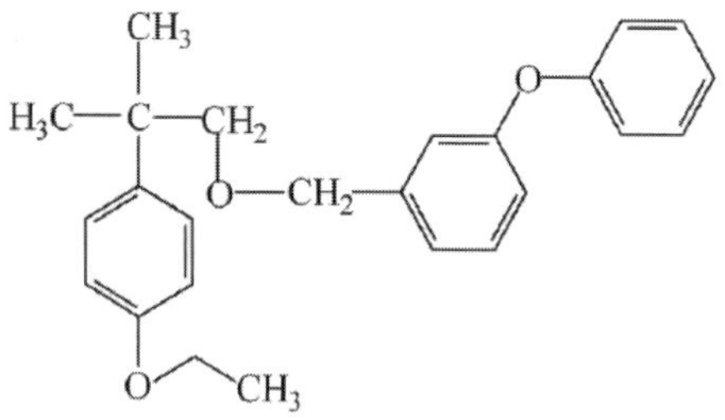

理化性质 本品为无色晶体，熔点36.4～37.5℃，沸点208℃(5.4 mmHg)、200℃(0.18 mmHg)、100℃(2.4×10^{-4}mmHg)，蒸气压32MPa(100℃)，相对密度1.157(固体)、1.067(液体)。溶解性(25℃)：水1μg/L，丙酮7.8kg/L，氯仿9kg/L，乙酸乙酯6kg/L，甲醇66g/L，二甲苯4.8g/L，乙醇150 g/L。在酸碱条件下，室温放置10d后亦未见分解，在丙酮、甲醇、乙醇、二甲苯等溶剂中，也较稳定。储存稳定性良好。

毒 性 急性经口LD_{50}：雄大鼠＞21 440mg/kg，雌大鼠＞42 880mg/kg，雄小鼠＞53 600mg/kg，雌小鼠＞107 200mg/kg，狗＞5 000mg/kg。急性经皮LD_{50}：雄大鼠＞1 072mg/kg，雌小鼠＞2 140mg/kg。对皮肤和眼睛无刺激作用。大鼠急性吸入LC_{50}(4h)＞5.9mg/L空气。

剂 型 10%悬浮剂、5%可湿性粉剂、10%可湿性粉剂、20%可湿性粉剂、30%可湿性粉剂、4%油剂、10%乳油、20%乳油、30%乳油。

作用特点 具有触杀和胃毒作用的广谱性杀虫剂，杀虫活性高，击倒速度快，持效期较长。本品能抑制神经功能，主要作用点为轴突。性质稳定，对非靶标生物较安全。对鱼类低毒，能用以防治稻田害虫。对稻田蜘蛛等天敌杀伤力较小，对作物安全等优点。

应用技术 适用于棉花、果树、蔬菜、水稻等作物，防治多种害虫，但对螨无效。对水稻黑尾叶蝉的敏感和抗性品系，都有同样的效果。稻褐飞虱的异丙威抗性品系对氯氰菊酯、氯菊酯、溴氰菊酯都存在交互抗性，但与醚菊酯无交互抗性。

防治水稻稻水象甲、稻飞虱，在若、成虫盛发期，用10%悬浮剂80～100ml/亩对水40～50kg喷雾。

防治十字花科蔬菜甜菜夜蛾、小菜蛾，在2龄幼虫盛发期，用10%悬浮剂80～100ml/亩对水40～50kg喷雾；防治十字花科蔬菜菜青虫，在3龄幼虫期，用10%悬浮剂30～40ml/亩对水40～50kg喷雾。

防治林木松毛虫，用10%悬浮剂2 000～3 000倍液喷雾。

另外，资料报道还可以防治稻纵卷叶螟，在2～3龄幼虫盛发期，用10%悬浮剂800～1 500倍液喷雾；防治稻苞虫、稻潜叶蝇、稻负泥虫，用10%悬浮剂800～1 500倍液喷雾；防治棉花蚜虫，在棉苗卷叶之前，用10%悬浮剂800～1 500倍液喷雾；防治棉铃虫，卵孵盛期，用10%悬浮剂800～1 000倍液喷雾；防治黏虫、玉米螟、大螟、大豆食心虫、大豆夜蛾、烟草斜纹夜蛾、马铃薯甲虫等，用10%悬浮剂800～1 500倍液喷雾。防治萝卜蚜、甘蔗蚜、桃蚜、瓜蚜等，用10%悬浮剂800～1 500倍液喷雾；防治梨小食心虫、蚜虫幼虫期、苹果蠹蛾、葡萄蠹蛾、苹果潜叶蛾等，害虫发生盛期，用10%悬浮剂800～1 500倍液喷雾；防治茶尺蠖、茶毛虫、茶刺蛾等，在2～3龄幼虫盛发期，用10%悬浮剂800～1 500倍液喷雾。

注意事项 该药对作物无内吸作用，要求喷药均匀周到。对钻蛀性害虫应在害虫未钻入作物前喷施。悬浮剂如果放置时间较长出现分层时，应先摇匀后使用。不要与强碱性农药混用。避免直接喷洒到桑叶上，以免伤害家蚕。于密闭、阴暗处保存。若误服要给数杯热水引吐，保持安静并立即送医院治疗。

开发登记 江苏辉丰农化股份有限公司、日本住友化学株式会社等企业登记生产。

除虫菊素 pyrethrins

其他名称 除虫；除虫菊酯；扑得；Purge；Pyesita；Pynerzone；Pyrethrum；Pytox。

化学名称 六种杀虫组分的混合物，即pyrethrin Ⅰ、pyrethrin Ⅱ、cinerin Ⅰ、cinerin Ⅱ、jasomolin Ⅰ、jasomolin Ⅱ。

结构式

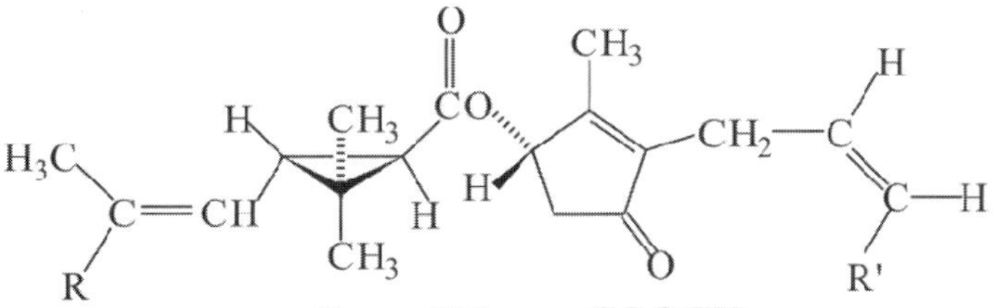

R: —CH_3，—$COOCH_3$

R': —$CH{=}CH_2$，—CH_3，—CH_2CH_3

理化性质 本剂是用多年生草本植物除虫菊的花，经加工制成的植物源杀虫剂。主要有效杀虫成分为除虫菊素Ⅰ和除虫菊素Ⅱ。除虫菊素Ⅰ的毒力比除虫菊素Ⅱ约高1倍。原药为黄色黏稠油状液体，具清香气味，与除虫菊干花的气味相同。不溶于水，易溶于多种有机溶剂。不稳定，遇碱易分解失效。在强光和高温下也分解失效。

毒　　性 大白鼠急性经口LD_{50}为584～900mg/kg，大白鼠急性经皮LD_{50}>1 500mg/kg。对鱼类等水生生物和蜜蜂有毒。

剂　　型 1.5%水乳剂、2.5%乳油、5%乳油、3%水剂、50%母药。

作用特点 除虫菊杀虫谱广，击倒力强，残效期短，具有强力触杀作用，胃毒作用微弱，无熏蒸和传导作用，对植物无药害。对哺乳动物低毒。具有抑制神经组织，麻痹昆虫中枢神经作用，属神经毒剂。

应用技术 主要用于防治卫生害虫，如蚊、蝇、臭虫、虱子、跳蚤、蜚蠊、衣鱼等。在农业上主要用于防治蚜虫、蓟马、飞虱、叶蝉和菜青虫、叶蜂、猿叶虫、金花虫、蝽象等。

防治十字花科蔬菜蚜虫，用5%乳油30～50ml/亩对水40～50kg喷雾。

防治卫生蝇，用1.5%水乳剂1.125mg/m^3喷雾；防治卫生跳蚤，用1.5%水乳剂5.625mg/m^3喷雾。

另外，资料报道还可以防治烟蚜，在烟蚜发生盛期(8月下旬)，用2.5%乳油600～1 200倍液均匀喷布于叶片正反面，每亩喷施药液60kg；防治蔬菜蚜虫，在蚜虫发生盛期，用1.5%水乳剂500～800倍液均匀喷雾；防治斜纹夜蛾，在2龄盛发期，用5%乳油1 000～2 000倍液均匀喷雾；防治菜青虫、小菜蛾、黄瓜美洲斑潜蝇，用5%乳油1 000～1 500倍液喷雾；防治假眼小绿叶蝉，用5%乳油1 000倍液喷雾。

注意事项 本品对害虫以触杀作用为主，使用时须均匀喷雾，使药液接触虫体。保存在干燥、通风、阴凉处，严禁高温、日晒，勿用金属容器储存，运输时防止重压。不要与食物、饮料放在一起，谨防儿童接触、误食。不宜在桑园、池塘、养蜂场所使用。本品的保质期为2年。沾染了衣服或皮肤之后，立即用肥皂水清洗，若进入眼睛，立刻用清水冲洗，并及时寻医治疗。不宜与碱性药剂混用。除虫菊素对害虫击倒力强，但常有复苏现象，特别是药剂浓度低时，故应防止浓度太低，降低药效。

开发登记 云南南宝生物科技有限责任公司、云南创森实业有限公司等企业登记生产。

四溴菊酯 tralomethrin

其他名称 四溴氰菊酯；凯撒；刹克。

化学名称 (S)-α-氰基-3-苯氧基苄基-(1R,3R)-3-[(RS)-(1,2,2,2-四溴乙基)]-2,2-二甲基环丙烷羧酸酯。

结 构 式

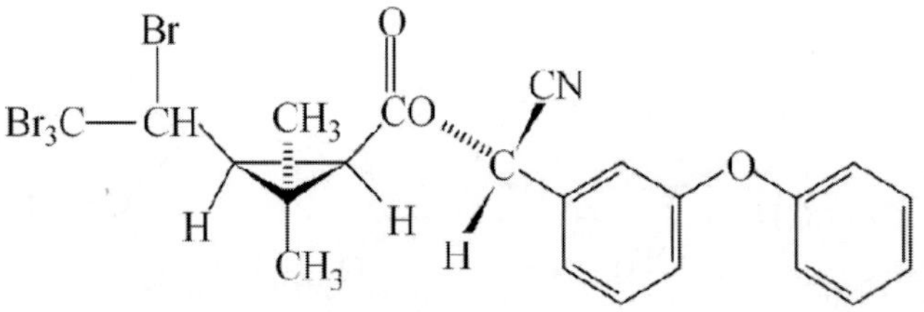

理化性质 实验室产品(纯度大于93%)是橙色至黄色树脂状固体，是两个活性非对映异构体的混合物(60∶40)。熔点138～148℃，25℃时蒸气压为4.8×10^{-6}MPa，相对密度1.70(20℃)。溶解性：水中80μg/L，丙酮、二氯甲烷、甲苯、二甲苯大于1 000g/L，二甲基亚砜大于500g/L，乙醇大于180g/L。稳定性：在50℃时能稳定6个月，在酸性介质中减少水解和差向异构化作用。闪点：26℃。

毒　　性 大鼠急性经口LD_{50}为99～3 000mg(有效成分)/kg(取决于所用载体)，犬急性经口$LD_{50}>500$mg(胶囊内)/kg。兔急性经皮$LD_{50}>2$g/kg，对兔皮肤有适度刺激，对眼睛有轻微刺激。大鼠急性吸入LC_{50}(4h)＞0.286mg/L空气。鹌鹑急性经口$LD_{50}>2\ 510$mg/kg，LC_{50}(8d)：野鸭为7 716mg/kg饲料，鹌鹑为4.3g/kg饲料。鱼毒LC_{50}(96h)：虹鳟鱼0.001 6mg/L，蓝鳃翻车鱼0.004 3mg/L。对蜜蜂无毒，LD_{50}(接触)为0.12μg/只。水蚤LC_{50}(48h)为38ng/L。

剂　　型 1.5%、10.8%、1.5%高渗乳油。

作用特点 拟除虫菊酯类杀虫剂，具有触杀和胃毒作用，性质稳定，持效长，在对个别害虫的毒力活性上，甚至高于溴氰菊酯。

应用技术 防治农业上的鞘翅目、同翅目、直翅目等害虫，尤其是禾谷类、咖啡、棉花、果树、玉米、油菜、水稻、烟草和蔬菜上的鳞翅目害虫。

资料报道，可以防治棉花害虫，防治棉铃虫，在4代棉铃虫发生期，用10.8%乳油2 000～4 000倍液喷雾。防治菜青虫，在低龄幼虫高峰期，用10.8%乳油2 000～3 000倍液均匀喷雾，可兼治斜纹夜蛾、瓜绢螟、豆野螟等多种害虫。防治茶小绿叶蝉等，在低龄幼虫高峰期，用10.8%乳油20～30ml/亩对水40～50kg均匀喷雾。有效期达15d以上。

注意事项 储存在要干燥凉爽处，避免日光照射，勿与食物、种子和饲料混放，禁止孩童进入。操作时宜穿戴工作服、橡胶手套和面具。操作完毕后脱去工作服，并充分洗涤。如药液接触眼部，立即用大量清水冲洗15min；溅到皮肤上后，用水和肥皂洗涤，可得缓解。如发生误服，速请医生诊治，如出现呼吸困难，可以输氧。

开发登记 江苏优士化学有限公司、德国艾格福公司等企业曾登记生产。

氟胺氰菊酯 tau-fluvalinate

其他名称 MK-128；2R-3210；Trifluvalate；SAN5271；马卜立克；Mavrik；Mavrik Aqnaflow；Spur；Klartan；Apistan(兽用)。

化学名称 (RS)-α-氰基-3-苯氧基苄基-N-(2-氯-4-三氟甲基苯基)-D-氨基异戊酸酯。

结构式

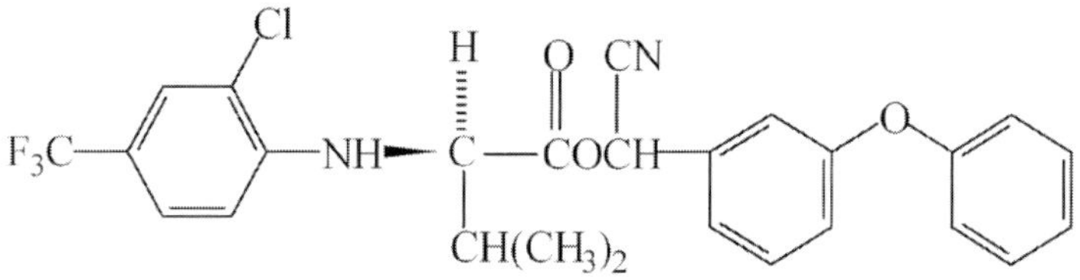

理化性质 原药为黏稠的黄色油状液体，沸点164℃(0.07mmHg，工业品)，蒸气压9×10^{-8}MPa，相对密度1.262(25℃)，难溶于水，易溶于一般有机溶剂，在丙酮中＞1 000g/kg，甲醇中760g/kg。对光热稳定，在50℃条件下储藏1年以上。

毒　　性 雄大鼠急性口服LD_{50}为282mg(玉米油)/kg，雌大鼠261mg (玉米油)/kg。大鼠及兔急性经皮$LD_{50}>2$g/kg，对皮肤和眼睛有刺激作用。大鼠急性吸入LC_{50}(4h)＞0.56mg/L空气。鱼毒LC_{50}(96h)：蓝鳃翻车鱼0.002 7mg/L，鲤鱼0.004 8mg/L，虹鳟鱼0.002 7mg/L。鹌鹑急性经口$LD_{50}>2$ 510mg/kg，对鹌鹑和野鸭LC_{50}(8d)＞5 620mg/kg饲料，水蚤LC_{50}(48h)0.001mg/L。

剂　　型 20%乳油。

作用特点 杀虫谱广，具触杀和胃毒作用，还有拒食和驱避活性，除具有一般拟除虫菊酯农药的特点外，还能防治菊酯类农药所不能防治的螨类。即使在田间高温条件下，仍能保持其杀虫活性，且有较长残效期。对蜜蜂安全，对许多农作物没有药害。

应用技术 防治对象主要是棉花、果树、蔬菜等作物上的鳞翅目、半翅目、双翅目等多种害虫及害螨，如蚜虫类、叶蝉、棉铃虫、玉米螟、食心虫、棉红蜘蛛等。

资料报道，可以防治棉花蚜虫、棉铃虫，在蚜虫发生盛期和棉铃虫低龄幼虫期，用20%乳油13～25ml/亩对水60～70kg喷雾；防治棉红铃虫、棉红蜘蛛，在红铃虫低龄幼虫期和棉红蜘蛛发生高峰期，用20%乳油25～30ml/亩对水60～70kg喷雾，持效期10d左右。防治蔬菜蚜虫、菜青虫，在蚜虫发生盛期、菜青虫2～3龄幼虫期，用20%乳油15～25ml/亩对水40～50kg喷雾；防治小菜蛾，在2～3龄幼虫期，用20%乳油20～25ml/亩对水40～50kg喷雾。防治苹果、葡萄蚜虫，在发生盛期，用20%乳油2 000～2 500倍液喷雾；防治桃小食心虫，在蛀果初期，用20%乳油1 600～2 500倍液喷雾，防治效果良好；防治桃和梨树害螨，在发生盛期，用20%乳油1 000～2 000倍液喷雾；防治柑橘潜叶蛾，在低龄幼虫期，用20%乳油2 500～5 000倍液喷雾，1周后再喷1次为好。

注意事项 药液配好立即使用，不要久放；不宜与碱性农药混用，以免分解；不能在桑园和鱼塘内及周围使用，以免对蚕、鱼等产生毒害；本品应在远离火源处储存，以免发生危险；本品在作物上的使用间隔期，棉花上为5～7d，蔬菜上10d左右。

开发登记 日本农药株式会社等企业曾登记生产。

氟硅菊酯 silafluofen

其他名称 施乐宝；硅白灵。

化学名称 (4-乙氧基苯基)[3-(4-氟-3-苯氧基苯基)丙基](二甲基)硅烷。

结构式

CH_3

CH_3CH_2O—Si—$(CH_2)_3$— O F

CH_3

理化性质 原药为淡黄色透明油状液体，相对密度1.08，蒸气压为2.5×10^{-3}MPa。微溶于水，可混溶于有机溶剂。在碱性环境中不易分解。

毒　　性 大鼠急性经口、经皮$LD_{50}>5$g/kg，吸入$LC_{50}>6\ 610$mg/ m^3。鱼毒LC_{50}(96h)对鲤鱼和虹鳟鱼大于1g/L。蜜蜂口服LD_{50}(24h)0.5 μ g/只。蚯蚓$LD_{50}>1$g/kg土壤。水蚤LC_{50}(3h)7.7mg/L，(24h)1.7mg/L (日本标准)。

剂　　型 5%乳油。

作用特点 是一种含硅的新型有机杀虫剂，它具有胃毒和触杀活性，对哺乳动物和鱼类毒性低，化学性质稳定等特点。对白蚁表现出良好的驱避作用。

应用技术 在茶、果树、水稻田上有较多的应用，可防治飞虱类、叶蝉类、蜻象类、稻纵卷叶螟、蝗虫类、稻弄蝶、水稻负泥虫、稻水象虫、大螟、甲虫类等。家用方面，用作白蚁防除剂、害虫防除剂、衣料用防虫剂。

据资料报道，可用于土壤处理防治白蚁，5%乳油加入50～100倍的水充分混搅后使用。土壤平面喷洒处理量3L/m^3，土壤带状喷洒处理量5L/m^2。木材处理防治白蚁，5%乳油加入50倍水充分混搅后涂布在木材表面。

注意事项 药剂请保管在上锁的仓库内，不要让无关人员接触。在作业时要穿工作服、戴口罩、橡皮手套、保护镜。作业后要用水冲洗面部及皮肤裸露部分。在已住人的建筑物内作业时应注意不要与住者及家庭小动物接触。用后的容器应回收处理，残液及清洗器具的废水不得倒入河川、湖沼。误饮药剂时，不要催吐，应立即前往急诊医院救治，并告诉医生：本剂的有效成分为低毒化合物，但含有大量石油系列溶剂与表面活性剂，以接受医生治疗。

开发登记 日本大日本除虫菊株式会社曾登记生产、江苏优嘉植物保护有限公司等企业原药生产。

溴灭菊酯 bromofenvalerate

其他名称 溴敌虫菊酯；BF-8906；溴氰戊菊酯。

化学名称 (RS)-α-氰基-3-(4-溴苯氧基)-苄基(RS)-2-(4-氯苯基)-3-甲基丁酸酯。

结构式

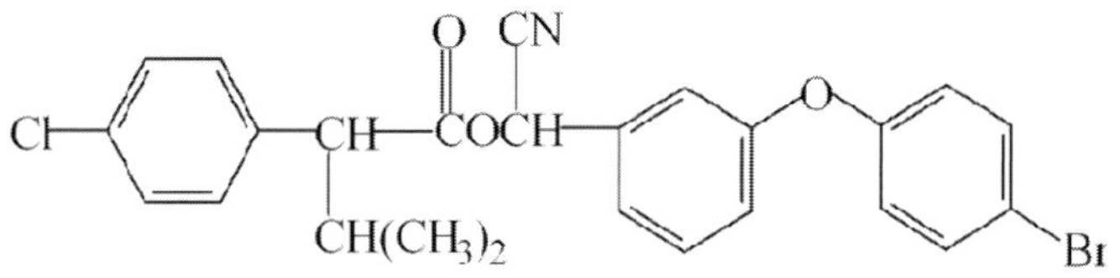

理化性质 工业品为暗琥珀色黏稠液，原药纯度含量80%，外观为暗琥珀色油状液体，相对密度1.367。不溶于水，溶于食用油及二甲基亚砜等有机溶剂。对光、热、氧化等稳定性高。酸性条件下稳定性好，遇碱易分解。

毒　　性 急性口服LD_{50}大鼠＞1g/kg，小鼠8g/kg，大鼠急性经皮LD_{50}＞10g/kg，对大鼠急性吸入LC_{50}＞2.5g/L，对兔的眼睛和皮肤无刺激作用。鱼毒性：TLm(48h)青鳟鱼1.5mg/L；鲤鱼3.2mg/L。在试验剂量下，对试验动物无致癌、致畸、致突变作用。对兔眼睛皮肤无刺激作用。

剂　　型 20%乳油、20%可湿性粉剂。

作用特点 具有一般拟除虫菊酯类农药的特点，不仅对多种害虫有良好的杀灭效果，而且毒性低，对螨类亦有兼治作用，应用范围广泛。鱼毒性比氰戊菊酯稍低，而对高等动物比氰戊菊酯更安全。

应用技术 本药剂可用于防治多种果树上的蚜虫、叶螨、瘿螨、木虱、刺蛾、卷蛾、袋蛾、食心虫、潜叶害虫等，对作物安全。

据资料报道，可用于防治叶菜类蔬菜菜青虫、蚜虫，用20%乳油4 000～5 000倍液喷雾。防治柑橘树潜叶蛾，用20%乳油1 000～2 000倍液喷雾；防治苹果树红蜘蛛、蚜虫，用20%乳油 2 000～5 000倍液喷雾。

另据资料报道，可以防治桃蚜，在桃树谢花后，桃蚜盛发初期，喷施20%乳油1 000～3 000倍液；防治桃树大青叶蝉，在夏、秋季发生时喷施20%乳油2 000～3 000倍液，效果很好；防治柑橘蚜虫，在嫩梢受害株率达25%左右时，喷施20%乳油2 000～3 000倍液；防治柑橘全爪螨、柑橘锈螨和苹果全爪螨、山楂叶螨，大量发生时，喷布20%乳油1 000～2 000倍液，效果很好。

注意事项 本剂不宜在同一果园或同一种害虫上多次施用，以免杀伤天敌和使害虫产生抗药性。不能与碱性农药混用。不宜在蚕区使用，喷前要搅匀。储存时应防火、防晒、防潮湿，保持通风良好。严禁与饲料、种子、食物相混置，勿让孩童接近。使用时避免药液与皮肤接触，防止由口鼻进入人体。解毒药为阿托品和氯解磷啶。

开发登记 江苏省南京保丰农药厂等企业曾登记生产。

环戊烯丙菊酯 terallethrin

其他名称 甲烯菊酯；多甲丙烯菊酯；次(甲)丙烯菊酯。

化学名称 (RS)-3-烯丙基-2-甲基-4-氧代环戊-2-烯基-2, 2, 3,3-四甲基环丙烷羧酸酯。

结 构 式

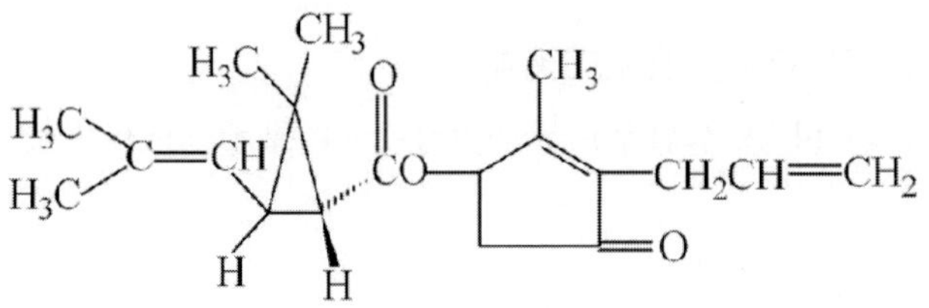

理化性质 淡黄色油状液体，在20℃时的蒸气压为0.027Pa。不溶于水(在水中溶解度计算值为15mg/L)，能溶于多种有机溶剂中。在日光照射下不稳定，在碱性中易分解。

毒　　性 急性经口LD_{50}为大鼠174～224mg/kg。

剂　　型 蚊香、电热蚊香片、气雾剂。

作用特点 本品比丙烯菊酯容易挥发，用作热熏蒸防治蚊虫时特别有效。它对家蝇和淡色库蚊的击倒活性高于烯丙菊酯和天然除虫菊素。对德国小蠊的击倒活性亦优于烯丙菊酯，但较除虫菊素差。

应用技术 主要用于防治卫生害虫，作蚊香用。

据资料报道，可用作卫生用杀虫剂，灭蚊效果好。本品对下列昆虫的LD_{50}(μg/虫)：家蝇0.53，淡色库蚊0.064，埃及伊蚊0.018和德国小蠊5.7。本品加工为蚊香使用，对蚊成虫高效。当在本品制剂中加入d-苯醚菊酯后，并有相互增效作用，对蚊蝇的击倒活性和杀死力，均有较大提高。

开发登记 日本住友化学株式会社、上海中西药业股份有限公司等企业登记生产。

右旋烯丙菊酯 d-allethrin

其他名称 Allethrin Forte；Pynamin-Forte；强力毕那命。

化学名称 (RS)-3-烯丙基-2-甲基-4-氧代环戊-2-烯基-(1R,3R;1R, 3S)-2, 2-二甲基-3-(2-甲基-丙-1-烯基)环丙烷羧酸酯。

结 构 式

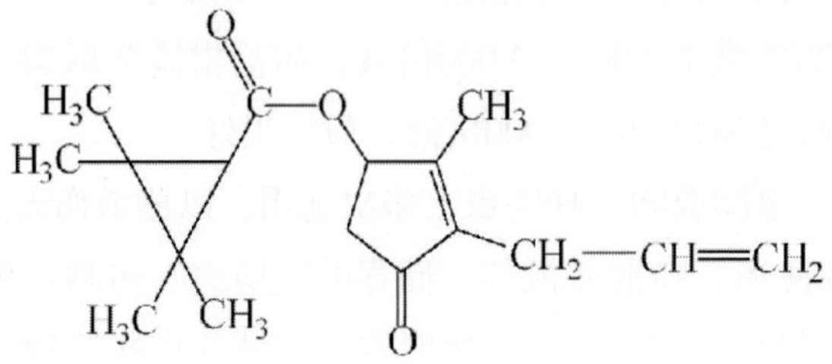

理化性质 黄褐色油状液体，工业品纯度在92%以上，沸点153℃/53.3Pa，相对密度1.010，不溶于水，室温时在丙酮、甲醇、异丙醇、二甲苯、氯仿和煤油中的溶解度均大于50%(m/m)。室温下储存1年残存率为97.4%，2年为94.8%。本品在大多数油基或水基型喷射剂或气雾剂中稳定，遇碱易分解。

毒　　性 大鼠急性经口LD_{50}为440～1 320mg/kg，急性经皮LD_{50}＞2.5g/kg，大鼠急性吸入LC_{50}＞1.65g/m^3(3h) 。

剂　　型 40%液剂(40%电热蚊香专用)、浓缩乳油(81m%)(含右旋烯丙菊酯81%蚊香专用)、油喷射剂、油基或水基型气雾剂、液体蚊香液。

作用特点 和烯丙菊酯相同，但其杀虫毒力是烯丙菊酯的2倍。烯丙菊酯是拟除虫菊酯类杀虫剂，具有触杀、胃毒作用，是制造蚊香和电热蚊香片的原料，对蚊成虫有驱除和杀伤作用。

应用技术 主要用于防治卫生害虫，作蚊香用。

注意事项 误服该药有害，应避免吸入气体或接触皮肤。使用后应洗手。避免在靠近热源或火焰的场所使用或储存。用过的废容器不要再使用，应把它掩埋在安全场所。该产品对鱼类有毒，不要在池塘、湖泊或小溪中清洗器具或处理剩余物。假如接触到皮肤，立即脱下被污染的衣服，并且用大量的肥皂和清水冲洗，至少洗15min，并到医院检查治疗。本品无特殊解毒药，假如误服，应进行洗胃，以防止窒息，然后对症治疗。本品应储存在阴凉干燥处，谨防儿童接触。

开发登记 福建高科日化有限公司等企业登记生产。

富右旋反式烯丙菊酯 rich-d-transallethrin

其他名称 富右丙烯菊酯；生物丙烯菊酯。

化学名称 (RS-3-烯丙基-2-甲基-4-氧代环戊-2-烯基-(1R, 3R)-2, 2-二甲基-3-(2-甲基丙1-烯基)环丙烷羧酸酯。

结 构 式

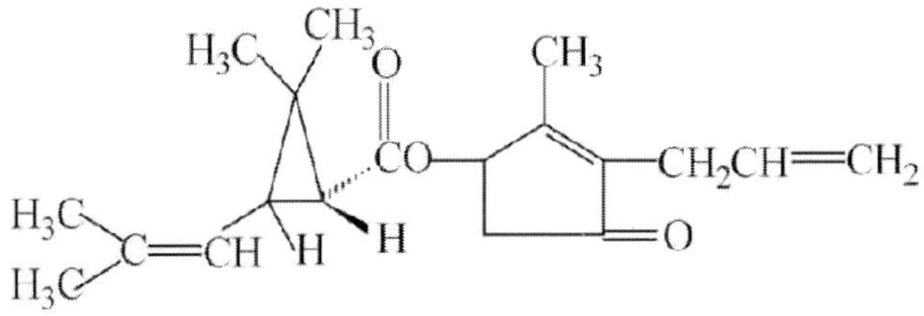

理化性质 清亮淡黄色至琥珀色黏稠液体。工业品纯度≥90%，沸点125～135℃(9.33Pa)，200℃时蒸气压为1 066.4Pa，250℃为7 312.7Pa。不溶于水，溶于大多数有机溶剂。遇光遇碱易分解。

毒　　性 大鼠急性口服LD_{50}为753mg/kg(雌雄)，大鼠急性经皮LD_{50}＞2 500mg/kg，急性吸入LC_{50}＞50mg/L空气。对家兔眼睛无刺激性，对动物皮肤亦无刺激性。

剂　　型 40%液剂、81%浓缩乳油。

作用特点 同右旋烯丙菊酯，其杀虫毒力也和右旋烯丙菊酯一样。和烯丙菊酯相同，但其杀虫毒力是烯丙菊酯的2倍。具有触杀、胃毒作用，是制造蚊香和电热蚊香片的原料，对蚊成虫有驱除和杀伤作用。

应用技术 主要用于防治家蝇、蚊虫、虱、蟑螂等家庭害虫，还适用于防治宠物体外寄生的跳蚤、体虱等害虫。本品具合适的蒸气压，适于加工蚊香、电热蚊香和喷雾剂。

注意事项 误服该药有害，应避免吸入气体或接触皮肤，使用后应洗手。避免在靠近热源或火焰的场所使用或储存。用过的废容器不要再使用，应把它掩埋在安全场所。该产品对鱼类有毒，不要在池塘、湖泊或小溪中清洗器具或处理剩余物。假如接触到皮肤，立即脱下被污染的衣服，并且用大量的肥皂和清水冲洗，至少洗15min，并到医院检查治疗。本品无特殊解毒药，假如误服，应进行洗胃，防止窒息，然后对症治疗。本品应储存在阴凉干燥处，谨防儿童接触。

开发登记 江苏扬农化工股份有限公司等企业曾登记生产。

胺菊酯 tetramethrin

其他名称 FMC-9260；OMS-1011；SP-1103；(BSI，ISO-E，ANSI)；Tetramethrine(ISO-F)；Phthalthrin(JMAF)、Butamin；Doom；Duracide；Ecothrin；Multicide；Neo-pynamin；Phthalthrin；Residrin；Sprigone；Spritex、Te-tralate；诺毕那命。

化学名称 环己-1-烯-1,2-二羧酰亚氨基甲基-(RS)-2,2-二甲基3-(2-甲基-丙-1-烯基)环丙烷羧酸酯。

结构式

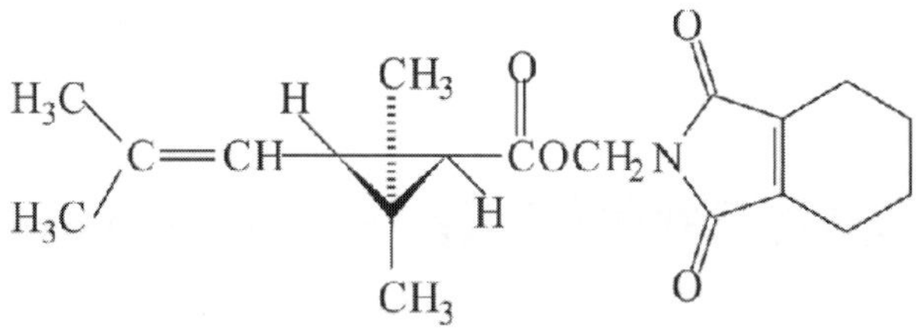

理化性质 无色结晶固体，具有除虫菊一样的气味。原药(纯度70%)为浅棕黄色固体，相对密度1.108(20℃)，沸点185～190℃/13.3Pa，30℃时在水中的溶解度为4.6mg/L。25℃时在下列几种溶剂中的溶解度是：苯和二甲苯50%，甲苯和丙酮40%，甲醇5%，乙醇4.5%。在弱酸性条件下稳定。50℃下储藏6个月后不丧失生物活性。正常条件下，储存稳定至少2年。

毒性 兔急性经皮LD_{50}＞2g/kg。对皮肤和眼、鼻、呼吸道无刺激作用。本品对鱼有毒，鲤鱼TLm(48h)为0.18mg/kg。蓝鳃翻车鱼LC_{50}(96h)为16μg/L。鹌鹑急性经口LD_{50}＞1g/kg。对蜜蜂和家蚕亦有毒。

剂型 1.8%片剂、25%乳剂、喷射剂、气雾剂、粉剂以及和有机磷的复配剂。

作用特点 胺菊酯对蚊、蝇等卫生害虫具有快速击倒效果，但致死性能差，有复苏现象，因此要与其他杀虫效果好的药剂混配使用。该药对蜚蠊具有一定的驱赶作用，可使栖居在黑暗处的蜚蠊，在胺菊酯的作用下跑出来又受到其他杀虫剂的毒杀而致死。该药为世界卫生组织推荐用于公共卫生的主要杀虫剂之一。

应用技术 主要用于防治卫生害虫。

本品常与增效醚或苄呋菊酯复配，加工成气雾剂或喷射剂，以防治家庭和畜舍的蚊、蝇和蜚蠊等。还可防治庭园害虫和食品、仓库害虫。胺菊酯的煤油喷射剂用量，一般是每平方米喷0.5～2.0mg(有效成分)，乳油通常用水稀释40～80倍喷洒。

注意事项 避免阳光直射，应储存在阴凉通风处。对鱼、蜜蜂、蚕高毒。

开发登记 湖北省荆州市扬长日化有限公司、中山凯中有限公司等企业登记生产。

氟氯苯菊酯 flumethrin

其他名称 FCR-1622；BAY V16045；Bayticol；氯苯百治菊酯；优士。

化学名称 (RS)-α-氰基-4-氟-3-苯氧基苄基-(1RS，3RS；1RS，3SR)-3-[2-氯-2-(4-氯苯基)乙烯基]-2，2-二甲基环丙烷羧酸酯。

结构式

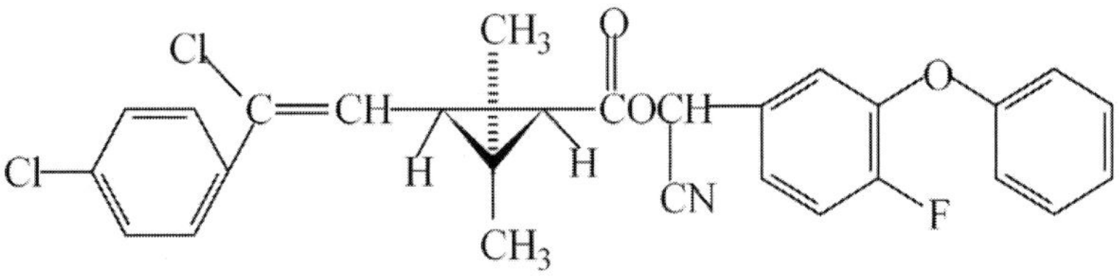

理化性质 棕色黏稠液体。20℃时蒸气压为1.33×10^{-8}Pa，在水中溶解度为0.000 3mg/L(计算值)。沸点250℃以上，对光热稳定。

毒　　性 大鼠急性口服LD_{50}为584mg/kg(雌雄)，大鼠急性经皮$LD_{50}>2\ 000$mg/kg，对动物皮肤和黏膜无刺激作用。

剂　　型 5%喷雾剂、7.5%乳剂、0.016 7%气雾剂、1%喷射剂。

作用特点 本品高效安全，适于禽畜体外寄生虫防治，具有抑制成虫产卵和抑制卵孵化的活性，但无击倒作用。近期发现本品的一个异构体对微小牛蜱的MalChi品系具有异乎寻常的毒力，比顺式氯氰菊酯和溴氰菊酯的毒力高50倍，这可能是本品能用泼浇法成功地防治蜱类的一个原因。

应用技术 适于牲畜体外寄生动物防治，如微小牛蜱、具环方头蜱、卡延花蜱、扇头蜱属、璃眼蜱等。

以本品30mg/kg药液喷射或泼浇，即能100%防治单寄主的微小牛蜱，具环牛蜱和褐色牛蜱；在10mg/kg浓度以下能抑制其产卵。用40mg/kg亦能有效地防治多寄主的希伯来花蜱、彩斑花蜱、附肢扇头蜱和无顶璃眼蜱等，施药后的保护期均在7d以上。剂量高过建议量的30～50倍，对动物无害。当喷药浓度200mg/kg以下时，牛乳中未检出药剂的残留量。本品还能用于防治羊虱、猪虱和鸡羽螨。

注意事项 采取一般注意和防护，可参考其他拟除虫菊酯。

开发登记 江苏优嘉植物保护有限公司等企业登记生产。

氯菊酯 permethrin

其他名称 二氯苯醚菊酯；苄氯菊酯；除虫精；克死命；富力士；派米苏；毕诺杀；百灭宁；百灭灵；闯入者；登热净；克死诺。

化学名称 3-苯氧基苄基-(RS)-3-(2，2-二氯乙烯基)-2，2-二甲基环丙烷羧酸酯。

结构式

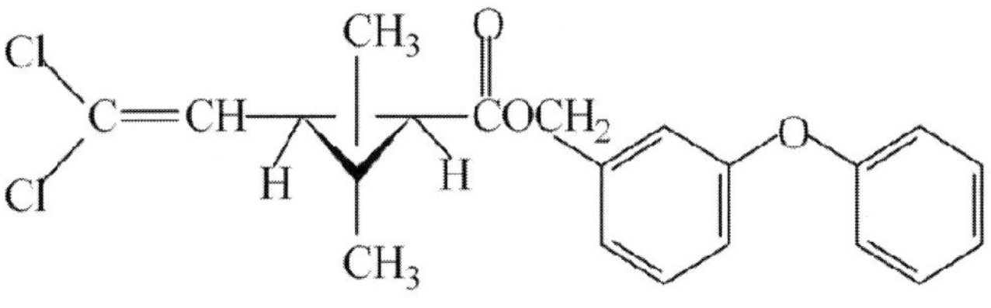

理化性质 纯品为棕白晶体，熔点为34～35℃，20℃蒸气压为0.07MPa，顺异构体熔点63～65℃，20℃蒸气压为0.002 5MPa，反异构体熔点44～47℃，20℃蒸气压为0.001 5MPa。溶解性(30℃)：水约0.2mg/L，(25℃)己烷、二甲苯＞1kg/kg，甲醇258g/kg。对热稳定(50℃稳定≥2年)，在酸性介质比在碱性介质中更稳定，其最适宜pH约为4。在正常条件下储存，稳定期至少两年。本品对铝不腐蚀。

毒　　性 急性口服LD_{50}值，大鼠(雌)为2.37g/kg，小鼠(雄)为1.6g/kg。大鼠急性经皮LD_{50}＞2.5g/kg，小鼠为600mg/kg，兔＞2g/kg。日本鹌鹑急性口服LD_{50}＞13.5g/kg，小鸡＞3g/kg。鱼毒性：LC_{50}(96h)蓝鳃翻车鱼为0.003 2mg/L，虹鳟鱼为0.002 5mg/L。水蚤LC_{50}(48h)0.6μg/L。

剂　　型 1%超低容量液剂，10%、20%乳油，25%可湿性粉剂，0.04%、0.5%粉剂，0.5%气雾剂，0.5%喷射剂。

作用特点 氯菊酯是研究较早的一种不含氰基结构的拟除虫菊酯类杀虫剂，是菊酯类农药中第1个出现适用于防治农业害虫的光稳定性杀虫剂。具有较强的触杀和胃毒作用，并有杀卵和拒避活性，无内吸熏蒸作用。杀虫谱广，在碱性介质及土壤中易分解失效。此外，与含氰基结构的菊酯相比，对高等动物毒性更低，刺激性相对较小，击倒速度更快，同等使用条件下害虫抗性发展相对较慢。氯菊酯杀虫活性相对较低，单位面积使用剂量相对较高，而且在阳光照射下易分解。

应用技术 可防治棉花、蔬菜、茶叶、果树上多种害虫。由于结构上没有氰基，刺激性相对小，对哺乳动物更安全，最适用于防治卫生害虫和牲畜害虫。

防治小麦黏虫，用10%乳油5 000倍液喷雾；防治棉花红铃虫、棉铃虫、蚜虫，于卵孵盛期，用10%乳油1 000～4 000倍液喷雾；防治烟草烟青虫，于发生期，用10%乳油5 000～10 000倍液喷雾。

防治十字花科蔬菜蚜虫、菜青虫、小菜蛾，用10%乳油10～15ml/亩对水40～50kg喷雾。

防治果树潜叶蛾、食心虫、蚜虫，用10%乳油1 500～3 000倍液喷雾；防治茶树茶毛虫、尺蠖、蚜虫，于2～3龄幼虫盛发期，用10%乳油2 000～4 000倍液喷雾。

防治卫生害虫蚊、蝇，用10%乳油1～3mg/m^3喷雾；防治卫生白蚁，用10%乳油120mg/kg滞留喷射；防治卫生蜚蠊，用25%乳油200～300mg/m^3滞留喷射。

另外，资料报道还可以防治烟草上桃蚜，可于若蚜发生期，用10%乳油1 000～1 500倍液均匀喷雾，施药次数为两次。防治菜青虫、小菜蛾，于2～3龄幼虫发生期，用10%乳油1 000～1 500倍液均匀喷雾，同时可兼治菜蚜。防治柑橘潜叶蛾，于枝梢初期即新叶放出5～6d，用10%乳油1 000～2 000倍液均匀喷雾。

注意事项 不能与碱性物质混用，否则易分解。储运时防止潮湿、日晒，有的剂型易燃，不能近火源。使用时勿接近鱼塘、蜂场、桑园，以免污染上述场所。如有药液溅到皮肤上，立即用肥皂和水清洗。如药液溅到眼睛，立即用大量水冲洗15min。如误服应尽快送医院，进行对症治疗，无专用解毒药。

开发登记 天津市绿亨化工有限公司、兴农药业(中国)有限公司等企业登记生产。

高效反式氯氰菊酯 theta-cypermethrin

化学名称 (S)-α-氰基-3-苯氧基苄基-(1R,3S)-3-(2,2-二氯乙烯基)-2,2-二甲基环丙烷羧酸酯和(R)-α-氰基-3-苯氧基苄基-(1S,3R)-3-(2,2-二氯乙烯基)-2,2-二甲基环丙烷羧酸酯。

结 构 式

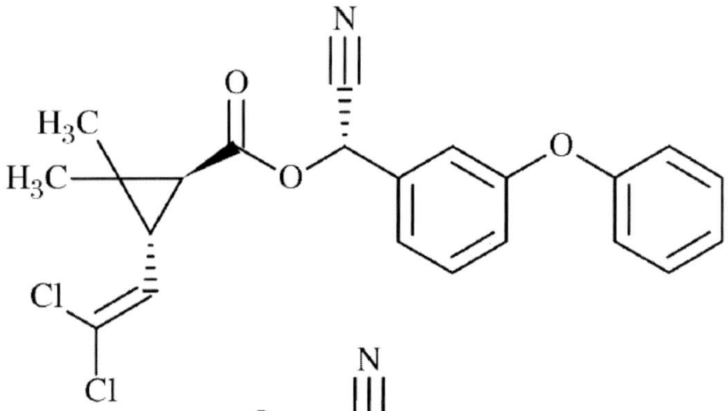

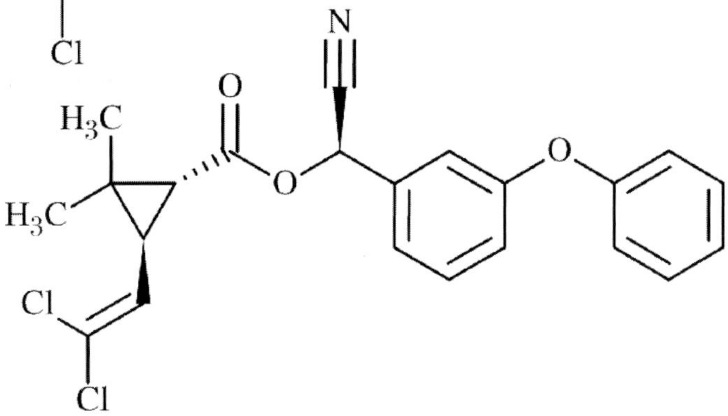

理化性质 原药外观为白色至淡黄色结晶粉末，无可见外来杂质。相对密度25℃时1.219g/m^3；常温下在水中溶解度极低，可溶于酮类、醇类及芳类溶剂。

作用特点 用于防治棉花、水稻、玉米、大豆等农作物及果树、蔬菜的害虫。

毒　　性 低毒。

剂　　型 5%、20%乳油等。

应用技术 防治棉花棉铃虫，用5%乳油60~80ml/亩对水40~50kg喷雾;防治十字花科蔬菜蚜虫，用5%乳油40~60ml/亩喷雾。

开发登记 南京华洲药业有限公司等企业登记生产。

Zeta-氯氰菊酯 zeta-cypermethrin

其他名称 百家安。

化学名称 (S)-氰基-3-苯氧苄基-顺反-3-(2,2-二氯乙烯基)-2,2-二甲基环丙烷羧酸酯。

结 构 式

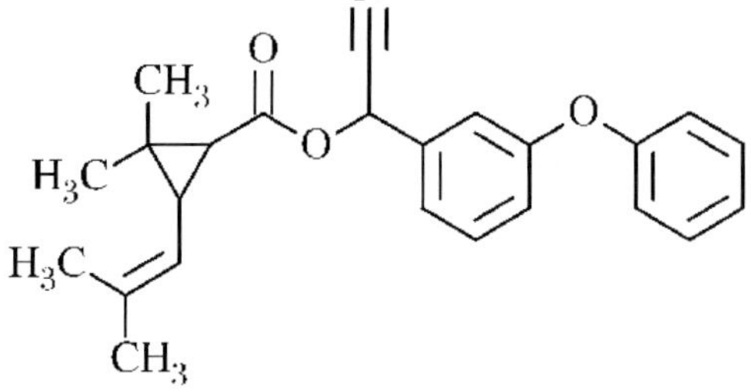

理化性质 深棕色黏稠液体，熔点-22.4℃，相对密度1.219g/cm^3(25℃)。溶解度：0.045mg/L(25℃)，微

溶于有机溶剂。凝固点>300℃。

毒　　性 中等毒性。

剂　　型 180g/L水乳剂、181g/L乳油等。

应用技术 防治棉花棉铃虫，用181g/L乳油17 ~ 25ml/亩，喷雾；防治十字花科蔬菜蚜虫，用181g/L乳油17~22ml/亩喷雾;用于防治卫生害虫，使用剂量为18%水乳剂0.08 ~ 0.15ml/m^2。

注意事项 注意用药安全。

开发登记 江苏蓝丰生物化工股份有限公司、美国富美实公司等企业登记生产。

右旋胺菊酯 d-tetramethrin

化学名称 右旋-顺,反式-2,2-二甲基-3-(2-甲基-1-丙烯基)-3,4,5, 6-四氢酞酰亚胺基环丙烷羧酸甲基酯。

结 构 式

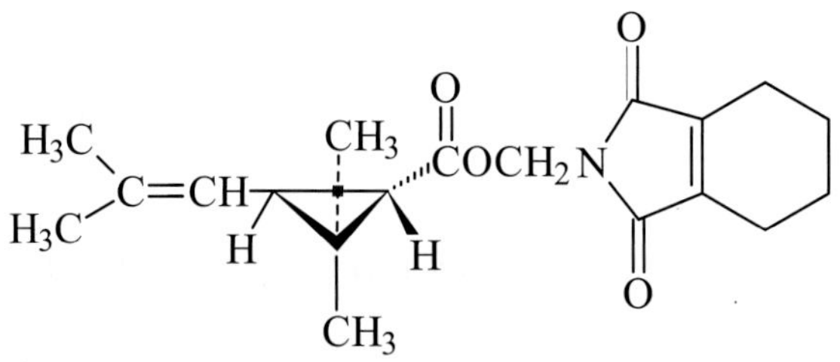

H_3C $C=CH$ CH_3 $COCH_2N$ O O O H H H_3C CH_3

理化性质 原药为黄色或褐色黏性固体，熔点40 ~ 60℃。溶解度(23℃)：水2 ~ 4mg/L、己烷、甲醇、二甲苯>500g/kg。对热相当稳定，在光照下逐渐分解，与碱和某些乳化剂接触后也能分解。

毒　　性 低毒。

剂　　型 92%原药、94%原药等。

作用特点 本品属拟除虫酯类杀虫剂，是胺菊酯(1R)-异构体，是触杀性杀虫剂，且有强的击倒作用，尤其对蟑螂、苍蝇以及其他公共卫生害虫效果较好，增效剂被用来改善对害虫的防效。本品对昆虫有非常卓越的击倒力，且对蟑螂有较强的驱赶作用，但其杀死力和残效性都较差，故常与生物苄呋菊酯、右旋苯醚菊酯或右旋苯氰菊酯复配，并加用增效醚等，对害虫既快速击倒又能杀死。

应用技术 可用作接触喷射和滞留喷射以防治室内、工厂和非食品加工地害虫。

注意事项 在车间生产时，需通风良好。使用时勿直接喷到食品上。产品要包装在密闭容器中，储存在低温和干燥场所，贮存处远离食品和饲料，勿让儿童接近。

开发登记 江苏优嘉植物保护有限公司、日本住友化学株式会社等企业登记生产。

喃烯菊酯 japothrin

其他名称 烯呋菊酯。

化学名称 (1R，S)-顺，反式-2,2-二甲基-3(2-甲基-1-丙烯基)环丙烷羧酸-5-(2-烯丙基)-2-呋喃甲基酯。

结 构 式

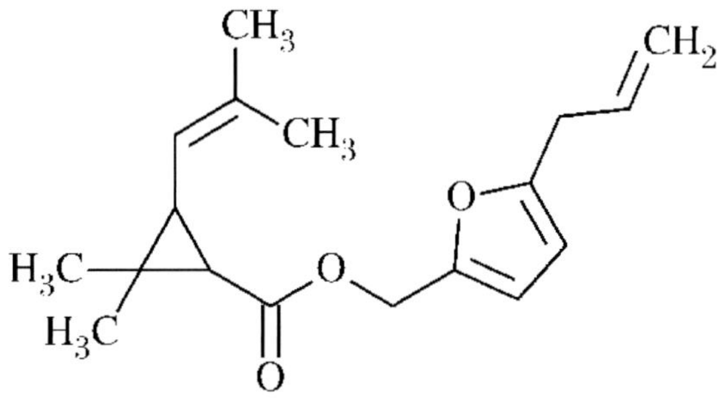

毒 性 低毒。

剂 型 蚊香、喷射剂。

作用特点 由于具有高的蒸气压和高的扩散速度，杀蚊活性较高，可以制作蚊香，也具有一定的杀蝇活性，还可用于防治芥菜甲虫。如作为滞留喷洒，对爬行害虫的持效差，且稳定性亦欠佳。

应用技术 资料报道，可加工成蚊香或喷射剂防治蚊成虫，对家蝇亦有一定的杀灭活性；当加入增效剂后，可提高其药效。例如喷洒0.03%本品药液，24h的家蝇死亡率为61.5%；当与0.15%氧-(2-丙炔基)氧代烯丙基苯复配喷射时，家蝇死亡率可达100%。此外，本品还可用于防治辣根猿叶甲。

注意事项 产品包装要密闭、避光、避热，参见炔呋菊酯。

开发登记 1969年日本Yoshitomi pharmac. eutical公司提出，1976年由大日本除虫菊公司进行开发。

苄菊酯 dimethrin

化学名称 (1R，S)-顺,反式-2,2-二甲基-3-(2-甲基丙基-1-烯基)环丙烷羧酸-2,4-二甲基苄基酯。

结 构 式

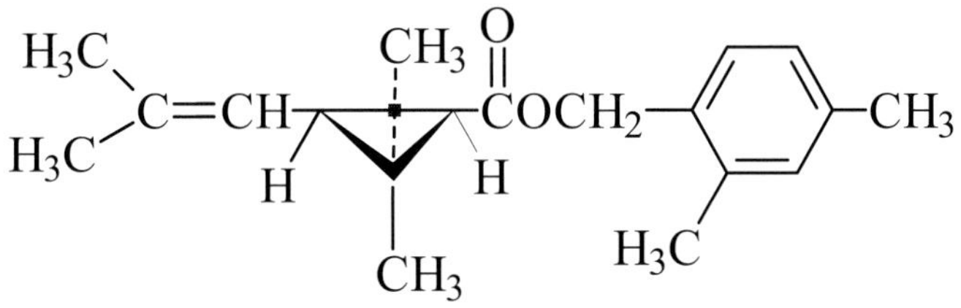

理化性质 工业品为琥珀色油状液体，沸点167～170℃(267Pa)和175℃(507Pa)，密度为0.986，不溶于水，可溶于石油烃、醇类和二氯甲烷，遇强碱能分解。

毒 性 大鼠急性口服LD_{50}为4g/kg(另有文献为40g/kg)，对人口服致死最低量为500mg/kg。对鱼毒性：虹鳟LC_{50}(48h)为0.7mg/L。

剂 型 颗粒剂(用于防治蚊幼虫)。

作用特点 触杀，杀虫毒力一般不如天然除虫菊素，但稳定性较好。

应用技术 对蚊幼虫、虱子和蝇类有良好的杀伤力，但对家蝇的毒力比天然除虫菊素差。当与除虫菊素合用后有增效作用。

注意事项 参见环菊酯。

开发登记 1958年美国W. F. Barthel等人首先合成，Mcl，Aughlin Gormley King开发，已停产。

生物苄呋菊酯 resmethrin

其他名称 FMC-17370；NIA-17370；NRDC-104；SBP-1382；OMS1206。

化学名称 (1R,S)-顺，反式菊酸-5-苄基-3-呋喃甲基-酯。

结构式

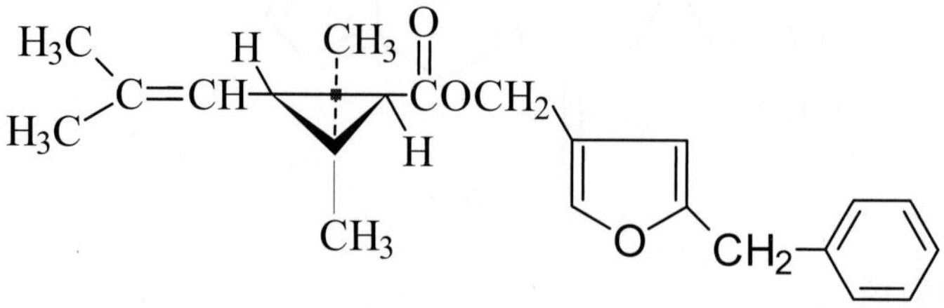

理化性质 纯品为无色结晶，工业品为白色至浅黄色蜡状固体，有显著的除虫菊气味。本品能为日光、空气、酸、碱等分解，但比除虫菊素和丙烯菊酯稳定，当储存在干燥条件下，能保持3～5个月不变。纯品存放在铁质容器内，温度为25～30℃，30d内无变化。

毒　　性 大鼠急性口服LD_{50}为8.6~8.9g/kg，急性经皮LD_{50}为10g/kg，静脉注射LD_{50}340mg/kg(另有文献为300mg/kg)；小鼠急性口服为700mg/kg(雄性小鼠为590mg/kg)。

剂　　型 加压喷射剂、乳油、透明乳剂、10%可湿性粉剂、超低容量喷雾剂。

作用特点 有强烈触杀作用，杀虫谱广，杀虫活性高。例如，对家蝇的毒力，比除虫菊素约高2.5倍；对淡色库蚊的毒力，比丙烯菊酯约高3倍；对德国小蠊的毒力比胺菊酯约高6倍，对哺乳动物的毒性比除虫菊素低，但对天然除虫菊素有效的增效剂对这些化合物则无效。

应用技术 据资料报道，适用于家庭、畜舍、园林、温室、蘑菇房、工厂、仓库等场所，能有效地防治蝇类、蚊虫、蟑螂、蚤虱、蚋类、蛀蛾、谷蛾、甲虫、蚜虫、蟋蟀、黄蜂等害虫。使用剂量为用10%可湿性粉剂500倍液喷雾。

注意事项 储于低温干燥场所，勿和食品和饲料共储，勿让儿童接近。使用时避免接触皮肤，如眼部和皮肤有刺激感，需用大量水冲洗。本品对鱼有毒，使用时勿靠近水域，勿将药械在水域中清洗，也勿将药液倾入水中。如发生误服，按出现症状进行治疗，适当服用抗组织胺药将是有效的，并可采用戊巴比妥治疗神经兴奋和用阿托品治疗腹泻，出现症状持续，需到医院诊视。

顺式苄呋菊酯 cismethrin

其他名称 右旋顺式苄呋菊酯；FMC-26021；NIA-26021。

化学名称 右旋-顺式-2,2-二甲基-3(2-甲基-1-丙烯基)环丙烷羧酸-5-苄基-3-呋喃甲基酯。

结构式

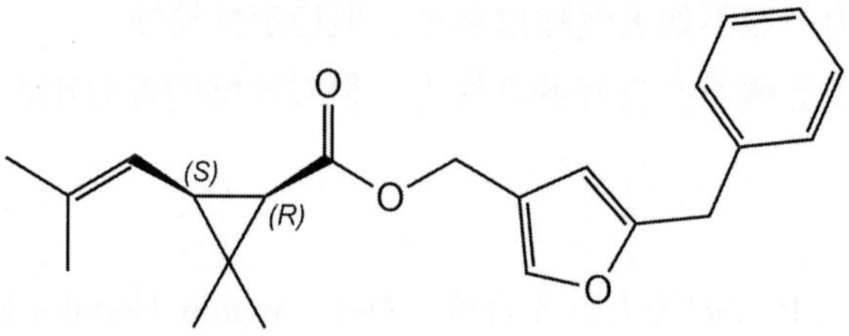

理化性质 不溶于水，能溶于一般溶剂中；性质比苄呋菊酯和生物苄呋菊酯更稳定。

毒　　性 中等毒性。大鼠急性经口LD_{50}2 500mg/kg，大鼠急性经皮LD_{50}3 000mg/kg，对皮肤和眼睛无刺激性。对大鼠进行112周高达5 000mg/L的实验，没有发现致癌作用；对小鼠进行85周高达1 000mg/L的实验，没有发现致癌作用。

剂　　型 加压喷射剂、乳油。

作用特点 本品对昆虫的毒力与氯菊酯或生物苄呋菊酯相当，有时更高，且稳定性好，持效期则比苄呋菊酯或生物苄呋菊酯更长。但它对哺乳动物的毒性高于苄呋菊酯和生物苄呋菊酯。

应用技术 据资料报道，以本品0.01mg/kg浓度，可防治埃及伊蚊、尖音库蚊和淡色库蚊的4龄幼虫。在大田水池中，以18g(有效成分)/亩的剂量，则能防治环喙库蚊的幼虫和蛹。

注意事项 贮存于低温干燥场所，勿与食品和饲料共同贮存。使用时注意安全，本品对鱼有毒，勿在水域附近使用。

苯醚菊酯 phenothrin

其他名称 S–2539；Swmthrin。

化学名称 2,2–二甲基–3–(2–甲基–1–丙烯基)环丙烷羧酸–3–苯氧基苄酯。

结 构 式

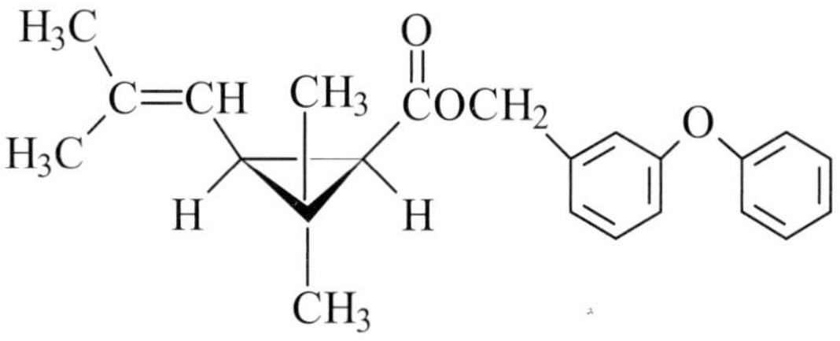

理化性质 其外观为无色油状液体。极易溶于甲醇、异丙醇、乙基溶纤剂、二乙醚、二甲苯、正己烷、α–甲基萘、环己烷、氯仿、乙腈、二甲基甲酰胺、煤油等，但难溶于水，在30℃水中仅溶解1.4mg/L(计算值为0.01mg/L)。在光照下，在大多数有机溶剂和无机缓释剂中是稳定的，但遇强碱分解，在室温下本品放置黑暗中一年后不分解，在中性及弱酸性条件下亦稳定。

毒　　性 对大鼠、小鼠长期饲药试验，无有害影响，致癌、致畸和三代繁殖研究，亦未出现有异常。大鼠急性吸入LC_{50}(4h) > 3 760mg/m^3，对鲱鱼TLm(48h)为11mg/L，鹌鹑急性经口LD_{50}为2.5g/kg，对鱼毒性LC_{50}(96h)红鳟鱼为2.7μg/L，蓝鳃翻车鱼为16μg/L，对蜜蜂有毒。

剂　　型 10%水基乳油、乳剂、乳粉、水基和油基气溶胶。

作用特点 非内吸性杀虫剂，对昆虫具触杀和胃毒作用，杀虫作用比除虫菊素高，对光比烯丙菊酯、苄呋菊酯等稳定，但对害虫的击倒作用要比其他除虫菊酯差，适用于防治卫生害虫和体虱，也可用于保护贮存的谷物。

应用技术 据资料报道，防治家蝇、蚊子，用10%水基乳油4 ~ 8ml/m^3；防治蜚蠊，用10%水基乳油4~8ml/m^{3}喷雾。

开发登记 1968年日本住友化学工业株式会社合成，是国际上第一个出现的具有间苯氧基苄基结构的拟除虫菊酯。1973年推广，获有专利Japanese P618627、631916、USP3666789。

右旋苯醚菊酯 d-phenothrin

其他名称 S-2539 Forte；OMSl810；ENT27972；速灭灵。

化学名称 富右旋-反式-2,2-二甲基-3-(2-甲基-1-丙烯基)环丙烷羧酸-3-苯氧基苄基酯。

结构式

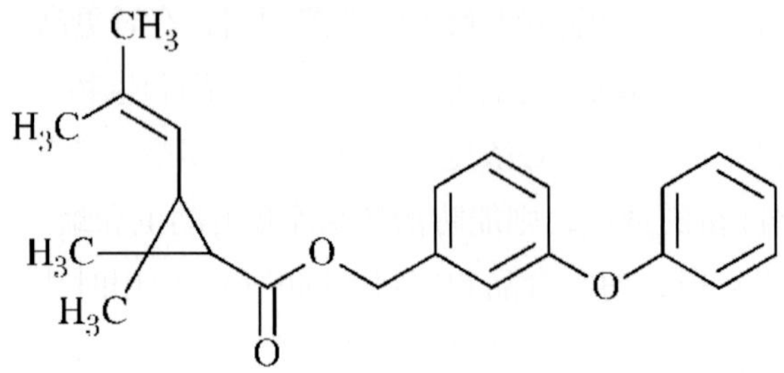

理化性质 其外观呈淡黄色油状液体。工业品纯度在92%以上。不溶于水(30℃，溶解2.2mg/L)，在丙酮、正己烷、苯、二甲苯、氯仿、乙醚、甲醇、乙醇、异丙醇、醋酸乙酯及脱臭煤油中溶解度都大于50%，在60℃保持3个月或常温下放置2年均无变化；在醇类、酯类、酮类和芳烃中，40℃保持3个月亦无变化。

毒　　性 急性口服LD_{50}大鼠 > 10g/kg，小鼠 > 10g/kg(d-反式体 > 10g/kg，d-顺式体480mg/kg)；对大鼠急性经皮LD_{50} > 10g/kg，小鼠 > 5g/kg，对大鼠和小鼠的皮下注射LD_{50}和腹膜下注射LD_{50}亦均 > 10g/kg。

剂　　型 10%水基乳剂、0.8%喷射剂、0.8%粉剂、2%气雾剂、10%水乳剂。

作用特点 本品杀虫谱广，主要作用于害虫的神经系统，与钠离子通道相互作用而干扰其神经功能。具有较强的触杀和胃毒作用，适用于防治公共卫生和工业卫生害虫。

应用技术 防治室内蜚蠊，用0.8%粉剂撒施，防治尘螨，用0.8%喷射剂喷射。防治蚊蝇蜚蠊，还可以用2%气雾剂喷射。或用10%水乳剂0.02 ~ 0.04g/m^2喷雾防治蚊蝇， 0.2g/m^2喷雾防治蜚蠊。

注意事项 产品要包装在密闭容器中，存放在低温和干燥场所，本品低毒，采用一般防护。

开发登记 日本住友化学株式会社、中山凯中有限公司等企业登记生产。

烯炔菊酯 empenthrin

其他名称 丙炔戊烯菊酯；炔戊菊酯；S-2852。

化学名称 (R,S)-顺，反-菊酸-1-乙炔基-2-甲基戊烯-2-基酯。

结构式

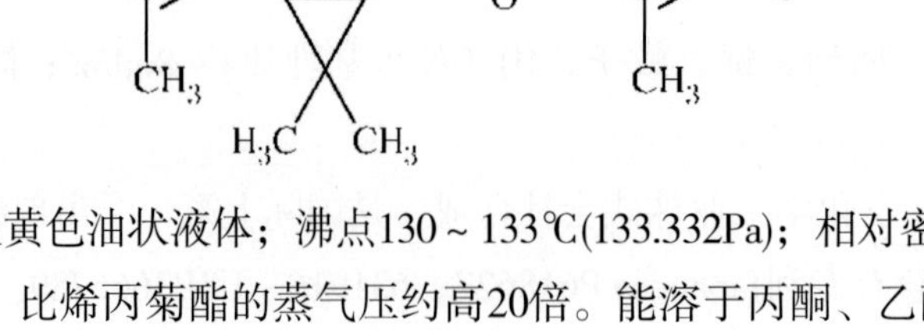

理化性质 其外观呈淡黄色油状液体；沸点130 ~ 133℃(133.332Pa)；相对密度为0.94；折光率为1.489，25℃时的蒸气压为0.209Pa，比烯丙菊酯的蒸气压约高20倍。能溶于丙酮、乙醇、二甲苯等有机溶剂中，

不溶于水。

毒　　性 对小鼠吸入毒性$LC_{50}>20g/m^3$，急性经皮$LD_{50}>5g/kg$，对小鼠骨髓细胞微核试验为阴性。急性毒性：对雄小白鼠口服LD_{50}为3g/kg，对雌小白鼠口服LD_{50}为5g/kg。

剂　　型 0.4%乳剂、0.5%蚊香、喷射剂等。

作用特点 蒸气压高，对昆虫有快速击倒、熏杀和驱避作用，对谷蛾科有强拒食活性，对德国小蠊则有强拒避作用。主要用于防治蚊子、家蝇、蟑螂等卫生害虫，对夜蛾有强的拒食作用，可代替樟脑丸防除衣服的蛀虫，可用作加热或不加热熏蒸剂于家庭和禽舍防治蚊蝇和谷蛾科等害虫，熏杀成蚊击倒作用优于胺菊酯。

应用技术 资料报道，防治成蚊，每立方米喷烯炔菊酯8mg，接触30min；用烯炔菊酯蚊香，浓度为0.5%，防治埃及伊蚊，防治家蝇，每立方米喷8mg烯炔菊酯。

注意事项 同右旋烯炔菊酯。

开发登记 1973年日本住友化学工业公司合成。

右旋烯炔菊酯 empenthrin

其他名称 Vaporthrin；百扑灵；烯炔菊酯；S-2852；Forte。

化学名称 右旋-顺，反式-2,2-二甲基-3-(2-甲基-1-丙烯基)环丙烷羧酸-(±)-E-1-乙炔基-2-甲基-戊-2-烯基酯。

结 构 式

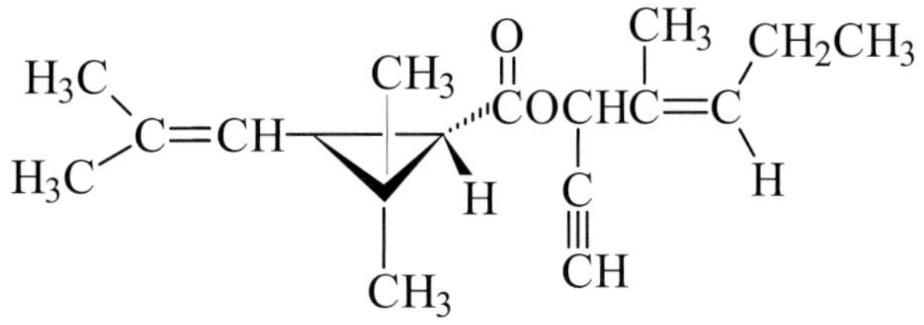

理化性质 淡黄色油状液，25℃时的蒸气压为0.209Pa，30℃为0.216Pa(比右旋烯丙菊酯约高30倍)。几乎不溶于水，可溶于己烷、二甲苯、甲醇等大多数溶剂中，但在甲醇中不稳定。本品在40℃时储存6个月无变化，光照射下缓慢分解。

毒　　性 大鼠急性经口LD_{50}>1 680～2 280mg/kg，小鼠为2 870～2 940mg/kg。大、小鼠急性经皮LD_{50}>5 000mg/kg，对眼睛对皮肤有轻微刺激作用，Ames试验呈阴性。

剂　　型 防蛀蛾带(每条10cm×10cm，含有效成分0.5g)、加压喷射剂等。

作用特点 在常温下具有很高的蒸气压和对昆虫的高杀死活性与拒避作用。对袋谷蛾的杀伤力可与敌敌畏相当，且对多种皮蠹科甲虫有突出的阻止取食作用。

应用技术 资料报道，可作为加热或不加热熏蒸剂用于家庭或禽舍防治蚊蝇等害虫；或代替樟脑丸悬挂于密闭空间或衣柜中，防治为害织物的谷蛾科和皮蠹科害虫。一般在$0.7m^3$西装柜中悬挂防蛀蛾带2条，能有效地杀死袋谷蛾的初龄幼虫和卵，持效可达半年之久。加工成不含溶剂的加压喷射液，在图书馆、标本室、博物馆等室内喷射，可以保护书籍、文物、标本等不受虫害。

注意事项 本品必须储藏在密闭容器中，放置在低温和通风良好的房内，防止受热，勿受日光照射。

在室内使用加压喷射剂喷雾时，采取一般防护。

开发登记 1984年日本住友化学工业公司在烯炔菊酯的基础上开发本品种，日本住友农药株式会社、江苏扬农化工股份有限公司等企业登记生产。

甲醚菊酯 methothrin

其他名称 甲苄菊酯。

化学名称 2,2-二甲基-3-(2-甲基-1-丙烯基)环丙烷羧酸 4-(甲氧甲基)苄基酯。

结构式

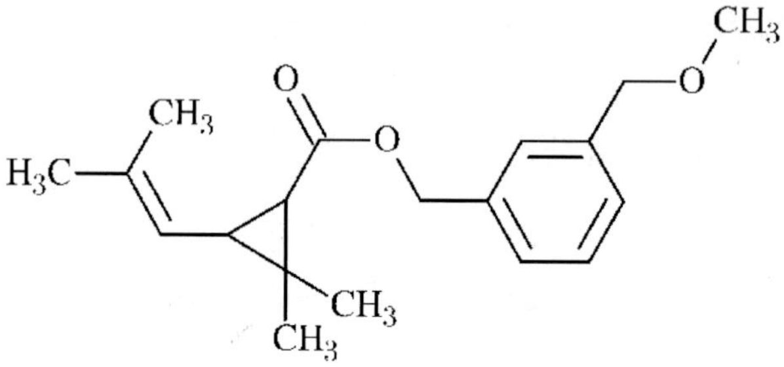

理化性质 纯品为淡黄色透明油状液体。能溶于苯、丙酮、乙醇、煤油等多种有机溶剂，几乎不溶于水；原油为淡黄或红棕色透明油状液体。相对密度约0.9，折光率为1.513 2，沸点150～151℃/133.3Pa，常温下储存2年，有效成分含量变化不大；甲醚菊酯遇碱易水解，紫外线和热也能加速其分解。

毒　　性 本品在空气中的安全浓度为9mg/m^3。属低毒杀虫剂，原油大鼠急性经口LD_{50}为4g/kg，对小鼠急性经口LD_{40}为2.29g/kg。豚鼠皮肤涂药未见变化，家兔眼结膜囊内滴甲醚菊酯0.1ml后，2min可见结膜轻度充血。24h后消失，眼球作病理组织学检查，无特殊现象发现。在动物体内没有明显的蓄积毒性。大鼠经口无作用剂量为53.88mg/kg，家兔无作用浓度(NEL)为43mg/m^3，在试验条件下，未见致突变作用。

剂　　型 20%乳油。

作用特点 是一种新型卫生用拟除虫菊酯类杀虫剂，对蚊蝇、蟑螂等害虫有快速击倒作用，杀灭效果优于胺菊酯。该药剂蒸气压较低，对害虫熏杀效果不好，该产品是加工蚊香用的乳油，也是电热驱蚊片的主要原料。

应用技术 资料报道，主要用于防治卫生害虫，使用时将一定量的乳油加适量的水搅成白色乳液，再倒入蚊香干基料中搅拌均匀，即可加工成型蚊香。一般用量为每吨蚊香干基料加20%乳油20kg，制成的蚊香含0.4%的有效成分。以甲醚菊酯为主要成分，可配成不同剂型的卫生用杀虫剂。0.5%复方乙醇剂型，取甲醚菊酯3g，氯菊酯2g，巴沙5g，八氯二丙醚6g，香料1g，加到989ml乙醇中混溶，可用于直接喷雾。甲醚菊酯0.8%复方油剂，取甲醚菊酯3g，八氯二丙醚6g，香料1g，加去臭煤油985ml混溶，直接喷雾使用。甲醚菊酯水剂，取甲醚菊酯3g，氯菊酯3g，八氯二丙醚6g，香料1g，溶于20g乙醇中，然后加进表面活性剂60g，充分相溶后，加入脱氯自来水907ml，使之充分混匀得到透明状液体，可直接喷雾使用。

注意事项 根据动物试验，推荐甲醚菊酯的安全浓度为9mg/m^3，按照实际的使用情况，空气中甲醚菊酯的浓度不会超过此值，所以应严格按照规定使用。施药时需注意防止污染手、脸和皮肤，如有污染应立即清洗。如误服应用大量水洗胃，并服用活性炭，若出现呼吸障碍、痉挛等中毒症状时，应采用给氧，进行人工呼吸并给镇静剂等措施进行治疗。20%乳油应储存在干燥、避光和通风良好的仓库中。

开发登记 1968年日本首先报道；1970年由我国华东师范大学和南京大学合成，并分别在无锡县电化厂和扬州农药厂投产；江苏扬农化工股份有限公司等企业登记生产。

噻嗯菊酯 kadethrin

其他名称 敌菊酯；硫茂苄呋菊酯；击倒菊酯。

化学名称 右旋-顺式-2,2-二甲基-3-(2, 2,4, 5-四氢-2-氧代噻嗯-3-亚甲基)环丙烷羧酸-(E)-5-苄基-3-呋喃甲基酯。

结构式

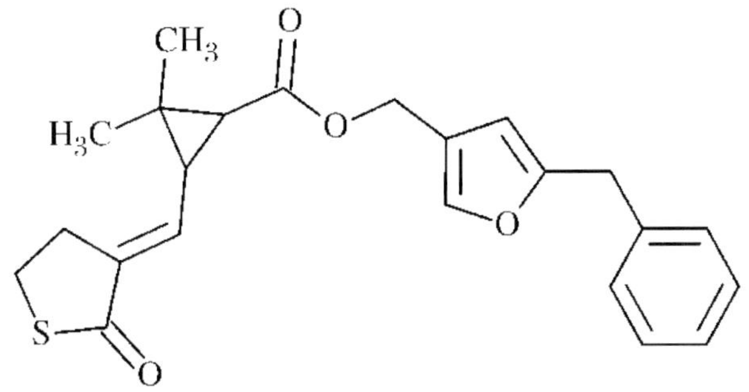

理化性质 其外观呈黄棕色黏稠油状液，熔点31℃。工业品纯度大于93%。能溶于乙醇、二氯甲烷、苯、丙酮、二甲苯和增效醚，微溶于煤油，而不溶于水(计算值1mg/L)。对光和热不稳定，在碱液中能水解，在矿油中分解较慢，其剂型封于铝质或内层涂漆的金属容器中可长期储存，对马口铁有腐蚀性。

毒　　性 本品对眼睛、皮肤和呼吸道器官有轻微刺激作用，但吸入不会引起任何中毒症状。大鼠每日喂剂量为12.5和25mg/kg的含药饲料，连续90d无影响。犬每日喂剂量为3mg/kg和15mg/kg含药饲料，连续90d，亦未出现中毒症状。本品对雌性小鼠、大鼠和兔均无致畸作用，本品对鱼和蜜蜂有毒，虹鳟LC_{50}(96h)为0.13g/L。

作用特点 噻嗯菊酯(58769-20-3)是触杀性药剂，对昆虫主要有较高的击倒作用，但亦有一定的杀死活性，故常和生物苄呋菊酯混用，以增进其杀死效力，此外对蚊虫有驱赶和拒食作用。但热稳定性差，不宜用以加工蚊香或电热蚊香片。

应用技术 作为卫生杀虫剂，防治家蝇伊蚊等害虫。

注意事项 处理高浓度药液时宜着防护服和戴面罩，避免吸入药雾和接触皮肤。如误服，无专用解毒药，可按出现症状进行对症治疗。储存于低温通风房间，避免阳光照射，勿靠近热源，亦勿与食品、饲料等共置。

开发登记 1974年由J. Martel和J. Buendia，1976年由J. Lhoste和F. Rauch报道其杀虫性能，由Roussel Vclaf开发，获专利FR2097244、US3842177。

戊菊酯 valerate

其他名称 中西除虫菊酯；戊酸醚酯；杀虫菊酯；S-5439。

化学名称 (R,S)-3-苯氧基苄基-(R, S)-2-(4-氯苯基)-3-甲基丁酸酯。

结构式

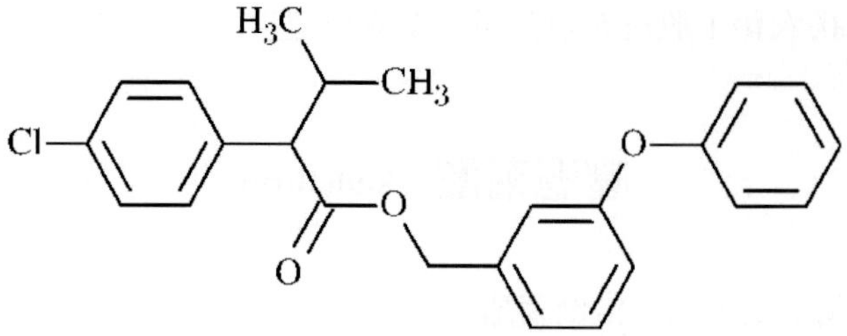

理化性质 其外观呈黄色或棕色油状液体，相对密度1.165，沸点248～250℃(266.7Pa)。易溶于一般有机溶剂，难溶于水；遇明火即燃烧，对光稳定，在酸性条件下稳定，在碱性条件下不稳定。

毒　　性 低毒杀虫剂，未见致畸和致突变作用。原药雄大鼠急性经口LD_{50}为5g/kg，小鼠经口LD_{50}为2.1g/kg，大鼠经皮$LD_{50}>4.7$g/kg，大鼠无作用剂量为250mg/kg，属中等蓄积性。

剂　　型 20%乳油、40%乳油等。

作用特点 为一种不含氰基结构的拟除虫菊酯杀虫剂，和其他菊酯类杀虫剂相同，具有触杀和胃毒作用，杀虫谱广，无熏蒸和内吸作用，但比其他一些菊酯类农药(如氰戊菊酯)的杀虫活性低，单位面积使用的剂量要高。除农用外，更适于卫生害虫的防治，本品适用于蔬菜、果树、茶树、棉花等作物上的一些害虫防治。

应用技术 资料报道，防治菜青虫、小菜蛾，在低龄幼虫期，用20%乳油100~250ml/亩对水40～50kg喷雾；防治茶尺蠖、茶细蛾、茶毛虫，在低龄幼虫期，用20%乳油2 000～3 000倍液喷雾；防治棉铃虫、棉蚜，在低龄幼虫期，用20%乳油100~250ml/亩对水40～50kg喷雾。

注意事项 不能在桑园、鱼塘、养蜂场所使用，以免污染，中毒症状和解毒方法见氯菊酯。

开发登记 1972年由日本住友化学公司合成。

丁苯吡氰菊酯 NCI-85193

化学名称 (1R, S)-反式-2, 2-二甲基-3-(4-叔丁基苯基)环丙烷羧酸-(±)-α-氰基-6-苯氧基-2-吡啶基甲基酯。

结构式

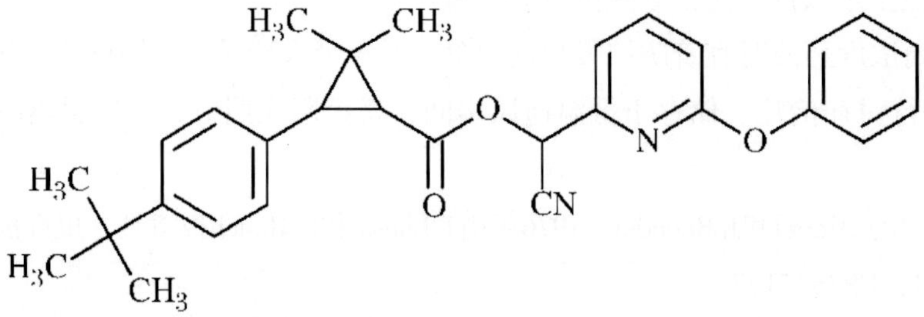

理化性质 琥珀色黏稠液。对热稳定。

毒　　性 大鼠(雄)急性口服LD_{50}为108mg/kg，Ames试验阴性。鱼毒性：TLm(48h)鲈鱼＜0.5mg/L。

剂　　型 20%乳油。

作用特点 对多种螨类和刺吸式口器昆虫(如蚜虫、粉虱以及蓟马等)有较高活性。在室内试验测定中，对刺吸口式器和咀嚼式口器害虫(如斜纹夜蛾)的活性均高于氯菊酯。

应用技术 据资料报道，可用于防治多种螨类(如柑橘红蜘蛛、棉花红蜘蛛)以及桃蚜、温室粉虱、葱蓟马等害虫，用20%乳油2 000～4 000倍液喷施。

注意事项 参照氯氰菊酯。

开发登记 1986年由日本日产化学公司研究开发。

氯醚菊酯 chlorfenprox

其他名称 MTI-501。

化学名称 2-(4-氯苯基)-2-甲基丙基-3-苯氧基苄基醚。

结构式

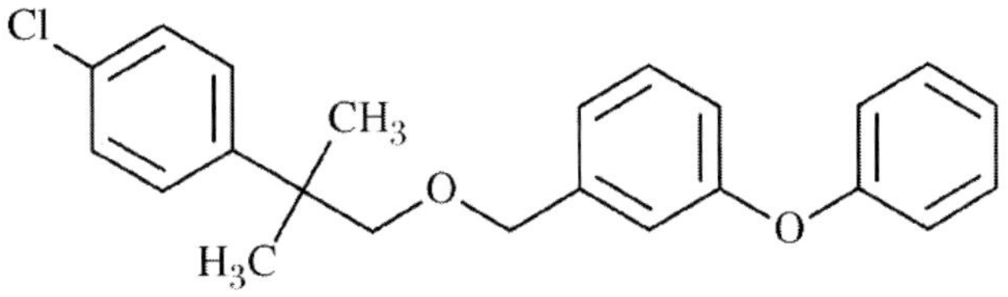

Cl CH3 H3C O O

理化性质 其外观呈无色透明液体，沸点205～207℃(20Pa)。难溶于水，能溶于多种有机溶剂。对光和热均较稳定；室温下对日光稳定1个月以上，80℃在3个月无明显分解。

毒　　性 鼠急性口服毒性LD_{50}在500mg/L以上，对鲤鱼的TLm(48h)在10mg/kg以上。

剂　　型 乳油、可湿性粉剂、颗粒剂等。

作用特点 本品是广谱性拟除虫菊酯类杀虫剂。用于防治棉铃虫、烟草夜蛾、棉红铃虫、棉叶波纹夜蛾、粉纹夜蛾、亚热带黏虫、棉大卷叶螟、蚜虫、豆荚盲蝽、温室粉虱、墨西哥棉铃象甲等。

应用技术 据资料报道，用于对家蝇和淡色库蚊成虫及德国小蠊防治。

烃菊酯 MTI-800

化学名称 2-甲基-2-(4-乙氧基苯基)-5-(4-氟-3-苯氧基苯基)戊烷。

结构式

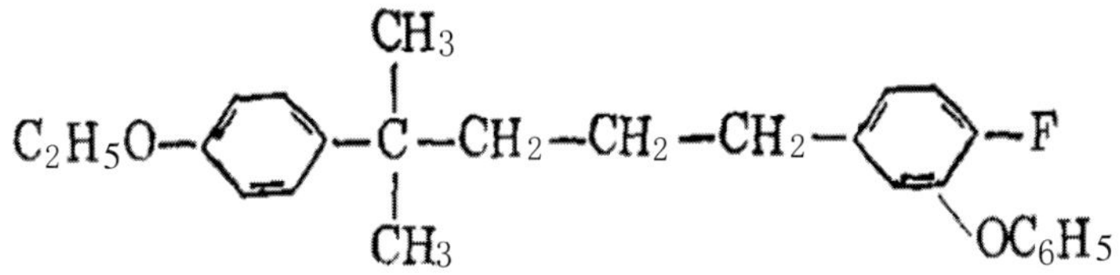

C_2H_5O—C(CH3)(CH3)—CH_2—CH_2—CH_2—F OC_6H_5

理化性质 淡黄色黏稠液。不溶于水，能溶于多种有机溶剂。对光和热稳定，在碱性介质中亦稳定。

毒　　性 低毒。

作用特点 本品高效，杀虫活性比醚菊酯高得多，害虫对它产生抗性的周期也长(抗性周期是溴氰菊酯的3～5倍)。且比所有拟除虫菊酯的稳定性都好，耐酸和碱的能力亦强，但其对鱼毒性比醚菊酯大。

应用技术 据资料报道，在0.01%的浓度下可使斜纹夜蛾100%死亡，而在0.01%氰戊菊酯下的死亡率是30%，灭多威是40%，而敌百虫无效。对稻褐飞虱和小菜蛾的药效，与溴氰菊酯等同。本品与波尔多液混用，药效不受影响。

注意事项 储藏于通风凉爽场所，本品低毒，采取一般防护。

开发登记 1983年日本三井东压化学公司继醚菊酯后研制开发的品种。

氯溴氰菊酯 tralocythrin

其他名称 氯溴菊酯；CGA-74055；HAG-106。

化学名称 α-氰基-3-苯氧苄基-2,2-二甲基-3-(1,2-二溴-2,2-二氯乙基)环丙烷羧酸酯。

结构式

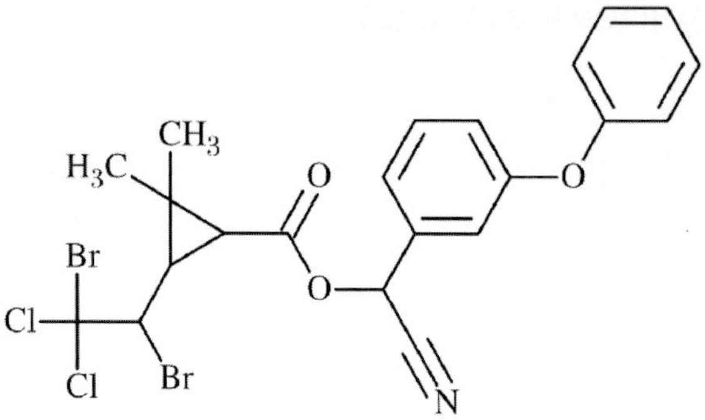

CH_3 H_3C O O Br Cl Cl Br N

毒 性 低毒。

作用特点 在生物体内降解后释放出氯氰菊酯，残效期较长，作用特点和四溴菊酯类似。

应用技术 据资料报道，用作杀螨剂、杀虫剂、杀线虫剂和杀菌剂。用作马蝇、马鼻胃蝇幼虫和羊虱的防治，还可用于羊毛织物的防蛀和防止微小牛蜱对牛犊的为害。如于0.75ml的乙二醇和甲醇的混合液中含有0.4%本品，用排气法施于法蓝绒羊毛上，其织品可防止蛀蛾幼虫、羊毛虫和地毯圆皮蠹的侵害。如以本品(5mg/kg)加在1∶1的二甲基甲酰胺和橄榄油混合液中，用灌注法施于圆柱形牛房内，可完全控制微小牛蜱对牛体的为害。

开发登记 1978年瑞士汽巴-嘉基公司开发。

苄螨醚 halfenprox

其他名称 扫螨宝；Sirbon；MTI-732。

化学名称 2-(4-溴二氟甲氧基苯基)-2-甲基丙基-3-苯氧基苄基醚。

结构式

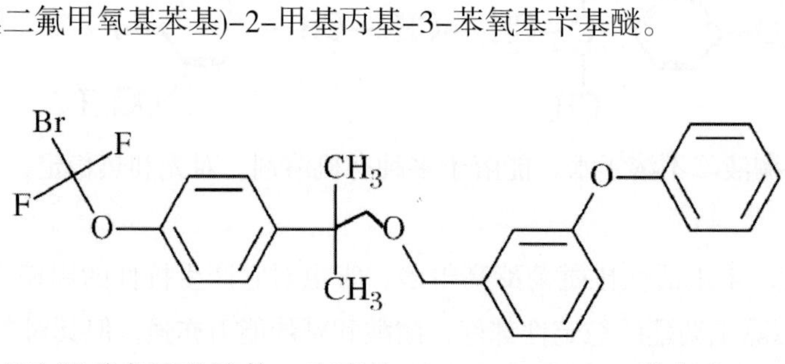

Br F F O CH_3 O CH_3 O

理化性质 原药外观为淡黄色油状液体，密度为1.318g/ml(20℃)，沸点为291.2℃，蒸气压7.79×10^{-7}Pa(25℃)。能溶于大多数有机溶剂，蒸馏水中溶解度为0.7mg/L(25℃)。

毒　　性 原药为中等毒性，大鼠急性经口LD_{50}雄132mg/kg，雌性为159mg/kg；小鼠LD_{50}雄性为146mg/kg，雌性为121mg/kg；大鼠经皮LD_{50} > 2g/kg；吸入LC_{50}雄性为1.38mg/L，雌性为0.36mg/L。制剂为低毒农药，大鼠急性经口LD_{50}雄性为660mg/kg，雌性为590mg/kg。

剂　　型 5%乳油等。

作用特点 属醚类杀螨剂，具有较强触杀作用，对成螨及幼若螨均有效，对卵有一定抑制作用。主要用于防治苹果、柑橘上的害螨。

应用技术 据资料报道，防治苹果、柑橘树红蜘蛛，在活动态螨初盛期，用5%乳油1 000～2 000倍液均匀喷雾。

注意事项 注意不要将药液误饮，万一误饮药液吐出，保持安静并立即请医生治疗。对眼睛、皮肤有刺激作用，请注意不要将药液接触眼睛及沾着皮肤，本剂对喉鼻有刺激作用，如接触用清水洗净。配药液及喷洒时，应戴口罩、手套等防护用具。

开发登记 日本三井东压化学株式会社开发。

甲呋炔菊酯 proparthrin

其他名称 甲呋菊酯。

化学名称 2–甲基–5–(2–丙炔基)–3–呋喃基甲基–(1R,S)–2,2–二甲基–3–(2–甲基丙–1–烯基)环丙烷羧酸酯。

结 构 式

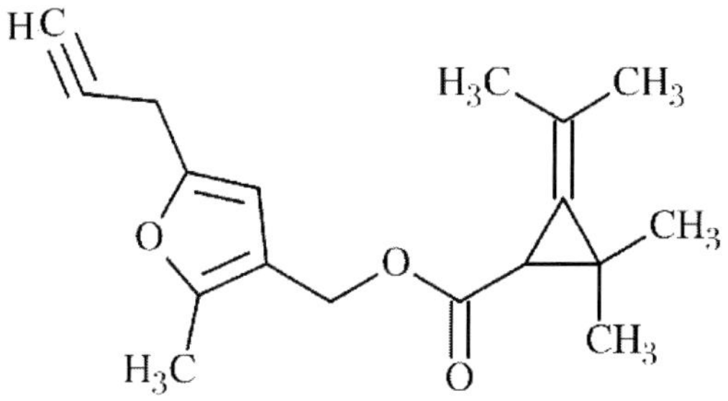

理化性质 其外观呈淡黄色透明油状液体，20℃时的蒸气压为0.08Pa，熔点32～34℃，折光率为1.504 8，能溶于多种有机溶剂中而不溶于水(水中溶解度计算值为3mg/L)。在强烈日光照射下能分解，在碱性乙醇溶液中亦容易水解；但在水悬液的状态下，它的水解速度相对较慢。

毒　　性 本品(含有效成分92%和BHT1%)对大鼠和小鼠均无任何致畸作用。急性经口LD_{50}大鼠为14g/kg，小鼠为8g/kg。对受孕小鼠喂食0.25～5g/(kg・d)，6d后没有或有微小的致畸作用，有时增加了胎鼠的死亡率，对兔子、犬、小鼠呼吸循环和中枢神经系统的药剂效应比烯丙除虫菊小，对兔皮肤无刺激，对敏感豚鼠也无抗原性作用。当吸入浓度大于$1g/m^3$时，有几只小鼠肺上出现急性肺炎和轻微退化，在用同剂量的丙烯菊酯试验中，亦有相同情况出现。

剂　　型 蚊香、电热蚊香片、气雾剂等。

作用特点 具有强烈的触杀活性和较高的击倒作用，而对动物非常低毒。在防治蚊、蝇、蟑螂等室内害虫，药效优于丙烯菊酯。本品不像炔呋菊酯那样容易挥发，但稳定性差，在剂型中必须与抗氧剂或其他稳定剂合用。

应用技术 资料报道，防治家蝇，蚊子幼虫和蟑螂。用直接接触施药法，本品对家蝇药效比烯丙菊酯高3倍，对德国小蠊比烯丙菊酯高1.3倍。在乳液配方中，本品对蚊幼虫的药效又比烯丙菊酯高13.7倍。加工成蚊香或电热蚊香片后，它对蚊成虫的迅速击倒和杀死作用大大超过丙烯菊酯。含本品0.3%、增效酯1.5%和BHT1%的油基型气雾剂，与标准气雾剂(胺菊酯0.3%+增效醚1.5%)相比，对家蝇有同等击倒活性，而杀死作用更高。

注意事项 同炔呋菊酯。

开发登记 1970年日本吉富医药工业公司合成并投产。

瓜菊酯 cinerin

其他名称 新纳灵；瓜叶除虫菊素；瓜叶菊素。

化学名称 (R)-3-(丁烯-2-基)-2-甲基-4-氧代环戊-2-烯基-(R)-反式-菊酸酯。

结 构 式

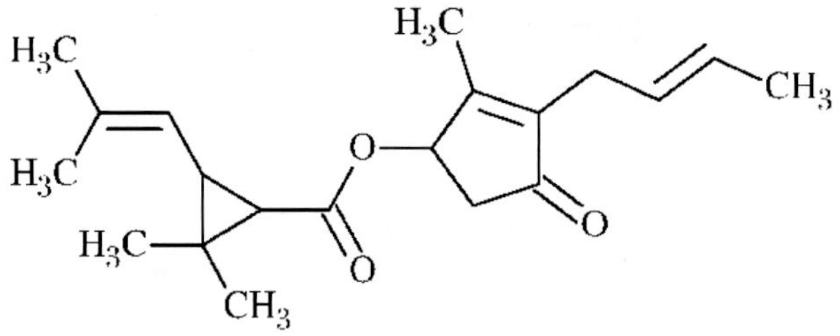

理化性质 棕黄色黏稠油状物。不溶于水，能溶于多种有机溶剂中。对光照、空气或遇碱性物均不稳定，但较除虫菊素要好。

毒　　性 低毒。

应用技术 据资料报道，本品可防治蚊、蝇、蟑螂等卫生及仓储害虫，但药效低于除虫菊素。

注意事项 本品见光遇碱易分解，注意避光保存，不宜与碱性溶液混用。

生物烯丙菊酯 bioallethrin

其他名称 ENT16275；OMS 3044。

化学名称 (S)-3-烯丙基-2-甲基-4-氧代环戊-2-烯基 (1R，R)-2, 2-二甲基-3-(2-甲基-丙-1-烯基)环丙烷羧酸酯。

结 构 式

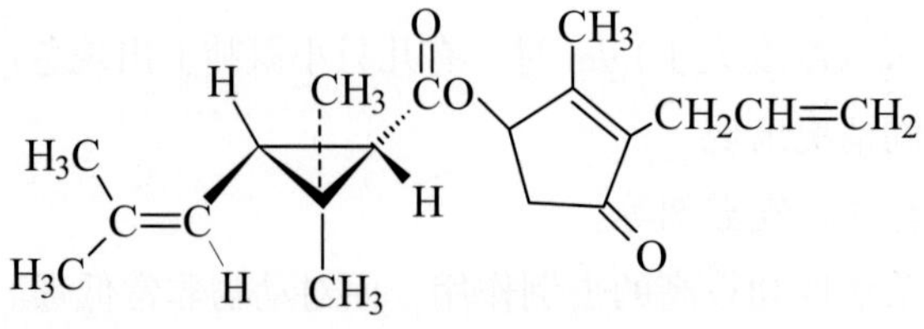

理化性质 外观为淡黄色油状液体。可溶于苯、乙醇、四氯化碳、乙醚等大多数有机溶剂，能与矿物油互溶，不溶于水。对光不稳定，碱性条件下水解失效，中性及弱酸性条件下稳定。

毒　　性 对大鼠急性经口LD_{50}为440～730mg/kg，急性经皮LD_{50}＞2 500mg/kg，急性吸入LC_{50}>2 000mg/m^3。原药对大鼠急性经口LD_{50}为410～1 320mg/ kg，急性经皮LD_{50}>2 500mg/kg，急性吸进LC_{50}>1 600mg/m^3(5h)。鲤鱼LC_{50}为1.8mg/L(48h)，水蚤LC_{50}为40mg/L，对鸟类低毒，对人畜无害，对蜜蜂有轻微毒性。

剂　　型 90%的浓剂型、喷射剂和气雾剂等。

作用特点 和烯丙菊酯相同，但其杀虫毒力约为烯丙菊酯的2.5倍。

应用技术 据资料报道，主要用于室内防治飞翔害虫。

注意事项 在处理工业原油或高含量的剂型时，需戴护目镜、手套和口罩；但在车间或室内接触一般剂型时，不需要防护，其余可参见丙烯菊酯。

开发登记 最初由法国Roussel-Uclaf公司在工艺上的突破，批量试制成功，1967年J. Lhoste第一次宣布对它的生物测定结果，1969年由美国MGK公司以d-反式烯丙菊酯的名称进行生产。

苄呋烯菊酯 bioethanomethrin

其他名称 戊环苄呋菊酯；NIA-24110；RU-11679。

化学名称 [5-(苯甲基)-3-呋喃基甲基]-3-环戊烷甲基-2, 2-二甲基环丙烷羧酸酯。

结 构 式

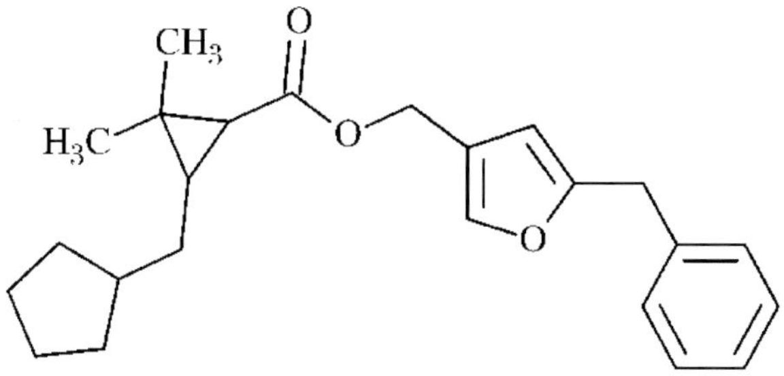

理化性质 淡黄色黏稠液体。不溶于水，能溶于多种有机溶剂。性质较稳定。

毒　　性 对鱼毒性，水温20℃时LC_{50}(96h)为24.6～114μg/L，比除虫菊素高约10倍。对大鼠急性口服LD_{50}为63mg/kg，静脉注射LD_{50}为5～10mg/kg。

剂　　型 乳油、颗粒毒饵。

作用特点 对德国小蠊、家蝇、锯谷盗、谷象等昆虫高效；对家蝇、德国小蠊和谷象的杀虫活性大于右旋烯丙菊酯和生物苄呋菊酯，本品对光较稳定。

应用技术 资料报道，本品对马铃薯象甲、梨木虱等亦有较好的防治效果。用本品加工的颗粒毒饵，可以防治莴苣毛虫，对血黑蝗若虫及埃及伊蚊幼虫有较高的毒力，杀虫剂对美洲大蠊和德国小蠊有效。

注意事项 喷洒时，注意避免药雾吸入口鼻和沾染皮肤。药剂宜储存在低温、干燥和通风良好场所，远离食品和饲料，勿让儿童接近。

开发登记 1967年法国罗素-优克福公司合成，并进行开发研究。

炔酮菊酯 prallethrin

其他名称 益多克；丙炔菊酯；Etoc；Pralle；OMS 3033。

化学名称 2,2-二甲基-3-(2-甲基-1-丙烯基)环丙烷羧酸-[反式-(+)-2-甲基-4-羰基-3-(2-丙炔基)-2-环戊烯-1-基]酯。

结构式

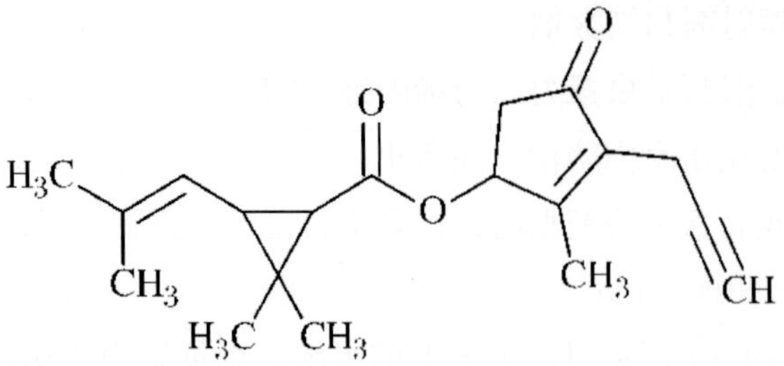

理化性质 本品为油状物，蒸气压 < 0.013MPa(23.1℃)，沸点 > 313.5℃，密度1.03g/cm^3。溶解度：水8mg/L(25 ℃)，已烷、甲醇 > 500g/kg(室温下)。在正常储存条件下能稳定2年以上。

毒　　性 对兔皮肤和眼睛无刺激，对豚鼠皮肤无致敏作用。急性经口LD_{50}雄大鼠为640mg/kg，雌大鼠为460mg/kg；大鼠急性经皮LD_{50} > 5g/kg。大鼠急性吸入LC_{50}(4h)为288 ~ 333mg/m^3。

剂　　型 蚊香、电热蚊香片、气雾剂和喷射剂等。

作用特点 本品性质有不少和右旋烯丙菊酯类似，在室内防治蚊蝇和蟑螂，它在击倒和致死活性上，比右旋丙烯菊酯高约4倍，本品对蟑螂有突出的驱赶作用。

应用技术 本品属拟除虫菊酯类杀虫剂，主要用来防治卫生害虫。

注意事项 避免与食品、饲料混置。处理原油最好用口罩、手套防护，处理完毕后立即清洗，若药液溅到皮肤上，用肥皂及清水清洗。用后空桶不可在水源、河流、湖泊洗涤，应销毁掩埋或用强碱液浸泡数天后清洗回收使用。本品宜在避光、干燥、阴冷处保存。

苯醚氰菊酯 cyphenothrin

其他名称 S-2703 Forte；OMS3032；赛灭灵。

化学名称 2,2-二甲基-3-(2-甲基-1-丙烯基)-环丙烷羧酸-α-氰基-(3-苯氧基苄基)酯。

结构式

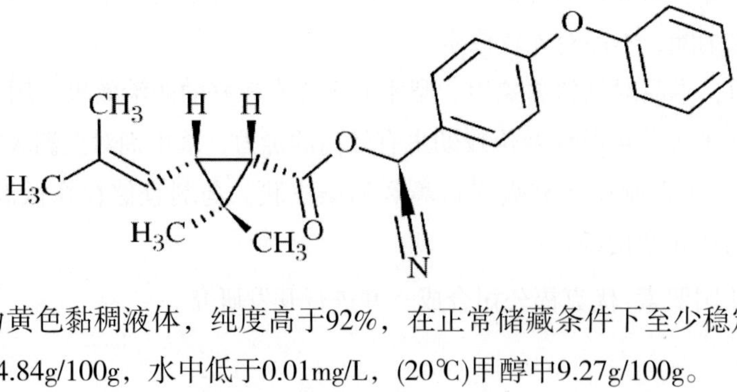

理化性质 原药为黄色黏稠液体，纯度高于92%，在正常储藏条件下至少稳定2年，对热相当稳定。溶解度(25℃)：已烷中4.84g/100g，水中低于0.01mg/L，(20℃)甲醇中9.27g/100g。

毒　　性 雌大鼠急性经口LD_{50}为419mg/kg(370mg/kg)，雄大鼠急性经口LD_{50}为318mg/kg(343m/kg)，大鼠急性经皮LD_{50}为5 000mg/kg。对皮肤和眼睛无刺激，大鼠急性吸入LC_{50}(3h) > 1 850mg/m^3。

剂　　型 气雾剂、乳油等。

作用特点 本品具有较强的触杀力和残效性，击倒活性中等，适用于防治卫生害虫，对蟑螂特别高效，尤其是对一些体形大的蟑螂，如烟色大蠊(活性为氯菊酯的15倍)和美洲大蠊(活性为氯菊酯的4倍)，并有显著的驱赶作用，所以是一种较理想的杀蟑螂药剂。

应用技术 据资料报道，对主要为害木材和织物的卫生害虫有效，被用来防治家庭、公共卫生和工业害虫。本品用于住宅、工业区和非食品加工地带，作空间接触喷射防治蚊蝇，熏烟剂对蟑螂有特效。

开发登记 该杀虫剂由T. MatSUO等报道，1973年日本住友化学工业公司开发。

氟酯菊酯 acrinathrin

其他名称 罗速发；罗速；罗素发；杀螨菊酯。

化学名称 (S)–氰基(3–苯氧基苯基)甲基–(Z)–(1R,3S)–2,2–二甲基[2–(2,2,2–三氟–1–三氟甲基乙氧羰基)乙烯基]环丙烷羧酸酯。

结构式

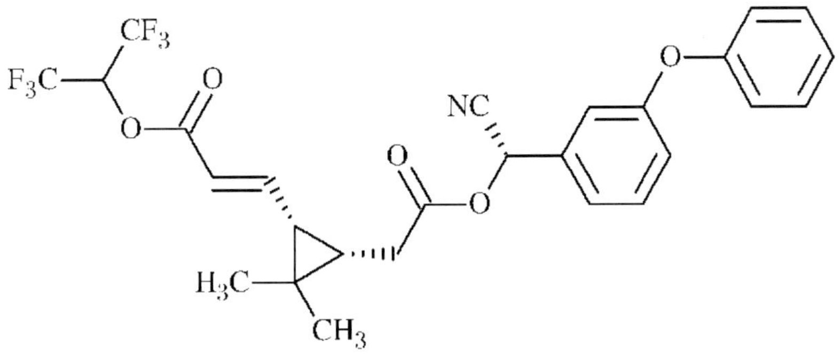

理化性质 原药为无色晶体，熔点82℃。溶解性(25℃)：水≤0.02mg/L，丙酮、氯仿、二甲基甲酰胺、二氯甲烷、乙酸乙酯中大于500g/L。对光和空气以及在储藏中稳定。

毒　　性 大鼠急性经口LD_{50}>5 000mg/kg，大鼠急性经皮LD_{50}>2 000mg/kg，大鼠急性吸入LC_{50}>2 000mg/kg(4h)。对豚鼠皮肤无过敏性，对兔皮肤无刺激作用，对眼睛有轻微刺激。大鼠亚急性毒性试验无作用剂量为2.4mg/kg(雄)、3.1mg/kg(雌)，动物试验未见致畸和致突变作用。鲤鱼 LC_{50}为0.12mg/L(96h)，虹鳟鱼为5.66mg/kg(96h)，水蚤 LC_{50}为0.57mg/L (48h)。野鸭急性经口 LD_{50}>1 000mg/kg，蜜蜂经口 LD_{50}为0.102～0.147 μg/只，接触 LD_{50}为1.28～1.898 μg/只，对捕食螨、食螨瓢虫等天敌影响较小。

剂　　型 2%乳油、6%乳油、15%乳油和3%可湿性粉剂等。

作用特点 本品是合成除虫菊酯类杀螨剂，并可兼治害虫。属于低毒农药，对人、畜十分安全，对鸟类安全，对果园天敌(如食螨瓢虫、小花蝽和草蛉等昆虫)有良好的选择性，基本上不伤害。对害螨害虫的作用方式主要是触杀及胃毒作用，并能兼治某些害虫。无内吸及传导作用，由于触杀作用迅速，具有极好的击倒作用。

应用技术 资料报道，防治棉叶螨，用2%乳油30～50ml/亩对水50～75kg喷雾，可兼治棉蚜；防治桃小食心虫，在低龄幼虫期，用2%乳油1 000倍液；防治豆类、茄子上的螨类，用2%乳油1 000～1 500倍液喷雾；防治果树上多种螨类，用2%乳油500～2 000倍液喷雾防治。

注意事项 不宜与碱性溶液混用。

开发登记 由J. R. Tessier et a1. 报道，由法国Roussel–Uclaf公司开发并于1990年在法国投产。

熏菊酯 barthrin

其他名称 熏虫菊酯；椒菊酯；ENT-21557。

化学名称 (1R,S)-顺,反式-2,2-二甲基-3-(2-甲基丙-1-烯基)环丙烷羧酸-3,4-亚甲基二氧-6-氯-苄基酯。

结构式

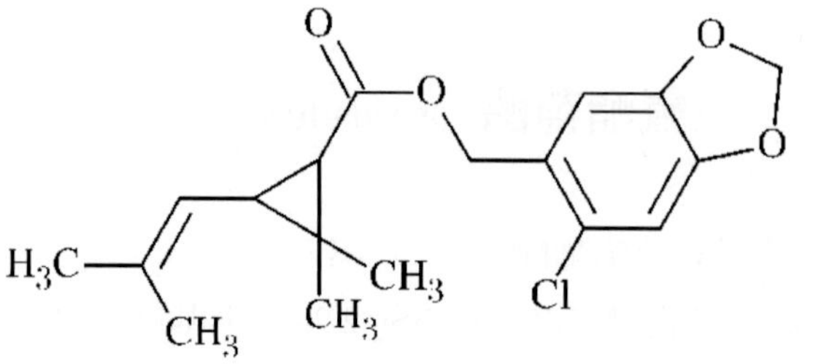

理化性质 工业品为淡黄色油状液体，熔点为158～169℃(66.7Pa)。能溶于丙酮、煤油和多种有机溶剂。

毒　　性 低毒。

作用特点 本品杀虫活性低于烯丙菊酯而高于除虫菊素，但稳定性较好。

开发登记 1958年由美国M. F. Barthel等首先合成，由Benzolproducts公司开发。

乙氰菊酯 cycloprothrin

其他名称 Fencyclae；NK-8116；NKI-811；杀螟菊酯。

化学名称 (R,S)-α-氰基-3-苯氧基苄基-(R, S)-2,2-二氯-1-(4-乙氧基苯基)环丙烷羧酸酯。

结构式

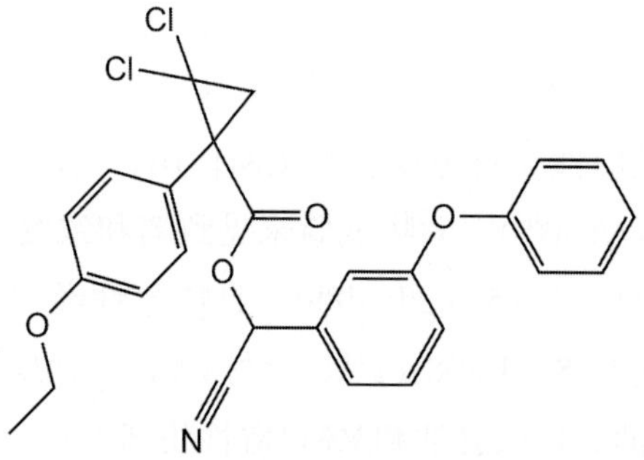

理化性质 本品为无色黏稠液体。对光、酸性溶液稳定，在碱性溶液中不稳定。沸点为110～145℃(0.133Pa)。25℃在水中溶解度为0.091mg/L，易溶于大多数有机溶剂，微溶于脂族烃类。

毒　　性 本品为触杀性杀虫剂，持效性中等，且具有忌避性、拒食性等。水蚤LC_{50}(3h)＞10mg/L，雄、雌大鼠和小鼠急性口服LD_{50}均在5g/kg以上，雄、雌大鼠急性经皮LD_{50}在2g/kg以上，大鼠急性吸入LC_{50}(4h)＞1.5mg/L空气。本品原药对皮肤和眼睛无刺激，2%颗粒剂和1%粉剂刺激性中等。无致畸、致癌、致突变作用。母鸡口服LD_{50}在2g/kg以上，日本鹌鹑口服LD_{50}在5g/kg以上。该药对金鱼LC_{50}为10mg/L以上，鲤鱼48hLC_{50}为50mg/L以上。

剂　　型 10%浓乳剂、0.5%粉剂、1.0%粉剂、2%颗粒剂等。

作用特点 该药为触杀性杀虫剂，几乎无胃毒作用，熏蒸作用和内吸作用也很小；但对害虫的作用快，并能抑制虫卵孵化。在日光下稳定，持效长。由于对鱼毒性较低，故可用于防治水稻田内的一些害虫。

应用技术 本品杀虫广谱，据资料报道，粉剂和颗粒剂适用于水田，乳油适用于蔬菜、果树、棉花、茶叶等作物，也可用于动物防疫。该药可有效地防治二化螟、斜纹夜蛾、小菜蛾、菜粉蝶、褐带卷叶蛾、黑尾叶蝉、桃蚜、稻根象、稻象、马铃薯瓢虫等。该药对有机磷和氨基甲酸酯类杀虫剂抗性品系的黑尾叶蝉的活性高于敏感品系。

开发登记 1977年澳大利亚联邦科学与工业研究组织(CSIRO)研究成功，并由G. Nolan等报道，由S. Kirihara和Y. Sakurai进行了开发，1981年澳大利亚R. maag公司和日本化学公司开发生产。

炔呋菊酯 furamethrin

其他名称 Prothrin；Pynamin-D；呋喃菊酯；消虫菊 D-1201。

化学名称 (1R,S)-顺, 反式-2, 2-二甲基-3-(2-甲基-1-丙烯基)环丙烷羧酸-5-(2-丙炔基)-2-呋喃甲基酯。

结 构 式

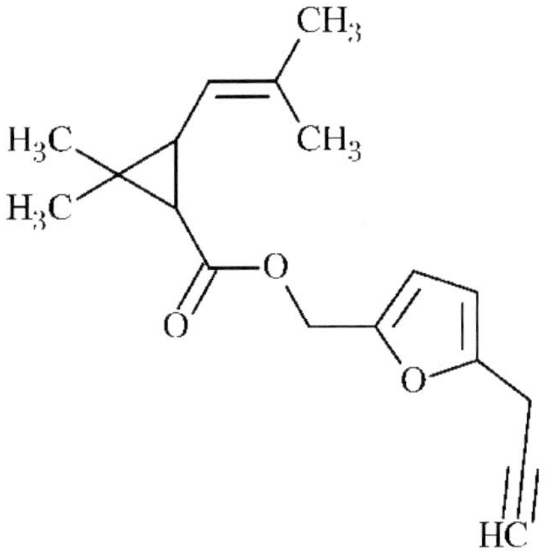

CH_3 H_3C CH_3 H_3C O O O HC

理化性质 本品为浅棕色油状液体，沸点120 ~ 122℃(26.7Pa)，20℃时的蒸气压为0.133Pa，易挥发，难溶于水(水中溶解度计算值为9mg/L)，能溶于丙酮等有机溶剂，遇光、高温和碱性介质能分解，不耐储存，混入巯基苯并咪唑(1%)或三甲基二氢喹啉(0.5% ~ 1%)，可增加其储存稳定性。加入N-二乙基甲苯酰胺，可以控制其有效成分的挥发。

毒　　性 用10 ~ 15g/kg含药饲料分别喂大鼠和小鼠1个月，会抑制体重增加，但无致畸性。对怀孕7 ~ 12d的小鼠或9 ~ 14d的大鼠皮下注射本品100mg/（kg・d），仔鼠无致畸，亦未出现生长受抑制现象。对大鼠或小鼠表皮涂药，剂量高达5g/kg，未出现中毒症状，仅在涂药表皮看到有轻度硬化和脱皮等变化，但没有出现血斑、充血等刺激作用。

剂　　型 油剂、乳油、粉剂、蚊香、喷射剂和气雾剂等。

作用特点 本品对家蝇的击倒和杀死活性，均高于烯丙菊酯，加工成蚊香等作为加热熏蒸使用，对蚊蝇效果均佳。用作气雾剂或喷雾剂喷射，对飞翔害虫具有卓效；但因易挥发对爬行害虫持效差，不宜作滞留喷洒使用。欲使药效持久，剂型需加工成缓释剂使用，以控制杀虫成分过快逸出。

应用技术 本品适用于室内防治卫生害虫，对家蝇、淡色库蚊和德国小蠊的毒力高于烯丙菊酯、胺菊酯和除虫菊素。

注意事项 本品低毒，使用时参考除虫菊素采取一般防护。但储存时必须注意密闭包装和避光、避热。

开发登记 1969年大日本除虫菊公司提出品种。

生物氯菊酯 biopermethrin

其他名称 NRDC-147。

化学名称 (3-苯氧基苯基)甲基-(1R,3S)-3-(2, 2-二氯乙烯基)-2,2-二甲基环丙烷羧酸酯。

结构式

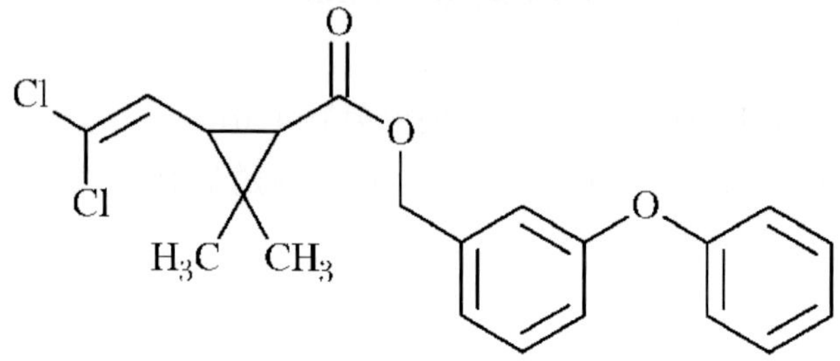

理化性质 本品为浅棕色液体，难溶于水，能溶于多种有机溶剂，对光稳定。

毒　　性 对小鼠(雌)急性口服LC_{50}为3g/kg，鱼毒性，LC_{50}(48h)虹鳟鱼为0.017mg/L。

剂　　型 气雾剂、乳油。

作用特点 同氯菊酯，但对昆虫的毒力一般比氯菊酯高，对卫生害虫的药效远高于生物苄呋菊酯，持效亦较长。

应用技术 本品对家蝇，与生物苄呋菊酯同样高效；而对辣根猿叶甲比生物苄呋菊酯的药效高2.5倍，且持效长约3倍。

注意事项 同氯菊酯。

开发登记 1973年由英国M. Elliott合成并进行试验。

溴苄呋菊酯 bromethrin

其他名称 二溴苄呋菊酯。

化学名称 (1R,S)-反式-2, 2-二甲基-3-(2,2-二溴乙烯基)环丙烷羧酸-5-苄基-3-呋喃甲基酯。

结构式

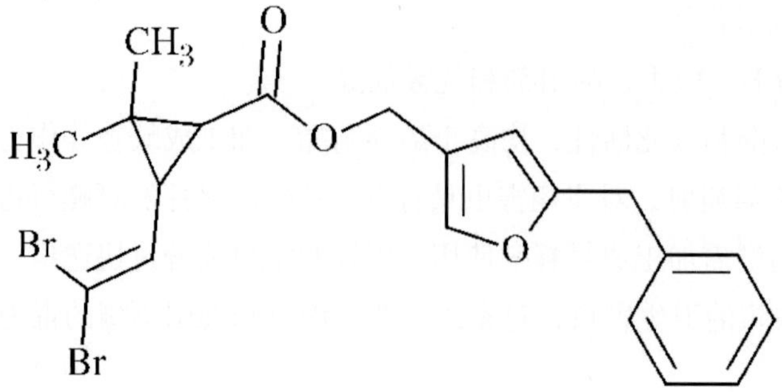

理化性质 本品为淡黄色结晶固体，熔点65℃，不溶于水，能溶于多种有机溶剂，对光较稳定。

毒　　性 低毒。

剂　　型 喷雾剂。

作用特点 本品对昆虫的毒力，约与(±)-反式苄呋菊酯相当；而对光的稳定性，由于在菊酸乙烯侧链上的二甲基被卤素取代，故远比(±)-反式苄呋菊酯稳定。

应用技术 对家蝇、埃及伊蚊、德国小蠊、辣根猿叶甲等有效，参见氟苄呋菊酯。

注意事项 参见氟苄呋菊酯。

开发登记 1973年由英国M. Elliott等首先合成。

五氟苯菊酯 fenfluthrin

其他名称 NAK-1654；OMS 2013。

化学名称 2, 3, 4, 5,6-五氟苄基-3-(2,2-二氯乙烯基)-2,2-二甲基环丙烷羧酸酯。

结 构 式

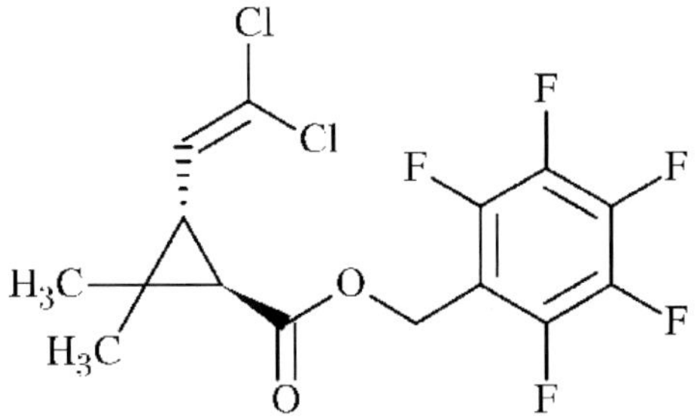

理化性质 纯品为有轻微气味的无色晶体，熔点44.7℃，密度为1.38，沸点为130℃(10Pa)，20℃时蒸气压约1.0MPa，在20℃时的溶解度(g/L)：水中为10^{-4}，正己烷异丙醇、甲苯和二氯甲烷均>1 000。

毒　　性 大鼠吸入LD_{50}暴露1小时雄鼠为500～649mg/m^3；雌鼠为335～500mg/m^3；暴露4h雄鼠为134～193mg/m^3，雌鼠约134mg/m^3；暴露30h，雄雌鼠>97mg/m^3。对大鼠的试验表明，亚急性口服毒性的无作用剂量为5mg/kg；亚急性吸入毒性的无作用浓度为14mg/m^3；亚慢性口服毒性的无作用剂量为200mg/L；亚慢性吸进毒性的无作用浓度为4.2mg/m^3。对犬的试验表明，亚慢性口服毒性的无作用剂量为100mg/L。本品在实验条件下无致畸，亦未显示有诱导作用。但对豚鼠和小鼠的试验，均出现过敏性。禽鸟毒性LD_{50}(mg/kg)：母鸡>2 500，日本鹌鹑>2 000(雄)和1 500～2 000(雌)。鱼毒性LC_{50}(mg/L)，金色圆腹雅罗鱼0.001～0.01(96h)，虹鳟<0.0013（h)。

剂　　型 5%可湿性粉剂、200g/L乳油等。

作用特点 本品杀虫谱广，能有效地防治卫生昆虫和储藏害虫；对双翅目昆虫如蚊类有较强的快速击倒作用，且对蟑螂、臭虫等爬行害虫有很好的残留活性。本品对有机磷或氨基甲酸酯类杀虫剂已产生抗性的昆虫，亦能防治。但它和其他菊酯农药类似，对蜱螨类的防治效力不高，如与氟氯氰菊酯混合使用，可以互补短长。

应用技术 为低剂量高效广谱杀虫剂，对家蝇、伊蚊属、斯氏按蚊具有快速击倒作用，主要用于食草动物体外寄生虫的防治。

开发登记 1977年由德国拜耳公司中央化学实验室合成，1982年开发研究成功。

氯吡氰菊酯 fenpyrithrin

其他名称 Dowco 417；DC-417。

化学名称 α-氰基(6-苯氧基-2-吡啶基)甲基-3-(2,2-二氯乙烯基)-2,2-二甲基环丙烷羧酸酯。

结 构 式

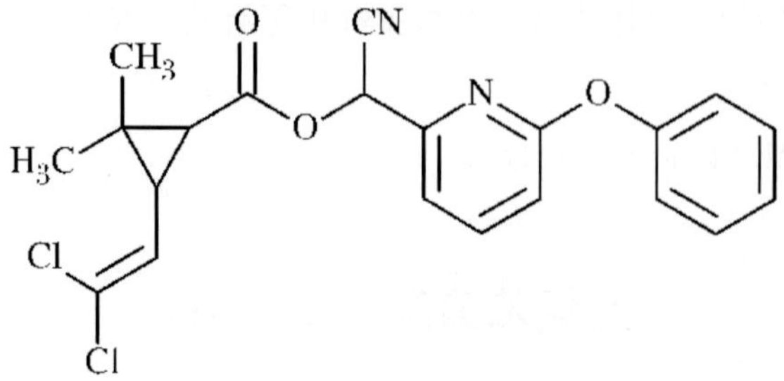

理化性质 工业品为淡黄色油状液体能溶于多种有机溶剂，26℃在水中溶解度为0.2mg/L。暴露于日光下的半衰期为73h。

毒　　性 大鼠急性经口LD_{50}为460mg/kg，小鼠急性经口LD_{50}为100～200mg/kg；兔急性经皮LD_{50}为625mg/kg；对兔皮肤和眼睛无刺激作用。大鼠亚急性无用剂量为50mg/kg。Ames试验呈阴性。金鱼LC_{50}为4.8×10^{-9}mg/kg。

剂　　型 19%乳油等。

作用特点 本品具胃毒和触杀作用，是广谱性杀虫剂，杀虫高效，对刺吸口式器昆虫尤为突出。一般而言，它的杀虫活性与氯氰菊酯相近，高于氯菊酯和氰戊菊酯；而对某些刺吸式口器昆虫还优于氯氰菊酯。对鳞翅目昆虫的活性低于溴氰菊酯，但对家蝇的活性，几乎和溴氰菊酯相当；且对桃蚜、紫菀叶蝉等刺吸式口器昆虫的活性优于溴氰菊酯。

应用技术 可用于防治棉红铃虫、棉铃虫、小卷叶蛾、海灰翅夜蛾、棉粉虱、木薯粉虱等，用19%乳油28ml/亩对水40～50kg喷雾。还能防治马铃薯麦蛾、黑尾果蝇、黄猩猩果蝇等。

注意事项 参照氯氰菊酯。

开发登记 1979年由美国陶氏化学公司开发。

七氟菊酯 tefluthrin

其他名称 PP993；TF3754；TF3755。

化学名称 2,3,5,6-四氟-4-甲基苄基-(Z)-(1RS,3RS)-3-(2-氯-3,3, 3-三氟丙-1-烯基)-2,2-二甲基环丙烷羧酸酯。

结 构 式

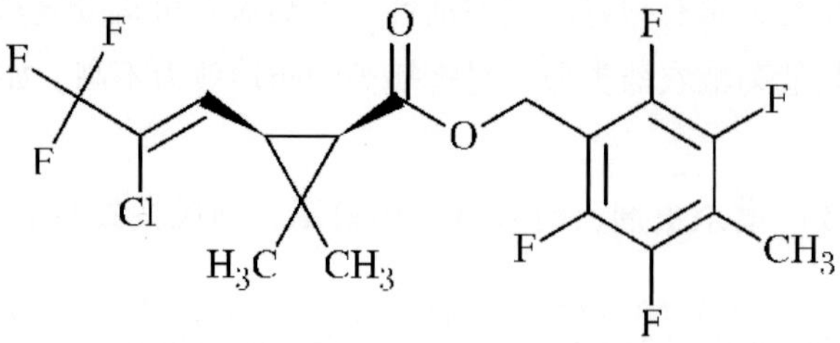

理化性质 纯品为无色固体。原药为米色。熔点为44.6℃(工业品39～43℃)，沸点153℃，蒸气压

8MPa(20℃)、50MPa(40℃)，密度为1.48g/ml(25℃)。溶解度：水(缓冲水pH5和pH9，20℃)中为0.02mg/L，丙酮、己烷、甲苯、二氯甲烷、乙酸乙酯中大于500g/L，甲醇263g/L，在15～25℃时，稳定9个月以上，在50℃时，稳定84d以上；其水溶液(pH7)暴露到日光下，31d损失27%～30%。在pH5～7时，水解＞30d，在pH9时，30d水解7%。闪点124℃。

毒　　性 急性经口和经皮LD_{50}值差别很大，该值取决于载体、试验品系及其性别、年龄和生长阶段，典型的急性经口LD_{50}：雄大鼠22mg(玉米油载体)/kg，雌大鼠35mg(玉米油载体)/kg，小鼠45～46mg/kg。急性经皮LD_{50}值：雄大鼠148～1 480mg/kg，雌大鼠262mg/kg。对兔皮肤和眼睛有轻微刺激，对豚鼠皮肤无致敏作用，大鼠急性吸入LC_{50}(4d)为0.042 7mg/L。

剂　　型 3%粒剂、100g/L乳油等。

作用特点 本品是第一个可用作土壤杀虫剂的拟除虫菊酯，对鞘翅目、鳞翅目和双翅目害虫高效，可以颗粒剂、土壤喷洒或种子处理的方式施用。它的挥发性好，可在气相中充分移行以防治土壤害虫。据认为它在土壤中杀虫是通过蒸气而不是经触杀起作用的。本品及其在土壤中的降解产物不会被地下水渗滤；在大田中的半衰期约1个月，因而它既能对害虫保持较长药效，而又不致在土壤中造成长期残留。

应用技术 防治鞘翅目、鳞翅目和双翅目害虫效果很高。施用方式灵活，可使用普通设备以料剂、土壤喷洒或种子处理的方式施用。具有有效的蒸气压，有助于其在土壤中的移动和向靶标生物的渗透。随害虫所处的地方不同，可以粒剂在田间施用(撒施、带施、条施或条施和带施并用)、土壤喷洒或拌种处理。还可防治有一部分土壤生活期的叶面害虫。

开发登记 英国卜内门公司(ICI. Agro-chemicals，现Zeneca Agrochemical)1986年在比利时投产。获专利号EP31199，US4405640。

肟醚菊酯

其他名称 809。

化学名称 1-(4-氯苯基)异丙基酮肟-O-(3-苯氧苄基)醚。

结 构 式

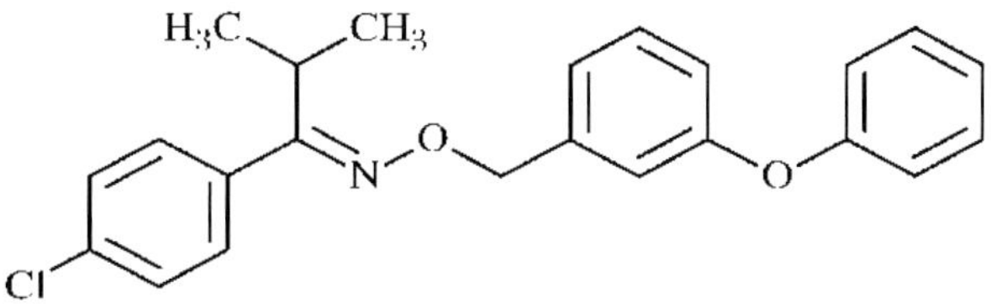

理化性质 淡黄色油状液体。难溶于水，能溶于苯、二氯甲烷等有机溶剂。

毒　　性 低毒。

作用特点 本品具有胃毒和触杀作用，对黏虫和玉米螟的杀虫活性，接近氰戊菊酯而高于滴滴涕。对黏虫的击倒速度比氰戊菊酯慢；但击倒后的黏虫在24h后无一复活，而氰戊菊酯在低剂量时击倒的黏虫能全部复活，而在高剂量时也有25%的黏虫复活。本品在加热成烟雾时对蚊成虫有熏杀作用，但熏杀毒力要略差于氰戊菊酯。

应用技术 杀虫、杀螨剂，对斜纹夜蛾和叶螨有活性，对黏虫有较高的杀虫活性。

开发登记 1980年M. J. Bull等首先报导，1982年我国南开大学元素有机化学研究所进行系统合成和研究。

糠醛菊酯 furethrin

其他名称 抗虫菊酯。

化学名称 (1R,S)–顺，反式–2,2–二甲基–3–(2–甲基丙–1–烯基)环丙烷羧酸–(R, S)–2–甲基–3–(2–糠基)–4–氧代–环戊–2–烯–1–基酯。

结构式

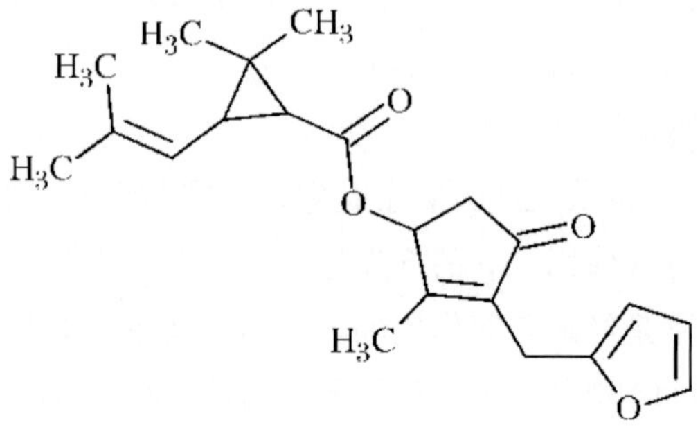

理化性质 工业品为浅黄色油状液体，沸点187 ~ 188℃(5.333Pa)。不溶于水，可溶于精制煤油中。

毒　　性 大鼠急性口服LD_{50}为700mg/kg。

作用特点 本品醇部分侧链上的碳原子数及糠基环上双键位置与除虫菊素颇相似，故其性质和作用亦和除虫菊素相似，但它的稳定性稍差。

应用技术 对家蝇有快速击倒作用，杀虫活性约和除虫菊素相当，但对家蝇的药效，要比烯丙菊酯差。

注意事项 参见除虫菊素。

氯烯炔菊酯 chlorempenthrin

其他名称 中西气雾菊酯。

化学名称 1–乙炔基–2–甲基戊–2–烯基–(RS)–2,2–二甲基–3–(2,2–二氯乙烯基)环丙烷羧酸酯。

结构式

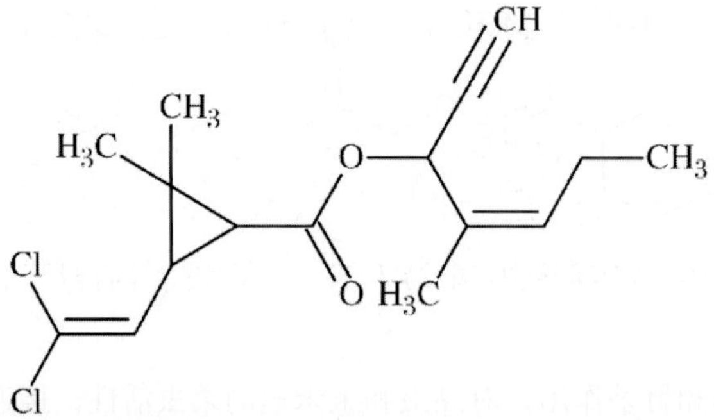

理化性质 淡黄色油状液体，有清淡香味。沸点128 ~ 130℃(40Pa)，蒸气压4.13×10^{-2}Pa(20℃)，可溶于苯、醇、醚等多种有机溶剂，不溶于水。在碱性介质中易分解，对光、热和酸性介质较稳定。

毒　　性 经口毒性LD_{50}小鼠790mg/kg，Ames试验为阴性。以常用剂量的50 ~ 100倍喷洒或熏蒸，对人畜眼、鼻、皮肤及呼吸道均无刺激。对鱼有毒，不要在湖泊池塘清洗器具、容器，以免造成污染。

剂　　型 电热蚊香片、液体蚊香、蚊香及气雾剂、喷射剂等，以及40%气雾剂。

作用特点 对家蝇、德国小蠊、蚊及蠹虫有较好的防治效果，稳定性好，无残留。

应用技术 以喷雾法防治家蝇的剂量为5.0～10mg/m^2，以每片含本剂250mg的电热蚊香片加热至150℃，对淡色库蚊的杀死率80%～100%。

开发登记 该品种1947年由日本住友化学公司合成，但未工业化，20世纪80年代中期，中国不少研究单位进行了试制，并发现其杀虫活性，1988年上海中西药厂(现为上海中西集团责任有限公司中西药业股份有限公司)开发投产。

苄烯菊酯 butethrin

化学名称 3-氯-4-苯基丁-2-烯基-(RS)-2, 2-二甲基-3-(2-甲基丙-1-烯基)环丙烷羧酸酯。

结构式

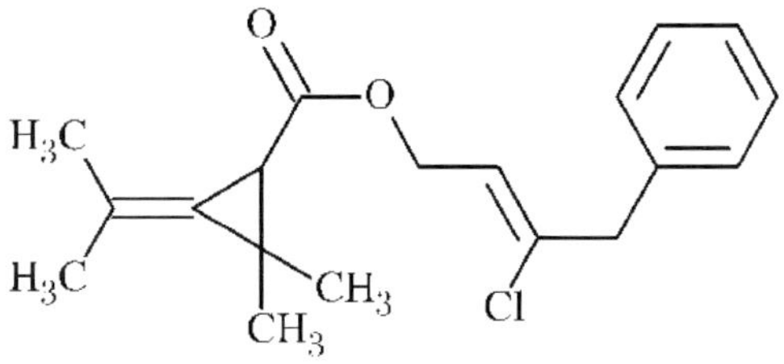

理化性质 淡黄色油状液体，沸点142～145℃(16Pa)。工业品纯度85.9%。不溶于水，能溶于丙酮等多种有机溶剂。

毒　　性 大鼠急性经口LD_{50}>20 000mg/kg。

作用特点 本品对卫生害虫具有较强的击倒和杀伤作用。对蚊幼虫高效，24h50%的死亡率比丙烯菊酯高 5 倍，比胺菊酯高3～8倍，比甲呋菊酯高 3 倍，比呋喃菊酯高1～6倍。对烟草甲和药材甲的击倒和致死活性方面是有效的拟除虫菊酯药剂。

注意事项 同烯丙菊酯。

开发登记 1973年日本大正制药公司与名古屋大学农学部合成品种。

四氟苯菊酯 transfluthrin

其他名称 四氟菊酯

化学名称 2,3,5,6-四氟苄基(1R,3S)-3-(2,2-二氯乙烯基)-2,2-二甲基环丙烷羧酸酯

结构式

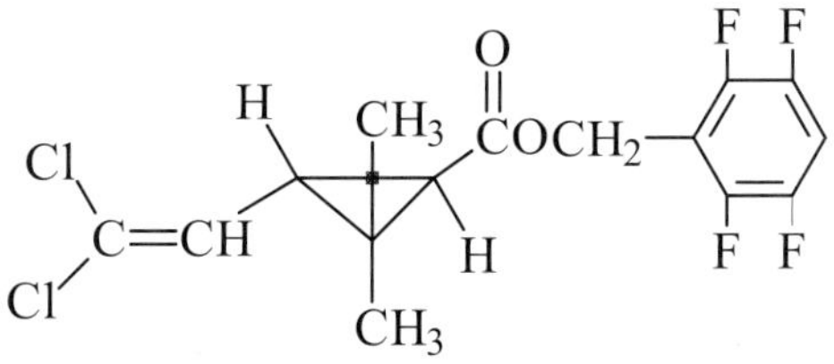

理化性质 无色晶体，熔点32℃，相对密度 1.507。有机溶剂(25℃)＞200g/L，200℃下5h后未分解，在纯水中25℃，pH5～7半衰期超过1年。

毒　　性 低毒，大鼠急性经口LD_{50} >5 000mg/kg，急性经皮LD_{50}>5 000mg/kg。

作用特点 拟除虫菊酯类广谱杀虫剂，能有效地防治卫生害虫和储藏害虫；对双翅目昆虫如蚊类有快速击倒作用，且对蟑螂、臭虫有很好的持留效果。可用于蚊香、气雾杀虫剂、电热蚊香片等多种制剂中。

剂　　型 蚊香、气雾剂、驱蚊片、电热蚊香液等。

应用技术 可防治蚊、蚂蚁、蝇、蜚蠊、跳蚤等卫生和仓储害虫。

注意事项 不能与碱性物质混用，对鱼、虾、蜜蜂、家蚕等毒性高，使用时勿接近鱼塘、蜂场、桑园，以免污染上述场所。

开发登记 德国拜耳公司于20世纪80年代开发。

炔咪菊酯 imiprothrin

其他名称 脒唑菊酯；捕杀雷。

化学名称 (1R，S)-顺反式-2,2-二甲基-3-(2-甲基-1-丙烯基)环丙烷羧酸-[2,5-二氧代-3-(2-丙炔基)]-1-咪唑烷基甲基酯。

结 构 式

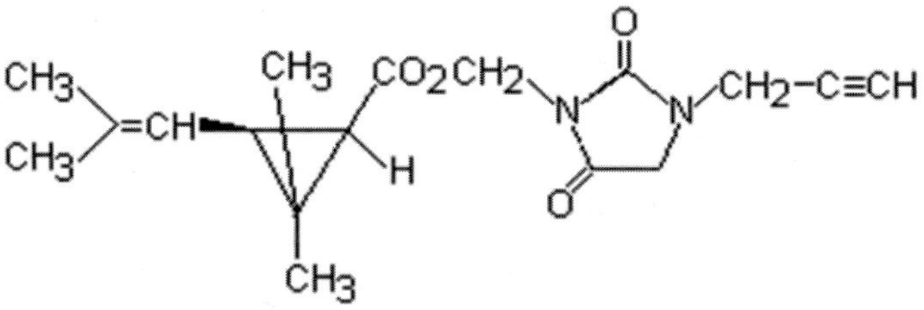

理化性质 黏稠液体，相对密度(20℃)1.1。水中稳定93.5mg/L(25℃)。

毒　　性 急性经口LD_{50}：(雄)1 800、(雌)900mg/kg，急性经皮LD_{50}：>2 000mg/kg。低毒。

作用特点 可快速击倒蟑螂等爬行害虫。

剂　　型 93%原药、90%原药、50%母药、50.5%母药。

应用技术 多与其他菊酯类杀虫剂混配制成气雾剂，杀灭室内蚊、蝇、跳蚤、蜚蠊等卫生害虫。

开发登记 日本住友化学株式会社、江苏优嘉植物保护有限公司等公司登记。

Es-生物烯丙菊酯 esbiothrin

其他名称 K-4F粉；益必添；S-生物丙烯菊酯。

化学名称 右旋-2-烯丙基-4-氧代-3-甲基-2-环戊烯-1-基反式菊酸酯。

结 构 式

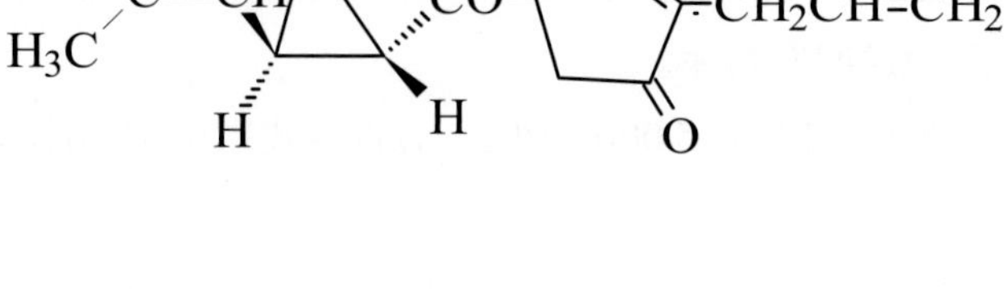

理化性质 工业品淡黄色液体，沸点135～138℃/46.7Pa,蒸气压5.6MPa(20℃)，密度1.0～1.02，难溶于水，与乙醇、四氯化碳、1，2-二氯乙烷，硝基甲烷，乙烷，二甲苯、煤油、石油醚互溶，紫外光下分解，强酸和碱性液中水解。

毒　　性 大鼠急性经口LD_{50} 440～730mg/kg，急性经皮LD_{50} >2 500mg/kg，中等毒。

作用特点 制造蚊香和电热片的原料，对成蚊有驱除和毒杀作用。

剂　　型 原药、蚊香、电热蚊香片、电热蚊香液、烟雾剂。

应用技术 作为卫生杀虫剂防治蚊、蜚蠊。

注意事项 避免在直射阳光及高温下保存。

开发登记 江苏丰登作物保护股份有限公司、江苏优嘉植物保护有限公司等公司登记。

氯氟醚菊酯 meperfluthrin

化学名称 2,3,5,6-四氟-4-甲氧甲基苄基(1R,3S)-3-(2,2-二氯乙烯基)-2,2-甲基环丙烷羧酸酯。

结 构 式

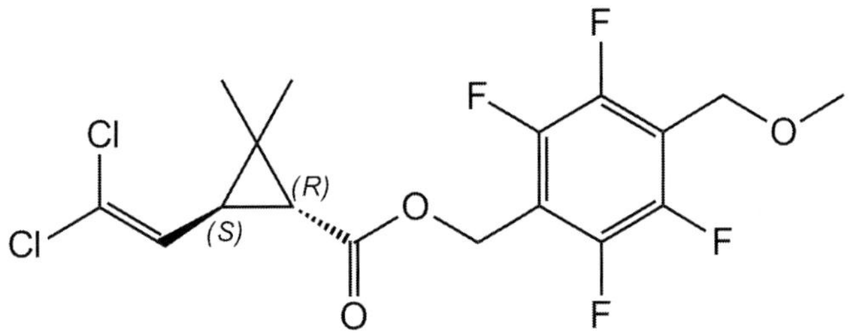

理化性质 原药外观为淡灰色至淡棕色固体。熔点72~75℃。难溶于水，易溶于甲苯、氯仿、丙酮、二氯甲烷等有机溶剂中，在酸性介质中稳定，常温下可稳定储存2年。

毒　　性 大鼠急性经口LD_{50} (雌/雄)>5 000mg/kg，急性经皮LD_{50}(雌/雄)>2 000mg/kg，微毒。

作用特点 该产品是熏蒸和触杀型杀虫剂，能有效地防治蚊、蝇卫生害虫。

剂　　型 90%原药、5%母药、6%母药、电热蚊香液、蚊香。

应用技术 点燃蚊香、加热蚊香液，有效防治室内蚊、蝇。

注意事项 本品对蚕有毒，不宜在蚕室和蚕房使用；开封后未用完的蚊香要密封保存，使用后应洗手，避免孕妇及哺乳期妇女接触。

开发登记 江苏扬农化工股份有限公司开发，江苏优嘉植物保护有限公司、福建双飞日化有限公司等公司登记。

富右旋反式炔丙菊酯 rich-d-t-prallethrin

化学名称 富右旋-2,2-二甲基-3-(2-甲基-1-丙烯基)环丙烷羧酸-2-甲基-3-(2-炔丙基)-4-氧代环戊-2-烯基酯。

结 构 式

理化性质 外观为棕红色黏稠液体。难溶于水，易溶于大多数有机溶剂。

毒　　性 大鼠急性经口LD_{50}794mg/kg，急性经皮LD_{50} >2 000mg/kg，低毒。

作用特点 拟除虫菊酯类杀虫剂，主要用来防治卫生害虫(如蜚蠊、蚊子、苍蝇等)。

剂　　型 90%原药、电热蚊香片、蚊香、电热蚊香液。

应用技术 点燃蚊香、加热电热蚊香液、蚊香片，有效防治室内蚊虫。

注意事项 避免在靠近热源或火焰的场所使用或贮藏。该产品对鱼类有毒性，避免和家畜、食物、食具混放在一起。如药液溅到皮肤，要用肥皂及大量清水冲洗。如发生误服，立即到医院对症治疗。

开发登记 江苏优嘉植物保护有限公司、福建神狮日化有限公司等公司登记。

七氟甲醚菊酯　hepfluthrin

化学名称 2,3,5,6-四氟-4-甲氧-甲氧甲基苄基-(3,3,3-三氟丙烯基)-2,2-二甲基环丙烷羧酸酯。

结 构 式

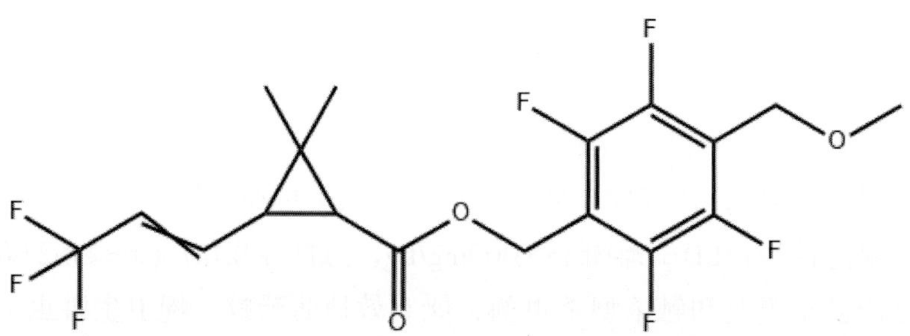

理化性质 原药外观为淡黄色至黄色透明液体，制剂外观为盘式固体。香体整洁、色泽均匀无霉变、香条无断裂、无变形和缺损。沸点：原药122℃(2mmHg)、制剂连续点燃时间≥7h。不溶于水、在丙酮、乙醇、正己烷中的溶解度均>500g/L；在中性和酸性条件下稳定，碱性条件下水解较快，对紫外线敏感。

毒　　性 急性经口LD_{50}：大鼠>500mg/kg，急性经皮LD_{50}：大鼠>2 000mg/kg，低毒。

作用特点 对淡色库蚊具有良好的毒杀作用，对淡色库蚊的LC_{50}为0.005%，其毒力比富右旋反式烯丙菊酯高23倍。

剂　　型 93%原药、蚊香。

应用技术 点燃蚊香，有效防治室内蚊虫。

注意事项 使用时注意通风；蚊香点燃时勿置于易燃品旁；本品对蚕有毒。

开发登记 江苏优嘉植物保护有限公司、福建神狮日化有限公司等公司登记。

四氟醚菊酯 tetramethylfluthrin

其他名称 优士菊酯。

化学名称 2,2,3,3-四甲基环丙烷羧酸-2,3,5,6-四氟-4-甲氧甲基苄基酯。

结构式

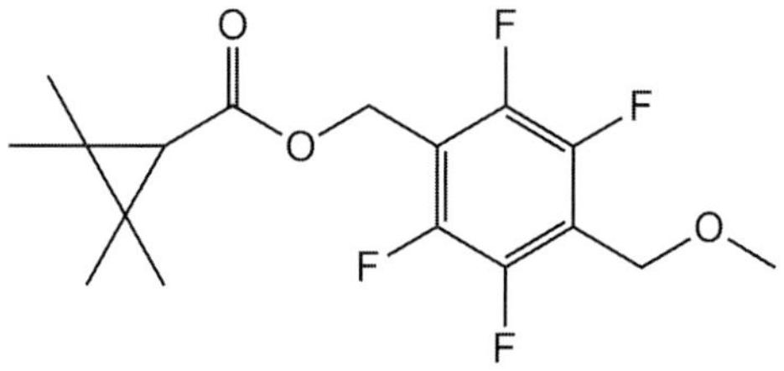

理化性质 原药外观为淡黄色透明液体，沸点110℃(0.1MPa)，熔点10℃。难溶于水，易溶于有机溶剂中。

毒　　性 大鼠急性经口LD_{50} >5 000mg/kg，急性经皮LD_{50} >5 000mg/kg，微毒。

作用特点 该产品是吸入和触杀型杀虫剂，也用作驱避剂，是速效杀虫剂，可防治蚊子、苍蝇、蟑螂、白粉虱。

剂　　型 90%原药、5%母药、驱蚊片、蚊香、电热蚊香液。

应用技术 驱蚊片的使用方式：将吹风芯置于吹风器口，接通电源即可；点燃蚊香、通电加热电热蚊香液杀灭蚊子。

注意事项 对鱼、蚕有毒，勿在鱼塘附近和养蚕室及其附近使用。

开发登记 江苏扬农化工股份有限公司开发，江苏优嘉植物保护有限公司、四川省成都彩虹电器(集团)股份有限公司等公司登记。

四氟甲醚菊酯 dimefluthrin

其他名称 甲醚苄氟菊酯。

化学名称 2,3,5,6-四氟-4-苯氧甲基(1RS,3RS，3SR)-2,2-二甲基-3-(2-甲基苯乙烯-1-烯炔)环丙烯羧酸酯。

结构式

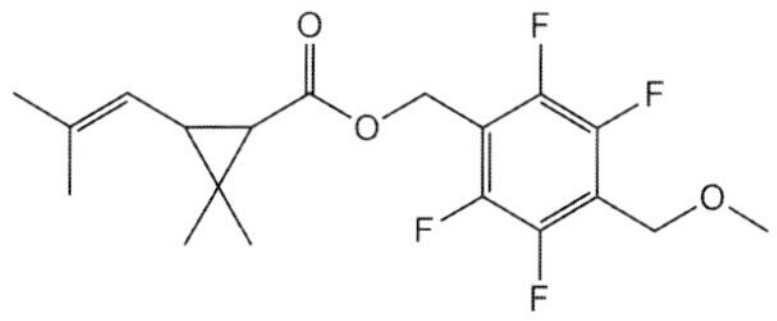

理化性质 原药外观为浅黄色透明液体，具有特异气味。相对密度1.18g/ml。易与丙酮、乙醇、己烷、二甲基亚砜混合。

毒　　性 雌大鼠急性经口LD_{50}□2 036mg/kg，雄急性经皮LD_{50}□2 000mg/kg。

作用特点 四氟甲醚菊酯作为一种新型的菊酯类卫生杀虫剂，对丙烯菊酯、炔丙菊酯有抗性的蚊虫有较高防效。该农药对人体安全、对环境无污染。

剂　　型 95%原药、5%母药、6%母药、蚊香、电热蚊香液。

应用技术 点燃蚊香、通电加热电热蚊香液以杀灭蚊子。

注意事项 对鱼等水生动物、蜜蜂、蚕有毒，注意不可污染鱼塘等水域及饲养蜂、蚕场地。蚕室内及其附近禁用。不要与碱性物质混用。

开发登记 日本住友化学株式会社开发并登记。

甲氧苄氟菊酯　metofluthrin

化学名称 2,3,5,6–四氟–4–甲氧基甲基苄基(EZ)–(1RS,3RS;1RS,3SR)–2，2–二甲基–3–(丙–1–烯基)。

结构式

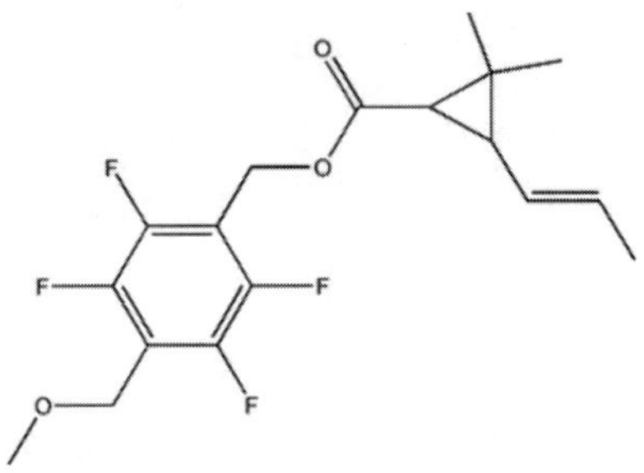

理化性质 原药外观为淡黄色透明液体，制剂为无色透明液体。易溶解于丙酮缩苯胺、甲醇、乙醇、丙酮、乙烷，有微弱特异气味。

毒　　性 大鼠急性经口LD_{50}(雌/雄)>2 000mg/kg，急性经皮LD_{50}(雌/雄) >2 000mg/kg，低毒。

作用特点 是拟除虫菊酯类系化合物，对媒介昆虫具有紊乱神经的作用。以接触毒性杀虫，具有快速击倒的性能。

剂　　型 92.6%原药、驱蚊片、防蚊网。

应用技术 将防蚊网悬挂于室内通风处；驱蚊片配合施药器具电吹风使用以驱避蚊子。

开发登记 日本住友化学株式会社开发、广东省中山市金鸟化工有限公司等公司登记。

右旋反式氯丙炔菊酯　Chloroprallethrin

其他名称 倍速菊酯。

化学名称 右旋–2,2–二甲基–3–反式–(2，2–二氯乙烯基)环丙烷羧酸–(S)–2–甲基–3–(2–炔丙基)–4–氧代–环戊–2–烯基酯。

结构式

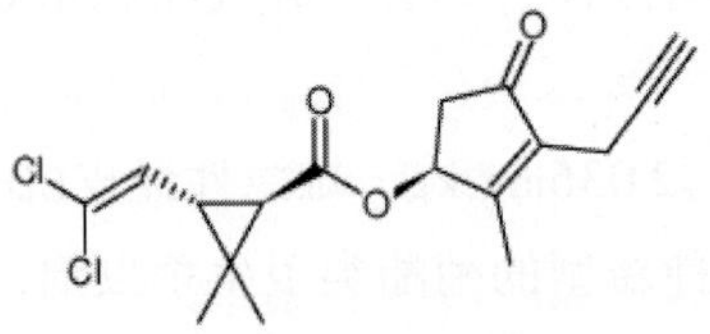

理化性质 外观为浅黄色晶体，熔点90℃，在水中及其他羟基溶剂中溶解度很小，能溶于甲苯、

丙酮、环己烷等大多数有机溶剂。对光、热稳定，在中性及微酸性介质中稳定，碱性条件下易分解。

毒　　性 大鼠急性经口LD_{50}(雌)794mg/kg，(雄)1 470mg/kg，急性经皮LD_{50}(雌、雄)>5 000mg/kg，低毒。

作用特点 对苍蝇和蟑螂，有很好的击倒和杀死活性。

剂　　型 96%原药。

应用技术 多与氯菊酯、高效氯氰菊酯混配，防治室内臭虫、蚂蚁、跳蚤、蚊、蝇、蜚蠊等卫生害虫。

注意事项 本品对鱼、蚕有毒，勿在鱼塘附近和养蚕室及其附近使用。

开发登记 江苏扬农化工股份有限公司开发，江苏优嘉植物保护有限公司登记。

右旋苄呋菊酯　d-resmethrin

其他名称 强力库力能；顺式苄呋菊酯。

化学名称 右旋-顺,反式-2,2-二甲基-3-(2-甲基-1-丙烯基)环丙烷羧酸-5-苄基-3-呋喃甲基酯。

结 构 式

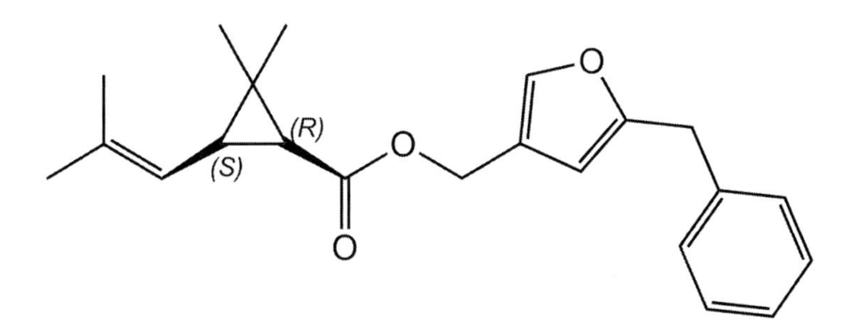

理化性质 无色至黄色油状液体，密度1.045。不溶于水，能溶于一般有机溶剂中。

毒　　性 急性经口LD_{50} >5 000mg/kg，急性经皮LD_{50} >5 000mg/kg，低毒。

作用特点 属神经毒剂。通过对昆虫体内的神经系统产生中毒作用，先是诱发昆虫兴奋，再神经传导阻塞，昆虫进而痉挛、麻痹、死亡。

剂　　型 88%原药。

应用技术 与胺菊酯等混配制成气雾剂，杀灭蚊、蝇、蜚蠊等卫生害虫。

注意事项 贮存于低温干燥处，远离食品、饲料、儿童接触不到的地方。

开发登记 日本住友化学株式会社开发并登记。

五、有机氯类杀虫剂

有机氯杀虫剂是较早广泛应用的一类杀虫剂，尤其是滴滴涕的开发被认为是现代农药的起点，在其30多年的历史进程中，多年来产量占我国农药产量的一半以上，对农业丰收和预防虫媒传染病方面起了巨大的积极作用。大约在20世纪70年代前后开始对滴滴涕限用和禁用，我国于1984年停止生产六六六，1993年通告淘汰了这两种药剂，目前林丹、硫丹在中国也被禁用。

(一)有机氯类杀虫剂的作用机制

关于林丹、硫丹及环戊二烯类杀虫剂等有机氯杀虫剂的作用机制，目前主要有两种学说，即刺激突触前膜过多释放神经递质的学说和抑制γ-氨基丁酸受体的学说。

20世纪70年代初，W. H. Ryan等认为林丹及环戊二烯类（如狄氏剂）有机氯杀虫剂既作用于中枢神经系统，又作用于外周神经系统，但对昆虫而言，主要作用于中枢神经系统的以乙酰胆碱为神经递质的突触前膜，促进乙酰胆碱小泡过多地释放乙酰胆碱，带来的后果和有机磷杀虫剂抑制AchE的后果相似，造成突触后膜乙酰胆碱的积累。但这些杀虫剂如何刺激小泡过多释放乙酰胆碱，其机理并不清楚。

20世纪80年代以来，F. Matstlmura等认为林丹、硫丹及环戊二烯类杀虫剂作用于GABA受体，抑制了Cl^-的内流，导致中枢神经的兴奋和痉挛。前已述及，突触前膜释放的GABA和后膜的GABAA受体结合后将使氯通道开放，Cl^-迅速涌入膜内，使膜超极化，产生抑制性突触后电位。由于GABAA受体上除GABA的结合位点外，还存在其他配体的结合位点，而这些位点被占领亦可影响氯通道的开闭。林丹等杀虫剂可能和GABA受体上的苦毒宁位点相结合，阻断Cl^-的内流，从而干扰了昆虫的神经传导。

(二)有机氯类杀虫剂的主要品种

林 丹 lindane

其他名称 Agrocide；Gammalin；Lintox；Etan 3G；Forlin；Gamaphet；Gammex；lsotox；Germate；Hammer；Sulrenz；Lindagam；Novigam；Silvanol。

化学名称 γ-1, 2, 3,4,5,6-六氯环己烷。

结 构 式

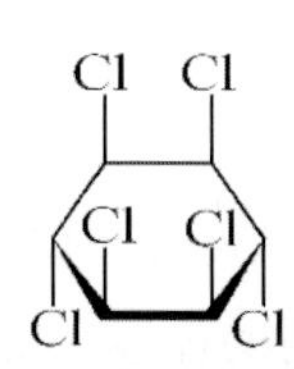

理化性质 无色结晶，熔点为112.5℃，相对密度1.85～1.90。20℃时，其溶解度在水中7mg/L，在苯、甲苯、乙醇、丙酮等有机溶剂中均大于50g/L。林丹对日光和酸性物质极为稳定，但遇碱性物质则脱氯而分解失效。

毒 性 大鼠急性口服LD_{50}为88～270mg/kg，小鼠为59～246mg/kg。在动物体内有蓄积作用，对皮肤有刺激性，会使皮肤发生斑疹。

剂 型 6%可湿性粉剂、20%可湿性粉剂、20%粉剂、10%乳油、10%烟剂、10%颗粒剂。

作用特点 含丙体六六六在99%以上者称为林丹，而丙体六六六是六六六原粉中具有杀虫活性最强的异构体。林丹具有强烈的胃毒和触杀作用，并有一定的熏蒸作用和微弱的内吸作用，杀虫谱广。

应用技术 本药品已经被禁止使用。

注意事项 该类农药化学稳定性强，不易分解，残留量高，不宜在西瓜上使用，毒性高，喷药时要特别注意防护。严防潮湿、日晒，保持通风良好，不得与食物、种子、饲料混放，避免与皮肤接触，防止由口鼻吸入。

开发登记 辽宁省沈阳化工股份有限公司等企业登记生产。

硫 丹 endosulfan

其他名称 安杀丹；安都杀芬；硕丹；赛丹；安杀番；韩丹；benzoepin。

化学名称 (1, 4,5,6,7,7–六氯–8,9,10–三降冰片–5–烯–2,3–亚基双亚甲基)亚硫酸酯。

结 构 式

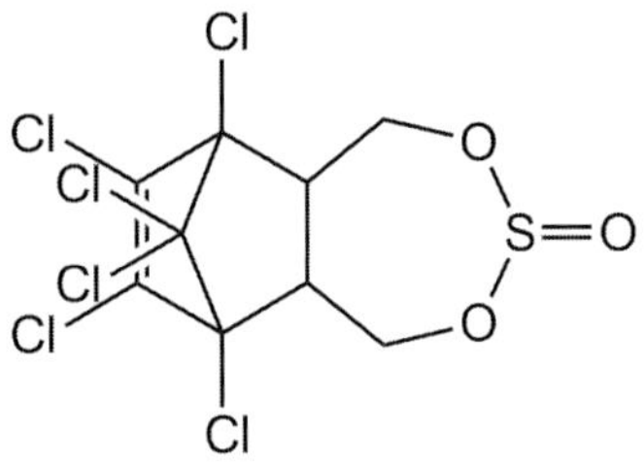

理化性质 硫丹(纯度≥94%)为棕色结晶固体，具有二氧化硫的气味。熔点70～100℃，80℃蒸气压为1.2Pa。溶解性：不溶于水，中度溶于大多数有机溶剂，20℃时二氯甲烷、乙酸乙酯、甲苯中为200g/L，乙醇中约为65g/L，已烷中约为24g/L。对日光稳定，在碱性介质中不稳定，并缓慢水解为二醇和二氧化硫。硫丹为两种立体异构体的混合物，α–硫丹，即硫丹(I)，立体化学3α，5αβ，6α，9α，9αβ，含量64%～67%，熔点为109℃；β–硫丹，即硫丹(Ⅱ)，立体化学3α，5αβ，6β，9β，9αβ，含量29%～32%，工业品的熔点为213.3℃。

毒　　性 工业品的油剂对大鼠的急性经口LD_{50}为80～110mg/kg，α–异构体为76mg/kg，β–异构体为240mg/kg；工业品对野鸭的LD_{50}为205～240mg/kg，对野鸡为620～1 000mg/kg；油剂对兔的急性经皮LD_{50}为359mg/kg。对鱼高毒：金色圆腹雅罗鱼LC_{50}(96h)为0.002mg/L。

剂　　型 35%乳油、35%乳剂。

作用特点 具触杀和胃毒作用，无内吸性，残效期长，对作物不易产生药害。能渗透进入植物组织，但不能在植物体内传输，在害虫体内能抑制单氨氧化酶和提高肌酸激酶的活性。该药具很强的选择性，易降解，对天敌和许多有益生物无毒。尽管害虫不易对硫丹产生抗药性，但还是应避免长期连续使用该药剂。

应用技术 本品在我国已被禁用。

开发登记 江苏快达农化股份有限公司、德国拜耳作物科学公司等企业曾登记生产。

三氯杀虫酯 plifenate

其他名称 蚊蝇净；蚊蝇灵；半滴乙酯；Acetofenate；Plifenate benzethazet。

化学名称 2, 2,2–三氯–1–(3,4–二氯苯基)乙基乙酸酯。

结 构 式

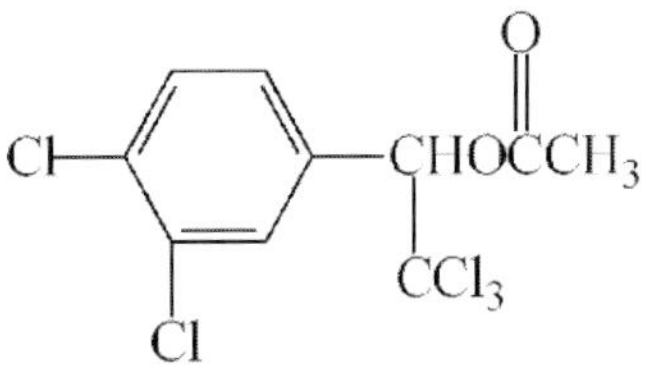

理化性质 纯品为白色结晶，熔点84.5℃，20℃时的蒸气压为0.15μPa。20℃时的溶解度，水中50μg/L，

易溶于丙酮、甲苯、二甲苯等有机溶剂中。在中性和弱酸性时较稳定，碱性时易分解。

毒　　性　大鼠急性经口LD_{50}为10g/kg，大鼠经皮LD_{50}为36g/kg。慢性毒性大白鼠经口无作用剂量为2g/kg。对大白鼠无致畸、致癌、致突变作用。

剂　　型　20%乳油、2%油剂、3%粉剂、3%气雾剂。

作用特点　具有触杀和熏蒸作用，高效低毒，对人畜安全，主要用于防治卫生害虫，杀灭蚊蝇效力高，是比较理想的家庭用杀虫剂。

应用技术　主要用于防治卫生害虫。

室内喷雾灭蚊蝇时，取20%乳油10ml，加水190ml，稀释成1%的溶液，按0.4ml/m^3喷雾。以2g/m^2作室内墙壁滞留喷洒，对成蚊持效可达25d以上。

在水坑中，当含有效成分为1mg/kg时，24h内可杀死全部蚊幼虫。将20%乳油5ml/m^2在墙上作滞留喷洒，24h后死亡率达100%，其持效期可达1月以上。

注意事项　不能与碱性物质混合使用。

开发登记　湖北省武汉武隆农药有限公司等企业登记生产。

乙滴涕　phertbane

其他名称　Q137；Ethyl-DDT；Ethylan。

化学名称　1,1′-双(4-乙苯基)-2,2-二氯乙烷。

结 构 式

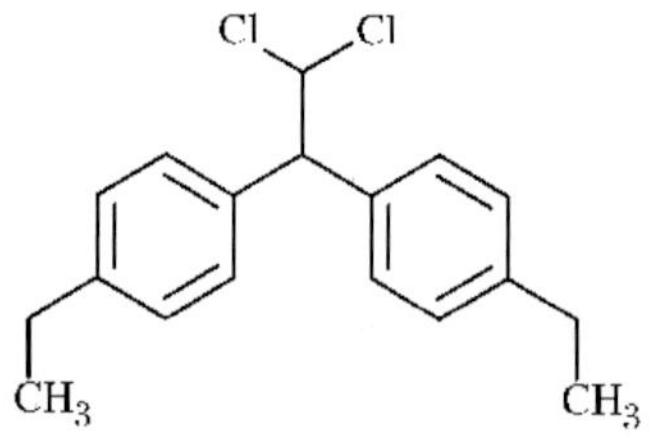

Cl　Cl

CH_3　CH_3

理化性质　纯品为结晶固体，熔点60～61℃。工业品为蜡状固体，熔点不低于40℃。在52℃以上，则有部分分解。不溶于水，但溶于大多数芳烃溶剂和二氯甲烷。

毒　　性　大鼠急性经口LD_{50}为8 170mg/kg，小鼠LD_{50}为6 600mg/kg。

剂　　型　45%乳剂、75%液剂等。

作用特点　非内吸性杀虫剂。虽然杀虫活性低于滴滴涕，但有专门的用途。主要用于防治梨木虱和蔬菜作物上的叶蝉及家用防治蛀虫等。在土壤中有中度持效。

应用技术　据资料报道，防治梨黄木虱、叶蝉和蔬菜作物上的各种害虫的幼虫，用45%乳剂148～200ml/亩对水40～50kg喷雾。

开发登记　1950年由美国Rohm and Haas公司开发，已停产。

硝滴涕　dilan

其他名称　CS708；CS674A(丁烷)；CS645A(丙烷)；Bulan(丁烷)；Prolan(丙烷)。

化学名称 1,1-(2-硝基亚丙基)双(4-氯苯)和1,1-(2-硝基亚丁基)-双(4-氯苯)的混合物。

结构式

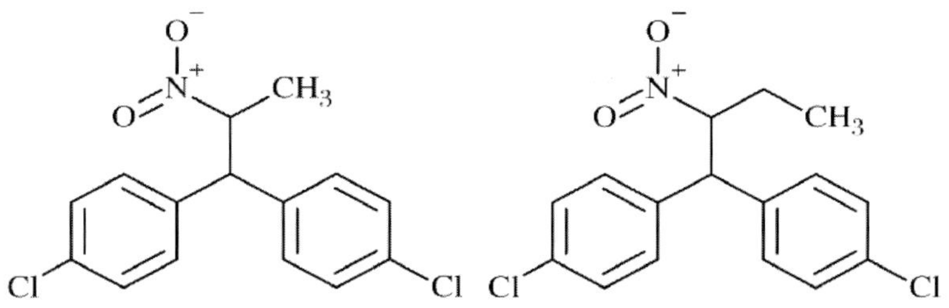

理化性质 室温下本品为淡褐色黏稠的、柔软的、有塑性的半固体。温度超过65℃时为液体，不溶于水，微溶于乙醇和石油，易溶于甲醇和芳香烃溶剂。遇碱不稳定，容易氧化变为无毒体，失去杀虫活性。

毒　　性 大鼠口服LD_{50}为475mg/kg，小鼠口服LD_{50}为600mg/kg。

剂　　型 25%乳油、50%可湿性粉剂、1%和2%粉剂或颗粒剂。

作用特点 为非内吸性杀虫剂，杀虫作用类似滴滴涕，但持效较滴滴涕短，对瓜类无药害。防治二十八星瓢虫、蚜虫、蚕豆象、蓟马、梨粉虱、玉米螟、白蚁、黏虫、地老虎、苹果卷叶蛾、日本金龟甲、墨西哥豆甲、叶蝉等。

应用技术 资料报道防治鳞翅目害虫，用50%可湿性粉剂37～50g/亩对水40～50kg喷雾。

开发登记 1948年由Commercial Solvents Co. 开发，1975年停产，获有专利USP2516186。

甲氧滴滴涕 methoxychlor

化学名称 2,2-双(4-甲氧苯基)-1,1,1-三氯乙烷。

结构式

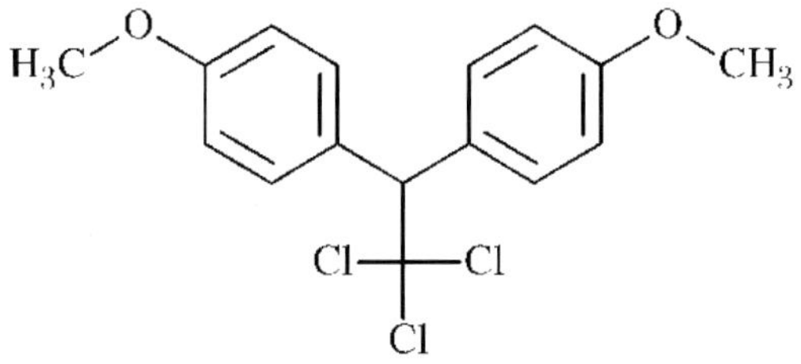

理化性质 纯品为白色结晶，熔点89℃。工业品为灰白色片状固体，纯度88%以上，熔点77℃。具有水果香的气味。难溶于水，微溶于乙醇、石油，易溶于芳香族有机溶剂。甲氧滴滴涕具备滴滴涕所具有的优点，同时又排除了滴滴涕的最大缺点，持效期也较长。对光、温度和碱比滴滴涕更稳定，有耐热和抗氧化作用，在醇碱溶液中比滴滴涕更难脱去氯化氢，但在重金属催化剂存在下，易脱去氯化氢。

毒　　性 大鼠急性经口LD_{50}>10 000mg/kg，大鼠急性经皮LD_{50}>10 000mg/kg。对兔皮肤和眼睛有轻度刺激作用。大鼠经口30d无作用剂量为500mg/kg饲料，2年喂养试验无作用剂量为200mg/kg。犬1年喂养试验无作用剂量为每天300mg/kg。动物试验未见致畸、致癌、致突变作用。野鸭LD_{50}>2 000mg/kg，鹌鹑>5 000mg/kg，野鸡>5 000mg/kg。虹鳟鱼LC_{50}为45μg/L(24h)，蜜蜂LD_{50}为165.5μg/只。

剂　　型 50%可湿性粉剂、25%乳油、粉剂和气溶胶。

作用特点 具有触杀和胃毒作用，无内吸和熏蒸作用。其杀虫活性与滴滴涕相似，杀虫范围广。主要用于防治大田作物、果树、蔬菜上的害虫。由于他在动物体内脂肪中累积很少或在体内排泄，因此用于防治卫生害虫以及家畜体外寄生虫。防治蚜、螨、蚧等效果优于滴滴涕。

应用技术 据资料报道，可用于防治果树食心虫、苹果蠹蛾、日本金龟子、小象甲、天幕毛虫、果实蝇、叶蝉、蛴象、蔬菜叶跳甲、菜螟、黄守瓜、种蝇、豆象、造桥虫、豌豆象等，在低龄若虫期，用50%可湿性粉剂200～300倍液喷雾。防治玉米螟，在低龄幼虫期，用50%可湿性粉剂1kg加入过筛的细土颗粒，配成5kg颗粒剂，3～4kg/亩施于玉米心叶。

注意事项 在收获前21d禁止使用。

开发登记 1944年由P. Lauger等报道该杀虫剂，1945年由J. R. Geigy AG(现为Novartis Crop Protection AG)推广，获有专利Swiss P226180，BP547871；美国杜邦公司同时推广，获有专利USP2420928。

□□□ TDE

其他名称 DDD。

化学名称 2,2-二氯-1,1 -亚乙基-双-4-氯苯。

结 构 式

理化性质 纯品为无色结晶，熔点112℃，沸点185~193℃，相对密度1.385。工业品凝固点不低于86℃，含少量有关化合物，其中最大量是2，4-异构体。滴滴滴不溶于水，在油类中溶解度低；溶于大多数脂肪和芳香烃溶剂，它的化学性质与滴滴涕类似，但在碱性溶液中水解缓慢。

毒　　性 大鼠急性经口LD_{50}为113mg/kg，小鼠急性经口LD_{50}为600mg/kg。

剂　　型 50%可湿性粉剂、25%乳油、5%和10%粉剂等。

作用特点 是一种兼有触杀和胃毒作用、无内吸性的杀虫剂，杀虫谱广。对一般害虫虽不及滴滴涕，但对某些害虫，如卷叶虫和天蛾幼虫，其防效优于或与滴滴涕相等。对番茄和烟草上的金龟甲防治效果优于滴滴涕。

应用技术 据资料报道，可用于防治果树和蔬菜害虫，对玉米螟、日本金龟子、跳甲、玉米穗虫、黏虫、棉铃虫、地老虎、叶蝉、蓟马、毒蛾、桑叶甲、跳蚤、蚊虫等害虫，均有良好效果。一般用药量与滴滴涕相同。

开发登记 罗门哈斯公司开发，已停产。

六六六 hexachlorocyclohexane

其他名称 六氯环已烷。

化学名称 1, 2,3,4,5, 6–六氯环己烷。

结构式

Cl Cl Cl Cl Cl Cl

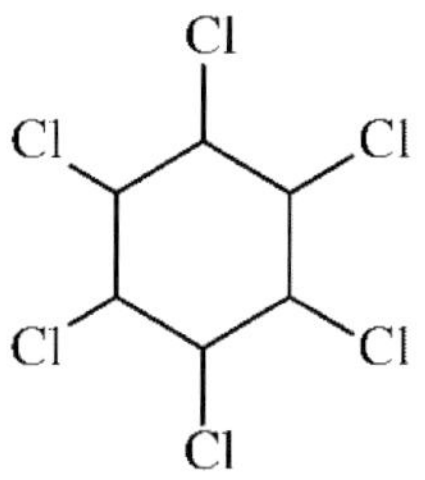

理化性质 原药为白色或淡黄色粉状或块状结晶体，有刺激性臭味。

毒　　性 试验证明六六六可累积在肝脏中。大鼠(雄)急性经口LD_{50}为125mg/kg。空气中最高允许浓度为0.1mg/m^3。

作用特点 六六六属有机氯广谱杀虫剂，具有胃毒触杀及微弱的熏蒸活性。六六六是胆碱酯酶抑制剂，作用于神经膜上，使害虫动作失调、痉挛、麻痹至死亡，其对害虫呼吸酶亦有一定作用。

应用技术 本药品已经被禁用。

注意事项 本品遇碱易分解，不得与碱性农药混用。对鱼类毒性较大，不得用于防治水生作物害虫。对瓜类、马铃薯等作物易产生药害，严禁使用。有的人对此药特别敏感，不宜参加喷药、配药等工作。保存时避免与食物接触。

滴滴涕 pp–DDT

化学名称 2, 2–双–(对氯苯基)–1,1,1–三氯乙烷。

结构式

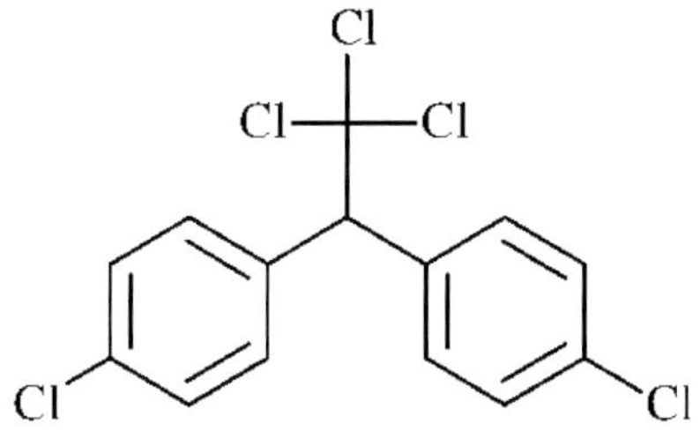

Cl Cl Cl Cl Cl

理化性质 原药白色、乳白色或淡黄色固体，密度1.6，沸点92.5 ~ 93℃(13.3Pa)，熔点74 ~ 74.5℃。储存期较稳定。滴滴涕水溶性很弱，在水中只溶解0.002mg/kg；脂溶性很强，高达100mg/kg，两者相差达5 000倍。因此，滴滴涕很容易在动物体内脂肪中逐渐累积。

毒　　性 大鼠急性口服LD_{50}为113 ~ 118mg/kg；小鼠LD50为150 ~ 300mg/kg，兔LD_{50}为300mg/kg，狗LD_{50}为500 ~ 750mg/kg，绵羊和山羊LD_{50} > 1g/kg。犬吸入LC_{50}为25 ~ 100mg/kg，可破坏肾生理功能，其表现为肾小管变形，蛋白质增加0.033%。有致突变作用。妇女怀孕时血液中有机氯含量比平时增加两倍，通过胚胎传给胎儿，毒害下一代。工作场所最高允许浓度为1mg/cm^3。

剂　　型 5%粉剂、10%粉剂、50%可湿性粉剂等。

作用特点 本品具有胃毒和触杀作用，无熏蒸和内吸作用。该药是非胆碱酯酶抑制剂，作用于中枢神经系统神经膜的表面，使离子通透性改变，而影响轴突传导，引起兴奋、痉挛、麻痹而致使死亡。还可抑制呼吸酶。

注意事项 本品在我国已被禁用。

毒杀芬 Camphechlor

化学名称 八氯莰烯。

结 构 式

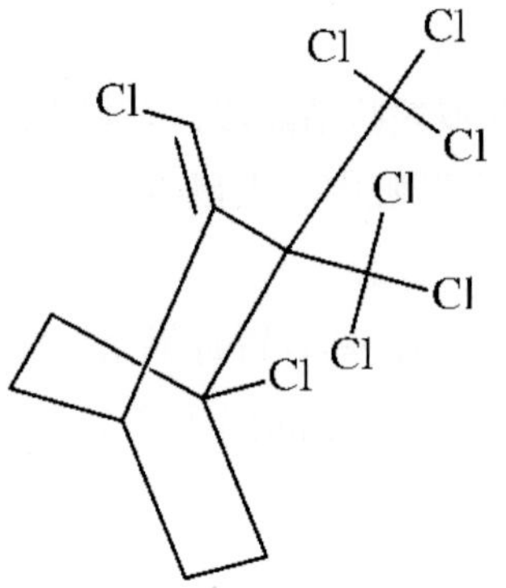

理化性质 工业品是浅黄色蜡状固体，带有萜类气味。不溶于水，溶于四氯化碳、苯、芳烃等有机溶剂。遇碱、光照分解。原药为白色或浅黄色蜡状固体，熔点70～95℃。室温下在水中溶解度约为3mg/L，易溶于包括石油在内的有机溶剂。不挥发，不燃烧，化学性质稳定。在超过155℃才逐步分解，放出氯化氢，但作用很缓慢。在有铁和碱性物质存在下，可以加速其分解。

毒　　性 毒杀芬属中等毒性，对大鼠急性经口LD_{50}为80～90mg/kg，对小鼠LD_{50}为95.1mg/kg(雌)和100.03mg/kg(雄)；小白鼠经皮LD_{50}≥1g/kg。

剂　　型 25%可湿性粉剂、5%、10%、20%粉剂等。

作用特点 主要用作胃毒和触杀，杀虫谱广，击倒力很强，持效期长。据资料报道可用于防治棉红铃虫、棉铃象鼻虫、棉蚜、卷叶虫。对地下害虫也有效，对蜜蜂较安全。

注意事项 本药在我国已被禁用。由于该药在环境中分解慢，并有生物蓄积作用，对动物有致病变的潜在危险。

冰片基氯 terpene polychlorinates

其他名称 Strobane Ac-14；Compound 3961；3960-X14。

化学名称 氯化萜类混合物。

理化性质 琥珀色黏稠液体。含氯量约为66%，有芳香烃气味；20℃时的蒸气压为0.04MPa；不溶于水，易溶于石油、芳香烃和其他有机溶剂。100℃时脱氯化氢很慢，在有机磷存在下不稳定，在碱性介质中也不稳定。对高碳钢、马口铁不腐蚀。

毒　　性 大鼠急性经口LD_{50}为220mg/kg。

剂　　型 20%粉剂、可湿性粉剂、乳油、80%浓液剂。

作用特点 具有触杀性，无内吸性，用于防治棉花、草地和牲畜害虫，如棉铃象鼻虫、蓟马、棉铃虫、红蜘蛛、黏虫、蜚蠊、家蝇、蝗虫等。

应用技术 对大田作物剂量是原药37~370g/亩。

开发登记 1951年由美国B. F. Gkkdrich Chem Co. 推广，1982年停产。

艾氏剂 aldrin

化学名称 六氯六氢化-二亚甲基萘。

结构式

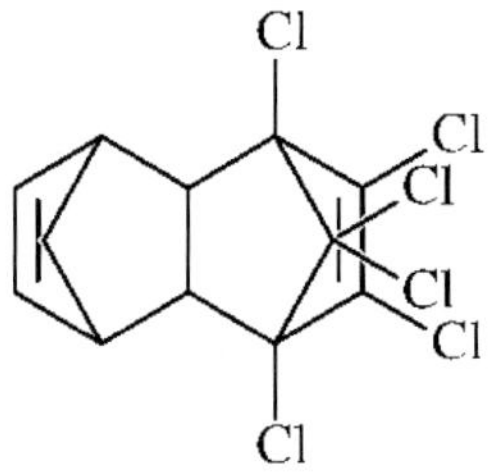

理化性质 其外观呈白色结晶，无味固体，熔点104~104.5℃；20℃时蒸气压0.01Pa，2.25~29℃时在水中溶解度为0.027mg/L，溶于石油醚，易溶于丙酮、苯和二甲苯，工业品为黄褐色至暗棕色固体，熔点范围49~60℃，对热、碱和弱酸稳定，但氧化剂和强酸会破坏其未氯化的环，可与大多数农药和肥料混用。因储存时会缓慢地放出氯化氢，故有腐蚀性。

毒性 以5mg/kg剂量喂大鼠两年，无致病影响；以25mg/kg剂量时，则引起肝的变化。对大鼠急性口服LD_{50}为67mg/kg，通过皮肤吸收。对鱼剧毒。

剂型 20%~50%可湿性粉剂、30%乳油等。

作用特点 艾氏剂是非内吸性的、有持效的接触性杀虫剂。据资料报道主要用于防治地下害虫。

注意事项 本药已经被禁止使用。

异艾氏剂 isodrin

其他名称 Compound-711；SD3418。

化学名称 1,2,3, 4,10,10-六氯-1, 4,4a,5,8,8-六氢化-1,4-桥-5,8-桥-二亚甲萘。

结构式

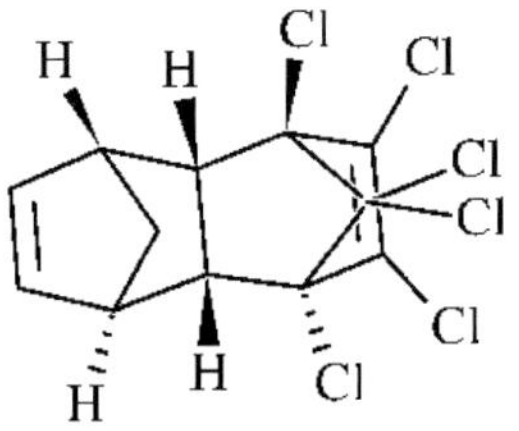

理化性质 白色结晶，熔点240~242℃，不溶于水，溶于有机溶剂，对酸、碱稳定，但较艾氏剂稍差。

毒性 大鼠口服LD_{50}为7mg/kg；小鼠口服LD_{50}为8.8mg/kg。

应用技术 据资料报道对鳞翅目昆虫等有效。

开发登记 本品系美国壳牌公司公司发展产品，现已不生产，只用作异狄氏剂的原料。

狄氏剂 Dieldrin

化学名称 1,2,3,4,10,10–六氯–6,7–环氧–1, 4,4α,5,6,7,8,8α–八氢化–1, 4–桥–5,8–挂二亚甲基萘。

结构式

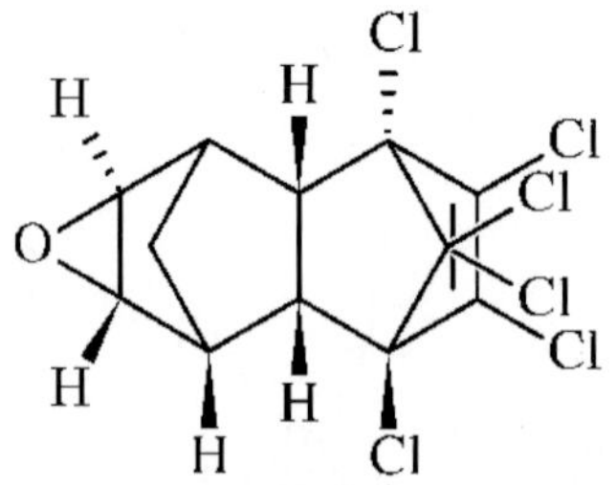

理化性质 纯品为白色结晶，相对密度1.75，熔点176～177℃，20℃时蒸气压为0.41μPa；25℃时蒸气压为0.72μPa。工业品是淡黄色薄片状固体，纯度不低于85%，凝固点不低于95℃。不溶于水，而溶于苯、二甲苯和四氯化碳中。化学性质稳定，储存稳定性极好，不燃烧。在土壤中非常稳定，被列为土壤残毒性农药。

毒　　性 工作场所狄氏剂的最高容许浓度为0.25mg/m^3。大白鼠急性口服LD_{50}为46mg/kg；大鼠急性经皮LD_{50}为60mg/kg，兔为4g/kg。大鼠腹腔注射LD_{50}为56mg/kg。在大鼠和犬体内的无毒作用量为1mg/kg，对鱼有毒。

剂　　型 1%粉剂、2.5%粉剂等。

作用特点 主要用作胃毒和触杀，无内吸性、杀虫谱广、杀虫力强、残效期长。据资料报道，用于防治地下害虫和为害棉花等作物的咀嚼式口器害虫与蛀食性害虫。对蚜、螨类防治效果较差。

应用技术 本药已经被禁止使用。

异狄氏剂 endrin

化学名称 1,2, 3,4,10,10–六氯–6,7–环氧–1,4,4α,5,6,7,8,8α–八氢化–1,4–挂–5, 8–挂–二甲撑萘。

结构式

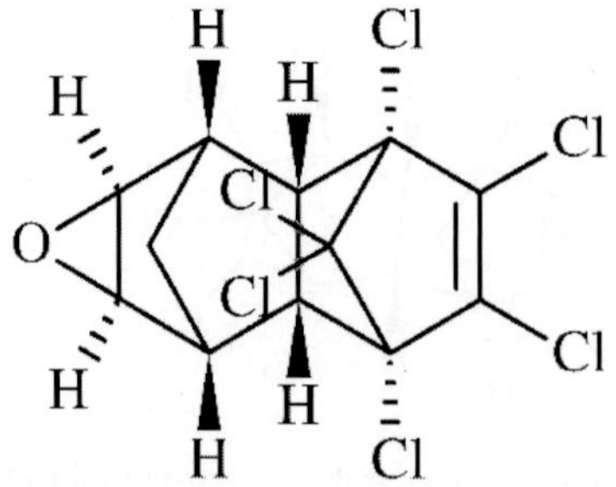

理化性质 其外观呈白色晶形固体，熔点226～230℃(200℃以上熔化并分解)。不溶于水，微溶于醇类和石油烃，中度溶于丙酮、苯。工业品为浅棕黄色粉末，纯度不低于92%。

毒　　性 用1mg/kg异狄氏剂饲喂大鼠2年，未发现致病影响。对鱼高毒。对大鼠的急性口服LD_{50}为

7.5～17.5mg/kg，对雄大鼠急性经皮LD_{50}为15mg/kg。

剂　　型 1%～5%颗粒剂等。

作用特点 异狄氏剂是非内吸性的杀虫剂。

注意事项 本药已经被禁止使用。

七氯 heptachlor

化学名称 1, 4, 5,6,7,8,8–七氯–4，7–桥亚甲基–3α,4, 7, 7α–四氢化茚。

结 构 式

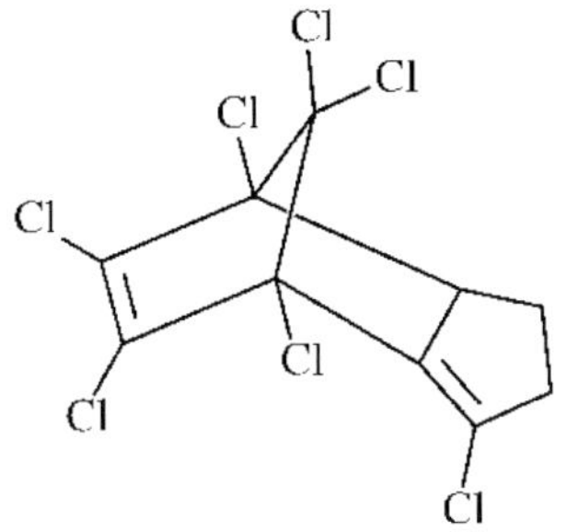

理化性质 纯品为结晶固体，熔点95～96℃，工业品(约含72%七氯和28%有关化合物)为蜡状固体。溶解度(20～30℃)：水中0.056mg/L(25～29℃)。能溶于很多有机物，例如，丙酮中75g/100ml，苯106g/100ml，二甲苯102g/100ml，乙醇4.5g/100ml，环己酮119g/l00ml，四氯化碳113g/100ml。对光、水分、空气是稳定的，不易脱去氯化氢，易发生环氧化作用。

毒　　性 对兔眼睛有刺激，对皮肤无刺激。急性经口LD_{50}大鼠为147～220mg/kg，豚鼠为116mg/kg，小鼠为68mg/kg；急性经皮LD_{50}兔为200～2 000mg/kg，大鼠为119～250mg/kg。大鼠急性吸入LC_{50}(4h)在烟雾剂中大于2.0但小于200mg/L空气。

剂　　型 乳剂、可湿性粉剂等。

作用特点 七氯属于非内吸性的有机氯杀虫剂，具有胃毒和触杀作用，兼有熏蒸作用。

注意事项 本药已经被禁止使用。

氯丹 chlordane

其他名称 氯化茚；1068。

化学名称 1,2,4,5,6,7,8, 8–八氯–2,3,3α, 4,7,7α–六氢化–4,7–亚甲基茚。

结 构 式

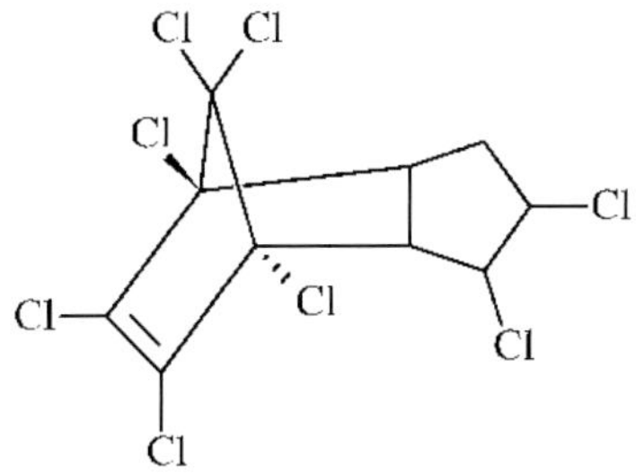

理化性质 原药为棕褐色黏稠液体，顺式异构体熔点为106～107℃，反式异构体熔点为104～105℃，相对密度1.59～1.63，沸点175℃(1mmHg)，精制产品蒸气压为1.3MPa(25℃)，25℃水中溶解度为0.1mg/L，可溶于多种有机溶剂，遇碱不稳定，分解失效。

毒　　性 氯丹在动物体内积累在脂肪组织中，可引起肝组织病变。属中等毒性杀虫剂，对大鼠急性口服LD_{50}为133～649mg/kg，小鼠为430mg/kg，兔为300mg/kg。大鼠经皮LD_{50}为217mg/kg，兔急性经皮LD_{50}为200～2 000mg/kg。对它们的眼睛刺激严重，对皮肤刺激轻微。对豚鼠无过敏性，豚鼠吸入LC_{50}(4h)7 200mg/L。

剂　　型 5%粉剂、50%乳油、5%油剂等。

作用特点 本品一般只用于拌种或沟施，防治地下害虫。具有触杀，胃毒及熏蒸作用，杀虫谱广，持效期长。虽然该药防治高粱、玉米、小麦、大豆及林业苗圃等地下害虫效果良好，但由于该药残留期长，生物蓄积作用强，对高等动物有潜在致病变性。

应用技术 本药已经被禁止使用。

遍地克 dienochlor

其他名称 Hooker HRS-16；ENT25718；SAN8041。

化学名称 1,1' ,2,2',3,3',4,4' ,5,5' –十氯双-(2, 4-环戊二烯-1-基)。

结 构 式

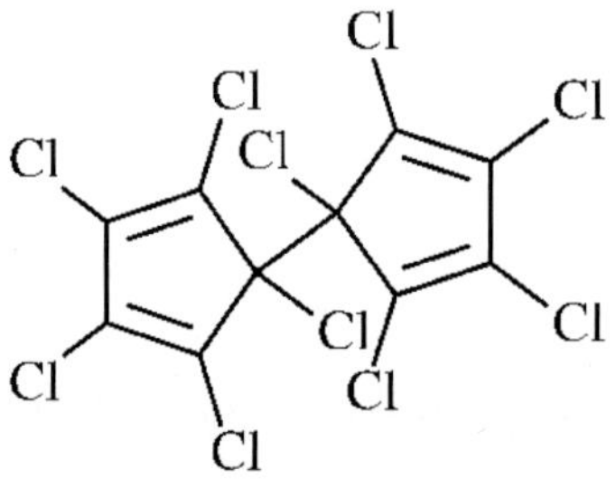

理化性质 纯品为淡黄色晶体，熔点120～123℃，25℃时的蒸气压为1.33MPa。无燃烧性。不溶于水，溶于苯、甲苯等。工业品为棕黄色固体或半固体，熔点111~128℃，含氯量72%~74%，对水、酸和碱稳定，但在高温下，或在太阳光、紫外光直接照射下，都会失去活性(130℃，6h活性降低50%)。

毒　　性 大鼠口服LD_{50}为1 200mg/kg；小鼠口服LD_{50}为16 900mg/kg。

剂　　型 20%乳剂、50%可湿性粉剂等。

作用特点 有强烈的触杀作用，为特效杀螨剂，杀螨机理是干扰螨的产卵作用。具有迟效的杀成虫、若虫和幼虫作用，是一种高效低毒的有机氯杀螨剂。对防治各类作物红蜘蛛有特效，除防治棉花、小麦、大豆、果树等作物上的红蜘蛛外，还可防治土壤害虫等。

应用技术 据资料报道，防治棉花、大豆、果树等多种作物的红蜘蛛；防治土壤害虫效果也很好，还可兼治棉花立枯病。

开发登记 1960年由Hooker Chemical Corporation推广，后来由Zoecon Cwp. (现为Sandoz AG)开发。获有专利USP2732409，USP2934470。

溴氯丹 bromocylen

化学名称 5-溴甲基-1, 2, 3,4,7, 7-六氯-2-降冰片烯。

结 构 式

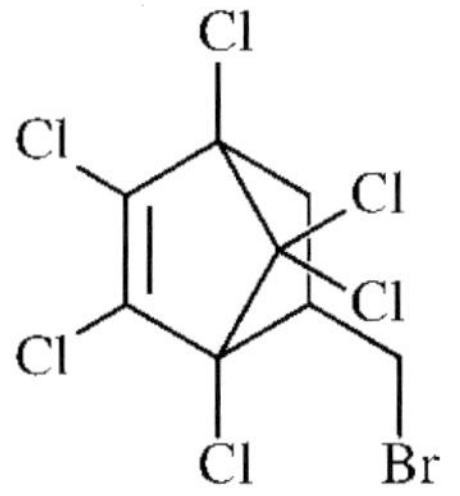

理化性质 本品为棕色固体，熔点77~78℃， 沸点154℃(133.3~266.7Pa)。

毒　　性 90%工业品对大鼠急性口服LD_{50}为12.5mg/kg。

应用技术 据资料报道，用于防治麦类谷象、杂拟谷盗及牲畜体外寄生虫(主要用于杀虫和杀螨)。

开发登记 德国赫斯特公司开发，1988年已停产。

碳氯灵 isobenzan

其他名称 WLl650；SD4402；CPl4957。

化学名称 1,3, 4, 5, 6,7,8,8-八氯-1,3,3α,4,7,7α-六氢化-4,7-亚甲基异苯并呋喃。

结 构 式

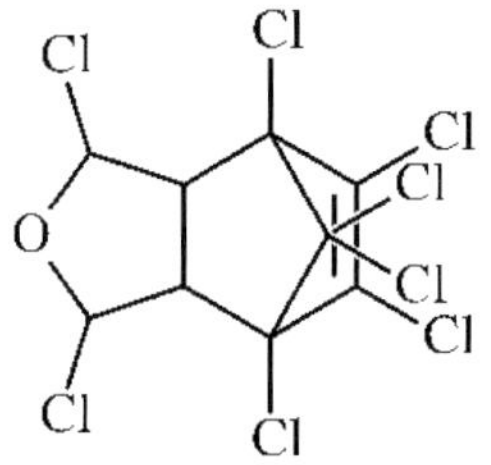

毒　　性 大鼠急性口服LD_{50}为4.8mg/kg，小鼠急性口服LD_{50}为8.4mg/kg。

剂　　型 125g/L乳油、0.5%粉剂、2%粉剂、5%粉剂。

作用特点 具有强烈的触杀和胃毒作用，对鳞翅目害虫有特效。叶面喷药有7～25d持效，土壤施药有5个月以上的持效。

应用技术 资料报道，主要用于小麦、棉花、玉米、谷子、高粱等作物，防治地下害虫和钻蛀性害虫。用5%粉剂100g，拌麦种50kg，可有效地防治蝼蛄、蛴螬；用5%粉剂0.5kg，加40kg炉渣灰制成的土颗粒剂，在玉米心叶期，撒到玉米喇叭口内，防治玉米螟效果良好。用5%粉剂2～2.5kg/亩喷粉或配成毒土撒施，可有效地防治小地老虎；防治棉铃虫，用5%粉剂1.5kg/亩喷粉；用2%粉剂1.5～2kg，加细土25kg配成毒土撒施，可防治谷子钻心虫。

注意事项 保管和使用时要注意安全，禁止在水稻田中施用，收获前禁用期为21d。

开发登记 本品为德国Ruhr Chemie AG实验室所发现。1962年由在英国的Shell chemical公司购得产销权，在Pernis投产，1967年停产。

开　蓬 Chordecone

其他名称 GC-1189；ENT-16391。

化学名称 十氯代八氢-亚甲基-环丁异[CD]戊搭烯-2-酮。

结 构 式

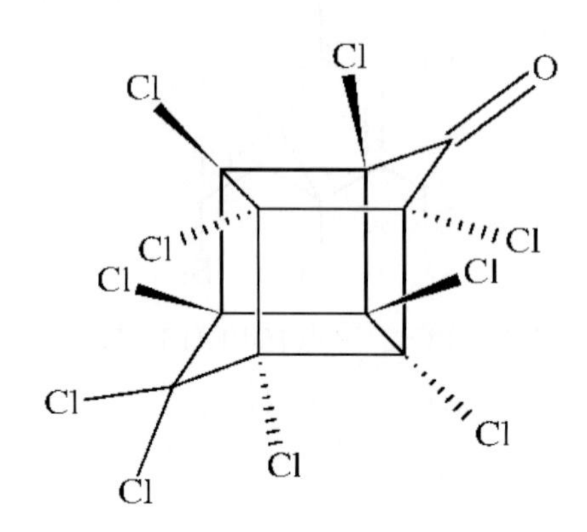

理化性质 纯品为黄色或白色固体，工业品为奶黄色或淡灰色到白色的粉末，有刺激性气味，能使眼睛流泪。化学性质稳定。不溶于水，难溶于酒精、苯、二甲苯等有机溶剂，较易溶于石油类溶剂中。在碱性和酸性土壤中都可以使用。

毒　　性 大鼠急性口服LD_{50}为 95 mg/kg。

剂　　型 5%粉剂、10%粉剂、50%可湿性粉剂等。

作用特点 对害虫有强烈的胃毒作用，兼有一定的触杀作用。作用比较缓慢，而残效期则较长。

应用技术 据资料报道，可用于 防治蝼蛄、种蝇，用5%粉剂250～300g，拌玉米种或高粱种50kg；防治地老虎，用5%粉剂0.5kg，加细沙25kg，搅拌均匀配成毒沙撒施；防治根蛆，用5%粉剂11.5～2.5kg，拌蚕豆种50kg。

注意事项 开蓬对眼有刺激作用，防止药粉侵入眼里或吸入口鼻。储藏开蓬粉剂要密闭，放在干燥地方，防潮结块，影响作用。

开发登记 1958年由Allied Chemical Corporation推广，1977年停产。

六、几丁质合成抑制剂类杀虫剂

几丁质合成抑制剂，是一类以抑制昆虫表皮几丁质合成，影响蜕皮变态为主的苯甲酰脲系列化合物。20世纪70年代初，菲利浦-杜发公司在合成脲类除草剂时，偶然发现一种化合物DU19111具有很强的抑虫活性，就制备了大量结构类似物，从中筛选出活性较高的TH6040，后称灭幼脲(diflubenzuron)，商品化后防虫效果很好。随后，世界各农药公司相继研制开发出氟啶脲、噻嗪酮、灭幼脲二号、氟虫脲等许多活性很高的化合物，成为第二代杀虫剂的主力军。他们都具有高度的选择性，对脊椎动物安全，对天敌昆虫杀伤力小等优点。从此害虫防治步入“调控”时代。

(一)几丁质合成抑制剂类的作用机制

以破坏昆虫表皮几丁质沉积为主要症状的IGR称为昆虫几丁质合成抑制剂，主要包括苯甲酰脲类，如除虫脲、灭幼脲、氟虫脲、定虫隆等，噻嗪酮和灭蝇胺虽然不具备苯甲酰脲结构，但其具有类似的症状，因此也归此类。中毒昆虫首先表现为活动减少、取食降低，到蜕皮或变态时才表现出明显的中毒症状：旧表皮不能蜕掉或不能完全蜕掉而死亡；形成的新表皮很薄，易裂开，体液外流；老熟幼虫不能化蛹，或形成半幼虫-半蛹或半蛹-半成虫畸形而死亡。关于其作用机制曾提出过不少假说，直到目前仍然处于假说阶段。有一点是肯定的，即大量的文献都报道苯甲酰脲类杀虫剂对害虫表皮的破坏，发现几丁质的沉积受到抑制的同时，有N-乙酰氨基葡萄糖的积累，因此称为几丁质合成抑制剂。但关于几丁质合成被抑制的机理，只提出过几种假说，典型的假说是苯甲酰脲类杀虫剂抑制了几丁质合成酶的活性，从而几丁质合成被抑制。但一方面没有实验证实苯甲酰脲类杀虫剂对几丁质合成酶有直接抑制作用，事实上在离体条件下，苯甲酰脲类对几丁质合成酶活性没有影响，另一方面，苯甲酰脲类中毒症状并不限于影响几丁质沉积，而是对昆虫全身性多方面的影响，包括对DNA、RNA及蛋白质合成的影响等。特别是近年的研究结果表明，昆虫取食苯甲酰脲类杀虫剂后直接影响消化道的功能，使许多有关酶的活力下降，从而使昆虫产生厌食、生长发育受阻；在中肠被吸收后则引起一系列神经内分泌的改变，从而抑制了DNA的合成，并抑制或刺激了某些酶的活力(包括几丁质合成的有关酶系)，最终阻碍昆虫变态，直到死亡。因此，这一类杀虫剂不一定直接影响几丁质的合成，而是名副其实的昆虫生长调节剂。

(二)几丁质合成抑制剂类主要品种

除虫脲 diflubenzuron

其他名称 伏虫脲；氟脲杀；卫扑；易凯；灭幼脲一号；二福隆；敌灭灵。

化学名称 1-(4-氯苯基)-3-(2,6-二氟苯甲酰基)脲。

结 构 式

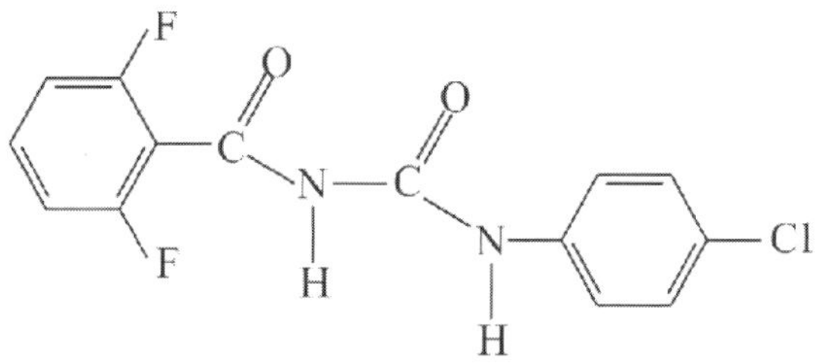

理化性质 无色晶体，密度1.56，熔点210～230℃，蒸气压小于13.2μPa(50℃)，20℃时在水中溶解度为0.1mg/L，丙酮中6.5g/L，易溶于极性溶剂，如乙腈、二甲基砜，也可溶于一般极性溶剂，如乙酸乙酯、二氯甲烷、乙醇。在非极性溶剂中(如乙醚、苯、石油醚等)很少溶解。遇碱易分解，对光热比较稳定。

毒　　性 大鼠和小鼠急性经口LD_{50}＞4 640mg/kg，兔急性经皮LD_{50}＞2g/kg，急性吸入LC_{50}＞30mg/L。对兔眼睛有轻刺激性，对皮肤无刺激作用。

剂　　型 20%悬浮剂、40%悬浮剂、5%可湿性粉剂、25%可湿性粉剂、5%乳油。

作用特点 为苯甲酰脲类昆虫生长调节剂，具有胃毒、触杀作用。作用机理为抑制害虫几丁质合成，使幼虫在蜕皮时不能形成新表皮，虫体成畸形而死。对鳞翅目害虫有特效，对鞘翅目、双翅目等多种害虫也有效。对有益生物、天敌等无明显不良影响。

应用技术 主要用于苹果、梨、柑橘、玉米、水稻以及十字花科蔬菜等作物上，防治苹果卷叶蛾、梨小食心虫、梨木虱、小麦黏虫、柑橘木虱、甜菜夜蛾、菜青虫等多种害虫。

防治小麦黏虫，在黏虫幼虫盛孵期至2～3龄期，用25%可湿性粉剂6～20g/亩对水40～50kg喷雾。

防治十字花科蔬菜菜青虫，在幼虫发生初期，用20%悬浮剂20～30ml/亩对水40～50kg喷雾；防治十字花科蔬菜小菜蛾，在幼虫发生初期，用25%可湿性粉剂32～40g/亩对水40～50kg喷雾。

防治苹果金纹细蛾，用5%乳油1 000～2 000倍液喷雾；防治柑橘潜叶蛾，用20%悬浮剂2 000～4 000倍液喷雾；防治柑橘锈壁虱，用25%可湿性粉剂3 000～4 000倍液喷雾；防治茶树茶尺蠖，用5%乳油1 000～1 515倍液喷雾。防治荔枝蒂蛀虫，可用40%悬浮剂，3 000～4 000倍液喷雾。

防治森林松毛虫，在幼虫3～4龄期，25%可湿性粉剂55～60g/亩、用25%可湿性粉剂4 150~6 250倍液喷雾，或8～12g/亩超低容量喷雾。

另外，资料报道还可以防治玉米螟及玉米铁甲虫，在幼虫初孵期或产卵高峰期，用25%可湿性粉剂40～80g/亩对水100kg喷雾或灌心，可杀卵及初孵幼虫；防治玉米黏虫，用20%悬浮剂5～10ml/亩对水40～50kg喷雾；防治水稻害稻纵卷叶螟，在幼虫3龄前，用20%悬浮剂1 000～1 500倍液喷雾；防治二化螟，用20%悬浮剂1 500～2 000倍液加25%甲萘威可湿性粉剂1 500～2 000倍液混合使用，可有效地杀灭二化螟不同产期的卵块及初孵幼虫；防治棉铃虫，在产卵盛期，用20%悬浮剂1 000～1 500倍液喷雾。防治甜菜夜蛾，在幼虫发生初期，用20%悬浮剂1 000～1 500倍液喷雾；防治斜纹夜蛾，在产卵高峰期或卵孵化期，用20%悬浮剂1 000～1 500倍液喷雾，有杀卵作用。防治苹小卷叶蛾，用25%可湿性粉剂3 000～4 000倍液喷雾；防治柑橘潜叶蛾，用20%悬浮剂1 000～2 000倍液；防治柑橘木虱，在晚春及夏秋季，用20%悬浮剂1 500倍液喷雾，防治以若虫为主的柑橘木虱种群效果很好；防治木▮尺蠖，用20%悬浮剂2 000～2 500倍液喷雾；防治樟青凤蝶，用20%悬浮剂2 000倍液喷雾。防治天幕毛虫、杨毒蛾，在幼虫3～4龄期，用20%悬浮剂1 000～2 000倍液喷雾，对这些害虫均有杀卵作用。

注意事项 施用该药时应在幼虫低龄期或卵期。施药要均匀，有的害虫要对叶背也要喷雾。配药时要摇匀，不能与碱性物质混合。药剂对桑蚕有毒，要避免在桑树上使用。储存时要避光，放于阴凉、干燥处。施用时注意安全，避免眼睛和皮肤接触药液，如发生中毒对可对症治疗，无特殊解毒剂。

开发登记 爱利思达生物化学品有限公司、兴农药业(中国)有限公司等企业登记生产。

灭幼脲 chlorobenzuron

其他名称 灭幼脲3号；抑丁保；正高；潜蛾灵；卡死特；苏脲一号；劲杀幼；蛾杀灵。

化学名称 1-(4-氯苯基)-3-(2-氯苯甲酰基)脲。

结构式

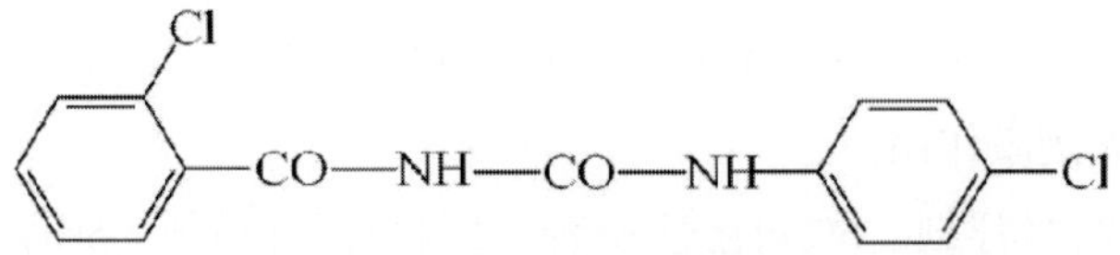

Cl

—CO—NH—CO—NH— —Cl

理化性质 原药为白色结晶，熔点199～201℃，相对密度0.74。不溶于水、乙醇、甲苯及氯苯，在100ml丙酮中能溶解1g，易溶于N, N-二甲基甲酰胺和吡啶等有机溶剂。遇碱和较强的酸易分解，常温下储存较稳定。

毒　　性 大鼠急性经口LD_{50}＞20g/kg，小鼠急性经口LD_{50}＞20g/kg，对兔眼黏膜和皮肤无明显刺激作用。

剂　　型 15%烟雾剂、25%可湿性粉剂、20%悬浮剂、25%悬浮剂、50%悬浮剂。

作用特点 本品是昆虫生长调节剂，属于特异性杀虫剂，其杀虫机理是抑制昆虫体内几丁质的合成，使昆虫不能正常脱皮，导致昆虫死亡。以胃毒作用为主，触杀作用为次，药效速度慢，持效期较长，达15～20d，耐雨水冲刷，在田间降解速度慢。对鸟类、鱼类、蜜蜂等天敌无毒，不破坏生态平衡。

应用技术 可用于防治鳞翅目多种害虫，对作物、天敌安全。

防治十字花科蔬菜菜青虫，在卵盛期至1～2龄幼虫盛发期，用25%悬浮剂20～30ml/亩对水40～50kg喷雾。

防治苹果金纹细蛾、林木美洲白蛾、松树松毛虫，用25%悬浮剂1 500～2 000倍液喷雾。

另外，资料报道还可以防治谷子、小麦黏虫，用25%悬浮剂40ml/亩对水40～50kg喷雾。防治小菜蛾、甜菜夜蛾、斜纹夜蛾等，在卵盛期至1～2龄幼虫盛发期，用25%悬浮剂500～1 000倍液喷雾。防治桃小食心虫、梨小食心虫，在卵孵盛期、幼虫蛀果前，用25%悬浮剂750～1 500倍液喷雾；防治梨大食心虫，在梨大食心虫越冬代幼虫期，用25%悬浮剂1 000倍液防治可降低越冬基数；防治茶尺蠖、枣步曲等害虫，在幼虫发生期，用25%悬浮剂1 000～2 000倍液均匀喷雾；防治柑橘潜叶蛾，在抽梢初期，卵孵盛期，用25%悬浮剂1 000～2 000倍液喷雾。防治黏虫、松毛虫、天幕毛虫、毒蛾、美国白蛾等，在1～2龄幼虫盛发期，用25%悬浮剂1 500～2 000倍液喷雾。

注意事项 该药有明显的沉淀现象，使用时要先摇匀再加水稀释，不要与碱性农药混用，不要在桑园等处及其附近使用。本剂在2龄前幼虫期进行防治效果最佳，老熟幼虫、蛹及成虫期药效较差。该剂属迟效型，需在害虫发生早期时使用，施药3～4d后效果才明显，在使用中不能随意加入速效性药剂。

开发登记 陕西喷得绿生物科技有限公司、河北中天邦正生物科技股份公司、江西中迅农化有限公司、京博农化科技有限公司等企业登记生产。

灭蝇胺 cyromazine

其他名称 潜g；果蝇灭；潜蝇灵；速杀蝇；环丙胺嗪；CGA72662；AI-052713；OMS2014；Trigard；Larvadex；Armo；Betrazin；Nepore。

化学名称 N-环丙基-2,4,6-三氨基-1,3,5-三嗪。

结 构 式

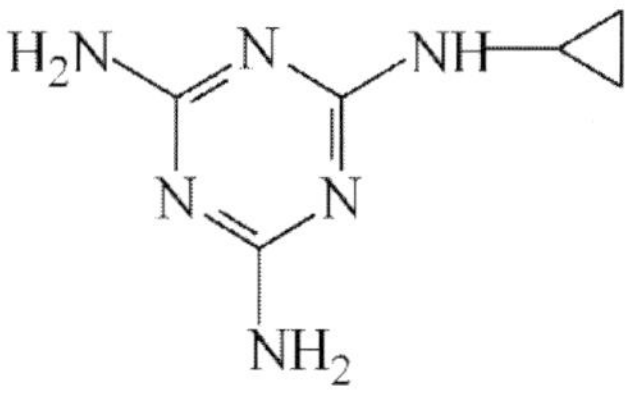

H_2N N NH N N NH_2

理化性质 纯品为无色结晶，熔点220～222℃，20℃蒸气压小于0.13MPa，密度1.35g/cm³。溶解度(20℃，pH值7.5)：水11g/L，稍溶于甲醇，乙醇22g/kg，丙酮1.7g/kg，甲苯0.015g/kg，己烷0.002g/kg，异丙醇2.5g/kg，正辛醇1.2g/kg，二氯甲烷0.25g/kg。310℃以下稳定，70℃以下(28d)未观察到水解，在pH5～9时水解不明显。

毒　　性 大鼠急性口服LD_{50}为3 387mg/kg(原药)；经皮LD_{50}＞3 100mg/kg(原药)。大鼠急性吸入LC_{50}＞2 720mg/m^3(4h)；对兔皮肤弱刺激，对眼无刺激。实验条件下未见致癌、致畸、致突变作用。对蜜蜂、鸟类低毒。对鱼低毒，对虹鳟鱼、鲤鱼LC_{50} > 100mg/L；蓝鳃翻车鱼和鲶鱼LC_{50} > 9mg/L。对短尾白鹌鹑LD_{50}为1 785mg/kg(有效成分)；野鸭LD_{50} > 2 510mg/kg(有效成分)。

剂　　型 15%可湿性粉剂、30%可湿性粉剂、50%可湿性粉剂、70%可湿性粉剂、75%可湿性粉剂、10%悬浮剂、1.5%颗粒剂、80%水分散粒剂、80%可湿性粉剂、30%悬浮剂、60%水分散粒剂、20%可溶液剂。

作用特点 本品属1, 3, 5-三嗪类昆虫生长调节剂，具有高效、低毒、持效期长、无残留，对天敌、人、畜安全等特点，是一种绿色无公害农药。对双翅目幼虫有特殊活性，通过强烈的内传导使幼虫在形态上发生畸变，成虫羽化不完全，或受抑制，从而阻止幼虫到蛹正常发育，达到杀虫的目的。

应用技术 主要用于防治蔬菜斑潜蝇。防治斑潜蝇不要等见到潜叶虫道时再重视防治，此时已失去防治适期，主要是观察叶片上是否出现针尖状小白点和田间是否有2mm左右大小的小蝇在飞就应开始防治。也可控制多种蝇类。

防治黄瓜斑潜蝇，在产卵盛期至幼虫孵化初期，用30%悬浮剂30 ~ 50g/亩对水40 ~ 50kg喷雾；防治菜豆斑潜蝇，用50%可湿性粉剂20 ~ 30g/亩对水40 ~ 50kg喷雾；防治韭菜韭蛆，在韭蛆发生期，用70%可湿性粉剂143 ~ 214g/亩灌根。防治姜蛆，于姜块入窖时，用20%可溶液剂50 ~ 75g/1 000kg姜拌沙子撒施到姜块上，或用70%可湿性粉剂14 ~ 21g/1 000kg姜药土法撒施处理。

另外，资料报道还可以防治大葱斑潜蝇，在幼虫1 ~ 2龄高峰初期，用75%可湿性粉剂2 000 ~ 3 000倍液喷施，间隔7 ~ 10d1次，连喷2 ~ 3次。

防治卫生害虫。①混饲：每吨鸡或家禽全价饲料加入本品5g，每吨猪、羊或牛饲料加入8 ~ 10g，混合均匀，在苍蝇产生季节开始饲喂。②混饮：每吨水中加入本品2.5g。③气雾喷洒：5kg水中加入本品25g，集中喷洒在蚊蝇繁殖处及蛆蛹滋生处，药效可持续30d以上。

注意事项 美洲斑潜蝇的防治适期以低龄幼虫始发期为好，如果卵孵不整齐，用药时间可适当提前，7 ~ 10d后再次喷药，喷药务必均匀周到。本品不能与强酸性物质混合使用。使用时注意防护，施药后及时用肥皂清洗手、脸部。本品对皮肤有轻度刺激。为了防止抗药性产生，请勿连续3次使用或超量使用。灭蝇胺暂无特效解毒剂，一旦发生中毒，应立即送医院对症治疗。密封储存阴凉干燥处，勿与食品、饮料混放。

开发登记 山东东合生物科技有限公司、辽宁省大连瑞泽农药股份有限公司等企业登记生产。

抑食肼 RH-5849

其他名称 虫死净；佳蛙；锐丁。

化学名称 N-苯甲酰基-N' -叔丁基苯甲酰肼。

结 构 式

$C_6H_5-C(=O)-NH-N(C(CH_3)_3)-C(=O)-C_6H_5$

理化性质 纯品为白色无臭结晶固体，熔点174 ~ 176℃，蒸气压0.24MPa。溶解度：水约50mg/L，环乙酮约50g/L，异亚丙基丙酮约150g/L。常规条件下储存稳定。在砂壤土中DT_{50}为27d(23℃)。

毒　　性 大鼠急性经口LD_{50}(14d观察)435mg/kg，大鼠急性经皮$LD_{50}>5$g/kg。对兔眼睛和皮肤无刺激作用。

剂　　型 20%可湿性粉剂、25%可湿性粉剂、5%颗粒剂。

作用特点 该药是一种新型的昆虫生长调节剂，主要通过降低或抑制幼虫和成虫取食能力，促使昆虫加速蜕皮，减少、阻止产卵，妨碍昆虫繁殖达到杀虫作用。对害虫以胃毒为主，也具有强的内吸性，杀虫谱广，对鳞翅目、鞘翅目、双翅目等害虫具良好的防治效果。速效较差，施药后48h见效，持效期较长。

应用技术 对鳞翅目及某些鞘翅目和双翅目害虫有高效，如二化螟、苹果蠹蛾、舞毒蛾、卷叶蛾、菜青虫、黏虫等，对抗性马铃薯甲虫防效优异。本品作用迅速，叶面喷雾和其他施药方法均可降低幼虫取食力，且不论幼虫大小，它还能抑制鳞翅目、同翅目和双翅目昆虫的产卵。

防治水稻黏虫、水稻稻纵卷叶螟，幼虫始发期用20%可湿性粉剂50～100g/亩对水50kg喷雾。

另外，资料报道还可以防治水稻二化螟、水稻黏虫，在幼虫1～2龄高峰期施药，用20%可湿性粉剂500～750倍液均匀喷雾；防治棉铃虫，在棉铃虫第2～3代幼虫期，用20%可湿性粉剂500～1 000倍液喷雾。防治十字花科蔬菜菜青虫，幼虫始发期用20%可湿性粉剂75～100g/亩对水40～50kg喷雾。防治斜纹夜蛾，在低龄幼虫期施药，用20%可湿性粉剂600～1 000倍液均匀喷雾；防治小菜蛾，于幼虫孵化高峰期至低龄幼虫盛发期，用20%可湿性粉剂500～800倍液均匀喷雾。在幼虫盛发高峰期用药防治7～10d后，再喷药一次，以维持药效。防治果树食心虫、蚜虫、潜叶蛾，在低龄幼虫期，用20%可湿性粉剂1 000倍液喷雾。防治茶树害虫，茶尺蠖、茶毛虫、茶细蛾、茶小绿叶蝉，低龄幼虫期，20%可湿性粉剂1 000倍液喷雾。

注意事项 喷药应均匀周到，以便充分发挥药效。避免药液溅及眼睛和皮肤。该药作用缓慢，施药后2～3d后见效，应在害虫发生初期用药，以收到更好效果，且最好不要在雨天施药。该药剂持效期长，在蔬菜、水稻收获前7～10d内禁止施药。在干燥阴凉通风良好处保存，严防受潮、暴晒。

开发登记 广西田园生化股份有限公司、江苏好收成韦恩农化股份有限公司等企业登记生产。

虫酰肼 tebufenozide

其他名称 米螨；Conform。

化学名称 N-叔丁基-N'-(4-乙基苯甲酰基)-3,5-二甲基苯甲酰肼。

结 构 式

CH_3CH_2—C₆H₄—C(=O)NHN[C(CH₃)₃]C(=O)—C₆H₃(CH_3)₂

理化性质 灰白色粉末，熔点191℃，蒸气压3.0×10^{-3}MPa(25℃，气化状态)，密度1.03g/cm^3，溶解度：水＜1mg/L(25℃)，微溶于有机溶剂，94℃稳定7d，对光稳定(pH7，25℃)。在黑暗且消过毒的水中能稳定30d(25℃)。水解DT_{50}为67d，光解DT_{50}为30d(25℃)。

毒　　性 大、小鼠急性经口$LD_{50}>5$g/kg，大鼠急性经皮$LD_{50}>5$g/kg。对兔眼睛和皮肤无刺激，对豚鼠无致敏性。急性吸入LC_{50}(4h)：雄大鼠4.3mg/L，雌大鼠＞4.5mg/L。鱼毒LC_{50}(96h)：虹鳟5.7mg/L，蓝鳃翻车鱼3.0mg/L。蜜蜂LD_{50}(96h，接触)＞234μg/蜜蜂，蚯蚓LC_{50}＞1g/kg。

剂　　型 20%悬浮剂、24%悬浮剂、30%悬浮剂、20%可湿性粉剂。

作用特点 该药剂为促进鳞翅目幼虫蜕皮的新型昆虫生长调节剂，高效、低毒，作用机制独特，对抗性害虫有效，残留低，使用安全，具有胃毒作用，无触杀作用，对鳞翅目幼虫有极高的选择性和药效。幼虫取食后仅6～8h就停止取食(胃毒作用)，不再为害作物，3～4d后开始死亡，对作物保护效果更好。无药害，对作物安全，无残留药斑。

应用技术 对果树、蔬菜及林业上的鳞翅目害虫有特效，对蜜蜂等益虫安全。

防治十字花科蔬菜甜菜夜蛾，在成虫产卵盛期或卵孵化盛期，用20%悬浮剂80～100ml/亩对水40～50kg喷雾。

防治苹果卷叶蛾，在卵孵化期，用20%悬浮剂1 500～2 000倍液喷雾。

防治森林马尾松毛虫，在松毛虫发生时，用24%悬浮剂2 000～4 000倍液喷雾。

另外，资料报道还可以防治水稻二化螟，用20%悬浮剂50～66ml/亩对水40～50kg喷雾；防治棉花棉铃虫，用20%悬浮剂60～100ml/亩对水50～70kg喷雾。防治水稻三化螟、稻纵卷叶螟，用20%悬浮剂100～125ml/亩对水40～50kg喷雾。防治小菜蛾，用20%悬浮剂60～80ml/亩对水40～50kg喷雾；防治美洲斑潜蝇，用20%悬浮剂1 000～1 500倍液喷雾。防治苹果蠹蛾，在卵孵化期，用20%悬浮剂1 000～1 500倍液喷雾，防效极佳，兼治梨小食心虫等，持效期2～3周以上；防治枣尺蠖，20%悬浮剂1 000～2 000倍液喷雾；防治苹果金纹细蛾，用20%悬浮剂2 000～2 500倍液喷雾。

注意事项 配药时应搅拌均匀，喷药时应均匀周到。施药时应戴手套，避免药物溅及眼睛及皮肤。喷药后要用肥皂和清水彻底清洗。建议每年最多使用4次，安全间隔期14d。对鱼和水生脊椎动物有毒，对蚕高毒，不要直接喷洒在水面，废液不要污染水源，在蚕、桑园地区禁止施用此药。储存于干燥、阴凉、通风良好的地方，远离食品、饲料避免儿童接触。如误服、误吸，应请医生诊治，进行催吐洗胃和导泻，并移至空气清新处；误入眼睛，应立即用清水冲洗至少15min。

开发登记 山东兆丰年生物科技有限公司、日本曹达株式会社等企业登记生产。

甲氧虫酰肼 methoxyfenozide

其他名称 美满；Intrepid；Runner。

化学名称 N-叔丁基-N'-(3-甲氧基-2-甲苯甲酰基)-3,5-二甲基苯甲酰肼。

结 构 式

理化性质 纯品为白色粉末，熔点202～205℃，蒸气压大于5.3×10^{-5}Pa(25℃)。溶解性(20℃，g/L)：二甲基亚砜11、环己酮9.9、丙酮9，水中小于1mg/L。在25℃下储存稳定，在25℃，pH值5、7、9下水解。

毒　　性 大、小鼠急性经口LD_{50}＞5 000mg/kg；大鼠急性经皮LD_{50}(24h)＞2 000mg/kg急性吸入LC_{50}(4h)＞4.3mg/L。

剂　　型 24%悬浮剂、240g/L悬浮剂。

作用特点 该药为昆虫生长调节剂，是促进鳞翅目幼虫蜕皮的新型仿生杀虫剂。鳞翅目害虫在取食喷有该药的作物叶片6～8h后，即停止取食，不再为害作物，并产生蜕皮反应，由于蜕皮，干扰了昆虫的正常发育，而导致幼虫脱水，饥饿而死亡。

应用技术 可防治二化螟、棉铃虫、甜菜夜蛾、斜纹夜蛾、银纹夜蛾、菜青虫、豆荚螟等鳞翅目害虫。

防治水稻二化螟，在卵孵化盛期，用24%悬浮剂20～30ml/亩对水40～50kg喷雾；防治棉花棉铃虫，在低龄幼虫期，用24%悬浮剂55～80ml/亩对水60～80kg喷雾。

防治甘蓝甜菜夜蛾，在2～3龄幼虫高峰期，用24%悬浮剂10～20ml/亩对水40～50kg喷雾。

防治苹果小卷叶蛾，用24%悬浮剂2 500～3 750倍液喷雾。

另外，资料报道还可以防治斜纹夜蛾、甘蓝夜蛾，在2～3龄幼虫高峰期，用24%悬浮剂600～1 000倍液喷雾，间隔10～15d再用药1次，效果较好；防治菜青虫，用24%悬浮剂20ml/亩对水40～50kg喷雾。防治苹果金纹细蛾，在发生盛期，用24%悬浮剂2 400～3 000倍液喷雾。在害虫发生时，一般每隔7～10d喷雾1次，喷雾次数，视虫害发生情况而定。对抗性鳞翅目幼虫防治效果好，适用于害虫抗性综合治理，对高龄和低龄幼虫均有效，且持效期较长。对作物安全，不易产生药害。

注意事项 悬浮剂使用时应将包装袋中的药剂冲洗干净，以确保防效，施药时间应在傍晚，尽量在低龄幼虫期使用。

开发登记 江苏好收成韦恩农化股份有限公司、江苏龙灯化学有限公司、山东兆丰年生物科技有限公司等企业登记生产。

呋喃虫酰肼

其他名称 福先。

化学名称 N-(2,3-二氢化-2,7-二二甲基苯并呋喃-6-甲酰基)-N'-叔丁基-N'-(3,5-二甲基苯甲酰基)肼。

结 构 式

CH_3　O　C_4H_9　CH_3

H_3C—(O)—CNHNC—

O　CH_3

理化性质 纯品为白色或灰白色固体，熔点146～148℃，溶解性(20℃，g/L)：乙醇250，正己烷小于0.01、水0.27。稳定性：在光、热、弱酸、弱碱条件下稳定。

毒　　性 雄、雌性大鼠急性经口LD_{50}均大于5 000mg/kg，急性经皮LD_{50}均大于5 000mg/kg，对兔皮肤、眼睛均无刺激性。

剂　　型 10%悬浮剂。

作用特点 本品为特异性昆虫生长调节剂，为蜕皮激素类杀虫剂，主要是干扰昆虫的正常生长发育，使害虫蜕皮而死，对鳞翅目幼虫有较好防效。作用方式以胃毒为主，触杀作用为次，未发现内吸和拒食作用，持效期较长。

应用技术 对十字花科蔬菜甜菜夜蛾有较好防效，推荐剂量内对作物安全。

防治十字花科蔬菜甜菜夜蛾，在幼虫高峰期(3龄以前)，用10%悬浮剂60～100ml/亩对水40～50kg喷雾。

另外，资料报道还可以防治稻纵卷叶螟，用10%悬浮剂100～120ml/亩对水40～50kg喷雾。防治小菜蛾、菜青虫，在幼虫3龄以前，用10%悬浮剂60～100ml/亩对水50kg喷雾；防治茶尺蠖，在茶尺蠖2～3龄时，用10%悬浮剂1 000～1 500倍液均匀喷雾。

开发登记 江苏省农药研究所股份有限公司登记生产。

氟啶脲 chlorfluazuron

其他名称 定虫隆；抑太保；氟伏虫脲。

化学名称 1-[3,5-二氯-4-(3-氯-5-三氟甲基-2-吡啶氧基)苯基]-3-(2,6-二氟苯甲酰基)脲。

结构式

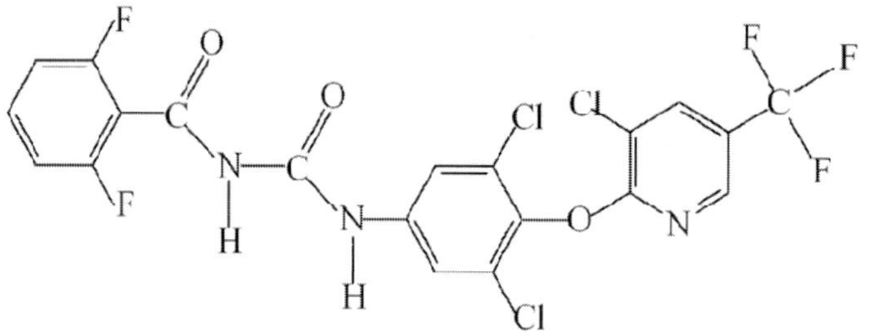

理化性质 纯品为黄白色无嗅结晶，相对密度1.648(20℃)，熔点222.0～223.3℃，20℃时蒸气压小于1×10^{-8} Pa。25℃时在各种溶剂中的溶解度：水0.017mg/L，甲醇2.6g/L，丙酮55g/L，二甲苯4.2g/L，二氯甲烷15.9g/L。在正常条件下存放稳定。

毒　　性 大鼠急性经口LD_{50}＞8 500mg/kg，急性经皮LD_{50}＞1 000mg/kg，急性吸入LC_{50}＞2.4mg/L。对鲤鱼LC_{50}(96小时)为300mg/L，100mg/L时对蜜蜂无害，50mg/kg对家蚕部分为害，鸟的LD_{50}＞2 500mg/kg。

剂　　型 5%乳油、10%水分散粒剂、50g/升乳油、25%悬浮剂。

作用特点 是一种苯基甲酰基脲类新型杀虫剂，以胃毒作用为主，兼有触杀作用，无内吸性。作用机制主要是抑制几丁质合成，阻碍昆虫正常蜕皮，使卵的孵化、幼虫蜕皮受阻以及蛹发育畸形，成虫羽化受阻而发挥杀虫作用。对害虫药效高，但作用速度较慢，幼虫接触药后不会很快死亡，但取食活动明显减弱，一般在药后5～7d才能充分发挥效果。对多种鳞翅目害虫以及直翅目、鞘翅目、膜翅目、双翅目等害虫有很高活性，但对蚜虫、叶蝉、飞虱等害虫无效；对有机磷、氨基甲酸酯、拟除虫菊酯等其他杀虫剂已产生抗性的害虫有良好防治效果，对多种益虫安全。

应用技术 可有效地防治棉花、大豆、玉米、蔬菜、果树、马铃薯、茶、烟草等作物的鳞翅目、双翅目等多种害虫。

防治棉花棉铃虫，在卵孵盛期，用5%乳油100～150ml/亩对水60～80kg喷雾；防治棉花红铃虫，卵孵盛期用5%乳油60～140ml/亩对水60～80kg喷雾。

防治韭菜韭蛆，用5%乳油200～300ml/亩药土法撒施；防治甘蓝甜菜夜蛾，于低龄幼虫发生期，用5%乳油60～80ml/亩喷雾；防治十字花科蔬菜菜青虫、小菜蛾，在低龄幼虫为害苗期或莲座初期，用5%乳油40～80ml/亩对水40～50kg喷雾；防治十字花科蔬菜甜菜夜蛾，于幼虫初孵期，用5%乳油50～70ml/亩对水40～50kg喷雾。

防治柑橘潜叶蛾，在成虫盛发期，用5%乳油2 000～3 000倍液喷雾。

另外，资料报道还可以防治玉米螟，在1～3龄幼虫期，用5%乳油1 000～2 000倍液喷施，间隔8～10d再喷1次，连喷2～3次；防治稻纵卷叶螟，在3、4代稻纵卷叶螟1～2龄幼虫高峰期，用5%乳油50ml/亩对水40～50kg均匀喷雾。防治豇豆、菜豆的豆野螟，在开花期或卵盛期，用5%乳油1 000～2 000倍液喷雾，隔10d再喷1次；防治斜纹夜蛾、银纹夜蛾、地老虎、二十八星瓢虫等，于幼虫初孵期施药，每亩用5%乳油1 000～2 000倍液均匀喷雾；防治韭菜地蛆，在发生期，用5%乳油100～200ml/亩对水40～50kg灌根防治。防治苹果桃小食心虫，于产卵初期、初孵幼虫未入侵果实前开始施药，以后每隔5～7d施1次，共施药3～6次，用5%乳油1 000～2 000倍液喷雾。防治茶树茶尺蠖、茶毛虫，于卵盛孵期，用5%乳油75～120ml/亩对水100kg均匀喷雾。

注意事项 喷药时，要使药液湿润全部枝叶，才能充分发挥药效。在低龄幼虫期喷药，对钻蛀性害虫宜在产卵高峰至卵孵盛期施药，效果才好。本剂对家蚕有毒，应避免在桑园及其附近使用。本剂对鱼贝类，尤其对虾等甲壳类有影响，因此在养鱼池附近使用应十分注意。

开发登记 日本石原产业株式会社、浙江禾本科技有限公司、山东省青岛奥迪斯生物科技有限公司等企业登记生产。

氟铃脲 hexaflumuron

其他名称 Consult；Trueno；盖虫散；六伏隆；伏虫灵；抑杀净；太宝；果蔬保。

化学名称 1-[3,5-二氯-4-(1,1,2,2-四氟乙氧基)苯基]-3-(2,6-二氟苯甲酰基)脲。

结构式

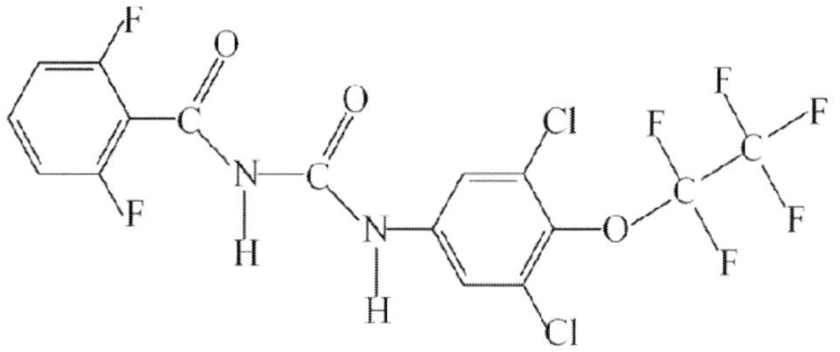

理化性质 本品为无色固体，熔点202～205℃，蒸气压0.059MPa(25℃)。溶解性(20℃)：水0.027mg/L(18℃)，甲醇11.9mg/L，二甲苯5.2g/L。被土壤强吸收。60%水解35d(pH值9)，光解DT_{50}为6.3d(pH值5，25℃)。

毒　　性 大鼠急性经口LD_{50}＞5g/kg，小鼠急性经口LD_{50}＞2g/kg。对皮肤无刺激性，但对眼睛有严重的刺激作用。兔急性经口LD_{50}＞5g/kg，大鼠急性经皮LD_{50}＞5g/kg，急性吸入LD_{50}为2.5mg/L。对皮肤和眼睛无刺激作用，皮肤致敏试验为阴性。蜜蜂接触和经口毒性LD_{50}＞0.1mg/只。

剂　　型 5%乳油、2.5%高渗乳油、50g/L乳油、10%悬浮剂、20%悬浮剂。

作用特点 是新型酰基脲类杀虫剂，除具有其他酰基脲类杀虫特点外，具有高效、广谱、低毒，对天敌安全等特点，特别对棉铃虫属的害虫有特效，通过抑制蜕皮而杀死害虫的同时，还能抑制害虫取食速度，故有较快的击倒力。具有较高的接触杀卵活性，可单用也可混用。施药时期要求不严格，可以防治对有机磷及拟除虫菊酯已产生抗性的害虫。

应用技术 防治棉花和果树上的鞘翅目、双翅目、同翅目和鳞翅目害虫。在作物生长早期和害虫发生初期，如成虫始现期和产卵期施药最好，这样可保护作物叶片完好，防止害虫蔓延，保护天敌种群，提高叶菜类商品质量，减少后期用药量和用药次数，减少和推迟害虫抗性的发生。在田间及空气湿度大的条件下施药可提高氟铃脲的杀卵效果，施药时要求叶片正反面及叶心均匀喷洒。

防治棉花棉铃虫，在卵孵盛期，用5%乳油100～150ml/亩对水80kg喷雾。

防治十字花科蔬菜小菜蛾，在卵孵盛期至1～2龄幼虫盛发期，用5%乳油40～75ml/亩对水40～50kg喷雾；防治十字花科蔬菜甜菜夜蛾，2～3龄幼虫盛发期，用5%乳油60～75ml/亩对水40～50kg喷雾。防治韭菜韭蛆用5%乳300～400ml/亩灌根。

另外，资料报道还可以防治水稻二化螟、稻纵卷叶螟，用5%乳油50ml/亩对水40～50kg喷雾。防治菜青虫，在2～3龄幼虫盛发期，用5%乳油1 000～3 000倍液喷雾，药后10～15d效果可达90%以上；防治豆野螟，在豇豆、菜豆开花期，卵孵盛期，用5%乳油1 000～2 000倍液喷雾，隔10d再喷1次，全生育期用药2次，具有良好的保荚效果。防治金纹细蛾，在金纹细蛾成虫发生盛期，用5%乳油1 000～2 000倍液均匀喷雾；防治柑橘潜叶蛾，幼虫盛发期，用5%乳油1 000～2 000倍液喷雾，具有良好的杀虫和保梢效果。

注意事项 使用时要求喷药均匀周到。在田间作物虫、螨并发时，应加杀螨剂使用。不要在桑园、鱼塘等地及其附近使用。防治叶面害虫宜在低龄(1～2龄)幼虫盛发期施药，防治钻蛀性害虫宜在卵孵盛期施药。不能与碱性农药混用。

开发登记 河北威远生物化工有限公司、德州绿霸精细化工有限公司等企业登记生产。

氟虫脲 flufenoxuron

其他名称 WL 115110；SD-115110；SK-8503；DPX-EY-059；卡死克(Cascade)。

化学名称 1-[2-氟-4-(2-氯-4-三氟甲基苯氧基)苯基]-3-(2,6-二氟苯甲酰基)脲。

结构式

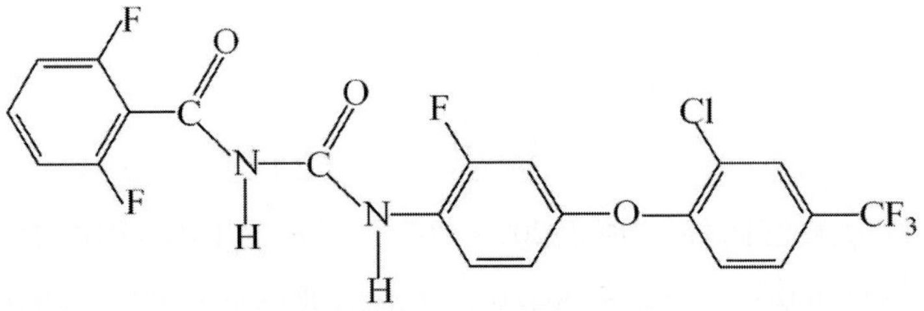

F O O F Cl N-C N O CF3 F H H

理化性质 原药(纯度98%～100%)为无色固体，纯品为无色晶体，熔点169～170℃(分解)，蒸气压为4.55μPa(20℃)。25℃时的溶解度：在水中为4mg/L，丙酮82g/L，二甲苯6g/L，二氯甲烷24g/L。常温下，对光和水的稳定性好。

毒性 大、小鼠急性经口LD_{50}＞3g/kg，犬急性经口LD_{50}＞5g/kg，大、小鼠急性经皮LD_{50}＞2g/kg，大鼠急性静脉LD_{50}＞1.5g/kg，大鼠急性吸入毒性(4h)＞5mg/L。对兔眼睛、皮肤无刺激作用，对豚鼠皮肤无致敏作用。

剂型 5%乳油、10%颗粒剂、5%可分散液剂、50g/L可分散液剂。

作用特点 是酰基脲类杀虫杀螨剂，具有触杀和胃毒作用。其作用机制是抑制昆虫表皮几丁质的合成，使昆虫不能正常蜕皮或变态而死亡，成虫接触药后，产的卵即使孵化，幼虫也会很快死亡。对叶螨属和全爪螨属多种害螨有效，杀幼若螨效果好，不能直接杀死成螨，但接触药的雌成螨产卵量减少，可导致不育或所产的卵不孵化。该药是目前酰基脲类杀虫剂中能做到虫螨兼治、药效好，持效期长的品种。氟虫脲杀螨、杀虫作用缓慢，施药后不能迅速显示药效，需经3～10d左右药效才明显上升，对叶螨天敌安全。

应用技术 适用于防治对常用农药已产生抗性的害虫，能防治鳞翅目、双翅目、鞘翅目、半翅目害虫和植食性螨类，对未成熟阶段的螨和害虫有高活性。

防治苹果红蜘蛛，用5%可分散液剂667～1 000倍液喷雾；防治柑橘潜叶蛾，可以用50g/L可分散液剂1 000～2 000倍液喷雾；防治柑橘红蜘蛛，用50g/L可分散液剂600～1 000倍液喷雾；防治柑橘锈壁虱，用5%可分散液剂667～1 000倍液喷雾。还可以防治玉米螟，在穗期灌雄穗，用5%乳油2 000倍液喷施。防治棉花棉铃虫，在产卵盛期至卵孵盛期，用5%乳油800～1 000倍液喷雾，药后10d的杀虫效果在90%以上，但保蕾效果较差。防治小菜蛾，在1～2龄幼虫盛发期，用5%乳油600～800倍液喷雾，药后15～20d防效可达90%以上；防治菜青虫，在2～3龄幼虫盛发期，用5%乳油800～1 000倍液喷雾；防治豆荚螟，在幼虫孵化初盛期，用5%乳油800～1 000倍液喷雾，隔10d再喷1次，能有效防治豆荚被害；防治美洲斑潜蝇，用5%乳油1 000～2 000倍液喷雾。防治草地蝗虫，用5%可分散液剂8～10g/亩对水喷雾。

注意事项 要求喷药均匀周到，一个生长季节最多只能用药2次，施药时间应较一般杀虫剂提前2～3d。对钻蛀性害虫宜在卵孵化盛期施药，对害螨宜在幼若螨盛期施药。苹果上应在收获前70d用药，柑橘上应在收获前50d用药。不可与碱性农药混用，间隔使用时，先喷氟虫脲，10d后再喷波尔多液比较理想。药剂应存于远离食品、饲料、儿童及家畜的地方。不宜用与药剂反应的容器存放，如聚乙烯瓶、高密度聚乙烯瓶或塑料瓶等。不慎药剂接触皮肤或眼睛，应用大量清水冲洗干净，不慎误食或吞服时，勿催吐，应立即送医院诊治，可以洗胃。

开发登记 巴斯夫欧洲公司、天津市绿亨化工有限公司、威海韩孚生化药业有限公司等企业登记生产。

杀铃脲 triflumuron

其他名称 杀虫隆；杀虫脲；氟幼灵；灭幼脲四号。

化学名称 1-(4-三氟甲氧基苯基)-3-(2-氯苯甲酰基)脲。

结构式

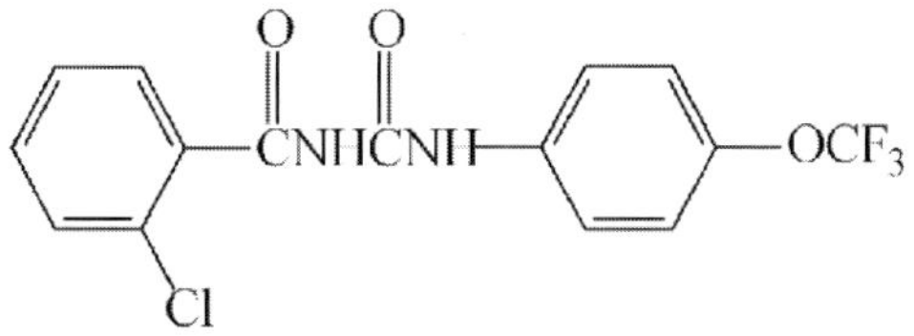

理化性质 本品为无色粉末，熔点195℃，蒸气压为40μPa(20℃)，密度1.445g/ cm^3(20℃)。溶解性(20℃)：水0.025mg/L，二氯甲烷20～50g/L，异丙醇1～2g/L，甲苯2～5g/L。稳定性：在中性介质和酸性介质(DT_{50} < 0.5年)中对水解稳定，在碱性介质中水解DT_{50}为42h；DT_{50}(22℃)960d(pH值4)，580d(pH值7)，11d(pH值9)。

毒　　性 急性经口LD_{50}：大鼠和小鼠都大于5 000mg/kg，犬急性经口LD_{50} > 1g/kg，大鼠急性经皮LD50 > 5 000mg/kg；大鼠急性吸入LC_{50}(4h) > 0.12mg/L空气(烟雾剂)，大于1.6mg/L空气(粉剂)。鱼毒LC_{50}(96h):对鲤鱼和金圆腹雅罗鱼 > 1 000mg/L，金鱼 > 100mg/L，虹鳟鱼 > 320mg/L。对蜜蜂有毒。对水蚤LC_{50}(48d)为0.225mg/L。

剂　　型 5%悬浮剂、20%悬浮剂、20%乳油、40%悬浮剂。

作用特点 是几丁质合成抑制剂，以胃毒作用为主，有一定的触杀作用，但无内吸作用，有较好的杀卵作用。该药具有杀虫谱广，杀虫活性高，用量少，毒性低，残留低，持效期长，并有保护天敌等特点。能抑制昆虫几丁质合成酶的形成，干扰几丁质在表皮的沉积作用，导致昆虫不能正常蜕皮变态而死亡。

应用技术 对有机磷和拟除虫菊酯类农药产生抗性的害虫有较好的效果，可用于防治棉花、果树、蔬菜等经济作物上的害虫及卫生害虫。杀铃脲对鳞翅目害虫有特效，防治对象如黏虫、螟虫、螨、潜叶蛾、卷叶蛾、食心虫、美国白蛾、毒蛾、刺蛾、扇舟蛾、松毛虫、天幕毛虫、樟毛蜂、菜青虫、烟夜蛾、叶蝉、荔蝽等，亦可扩展到双翅目和鞘翅目害虫。

防治甘蓝小菜蛾，用40%悬浮剂 14.4～18ml/亩对水喷雾或5%悬浮剂50～70ml/亩对水喷雾；防治甘蓝菜青虫，用5%悬浮剂30～50ml/亩喷雾；防治杨树美洲白蛾，用5%悬浮剂稀释1 250～2 500倍液喷雾。

防治苹果金纹细蛾，用20%悬浮剂2 000～3 000倍液喷雾；防治柑橘潜叶蛾，用40%悬浮剂4 000～6 000倍液喷雾。

防治卫生害虫白蚁，用0.1%杀白蚁浓饵剂，加水稀释3～4倍投放。

另外，资料报道还可以防治棉花棉铃虫，用20%悬浮剂500～1 000倍液喷雾；防治苹果食心虫，用20%悬浮剂600～1 000倍液喷雾。

注意事项 本品储存有沉淀现象，摇匀后使用，不影响药效。为使迅速显效，可同菊酯类农药配合使用，施药比为2：1。不能与碱性农药混用。本品对虾、蟹幼体有害，成体无害。

开发登记 吉林省通化农药化工股份有限公司、江苏龙灯化学有限公司登记生产。

噻嗪酮　buprofezin

其他名称 扑虱灵；优乐得；布芬净；稻虱净；稻虱灵；Applaud；Aproad。

化学名称 2-叔丁基亚氨基-3-异丙基-5-苯基-1,3,5-噻二嗪烷-4-酮。

结 构 式

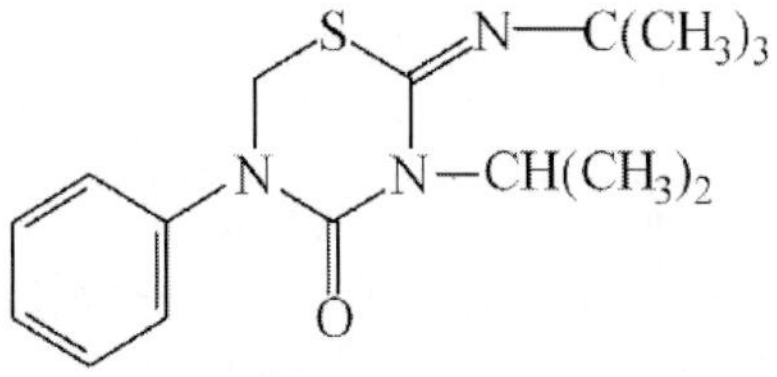

S　N—$C(CH_3)_3$
N　N—$CH(CH_3)_2$
O

理化性质 本品为无色结晶体，熔点104.5～105.5℃，相对密度1.18，蒸气压1.25MPa(25℃)。溶解性(25℃)：水0.9mg/L，丙酮240g/L，氯仿520g/L，乙醇80g/L，已烷20g/L，甲苯320g/L。对酸、碱、光、热稳定。

毒　　性 急性经口LD_{50}：雄大鼠2 198mg/kg，雌大鼠2 355mg/kg，小鼠＞10 000mg/kg；大鼠急性经皮LD_{50}＞5 000mg/kg。大鼠急性吸入LC_{50}(4h)＞4.57mg/L空气。对眼无刺激，对皮肤有轻微刺激。鲤鱼LC_{50}(48h)2.7mg/L，虹鳟鱼＞1.4mg/L。水蚤LC_{50}(3h)50.6mg/L，在2g/L剂量下，对蜜蜂无直接作用。

剂　　型 20%可湿性粉剂、25%可湿性粉剂、65%可湿性粉剂、25%悬浮剂、8%油剂、40%悬浮剂、50%悬浮剂、40%水分散粒剂。

作用特点 一种抑制昆虫生长发育的新型选择性杀虫剂，触杀作用强，也有胃毒作用。作用机制为抑制昆虫几丁质合成和干扰新陈代谢，致使若虫蜕皮畸形或翅畸形而缓慢死亡。一般施药后3～7d才能看出效果，对成虫没有直接杀伤力，但可缩短其寿命，减少产卵量，并且产出的多是不育卵，幼虫即使孵化也很快死亡。对同翅目的飞虱、叶蝉、粉虱及介壳虫类害虫有良好防治效果，药效期长达30d以上。对天敌较安全，综合效应好。

应用技术 具有高选择性。对同翅目的飞虱、叶蝉、粉虱及介壳虫等害虫有良好的防治效果，对某些鞘翅目害虫和害螨也具有持久的杀幼虫活性。可有效地防治水稻上的飞虱和叶蝉，但作用缓慢，施药后3～7d才能控制住害虫为害，因此虫口密度高时，应与速效杀虫剂混用。

防治水稻飞虱，在低龄若虫始盛期，用25%可湿性粉剂20～30g/亩对水50kg，在害虫主要活动为害部位(稻株中下部)进行1次均匀喷雾，能有效控制为害。

防治柑橘矢尖蚧，在低龄若虫盛发期，用25%可湿性粉剂1 000～2 000倍液喷雾；防治茶树小绿叶蝉，在低龄若虫期，用25%可湿性粉剂1 000～2 000倍液喷雾。防治温室火龙果介壳虫，用25%可湿性粉剂1 000～1 500倍液喷雾。

另外，资料报道还可以防治水稻叶蝉，在低龄若虫始盛期喷药1次，用25%可湿性粉剂600～800倍液喷雾，重点喷植株中、下部。防治温室黄瓜、番茄等蔬菜的白粉虱，在低龄若虫盛发期，用25%可湿性粉剂800～1 000倍液均匀喷雾，具有良好的防治效果，并可兼治茶黄螨等；防治茶黑刺粉虱，在低龄若虫期，用25%可湿性粉剂600～800倍液喷雾。防治柑橘粉虱，在低龄若虫盛发期，用25%可湿性粉剂1 000～1 500倍液喷雾；防治猕猴桃叶蝉，用25%可湿性粉剂2 000倍液喷雾；防治柿长绵粉蚧，用25%可湿性粉剂2 000倍液喷雾。

注意事项 药液不宜直接接触白菜、萝卜，否则将出现褐斑及绿叶白化等药害。密封后存于阴凉干燥处，避免阳光直接照射。使用时应先对水稀释后均匀喷雾，不可用毒土法。持效期35～40d，对天敌和访花昆虫安全。

开发登记 江苏安邦电化有限公司、日本农药株式会社、上海悦联生物科技有限公司等企业登记生产。

虱螨脲 lufenuron

其他名称 美除；fluphenacur。

化学名称 (R，S)–1–[2,5–二氯–4–(1,1,2,3,3,3–六氟丙氧基)苯基]–3–(2,6–二氟苯甲酰基)脲。

结 构 式

F O O Cl
CNHCNH OCF$_2$CHFCF$_3$
F Cl

理化性质 纯品为白色结晶体；熔点164.7～167.7℃，蒸气压＜1.2×10^{-9} Pa(25℃)；相对密度1.66(20℃)；溶解性(20℃，g/L)：甲醇41，丙酮460，甲苯72，正己烷0.13，正辛醇8.9，水＜0.06mg/L。在空气、光照下稳定。在水中DT$_{50}$：32d(pH值9)、70d(pH值7)、160d(pH值5)。

毒 性 大鼠急性经口LD$_{50}$＞2 000mg/kg；大鼠急性经皮LD$_{50}$＞2 000mg/kg；大鼠吸入LC$_{50}$(4h，20℃)＞2.35mg/L。本品对兔眼睛和皮肤无刺激。鹌鹑和野鸭急性经口LD$_{50}$＞2 000mg/kg。

剂　　型 5%乳油、10%悬浮剂、50g/L乳油、50g/L悬浮剂、5%水乳剂。

作用特点 虱螨脲是一种几丁质抑制剂。药剂通过作用于昆虫幼虫，阻止蜕皮过程而杀死害虫，尤其对果树等食叶毛虫有出色的防效，对蓟马、锈螨、白粉虱有独特的杀灭机理，适于防治对拟除虫菊酯和有机磷农药产生抗性的害虫，药剂的持效期长，有利于减少用药次数；药剂不会引起刺吸式口器害虫再猖獗，对益虫的成虫和捕食性蜘蛛作用温和。耐雨水冲刷，对有益的节肢动物成虫具有选择性。用药后，作用缓慢，施药后2～3d见效果，有杀卵功能，可杀灭新产虫卵。

应用技术 主要用于防治棉花、蔬菜、果树上的鳞翅目幼虫等，也可作为卫生用药，还可用于防治动物如牛等身上的寄生虫包括抗性品系。

防治韭菜韭蛆，用10%水乳剂150～250ml/亩灌根；防治菜豆豆荚螟用50g/L乳油40～50ml/亩喷雾；防治番茄棉铃虫、棉花棉铃虫，用50g/L乳油50～60ml/亩喷雾防治十字花科蔬菜甜菜夜蛾，用5%乳油30～40ml/亩对水40～50kg喷雾；防治马铃薯块茎蛾，用50g/L乳油40～60ml/亩对水40～50kg喷雾。

防治柑橘潜叶蛾，用5%乳油1 500～2 500倍液喷雾；防治柑橘锈壁虱，用5%乳油1 500～2 500倍液喷雾。防治苹果小卷叶蛾，用50g/L乳油1 000～2 000倍液喷雾；防治杨树美国白蛾，用10%悬浮剂1 000～2 000倍液喷雾。

另外，资料报道还可以防治棉花棉铃虫，用5%乳油1 000～2 000倍液喷雾。防治烟青虫、花蓟马、番茄田棉铃虫、番茄锈螨、茄子蛀果虫、小菜蛾等，可用5%乳油600～800倍液进行喷雾；防治菜豆豆荚螟，用5%乳油40～50ml/亩对水40～50kg喷雾；防治马铃薯甲虫，用5%乳油70ml/亩对水40～50kg喷雾；

防治斜纹夜蛾，用5%乳油1 000～1 500倍液喷雾。防治苹小卷叶蛾等，在越冬代幼虫出蛰期(花前)和苹果大量展叶期(花后)，用5%乳油1 000～2 000倍液喷雾，持效期长。防治果树食心虫、苹果锈螨、苹果蠹蛾等，用5%乳油800～1 000倍液进行喷雾。

开发登记 瑞士先正达作物保护有限公司、江苏龙灯化学有限公司等企业登记生产。

丁醚脲 diafenthiuron

其他名称 CGA 106630；Pegasus；Polo；宝路；螨脲；杀螨隆。

化学名称 1-叔丁基-3-(2,6-二异丙基-4-苯氧基苯基)硫脲。

结 构 式

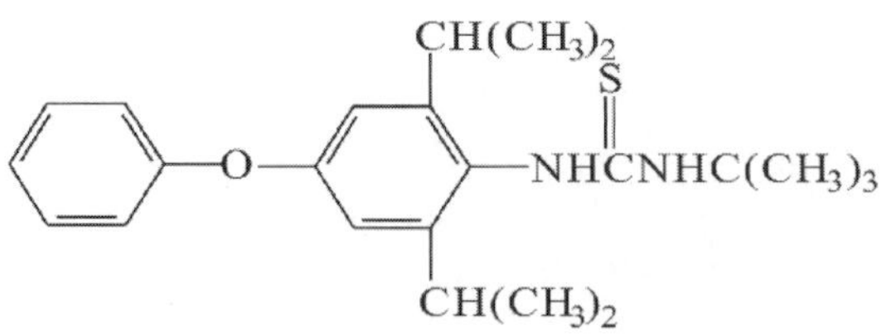

$CH(CH_3)_2$

S

$NHCNHC(CH_3)_3$

$CH(CH_3)_2$

理化性质 无色晶体，熔点149.6℃，蒸气压220nPa(20℃)，相对密度1.09(20℃)。溶解性(20℃)：水0.06mg/L，乙醇43g/L，丙酮320g/L，环己酮38g/L，二氯甲烷600g/L，正异烷9.6g/L，甲苯330g/L，二甲苯210g/L。在异丙醇中易分解，对光稳定。

毒　　性 大鼠急性经口LD_{50}为2.068g/kg，大鼠急性经皮LD_{50}＞2g/kg。大鼠急性吸入LC_{50}(14h)0.558mg/L空气。对大鼠皮肤和眼睛均无刺激作用。

剂　　型 25%悬浮剂、50%悬浮剂、50%可湿性粉剂、25%乳油、500g/L悬浮剂。

作用特点 对不同作物上的主要螨类幼虫、若虫和成虫均有活性，没有杀卵活性。主要是干扰神经系统的能量代谢，破坏神经系统的基本功能，因此田间施药后害虫首先麻痹，以后才死亡。作用开始时较慢，到施药3d后才出现防效，最佳效果在5d出现。值得注意的是，杀螨隆分子结构上的硫脲基需在阳光及多功能氧化酶作用下，把硫原子的共价键切断使变成具有强力杀虫、杀螨作用的碳化二亚胺，因此，在温室内的杀虫作用就不及田间显著。

应用技术 可有效防治棉花等多种田间作物、果树、观赏植物和蔬菜上的植食性螨类(叶螨科、跗线螨科)、粉虱、蚜虫和叶蝉等，也可防治甘蓝上的小菜蛾、大豆上的豆夜蛾和棉花的棉叶夜蛾等。

防治茶树小绿叶蝉，用50%悬浮剂70～80ml/亩对水80kg喷雾。

防治十字花科蔬菜菜青虫、甜菜夜蛾，在害虫2～3龄幼虫期，用25%乳油60～80ml/亩对水40～50kg喷雾；防治十字花科蔬菜小菜蛾，用50%悬浮剂75～100ml/亩对水40～50kg喷雾。

防治柑橘红蜘蛛，用50%可湿性粉剂1 000～2 000倍液喷雾。

另外，资料报道还可以防治棉花蚜虫，在幼虫发生盛期，用50%悬浮剂60～80ml/亩对水80kg喷雾；防治棉花棉铃虫，用25%乳油80～150ml/亩对水80kg喷雾；防治玉米黏虫，在3代黏虫2～3龄盛期，用50%悬浮剂600～1 000倍液喷雾，防治效果较好；防治棉花叶螨，在幼虫发生盛期，用50%悬浮剂600～1 000倍液喷雾，施药2～3次，间隔8～10d；防治烟粉虱，用50%悬浮剂1 000 倍液喷雾；防治苹果红蜘蛛，在红蜘蛛发生盛期，用25%乳油1 000～2 000倍液喷雾；防治梨瘿蚊，用50%悬浮剂1 000～1 500倍液喷雾。

注意事项 杀螨隆没有杀卵作用，由于盛发期小菜蛾世代重叠，所以必须3～5d喷1次药，以消灭后来孵出的幼虫。对蜜蜂有毒，施用时应避开蜜蜂活动期。

开发登记 陕西恒田化工有限公司、陕西上格之路生物科学有限公司等企业登记生产。

氟苯脲 teflubenzuron

其他名称 伏虫隆；特氟脲；农梦特(Nomoh 5EC)；Diaract。

化学名称 1-(3,5-二氯-2,4-二氟苯基)-3-(2,6-二氟苯甲酰基)脲。

结构式

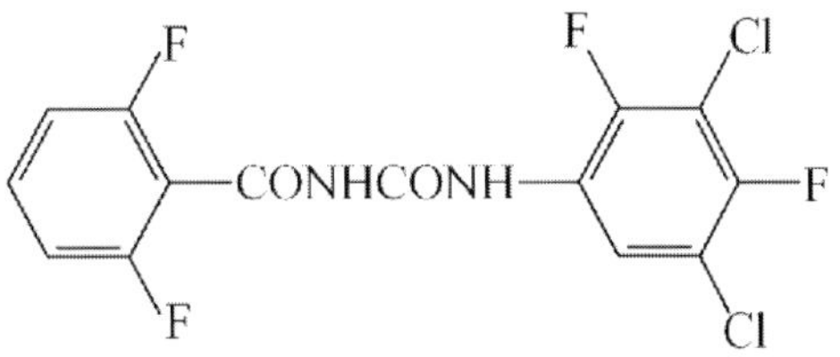

F F Cl

—CONHCONH— —F

F Cl

理化性质 原药为白色或淡黄色晶体，纯品熔点222.5℃。纯度大于90%。20℃时蒸气压为0.8nPa。溶解度(20～23℃)：水中0.02mg/L，乙醇中1.4g/L，丙酮10g/L，二甲基亚砜66g/L，已烷0.05g/L，二氯甲烷1.8g/L，环已酮20g/L，甲苯0.85g/L。常温条件下稳定2年以上。水解DT_{50}(50℃)：5d(pH值7)，4h(pH值9)。

毒　　性 原药大鼠、小鼠急性经口LD_{50}均＞5g/kg，大鼠急性经皮LD_{50}＞2g/kg，大鼠吸入LC_{50}为5g/m^3(空气中)。对兔眼睛和皮肤均有轻度刺激作用。对鱼类低毒，鲤鱼LC_{50}(96h)＞500mg/L，虹鳟鱼LC_{50}(96h)＞500mg/kg。对蜜蜂无毒，对鸟类低毒，鹌鹑急性经口LD_{50}＞2 250mg/kg。

剂　　型 5%乳油、15%胶悬剂。

作用特点 是苯甲酰脲类昆虫生长调节剂，阻碍几丁质形成，影响内表皮生成，使昆虫蜕皮变态时不能顺利蜕皮而死亡。该药在植物上无渗透作用，持效期长，引起害虫致死的速度缓慢。该药对作物没有药害。对害虫的天敌昆虫和捕食螨安全，对鳞翅目害虫的活性强，表现在卵的孵化，幼虫蜕皮和成虫的羽化受阻而发挥杀虫效果，特别是在幼龄阶段所起的作用更大，对蚜虫、飞虱和叶蝉等刺吸式口器害虫不显示效果。

应用技术 对于鳞翅目昆虫，最有利的施药时间为成虫产卵盛期或卵孵化盛期。防治鞘翅目害虫的幼虫，应在一发现成虫时即喷洒药剂。在田间条件下活性能持续数周。但是仍应维持在3～4周间隔内喷洒1次，使受保护的作物在迅速生长期间免受虫害。

资料报道可以防治水稻稻苞虫、稻纵卷叶螟，在2～3龄幼虫期，用5%乳油800～1 500倍液喷雾；防治棉铃虫、斜纹夜蛾，在第2、3代卵孵化盛期，用5%乳油800～1 500倍液喷雾，喷药2次，有良好的保铃和杀虫效果；防治菜青虫、小菜蛾、马铃薯甲虫，在1～3龄幼虫盛发期，用5%乳油1 000～1 500倍液喷雾，也可有效地防治小菜蛾；防治豆野螟，在卵孵化盛期，用5%乳油1 000～2 000倍液喷雾，隔7～10d喷1次，能有效防止豆荚被害。防治柑橘潜叶蛾、果树食心虫、苹果蠹蛾，在放梢初期、卵孵盛期，用5%乳油800～1 500倍液喷雾，持效期在15d以上。防治美国白蛾、大袋蛾、松毛虫，在幼虫幼龄期用5%乳油800～1 500倍液喷药。

注意事项 要求喷药均匀。由于此药属于缓效药剂，宜在低龄幼虫期施药，对在叶面活动的害虫，应在初孵幼虫时喷药；对钻蛀性害虫，应在卵孵化盛期施药。本药对水栖生物(特别是甲壳类)有毒，因而要避免药剂污染河源和池塘。

开发登记 该杀虫剂由H. M. Beeher等报道，由Celamerck GmbH&Co. (即Shell Agrar GmbH)开发，1984年在泰国投产。

吡丙醚 pyriproxyfen

其他名称 灭幼宝；蚊蝇醚；Sumilary；S-9318；S-31183。

化学名称 4-苯氧基苯基-(RS)-[2-(2-吡啶基氧基)丙基]醚。

结 构 式

理化性质 无色晶体，熔点45～47℃，蒸气压0.29mPa(20℃)，相对密度1.23(20℃)。溶解性(20～25℃，mg/kg)：己烷400，甲醇200，二甲苯500。

毒　　性 大鼠急性经口LD_{50} > 5 000mg/kg，大鼠急性经皮LD_{50} > 2 000mg/kg，大鼠急性吸入LC_{50} > 13 000mg/m^3(4h)。

剂　　型 0.5%颗粒剂、10%乳油、5%可湿性粉剂、10.8%乳油、5%水乳剂、1%粉剂、100g/L乳油。

作用特点 是一种保幼激素类型的几丁质合成抑制剂，具有强烈的杀卵作用。吡丙醚还具有内吸性转移活性，可以影响隐藏在叶片背后的幼虫，对昆虫的抑制作用表现在影响昆虫蜕变和繁殖。对斜纹夜蛾的毒理试验表明，吡丙醚在血淋巴中高浓度的存留，加速昆虫前胸腺向性激素的分泌；另外，由于吡丙醚能使昆虫缺少产卵所需的刺激因素，抑制胚胎发育及卵的孵化，或生成没有生活能力的卵，从而有效的控制并达到害虫防治的目的。

应用技术 主要用来防治公共卫生害虫，如蟑螂、蚊、蝇、毛蠓、蚤等。对棉粉虱、温室粉虱有较高活性外，对梨黄木虱、红蜡蚧、桃蚜、苹果蠹蛾、斜纹夜蛾、马铃薯甲虫、棉黄蓟马等农业害虫也有良好的防治效果。

防治番茄白粉虱，用100g/L乳油47.5～60ml/亩对水40～50kg喷雾。

防治柑橘树介壳虫、木虱用100g/L乳油1 000～1 500倍液喷雾。防治姜蛆，用1%粉剂 1 000～1 500g/t姜，将药剂与细河砂按照1：10比例混匀后均匀撒施于生姜表面。

防治蚊、蝇、蜚蠊、孑孓、蚤等卫生害虫。用0.5%颗粒剂直接投入污水塘或均匀撒布于蚊蝇滋生地表面，用药量：100mg(有效成分)/m^3(蚊成虫及幼虫)，100～200mg(有效成分)/m^3(家蝇、幼虫)。

另外，资料报道还可以防治甘薯粉虱及介壳虫，用0.05～5.00mg/kg的吡丙醚处理2龄幼虫，则完全阻止羽化为成虫；防治红蜡蚧，在红蜡蚧盛发期，用10%吡丙醚·吡虫啉悬浮剂1 000倍液均匀喷雾，可有效控制其为害；防治柑橘树介壳虫，卵孵化及1～2龄若虫期，用10.8%乳油1 000～2 500倍液喷雾。

开发登记 山东省联合农药工业有限公司、上海生农生化制品股份有限公司等企业登记生产。

保幼炔 JH-286

化学名称 1-[(5-氯-4-戊炔基)氧基]-4-苯氧基苯。

结 构 式

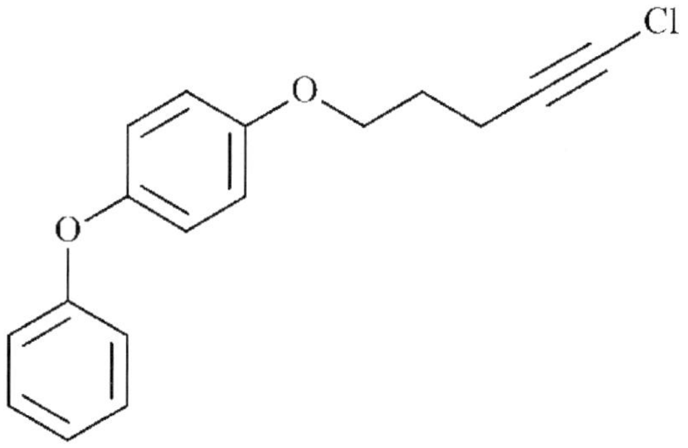

毒　　性 低毒。

剂　　型 0.1%～5%水剂。

作用特点 为具有保幼激素活性的昆虫生长调节剂。

应用技术 据资料报道，可用于家蝇、蚊子、同翅目害虫、双翅目害虫的防治。尤其对大黄粉虫、杂拟谷盗、普通红叶螨、大蚊等特别有效，对温血动物无任何毒性和诱变作用。

开发登记 Farmoplant公司开发。

几噻唑 L-1215

其他名称 EL-1215。

化学名称 2,6-二甲氧基-N-[5-(4-五氟乙氧基苯基)-1,3,4-噻二唑-2-基]苯甲酰胺。

结 构 式

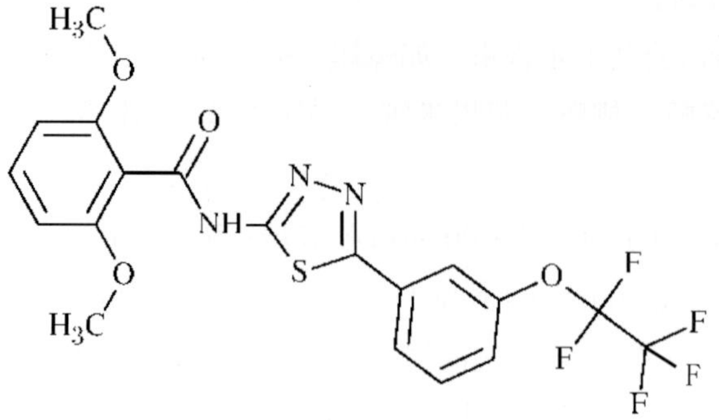

毒　　性 低毒。

作用特点 为几丁质合成抑制剂。

应用技术 据资料报道，防治卫生害虫，2.5mg/kg浓度可在7d内100%杀死亚热带黏虫幼虫，对甜菜夜蛾有中等毒力。

开发登记 Eilly公司开发。

嗪虫脲 L-7063

其他名称 Lilly-7063；Ly-127063；EL-127063。

化学名称 N-[5-(4-溴苯基)-6-甲基吡嗪基氨基羰基]-2-氯苯甲酰胺。

结 构 式

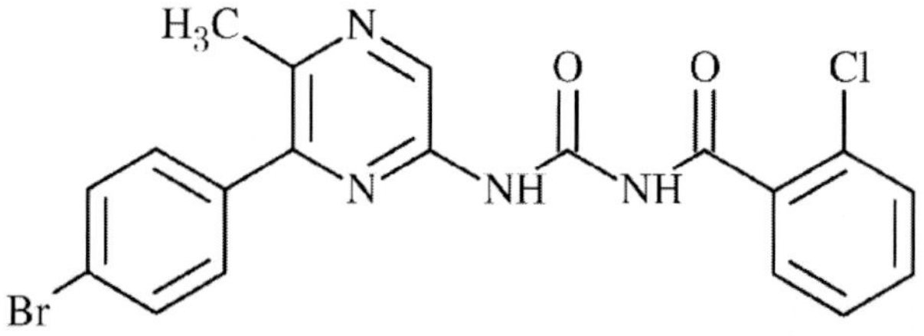

毒　　性 低毒。

剂　　型 气雾剂等。

作用特点 为几丁质合成抑制剂，对高温、高压、日光、紫外光稳定，对非目标生物、水生生物相当安全。

应用技术 据资料报道，防治小麦上的谷蠹、杂拟谷盗、锯谷盗、印度谷螟、米象、粉斑螟、麦蛾等用0.2～13.5mg/kg，喷雾。

开发登记 由Eilly公司开发。

□□□□□ EL-494

化学名称 N-[(5-(4-溴苯基)-6-甲基-2-吡嗪基氨基羰基]-2,6-二氯苯甲酰胺。

结 构 式

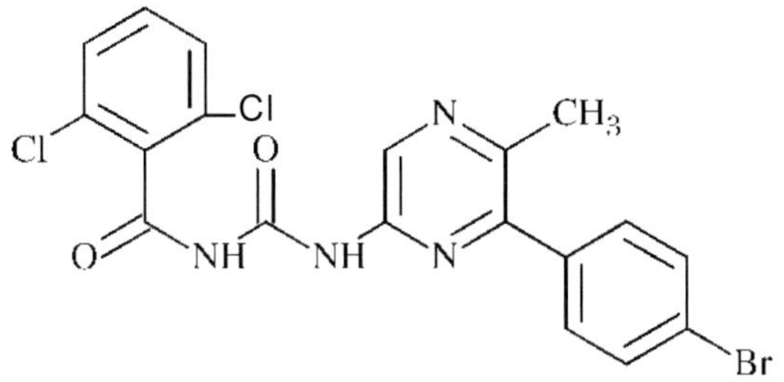

毒　　性 低毒。

作用特点 为昆虫生长调节剂，对几丁质合成有抑制作用。

应用技术 据资料报道，可用来防治棉红铃虫、云杉卷叶蛾和舞毒蛾幼虫。

开发登记 由Eilly公司开发。

灭幼脲Ⅱ号 diflubenzon

其他名称 伏虫脲；氯脲杀；三氯脲；灭虫隆；草虫脲；二氯苯隆。

化学名称 1-(2,6-二氯苯甲酰基)-3-(4-氯苯基)脲。

结 构 式

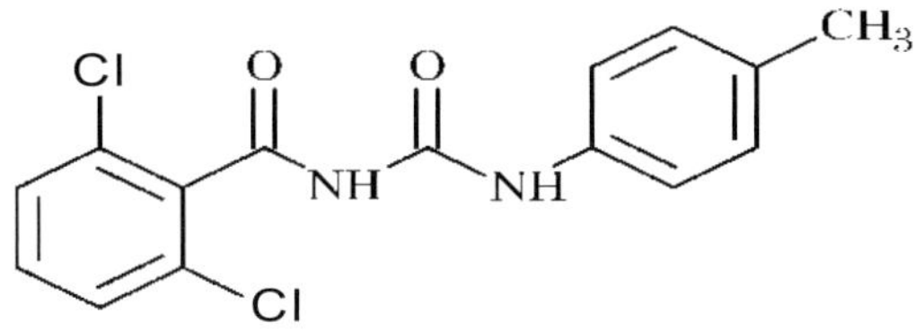

理化性质 纯品外观为白色无嗅结晶；熔点236℃，不溶于水；对光、热比较稳定，遇碱分解。

毒　　性 对膜翅目等天敌昆虫安全。由于高等动物身体结构无几丁质，因此对哺乳类，鸟类等动物安全，原药对大鼠$LD_{50}>5g/kg$，小鼠$LD_{50}>3g/kg$，鹌鹑$LD_{50}>5g/kg$。

剂　　型 20%悬浮剂、25%可湿性粉剂等。

作用特点 以胃毒为主，兼具触杀作用，作用机理为抑制卵、幼虫及蛹表皮有几丁质合成，为广谱性杀虫剂，对多种害虫均有较好的毒杀效果，尤其以防治鳞翅目害虫应用最广。

应用技术 资料报道，防治棉铃虫、红铃虫、金刚钻等，在低龄幼虫期，用20%悬浮剂1 000~1 500倍喷雾。防治小菜蛾、甜菜夜蛾、斜纹夜蛾等蔬菜害虫，在低龄幼虫期，用20%悬浮剂1 000~1 500倍喷雾。防治柑橘锈壁虱，用20%悬浮剂1 000~2 000倍喷雾。

注意事项 不要在桑园、鱼塘等处及附近使用。使用时要求喷药均匀周到，并宜在害虫卵期至低龄幼虫盛发期施药，以确保防治效果。此药具有一定选择性，害虫死亡均发生于蜕皮期，对一些未推广的害虫防治应先做有效浓度试验。

灭幼唑 PH 6042

化学名称 1-(4-氯苯基氨基甲酰基)-3-(4-氯苯基)-4-苯基-2-吡唑啉。

结构式

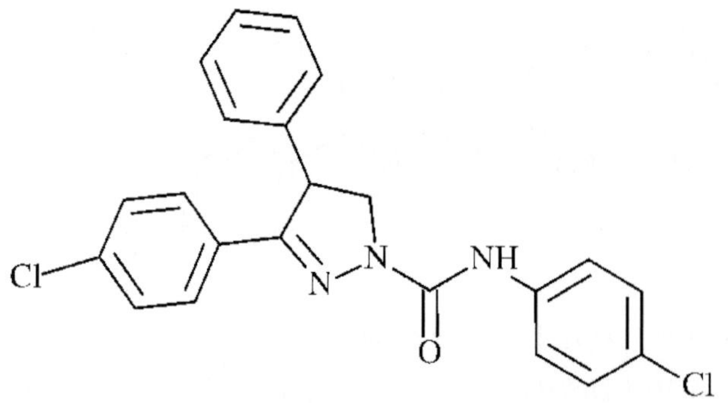

毒　　性　低毒。

应用技术　据资料报道，对埃及伊蚊、甘蓝粉蝶、马铃薯甲虫的幼虫有很好的防治效果。

开发登记　Philip公司开发。

抗幼烯　R-20458

化学名称　1-(4-乙基苯氧基)-6,7-环氧-3,7-二甲基-2-辛烯。

结构式

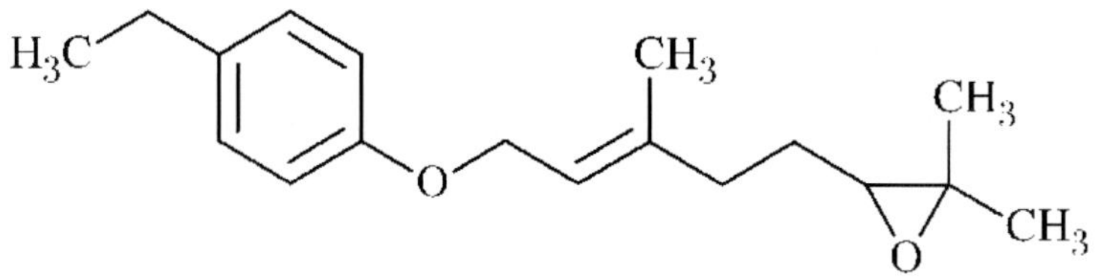

理化性质　琥珀色油状液体，在沸点以下分解。25℃时水中溶解度为8.3mg/L，溶于丙酮、二甲苯、甲醇、乙醇、煤油等有机溶剂。

毒　　性　急性口服，对大鼠$LD_{50}>4g/kg$，皮肤涂抹，对大鼠$LD_{50}>4g/kg$。

剂　　型　乳油。

作用特点　为具抗保幼激素作用的昆虫生长调节剂。对黄粉虫的蛹最有效，对幼虫、成虫均有效，对卵无效，并能抑制新羽化成虫的繁殖和发育；对棉红铃虫的幼虫也有效，对鳞翅目、双翅目、某些鞘翅目及部分同翅目昆虫有效，对许多卫生害虫有高效。

应用技术　据资料报道，防治许多鳞翅目害虫可采用10mg/kg浓度喷雾。

注意事项　避光、低温保存，在低龄幼虫盛发期使用，对使用浓度及害虫种类应做有效浓度试验。

开发登记　Stauffer公司开发。

保幼烯酯　juvenile hormone

其他名称　C18-JH。

化学名称　反,反,顺-10,11-环氧-7-乙基-3,11-二甲基-2,6-二烯十三碳羧酸甲酯。

结 构 式

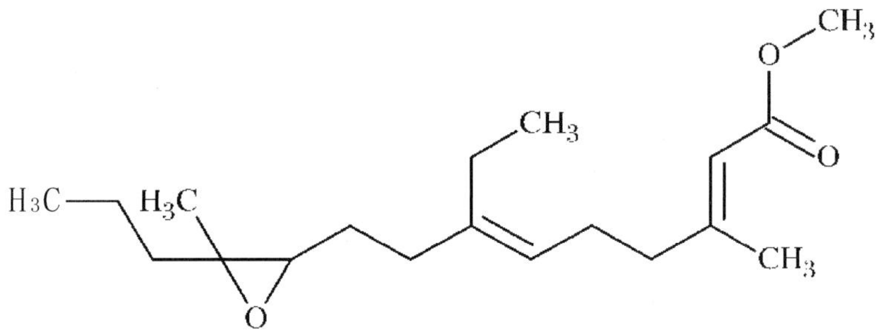

毒　　性 低毒。

作用特点 具有保幼激素作用。

控虫素 methoprene

其他名称 甲氧庚崩；烯虫酯；ZR-515；EHT-70460；SP-10；0MSl697；甲氧保幼素。

化学名称 异丙基-11-甲氧基-3,7,11-三甲基-2,4-二烯十二碳羧酸酯。

结 构 式

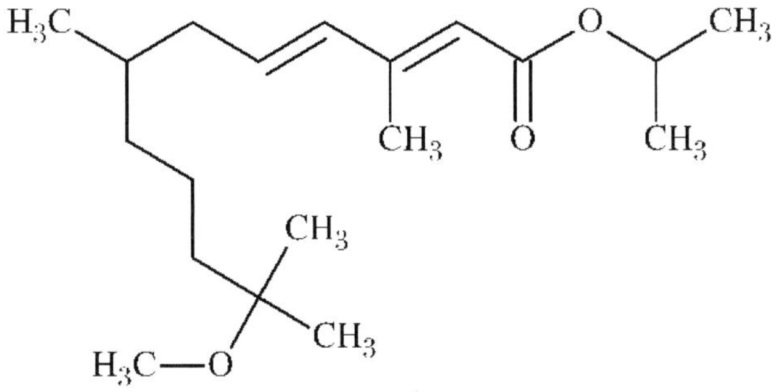

理化性质 其外观呈无色或淡琥珀色液体状，水中溶解度为1.4mg/L，可溶于所有的普通有机溶剂，闪点为96℃。在紫外光下降解。

毒　　性 急性经口LD_{50}：对大鼠＞34 600mg/kg，对狗＞5g/kg。兔急性经皮LD_{50}为3 500mg/kg，对兔眼睛和皮肤无刺激。大鼠急性吸入LC_{50}＞210mg/L空气。2年饲喂试验表明：大鼠以5 000mg/kg饲料，小鼠以2 500mg/kg饲料无影响。对兔(500mg/kg)或大鼠(1 000mg/kg)有致畸性，对大鼠(2 000mg/kg)有诱变性。对大鼠(2 500mg/kg饲料)进行的 3 代繁殖研究表明，对大鼠无作用。对人的ADI为0.1mg/kg体重。鸡LC_{50}(8 d)＞4 640mg/kg饲料。鱼毒LC_{50}(98h)：蓝鳃翻车4.6mg/L，鳟鱼4.4mg/L。对成蜜蜂无毒，LD_{50}(经口和局部)＞1 000μg/蜜蜂。水蚤LC_{50}(48h)360μg/L。

剂　　型 乳剂、颗粒剂、缩释剂。

作用特点 为昆虫生长调节剂，具有很高的保幼激素活性，对双翅目活性更加突出。

应用技术 据资料报道，对蚜虫、蜚蠊、梨黄木虱、橘小粉蚧等均有很好防治效果。

注意事项 干燥低温保存；对不同靶标应做有效浓度试验。

开发登记 1973年由C. A. Henrick等报道该昆虫生长调节剂，由Zoecon Corp.(现为Novartis Crop Pntection Ag)开发，获专利号US3904662、US3912815。

氟螨脲 flucycloxuron

其他名称 DU 319722；OMS 3041；PH 7023；UBI–A1335。

化学名称 1–[α–(4–氯–α–环丙基亚苄基氨基–氧基)甲基苯基]–3–(2,6–二氟苯甲酰基)脲。

结构式

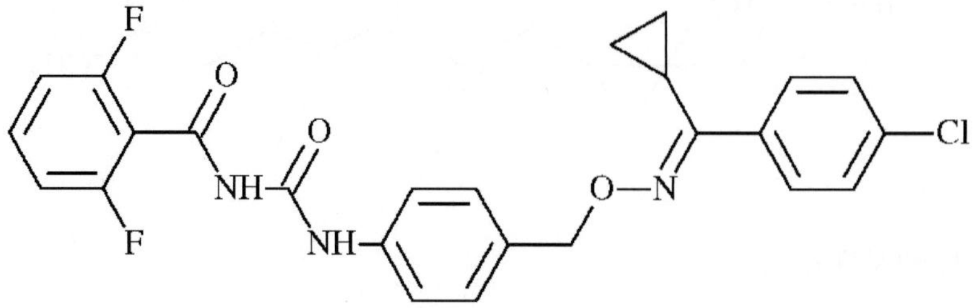

理化性质 灰白色至黄色晶体，熔点143.6℃，蒸气压<4.4MPa(20℃)。溶解度(20℃)：水<0.001mg/L，环己烷200mg/L，乙醇3.9g/L。在50℃储存24h后分解率<2%，在人工日光下DT_{50}约15d，土壤中DT_{50}为0.25～0.5年。

毒　　性 对大鼠急性经口LD_{50}＞5g/kg，对大鼠急性经皮LD_{50}＞2g/kg，对皮肤无刺激作用，对眼睛稍有刺激作用。

剂　　型 25%液剂等。

作用特点 属苯甲酰脲类杀螨、杀虫剂，主要为触杀作用。本品为几丁质合成抑制剂，能阻止昆虫体内的氨基葡萄糖形成几丁质，干扰幼虫或若虫蜕皮，使卵不能孵化或孵出的幼虫在1龄期死亡。

应用技术 据资料报道，可有效防治苹果的苹刺瘿螨、榆全爪螨和麦叶螨(对成虫无效)，以及其他作物的普通红叶螨若虫，也可以防治某些害虫的幼虫，其中有大豆夜蛾、苹果蠹蛾、菜粉蝶和甘蓝小菜蛾。用25%液剂0.26～0.52mg/L喷雾。

开发登记 该杀虫螨剂由A. C. Grosscurt等报道，1988年由Duphar B. V. (现为Uniroyal Chemical Co. Lnc)投产，获专利EP117320、US4550202、US4609676。

哒幼酮 NC–170

化学名称 4–氯–5–(6–氯吡啶–3–基甲氧基)–2–(3,4–二氯苯基)–哒嗪–3–(2H)–酮。

结构式

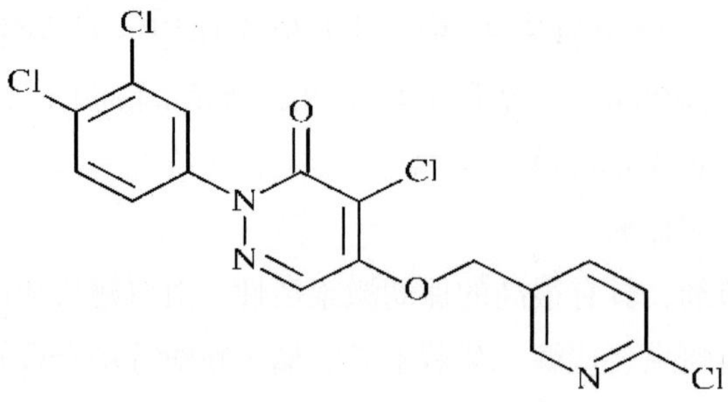

理化性质 熔点180～181℃。

毒　　性 对大鼠急性经口LD_{50}＞10g/kg，对小鼠急性经口LD_{50}＞10g/kg，对兔急性经皮LD_{50}＞2g/kg，对兔眼睛和皮肤无刺激作用。

作用特点 类保幼激素活性，选择性抑制叶蝉和飞虱的变态，低于1mg(有效成分)/L剂量下抑制昆虫发育，使昆虫不能完成由若虫至成虫的变态和影响中间蜕皮，导致昆虫逐渐死亡。其他生理作用有抑制胚胎发生、促进色素合成、防止和终止若虫滞育、刺激卵巢发育、产生短翅型。

应用技术 据资料报道，可用来防治水稻的主要害虫，以50mg(有效成分)/L(水溶液剂量喷雾)，抑制黑尾叶蝉和褐飞虱变态的持效期达40d以上。

双氧硫威 RO 13-7744

其他名称 RO 13-7744。

化学名称 S-乙基[2-(对苯氧基苯氧基)乙基]硫赶氨基甲酰酯。

结 构 式

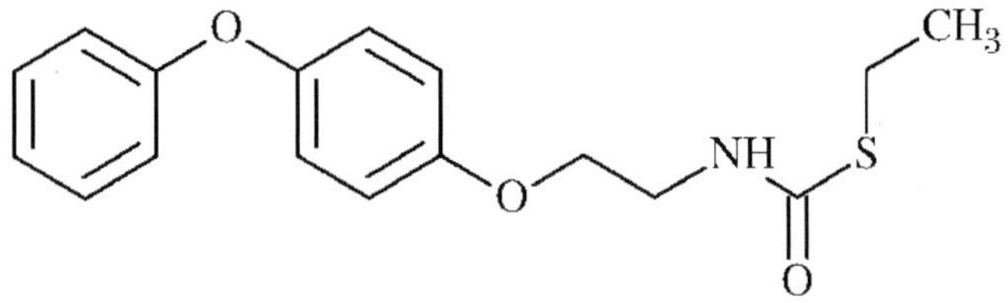

作用特点 本品用于仓储害虫的防治，具有保幼激素作用。

灭虫唑 PH 6041

化学名称 3-(4-氯苯基)-1-(4-氯苯基氨基甲酰)-4,5-二氢化吡唑。

结 构 式

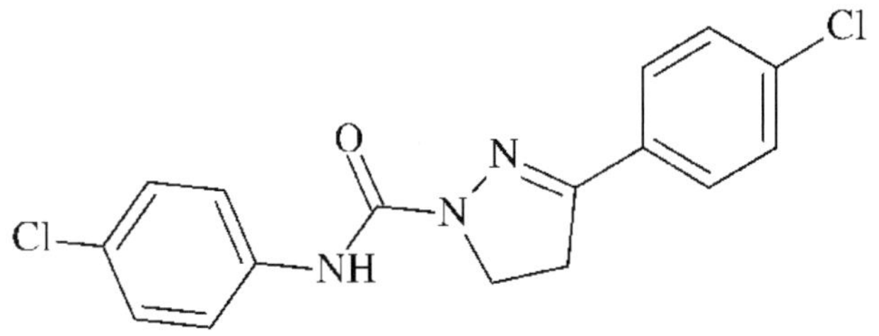

作用特点 本品为几丁质合成抑制剂类杀虫剂，主要干扰昆虫几丁质合成。

应用技术 据资料报道，本品对米象、谷象、锯谷盗、谷蠹、切叶蚁、马铃薯甲虫有很好的防效。如，每亩用18.75g和37.5g(有效成分)可有效地防治马铃薯甲虫的幼虫，在0.05%～0.5%浓度下，海滨夜蛾幼虫的死亡率达100%。

氟酰脲 novaluron

其他名称 双苯氟脲

化学名称 (±)-N-[3-氯-4-[1,1,2-三氟-2-(三氟甲氧基)乙氧基苯基氨基羰基]-2,6-二氟苯甲酰胺

结 构 式

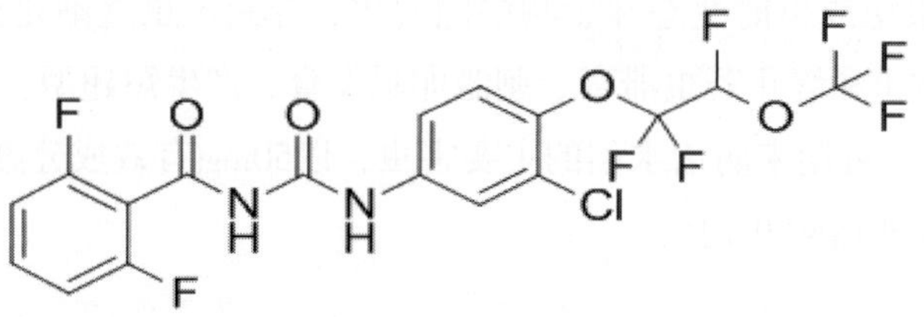

理化性质 原药外观为白色结晶固体，制剂外观为黄色至褐色液体。熔点：176.9℃。溶解度：水0.002mg/L、丙酮136g/L、甲醇26.9g/L。

毒　　性 大鼠(雌/雄)急性经口LD_{50}5 000mg/kg，急性经皮LD_{50}>2 000mg/kg，低毒。

作用特点 属于新型的苯甲酰脲类昆虫生长调节剂，可组织昆虫生长过程中蜕皮阶段的几丁质合成，从而影响混充蜕皮，使害虫在蜕皮时不能形成新的表皮，虫体呈畸形而死亡。还能调节昆虫的生长发育，抑制蜕皮变态，抑制害虫的吃食速度，具有很高的杀卵活性。主要通过昆虫取食进入昆虫体内，也可接触进入昆虫体内。通过对成虫生长的破坏缓慢杀死害虫，这一过程可能持续大约几天时间，对已经出于成虫阶段的害虫没有作用，对益虫相对安全。

剂　　型 98.5%原药。

应用技术 氟酰脲除了以单成分形式开发为乳油、悬浮剂等剂型除外，还可与联苯菊酯、啶虫脒、吡虫啉等大宗杀虫剂复配。在美国通过了氟酰脲与啶虫脒复配的产品，主要用于苹果蠹蛾、梨木虱和卷叶蛾等害虫的防控。

注意事项 本品保存在避光、阴凉、干燥处，勿与碱性物质混放。使用产品要现混现用，根据实际用量配置药液，达到用药标准。使用过的器皿不要在河流、湖泊和水源处洗涤，以免污染水源。

开发登记 安道麦马克西姆有限公司登记。

七、沙蚕毒素类杀虫剂

沙蚕毒素类杀虫剂是20世纪60年代开发兴起的一种新型有机合成的仿生杀虫剂。1934年新田清二郎发现蚊蝇、蝗、蚂蚁等在沙蚕死尸上爬行或取食后会中毒死亡或麻痹瘫痪。1941年，他首次分离了其中的有效成分，并取名为沙蚕毒素(nereistoxin，简称NTX)。1965年，Habiwara等人工合成了NTX，日本武田药品工业株式会社成功开发了第一个NTX类杀虫剂巴丹(杀螟丹)，这也是人类历史上第一次成功利用动物毒素进行仿生合成的动物源杀虫剂。1974年，我国贵州省化工研究所首次发现了杀虫双对水稻螟虫的防治效果，并成功将其开发为商品。1975年，瑞士山德士公司开发出杀虫环。1987年，Baillie等根据NTX的结构与活性，合成了一系列与NTX作用机制相同的有杀虫活性的化合物。随后，杀虫单、杀虫双、多噻烷、杀虫环及苯硫丹等NTX类杀虫剂纷纷出现，这些杀虫剂至今仍在农业害虫的防治上发挥着重要的作用。

NTX类杀虫剂杀虫谱广，可用于防治水稻、蔬菜、甘蔗、果树、茶树等多种作物上的多种食叶类、钻蛀类害虫，有些品种对蚜虫、蜗类、叶蝉、飞虱、蓟马等害虫也有效；杀虫作用多样，具有很强的触杀、胃毒和一定的内吸、熏蒸作用，有的还有拒食、杀卵作用；低毒低残留以及施药适期长、速效、持效期长、防效稳定等多种优点。此外，有的品种(如巴丹等)还具有一定的杀菌活性及抑制媒介昆虫传播病毒的作用。因此，这类杀虫剂在20世纪60年代用于农业害虫防治后，就迅速得到了推广作用。

（一）沙蚕毒素类杀虫剂的作用机制

实验表明，在昆虫体内NTX降解为1, 4–二硫酥糖醇(DTT)的类似物，从二硫键转化而来的巯基进攻乙酰胆碱受体(AchR)并与之结合，主要作用于神经节的后膜部分，中断了突触后膜的去极化，神经递质被阻，从而阻断了正常的突触传递。NTX类杀虫剂作为一种弱的胆碱酯酶(AChE)抑制剂，主要是通过竞争性对烟碱型AChR的占领而使ACh不能与AChR结合，阻断正常的神经节胆碱能的突触间神经传递，是一种非箭毒型的阻断剂。这种对AChR的竞争性抑制是NTX类杀虫剂的杀虫基础及其与其他神经毒剂的区别所在。NTX类杀虫剂极易渗入昆虫的中枢神经节中，侵入神经细胞间的突触部位。昆虫中毒后虫体很快呆滞不动，无兴奋或过度兴奋和痉挛现象，随即麻痹，身体软化瘫痪直到死亡。

（二）沙蚕毒素类杀虫剂的主要品种

杀虫环 thiocyclam

其他名称 杀螟环；甲硫环；易卫杀；虫噻烷；E–visect；Evisekt；Thiocyclam– hydrogeno–xalate。

化学名称 N，N–二甲基–1,2,3–三硫杂己环–5–胺草酸盐。

结构式

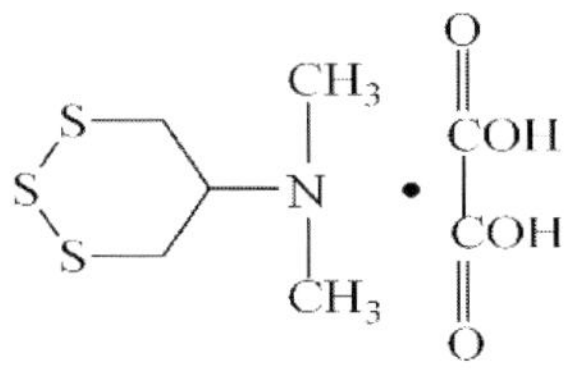

理化性质 无色晶体。熔点125 ~ 128℃(分解)，20℃时的蒸气压0.533MPa。密度为0.6。溶解度(23℃)：水84g/L(8.4%，pH < 3.3)，甲醇1.7%，乙醇0.19%，二甲基亚砜9.2g/L，乙腈0.12g/L，丙酮54.5mg/L，乙酸乙酯225mg/L，氯仿46mg/L，甲苯、己烷 < 10mg/L。

毒　　性 雄大白鼠急性经口LD_{50}为310mg/kg，雌性为195mg/kg；雄小白鼠为273mg/kg，雌性为198mg/kg。急性经皮LD_{50}：雄大白鼠为1g/kg，雌大鼠为880mg/kg。对皮肤和眼睛无刺激。大鼠急性吸入LC_{50}(1h) > 4.5mg/L空气。对鱼类毒性大，鲤鱼96h的LC_{50}为1.03mg/L，鳟鱼0.04mg/L。对蜜蜂有驱避作用，影响较小，LD_{50}为11.9mg/头。

剂　　型 50%可溶性粉剂、90%可溶性粉剂、50%可湿性粉剂、50%乳油、2%粉剂、5%颗粒剂。

作用特点 是沙蚕毒素类杀虫剂，具有触杀和胃毒作用，也有一定的内吸和熏蒸作用，且能杀卵。对害虫的毒效较迟缓，中毒轻者有时能复苏。它在植物体中消失较快，持效期较短，收获时作物中的残留量很少，低温仍有很好的效果，杀虫环对鳞翅目、鞘翅目、同翅目害虫效果好，可用于防治水稻、玉米、甜菜、果树、蔬菜上的多种害虫，但对蚕的毒性大。

应用技术 杀虫环对鳞翅目和鞘翅目害虫有特效，常用于防治二化螟、三化螟、大螟、稻纵卷叶螟、玉米螟、菜青虫、小菜蛾、菜蚜、马铃薯甲虫、柑橘潜叶蛾、苹果潜叶蛾、梨星毛虫等水稻、蔬菜、果树、茶树等作物的害虫。也可用于防治植物寄生线虫(如水稻干尖线虫)对一些作物的锈病和白穗病也有一定的防治效果。

防治水稻二化螟，三化螟和稻纵卷叶螟，于水稻螟虫卵孵盛期至低龄幼虫期，用50%可溶性粉剂50～100g/亩对水50kg喷雾；防治大葱蓟马，于大葱蓟马始发盛期，用50%可溶性粉剂35～40g/亩喷雾；防治烟草烟青虫，于烟青虫孵化盛期至低龄幼虫高峰期，用50%可溶性粉剂 24～40g/亩喷雾。

另外，资料报道还可以防治玉米螟、玉米蚜等，用90%可溶性粉剂500～800倍液于心叶期喷雾，也可采用25g药粉对适量水成母液，再与细砂4～5kg拌匀制成毒砂，以每株1g左右撒施于心叶内。防治稻蓟马，幼虫盛发期，用90%可溶性粉剂500～800倍液喷雾。防治菜青虫、小菜蛾、马铃薯甲虫、甘蓝夜蛾、菜蚜、红蜘蛛等，在菜青虫、小菜蛾、甘蓝夜蛾2～3龄幼虫期；菜蚜、红蜘蛛发生盛期，用90%可溶性粉剂500～800倍液喷雾；防治黄守瓜，用50%可湿性粉剂1 000 倍液喷雾；防治黄条跳甲，用50%可湿性粉剂1 000倍液喷雾。防治柑橘潜叶蛾，在柑橘新梢萌芽后，用90%可溶性粉剂600～1 000倍液喷雾；防治梨星毛虫、桃蚜、苹果蚜、苹果红蜘蛛等，用90%可溶性粉剂500～800倍液喷雾。

注意事项 杀虫环对家蚕毒性大，蚕桑地区使用应谨慎。棉花、苹果、豆类的某些品种对杀虫环表现敏感，不宜使用。水田施药后应注意避免让田水流入鱼塘，以防鱼类中毒。据《农药合理使用准则》规定：水稻使用50%杀虫环可湿性粉剂，其每次的最高用药量为100g/亩对水喷雾，全生育期内最多只能使用3次，其安全间隔期为15d。药液接触皮肤后应立即用清水洗净。不宜与铜制剂、碱性物质混用，以防药效下降。

开发登记 日本化药株式会社、江苏天容集团股份有限公司等企业登记生产。

杀虫单 monosultap

其他名称 克螟；杀螟2000；杀螟克；亿安；稻刑螟；劲丹。

化学名称 1–硫代磺酸钠基–3–硫代磺酸基–2–二甲基氨基丙烷。

结 构 式

$$\begin{array}{l} CH_2SSO_3H \\ | \\ CHN(CH_3)_2 \bullet 2H_2O \\ | \\ CH_2SSO_3Na \end{array}$$

理化性质 纯品为针状结晶。熔点142～143℃。工业品为无定形颗粒状固体，或白色至淡黄色粉末。有吸湿性，易溶于水，20℃时水中溶解度1.335g/ml，易溶于工业酒精及热无水乙醇中，微溶于甲醇、二甲基甲酰胺、二甲基亚砜，不溶于丙酮、乙醚、氯仿、醋酸乙酯、苯等溶剂。常温下稳定，在pH5～9条件下稳定，遇铁降解。在强碱、强酸条件下易分解。

毒　　性 大鼠急性经口LD_{50}为68mg/kg，大鼠急性经皮LD_{50}＞10 000mg/kg。对兔皮肤和眼睛无明显刺激性。无致畸、致癌、致突变作用，对皮肤和眼无刺激作用。对雄性小鼠急性经口LD_{50}为89.9mg/kg。雌性为90.2mg/kg。

剂　　型 36%可溶性粉剂、50%可溶性粉剂、80%可溶性粉剂、90%可溶性粉剂、92%可溶性粉剂、95%可溶性粉剂、90%可溶性原粉、10%增效水乳剂。

作用特点 是一种人工合成的沙蚕毒素的类似物，进入昆虫体内迅速转化为沙蚕毒素或二氢沙蚕毒素。该药为乙酰胆碱竞争性抑制剂，具有较强的触杀、胃毒和内吸传导作用，对鳞翅目等咀嚼式口器害虫的幼虫有较好的防治作用，该药主要用于防治甘蔗、水稻等作物上的害虫。

应用技术 防治水稻、玉米、蔬菜、果树、茶、大豆、甘蔗等作物的多种鳞翅目害虫，对水稻大螟、二化螟、三化螟、稻纵卷叶螟、稻苞虫、蓟马、叶蝉、黏虫、负泥虫、飞虱，蔬菜害虫菜青虫、菜螟、黄条跳甲、银蚊夜蛾、盲蝽、小叶蝉、潜叶蛾、锈壁虱等几十种害虫有优异的防治效果，其次对钉螺及卵有特效。

防治水稻二化螟，在1～2龄高峰期，用90%可溶性粉剂50～60g/亩对水50kg喷雾；防治水稻三化螟，在卵孵高峰期，用90%可溶性粉剂50～60g/亩对水50kg喷雾；防治水稻稻蓟马，用90%可溶性粉剂33～44g/亩对水50kg喷雾；防治水稻稻纵卷叶螟，用80%可溶性粉剂40～50g/亩对水50kg喷雾。

防治甘蓝小菜蛾，在幼虫低龄期，用20%水乳剂100～125g/亩对水40～50kg喷雾；防治甘蓝蚜虫，用20%水乳剂75～100g/亩对水40～50kg喷雾。

另外，资料报道还可以防治玉米螟，用80%可溶性粉剂80g/亩加水拌毒沙撒施；防治小地老虎，在幼虫期用95%可溶性粉剂800～1 000倍液喷雾；或用80%粉剂70g加水1kg，拌10kg玉米种子，2h后播种；防治稻飞虱、叶蝉，在若虫盛期，用95%可溶性粉剂800～1 000倍液喷雾，隔7～10d再喷第2次；防治油菜害虫，用90%原粉50g/亩对水50kg喷雾；防治甘蔗条螟，在卵孵化的高峰期，用95%可溶性粉剂800～1 000倍液喷于茎叶，10d后再用药1次；或用90%原粉150～200g/亩，拌土25～30kg穴施，效果更佳，可兼治大螟及蓟马；防治甘蔗地下害虫，用90%原粉300g/亩对水淋根。防治菜青虫，在幼虫低龄期，用95%可溶性粉剂800～1 000倍液喷雾；防治美洲斑潜蝇，用90%可溶性粉剂40～60g/亩对水50kg喷雾。防治柑橘潜叶蛾、葡萄钻心虫、茶小绿叶蝉：在夏、秋梢萌发后，用80%粉剂2 000倍液喷雾；防治春尺蠖，用90%可湿性粉剂1 000～1 500倍液喷雾；防治长鞘卷叶甲，用90%可溶性粉剂100倍液灌根；防治紫薇绒蚧，用90%可溶性粉剂1 000倍液灌根加涂干。

注意事项 本剂对蚕有毒，在蚕区使用应谨慎。对棉花、烟草易产生药害，大豆、菜豆、马铃薯也较敏感，使用时应注意。本剂易吸湿受潮，应在干燥处密封储存。食用作物收获前14d应停止使用。喷洒时触及眼睛，须用大量清水冲洗后，并请医生治疗，误服本品立即引吐，并建议注射阿托品解毒。避免雨天施药，以免影响药效。

开发登记 湖北仙隆化工股份有限公司、安徽华星化工股份有限公司等企业登记生产。

杀虫双 bisultap

其他名称 抗虫畏；满堂红；艾杀；稻玉螟；锐净；科索；螟必杀。

化学名称 1,3-双硫代磺酸钠基-2-二甲基氨基丙烷。

结构式

$$\begin{array}{l} CH_2SSO_3Na \\ | \\ CHN(CH_3)_2 \cdot 2H_2O \\ | \\ CH_2SSO_3Na \end{array}$$

理化性质 常温下纯品为白色无嗅的固体结晶，含结晶水。相对密度1.30～1.35，熔点142～143℃，蒸气压≥0.013 33Pa。易溶于水，易吸湿，能溶于热乙醇、甲醇、二甲基甲酰胺，二甲基亚砜等有机溶剂，微溶于丙酮，不溶于乙酸乙酯、乙醚及苯等有机溶剂。在微酸性至微碱性条件下稳定，在强酸性和强碱性条件下分解失效。

毒　　性 雄性大白鼠急性口服LD_{50}为680mg/kg，雌性520mg/kg，雄性小白鼠为200mg/kg，雌性235mg/kg。工业品对小白鼠的经皮LD_{50}为2 062mg/kg。对黏膜无刺激作用。

剂　　型 18%水剂、20%水剂、25%水剂、3%颗粒剂、5%颗粒剂、3.6%大颗粒剂、40%可溶性粉剂、45%可溶性粉剂、50%可溶性粉剂、36%水剂、29%水剂、3.6%大粒剂。

作用特点 是一种广谱性杀虫剂，属沙蚕毒素类农药。具有很强的胃毒、触杀作用，并兼有一定的熏蒸杀虫和杀卵作用，对昆虫的毒力有较强的选择性，尤其对鳞翅目等植食性咀嚼口器的昆虫具有强烈的毒杀作用。杀虫双在进入虫体后，也是先转化成沙蚕毒才使昆虫中毒。杀虫双还有很强的内吸作用，能被植物的叶片、根部所吸收和传导，尤其根部的吸收能力要比叶片大得多。杀虫双具有较长的持效期，并因使用方法不同而可长达10～15d，水田施用杀虫双颗粒剂的持效期甚至可长达15d以上。

应用技术 可以防治水稻螟虫、稻纵卷叶螟、稻苞虫、稻螟蛉、稻蓟马、稻负泥虫、稻飞虱、稻叶蝉、黏虫、玉米螟、豆荚螟、豆秆蝇、豆蚜、菜青虫、小菜蛾、菜螟、黄条跳甲、曲条跳甲、菜蚜、黄瓜红蜘蛛、柑橘潜叶蛾、柑橘达摩凤蝶、梨星毛虫、桃蚜、梨二叉蚜、苹果红蜘蛛、山楂红蜘蛛、茶毛虫、茶网蝽、甘蔗条螟、麻类黄蛱蝶等多种作物害虫，但主要用于防治水稻害虫，是防治水稻螟虫，稻纵卷叶螟的特效药。其无论对螟虫的蛾、卵、低、高龄幼虫，都有很好的防治效果。防治小麦、玉米、水稻、甘蔗多种害虫，用18%水剂200～250ml/亩喷雾，防治果树多种害虫，用18%水剂500～800倍液喷雾。

防治小麦及玉米田黏虫、玉米螟，在2～3龄幼虫期，用18%水剂200～225g/亩对水40～50kg喷雾；防治水稻二化螟，用18%水剂250～300g/亩对水40～50kg喷雾；防治水稻稻纵卷叶螟，用18%水剂225～250g/亩对水40～50kg喷雾；防治水稻三化螟，用18%水剂200～300g/亩对水40～50kg喷雾。

防治菜青虫、小菜蛾、瓜绢螟等，在幼虫3龄前，用18%水剂200～225g/亩对水40～50kg喷雾。

防治梨星毛虫、桃蚜、梨二叉蚜、柑橘潜叶蛾等，在低龄幼虫发生期，用18%水剂500～800倍液喷雾；防治甘蔗条螟，在螟卵盛孵期，用18%水剂200～225g/亩对水50～60kg喷雾，或对水300kg淋蔗苗，连续喷药2次，间隔7d，防治枯心苗效果较好；亦可兼治大螟枯心苗和甘蔗蓟马。

另外，资料报道还可以防治稻蓟马，用25%水剂200～300倍液，用药1次就可控制蓟马为害，长秧龄秧苗在第1次施药后间隔10～15d，再视虫情用第2次药。大田在秧田带药移栽的基础上，用药1次，也可基本控制为害；防治棉铃虫红铃虫，用25%水剂750～1 000g/亩，或用5%颗粒剂2～2.5kg/亩，进行根施；防治豆秆蝇、豆荚螟，在成虫盛发期或卵孵盛期，用25%水剂200～300倍液喷雾；防治茶毛虫、茶网蝽等，在低龄幼虫发生期用25%水剂200～300倍液喷雾。防治虹豆潜叶蝇，用25%水剂500倍液喷雾；防治瓜绢螟，用25%水剂200～300倍液喷雾。

注意事项 由于杀虫双对家蚕高毒，在蚕区使用杀虫双水剂必须十分谨慎，最好能使用杀虫双颗粒剂。在防治水稻螟虫及稻飞虱，稻叶蝉等水稻基部害虫时，施药时应确保田间有3～5cm水层3～5d，以提高防治效果。杀虫双水剂在水稻上的安全使用标准是每亩用25%水剂0.25kg喷雾，每季水稻使用次数不得超过3次，安全间隔期15d以上。豆类、棉花及白菜、甘蓝等十字花科蔬菜，对杀虫双较为敏感，尤以夏天易产生药害。在全橘、早橘和本地早等柑橘品种上的使用浓度不能过高，以稀释到700倍为宜，以免产生药害。

开发登记 湖北仙隆化工股份有限公司、安徽华星化工股份有限公司等企业登记生产。

杀虫安 profurite-aminium

其他名称 虫杀手。

化学名称 2-二甲基氨基-1,3-双硫代磺酸铵基丙烷。

结构式

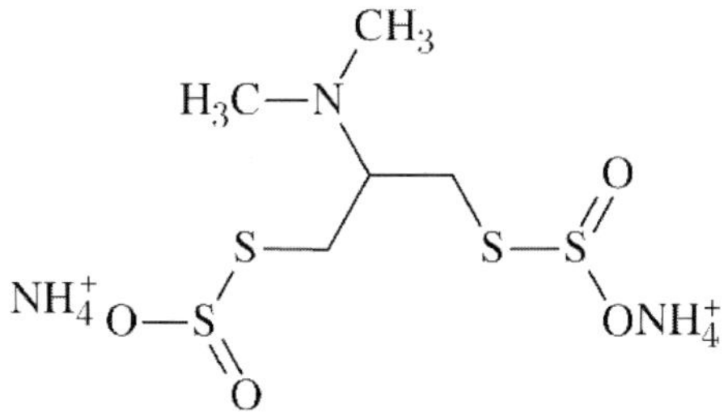

$$(CH_3)_2N-CH(CH_2-S-SO_2O^-NH_4^+)_2$$

理化性质 白色粉末，熔点123～124℃(分解)，具吸湿性。25℃水中溶解度0.89g/ml，易溶于水和热甲醇，常温下贮存稳定，碱性条件下易分解。

毒　　性 大鼠急性经口LD_{50}为40mg/kg，大鼠急性经皮LD_{50}＞1 000mg/kg，对蚕有毒。

剂　　型 50%可溶性粉剂、78%可溶性粉剂。

作用特点 属有机氮类仿生性沙蚕毒系新型杀虫剂。对害虫有胃毒、触杀、内吸传导作用。防治水稻害虫药效显著，持效期长，对水稻安全。

应用技术 主要用于防治水稻害虫。

据资料报道，防治水稻二化螟、稻纵卷叶螟，在卵孵化高峰期，用50%可湿性粉剂50～70g/亩对水50kg喷雾。

注意事项 本品对家蚕的毒性很大，使用时应注意防止污染桑叶和蚕室。本品对马铃薯、豆类、高粱、棉花易产生药害，白菜、甘蔗等十字花科蔬菜幼苗在夏季高温下使用时应注意。雨天不宜施药，喷雾要求均匀周到。在水稻上使用安全间隔期为15d。使用时应注意对人畜安全，如发现中毒，应立即送医院治疗，本品应密封保存在干燥阴凉处，冬天发现结晶析出，不影响质量，用时摇匀即可。

开发登记 浙江省宁波舜宏化工有限公司等企业登记生产。

多噻烷 polythialan

化学名称 7-二甲胺基-1,2,3, 4,5-五硫杂环辛烷。

结构式

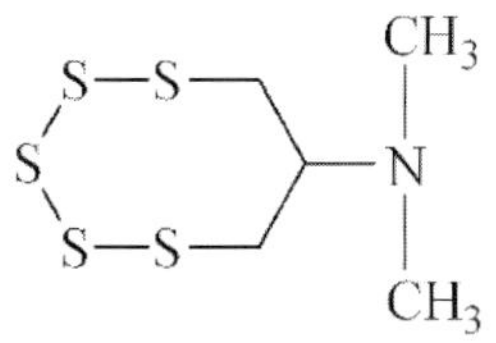

$$\text{(cyclo-}S_5(CH_2)_2CH\text{)}-N(CH_3)_2$$

理化性质 原粉为白色结晶，纯度约90%，能溶于水。商品外观为红棕色液体、相对密度1.05～1.09。乳液稳定性试验(50℃±1℃，15d)有效成分相对分解率≤3.0%。

毒　　性 属中等毒性杀虫剂。原粉雄性大鼠急性口服LD_{50}为303mg/kg，雌性大鼠急性口服LD_{50}为

274mg/kg，30%乳油雌性大鼠急性口服LD_{50}为235.4mg/kg，雄性大鼠急性口服LD_{50}为252.9mg/kg。1%水悬液对家兔皮肤和眼结膜有一定刺激作用，分别于6d和2d后恢复正常。鲤鱼48hTLm为1.42mg/L。

剂　　型　30%乳油、40%可溶性粉剂。

作用特点　为沙蚕毒素类农药，对害虫主要有胃毒、触杀和内吸传导作用，还有杀卵及一定的熏蒸作用，杀虫谱广，持效期7～10d。多噻烷是杀虫双的同系物，是一种神经传导阻断剂，使乙酰胆碱不能同胆碱受体相结合，从而使神经传导过程中断，害虫表现出麻痹瘫痪，停止取食而死亡。

应用技术　主要用于水稻、高粱、棉花、蔬菜、甘薯等作物的稻螟虫、稻苞虫、稻飞虱、稻叶蝉、玉米螟、蚜虫、红蜘蛛、菜青虫、黄条跳甲、棉铃虫、红铃虫、卷叶蛾等害虫的防治。

资料报道，可以防治玉米螟，在2代幼虫期，用30%乳油800倍液，每株用10ml，灌注高粱心叶；防治水稻二化螟、三化螟、稻纵卷叶螟、稻苞虫、稻飞虱、叶蝉，用30%乳油600～1 000倍液喷雾；防治棉花棉铃虫、红铃虫，在产卵盛末期，用30%乳油750～1 000倍液喷雾；防治甘薯卷叶蛾，低龄幼虫期，用30%乳油85～160ml/亩对水喷雾。防治莱青虫、黄条跳甲，在2～3龄幼虫高峰期，30%乳油750～1 000倍撒毒土。发生严重的年份用药两次，第1次在卵孵化盛期，第2次在第1次施药后10～15d，施药时要保持3cm左右的水层。防治小菜蛾、菜青虫、黄曲条跳甲、马铃薯甲虫等，在害虫低龄幼虫期，用50%可湿性粉剂650～1 000倍液喷雾。

注意事项　由于对家蚕高毒，在蚕区使用必须十分谨慎。切忌干田用药，以免影响药效。在水稻上的安全使用标准是每季水稻使用次数不得超过3次，安全间隔期15d以上。豆类、棉花及白菜、甘蓝等十字花科蔬菜，对其较为敏感，尤以夏天易产生药害。在金橘、早橘和本地早等柑橘品种上的使用浓度不能过高，以稀释到700倍为宜，以免产生药害。

杀螟丹 cartap

其他名称　巴丹；派丹；培丹；沙蚕胺；禾丹；金倍；T1258；TI1258。

化学名称　1,3-二(氨基甲酰硫基)-2-二甲基氨基丙烷。

结 构 式

$$H_2N-C(=O)-S-CH_2-CH(N(CH_3)_2)-CH_2-S-C(=O)-NH_2$$

理化性质　纯品为无色柱状结晶，熔点为183～183.5℃(分解)。可溶于水(25℃约溶解20%)；稍溶于甲醇，难溶于乙醇、丙酮、氯仿、苯等有机溶剂。稍有吸湿性。具腐蚀性，原粉及水溶液可使铁等金属生锈。在常温及酸性条件下稳定，碱性条件下不稳定。

毒　　性　急性口服LD_{50}雄大鼠为345mg/kg，雌大鼠为325mg/kg；雄小鼠为150mg/kg，雌小鼠为154mg/kg。小鼠的急性经皮$LD_{50}>1$g/kg；对兔皮肤和眼无刺激。

剂　　型　25%可溶性粉剂、50%可溶性粉剂、95%可溶性粉剂、98%可溶性粉剂、2%粉剂、4%粉剂、10%粉剂、5%颗粒剂、3%颗粒剂、4%颗粒剂、6%水剂。

作用特点　是沙蚕毒素的一种衍生物，胃毒作用强，同时具有触杀和一定的拒食和杀卵等作用，对害虫击倒较快(但常有复苏现象，使用时应注意)，有较长的残效期。阻滞神经细胞点在中枢神经系统中的传递冲动作用，使昆虫麻痹，这与一般有机磷、有机氯、氨基甲酸酯类杀虫剂的作用机制不同。

应用技术 可防治水稻螟虫、稻纵卷叶螟、稻苞虫、稻潜叶蝇、稻秆蝇、负泥虫等水稻害虫；还可防治菜青虫、小菜蛾、潜叶蝇、马铃薯叶甲和黄守瓜等蔬菜害虫和玉米螟、梨小食心虫等螟虫。

防治水稻二化螟，在卵孵化高峰前1~2d，用50%可溶性粉剂70~100g/亩对水50~70kg喷雾；防治水稻三化螟，在卵孵化高峰前1~2d，用50%可溶性粉剂80~100g/亩对水50~70kg喷雾；防治水稻稻纵卷叶螟，在水稻穗期，幼虫1~2龄高峰期，用50%可溶性粉剂100~150g/亩对水50~60kg喷雾；防治水稻干尖线虫病，用6%水剂1 000~2 000倍液浸种；防治茶树茶小绿叶蝉，用98%可溶性粉剂30~40g/亩对水50~70kg喷雾。

防治十字花科蔬菜菜青虫，在2~3龄幼虫期，用98%可溶性粉剂30~40g/亩对水40~50kg喷雾；防治十字花科蔬菜小菜蛾，在2~3龄幼虫期，用98%可溶性粉剂40~50g/亩对水40~50kg喷雾；防治十字花科蔬菜黄条跳甲，蔬菜苗期，幼虫出土后，用4%颗粒剂1.5~2kg/亩撒施。

防治柑橘潜叶蛾，在柑橘新梢期，用98%可溶性粉剂1 500~2 000倍液喷雾；防治甘蔗螟，在甘蔗螟卵盛孵期，用50%可溶性粉剂100~125g/亩对水50kg喷雾，或对水300kg淋浇蔗苗，间隔7d后再施药1次。此用药量对条螟、大螟均有良好的防治效果；防治森林松毛虫，用3%粉剂1 000~1 500g/亩喷粉。

另外，资料报道还可以防治玉米螟，掌握玉米生长的喇叭口期和雄穗即将抽发前，用50%可溶性粉剂100g/亩对水100kg喷雾或均匀地将药液灌在玉米心内；防治水稻稻苞虫，在3龄幼虫期，用50%可溶性粉剂100~150g/亩对水50~60kg喷雾或对水600kg泼浇；防治稻飞虱、稻叶蝉，在2~3龄若虫高峰期，用50%可溶性粉剂50~100g/亩对水40~50kg喷雾；防治稻瘿蚊，掌握成虫高峰期到幼虫盛孵期，用50%可溶性粉剂50~100g/亩对水40~50kg喷雾；防治蝼蛄，用50%可溶性粉剂拌麦麸(1∶50)制成毒饵施用；防治马铃薯块茎蛾，在卵盛期，用50%可溶性粉剂100~150g/亩对水40~50kg均匀喷雾。防治二十八星瓢虫，在幼虫盛孵期和分散为害前及时防治，在害虫集中地点挑治，用98%可溶性粉剂40~50g/亩对水40~50kg喷雾。防治桃小食心虫，在成虫产卵盛期，卵果率达1%时开始防治，用50%可溶性粉剂1 000倍液喷雾。防治茶尺蠖：在第1代、第2代的1~2龄幼虫期，用50%可溶性粉剂1 000~2 000倍液均匀喷雾。

注意事项 对蚕毒性大，蚕区施药要防止药液污染桑叶和桑室。对鱼有毒，应加注意。水稻扬花期或作物被雨露淋湿时，不宜施药。喷药浓度过高，对水稻也会产生药害。白菜、甘蓝等十字花科蔬菜的幼苗，对该药剂较敏感，在夏季高温或生长幼弱时，不宜施药。不同的水稻品种对杀螟丹的敏感性不同，用杀螟丹浸稻种时，应先进行浸种的发芽试验。使用杀螟丹原粉对水喷雾，应按药液的0.1%量加入中性洗涤剂，以增加药液的湿润展布性。毒性虽较低，但施用仍须戴安全防护工具，如不慎误服，应立即反复洗胃，从速就医。

开发登记 湖北仙隆化工股份有限公司、安徽华星化工股份有限公司等企业登记生产。

八、生物源类杀虫剂

阿维菌素 abamectin

其他名称 螨虫素；齐螨素；害极灭；阿巴菌素；阿维虫清；爱福丁；齐墩螨素；齐墩霉素。

结 构 式

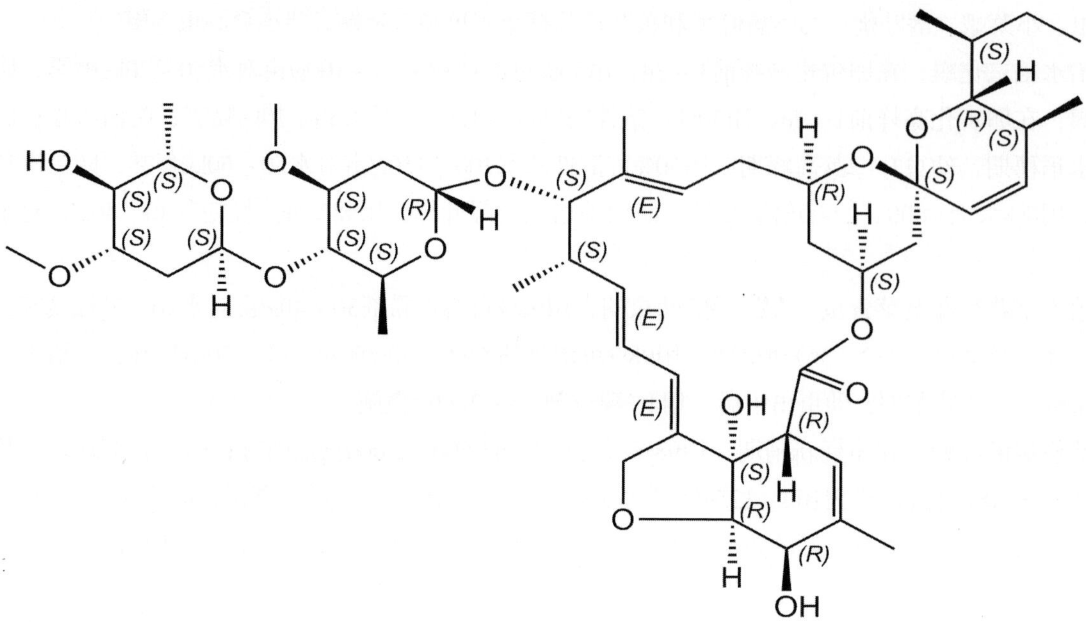

理化性质 原药为白色或黄色结晶(含B1a80%，B1b≤20%)，蒸气压＜200MPa，熔点150～155℃，21℃时溶解度：水中7.8μg/L、丙酮中100g/L、甲苯中350g/L、异丙醇70g/L，氯仿25g/L。常温下不易分解。在25℃，pH值5～9的溶液中无分解现象。

毒　　性 大鼠急性经口LD_{50}为10mg/g，急性经皮LD_{50}＞2 000mg/kg(兔)。LC_{50}(96h，μg/L)：虹鳟鱼3.2，蓝鳃太阳鱼9.6。对蜜蜂有毒。急性经口LD_{50}(mg/kg)：野鸭84.6，北美鹑＞2 000。

剂　　型 0.2%乳油、0.6%乳油、0.9%乳油、1%乳油、1.8%乳油、2%乳油、2.8%乳油、5%乳油、1.8%微乳剂、1.8%水乳剂、1%可湿性粉剂、1.8%可湿性粉剂、3%可湿性粉剂、0.5%颗粒剂、10%悬浮剂、1%缓释粒、5%微囊悬浮剂。

作用特点 是一种大环内酯双糖类化合物。是从土壤微生物中分离的天然产物，对昆虫和螨类具有触杀和胃毒作用，并有微弱的熏蒸作用，无内吸作用。但它对叶片有很强的渗透作用，可杀死表皮下的害虫，且持效期长。它不杀卵。其作用机制与一般杀虫剂不同的是它干扰神经生理活动，刺激释放r-氨基丁酸，而r-氨基丁酸对节肢动物的神经传导有抑制作用，螨类成、若螨和昆虫幼虫与药剂接触后即出现麻痹症状，不活动不取食，2～4d后死亡。因不引起昆虫迅速脱水，所以它的致死作用较慢。但对捕食性和寄生性天敌虽有直接杀伤作用，但因植物表面残留少，因此对益虫的损伤小。

应用技术 阿维菌素是一种广谱杀虫杀螨剂，可用于防治多种叶螨、鳞翅目、同翅目和鞘翅目害虫，也可用于防治根结线虫等。

防治水稻二化螟，用1.8%微乳剂30～40ml/亩，对水40～50kg喷雾；防治水稻稻纵卷叶螟，用2%乳油10～20ml/亩对水40～50kg喷雾；防治棉花红蜘蛛，普遍发生期，用1.8%乳油40～50ml/亩对水80kg喷雾；防治棉花棉铃虫，在2～3龄幼虫期，用1.8%乳油80～120ml/亩对水80kg喷雾。

防治小麦红蜘蛛，用1.5%超低容量喷雾40~80ml/亩或5%悬浮剂4～8ml/亩，对水40~50kg喷雾；防治玉米玉米螟，于玉米螟卵孵化高峰期至幼虫发生期用5%水乳剂 15～20ml/亩喷雾；防治棉花蚜虫，于蚜虫始发盛期，用1.8%乳油11～17ml/亩喷雾；防治花生根结线虫，用0.5%颗粒剂1 000～2 000g/亩土壤穴施或沟施；防治烟草根结线虫，用1%颗粒剂2 000～2 500g/亩穴施。

防治十字花科蔬菜菜青虫、小菜蛾，在成虫产卵高峰用1.8%乳油30～40ml/亩对水40～50kg喷雾；防治黄瓜斑潜蝇，用1.8%乳油40～80ml/亩对水40～50kg喷雾；防治黄瓜根结线虫，用0.5%颗粒剂3～3.5kg/亩沟施、穴施；防治胡椒根结线虫，用0.5%颗粒剂3～5kg/亩沟施或穴施；防治菜豆美洲斑潜蝇，用1.8%乳油20～30ml/亩对水40～50kg喷雾。

防治姜玉米螟，于玉米螟卵孵盛期到低龄幼虫发生期用1.8%乳油30～40ml/亩喷雾；防治茭白二化螟，用3.2%乳油20～23ml/亩喷雾；防治番茄根结线虫，0.5%可溶液剂1 500～2 000ml/亩灌根；防治西瓜根结线虫，用3%微囊悬浮剂500～700ml/亩灌根。

防治枸杞瘿螨，用1.8%乳油稀释2 000～3 000倍液喷雾。

防治苹果蚜虫，用1.8%乳油3 000～4 000倍液喷雾；防治苹果叶螨，幼螨、若螨发生期，用1.8%乳油3 000～4 000倍液喷雾；防治苹果树山楂叶螨用1.8%乳油3 000～6 000倍液喷雾；防治苹果桃小食心虫，若虫孵化高峰期，用1.8%乳油2 000～4 000倍液喷雾；防治梨树梨木虱，在低龄若虫期，用1.8%乳油1 500～3 000倍液喷雾；防治柑橘红蜘蛛，用1.8%乳油2 000～4 000倍液喷雾；防治柑橘潜叶蛾，用1.8%乳油2 000～4 000倍液喷雾；防治柑橘锈壁虱，用1.8%乳油 1 000～2 000倍液喷雾。

防治草坪螟虫，用1.8%乳油66～100ml/亩喷雾。

另外，资料报道还可以防治水稻二化螟、稻瘿蚊，用2%乳油10～20g/亩对水40～50kg喷雾；防治油菜潜叶蛾，用1.8%乳油2 000倍液喷雾；防治烟草烟青虫，在烟青虫3龄幼虫以前，用1.8%乳油2 000倍液处理。防治蔬菜甜菜夜蛾、白粉虱，在成虫产卵高峰至多数幼虫3龄期，用1.8%乳油1 000～3 000倍液喷雾；防治地蛆（灰种蝇）、韭蛆，在成虫产卵高峰期或幼虫孵化盛期，用1.8%乳油2 000倍液喷雾或灌根防治；防治葱蓟马，在百株虫口达到50～100头时，用1.8%乳油3 000倍液防治。防治山楂叶螨，幼螨、若螨发生期，用1.8%乳油1 000～3 000倍液喷雾防治；防治葡萄短须螨，用2.0%乳油4 000倍液喷雾；防治日本龟蜡蚧、柑橘锈螨，在低龄若虫期，用1.8%乳油2 000～3 000倍液；防治桃潜叶蛾、茶尺蠖、李小食心虫等害虫，若虫孵化高峰期，用1.8%乳油1 000～2 000倍液，最好在晴天下午或阴天喷药。防治茶黄螨，在初发现被害状时，用1.8%乳油1 000～3 000倍液喷雾防治；防治栎掌舟蛾，用2%乳油2 000～3 000倍液喷雾；防治美国白蛾，用1.8%乳油4 000～5 000倍液喷雾；防治草地蝗虫，用2%乳油20～25ml/亩对水50kg喷雾。

注意事项 阿维菌素特别适合于防治对其他类型农药已产生抗药性的害虫。为了防止害虫对其产生抗药性，应与其他类型杀虫剂轮换使用。药液应随配随用，不能与碱性农药混用。应在害虫的卵孵盛期至1龄幼虫期间使用。持效期较长，可适当增加用药间隔天数。宜在傍晚喷药，同时应注意喷洒均匀。注意不要在池塘、河流边和花期喷药。

开发登记 山东京博农化有限公司、山东省青岛瀚生生物科技股份有限公司等企业登记生产。

甲氨基阿维菌素苯甲酸盐 emamectin benzoate

其他名称 甲氨基齐螨素苯甲酸盐；甲维盐。

化学名称 4'-表-甲胺基-4'-脱氧阿维菌素苯甲酸盐。

结 构 式

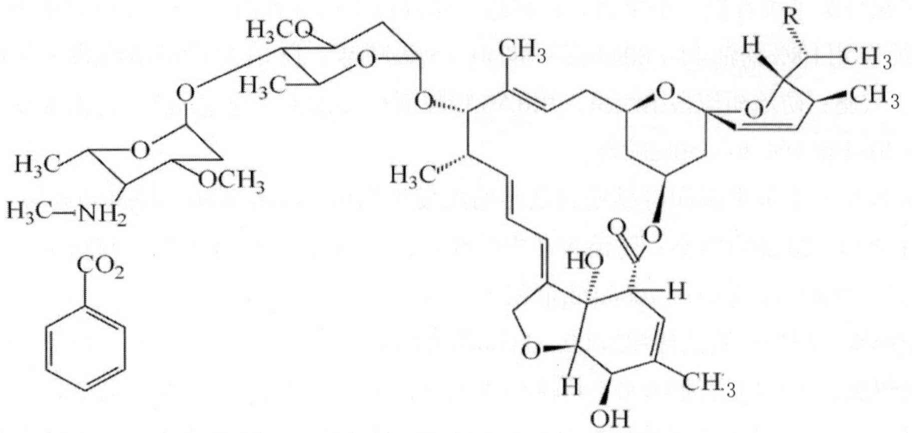

理化性质 外观为白色或淡黄色结晶粉末，熔点：141～146℃。在通常储存条件下本品稳定，对紫外光不稳定。溶于丙酮、甲苯，不溶于己烷，微溶于水。

毒 性 原药为中等毒性，对大白鼠急性经口LD_{50}为92.6mg/kg(雌)，126mg/kg(雄)；急性经皮LD_{50}为108mg/kg(雌)，126mg/kg(雄)。

剂 型 0.5%微乳剂、2.2%微乳剂、0.2%高渗乳油、0.5%乳油、0.8%乳油、1%乳油、1.5%乳油、2%乳油、0.2%可溶性粉剂、8%水分散粒剂、5%水分散粒剂、2%水乳剂。

作用特点 本品高效、广谱、持效期长，为优良的杀虫杀螨剂，其作用机理是阻碍害虫运动神经信息传递而使身体麻痹死亡。作用方式以胃毒为主兼有触杀作用，对作物无内吸性能，能渗入作物表皮组织，因而具有较长持效期。对鳞翅目、螨类、鞘翅目及同翅目害虫有极高活性，且不与其他农药产生交互抗性，在土壤中易降解无残留，不污染环境，在常规剂量范围内对有益昆虫及天敌、人、畜安全，可与大部分农药混用。

应用技术 对多种鳞翅目、同翅目害虫及螨类具有很高活性，对一些已产生抗性的害虫如小菜蛾、甜菜夜蛾及棉铃虫等也具有极高的防治效果。

防治水稻稻纵卷叶螟，用5%水分散粒剂10～15g/亩喷雾；防治水稻二化螟，用1%乳油5～10ml/亩对水40～50kg喷雾；防治水稻三化螟，用1%乳油5～10ml/亩对水40～50kg喷雾；防治棉花棉铃虫，在2～3龄幼虫期，用1%乳油60～70ml/亩对水70kg喷雾；防治烟草烟青虫，用0.5%微乳剂20～30ml/亩对水40～50kg喷雾。

防治烟草斜纹夜蛾，用3%悬浮剂3.33～5ml/亩喷雾。

防治十字花科蔬菜小菜蛾、菜青虫、甜菜夜蛾，于害虫的卵孵化盛期，用1%乳油5～10ml/亩对水40～50kg喷雾；防治辣椒斜纹夜蛾，用0.2%乳油30～40ml/亩对水40～50kg喷雾；防治番茄棉铃虫，用2%乳油28.5～38ml/亩喷雾；防治辣椒烟青虫，用2%微乳剂5～10ml/亩喷雾；防治茭白二化螟，用2%微乳剂35～50ml/亩喷雾；防治菜豆美洲斑潜蝇，用0.2%乳油30～50ml/亩对水40～50kg喷雾；防治豇豆豆荚螟、蓟马用2%微乳剂9～12ml/亩喷雾。

防治姜甜菜夜蛾，用5%水分散粒剂8～10g/亩喷雾，防治姜玉米螟，用3%水分散粒剂10~16g/亩喷雾。

防治草莓斜纹夜蛾，用5%水分散粒剂3～4g/亩喷雾。

防治苹果树卷夜蛾，用3%微乳剂3 000～4 000倍液喷雾。

防治松树松材线虫，于松材线虫发病前或松材线虫向松褐天牛蛹室聚集之前，用2%微乳剂2～

3ml/cm胸径树干打孔注射；用3%悬浮剂9～13ml/亩喷雾防治观赏菊花烟粉虱，29～37ml/亩喷雾防治防治芋头斜纹夜蛾。

防治草坪斜纹夜蛾，用3%可分散油悬浮剂4～5ml/亩喷雾；防治观赏月季斜纹夜蛾，用2%微乳剂5～7g/亩喷雾。

另外，资料报道还可以防治南方根结线虫，用0.2%高渗乳油500～800倍液灌根；防治苹果红蜘蛛，用1%乳油2 000～3 000倍液喷雾；防治梨树梨木虱，用1%乳油2 000～2 500倍液喷雾。

注意事项 该药对鱼类、水生生物敏感，对蜜蜂高毒，使用时避开蜜蜂采蜜期，不能在池塘、河流等水面用药或不能让药水流入水域。施药后48h内人、畜不得入内。2次使用的最小间隔为7d，收获前6d内禁止使用。提倡轮换使用不同类别或不同作用机理的杀虫剂，以延缓抗性的发生。禁止和百菌清、代森锌混用。避免在高温下使用，以减少雾滴蒸发和飘移。

开发登记 先正达南通作物保护有限公司、六夫丁作物保护有限公司等企业登记生产。

苜蓿银纹夜蛾核型多角体病毒 autographa californica NPV

其他名称 奥绿一号。

理化性质 可流动悬浮液体，相对密度1.05±0.02(20℃)。pH5～7，悬浮率≥80%，粒径3～5μm，冷、热储及常温下储存2年稳定性良好。

毒　　性 对雌、雄小白鼠急性经口LD_{50}>5 000mg/kg，雌、雄小白鼠急性经皮LD_{50}>5 000mg/kg，亚急性与慢性毒性实验未见各项指标改变，无肿瘤发生，无致病作用，皮肤致敏及小鼠骨髓微核试验均为阴性。

剂　　型 10亿PIB/ml水悬浮剂、20亿PIB/g悬浮剂。

作用特点 该药为一种新型昆虫病毒杀虫剂，杀虫谱广，对鳞翅目害虫有较好的防治效果，具有低毒，药效持久等特点。对害虫不易产生抗性，是生产无公害蔬菜的生物农药。

应用技术 本品主要针对性防治鳞翅目夜蛾科的甜菜夜蛾、斜纹夜蛾、甘蓝夜蛾、棉铃虫以及小菜蛾、菜青虫等害虫。选择阴天或晴天傍晚夜蛾活动盛期用药，喷雾均匀周到，有利于药效发挥。

防治十字花科蔬菜甜菜夜蛾，在害虫卵孵化盛期或低龄幼虫期，用10亿PIB/ml悬浮剂100～150ml/亩对水40～50kg均匀喷施，间隔5～7d，连喷1～2次，可有效控制害虫发生。

注意事项 本品不能与碱性物质混用。在害虫卵孵化盛期至低龄幼虫分散为害前用药，效果最好；使用时先用少量水将药粉兑成乳液，再稀释到桶中，产品应现配现用，药液不宜久置。以下午16时后喷药最好，可与常用化学药剂混用或轮换交替使用，但不能与铜制剂混用，桑园及养蚕场所不能使用。储存于阴凉、干燥、通风处，质量保证期2年。

开发登记 广东植物龙生物技术股份有限公司等企业登记生产。

甜菜夜蛾核型多角体病毒 LeNPV

其他名称 蛾恨、绿洲3号、武大绿洲来瘟死。

毒　　性 属低毒杀虫剂。大鼠急性经口LD_{50}>5 000mg/kg，大鼠急性经皮LD_{50}>2 000mg/kg；无致

畸，无致癌，代谢物无毒。对人、畜、田间害虫天敌及水生生物等无害。

剂　　型 1万PIB/mg可湿性粉剂、1 000万PIB/ml悬浮剂、300亿PIB/g水分散粒剂。

作用特点 属于高度特异型微生物病毒杀虫剂，杀虫机理是让甜菜夜蛾核型多角体病毒在生物制剂及其增效助剂的作用下直接进入甜菜夜蛾幼虫的脂肪体细胞和肠细胞核，随即复制致使甜菜夜蛾染病死亡，再通过横向传染使种群不断引发流行病，并通过纵向传染杀蛹和卵，从而有效控制甜菜夜蛾的为害及抑制抗性的蔓延，对植物没有任何药害。

应用技术 主要用于防治十字花科蔬菜、扁豆、菜豆、地黄、番茄、辣椒、茄子、豇豆甜菜夜蛾、斜纹夜蛾、小菜蛾、菜青虫等。

防治十字花科蔬菜甜菜夜蛾，在2～3龄幼虫发生高峰期，用300亿PIB/g水分散粒剂2～5g/亩对水40～50kg喷雾。

另外，资料报道还可以防治斜纹夜蛾，在2～3龄幼虫(以低龄幼虫为主)发生高峰期用1 000万PIB/ml甜菜夜蛾核型多角体病毒·3%高效氯氰菊酯悬浮剂100～123ml/亩对水40～50kg均匀喷雾，施药后3d开始表现防效，持效期7d。

注意事项 使用时应遵守通常的农药使用保护规则，做好个人保护。阴天全天或晴天傍晚后施药，尽量避免在晴天上午9时至下午18时之间施药。与其他杀虫剂、杀菌剂、微肥混用时，注意现配现用。桑园及养蚕场所不得使用。不能同化学杀菌剂混用。应储藏于干燥阴凉通风处。

开发登记 河南省济源白云实业有限公司登记生产。

小菜蛾颗粒体病毒 plutella xylostella granulosis virus(PXGV)

其他名称 环业二号。

毒　　性 原药对大鼠急性经口LD_{50}为3 174.7mg/kg，急性经皮LD_{50}＞5 000mg/kg。制剂对大鼠急性经口LD_{50}＞5 000mg/kg，急性经皮LD_{50}＞10 000mg/kg。

剂　　型 300亿 OB/ml悬浮剂。

作用特点 该产品为新型昆虫病毒杀虫剂，其作用机制为该病毒在小菜蛾中肠中溶解，进入细胞核中复制、繁殖、感染细胞，使其生理失调而死亡。对化学农药、苏云金杆菌已产生抗性的小菜蛾具有明显的防治效果。对害虫的天敌安全。

应用技术 防治十字花科蔬菜小菜蛾，幼虫发生期用300亿OB/ml悬浮剂25～30ml/亩加水50kg喷雾，遇雨补喷。

注意事项 除杀菌剂农药外，可与小剂量非碱性化学农药混配，提高速效性。

开发登记 河南省济源白云实业有限公司登记生产。

棉铃虫核型多角体病毒 heliothis armigera NPV

其他名称 棉烟灵；棉铃虫病毒；杀虫病毒；毙虫净；毙虫清；虫瘟净。

理化性状 可湿性粉剂呈橘黄色，乳悬剂呈浮油状，纯品呈土灰色粉末状。不溶于水、乙醚、氯仿、苯、丙酮、1mol/L盐酸，溶于氢氧化钠、氢氧化钾、氨及硫酸的水溶液和乙酸。

毒　　性 大鼠急性经口LD_{50}＞2 000mg/kg(无死亡病变)，大鼠急性经皮LD_{50}＞4 000mg/kg；专化性强，只对靶标害虫有毒杀作用，不影响其他有益昆虫和天敌昆虫，对人、畜安全，不污染环境，长期使用害虫不产生抗性。

剂　　型 10亿/g可湿性粉剂、20亿PIB/ml悬浮剂、50亿PIB/ml悬浮剂。

作用特点 棉铃虫多角体病毒为专门杀灭棉铃虫的微生物杀虫剂。病毒侵入虫体后在害虫细胞核内发育增殖，产生特殊的晶体微粒即病毒多角体。核型多角体病毒经口腔或伤口感染害虫，在细胞核内增殖发育，之后再侵入害虫的健康细胞，直到害虫致死。病虫的粪便和虫尸能再侵染其他害虫，形成重侵染，达到控制害虫的目的。多角体病毒对人、畜、天敌安全，但不耐高温，易被紫外线杀灭，阳光照射会失效，能被消毒剂杀死。

应用技术 防治棉花、烟叶、辣椒、番茄、玉米、高粱、蔬菜等作物上的棉铃虫、毒蛾、苜蓿粉蝶、斜纹夜蛾、烟青虫、菜青虫，兼治蚜虫。宜在卵初孵期使用。

防治棉花棉铃虫，在棉铃虫卵盛期到孵化盛期，用10亿PIB/g可湿性粉剂100～150g/亩对水80kg均匀喷雾，用药后7d防效达最高值，防治效果、保蕾铃效果与当前常用化学药剂相当。

注意事项 施药后24h内如遇雨应重喷。与化学农药混用时应现配现用，要求药液的酸碱度为中性。禁止与碱性农药混用。首次施药7d后再施1次，使田间始终保持高浓度的昆虫病毒。当虫口密度大、世代重叠严重时，宜酌情加大用药量及用药次数。选择阴天或太阳落山后施药，避免阳光直射。建议尽量使用机动弥雾机均匀喷洒。作物的新生部分及叶片背面等害虫喜欢咬食的部位应重点喷洒。储存于阴凉干燥处，保质期2年。

开发登记 河南省济源白云实业有限公司登记生产。

蛇床子素 cnidiadin

化学名称 7-甲氧基-8-(3-甲基-2-丁烯基)-1-二氢苯并吡喃-2酮。

结 构 式

理化性质 熔点：83～84℃；沸点：145～150℃；溶解度(g/L，20℃)；不溶于水和冷石油醚，易溶于丙酮、甲醇、乙醇、三氯甲烷、醋酸乙酸；稳定性：在室温条件下稳定，在pH值5～9溶液中无分解现象。

毒　　性 大鼠急性经口LD_{50}：3 687mg/kg，急性经皮LD_{50}：2 000mg/kg；0.4%蛇床子素乳油对斑马鱼LC_{50}(96h)31.79mg/L，鹌鹑LD_{50}(7d)11.38mg/kg，蜜蜂LC_{50}(48h)1.19mg/L，家蚕LC_{50}(2龄)0.32mg/kg桑叶。

剂　　型 1%水乳剂、1%微乳剂、0.4%可溶液剂、0.5%水乳剂。

作用特点 蛇床子素为植物源杀虫剂，其作用方式以触杀作用为主，胃毒作用为辅，药液通过体表吸收进入昆虫体内，作用于害虫神经系统，导致害虫肌肉非功能性收缩，最终衰竭而死。经室内活性毒力测定试验表明，对菜青虫有较高的活性(LD_{50}为6.225 8mg/kg)。

应用技术 蛇床子素不但对多种鳞翅目害虫(如菜青虫、茶尺蠖)、同翅目害虫(如蚜虫)有良好的防治效果，而且可防治多种农作物病害。

防治茶树茶尺蠖，用0.4%乳油100～120ml/亩对水100kg喷雾。

防治十字花科蔬菜菜青虫，用0.4%乳油80～120ml/亩对水40～50kg喷雾；防治黄瓜(保护地)白粉病，发病初期用1%水乳剂400～500倍液喷雾。

开发登记 山东惠民中联生物科技有限公司、陕西康禾立丰生物科技药业有限公司等企业登记生产。

多杀霉素 spinosad

其他名称 菜喜；催杀；XDE-105；DE-105；Tracer。

化学名称 Spinosyn A：(2R,3aS, 5aR,5bS, 9S,13S, 14R,16aS, 16bR)-13-{[(2R, 5S, 6R)-5-(二甲基氨基)四氢-6-甲基-2H-吡喃-2-基]丁氧基}-9-乙基-2,3,3a,5a, 5b,6,7,9, 10, 11,12,13,14, 15,16a,16b-十六氢-14-甲基-7, 15-二氧代-1H-a-茚戊烯骈[3, 2d]氧杂十二环-2-基-6-去氧-2,3,4-三-O-甲基-α-L-吡喃甘露糖苷。

Spinosyn D：(2S, 3aR, 5aS,5bS ,9S,13S,14R,16aS,16bR)-13-{[(2R, 5S, 6R)-5-(二甲基氨基)-四氢-6-甲基-2H-吡喃-2-基]丁氧基}-9-乙基-2, 3, 3a, 5a, 5b,6, 7, 9,10, 11, 12,13,14,15,16a,16b-十六氢-4,14-二甲基-7,15-二氧代-1H-aS-茚戊烯骈[3, 2d]氧杂十二环-2-基-6-去氧-2,3,4-三-O-甲氧基-α-L-吡喃甘露糖苷。

结构式

Spinosyn A

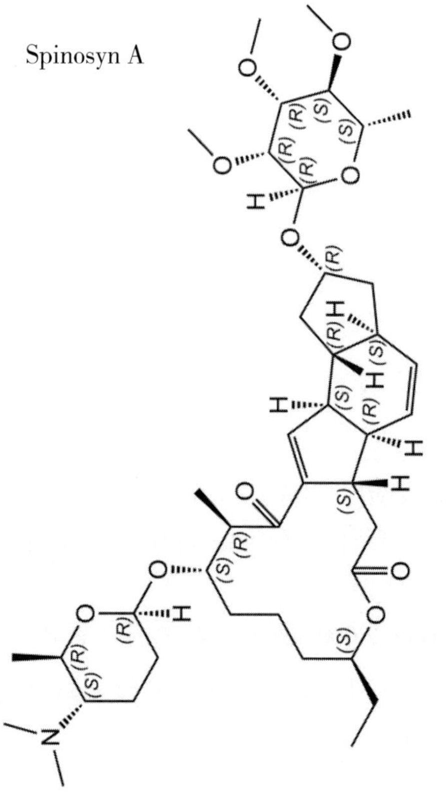

Spinosyn D

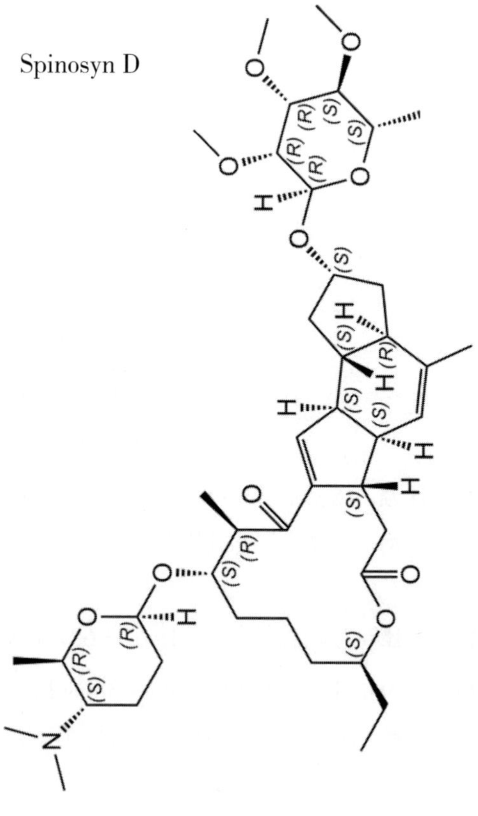

理化性质 原药为白色晶体，熔点A型为84～99.5℃，D型为161.5～170℃，相对密度0.512(20℃)。蒸气压A型32×10^{-9}Pa，D型为213.3×10^{-10}Pa。水溶度A型pH5、7、9时分别为270 mg/L、235 mg/L、16mg/L；D型pH值5、7、9时分别为28.7 mg/L、0.332 mg/L、0.053 mg/L。微溶于甲醇、苯、石油醚及氯仿等。

毒　　性 大鼠急性经口$LD_{50}>5\ 000$mg/kg(雌)，3 783mg/kg(雄)，小鼠急性经口$LD_{50}>5\ 000$mg/kg。兔急性经皮$LD_{50}>5\ 000$mg/kg，大鼠急性吸入$LC_{50}>5$ mg/L。对兔眼睛有轻微刺激作用，对兔皮肤无刺激性，对豚鼠皮肤无敏感性反应。

剂　　型 2.5%悬浮剂、48%悬浮剂、0.02%饵剂、480g/L、25g/L、3%水乳剂、5%悬浮剂。

作用特点 本产品是从放射菌代谢物提纯出来的生物源杀虫剂，毒性极低，可防治小菜蛾、甜菜夜蛾及蓟马等害虫。喷药后当天即见效果，杀虫速度可与化学农药相当，中国及美国农业主管部门登记的安全间隔期都只是1d，最适合无公害蔬菜生产应用。

应用技术 主要用于防治棉花、蔬菜、果树上的多种害虫。

防治水稻稻纵卷叶螟，用10%水分散粒剂25～30g/亩喷雾。

防治棉花棉铃虫，低龄幼虫期，用480g/L悬浮剂5～6ml/亩对水60kg喷雾。

防治豇豆蓟马，用10%悬浮剂12.5～15ml/亩喷雾；防治节瓜蓟马，用5%悬浮剂40～50ml/亩喷雾；防治甘蓝甜菜夜蛾，用8%水乳剂15～25g/亩喷雾；防治甘蓝蓟马，用3%水乳剂60～83ml/亩喷雾；防治甘蓝小菜蛾，在低龄幼虫期，用25g/L悬浮剂50~70ml/亩对水40～50kg喷雾。

防治稻谷仓储害虫，用0.5%粉剂 150～200mg/kg储粮拌粮后使用大型喷粉机，将药剂与原粮混合均匀。

另外，资料报道还可以防治防治蔬菜蓟马，用2.5%悬浮剂33～50ml/亩对水40～50kg喷雾，重点喷施蔬菜幼嫩部位；防治甜菜夜蛾，在低龄幼虫期，用2.5%悬浮剂50～100ml/亩对水40～50kg喷施。

注意事项 在蔬菜收获前1d停用，避免喷药后24h内遇降雨。在使用本剂时，应注意个人的安全防护，避免污染环境，本剂应储存在阴凉干燥安全处。

开发登记 美国陶氏益农公司、齐鲁制药（内蒙古）有限公司等企业登记生产。

乙基多杀菌素 spinetoram

其他名称 艾绿士。

理化性质 乙基多杀菌素–J(22.5℃)外观为白色粉末，乙基多杀菌素–L(22.9℃)外观为白色至黄色晶体，带苦杏仁气味。在甲醇、丙酮、乙酸乙酯、1, 2–二氯乙烷、二甲苯中>250mg/L；在pH5、7缓冲溶液中乙基多杀菌素–J和乙基多杀菌素–L都是稳定的，但在pH9的缓冲溶液中乙基多杀菌素–L的半衰期为154d，降解为N–脱甲基多杀菌素–L。

毒　　性 大鼠急性经口$LD_{50}>5\ 000$mg/kg，低毒。

剂　　型 60g/L悬浮剂等。

作用特点 乙基多杀菌素由乙基多杀菌素–J和乙基多杀菌素–L两种组分组成，作用于昆虫的神经系统，对小菜蛾、甜菜夜蛾、潜叶蝇、蓟马、斜纹夜蛾、豆荚螟有好的防治效果。

应用技术 防治甘蓝小菜蛾，在幼虫孵化盛期，用60g/L悬浮剂20～40ml/亩对水40～50kg喷雾；防治茄子蓟马，用60g/L悬浮剂10～15ml/亩对水40～50kg喷雾。

开发登记 美国陶氏益农公司登记生产。

浏阳霉素 liuyangmycin

其他名称 杀螨霉素；多活菌素；绿生；华秀绿。

化学名称 为5个组分的混合体(以四活菌素为代表)5,14,23,32–四乙基–2,11,20,29–四甲基–4,13,22,31,38,39,40–八氧五环–(32,2,1,1,1)–四十烷–3,12,21,30–四酮。

结构式

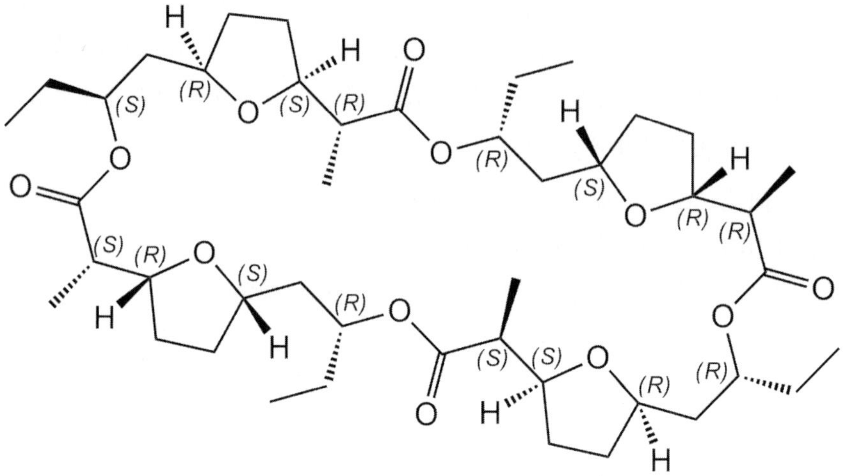

理化性质 为5个组分的混合体，无色菱形晶体，熔点70～71℃。难溶于水，可溶于醇、苯、酮、正己烷、石油醚及氯仿等。室温稳定，对紫外光不稳定。

毒　　性 大鼠急性经口$LD_{50} > 10\ 000$mg/kg，急性经皮$LD_{50} > 2\ 000$mg/kg。无致畸、致癌、致突变性。但该药剂对鱼毒性较高，对鲤鱼$LC_{50} < 0.5$mg/L。

剂　　型 5%乳油、10%乳油。

作用特点 是由灰色链霉菌浏阳变种所产生的具有大环内酯结构的杀螨抗生素，是通过微生物深层发酵提炼而成。该药是一种低毒、低残留、可防治多种作物的多种螨类的广谱杀螨剂，无内吸作用。防治效果好，对天敌安全。对成、若螨及幼螨有高效，但不能杀死螨卵。

应用技术 据资料报道，对各种作物上的螨类都有很好的杀伤作用，可防治朱砂叶螨、两点叶螨、截形叶螨、神泽叶螨、苹果全爪螨、山楂叶螨、柑橘叶螨、跗线螨、梨瘿螨等。

防治棉花叶螨，在害螨发生期，用10%乳油30～50ml/亩对水40～50kg喷雾。

防治辣椒叶螨，在害螨发生期，用10%乳油30～50ml/亩对水40～50kg喷雾。

防治苹果叶螨，在害螨发生期，用10%乳油1 000～1 500倍液喷雾。

另外，资料报道还可以防治柑橘全爪螨和锈壁虱，用10%乳油1 000～2 000倍液喷雾，持效期达20～30d；防治茶跗线螨、茶橙瘿螨，在螨发生期，用10%乳油1 000～2 000倍液喷雾。注意喷洒茶叶背面，间隔10d左右再喷1次，或与其他杀螨剂轮换使用，防效更好。

注意事项 该药为触杀型杀螨剂，使用时务必做到喷雾均匀周到，才能达到良好防效。该药可与多种杀虫、杀菌剂混用，但在与波尔多液等强碱性物质混用时，应先进行试验，以免降低药效。本剂对十字花科蔬菜有轻度药害，应慎用，在蜂巢和桑树上不能使用。该药对鱼有毒，使用时应避免污染水源。应在阴凉干燥处储存。该药对眼睛有刺激作用，如发生意外，应及时用清水冲洗并尽快就医诊治。

开发登记 湖南亚泰生物发展有限公司曾登记生产。

茴蒿素 santonin

其他名称 山道年。

化学名称 3–氧代–2,5α–二甲基环己二烯(16, 4)并–8–甲基–9–氧代八氢化苯并吡喃。

结构式

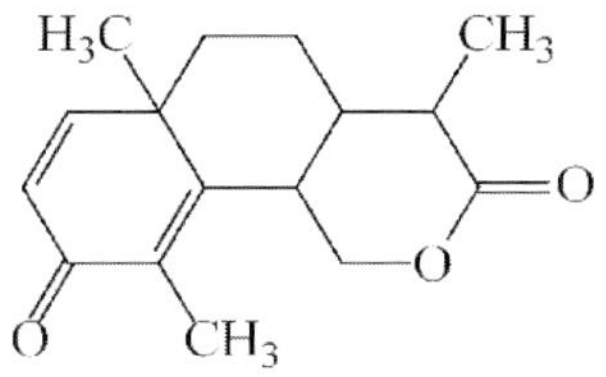

理化性质 纯品为无色扁平的斜方系柱晶或白色结晶性粉末，无嗅，有极微的苦味，在日光下易变成黄色。不溶于水，微溶于乙醚，略溶于乙醇，易溶于沸乙醇和氯仿。性质稳定，但遇酸、碱分解。

毒　　性 小鼠口服LD_{50}15.7～22.7g/kg。

剂　　型 0.65%水剂、3%乳油。

作用特点 茴蒿素是以茴蒿为原料提取的植物性杀虫剂。属广谱杀虫剂(杀虫杀卵)，具有触杀、胃毒作用，害虫触药或食后麻醉神经，可堵塞气门使之窒息。

应用技术 据资料报道，用于蔬菜、果树、棉田、农作物及园林害虫的防治，如：菜青虫、菜蚜、桃小食心虫、棉铃虫、棉蚜、韭蛆、梨粉蚜、黄粉蚜、梨木虱、尺蠖、白小食心虫、茶黄螨、天牛幼虫、麦蚜、豆蚜，对榆蓝金花虫特效。

防治叶菜类蔬菜菜青虫、蚜虫，在菜青虫3龄幼虫前，用0.65%水剂200～230ml/亩对水40～50kg喷雾。

防治苹果蚜虫、尺蠖，在新梢生长期发生蚜虫时，在春季尺蠖低龄幼虫发生期，用0.65%水剂400～500倍液喷雾。

另外，资料报道还可以防治小菜蛾，在3龄幼虫前，可用0.65%水剂250～500倍液喷雾。

注意事项 本药品不得与酸或碱性农药混用，药液加水后当天使用完，以免影响药效，使用前需将药液摇匀后方可加水稀释。储存在干燥，避光和通风良好的仓库。

开发登记 河北禾润生物科技有限公司曾登记生产。

苦参碱 matrine

其他名称 绿诺；绿地一号；京绿；蚜螨敌。

理化性质 纯品为白色粉末。pH≤1.0(以H_2SO_4计)。热储存在54℃±2℃，14d分解率≤5.0%，0℃±1℃冰水溶液中放置1h无结晶，无分层，不可与碱性物混用。

毒　　性 大鼠急性经皮LD_{50}为10 000mg/kg，急性经口LD_{50}为10 000mg/kg。

剂　　型 1.1%粉剂、0.26%水剂、0 .3 %水剂、0.36%水剂、1.2%水剂、0.36%可溶性液剂、0.38%可溶性液剂、1%可溶性液剂、0.3%乳油、0.38%乳油、1%醇溶液、0.5%水剂、1.5%可溶液剂、0.3%可湿性粉剂、2%水剂、1.3%水剂。

作用特点 苦参碱是一种新型纯天然植物源农药，以植物苦参等的根茎为原料提取的一种生物碱，对人、畜低毒。害虫一旦接触药剂，即麻痹神经中枢，继而使虫体蛋白凝固，堵死虫体气门，使虫体窒息死亡。杀虫广谱，具有触杀、胃毒作用，主要以触杀为主，胃毒为辅，对若螨毒效较快，对卵杀伤力较差。

应用技术 对多种作物上的菜青虫、蚜虫、红蜘蛛等害虫均有较好的防效。

防治小麦蚜虫，用1.5%可溶液剂30~40ml/亩喷雾。

防治烟草烟蚜、烟青虫，用2%水剂20～30g/亩对水40～50kg喷雾。

防治水稻稻飞虱，用1.5%可溶液剂10~13ml/亩喷雾。

防治烟草小地老虎，用0.3%可湿性粉剂5 000~7 000g/亩穴施；防治番茄灰霉病，用1%可溶液剂100~120ml/亩喷雾。

防治十字花科蔬菜蚜虫，用0.3%水剂150～250g/亩对水40～50kg喷雾；防治十字花科蔬菜菜青虫，幼虫处于3龄以前，用0.3%水剂80～120g/亩对水40～50kg喷雾；防治十字花科蔬菜小菜蛾，用0.5%水剂60～90g/亩对水40～50kg喷雾；防治黄瓜霜霉病，用0.3%乳油120～160g/亩对水40～50kg喷雾；防治韭菜韭蛆，用0.5%水剂1 000~2 000ml/亩对水灌根。防治大葱甜菜夜蛾，用0.5%水剂80～90ml/亩喷雾；防治番茄、黄瓜、苦瓜、辣椒、茄子、芹菜、豇豆、西葫芦等蔬菜蚜虫，用1.5%可溶液剂30～40ml/亩；防治西葫芦霜霉病，用1.5%可溶液剂24～32ml/亩喷雾；防治黄瓜灰霉病，用2%水剂30～60ml/亩喷雾；防治黄瓜白粉病，用2%水剂45～60ml/亩喷雾。

防治茶树茶小绿叶蝉、草莓蚜虫，用2%水剂30～40ml/亩喷雾；防治茶树红蜘蛛，用0.3%水剂122～144ml/亩喷雾；防治茶树茶毛虫，用0.3%水剂75～125ml/亩喷雾。防治茶树茶尺蠖，用0.5%水剂60～75ml/亩对水60kg喷雾。

防治苹果叶螨，在果树开花后，叶螨越冬卵开始孵化至孵化结束期用0.5%水剂220～660倍液喷雾；防治葡萄叶螨，用1.5%可溶液剂500～650倍液喷雾；防治柑橘树蚜虫、葡萄蚜虫、枸杞蚜虫、猕猴桃蚜虫，用1.5%可溶液剂3 000～4 000倍液喷雾；防治梨树梨木虱，用0.5%水剂800～1 000倍液喷雾。

防治草地蝗虫，用1.5%可溶液剂30～40ml/亩喷雾。

防治林木美国白蛾，用0.5%水剂1 000～2 000倍液喷雾；防治松树松材线虫，用0.3%水剂3.6～4.2ml/cm胸径打孔注射。

另外，资料报道还可以防治稻水象甲，用0.36%水剂40～70ml/亩对水40～50kg喷雾；防治东亚飞蝗，用0.5%水剂90ml/亩对水40～50kg喷雾；防治山药根结线虫，用1.2%水剂500～1 000倍液灌根。

注意事项 本品无内吸性，喷药时注意喷洒均匀周到。储存在避光、阴凉、通风处。严禁与碱性农药混用。如作物用过化学农药，5d后方可施用此药，以防酸碱中和影响药效。喷药后不久降雨需再喷1次。

开发登记 天津市恒源伟业生物科技发展有限公司、河北瑞宝德生物化学有限公司等企业登记生产。

氧化苦参碱 oxymatrine

其他名称 苦参素；Matrine N-oxide。

理化性质 白色针形棱柱形晶体或白色结晶性粉末，无嗅、味苦，熔点208℃。溶于水、甲醇、乙醇、氯仿、苯，难溶于乙醚。

剂　　型 0.1%水剂。

作用特点 氧化苦参碱有多方面药理作用和临床功能：抗肿瘤、抗菌、抗寄生虫、抗炎、抗心律不齐、消肿利尿和减轻环磷酰胺引起的白细胞减少等作用。在抗肿瘤方面，具有降谷丙转氨酶的作用，在联合胸腺肽治疗CHB具有调节机体免疫状态以及改善肝功能的作用，对肝功能恢复，提高白蛋白，降低球蛋白，升高白细胞有显著疗效，对肝衰竭有保护作用，且无明显的不良反应和对肾的毒副作用。

应用技术 据资料报道，防治十字花科蔬菜菜青虫，在低龄幼虫期，用0.1%水剂60～80ml/亩对水40～50kg喷雾，最好在阴天16时以后施药。

注意事项 储存于阴凉、干燥、避光处。

开发登记 武汉科诺生物科技股份有限公司曾登记生产。

苦皮藤素 celastrus angulatus

其他名称 绿得意。

化学名称 β-二氢沉香呋喃多元酯(1α,2α-二乙酰氧基-8β,15-二异丁酰氧基-9α-苯甲酰氧基-4β,6β-二羟基-β-二羟沉香呋喃)。

结 构 式

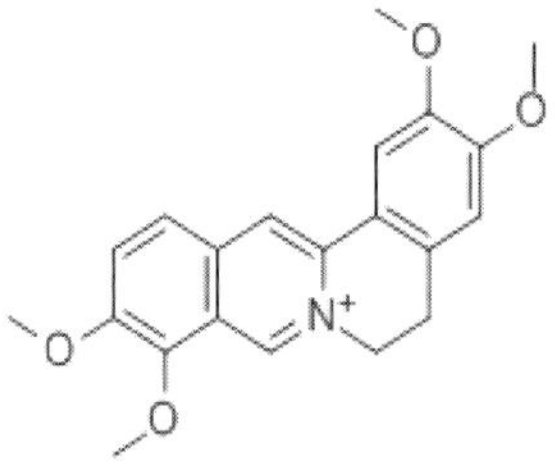

N^+

理化性质 原药为深褐色均质液体。熔点214～216℃，不溶于水，易溶于芳烃、乙酸乙酯等中等极性溶剂，能溶液于甲醇等极性溶剂，在非极性溶剂中溶解度小。在中性或酸性介质中稳定，强碱性条件下易分解。

毒　　性 大鼠急性经皮LD_{50}＞2 000mg/kg，急性经口LD_{50}＞2 000mg/kg。对眼睛和皮肤无刺激，对鸟类、水生动物、蜜蜂及害虫天敌安全。

剂　　型 0.2%水剂、0.15%微乳油、0.2%乳油、90%可湿性粉剂、1%水乳剂、0.3%水乳剂、0.2%水乳剂。

作用特点 该药是一种高效、低毒、低残留、无公害的新型绿色环保农药。它是以苦皮藤根皮为原料，经有机溶剂(苯)提取后，将提取物、助剂和溶剂以适当比例混合而成的杀虫剂。作用机理独特，主要作用于昆虫消化道组织，破坏消化系统正常功能，导致昆虫进食困难，饥饿而死。该药不易产生抗性和交互抗性。

应用技术 主要用于防治甘蓝、花椰菜、白菜等蔬菜上的菜青虫、芜菁叶蜂幼虫，水稻稻苞虫、黏虫，瓜类作物黄守瓜等。

防治十字花科蔬菜菜青虫，在幼虫3龄前，用1%乳油50～70ml/亩对水40～50kg喷雾。防治辣椒甜菜夜蛾，用1%水乳剂90～120ml/亩喷雾；防治韭菜根蛆，用0.3%水乳剂90～100ml/亩灌根；防治甘蓝黄条跳甲，用0.3%水乳剂100～120ml/亩喷雾；防治甘蓝甜菜夜蛾，用1%水乳剂90～120ml/亩喷雾；防治茶叶茶尺蠖、葡萄绿盲蝽、水稻稻纵卷叶螟，用1%水乳剂30～40ml/亩喷雾；防治芹菜甜菜夜蛾、豇豆斜纹夜蛾，用1%水乳剂90～120ml/亩喷雾；防治猕猴桃小卷叶蛾，用1%水乳剂4 000～5 000倍液喷雾；防治槐树尺蠖，用0.2%水乳剂1 000～2 000倍液喷雾。

另外，资料报道还可以防治小菜蛾，在幼虫3龄前，用20%乳油500～600倍液均匀喷雾。防治苹果园山楂叶螨，在害螨发生初期，用0.2%水剂500～1 000倍液均匀喷雾。对苹果全爪螨、李氏叶螨也有一定的防效。

注意事项 本品不宜与碱性农药混用。可根据害虫发生情况，适当增加用药量，在害虫发生初期，虫龄较小用药，效果更佳。使用时可加入喷液量0.03%的洗衣粉。

开发登记 河南省新乡市东风化工厂、成都新朝阳作物科学有限公司登记生产。

楝素 toosedarin

其他名称 蔬果净；川楝素；绿保丰；仙草。

化学名称 呋喃三萜。

结 构 式

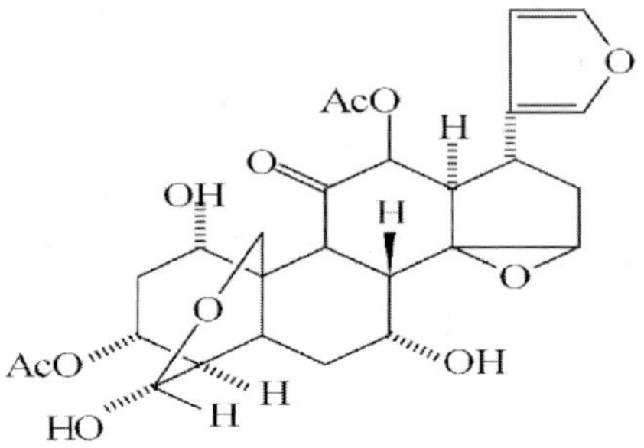

理化性质 纯品为白色结晶，针状，无嗅，味苦，易溶于乙醇、乙酸乙酯、丙酮、二氧六环、吡啶等，微溶于热水、氯仿、苯、乙醚等，在水中溶解度10.06g/L，难溶于石油醚。在酸、碱条件下易水解，在光下易分解。

毒　　性 小鼠急性经口LD_{50}为10 000mg/kg。

剂　　型 0.5%乳油。

作用特点 本品是以植物性杀虫活性物质川楝素为主要杀虫成分的新型无公害杀虫剂。具有胃毒、触杀和拒食以及抑制害虫生长发育的作用。害虫取食和接触药物后，可破坏中肠组织、阻断神经中枢传导、破坏各种解毒酶系、干扰呼吸代谢作用、影响消化吸收等，使害虫丧失对食物的味觉功能，表现出拒食，可导致害虫生长发育受到影响而逐渐死亡或在蜕皮变态时形成畸形虫体，或麻痹，昏迷致死。对多种害虫有很高的生物活性，害虫不易产生抗药性，对人、畜安全，在自然条件下易分解，不会造成环境污染。但药效速度较慢，一般24h后开始生效。

应用技术 据资料报道，主要用于防治蔬菜、果树、烟草、茶叶、瓜类等多种作物上的鳞翅目害虫，对蔬菜蚜虫、菜青虫、小菜蛾、甜菜夜蛾、食心虫、金纹细蛾、斜纹夜蛾、烟粉虱、斑潜蝇等有较好防效。防治十字花科蔬菜蚜虫，用0.5%乳油40～60ml/亩对水40～50kg喷雾。

另外，资料报道还可以防治烟草烟青虫、烟蚜，在烟青虫2～3龄幼虫期，蚜虫发生盛期，用0.5%乳油1 000倍液均匀喷雾；防治茶尺蠖，在低龄幼虫期，用0.5%乳油1 000倍液均匀喷雾。防治甘蓝菜青虫、小菜蛾，在2～3龄幼虫期，用0.5%乳油1 000～2 000倍液喷雾。防治苹果害虫，在害虫低龄幼虫期，用0.5%乳油1 000倍液均匀喷雾，可防治各种金龟甲、卷叶虫、食心虫、黄刺蛾、枣步曲、叶蜂、蚜虫等。

注意事项 属植物源杀虫剂，应在2～3龄幼虫前使用，药效较慢，但持效期长，不要随意加大药量。不能与碱性化肥、农药混用，也不可用碱性水进行稀释，可适当加展着剂，稀释农药时可加入喷液量的0.03%的中性洗衣粉，在黄昏前施药效果能充分发挥。放置阴凉干燥处，避免阳光照射。

开发登记 青岛正道药业有限公司曾登记生产。

印楝素 azadirachtin

理化性质 外观为浅黄色粉末，无刺激性气味，不溶于水，易溶于甲醇、乙醇、丙酮等有机溶剂。在通常情况下避光储存稳定，在pH值<4.5或>7.5时易分解。熔点：154～158℃。

毒　　性 大鼠急性经口LD_{50}＞4 640mg/kg，无致畸、致癌、致突变作用。对人、畜等温血动物无害及对害虫天敌安全。

剂　　型 0.3%乳油、0.7%乳油、1%微乳剂、0.03%粉剂、0.5%可溶液剂。

作用特点 从印楝果实中提取的印楝素等成分是目前世界公认的广谱、高效、低毒、易降解、无残留、击倒快且持效期长的杀虫剂，没有抗药性，具有拒食、忌避、触杀、胃毒、内吸和抑制昆虫生长发育作用，对几乎所有植物害虫都具有驱杀效果。主要是作用于昆虫神经肽，还可阻止表皮几丁质的形成。印楝素不影响胆碱酯酶活性，因此对人及其他高等动物是安全的，印楝素对害虫作用缓慢，属于缓效性杀虫剂。

应用技术 据资料报道，可有效地防治棉铃虫、舞毒蛾、日本金龟甲、烟芽夜蛾、谷实夜蛾、斜纹夜蛾、菜蛾、潜叶蝇、草地夜蛾、沙漠蝗、非洲飞蝗、玉米螟、稻褐飞虱、蓟马、果蝇、黏虫等害虫，可以广泛用于粮食、棉花、林木、花卉、瓜果、蔬菜、烟草、茶叶、咖啡等作物，不会使害虫对其产生抗药性。印楝素杀虫剂施于土壤，可被棉花，水稻、玉米、小麦、蚕豆等作物根系吸收，输送到茎叶，从而使整株植物具有抗虫性。

防治高粱玉米螟，用0.3%乳油80～100ml/亩喷雾；防治烟草烟青虫，用0.3%乳油60～100ml/亩喷雾；防治烟草烟青虫，在低龄幼虫期，用0.7%乳油50～60ml/亩对水40～50kg喷雾。

防治甘蓝斜纹夜蛾，用1%水分散粒剂50～60g/亩喷雾；防治十字花科蔬菜菜青虫，用0.3%乳油90～140ml/亩对水40～50kg喷雾；防治十字花科蔬菜小菜蛾，于1～2龄幼虫盛发期，用0.3%乳油80～120ml/亩对水40～50kg喷雾；防治韭菜韭蛆，用0.3%乳油1 330～2 660ml/亩灌根。

防治茶树茶毛虫，用0.3%乳油120～150ml/亩喷雾；防治茶树茶黄螨，用0.3%可溶液剂125～186ml/亩喷雾；防治茶树茶小绿叶蝉用1%微乳剂27～45ml/亩喷雾；防治茶树茶尺蠖，低龄幼虫期用0.7%乳油40～50ml/亩对水60kg喷雾。

防治柑橘树潜叶蛾，用0.3%乳油400～600倍液喷雾；防治枸杞蚜虫，用0.3%乳油稀释300~500倍喷雾。

防治草原蝗虫，用0.3%乳油180～250ml/亩喷雾。

防治仓储原粮赤拟谷盗、谷蠹、玉米象，于干净新粮或虫口密度较低的粮食晒后彻底降温晾干，用0.03%粉剂600～1 000mg/kg拌粮处理。

另外，资料报道还可以防治水稻潜叶蝇、稻纵卷叶螟、水稻二化螟，用0.5%乳油130～150ml/亩对水40～50kg喷雾；防治高粱条螟，用0.3%乳油90～120ml/亩对水40～50kg喷雾。防治柑橘红蜘蛛、锈蜘蛛、蚜虫、潜叶蛾，用0.3%乳油1 000～1 500倍液喷雾，间隔8～10d再喷1次。

注意事项 属植物源杀虫剂，应在幼虫发生前预防使用，持效期长。不宜与碱性农药混用。该药作用速度较慢，要掌握施药适期，不要随意加大用药量。在清晨或傍晚施药，效果能充分发挥。每次喷雾的间隔期为10d，在夏季和秋季可缩短时间。放置阴凉干燥处，避免阳光照射。

开发登记 成都绿金生物科技有限责任公司登记生产。

藜芦碱 vertrine

其他名称 虫敌；护卫鸟；西伐丁；赛德；好螨星；虫蛾毙治；Cevadine；CevadiLLa。

化学名称 3, 4,12,14,16,17,20–七羟基–4,9–环氧–3–(2–甲基–2–丁烯酸酯)，[3β(z), 4α,16β]–沙巴达碱。

结构式

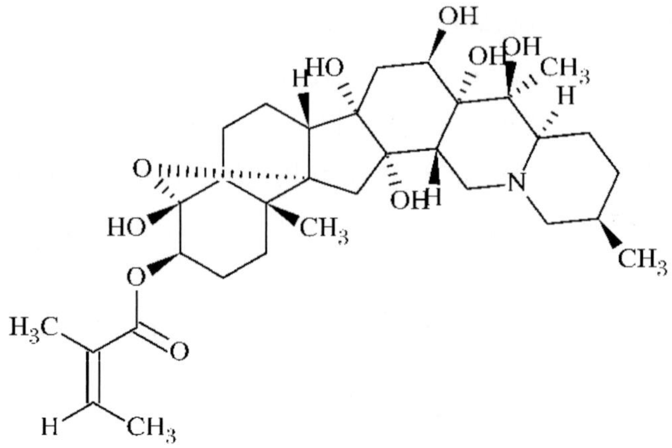

理化性质 本品熔点140～155℃；在室温下，水中溶解度为555mg/L，溶于大多数有机溶剂。

毒　　性 制剂对小白鼠急性经口LD_{50}为20 000mg/kg，家兔急性经皮LD_{50}为5 000mg/kg，家兔急性吸入LC_{50}为5 000mg/kg。对人、畜安全，在环境中易分解，不会造成环境污染。

剂　　型 0.5%可溶性液剂。

作用特点 该产品是以中草药为主要原料经乙醇萃取的植物源农药，具有触杀和胃毒作用，经日晒即失去毒力。其杀虫机制为药剂经虫体表皮或吸食进入消化系统，造成局部刺激，引起反射性虫体兴奋，继之抑制虫体感觉神经末梢，经传导抑制中枢神经而致害虫死亡，杀家蝇等卫生害虫和蟑象，持效比除虫菊素或鱼藤酮长，药效期10d以上。对人、畜安全，低毒、低污染。

应用技术 用于防治十字花科蔬菜上的菜青虫、蚜虫等，棉花田防治棉铃虫及棉蚜等。

防治小麦蚜虫，用0.5%可溶液剂100~133g/亩喷雾。

防治棉花棉铃虫，在低龄幼虫期，用0.5%可溶性液剂75～100ml/亩对水60kg喷雾；防治棉花棉蚜，用0.5%可溶性液剂75～100ml/亩对水60kg喷雾。

防治黄瓜白粉虱、茄子蓟马，用0.5%可溶液剂70~80ml/亩喷雾；防治甘蓝菜青虫，在幼虫3龄前，用0.5%可溶性液剂75～100ml/亩对水40～50kg喷雾。

防治草莓红蜘蛛、辣椒红蜘蛛、茄子红蜘蛛，用0.5%可溶性液剂120~140g/亩喷雾。

防治柑橘树红蜘蛛、枣树红蜘蛛用0.5%可溶性液剂，600~800倍液喷雾；防治猕猴桃红蜘蛛，用0.5%可溶性液剂600~700倍液喷雾；防治茶树茶黄螨，用0.5%可溶性液剂1 000~1 500倍液喷雾。

防治茶树茶小绿叶蝉、茶橙瘿螨、烟草蚜虫、枸杞蚜虫，用0.5%可溶性液剂75～100ml/亩喷雾。

另外，资料报道还可以防治小菜蛾，在幼虫3龄前施药，用0.5%可溶性液剂400～600倍液，均匀喷雾，持效期可达14d，并可兼治其他鳞翅目害虫和蚜虫。防治蔬菜、瓜类、中草药材等作物上的蚜虫，用0.5%可溶性液剂400～600倍液喷雾。

注意事项 使用时应遵守通常的农药使用保护规则，做好个人保护。不可与强酸和碱性农药混用。易光解，放置阴凉干燥处，避免阳光照射。在黄昏前施药效果能充分发挥。

开发登记 成都新朝阳作物科学有限公司、陕西康禾立丰生物科技药业有限公司登记生产。

氯噻啉 imidaclothiz

化学名称 1-(2-氯-5-噻唑甲基)-N-硝基亚咪唑烷-2-基胺。

结构式

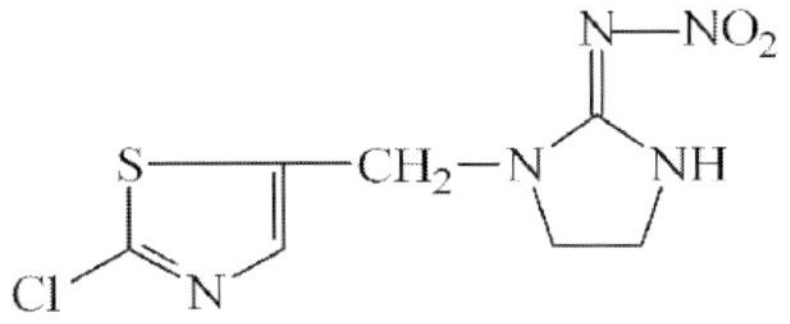

理化性质 原药外观为黄褐色粉状固体，熔点为146.8～147.8℃。溶解度(25℃)：水5g/L、乙腈50g/L、二氯甲烷20～30g/L、甲苯0.6～1.5g/L、丙酮50g/L、甲醇25g/L、二甲基亚砜260g/L、二甲基甲酰胺240g/L。

毒　　性 大鼠急性经口LD_{50}为雌性1 620mg/kg，雄性1 470mg/kg。雌、雄性大鼠急性经皮LD_{50}均>2 000mg/kg，对家兔皮肤及眼睛均无刺激性，无致敏性。

剂　　型 10%可湿性粉剂、40%水分散粒剂。

作用特点 氯噻啉是一种作用于烟碱乙酰胆碱酶受体的内吸性杀虫剂，具有较强的触杀和内吸活性，内吸活性高于触杀活性。其作用机理是对害虫的突触受体具有神经传导阻断作用，与烟碱的作用机理相同。

应用技术 可用于防治吮吸式口器害虫，如蚜虫、叶蝉、飞虱、蓟马、粉虱及其抗性品系，同时对鞘翅目、双翅目和鳞翅目害虫也有效，尤其对水稻二化螟、三化螟毒力较高。

防治小麦蚜虫，用10%可湿性粉剂10～20g/亩对水40～50kg喷雾；防治水稻稻飞虱，在稻飞虱3、4龄若虫的高峰期，用40%水分散粒剂4～5g/亩对水40～50kg喷雾；防治烟草蚜虫，用40%水分散粒剂4～5g/亩对水40～50kg喷雾；防治茶树小绿叶蝉，若虫，用10%可湿性粉剂20～30g/亩对水60kg喷雾。

防治十字花科蔬菜蚜虫，用10%可湿性粉剂10～20g/亩对水40～50kg喷雾；防治番茄白粉虱，用10%可湿性粉剂10～30g/亩对水40～50kg喷雾。

防治柑橘蚜虫，害虫发生期用10%可湿性粉剂4 000～5 000倍液喷雾。

注意事项 防治白粉虱、飞虱，最好在低龄若虫高峰期施药。亩用水量30～50kg，稀释时充分搅拌均匀。施药前应将喷雾器清洗干净。施药时应穿戴好防护用品，中毒者应对症治疗。储存于阴凉干燥处。

开发登记 江苏省南通江山农药化工股份有限公司登记生产。

闹羊花素－Ⅲ rhodojaponin

其他名称 黄杜鹃花。

理化性质 外观为稳定的褐色均相黏稠膏状物。微溶于水和丙酮，易溶于甲醇等醇类溶剂。在中性条件下稳定，热稳定性好。

毒　　性 大鼠急性经皮LD_{50} > 4 640mg/kg，急性经口LD_{50} > 2 150mg/kg。

剂　　型 0.1%乳油。

作用特点 闹羊花素-Ⅲ具有拒食、触杀、生长发育抑制和产卵忌避作用，并有一定的内吸作用，能通过内吸传递到植物的各部位从而抑制害虫的取食和为害。

应用技术 对多种蔬菜害虫、水稻害虫、储粮害虫和卫生害虫有较好的防治效果。对重要的蔬菜害虫斜纹夜蛾具有较好的拒食作用，明显延迟斜纹夜蛾幼虫的发育历期，减轻蛹重；对小菜蛾幼虫具有较好的拒食和毒杀作用，降低幼虫的化蛹率和蛹的羽化率，从而抑制斜纹夜蛾和小菜蛾幼虫的为害。

据资料报道，防治十字花科蔬菜菜青虫，在幼虫发生盛期，用0.1%乳油60 ~ 100ml/亩对水40 ~ 50kg喷雾。

注意事项 避光，避高温，避免进入鱼塘等养殖场。

开发登记 安徽昌山日用化工有限公司曾登记生产。

苏云金杆菌 *Bacillus thuringiensis*

其他名称 敌宝；快来顺；康多惠；Bt(BT)杀虫剂；Condor；CutLass(RousseL–UcLaf Group)；Bactospeine(distributor，Biochem Products Ltd)。

理化性质 黄褐色固体。

毒　　性 大鼠经口按每千克体重2×10^{22}活芽孢给药无死亡，也无中毒症状。

作用特点 苏云金杆菌是包括许多变种的一类产晶体芽孢杆菌。是由昆虫病原细菌苏云金杆菌的发酵产物加工成的制剂。苏云金杆菌制剂是胃毒剂，杀虫谱广，能防治100多种害虫，但药效作用比较缓慢。可用于防治直翅目、鞘翅目、双翅目、膜翅目，特别是鳞翅目的多种害虫。苏云金杆菌可产生两大类毒素：内毒素(即伴孢晶体)和外毒素(α 、β 和 λ 外毒素)。伴孢晶体是主要的毒素。在昆虫的碱性中肠中，可使肠道在几分钟内麻痹，昆虫停止取食，并很快破坏肠道内膜，造成细菌的营养细胞易于侵袭和穿透肠道底膜进入血淋巴，最后昆虫因饥饿和败血症而死亡。外毒素作用缓慢，而在蜕皮和变态时作用明显，这两个时期正是RNA合成的高峰期，外毒素能抑制依赖于DNA的RNA聚合酶。

应用技术 可用于喷雾、喷粉、灌心、制成颗粒剂或毒饵等，也可进行大面积飞机喷洒。可与低剂量的化学杀虫剂混用以提高防治效果。

防治玉米螟，用8 000IU/ml可湿性粉剂100 ~ 200g/亩加细沙灌心；防治水稻稻纵卷叶螟，用8 000IU/ml可湿性粉剂200 ~ 300g/亩对水40 ~ 50kg喷雾；防治水稻稻苞虫，用8 000IU/ml可湿性粉剂100 ~ 400g/亩对水40 ~ 50kg喷雾；防治大豆天蛾，用8 000IU/ml可湿性粉剂100 ~ 150g/亩对水40 ~ 50kg喷雾；防治棉花棉铃虫8 000IU/ml可湿性粉剂200 ~ 300g/亩对水60kg喷雾；防治棉花造桥虫，用8 000IU/ml可湿性粉剂 100 ~ 500g/亩对水60kg喷雾；防治棉花红铃虫，用8 000IU/ml可湿性粉剂200 ~ 300g/亩对水60kg喷雾；防治甘薯天蛾，用8 000IU/ml可湿性粉剂100 ~ 150g/亩对水40 ~ 50kg喷雾；防治烟草烟青虫，在2 ~ 3龄幼虫期，用8 000IU/ml可湿性粉剂100 ~ 200g/亩对水40 ~ 50kg喷雾；防治茶树茶毛虫，用8 000IU/ml可湿性粉剂400 ~ 800倍液喷雾。

防治十字花科蔬菜菜青虫，在卵孵化盛期，用8 000IU/ml可湿性粉剂50 ~ 100g/亩对水40 ~ 50kg喷雾；防治十字花科蔬菜小菜蛾，用8 000IU/ml可湿性粉剂100 ~ 150g/亩对水40 ~ 50kg喷雾；防治十字花科蔬菜甜菜夜蛾，用32 000IU/ml可湿性粉剂40 ~ 60g/亩对水40 ~ 50kg喷雾。

防治苹果蠹蛾，用8 000IU/ml可湿性粉剂400～600倍液喷雾；防治果树食心虫4 000IU/μL悬浮剂200倍液喷雾；防治梨树天幕毛虫，用8 000IU/ml可湿性粉剂400～600倍液喷雾；防治柑橘柑橘凤蝶，用8 000IU/ml可湿性粉剂400～600倍液喷雾；防治枣树枣尺蠖，用8 000IU/ml可湿性粉剂600～800倍液喷雾。

防治森林松毛虫，在2～3龄幼虫发生期，用8 000IU/ml可湿性粉剂600～800倍液喷雾。

另外，资料报道还可以防治贮粮害虫，每$10m^2$粮堆表面层，用100亿活芽孢/g可湿性粉剂1kg与粮食拌匀，可防治对马拉硫磷产生抗性的仓库害虫，如印度谷螟、棕斑螟等，而且不影响小茧蜂、寄生螨类对害虫的寄生。

注意事项 主要用于防治鳞翅目害虫的幼虫，施用期一般比使用化学农药提前2～3d，对害虫的低龄幼虫效果好，30℃以上施药效果最好。不能与有机磷杀虫剂或杀菌剂混合使用。苏云金杆菌可湿性粉剂对蚕毒力很强，在养蚕地区使用时，必须注意勿与蚕接触。苏云金杆菌可湿性粉剂应保存在低于25℃的干燥阴凉仓库中，防止暴晒和潮湿，以免变质。

开发登记 武汉科诺生物科技股份有限公司、山东省青岛奥迪斯生物科技有限公司等企业登记生产。

烟碱 nicotine

其他名称 蚜克；尼古丁；硫酸烟碱；克虫灵；绿色剑。

化学名称 (S)-3-(1-甲基-2-吡咯烷基)吡啶。

结 构 式

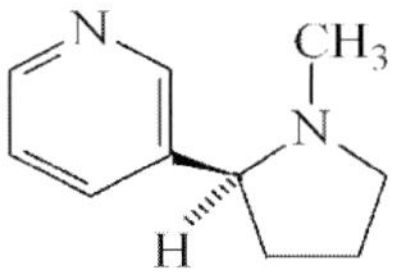

理化性质 纯烟碱为无色的油状液体，沸点247℃，性质不稳定，容易挥发，能溶于水和有机溶剂中。遇光和空气变成褐色并且发黏，有奇臭味和强烈刺激性。常压下蒸馏沸点为248℃，20℃时相对密度为1.01。

毒　　性 大白鼠口服LD_{50}为50～60mg/kg，兔急性经皮LD_{50}为50～60mg/kg，兔急性经口LD_{50}为50mg/kg。通过皮肤迅速吸收，吸进和皮肤接触对人有毒。

剂　　型 10%乳油、10%高渗水剂、30%增效乳油、2%水乳剂。

作用特点 烟碱为三大传统植物性杀虫剂之一，主要来源于茄科烟草属植物。对昆虫有胃毒、触杀及熏蒸作用，并有杀卵作用，对害虫的毒杀机理是麻痹神经，烟碱的蒸气可从虫体任何部分侵入体内而发挥毒杀作用。烟碱易挥发，故持效很短，而它的盐类(如硫酸烟碱)则较稳定，持效较长。

应用技术 可以用于防治果树、蔬菜、茶、棉等作物的蚜虫、蓟马、蝽象、卷叶虫、菜青虫、潜叶蛾以及水稻的三化螟、飞虱、叶蝉等害虫。

防治棉花蚜虫，蚜虫发生盛期，用10%乳油50～70g/亩对水40～50kg喷雾；防治烟草烟青虫，在2～3龄幼虫期，用10%乳油50～75g/亩对水40～50kg喷雾。

防治菜豆蚜虫，用10%乳油20～30g/亩对水40～50kg喷雾。

另外，资料报道还可以防治麦蜘蛛和麦蚜，用10%乳油80～100ml对水40～50kg均匀喷雾；防治蚕豆斑潜蝇，用30%乳油150ml/亩对水40～50kg喷雾；防治菜青虫，在菜青虫低龄幼虫期，用10%乳油75～

100ml/亩对水40～50kg喷雾，对小菜蛾也有一定的兼治作用。

注意事项 由于烟碱对人高毒，做好个人保护。烟碱对蜜蜂有毒，使用时应远离养蜂场所。在稀释药液时，加入一定量的肥皂或石灰，能提高药效。急救治疗措施：用清水或盐水彻底冲洗，如丧失意识，开始时可吞服活性炭，清洗肠胃，禁服吐根糖浆，无解毒剂，对症治疗。烟碱易挥发，必须密闭存放，配成的药液立即使用。

开发登记 武汉楚强生物科技有限公司登记生产。

木烟碱

化学名称 2-(3'-吡啶基)哌啶。

结构式

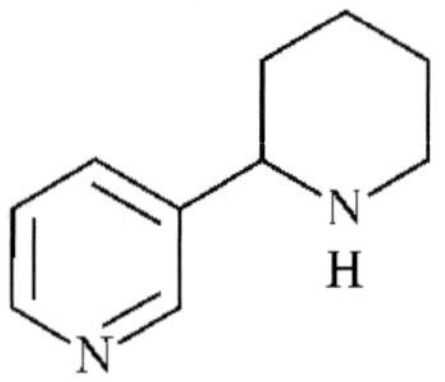

理化性质 原药外观为棕色油状物，相对密度为1.051 6(20℃)，沸点110℃(760mmHg)，熔点276℃(760mm Hg)。溶解度为甲苯300g/L，石油醚173g/L。制剂外观为棕黄色液体。

毒　　性 大鼠急性经口LD_{50}原药126mg/kg，制剂3 690mg/kg。

剂　　型 0.6%乳油。

作用特点 本品以药源植物为原料加工而成，产品有效体为木烟碱，有效体进入虫体后能阻断害虫的神经传导系统。特别适用于害虫对有机磷、菊酯类农药产生高抗性的产棉区。

应用技术 防治棉花棉铃虫，在低龄幼虫期，用0.6%乳油83～100g/亩对水40～50kg喷雾。

注意事项 不能与碱性农药、化肥混用。

开发登记 新疆国宸植物农药有限责任公司登记生产。

油酸烟碱　nicotine oLeate

其他名称 毙蚜丁。

化学名称 9-十八烯酸-N-甲基-2-(3-吡啶基)四氢吡咯盐。

结构式

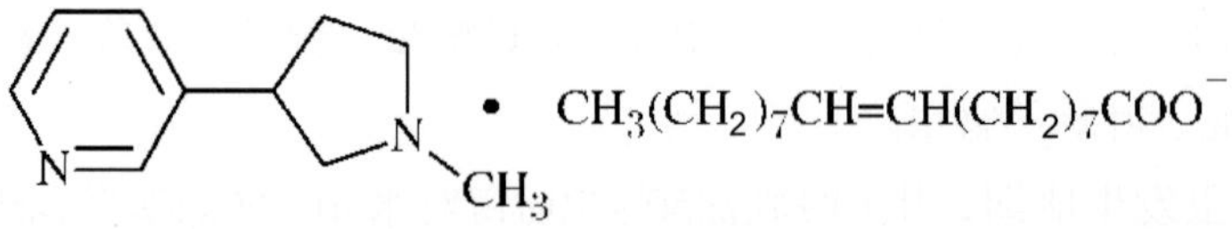

$\cdot\ CH_3(CH_2)_7CH{=}CH(CH_2)_7COO^-$

理化性质 原药常温下为琥珀色油状液体，凝固点-23℃(呈半透明坚硬固体)；相对密度为0.948；易溶于乙醇、乙醚、石油醚、四氯化碳、甘油等，与水1∶1混溶呈糊状，在过量水中呈乳状液。

毒　　性 高毒。

剂　　型 27.5%乳剂。

作用特点 气态烟碱从昆虫的气门，液态烟碱通过皮肤进入昆虫体内，与昆虫神经系统的乙酰胆碱受体结合，和乙酰胆碱一样可引起神经兴奋，但因不分解而使兴奋持续直至死亡。防治刺吸口器害虫及软体动物幼虫，其对某些已产生抗药性的害虫效果明显，对天敌安全。

应用技术 资料报道，用于棉花、蔬菜、果树、茶树、小麦、水稻、烟草、花卉等作物，防治蚜虫、菜青虫、螨类、飞虱、叶蝉、3龄以下棉铃虫，一般采用27.5%乳剂500～1 000倍液喷雾。虫害严重或枝叶茂密时应适当增加用药量。

注意事项 油酸烟碱乳油系以触杀、胃毒为主的杀虫剂，兼有熏蒸作用，喷雾时务必均匀周到，使用时勿与强酸性或强碱性农药混用，中毒症状：头痛、呕吐、烦躁不安，视觉及听觉失常，呼吸急促昏厥。发现中毒立即急救，轻者可饮浓茶或咖啡，也可用解毒药(活性炭水2份，氧化镁1份，鞣酸1份调和而成)15g，冲水饮服或洗胃，并送医院急救。安全使用期为收获前7d。应在避光、阴凉、干燥处储存。

开发登记 河南大学化学化工系开发。

鱼藤酮 rotenone

其他名称 鱼藤；施宝绿；绿易；AkerTuba；Barbasco；Cube；Cube Root。

化学名称 (2R,6aS,12aS)–1,2, 6, 6a,12,12a–六氢–2–异丙烯基–8,9–二甲氧基苯并吡喃[3,4–b]呋喃并[2,3–h]苯并吡喃–6–酮。

结构式

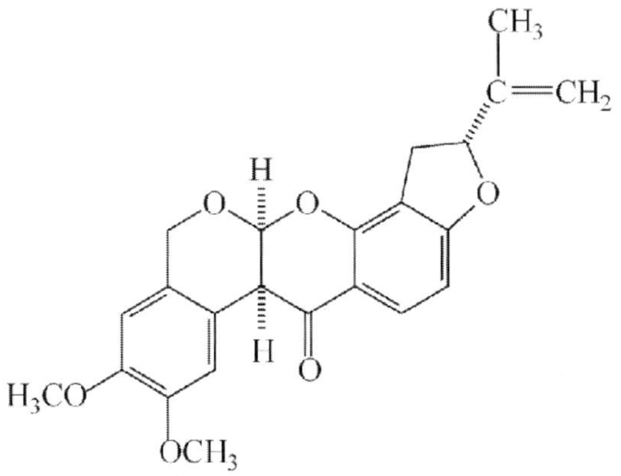

理化性质 从多种植物中萃取所得，无色晶体。熔点163℃(同质二晶型熔点181℃)，几乎不溶于水(100℃时溶解度为15mg/kg)，稍溶于链烃溶剂，易溶于极性有机溶剂，在氯仿中溶解度最大(47.2g/100g)。遇碱消旋，易氧化，尤其在光或碱存在下氧化快，而失去杀虫活性。在干燥情况下，比较稳定。

毒　　性 急性经口LD_{50}：大白鼠132～1 500mg/kg，小白鼠350mg/kg。虹鳟鱼LC_{50}为3mg/L。

剂　　型 7.5%乳油、4%高渗乳油、5%乳油、4%粉剂、3.5%高渗乳油、2.5%乳油、5%微乳剂、6%微乳剂。

作用特点 为传统植物性杀虫剂，有选择性，具有触杀和胃毒作用，无内吸性，见光易分解，在空气中易氧化，在作物上残留时间短，对环境无污染，对天敌安全。该药剂杀虫谱广，对害虫有触杀和胃毒作用。本品进入虫体后迅即妨碍呼吸，特别是抑制辅酶I和辅酶Q之间的电子传递，抑制*L*–谷氨酸的氧化，而使害虫死亡。该药剂能有效地防治蔬菜等多种作物上的蚜虫，安全间隔期为3d。

应用技术 能用于水稻、蔬菜和果树上防治蚜虫、棉红蜘蛛、叶蜂等，无药害；对蚜虫有特效。

防治十字花科蔬菜蚜虫，蚜虫发生盛期，用2.5%乳油100～150ml/亩对水40～50kg喷雾；防治十字花科蔬菜、油菜黄条跳甲，用5%可溶液剂150～200ml/亩喷雾。防治番茄蚜虫，用3.5%高渗乳油34～51ml/亩对水40～50kg喷雾。持效期长，对作物安全。

注意事项 使用时应遵守通常的农药使用保护规则，做好个人保护。本品遇光、空气、水和碱性物质会加速降解，失去药效，不宜与碱性农药混用，密闭存放在阴凉、干燥、通风处。对家畜、鱼和家蚕高毒，施药时应避免药液漂移到附近水池、桑树上，安全间隔期为3d。

开发登记 北京三浦百草绿色植物制剂有限公司、河北天顺生物工程有限公司等企业登记生产。

血根碱 sanguinarine

结构式

OH
H_3C—N

理化性质 纯品熔点278～280℃。可溶于乙醇、氯仿、乙醚、丙酮和乙酸乙酯等有机溶剂，其硫酸盐可溶于水。常温下稳定，对光稳定。

毒　　性 12%血根碱母液大鼠急性经口LD_{50}为2 330mg/kg(雌性)和2 000mg/kg(雄性)，大鼠急性经皮LD_{50}＞2 150mg/kg，大鼠急性吸进LC_{50}(2h)2 150mg/m^3；对眼睛轻度刺激性，对皮肤无刺激性，无致敏性。

剂　　型 12%母液、1%可湿性粉剂。

作用特点 本品为植物源农药，对蚜虫、螨、菜青虫等有较高的活性。

应用技术 资料报道，防治十字花科蔬菜菜青虫，用1%可湿性粉剂30～50g/亩对水40～50kg喷雾；防治菜豆蚜虫，用1%可湿性粉剂30～50g/亩喷雾。

防治苹果树蚜虫，用1%可湿性粉剂2 000～2 500倍液喷雾；防治苹果二斑叶螨，于低龄若虫期，用1%可湿性粉剂2 500倍液均匀喷雾；防治梨木虱，用1%可湿性粉剂2 500～3 000倍液均匀喷雾。

注意事项 该农药低毒，在使用过程中应注意与其他药剂交替使用，以免产生抗药性。

开发登记 安徽金土地生物科技有限公司曾登记生产。

桉油精 eucalyptol

其他名称 桉树脑；桉叶素。

化学名称 1,3,3–三甲基–2 –氧杂双环[2,2,2]辛烷。

结构式

CH_3
O
H_3C　CH_3

理化性质 不溶于水，易溶于乙醇、氯仿、乙醚、冰醋酸、油等有机溶剂。

毒　　性 大鼠口服LD_{50}为2 480mg/kg；小鼠经皮LD_{50}为1 070mg/kg，低毒。

剂　　型 5%可溶液剂。

作用特点 是一种新型植物源杀虫剂，以触杀作用为主，具有高效、低毒等特点。

应用技术 本品可用于防治十字花科蔬菜蚜虫，于蚜虫始发盛期，用5%可溶液剂 70 ~ 100g/亩，对水30 ~ 50L/亩喷雾。

开发登记 北京亚戈农生物药业有限公司登记生产。

狼毒素 neochamaejasmin

化学名称 [3,3'-双-4H-1-苯并吡喃]-4,4'-二酮-2,2',3,3'-四氢-5,5',7,7'-四羟基-2,2'-双(4-羟基苯基)。

理化性质 原药外观为黄色结晶粉末，熔点278℃，溶于甲醇、乙醇，不溶于三氯甲烷、甲苯。制剂外观为棕褐色、半透明、黏稠状、无霉变、无结块固体。

毒　　性 微毒。

剂　　型 9.5%母药、1.6%水乳剂。

作用特点 属黄酮类化合物，具有旋光性，且多为左旋体。作用于虫体细胞，渗入细胞核抑制或破坏新陈代谢系统，使受体能量传递失调、紊乱，导致死亡。

应用技术 本品主要防治十字花科蔬菜菜青虫，于菜青虫卵孵化高峰期至低龄幼虫发生期，用1.6%水乳剂 50 ~ 100ml/亩喷雾。

注意事项 不能与碱性农药相混。

开发登记 甘肃国力生物科技开发有限公司登记生产。

球孢白僵菌 *Beauveria bassiana* (Bals.)

其他名称 白僵菌素。

理化性质 属好气性菌，白色至灰色粉状物。

毒　　性 低毒。

剂　　型 150亿孢子/g可湿性粉剂、100亿孢子/ml油悬浮剂、 400亿孢子/g水分散粒剂。

作用特点 本产品主要通过触杀作用，可以穿透昆虫体壁，在昆虫体内增殖，进而杀死目标害虫。

应用技术 防治玉米玉米螟，于玉米大喇叭口期（玉米螟卵孵化盛期），用300亿芽孢/g可湿性粉剂100 ~ 120g/亩喷雾；防治辣椒蓟马，用150亿孢子/g可湿性粉剂160 ~ 200g/亩喷雾；防治小麦蚜虫，于麦蚜始发盛期，用150亿孢子/g可湿性粉剂15 ~ 20g/亩对水30 ~ 50kg/亩喷雾；防治水稻稻飞虱，用50亿孢子/g悬浮剂40~50ml/亩喷雾；防治水稻稻纵卷叶螟、蓟马用50亿孢子/g悬浮剂45 ~ 55ml/亩喷雾；防治水稻二化螟，于二化螟卵孵盛期或低龄幼虫发生初期，用150亿孢子/g颗粒剂 500 ~ 600g制剂/亩撒施；防治花生蛴螬，用150亿孢子/g可湿性粉剂250 ~ 300g/亩拌毒土撒施。

防治十字花科蔬菜蚜虫，用100亿孢子/ml油悬浮剂100 ~ 120ml/亩对水40 ~ 50kg喷雾。防治甘蓝小菜蛾，于小菜蛾低龄幼虫发生期，用150亿孢子/g悬浮剂200 ~ 250ml/亩对水40kg/亩喷雾；防治马铃薯甲虫，于幼虫发生期，用100亿孢子/ml可分散油悬浮剂 200～300ml/亩喷雾；防治韭菜韭蛆，于韭蛆低龄幼虫盛发期即韭菜叶子叶尖开始发黄而变软并逐渐向地面倒伏时，用150亿孢子/g颗粒剂250～300g/亩撒施。

防治茶树茶小绿叶蝉，于若虫初发期400亿孢子/g水分散粒剂 27.5～30g/亩对水40～60kg/亩喷雾。

防治林木光肩星天牛、美国白蛾、杨树杨小舟蛾、竹子竹蝗，用400亿个孢子/g可湿性粉剂1 500～2 500倍液喷雾防治成虫、注射防治幼虫；防治马尾松松毛虫，用400亿个孢子/g可湿性粉剂80～100g/亩喷雾；防治棉花斜纹夜蛾，用400亿个孢子/g可湿性粉剂25～30g/亩喷雾。

防治草原蝗虫，用100亿孢子/ml油悬浮剂150～200ml/亩对水100～150kg超低容量喷雾。防治松树松毛虫，用150亿孢子/g可湿性粉剂200～260g/亩对水80～100kg喷雾。

注意事项 本产品对人畜安全、但应避免儿童误食；包装一旦开启，应尽快用完，以免影响孢子活力；产品存放于低温阴凉处，避免阳光直射。

开发登记 江西天人生态工业有限责任公司登记生产。

青虫菌 *Bacillus thuringiensis* **var.***galleria*

其他名称 蜻螟杆菌三号。

毒　　性 低毒。

剂　　型 粉剂，含活孢子100亿/g，产品为淡白色和黄色粉末。

作用特点 青虫菌为苏云金杆菌(*Bacillus thuringiensis*)的蜡螟变种。苏云金杆菌可产生两大类毒素：内毒素(即伴孢晶体)和外毒素(α、β 和 γ 外毒素)，伴孢晶体是主要的毒素。在昆虫的碱性中肠中，可使肠道在几分钟内麻痹，昆虫停止取食，并很快破坏肠道内膜，造成细菌的营养细胞易于侵袭和穿透肠道底膜进入血淋巴，最后 昆虫因饥饿和败血症而死亡，外毒素作用缓慢，而在蜕皮和变态时作用明显，这两个时期正是RNA合成的高峰期，外毒素能抑制依赖于DNA的RNA聚合酶。

应用技术 据资料报道，防治菜蚜、菜青虫、棉铃虫、玉米螟、灯蛾、刺蛾、瓜绢螟等，用100亿孢子/g粉剂500～1 000倍液喷雾，或250g/亩，加20～25kg细土撒施。

注意事项 菌粉应储存于干燥阴凉处，避免水湿、暴晒、雨淋等，禁止在养蚕区使用，杀虫速度较化学农药慢，在施药前应做好害虫测报工作，掌握在卵孵化盛期及2龄前喷药，为提高杀虫速度，可与90%晶体敌百虫混合使用，但不能与化学杀菌剂混用，喷雾时可加入0.5%～1%洗衣粉或洗衣膏作黏着剂，以增加药液展着性能，药效受温湿度影响，20～28℃时效果较佳，叶面有一定湿度时可提高药效，宜选择傍晚，清晨或阴天喷雾，中午强光条件下会杀死活孢子，影响药效。

耳霉菌 *Conidioblous thromboides*

理化性质 制剂外观为土黄色悬浮液，pH4.0～5.5。可与菊酯类、有机磷类农药混用。

毒　　性 低毒。

剂　　型 200万孢子/ml悬浮剂、200万CFU/ml悬浮剂。

作用特点 块状耳霉菌生物农药，对多种蚜虫具有较强的毒杀作用，而对人畜安全，不污染环境，不伤害天敌，杀蚜谱广。

应用技术 防治小麦蚜虫，在麦蚜为害初期，用200万孢子/ml悬浮剂150～200ml/亩对水40～50kg喷雾。防治水稻稻飞虱，用200万CFU/ml悬浮剂150～230ml/亩喷雾。

注意事项 施用7d后，如有蚜虫回升现象，可重复喷药1次。

开发登记 山东省长清农药厂有限公司登记生产。

金龟子绿僵菌 *Metarhizium anisopliae* **var.** *acridum*

理化性质 产品外观为灰绿色微粉，疏水、油分散性。活孢率≥90.0%，有效成分(绿僵菌孢子)≥5×10^{10}孢子/g，含水量≤5.0%，孢子粒径≤60μm，感杂率≤0.01%。

毒　　性 大鼠急性经口LD_{50}＞2 000mg/kg，低毒。

作用特点 该产品产生作用的是绿僵菌分生孢子，萌发后可以侵入昆虫表皮，以触杀方式侵染寄主致死，环境条件适宜时，在寄主体内增殖产孢，绿僵菌可以再次侵染流行，实现蝗灾的控制。

剂　　型 100亿孢子/ml油悬浮剂等。

应用技术 防治豇豆蓟马，用100亿孢子/g油悬浮剂，25～35g/亩对水30～50kg/亩喷雾；防治大白菜甜菜夜蛾，于甜菜夜蛾卵孵高峰期至低龄幼虫发生期，用100亿孢子/g油悬浮剂20～33g/亩对水40～50kg/亩喷雾；防治萝卜地老虎，于萝卜移栽前，用2亿孢子/g颗粒剂 4～6kg/亩穴施或沟施，后移栽覆土；防治茶树小绿叶蝉、甘蓝菜青虫、黄瓜蚜虫、苦瓜蚜虫、豇豆甜菜夜蛾，用80亿孢子/ml可分散油悬浮剂40～60ml/亩喷雾；防治甘蓝黄条跳甲、茎瘤芥菜青虫、水稻稻纵卷叶螟，水稻稻飞虱、水稻二化螟、水稻叶蝉和小麦蚜虫、烟草蚜虫，用80亿孢子/ml可分散油悬浮剂60～90ml/亩喷雾；防治桃树蚜虫，用80亿孢子/ml可分散油悬浮剂1 000～2 000倍液喷雾。

开发登记 重庆重大生物技术发展有限公司、重庆聚立信生物工程有限公司、江西天人生态股份有限公司登记生产。

依维菌素 ivermectin

其他名称 伊维菌素、22，23-二氢阿巴美丁、mk933。

化学名称 5-O-去甲基-22,23-双氢阿维菌素A1。

结 构 式

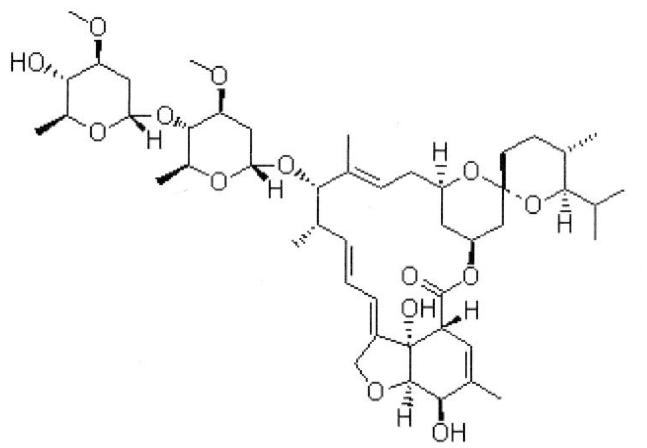

理化性质 外观为白色固体，熔点145～150℃。难溶于水，易溶于甲苯、二氯甲烷、乙酸乙酯、苯等有机溶剂。对热比较稳定，对紫外光敏感。

毒　　性 原药大鼠雄性急性经口LD_{50}82.5mg/kg、雌性为68.1mg/kg，大鼠雄性急性经皮LD_{50} 464mg/kg、雌性为562mg/kg，属中等毒。

作用特点 是以阿维菌素为先导化合物，结构优化而开发成功的新型合成农药。与阿维菌素相比，不但保留了其驱虫和杀螨活性，而且安全性更高，不易产生产生抗性，为蔬菜、水果、棉花等的生产提供了一个高效、高安全性及与环境相容性好的生物源杀虫剂。

剂　　型 0.3%乳油、0.5%乳油。

应用技术 可防治草莓红蜘蛛、甘蓝小菜蛾、杨梅树果蝇等害虫。于小菜蛾和红蜘蛛低龄幼虫期施药，防治小菜蛾用0.5%乳油40～60ml/亩，防治红蜘蛛用0.5%乳油500～1 000倍液，防治果蝇用0.5%乳油500～750倍液，对水均匀喷雾；在甘蓝上使用的安全间隔期为7d，草莓上使用的安全间隔期为5d，每季作物最多使用2次；在强光下易分解,最好在早晨或傍晚用药。此外，可作为卫生杀虫剂防治白蚁、蜚蠊。新建、改建、扩建、装饰装修的房屋实施白蚁预防处理。可将0.3%乳油用水稀释2倍后，对需处理土壤均匀喷洒。将0.3%乳油用水稀释4倍后，将木材浸泡在药液中浸泡30min以上。

注意事项 本品对紫外线敏感，使用时应尽量避免让药剂暴露在阳光下。对鱼类、大型蚤、藻类、鸟类、蜜蜂和家蚕等生物有毒，用药时应避免接触这些生物。鸟类保护区、开花植物及开花植物花期、养蜂区、蚕室及桑园附近、水产养殖区、河塘等水域附近禁用。不要与碱性物质混用。

开发登记 顺毅南通化工有限公司、顺毅股份有限公司等公司登记。

淡紫拟青霉 *Paecilomyces lilacinus*

其他名称 防线霉；线虫清。

理化性质 原药外观为淡紫色粉末状。

毒　　性 大鼠急性经口LD_{50}＞5 000mg/kg，急性经皮LD_{50}＞5 000mg/kg，低毒，对眼睛和皮肤无刺激性，轻度致敏，对鱼、鸟为低毒，对蜜蜂、家蚕安全。

作用特点 使用该药入土后，孢子萌发长出很多菌丝，菌丝碰到线虫的卵，分泌几丁质酶，从而破坏卵壳的几丁质层，菌丝得以穿透卵壳，以卵内物质为养料大量繁殖，使卵内的细胞和早期胚胎受破坏，不能孵出幼虫。

剂　　型 100亿孢子/g母药、200亿孢子/g母药、2亿孢子/g粉剂、5亿孢子/g颗粒剂。

应用技术 可防治番茄、草坪根结线虫。防治番茄、草坪根结线虫，用5亿孢子/g颗粒剂2 500～3 000g/亩于播种前或移栽前均匀穴施、沟施在种子或幼苗根系附近，施药深度为20cm左右，施药1次。也可用2亿孢子/g粉剂1.5～2kg/亩在移栽时拌干土穴施防治番茄根结线虫，每茬作物使用1次。

注意事项 勿与化学杀菌剂混合施用；注意安全使用，淡紫拟青霉可寄生眼角膜，如不慎进入眼睛，立即用大量清水冲洗；最佳施药时间为早上或傍晚。勿使药剂直接放置于强阳光下；贮存于阴凉干燥处，勿使药剂受潮。

开发登记 福建凯立生物制品有限公司、德强生物股份有限公司等公司登记。

短稳杆菌 *Empedobacter brevis*

其他名称 GXW15-4

理化性质 300亿孢子/g母药外观为淡黄色粉末，沸点≥100℃，水分≥4.0%，溶解度（在水溶剂中）≥96%。

毒　　性 大鼠(雌/雄)急性经口LD_{50}＞5 000mg/kg，急性经皮LD_{50}＞5 000mg/kg，微毒。

作用特点 是从斜纹夜蛾罹病死亡的四龄幼虫尸体中分离出的一种新的昆虫病细菌。它的主要杀虫成分是病原物活体经害虫的口进入体内，病原物在害虫体内寄生与扩增，导致生理功能的连续性失调（病程）：即害虫受到病原入侵后，其体内经过从生化病变、生理病变、细胞学病变，最终产生形态学病变的一系列变化。首先在肠道内膜处大量增殖，使肠道上出现许多小红点和肠组织溶解，用药后24h，短稳杆菌病原物溶解肠道后很快进入腹、血腔，并利用其腹、血腔组织液等靶标处，继续大量增殖，使害虫靶标处发生病变，并伴随其代谢过程中释放出意味气体和组织溶解酶，最后导致病虫窒息死亡直至解体。

剂　　型 300亿孢子/g母药、100亿孢子/ml悬浮剂。

应用技术 可防治茶树茶尺蠖、棉花棉铃虫、十字花科蔬菜小菜蛾、斜纹夜蛾、水稻稻纵卷叶螟、烟草烟青虫等。用100亿孢子/ml悬浮剂于小菜蛾、斜纹夜蛾1～2龄幼虫中、高峰期施药，稻纵卷叶螟卵孵高峰到2龄前期施药，于其他害虫低龄幼虫中、高峰期使用，茶尺蠖、烟青虫用500～700倍液，小菜蛾、斜纹夜蛾用800～1 000倍液，棉铃虫用750～937.5ml/ha，稻纵卷叶螟用600～700倍液，对水均匀喷雾。

注意事项 对蜜蜂、家蚕中等风险性，开花植物开花期禁用，蚕室及桑园附近禁用。傍晚喷雾可提高防效，药液要喷到害虫捕食处。不可与杀菌剂混用。

开发登记 镇江市润宇生物科技开发有限公司开发登记。

松毛虫质型多角体病毒

其他名称 Dendrolimus punctatus cytoplasmic polyhedrosis virus

毒　　性 大鼠急性经口LD_{50}＞500mg/kg，急性经皮LD_{50}＞5 000mg/kg，微毒。

应用技术 飞机大面积防治工作中，应注意避免高温、大风时间，施药后至少2d不能下雨，或选择在越冬前2~3龄时进行。高龄幼虫在高密度下注意添加速效低毒药剂。松毛虫CPV 是一种迟效的病毒杀虫剂，松毛虫喂毒后，需经4～6d才开始死亡，死亡高峰在喂毒后8～15d。在高虫龄、高虫口区，6～8d的时间松毛虫足以吃光全部松针，因此在这种情形下使用CPV防治松毛虫时，需要加一些低毒化学农药或其他速效生物农药，如Bt。对松毛虫的致死速度快，喂毒后4h即开始出现死虫，24～48h达到死亡高峰。

注意事项 盛卵期使用；不能与光谱化学杀虫剂同时使用。

开发登记 武汉楚强生物科技有限公司登记。

甘蓝夜蛾核型多角体病毒

其他名称 Mamestra brassicae multiple NPV

理化性质 外观为白色固体，熔点238～240℃在水中溶解度为1～2mg/L，相对密度1.65。

毒　　性 急性经口LD_{50}>2 000mg/kg，急性经皮LD_{50}>2 000mg/kg，低毒。

作用特点 甘蓝夜蛾核型多角体病毒是一种广谱性昆虫病毒微生物杀虫剂，能杀灭32种鳞翅目害虫，用于防治几乎对所有化学农药均产生抗性的小菜蛾，效果很好，且不易产生抗性。该产品作用机理独特，施药后病毒能大量吞噬害虫细胞，最后有效杀灭害虫。同时，产品中含有18种氨基酸和蛋白质，可以在杀虫的同时起到补充营养的作用，与化学农药混用有增效作用，可大大减少农药用量。

剂　　型 5亿PIB/g颗粒剂、10亿PIB/ml悬浮剂、20亿PIB/ml悬浮剂、30亿PIB/ml悬浮剂、10亿PIB/g可湿性粉剂。

应用技术 防治甘蓝小菜蛾用20亿PIB/ml悬浮剂90～120ml/亩，防治棉花棉铃虫、茶树茶尺蠖用20亿PIB/ml悬浮剂50～60ml/亩，防治玉米螟用10亿PIB/ml悬浮剂80～100ml/亩，防治稻纵卷叶螟用30亿PIB/ml悬浮剂30～50ml/亩，防治烟草烟青虫用10亿PIB/g可湿性粉剂80～100g/亩，于低龄幼虫（3龄前）始发期，每亩按推荐剂量对水50kg，均匀喷雾。药剂无内吸作用，所以喷药要均匀周到，新生叶部位，叶片背面重点喷洒，才能有效防治害虫。选在傍晚或阴天施药，尽量避免阳光直射。防治玉米地老虎应于播种前，将5亿PIB/g颗粒剂800～1 200g/亩药剂与适量细沙土混匀，撒施于播种沟内。

注意事项 不能与强酸、碱性物质混用，以免降低药效；建议与其他不同作用机制的杀虫剂轮换使用以延缓抗性。

开发登记 中国科学院病毒研究所研制、江西新龙生物科技股份有限公司登记。

斜纹夜蛾核型多角体病毒

其他名称 虫瘟一号；金蛤；立击；spodoptera litura NPV。

理化性质 病毒杆状，伸长部分包围在透明的蛋白孢子体内。原药为黄褐色到棕色粉末，不溶于水。

毒　　性 大鼠急性经口LD_{50}>5 100mg/kg，大鼠急性经皮LD_{50} >2 100mg/kg，对新西兰纯种白兔皮肤无刺激性，对新西兰纯种白兔眼睛弱刺激性，对豚鼠皮肤属弱致敏物。

作用特点 是从采集到的自然罹病死亡（疑似具有病毒症状）的斜纹夜蛾幼虫体内分离鉴定得到的一种活体昆虫病毒。害虫通过取食感染病毒，感染后3～4d停止进食，5～10d后死亡。另有研究表明，随着斜纹夜蛾虫龄的增大，幼虫对病毒的敏感性下降，寄主幼虫病死率降低，病死速率减慢，病死持续时间延长，幼虫病亡和患病始期、高峰期推迟，所以应该在斜纹夜蛾幼虫低龄期施药，以发挥最佳防治效果。

剂　　型 10亿PIB/g可湿性粉剂、10亿PIB/ml悬浮剂、200亿PIB/g水分散粒剂。

应用技术 防治蔬菜田的斜纹夜蛾，于卵孵初期至3龄前幼虫发生高峰期，可以用10亿PIB/g可湿性粉剂40～60g/亩对水均匀喷雾，或于斜纹夜蛾产卵高峰期用200亿PIB/g水分散粒剂3～4g/亩对水均匀喷雾；防治甘蓝斜纹夜蛾，于卵孵初期至3龄前幼虫发生高峰期可以用10亿PIB/ml悬浮剂50～75ml/亩对水均匀喷雾。视害虫发生情况，每7d左右施药1次。施药时选择傍晚或阴天，避免阳光直射，遇雨补喷。可与其他生物农药混用或轮换，不能与碱性物质混用。

注意事项 不能与碱性物质混用。作物采收前7d停止施药。远离水产养殖区、河塘等水域施药，避免药剂污染水源，桑园及蚕室附近禁用。

开发登记 中山大学昆虫研究生与广东省广州市中达生物工程有限公司联合开发，由广东省广州市中达生物工程有限公司、江西新龙生物科技股份有限公司等公司登记。

茶尺蠖核型多角体病毒 EONPV

理化性质 灰褐色液体。

毒　　性 大鼠急性经口LD_{50}＞5 000mg/kg，急性经皮LD_{50}＞2 000mg/kg，低毒，对大耳白兔眼无刺激性。

作用特点 茶尺蠖核型多角体病毒是从灰茶尺蠖幼虫体内分离得到的一种重要病毒。该病毒的致病力与温度关系较大，温度低于30℃时，致病力极强，温度高于30℃时，对寄主幼虫的致病力明显降低。寄主幼虫在感染该病毒120h后，中肠上皮细胞核内出现网状的病毒发生基质、杆状核衣壳以及大量的套膜材料，病毒粒子进入聚集的多角体蛋白。茶尺蠖幼虫感染该病毒后，潜伏期更长，一般为7d左右，这就决定了该药剂的药效较慢。因此，常将其与苏云金杆菌等速效性好的药剂混用或混配使用。

剂　　型 200亿PIB/g母药。

应用技术 多与苏云金杆菌混配使用防治茶尺蠖。于害虫三龄前或者卵孵盛期，施用茶核·苏云菌（茶尺蠖核型多角体病毒1千万PIB/ml、苏云金杆菌2 000IU/μl）悬浮剂100～150ml/亩，对水均匀喷雾，应在16时后或者阴天全天施药有利于药效的发挥。

注意事项 不可和碱性农药等物质混用，避免药液污染桑园及蚕室。

开发登记 武汉楚强生物科技有限公司登记。

菜青虫颗粒体病毒

其他名称 pierisrapae granu1osis virus(PrGV)。

理化性质 病毒形态不一，略呈椭圆形，表面和边沿不甚整齐，稍有凹陷，有的一端突出，一端平钝。

毒　　性 微生物农药，低毒，对人畜无害，不污染环境。

作用特点 是由感染菜青虫颗粒体病毒死亡的虫体经加工制成。其杀虫机理是颗粒体病毒经害虫食入后直接作用于害虫幼虫的脂肪体和中肠细胞核，并迅速复制，导致幼虫染病死亡。菜青虫感染病毒后，体色由青绿色逐渐变为黄绿色，最后变成黄白色，体节肿胀，食欲缺乏，最后停食死亡。死虫体壁常流出白色无臭味液体，在叶上常是倒挂。该病毒也可通过感病害虫粪便及死虫再侵染周围健康虫体，导致害虫种群的大量死亡。剂型 1亿个/mg原药。

应用技术 多与苏云金杆菌混配使用防治菜青虫，于害虫三龄前或者卵孵盛期，施用菜颗·苏云菌（菜青虫颗粒体病毒1万PIB/mg，苏云金杆菌16 000IU/mg）可湿性粉剂50～75g/亩，防治甘蓝菜青虫；施用菜颗·苏云菌（菜青虫颗粒体病毒1 000万PIB/ml，苏云金杆菌0.2%）防治十字花科蔬菜菜青虫。应在16时后或者阴天全天施药有利于药效的发挥。

注意事项 对家蚕有毒，桑园和蚕室附近禁用。

开发登记 武汉楚强生物科技有限公司登记。

茶毛虫核型多角体病毒

其他名称 EpNPV；Euproctis pseudoconspersa Nucleopolyhedogsis virus。

理化性质 在扫描电镜下大多为不规则的多面体，有似三角形，四角形，多角形等形状。表面光滑，少数有些皱褶，多角体大小不一，直径为1.1～2.1μm，多数为1.8μm。电镜下茶毛虫病毒粒子为杆状，大小约为120nm×340nm。茶毛虫多角体不溶于水、酒精、氯仿、丙酮、乙醚、二甲苯，但易溶于碱性溶液。

毒　　性 大鼠急性经口LD_{50}>5 000mg/kg，急性经皮LD_{50}>5 000mg/kg，微毒。

作用特点 属病源微生物，它可直接作用于茶毛虫的脂肪体和中肠细胞核，并迅速复制导致幼虫死亡，还可在茶园害虫种群中引发流行病，从而长期有效地控制茶毛虫危害，但防治对象单一，对其他害虫无效。

剂　　型 20亿PIB/ml母药。

应用技术 与苏云金杆菌混配使用防治茶树茶毛虫，在害虫1~2龄期用茶毛核·苏（苏云金杆菌2 000IU/μL，茶毛虫核型多角体病毒10 000PIB/μL）悬浮剂50~100ml/亩对水喷雾。施药时应对茶树正反叶片均匀喷雾。施药宜在晴天傍晚或阴天使用。

注意事项 生物农药，应避免阳光紫外线照射。

开发登记 江苏省扬州绿源生物化工有限公司登记。

蝗虫微孢子虫

其他名称 *Nosema locustae*

理化性质 蝗虫微孢子虫在自然界存在的形式是单细胞的孢子。孢子大小为5.5mm ×3.2μm，呈椭圆形。不溶于水，在悬浮剂中呈悬浮状态。-20℃～-10℃低温条件下离体可以存活3年以上，在常温条件下离体可以存活15d以上。

毒　　性 大鼠急性经口LD_{50} >2.3×10_8个孢子，急性经皮LD_{50} >2.3×10_8个孢子，微毒。

作用特点 该有效成分是原生动物，是专性寄生微生物，只对蝗虫和蟋蟀有致病作用，对人、畜等无毒，也不能渗透到植株体内。

剂　　型 0.4亿孢子/ml悬浮剂。

应用技术 用0.4亿孢子/ml悬浮剂32.5～40ml/亩对水均匀喷雾防治草地蝗虫。

开发登记 贵州天骜生物科技有限公司登记。

蟑螂病毒

其他名称 黑胸大蠊浓核病毒；PeripLaneta fuLiginosa densovirus (PfDNV)。

理化性质 原药沸点：100℃，熔点心160~180℃。

毒　　性 急性经口LD_{50} > 5 000mg/kg，急性经皮LD_{50} > 4 000mg/kg，低毒。

作用特点 是利用现代生物技术从罹病死亡的蟑螂体内提取而来，纯生物产品，蟑螂取食病毒后，病毒在蟑螂体内大量复制，使蟑螂患病而亡，同时病毒还可在蟑螂种群中横向和纵向传播，引发蟑螂“瘟疫”，达到有效防控蟑螂的目的。

取而来，纯生物产品，蟑螂取食病毒后，病毒在蟑螂体内大量复制，使蟑螂患病而亡，同时病毒还可在蟑螂种群中横向和纵向传播，引发蟑螂“瘟疫”，达到有效防控蟑螂的目的。

剂　　型 1亿PIB/ml原药、饵剂。

应用技术 可用于家庭、宾馆等室内灭蟑。将饵剂呈绿豆大小颗粒状施于蟑螂经常出没的隐蔽处，如厨房、卫生间、电器附近等场所。

注意事项 对鱼等水生动物、蜜蜂、蚕有毒，注意不可污染鱼塘等水域及饲养蜂、蚕场地。蚕室内及其附近禁用。

开发登记 武汉市拜乐卫生科技有限公司登记。

球形芽孢杆菌

其他名称 C3-41杀蚊幼剂；baciLLus sphaericus H5a5b。

理化性质 制剂外观灰色-褐色悬浮液体。相对密度1.08。

毒　　性 大鼠急性经口LD_{50} > 5 000mg/kg，急性经皮LD_{50} > 2 000mg/kg，低毒。

作用特点 对人、畜、水生生物低毒，是一种高效、安全、选择性杀蚊的生物杀蚊幼剂。广泛用于杀灭各种孳生地中的库蚊、按蚊幼虫、伊蚊幼虫。

剂　　型 200ITU/mg母药、80ITU/mg悬浮剂、100ITU/mg悬浮剂。

应用技术 选择池塘、河沟、下水道等蚊幼虫孳生地，以100ITU/mg悬浮剂3ml/m^2水面，稀释50倍喷洒，间隔10～15d用药1次；或以80ITU/mg悬浮剂4ml/m^2，用一定量的清水稀释后，均匀倒入水体中。12d左右施药1次。

注意事项 本品为生物制剂，应避免阳光紫外线照射，储藏室存于干燥、阴凉通风处。

开发登记 江苏省扬州绿源生物化工有限公司、广东真格生物科技有限公司等公司登记。

九、其他类杀虫剂

吡虫啉 imidacLoprid

其他名称 NTN-33893；灭虫精；咪蚜胺；蚜虱净；高巧；艾美乐；康福多；虱蚜清。

化学名称 1-(6-氯吡啶-3-基甲基)-N-硝基亚咪唑烷-2-基胺。

结构式

$$\mathrm{Cl}-\text{pyridyl}-\mathrm{H_2C}-\mathrm{N}\ (\text{imidazolidine})\ \mathrm{N-H},\ =\mathrm{N-NO_2}$$

理化性质 无色结晶，20℃时蒸气压200MPa，相对密度1.54(20℃)。溶解度(20℃)：水中0.61g/L，二氯甲烷55g/L，氯仿1.2g/L，甲苯0.68g/L，正己烷＜0.1g/L。在pH值5～11时稳定。

毒　　性 大鼠(雄、雌)急性经口LD_{50}约450mg/kg，小鼠急性经口LD_{50}约150mg/kg。大鼠(雄、雌)急性经皮LD_{50}＞5g/kg。对兔眼睛和皮肤无刺激作用，无致突变性、致畸性和致敏性。

剂　　型 2%可湿性粉剂、2.5%可湿性粉剂、5%可湿性粉剂、10%可湿性粉剂、20%可湿性粉剂、25%可湿性粉剂、70%可湿性粉剂、2%乳油、2.5%乳油、3%乳油、5%乳油、10%乳油、20%乳油、5%可溶性粉剂、10%可溶性粉剂、20%可溶性粉剂、5%可溶性液剂、6%可溶性液剂、10%可溶性液剂、12.5%可溶性液剂、20%可溶性液剂、1%悬浮剂、25%悬浮剂、35%悬浮剂、48%悬浮剂、60%悬浮剂、70%拌种剂、70%水分散性粒剂、2.5%泡腾片剂、5%泡腾片剂、15%泡腾片剂、5%油剂、3%微乳剂、30%微乳剂、600g/L悬浮种衣剂、350g/L悬浮剂，2%颗粒剂。

作用特点 吡虫啉是一种新型高效内吸杀虫剂，作用于烟碱乙酰胆碱受体，干扰昆虫神经系统的刺激传导，引起神经通路的阻塞，这种阻塞造成神经递质乙酰胆碱在突触部位的积累，从而导致昆虫麻痹，并最终死亡。其作用方式主要为胃毒和触杀，兼具内吸活性，适合于土壤、种子处理及颗粒施用。该药结构新颖，与传统的杀虫剂无交互抗性，持效期较长，对蚜虫、叶蝉、飞虱、粉虱等刺吸式口器害虫有很好的防治效果。对蚯蚓和蜘蛛等有益生物较安全，用于叶面施用时，特别是在花期，对蜜蜂高毒，但种子处理时对蜜蜂无毒，对地下水安全。

应用技术 用于防治刺吸式口器害虫，如蚜虫、叶蝉、飞虱、蓟马、粉虱及其抗性品系。对鞘翅目、双翅目和鳞翅目也有效。对线虫和红蜘蛛无活性。由于其优良的内吸性，特别适宜种子处理和以颗粒剂施用。在禾谷类作物、玉米、水稻、马铃薯、甜菜和棉花上可早期持续防治害虫，上述作物及柑橘、落叶果树、蔬菜等生长后期的害虫可叶面喷雾。叶面喷雾对黑尾叶蝉、飞虱类(稻褐飞虱、灰飞虱、白背飞虱)、蚜虫类（桃蚜、棉蚜）和蓟马类(温室条蓟马)有优异的防效。

土壤处理、种子处理和叶面喷雾均可，毒土处理时，土壤中浓度为1.25mg/kg时，可长时间防治白菜上的桃蚜和蚕豆上的豆卫茅蚜。生长期喷雾防治多种蚜虫，在蚜虫发生盛期，用20%乳油1 000～2 000倍液喷雾，防效可达1个月以上。

防治小麦全生长期蚜虫，可用600g/L悬浮种衣剂600~700ml/100kg种子拌种；防治小麦蚜虫，用10%可湿性粉剂10～20g/亩对水40～50kg喷雾；防治玉米蚜虫，用70%湿拌种剂420～490g/100kg种子拌种；防治水稻稻飞虱，在分蘖期到圆秆拔节期，用10%可湿性粉剂10～20g/亩对水40～50kg喷雾；防治水稻稻瘿蚊，用5%可湿性粉剂80～100g/亩对水40～50kg喷雾；防治水稻秧田蓟马，用1%悬浮种衣剂1：（30～40）（药种比）进行种子包衣；防治棉花小地老虎、蓟马，用12%悬浮种衣剂200～300g/100kg种子进行种子包衣；防治棉花蚜虫，用10%可湿性粉剂15～25g/亩对水40～50kg喷雾；防治烟草蚜虫，用10%可湿性粉剂10～20g/亩对水40～50kg喷雾。

防治玉米蛴螬，用600g/L悬浮种衣剂200～600ml/100kg种子种子包衣；防治花生蛴螬等地下害虫，用5%颗粒剂500～1 000g/亩沟施、穴施，或用600g/L悬浮种衣剂300～400ml/100kg种子拌种处理；防治棉花蚜虫，可用350g/L悬浮种衣剂910～1 250ml/100kg种子拌种，或用200g/L可溶液剂50~60ml/亩灌根或滴灌处理，还可用200g/L可溶液剂5～10ml/亩喷雾防治棉花苗蚜、10～15ml/亩喷雾防治棉花伏蚜；

防治马铃薯蛴螬，用600g/L悬浮种衣剂40～50ml/100kg种子种薯包衣；防治韭菜韭蛆用2%颗粒剂1 000～1 500g/亩撒施；防治菠菜蚜虫，用20%可湿性粉剂10～15g/亩对水50kg/亩喷雾；防治莲藕莲缢管蚜、芹菜蚜虫，用20%可湿性粉剂5～10g/亩对水30kg～50kg/亩喷雾。

防治十字花科蔬菜蚜虫，虫口上升时，用10%可湿性粉剂8～12g/亩对水40～50kg喷雾；防治黄瓜白粉虱，在若虫虫口上升时，用10%可湿性粉剂10～20g/亩对水40～50kg喷雾；防治节瓜蓟马，用45%微乳剂3.3～4.4ml/亩对水40～50kg喷雾。

防治苹果蚜虫，在虫口上升时，用10%可湿性粉剂2 000～4 000倍液喷雾；防治梨树梨木虱，用200g/L可溶液剂2 500～5 000倍液喷雾；防治梨树梨木虱，在春季越冬成虫出蛰而又未大量产卵和第1代若虫孵化期，用10%可湿性粉剂4 000～5 000倍液喷雾；防治桃树桃蚜，用10%可湿性粉剂4 000～5 000倍液喷雾；防治柑橘潜叶蛾，用5%乳油500～1 000倍液喷雾；防治柑橘蚜虫，用10%可湿性粉剂4 000～5 000倍液喷雾。

防治杭白菊蚜虫，用70%水分散粒剂4～6g/亩喷雾；防治茶树小绿叶蝉，用10%可湿性粉剂2 000～3 000倍液喷雾；防治松树松褐天牛，用15%微囊悬浮剂3 000～4 000倍液喷雾；防治林木天牛，用15%微囊悬浮剂3 000～4 000倍液喷雾。

防治草坪蝼蛄、蛴螬，可用70%水分散粒剂30～40g/亩喷雾。

另外，资料报道还可以防治高粱蚜，用70%拌种剂700g，加水1.5kg，拌成糊状，再将100kg高粱种子倒入，搅拌均匀，堆闷1～2d后播种。防治葡萄二星叶蝉，在5月中下旬，用20%乳油2 000～4 000倍液，在每株根系分布区域内，挖3～4个深20cm的小坑，每株灌药液5kg，待药液渗下后，封坑盖严。虫口密度较大时，可在25d后再灌药1次。

注意事项 该药对天敌毒性低。在推荐剂量下使用安全，能和多数农药或肥料混用。不能用于防治线虫和螨。施药时应做好个人防护，应穿戴防护服、手套、口罩，工作完后应用肥皂和清水洗手和身体暴露部分，避免与药剂直接接触。不宜在强阳光下喷雾使用，以免降低药效。用药处理后的种子禁止供人、畜食用，也不得与未处理的种子混合。在养蚕区周围使用时应特别小心，避免污染桑叶及蚕室环境而造成损失，在蔬菜收获前20d不可再用此药。

开发登记 拜耳作物科学(中国)有限公司、安道麦马克西姆有限公司、江苏克胜集团股份有限公司、南京红太阳股份有限公司等企业登记生产。

虫螨腈 chlorfenapyr

其他名称 溴虫腈；除尽；Pirate；ALert；Sunfire；Citrex；CHU-JIN；AC303630；MK-242。

化学名称 4-溴-2-(4-氯苯基)-1-乙氧基甲基-5-三氟甲基吡咯-3-腈。

结 构 式

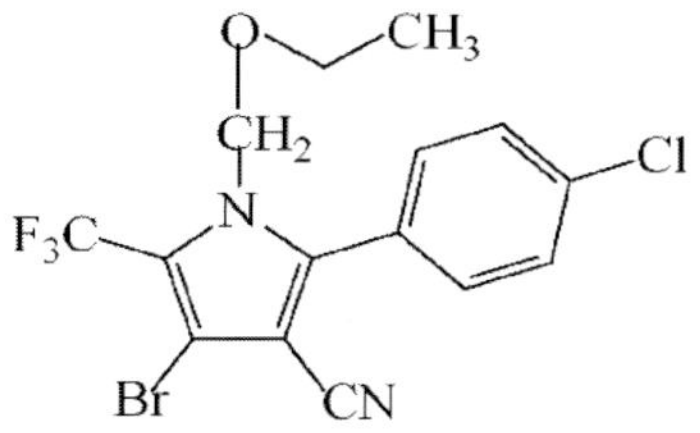

理化性质 原药外观为白色至淡黄色固体，熔点100～101℃。几乎不溶于水，溶于丙酮、乙醚、二甲基亚砜、四氢呋喃、乙腈和乙醇中。

毒　性 大鼠急性经口LD_{50}为626mg/kg，兔急性经皮LD_{50}＞2 000mg/kg。鱼毒LC_{50}(96h，μg/L)：蓝鳃翻车鱼11.6，虹鳟鱼7.44。蜜蜂LD_{50}为0.20μg/只。鹌鹑LD_{50}为34mg/kg；野鸭LD_{50}为10mg/kg。

剂　型 10%悬浮剂、240g/L悬浮剂、30%悬浮剂、360g/L悬浮剂。

作用特点 芳基取代吡咯类新型杀虫杀螨剂，与其他杀虫剂无交互抗性，作用机制独特。作用于昆虫体内细胞的线粒体上，通过昆虫体内的多功能氧化酶起作用，主要抑制二磷酸腺苷(ADP)向三磷酸腺苷(ATP)的转化。具有胃毒和触杀作用，对作物安全，防治小菜蛾具有防效高、持效期长、用药量低等优点，对各种钻蛀、吮吸、咀嚼式害虫及螨类均有效。

应用技术 主要用于防治茶树、蔬菜上的害虫。

防治茶树茶小绿叶蝉，若虫发生期用240g/L悬浮剂20～30ml/亩对水50～70kg喷雾。

防治十字花科蔬菜甜菜夜蛾，用10%悬浮剂50～70g/亩对水40～50kg喷雾；防治十字花科蔬菜小菜蛾，在低龄幼虫期，用10%悬浮剂33～50g/亩对水40～50kg喷雾。防治黄瓜斜纹夜蛾，用240g/L悬浮剂30～50ml/亩对水40～50kg喷雾；防治节瓜蓟马，用10%悬浮剂60～80ml/亩对水40～50kg喷雾。

防治菠菜蚜虫，于菠菜蚜虫始发盛期，用5%乳油 30～50ml/亩对水50kg/亩喷雾；防治莲藕莲缢管蚜，用5%乳油20～30ml/亩对水30kg/亩喷雾；防治萝卜黄条跳甲，用5%乳油60～120ml/亩对水60kg/亩喷雾；防治芹菜蚜虫，用5%乳油24～36ml/亩对水50kg/亩喷雾；防治豇豆蓟马，用5%乳油 30～40ml/亩对水50kg/亩喷雾；防治金银花蚜虫，用50%水分散粒剂4～8g/亩对水40～60kg/亩喷雾；

防治梨树梨木虱，用240g/L悬浮剂1 500~2 000倍液喷雾；防治苹果金纹细蛾，用240g/L悬浮剂4 000～5 000倍液喷雾；防治茄子蓟马和朱砂叶螨，用240g/L悬浮剂20～30ml/亩对水40～50L/亩喷雾；

另外，据资料报道，常规稀释倍数为1 000～3 000倍液，对其他杀虫剂产生抗性的害虫，如菜青虫、果树食心虫、毒蛾、尺蠖、豆卷叶螟、蚜虫、梨木虱、粉虱、介壳虫、叶蝉、山楂红蜘蛛等有较好的防治效果。

注意事项 虫螨腈可与其他不同机制的农药交替使用，但不能与其他杀虫剂混用。施药人员要穿好防护衣，避免与药剂直接接触，使用过的衣物要清洗后再穿。虫螨腈对蜜蜂、禽、鸟及鱼等水生动物毒性较高，要注意保护有益动物。洗涤药械时不要污染水源，不要将剩余的药液倒入河流、池塘、湖泊。药剂应放置远离食品、饲料及牲畜的地方，要避免儿童接触。

开发登记 巴斯夫植物保护（江苏）有限公司、江苏龙灯化学有限公司等企业登记生产。

啶虫脒 acetamiprid

其他名称 莫比朗(Mospilan)；吡虫清；乙虫脒。

化学名称 (E)–N'–[(6–氯–3–吡啶基)甲基]–N–氰基–N'–甲基乙脒。

结 构 式

Cl—(pyridine, N)—$CH_2N(CH_3)$—$C(CH_3)$=N—CN

理化性质 淡黄色结晶体，熔点101～103.3℃，蒸气压大于1.33×10^{-6}Pa(25℃)。25℃在水中溶解度为4.2g/L，易溶于丙酮、甲醇、乙醇、二氯甲烷、氯仿、乙腈。

毒　　性 大鼠急性经口$LD_{50}>2\ 000$mg/kg，经皮$LD_{50}>2\ 000$mg/kg，吸进$LC_{50}>1\ 200mg/m^3$。

剂　　型 3%乳油、20%可溶性粉剂、70%水分散粒剂、25%乳油、5%微乳剂、10%微乳剂、40%可溶粉剂。

作用特点 是吡啶类化合物，是一种新型杀虫剂。它除了具有触杀和胃毒作用之外，还具有较强的渗透作用，且显示速效的杀虫力，持效期长，可达20d左右。本品对人、畜低毒，对天敌杀伤力小，对鱼毒性较低，对蜜蜂影响小，适用于防治果树、蔬菜上半翅目、同翅目害虫，用颗粒剂作土壤处理，可防治地下害虫。

应用技术 主要用于防治小麦、水稻、棉花、蔬菜、果树上的多种害虫。

防治小麦蚜虫，于蚜虫发生期，用5%乳油12～18ml/亩对水40～50kg喷雾；防治水稻稻飞虱，用50%水分散粒剂4～6g/亩对水40～50kg喷雾；防治棉花蚜虫，用40%水分散粒剂3～4.5g/亩对水60kg喷雾；防治烟草蚜虫，用5%乳油30～40ml/亩对水40～50kg喷雾；防治茶树小绿叶蝉，用50%水分散粒剂2～3g/亩喷雾。

防治十字花科蔬菜蚜虫，用10%可湿性粉剂10～15g/亩对水40～50kg喷雾；防治十字花科蔬菜白粉虱，用20%水分散粒剂10～20g/亩对水40～50kg喷雾；防治黄瓜蚜虫，在蚜虫发生初盛期用3%乳油40～50ml/亩对水40～50kg喷雾；防治番茄白粉虱，用3%微乳剂30～60ml/亩对水40～50kg喷雾；防治黄曲条跳甲，用10%乳油1 500～2 000倍液喷雾。防治黄瓜白粉虱，用40%可溶粉剂 3～5g/亩对水40～50kg/亩喷雾；防治黄瓜蓟马，用20%可溶粉剂7.5～10ml/亩喷雾。

防治苹果蚜虫，在苹果树新梢生长期，蚜虫发生初盛期，用5%乳油3 333～4 167倍液喷雾；防治柑橘潜叶蛾，用20%可湿性粉剂12 000～16 000倍液喷雾；防治柑橘蚜虫，于蚜虫发生期，用5%乳油5 000～8 300倍液喷雾。

注意事项 因本剂对桑蚕有毒性，所以若附近有桑园，切勿喷洒在桑叶上。不可与强碱剂(如波尔多液、石硫合剂等)混用。将本制剂密封、储存在远离儿童、阴凉、干燥的仓库，禁止与食品混储。安全间隔期为15d。

开发登记 河北国欣诺农生物技术有限公司、安徽华星化工股份有限公司等企业登记生产。

机油 petroleum oils

其他名称 矿物油；mineral oils；white oils。

理化性质 从原油蒸馏和精制而得，一般沸点在310℃以上，它是由大量的饱和与不饱和的脂肪族烃类组成。

毒　　性 对哺乳动物为低毒。

剂　　型 95%乳油、99%乳油、85%增效乳油。

作用特点 是一种含矿物油的植物保护用杀虫、杀螨剂，对蚧总科和红蜘蛛有效，也是一种杀虫卵剂。其用途因药害而受限制。半精制机油可用于杀越冬卵。具有封闭昆虫呼吸气孔及促进农药向作物和昆虫表皮细胞渗透的作用，从而使农药防效提高，可用于多种农业害虫防治。

应用技术 据资料报道，主要用于防治棉花、柑橘的蚜虫、红蜘蛛等害虫。

防治棉花红蜘蛛，用85%增效乳油(85%机油+0.025%溴氰菊酯)100～153g/亩对水70kg喷雾；防治棉花蚜虫，用85%增效乳油(85%机油+0.025%溴氰菊酯)100～153g/亩对水70kg喷雾。

防治柑橘介壳虫，用95%乳油50～60倍液喷雾；防治柑橘锈壁虱，用95%乳油100～200倍液喷雾；防治柑橘蚜虫，用95%乳油100～200倍液喷雾。

另外，资料报道还可以防治苹果黄蚜，在6月初，用99%机油乳剂200倍液均匀喷施，每株树平均施药液量约2L，重点施药于新梢端部；防治柑橘红蜘蛛，在低龄幼虫期，用99%机油乳剂300倍液均匀喷雾，防治茶橙瘿螨，在茶橙瘿螨发生初期，用99%机油乳剂250倍液均匀喷雾，因害虫主要在茶叶的嫩叶背部为害，喷药一定要喷到嫩叶背部，施药时间应选择在9—11时或16时以后进行。

开发登记 广东省罗定市生物化工有限公司等企业曾登记生产。

松碱柴油

理化性质 由柴油、松香酸、脂肪酸混合组成。松碱柴油乳剂为深褐色液体，相对密度0.91，闪点32℃。

毒　　性 大鼠急性经口LD_{50}为8 250mg/kg(制剂)，低毒。

剂　　型 70%乳油等。

作用特点 本品为柴油、脂肪酸皂、松香酸皂混配的杀虫剂。主要防治棉花蚜虫、红蜘蛛。

应用技术 防治棉花蚜虫、红蜘蛛，用70%乳油115～150ml/亩对水40～50kg喷雾。

注意事项 不能与酸性农药混用，收获前7d停止使用。

开发登记 山西绿海农药科技有限公司登记生产。

矿物油 petroleum oil

理化性质 含大量的饱和及不饱和脂肪烃，蒸馏和精炼后用作农药的馏分大于310℃，馏分在335℃时为轻油(67%～79%)，中油(40%～49%)，重油(10%～25%)，比重0.65～1.06(原油)，0.78～0.80(煤油)，0.82～0.92 (喷雾油)。

毒　　性 大鼠急性经口LD_{50}＞4 300mg/kg，低毒。

剂　　型 97%乳油。

作用特点 一种无内吸及熏蒸作用的杀虫、杀螨剂，对虫卵具有杀伤力。低毒、低残留，对人畜安全，不伤天敌，持效期较长。主要用于防治棉花等作物上的蚜虫、螨类等害虫。

应用技术 防治苹果树红蜘蛛、蚜虫，用97%乳油100～150倍液喷雾；防治梨树红蜘蛛，用97%乳油100～150倍液喷雾；防治柑橘树红蜘蛛、介壳虫、潜叶蛾、蚜虫，用97%乳油100～150倍液喷雾。

杀螺胺 niclosmide

其他名称 贝螺杀；百螺杀；氯螺消；Bayer 25648；Bayer–2352；SR–73；Bayer 73；RR73；Hl2448、

Bayluscid；Bayluscide；Clonitralid；Masonil；Yomesan；Chlonitralid。

化学名称 N-(2-氯-4-硝基苯基)-2-羟基-5-氯苯甲酰胺。

结 构 式

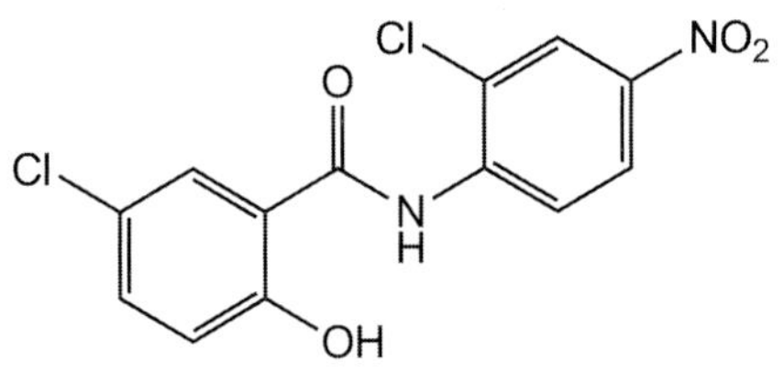

理化性质 近无色的固体，20℃蒸气压10Pa，在室温水中溶解度为5～8mg/L。其乙醇胺盐为黄色固体，在室温水中溶解度为230±50mg/L。乙醇胺盐对热具有高稳定性，遇强酸和碱水解。

毒　　性 大鼠急性口服LD_{50}>5g/kg，大鼠腹腔注射LD_{50}为250mg/kg；小鼠静脉注射LD_{50}为750mg/kg。鲤鱼LC_{50}(48h)为0.235mg/L，斑鳟鱼LC_{50}(48h)为0.05mg/L。

剂　　型 25%乳油、70%可湿性粉剂、25%悬浮剂。

作用特点 是一种具有胃毒作用的杀软体动物剂，对螺卵、血吸虫尾蚴等有较强的杀灭作用，对人、畜毒性低，对作物安全，使用方便，可直接加水稀释使用。

应用技术 能有效防除包括田螺、蜗牛、蛞蝓等在内的为害农作物的多种软体动物。它们对鱼类、蛙类、贝类有毒，使用时要多加注意。

防治水稻福寿螺，用70%可湿性粉剂30～40g/亩对水40～50kg喷雾或撒毒土。

注意事项 用药时应注意防护，在搬运或配制母液时，必须戴口罩、风镜和胶皮手套等，以防中毒。因对鱼类、蛙、贝类有毒，使用时要多加注意。

开发登记 江苏艾津农化有限责任公司、安徽华旗农化有限公司等企业登记生产。

杀螺胺乙醇胺盐 niclosamide-clamine

其他名称 螺灭杀；氯硝柳胺乙醇胺盐。

化学名称 2',5-二氯-4'-硝基水杨酰替苯胺乙醇胺盐。

理化性质 本品为黄色固体，熔点204℃。

毒　　性 大鼠急性经口LD_{50}>5 000mg(原药)/kg，大鼠急性经皮LD_{50}>5 000mg/kg。

剂　　型 25%可湿性粉剂、50%可湿性粉剂、70%可湿性粉剂、25%悬浮剂、4%粉剂。

作用特点 该产品是世界公认的杀灭钉螺、防治血吸虫病的首选药剂。该产品是一种具有胃毒作用的杀软体动物剂，对螺卵、血吸虫尾蚴等，有较强的杀灭作用，对人畜毒性低，对作物安全。使用方便，可直接加水稀释使用。

应用技术 可用于防治福寿螺等。

防治水稻福寿螺，在水稻福寿螺10头/m^2时，用50%可湿性粉剂70～80g/亩对水40～50kg喷雾或拌毒土撒施。防治滩涂钉螺，用50%可湿性粉剂1～2g/m^2喷洒。

开发登记 江苏艾津农化有限责任公司、安徽丰乐农化有限责任公司、江苏省扬州市苏灵农药化工有限公司等企业登记生产。

硫肟醚 sulfoxime

化学名称 (E)-4-氯苯基-(1-甲硫基)乙基酮肟-O-(3-苯氧苯基甲基)醚。

结构式

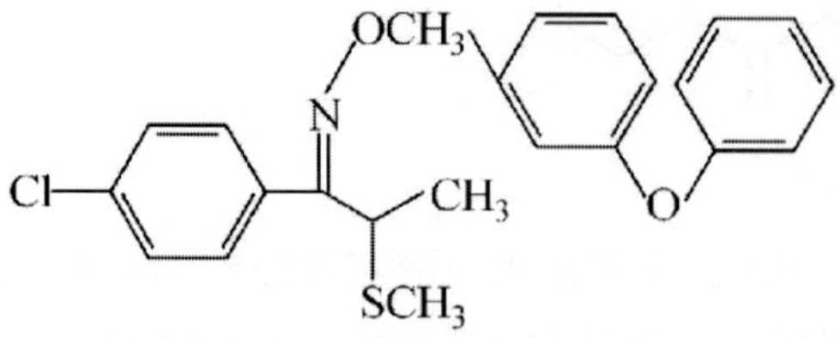

理化性质 外观为棕黄色液体，温度较低时结晶。熔点27.3～27.7℃，蒸气压3.32kPa，相对密度(20℃)1.094，溶解性(g/L，25℃)：甲醇54.6，乙醇133.5，异丙醇56.8；易溶于二氯甲烷、三氯甲烷、丙酮等有机溶剂；水中几乎不溶，pH4时0.006、pH7时0.008、pH9时0.004。中性、弱碱、弱酸性中稳定，对光、热稳定。

毒性 大鼠急性经口LD_{50}＞4 640mg/kg，大鼠急性经皮LD_{50}＞2 000mg/kg。对兔皮肤、眼睛无刺激；10%水乳剂大鼠急性经口LD_{50}＞5 000mg/kg，急性经皮LD_{50}＞2 000mg/kg；豚鼠皮肤致敏试验结果属弱致敏物。

剂型 10%水乳剂等。

作用特点 硫肟醚为新型杀虫剂，具有胃毒、触杀作用，无内吸性，药效迅速。

应用技术 据资料报道，对十字花科蔬菜菜青虫的防治效果较好，可用10%水乳剂40～60g/亩对水40～50kg喷雾，还可以防治茶树茶尺蠖、茶毛虫、小绿叶蝉，于茶尺蠖低龄幼虫高峰期、茶毛虫2～3龄高峰期、茶小绿叶蝉高龄若虫高峰期施药，用10%水乳剂1 000～1 500倍液均匀喷雾于茶树叶片正反面，可有效地防治茶树害虫的为害。

开发登记 湖南海利化工股份有限公司曾登记生产。

吡蚜酮 pymetrozine

其他名称 吡嗪酮；Chese；Plenflm；Fulfill；Endeavor。

化学名称 (E)-4,5-氢化-6-甲基-4-(3-吡啶亚甲基氨基)-1,2,4-三嗪-3(2H)-酮。

结构式

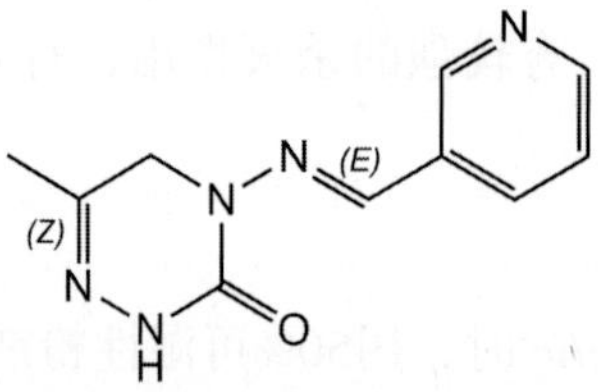

理化性质 原药外观为白色或淡黄色固体粉末，熔点234℃，蒸气压(20℃)小于9.7×10^{-3}Pa。溶解性(g/L，20℃)：乙醇中2.25，正己烷中＜0.01，水中0.27。对光、热稳定，在强碱性条件下有一定的分解。

毒性 大鼠急性经口LD_{50}为5 820mg/kg，大鼠急性经皮LD_{50}＞2 000mg/kg，大鼠急性吸入LC_{50}(4h)＞1 800mg/L；鹌鹑、野鸭LD_{50}＞2 000mg/kg，鹌鹑LC_{50}(8d)＞5 200mg/kg；对兔眼睛和皮肤无刺激，无致突变

性。虹鳟鱼、鲤鱼LC_{50}(96h) > 100g/L，水蚤LC_{50}(48h) > 100mg/L，蜜蜂经口LD_{50}(48h) > 117μg/只，蜜蜂接触LD_{50}(48h) > 200μg/只。

剂　　型 25%可湿性粉剂、50%水分散粒剂、70%种子处理悬浮剂、50%种子处理可分散粉剂，25%悬浮剂、6%颗粒剂。

作用特点 该产品具有独特作用方式、低毒、对环境及生态安全等特点，用于防治大部分同翅目害虫，尤其是蚜虫科、粉虱科、叶蝉科及飞虱科害虫。防治十字花科蔬菜蚜虫效果良好。

应用技术 本品为触杀性杀虫剂，可用于防治大部分同翅目害虫，适用于蔬菜、水稻、棉花、果树及多种大田作物。

防治小麦灰飞虱，用50%可湿性粉剂8～10g/亩喷雾；防治小麦蚜虫，在蚜虫发生盛期，用25%可湿性粉剂16～20g/亩对水40～50kg喷雾。

防治烟草烟蚜，用50%水分散粒剂10～20g/亩喷雾。

防治玉米灰飞虱，用50%种子处理可分散粉剂380～500g/100kg种子拌种处理；防治水稻稻飞虱，于稻飞虱低龄若虫发生期，用25%可湿性粉剂 20～24g/亩对水30～50kg/亩喷雾，或用70%种子处理悬浮种衣剂643～857g/100kg种子，于水稻浸种催芽后拌种播种。

防治黄瓜蚜虫，于蚜虫低龄若虫发生期，用50%水分散粒剂10～15g/亩对水50kg/亩喷雾。防治甘蓝蚜虫，用70%水分散粒剂8～12g/亩喷雾；防治菠菜蚜虫，用50%水分散粒剂10～12.5g/亩对水40～50kg/亩喷雾；防治芹菜蚜虫，用25%可湿性粉剂20～32g/亩对水40～50kg/亩喷雾；防治莲藕莲缢管蚜，用25%可湿性粉剂12～18g/亩对水30～50kg/亩喷雾。

防治茶树茶小绿叶蝉，用50%水分散粒剂2 500～5 000倍液喷雾；防治观赏菊花烟粉虱，于低龄若虫盛发期，用25%悬浮剂50kg/亩喷雾；防治桑树蓟马，于蓟马始发期，用50%可湿性粉剂1 000～2 000倍液喷雾；

另外，资料报道还可以防治烟粉虱，用25%可湿性粉剂20～30ml/亩对水40～50kg喷雾；防治桑蓟马，用25%可湿性粉剂2 000倍液喷雾；防治苹果绵蚜，用25%可湿性粉剂2 000~3 000倍液喷雾。

注意事项 不能与碱性物质混用。

开发登记 江苏克胜集团股份有限公司、沈阳科创化学品有限公司等企业登记生产。

四聚乙醛 metaldehyde

其他名称 蜗牛敌；蜗牛散；聚乙醛；灭蜗灵；密达；Meta；Metason；Antimihace；Namekil。

化学名称 2,4, 6,8-四甲基-1,3,5,7-四氧杂环辛烷。

结 构 式

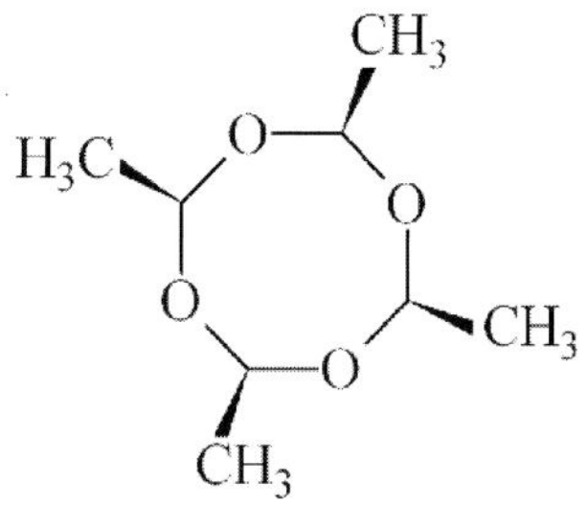

理化性质 无色晶体，熔点246℃，升华温度115℃，蒸气压6.6Pa(25℃)。在水中的溶解度

0.22g/L(22℃)，乙烷中0.005 21g/L，甲苯中0.53g/L，甲醇中1.73g/L，四氢呋喃中1.56g/L。不光解，不水解。

毒　　性 大鼠急性经口LD_{50}为283mg/kg，急性经皮LD_{50} > 5 000mg/kg，急性吸入LC_{50} > 15mg/L，小鼠急性经口LD_{50}为425mg/kg。对鱼无毒。本品对人、畜中等毒，对皮肤没有明显刺激和腐蚀。

剂　　型 原粉、6%颗粒剂、3.3%四聚乙醛・5%砷酸钙混合剂、4%四聚乙醛・5%氟硅酸钠混合剂、80%可湿性粉剂、4%悬浮剂、15%颗粒剂、10%颗粒剂、40%悬浮剂。

作用特点 是一种中等毒的杀螺药剂，具胃毒作用，对福寿螺有一定的引诱作用，植物体不吸收四聚乙醛，因此该药不在植物体内积聚。

应用技术 主要用于防治稻田福寿螺、旱地蜗牛和蛞蝓。

防治水稻福寿螺，水稻福寿螺发生期和水稻插秧后7d施药，保水7d以上，用6%颗粒剂500 ~ 600g/亩拌毒土20 ~ 25kg撒施。

防治蔬菜蛞蝓、蜗牛，用6%颗粒剂300 ~ 480g/亩拌毒土20 ~ 25kg撒施。

防治滩涂钉螺，用40%悬浮剂5 ~ 10g/m^2喷洒。

据资料报道，可用于防治棉花、烟草蜗牛，在发生始盛期，用6%颗粒剂400 ~ 544g/亩拌毒土20 ~ 25kg撒施。

注意事项 不要用焊锡的铁器包装。遇低温(低于15℃)或高温(高于35℃)，因螺的活动能力减弱，药效会有影响。使用本剂后应用肥皂水清洗双手及接触药物的皮肤。如误服，应立即喝3 ~ 4杯开水，但不要诱导呕吐，如出现痉挛、昏迷、休克，应立即送医院诊治。储存和使用本剂过程中，应远离食物、饮料及饲料， 不要让儿童及家禽接触或进入处理区，应存放于阴凉干燥处。

开发登记 孟州云大高科生物科技有限公司、上海悦联生物科技有限公司、郑州郑氏化工产品有限公司等企业登记生产。

松脂酸钠 sodium pimaric acid

其他名称 S-S松脂杀虫乳剂；融杀蚧螨；蚧螨净；松脂杀虫剂。

理化性质 30%乳剂外观为棕褐色黏稠液体，相对密度为1.05 ~ 1.10(20℃)，pH值为9 ~ 11，水分含量24.5%，常温储存稳定性为2年。

毒　　性 小鼠(雄、雌)急性经口LD_{50} 6 122.09mg/kg。

剂　　型 20%可溶粉剂、45%可溶粉剂、30%水乳剂。

作用特点 松脂酸钠乳剂是一种以天然原料为主体的新型杀虫剂，具有良好的脂溶性、成膜性和乳化性能。对害虫以触杀为主，兼有黏着、窒息、腐蚀害虫表皮蜡质层而使虫体死亡的作用。本品对人、畜、植物安全，无残留，对果树、棉花、蔬菜上的蚜虫、红蜘蛛有较好的防效，对天敌较安全。

应用技术 主要用于防治棉花、蔬菜、苹果树蚜虫等。

防治柑橘红蜡蚧、矢尖蚧，用40%可溶性粉剂80 ~ 120倍液喷雾；防治枣龟蜡蚧，用30%可溶粉剂500倍液喷雾；防治草履蚧，用30%可溶粉剂150倍液喷雾；防治柿绒粉蚧，用30%可溶性粉剂150倍液喷雾。防治杨梅树介壳虫，用30%水乳剂300倍液喷雾；防治铁皮斛，用30%水乳剂500 ~ 600倍液喷雾。

据资料报道，可用于据资料报道，可用于防治棉花蚜虫、红蜘蛛，在害虫发生期，用30%水乳剂150 ~ 300倍液对水40 ~ 50kg喷雾。防治蔬菜蚜虫，在害虫发生期，用30%水乳剂150 ~ 300倍液对水40 ~

50kg喷雾。防治苹果黄蚜，在蚜虫发生期，用30%水乳剂100～300倍液喷雾。

注意事项 配制药液之前，应先摇匀，然后再加水，稀释后使用。本品为偏碱性农药，与遇碱分解的农药不能混用。与其他农药混用前，应先进行稳定性和药效试验。果树花期禁用。高温期适当提高稀释倍数或在16时后喷药。

开发登记 浙江瑞利生物科技有限公司、浙江来益生物技术有限公司等企业登记生产。

烯啶虫胺 nitenpyram

化学名称 (E)-N-(6-氯-3-吡啶甲基)-N-乙基-N'-甲基-2-硝基亚乙烯二胺。

结构式

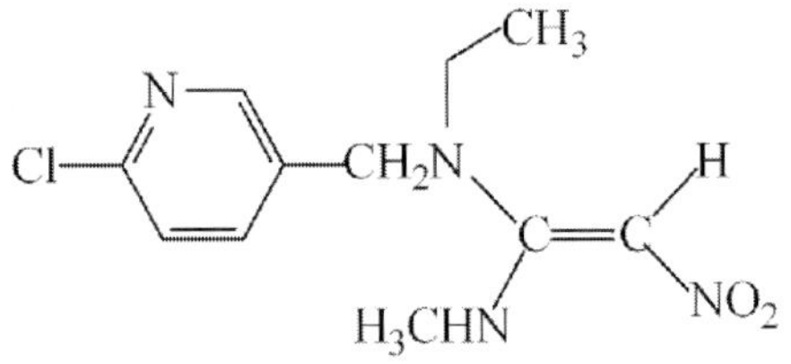

理化性质 黄色至红棕色匀相液体，无可见悬浮物和沉淀物。熔点83～84℃。溶解度(g/L，20℃)水(pH7)840、氯仿700、丙酮290、二甲苯4.5、己烷0.004 7，易溶于多种有机溶剂。

毒　　性 大鼠急性经LD_{50}＞5 000mg/kg，急性经皮LD_{50}＞2 000mg/kg；对家兔皮肤无刺激性；对家兔眼睛有轻度刺激性。

剂　　型 10%可溶性液剂、20%可溶性液剂、50%可溶性液剂、10%水剂、20%水分散粒剂。

作用特点 烯啶虫胺属新烟碱类杀虫剂，主要作用于昆虫神经。对昆虫的神经轴突触受体具有神经阻断作用。具有很好的内吸和渗透作用，低毒、高效、持效期较长等特点。

应用技术 主要用于果树等作物防治多种刺吸式口器害虫。

防治水稻稻飞虱，用20%可溶液剂20～30ml/亩喷雾；防治棉花蚜虫，用10%水剂10～20g/亩对水60kg喷雾。

防治甘蓝蚜虫，用20%可湿性粉剂6～8g/亩，对水50kg/亩喷雾。

防治柑橘树蚜虫，用30%可溶液性剂12 000～15 000倍液均匀喷雾，持效期可达14d左右，对作物安全。

防治菊花烟粉虱，用10%水剂1 500～2 500倍液均匀喷雾。

另外，资料报道还可以防治水稻稻飞虱，用10%可溶液性剂2 000～4 000倍液均匀喷雾；防治烟粉虱，用10%水剂1 500倍液喷雾。

开发登记 苏州遍净植保科技有限公司、江苏连云港立本农药化工有限公司等企业登记生产。

氟虫腈 fipronil

其他名称 MB 46030；氟苯唑；锐劲特；威灭；Combat F；MB 46030；Regent。

化学名称 (RS)-5-氨基-1-(2, 6,-二氯-α, α, α-三氟-4-甲苯基)-4-三氟甲基亚磺酰基吡唑-3-腈。

结 构 式

理化性质 白色固体，熔点200～201℃。相对密度1.477～1.626(20℃)，溶解度(20℃)：水中1.9mg/L(pH值5)，2.4mg/L(pH值9)，丙酮545.9g/L，二氯甲烷22.3g/L，已烷0.028g/L，甲苯3.0g/L。

水中1.9mg/L(pH值5)，2.4mg/L(pH值9)，丙酮545.9g/L，二氯甲烷22.3g/L，已烷0.028g/L，甲苯3.0g/L。

毒　　性 急性经口LD_{50}：大鼠97mg/kg，小鼠95mg/kg，鹌鹑11.3mg/kg，野鸭＞2g/kg，野鸡31mg/kg，红腿山鹑34mg/kg，笼养麻雀1 120mg/kg，鸽子＞2g/kg。急性经皮LD_{50}：大鼠＞2g/kg，兔354mg/kg。对皮肤和眼睛无刺激性。

剂　　型 5%胶悬剂、20%胶悬剂、0.3%颗粒剂、1.5%颗粒剂、2%颗粒剂、5%悬浮剂、60%悬浮剂、0.4%超低量油剂、0.5%超低量油剂、80%水分散粒剂、50g/L种子处理悬浮剂、8%悬浮种衣剂、5%悬浮种衣剂。

作用特点 氟虫腈是一种广谱性有机杂环类杀虫剂，无内吸性，但有较强的渗透作用。主要作用于昆虫神经的氯离子通道(GABA)，阻碍昆虫γ–氨基丁酸控制的氯化物代谢。因此，对有机磷和菊酯类农药有抗药性的害虫仍具高效。具触杀、胃毒、内吸作用，杀虫谱广，对鳞翅目、蝇类和鞘翅目等重要害虫有很高的杀虫活性。

应用技术 因本品对甲壳类水生生物和蜜蜂具有高风险，在水中和土壤中降解慢，已禁止在国内所有农作物上使用（仅限于卫生用、玉米等部分旱地种子包衣和专供出口使用）。

防治玉米蛴螬、金针虫，于玉米播种前用5%悬浮种衣剂1 000～1 200g/100kg种子种子包衣处理。

注意事项 原药对鱼类和蜜蜂毒性较高，使用时慎重。密封存放在阴凉、干燥、儿童接触不到的地方。

开发登记 拜耳作物科学(中国)有限公司、安徽华星化工有限公司等企业登记生产。

丁烯氟虫腈 flufiprole

化学名称 3–氰基–5–（2–甲基烯丙基氨基）–1–(2, 6–二氯–4–三氟甲基苯基)–4–三氟甲基亚磺酰基吡唑。

结 构 式

理化性质 原药外观为白色粉末，熔点172～174℃。水中溶解度0.02g/L，乙酸乙酯中溶解度

260.02g/L。

毒　　性 低毒。

剂　　型 5%乳油等。

应用技术 国内禁用。

开发登记 辽宁省大连瑞泽农药股份有限公司登记生产。

磷化镁 megnesium phosphide

其他名称 迪盖世。

化学名称 磷化镁。

理化性质 原药外观为灰绿色固体，熔点＞750℃。制剂外观为橘红色至灰白色固体。

毒　　性 大鼠急性经口LD_{50}为11.2mg/kg，大鼠急性经皮LD_{50}为1 520mg/kg。

剂　　型 56%片剂、66%片剂。

应用技术 因本品为高毒，已在国内全面禁用。

注意事项 储存于儿童及无行为责任能力的人触及不到的地方并加锁，并有专人管理，存放处应保持阴凉、干燥，避免火源存在，不可存放于居室、畜禽舍内，不得与食物、饮料、饲料、酸及强氧化剂等共同存放。存放地点应备有干粉灭火器，以备万一发生着火时能及时扑救。使用时选择晴朗干燥的天气，开启铝箔袋时避免眼、口直接对着袋口，施药时不可进饮食、吸烟，熏蒸期间，只有有效防护的人员方可进入，磷化氢气体具有腐蚀性，在处理前移走或用塑料膜包裹好仪器设备等，施完药后应及时清洗暴露部位皮肤和工作服，废弃物应焚毁或深埋或以指定的方式处理。

开发登记 辽宁省沈阳丰收农药有限公司曾登记生产。

氟虫胺 sulfluramid

其他名称 废蚁蝉；GX 071；Finitron。

化学名称 N-乙基全氟辛烷磺酰胺。

结 构 式

$$CF_3(CF_2)_7\overset{\overset{\displaystyle O}{\|}}{\underset{\underset{\displaystyle O}{\|}}{S}}NHCH_2CH_3$$

理化性质 白色无嗅晶体，熔点96℃，沸点196℃，蒸气压0.057MPa(25℃)。溶解度(25℃)：不溶于水，二氯甲烷18.6g/L，己烷1.4g/L，甲醇833g/L。

毒　　性 大鼠急性经口LD_{50}为543mg/kg，对皮肤无刺激作用。饲喂试验无作用剂量：大鼠LC_{50}为6g/(kg·d)。鹌鹑急性经口LD_{50}为473mg/kg。LC_{50}(8d)：鹌鹑460mg/kg，野鸭165mg/kg。

剂　　型 1%杀饵剂、8%乳油。

应用技术 因持久有机污染物原因，本品已被禁止使用。

开发登记 江苏省常州晔康化学制品有限公司登记生产。

噻虫嗪 thiamethoxam

其他名称 阿克泰(Actara)；快胜(Cruiser)。

化学名称 3-(2-氯-1,3-噻唑-5-基甲基)-5-甲基-1,3,5-恶二嗪-4-亚基(硝基)胺。

结构式

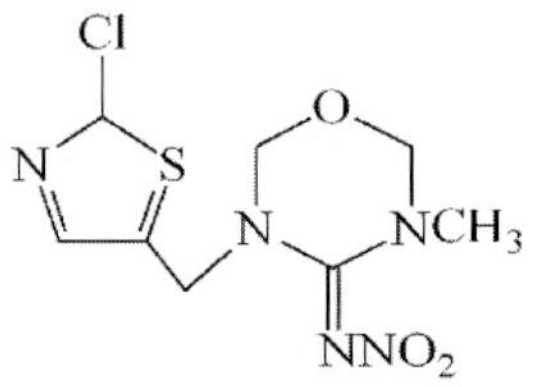

理化性质 原药为无色结晶粉末，熔点139.1℃，无嗅，蒸气压6.6×10^{-9}Pa(25℃)。水溶性4 100mg/L，pH值6.84，在pH2～12条件下稳定。储存稳定期2年以上。

毒　　性 大鼠急性经口LD_{50} 1 563mg/kg，大鼠急性经皮LD_{50} 2 000mg/kg，对眼睛和皮肤无刺激性。

剂　　型 25%水分散颗粒剂、70%干种衣剂、35%片剂、10%种子处理微囊悬浮剂、30%种子处理悬浮剂、70%种子处理可分散粉剂、3%颗粒剂。

作用特点 干扰昆虫体内神经的传导作用，其作用方式是模仿乙酰胆碱，刺激受体蛋白，而这种模仿的乙酰胆碱又不会被乙酰胆碱酯酶所降解，使昆虫一直处于高度兴奋中，直到死亡。具有良好的胃毒和触杀活性，强内吸传导性，植物叶片吸收后迅速传导到各部位，害虫吸食药剂，迅速抑制活动停止取食，并逐渐死亡，具有高效、持效期长、单位面积用药量低等特点，其持效期可达1个月左右。

应用技术 适用水稻、小麦、棉花、苹果、梨及多种经济作物及蔬菜。对各种蚜虫、飞虱、粉虱等刺吸式口器害虫有特效，对马铃薯甲虫也有很好的防治效果。对多种咀嚼式口器害虫也有很好的防效。还可拌种处理防治地下害虫。

防治小麦、玉米蛴螬，用0.08%颗粒剂4 050kg/亩，于播种前进行撒施处理。防治花生蛴螬，用16%悬浮种衣剂500～1 000g/100kg种子种子包衣，或于花生播种前全田撒施5%颗粒剂500～1 000g/亩，覆土10cm；防治小麦蚜虫，于小麦播种前，用30%种子处理悬浮剂200～400ml/100kg种子拌种处理。

防治玉米金针虫和灰飞虱，于玉米播种前，用20%种子处理微囊悬浮剂700～1 050ml/100kg种子进行种子包衣；防治玉米蚜虫，用30%种子处理悬浮剂200～600ml/100kg种子拌种处理。防治水稻稻飞虱，在若虫发生初盛期，用25%水分散粒剂8～16g/亩对水40～50kg喷雾；防治棉花白粉虱，用25%水分散粒剂7～15g/亩对水80kg喷雾；防治棉花蓟马，用25%水分散粒剂8～15g/亩对水80kg喷雾；防治棉花苗蚜，用70%种子处理可分散粉剂70～140g/100kg种子拌种。防治水稻蓟马，可以用30%种子处理悬浮剂100~300ml/100kg种子浸种后种子包衣或100～400ml/100kg种子种子包衣后浸种；

防治马铃薯蚜虫，用30%种子处理悬浮剂40～80ml/100kg种薯拌种；防治棉花蚜虫，用30%种子处理悬浮剂600～1 200ml/100kg种子拌种；防治向日葵蚜虫，用30%种子处理悬浮剂400～1 000ml/100kg种子拌种；防治油菜跳甲，用30%种子处理悬浮剂800～1 600ml/100kg种子拌种处理；防治油菜黄条跳甲，用25%水分散粒剂10～15g/亩对水40～50kg喷雾。

防治辣椒蓟马，用21%悬浮剂10～18g/亩对水40～50kg/亩喷雾；防治芹菜蚜虫，用25%水分散粒剂4～8g/亩对水50kg/亩喷雾；防治菠菜蚜虫，用25%悬浮剂6～8g/亩对水50kg/亩喷雾；防治豇豆蓟马，用25%悬浮剂15～20g/亩对水50kg/亩喷雾；防治十字花科蔬菜白粉虱，苗期(定植前3～5d用25%水分散粒剂

7～15g/亩对水40～50kg喷雾；防治西瓜蚜虫，用25%水分散粒剂8～10g/亩对水40～50kg喷雾；防治节瓜蓟马，用25%水分散粒剂8～15g/亩对水40～50kg喷雾；防治番茄、辣椒、茄子、马铃薯白粉虱，用25%水分散粒剂30～50g/亩灌根。

防治茶树茶小绿叶蝉，若虫期用25%水分散粒剂4～6g/亩对水40～50kg喷雾；防治花卉蓟马，用25%水分散粒剂8～15g/亩对水40～50kg喷雾。

防治苹果蚜虫，用21%悬浮剂4 000～5 000倍液喷雾；防治柑橘树橘小实蝇，于成虫发生始盛期开始施药，将1%饵剂涂至纸板上挂置于树冠下诱杀橘小实蝇，投放点数30～50个/亩，用药2次，每次间隔25d，换涂有新鲜饵剂的纸板1次。防治柑橘树蚜虫，用25%悬浮剂8 000～1 2000倍喷雾；防治柑橘树木虱，用21%悬浮剂3 360～4 200倍液喷雾；防治甘蔗绵蚜，用25%水分散粒剂10 000～12 000倍液喷雾；防治柑橘树介壳虫，用25%水分散粒剂4 000～5 000倍液喷雾；防治葡萄介壳虫，用25%水分散粒剂4 000～5 000倍液喷雾；防治人参金针虫，用70%种子处理可分散粉剂100～140g/100kg种子种子包衣；防治冬枣盲蝽，用25%水分散粒剂4 000～5 000倍液喷雾；防治韭菜韭蛆，用25%水分散粒剂180～240g/亩灌根。

另外，资料报道还可以防治稻水象甲，用25%水分散粒剂3～5g/亩对水40～50kg喷雾；防治水稻潜叶蝇，用25%水分散粒剂3～5g/亩对水40～50kg喷雾；防治烟蚜，用25%水分散粒剂8 000～10 000倍液喷雾；防治甘蔗绵蚜，用25%水分散粒剂3～5g/亩对水40～50kg喷雾；防治美洲斑潜蝇、斑叶蝉，用25%水分散粒剂，就是在使用前先用少量的水将噻虫嗪稀释成1∶2的药液，然后再按使用倍数将其均匀地倒入喷雾器中。噻虫嗪在施药以后，害虫接触药剂后立即停止取食等活动，但死亡速度较慢，死虫的高峰通常在药后2～3d出现。噻虫嗪是新一代杀虫剂，其作用机理完全不同于现有的杀虫剂，也没有交互抗性问题，因此对抗性蚜虫、飞虱效果特别优异。噻虫嗪使用剂量较低，应用过程中不要盲目加大用药量，以免造成不必要的浪费。勿使药物溅入眼或沾染皮肤。进食、饮水或吸烟前必须先洗手及裸露皮肤。勿将剩余药物倒入池塘、河流。农药泼洒在地，立即用沙、锯末、干土吸附，把吸附物集中深埋，曾经泼洒的地方用大量清水冲洗，回收药物不得再用。置于阴凉干燥通风地方，药物必须用原包装储存。

开发登记 瑞士先正达作物保护有限公司登记生产。

茚虫威 indoxacarb

其他名称 安打；全垒打(Ammate)。

化学名称 7-氯-2,3,4α,5-四氢化-2-[甲氧基羰基(4-三氟甲氧基苯基)氨基甲酰基]茚并[1,2-e][1,3, 4]恶二嗪-4a-羧酸甲酯。

结构式

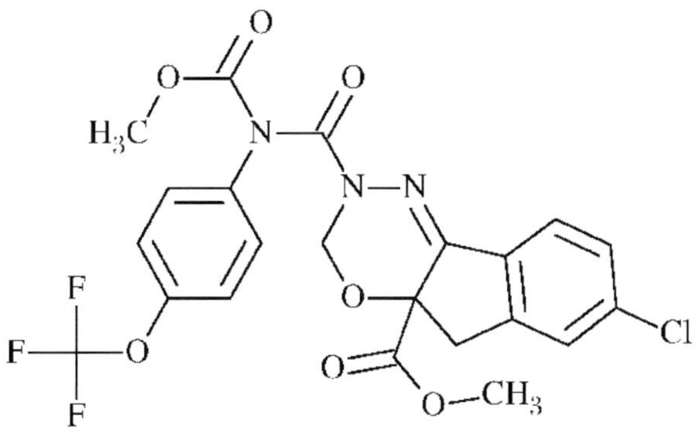

O
O
O
H_3C
N
N—N
F
O
F—C—O
Cl
F
O
O—CH_3

理化性质 熔点88.1℃，蒸气压2.5×10^{-8}Pa。溶解度：水<0.2mg/L，丙酮250g/L，甲醇3g/L，水解DT_{50}>30d(pH值5)。

毒　　性 大鼠急性经口LD_{50}1 732mg/kg(雄)、268mg/kg(雌)；大鼠急性经皮LD_{50}>5 000mg/kg。对兔眼睛和皮肤无刺激性，大鼠吸入毒性LC_{50}>5.5mg/L。

剂　　型 30%水分散粒剂、15%悬浮剂、150g/L乳油、30%悬浮剂、20%乳油、150g/L悬浮剂。

作用特点 具有触杀和胃毒作用，对各龄期幼虫都有效。一般在药后24～60h内死亡。主要是阻断害虫神经细胞中的钠通道，导致靶标害虫协调差、麻痹，最终死亡。药剂通过触杀和摄食进入虫体，害虫的行为迅速变化，致使害虫迅速终止摄食，从而极好地保护了靶标作物，试验表明与其他杀虫剂无交互抗性，对天敌昆虫安全，并耐雨水冲刷。

应用技术 适用于甘蓝、花椰菜、芥蓝、番茄、辣椒、黄瓜、小胡瓜、茄子、莴苣、苹果、梨树、桃树、杏、棉花、马铃薯、葡萄。主要防治甜菜夜蛾、小菜蛾、菜青虫、斜纹夜蛾、甘蓝夜蛾、棉铃虫、银纹夜蛾、粉纹夜蛾、烟青虫、卷叶蛾类、苹果蠹蛾、叶蝉、葡萄小食心虫、葡萄长须卷叶蛾、金刚钻、棉大卷叶螟、牧草盲蝽、马铃薯块茎蛾、马铃薯甲虫等多种害虫。

防治水稻二化螟，用150g/L悬浮剂15～20ml/亩对水30～50kg/亩喷雾。防治水稻稻纵卷叶螟，30%悬浮剂6～8ml/亩对水30～50kg/亩喷雾。

防治烟草烟青虫，于烟青虫卵孵化初期至低龄幼虫高峰期，用4%微乳剂12～18g/亩对水40～50kg/亩喷雾。

防治棉花棉铃虫，在发生盛期，用15%悬浮剂10～18g/亩对水80kg喷雾。

防治豇豆豆荚螟，用30%水分散粒剂6～9g/亩对水30～50kg/亩喷雾。防治十字花科蔬菜菜青虫，在2～3龄幼虫期，用15%悬浮剂5～10g/亩对水40～50kg喷雾；防治十字花科蔬菜小菜蛾、甜菜夜蛾，在2～3龄幼虫期，用15%悬浮剂10～18g/亩对水40～50kg喷雾。

注意事项 与不同作用机理的杀虫剂交替使用，每季作物上建议使用不超过3次，以避免抗性的产生。本品虽属低毒农药，但喷药时仍需穿长袖衫、长裤，戴防水手套。药液配制时，先配制成母液，再加入药桶中，并应充分搅拌，配制好的药液要及时喷施，避免长久放置。应使用足够的喷液量，以确保作物叶片的正反面能被均匀喷施。

开发登记 美国杜邦公司、广东省江门市大光明农化有限公司等企业登记生产。

恶虫酮 metoxadiazone

其他名称 RP-32861；S-21074；ELemic。

化学名称 5-甲氧基-3-(2-甲氧基苯基)-1,3,4-恶二唑-2(3H)-酮。

结 构 式

O
N
N
O
O
O

理化性质 纯品为米色结晶固体，熔点79.5℃，蒸气压极低(25℃，10.787MPa)，在20℃和133.32Pa下挥发不明显，相对密度1.401～1.410。溶解度(20℃)：水1g/L，二甲苯100g/L，环已酮500g/L；溶于乙醇、异丙醇、三甲苯、烷基苯，较易溶于甲醇、二甲苯、1, 1, 1-三氯乙烷，易溶于丙酮、氯仿、乙酸乙酯、氯甲烷、苯甲醚。稳定性：常温下稳定，高于50℃不稳定；在甲醇中较易分解(40℃、6个月分解14.7%)，在其他溶剂中稳定；在光照下逐渐分解。

毒　　性 雄大鼠急性经口LD_{50}(mg/kg)为190，雌大鼠为175，雄小鼠急性经口LD_{50}为142，雌小鼠为139。大鼠急性经皮LD_{50} > 2.5g/kg，小鼠 > 5g/kg。雄大鼠急性吸入LC_{50}(4h)为2 770mg/L，雌大鼠为1 720～2 820mg/L；小鼠急性吸入LC_{50}(4h) > 3 400mg/L。鲤鱼LC_{50}(72h)25m/L。

剂　　型 50%可湿性粉剂、20%乳油、4%颗粒剂、2.5%无漂移粉剂。

作用特点 具有触杀和胃毒作用，击倒活性好。恶虫酮具有抑制乙酰胆碱酯酶和对神经轴突作用的双重特性，为防治对拟除虫菊酯类具抗性蜚蠊的有效药剂。

应用技术 资料报道，是为解决蜚蠊对拟除虫菊酯类药剂的抗性问题及因空调房间普及而带来的蜚蠊滋生而开发的卫生用恶二唑类杀虫剂。300～800mg/L，能防治甘蓝、番茄、蚕豆、马铃薯、冬小麦、苹果和梨树上的蚜虫；对抗氨基甲酸酯类杀虫剂的黑尾叶蝉，其LC_{50}为23mg/L，而对稻褐飞虱和白背飞虱的LC_{50}为26mg/L，对德国小蠊、蚂蚁也有明显活性。其在植株中的DT_{50}约为2d，在土壤中DT_{50}为5～8d；药剂浓度：家蝇0.1%，其他为0.05%。以乳油喷洒，对德国小蠊和美国大蠊的致死效果优于杀螟硫磷和菊酯，对抗性品系德国小蠊也如此，而且持效期长，但对家蝇的效果不及上述两对照药剂。

登记开发 江苏优嘉植物保护有限公司进行原药生产。

噻虫啉 thiacloprid

其他名称 Calypso。

化学名称 3-(6-氯-3-吡啶甲基)-1,3-噻唑啉-2-亚氰胺。

结 构 式

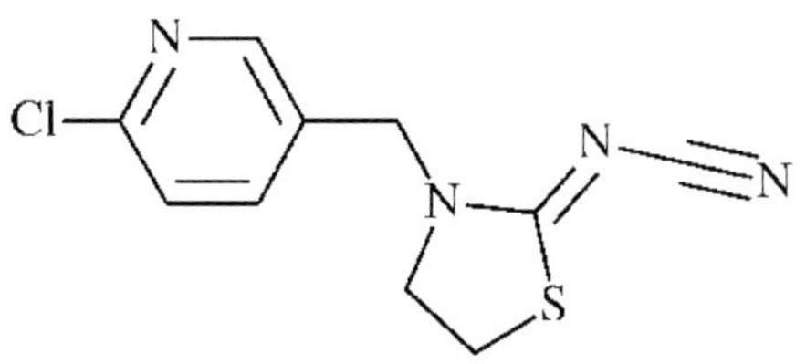

Cl N N N N S

理化性质 本品为微黄色粉末，蒸气压为3×10^{-10}Pa(20℃)。水中溶解度为185mg/L(20℃)。

毒　　性 大鼠急性经口LD_{50} 836mg/kg(雄)、444mg/kg(雌)。

剂　　型 48%悬浮剂、3.6%水分散粒剂、2%微囊悬浮剂、2%微囊粉剂、50%水分散粒剂。

作用特点 与吡虫啉一样，噻虫啉也作用于烟酸乙酰胆碱受体。它与常规杀虫剂如拟除虫菊酯类、有机磷类和氨基甲酸酯类没有交互抗性，因而可用于抗性治理。噻虫啉具有内吸性并有急性接触毒性及胃毒作用。

应用技术 噻虫啉是一种新的对刺吸式口器害虫有高效的广谱杀虫剂，根据作物、害虫及施用方式不同，其用量为3.2～12g/亩。噻虫啉对核果类水果、棉花、蔬菜和马铃薯上的重要害虫有优异的防效。除对蚜虫和粉虱有效外，它对各种甲虫(如马铃薯甲虫、苹果花象甲、稻象甲)和鳞翅目害虫(如苹果树上的潜叶蛾和苹果蠹蛾)也有效，并且对相应的所有作物都适用。

防治水稻稻飞虱，用40%悬浮剂14～16ml/亩对水40~50kg/亩喷雾；防治水稻蓟马，用48%悬浮剂10～14g/亩喷雾。

防治花生蛴螬，于蛴螬发生期施药，用48%悬浮剂 55～70g/亩灌根处理。

防治柑橘树天牛，用40%悬浮剂3 000～4 000倍液喷雾。

防治甘蓝蚜虫，用50%水分散粒剂10～14g/亩对水50kg/亩喷雾；防治黄瓜蚜虫，蚜虫发生期，用48%悬浮剂7～14g/亩对水40～50kg喷雾。

防治林木天牛，用2%微囊粉剂150～303g/亩喷粉。

开发登记 山东省联合农药工业有限公司、天津市兴光农药厂等企业登记生产。

藻酸丙二醇酯 propylene glycol alginate

化学名称 褐藻酸丙二醇酯。

结构式

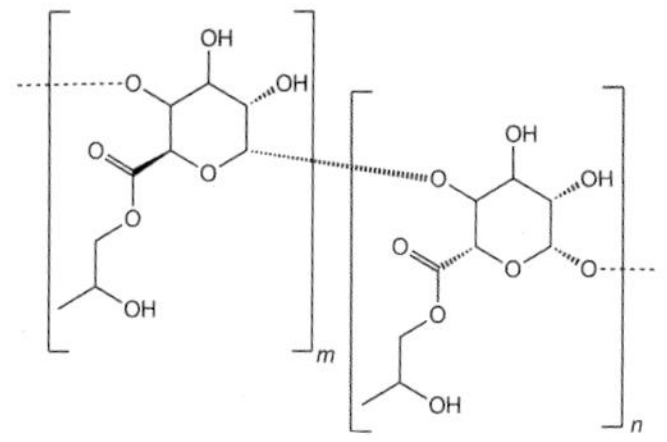

理化性质 原药外观为淡黄色颗粒粉状，密度0.801g/cm³，水溶液呈粘胶状，可溶于60%乙醇。

毒　　性 大鼠急性经口LD_{50} 7 200mg/kg，中等毒性。

剂　　型 0.12%悬浮剂、0.12%可溶性液剂等。

作用特点 是由海藻提取物经乳化过程制成的乳化悬浮液，对昆虫有触杀活性。

应用技术 据资料报道，防治番茄白粉虱，用0.12%可溶性液剂333～500g/亩对水40～50kg喷雾。

开发登记 美国加州农化产品公司登记生产。

十八烷基三甲基氯化铵 octadecyl trimethyl ammonium chloride

化学名称 十八烷基三甲基氯化铵。

结构式

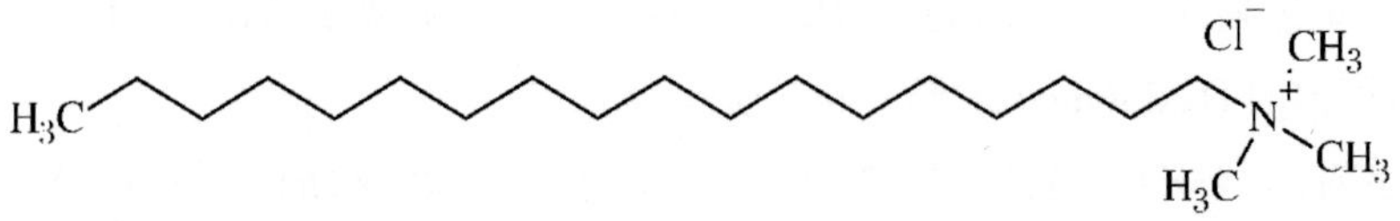

理化性质 纯品为白色蜡状物，易溶于水，溶解度一般约有27%，振荡产生大量泡沫，溶于甲醇、乙醇、异丙醇等有机溶剂。化学稳定性好，耐热、光、压及强酸、强碱，100℃分解，低温不挥发，不产生压力。

毒　　性 低毒。

剂　　型 2%可溶性粉剂等。

作用特点 具有杀菌兼杀虫作用，广泛用于水稻、蔬菜、茶叶、果树等虫害的防治，对稻飞虱、蔬菜蚜虫、菜青虫、潜叶蛾、柑橘红蜘蛛、介壳虫等有明显的效果。

应用技术 据资料报道，可用于防治柑橘树矢尖蚧，在卵孵盛期及1～2龄若虫期，用2%可溶性粉剂30～40倍液喷雾。

开发登记 湖南农大海特农化有限公司曾登记生产。

溴甲烷

化学名称 溴甲烷。

结 构 式

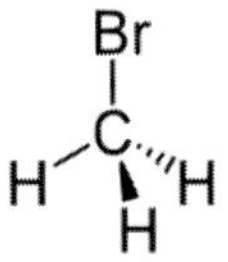

理化性质 室温下无色无嗅气体，高浓度下有氯仿气味，熔点-93℃，沸点4.5℃，蒸气压227kPa(25℃)，相对密度1.732(0℃)。溶解度：水13.4g/L(25℃)，冰水中形成晶状水合物，溶于许多有机溶剂，如低级醇、醚、酯、酮、芳香烃类、卤代烃类、二硫化碳，水中水解缓慢，碱性介质中水解迅速。

毒　　性 大鼠吸入LC_{50} 302 mg/kg(8h)，大鼠急性经口LD_{50} 214mg/kg，中毒。

剂　　型 99%原药、98%气体制剂等。

作用特点 是应用于防治仓储害虫较早的熏蒸剂，由于该药杀虫谱广，药效显著，扩散性好，尽管毒性较高，目前仍用于防治仓储害虫。该药渗透性受被熏蒸物表面、温度以及不同种类的害虫或同一种类不同生态等因素的影响，使用剂量需因环境变化而不同，这样才能达到以最低用量获得最佳效果。该药在正确使用的情况下对种子发芽率影响不大，对多种物品，如花卉、苗木、木材、丝制品、羊毛、棉织品等均无不良影响。

应用技术 检疫熏蒸处理，禁止在农业上使用。

氯虫苯甲酰胺 chlorantraniliprole

其他名称 康宽；奥得腾；普尊；氯虫酰胺。

化学名称 3-溴-N-[4-氯-2-甲基-6-[(甲氨基)甲酰基]苯基]-1-(3-氯吡啶-2-基)-1H-吡唑-5-甲酰胺。

结 构 式

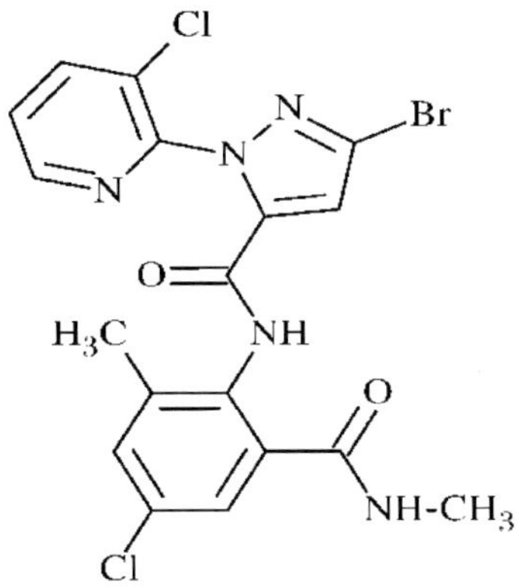

理化性质 纯品外观为白色结晶，密度(对液体要求)1.507g/mL，熔点208～210℃，分解温度为330℃，蒸气压(20～25℃)6.3×10^{12}Pa。溶解度(20～25℃，mg/L)：水1.023、丙酮3.446、甲醇1.714、乙腈0.711、乙酸乙酯1.144。

毒　　性 大鼠急性经口LD_{50}＞5 000mg/kg，低毒。

剂　　型 20%悬浮剂、5%悬浮剂、35%水分散粒剂、1%颗粒剂、5%超低容量液剂、0.03%颗粒剂、0.4%颗粒剂。

作用特点 属邻甲酰氨基苯甲酰胺类杀虫剂。主要是激活兰尼碱受体，释放平滑肌和横纹肌细胞内贮存的钙离子，引起肌肉调节衰弱，麻痹，直至最后害虫死亡。该有效成分表现出对哺乳动物和害虫兰尼碱受体极显著的选择性差异，大大提高了对哺乳动物和其他脊椎动物的安全性。氯虫苯甲酰胺高效广谱，对鳞翅目的夜蛾科、螟蛾科、蛀果蛾科、卷叶蛾科、粉蝶科、菜蛾科、麦蛾科、细蛾科等均有很好的控制效果。还能控制鞘翅目象甲科、叶甲科，双翅目潜蝇科，烟粉虱等多种非鳞翅目害虫。持效期可达15d以上。

应用技术 防治水稻稻纵卷叶螟、三化螟、二化螟、稻水象甲，在低龄幼虫期，用20%悬浮剂15ml/亩对水40～50kg喷雾；防治水稻稻水象甲，用0.4%颗粒剂350～450g/亩撒施；防治花生田蛴螬，用35%水分散粒剂15～20ml/亩对水100～150kg灌根。防治水稻大螟，用200g/L悬浮剂8.3～10ml/亩喷雾。

防治玉米小地老虎、玉米黏虫、玉米蛴螬，用50%种子处理悬浮剂380～530g/100kg种子拌种；防治玉米玉米螟，用5%悬浮剂 16～20ml/亩喷雾；防治玉米二点委夜蛾，用200g/L悬浮剂7～10ml/亩喷雾；防治棉花棉铃虫，用5%悬浮剂30～50ml/亩喷雾。

防治斜纹夜蛾，在幼虫3龄前，用20%悬浮剂10ml/亩对水40～50kg喷雾；防治甘蓝小菜蛾，在幼虫孵化期，用5%悬浮剂30～55ml/亩对水40～50kg喷雾；防治甘蓝甜菜夜蛾，在低龄幼虫期，用5%悬浮剂30～55ml/亩对水40～50kg喷雾。

防治甘薯甜菜夜蛾，用200g/L悬浮剂 7～13ml/亩喷雾；防治甘蔗小地老虎，用200g/L悬浮剂6.7～10ml/亩喷雾；防治甘蔗蔗螟，用5%超低容量液剂70～80ml/亩超低容量喷雾；防治甘蓝小地老虎，于发生早期，用5%悬浮剂34～40ml/亩喷雾；防治辣椒棉铃虫、甜菜夜蛾，用5%悬浮剂30～60ml/亩对水50kg/亩喷雾；防治西瓜棉铃虫，用5%悬浮剂30～60ml/亩对水50kg/亩喷雾；防治西瓜甜菜夜蛾，用5%悬浮剂45～60ml/亩对水50kg/亩喷雾；防治豇豆豆荚螟，用5%悬浮剂30～60ml/亩喷雾；防治菜豆豆荚螟，用200g/L悬浮剂6～12ml/亩对水500kg/亩喷雾。

防治苹果树苹果蠹蛾，用35%水分散粒剂7 000～10 000倍液喷雾；防治苹果树桃小食心虫，在幼虫孵化盛期，用35%水分散粒剂5 000～8 000倍液喷雾；防治苹果树金纹细蛾，在幼虫孵化盛期，用35%水分散粒剂5 000～10 000倍液喷雾。

防治草坪黏虫，用200g/L悬浮剂5～8ml/亩喷雾。

开发登记 美国杜邦公司、美国富美实公司登记生产。

氟虫双酰胺 flubendiamide

其他名称 垄歌。

化学名称 3-碘-N'-(2-甲磺酰基-1,1-二甲基乙基)-N-{4-[1,2,2,2-四氟-1-(三氟甲基)乙基]-2-甲基苯基}邻苯二酰胺。

结构式

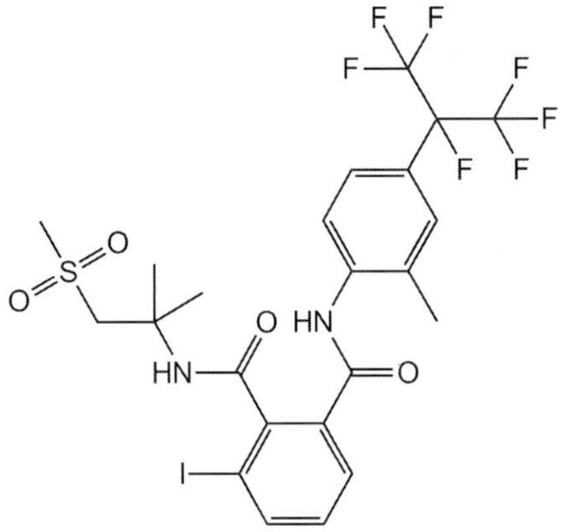

理化性质 原药外观为白色结晶粉末，无特殊气味，制剂外观为褐色水分散粒剂，未达到熔点就分解，纯品热分解温度为255～260℃。密度1.659g/cm^3。在pH4.0～9.0及相应的环境温度下几乎没有水解。无爆炸危险，不具自燃性，不具氧化性。

毒　　性 大鼠急性经口LD_{50}＞5 000mg/kg，大鼠急性经皮LD_{50}＞2 000mg/kg，低毒。

剂　　型 20%水分散粒剂。

作用特点 属新型邻苯二甲酰胺类杀虫剂，激活兰尼碱受体细胞内钙释放通道，导致储存钙离子的失控性释放。是目前为数不多的作用于昆虫细胞兰尼碱受体的化合物。对鳞翅目害虫有光谱防效，与现有杀虫剂无交互抗性产生，非常适宜于对现有杀虫剂产生抗性的害虫的防治。对幼虫有非常突出的防效，对成虫防效有限，没有杀卵作用。渗透植株体内后通过木质部略有传导。耐雨水冲刷。

应用技术 防治白菜小菜蛾、甜菜夜蛾，用20%水分散粒剂15～20g/亩，对水40～50kg喷雾。

注意事项 该药品对蚕毒性较高，在蚕区使用应注意。

生产登记 江苏龙灯化学有限公司、德国拜耳作物科学公司等企业登记生产。

氰虫酰胺 cyantraniliprole

其他名称 DPX-HGW86。

化学名称 3-溴-N-[4-氰基-2-甲基-6-[(甲胺基)甲酰基]苯基]-1-(3-氯吡啶-2-基)-1-1H-吡唑-5-甲酰胺。

结构式

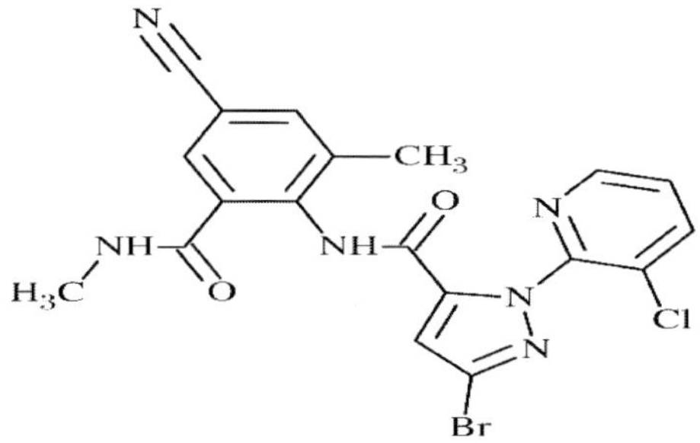

作用特点 新型氨基苯甲酰胺类杀虫剂，作用机理也是鱼尼丁受体激活剂(ryanodine receptor activator)，与氯虫酰胺相比具有更广谱的杀虫活性。

开发登记 由杜邦公司开发。

乙虫腈 ethiprole

化学名称 1-(2,6-二氯-4-三氟甲基苯基)-3-氰基-4-乙基亚磺酰基-5-氨基吡唑。

结 构 式

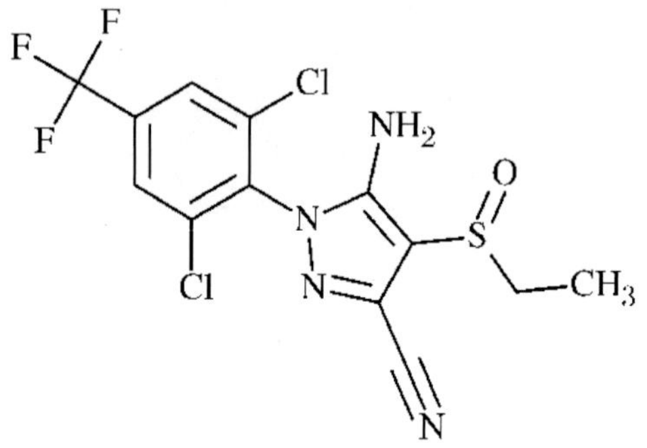

理化性质 原药外观为浅褐色晶体粉末，无特别气味，制剂具有芳气香味浅褐色液体。密度(20℃)为1.57g/mL。

毒　　性 大鼠急性经口LD_{50} > 5 000mg/kg，低毒。

剂　　型 100g/L悬浮剂、9.7%悬浮剂。

作用特点 是新型吡唑类杀虫剂，杀虫谱广。通过γ-氨基丁酸(GABA)干扰氯离子通道，从而破坏中枢神经系统(CNS)正常活动使昆虫致死。该药对昆虫GABA氯离子通道的素服束缚比对脊椎动物更加紧密，因而提供了很高的选择毒性。其作用机制不同于拟除虫菊酯、有机磷、氨基甲酸酯等主要的杀虫剂家族，几乎没有与多数现存杀虫剂产生交互性的机会。因此，他是抗性治理的理想后备品种，可与其他化学家族的农药混配、交替使用。

应用技术 防治水稻稻飞虱，在飞虱为害初期，用100g/L悬浮剂30 ~ 40ml/亩对水40 ~ 50kg喷雾。

开发登记 拜耳作物科学(中国)有限公司等企业登记生产。

氟啶虫酰胺 flonicamid

化学名称 N-氰基甲基-4-(三氟甲基)烟酰胺。

结 构 式

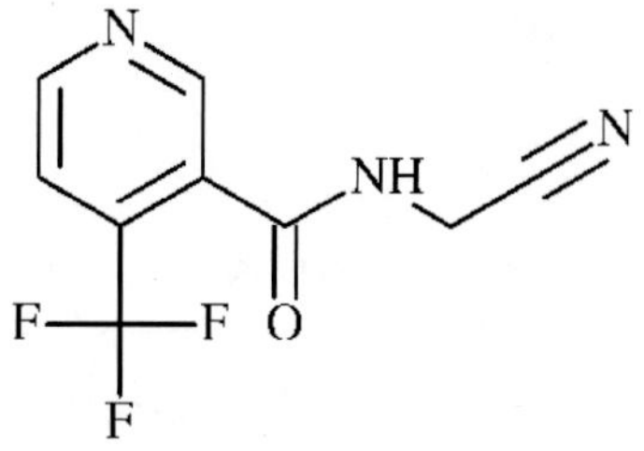

毒　　性 大鼠急性经口LD_{50} 为884/1 768mg/kg(雌/雄)，低毒。

剂　　型 10%水分散粒剂20%悬浮剂、20%水分散粒剂、50%水分散粒剂。

应用技术 防治水稻稻飞虱，用20%悬浮剂20 ~ 25 ml/亩对水40 ~ 50kg/亩喷雾。

防治甘蓝蚜虫，用50%水分散粒剂8 ~ 10g/亩 对水40 ~ 50kg/亩喷雾；防治黄瓜蚜虫，用10%水分散粒剂30 ~ 50g/亩对水40 ~ 50kg喷雾；防治马铃薯蚜虫，用10%水分散粒剂35 ~ 50g/亩对水40 ~ 50kg喷雾。

防治苹果蚜虫，在蚜虫为害初期，用10%水分散粒剂2 500 ~ 5 000倍液喷雾。

开发登记 日本石原产业株式会社等企业登记生产。

螺虫乙酯 spirotetramat

化学名称 4-(乙氧基羰基氧基)-8-甲氧基-3-(2,5-二甲苯基)-1-氮杂螺[4,5]-癸-3-烯-2-酮。

结 构 式

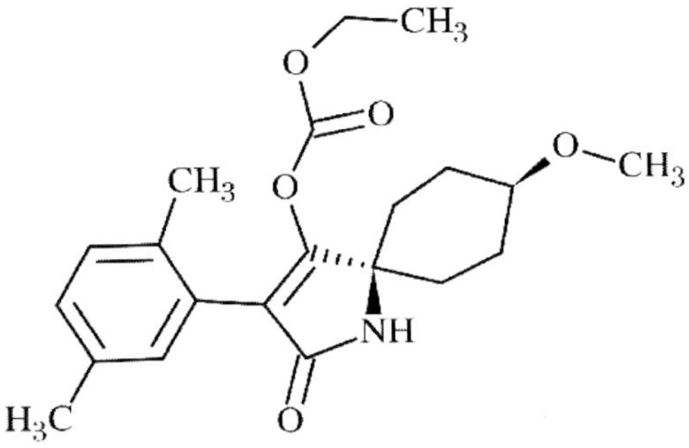

CH_3 O O CH_3 O O–CH_3 NH H_3C O

理化性质 原药外观为白色粉末，无特别气味，制剂外观是具芳香气味白色悬浮液。熔点142℃，溶解度(20℃)水33.4mg/L，有机溶剂：乙醇44.0mg/L、正己烷0.055mg/L、甲苯60mg/L、二氯甲烷>600mg/L、丙酮100 ~ 120mg/L、乙酸乙酯67mg/L、二甲基亚砜200 ~ 300mg/L。分解温度235℃，稳定性较好。

毒　　性 急性经口LD_{50}大鼠(雌/雄)>2 000mg/kg。

剂　　型 240g/L悬浮剂、22.4%悬浮剂、40%悬浮剂、50%悬浮剂。

作用特点 是一种新型杀虫剂，杀虫谱广，持效期长。它是通过干扰昆虫的脂肪生物合成导致幼虫死亡，降低成虫的繁殖能力。由于其独特的作用机制，可有效地防治对现有杀虫剂产生抗性的害虫，同时可作为烟碱类杀虫剂抗性管理的重要品种。

应用技术 防治番茄烟粉虱，用40%悬浮剂12 ~ 18ml/亩喷雾；防治甘蓝蚜虫，用50%水分散粒剂10 ~ 12g/亩对水40 ~ 50kg/亩喷雾。

防治柑橘树红蜘蛛，用22.4%悬浮剂4 000 ~ 5 000倍液喷雾；防治梨树梨木虱、柑橘树木虱，用22.4%悬浮剂4 000 ~ 5 000倍液喷雾；防治苹果绵蚜，用22.4%悬浮剂3 000 ~ 4 000倍液喷雾。防治柑橘树介壳虫，在若虫孵化期，用240g/L悬浮剂4 000 ~ 5 000倍液喷雾。

开发登记 拜耳作物科学(中国)有限公司登记生产。

斑蝥素 cantharidin

化学名称 3,6-氧桥-1,2-二甲基环己烷-1,2-二羧酸酐。

结 构 式

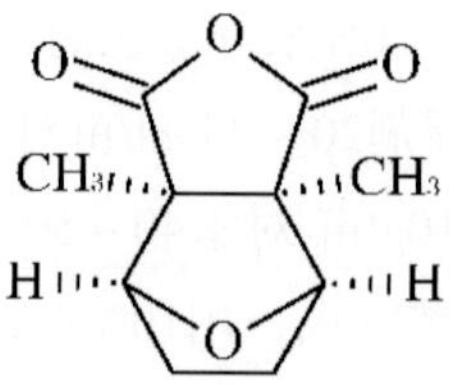

理化性质 原药外观呈均匀一致的棕色并有一定的黏度的液体有沉淀和悬浮物。微溶于水，溶于乙醇(1：100)，乙醚(1：700)，氯仿(1：55)。对弱酸、弱碱稳定。

毒　　性 大鼠急性经口LD_{50}＞5 000mg/kg，低毒。

剂　　型 0.01%水剂。

应用技术 据资料报道，可用于防治十字花科蔬菜菜青虫，在低龄幼虫期，用0.01%水剂2 000～2 500倍液喷雾。

开发登记 甘肃金昌中药技术开发研究所曾登记生产。

哌虫啶

化学名称 1-(6-氯-3-吡啶基甲基)-7-甲基-S-丙氧基-8-硝基-1,2, 3,5,6,7-六氢化吡唑[1,2-α]吡啶。

结 构 式

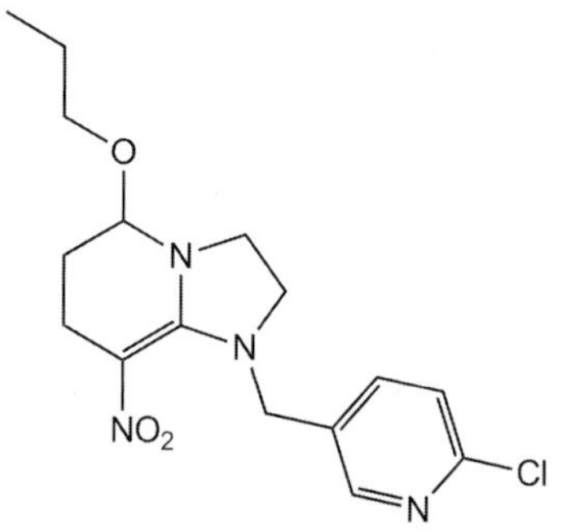

理化性质 原药为淡黄色粉末状固体，熔点：130.2～131.9℃，蒸气压(20℃)：200MPa，微溶于水，能够溶于二氯甲烷、氯仿、丙酮等大多数有机溶剂中。在正常储存条件下及中性和微酸性介质中稳定，在碱性水质中缓慢水解。

毒　　性 大鼠急性经口LD_{50}＞5 000mg/kg，低毒。

剂　　型 10%悬浮剂等。

作用特点 属新型高效、光谱、低毒烟碱类杀虫剂。主要用于防治同翅目害虫，对稻飞虱有良好的防治效果。

应用技术 防治小麦蚜虫，用10%悬浮剂20～25ml/亩对水40~50kg/亩喷雾；防治水稻稻飞虱，用10%悬浮剂25～35ml/亩对水40～50kg喷雾。

注意事项 本品应储存于阴凉、干燥、通风处，避光密封保存，放置儿童接触不到的地方。不能与食品、饲料、粮食、饮料及日用品一起储运。运输时应注意防水防潮，避免雨淋，搬运时轻搬轻放，不可倒置。采用专用集装箱运输，分装和运输作业要注意个人防护。

开发登记 江苏克胜集团股份有限公司登记生产。

噻虫胺 clothianidin

化学名称 (E)-1-(2-氯-1,3-噻唑-5-基甲基)-3-甲基-2-2-硝基胍。

结构式

(Chemical structure: 2-chloro-thiazol-5-ylmethyl–NH–C(=N–N^{+}(=O)O^{-})–NH–CH_3)

理化性质 原药外观为结晶固体粉末，无嗅，熔点176.8℃。

毒　　性 大鼠急性经口LD_{50} > 5 000mg/kg，低毒。

剂　　型 50%水分散粒剂、0.06%颗粒剂、48%悬浮剂、1%颗粒剂、0.1%颗粒剂、30%悬浮种衣剂、48%悬浮种衣剂、18%种子处理悬浮剂。

应用技术 防治水稻稻飞虱，于插秧当日或前一天均匀地撒在育秧盘上，掸落黏附在叶片上的颗粒后，喷洒适量的水，使颗粒黏附在育秧盘土上，2d内必须插秧，如果稻叶是湿的或有露水，先掸落叶片上的露水再进行颗粒剂处理，用1%颗粒剂2 000 ~ 2 500g/亩撒施，或者于水稻飞虱若虫发生始盛期，用50%水分散粒剂对水40 ~ 50kg/亩喷雾；防治水稻蓟马，用18%种子处理悬浮剂500 ~ 900ml/100kg种子拌种；防治小麦蚜虫，于小麦播种前，用30%悬浮种衣剂470 ~ 700g/100kg种子拌种；防治梨树梨木虱，用20%悬浮剂2 000 ~ 2 500倍喷雾；防治玉米蛴螬，用0.1%颗粒剂，于玉米播种前，用0.1%颗粒剂40 ~ 50kg/亩撒施；防治小麦蛴螬，于小麦播种前，用0.1%颗粒剂15 ~ 20kg/亩撒施后覆土。

防治花生蛴螬，于花生播种前，用10%干拌种剂2 135 ~ 2 670g/100kg种子拌种，或用10%种子处理悬浮剂667 ~ 1 000ml/100kg种子包衣；防治马铃薯蛴螬，于马铃薯播种前，用10%干拌种剂 296 ~ 400g/100kg种子拌种；防治草坪蛴螬，用0.5%颗粒剂2 000 ~ 3 000g/亩撒施。

防治甘蓝黄条跳甲，于甘蓝移栽前，用0.5%颗粒剂4 000 ~ 5 000g/亩施于移栽沟（穴）中，然后移栽甘蓝后覆土；防治韭菜韭蛆，于韭菜韭蛆幼虫盛发初期，用48%悬浮剂 40 ~ 50ml/亩灌根；防治大蒜根蛆，在大蒜蒜蛆发生初期施药，用0.06%颗粒剂35 ~ 40kg/亩拌土撒施。

防治甘蔗蔗龟、蔗螟，于新植蔗在开沟、下种后，在种植沟中或宿根蔗在收获后5 ~ 15d带状沟中，用0.06%颗粒剂 30 ~ 35kg/亩沟施，然后盖土；防治甘蔗蛴螬，用1%颗粒剂1 500 ~ 1 800g/亩，撒施在垄沟内或甘蔗垄旁，然后覆土。

防治番茄烟粉虱，在为害初期，用50%水分散粒剂6 ~ 8g/亩对水40 ~ 50kg喷雾。

开发登记 日本住友化学株式会社、江苏省苏州富美实植物保护剂有限公司、陕西汤普森生物科技有限公司、河南金田地农化有限责任公司登记生产。

硫酰氟 sulfuryl fluoride

化学名称 硫酰氟。

结构式

$$O=S(=O)(F)-F$$

理化性质 无色无嗅气体；沸点-55.2℃(760mmHg)，熔点-136.7℃，蒸气压1.7×10^{-6}Pa(21.1℃)，相对密度1.36(20℃)，溶解度水750mg/kg(25℃)，乙醇0.24～0.27，甲苯2.1～2.2，四氯化碳1.36～1.38(g/L)。光下稳定，干燥条件下约500℃稳定，水中不被水解，在碱液中水解迅速。

毒　　性 大鼠急性经口LD_{50}为100mg/kg，中等毒性。

剂　　型 99%气制剂等。

作用特点 是一种优良的广谱性熏蒸杀虫剂，具有杀虫谱广、渗透力强、用药量少、解吸快、不燃不爆、对熏蒸物安全，尤其适合低温使用等特点。该药通过昆虫呼吸系统进入虫体，损害中枢神经系统而致害虫死亡，是一种惊厥剂。对昆虫胚后期毒性较高。

应用技术 防治堤围黑翅土白蚁，用99.8%原药800～1 000g/巢由主蚁道注入气体熏蒸；防治建筑物白蚁，用99.8%原药30g/m^3密闭熏蒸；防治粮食储粮害虫，用99.8%原药20～30g/m^3密闭熏蒸；防治林木蛀虫，用99.8%原药25～30g/m^3密闭熏蒸；棉花仓储害虫，用99.8%原药40～50g/m^3密闭熏蒸；防治木材蛀虫，用99.8%原药25～30g/m^3密闭熏蒸；防治文史档案及图书蛀虫，用99.8%原药30～40g/m^3密闭熏蒸；防治衣料蛀虫，用99.8%原药30g/m^3密闭熏蒸；防治种子蛀虫，用99.8%原药25～30g/m^3密闭熏蒸。

注意事项 硫酰氟不适于熏蒸处理供人畜食用的农业食品原料、食品、饲料和药物，也不提倡用来处理植物、蔬菜、水果和块茎类，尤其是干酪和肉类等含蛋白质食品，因为硫酰氟在这些物质上的残留量高于其他熏蒸剂的残留；根据动物试验，推荐人体长期接触硫酰氟的安全浓度应低于5mg/L；施药时钢瓶应直立，不要横卧或倾斜，熏蒸后打开密封容器或装置，用电扇或自然通风散气，熏蒸及散毒时，应在仓库周围设警戒区；硫酰氟钢瓶应储存在干燥、阴凉、通风良好的仓库内。

开发登记 临海市利民化工有限公司、龙口市化工厂等企业登记生产。

唑虫酰胺　tolfenpyrad

化学名称 4-氯-3-乙基-1-甲基-N-[4-(4-甲苯基氧基)苯基甲基]吡唑-5-酰胺。

结构式

H_3C，O，NH，H_3C，N，N，O，CH_3，Cl

理化性质 纯品外观为白色结晶，比重(25℃)1.18，熔点87.7～88.2℃，分解温度252℃(TG-DTA法)。

毒　　性 大鼠急性经口LD_{50}为386mg/kg，中等毒性。

剂　　型 15%乳油等。

应用技术 据资料报道，可用于防治茄子蓟马，用15%乳油50～80ml/亩对水40～50kg喷雾；防治十字花科蔬菜叶菜小菜蛾，在低龄幼虫期，用15%乳油30～50ml/亩对水40～50kg喷雾。

开发登记 海利尔药业集团股份有限公司登记生产。

氰氟虫腙 metaflumizone

化学名称 (E+Z)–[2–(4–氰基苯基)–1–[3–(三氟甲基)苯基]亚乙基]–N–[4–(三氟甲氧基)苯基]–联氨羰草酰胺。

结 构 式

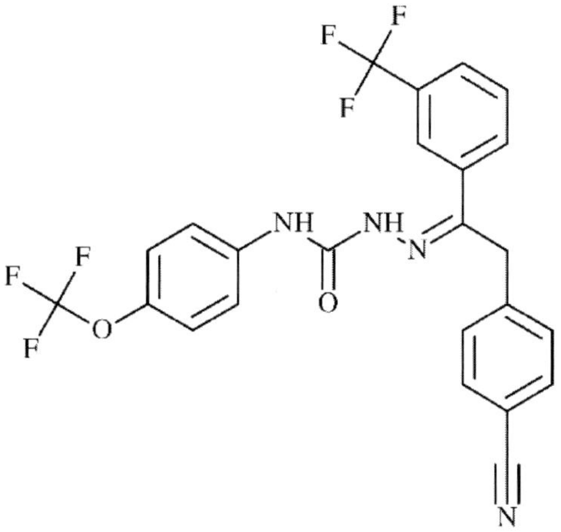

理化性质 原药外观为白色固体粉末，密度1.461g/cm^3，带芳香气味。冷、热储存稳定(54℃)。

毒　　性 大鼠急性经口LD_{50} > 5 000mg/kg，低毒。

剂　　型 240g/L悬浮剂、22%悬浮剂、33%悬浮剂。

作用特点 主要是胃毒作用，带触杀作用，阻碍神经系统的钠通道引起神经麻痹，用于防治鳞翅目和鞘翅目害虫，对哺乳动物和非靶标生物低风险。

应用技术 防治水稻稻纵卷叶螟，用33%悬浮剂，20～40ml/亩对水30～60kg/亩喷雾；防治水稻二化螟，用22%悬浮剂40～50ml/亩喷雾；防治甘蓝小菜蛾、甜菜夜蛾，在低龄幼虫期，用22%悬浮剂70～80ml/亩对水40～50kg喷雾；防治观赏菊花斜纹夜蛾，用22%悬浮剂75～85ml/亩对水30～50kg/亩喷雾。

开发登记 巴斯夫欧洲公司、江苏龙灯化学有限公司等企业登记生产。

磷化铝 aluminium phosphide

化学名称 磷化铝。

结 构 式

$$Al \equiv P$$

理化性质 纯品为黄色晶体，相对密度2.424，加热到1 100℃升华。易吸潮分解，释放出磷化氢。

毒　　性 大鼠急性经口LD_{50}(mg/kg)≤50；急性经皮LD_{50}(mg/kg)≤200；吸入LC_{50}(mg/L)≤0.2； 对眼睛

的影响：腐蚀角膜浑浊在7d内不可逆；腐蚀皮肤。

剂　　型 56%粉剂、56%片剂、85%大粒剂。

作用特点 为广谱性熏蒸杀虫剂，主要用于熏杀各种仓库害虫，也可用于灭鼠。磷化铝吸水后产生有毒的磷化氢气体。磷化氢通过昆虫的呼吸系统进入虫体，作用于细胞线粒体的呼吸链和细胞色素氧化酶，抑制昆虫的正常呼吸使昆虫致死。氧气的含量对昆虫吸收磷化氢有重要作用。在无氧情况下磷化氢不易被昆虫吸进，不表现毒性，有氧情况下磷化氢可被吸入而使昆虫致死。昆虫在高浓度的磷化氢中会产生麻痹或保护性昏迷，呼吸降低，磷化铝还可用于灭鼠。

应用技术 防治粮仓储粮害虫，用85%颗粒剂3～4.5g/m^{3}熏蒸防治空间多种害虫，用56%粉剂2～6g/m^{3}密闭熏蒸。

注意事项 粮油熏蒸后，至少散气10d方可出仓，磷化氢对金、银、钢等金属有腐蚀性，熏蒸时药片的片与片之间相距2cm以上，本剂易吸潮释放出剧毒磷化氢气体，应避免吸入毒气。

开发登记 辽宁省沈阳丰收农药有限公司、山东省济宁圣城化工实验有限责任公司、河南省浚县粮保农药有限责任公司等企业登记生产。

磷化钙 calcium phosphide

化学名称 磷化钙。

结 构 式

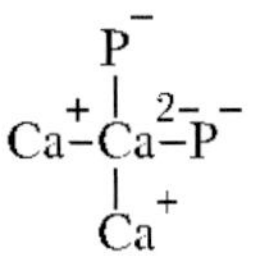

$$\begin{array}{c} P^{-} \\ | \\ Ca^{+}-Ca^{2-}-P^{-} \\ | \\ Ca^{+} \end{array}$$

理化性质 褐色或棕红色块状物，溶于稀酸，不溶于一般有机溶剂，熔点>1 600℃，比重 2.51，潮解或遇水产生剧毒气体磷化氢，易自燃。

毒　　性 高毒。

剂　　型 26%块剂。

应用技术 本品因毒性原因，在国内已被禁止使用。

开发登记 山东圣鹏农药有限公司等企业曾登记生产。

烯虫酯 methoprene

化学名称 (E,E)-(R,S)-11-甲氧基-3,7,11-三甲基十二碳-2,4-二烯酸异丙酯。

结 构 式

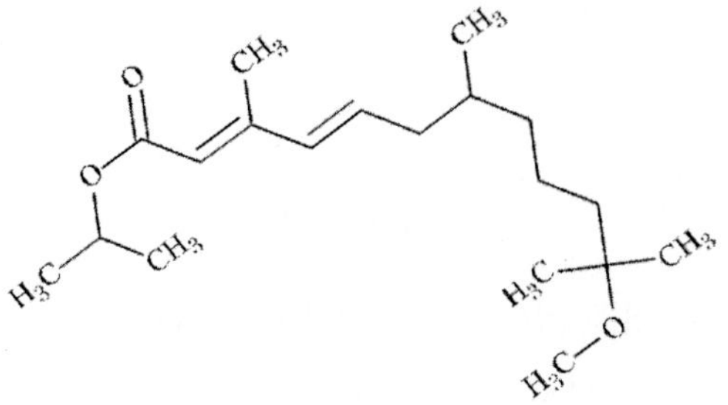

理化性质 原药为淡黄色，密度0.926 1g/mL(20℃)，沸点100℃(0.05mmHg)，熔点-20℃，蒸气压 2.37×10^{-5}mmHg(25℃)，在水中溶解度1.4mg/L。制剂外观为透明蓝色液体，密度0.79～0.80g/mL(24/25℃)，pH5.2+0.1，闪点16℃。

毒　　性 大鼠急性经口LD_{50}>34 600mg/kg，低毒。

剂　　型 4.1%可溶性液剂。

作用特点 该药为烟叶保护剂，是一种人工合成的昆虫激素的类似物，干扰昆虫的蜕皮过程。能干扰烟草甲虫、烟草粉螟的生长发育过程，使成虫失去繁殖能力，从而有效地控制烟叶储存害虫种群增长。

应用技术 防治烟草甲虫，用4.1%可溶性液剂4 000～5 500倍液喷雾。

注意事项 本剂具极强可燃性，严禁未经稀释直接使用本品，要远离火源和高热物体表面， 保持密封，本品对眼睛有刺激，严禁空间喷雾。

开发登记 瑞士先正达作物保护有限公司等企业曾登记生产。

磷化氢

化学名称 磷化氢。

结 构 式

$$Ph_3$$

理化性质 磷化氢是一种无色、高毒、易燃的储存于钢瓶内的液化压缩气体。有芥末和大蒜的特有臭味，但工业品有腐鱼臭味。

毒　　性 高毒。

剂　　型 2%熏蒸剂。

应用技术 防治仓储原粮谷蠹、拟谷盗、米象、谷盗，用2%熏蒸剂285～400倍液密闭熏蒸。

注意事项 据资料报道，可用于磷化氢对大多数的金属有腐蚀，建议不要用铝、轻合金和铜，聚三氟乙烯（Kel-F）、聚四氟乙烯（Teflon）、维顿和尼龙是合适的材料，所有管线及设备都要接地。所有电器设备都必须防爆、防火，压缩气体钢瓶只能由合格的压缩气体生产商重新充装。

开发登记 美国氰特工业有限公司等企业曾登记生产。

环氧乙烷

化学名称 1,2-环氧乙烷。

结 构 式

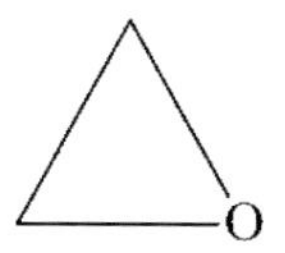

理化性质 流动的无色液体，沸点10.7℃，熔点-111℃，蒸气压146kPa(20℃)，相对密度0.8 (4～7℃)。与水和许多有机溶剂混溶。易燃。

毒　　性 大鼠急性经口LD_{50}为330mg/kg，中等毒性。

剂　　型　20%熏蒸剂。

作用特点　该药进入虫体或接触菌体后，与其蛋白质的游离基发生特异性烷基化作用，并干扰生物酶的正常代谢，阻碍生物蛋白质的正常化学反应和新陈代谢，使虫、菌死亡。

应用技术　据资料报道，可用于防治空仓仓库害虫、蜚蠊，用20%熏蒸剂50～100g/m^3密闭熏蒸。

注意事项　使用环氧乙烷要做好防火防爆的防范措施，首先是切断仓库电源，避免使用可能产生静电火花的设备。使用有机蒸气滤毒罐，可以防止环氧乙烷的吸进，但应注意，这种滤器不能阻止CO_2的吸入，因此要注意过量CO_2吸入而引起的中毒。18℃以上，其杀菌效果更好。

开发登记　山东润扬化学有限公司等企业曾登记生产。

硅藻土　diatomaceous earth

其他名称　库虫净。

化学名称　二氧化硅。

结 构 式

$$SiO_2$$

理化性质　本品为白色至浅灰色或米色多孔性粉末，干燥品质轻，表观相对密度0.15～0.45，可暂浮于水；相对密度1.9～2.35。大小约25μm。有强吸水性(可吸水1.5～4.0倍重)。不溶于水、酸类(氢氟酸除外)和稀碱，溶于强碱。

毒　　性　是低毒农药。制剂大鼠急性经口$LD_{50}>2g/kg$，急性吸入$LC_{50}>5g/kg$。

剂　　型　90%粉剂。

作用特点　该药主要成分为天然硅藻土，药剂本身带有尖刺，杀虫机制为物理性的杀虫作用。害虫在粮食中活动时与药剂摩擦，被药剂所带的尖刺刺破表皮，使害虫失水死亡，达到杀虫目的。该药无毒无污染，与大米混合不会影响米的质量，淘米时硅藻土会和米糠一起被水冲掉，不会残留在米中。主要用于储粮害虫的防除，对大多数储粮害虫有良好的防治效果，可用于防治玉米象、印度谷螟、赤拟谷盗等各种害虫。该药可用于大米、小麦、玉米等粮食作物。

应用技术　混合法：药剂与处理粮食按质量百分比混合，用量0.1%～0.2%，即每吨粮食中混入1～2kg药剂，可在粮食入库时将药剂均匀拌入粮食中。撒布法：按装粮麻袋的表面积每平方米用药10～20g，均匀撒施在麻袋表面，防止外界虫源侵入粮食内，表面撒布法关键在被保护的粮食中原始虫口密度应该在无虫或基本无虫的标准之内。储粮含水量低于安全水分范围，则效果更佳。

注意事项　采用该药处理储粮防虫，必须严格控制粮食水分在安全水分以下，而且原始虫口密度要低(主要储粮害虫≤1～2头/kg)，否则会降低药剂的使用效果。

开发登记　云南金色太阳农药有限公司曾登记生产。

诱虫烯　muscalure

其他名称　ESA。

化学名称　顺-9-二十三烯。

结构式

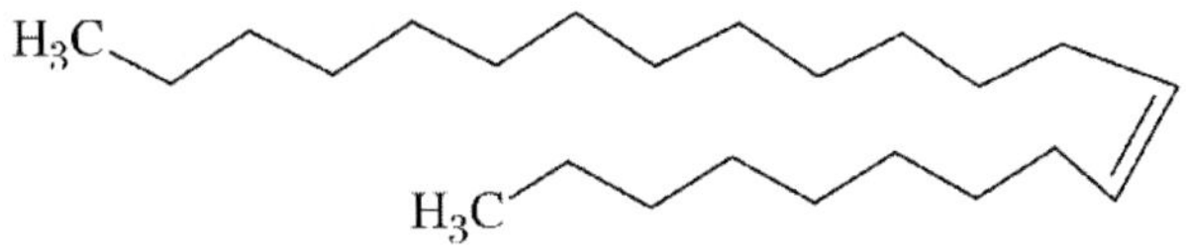

理化性质 油状物，熔点<0℃，沸点378℃，蒸气压4.7MPa(27℃)，密度0.800g/cm^3。25℃在水中的溶解度为0.3mg/L(pH为7)，可溶于烃类、醇类、酮类、酯类。对光稳定。50℃以下至少稳定1年。

毒 性 大鼠急性经口LD_{50}>5g/kg。兔急性经皮LD_{50}>2g/kg。对兔皮肤和眼睛无刺激。对豚鼠皮肤有中度过敏性。急性吸入LC_{50}(4h)>5.71g/m^3。在Ames试验中，无诱变作用。大鼠大于5g/kg无致畸作用。野鸭急性经口LD_{50}>4 640mg/kg。

剂 型 颗粒饵剂B(本品+灭多威)。

应用技术 用作雄、雌家蝇的引诱剂，有时作为毒物，与杀虫剂混用。

开发登记 本品是Carlson等从雌家蝇(*Muscadome stiea* L.)中分离的性激素，由Zoecon Industries Ltd.(现在为Sandoz AG)开发成为昆虫引诱剂，获有R0709999(1980)，US4456512(1984)。

氟蚁腙 hydramethylnon

其他名称 伏蚁腙；Amdro；Combat(家庭用)；Maxforce(专业用途)；Matox；Wipeout。

化学名称 5,5-二甲基全氢化亚嘧啶-2-基-双(4-三氟甲基苯乙烯基)亚甲基连氮。

结构式

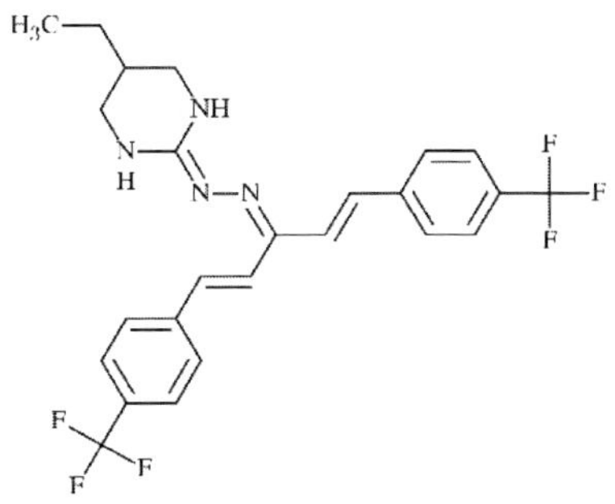

理化性质 黄色结晶。

毒 性 急性经口LD_{50}为1 131mg/kg(雄大鼠)，1 300mg/kg(雌大鼠)；对兔急性经皮LD_{50} > 5 000mg/kg，对兔或豚鼠皮肤无刺激性。

应用技术 据资料报道，可用于防治农业和家庭的蚁科和蜚蠊科害虫。

开发登记 该杀虫剂由J. B. Lovell报道。

氟蚁灵 nifluridide

其他名称 伏蚁灵;EL-468；Lilly L- 27；EL-968。

化学名称 N-(2-氨基-3-硝基-5-三氟甲基苯基)-2,2, 3,3,-四氟丙酰胺。

结 构 式

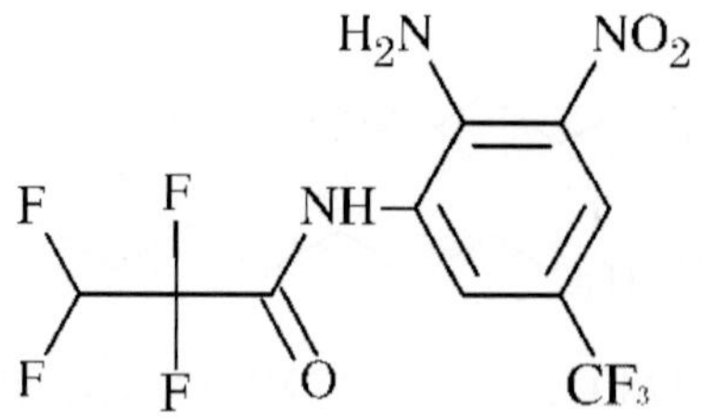

理化性质 纯品为固体，熔点144～145℃。在水中不稳定，易环化成EL-919[7-硝基-2-(1, 1, 2, 2-四氟乙基)-5(三氟甲基)苯并咪唑]。在20℃水中，pH5.0、7.0和9.0时的DT_{50}分别为15.5、3.5和2.0h。

毒　　性 大鼠急性经口LD_{50}为48mg/kg。

剂　　型 饵剂(RB)(7.5g/kg，5g/kg)。

应用技术 据资料报道，可用于防治火蚁和白蚁，对火蚁的施用剂量为10～20g(有效成分)/hm^2，250mg/kg可使白蚁死亡。

开发登记 该杀蚁剂由Eli-Lilly & Co. 和ElaneoProducts Co. 开发。获有专利US3989840(1977)，AT 341507(1978)，FR2320087(1978)，NL7508283(1977)，IL47555(1980)，GB2091096(1982)。

伊蚊避 TMPD

化学名称 2,2,4-三甲基-1,3-戊二醇。

结 构 式

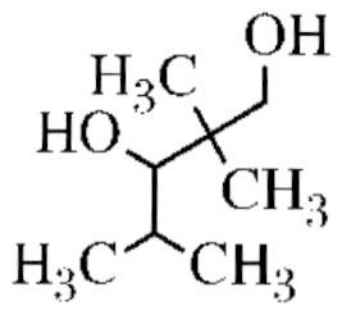

理化性质 纯品为白色结晶，熔点为64～65℃，沸点215℃。微溶于水和煤油，溶于醇类和丙酮等有机溶剂。

毒　　性 对大鼠的急性口服LD_{50}为3.2g/kg。

应用技术 据资料报道，可用于驱避伊蚊。

注意事项 密闭操作，全面排风。操作人员必须经过专门培训，严格遵守操作规程。建议操作人员佩戴自吸过滤式防尘口罩，戴化学安全防护眼镜，穿防毒物渗透工作服，戴橡胶手套。远离火种、热源，工作场所严禁吸烟。使用防爆型的通风系统和设备。避免产生粉尘。避免与氧化剂接触。搬运时轻装轻卸，防止包装破损。配备相应品种和数量的消防器材及泄漏应急处理设备，倒空的容器可能残留有害物。

开发登记 1940年由Carbide and Carbon Chem. Co. 和Eastman Kodak Co. 开发。

驱虫威 dibutyl adipate

其他名称 忌尔灯；驱虫佳。

化学名称 己二酸二丁酯。

结构式

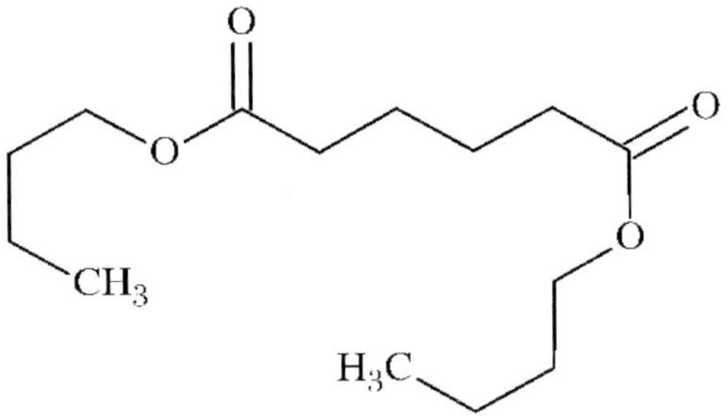

理化性质 无色液体，沸点为183℃；蒸气压1.87kPa，相对密度0.965 2。不溶于水，与乙醇、乙醚可混溶；遇碱会水解。

毒 性 对大鼠的急性口服LD_{50}为12.9g/kg；兔急性经皮LD_{50}为20g/kg。

剂 型 90%乳剂、15%气雾剂。

应用技术 据资料报道，可用于昆虫驱避剂，驱除变异矩头蜱、钝眼蜱、人体寄生恙螨和蚊以及牲畜寄生虫。用90%乳剂1∶16的水溶液泡衣服或刷畜体。

开发登记 由Union Carbide Chem. Co. 开发。

拒食胺 DTA

其他名称 拒食苯胺；ACC-24055。

化学名称 4-(二甲基三氮烯基)乙酰替苯胺。

结构式

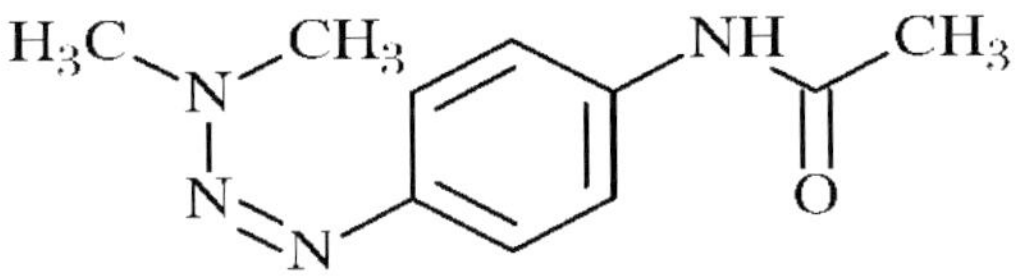

理化性质 原药为黄褐色粉末，在酸性条件下很快分解。

毒 性 对大鼠急性经口LD_{50}为510mg/kg，对温血动物低毒。

剂 型 50%粉剂、50%可湿性粉剂。

应用技术 据资料报道，可用于昆虫拒食剂，对防治某些鳞翅目幼虫，防治苜蓿草尺蠖、甘蓝尺蠖、莴苣尺蠖、黏虫很有效。对防治棉铃象、墨西哥豆瓢虫、黄瓜瓢虫和棉铃虫亦有效。但对螨类、叶蝉和蚜虫无效。

开发登记 美国氰胺公司1962年开发品种。

噻丙腈 thiapronil

其他名称 蛾蝇腈；SN72129。

化学名称 3（E）-2-氯苯甲酰基-2-(2,3-二氢化-4-苯基-1,3-噻唑-2-亚基)乙腈。

结 构 式

理化性质 纯品白色结晶，熔点182～183℃。室温下溶解度(mg/100ml)：丙酮为1.5，异丙醇为190，甲醇为420，水为6.9。在酸、碱性溶液中都稳定。

毒　　性 对哺乳动物的急性毒性很低，大白鼠急性经口LD_{50}>5g/kg，新西兰白兔急性经皮LD_{50}>2g/kg。Ames试验结果无诱变性。在低剂量时，对蜜蜂最多是中等毒性，并对一些异翅亚目和草蛉科（Chrysopidae）食肉虫无毒。对鱼类低毒。

剂　　型 无漂移粉剂、可湿性粉剂等。

作用特点 新型的噻唑类杀虫剂。为非内吸性的选择性杀虫剂，杀虫谱窄，对谷象成虫、菜蛾2龄幼虫和地中海实蝇成虫有高活性，宜与其他农药混合使用。

应用技术 据资料报道，15～30g(有效成分)/亩能有效地防治敏感和对其他杀虫剂有抗性的马铃薯甲虫。蔬菜害虫，如菜粉蝶和甘蓝夜蛾，也能用噻丙腈防治，用药量为65～130g(有效成分)/亩。也可防治梨木虱及对其他杀虫剂有抗性的菜蛾。

开发登记 H. Joppien等首先报道该杀虫剂，由德国Shering Ag开发。

四氢噻吩 tetrahydrothiophene

其他名称 四甲撑硫；四氢硫杂茂；四氢塞酚；硫化伸丁基。

化学名称 四氢噻吩。

结 构 式

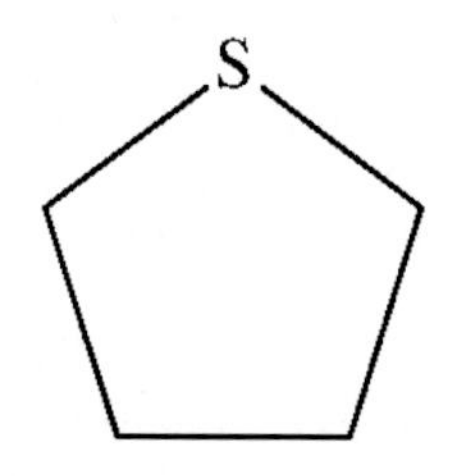

理化性质 是一种液体，沸点为118～119℃，密度为0.960 7。不溶于水，易溶于有机溶剂。

毒　　性 大鼠急性经口LD_{50}为3 890mg/kg；鲤鱼LC_{50}(48h)为27mg/L。

应用技术 为杀虫剂，对乌鸦和白头翁有忌避作用。

注意事项 密闭操作，局部排风。操作人员必须经过专门培训，严格遵守操作规程。建议操作人员佩戴自吸过滤式防毒面具(半面罩)，戴安全防护眼镜，穿防毒物渗透工作服，戴橡胶耐油手套。远离火种、热源，工作场所严禁吸烟。使用防爆型的通风系统和设备。防止蒸气泄漏到工作场所空气中。避免与氧化剂接触。灌装时应控制流速，且有接地装置，防止静电积聚。搬运时要轻装轻卸，防止包装及容器损坏。配备相应品种和数量的消防器材及泄漏应急处理设备。倒空的容器可能残留有害物。

二苯胺 diphenylamine

化学名称 N-苯基苯胺。

结构式

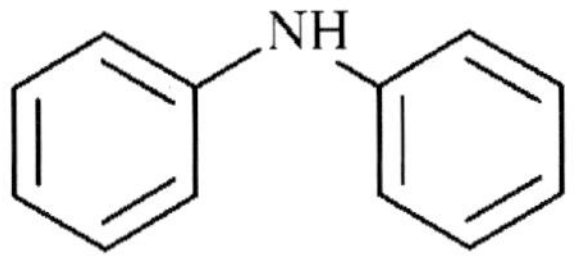

理化性质 是一种结晶体，熔点53～54℃，沸点302℃，相对密度为1.16。经光变色，不溶于水，易溶于苯、乙醚、乙酸和二硫化碳等有机溶剂。

毒　　性 豚鼠急性口服LD_{50}为300mg/kg。每日每千克体重摄取允许量为0.02mg。

应用技术 据资料报道，对螺旋锥蝇有忌避作用，浸渍可用于苹果防霉。

牛蝇畏 MGK Repellent11

其他名称 保畜安。

化学名称 1,4, 4α,5α,6,9,9α,9b-八氢化二苯并呋喃-4α-甲醛。

结构式

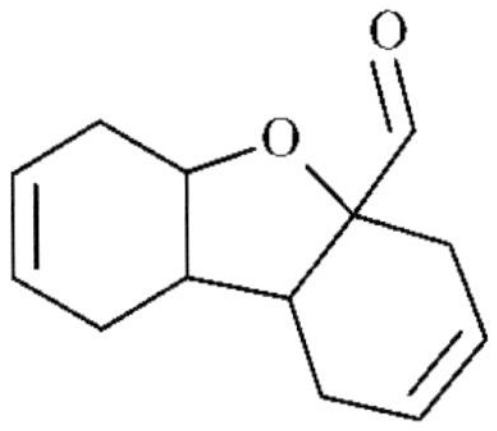

理化性质 无色至淡黄色液体，熔点约-35℃，沸点为330℃以上，20℃时蒸气压低于13.3Pa，150℃时146.6Pa，在室温于水中溶解度约为400mg/L。能与乙醇和大多数有机溶剂混溶，遇碱水解。

毒　　性 大鼠口服LD_{50}为2 500mg/kg；大鼠静脉LD_{50}为2 000mg/kg。

应用技术 据资料报道，可用于昆虫驱避剂，除对恙螨类外，一般不如酞酸二甲酯有效，挥发度较酞酸二甲酯略小，耐洗涤，主要用于浸渍衣服。

开发登记 1949年Phillp Petroleum Company推广。

红铃虫诱素

其他名称 信优灵(PB-Rope)、信铃酯。

化学名称 (顺,顺)和(顺,反)-7,11-十六碳二烯基乙酸酯。

结构式

$$H_3(CH_2)_3{=}CH(CH_2)_2CH{=}CH(CH_2)_6OCOCH_3$$

理化性质 原药外观为透明液体。

毒　　性 微毒。

作用特点 适用于棉田防治棉红铃虫。由于本品对天敌、环境影响很小，尤其适用于综合防治。但是在红铃虫密度大的情况下，本药剂防治效果尚不理想，因此宜作为防治棉铃虫的辅助药剂。

应用技术 据资料报道，在棉铃虫第1、2代成虫始见期，用10cm长的药棒按60～120支/亩(有效成分32.4～75g)悬挂于棉株上部，当药棒中的药液挥发后长度减至3cm以下时，可根据虫口密度适当增挂新的药棒。这样可整季控制棉红铃虫，一般持效期可达3个月。

注意事项 本品应在棉红铃虫密度不大的情况下使用，在使用该药棒时应注意风向，在允许的剂量范围内，上风处可适当增加药棒密度，本品应在4℃以下的阴暗条件下储存。

驱蝇定 MGK Repellent326

化学名称 吡啶-2,S-二羧酸二丙酯。

结构式

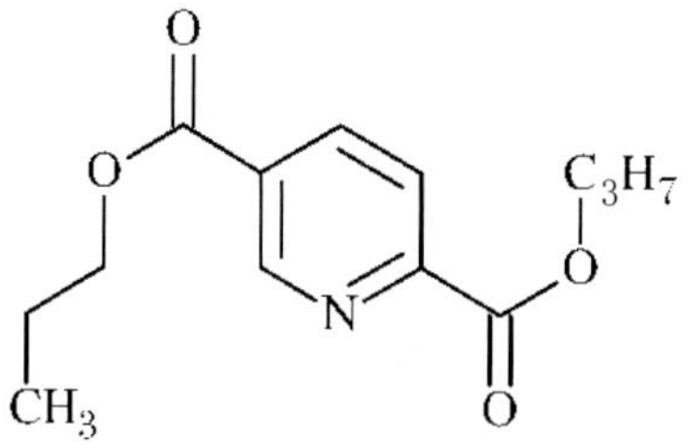

理化性质 是一种琥珀色液体，带轻度的芳香气味，沸点为186～187℃，相对密度1.082。不溶于水，与乙醇、异丙醇、甲醇和煤油混溶。在阳光下不稳定，无腐蚀性。遇碱水解，不能与碱性农药和高浓度敌敌畏混用。

毒　　性 对大鼠的急性口服LD_{50}为5 230～7 230mg/kg；对大鼠的急性经皮LD_{50}为9 400mg/kg。

剂　　型 0.2%～5.0%油雾剂等。

应用技术 据资料报道，主要用作蝇的驱避剂，对家蝇、马蝇、鹿蝇、面蝇等有效。在高湿度的情况下，持效期短。通过加进补充剂(如7-羟基-4-甲基香豆素)来克服这个缺点。

开发登记 由Melaughlin Gormley King Co. 发展品种。

避蚊油 dimethyl phihalate

其他名称 驱蚊油；NTM；DMP；驱蚊酯。

化学名称 邻苯二甲酸二甲酯。

结构式

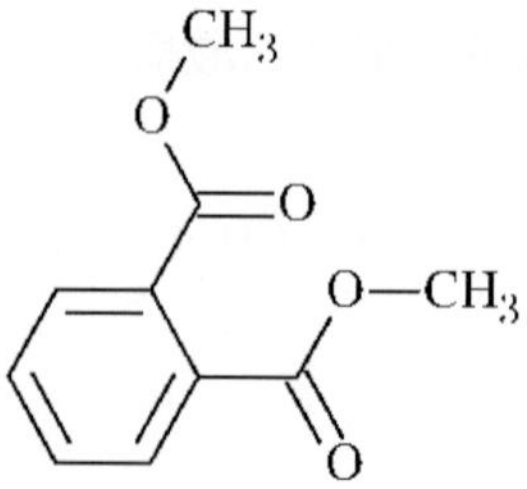

理化性质 纯品为无色油状液体，沸点284℃，制剂为无色或微黄色透明油状液体，沸点282～285℃，室温下在水中溶解度为0.43%，在链烃中几乎不溶，可溶于乙醇、乙醚和大多数有机溶剂。避蚊油对光稳定，遇碱易水解。

毒　　性 大鼠口服LD_{50}为6 800mg/kg；小鼠口服LD_{50}为6 800mg/kg。

剂　　型 99%原油等。

作用特点 属忌避剂对昆虫无毒杀作用，而具驱避作用，用于均匀地涂抹于暴露的皮肤上或浸渍纱网以防蚊、蚋等卫生害虫，昆虫驱避剂，用于保护人体不受害虫叮咬。

应用技术 资料报道，夏季夜间或早晚野外作业时为防止蚊虫叮咬，可将药液滴于手心，均匀地擦在脸、颈、手、腿等裸露部位皮肤上，每涂抹1次，驱避蚊虫时间可达4h，3～4h擦1次，能很长时间维持驱避效果。

驱虫网是含驱避剂的纱网，是驱避剂与黏着剂按一定比例混溶，将棉织纱网浸入其中，待浸透后取出晾干而成。驱避网的制法：棉网1份，驱避剂原油1份，5%聚乙烯醇溶液2份，聚醋酸乙烯1份。将5%聚乙烯醇与聚醋酸乙烯按2∶1混合，再把驱避剂原油(DETA)加入混合液中搅匀，然后将棉网浸入其中。浸透后，取出放室内自干即成。用时将网蒙于头上，网的后缘遮盖颈部，披于肩上。用毕取下叠好，置于塑料袋内保存。每浸制1次可有15～20d的驱避效果。

注意事项 避蚊油对眼睛和黏膜有刺激作用，使用时要防止溅入眼内和黏膜，不可擦口角和破伤处。误服会引起中毒，中毒症状表现恶心、呕吐、腹痛等胃肠刺激症状，重者出现血压降低和昏迷。如误服应及时洗胃，并采用对症治疗，积极控制休克。不要将避蚊油与塑料制品接触，避蚊油不得与食品一起运输和储存。

开发登记 在1939—1945年间推广并肯定其药效。

驱蚊灵 dimethylcarbate

化学名称 顺-双环[2 2,1]庚烯(5)-2, 3-二甲酸二甲酯。

结 构 式

O　O　O　O　CH3　CH3

理化性质 纯品为无色结晶或无色油状液体，熔点38℃。工业品熔点32℃，沸点115℃/0.2kPa，在水中，35℃时的溶解度为13.2g/L，可溶于甲醇、乙醇、苯、二甲苯等有机溶剂，溶于酯类。

毒　　性 大口服鼠LD_{50}为1 000mg/kg；小鼠口服LD_{50}为1 400mg/kg。

剂　　型 配成混合剂，如M1616(苯二甲酸二甲酯60%+驱蚊灵20%+避蚊酮20%)。

应用技术 用于驱避蚊类，特别是伊蚊。

避蚊酮 butopyronoxyl

其他名称 避虫酯；Dihydropyrone；Indalone。

化学名称 2, 2–二甲基–6–羧酸丁酯–3,3–二氢化–4–吡喃酮。

结 构 式

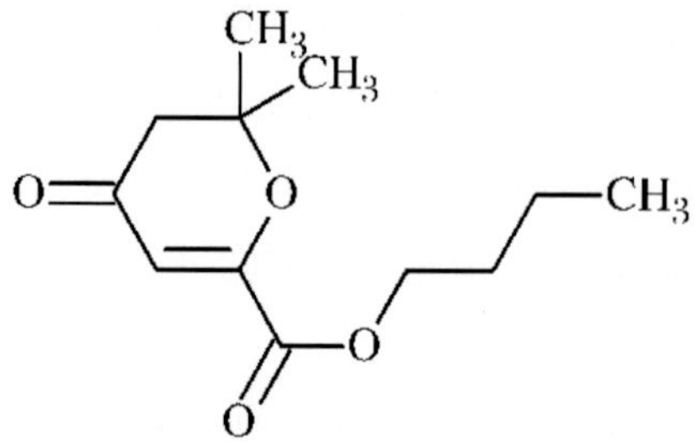

理化性质 具有芳香气味，黄色至暗红色液体。不溶于水，可溶于醇、氯仿、醚等有机溶剂，可与冰醋酸混溶。

毒　　性 大鼠口服LD_{50}为7 400μL/kg；小鼠口服LD_{50}为11 600μL/kg。

剂　　型 配复方搽肤油，配比为：有效成分2份，邻苯二甲酸二甲酯6份，己基己二醇2份。

应用技术 昆虫驱避剂，杀虫活性低，用于驱避蚊子、蚋等。

开发登记 1939年合成，1939—1945年间由ICI公司和Kigore Chemicals Co. 作昆虫驱避剂推广。

避蚊胺 diethyltoluamide

其他名称 Metadelphene；Detamide；ENT–20218。

化学名称 N, N–二乙基–3–甲基苯甲酰胺。

结 构 式

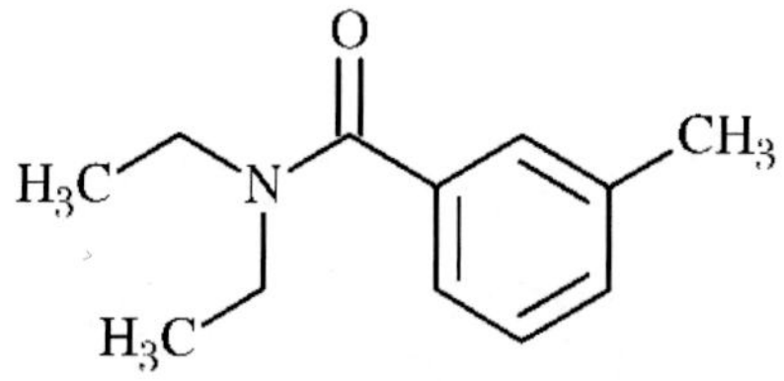

理化性质 是淡黄色液体，有淡的柑橘清香气味，沸点是111℃(1mmHg)。

毒　　性 对雄大鼠的急性经口LD_{50}为2 000mg/kg，微毒。

剂　　型 95%溶液(指间位异构体含量)、8%驱蚊油等。

应用技术 昆虫驱避剂，对蚊子尤其有效。三种异构体对蚊均有驱避作用，而以间位异构体为最强。

开发登记 1955年由Hercules Incorporated推广。

驱蚊醇 ethohexadiol

其他名称 Rutgers 6–12；Ethyl hexanediol。

化学名称 2–乙基–1,3–己二醇。

结 构 式

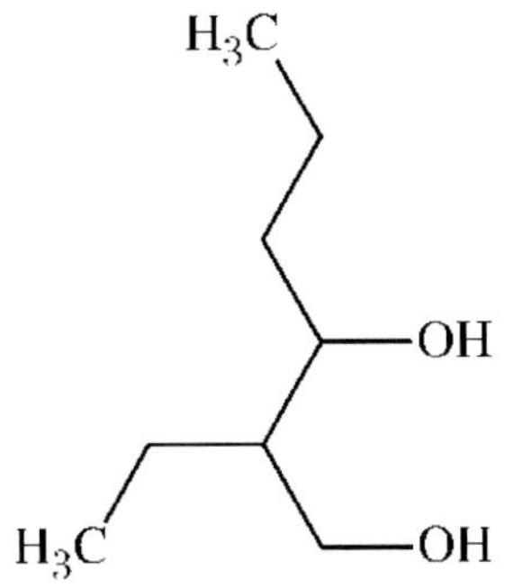

理化性质 纯品为无色液体，凝固点-40℃以下，沸点244℃，工业品微带金缕梅的气味，沸点240～250℃，20℃时在水中的溶解度为0.6%。可与乙醇、三氯甲烷、乙醚混溶，不溶解尼龙黏液丝、塑料和纺织品。

毒　　性 大鼠口服LD_{50}为1 400mg/kg；小鼠口服LD_{50}为1 900mg/kg。

剂　　型 涂肤油，配方为：驱蚊醇有效成分2份，苯二甲酸二甲酯6份，避蚊酮2份。

应用技术 据资料报道，昆虫驱避剂，对大多数刺吸式口器昆虫有效，驱除叮人体的害虫。

噻虫醛

其他名称 Wl108477。

化学名称 2-硝基亚甲基-1, 3-噻嗪烷-3-基甲醛。

结 构 式

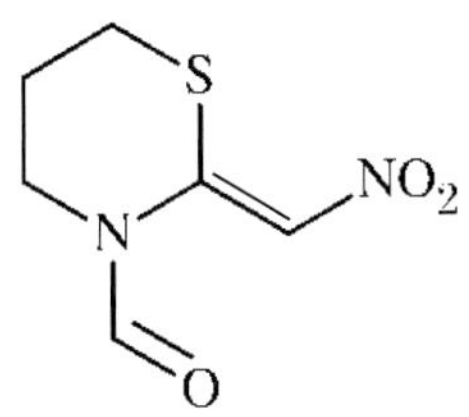

理化性质 浅黄色晶体，熔点138～140℃(分解)。溶解度(20℃)：水0.5g/L，二甲苯2.5g/L；对光稳定。

毒　　性 小白鼠急性经口LD_{50}为1 000～2 500mg/kg，小白鼠急性经皮LD_{50}为600mg/kg。

剂　　型 25%可湿性粉剂、95%原药。

作用特点 电生理研究表明，硝基亚甲基杂环类化合物具有新的作用方式。用离体美洲大蠊的腹神经节神经标本做的试验表明，此类化合物的作用是作为胆碱模拟物，为神经传递质乙酰胆碱在中枢神经系统中受体活化而得到毒作用。

应用技术 据资料报道，对多种害虫，包括对有机磷、氨基甲酸酯和拟除虫菊酯杀虫剂产生抗性的品系，均有高效。对叶蝉、毛虫(鳞翅目幼虫)的防效高，对哺乳动物和鱼类的毒性又低，使其非常适合稻田使用，其速效作用导致害虫快速击倒，还可用于大豆上防治豆夜蛾，其防效甚好。

灭虫脲 chloromethiuron

其他名称 螟铃威；螟铃硫脲；灭虫隆；畜螨灭；CGA 13444；C-9140。

化学名称 1-(2-甲基-4-氯苯基)-3,3-二甲基硫脲。

结构式

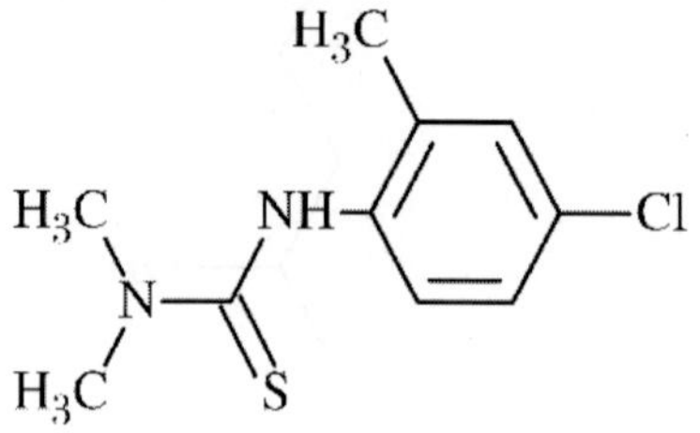

理化性质 纯品为白色针状结晶。熔点175℃，在20℃水中溶解度50mg/L，能溶于丙酮，微溶于大多数有机溶剂。

毒　　性 低毒。

剂　　型 10%颗粒剂、25%可湿性粉剂及50%可湿性粉剂等。

作用特点 具有拒食作用和内吸作用，触杀作用很小，对鱼类安全，对蜜蜂毒性也低，持效期长。防治二化螟、三化螟、稻纵卷叶螟效果优异。对棉花棉铃虫、红铃虫、棉红蜘蛛、小造桥虫、玉米螟、果树红蜘蛛等均有显著防效。用于牛、羊、马和犬的浸泡处理，可以防除包括对其他杀虫剂有抗性的品系在内的所有品系的虱子。

应用技术 资料报道，防治水稻螟虫，用25%可湿性粉剂200～300g/亩对水60kg左右喷雾；防治玉米螟用10%颗粒剂200g/亩撒施；防治棉花红蜘蛛，用25%可湿性粉剂300倍液喷雾；防治棉铃虫、棉红铃虫，用50%可湿性粉剂500倍液喷雾。

开发登记 瑞士汽巴-嘉基公司作为杀蜱剂开发(专利138714，Swiss P 541282)。

EB-82灭蚜素 Bio-aphidicide

其他名称 EB-82。

结构式

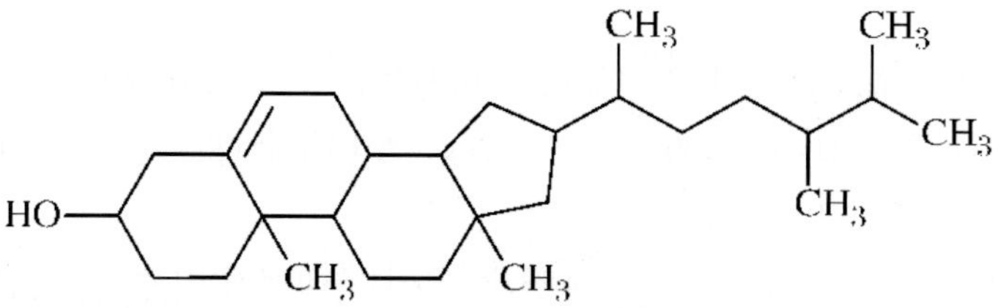

理化性质 呈棕褐色，有微腥气味。

毒　　性 低毒。

剂　　型 水剂。

应用技术 为广谱性杀蚜虫生物农药，200倍药液常规喷雾可防治农、林、果树、蔬菜、花卉等作物上的多种蚜虫。同时兼治叶螨。

绝育磷

其他名称 ENT-24915；NSC-9717；SK-3818；TEF；APO。

化学名称 三-(1-氮杂环丙基)磷化氧。

结 构 式

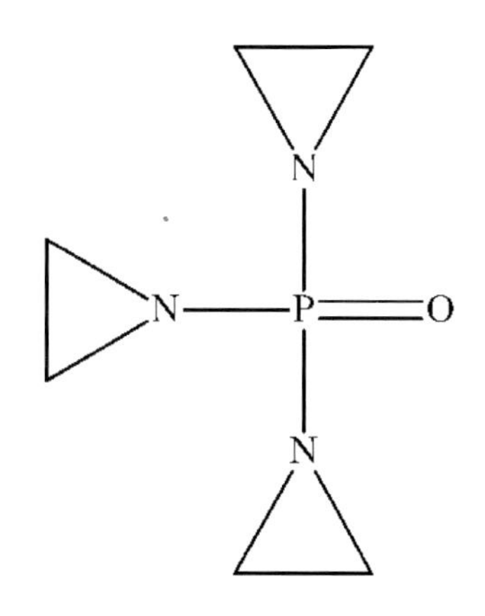

理化性质 其外观呈白色固体状。

毒　　性 对大鼠的急性口服LD_{50}为37mg/kg，对皮肤有刺激作用。

剂　　型 85%液剂等。

作用特点 主要作用是胃毒和触杀，主要用于防治蝇类害虫。对成虫有致死作用，并能引起不育。

应用技术 据资料报道，使用1%浓度的绝育磷液防治家蝇，可直接杀死成蝇，并能使成蝇不育，所产的卵部不能孵化，绝育效果好。在果树害虫上，特别是对柑橘实蝇和鳞翅目害虫，有待进一步开展应用研究。

注意事项 该药对皮肤有刺激作用，使用时应注意防护，原药吸湿性强，储存时应注意防潮。

开发登记 1952年美国化学公司与Carbic Hoechst公司发展品种。

不育特

其他名称 ENT 26316；NSC-26812；0M-2174；SQ-8388。

化学名称 2,2,4,4,6,6-六(1-氮杂环丙基)-2,4,6-三磷-1,3,5-三氮苯。

结 构 式

理化性质 工业品外观为无色结晶体，熔点为147.5℃。

毒　　性 低毒。

剂　　型 5%和2%糊剂等。

作用特点 昆虫接触和口服后，可造成不育，使之达到消灭害虫的目的，同时还有着持效期长的特点，一般在室温下持效期能达20周之久。

应用技术 对厩蝇、墨西哥果实蝇、墨西哥豆甲和两点螨、棉花象虫、地中海实蝇、蜚蠊等害虫效果显著。

开发登记 1963年由美国Olin Mathieson化学公司开发。

烯虫炔酯 kinoprene

其他名称 抑虫灵；ZR-777；ENT-70531。

化学名称 (2E,4E)-3,7,11-三甲基-2,4-十二碳二烯酸-2-丙炔酯。

结构式

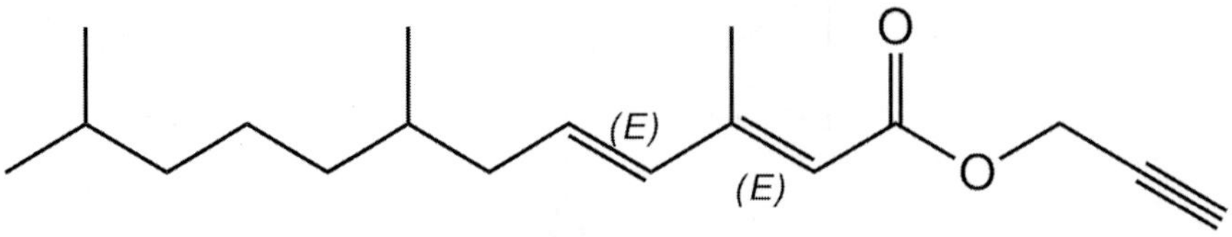

理化性质 其外观为琥珀色液体状，20℃在水中溶解度为5.22mg/L，可溶于有机溶剂。

毒　　性 对大鼠(雄性）急性口服$LD_{50}>4.9$g/kg，雌性急性口服$LD_{50}>5$g/kg。对兔急性皮肤涂抹的$LD_{50}>9\ 000$ mg/kg。

作用特点 为昆虫生长调节剂，干扰昆虫变态，使昆虫不育并有抑制有毒唾液作用。

应用技术 据资料报道，对蚜虫及柑橘小粉蚧非常有效。用0.1%水溶液喷雾可有效防治菜缢管蚜、小麦长管蚜、棉蚜、落叶松球蚜等。

注意事项 对靶标害虫应做有效浓度试验。

不育胺 metepa

其他名称 MAPA。

化学名称 三-(2-甲基氮杂环丙基磷化氧）。

结构式

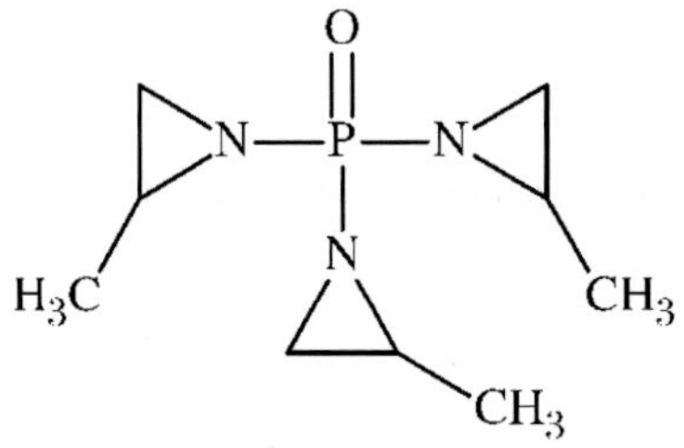

理化性质 本品为液体。

毒　　性 对大鼠的急性口服LD_{50}为136～313mg/kg，通过皮肤可以吸收。

剂　　型 92%液剂等。

作用特点 本品为化学不育剂，另外还可用于处理纺织品。

开发登记 1960年开始试制。

α-桐酸甲酯 bollex

化学名称 (反,顺,反)-9,11,13-十八碳三烯酸甲酯。

结 构 式

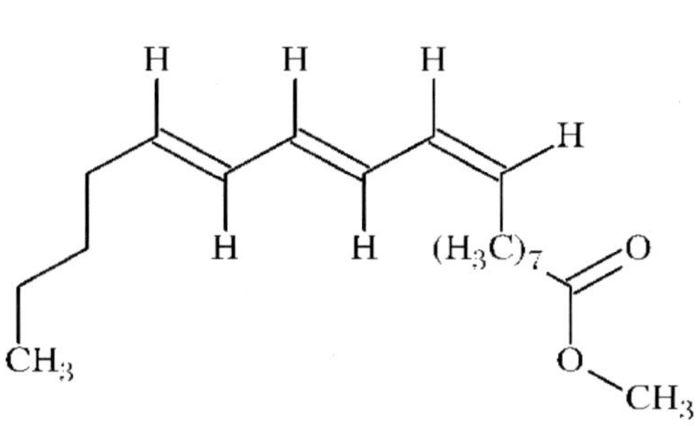

理化性质 原药为黄色油状物，不溶于水，易溶于有机溶剂。沸点160～165℃/1mmHg。

毒　　性 对大鼠急性经口LD_{50}为5 000mg/kg。对豚鼠皮肤有中度过敏性。对兔眼睛有暂时性中度刺激。

剂　　型 20%二甲苯溶液。

应用技术 据资料报道，该药是棉铃象甲拒食剂，用于控制棉田棉铃象甲为害，但不能杀死象甲。施用剂量为20%二甲苯溶液90～300ml/亩。

砷酸铅 lead arsenate

化学名称 正砷酸二铅。

结 构 式

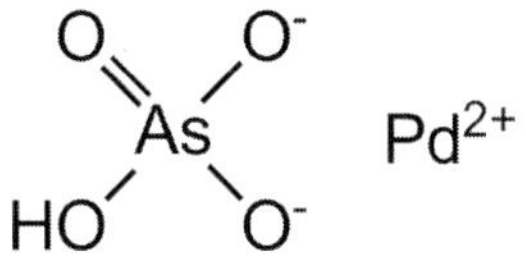

理化性质 纯品为无色无定形粉末，相对密度为5.786～5.930，工业品染成红色或蓝色。砷酸铅约为正砷酸二铅，无嗅，遇潮湿空气能析出游离砷酸，几乎不溶于水，对光、空气、水和酸稳定，铅含量100%，全砷量32%以上，氧化铅63%以上，水溶性砷0.2%以下。市售砷碱(包括氢氧化钙)分解，能与水混合，产生可溶性砷而导致植物药害。

毒　　性 经口对人剧毒，0.8g致死，但不被皮肤吸收；对鱼、贝毒性不大；对哺乳动物是有毒的，当摄取10～50mg/kg体重就能致死。

剂　　型 糊剂、粉剂、可湿性粉剂等。

作用特点 本品系非内吸性迟效胃毒剂，触杀活性较小，持效较长，无药害，但加入能产生水溶性的砷化合物的组分，就能导致叶受损失，甚至使植物枯死。它比砷酸钙用途广，特别对鳞翅目幼虫高效，兼有驱避成虫防治产卵的作用。

注意事项 该药剂在我国已被禁用。

砷酸钙 calcium arsenate

化学名称 碱性砷酸钙。

结 构 式

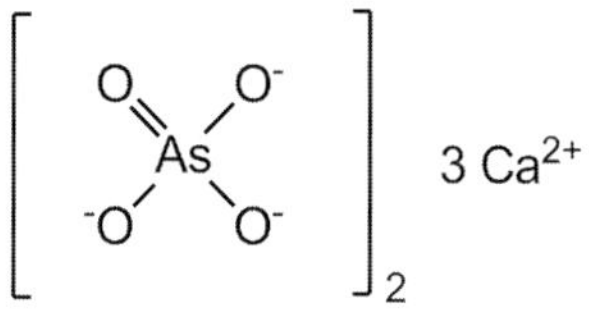

理化性质 本品为絮凝状粉末，几乎不溶于水，溶于无机酸。商品砷酸钙中存在几种碱性砷酸钙，其中$3Ca_3(AsO_4)_2 \cdot Ca(OH)_2$最适宜施用到作物叶上，遇二氧化碳分解，生成碳酸钙和砷酸氢二钙，后者稍溶于冷水。

毒　　性 具有高的哺乳动物毒性(通过摄取)，致死范围35～100mg/kg。

剂　　型 15%粉剂、25%粉剂、96%粉剂，可湿性粉剂，毒饵等。在一些国家中，加进桃红色物质以示警戒。

作用特点 本品具有胃毒作用，施用一次，广泛用于防治食叶性害虫。其药害是由水溶性含砷化合物引起的。能防治菜青虫、菜叶蜂、猿叶虫、二十八星瓢虫、豆天蛾幼虫、枣尺蠖、叶跳甲、棉铃虫、水稻负泥虫、蝗虫。制作饵剂，可防蜗牛。

注意事项 该药剂在我国已被禁用。

氟化钠 sodium fluoride

化学名称 氟化钠。

结 构 式

$$Na^+F^-$$

理化性质 无色发亮晶体或白色粉末，属四方晶系，有正六面或八面体结晶。微溶于醇，溶于水，水溶液呈酸性，溶于氢氟酸而成氟化氢钠。

毒　　性 本品有毒，LD_{50}为180mg/kg。能腐蚀皮肤、刺激黏膜，长期接触有损神经系统。操作人员须穿戴工作服、口罩和手套，严防中毒。

作用特点 作木材防腐剂，医药防腐剂，焊接助熔剂及造纸工业、也可作饮用水的净水剂；制革工业的生皮和表皮处理；轻金属冶炼精练和保护层；胶合剂防腐和沸腾钢的制造。

注意事项 运输途中应防暴晒、雨淋，防高温。储存于阴凉、干燥、通风良好的库房。库温不超过30℃，相对湿度不超过80%。包装密封。应与酸类、食用化学品分开存放，切忌混储。储区应备有合适的材料收容泄漏物，应严格执行极毒物品“五双”管理制度。

冰晶石 sodium aluminofluoride

化学名称 氟铝酸钠。

结 构 式

$$Na_3A1F_6$$

理化性质 天然品为单斜晶系结晶，相对密度为2.95～3.00，含量达98%，合成品为无定形的粉末，两者都几乎不溶于水，对于合成产品，每1 629份水才溶解1份，但溶于稀碱，遇碱和石灰能分解，因此，不能与像石硫合剂、波尔多液这样的碱性农药混用。

毒　　性 本品虽然对哺乳动物有低的急性毒性，但每日喂给15～150mg/kg的冰晶石对于一些动物会产生慢性中毒。犬的急性经口LD_{50}为13.5g/kg。

剂　　型 0.2%悬浮液。

作用特点 本品系胃毒和触杀性杀虫剂，通常用0.2%的悬浮液，在杀虫用的浓度范围内无药害。可防治莱青虫、跳青虫、豆瓢虫、苹果蠹虫、甘蔗螟、守瓜虫、天蛾幼虫等。

氟硅酸钠 sodium fluuorosilicate

化学名称 六氟合硅酸钠。

结 构 式

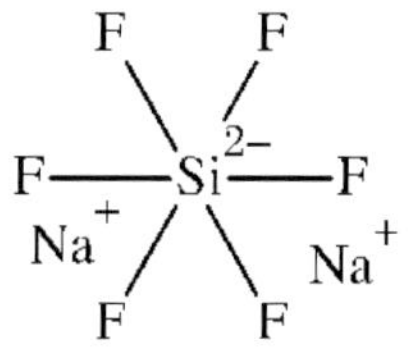

$$Na^{+}\ [SiF_6]^{2-}\ Na^{+}$$

理化性质 白色结晶，结晶性粉末或无色六方结晶。无臭无嗅。相对密度2.68；有吸潮性。溶于乙醚等溶剂中，不溶于醇。在酸中的溶解度比水中大。在碱液中分解，生成氟化钠及二氧化硅。灼热(300℃)后，分解成氟化钠和四氟化硅。

毒　　性 小白鼠急性经口LD_{50}为125mg/kg。

应用技术 用于防治土壤害虫，施药后短暂下雨不需要重施。

羧酸硫氰酯 lethane 60

化学名称 2–硫氰基乙基月桂酸酯。

结 构 式

$$C_{12}H_{25}COOCHCH_2SCN$$

理化性质 本品沸点160～190℃(13.3Pa)，在20℃时的蒸气压为120Pa。不溶于水，溶于矿物油和大多数有机溶剂。

毒　　性 大白鼠急性经口$LD_{50}>500$mg/kg。

剂　　型 50%(体积)煤油剂。

应用技术 本品为触杀性杀虫剂，用于防治蔬菜、马铃薯作物上的害虫，用50%煤油剂为15～60g/亩。

丁氧硫氰醚 lethane 384

化学名称 2–(2–丁氧基乙氧基)乙基硫氰酸酯。

结 构 式

$$C_4H_9OCH_2CH_2OCH_2CH_2SCN$$

理化性质 本品为浅棕色油状液，不溶于水，但溶于矿油和丙酮、乙醇、乙醚、苯、氯仿等大多数有机溶剂。在常温下稳定，但在较高温度时发生分子重排现象。可与除虫菊素、鱼藤酮、胡椒基丁醚、氯化烃和有机磷杀虫剂混用。

毒　　性 大白鼠急性经口LD_{50}为90mg/kg，兔急性经皮LD_{50}为125～500mg/kg。

剂　　型 50%(体积)煤油溶液、80%煤油剂。

作用特点 本品为非内吸的触杀性杀虫剂和杀卵剂。油剂用于家庭防治卫生害虫，喷雾到家畜上防治蚊子等。与有机磷杀虫剂可制成混合喷雾剂因为对植物有药害，故只能在冬眠和发芽初期使用，防治植物虫害。

果乃胺 MNFA

化学名称 2-氟-N-甲基-N-1-萘基乙酰胺。

结 构 式

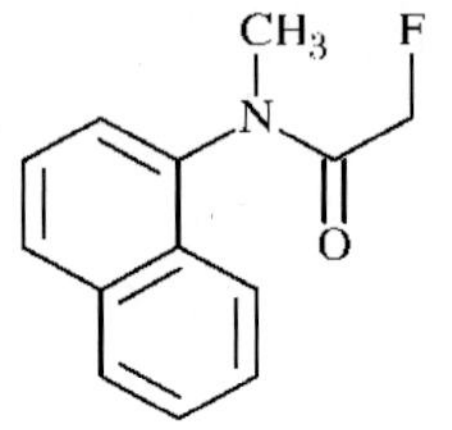

CH_3 F N O

理化性质 本品(纯度99%)为无色无嗅，粒状结晶。原药(纯度>90%)熔点88～89℃，沸点153～154℃(0.5mmHg)。几乎不溶于水，易溶于苯、甲苯、环己酮、丙酮、二甲基甲酰胺。对酸、碱稳定。

毒　　性 鼠急性经口LD_{50}为212.7mg/kg(20%乳油)，大白鼠急性经口LD_{50}为115mg/kg。

剂　　型 20%乳油。

应用技术 据资料报道，本品为杀虫和杀螨剂。用20%乳油1 500倍液防治柑橘、苹果的叶螨、蚜虫、梨蚜；用20%乳油1 000倍液防治柑橘矢尖蚧、柑橘锈螨。

氟乙酰胺 fluoroacetanilide

化学名称 氟乙酰胺。

结 构 式

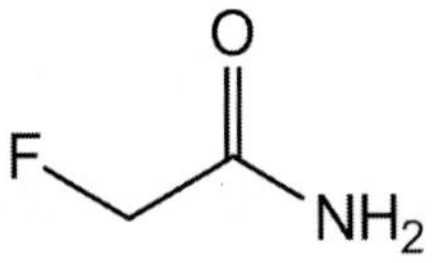

O F NH_2

理化性质 本品为白色结晶固体，熔点75～76℃(用乙醇重结晶)，在水中溶解0.1%，可溶于植物油(如可可酸乙酯和橄榄油)。

毒　　性 大白鼠急性经口LD_{50}为10～12mg/kg。

作用特点 该药为内吸性、触杀性和熏蒸性杀虫剂。

应用技术 据资料报道，用1/50 000份浓度防治蚜虫，用1/40 000份浓度杀大白菜粉蝶幼虫。

杀那特 thanite

化学名称 硫氰基醋酸-1,7,7-三甲基双环[2,2,1]庚-2-基酯。

结 构 式

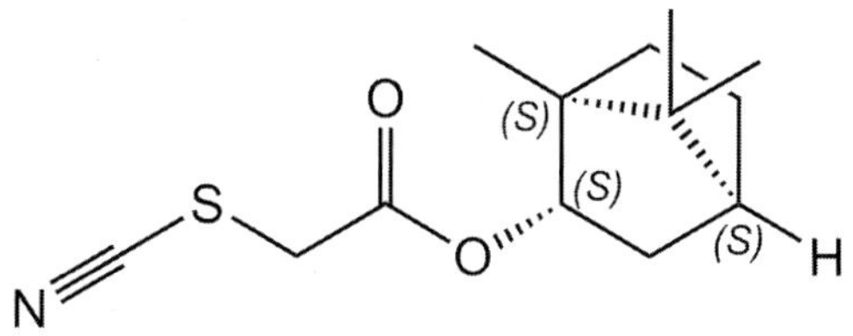

毒　　性 急性口服LD_{50}值大白鼠为1.6g/kg，豚鼠为551mg/kg。

剂　　型 3.5%、4%油剂。

作用特点 对昆虫有接触杀虫活性，并具有较快的击倒作用，但当和除虫菊素或滴滴涕等杀虫剂混配后，有很好的增效作用。因它对农作物有药害，不能在农业害虫防治上使用。

应用技术 据资料报道，主要用于喷雾防治畜舍蝇类，如家蝇、厩蝇和角蝇。可将本品用脱臭煤油配制成含量为3.5%～4.0%油剂对畜舍和空间喷射；为使有较长持效，则必须和其他药剂混配进行滞留喷射。

注意事项 本品宜密闭储存于玻璃瓶中，以防挥发。使用时应避免药液长时间接触皮肤，更勿让药液溅到眼睛；如有沾染，需用肥皂和大量清水冲洗。如发生误服，可送医院按出现症状进行医治。

氟蚧胺 FABA

化学名称 N-(4-溴苯基)氟乙酰胺。

结 构 式

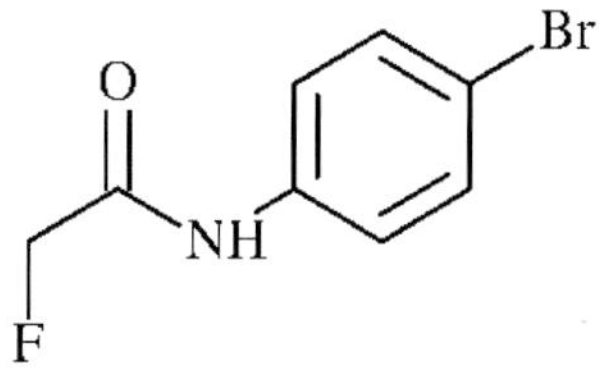

理化性质 本品为白色针状结晶，熔点151℃。溶解性：水(23～25℃)400mg/kg，苯35.7g/L，乙醇51g/L，甲醇92g/L，丙酮330g/L。

毒　　性 急性经口的LD_{50}(mg/kg)为小鼠87；急性经皮的LD_{50}(mg/kg)为小鼠169。对鲤鱼的毒性LC_{50}(48h)在10 mg/kg以上。

作用特点 本品为杀虫杀螨剂，生长调节剂，防治柑橘矢尖蚧、苹果螨类。

保松噻 levamisole

其他名称 左咪唑；左旋咪唑。

化学名称 左旋-6-苯基-2,3,5,6-四氢化咪唑并[2,1-b]噻唑。

结 构 式

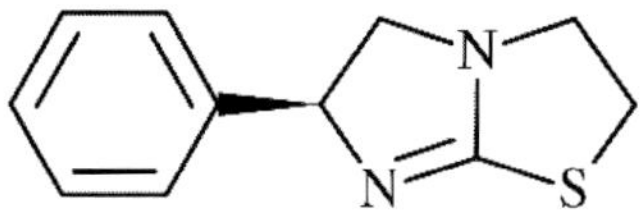

理化性质 白色结晶性粉末，熔点226～231℃；20℃水中溶解度为62.5%，无嗅和无皮肤刺激性。通常条件下稳定。

毒　　性 急性经口LD_{50}(mg/kg)：雄大鼠431，雌大鼠419。鱼毒：鲤鱼(48h)TLm为32mg/L。

剂　　型 4%液剂。

应用技术 松树干枯的原因主要是松线虫的侵入，媒介昆虫为松斑天牛，据资料报道，该药剂注入树干1次持效期2年，注射期在松斑天牛发生前3个月。使用量按树胸围直径5～10cm、10～15cm、15～20cm、20～25cm分别为100ml、250ml、500ml、750ml，25cm以上每增加5cm增量250ml。

吩噻嗪 phenothiazine

化学名称 二苯并-1, 4-噻嗪。

结 构 式

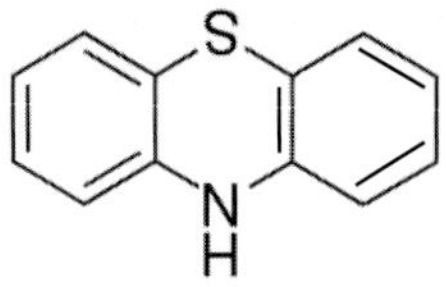

理化性质 灰绿色洁净性粉末。熔点185.5℃，沸点371℃、290℃(5.33kPa)，不溶于石油醚、氯仿和水，溶于乙醚和热乙酸。空气中遇光会被氧化。

毒　　性 小鼠口服LD_{50}为5 000mg/kg；小鼠静脉LD_{50}为178mg/kg。

作用特点 吩噻嗪是较广泛使用的驱虫药，对牛、马、羊的捻转胃虫、结节虫、仰口线虫、夏氏线虫等均有良好效果。

三氟甲吡醚 pyridalyl

其他名称 啶虫丙醚；overture；S-1812。

化学名称 2-[3-[2,6-二氯-4-[(3,3-二氯-2-丙烯基)氧基]苯氧基]丙氧基]-5-(三氟甲基)吡啶。

结 构 式

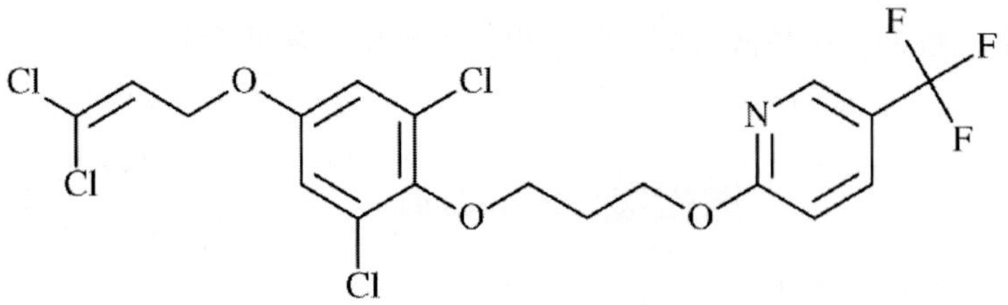

理化性质 原药(纯度≥91%)外观为液体。在水中溶解度为0.15μg/L(20℃)；在有机溶剂中溶解度(g/L，20℃)：辛醇、乙腈、已烷、二甲苯、氯仿、丙酮、乙酸乙酯、二甲基酰胺中均＞1 000，甲醛中＞500。在酸性、碱性溶液(pH5、7、9缓冲液)中稳定，pH7缓冲液中半衰期为4.2～4.6d。

毒　　性 原药对大鼠(雄、雌)急性经口、经皮LD_{50}均>5 000mg/kg，大鼠急性吸入LC_{50}(4h)>2.01mg/L；对家兔眼睛结膜有轻度刺激性，对皮肤无刺激性；对豚鼠皮肤变态反应(致敏性)试验结果为有致敏性。大鼠

90d亚慢性喂养试验最大无作用剂量：雄性5.56mg/（kg·d）；雌性6.45mg/（kg·d）；致突变试验：Ames试验、小鼠骨髓细胞微核试验、哺乳动物细胞基因突变试验、大鼠非程序DNA合成试验结果均为阴性，体外哺乳动物细胞染色体畸变试验为弱阳性，未见致突变作用。

剂　　型 100g/L乳油。

应用技术 对鳞翅目幼虫有较好的效果，主要用于棉花和蔬菜田。防治大白菜、甘蓝小菜蛾，用100g/L乳油800～1 000倍液喷雾。

开发登记 由日本住友化学开发，浙江威尔达化工有限公司、日本住友化学株式会社等企业登记生产。

Sulfoxaflor

化学名称 1-[6-(三氟甲基)-3-吡啶基]乙基)甲基亚砜基氰胺。

结 构 式

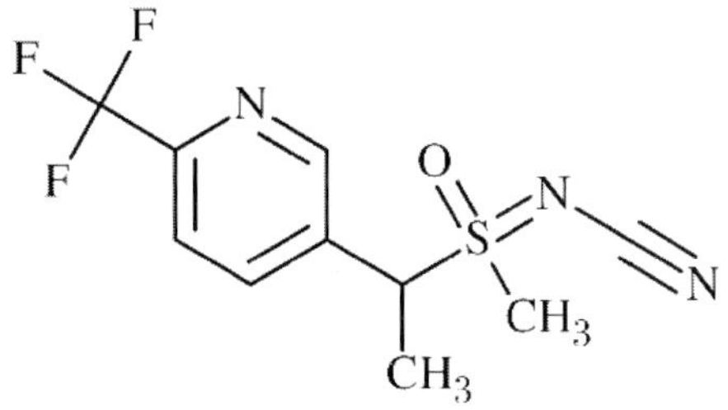

F, F, F, N, O, S, N, N, CH_3, CH_3

作用特点 猜测是在新烟碱类杀虫剂啶虫脒结构的上进行优化研究得到，尽管如此，该化合物与新烟碱等已知的杀虫剂无交互抗性，对同翅目(如蚜虫)等具有优异的活性。

开发登记 由美国陶氏益农公司开发。

呋虫胺 dinotefuran

其他名称 呋啶胺；护瑞。

化学名称 (RS)-1-甲基-2-硝基-3-(四氢化-3-呋喃甲基)胍。

结 构 式

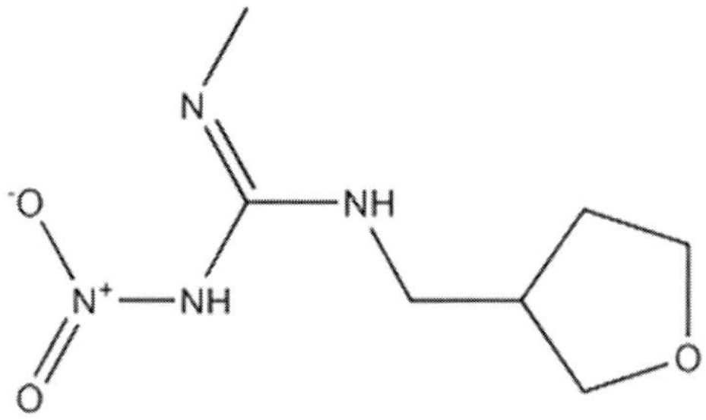

N, NH, ^-O, N^+, NH, O, O

理化性质 密度1.42 g/cm^3，熔点107.5℃，沸点334.5℃（760 mmHg），闪点156.1℃，折射率1.596，储存条件0~6℃，蒸气压0mmHg（25℃）。

毒　　性 原药大鼠(雌/雄)急性经口LD_{50} 2 450mg/kg，制剂＞2 000mg/kg；原药制剂大鼠(雌/雄)急性经皮LD_{50} ＞2 000mg/kg。

作用特点 是通过脊柱神经传递和触杀胃毒作用的系统性杀虫剂，可以快速被植物吸收广泛散布，对烟碱乙酰胆碱受体有兴奋作用。

剂　　型 0.5%可溶液剂、35%可溶液剂、10%可溶液剂、25%可分散油悬浮剂、20%水分散粒剂、25%水分散粒剂、40%水分散粒剂、50%水分散粒剂、60%水分散粒剂、65%水分散粒剂、70%水分散粒剂、25%可湿性粉剂、50%可湿性粉剂、20%可溶粒剂、40%可溶粒剂、50%可溶粒剂、10%悬浮剂、20%悬浮剂、30%悬浮剂、40%可溶粉剂、0.025%颗粒剂、0.05%颗粒剂、0.1%颗粒剂、0.4%颗粒剂、1%颗粒剂、3%颗粒剂、8%悬浮种衣剂、4%展膜油剂、3%超低容量液剂、0.2%水剂、10%干拌种剂、胶饵、饵剂、喷射剂。

应用技术 可用于防治茶树、番茄、甘蓝、观赏菊花、花生、黄瓜、马铃薯、苹果树、水稻、西瓜、小麦、玉米上的多种害虫，也可在室内作为卫生杀虫剂。

防治茶树茶小绿叶蝉，在若虫发生盛期，用20%可溶粒剂30～40g/亩对水均匀喷雾。

防治番茄烟粉虱，在低龄若虫高峰期，用20%可溶粉剂15～20g/亩对水均匀喷雾。

防治甘蓝黄条跳甲，0.2%水剂5 625～6 250ml/亩在成虫羽化初期冲施或在甘蓝移栽前用3%颗粒剂1 000～1 500g/亩穴施或在甘蓝出苗后，黄条跳甲成虫发生初期，用0.4%颗粒剂6 000～8 000g/亩撒施后覆浅土；防治甘蓝蚜虫，在发生初期至盛期，用25%可湿性粉剂8～12g/亩对水均匀喷雾；防治甘蓝菜青虫，在低龄若虫发生盛期，用20%水分散粒剂20～40g/亩对水均匀喷雾；防治黄瓜白粉虱，在低龄若虫高峰期，用20%可溶粒剂30～50g/亩对水均匀喷雾；防治黄瓜蓟马，在发生初期用20%可溶粒剂20～40g/亩对水均匀喷雾。

防治西瓜蚜虫，在发生初盛期，用35%可溶液剂5～7ml/亩对水均匀喷雾。

防治观赏菊花蚜虫，在低龄若虫盛发期，用30%悬浮剂18～24ml/亩对水均匀喷雾。

防治花生蛴螬，在花生播种前，用8%悬浮种衣剂1 450～2 500g/100kg种子进行种子包衣。

防治马铃薯蛴螬，在马铃薯播种前，用8%悬浮种衣剂400～500g/100kg种子进行种薯包衣。

防治水稻稻飞虱，在卵孵化盛期至低龄若虫高峰期，用20%可溶粒剂30～40g/亩对水均匀喷雾；防治水稻二化螟，在卵孵化盛期至低龄幼虫期，用20%可溶粒剂40～50g/亩对水均匀喷雾；防治水稻蓟马，在水稻播种前，用60%种子处理可分散粉剂300～360g/100kg种子进行拌种。

防治玉米蚜虫，在玉米播种前，用8%悬浮种衣剂1 450～2 500g/100kg种子进行种子包衣。

防治小麦蚜虫，在小麦播种前，用8%悬浮种衣剂3 350～5 000g/100kg种子进行种子包衣或在蚜虫发生初期至盛期，用20%可溶粒剂15～20g/亩对水均匀喷雾。

防治苹果树蚜虫，在低龄若虫发生盛期，用20%水分散粒剂3 000～4 000倍液均匀喷雾。

注意事项 本品为烟碱乙酰胆碱受体的兴奋剂，建议避免持续使用或与作用位点相似的杀虫剂轮换使用。本品对蜜蜂和虾等水生生物有毒。施药期间应避免对周围蜂群的影响，开花植物花期及花期前7d禁用。远离水产养殖区、河塘等水体附近施药，禁止在河塘等水体中清洗施药器具。本品对家蚕有毒，蚕室和桑园附近禁用，赤眼蜂等天敌放飞区禁用；虾蟹套养稻田禁用，施药后的田水不得直接排入水体。本品易造成地下水污染。在土壤渗透性好或地下水位较浅的地方慎用。本品不可与其他烟碱类杀虫剂混合使用。使用本品时应穿戴防护服和手套等安全防护用具，施药时要避免接触皮肤、眼睛和衣服。施药期间不可吃东西和饮水。施药后及时洗手洗脸等暴露部位皮肤并更换衣物。

开发登记 日本三井东亚化学株式会社开发。

氟吡呋喃酮 flupyradifurone

其他名称 Altus；Sivanto Prime；极显。

化学名称 4-[(N-6-氯-3-吡啶基甲基-N-2,2-二氟乙基)氨基]呋喃-2(5H)-酮。

结 构 式

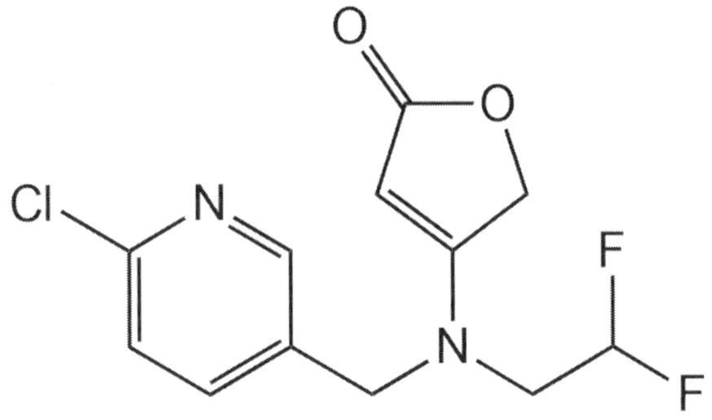

理化性质 纯品为白色至米黄色固体粉末，几乎无味，熔点72～74℃，不易燃。氟吡呋喃酮在水中溶解度为3.2 g/L(pH4)，3.0 g/L(pH7)，在甲苯中溶解度为3.7 g/L，易溶于乙酸乙酯和甲醇。其最大紫外吸收波长为259nm。水中光解半衰期DT_{50}(pH7)为0.35 d。

毒 性 大鼠口服急性毒性LD_{50}值为2 000 mg/kg，对雄性大鼠最大无作用剂量为80mg/L，对雌性大鼠最大无作用剂量为400 mg/L，对兔眼睛和皮肤无刺激性、无致畸、无致癌、无生殖毒性、无致突变性，大鼠口服90d无神经毒性反应。对虹鳟鱼、蚯蚓、水蚤、海藻、大黄蜂、蜜蜂均为低毒，对鹌鹑为中等毒性。

作用特点 氟吡呋喃酮是烟碱乙酰胆碱受体(nAChR)激动素，可选择性地作用于昆虫中枢神经系统，键合受体蛋白，随后激活受体产生生物反应，使神经细胞处于激动状态，但氟吡呋喃酮不会被乙酰胆碱酯酶结合而失活，因此受体持续开放，导致昆虫神经系统崩溃。氟吡呋喃酮含有特殊的药效基团丁烯酸内酯，因此具有较好的内吸传导性，叶面喷施或进行种子处理后，能迅速传导至植株各部位，可有效防治叶面背部或隐蔽取食的害虫，并能通过抑制昆虫的摄食，进而减少依赖昆虫介导的病原体传播。

剂 型 96%原药、17%可溶液剂

应用技术 在番茄烟粉虱成虫发生初期，用17%可溶液剂30～40ml/亩对水45～60L，进行叶面均匀喷雾。配药时，先将推荐剂量的药剂用少量水充分稀释后，再加到所需水量，搅拌均匀后喷雾。若发生严重，建议于第一次药后7～10d再施药1次。本品在番茄上的安全间隔期为3d，每季最多使用2次。

注意事项 为了避免和延缓抗性的产生，建议与其他不同作用机制的杀虫剂轮换使用。使用本品时应戴防护镜、口罩、手套，穿防护服、雨靴等。应避免药液接触皮肤和眼睛等身体部位。操作本品时应禁止饮食、吸烟和饮水等。空包装应三次清洗，并将清洗液倒入药械内。清洗过的空包装应压烂或划破后妥善处理，切勿重复使用或他用。施药后应及时洗澡，清洗防护用具和衣物等。药品及废液严禁污染各类水域、土壤等环境；严禁在河塘等水域清洗施药器械。本品对家蚕有毒，使用时应注意避免污染桑园及远离养蚕区域。避免孕妇及哺乳期的妇女接触。

开发登记 拜耳作物科学公司开发本品并在国内登记。

环氧虫啶 cycloxaprid

化学名称 9–[(6–氯吡啶–3–基)甲基]–4–硝基–8–氧杂–10,11–二氢咪唑并[2,3–a]双环[3,2,1]辛–3–烯。

结构式

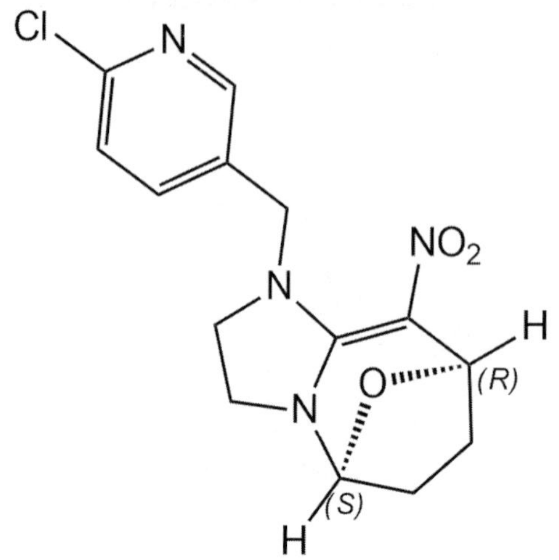

理化性质 纯品为白色或浅黄色粉末状固体，无味。可溶于二氯甲烷、氯仿，微溶于水、乙醇。稳定性：水解半衰期DT_{50}：5.03h（25℃，pH=4），64.18h（25℃，pH=7），577.62h（25℃，pH=9）。水中光稳定性低于哌虫啶，但优于吡虫啉。

毒　　性 大鼠(雌/雄)急性经口LD_{50}3 160/3 690mg/kg，急性经皮LD_{50}：大鼠(雌/雄)＞2 000mg/kg，低毒。对非靶标生物如水蚤类、鱼类、藻类、土壤微生物和其他植物影响甚微。

作用特点 可以抑制激动剂和烟碱乙酰胆碱受体（nAChR）的反应，但是对美国蜚蠊烟碱乙酰胆碱受体和卵母细胞表达的N1α1/β2受体没有激动作用，属于烟碱乙酰胆碱受体拮抗剂，因而，不易与吡虫啉等新烟碱类杀虫剂产生交互抗性。与吡虫啉在烟碱乙酰胆碱受体上的亲和作用位点不同，对吡虫啉产生抗性的褐飞虱、麦长管蚜和棉蚜等害虫有效。此外，环氧虫啶对棉蚜的主要天敌异色瓢虫和中华通草蛉选择安全性较高。对环氧虫啶和NMI在家蝇、蜜蜂和小鼠脑细胞膜体内和体外与烟碱乙酰胆碱受体结合的研究显示：环氧虫啶可能为前体杀虫剂，对哺乳动物有较好的非选择性，药剂进入靶标害虫后代谢活化为(Z)–2–氯–5–{[2–(硝基亚甲基)咪唑烷酮–1–基]甲基}吡啶（NMI）而发挥杀虫作用。该活性代谢物是环氧虫啶水解和光解的主要产物。环氧虫啶对褐飞虱为正温度系数杀虫剂，30℃时的毒力为20℃时的19.32倍。环氧虫啶对麦长管蚜有很好的触杀毒性和根内吸活性，故可用于叶面喷、土壤和种子处理。与吡虫啉和噻虫嗪作用于木质部的蚜虫不同，环氧虫啶会减弱韧皮部麦长管蚜的取食行为，使其体重减轻，推测这可能与环氧虫啶的神经毒性作用有关。

剂　　型 97%原药、25%可湿性粉剂。

应用技术 防治稻飞虱用25%可湿性粉剂16～24g/亩在卵孵高峰期至低龄幼虫盛发期施药（避开水稻扬花期），亩对水45～60kg，对植株均匀喷雾，使用间隔期7～10d。防治甘蓝蚜虫：用25%可湿性粉剂8～16g/亩在蚜虫发生期施药，亩对水40～50kg，对植株均匀喷雾，使用间隔期10～15d。大风天或预计1h内降雨，勿施药。本品在水稻和甘蓝上的使用安全间隔期分别为21d和5d；每季作物最多使用2次。

注意事项 对眼睛有轻度刺激性，在使用时应做好防护措施，穿防护服，戴防护眼镜、防护手套、口罩等，避免皮肤接触及口鼻吸入。使用过程中不可吸烟、饮水及吃东西，使用后及时清洗手、脸等暴露部位皮肤并更换衣物。对蜜蜂、家蚕等生物毒性高，对天敌赤眼蜂风险高，桑园和蚕室附近禁用，开花作物花期、蜜源期及赤眼蜂等天敌放飞区禁用，水稻扬花期禁用，勿用于靠近蜂箱的田地，远离河塘等水域施药，禁止在河塘等水体中清洗施药器具。建议与其他作用机制不同的杀虫剂轮换使用，以延缓抗性产生。鸟类保护区附近禁用。

开发登记 华东理工大学与上海生农生化制品股份有限公司联合开发，辽宁众辉生物科技有限公司、上海生农生化制品股份有限公司登记。

三氟苯嘧啶 triflumezopyrim

其他名称 Pyraxalt、佰靓珑。

化学名称 3,4–二氢化–2,4–二氧代–1–(嘧啶–5–基甲基)–3–(α,α,α–三氟间甲苯基)–2H–吡啶并[1,2–α]嘧啶–1–鎓–3–盐。

结构式

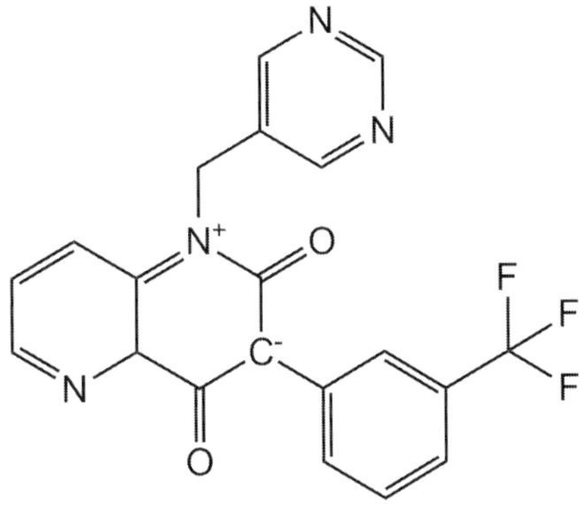

理化性质 黄色无嗅固体，熔点为188.8～190℃，205～210℃开始分解。水和有机溶剂中的溶解度（g/L）：水0.23±0.01（20℃），N,N–二甲基甲酰胺377.62，乙腈65.87，甲醇7.65，丙酮71.85，乙酸乙酯14.65，二氯甲烷76.07，邻二甲苯0.702，正辛醇1.059，正己烷0.000 5。pH值为4、7和9时对水解稳定（50℃）；自然水中光解（25℃）DT_{50}值为2.8d，缓冲液中光解DT_{50}值为2.1d。

毒　　性 大鼠急性经口LD_{50}＞4 930 mg/kg，急性经皮LD_{50}＞5 000 mg/kg，对家兔眼睛有轻微刺激性，对家兔皮肤无刺激性，对豚鼠皮肤无致敏性；每日允许摄入量约为0～0.2 mg/kg。无体外基因毒性、致畸性、免疫毒性和神经毒性。

作用特点 与吡虫啉、氟啶虫胺腈和氟吡呋喃酮等新烟碱类杀虫剂不同，三氟苯嘧啶是现有作用于烟碱乙酰胆碱受体的杀虫剂中唯一起抑制作用的药剂，即为烟碱乙酰胆碱受体抑制剂。与吡虫啉等烟碱乙酰胆碱受体竞争调节剂一样，三氟苯嘧啶通过与烟碱乙酰胆碱受体的正性位点结合，阻断靶标害虫的神经传递而发挥杀虫活性。但由于与烟碱乙酰胆碱受体竞争调节剂对受体的结合方式不同，且与之存在竞争关系，三氟苯嘧啶能够有效防治对新烟碱类杀虫剂产生抗性的稻飞虱等害虫，国际杀虫剂抗性行动委员会将其归属于第4E亚组。在摄入三氟苯嘧啶后15min至数小时，美洲大蠊、桃蚜和褐飞虱等害虫即出现中毒症状，呆滞不动，无兴奋或痉挛现象，随后麻痹、瘫痪，直至死亡。三氟苯嘧啶具有内吸传导活性，可在植物木质部移动，既可用于叶面喷雾，也可用于育苗箱土壤处理。

剂　　型 96%原药、10%悬浮剂。

应用技术 在水稻营养生长期（分蘖期至幼穗分化期前）于水稻飞虱低龄若虫始盛期用10%悬浮剂10～16ml/亩喷雾1次。使用足够水量（20～30L/亩）对作物茎叶均匀喷雾。21～25d后选用其他具有不同作用机理的产品。为减缓害虫抗性发生，每季水稻使用本品1次。水稻的安全间隔期21d。

注意事项 远离水产养殖区、河塘等水体施药。不要食用施药后稻田养殖的虾蟹等水生生物。本品对蜜蜂、家蚕有毒，避免在蜜蜂觅食时施药；蚕室和桑园附近禁用。为延缓害虫抗性发生，针对连续世代的害虫请勿使用相同产品或具有相同作用机理的产品。在害虫发生初期使用本品一次，然后使用具有不同作用机理的其他产品。

开发登记 美国杜邦公司开发并登记。

四氯虫酰胺 tetrachlorantraniliprole

其他名称 SYP-9080。

化学名称 3-溴-N-(2,4-二氯-6-氨基甲酰胺苯基)-1-(3,5-二氯-2-吡啶基)-1H-吡唑-5-基甲酰胺。

结构式

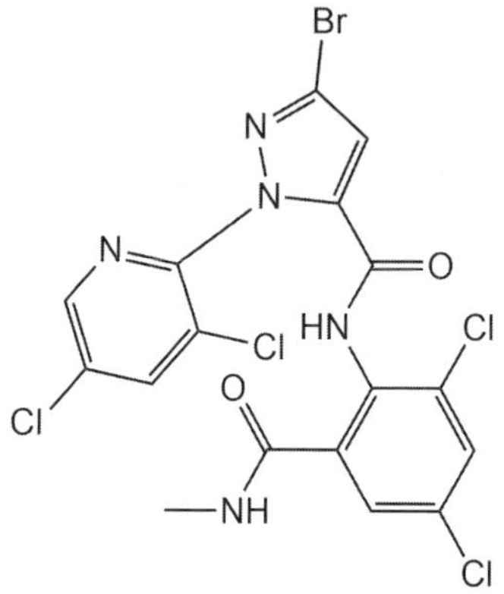

Br N N N O N Cl HN Cl Cl O NH Cl

理化性质 白色或灰白色粉末，熔点189～191℃，易溶于N,N-二甲基甲酰胺、二甲亚砜，可溶于二氧六环、四氢呋喃、丙酮，光照下稳定。

毒　　性 大鼠(雌/雄)急性经口LD_{50}＞5 000mg/kg，急性经皮LD_{50}＞2 000mg/kg，低毒，对家兔眼睛、皮肤均无刺激性。

作用特点 是以氯虫苯甲酰胺为先导开发的新型邻氨基苯甲酰胺类化合物，通过四氯虫酰胺与氯虫苯甲酰胺平行杀虫活性测定，发现二者杀虫谱、作用方式以及昆虫中毒症状均表现出一致性，推测其作用机理与氯虫苯甲酰胺相同，即属鱼尼丁受体激活剂类杀虫剂，通过与鱼尼丁受体结合，打开钙离子通道，使储存在细胞内的钙离子持续释放到肌浆中，钙离子和肌浆中基质蛋白结合，引起肌肉持续收缩。昆虫体症状表现为抽搐、拒食，最终死亡。

剂　　型 10%悬浮剂。

应用技术 在水稻稻纵卷叶螟卵孵高峰期至2龄幼虫期，用10%悬浮剂10～20g/亩，对水30～45kg茎叶均匀喷雾；在甘蓝甜菜夜蛾低龄幼虫盛发期用10%悬浮剂30～40g/亩对水均匀喷雾；在玉米玉米螟卵孵化高峰期至低龄幼虫期用10%悬浮剂20～40g/亩对水均匀喷雾。推荐剂量下，每季作物最多施用1次，在水稻上使用的安全间隔期21d，甘蓝安全间隔期7d，玉米安全间隔期14d。为提高药剂效果，建议使用时采用二次稀释法。本品为酰胺类新型杀虫剂，为避免抗性产生，一季作物，建议使用本品不超过2次，在靶标害虫当代，若使用本品且能连续使用2次，但在靶标害虫的下一代，推荐与不同作用机理的产品轮换使用。

注意事项 禁止在蚕室和桑园附近用药，禁止在河塘等水域内清洗施药器具。水产养殖区、河塘等水体附近禁用。鱼、虾蟹套养稻田禁用，施药后的田水不得直接排入水体。本品对虾、蟹毒性高。不可与强酸、强碱性物质混用。

开发登记 沈阳化工研究院开发，沈阳科创化工有限公司登记。

环虫酰肼 chromafenozide

其他名称 Matric；Hi-metrix；Youngil matrix。

化学名称 2(-叔丁基-5-甲基-2)-(3,5-二甲苯基甲酰基)苯并二氢呋喃-6-甲酰肼。

结 构 式

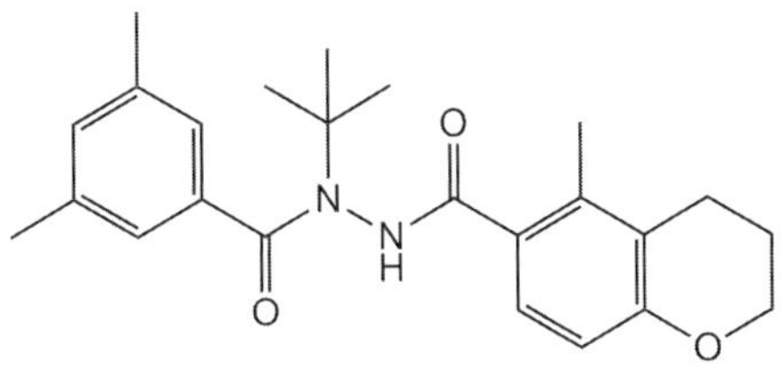

理化性质 纯品为白色晶体，熔点为186.4℃。在水中溶解度（20℃）为1.12mg/L。

毒　　性 大鼠经口LD_{50} ＞5 000mg/kg，小鼠 ＞5 000mg/kg；小鼠经皮LD_{50} ＞2 000mg/kg。对兔皮肤无刺激性；对兔眼睛有轻微刺激作用，无致敏性。通过大小鼠试验，无致癌作用，对小鼠繁殖无影响；兔和小鼠致畸试验阴性。

作用特点 为蜕化类固醇激动剂，其通过与昆虫蜕皮激素受体蛋白结合位点竞争，引起过早、不完全或致死的蜕皮。对鳞翅目害虫的幼虫以食毒为主。害虫食用一定浓度的环虫酰肼处理的叶，摄食行动停止，引起蜕皮前阶段现象的头盖剥离，比苏云金杆菌剂和几丁质合成抑制剂作用发现早，能使害虫少食和抑制摄食是本剂最大特点。此外，对幼虫龄期的敏感性几乎没有，在幼虫阶段的所有龄期低剂量就有效。

剂　　型 5%悬浮剂。

应用技术 在水稻二化螟或稻纵卷叶螟幼虫孵化盛期至低龄幼虫期用5%悬浮剂70~110ml/亩对水均匀喷雾。安全间隔期14d；每个生长季最多施药1次。

注意事项 对家蚕高毒，蚕室及桑园附近禁用。应避免药剂飘移到桑树上。鱼或虾蟹套养稻田禁用。

开发登记 日本化药株式会社发现、与日本三共株式会社（现三井化学农药部）共同开发。

氟啶虫胺腈 sulfoxaflor

其他名称 可立施；特福力；XDE-208。

化学名称 1-[6-(三氟甲基）吡啶-3-基]乙基甲基亚砜基亚氨腈。

结 构 式

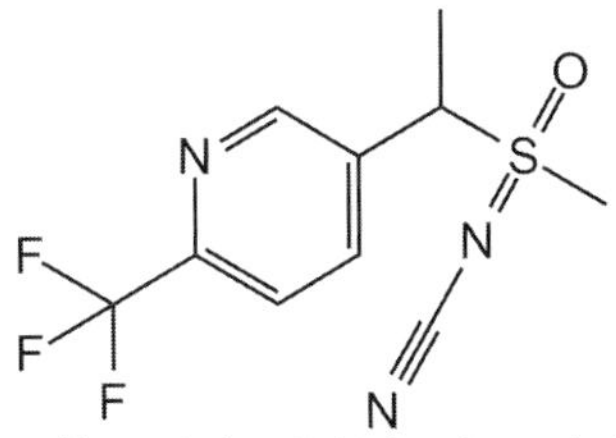

理化性质 制剂外观为白色颗粒状固体，有轻微的气味。稳定(54℃，14d)。

毒　　性 急性经口LD_{50}大鼠雌1 000mg/kg、雄1 405mg/kg，制剂>2 000mg/kg；大鼠(雌/雄)急性经皮

LD_{50} >5 000mg/kg，低毒。

作用特点 氟啶虫胺腈是磺酰亚胺的一个杀虫剂，磺酰亚胺作用于昆虫的神经系统，即作用于胆碱受体内独特的结合位点而发挥杀虫功能。可经叶、茎、根吸收而进入植物体内。

剂　　型 50%水分散粒剂、22%悬浮剂。

应用技术 可防治棉花、葡萄上的盲蝽，桃树、棉花、西瓜、小麦、白菜、苹果树、黄瓜上的蚜虫，柑橘树矢尖蚧，黄瓜、棉花烟粉虱，水稻稻飞虱。田间烟粉虱世代重叠现象严重，应在烟粉虱成虫始盛期或卵孵始盛期施药，防治棉花烟粉虱用50%水分散粒剂10～13g/亩，防治黄瓜烟粉虱用22%悬浮剂15～23ml/亩，施药2次，喷雾时应重点对叶片背面均匀喷雾，建议在第一次施药后7d再进行第二次施药，连续施药可取得较好的防治效果；防治棉花盲蝽象，应在盲蝽低龄若虫期用50%水分散粒剂7～10g/亩施药1～2次，间隔7d，施药时应对棉花茎叶均匀喷雾。防治葡萄盲蝽，在盲蝽低龄若虫期可以用22%悬浮剂1 000～1 500倍液施药，施药时应对葡萄叶片及藤蔓均匀喷雾。棉花蚜虫发生初盛期用50%水分散粒剂2～4g/亩防治，施药时应对棉花叶面背面均匀喷雾。小麦蚜虫发生初盛期，即达到防治指标百株500头时开始施药，施药时应对小麦穗部和叶片均匀喷雾。桃树、西瓜、白菜、黄瓜、苹果树蚜虫发生初盛期施药。防治桃树蚜虫用50%水分散粒剂15 000～20 000倍液或22%悬浮剂5 000～10 000倍液，防治西瓜蚜虫用50%水分散粒剂3～5g/亩，防治小麦蚜虫用50%水分散粒剂2～3g/亩，防治白菜、黄瓜蚜虫，用22%悬浮剂7.5～12.5ml/亩，防治苹果树黄蚜用22%悬浮剂10 000～15 000倍液均匀喷雾。防治水稻稻飞虱，应在稻飞虱低龄若虫期用22%悬浮剂15～20ml/亩施药1次，施药时应重点对稻株茎叶基部均匀喷雾；防治柑橘树矢尖蚧，应在第一代矢尖蚧低龄若虫期始盛期用22%悬浮剂4 500～6 000倍液施药1次，施药时应对叶片均匀喷雾。

注意事项 对蜜蜂、家蚕等有毒。施药期间应避免影响周围蜂群，禁止在蜜源植物花期、蚕室和桑园附近使用，施药期间应密切关注对附近蜂群的影响。赤眼蜂等天敌放飞区域禁用。

开发登记 美国陶氏益农开发并登记。

双丙环虫酯 afidopyropen

其他名称 ME5343；Inscalis；英威。

化学名称 [(3S,4R,4aR,6S,6aS,12R,12aS,12bS)-3-(环丙基羰基氧)-1,3,4,4a,5,6,6a,12,12a,12b-十氢-6,12-二羟基-4,6a,12b-三甲基-11-氧杂-9-(3-吡啶基)-2H,11H-苯并[f]吡喃[4,3-b]色满-4-基]环丙烷羧酸甲酯。

结 构 式

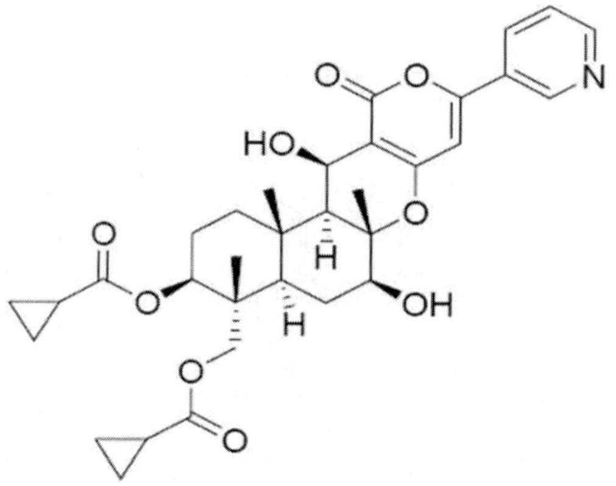

HO O O N O OH H H O O O O

理化性质 原药为黄色固体粉末，无嗅，熔点147.3～160℃。水解半衰期（25℃，pH 4或7）DT_{50}＞1年。溶解度（g/L，20℃）甲苯5.54，二氯甲烷＞500，丙酮＞500，甲醇＞500，乙酸乙酯＞500。不易燃，不易被氧化。

毒　　性 大鼠急性经口经皮LD_{50}＞2 000 mg/kg，大鼠急性吸入LC_{50}＞5.48 mg/L　对兔眼睛有轻微的刺激性，对兔皮肤无刺激性，对豚鼠皮肤无致敏性；无致癌性、遗传和神经毒性。对鱼、鸟类、蜜蜂和捕食性昆虫低毒。

作用特点 通过干扰靶标昆虫香草酸瞬时受体通道复合物的调控，导致昆虫对重力、平衡、声音、位置和运动等失去感应，丧失协调性和方向感，进而不能取食，失水，最终导致昆虫饥饿而亡。施药后数小时内即能使昆虫停止取食，但其击倒作用较慢。该产品持效期长，对蚜虫的持效作用长达21 d。双丙环虫酯对成虫和幼虫均有效，但对卵无效，推荐在幼虫阶段用药，防效更好。双丙环虫酯还具有优秀的叶片渗透能力。

剂　　型 50g/L可分散液剂。

应用技术 可防治番茄、辣椒烟粉虱，甘蓝、黄瓜、棉花、苹果树、小麦蚜虫。番茄、辣椒田间烟粉虱世代重叠现象严重，应在烟粉虱成虫始盛期或卵孵始盛期用50g/L可分散液剂55～65ml/亩对水均匀喷雾；防治甘蓝、黄瓜、棉花、小麦蚜虫，应在蚜虫发生初期用50g/L可分散液剂10～16ml/亩对水均匀喷雾；防治苹果树蚜虫，在苹果蚜虫发生初期，用50g/L可分散液剂12 000～20 000倍液均匀喷雾。

注意事项 水产养殖区、河塘等水体附近禁用。蚕室及桑园附近禁用。赤眼蜂等天敌放飞区域禁用。建议与其他不同作用机制的杀虫剂轮换使用。

开发登记 日本明治制果药业株式会社与北里研究所共同研发，巴斯夫欧洲公司登记。

螺螨双酯 spirobudiclofen

化学名称 3-2,4-二氯苯基）-2-氧代-1-氧杂螺[4,5]-癸-3-烯-4-基碳酸丁酯。

结 构 式

理化性质 原药为白色至类白色结晶粉末，熔点：87.5～88.5℃，易溶于丙酮、乙腈、甲醇、乙醇等有机溶剂，不溶于水。

作用特点 主要通过触杀和胃毒作用防治卵、若螨和雌成螨，其作用机理为抑制害螨体内脂肪合成、阻断能量代谢。其杀卵效果突出，并对不同发育阶段的害螨均有较好防效，可在柑橘的各个生长期使用。

剂　　型 24%悬浮剂。

应用技术 防治柑橘树红蜘蛛，于红蜘蛛为害早期，用24%悬浮剂3 600~4 800倍液均匀喷雾，注意喷药时均匀全面，特别对叶片背面的喷雾，在柑橘树上安全间隔期为25d，每季最多使用次数1次。

注意事项 建议与其他作用机制不同的杀虫剂轮换使用，以延缓抗性产生。避免在作物花期施药，以免对蜂群产生影响。在蚕室和桑园附近禁用。赤眼蜂等天敌放飞区禁用。

开发登记 青岛科技大学化学与分子工程学院开发，浙江省杭州宇龙化工有限公司登记。

乙唑螨腈

其他名称 SYP-9625；宝卓。

化学名称 (Z)-2-(4-叔丁基苯基)-2-氰基-1-(1-乙基-3-甲基吡唑-5-基)乙烯基-2,2-二甲基丙酸酯。

结 构 式

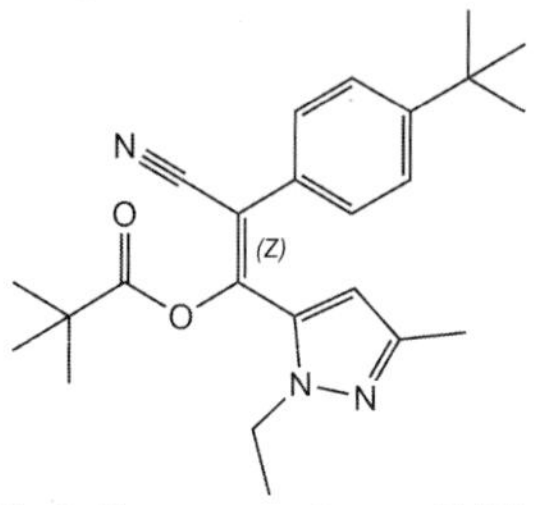

N (Z) O O N N

理化性质 原药为白色固体，熔点为92～93℃，易溶于二甲基甲酰胺、乙腈、丙酮、甲醇、乙酸乙酯、二氯甲烷等，可溶于石油醚、庚烷，难溶于水。

毒　　性 大鼠急性经口LD_{50}＞5 000mg/kg　急性经皮LD_{50}＞2 000 mg/kg　吸入LC_{50}＞2 000 mg/kg　低毒。对家兔眼和皮肤无刺激性。生态毒性低，对环境友好，对密封鸟、鱼、蚕、藻低毒。

作用特点 是一种新型丙烯腈类杀螨剂，具有较好的速效性和持效性。主要通过触杀和胃毒作用防治害螨，对卵、幼螨、若螨、成螨均有较好防效，且与常规杀螨剂无交互抗性。

剂　　型 30%悬浮剂。

应用技术 可防治柑橘树、棉花、苹果树上叶螨，建议在低龄若螨始盛期施药。防治柑橘树、苹果树叶螨时用30%悬浮剂3 000～6 000倍液，防治棉花叶螨时用30%悬浮剂5～10ml/亩，对水均匀喷雾。施药时应使作物叶片正反面、果实表面以及树干、枝条等充分均匀着药，喷雾直至叶片湿润为止。根据田间作物的种植密度和植株大小，可适当增加喷液量，以达到较好的防治效果。

注意事项 为了避免害螨产生抗药性，建议与其他作用机制不同的杀螨剂轮换使用。

开发登记 沈阳中化农药化工研发有限公司开发，沈阳科创化学品有限公司登记。

环氧虫啉

化学名称 1-(1,2-环氧丙基)-N-硝基亚咪唑烷-2-基胺。

结 构 式

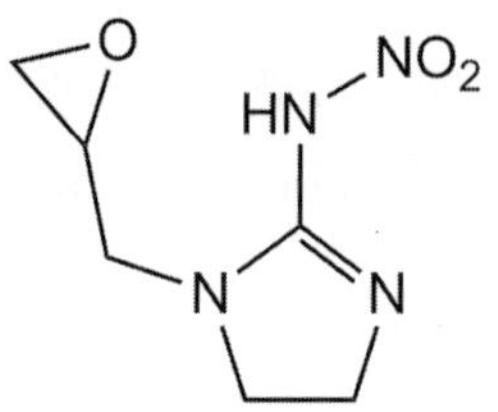

O NO_2 HN N N

理化性质 白色晶体，易溶于乙腈、DMF、DMSO等极性溶剂，不溶于非极性溶剂。

毒　　性 雄性大鼠急性经口的LD_{50} 5 000mg/kg，雌性大鼠急性经口的LD_{50} 4 300mg/kg，低毒。

作用特点 是一种杀虫谱广、结构新颖、无污染、低毒性、高药效的新烟碱类杀虫剂。

剂　　型 95%原药。

应用技术 据资料报道，防治甘蓝蚜虫，可用10%可湿性粉剂22.5～30g/ha在甘蓝蚜虫发生初期，对水均匀喷雾。

开发登记 四川和邦生物科技股份有限公司登记。

戊吡虫胍 guadipyr

其他名称 ZNQ-08056。

化学名称 1-硝基-3-[(6-氯吡啶-3-基)甲基]-4-戊亚甲基氨基胍。

结 构 式

理化性质 纯品为白色晶体，熔点：112～114℃。水溶性0.24g/L（25℃），pKa3.50±0.50（25℃）。

毒　　性 大鼠急性经口毒性LD_{50} > 5 000 mg/kg，急性经皮LD_{50} > 5 000 mg/kg。对兔眼、皮肤无刺激性；皮肤变态（致敏）强度为Ⅰ级，属弱致敏物。

作用特点 兼具新烟碱类和钠离子通道抑制剂2种杀虫剂活性特点的新型高效杀虫剂。该产品通过触杀作用，对害虫各发育期都有效（包括卵），具有杀虫广谱、速效和高活性特性，并有多个作用靶标，可降低抗性风险，对水生生物、两栖生物、蚯蚓等低毒，对环境非靶标生物友好，尤其对蜜蜂安全。

剂　　型 20%悬浮剂。

应用技术 可防治甘蓝蚜虫、水稻稻飞虱。在甘蓝蚜虫发生初期，用20%悬浮剂30～45g/ha，对水均匀喷雾；在水稻稻飞虱低龄若虫期，用20%悬浮剂60～105g/ha，对水均匀喷雾。

开发登记 中国农业大学研发，合肥星宇化学有限责任公司登记。

氯溴虫腈

其他名称 HNPC-A3061。

化学名称 4-溴-1-[(2-氯乙氧基)甲基]-2-(4-氯苯基)-5-三氟甲基-1H-吡咯-3-腈。

结 构 式

理化性质 纯品为白色结晶，熔点109.5～110.0℃。溶解度（20℃，g/L）：甲醇32.2，丙酮956.5，三氯甲烷885.5，甲苯600.1，正己烷1.13，水0.413（pH=4）、0.011（pH=7）、1.54（pH=9）。

毒　　性 大鼠急性经口LD_{50} 316mg/kg（雄性）、147mg/kg（雌性）；急性经皮LD_{50}为1 780mg/kg（雄性大鼠）、2 150mg/kg（雌性大鼠）；对兔皮肤和兔眼无刺激。

作用特点 系吡咯类化合物，具有很高的杀虫活性，具有广谱的杀虫、杀螨等生物活性。本品用于防治甘蓝斜纹夜蛾。宜在幼虫早期施药。

剂　　型 10%悬浮剂。

应用技术 防治甘蓝斜纹夜蛾，于卵孵盛期至低龄幼虫期间用10%悬浮剂8～12ml/亩对水喷雾，注意甘蓝叶片正反两面喷雾均匀，视虫害发生情况，每10d左右施药1次，可连续用药2～3次。

注意事项 对蜜蜂、鱼类等水生生物、家蚕有毒，施药期间应避免对周围蜂群的影响、蜜源作物花期、蚕室和桑园附近禁用。远离水产养殖区施药，本品不可与呈碱性的农药等物质混合使用。

开发登记 湖南化工研究院开发，湖南海利化工股份有限公司登记。

硫氟肟醚 sufluoxime

其他名称 HNPC；A2005。

化学名称 1-(3-氟-4-氯苯基)-2-甲硫基乙酮肟-O-(2-甲基联苯基-3-甲基)醚

结 构 式

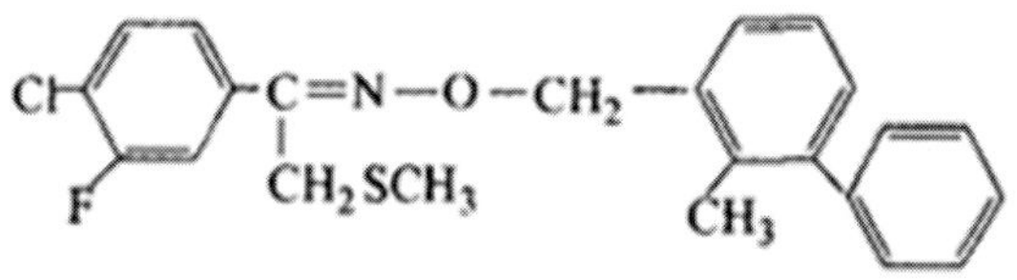

理化性质 纯品为白色固体。工业品为淡黄色固体。熔点71.0~71.2℃。易溶于大多数有机溶剂，难溶于水。溶解性（20℃）：甲醇5.4g/L、二甲苯211.0 g/L、二氯乙烷437.5 g/L、丙酮195.8 g/L，25℃水中溶解度分别为：0.196 g/L（pH3）、0.278 g/L（pH7）、0.918g/L（pH9）。在酸性和中性条件下稳定，对光、热稳定，不具有可燃性和爆炸性。

毒　　性 大鼠(雌/雄)急性经口LD_{50} >4 640mg/kg，急性经皮LD_{50} >2 150mg/kg，低毒。对兔眼睛和皮肤无刺激性；豚鼠皮肤致敏试验无致敏性。

作用特点 非酯肟醚类化合物，具有较高的杀虫活性、杀虫广、作用迅速、毒性低、对天敌和作物安全、环境相容性好等特点，硫氟肟醚具有高效、低毒、对环境安全等优点，同时还克服了拟除虫菊酯农药高鱼毒的缺点。宜在幼虫早期施药。

剂　　型 95%原药。

应用技术 防治茶树茶毛虫，于卵孵盛期至低龄幼虫期用10%悬浮剂60~90ml/亩对水喷雾，注意茶树叶片正反两面喷雾均匀，视虫害发生情况，每5d左右施药1次，可连续用药1~2次。

注意事项 对蜜蜂、鱼类等水生生物、家蚕有毒，施药期间应避免对周围蜂群的影响、开花植物花期、蚕室和桑园附近禁用。远离水产养殖区、河塘等水体附近施药。不可与呈碱性的农药等物质混合使用。

开发登记 湖南化工研究院开发，湖南海利化工股份有限公司登记。

腈吡螨酯 Cyenopyrafen

其他名称 NC-512。

化学名称 (E)-2-(4-特丁基苯基)-2-氰基-1-(1,3,4-三甲基吡唑-5-基)乙烯基2,2-二甲基丙酸酯。

结构式

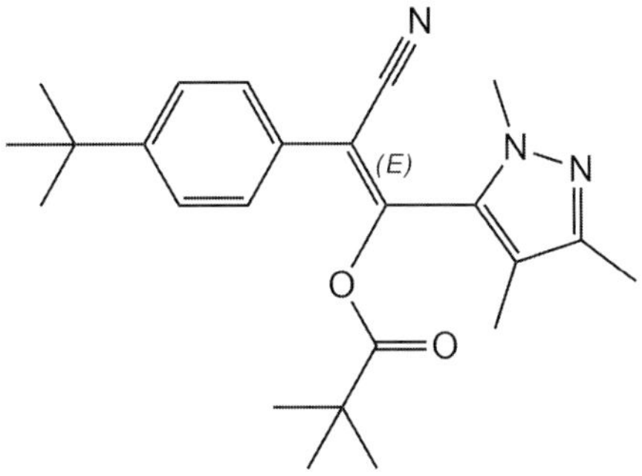

理化性质 原药外观：灰白色结晶固体。熔点：106.7～108.2℃。溶解度：在水中0.30 mg/L（20℃）。稳定性：54℃ 14d稳定。水解DT_{50}=0.9 d（pH 9，25 ℃）。

毒　　性 大鼠急性经口LD_{50} > 5 000mg/kg，大鼠急性经皮LD_{50} > 5 000mg/kg，大鼠急性吸入毒性LC_{50} (4 h) > 5.01 mg/L。对鸟类、鱼类、蜜蜂、蚯蚓等环境生物低毒，对蚕类及水藻等生物具有较高毒性。

作用特点 腈吡螨酯在生物体内代谢形成的水解物可作用于线粒体电子传导系统的复合体Ⅱ，阻碍了从琥珀酸到辅酶Q的电子流，从而搅乱了叶螨类的细胞内呼吸。

剂　　型 30%悬浮剂。

应用技术 防治苹果树红蜘蛛、二斑叶螨，于红蜘蛛、二斑叶螨发生始盛期，用30%悬浮剂2 000～3 000倍液均匀喷雾。使用后的苹果至少应间隔14d收获，每季最多使用2次。

注意事项 和波尔多液混用时会降低本药的效果，尽量避免二者混用；对水蚕等水生生物高毒，施药时应远离水产养殖区、河塘等水体施药。

开发登记 日产化学株式会社开发并登记。

对二氯苯 p-dichlorobenzene

其他名称 1,4-二氯苯。

化学名称 1,4-二氯苯。

结构式

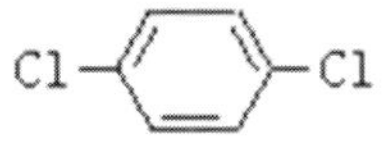

理化性质 原药为无色结晶，有特异气味。熔点53℃，沸点173.4℃，相对密度1.4581。25℃水中溶0.08g/L，稍溶于冷乙醇，易溶于有机溶剂。化学性质稳定，无腐蚀性。

毒　　性 急性经口LD_{50}5 012mg/kg(雄)、5 129 mg/kg (雌)，急性经皮LD_{50} 5 000 mg/kg，低毒。

作用特点 本品熏蒸用于家庭衣物防蛀防霉、仓储害虫及卫生间除臭。

剂　　型 球剂、片剂。

应用技术 防治黑皮蠹、衣蛾、红斑皮蠹、霉菌等。

开发登记 广东省台山市日用化工厂、浙江劲豹日化有限公司等公司登记。

驱蚊酯 ethyl butylacetylaminopropionate

其他名称 爽肤宝；伊默宁。

化学名称 3-(N-丁基乙酰胺基)丙酸乙酯。

结构式

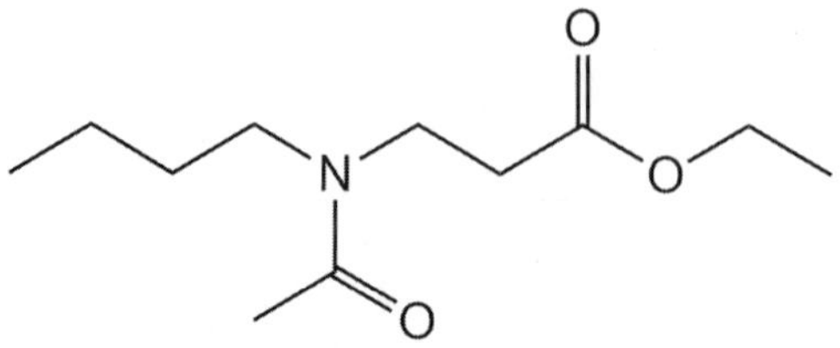

理化性质 外观为无色或微黄色液体，熔点20℃，沸点300℃。溶解度为水70g/L、丙酮 >1 000g/L、甲醇865g/L、乙腈 >1 000g/L、二氯甲烷 >1 000g/L、正庚烷 >1 000g/L。

毒　　性 急性经口LD_{50} >5 000mg/kg，急性经皮LD_{50} >2 000mg/kg，低毒。

作用特点 该药是一种广谱、高效的昆虫驱避剂，对蚊子、苍蝇、虱子、蚂蚁、蠓牛、牛虻、扁蚤、沙蚤、沙蠓、白蛉、蝉等都具有良好的驱避效果。

剂　　型 驱蚊液、驱蚊花露水。

应用技术 将驱蚊液或驱蚊花露水直接涂抹易受蚊子叮咬处以趋避蚊子。

注意事项 请勿吸入药液的气化雾滴。该产品可燃，应远离火源、热源，合适的灭火介质：水、固体粉末、二氧化碳。

开发登记 德国默克公司、日本阿斯制药株式会社等公司登记。

羟哌酯 icaridin

其他名称 羟哌啶仲酯；埃卡瑞丁；Picaridin；Propidine；KBR3023；Bayrepel。

化学名称 2-(2-羟乙基)-哌啶-1-甲酸-1-甲基异丙酯。

结构式

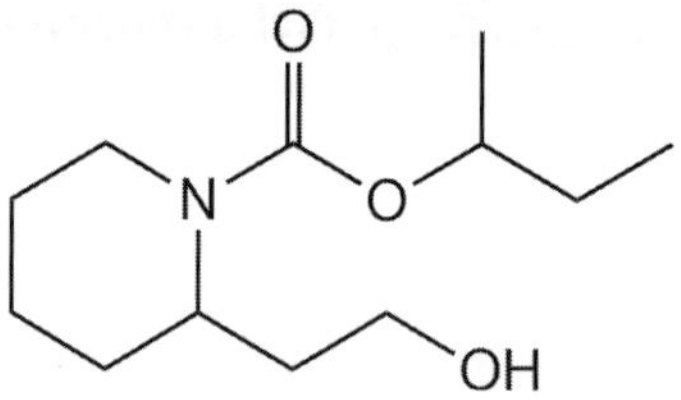

理化性质 原药外观为无色无嗅液体，冰点-170℃，沸点296℃，燃点375℃，闪点142℃，密度1.07g/mL。溶解度：水8.4g/L(pH4~9)，丙酮、庚烷、丙醛、二甲苯、正辛醇、聚乙二醇、乙酸乙酯、乙腈、二甲亚砜均 >250g/L。

毒　　性 大鼠急性经口LD_{50} 1 710mg/kg，急性经皮LD_{50} >5 000mg/kg，微毒。

作用特点 适用广泛，对蚊子、虱子、白蛉和马蝇等均有效，且对皮肤温和、没有不良气味，不会损伤塑料、纤维、涂料和黏合剂；在怀孕和哺乳期可以使用；2岁以上的儿童可以安全使用。

剂　　型 驱蚊霜、驱蚊液、驱蚊膏、驱蚊乳。

应用技术 直接涂抹于易受蚊子叮咬部位以驱避蚊子。

开发登记 德国拜耳公司在90年代末开发，德国赛拓有限责任公司登记。

螺威 TDS

化学名称 (3β,16α)-28-氧代-D-吡喃(木)糖基-(1-3)-0-β-D-吡喃(木)糖基-(1-4)-0-6-脱氧-α-L-吡喃甘露糖基-(1-2-β-D-吡喃(木)糖-17-甲羟基-16,21,22-三羟基齐墩果-12-烯。

结 构 式

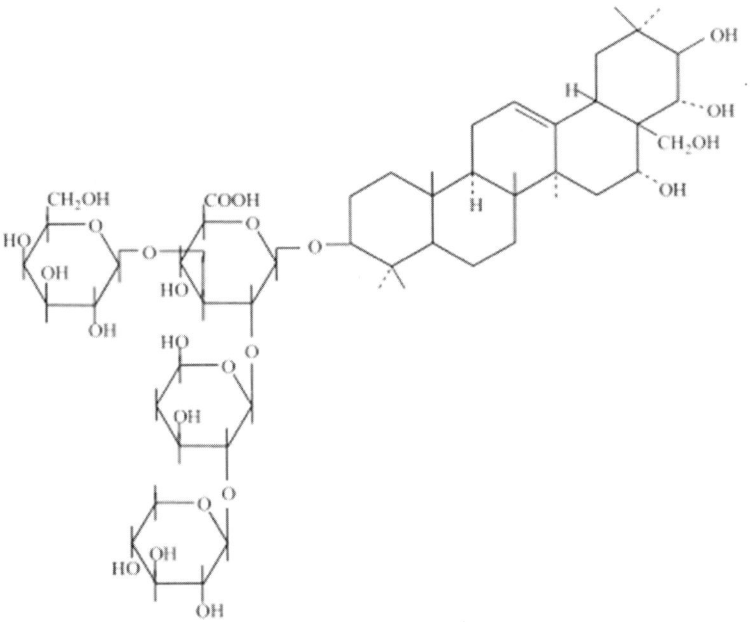

理化性质 原药外观为黄色粉末，密度0.530kg/L，溶解度在水中为20g/100g。可溶于水、甲醇、乙腈，不溶于大多数有机溶剂。

毒　　性 急性经口LD_{50} 4 300mg/kg，急性经皮LD_{50} >2 000mg/kg，低毒。

作用特点 螺威易于与红细胞壁上的胆甾醇结合，生成不溶于水的复合物沉淀，破坏了血红细胞的正常渗透性，使细胞内渗透压增加而发生崩解，导致溶血现象，从而杀死软体动物钉螺。

剂　　型 50%母药、4%粉剂。

应用技术 用4%粉剂在滩涂上撒施防治钉螺。

开发登记 湖北金海潮科技有限公司登记。

氟磺酰胺 flursulamid

化学名称 N-正丁基全氟辛烷磺酰胺。

结 构 式

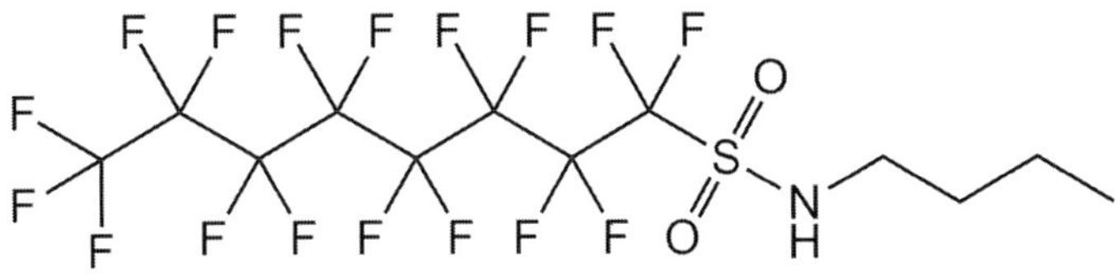

理化性质 溶于丙酮、甲醇、乙醇，不溶于水，在弱酸、弱碱性和光照下不分解，低于70℃加热不降解。

毒　　性 大白鼠(雌)急性经口LD_{50} 2 000mg/kg，急性经皮LD_{50} >2 000mg/kg，低毒。

作用特点 昆虫慢性胃毒剂。

剂　　型 饵膏。

应用技术 按量少点多的原则，挤涂饵膏于蟑螂出没处及隐蔽处，如蟑螂隐匿的各种缝隙、角落等隐蔽处。施药量：视每间房子的蟑螂密度大小进行适当调整。3d后检查饵膏被取食情况，根据饵膏被取食程度进行适当的补施。

注意事项 施药的地方不要喷洒其他杀虫剂，以免引起驱避使蟑螂拒食。

开发登记 广西玉林祥和源化工药业有限公司登记。

四水八硼酸二钠　disodium octaborate tetrahydrate

其他名称 速乐硼。

化学名称 四水八硼酸二钠。

结 构 式

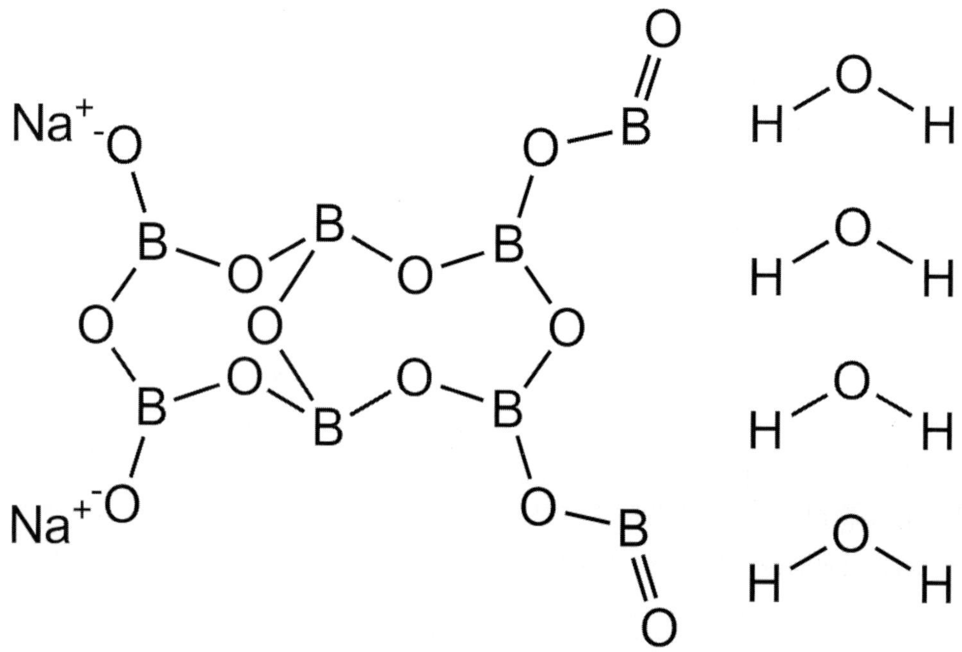

作用特点 是一种水溶性无机硼酸盐，应用于木材处理，具有防治木材白蚁和腐朽病的功能。

剂　　型 98%可溶粉剂。

应用技术 防治木材白蚁用98%可溶粉剂8.4～8.6kg/m^3。浸泡处理：将刚采伐的木材放在装有本品热水溶液的槽内浸泡2～5min，然后将刚处理过的木材用木桩系住，然后置于防水油布或单坡屋顶下，减缓烘干过程，并且防止雨水冲刷，以提高渗透率。本品会很快深入木材内部，彻底透过木材需要几个星期，这取决于木材的种类和厚度。浸渗处理法可完全穿透处理木材的整个横截面。木材加压处理：压力处理程序和处理速率必须严格遵循美国硼砂公司和/或美国木材防腐协会（AWPA）或加拿大标准协会的规范或其他国际处理标准或出口木材产品规范，并在本公司的指导下进行。本品仅限专业人员使用。

开发登记 美国硼砂集团登记。

d-柠檬烯 d-limonene

其他名称 苎烯；白千层萜；萜烯。

化学名称 1-甲基-4-(1-甲基乙烯基)环己-1-烯。

结构式

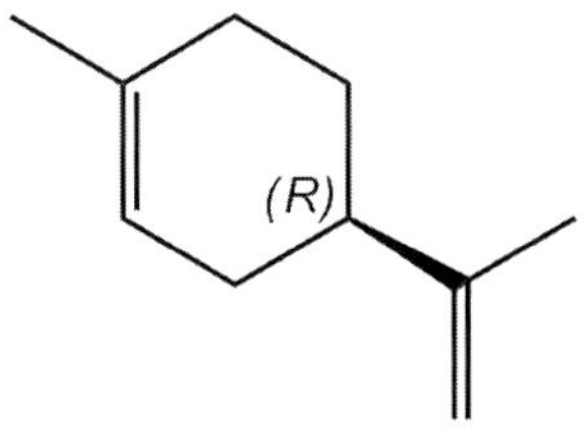

理化性质 沸点175.5～176℃，相对密度(25℃)0.838～0.843。可溶于大多数有机溶剂，不溶于水和丙二醇。在酸性、中性、微碱性条件下均稳定。

毒　　性 小鼠经口LD_{50}5 600～6 600mg/kg, 大鼠经口5 000mg/kg。可以引起皮肤过敏反应，刺激眼睛、皮肤及呼吸系统，对人类无致癌作用。

作用特点 d-柠檬烯是用专业的冷压技术从橙皮中提取的橙油，属于天然的植物源农药。对害虫作用方式为物理触杀作用，与常用的化学农药无交互抗性，杀虫机理是溶解害虫体表蜡质层，使害虫呈现快速击倒，呈明显的失水状态而死。

剂　　型 5%可溶液剂。

应用技术 于番茄烟粉虱发生初期，用5%可溶液剂100～125ml/亩对水均匀喷雾处理，间隔5～7d防治1次，要求喷足水量，叶片正反面都要喷到。

注意事项 以触杀作用为主，施用时应使作物叶片和枝条等充分着药。为了避免害虫产生抗药性，建议与其他不同作用机制的杀虫剂轮用。本品对鱼和鸟中等毒，切勿将本品及其废液弃于池塘、河溪和湖泊等，禁止在河塘等水域清洗施药器具，以免污染水源，在鸟类保护区慎用。

开发登记 奥罗阿格瑞国际有限公司登记。

S-烯虫酯 S-Methoprene

其他名称 S-(+)-烯虫酯。

化学名称 (2E,4E,7S)-11-甲氧基-3,7,11-三甲基-2,4-十二碳二烯酸异丙酯。

结构式

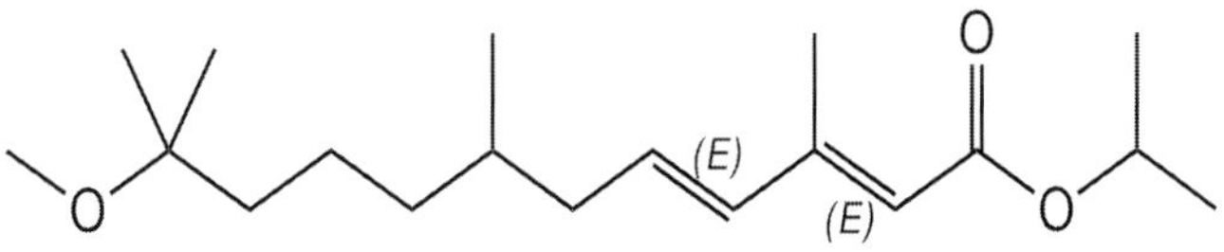

理化性质 纯品为淡黄色透明液体带有果香味。溶解大多数有机溶剂。

毒　　性 大鼠急性经口LD_{50} > 5 000mg/kg、经皮LD_{50} > 2 000mg/kg，急性吸入LC_{50} > 5.0mg/L。兔皮肤、眼睛无刺激性；豚鼠皮肤变态反应（致敏性）试验结果为无致敏性。

作用特点 属于昆虫调节剂的生物化学农药。对多种昆虫有活性。用途包括防治蚊幼虫、红火蚁、跳蚤、虱子等，可通过直接添加入饲料中防治苍蝇，还可防治谷蠹、玉米象、赤拟谷盗等仓储害虫。

剂　　型　95%原药、20%微囊悬浮剂。

应用技术　用20%微囊悬浮剂按0.1g/m²喷洒，室外防治蚊的幼虫。

开发登记　常州胜杰化工有限公司登记。

十、杀螨剂

苯丁锡　fenbutatin oxide

其他名称　杀螨锡；hexakis；托尔克(Torque)；螨完锡；克螨锡；Osdan。

化学名称　双[三(2–甲基–2–苯基丙基)锡]氧化物。

结 构 式

$$\left[Sn\left(-CH_2-C(CH_3)_2-C_6H_5\right)_3 \right]_2 O$$

理化性质　无色晶体，熔点为138～139.5℃。23℃时在水中溶解度为0.005mg/L，丙酮中溶解度6g/L，二氯甲烷中380g/L，苯中140g/L。在大多数有机溶剂中较难溶解。对光、热、氧气、酸都很稳定。

毒　　性　大鼠急性经口LD_{50}为2 631mg/kg，经皮LD_{50}＞1 000mg/kg，吸入LC_{50}为1.83mg/L。小鼠急性口服LD_{50}为1 450mg/kg，犬＞1 500mg/kg；兔急性经皮LD_{50}＞2g/kg；对大鼠眼睛黏膜、皮肤和呼吸道刺激性较大。蜜蜂经口LD_{50}＞40μg/头，接触LD_{50}为3 982μg/头。野鸭急性经口LD_{50}＞2g/kg。

剂　　型　20%可湿性粉剂、25%可湿性粉剂、50%可湿性粉剂、20%悬浮剂、10%乳油、40%悬浮剂。

作用特点　是一种非内吸杀螨剂，对有机磷和有机氯有抗性的害螨不产生交互抗性。对害螨以触杀为主，喷药后起始毒力缓慢，3d后活性开始增加，到14d达到高峰。该药持效期是杀螨剂中较长的一种，可达2～5个月，对幼螨和成、若螨的杀伤力较强，但对卵的杀伤力不大，在作物各生长期使用都很安全，使用超过有效杀螨浓度一倍均未见有药害发生，对害螨天敌(如捕食螨、瓢甲和草蛉等)影响甚小。当气温在22℃以下活性降低，低于15℃药效较低，冬季不宜使用。

应用技术　用于苹果、柑橘、葡萄和观赏植物，可有效地、长期地防治多种活动期的植食性螨类。

防治柑橘红蜘蛛，在夏季害螨盛发期，用50%可湿性粉剂2 000～3 000倍液喷雾；防治柑橘锈壁虱，用50%可湿性粉剂2 000～2 500倍液喷雾。

另外，资料报道还可以防治蔬菜(辣椒、茄子、黄瓜、豆类)叶螨，在叶螨发生初期，用50%可湿性粉剂1 000～1 500倍液喷雾；防治茶橙瘿螨、茶短须螨，在茶叶非采摘期，于发生中心进行点片防治，发生高峰期全面防治，用50%可湿性粉剂1 000～1 500倍液喷雾，茶叶螨类大多数集中在叶背和茶丛中、下部为害，喷雾一定要均匀周到；防治菊花叶螨、玫瑰叶螨，在发生期，用50%可湿性粉剂1 000倍液，在叶面叶背均匀喷雾。防治苹果红蜘蛛，在夏季害螨盛发期，用50%可湿性粉剂2 000倍液喷雾。持效期一般在2个月左右，可收到很好的防治效果。

注意事项 苯丁锡开始时作用较慢，一般在施药后2～3d才能较好发挥药效，故应在害螨盛发期前，虫口密度较低时施用。施药时必须穿戴保护衣服、眼罩、口罩，避免直接接触药液。作物中最高用药浓度为1g/kg。不可随意提高用药量或药液浓度，以保持害螨群中有较多的敏感个体，延缓抗药性的产生和发展。最后一次施药距收获时间，柑橘14d以上，番茄10d。对鱼类高毒，应避开养殖区域使用。每季作物最多使用2次，在柑橘上的安全用药间隔期为21d。在22℃以下时用药效果较差，可与大多数杀虫剂、杀菌剂混用，但不能与碱性农药混用，否则降低药效。药剂应存于远离食品、饲料、儿童及家畜的地方。药剂不能用铁或铝制容器存放。

开发登记 广东植物龙生物技术股份有限公司、江西华兴化工有限公司等企业登记生产。

三唑锡 azocyclotin

其他名称 三唑环锡；Bay BUE1452；倍乐霸(Peropal)；Clermait。

化学名称 三(环己基)-1,2,4-三唑-1-基锡。

结构式

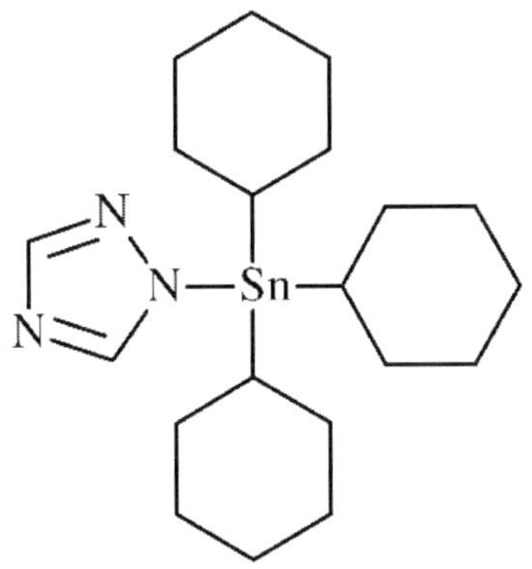

理化性质 纯品为无色结晶或粉末，熔点为218.8℃。20℃时水中溶解度小于1mg/L，在其他有机溶剂(如二氯甲烷)中溶解度为20～50g/L。易溶于己烷，可溶于丙酮、乙醚、氯仿。在酸中不稳定，易水解失去三唑基团。DT_{50}(22℃)96h(pH值4)，81h(pH值7)，8h(pH值9)。

毒性 急性经口LD_{50}：雄大鼠209mg/kg，雌大鼠363mg/kg，豚鼠261mg/kg，小鼠870～980mg/kg。大鼠急性经皮LD_{50} > 5g/kg。对鲤鱼LC_{50}(96h)为0.05～0.1mg/L，虹鳟鱼LC_{50}(96h)为0.005～0.01mg/L。

剂型 20%可湿性粉剂、25%可湿性粉剂、20%悬浮剂、25%悬浮剂、8%乳油、10%乳油、80%乳油。

作用特点 为触杀作用较强的广谱性杀螨剂。可杀灭若螨、成螨和夏卵，对冬卵无效。对光和雨水有较好的稳定性，持效期较长。在常用浓度下对作物安全。

应用技术 三唑锡适用于防治苹果、柑橘、葡萄、蔬菜等作物上的苹果全爪螨、山楂叶螨、柑橘全爪螨、柑橘锈螨、二斑叶螨、朱砂叶螨、截形叶螨等。

防治苹果红蜘蛛，在苹果树开花前后或叶螨发生初期，用25%可湿性粉剂1 500～2 000倍液喷雾；防治柑橘红蜘蛛，在柑橘春梢大量抽发期，害螨发生初期，用25%可湿性粉剂1 000～2 000倍液喷雾。

另外，资料报道还可以防治菜豆、茄子等蔬菜上的朱砂叶螨、截形叶螨、二斑叶螨，害螨发生初期，可根据害螨发生情况，用25%可湿性粉剂1 000～2 000倍液对水喷雾。防治柑橘锈螨，可在夏、秋季锈螨发生初期用上述浓度喷雾防治，效果较好，并能兼治刺蛾类。

注意事项 该药可与有机磷类杀虫剂和代森锌、灭菌丹等杀菌剂混用，但不能与波尔多液、石硫合剂等碱性农药混用。喷雾要均匀周到。三唑锡对鱼毒性高，要避免在河流、鱼塘及其周围施药。三唑锡对甜橙在32℃以上时喷雾，对新梢嫩叶会引起药害，在高温季节应避免使用。我国农药安全合理使用准则规定：三唑锡每季作物最多使用次数；苹果为3次，柑橘为2次。安全间隔期：苹果为14d，柑橘为30d。使用悬浮剂前，一定要先摇晃药瓶，然后再用。该药要避免沾染人的皮肤和眼睛。如有中毒现象，应立即将患者置于空气流通、温暖的环境中，同时服用大量医用活性炭，并送医院治疗。

开发登记 安徽众邦生物工程有限公司、威海韩孚生化药业有限公司等企业登记生产。

三磷锡 phostin

其他名称 富事定。

化学名称 O,O–二乙基二硫代磷酸三环己基锡酯。

结构式

$$(C_2H_5O)_2P(=S)\text{–}S\text{–}Sn(C_6H_{11})_3$$

理化性质 纯品为无色黏稠液体，工业品为棕黄色黏稠液体，溶于一般有机溶剂。不溶于水。

毒　　性 大鼠急性经口LD_{50}为2 285 mg/kg，急性经皮LD_{50}为2 000.5 mg/kg。

剂　　型 10%乳油、20%乳油、30%乳油等。

作用特点 本品为触杀型高效低毒的有机锡杀螨剂，对敏感性和对有机磷或其他药剂产生抗性的成螨、若螨、幼螨及卵都有很好的杀灭效果。该药持效期长，与其他同类药剂交互抗性小。

应用技术 据资料报道，适用于棉花、柑橘等作物的害螨防治。防治棉花红蜘蛛，在红蜘蛛发生早期，用30%乳油18～25ml/亩对水80kg均匀喷雾。防治柑橘红蜘蛛，在红蜘蛛发生早期，用30%乳油2 500～3 000倍液喷雾。

另外，资料报道还可以防治苹果红蜘蛛，在螨发生早期，用20%乳油1 000～2 000倍液均匀喷雾。

注意事项 已喷波尔多液或铜制剂10d内不宜喷施本剂；施用本剂后，10d内也不宜施用波尔多液或铜制剂。

开发登记 江西威敌生物科技有限公司、陕西省西安西诺农化有限责任公司等企业曾登记生产。

三环锡 cyhexatin

其他名称 杀螨锡。

化学名称 羟基三环己基锡。

结构式

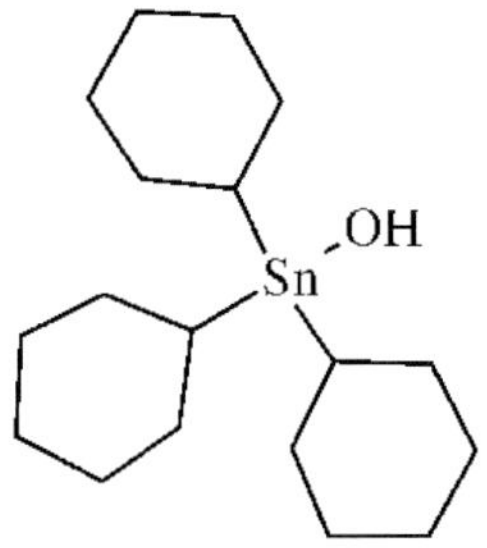

理化性质 其外观呈无色结晶粉末状，熔点195～198℃，蒸气压(20℃)＜10^{-5}MPa。溶解度(25 ℃)：水1mg/L，氯仿216g/kg，甲醇37g/kg，苯16g/kg，甲苯10g/kg，丙酮1.3g/kg，二甲苯3.6g/kg，四氯化碳28g/kg，二氯甲烷34g/kg。在弱酸(pH6)至碱性的水悬浮液中稳定，无腐蚀性，在紫外光下分解。

毒 性 对大多数捕食性螨和天敌昆虫以及蜜蜂实际无害。制剂对皮肤和眼有刺激性。大量吸收时可损伤神经系统。大鼠急性口服LD_{50}为54mg/kg，小鼠为970mg/kg，豚鼠为780mg/kg，兔为500～1 000mg/kg，鸡为650mg/kg，鹌鹑为520mg/kg。经皮LD_{50} ＞2g/kg(兔)，鸭子为3 189mg/kg，对鲤鱼(48h)为0.32mg/L。

剂 型 50%可湿性粉剂、60%悬浮剂。

应用技术 据资料报道，对有机磷抗性螨有效。本品主要可用于仁果类、蛇麻、番茄、黄瓜、树莓、草莓、菊花和盆栽花卉、苹果、梨等植物上防治螨类害虫及其幼虫。对广泛的食植性螨有优异防效，一般使用50%可湿性粉剂1 500～2 000倍液。

唑螨酯 fenpyroximate

其他名称 NNI-850；fenproximate；phenproximate；Danitrophloabu1；霸螨灵；杀螨王；Danitron。

化学名称 (E)-α-(1,3-二甲基-5-苯氧基吡唑-4-基亚甲基氨基氧基)-4-甲基苯甲酸叔丁酯。

结构式

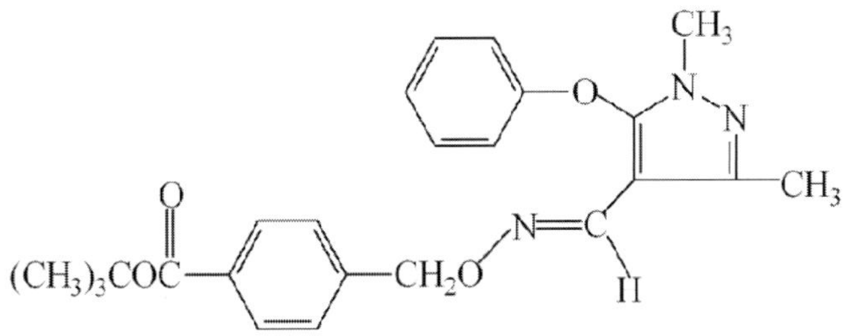

理化性质 纯品为白色结晶，熔点101.5～102.4℃，蒸气压7 465.9MPa(25℃)，密度1.25g/cm^3，20℃在水中的溶解度为1.46×10^{-2}mg/L。溶解性(25℃，g/L)：甲醇15，丙酮150，氯仿1 197，二氯甲烷1 307，丙亚胺737，难溶于水。

毒　　性　对雄、雌大鼠急性经口LD_{50}分别为480mg/kg和245mg/kg，急性经皮LD_{50}分别为1 470mg/kg和794mg/kg。对兔皮肤无刺激，对眼睛有轻微刺激。鲤鱼LC_{50}为0.29mg/L。

剂　　型　8%微乳剂、20%悬浮剂、28%悬浮剂、5%悬浮剂、5%乳油。

作用特点　系苯氧吡唑类杀螨剂。具有触杀作用，没有内吸作用。高剂量时可直接杀死螨类，低剂量时可抑制螨类蜕皮或抑制其产卵。因此，他具有击倒和抑制蜕皮的作用。他对活动期的螨效果很好，对螨卵也有一定效果，并能杀死孵化后的螨。据对棉红蜘蛛的测定结果。唑螨酯呈现出很高的杀螨活性和击倒活性，可归因于对NADH-辅酶Q还原酶的抑制作用，其次唑螨酯也可能使ATP供应减少。对多种害螨有强烈的触杀作用，速效性好，持效期长，对害螨的各个生育期均有良好的防治效果，与其他药剂也无交互抗性。它对捕食螨、草蛉、瓢虫、蜘蛛和寄生蜂等天敌较安全，对蜜蜂无不良影响。对家蚕有拒食作用。

应用技术　主要用于防治棉花、苹果、柑橘等作物的害螨。

防治苹果红蜘蛛，用5%悬浮剂2 000～3 000倍液喷雾；防治柑橘锈壁虱，用5%悬浮剂800～1 000倍液喷雾；防治柑橘红蜘蛛，用5%悬浮剂1 000～2 000倍液喷雾。

另外，资料报道还可以防治茶树上茶瘿螨和跗线螨，害螨发生期，用5%悬浮剂1 000～1 500倍液喷雾，防治效果较好。防治辣椒茶黄螨，用5%乳油1 000～1 500倍液喷雾。防治棉花红蜘蛛，用5%悬浮剂20～40ml/亩对水80kg喷雾。

防治啤酒花叶螨，用5%悬浮剂20～40ml/亩对水50kg喷雾。

注意事项　本品对人畜有毒，不可吞食或渗入皮肤。使用时应注意安全，作好防护措施。施药后要用肥皂和清水彻底清洗手、脸和衣物等。药剂应储放在阴凉、干燥和通风处，不可与其他食物混放。保存期3年以上。喷药时叶背和叶面均要喷周到。配药时要充分摇动瓶内的药液。在桑园附近施药时勿使药液飘移至桑园，以免污染桑叶，在桑树上的安全间隔期为25d。本品在20℃以下时施用药效发挥较慢，有时甚至效果较差。在害螨发生初期使用，最好与其他杀螨剂交替使用。在同一作物上每年只使用1次。可与包括波尔多液在内的杀虫、杀菌剂混用，但不能与石硫合剂混用，否则会产生凝结。在常用浓度下对大多数作物无药害。其安全间隔期，在柑橘、苹果、梨、葡萄和茶上为14d、在桃树上为7d，在樱桃树上为21d，在草莓、西瓜和甜瓜上为1d。

开发登记　陕西美邦药业集团股份有限公司、河南欣农化工有限公司等企业登记生产。

哒螨灵　pyridaben

其他名称　哒螨酮；速螨酮；哒螨净；螨必死；螨净；灭螨灵；牵牛星；扫螨净；Sanmite；Nexter；NCI-129；NC-129。

化学名称　2-叔丁基-5-(4-叔丁基苄硫基)-4-氯-2H-哒嗪-3-酮。

结 构 式

$(CH_3)_3C$–C₆H₄–CH_2S–(4-氯-2-$C(CH_3)_3$-哒嗪-3-酮-5-基)

理化性质 纯品为无色晶体，微有气味。密度为1.2。熔点为111～112℃。在20℃时蒸气压为0.25MPa。在20℃时每100ml溶剂中的溶解度(g)为：丙酮46、苯11、谷物油4.2、环已烷32、乙醇5.7、已烷1.0、2–甲氧乙醇11、n–辛醇6.3。对光相对不稳定。

毒　　性 雄大鼠急性经口LD_{50}为1 350mg/kg，雌大鼠为820mg/kg，雄小鼠急性经口LD_{50}为424mg/kg，雄小鼠为383mg/kg。大鼠和兔急性经皮LD_{50}＞2 000mg/kg，对兔皮肤和眼睛无刺激作用。鹌鹑急性经口LD_{50}＞2 250mg/kg，野鸭急性经口LD_{50}＞2 500mg/kg。鱼毒LC_{50}(96h)：虹鳟鱼1.1～3.1μg/L；蓝鳃翻车鱼1.8～3.3μg/L；LC_{50}(48h)8.3μg/L。

剂　　型 10%乳油、15%乳油、20%乳油、15%可湿性粉剂、20%可湿性粉剂、22%可湿性粉剂、30%可湿性粉剂、40%可湿性粉剂、6%高渗乳油、9%高渗乳油、9.5%高渗乳油、10%高渗乳油、5%增效乳油、20%悬浮剂、30%悬浮剂、40%悬浮剂。

作用特点 本品属哒嗪酮类触杀性杀螨杀虫剂，在植物体内无内吸作用和蒸腾作用。对哺乳动物毒性中等，对鸟类低毒，对鱼、虾和蜜蜂毒性较高。该药剂触杀性强，无内吸、传导和熏蒸作用，对叶螨的各个生育期(卵、幼螨、若螨和成螨)均有较好效果；对锈螨的防治效果也较好，速效性好，持效期长，一般可达1～2个月。其药效受温度影响小，与苯丁锡、噻螨酮等常用杀螨剂无交互抗性。对介壳虫类若虫、白粉虱若虫、叶蝉、飞虱、蓟马和蚜虫等刺吸式口器害虫也有效果。

应用技术 对幼螨、若螨、成螨和卵等螨的各发育阶段均有效，对活动期的螨作用迅速，效果良好。在常用浓度下对柑橘、苹果、梨、桃、葡萄、梅、樱桃、杏、柿、草莓、甘蓝、番茄、辣椒、甜椒、黄瓜、西瓜、大蒜、莴苣、玉米、水稻、小麦、油菜、棉花、烟草、茶、桑、马铃薯、大豆、苜蓿等均无药害，对茄子有轻微药害。它对瓢虫、草蛉和寄生蜂等天敌较安全。

防治水稻稻水象甲，用40%悬浮剂25～30ml/亩堵水40～50kg/亩喷雾；防治萝卜黄条跳甲，用15%乳油 40～60ml/亩对水40～50kg/亩喷雾。

防治棉花红蜘蛛，在越冬卵孵化盛期或若螨始盛发期，用15%乳油10～16ml/亩对水60kg喷雾。

防治枸杞瘿螨，用20%可湿性粉剂2 000～2 500倍液喷雾；防治樱桃红蜘蛛，用15%乳油1 500～2 500倍液喷雾；防治柑橘红蜘蛛，在越冬卵孵化盛期，用20%可湿性粉剂2 000～4 000倍液喷雾；防治苹果红蜘蛛，在越冬卵孵化盛期，用20%可湿性粉剂3 000～4 000倍液喷雾。

另外，资料报道还可以防治山楂锈壁虱，在发生期使用，用20%可湿性粉剂1 000～2 000倍液均匀喷雾。防治茶橙瘿螨和神泽叶螨，在害螨发生期，用20%可湿性粉剂1 500～2 000倍液喷雾，防治效果较好。防治芒果小爪螨，用15%乳油3 000～5 000倍液喷雾。

注意事项 没有内吸杀螨作用，要求喷布均匀周到。对人、畜有毒，不可吞食、吸入或渗入皮肤，不可入眼或污染衣物等。药剂应储存在阴凉、干燥和通风处，不能与食物混放。不可污染水井、池塘和水源。刚施药区禁止人、畜进入。花期使用对蜜蜂有不良影响。可与大多数杀虫、杀菌剂混用，但不能与石硫合剂和波尔多液等强碱性药剂混用。1年最多使用2次，安全间隔期为收获前3d。施药时应做好防护，施药后要用肥皂和清水彻底清洗手、脸等。若伤及皮肤，应立即脱去衣物，用肥皂水冲洗；若伤及眼睛，用清水冲洗；如有误食应用净水彻底清洗口部，或灌水两杯后用手指伸向喉部诱发呕吐。

开发登记 陕西恒田生物农业有限公司、海南正业中农高科股份有限公司、安道麦股份有限公司等企业登记生产。

三氯杀螨醇 dicofol

其他名称 DTMC；Cekudifol；Difol；Oicomite；开乐散；Acarin Kelethane；Hilfol；Mitigan。

化学名称 2,2,2–三氯–1,1–双(4–氯苯基)乙醇。

结 构 式

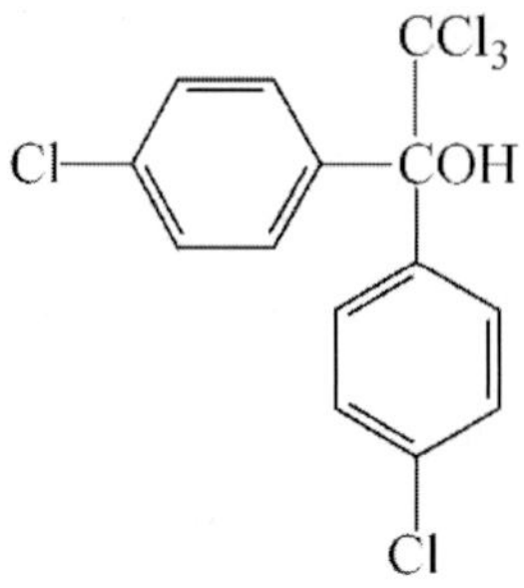

理化性质 无色固体，熔点78.5～79.5℃，密度为1.45。在13.3Pa时沸点为180℃。溶解度(25℃)：水0.8mg/L，丙酮、乙酸乙酯、甲苯400g/L，已烷、2–丙醇30g/L，甲醇中36g/L。

毒　　性 急性经口LD_{50}雄大鼠为595mg/kg，雌大鼠为578mg/kg，兔为1 810mg(工业品)/kg。急性经皮LD_{50}大鼠为5 000mg/kg，兔＞2 500mg/kg。大鼠急性吸入LC_{50}(4h)＞5mg/L空气。大鼠两年致癌和饲喂试验表明，无作用剂量为5mg/kg饲料。

剂　　型 20%乳油、40%乳油。

作用特点 三氯杀螨醇是一种杀螨谱广、杀螨活性较高、对天敌和作物表现安全的有机氯杀螨剂。该药为神经毒剂，对害螨具有较强的触杀作用，无内吸性，对成、若螨和卵均有效，是我国目前常用的杀螨剂品种。该药分解较慢，作物中施药1年后仍有少量残留。由于多年使用，在一些地区害螨对其已产生不同程度的抗药性。

应用技术 因毒性原因，本品在国内已被禁止使用。

开发登记 江苏扬农化工集团有限公司等企业曾登记生产。

三氯杀螨砜 tetradifon

其他名称 涕滴恩；TDN；天地红；太地安；退得完；四氯杀螨砜；Chlorodifom。

化学名称 2,4,4',5–四氯二苯砜。

结 构 式

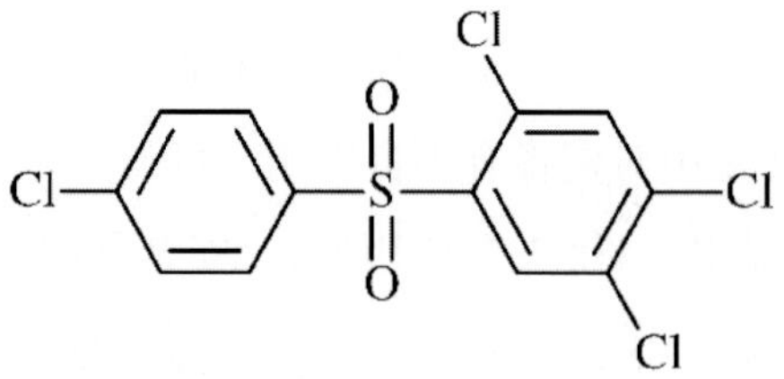

理化性质 纯品为白色至浅黄色结晶固体，熔点148～149℃，相对密度为1.515(20℃)。20℃在水中的溶解度为0.078mg/L，在有机溶剂中溶解度(10℃)：丙酮中82g/L，苯中148g/L，氯仿中255g/L，环已酮中200g/L，二恶烷中233g/L，煤油中10g/L，甲醇中10g/L，甲苯中135g/L，二甲苯中115g/L。非常稳定，甚至在强酸和强碱中不分解，对热和日光稳定，能抗强氧化剂。

毒　　性 急性口服LD_{50}大白鼠＞14.7g/kg，小白鼠为5g/kg，犬为10g/kg。兔急性经皮LD_{50}10g/kg。对兔皮肤无刺激，对兔眼睛有轻微刺激。大鼠急性吸入LC_{50}(4 h)＞3mg/L空气。

剂　　型 25%可湿性粉剂、5%粉剂等。

作用特点 本剂对害螨夏卵、幼、若螨有很强的触杀作用，无内吸作用，渗透性强，不杀冬卵。对成螨虽不能直接杀死，但可使其不育，即接触过药的雌成螨所产下的卵都不能孵化。三氯杀螨砜速效性差，持效性好，与速效性杀螨剂混用，效果更好。

应用技术 资料报道，可以防治防治棉花上的害螨，害螨发生期，可用25%可湿性粉剂500～800倍液喷雾；防治山楂叶螨、苹果全爪螨、柑橘全爪螨，以落花后、第1代卵盛期，用25%可湿性粉剂800～1 000倍，与40%氧乐果乳油1 000倍液混用喷雾，可兼杀成螨和卵；防治柑橘全爪螨、始叶螨和裂爪螨时，可在柑橘春梢芽长5～10cm时(3月中下旬)，用25%可湿性粉剂600～800倍液喷雾，有效期长达30d以上。以柑橘始叶螨为主而成螨数量又多时，可以在谢花后用25%可湿性粉剂800～1 000倍液与10%联苯菊酯乳油3 000倍液混合喷雾。

注意事项 不能用三氯杀螨砜杀冬卵。红蜘蛛为害重，成螨数量多时，必须与其他药剂混用才能达到预期效果。该药剂对柑橘锈螨无效。

开发登记 山东省高密市绿洲化工有限公司等企业曾登记生产。

四螨嗪 clofentezine

其他名称 NC-144；NC-21314；Bisclofentezin；螨死净；阿波罗；Apollo；Acaritop；Panatac。

化学名称 3,6-双(2-氯苯基)-1,2,4, 5-四嗪。

结 构 式

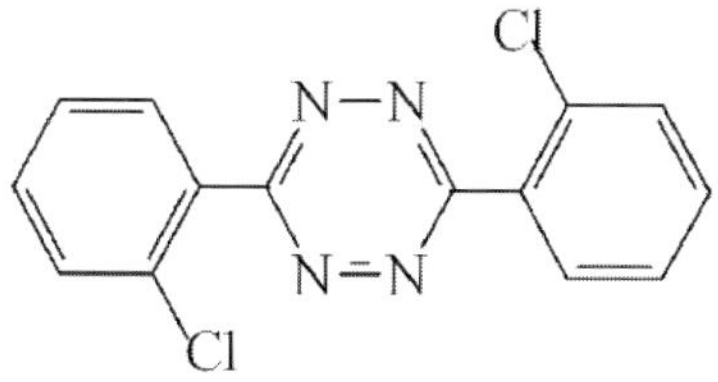

理化性质 纯品为品红色晶体，熔点182.3℃。原药熔点182～186℃。蒸气压(25℃)为13μPa。溶解度(25℃)：水＜1mg/L，丙酮9.3g/L，苯2.5g/L，氯仿50g/L，环己烷1.7g/kg。乙醇、己烷1g/L。原药及其制剂对光、空气和热稳定，可燃性低。碱性条件下易水解。

毒　　性 经口急性LD_{50}大鼠雌、雄性均＞5.2g/kg、小鼠雌、雄性均＞3.2g/kg，鹌鹑＞7.5g/kg，野鸭＞3g/kg。经皮急性LD_{50}大鼠雌、雄性均＞2.1g/kg。大鼠急性吸入LC_{50}(4h)＞9mg/L空气。对皮肤和眼睛均无刺激。

剂　　型 20%悬浮剂、50%悬浮剂、10%可湿性粉剂、20%可湿性粉剂、50%可湿性粉剂。

作用特点 是一种活性很高的杀螨卵药剂，对幼、若螨也有较好的活性，对成螨无效。具触杀作用，无内吸性。它可穿入到螨的卵巢内使其产的卵不能孵化，是胚胎发育抑制剂。但无明显的不育作用。在低温下对卵有很好效果，但对幼若螨作用慢效果差。四螨嗪是一种活性很高的有机氮杂环类触杀型杀螨剂，对温度不敏感，四季皆可使用。药剂有较强的渗透力，并抑制幼、若螨的蜕皮过程。适用于防治多种果树、蔬菜及棉花等作物上的主要害螨。四螨嗪持效期长，可达50～60d，但药效较慢，施药后10～15d才可得显著效果。故使用时要注意掌握用药适期，做好预测预报。

应用技术 是一种高效专一杀螨剂。可有效防治全爪螨、叶螨和瘿螨等，对跗线螨也有一定效果。对植食性螨特效或高效。对天敌安全。

防治苹果红蜘蛛，在越冬卵初孵期用20%悬浮剂2 000～2 500倍液喷雾；防治梨树红蜘蛛，用20%悬浮剂2 000～4 000倍液喷雾；防治柑橘全爪螨，在早春开花前气温较低时每叶有螨1～2头，用20%悬浮剂1 600～2 000倍液喷雾；防治枣树红蜘蛛，用20%悬浮剂2 000～4 000倍液喷雾。

另外，资料报道还可以防治棉红蜘蛛、朱砂叶螨，在卵盛期或初孵期用50%悬浮剂1 000～2 000倍液喷雾，防治效果较好；防治柑橘锈壁虱，6—9月每视野有螨2～3头或结果园内出现个别受害果时。用50%悬浮剂1 000～2 000倍液喷雾，效果很好，持效期达30d以上。

注意事项 可与包括石硫合剂和波尔多液在内的大多数杀虫剂、杀螨剂和杀菌剂混用。但不提倡与石硫合剂或波尔多液混用。由于其对成螨效果差。故在螨的密度大或气温较高时施用最好与其他杀成螨药剂混用。在气温较低(15℃左右)和虫口密度小时施用效果好，持效期长。它与噻螨酮有交互抗性，不宜与其交替使用。在柑橘和苹果上一年只使用1次。其安全间隔期为21d。使用悬浮剂前，一定要先摇晃药瓶，然后再用。本品虽属低毒，但仍应避免误食或溅到皮肤或眼内，如吞食应送医院救治。应贮存在阴凉干燥和黑暗处，避免冻结和太阳直晒。

开发登记 深圳诺普信农化股份有限公司、江苏剑牌农化股份有限公司、江西中迅农化有限公司等企业登记生产。

单甲脒 semiamitraz chloride

其他名称 单甲脒盐酸盐；杀螨脒；锐索；津佳；络杀；满不错；螨虱克；卵螨双净；天环螨清；螨类净；天泽。

化学名称 N–(2,4–二甲苯基)–N–甲基甲脒盐酸盐。

结构式

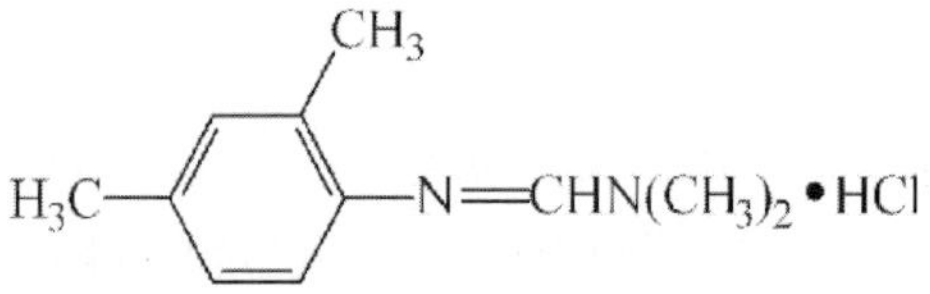

CH_3

H_3C—⟨苯环⟩—$N{=}CHN(CH_3)_2 \cdot HCl$

理化性质 纯品为白色针状结晶，熔点为163～165℃，易溶于水，微溶于低分子量的醇，难溶于苯和石油醚等有机溶剂。

毒　　性 急性经口LD_{50}雄性大鼠为215mg/kg、雌性为245mg/kg，小鼠雄性为265mg/kg、雌性为250mg/kg。经皮急性LD_{50}＞2g/kg。无致畸和致突变作用。蓄积毒性很小。

剂　　型 25%水剂。

作用特点 系有机氮的甲脒类杀螨剂。具有触杀作用，无内吸性。其主要作用是抑制单胺氧化酶，对昆虫中枢神经系统的非胆碱能突触会诱发直接兴奋作用。对若螨、成螨和卵均有较好效果。它是一种感温型杀螨剂，其在20℃以下，作用慢效果差。

应用技术 据资料报道，主要防治柑橘红蜘蛛、柑橘锈壁虱、苹果红蜘蛛、棉红蜘蛛、茄子和豆类上的红蜘蛛、茶橙瘿螨、矢尖蚧、红蜡蚧和吹绵蚧等的1～2龄若虫、蚜虫和木虱等。它对瓢虫、草蛉、寄生蜂和蜜蜂等较安全。亦可用于防治家畜体外壁虱、疥癣和锈螨。防治苹果红蜘蛛，在苹果开花前后气温达20℃以上螨类达防治指标时，用25%水剂800～1 000倍液喷雾；防治柑橘红蜘蛛，在开花前后气温达20℃以上或秋天，每叶有螨3～5头时，用25%水剂800～1 000倍液喷雾。

另外，资料报道还可以防治棉蚜、棉叶螨，防治棉花苗蚜，用25%水剂800～1 500倍液；防治伏蚜和棉叶螨用75%水剂500～1 000倍液；防治柑橘锈壁虱，6—9月每视野有螨2～3头或结果果园内出现个别受害果时，用25%水剂500～800倍液喷雾，有好的防治效果，持效期可达3周左右；防治茶橙瘿螨，在卵孵化、若螨盛发期用25%水剂800倍液喷洒。

注意事项 对人、畜有毒，避免误食。喷药时要注意防护，应储存在阴凉、干燥和通气处，勿与食物等混放。在20℃以下时施药效果差。避免在高温和强光下施药。对鱼有毒，勿使药剂污染河流和池塘等。该药剂渗透性强，喷后2h降雨，不影响药效。该药剂与有机磷和菊酯类农药混用有增效作用，并可扩大杀虫谱。但不能与碱性农药混用，否则降低药效。安全采收间隔期20d。

开发登记 天津人农药业有限责任公司等企业曾登记生产。

双甲脒 amitraz

其他名称 双二甲脒；螨克；安螨克；果螨杀；杀伐螨；Azaform-Baam；Danicut。

化学名称 N,N-双(2,4-二甲基苯基亚氨甲基)甲胺。

结构式

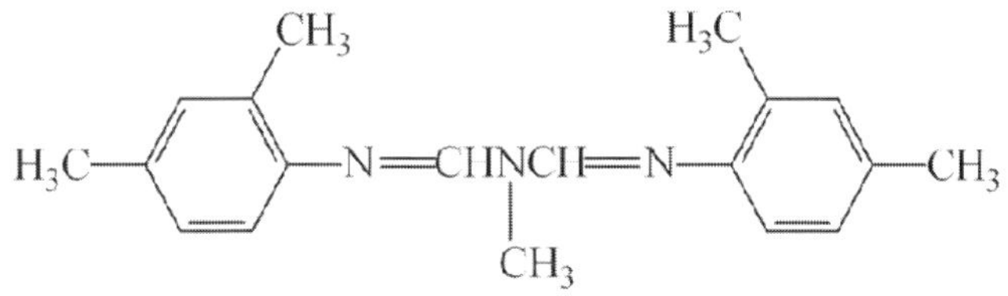

$$H_3C-C_6H_3(CH_3)-N{=}CHN(CH_3)CH{=}N-C_6H_3(CH_3)-CH_3$$

理化性质 白色固体结晶，熔点87～88℃，无吸湿性，无嗅味。20℃时蒸气压为0.051MPa。常温下难溶于水，而溶于丙酮、二甲苯、煤油、甲醇等有机溶剂中。在无水条件下对温度和光是稳定的。在酸性条件下不稳定。不易燃，不易爆，在潮湿环境中长期存放会缓慢分解。

毒　　性 大鼠急性经口LD_{50}为650mg/kg，小鼠急性经口＞1.6g/kg，兔急性经皮LD_{50}＞200mg/kg，大鼠急性经皮LD_{50}＞1 600mg/kg，大鼠急性吸入LC_{50}为65mg/L(6h)，对试验动物眼睛、皮肤无刺激作用。大鼠慢性经口无作用剂量为50～200mg/(kg·d)。对鱼类有毒，LC_{50}(48h)鲤鱼为1.17mg/kg，虹鳟鱼为2.7～4.0mg/kg。

剂　　型 200g/L乳油、20%乳油、10%高渗乳油、12.5%乳油、20%乳油、25%可湿性粉剂、50%可湿性粉剂等。

作用特点 双甲脒系广谱杀螨剂、杀虫剂，具有多种毒杀机制，对害螨具有胃毒和触杀作用，也具有熏蒸、拒食、驱避作用。主要是抑制单氨氧化酶的活性，对昆虫中枢神经系统的非胆碱能触突会诱发直接兴奋作用。对叶螨科各个发育阶段的虫态都有效，但对越冬卵效果较差。

应用技术 主要用于果树、蔬菜、茶叶、棉花、大豆、甜菜等作物，防治多种害螨，对同翅目害虫如梨黄木虱、橘黄粉虱等也具有良好的药效，还可对梨小食心虫及各类夜蛾科害虫的卵有效。对蚜虫、棉铃虫、红铃虫等害虫，亦有一定效果。对成、若螨、夏卵有效，对冬卵无效。

防治棉花红蜘蛛，在卵和若螨盛发期，用20%乳油40～50ml/亩对水80kg均匀喷雾。

防治苹果红蜘蛛，在苹果开花前后，当螨发生量达到防治指标时，用20%乳油1 000～1 500倍液喷雾；防治梨树梨木虱，用200g/L乳油1 000～1 600倍液喷雾；防治柑橘红蜘蛛，在每叶平均有螨1.5～3头时，用20%乳油1 000～1 500倍液喷雾；防治柑橘介壳虫，用200g/L1 000～1 500倍液喷雾。

另外，资料报道还可以防治豆类、瓜类红蜘蛛，在若虫盛发期时，用20%乳油1 000～2 000倍液喷雾；防治茄子红蜘蛛，在若虫盛发期时，用20%乳油50～75ml/亩对水40～50kg均匀喷雾；防治柑橘锈螨，在3—4月春梢期，每叶平均虫口在2头以上时，用20%乳油800～1 200倍液喷雾，在6—9月夏秋梢期可用1 200倍液喷雾，持效期可达2个月左右。冬春季气温低时不宜使用。防治牲畜体外蜱螨，用20%乳油2 000～4 000倍液，进行喷雾或浸洗；防治牛疥癣病(除马外)可用20%乳油400～1 000倍液涂擦，涮洗。防治蜂螨，用20%乳油4 000～5 000倍液喷雾。

注意事项 双甲脒在高温晴朗天气使用，气温低于25℃时，药效较差。不宜和碱性农药(如波尔多液、石硫合剂等)混用。不要与辛硫磷混合用于苹果或梨树，以免产生药害。在柑橘收获前21d停止使用，最高使用量1 000倍液。棉花收获前7d停止使用，最高使用量200ml/亩(20%乳油)。如皮肤接触后，应立即用肥皂和水冲洗净。对短果枝金冠苹果有烧叶药害。对害虫天敌及蜜蜂较安全。

开发登记 山东兆丰年生物科技有限公司、东莞市瑞德丰生物科技有限公司等企业登记生产。

喹螨醚 fenazaquin

其他名称 喹螨特；螨即死；EL-436；193136(Dow Elanco)；XDE436；DE436。

化学名称 4-叔丁基苯乙基喹唑啉-4-基醚。

结 构 式

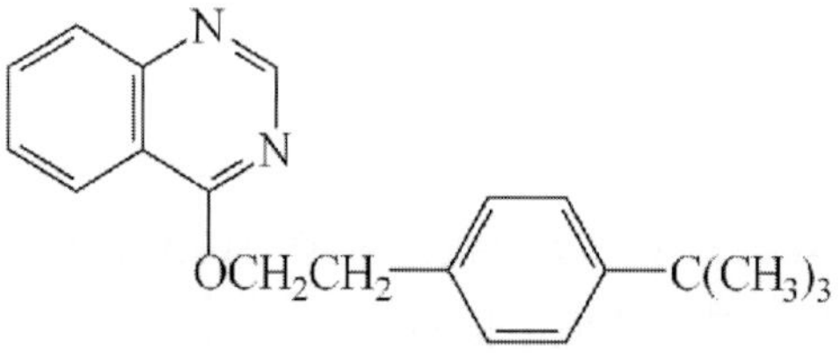

N N OCH_2CH_2 $C(CH_3)_3$

理化性质 原药为白色晶体，熔点77.5～80℃，蒸气压3.4μPa(25℃)，相对密度1.16。溶解度：水0.22mg/L，丙酮400g/L，乙腈33g/L，氯仿＞500g/L，己烷33g/L，甲醇、异丙醇50g/L，甲苯500g/L。其水溶液暴露在日光下，DT_{50}为4d(pH值7、25℃)。土壤中DT_{50}约为45d。

毒　　性 雄大鼠急性经口LD_{50}为134mg/kg，雌大鼠138mg/kg，雄小鼠2 449mg/kg，雌小鼠1 480mg/kg，对兔急性经皮LD_{50}＞5g/kg。鹌鹑急性经口LD_{50}为1.7g/kg，绿头鸭急性经口LD_{50}＞2g/kg。

剂　　型 5.5%乳油、9.5%乳油、10%乳油、18%悬浮剂、20%悬浮剂。

作用特点 喹螨醚是近年推出的新型专性杀螨剂，属喹唑啉类杀螨剂。喹螨醚具有触杀及胃毒作用，可作为电子传递体取代线粒体中呼吸链的复合体，从而占据其与辅酶Q的结合位点导致害螨中毒。对苹果害螨、柑橘红蜘蛛等害螨的各种螨态(如夏卵、幼若螨和成螨)都有很高的活性。药效发挥迅速，控制期长。

应用技术 可防治苹果二斑叶螨，尤其对卵效果更好。目前已知可用来防治苹果红蜘蛛、山楂叶螨、柑橘红蜘蛛、柄始叶螨和加瘿叶螨等，在中国台湾省等地喹螨醚主要用来防治二斑叶螨等。

防治茶树红蜘蛛，于幼、若螨发生初期，用18%悬浮剂 25 ~ 35ml/亩对水30~50kg/亩喷雾。

另外，资料报道还可以防治茄子二斑叶螨，在若螨盛期，用10%乳油1 000 ~ 3 000倍液喷施；防治棉花、番茄、葫芦、苹果、葡萄、草莓上的害螨，用10%乳油1 000 ~ 2 000倍液喷雾，有效期30d左右。

注意事项 施药应选早晚气温较低、风小时进行，要喷洒均匀。在干旱条件下适当提高喷液量有利于药效发挥。晴天上午8时至下午17时、空气相对湿度低于65%、气温高于28℃时应停止施药。喹螨醚对蜜蜂和水生生物低毒，但最好避免在植物花期和蜜蜂活动场所施药。不要与食物、饲料、饮用水混放，要置于儿童触及不到的地方并加锁保管，不要放在较热或接近火源之处。

开发登记 英国高文作物保护有限公司等企业登记生产。

炔螨特 propargite

其他名称 奥美特；克螨特；丙炔螨特；螨除净；Comite；Omite。

化学名称 2-(4-特丁基苯氧基)环己基丙炔-2-基亚硫酸酯。

结 构 式

$O—SO_2—CH_2C\equiv CH$

$(CH_3)_3C$

理化性质 原药为深琥珀色黏性液体，蒸气压为0.006MPa(25℃)。溶解度(29℃)：水中1.93mg/L，丙酮、己烷、甲醇＞200g/L。

毒　　性 急性经口毒性LD_{50}大白鼠为2 200mg/kg，小白鼠为920mg/kg；急性经皮毒性LD_{50}：小白鼠为1 130mg/kg，兔＞10 000mg/kg。对兔眼睛和皮肤刺激严重。大鼠急性吸入LC_{50}(4h)＞0.94mg/L空气。鱼毒LC_{50}(96h)：蓝鳃翻车鱼为0.16mg/L，虹鳟鱼为0.12mg/ L。TLm(48h)鲤鱼为1.0mg/L。

剂　　型 73%乳油、30%可湿性粉剂、50%水乳剂、30%水乳剂、40%水乳剂。

作用特点 炔螨特是一种低毒广谱性有机硫杀螨剂，具有触杀和胃毒作用，无内吸和渗透传导作用。对成螨、若螨有效，杀卵的效果差。在世界各地已经使用了30多年，至今没有发现抗药性，这是由于螨类对炔螨特的抗性为隐性多基因遗传，故很难表现。在任何温度下都是有效的，而且在炎热的天气下效果更为显著，因为气温高于27℃时，炔螨特有触杀和熏蒸双重作用。炔螨特还具有良好的选择性，对蜜蜂和天敌安全，而且药效持久，是综合防治的首选良药。炔螨特无组织渗透作用，对作物生长安全。

应用技术 对若螨和成螨均有特效，但对天敌无害，可有效防治苹果树、棉花、黄瓜、葡萄、蛇麻、玉米、坚果、大豆、核果、番茄和蔬菜上的全爪螨属和叶螨属以及广泛的植食性螨类。

防治棉花红蜘蛛，6月底以前，在害螨扩散初期，用73%乳油34 ~ 45ml/亩对水60kg喷雾。

防治苹果红蜘蛛，在苹果开花前后、幼若螨盛发期，73%乳油2 000 ~ 3 000倍液喷雾；防治柑橘红蜘蛛，于春季始盛发期，平均每叶有螨2 ~ 4头时，用50%水乳剂1 500 ~ 2 500倍液喷雾。

防治桑树红蜘蛛，用40%水乳剂1 500 ~ 2 000倍液喷雾。

另外，资料报道还可以防治番茄、豇豆红蜘蛛，在害螨盛发期施药，用73%乳油30 ~ 50ml/亩对水

75～100kg均匀喷雾；防治柑橘锈壁虱，当有虫叶片达20%或每叶平均有虫2～3头时开始防治，隔20～30d再防治1次，用73%乳油1 000～2 000倍液均匀喷雾。防治茶叶茶橙瘿螨，在茶叶非采摘期，用73%乳油2 000～3 000倍液喷雾。

注意事项 在炎热潮湿的天气下，幼嫩作物喷洒高浓度的喹螨醚后可能会有轻微的药害，使叶片皱曲或起斑点，但炔螨特对作物的生长没有影响。喷洒均匀，布及作物叶片两面及整个果实表面。不能与波尔多液及强碱性药剂混用，可与一般的其他农药混合使用。收获前21d(棉)、30d(柑橘)停止用药。室内存放避免高温暴晒。

开发登记 该品种1964年由Uniroyal公司推广，河南中天恒信生物化学科技有限公司、江苏常隆化工有限公司、江苏克胜集团股份有限公司等企业登记生产。

噻螨酮 hexythiazox

其他名称 尼索朗；NA-73。

化学名称 (4RS,5RS)-5-(4-氯苯基)-N-环己基-4-甲基-2-氧代-1,3-噻唑烷-3-基甲酰胺。

结 构 式

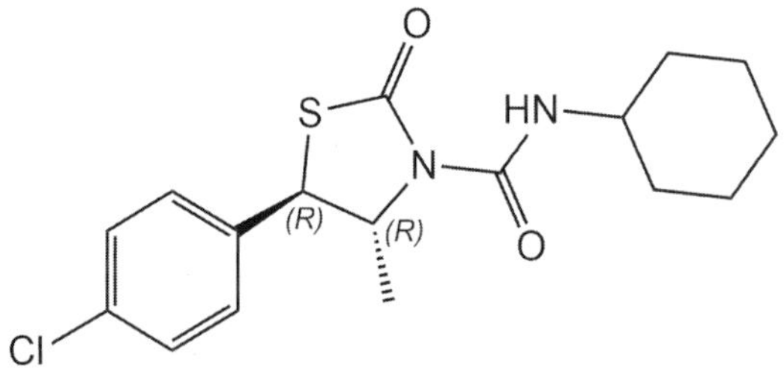

理化性质 本品为无色结晶，熔点108.0～108.5℃，蒸气压0.003 4MPa(20℃)。溶解度(20℃)水0.5mg/L，丙酮160g/L，乙腈28.6g/L，氯仿1.38 kg/L，正已烷3.9g/L，甲醇206g/L，二甲苯362g/L。300℃以下稳定，水溶液在日光下DT_{50}为16.7d，在酸、碱介质中均水解，土壤中DT_{50}为8d(黏壤土15℃)。50℃下保存3个月不分解。

毒　　性 大鼠和小鼠急性经口LD_{50}＞5 000mg/kg，大鼠急性经皮LD_{50}＞5 000mg/kg。对兔皮肤和眼睛无刺激作用，对豚鼠皮肤也无过敏性。大鼠急性吸入LC_{50}(4h)＞2mg/L空气。无致畸作用，Ames试验结果表明，无诱变性。野鸭急性经口LD_{50}＞2 510mg/kg，日本鹌鹑急性经口LD_{50}＞5g/kg。野鸭和鹌鹑LC_{50}(8d)＞5 620mg/kg饲料。鱼毒LC_{50}(96h)虹鳟鱼＞300mg/L，蓝鳃翻车鱼11.6mg/L，鲤鱼(49h)3.7mg/L。对蜜蜂无毒，LD_{50}(局部应用)＞200μg/蜜蜂。

剂　　型 5%乳油、5%可湿性粉剂等。

作用特点 是一种噻唑烷酮类杀螨剂，对植物表皮层有较好的穿透性，但无内吸传导作用。该剂对多种植物害螨具有较强的杀卵，杀幼若螨特性，对成螨无效，但对接触到药液的雌成螨所产的卵具有抑制孵化作用。该药属于非温度系数型杀螨剂，在不同温度下使用效果无显著差异，持效期长。该药对叶螨防效好，对锈螨，瘿螨防效差。在常用浓度下对作物安全，可与波尔多液，石硫合剂等多种农药混用。

应用技术 本品为非内吸性杀螨剂，对卵、幼虫和若虫均有效，可防治柑橘、棉花、葡萄、仁果类、草莓、茶叶和蔬菜上的许多植食性螨类(短须螨属、始叶螨属、全爪螨属和叶螨属)。

防治棉花红蜘蛛，6月底以前，在叶螨点片发生及扩散初期，用5%乳油40～50ml/亩对水60kg，在发生中心防治或全面均匀喷雾。

防治苹果红蜘蛛，在春季害螨始盛发期，每叶平均有螨2～3头时，用5%乳油1 500～2 000倍液喷雾；柑橘红蜘蛛，在春季害螨始盛发期，用5%乳油1 000～2 000倍液喷雾。

另外，资料报道还可以防治蔬菜、花卉等作物叶螨，在幼若螨发生始盛期，每叶平均有螨3～5头时，用5%乳油1 000～2 000倍液均匀喷雾。

注意事项 施药应选早晚气温低、风小时进行，晴天9时至16时应停止施药。气温超过28℃、风速超过4m/s、空气相对湿度低于65%应停止施药。对成螨无直接杀伤作用，要掌握在成螨虫口较低时使用效果较佳。无内吸性，喷药要均匀周到。本产品可与石硫合剂或波尔多液等碱性药剂混合使用。对柑橘锈螨无效，在用该药防治红蜘蛛时应密切注意锈螨的发生为害。持效期长，1年应只用1次为宜，以防害螨产生抗性。在使用过程中，如药液不慎沾染皮肤，应立即用肥皂清洗；如药液溅入眼中，应立即用大量清水冲洗。如不慎误服，应让中毒者大量饮水，催吐，保持安静，并立即送医院对症治疗。柑橘、苹果安全间隔期不小于30d，噻螨酮与四螨嗪存在交互抗性，长期使用四螨嗪的地区，不宜使用噻螨酮作为轮换药剂。

开发登记 江苏克胜集团股份有限公司、郑州中港万象作物科学有限公司等企业登记生产。

二甲基二硫醚 dithioether

其他名称 螨速克；二硫化二甲基。

化学名称 二甲基二硫醚。

结 构 式

$$H_3C—S—S—CH_3$$

理化性质 制剂为淡黄色液体，相对密度0.867，易燃，闪点24.4℃。酸性介质中稳定，遇碱分解。

毒　　性 大鼠急性经口LD_{50}为2 320mg/kg，急性经皮LD_{50}为10 000mg/kg。

剂　　型 0.5%乳油等。

作用特点 本品是含有多种有效成分的杀螨剂。经叶片吸收，主要集中在表皮细胞内层，在阳光直射的情况下，可以加速分解。经分解后，10d后就无残存。是从百合科植物中提取的杀螨剂，属神经毒剂，对昆虫神经传导物质乙酰酯酶的合成有显著的抑制作用，具有胃毒、触杀作用。

应用技术 据资料报道，主要用于防治棉花红蜘蛛。防治棉花红蜘蛛，在红蜘蛛发生初期，用0.5%乳油33～50ml/亩加水50kg，叶面均匀喷雾。

注意事项 对眼睛、皮肤有刺激性，不能与碱性农药混用，储存于通风阴凉处，注意防火。

开发登记 西安北农华农作物保护有限公司、山东汤普乐作物科学有限公司等企业曾登记生产。

溴螨酯 bromopropylate

其他名称 螨代治(Neoron)；Acarol；Akarol；Folbex。

化学名称 2,2-双(4-溴苯基)-2-羟基乙酸异丙酯。

结构式

理化性质 原药为白色晶体，熔点77℃，相对密度1.59。20℃时蒸气压为11.33μPa。在水中溶解度<0.5mg/L，溶于有机溶剂，在中性及微酸性介质中稳定，不易燃，储存稳定性约3年。

毒　　性 大鼠急性口服LD_{50}>5g/kg。对兔急性经皮LD_{50}>4g/kg。对兔眼睛无刺激作用。对兔皮肤有轻微刺激作用。大鼠慢性经口无作用剂量为500mg/kg，小鼠为1g/kg，犬为250mg/kg，在试验条件下未见致癌、致畸、致突变作用。虹鳟鱼LC_{50}为0.35mg/L。对鸟类及蜜蜂低毒。

剂　　型 500g/L乳油。

作用特点 一种杀螨谱广、持效期长、毒性低、对天敌、蜜蜂及作物比较安全的杀螨剂。触杀性较强，无内吸性，对成、若螨和卵均有一定的杀伤作用。温度变化对药效影响不大。该药适用于棉花、果树、蔬菜及茶等作物，可防治叶螨、瘿螨、跗线螨等多种害螨。

应用技术 对果树、蔬菜、茶叶、棉花及大田作物上的各种叶螨、瘿螨、须螨、跗线螨等害螨均有较好的防治效果。

防治柑橘害螨，在春梢大量抽发期，第1个螨高峰前，平均每叶螨数3头左右时，可以用500g/L乳油800~1 000喷雾。

另外，资料报道还可以防治棉花朱砂叶螨、截形叶螨，6月底以前，在叶螨点片发生及扩散初期用药，用50%乳油1 000～1 500倍液均匀喷雾；防治苹果红蜘蛛，在苹果开花前后，成、若螨盛发期，用50%乳油1 000～2 000倍液喷雾；防治柑橘锈壁虱，当有虫叶片达到20%或每叶平均有虫2～3头时开始防治，20～30d后螨密度有所回升时，再防治1次，用50%乳油1 000倍液喷雾，重点防治中心虫株。

注意事项 果树收获前21d停止使用。在蔬菜和茶叶采摘期禁止用药。因该药无内吸作用，使用时药液必须均匀全面覆盖植株。忌与强碱、强酸物质混用，以免分解降低药效。要储于通风阴凉干燥处，温度不超过35℃，储藏期可达3年。使用时应注意操作安全，避免药液溅到身上，使用后用清水清洗全身。如药液溅到眼里，应用大量的清水反复冲洗。本品无专用解毒剂，应对症治疗。

开发登记 青岛海纳生物科技有限公司、江苏禾本生化有限公司等企业登记生产。

氟螨

化学名称 N-(2-甲基-5-氯苯基)-2,4-二硝基-6-三氟甲基苯胺。

结构式

理化性质 原药为橘黄色结晶或粉末，熔点110.4～112℃。溶解度(g/L，25℃)：无水乙醇22.8、甲醇56.5、甲苯393.3、二甲苯269.2、氯仿382.2、N, N–二甲基甲酰胺中885.5，水中0.1。在弱酸性和弱碱性介质中稳定。

毒　　性 大鼠急性经口LD_{50}雄性271mg/kg，雌性348mg/kg，急性经皮LD_{50} > 2 000mg/kg，对皮肤无刺激性，对眼睛有轻度刺激性。

剂　　型 15%乳油等。

作用特点 本品为含氟杀螨剂，具有较强的触杀作用，击倒力强。对成螨、若螨、幼螨及卵均有效。

应用技术 主要用于防治山楂叶螨、柑橘红蜘蛛等。

资料报道，可以防治柑橘红蜘蛛，用15%乳油1 000～1 500倍液均匀喷雾。使用适期应在红蜘蛛发生为害初期或螨卵量低时用药，持效期15d以上，对柑橘树安全。防治山楂叶螨，叶螨发生初期，用15%乳油1 000～2 000倍喷雾，持效期为15d左右。

注意事项 对鱼类和家蚕为高毒。因此严禁该药在鱼塘和桑园附近使用，避免对鱼类和家蚕造成为害。

开发登记 浙江化工研究院曾登记生产。

螺螨酯 spirodiclofen

其他名称 螨威多；季酮螨酯；螨危。

化学名称 3–(2,4–二氯苯基)–2–氧代–1–氧杂螺[4,5]癸–3–烯–4–基–2,2–二甲基丁酸酯。

结 构 式

理化性质 白色粉状物；在20℃时溶解度(g/L)：水0.05，正己烷20，异丙醇47，二甲苯 > 250。

毒　　性 大鼠急性经口LD_{50} > 2 500mg/kg，急性经皮LD_{50} > 4 000mg/kg；翻车鱼LC_{50} > 0.045 5mg/L，虹鳟鱼LC_{50} > 0.035 1mg/L，水蚤LC_{50} > 100mg/L。对蜜蜂LD_{50} > 100 μg/只，对北美鹌鹑LD_{50} > 2 000mg/kg。

剂　　型 24%悬浮剂。

作用特点 通过抑制害螨体内的脂肪合成，破坏螨虫的能量代谢活动，最终杀死害螨，它是一种全新的、高效非内吸性叶面处理杀螨剂，与其他现有杀螨剂不存在交互抗性问题，对多种作物的不同螨类均有很好防效和出色的持效性，既杀卵又杀幼(若)螨，特别适合于防治对现有杀螨剂产生抗性的有害螨类。

应用技术 资料报道，当成螨、若螨的为害达到防治指标(每叶虫卵数达到10粒或每叶若虫3～4头时，使用24%悬浮剂3 000～5 000倍全树均匀喷雾，可控制50d左右。此后，若遇成螨、若螨虫口再度上升可使用1次速效性杀螨剂(如哒螨灵、炔螨特、阿维菌素等)即可。

9—10月成、若螨虫口上升达到防治指标时，使用24%悬浮剂3 000～5 000倍液再喷施1次或根据螨害情况与其他药剂混用，即可控制到柑橘采收，直至冬季清园。

防治棉花红蜘蛛，用24%悬浮剂10～20ml/亩对水40～50kg喷雾。

防治柑橘红蜘蛛，用24%悬浮剂4 000～6 000倍液喷雾，于害螨始发盛期施药。

注意事项 考虑到抗性治理，建议在一个生长季(春季、秋季)，使用次数最多不超过2次。螺螨酯的杀螨速度相对较慢(用药后5～7d效果显著)，在害螨较多，成螨量大时，建议与其他杀螨剂，如哒螨灵、炔螨特、阿维菌素等混合使用。喷药时要全株均匀喷雾，特别是叶背。建议避开果树开花时用药。如果药剂接触眼睛，要用大量清水冲洗。若有中毒的情况发生，应预初步的医疗救治和排除污物，并且立即求医。

开发登记 拜耳作物科学(中国)有限公司曾登记生产。

嘧螨酯 fluacrypyrim

其他名称 天达农；Titaron。

化学名称 (E)-2-[α-(2-异丙氧基-6-三氟甲基嘧啶-4-基氧基-O-甲基)苯基]-3-甲氧丙烯酸甲酯。

结构式

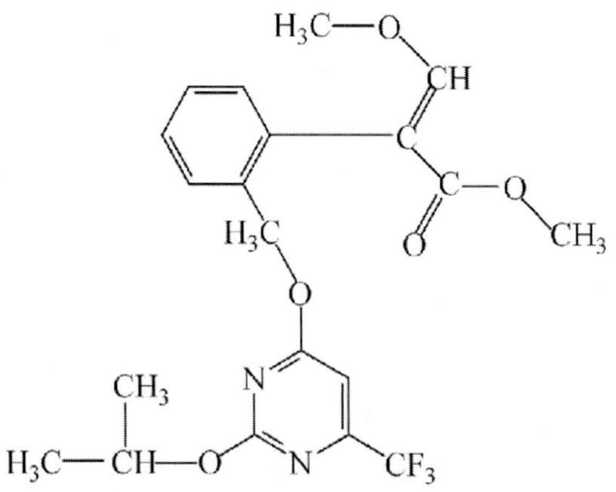

H_3C—O—CH=C(C(=O)—O—CH_3)—(苯环)—CH_2—O—(嘧啶环：N，N，CF_3)—O—CH(CH_3)—CH_3

理化性质 白色固体，熔点69～79℃；蒸气压2.69×10^{-3}MPa(20℃)；溶解度(g/L，20℃)：二氯甲烷579，丙酮278，二甲苯119，乙腈287，甲醇27.1，乙醇15.1，乙酸乙酯232，正己烷1.84，正庚烷1.60，水3.44×10^{-4}(pH6.8)。在pH4～7时稳定。

毒　　性 大鼠急性经口LD_{50}＞5 000mg/kg，大鼠急性经皮LD_{50}＞5 000mg/kg，对兔皮肤无刺激性，对眼睛有轻微刺激性。

剂　　型 30%悬浮剂。

作用特点 兼具触杀和胃毒作用，作用机理与目前常用的杀螨剂不同。与目前市场上常用的杀螨剂无交互抗性。对害螨的卵、若螨、成螨均有防治效果。该产品速效性好，持效期长，可达30d以上。对作物安全，未见药害产生，且对昆虫群落无明显影响。

应用技术 用于蔬菜和果树防治多种螨类害虫的为害。

资料报道，可以防治苹果树、柑橘树叶螨、红蜘蛛，用30%悬浮剂2 000～4 000倍液，于螨类发生期喷雾施药。

注意事项 对鱼高毒，不要在河塘湖泊中洗涤施药器具。在柑橘和苹果收获前7d禁止使用，在梨收获前3d禁止使用。

开发登记 日本曹达株式会社、允发化工(上海)有限公司曾登记生产。

吡螨胺 tebufenpyrad

其他名称 MK-239；AC 801757；Pyranica；必螨立克。

化学名称 N-(4-叔丁基苯甲基)-4-氯-3-乙基-1-甲基吡唑-5-基甲酰胺。

结构式

理化性质 无色晶体，熔点61～62℃，蒸气压0.010 787MPa(40℃)。25℃水中溶解度：2.8mg/L，溶于丙酮、甲醇、氯仿、乙腈、正己烷和苯等大部分有机溶剂。pH3～11、37℃时，在水中可稳定4周。

毒　　性 雌大鼠急性经口LD_{50}为595mg/kg，雄大鼠为997mg/kg，大鼠急性经皮LD_{50}＞2g/kg，雄小鼠急性经皮LD_{50}为224mg/kg，雌小鼠急性经皮LD_{50}为210mg/kg。鲤鱼LC_{50}为0.007 3mg/L。野鸭急性经口LD_{50}＞2g/kg，野鸭LC_{50}(8d)＞5g/L饲料，鹌鹑LC_{50}(8d)＞5g/L饲料。

剂　　型 10%可湿性粉剂、20%可湿性粉剂、20%乳油、10%乳剂、60%水分散粒剂。

作用特点 本品为酰胺类杀螨剂，对各种螨类和半翅目、同翅目害虫具有卓越防效，而且对螨类各生长期均有速效和高效，是一种快速高效的新型杀螨剂，对各种螨类和螨的发育全期均有速效和高效性，持效期长、毒性低、无内吸性，但具有渗透性。它与其他化学杀螨剂不同，它是一种线粒体呼吸抑制剂，其作用机制是在位点I处抑制电子传递。本品药效迅速，对红蜘蛛卵、成螨效果均较好，持效期可达40d以上，有一定的耐雨水冲刷能力。本品对人、鸟和蜜蜂毒性低，对作物安全。

应用技术 可以有效防治多种害螨和害虫，如叶螨科(苹果全爪螨、橘全爪螨、棉叶螨、朱砂叶螨等)、跗线螨科(侧多跗线螨)、瘿螨科(苹果刺锈螨、葡萄瘿螨等)、细须螨科(葡萄短须螨)、蚜科(桃蚜、棉蚜、苹果蚜)、粉虱科(木薯粉虱)。与三氯杀螨醇、苯丁锡、噻螨酮等无交互抗性。对目标作物多数无药害。主要用于果树、蔓生作物、棉花、蔬菜和观赏植物等。

资料报道，可以防治苹果、梨、桃上的害螨(包括叶螨和全爪螨)，在幼、若螨期，用20%可湿性粉剂1 000～3 000倍液喷施，可以达到较好的防治效果，且对苹果叶螨越冬卵有较强的杀伤作用。

注意事项 操作中做好各项安全防护工作。对鱼类有毒，池塘附近禁用。误服后饮水催吐，并就医诊治。

苯螨特 benzoximate

其他名称 NA-53M；杀螨特；Citrazon(西斗星)；Aazomate。

化学名称 3-氯-α-乙氧亚氨基-2, 6-二甲氧基苄基苯甲酸酯。

结构式

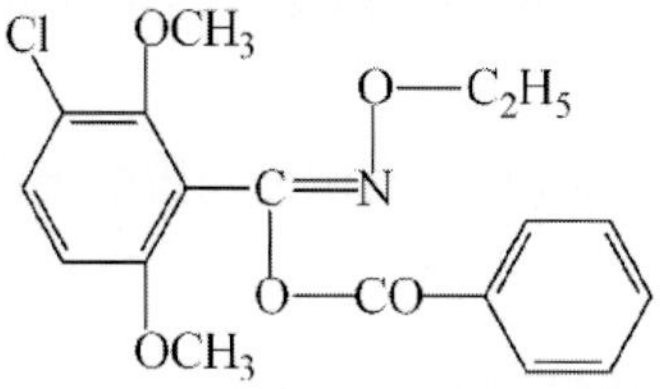

Cl　OCH_3　$O—C_2H_5$　C=N　O—CO　OCH_3

理化性质 纯品为无色结晶，熔点73℃。20℃时在水中几乎不溶解，在有机溶剂中的溶解度为：苯650g/L，正己烷80g/L，二甲苯710g/L，二甲基甲酰胺1.46g/L，丙酮980g/L，氯仿2 180g/L，乙醇70g/L。对酸稳定，遇碱分解。对水和光比较稳定。原药为淡黄色固体，30℃时在水中的溶解度60mg/kg，二甲苯1 296g/L，30℃时相对1.22。pH3.4～3.8，水分含量＜0.01%。

毒　　性 大鼠急性经口LD_{50}＞15g/kg，小鼠为12～14.5g/kg。大、小鼠急性经皮LD_{50}均大于15g/kg。鲤鱼TLm(48h)1.75mg/L。对鸟毒性低，日本鹌鹑急性经口LD_{50}＞1 500mg/kg。

剂　　型 5%乳油、10%乳油、20%乳油。

作用特点 为新型、非内吸性杀螨剂，起触杀作用，能作用于螨的各个发育阶段，对卵和成螨都有作用。该药具较强的速效性和较长的持效性，药后5～30d内能及时有效地控制虫口增长；同时该药能防治对其他杀螨剂产生抗药性的螨，对天敌和作物安全。

应用技术 主要用于防治柑橘红蜘蛛和苹果叶螨，对成螨和螨卵均有效。

资料报道，可以防治苹果全爪螨、柑橘全爪螨、柑橘红蜘蛛，对其他药剂产生抗性的红蜘蛛，用10%乳油1 000～2 000倍液均匀喷雾。

注意事项 不宜与其他药剂混用。喷药要均匀周到。由于红蜘蛛易产生抗性，本品1年最好喷洒1次，注意与其他杀螨剂轮换使用。如误服，应喝大量水并引吐，请医生治疗。

杀螨特 aramite

其他名称 螨灭得；Aracide；Niagaramite；Aratron；Orthomite。

化学名称 2-(4-叔丁基苯氧基)异丙基-2'-氯乙基亚硫酸酯。

结构式

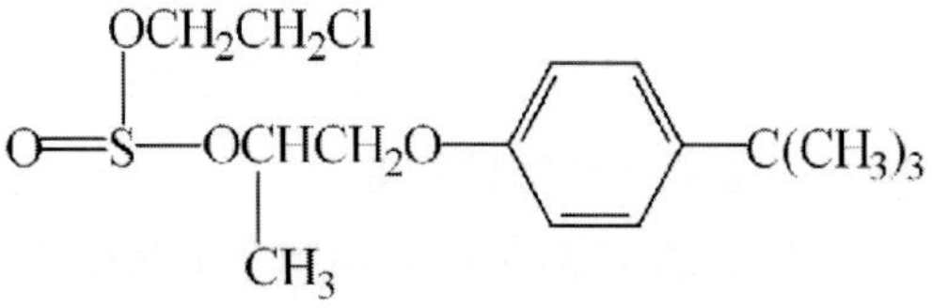

OCH_2CH_2Cl

$O=S—OCHCH_2O—C_6H_4—C(CH_3)_3$

CH_3

理化性质 纯品为无色黏稠状液体；沸点175℃(13.3MPa)；相对密度1.45～1.62；不溶于水，溶于多种有机溶剂；遇强酸强碱分解。

毒　　性 大鼠、豚鼠急性口服LD_{50}为3.9g/kg，小鼠急性口服LD_{50}为2g/kg。对哺乳动物低毒，无明显慢性毒性。

剂　　型 15%可湿性粉剂、15%悬浮剂、35%乳油、85%乳油、3%粉剂。

作用特点 具触杀作用，速效性好，持效期长。

应用技术 资料报道，可以防治果树、棉花、黄瓜、茄子等作物上的食植物性螨类，用15%可湿性粉剂1 000～2 000倍液喷雾，均有较好防效。

注意事项 杀螨特在作物收获前15d禁用。不能与酸性或碱性农药混用。

乐杀螨 binapacryl

其他名称 Hoe02784；ENT-25793；FMC 9044；Niagara9044；Acricid；Endosan；Morocide。

化学名称 2-仲丁基-4,6-二硝基苯基-3-甲基丁-2-烯酸酯。

结构式

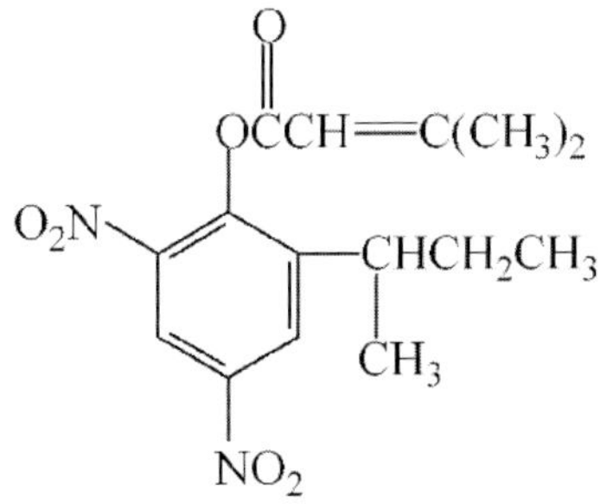

O
$OCCH{=}C(CH_3)_2$
O_2N
$CHCH_2CH_3$
CH_3
NO_2

理化性质 白色棱柱状结晶粉末，微有芳香气味，熔点68～69℃，相对密度1.230 7，60℃时蒸气压0.013Pa。不溶于水；可溶于多数有机溶剂，遇浓酸和稀碱不稳定，接触水逐渐水解，遇紫外光缓慢分解。无腐蚀性，可与杀虫剂和酸性杀菌剂的可湿性粉剂混用。

毒　　性 急性口服LD_{50}雄大鼠150～225mg/kg，雌小鼠1 600～3 200mg/kg，雄豚鼠300mg/kg，犬450～640mg/kg。急性经皮LD_{50}兔750mg/kg，大鼠720mg/kg。对眼有轻微的刺激性。鲤鱼TLm(48h)0.1mg/L。最大耐药量：鲤鱼为1.0mg/L；鳟鱼为2.0mg/L。

剂　　型 25%可湿剂粉剂、50%悬浮剂、40%乳油、4%粉剂。

作用特点 非内吸性杀螨剂、杀虫剂和杀菌剂。对螨类速效，且有长效，对卵、幼虫、成虫的各个阶段均有效，特别具有良好的杀螨卵作用。对蓟马、蚜虫和叶蝉也有极好防效。能防治苹果、桑、棉花、黄瓜、西瓜、甜瓜、蔷薇、百日草等的白粉病和黄瓜的霜霉病。对蜜蜂等采花昆虫和天敌无害，有持效性，对抗性螨类也有效。

应用技术 可以用于防治柑橘、苹果、梨、梅、李、核桃、茶和棉花等红蜘蛛和柑橘锈壁虱。

资料报道，可以防治柑橘、苹果、梨、棉花等红蜘蛛和柑橘锈壁虱，用25%可湿性粉剂1 000～1 500倍液喷雾。

注意事项 高温时容易产生药害，须使用低浓度。茶的新梢嫩叶，番茄幼苗和葡萄幼苗易产生药害，不宜使用。收获前禁用期为60d，密闭操作，局部排风，防止粉尘释放到车间空气中，应与氧化剂、碱类、酸类、食用化学品分开存放，切忌混储。

开发登记 1960年由德国Farbwerke HoechstAG推广，获有专利BP855736、DBP1099787、USP3123522，现少用或趋于淘汰。

杀螨醇 chlorfenethol

其他名称 BCPE；DMC；DCPC；Anilix；敌螨；滴灭特。

化学名称 1,1-双(4-氯苯基)乙醇。

结 构 式

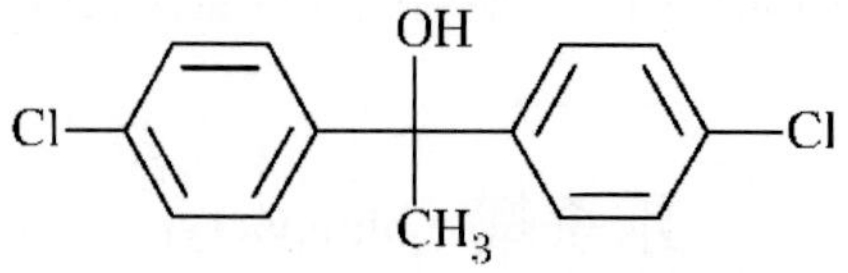

理化性质 无色结晶，熔点69.5 ~ 70℃。可溶于多数有机溶剂，不溶于水，特别是极性溶剂。加热脱水变成1, 1-双(对氯苯基)乙烯，在强酸中不稳定。可与常用农药混用。

毒　　性 大鼠口服 LD_{50}为500mg/kg；大鼠腹腔LD_{50}为725mg/kg。

作用特点 无内吸性，杀螨，不杀其他害虫。

剂　　型 用在Milbex混剂(CPAS和Dimite，日本曹达公司)中。

注意事项 不宜与酸性溶液混用。

乙酯杀螨醇 chlorobenzilate

其他名称 亚加；敌螨酯；Acar。

化学名称 4,4'-二氯二苯基乙醇酸乙酯。

结 构 式

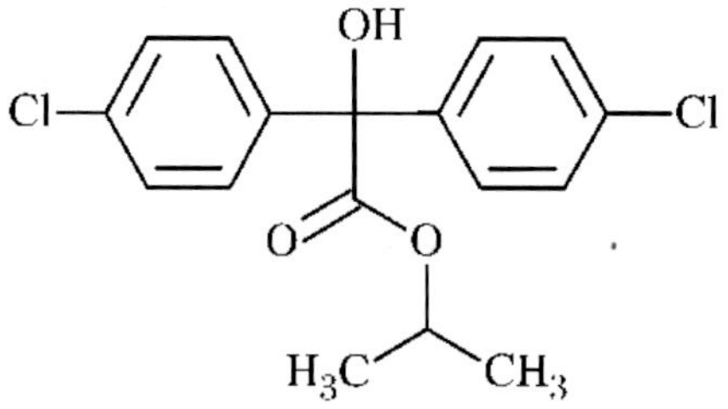

理化性质 淡黄色或无色固体。

毒　　性 大鼠口服LD_{50}为700 mg/kg；小鼠口服LD_{50}为729 mg/kg。

作用特点 无内吸性，杀螨，不杀其他害虫。

注意事项 皮肤接触：用肥皂水和清水彻底冲洗，就医；眼睛接触：拉开眼睑，用流动清水冲洗15min，就医；吸入：脱离现场至空气新鲜处，就医；食入、误服者，饮适量温水，催吐，就医；灭火方法：泡沫、干粉、砂土。

开发登记 本品1952年由R. Gasser报道，瑞士汽巴-嘉基公司推广现已停产，获有专利Swiss P294599、BP705037、USP 2745780。

丙酯杀螨醇 chloropropylate

其他名称 ENT 26999；chloromite；鲁斯品。

化学名称 4, 4-二氯二苯基乙醇酸异丙酯。

结 构 式

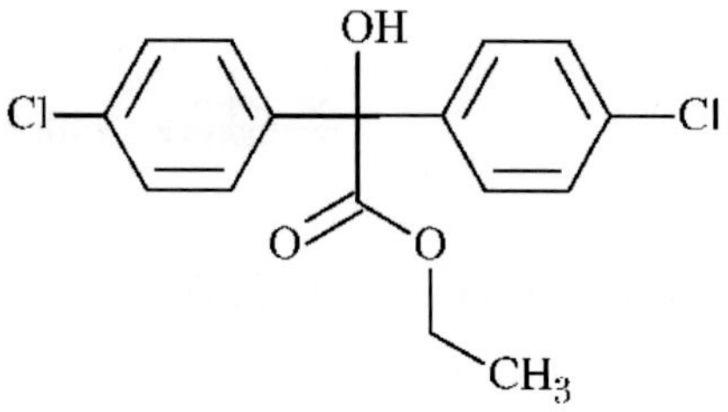

理化性质 白色粉末，熔点73～75℃，在室温下水中溶解度小于10mg/L，溶于包括丙酮、乙醇、二甲苯和石油溶剂在内的大多数有机溶剂中。在中性介质中稳定。在碱、酸性条件下稳定性较差，除与石硫合剂起碱性反应以外，能与大多数农药混用。

毒　　性 急性口服LD_{50}值大鼠为5g/kg，小鼠为5g/kg，母鸡约为2.5g/kg；以3g/kg丙酯杀螨醇喂犬3个月没有临床症状；对兔的急性经皮$LD_{50}>4g/kg$；在2年的大鼠饲喂试验中，无作用量为40mg/kg饲料，对狗为500mg/kg饲料。

剂　　型 25%乳剂、25%可湿性粉剂、50%可湿性粉剂等。

作用特点 非内吸性、触杀性杀螨剂，对天敌无害。

应用技术 用于水果、坚果、茶、棉花、甜菜、蔬菜和观赏植物螨类的防治，用30～60g有效成分/亩，对水100kg，并适用于植物叶丛全盛期。在该浓度范围内无药害。

开发登记 1964年J. R. Geigy S. A. 推广(现已停产)，获有专利Swiss P294599、BP705037、USP2745780，现为少用或过时品种。

乙氧杀螨醇 etoxinol

其他名称 G–23645；Geigy–337。

化学名称 1,1–双(4–氯苯基)–2–乙氧基乙醇。

结 构 式

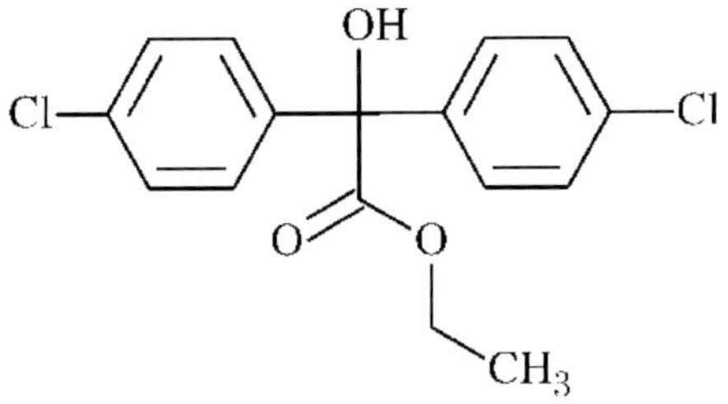

理化性质 白色结晶，熔点58～59℃，沸点155～157℃；不溶于水，可溶于常用有机溶剂；遇碱或强酸发生水解。

毒　　性 对大鼠和豚鼠的急性口服LD_{50}值均大于5g/kg，在哺乳动物体内积累不大。

作用特点 无内吸性，杀螨，不杀虫。

注意事项 高温或遇碱时不稳定，对眼、黏膜有刺激性。

开发登记 1952年J. R. Geigy S. A. 开发，现为少用或过时品种。

杀螨硫醚 tetrasul

其他名称 杀螨好；四氯杀螨硫；OMS755。

化学名称 2',4,4',5' –四氯二苯基硫醚。

结 构 式

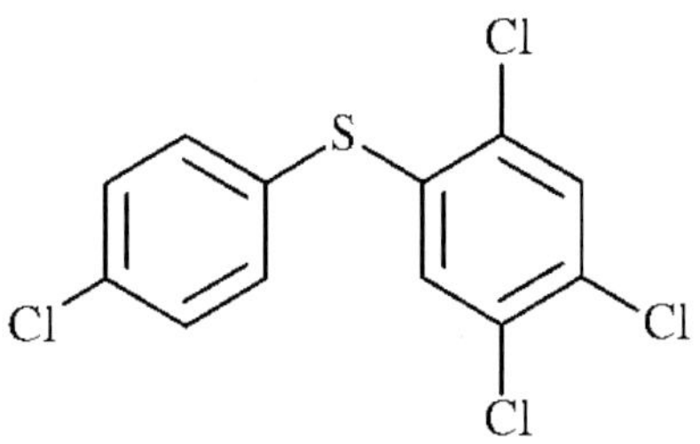

理化性质 白色无嗅结晶，蒸气压为100μPa(20℃)，熔点87.3～87.7℃，微溶于水，中度溶于乙醚、丙酮，溶于苯和氯仿。在正常条件下稳定，但要防止长时间阳光下暴露。它能被氧化成砜或三氯杀螨砜，能与大多数农药混用，无腐蚀性。

毒　　性 急性口服LD_{50}值雌大鼠为6g/kg，雌小鼠为5g/kg，雌豚鼠为8.8g/kg；兔的急性经皮LD_{50}＞2g/kg。

剂　　型 18%乳剂、18%可湿性粉剂。

作用特点 非内吸性杀螨剂，除成螨外，对植食性螨类的卵及各阶段若螨有高效。

应用技术 据资料报道，用于苹果树、梨树和瓜类上，用18%可湿性粉剂1kg加400kg水在越冬卵孵化时使用，在该浓度下无药害。本药具有较高的选择性，对益虫和野生动物无危险，对卵和所有发育期若虫均为高效。

杀螨砜 diphenyl-sulfone

其他名称 二苯基砜；Phenyl sulphone。

化学名称 二苯基砜。

结 构 式

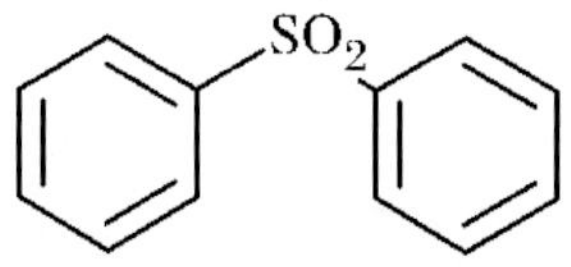

SO_2

理化性质 无色结晶，熔点123～124℃，工业品为白至灰色粉末，熔点为115℃。在室温，它对酸、碱、氧化剂和还原剂稳定。不溶于水，溶于极性及芳烃有机溶剂。能与大多数农药混用。

毒　　性 低毒。

剂　　型 可湿性粉剂、乳剂等。

应用技术 杀螨剂、杀卵剂等。

开发登记 1952年美国stauffer公司推广品种，现已少用或淘汰。

一氯杀螨砜 sulphenone

其他名称 氯苯砜；R-242。

化学名称 对氯苯基苯基砜。

结 构 式

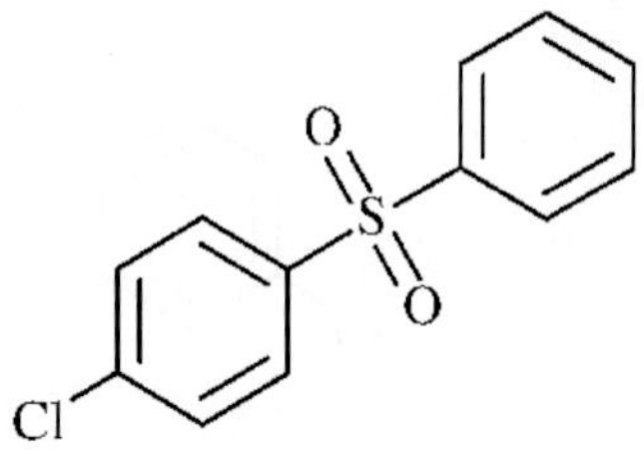

O S O Cl

理化性质 纯品为无色晶体，熔点98℃。工业品为带有芳香气味的白色固体，约含有80%的一氯杀螨砜和20%的类似化合物如双二苯砜以及邻位或间位苯基苯砜等，不溶于水，微溶于石油，溶于异丙醇、甲苯、四氯化碳。易溶于丙酮、苯等。对酸、碱、氧化剂、还原剂都很稳定。

毒　　性 属低毒农药。对人、畜及天敌昆虫较安全。大鼠经口LD_{50}为1 430～3 650mg/kg。

剂　　型 20%乳油、40%～50%可湿性粉剂、20%粉剂。

作用特点 具有触杀及内吸作用，一般不引起药害，但对某些品种的葡萄、苹果、梨、瓜类及一些敏感的温室作物可能会产生药害，特别是在高温高湿时施药更易产生药害。

应用技术 据资料报道，防治棉红蜘蛛和其他在苹果、桃上的螨，50%可湿性粉剂3 000～4 500倍液喷雾。杀螨、杀卵力与持效都好。

注意事项 使用本剂防治果树害螨时，最好在花前使用，以充分发挥本剂杀螨卵和成螨的优势。

开发登记 1944年美国Stauffer公司推广，现已停产。我国汕头红卫农药厂、山东济南南邹果园生产及使用过。

氯杀螨 chlorbenside

其他名称 HRS860；RD2195；氯杀；ENT-20696。

化学名称 4-氯苄基-4-氯苯基硫醚。

结 构 式

Cl S Cl

理化性质 纯品为白色无嗅结晶，熔点72℃，不溶于水，而溶于丙酮、甲苯、二甲苯、四氯化碳、氯仿、醋酸等多种有机溶剂，但在矿物油及醇类有机溶剂中溶解度小，工业品中因含有微量的对氯苯甲醛，而带有杏仁的气味。化学性质稳定，可以抗强还原剂，在酸性和碱性溶液中都比较稳定，不易发生水解作用。

毒　　性 对人、畜低毒，对大白鼠口服致死中毒量为1g/kg。

剂　　型 20%可湿性粉剂、20%乳油。

作用特点 具有触杀和胃毒作用，为非内吸性长持效杀螨剂。氯杀螨是专用杀螨剂，对螨卵和若螨有高效，但对成螨效果差。氯杀螨渗透能力强，在叶面施药，可杀死叶背面的若螨及螨卵，但是不能在植物体内传导。氯杀螨有良好的选择性，对蜜蜂等益虫没有毒害，持效期长。

应用技术 资料报道，用20%可湿性粉剂400～1 000倍液喷雾，防治果树、蔬菜和棉花上的螨类。对若螨和螨卵都有着良好防效，特别是对防治抗性螨，效果更为显著。用20%可湿性粉剂0.5kg和300kg 0.5波美度的石硫合剂稀释液混合使用。特别是对苹果红蜘蛛、苜蓿红蜘蛛，在开花前，或开花后各喷施1～2次，有着良好防治效果；如防治山楂红蜘蛛，可在开花后喷施2～3次，也有明显防效。

注意事项 氯杀螨可与所有杀虫剂、杀菌剂混合使用。氯杀螨如单独使用防治成螨的效果差，如与石硫合剂混合使用，效果则好，也可与其他杀螨剂混合使用。

开发登记 1953年由Boots Company Ltd. 推广，获有专利BP713984，现少用或趋于淘汰。

灭螨胺

其他名称 B-2643；Kumitox。

化学名称 氯甲基磺酰胺。

结 构 式

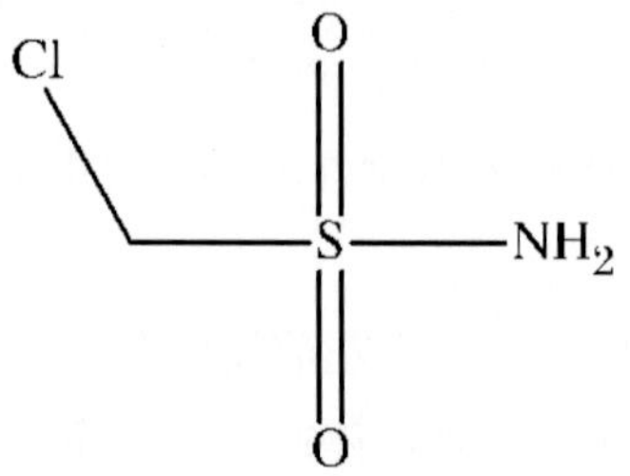

理化性质 白色柱状结晶体，熔点为70～73℃，溶解度(20℃)：水40%，丙酮4%，乙醇4%；对温度(80℃)、光及酸性均较稳定，但对碱不稳定。

毒　　性 低毒。

作用特点 具有内吸传导作用，并有杀卵作用，用于防治果树、花卉螨类。

应用技术 据资料报道，可以叶面喷雾，也可土壤处理施用，药效发挥较晚。对柑橘瘤皮红蜘蛛，用2g/kg药液处理，用药后第3d防效90%左右。持效期20多d。灭螨胺对苹果、花卉上的叶螨类均有效，并有强的杀卵的作用。

杀螨隆 diafenthiuron

其他名称 CGA 106630。

化学名称 1-叔丁基-3-(2,6-二异丙基-4-苯氧基苯基)硫脲。

结 构 式

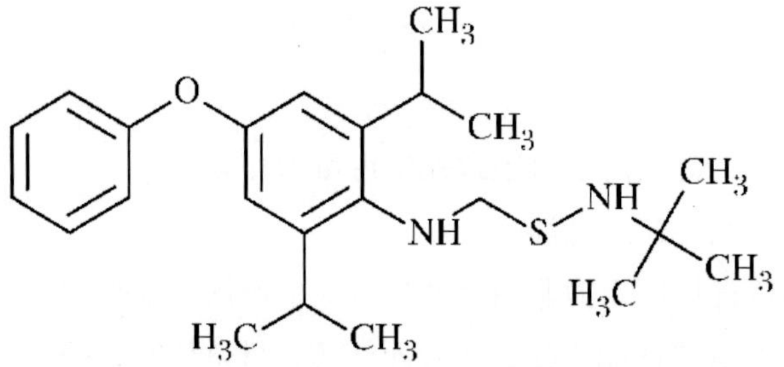

理化性质 无色晶体，熔点149.6℃，溶解性(20℃)：水0.06mg/L，乙醇43g/L，丙酮320g/L，环己酮380g/L，二氯甲烷600g/L，正己烷9.6g/L，甲苯330g/L，二甲苯210g/L。在异丙醇中易分解，对光稳定。

毒　　性 大鼠口服LD_{50}为7.5mg/kg；小鼠口服LD_{50}为 14mg/kg。

剂　　型 500g/L悬浮剂、50%可湿性粉剂等。

作用特点 对不同作物上的主要螨类，如棉叶螨的幼螨、若螨和成螨均有活性，而且具有杀卵活性。本品属硫脲类杀虫、杀螨剂，可有效防治棉花等多种田间作物、果树、观赏植物和蔬菜上的植食性螨类(叶螨科、跗线螨科)、粉虱、蚜虫和叶蝉等，也可防治甘蓝上的菜蛾、大豆上的豆夜蛾和棉花的棉叶夜蛾等。在室内防治粉虱和螨类时，可同生物防治一同实施，即有相容性。

应用技术 据资料报道，防治棉叶螨用量为50%可湿性粉剂40～50g/亩，持效21d。对所有益虫(花蝽科、瓢虫科、盲蝽科)的成虫和捕食性螨、蜘蛛、普通草蛉的成虫和处于未成熟阶段的幼虫均安全，对未成熟阶段的半翅目昆虫无选择性。

开发登记 H. P. Streibert等报道该杀虫剂和杀螨剂。Ciba-Geigy AG(现为Novartis Crop Protection AG)推广。获有专利GB2060626(1981)、DE-3034905(1981)、FR2465720(1982)、DE888179(1981)。

丙螨氰 malonoben

其他名称 克螨腈；丁苄腈；苄丙二腈；GCP 5126；S-15126。

化学名称 2-(3,5-二叔丁基-4-羟基苯基亚甲基)丙二腈。

结 构 式

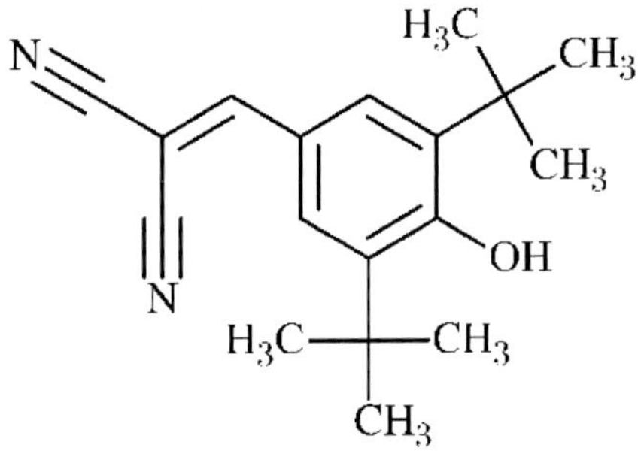

理化性质 结晶固体，熔点140～141℃，是氧化磷酸化的解偶联剂。

毒　　性 对大鼠急性经口LD_{50}为87mg/kg，对兔急性经口LD_{50}为2 000mg/kg。

剂　　型 240g/L乳油、480g/L悬浮剂。

作用特点 具有触杀和胃毒作用。对活动阶段的植食性螨类，包括对有机磷和氨基甲酸酯类杀螨剂有抗性的螨类均有效。

应用技术 据资料报道，防治对象为果树、棉花、豆类、观赏植物上的害螨。

开发登记 1972年，由海湾石油化学公司作为试验性杀螨剂、杀虫剂推广，现已停产。

氟螨噻 flubenzimine

其他名称 BAY SLJ0312。

化学名称 N-(3-苯基-4,5-双[(三氟甲基) 亚氨基]2-噻唑亚烷基)苯胺。

结 构 式

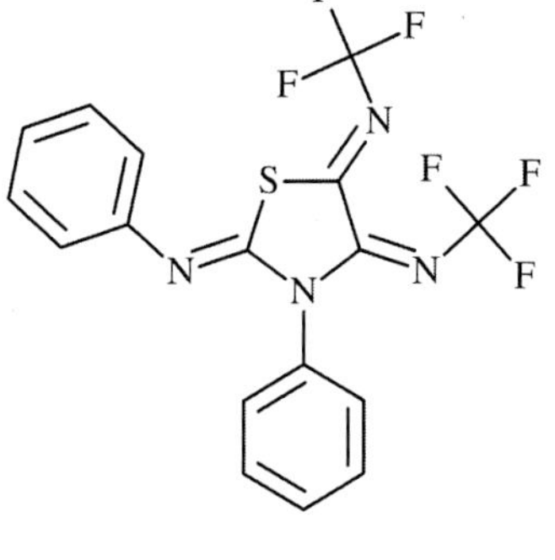

理化性质 纯品为橙黄色粉末。熔点118.7℃，蒸气压小于1MPa(20℃)，溶解度(20℃)：水1.6mg/L，二氯甲烷＞200g/L，甲苯5～10g/L，22℃已烷、丙二醇为5～10g/L。水解半衰期：在pH4时为29.9h，pH7时为30min，pH9时为10min。

毒　　性 急性经口LD_{50}大鼠(雄)＞5g/kg，(雌)3.7～5g/kg；小鼠(雄)＞2.5g/kg。急性经皮LD_{50}(24min)＞5g/kg，对兔皮肤无明显刺激。对蜜蜂的无害口服剂量小于0.1mg/只。

剂　　型 50%可湿性粉剂。

应用技术 据资料报道，本品主要用于防治螨类，对辣根猿叶甲幼虫有效，用50%可湿性粉剂1 000倍液喷雾。

开发登记 德国拜耳公司推广，现较少应用，德国拜耳公司于1989年停产。

格螨酯 genite

其他名称 Em293；杀螨磺。

化学名称 2,4-二氯苯基苯磺酸酯。

结 构 式

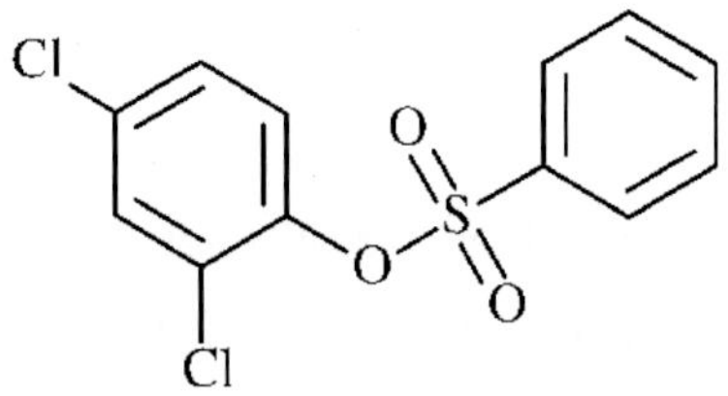

理化性质 原药的黄褐色蜡状固体，稍带苯酚气味，几乎不溶于水，溶于大多数有机溶剂，蒸气压为36MPa(30℃)。对热稳定，在酸性和中性介质中稳定，遇碱水解成2, 4-二氯酚盐和苯磺酸盐。

毒　　性 原药急性口服LD_{50}值雄大鼠为1 400±420mg/kg，雌大鼠为1 900±240mg/kg；对兔的急性经皮LD_{50}＞940mg/kg。

剂　　型 50%乳油。

作用特点 胃毒作用为主，有一定触杀作用，无内吸作用，对螨类有效，且能杀卵，对天敌安全。

应用技术 据资料报道，主要以喷雾法使用，使用50%乳油500～600倍液，喷雾。

注意事项 混剂不能同有机磷农药混用，特别是对某些苹果树，混剂易对梨和桃产生药害，应谨慎使用。

开发登记 1947年由Allied Chem.公司推广，获有专利号USP2618583。

敌螨死 DDDS

化学名称 双-(4-氯苯基)二硫醚。

结 构 式

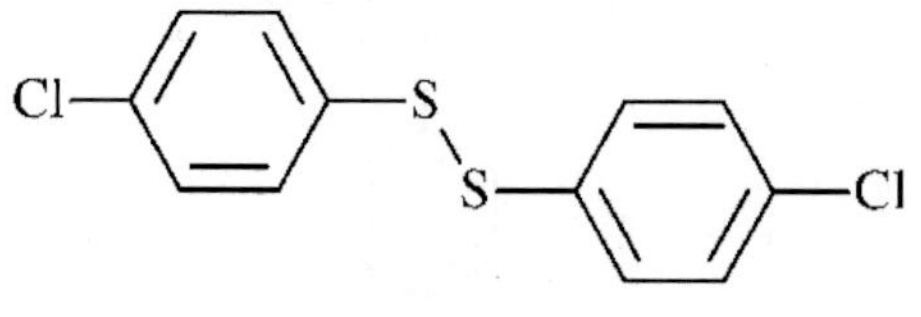

理化性质 原药为黄色固体结晶，熔点69.5～70.5℃，不溶于水，溶于醚、醇、丙酮及苯，对酸及碱稳定。

毒　　性 原药对鼷鼠的急性口服$LD_{50}>3g/kg$。

剂　　型 可湿性粉剂。

应用技术 据资料报道，适用于防治果树、蔬菜和观赏植物上的成螨，主要以喷雾法使用。

开发登记 1961年美国Trubek发现本品。

消螨普 dinocap

其他名称 开拉散；网乐丹；敌螨普。

化学名称 它是两个异构体的混合物，①消螨普I：巴豆酸-2,4-二硝基-6-辛基苯酯；②消螨普II：巴豆酸-2,6-二硝基-4-辛基苯酯 。

结 构 式

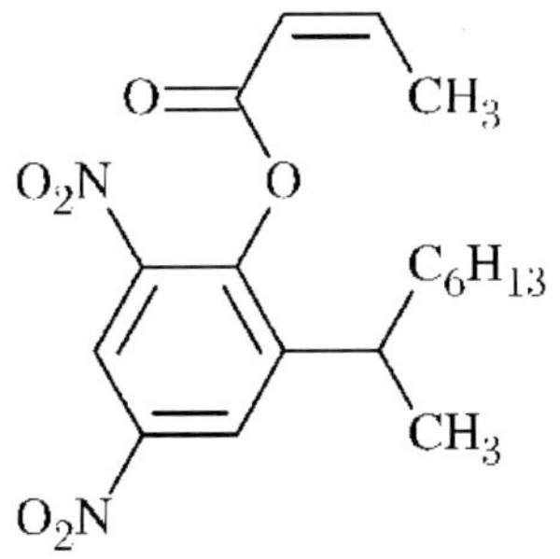

O_2N　O　O　CH_3　C_6H_{13}　CH_3　O_2N

I

O　CH_3　O_2N　O　NO_2　H_3C　C_6H_{13}

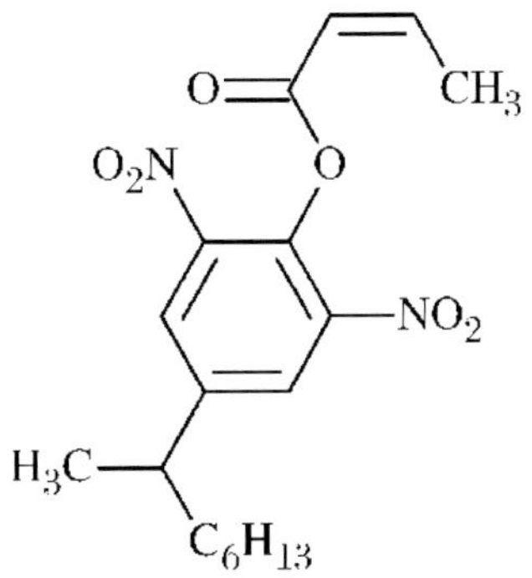

II

理化性质 产品为暗褐色液体，高温易分解，对弱酸较稳定，遇碱性溶液易分解。

毒　　性 大鼠口服LD_{50}为1 102mg/kg；小鼠口服LD_{50}为49.5mg/kg。

剂　　型 19.5%可湿性粉剂、37%乳油。

作用特点 它为非内吸性杀螨剂，亦具一定接触性杀菌作用。

应用技术 据资料报道，防治柑橘红蜘蛛，用19.5%可湿性粉剂1 000倍液喷雾；防治葡萄、黄瓜、甜瓜、西瓜、南瓜、草莓等作物的白粉病或红蜘蛛，用19.5%可湿性粉剂2 000倍液喷雾；防治苹果、梨的红蜘蛛，用37%乳油1 500～2 000倍液喷雾；防治花卉和桑树的白粉病的红蜘蛛，用37%乳油3 000～4 000倍液喷雾。

开发登记 1946年由Rohm and Haas Company推广，获有专利USP2526660、USP2810767。

消螨通 dinobuton

其他名称 敌螨通；P-1053；MC 1053。

化学名称 2-仲丁基-4,6-二硝基苯基异丙基碳酸酯。

结 构 式

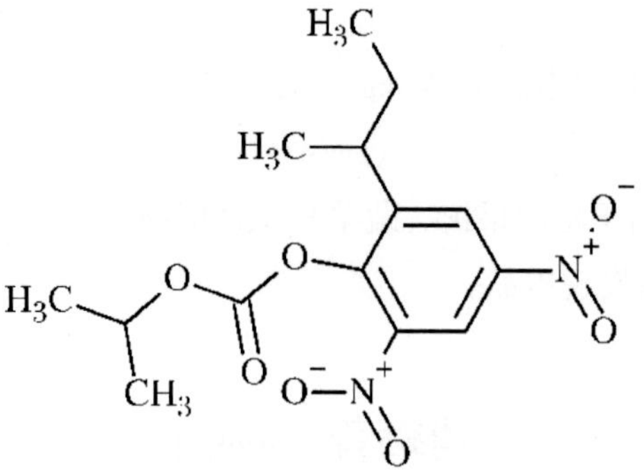

理化性质 淡黄色结晶，熔点61～62℃，不溶于水；可溶于脂族烃类，乙醇和脂肪油；易溶于低级脂族酮类和芳烃类，工业品纯度为97%，熔点58～60℃。无腐蚀性。为了避免水解，在它的加工品中必须避免有碱性物质。它可与酸性农药混用，但与甲萘威混合失效。

毒 性 急性口服LD_{50}大鼠140mg/kg，小鼠2 540mg/kg，母鸡150mg/kg。大鼠经皮致死最低量为1 500mg/kg。大鼠急性经皮$LD_{50}>5$g/kg，兔3 200mg/kg。小鼠腹腔注射LD_{50}为125mg/kg。最大无作用剂量，犬为每天4.5mg/kg，大鼠为每天3～6mg/kg。它作为一个代谢刺激物。高剂量能使体重减轻。在土壤中的持效期短。

剂 型 50%可湿性粉剂、50%悬浮剂、50%粉剂等。

作用特点 杀螨剂和杀菌剂，可用于防治柑橘、落叶果树、棉花、胡瓜、蔬菜等植食性螨类；还可防治棉花、苹果和蔬菜的白粉病。

应用技术 据资料报道，防治柑橘红蜘蛛和锈壁虱，用50%可湿性粉剂1 500～2 000倍液喷雾；防治落叶果树、棉花、胡瓜的红蜘蛛，用50%粉剂1 000～1 500倍液喷雾。

开发登记 1963年由Murphy Chemical Ltd. 开发，以后由Kenogard AB(现为Rhone-Poulec所有)生产，获有专利BP 1019451，该产品现较少应用。

消螨多

其他名称 Mc1146。

化学名称 异丙基-2-(1-甲基正丁基)-4, 6-二硝基苯基碳酸酯。

结 构 式

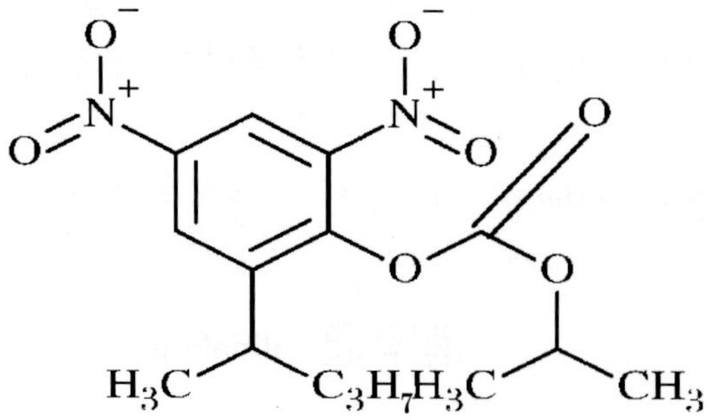

理化性质 原药为结晶体，熔点62～64℃，纯度89%，本品蒸气压低。可溶于丙酮、苯；对酸稳定，遇0.1mol碱便水解。

毒　　性 急性口服LD_{50}值为3 500mg/kg。

剂　　型 25%可湿性粉剂等。

作用特点 对螨类具有快速触杀作用，能杀灭对有机磷具抗性的红蜘蛛。

应用技术 据资料报道，使用浓度为0.05%，防治抗性螨类。

注意事项 注意用药安全，收获前14d禁用。

开发登记 1960年英国Murphy公司创制，现少用或趋于淘汰。

消螨酚 dinex-diclexine

其他名称 二硝环己酚。

化学名称 2,4-二硝基-6-环己基苯酚。

结 构 式

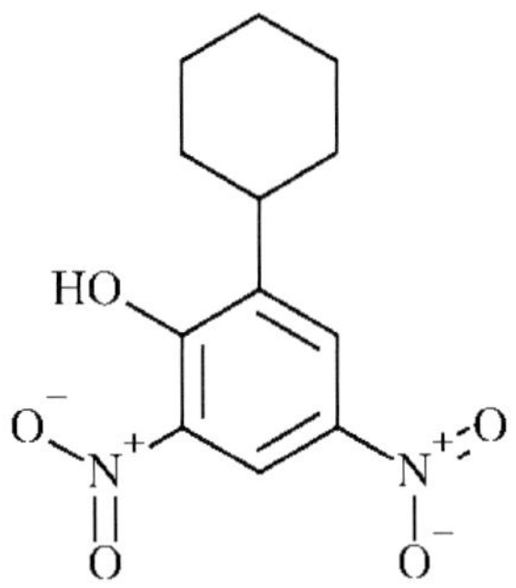

理化性质 原药为浅黄色结晶，熔点106℃，在室温下蒸气压低。几乎不溶于水，溶于有机溶剂和醋酸中；可与胺类或碱金属离子生成水溶性盐。

毒　　性 急性口服LD_{50}值对小鼠和豚鼠为50～125mg/kg；皮下注射LD_{50}值为20～45mg/kg。

剂　　型 0.5%、1%～2%粉剂(DN粉剂)，15%乳 剂(DN乳剂)，14.3%熏烟剂(DN熏烟剂)等。

作用特点 胃毒和触杀性杀虫杀螨剂，有杀卵作用，只能在休眠期喷药。

应用技术 资料报道，果树、林木上叶螨、蚜和介壳虫若虫，用1%粉剂3.5～4.5kg/亩剂量喷粉；防治杉叶螨，用14.3%熏烟剂在树林中熏杀，每筒700g，每公顷用2～3筒。

开发登记 1963年由陶氏化学公司推广，已停产。

伐虫脒 formetanate

其他名称 威螨脒；敌克螨；敌螨脒；伐虫螨。

化学名称 3-二甲胺基亚甲基氨基苯基-N-甲基氨基甲酸酯(或盐酸盐)。

结 构 式

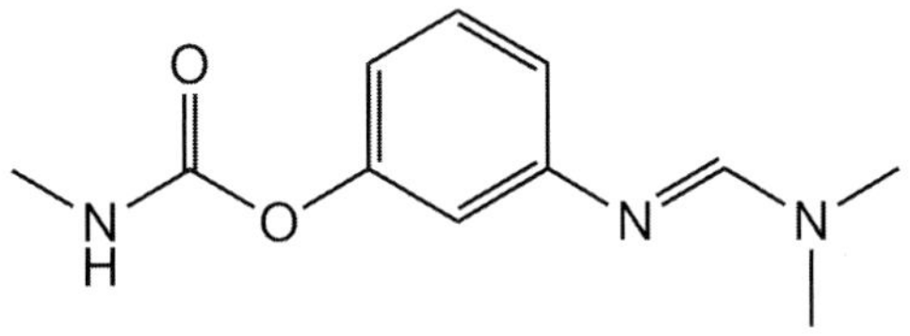

理化性质 纯品为黄色结晶固体。熔点102～103℃，不挥发。室温下，水中溶解度小于0.1%；在丙酮、氯仿中大约溶解10%；甲醇中 >20%。60℃下存放5d不发生变化。

毒　　性 大鼠口服LD_{50}为 20mg/kg；小鼠口服LD_{50}为18mg/kg。

剂　　型 25%可溶性粉剂、92%可溶性粉剂等。

作用特点 主要用于苹果、梨、桃、油桃、柑橘、葡萄等作物。是一个有效的杀螨、杀虫剂，可防治螨类、蚜虫、飞虱、蝽象、潜叶蛾、蜗牛等。

应用技术 据资料报道，防治苹果叶螨、苹果蚜虫、柑橘红蜘蛛、柑橘飞虱、梨蝽象等的用25%可溶性粉剂52g/亩。防治玫瑰红蜘蛛用25%可溶性粉剂1 000倍液喷雾，在菊花上用25%可溶性粉剂600倍液2次喷雾。

注意事项 本品使用高剂量时易对植物产生药害，对蜜蜂、天敌、鱼类毒性较大，本品药液不要污染池塘河流，本品如误食立即送医院治疗。

开发登记 Schering公司1962年研制，1967年作为Fundal forte 750的活性成分之一推广，1970年又作为Dicarzol活性成分推荐，由美国NOR-AM农产公司投产。

抗螨唑 fenozaflor

其他名称 伏螨唑；NC5016。

化学名称 5,6-二氯-2-三氟甲基苯并咪唑-1-苯甲酸苯酯。

结 构 式

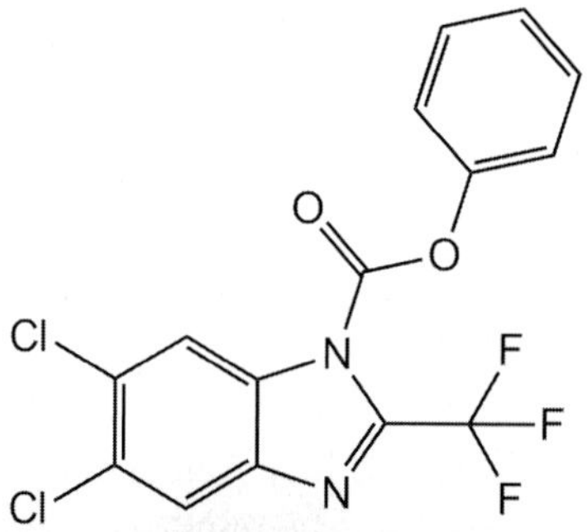

理化性质 白色针状结晶，熔点106℃，蒸气压0.014 7Pa(25℃)。工业品为灰黄色结晶粉末，熔点约103℃，难溶于水(25℃时小于1mg/L)；除丙酮、苯、二氧六环和三氯乙烯外，仅微溶于一般有机溶剂，水与环己烷的分配比为15 000：1。在干燥条件下是稳定的，但在碱性的悬浮液中将慢慢分解，在喷雾桶里不可放置过夜。

毒　　性 急性口服LD_{50}值为大鼠283mg/kg，大鼠1 600mg/kg，豚鼠59mg/kg，兔28mg/kg，鸡50mg/kg。大鼠急性经皮LD_{50} >4g/kg。大鼠以含抗螨唑250mg/kg的饲料喂2年，未见临床症状。虹鳟鱼的LC_{50}(24h)为0.2mg/L。

剂　　型 40%可湿性粉剂。

作用特点 为非内吸性杀螨剂，对所有植食性螨类(包括对有机磷酸酯有抗性的害虫)的各个时期，包括卵，都具有良好的防治效果，并有较长的持效期。

应用技术 0.03%～0.04%的药液在作物上的控制期达24d以上，尤其对有机磷产生抗性的螨类，更显出良好的效果。对一般的昆虫和动物无害，可用于某些果树、蔬菜和经济作物的虫害防治。

开发登记 1966年Fisons Pest Control公司推荐作杀螨剂，现已淘汰。

灭螨猛 chinomethionate

其他名称 Bayer 36205；Bayer SAS2074；甲基克杀螨。

化学名称 6-甲基-喹喔啉-2,3-二基二硫代碳酸酯。

结 构 式

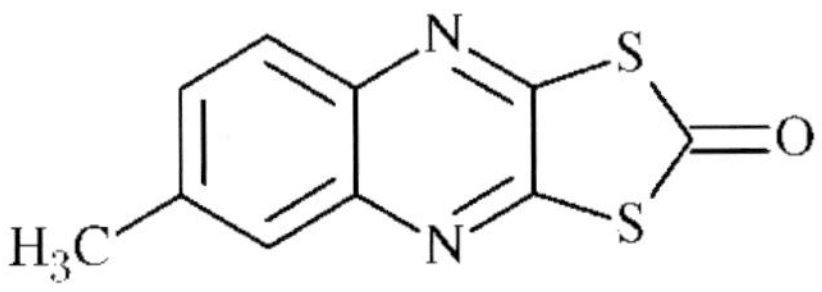

理化性质 黄色结晶体，熔点170℃；蒸气压0.026MPa(20℃)。相对密度1.556(20℃)。溶解度(20℃)：水中1mg/L，甲苯中25g/L，二氯甲烷中40g/L，己烷中1.8g/L，异丙醇中0.9g/L，环己酮中18g/L，二甲基甲酰胺10g/L，矿油4g/L。稳定性：对高温、光照、水解、氧化均较稳定。对碱不稳定。水解(22℃)DT_{50}为10d(pH4)、80h(pH7)、225min(pH9)。

毒　　性 急性毒性大白鼠口服LD_{50}1 095～2 541mg/kg。对大鼠经皮LD_{50}>5g/kg。对兔皮肤有轻微刺激，对兔眼睛刺激严重，急性吸入LC_{50}(4h)：雄大鼠>4.7mg/L(粉剂)，雌大鼠2.2mg/L(粉剂)。

剂　　型 25%可湿性粉剂、2%粉剂。

作用特点 选择性非内吸性杀螨剂，对白粉病也有效，防治对象为苹果、柑橘的螨类(对成螨和卵均有效)及仁果、核果、葡萄、草莓、瓜类等的霜霉病、白粉病。

应用技术 据资料报道，防治螨类的浓度：用25%可湿性粉剂1 000～2 000倍液进行喷雾。防治霜霉病、白粉病的浓度：用25%可湿性粉剂2 000～3 000倍液，亦能防治棉花和小麦病害。

开发登记 1962年由德国拜耳公司推广，获有专利DE1100372，BE580478。

克杀螨 thioquinox

其他名称 螨克杀；Bayer 30686；SS 1451。

化学名称 1,4-二氮杂萘-2,3-二基三硫代碳酸酯。

结 构 式

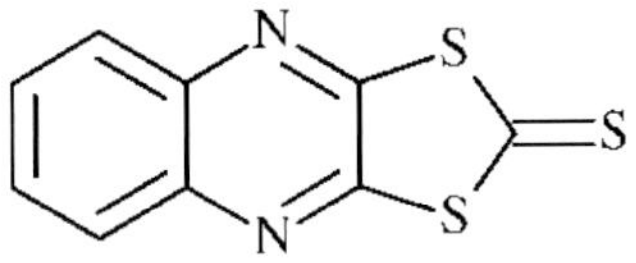

理化性质 棕色无嗅粉末，熔点180℃，蒸气压为13.33μPa(20℃)。几乎不溶于水和大多数有机溶剂，微溶于丙酮乙醇，工业品的熔点为165℃。200℃时是稳定的，对光稳定。耐水解，但对氧化敏感，氧化成的S-氧化物的生物活性未减少。

毒　　性 对大鼠急性口服LD_{50}值为3.4g/kg；大鼠的腹腔注射LD_{50}值为231.5mg/kg；经皮施用3 000mg/kg不影响大鼠。

剂　　型 25%和50%可湿性粉剂。

作用特点 非内吸性杀螨剂，作用迅速，对成虫、幼虫及卵均有效，持效期长。

应用技术 据资料报道，防治蔬菜、果树、茶树害螨，用50%可湿性粉剂1 000～2 000倍液喷雾，本品也是杀菌剂，对白粉病有特效。

开发登记 1957年拜耳公司推广品种，获有专利Belg P580478，德国拜耳公司于1978年停产。

环羧螨 eycloprate

其他名称 ZR-856。

化学名称 十六烷基环丙烷羧酸酯。

结 构 式

$C_{16}H_{33}$

O

O

毒　　性 大鼠急性经口LD_{50}为12.2g/kg，大鼠急性经皮LD_{50}为6.27g/kg。

剂　　型 40%可湿性粉剂、27%乳油。

作用特点 防治对象为苹果上的榆爪螨(苹果红蜘蛛)、苹果刺锈蛾，棉叶螨(棉红蜘蛛)，橘全爪螨。

应用技术 据资料报道，40%可湿性粉剂在130～180g/亩剂量下，能很好地防治苹果上的榆爪螨(苹果红蜘蛛)、苹果刺锈螨、棉叶螨(棉红蜘蛛)以及橘全爪螨，杀卵活性也很高。

开发登记 Zoecon公司(现属于Sandoz AG)。获有专利SP3849466，SP3025461(1975)，现已停产。

苯螨醚 phenproxide

其他名称 NK-493；氯灭螨醚。

化学名称 4-氯-3-(丙基亚磺酰基)苯基-4'-硝基苯基醚。

结 构 式

O

O　S

CH_3

$O^{\backslash}N^+$

Cl

O^-

理化性质 带黄色结晶，熔点86～86.5℃，不溶于水，溶于有机溶剂。

毒　　性 急性经口LD_{50}(mg/kg)大鼠为1180，小鼠为6 900；大鼠急性经皮LD_{50} > 4 000mg/kg。鱼毒LC_{50}：鲤鱼2.6mg/L(48h)，金鱼3.5mg/L，水蚤14.0mg/L。

应用技术 据资料报道，防治橘类、苹果和其他果树的螨类害虫。

开发登记 日本化药工业株式会社开发，获有专利Ger. Offen. 2307248 1972、特开昭51-88637、52-76429。

羧螨酮 UC-55248

化学名称 3-(2-乙基己酰基氧基)-5,5-二甲基-2-(2'-甲基苯基)-2-环己烯酮-1。

结构式

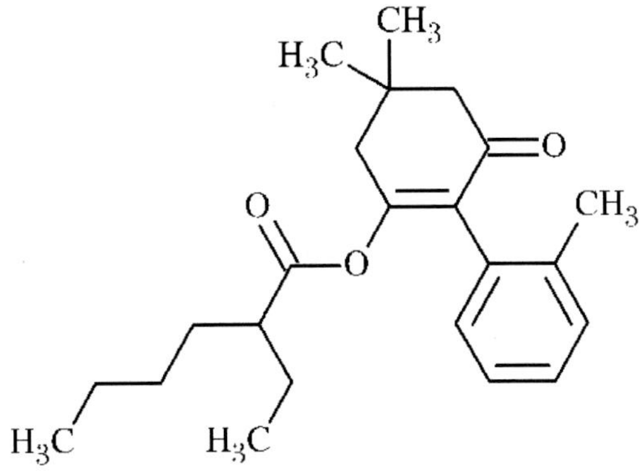

CH_3 H_3C O O O CH_3 H_3C H_3C

毒　　性 低毒。

剂　　型 50%乳油、4%乳油。

应用技术 据资料报道，对柑橘螨、棉叶螨等螨类害虫有很好的杀卵、杀幼虫和杀若虫作用，但对成虫的杀螨作用较差。如用4%乳油65ml/亩能很好地防治柑橘园中的紫红短须螨。

肟螨酯 ETHN

化学名称 N-4-甲苯甲酰基-3,6-二氯-2-甲氧基苯甲酰肟酸乙酯。

结构式

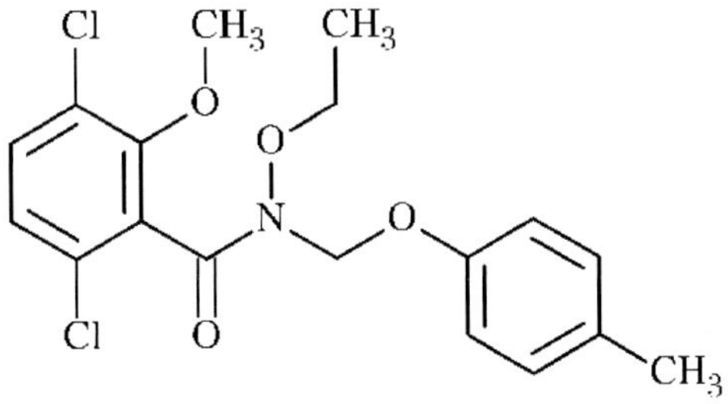

Cl CH_3 CH_3 O O N O Cl O CH_3

毒　　性 小鼠急性经口LD_{50}为410mg/kg，小鼠急性经皮LD_{50}为410mg/kg。

应用技术 据资料报道，用于柑橘和苹果上螨类防治，具杀卵、杀成虫作用，一般制成混剂施用。

Micromite

其他名称 UBI-T930。

化学名称 5-(4-氯苯基)-2,3-二苯基噻吩。

结构式

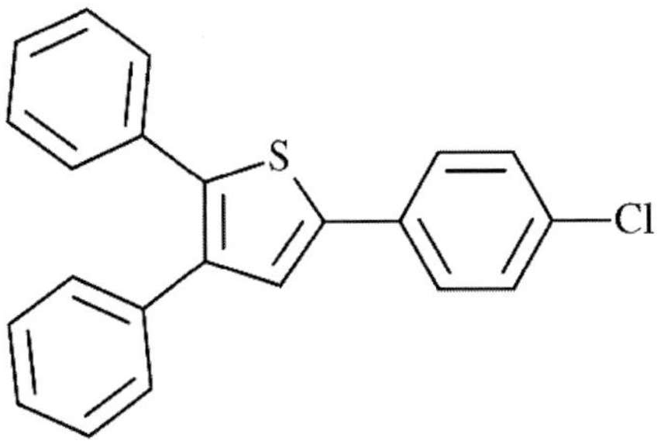

S Cl

理化性质 无色结晶固体，熔点127℃。

毒　　性 中等毒性。

剂　　型 50%可湿性粉剂。

作用特点 通过触杀作用杀死普通红叶螨，在正常日光下防治普通红叶螨效果良好，但在完全黑暗条件下防效很差，防治瘿螨科，特别是橘锈螨有长效，且对植物安全，持效期比三氯杀螨醇或乙酯杀螨醇显著的长。

应用技术 据资料报道，在有效剂量18～36g/亩时防治橘锈螨、桃银箔刺瘿螨、梨叶锈螨、苹果瘿螨等瘿螨科是高效的。150g/亩剂量能防治普通红叶螨、橘全爪螨、斑氏真叶螨。

开发登记 Uniroyal Inc. 于1983年开发。

杀螨醚 DCPM

其它名称 K-1875；Oxythane；Neotran。

化学名称 双-(4-氯苯氧基)甲烷。

结 构 式

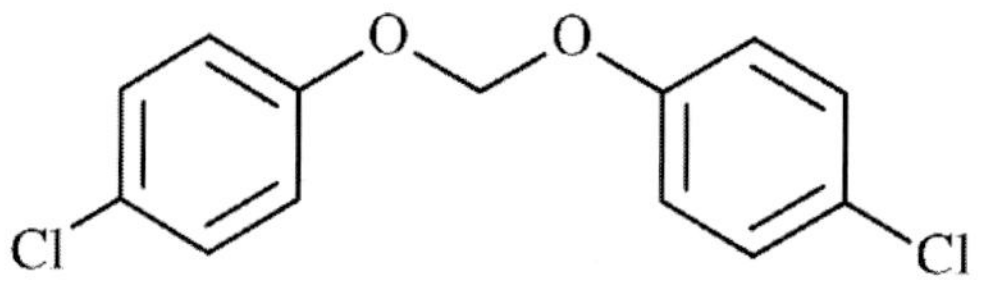

理化性质 原药为无色固体，熔点67～68℃。不溶于水、链烃，微溶于醇，溶于丙酮、四氯化碳和乙醚。在碱性溶液中稳定，在酸性溶液中加热时分解，但可与一般农药混用。

毒　　性 急性和慢性毒性试验表明：本品对人和温血动物为低毒，对大鼠的急性经口LD_{50}为5 800mg/kg。通过皮肤不能吸收，没有刺激性。

剂　　型 40%可湿性粉剂。

应用技术 据资料报道，本品能杀螨卵，触杀螨成虫、幼虫能力特别强，有速效性和持效性，在温室中可达一星期。

开发登记 该杀螨剂由L. R. Jeppson报道，由Dow Chemical Co. (现为Dow Elanco)开发。

敌螨特 chlorfensulphide

其他名称 敌螨丹；Mibex。

化学名称 4-氯苯基-2,4,5-三氯苯重氮基硫化物。

结 构 式

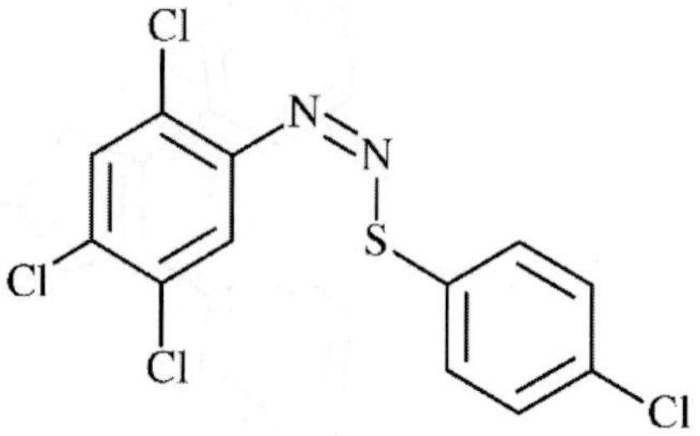

理化性质 本品为亮黄色结晶，熔点123.5～124℃(分解)。不溶水，溶于醇、苯、石油溶剂，易溶于丙酮；对酸和碱稳定。

毒　　性 小鼠急性经口LD_{50}＞3 000mg/kg(制剂混合物)。

剂　　型 同杀螨醇的混剂，各25%(m/m)的可湿性粉剂。

应用技术 同杀螨醇混用，对绝大多数食植物性螨类有效，从卵到成螨，均可防治。对天敌，如捕食生物昆虫和寄生昆虫是无害的。该药可以渗透到植物叶组织里，并保持较长的时间。混剂在通常情况下对植物不产生药害，但能伤害梨和桃。混剂不可同有机磷类药剂合用，特别是对某些苹果树，不能同时使用有机磷，该混剂是用于对有机磷产生抗性的螨类的防治。

开发登记 用于与杀螨醇的混剂由Nippon Soda Co. Ltd作为杀螨剂的组分开发。

联苯肼酯 bifenazat

化学名称 3-(4-甲氧基联苯基-3-基)肼基甲酸异丙酯。

结 构 式

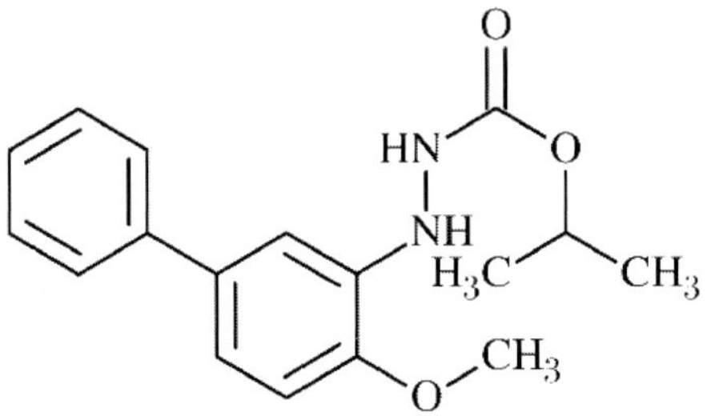

理化性质 其纯品外观为白色固体结晶，20℃在水中溶解度为2.1mg/L，甲苯中为24.7mg/L。

毒　　性 是联苯肼类杀螨剂，用于苹果树，对鱼类高毒，高风险性；对鸟中等毒，低风险性；对蜜蜂、家蚕低毒，低风险性。

剂　　型 42%悬浮剂。

作用特点 联苯肼酯是一种新型选择性叶面喷雾用杀螨剂。其作用机理为对螨类的中枢神经传导系统的γ-氨基丁酸(GABA)受体的独特作用。其对螨的各个生活阶段有效，具有杀卵活性和对成螨的击倒活性(48～72h)，且持效期长。持效期14d左右，推荐使用剂量范围内对作物安全。对寄生蜂、捕食螨、草蛉低风险。

应用技术 据资料报道，用于苹果和葡萄，防治苹果红蜘蛛、二斑叶螨和Mcdaniel螨，以及观赏植物的二斑叶螨和Lewis螨；用43%悬浮剂3 000～4 000倍液喷雾。

注意事项 使用时应注意远离河塘等水体施药，禁止在河塘内清洗施药器具。

开发登记 美国科聚亚公司等企业登记生产。

乙螨唑 etoxazole

化学名称 (RS)5-叔丁基-2-[2-(2,6-二氟苯基)-4,5-二氢化 -1,3-恶唑-4-基]苯乙醚。

理化性质 原药外观为白色无嗅晶体粉末，熔点101.5～102.5℃，蒸气压(25℃)7.0×10^{-6}Pa。溶解度

结构式

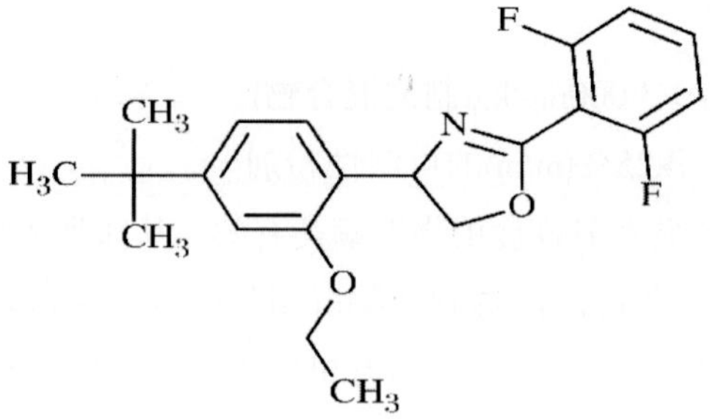

$(g/L，20℃)$：水7.04×10^{-5}、丙酮309、乙酸乙酯249、正庚烷18.7、甲醇104、二甲苯252。

剂　　型 110g/L悬浮剂。

作用特点 属于2,4–二苯基恶唑衍生物类化合物，是一种选择性杀螨剂。主要是抑制螨类的蜕皮过程，从而对螨从卵、若螨到蛹不同阶段都有优异的触杀性。但对成螨的防治效果不是很好。对噻螨酮已产生抗性的螨类有很好的防治效果。

应用技术 防治柑橘红蜘蛛，若螨发生期用110g/L悬浮剂5 000～7 000倍液喷雾。

开发登记 日本住友化学株式会社、广东金农达生物科技有限公司开发登记。

弥拜菌素 milbemectin

结构式

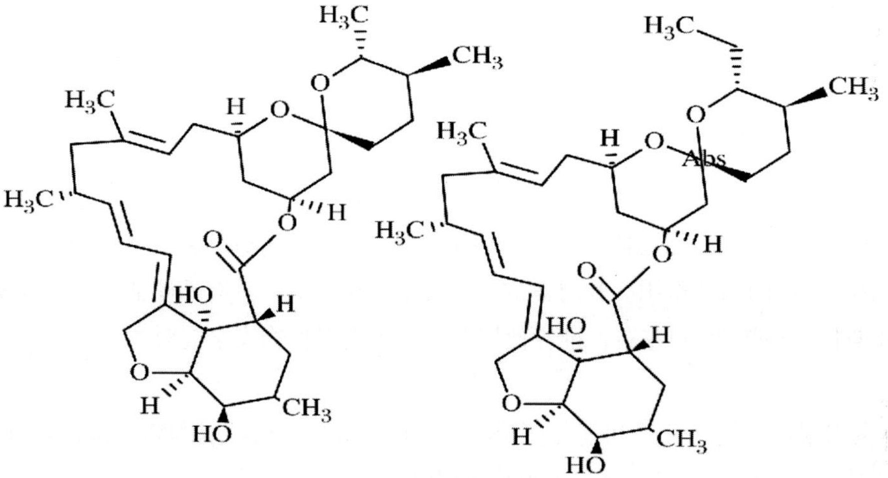

理化性质 纯品为白色结晶粉末，熔点213℃，溶解度(20℃，mg/L)：水0.88、乙酸乙酯250 000、正庚烷5 060、甲醇251 000、二甲苯284 000。在水中光解DT_{50}为2.4d，水解(20℃、pH7)DT_{50}为260d。

应用技术 据资料报道，用于观赏植物防治害螨。

开发登记 由日本三共公司研制、日本住友开发的生物杀螨剂。从1993年开始，在多个国家登记或上市，2006年在澳大利亚登记。

第二章 杀菌剂

一、杀菌剂的作用机制

随着农用杀菌剂的开发和利用，农用杀菌剂作用机制的研究也取得了较大进展。化学分析技术和分子生物学的发展以及电子显微镜的普遍使用，已经能从病原真菌的形态、生理生化和分子等不同水平进行杀菌剂作用机理的研究；但是，并没有一种杀菌剂的作用机制是真正搞清楚了；此外，病原菌被抑制或死亡往往并非对单一位点的作用，而是对多个位点综合作用的结果。

目前的杀菌剂多是干扰真菌的生物合成(如核酸、蛋白质、麦角甾醇、几丁质等)、呼吸作用、生物膜结构、细胞核功能和诱导植物抗性系统的化合物，现对当前农用杀菌剂研究得比较清楚的作用机制进行介绍。

(一)影响细胞结构和功能

主要包括对真菌细胞壁形成的影响以及对质膜生物合成的影响。

1．影响真菌细胞壁的形成

真菌细胞壁作为真菌和周围环境的分界面，起着保护和定型的作用。细胞壁干重的80%由碳水化合物组成，几丁质是由数百个N-乙酰葡萄糖胺分子以β-1,4-葡萄糖苷键连接而成的多聚糖。几丁质的合成由3个几丁质合成酶(Chitinsynthas，Chs)来调节，Chsl的作用是修复细胞分裂造成的芽痕及初生隔膜的损伤，Chs2用于初生隔膜中几丁质的合成，Chs3合成孢子壁中的脱乙酰几丁质及芽痕和两侧细胞壁中90%的几丁质。在三者的作用下，将N-乙酰葡萄糖胺合成为几丁质。不同的多糖链相互缠绕组成粗壮的链，这些链构成的网络系统嵌入在蛋白质及类脂和一些小分子多糖的基质中，这一结构使真菌细胞壁具有良好的机械硬度和强度。细胞壁受影响后的中毒现象通常表现为芽管末端膨大或扭曲、分枝增多等异型，造成这一类异型的原因是细胞壁上纤维原的结构变形。

至今，有实践意义的杀菌剂对细胞壁的作用主要是影响细胞壁的形成。通过抑制真菌细胞壁中多糖的合成，或者与多糖及糖蛋白相结合的机制破坏细胞壁结构，达到抑制或杀灭真菌的目的。杀菌剂对菌体细胞的破坏作用之一是抑制几丁质的生物合成。抑制的药剂有稻瘟净、异稻瘟净、灰黄霉素、甲基硫菌灵、克瘟散、多抗霉素、青霉素等。如异稻瘟净是通过抑制乙酰氨基葡萄糖的聚合而抑制几丁质的合成，影响稻瘟病菌细胞壁的形成。

根据2003年孙延忠等报道，多抗霉素(polyoxin)和华光霉素(nikkom-ycin)是作用于真菌细胞壁的抗生素，使细胞壁变薄或失去完整性，造成细胞膜暴露，最后由于渗透压差导致原生质渗漏，两者结构上属于核苷肽类，是几丁质合成底物UDP-N-G1cNAc的结构类似物，因而是几丁质合成酶的竞争性抑制剂。多抗霉素是抑制几丁质合成酶；青霉素则是阻碍了细胞壁上胞壁质(黏肽)的氨基酸结合，使细胞壁的结构受到破坏，表现为原生质体裸露，继而瓦解。

2．影响真菌质膜生物合成

菌体细胞膜的主要化学成分为脂类、蛋白质、糖类、水、无机盐和金属离子等。杀菌剂对菌体细胞膜的破坏以及对膜功能的抑制有两种情况，即物理性破坏和化学性抑制。

物理性破坏是指膜的亚单位连接点的疏水链被杀菌剂击断，导致膜上出现裂缝，或者是杀菌剂分子中的饱和烃侧链溶解膜上的脂质部分，使之出现孔隙，于是杀菌剂分子就可以从不饱和脂肪酸之间挤进去，使其分裂开来。膜结构中的金属桥，由于金属和一些杀菌剂(如N–甲基二硫代氨基甲酸钠)螯合而遭破坏。另外，膜上金属桥的正常结构也可被膜亲和力大的离子改变。

化学性抑制是指与膜性能有关的酶的活性及膜脂中的固醇类和甾醇的生物合成受到抑制。

(1)细胞膜性能有关的酶抑制剂

与膜性能有关的酶的活性被抑制，可用两类化合物予以说明。一类是有机磷类化合物，另一类是含铜、汞等重金属的化合物。

有机磷类化合物除了前面述及的抑制细胞壁组分几丁质的合成外，还能抑制细胞膜上糖脂的形成。含铜、汞等重金属的化合物中的金属离子可以与许多成分反应，甚至直接沉淀蛋白质。

(2)甾醇合成抑制剂

甾醇合成抑制剂实际上也属于细胞膜组分合成抑制剂。菌体细胞的膜脂类中有一种重要成分，就是甾醇。如果甾醇合成受阻，膜的结构和功能就要受到损害，最后导致菌体细胞死亡。与杀菌剂有关的主要是麦角甾醇。麦角甾醇(ergosterol)是植物细胞膜的重要组分，其合成受阻将间接地影响细胞膜的通透性功能。此外，麦角甾醇还是甾类激素的前体，在无性、有性生殖过程中起重要作用。

麦角甾醇生物合成的步骤很多，其合成抑制剂的种类和数量也很多。但大部分是抑制C14上的脱甲基化反应，故也称之为脱甲基化反应抑制剂。其抑制过程被认为是在一种叫作多功能氧化酶的催化下进行的。该酶系中辅助因子细胞色素P–450起着重要作用。P–450中重要结构单元铁卟啉环，可以结合氧原子形成铁氧络合物。脱甲基化是氧化脱甲基化过程，该过程就是卟啉铁氧络合物将活泼的氧转移到底物上，如羊毛甾醇的C_{14}的甲基上。

目前至少有8类、几十个杀菌剂品种的作用机制是抑制麦角甾醇合成。从化学结构上来看，这类杀菌剂包含嘧啶类、吡啶类、哌嗪类、咪唑类、三唑类、吗啉类和哌啶类等化合物。抑制麦角甾醇的生物合成杀菌剂有哌嗪类的嗪氨灵，吡啶类的敌灭啶，嘧啶类的嘧菌胺、氯苯嘧啶醇、氟苯嘧啶醇，唑类的丙环唑、三唑酮、三唑醇、双苯三唑醇、氟唑醇、烯唑醇、烯效唑、多效唑等。

上述杀菌剂中以三唑类杀菌剂最多，研究表明，主要是分子中三唑环上经sp2杂化的氮原子具有孤对电子，可与铁卟啉的中心铁原子实行原子配位而阻碍铁卟啉铁氧络合物的形成，因而抑制了羊毛甾醇的C_{14}–脱甲基化反应，最终导致了麦角甾醇不能合成。

(二)影响细胞能量生成

菌体所需的能量来自体内的糖类、脂肪、蛋白质等营养物质的氧化分解，最终生成二氧化碳和水，其中伴随着脱氢过程和电子传递的一系列氧化还原反应，故此过程也称为细胞生物氧化或生物呼吸。根据与能量生成有关的酶被抑制的部位或能量生成被抑制的不同过程，可分为巯基(–SH)抑制剂、糖的酵解和脂肪酸β–氧化抑制剂、三羧酸循环抑制剂、电子传递和氧化磷酸化抑制剂等。

1．巯基(–SH)抑制剂

生物体内进行的各种氧化作用，均受各种酶的催化，其中起着重要作用的许多脱氢酶系中都含有巯基。因此，能与巯基发生作用的药剂必然会抑制菌体的生物氧化(呼吸)。巯基在菌体呼吸中有普遍性的作用，而几乎所有的经典杀菌剂，即保护性杀菌剂，都对巯基有抑制作用。

巯基是许多脱氢酶活性部位不可缺少的活性基团。现已知道，一些重金属化合物、有机锡制剂、有机砷制剂、某些有机铜制剂、二硫代氨基甲酸类杀菌剂、醌类化合物等均是巯基抑制剂。取代苯类杀菌剂以百菌清(chlorothalonil)为代表，还有diclroan和dichlone，其主要作用机制在于和含–SH的酶反应，抑制了含–SH基团酶的活性，特别是磷酸甘油醛脱氢酶的活性。

2．糖酵解和脂肪酸β–氧化抑制剂

(1)糖酵解受阻

糖是菌体重要的能源和碳源。糖分解产生能量，以满足菌体生命活动的需要，糖代谢的中间产物又可能变成其他含碳化合物，如氨基酸、脂肪酸、核苷等。

糖酵解是糖分解代谢的共同途径，也是三羧酸循环和氧化磷酸化的前奏。糖酵解生成的丙酮酸进入菌体的线粒体，经三羧酸循环彻底氧化生成CO_2和H_2O。

克菌丹等作用于糖酵解过程中的丙酮酸脱氢酶中的辅酶焦磷酸硫胺素，阻碍了糖酵解的最后一个阶段的反应。

另外，催化糖酵解过程的一些酶，如磷酸果糖激酶、丙酮酸激酶等，要由K^+、Mg^{2+}等离子来活化。而有些铜、汞杀菌剂，能破坏菌体细胞膜，使一些金属离子(特别是K^+)向细胞外渗漏，结果使酶得不到活化而阻碍酵解的进行。

(2)脂肪酸氧化受阻

脂肪酸氧化受阻主要是脂肪酸的β–氧化受阻。所谓β–氧化是不需要氧的氧化，其特点是从羧基的β–位碳原子开始，每次分解出二碳片断。这个过程是在菌体的线粒体中进行的。脂肪酸的β–氧化需要一种叫辅酶A(以CoA–SH表示)的酶来催化。杀菌剂，如克菌丹、二氯萘醌、代森类与CoA–SH中的–SH发生作用，使酶失活，从而抑制了脂肪酸的β–氧化。

(3)三羧酸循环抑制剂

乙酰辅酶A(以CH_3–SCoA)中的乙酰基在生物体内受一系列酶的催化，经一系列氧化脱羧，最终生成CO_2和H_2O，并产生能量的过程叫三羧酸循环，简写作TCA。

在真核细胞中TCA循环是在线粒体中进行的，催化每一步反应的酶也都位于线粒体内。由于乙酰辅酶A可来源于糖、脂肪或氨基酸的代谢分解，所以TCA循环也是糖、脂肪及氨基酸氧化代谢的最终通路。因此，它是生物氧化的重要过程。

杀菌剂对TCA循环的抑制，有4个过程被证实：

① 乙酰辅酶A和草酰乙酸缩合成柠檬酸的过程受到阻碍　该反应受阻的原因是辅酶A的活性受到抑制。其机制是辅酶A中的巯基与杀菌剂发生反应，从而使该酶的活性被抑制。抑制药剂有：二硫代氨基甲酸类，如福美锌、福美双、代森锌；醌类，如二氯萘醌；酚类；三氯甲基和三氯甲硫基类，如克菌丹、灭菌丹等。

② 柠檬酸异构化生成异柠檬酸过程受阻　该过程是由于(顺)–乌头酸酶受到杀菌剂的抑制而使上述反应受到阻碍。(顺)–乌头酸酶是含铁的非铁卟啉蛋白，所以与Fe^{2+}生成络合物的药剂(如8–羟基喹啉)都能对其起抑制作用。

③ α–酮戊二酸氧化脱羧生成琥珀酸的过程受阻　上述反应过程受阻的原因是α–酮戊二酸脱氢酶复合体的活性受到杀菌剂的抑制。这种抑制机制要涉及与硫胺磷酸(TPP)和硫辛酰胺等辅酶组分的反应。抑制药剂有克菌丹、砷化物、叶枯散等。

④ 琥珀酸脱氢生成延胡素酸及苹果酸脱氢生成草酰乙酸过程受阻　琥珀酸脱氢酶是三羧酸循环中唯一掺入线粒体内膜的酶，它直接与呼吸链相联系。琥珀酸脱氢生成的还原型黄素腺嘌呤二核苷酸($FADH_2$)可以转移到酶的铁硫中心，继而进入呼吸链。抑制药剂有：羧酰苯胺类，以氧硫杂环二烯为主，还有噻吩、噻唑、呋喃、吡唑、苯基等衍生物，代表品种有萎锈灵(carboxin)、氧化萎锈灵(oxycarboxin)、邻酰胺(mebenil)、氟酰胺(flutolanil)、呋吡菌胺（furametper）、triflumazid、硫磺、5-氧吩嗪、异氰酸甲酯和异氰酸丁酯(后者为杀菌剂苯菌灵的降解产物之一)。

(4)氧化磷酸化抑制剂

菌体内的生物氧化进入三羧酸循环后，并没有完结，而是要继续进行最后的氧化磷酸化，即将生物氧化过程中释放出的自由能转移而使二磷酸腺苷(ADP)形成高能的三磷酸腺苷(ATP)。氧化磷酸化为菌体生存提供所需的能量ATP，所以这一过程一旦受到抑制，就会对菌体的生命活动带来严重后果。氧化磷酸化被抑制的情况有两种，一是其电子传递系统受阻，二是解偶联作用。

① 电子传递系统受阻　还原型辅酶通过电子传递再氧化，这一过程由若干电子载体组成的电子传递链(也称呼吸链)完成。能够阻断呼吸链中某一部位电子传递的物质称为电子传递抑制剂。这类药剂按其阻断的部位可分为以下4类：(Ⅰ)鱼藤酮、敌磺钠、十三吗啉、杀粉蝶菌素、安密妥等，它们阻断NADH至CoQ(辅酶Q)的电子传递。(Ⅱ)抗菌素A、硫磺、十三吗琳，它们阻断细胞色素b和细胞色素c1之间的电子传递。(Ⅲ)氰化物、叠氮化物、硫化氢、一氧化碳等，它们阻断细胞色素和氧之间的电子传递。(Ⅳ)萎锈灵、8-羟基喹啉等，它们阻断琥珀酸脱氢酶至CoQ之间的电子传递。

据2000年陆玉峰等报道，甲氧基丙烯酸酯(strobilurin)类杀菌剂来源于具有杀菌活性的天然抗生素strobilurin A是一类作用机制独特、极具发展潜力和市场活力的新型农用杀菌剂。现已经商品化生产出很多品种，均为能量生成抑制剂，其作用机理是键合细胞色素b，从而抑制线粒体的呼吸作用。细胞色素b是细胞色素bcl复合物的一部分，位于真菌和其他真核体的线粒体内膜，一旦某个抑制剂与之键合，它将阻止细胞色素b和c之间的电子传递，阻止ATP的产生而干扰真菌内的能量循环，从而杀灭病原菌。

② 解偶联作用　解偶联的含义是使氧(电子传递)和磷酸化脱节，或者说使电子传递和ATP形成这两个过程分离，中断它们之间的密切联系，结果电子传递所产生的自由能都变为热能而得不到储存。氟啶胺是一种强有力的解偶联剂，破坏氧化磷酸化，推测是分子中的氨基基团的质子化作用引起的。此外，五氯硝基苯(terrachlor)也是解偶联剂。

(三)影响细胞代谢物质合成及其功能

主要包括对核酸、蛋白质、酶的合成和功能以及细胞有丝分裂的影响。

1．影响真菌核酸合成和功能

核酸在菌体中有很重要的作用，一旦核酸的生物合成受到抑制，病原菌的生命将会受到严重影响。核酸是重要的生物大分子化合物，其基本结构单位是核苷酸，核苷酸由核苷和磷酸组成。核苷由戊糖和碱基组成，碱基分为嘌呤碱和嘧啶碱两大类。

药剂对核酸生物合成的影响，按核酸合成的过程来分，主要有两个方面：其一是抑制核苷酸的前体组分结合到核苷酸中去；其二是抑制单核苷酸聚合为核酸的过程。如果要按照抑制剂作用的性质不同来分，则又可分为3类：第一类，是碱基嘌呤和嘧啶类似物，它们可以作为核苷酸代谢拮抗物而抑制核酸前体的合成；第二类，是通过与DNA结合而改变其模板功能；第三类，是与核酸聚合酶结合而影响其活力。

(1)嘌呤和嘧啶类似物

有些人工合成的碱基类似物(杀菌剂或其他化合物)能抑制和干扰核酸的合成。例如，6-巯基嘌呤、硫鸟嘌呤、6-氮脲嘧啶、5-氟脲嘧啶、8-氮鸟嘌呤等。

这些碱基类似物在菌体细胞内至少有两方面的作用。它们或者作为代谢拮抗物直接抑制核苷酸生物合成有关的酶类；或者通过掺入到核酸分子中去，形成所谓的“掺假的核酸”，形成异常的DNA或RNA，从而影响核酸的功能而导致突变。这一类杀菌剂多为碱基类似物，它们都要变成其核苷酸形式后才能发挥作用，可能是通过负反馈抑制了正常核苷酸途径中的某种限速酶的活性，比如，苯菌灵、多菌灵等苯并咪唑类杀菌剂与菌体内核酸碱基的化学结构相似，而代替了核苷酸的碱基，造成所谓“掺假的核酸”，核苷酸聚合为核酸的阶段受阻。曾经作为防治水稻白叶枯病的药剂叶枯散，也是抑制C14腺苷向枯草杆菌DNA部分的摄入，抑制DNA的合成。

(2)DNA模板功能抑制剂

某些杀菌剂或其他化合物由于能够与DNA结合，使DNA失去模板功能，从而抑制其复制和转录。有3类起这种作用的药剂：烷基化试剂，如二(氯乙基)胺的衍生物、磺酸酯以及乙撑亚胺类衍生物等，它们带有一个或多个活性烷基，能使DNA烷基化。抗生素类，如放线菌素D、灰黄霉素、四霉素等，直接与DNA作用，使DNA失去模板功能。某些具有扁平结构的芳香族发色团的染料可以插入DNA相邻碱基之间。例如，吡啶环，其大小与碱基相差不大，可以插入双链使DNA在复制中缺失或增添一个核苷酸，从而导致移码突变。它们也抑制RNA链的起始以及质粒复制。

(3)核酸合成酶的抑制

核酸是由单核苷酸聚合而成的，这种聚合需有聚合酶的催化。有些杀菌剂能够抑制核苷酸聚合酶的活性，结果导致核酸合成被抑制。例如，抗生素利福霉素和农用硫酸链霉素等均能抑制细菌RNA聚合酶的活性，抑制转录过程中链的延长反应。

酰基丙氨酸类、丁内酯类、硫代丁内酯类和恶唑烷酮类，其中以酰基丙氨酸类(以甲霜灵为代表)、恶唑烷酮类(以恶霜灵为代表)最重要。这类杀菌剂广泛用于藻菌纲病害(如霜霉病)的防治。关于苯基酰胺类的作用机理，一般认为是抑制了病原菌中核酸的生物合成，主要是RNA的合成。甲霜灵、恶霜灵主要是抑制了对α-鹅膏蕈碱不敏感的RNA聚合酶A，从而阻碍了rRNA前体的转录。

2．影响真菌蛋白质合成

蛋白质的合成在细胞代谢中占有十分重要的地位。蛋白质合成是在核糖体上进行的，它的合成原料是氨基酸，其能量由ATP和GTP提供。杀菌剂抑制蛋白质合成的作用机制大致分3种情况。

(1)杀菌剂与核糖核蛋白体结合，从而干扰tRNA与mRNA的正常结合

氨基酸按遗传信息组成蛋白质，在这个过程中参与的多种因子分别在各种核糖体的特定部位起作用，如果杀菌剂干扰了这一过程的某种作用，必然会影响蛋白质的合成。如放线菌酮的分子与核酸核蛋白体结合，使携带氨基酸的tRNA再不能和核糖核蛋白体结合。春雷霉素浓度下或者与多聚尿苷酸结合，或者阻碍苯丙氨酸-tRNA与核糖体的结合，还强烈地阻碍核糖体30s亚基与甲酰化甲硫氨酸(fMet)-tRNA的结合，从而阻抑肽链合成的起始。氯硝胺、稻瘟散等均具有这种类似功能。

(2)蛋白质合成酶的活性受到抑制

如果催化蛋白质合成的酶其活性受到杀菌剂的抑制，必然也会影响蛋白质的合成。例如，异氰酸酯类化合物能与某些蛋白质合成酶中的-SH作用，结果抑制了酶的活性。还有一些与氨基酸相类似的化合物也会影响蛋白质的合成，如对氟苯基丙氨酸，这很可能也是一种负反馈调节作用的结果。

1996年马忠华等研究发现，嘧啶胺类杀菌剂在离体条件下对病菌的抗菌性很弱，但用于寄主植物上却表现出很好的防治效果，该类药剂能抑制病原菌甲硫氨酸的生物合成和细胞壁降解酶的分泌，而甲硫氨酸是菌体细胞蛋白质合成的起始氨基酸，从而影响病菌侵入寄主植物。嘧菌胺(mepanipyrim)的作用机理是抑制病原菌蛋白质分泌，包括降低一些水解酶水平，据推测这些酶与病原菌进入寄主植物并引起寄主组织的坏死有关。

(3)间接影响蛋白质合成。

杀菌剂与DNA作用，阻碍DNA双链分开。萎锈灵首先由于抑制菌体细胞内的生物氧化而引起ATP的减少，破坏了蛋白质合成的必要条件之一能量供给，所以也就阻碍了蛋白质的合成。

(4)原料的“误认”影响正常蛋白质的合成。

青霉素与丙氨酰丙氨酸的主体结构很相似，后者是细胞壁重要组分黏肽的前身化合物分子结构中的一部分。由于相似结构的青霉素被误认而掺入“错误的”合成蛋白质中，结果影响正常的蛋白质合成。

3．影响真菌体内酶的合成和活性

酶是一切生物的催化剂，控制着微生物生化反应，酶一旦失活，引起催化效率降低或性能丧失，从而使其所催化的生化反应无法正常进行，并影响相关的生化反应，导致微生物的能量代谢和物质代谢受阻，从而达到抗菌的目的。目前研究较多的菌体内酶包括：黑色素合成还原酶、β-1, 3-葡聚糖合成酶、多功能氧化酶、几丁质合成酶、丙酮酸脱羧酶、琥珀酸脱氢酶。

黑色素合成还原酶抑制剂，如三环唑(tricyclazole)和四氯苯酞(phtha1ide)等已被用于防治水稻稻瘟病。稻瘟病的病原菌附着胞的黑色素为致病侵染过程中所必需的细胞结构，抑制病原菌黑色素的生物合成便成了控制该病害的一种有效途径。黑色素的生物合成过程是在还原酶和脱水酶的催化下进行的，其中的小柱孢酮脱水酶(Scytalone Dehydratase, SD)抑制剂是一类作用靶标新颖的杀菌剂，只抑制病原菌的侵染而不影响病原菌及其他非靶标生物的生长。2003年李林等报道，由巴斯夫公司(原美国氰胺公司)发现的氰菌胺(zarilamid)也属于黑色素生物合成抑制剂(MBI)，该药剂能有力地抑制稻瘟菌丝的附着胞进入水稻植株体内，同时还能抑制病灶部位致病孢子的释放，从而阻止稻瘟病致病菌(*Fyricularia oryzae*)的侵染。

吡咯类抗菌剂来源于天然产物硝吡咯菌素，是非内吸性的广谱抗菌剂，其作用机理是通过抑制葡萄糖磷酰化有关的转移酶，并抑制真菌菌丝体的生长，最终导致病菌死亡。因其作用机理独特，故与现有抗菌剂无交互抗菌性。克菌丹(captan)抑制丙酮酸脱羧酶的反应，把辅酶氧化为二硫化硫胺素，从而使酶失活。罗门哈斯公司开发的噻氟酰胺(trifluzamide)，是琥珀酸酯脱氢酶抑制剂，在三羧酸循环中抑制琥珀酸酯脱氢酶的合成。对丝核菌属、柄锈菌属、黑粉菌属、腥黑粉菌属、伏革菌属和核腔菌属等致病真菌均有活性，对担子菌纲真菌引起的病害如立枯病等有特效。

此外，重金属能使大多数酶失活，有人认为是正价的重金属离子与蛋白质的N和O元素络合后，破坏酶蛋白分子的空间构象；也可能是重金属离子与-SH基反应，替换出质子，甚至破坏或置换维持酶活力所必需的金属离子，如Mg^{2+}，Fe^{3+}和Ca^{2+}等。进入细胞内的金属离子也可以与核酸结合，破坏细胞的分裂繁殖能力。Ag可使氧活化为过氧离子、过氧化氢和氢氧基而起到杀菌作用。

4．影响真菌细胞有丝分裂

有丝分裂后期细胞内产生的纺锤丝会拉着染色单体移向两极，从而将染色体平均分配到两个子细胞中去。若这一步受到阻碍，则会使一个细胞中形成多核，从而影响菌体的生长。

例如，灰黄霉素(griseofolvin)在核分裂时阻抑纺锤丝的形成，诱导产生多极性分裂，并产生大小不同的多核，有时会在一个细胞内产生巨大的核。细胞膜是由单位膜组成，主要含脂质，蛋白质也是重要成分，另外还有甾醇和一些盐类，是细胞的选择性屏障。某些杀菌剂作用于细胞质膜，从而破坏其选择性屏障作用，造成细胞内物质的泄漏。

多菌灵能与纺锤丝的组成成分微管蛋白结合，而导致不完全分裂，在一个细胞中形成多核，染色体不完全分离，形成不规则的染色体。菌丝的生长往往受到抑制，分枝弯曲，在生长中的菌丝先端几丁质的形成受到妨碍。苯并咪唑类杀菌剂是使细胞分裂不正常的典型，它通过干扰病原菌的有丝分裂中纺锤体的形成，从而影响病原菌的细胞分裂过程。喹菌酮渗进细菌细胞内抑制DNA旋转酶，这种酶能保持DNA的超螺旋结构。

(四)诱导植物自身调节

该类杀菌剂多数是被寄主植物吸收或参与代谢，产生某种抗病原菌的特异性“免疫物质”；或者进入植物体内被选择性病原菌代谢，产生对病原菌有活性的物质(称为“自杀合成”物质)来发挥杀菌作用，这种杀菌剂又称为抗原剂或抑菌剂。目前发现，该类杀菌剂应用后可诱导植物产生系统抗性，即植物被环境中的非生物或生物因子激活，产生了对随后的病原菌侵染有抵抗的特征。系统可诱导植物防卫有关的病程相关蛋白(PR-蛋白，如：几丁质酶、β-1, 3-葡聚糖酶、SOD酶及PR-蛋白)的活性增强，植保素的积累、木质素的增加等。由于不直接作用于病原菌，抗药性发展的风险大大减轻。

1983年Scheffer研究发现，用枯草芽孢杆菌的培养滤液可以诱导大麦产生抵御白粉病菌侵染的特性，并使其产量增加。1995年韩巨才等报道，嘧啶核苷类抗菌素是一种碱性核苷类农用抗生素，能显著提高西瓜幼苗体内的过氧化氢酶活性和叶绿素含量的升高，而过氧化氢酶活性的高低与西瓜抗枯萎病能力成正相关。因此嘧啶核苷类抗菌素是通过提高植物自身的免疫力起到抗病作用的。

2001年张穗等研究发现，井冈霉素A可以刺激水稻植株在未喷药部位产生防御水稻纹枯病的作用，且能够持续诱导植物防御反应相关酶过氧化物酶(PO)和苯丙氨酸解氨酶(PAL)的活性增高，并且这种防御作用是其自身的抑菌作用和诱导植株产生抗性防卫反应协同作用的结果，表明该药剂具有激发水稻抗性防卫反应表达的特性。

二、铜类杀菌剂

铜类杀菌剂的历史十分悠久，自1761年Schulthees采用硫酸铜防治小麦腥黑穗病至今已有200多年的历史，1885年法国人Milharde研究开发成功著名的波尔多液，以波尔多液为代表的铜素杀菌剂在果园使用，已有100余年的历史，由于对人、畜安全，病菌的抗药性发展缓慢，长期以来被人们广泛使用。铜类制剂也从最初单一的波尔多液，发展到现在的多种无机铜类杀菌剂、有机铜类杀菌剂及复合型铜类杀菌剂，使用范围更广泛、更安全、更方便，因而全面正确认识铜类杀菌剂，有助于合理地选择和使用，更好地发挥其效能。

(一)铜类杀菌剂的作用机理

铜类杀菌剂的杀菌机理有以下3个方面的说法：①铜离子进入病菌细胞使其蛋白质凝固或变性；②铜离子与病原菌细胞的巯基(-SH)反应，从而破坏其酶作用，使酶失去活性；③铜离子与病原菌细胞膜的正常离子(H^+、Ca^{2+}、Mg^{2+}、K^+等)起置换作用，使膜上的蛋白质凝固，因而铜类杀菌剂具有较宽的杀菌谱，可防治苹果、梨、桃、葡萄、杏、李等多种果树的真菌和细菌病害，并且病菌的抗药性形成缓慢。国内外试验表明铜离子10mg/kg即可杀死致病菌，超过30mg/kg对敏感性植物即产生药害。

对于铜类杀菌剂其铜离子释放的作用机理一般认为：①空气中含有的二氧化碳和氮氧化物带有酸性，在有水状态下，促使铜类杀菌剂释放铜离子；②植物体本身的分泌物也促使铜类杀菌剂的离解；③植物病原物的分泌素杀菌剂离解；④处理种子的铜制剂，由于土壤蛋白质分解的作用以及种子和土壤中孢子萌发过程产生的分泌物也有一定的关系。正因为不易产生抗药性又有持久的作用力，且近年开发的铜素杀菌剂往往采用离解常数较小的铜化合物，经植保专家的反复试验，采用保守的使用倍数，已大大增强了对作物的安全性。

铜类杀菌剂多数品种属保护性杀菌剂，少数品种有保护和治疗双重作用，一般施药必须在植物发病前或发病初期，而且必须均匀周到，才能发挥好保护作用。有些果树，如梨、桃、杏、李及苹果的某些品种对铜离子敏感，特别是在阴湿和露水未干时、盛夏高温及花期，施用无机铜类杀菌剂易产生药害，应注意药剂中铜的含量。

(二)铜类杀菌剂的主要品种

硫酸铜 copper sulphate

其他名称 蓝矾；胆矾；五水硫酸铜；cupric sulfate；Blue Vihing。

化学名称 五水硫酸铜(Cupric sulfate pentahydrate)。

结构式

$$CuSO_4 \cdot 5H_2O$$

理化性质 为蓝色结晶、无嗅。相对密度2.29，易溶于水，100g水能溶解硫酸铜的克数为：0℃14.8g，10℃17.3g，20℃20g，30℃25g，50℃33.5g，100℃77.4g。工业用硫酸铜，一般纯情度在96%以上(一级品)，含量在93%为二级品，硫酸铜在空气中会逐渐风化失去部分结晶水而褪色，加热至45℃失去2分子结晶水，110℃失去4分子结晶水，258℃时即失去全部结晶水，变成白色无水硫酸铜粉末($CuSO_4$)，吸潮后还可恢复原来的蓝色含水硫酸铜，所有这些变化，均不影响其质量。在过于潮湿条件下，硫酸铜也会潮解，但不影响药效。硫酸铜的水溶液呈蓝色、显酸性，游离硫酸含量不超过0.25%，水不溶物含量不大于0.45%。硫酸铜与碱性溶液作用能产生不同颜色的沉淀，若与苛性钠或苛性钾作用，则可生成天蓝色的氢氧化铜沉淀。

毒　　性 对人、畜毒性中等，对黏膜有腐蚀作用。口服1～2g可引起中毒，10～20g能危及生命，但少剂量0.2～0.5g可作催吐剂，大白鼠急性经口LD_{50}为300mg/kg，对鱼类高毒。

剂　　型 96%以上结晶粉末、27.12%悬浮剂。

作用特点 杀藻剂和叶面保护性杀菌剂，能防止孢子萌发。可用于稻田、池塘、鱼孵卵池、游泳池等灭藻，保护和治疗各种病害，可与石灰形成常用杀菌剂石硫合剂，可用在木材上防腐。具有较高活性的广谱保护性杀菌剂，硫酸铜水溶液，含有杀菌力很强的铜离子(Cu^{2+})，主要用于防治果树、麦类、水稻、马铃薯、蔬菜及其他经济作物上的多种真菌和细菌病害，效果良好，一般在发病前使用，对锈病和白粉病等部分病害的效果差。铜素杀菌剂的杀菌原理是游离铜离子与病菌细胞膜上含–SH基团的酶起作用，使酶失去活性；以及与膜表面的阳离子(H^+、Ca^{2+}、Mg^{2+}、K^+等)交换，使膜上的蛋白质凝固，因而铜素杀菌剂具有较宽的杀菌谱，并且病菌的抗药性形成缓慢。该药对大多数植物有药害，仅用于休眠期的果树和对铜离子耐力强的作物上。

应用技术 硫酸铜是一种预防性杀菌剂，须在发病前使用。铜离子对植物易引起药害，仅在对铜离子忍耐力强的作物如马铃薯、葡萄上可直接稀释使用，其他作物一般不宜直接使用。

资料报道，防治小麦腥黑穗病、大麦褐斑病、坚黑穗病，用27.12%悬浮剂0.5kg，加水125～250kg，配成水溶液浸种3～5h；防治水稻烂秧，用27.12%悬浮剂500～1 000倍液浸种24h，捞起后再用清水浸种，然后进行催芽、播种；防治水稻秧苗绵腐病，发病前，用27.12%悬浮剂1 000倍液喷雾；防治水稻秧田青苔，用96%结晶粉200～250g/亩，用纱布袋装好，放在秧田入水口，让流水逐渐将硫酸铜溶解带入田内。

防治番茄青枯病，发病前，用27.12%悬浮剂500倍液灌根，每株用药液250ml；防治番茄晚疫病，发病前，用27.12%悬浮剂100倍液涂抹病斑，3～5d涂抹1次；防治辣椒疫病，发病前，用27.12%悬浮剂500倍液灌根，每株用250ml；防治茄子黄萎病，发病前，用27.12%悬浮剂500倍液灌根，每株用药液250 ml；防治黄瓜霜霉病，发病前，用96%结晶粉、肥皂和水配制成皂液，配制比例是硫酸铜：肥皂：水为1：4：800(如肥皂质量不好，可按1：6：800配制)，喷雾防治；防治黄瓜枯萎病，发病前，用27.12%悬浮剂500倍液灌根，每株用药液250ml；防治马铃薯晚疫病，发病前，用27.12%悬浮剂500～1 000倍液喷雾；防治棚室蔬菜的根部病害，用96%结晶粉2kg/亩，加入碳酸氢铵0.7kg，碾细、混匀，密封24h，定植前均匀撒入，缓苗后，结合浇水，将其溶解，随水冲入。

注意事项 李、桃、梨对硫酸铜敏感，易产生药害，慎用。硫酸铜与铁会起化学反应，所以盛装药剂的容器，配制及使用的工具都不应使用铁器。如果只有铁质喷雾器时，应在铁桶内壁涂上一层蜡或漆，使药液尽量不与铁接触。硫酸铜不易溶解，使用前应先配制成水溶液再稀释。配制铜皂液应现配现用，不能存放，以免引起沉淀而失效。对农作物叶面易产生药害，使用时应注意喷洒均匀。储运时严防受潮和日晒，不能受雨淋，并不能与食物、种子、饲料混放，已经浸种处理的种子不能食用和作饲料，经口中毒，立即催吐、洗胃，可服蛋白质解救。解毒剂为依地酸二钠钙，并配合对症治疗。

开发登记 辽宁省沈阳丰收农药有限公司、四川国光农化有限公司等企业登记生产。

氢氧化铜 cupper hydroxide

其他名称 可杀得；冠菌清；冠菌乐；菌标；杀菌得；绿澳铜；克杀多；Kocide。

化学名称 氢氧化铜。

理化性质 有效成分为蓝色凝胶或无定形的蓝色粉末，在冷水中不可溶，热水中可溶，溶于酸、NH_4OH、KCN。性质稳定，耐雨水冲刷。

毒　　性 原药大白鼠急性经口LD_{50} > 1 000mg/kg，兔急性经皮LD_{50} > 3 160mg/kg，大白鼠急性吸入LC_{50} > 2 000mg/m^3。对兔眼睛有较强刺激作用，对兔皮肤有轻微刺激作用。按我国毒性分级标准属低毒农药。对人、畜安全，而且没有残留问题，在作物采收期仍可继续使用。

剂　　型 53.8%、77%可湿性粉剂，53.8%、46%水分散粒剂，37.5%悬浮剂。

作用特点 氢氧化铜是广谱保护性无机铜类杀菌剂，主要通过铜离子对病原菌的毒杀产生效果。最好在病原菌侵入前使用，对真菌性病害有良好的杀菌作用，对细菌性病害也有效。作用原理与其他无机铜相同，主要是药剂喷洒在植物表面后，由于植物在新陈代谢过程中分泌酸性液体，以及病菌侵入植物细胞时分泌的酸性物质，使氢氧化铜转化为可溶物，产生少量可溶性Cu^{2+}，Cu^{2+}进入病菌细胞后，使细胞的蛋白质凝固。同时Cu^{2+}还能使细胞中某种酶受到破坏，因而妨碍了代谢作用的正常进行。Cu^{2+}还能与细胞质膜上的阳离子(H^{+}、Ca^{2+}、K^{+}、NH^{2+})发生交换吸附而使之中毒。不同的结晶形态对药效的发挥影响大，其中多孔针形的结晶由于比表面大而效果较好。

应用技术 可用于防治烟草、茶树、辣椒、茄子、黄瓜、姜、苹果、葡萄、葡萄、芒果、马铃薯、柑橘等作物的真菌和细菌性病害，如霜霉病、白粉病、疫病、叶斑病、细菌性溃疡病、黄瓜细菌性角斑病等，必须在作物病害发生前或早期施药才能收到良好效果。以77%可湿性粉剂为例，一般为600～1 000倍液。

以46%水分散粒剂为例，防治柑橘：于梢1.5cm左右时第一次施药，连续3次，间隔10～15d，安全间隔期21d。黄瓜：建议在作物发病前使用，茎叶喷雾覆盖全株，每次用药间隔7～10，每季最多3次，安全间隔期3d。番茄、辣椒：建议在作物发病前使用，茎叶喷雾覆盖全株，每次用药间隔7～10d，每季最多3次，安全间隔期5d。马铃薯、烟草：建议发病前保护性用药，茎叶喷雾覆盖全株，每次用药间隔7天，每季最多3次，安全间隔期7d。姜：移栽后发病前，每株姜用200～300ml液顺茎基部均匀喷淋灌根，每次用药间隔15d，连续灌根3次。安全间隔期28d。保证药液浸透周围土壤。葡萄：建议发病前保护性用药，茎叶喷雾覆盖全株，每次用药间隔7～10d，每季最多3次，安全间隔期14d。茶叶：建议在作物发病前使用，茎叶喷雾覆盖全株，每次用药间隔7～10d，每季最多2次，安全间隔期5d。可根据发病情况及天气情况调整用药间隔期和用药次数。

另外，据资料报道还可用于防治水稻叶瘟病，在水稻孕穗期，用57.6%干粒剂50～80g/亩对水40～50kg喷雾；防治瓜类的叶斑病、炭疽病、立枯病、霜霉病、灰霉病及西瓜蔓枯病等多种病害，发病初期，用53.8%干悬浮剂1 000倍液喷雾，间隔7～10d1次，用药时间宜在15时后，在不利的气候条件下，应考虑少量多次施用；防治嫁接西瓜细菌性果斑病，用77%可湿性粉剂800倍液浸4h，在用清水冲洗干净，子叶刚开始伸张时用1 200倍液喷雾，嫁接后第7d用1 200倍液喷雾；防治西芹斑枯病，发病前，用53.8%干悬浮剂1 000～1 200倍液喷雾，间隔7d喷1次；防治白菜霜霉病，发病初期，用77%可湿性粉剂600倍液喷雾；防治马铃薯晚疫病，发病前，用77%可湿性粉剂1 000倍液喷雾；防治马铃薯青枯病，用77%可湿性粉剂500～600倍液浸种薯；防治大蒜叶枯病和病毒病，发病前，用25%悬浮剂300～500倍液喷雾；防治山药炭疽病，发病初期，用77%可湿性粉剂400～600倍液喷雾；防治苹果斑点落叶病，发病前，用77%可湿性粉剂600倍液喷雾，不能使用过早以避免产生药害，同时应注意的是红富士有轻微药害，对金帅、乔纳金、嘎拉药害较重，这些品种果树在防治病害时避免使用；防治梨黑星病、黑斑病，发病初期，用77%可湿性粉剂400～600倍液喷雾，视病情隔7～10d喷1次；防治香蕉叶斑病，发病前，用53.8%可湿性粉剂800倍液喷雾；防治人参黑斑病，发病初期，用53.8%干悬浮剂500倍液喷雾；防治芍药灰霉病，发病前，用77%可湿性粉剂500倍液喷雾。

注意事项 喷雾用水的酸碱值需高于6.5。遵守一般农药使用规则。施药时要穿戴防护用具、手套、面罩，避免使药液溅到眼睛和皮肤上，避免口鼻吸进，施药后用肥皂洗手、洗脸。清洗喷雾器的废水不可污染河流、井水、湖泊及其他开放性水源。使用后的空袋在当地法规容许下焚毁或深埋。开花作物花期禁止施用，桑蚕养殖区不得使用。药液及其废液不得污染各类水域、土壤等环境。本品对鱼和水生生物有害，不要施用于水边的田地或洼地。施药区域的飘移和径流作用可能对相连区域的鱼类和水生生物产生危害。建议与其他作用机制不同的杀菌剂轮换使用。

开发登记 美国杜邦公司、陕西汤普森生物科技有限公司、陕西上格之路生物科学有限公司、深圳诺普信农化股份有限公司等企业登记生产。

碱式硫酸铜 copper sulfate basic

其他名称 铜高尚；绿得保；保果灵；杀菌特；得宝；绿信。

化学名称 碱式硫酸铜。

结 构 式

$$CaSO_4Cu(OH)_2 \cdot 5H_2O$$

理化性质 原药为浅蓝色黏稠流动悬浊液，悬浮率大于90%，pH值6～8，在常温条件下贮存3年稳定，粒度细，质量稳定，可与水以任意比例混合形成相对稳定的悬浊液。不含任何有害杂质，不易产生药害，耐雨水冲刷，在植物表面不留任何残留物。

毒 性 大雄鼠急性毒性经LD_{50}为2 450mg/kg，大雌鼠急性经口LD_{50}为3 160mg/kg。小雄鼠急性经口毒性LD_{50}为2 370mg/kg，小雌鼠急性经口毒性LD_{50}为2 710mg/kg，80%可湿性粉剂经皮LD_{50}为794～1 470mg/kg，大鼠急性经皮LD_{50}＞5 000mg/kg；30%悬浮剂大鼠急性经口LD_{50}为511～926mg/kg，大鼠急性经皮LD_{50}＞10 000mg/kg。按我国农药分级标准属低毒农药。但对蚕有毒。

剂 型 27.12%悬浮剂、30%悬浮剂、50%可湿性粉剂、80%可湿性粉剂。

作用特点 广谱性无机杀菌剂，作用机理是当药剂喷洒在植物表面后，由于植物在新陈代谢过程中分泌酸性液体，以及病菌入侵植物细胞时分泌有酸性物质，使碱式硫酸铜转化为可溶物，产生少量可溶性Cu^{2+}，Cu^{2+}进入病菌细胞后，使细胞的蛋白质凝固。同时，Cu^{2+}还能使细胞中某种酶受到破坏，因而妨碍了代谢作用的正常进行。Cu^{2+}还能与细胞质膜上的阳离子(H^+、Ca^{2+}、K^+、NH_4^+)发生交换吸附而使之中毒。碱式硫酸铜悬浮液具有粒度细小、分散性好、黏附性强、耐雨水冲刷等特点。药液呈碱性。因其粒度细小分散性好，耐雨水冲刷，悬浮剂还加有黏着剂因此能牢固地黏附在植物表面形成一层保护膜，碱式硫酸铜有效成分依靠在植物表面上水的酸化逐步释放铜离子抑制真菌孢子萌发和菌丝发育，可用于防治梨黑星病。

应用技术 该剂是代替波尔多液的低毒、高效杀菌剂，用来防治农作物、蔬菜、果树、经济作物及花卉等的早疫病、柑橘树溃疡病、黄瓜霜霉病、苹果轮纹病及苹果叶斑病、水稻稻曲病、水稻稻瘟病等多种病害，特别对喜水性的真菌，绵霉菌和疫霉菌引起的病害效果好。可用于防治各种作物上的白粉病、枯萎病、叶斑病、角斑病等病害，在作物病害发生前或发病初期用药才能收到良好的效果，以30%悬浮剂为例，一般使用浓度在350～500倍液，隔10～15d施药1次，可连续施药2～6次。

因该药剂主要是保护性杀菌剂，所以在发病前和发病初期使用，防治病菌侵入或蔓延；防治效果的好坏关键在适时用药和喷雾均匀，提早防治，定期防治，喷药前要求将药液搅拌均匀，喷洒时要使植物表面均着药液。

防治水稻稻曲病，发病前，用250～66ml/亩对水40～50kg喷雾。

防治番茄早疫病，用30%悬浮剂350～500倍液喷雾。

防治苹果斑点落叶病、炭疽病、轮纹病等，发病前至发病初期，用30%悬浮剂400倍喷雾，每隔20d用药1次；防治梨黑星病，发病前至发病初期，用30%悬浮剂300～400倍液喷雾，每隔10～15d喷1次。

注意事项 不宜在早晨有露水、阴雨天气或刚下过雨后施药；在温度高时使用浓度要低，以防药害，作物花期易产生药害，不宜使用，对蚕有毒，不宜在桑树上使用。该剂悬浮性较差，贮存后会出现分层现象，用时应摇匀，避免浓度不均而降低药效或产生药害。该剂系非内吸性植物保护剂，不能渗透到植物体内，掌握在发病前喷洒，同时必须均匀周到才能达到最好效果。使用时间宜在6—8月使用，可替代波尔多液。如在4月或5月使用会使果树幼果产生黑点，影响果实质量，对铜离子敏感的作物，应先试验再大面积使用。应注意不能与石硫合剂及遇铜易分解的农药混用。经口中毒，立即催吐、洗胃。解毒剂为依地酸二钠钙，并配合对症治疗。

开发登记 澳大利亚纽发姆有限公司、陕西美邦药业集团股份有限公司等企业登记生产。

氧化亚铜 cuprous oxide

其他名称 靠山；铜大师；copper sandoz。

化学名称 氧化亚铜。

结构式

$$Cu_2O$$

理化性质 有效成分结晶体为红色的八面体，相对密度为6.0，熔点为1 235℃，在冷热水中均可溶，可溶于HCl、NH_4Cl、NH_4OH，微溶于HNO_3，不溶于酒精。在常温下稳定。原药纯度88.89%。溶于氨水，形成盐。溶于稀盐酸中，形成氯化铜。在(干燥)正常条件下稳定，在高温及潮气中氧化形成二价氧化铜，也可转化成碳酸铜。

毒　　性 大鼠急性经口LD_{50}为1 400mg/kg，急性经皮LD_{50}大于4 000mg/kg。对兔皮肤和眼睛有轻微刺激，大鼠亚慢性经口LD_{50}为500mg/kg，ADI为2mg/(kg・d)。对鱼类低毒，LC_{50}水蚤0.06mg/L。LC_{50}(48h，mg/L)小金鱼60，成年金鱼150。对蚯蚓无大危害，对鸟无致病报道。

剂　　型 86.2%可湿性粉剂、86.2%干悬浮剂、86.2%水分散粒剂。

作用特点 保护性为主兼有一定治疗作用的广谱无机铜杀菌剂，有效成分被加工成细微颗粒，具有极强的黏附性，形成保护膜后耐雨水冲刷增强。因制剂中起杀菌作用的单价铜离子含量高，施用量比其他铜制剂少；当真菌或细菌体内蛋白质中的–SH、$-NH_2$、–COOH、–OH等基团与释放的铜离子作用，抑制菌丝生长，破坏病菌繁殖器官，达到杀菌的目的，从而有效地预防作物真菌及细菌病害。由于铜离子逐渐释放出来，具有较好的残效性。

应用技术 对黄瓜霜霉病、葡萄霜霉病、番茄早疫病、柑橘树溃疡病、水稻纹枯病、甜椒疫病、苹果斑点落叶病及轮纹病、荔枝霜疫霉病等，有良好的防治效果。

防治水稻纹枯病，发病前至发病初期，用86.2%可湿性粉剂25～37g/亩对水40～50kg喷雾。

防治番茄早疫病，发病前，用86.2%可湿性粉剂70～97g/亩喷雾；防治黄瓜霜霉病，发病前，用86.2%可湿性粉剂139～186g/亩喷雾；防治甜(辣)椒疫病，发病前，用86.2%可湿性粉剂800～1 000倍液喷雾，视病情间隔7～10d1次。

防治苹果树斑点落叶病、轮纹病，发病前，用86.2%水分散粒剂2 000～2 500倍液喷雾；防治葡萄霜霉病，从6月初开始直到8月下旬，用86.2%可湿性粉剂800～1 200倍液喷雾，视病情或间隔10d左右施药1次，用药3～4次；防治荔枝霜疫霉病，发病前，用86.2%水分散粒剂1 000～1 500倍液喷雾；防治柑橘溃疡病，在春梢和秋梢发病前，用86.2%可湿性粉剂800～1 200倍液，发病初期，用86.2%可湿性粉剂700～800倍液喷雾，间隔7～10d施药1次。

另外，据资料报道还可用于防治水稻稻曲病，发病前至发病初期，用86.2%可湿性粉剂2 000倍液喷雾；防治棉花枯萎病，用86.2%可湿性粉剂以0.8：1 000拌种；防治樱桃褐斑病，发病前，用86.2%可湿性粉剂1 500～2 000倍液喷雾；防治柑橘疮痂病，发病初期，用86.2%可湿性粉剂700～800倍液喷雾，每隔7～12d1次。

注意事项 严格掌握施药期，应在当地农技人员指导下施药，稀释后及时、均匀、周全喷洒；禁止在果树花期及幼果期使用本品。高温季节在保护地蔬菜上最好于早、晚喷施，施药于黄瓜、菜豆等作物上时不要直接喷洒在生长点及幼茎上，以免产生药害。低温潮湿气候条件下慎用。用于对铜类杀菌剂敏感的作物或品种时，宜先作小试。按农药安全使用标准施药，避免接触皮肤和眼睛。阴凉干燥加锁存放，勿放在儿童能接触的地方，不可与食品或饲料共同存放。避免药液及废液流入鱼塘、河流等水域。质量保证期2年。如药剂污染皮肤或溅入眼中，用大量清水清洗。如有误服，服用解毒剂1%亚铁氰化钾溶液，症状严重时可用BAL(二巯基丙醇)。不可与强酸、强碱性农药混用。

开发登记 天津市绿亨化工有限公司、挪威劳道克斯公司等企业登记生产。

氧氯化铜 copper oxychloride

其他名称 王铜；菌物克；禾益万克。

化学名称 氧氯化铜。

结 构 式

$$3Cu(OH)_2CuCl_2$$

理化性质 蓝绿色粉末，含Cu^{2+}57%。熔点300℃(分解)。水中溶解度(pH7，20℃)＜10^{-5}mg/L。不溶于有机溶剂，溶于稀酸，并同时分解。形成Cu^{2+}盐，溶于氨水，形成络合离子。稳定性：在中性介质中稳定，在碱性介质中受热分解形成氧化铜，放出氯化氢；于250℃加热8h后变成棕黑色(失去H_2O和若干$CuCl_2$)，该反应是可逆的。

毒 性 大鼠急性经口LD_{50}为1 700～1 800mg/kg，大鼠急性经皮LD_{50}＞2 000mg/kg，大鼠急性吸入LC_{50}(4h)＞30mg/L；鲤鱼LC_{50}(48h)2.2mg/kg；水蚤LC_{50}(24h)3.5mg/L；对蜜蜂无毒。按我国农药分级标准属低毒农药。

剂 型 30%悬浮剂、37.5%悬浮剂、10%粉剂、25%粉剂、47%可湿性粉剂、50%可湿性粉剂、60%可湿性粉剂、70%可湿性粉剂、84.1%可湿性粉剂、57.6%干粒剂。

作用特点 保护性广谱无机杀菌剂，无内吸和治疗作用，对多种作物真菌和细菌均有效果。喷到作物上后能黏附在植物体表面，形成一层保护膜，不易被雨水冲刷，在一定湿度条件下，释放出铜离子，铜离子被萌发的孢子吸收，当达到一定浓度时，就可以杀死孢子细胞，起到防治病害的作用。作用机理为在作物表面逐步释放二价铜离子(Cu^{2+})，药剂进入病菌细胞后，与病菌蛋白质中的–SH、$-NH_2$、–COOH、–OH等基团起作用，使细胞的蛋白质凝固；同时Cu^{2+}还能使细胞中某种酶受到破坏，因而妨碍了代谢作用的正常进行。Cu^{2+}还能与细胞质膜上的阳离子(H^+、Ca^{2+}、K^+、NH_4^+)发生交换吸附而使之中毒。铜离子使病菌蛋白质发生沉淀或变质，使酶失去活性。

应用技术 据资料报道，可防治水稻纹枯病、白叶枯病，小麦褐色雪腐病，马铃薯晚疫病、早疫病，番茄早疫病、晚疫病，瓜类霜霉病、炭疽病，苹果黑点病，柑橘黑点病、疮痂病、溃疡病、白粉病等。还可用于防治蔬菜、果树、林木等多种作物上的病害，只有在作物病害发生前或早期施药才能收到良好效果。防治花生叶斑病，发病前，用47%可湿性粉剂90～120g/亩对水40～50kg喷雾。防治番茄早疫病，发病初期，用47%可湿性粉剂600～800倍液喷雾；防治番茄青枯病，在定植后，用30%悬浮剂1 000倍液淋根；防治黄瓜细菌性角斑病，发病前至发病初期，用57.6%干粒剂800～1 000倍液喷雾。防治柑橘、橙、柚类溃疡病，发病前，用30%悬浮剂500倍液，从秋梢抽发起连续喷药2～3次，每隔10d1次。

另外，据资料报道还可用于，防治水稻稻曲病，施用时期宜选择破口前7d与破口期2次施药，用30%悬浮剂300～400g/亩对水40～50kg喷雾，对稻曲病病穗病粒均有较好的防效，在大田防治中发现，水稻在扬花期施药有轻微药害，主要表现在部分稻粒及稻叶上有小黑点，推广中应避免在扬花期施用；防治烟草野火病，发病前，用47%可湿性粉剂2 000～2 500倍液喷雾。防治西瓜枯萎病，发病前，用50%可湿性粉剂400～600倍液喷雾；防治辣椒疫病，发病前，用37.5%悬浮剂600～1 000倍液喷雾；防治姜瘟，播种前，用30%悬浮剂800倍液浸6h；防治芦荟炭疽病，发病前，用30%悬浮剂600倍液喷雾。防治苹果轮纹病，发病前，用30%悬浮剂600倍液喷雾；防治葡萄霜霉病、白粉病，发病前，用30%悬浮剂500倍液喷雾；防治荔枝花穗干枯病，发病前，用30%悬浮剂600倍液喷雾；荔枝园清园，用70%可湿性粉剂1 200～1 500倍液；防治槟榔细菌性条斑病，发病前，用30%悬浮剂500倍液喷雾。

注意事项 不能与石硫合剂等碱性药剂混用，放置时间较长时稍有分层，但不会失效，用时搅匀即可。白菜、豆类对铜较敏感，应注意不要使用高浓度药液。与春雷霉素的混剂对于苹果、葡萄、大豆和藕等作物的嫩叶敏感，因此一定要注意浓度，宜在下午4时后喷药，避免在高温下使用过高的浓度喷雾，避免在阴湿天气或露水未干前施药，以免发生药害。施药后24h内遇大雨应重喷，安全使用间隔期，在蔬菜上为1d，在柑橘上为30d。

开发登记 浙江瑞利生物科技有限公司、江西正邦生物化工股份有限公司等企业登记生产。

硝基腐植酸铜 nitrohumic acid+copper sulfate

其他名称 菌必克；真菌净；HA-Cu。

化学名称 硝基腐植酸铜。

理化性质 原药为黑色粉末，组成均匀，不应有结块。不溶于水，易溶于稀碱溶液。相对密度为1.22～1.34。

毒　　性 急性经口LD_{50}＞8 250mg/kg(大白鼠)，急性经皮LD_{50}＞10 000mg/kg(大白鼠)。

剂　　型 30%可湿性粉剂、2.12%水剂、2.2%水剂。

作用特点 本品为广谱保护型杀菌剂，主要作用机理是铜离子使病原菌细胞膜上的蛋白质凝固，同时部分铜离子渗透进入病原菌细胞内毒害含-SH的酶，使菌体的生化活动中止而杀死病菌，该药无内吸作用。

应用技术 对作物真菌性病害和细菌性病害均有很好的防治效果。防治黄瓜细菌性角斑病，发病前，用30%可湿性粉剂400～600倍液喷雾。

开发登记 齐齐哈尔华丰化工有限公司等企业曾登记生产。

琥胶肥酸铜 copper (succinate+glutarate+adipate)

其他名称 二元酸铜；copper succinate；copper glutarate；copper adipate；DT杀菌剂；琥珀酸铜。

化学名称 ①丁二酸铜；②戊二酸铜；③己二酸铜。

结 构 式

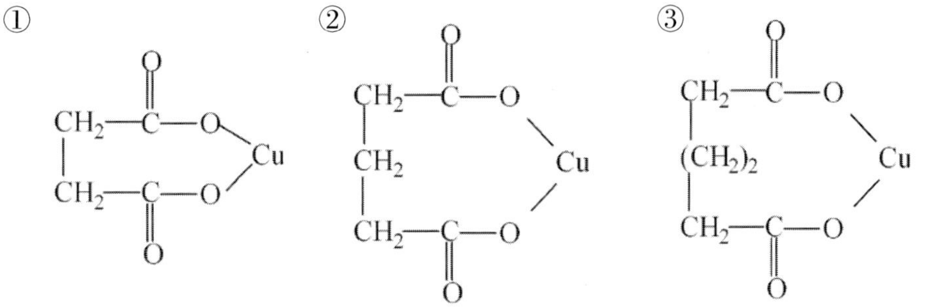

① ② ③

理化性质 二元酸铜为有效成分是丁二酸铜、戊二酸铜、己二酸铜的混合物。纯品外观为淡蓝色固体粉末，pH值6.5～7.0，相对密度1.43～1.61。二元酸铜含量92%以上，有效铜含量31%～32%，游离铜小于2%，水中溶解度不超过0.1%。在酸碱中性范围内稳定，储存期有效成分稳定。

毒　　性 低毒杀菌剂。小鼠急性经口LD_{50}为2 646mg/kg，残留量为0.546～0.936mg/kg，符合国家标准(国颁食用水含铜标准3mg/L)。试验剂量内未见致突变和致畸作用，对繁殖未见不利影响。

剂　　型 30%可湿性粉剂、50%可湿性粉剂、30%悬浮剂。

作用特点 保护性杀菌剂，杀菌机制是铜离子与病原菌膜表面上的阳离子K^+、H^+等交换，使病原菌细胞膜表面上蛋白质凝固，同时部分铜离子渗到病原菌细胞内与某些酶结合，影响其活性。

应用技术 资料报道，可用于防治水稻稻曲病、黄瓜细菌性角斑病、茄子黄萎病等多种病害。防治水稻稻曲病，在水稻分苞末期，用30%可湿性粉剂400～500倍液喷雾，间隔7d再喷1次。防治茄子黄萎病，在定植缓苗后、发病前，用30%可湿性粉剂350～400倍液灌根，每株灌药液0.25～0.5kg，灌后覆土，间隔7～10d，灌根2～3次；防治黄瓜细菌性角斑病，发病初期，用30%可湿性粉剂500倍液喷雾，间隔5～7d1次；防治西瓜角斑病，发病前，用30%可湿性粉剂300～500倍液喷雾。防治柑橘溃疡病，发病前，用30%可湿性粉剂300～500倍液喷雾。

注意事项 施药时要选择晴朗天气，避免中午高温喷药。不可随意加大药液浓度，否则易产生药害。喷药时应随时摇晃药液，以免产生沉淀，影响药效。施药时不能抽烟、喝酒、吃东西，施药后立即洗手洗脸，如发生中毒事故，要立即请医治疗，施药后各种工具要清洗干净，清洗液和包装物妥善处理。药剂应贮存在干燥、避光、通风良好的地方。不能与食品及日用品一起运输和储存。

开发登记 辽宁省沈阳丰收农药有限公司、广东省罗定市生物化工有限公司等企业曾登记生产。

络氨铜 cuaminosulfate

其他名称 胶氨铜；消病灵；多效灵。

化学名称 硫酸四氨络合铜。

结 构 式

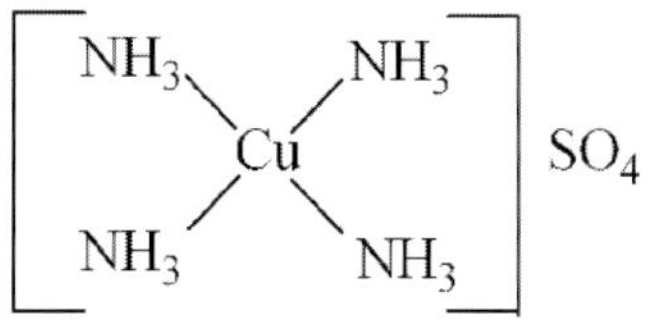

理化性质 密度1.23g/ml；沸点110℃；pH值8.5～9.5；易溶于水。

毒　　性 急性毒性经口大白鼠雌雄LD_{50}为4.3g/kg，经皮，大白鼠雌雄LD_{50}为21.5g/kg。鱼类毒性：鲤鱼TLm为13.3mg/L。

剂　　型 7.5%、14%、15%、25%水剂，14.5%可溶粉剂，15%可溶粉剂。

作用特点 络氨铜以多元螯合剂、氨基酸和微量元素制成的络合物，具有防病治病和促进作物生长的效果。是集杀菌、防病、助长、增产于一体的高效、低毒、安全、广谱性农用杀菌剂。主要通过铜离子发挥杀菌作用，铜离子与病原菌细胞膜表面上的K^+、H^+等阳离子交换使病原菌细胞膜上的蛋白质凝固，同时部分铜离子渗入病原菌细胞内与某些酶结合影响其活性，对棉苗、西瓜等的生长具一定的促进作用，起到一定的抗病和增产作用。对各种农作物、蔬菜、果树上的多种真菌及细菌所引起的病害，如白粉病、立枯病、枯萎病、根腐病等，均有显著的预防和治疗效果。施用于作物后，病株能在短期内消除病状并恢复正常生长，无病株可提高抗病能力，促进植物快速生长，在瓜类、果树上使用，还具有增加甜度的作用。

应用技术 可以用于多种作物病害，如，小麦白粉病、锈病、全蚀病；水稻稻曲病、纹枯病、烂秧病、白叶枯病；棉花立枯病、炭疽病、角斑病、黄萎病、枯萎病；番茄斑枯病、早疫病；蔬菜霜霉病、炭疽病；西瓜和黄瓜的枯萎病、炭疽病、霜霉病；苹果腐烂病、小叶、黄叶病；柑橘溃疡病等。

防治水稻稻曲病，在破口前7d和破口期，用15%水剂250～300ml/亩对水40～50kg喷雾；防治棉苗立枯病、炭疽病，播种前，用25%水剂3.96～5.28g拌种1kg，能提高棉花种子的出苗率7%～10%，在棉花出苗后，用25%水剂500～600倍液喷雾，每隔10d1次，保苗率在52%～62%。

防治西瓜枯萎病，发病前，用25%水剂400～600倍液灌根，每株灌药液0.8～1g/株。

防治苹果干腐病，方法是用锋利刮刀刮除病疤，刮疤大小要求略越过原疤，立茬棱形，切面光滑，然后涂药，即用25%水剂100倍液加50%多菌灵可湿性粉剂100倍液加70%甲基硫菌灵可湿性粉剂100倍液加黄油200倍液(先将络氨铜、多菌灵、甲基硫菌灵配好后再加入黄油，静置2h后，黄油自动溶解)，直接涂于患部，7～10d后再涂1次，即可痊愈；防治柑橘树溃疡病，发病前，用15%水剂200～300倍液喷雾。

另外，据资料报道还可用于，防治花生根腐病、茎腐病，播种前，用15%水剂400～500倍液浸种；防治烟草黑胫病，发病前，用15%水剂300倍液浇灌；防治茶树油斑病，发病前，用15%水剂150～250倍液喷雾。

资料报道，防治黄瓜细菌性角斑病，发病初期，用14%水剂250倍液喷雾，间隔7～10d1次；防治大白菜细菌性黑腐病，播种前，用25%水剂300倍液浸种20min；防治莴苣软腐病，发病前，用14%水剂300～350倍液喷雾。防治苹果斑点落叶病，在苹果开花后，用14.5%可溶粉剂1 000倍液喷雾，每隔7～10d1次；防治果树圆斑根腐病、烂根病，用25%水剂70mg加水120kg/株灌根；防治苹果轮纹病、霉心病，盛花期和谢花后各1次，用25%水剂1 000～1 200倍液喷雾；防治梨黑星病、梨轮纹病、梨黑斑病，开花期和盛花后期各1次6月下旬至7月上旬，用25%水剂1 000倍液喷雾；防治杏疮痂病，谢花后1周及发病前，用14.5%可溶粉剂1 000倍液喷雾；防治葡萄穗轴褐腐病，葡萄发芽后、开花前、开花后各喷1次，用14.5%水溶性粉剂800～1 000倍液喷雾。

注意事项 不宜与酸性农药混施，16时后喷洒为宜，喷后6h内遇雨应重喷。在气候炎热情况下应采用说明书中的最大稀释倍数，采收前15d停止施药。本品存放于干燥阴凉处，水稻在扬花期施用络氨铜有轻微药害产生，主要表现在部分稻粒及稻叶上有小黑点，示范推广中应避免在扬花期施用，如中毒可按无机铜急救处理。

开发登记 陕西先农生物科技有限公司、东莞市瑞德丰生物科技有限公司、上海绿泽生物科技有限责任公司等企业登记生产。

乙酸铜 copper acetate

其他名称 醋酸铜。

化学名称 乙酸铜。

结 构 式

$$(CH_3COO)_2Cu \cdot H_2O$$

理化性质 一水化合物为蓝绿色粉末状结晶，溶点110℃，240℃时脱去结晶水。密度1.882g/cm^3；干品密度1.93g/cm^3；溶解度为冷水7.2g/100g、热水20g/100g、乙醇7.14g/100g；溶于乙醚。

毒　　性 对人、畜毒性中等，对黏膜有腐蚀作用。对鱼类高毒。

剂　　型 20%可湿性粉剂等。

作用特点 广谱、保护性杀菌剂，主要通过醋酸和铜离子对病原菌的毒杀产生效果。最好在病原菌侵入前使用，对植物的真菌有良好的杀菌作用，对细菌性病害也有效。直接抑制和破坏核酸和脂蛋白（病毒的主要组分）的形成，直击靶标。能激活植物自身的防卫反应，对黄瓜猝倒病有较好的防治效果。

应用技术 可用于防治花生、茶树、辣椒、茄子、黄瓜、葱、马铃薯、苹果、葡萄、柑橘等作物的真菌和细菌性病害。

防治稻田水绵，用20%可湿性粉剂100～120g/亩对水40～50kg喷雾。

防治黄瓜猝倒病，发病前，用20%可湿性粉剂1 000～1 500g/亩对水浇灌苗床。

防治柑橘溃疡病，在柑橘的夏梢萌发后，用20%可湿性粉剂800～1 000倍液喷雾。

注意事项 施药时要选择晴朗天气，避免中午高温情况下喷药。不可随意加大药液浓度，否则易产生药害。药剂应储存在干燥、避光、通风良好的地方。不能与食品及日用品一起运输和储存。对金属器皿有腐蚀作用。

开发登记 山东潍坊双星农药有限公司、山东省青岛瀚生生物科技股份有限公司、山东绿丰农药有限公司、江西中迅农化有限公司等企业登记生产。

松脂酸铜

其他名称 绿乳铜；佳达宁；绿菌灵。

化学名称 1,2, 3,4,4α,9,10,10α-八氢化-1,4α-二甲基-7-异丙基-1-菲羧酸铜。

结 构 式

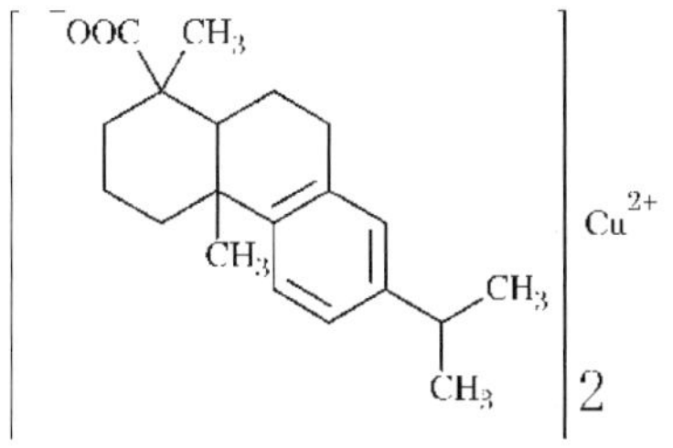

$^{-}$OOC　CH_3　…　Cu^{2+}　CH_3　CH_3　CH_3　2

理化性质 原药外观为浅绿色粉状物，相对密度0.207，熔点173～175℃，溶解度：水＜1g/kg。制剂外观为均一的蓝绿色油状液体，用水稀释后为蓝色乳状液。

毒　　性 大鼠急性经口LD_{50}为5 946.3mg/kg，大鼠急性经皮LD_{50}＞2 100mg/kg。

剂　　型 12%、16%、18%、20%、23%、30%乳油，12%、15%悬浮剂，20%水乳剂，20%可湿性粉剂。

作用特点 本品是由松脂酸铜原药、溶剂和乳化剂复配而成的一种可代替波尔多液的杀菌剂对葡萄霜霉病等有很好的防治效果。松酯酸铜药液喷洒在作物表面时，能迅速形成一层黏着良好的“药膜”，膜上的铜离子能有效地杀灭落在药膜上的病原菌，从而阻止病菌侵入。松酯酸铜具有很强的黏着性、展着性和渗透性，因而药效持久，并且较耐雨水冲刷；即使施药后半小时内遇雨，对药效也没有明显影响。松酯酸铜还具有杀螨作用，对人、畜毒性低，无残留；对作物安全，不易产生药害，是一种很有推广应用价值的新型高效杀菌剂。

应用技术 松酯酸铜杀菌谱广，可用于防治果树、蔬菜、棉花以及粮油作物的霜霉病、疫病、炭疽病、枯萎病、叶斑病、角斑病等几十种病害。使用时，将12%乳油600～1 000倍液，叶面喷施或灌根；叶面喷施一般每7～10d喷1次，视发病情况连喷2～4次。

防治烟草野火病，在刚发病时，用20%水乳剂80～120ml/亩进行喷雾防治。

防治黄瓜霜霉病，在发病初期，用12%乳油600～800倍液喷雾;防治黄瓜细菌性角斑病，在黄瓜细菌性角斑病发生初期施药，用12%悬浮剂175～233ml/亩对水进行喷雾。

防治苹果斑点落叶病、轮纹病，在5月下旬至6月上旬，用12%乳油600～800倍液喷雾，每隔12d喷1次；防治葡萄霜霉病，发病初期，用20%水乳剂75～83.3g/亩或800～1 000倍液，间隔7d喷雾一次，连续喷雾3次左右为宜，安全间隔期为7d，每季作物最多使用4次。

防治柑橘溃疡病，在大部分春梢嫩叶已完全展开、刚开始转绿时喷第一次药，用30%乳油，稀释800～1 200倍；20%可湿性粉剂、稀释500～800倍液；20%水乳剂580～920倍液，进行喷雾。

另外，据资料报道还可用于防治水稻稻曲病，发病前，用12%乳油120～200ml/亩对水40～50kg喷雾。防治水稻细菌性条斑病，在水稻幼穗分化2～4期，用12%乳油500～600倍液喷雾，隔10d再喷1次；防治水稻穗颈瘟，水稻孕穗期至齐穗期，用12%乳油800倍液喷雾；防治花生锈病，发病初期，用12%乳油600倍液喷雾；防治莴苣霜霉病，发病初期，用12%乳油500倍液喷雾，每隔7d喷1次；防治葡萄霜霉病，发病初期，用12%乳油100～150ml/亩对水40～50kg喷雾。

注意事项 松酯酸铜是一种保护性杀菌剂，防治农作物病害时，应在作物发病前或发病初期喷洒，不能与强酸或强碱性农药及化肥混用。苹果、梨、桃等果树开花期对松酯酸铜敏感，不宜使用。

开发登记 天津市施普乐农药技术发展有限公司、陕西韦尔奇作物保护有限公司等企业登记生产。

波尔多液 bordeaux mixture

其他名称 Bordocop；Comac；Nutra-Spray。

化学名称 硫酸铜-石灰混合液。

结 构 式

$$CuSO_4 \cdot XCu(OH)_2 \cdot YCa(OH)_2 \cdot 2H_2O$$

理化性质 是一种含有极小蓝色粒状悬浮物的液体。波尔多液是用硫酸铜、生石灰和水配制成的天蓝色黏稠状悬浮液，碱性，久置即沉淀，并产生结晶，逐渐变质降效。它几乎不溶于水。波尔多液对金属有腐蚀作用。

毒　　性 对人、畜低毒，但人经口大量吞入时能引起致命的胃肠炎，对蚕的毒性大。

剂　　型 80%可湿性粉剂、86%水分散粒剂、28%悬浮剂。

作用特点 保护性广谱无机杀菌剂，具有保护作用，无内吸和治疗作用，对多种作物真菌和细菌均有效果。喷洒后以微粒状附着作物表面和病菌表面，经空气、水分、二氧化碳及作物、病菌分泌物等因素的作用，逐渐释放出铜离子，起到杀菌作用。黏着性好，在植物表面不易被雨水冲失。与硫酸铜、碱式硫酸铜和氧氯化铜等无机铜制剂比较，具有更好的展着性和黏和力。不易被雨水冲刷，持效期比较长，对作物比较安全，微量铜使病原菌细胞膜上的蛋白质凝固及进入细胞内的少量铜离子与某些酶结合而影响酶的活性。对温血动物低毒，大量口服能引起致命的胃肠炎。

应用技术 波尔多液喷洒后覆盖于植物表面，可以形成比较牢固的保护膜。用于防治多种大田作物、果树的多种病害，如，霜霉病、绵腐病、炭疽病、猝倒病等，但对白粉病效果差。对细菌性病害，如棉花角斑病、柑橘溃疡病等也有一定的防治效果。此外，还可以配制成波尔多液浆，用作植物伤口的保护剂，持效期一般可达10d。

原料选择：波尔多液由硫酸铜、生石灰和水配制而成。质量好的波尔多液呈天蓝色，主要成分是碱式硫酸铜。波尔多液的质量好坏与原料质量关系很大，硫酸铜应选用纯蓝色块状结晶体，不应夹带绿色或黄绿色杂质，如颜色变黄则不能用，市售硫酸铜一般能满足要求。但生石灰质量差异很大，必须选用刚烧制的优质、纯净、白色、重量轻的块状石灰，杂质多或风化了的消石灰不宜使用，尽量不用熟石灰，如果用熟石灰则应增加用量32%。用水最好是地面水(江水、河水、湖水)，深井水必须在配制前3～5h抽上来在太阳下晒至近气温后再用。

严格遵守配制程序：两液法，需要用3个容器来进行配制。首先将硫酸铜(为加速硫酸铜溶解可先用热水溶化后再加冷水至规定用水量)和石灰各用一个容器分别溶化于1/2的水中，然后再将硫酸铜液和石灰液同时缓慢倒入第3个容器之中(一定要注意此时两液温度不能高于常温)，并要边倒边搅拌，待药剂变成天蓝色即可，配制质量好坏，可用磨亮的铁钉或小刀放入配好的药液中，若光亮处很快产生铜，说明质量欠佳，要增加石灰用量，若光亮处不产生铜，说明配制的波尔多液质量较好。这是目前常用的波尔多液配制方法，其缺点是需要3个容器，操作比较费事。波尔多液中硫酸铜越多，石灰越少，杀菌力越强，但抵抗雨水冲刷力越弱，持效期越短；反之，杀菌力越弱，抵抗雨水冲刷力越强，持效期越长。质量好的波尔多液应呈悬胶体状，天蓝色，微碱性，pH值7.5左右。稀铜浓石灰法，这种方法只需2个容器，配药时，先将硫酸铜在非金属容器内用适量热水化开，然后过滤，加入总水量的90%，化开后再滤出残渣。将滤好的石灰液(用10%的水)倒入大缸或水泥池中，再将硫酸铜溶液慢慢倒入石灰液中，边倒边用力搅拌，倒完后再继续搅拌2～3min。绝对不能将石灰液倒入硫酸铜溶液中，否则配制的药液沉淀快，易产生药害。此外，药液配好后最好马上使用，不宜久存。

较常用的是等量式。用水的数量根据施用对象而有所不同，一般在大田作物上用水50kg，果树上用水80kg，蔬菜上用水120kg。

水稻稻曲病：破口前7d左右用药，用45～75g/亩喷雾，视情况于齐穗期再施药。

烟草野火病：发病前或初期喷用，用80～93g/亩，间隔10d左右喷1次。

防治黄瓜霜霉病，用80%可湿性粉剂600～800倍液喷雾；防治辣椒炭疽病，用80%可湿性粉剂300～500倍液喷雾。

防治辣椒炭疽病：移栽后20d左右可用药，稀释300～500倍液，10d喷1次，共喷3次。辣椒上的病害对铜制剂敏感，防病效果显著。

防治苹果树轮纹病，发芽后至开花前（花蕾变红前）用80%可湿性粉剂300～500倍液喷雾，套袋果套袋后到摘袋前，喷500倍液有效防治病害。发芽前或采收后，喷300倍液可杀死越冬菌源；防治葡萄霜霉病，用80%可湿性粉剂300～400倍液喷雾。

防治柑橘树溃疡病：用80%可湿性粉剂400～600倍液，在春梢期、幼果期、夏梢期各喷用1～2次。

葡萄霜霉病：葡萄谢花后20d后开始喷用，稀释300～500倍液，每隔10d左右喷用1次，也可以在初见霜霉病斑时立即喷第1遍，以后间隔10d左右喷1次。

另外，资料报道还可以防治棉花角斑病、茎枯病、炭疽病、轮斑病、疫病，可喷0.5%等量式波尔多液。防治花生叶斑病，喷1%等量式波尔多液。防治油菜霜霉病，用1∶2∶200倍(硫酸铜、生石灰、水)的波尔多液喷雾。防治黄瓜疫病、蔓枯病、葱类霜霉病、葱紫斑病，用1∶0.5∶(240～300)倍(硫酸铜、生石灰、水)的波尔多液喷雾；防治黄瓜细菌性角斑病、炭疽病、马铃薯晚疫病、番茄早疫病、晚疫病、灰霉病、叶霉病、斑枯病、溃疡病、甜辣椒炭疽病、软腐病、疮痂病、茄子绵疫病、褐纹病、豆类锈病、菜豆细菌性疫病、炭疽病、豇豆煤霉病、霜霉病和姜腐烂病等，可用1∶1∶200倍(硫酸铜、生石灰、水)的波尔多液喷雾。防治葡萄黑痘病、炭疽病，用0.5%半量式波尔多液喷雾；防治枣树炭疽病、锈病等，枣树开花前，喷施1∶3∶400的波尔多液，7月初枣果进入膨大期后，喷施1∶2∶300的波尔多液，防缩果病、炭疽病等；防治板栗膏药病，于5月中下旬至6月上中旬，用刀刮除一层菌丝然后涂上1∶1∶100的波尔多液，间隔10d1次，连续3次。防治平菇黏菌，用1∶0.5∶100倍(硫酸铜、生石灰、水)的波尔多液直接喷洒，隔7d重喷1次，一般1～2次。

注意事项 应在病菌侵入作物前或发病初期施药，用药时间偏迟，会显著降低药效。宜于晴天露水干后用药，对耐铜力较弱的作物，不宜在天冷、潮湿、多雨时施用，避免引起药害。施药后遇到大雨应在天晴后补喷。药液要做到随配随用，使用时要不断搅种，以免浓度不匀。对家蚕毒性大，桑园附近不宜使用。水果、蔬菜在收获前15～20d不能施用，以免引起污染。收获物如果有残留药液斑渍(天蓝色)可先用稀醋洗去，再用清水洗净后食用。不能与石硫合剂、松脂合剂混合使用，施用中要求两药间隔15d以上，也不能与酸性农药混用。有些作物对铜离子或石灰敏感，易产生药害。对铜离子敏感的作物有小麦、大豆、苹果、梨、白菜等，对石灰敏感的有茄科、葫芦科、马铃薯、葡萄等。因此要选用不同的配比量，以减弱药害因子作用。在高温干旱的情况下，对石灰敏感的作物特别易产生药害。对桃、李、梅、杏、梨、白菜、菜豆、莴苣、大豆、小麦等，则不宜使用波尔多液。其他幼嫩作物的耐铜力也较弱，使用时要注意。用过波尔多液的喷雾器，要及时用水洗净。喷施波尔多液7～10d内不宜喷洒代森锌，另外，喷施机油乳剂30d内，也不宜喷洒波尔多液。

开发登记 海利尔药业集团股份有限公司、陕西汤普森生物科技有限公司、美国仙农有限公司等企业登记生产。

硫酸铜钙 copper calcium sulphate

其他名称 多宁；Bordeaux Mixture Velles。

化学名称 硫酸铜钙。

结构式

$$CuSO_4 \cdot 3Cu(OH)_2 \cdot 3CaSO_4 \cdot nH_2O$$

理化性质 原药外观为蓝绿色细粉末，投入水中成蓝色均匀悬浮剂。

毒　　性 大鼠急性经口LD_{50}为2 302mg/kg，大鼠急性经皮LD_{50}>2 000mg/kg。对人、畜低毒，对作物安全，可长期使用，不易产生抗性。

剂　　型 77%可湿性粉剂、80%可湿性粉剂。

作用特点 为保护性广谱无机杀菌剂，具有保护性杀菌作用，无内吸和治疗作用，对多种作物真菌和细菌病害均有效果。喷洒后以微粒状附着作物表面和病菌表面，经空气、水分、二氧化碳及作物、病菌分泌物等因素的作用，逐渐释放出铜离子，起到杀菌作用。络合态硫酸铜钙，其独特的铜离子和钙离子大分子络合物，确保铜离子缓慢、持久释放。遇水才释放杀菌的铜离子，而病菌也只有遇雨水后才萌发侵染，两者完全同步，杀菌彻底，保护持久。颗粒较细，能均匀分布并紧密黏附在作物的叶面和果面，耐雨水冲刷，持效期长达15d左右。铜钙制剂，pH值为中性偏酸，作用方式独特、作用位点多。

应用技术 对黄瓜、姜、烟草、番茄、马铃薯、苹果、葡萄、梨、柑橘等多种作物的多种病害有良好的防治效果。

防治烟草野火病，发病前，用77%可湿性粉剂400～600倍液喷雾。

防治黄瓜霜霉病，发病前至发病初期，用77%可湿性粉剂400～600倍液喷雾，隔7～10d施药1次；防治姜腐烂病，发病前至发病初期，用77%可湿性粉剂600～800倍液灌根，250～500ml/株。

防治苹果褐斑病、苹果早期落叶病，发病前，用77%可湿性粉剂600～800倍液喷雾；防治葡萄霜霉病，发病前或发病初期，用77%可湿性粉剂500～700倍液喷雾，隔7～10d施药1次；防治柑橘树溃疡病，在病害发生前柑橘嫩梢展叶期和发病初期，用77%可湿性粉剂400～600倍液喷雾，隔7～10d施药1次；防治柑橘疮痂病，发病前，用77%可湿性粉剂800倍液喷雾；防治番茄溃疡病，可用77%可湿性粉剂100～120g/亩喷雾。

注意事项 应现配现用，并避免在阴湿天气或露水未干前施药，温室和保护地慎用。配药时应进行两次稀释，第一次向容器内加入少量水，再加入药粉，经充分搅拌后再加入其余清水，搅拌均匀后即可施药。可与大多数杀虫剂、杀菌剂混合使用，但不能与含有其他金属元素的药剂混用，也不宜与强酸或碱性物质混配。若用微量喷雾需增加浓度以保用量和防效。大白菜、菜豆、莴苣、荸荠、桃、李、梅、杏、柿子等对本品敏感，不宜使用。安全间隔期(离作物收获时间)至少15d。不慎溅入眼中，用大量的水冲洗眼睛至少15min，并用肥皂和水冲洗皮肤。

开发登记 西班牙艾克威化学工业有限公司、江苏龙灯化学有限公司等企业登记生产。

混合氨基酸铜·锌·锰·镁

其他名称 庄园乐。

化学名称 混合氨基酸铜·锌·锰·镁。

理化特性 暗绿色液体，常温下稳定，酸性条件及强碱性条件下易形成锈。有效成分混合氨基酸铜≥75%、锌≥0.5%、锰≥2%、镁≥5%，pH值6.5～7.5。

毒　　性 制剂小白鼠急性经口LD_{50}为8 872mg/kg，按WHO化合物急性毒性分级属低毒。蓄积毒性为轻度蓄积，微核试验为阴性。小鼠睾丸染色体畸变分析为不畸变。按农药残留试验要求，在施药浓度和施药量都高于常规用药2倍的条件下，进行灌根和喷雾处理瓜果类作物，检验结果符合国家食品卫生标准。

剂　　型 15%水剂。

作用特点 能有效抑制真菌防治病害，供给作物多种营养物质，调节生理机能，刺激生长发育，有促进早熟、增加产量、抗御低温等效果。

应用技术 据资料报道，适用于多种作物防治真菌病害。能有效防治黄瓜、西瓜等瓜类作物枯萎病；对瓜菜苗期猝倒病、黄瓜霜霉病、茄子褐纹病、辣椒落叶、落花、落果、甜菜立枯病、根腐病等也有良好的防效。防治小麦纹枯病、水稻纹枯病，发病前，用15%水剂90～110ml/亩对水40～50kg喷雾。防治黄瓜、西瓜等瓜类枯萎病，发病前或发病初期，用15%水剂200～400倍液灌根，每株用药液0.25～0.5kg；防治瓜菜苗期猝倒病，用15%水剂300～400倍液浸种4～8h，捞出阴干后播种。

注意事项 禁止使用金属容器施药。禁止同酸、碱性物质直接接触。不能随意同其他药剂混用。本品应在4℃以上保存，储存在阴凉干燥处，储存期有少量沉淀不影响药效，用前要充分摇动均匀。

开发登记 河南远东农药有限公司等企业登记生产。

枯萎盐

其他名称 草菌盐；铬酸混盐。

化学名称 镉钙铜锌的硫酸铬酸盐。

理化性质 绿色粉末，内含4.5%CdO、11.7%CuO、4.8%ZnO、32.9%CaO、5.9%CrO_3、11.7%SO_3和26.5%水。

剂　　型 95%可湿性粉剂等。

应用技术 据资料报道，土壤处理，草地用杀菌剂，也可防治荷兰石竹枯萎病。

开发登记 1948年美国Union Carbide公司推广。

苯柳酸铜 copper-3-phenyl salicylate

其他名称 水杨铜。

化学名称 3-苯基水杨酸铜。

结 构 式

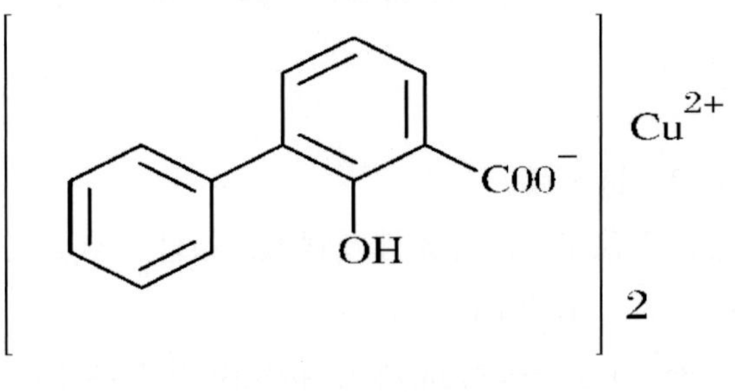

COO⁻ OH Cu2+ 2

作用特点 用于种子箱、温室木架等木材防腐，对种子不引起药害，处理过的木材接触食物无中毒、变味的忧虑，接触人不伤皮肤。

注意事项 它的氨加成物为水溶性，以0.5%～3%用于纺织品、纸张和羊毛防霉。

开发登记 1949年美国道化学公司开发，已停产。

壬菌铜 cuppric nonyl phenolsulfonate

其他名称 优能芬；Yonepon。

化学名称 壬基酚磺酸铜。

结构式

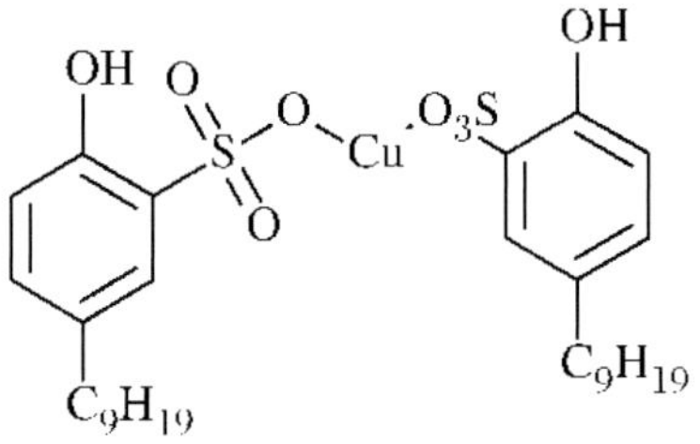

理化性质 深绿褐色糊状物，相对密度1.211(25℃)，沸点65℃，闪点37℃，溶于乙醇、丙酮，微溶于水，不易燃，不易爆，乳油为深褐色油状液状，粒剂为深褐色粉末。

剂　　型 50%水合剂、30%乳油。

作用特点 是一种渗透性强的铜类杀菌剂，亲水性强而易被雨水冲走，50%水合剂耐雨性强，功效大，对蔬菜、花卉、果树等的病害有较好的防治效果。

应用技术 据资料报道，防治瓜类霜霉病、白粉病、细菌性角斑病，黄瓜疫病，番茄早疫病、晚疫病，白菜软腐病、霜霉病，发病前至发病初期，用50%水合剂400～600倍液喷雾，隔5～7d喷药1次，根据病情决定喷药次数，但最多不得超过4次。

注意事项 高温时使用该药易产生药害，30%乳油易被雨水冲掉，因此应选择适当时机喷洒。

胺磺铜

其他名称 杀有力；Sany01。

结构式

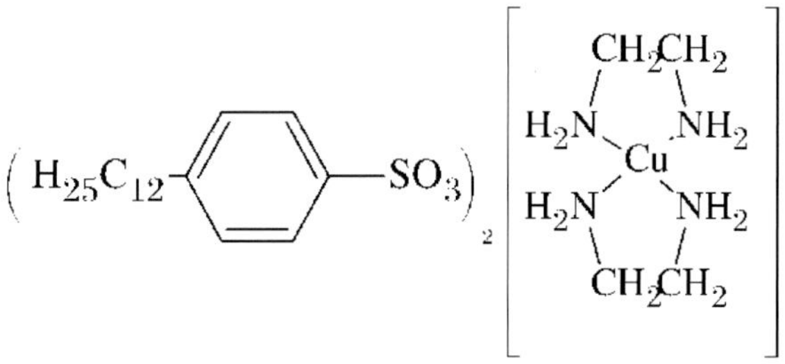

理化性质 制剂为淡紫色糊状液，相对密度0.936(25℃)，沸点50℃，易溶于乙醇，微溶于水，不溶于苯。

剂　　型 25%乳油等。

作用特点 是无药害、无污染、毒性极低的有机铜杀菌剂。对作物及菌体的黏着性和渗透性强，防治蔬菜、果树、花卉等的病害效果较好。

应用技术 资料报道，防治烟草、豌豆白粉病，黄瓜、西瓜、甜瓜、南瓜的霜霉病、白粉病，发病初期，用25%乳油150ml/亩，对水75kg喷雾，每隔7d喷药1次，共喷药2～3次；防治草莓白粉病，发病初期，用25%乳油75～150ml/亩对水75kg喷雾，每隔7d喷药1次，共喷药3次。

注意事项 在高温下喷药，有时会出现药害，应予以注意。

混合氨基酸铜

其他名称 混合氨基酸铜络合物、双效灵。

理化性质 原药外观为深蓝色的水溶液，含量在26%以上，可以任意用水来稀释，储存稳定性在2年以上。

剂　　型 10%水剂。

作用特点 是一种混合氨基酸铜络合物杀菌剂，约含有17种氨基酸铜。混合氨基酸铜络合物是由多种氨基酸和铜作用而产生的络合物。其杀菌作物主要是铜离子毒害含巯基(–SH)的酶，使这些酶控制的生化活动中止而杀死病菌。

应用技术 资料报道，防治瓜类蔬菜枯萎病，喷雾：在瓜苗期、开花期、盛花期，用10%水剂200～400倍液喷雾，间隔期7d，连续喷雾3～4次；灌根：瓜苗定植后，用10%水剂300～500倍液灌根，每穴灌药液0.5kg，每隔7d1次，共3次；防治西瓜炭疽病，在座瓜前至果实膨大期，用10%水剂200～400倍液喷雾，间隔期7d，连续3～4次；防治番茄晚疫病，发病初期，用10%水剂300～400倍液喷雾，间隔7d喷1次，共喷3次。

注意事项 不能与酸性或碱性药剂混合使用，本剂对皮肤等有刺激作用，在应用时应注意防护。施药时不能抽烟、喝水、吃东西，施药后要洗手、洗脸。如发生中毒事故，应立即请医生治疗，施药后各种工具要注意清洗，包装物要妥善处理。药剂应储存在避光和通风良好的仓库中。运输和储存应有专门的车皮和仓库，不得与食物及日用品一起运输和储存，对铜离子敏感的作物使用时注意浓度。

开发登记 陕西省西安西诺农化有限责任公司等企业登记生产。

三氯酚铜 copper 2,4,5–trichloro phenolate

其他名称 三氯酚铜。

化学名称 2,4,5–三氯苯酚铜。

结 构 式

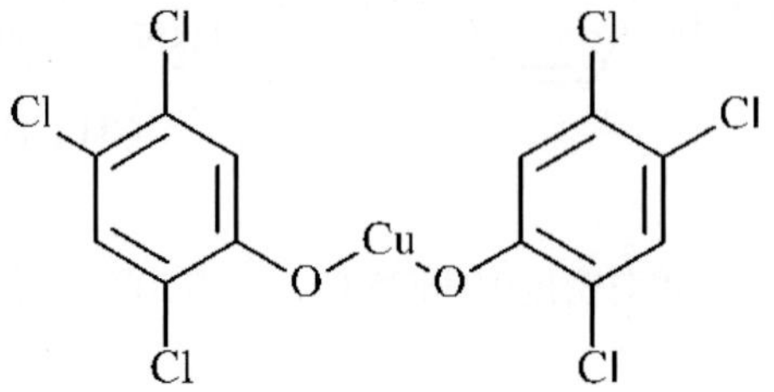

防治对象 用于防治棉花角斑病。

应用技术 据资料报道，用于浸种。

羟基萘醌铜 CONQ

化学名称 2-羟基-1,4-萘醌的铜络合物。

结 构 式

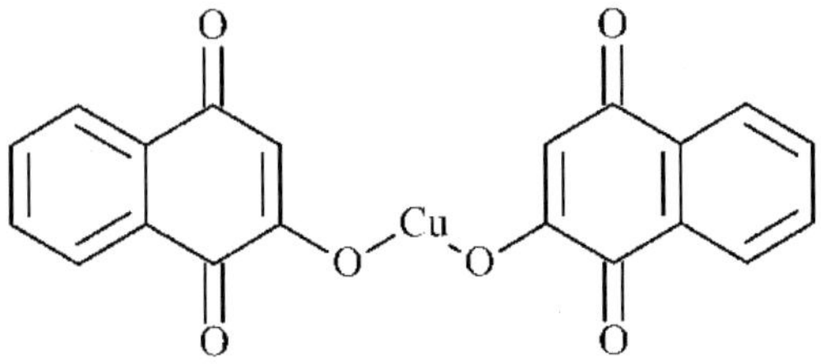

理化性质 黑红色粉末，不溶于水，难溶于有机溶剂。

剂　　型 50%可湿性粉剂。

作用特点 用于防治柑橘溃疡病。

应用技术 防治柑橘溃疡病，发病前至发病初期，用50%可湿性粉剂400~600倍液喷雾。

克菌铜 TC-90

其他名称 Copoloid；铜皂。

化学名称 脂肪酸和松香酸的铜盐(含4%金属铜)。

理化性质 暗褐色液体。

剂　　型 48%乳油。

作用特点 用于防治花生、甜菜、胡椒、南瓜、柑橘等的角斑病、白粉病。

应用技术 资料报道，用于叶面喷雾，用48%乳油313ml/亩对水75kg喷雾。

开发登记 1964年美国Tennessee公司开发。

δ-羟基喹啉铜 guinolinate

化学名称 δ-羟基喹啉铜。

结 构 式

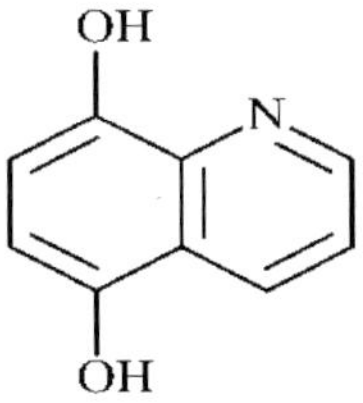

应用技术 据资料报道，可作木材防腐剂。

开发登记 美国Darworth公司开发。

三、无机硫类杀菌剂

(一)无机硫类杀菌剂的作用机理

硫磺及无机硫化合物的使用有很悠久的历史，至今仍然在生产上使用。无机硫在寻求铜汞代用药剂工作中受到重视，因此一时发展很快，成为保护性杀菌剂中一类十分重要的药剂。

硫磺本身就有杀菌和杀螨作用，但粉状的升华硫磺，由于颗粒较粗，效果不良。因此，必须将其加工磨细，制成硫磺粉剂或可湿性硫磺粉、胶体硫等。硫磺的杀菌、杀螨作用与粉剂的颗粒细度关系极大；另外，硫磺的蒸气压受温度的影响很大，30～35℃时蒸气压可较24～26℃时的蒸气压增大6倍之多，故颗粒愈细、气温愈高，杀菌、杀螨作用愈强，同时对植物的药害也愈大。

硫磺粉剂只能喷粉使用，目前已很少应用。加工成可湿性粉剂或胶悬剂(悬浮剂)要对水喷雾使用。良好的硫悬浮剂颗粒极细，其直径绝大部分都在5μm以下，因此比一般硫磺粉或可湿性粉剂药效提高。目前国内已有数家工厂生产50%的硫悬浮剂，很受欢迎。

无机硫化合物中最主要的是石硫合剂(多硫化钙)，另外我国曾使用过多硫化钡，简称为硫钡粉，目前已不再使用。将石灰和硫磺按1：2比例加水熬煮，即可自行配制石硫合剂原液。一般石灰：硫磺：水比例为1：2：100，如果工厂大规模生产，用水可减少，使原液浓度提高。原液浓度一般用波美比重计度量，可以代表有效成分的多少。用上述比例自行熬制，成品一般能达到23～25波美度以上。最近有的工厂生产一种晶体石硫合剂，产品为固体物，使用时加水溶化稀释即可喷雾使用，这一产品简化了包装，方便了使用。

石硫合剂的主要有效成分是多硫化钙，以五硫化钙的多少来衡量质量。含硫量低的二硫化钙、三硫化钙以及四硫化钙等，不仅药效差，而且在水中的溶解度小，产生沉淀。使用石硫合剂时，必须根据作物、病害及气温等不同情况，加水稀释成不同浓度，以保证药效和对植物的安全。稀释方法及使用浓度可参考一般农药使用手册。

石硫合剂经稀释后喷洒在植物体上，由于氧、水、二氧化碳的作用，发生一系列的化学变化而产生颗粒极细的单体硫，发挥杀菌作用。

硫制剂不仅能杀螨，如在果树休眠期使用4～5波美度的高浓度石硫合剂处理，还可以杀死越冬介壳虫和虫卵。在病害防治上，硫制剂主要用于防治多种作物的白粉病和锈病；对霜霉病效果不良，一般认为原因是硫具亲脂性，其杀菌效力与病菌孢子脂肪含量成正比，由于白粉病菌、锈病菌等孢子脂肪含量较高，对干燥有较强的抵抗能力；相对而言，霜霉病菌则是亲水性的，硫制剂的效果较差。

(二)无机硫类杀菌剂的主要品种

硫磺 sulfur

其他名称 果腐宁；高洁；保叶灵；先灭；果麦收；硫磺粉。

化学名称 硫磺。

理化性质 纯品为黄色粉末，有几种同素异形体。熔点：114℃(斜方晶体112.8℃，单斜晶体119℃)。沸点444.6℃。蒸气压：0.527MPa(30.4℃)(斜方晶体)，8.6MPa(59.4℃)。相对密度2.07(斜方晶体)。难溶于水，微溶于乙醇和乙醚，结晶状物溶于二硫化碳中，无定形物则不溶于二硫化碳中，不溶于石油醚中，溶于热苯和丙酮中，有吸湿性。易燃，自燃温度为248～266℃，与氧化剂混合能发生爆炸。

毒 性 大鼠急性经口LD_{50}＞5 000mg/kg。对兔皮肤和眼睛有刺激性。对人和畜无毒。日本鹌鹑(8d)急性经口LD_{50}＞5 000mg/kg。对鱼无毒。蚯蚓LC_{50}(14d)＞ 2 000mg/L土壤。80%干悬浮剂大鼠急性经口LD_{50}＞2 200mg/kg；水蚤LC_{50}(48h)＞1 000mg/L。对蜜蜂无毒。大鼠急性经皮LD_{50}＞2 200mg/kg；50%悬浮剂大鼠急性经口LD_{50}＞10 000mg/kg。大鼠急性吸入(4h)LD_{50}＞5.4mg/L；对兔皮肤、眼无刺激作用；无致敏作用。

剂 型 45%悬浮剂、50%悬浮剂、91%粉剂、80%干悬浮剂、10%脂膏、80%水分散粒剂。

作用特点 硫磺是一种无机杀菌剂，兼有杀虫和杀螨作用，对小麦白粉病有良好的防效，对枸杞锈螨防效也很高。其杀虫杀菌效力与粉粒大小有着密切关系，粉粒越细，杀菌力越大；但粉粒过细，容易聚结成团，不能很好分散，因而也影响喷粉质量和效力。除了某些对硫敏感的作物外，一般无植物药害。杀菌机理据认为是作用于病菌氧化还原体系细胞色素b和c之间电子传递过程，夺取电子，干扰正常“氧化还原”。具有保护和治疗作用，但没有内吸活性。50%悬浮剂以硫为活性成分，它对螨、菌、虫均有生物活性，对其有杀灭铲除功能。在适当的温度、湿度条件下释放出有效气体，它对病虫害的呼吸系统产生抑制作用，使其不能进行正常的新陈代谢窒息而死亡。

应用技术 用于防治小麦白粉病、锈病、黑穗病、赤霉病，瓜类白粉病，苹果、梨、桃黑星病，葡萄白粉病,桃树褐斑病,柑橘树疮痂病等，除了具有杀菌活性外，硫磺还具有杀螨作用等。

防治小麦白粉病，发病初期，用80%水分散粒剂100～140g/亩进行喷雾，对水40～50kg喷雾，间隔7～10d喷1次

防治瓜类白粉病，发病初期，用80%的水分散粒剂200～230g/亩、50%的悬浮剂150～200g/亩防治黄瓜白粉病，用80%的水分散粒剂233～267g/亩防治西瓜白粉病。

防治苹果树腐烂病，先刮除腐烂病病疤后，用10%脂膏100～150g/m^{2}均匀涂抹病疤处防治柑橘疮痂病，发病初期，用80%水分散粒剂300～500倍液喷雾；防治芒果白粉病、炭疽病，发病初期，用50%悬浮剂200～400倍液喷雾。

防治橡胶树白粉病，发病初期，用91%粉剂800～1 000g/亩喷粉，注意喷粉均匀，视病害发生情况施药2～3次。

防治花卉白粉病，用50%悬浮剂200～400ml/亩对水40～50kg喷雾。

另外，据资料报道还可用于防治甜(辣)椒根腐病，发病初期，用45%悬浮剂400倍液灌根，隔10d1次，连续2～3次；防治芦竹、紫苏、苦菜等药用植物病害，发病初期，用50%悬浮剂300倍液喷雾；用于地窖消毒，用50%悬浮剂800倍液均匀喷洒地窖；防治稻瘟病，水稻抽穗扬花期，用50%悬浮剂25～30g/亩对水40～50kg喷雾，隔8d再喷1次，共喷2次；防治蚕豆锈病，发病初期，用50%悬浮剂200倍液喷雾；防治苹果白粉病，在苹果开花前后，用50%悬浮剂200～400倍液喷雾，或80%水分散粒剂500～1 000倍液喷雾；防治梨黑星病，发病初期，用50%悬浮剂1 000倍液喷雾；防治柑橘锈螨，当个别枝有少数锈螨出现为害时，用50%悬浮剂800～1 000倍液喷雾，间期为7～10d，连续用药2～3次；防治柑橘红蜘蛛，柑橘采果后及时进行修剪、中耕和施肥。完成以上管理措施后立即喷施1次，用50%悬浮剂1 000～1 500倍液，喷药必须均匀周到，并可与多菌灵、硫菌灵等杀菌剂混合使用，对柑橘病害也有很好抑制作用。柑橘开始发芽时(3月20日左右)喷第2次药，用50%悬浮剂1 500～2 000倍液。如果冬季第1次药喷施后效果较好，这时红

蜘蛛虽很少，但必须坚持喷第2次药，5月下旬再喷第3次，用50%悬浮剂3 000倍液，此时温度较高，为了避免对叶果造成灼伤，使用较低浓度较安全。

注意事项 本剂属保护剂，在田间刚发现少量病株时就应开始施药；当病情已普遍发生时施药，防效会降低。在温室气化用于防治白粉病时，应避免燃烧生成对植物有毒的二氧化硫。为了防止产生药害，在气温较高的季节，应在每天的早、晚施药，避免中午施药。对硫磺敏感的作物，如大豆、黄瓜、马铃薯、桃、李、梨、葡萄等，使用时应适当降低施药浓度和减少施药次数。本剂不要与硫酸铜等金属盐类药剂混用，以防降低药效。本剂虽属低毒杀菌剂使用时仍需执行一般农药的安全操作要求，并严防由呼吸道吸入。施药后各种工具要认真清洗，污水和剩余药液要妥善处理或保存，不得任意倾倒，以防污染。运输和贮存时应有专门的车皮和仓库，不得与食物、日用品一起运输。应储存在阴凉干燥和通风良好的仓库中，严禁在太阳光下暴晒。

开发登记 陕西美邦药业集团股份有限公司、美国仙农有限公司、巴斯夫欧洲公司、广东省东莞市瑞德丰生物科技有限公司、陕西上格之路生物科学有限公司等企业登记生产。

石硫合剂 calcium polysulphide

其他名称 达克快宁；基得；速战；多硫化钙；石灰硫磺合剂；可隆；lime sulfur(ESA，JMAF)。

化学名称 多硫化钙。

结 构 式

$$CaS_x$$

理化性质 本药剂为褐色液体，具有强烈的臭蛋气味，相对密度1.28；主要成分为五硫化钙，并含有多种多硫化物和少量硫酸钙与亚硫酸钙。呈碱性反应，遇酸易分解，在空气中易被氧化，而生成游离的硫磺及硫酸钙，特别是在高温及日光照射下，易引起这种变化，故储存时应严加密封。

毒　　性 石硫合剂对人的皮肤有腐蚀性，并刺激眼鼻。此剂对人的皮肤有强烈腐蚀性。45%固体对雄大鼠急性经口LD_{50}为619mg/kg，雌大鼠急性经口LD_{50}为501mg/kg，家兔急性经皮$LD_{50}>5\ 000$mg/kg，对眼和皮肤有强刺激性，按我国农药毒性分级标准属低毒农药。

剂　　型 20%膏剂、29%水剂、30%固体、45%固体、45%结晶、45%结晶粉。

作用特点 石硫合剂是用生石灰、硫磺加水煮制而成，具有杀菌和杀螨作用。喷布于植物体上后，其中的多硫化钙在空气中经氧、水和二氧化碳的影响而发生一系列化学变化，形成硫磺微粒而起杀菌作用，其效力比其他硫磺制剂强大，可作为保护性杀菌剂，用在苜蓿、大豆、果树上防治白粉病、黑星病、炭疽病等；同时，因为该制剂呈碱性，有侵蚀昆虫表皮蜡质层的作用，故可杀介壳虫等蜡质层较厚的害虫和一些螨卵。不同植物对石硫合剂的敏感性差异很大，尤其是叶组织脆嫩的植物易发生药害，温度愈高，药效愈高，而药害也愈大。

应用技术 防治小麦锈病、白粉病、赤霉病，苹果炭疽病、白粉病、花腐病、黑星病，梨白粉病、黑斑病、黑星病，葡萄白粉病、黑痘病、褐斑病、毛毡病，柑橘疮痂病、黑点病、溃疡病，桃叶缩病、胴枯病、黑星病，柿黑星病、白粉病、栗锈病、芽枯病，蔬菜白粉病等。对害虫方面，能防治落叶果树介壳虫、赤螨、柑橘螨、矢尖蚧、梨叶螨、黄粉虫、茶赤螨、桑蚧、蔬菜赤螨以及棉花、小麦作物上的红蜘蛛等，还能用于防治家畜寄生螨等。

石硫合剂的制法：石硫合剂是由石灰、硫磺加水熬制而成的。其原料比例有多种，以生石灰：硫磺：水为1：（1.5～2）：（10～18）的配合量防治效果最好。常用的配合量还有1：2：10或1：1.5：15等。熬制石硫合剂必须用瓦锅或生铁锅，不能用铜锅或铝锅，否则易腐蚀损坏。把称出的块状的、洁白的生石灰放在瓦锅或铁锅中，洒入少量水使生石灰消解成粉状，然后再加入少量水调成糊状，把称出的硫磺粉慢慢地加入石灰浆中，使之混合均匀，最后将全量水加入，用搅棒插入锅内记下水位线，然后加火熬煮，沸腾时开始计算时间，保持沸腾状态45～60min（熬制过程中损失的水量在反应时间最后的15min以前用热水补足），此时，锅内溶液成深红棕色。随后用4～5层纱布滤去渣滓；滤液即为澄清酱油色石硫合剂母液。最后，用波美比重计测量其冷却后的浓度，要求浓度应达到23～25波美度以上。要熬制出高质量的石硫合剂，应注意以下两点。第一，要选用优质的石灰和硫磺。石灰要用洁白、质轻、成块状的生石灰，含杂质太多或已风化吸湿的石灰不宜使用；硫磺的质量一般是比较稳定的，但成块的硫磺必须磨碎成粉状，硫磺粉粒越细越有利于反应的进行。第二，要掌握的熬制过程火力和反应时间。火力要足而稳，以保证锅内药液大面积持续沸腾为度，时间要恰到好处，太短则反应不完全，得到的母液浓度低；反应时间过长，过分搅拌(尤其反应后期)反应生成的多硫化钙又会被氧化破坏，反而降低了母液的质量。在实践中，人们将熬制石硫合剂的经验总结为“锅大、火急、灰白、粉细、一口气煮成老酱油色母液”。

使用浓度，根据作物的种类、喷洒时期以及当时的温度条件来决定。防治小麦锈病、白粉病，在早春使用0.5波美度，在后期使用0.3波美度。冬季气温低，一般应用15波美度涂抹果树；果树生长时期防治病害及介壳虫等，使用0.3～0.5波美度药液喷洒。

防治麦类锈病、白粉病，在发病刚开始时用药，用45%固体150倍液喷雾，喷药液50kg/亩；防治茶树害虫，用45%固体150倍液喷雾；防治茶园害螨，用45%固体150倍液喷雾。

落叶果树如苹果、桃等果园清园，可以防治多种病害和害虫，在秋后或早春树芽萌发前，用45%固体30～50倍液喷雾，首先对全树进行喷施，然后重点喷施2年生以上枝干。果树萌芽初期防治病害及介壳虫等，用2～3波美度喷雾，生长时期使用0.3～0.5波美度药液喷洒；防治苹果树红蜘蛛，在苹果萌芽前，用45%固体20～30倍液喷雾；防治苹果树白粉病，发病初期，用45%固体10～20倍液喷雾；防治葡萄白粉病，冬芽吐露褐色茸毛时，用2～3波美度；在展叶后喷0.2～0.3波美度，必须注意浓度不可过高，易产生药害；防治柑橘树白粉病，用29%波美度或35倍液喷雾；防治核桃树白粉病，发病初期，用1波美度喷雾；防治柑橘红蜘蛛、介壳虫和锈壁虱，在早春，用45%固体180～300倍液喷雾。

防治观赏植物介壳虫、白粉病，发病前，用29%水剂70倍液进行喷雾。

另外，据资料报道还可用于防治烟草青枯病，发病初期，用2～3度石硫合剂，隔10d再喷1次，共喷2次；防治黄瓜叶部病害，发病初期，用45%结晶100倍液喷雾；防治哈密瓜白粉病，在发病初期，用45%结晶200倍液，发病严重时，用100倍液喷雾，间隔7d再喷1次；防治大白菜、小白菜、油菜等白菜类白粉病，发病初期，用45%固体220倍液喷雾；防治茭白锈病，发病初期，用0.1～0.2波美度喷雾。防治杨、柳树腐烂病、溃疡病，用45%固体0.5kg、生石灰5kg、食盐0.5kg、动物油0.5kg、水40kg配制树木涂白剂在休眠期涂刷树干；防治西府海棠白粉病，发芽后，用0.3～0.5波美度喷雾；防治海棠锈病，用0.5～0.8波美度喷雾；防治草坪锈病、玫瑰锈病，在生长季节，用0.2～0.3波美度喷雾；防治黄连白粉病，发病前至发病初期，用0.2～0.3波美度喷雾，隔7～10d喷1次，连喷3～4次；防治月季白粉病，发病前，用0.3～0.4波美度喷雾；防治桑炭疽病、白粉病，分别在夏季后和冬季，用4～5波美度涂树干或喷洒树干，药剂不可接触嫩芽和幼叶。

注意事项 对硫较敏感的作物如豆类、马铃薯、黄瓜、桃、李、梅、梨、杏、葡萄、番茄、洋葱等易产生药害，不宜使用。苹果树使用后会增加枝枯型腐烂病的发生，也不宜使用。可采取降低浓度和减少喷药次数，或选用安全时期用药以免产生药害。组织幼嫩的作物易被烧伤。使用时温度越高，药效越好，但药害亦大。本药最好随配随用，长期储存易产生沉淀，挥发出硫化氢气体，从而降低药效。必须储存时，应储存于小口陶瓷坛中(如硫酸坛、酒坛)，并在原液表面加一层煤油再加盖密封，预防吸收空气中的水分和二氧化碳而分解失效。存后使用应重新测定其波美度。使用前要充分搅匀，长时间连续使用易产生药害，夏季高温32℃以上，春季低温4℃以下时不宜使用。石硫合剂为碱性，不能与有机磷类及大多数怕碱农药混用，也不能与油乳剂、松脂合剂、肥皂、铜制剂、波尔多液混用。在用过石硫合剂的植物上，间隔10～15d后才能使用波尔多液等碱性农药。先喷波尔多液的，则要间隔20d后才可喷用石硫合剂。药液接触皮肤应立即用清水冲洗，使用过器械应洗净。柑橘采收前45～60d、落叶果树采果前1个月不宜喷施，以免造成果面药斑。一般情况下，冬季对梨、杏、柿、桃、葡萄、柑橘等果树使用石硫合剂，不会发生药害。果树休眠期和早春萌芽前，是使用石硫合剂的最佳时期。且忌随意提高使用浓度。石硫合剂的使用浓度随气候条件及防治时期确定。冬季气温低，植株处于休眠状态，使用浓度可高些；夏季气温高，植株处于旺盛生长时期，使用浓度宜低。在果树生长期，不能随意提高使用浓度，否则极易产生药害。一般情况下，石硫合剂的使用浓度，在落叶果树休眠期为3～5波美度；在旺盛生长期以0.1～0.2波美度为宜。在果园长期使用石硫合剂，最终将使病虫产生抗药性，而且使用浓度越高抗性形成越快，因此，在果园使用石硫合剂，应与其他高效低毒药剂科学轮换、交替使用。

开发登记 陕西美邦农药有限公司、陕西上格之路生物科学有限公司、等企业登记生产。

多硫化钡 barium polysulpHides

其他名称 石钡合剂；硫钡粉。

化学名称 多硫化钡。

结 构 式

$$BaS_n$$

理化性质 深灰色粉末。水溶液呈黑褐色或棕红色，有很强的恶劣气味。

毒　　性 大鼠口服LD_{50}为375mg/kg。

剂　　型 粉剂。

作用特点 既能杀螨也能杀菌，将它喷于植物上以后，分解出的元素硫，颗粒极细，能很好地黏附于叶面，起到杀螨和杀菌的效用，用于防治小麦锈病、棉花红腐病、棉花炭疽病、棉花角斑病、黄瓜白粉病、马铃薯早疫病等；同时还能防治多种红蜘蛛。

应用技术 应用时配制成溶液，其浓度为1%，多硫化钡可与多硫化钙混合使用。

注意事项 使用时禁用金属器皿对水搅拌，应避开高温、高湿、燥热天气使用，不能与波尔多液、肥皂、松脂合剂、砷酸铅等混用，可与石硫合剂混用，防潮湿以免吸水和二氧化碳后分解减效。

开发登记 德国拜耳公司发现，原料易得，制造简便；陕西美邦农药有限公司登记生产。

四、硫代氨基甲酸酯类杀菌剂

(一)硫代氨基甲酸酯类杀菌剂的作用机理

硫代氨基甲酸酯类杀菌剂主要包括“代森”系列和“福美”系列。其作用机制主要在于破坏辅酶A，辅酶A被瓦解后直接影响了脂肪酸的β氧化，丙酮酸脱氢酶系、α-酮戊二酸脱氢酶系的活性受到抑制，因为这些酶系中必须要有辅酶A的参与。抑制以铜、铁等为辅基的酶的活性。硫代氨基甲酸酯类杀菌剂和铁、铜等形成螯合物可使酶失去活性。如在三羧酸循环中，柠檬酸经顺乌头酸到异柠檬酸必须要有乌头酸酶的参与，而乌头酸酶的辅基含有高铁，代森类、福美类杀菌剂和铁形成螯合物使乌头酸酶失活，三羧酸循环中断。

(二)硫代氨基甲酸酯类杀菌剂的主要品种

代森铵 amobam

其他名称 铵乃浦；Dithane；Stainless。

化学名称 1,2-亚乙基乙撑双二硫代氨基甲酸铵。

结构式

$$\begin{array}{l} \quad\quad\quad\quad\quad\quad\ \ S \\ \quad\quad\quad\quad\quad\quad\ \ \| \\ CH_2—NH—C—S—NH_4 \\ | \\ CH_2—NH—C—S—NH_4 \\ \quad\quad\quad\quad\quad\quad\ \ \| \\ \quad\quad\quad\quad\quad\quad\ \ S \end{array}$$

理化性质 纯品为无色结晶，工业品为橙黄色或淡黄色水溶液，呈现弱碱性，有少许氨气味及硫化氢气味，相对密度1.150～1.165。化学性质稳定，遇碱性物质易分解。含游离铵0.20%～1%，易溶于水，微溶于酒精、丙酮，不溶于苯等有机溶剂。温度高于40℃易分解。

毒　　性 急性口服LD_{50}为大白鼠450mg/kg，雄小白鼠600mg/kg。对人、畜中毒，对皮肤有刺激性，对鱼的毒性较低。

剂　　型 20%水剂、45%水剂。

作用特点 保护性广谱内吸杀菌剂，具有保护和治疗作用。代森铵水溶液能渗入植物组织，杀菌力强，能够防治多种作物病害，在植物体内分解后还有肥效作用。可以广泛用于种子处理、叶面喷雾、土壤消毒及农用器材消毒。

应用技术 可以用于防治水稻恶苗病、白叶枯病、纹枯病；棉花炭疽病、立枯病、黄萎病；玉米大小斑病；谷子白发病；甘薯黑斑病；烟草霜霉病、赤星病、黑胫病；黄瓜、白菜、莴苣霜霉病；黄瓜、甜瓜、白菜、豆类等白粉病、炭疽病，白菜软腐病和白斑病，桃褐腐病、梨黑星病，桑树锈病和白粉病，菊花和石竹的锈病，落叶松早期落叶病、橡胶树条溃疡病、苹果树腐烂病和枝干轮纹病等。

防治水稻恶苗病，播种前，用45%水剂500倍液浸种40kg种子3～10d；防治水稻稻瘟病，用45%水剂80～100ml/亩对水40～50kg喷雾；防治水稻纹枯病，发病前，用45%水剂50～100ml/亩对水40～50kg喷雾；防治水稻白叶枯病，发病前，用45%水剂50ml/亩对水40～50kg喷雾；防治玉米大斑病、小斑病，发病前至发病初期，用45%水剂80～100ml/亩对水40～50kg喷雾；防治谷子白发病，播种前，用45%水剂180～350倍液浸种。

防治茄果类及瓜类蔬菜苗期病害，用45%水剂200～400倍液浇灌2～4kg/m^2，处理苗床土；防治黄瓜霜霉病、白菜霜霉病，发病前至发病初期，用45%水剂500～800倍液喷雾。

防治苹果树腐烂病，秋季果实采收后，用45%水剂300～400倍液，每株灌药液50～200kg，冬季时短截营养枝和中长果枝，不疏枝，春季疏花疏果，生长季加强肥水管理；防治苹果树枝干轮纹病，用45%水剂100～200倍液涂抹病部。

防治橡胶树溃疡病，发病前至发病初期用45%水剂150倍液涂抹病部。

另外，据资料报道还可用于防治棉花苗期炭疽病，立枯病，黄萎病，播种前，用45%水剂250倍液浸棉籽24h；防治花椰菜黑腐病，发病前至发病初期，用45%水剂1 000倍液喷雾；防治芹菜斑枯病，发病前至发病初期，用45%水剂1 000倍液喷雾；防治姜腐烂病，发病前至发病初期，用45%水剂200倍液土壤处理；防治胡萝卜黑腐病、软腐病，发病前至发病初期，用45%水剂800～1 000倍液喷雾；防治花椰菜猝倒病，发病前至发病初期，用45%水剂1 000倍液喷雾。

注意事项 不可与碱性和含铜农药及含有游离酸的物质混用，对皮肤有刺激性，使用时应注意防护，应贮存于阴凉干燥处，以防高温加速分解。代森铵对气温比较敏感，一般喷药应在上午或下午进行，气温高时不宜用药。代森铵不宜与高浓度的其他农药混用，易产生药害，喷药要适期，最好只喷1次，不能忽轻忽重，更不能重复喷药，否则，有出现药害的可能。

开发登记 河北双吉化工有限公司、辽宁省丹东市农药总厂、天津市兴光农药厂、菏泽茂泰瑞农生物科技有限公司等企业登记生产。

丙森锌 propineb

其他名称 安泰生；甲基代森锌；Antracol；propinebe(ISO-F)；Airone。

化学名称 1,2-亚丙基双二硫代氨基甲酸锌。

结构式

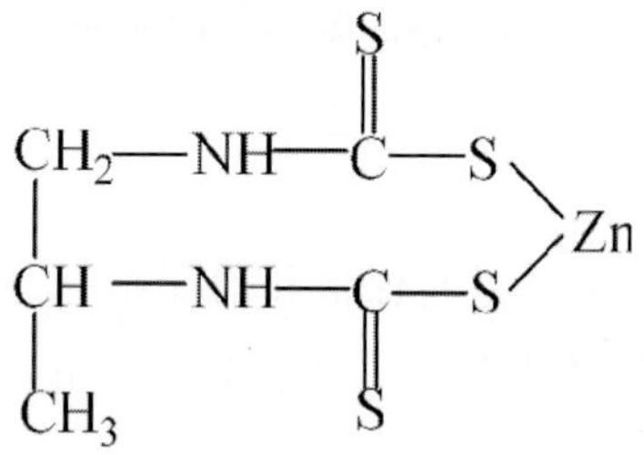

```
                         S
                         ‖
CH2——NH——C——S
 |                                 \
 |                                  Zn
 |                                 /
CH ——NH——C——S
 |                       ‖
CH3                      S
```

理化性质 白色或微黄色粉末，在150℃以上分解。蒸气压小于1MPa(20℃)，密度为1.813g/ml(23℃)。溶解度(20℃)：水中0.01g/L，甲苯、己烷、二氯甲烷＜0.1g/L，不溶于一般有机溶剂。在冷的、干燥条件下储存时稳定，但在强碱或强酸的介质中分解。水解DT_{50}(22℃)(估算值)1d(pH值4)，＞2d(pH值9)。

毒　　性 雄大鼠急性口服LD_{50}值为8.5g/kg；对雄大鼠急性经皮(7h接触)LD_{50}＞1g/kg。对兔皮肤和眼睛无刺激。大鼠急性吸入LC_{50}(4h)＞0.7mg/L空气(气溶胶)。2年饲喂试验无作用剂量为：大鼠50mg/kg饲料，小鼠800mg/kg饲料，犬1 000mg/kg饲料。对人的ADI为0.007mg/kg体重。日本鹌鹑LD_{50}＞5g/kg。鱼毒

LC_{50}(96h)：虹鳟鱼1.9mg/L，金色圆腹雅罗鱼为133mg/L。对蜜蜂无毒；水蚤LC_{50}(48h)4.7mg/L，海藻EC_{50}(96h)2.7mg/L。

剂　　型 80%母粉、70%可湿性粉剂、80%可湿性粉剂、70%水分散粒剂、80%水分散粒剂。

作用特点 丙森锌是一种速效性好、持效期长、广谱保护性杀菌剂。其杀菌机制为抑制病原菌体内丙酮酸的氧化。该药剂对烟草、啤酒花、蔬菜、葡萄等作物的霜霉病以及番茄和马铃薯的早、晚疫病均有优良的保护性杀菌作用，并且对白粉病、锈病和葡萄孢属的病害也有一定的抑制作用。在推荐剂量下对作物安全。且该药含有易于被作物吸收的锌元素有利于促进作物生长和提高果实的品质。

应用技术 可用于防治大白菜霜霉病、黄瓜、葡萄霜霉病、番茄早晚疫病、马铃薯早疫病、柑橘树炭疽病、苹果树斑点落叶病、水稻胡麻斑病、甜椒疫病、西瓜疫病、香蕉叶斑病及玉米大斑病。

防治黄瓜霜霉病，发病前至发病初期，用70%可湿性粉剂500～700倍液喷雾；防治番茄早疫病，发病前至发病初期，用70%可湿性粉剂400～600倍液喷雾，间隔5～7d喷药1次，连喷3次；防治番茄晚疫病，发现中心病株时先摘除病叶，再用70%可湿性粉剂500～700倍液喷雾，每隔5～7d喷药1次，连喷3次；防治大白菜霜霉病，发病初期，用70%可湿性粉剂500～700倍液喷雾，间隔5～7d喷药1次，连喷3次。

防治苹果斑点落叶病，在苹果春梢或秋梢始发病时，用70%可湿性粉剂600～700倍液喷雾，之后每隔7～10d喷药1次，连喷3～4次(秋季喷2次)；防治苹果烂果病，发病前至发病初期，用70%可湿性粉剂800倍液喷雾；防治葡萄霜霉病，发病初期，用70%可湿性粉剂500～700倍液喷雾，间隔7d喷药1次，连喷3次；防治柑橘树炭疽病，发病前至发病初期，用70%可湿性粉剂600～800倍液喷雾。

另外，据资料报道还可用于防治烟草赤星病，发病初期，用70%可湿性粉剂500～700倍液喷雾，间隔7～10d1次，连喷3次防治柑橘疮痂病、桃褐腐病，发病前至发病初期，用70%可湿性粉剂600倍液喷雾；防治石榴褐斑病，发病前至发病初期，用70%可湿性粉剂800倍液喷雾。

注意事项 丙森锌是保护性杀菌剂，必须在病害发生前或始发期喷药。不可与铜制剂和碱性药剂混用。若喷了铜制剂或碱性药剂，需1周后再使用丙森锌。喷药时应穿戴防护服，药剂应保存在儿童接触不到而且通风、干燥的地方，不得与食品或饲料储藏在一起。

开发登记 江苏剑牌农药化工有限公司、拜耳股份公司、陕西汤普森生物科技有限公司、陕西上格之路生物科学有限公司等企业登记生产。

代森锌 zineb

其他名称 蓝克；Aspor；Bereema；Cineb；Zimate；Parate Zineb；ZEB。

化学名称 1,2-亚乙基双二硫代氨基甲酸锌。

结 构 式

$$\left[\begin{array}{l} CH_2—NH—C(=S)—S \\ \quad | \qquad\qquad\qquad\qquad\quad \searrow Zn \\ CH_2—NH—C(=S)—S \end{array}\right]_n$$

理化性质 纯品为白色粉末，原药为灰白色或淡黄色粉末，有臭鸡蛋气味，挥发性小，闪点为138～143℃，工业品纯度达95%以上，157℃下分解，20℃时蒸气压小于0.01MPa。室温下在水中的溶解度约为10mg/L，不溶于大多数有机溶剂，能溶于吡啶，在潮湿空气中能吸收水分而分解失效，遇光、热和碱性物质也易分解，放出二硫化碳，故代森锌不宜放在潮湿和高温地方。

毒　　性 属低毒杀菌剂。原粉大鼠急性经口$LD_{50}>5.2g/kg$，对人急性经口发现的最低致死剂量为5g/kg，大鼠急性经皮$LD_{50}>2.5g/kg$，对犬喂养1年无作用剂量为2g/kg，该药对皮肤黏膜有刺激性，代森锌分解或代谢产物中含有具慢性毒物的乙撑硫脲，施药时应注意污染问题，鲈鱼LC_{50}为2mg/L，对蜜蜂无毒。

剂　　型 65%可湿性粉剂、80%可湿性粉剂、4%粉剂、65%水分散粒剂。

作用特点 是一种叶面喷洒使用的保护剂，对许多病菌如霜霉病菌、晚疫病菌及炭疽病菌等有较强触杀作用。对植物安全，有效成分化学性质较活泼，在水中易被氧化成异硫氰化合物，对病原菌体内含有-SH基的酶有强烈的抑制作用，并能直接杀死病菌孢子抑制孢子的发芽阻止病菌侵入植物体内，但对已侵入植物体内的病原菌丝体的杀伤作用很小。因此使用代森锌防治病害应掌握在病害始见期进行才能取得较好的效果。代森锌的药效期短，在日光照射及吸收空气中的水分后分解较快，其持效期约7d，对植物较安全，一般无药害，但烟草及葫芦科植物对锌较敏感，施药时应注意，避免发生药害。

应用技术 可以用于粮、果、菜等作物防治由真菌引起的大多数病害。对番茄早疫、晚疫病，马铃薯晚疫病，蔬菜疫霉病、霜霉病、炭疽病，桃褐腐病，苹果叶斑病等防治效果显著。

防治麦类锈病，发病初期，用80%可湿性粉剂500倍液喷雾，每隔7～10d喷药1次，连续2～3次；防治油菜的霜霉病、软腐病、黑腐病、黑斑病、白斑病、黑胫病、白锈病、褐斑病、炭疽病，发病初期，用80%可湿性粉剂700倍液喷雾；防治烟草炭疽病、黑胫病、立枯病，用80%可湿性粉剂400倍液喷雾，苗期隔3～5d1次，定植后隔10d1次；防治茶树炭疽病，发病前至发病初期，用80%可湿性粉剂500～700倍液喷雾；

防治瓜类霜霉病、炭疽病、蔓枯病、疫病，定植后发病初期，用80%可湿性粉剂500倍液喷雾，每隔7～10d喷药1次，共喷1～2次；防治番茄早疫病、晚疫病、叶霉病、炭疽病、斑枯病，发病前至发病初期，用80%可湿性粉剂500～700倍液喷雾；防治辣椒炭疽病，发病前至发病初期，用80%可湿性粉剂600～800倍液；防治茄子绵疫病、褐纹病，发病前至发病初期，用80%可湿性粉剂500～700倍液喷雾；防治白菜、萝卜、甘蓝霜霉病、软腐病、黑腐病、黑斑病、白斑病、黑胫病、褐斑病、炭疽病，芹菜叶斑病、斑枯病，菠菜霜霉病、白锈病，莴苣霜霉，菜豆炭疽病、霜霉病、锈病，马铃薯早疫病、晚疫病、疮痂病、黑痣病，葱紫斑病等，发病初期，用80%可湿性粉剂500倍液喷雾；防治芦笋茎枯病，发病前，用80%可湿性粉剂400～600倍液喷雾，隔7～10d1次，连续喷3次。

防治苹果斑点落叶病，发病初期，用80%可湿性粉剂400～600倍液喷雾；防治梨黑斑病，发病初期，用65%可湿性粉剂1 000倍液喷雾；

防治观赏植物叶斑病、锈病、炭疽病，发病初期，用80%可湿性粉剂500～700倍液喷雾；防治菊花褐斑病，发病初期，用65%可湿性粉剂600倍液喷雾。

另外，据资料报道还可用于防治棉花红粉病，发病前，用80%可湿性粉剂500～1 000倍液；防治花生叶斑病，发病初期，用80%可湿性粉剂600～700倍液喷雾，隔10d1次，共喷3～4次；防治茶白星病，发病前至发病初期，用80%可湿性粉剂600～800倍液喷雾；防治樱桃叶枯病，发病初期，用80%可湿性粉剂600倍液喷雾；防治香蕉黑星病，发病初期，用80%可湿性粉剂1 000倍喷雾；防治柑橘黑点病，发病初期，用80%可湿性粉剂600倍液喷雾；防治落叶松枯梢病，发病初期用80%可湿性粉剂400倍液喷雾。

注意事项 本品为保护性杀菌剂，故应在病害发生初期使用方能起到防病效果，对植物安全。本剂不能与铜制剂或碱性药物混用，以免降低药效。按农药安全使用操作规程使用，工作完毕用肥皂洗净手和脸，皮肤着药部分随时洗净，万一误食应催吐、洗胃、导泻，并送医院对症治疗。置通风干燥冷凉处储存，切勿受潮或雨淋，以免分解失效，安全间隔期为15d。

开发登记 四川润尔科技有限公司、保加利亚艾格利亚有限公司、江苏龙灯化学有限公司、利民化学有限责任公司等企业登记生产。

代森锰锌 mancozeb

其他名称 喷克；大生M-45；大生富；山德生；百利安；新猛生；立克清；速克净；mancozeb (ISO-E，BSI)；manzeb (JMAF)；mancozebe(ISO-F)。

化学名称 1, 2-亚乙基双二硫代氨基甲酸锰与锌盐的多元配位混合物。锌和代森锰的络合物，锰20%和锌2.0%。

结构式

$$\left[\left(\begin{array}{l}CH_2NH\overset{S}{\overset{\|}{C}}S-\\ |\\ CH_2NH\underset{S}{\underset{\|}{C}}S-\end{array}\right)Mn\right]_x Zn_y$$

理化性质 代森锰锌活性成分不稳定，原药不进行分离，直接做成各种制剂。原药为灰黄色粉末，约150℃时分解，20℃蒸气压可忽略不计，相对密度1.92，25℃。在水中的溶解度为6.2mg/kg(pH值7.5)。在大多数有机溶剂中不溶解；可溶于强螯合剂溶液中，但不能回收。在正常干燥条件下储存稳定，水解速率(25℃)DT_{50}为20d(pH值5)，17h(pH值7)，34h(pH值9)，在密闭容器中及隔热条件下可稳定存放2年以上。乙撑双(二硫代氨基甲酸盐)在环境中可迅速水解、氧化、光解及代谢。遇酸碱分解，高温暴露在空气中和受潮易分解，可燃烧。

毒　　性 属低毒杀菌剂。原药雄性大鼠急性经口LD_{50}≥8g/kg，小鼠急性经口LD_{50}＞7g/kg。兔急性经口LD_{50}＞10g/kg，对皮肤有轻微和中等刺激，对眼睛有中等刺激。在极高剂量下，会引起试验动物生育有障碍；产品中的微量杂质及代森锰锌降解产物亚乙基硫脲，会引起试验动物甲状腺肿大、肿瘤和生育缺失。对人的ADI为0.03mg/kg；野鸭以6 400mg/(kg·d)及日本鹌鹑3 200mg/(kg·d)在10d试验期内未死亡。鱼毒LC_{50}(48h)：金鱼9.0mg/L，虹鳟鱼2.2mg/L，斑点叉尾鱼5.2mg/L，鲤鱼4.0mg/L。蜜蜂LC_{50}为193mg/只蜜蜂。原药雄性大鼠急性经口LD_{50}＞10 000mg/kg，小鼠急性经口LD_{50}＞7 000mg/kg，经口LD_{50}＞10 000mg/kg，对兔皮肤和黏膜有一定的刺激作用。在试验剂量下未发现致突变、致畸作用。大鼠90d经口无作用剂量为16mg/(kg·d)。制剂雄性大鼠急性经口LD_{50}为9 260～12 600mg/kg，家兔急性经皮LD_{50}＞10 000mg/kg；按我国农药毒性分级标准属低毒农药。

剂　　型 50%可湿性粉剂、70%可湿性粉剂、80%可湿性粉剂、75%水分散粒剂、85%可湿性粉剂、70%水分散粒剂、80%水分散粒剂、85%原粉、30%悬浮剂、43%悬浮剂、40%悬浮剂、48%悬浮剂、430g/L悬浮剂、420g/L悬浮剂。

作用特点 高效、低毒、广谱保护性杀菌剂，对藻菌纲的疫霉属、半知菌类的尾孢属、壳二孢属等引起的多种作物病害，如蔬菜、果树及各种农作物的叶斑病、花腐病等均有很好的防治效果。代森锰锌主要抑制菌体内丙酮酸的氧化，和参与丙酮酸氧化过程的二硫辛酸脱氢酶中的硫氢基结合，代森类化合物先转化为异硫氰酯，其后再与-SH结合，主要是异硫氰甲酯和二硫化乙撑双胺硫代甲酰基，这些产物的最重要毒性反应也是蛋白质体(主要是酶)上的-SH，反应最快最明显的辅酶A分子上的-SH与复合物中的金属键结合。代森锰锌是抑制菌体丙铜酸的氧化，对果树、蔬菜上的炭疽病，早疫病等多种病害有效，同时，它常与内吸性杀菌剂混配，用于延缓抗性的产生。

应用技术 麦类、玉米、水稻、花生、高粱、番茄等作物种子处理，用于种子包衣、浸种、拌种等，防治种子及苗期土传病害。

防治花生叶斑病，按80%可湿性粉剂60~75g/亩，发病前或初见病斑时叶面均匀喷雾，视病情发展或天气状况施药，间隔7d左右。一季作物最多施用次数3次，安全间隔期14d。

防治烟草赤星病，80%可湿性粉剂117~160g/亩，发病前或初见病斑时均匀喷雾，视病情发展或天气状况施药，间隔7d左右。苗期可使用1~2次以减少病原。一季作物最多施用次数3次，安全间隔期为28d。

防治番茄早疫病，黄瓜霜霉病和甜椒疫病。按推荐剂量80%可湿性粉剂130~210g/亩，发病前或初见病斑时叶面均匀喷雾，视病情发展或天气状况施药，间隔5~10d。苗期可使用1~2次以减少病原。一季作物最多施用次数3次，安全间隔期15d。

防治马铃薯晚疫病，按80%可湿性粉剂120~180g/亩，发病前或初见病斑时叶面均匀喷雾，视病情发展或天气状况施药，间隔7d左右。一季作物最多施用次数3次，安全间隔期7d。

防治西瓜炭疽病，按80%可湿性粉剂166~250g/亩，发病前或初见病斑时均匀喷雾，视病情发展或天气状况施药，间隔7d左右。一季作物最多施用次数3次，安全间隔期21d。

防治苹果树斑点落叶病、轮纹病和炭疽病，80%可湿性粉剂一般稀释600~800倍，于苹果落花后和秋梢期病害发生之前，分别施药2~4次，成熟期喷1~2次。视病情发展或天气状况一般间隔10d左右。一季作物最多施用次数3次，安全间隔期10d。

防治梨树黑星病，80%可湿性粉剂一般稀释600~1 000倍液，于梨落花后至套袋前施药2~4次保护幼果，成熟期使用1~2次，视病情发展或天气状况间隔10d左右。一季作物最多施用3次，安全间隔期10d。

防治葡萄霜霉病，80%可湿性粉剂150~210g/亩，于高温高湿季节病害发生前叶片均匀喷雾，视病情和天气发展和情况施药，间隔7~10d。一季作物最多施用次数3次，安全间隔期7d。

防治荔枝树霜疫霉病，80%可湿性粉剂一般稀释400~600倍，于花前、幼果期、膨大期、转色期等病害发生前开始施药，视病情和天气发展施药4~6次，重点喷施果穗，间隔10~14d。一季作物最多施用次数3次，安全间隔期25d。

另外，据资料报道还可用于防治玉米大、小斑病、锈病、灰叶斑病等病害，初见病斑时，用80%可湿性粉剂165g/亩对水40~50kg喷雾，间隔4~7d，收获前7d停止用药；防治水稻稻瘟病、叶瘟，发病初期，防治穗瘟，孕穗末期至抽穗期，用80%可湿性粉剂130~160g/亩对水40~50kg喷雾；防治大豆锈病，初花期，用80%可湿性粉剂200g/亩对水40~50kg喷雾，间隔7~10d施用1次，连续4次；防治芒果炭疽病，开花盛期，用80%可湿性粉剂400倍液喷雾，每隔7d施药1次，连续4次；防治杨树溃疡病，发病初期，80%可湿性粉剂400~700倍液喷雾；防治草场、草坪及高尔夫球场草坪多种病害，在春季草变绿或发病前或发病初期开始用药，用药间隔期一般为7~14d，腐霉病5d，立枯病7d，霜霉病(冬季)2~6周用1次药，胡麻斑病、立枯病、褐斑病、锈病用400倍液，藻类600倍液，其他病害根据草的状况，用80%可湿性粉剂153～197g对水40～50kg喷雾。

注意事项 该药只有预防作用，不具治疗作用，因此应在发病前或发病初期施药。可与多种农药等混用，但不要与铜及强碱性药剂混用。另外，喷铜、汞、碱性药剂后，请间隔1周后再喷此药。该药虽然毒性低，但不能误食。在瓜、果、蔬菜上喷药时，收获后食用前，应注意洗净。在茶树上使用时，请在采摘前2周停止使用。在密封、干燥、阴冷处保存，防止分解失效，对鱼有毒，不可污染水源。

开发登记 美国仙农有限公司、美国陶氏益农公司、瑞士先正达作物保护有限公司等企业登记生产。

代森锰 maneb

其他名称 Manex；Manox；Mansol；Benatec；Kypman；Marteba；Sopranebe；rrimangol；Dithane；M-22等。

化学名称 1,2-亚乙基双二硫代氨基甲酸锰。

结构式

```
            S
            ‖
H2CNH—C—S╲
  |            Mn
H2CNH—C—S╱
            ‖
            S
```

理化性质 黄色结晶固体，在192～204℃下分解，不挥发。20℃时蒸气压可忽略不计。相对密度1.92。微溶于水，不溶于多数有机溶剂。可溶于螯合剂(如乙二胺四乙酸盐)，但不能回收。稳定性：长期暴露在空气中或在潮湿环境下分解。对光稳定，水解DT_{50} < 24h(pH值5，7或9)。在潮湿环境下分解形成的产物之一是代森硫。

毒　　性 大鼠急性经口LD_{50} > 5g/kg，兔和大鼠急性经皮LD_{50} > 5g/kg，对兔皮肤无刺激，对其眼睛有中等程度刺激，急性吸入LC_{50}(4h) > 3.8mg/L空气。2年饲喂试验无作用剂量：大鼠250mg/kg饲料，当饲喂剂量超过250mg/kg时，发现有中毒现象。在1年饲喂试验中，20mg/(kg·d)时对犬没有影响，75mg/(kg·d)时观察到犬有毒性反应，在极高剂量时，会引起被试动物生育障碍。产品中的痕迹量杂质及代谢产物乙撑硫脲会引起试验动物甲状腺病变、肿瘤及生育障碍。对人的ADI为0.3mg/kg体重；0.004mg乙撑硫脲/kg体重。对野鸭和鹌鹑的LC_{50}(8d) > 10g/kg饲料。鲤鱼LC_{50}(48h)为1.8mg/L，对蜜蜂无毒。

剂　　型 70%可湿性粉剂、80%可湿性粉剂、3.5%粉剂、5.6%粉剂、6.7%粉剂、8%粉剂。

作用特点 本药为广谱、保护性杀菌剂，防治果树病害的范围和代森类杀菌剂基本相同，并可以兼治果树的缺锰症，效果尤为显著。对苹果和樱桃会发生药害。

应用技术 保护性杀菌剂，防治病害的种类与代森锌相似，并可治疗植物缺锰症。

防治烟草霜霉病，苗床用70%可湿性粉剂300倍液喷雾，大田用70%可湿性粉剂350～400倍液喷雾，间隔7d喷1次。

防治黄瓜霜霉病，发病初期，用80%可湿性粉剂80～100g/亩对水40～50kg喷雾；防治番茄早疫病，发病初期，用80%可湿性粉剂100g/亩对水40～50kg喷雾。

防治落叶松早期落叶病，发病初期，用70%可湿性粉剂400～600倍液喷雾。

注意事项 对植物比较安全，在夏季高温时，避免在瓜类作物上连续施用，以免产生药害。在滨海地区使用代森锌较安全，不易产生药害。本品为保护性杀菌剂，故应在病害发生初期使用方能起到防病效果。本剂不能与铜制剂或碱性药物混用，以免降低药效。按农药安全使用操作规程使用，工作完毕用肥皂洗净手和脸，皮肤着药部分随时洗净，万一误食应催吐、洗胃、导泻，并送医院对症治疗。置通风干燥冷凉处储存，切勿受潮或雨淋，以免分解失效。本品属自燃物品，具刺激性。

开发登记 利民化工有限责任公司、河北双吉化工有限公司等企业登记生产。

福美双 thiram

其他名称 秋兰姆；赛欧散；Arasan Tersan；Pomarsol；Nomer-san Tuads；Thylate；Delsan；Spotrete。

化学名称 四甲基秋兰姆二硫化物。

结构式

$$(CH_3)_2N-C(=S)-S-S-C(=S)-N(CH_3)_2$$

理化性质 纯品为白色无嗅结晶(工业品为淡黄色粉末，有鱼腥气味)，相对密度1.29，熔点155～156℃。室温下溶解度：水中30mg/L，不溶于水。遇碱易分解。乙醇中＜10g/L，丙酮80g/L，氯仿230g/L。20℃时溶解度为：己烷0.04g/L，二氯甲烷170g/L，甲苯18g/L，异丙醇0.7g/L。在酸性介质中分解，长期暴露在空气、热及潮湿环境下易变质，DT_{50}(估计值)(22℃)：128d(pH4)，18d(pH7)，9h(pH9)。

毒　　性 属中等毒性杀菌剂。原粉大鼠急性经口LD_{50}为2.6g/kg，小鼠急性经口LD_{50}为1.5～2g/kg，兔急性经口LD_{50}为210mg/kg。兔急性经皮LD_{50}＞2g/kg，对眼睛有适度刺激，对皮肤有轻微刺激。将干粉与人皮肤接触后，在9%的情况下会产生极轻度的红斑。对豚鼠皮肤有致敏作用。大鼠急性吸入LC_{50}(4h)4.42mg/L空气。饲喂试验无作用剂量为：大鼠(2年)为1.5mg/(kg・d)，犬(1年)为0.75mg/(kg・d)。对人的ADI为0.01mg/kg体重。急性经口LD_{50}雄雏鸡673mg/kg，野鸭＞2 800mg/kg，椋鸟＞100mg/kg，红翅黑鹂＞100mg/kg。LC_{50}(8d)：雏鸡＞5g/kg，野鸭＞5g/kg，山齿鹑＞3 950mg/kg，日本鹌鹑＞5g/kg。鱼毒LC_{50}(96h)：蓝鳃翻车鱼0.0445mg/L，虹鳟鱼0.128mg/L，蜜蜂LD_{50}(接触)73.7μg/只蜜蜂(75%制剂)，水蚤LC_{50}(48h)0.21mg/L。

剂　　型 50%可湿性粉剂、70%可湿性粉剂、80%可湿性粉剂、10%膏剂、80%水分散粒剂。

作用特点 具保护作用的广谱杀菌剂，主要用于种子和土壤处理，防治禾谷类黑穗病和多种作物的苗期立枯病，也可用于防治一些果树和蔬菜的病害。对人、畜的毒性较低，一般使用剂量下对作物无药害。

防治对象 其抗菌谱广，主要用于处理种子和土壤，主要用于防治小麦白粉病、赤霉病，黄瓜白粉病、霜霉病，葡萄白腐病、水稻稻瘟病、胡麻叶斑病，甜菜根腐病，烟草根腐病等。另外，对柑橘树、苹果树炭疽病，香蕉叶斑病也有很好的作用。也可用于喷雾，防治一些果树、蔬菜病害。

防治小麦赤霉病、白粉病，发病初期，用50%可湿性粉剂500倍液喷雾；防治稻瘟病、稻胡麻叶斑病、稻秧苗立枯病、大、小麦黑穗病、玉米黑穗病，用50%可湿性粉剂0.5kg拌种100kg；防治豌豆褐斑病、立枯病，用50%可湿性粉剂0.8kg拌种100kg。

防治黄瓜霜霉病、白粉病，发病初期，用80%可湿性粉剂50～100g/亩对水40～50kg喷雾。

烟草和甜菜根腐病，每平方米苗床用50%可湿性粉剂4～5g加70%五氯硝基苯可湿性粉剂4g，再加细土15kg混匀，播种时用该药土下垫上覆。

防治苹果树炭疽病，发病初期，用80%可湿性粉剂1 000～1 200倍液喷雾；防治葡萄白腐病，发病初期，用50%可湿性粉剂500～1 000倍液喷雾。

资料报道，防治黄瓜褐斑病，发病初期，用50%可湿性粉剂500～1 000倍液喷雾；防治辣椒立枯病，发病初期，用50%可湿性粉剂800倍液喷雾；防治辣椒炭疽病，发病初期，用50%可湿性粉剂500倍液喷雾；防治花椰菜、甘蓝、莴苣等立枯病，用50%可湿性粉剂0.25kg拌种100kg；防治黄瓜和葱立枯病，用50%可湿性粉剂0.3～0.8kg拌种100kg；防治番茄、瓜类幼苗猝倒病、立枯病，每平方米苗床用50%可湿性粉剂4～5g加70%五氯硝基苯可湿性粉剂4g，再加细土15kg混匀，播种时用该药土下垫上覆。防治苹果树腐烂病，刮去病斑，用10%膏剂30～40g/m^{2}涂抹病部；防治梨黑星病，发病初期，用50%可湿性粉剂500～1 000倍液喷雾；防治葡萄炭疽病，发病初期，用50%可湿性粉剂500～750倍液喷雾。

注意事项 不能与铜、汞剂及碱性药剂混用或前后紧接使用。对人体黏膜及皮肤有刺激作用，皮肤沾染则常发生接触性皮炎，裸露部位皮肤发生瘙痒，出现丘疹斑，甚至有水光、糜烂等现象，操作时应做好防护，工作完毕应及时清洗裸露部位。误服可引起强烈的消化道症状，如恶心、呕吐、腹痛、腹泻等，严重时可导致循环、呼吸衰竭，误服者应迅速催吐、洗胃，并对症治疗。拌过药的种子禁止饲喂家禽、家畜，施药后各种工具要注意清洗，清洗后的污水和废药液应妥善处理。存置于干燥处，并远离火源，防止燃烧，运输和储存时应有专门的车皮和仓库，不得与食物及日用品一起运输和储存。

开发登记 河北冠龙农化有限公司、天津市农药研究所、比利时特胺有限公司等企业登记生产。

福美胂 asomate

其他名称 阿苏妙；三福胂；TTCA。

化学名称 三-(N-二甲基二硫代氨基甲酸)胂。

结构式

$$\left[(CH_3)_2N-\underset{\underset{\displaystyle S}{\|}}{C}-S\right]_3 AS$$

理化性质 原药为黄绿色棱柱状结晶，熔点224～226℃，不溶于水，微溶于丙酮、甲醇，在沸腾的苯中可溶解60%。在空气中较稳定，遇浓酸或热酸则分解。

毒　　性 小白鼠急性经口毒性LD_{50}为335～370mg/kg。

剂　　型 25%可湿性粉剂、40%可湿性粉剂、50%可湿性粉剂、40%悬浮剂、10%涂抹剂。

作用特点 具有保护和治疗作用，持效期较长，对苹果腐烂病有特效，还可防治各种作物白粉病、水稻稻瘟病、玉米大斑病、大豆灰斑病、葡萄白腐病、梨黑星病等。对红蜘蛛也有一定效果。

应用技术 本药品已经被禁用。

开发登记 河北冠龙农化有限公司、河北赞峰生物工程有限公司等企业曾登记生产。

福美锌 ziram

其他名称 福代锌；Zincmate；Bis-Dithane；Polycarbamate。

化学名称 双(N-二甲基二硫代氨基甲酸)锌。

结构式

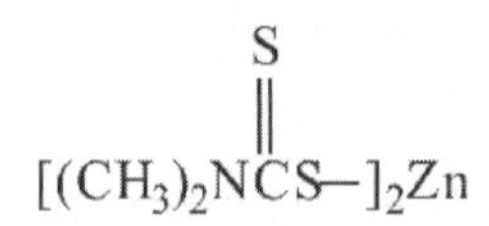

理化性质 纯品为无色粉末。25℃时在水中的溶解度为65mg/L；微溶于乙醚、乙醇；可溶于丙酮；易溶于稀碱、二硫化碳和氯仿中。遇酸分解。

毒　　性 大鼠急性经口LD_{50}为1 400mg/kg，对皮肤和黏膜有刺激性。1年饲喂试验显示：大鼠无作用剂量为5mg/(kg·d)，对初断奶的鼠，以含100mg/kg福美锌的饲料，饲喂30d无明显作用。人每日允许摄入量为0.02mg/kg体重。小鼠急性口服LD_{50}为686.3mg/kg，腹腔注射LD_{50}为128.3mg/kg，鲤鱼LC_{50}值为1.2mg/(L·48h)。

剂　　型 20%可湿性粉剂、65%可湿性粉剂、72%可湿性粉剂。

作用特点 本药为保护性杀菌剂和促进作物早熟剂。可以用于防治苹果、桃、柿、杏、葡萄和柑橘等多种果树的炭疽、疮痂等病害，效果显著。

应用技术 防治苹果树炭疽病、甘薯黑星病，黄瓜霜霉病、炭疽病，发病初期，用20%可湿性粉剂400～600倍液喷雾。

防治苹果树炭疽病，在花芽萌动期开始用药，111～167g/亩，叶面喷雾，压低菌源，落花后至桃代前间隔5～7d连续喷雾2～3次，防治病菌侵染。套袋后、幼果及果实膨大期喷雾3～4次，长期使用保花保果，提高果实品质。

资料报道，防治苹果花腐病、炭疽病、黑点病、白粉病、赤星病，柑橘溃疡病、疮痂病，梨黑斑病、赤星病、黑星病，葡萄疫病、白腐病、炭疽病、褐斑病、白粉病，桃疮痂病、炭疽病、缩叶病和穿孔病，杏菌核病等，发病前或发病初期，用65%可湿性粉剂600～800倍液喷雾，连续喷施2～5次。

注意事项 不能与石灰、硫磺、铜制剂和砷酸铅混用，主要以防病为主宜早期使用，药剂应储存于阴凉、干燥的地方。

开发登记 山东恒利达生物科技有限公司、天津市施普乐农药技术发展有限公司、陕西美邦药业集团股份有限公司等企业登记生产。

二硫氰基甲烷 diisothiocyanatomethane

其他名称 浸种灵；甲叉二硫氰基酯；methylene dithiocyanate。

化学名称 双异硫氰酸甲酯。

结构式

NCS—CH_2—SCN

理化性质 原药为棕黄色针状晶体，熔点101～103℃。易溶于二甲基甲酰胺，不易溶于一般有机溶剂。在水中溶解度为2.3g/L。有刺激性气味。在碱性及紫外线下易分解。

毒　　性 小鼠急性经口LD_{50}为50.19mg/kg；小鼠急性经皮LD_{50}约为292mg/kg。

剂　　型 4.2%乳油、5.5%乳油、10%乳油、1.5%可湿性粉剂。

作用特点 该药剂具有防病增产的突出效果，可以用于稻、麦等浸种，防治水稻恶苗病、干尖线虫病及大麦条纹病等多种病害。可以提高种子中酶的活性，提高种子发芽率、出苗率和成活率，幼苗根系发达，提高抗旱性与抗涝性，可促进作物生长旺盛，从而实现增产。

应用技术 防治水稻恶苗病、干尖线虫病，用10%乳油5 000倍液浸种3～5d，浸种后不必用水冲洗，可直接捞出催芽播种；防治大麦条纹病，用种子重量0.02%的10%乳油拌种。

另外，据资料报道还可用于防治凤梨病害，促进蔗芽早生快发，用10%乳油3 000倍液浸种茎10min消毒处理，然后种植。

注意事项 本品毒性较高，严防入口，皮肤接触后用肥皂或碱立即清洗干净。本品勿用碱性水稀释使用及与碱性物质混用，本品对眼睛轻度刺激性，对皮肤无刺激性、无致敏性。

开发登记 江苏长青农化股份有限公司等企业登记生产。

代森联 metriam

其它名称 品润。

化学名称 三{氨[1,2-亚乙基双(二硫代氨基甲酸)锌(2+)]}(四氢-1,4,7-二噻二氮芳辛-3,8-连二硫酮)，聚合体。

结 构 式

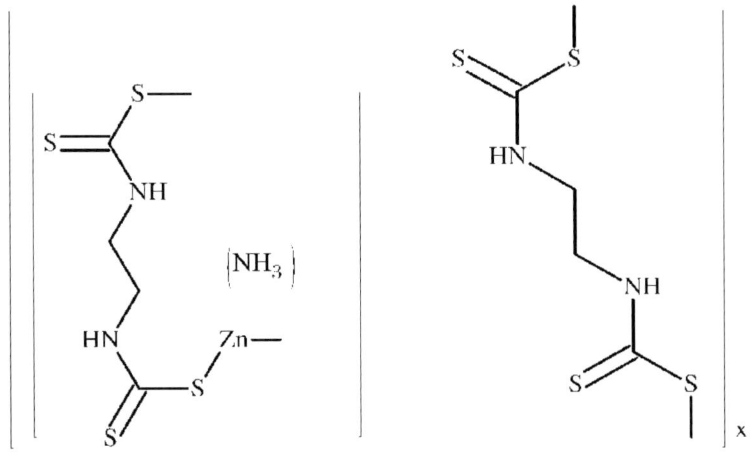

S NH HN S Zn NH_3 S HN NH S x

理化性质 原药为稍带黄色粉末，加热时从140℃开始分解，20℃时蒸气压小于0.010MPa，相对密度为1.860，不溶于水、乙醇、丙酮、苯等常用的有机溶剂中，溶于吡啶，但有分解；在30℃下稳定，在光照下缓慢分解，不吸湿。

毒　　性 大鼠口服LD_{50}为2 850mg/kg。

作用特点 非内吸性杀菌剂，用于叶面处理起杀菌防病作用。

剂　　型 70%水分散粒剂、60%水分散粒剂、70%可湿性粉剂。

应用技术 主要用于防治黄瓜、葡萄霜霉病，梨树黑星病，柑橘疮痂病；苹果斑点落叶病、轮纹病和炭疽病等。

防治黄瓜霜霉病，发病初期，用70%水分散粒剂70～100g/亩对水40～50kg喷雾；防治甜瓜霜霉病，发病初期，用70%水分散粒剂70～100g/亩对水40～50kg喷雾。

防治苹果斑点落叶病、轮纹病、炭疽病，发病初期，用70%水分散粒剂300～700倍液喷雾；防治梨黑星病、柑橘疮痂病，发病初期，用70%水分散粒剂500～700倍液喷雾。

资料报道，防治麦类锈病，用70%水分散粒剂500倍液喷雾；防治花生叶斑病，发病初期，用70%水分散粒剂600～700倍液喷雾；防治烟草炭疽病、黑胫病、立枯病，发病初期，用70%水分散粒剂400倍液喷雾；防治瓜类炭疽病、蔓枯病、疫病等，发病初期，用70%水分散粒剂500～800倍液喷雾。

注意事项 代森联与某些杀虫剂如马拉硫磷或二嗪磷混用时必须现配现用，其他注意事项见代森锌。

开发登记 巴斯夫欧洲公司、江苏省南通宝叶化工有限公司等企业登记生产。

代森锰铜　mancopper

其他名称 Dithane C-90。

剂　　型 70%可湿性粉剂等。

作用特点 保护性杀菌剂，用于防治葡萄白粉病菌、镰孢属和壳针孢属致病菌。

应用技术 资料报道，用于喷雾或种子处理，喷雾剂量为2.8g/L。

开发登记 Rohm&Haas Co. 开发。

代森钠　nabarn

其他名称 DSE；HE-175。

化学名称 1,2-亚乙基双二硫代氨基甲酸钠。

结 构 式

理化性质 产品是含6个结晶水的固体结晶，熔点230℃，该结晶固体对热、光和湿气不稳定，熔点前即分解出可燃性分解物，代森钠在水中能溶解20%(按无结晶水的代森钠计)，在室温下生成黄色水溶液，零度以下析出六水合物。

毒　　性 大鼠急性口服LD_{50}为395mg/kg，小鼠580mg/kg，对皮肤稍有刺激，以含1 000～2 500mg/kg药物的饲料喂大鼠10d发现对甲状腺有影响。对鱼有中等毒性，对蜜蜂无毒。

作用特点 作为保护性杀菌剂已被代森锌代替，代森钠在田间使用时与硫酸锌混合配成代森锌喷雾。代森钠单独在叶面使用时药害严重，在土壤施用时，对疫霉菌有作用。

剂　　型 93%的水溶性粉剂等。

应用技术 对苹果黑星病、豌豆立枯病、玉米大斑病、芹菜叶斑病有效。

注意事项 储存于阴凉、通风的库房。远离火种、热源，避免光照，包装要求密封，不可与空气接触，应与氧化剂、酸类、碱类等分开存放，切忌混储。配备相应品种和数量的消防器材，储区应备有合适的材料收容泄漏物。

开发登记 1935年由DuPont公司发现，1941年肯定药效，1943年推广，但国内没有作为农药去开发应用，只是生产代森锰锌等的中间体。

代森硫 etem

其他名称 ETM；UCP；Hortocrift；抑菌梯。

化学名称 亚秋兰姆单硫化物。

结 构 式

N　N　S
S—S

理化性质 黄色结晶，熔点为121～124℃，在室温下水中溶解度为0.015%～0.05%，稍溶于丙酮、甲苯、乙醇、乙醚，可溶于三氯甲烷、吡啶中。在熔点时分解，在强碱作用下缓慢分解。

毒　　性 鼷鼠口服急性LD_{50}为330mg/kg。

剂　　型 50%可湿性粉剂。

作用特点 用于防治黄瓜霜霉病、白粉病、黑星病，番茄叶霉病、疫病。

应用技术 防治黄瓜霜霉病、白粉病、黑星病、番茄叶霉病、疫病，发病初期，用50%可湿性粉剂500～1 000倍液喷雾。

注意事项 本品遇热遇碱易分解，储存于低温干燥处，不宜与碱性溶液混用。

代森环 milneb

其他名称 DuPont 328；Fungicide 328。

化学名称 3,3’–亚乙基双(四氢化–4,6–二甲基–1,3, 5–噻二唑–2–硫酮)。

结 构 式

H　CH_3
N-HC　H_3C　H
H_3C—　N—　CH-N
S—C　N　—CH_3
S　C—S
S

作用特点 用于防治蔬菜病害，如，瓜类霜霉病、炭疽病，番茄叶霉病、疫病、灰霉病，洋葱霜霉病、灰霉病，马铃薯疫病，豆锈病，梨、苹果黑星病等。

剂　　型 75%可湿性粉剂。

应用技术 防治瓜类霜霉病、炭疽病，番茄叶霉病、疫病、灰霉病，洋葱霜霉病、灰霉病，马铃薯疫病，豆锈病，梨、苹果黑星病等，发病初期，用75%可湿性粉剂的600～800倍液喷雾；与其他有机硫剂比较具有使用浓度低，对作物影响小，无污染等优点。

注意事项 不可与碱性和含铜农药及含有游离酸的物质混用，对皮肤有刺激性，使用时应注意防护，应贮存于阴凉干燥处，以防高温加速分解。

福美铁 ferbam

其他名称 Ferberk；Niacide；Hexafer；Hokmate。

化学名称 三(N,N–二甲基–二硫代氨基甲酸）铁。

结 构 式

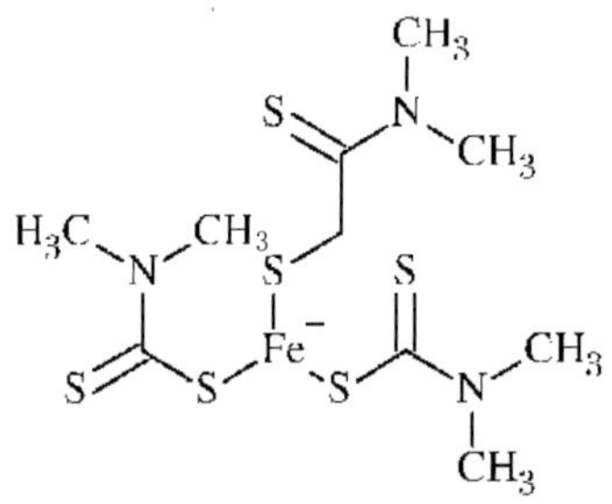

理化性质 纯品为黑色粉末，在180℃以上分解，于室温时几乎不挥发。水中的溶解度为130mg/L，溶于乙腈、氯仿和吡啶，遇热、潮湿则分解。它能与其他农药混配，但不能与铜、汞、石硫合剂混配。

毒　　性 大鼠急性口服LD_{50}值为4g/kg，致死量高于17g/kg，兔急性经皮$LD_{50}>4g/kg$。

作用特点 为主要用于叶面的保护性杀菌剂，对作物无药害。

制　　剂 76%可湿性粉剂。

应用技术 资料报道，用于防治麦类锈病、纹枯病，蔬菜霜霉病、炭疽病、早疫病、黑斑病、锈病等，果树锈病、黑点病、落叶病、赤星病、炭疽病，发病初期，用76%可湿性粉剂800~1 600倍液喷雾。

开发登记 1931年，杜邦公司发现其杀菌作用后，于1943年投产，获有专利USP1972961。

福美铵 diram

其他名称 Dimethylambam；Carbamysol。

化学名称 N,N–二甲基二硫代氨基甲酸铵。

结 构 式

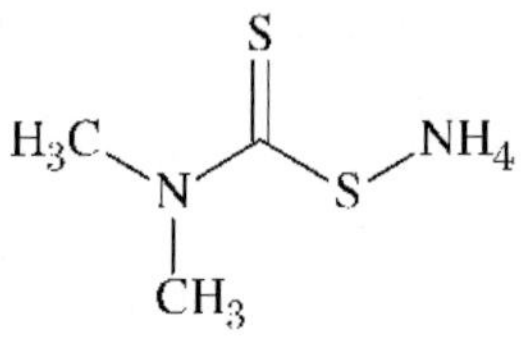

理化性质 可溶于水，对酸、碱都不稳定。

剂　　型 30%水溶液。

作用特点 用于防治瓜类苗期立枯病。

应用技术 防治瓜类苗期立枯病，在播种前3～7d或播种当天喷施，每平方米地面施30%水溶液500～1 000倍液3L。

开发登记 日本东京有机化学工业株式会社，获有专利USP2229562。

福美镍

其他名称 Sankel；Mikasa sankel。

化学名称 二甲基二硫代氨基甲酸镍。

结 构 式

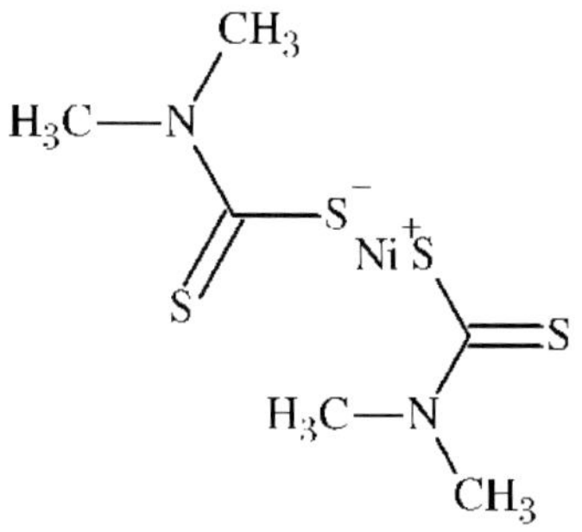

$$\mathrm{(CH_3)_2N{-}C({=}S){-}S^{-}\ Ni\ {}^{+}S{-}C({=}S){-}N(CH_3)_2}$$

理化性质 原药为淡绿色粉末，纯度98%以上，在水中和有机溶剂中几乎不溶，分解温度200℃。对光照、酸、碱稳定。

毒　　性 鼷鼠急性口服LD_{50}值很大，投药5.2g/kg在2周内无影响，对鱼类安全。

剂　　型 65%可湿性粉剂。

应用技术 防治水稻白叶枯病，发病初期，用65%可湿性粉剂400～600倍液喷雾。

开发登记 1941年日本三笠化学工业株式会社推广。

磺菌威 methasulfocarlb

其他名称 NK-191。

化学名称 S-(4-甲基磺酰氧苯基)-N-甲基硫代氨基甲酸酯。

结 构 式

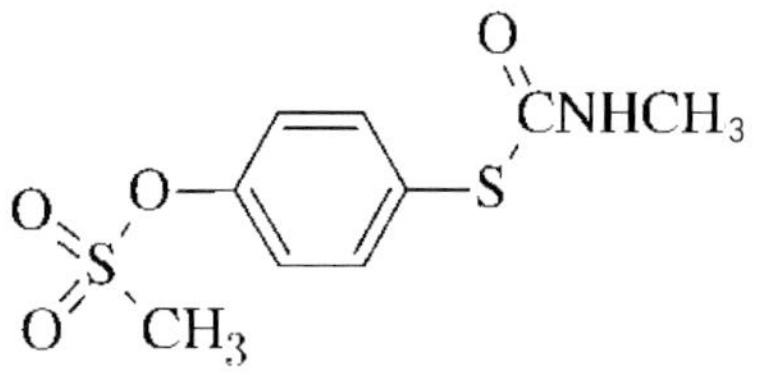

$$\mathrm{CH_3S(=O)_2{-}O{-}C_6H_4{-}S{-}C(=O)NHCH_3}$$

理化性质 其外观呈无色晶体，熔点137.5～138.5℃，水中溶解度480mg/L，溶于苯和丙酮。对日光稳定。

毒　　性 雄大鼠急性经口LD_{50}为119mg/kg，雌大鼠为112mg/kg；雄小鼠急性经口LD_{50}为342mg/kg，雌

小鼠为262mg/kg；大鼠急性吸入LC_{50}(4h)＞0.44mg/L空气，大、小鼠急性经皮LD_{50}为5g/kg；鲤鱼LC_{50}(8h)1.95mg/L，水蚤LC_{50}(3h)为24mg/L。

剂　　型 10%粉剂。

作用特点 可防治由镰孢霉属、腐霉属、木霉属、伏革菌属、毛霉属、丝抗菌属和极毛杆菌属等病原菌引起的水稻枯萎病具有植物生长调节作用，可提高水稻根系的生理活性。

应用技术 将10%粉剂混入土内，剂量为5kg育苗土6～10g，在播种前7d之内或临近播种时使用。

开发登记 日本化药公司发现并开发。获有专利US4126696(1979)，DE-OS2745229(1978)，特开昭53-47527(1978)。

吗菌威 carbamorph

其他名称 MC-883。

化学名称 S-吗啉基甲基二甲基二硫代氨基甲酸酯。

结 构 式

$$(H_3C)_2N-C(=S)-S-CH_2-N(C_4H_8O)$$

理化性质 其外观呈白色结晶状，熔点88～89℃，煤油、二甲苯、卤代烃中溶解度小于100g/L，二甲基亚砜中为150g/L，二甲基甲酰胺中为200g/L。

毒　　性 大鼠急性口服LD_{50}为1 500mg/kg；大鼠急性经皮LD_{50}＞16g/kg。

作用特点 内吸性杀菌剂，对霜霉目真菌有特效，防治马铃薯晚疫病、大豆霜霉病、苗期猝倒病。

应用技术 叶面喷雾防治马铃薯晚疫病和大豆霜霉病，种子处理防治立枯丝核菌和腐霉菌引起的苗猝倒病，抑制刺盘孢的生长。

开发登记 Mur-phy公司开发。

五、有机胂类杀菌剂

(一)有机胂类杀菌剂的作用机制

有机胂杀菌剂开始应用于20世纪50年代中期，日本首先发现了对水稻纹枯病有优良防治效果的甲基胂酸化合物，由于纹枯病逐年扩大而日趋严重，有机胂药剂的用量和品种也不断增多。由于有机胂存在有残毒的可能性，因此，学者一直致力于寻找药效更高、低毒、低残留的代用品种。例如，农用抗生素井冈霉素的出现，并大量用于水稻纹枯病的防治，使有机胂杀菌剂的用量逐渐减少。有机胂杀菌剂在使用上必须严格控制施药时期和用量，以保证收获物中的残留不超过标准，也可避免药害的产生。

生物体内进行的各种氧化作用，均受各种酶的催化，其中起着重要作用的许多脱氢酶系中都含有巯基。因此，能与巯基发生作用的药剂必然会抑制菌体的生物氧化(呼吸)。巯基是许多脱氢酶活性部位不可缺少的活性基团。有机胂杀菌剂是巯基抑制剂。其主要作用机制在于和含-SH的酶反应，抑制了含-SH酶的活性，特别是磷酸甘油醛脱氢酶的活性。尽管三价砷和五价胂化合物，其生物活性相差不大，对水稻纹枯病有效的大多含有CH_3-As=，极易侵入菌体内，三价砷直接与呼吸酶中的-SH基结合，使其失去活性；而五价胂在菌体内部分被还原为三价砷起作用，部分仍为五价胂起作用。

（二）有机胂类杀菌剂的主要品种

甲基胂酸锌 zinc methanearsonate

其他名称 稻脚青；稻谷青。

化学名称 甲基胂酸锌。

结 构 式

$$CH_3AsO_3Zn \cdot H_2O$$

理化性质 纯品为白色有金属光泽的晶体。原粉为白色粉末。难溶于水和多种有机溶剂，稍溶于酸性介质中。性质稳定，遇光和热不易分解。

毒　　性 属中等毒杀菌剂。对小鼠急性经口LD_{50}为468mg/kg，大鼠急性经皮LD_{50}为1g/kg。

剂　　型 20%可湿性粉剂。

作用特点 防治水稻纹枯病的特效药剂，对水稻纹枯病具有良好的保护和治疗作用，能抑制纹枯病菌菌核的萌发，防止病菌侵入水稻植株。在已被害的水稻植株上能抑制病菌菌丝生长，抑制病害向上部叶鞘及叶片蔓延和扩展，并能杀死已侵入水稻的纹枯病菌，减少菌核的形成。杀菌机理是与菌体内含-SH酶结合，抑制三羧酸循环。甲基胂酸锌药效稳定，持效期较长，在规定用量下，一般药效期可达10～15d。

应用技术 已被禁用。

开发登记 湖北沙隆达(荆州)农药化工有限公司、广西金裕隆农药化工有限公司等企业曾登记生产。

甲基胂酸铁铵 MAFA

其他名称 田安；胂铁铵；Arsonate；Heo-Asozin；Neo So sin Gin。

化学名称 甲基胂酸铁铵。

结 构 式

$$(CH_3AsO_3)xFey(NH_3)_2$$

理化性质 纯品为棕色粉末，工业品是棕红色水溶液，具有氨臭气味，相对密度1.15～1.25。铁与胂原子比为2.5∶1，含亚胂酸钠0.6%以下。在酸性或碱性溶液中均会分解。对光、热稳定。

毒　　性 属低毒杀菌剂。纯品大鼠急性经口LD_{50}为1g/kg，小鼠急性经口LD_{50}为707mg/kg。对皮肤及黏膜有刺激作用。

剂　　型 5%水剂。

作用特点 是一种有机胂类杀菌剂，主要用于防治水稻纹枯病，此外，对葡萄炭疽病、白腐病、白粉病等都有良好的防效。胂酸盐类的砷原子对菌产生毒性试验证明，在经胂作用后的菌体内有丙酮的积累，使菌体发生变异，从而达到防治效果。

应用技术 已被禁用。

福美甲胂 urbacid

化学名称 双二甲基二硫代氨基甲酸甲胂。

结构式

理化性质 原药为无色无嗅味的结晶固体，熔点144℃，挥发性比较低，不溶于水，可以溶于大多数有机溶剂。

毒　　性 大鼠急性口服LD_{50}为175mg/kg。

剂　　型 80%可湿性粉剂。

注意事项 受热分解有毒气体氧化氮、氧化硫、胂化物。此药已被禁用。

黄原胂 mongalit

化学名称 双异丙基黄原酸酯甲基胂。

结构式

理化性质 原药为淡黄色透明的液体，含量为98.4%，比重1.36；不溶于水，易溶于丙酮、二甲苯、苯和石油醚中，本剂有毒，使用时注意。

剂　　型 10%和20%可湿性粉剂。

应用技术 已被禁用。

月桂胂 MALS

其他名称 MALS。

化学名称 双十二烷基硫化甲胂。

结 构 式

$$H_3C-As(-S-C_{12}H_{25})-S-C_{12}H_{25}$$

理化性质 本品含胂量为14.5%以上。熔点18～20℃，在25℃时，易溶于丙酮、苯、乙醇(249mg/m1)，可溶于甲醇(32mg/m1)中。

剂　　型 0.6%粉剂、16.5%乳剂。

应用技术 已被禁用。

六、取代苯类杀菌剂

(一)取代苯类杀菌剂的作用机制

取代苯类杀菌剂的分子结构特征是以苯核作为母体，品种成员较为复杂，没有太大的系统性。该类杀菌剂大多数无内吸性。

取代苯类杀菌剂以百菌清(chlorothalonil)为代表，还有diclroan和dichlone，其主要作用机制在于和含有-SH的酶反应，抑制了含-SH酶的活性，特别是磷酸甘油醛脱氢酶的活性。磷酸甘油醛脱氢酶催化糖酵解途径中从3-磷酸甘油醛到1, 3-磷酸甘油酸的反应。其催化机理是磷酸甘油醛脱氢酶活性位置上半胱氨酸残基的-SH是亲核基团，它与醛基作用形成中间产物，可将羟基上的氢移至与酶紧密结合的NAD^+上，从而产生NADH和高能硫酯中间产物。NADH从酶上解离，另外的NAD^+与酶活性中心结合，磷酸攻击硫酯键，从而形成1, 3-二磷酸甘油。百菌清和该酶的-SH结合，抑制其活性，中断糖酵解，从而影响ATP的生成。

此外，Vincent和Sisler认为百菌清也和含-SH的谷胱甘肽反应，破坏了谷胱甘肽。众所周知，谷胱甘肽在菌体内对外源物的解毒反应中有主要作用。Barak和Edgington在抗性机理研究中发现，抗百菌清菌株中的谷胱甘肽含量远远高于敏感菌株，这也是百菌清作用于谷胱甘肽的一个证据。

(二)取代苯类杀菌剂的主要品种

百菌清 chlorothalonil

其他名称 达科宁；克达；霉必清；打克尼尔；Daconil 2787；Termil；Forturf；Bravo；Exotherm；Termil；Echo；Colonil；Funconil。

化学名称 四氯间苯二腈

结 构 式

(苯环，取代基：CN、Cl、CN、Cl、Cl、Cl)

理化性质 纯品为白色无嗅味晶体，工业品略有刺激性气味。熔点250～251℃，沸点350℃。在25℃

溶解度：水中为0.6mg/L(几乎不溶于水)，丙酮中3g/kg，环己醇中3g/kg，二甲基甲酰胺中3g/kg，二甲基亚砜中2g/kg，煤油中＜1g/kg，丁酮中2g/kg，二甲苯中8g/kg。40℃下蒸气压小于1.33Pa。对紫外光、热和酸碱水溶液都较稳定，不腐蚀容器。持效期较长、药效稳定。

毒　性 据中国农药毒性分级标准，百菌清属低毒杀菌剂。原粉大鼠急性经口LD_{50}和兔急性经皮LD_{50}均大于10 000mg/kg，大鼠急性吸入LC_{50}＞4.7mg/L(h)。对兔眼结膜和角膜有严重刺激作用，可产生不可逆的角膜混浊，对某些人的皮肤有明显刺激作用。大鼠体内代谢试验表明，百菌清经口进入动物体内后，在组织内分布少，能较快排泄，在动物体内无明显蓄积作用，在试验条件下，未见致突变、致畸作用，大鼠三代繁殖试验未见异常。两年饲喂试验无作用剂量，大鼠为10mg/kg相当于0.5mg/（kg・d)，大于此剂量，可引起大鼠肾脏小管扩张及细胞增殖等病理变化。高剂量下大于30mg/（kg・d)则导致大鼠肾肿瘤产生，且雄性高于雌性。对犬无作用剂量为120mg/kg相当于3mg/（kg・d）。对鱼类毒性大，96h急性LC_{50}分别为：大鳍鳞鳃翻鱼62μg/L，虹鳟鱼49μg/L，斑点叉尾鮰44μg/L。蜜蜂LD_{50}为181.29μg/只。野鸭LD_{50}为4 640mg/kg。

剂　型 40%可湿性粉剂、50%可湿性粉剂、60%可湿性粉剂、75%可湿性粉剂、54%悬浮剂、40%悬浮剂、72%悬浮剂、2.5%烟剂、10%烟剂、20%烟剂、28%烟剂、30%烟剂、40%烟剂、45%烟剂、5%粉尘剂、2.5%颗粒剂、5%颗粒剂、10%油剂。

作用特点 属广谱性杀菌剂，主要是保护作用，对某些病害有治疗作用。能与真菌细胞中的3-磷酸甘油醛脱氢酶发生作用，与该酶体中含有谷胱氨酸的蛋白质结合，破坏酶的活力，使真菌细胞的代谢受到破坏而丧失生命力。在植物已受到病菌侵害，病菌进入植物体内后，杀菌作用很小。百菌清没有内吸传导作用，不会从喷药部位及植物的根系被吸收，但百菌清在植物表面有良好的黏着性，不易受雨水冲刷，因此具有较长的药效期，在常规用量下，一般药效期7～10d。

应用技术 防治小麦叶锈病、叶斑病，发病初期，用75%可湿性粉剂100～127g/亩对水40～50kg喷雾；防治水稻稻瘟病、纹枯病、炭疽病，发病初期，用75%可湿性粉剂100～127g/亩对水40～50kg喷雾；防治玉米大斑病，发病初期，用75%可湿性粉剂110～140g对水40～50喷雾，以后每隔5～7d喷药1次；防治花生锈病、褐斑病、黑斑病等，发病初期，用75%可湿性粉剂100～126g/亩对水60～75kg喷雾，每隔10～14d喷药1次，当病害发生严重时，用75%可湿性粉剂120～150g/亩对水40～60kg喷雾，第1次喷药后隔10d喷第2次，以后再隔10～14d喷1次；防治茶树炭疽病，发病初期，用75%可湿性粉剂600～800倍液喷雾。

防治瓜类炭疽病、霜霉病，发病初期，用75%可湿性粉剂110～150g/亩对水50～75kg喷雾，每隔7d左右喷药1次；防治瓜类白粉病、蔓枯病、叶枯病及疮痂病，发病初期，用75%可湿性粉剂150～200g/亩对水50～75 kg 喷雾，以后视病情而定，一般每隔7d喷药1次，直到病害停止发展时为止；防治番茄早疫病、晚疫病、叶霉病、炭疽病，发病初期，用75%可湿性粉剂135～150g/亩对水60～75kg喷雾，每隔7～10d喷药1次；防治茄子、甜椒炭疽病、早疫病等，发病初期，用75%可湿性粉剂80～100g对水50～60kg喷雾，每隔7～10d喷药1次；防治大棚蔬菜的灰霉病，用5%烟剂750g/亩，在棚室温度25℃以下，傍晚或阴天熏烟；防治白菜霜霉病，甘蓝黑斑病、霜霉病，发病初期，用75%可湿性粉剂113g/亩对水50～75kg喷雾，以后每隔7～10d喷1次；防治菜豆锈病及炭疽病，发病前至发病初期，用75%可湿性粉剂80～100g/亩对水50～60kg喷雾，以后每隔7d喷1次；防治马铃薯晚疫病、早疫病，在马铃薯封行前病害开始发生时，用75%可湿性粉剂80～110g/亩对水40～60kg喷雾，以后根据病情而定，一般隔7～10d喷药1次。

防治苹果树斑点落叶病，发病初期，用75%可湿性粉剂400～800倍液喷雾；防治梨树斑点落叶病，发病初期，用75%可湿性粉剂500倍液喷雾；防治葡萄黑痘病、炭疽病、白粉病、果腐病，在叶片发病初期或开花后2周，用75%可湿性粉剂600～750倍液喷雾，以后视病情而定，一般每隔7～10d喷1次；防治桃褐腐病、疮痂病，在孕蕾阶段和落花时，用75%可湿性粉剂800～1 200倍液喷雾，以后视病情而定，一般每隔14d喷1次；防治桃穿孔病，在落花时，用75%可湿性粉剂700倍液喷雾，以后每隔14d喷1次；防治柑橘疮痂病、沙皮病，在花瓣脱落时，用75%可湿性粉剂800～1 000倍液喷雾，以后每隔14d喷药1次，一般最多喷药3次。

防治橡胶树炭疽病，发病初期，用75%可湿性粉剂500～800倍液喷雾。

另外，据资料报道还可用于防治大白菜根肿病，发病初期，用75%可湿性粉剂1 000倍液灌根；防治大葱紫斑病、黑斑病，发病初期，用75%可湿性粉剂600～700倍液喷雾；防治胡萝卜黑腐病，发病初期，用75%可湿性粉剂600倍液喷雾；防治莲藕褐斑病，发病初期，用75%可湿性粉剂1 000倍液喷雾；防治草莓灰霉病、叶枯病、叶焦病及白粉病，在开花初期、中期及末期各喷药1次，用75%可湿性粉剂100g/亩对水50～60kg喷雾；防治林木病害，发病初期，用2.5%烟剂200～320g/亩熏烟；防治大叶黄杨白粉病，发病初期，用75%可湿性粉剂600倍液喷雾。

注意事项 百菌清对人的皮肤和眼睛有刺激作用，少数人有过敏反应。一般可引起轻度接触性皮炎，如同被太阳轻度灼烧反应，不经治疗，大约2个星期之内，皮肤经脱皮而恢复。百菌清接触眼睛会立刻感到疼痛并发红。过敏反应表现为支气管刺激、皮疹、眼结膜和眼睑水肿、发炎，停止接触百菌清症状会消失。在使用过程中如有药液溅到皮肤上，用肥皂和水清洗以后涂上药，并脱去被药剂污染的衣服和鞋。如吸入中毒，则将患者移至空气新鲜的地方；若呼吸停止，应立即进行人工呼吸，并可进行吸氧。如误食，不要进行催吐，如患者自然呕吐，要保持空气新鲜，神志不清者不能吃东西，对发生过敏的患者，可给予抗组织胺或类固醇药物治疗，无特效解毒剂。百菌清对鱼类有毒，施药时须远离池塘、湖泊和溪流，清洗药具的药液不要污染水源。本品应防潮防晒，储存在阴凉干燥处，严禁与食物、种子、饲料混放，以防误服误用，使用后的废弃容器要妥善安全处理。不能与石硫合剂、波尔多液等碱性农药混用。梨树、柿树、桃、梅和苹果等使用浓度偏高会发生药害，苹果的黄色品种易引起果锈，玫瑰花也有药害，与杀螟硫磷混用，桃树易产生药害。与炔螨特、三环锡等混用，茶树可能产生药害。

开发登记 瑞士先正达作物保护有限公司、江苏龙灯化学有限公司、允发化工(上海)有限公司等企业登记生产。

稻丰宁 CPA

其他名称 KF-1501。

化学名称 醋酸五氯苯酯。

结构式

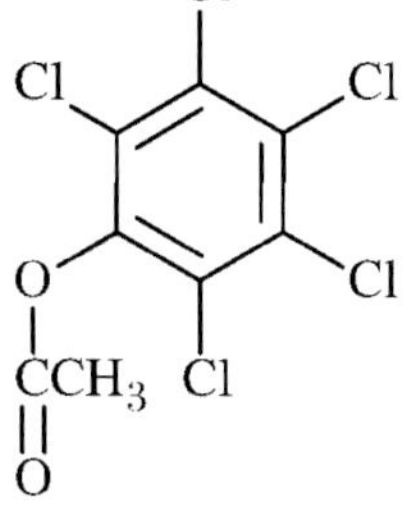

Cl Cl Cl O Cl CCH$_3$ Cl O

理化性质 原药为针状结晶(从乙醇中结晶)或单斜晶系柱状结晶，熔点151～152℃，易升华，在水中仅溶解0.7mg/L，易溶于热乙醇。在100℃以下稳定，与醇、钾在120℃长时间加热时则水解。

剂　　型 50%可湿性粉剂。

作用特点 保护性杀菌剂，用于防治稻瘟病。

应用技术 资料报道，用于防治水稻叶瘟病，发病初期施药，防治穗瘟在孕穗期和齐穗期各施药1次，用50%可湿性粉剂1 000倍液喷雾。

注意事项 高浓度时或附着大量药剂时稻叶发黄，但不影响水稻产量。本药残效期短，防治效果不稳定，可与春雷霉素混用，以保证其药效。

开发登记 1966年日本吴羽化学公司开发。

稻瘟醇 blastion

化学名称 五氯苄醇。

结 构 式

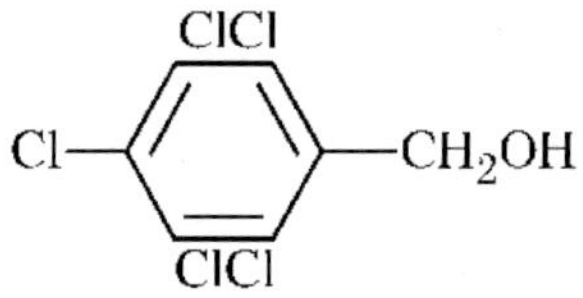

理化性质 原药为灰色或灰褐色粉末，纯度80%～85%，熔点193℃；25℃下溶解度：煤油326mg/L、二甲苯为3 350mg/L、丙酮6 418mg/L，在水中不溶。

剂　　型 4%粉剂、50%可湿性粉剂。

作用特点 保护性杀菌剂，具有渗透输导作用。对稻瘟病有良好的防效，对穗瘟防效尤为明显。能防止病菌感染，但无直接杀菌效果，对已侵入稻株内的稻瘟病菌无效。

应用技术 资料报道，防治稻瘟病，发病前，用50%可湿性粉剂1 500～2 000倍液喷雾。

开发登记 1956年日本三共公司开发，由于残留物会产生药害，对蔬菜造成二次药害，现已停产。

稻瘟清 oryzone

其他名称 稻瘟腈；PCMN。

化学名称 五氯苄醇腈。

结 构 式

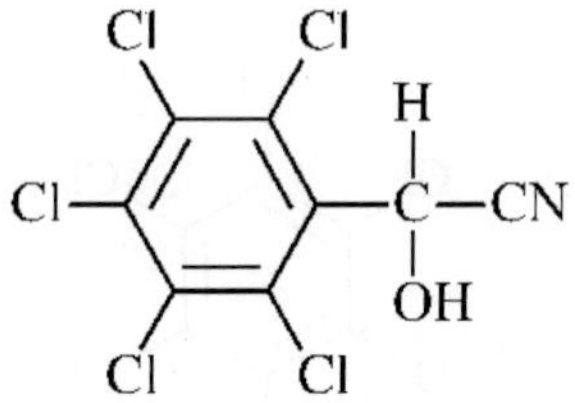

理化性质 原药为白色结晶性粉末，熔点189℃，不溶于水，难溶于苯、二甲苯，可溶于丙酮、乙醇和醋酸乙酯，对自然界环境条件(紫外线、酸碱性、雨露等)稳定。

作用特点 对稻瘟病有预防效果，对稻瘟病菌孢子1g/L能完全抑制发芽，300mg/L约能抑制50%的孢子发芽，100mg/L不能抑制发芽。在25℃时500mg/L浸病斑4h，可抑制大部分孢子形成，叶面喷雾可渗移到上位叶，但根部无内吸作用。

剂　　型 3%粉剂、50%可湿性粉剂。

应用技术 资料报道，稻瘟清对禾本科、茄科、葫芦科、蔷薇科、百合科、桑科、山茶科、菊科、唇形花科、旋花科、十字花科、松、柿、柑橘和葡萄无药害，发病前至发病初期，用50%可湿性粉剂1 000倍液喷雾，也可以用3%粉剂2～2.5g/亩喷粉。

开发登记 1966年日本农药株式会社推广，本药因残留物引起作物药害现已停用。

五氯酚 douicide

其他名称 PCP；Penta；Penchlorol。

化学名称 五氯苯酚。

结 构 式

$$
\text{HO}-C_6Cl_5
$$

理化性质 纯品为无色结晶，具有酚的气味，熔点191℃(工业品187～189℃)，沸点309～310℃。100℃时蒸气压为16Pa，相对密度为1.98(22℃)。30℃时在水中溶解度为80mg/L，溶于多数有机溶剂，但在四氯化碳和石蜡烃中溶解度不大。原粉外观为浅棕色至褐色晶体，纯度≥90%，苯不溶物≤5.5%，碱不溶物≤10%，游离酸(以HCl计)≤0.3%，熔点187～189℃，水分挥发物≤5%，在正常储存条件下较稳定。

毒　　性 本品属高毒性杀菌剂(防腐剂)。大鼠急性经口LD_{50}为210mg/kg，兔急性经口最低致死剂量为40mg/kg，人急性经口最低致死剂量为29mg/kg，大鼠急性经皮LD_{50}为105mg/kg。对动物黏膜和皮肤有刺激作用。

剂　　型 90%原粉。

作用特点 几乎不溶于水。化学性质稳定、持效期长，是良好的木材防腐剂，主要用于铁道枕木的防腐，可防治由朽木菌等引起的木材腐朽，对白蚁也有效。

应用技术 资料报道，使用时在防腐油中加2%或在无毒性的石油或植物油中加5%五氯酚，配制成油溶液使用，将枕木用加压蒸制法进行浸注。用五氯酚防腐处理的枕木，使用寿命超过20年。

注意事项 装卸、使用本品时，应穿戴防护衣帽、口罩、风镜和手套，注意药物勿与皮肤直接接触，工作结束后需用肥皂洗手、洗脸和身体裸露的部分。五氯酚能通过食道和皮肤等引起中毒，误服应立即用2%碳酸氢钠液洗胃，并进行对症处理，禁用阿托品和巴比妥类药物。用药后各种工具要注意清洗，包装物要及时回收并妥善处理，药剂应储存在避光和通风良好的仓库中，尤其应注意防潮。运输和储放应有专门的车皮和仓库，不得与食物及日用品一起运输和储存。

开发登记 约在1936年推广，作为木材防腐剂。

五氯硝基苯 quintozene

其他名称 土粒散；地坐；Brassicol；Folosan；RTU；Terraclor；PCNB。

化学名称 五氯硝基苯。

结构式

NO_2
Cl Cl
Cl Cl
Cl

理化性质 纯品为无色针状结晶(原药为灰黄色结晶状固体，纯度99%)。熔点143～144℃(原药142～145℃)，沸点328℃(少量分解)。蒸气压12.7MPa(25℃)。相对密度1.907。水中溶解度(20℃)0.1mg/L。有机溶剂中溶解度(g/L，20℃)：甲苯1 140，甲醇20，庚烷30。对热、光和酸介质稳定，在碱性介质中分解，在土壤中相当稳定。暴露空气10h以后，表面颜色发生变化。在pH值7以下能与所有的农药混配，不腐蚀容器。

毒　　性 大鼠急性经口 LD_{50}＞5 000mg/kg，兔急性经皮LD_{50}＞5 000mg/kg。对兔皮肤无刺激性，对兔眼睛有轻微刺激性，大鼠急性吸入LC_{50}(4h)＞1.7mg/L。NOEL数据mg/(kg・d)：大鼠(2年)1，犬(1年)3.75。ADI值0.01mg/kg(含有＜0.1%六氯硝基苯的五氯硝基苯)。野鸭急性经口LD_{50}(8d)2000 mg/kg，野鸭和山齿鹑饲喂LC_{50}(8d)＞5 000mg/L饲料。鱼毒LC_{50}(96h，mg/L)：大翻车鱼0.1，虹鳟鱼0.55。水蚤LC_{50}(48h)0.77mg/L。蜜蜂LD_{50}(接触)＞100μg/只。麦、杂粮、果实、蔬菜、甜菜允许残留量为0.08mg/kg，甘薯0.1mg/kg。

剂　　型 75%可湿性粉剂、24%乳油、20%粉剂、40%粉剂。

作用特点 是保护性杀菌剂，无内吸性，用作土壤处理和种子消毒，防治多种病害。其杀菌机制被认为是影响菌丝细胞的有丝分裂。

应用技术 资料报道，防治小麦腥黑穗病、秆黑粉病；高粱腥黑穗病，棉花立枯病、猝倒病、炭疽病、褐腐病、红腐病，马铃薯疮痂病、菌核病，甘蓝根肿病，莴苣灰霉病、菌核病、基腐病、褐腐病以及胡萝卜、萝卜和黄瓜立枯病，菜豆猝倒病、菌核病，大蒜白腐病，番茄及辣椒疫病，葡萄黑痘病，桃、梨褐腐病等。如喷雾对水稻纹枯病也有极好的防治效果。防治小麦黑穗病，用20%粉剂150～200g拌种100kg；防治棉花苗期病害(如立枯病、炭疽病)，用20%可湿性粉剂200～300g拌种100kg。防治辣椒白绢病，用20%粉剂1 200～2 000g/亩拌土施于根茎基部；防治茄子猝倒病，用20%粉剂2kg/亩进行土壤消毒；防治马铃薯疮痂病，栽培前，用40%粉剂9 000～15 000g/亩土壤消毒。

注意事项 大量药剂与作物幼芽接触时易产生药害。拌过药的种子不能用作饲料或食用。

开发登记 四川国光农化有限公司、山西科锋农业科技有限公司等企业登记生产。

邻烯丙基苯酚 2-allyl phenol

其他名称 银果。

结构式

(structure: 2-allylphenol, OH, CH2)

理化性质 原药(90%)为棕色至棕红色油状液体，熔点-6℃，沸点220℃，蒸气压20Pa(48℃)，溶解度(15℃)0.39/100g水，与石油醚、乙醚、甲苯等有机溶剂混溶，在中性及酸性介质中稳定，溶于碱性介质成盐。

毒　　性 原药大鼠急性经口LD_{50}雄性681mg/kg，雌性501mg/kg；急性经皮$LD_{50}>2\ 150$mg/kg，急性吸入$LC_{50}>2\ 000mg/m^3$，对皮肤、眼睛轻度刺激，弱致敏性。致突变试验：Ames试验，小鼠微核试验、生殖细胞染色体畸变试验为阴性；大鼠(90d)亚慢性试验最大无作用剂量：雄性8.51mg/kg，雌性6.26mg/kg，属低毒杀菌剂。对斑马鱼LC_{50}(96h)5.87mg/L，蜜蜂LC_{50}(48h)6 023.9mg/L药液，家蚕LC_{50}(48h)>500mg/kg桑叶。对鱼为中等毒，对鸟、蜂、蚕低毒。

剂　　型 10%乳油、20%可湿性粉剂。

作用特点 该杀菌剂具有杀菌和抑菌双重作用。以喷施在植物表面抑制真菌孢子萌发，阻止病原菌的侵入为主，同时具有较好的渗透性和一定的内吸性，具有局部治疗和系统治疗作用。该杀菌剂具有广谱的抗真菌活性，尤其对番茄、草莓的灰霉、白粉病等病害防治效果显著，对蔬菜、果树、草莓、小麦的主要病害也有较好的防效。该杀菌剂是根据从银杏中提取的活性成分而仿生合成的一种新型化学农药，对人、畜、作物和环境安全。在建议剂量下使用对作物生长不仅没有不良影响，而且有一定促进生长发育的作用。

应用技术 适用于玉米蔬菜、果树、草莓等作物的主要病害，如灰霉病、白粉病、轮纹病、干腐病、黑星病、纹枯病等。

防治番茄灰霉病，发病初期，用20%可湿性粉剂100～150g/亩对水40～50kg喷雾。

据资料报道，还可用于防治蔬菜灰霉病、白粉病，发病初期，用20%可湿性粉剂40～65g对水40kg喷雾，间隔7～9d喷药1次，连续喷2～3次；防治蔬菜叶霉病、早疫病，发病初期，用20%可湿性粉剂40～60g/亩对水40kg喷雾；防治果树轮纹病、落叶病、黑星病，发病初期，用20%可湿性粉剂600～1 000倍液喷雾；防治果树腐烂病，在春天萌芽前，秋天落果后、落叶前，在病斑处用刀刮除病灶后，用20%可湿性粉剂3～5倍液涂抹，病皮一般4～5d干裂，愈合较快。

注意事项 对黄瓜、花生、大豆有药害，禁用；不宜作拌种和浸种用；粉剂使用前应先配成母液，然后加水，喷药时要均匀周到。

开发登记 山东京蓬生物药业股份有限公司等企业登记生产。

四氯苯酞 phthalide

其他名称 稻瘟酞；氯百杀；热必斯；Rabcide。

化学名称 4,5,6,7-四氯苯酞。

结 构 式

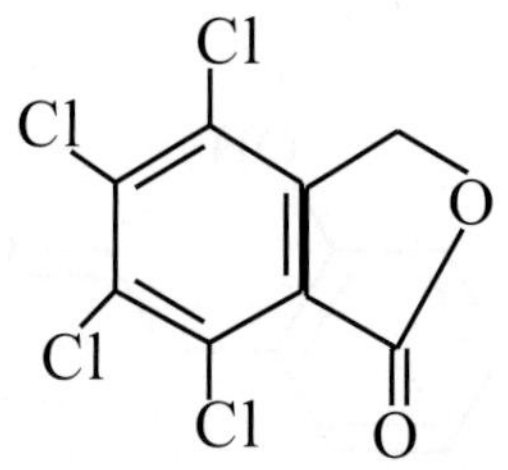

理化性质 纯品为白色晶体。熔点209~210℃，25℃时溶解度为：四氢呋喃19.3g/L，乙醇1.1g/L，丙酮8.3g/L，苯14.1g/L，水2.49mg/L。对光、热、酸、弱碱稳定，但与强碱液共沸，则分解破坏酯环，在土壤中180d后完全分解，燃烧产生有毒氯化物气体。

毒　　性 对大、小鼠急性经口LD_{50}>10 000mg/kg，急性经皮LD_{50}>10 000mg/kg，对兔皮肤和眼睛无刺激作用。兔亚急性无作用剂量为每天2 000mg/kg，最大安全浓度为2 000mg/kg，最小中毒浓度为10 000mg/kg。在试验剂量内，未发现致癌、致畸、致突变作用。鲤鱼LC_{50}>135mg/L(48h)。对鸟低毒，对蜜蜂、家蚕低毒。

剂　　型 50%可湿性粉剂。

作用特点 为保护性杀菌剂，主要用于防治稻瘟病。本品在培养皿内即使浓度高达1 000mg/L也不能阻止稻瘟病菌孢子发芽或菌丝的生长。但在稻株表面能有效地抑制附着孢的形成，阻止菌丝入侵，因此有良好的预防作用，在稻株体内对菌丝的生长也没有抑制作用，所以其治疗效果很差，但能减少菌丝的产孢量，抑制病菌的再侵染，起着延缓病害流行的效果。

应用技术 资料报道，防治稻瘟病，发病初期，用50%可湿性粉剂75~100g/亩对水75kg喷雾，隔6d左右再喷药1次。

注意事项 用四氯苯酞连续喂养桑蚕时会使茧的重量减轻，所以在桑园附近使用时必须引起注意，本剂在水稻上安全间隔期为21d，残效期10d。不能与碱性农药混合使用，对人、畜毒性低，但应注意不要误食和吸入，若误食，应饮用大量清水催吐，密封后存放于屋内通风处。

开发登记 由Kureha Chemical C o. Ltd. 开发，由Bayer AG生产，获专利号JP575584，DE1643347。江苏优士化学有限公司等企业登记生产。

叶枯酞 tecloftalam

其他名称 酞枯酸；Shragen；F-370；SFI-7306；SF-71102。

化学名称 2-[N-(2,3-二氯苯基)氨基甲酰基]-3,4,5,6-四氯苯甲酸。

结 构 式

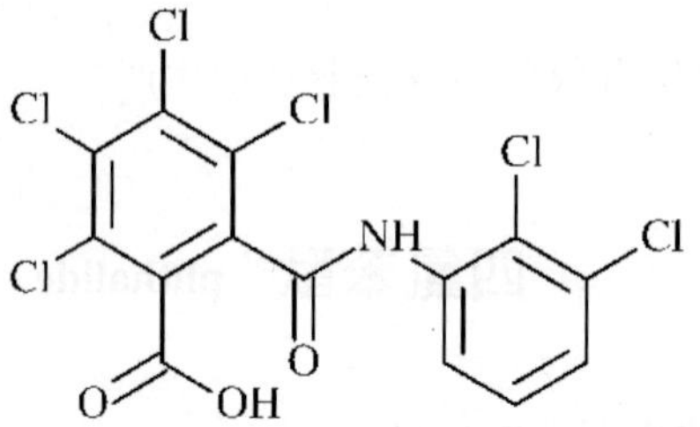

理化性质 白色结晶，熔点198~199℃，蒸气压0.013MPa。溶解度：水(26℃)14mg/L；有机溶剂(g/L，26℃)乙醇19.21，甲醇5.44，丙酮25.64，乙酸乙酯8.75，苯0.95，二甲苯0.16，二恶烷64.80，二甲基甲酰

胺162.34。在碱性或中性条件下稳定，在强酸介质中水解，在日光或紫外下降解。

毒　　性 急性毒性LD_{50}(mg/kg)：大鼠口服为2 340(雄)，2 400(雌)；大鼠经皮雄雌LD_{50}(mg/kg)均＞1 000。小鼠口服为2 010(雄)，2 220(雌)；小鼠经皮雄、雌均大于1 000。

剂　　型 10%可湿性粉剂、1%粉剂。

作用特点 不能杀灭水稻白叶枯病菌，但能抑制病原菌在植株中繁殖，阻碍细菌在导管中移动，并减弱细菌的致病力。

应用技术 资料报道，主要用于防治水稻白叶枯病，在水稻抽穗前10d首次用药，1周后第2次用药。若预测由于台风、潮水而暴发病害，则应在暴发前或恰在暴发时再增加施药，用10%可湿性粉剂1 000～2 000倍液喷雾。

注意事项 施药时，不许吃东西，施药后要洗手、洗脸，不能在养鱼塘洗药桶，不能将空药瓶(袋)丢入养鱼塘内，药剂应放在通风阴凉处，不能与Cu^{2+}和Ca^{2+}制剂混合使用。

开发登记 1985年由Y. Takahi报道，日本三井化学株式会社开发，获有专利DE 3221673(1983)。

苯氟磺胺 dichlofluanid

其他名称 抑菌灵；Bay47531；KUE13032C。

化学名称 N,N-二甲基-N-苯基-N-氟二氯甲硫基磺酰胺。

结 构 式

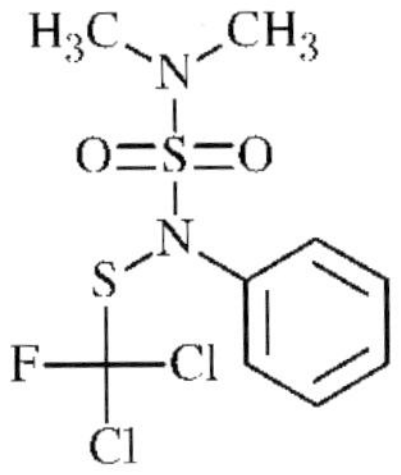

理化性质 白色晶体粉末，熔点106℃(不稳定)。溶解度(20℃)：水中1.3mg/L，二氯甲烷中大于200g/L，甲苯中为145g/L，二甲苯中为70g/L，甲醇中为15g/L，异丙醇中为10.8g/L，己烷中为2.6g/L。20℃时蒸气压为0.015MPa。本品对光敏感，但遇光变色后不影响其生物活性，遇强碱分解，也可被多硫化物分解。水解(22℃)DT_{50}＞15d(pH4)，＞18h(pH7)，＜10min(pH9)。受热分解产生有毒卤化物、氧化氮、氧化硫气体。

毒　　性 大鼠急性经口LD_{50}＞5g/kg，大鼠急性经皮LD_{50}＞5g/kg。对兔皮肤有轻微刺激，对眼睛有中等刺激。大鼠急性吸入LC_{50}(4h)约1.2mg/L空气(粉剂)，＞0.3mg/L(气溶胶)。

剂　　型 50%可湿性粉剂、7.5%粉剂。

作用特点 广谱保护性杀菌剂，防治蔬菜、水果、草莓等真菌性病害；防治多种蔬菜作物灰霉病、白粉病；对白菜、黄瓜、莴苣、葡萄和啤酒花霜霉病有特效；用作喷雾时有杀灭红蜘蛛的作用。

应用技术 资料报道，用作常规喷雾，也可涂抹水果防治杂菌侵染，用50%可湿性粉剂500～1 000倍液。

注意事项 该药剂有一定毒性，在收获前7～14d应停止用药，不要与石硫合剂、波尔多液等碱性农药混用。刚用过碱性农药的植物上也不宜施用苯氟磺胺，使用浓度过高对核果类果树有药害，施用时一定要注意。

开发登记 德国拜耳公司1965年开发，获有专利DAS1193498。

甲苯氟磺胺 tolylfluanid

其他名称 对甲抑菌灵；Bay49854；KUE13183B。

化学名称 N'-二氯氟甲硫基-N,N-二甲基-N'-(4-甲苯基)磺酰胺。

结构式

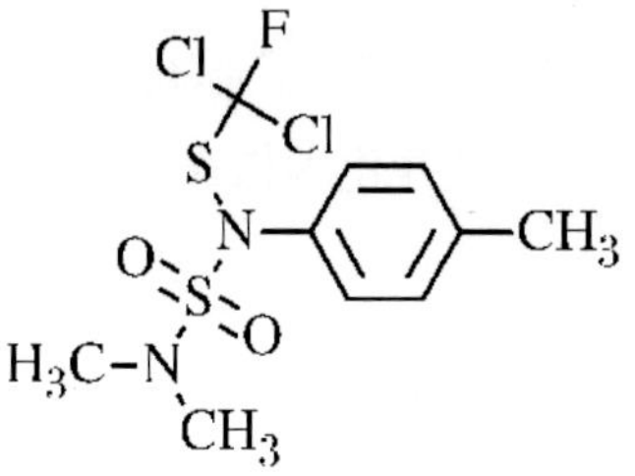

理化性质 原药为白色至淡黄色无嗅结晶粉末，熔点93℃。20℃时蒸气压为0.2MPa。室温下溶解度：水中0.9mg/L，己烷中5～10g/L，二氯甲烷中＞250g/L，异丙醇20～50g/L，甲苯＞200g/L。水解DT_{50}(22℃)：12d(pH4)，29h(pH7)，＜10min(pH9)，在自然环境条件下，水解发生速度比光解迅速。

毒　　性 大鼠急性口服LD_{50}＞5g/kg，小鼠＞1g/kg，豚鼠为250～500mg/kg。大鼠急性经皮LD_{50}＞5g/kg；对兔皮肤有严重刺激，对兔眼睛有中等刺激，对皮肤有致敏作用。大鼠急性吸入LC_{50}(4h)约0.16mg/L空气(气溶胶)。2年饲喂试验无作用剂量：大鼠和小鼠为300mg/kg饲料，犬12.5mg/kg体重。对人的ADI为0.1mg/kg体重。

剂　　型 50%可湿性粉剂。

作用特点 具有广谱作用的保护性杀菌剂。

应用技术 主要用于喷雾，防治落叶果树黑星病，草莓和其他观赏植物的花腐病，苹果霉菌和红蜘蛛。

开发登记 1967年由H.Kaspers和F.Grewe报道该杀菌剂，由德国拜耳公司(Bayer AG)于1971年推广，获有专利DBP1193498。

水杨酰苯胺 salicylanilide

其他名称 防霉胺。

化学名称 2-羟基-N-苯基苯酰胺。

结构式

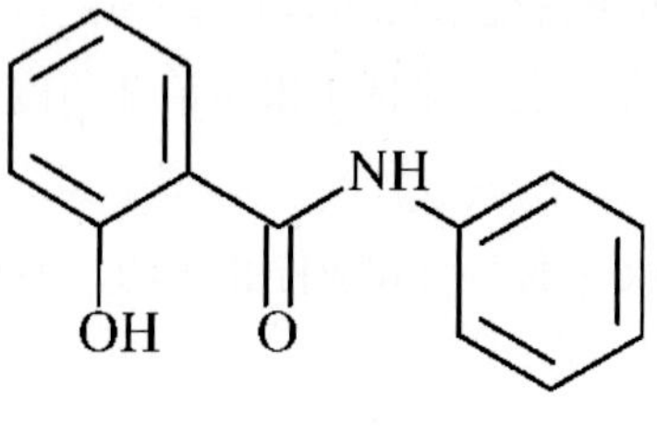

理化性质 原药为淡黄色粉末，熔点135℃，稍有挥发性。25℃下在水中溶解度为0.055g/L，微溶于有机溶剂，它的碱金属盐溶于水。它在空气中稳定，但加过量碱加热时易水解。

毒　　性 对人畜低毒，对皮肤有刺激性，本品毒性较低、杀菌谱广。

剂　　型 可湿性粉剂，乳膏。

作用特点 选择性、保护性杀菌剂。

应用技术 资料报道，主要用于纺织品防霉。

注意事项 其碱金属盐对植物有药害。

开发登记 1931年由I. C. I. 公司开发。

硫氰苯胺 rhodan

其他名称 罗丹。

化学名称 对硫氰苯胺。

结 构 式

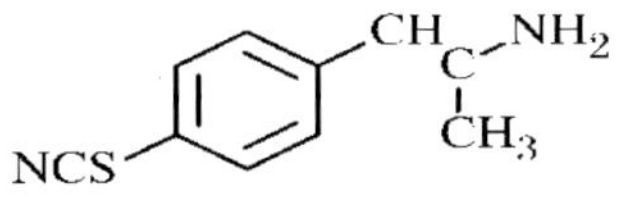

理化性质 白色结晶，熔点57℃，原粉熔点为54～57.4℃。难溶于水，易溶于醚、苯、丙酮、三氯甲烷。

剂　　型 20%～25%乳剂。

应用技术 资料报道，具有杀菌作用，用于防治小麦散黑穗病。

硫氰散 nitrostyrene

其他名称 Styrocide；Nitrost；ylene。

化学名称 4-硫氰基-β-甲基-β-硝基苯乙烯。

结 构 式

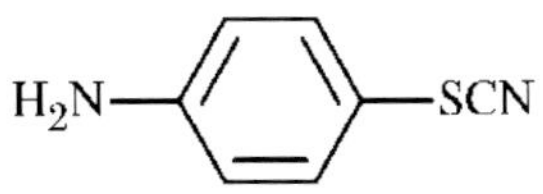

理化性质 黄色针状结晶。工业含量95%以上，熔点79.5℃；难溶于水，可溶于丙酮等有机溶剂。

剂　　型 25%可湿性粉剂。

应用技术 防治黄瓜、甜瓜、草莓的白粉病，发病初期，用25%可湿性粉剂500～1 000倍液喷雾。

开发登记 1965年由日本化药株式会社开发。

二硝散 nirit

化学名称 2,4-二硝基硫氰基苯。

结 构 式

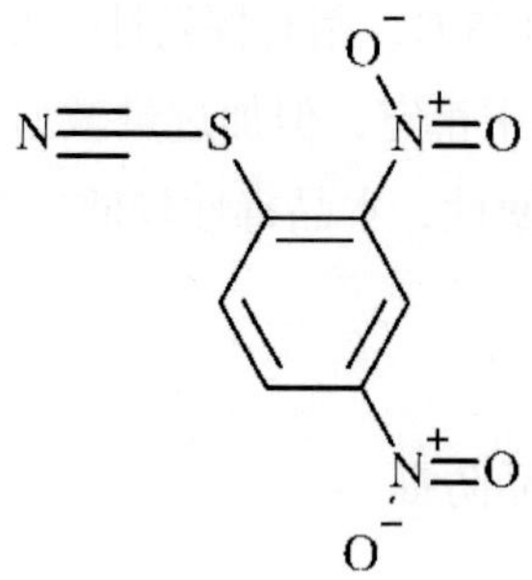

理化性质 本品是黄色结晶，熔点139～140℃，不溶于水，溶于有机溶剂，20℃溶解度(g/L)为：乙醇0.198，甲醇2.26，氯仿3.77，氯苯9.23，苯9.48，丙酮15.42。在强碱性下不稳定。

毒　　性 大白鼠急性口服LD_{50}为3 100mg/kg。50%可湿性粉剂LD_{50}为2 750mg/L。

剂　　型 15%粉剂、30%粉剂、50%粉剂、10%乳油。

应用技术 资料报道，对小麦的白粉病，蔬菜的白斑病、白锈病、菌核病、霜霉病、炭疽病及锈病，瓜类的疫病等都有效。

开发登记 由Atochem Agri BV开发，现已停产。

敌锈钠 sodium p-aminobenzen sulfonate

其他名称 对氨基苯磺酸钠。

化学名称 4-氨基苯磺酸钠。

结 构 式

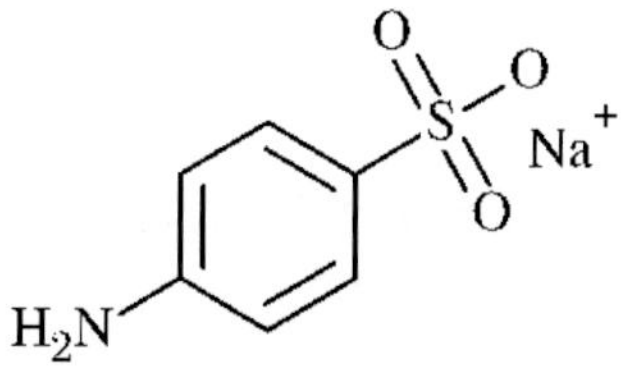

理化性质 纯品为有光泽的白色晶体，工业品为浅玫瑰色或褐色结晶，不溶于一般有机溶剂，易溶于水，水溶液呈中性。

毒　　性 对人畜低毒，小鼠经口LD_{50}为3 000mg/kg，对皮肤无刺激性，鲤鱼LC_{50}为7.57mg/L(48h)。

剂　　型 97%原粉。

作用特点 主要用于防治小麦锈病，兼有预防和内吸治疗作用。

应用技术 资料报道，防治小麦条锈病、小麦秆锈病、小麦叶锈病，在小麦拔节以后，田间发病率达到2%左右时，用97%原粉500g对水125kg，再加50～100g洗衣粉搅匀喷雾，间隔7～10d喷1次药。

注意事项 不能与石灰、硫酸铜、硫酸亚铁等混用，以防止产生不溶性盐沉淀，影响药效；配制药液时，可先用少量温水将敌锈钠溶化，然后再加足冷水。

敌锈酸 p-aminobenzen sufonic acid

化学名称 对氨基苯磺酸。

结构式

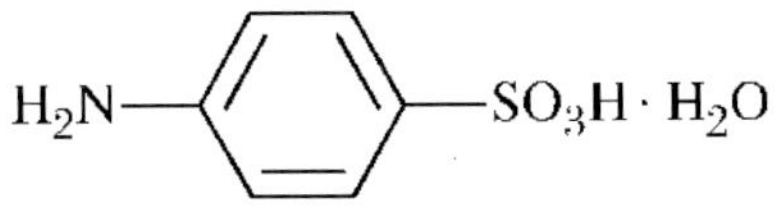

$$H_2N-C_6H_4-SO_3H \cdot H_2O$$

理化性质 纯品为白色结晶体，工业品呈灰白色，没有气味，在空气中易风化，在100℃失水，熔点288℃。能溶于发烟硫酸中，微溶于水，几乎不溶于醇、醚和苯。

作用特点 内吸性杀菌剂，有一定渗透性，残效期长，主要用于防治小麦锈病及其他作物锈病。

应用技术 资料报道，主要用于防治麦类锈病，用原药250倍液喷雾，隔7~10d再喷1次，共2~3次，若在50kg药液中加0.05kg肥皂粉，可增加黏稠性，提高防效。

邻苯基苯酚（或钠盐） 2-phenylphenol

其他名称 Dowicide A；Topane；Nectryl。

化学名称 2-苯基苯酚。

结构式

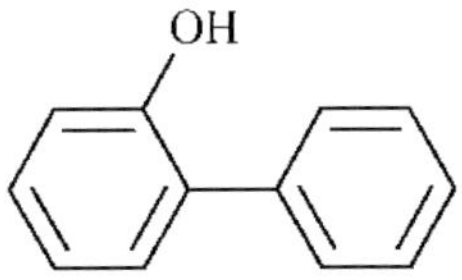

OH

理化性质 熔点55.5~57.5℃；沸点275℃，2kPa时为152~154℃，1.87kPa时为145℃；相对密度为1.213；白色结晶性粉末，有轻微苯酚味。易溶于脂肪、植物油及大部分有机溶剂，溶于碱溶液，不溶解于水。

毒性 大白鼠经口LD_{50}为2.7~3.0g/kg。

剂型 原粉。

作用特点 为强消毒剂和杀菌剂。

应用技术 资料报道，用于处理柑橘等水果包装用纸，可防霉烂；加乌洛托品能减轻对柑橘的灼伤。

开发登记 1936年由R. G. Tomkins报道用于处理水果包装纸，以防水果霉烂。

毒菌酚 hexachlorophene

其他名称 菌螨酚；lsobac；Hexalint。

化学名称 2, 2' -二羟基-3,5,6,3',5',6' -六氯二苯基甲烷。

结构式

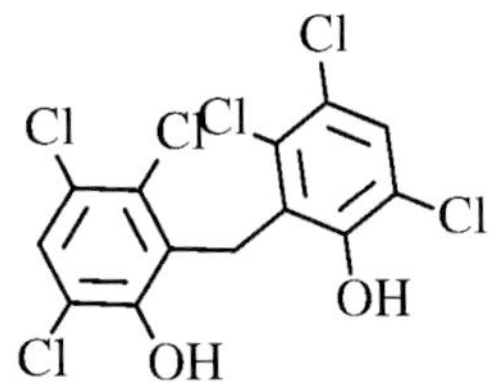

Cl Cl Cl Cl Cl Cl OH OH

理化性质 原药为白色粉末，溶于脂肪族溶剂，不溶于水，在氢氧化钠溶液中生成可溶性钠盐。

毒　　性 大鼠口服LD_{50}为56mg/kg，小鼠口服LD_{50}为 67mg/kg。

剂　　型 25%乳剂。

作用特点 广谱性杀菌、杀螨剂，对农作物比较安全，但不适用于甜菜。

应用技术 资料报道，本品在医药上早已应用。最早制造杀菌皂，其后用作除蛾剂、外科消毒剂、血吸虫病防治剂等。对多种植物的细菌性病害和真菌性病害有较好的防治效果。对螨类也有较好的效果。

开发登记 1959年开始在农业上使用。

抑霉胺 vangard

其他名称 CGA80000。

化学名称 α-[N-(3-氯-2,6-二甲基苯基)-2-甲氧基乙酰氨基]γ-丁内酯。

结 构 式

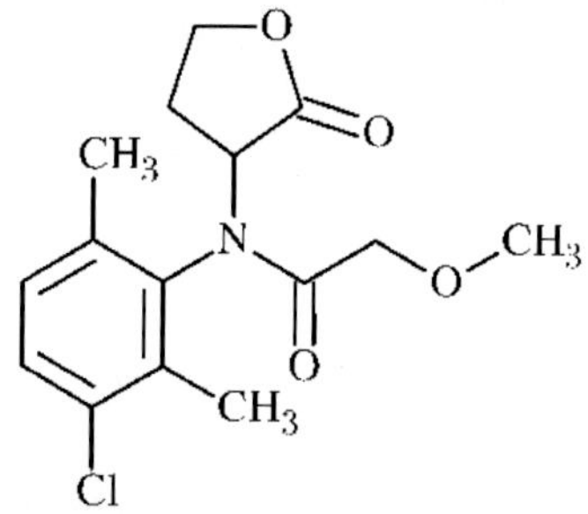

理化性质 熔点94.9℃，20℃蒸气压500MPa(20℃)。20℃水中溶解度为680mg/L。在20℃缓冲溶液中的水解DT_{50}稳定pH1～5，154d(pH7)，19d(pH9)。

毒　　性 大鼠急性经口LC_{50}为808mg/kg，大鼠急性经皮LD_{50} > 2g/kg，大鼠急性吸入LC_{50}为1.7～5.5mg/kg。对眼睛和皮肤无刺激作用，对鸟、鱼、蜜蜂无毒。

作用特点 内吸性杀菌剂，在土壤中移动性差、稳定、不易被微生物降解，在根部浓度较高。对疫霉属和腐霉属菌有特效，如烟草黑胫病、辣椒根腐病、柑橘根腐病、茎腐病。

应用技术 资料报道，用于拌种或土壤处理。烟草种植前拌种或土壤处理，对黑胫病有优异防效，撒施用量为30～100g/亩，灌浇量为0.025～0.075g/株。

开发登记 瑞士Ciba-Geigy公司开发，获有专利DE2804299(1978)。

间硝酞异丙酯 nitrothal-sopropyl

其他名称 BAS 30000F；异丙消。

化学名称 5-硝基间苯二甲酸二异丙酯。

结 构 式

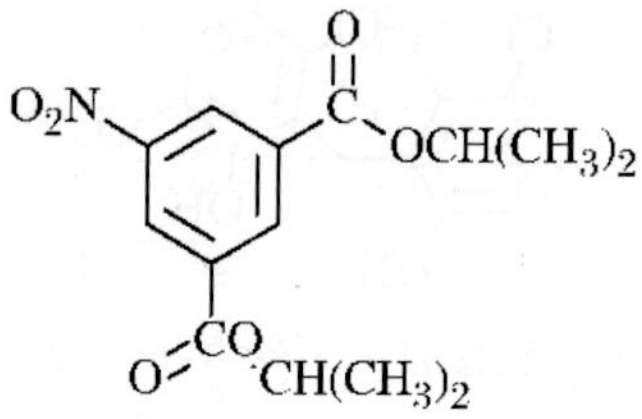

理化性质 黄色结晶固体，熔点65℃，蒸气压低于0.01MPa(20℃)；溶解度(20℃)：水中2.7mg/L，丙酮、苯、氯仿、乙酸乙酯>1kg/kg，乙醇中66g/kg；乙醚中865g/kg。在正常条件下储存稳定，在强碱中水解，闪点400℃。

毒　　性 大鼠急性经口LD_{50} > 6 400mg /kg，急性经皮LD_{50}大鼠 > 2 500mg/kg，兔 > 4g/kg。对兔眼睛和黏膜有轻微刺激，大鼠急性吸入LC_{50}(8h)2.8mg/L。

剂　　型 本品167g +硫磺粉533g/kg。

作用特点 非内吸性杀菌剂，对苹果白粉病、黑星病有效果。

应用技术 资料报道，可防治苹果白粉病，但对红蜘蛛无效，间隔14d以50g(有效成分)/100L浓度喷洒，与多菌灵混用还能防治苹果黑星病。

开发登记 1973年由W. H. Phillips等报道该杀菌剂，巴斯夫公司(BASF AG)推广。

枯萎宁 2-(4-chloro-3,5-xylyloxy)ethanol

其他名称 Experimental Chemother apeutant 1182。

化学名称 4-氯-3,5-二甲苯氧乙醇。

结 构 式

H_3C

Cl—(苯环)—OCH_2CH_2OH

H_3C

理化性质 白色结晶，熔点42 ~ 44℃；沸点134℃(0.667kPa)；不溶于水，在沸水中仅能溶解0.01%，不溶于烃类溶剂，可溶于大多数有机溶剂。

毒　　性 大鼠急性经口LD_{50}为3 800 ~ 6 500mg/kg，该药影响高等动物的新陈代谢过程。

作用特点 内吸性杀菌剂。

剂　　型 3.8%溶液。

应用技术 资料报道，用于土壤处理，防治维管束系统的枯萎病，如荷兰石竹的枯萎病等。

开发登记 由Union Carbide Chemical Co.开发。

二硝酯 dinocton-4

其他名称 MC 1947；对敌菌消；敌菌消。

化学名称 2,6-二硝基-4-(1-乙基己基)苯甲酸甲酯。

结 构 式

NO_2

CH_3

R—(苯环)—$OCOO$　R=$CH(C_2H_5)C_5H_{11}(I)$

NO_2

理化性质 液体，几乎不溶于水，溶于丙酮和芳烃溶剂，对酸稳定，能被碱水解生成二硝基酚，可与许多非碱性农药混配。

毒　　性 大鼠急性经口LD_{50}为480mg/kg，大鼠急性经皮LD_{50} > 300mg/kg。

作用特点 保护性杀菌剂，用于防治水稻稻瘟病。

剂　　型 25%可湿性粉剂、50%乳油。

应用技术 资料报道，防治水稻稻瘟病，发病初期，用25%可湿性粉剂1 000 ~ 1 500倍液喷雾。

开发登记 1965年由Murphy Chemical Ltd. 开发，获有专利BP1070755，于1975年停产。

氯硝萘 CDN

其他名称 氯二硝萘；二硝萘。

化学名称 1-氯-2,4-二硝基萘。

结 构 式

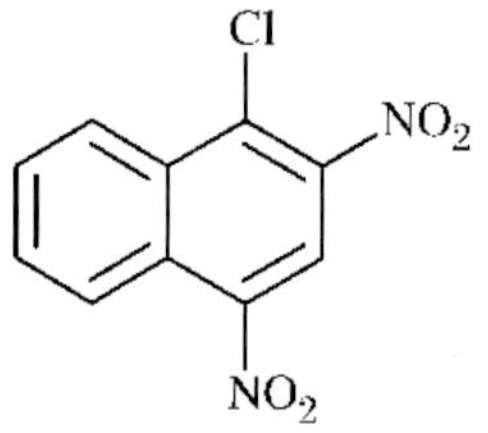

理化性质 黄色针状结晶，熔点142 ~ 144℃(纯品146.5℃)，可溶于醋酸及热丙酮，微溶于乙醇、乙醚和热石油类。在碱性介质中水解为2, 4-二硝基-1-苯酚。

应用技术 资料报道，用于喷雾防治番茄晚疫病、叶霉病，马铃薯晚疫病，苹果黑星病等。

开发登记 1959年开发。

地茂散 chloroneb

其他名称 地茂丹；Demosan；Tersan SP。

化学名称 1,4-二氯-2, 5-二甲氧基苯。

结 构 式

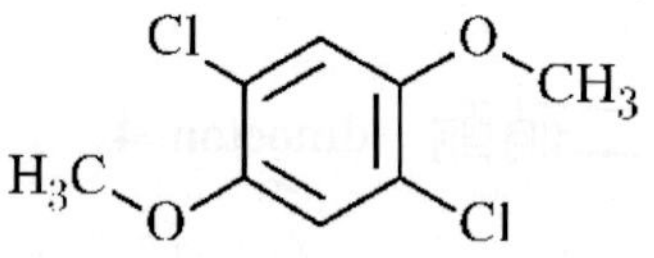

理化性质 具有发霉臭味的白色结晶固体，熔点133 ~ 135℃，沸点为268℃，25℃时的蒸气压为0.4Pa。25℃时溶解度为：水中8mg/L，丙酮11.5%，二甲基甲酰胺11.8%，二氯甲烷13.3%，二甲苯8.9%。地茂散在低于沸点下和在稀碱、稀酸中是稳定的，在潮湿土壤中易被微生物分解。

毒　　性 大鼠口服急性LD_{50} > 1g/kg，大白兔经皮致死剂量大于5g/kg，65%可湿性粉剂的50%水悬浮液对豚鼠无刺激，对皮肤无刺激。

剂　　型 65%可湿性粉剂。

作用特点 内吸性杀菌剂。它能经根部和茎部吸收达到抑菌作用，对丝核菌高效，对腐霉菌有效。对镰刀菌作用微弱，对木霉菌无效。

应用技术 资料报道，辅助的种子处理剂，或在播种期作畦沟土壤处理，能防治棉花、扁豆和大豆的苗期病害。

开发登记 1967年美国杜邦公司开发，获有专利USP3265564，现已停产。

联苯 biphenyl

化学名称 二联苯。

结构式

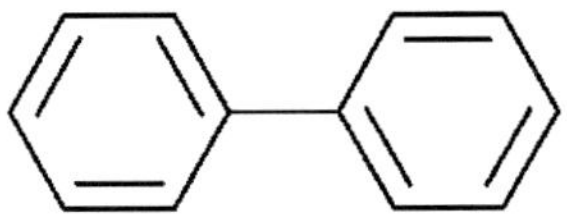

理化性质 无色片状结晶，熔点69～71℃；沸点254～255℃，不溶于水，溶于大多数有机溶剂，闪点106℃。

毒　　性 大鼠口服急性LD_{50}为3 280mg/kg。

应用技术 资料报道，用于防治柑橘腐败性霉菌。

开发登记 1944年开始用于浸泡柑橘包装。

六氯苯 hexachlorobenzene

化学名称 六氯苯。

结构式

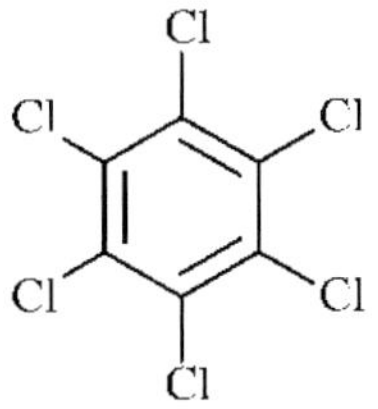

Cl
Cl Cl
Cl Cl
Cl

理化性质 纯品为无色细针状或小片状晶体,工业品为淡黄色或淡棕色晶体。不溶于水，溶于乙醚、氯仿等多数有机溶剂。

毒　　性 大鼠急性经口LD_{50}为10g/kg。

作用特点 用作防治麦类黑穗病，用于种子和土壤消毒。

注意事项 对环境有严重为害，对水体可造成污染；本品可燃，为可疑致癌物。

七、酞酰亚胺类杀菌剂

(一)酞酰亚胺类杀菌剂作用机制

酞酰亚胺类是广谱杀菌剂。主要作用机制是影响丙酮酸的脱羧作用，使之不能进入三羧酸循环。棉铃红腐病菌用克菌丹处理后，发现其细胞内丙酮酸大量积累，而很少有乙酰辅酶A生成。实质上是克菌丹改变了丙酮酸脱氢酶系中一种辅酶硫胺素(TPP)。硫胺素在丙酮酸脱羧过程中的作用是转移乙酰基。TPP的关键结构是噻唑环中氮和硫原子之间的碳原子上的氢很容易离解，使该碳原子形成反应性很强的负碳离子，因而可亲核攻击丙酮酸的羰基原子形成加成物。TPP的噻唑环上的氮带正电，可作为电子受体使脱羧容易进行，脱羧后产生羟乙基TPP；TPP经反应后噻唑环上的氮不再带正电荷，没有接受电子的能力，也就失去了转移乙酰基的功能。抑制α-酮戊二酸脱氢酶系的活性，阻断三羧酸循环。在三羧酸循环中，从α-酮戊二酸到琥珀酰辅酶A需要α-酮戊二酸脱氢酶系催化，而这一酶系的一种辅酶也是硫胺素，因此和上述丙酮酸脱氢酶系的情形相同。克菌丹也作用于TPP，从而阻断了三羧酸循环。作用于含-SH的酶或辅酶。例如，不但破坏了辅酶A，而且生成的硫光气还能抑制酶或辅酶的活性，因为硫光气易于和蛋白质中的-SH，-OH，$-NH_2$等基团反应，如和蛋白质中的丝氨酸反应；因此，克菌丹等酞酰亚胺类杀菌剂是多作用点的杀菌剂。

(二)酞酰亚胺类杀菌剂主要品种

克菌丹 captan

其他名称 开普顿；Capta；Dhanutan；Lucaptan；Merpan；Rondo。

化学名称 N-(三氯甲硫基)环己-4-烯-1,2-二甲酰亚胺。

结构式

O

$NSCCl_3$

O

理化性质 工业品为无色到米色无定形固体，带有刺激性气味。纯品为白色结晶固体，熔点178℃(原药175~178℃)。相对密度1.74(26℃)，蒸气压小于1.3×10^{-3}Pa(25℃)，溶解度(g/L)：水0.003 3(25℃)，丙酮21，二甲苯20，氯仿70，环己烷23，二氧六环47，苯21，甲苯6.9，异丙醇1.7，乙醇2.9，乙醚2.5；不溶于石油醚。在中性介质中分解缓慢，在碱性介质中分解迅速。$DT_{50}>4$年(80℃)、14.2d(120℃)。遇碱不稳定，接近熔点时分解，能与许多农药混配，无腐蚀性，但分解产物有腐蚀性。

毒　　性 大鼠急性经口LD_{50}为9 000mg/kg。兔急性经皮$LD_{50}>4$ 500mg/kg。对兔皮肤中度刺激，对兔眼睛重度损伤。吸入毒性LC_{50}(4h，mg/L)：雄大鼠>0.72，雌大鼠0.87(工业品)；粉尘能引起呼吸系统损伤。无致畸、致突变、致癌作用。ADI值0.1mg/kg。急性经口LD_{50}(mg/kg)：家鸭和野鸭5 000，北美鹌鹑2 000~4 000。大翻车鱼LC_{50}(96h)0.072mg/L。水蚤LC_{50}(48h)7~10mg/L。对蜜蜂LD_{50}(μg/只)：91(经口)，788(接触)。鲤鱼LC_{50}(48h)为0.25mg/L。稻米、水果、蔬菜、豆类允许残留量为5.0mg/kg。

剂　　型 50%可湿性粉剂、450g/L悬浮种衣剂、80%可湿性粉剂、40%悬浮剂、80%水分散粒剂、90%水分散粒剂。

作用特点 本品是一种广谱、低毒、保护性杀菌剂。兼具保护和治疗作用的杀菌剂。本品对靶标病原菌有多个作用方式，不易产生抗性。喷施后可快速渗入病菌孢子，干扰病菌的呼吸、细胞膜的形成和细胞分裂而杀死病菌。该药没有内吸性，在水中分散性好、悬浮性好、黏着性强、耐雨水冲刷，喷药后可在作物表面形成保护膜，阻断病原菌的萌发和侵入。喷施后黏附在作物表面，可以用于叶面喷雾和种子处理，预防多种作物病害。可防治作物、蔬菜、果树上的多种病害也可作为种子处理剂或灌根防治茎枯病、立枯病、黑斑病。对苹果和梨的某些品种有药害对莴苣、芹菜、番茄种子有影响。

应用技术 防治玉米苗期茎基腐病，播种前，用450g/L悬浮种衣剂70～80g/100kg种子包衣。

防治番茄早疫病、叶霉病，辣椒炭疽病，黄瓜炭疽病，发病初期，用50%可湿性粉剂120～200g/亩对水40～50kg喷雾。

防治苹果炭疽病、斑点落叶病、轮纹病，梨黑星病，葡萄霜霉病、黑腐病，柑橘树脂病，发病初期，用50%可湿性粉剂400～800倍液喷雾；防治草莓灰霉病，发病前至发病初期，用50%可湿性粉剂400～600倍液喷雾。

另外，据资料报道还可用于防治麦类锈病、赤霉病，花生白绢病，发病初期，用50%可湿性粉剂150～200g/亩对水40～50kg喷雾；防治茄子褐纹病，白菜霜霉病，发病初期，用50%可湿性粉剂500倍液喷雾，间隔5～7d喷1次，连喷3～4次；防治西葫芦灰霉病，发病初期，用50%可湿性粉剂1 000倍液喷雾；防治樱桃灰星病，发病初期，用50%可湿性粉剂500倍液喷雾。

注意事项 用药后要注意洗手、脸及皮肤。与多数常用农药可以混用，不能与碱性药剂混用，拌药的种子勿做饲料或食用，药剂放置于阴凉干燥处。

开发登记 浙江省宁波中化化学品有限公司、江苏龙灯化学有限公司、安道麦马克西姆有限公司等企业登记生产。

灭菌丹 folpet

其他名称 Phaltan；Folpan。

化学名称 N-三氯甲硫基邻苯二甲酰亚胺。

结 构 式

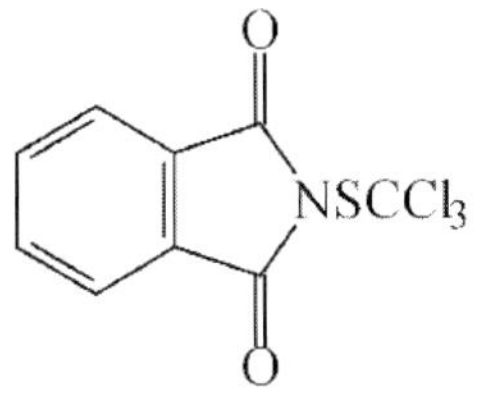

理化性质 纯品为白色结晶，熔点177℃，20℃时蒸气压为小于1.33MPa。室温下难溶于水(1mg/L)。微溶于有机溶剂。原药纯度约为90%。干燥状态下稳定，室温下遇水则缓慢水解，遇高温或在碱性条件下则迅速水解，不能与碱性农药混配，本品无腐蚀性，水解产物有腐蚀性。

毒　　性 大白鼠急性经口毒性LD_{50}＞10g/kg，大白鼠急性经皮毒性LD_{50}＞22.6g/kg。对黏膜有刺激作用，其粉尘或雾滴接触到眼睛、皮肤或吸入均能使局部受到刺激。鲤鱼LC_{50}(48h)为0.21mg/L。

剂　　型 50%可湿性粉剂、75%可湿性粉剂。

作用特点 广谱保护性杀菌剂，对植物有刺激生长的作用。该药没有内吸性，喷施后黏附在作物表面，可以用于叶面喷雾和种子处理，预防多种作物病害。对作物无药害，但施于梨树时有轻度药害。

应用技术 灭菌丹是保护性杀菌剂，可预防粮食、蔬菜和果树等多种作物病害。

资料报道，可用于防治水稻纹枯病、水稻稻瘟病，小麦锈病、白粉病、赤霉病，花生叶斑病，烟草炭疽病等，发病初期，用50%可湿性粉剂200～400倍液喷雾；防治瓜类蔬菜和葡萄霜霉病、白粉病，马铃薯和番茄早疫病、晚疫病和白粉病，叶斑病，草莓灰霉病等，发病初期，用50%可湿性粉剂400～500倍液喷雾；防治苹果炭疽病、梨黑星病，发病初期，用50%可湿性粉剂500～600倍液喷雾。

注意事项 不可与油类乳剂、碱性药剂及含铁物质混用或前后连用；对人、畜黏膜有刺激作用，使用时勿吸入药粉，用药后用肥皂洗手、足、脸；对梨、葡萄、苹果有轻度药害，高浓度下对大豆、番茄有显著药害，稻田养鱼时要慎用本品。储存于阴凉、通风的地方，远离火种、热源，防止阳光直射，包装密封，应与氧化剂、碱类、食用化学品分开存放。

敌菌丹 captafol

其他名称 Difolatan(JMAF)；Haipen；Difolatan；Difosan；Sanspor；Foltaf；Folcid；Sulferimide；Sanopor；Crisfolatan；Merpafol。

化学名称 N-(1,1,2,2-四氯乙硫基)-1,2,3,6-四氢苯邻二甲酰亚胺。

结构式

O

$NSCCl_2CHCl_2$

O

理化性质 纯品为白色结晶固体，熔点160～161℃，在室温下几乎不挥发。难溶于水，微溶于大多数有机溶剂。在熔点温度时缓慢分解。在强碱条件下不稳定。工业品是具有特殊气味的亮黄褐色粉末。

毒　　性 大鼠急性口服LD_{50}为2 500mg/kg；大白鼠急性口服LD_{50}为5～6.2g/kg，用80%可湿性粉剂的水悬液给药，大白兔急性经皮毒性LD_{50}＞15.4g/kg。每日用500mg/kg对大鼠或以10mg/kg剂量对犬经两年饲养实验均没产生中毒现象，但有些人对敌菌丹过敏，并已证实有致癌作用。对野鸭和家鸭10d饲养的LD_{50}分别为 23g/kg以上和101.7g/kg。对虹鳟鱼接触4d后半致死浓度(LC_{50})为0.5mg/L，金鱼为3.0mg/L，青鳃鱼为0.15mg/L，大翻车鱼为2.8mg/L。

剂　　型 80%可湿性粉剂。

作用特点 是一种多作用点的广谱保护性杀菌剂。结构中的二甲酰亚胺基(-CON(H)CO-)杀菌活性高，可防治蔬菜、经济作物、果树的根腐病、立枯病、霜霉病、疫病和炭疽病，但对白粉病效果较差。除喷雾使用外也可以作为土壤消毒和种子处理用。

应用技术 曾广泛地用于防治番茄叶和果实的病害，马铃薯枯萎病，咖啡仁果病，以及防治其他农业、园艺和森林作物的病害，也可作为木材防腐剂。

资料报道，防治梨黑斑病，发病初期，用80%可湿性粉剂1 000倍液喷雾；防治菊花褐斑病，发病初期，用80%可湿性粉剂500倍液喷雾，间隔7～10d喷1次，连喷3～4次。

注意事项 切勿与碱性药剂及油类物质混用。敌菌丹属低毒杀菌剂，但配药和施药人员仍需注意安全，防止药液吸入或沾染皮肤，喷药后要及时冲洗。有些人对此杀菌剂有过敏反应，会得皮疹，应注意防护。施药后各种工具要注意清洗，污水和剩余药液要妥善处理和保存，不得任意倾倒，以免污染鱼塘、水源和土壤。运输和储存时应有专门的车皮和仓库，不得与食物及日用品一起运输。

八、酰胺类杀菌剂

(一)酰胺类杀菌剂的作用机制

酰胺类化合物作为杀菌剂已有几十年的历史，现已成为发展较快的一类杀菌剂，结构类型较多，如酰胺类、酰基氨基甲酸类、苯酰胺类、苯基磺酰胺类、苯酰基苯胺类、呋酰胺类等，其中酰胺类至今已有30多个品种商品化，20世纪80年代以后开发的占50%以上。酰胺类杀菌剂的作用机理比较复杂，许多品种之间互不相同。噻呋酰胺是琥珀酸酯脱氢酶抑制剂，在三羧酸循环中抑制琥珀酸酯脱氢酶的合成，而氰菌胺是一个作用机制新颖的杀菌剂品种，其主要抑制附着胞胞壁黑色素的生物合成，因而使病菌不能侵入植株，对稻瘟病有特效。

硅噻菌胺是由孟山都公司开发的含硅的噻吩酰胺类杀菌剂，研究表明其是能量抑制剂，可能是ATP抑制剂，具有良好的保护活性，持效期长，主要作种子处理，用于小麦全蚀病的防治。氰菌胺是由日本农药株式会社与巴斯夫公司共同研制开发的新颖内吸性杀菌剂，属于黑色素生物合成抑制剂，对水稻稻瘟病防效优异，且持效期较长。

(二)酰胺类杀菌剂主要品种

氟吗啉 flumorph

其他名称 灭克。

化学名称 (E,Z)-4-[3-(4-氟苯基)-3-(3,4-二甲氧基苯基)丙烯酰基]吗啉或(E,Z)-3-(4-氟苯基)-3-(3,4-二甲氧基苯基)-1-吗啉基丙烯酮。

结构式

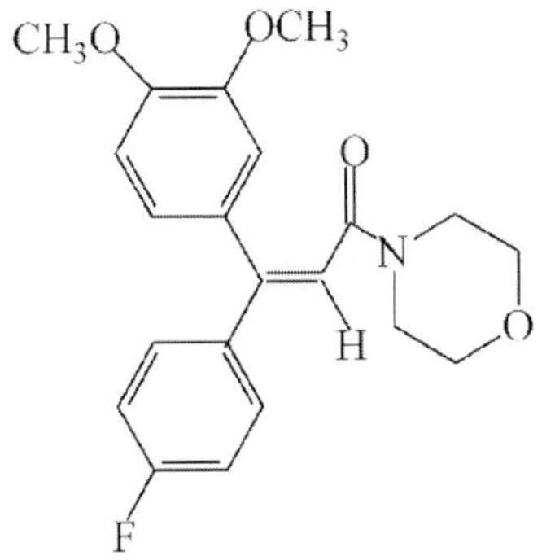

CH_3O OCH_3 O N O H F

理化性质 原药为棕色固体。纯品为白色固体，熔点110 ~ 115℃(乙醇处理)。微溶于己烷，易溶于甲醇、甲苯、丙酮、乙酸乙酯、乙腈、二氯甲烷。在常态下对光、热稳定，水解很缓慢。

毒　　性 大鼠急性经口LD_{50} > 2 710mg/kg(雄)，> 3 160g/kg(雌)。大鼠急性经皮LD_{50} > 2 150mg/kg(雄、雌)，对兔皮肤和兔眼睛无刺激性，无致畸、致突变、致癌作用。环境毒理评价结果表明对鱼、蜂、鸟安全。

剂　　型 10%乳油、20%可湿性粉剂、25%可湿性粉剂、50%可湿性粉剂、60%可湿性粉剂、35%烟剂、30%悬浮剂、60%水分散粒剂。

作用特点 氟吗啉为新型高效杀菌剂，具有很好的保护、治疗、铲除、渗透、内吸活性，治疗活性显著。具体作用机理在研究中，因氟原子特有的性能如模拟效应、电子效应、阻碍效应、渗透效应，因此使含有氟原子的氟吗啉的防病杀菌效果倍增，活性显著高于同类产品。持效期为16d，推荐用药间隔时间为10～13d。

应用技术 氟吗啉主要用于防治黄瓜霜霉病、番茄晚疫病、辣椒疫病、白菜霜霉病、马铃薯晚疫病、葡萄霜霉病、荔枝霜霉病。发病初期，用50%可湿性粉剂30～40g/亩对水40～50kg喷雾。

开发登记 沈阳科创化学品有限公司、江西海阔利斯生物科技有限公司登记生产。

烯酰吗啉 dimethomorph

其他名称 安克；Acrobat；Forum；CME151；WL127294。

化学名称 4-[3-(4-氯苯基)-3-(3,4-二甲氧基苯基)丙烯酰基]吗啉(Z与E比一般为4：1)。

结构式

O
C—N(吗啉环，含O)
CH
Cl—(苯环)—C
(苯环)—OCH_3
OCH_3

理化性质 无色晶体；熔点：127～148℃，(Z)-异构体 169.2～170.2℃，(E)-isomer 135.7～137.5℃；20℃蒸气压为24MPa，20℃下的溶解度为水＜5mg/L，丙酮15g(Z)/L、88g(E)/L，环已酮27g(Z)/L，二氯甲烷315g(Z)/L，二甲基甲酰胺40g(Z)/L、272g(E)/L，已烷0.04g(E)/L，甲醇、甲苯7g(Z)/L。在暗处稳定5d以上，在日光[仅(Z)有杀菌力]下(E)-异构体和(Z)-异构体互变，水解很缓慢。

毒　　性 大鼠急性经口LD_{50}为3.9g/kg，小鼠急性经口LD_{50}＞5g/kg，大鼠急性经皮LD_{50}大于2g/kg，对兔眼睛和皮肤无刺激作用，大鼠急性吸入毒性LD_{50}为4.2mg/L，90d饲喂试验的无作用剂量：大鼠2g/kg饲料，犬450mg/kg饲料，大鼠2年研究结果表明无致癌性。野鸭急性经口LD_{50}＞2g/kg，鱼毒LC_{50}(96h)为14mg/L。在0.1mg/只蜜蜂剂量下，对蜜蜂无毒害(口服或接触)，蚯蚓EC_{50}＞1g/kg土壤，水蚤EC_{50}(48h)49mg/L。

剂　　型 25%可湿性粉剂、30%可湿性粉剂、40%可湿性粉剂、50%可湿性粉剂、80%可湿性粉剂；50%水分散粒剂、80%水分散粒剂；10%悬浮剂、20%悬浮剂、25%悬浮剂、40%悬浮剂、50%悬浮剂、40%水分散粒剂。

作用特点 是专一杀卵菌纲真菌杀菌剂。其作用特点是破坏细胞壁膜的形成对卵菌生活史的各个阶段都有作用，在孢子囊梗和卵孢子的形成阶段尤为敏感，在极低浓度下(<0.25μg/ml)即受到抑制。与苯基酰胺类药剂无交互抗性。该药为具有保护、治疗和抗孢子产生活性的内吸性杀菌剂。主要用于防治由霜霉属、疫霉属等引起的真菌病害。该药不影响细胞的糖代谢和细胞壁聚合体的产生，主要是干扰病原菌细胞壁聚合体的正确组装，影响细胞壁的形成。该药的应用存在着一定的抗性风险。在相对低剂量下即有较高的活性，并且与苯酰胺类杀菌剂没有交互抗性作用。

应用技术 防治烟草黑胫病，发病初期，用50%可湿性粉剂30～40g/亩对水40～50kg喷雾。

防治番茄晚疫病，发病初期，用50%可湿性粉剂30～40g/亩对水40～50kg喷雾；防治辣椒疫病，发病初期，用50%可湿性粉剂30～40g/亩对水40～50kg喷雾；防治黄瓜、甜瓜霜霉病、疫病，发病初期，用50%可湿性粉剂30～40g/亩喷雾，间隔7～10d在喷1次，连续施药4次可控制病害的蔓延。

防治葡萄霜霉病，发病初期，用50%可湿性粉剂2 000～3 000倍液喷雾。

另外，据资料报道，还可用于防治水稻霜霉病，发病初期，用25%可湿性粉剂800倍液喷雾；防治马铃薯晚疫病，发病初期，用50%可湿性粉剂1 000～2 000倍液喷雾，间隔7d喷1次，共喷3～4次；防治芋头疫病，发病初期，用50%可湿性粉剂1 000倍液喷雾；防治荔枝霜霉病，在荔枝小果期、中果期和果实转熟期，用40%水分散粒剂1 000～1 500倍液喷雾。

注意事项 当黄瓜、辣椒、十字花科蔬菜在幼苗期时，喷液量和药量用低量，喷药要使药液均匀覆盖叶片。施药时穿戴好防护衣物，避免药剂直接与身体各部位接触，如药剂沾染皮肤，用肥皂和清水冲洗，如有误服，千万不要引吐，尽快送医院治疗，该药没有解毒剂。该药应储存在阴凉、干燥和远离饲料、儿童的地方。每季作物使用不要超过4次，注意使用不同作用机制的其他杀菌剂与其轮换应用。对植物无药害。

开发登记 河北冠龙农化有限公司、江苏常隆化工有限公司、成都新朝阳作物科学有限公司、江苏龙灯化学有限公司、巴斯夫欧洲公司等企业登记生产。

噻呋酰胺 thifluzamide

其他名称 满穗；噻氟菌胺。

化学名称 2' 6' -二溴-2-甲基-4' -三氟甲氧基-4-三氟甲基-1,3-噻二唑-5-甲酰苯胺。

结 构 式

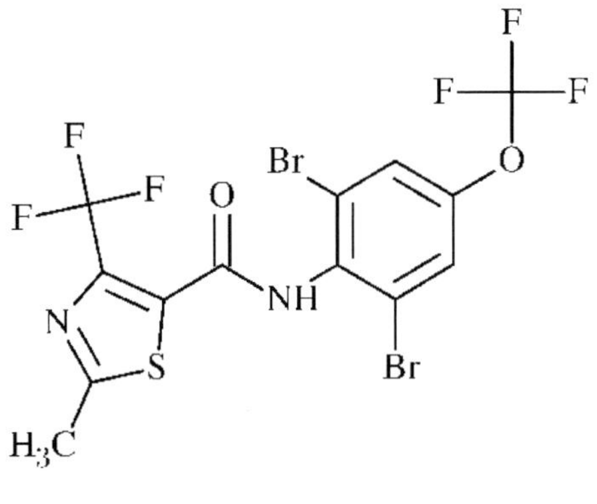

理化性质 原药为白色至淡棕色粉末，pH为5～9，水溶度1.6mg/L，熔点177.9～178.6℃。制剂外观为褐色悬浮剂，相对密度1.15，pH值6.5，细度1.6μm，黏度500cps，室温储存至少2年。

毒　　性 据中国农药毒性分级标准，属低毒杀菌剂。原药大鼠急性口服及兔急性经皮LD_{50}＞5 000mg/kg，制剂大鼠急性口服及兔急性经皮LD_{50}＞5 000mg/kg，无致畸、致突变、致癌作用。

剂　　型 23%悬浮剂、24%悬浮剂。

作用特点 是一种新的噻唑羧基-N-苯酰胺类杀菌剂，具有广谱杀菌活性，可防治多种植物病害，特别是对担子菌，丝核菌属真菌所引起的病害有特效。它具有很强的内吸传导性，适用于叶面喷雾、种子处理和土壤处理等多种施药方法，成为防治水稻、花生、棉花、甜菜、马铃薯和草坪等多种作物病害的优秀杀菌剂。

应用技术 噻氟酰胺克服了当前市场上用于防治黑粉菌的许多药剂对作物不安全的缺点，在种子处理防治系统性病害方面将发挥更大的作用。一般处理叶面可有效防治丝核菌、锈菌和白绢病菌引起的病害；处理种子可有效防治黑粉菌、腥黑粉菌和条纹病菌引起的病害。噻氟菌胺对藻状菌类没有活性。对由叶部病原物引起的病害，如花生褐斑病和黑斑病效果不好。

防治水稻纹枯病，水稻分蘖末期至孕穗初期，用23%悬浮剂14～25ml/亩对水40～60kg喷雾。

另外，据资料报道对禾谷类锈病有很好的活性，发病初期，用23%悬浮剂35～70g/亩对水40～60kg喷雾；用23%悬浮剂30～130g/100kg种子进行种子处理，对黑粉菌属和小麦网腥黑粉菌亦有很好的防效；防治花生白绢病和冠腐病，用23%悬浮剂18.6g/亩对水40～60kg喷雾，早期施药1次可以抑制整个生育期的白绢病，晚期施药会因病害已经发生造成一定的产量损失，需要多次施药才可奏效；在防治由立枯丝核菌引起的花生冠腐病时，一般播种后45d施用23%悬浮剂15～20g/亩对水40～60kg喷雾；并在60d时同剂量再施用1次；以23%悬浮剂280～560g/100kg处理种子，对花生枝腐病和锈病也有较好的效果；防治棉花立枯病，噻呋菌胺的长残效和内吸性在这一病害上表现卓越。

注意事项 在搬运、混药和施药时，要戴好防护面具，注意不要吸入。施药后务必用肥皂洗净脸、手、脚。如果溅入眼中，请立即用清水冲洗15min。溅到皮肤上，立即用肥皂水冲洗，若刺激还在，立即去医院就医。如果吞食该药，请喝两杯白水并携此药剂去医院就医。注意不要污染水源，存放于儿童触及不到的地方。

开发登记 美国陶氏益农公司、上海泰禾(集团)有限公司等企业登记生产。

噻酰菌胺 tiadinil

化学名称 3'-氯-4,4-二甲基-1,2,3-噻二唑-5-甲酰苯胺。

结构式

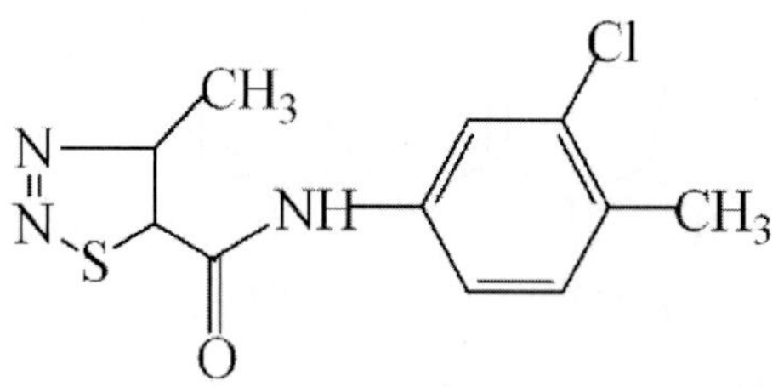

理化性质 原药为棕色固体，熔点114～116℃。纯品为白色结晶体，熔点116℃。

毒　　性 大鼠急性经口毒性LD_{50}＞6 147mg/kg，大鼠急性经皮毒性LD_{50}＞2 000mg/kg。大鼠急性吸入LD_{50}(4h)＞7mg/L。对兔眼睛无刺激性，对兔、大鼠无致畸性，对大鼠无繁殖毒性，对小鼠无变异性。对家蚕(幼虫)的急性毒性LC_{50}＞400mg/L，对蜜蜂(成虫)LC_{50}＞1 000mg/L。

剂　　型 6%颗粒剂、24%悬浮剂。

作用特点 该药剂本身对病菌的抑制活性较差，其作用机理主要是阻止病菌菌丝侵入邻近的健康细胞，并能诱导产生抗病基因。叶鞘鉴定法计算稻瘟病对水稻叶鞘细胞侵入菌丝的伸展度，和叶鞘细胞实验可以观察到该药剂对已经侵入细胞的病菌抑制作用并不明显，但病菌的菌丝很难侵入邻近的健康细胞，说明该药剂本身对稻瘟病病菌的抑制活性较弱，但可以有效地阻止病菌菌丝对邻近的健康细胞侵害，阻止病斑的形成。进一步的研究表明，水面施药7d时，可以发现噻酰菌胺对很多抗病基因有明显的诱导作用，说明噻酰菌胺可以提高水稻本身的抗病能力。该药剂有很好的内吸性，可以通过根部吸收，并迅速传导到其他部位，适于水面使用，持效期长，对水稻稻瘟病和穗颈瘟病都有较好的防治效果。在稻瘟病发病初期使用，使用时间越早效果越明显。在移植当日处理对叶稻瘟病的防除率都在90%以上，移植100d后，防除率仍可维持在原水平。此外，该药剂受环境因素影响较小，如移植深度、水深、气温、水温、土壤、光照、施肥和漏水条件等，用药期较长，在发病前7～20d均可。

应用技术 资料报道，防治小麦白粉病，发病前，用24%悬浮剂600倍液均匀喷雾；防治水稻纹枯病，发病前，用24%悬浮剂12～20ml/亩对水40～50kg喷雾；防治稻瘟病，发病前期，24%悬浮剂12～20ml/亩对水40～50kg喷雾；防治黄瓜霜霉病，发病前期，用24%悬浮剂1 200倍液均匀喷雾。

注意事项 应注意在病害发生前施药，施药晚效果下降。施药后务必用肥皂洗净脸、手、脚。如果溅入眼中，请立即用清水冲洗15min。溅到皮肤上，立即用肥皂水冲洗，若刺激还在，立即去医院就医。

环丙酰菌胺 carpropamid

其他名称 Arcado；Cleaness；Protega；Win；Seed One。

化学名称 主要由以下4种结构组成，其中前两种含量超过95%，(1R,3S)-2,2-二氯-N-[(R)-1-(4-氯苯基)乙基]-1-乙基-3-甲基环丙酰胺,(1S,3R)-2,2-二氯-N-[(R)-1-(4-氯苯基)乙基]-1-乙基-3-甲基环丙酰胺，(1S,3R)-2,2-二氯-N-[(S)-1-(4-氯苯基)乙基]-1-乙基-3-甲基环丙酰胺和(1R,3S)-2,2-二氯-N-[(S)-1-(4-氯苯基)乙基]-1-乙基-3-甲基环丙酰胺。

结 构 式

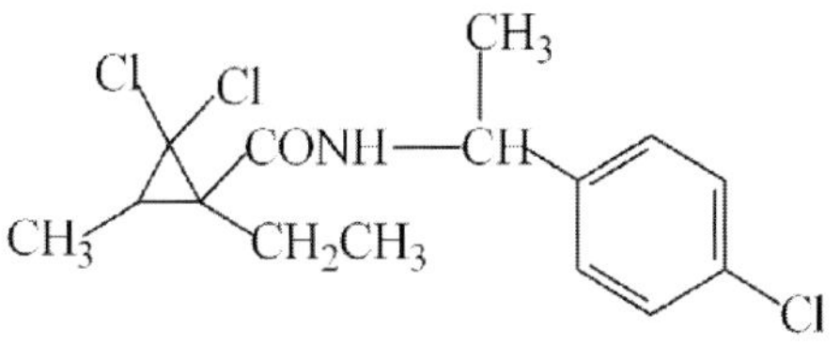

理化性质 环丙酰菌胺为非对映异构体的混合物(A：B大约为1：1，R：S大约为95：5)。纯品为无色结晶状固体(原药为淡黄色粉末)，熔点147～149℃，相对密度1.17。水中溶解度(mg/L，pH7，20℃)：1.7(AR)，1.9(BR)。有机溶剂中溶解度(g/L，20℃)：丙酮153，甲醇106，甲苯38，已烷0.9。

毒　　性 雄、雌大鼠急性经口LD_{50}＞5 000mg/kg，雄、雌小鼠急性经口LD_{50}＞5 000mg/kg，雄、雌大鼠急性经皮LD_{50}＞5 000mg/kg。对兔皮肤和眼睛无刺激，对豚鼠皮肤无过敏现象，雄、雌大鼠急性吸入LC_{50}(4h)＞5 000mg/L(灰尘)。大鼠和小鼠2年喂养试验无作用剂量为400mg/kg，犬1年喂养实验无作用剂量为200mg/kg，体内和体外试验均无致突变性。日本鹌鹑饲喂LD_{50}(5d)＞2 000mg/kg，鲤鱼LC_{50}(48h)5.6mg/L，虹鳟鱼LC_{50}(96h)10mg/L，水蚤LC_{50}(3h)410mg/L，蚯蚓LC_{50}(14d)＞1 000mg/kg干土。

作用特点 环丙酰菌胺是内吸、保护性杀菌剂。与现有杀菌剂不同，环丙酰菌胺无杀菌活性，不抑制病原菌菌丝的生长。其具有两种作用方式：抑制黑色素生物合成和在感染病菌后可加速植物抗菌素，如momilactone A和sakuranetin的产生，这种作用机理预示环丙酰菌胺可能对其他病害亦有活性。在稻瘟病中，通过抑制从scytalone到1, 3, 8−三羟基萘和从vermelone到1, 8−二羟基萘的脱氢反应，从而抑制黑色素的形成，也通过增加伴随水稻疫病感染产生的植物抗毒素而提高作物抵抗力。

应用技术 资料报道，环丙酰菌胺主要用于稻田防治稻瘟病。以预防为主，几乎没有治疗活性，具有内吸活性。在接种后6h内用环丙酰菌胺处理，则可完全控制稻瘟病的侵害，但超过6h如8h后处理，几乎无活性。在育苗箱中应用剂量为27g(有效成分)/亩，茎叶处理量为5 ~ 10g(有效成分)/亩，种子处理剂量为30 ~ 40g(有效成分)/100kg种子。

注意事项 应注意在病害发生前施药，施药晚效果下降。施药后务必用肥皂洗净脸、手、脚。

环氟菌胺 cyflufenamid

其他名称 Pancho。

化学名称 (Z)−N−[α−(环丙基甲氧基亚氨基)−2,3−二氟−6−(三氟甲基)苄基]−2−苯基乙酰胺。

结 构 式

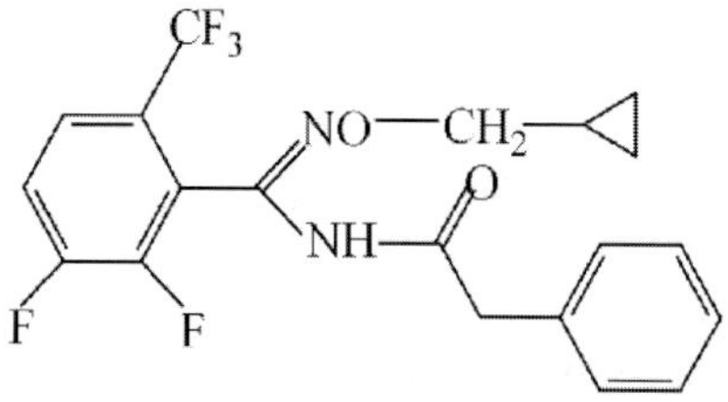

CF_3　NO—CH_2　O　NH　F　F

理化性质 具芳香气味的白色固体，熔点61.5 ~ 62.5℃，沸点256.8℃。相对密度1.347(20℃)。蒸气压3.54×10^{-5}Pa(20℃)。溶解度(g/L，20℃)：水5.20×10^{-4}(pH值6.5)，二氯甲烷902，丙酮920，二甲苯658，乙腈943，甲醇653，乙醇500，乙酸乙酯808，正己烷18.6。pH值5 ~ 7的水溶液稳定，pH值9水溶液半衰期为288d；水溶液光解半衰期为594d。

毒　　性 大(小)鼠急性经口LD_{50} > 5 000mg/kg，大鼠急性经皮LD_{50} > 2 000mg/kg。大鼠急性吸入LC_{50}(4h) > 4.76mg/L。对兔皮肤无刺激性，对兔眼睛有轻微刺激性，对豚鼠皮肤无致敏性。ADI值0.041mg/kg。山齿鹑急性经口LD_{50} > 2 000mg/kg，山齿鹑饲喂LC_{50}(5d) > 2 000mg/kg。

剂　　型 50g/L水乳剂。

作用特点 对多种作物的白粉病不仅具优异的保护和治疗活性，而且具有很好的持效活性和耐雨水冲刷活性。尽管其具有很好的蒸气活性和叶面扩散活性，但在植物体内的移动活性则比较差，即内吸活性差。环氟菌胺通过抑制白粉病菌生活史(即发病过程)中菌丝上分生的吸器的形成和生长，次生菌丝的生长和附着器的形成。但对孢子萌发、芽管的延长均无作用。尽管如此，其生物化学方面的作用机理还不清楚。试验结果表明环氟菌胺与吗啉类、三唑类、苯并咪唑类、嘧啶胺类杀菌剂、线粒体呼吸抑制剂、苯氧喹啉等无交互抗性。对作物安全。

应用技术 资料报道，可以用于防治对小麦、黄瓜、草莓、苹果、葡萄等多种作物的白粉病，发病初期，用有效成分1.7g/亩对水40 ~ 50kg喷雾。

稻瘟酰胺 fenoxanil

其他名称 氰菌胺；Achieve。

化学名称 N–(1–氰基–1,2–二甲基丙基)–2–(2,4–二氯苯氧基)丙酰胺。

结 构 式

$$\text{2,4-}Cl_2C_6H_3\text{—O—}CH(CH_3)\text{—CONH—}C(CH_3)(CN)\text{—}CH(CH_3)_2$$

理化性质 白色无嗅固体，熔点69.0～71.5℃，蒸气压(25℃)为0.21×10^{-4}Pa，水中溶解度(20℃)：(30.7±0.3)mg/L。

毒　　性 大鼠急性经口LD_{50}＞5 000mg/kg(雄)、4 211mg/kg(雌)，小鼠急性经口LD_{50}(雄和雌)＞5 000mg/kg，大鼠急性经皮LD_{50}(雄和雌)＞2 000mg/kg，对兔眼睛和皮肤无刺激性，无“三致”现象。

剂　　型 5%颗粒剂、20%悬浮剂。

作用特点 稻瘟酰胺是一个新颖的防治水稻稻瘟病的内吸性杀菌剂，具有对哺乳动物和野生动物低毒的特点。在稻瘟病病菌的生长周期中，稻瘟酰胺能有力地抑制稻瘟病菌的附着胞渗透进入水稻植株。同时还能抑制病部致病菌孢子的释放，由此抑制了二次侵染。稻瘟酰胺的作用机理是抑制了黑色素的生物合成途径，通过抑制附着胞的渗透从而阻止稻瘟病菌的侵染。该药性能稳定，持效期长，比较耐雨水冲刷，在稻田施药比较方便。对作物、哺乳动物、环境安全。

应用技术 主要用于茎叶处理，防治稻瘟病，第一次发病前，用5%颗粒剂2kg/亩水下施药，在抽穗前5～30d，防治水稻穗瘟病时，用5%颗粒剂2～2.7kg/亩水下施药。

注意事项 应注意在病害发生前施药，施药晚效果下降。施药后务必用肥皂洗净脸、手、脚。如果溅入眼中，请立即用清水冲洗15min。溅到皮肤上，立即用肥皂水冲洗，若刺激还在，立即去医院就医。

开发登记 山东京博农化有限公司、江苏丰登农药有限公司等企业登记生产。

呋酰胺 ofurace

其他名称 Milfuram；RE20615；Ortho 20615；(Chevron)；AE F057623；Milfuram；Acetamide。

化学名称 (±)–α–2–氯–N–2,6–二甲苯基乙酰胺基–γ–丁内酯、2–氯–N–(2,6–二甲基苯基)–N–(四氢化–2–氧代–3–呋喃基)乙酰胺、DL–3[N–氯乙酰基–N–(2,6–二甲基苯基)氨基]–γ–丁内酯。

结 构 式

$$\text{2,6-}(CH_3)_2C_6H_3\text{—N}(COCH_2Cl)\text{—(2-oxotetrahydrofuran-3-yl)}$$

理化性质 无色晶体，熔点145～146℃(纯度93%)，相对密度1.43，20℃蒸气压小于0.02MPa。20℃溶解度：水146mg/kg，丙酮60～75g/L，二氯乙烷300～600g/L，乙酸乙酯25～30g/L，甲醇25～30g/L，二甲苯8.6g/L，庚烷0.0322g/L。碱性条件下水解，在35℃、pH9条件下DT_{50}为7h，在水中光解DT_{50}为7d。

毒　　性 雄大鼠急性经口LD_{50}为3 500mg/kg，雌大鼠为2 600mg/kg，小鼠和兔急性经口大于5g/kg。兔急性经皮$LD_{50}>5g/kg$，大鼠急性吸入LC_{50}为2 060mg/m^3。对兔皮肤有轻微刺激，对眼睛有严重刺激作用，对豚鼠皮肤无过敏性。大鼠90d饲喂试验的无作用剂量为20mg/kg饲料，大鼠长期饲喂试验无作用剂量为2.5mg/(kg・d)，对人的ADI为0.03mg/kg体重，无致癌、致畸、诱变作用。红腿山鹑急性经口$LD_{50}>5g/kg$。鱼毒LC_{50}(96h)：虹鳟鱼29mg/L，金色圆腹雅罗鱼57mg/L。对蜜蜂无毒，LD_{50}(经口)＞58μg/只，水蚤LC_{50}(48h)46mg/L。

剂　　型 50%可湿性粉剂。

作用特点 甲呋酰胺是一种高效、低毒、与环境相容性好，并具有强内吸和双向传导性，兼有保护和治疗作用的杀菌剂。它对藻菌纲引起的真菌病害有很好防治效果，是防治马铃薯晚疫病、番茄晚疫病、十字花科植物及葡萄霜霉病的特效药剂。

应用技术 对藻菌纲植物病原菌有特效，可用来防治烟草霜霉病、向日葵霜霉病、番茄晚疫病、马铃薯晚疫病、葡萄霜霉病等，在发病前期，用50%可湿性粉剂800～1 000倍液均匀喷雾，间隔20d再喷施1次，可以有效控制病害的为害。

开发登记 由美国Chevron Chemical C o. 开发，获有专利DE2847075(1979)，US 4012519(1977)，4247468(1981)，1992年专利转让给Schering AG(现为AgrEvo GmbH)。

硅噻菌胺　silthiopham

其他名称 全蚀净；Latitude。

化学名称 N-烯丙基-4,5-二甲基-2-(三甲基硅烷基)噻吩-3-甲酰胺。

结 构 式

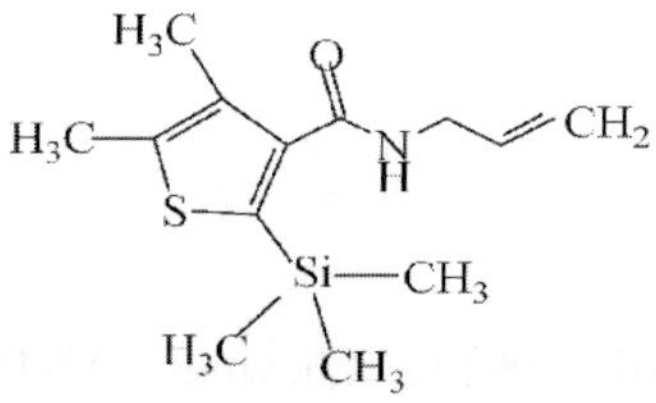

理化性质 白色颗粒状固体，熔点为86.1～88.3℃。水中溶解度(20℃)为35.3mg/L。

毒　　性 大鼠急性经口$LD_{50}>5 000mg/kg$；大鼠急性经皮$LD_{50}>5 000mg/kg$。本品对兔眼睛和皮肤无刺激。

剂　　型 12%种子处理悬浮剂、15%悬浮种衣剂、125g/L悬浮剂。

作用特点 麦种经硅噻菌胺拌种后，在土壤中的种子周围形成药剂保护圈，随种子生长发育，药剂圈向水平和下部逐渐扩大，其根系生长发育始终处在药剂保护圈内，保护根系不被病菌侵染，对小麦种子和小麦根系实施全方位的有效保护，从而达到防治小麦全蚀病的目的。具体作用机理尚不清楚，研究表明其是能量抑制剂，可能是ATP抑制剂。具有良好的保护活性，持效期长。

应用技术 主要作种子处理防治小麦全蚀病，一般发病田，用125g/L悬浮剂20ml拌种10kg；重病田，用125g/L悬浮剂30ml拌种10kg，拌匀后必须闷种6～12h后才可播种，使药剂充分浸沾在种子上，有利于药剂发挥并杀死种子所带病菌。

开发登记 美国孟山都公司、陕西上格之路生物科学有限公司等企业登记生产。

萎锈灵 carboxin

其他名称 735；DCMO；Carboxine(ISO-F)；Vitavax；Kemikar；Kisrax；Oxatin。

化学名称 5,6-二氢-2-甲基-1,4-氧硫杂芑-3-甲酰替苯胺。

结 构 式

$$\text{5,6-dihydro-1,4-oxathiine ring (O, S) with } -CH_3 \text{ and } -C(=O)-NH-C_6H_5$$

理化性质 纯品为米色结晶，两种结晶结构的熔点为91.5～92.5℃和98～100℃。25℃时100g溶剂中的溶解度：水中0.017g，苯中15g，二甲基甲酰胺中39g，二甲基亚砜中150g，丙酮中60g，甲醇中21g，乙醇中11g，混合二甲苯中5g，醋酸丁酯中12.5g，醋酸中20g，吡啶中100g，氯仿中60g，不溶于己烷。正常温度条件下储存较稳定。

毒 性 属低毒杀菌剂，原药大鼠急性经口LD_{50}为3.8g/kg，兔急性经皮$LD_{50}>8$g/kg，对兔眼睛和皮肤有轻微刺激作用。在试验剂量内对试验动物未发现致突变、致畸、致癌作用，3代繁殖试验未见异常。大鼠和犬2年喂养试验无作用剂量为600mg/kg。水蚤LC_{50}(48h)为84.4mg/L，蓝鳃翻车鱼LC_{50}(96h)为1.2mg/L，虹鳟鱼LC_{50}(96h)为2.0mg/L。对鸟类低毒，野鸭LD_{50}为6 094mg/kg，鹌鹑$LD_{50}>10$g/kg。20%乳油对大鼠急性经口LD_{50}为7g/kg，兔急性经皮LD_{50}为1 960mg/kg，对兔眼睛有刺激作用。

剂 型 20%乳油、12%可湿性粉剂、50%可湿性粉剂。

作用特点 为选择性内吸杀菌剂，它能渗入萌芽的种子而杀死种子内的病菌。萎锈灵对植物生长有刺激作用，并能使小麦增产。

应用技术 主要用于防治由锈菌和黑粉菌在多种作物上引起的锈病和黑粉(穗)病。对棉花立枯病、黄萎病也有效。亦可作为木材防腐剂。

防治麦类锈病，发病前至发病初期，用20%乳油187.5～375ml/亩对水40～50kg喷雾，间隔10～15d1次。

另外，据资料报道还可用于防治麦类黑穗病，用20%乳油500ml拌种100kg；防治高粱散黑穗病、丝黑穗病、坚黑穗病，玉米丝黑穗病，用20%乳油500～1 000ml拌种100kg；防治谷子黑穗病，用20%乳油800～1 250g拌种或闷种100kg；防治棉花苗期病害，用20%乳油875ml拌种100kg；防治棉花黄萎病，发病前，可用20%乳油800倍液灌根，每株灌药液500ml；防治油葵锈病，发病初期，用20%乳油400～600倍液喷雾；防治青稞条纹病，发病初期，用50%可湿性粉剂1：200拌种；防治大葱锈病，发病初期，用20%乳油700～800倍液喷雾；防治云杉叶锈病，发病初期，用20%乳油500倍液喷雾。

注意事项 本剂不能与强酸性药剂混用，本剂100倍液对麦类可能有轻微药害，使用时应注意，药剂处理过的种子不可食用或作饲料，萎锈灵虽属低毒杀菌剂，配药和用药人员仍需注意防止污染手、脸和皮肤，如有污染应及时清洗。操作时不要抽烟、喝水和吃东西，如遇中毒事故，应立即请医生治疗，施药后，各种工具要注意清洗，包装物要妥善处理。药剂应储存在干燥、闭光和通风良好的仓库中，并注意防火，运输和储存应有专门的车皮和仓库，不得与食物及日用品一起运输和储存。

开发登记 陕西恒田化工有限公司等企业登记生产。

灭锈胺 mepronil

其他名称 纹达克；灭普宁；担菌宁；丙邻胺；Basitac；BI-2459；KCO-1。

化学名称 N-(3-异丙氧基苯基)-2-甲基苯甲酰苯胺。

结构式

$$\text{2-}CH_3\text{-}C_6H_4\text{-}C(=O)\text{-}NH\text{-}C_6H_4\text{-3-}OCH(CH_3)_2$$

理化性质 纯品白色结晶，熔点92～93℃，相对密度1.222，沸点186℃(10.7Pa)。纯度不低于97%，相对密度1.134，熔点93.6～94.2℃，20℃蒸气压0.56MPa。20℃水中溶解度为12.7mg/L，丙酮、甲醇＞500g/L，苯28.2g/L，己烷1.1g/L，不易燃，对酸溶液和热、光均稳定，在强碱性介质中水解。

毒　　性 属低毒杀菌剂。原药大鼠急性经口LD_{50}＞10g/kg，大鼠急性经皮LD_{50}＞10g/kg，大鼠急性吸入LC_{50}＞1.32mg/L，对兔眼睛和皮肤有刺激作用；雄、雌性大鼠亚急性经口无作用剂量分别为43mg、52mg/(kg·d)，兔亚急性经皮无作用剂量为2.5g/kg，雄、雌大鼠慢性经口无作用剂量分别为5.9和72.9mg/(kg·d)。在试验条件下，未见致畸、致突变、致癌作用。土壤中含量高达100mg/L时，对蚯蚓无影响，鲤鱼LC_{50}(48h)为8.6mg/L，鲭、鲣LC_{50}10mg/L。蜜蜂接触LD_{50}＞1g/只，经口LD_{50}＞1g/只。鹌鹑LD_{50}＞2g/kg，野鸭LD_{50}＞2g/kg。75%可湿性粉剂大鼠急性经口LD_{50}＞0.5g/kg，兔急性经皮LD_{50}＞2g/kg，大鼠急性吸入LC_{50}＞2.06mg/L。

剂　　型 75%可湿性粉剂、20%乳油、20%悬浮剂。

作用特点 具有阻止和抑制纹枯病菌侵入寄主，达到预防和治疗作用；对由担子菌引起的病害有高效。尤其对水稻、黄瓜、马铃薯上的立枯丝核菌和小麦锈菌有较好防效，如水稻纹枯病、小麦根腐病和锈病，梨树锈病、棉花立枯病。持效期长，无药害。具有耐雨水冲刷，对紫外光稳定。

应用技术 资料报道，防治水稻纹枯病，一般在水稻分蘖期和孕穗期各喷1次，用75%可湿性粉剂67～83g/亩对水40～50kg喷雾，如果水稻生长茂盛，遇高温高湿，有利病害发生时，可增加施药次数，间隔期7～10d1次，在水稻纹枯病盛发初期施药，对水喷雾，重点喷施于茎基部，发病严重的田块，在水稻分蘖末期和孕穗末期各施药1次，发生特别严重的田块，齐穗期可再施药1次，安全性好，常规用量不会产生药害；防治棉花立枯病，发病初期，用20%悬浮剂150～200ml/亩对水40～50kg喷雾。

注意事项 不要喷在桑树上，虽然本剂对人、畜的毒性很低，但喷洒时作业人员应戴口罩等防护用具，喷洒完后，要用清水冲洗手和身体其他裸露部位，并且漱口，万一误服，应设法使其呕吐并马上去医院治疗，储存药剂时应密封瓶子，保持干燥，放置阴凉处。

开发登记 浙江新农化工股份有限公司等企业曾登记生产。

氟酰胺 flutolanil

其他名称 NNF-136；氟纹胺；Moncut；望佳多；福多宁。

化学名称 N-(3-异丙氧基苯基)-2-(三氟甲基)苯甲酰胺。

结 构 式

CF_3 $OCH(CH_3)_2$ CONH

理化性质 纯品为无色结晶固体，熔点102 ~ 103℃，20℃蒸气压0.177MPa，在酸碱溶液中稳定，对阳光和热稳定。溶解度：水9.6mg/L，丙酮811g/L，苯131g/L，甲苯65g/L。

毒　　性 急性口服LD_{50}：小鼠(雌和雄) > 10g/kg；大鼠(雌和雄) > 10g/kg。急性经皮LD_{50}：大鼠(雌和雄) > 5g/kg，对皮肤和眼没有刺激性，Ames、重组缺陷型试验都是阳性。对水生动物毒性：鲤鱼TLm(48h)2.4mg/L，水蚤TLm(6h) > 50.6mg/L。

剂　　型 20%可湿性粉剂、25%可湿性粉剂、50%可湿性粉剂、1.5%粉剂、20%悬浮剂。

作用特点 具保护和治疗活性，主要防治担子菌亚病原菌。对禾谷类雪腐病和锈病，水稻纹枯病，草坪褐斑病、花生白绢病等有很好的防效，蔬菜幼苗立枯病有高的活性，对作物没有药害。

应用技术 防治稻纹枯病，发病前至发病初期，用20%可湿性粉剂100 ~ 120g/亩对水40 ~ 50kg喷雾，可以长时期抑制病害的发展，溶于灌溉水中后，能被根吸收，并且向上转移到水稻植株，这种内吸特性，可以达到较好的防治效果。

防治草坪褐斑病最佳时期为发病初期，用20%可湿性粉剂90 ~ 112g/亩喷雾防治；防治花生白绢病在发病初期用75 ~ 125g/亩，采用茎基部喷淋，间隔7 ~ 10d施药1次，可连续使用2 ~ 3次。

另外，据资料报道，防治马铃薯疮痂病，用20%可湿性粉剂225g 拌种薯100kg；也可防治小麦雪腐病、蔬菜幼苗立枯病、日本梨锈病等。

注意事项 可与其他农药混用，使用时应注意对鱼的毒害。

开发登记 日本农药株式会社、江阴苏利化学股份有限公司等企业登记生产。

双炔酰菌胺 mandipropamid

化学名称 (RS)-N-2-(4-氯苯基)-N-[2-(3-甲氧基-4-丙炔-2-基氧基苯基)乙基]-2-丙炔-2-基氧基乙酰胺。

结 构 式

CH_3 O O NH H_3C O H_3C-O Cl

理化性质 双炔酰菌胺原药纯度≥93%；外观为浅褐色无嗅细粉末；pH值6 ~ 8；在有机溶剂中溶解度(25℃，g/L)：丙酮300，二氯甲烷400，乙酸乙酯120，甲醇66，辛醇4.8，甲苯29，正己烷0.042；250g/L悬浮剂外观为灰白色至棕色液体，悬浮率98%，常温储存稳定。

毒　　性 对大鼠急性经口、经皮LD_{50} > 5 000mg/kg，急性吸入LC_{50}为5 190 ~ 4 890mg/m^3；对白兔眼睛和皮肤有轻度刺激性，豚鼠皮肤变态反应(致敏性)试验结果为无致敏性。

剂　　型 250g/L悬浮剂、23.4%悬浮剂。

作用特点 为酰胺类杀菌剂。其作用机理为抑制磷脂的生物合成，对绝大多数由卵菌引起的叶部和果实病害均有很好的防效。对处于萌发阶段的孢子具有较高的活性，并可抑制菌丝生长和孢子形成。可以通过叶片被迅速吸收，并停留在叶表蜡质层中，对叶片起保护作用。

应用技术 防治荔枝霜疫霉病，开花期、幼果期、中果期、转色期，用23.4%悬浮剂1 000 ~ 2 000倍液喷雾；推荐剂量下对荔枝树生长无不良影响，未见药害发生。

开发登记 瑞士先正达作物保护有限公司登记生产。

邻酰胺 mebenil

其他名称 苯萎灵；灭萎灵。

化学名称 2-甲基-N-苯甲酰替苯胺。

结 构 式

NH
O
CH_3

理化性质 纯品为结晶固体，熔点130℃，20℃下蒸气压3.6Pa(0.027mmHg)。溶于大多数有机溶剂，如丙酮、二甲基甲酰胺、二甲基亚砜、乙醇，难溶于水，对酸、碱、热均较稳定。

毒　　性 属低毒杀菌剂，大鼠急性经口LD_{50}为6 000mg/kg，小鼠急性经口LD_{50}为8 750mg/kg。对皮肤无明显刺激，在动物体内不累积，代谢快。

剂　　型 25%悬浮剂、75%可湿性粉剂、15%拌种剂。

作用特点 内吸性杀菌剂，对担子菌纲有较高的抑制效果，特别是对小麦锈病、谷物锈病、马铃薯立枯病、小麦菌核性根腐病及丝核菌引起的其他根部病害均有防治效果，还能用于防治水稻纹枯病。对水稻、小麦等多种作物上的病害有效，同时可与某些杀虫剂混用。

应用技术 资料报道，防治水稻、小麦纹枯病，发病初期，用25%悬浮剂200 ~ 320g/亩对水40 ~ 50kg喷雾，间隔10d，施药2 ~ 3次。防治马铃薯黑痣病，用15%拌种剂13 ~ 16g处理种薯1kg。

注意事项 使用时戴好口罩、手套、穿上工作服；施药时不能吸烟，喝水、吃东西，施药后要用肥皂洗手、脸，在使用中发现有中毒现象，要立即送医院，对症治疗。要早期施药，发病盛期施药效果差，喷药时药液一定要搅拌均匀。本剂应储藏在阴凉干燥处，储存温度不要低于-15℃。

噻菌胺 metsulfovax

其他名称 G696；UBI-G-696。

拌种胺 furmecyclox

其他名称 BASF389。

化学名称 N–环己基–N–甲氧基–2,5–二甲基–3–糠酰胺。

结构式

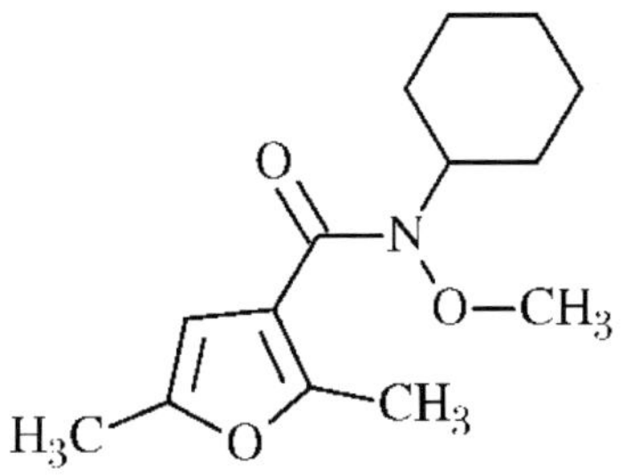

作用特点 对担子菌纲真菌具有特殊活性，用作种衣剂可防治棉花立枯病，麦类散黑穗病、腥黑穗菌，蔬菜腐烂病和由立枯丝核菌引起的病害。亦用作木材防腐剂。

应用技术 资料报道，土壤施用5g(有效成分)/m^3防治立枯丝核菌对百合属、郁金香属和鸢尾的侵染，防效可达95%～100%。与三丁基氧化锡的混剂(0.55∶10重量比)，可抑制枯草杆菌、芽孢杆菌和普通变形杆菌。

开发登记 1977年德国巴斯夫公司开发。

环菌胺 cyclafuramid

其他名称 BAS–327F。

化学名称 N–环己基–2,5–二甲基–3–糠酰胺。

结构式

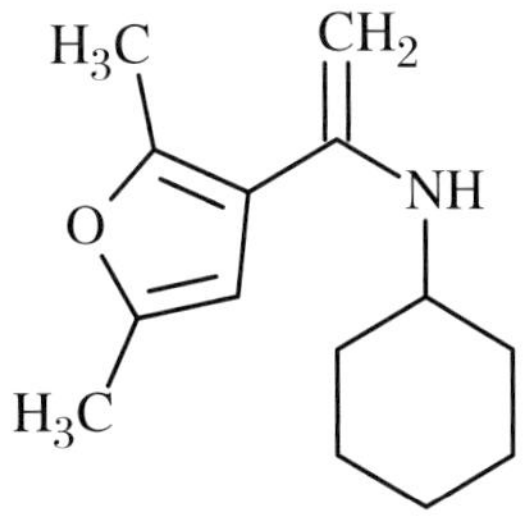

理化性质 熔点104～105℃，不溶于水，溶于有机溶剂。

毒　　性 大鼠急性口服LD_{50}＞6.4g/kg，兔＞8g/kg。

作用特点 内吸性杀菌剂，用于防治由立枯丝核菌、小麦散黑粉菌、裸黑粉菌、雪腐镰孢、禾长蠕孢引起的病害。

应用技术 资料报道，用于种子处理防治植物黑粉病、纹枯病。

酯菌胺 cyprofuram

其他名称 SN78314。

化学名称 2,4-二甲基-1,3-噻唑-5-甲酰替苯胺。

结构式

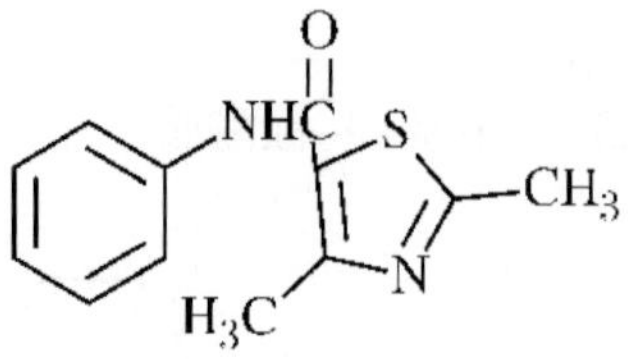

理化性质 晶体，熔点140～142℃，25℃蒸气压1.7μPa，密度1.27～1.34g/cm³，溶解度为水342mg/L，己烷320mg/L，甲醇17g/L，甲苯12.9g/L，呈酸性，在土壤中的DT_{50}约7d。

毒　　性 大鼠急性经口LD_{50}为4g/kg，兔急性经皮LD_{50} > 2g/kg，大鼠急性吸入LC_{50}(4h) > 5.7mg/L空气，2年饲喂试验无作用剂量为雌大鼠50mg/kg饲料，雄大鼠4g/kg饲料。野鸭LC_{50}(8d) > 5.6g/kg饲料，蓝鳃翻车鱼LC_{50}(96h)为34mg/L，水蚤LC_{50}(48h) > 97mg/L。

剂　　型 悬浮种衣剂、湿拌种剂等。

作用特点 内吸性杀菌剂，用于防治水稻、棉花、观赏植物和马铃薯上的担子菌亚门病原菌，如柄锈菌属、腥黑粉菌属、黑粉菌属以及立枯丝核菌属等所致病害。

应用技术 资料报道，种子处理和叶面喷雾或土壤处理，用量为0.2～0.8g(有效成分)/kg种子进行拌种。

开发登记 由Uniroyal Inc. 开发，获有专利DE2114788(1971)，2242471(1973)；UP3725427(1973)。

甲呋酰胺 fenfuram

化学名称 2-甲基呋喃-3-甲酰替苯胺。

结构式

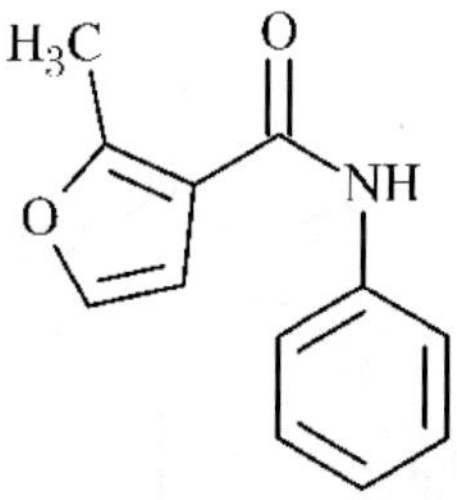

理化性质 原药为乳白色固体，纯度98%，熔点109～110℃。纯品为无色结晶状固体，蒸气压0.02MPa，水中溶解度0.1g/L(20℃)，有机溶剂中溶解度(g/L，20℃)：丙酮300，环己酮340，甲醇145，二甲苯20。对热和光稳定，中性介质中稳定，但在强酸和强碱中易分解，土壤中半衰期为42d。

毒　　性 大鼠急性经口LD_{50}12 900mg/kg，小鼠急性经口LD_{50}为2 450mg/kg。对兔皮肤有轻度刺激作用。

剂　　型 25%乳油。

作用特点 具有内吸作用的拌种剂，可用于防治禾谷类黑穗病。

应用技术 防治小麦、大麦散黑穗病，小麦腥黑穗病，高粱丝黑穗病，谷子粒黑穗病，用25%乳油200～300ml/100kg种子，拌种。

开发登记 由Shell公司研制，安万特公司(现为拜耳公司)开发。

化学名称 2-[N-(3-氯苯基)环丙基酰胺]-γ-丁内酯。

结构式

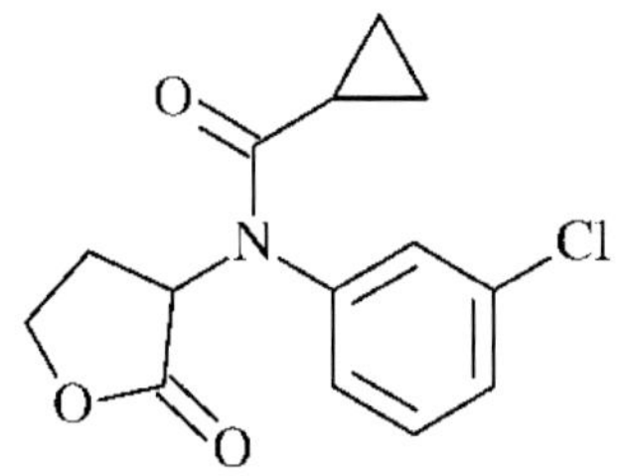

毒　　性 大鼠急性经口LD_{50}为174mg/kg，兔急性经皮＞1g/kg。

应用技术 作种子处理时，可防治土壤中的腐霉菌。对致病疫霉和霜霉菌也有效。

开发登记 德国先令(Schering AG)公司开发。

二甲呋酰苯胺 furcarbanil

其他名称 BASF319；灭菌胺。

化学名称 2,5-二甲基-N-苯基-3-呋喃酰胺。

结构式

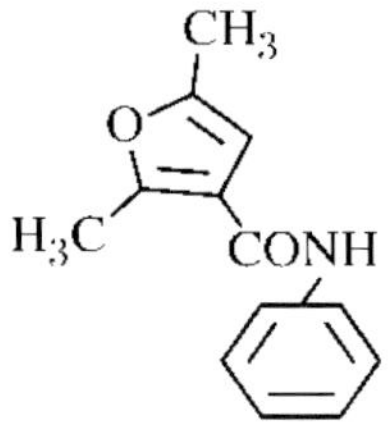

剂　　型 与喹啉铜、代森锰、代森锰锌和福美双均能配成合剂。

作用特点 内吸性杀菌剂。

应用技术 资料报道，用作拌种防治麦类散黑穗病、腥黑穗病、小麦秆黑粉病、洋葱条黑粉病。

开发登记 巴斯夫公司(BASF AG)开发，已停产。

双氯氰菌胺 diclocymet

化学名称 (RS)-2-氰基-N-[(R)-1-(2,4-二氯苯基)乙基]-3,3-二甲基丁酰胺。

结构式

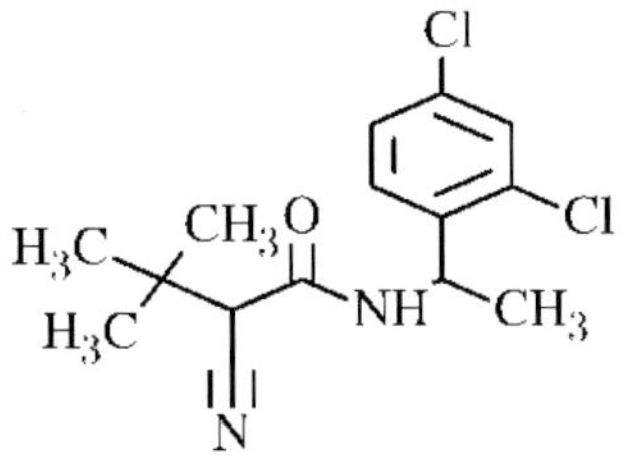

理化性质 纯品为淡黄色晶体，熔点154.4～156.6℃，相对密度为1.24，蒸气压0.26MPa(25℃)，水中溶解度(25℃)为6.38μg/ml。

毒　　性 大鼠急性经口LD_{50}＞5 000mg/kg，低毒。

剂　　型 3%颗粒剂、0.3%粉剂、7.5%悬浮剂。

作用特点 黑色素生物合成抑制剂，内吸性杀菌剂。

应用技术 资料报道，防治稻瘟病，发病前至发病初期，用7.5%悬浮剂80～100ml/亩对水40～50kg喷雾。

磺菌胺 flusulfamide

化学名称 2',4-二氯-α,α,α-三氟-4'-硝基间甲苯磺酰苯胺。

结 构 式

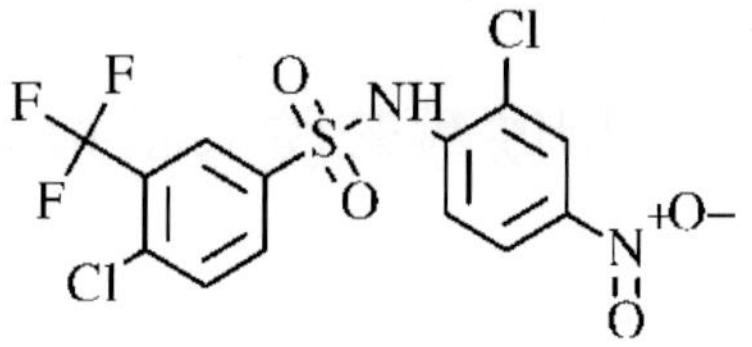

理化性质 纯品为浅黄色结晶状固体。熔点169.7～171.0℃，蒸气压9.9×10^{-7}MPa(40℃)，相对密度1.739。水中溶解度2.9mg/kg(25℃)；有机溶剂中溶解度(g/kg，25℃)：甲醇24，丙酮314，四氢呋喃592。在黑暗环境中于35~80℃能稳定存在90d。在酸、碱介质中稳定存在。

毒　　性 雄性大鼠急性经口LD_{50}为180mg/kg，雌性大鼠132mg/kg。雄雌大鼠急性经皮LD_{50}>2 000mg/kg。对兔有轻微眼睛刺激，无皮肤刺激，无皮肤过敏现象。雄雌大鼠急性吸入LC_{50}(4h)为0.47mg/L。鹌鹑急性经口LD_{50}为66mg/kg。蜜蜂LD_{50}>20g/只(经口与接触)。

剂　　型 粉剂、悬浮剂。

作用特点 抑制孢子萌发。对根肿病菌的生长期中有两个作用点，一是在病菌休眠孢子发芽的过程中发挥作用；二是在土壤根须中的原生质和游动孢子转变成土壤中次生游动孢子使作物二次感染的过程中发挥作用。

应用技术 资料报道，适用作物小麦、水稻、大麦、黑麦、大豆、萝卜、甘蓝、花椰菜、甜菜、番茄、茄子、黄瓜、菠菜等。多数作物对推荐剂量的磺菌胺有很好的耐药性。磺菌胺能有效地防治土传病害，包括腐霉病菌、螺壳状丝囊霉、疮痂病菌及环腐病菌等引起的病害，对根肿病(如白菜根肿病)有显著效果。

甲磺菌胺 folnifanid

化学名称 N-(2-硝基-4-氯)苯基-N-乙基对甲苯基磺酰胺。

结 构 式

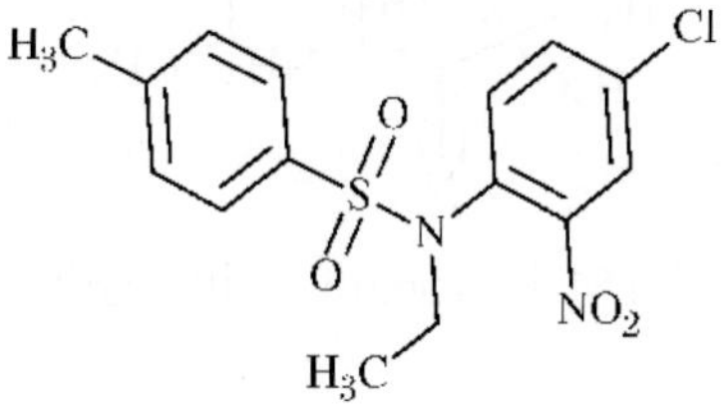

作用特点 主要作为土壤杀菌剂使用。

开发登记 由日本住友公司开发。

呋吡菌胺 furametpuy

化学名称 (RS)–5–氯–N–(1,3–二氢–l,1,3–三甲基苯并呋喃–4–基)–1,3–二甲基吡唑–4–甲酰胺。

结 构 式

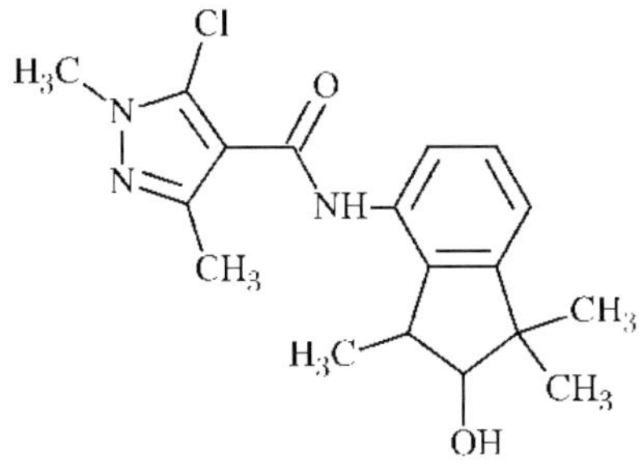

理化性质 纯品为无色或浅棕色固体。熔点150.2℃。蒸气压4.7×10^{-3}MPa(25℃)。水中溶解度(25℃)225mg/L。在大多数有机溶剂中稳定。原药在40℃放置6个月仍较稳定，在60℃放置1个月几乎无分解，在太阳光下分解较迅速。原药在pH为3～11水中(100mg/L溶液，黑暗环境)较稳定，14d后分解率低于2%。在加热条件下，原药于碳酸钠中易分解，在其他填料中均较稳定。

毒　　性 鼠急性经口LD_{50}(mg/kg)：雄640，雌590。大鼠急性经皮LD_{50}>2 000mg/kg (雄、雌)，对兔眼睛有轻微刺激，对皮肤无刺激作用，对豚鼠有轻微皮肤过敏现象。无致癌、致畸性，对繁殖无影响，在环境中对非靶标生物影响小，较为安全。

剂　　型 1.5%颗粒剂、0.5%粉剂和15%可湿性粉剂。

作用特点 呋吡菌胺对电子传递系统中作为真菌线粒体还原型烟酰胺腺嘌呤二核苷酸(NADH)基质的电子传递系统并无影响，而对以琥珀酸基质的电子传递系统，具有强烈的抑制作用。即呋吡菌胺对光合作用Ⅱ产生作用，通过影响琥珀酸的组分及TCA回路，使生物体所需的养料下降；也就是说抑制真菌线粒体中琥珀酸的氧化作用，从而避免立枯丝核菌菌丝体分离，而对NADH的氧化作用无影响。呋吡菌胺具有内吸活性，且传导性能优良，因此具有优异的预防和治疗效果。

应用技术 资料报道，对担子菌亚门的大多数病菌具有优良的活性，特别是对丝核菌属和伏革菌属引起的植物病害具有优异的防治效果。由于呋吡菌胺具有内吸活性，且传导性能优良，故预防治疗效果卓著。对稻纹枯病具有适度的长持效活性。

吡噻菌胺 penthiopyrad

化学名称 (RS)–N–[2–(1,3–二甲基丁基)–3–噻吩基]–1–甲基–3–(三氟甲基)–1H–吡唑–4–甲酰胺。

结 构 式

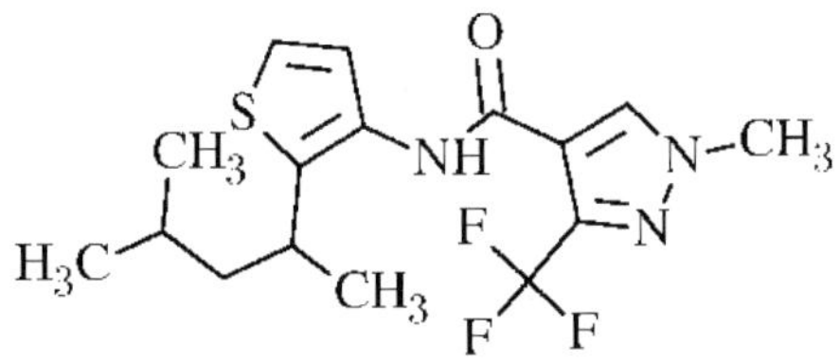

理化性质 纯品熔点103～105℃，蒸气压6.43×10^{-6}Pa(25℃)，在水中的溶解度7.53mg/L(20℃)。

毒　　性 鼠(雌/雄)急性经口LD_{50}＞2 000mg/kg，大鼠(雌/雄)急性经皮LD_{50}＞2 000mg/kg，大鼠(雌/雄)急性吸入毒性LC_{50}(4h)＞5 669mg/L。鲤鱼LC_{50}(96h)1.17mg/L，水蚤LC_{50}(24h)40mg/L，水藻EC_{50} (72h)2.72mg/L。对兔眼有轻微刺激性，对兔皮肤无刺激性，无致敏性。Ames试验为阴性，致癌变试验结果为阴性。

剂　　型 20%悬浮剂、15%悬浮剂。

作用特点 吡噻菌胺与较早期开发的该类杀菌剂相比更有优势，室内和田间试验结果均表明，不仅对锈病、菌核病有优异的活性，对灰霉病、白粉病和苹果黑星病也显示出较好的杀菌活性。通过在马铃薯葡萄糖琼脂培养基上的生长情况发现，本品对抗甲基硫菌灵、腐霉利和乙霉威的灰葡萄孢均有活性。在用抗性品系的苹果黑星菌所做的试验表明，无论对氯苯嘧啶醇或啶菌酯抗性品系或敏感品系对吡噻菌胺均敏感。试验结果表明吡噻菌胺作用机理与其他用于防治这些病害的杀菌剂有所不同，因此没有交互抗性，具体作用机理在研究中。

应用技术 主要用于防治黄瓜白粉病和葡萄灰霉病等。防治黄瓜白粉病，用20%悬浮剂25～33ml/亩对水40～50kg喷雾。

资料报道，防治对象为锈病、菌核病、灰霉病、霜霉病、苹果黑星病和白粉病等，发病前至发病初期，用20%悬浮剂30～60ml/亩对水40～50kg；防治葡萄灰霉病，发病前至发病初期，用20%悬浮剂2 000倍液喷雾。

开发登记 日本三井化学AGRO株式会社登记生产。

水杨菌胺 trichlamide

化学名称 (R,S)-N-(1-正丁氧基-2,2,2-三氯乙基)水杨酰胺。

结 构 式

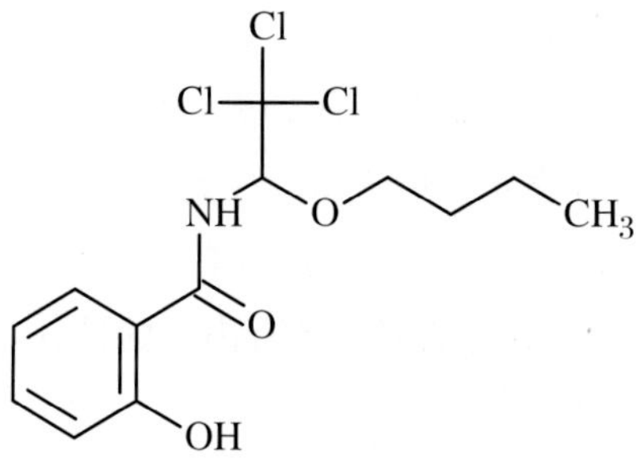

Cl
Cl—C—Cl
NH　O　CH3
O
OH

理化性质 纯品为白色结晶，相对密度1.43，熔点73～74℃，20℃时蒸气压为10MPa。25℃时溶解度：水6.5mg/L，丙酮、甲醇、氯仿2 000g/L以上，已烷55g/L，苯803g/L。对酸、碱、光稳定。

毒　　性 对哺乳动物的毒性极低。大鼠急性经口LD_{50}＞7g/kg，急性经皮LD_{50}＞5g/kg，小鼠急性经口LD_{50}＞5g/kg，急性经皮LD_{50}＞5g/kg。鸡急性经口＞1g/kg。鱼毒：LC_{50}(鲤鱼，48h)为1.7mg/L。对蚕、蜜蜂、鸡低毒。皮肤刺激性、突变性、致畸性试验均为阴性。在作物中无残留，田间处理后对后茬作物亦无影响。

剂　　型 5%可湿性粉剂、10%可湿性粉剂、15%可湿性粉剂。

应用技术 资料报道，可防治白菜、甘蓝、芜菁等的根肿病，以及青豌豆根腐病、马铃薯疮痂病和粉痂病、西瓜枯萎病、防治黄瓜猝倒病，发病初期，用10%可湿性粉剂500～800倍液喷雾。

注意事项 远离氧化物、日光、热，存放在密封容器内，并放在阴凉干燥处。

开发登记 四川国光农化股份有限公司等企业曾登记生产。

呋菌胺 methfuroxam

其他名称 WL22361。

化学名称 2,4,5-三甲基-3-呋喃基酰苯胺。

结构式

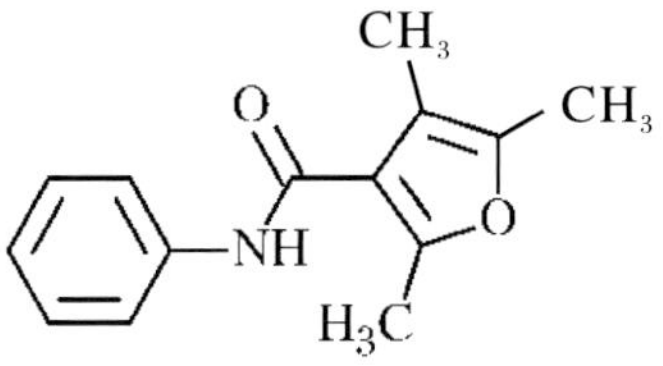

理化性质 白色结晶固体，熔点138～140℃，略有气味。25℃溶解度：水中0.01g/kg，二甲基甲酰胺412g/kg，丙酮125g/kg，甲酸64g/kg，苯36g/kg。20℃时蒸气压小于0.13MPa。在强酸、强碱中水解，对金属无腐蚀作用。

毒性 大鼠急性经口LD_{50}为1.47g/kg(雌)、4.3g/kg(雄)。小鼠经口LD_{50}为0.62g/kg(雄)，0.88g/kg(雌)，兔经皮LD_{50}为3.16g/kg；大鼠吸入LD_{50}17.39mg/L(空气)，对兔皮肤无刺激，对兔眼稍有刺激，虹鳟鱼LC_{50}为0.36mg/L。

剂型 25%液剂。

作用特点 具有内吸作用的新的代替汞制剂的拌种剂，可用于防治种子胚内带菌的麦类散黑穗病，也可用于防治高粱丝黑穗病，但对侵染期较长的玉米丝黑穗病菌的防治效果差。

应用技术 资料报道，防治小麦、大麦散黑穗病，用25%液剂200～300ml拌种100kg；防治小麦光。

腥黑穗病，用25%液剂300ml拌种100kg；防治谷子粒黑穗病，用25%液剂300ml拌种100kg。

注意事项 避免药剂溅及眼睛及皮肤。操作人员在工作时应戴手套、口罩和眼镜。如不慎溅入眼中，应立即用清水冲洗15min。若发生中毒。应立即去医院救治。

开发登记 1974年由壳牌公司(Shell Research Ltd)开发作为杀菌剂，获有专利BP1215066，并由凯诺加德有限公司(Keno Gard AB)商品化。

氧化萎锈灵 oxycarboxin

其他名称 F-461；Dc-MOD。

化学名称 2,3-二氢化-6-甲基-5-苯基-氨基甲酰基-1,4-氧硫杂芑-4,4-二氧化物。

结构式

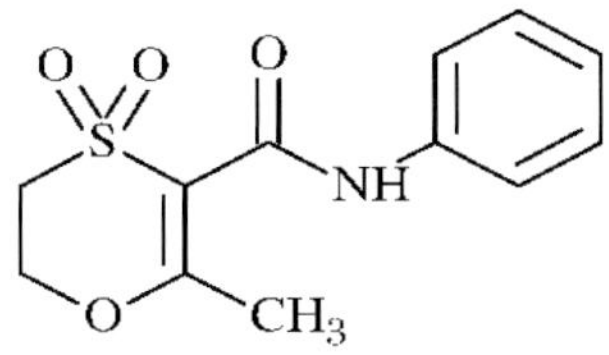

理化性质 产品为白色固体，熔点127.5～130℃；在25℃水中溶解度为1g/L，丙酮中36%，苯中3.4%，二甲亚砜223%，乙醇3%，甲醇7%，除强酸或强碱性农药外可与其他农药混用。

毒　　性 大鼠急性经口LD_{50}为2g/kg；小白鼠急性经口LD_{50}为2 149mg/kg(雄)，1 654mg/kg(雌)；兔急性经皮LD_{50}＞16g/kg；对鲤鱼的TLm值为10mg/L以上。

剂　　型 75%可湿性粉剂、5%液剂。

作用特点 内吸性杀菌剂，用于防治谷物和蔬菜锈病。

应用技术 用于叶面处理，用75%可湿性粉剂50～100g/亩对水40～50kg喷雾，每隔10～15d1次，共喷2次。

注意事项 不能与强酸性或强碱性农药混用，可溶性粉剂应储存在通风干燥处。

开发登记 1966年由Uniroyal Inc. 推广，获有专利USP3399214、USP3402241。

氟唑菌酰羟胺 pydiflumetofen

其他名称 SYN545974；Adepidyn

化学名称 3-(二氟甲基)-N-甲氧基-1-甲基-N-[(RS)-1-甲基-2-(2,4,6-三氯苯基)乙基]-1H-吡唑-4-甲酰胺。

结 构 式

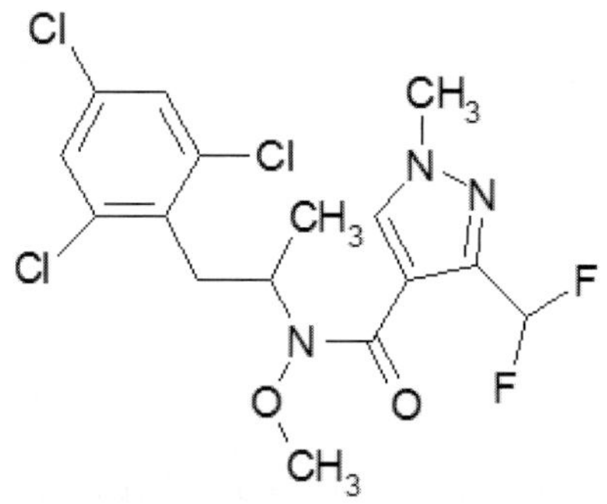

理化性质 沸点为557.9℃ ± 50.0℃，相对密度为1.44。

毒　　性 原药微毒，制剂低毒。

作用特点 与其他SDHI类杀菌剂一样，氟唑菌酰羟胺也是病原菌呼吸作用抑制剂，其通过干扰呼吸电子传递链复合体Ⅱ上的三羧酸循环来抑制线粒体的功能，阻止其产生能量，抑制病原菌生长，最终导致其死亡。

剂　　型 98%原药、200g/L悬浮剂。

应用技术 防治小麦赤霉病、油菜菌核病，用200g/L悬浮剂50～65ml/亩，对水均匀喷雾。

注意事项 桑园及蚕室附近禁用。

开发登记 瑞士先正达作物保护有限公司开发并登记具有欧洲专利、美国专利、中国专利。

异噻菌胺 isotianil

其他名称 Reliable 、Routine。

化学名称 3,4-二氯-2′-氰基-1,2-噻唑-5-甲酰替苯胺。

结构式

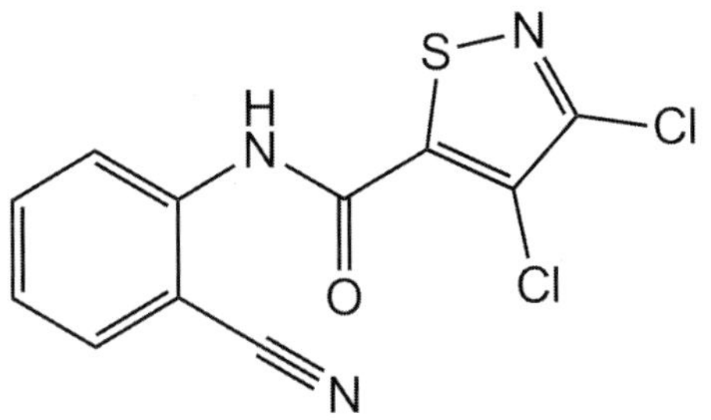

理化性质 纯品为白色固体(粉末)，正辛醇/水分配系数(log Pow)2.96（25℃±1℃，pH 7.2），蒸气压2.36×10^{-7}Pa(25℃)。其水中溶解度：0.5mg/L(20℃，pH 7.0)。

毒性 原药属于低毒农药，根据文献查询结果，该成分大鼠急性经口$LD_{50}>2\,000$mg/kg，大鼠急性经皮毒性$LD_{50}>2\,000$mg/kg，大鼠急性吸入$LC_{50}>4.75$mg/L。对眼睛无刺激性，对皮肤无刺激性，对皮肤弱致敏或不致敏。此外，对鸟类低毒，对鱼类和水蚤中等毒。

作用特点 异噻菌胺为异噻唑甲酰胺类杀菌剂，并不直接作用于病原菌，而是通过诱导植物产生系统抗性达到防治病害的目的。

剂型 96%原药。

应用技术 与肟菌酯的混配制剂24.1%肟菌·异噻胺（肟菌酯6.9%，异噻菌胺17.2%）种子处理悬浮剂拌种可防治水稻稻瘟病、恶苗病，用量为15～25ml/kg种子，既可用于专业化机械种子处理，也可用于手工种子处理。专业化机械种子处理：选用适宜的机械，根据其要求调整浆状药液与种子的比例，按推荐制剂用药量加适量清水，混合均匀，进行种子处理。处理后的种子按行业要求储藏待用。手工种子处理：根据种子量确定制剂用量，加适量清水混合均匀调成浆状药液，按每千克种子需浆状药液量15～30ml，倒在种子上充分搅拌，摊开于通风阴凉处晾干待播。

开发登记 拜耳与日本住友化学公司共同研发，拜耳股份公司登记。

氟吡菌酰胺 fluopyram

其他名称 路富达。

化学名称 N-{2-[3-氯-5-(三氟甲基)-2-吡啶基]乙基}-α,α,α-三氟-2-甲苯甲酰胺。

结构式

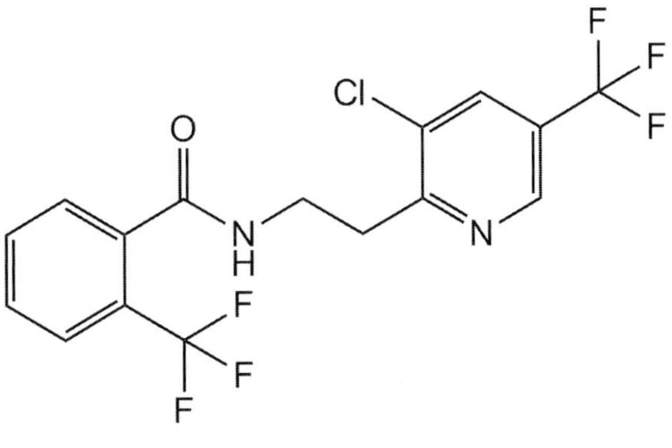

理化性质 原药外观为白色粉末，制剂外观为浅褐色。有机溶剂中溶解度(20℃，g/L) 庚烷0.66、甲苯62.2、二氯甲烷、甲醇、丙酮、乙酸乙酯、二甲基亚砜＞250，微溶于水。

毒　　性 急性经口LD_{50}：大鼠(雌/雄)＞2 000mg/kg，急性经皮LD_{50}：大鼠(雌/雄)＞2 000mg/kg，低毒。

作用特点 通过阻碍呼吸链中琥珀酸脱氢酶的电子转移而抑制线粒体呼吸。通过抑制病原菌生长周期中的几个阶段而达到控制致病菌的目的，主要用于阔叶作物上防治子囊菌引起的病害。
剂型 96%原药、41.7%悬浮剂。

应用技术 防治番茄、黄瓜根结线虫，用41.7%悬浮剂0.024～0.030ml/株灌根；防治黄瓜白粉病用41.7%悬浮剂5～10ml/亩对水均匀喷雾；防治病害，在发病初期使用。

注意事项 对水生生物有毒。

开发登记 拜耳股份公司开发，化合物发明专利（专利号：038194716），并登记。

氟醚菌酰胺 fluopimomide

化学名称 N-[3-氯-5-(三氟甲基)吡啶-2-甲基]-2,3,5,6-四氟-4-甲氧基苯甲酰胺。

结 构 式

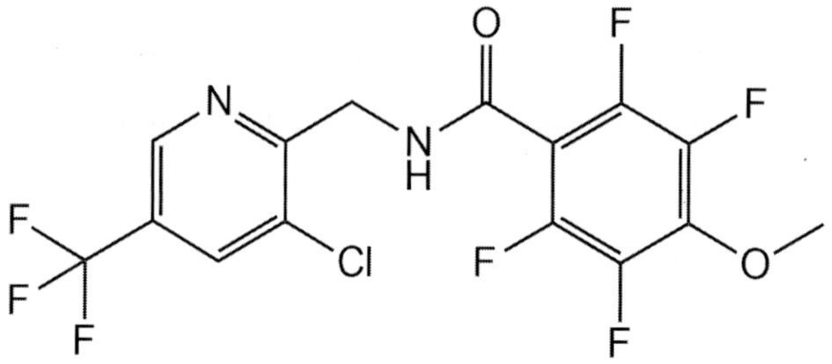

O F N F H F Cl F O F F F

理化性质 白色粉末，无刺激性气味，熔点：115～118℃，堆密度：0.801 g/mL，水中溶解度：0.000 45g/L（20℃，pH值6.5）。

毒　　性 根据氟醚菌酰胺大鼠急性毒性各项数据和结果，毒性级别为低毒；致突变的各项试验中，Ames试验、体内哺乳动物骨髓嗜多染红细胞微核试验、精母细胞染色体畸变试验、体外哺乳动物细胞基因突变试验，结果均为阴性；无繁殖毒性、无致畸作用、无致癌性。

作用特点 氟醚菌酰胺是新型含氟苯甲酰胺类杀菌剂，该产品作用于真菌线粒体呼吸链，抑制琥珀酸脱氢酶（复合物II）的活性从而阻断电子传递，抑制真菌孢子萌发，芽管伸长，菌丝生长和产孢，对病原菌的细胞膜通透性和三羧酸循环都有一定的作用。另外，该产品对黄瓜霜霉病等有较好的防效。

剂　　型 50%水分散粒剂。

应用技术 防治黄瓜霜霉病，于黄瓜霜霉病发生前或发病初期用50%水分散粒剂6～9g/亩，对水对黄瓜植株均匀喷雾。后期杀菌需使用不同作用机理的杀菌剂，延缓抗药性的产生。

注意事项 在黄瓜上的安全间隔期为3d，每季最多使用次数为3次，施药间隔7d。对蜜蜂、家蚕低毒，开花植物花期禁用。赤眼蜂等天敌放飞区禁用。不可与呈碱性的农药等物质混合使用。

开发登记 山东中农联合生物科技股份有限公司（中农联合）与山东农业大学联合开发，山东省联合农药工业有限公司登记。

氟唑菌酰胺 fluxapyroxad

其他名称 Xemium。

化学名称 3-(二氟甲基)-1-甲基-N-[3,4,5-三氟(1,1-双苯)-2-基]-1H-吡唑-4-甲酰胺。

结 构 式

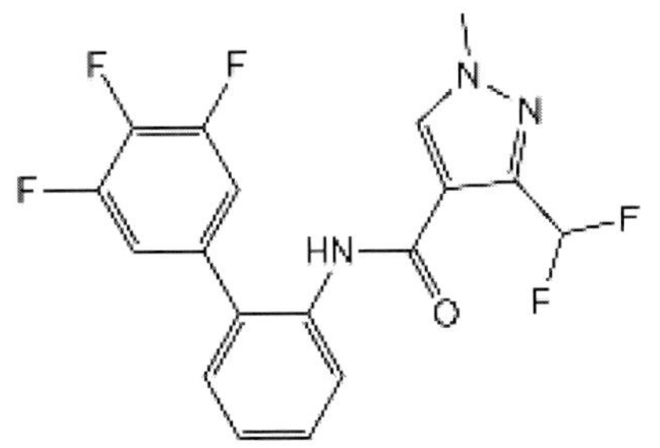

理化性质 原药外观为深黄色液体，有萘气味；相对密度1.055g/cm^3(20℃)，闪点98℃，2年储存稳定。

毒　　性 急性经口LD_{50}大鼠＞2 000mg/kg，急性经皮LD_{50}大鼠 ＞ 2 000mg/kg，低毒。

作用特点 氟唑菌酰胺活性成分是一个琥珀酸脱氢酶抑制剂，对谷类、大豆、玉米、油料作物及香蕉、番茄、葡萄等一些病害有强效的选择性杀菌作用，用于防治香蕉叶斑病、葡萄白粉病、番茄灰霉病等。

剂　　型 98%原药。

应用技术 与吡唑醚菌酯制成的混配制剂可防治玉米大斑病、草莓白粉病、灰霉病、番茄灰霉病、叶霉病、黄瓜白粉病、灰霉病、辣椒炭疽病、马铃薯黑痣病、早疫病、芒果炭疽病、葡萄白粉病、灰霉病、西瓜白粉病、香蕉黑星病。与苯醚甲环唑制成的混配制剂可防治菜豆锈病、番茄叶斑病、叶霉病、早疫病、黄瓜靶斑病、白粉病、辣椒白粉病、梨树黑星病、苹果树斑点落叶病、西瓜叶枯病。与氟环唑混配防治水稻纹枯病、香蕉叶斑病。

开发登记 巴斯夫欧洲公司开发并登记。

九、二羧酰亚胺类杀菌剂

(一)二羧酰亚胺类杀菌剂作用机制

属于二羧酰亚胺类(dicarboximides，简称DCFS)的第一个有抗真菌活性的化合物是菌核利(dichlozoline)。尽管该杀菌剂对葡萄孢霉属(*Botrytis*)和核盘菌属(*Sclerotinia*)的植物病原菌有很好的杀菌效果，但是由于其毒副作用，没有能够在生产上广泛使用。另一个杀菌剂菌核净(dimethachlon)也由于活性较低应用很少。

人们通过在亚酰胺环氮原子上连接3, 5-二氯苯环，很快获得了3种高效的杀菌剂：异菌脲(iprodione，1974)、乙烯菌核利(vinclozolin，1975)和二甲菌核利(procymidone，1976)。这3种化合物为广谱性触杀型保护性杀菌剂，也具有一定的治疗作用，防治效果显著等特点，很快被广泛应用于农业生产，已被广泛应用于多个类群植物病原真菌，如葡萄孢属、丛梗孢属、青霉属、核盘菌属、链格孢属、长蠕孢属、丝核菌属、茎点霉属、球腔菌属、尾孢属等引起的作物、果树病害防治。随着该类杀菌剂使用时间的延长，施用量的加大，虽然由于葡萄灰孢霉产生了高水平耐药性，抗药性问题日益严重，降低了人们对该类杀菌剂研究开发的兴趣，但是后来仍有两种产品推向了市场，它们是乙菌利(chlozolinate，1980)和氯苯咯菌胺(metomeclan，1984)。其抗性产生机制、抗药性监测治理等研究受到广泛重视，目前已取得较大进展。

Annbo认为该类杀菌剂诱导菌体产生还原态的氧自由基，从而会引起改变细胞膜通透性等一系列破坏细胞的连锁反应，即自由基介导的细胞毒假说。支持这一假说的主要依据有：菌体在DCFS的胁迫环境下会出现微粒体电子传递的解偶联；外加脂肪过氧化对抗物α-生育酚(α-tocopherol)能有效地减轻DCFs引起的菌丝生长受抑制的程度。这一假说能很好地解释抗性菌株总是伴随产生渗透压敏感的特性；且对大毛霉(Muco-mucedo)细胞所进行的电子显微镜观察也支持这一假说，甲酰亚胺类杀菌剂能引起膜脂质的过氧化，从而改变线粒体内膜和内质网膜的结构。而线粒体脂质的过氧化损伤是细胞凋亡的重要指标之一。Orth A.B.等对此持反对意见，并不赞同脂质过氧化是DCFS主要的杀菌机制的观点，其依据是：在玉蜀黍黑粉病菌(*Ustilago maydis*)中找不到微电子传递解耦联的相关证据；α-生育酚减轻DCFS对菌丝生长的抑制程度的依据也是一种误导，他们认为是α-生育酚疏水的特性而不是抗过氧化物活性使它成为DCFS的对抗物。但他们未能提出DCFS杀菌作用的真正靶点。

二甲酰亚胺类杀菌剂具有专化性抗菌活性。它们可以防治由葡萄孢霉属(*Botrytis*)、核盘菌属(*Sclerotinia*)、丛梗孢属(*Monilinia*)、链格孢属(*Alternaria*)、小核菌属(*Sclerotium*)和茎点霉属(*phoma*)及长蠕孢属(*Helminthasporium*)、丝核菌属(*Rhizoctonia*)、伏革菌属(*Corticium*)真菌引起的植物病害。由于二羧酰亚胺中间的环可以是一个恶唑烷、琥珀酰亚胺，或者是乙内酰脲，所以不同品种的药效及杀菌谱的范围也各有不同。二羧酰亚胺类杀菌剂在农作物上主要用来防治灰葡萄孢霉(*Botrytis cinerea*)、核盘菌属(*Sclerotinia sclerotirum*)和小核菌属(*S. minor*)引起的病害。

(二)二羧酰亚胺类杀菌剂主要品种

腐霉利 procymidone

其他名称 速克灵(Sumilex)；杀霉利；二甲菌核利；速克利(Sumisclet)；必克灵；消霉灵；克霉宁。

化学名称 N-(3,5-二氯苯基)-1,2-二甲基环丙烷-1,2-二甲酰基亚胺。

结构式

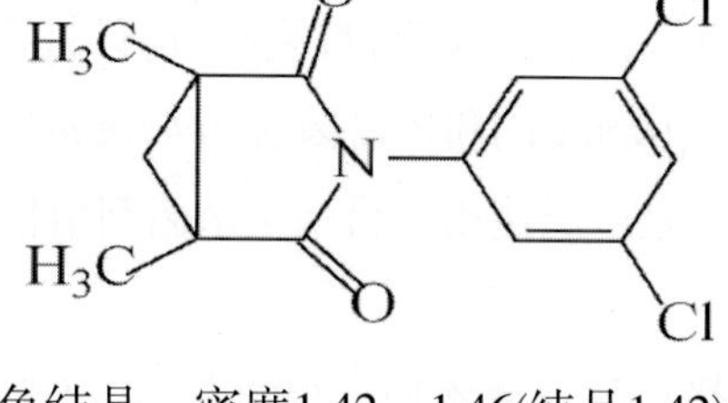

理化性质 原药为白色或浅棕色结晶，密度1.42～1.46(纯品1.42)，有效成分含量在97%以上。熔点为166～166.5℃，蒸气压为0.010 5Pa(20℃)，密度1.425(25℃)。25℃在水中的溶解度为4.5mg/L，微溶于醇类。在丙酮中180g/L，二甲苯中43g/L，氯仿210g/L，二甲基酰胺230g/L，甲醇16g/L。在有机溶剂中稳定，在酸性水溶液中稳定，在碱性水溶液中不稳定。

毒　　性 对大鼠急性经皮LD_{50} > 2.5g/kg，对雄、雌小鼠亚急性经口无作用剂量分别为22.0mg/kg和83.5mg/kg。对雄雌大鼠慢性经口无作用剂量分别为1g/kg和300mg/kg，50%可湿性粉剂对大鼠急性经口LD_{50} > 10g/kg，对小鼠急性经皮LD_{50} > 10g/kg，对大鼠急性吸入(4h)LC_{50} > 109mg/m^3。

剂　　型 50%可湿性粉剂、43%悬浮剂、20%悬浮剂、35%悬浮剂、10%烟剂、15%烟剂。

作用特点 为保护性、治疗性和持效性杀菌剂，兼有中等内吸活性，能向新叶传导，具有保护和治疗作用，持效期7d以上，能阻止病斑发展。因此在发病前进行保护性使用或在发病初期使用可取得满意效果，使用适期比较长，它有从叶、根内吸的作用，因此，它的耐雨性好；没有直接喷洒到药剂部分的病害也能被控制；对已经侵入到植物体内深部的病菌也有效。腐霉利与苯并咪唑类药剂的作用机理不同，因此，对苯并咪唑类药剂效果不好的情况下，使用腐霉利可望获得高防效。

应用技术 可用于大田作物、蔬菜、果树和观赏植物，有效地防治核盘菌、葡萄孢菌和旋孢腔菌病害，如用于防治黄瓜、茄子、番茄、洋葱、韭菜、草莓、葡萄、花卉的灰霉病、油菜菌核病等，大豆、莴苣、辣椒的茎腐病和桃褐腐病等。

防治油菜菌核病，发病前至发病初期，用50%可湿性粉剂30～60g/亩对水40～50kg喷雾，轻病田在始盛花期喷药1次，重病田于初花期和盛花期各喷药1次。

防治黄瓜、番茄、茄子、辣椒、葱类、草莓灰霉病，发病前至发病初期，用50%可湿性粉剂33～50g/亩对水50～100kg喷雾，间隔7～10d1次，喷药1～2次；保护地，用10%烟剂200～300g点燃放烟(注意密封)；防治韭菜灰霉病，在韭菜的3～4叶期，发病初期，用50%可湿性粉剂40～60g/亩对水40～50kg喷雾，可根据病情，增加施药次数1～2次。

另外，据资料报道，防治玉米大、小斑病，心叶末期至抽丝期，用50%可湿性粉剂50～80g/亩对水40～50kg喷雾，间隔7～10d，连续1～2次；防治大豆纹枯病、菌核病，开花期至发病初期，用50%可湿性粉剂50～60g/亩对水50kg喷雾；防治向日葵菌核病，发病初期，用50%可湿性粉剂1 000～2 000倍液喷雾。防治黄瓜菌核病，发病初期，用50%可湿性粉剂35～50g/亩对水40～50kg喷雾，喷药1～2次，间隔7～10d；防治番茄早疫病，发病初期，用50%可湿性粉剂1 000～1 500倍液，间隔10～14d再喷药1次；防治马铃薯菌核病，发病初期，用50%可湿性粉剂1 000倍液喷雾。防治苹果轮纹病，发病初期，用50%可湿性粉剂1 000～1 500倍液喷雾。

注意事项 药剂配好后要尽快喷用，不要长时间放置。不能与碱性药剂混用，亦不宜与有机磷农药混配。长时间单一使用容易使病菌产生抗药性。建议与其他杀菌剂轮换使用。如皮肤粘染了药液，应立即用肥皂和水冲洗。如眼睛中溅入药液，要用大量水冲洗15min以上。如误服，应洗胃并防止胃中物吸入到气管和肺中，并请医生对症治疗。药剂应放在阴暗、干燥、通风处。喷药时期应在发病前或发病初期，不宜在同一地方长期单一使用该药剂，应与其他杀菌剂交替使用，以避免产生抗药性，药液宜现配现用，不宜长时间放置。

开发登记 浙江威尔达化工有限公司、陕西美邦药业集团股份有限公司等企业登记生产。

异菌脲 iprodione

其他名称 扑海因；异丙定；咪唑霉；Rovral；依扑同；Chipco 26019；Kidan；抑菌星。

化学名称 3-(3,5-二氯苯基)-1-异丙基氨基甲酰基乙内酰脲。

结构式

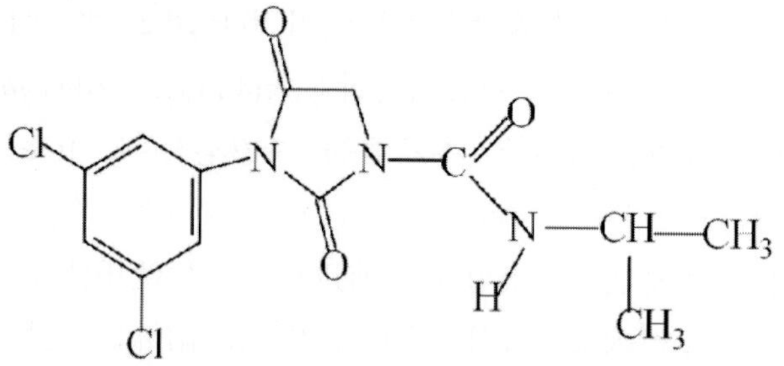

理化性质 无色结晶，熔点约136℃，蒸气压为26.7μPa，不易燃。20℃时，在水中的溶解度为13mg/L，在丙酮、苯乙酮、苯甲醚为300g/L，二氯甲烷为500g/L，乙醇中为25g/L，在苯中200g/L，在碱性条件下性能不稳定。

毒　　性 兔急性经皮LD_{50} > 1g/kg，大、小鼠急性吸入LC_{50} > 13mg/L。蜜蜂LD_{50} > 400μg/只，野鸭LD_{50} > 10.4g/kg，鹌鹑LD_{50}为930mg/kg。

剂　　型 50%可湿性粉剂、25%悬浮剂、50%悬浮剂、500g/L悬浮剂、25.5%油悬浮剂、10%高渗乳油。

作用特点 属广谱、触杀型保护性杀菌剂，有一定的治疗作用。它既能抑制真菌孢子的萌发及产生，也可抑制菌丝体的生长。主要是抑制细胞蛋白激酶，干扰细胞内信号和碳水化合物正常进入细胞组分，能广泛用于多种作物上防治多种病害。对葡萄孢属、链孢霉属、核盘菌属、小菌核属等菌具有较好的杀菌效果，对链格孢属、蠕孢霉属、丝核菌属、镰刀菌属、伏革菌属等菌也有效果，还能用于水果贮藏的防腐保鲜。

应用技术 对引致多种作物的病原真菌均有效。可以在多种作物上防治多种病害，如马铃薯立枯病、蔬菜和草莓灰霉病，葡萄灰霉病，核果类果树上的菌核病，苹果斑点落叶病、梨黑星病等。

防治油菜菌核病在油菜初花和盛花期，各喷1次药，用255g/L悬浮剂157～196ml/亩重对水喷雾。

防治番茄早疫病、灰霉病，在番茄移植后约10d开始喷药，用50%可湿性粉剂50～100g/亩对水60kg喷雾，间隔7～14d喷药1次，共喷3～4次。

防治苹果斑点落叶病，苹果春梢生长期发病初期开始喷药，10～15d后喷第2次，秋梢生长期再喷1次，用50%可湿性粉剂1 000～1 500倍液喷雾；防治葡萄灰霉病，发病初期用50%可湿性粉剂750～1 000倍液喷雾；防治香蕉轴腐病，用25%悬浮剂120～170倍液浸果处理。

另外，据资料报道还可用于防治水稻胡麻斑病、纹枯病、菌核病，发病初期用50%悬浮剂40～70ml/亩对水40～60kg喷雾，连续2～3次；防治玉米小斑病，发病初期用50%可湿性粉剂40～80kg/亩对水40～60kg喷雾，间隔期为15d，共喷2次；防治花生冠腐病，用50%可湿性粉剂100～300g拌种100kg；防治烟草赤星病，发病初期用50%可湿性粉剂800～1 000倍液喷雾；防治黄瓜灰霉、菌核病，发病初期用50%悬浮剂40～80m1/亩对水50～75kg喷雾，间隔7～10d，全生育期施药2～3次；防治豌豆、西瓜、甜瓜、大白菜、甘蓝、菜豆、大蒜、韭菜、芦笋等作物的灰霉病、菌核病、黑斑病、斑点病、茎枯病，均在发病初期开始施药，用50%悬浮剂50～100ml/亩对水50～75kg喷雾，一般叶部病害间隔7～10d，根茎部病害间隔10～l5d喷1次药，全生育期喷2～3次；防治胡椒灰霉病，发病初期用50%悬浮剂50～100ml对水50～75kg喷雾。防治杏、樱桃、桃、李等花腐病、灰星病、灰霉病，果树始花期和盛花期，用50%可湿性粉剂66～100ml/亩对水75～100kg喷雾，各喷施1次药；防治柑橘储藏期病害，柑橘采收后，经清水洗果，选取无机械损伤的柑橘，用50%可湿性粉剂1 000mg/L药液浸果1min，捞出晾干后，室温下保存，可以控制柑橘青、绿霉菌的为害，有条件的放在冷藏库内保存，可以延长保存时间；防治草莓灰霉病，发病初期用50%可湿性粉剂50～100 g/亩对水75kg喷雾；防治猕猴桃黄腐病，发病前至发病初期用50%可湿性粉剂1 500倍液喷雾；防治人参、西洋参及三七黑斑病，用50%可湿性粉剂800～1 000倍液喷雾，可使叶片浓绿，有明显刺激增产作用，对人参、西洋参、三七安全无药害；防治观赏花卉叶斑病、灰霉、菌核、根腐病，发病初期用50%可湿性粉剂40～80g/亩对水40～50kg喷雾，间隔7～14d，喷2～3次；还可在1kg水中倒入50%悬浮剂2～8ml浸泡15min插条。

注意事项 喷药时不能吸烟或饮食，避免接触皮肤或眼睛，如已接触应马上洗净。药剂应放置在远离儿童和干燥通风处，施药后空包装应妥善销毁。全生育期用药次数不宜超过3次，不宜长期连续使用，以免产生抗药性，应交替使用或混用不同性能的药剂。要避免与强碱性药剂混用。使用可湿性粉剂时应先加少量水搅拌成糊状后，再加水至所需水量。在葡萄上施药，以开花和幼果期为好，应交替使用或与不同性能的药剂混用，最后一次施药距收获天数不得少于7d。

开发登记 江苏辉丰农化股份有限公司、美国富美实公司、海利尔药业集团股份有限公司等企业登记生产。

乙烯菌核利 vinclozolin

其他名称 农利灵；BAS352；烯菌酮；BASF352F；Ronilan。

化学名称 3-(3,5-二氯苯基)-5-甲基-5-乙烯基-1,3-恶唑烷-2,4-二酮。

结构式

CH_3, O, O, CH, H_2C, N, O, Cl, Cl

理化性质 纯品是白色结晶固体，熔点108℃。在水中溶解度为1g/L(20℃)，在丙酮中为435g/kg，在醋酸乙酯中为253g/kg，在苯中为146g/kg，在氯仿中为319g/kg。在室温水中，在0.1mol盐酸中均稳定，但在碱性溶液中缓慢水解。

毒　　性 原药大鼠急性经口LD_{50}＞10g/kg，小鼠急性经口LD_{50}＞1.5g/kg，大鼠急性经皮LD_{50}为2.5g/kg，大鼠急性吸入LC_{50}＞29.1mg/L。

剂　　型 50%可湿性粉剂、75%可湿性粉剂、50%水分散粒剂、50%干悬浮剂。

作用特点 属触杀性杀菌剂，主要干扰细胞核功能，并对细胞膜和细胞壁有影响，改变膜的渗透性，使细胞破裂。对果树、蔬菜类作物的灰霉病、褐斑病、菌核病有良好的防治效果。

应用技术 可有效地防治油菜、蔬菜菌核病、灰霉病，桃核腐病，还可用于葡萄、果树、啤酒花和观赏植物。

防治黄瓜灰霉病，发病初期用50%可湿性粉剂50～100g/亩对水40～50kg喷雾，间隔7～10d喷1次，共喷药3～4次；防治番茄灰霉病、早疫病，发病初期用50%可湿性粉剂50～100g/亩对水40～50kg喷雾，间隔7～10d1次，共喷药3～4次，番茄蘸花，使用50%干悬浮剂500倍液加入蘸花液中，可保护花期不受灰霉病菌的侵染。

另外，据资料报道，还可用于防治油菜菌核病、茄子灰霉病、大白菜黑斑病、花卉灰霉病，发病初期开始喷药，用50%可湿性粉剂50～100g/亩对水40～50kg喷雾，共喷药3～4次；防治向日葵菌核病、茎腐病，按100kg种子加50%可湿性粉剂200g进行拌种，在始花期和接近开花末期用50%可湿性粉剂1 500倍，再进行2次喷雾，能达到较好的效果；蔬菜种植前对保护地进行表面消毒灭菌，用50%干悬浮剂400～500倍液喷洒地面、墙壁、立柱、棚膜等；防治西瓜灰霉病，在西瓜团棵期、始花期、坐果期，用50%可湿性粉剂50～100g/亩对水40～50kg各喷雾1次；防治葡萄灰霉病，葡萄开花前10d至开花末期，对花穗喷施50%干悬浮剂750～1 200倍液，共喷3次。

注意事项 如不慎将该药剂溅到皮肤上或眼睛内，应立即用大量清水冲洗。如误服中毒，应立即催吐，不要食用促进吸收本剂的食物，如脂肪(牛奶、蓖麻油)或酒类等，并且应迅速服用医用活性炭。若患者昏迷不醒，应将患者放置于空气新鲜处，并侧卧。若停止呼吸，应进行人工呼吸。为防止病害抗性的产生，应与其他杀菌剂轮换使用。在黄瓜、番茄上推荐的安全间隔期为21～35d。

开发登记 允发化工(上海)有限公司、巴斯夫欧洲公司曾登记生产。

菌核净 dimetachlone

其他名称 纹枯利；环丙胺；S-47127。

化学名称 N-(3,5二氯苯基)丁二酰亚胺。

结 构 式

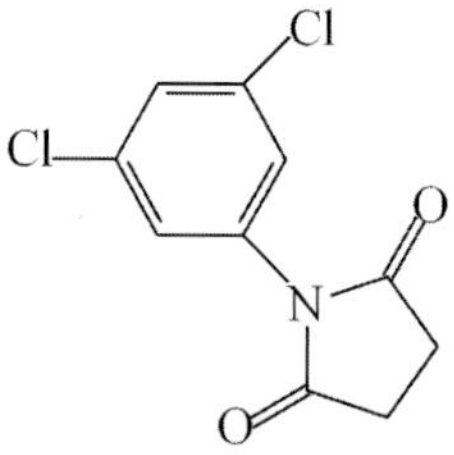

Cl Cl N O O

理化性质 纯品为白色鳞片状结晶，熔点137.5～139℃。易溶于丙酮、四氢呋喃、二甲基亚砜等有机溶剂。

毒　　性 雄性小鼠急性经口LD_{50}为1 061～1 551mg/kg，雌性小鼠急性经口LD_{50}为800～1 321mg/kg，大鼠急性经皮LD_{50} > 5g/kg。

剂　　型 20%可湿性粉剂、40%可湿性粉剂、10%烟剂、25%悬浮剂。

作用特点 具有直接杀菌、内渗治疗作用、持效期长的特性，对核盘菌和灰葡萄孢菌有高度活性。

应用技术 对油菜菌核病、烟草赤星病防效较好，并对水稻纹枯病、麦类赤霉病、白粉病以及工业防腐都具有良好防效。

防治水稻纹枯病，发病初期用40%可湿性粉剂100～200g/亩对水100kg，间隔1～2周喷1次，共防治2～3次；防治油菜菌核病，在油菜盛花期第1次施药，用40%可湿性粉剂100～150g/亩对水65～100kg喷雾，隔7～10d在施1次，喷于植株中下部；防治烟草赤星病，发病初期用40%可湿性粉剂100～200g/亩对水100kg喷雾，间隔7～10d1次。

另外，据资料报道，还可用于防治黄瓜灰霉病，发病初期用40%可湿性粉剂50～80g/亩对水60kg喷雾；防治番茄灰霉病，发病初期用40%可湿性粉剂800～1 000倍液喷雾。防治向日葵菌核病，发病初期用40%可湿性粉剂1 000倍液喷雾，间隔7～10d，连喷2次；防治苹果斑点落叶病，发病初期用40%可湿性粉剂700倍液喷雾；防治人参菌核病，在人参展叶期，用40%可湿性粉剂500～1 000倍液灌根，在始花期用1 000倍液喷雾。

注意事项 菌核净属低毒杀菌剂，但配药和施药人员仍需注意防止污染手、脸和皮肤，如有污染应立即清洗。操作时不要抽烟、喝水或吃东西，工作完毕后应及时洗净手、脸和可能被污染的部位。菌核净能通过食道等引起中毒，无特效药解毒，可对症处理。施药后各种工具要注意清洗，包装物要及时回收并妥善处理。药剂应储存在干燥、闭光和通风良好的仓库中。运输和储存应有专门的车皮和仓库，不得与食物及日用品一起运输和储存。

开发登记 江西禾益化工股份有限公司、山东科大创业生物有限公司等企业登记生产。

乙菌利 chlozolinate

其他名称 Manderol；Serinal。

化学名称 3-(3,5-二氯苯基)-5-乙氧基甲酰基-5-甲基-1,3-恶唑烷-2,4-二酮。

结构式

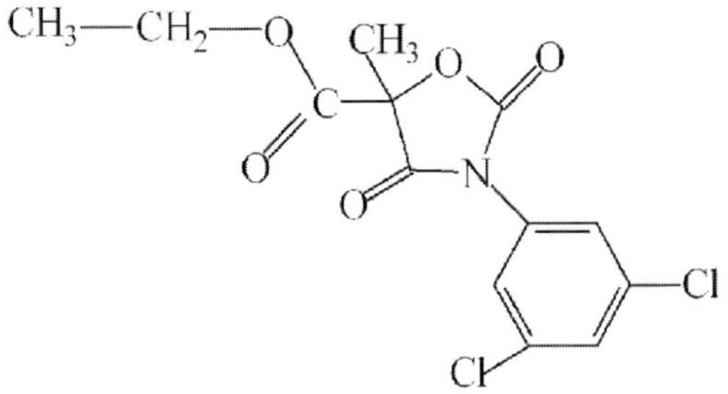

理化性质 纯品为无色结晶固体，熔点112.6℃，相对密度1.42，25℃时蒸气压0.013MPa；25℃水中溶解度为32mg/L，在丙酮、氯仿、二氯甲烷中大于300g/kg，己烷3g/kg。

毒　　性 大鼠急性经口LD_{50}＞4.5g/kg，小鼠急性经口LD_{50}为10g/kg，大鼠急性经皮LD_{50}＞5g/kg，对皮肤无刺激作用，无过敏性。

剂　　型 20%可湿性粉剂、50%可湿性粉剂、30%悬浮剂、46%悬浮剂。

作用特点 具有直接杀菌、内吸治疗作用，可以防治多种作物病害，对核盘菌和灰葡萄孢有高度活性。

应用技术 据资料报道，防治灰葡萄孢和核盘菌属病菌及观赏植物的某些病害，如桃褐腐病、蔬菜菌核病；还可防治禾谷类叶部病害及种传病害，如小麦腥黑穗病，大麦、燕麦的散黑穗病；对苹果黑星病和玫瑰白粉病也有较好的防治效果，用50%可湿性粉剂50～100g/亩对水40～50kg喷雾。

氯苯咯菌胺 metomeclan

化学名称 1-(3,5-二氯苯基)-(甲氧基甲基)-2,5-吡咯烷二酮。

结构式

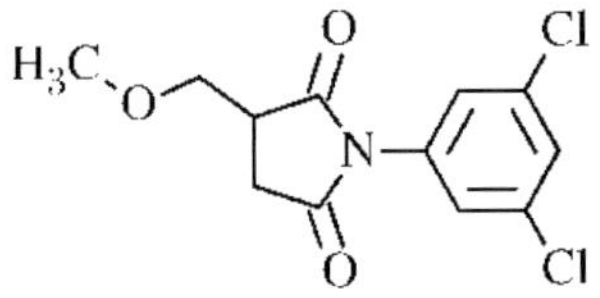

作用特点 广谱性杀菌剂，对半知菌类真菌有较好的防效。

应用技术 资料报道，用30～50g(有效成分)/亩，叶面喷雾处理，可以防治由灰葡萄孢属、交链孢属、核盘菌属、丛梗孢属、链核盘菌属、球腔菌属、丝核菌属、油壶菌属、镰刀菌属病原菌引起的病害；如葡萄和莴苣的灰霉病，油菜上的菌核病，香蕉上的叶斑病；收获后浸果处理可以防治由青霉属、交链孢属、毛盘孢属、葡萄孢属、色二孢属和镰刀菌属等真菌造成的病害。

十、苯基酰胺类杀菌剂

(一)苯基酰胺类杀菌剂的作用机制

苯基酰胺类杀菌剂至少包括4类：酰基丙氨酸类、丁内酯类、硫代丁内酯类和恶唑烷酮类，其中以酰基丙氨酸类(以甲霜灵为代表)、恶唑烷酮类(以恶霜灵为代表)最重要。这类杀菌剂广泛用于藻菌纲病害(如霜霉病)的防治。关于苯基酰胺类的作用机理，一般认为是抑制了病原菌中核酸的生物合成，主要是RNA的合成。

细胞各类RNA，包括参与翻译过程的mRNA、rRNA和tRNA，以及具有特殊功能的小RNA，都是以DNA为模板，在RNA聚合酶的催化下合成的，真核生物的RNA聚合酶有好多种，分子量大约在50万/单位，通常由4～6种亚基组成，并含有Zn^{2+}。利用抑制α－鹅膏蕈碱的抑制作用可将其分为3类，对抑制剂不敏感的RNA聚合酶A(或Ⅰ)，可被低浓度抑制剂抑制的RNAB(或Ⅱ)，只被高浓度抑制剂抑制的RNAC(或Ⅲ)，Hayes等认为，甲霜灵、恶霜灵主要是抑制了对α－鹅膏蕈碱不敏感的RNA聚合酶A，从而阻碍了rRNA前体的转录。具体的抑制机理尚不清楚。

(二)苯基酰胺类杀菌剂的主要品种

甲霜灵 metalaxyl

其他名称 雷多米尔(Ridomil)；甲霜安；瑞毒霉；瑞毒霜；阿普隆(Apron)；立达霉；氨丙灵。

化学名称 N-(2-甲氧基乙酰基)-N-(2,6-二甲基苯基)-DL-α-氨基丙酸甲酯。

结构式

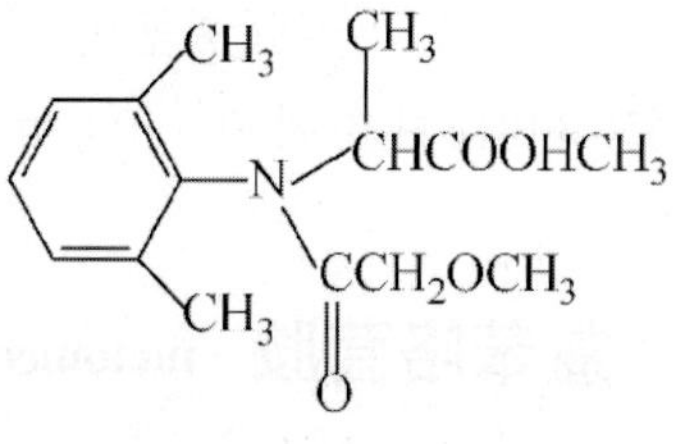

理化性质 纯品为白色结晶，熔点71～72℃，20℃蒸气压29.3MPa，20℃水中溶解度7.1g/L，溶于大多数有机溶剂。25℃时蒸气压为0.75MPa。相对密度1.20(20℃)。溶解度(25℃)：水8.4g/L(22℃)，丙酮450g/L，乙醇400g/L，甲苯340g/L，有轻度挥发性，在中性、酸性介质中稳定。原粉(纯度90%)外观为黄色至褐色粉末，无嗅，不易燃，不爆炸，无腐蚀性。常规储存稳定期2年以上。

毒　　性 低毒杀菌剂，原药对大鼠急性口服LD_{50}为669mg/kg，大鼠急性经皮LD_{50}＞3 100mg/kg，对兔皮肤和眼睛有轻度刺激作用。在动物体内排出较快。在试验条件下，对动物未见“三致”现象，对鸟类毒性轻微，对鱼类和蜜蜂毒性较低。

剂　　型 35%种子处理干粉、25%可湿性粉剂、25%种子处理悬浮剂。

作用特点 高效内吸杀菌剂，具有保护和治疗作用，抑制孢子囊形成、菌丝生长和新感染形成。可被植物根、茎、叶迅速吸收，并在植物体内运转到各个部位，因而耐雨水冲刷。施药后持效期10～14d。可作茎叶喷雾、种子处理和土壤处理，对霜霉病菌、疫霉病菌、腐霉病菌所致的蔬菜、果树、烟草、油料、棉花、粮食等作物病害的防治有效。

应用技术 对多种农作物的霜霉病和疫霉病有特效。如谷子白发病、甜菜疫病、油菜白锈病、烟草黑胫病，黄瓜霜霉病、番茄晚疫病、辣椒疫病、马铃薯晚疫病、芋疫病，葡萄霜霉病、啤酒花霜霉病、柑橘脚腐病以及由疫霉菌引起的各种猝倒病和种腐病等。

防治马铃薯晚疫病，25%种子处理悬浮剂125～150ml/100kg种子，用水稀释至1～2L，搅拌均匀制成药浆，加入种薯 充分搅拌，使药液均匀分布到种子表面，浸种薯15min，晾干后即可使用,配制好的药液应在24h内使用。

防治黄瓜霜霉病，发病前至发病初期用25%可湿性粉剂30～60g/亩对水50～60kg喷雾。

另外，据资料报道，还可用于防治谷子白发病，用35%种子处理干粉200～300g干拌或湿拌100kg种子，湿拌时先将100kg种子用500ml水润湿种皮，然后再加药粉拌匀，即可播种。防治烟草黑胫病，甜菜和蔬菜的猝倒病等，发病初期用25%可湿性粉剂133g/亩对水50～60kg喷淋苗床；防治大棚番茄晚疫病，发病初期用25%可湿性粉剂与草木灰按重量比为16.8：100的比例充分混合均匀喷粉，用量为93g/亩，每隔6d喷粉1次，共喷3次；防治马铃薯晚疫病和茄子绵疫病，用25%可湿性粉剂0.15～2kg/亩对水50～60kg喷雾，间隔10～14d1次；防治葡萄霜霉病，发病初期用25%可湿性粉剂500～800倍液喷雾，间隔10～15d喷1次；防治啤酒花霜霉病，春季剪枝后，用25%可湿性粉剂600～1 000倍液喷雾。

注意事项 常规施药量不会产生药害，也不会影响烟、菜、果品的风味品质。应防止误食，目前尚无解毒剂。此药单独喷雾容易诱发病菌产生抗药性，可与多种杀虫、杀菌剂混用，应与其他杀菌剂交替使用；避免病菌产生抗性。除土壤处理能单用外，一般都用复配制剂。该药对人的皮肤有刺激性，要注意防护。

开发登记 瑞士先正达作物保护有限公司、浙江一帆生物科技集团有限公司、甘肃华实农业科技有限公司等企业登记生产。

精甲霜灵 metalaxyl-M

其他名称 mefenoxam；R-metalaxyl Ridomil Gold；Apron XL；Folio G0ld；Santhal。

化学名称 N-(2-甲氧基乙酰基)-N-(2,6-二甲苯基)-D-丙氨酸甲酯。

结 构 式

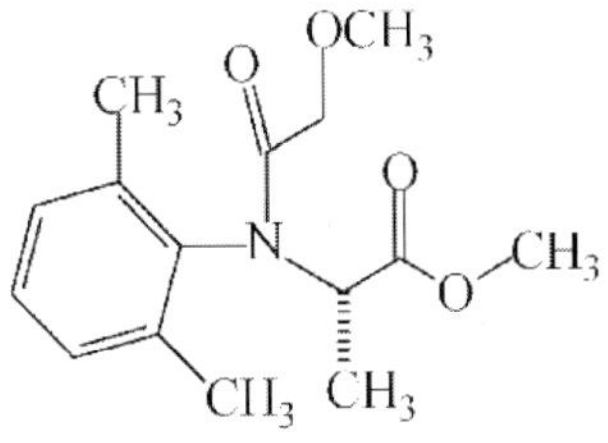

理化性质 纯品为淡黄色或浅棕色黏稠液体，熔点-38.7℃，沸点270℃(分解)。相对密度1.125(20℃)，蒸气压3.3MPa(25℃)。水中溶解度(25℃)26g/L。

毒　　性 大鼠急性经口LD_{50}为667mg/kg，大鼠急性经皮LD_{50} > 2 000mg/kg，大鼠急性吸入LC_{50}(4h) > 2.29g/L。对兔皮肤无刺激，对兔眼睛有强烈的刺激，无“三致”。山齿鹑急性经口LD_{50}为981 ~ 1 419mg/kg，虹鳟鱼(96h)LC_{50} > 100mg/L，水蚤LC_{50}(48h) > 100mg/L，蜜蜂LD_{50} > 25μg/只(接触)。

剂　　型 35%种子处理乳剂。

作用特点 核糖体RNA I的合成抑制剂，具有保护、治疗作用的内吸性杀菌剂，可被植物的根、茎、叶吸收，并随植物体内水分运转而转移到植物的各器官。精甲霜灵是第一个上市的具有立体旋光活性的杀菌剂，是甲霜灵杀菌剂两个异构体中的一个。可用于种子处理、土壤处理及茎叶处理。在获得同等防效的情况下只需甲霜灵用量的一半，增加了对环境和使用者的安全性。同时，精甲霜灵还具有更快的土壤降解速度。

应用技术 资料报道，可以防治霜霉菌、疫霉菌、腐霉菌所引起的病害，如稻苗软腐病、烟草黑胫病、啤酒花霜霉病、黄瓜霜霉病、白菜霜霉病、马铃薯晚疫病、葡萄霜霉病等。防治水稻烂秧病，用35%种子处理乳剂5 ~ 8ml拌种100kg；防治花生根腐病，用35%种子处理乳剂15 ~ 30ml拌种100kg；防治棉花猝倒病，用35%种子处理乳剂15 ~ 30ml拌种100kg。

开发登记 瑞士先正达作物保护有限公司、浙江一帆化工有限公司等企业登记生产。

苯霜灵 benalaxyl

其他名称 TF-367s；M-9834；Galben；Tairel。

化学名称 N-苯乙酰基-N-(2,6-二甲苯基)-DL-α-氨基丙酸甲酯。

结 构 式

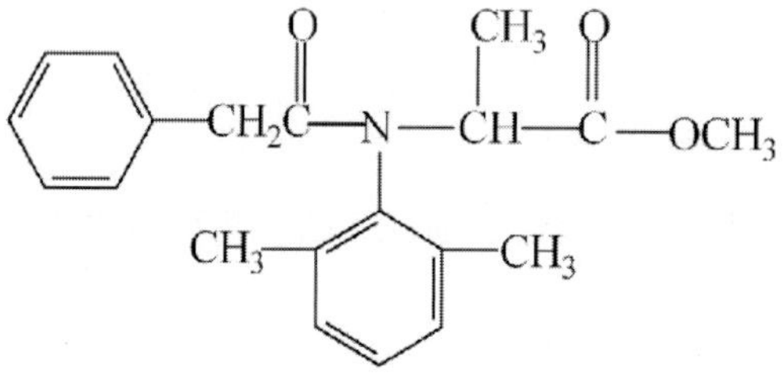

理化性质 纯品为无色晶体，熔点78 ~ 80℃，20℃蒸气压0.67MPa，相对密度1.27。25℃溶解度：水37mg/L，丙酮、氯仿、二氯甲烷、二甲基甲酰胺 > 500g/kg，环己酮 > 400g/kg，已烷 < 50g/kg，二甲苯 > 300g/kg，250℃以下(氮气保护)稳定，其水溶液对日光稳定；在25℃、pH值4 ~ 9缓冲溶液中稳定，在浓碱介质中水解。

毒　　性 大鼠急性经口LD_{50}为4 200mg/kg，小鼠急性经口LD_{50}为680mg/kg，鹌鹑急性经口LD_{50} > 5g/kg，大鼠急性经皮LD_{50} > 5g/kg，对皮肤无刺激作用，无过敏性，大鼠急性吸入LC_{50} > 10mg/L空气，饲喂试验的无作用剂量：大鼠(2年)100mg/kg饲料，小鼠(1.5年)500mg/kg饲料，犬(1年)200mg/kg饲料。对人的ADI为0.05mg/kg体重，无致癌、诱变、致畸作用。急性经口LD_{50}：野鸭 > 4.5g/kg，鹌鹑 > 5g/kg，鸡4.6g/kg。鹌鹑和野鸭LC_{50}(5d) > 5g/kg饲料。虹鳟鱼LC_{50}(96h)3.75mg/L，蜜蜂无毒，LD_{50} > 100μg/只，蚯蚓LC_{50}(48h)为0.003 5mg/cm^2。水蚤LC_{50}(48h)为0.59mg/L。

剂　　型 20%乳油、5%水分散粒剂。

作用特点 高效内吸性杀菌剂，具有较好的治疗作用。可被植物根、茎、叶迅速吸收，并在植物体内运转到各个部位，因而耐雨水冲刷。对霜霉病菌、疫霉病菌、腐霉病菌所致的烟草、油料、棉花、粮食、蔬菜、果树等作物病害有效。

应用技术 据资料报道，用马铃薯、葡萄霜霉病，草莓、观赏植物和番茄上的疫霉菌，烟草、大豆和洋葱上的霜霉菌，黄瓜和观赏植物上的霜霉病菌，莴苣上的莴苣盘梗霉菌，以及观赏植物上的丝囊霉菌和腐霉菌等引起的病害。

资料报道，防治黄瓜霜霉病，发病初期用20%乳油300～400倍液喷雾，间隔7d喷1次，连喷 3次；防治番茄晚疫病，发病初期用20%乳油100～125ml对水40～50kg喷雾。

注意事项 宜在发病初期施用，最好与代森锰锌或百菌清等保护剂混用。长期施用易引起病菌产生抗药性，宜与其他杀菌机理的杀菌剂混用、轮用。

开发登记 浙江一帆化工有限公司等企业曾登记生产。

恶霜灵 oxadixyl

其他名称 恶唑烷酮、Metoxazon、Metidaxyl、恶酰胺、Sandofan、Recoil、Ripost、Wakil。

化学名称 N-(2-氧代-1,3-恶唑烷-3-基)-2-甲氧基乙酰基-2,6-二甲基替苯胺。

结 构 式

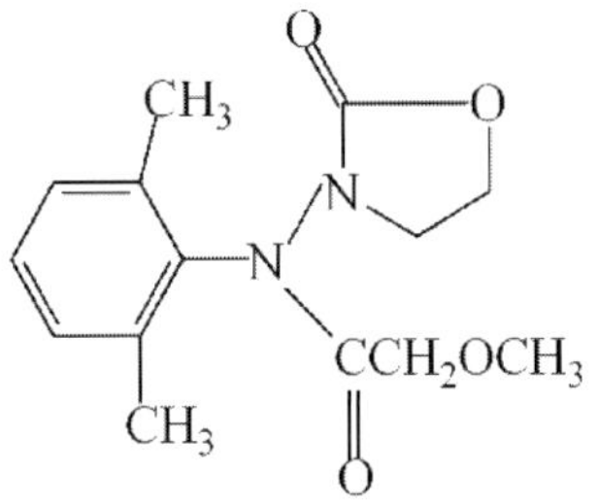

理化性质 无色晶体，熔点104～105℃，20℃蒸气压3.3μPa。25℃水中溶解度为3.4mg/L，丙酮344g/L，二甲基亚砜390g/L，乙醇50g/kg，甲醇112g/L。52～56℃储存，稳定28d，68～72℃≥15d；0.5g/L甲醇溶液对日光十分稳定；水溶液在pH5～9≤70℃情况下稳定；土壤吸附系数(Freundlich)K为1.2和20mg/L(有机质含量1.2%～32.5%)。

毒　　性 雄大鼠急性经口LD_{50}为3 480mg/kg，雌大鼠为1 860mg/kg；雄小鼠急性经口LD_{50}为1 860mg/kg，雌小鼠为2 150mg/kg，雌大鼠急性经皮LD_{50}＞2g/kg，大鼠急性吸入LC_{50}(6h)＞5.6mg/L。对兔皮肤和眼睛无刺激作用，对豚鼠皮肤无过敏性。饲喂试验无作用剂量：犬(1年)500mg/kg饲料，大鼠(90d和终身)250mg/kg饲料，兔[至200mg/（kg体重·d)]和大鼠[至1 000mg/（kg体重·d)]无致畸作用，大鼠[至1 000（mg/kg饲料)]对繁殖无影响，Ames试验无诱变作用。野鸭急性经口LD_{50}＞2 510mg/kg，野鸭和日本鹌鹑LC_{50}(8d)＞5 620mg/kg饲料；鱼毒LC_{50}(96h)：鲤鱼＞300mg/L，虹鳟鱼＞320mg/L，蓝鳃翻车鱼360mg/L。蜜蜂LD_{50}(接触)＞100μg/只，LD_{50}(口服)＞200μg/只，蚯蚓LD_{50}(14d)＞1 000mg/kg干土，水蚤LC_{50}(48h)530mg/L。

剂　　型 50%可湿性粉剂。

作用特点 恶霜灵属于苯基酰胺类杀菌剂。具有保护、治疗和铲除活性，持效期长，一般有效期达13～15d。具有接触杀菌和内吸传导性杀菌作用，恶霜灵被植物吸收后能很快转移到未施药部位，其向顶传导能力最强，因此根区施药后向顶性明显。施在叶背后向叶正面传导性略差，施于叶正面后向背面传导力更差。其作用机制为抑制RNA聚合酶从而抑制了RNA的生物合成，与其他苯基酰胺类杀菌剂有正交互抗药性，易产生抗药性。其活性仅限于卵菌病害，如霜霉科、白锈科、腐霉科、水霉科，对子囊菌、担子菌和半知菌无活性。

应用技术 据资料报道，对霜霉目病原菌有特效，如葡萄霜霉病，发病初期，以250mg/L喷雾，持效期9～10d，对病害治疗作用为3d以上；以500mg/L防治葡萄霜霉病，持效期16d以上，8mg/L为2d，30～120mg/L为7～11d。与代森锰锌混用效果比灭菌丹、铜制剂混用效果好。

资料报道，防治葡萄霜霉病，发病初期，用50%可湿性粉剂2 000倍液喷雾，持效期9～10d。

注意事项 应注意掌握在发病初期用药才能达到较好的防治效果，间隔10～12d再喷药，以彻底防治病害。施药应选择早晚风小、气温较低时施药，避免正午高温时施药。本品应保存在干燥、阴凉处，避免阳光长时间直射。

开发登记 瑞士先正达作物保护有限公司、江苏常隆化工有限公司等企业登记生产。

精苯霜灵 Benalaxyl-M

化学名称 N-(2,6-二甲基苯基)-N-(苯乙酰基)-D-丙氨酸甲酯。

结构式

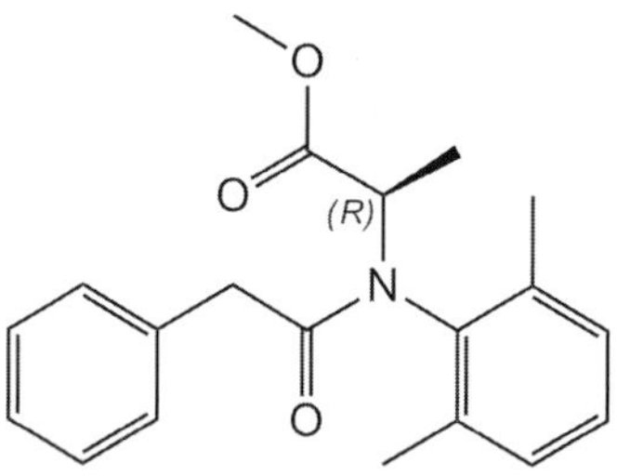

理化性质 外观：白色、无嗅味微晶体；熔点76.0±0.5℃。相对密度1.173 (20±1℃)；溶解度：水33.00mg/l (pH7, 20 ℃)，丙酮、甲醇、乙酸乙酯、1,2-二氯乙烷和二甲苯中>45%。水溶液在自然光下稳定。

毒　　性 大鼠急性经口LD_{50}>2 000mg/kg，急性经皮LD_{50}>2 000mg/kg；大鼠急性吸入毒性LC_{50}>4.42mg/L，对大鼠的皮肤和眼睛无刺激性，对豚鼠皮肤没有致敏性。无致畸性、致癌性和致突变性。对鸟类、藻类、蜜蜂、蚯蚓等环境生物低毒。

作用特点 主要通过影响内源RNA聚合酶的活性来干扰rRNA的生物合成，此外研究表明精苯霜灵还对病原菌的膜功能具有次要的作用。因此，能够抑制病原菌游动孢子的萌发，诱导菌丝体中氨基酸的渗漏。药剂能够被植物根、茎、叶Chemicalbook迅速的吸收，并在植物体内传导到各个部位，包括生长点。精苯霜灵兼具保护、治疗及铲除作用，保护作用主要通过抑制病原菌孢子的萌发和菌丝体的生长，治疗作用主要是抑制菌丝体的生长，铲除作用主要通过抑制孢子的形成。

剂　　型 95%原药。

应用技术 与代森锰锌制成混配制剂，防治马铃薯晚疫病。用69%代森锰锌·精苯霜灵水分散粒剂120～160g/亩，在马铃薯晚疫病发病前或发病初期施药。在病害发生严重时，建议使用登记高剂量。安全间隔期为14d，每次作物最多施药2次。

开发登记 意大利意赛格公司登记。

十一、苯并咪唑类和硫脲类杀菌剂

(一)苯并咪唑类和硫脲类杀菌剂作用机制

一个崭新的杀菌剂应用时代，是始于20世纪60年代末期苯并咪唑类及其在生物体内转化，为苯并咪唑类杀菌剂起作用的硫酰脲类杀菌剂的开发应用。这些杀菌剂在很低的剂量下就能够防治广谱的真菌病害，特别是能够被植物吸收和输导，对已经侵入的病菌也能发挥抗菌活性。因此，这类杀菌剂问世不久就在世界范围内得到迅速推广应用。然而，也因为这类杀菌剂作用位点的专化性，广泛使用不久后就在生产上出现了耐药性问题。

自1968年发现苯菌灵具有防治植物真菌病害的优良特性以后，其他苯并咪唑类杀菌剂也被开发应用到植物病害的防治。如1969年开发的多菌灵(carbendazim)和1971年开发的甲基硫菌灵(thiophanate-methyl)，以及先前发现的噻菌灵(thiabendazole)和麦穗宁(furidazole)。

苯并咪唑类杀菌剂对大多数子囊菌、半知菌、担子菌引起的植物病害有特效。但对细菌、卵菌等无效。然而，对十字花科蔬菜根肿病(*Plasmodiophora brassica*)似乎有一定防治效果。

关于苯并咪唑类杀菌剂的作用方式，Davidse等进行过大量的详细研究。结果证明这类杀菌剂对真菌的形态毒理学与秋水仙素的作用十分相似，可抑制细胞分裂，导致真菌细胞内染色体加倍。进一步的研究表明苯并咪唑类杀菌剂抑制细胞分裂的原因是束缚了β-微管蛋白亚基，从而抑制微管装配或使已经装配的微管解聚，阻止纺锤体形成，细胞分裂受阻。真菌对这类杀菌剂的敏感性完全与其β-微管蛋白和药剂分子的亲和性相关。微管(microtubule)是广泛存在于植物(包括病菌)细胞中的纤维状结构，直径20~25nm，主要含有一种蛋白质，叫作微管蛋白(tububin)。它的功能是保护细胞形状、细胞运动和细胞内物质运输，并和微丝、居间纤维共同形成了立体网络，称为“微梁系统”。细胞器和膜系统都由这个网络来支架。可以说，微管是细胞的骨骼。微管除了参与合成细胞壁和在鞭毛、纤毛运动中起作用外，最主要的是在细胞分裂中起作用微管构成了减数分裂和有丝分裂纺锤体的纤维。微管是由微管蛋白的亚单位靠疏水键的结合聚合成多聚体，最后再形成完整的微管。在植物体内，苯菌灵和硫菌灵都转换成多菌灵起作用。近年的研究表明，这类杀菌剂的主要作用机制是由于多菌灵和微管蛋白的β亚单位相结合，阻止了微管的组装，从而破坏了纺锤体的形成，影响了细胞分裂。

苯并咪唑类杀菌剂在生产上广泛使用后不久就因耐药性问题而导致防治失败。至今报道对苯并咪唑类杀菌剂产生耐药性的植物病原真菌至少有56个属的数百种真菌。但是耐药性产生的速率与药剂的选择压及植物病害类型密切相关。一般来说，药剂使用频率越高，病原菌存在多次再侵染，耐药性发生的速率就越快。如蔬菜灰霉病菌可以在用药2~3个生长季节后就出现耐药性，而小麦赤霉病菌则是在用药20多年以后才出现耐药性的，许多研究表明大多数真菌对这类杀菌剂的耐药性水平极高，而且具有很高的适合度。不同药剂品种间存在交互耐药性。

(二)苯并咪唑类和硫脲类杀菌剂主要品种

苯菌灵 benomyl

其他名称 苯来特；D1991；Du pont 1991；Fungicide 1991；苯乃特；Benlate；Fitomyl PB；Tersan 1991；

Agrocit；Arbortriue。

化学名称 N-(1-正丁氨基甲酰基-2-苯并咪唑基)氨基甲酸甲酯。

结构式

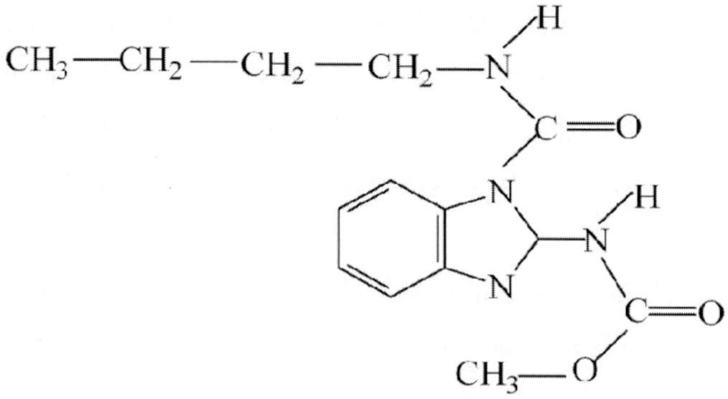

$CH_3—CH_2—CH_2—CH_2—N(H)—C(=O)—N$（苯并咪唑环）$—N(H)—C(=O)—O—CH_3$

理化性质 纯品为白色结晶，熔点140℃(分解)。溶解度(25℃)：水4mg/kg(pH值3～10)，极易溶(pH值1)，在pH值13下分解，丙酮18g/kg，氯仿94g/kg，二甲基酰胺53g/kg，乙醇4g/kg，庚烷400g/kg，二甲苯10g/kg。对光稳定。遇水及在潮湿土壤中分解。

毒　　性 大鼠急性口服LD_{50}为＞5g/kg，经皮LD_{50}＞10g/kg；小鼠急性口服LD_{50}＞5g/kg；家兔急性经皮LD_{50}为5g/kg，对眼睛无刺激作用。对大鼠急性吸入LC_{50}(4h)＞2mg/L空气，对蜜蜂LD_{50}(接触)＞50μg/只，蚕LC_{50}(14d)10.5mg/kg，水蚤LC_{50}(48h)为640mg/L。

剂　　型 50%可湿性粉剂。

作用特点 是高效、广谱、内吸性杀菌剂，在植株体内代谢为两种活性特别的杀菌物质，其对病原菌具有较强的抑制呼吸作用；具有保护、铲除和治疗等作用，可用于喷洒，拌种和土壤处理。对子囊菌和半知菌中许多病原菌有良好抑制活性，对锈菌、鞭毛菌和接合菌无效，用于防治蔬菜、果树和各种经济作物叶部病害及麦类赤霉病、大豆菌核病等。

应用技术 防治梨黑星病、柑橘疮痂病、芦笋茎枯病、香蕉叶斑病、水稻纹枯病、水稻稻瘟病、小麦赤霉病，苹果、梨、葡萄白粉病，苹果、梨黑星病等均有疗效。

防治芦笋茎枯病，发病初期用50%可湿性粉剂1 500～1 800倍液喷雾。

防治梨黑星病，发病前至发病初期用50%可湿性粉剂750～1 000倍液喷雾，小树喷药液150～400kg/亩，大树喷药液500kg/亩；防治香蕉叶斑病，发病初期用50%可湿性粉剂600～800倍液喷雾。

防治柑橘疮痂病，用药应在发病以前，用500～600倍液喷雾，发病初用药效果不佳，这一点与其他病害不同，使用时应特别注意。

另外，据资料报道还可用于防治大豆菌核病，发病前至或发病初期用50%可湿性粉剂1 000～1 500倍液喷雾；防治花生褐斑病，发病前至发病初期用50%可湿性粉剂1 000～2 000倍液喷雾；防治瓜类灰霉病、炭疽病、番茄叶霉病、茄子灰霉病、葱类灰霉病、芹菜叶斑病，发病前至发病初期用50%可湿性粉剂1 000～2 000倍液喷雾；防治黄瓜黑星病，用50%可湿性粉剂500倍液浸种20min；防治西瓜枯萎病，用50%可湿性粉剂1 000～1 500倍液，处理土壤，从移栽开始，间隔7d灌根1次，连续灌根4次，对西瓜枯萎病有良好的防效和增产作用；防治苹果轮纹病，发病初期用50%可湿性粉剂800倍液喷雾。

注意事项 在梨、苹果、柑橘、甜菜上安全间隔期为7d，葡萄上为21d，收获前在此期限内不得使用苯菌灵。苯菌灵在黄瓜、南瓜、甜瓜上的最大允许残留量为0.5mg/L(加拿大)。该药不能同波尔多液和石硫合剂等碱性农药混用。连续使用该药剂时可能产生抗药性，为防止此现象的发生，最好和其他药剂交替使用。

开发登记 江苏安邦电化有限公司、江苏蓝丰生物化工股份有限公司等企业登记生产。

丙硫多菌灵 albendazole

其他名称 施宝灵；丙硫咪唑；阿草达唑。

化学名称 N-(5-丙硫基-1H-苯并咪唑-2-基)氨基甲酸甲酯。

结 构 式

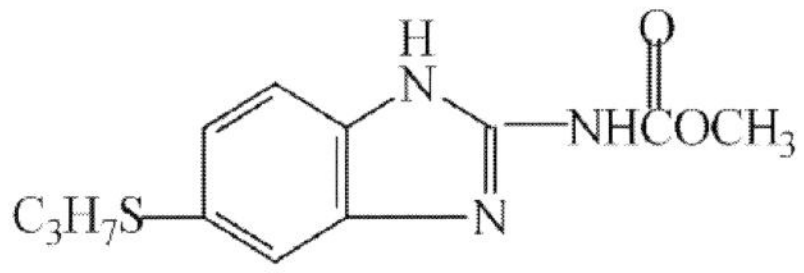

H N O NHCOCH$_3$ C_3H_7S N

理化性质 白色粉末，无臭无味，微溶于乙醇、氯仿、热稀盐酸和稀硫酸，溶于冰醋酸，在水中不溶，熔点206～212℃，熔融时分解。

毒　　性 急性口服LD_{50}：大鼠为4 287mg/kg，小鼠为17 531mg/kg。急性经皮LD_{50}大鼠为608mg/kg。

剂　　型 10%悬浮剂、20%悬浮剂、20%可湿性粉剂、10%水分散粒剂。

作用特点 是一种高效，低毒的广谱内吸性杀菌剂，具有保护和治疗作用，对病原菌孢子萌发有较强的抑制作用。其主要作用机制与苯并咪唑类杀菌剂相似。杀菌谱较广，尤其是对多种担子菌和半知菌引起的作物病害有效。

应用技术 据资料报道，防治水稻稻瘟病，发病初期用20%悬浮剂75～100ml/亩对水40～50kg喷雾；防治烟草炭疽病，发病初期用20%悬浮剂25ml对水40～50kg喷雾，间隔7～10d后再喷1次。防治西瓜炭疽病，发病前至发病初期用10%水分散粒剂150g/亩对水40～50kg喷雾；防治辣椒疫病，发病前至发病初期用20%可湿性粉剂40～60g/亩对水40～50kg喷雾；防治大白菜霜霉病，发病初期用20%悬浮剂75～100ml/亩对水40～50kg喷雾。

另外，据资料报道防治叶菜类和黄瓜灰霉病等，用20%可湿性粉剂10～25g/亩对水40～50kg喷雾，若病情严重可间隔7d再喷2～3次；防治某些果树茎腐病、根腐病，用20%悬浮剂1 000～2 000倍液灌根。

注意事项 丙硫多菌灵可与一般杀菌剂混用，也能与大多数杀虫剂、杀螨剂混用，但不能与铜制剂混用。根据动物试验，禁止孕妇喷施本剂，虽属低毒杀菌剂，但仍需按农药安全操作规则进行作业。产品应存放于阴暗处。作物发病较重时，可适当加大剂量和次数，喷药后24h内如下雨，应尽快补喷。

开发登记 贵州道元科技有限公司等企业曾登记生产。

多菌灵 carbendazim

其他名称 棉萎灵；棉萎丹；保卫田；carbendazime(ISO-F)；carbendazol(JMAF，MAF)；苯并咪唑44号；Derosal；Carben；Bavistin；Oavistin；Sanmate；Badistan；Fungistemic；Kemdazin。

化学名称 N-苯并咪唑-2-基氨基甲酸甲酯。

结构式

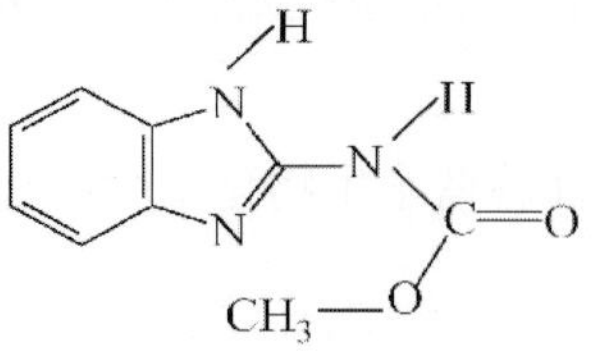

$$\text{(carbendazim: 1H-benzimidazol-2-yl)-NH-C(=O)-O-CH}_3$$

理化性质 纯品为白色结晶，熔点307～312℃(分解)，密度约为1.45。在24℃，水中溶解度pH值4时为29mg/L，pH值7时为8mg/L，pH值8时为7mg/L。在有机溶剂中溶解度(mg/L)：乙醇300，苯36，丙酮300，氯仿100，二氯甲烷68，可溶于稀无机酸和有机酸，形成相应的盐，在碱性溶液中缓慢分解。

毒　　性 属低毒杀菌剂。原粉大鼠急性口服LD_{50}＞15g/kg，大鼠急性经皮LD_{50}＞15g/kg，大鼠急性腹腔注射LD_{50}＞15g/kg，大鼠急性腹腔注射LD_{50}＞15g/kg。

剂　　型 40%悬浮剂、50%悬浮剂、25%可湿性粉剂、40%可湿性粉剂、50%可湿性粉剂、80%可湿性粉剂。

作用特点 是一种高效低毒内吸性杀菌剂，由于它有明显的向顶输导性能，除叶部喷雾外，也多作拌种和浇土使用。具有保护和治疗作用，防病谱广，对葡萄孢菌、镰刀菌、小尾孢菌、青霉菌、壳针孢菌、核盘菌、黑星菌、轮枝孢菌、丝核菌效果较好，但对藻状菌和细菌无效；对子囊菌的作用也有明显的选择，即对孔出孢子属和环痕孢子属不敏感。其主要作用机制是干扰菌的有丝分裂中纺锤体的形成，从而影响菌的细胞分裂过程。

应用技术 对花生基腐病，甜菜褐斑病，苹果褐斑病，梨黑星病，桃疮痂病，葡萄白腐病、炭疽病等均有效。此外，还可用于纺织品、纸张、皮革、橡胶等工业品的防霉。多菌灵霜剂对手足癣和指趾甲癣有显著疗效。

防治小麦赤霉病，在小麦扬花期，用40%悬浮剂100～120ml/亩对水40～50kg喷雾，间隔7～10d再施药1次；防治水稻稻瘟病，用50%悬浮剂75～100ml/亩对水40～50kg喷雾，防治叶瘟，在田间发现发病中心或出现急性病斑时喷第1次药，隔7d后再喷1次，防治穗瘟，在水稻破口期和齐穗期各喷1次药；防治水稻纹枯病，水稻分蘖末期和孕穗前各喷药1次，用50%悬浮剂75～100ml/亩对水40～50kg喷雾，喷药时重点喷水稻茎部；防治水稻恶苗病用本品200～300倍液浸种，北方一般浸种5～7d，每天搅拌1～2次，浸种后要用清水冲洗，然后直接播种或催芽播种；防治棉花立枯病、炭疽病，用50%可湿性粉剂1kg拌种100kg；防治棉花枯萎病、黄萎病，用40%悬浮剂375ml对水50kg，浸棉花种子20kg，浸14h后捞出，滤去水分后播种，也可以晒干后备用；防治花生叶斑病，发病初期用25%可湿性粉剂125～150g/亩对水50～75kg喷雾；防治花生立枯病、茎腐病、根腐病，用50%可湿性粉剂500～1 000g拌种100kg，也可以先将花生种浸泡24h或将种子用水湿润，再按上述的药量拌种；防治油菜菌核病，在油菜盛花期和终花期各喷药1次，用50%悬浮剂75～125ml/亩对水40～50kg喷雾；防治甘薯黑斑病，用50mg/L浸种薯10min，或用30mg/L浸苗基部3～5min，药液可连续使用7～10次；防治甜菜褐斑病，发病初期用40%悬浮剂250～500倍液对水喷雾。

防治番茄早疫病，发病初期用80%水分散粒剂62～80g/亩对水40～50kg喷雾，隔7～10d喷药1次，连续喷药3～5次；防治辣椒疫病，发病前，用50%悬浮剂60～80ml/亩对水40～50kg灌根或喷雾。

防治梨黑星病，在梨树萌芽期，用40%悬浮剂或50%可湿性粉剂500倍液喷雾，落花后喷第2次；防治苹果轮纹病，在病害初发时，用80%水分散粒剂1 000～1 500倍液喷雾，间隔7～10d喷药1次；防治果树流胶病，开春后，当树液开始流动时，先将病树周围垒一土圈，根据树龄的大小确定每棵树的用药量，一般1～3年生的树，每棵用40%可湿性粉剂100g，树龄较大的每棵用40%可湿性粉剂200g，稀释后灌根，开花坐果后再灌1次，病害可以得到控制。

另外，据资料报道，还可用于防治瓜类枯萎病，大田定植前，用25%可湿性粉剂2～2.5kg加湿润细土30kg制成药土，撒于定植穴内，结果期发现病株，用50%可湿性粉剂500倍液灌根，每株灌250ml；防治地瓜黑斑病，移栽前，用50%可湿性粉剂3 000～4 000倍液浸渍地瓜苗茎基部5min；防治西瓜炭疽病，发病初期用20%悬浮剂100～120ml/亩对水40～50kg喷雾；防治芦笋茎枯病，发病初期用20%悬浮剂150～180ml/亩对水40～50kg喷雾；防治葡萄白腐病、黑痘病、炭疽病，在葡萄展叶后到果实着色前，用50%可湿性粉剂500～800倍液喷雾，间隔10～15d喷1次；防治苹果树炭疽病，发病初期用50%可湿性粉剂600～800倍液喷雾；防治苹果花腐病，发病初期用50%可湿性粉剂200～300倍液灌根；防治桑树褐斑病，发病初期用50%可湿性粉剂800～1 000倍液喷雾；防治蘑菇褐腐病，发病初期用50%可湿性粉剂2～2.5g/m^2对水后营养土喷雾。防治大丽花花腐病、月季褐斑病、君子兰叶斑病、海棠灰斑病、兰花炭疽病、叶斑病及花卉白粉病，发病初期用40%可湿性粉剂500倍液喷雾，间隔7～10d喷1次。

注意事项 多菌灵可与一般杀菌剂混用，但与杀虫剂、杀螨剂混用时要随混随用，不能与铜制剂混用。稀释的药液暂时不用静置后会出现分层现象，需摇匀后用。配药和施药人员要注意防止污染手、脸和皮肤，如有污染应及时清洗，操作时不要抽烟、喝水和吃东西，工作完毕后及时清洗手脸和可能被污染的裸露部位，中毒治疗可服用或注射阿托品，施药后各种工具要注意清洗，包装物要及时回收并妥善处理。药剂应密封储存于阴凉干燥处，运输和储存时应有专门的车皮和仓库，不得与食物及日用品一起运输和储存，使用时应遵守通常的农药使用防护规则，做好个人防护。该药剂为单作用点杀菌剂，病原真菌极易对它产生抗药性，如灰霉菌、恶苗病菌、黑星病菌、芦笋茎枯病菌、尾孢菌和核盘菌等均已在田间产生抗药性。为了延缓病菌产生抗药性，要与其他杀菌剂交替使用，避免连续单一使用。安全间隔期，水稻30d，小麦20d。

开发登记 江苏龙灯化学有限公司、山东华阳农药化工集团有限公司、四川润尔科技有限公司等企业登记生产。

多菌灵磺酸盐 carbendazim sulfonic salf

其他名称 菌核光；溶菌灵。

化学名称 N-苯并咪唑-2-基氨基甲酸甲酯磺酸盐。

结 构 式

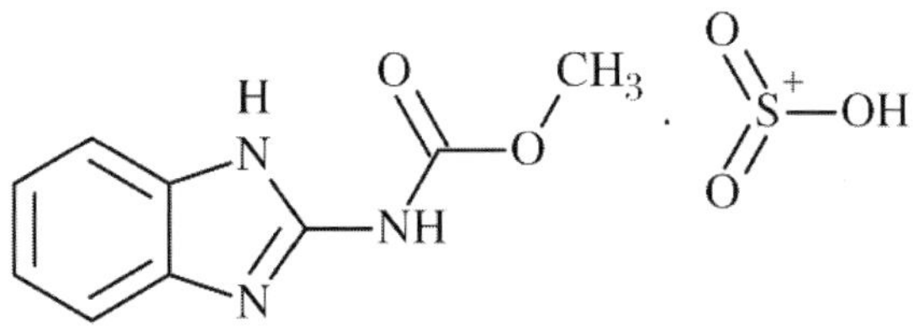

毒　　性 对皮肤和眼睛有刺激，经口中毒出现头昏、恶心、呕吐。

剂　　型 35%悬浮剂、50%可湿性粉剂。

作用特点 是一种新型、高效、广谱内吸性杀菌剂，可以防治多种病害。

应用技术 据资料报道，可有效防治油菜霜霉病、菌核病，黄瓜霜霉病、番茄疫病，苹果轮纹病、荔枝霜霉病等。防治油菜菌核病，发病初期用35%悬浮剂100～140ml/亩对水50～60kg喷雾。防治黄瓜霜霉病，发病初期用35%悬浮剂143～214ml/亩对水50～60kg喷雾。防治苹果树轮纹病，发病初期用35%悬浮剂600～800倍液喷雾；防治荔枝树霜疫霉病，发病初期用35%悬浮剂600～800倍液喷雾。

注意事项 与杀虫剂、杀螨剂混用时，要随混随用，不能与碱性农药混用。如有中毒，对症治疗，不能引吐。

开发登记 江苏省新沂中凯农用化工有限公司曾登记生产。

多菌灵磷酸酯 Lignasan-BLP

其他名称 MBC-P。

化学名称 2-苯并咪唑基氨基甲酸甲酯磷酸酯。

结 构 式

N N —NHCOOCH$_3$ · HO OH P O OH

作用特点 内吸性杀菌剂。

应用技术 据资料报道，防治榆树立枯病、板栗凋萎病，使用方法5g/L能明显地杀死真菌。

开发登记 杜邦公司1984年开发，现已停产。

甲基硫菌灵 thiopHanate-methyl

其他名称 甲基托布津；托布津M；甲基硫扑净；NF44；Topsin-M；Cercobin-M；Domain；Fungo 50；Mildothane；Framidor；Sipca-plant；Thiophan。

化学名称 4,4-(1,2-亚苯基)双(3-硫代脲基甲酸甲酯)。

结 构 式

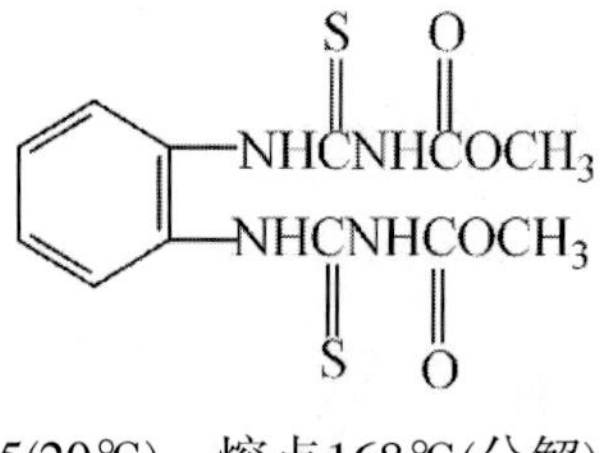

S O —NHCNHCOCH$_3$ —NHCNHCOCH$_3$ S O

理化性质 纯品为无色结晶。密度1.5(20℃)，熔点168℃(分解)，蒸气压9.49μPa(25℃)。溶解度几乎不溶于水，丙酮中58.1g/kg，环己酮中43g/kg，甲醇中29.2g/kg，氯仿中26.2g/kg，乙腈中24.4g/kg，乙酸乙酯中11.9g/kg，微溶于已烷。在空气中和阳光下稳定，室温条件下，酸溶液较稳定，碱溶液不稳定，50℃下制剂至少稳定2年以上。

毒　　性 大鼠急性经口LD_{50}为7 500mg/kg(雄)和6 640mg/kg(雌)。小鼠急性经口LD_{50}为1 510mg/kg(雄)和3 400mg/kg(雌)。大鼠和小鼠急性经皮LD_{50} > 10g/kg。

剂　　型 70%可湿性粉剂、50%可湿性粉剂、70%水分散粒剂、36%悬浮剂、500g/L悬浮剂、3%糊剂。

作用特点 是一种广谱性内吸杀菌剂，能防治多种作物病害，具有内吸、预防和治疗作用。它在植物体内转化为多菌灵干扰病菌有丝分裂过程中纺锤体的形成，影响细胞分裂，从而抑制病菌菌丝正常生长，形成畸形而死亡，其抑菌谱与多菌灵相同。

应用技术 对水稻稻瘟病、水稻纹枯病、麦类赤霉病、小麦白粉病、油菜菌核病、瓜类白粉病、番茄叶霉病、果树和花卉病害防治效果良好。对棉花枯、黄萎病有一定的防治效果，但不稳定。对玉米大、小斑病、高粱炭疽病、高粱散黑穗病，茄子黄萎病、马铃薯环腐病，葡萄白粉病、苹果轮纹病、苹果和核桃炭疽病有一定的防治效果。可用于麦类、水稻、棉花、油菜、甘薯、甜菜、蔬菜、果树、花卉等作物，防治由子囊菌、担子菌、半知菌中多种病原真菌引起的病害。但对卵菌、链格孢菌、长孺孢菌及病原细菌引起的病害无效。可以种子处理、根部浇灌、叶面喷雾。

防治禾谷类黑穗病，用36%悬浮剂1 000～2 000倍液浸种，然后闷种6h；防治麦类赤霉病，始花期，用70%可湿性粉剂71～100g/亩对水40～50kg喷雾，间隔5～7d后喷第2次药；防治稻瘟病和水稻纹枯病，发病初期或幼穗形成期至孕穗期，用70%可湿性粉剂100～150g/亩对水40～50kg喷雾，隔7d后再喷药1次；防治花生叶斑病，发病初期用50%可湿性粉剂100～120ml/亩对水40～50kg喷雾；防治油菜菌核病，在油菜盛花期，用36%悬浮剂1 500倍液喷雾，间隔7～10d再喷药1次；防治棉花苗期病害，用36%悬浮剂170倍液浸种；防治烟草白粉病，发病初期用36%悬浮剂800～1 000倍液喷雾；防治甘薯黑斑病，用50%可湿性粉剂1 100～1 400倍液浸种薯10min，或用50%可湿性粉剂2 500倍液药液浸薯苗基部10min；防治甜菜褐斑病，发病初期用36%悬浮剂1 300倍液喷雾，间隔10～14d再喷1次。

防治瓜类白粉病、炭疽病，发病前至发病初期用50%可湿性粉剂50～80g/亩对水30～50kg喷雾，间隔7～10d喷1次；防治西瓜炭疽病，发病初期用70%可湿性粉剂50 > 80g/亩喷雾；防治番茄叶霉病，发病初期用70%可湿性粉剂72g/亩对水30～50kg喷雾；防治马铃薯环腐病，用36%悬浮剂800倍液浸种薯；防治芦笋茎枯病，发病初期用70%可湿性粉剂500倍液进行土壤消毒。

防治苹果和梨的黑星病、白粉病、炭疽病、苹果轮纹病、桃褐腐病、葡萄白粉病、黑痘病、褐斑病、炭疽病和灰霉病，发病初期用70%可湿性粉剂1 000～1 500倍液喷雾，间隔10d喷1次，连续喷7～10次；防治柑橘疮痂病，发病初期用70%可湿性粉剂1 000～2 000倍液喷雾。

防治毛竹枯梢病，发病初期用36%悬浮剂1 500倍液喷雾。

另外，据资料报道还可用于防治玉米大斑病，发病初期用50%可湿性粉剂600倍液喷雾；防治大丽花花腐病、月季褐斑病、海棠灰斑病、君子兰叶斑病、各种炭疽病、白粉病及茎腐病等，发病初期用50%可湿性粉剂85～125g/亩对水40～50kg喷雾，隔10d喷1次，共喷3～5次；防治大叶黄杨褐斑病，发病初期用50%可湿性粉剂500～800倍液喷雾；防治桑树白粉病，发病初期用36%悬浮剂800～1 000倍液喷雾。

注意事项 病原菌对本药剂容易产生抗药性，在使用时应避免频繁连用，可采用与其他药剂轮换使用或采用复配药剂，以延缓抗药性产生，但不能用多菌灵、苯菌灵、噻菌灵作替代药剂，不能与含铜制剂混用。甲基硫菌灵对人体每日允许摄入量(ADI)为0.08mg/kg。甲基硫菌灵虽是低毒杀菌剂，但使用时应遵守一般农药的安全注意事项。在使用过程中，若药液溅入眼中，应立即用清水或2%苏打水冲洗，疼痛时，向眼睛结膜滴2滴2%普鲁卡因液(novocaine)，若误食而引起急性中毒时，应立即催吐。催吐剂可用生鸡蛋5～10个打在碗内，搅匀，加明矾末10g左右，灌胃催吐；也可用手指或鸡毛、毛笔等刺激喉咙催吐，如患者伴有血压下降症状时，须采取适当措施对症治疗，此药剂无特效解毒剂。药剂应储存在远离食物、饲料和儿童接触不到的地方。收获前2周禁止用药。

开发登记 日本曹达株式会社、山东华阳科技股份有限公司、上海农乐生物制品股份有限公司、日本曹达株式会社等企业登记生产。

硫菌灵 thiophanate

其他名称 NF35；3336～F；乙基托布津；统扑净；Topsin；Cercobin；Fnovit；Spectro；托布津。

化学名称 4,4-(1,2-亚苯基)双(3-硫代脲基甲酸乙酯)。

结构式

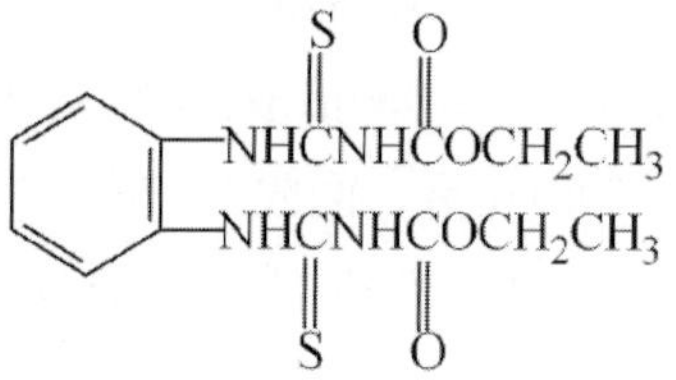

S O

$-NHC(=S)NHC(=O)OCH_2CH_3$

$-NHC(=S)NHC(=O)OCH_2CH_3$

S O

理化性质 无色片状结晶，熔点195℃(分解)。难溶于水，可溶于二甲基甲酰胺，乙腈和环乙酮等有机溶剂；在乙醇、丙酮等溶剂中能重结晶，化学性质稳定。

毒　　性 小鼠急性经口LD_{50}＞15g/kg，对鱼、贝类的毒性很低，对鲤鱼的TLm＞20mg/L。

剂　　型 50%可湿性粉剂、70%可湿性粉剂。

作用特点 高效低毒的广谱性内吸杀菌剂，并有保护和治疗作用，残效期长，还有促进植物生长的作用。喷到植物上后很快转化成乙基多菌灵，使病菌孢子萌发长出的芽管扭曲异常，芽管细胞壁扭曲，附着胞形成受影响。

应用技术 据资料报道主要用于水稻稻瘟病、水稻纹枯病、水稻小粒菌核病；麦类赤霉病、白粉病、小麦腥黑穗病、莜麦坚黑穗病；玉米和高粱的丝黑穗病、谷子粒黑穗病、糜子黑穗病；甘薯黑斑病；油菜菌核病、豌豆白粉病、甜菜褐斑病、棉苗病害、烟草白粉病；黄瓜白粉病、番茄叶霉病、马铃薯环腐病；柑橘青霉和绿霉病、柑橘疮痂病、葡萄白腐病、梨白粉病、梨黑星病和桃炭疽病等病害的防治。

据资料报道，防治麦类赤霉病和白粉病，从始花期开始，用50%可湿性粉剂50～60g/亩对水50～75kg喷雾，间隔5～7d喷药1次，共2～3次；防治小麦腥黑穗病、莜麦坚黑穗病，用种子重量0.1%～0.3%的50%可湿性粉剂拌种；防治穗瘟，抽穗期，用50%可湿性粉剂1 000～1 500倍液喷雾；防治水稻纹枯病，在水稻分蘖盛期至拔节圆秆期，用50%可湿性粉剂50～100g/亩对水50～75kg喷雾，共喷2～3次；防治水稻小粒菌核病，在圆秆拔节至抽穗期，用50%可湿性粉剂500～1 000倍液喷雾，间隔10d喷1次，共2～3次；防治玉米和高粱丝黑穗病，用50%可湿性粉剂250～350g拌种50kg；防治谷子和糜子黑穗病，用50%可湿性粉剂500～800倍液浸种4h；防治油菜菌核病，发病前至发病初期用50%可湿性粉剂1 000～1 500倍液喷雾；防治棉花苗期病害，用种子重量1%的50%可湿性粉剂拌种；防治甘薯黑斑病，用50%可湿性粉剂500～1 000倍液浸薯种10min；防治甜菜褐斑病，发病前至发病初期用50%可湿性粉剂1 000倍液喷雾；防治烟草白粉病，发病前至发病初期用50%可湿性粉剂500～1 000倍液喷雾。

据资料报道，防治瓜类灰霉病、白粉病、炭疽病、褐斑病等，发病初期用50%可湿性粉剂50～60g/亩对水50～60kg喷雾，间隔7～10d1次；防治番茄叶霉病，发病初期用50%可湿性粉剂500倍液喷雾，间隔7～10d1次，共喷3次；防治辣椒炭疽病、茄子绵疫病、菜豆灰霉病等，发病初期用50%可湿性粉剂1 000倍液喷雾，间隔7～10d喷1次；防治马铃薯环腐病，用50%可湿性粉剂500倍液浸种薯2h。

据资料报道，防治葡萄白腐病、梨白粉病、梨黑星病、桃炭疽病、柑橘疮痂病，发病初期用50%可湿性粉剂500～800倍液喷雾。

据资料报道，防治桑树白粉病、污叶病，发病初期用50%可湿性粉剂500～1 000倍液喷雾。

注意事项 可与多种农药(如石硫合剂等碱性农药)混合使用，但不能与含铜的制剂混用。不能长期单一使用，应与其他保护性杀菌剂轮换使用或混用，应密封保存于阴凉干燥处，施药人员用药后应将皮肤暴露的部分冲洗干净。

噻菌灵 thiabendazole

其他名称 特克多(TectO)；涕必灵(Tobaz)；硫苯唑；噻苯灵(Thibenzole)；保唑霉；霉得克；Brogdex 594~F；597~F；598~F；RPH；Freshgard；Gustafson LSP；Bioguard；Mertect；TBZ；Arbatects；Bovizole；Eprofil Eguizole；Mycozol；Mintezol；RPH Frmigant。

化学名称 2-(4-噻唑基)-苯并咪唑。

结 构 式

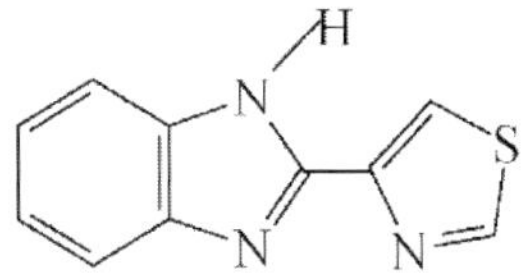

理化性质 白色无味粉末，熔点304～305℃。在室温下，在丙酮中溶解度为2.8mg/ml，苯中为0.25mg/ml，氯仿中为0.08mg/ml，甲苯中为9.3mg/ml，二甲基亚砜中为80.0mg/ml。在高温、低温水中及酸碱液中均稳定。

毒　性 原药大鼠雄和雌急性经口LD_{50}分别为6 100mg/kg和6 400mg/kg，幼鼠急性经口LD_{50}为3 300mg/kg。对兔眼睛有轻度刺激，对皮肤无刺激作用。

剂　型 15%悬浮剂、42%悬浮剂、45%悬浮剂、50%悬浮剂、40%可湿性粉剂、60%可湿性粉剂、90%可湿性粉剂。

作用特点 是一种高效低毒的内吸性杀菌剂，在植物体内和土壤中消失快，既具有治疗效果又具有保护作用。喷雾可防治多种作物的真菌性叶部病害，如甜菜、花生的孺孢叶斑病，甘蔗叶斑病等。噻菌灵更多地用于果蔬储藏防腐，如苹果、梨、香蕉、柑橘、柠檬等水果储藏病害和马铃薯储藏期腐烂病的防治。对于毛霉属、霜霉属、疫霉属、腐霉属以及根霉属的病菌无效。噻菌灵作用机制是药剂与真菌细胞的β-微管蛋白结合，而影响纺锤体的形成，继而影响细胞分裂，抑制真菌线粒体的呼吸作用和细胞增殖，与苯菌灵等苯并咪唑类药剂有正交互抗药性，与多菌灵具有相同的杀菌谱，对子囊菌、担子菌、半知菌中的主要病原菌具有较好活性；而对卵菌、接合菌和植株病原细菌无活性。

应用技术 能有效地控制由子囊菌、担子菌和半知菌引起的植物病害，对植物具有保护和治疗作用，用它处理收获后水果和蔬菜，可有效地防治储存期病害，延长保鲜期。也可防治食用菌的病害。此外，噻菌灵亦可用作涂料、合成树脂和纸制品的防霉剂，柑橘、香蕉的食品添加剂，动物用的驱虫药。

防治苹果树轮纹病，发病初期用40%可湿性粉剂1 000～1 500倍液喷雾；柑橘储藏防腐，柑橘采收后，用50%悬浮剂400～1 000倍液浸果3～5min，晾干装筐，低温保存，可以控制青霉病、绿霉病、蒂腐病、花腐病的为害；香蕉储运防腐，香蕉采收后，用50%悬浮剂500～800倍液浸果，1～3min后捞出晾干装箱，可以控制储运期间烂果。

防治蘑菇褐腐病，施药时期以培养基发酵前、散料时和覆土时各施药1次为宜，用50%悬浮剂40～60g/100kg料进行培养基处理，80～120g/m^3进行覆土处理和10～15g/m^2进行料面处理为宜。在施药方法上，先将生产工具和器具用喷雾法进行处理，同时将培养基原料进行喷雾处理，拌匀后再发酵，对散料的料面进行喷雾处理，然后对覆盖土进行拌土处理。

另外，据资料报道还可用于防治甜菜、花生叶斑病，发病前至发病初期用50%悬浮剂25～50m/亩对水40～50kg喷雾；防治芹菜斑枯病、菌核病，发病前至发病初期用50%悬浮剂40～80g/亩对水40～50kg喷雾；防治韭菜灰霉病，发病初期用42%悬浮剂1 000倍液喷雾，每隔10d喷药1次，共施药3次；防治甘蓝灰霉病，收获后，用50%悬浮剂750倍液浸蘸；防治马铃薯储藏期环腐病、干腐病、皮斑病和银皮病，用45%悬浮剂90ml/亩对水30kg喷雾；防治苹果和梨的青霉病、炭疽病、灰霉病、黑星病、白粉病，收获前，用50%悬浮剂60～120ml/亩对水40～50kg喷雾；防治葡萄灰霉病，收获前，用50%悬浮剂400～500倍液喷雾；防治芒果炭疽病，收获后，用50%悬浮剂200～500倍液浸果；防治草莓白粉病、灰霉病，收获前，用50%悬浮剂60～120ml/亩对水40～50kg喷雾。

注意事项 联合国粮农组织推荐的噻菌灵人体每日允许摄入量(ADI)为0.3mg/kg，苹果的最高残留限量为10mg/kg，柑橘类为10mg/kg，香蕉为3mg/kg，香蕉肉为0.4mg/kg，原粮为0.2mg/kg，洋葱为0.1mg/kg，甜菜叶为10mg/kg，甜菜为5mg/kg。本剂对鱼有毒，注意不要污染池塘和水源。如若药液进入眼睛或触及皮肤，应用清水冲洗干净。用剩的药剂应原包装密封储存，并置于远离儿童的安全地方，空容器应及时回收并妥善处理。避免与其他药剂混用，不应在烟草收获后的叶上使用。

开发登记 江苏嘉隆化工有限公司、江苏百灵农化有限公司等企业登记生产。

麦穗宁 fuberidazole

其他名称 糠基苯并咪唑；呋喃苯并咪唑；Bayer 33172；WVII/117；Bay 33172(I)；Furylbenzimidazole；Taronit；Vornit；Voronit；Fuberidatol；Furidazol；Furidazole。

化学名称 2-(2'-呋喃基)-1H-苯并咪唑。

结构式

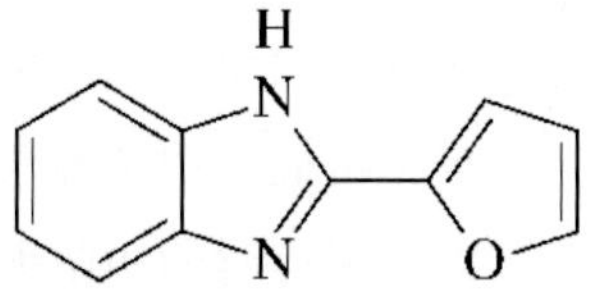

H
N
N
O

理化性质 纯品为无色结晶，熔点292℃，不溶于水，溶于丙酮、甲醇、乙醇，蒸气压＜1.0μPa(20℃)，原药熔点284～288℃。

毒　　性 大鼠急性口服LD_{50}值为1 100mg/kg，大鼠经皮(接触药剂7d)LD_{50}值为1g/kg，大鼠急性腹腔注射LD_{50}为100mg/kg，雄大鼠暴露4h急性经皮LD_{50}为500mg/kg。

剂　　型 拌种剂。

作用特点 属苯并咪唑类，是一种高效低毒的内吸性杀菌剂，具有内吸传导作用和治疗效果。通过与β-微管蛋白结合抑制有丝分裂，抑制真菌线粒体的呼吸作用和细胞增殖。与多菌灵同属苯并咪唑类杀菌剂，具有相同的杀菌谱，对子囊菌、担子菌、半知菌中的主要病原菌具有较好活性；而对卵菌、接合菌和植株病原细菌无活性。

应用技术 据资料报道，适用于种子处理，防治镰刀菌病害，尤其麦雪腐病和赤霉病，用量为4.5g(有效成分)/100kg种子。

开发登记 1957年由拜耳公司开始试验，1966年作为杀菌剂推广，获有专利DE1209799。

青菌灵 cypendazole

其他名称 DAMl8654；氰茂苯咪。

化学名称 1-(5-氰基戊烷氨基甲酰基)-2-苯并咪唑基氨基甲酸酯。

结 构 式

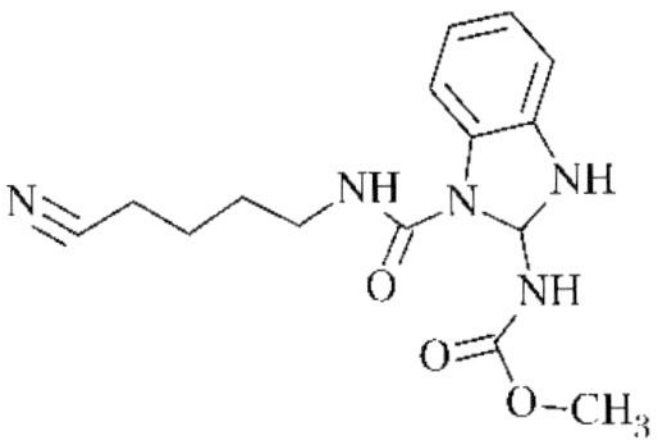

N≡C-CH2CH2CH2CH2-NH-C(=O)-N(苯并咪唑)-NH-C(=O)-O-CH3

理化性质 纯品为无色结晶，熔点为133℃，工业品为黄到灰色结晶，熔点123.8～125.2℃，在20℃时的蒸气压低于6.67Pa，难溶于水，溶于甲苯、二氯甲烷、二甲基甲酰胺、环已烷等有机溶剂，遇强碱、强酸性水溶液则分解，遇潮湿也易分解，在100g溶剂中的溶解度约为：水中3mg，甲苯中0.8g，环已酮中3～4g，二氯甲烷中12g。

毒 性 大鼠急性口服$LD_{50}>2.5g/kg$，雄兔急性口服$LD_{50}>1g/kg$；雌犬急性口服$LD_{50}>500mg/kg$；鲤鱼接触原药48hTLm值为1 500mg/L。分别以含800mg/L，200mg/L药剂的饲料喂雄、雌大鼠3个月，没发现中毒现象。

剂 型 45%可湿性粉剂、30%胶悬剂、10%干粉拌种剂等。

作用特点 保护性和治疗性杀菌剂，兼有内吸作用。

应用技术 资料报道，防治水稻恶苗病、黑点病，用45%可湿性粉剂1 000倍液浸种24h。

开发登记 由拜耳公司(Bayer AG Leverkusen)开发，获有专利DOS1812005，USP3673210。

治萎灵 zhiweilin

其他名称 多菌灵水杨酸。

化学名称 苯并咪唑-2-基氨基甲酸酯水杨酸。

结 构 式

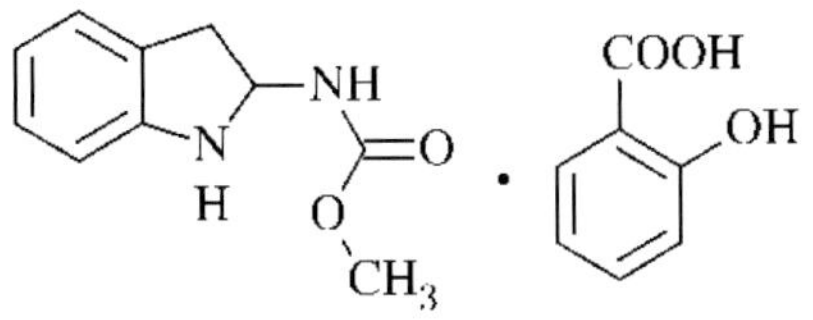

(苯并咪唑-2-基)-NH-C(=O)-O-CH3 · 水杨酸(COOH, OH)

理化性质 可溶剂为深褐色液体，可湿性粉剂为灰白色粉末。前者溶于水，后者水溶性良好，悬浮率大于50%，稳定性合格。

毒　　性 低毒。

剂　　型 12.5%可溶液剂、30%可湿性粉剂。

作用特点 具有保护、治疗和内吸作用。对作物有促进生长作用，对作物和病菌有强穿透作用，以掺假作用方式阻止核酸合成。对棉花枯、黄萎病特效，对小麦赤霉病、油菜菌核病、花生叶斑病、西瓜枯萎病、大白菜枯萎病、芦笋茎枯病、梨腐烂病、西洋参等10多种真菌病害高效。

应用技术 资料报道，防治小麦赤霉病，齐穗至扬花初期，用12.5%可溶液剂100ml/亩对水50kg喷雾；防治棉花枯萎病、萎病、黄萎病，移栽棉花采用药钵法，按1m^{2}钵土加12.5%可溶液剂750ml制钵，可防治全生育期棉枯、黄萎病。

注意事项 可溶剂为酸性，不可与碱性农药和碳铵混用，不可浸种、拌种以免产生药害，本品虽为低毒，但仍须遵守安全操作规程。

十二、氨基甲酸酯类杀菌剂

(一)氨基甲酸酯类杀菌剂作用机制

氨基甲酸酯类杀菌剂，因其对人类、环境安全，是世界各农药公司研究的热点之一，目前有多个品种已商品化。苯噻菌胺是日本组合化学公司开发的新型氨基甲酸酯类杀菌剂，主要用于防治葡萄、马铃薯、蔬菜等的霜霉病、疫病等，使用剂量为1.7～5g/亩。拜耳公司开发的异丙菌胺主要用于防治葡萄、马铃薯、番茄、黄瓜、柑橘、烟草等作物的霜霉病、疫病等。其既可用于茎叶处理，也可用于土壤处理，使用剂量为6.7～20g/亩。

氨基甲酸酯类杀菌剂的具体作用机理尚不清楚，但研究表明，其影响氨基酸的代谢，且与已知杀菌剂作用机理不同，与甲霜灵、霜脲氰等无交互抗性。氨基甲酸酯类杀菌剂通过抑制孢子囊胚芽管和菌丝体的生长及芽孢形成而发挥对作物的保护、治疗作用。

(二)氨基甲酸酯类杀菌剂主要品种

霜霉威 propamocarb

其他名称 再生；霜灵；扑霉特；霜灵。

化学名称 N-[3-(二甲基氨基)丙基]氨基甲酸丙酯。

结 构 式

$$(CH_3)_2N-CH_2-CH_2-CH_2-NH-C(=O)-O-CH_2-CH_2-CH_3$$

理化性质 纯品为无色、无味并且极易吸湿的结晶固体。熔点45～55℃，蒸气压在25℃时为0.80MPa，在水及部分溶剂中溶解度很高，25℃时在水中867g/L，甲醇 > 500g/L，二氯甲烷 > 430g/L，异丙醇 > 300g/L，乙酸乙酯23g/L，在甲苯和乙烷中 < 于0.1g/L。

毒　　性 大鼠急性经口LD_{50}为2 000～8 550mg/kg，小鼠急性经口LD_{50}为1 960～2 800mg/kg。大、小鼠急性经皮LD_{50} > 3 000mg/kg。

剂　　型 35%水剂、40%水剂、66.5%水剂、66.6%水剂、72.2%水剂、50%热雾剂、30%高渗水剂。

作用特点 一种新型杀菌剂，属氨基甲酸酯类。抑制病菌细胞膜成分的磷脂和脂肪酸的生物合成，抑制菌丝生长、孢子囊的形成和萌发。当用作土壤处理时，能很快被根吸收并向上输送到整个植株。当用做茎叶处理时，能很快被叶片吸收并分布在叶片中；如果剂量合适，在喷药后30min就能起到保护作用，由于其作用机理与其他杀菌剂不同，与其他药剂无交互抗性。因此，霜霉威尤其对常用杀菌剂已产生抗药性的病菌效果明显，在推荐剂量下，对作物生长十分安全，并且对作物根、茎、叶的生长有明显促进作用。

应用技术 主要用于黄瓜、番茄、甜椒、莴苣、马铃薯等蔬菜以及烟草、草莓、草坪、花卉防治霜霉病、猝倒病、疫病、晚疫病、黑胫病等。

防治烟草黑胫病，发病初期用72.2%水剂600～800倍液喷雾。

防治黄瓜霜霉病、疫病等，发病前至发病初期用72.2%水剂80～100ml/亩对水30～50kg喷雾，间隔7~10d喷药1次，共喷3次。

另外，据资料报道还可用于防治葡萄霜霉病，发病初期用72.2%水剂70～110ml/亩对水50～75kg喷雾，间隔7~10d，连喷2～3次，重点喷植株下端茎部。防治水稻苗期立枯病，发病初期用72.2%水剂0.4～0.5ml/m^2对水2kg喷雾或浇施；防治蔬菜苗期猝倒病和疫病，播种前或播种后、移栽前或移栽后，用72.2%水剂5~7.5ml/m^2对水2～3kg灌根；防治荔枝树霜疫霉病，发病初期用72.2%水剂1 800～2 500倍液喷雾。

注意事项 霜霉威在黄瓜等蔬菜作物上的安全间隔期为3d。注意安全储藏、使用和处置本药剂，如发生意外中毒，请立即携带产品标签送医院治疗。为预防抗药性和保证杀菌效果，推荐每个生长季节使用霜霉威2～3次，与其他不同类型的药剂轮换使用。

开发登记 江西盾牌化工有限责任公司、陕西恒田生物农业有限公司、山东省青岛润生农化有限公司等企业登记生产。

霜霉威盐酸盐 hydrochloride

其他名称 普力克；霜霉普克；双达；扑霉净；霜疫克星；Previcur N；Prevex；Banol Turf Fungicide；Tuco；Dynone；Filen；Bonol。

化学名称 N-[3-(二甲基氨基)丙基]氨基甲酸丙酯盐酸盐。

结 构 式

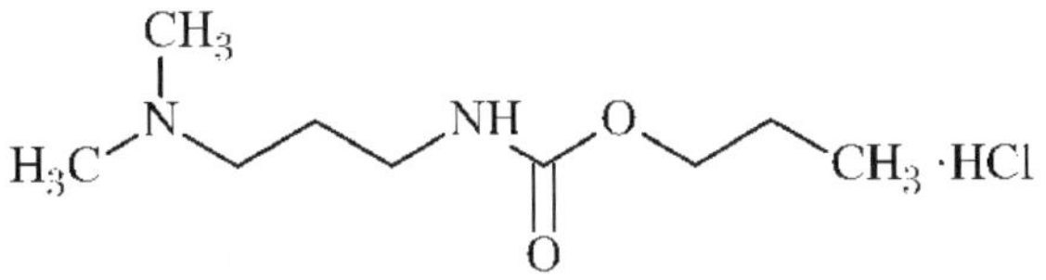

CH_3

H_3C—N—NH—C(=O)—O—CH_3 ·HCl

理化性质 原药为无色吸湿性结晶，熔点45～55℃，25℃时蒸气压为8MPa，盐酸盐只在酸性介质中稳定，在水中的溶解度大于500g/L，甲醇 > 500g/L，二氯甲烷 > 430g/L，醋酸乙酯23g/L，甲苯 < 100g/L，己烷 < 100g/L。腐蚀金属，起酸性反应。

毒　　性　急性口服LD_{50}：大鼠8 600mg/kg，小鼠1 600 ~ 2 000mg/kg，大鼠急性腹腔注射LD_{50} > 763mg/kg，大鼠吸入LC_{50} > 0.0057mg/L空气(4h)。鲤鱼LC_{50}为320mg/L(72h)，太阳鱼415mg/L(96h)，虹鳟鱼616mg/L(96h)，对蜜蜂无毒。微生物降解，在土壤中持效期为3 ~ 4周。

剂　　型　40%水剂、35%水剂、36%水剂、66.5%水剂、66.6%水剂、72.2%水剂。

作用特点　具有局部内吸作用，亦可用作浸渍处理和种子保护剂。抑制病菌细胞膜成分的磷脂和脂肪酸的生物合成，抑制菌丝生长、孢子囊的形成和萌发。当用做土壤处理时，能很快被根吸收并向上输送到整个植株，当用做茎叶处理时，能很快被叶片吸收并分布在叶片中；如果剂量合适，在喷药后迅速起到保护作用。

应用技术　对藻状菌真菌引起的烟草黑胫病、黄瓜霜霉病、疫病、黄瓜猝倒病、甜椒疫病有很好的防效，对番茄猝倒病、大白菜霜霉病、菠菜、花椰菜霜霉病、荔枝霜霉病等也有较好的防治效果。土壤处理，可以防治观赏植物的腐霉和疫霉，还可做种子处理及种衣剂。

防治烟草黑胫病，发病初期用72.2%水剂75 ~ 100ml/亩对水30 ~ 50kg喷雾。

防治黄瓜猝倒病、疫病，发病前至发病初期用72.2%水剂7ml/m^2加适量水灌根；防治黄瓜霜霉病，发病初期用72.2%水剂60 ~ 100ml/亩对水30 ~ 50kg喷雾，间隔10d施药1次，共施药3次；防治甜椒疫病，发病前至发病初期用72.2%水剂70 ~ 100ml/亩对水30 ~ 50kg灌根。

另外，据资料报道还可用于防治马铃薯扦插苗黑胫病，扦插后1d开始喷药，以后每隔7 ~ 10d喷1次，连喷3次。

注意事项　为了预防和治理抗药性，在每个生长季节使用该产品次数不宜超过3次，可与其他不同类型杀菌剂轮换使用。不可与碱性物质混用，可与大多数农药混配，但不要与液体化肥或植物生长调节剂混用。

开发登记　拜耳作物科学(中国)有限公司、拜耳股份公司、陕西上格之路生物科学有限公司、陕西恒田生物农业有限公司等企业登记生产。

乙霉威　diethofencarb

其他名称　万霉灵；克得灵；灰霉菌克；抑霉素。

化学名称　N-(3,4-二乙氧基苯基)氨基甲酸异丙酯。

结 构 式

CH_3—CH_2—O, O—CH_2—CH_3, N—C(=O)—O—CH(CH_3)—CH_3, H

理化性质　纯品为白色结晶，原药为无色至浅褐色固体，熔点100.3℃，20℃溶解度：水26.6mg/L，己烷1.3g/kg，甲醇101g/kg，二甲苯30g/kg。

毒　　性 雄、雌性大、小鼠急性经口$LD_{50}>5g/kg$，大鼠急性经皮$LD_{50}>5g/kg$。

剂　　型 65%可湿性粉剂、66%可湿性粉剂、6.5%粉剂。

作用特点 内吸性杀菌剂，抑制病菌芽孢纺锤体的形成，用于防治葡萄、柑橘等抗苯达松的菌株，兼治白粉病，对多种作物灰霉病具有预防和治疗作用，产品的渗透性好，持效期长。乙霉威对抗性病菌有较强的杀菌活性，尤其对苯并咪唑类如多菌灵等产生抗性的灰霉菌有特效。

应用技术 主要用于防治甜菜叶斑病、黄瓜灰霉病、茎腐病、番茄灰霉病。对使用多菌灵、甲基硫菌灵后产生抗性的灰霉菌有特效，保护地适宜用6.5%粉剂喷粉。

资料报道，防治甜菜叶斑病，发病初期用66%可湿性粉剂40～60g/亩对水40～50kg喷雾；防治番茄、黄瓜灰霉病，发病前至发病初期用66%可湿性粉剂38～75g/亩加水50～75kg喷雾，间隔7～10d用1次，总次数不宜超过3次，或用6.5%粉剂800～1 000g/亩喷粉。

注意事项 不得与食物、种子、饲料等混储，避免与皮肤接触，防止由口、鼻吸入，运输储存时应严防潮湿和日晒。在一个生长季节里使用次数不宜超过3次，最好与腐霉利交替使用，以免诱发抗性产生。不能与铜制剂及酸碱性较强的农药混用，避免大量地、过度连用。

开发登记 江苏蓝丰生物化工股份有限公司、日本住友化学株式会社等企业曾登记生产。

异丙菌胺 iprovalicarb

其他名称 缬霉威；Melody；Positon；Invento。

化学名称 1-甲基乙基-N-[(1S)-2-甲基-1[[[1-(4-甲基苯基)乙基]氨基]羰基]]。

结 构 式

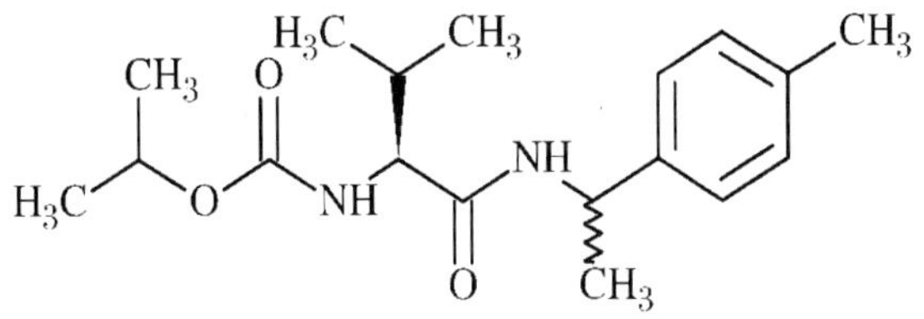

理化性质 纯品为白色固体。熔点：163～165℃(混合物)、183℃(SR)、199℃(SS)。在有机溶剂中溶解度(g/L，20℃)：二氯甲烷97(SR)、35(SS)，甲苯2.9(SR)、2.4(SS)，丙酮22(SR)、19(SS)，己烷0.06(SR)、0.04(SS)。

毒　　性 大鼠急性经口$LD_{50}>5\ 000mg/kg$。大鼠急性经皮$LD_{50}>5\ 000mg/kg$。对兔的眼睛和皮肤无刺激作用。

作用特点 具体的作用机理尚不清楚，研究表明其影响氨基酸的代谢，且与已知杀菌剂作用机理不同，与甲霜灵、霜脲氰等无交互抗性。它是通过抑制孢子囊胚芽管的生长、菌丝体的生长和芽孢形成而发挥对作物的保护、治疗作用。对作物、人类、环境安全。

应用技术 资料报道，适宜用于烟草、番茄、黄瓜、马铃薯、葡萄、柑橘等，主要用于防治霜霉病、疫病等，如烟草黑胫病、番茄晚疫病、黄瓜霜霉病、马铃薯晚疫病、葡萄霜霉病等，既可用于茎叶处理，也可用于土壤处理(防治土传病害)。

资料报道，防治葡萄霜霉病，发病初期用有效成分8～10g/亩对水喷雾；防治烟草黑胫病、番茄晚疫病、黄瓜霜霉病、马铃薯晚疫病，用有效成分12～14.7g/亩对水喷雾。

注意事项 为避免抗性发生，建议与其他保护性杀菌剂混用。不可与碱性物质混用，可与大多数农药混配，但不要与液体化肥或植物生长调节剂混用。

开发登记 德国拜耳作物科学公司曾登记生产。

苯噻菌胺 benthiavalicarb-isopropyl

化学名称 {(S)-1-[(R)-1-(6～氟苯并噻唑-2-基)乙基氨基甲酰基]-2-甲基丙基}氨基甲酸异丙酯。

结 构 式

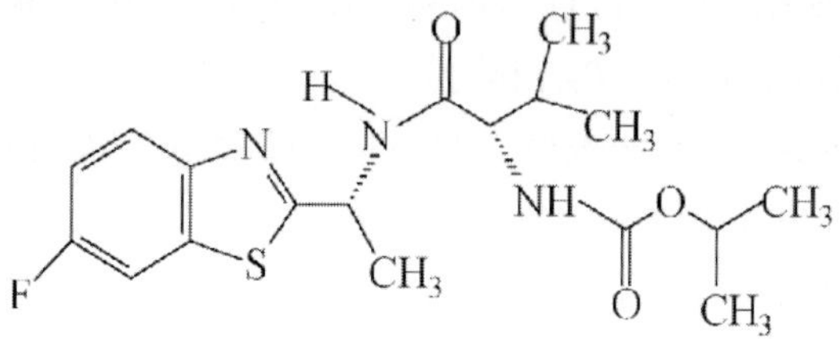

理化性质 纯品为白色粉状固体，熔点152℃。蒸气压小于3.0×10^{-1}MPa(25℃)，相对密度为1.25(20.5℃)，水中溶解度(20℃)为13.14mg/L。

毒　　性 大鼠急性经口LD_{50}＞5 000mg/kg，小鼠急性经口LD_{50}＞5 000mg/kg。大鼠急性经皮LD_{50}＞2 000mg/kg，大鼠急性吸入LC_{50}(4h)＞4.6mg/L，对兔皮肤及眼睛无刺激作用，对豚鼠皮肤无过敏现象。

作用特点 苯噻菌胺具有很强的预防、治疗、渗透活性，而且有很好的持效性和耐雨水冲刷性。苯噻菌胺不影响核酸和蛋白质的氧化、合成，对疫霉病菌原浆膜的功能没有影响；其生物化学作用机理正在研究中，可能是细胞壁合成抑制剂。试验结果表明：苯噻菌胺防治对苯酰胺杀菌剂有抗性的马铃薯晚疫病菌以及对甲氧基丙烯酸酯类有抗性的瓜类霜霉病都有杀菌活性，推测苯噻菌胺与这些杀菌剂的作用机理不同。对疫霉病菌具有很好的杀菌活性，对其孢子囊的形成、孢子的萌发，在低浓度下有很好的抑制作用，但对游动孢子的释放和游动孢子的移动没有作用。

应用技术 资料报道，以较低的剂量(1.7～5g/亩)能够有效地控制马铃薯和番茄的晚疫病、葡萄和其他作物的霜霉病。

开发登记 日本组合化学公司开发产品，专利公开日期为1996年2月15日。

十三、有机磷类杀菌剂

(一)有机磷类杀菌剂作用机制

1968年开发的硫赶磷酸酯类，如敌瘟磷和异稻瘟净主要防治稻瘟病、纹枯病，对小粒菌核病、胡麻斑病也有效，兼治叶蝉、飞虱；吡唑嘧啶硫代磷酸酯类的吡嘧磷(pyrazophos)主要防治白粉病；苯基硫代磷酸酯类的甲基立枯磷主要防治丝核菌和其他土传病害；乙基磷酸盐类的乙膦铝防治卵菌病害。有机磷化合物作为杀虫剂是众所周知的，国内外已有100多个品种在大批量生产。而作为杀菌剂的报道要少得多，商品化的品种也只有稻瘟净、异稻瘟净、敌瘟磷、灭菌磷、威菌磷、吡嘧磷、乙膦铝等几种。这些化合物很多具有内吸杀菌活性，有些还兼具杀虫、杀螨作用，加之磷化合物在环境中易于分解和不存在残毒问题等优点，所以有机磷杀菌剂受到农药研究人员的重视，新化合物不断有报道。

这些结构不同的有机磷杀菌剂具有相当专化的抗菌谱，因此，它们似乎也没有共同的作用方式。有机磷杀菌剂以异稻瘟净(IBP)和敌瘟磷(edifenphos)为代表，主要用于防治水稻稻瘟病。关于有机磷杀菌剂的作用机制，20世纪70年代人们认为是干扰了病原菌细胞壁几丁质的合成，20世纪80年以后人们倾向于认为这类杀菌剂主要是抑制了卵磷脂的合成而破坏了细胞质膜的结构。Nakamura和Kato(1984)研究了甲基立枯磷的作用机制，认为主要是抑制胞质变动。乙膦铝的作用机制仍然不清楚，它在离体时只有很小的毒力，对病害防治的机制有很多假设，因为在活体上的毒力远高于离体毒力，故认为诱导寄主产生了天然的抗菌物质，该杀菌剂还能降低真菌的致病性。

(二)有机磷类杀菌剂主要品种

敌瘟磷 edifenphos

其他名称 稻瘟光；Bay 78418；SRA 7847；克瘟散；Hinosan。

化学名称 O-乙基-S,S-二苯基二硫代磷酸酯。

结 构 式

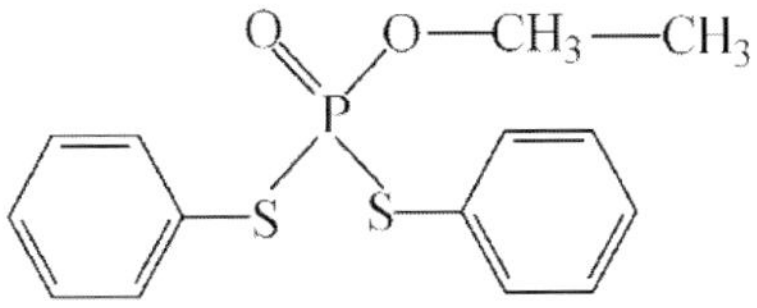

O　O—CH_3—CH_3
P
S　S
(两个苯基分别连于S)

理化性质 原油为黄色至浅棕色透明液体，带有硫磺的臭味，沸点为154℃(1.333Pa)，密度约为1.23。难溶于水，易溶于丙酮和二甲苯。

毒　　性 雄大鼠急性经口LD_{50}为340mg/kg，雌性大鼠急性经口LD_{50}为150mg/kg，大鼠急性经皮(48h)LD_{50} > 1 230mg/kg，吸入(1h)LC_{50} > 1 310mg/m^3，吸入(4h)LC_{50}为650mg/m^3。

剂　　型 30%乳油、40%乳油。

作用特点 对水稻稻瘟病有良好的预防和治疗作用，同时对水稻纹枯病、胡麻叶斑病、小球菌核病、穗枯病、谷子瘟病、玉米大斑病、小斑病及麦类赤霉病等有良好的防效。对飞虱、叶蝉及鳞翅目害虫兼有一定的防效。敌瘟磷对稻瘟病菌的几丁质合成和脂质代谢有抑制作用，一是影响细胞壁的形成，二是破坏细胞的结构，后者是主要的，前者是间接的。

应用技术 主要用于防治稻瘟病，对叶瘟、穗颈瘟、节瘟均有良好防治效果。

防治水稻苗瘟，可用40%乳油1 000倍浸种1h后播种，能有效地防治苗瘟发生；本田防治可在稻瘟初发生时开始喷药，每隔10 ~ 14d喷药1次，当病害发生轻时每次用40%乳油49 ~ 61ml/亩；当病害发生严重时，每次用40%乳油61 ~ 76ml/亩；防治水稻叶瘟，应注意保护易感病的分蘖盛期，在叶瘟发病初期喷药，用30%乳油100 ~ 133ml/亩，对水喷雾。如果病情较重，1周后可再喷药1次；防治水稻穗瘟，穗瘟的防治适期在破口期和齐穗期，每亩用30%乳油100 ~ 133ml，对水喷雾。发病严重时，可1周后再喷药1次。

另外，据资料报道还可用于防治麦类赤霉病，在小麦齐穗期至始花期喷第1次药，间隔5 ~ 7d喷第2次，每次用40%乳油50 ~ 75ml/亩，对水40 ~ 50kg喷雾；防治玉米大、小斑病，用40%乳油500 ~ 800倍液喷雾，当中下部叶片开始出现病斑时施药。

注意事项 使用除草剂敌稗前后10d禁用敌瘟磷，不能与碱性农药混用。人体每日允许摄入量(ADI)是3μg/kg，使用时应遵守我国农药合理使用准则。不要迎风喷雾或搬运，在使用时不可饮食或吸烟。工作完毕后应用清水和肥皂洗手、面部及其他沾有药液的部位，应存放在儿童接触不到的地方，远离食物及饲料的地方，若处理或使用不当而引起中毒时，应立即将中毒者躺卧于空气流通的地方，保护身体温暖，同时服用大量医用活性炭。如暂时找不到医生，可先给中毒者服2片硫酸阿托品，每片含量为0.5mg，必要时可重复服用此剂量，治疗时可参考以2mg硫酸阿托品作静脉注射，中毒严重者可增至4mg，然后每隔10～15min注射2mg直至中毒者有显著好转为止。除硫酸阿托品外，也可静脉注射解磷啶(PAM)0.5～1g或0.25g，此外，兴奋剂、镇静剂、氧气或人工呼吸的使用可视病情而定。

开发登记 广东省佛山市盈辉作物科学有限公司等企业登记生产。

甲基立枯磷 tolclofos-methyl

其他名称 S-3349；立枯灭；利克菌；Rizolex；Basilex。

化学名称 O-2,6-二氯-对-甲基苯基-O,O-二甲基硫代磷酸酯。

结构式

Cl
S
CH_2—O—P$(OCH_3)_2$
Cl

理化性质 纯品为白色结晶，原药为无色至浅棕色固体，熔点78～80℃，密度1.515。溶解度(25℃)：丙酮中50.2%、乙二醇0.3%、环己烷36.0%、正己烷3.8%、三氯甲烷为49%、甲醇5.9%、二甲苯36.0%，对光、热和潮湿均较稳定，储存稳定性良好。

毒　　性 对雌雄大鼠急性经口LD_{50}＞5g/kg，小鼠急性经口LD_{50}为3 500～3 600mg/kg，大鼠急性吸入LC_{50}＞1.9mg/L，大、小鼠急性经皮LD_{50}＞5 000mg/kg，对眼睛、皮肤无刺激作用。

剂　　型 50%可湿性粉剂、5%粉剂、10%粉剂、20%粉剂、20%乳油、25%胶悬剂。

作用特点 适用于防治土传病害的新型广谱内吸杀菌剂，主要起保护作用，其吸附作用强，不易流失，持效期较长。对半知菌类、担子菌纲和子囊菌纲等各种病原菌均有很强的杀菌活性，如棉花、马铃薯、甜菜和观赏植物上的立枯丝核菌、齐整小核菌、伏革菌属和核盘菌属。对立枯病菌、菌核病菌、雪腐病菌等有卓越的杀菌作用；对五氯硝基苯产生抗性的苗立枯病也有效。

应用技术 可以用于土壤处理、拌种或茎叶喷雾，防治丝核菌和白绢菌等土传病害。

另外，据资料报道还可用于防治小麦雪腐病，土壤喷雾或在发病初期对茎叶喷雾，用50%可湿性粉剂60～140g/亩，加水50kg喷雾；防治绿豆菌核病，用20%粉剂0.5kg/亩配20kg土，耙入土中；防治花生白绢病，用50%可湿性粉剂150～300g/亩，沟施或拌细土撒施；防治甜菜白绢病，用50%可湿性粉剂150～200g/100m犁沟喷雾；防治蔬菜白绢病，发病初期用20%乳油800～1 000倍液灌根；防治辣椒疫病，用20%乳油1 000倍液浸种12h；防治番茄黄萎病，发病初期用20%乳油900倍液，灌根；防治大蒜白腐病，发病初期用20%乳油1 000倍液喷雾；防治豇豆枯萎病，发病初期用20%乳油1 200倍液喷雾；防治苦瓜菌核病，用20%的乳油500ml/亩，进行土壤处理；防治西瓜枯萎病，发病初期用20%乳油1 000倍液喷雾；防治桃树烂根病，用20%乳油800～1 000倍液灌根；防治郁金香球根腐病，100kg球根用50%可湿性粉剂100～

200g拌球根，或用50%可湿性粉剂500 ~ 1 000倍液浸球根；防治草皮和草坪立枯病，用50%可湿性粉剂0.8 ~ 1.6g/m^{2}喷雾。

注意事项 在病害发生前或初期用药。该药剂对西洋草可能发生药害，在草地附近喷洒时要特别注意。喷药后应立即洗脸、手、脚等裸露部位，并漱口。存放在小孩接触不到的地方。该剂对人、畜的毒性虽然低，但施药时要戴口罩、手套等，注意不要将药液吸入口中或接触到皮肤上。妥善处理空容器，防止污染池塘、沟渠。不能和碱性物质混用，可与苯并咪唑类、克菌丹、福美双等农药混用。

开发登记 江苏省连云港市东金化工有限公司、湖南沅江赤蜂农化有限公司、宁国市百立德生物科技有限公司等企业登记生产。

三乙膦酸铝 fosetyl-aluminium

其他名称 疫霉灵；疫霜灵；乙膦铝；藻菌磷；霜安；达克佳；Efosite-Al；Epal；Aliette；Chipco。

化学名称 三-(乙基膦酸)铝。

结 构 式

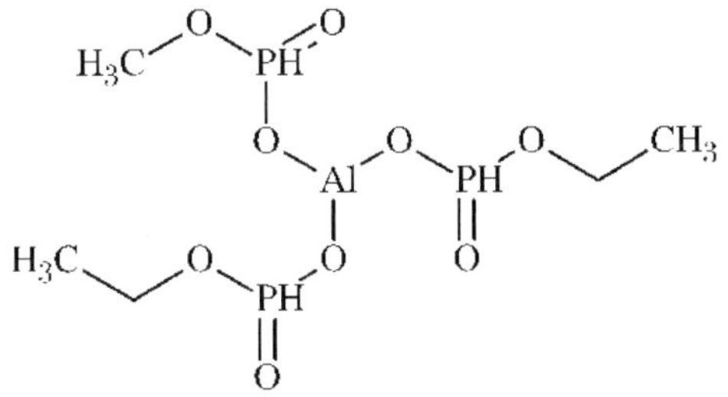

理化性质 纯品为白色无味结晶。工业品为白色粉末，熔点大于300℃(高于200℃时分解)，20℃时在水中溶解度为120g/L，在乙腈或丙二醇中溶解度均小于80mg/L。挥发性小，遇强酸、强碱易分解。

毒　　性 原粉大鼠急性经口LD_{50}为5.8g/kg，小鼠急性经口LD_{50}为3.7 ~ 4g/kg；大鼠急性经皮LD_{50} > 3.2g/kg，小鼠急性经皮LD_{50}为4g/kg，对皮肤、眼睛无刺激作用。

剂　　型 25%可湿性粉剂、40%可湿性粉剂、80%可湿性粉剂、85%可溶性粉剂、90%可溶性粉剂、80%水分散粒剂。

作用特点 属于低毒、内吸性杀菌剂，在植物体内能上下双向传导，施于作物上，经叶片或根部吸收后，能自下而上或自上而下地输导，兼有保护和治疗作用。持效期长，一般为21 ~ 30d。乙膦铝的作用机制不清楚，它在离体只有很小的毒力，对病害防治的机制有很多假设，因为在活体上的毒力远高于离体毒力，故认为诱导寄主产生了天然的抗菌物质，该杀菌剂还能降低真菌的致病性。该药剂对果树、蔬菜、烟草等作物上霜霉属、疫霉属等藻菌引起的病害有良好的防效。

应用技术 可以用于防治黄瓜、白菜、葡萄等的霜霉病、棉花疫病、水稻稻瘟病、纹枯病、胡椒瘟病、烟草黑胫病、橡胶割面条溃疡病等多种病害。

防治水稻纹枯病、稻瘟病，病害发生初期，用80%可湿性粉剂120g/亩，对水40 ~ 50kg喷雾；防治烟草黑胫病，病害发生初期，每株用40%可湿性粉剂2g，加水灌根；防治棉花疫病，病害发生初期，用40%可湿性粉剂190 ~ 370g/亩，对水75kg喷雾，间隔期为7 ~ 10d，共喷2 ~ 3次。

防治黄瓜霜霉病，发病初期用40%可湿性粉剂300 ~ 470g/亩，对水50kg喷雾，间隔期为7d，共喷4次；防治番茄晚疫病，用90%可溶性粉剂170 ~ 200g/亩，对水40 ~ 50kg喷雾；防治白菜霜霉病，病害初发时，每次用40%可湿性粉剂235～470g/亩，对水75～100kg喷雾，间隔期为10d，共喷药2～3次；防治莴笋霜霉病，病害发生初期，用90%可溶性粉剂40～80g/亩，喷雾；防治胡椒瘟病，病害发生初期，用80%可湿性粉剂1～1.5g/株，灌根。

防治葡萄霜霉病，最佳用药时间为葡萄霜霉病发病初期。用80%水分散粒剂500～800倍液对水喷雾，发病重时，隔半月再喷1次即可治愈。

防治割面条溃疡病，用40%可湿性粉剂100倍液，涂布切口。

另外，据资料报道，还可用于防治酒花霜霉病，病害发生初期，用40%可湿性粉剂250g/亩，对水75kg喷雾，间隔期为15d，共喷药4次。

注意事项 勿与酸性、碱性农药混用，以免分解失效。本品易吸潮结块。储运中应注意密封干燥保存。如遇结块，不影响使用效果，用药时应注意防护，用药完毕，应用肥皂洗手、洗脸。宜在发病前或发病初期使用，在黄瓜、白菜上使用浓度偏高时易产生药害，长期使用容易产生抗性，可与灭菌丹、多菌灵等混用以提高防效。

开发登记 天津市施普乐农药技术发展有限公司、利民化学有限责任公司、德国拜耳作物科学公司、广东省东莞市瑞德丰生物科技有限公司等企业登记生产。

稻瘟净 EBP

其他名称 Kitazin；Kitazine。

化学名称 O,O-二乙基-S-苄基硫代磷酸酯。

结 构 式

$$(C_2H_5O)_2P(=O)SCH_2-C_6H_5$$

理化性质 纯品为无色透明液体。难溶于水(18℃时为0.25%)，易溶于乙醇、乙醚、二甲苯、环己酮等有机溶剂，沸点120～130℃(13.3～20Pa)，密度1.524 8，折光率1.156 9，蒸气压1.32Pa(20℃)，闪点25～32℃，对光照比较稳定，温度过高或在高温情况下时间过长引起分解，对酸稳定，但对碱不稳定。

毒 性 原药对小白鼠急性经口LD_{50}为237.7mg/kg。大鼠经皮LD_{50}为570mg/kg。对鱼、贝类毒性较低。

剂 型 40%乳油。

作用特点 对水稻各生育期的病害有较好的保护和治疗作用。在水稻上有内吸渗透作用，抑制稻瘟病菌乙酰氨基葡萄糖的聚合，使组成细胞壁的壳质无法形成，阻止了菌丝生长和孢子产生，起到保护和治疗作用。主要防治稻瘟病，对水稻苗瘟叶瘟和穗颈瘟均有良好防效，对水稻小粒菌核病、纹枯病、油菜菌核病也有一定防效，并能兼治稻叶蝉、稻飞虱、黑色叶蝉。

应用技术 据资料报道，防治稻苗瘟和叶瘟，用40%乳油125ml/亩，加水75～100kg，于发病初期喷洒植株，间隔1周再喷1次。防治穗颈瘟需在始穗期，齐穗期各喷1次，如前期叶瘟较重，田间菌源多，长势嫩绿，抽穗不整齐的田块，在灌浆时应再喷1次，方可抑制穗颈瘟的发生。

另外，据资料报道还可用于防治水稻小粒菌核病、纹枯病，用40%乳油600倍液喷雾，防治3次即可，防治小粒菌核病在圆秆拔节至抽穗期施药，防治纹枯病在发病阶段施药，此浓度还可防治褐色叶枯病。

注意事项 使用时应严格掌握使用浓度，浓度大时对水稻(尤其籼稻)易产生药害，叶片上出现小褐点或细褐线，但对产量无影响。施药后3h降雨，对防效影响较大，应补喷，如喷后6～9h降雨，则影响不大。禁止与石硫合剂、波尔多液等碱性农药混用，也不能与亚氯酸钠混用，否则前者降低防效，后者产生药害，也不能与亚胺硫磷混用。储存时严防潮湿和暴晒，保持良好通风，本品易燃，不能接近火种。发生中毒事故需彻底清除毒物，并迅速用碱性液洗胃，冲洗皮肤，可用阿托品和解磷啶进行治疗，需对症处理，及时抢救，控制肺水肿和脑水肿。

开发登记 江西明兴农药实业有限公司等企业曾登记生产。

异稻瘟净 iprobenfos

其他名称 丙基喜乐松；Kitaim；Blataf；IBP(JMAF)。

化学名称 O,O-二异丙基-S-苄基硫代磷酸酯。

结 构 式

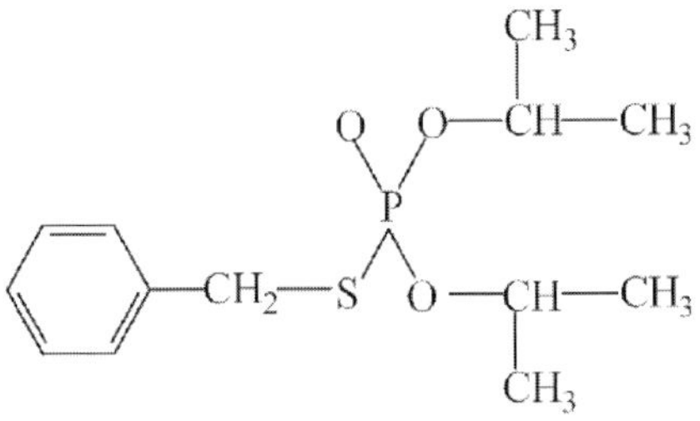

理化性质 纯品为亮黄色液体，有臭味。熔点为22.5～23.8℃，沸点126℃(5.33Pa)，20℃时蒸气压为0.247MPa，密度1.103(20℃)。对光和酸较稳定，遇碱分解，长时间处于高温状态下分解。

毒 性 急性经口LD_{50}雄大鼠为790mg/kg，雌大鼠为680mg/kg，雄小鼠为1 830mg/kg，雌小鼠为1 760mg/kg，公鸡为705mg/kg；小鼠急性经皮LD_{50}为4g/kg。

剂 型 40%乳油、50%乳油。

作用特点 具有内吸传导作用，主要干扰细胞膜透性，阻止某些亲酯几丁质前体通过细胞质膜，使几丁质的合成受阻碍，细胞壁不能生长，干扰菌体的正常发育。本药剂可以有效地防治稻瘟病，对水稻纹枯病、小球菌核病玉米大、小斑病也有较好的防治效果，并兼治稻叶蝉、稻飞虱等害虫。

应用技术 本品适宜在水稻抽穗前使用，防治稻瘟病时，用40%乳油150～200ml/亩喷雾，每间隔7d施药1次，连续施药3次。防治苗、叶稻瘟病，在初发期喷1次，5～7d后再喷1次；防治穗颈瘟病，在水稻破口至齐穗期各喷1次；对前期叶瘟较重，田间菌源多，水稻生长嫩绿，抽穗不整齐的田块，在灌浆期应再喷1次，增进防治效果，预防叶稻瘟病应在发病前5～10d施药，穗颈瘟应在抽穗前7～20d施药。

另外，据资料报道还可用于防治水稻胡麻斑病，在病害发生初期，用40%乳油150～200ml/亩，加水50～60kg喷雾。

注意事项 异稻瘟净也是一种棉花脱叶剂，在邻近棉田使用时应注意。如喷雾不匀、浓度过高、药量过多的情况下，水稻幼苗会产生褐色药害斑，在防治稻瘟病的有效浓度下，有时在叶片上会产生褐色药害斑，特别对籼稻，但不影响产量。禁止与石硫合剂、波尔多液等碱性农药混用，也不能与亚氯酸钠混用。应贮藏在阴凉干燥处，应防止高温日晒，不得长期(半年以上)储放在铁桶内，以免变质，本品易燃，不能接近火种。本品耐雨水冲刷，喷药后6～9h降雨对药效影响不大。如本品沾染皮肤应立即清洗，误服或急性中毒，应立即送医院抢救，并进行催吐，洗胃注射阿托品和口服解磷啶，按有机磷中毒进行抢救和医治。

开发登记 上海悦联化工有限公司、天津市绿亨化工有限公司等企业登记生产。

吡嘧磷 pyrazophos

其他名称 吡菌磷；Afugan。

化学名称 O,O–二乙基–O–6–乙氧基甲酰–5–甲基吡唑(1,5a)–并嘧啶–2–基硫代磷酸酯。

结构式

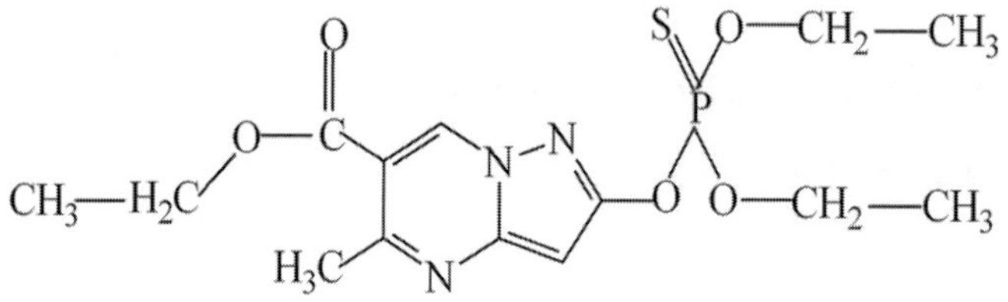

理化性质 纯品为无色结晶状固体，熔点51～52℃，凝固点(34±2)℃，沸点160℃开始分解，蒸气压0.22MPa(50℃)。相对密度1.348(25℃)。溶解度：水4.2mg/L(25℃)，易溶于大多数有机溶剂，如二甲苯、苯、四氯化碳、二氯甲烷、三氯乙烯，在丙酮、甲苯、乙酸乙酯中溶解度大于400g/L(20℃)，正己烷16.6g/L(20℃)。在酸碱介质中易水解。

毒　　性 大鼠急性经口LD_{50}为151～778mg/kg(取决于性别和载体)。大鼠急性经皮LC_{50}为2 000mg/kg；对兔皮肤无刺激作用，对兔眼睛有轻微刺激作用。大鼠急性吸入LC_{50}(4h)1 220mg/L空气，对鱼的毒性LC_{50}(96h，mg/L)：鲤鱼2.8～6.1，虹鳟鱼0.48～1.4，蓝鳃太阳鱼0.28。

剂　　型 30%乳油、30%可湿性粉剂。

作用特点 吡嘧磷是内吸性杀菌剂，具有较强的向顶性内吸传导作用，由叶和绿色茎吸收，并在植物体内传导。但是该药剂根吸收不良，因而不适于拌种和土壤施用，宜用做预防性喷洒，具有保护和治疗活性。在有效浓度下使用，残效期达3周以上，从而有效减少使用次数，对谷类、蔬菜、水果和观赏植物的白粉病均有效。吡嘧磷对真菌的作用与其非磷代谢物6–乙氧羰基–2–羟基–5–甲基吡唑(1, 5a)嘧啶(PP)有直接关系，该代谢物能强烈抑制菌丝的呼吸作用以及DNA、RNA的蛋白质的合成，也有研究报道主要抑制黑色素生物合成。

应用技术 资料报道，适用于禾谷类作物、蔬菜(如黄瓜、番茄、草莓等)、果树(如苹果、核桃、葡萄等)，推荐剂量下对作物安全(除某些葡萄品种外)。资料报道，用于防治各种白粉病，还可防治禾谷类作物的根腐病和云纹病等。

防治麦类白粉病，当小麦和大麦开始出现症状时，用30%乳油100～133ml/亩对水40～50kg喷洒，如果需要二次喷洒，应在不迟于孕穗后期进行；防治葫芦科植物白粉病，于病害发生初期，用30%乳油100ml/亩，对水40～50kg喷雾，每隔7d喷洒1次，喷洒与收获之间需要有3d的安全等待期；防治苹果白粉病，从苹果出现粉红色的小蓓蕾开始到6月下旬，以14d的间隔期喷洒，每次用30%乳油600～800倍液喷雾可有效地防治白粉病，安全期为14d；吡嘧磷还能兼治蚜虫、潜叶蝇等害虫。

注意事项 不能与碱性农药混用。在蜜源作物上要避免花期施用，避开蜜蜂活动高峰期。使用高浓度对蔷薇科植物易产生药害，使用低浓度时(0.015%)是安全的。使用时须充分注意，以免误食、误用，万一中毒，马上就医。

毒氟磷

化学名称 N-[2-(4-甲基苯并噻唑基)]-2-氨基-2-氟代苯基-O, O-二乙基磷酸酯。

结构式

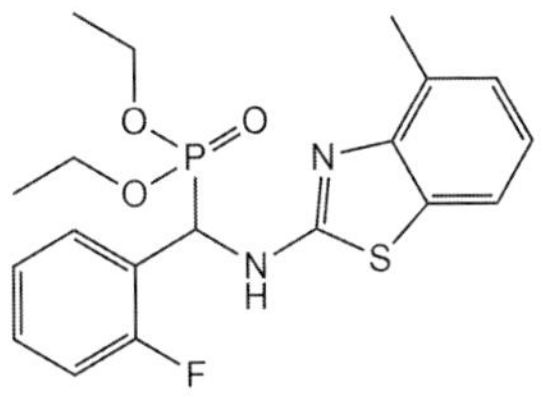

理化性质 纯品为无色晶体，其熔点为143～145℃。易溶于丙酮、二甲基亚砜等有机溶剂，22℃在水、二甲苯中的溶解度分别为0.04g/L、73.30 g/L。对光、热和潮湿均较稳定，遇酸和碱时逐渐分解。

剂　　型 30%可湿性粉剂。

作用特点 含氟氨基膦酸酯类新型抗植物病毒剂，通过激活作物水杨酸传导，提高其含量，增强抗病毒能力，对水稻黑条矮缩病、烟草、黄瓜、番茄病毒病具有良好的防治效果。

应用技术 主要用于防治番茄病毒病和水稻黑条矮缩病。

开发登记 广西田园生化股份有限公司、江西威牛作物科学有限公司登记生产。

灭菌磷 ditalimfos

其他名称 Dowe0199；M2452；亚胺菌磷；酞酰磷。

化学名称 O,O-二乙基邻苯二甲酰亚胺硫代磷酸酯。

结构式

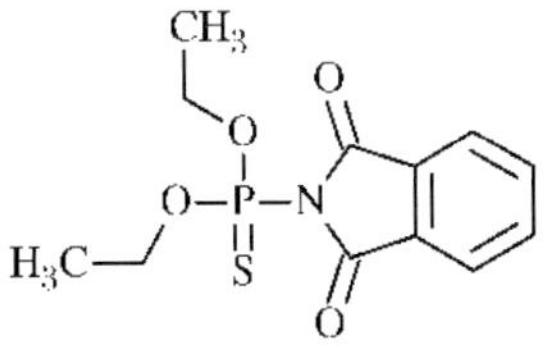

理化性质 产品为白色扁平晶体，溶于正己烷，环己烷和乙醇，易溶于苯、乙酸乙酯和二甲苯。

毒　　性 大鼠急性口服LD_{50}为5.66g/kg，雌大鼠为4.93g/kg，雄豚鼠为5.66g/kg，小鸡为4.5g/kg，兔急性经皮$LD_{50}>2$g/kg。对大鼠每天以51mg/kg剂量喂养120d，没有出现中毒症状，对野生生物低毒。

剂　　型 50%可湿性粉剂、20%乳剂等。

作用特点 为保护性杀菌剂，用于防治蔬菜和果树白粉病、苹果黑星病。

应用技术 资料报道，防治苹果白粉病，病害发生初期，用50%可湿性粉剂25～75g/亩，加水50kg喷雾；防治苹果黑星病，用50%可湿性粉剂50～100g/亩，加水50kg喷雾。

注意事项 可与非碱性杀菌剂混用，有时有轻度药害。

开发登记 1966年Dow Chemical Co. 推广，获有专利Belg P661891，BP1034493，现已停产。

绿稻宁 Cereton B

其他名称 德国拜耳公司 5468。

化学名称 O-甲基-O-环己基-S-对氯苯基硫代赶磷酸脂。

结 构 式

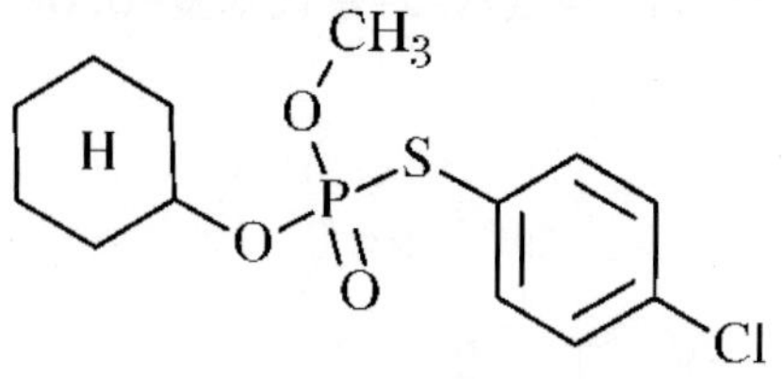

理化性质 原药为无色至淡黄色油状液体，不溶于水，溶于乙醇等有机溶剂。

剂　　型 1.5%、3%粉剂和可湿性粉剂，35%乳油等。

作用特点 预防稻瘟病，对飞虱、叶蝉、稻纵卷叶螟也有效。

应用技术 资料报道，防治稻瘟病，于病害发生初期用35%乳油500～800倍液，喷雾。

开发登记 1966年在日本开始试用。

乙酰苯菌膦

其他名称 Aphos。

化学名称 1-乙酰氧基-2,2,2-三氯乙基磷酸二苯酯。

结 构 式

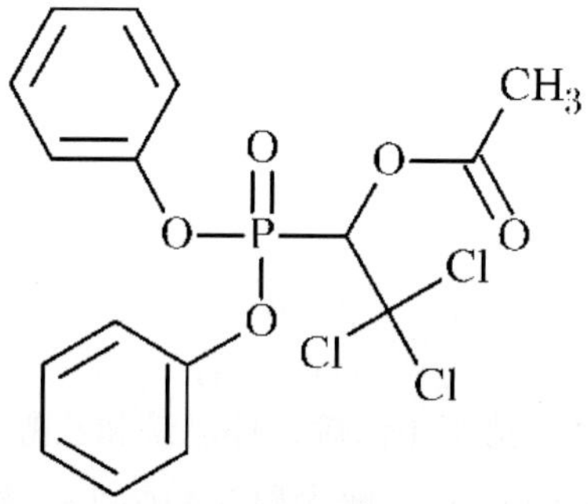

理化性质 熔点56～58℃，不溶于水，溶于有机溶剂。

剂　　型 50%乳油、44%超低容量喷雾剂。

作用特点 作为种子消毒剂，防治禾谷类作物的黑穗病。

应用技术 资料报道，用于种子处理，每100kg种子用50%乳油0.5kg拌种，可有效地防治大麦腥黑穗和燕麦坚黑穗病。

开发登记 苏联开发。

乙苯稻瘟净 ESPB

其他名称 F-254；枯瘟净。

化学名称 O-乙基-S-苯甲基苯基硫代磷酸酯。

结 构 式

理化性质 原药为淡黄色油状液体，密度1.17～1.18(20℃)，沸点152℃(3.6Pa)，溶于有机溶剂而不溶于水。

毒　　性 鼠急性口服LD_{50}为0.75g/kg，经皮LD_{50}为3.9g/kg。

剂　　型 4%粉剂、50%乳油、25%可湿性粉剂。

作用特点 防治稻瘟病、纹枯病和稻小粒菌核病等病害，兼具预防和治疗效果，但发病严重时效果较差，对作物几乎无药害。

应用技术 资料报道，防治稻瘟病、纹枯和稻小粒菌核病在发病初期施药有显著防治效果，用4%粉剂2～2.5kg/亩喷粉或用50%乳油700～1 000倍喷雾。

注意事项 不能与碱性物质混用，如与除草剂敌稗混用，可造成对水稻的药害。本药对稻米有遗留臭味，应在水稻抽穗前施用，对家蚕有毒害，应在采桑前7～10d施药较为安全。

开发登记 由日本日产化学公司开发，现已停产。

威菌磷 triamiphos

其他名称 三唑磷胺；WP 155；ENT-27223。

化学名称 5-氨基-3-苯基-1-(双-N-二甲基磷酰胺基)-1,2,4-三氮茂。

结 构 式

理化性质 白色无味固体，熔点167～168℃，在20℃水中的溶解度为0.25g/L，溶于大多数有机溶剂中，在中性或弱碱性条件下于室温时稳定，遇强酸则迅速水解，工业品纯度在99%以上，熔点166～170℃，不腐蚀容器，可与其他农药混用。

毒　　性 雄性大鼠急性口服LD_{50}为20mg/kg；白兔急性经皮LD_{50}为1.5～3g/kg。

剂　　型 25%可湿性粉剂、10%水乳剂。

作用特点 对白粉病的防治有内吸活性；它也有内吸性杀虫、杀螨剂的性质。

应用技术 资料报道，防治苹果白粉病，于病害发生初期用，25%可湿性粉剂1 000倍液喷于苹果树，有效期10d；防治玫瑰花白粉病，于病害发生初期，用10%水乳剂500倍液喷雾，在此浓度下对植物无毒，并且对野生生物无危害。

开发登记 1960年荷兰N.V.Philips-Duphar推广，现已停产。

十四、甲氧基丙烯酸酯类杀菌剂

(一)甲氧基丙烯酸酯类杀菌剂作用机制

甲氧基丙烯酸酯(Strobilurin)类杀菌剂来源于具有杀菌活性的天然抗生素Strobilurin A，自1969年发现其杀菌活性，历经20多年的结构优化，终于使得此类杀菌剂开发成功，在杀菌剂开发史上树立了继三唑类杀菌剂之后又一个新的里程碑。Strobilurin类杀菌剂首例上市时间为1996年，到目前为止，已有10个品种商品化，并得到了广泛的应用。

甲氧基丙烯酸酯类杀菌剂具有独特的作用机制，其通过锁住细胞色素b和c1之间的电子传递而阻止了细胞的ATP合成，通过抑制其线粒体呼吸而发挥抑菌作用，对1,4－脱甲基化酶抑制剂、苯甲酰胺类、二羧酰胺类和苯并咪唑类产生抗性的菌株有效。具有保护、治疗、铲除、渗透和内吸活性，而且能在植物体内、土壤和水中很快降解。尽管该类杀菌剂作用机制独特，但对于病原菌抗药性的产生依然具有很高的风险性。近年来，国外已有小麦白粉病菌产生抗性的报道。

(二)甲氧基丙烯酸酯类杀菌剂主要品种

嘧菌酯 azoxystrobin

其他名称 阿米西达；腈嘧菌酯；Heritage；安灭达；ICIA5504。

化学名称 (E)-{2-[6-(2-氰基苯氧基)嘧啶-4-基氧]苯基}-3-甲氧基丙烯酸甲酯。

结构式

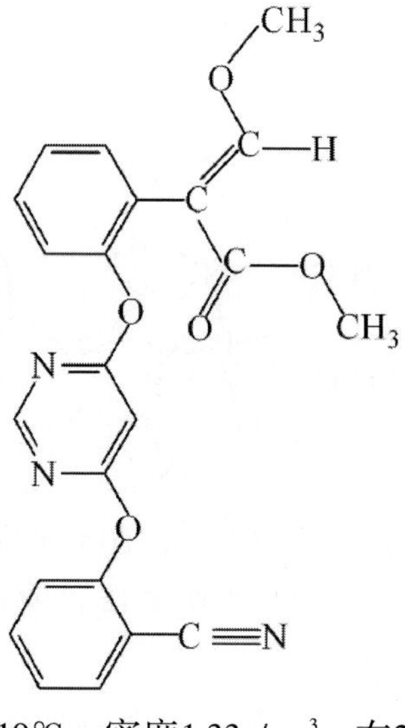

理化性质 白色结晶固体，熔点118～119℃，密度1.33g/cm^3。在25℃水中溶解度为10mg/L，蒸气压＜10μPa(20℃)。

毒性 雄、雌大鼠急性经口LD_{50}＞5g/kg，雄、雌大鼠急性经皮LD_{50}＞2g/kg。

剂型 25%悬浮剂、50%水分散粒剂、60%水分散粒剂、70%水分散粒剂、80%水分散粒剂。

作用特点 高效广谱杀菌剂，具有保护、治疗、铲除、渗透、内吸活性。药剂进入病菌细胞内，与线粒体上细胞色素b的Qo位点相结合，阻断细胞色素b和细胞色素c1之间的电子传递，从而抑制线粒体的呼吸作用，破坏病菌的能量合成，由于缺乏能量供应，病菌孢子萌发、菌丝生长和孢子的形成都受到抑制。该杀菌剂喷施到小麦叶片上24h和8d后，可被植物吸收20%和45%，并在植物体内向顶性输导和跨层转移，均匀分布。虽然内吸速度较慢，但喷施后2h降雨对药效没有影响。对多种植物病害都有很好的保护作用，但治疗和铲除作用的大小因病害而异。能够抑制真菌的分子孢子产生，减少再侵染来源。对14-脱甲基化酶抑制剂、苯甲酰胺类、二羧酰亚胺类和苯并咪唑类产生抗性的菌株有效。该杀菌剂能够增强植物的抗逆性，促进植物生长，具有延缓衰老，增加光合产物，提高作物产量和品质的作用。本品对主要的子囊菌、担子菌、半知菌和卵菌等植物病原菌的EC_{95}均小于1mg/L，目前在世界上已经登记防治的植物病害有400多种。对柄锈菌属、禾生球腔菌(小麦壳针孢)、颖枯壳针孢(小麦颖枯病菌)和圆核腔菌(大麦网斑病菌)有很好的防效，而且持效性好。对小麦和大麦叶部白粉病仅有一定的防效，对小麦穗部白粉病有很好防效，并对由丝核菌属(*R.cerealis*)引起的突发眼点病有高效。本品施用适期宽、环境条件宽松，对许多作物相当安全。一次用药可保持药效14d左右。

应用技术 该杀菌剂是一种超广谱的杀菌剂，对半知菌、子囊菌、担子菌、卵菌等真菌引起的多种病害都具有很好的防治效果。茎叶喷雾、种子处理、土壤处理，也可随稻田水处理。

防治大豆锈病，发病初期用25%悬浮剂40～60ml/亩对水40～50kg喷雾。

防治黄瓜蔓枯病、黑星病、白粉病，发病初期用25%悬浮剂60～90ml/亩对水40～50kg喷雾；黄瓜霜霉病、褐斑病，发病初期用25%悬浮剂40～60 ml/亩对水40～50kg喷雾；

防治西瓜、甜瓜炭疽病、蔓枯病，发病初期用25%悬浮剂800～1 600倍液喷雾；防治冬瓜霜霉病、炭疽病，丝瓜霜霉病，发病初期用25%悬浮剂48～90ml/亩对水40～50kg喷雾；防治番茄晚疫病、叶霉病，发病初期用25%悬浮剂60～90ml/亩对水40～50kg喷雾；防治番茄早疫病，发病初期用25%悬浮剂1 000～1 500倍液喷雾；防治辣椒疫病，发病初期用25%悬浮剂48g/亩对水60kg对辣椒茎基部喷雾；防治花椰菜霜霉病，发病初期用25%悬浮剂40～70ml/亩对水40～50kg喷雾；防治马铃薯晚疫病、早疫病、黑痣病，发病初期用25%悬浮剂35～60ml/亩对水40～50kg喷雾。

防治葡萄霜霉病、白腐病、黑痘病，发病初期用25%悬浮剂800～1 200倍液喷雾；防治柑橘疮痂病、炭疽病，发病初期用25%悬浮剂800～1 200倍液喷雾；防治香蕉叶斑病，发病初期用25%悬浮剂1 000～1 500倍液喷雾；防治芒果炭疽病，发病初期用25%悬浮剂1 200～1 600倍液喷雾。

防治菊科和蔷薇科观赏花卉白粉病，发病初期用25%悬浮剂1 000～2 500倍液喷雾；防治人参黑斑病，发病初期用25%悬浮剂40～60ml/亩对水40～50kg喷雾；防治草坪褐斑病、枯萎病，发病初期用25%悬浮剂27～53ml/亩对水40～50kg喷雾。

另外，据资料报道还可用于防治小麦白粉病，发病初期用25%悬浮剂30～50ml/亩对水40～50kg喷雾；防治稻瘟病、纹枯病，发病初期用25%悬浮剂30～50g/亩对水40kg喷雾；防治稻胡麻斑病，发病初期用25%悬浮剂40g/亩对水40kg喷雾。

注意事项 在推荐剂量下，除少数苹果品种(嘎啦品系)和烟草生长早期外，对作物安全，也不会影响种子发芽或栽播下茬作物。能在土壤中通过微生物和光学过程迅速降解，半衰期为1～4周。

开发登记 先正达南通作物保护有限公司、英国先正达有限公司登记生产。

氟嘧菌酯 fluoxastrobin

其他名称 Fandango。

化学名称 {2-[6-(2-氯苯氧基)-5-氟嘧啶-4-基氧基]苯基}(5,6-二氢-1,4,2-二恶嗪-3-基)甲酮-O-甲基肟。

结构式

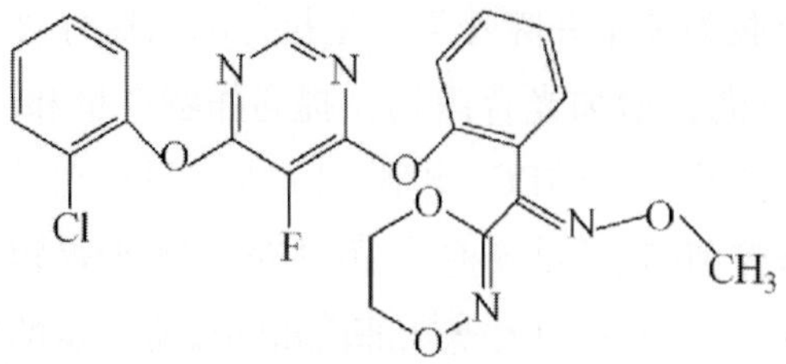

理化性质 纯品为白色结晶固体，熔点为75℃，蒸气压为6×10^{-10}Pa(20℃)，水中溶解度为2.29mg/L(20℃，pH7)。土壤中的降解半衰期为16～119d。

毒　　性 大鼠急性经口$LD_{50}>2\ 500$mg/kg，大鼠急性经皮$LD_{50}>2\ 000$mg/kg。对兔眼有刺激性，对兔皮肤无刺激作用，对豚鼠皮肤无过敏现象。

剂　　型 10%乳油。

作用特点 具有速效和持效期长双重特性，对作物具有很好的相容性，适当的加工剂型可进一步提高其通过角质层进入叶部的渗透作用。氟嘧菌酯应用适期广，无论在真菌侵染早期，如孢子萌发、芽管生长以及侵入叶部，还是在菌丝生长期都能提供非常好的保护和治疗作用；但对孢子萌发和初期侵染最有效。因具有优异的内吸活性，它能被快速吸收，并能在叶部均匀地向顶部传递，故具有很好的耐雨水冲刷能力。尽管它通过种子和根部的吸收能力较差，但用做种子处理剂时，对幼苗种传和土传病害虽具有很好的杀灭和持效作用，对大麦白粉病或网斑病等气传病害则效果很差。作用机理是线粒体呼吸抑制剂，即通过在细胞色素b和c1间电子转移抑制线粒体的呼吸。氟嘧菌酯具有广谱的杀菌活性，对几乎所有真菌(子囊菌、担子菌、卵菌和半知菌)病害，如锈病、颖枯病、网斑病、白粉病、霜霉病等数十种病害均有很好的活性。

应用技术 资料报道，用于防治禾谷类作物黑穗病、叶斑病、颖枯病、云纹病、褐斑病，用10%乳油5～10ml拌种100kg；防治马铃薯早疫病，发病初期用10%乳油15ml/亩对水40～50kg喷雾。

醚菌酯 kresoxim-methyl

其他名称 翠贝；Allegro；Candit；BAS490F；Cygnus；Discus；Kenbyo；Mentor；Sovran；Stroby。

化学名称 甲氧基亚氨基-α-(2-甲基苯氧基)-2-甲基苯基乙酸甲酯。

结构式

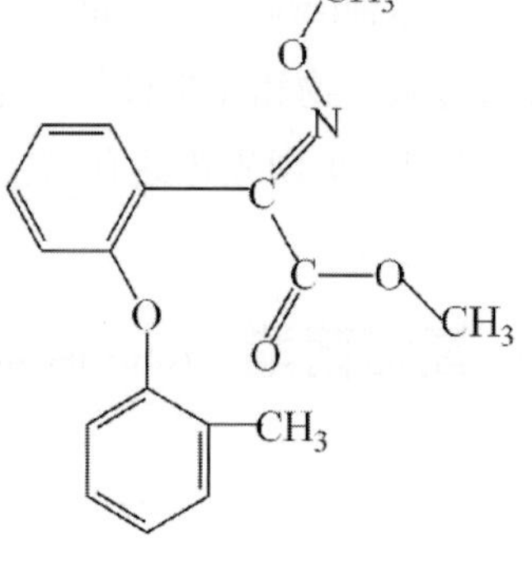

理化性质 纯品为白色具芳香性气味的结晶状固体，熔点101.6～102.5℃，相对密度1.258。蒸气压1.3×10^{-6}Pa(25℃)，水中溶解度2g/L(20℃)。

毒　　性 大鼠急性经口LD_{50}＞5 000mg/kg。大鼠急性经皮LD_{50}＞2 000mg/kg。大鼠急性吸入LC_{50}(4h)＞5.6mg/L。对兔眼睛和皮肤无刺激性。

剂　　型 50%水分散粒剂、30%可湿性粉剂、30%悬浮剂、50%可湿性粉剂、40%悬浮剂。

作用特点 具有保护、治疗、铲除、渗透、内吸活性。具有广谱的杀菌活性，主要表现为抑制真菌的孢子萌发，具有很好的抑制孢子萌发作用，阻止病害侵入发病，防治以保护作用为主。同时也有较强的渗透作用和局部移动的能力，具有局部治疗作用。醚菌酯作用于真菌的线粒体，与细胞色素b的Qo位点结合，阻止电子传递，抑制呼吸作用。不能在植物体内系统运输和二次分配。与其他常用的杀菌剂无交互抗性，比常规杀菌剂持效期长。对子囊菌纲、担子菌纲、半知菌类和卵菌亚纲等致病真菌引起的大多数病害具有保护、治疗和铲除活性。具有高度的选择性，对作物、人、畜及有益生物安全，对环境基本无污染。

应用技术 防治小麦白粉病、锈病，发病初期用30%悬浮剂40～70ml/亩对水40～50kg喷雾；防治小麦赤霉病，于小麦齐穗扬花初期、赤霉病初发期50%水分散粒剂均匀喷雾，制剂用药量为8～16g/亩。防治茶树炭疽病，发病初期用25%乳油1 000～2 000倍液喷雾。

防治黄瓜白粉病，发病初期用50%水分散粒剂15～20g/亩，每亩对水量为45～80kg喷雾。防治番茄早疫病，发病初期用30%悬浮剂40～60ml/亩对水40～50kg喷雾。

防治苹果斑点落叶病、黑星病，发病初期用50%水分散粒剂3 000～4 000倍液喷雾；防治梨树黑星病，发病初期用50%水分散粒剂3 000～5 000倍液喷雾；防治葡萄霜霉病，发病初期用30%悬浮剂2 500～3 500倍液喷雾；防治草莓白粉病，发病初期用50%水分散粒剂3 000～5 000倍液喷雾；防治香蕉轴腐病，发病初期用25%乳油1 000～2 000倍液喷雾。

另外，据资料报道还可用于防治甜瓜白粉病，发病初期用30%可湿性粉剂3 000倍液喷雾；防治辣椒白粉病，发病初期用50%水分散粒剂20g/亩对水40～50kg喷雾；防治白菜炭疽病，发病初期用25%乳油30～50ml/亩对水40～50kg喷雾；防治瓠瓜白粉病，发病初期用50%水分散粒剂3 000～4 000倍液喷雾；防治梨褐斑病，发病初期用50%水分散粒剂4 500～6 000倍液喷雾；防治香蕉叶斑病、黑星病，发病初期用25%乳油1 000～2 000倍液喷雾；防治芒果树炭疽病，发病初期用25%乳油1 000～2 000倍液喷雾；防治草坪褐斑病，发病初期用25%乳油1 000～2 000倍液喷雾。

开发登记 江苏耘农化工有限公司、京博农化科技有限公司、巴斯夫欧洲公司等企业登记生产。

啶氧菌酯 picoxystrobin

其他名称 Acanto。

化学名称 (E)-3-甲氧基-2-{2-[6-(三氟甲基)-2-吡啶氧甲基]苯基}丙烯酸甲酯。

结 构 式

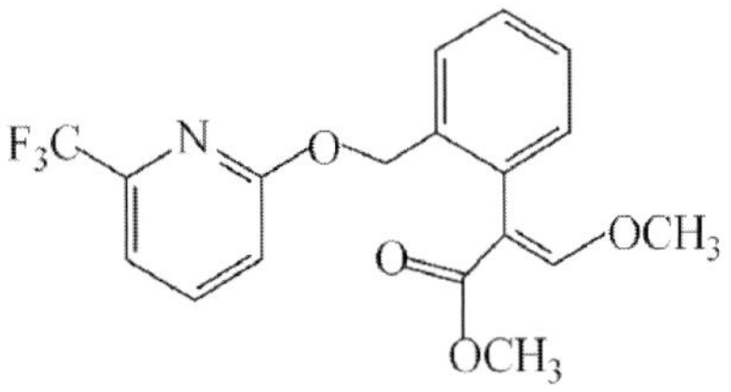

理化性质 纯品为白色粉状固体，熔点为75℃。相对密度为1.4(20℃)，蒸气压为5.5×10^{-3} MPa(20℃)，水中溶解度为0.128g/L(20℃)。

毒　性 大鼠急性经口$LD_{50} > 5\,000$mg/kg，大鼠急性经皮$LD_{50} > 2\,000$mg/kg，大鼠急性吸入LC_{50}(4h)为2.12mg/L。对兔皮肤和兔眼睛无刺激性。

剂　型 25%悬浮剂、22.5%悬浮剂、30%悬浮剂、50%水分散粒剂、50%水分散粒剂。

作用特点 广谱、内吸性杀菌剂，具有铲除、保护、渗透和内吸作用，其进入病菌细胞内，与线粒体上细胞色素b的Q0位点相结合，阻断细胞色素b和细胞色素c1之间的电子传递，从而抑制线粒体的呼吸作用，破坏病菌的能量合成，进而抑制病菌孢子萌发、菌丝生长以及孢子的形成。防治对14～脱甲基化酶抑制剂、苯甲酰胺类、二羧酰胺类和苯并咪唑类产生抗性的菌株有效。啶氧菌酯一旦被叶片吸收，就会在木质部中移动，随水流在运输系统中流动；它也在叶片表面的气相中流动并随着从气相中吸收进入叶片后又在木质部中流动。由于啶氧菌酯的内吸活性和熏蒸活性，因而施药后，有效成分能有效再分配及充分传递，因此啶氧菌酯比商品化的嘧菌酯和肟菌酯有更好的治疗活性。

应用技术 主要用来防治番茄灰霉病、黄瓜灰霉和霜霉病、辣椒炭疽病、葡萄黑痘和霜霉病、西瓜蔓枯病、炭疽病；香蕉黑星、叶斑病，芒果炭疽病、枣树锈病、茶树炭疽病等。另外还能防治铁皮石斛叶锈病。

防治番茄和黄瓜灰霉病、辣椒炭疽病等，用22.5%悬浮剂制剂量26～36ml/亩喷雾；防治黄瓜霜霉病，用22.5%悬浮剂制剂量30～40ml/亩喷雾；防治西瓜蔓枯病、炭疽病，用22.5%悬浮剂制剂量35～45ml/亩喷雾；防治葡萄黑痘病和霜霉病，1 500～2 000倍液喷雾。施用时期：西瓜、黄瓜、辣椒、葡萄、番茄：建议在作物发病前或发病初期使用，茎叶均匀喷雾全株。防治香蕉叶斑病、黑星病：建议在作物发病前或发病初期使用，喷雾处理（1 500～1 750倍液），用水量675L/ha。枣树锈病、茶树炭疽病，在发病前或发病初期用1 500～2 000倍液喷雾。芒果炭疽病：在芒果谢花后小果期施用1 500～2 000倍液喷雾。

资料报道，还可用于防治麦类的叶部病害，如叶枯病、叶锈病、颖枯病、褐斑病、白粉病等，与现有甲氧基丙烯酸酯类杀菌剂相比，对小麦叶枯病、网斑病和云纹病有更强的治疗效果，发病初期用25%悬浮剂70ml/亩对水40～50kg喷雾。

注意事项：本品不可与强酸、强碱性物质混用。药液及其废液不得污染各类水域、土壤等环境。温室大棚环境复杂，该产品不建议在温室大棚使用。遵守一般农药使用规则。施药时做好防护。

开发登记 美国杜邦公司、陕西美邦药业集团股份有限公司、浙江世佳科技有限公司等登记生产

吡唑醚菌酯 pyraclostrobin

其他名称 凯润；Headline；Insignia；Cabrio；Attitude；F500。

化学名称 N-{2-[1-(4-氯苯基)-1H-吡唑-3-基氧甲基]苯基}(N-甲氧基)氨基甲酸甲酯。

结构式

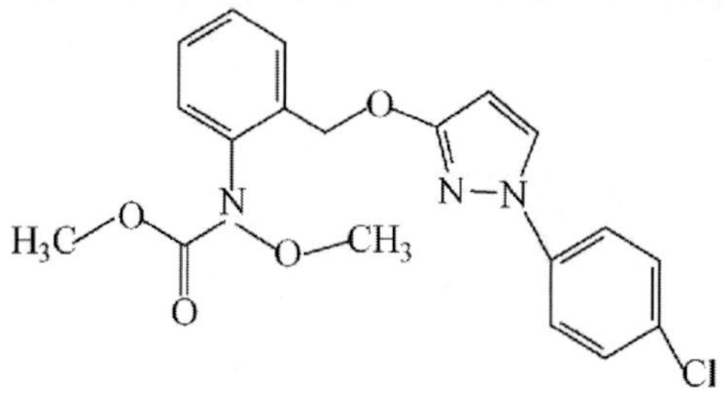

H_3C—O—C(=O)—N(—O—CH_3)—[苯基]—CH_2—O—[吡唑]—N—[4-氯苯基]—Cl

理化性质 纯品为白色或灰白色晶体，熔点为63.7～65.2℃，蒸气压为2.6×10^{-8}Pa(20℃)。水中溶解度为1.9mg/L(20℃)。

毒　　性 大鼠急性经口LD_{50}＞5 000mg/kg。大鼠急性经皮LD_{50}＞2 000mg/kg。对兔眼睛无刺激性，对兔皮肤有刺激性。对兔、大鼠无潜在致畸性，对鼠无潜在致癌性。

剂　　型 20%粒剂、200g/L浓乳剂、50%水分散粒剂、30%水分散粒剂、20%水分散性粒剂、25%乳油、9%微囊悬浮剂、20%微囊悬浮剂、25%微囊悬浮剂、25%悬浮剂、30%悬浮剂；25%可湿性粉剂、20%可湿性粉剂。

作用特点 吡唑醚菌酯具有更宽的杀菌谱和更高的杀菌活性，同时具有保护和治疗作用。可改善作物品质，增加叶绿素含量，增强光合作用，降低植物呼吸作用，增加碳水化合物积累。提高硝酸还原酶活性，增加氨基酸及蛋白质的积累，提高作物对病菌侵害的抵抗力。促进超氧化物歧化酶的活性，提高作物的抗逆能力。对黄瓜霜霉病、黄瓜白粉病、黄瓜炭疽病，葡萄霜霉病、小麦白粉病、赤霉病、锈病、水稻纹枯病、稻瘟病、草莓白粉病、灰霉病、苹果褐斑病、斑点落叶病、西瓜和姜炭疽病、马铃薯晚疫病、香蕉黑星病、枸杞白粉病等均有较好的防效。同其他的甲氧基丙烯酸酯类杀菌剂的作用机理一样，也是一种线粒体呼吸抑制剂。它通过阻止细胞色素b和c1间电子传递而抑制线粒体呼吸作用，使线粒体不能产生和提供细胞正常代谢所需要的能量(ATP)，最终导致细胞死亡。具有较强的抑制病菌孢子萌发能力，对叶片内菌丝生长有很好的抑制作用，其持效期较长，并且具有潜在的治疗活性。该化合物在叶片内向叶尖或叶基传导及熏蒸作用较弱，但在植物体内的传导活性较强，总之，吡唑醚菌酯具有保护作用、治疗作用、内吸传导性和耐雨水冲刷性能，且应用范围较广。可有效地防治由子囊菌、担子菌、半知菌和卵菌等真菌引起的作物病害。虽然吡唑醚菌酯对所测试的病原菌抗药性株系均有抑制作用，但它的使用还应以推荐剂量并同其他无交互抗性的杀菌剂在桶中现混现用或者直接应用其混剂，并严格限制每个生长季节的用药次数，以延缓抗性的发生和发展。该化合物不仅毒性低，对非靶标生物安全，而且对使用者和环境均安全友好，在推荐使用剂量下，绝大部分试验结果表明对作物无药害，但对极个别美洲葡萄和梅品种在某一生长期有药害。

应用技术 防治水稻稻瘟病，用9%微囊悬浮剂56～73ml/亩喷雾。防治水稻穗颈瘟时，于水稻破口初期用药1次，依据病害情况，水稻齐穗期可再用药1次，但用药最迟不能晚于盛花期；防治水稻叶瘟时，低剂量最早可于分蘖末期且稻田覆盖率达60%以上使用，若稻田覆盖率大于75%，可使用高剂量。防治水稻纹枯病，发病前或初期开始施药，58～66ml/亩，喷雾均匀。

防治黄瓜霜霉病、白粉病，发病初期用25%乳油20～40ml/亩对水40～50kg喷雾，一般喷药3～4次，间隔7d喷1次药；防治白菜炭疽病，发病初期用25%乳油30～50ml/亩对水40～50kg喷雾。

防治马铃薯晚疫病发病初期用20%微囊悬浮剂30～50ml/亩，均匀喷雾。

防治茶树炭疽病，发病初期用25%乳油1 000～2 000倍液喷雾。

防治香蕉叶斑病、黑星病、轴腐病、炭疽病，发病初期用25%乳油1 000～2 000倍液喷雾；防治芒果树炭疽病，发病初期用25%乳油1 000～2 000倍液喷雾。

防治草坪褐斑病，发病初期用25%乳油1 000～2 000倍液喷雾。

资料报道，防治小麦斑枯病、叶锈病，大麦云纹病，发病初期用20%水分散粒剂20～40g/亩对水40～50kg喷雾；防治豆类叶斑病、锈病、炭疽病，发病初期用20%水分散粒剂25g/亩对水40～50kg喷雾，间隔8～18d，连喷2～5次；防治花生褐斑病、黑斑病、锈病和疮痂病，发病初期用20%水分散粒剂50g/亩对水40～50kg喷雾，间隔7d，施药2～3次；防治番茄早疫病、晚疫病、白粉病和叶枯病，发病初期用20%水分散粒剂30～50g/亩对水40～50kg喷雾，间隔7d，连续施药3～5次；防治马铃薯早疫病、白粉病和叶枯病，发病初期用20%水分散粒剂30～50g/亩对水40～50kg喷雾，间隔7d，连续施药3～5次；防治葡萄白粉病、霜霉病，发病初期用20%水分散粒剂1 000倍液喷雾，间隔12～14d，连续施药5～7次；防治柑橘疮痂病、树脂病、黑腐病，发病初期用20%水分散粒剂4 000倍液喷雾，间隔34～58d，连喷2～3次。

开发登记 1993年由巴斯夫公司开发，专利公开日期1996年1月11日；巴斯夫欧洲公司、广东德利生物科技有限公司等企业登记生产。

肟菌酯 trifloxystrobin

其他名称 Aprix；Compass；Consist；Dexter；Swift；Tega。

化学名称 (E)-甲氧亚胺-{(E)-α-[1-(α,α,α-三氟间甲苯基)乙亚胺氧]邻甲苯基}乙酸甲酯。

结构式

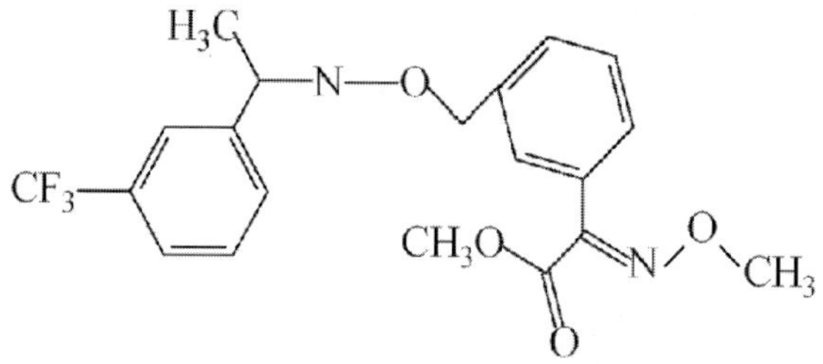

H_3C N O CF_3 CH_3O N O CH_3 O

理化性质 白色无臭固体，熔点为72.9℃，沸点大约312℃(285℃开始分解)。蒸气压3.4×10^{-6}Pa(25℃)。在pH值5水溶液中稳定，在pH值7水溶液中DT_{50}为11.4周。光解DT_{50}为31.5h(pH值7，25℃)。

毒　　性 大鼠急性经口$LD_{50}>5\ 000$mg/kg，大鼠急性经皮$LD_{50}>2\ 000$mg/kg。大鼠急性吸入LC_{50}(4h)>4 646mg/m^3。对兔眼睛和皮肤无刺激。无致畸、致癌、致突变作用，对遗传亦无不良影响。

剂　　型 7.5%乳油、12.5%乳油、25%干悬浮剂、45%干悬浮剂、25%悬浮剂、50%悬浮剂、45%可湿性粉剂、50%可湿性粒剂、40%悬浮剂、50%水分散粒剂。

作用特点 具有广谱、渗透、快速吸收分布的特点，作物吸收快加之其具有向上的内吸性，故耐雨水冲刷性能好、持效期长，因此被认为是第2代甲氧基丙烯酸酯类杀菌剂。它是线粒体呼吸抑制剂，与吗啉类、三唑类、苯胺基嘧啶类、苯基吡咯类、苯基酰胺类(如甲霜灵)无交互抗性。肟菌酯主要用于茎叶处理，保护活性优异，且具有一定的治疗活性，且活性不受环境影响，应用最佳期为孢子萌发和发病初期阶段，但对黑星病各个时期均有活性。

应用技术 肟菌酯具有广谱的杀菌活性。除对白粉病、叶斑病有特效外，对锈病、霜霉病、立枯病、苹果黑星病亦有很好的活性，还具有一定的杀虫活性。

防治苹果树褐斑病于发病初期用50%水分散粒剂7 000～8 000倍液喷雾，注意喷雾均匀、周到，以确保药效。

防治番茄早疫病于发病前或发病初期用50%水分散粒剂8～10g/亩，均匀喷雾。

防治葡萄白粉病，发病前或初见零星病斑时用50%水分散粒剂3 000～4 000倍液喷雾。

防治水稻稻曲病、稻瘟病、水稻纹枯病等，于病害发病前或发生初期用60%水分散粒剂9～12g/亩均匀喷雾。

防治香蕉叶斑病于发病初期用40%悬浮剂5 000～6 000倍液均匀喷雾。

防治辣椒炭疽病、马铃薯晚疫病用40%悬浮剂25～37.5ml/亩植株叶面喷雾。

另外，据资料报道还可用于防治麦类白粉病、锈病，发病初期用25%悬浮剂26.8～50g/亩对水40～50kg喷雾。防治黄瓜霜霉病，发病初期用25%悬浮剂30～50ml/亩对水40～50kg喷雾。也可防治观赏玫瑰白粉病和柑橘树炭疽病。

开发登记 陕西美邦药业集团股份有限公司、陕西华戎凯威生物有限公司、江苏耘农化工有限公司等企业登记生产。

烯肟菌酯 enestroburin

其他名称 佳斯奇。

化学名称 (E)-2-[2-[3-(4-氯苯基)-1-甲基丙烯-2-基]亚氨基]氧基]甲基]苯基]-3-甲氧基丙烯酸甲酯。

结构式

CH_3 N O OCH$_3$ Cl O CH$_3$ O

理化性质 原药为棕褐色黏稠状物，易溶于丙酮、三氯甲烷、乙酸乙醚、乙醚，微溶于石油醚，不溶于水。对光、热比较稳定。

毒　　性 大鼠急性经口LD_{50}为1 470mg/kg，大鼠急性经皮LD_{50}＞2 000mg/kg。

剂　　型 25%乳油。

作用特点 该药是以天然抗生素为先导化合物开发的新型农药，该品种具有杀菌谱广、具有内吸性、活性高、毒性低、与环境相容性好等特点。作用机理是抑制真菌线粒体的呼吸，通过细胞色素bc1复合体的Q_0部位的结合，抑制线粒体的电子传递，从而破坏病菌能量合成，起到杀菌作用，对由鞭毛菌、接合菌、子囊菌、担子菌及半知菌引起的病害均有很好的防治作用。

应用技术 能有效地控制小麦白粉病、黄瓜霜霉病、番茄晚疫病、马铃薯晚疫病、葡萄霜霉病、苹果斑点落叶病的发生与为害，与苯基酰胺类杀菌剂无交互抗性。

防治黄瓜霜霉病，发病初期用25%乳油27～53ml/亩对水40～50kg喷雾。

另外，据资料报道还可用于防治小麦白粉病、白菜霜霉病、番茄晚疫病、马铃薯晚疫病，发病初期用25%乳油26～53g/亩对水40～50kg喷雾；防治苹果斑点落叶病及葡萄霜霉病等，发病初期用25%乳油2 000～3 000倍液喷雾。

开发登记 沈阳科创化学品有限公司登记生产。

烯肟菌胺 srp-1620

其他名称 高扑。

化学名称 N-甲基-2-[2-(1-甲基-3-(2, 6-二氯苯基)-2-亚丙烯基)氨基)氧基)甲基)苯基]-2-甲氧基亚氨基乙酰胺。

结 构 式

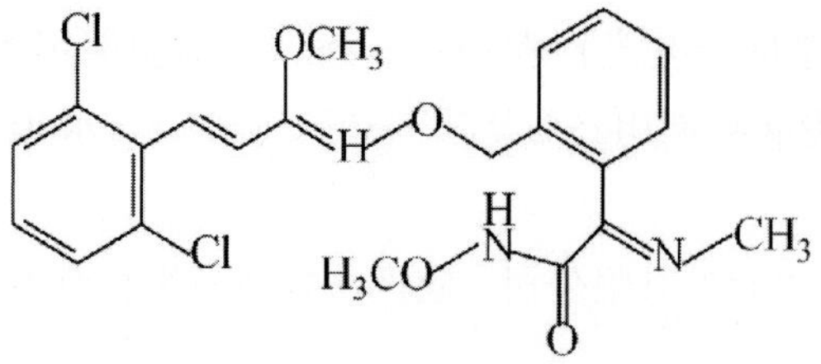

理化性质 纯品外观为白色固体，熔点131～132℃，在常温下稳定。

毒　　性 大鼠急性经口LD_{50}＞4 640mg/kg，大鼠急性经皮LD_{50}＞2 000mg/kg。

剂　　型 5%乳油。

作用特点 杀菌谱广、活性高、具有保护和治疗作用，与环境相容性好，低毒，无致癌、致畸作用，对由鞭毛菌、接合菌、子囊菌、担子菌及半知菌引起的多种病害有良好的防治作用。

应用技术 对小麦白粉病、叶锈病、条锈病，黄瓜白粉病，具有非常优异的防治效果。

防治小麦白粉病，发病初期用5%乳油50～100ml/亩对水40～50kg喷雾。

防治黄瓜(温棚)白粉病，发病初期用5%乳油50～100ml/亩对水40～50kg喷雾。

开发登记 沈阳科创化学品有限公司登记生产。

苯氧菌胺 metominostrobin

化学名称 (E)-2-甲氧亚氨基-N-甲基-2-(2-苯氧苯基)乙酰胺。

结 构 式

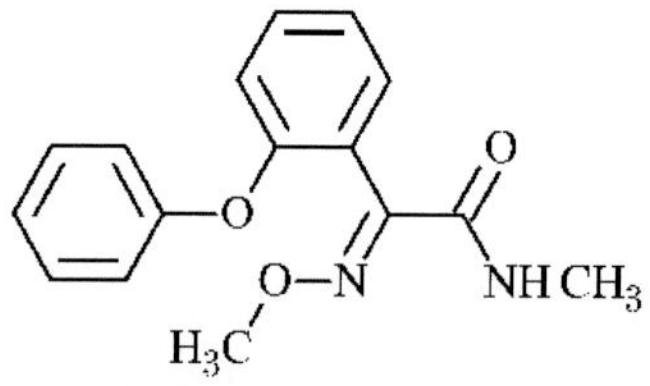

理化性质 纯品为白色结晶状固体，熔点89℃。相对密度1.27～1.30(20℃)，蒸气压1.8×10^{-5}Pa(25℃)。溶解度(20℃，g/L)：水0.128，二氯甲烷1 380，氯仿1 280，二甲亚砜940。对热、酸、碱稳定，遇光稍有分解。

毒　　性 大鼠急性经口LD_{50}雄为776mg/kg，雌为708mg/kg。大鼠急性经皮LD_{50}＞2 000mg/kg，急性吸入LC_{50}(4h)＞1 880mg/L，对兔皮肤无刺激。

作用特点 为线粒体呼吸抑制剂，即通过在细胞色素b和c1间电子转移抑制线粒体的呼吸。对14-脱甲基化酶抑制剂、苯甲酰胺类、二羧酰胺类和苯并咪唑类产生抗性的菌株有效，具有保护、治疗、铲除、渗透、内吸活性。

应用技术 资料报道，苯氧菌胺是一种新型的广谱、保护和治疗活性兼有的内吸性杀菌剂。防治水稻稻瘟病有特效，在稻瘟病未感染或发病初期施用，使用剂量为100～130g(有效成分)/亩。

Orysastrobin

化学名称 (2E)-2-(甲氧亚氨基)-2-(2-[(3E,5E,6E)-5-(甲氧亚氨基)-4,6-二甲基-2,8-二氧-3,7-二氮-3,

6–二烯–1–基]苯基)–N–甲基乙酰胺。

结 构 式

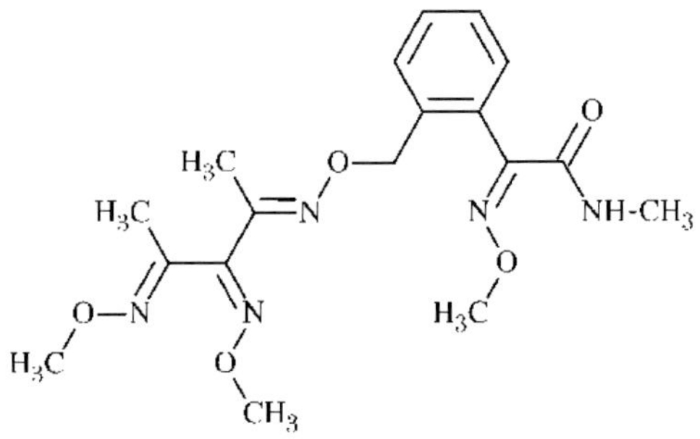

毒　　性 其毒性较大，对大鼠急性经口LD_{50}为365mg/kg，对水蚤LC_{50}为1.3mg/L，对虹鳟鱼LC_{50}为0.89mg/L。

作用特点 一种新型甲氧基丙烯酸酯类杀菌剂，水稻用内吸性杀菌剂，对水稻主要病害，如叶瘟、穗瘟及纹枯病高效，兼具保护和治疗效果，且对作物非常安全。

开发登记 由巴斯夫公司开发。

Isopyrazam

化学名称 syn–isomers：3–(二氟甲基)–1–甲基–N–[(1RS, 4SR, 9RS)–1,2,3,4–四氢–9–异丙基–1,4 亚甲基–5基]吡唑–4–甲酰胺；anti–isomers：3–(二氟甲基)–1–甲基–N–[(1RS, 4SR, 9SR)–1,2,3,4–四氢–9–异丙基–1, 4–亚甲基–5–基]吡唑–4–酰胺；上述两种异构体的混合物。

结 构 式

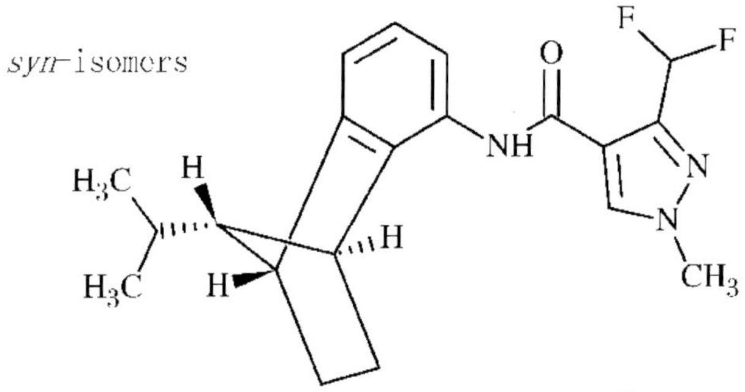

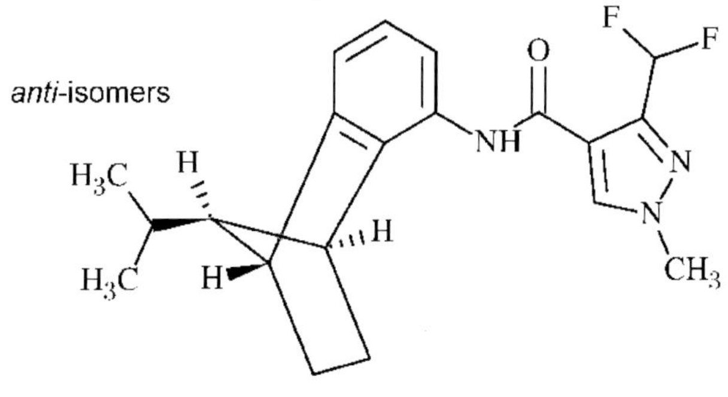

syn-isomers

anti-isomers

作用特点 Isopyrazam的作用机理尽管与甲氧基丙烯酸酯类杀菌剂相似，是呼吸抑制剂，但属于丙酮酸脱氢酶抑制剂，与三唑类杀菌剂和甲氧基丙烯酸酯类杀菌剂无交互抗性，其持效期比三唑类杀菌剂长1~2周，应用时主要与三唑类杀菌剂混用。田间试验结果表明：Isopyrazam不仅有效地防治麦类重要的病害，如锈病、颖枯病、叶枯病等，也可以用于果树和蔬菜病害的防治，更重要作用促进作物增产。

开发登记 先正达公司开发，含有该有效成分的混剂botima已在英国获得批准，先正达公司预计2011年推广此产品。

唑菌酯 pyraoxystrobin

其他名称 SYP-3343。

化学名称 (E)-2-(2-((3-(4-氯苯基)-1-甲基-1H-吡唑-5-氧基)甲基)苯基)-3-甲氧基丙烯酸甲酯。

结构式

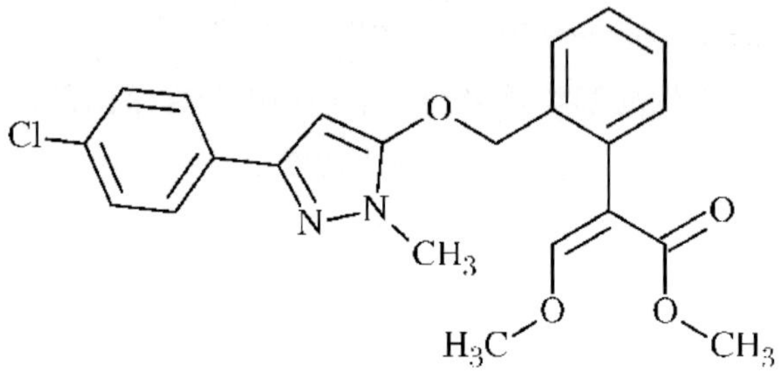

理化性质 原药外观为白色结晶固体。极易溶于二甲基甲酰胺、丙酮、乙酸乙酯、甲醇，微溶于石油醚，不溶于水，在常温下储存稳定。

毒　　性 大鼠急性经口LD_{50}为1 022.24(雌) mg/kg，999.95(雄)mg/kg；大鼠急性经皮LD_{50} >2 150mg/kg。

剂　　型 20%悬浮剂。

作用特点 同其他甲氧基丙烯酸酯类杀菌剂一样，作用机理为呼吸抑制剂，不仅对霜霉病、白粉病、灰霉病、稻瘟病等有很好的防治效果，同时具有一定的杀虫、杀螨活性，可达到病虫兼治的目的。

应用技术 防治黄瓜霜霉病，用20%悬浮剂1 000～2 000倍液喷雾。

开发登记 沈阳化工研究院开发，沈阳科创化学品有限公司登记生产。

唑胺菌酯 pyrametostrobin

其他名称 SYP-4155。

化学名称 N-[2-[(2,4-二甲基-5-苯基吡唑-3-基)氧基甲基]苯基]-N-甲氧基氨基甲酸甲酯。

结构式

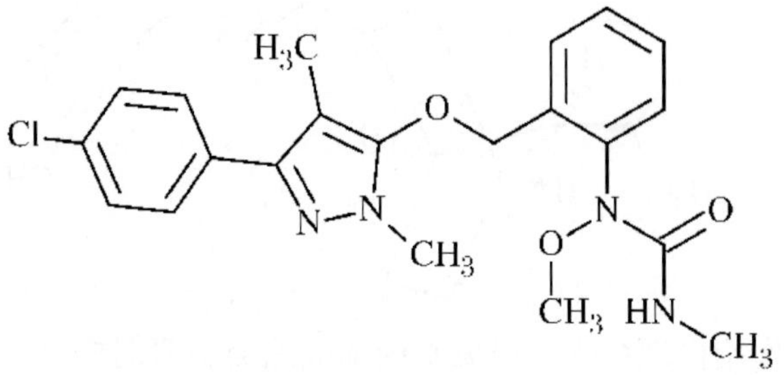

作用特点 作用机理为呼吸抑制剂，唑胺菌酯对白粉病等有很好的防治效果。

开发登记 沈阳化工研究院开发。

丁香菌酯 coumoxystrobin

化学名称 (E)-2-(2-((3-丁基-4-甲基-香豆素-7-基氧基)甲基)苯基)-3-甲氧基丙烯酸甲酯。

结构式

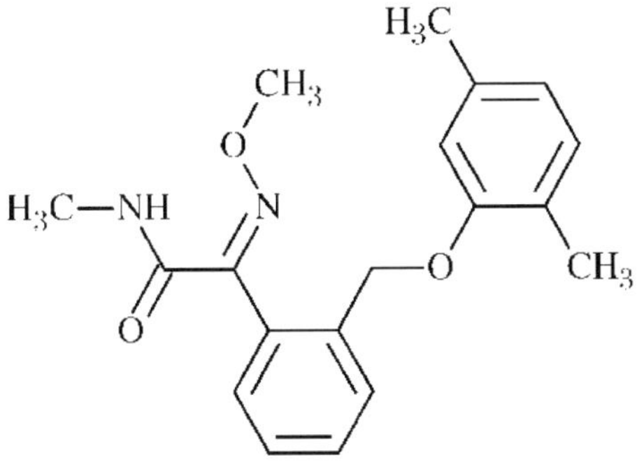

毒　　性 大鼠急性经口LD_{50}(mg/kg)为926(雌)、1 260(雄)；大鼠急性经皮LD_{50}为2 150mg/kg。

作用特点 通过组织细胞色素b和c1之间的电子传递，抑制了线粒体的呼吸，是一种线粒体呼吸抑制剂。可用于防治苹果轮纹病、炭疽病、腐烂病，水稻稻瘟病、稻曲病、纹枯病，黄瓜霜霉病、白粉病，瓜类晚疫病、叶斑病、黑星病，棉花黄萎病枯萎病，油菜菌核病等多种病害。

应用技术 防治苹果腐烂病，用20%悬浮剂150～200倍液进行病斑涂抹。

开发登记 沈阳化工研究院开发，沈阳科创化学品有限公司登记生产。

氯啶菌酯 triclopyricarb

其他名称 SYP-7017。

化学名称 N-甲氧基-N-{2-[(3,5,6-三氯吡啶-2-氧基)甲基]苯基}氨基甲酸甲酯。

结 构 式

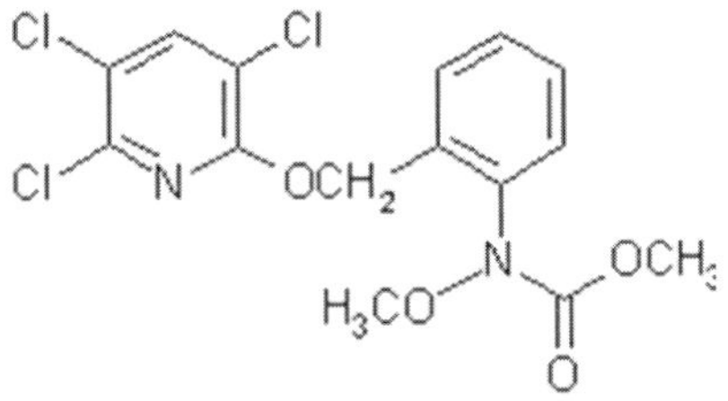

理化性质 原药（纯度 >95%）为灰白色无味粉末，熔点94～96℃，酸度 < 0.04%（以硫酸计），相对密度1.352。其溶解度为甲醇14g/L、甲苯323g/L、丙酮219g/L、四氢呋喃542g/L、水0.084mg/L。在酸性（pH5.7）条件中不稳定，在碱性（pH9）、高温（50℃）条件下易水解。燃点268.4℃，不易燃。它具有氧化性，但无腐蚀性。

毒　　性 急性经口LD_{50} 5 840mg/kg，急性经皮LD_{50} >2 150mg/kg，低毒。

作用特点 本品为甲氧基丙烯酸酯类杀菌剂,其作用机理是抑制病菌线粒体的呼吸，可用于防治小麦白粉病。

剂　　型 95%原药、20%悬浮剂、15%乳油。

应用技术 防治小麦白粉病，于病害发病初期用20%悬浮剂15～25ml/亩对水喷雾，每亩用水40～

50kg。使用1～2次，施药间隔期7～10d。小麦上的安全间隔期为28d，每季最多使用2次。也可用15%乳油15～25ml/亩对水均匀喷雾防治小麦白粉病。

注意事项 对鱼类等水生生物有毒，不宜与碱性物质混用。

开发登记 沈阳化工研究院创制，江苏宝灵化工股份有限公司登记。

苯醚菌酯 phenothrin

化学名称 (E)2–[2–(2,5–二甲基苯氧基甲苯)–苯基]–3–甲氧基丙烯酸甲酯。

结构式

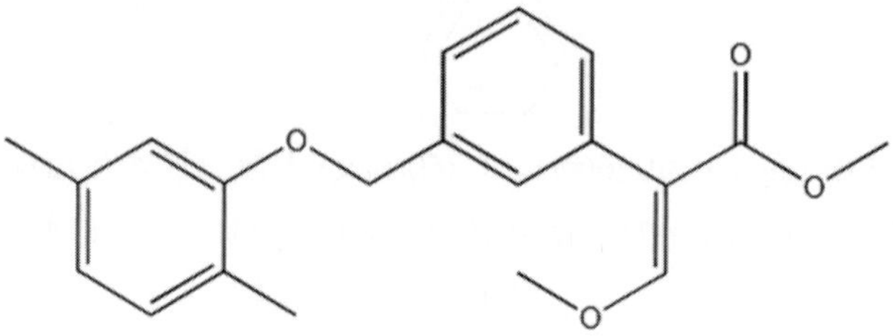

理化性质 外观为白色粉末，熔点108～110℃，蒸气压(25℃)1.5×10^{-6}Pa，溶解度(g/L，20℃)甲醇15.56、乙醇11.04、二甲苯24.57、丙酮143.61，在水中易溶解。在极端的酸、碱条件下会逐渐分解。对光、热稳定。

毒性 急性经口LD_{50} >5 000mg/kg，急性经皮LD_{50} >2 000mg/kg，低毒，对家兔皮肤无刺激性，对眼睛有轻度刺激性。豚鼠皮肤变态反应试验结果属弱致敏物。Ames试验、小鼠骨髓细胞微核试验、小鼠睾丸细胞染色体畸变试验均为阴性。

作用特点 甲氧基丙烯酸甲酯类光谱、内吸杀毒剂，杀菌活性高、兼具保护和治疗作用的特点。

剂型 98%原药、10%悬浮剂。

应用技术 防治黄瓜白粉病，用10%悬浮剂稀释5 000～10 000倍均匀喷雾，在发病初期进行第一次喷雾处理。每隔7d左右施1次药，施药2次。每公顷对水量1 000L，以喷雾至叶面湿润而不滴水为宜。本品在黄瓜作物上安全间隔期为3d，每个作物周期最多使用2次。

注意事项 不可与强酸、强碱性农药混用。对鱼等水生生物高毒，施药请远离水产养殖区。

开发登记 浙江禾田化工有限公司开发并登记。

异硫氰酸烯丙酯 Allylisothiocyanate

其他名称 异硫代氰酸烯丙酯。

化学名称 3–异硫氰基–1–丙烯。

结构式

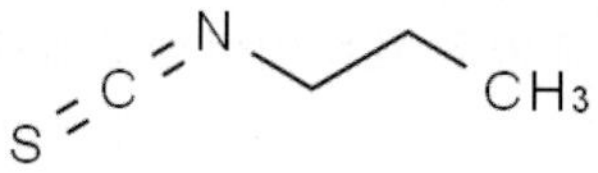

S=C=N–CH₂–CH₂–CH_3

理化性质 无色至淡黄色油状液体。有刺激的芥子气味。能使皮肤起疱，对肺有害。密度1.012 6。沸点152℃。微溶于水。溶于乙醇、乙醚和二硫化碳。溶于乙醇时能起反应而变质。

毒　　性 大鼠急性经口 LD_{50} 112ml/kg，小鼠 LD_{50} 308ml/kg。中等毒。

作用特点 对根结线虫及土传病害具有熏蒸、触杀作用。

剂　　型 70%母药、80%母药、20%可溶液剂、20%水乳剂。

应用技术 防治番茄根结线虫，可用20%可溶液剂2～3L/亩，在番茄定植30d前，地面开沟，沟深15~20cm，每亩对水500倍均匀施于沟内，盖土压实后，覆盖地膜进行熏蒸处理15d以上，散气后即可移栽。也可用20%水乳剂进行防治，先浇清水（浇水量确保3t/亩），按亩用本品3～5L对水均匀泼浇或喷淋（对水量应不低于250L水/亩），同时覆盖塑料薄膜并四周压土，踩实。保持密闭熏蒸处理10～15d后揭膜，散气7～10d后即可移栽番茄。每季作物最多施药1次。

注意事项 对鱼类、藻类等水生生物毒性高，水产养殖区、河塘等水体附近禁止施药，不能与碱性农药等物质混用。

开发登记 江苏腾龙生物药业有限公司、北京亚戈农生物药业有限公司登记。

十五、三唑类杀菌剂

(一)三唑类杀菌剂作用机制

自拜耳公司1973年研制成功第一个商品化的杀菌剂三唑酮之后，三唑类杀菌剂的发展就成为人们关注的焦点。其发展之快、数量之多，是以往任何杀菌剂所无法比拟的。目前，这类杀菌剂已有40多个品种商品化。近年来，此类化合物开发的重点是杀菌谱广和具有环境相容性等。

三唑类杀菌剂与其他内吸性杀菌剂具有不同的作用机制，其主要通过阻碍真菌麦角甾醇的生物合成而影响真菌细胞壁的形成，对为害作物生长的多数真菌病害均有良好的防治效果。多数三唑类杀菌剂具有高效、广谱、长效、强内吸性以及选择性活性特点。

三唑类杀菌剂同时还具有一定的植物生长调节活性(如多效唑、抑芽唑和烯效唑等)，其通过抑制植物体内赤霉素的合成，消除植物顶端优势，具有增产、早熟、抗倒、抗逆等多种功能。但是，三唑类杀菌剂是内吸治疗型杀菌剂，作用机制和作用位点单一，长期频繁地使用，病害已对其产生了较严重的抗性，不少三唑类杀菌剂由于抗性问题已失去了原有的高效性。如用三唑酮防治草莓白粉病，用量少防效低，用量大则易产生药害，抑制草莓生长，导致减产。此外，三唑类杀菌剂只对真菌起作用，对细菌及病毒无活性。植物病害往往是多种病害同时发生，因此使用三唑类杀菌剂需要配合其他杀菌剂或防病毒剂才能有良好的综合防治效果。

(二)三唑类杀菌剂主要品种

三唑酮 triadimefon

其他名称 粉锈宁；立菌克；菌克灵；代世高；去锈；百菌酮；百理通(Bayleton)；Tilitone；Amiral；Rofon；Bay-MEB6447；Bayer 6588。

化学名称 1-(4-氯苯氧基)-3,3-二甲基-1-(1H-1,2,4-三唑-1-基)-2-丁酮。

结 构 式

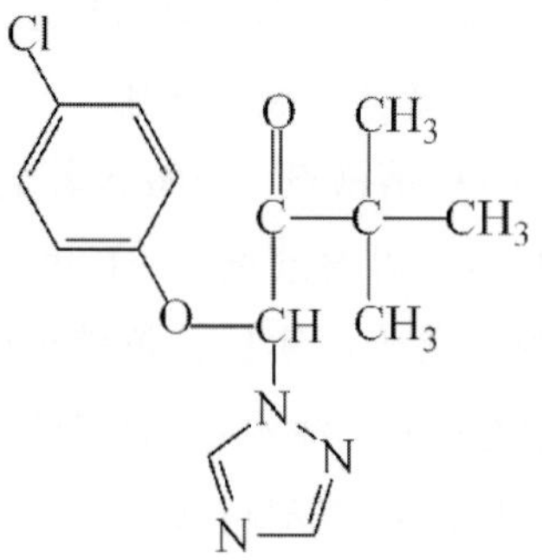

理化性质 纯品为无色结晶体。熔点：82.3℃(纯品)，>70℃(原粉)。蒸气压：20℃时，<7.5μPa；40℃时为1.5MPa。溶解度(约20℃时，100g溶剂中溶解的克数)：二氯甲烷大于120；环己酮60～120；甲苯40～60；异丙醇20～40；石油醚(80～110℃)0～1；水0.007(700mg/L)。对酸碱(pH1～13)稳定。

毒　　性 属低毒类农药，对哺乳动物、鸟禽、鱼、蜜蜂等低毒，对皮肤有短时间的过敏反应，对眼睛无刺激作用。三唑酮在动物(大鼠)体内代谢很快，无明显蓄积作用。

剂　　型 10%可湿性粉剂、15%可湿性粉剂、25%可湿性粉剂、15%乳油、20%乳油、12%增效乳油、10%高渗乳油、20%～25%悬浮剂、44%悬浮剂、8%悬浮剂、15%烟雾剂。

作用特点 对病害具有预防、铲除和治疗作用。三唑酮具有很强的内吸性，被植物各部分吸收后，能在植物体内传导，药剂被根系吸收后向顶部传导能力很强。对病菌孢子萌发和原来母细胞的生长无抑制作用或仅有轻微的抑制作用，但能使子细胞变形，菌丝膨大，分枝畸形，生长受抑制，并能抑制孢子的形成，其作用机理是强烈抑制麦角甾醇的生物合成。麦角甾醇是构成真菌细胞的主要成分，直接影响到细胞的渗透性，除卵菌纲真菌外，对所有真菌均有抑制作用。三唑酮是通过抑制麦角甾醇的生物合成，改变孢子的形态和细胞膜的结构，并影响其功能，而使病菌死亡或受抑制。

应用技术 三唑酮的抗菌谱广，对子囊菌亚门、担子菌亚门、半知菌亚门的病原菌具有很强的生物活性，能有效防治的病害有50余种。它们是麦类(大麦、小麦)：条锈病、白粉病、全蚀病、白秆病、纹枯病、叶枯病、根腐病、散黑穗病、光腥黑穗病、坚黑穗病、丝黑穗病；玉米：圆斑病、纹枯病。水稻：纹枯病、叶黑粉病、云形病、叶尖枯病、叶鞘腐败病、紫秆病、粒黑粉病、稻瘟病、稻曲病；林果：苹果白粉病、苹果早期落叶病、葡萄白粉病、山楂白粉病、山楂锈病、黄栌白粉病、胡杨锈病、木豆白粉病、大叶相思白粉病、桑赤锈病、橡胶白粉病、黑穗醋栗白粉病、刺梨白粉病；药材：黄芪白粉病、平贝母锈病、薏苡黑粉(穗)病；其他作物：甘薯黑斑病、向日葵锈病、黄瓜白粉病、菜豆锈病、韭菜灰霉病、大蒜锈病、马铃薯癌肿病、杜鹃瘿瘤病、矛香冠锈病、苏丹草紫斑病。

防治麦类白粉病、锈病，发病前至发病初期用25%可湿性粉剂24～64g/亩对水60kg；防治水稻纹枯病，发病初期用8%悬浮剂60～80ml/亩对水40～50kg喷雾；防治水稻叶尖枯病，发病初期用8%悬浮剂100～120g/亩对水40～50kg喷雾；防治高粱、玉米等丝黑穗病，用25%可湿性粉剂400g拌种100kg。

防治西瓜、黄瓜、甜瓜及丝瓜白粉病，发病初期用25%可湿性粉剂2 000～3 000倍液喷雾；防治豇豆锈病，发病初期用25%可湿性粉剂125g/亩对水75kg喷雾。

防治橡胶白粉病，发病初期用15%烟雾剂50～67g/亩做熏蒸处理。

另外，据资料报道还可用于防治小麦根腐病，用25%可湿性粉剂300～500g拌种100kg；防治小麦散黑穗病，用25%可湿性粉剂200～500g拌种100kg，残效期80d；防治玉米圆斑病，果穗冒尖期，用25%可湿性粉剂50～100g/亩对水50～75kg喷雾；防治烟草、甜菜、啤酒花等白粉病，发病初期用25%可湿性粉剂

50～100g/亩对水50kg喷雾。防治菜豆、豌豆白粉病，发病初期用25%可湿性粉剂30～50g对水50～75kg喷雾；防治苹果、梨、山楂、葡萄、草莓及醋栗白粉病，发病初期用25%可湿性粉剂2 500倍液喷雾，小树喷药液300～400kg/亩，大树喷药液500kg/亩；防治桑树锈病、白粉病，在发病初期可以用25%可湿性粉剂2 000～5 000倍液喷雾。

注意事项 本品虽为低毒药剂，但无特效解毒药剂，应注意储藏和使用安全。不可与粮食、饲料一起存放。安全间隔期为20d。一定要按规定用药量使用，否则作物易受药害。药害表现为植株生长缓慢、株型矮化、叶片变小、颜色深绿等。受药害严重时，生长停滞。可与除强碱性药以外的一般农药混用，安全间隔期为14d。拌种处理时，要严格控制用量，特别是麦类种子，播种后如遇长期干旱容易产生药害，表现为出苗率低，已出的苗生长矮小，叶片变小，颜色深绿色等。受药害严重时，生长停止。

开发登记 江苏剑牌农药化工有限公司、江苏克胜集团股份有限公司、四川润尔科技有限公司、山东大成生物化工有限公司等企业登记生产。

环唑醇 cyproconazole

其他名称 环丙唑醇；SAN-619～F；Alto；Atemi；Biallor；Bialor；Sentinel。

化学名称 (2RS,3RS)-2-(4-氯苯基)-3-环丙基-1(1H-1,2,4,-三唑-1-基)-丁-2-醇。

结构式

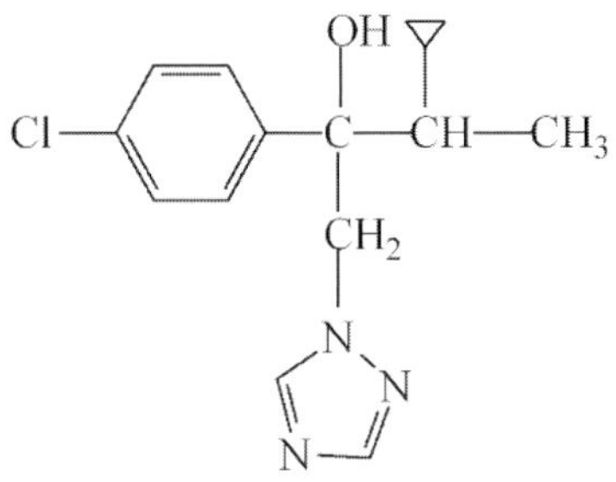

理化性质 无色晶体，熔点103～105℃，沸点大于250℃，20℃蒸气压0.034 70MPa。25℃水中溶解度1.4g/kg，丙酮＞2 300g/kg，三甲基亚砜＞180g/kg，二甲苯1 200g/kg。70℃下稳定15d，日光下土壤表面DT_{50}为21d，pH值3～9、59℃时稳定。

毒　　性 雄大鼠急性经口LD_{50}为1 020mg/kg，雌大鼠为1 330mg/kg；大鼠急性经皮LD_{50}＞2g/kg；大鼠急性吸入LC_{50}(4h)＞5.65mg/L空气。对兔皮肤和眼睛无刺激作用，无致突变作用。

剂　　型 40%悬浮剂、10%水分散粒剂、10%可湿性粉剂、40%可湿性粉剂。

作用特点 对病害具有内吸治疗作用。被植物各部分吸收后，能在植物体内传导，药剂被根系吸收后向顶部传导能力很强。通过抑制麦角甾醇的生物合成，改变孢子的形态和细胞膜的结构，并影响其功能，而使病菌死亡或受抑制。对禾谷类作物、咖啡、甜菜及果树上的白粉菌目、锈菌目、尾孢霉属、喙孢属、壳针孢属、黑星菌属真菌均有效，对麦类锈病持效期为4～6周，白粉病为3～4周。

应用技术 资料报道，可用于防治花生、甜菜叶斑病，花生白腐病，谷类眼点病，叶斑病和网斑病，果树白粉病，苹果黑星病等病害。

防治花生叶斑病、花生白腐病，谷类眼点病、叶斑病和网斑病，发病初期用40%悬浮剂15ml/亩对水40～50kg喷雾；防治甜菜叶斑病，发病初期用40%悬浮剂7～10ml/亩对水40～50kg喷雾。

苯醚甲环唑　difenoconazole

其他名称　世高；恶醚唑；敌萎丹；CGAl69374；Geyser；Score；Diridend。

化学名称　顺,反–3–氯–4–[4–甲基–2–(1H–1,2,4–三唑–1–基甲基)–1,3–二氧戊烷–2–基]苯基–4–氯苯基醚(顺反比约为45:55)。

结构式

理化性质　无色固体，熔点76℃，沸点220℃(4Pa)，20℃蒸气压为120MPa；温度低于300℃稳定，在土壤中移动性小，降解缓慢。水中溶解度为5mg/L(20℃)，易溶于大多数有机溶剂。

毒　　性　大鼠急性经口LD_{50}为1 453mg/kg，兔急性经皮LD_{50} > 2 010mg/kg，对兔皮肤和眼睛有刺激作用，对豚鼠无皮肤过敏。大鼠急性吸入LC_{50}(4h) > 0.045mg/L空气，野鸭急性经口LD_{50} > 2 150mg/kg。

剂　　型　10%乳油、10%微乳剂、25%乳油、15%胶悬剂、10%可湿性粉剂、10%水分散粒剂、3%悬浮种衣剂、3%悬乳剂、20%微乳剂、30%可湿性粉剂、37%水分散粒剂、40%悬浮剂。

作用特点　具有内吸性，是甾醇脱甲基化抑制剂，杀菌谱广，叶面处理或种子处理可提高作物的产量和品质，对子囊菌亚门、担子菌亚门和包括链格孢属、壳二孢属、尾孢霉属、刺盘孢属、球座菌属、茎点霉属、柱隔孢属、壳针孢属、黑星菌属在内的半知菌以及某些种传病原菌有持久的保护和治疗活性。

应用技术　防治小麦散黑穗病、矮腥黑穗病、腥黑穗病、全蚀病、白粉病、根腐病、纹枯病、颖枯病，用3%悬浮种衣剂200 ~ 400ml拌种100kg。

防治黄瓜白粉病、炭疽病，发病初期用10%水分散粒剂30 ~ 50g/亩对水40 ~ 50kg喷雾；防治西瓜炭疽病、蔓枯病，发病初期用10%水分散粒剂30 ~ 50g/亩对水40 ~ 50kg喷雾；防治番茄早疫病，发病初期用10%微乳剂40 ~ 60ml/亩对水40 ~ 50kg喷雾；防治辣椒炭疽病，发病初期用10%水分散粒剂30 ~ 50g/亩对水40 ~ 50kg喷雾；防治芹菜叶斑病，发病初期用10%水分散粒剂40 ~ 60g/亩对水40 ~ 50kg喷雾；防治菜豆锈病，发病初期用10%水分散粒剂30 ~ 50g/亩，对水40 ~ 50kg喷雾；防治大白菜黑斑病，发病初期用10%水分散粒剂30 ~ 50g/亩对水40 ~ 50kg喷雾。

防治苹果树斑点落叶病，发病初期用10%水分散粒剂1 500 ~ 2 000倍液喷雾；防治梨树黑星病，发病初期用10%微乳剂1500 ~ 2 000倍液喷雾；防治葡萄黑痘病、炭疽病，发病初期用10%水分散粒剂1 000 ~ 1 500倍液喷雾；防治柑橘树疮痂病，发病初期用10%水分散粒剂600 ~ 1 000倍液喷雾；防治柑橘树炭疽病，发病初期用20%水乳剂4 000 ~ 5 000倍液喷雾；防治香蕉黑星病、叶斑病，发病初期用25%乳油2 000 ~ 3 000倍液喷雾；防治荔枝树炭疽病，发病初期用10%水分散粒剂1 000 ~ 2 000倍液喷雾。

另外，据资料报道还可用于防治水稻纹枯病、稻曲病，发病初期用25%乳油50ml/亩对水40 ~ 50kg喷雾。防治番茄黑斑病，发病初期用10%水分散粒剂1 500 ~ 2 000倍液喷雾；防治番茄叶霉病，发病初期用10%水分散粒剂2 000倍液喷雾；防治辣椒白粉病，发病初期用10%水分散粒剂2 000倍液喷雾；防治西葫芦白粉病，发病初期用10%水分散粒剂1 000倍液喷雾；防治洋葱白腐病，发病初期用10%水分散粒剂1 500倍液进行土壤消毒和灌根。防治葡萄白腐病，发病初期用10%水分散粒剂1 500～2 000倍液喷雾；防治青梅黑星病，发病初期用10%水分散粒剂3 000倍液喷雾；防治龙眼炭疽病，发病初期用10%水分散粒剂800～1 000倍液喷雾。

注意事项 苯醚甲环唑具有内吸性，可以通过输导组织传送到植物全身，但为了确保防治效果，在喷雾时用水量一定要充足，要求果树全株均匀喷药。可根据果树大小确定喷液量，大果树喷液量高，小果树喷液量低。西瓜、草莓、辣椒喷液量为每亩人工50kg。苯醚甲环唑具有保护和治疗双重效果，施药时间宜早不宜迟，应在发病初期进行喷药效果最佳。施药应选早晚气温低、风小时进行，晴天空气相对湿度低于65%、气温高于28℃、风速大于5m/s时应停止施药。勿使药液溅入眼或沾染皮肤，若不慎溅入眼中及皮肤上，用大量清水冲洗即可。进食、饮水或吸烟前必须先洗手及裸露皮肤，无专用解毒剂，对症治疗。勿把剩余药物倒入池塘、河流，农药泼洒在地，立即用沙、锯末、干土吸附，把吸附物集中深埋，曾经泼洒的地方用大量清水冲洗。回收药物不得再用，药物必须用原包装贮存，置于阴凉干燥、通风地方，不宜与铜制剂混用，铜制剂能降低其杀菌能力。

开发登记 瑞士先正达作物保护有限公司、江苏耕农化工有限公司、先正达南通作物保护有限公司、瑞士先正达作物保护有限公司等企业登记生产。

烯唑醇 diniconazole

其他名称 特普唑；禾果利；速保利；特效灵；特普灵；力克菌；Spotless；Sumi-8；SumiEight；S-3308L；XE-779L；Dinicouazole-M。

化学名称 (E)-(RS)-1-(2,4-二氯苯基)-4,4-二甲基-2-(1H-1,2,4-三唑-1-基)戊-1-烯-3-醇。

结 构 式

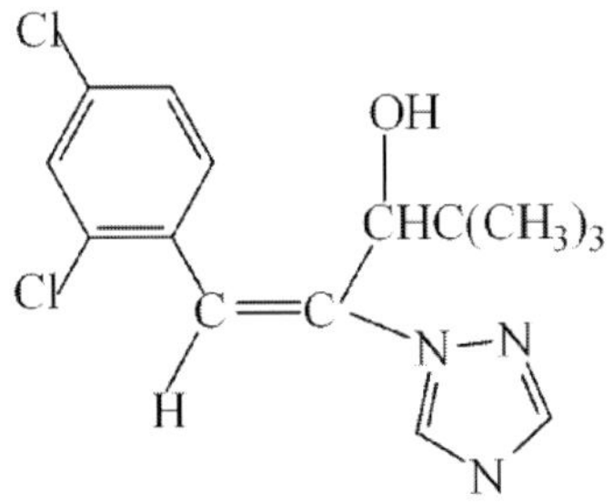

Cl OH $CHC(CH_3)_3$ Cl C=C N-N H N

理化性质 原药为无色结晶固体，熔点134～156℃，蒸气压4.9MPa(25℃)。溶解性：25℃水4.1mg/L，23℃甲醇95g/kg，二甲苯14g/kg，丙酮95g/kg，已烷700mg/kg。稳定性：在通常储存条件下稳定，对热、光和潮湿稳定。

毒　　性 雄大白鼠急性经口LD_{50}为629mg/kg，雄大鼠为474mg/kg，大鼠急性经皮LD_{50}＞5g/kg。

剂　　型 10%乳油、12.5%乳油、25%乳油、2%可湿性粉剂、12.5%可湿性粉剂、5%微乳剂、5%拌种剂、5%干粉种衣剂。

作用特点 广谱内吸性杀菌剂，是甾醇脱甲基化抑制剂。它在真菌的麦角甾醇生物合成中抑制1, 4-脱甲基化作用，引起麦角甾醇缺乏，导致真菌细胞膜不正常，最终真菌死亡。抗菌谱广，具有较高的杀菌活性和内吸性，有保护、治疗和铲除作用。特别对子囊菌和担子菌有较高活性。它对孢子萌发的抑制作用小，而明显抑制萌芽后芽管的伸长、吸器的形状及菌体在植物体内的发育、新孢子的形成等。植物种子、根、叶片均能内吸，并具有较强的向顶传导性能，残效期长。对人、畜、有益昆虫、环境安全。

应用技术 杀菌谱广，对白粉病菌、锈菌、黑粉病菌和黑星病菌等，另外对尾孢霉、球腔菌、核盘菌、禾生喙孢菌、青霉菌、菌核菌、丝核菌、串孢盘菌、黑腐菌、驼孢锈菌、柱锈菌属等也有较好的抑制效果。其中，对子囊菌和担子菌引起的多种作物白粉病、黑粉病、锈病、黑星病等有特效。

防治小麦散黑穗病、腥黑穗病、坚黑穗病，用12.5%可湿性粉剂160～240g拌种100kg；防治小麦白粉病、锈病、纹枯病、叶枯病，用12.5%可湿性粉剂32～64g/亩对水50～70kg均匀喷雾；防治水稻纹枯病，发病初期用12.5%可湿性粉剂30g/亩对水40～50kg喷雾；防治花生褐斑病、黑斑病，发病初期用12.5%可湿性粉剂25～34g/亩对水50kg喷雾。防治苹果斑点落叶病，在苹果感病初期，用12.5%可湿性粉剂1 000～2 500倍液喷雾；防治梨黑星病，在初见病芽、病叶或病果时，用12.5%可湿性粉剂3 000～4 000倍液喷雾；防治葡萄黑痘病、炭疽病，发病初期用12.5%乳油2 000～3 000倍液喷雾；防治香蕉叶斑病，发病初期用12.5%乳油750～1 000倍液喷雾，一般喷药3次，间隔为10～15d。

另外，据资料报道还可用于防治玉米丝核穗病，用12.5%可湿性粉剂240～640g拌种100kg；防治黑穗醋栗白粉病，发病初期用12.5%可湿性粉剂1 700～2 500倍液；防治甜瓜白粉病，发病初期用12.5%乳油3 000～4 000倍液喷雾；防治西葫芦白粉病，发病初期用12.5%可湿性粉剂2 000～3 000倍液喷雾；防治芦笋茎枯病，发病初期用5%微乳剂1 000～2 000倍液喷雾；防治荸荠秆枯病，发病初期用12.5%可湿性粉剂800倍液喷雾；防治葡萄白粉病，发病初期用12.5%可湿性粉剂3 000倍液喷雾。

注意事项 本品不可与碱性农药混用；药品应储存于阴暗处；喷药时要穿工作服，戴好口罩、手套，要避免药液吸入或沾染皮肤，药后要及时冲洗。拌种时要先用少量水喷洒种子，将种子润湿，然后按推荐的用药剂量拌种，应充分混拌均匀，然后再播种。5%拌种剂和2%可湿性粉剂内含红色着色剂，如做地面喷洒，有可能把作物染成红色，因此不宜做地面喷洒使用。长时间、单一使用该药，易使病菌产生抗药性，建议与作用机制不同的其他杀菌剂轮换使用。该药对藻状菌纲病菌引起的病害无效。

开发登记 江苏常隆农化有限公司、广西田园生化股份有限公司、江苏剑牌农化股份有限公司、江苏辉丰生物农业股份有限公司等企业登记生产。

氟环唑 epoxiconazole

其他名称 环氧菌唑；欧霸；Opus。

化学名称 (2RS,3RS)-1-[3-(2-氯苯基)-2,3-环氧-2(4-氟苯基)丙基]-1H-1,2,4-三唑。

结构式

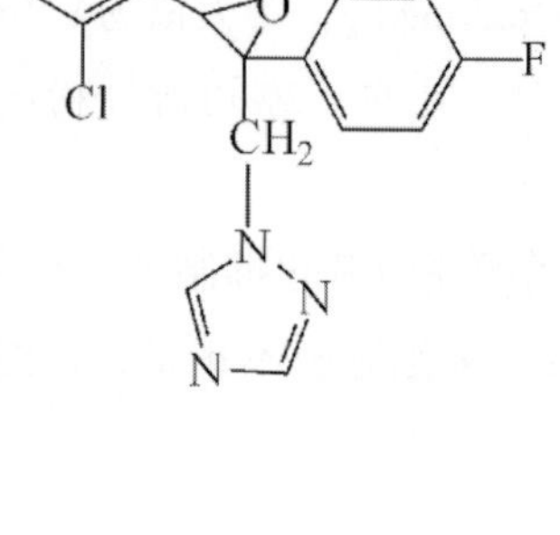

Cl O F CH_2 N N N

理化性质 纯品为无色结晶状固体，熔点136.2℃。相对密度1.384(25℃)，蒸气压＜1.0×10^{-5}Pa(25℃)。溶解度(20℃，mg/L)：水6.63，丙酮14.4，二氯甲烷29.1。在pH7和pH9条件下12d不水解。

毒　　性 大鼠急性经口LD_{50}＞5 000mg/kg；大鼠急性经皮LD_{50}＞2 000mg/kg；大鼠急性吸入LC_{50}(4h)＞5.3mg/L。对兔眼睛和皮肤无刺激。

剂　　型 12.5%悬浮剂、30%悬浮剂、75g/L悬浮剂。

作用特点 广谱内吸性杀菌剂，是甾醇脱甲基化抑制剂。它在真菌的麦角甾醇生物合成中抑制1, 4-脱甲基化作用，引起麦角甾醇缺乏，导致真菌细胞膜不正常，最终真菌死亡。抗菌谱广，具有较高的杀菌活性和内吸性，有保护、治疗和铲除作用，持效期较长，特别是对子囊菌和担子菌有较高活性，推荐剂量下对作物安全、无药害。

应用技术 防治立枯病、白粉病、眼纹病等10多种病害。广谱杀菌剂。田间试验结果显示其对禾谷类作物病害，如立枯病、白粉病、眼纹病等10多种病害有很好的防治作用，并能防治糖用甜菜、花生、油菜、草坪、咖啡、水稻及果树等的病害。

防治小麦锈病，发病初期用12.5%悬浮剂50～60ml/亩对水40～50kg喷雾。

防治水稻稻曲病、纹枯病，在发病初期使用125g/L悬浮剂40～50ml/亩喷雾。

防治苹果褐斑病，发病初期用12.5%悬浮剂500～658倍液喷雾。

防治香蕉叶斑病，发病初期用12.5%悬浮剂500～1 000倍液喷雾。

开发登记 江苏辉丰农化股份有限公司、沈阳科创化学品有限公司、四川利尔作物科学有限公司等企业登记生产。

腈苯唑 fanbuconazole

其他名称 应得；Indar；Enable；Govern；Impala；Kruga。

化学名称 4-(4-氯苯基)-2-苯基-2-(1H-1,2,4-三唑-1-基甲基)丁腈。

结 构 式

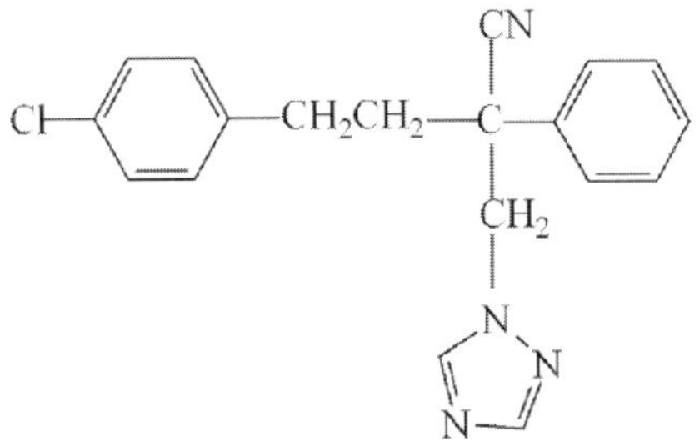

理化性质 纯品为无色晶体，熔点124～126℃。蒸气压0.005MPa(25℃)，25℃在水中溶解度0.2mg/L，溶于醇、芳烃、酯、酮，不溶于脂烃，300℃以下暗处稳定。

毒　　性 大鼠急性经口LD_{50}＞2 000mg/kg，大鼠急性经皮LD_{50}＞5 000mg/kg。原药对兔眼睛和皮肤无刺激作用，制剂对兔皮肤和眼睛有严重的刺激作用，大鼠急性吸入LC_{50}(4h)＞2.1mg(原药)/L。

剂　　型 24%悬浮剂。

作用特点 腈苯唑是一种内吸、传导、治疗性杀菌剂，具有预防、治疗功效，甾醇脱甲基化抑制剂，能抑制病原菌菌丝的伸长，阻止已发芽的病菌孢子侵入作物组织。在病菌潜伏期使用，能阻止病菌的发育，在发病后使用，能使下一代孢子变形，失去继续侵染能力，对病害既有预防作用又有治疗作用。用于防治香蕉树的叶斑病、桃树的褐腐病和水稻的稻曲病。

应用技术 腈苯唑对禾谷类作物的壳针孢属、柄锈菌属和黑麦喙孢，甜菜上的甜菜生尾孢，葡萄上的葡萄孢属、葡萄球座菌和葡萄钩丝壳，核果上的丛梗孢属均有效。

防治水稻稻曲病，发病初期用24%悬浮剂15～20ml对水40～50kg喷雾。

防治桃树褐腐病，在桃树发病前或发病始期，用24%悬浮剂2 500～3 000倍液喷雾；防治香蕉叶斑病，在香蕉下部叶片出现叶斑之前或刚出现叶斑时，用24%悬浮剂960～1200倍液喷雾，间隔7～14d喷雾1次。

开发登记 美国陶氏益农公司等企业登记生产。

氟喹唑 fluquinconazole

其他名称 Sn597265。

化学名称 3-(2,4-二氯苯基)-6-氟-2-(1H-1,2,4-三唑-1-基)喹唑啉-4-(3H)-酮。

结构式

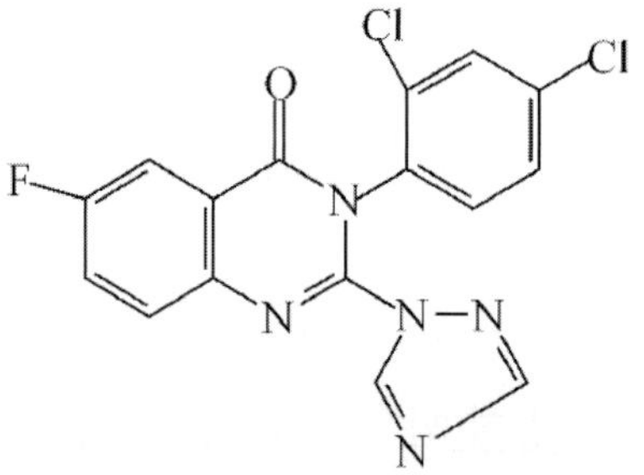

理化性质 灰白色固体颗粒，熔点191.9～193℃(工业品184～192℃)，蒸气压为6.4×10^{-6}MPa(20℃)，密度1.58。溶解度(g/L，20℃)：水0.001，丙酮50，二甲苯10，乙醇3，二甲基亚砜200，油-水分配系数为3.2(正辛醇/水)。在水中DT_{50}(25℃)为21.8d(pH7)，对光稳定。

毒　　性 对大鼠急性经口LD_{50}为112mg/kg，小鼠急性经口LD_{50}：雄性为325mg/kg，雌性为180mg/kg，大鼠急性经皮LD_{50}：雄性2 679mg/kg，雌性625mg/kg。

剂　　型 25%可湿性粉剂。

作用特点 是一种带有三唑结构的喹唑啉类杀菌剂，对麦角甾醇的生物合成有良好的抑制作用。兼有保护、治疗及内吸性，且对作物非常安全。叶面喷施可防治由子囊菌、半知菌和担子菌引起的多种阔叶及禾谷类作物上的重要病害。

应用技术 资料报道，对苹果黑星病和苹果白粉病有优异防效。能防治多种病原菌，如链核盘菌、尾孢霉属、茎点霉属、壳针孢属、核盘菌属、柄锈菌属、驼孢锈菌属和核盘菌属等真菌引起的植物病害。推荐剂量为25～150mg/L，作物耐受使用量为100～500g/亩。该杀菌剂有良好的内吸活性，这使叶面背面及远离施药处的病害也能得到有效控制。以50mg/L的浓度喷施，共喷施5～9次，每次间隔10～14d，对苹果黑星菌和白叉丝单囊壳引起的病害有良好药效。在上述剂量范围内，未见对作物叶、授粉过程及果实有任何药害。除苹果病害外，氟喹唑对大麦上的禾白粉菌、柄锈菌属，葡萄上的葡萄钩丝壳，以及豆科植物、核果类作物、咖啡树及草坪上的多种病害，也表现出良好防效。

防治苹果黑星病、白粉病，发病初期用25%可湿性粉剂5 000倍液喷雾，共喷施5～9次，间隔10～14d。

氟硅唑 flusilazole

其他名称 福星；克菌星；Nustar；Olymp；Punch；DPX-H-6573。

化学名称 双(4-氟苯基)甲基(1H-1,2,4-三唑-1-基甲撑)硅烷。

结构式

F–C₆H₄–Si(CH₃)(C₆H₄–F)–CH₂–N(1,2,4-三唑)

理化性质 为无色结晶固体，熔点53℃，蒸气压0.039MPa(25℃)。溶解度：水900mg/L(pH值1.1)、45mg/L(pH7.8)，在许多有机溶剂中＞2g/ml。对日光稳定，在310℃下稳定。

毒性 雄大鼠急性经口LD_{50}为1 110mg/kg，雌大鼠急性经口LD_{50}为674mg/kg，兔急性经皮LD_{50}＞2g/kg，对皮肤和眼睛有轻微刺激作用，无过敏性。大鼠急性吸入LC_{50}＞5mg/L空气。

剂型 40%乳油、10%乳油、20%可湿性粉剂、10%水乳剂、25%水乳剂、8%微乳剂。

作用特点 高效、低毒、广谱、内吸性杀菌剂。能抑制病原菌菌丝的伸长，阻止已发芽的病菌孢子侵入作物组织。杀菌谱广，对大部分病原真菌均有很好的防效。尤其是对子囊菌、担子菌及部分半知菌等防效优异，其中包括果树和瓜类黑星病、白粉病、锈病及烟草赤星病等。预防兼治疗，喷药后能迅速被作物叶面吸收，向下传导，产生保护作用，感病前施药，可阻止病菌芽管生长，感染后施药则可阻止菌丝的生长与孢子形成，抑制病原菌蔓延，速效性和长效性均较突出，喷药后能迅速渗入植物体各部，抑制菌丝生长，避免雨水冲刷，达到全面保护治疗效果。对作物安全，对绝大多数作物非常安全(唯酥梨品种应避免在幼果前使用)。对人、畜毒性低，不为害有益动物和昆虫。

应用技术 对子囊菌、担子菌和半知菌等真菌有效，如禾谷类的麦类核腔菌、壳针孢属菌、钩丝壳菌、球座菌，苹果黑星菌、白粉病菌。喷雾防治大麦叶斑病、颖枯病、花生叶斑病，苹果黑星病、白粉病和葡萄白粉病等，持效期7d。

防治黄瓜白粉病、黑星病，发病前期，用40%乳油6 000～8 000倍喷雾，间隔7d左右施1次药；防治番茄早疫病，发病初期用10%水乳剂45～50ml/亩喷雾，间隔7～10d施药1次；防治菜豆白粉病，发病初期用40%乳油7.5～10ml/亩对水40～50kg喷雾。

防治苹果轮纹病，发病前期，用20%可湿性粉剂2 000～3 000倍液加50%多菌灵可湿性粉剂1 000倍液喷雾，5月中旬至采前8d，间隔10～14d喷1次药；防治梨黑星病，发病初期用40%乳油10 000倍液喷雾，间隔7～10d施药l次，连续4次，采收前18d停止施药；防治葡萄黑痘病、白腐病、炭疽病、白粉病等，发病初期用40%乳油8 000～10 000倍液喷雾，间隔7～10d施1次药；防治枸杞白粉病，在发病初期用40%乳油7 500～8 000倍液喷雾，间隔7～10d施1次药，连续施药4次；防治香蕉树黑星病，发病初期用10%乳油4 000～5 000倍液喷雾。

另外，据资料报道还可用于防治甜瓜炭疽病，发病初期用40%乳油12～16ml/亩对水40～50kg喷雾；防治西葫芦白粉病，发病初期用40%乳油8 000～10 000倍液喷雾。

注意事项 为预防可能产生抗药性，应与其他药剂轮换使用，避免在整个生长季里使用一种药剂。

开发登记 浙江一帆生物科技集团有限公司、江苏建农植物保护有限公司等企业登记生产。

粉唑醇 flutriafol

其他名称 Armour、Impact、Vaspact、flutriafen、PPl40、PP450、TF-3752。

化学名称 α-(2-氟苯基)-α-(4-氟苯基)-1H-1,2,4-三唑-1-乙醇。

结构式

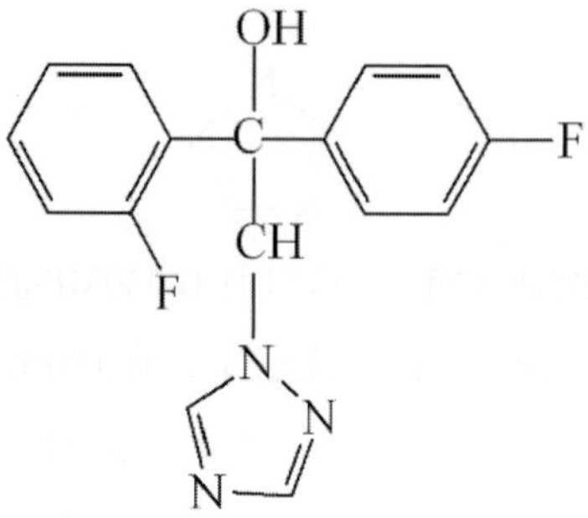

理化性质 白色晶体，熔点130℃，20℃时蒸气压为0.4μPa，25℃时密度1.41。20℃时在溶解度：水中0.18g/L(pH4)、0.13g/L(pH7～9)，丙酮中190g/L，二甲苯中12g/L，甲醇中69g/L。

毒性 原药雌、雄大鼠急性经口LD_{50}为1 480和1 140mg/kg，兔急性经皮LD_{50}＞2g/kg；雌、雄小鼠急性经口LD_{50}分别为179mg/kg和365mg/kg。

剂型 12.5%乳油、12.5%悬浮剂、25%悬浮剂、40%悬浮剂、1%颗粒剂、50%可湿性粉剂。

作用特点 广谱性内吸杀菌剂，对担子菌和子囊菌引起的许多病害具有良好的保护和治疗作用，并兼有一定的熏蒸作用，但对卵菌和细菌无活性。该药有较好的内吸作用，通过植物的根、茎、叶吸收，再由维管束向上转移，根部的内吸能力大于茎、叶，但不能在韧皮部作横向或向基输导。粉唑醇对麦类白粉病的孢子堆具有铲除作用，施药后5～10d，原来形成的病斑可消失。粉唑醇不论在植物体内体外都能抑制真菌的生长，主要是与真菌蛋白色素相结合，抑制真菌体内麦角甾醇的生物合成。

应用技术 防治小麦条锈病，于小麦条锈病发生初期，用250g/L悬浮剂16～24ml/亩对水30～40kg均匀茎叶喷雾处理。防治小麦赤霉病，发病初期用250g/L悬浮剂20～30ml/亩喷雾。防治水稻纹枯病，纹枯病发病初期用1%颗粒剂3 000～4 000g/亩撒施，注意均匀撒施，每季水稻 最多使用次数1次。

在草莓白粉病、小麦白粉病发病初期或发病前用12.5悬浮剂30～60ml/亩喷雾。

注意事项 施药时，应使用安全防护用具，防止药液溅及皮肤和眼睛。如不慎溅到皮肤或眼睛，要立即用清水冲洗。施药后应洗净脸、手、脚等裸露部位。不得与食品、饲料一起存放，避免儿童接触。废旧容器及剩余药剂应密封于原包装中妥善处理。

开发登记 广西田园生化股份有限公司、江苏辉丰生物农业股份有限公司、等企业登记生产。

己唑醇 hexaconazole

其他名称 安福；洋生；翠丽；Anvil；planete Aster；PP523。

化学名称 (RS)-2-(2,4-二氯苯基)-1-(1H-1,2,4-三唑-1-基)己-2-醇。

结构式

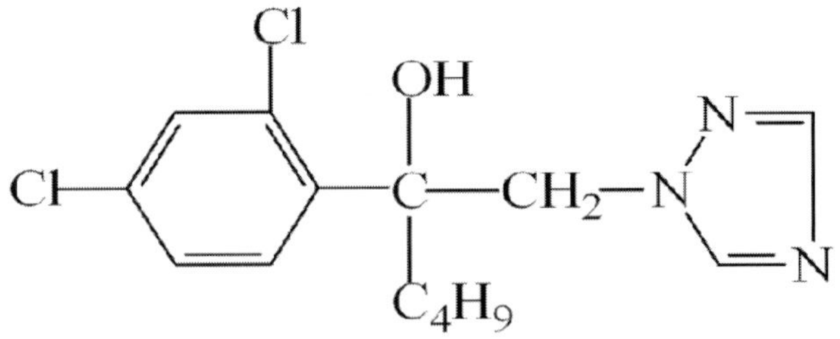

理化性质 无色晶体，熔点111℃，20℃时蒸气压为0.01MPa，密度1.29g/cm^3。20℃溶解度：水0.018g/L，甲醇246g/L，丙酮164g/L，甲苯59g/L，己烷0.8g/L。室温(40℃以下)至少9个月内不分解，在酸、碱性(pH值5.7～9)水溶液中30d内稳定，pH值7水溶液中紫外线照射下10d内稳定。

毒　　性 雄大鼠急性经口LD_{50}为2 189mg/kg，雌大鼠为6 071mg/kg；大鼠急性经皮$LD_{50}>2$g/kg。对兔皮肤无刺激作用，但对眼睛有轻微刺激作用，雄小鼠急性经口LD_{50}为612mg/kg，雌小鼠为918mg/kg。

剂　　型 50%悬浮剂、25%悬浮剂、30%悬浮剂、5%悬浮剂、5%乳油、10%乳油、5%微乳剂。

作用特点 高效、低毒、广谱、内吸性杀菌剂。内吸传导型杀菌剂，能抑制病原菌菌丝的伸长，阻止已发芽的病菌孢子侵入作物组织。

应用技术 防治小麦白粉病，发病初期用5%悬浮剂20～30ml/亩对水40～50kg喷雾；防治小麦锈病，发病初期用5%悬浮剂30～40ml/亩对水40～50kg喷雾；防治水稻纹枯病，发病初期用5%悬浮剂80～100ml/亩g/亩对水40～50kg喷雾；防治水稻稻曲病，发病初期用5%悬浮剂80～100ml/亩对水40～50kg喷雾。

防治黄瓜白粉病，发病初期用25%悬浮剂8～10ml/亩喷雾；防治番茄白粉病，发病初期用5%悬浮剂500～1 000倍液喷雾。

防治苹果树斑点落叶病、白粉病，发病初期用5%悬浮剂1000～1500倍液喷雾；防治梨树黑星病，发病初期用50%悬浮剂5～8ml/亩对水40～50kg喷雾；防治桃树褐腐病，发病初期5%悬浮剂800～1 000倍液喷雾；防治葡萄白粉病、褐斑病，发病初期用5%微乳剂1 500～2 000倍液喷雾。

另外，据资料报道还可以用于防治大荚豌豆白粉病，发病初期用5%微乳剂30ml/亩对水40～50kg喷雾；防治花生叶斑病，发病初期用5%悬浮剂20～30ml/亩对水40～50kg喷雾；防治咖啡锈病，发病初期用5%微乳剂40g/亩对水40～50kg喷雾。

注意事项 施药时不宜随意加大剂量，否则会抑制作物生长。使用己唑醇应遵守农药使用准则。施药时，应使用安全防护用具，防止药液溅及皮肤和眼睛，如不慎溅到皮肤或眼睛，要立即用清水冲洗。不得与食品、饲料一起存放，避免儿童接触，废旧容器及剩余药剂应密封于原包装中妥善处理。

开发登记 江苏常隆农化有限公司、连云港立本作物科技有限公司、陕西上格之路生物科学有限公司、江苏连云港立本农药化工有限公司等企业登记生产。

亚胺唑 imibenconazole

其他名称 霉能灵；酰胺唑；Hwaksilan；Manage。

化学名称 N-2,4-二氯苯基-2-(1H-1,2,4-三唑-1-基甲基)-4-氯苯基硫代乙酰胺。

结 构 式

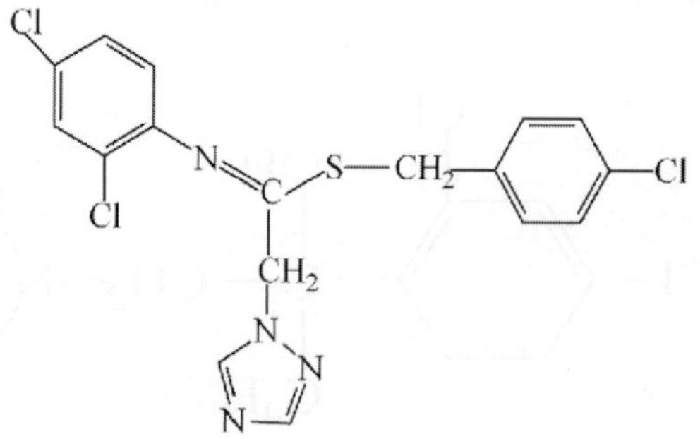

理化性质 纯品为浅黄色晶体，熔点89.5～90℃，蒸气压8.5×10^{-5}MPa(25℃)。溶解度(25℃)：水1.7mg/L(20℃)，丙酮1 063g/L，甲醇120g/L，二甲苯250g/L，苯580g/L。在弱碱性介质中稳定，酸性和强碱性介质中不稳定。

毒　　性 急性经口LD_{50}：雄大鼠＞2 800mg/kg，雌大鼠＞3 000mg/kg，雄、雌小鼠＞5 000mg/kg。雄、雌大鼠急性经皮LD_{50}＞2 000mg/kg。对兔眼睛有轻微刺激作用，对皮肤无刺激作用。对豚鼠皮肤有轻微过敏现象。大鼠急性吸入LC_{50}(4h)＞1 020mg/L。

剂　　型 5%可湿性粉剂、15%可湿性粉剂、15.5%乳油。

作用特点 亚胺唑是广谱新型杀菌剂，具有保护和治疗作用。喷到作物上后能快速渗透到植物体内，耐雨水冲刷。是叶面内吸性杀菌剂，土壤施药不能被根吸收。主要作用机理是破坏和阻止病菌的细胞膜重要组成成分麦角甾醇的生物合成，从而破坏细胞膜的形成，导致病菌死亡。能有效地防治子囊菌、担子菌和半知菌所致病害，如花生褐斑病，茶炭疽病，烟草白粉病，西瓜、甜瓜白粉病，桃、日本杏、柑橘树疮痂病，梨黑星病、锈病、苹果黑星病、锈病、白粉病、轮斑病，葡萄黑痘病，玫瑰、日本卫茅、紫薇白粉病，玫瑰黑斑病，菊、草坪锈病等，尤其对柑橘疮痂病、葡萄黑痘病、梨黑星病具有显著的防治效果，对藻菌真菌无效，在推荐剂量下使用，对环境、作物安全。

应用技术 适宜禾谷类作物、蔬菜、果树和观赏植物等。

防治苹果树斑点落叶病，发病初期用5%可湿性粉剂600～700倍液喷雾；防治梨黑星病，发病初期用5%可湿性粉剂1 000～1 200倍液喷雾，间隔7～10d喷药1次，连续喷5～6次，不可超过6次；防治葡萄黑痘病，春季新梢生长达10cm时，用5%可湿性粉剂800～1 000倍液喷雾，间隔10～15d喷药1次，共喷4～5次；防治柑橘疮痂病，在春芽刚开始萌发时用5%可湿性粉剂600～900倍液喷雾，第2次在花落2/3时进行，以后每隔10d喷药1次，共喷3～4次(5—6月多雨和气温不很高的年份要适当增加喷药次数)；防治青梅黑星病，发病初期用5%可湿性粉剂600～900倍液喷雾。

注意事项 亚胺唑除酸性和碱性农药以外，可与其他所有农药混用，施用前建议先进行小范围试验，不宜在鸭梨上使用，以免产生药害。喷药时要注意防护，喷完药后漱口并用肥皂洗暴露部位，柑橘于收获前30d，梨、葡萄于收获前21d停止使用。

开发登记 日本北兴化学工业株式会社、广东省江门市植保有限公司等企业登记生产。

腈菌唑 myclobutanil

其他名称 灭菌强；禾粉唑；果垒；富朗；世斑；诺信；纯通；菌枯；瑞毒脱；倾止；仙生(混剂)；ysthane；Syseant；Eagle；Nova；Rally；RH-3866。

化学名称 2-(4-氯苯基)-2-(1H-1,2,4-三唑-1-基甲基)己腈或2-(4-氯苯基)-2-(1H-1,2,4-三唑-1-基甲基)己腈。

结 构 式

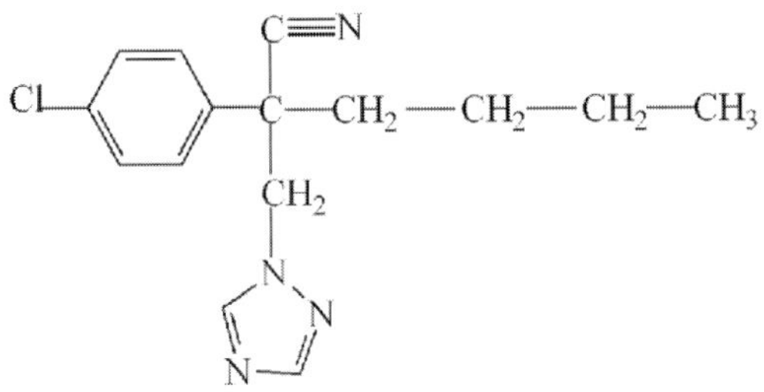

C≡N

Cl—C$_6$H$_4$—C—CH_2—CH_2—CH_2—CH_3

CH_2

N—N=N(1,2,4-三唑环)

理化性质 原药为淡黄色固体，熔点63～68℃，沸点202～208℃(133Pa)，蒸气压0.213MPa(25℃)。25℃水中溶解度为124 mg/L，可溶于一般的有机溶剂，如酮、酯、乙醇和苯类溶解度为50～100g/L，不溶于脂肪烃如己烷。

毒　　性 大鼠急性经口LD_{50}：雄1 600mg/kg，雌2 290mg/kg，兔急性经皮LD_{50}＞5 000mg/kg，鱼毒LC_{50}(mg/L，96h)：蓝鳃太阳鱼2.4，虹鳟鱼4.2，水蚤LC_{50}(48h)11mg/L，对蜜蜂无毒。

剂　　型 12.5%可湿性粉剂、40%可湿性粉剂、5%乳油、6%乳油、10%乳油、12%乳油、12.5%乳油、25%乳油、40%乳油、40%悬浮剂、12.5微乳剂。

作用特点 腈菌唑是一类具保护和治疗活性的内吸性三唑类杀菌剂。主要对病原菌的麦角甾醇的生物合成起抑制作用。杀菌谱广，对子囊菌、担子菌均具有较好的防治效果。该药剂持效期长，药效高，对作物安全，有一定刺激生长作用。具有预防和治疗作用。

应用技术 防治小麦白粉病，发病初期用25%乳油8～16g/亩对水75～100kg喷雾，共施药两次，间隔10～15d；防治麦类散黑穗病、坚黑穗病、网腥黑穗病、小麦颖枯病、大麦条纹病和网斑病以及由镰刀菌引起的种传病害，用25%乳油0.1～0.2g/kg处理种子。

防治黄瓜白粉病、黑星病，发病初期用40%可湿性粉剂8～10g/亩对水40～50kg喷雾。

防治豇豆锈病，发病初期用40%可湿性粉剂13～20g/亩喷雾。

防治梨树黑星病，发病初期用40%可湿性粉剂8 000～10 000倍液喷雾；防治苹果白粉病，发病初期用40%可湿性粉剂6 000～8 000倍液喷雾；防治葡萄白粉病，发病初期用5%乳油1 000～2 000倍液喷雾；防治葡萄炭疽病，发病初期用40%可湿性粉剂4 000～6 000倍液喷雾；防治香蕉树叶斑病、黑星病，发病初期用25%乳油800～1 000倍液喷雾，一般喷3次药，间隔时间10d。

另外，据资料报道还可用于防治辣椒白粉病，发病初期用25%乳油8～12ml/亩对水50kg喷雾；防治山楂白粉病，发病初期用12.5%乳油2 500倍液喷雾；防治草莓白粉病，发病初期用25%乳油15ml/亩对水40～50kg喷雾；防治梨树、苹果树白粉病、褐斑病、灰斑病，发病初期用25%乳油6 000～8 000倍液均匀喷雾，喷液量视树势大小而定。

注意事项 施药时注意安全，做好个人防护，本品易燃，贮存在阴凉、干燥处。

开发登记 浙江一帆生物科技集团有限公司、美国陶氏益农公司等企业登记生产。

丙环唑 propiconazole

其他名称 敌力脱；Tilt；必扑尔；Alamo；Banner；Orbit；Dadar；Desmel；CGA 64250。

化学名称 1-[2-(2,4-二氯苯基)-4-丙基-1,3-二氧戊环-2-基甲基]-1-H-1,2,4-三唑。

结构式

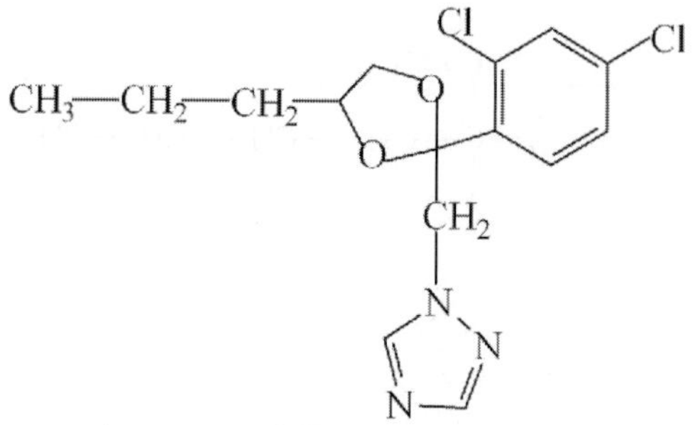

理化性质 原油为淡黄色黏稠液体，沸点180℃(13.3Pa)，蒸气压为13.3MPa，水中溶解度为110mg/L，易溶于有机溶剂，己烷60g/kg，与丙酮、甲醇、异丙醇互溶。320℃以下稳定，对光较稳定，水解不明显，酸性、碱性介质中较稳定，不腐蚀金属，储存稳定性3年。

毒　　性 原油对大鼠急性经口LD_{50}为1 517mg/kg，急性经皮$LD_{50}>4$g/kg；鱼毒LC_{50}(96h)：虹鳟鱼20mg/L，鲤鱼>100mg/L；对蜜蜂无毒，LD_{50}(接触和经口)>100μg/只，水蚤EC_{50}为4.8mg/L。

剂　　型 50%乳油、40%悬浮剂、25%水乳剂、50%水乳剂、40%微乳剂、50%微乳剂、25%乳油、15.6%乳油。

作用特点 是一种具有保护和治疗作用的内吸性杀菌剂，可被根、茎、叶部吸收，并能很快地在植株体内向上传导。丙环唑可以防治子囊菌、担子菌和半知菌所引起的病害，特别是对小麦根腐病、白粉病、水稻恶苗病具有较好的防治效果，但对卵菌引起病害无效。残效期在1个月左右。

应用技术 防治子囊菌、担子菌和半知菌所引起的病害，特别是对小麦全蚀病、根腐病、白粉病、水稻恶苗病具有较好的防治效果。

防治小麦全蚀病，用25%乳油按种子重量0.1%~0.2%拌种或0.1%闷种；防治小麦白粉病、条锈病、纹枯病、根腐病，发病初期用25%乳油35ml/亩对水50kg喷雾；防治小麦眼斑病，发病初期用25%乳油35ml/亩对水50kg喷雾；防治小麦颖枯病，孕穗期，用25%乳油35ml/亩对水50kg喷雾；防治大麦叶锈病、网斑病，发病初期用25%乳油35ml/亩对水50kg喷雾；防治豌豆白粉病，发病初期用25%乳油6~12g/亩对水40~50kg喷雾。防治水稻穗瘟，在水稻始穗期和齐穗期各施药1次。防治水稻纹枯病在水稻纹枯病初期施药。防治水稻稻曲病建议在发病初期就开始施药防治，视田间发病情况施药2次，每次间隔7~10d。用45%水乳剂18~22ml/亩均匀喷雾。

防治香蕉叶斑病、黑星病，发病初期用25%乳油1 000~2 000倍液喷雾。

防治草坪褐斑病，发病初期用15.6%乳油133~400ml/亩对水40~50kg喷雾。

另外，据资料报道还可用于防治花生叶斑病，发病初期用25%乳油100~150ml/亩对水40~50kg喷雾；防治瓜类白粉病，发病初期用25%乳油10~20ml/亩对水40~50kg喷雾；防治甜瓜蔓枯病，发病初期用25%乳油80~130ml加水2 350ml和面粉1 250g调成稀糊状涂抹茎基部，每隔7~10d涂1次，连涂2~3次；防治辣椒褐斑病、叶枯病，发病初期25%乳油20ml/亩对水40~50kg喷雾；防治辣椒根腐病，发病初期用25%乳油80g/亩对水穴施或灌根；防治芹菜叶斑病，发病初期用25%乳油2 000倍液喷雾；防治葡萄白粉病、炭疽病，发病初期用25%乳油1 000~2 000倍液喷雾，间隔期14~18d。

注意事项 储存温度不得超过35℃。喷药时应穿防护服，工作后要洗澡并换洗衣服，在喷雾时不要吃东西、喝水和吸烟，在吃东西、喝水和吸烟前要洗手、洗脸。不要用处理废药液而污染水源和水系，不要污染食物和饲料。施药后剩余的药液和空容器要妥善处理，可烧毁或深埋，不得留做它用，药剂要放在儿童和家畜接触不到的地方，应避免药剂接触皮肤和眼睛，不要直接用被药剂污染的衣物，不要吸入药剂气体和雾滴。

开发登记 瑞士先正达作物保护有限公司、宁波三江益农化学有限公司、江西禾益化工股份有限公司等企业登记生产。

丙硫菌唑 prothioconazole

其他名称 Proline；Input。

化学名称 (R,S)-2-[2-(1-氯环丙基)-3-(2-氯苯基)-2-羟基丙基]-2,4-二氢-1,2,4-三唑-3-硫酮。

结构式

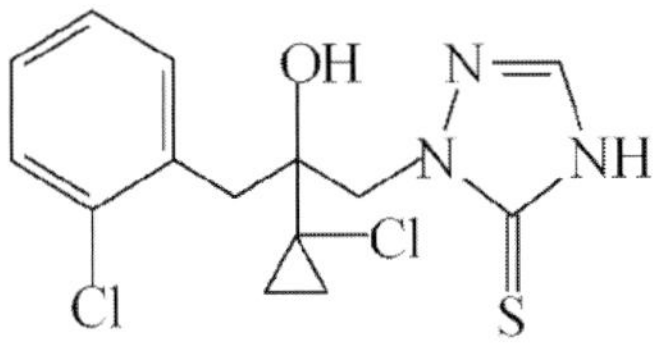

OH N NH Cl Cl S

理化性质 纯品为白色或浅灰棕色粉末状结晶，熔点为139.1～144.5℃。水中溶解度(20℃)为0.3g/L。

毒性 大鼠急性经口LD_{50}＞6 200mg/kg。大鼠急性经皮LD_{50}＞2 000mg/kg。对兔皮肤和眼睛无刺激，对豚鼠皮肤无过敏现象，大鼠急性吸入LC_{50}＞4 990mg/L，无致畸、致突变性，对胚胎无毒性。鹌鹑急性经口LD_{50}＞2 000mg/kg，虹鳟鱼LC_{50}(96h)1.83mg/L。藻类慢性EC_{50}(72h)2.18mg/L。蚯蚓LC_{50}(14d)＞1 000mg/kg干土。

剂型 30%可分散油悬浮剂。

作用特点 具有很好的内吸活性、优异的保护、治疗和铲除活性，且持效期长。丙硫菌唑的作用机理是抑制真菌中甾醇的前体 羊毛甾醇或2, 4－亚甲基二氢羊毛甾醇C-14位上的脱甲基化作用，即脱甲基化抑制剂(DMIS)。同其他三唑类杀菌剂相比，丙硫菌唑具有更广的杀菌活性，防病治病效果好，丙硫菌唑对作物具有良好的安全性，而且增产明显。

应用技术 主要用于防治小麦赤霉病，用制剂量40～45ml/亩于扬花初期施药1次，5～7d后再施药1次。另外，据资料报道，丙硫菌唑主要用于防治禾谷类作物，如小麦、大麦、油菜、花生、水稻和豆类作物等众多病害。几乎对所有麦类病害都有很好的防治效果，如小麦和大麦的白粉病、纹枯病、枯萎病、叶斑病、锈病、菌核病、网斑病、云纹病等。还能防治油菜和花生的土传病害，如菌核病，以及主要叶面病害，如灰霉病、黑斑病、褐斑病、黑胫病和锈病等。使用剂量通常为15g(有效成分)/亩，在此剂量下，活性优于或等于氟环唑、戊唑醇、嘧菌环胺等。

开发登记 安徽久易农业股份有限公司登记生产。

戊唑醇 tebuconazole

其他名称 立克秀；科胜；菌立克；富力库；普果；奥宁；Raxil；Horizon Lynx(种子处理用)；Elite；olicur(喷雾用)；Silyacur；ethyltrianol；tenetrazole；terbutrazo1；terbu-conazole；Bayer-HWG-1608。

化学名称 1-(4-氯苯基)- 3-(1H-1,2,4-三唑-1-基甲基)-4, 4-二甲基戊-3-醇。

结构式

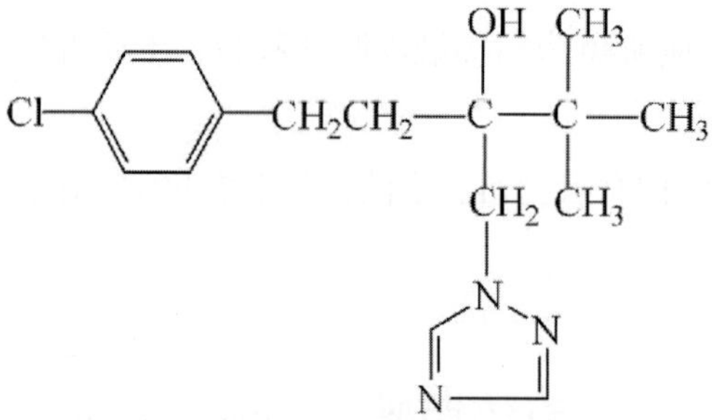

理化性质 无色晶体，熔点105℃(102.4～104.7℃)，20℃蒸气压为0.013MPa，20℃水中溶解度32ml/L，二氯甲烷>200g/L，己烷<0.1g/L，异丙醇、甲苯10～50g/L。在pH值4、7或9，22℃水解DT_{50}>1年。

毒　　性 大鼠急性经口LD_{50}为4 000mg/kg，大鼠急性经皮LD_{50}>5 000mg/kg。鱼毒LC_{50}(96h)：虹鳟6.4mg/L，金鱼8.7mg/L。水蚤LC_{50}(48h)10～12mg/L。

剂　　型 90%母粉、30%悬浮剂、43%悬浮剂、430g/L悬浮剂、25%水乳剂、25%乳油、80%可湿性粉剂、25%可湿性粉剂、6%微乳剂、12.5%微乳剂、12.5%水乳剂、0.2%悬浮种衣剂、2%悬浮种衣剂、6%悬浮种衣剂、2%湿拌种剂、5%悬浮拌种剂、2%干粉种衣剂、2%种子处理可分散粉剂。

作用特点 高效广谱内吸性杀菌剂。主要是对病原菌的麦角甾醇的生物合成起抑制作用，使得病原菌无法形成细胞膜，从而杀死病原菌。可以防治白粉菌属、柄锈菌属、喙孢属、核腔菌属和壳针孢属菌引起的病害。用于小麦种子拌种或做种子包衣时，既可防治附着在种子表面的病菌，也可在植物体内向顶传导，从而杀死作物内部的病菌，尤其适用于黑穗病的防治。

应用技术 可以防治多种锈病、白粉病、网斑病、根腐病，麦类赤霉病、灰霉病，香蕉叶斑病，茶树茶饼病，大麦散黑穗病，燕麦散黑穗病，小麦网腥黑穗病，光腥黑穗病及种传轮纹病。适用于防治白粉菌属、柄锈菌属、喙孢属、核腔菌属和壳针孢属病菌引起的病害。用于作物的种子拌种。戊唑醇不仅可以有效地防治上述病害，而且还可促进作物生长、根系发达、叶色浓绿、植株健壮、有效分蘖增加和提高产量。

防治小麦锈病、白粉病、赤霉病，发病初期用430g/L悬浮剂15～25ml/亩对水40～50kg喷雾；防治小麦纹枯病用6%种子处理悬浮剂50～66.6ml/100kg种子进行种子包衣；防治小麦散黑穗病，用6%悬浮种衣剂30～45ml/100kg种子；防治小麦全蚀病，用6%悬浮种衣剂30～60ml/100kg种子进行种子包衣；防治水稻稻瘟病，发病初期用6%微乳剂125～150ml/亩对水40～50kg喷雾；防治水稻稻曲病，发病初期用43%悬浮剂10～15ml/亩对水40～50kg喷雾；防治水稻立枯病、恶苗病，用2%湿拌种剂150～250g/亩种子包衣；防治玉米丝黑穗病，用6%种子处理悬浮剂90～180ml/100kg种子包衣；防治花生叶斑病，发病初期用25%可湿性粉剂25～35g/亩对水40～50kg喷雾；防治棉花枯萎病，用2%种子处理可分散粉剂种子处理(药种比)1∶(250～500)；防治油菜菌核病，发病初期用25%水乳剂35～50ml/亩对水40～50kg喷雾；防治高粱丝黑穗病，用6%悬浮种衣剂90～150ml/100kg种子包衣。

防治黄瓜白粉病，发病初期用43%悬浮剂15～18ml/亩对水40～50kg喷雾；防治苦瓜白粉病，发病初期用12.5%微乳剂40～60ml/亩对水40～50kg喷雾；防治豇豆锈病，发病初期用25%水乳剂25～50ml/亩对水40～50kg喷雾；防治大白菜黑斑病，发病初期用25%悬浮剂20～25ml/亩，对水40～50kg喷雾；防治白菜黑星病，发病初期用25%水乳剂35～50ml/亩对水40～50kg喷雾。

防治苹果树斑点落叶病，发病初期用43%悬浮剂5 000～6 000倍液喷雾；防治苹果褐斑病、轮纹病、梨树黑星病，发病初期用43%悬浮剂3 000～4 000倍液喷雾；防治葡萄白腐病，发病初期用25%水乳剂

2 000～3 500倍液喷雾；防治草莓灰霉病，发病初期用25%水乳剂25～30ml/亩对水40～50kg喷雾；防治香蕉树叶斑病，发病初期用25%可湿性粉剂1 000～1 200倍液喷雾。

注意事项 使用时应遵守农药使用防护规则，做好个人防护。拌种处理过的种子播种深度以2～5cm为宜。用该药剂处理过的种子严禁再用于人食或动物饲料，而且不能与饲料混合，用药剂处理过的种子必须与粮食分开存放，以免污染或误食，因对水生生物有害，不得使药剂污染水源。

开发登记 德国拜耳作物科学公司、江苏剑牌农药化工有限公司、江苏省盐城双宁农化有限公司登记生产。

三唑醇 triadimenol

其他名称 羟锈宁；抑菌净；百坦；Baytan；Bayfidan；Summit；Bay KWG0519。

化学名称 1-(4-氯苯氧基)-3,3-二甲基-1-(1H-1,2,4-三唑-1-基)丁-2-醇。

结 构 式

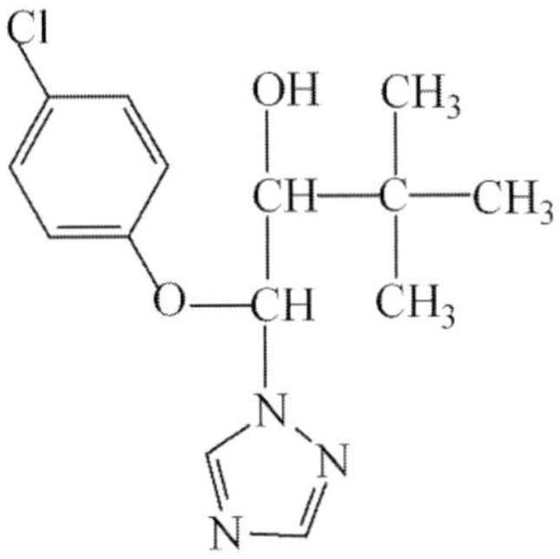

理化性质 无色无味微细结晶粉末，熔点111.7℃，蒸气压1.0MPa(20℃)；可溶于环己烷、丙醇、二氯甲烷、甲苯等有机溶剂，20℃时溶解度分别为40%、15%、10%及40%，在水中溶解度仅为120mg/L；在正常情况下，对光、热稳定，在酸性(pH值3)、中性、碱性(pH值10)情况下储存16个月不分解。

毒 性 属低毒杀菌剂，大鼠急性经口LD_{50}为700～1 200mg/kg，小鼠急性经口LD_{50}约为1 300mg/kg，大鼠急性经皮LD_{50}＞5 000mg/kg，大鼠急性吸入LC_{50}＞1 557mg/m^3(1h)和＞954mg/m^3(4h)。对水生生物的毒性：金鱼LC_{50}为10～50mg/kg(96h)，虹鳟鱼LC_{50}为23.5mg/kg(96h)。对鸟类毒性很低，日本鹌鹑LD_{50}＞10g/kg，金丝雀LD_{50}＞lg/kg。对大鼠急性吸入LC_{50}＞1 833mg/m^3(1h)和＞1733mg/m^3(4h)。

剂 型 15%干拌种剂、25%干拌种剂、10%可湿性粉剂、15%可湿性粉剂、11.7%湿拌种剂、25%湿拌种剂、1.5%悬浮种衣剂、25%可湿性粉剂、25%乳油。

作用特点 三唑醇为广谱内吸性种子处理剂。主要是抑制麦角甾醇合成，因而抑制和干扰菌体的附着孢和吸器的生长发育。主要用于禾谷类作物腥黑穗病、丝黑穗病、散黑穗病、白粉病、锈病等病害的防治。

应用技术 防治小麦白粉病，于感病前或发病初期用15%可湿性粉剂50～60g/亩对水50～60kg，搅匀后均匀喷雾；防治小麦纹枯病，在小麦播种期，将种子按1∶(333～400)（药种比）进行拌种；防治小麦锈病，用25%干拌剂进行拌种，药种比 1∶(667～735)；防治水稻稻曲病、稻瘟病、纹枯病，发病初期用15%可湿性粉剂60～70g/亩对水40～50kg喷雾；防治油菜菌核病，用15%可湿性粉剂60～70g/亩进行喷雾。

防治香蕉叶斑病，发病初期用15%可湿性粉剂500～800倍液喷雾。

注意事项 本品高剂量对玉米出苗有影响。作玉米拌种时，需加入适量的水或其他黏着剂。三唑醇用于拌种，收获时谷粒和茎秆内无残留。该药剂应放到儿童接触不到的地方，不可与食物和饲料一起存放或运输，拌过药的种子也不能用作饲料或食用。如误食引起中毒时，应立即找医生诊治。中毒症状一般为呕吐、激动、昏晕等，目前无解毒药剂。

开发登记 江苏剑牌农化股份有限公司、江苏省盐城利民农化有限公司等企业登记生产。

三环唑 tricyclazole

其他名称 比艳；三赛唑；克瘟灵；克瘟唑；Beam；Sazol。

化学名称 5-甲基-1,2,4-三唑并[3,4-b][1,3]苯并噻唑。

结构式

S N N N CH_3

理化性质 纯品为结晶固体，熔点187～188℃，沸点275℃，蒸气压0.027MPa(25℃)，水中溶解度1.6g/L(25℃)，有机溶剂中溶解度(g/L，25℃)：丙酮10.4，甲醇25，二甲苯2.1，52℃(试验最高储存温度)稳定，对紫外线照射相对稳定。

毒　　性 原粉对大鼠急性经口LD_{50}为305mg/kg，小鼠为250mg/kg。对兔和大鼠急性经皮$LD_{50} > 2$g/kg，大鼠急性吸入$LC_{50} > 0.25$mg/L。

剂　　型 20%可湿性粉剂、75%可湿性粉剂、40%悬浮剂、8%颗粒剂、75%水分散粒剂。

作用特点 三环唑是一种具有较强内吸性的保护性三唑类杀菌剂，能迅速被水稻根、茎、叶吸收，并输送到植株各部位，持效期长，药效稳定，抗雨水冲刷力强，喷药1h后遇雨不需补喷药。黑色素生物合成抑制剂，通过抑制从scytalone到1, 3, 8-三羟基萘和从vermelone到1, 8-二羟基萘的脱氢反应，从而抑制黑色素的形成。主要是抑制孢子萌发和附着孢形成，从而有效地阻止病菌侵入和减少稻瘟病菌孢子的产生。

应用技术 防治水稻叶瘟，在稻瘟病初发阶段普遍蔓延之前，用75%可湿性粉剂22g/亩对水40～50kg喷雾，对生长过旺、土地过肥、排水不良以及品种为高度易感病型的地块，在症状初发时应立即全田施药；防治水稻穗瘟，在水稻拔节末期至抽穗初期，用75%可湿性粉剂26g/亩对水40～50kg喷雾。

注意事项 属保护性杀菌剂，防治穗颈瘟第1次喷药最迟不宜超过破口后3d。三环唑对人体每日允许摄入量(ADI)日本是0.04mg/(kg・d)，美国是0.08mg/(kg・d)，使用三环唑应遵守我国控制农产品中农药残留量的合理使用准则。以75%可湿性粉剂为例，最大残留限量参考值(MRL)糙米中2mg/kg，用药量常用量20g，最高用量30g，最多使用次数2次，最后1次施药距收获天数(安全间隔期)21d。在使用过程中，如有药液溅到眼睛里和皮肤上，应用大量清水冲洗。在使用时如有不慎中毒者，应移至新鲜空气处，经口摄入者应催吐，无特效解毒药，应对症治疗，药品应贮存于干燥阴凉处，勿与食物、种子、饲料及其他农药混放。

开发登记 江苏丰登作物保护股份有限公司、上海悦联生物科技有限公司、美国陶氏益农公司等企业登记生产。

灭菌唑 triticonazole

其他名称 扑力猛；Alios；Charter；Flite；Legat；Premis；Real。

化学名称 (RS)-(E)-5-(4-氯亚苄基)-2,2-二甲基-1-(1H-1,2,4-三唑-1-基甲基)环戊醇。

结构式

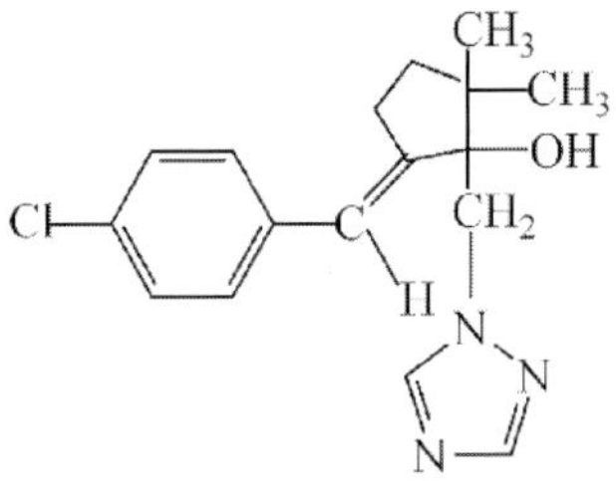

理化性质 原药纯度为95%。纯品为无臭、白色粉状固体，熔点139~140.5℃，当温度达到180℃开始分解。相对密度1.326~1.369，蒸气压小于1×10^{-5}MPa(50℃)。水中溶解度9.3mg/L(20℃)。

毒　　性 大鼠急性经口LD_{50}>2 000mg/kg，大鼠急性经皮LD_{50}>2 000mg/kg，大鼠急性吸入LC_{50}(4h)>1.4mg/L，对兔眼睛和皮肤无刺激。

剂　　型 2.5%悬浮种衣剂、28%悬浮种衣剂。

作用特点 为广谱内吸性种子处理剂。主要是抑制麦角甾醇合成，因而抑制和干扰菌体的附着孢和吸器的生长发育。主要用于防治禾谷类作物、豆科作物、果树病害，对种传病害有特效。可种子处理、也可茎叶喷雾，主要用作种子处理剂，持效期长达4~6周。正常使用技术条件下对种子及植株安全。

应用技术 防治镰孢菌属、柄锈菌属、麦类核腔菌属、黑粉菌属、腥黑粉菌属、白粉菌属、圆核腔菌、壳针孢属、柱隔孢属等引起的病害，如白粉病、锈病、黑腥病、网斑病等。

防治小麦散黑穗和腥黑穗病，在播种前，按照用量100~200ml/100kg种子，用水稀释至1~2L药液（制剂+水）/100kg种子，将药液缓缓倒在种子上，边倒边迅速搅拌，直至种子着药（着色）均匀，包衣后稍晾干至种子不粘手时即可播种。防治玉米丝黑穗病，播种前，按种子与药液（药剂+水）（500~1 000）：1的比例配制好拌种药液后，将药液缓缓倒在种子上，边倒边拌直至着药（着色）均匀，拌后稍晾干至种子不粘手时即可播种。

开发登记 江苏龙灯化学有限公司、巴斯夫植物保护（江苏）有限公司、巴斯夫欧洲公司等登记生产。

联苯三唑醇 bitertanol

其他名称 双苯三唑醇；Baycor；Proclaim。

化学名称 1-(联苯-4-基氧基)-3,3-二甲基-1-(1H-1,2,4-三唑-1-基)丁-2-醇。

结构式

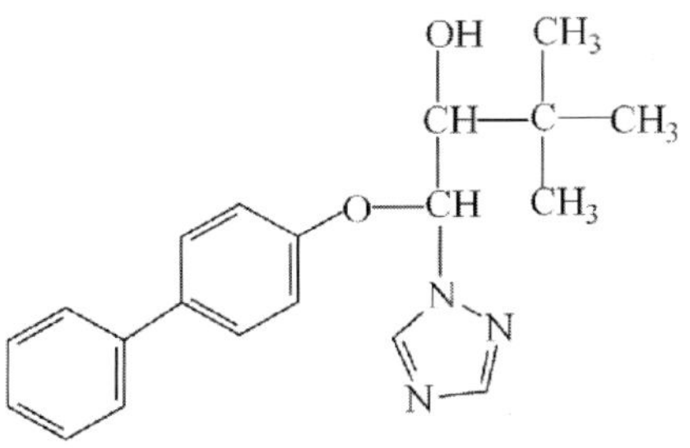

理化性质 纯品外观为无色结晶。

毒　　性 急性经口LD_{50}：大鼠＞5 000mg/kg，小鼠4 300mg/kg，大鼠急性经皮LD_{50}＞5 000mg/kg；犬＞5 000mg/kg。

剂　　型 25%可湿性粉剂。

作用特点 具保护和治疗活性的叶面杀菌剂。通过抑制麦角甾醇的生物合成，从而抑制孢子萌发、菌丝体生长和孢子形成。主要防治白粉病、叶斑病、黑斑病以及锈病等。水中直接光解，土壤中降解，对环境安全。

应用技术 用于防治花生、谷物、大豆、茶、蔬菜、果树、香蕉、观赏植物等由真菌引起的病害，还可与其他杀菌剂混合防治萌发期种子白粉病。

资料报道，防治花生叶斑病，发病初期用25%可湿性粉剂50～80g/亩对水40～50kg喷雾。

另外，据资料报道还可用于防治水果的黑斑病，发病初期用25%可湿性粉剂800～1 000倍液喷雾；防治观赏植物锈病和白粉病，发病初期用25%可湿性粉剂35～100g/亩对水40～50kg喷雾。

开发登记 山东省联合农药工业有限公司、江苏剑牌农化股份有限公司等企业登记生产。

乙环唑 etaconazole

其他名称 CGA64251；Vangaid；Sonax；Benit。

化学名称 1-2-(2,4-二氯苯基)-乙基-1,3-二氧戊环-2-甲基-1H-1,2,4-三唑。

结 构 式

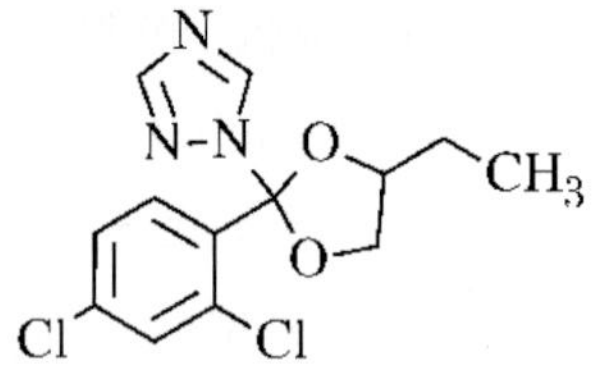

理化性质 硝酸盐熔点122℃，难溶于水，易溶于有机溶剂。

毒　　性 对温血动物低毒，大鼠急性口服LD_{50}为1 343mg/kg，经皮LD_{50}为3 100mg/kg。

剂　　型 10%可湿性粉剂。

作用特点 广谱内吸杀菌剂，具有保护和治疗作用，乙环唑属于麦角甾醇生物合成抑制剂。麦角甾醇在真菌细胞膜的构成中起重要作用。乙环唑通过干扰C-14去甲基化而妨碍真菌体内麦角甾醇的生物合成，从而破坏真菌的生长繁殖，起到保护和治疗作用，除对藻菌病害无效外，对子囊菌属、担子菌属、半知菌属真菌在粮食作物、蔬菜、水果以及观赏植物上引起的多种病害，都有很好的防治效果，持效期长达3～5周。

应用技术 资料报道，防治粮食作物病害，用乙环唑处理种子，防治种传、土传小麦腥黑穗病，效果也很优异，同三唑酮、三甲呋酰苯胺不相上下，而明显好于苯菌灵、五氯硝基苯；防治水果病害，乙环唑对苹果白粉病、黑星病、锈病、青霉腐烂病，梨黑星病、腐烂病，柑橘褐腐病、酸腐病、绿霉病，香蕉叶斑病，柠檬酸腐病等防效都很好，优于三唑酮。乙环唑作为水果保鲜剂，每吨水果用10%可湿性粉剂20～25g即可。

注意事项 使用量过大容易造成植株矮化。

叶锈特 butrizol

其他名称 RH-124；丁三唑；唑锈灵。

化学名称 4-丁基-1,2,4-三氮唑。

结构式

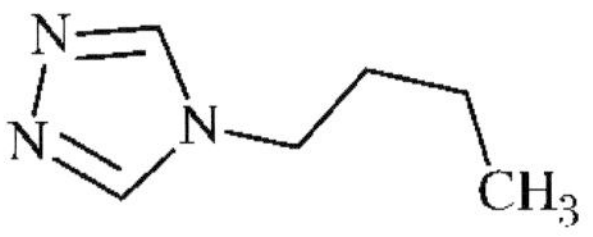

理化性质 易溶于水、乙醇、丙酮等多种有机溶剂，较稳定，纯品近于无色液体，稍显黏稠，无味。沸点141～142℃(2.67Pa)。粗品淡黄至琥珀色，稍有胺的气味。

毒 性 大白鼠急性口服LD_{50}为90mg/kg，小白鼠急性口服LD_{50}为200mg/kg，经皮LD_{50}为270mg/kg。

应用技术 资料报道，主要用于防治小麦叶锈病，如温室土壤处理，含量在1mg/kg，防效达100%。

开发登记 美国罗姆-哈斯公司开发的内吸性杀菌剂，现已停产。

糠菌唑 bromuconazole

其他名称 Ls860263。

化学名称 1-[(2RS,4RS,2RS,4SR)-4-溴-2-(2,4-二氯苯基)四氢糠基]-1H-1,2,4-三唑。

结构式

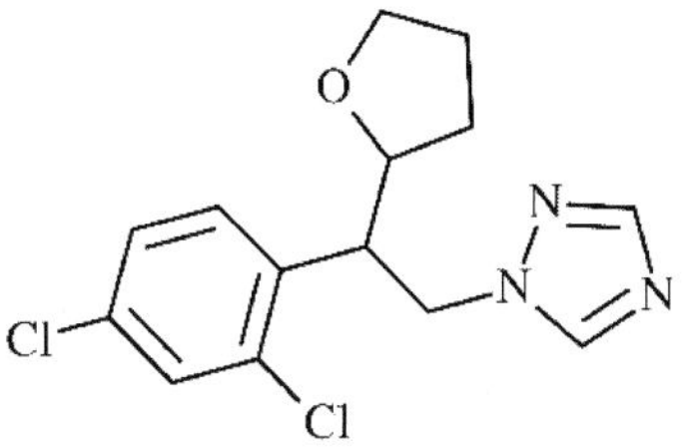

理化性质 本品为无色粉末，熔点84℃，25℃时蒸气压为0.004mPa，密度为1.72，水中溶解度为50mg/L，溶于有机溶剂。

毒 性 大鼠急性经口LD_{50}为365mg/kg，小鼠急性经口LD_{50}为1 151mg/kg，大鼠急性经皮$LD_{50}>2$g/kg，对兔皮肤和眼睛无刺激作用，豚鼠无皮肤过敏。兔急性吸入$LC_{50}>5$mg/L空气，鹌鹑和野鸭急性经口$LD_{50}>$2 150mg/kg。鱼毒LC_{50}(96h)：蓝鳃为3.1mg/L，虹鳟为1.7mg/L。水蚤(48h)＞5mg/L，Ames试验无诱变性。

剂 型 0.02%悬浮剂。

作用特点 内吸性杀菌剂，抑制甾醇脱甲基化。

应用技术 资料报道，防治禾谷类作物、蔬菜、果树上的子囊菌纲、担子菌纲和半知菌类病原菌，对链格孢属、镰孢菌属病原菌也有效，用0.02%悬浮剂0.66～1kg/亩对水40～50kg喷雾。

开发登记 由R. Pepin等报道，Rhne-Poulenc Agrochimie开发，获有专利EP246982(1987)、258161(1988)。

戊菌唑 penconazole

其他名称 二氯戊三唑；CGA 71818。

化学名称 1-[2-(2,4-二氯苯基)戊基]-1H-1,2,4-三唑。

结 构 式

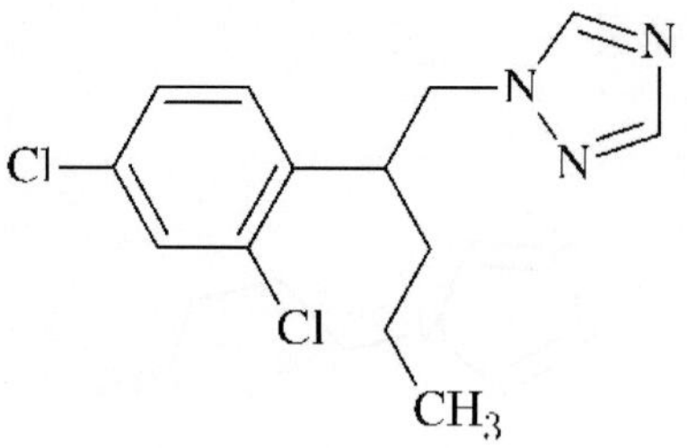

理化性质 无色晶体，熔点57.6～60.3℃，20℃时蒸气压为0.37MPa，密度1.30(20℃)；溶解度(25℃)：水中73mg/L，乙醇中730g/L，丙醇中770g/L，甲苯中610g/L，己烷中22g/L，辛醇中400g/L；在水中稳定，350℃以下稳定。

毒　　性 大鼠急性经口LD_{50}为2 125mg/kg，小鼠2 444mg/kg。大鼠急性经皮LD_{50}＞3g/kg对兔皮肤无刺激，对兔眼睛有刺激。对豚鼠皮肤无致敏作用。急性吸入LC_{50}(4h)＞4g/m^3。

剂　　型 10%可湿性粉剂、10%乳油、10%水乳剂、20%水乳剂、25%水乳剂。

作用特点 内吸性杀菌剂，具治疗、保护、铲除作用，抑制甾醇脱甲基化，在真菌孢子萌发和侵入期间起作用。喷布到作物表面后能被作物吸收或渗透到作物体内随体液传导到作物各部。

应用技术 资料报道，防治白粉菌科，黑星菌属及其他致病的孢菌纲，担子菌纲和半知菌类的致病菌。尤其是南瓜、葡萄、仁果、观赏植物和蔬菜上的上述病原菌，用10%乳油10～30ml/亩对水40～50kg喷雾；但使用时间尽可能在早晨，以免作物产生不可逆危害，加重病害。

防治草莓白粉病，在草莓白粉病发病初期用25%水乳剂7～10ml/亩进行喷雾；防治西瓜白粉病，在西瓜白粉病发病初期用20%水乳剂25～30ml/亩进行喷雾；防治葡萄白粉病，发病初期可以用25%水乳剂稀释8 000～10 000倍液进行喷雾；防治葡萄白腐病，在发病初期用20%水乳剂稀释5 000～10 000倍液喷雾。

开发登记 海利尔药业集团股份有限公司、浙江省杭州宇龙化工有限公司、陕西汤普森生物科技有限公司等登记生产。

R-烯唑醇 diniconazole-M

其他名称 速保利。

化学名称 (E)-(RS)-1-(2,4-二氯苯基)-4,4-二甲基-2-(1H-1,2,4-三唑-1-基)戊-1烯-3-醇

结 构 式

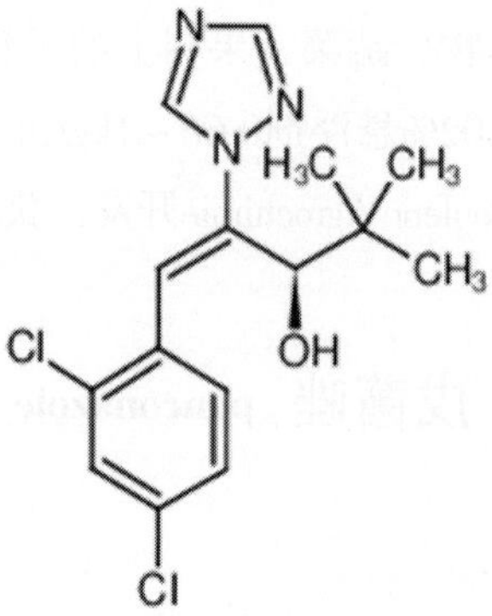

理化性质 无色晶体，熔点134～156℃，密度1.32(20℃)，水中溶解度4mg/L(25℃)，丙酮、甲醇95，二甲苯14，己烷0.7 (g/kg，25℃)，光、热和潮湿稳定。

毒　　性 急性经口LD_{50}为639mg/kg，急性经皮LD_{50} >5 000mg/kg，低毒。

作用特点 属三唑类杀菌剂，在真菌的麦角甾醇生物合成中抑制14α－脱甲基化作用，引起麦角甾醇缺乏，导致真菌细胞膜不正常，最终真菌死亡，持效期长久。对人畜、有益昆虫、环境安全。

剂　　型 74.5%原药、12.5%可湿性粉剂。

应用技术 防治梨树黑星病用12.5%可湿性粉剂4 000～5 000倍液，一般首次喷药在病斑开始时进行喷雾，若多雨宜提前在发病前进行喷雾。间隔10～15d喷雾一次，可连喷3次。喷雾时要将药液充分喷在作物上。

注意事项 本品不可与碱性农药混用。对藻状菌纲病菌引起的病害无效。

开发登记 江苏剑牌农化股份有限公司登记。

氧环唑 azaconazole

其他名称 戊环唑；R028644。

化学名称 1－{[2－(2,4－二氯苯基)－1,3－二氧戊环－2－基]甲基}－1H－1,2,4－三唑。

结 构 式

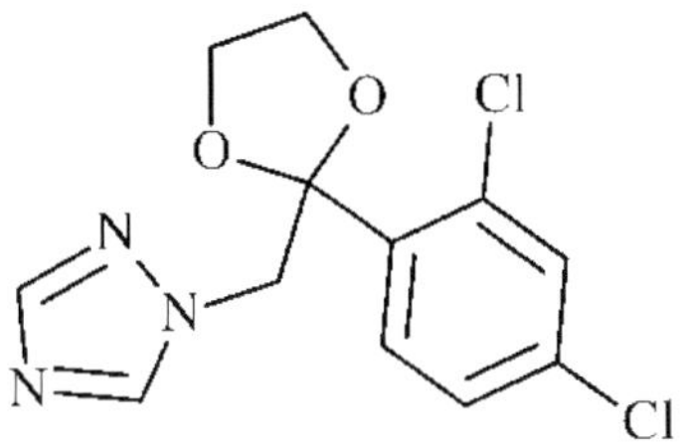

理化性质 本品为固体，熔点112.6℃，20℃蒸气压0.008 6MPa，密度1.511g/cm^3，20℃溶解度：水0.3g/L，丙酮160g/L，己烷0.8g/L，甲醇150g/L，甲苯79g/L。220℃以下稳定，在通常储存条件下，对光稳定，但其酮溶液不稳定，在pH4～9无明显水解；闪点180℃。

毒　　性 大鼠急性经口LD_{50}为308mg/kg，小鼠急性经口LD_{50}为1 123mg/kg，犬急性经口LD_{50}为114～136mg/kg，大鼠急性经皮LD_{50} > 2 560mg/kg。对兔皮肤和眼睛有轻微刺激，对豚鼠皮肤无致敏作用。

剂　　型 20%乳油、50%可溶性液剂。

作用特点 内吸性杀菌剂，抑制甾醇脱甲基化，对朽木菌和*Sapstain*真菌有特殊活性。

应用技术 资料报道，以20%乳油50～200倍液用于木材防腐。用作蘑菇栽培中的消毒剂及用于水果和蔬菜的贮存箱，也可与抑霉唑混合用于树木作为伤口治愈剂。

开发登记 1983年在比利时由Janssen Pharmaceutica引进，专利4079062(1978)、4160838(1979)。

呋醚唑 flurconazole-cis

其他名称 Ls840606。

化学名称 1-[(2R,5R)-2-(2,4-二氯苯基)-5-(2,2,2-三氟乙氧基)氧杂戊环-2-基甲基]-1,2,4-三唑。

结构式

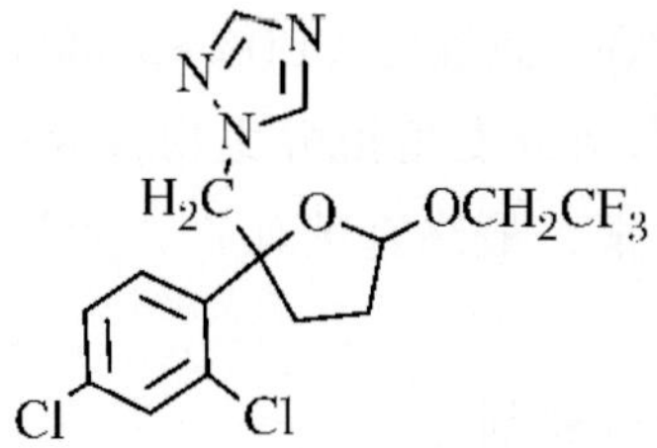

理化性质 无色晶体，熔点86℃，25℃蒸气压为0.014MPa。溶解度：水中为21mg/L，有机溶剂为370～1 400g/L。

作用特点 内吸性杀菌剂，具有保护和治疗作用，作用机理抑制甾醇脱甲基化。对子囊菌纲、担子菌纲和半知菌类的致病真菌有优异活性。对禾谷类作物、葡萄、果树和热带作物的主要病害有效，如白粉病、锈病、疮痂病、叶斑病和其他叶部病害。

应用技术 资料报道，防治苹果白粉病，发病初期用20～25g(有效成分)/hm^2对水喷雾；防治苹果疮痂病，发病初期用10～20g(有效成分)/hm^2对水喷雾；防治葡萄白粉病，发病初期用100g(有效成分)/hm^2对水喷雾；防治蔬菜和观赏植物白粉病和锈病，发病初期用25～50g(有效成分)/hm^2对水喷雾。

开发登记 由B. Zeeh等报道，由Rho-Poulene Agroehimie开发，获有专利EP258160(1988)。

四氟醚唑 teraconazole

其他名称 M1460。

化学名称 (±)-2-(2,4-二氯苯基)-3-(1H-1,2,4-三唑-1-基)丙基-1,1,2,2-四氟乙基醚。

结构式

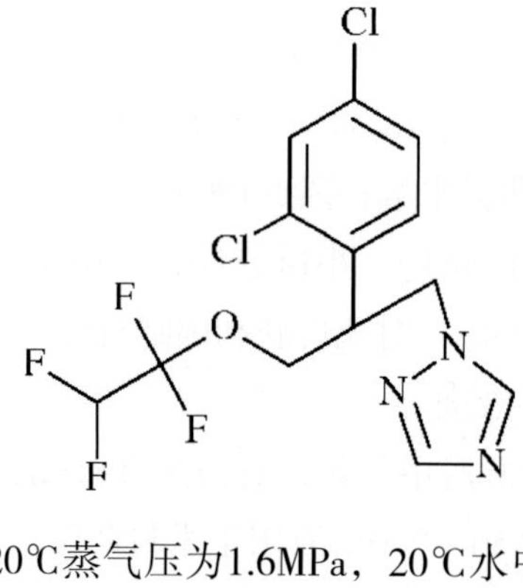

理化性质 本品为黏稠油状物，20℃蒸气压为1.6MPa，20℃水中溶解度150mg/L，可与丙酮、二氯甲烷、甲醇互溶；水溶液对日光稳定，在pH5～9下水解，对铜有轻微腐蚀性。

毒性 雄大鼠急性经口LD_{50}为1 250mg/kg，雌大鼠急性经口LD_{50}为1 031mg/kg，大鼠急性经皮LD_{50}>2g/kg。无致突变性，Ames试验无诱变性。鹌鹑LC_{50}(8d)650mg/kg饲料，野鸭LD_{50}(8h)为422mg/kg饲料。鱼毒LC_{50}(96h)：蓝鳃4.0mg/L，虹鳟4.8mg/L。水蚤LC_{50}(48h)mg/L。

剂型 10%乳油、12.5%干悬浮剂、4%水乳剂、12.5%水乳剂、25%水乳剂。

作用特点 内吸性杀菌剂，作用机理为抑制甾醇脱甲基化，从而阻碍真菌菌丝生长和分生孢子的形成，导致细胞膜不能形成，使病菌死亡。能够防治多种植物白粉病和锈病，对尾孢和黑星病菌也有效。

应用技术 防治草莓白粉病，于发病初期使用25%水乳剂10～12g/亩进行喷雾；防治黄瓜、甜瓜白粉病，在发病初期用4%水乳剂67～100g/亩进行喷雾。

资料报道，防治禾谷类作物白粉病、锈病及甜菜褐斑病，用10%乳油60～80ml/亩对水40～50kg喷雾。

注意事项：草莓、甜瓜建议安全间隔期为7d，每季作物最多施药3次；黄瓜安全间隔期为3d，每季使用3次。为了有利于抗性治理，建议与其他作用机制不同的杀菌剂交替使用。在推荐剂量下对作物和后茬安全。使用本品时应穿戴防护服和手套，避免吸入药液。施药期间不可吃东西和饮水。施药后应及时洗手和洗脸。不要将剩余的药剂或洗涤药械的水放到池塘、河流等水体中。用过的容器应妥善处理，不可做他用，也不可随意丢弃。

开发登记 意大利意赛格公司、陕西上格之路生物科学有限公司、陕西汤普森生物科技有限公司等登记生产。

叶菌唑 metconazole

化学名称 (IRS,5RS;1RS,5SR)-5-(4-氯苯基)-2,2-二甲基-1-(1H-1,2,4-三唑-1-基甲基)环戊醇。

结 构 式

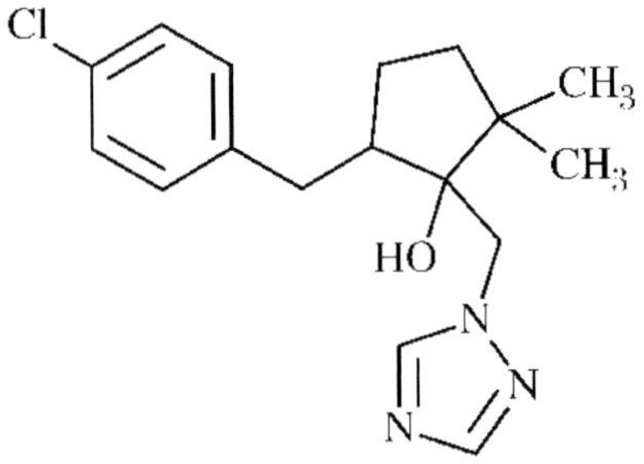

理化性质 其外观呈白色无味结晶固体，熔点110～113℃；水中溶解度为15mg/kg，有很好的热稳定性和水解稳定性。

毒　　性 大鼠急性经口LD_{50}＞1 459mg(原药)/kg，大鼠急性经皮LD_{50}为2 000mg(原药)/kg。对豚鼠皮肤过敏性为阴性，Ames试验为阴性。对兔皮肤无刺激作用，对兔眼睛有轻微刺激作用。

其他名称 内吸性杀菌剂，为麦角甾醇生物合成抑制剂，其顺式异构式的活性最高。温室盆栽试验中，顺式异构体对菜豆灰霉病和小麦叶锈病的防效远高于反式异构体，可有效地防治壳针孢属、柄锈菌属、黑麦喙孢和圆核腔菌(大麦网斑病菌)的叶部侵染，以及小麦网腥黑粉菌、黑粉菌属和核腔菌属的种传侵染，也可防治禾谷类作物的其他病害。本品的特点是对禾谷类作物的壳针孢菌和锈病有优异防效，有高的预防作用和强的治疗作用。

应用技术 资料报道，防治小麦条锈病、大麦条纹病，用50～75mg(有效成分)拌种1kg。

开发登记 首先由日本吴羽化学工业公司合成和申请专利，壳牌集团公司开发。

苄氯三唑醇 diclobutrazol

其他名称 粉锈清；PP-296；ICl296。

化学名称 (2RS,3RS)-1-(2,4-二氯苯基)-4,4-二甲基-2-(1H-1,2, 4-三唑-1-基)戊-3-醇。

结 构 式

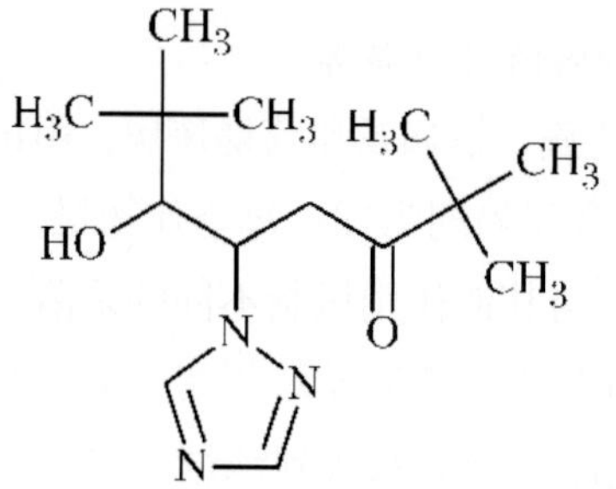

理化性质 近于白色结晶，熔点147～149℃，密度1.25g/cm^3，蒸气压约为0.002 7MPa(20℃)，溶解度(室温)：水9mg/L，丙酮、氯仿、乙醇、甲醇≤50mg/L。对酸、碱、热及潮湿空气均稳定；DT_{50}50℃下>90d、37℃下>0.5年；其水溶解(pH4～9)对自然日光稳定33d以上；在pH0和pH14、80℃，其水解DT_{50}>5d。

毒　　性 大白鼠急性口服LD_{50}为4g/kg，小鼠急性经口LD_{50}>1g/kg，豚鼠、兔急性经口LD_{50}为4g/kg。大鼠和兔急性经皮LD_{50}>1g/kg。对大鼠皮肤无刺激作用，对兔皮肤有轻微刺激作用，对兔眼睛有中等刺激性。

作用特点 内吸性杀菌剂具三唑类杀菌剂相同的作用机理，即甾醇脱甲基化抑制剂。

应用技术 资料报道，防治多种作物上的白粉菌、禾谷类作物锈病、咖啡上的驼孢锈病菌、苹果上的黑星病菌，对番茄、香蕉和柑橘上的真菌病害也有防效，100mg/L可完全抑制隐匿锈菌和大麦白粉菌，田间喷雾剂量为4～8g(有效成分)/亩。

开发登记 由英国ICI Agrochemicals开发。

三氟苯唑 fluotrimazole

其他名称 菌唑灵；BUE0620；氟三唑。

化学名称 1-(3-三氟甲基三苯甲基)-1H-1,2,4-三氮唑。

结 构 式

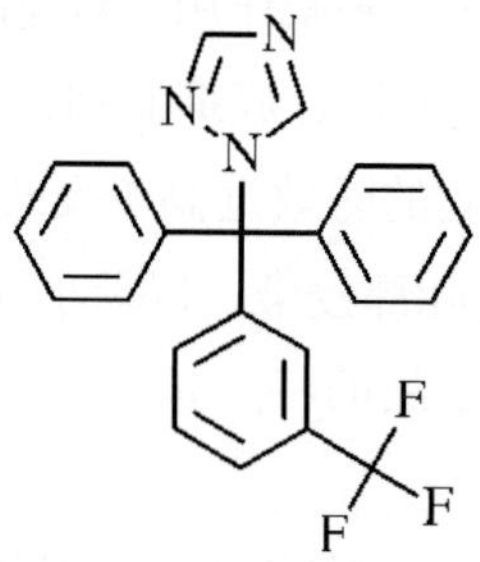

理化性质 纯品为白色结晶，熔点为132℃；20℃时溶解度为二氯甲烷40%、环己酮20%、甲苯10%、丙二醇5%、水1.5mg/L。在0.2mol/L硫酸溶液中分解，在0.1mol/L氢氧化钠溶液中稳定。

毒　　性 大鼠90d饲喂试验无作用剂量800mg/kg，犬为5 000mg/kg，对蜜蜂安全。

剂　　型 50%可湿性粉剂。

作用特点 氟原子引入唑类化合物，使其生物活性有明显的提高，而毒性有显著的降低。对白粉病、稻瘟病等真菌病害效果良好，并有内吸性，是目前很有前途的杀菌剂之一，对白粉病有特效，对其他病害也有较好的作用。

应用技术 资料报道，用于防治白粉病，作物发病初期用50%可湿性粉剂500倍液喷雾。

注意事项 50%可湿性粉剂应储存在干燥和通风良好的仓库中，虽属低毒，但配药和施药时仍需注意安全，防止药液吸入或沾染皮肤，喷药后要及时冲洗，喷雾要均匀周到。

开发登记 1973年拜耳公司推广，获得专利DBP1795249、USP3682950。

辛唑酮

其他名称 Pp969。

化学名称 (5RS, 6RS)-6-羟基-2,2,7,7-四甲基-5-（1,2,4-三唑-1-基)辛酮-3。

结 构 式

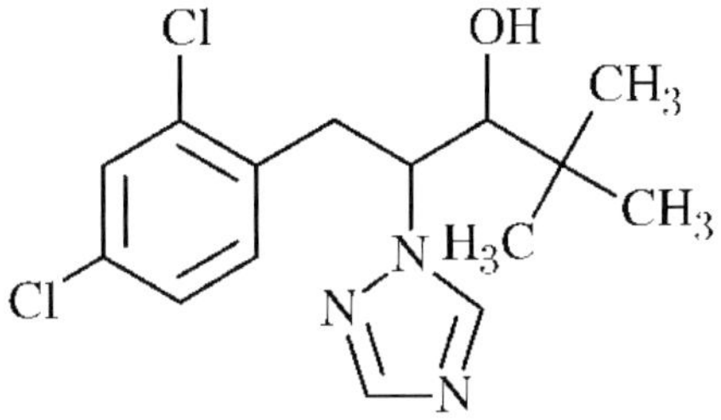

Cl OH CH_3 CH_3 H_3C N N N Cl

理化性质 纯品为白色结晶，熔点97～98℃，水中溶解度为3.6g/L。

作用特点 广谱内吸性杀菌剂，可用于防治小麦、大麦、苹果白粉病、小麦锈病、花生叶斑病、苹果黑星病等病害。

应用技术 资料报道，防治叶部病害，用有效成分1.0mg/L喷雾；防治由白腐小核菌引起的洋葱白腐病，用有效成分2g/（L·m^2）施于垄下。

种菌唑 ipconazole

化学名称 (1RS,2SR,5RS;1RS,2SR,5SR)-2-(4-氯苄基)-5-异丙基-1-(1H-1,2,4-三唑-1-基甲基)环戊醇。

结 构 式

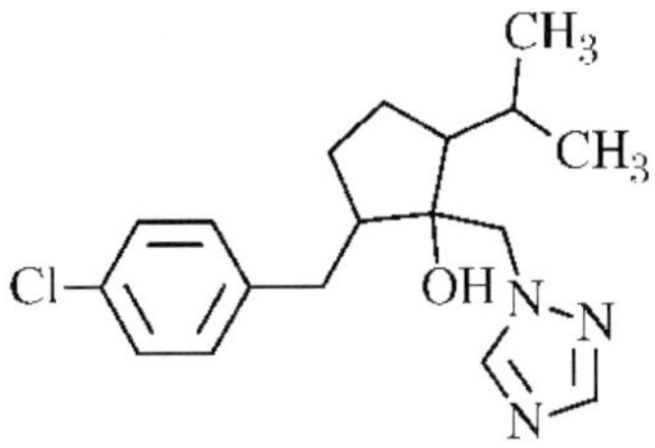

CH_3 CH_3 Cl OH N N N

理化性质 种菌唑是由异构体Ⅰ(1RS，2SR，5RS)和异构体Ⅱ(1RS，2SR，5SR)组成。纯品为无色晶体，熔点88～90℃。蒸气压(MPa，25℃)3.58×10^{-3}，水中溶解度6.93mg/L(20℃)。

毒　　性 大鼠急性经口LD_{50}为1 338mg/kg，大鼠急性经皮LD_{50}＞2 000mg/kg。对兔皮肤无刺激性，对眼睛有轻微刺激性，无皮肤过敏现象，鲤鱼LC_{50}(48h)为2.5mg/L。

作用特点 麦角甾醇生物合成抑制剂。

应用技术 资料报道，主要用于防治水稻和其他作物的种传病害。防治水稻恶苗病、水稻胡麻斑病、水稻稻瘟病，用3～6g(有效成分)拌种100kg。

十六、咪唑类杀菌剂

(一)咪唑类杀菌剂作用机制

咪唑类的主要部分为1～咪唑基-甲酰胺，来自咪鲜胺和稻瘟酯中的活性部分。该化合物是在咪鲜胺为先导化合物发现稻瘟酯的基础上，通过进一步结构活性关系(SAR)研究优化得到的。目前有十几个品种。

咪唑类杀菌剂主要通过阻碍真菌麦角甾醇的生物合成而影响真菌细胞壁的形成，对为害作物生长的多数真菌病害均有良好的防治效果。

(二)咪唑类杀菌剂主要品种

抑霉唑 imazalil

其他名称 戴唑霉；R23979(碱)；R27180(硫酸盐)；R18531(硝酸盐)；triazle 117682；烯菌灵；Fungaflor；Fecundal；Fungazil；Magnate；万利得；Deccozil；Freshgard；Nuzone 10ME；Double K；Flo Pro IMZ；Bromazil。

化学名称 1-2-(2,4-二氯苯基)-2-(2-烯丙氧基)乙基-1H-咪唑。

结构式

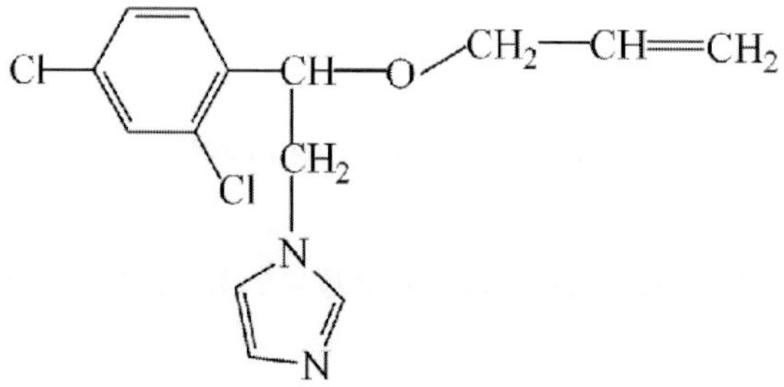

理化性质 亮黄色到棕色油状液体，密度1.242 9，20℃的蒸气压为9.33μPa。熔点50℃，沸点148℃。溶解度：水中0.18g/L(pH值7.6)，丙酮、二氯甲烷、甲醇、乙醇、氯仿、二甲苯、甲苯、苯＞500g/L，己烷19g/L。在室温避光下保存稳定，对热(285℃以下)稳定。抑霉唑硫酸盐是一种几乎无色到浅黄色粉末，易溶于水、乙醇，微溶于极性有机溶剂。

毒　　性 大鼠急性口服LD_{50}为227～343mg/kg，犬＞640mg/kg。大鼠急性经皮LD_{50}为4 200～4 880mg/kg。

剂　　型 22.2%乳油、50%乳油、0.1%涂抹剂、10%水乳剂、20%水乳剂、3%膏剂、15%烟剂。

作用特点 内吸性广谱杀菌剂，通过影响病菌细胞膜的渗透性、生理功能和脂类合成代谢，从而破坏霉菌的细胞膜，同时抑制霉菌孢子的形成。抑霉唑对柑橘、香蕉和其他水果喷施或浸渍，能防治收获后水果的腐烂。抑霉唑对抗苯并咪唑类的青霉菌、绿霉菌有较高的防效。

应用技术 对侵染果树、蔬菜和观赏植物的许多真菌病害都有防效。对长蠕孢属、镰孢属和壳针孢属真菌具有特效，高活性，推荐作种子处理剂防治谷物病害。对柑橘、香蕉和其他水果喷施或浸渍(在水或蜡状乳剂中)能防治收获后水果的腐烂，可用于苹果、柑橘、芒果、香蕉和瓜类作物青霉病、绿霉病、轴腐病和炭疽病的防治。

防治番茄叶霉病，发病初期用15%烟剂250～350g/亩熏烟。

防治苹果树炭疽病，用10%水乳剂稀释500～700倍液进行喷雾。防治苹果腐烂病用10%水乳剂稀释500～700倍液进行喷雾或用3%膏剂在苹果腐烂病发病前期用刷子直接涂抹或用修剪刀清洁树木病疤至好的皮下组织，病疤边缘切割至形成层，按200～300g/m^3，在病疤处均匀涂抹，并确保边缘部分涂抹至正常树皮处1～2cm；防治柑橘绿霉、青霉病，柑橘采收后防腐处理方法，挑选无伤口和无病斑的果实，用清水清洗并擦干或晾干，用0.1%涂抹剂2～3L/T(用毛巾或海绵蘸)涂抹，晾干。注意施药尽量薄，避免涂层过厚；药液浸果，使用50%乳油2 000～3 000倍液(长途运输)或使用50%乳油1 500～2 000倍液(短途运输)，将果实放入药液中浸泡1～2min，然后捞起晾干；防治香蕉轴腐病，用50%乳油750～1 500倍液，浸果1min捞出晾干储藏。

注意事项 防治柑橘蒂腐病、黑腐病，采收后24h内，用20%水乳剂400～800倍液常温药液浸果1min后捞起晾干、包装、储藏。浸果前务必将药剂搅拌均匀。药液处理后的柑橘，入库后数天内要注意通风；应遵守通常的农药使用防护规则。药剂应储存于阴凉干燥处，储存在儿童接触不到的地方，避免药物接触眼睛、皮肤。使用时，如药液接触皮肤和眼睛，应立即用大量清洁水冲洗，并送医院治疗；如误服中毒应对症治疗，无特效解毒剂。不能与碱性农药混用。与咪鲜胺复配防治柑橘青霉病、绿霉病、酸腐病、蒂腐病等。

开发登记 陕西秦丰农化有限公司、江苏龙灯化学有限公司等企业登记生产。

咪鲜胺 prochloraz

其他名称 施保克；使百克；BTS40542；丙灭菌；氯灵；丙灭菌；扑霉灵；Sportak；Trimidal；Mirage；Abarit；Ascurit；Octare；Omega；Prelnde；Sporgon。

化学名称 N-丙基-N-[2-(2,4,6-三氯苯氧基)乙基]-1H-咪唑-1-甲酰胺。

结 构 式

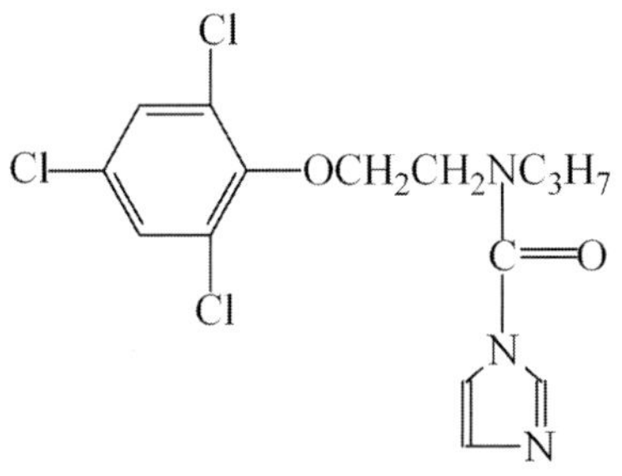

Cl
Cl
$OCH_2CH_2NC_3H_7$
C=O
Cl
N
N

理化性质 白色结晶固体，熔点46.5～49.3℃，沸点208～210℃(0.2mmHg分解)。20℃时的蒸气压为0.09 MPa，30℃时为0.436 μ Pa。密度1.42(20℃)，溶解度(25℃, g/L)：丙酮3 500、氯仿2 500、甲苯2 500、乙醚2 500、二甲苯2 500、水34.4mg/L。在20℃、pH值7的水中稳定，对浓酸或碱和阳光不稳定。

毒 性 急性口服毒性LD_{50}：大鼠1 600～2 400mg/kg，小鼠2 400mg/kg。大鼠急性经皮LD_{50} > 2.1g/kg，兔急性经皮LD_{50} > 3g/kg。

剂　　型　25%可湿性粉剂、50%可湿性粉剂、10%粉剂、0.05%水剂、0.5%悬浮种衣剂、1.5%水乳种衣剂、25%乳油、45%乳油、45%水乳剂、45%微乳剂。

作用特点　广谱性杀菌剂，具有保护作用和铲除作用。虽然不具内吸作用，但它具有一定的传导性能。通过抑制甾醇的生物合成而起作用，对于子囊菌及半知菌引起的多种作物病害有特效。对水稻恶苗病、芒果炭疽病、柑橘青、绿霉病及炭疽病和蒂腐病、香蕉炭疽病及冠腐病等有较好的防治效果，还可以用于水果采收后处理，防治储藏期病害。用做种子处理时，对禾谷类许多种传和土传真菌病害有较好活性。单用时，对斑点病、霉腐病、立枯病、叶枯病、条斑病、胡麻叶斑病和颖枯病有良好的防治效果，与萎锈灵或多菌灵混用，对腥黑穗病和黑粉病有极佳防治效果。在土壤中主要降解为易挥发的代谢产物，易被土壤颗粒吸附，不易被雨水冲刷。对土壤中的生物低毒，但对某些土壤中的真菌有抑制作用。

应用技术　用于防治各类作物白粉病、叶斑病、颖斑枯病、煤污病等。对田间作物、果树、蔬菜、草坪和观赏植物的许多植物病原菌有优异的防治效果。稻株被稻梨孢严重感染时，用500mg/kg处理有优异的防效。咪鲜胺与三唑酮、多菌灵、乙烯菌核利、异菌脲、腐霉利、十三吗啉等杀菌剂制成的混剂，均具有明显的增效作用。

对水稻恶苗病、稻瘟病、胡麻斑病，小麦赤霉病，大豆炭疽病，大豆褐斑病，油菜菌核病，向日葵炭疽病，香蕉叶斑病，葡萄黑痘病，柑橘炭疽病、蒂腐病、青霉病、绿霉病，甜菜褐斑病等真菌病害具有较好的防治效果，适用于小麦、水稻、蔬菜、果树等。

防治水稻恶苗病，长江流域及以南地区，用25%乳油2 000 ~ 3 000倍液浸种1 ~ 2d，然后取出稻种用清水催芽，黄河流域及以北地区，用25%乳油3 000 ~ 4 000倍液浸种3 ~ 5d，然后取出，清水进行催芽，在东北地区，用25%乳油3 000 ~ 5 000倍液，浸种5 ~ 7d，浸种时间的长短根据温度而定，低温时间长，高温时间短，在黑龙江省用药液浸种浓度和播后催芽前用水浸种时间一致，然后取出催芽；防治水稻稻瘟病，水稻“破肚”出穗前和扬花前后，用25%乳油60 ~ 100ml/亩对水40kg喷雾，防治穗颈瘟病，病轻时喷1次即可，发病重的年份在第1次喷药后间隔7d再喷1次；防治小麦白粉病，发病初期用25%乳油50 ~ 60ml/亩对水40 ~ 50kg喷雾，根据病情发展，6 ~ 7d再喷第2次药；防治小麦赤霉病，小麦抽穗扬花期，用25%乳油800 ~ 1 000倍液喷雾；防治烟草赤星病，发病初期用25%乳油50 ~ 100g/亩喷雾，间隔7d再施药1次，共施药3次。

防治黄瓜炭疽病，发病初期用25%乳油500 ~ 1000倍液喷雾或50%悬浮剂60 ~ 80ml/亩喷雾；防治番茄炭疽病，发病初期用45%乳油1 500 ~ 2 000倍液喷雾，间隔7 ~ 10d喷1次，连续2 ~ 3次；防治辣椒炭疽病，发病初期用45%乳油15 ~ 30ml/亩对水40 ~ 50kg喷雾；防治辣椒白粉病，发病初期用25%乳油50 ~ 70ml/亩对水40 ~ 50kg喷雾；防治辣椒枯萎病，用25%乳油500 ~ 750倍液喷雾；防治西瓜枯萎病时，应选择在瓜苗定植期、缓苗后和坐果初期为宜，25%乳油750 ~ 1 000倍液喷雾。

防治苹果炭疽病，发病初期用25%乳油800 ~ 1 000倍液喷雾；防治葡萄炭疽病，发病初期25%乳油800 ~ 1 200倍液喷雾；防治柑橘青霉病、绿霉病、炭疽病、蒂腐病，当天收获的果实，常温下用25%乳油500 ~ 1 000倍液浸果1min后捞起晾干，单果包装，效果更佳，处理前须洗净果实表面灰尘、药迹；香蕉采后防腐保鲜，防治轴腐病、炭疽病，当天收的香蕉，常温下用25%乳油500 ~ 1 000倍液浸果1min后捞起晾干，处理前去除果轴，并洗去蕉指表面的灰尘；防治芒果炭疽病，采前园地叶面喷施，芒果花蕾期至收获期施药5 ~ 6次，用25%乳油500 ~ 1 000倍液，喷雾第1次在花蕾期，第2次在始花期，以后每隔7d施药1次，采前10d施最后1次；防治龙眼炭疽病，在龙眼第1次生理落果时，用25%乳油1 200倍液喷雾，间隔7d再用药1次，共用药4次。

另外，据资料报道还可用于防治大麦散黑穗病，大麦播种前，用25%乳油3 000倍液浸种48h，随浸随播；防治甜菜褐斑病，在7月下旬甜菜叶上出现第一批褐斑时，用25%乳油1 000倍液，每隔10d喷1次，共喷2～3次；防治茶炭疽病，茶树夏梢始盛期，用50%可湿性粉剂1 000～2 000倍液喷雾，每隔7d喷药1次，共防治3次；防治甜瓜炭疽病，发病初期用25%乳油1 200～1 500倍液喷雾，间隔7d再施1次；防治大蒜叶枯病，发病初期用25%乳油1 000～1 500倍液喷雾，间隔6～8d，连喷3次；防治人参炭疽病、黑斑病，发病初期用25%乳油2 500倍液喷雾，间隔7～10d喷1次药，共喷10次。

注意事项 使用时应遵守通常的农药使用防护规则，做好个人防护。对水生动物有毒，不可污染鱼塘、河道或水沟。防腐保鲜处理应将当天采收的果实，当天用药处理完毕。浸果前务必将药剂搅拌均匀，浸果1min后捞起晾干。水稻浸种长江流域以南浸种1～2d，黄河流域以北地区应在浸种3～5d后用清水催芽播种。

开发登记 江苏常隆农化有限公司等企业登记生产。

咪鲜胺锰络化合物 prochloraz manganese chloride complex

其他名称 Sporgon；施保功；使百功。

化学名称 N–丙基–N–[2–(2,4,6–三氯苯氧基)乙基]–1H–咪唑–1–甲酰胺–氯化锰。

结 构 式

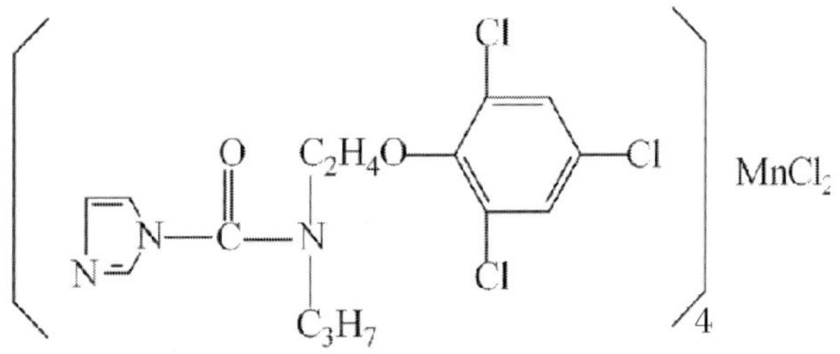

理化性质 白色至褐色砂粒状粉末，气味微芳香味，熔点141～142.5℃，水中溶解度为40mg/L，丙酮中为7g/L；蒸气压为0.02Pa(25℃)。在水溶液中或悬浮液中，此复合物可很快地分离成咪鲜胺和氯化锰。在25℃下，其分离度于4h内达55%。

毒　　性 对大鼠口服急性LD_{50}为1 600～3 200mg/kg，急性经皮LD_{50}＞5 000mg/kg，吸入LC_{50}＞1 096mg/L。对兔眼睛有轻度刺激，对皮肤无刺激。在试验剂量内，未发现“三致”作用，三代繁殖试验未见异常。

剂　　型 25%可湿性粉剂、50%可湿性粉剂。

作用特点 咪唑类杀菌剂，以咪鲜胺氯化锰复合物为有效成分。通过抑制甾醇的生物合成而起作用的。主要用于使用咪鲜胺易引起药害的作物上，咪鲜胺锰络合物不具有内吸作用，但有一定的渗透传导性能。对子囊菌引起的多种作物病害有特效，对蘑菇褐腐病和褐斑病，芒果炭疽病，柑橘青霉病、绿霉病和蒂腐病，香蕉炭疽病及冠腐病等有较好的防治效果，还可以用于水果采后处理，防治贮藏期病害。在土壤中主要降解为易挥发的代谢产物，易被土壤颗粒吸附，不易被雨水冲刷。对土壤中的生物低毒，但对某些土壤中的真菌有抑制作用。

应用技术 对蘑菇褐腐病、白腐病(湿泡病)，柑橘炭疽病、蒂腐病、青霉病、绿霉病，黄瓜炭疽病，烟草赤星病，芒果炭疽病等真菌病害具有较好的防治效果。适用于蔬菜、果树、蘑菇等。

防治水稻恶苗病，用50%可湿性粉剂4 000～6 000倍液浸种，水稻浸种长江流域以南浸种1～2d，黄河流域以北浸种3～5d后用清水催芽。防治烟草赤星病，发病初期用50%可湿性粉剂1 500～2 500倍液喷雾。

防治水稻稻曲病，于水稻破口抽穗前5～10d施药，用50%可湿性粉剂25～30g/亩喷雾；防治水稻稻瘟病，用50%可湿性粉剂60～70g/亩喷雾。

防治黄瓜炭疽病，发病初期40～70g/亩喷雾，间隔7～10d施药1次，叶面喷施；防治辣椒炭疽病，发病初期用50%可湿性粉剂37～74g/亩对水40～50kg喷雾；防治大蒜叶枯病，发病初期用50%可湿性粉剂50～60g/亩对水40～50kg喷雾；防治西瓜枯萎病，在西瓜移栽后，用50%可湿性粉剂800～1 000倍液灌根，每株100ml，间隔7～10d，连灌3～4次。

防治柑橘病害，采果后防腐保鲜处理，用50%可湿性粉剂1 000～2 000倍液，常温药液浸果1min后捞起晾干，可以防治柑橘青霉病、绿霉病、炭疽病、蒂腐病等，如能结合单果包装的方式，则效果更佳；防治芒果炭疽病及保鲜，芒果采收前，花蕾期至收获期，用50%可湿性粉剂1 000～2 000倍液喷雾，第1次施药在花蕾期，第2次施药在始花期，以后每隔7d施药1次，共喷洒5～6次，采前10d施最后1次药，当天采收的芒果，用50%可湿性粉剂500～1 000倍液，常温药液浸果1min后捞起晾干，如能结合单果包装的方式，则效果更佳。

防治蘑菇褐腐病、白腐病(湿泡病)，用50%可湿性粉剂0.8～1.2g/m^2，第1次施药在覆土前，每平方米覆盖土用0.4～0.6g，加水1kg，均匀拌土；第2次施药在每二潮菇转批后，用50%可湿性粉剂800～1 200倍液，每平方米菇床用药1kg均匀喷施。

另外，据资料报道还可用于防治烟草炭疽病，发病初期用50%可湿性粉剂1 000倍液喷雾；防治葡萄黑痘病，发病初期用50%可湿性粉剂1 500～2 000倍液喷雾；防治节瓜炭疽病，发病初期用50%可湿性粉剂1 000～1 500倍液喷雾。

注意事项 在西瓜苗期易出现药害，气温太高时，应加大稀释倍数。使用时应遵守通常的农药使用防护规则，做好个人防护，药品应远离儿童，储藏于干燥、阴凉处，避免污染食品和饲料，避免皮肤直接接触、吸入。

开发登记 江苏辉丰生物农业股份有限公司、江苏省苏州富美实植物保护剂有限公司、南京红太阳股份有限公司等企业登记生产。

氟菌唑 triflumizole

其他名称 特富灵；NF-114；三氟咪唑；Trifmine；Condor；Duotop；Procure；Terraguard。

化学名称 (E)-4-氯-2-三氟-N-(1-咪唑-1-基-2-丙氧亚乙基)邻-甲基苯胺。

结构式

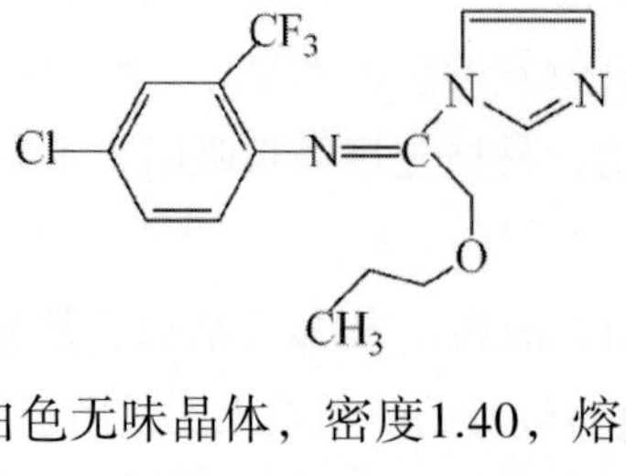

CF_3 N N Cl N C O CH_3

理化性质 为灰白色无味粉末。白色无味晶体，密度1.40，熔点63.5℃(62.4℃)，25℃时的蒸气压为0.001 4MPa。20℃时溶解度：水12.5g/L，氯仿2.22kg/L，丙酮1.44kg/L，二甲苯639g/L，已烷17.6g/L，甲醇496g/L。水溶液日光下降解(DT_{50}为29h)，在高浓度酸和碱介质中水解，土壤(黏土)中DT_{50}14d，原药有效成分含量为97%。

毒　　性 对大鼠急性经口LD_{50}：雄性715mg/kg，雌性695mg/kg；大鼠急性经皮LD_{50} > 5g/kg；急性吸入LC_{50}(4h) > 3.2mg/L。鱼毒LC_{50}(96h);虹鳟鱼0.58mg/L，蓝鳃鱼1.2mg/L；鲤鱼LC_{50}(48h)为1.26mg/L，水蚤LC_{50}(3h)为9.7mg/L。蜜蜂LD_{50}为0.14mg/只。日本鹌鹑急性经口LD_{50}为2 467mg/kg。

剂　　型 30%可湿性粉剂、35%可湿性粉剂、40%可湿性粉剂。

作用特点 广谱杀菌剂，为甾醇脱甲基化抑制剂，具有内吸、治疗、铲除作用，主要用于麦类、蔬菜等白粉病、锈病，对茶树炭疽、桃褐腐病也有效。

应用技术 防治仁果上的胶锈菌属和黑星菌属，果实和蔬菜上的白粉菌属，镰孢霉属、煤绒菌属和链核盘菌属，以及禾谷类上的长蠕孢属、腥黑粉菌属和黑粉菌属。对麦类、蔬菜、果树及其他作物的白粉病、锈病、茶树炭疽病、茶饼病、桃褐腐等多种病害有效。

防治黄瓜白粉病，发病初期用30%可湿性粉剂13 ~ 20g/亩对水50kg喷雾，间隔10d，连续使用两次。

防治草莓白粉病，发病初期用30%可湿性粉剂15 ~ 30g/亩喷雾。防治葡萄和西瓜白粉病，在发病初期用30%可湿性粉剂15 ~ 18g/亩喷雾；防治烟草白粉病，发病初期喷药，用30%可湿性粉剂8 ~ 12g/亩喷雾，使用次数2 ~ 3次。

防治梨黑星病，发病初期用30%可湿性粉剂2 000 ~ 3 000倍液喷雾，间隔7 ~ 10d再喷1次。

注意事项 不可将剩余药液倒入池、塘、湖，以防鱼类中毒，同时防止刚喷过药的田水流入河、塘。施药后，应立即洗净脸、手、脚等裸露部位，并漱口。万一误服，应大量饮水催吐，保持安静，立即请医生诊治。药剂应密封后储存远离食物和饲料的阴暗处。用于梨("幸水"等品种)时，当树长势弱而又以高浓度喷洒，叶片会发生轻微黄斑，须在规定的低浓度下使用。在梨树上避免与杀螟硫磷、亚胺硫磷混用。高浓度用于瓜类前期时会发生深绿化症，须以规定浓度使用。

开发登记 日本曹达株式会社、浙江禾本科技有限公司、陕西上格之路生物科学有限公司、上海生农生化制品股份有限公司等企业登记生产。

氰霜唑 cyazofamid

其他名称 氰唑磺菌胺；科佳；Mildicut；Ranman。

化学名称 4-氯-2-氰基-N,N-二甲基 -5-对甲苯基咪唑-1-磺酰胺。

结 构 式

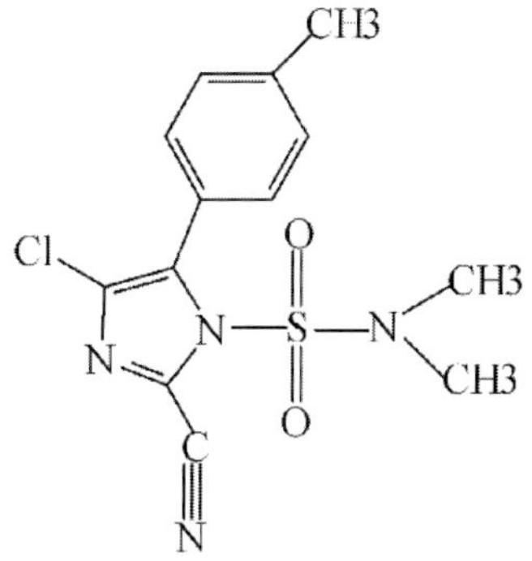

CH3
Cl
O
N
S
N
CH3
N
O
CH3
C
N

理化性质 纯品浅黄色无臭粉状固体，熔点152.7℃。水中溶解度(20℃，mg/L)：0.121(pH值5)、0.107(pH值7)、0.109(pH值9)。水中稳定性DT_{50}：24.6d(pH值4)、27.2d(pH值5)、24.8d(pH值7)。

毒　　性 大、小鼠急性经口LD_{50}＞5 000mg/kg。大鼠急性经皮LD_{50}＞2 000mg/kg。对兔眼睛和皮肤无刺激。大鼠急性吸入LC_{50}(4h)＞3.2mg/L。鹌鹑和鸭急性经口LD_{50}＞2 000mg/kg，鹌鹑和鸭急性吸入LC_{50}＞5mg/L。鱼毒LC_{50}(96h，mg/L)：鲤鱼＞0.14，虹鳟鱼＞0.51。蜜蜂LD_{50}(48h)＞151.7μg/只(经口)＞100μg/只(接触)。蚯蚓LC_{50}(14d)＞1 000mg/kg土壤。

剂　　型 10%悬浮剂、40%颗粒剂、20%悬浮剂、25%可湿性粉剂、50%水分散粒剂。

作用特点 氰霜唑具有很好的保护活性，持效期长，且耐雨水冲刷，也具有一定的内吸和治疗活性。氰霜唑是线粒体呼吸抑制剂，对卵菌所有生长阶段均有作用，对甲霜灵产生抗性或敏感的病菌均有活性。

应用技术 黄瓜霜霉病、番茄晚疫病、马铃薯晚疫病、葡萄霜霉病等。

防治番茄晚疫病，发病初期用10%悬浮剂50～70ml/亩对水40～50kg喷雾；防治黄瓜霜霉病，发病初期用10%悬浮剂50～70ml/亩对水40～50kg喷雾；防治马铃薯晚疫病，发病初期用10%悬浮剂2 000～2 500倍液喷雾。

防治西瓜疫病，发病初期使用10%悬浮剂53～67ml/亩喷雾。防治大白菜根肿病，用100g/L悬浮剂150～180ml/亩播种前拌细土撒施1次，定苗后灌根1次。

防治葡萄霜霉病、荔枝树霜疫霉病、疫病，发病初期用10%悬浮剂2 000～2 500倍液喷雾。

注意事项 建议在防治番茄晚疫病时要以氰霜唑为主，与其他杀菌剂轮换使用，以免长期单独使用单剂使病菌产生抗性。

开发登记 江西中迅农化有限公司、江苏剑牌农化股份有限公司、江阴苏利化学股份有限公司、日本石原产业株式会社登记生产。

稻瘟酯 pefurazoate

其他名称 Healthied；净种灵；拌种唑；UHF-8615；UR-0003。

化学名称 N-糠基-N-咪唑-1-基甲酰基-DL-α-丁氨酸戊-4-烯基酯。

结 构 式

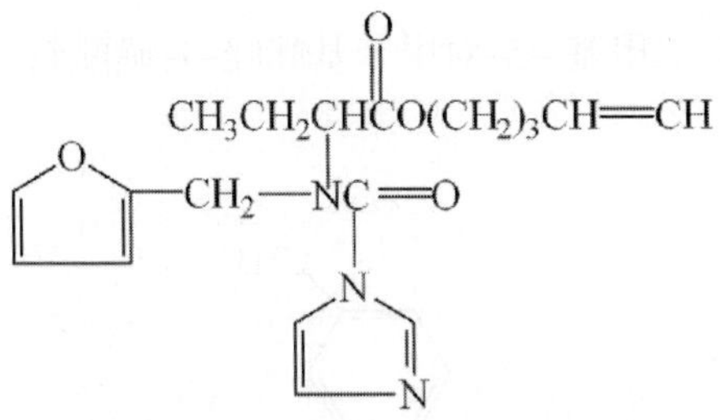

$CH_3CH_2CH(C(=O)O(CH_2)_3CH{=}CH_2)$—N(—$CH_2$—呋喃-2-基)—C(=O)—咪唑-1-基

理化性质 纯品为淡棕色液体，相对密度(20℃)1.152，沸点235℃(分解)，蒸气压0.648MPa(23℃)。溶解度(25℃):水0.443g/L，正己烷12.0g/L，环己烷36.9g/L，二甲亚砜、乙醇、丙醇、氯仿、乙酸乙酯、甲苯＞1kg/L。40℃放置90d后分解1%，在酸性条件下稳定，在碱性和阳光下稍不稳定。

毒　　性 大鼠急性经口LD_{50}为981mg/kg(雄)和1 051mg/kg(雌)，急性经皮LD_{50}＞2g/kg，急性吸入LC_{50}＞3 450mg/m^3；对兔皮肤无刺激作用，对兔眼睛有轻微刺激。鱼毒LC_{50}(48h):鲤鱼16.9mg/L，鲫鱼20.0mg/L。

蜜蜂(局部施药)LD_{50}为0.1mg/头；蚕(桑叶饲喂)LD_{50}为3.245mg/kg桑叶。

剂　　型 20%可湿性粉剂。

作用特点 通过抑制萌发管和菌丝的生长来阻止种传病原真菌的生长发育。麦角甾醇对大部分真菌来说是最重要的甾醇，是组成真菌膜不可缺少的成分，连同磷脂对真菌细胞的生理起重要作用。该药剂通过阻断麦角甾醇的生物合成途径来抑制串珠镰孢的生长，当该药被施到串珠镰孢的菌丝体时，抑制麦角甾醇的生物合成，2, 4–亚甲基二氢羊毛甾醇和obtusifoliol被积聚，该药有抑制2, 4–亚甲基二氢羊毛甾醇C–14脱甲基转化成4, 4–二甲基甾醇的作用。对种传的病原真菌，特别是由单株镰孢菌引起的水稻恶苗病、稻梨孢菌引起的稻瘟病和旋孢腔菌引起的稻胡麻斑病有特效，亦能防治子囊菌、担子菌和半知菌致病真菌。

应用技术 资料报道，用于防治水稻稻瘟病、白叶枯病、纹枯病、绵腐病，0.5kg种子用清水预浸12h，捞起洗净用20%可湿性粉剂1g对水0.5kg，配成药液浸种12h，捞起洗数次，换清水浸至种子吸足水分，然后播种；防治草莓炭疽病，发病初期用20%可湿性粉剂1 000倍液喷雾，对抗苯菌灵的炭疽病菌也有特效。

注意事项 不能与碱性农药混用，也不能和碱性物质一起堆放。种子处理时，用药量要准确，以免产生药害影响发芽率。浸种时注意安全防护，眼睛、皮肤避免直接接触药液，工作完后用清水、肥皂清洗，浸种后废弃药液及清洗容器的水不要倒在河流、湖塘水域中，空袋深埋在土中处理。如发现误食中毒，请用大量食盐水催吐，并送医院治疗，本品应密封贮存在干燥阴凉处，严防儿童接触。

开发登记 由日本北兴化学工业株式会社和日本宇部兴产工业公司共同开发，获有专利特开昭60–260575(1985)。

果绿啶 glyodin

其他名称 Glyoxalidine；Glyoxide。

化学名称 2–十七烷基–4,5–二氢–1H–咪唑醋酸酯。

结 构 式

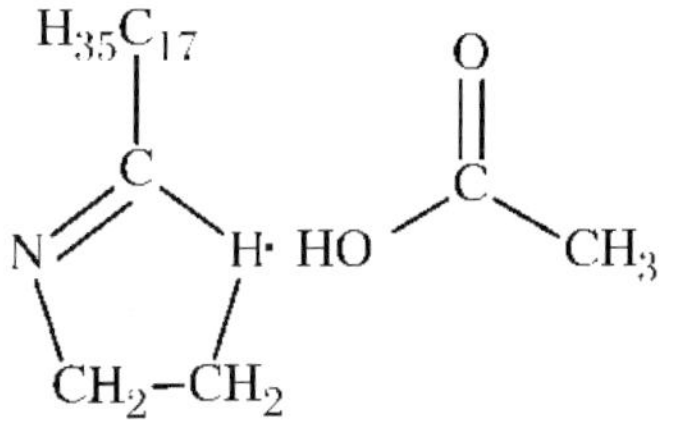

$H_{35}C_{17}$ O

C C

N H· HO CH_3

CH_2–CH_2

理化性质 为软蜡状物，熔点94℃，它的醋酸酯为橘色粉末，熔点62～68℃，密度20℃下为1.035，不溶于水，易溶解在丙烯二醇和二氯乙烯中。在异丙醇中溶解39%。在强碱性下分解成硬脂酰胺。

毒　　性 大鼠口服LD_{50}为4 600mg/kg。

作用特点 属于保护性杀菌剂，可防治苹果的黑星病、斑点病、黑腐病，樱桃的叶斑病，菊科作物的斑枯病等，对动植物寄生螨类也有效。

剂　　型 70%盐基可湿性粉剂、30%醋酸盐异丙醇溶液。

应用技术 资料报道用于喷雾使用，一般使用70%盐基可湿性粉剂160～320g/亩对水40～50kg喷雾。

开发登记 1946年由Union Carbide公司推广。

果丰定 fungicide 337

其他名称 Amin-225。

化学名称 1-羟乙基-2-十七烷基咪唑啉。

结构式

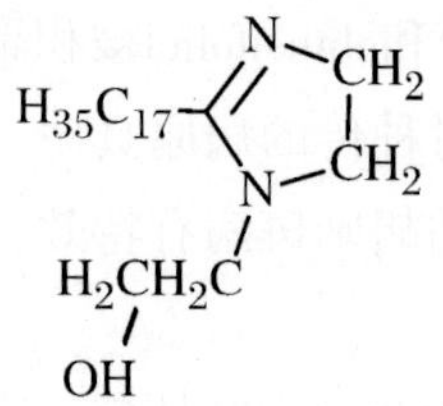

理化性质 工业品为柔软皂状物，熔点50℃；沸点240～250℃；75℃下在水中可溶0.01%，可溶于异丙醇；可水解开环。

应用技术 资料报道用于喷雾防治苹果黑星病。

开发登记 1964年美国联合碳化物公司出品。

烯霜苄唑 viniconazole

化学名称 1-{1-[2-(3-氯苄氧基)苯基]乙烯基}-1H-咪唑。

结构式

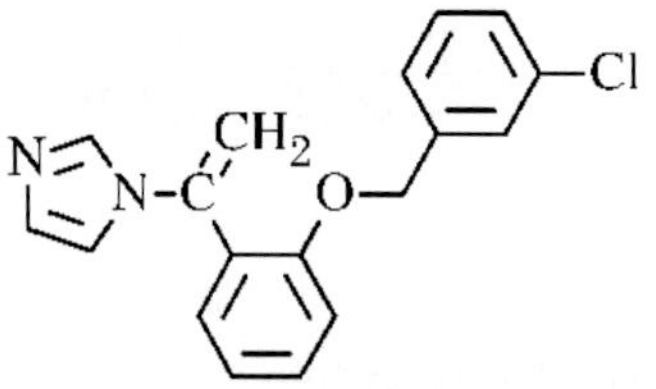

制　　剂 乳油。

应用技术 资料报道，用于蔬菜、果树防治白粉病和霜霉病。

开发登记 由盐野义制药公司开发。

咪菌腈 fenapanil

其他名称 RH2161；BPIP；Sisthan；菌灭清。

化学名称 2-正丁基-2-苯基-3-(1H-咪唑基-1)丙腈。

结构式

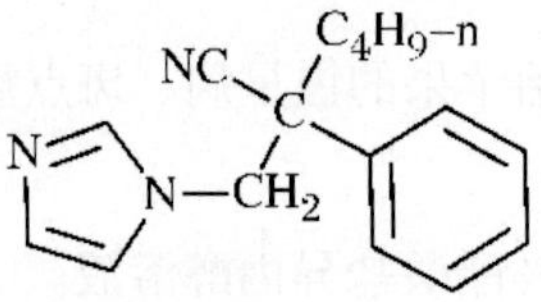

理化性质 工业品为深褐色黏稠液体；沸点200℃(93.22Pa)；25℃蒸气压0.133Pa；溶解度：丙酮50%，二甲苯50%，乙二醇25%，水1%。对酸、碱稳定，pH9时的半衰期为10d。

毒　　性 急性毒性大白鼠口服LD_{50}为1 590mg/kg，对家兔经皮LD_{50}为5g/kg。

剂　　型 25%乳油。

作用特点 咪唑类广谱内吸杀菌剂，为麦角甾醇生物合成抑制剂。对子囊菌、担子菌、半知菌等多种真菌有良好活性，主要用于防治白粉病、锈病、叶斑病、苹果轮纹病及黑星病等。

应用技术 资料报道，防治小麦秆锈病，发病初期用25%乳油60ml/亩对水40～50kg喷雾，防治水稻稻瘟病、胡麻斑病，在扬花期，用25%乳油133ml/亩对水40～50kg喷雾。防治花椰菜淡斑病，发病初期用25%乳油160ml/亩对水40～50kg喷雾；防治蚕豆幼苗褐斑病，用25%乳油100g处理种子100kg。

开发登记 Rohm and Haas Co. 开发，已停产。

恶咪唑 oxpoconazole

化学名称 (RS)-2-[3-(4-氯苯基)丙基]-2, 4, 4-三甲基-1, 3-恶唑啉-3-基-咪唑-1-基酮。

结 构 式

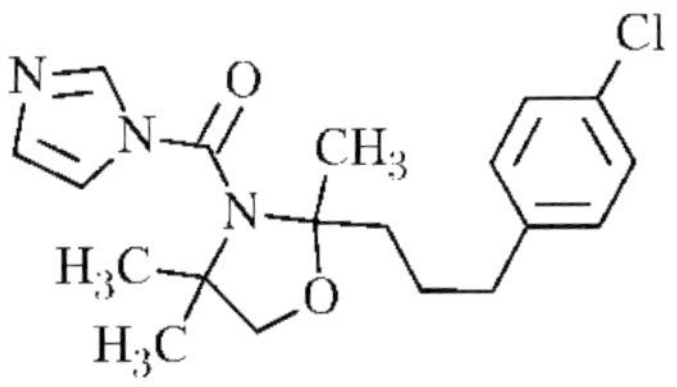

N O Cl N CH3 N H3C O H3C

理化性质 恶咪唑富马酸盐为无色透明结晶状固体，熔点123.6～124.5℃，蒸气压5.42×10^{-6}Pa(25℃)，水中溶解度为0.089 5g/L(25℃)。

毒　　性 恶咪唑富马酸盐对哺乳动物、鸟类、水生生物、有益生物毒性低。各种毒理研究表明，其没有任何不良毒性。

剂　　型 20%可湿性粉剂。

作用特点 同其他甾醇生物合成抑制剂一样，恶咪唑富马酸盐的作用靶标之一是抑制真菌的麦角甾醇生物合成，它还可能对病原菌的几丁质生物合成具有抑制作用，这正在研究中。此外，不同于大多数其他唑类杀菌剂，恶咪唑富马酸盐对灰霉病菌有很好的活性。该化合物对灰霉病菌有突出的杀菌活性，对蔬菜和水果上的二羧酰亚胺类和苯并咪唑类杀菌剂抗性株系和敏感株系均有很好的效果。

应用技术 资料报道，防治苹果黑星病、锈病，发病初期用20%可湿性粉剂稀释3 000～4 000倍液喷雾；防治花腐病、斑点落叶病、黑斑病，发病初期用20%可湿性粉剂稀释2 000～3 000倍液喷雾，收获前安全间隔期为7d；防治樱桃褐腐病，发病初期用20%可湿性粉剂3 000倍液喷雾，收获前安全间隔期为7d；防治梨黑星病、锈病、黑斑病，发病初期用20%可湿性粉剂3 000～4 000倍液喷雾；防治桃子褐腐病、疮痂病、褐纹病，发病初期用20%可湿性粉剂2 000～3 000倍液喷雾；防治葡萄白粉病、炭疽病、灰霉病，发病初期用20%可湿性粉剂2 000～3 000倍液喷雾；防治柑橘疮痂病、灰霉病、绿霉病、青霉病，发病初期用20%可湿性粉剂2 000倍液喷雾。

同菌唑

其他名称 baysan。

化学名称 1-(4-氯苯氧基)-3,3-二甲基-1-(咪唑-1-基)-2-丁酮。

结构式

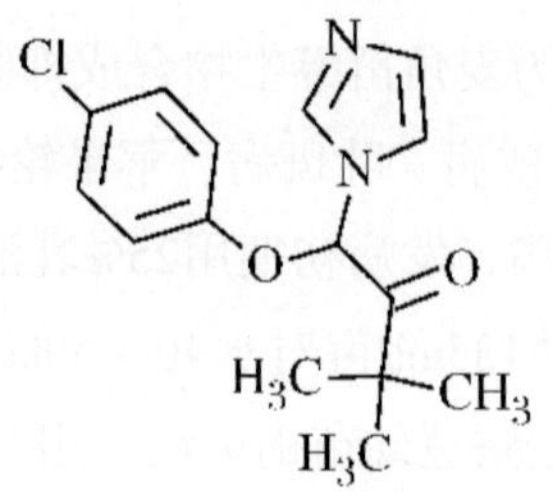

理化性质 本品为无色结晶固体，熔点95.5℃，50℃蒸气压为1.0MPa(外推法)，20℃溶解度：水中5.5mg/L，丙二醇中100～200g/kg，环己酮中400～600g/kg。

毒　　性 雄大鼠急性口服LD_{50}为400mg/kg。

剂　　型 含有杀藻铵的浓气雾剂(5g/L)。

应用技术 资料报道，可用于各种家用物品、器具和建筑物，有效地防除棉曲霉菌(Aspergillus)、甘薯青霉菌(Penicillium spp.)、酵母菌(candida spp.)和拟青霉菌(Paecilomyces spp.)等。

开发登记 1977年由拜耳公司(Bayer AG)推广。

十七、恶唑类杀菌剂

(一)恶唑类杀菌剂作用机制

恶唑类杀菌剂，是目前国外公司研究开发的热点之一，恶唑类杀菌剂与苯基酰胺类杀菌剂(如甲霜灵)无交互抗性，均是线粒体呼吸抑制剂，但不同于β-甲氧基丙烯酸酯类杀菌剂。

(二)恶唑类杀菌剂主要品种

啶菌恶唑　SYP-Z048

化学名称 5-(4-氯苯基)-3-(吡啶-3-基)-2,3-二甲基-异恶唑啉或3-(4-氯苯基)-2,3-二甲基-3-(异恶唑啉基)吡啶。

结构式

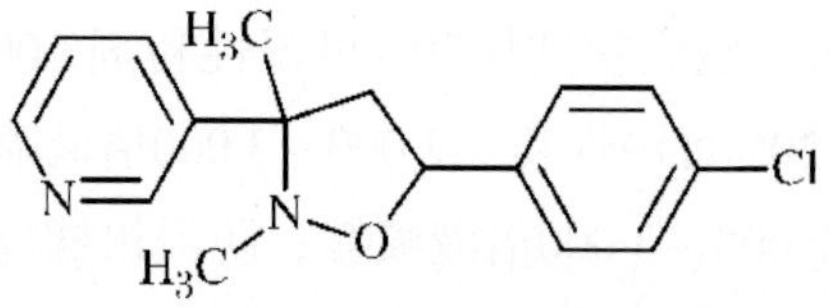

理化性质 纯品为浅黄色黏稠油状物。易溶于丙酮、乙酸乙酯、氯仿、乙醚，微溶于石油醚，不溶于水。在水中、日光或避光下稳定。

毒　　性 大鼠急性经口LD_{50}为2 000mg/kg(雄)，1 710mg/kg(雌)。大鼠急性经皮$LD_{50}>2\ 000$mg/kg(雄)，>2 000mg/kg(雌)。对大白兔皮肤刺激为无刺激，对大白兔眼无刺激。Ames试验结果为阴性，推测无致癌的潜在危险。

剂　　型 25%乳油。

作用特点 在离体情况下，对植物病原菌有极强的杀菌活性。

应用技术 资料报道，防治小麦白粉病，发病初期用25%乳油1 000 ~ 2 000倍液喷雾。防治黄瓜白粉病、灰霉病，发病初期用25%乳油1 000 ~ 2 000倍液喷雾。

开发登记 沈阳化工研究院开发，专利公开日期2001年1月24日。

恶唑菌酮 famoxadone

其他名称 Famoxate；Charisma；Equation contact；Equation Pro；Horizon；Tanos。

化学名称 3–苯胺基–5–甲基–5–(4–苯氧基苯基)–1, 3–恶唑啉–2, 4–二酮。

结 构 式

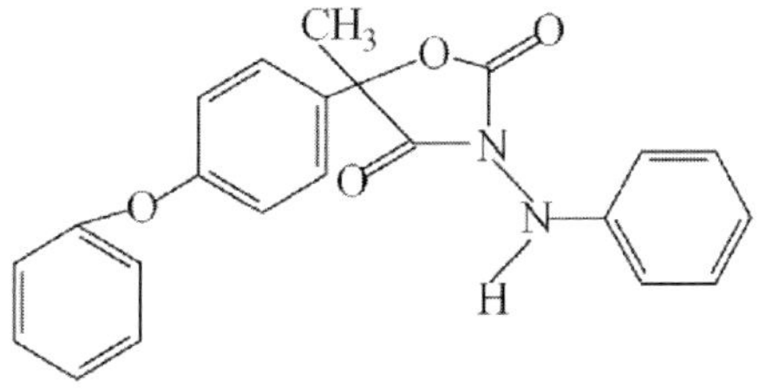

理化性质 纯品为无色结晶状固体；熔点140.3 ~ 141.8℃。水中溶解度为52mg/L。

毒　　性 大鼠急性经口LD_{50} > 5 000mg/kg；大鼠急性经皮LD_{50} > 2 000mg/kg。对兔眼睛和皮肤均无刺激。

剂　　型 78.5%母液。

作用特点 具有保护、治疗、铲除、渗透、内吸活性，与苯基酰胺类杀菌剂无交互抗性。大量文献报道，恶唑菌酮同甲氧基丙烯酸酯类杀菌剂有交互抗性。属于能量抑制剂，即线粒体电子传递抑制剂，对复合体Ⅲ中细胞色素C氧化还原酶有抑制作用。其他作用机理在进一步研究中。主要用于防治子囊菌亚门、担子菌亚门、卵菌纲中的重要病害，如白粉病、锈病、颖枯病、网斑病、霜霉病、晚疫病等。

应用技术 资料报道，通常推荐使用剂量为3.3 ~ 18.7g(有效剂量)/亩，禾谷类作物最大用量为18.7g(有效剂量)/亩。防治葡萄霜霉病，发病初期用3.3 ~ 6.7g(有效剂量)/亩对水喷雾；防治马铃薯、番茄晚疫病，发病初期用6.7 ~ 13.3g(有效剂量)/亩对水喷雾；防治小麦颖枯病、网斑病、白粉病、锈病，发病初期用10 ~ 13.3g(有效剂量)/亩对水喷雾；对瓜类霜霉病、辣椒疫病等也有优良的活性。

开发登记 美国杜邦公司登记生产。

恶霉灵 hymexazol

其他名称 土菌消；立枯灵；克霉灵；杀纹宁；Tachigaren；F319；SF6505。

化学名称 3–羟基–5–甲基异恶唑。

结 构 式

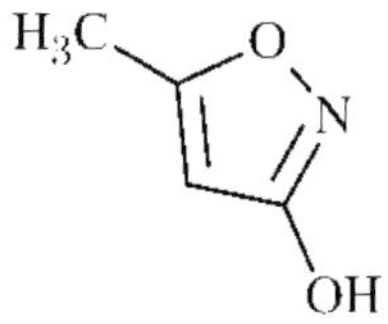

理化性质 纯品为无色晶体，熔点86～87℃，沸点(202±2)℃，蒸气压182MPa(25℃)。相对密度0.551。溶解度(g/L，20℃)：水65.1(纯水)、58.2(pH值3)、67.8(pH值9)，丙酮730，二氯甲烷602，乙酸乙酯437，正己烷12.2，甲醇968，甲苯176。稳定性：对光、热稳定，在碱性条件下稳定，在酸性条件下相对稳定，呈弱酸性，闪点(205±2)℃。

毒　　性 大鼠急性经口LD_{50}：雄4 678mg/kg，雌3 909mg/kg，小鼠急性经口LD_{50}：雄2 148mg/kg，雌1 968mg/kg。大鼠急性经皮LD_{50}>10 000mg/kg，兔急性经皮LD_{50}>2 000mg/kg。对兔眼及黏膜有刺激，对兔皮肤无刺激，大鼠急性吸入LC_{50}(4h)>2.47mg/L。无致畸、致癌作用。日本鹌鹑急性经口LD_{50}为1 085mg/kg，野鸭急性经口LD_{50}>2 000mg/kg；鱼毒LC_{50}(96h)：虹鳟鱼460mg/L，鲤鱼165mg/L；水蚤LC_{50}(48h)28mg/L，对蜜蜂无害，LD_{50}(48h，经口与接触)>100μg/只，蚯蚓LC_{50}(14d)24.6mg/kg土壤。

剂　　型 8%水剂、15%水剂、30%水剂、15%可湿性粉剂、70%可湿性粉剂。

作用特点 是广谱性杀菌剂，对多种病原真菌引起的植物病害有较好的防治效果，对鞭毛菌、子囊菌、担子菌、半知菌亚门的腐霉菌、镰刀菌、丝核菌、伏革菌、根壳菌、雪霉菌都有很好的治疗效果。具有内吸和传导作用，移动极为迅速，在根系内移动仅3h便移动到茎部，24h移动至植物全身。被土壤吸附的能力极强，在垂直和水平方向的移动性很小，这对提高药效有重要作用。在土壤中能提高药效，大多数杀菌剂，用作土壤消毒，容易被土壤吸附，有降低药效的趋势，而两周内仍有杀菌活性；在土壤中能与无机金属盐的铁、铝离子结合，提高抑制病菌厚垣孢子的萌发能力。恶霉灵能在植株内代谢产生两种糖苷，对作物有提高生理活性的效果，从而能促进植株的生长、根的分蘖、根毛的增加和根的活性提高。对水稻生理病害亦有好的药效。因恶霉灵对土壤中病原菌以外的细菌、放线菌的影响很小，所以对土壤中微生物的生态不产生影响，在土壤中能分解成毒性很低的化合物，对环境安全。

应用技术 可用于水稻、甜菜、饲料甜菜、蔬菜、葫芦、观赏作物、康乃馨以及苗圃等。恶霉灵是一种内吸性杀菌剂，同时又是一种土壤消毒剂，对腐霉菌、镰刀菌等引起的土传病害(如猝倒病、立枯病、枯萎病、菌核病等)有较好的预防效果。

主要用作拌种、拌土或随水灌溉，拌种用量为5～90g(有效成分)/kg种子，拌土用量为30～60g(有效成分)/亩。恶霉灵与福美双混配，用于种子消毒和土壤处理效果更佳。

资料报道，防治水稻苗期立枯病，苗床或育秧箱的处理方法，每次每平方米用30%水剂3～6ml，对水喷于苗床或育秧箱上，然后再播种，移栽前以相同药量再喷1次。

资料报道，防治甜菜立枯病，主要采用拌种处理：干拌法每100kg甜菜种子，用70%可湿性粉剂400～700g与50%福美双可湿性粉剂400～800g混合均匀后再拌种；湿拌法每100kg甜菜种子，先用种子重量的30%水把种子拌湿，然后用70%可湿性粉剂400～700g与50%福美双可湿性粉剂400～800g混合均匀后再拌种。

资料报道，防治黄瓜立枯病，发病初期用70%可湿性粉剂1～1.5g/m^2对水喷淋幼苗；防治西瓜枯萎病，用70%可湿性粉剂2 000倍液处理种子，也可以用70%可湿性粉剂4 000倍液在生长期喷雾。

资料报道，防治果树圆斑根腐病，先挖开土壤将烂根去掉，然后用70%可湿性粉剂2 000倍液灌根。

注意事项 该药用于拌种时宜干拌，湿拌和闷种易出现药害。严格控制用药量，以防抑制作物生长。施药时应注意防护，施药后用肥皂水清洗身体裸露部分，若沾染皮肤和眼睛应立即清洗。误服要催吐，保持安静，并送医院对症诊治。本品应保存在干燥、阴凉处，避免阳光长时间直射。

开发登记 广东省东莞市瑞德丰生物科技有限公司、山东京博农化有限公司等企业登记生产。

十八、噻唑类杀菌剂

(一)噻唑类杀菌剂作用机制

噻唑类杀菌剂是近年开发的热点。噻唑类杀菌剂多是在已有的农药品种基础上，经过组合、优化而得的一类具有高效、广谱杀菌活性的杀菌剂。1993年Yu Song等发现了对卵菌有很好防效的品种噻唑菌胺，现有十几个品种。噻唑菌胺能有效地抑制马铃薯晚疫病菌菌丝体的生长和孢子的形成。

(二)噻唑类杀菌剂主要品种

苯噻硫氰 benthiazole

其他名称 硫氰苯噻；苯噻菌清；倍生。

化学名称 2-(硫氰基甲硫基)-1,3-苯并噻唑。

结 构 式

理化性质 淡黄色液体，熔点135℃。密度1.39，20℃蒸气压小于1.33Pa，25℃水中溶解度为33mg/L，异丙醇70g/kg，己烷10g/kg，苯150g/kg，二甲苯150g/kg，四氯化碳20g/kg；易溶于丙酮和二甲基甲酰胺。

毒 性 大鼠急性经口LD_{50}雄2g/kg，雌3.2g/kg；急性经皮＞5g/kg。虹鳟鱼(96h)为0.029mg/L，鲤鱼(48h)LC_{50}为0.125～0.25mg/L，野鸭经口LD_{50}为10g/kg。30%乳油大鼠急性经口LD_{50}为873mg/kg，兔急性经皮LD_{50}为1g/kg，大鼠急性吸入LC_{50}＞0.17mg/L。

剂 型 30%乳油。

作用特点 广谱性种子保护剂。预防及治疗经由土壤及种子传播的真菌或细菌所致的一些病害，主要用于种子处理。亦用于木材防腐。

应用技术 防治稻胡麻斑病和由镰刀属、赤霉属、长蠕孢属、丛梗孢属、梨孢属、柄锈菌属、腐霉属、腥黑粉菌属、黑粉菌属、轮枝孢属、黑星菌属病菌引起的病害。

资料报道，防治谷子粒黑穗病，用30%乳油50ml拌种100kg；防治水稻苗期叶瘟病、徒长病、胡麻叶斑病、白叶枯病，用30%乳油1 000倍液浸种6h，浸种时常加搅拌，捞出再浸种催芽、播种，药液可连续使用两次；防治水稻稻瘟病、胡麻叶斑病、白叶枯病、纹枯病、甘蔗凤梨病、瓜类炭疽病、立枯病、柑橘溃疡病，发病初期用30%乳油50ml/亩对水40～50kg喷雾，每隔7～14d1次。

注意事项 切勿溅入眼睛、皮肤上，它易伤害眼睛和引起皮肤红肿。皮肤接触后，应立即用肥皂和冷水彻底冲洗干净；药液溅入眼睛应立即用清水冲洗15～30min。如仍疼痛或红肿则需到医院治疗。误食中毒，应立即送医院急救。如中毒者尚未失去知觉，可先用手指或棍棒刺激咽喉或舌根使其呕吐，再服用大量的牛奶、胶质溶液、蛋白、面粉或其他非油质性的刺激缓冲剂。本品对鱼类有毒，切勿倒入河流或池塘。贮存于远离食品饲料及儿童接触不到的地方，废弃药及空容器要妥善处理。

开发登记 优克曼公司登记生产。

噻唑菌胺 ethaboxam

其他名称 韩乐宁；Guardian。

化学名称 (RS)-N-(α-氰基-2-噻吩甲基)-4-乙基-2-(乙胺基)噻唑-5-甲酰胺。

结构式

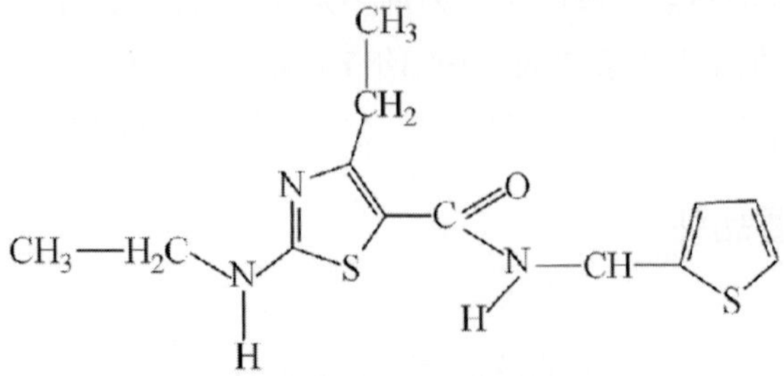

理化性质 纯品为白色晶体粉末，熔点175℃，蒸气压为8.1×10^{-5}Pa(25℃)。水中溶解度4.8mg/L(20℃)。在室温、pH值7条件下的水溶液稳定，pH值4和pH值9时半衰期分别为89d和46d。

毒　　性 大、小鼠(雄/雌)急性经口$LD_{50}>5\ 000$mg/kg。大鼠(雄/雌)急性经皮$LD_{50}>5\ 000$mg/kg。大鼠(雄/雌)急性吸入LC_{50}(4h)>4.89mg/L。蓝鳃太阳鱼$LC_{50}>2.9$mg/L(96h)，黑头带鱼$LC_{50}>4.6$mg/L(96h)，虹鳟鱼LC_{50}为2.0mg/L(96h)，水蚤LC_{50}为0.33mg/L(48h)，藻类$EC_{50}>3.6$mg/L(120h)，蜜蜂$LD_{50}>100$μg/只，蚯蚓$LC_{50}>1\ 000$mg/kg干土。

剂　　型 12.5%可湿性粉剂、25%可湿性粉剂、20%可湿性粉剂。

作用特点 具有预防、治疗和内吸活性。噻唑菌胺能有效地抑制马铃薯晚疫病菌菌丝体的生长和孢子的形成，然而它对孢子囊和孢囊的生长发芽及游动孢子却几乎没有抑制活性。这种作用机制不同于防治此类病害的其他杀菌剂，目前科研人员正致力于其作用机理的研究。对甲氧基丙烯酸酯类(strobins)杀菌剂，如对醚菌酯(kresoxim-methyl)产生抗性的假霜霉菌株对噻唑菌胺非常敏感。主要用于防治卵菌纲病原菌引起的病害，如葡萄霜霉病和马铃薯晚疫病等。

应用技术 噻唑菌胺对卵菌纲类病害，如葡萄霜霉病、马铃薯晚疫病、瓜类霜霉病等具有良好的预防、治疗和内吸活性。

防治黄瓜霜霉病、辣椒疫病，发病初期用12.5%可湿性粉剂75～100g/亩对水40～50kg喷雾。

开发登记 韩国LG生命科学有限公司登记生产。

烯丙苯噻唑 probenazole

其他名称 噻菌烯。

化学名称 3-丙烯氧基-1,2-苯并异噻唑-1,1-二氧化物。

结构式

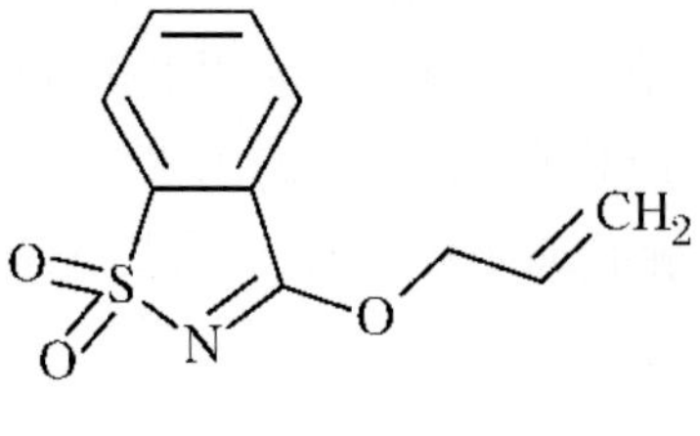

理化性质 白色或淡黄色结晶，纯品熔点138℃。不溶于水，易溶于丙酮和三氯甲烷，可溶于乙醚。

毒　　性 大鼠急性经口LD_{50}为2 030mg/kg，低毒。

剂　　型 8%颗粒剂。

作用特点 属杂环类内吸性杀菌剂。对防治水稻稻瘟病、水稻白叶枯病有较好的效果。

应用技术 资料报道，防治水稻稻瘟病，发病前，用8%颗粒剂1.65～2kg/亩均匀撒施；防治水稻白叶枯病，发病初期用8%颗粒剂2～2.65kg/亩均匀撒施。

注意事项 施药稻田要保持水深不低于3cm，并要保水4～5d；有鱼的稻田不要用此药，禁止与敌稗除草剂混用。

土菌灵 etridiazole

其他名称 氯唑灵；OM 2424；MF-344；ethazol；ethazole。

化学名称 5-乙氧基-3-(三氯甲基)-1,2,4-噻二唑。

结 构 式

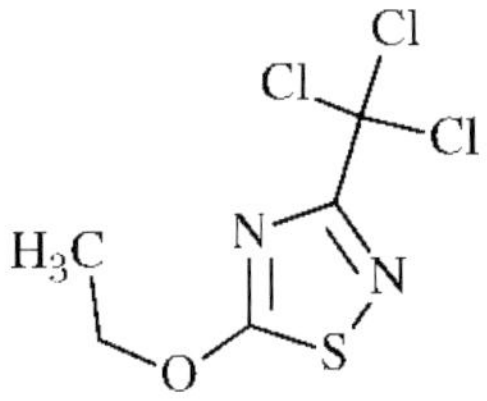

Cl Cl Cl H_3C N N O S

理化性质 纯品浅黄色液体，具有微弱的持续性臭味，凝固点为20℃，室温下蒸气压为0.013Pa，沸点177℃(13.3Pa)，不溶于水，溶于丙酮、四氯化碳、乙醇。性质稳定，在一般条件下储存3年活性不降低。

毒　　性 大鼠口服LD_{50}为1 077mg/kg；小鼠口服LD_{50}为2 000mg/kg。

剂　　型 35%可湿性粉剂。

作用特点 土壤杀菌剂和拌种剂，防治草坪和观赏植物由土壤带菌引起的病害，由丝核菌，腐霉菌和镰刀菌引起的棉苗病害。

应用技术 资料报道，用于土壤处理，用35%可湿性粉剂12～25g对水25kg用于100m^2消毒，也可用作种子处理。

开发登记 1969年由Olin Mathieson Chemical Corp推广。

甲噻诱胺 methiadinil

其他名称 SZG-7。

化学名称 N-(5-甲基-1,3-噻唑-2-基)-4-甲基-1,2,3-噻二唑-5-甲酰胺。

结 构 式

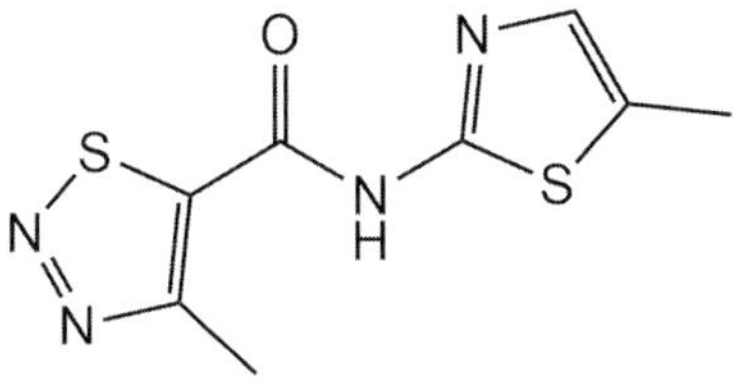

O N S N H S N N

理化性质 制剂外观为淡黄色黏稠状液体。密度为0.95～1.1g/cm³，黏度460～850mPa·S，不具有可燃、腐蚀、爆炸性。

毒　　性 大鼠急性经口LD_{50}(雌/雄) ＞5 000mg/kg，急性经皮LD_{50}(雌雄) ＞2 000mg/kg，低毒。

作用特点 植物诱导抗病激活剂。诱导寄主植物的免疫系统，使植物产生系统、光谱的抗病活性。

剂　　型 96%原药、25%悬浮剂。

应用技术 防治烟草病毒病，用药量为25%悬浮剂1 000~1 200倍液，烟草十字期（3片真叶）用药1次；成苗期（7～8片真叶）用药1次。移栽还苗成活后用药1次，生根后期用药1次。避开露水施药，以便更好发挥药效。安全间隔期为60d，最多使用次数为4次。

注意事项 建议与作用机制不同的杀菌剂轮换使用，以延缓抗性产生。

开发登记 利尔化学股份有限公司与南开大学联合创制开发，专利号：ZL200610013185.5，四川利尔作物科学有限公司登记。

稻可丰 cereton A

其他名称 Bayer 5467。

化学名称 N-一氟二氯甲硫基-2-氨基苯并噻唑。

结 构 式

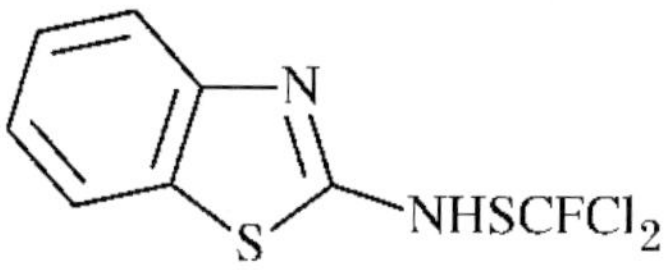

$NHSCFCl_2$

剂　　型 粉剂和可湿性粉剂。

作用特点 防治稻瘟病、稻胡麻斑病、稻纹枯病。

应用技术 资料报道，用400～600mg/L有效浓度喷雾。

开发登记 稻可丰于1966年曾在日本试用有效。

辛噻酮 octhilinone

化学名称 2-正辛基-4-异噻唑啉-3-酮。

结 构 式

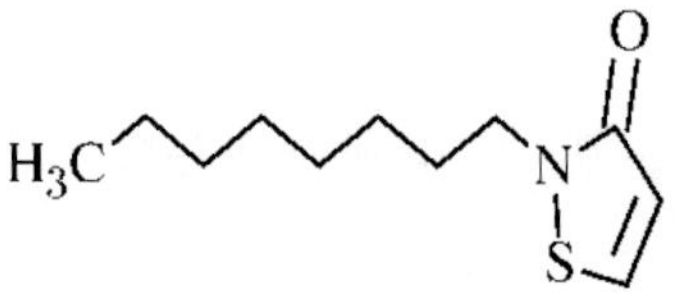

H_3C

理化性质 纯品为淡金黄色透明液体，具有弱的刺激气味。沸点120℃(1.33Pa)，蒸气压为4.9MPa(25℃)，溶解度：蒸馏水中为0.05%(25℃)，甲醇和甲苯中>800g/L，乙酸乙酯>900g/L，己烷64g/L，对光稳定。

毒　　性 大鼠急性经口LD_{50}为1 470mg/kg，兔急性经皮LD_{50}为4.22mg/kg。对大鼠、兔皮肤和眼睛无刺激性。大鼠急性吸入(4h)LC_{50}为0.58mg/L。急性经口LD_{50}山齿鹑为346mg/kg，野鸭>887mg/kg。山齿鹑和野鸭饲喂LC_{50}(8d)>5 620mg/L饲料。鱼毒LC_{50}(96h)：蓝鳃翻车鱼为0.196mg/L、虹鳟鱼为0.065mg/L。

剂　　型 1%糊剂。

应用技术 资料报道，本品主要用作杀真菌剂、杀细菌剂和伤口保护剂。如用于苹果、梨及柑橘类树木作伤口涂擦剂，可防治各种疫霉、黑斑等真菌及细菌的侵染，目前主要用于木材、涂料防腐等。

灭瘟唑 chlobenthiazone

其他名称 S-1901。

化学名称 4-氯-3-甲基苯并噻唑-2(3H)-酮。

结 构 式

S
S=O
N
CH_3
Cl

理化性质 无色结晶固体，熔点131～132℃，20℃时蒸气压为0.172Pa。在酸、碱溶液中稳定，溶于有机溶剂(21.5℃，质量比)：甲醇33、丙酮33、氯仿50、二甲苯33、醋酸乙酯20、环已酮50，几乎不溶于水(0.004 6)。

毒　　性 急性口服LD_{50}(mg/kg)大鼠为1 940(雄)，2 170(雌)，小鼠1 430(雄)，1 250(雌)。急性经皮LD_{50}(mg/kg)大鼠为696(雄)，447(雌)，小鼠为907(雄)，997(雌)。腹腔内注射LD_{50}(mg/kg)小鼠为611(雄)，625(雌)，大鼠564(雄)，532(雌)，鲤鱼LC_{50}(48h)约6mg/L，对眼睛略有刺激，对兔子皮肤无刺激。

剂　　型 10%可湿性粉剂、10%乳油、8%颗粒剂。

作用特点 内吸性杀菌剂，作用机理为抑制附着胞上侵染丝的形成。

应用技术 资料报道，防治叶瘟和穗颈瘟，用10%可湿性粉剂160～200g/亩对水40～50kg喷雾。

十九、吗啉类杀菌剂

(一)吗啉类杀菌剂作用机制

肉桂酸衍生物，早在1970年Staples等已报道肉桂酸衍生物3, 4－二甲氧基肉桂酸甲酯具有杀菌活性，其中顺式异构体在日本作为农药使用，反式几乎没有活性。吗啉类杀菌剂主要用于防治大麦、小麦白粉病、叶锈病和网腥黑穗病等病害，其作用机制基本上都是抑制菌体内麦角甾醇的生物合成。

(二)吗啉类杀菌剂主要品种

十三吗啉 tridemorph

其他名称 BAS220；BASF220；BASF220F；Calixin；克啉菌；克力星。

化学名称 2, 6–二甲基–4–十三烷基吗啉。

结构式

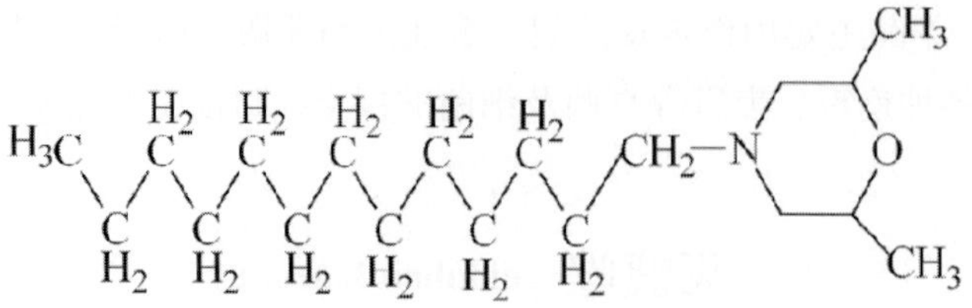

理化性质 原药外观为黄色液体，20℃时密度为0.86g/m^3，沸点134℃(66.7Pa)，闪点142℃，20℃时蒸气压为0.012 7Pa，水中溶解度为0.01g/100g(20℃)，在大多数有机溶剂中都能溶解，在50℃以下储存至少稳定2年。

毒　　性 大鼠急性经口LD_{50}为558mg/kg，急性经皮LD_{50} > 4g/kg，急性吸入LC_{50}为4.5mg/L。

剂　　型 75%乳油、86%油剂。

作用特点 十三吗啉是一种具有保护和治疗作用的广谱性内吸杀菌剂，能被植物的根、茎、叶吸收，对担子菌、子囊菌和半知菌引起的多种植物病害有效，主要是抑制病菌的麦角甾醇的生物合成。

应用技术 防治麦类白粉病、叶锈病和条锈病，黄瓜、马铃薯、豌豆白粉病，橡胶树白粉病，茶叶茶饼病等。对橡胶树红根病有很好的防效。

防治香蕉叶斑病，发病初期用75%乳油1 200 ~ 1 500倍液喷雾；防治橡胶树红根病和白根病，在病树基部四周挖1条15 ~ 20cm深的环形沟，每株用75%乳油20 ~ 30ml对水2kg，先用1kg药液均匀地淋灌在环形沟内，覆土后将剩下的1kg药液均匀地淋灌在环形沟上，按以上的方法，每6个月施药1次。

防治枸杞根腐病，用750g/L乳油750 ~ 1 000倍液灌根。

另外，据资料报道还可用于防治小麦白粉病，发病初期用75%乳油35ml/亩，对水50 ~ 80kg喷雾，喷液量人工每亩20 ~ 30kg，拖拉机每亩10kg，飞机1 ~ 2kg，间隔7 ~ 10d再喷1次；防治谷物锈病，发病初期用75%乳油35 ~ 50ml/亩对水40 ~ 50kg喷雾；防治瓜类、马铃薯白粉病，发病初期用75%乳油20 ~ 30ml/亩对水100kg喷雾，间隔7 ~ 10d再喷1次。

注意事项 使用时要注意防护，勿沾染皮肤、眼睛，如有接触要立刻用清水冲洗。处理剩余农药和废旧容器时，注意不要污染环境。误服要立即送医院治疗。

开发登记 上海生农生化制品股份有限公司、江苏龙灯化学有限公司等企业登记生产。

丁苯吗啉 fenpropimorph

其他名称 BAS 42100F；Ro–14–3169；ACR–3320；Corbel。

化学名称 (RS)–顺–4–[3–(4–特丁基苯基) –2–甲基丙基]–2, 6–二甲基吗啉。

结构式

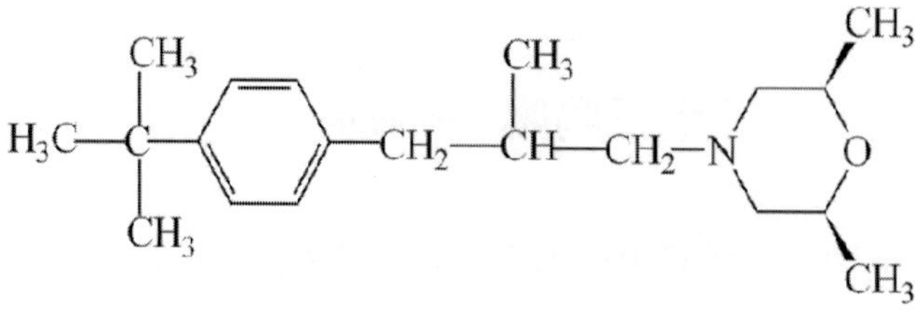

理化性质 纯品为无色油状液体，原药为淡黄色油状液体，具芳香味，沸点高于300℃(101.3kPa)，20℃蒸气压3.5MPa；密度0.933，闪点约105℃。25℃水中溶解4.3mg/kg(pH值7)，丙酮、氯仿、环己烷、乙醚、乙醇、乙酸乙酯、甲苯中溶解大于1kg/kg。对光稳定。50℃时在pH值3、7、9条件下会水解。

毒　　性 大鼠急性经口LD_{50}约为1.47g/kg，小鼠急性经口LD_{50}为6g/kg，大鼠急性经皮LD_{50}为4.0g/kg。对兔和豚鼠皮肤有刺激作用，对兔眼睛有轻微刺激。鱼毒LC_{50}(96h)：虹鳟鱼为9.5mg/L，鲤鱼为3.2mg/L，蓝鳃鱼为3.2～4.2mg/L。急性经口LD_{50}野鸭＞17 776mg/kg，野鸡为3.9g/kg；蜜蜂急性经口LD_{50}＞100μg/只，蚯蚓LD_{50}(14d)≥520mg/kg，水蚤LC_{50}(48h)2.4mg/L。

剂　　型 75%乳油。

作用特点 内吸性杀菌剂，具有保护和治疗作用，并可向顶传导，对新生叶保护作用时间长达3～4周。通过抑制麦角甾醇的生物合成，改变孢子的形态和细胞膜的结构，并影响其功能，而使病菌死亡或受抑制。可以防治禾谷类作物、豆类和甜菜上由白粉菌、黑麦喙孢、荠菜单胞锈菌、柄锈菌属引起的重要真菌病害。对小麦、大麦、棉花等作物安全。

应用技术 资料报道，用于防治麦类白粉病、叶锈病、条锈病和禾谷类黑穗病，棉花立枯病等。

防治禾谷类白粉病、锈病、甜菜、豆类的叶片病害，发病初期，用75%乳油50ml/亩对水40～50kg喷雾。

开发登记 巴斯夫和先正达公司开发生产，于1980年上市。

丁吡吗啉　pyrimorph

化学名称 E-3-(2-氯吡啶-4-基)-3-(4-叔丁苯基)-病烯酰吗啉。

结 构 式

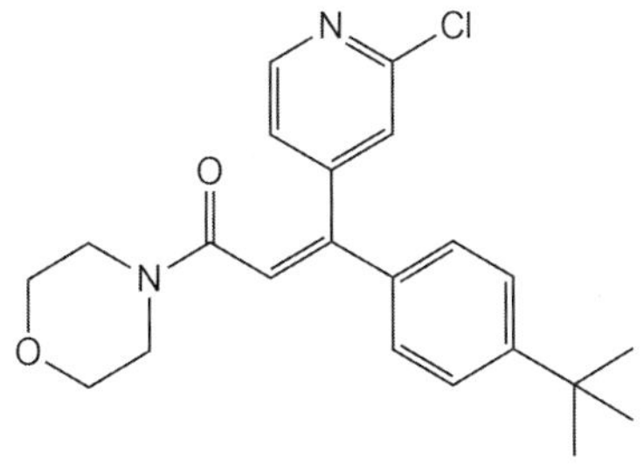

理化性质 外观为白色固体，熔点128～130℃，易溶于甲醇、乙醇、丙酮等有机溶剂，微溶于水。对热稳定，避免阳光直射。遇酸、碱分解。

毒　　性 大鼠急性经口LD_{50}(雌/雄)＞5 000mg/kg，急性经皮LD_{50}(雌/雄)＞2 000mg/kg，低毒。对家兔眼睛、皮肤无刺激性。对豚鼠皮肤弱致敏性。致突变性Ames试验、微核或骨髓细胞染色体畸变试验、显性致死或生殖细胞染色体畸变试验、体外哺乳动物细胞基因突变试验均为阴性。

作用特点 丁吡吗啉是一个双作用机理的杀菌剂，既能调控真菌细胞壁合成物质的极性分布，又能抑制真菌的能量合成系统，是第一个发现的CAA类线粒体呼吸链细胞色素c还原酶抑制剂。属肉桂酰胺类杀菌剂，对致病疫霉的菌丝生长、孢子囊形成、休止孢萌发具有显著的抑制作用，对疫霉菌引起的病害有较好的防治效果。对黄瓜霜霉病菌孢子萌发有较强抑制作用。对番茄晚疫病的菌丝生长速率抑制效果好于代森锰锌。

剂　　型 95%原药、20%悬浮剂。

应用技术 防治番茄晚疫病、辣椒疫病，于番茄晚疫病、辣椒疫病发病前或发病初期用20%悬浮剂125~150g/亩对水均匀喷雾，每隔7～10d用药1次，以喷雾至叶面湿润而不滴水为宜。产品在番茄、辣椒上使用的安全间隔期为5d，每个生长周期的最多使用次数为2次。

注意事项 应与其他杀菌剂轮换使用，水产养殖区、河塘等水体附近禁用。

开发登记 中国农业大学、江苏耕耘化学有限公司、中国农业科学院植物保护研究所联合开发，江苏耕耘化学有限公司、江苏耘农化工有限公司登记。

十二环吗啉 dodemorpH

其他名称 BAS-238F；BAS2382F；吗菌灵；菌完灵；环烷吗啉。

化学名称 4-环十二烷基-2,6-二甲基吗啉。

结 构 式

CH_3 $(CH_2)_5$ N O $(CH_2)_5$ CH_3

理化性质 十二环吗啉中含有顺式-2, 6-二甲基吗啉的异构体约60%，反式-2, 6-二甲基吗啉的异构体约40%。反式异构体为无色油状物，以顺式为主的本品为带有特殊气味的无色固体。十二环吗啉乙酸盐为无色固体，20℃时蒸气压为2.5MPa，密约0.93。溶解度(20℃)：水中为1.1mg/kg，苯、氯仿>1kg/kg，乙酸乙酯为205g/kg，乙醇为66g/kg，丙酮为22g/kg，环己烷中为846g/kg。对光、热、水稳定，在密闭容器中稳定期大于1年，50℃能稳定期为2年以上，在自然条件下和酸、碱性介质中稳定。

剂　　型 40%乳油。

作用特点 为治疗性杀菌剂，通过叶和根部吸收，产生内吸保护作用，防治多种作物的白粉病，残效期为14天。

应用技术 黄瓜使用浓度为40%乳油600倍液；室外玫瑰为40%乳油300倍液，温室玫瑰为40%乳油400倍液。

注意事项 对瓜叶菊和秋海棠有药害。

开发登记 1968年由巴斯夫公司推广，获有专利DE1198125。

二十、吡咯类杀菌剂

(一)吡咯类杀菌剂作用机制

吡咯类杀菌剂来源于天然产物硝吡咯菌素，是非内吸性的广谱杀菌剂，对灰霉病有特效。主要品种有两个：拌种咯和咯菌腈，均由瑞士诺华公司开发。拌种咯和咯菌腈的杀菌谱相似，前者主要作种子处理用，后者既可作为叶面杀菌剂，也可作为种子处理剂，且活性高于前者。适宜作物为小麦、大麦、玉米、豌豆、油菜、水稻、观赏作物、坚果、蔬菜、葡萄和草坪等。作为叶面杀菌剂用于防治雪腐镰孢菌、小麦网腥黑腐菌、立枯病菌等，对灰霉病有特效；作为种子处理剂主要用于谷物和非谷物类作物中防治种传和土传病菌，如链格孢属、壳二孢属、曲霉属、镰孢菌属、长蠕孢属、丝核菌属及青霉属等。

吡咯类杀菌剂的作用机理是通过抑制葡萄糖磷酰化有关的转移，并抑制真菌菌丝体的生长，最终导致病菌死亡。因其作用机理独特，故与现有杀菌剂无交互抗性。

(二)吡咯类杀菌剂主要品种

咯菌腈 fludioxonil

其他名称 适乐时；Saphire；Celest；氟咯菌腈。

化学名称 4-(2,2-二氟-1,3-苯并间二氧杂环戊烯-4-基)吡咯-3-腈。

结 构 式

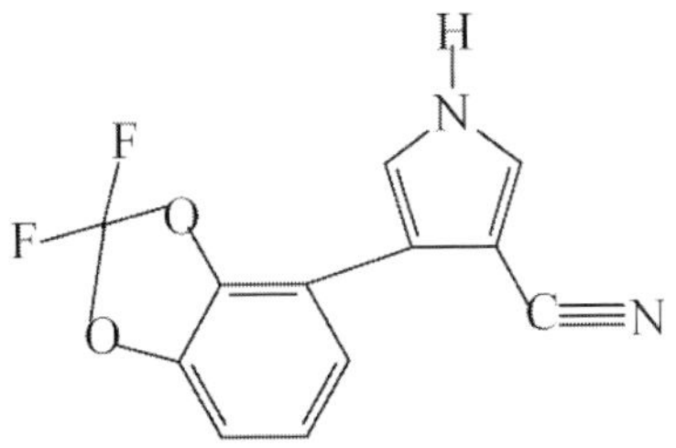

理化性质 纯品为淡黄色结晶状固体，熔点199.8℃。相对密度1.54(20℃)。蒸气压3.9×10^{-4}MPa(20℃)。水中溶解度1.8mg/L(25℃)，在其他溶剂中溶解度(g/L，25℃)：丙酮190，甲醇44，甲苯2.7，正辛醇20，己烷0.01。

毒 性 大、小鼠急性经口$LD_{50}>5\ 000$mg/kg。大鼠急性经皮$LD_{50}>2\ 000$mg/kg。对鱼的毒性LC_{50}(96h，mg/L)：大翻车鱼0.31，鲤鱼1.5，虹鳟鱼0.5。蜜蜂LD_{50}：>329μg/只(经口)，>101μg/只(接触)。蚯蚓LC_{50}(14d)为67mg/kg干土。

剂 型 50%水分散粒剂、10%粉剂、50%可湿性粉剂、2.5%悬浮种衣剂、2.5%悬浮剂、30%悬浮剂，40%悬浮剂。

作用特点 非内吸性的广谱杀菌剂。咯菌腈的作用机理主要是通过抑制葡萄糖磷酰化有关酶的转移，并抑制真菌菌丝体的生长，最终导致病菌死亡。作用机理独特，与现有杀菌剂无交互抗性。作为叶面杀菌剂用于防治雪腐镰孢菌、小麦网腥黑穗菌、立枯病菌等，对灰霉病有特效；作为种子处理剂，主要用于谷物和非谷物类作物中防治种传和土传病菌，如链格孢属、壳二孢属、曲霉属、镰孢菌属、长蠕孢属、丝核菌属及青霉属等。

应用技术 防治小麦腥黑穗病、雪腐病、纹枯病、根腐病、全蚀病、颖枯病、秆黑粉病；大麦条纹病、网斑病、坚黑穗病、雪腐病；玉米青枯病、猝倒病；棉花立枯病、红腐病、炭疽病、黑根病、种子腐烂病；大豆立枯病、根腐病(镰刀菌引起)；花生立枯病、茎腐病；水稻恶苗病、胡麻叶斑病、早期叶瘟病、立枯病；油菜黑斑病、黑胫病；马铃薯立枯病、疮痂病；番茄灰霉病；观赏百合灰霉病；蔬菜枯萎病、炭疽病、褐斑病、蔓枯病。

防治小麦散黑穗病、根腐病，用2.5%悬浮种衣剂5～15ml拌种100kg；防治水稻恶苗病，用2.5%悬浮种衣剂10～15ml拌种100kg；防治棉花立枯病、花生根腐病、大豆根腐病、向日葵菌核病，用2.5%悬浮种衣剂15 ~ 20ml拌种100kg。

防治番茄灰霉病，发病初期，30%咯菌腈悬浮剂9 ~ 12ml/亩喷雾，可视发病情况隔7 ~ 14d连续施药1~2次，每季最多使用3次。

防治观赏菊花灰霉病，发病初期，用50%可湿性粉剂4 000 ~ 6 000倍液喷雾。

另外，据资料报道还可用于，防治小麦纹枯病，用2.5%悬浮种衣剂150 ~ 200ml拌种100kg；防治玉米茎基腐病，用2.5%悬浮种衣剂4 ~ 6g包衣种子100kg；防治玉米苗枯病，用2.5%悬浮种衣剂10g对水100g拌种5kg；防治花生茎枯病，2.5%悬浮种衣剂400 ~ 800ml拌种100kg；防治棉花立枯病，用2.5%悬浮种衣剂15 ~ 20g包衣种子100kg；防治西瓜枯萎病，用2.5%悬浮种衣剂10 ~ 15g包衣种子100kg；防治烟草黑胫病、猝倒病、赤星病、病毒病等，2.5%悬浮种衣剂按种子重量0.15%拌种；防治蔬菜枯萎病，用2.5%悬浮剂800 ~ 1 500倍液灌根。

注意事项 穿保护衣，戴保护镜及面罩，勿使药物溅入眼睛或沾染皮肤，工作结束立即洗手及裸露的皮肤，发现中毒症状，立即携此标签就医。勿把剩余药物倒入池塘、河溪；空容器要集中销毁或深埋，不得做他用。经处理的种子必须放置于有明显标签的容器内，勿与食物、饲料同放，处理后的种子，播种后必须盖土；用剩的种子在适宜条件下储藏，对种子寿命无明显影响，经处理的种子不得用于喂禽畜，更不得用来加工饲料或食品。本品勿使儿童接触，应置于阴凉干燥通风地方保存。

开发登记 瑞士先正达作物保护有限公司、先正达(苏州)作物保护有限公司等企业登记生产。

拌种咯 fenpiclonil

其他名称 CGA142705。

化学名称 4-(2,3-二氯苯基)吡咯-3-腈。

结 构 式

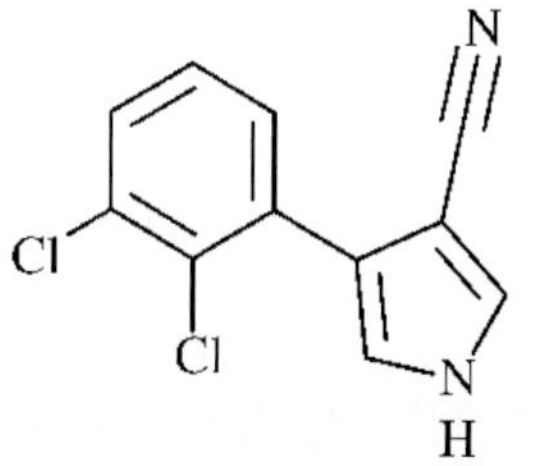

N
Cl
Cl
N
H

理化性质 纯品无色结晶，熔点144.9 ~ 151.1℃，25℃时蒸气压为1.1×10^{-2}MPa，密度1.51；溶解度(25℃)水中为4.8mg/L，乙醇为73g/L，丙酮为360g/L，甲苯为7.2g/L，正己烷为0.026g/L，正辛烷为41g/L。250℃以下稳定100℃、pH3 ~ 9下，6h不水解，在土壤中移动性小，DT_{50} 150 ~ 250d。

毒 性 属低毒杀菌剂。大鼠、小鼠和兔的急性经口LD_{50} > 5g/kg，大鼠急性经皮LD_{50} > 2g/kg，对兔眼睛和皮肤均无刺激作用，大鼠急性吸入LC_{50}(4h)为1.5mg/L空气。

剂 型 5%、40%悬浮种衣剂，20%、50%湿拌种剂。

作用特点 属吡咯腈类保护性杀菌剂，主要是抑制菌体内氨基酸合成而发挥防病效应。

应用技术 资料报道，防治大麦条纹病、网斑病，麦类雪腐病、大麦散黑穗病、水稻恶苗病、稻瘟病、水稻胡麻斑病，用5%悬浮种衣剂4g拌种1kg；此外，对许多作物的种传和土壤病菌(如链格孢属、壳二孢属、曲霉属、葡萄孢属、镰孢霉属、长蠕孢属、丝核菌属和青霉属等病菌)亦有良好的防治效果。

开发登记 1988年由瑞士汽巴 – 嘉基公司开发。

二十一、吡啶类杀菌剂

(一)吡啶类杀菌剂作用机制

吡啶类杀菌剂是在已有化合物的基础上，经组合、进一步优化而得到的。到目前为止报道的吡啶类杀菌剂共有11种。

(二)吡啶类杀菌剂主要品种

氟啶胺 fluazinam

其他名称 福帅得；B-1216；IKI-1216；Frowncide；Shirlan。

化学名称 3-氯-N-(3-氯-5-三氟甲基-2-吡啶基)-4-三氟甲基-2,6-二硝基-苯胺。

结构式

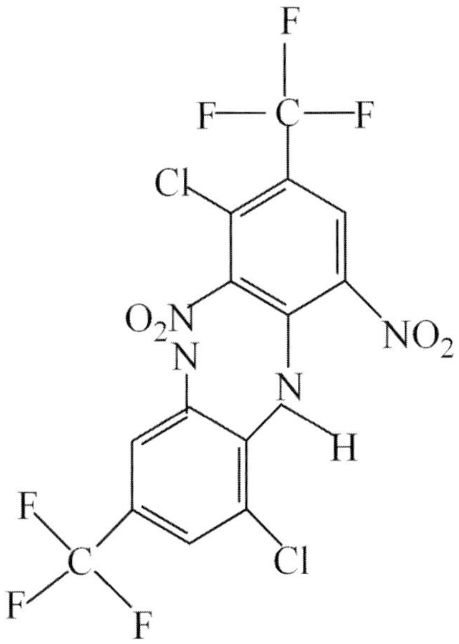

理化性质 纯品为黄色结晶粉末，熔点115～117℃，蒸气压1.5MPa(25℃)。密度0.366(25℃，堆积)。水中溶解度1.7mg/L(pH值7，20℃)，有机溶剂中溶解度(g/L，20℃)：丙酮470，甲苯410，二氯甲烷330，乙醚320，乙醇150，正己烷12。对热、酸、碱稳定，水溶液中光解DT_{50}为2.5d，水解DT_{50}为42d(pH值7)、6d(pH值9)，pH值5时稳定，土壤DT_{50}为26.5d，土壤光解DT_{50}为22d。

毒　　性 大鼠急性经口LD_{50}＞5 000mg/kg，大鼠急性经皮LD_{50}＞2 000mg/kg，大鼠急性吸入LC_{50}(4h)0.463mg/L。对兔的眼睛有刺激性，对兔的皮肤也有轻微刺激性。山齿鹑急性经口LD_{50} 1 782mg/kg，野鸭急性经口LD_{50}4 190mg/kg。虹鳟鱼LC_{50}(96h)0.036mg/L，水蚤LC_{50}(48h)0.22mg/L；蜜蜂LD_{50}＞100μg/只(经口)，＞200μg/只(接触)；蚯蚓LC_{50}(28d)＞1 000mg/kg土壤。

剂　　型 50%悬浮剂、50%可湿性粉剂、0.5%粉剂、500g/L悬浮剂、50%可湿性粉剂、70%水分散粒剂。

作用特点 广谱性保护杀菌剂。线粒体氧化磷酰化解偶联剂，通过抑制孢子萌发，菌丝突破、生长和孢子形成而阻断所有阶段的感染过程。氟啶胺的杀菌谱很广，其效果优于常规保护性杀菌剂。例如对交链孢属、葡萄孢属、疫霉属、单轴霉属、核盘菌属和黑星菌属真菌非常有效，对抗苯并咪唑类和二羧酰亚胺类杀菌剂的灰葡萄孢也有良好的效果。耐雨水冲刷，持效期长，兼有优良的控制植食性螨类的作用，对十字花科植物根肿病也有卓越的防效，对由根霉菌引起的水稻猝倒病也有很好防效。

应用技术 氟啶胺有广谱的杀菌活性，对疫霉病、菌核病、黑斑病、黑星病和其他的病害有良好的防治效果。除了杀菌活性外，氟啶胺还显示出对红蜘蛛等的杀螨活性。具体病害如水稻稻瘟病、纹枯病，燕麦冠锈病，黄瓜灰霉病、腐烂病、霜霉病、炭疽病、白粉病、茎部腐烂病，番茄晚疫病，马铃薯晚疫病，苹果黑星病、叶斑病，梨黑斑病、锈病，葡萄灰霉病、霜霉病，柑橘疮痂病、灰霉病，草坪斑点病。

防治辣椒疫病，发病初期用50%悬浮剂25～35ml/亩对水40～50kg喷雾；防治马铃薯晚疫病，发病初期用50%悬浮剂30～40ml/亩对水40～50kg喷雾；防治大白菜根肿病，在定植前用500g/L氟啶胺悬浮剂267～333ml/亩，将药剂对水60～70L后均匀喷施于土壤表面，再将药剂充分混土10～15cm深度，并在施药后当天立即进行移栽，每季大白菜仅施药1次。

开发登记 日本石原产业株式会社、陕西恒田生物农业有限公司、陕西美邦药业集团股份有限公司、京博农化科技有限公司等企业登记生产。

啶酰菌胺 boscalid

其他名称 烟酰胺；nicobifen；Cantus；Emerald；Endura；Signum。

化学名称 2-氯-N-(4'-氯联苯-2-基)烟酰胺。

结构式

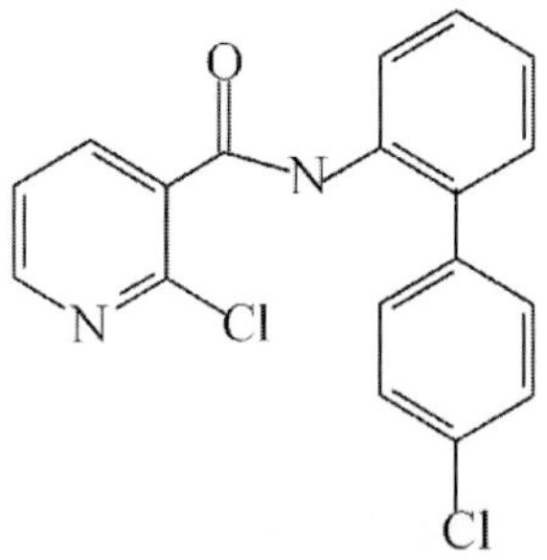

理化性质 纯品为白色无臭晶体，熔点142.8～143.8℃。蒸气压(20℃)＜7.2×10^{-4}MPa。水中溶解度4.6mg/L(20℃)；其他溶剂中的溶解度(20℃，g/L)：正庚烷＜210，甲醇40～50，丙酮160～200。啶酰菌胺在室温下的空气中稳定，54℃可以放置14d，在水中不光解。在植物体内，联苯和吡啶环有羟基化作用和这两种环的裂解反应，残余物的主要成分是没有发生变化的母体。在土壤中部分降解，土壤中DT_{50}为108d至1年(实验室，空气，20℃)，野外DT_{50}为28～200d，在自然界的水及冲积物中能够很好地降解。

毒　性 大鼠急性经口LD_{50}＞5 000mg/kg，大鼠急性经皮LD_{50}＞2 000mg/kg，对兔皮肤和眼睛无刺激性。大鼠急性吸入LC_{50}(4h)＞6.7mg/L，山齿鹑急性经口LD_{50}＞2 000mg/kg，虹鳟鱼LC_{50}(96h)2.7mg/L，水蚤LC_{50}(48h)5.33mg/L，蜜蜂LC_{50}：166μg/只(经口)、200μg/只(接触)，蚯蚓LC_{50}(14d)＞1 000mg/kg干土。

剂　型 50%水分散粒剂、25%悬浮剂、30%悬浮剂、43%悬浮剂。

作用特点 线粒体呼吸链中琥珀酸辅酶Q还原酶抑制剂。啶酰菌胺对孢子的萌发有很强的抑制能力，药效比普通的杀菌剂如嘧霉胺好；对800多个被分离出的已对通用杀菌剂产生抗性的灰霉病菌进行试验的结果表明，它与其他杀菌剂无交互抗性。

结果表明，它与其他杀菌剂无交互抗性。

应用技术 主要用于油菜、豆类、花生、向日葵，黄瓜、球茎蔬菜、芥菜、胡萝卜、莴苣、甘蓝、根类蔬菜、马铃薯、薄荷、核果、草莓、坚果、葡萄、草坪、其他大田作物、蔬菜、果树等的白粉病、灰霉病、各种腐烂病、褐腐病和根腐病、油菜菌核病。

防治番茄、草莓、黄瓜灰霉病，做预防处理时，发病前或发病初期用50%水分散粒剂35～45g/亩连续施药3次，间隔7～10d；防治番茄、马铃薯早疫病，发病前或发病初期用50%水分散粒剂20～30g/亩连续施药3次，间隔7～10d；防治葡萄灰霉病，用50%水分散粒剂500～1 500倍液均匀喷雾；防治油菜菌核病，发病初期用50%水分散粒剂20～30g/亩施药1～2次，间隔7～10d。

开发登记 巴斯夫欧洲公司、京博农化科技有限公司登记生产。

氟啶酰菌胺 fluopicolide

其他名称 氟吡菌胺；acylpicolide；picobenzamid。

化学名称 2,6-二氯-N-(3-氯-5-三氟甲基-2-吡啶甲基)苯甲酰胺。

结 构 式

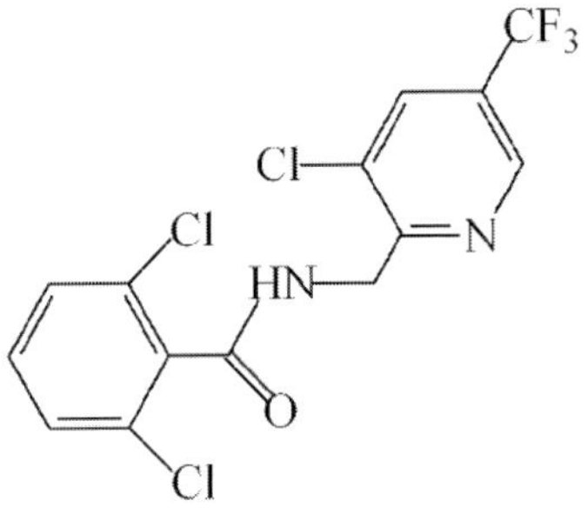

理化性质 悬浮剂外观为深米黄色不透明液体，无味。纯品为米色粉末状微细晶体，熔点150℃；分解温度320℃；蒸气压：303×10^{-7}Pa(20℃)，8.03×10^{-7}Pa(25℃)；溶解度(g/L，20℃)：二甲基亚砜183，二氯甲烷126，丙酮74.7，乙酸乙酯37.7，甲苯20.5，乙醇19.2，正己烷0.20；在水中溶解度约为4mg/L(室温下)。原药(含量97.0%)外观为米色粉末，在常温各pH条件下、在水中稳定(水解半衰期可达365d)，对光照也较稳定。

毒 性 原药大鼠急性经口、经皮$LD_{50}>5\ 000$mg/kg，对兔皮肤无刺激性，对兔眼睛有轻度刺激性；豚鼠皮肤致敏试验结果为无致敏性；大鼠90d亚慢性饲喂试验最大无作用剂量为100mg/kg(饲料浓度)；三项致突变试验(Ames试验、小鼠骨髓细胞微核试验、染色体畸变试验)结果均为阴性，未见致突变性；在试验剂量内大鼠未见致畸、致癌作用。687.5g/L氟吡菌胺·霜霉悬浮剂大鼠急性经口$LD_{50}>2\ 500$mg/kg，急性经皮$LD_{50}>4\ 000$mg/kg；对兔皮肤和眼睛无刺激性；豚鼠皮肤致敏试验结果为无致敏性；氟吡菌胺原药和687.5g/L氟吡菌胺·霜霉悬浮剂属低毒杀菌剂。

剂 型 687.5g/L氟啶酰菌胺·霜霉悬浮剂。

作用特点 为广谱杀菌剂，对卵菌纲病原真菌有很高的生物活性。具有保护和治疗作用，氟吡菌胺有较强的渗透性，能从叶片上表面向下面渗透，从叶基向叶尖方向传导，对幼芽处理后能够保护叶片不受病菌侵染。还能从根部沿植株木质部向整株作物分布，但不能沿韧皮部传导。霜霉威为氨基甲酸酯类广谱杀菌剂，对卵菌纲真菌病害有特效，2种杀菌剂对黄瓜等多种作物有保护和治疗作用，对作物安全，未见药害。

应用技术 主要用于防治卵菌纲病害，如霜霉病、疫病等，除此之外还对稻瘟病、灰霉病、白粉病等有一定的防效。氟吡菌胺与霜霉威以1：10的比例混配，通过抑制孢子萌发试验，对黄瓜霜霉病菌增效明显；经田间药效试验结果表明，防治黄瓜霜霉病，发病初期用687.5g/L氟啶酰菌胺·霜霉悬浮剂41.3～57.6g/亩对水40～50kg喷雾，防治效果较好。

开发登记 江苏省农药研究所股份有限公司、陕西美邦药业集团股份有限公司登记生产。

啶菌清 pyridinitril

其他名称 IT3296；DDPP；病定清；多果安；吡二腈。

化学名称 2,6–二氯–3,5–二氰基–4–苯基吡啶。

结构式

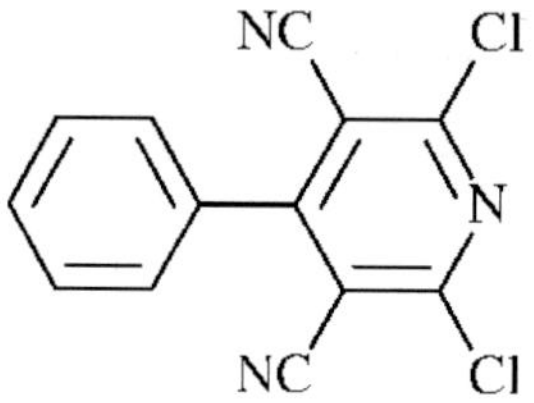

NC Cl N NC Cl

理化性质 无色结晶，熔点208～210℃，在13.3Pa下的沸点为218℃，20℃下的蒸气压为0.107MPa，难溶于水，微溶于丙酮、苯、氯仿、二氯甲烷、醋酸乙酯。工业品纯度在97%以上，常温下对酸稳定。

剂　　型 75%可湿性粉剂。

作用特点 能防治仁果、核果、葡萄、啤酒花和蔬菜上的许多病害，也能防治苹果的黑星病、白粉病。对植物无药害。

应用技术 资料报道，发病初期用75%可湿性粉剂750倍液喷雾。

开发登记 1968年由A. G. Merck推广，获有专利DBP1182896。

茂叶宁 J55

化学名称 1–苯基–3,5–二甲基–4–亚硝基吡唑。

结构式

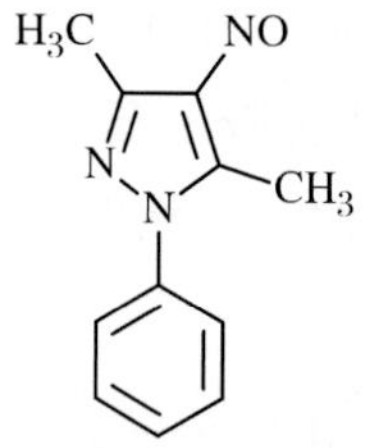

H_3C NO N N CH_3

理化性质 蓝色结晶，熔点95.5～96.5℃，在水中溶解度37mg/L，在碱性条件下加温时分解。

作用特点 能抑制真菌孢子的萌发。对黑麦曲霉、绳状青霉的效果与克菌丹相同。

应用技术 资料报道，用于叶面喷雾，浓度大于0.3%时能引起药害。

开发登记 1949年发现其杀菌活性(Phytopathology 39，721，1949)。

安种宁 36L

化学名称 1-(对磺酰氨基苯基)-3,5-二甲基-4-亚硝基吡唑。

结构式

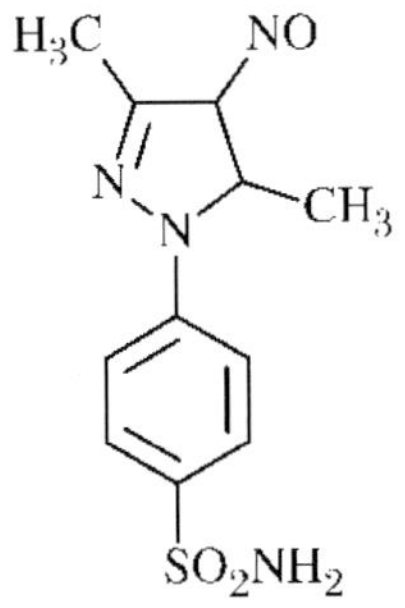

理化性质 绿色结晶，熔点198℃(在189℃开始分解)；在水中溶解度515mg/L，对碱不稳定。

作用特点 内吸性杀菌剂，有较强的内吸输导作用。

应用技术 资料报道，拌种防治水稻纹枯病、稻瘟病、油菜菌核病等。

开发登记 在1940年发现本品的杀菌作用，由United state，Rubber Co. 开发。

氯甲基吡啶 nitrapyrin

其他名称 Dowco 163；四氯草定；氯定。

化学名称 2-氯-6-三氯甲基吡啶。

结构式

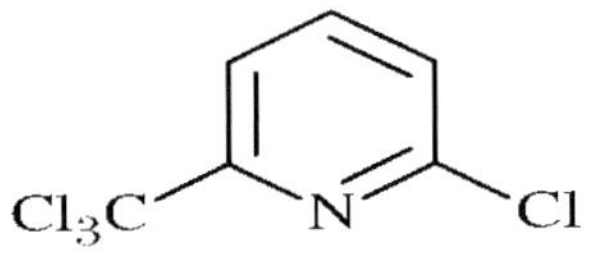

理化性质 熔点为62~63℃，沸点为136~138℃，18℃在水中溶解度小于0.01 g/100 mL。

毒　　性 对大白鼠急性经口LD_{50}为1 073~1 231mg/kg，对兔急性经皮LD_{50}为2 830mg/kg。

剂　　型 24%乳油。

作用特点 可作为氮硝化抑制剂和土壤杀菌剂；对固氮菌具有选择作用，与尿素和氮肥一起施用可以推迟土壤中铵离子的硝化作用。

注意事项 如果吞服则引起呕吐，需请医生治疗，如溅入眼睛内要用大量水冲洗并请医生治疗，弄到皮肤上要用大量肥皂水冲洗；对一些金属有较强的腐蚀性，因此不宜将其储存在金属容器中。

开发登记 1962年由Dow Chemical Company(现为Dow Elanco)提出作土壤杀菌剂。获专利号US3135594、GB960109。

万亩定 omadine

其他名称 PTO。

化学名称 2-硫代-1-氧化吡啶。

结 构 式

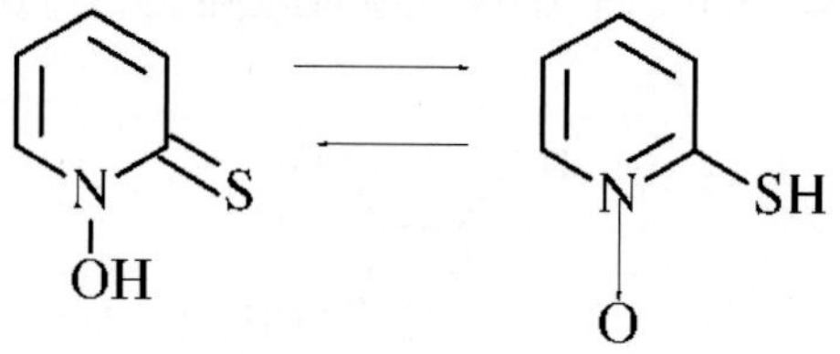

理化性质 熔点为68℃。

剂　　型 主要为50%铜盐、铁盐、锰盐、锌盐可湿性粉剂。

应用技术 资料报道，不同盐类防治对象不同，铁盐防治苹果黑星病、锈病，桃子疮痂病、褐斑病。对病菌有适度的铲除作用，50%可湿性粉剂是棉花、蔬菜、花生种子等的高效保护剂，还能防治麦类黑粉病、萎蔫病和猝倒病；铜盐比锌盐、锰盐持效期长，对细菌性病害(蕃茄斑点病)效果较好。

开发登记 1950年美国Olin Mathieson化学公司出品。

啶斑肟 pyrifenox

化学名称 2',4',-二氯-2-(3-吡啶基)苯乙酮-O-甲基肟。

结 构 式

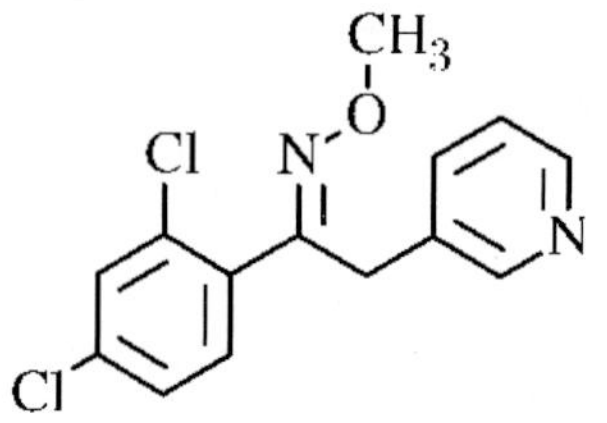

理化性质 略带芳香气味的褐色液体，闪点106℃，沸点212.1℃，溶解度(25℃)：水中为300mg/L(pH5.0)，150mg/L(pH6.7)，130mg/L(pH9.0)，已烷中为210g/L。与乙醇、丙酮、甲苯和辛醇互溶。对光稳定，室温下的密闭容器中稳定3年以上，在pH3、7和9条件下50℃水解。

毒　　性 大鼠急性经口LD_{50}为2.9g/kg，急性经皮$LD_{50}>5$g/Kg，腹腔注射LD_{50}为950mg/kg，急性吸入LC_{50}为2.0mg/L·空气。小鼠急性经口$LD_{50}>2$g/kg。对豚鼠皮肤和兔眼睛有轻微刺激，但对豚鼠皮肤无过敏性，无致突变，致畸或胚胎毒性作用。野鸭经口$LD_{50}>2$g/kg，鹌鹑经口$LD_{50}>2$g/kg。鱼毒LC_{50}(96h) 虹鳟鱼为7.1mg/L，太阳鱼为6.6mg/L，鲤鱼为12.2mg/L。蜜蜂LD_{50}(48h)：0.059mg/只(经口)，0.070mg/只(接触)；蚯蚓LD_{50}(14d)为733mg/kg，水蚤EC_{50}(48h)为3.6mg/L。

剂　　型 25%可湿性粉剂、20%乳油。

作用特点 内吸性杀菌剂，具有保护和治疗作用，可有效防治香蕉、葡萄、花生、观赏植物、仁果、核果和蔬菜上或果实上的病原菌(丛梗孢属和黑星菌属)，如苹果黑星病、白粉病，葡萄白粉病，花生叶斑病和叶班病。

应用技术 资料报道，防治葡萄白粉病，发病初期用25%可湿性粉剂10～13g/亩对水40～50kg喷雾；防治花生叶斑病，发病初期用25%可湿性粉剂17～35g/亩对水40～50kg喷雾。

开发登记 由P. Zobrist 等报道该杀菌剂，Dr. R. Maag Ltd. 开发，获有专利EP49854(1982)。

二十二、嘧啶类杀菌剂

(一)嘧啶类杀菌剂的作用机制

早期开发的嘧啶类杀菌剂有甲菌啶(dimethirimol)和乙菌啶(ethirimol)，主要用于防治瓜类和谷物白粉病。关于乙菌啶的作用机制，Hollomoon(1979)曾指出，主要是非竞争性地抑制了腺(嘌呤核)苷脱氨酶的活性而影响了某些碱基及核酸的合成。嘧啶类化合物是20世纪90年代初开发的一类重要杀菌剂，对灰葡萄孢所致的各种病害有特效。

嘧啶类杀菌剂的作用机制独特，该类药剂在离体条件下对病菌的抗菌性很弱，但用于寄主植物上却表现出很好的防治效果，该类药剂能抑制病菌甲硫氨酸的生物合成和细胞壁降解酶的分泌，从而影响病菌侵入寄主植物。如甲基嘧菌胺和嘧菌胺的作用机理是抑制病原菌蛋白质合成，包括降低一些水解酶水平，据推测这些酶与病原菌进入寄主植物并引起寄主组织的坏死有关。环丙嘧菌胺是蛋氨酸生物合成的抑制剂，同三唑类、咪唑类、吗啉类、二羧酰亚胺类、苯基吡咯类杀菌剂无交互抗性，对敏感或抗性病原菌均有优异的活性。

(二)嘧啶类杀菌剂主要品种

嘧菌胺 mepanipyrim

其他名称 KIF-3535；KUF 6201。

化学名称 N-(4-甲基-6-丙-1-炔基嘧啶-2-基)苯胺。

结 构 式

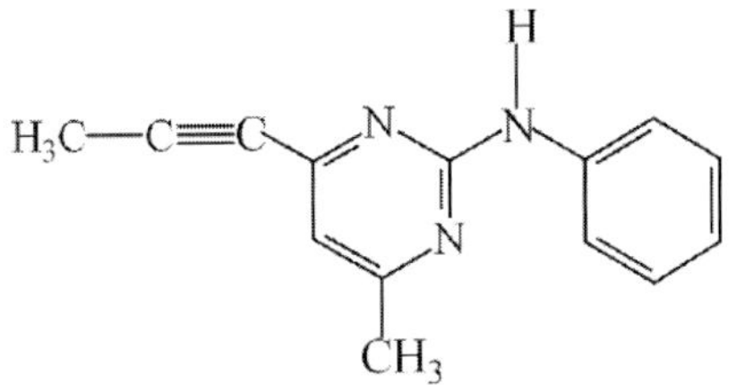

理化性质 白色晶体或粉末。熔点132.8℃，20℃时蒸气压为2.32×10^{-2}MPa，密度1.202 5。溶解度(20℃)：在水中3.10mg/L，丙酮139g/L，甲醇15.4g/L，己烷2.06g/L。

毒 性 大鼠、小鼠急性经口$LD_{50}>5$g/kg，大鼠急性经皮$LD_{50}>2$g/kg。

剂 型 悬浮剂，可湿性粉剂。

作用特点 嘧啶胺类新型杀菌剂，用于防治苹果、梨上的黑星病菌，黄瓜、葡萄、草莓和番茄上的灰葡萄孢。能抑制菌体甲硫氨酸的生物合成。嘧菌胺对灰霉病菌的孢子无抑制生长的作用，对菌丝生长的抑制作用也不强。但该药剂在病原菌孢子的萌发到寄主感染为止的过程中，对孢子的芽管伸长、附着器的形成以及对病菌的侵入却有很强的抑制作用。对于苹果黑星病菌，该药剂也有同样的作用。作为阻止病原菌侵入的药剂，嘧菌胺主要在病原菌感染过程中发挥其作用。

应用技术 据资料报道，防治黄瓜、番茄、葡萄和草莓上的灰葡萄孢，苹果、梨上的黑星病菌；用药量6.7～66.7g(有效成分)/亩对水40～50kg喷雾。

嘧霉胺 pyrimethanil

其他名称 施佳乐；甲基嘧菌胺；品高；Mythos；Scala。

化学名称 N-(4,6-二甲基嘧啶-2-基)苯胺。

结 构 式

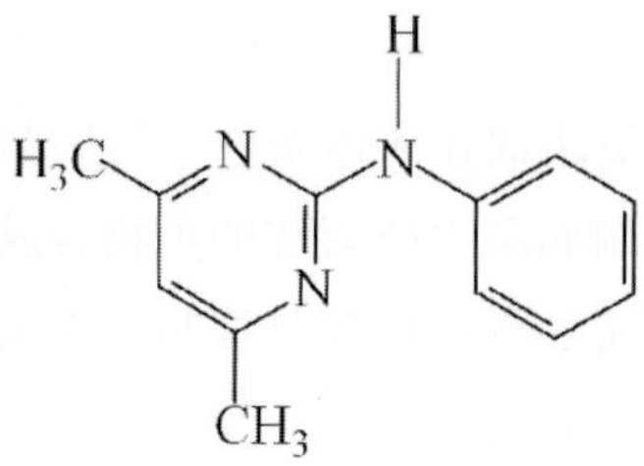

理化性质 纯品为无色结晶状固体，熔点96.3℃，相对密度1.15，蒸气压2.2×10^{-3}Pa(25℃)。溶解度(g/L，20℃)：丙酮389，乙酸乙酯617，甲醇176，二氯甲烷1 000，正己烷23.7，甲苯412，水0.121g/L(pH值6.1，25℃)。呈弱碱性(20℃)。在一定pH值范围内在水中稳定，54℃下14d不分解。

毒　　性 大鼠急性经口LD_{50}为4 159～5 971mg/kg，小鼠急性经口LD_{50}为4 665～5 359mg/kg，大鼠急性经皮$LD_{50}>5\ 000$mg/kg。野鸭和山齿鹑急性经口$LD_{50}>2\ 000$mg/kg，野鸭和山齿鹑饲喂$LC_{50}>5\ 200$mg/kg。鱼毒LC_{50}(mg/L)：虹鳟鱼10.6，鲤鱼35.4；水蚤LC_{50}(48h)2.9mg/L，蜜蜂LD_{50}(48h)$>10\mu g$/只(经口和接触)，蚯蚓LC_{50}(14d)625mg/kg土壤。

剂　　型 40%水分散粒剂、70%水分散粒剂、80%水分散粒剂、20%悬浮剂、30%悬浮剂、37%悬浮剂、40%悬浮剂、20%可湿性粉剂、25%可湿性粉剂、40%可湿性粉剂、12.5%乳油。

作用特点 嘧霉胺具有保护、叶片穿透及根部内吸活性，治疗活性较差。嘧霉胺同时具有内吸传导和熏蒸作用，施药后迅速达到植株的花、幼果等喷药无法达到的部位杀死病菌，药效更快、更稳定。嘧霉胺的药效对温度不敏感，在相对较低的温度下施用，其效果没有变化。嘧霉胺是一种新型杀菌剂，属苯胺基嘧啶类。其作用机理独特，即抑制病原菌蛋白质合成，包括降低一些水解酶水平，据推测这些酶与病原菌进入寄主植物并引起寄主组织的坏死有关。嘧霉胺同三唑类、二硫代氨基甲酸酯类、苯并咪唑类及乙霉威等无交互抗性，因此其对敏感或抗性病原菌均有优异的活性。由于其作用机理与其他杀菌剂不同，因此，嘧霉胺尤其对常用的非苯胺基嘧啶类杀菌剂已产生抗药性的灰霉病菌有效。

应用技术 防治豌豆、黄瓜、番茄、韭菜、葡萄、草莓等作物灰霉病，还可用于防治梨、苹果黑星病和斑点落叶病；防治烟草赤星病，发病初期用25%可湿性粉剂120～150g/亩对水40～50kg喷雾；防治番茄灰霉病、早疫病，发病初期用70%水分散粒剂40～50g/亩对水40～50kg喷雾；防治黄瓜灰霉病，发病初期用40%悬浮剂800倍液喷雾，间隔7d喷1次，共喷施3次；防治葡萄灰霉病，发病初期用40%悬浮剂1 000～1 500倍液喷雾；防治草莓灰霉病，发病初期用40%可湿性粉剂40～60g/亩对水40～50kg喷雾。

另外，据资料报道还可用于防治番茄叶霉病，发病初期可用25%可湿性粉剂120～150g/亩对水60kg喷雾。

注意事项 在蔬菜、草莓等作物上的安全间隔期为3d。注意安全储藏、使用和处置本药剂。如发生意外中毒，请立即携带产品标签送医院治疗。在推荐剂量下对作物各生长期都很安全，可以在生长季节的任何时间使用。在不通风的温室或大棚中，如果用药剂量过高，可能导致部分作物叶片出现褐色斑点。因此，请注意按照标签的推荐浓度使用，建议施药后通风。储存时不得与食物、种子、饮料混放。

开发登记 浙江世佳科技股份有限公司、山西运城绿康实业有限公司等企业登记生产。

氯苯嘧啶醇 fenarimol

其他名称 乐必耕；EL-222；异嘧菌醇；Rubigan。

化学名称 2-氯苯基-4-氯苯基-α-嘧啶-5-基甲醇。

结构式

Cl HO C N N Cl

理化性质 纯品为白色结晶体(原药有效成分含量为95%)，熔点为117~119℃，25℃时蒸气压为13.3 μPa，在水中的溶解度为13.7mg/L，溶于丙酮、乙腈、苯、三氯甲烷、甲醇等多种有机溶剂，对光、热、酸、碱等稳定。

毒　　性 原药大鼠急性经口LD_{50}为2 500mg/kg，家兔急性经皮LD_{50}>2 000mg/kg，急性吸入毒性LC_{50}为429mg/L。对皮肤和眼睛无刺激作用。

剂　　型 6%可湿性粉剂。

作用特点 具有预防、治疗作用的广谱性杀菌剂。通过干扰病菌原甾醇及麦角甾醇的形成，从而影响正常生长发育。氯苯嘧啶醇不能抑制病原菌孢子的萌发，但是能抑制病原菌菌丝的生长、发育，使其不能侵染植物组织。氯苯嘧啶醇可以防治苹果白粉病、梨黑星病等多种病害，并可以与一些杀菌剂、杀虫剂、生长调节剂混合使用。

应用技术 可有效防治葫芦科白粉病、苹果黑星病、炭疽病、梨黑星病，花生黑斑病、褐斑病、锈病等。具有保护、治疗和根除作用，喷药后10~14d内具有优越的预防、杀菌效果。

防治苹果白粉病，发病初期用6%可湿性粉剂2 000~4 000倍液喷雾；防治苹果黑星病、炭疽病、梨黑星病、锈病，发病初期用6%可湿性粉剂1 500~2 000倍液喷雾，喷药液量要使果树达到最佳的覆盖效果，间隔10~14d1次，施药3~4次。

另外，据资料报道还可用于，防治花生黑斑病、褐斑病、锈病，发病初期用6%可湿性粉剂30~50g/亩对水40~50kg喷雾，10~15d 1次，共喷药3~4次；防治葫芦科白粉病，发病初期用6%可湿性粉剂15~30g/亩对水40~50kg喷雾，10~15d1次，共施药3~4次。

注意事项 安全间隔期为21d。应遵照农药安全规定使用此药，避免药液或药粉直接接触身体，如果药液溅入眼中，应立即用清水冲洗并要求医疗。此药须储存在远离火源、阴凉和儿童接触不到的地方。

开发登记 英国高文国际商业有限公司登记生产。

嘧菌环胺 cyprodinil

其他名称 环丙嘧菌胺；Chorus；Unix。

化学名称 4-环丙基-6-甲基-N-苯基嘧啶-2-胺。

结构式

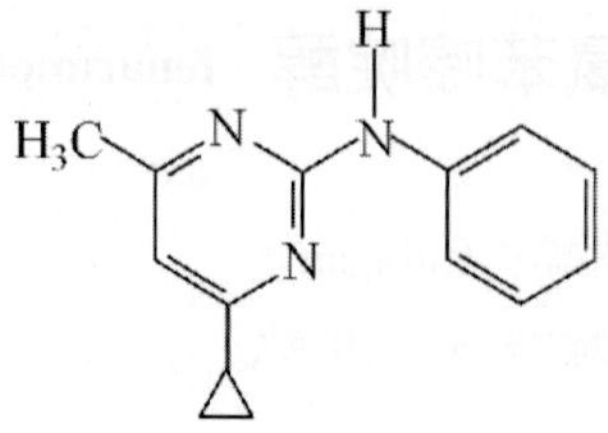

理化性质 纯品为粉状固体，有轻微气味，熔点75.9℃，相对密度1.21。蒸气压(25℃)：5.1×10^{-4}Pa(结晶状固体A)，4.7×10^{-4}Pa(结晶状固体B)。溶解度(g/L，25℃)：水0.020(pH值5)、0.013(pH值7)、0.015(pH值9)，乙醇160，丙酮610，甲苯460，正己烷30，正辛醇160。DT_{50}为1年(pH值4～9)，水中光解DT_{50}为0.4～13.5d。

毒　　性 大鼠急性经口$LD_{50}>2\ 000$mg/kg，大鼠急性经皮$LD_{50}>2\ 000$mg/kg。

剂　　型 50%水分散粒剂、30%悬浮剂、40%悬浮剂、50%可湿性粉剂。

作用特点 嘧菌环胺保护、治疗、叶片穿透及根部内吸活性，抑制真菌水解酶分泌和蛋氨酸的生物合成。同三唑类、咪唑类、吗啉类、二羧酰亚胺类、苯基吡咯类等无交互抗性。适于小麦、大麦、蔬菜、葡萄、草莓、果树、观赏植物等，防治灰霉病、白粉病、黑星病、网斑病、颖枯病等，对作物安全无药害。

应用技术 防治灰霉病、白粉病、黑星病、网斑病、颖枯病等。

防治葡萄、草莓和观赏百合灰霉病，发病初期用50%水分散粒剂60～100g/亩对水40～50kg喷雾。

开发登记 瑞士先正达作物保护有限公司、江苏丰登农药有限公司等企业登记生产。

二甲嘧酚 dimethirimol

其他名称 甲菌定；pp675；R31665；Mathyrimol；PP-675；甲嘧醇；灭霉灵；嘧啶2号。

化学名称 2-二甲氨基-4-甲基-5-正丁基-6-嘧啶酚。

结构式

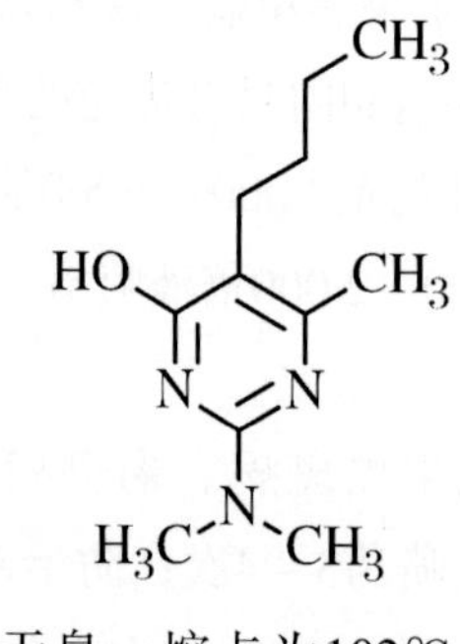

理化性质 纯品为白色针状结晶体，无臭，熔点为102℃，蒸气压为1.46×10^{-3}Pa(30℃)，25℃时溶解度氯仿为1 200g/L，二甲苯为360g/L，乙醇为65g/L，丙醇为45g/L，水为1.2g/L，对酸、碱、热较稳定，对金属无腐蚀性。

毒　　性 大鼠急性经口LD_{50}为2 350～4 000mg/kg，小鼠800～1 600mg/kg，对兔每天500mg/kg剂量去

毛接触40d，无不良影响。对大鼠和犬分别以300mg/kg和24mg/kg剂量喂养2年，无不良影响，对天敌无害。

作用特点 主要用于瓜类、蔬菜、甜菜及麦类、橡胶树、柞树等，对禾本科植物效果显著。它是嘧啶类内吸性杀菌剂，兼有治疗作用，对各种作物白粉病有特效。

应用技术 资料报道，防治瓜类白粉病，发病初期用0.01%浓度药液喷雾，防治柞树白粉病，发病初期用0.1%浓度药液喷雾。

注意事项 在植物体内半衰期为3～4d，在土壤极干燥的情况下或使用浓度过高时易产生药害，本品对害虫及其天敌无影响。

开发登记 1968年英国卜内门化学工业有限公司推广，随后又由Plant Protection Ltd推广，获有专利BP 1182584。

乙嘧酚 ethirimol

其他名称 Pp149。

化学名称 5-丁基-2-乙氨基-4-羟基-6-甲基嘧啶。

结 构 式

理化性质 白色结晶固体，熔点为159～160℃。在140℃时发生相变，在25℃时的蒸气压为0.267MPa；密度为1.21(25℃)，室温时在水中的溶解度为253mg/L(pH5.2)，150mg/L(pH7.3)，153mg/L(pH9.3)；几乎不溶于丙酮，微溶于乙醇；在氯仿、三氯乙烷、强酸和强碱中溶解。它对热以及在碱性和酸性溶液中均稳定；它不腐蚀金属，但是它的酸性溶液不能储存在镀锌的钢铁容器中。

毒　　性 对雌大鼠急性口服LD_{50}为6.34g/kg；小鼠为4g/kg；雄兔为2g/kg；对雌猫＞1g/kg；对雌性豚鼠为0.5～1g/kg；对母鸡为4g/kg。大鼠急性经皮LD_{50}＞2g/kg，大鼠急性吸入LC_{50}＞4.92mg/L。每天用1ml含50mg药物的溶液滴入兔的眼睛中，只引起轻微的刺激。

作用特点 可有效地防治大麦白粉病，对小麦和牧草的白粉病也有一些活性。用作种子处理时最有效，植物的根可从土壤中继续吸收药剂，因而在整个生长期中具有保护作用。

剂　　型 50%悬浮种衣剂、25%悬浮剂、50%悬浮剂、80%可湿性粉剂。

应用技术 防治黄瓜白粉病，于发病前或初期喷施25%乙嘧酚悬浮剂80～100ml/亩。防治草莓白粉病，于发病前或初期喷施25%乙嘧酚悬浮剂78～94ml/亩。

开发登记 一帆生物科技集团有限公司等公司登记生产。

乙嘧酚磺酸酯 bupirimate

其他名称 磺酸丁嘧啶；PP588。

化学名称 5-丁基-2-乙基氨基-6-甲基嘧啶-4-基二甲基氨基磺酸酯。

结构式

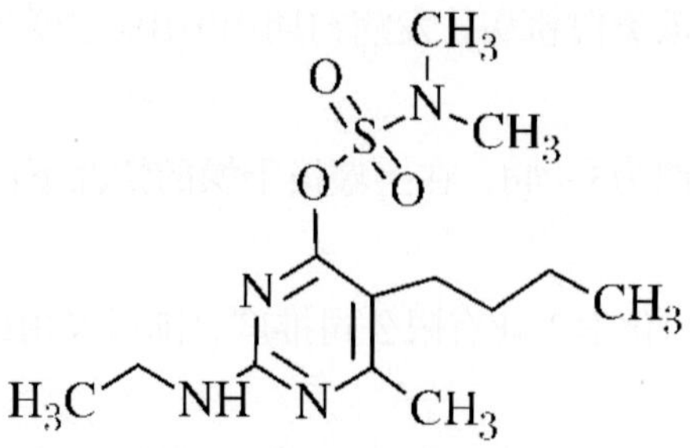

理化性质 浅棕色蜡状固体，熔点50～51℃，25℃下蒸气压为0.1MPa，密度为1.2，室温时，水中溶解度为22mg/L，溶于大多数有机溶剂，不溶于烷烃，工业品熔点约为40~45℃，稳定性：在稀酸中易于水解；在37℃以上长期储存不稳定。土壤中半衰期为35～90d (pH5.1～7.3)。闪点＞50℃。

毒　　性 雌大鼠、小鼠、家兔和雄性豚鼠的口服急性LD_{50}为4g/kg。大鼠急性经皮LD_{50}为4 800mg/kg。每日以500mg/kg的剂量经皮处理大鼠，10d后未发现临床症状。对家兔眼睛有轻微的刺激。

作用特点 内吸性杀菌剂，对白粉病，尤其是苹果和温室玫瑰白粉病效果明显。

剂　　型 25%微乳剂、25%水乳剂。

应用技术 施用剂量为50～150mg(有效成分)/L，用于苹果和温室玫瑰白粉病的效果显著，由于这一特征，提高了它在综合防治中的作用。

黄瓜白粉病发病前或初期开始喷雾施药，喷施25%乙嘧酚磺酸酯微乳剂60～80ml/亩，可连续施药2～3次，间隔7d左右1次。最多施药3次，安全间隔期为3d。

葡萄白粉病发病前或初期进行施药，喷施25%乙嘧酚磺酸酯微乳剂500～700倍液，葡萄整个生育期一般施药2～3次，每隔7～10d施1次。安全间隔期为21d，每季作物最多允许使用本品3次。

开发登记 西安近代科技实业有限公司等公司登记生产。

嘧菌腙 ferimzone

其他名称 TF-164。

化学名称 (Z)-2'-甲基乙酰苯-4,6-二甲基嘧啶-2-基腙。

结构式

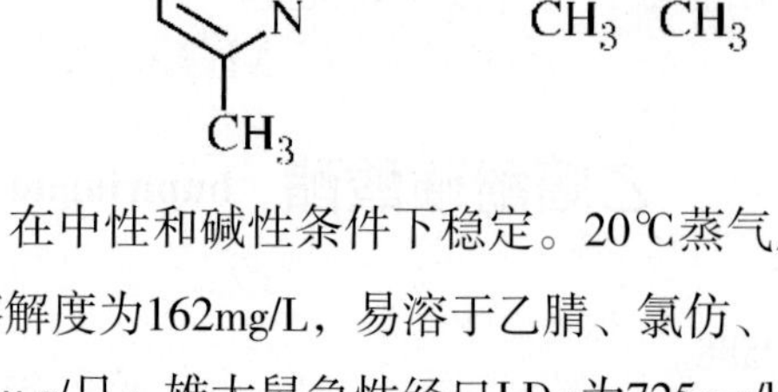

理化性质 晶体，对日光稳定，在中性和碱性条件下稳定。20℃蒸气压为4.11×10^{-3}MPa，熔点175～176℃。密度1.185g/cm^3。30℃水中溶解度为162mg/L，易溶于乙腈、氯仿、乙酸乙酯、乙醇、二甲苯。

毒　　性 蜜蜂LC_{50}(经口)＞140μg/只；雄大鼠急性经口LD_{50}为725mg/kg，雌大鼠为642mg/kg；雄小鼠

急性经口LD_{50}为590mg/kg，雌小鼠为542mg/kg；大鼠急性经皮LD_{50} > 2g/kg，大鼠急性吸入LC_{50}(4h) > 3.8mg/L，野鸭急性经口LD_{50} > 292mg/kg，鹌鹑急性经口LD_{50} > 2 250mg/kg。鲤鱼LC_{50}(72h)为10mg/L。

剂　　型 30%可湿性粉剂。

应用技术 据资料报道，防治对象稻长蠕孢、稻梨孢等病原菌引起的病害，用30%可湿性粉剂60~150g/亩对水40~50kg喷雾。

开发登记 由日本武田药品工业公司开发，获有专利EP19450(1990)。

氟苯嘧啶醇 nuarimol

其他名称 EL-228；环菌灵。

化学名称 (±)-2-氯-4'-氟-α(嘧啶-5-基)二苯基甲醇。

结 构 式

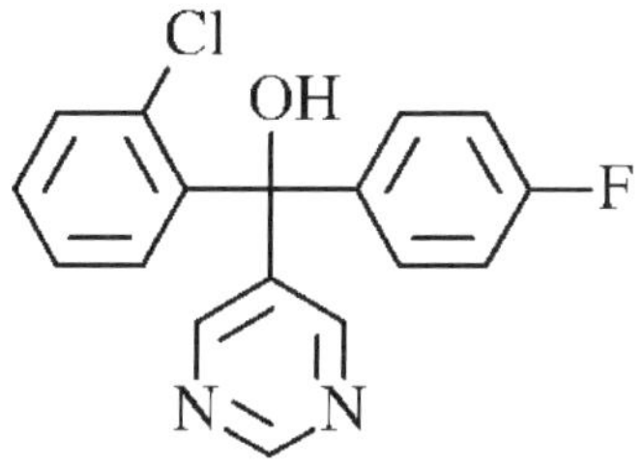

理化性质 无色晶体，熔点126~127℃，蒸气压小于0.002 7MPa，溶解度(25℃)：水26mg/L(pH4)，丙酮170g/L，甲醇55g/L，二甲苯20g/L。在pH3.5~13.5、66%二甲基甲酰胺中，无可滴定的基团。在试验的最高储存温度52℃下稳定，在日光下分解。

毒　　性 大鼠急性吸入LC_{50}(4h) > 6 090 mg/m^3，小鼠口服LD_{50}为2 500mg/kg。

剂　　型 乳油、可湿性粉剂、悬浮剂。

作用特点 内吸性杀菌剂，抑制甾醇脱甲基化，对多种植物病原菌有活性。可防治麦类白粉病，果树上的白粉病和黑星病。

应用技术 资料报道，防治麦类白粉病，用100~200mg(有效成分)拌种1kg；防治果树白粉病和黑星病，发病前至发病初期用3.5g(有效成分)/亩，对水75kg喷雾。

开发登记 由Eli Lilly&Co. (现为Dow Elanco)于1980年在希腊投产。专利GB1218623(1971)。

二十三、抗生素类杀菌剂

灭瘟素 blasticidins

其他名称 稻瘟散；杀稻瘟菌素S；布拉叶斯。

化学名称 4-[3-氨-1-甲基胍基戊酰胺基]-1-[4-氨基-2-氧代-1-(2H)-嘧啶基]-1,2,3,4-四脱氧-β-D-赤己-2-烯吡喃糖醛酸。

结 构 式

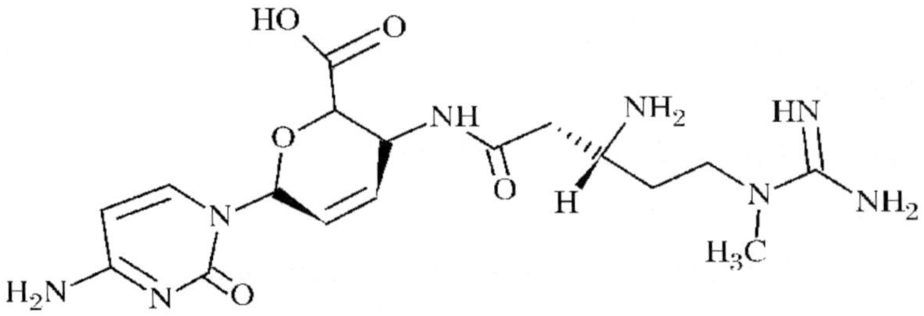

理化性质 是从一种放线菌(*Streptomyces greseochromogenes*)的代谢物中分离出来的选择性高的抗菌素(Fuknagfa等，1955)，并制成苄基氨基磺酸盐，其结构后来由Otake等(1965)确定。灭瘟素是一种含有碳、氢、氧、氮4种元素，化学性质较稳定而化学结构很复杂，内吸性强的碱，耐雨水冲刷，残效期为1周左右。灭瘟素游离碱及成品盐酸盐或硫酸盐呈白色针状结晶。易溶于水和醋酸，室温下每8ml水可溶1g；难溶于无水甲醇、乙醇、丙醇、丙酮、氯仿、乙醚、乙烷、苯等有机溶剂，盐酸盐微溶于甲醇。在偏酸(pH值2.0～3.0，0或5.0～7.0)时稳定，而在pH值4.0左右和pH值8.0以上容易分解。灭瘟素熔点为237～238℃(也有文献记载为202～204℃)分解。市场销售的灭瘟素是苄基氨基磺酸盐，稳定性好，对作物无药害。

毒　　性 对水稻易产生药害；对人、畜的急性毒性较大，高于春雷霉素、井冈霉素和多抗霉素，尤其是对人眼睛的刺激性，进入眼内如不及时冲洗，会引起结膜炎。皮肤接触后则会出疹子，但这种毒性比有机汞杀菌剂低得多，且是可逆的，对人体其他器官未发现有明显的毒性反应。1973年后，人们通过在灭瘟素中添加醋酸钙，消除了以往伤害眼睛的问题。灭瘟素纯碱式结晶对小白鼠的口服LD_{50}为22.5mg/kg体重；制成盐酸盐后，胃毒毒性大为降低，小白鼠口服LD_{50}为158mg/kg；苄基氨基磺酸盐(商品灭瘟素制剂的有效成分)为53.5mg/kg。皮肤涂抹毒性较小，月桂醇基磺酸盐对小白鼠急性经皮LD_{50}为220mg/kg。对大白鼠急性口服毒性，游离碱LD_{50}为26.5～39.0mg/kg；复盐LD_{50}为158.4mg/kg，对鱼类和贝类的毒性很小(鲤鱼例外，水中含灭瘟素量达8.7mg/L会致死)，是滴滴涕的1/2 000～1/100。

剂　　型 2%乳油、1%可湿性粉剂、2%可湿性粉剂(每克含灭瘟素1万单位)、30%复盐粉剂(苯甲胺苯磺酸盐，每克含灭瘟素2万单位)、1%液剂。

作用特点 灭瘟素对细菌、酵母及植物真菌均有一定的活性，尤其是对水稻稻瘟病菌和啤酒酵母(孢子萌发、菌丝生长、孢子形成)均有抑制氨基酸合成蛋白质的作用；其具有高效内吸性能(也有文献记载只能黏附在植株表面，不能内吸运转)，因此施用于水稻等作物后，能经内吸传导到植物体内，显著地抑制稻瘟病菌蛋白质的合成乃至菌丝生长；还能使肽键拉长，影响转移肽转移酶的活性，对一些病毒(如烟草花叶病毒、水稻条纹病毒等)也有效，可以破坏病毒体核酸的形成。因此，灭瘟素的治疗效果优于预防效果。土壤和稻田中各种微生物都能使灭瘟素活性消失，据山口等人(1972)用C^{14}–灭瘟素进行实验，药物是从病原菌的侵入口和伤口渗透的，附着在水稻植株上的灭瘟素容易被日光分解，落到水田中的药剂则易被土壤表面吸附，故不必担心地下水受其污染，被土壤表面吸附的药剂，容易被微生物分解，更不必担心环境污染和残留毒性。

应用技术 灭瘟素对细菌、真菌都有防效，农业生产中主要用其防治水稻稻瘟病，包括苗瘟、叶瘟、稻头瘟、谷瘟等。能降低水稻条纹病毒的感染率；对水稻胡麻叶斑病，小粒菌核病及烟草花叶病有一定的防治(抑制)效果。

资料报道，防治水稻苗瘟，发病前至发病初期用2%可湿性粉剂500～1 000倍液喷雾，隔7d左右再喷施1次，效果较好；防治水稻叶瘟，一般在苗期至孕稻期开始施药；防治稻颈瘟，一般在开始孕稻至育稻期或根据病情测报进行施药，常用药1～2次；防治烟草花叶病，使用浓度为0.05mg/L，可抑制烟叶内50%的烟草花叶病毒增殖，并能完全抑制心叶或豌豆上烟草花叶病毒斑的形成，浓度超过2mg/L会产生药害。

注意事项 不可与强碱性物质混用。灭瘟素防治稻瘟病，有效浓度与药害浓度之间幅度较窄，必须严格控制。一旦使用浓度高或喷施量过大，稻叶会出现缺绿性的药害斑(对产量无甚影响)；使用浓度不宜超过49mg/L。番茄、茄子、芋头、烟草、豆科、十字花科作物、桑等对其敏感，尤其是对籼稻不能使用。喷洒灭瘟素宜在晴天露水干后进行，喷药后24h内一旦遇大雨淋洗，应重新喷施，否则会影响防治效果。使用未加醋酸钙的灭瘟素会刺激操作人员的眼鼻黏膜，应戴上口罩和防护眼睛。喷药后若感觉眼睛痒痒的，可用清水或2.0%硼砂水冲洗，万一眼睛被刺激红肿，可用氯毒素、可的松眼药治疗。如误服，可使其呕吐或冲洗胃肠，对症治疗，无特殊解毒剂。灭瘟素毒性大，应与食物、饲料分开。注意密封，放于阴凉干燥处，装过灭瘟素的器具不能装盛食物；喷洒剩余的药液不能乱丢乱倒。注意防震、防暴晒、防火、防雨淋。

开发登记 浙江钱江生物化学股份有限公司曾登记生产。

多抗霉素 polyoxins

其他名称 多氧霉素；宝丽安；polyoxin D；Kakengel；Polyoxin Z；Stopic。

化学名称 5-(2-氨基-5-O-氨基甲酰基-2-脱氧-L-木质酰胺基)-1-(5-羧基-1,2,3,4-四氢-2,4-氧嘧啶-1-基)-1,5-脱氧-β-D-别呋喃糠醛酸。

结构式

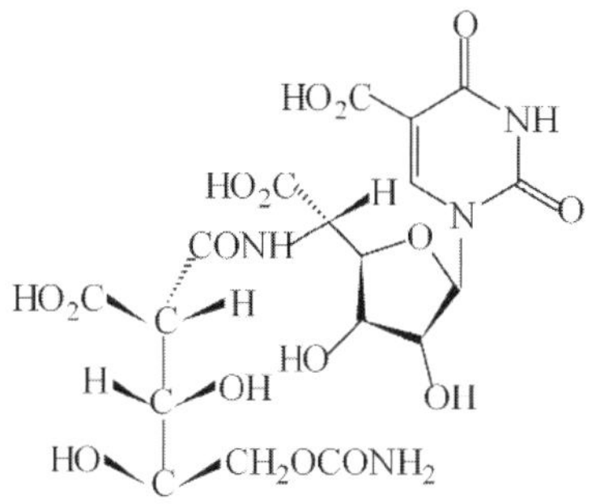

理化性质 无色结晶，熔点＞190℃(分解)。水中溶解度小于100mg/L(20℃，锌盐)，在丙酮和甲醇中溶解度小于200mg/L(锌盐)。应储存在干燥、密闭的容器中。

毒　　性 大鼠急性经口LD_{50}＞9 600mg/kg(雄、雌)，大鼠急性经皮LD_{50}＞750mg/kg。大鼠急性吸入LC_{50}(4h，mg/L)：雄2.44，雌2.17；对野鸭无毒，鲤鱼LC_{50}(48h)＞40mg/L，水蚤LC_{50}(3h)＞40mg/L。

剂　　型 0.3%水剂、1.5%可湿性粉剂、2%可湿性粉剂、3%可湿性粉剂、10%可湿性粉剂、15%可湿性粉剂。

作用特点 多抗霉素属农用抗生素类杀菌剂。它是金色链霉菌的代谢产物，主要组分为多抗霉素A和多抗霉素B。杀菌谱广，有良好的内吸传导性能，并有保护和治疗作用，主要干扰病菌的细胞内壁几丁质的合成，抑制病菌产生孢子和病斑扩大；病菌芽管与菌丝接触药剂后局部膨大、破裂而不能正常发育，导致死亡。低毒，无残留，对环境不污染，对天敌和植物安全。

应用技术 主要用于防治水稻纹枯病，烟草赤星病，番茄叶霉病、灰霉病、菌核病，苹果斑点落叶病、白粉病、苹果、梨腐烂病，月季、菊花白粉病，草莓及葡萄灰霉病，人参黑斑病等。一般使用浓度为10%可湿性粉剂500～1 000倍液。

资料报道，防治小麦白粉病、纹枯病，发病初期用3%可湿性粉剂100～200倍液喷雾；防治水稻纹枯病，发病前期用10%可湿性粉剂800～1 500倍液，视病情间隔10～12d喷1次；防治棉花立枯病、褐斑病，发病初期用3%可湿性粉剂100～200倍液喷雾；防治烟草赤星病、晚疫病，发病初期用3%可湿性粉剂200倍液喷雾；防治烟草炭疽病，发病初期用1.5%可湿性粉剂400倍液喷雾；防治甜菜褐斑病、立枯病，发病初期用10%可湿性粉剂600～800倍液喷雾。

资料报道，防治番茄晚疫病、灰霉病，黄瓜霜霉病、白粉病，草莓灰霉病，发病初期用10%可湿性粉剂500～800倍液喷雾；防治西瓜枯萎病，发病初期用0.3%水剂80～100倍液灌根。

资料报道，防治苹果轮纹病，在5月中旬和7月上旬，用10%可湿性粉剂1 000倍液喷雾；防治苹果斑点落叶病，发病初期用10%可湿性粉剂1 000～1 500倍液喷雾，间隔12d喷1次，共喷药4次；防治梨树灰斑病、黑斑病，发病初期用3%可湿性粉剂50～200倍液喷雾。

资料报道，防治人参黑斑病、锈病、白粉病、圆斑病等，播种前将可能带菌的种子，用10%可湿性粉剂5 000倍液浸种1h，发病前至发病初期用10%可湿性粉剂1 500倍液喷雾；移栽田和发病重的田块，用10%可湿性粉剂1 000倍液喷雾，每隔7d喷1次，连喷2～3次；防治花卉白粉病、霜霉病，发病初期用3%可湿性粉剂150～200倍液喷雾。

另外，据资料报道还用于防治茶树茶饼病，发病初期用3%可湿性粉剂100倍液喷雾；防治草莓芽枯病，草莓现蕾后用10%可湿性粉剂1 500倍液喷雾，间隔7d喷药1次，连喷2～3次；防治草莓白粉病，发病前至发病初期用10%可湿性粉剂1 000～1 200倍液喷雾，间隔5～7d喷1次，连喷2～3次，同时可兼治并发的灰霉病。

注意事项 不能与酸、碱农药混用。全年用药次数不要超过3次，以免病菌产生抗药性。密封存于阴凉处。

开发登记 陕西上格之路生物科学有限公司、陕西绿盾生物制品有限责任公司等企业曾登记生产。

嘧啶核苷类抗菌素

其他名称 120农用抗菌素(TF-120)；抗霉菌素120；农抗120。

化学名称 嘧啶核苷。

结 构 式

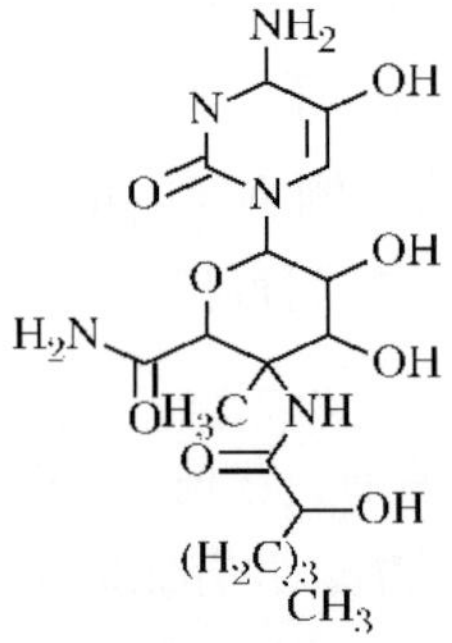

NH_2 OH N O N OH OH H_2N O H_3C NH O OH $(H_2C)_3$ CH_3

理化性质 嘧啶核苷类抗菌素(TF-120)经鉴定为一链霉新变种，定名为刺孢吸水链霉菌北京变种，其主要组分为嘧啶核苷类抗菌素120-B[类似下里霉素(Harimycan)]，次要组分为120-A和120-C[类似潮霉素B(Hy-gromycan B)和星霉素(Asteromycin)]。外观为白色粉末，熔点165～167℃(分解)。易溶于水，不溶于有机溶剂，在酸性和中性介质中稳定，在碱性介质中不稳定。

毒　　性 属低毒杀菌剂。120–A及120–B小鼠急性静脉注射LD_{50}分别为124.4mg/kg及112.7mg/kg，粉剂对小白鼠腹腔注射LD_{50}为1 080mg/kg，兔经口亚急性毒性试验无作用剂量为500mg/(kg・d)。

剂　　型 2%水剂、4%水剂、6%水剂、8%可湿性粉剂、10%可湿性粉剂。

作用特点 广谱抗菌素，它对许多植物病原菌有强烈的抑制作用，对瓜类白粉病、小麦白粉病、花卉白粉病和小麦锈病防效较好。对病害有预防和治疗作用，其作用机理是直接阻碍病原菌的蛋白质合成，导致病原菌死亡，并对作物有明显的刺激生长作用。

应用技术 抗真菌谱广，对小麦、烟草、蔬菜、果树、花卉等的白粉病，水稻和玉米纹枯病，蔬菜、果树炭疽病，蔬菜枯萎病等多种真菌病害均有良好防效。对小麦锈病、柑橘疮痂病及果品储藏保鲜也有效。

防治小麦锈病，发病初期用2%水剂500ml/亩对水100kg喷雾，15 ~ 20d后再喷药1次；防治水稻炭疽病、纹枯病，发病初期用2%水剂250 ~ 300ml/亩对水100kg喷雾。

防治烟草白粉病，发病初期用2%水剂500ml/亩对水100kg喷雾。

防治黄瓜白粉病，发病初期用4%水剂300 ~ 400倍液喷雾，隔7 ~ 15d喷药1次，共喷药4次；防治黄瓜枯萎病，发病前至发病初期用4%水剂400倍液灌根或者喷雾，把根部病土扒成穴，稍晾晒后，每穴灌药500ml左右，隔5d再灌1次，重病株可连续灌药3 ~ 4次；防治番茄晚疫病，发病初期用6%水剂90 ~ 120ml/亩对水60kg喷雾；防治大白菜黑斑病，发病初期用2%水剂400 ~ 800ml /亩对水100kg喷雾，15d后喷第2次药。

防治苹果白粉病，发病初期用4%水剂400倍液喷雾；防治苹果炭疽病、轮纹病、葡萄白粉病，发病初期用4%水剂800倍液喷雾，过15 ~ 20d再喷药1次。

另外，据资料报道还可用于防治花生叶斑病，用2%水剂75 ~ 100倍液拌种；防治韭菜(黄)黑根病、花椰菜黑根病，用4%水剂100倍液浸种；防治韭菜灰霉病，发病初期用4%水剂500 ~ 600倍液喷雾；防治草莓白粉病，发病初期用2%水剂100倍液喷雾；防治棉花枯萎病、黄萎病，用2%水剂100倍液播种前处理土壤；防治烟草白粉病，发病初期用4%水剂400倍液喷雾；防治月季花白粉病，发病初期用4%水剂600 ~ 800倍液喷雾，间隔期15 ~ 20d，连续喷药3次。

注意事项 可与多种农药混用，但勿与碱性农药混用。本剂虽属低毒杀菌剂，施药时需要注意安全，如遇不舒服，应请医生诊治。本剂应储存在干燥、阴凉的仓库中，不与食物及日用品一起储存和运输。

开发登记 武汉科诺生物科技股份有限公司、福建凯立生物制品有限公司等企业登记生产。

春雷霉素 kasugamycin

其他名称 春日霉素；Kasumin(加收米)；加瑞农；加收热必。

化学名称 [5–氨基–2–甲基–6–(2,3,4,5,6–五羟基环己基氧代)四氢吡喃–3–基]氨基–α–亚胺乙酸。

结 构 式

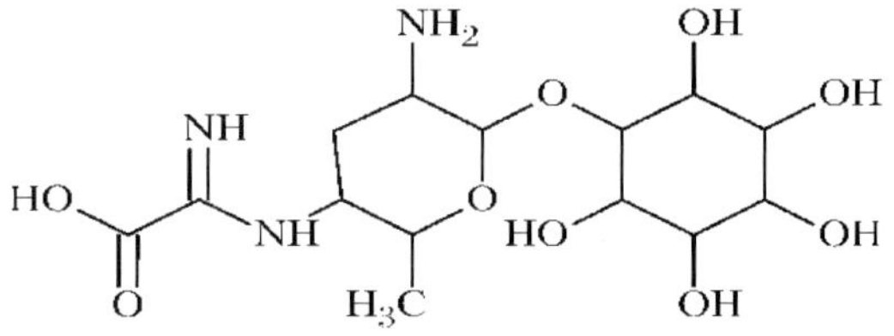

理化性质 春雷霉素是由肌醇和二基己糖合成的二糖类物质，是一种由链霉菌产生的弱碱性抗菌素，

因它的产生菌在培养基中分泌金黄色素，故命名为小金色链霉素(*Act. microaureus* n.sp.)。春雷霉素盐酸盐纯品呈白色针状或片状结晶，易溶于水，水溶液呈浅黄色；不溶于醇类、酯类(乙酯)、乙酸、三氯甲烷、氯仿、苯及石油醚等有机溶剂。在pH4.0～5.0酸性溶液中稳定，碱性条件下不稳定，易破坏失活(失效)。熔点226～210℃，分解温度为210℃，有甜味。一般的农用春雷霉素为棕褐色粉末状物质，具有良好的内吸性能，能耐雨水冲刷。

毒　性　原粉大鼠急性经口LD_{50}为22 000mg/kg，小鼠为21 000mg/kg，急性经皮LD_{50}大鼠＞4 000mg/kg，小鼠＞10 000mg/kg，没有刺激性，每日以100mg/kg喂养大鼠3个月没有引起异常。对大鼠无致畸、致癌作用，不影响繁殖。2%液剂对小鼠急性经口LD_{50}和大鼠急性经皮LD_{50}都大于10 000mg/kg，按规定剂量使用，对人、畜、鱼类和环境都非常安全。

剂　型　0.4%粉剂、2%可湿性粉剂、4%可湿性粉剂、6%可湿性粉剂、2%水剂、2%液剂、10%可湿性粉剂。

作用特点　春雷霉素是由放线菌(*Streptomyces kasgaensis*)产生的代谢产物，具有较强的内吸性，具有预防和治疗作用，其治疗效果更为显著，用于防治蔬菜、瓜果和水稻等作物的多种细菌和真菌性病害。春雷霉素渗透性强并能在植物体内移行，喷药后见效快，耐雨水冲刷，持效期长，各地试验表明，瓜类喷施春雷霉素后叶色浓绿并能延长收获期。春雷霉素属于氨基配糖体物质，与70s核糖核蛋白体的30s部分结合，抑制氨基酰t-RNA和mRNA-核糖核蛋白复合体的结合，可抑制蛋白质合成。春雷霉素喷洒在水稻植株上，在体外的杀菌力弱，保护作用较差；但对植物(如水稻)的渗透力强，能被植物很快内吸并传导至全株，对体内某些革兰氏阳性和阴性细菌有抑制作用，其作用机理主要是干扰菌体酯酶系统的氨基酸的代谢，明显影响蛋白质的合成，使稻株内菌丝药后变得膨大异形、停止生长、横边分枝、细胞质颗粒化，从而起到控制病斑扩展和新病灶出现的效果。该抗菌素对水稻稻瘟病菌的治疗作用很强，最低抑菌浓度为0.1μg/ml，但对稻瘟病菌孢子无杀死力；对其他多种细菌、酵母、丝状真菌的生长抑制作用都不强，最低抑制浓度一般在50μg/ml，有的高达200μg/ml。春雷霉素对水稻高度安全，春雷霉素防治稻瘟病，即使喷300mg/L的高浓度，对水稻等植物都未见药害。

应用技术　主要防治水稻稻瘟病，包括苗瘟、叶瘟、穗颈瘟、谷瘟。对烟草野火病也有效。另据江西省棉花研究所1988年试验，对棉苗炭疽病、立枯病及铃病等也有一定的效果。

防治水稻稻瘟病，发病前至发病初期用6%可湿性粉剂40～50g/亩对水40～50kg喷雾。

防治番茄叶霉病、黄瓜细菌性角斑病、枯萎病，发病初期用2%液剂500倍液喷雾，间隔7d喷1次，连喷3次；防治白菜软腐病，发病初期用2%可湿性粉剂 400～500倍喷雾。

防治烟草野火病，用4%可湿性粉剂600～800倍液喷雾。

防治柑橘溃疡病，发病初期用4%可湿性粉剂600～800倍液喷雾。

另外，据资料报道还可用于防治甜菜褐斑病，发病初期用2%水剂300～400倍液喷雾；防治辣椒疮痂病，发病初期用2%液剂100～130ml/亩对水60～80kg喷雾，以后每隔7d喷药1次，连喷2～3次；防治芹菜早疫病，发病初期用2%液剂100～120ml/亩对水60～80kg喷雾；防治菜豆晕疫病，发病初期用2%液剂100～130ml/亩对水60～80kg喷雾；防治香蕉叶鞘腐烂病，在香蕉抽蕾7d时，用2%水剂500倍液喷雾，2周后再喷药1次，发病较重时，用2%水剂+25%丙环唑乳油1 000倍喷雾；防治猕猴桃溃疡病，在新梢萌芽到新叶簇生期，用 6%可湿性粉剂400倍液，以后每隔10d左右喷1次，连续2～3次。

注意事项　应用春雷霉素喷雾防治稻瘟病，应掌握在发病初期进行，用的药液量要足，喷洒均匀。无论是用土法生产的浓缩液，还是用固体生产产品，都应随用随配，以防变质失效。春雷霉素施药5～6h后遇雨对药效无影响，不能与碱性农药混用。春雷霉毒对水稻很安全，但对大豆、菜豆、豌豆、葡萄、柑橘、苹果有轻微药害，在使用时应注意。使用春雷霉素应遵守一般农药安全使用操作规程，使用时一般不会出现中毒现象，如直接接触皮肤时，用肥皂、清水洗净，如误服此药，需饮大量食盐水催吐。配制液体时，应加0.2%中性皂作黏着剂，提高防治效果，喷药后8h内遇雨应补喷，春雷霉素可与稻瘟净、克瘟散农药混用。春雷霉素应存放阴凉干燥处，以防受潮发霉、变质失效，本品有效期一般为3年。安全间隔期：番茄、黄瓜于收获前7d，水稻、烟草于收获前21d停止使用。

开发登记 陕西绿盾生物制品有限责任公司、吉林省延边春雷生物药业有限公司等企业登记生产。

井冈霉素 jiangangmycin

其他名称 有效霉素；病毒光；纹闲；纹时林；Validacin；Valimon。

化学名称 葡萄井冈羟胺或N–[(1S)–(1,4,6/5)–3–羟甲基–4,5,6–三羟基–2–环已烯][O–β–D–吡喃葡萄糖基–(1–3)]–1S–(1,2,4/3,5)–2,3,4–三羟基–5–羟甲基环已基胺。

结构式

HOH_2C HO HO N H OH H CH_2OH OH HOH_2C O HO HO OH

理化性质 制剂外观为棕色透明液体，无臭味。井冈霉素是由吸水链霉菌井冈变种产生的水溶性抗生素葡萄糖苷类化合物，井冈霉素为多组分抗生素，有A、B、C、D、E共5个组分，其中A和B的比例较大，其主要活性物质为井冈霉素A，其次是井冈霉素B。纯品为白色粉末，无固定熔点，95～100℃软化，约在135℃分解。易溶于水，可溶于甲醇、二氧六环、二甲基甲酰。微溶于乙醇，不溶于丙酮、氯仿、苯、石醚等有机溶剂，吸湿性强。在pH4～5的水溶液中较稳定，在0.1mol硫酸中105℃经10h分解，能被多种微生物分解而失去活性。

毒　　性 井冈霉素属低毒杀菌剂。纯品对大、小鼠急性经口LD_{50}均大于20g/kg，大、小鼠皮下注射LD_{50}均大于15g/kg；大鼠静脉注射LD_{50}为25g/kg，小鼠静脉注射LD_{50}为10g/kg。用5g/kg涂抹大鼠皮肤无中毒反应。大鼠90d喂养试验，无作用剂量10g/kg以上。鲤鱼$LD_{50}>40mg/L$。对人、畜低毒，对环境安全。

剂　　型 5%可溶粉剂、10%可溶粉剂、20%可溶粉剂、60%可溶粉剂、20%可湿性粉剂、2%水溶粉剂、3%水溶粉剂、4%水溶粉剂、5%水溶粉剂、20%水溶粉剂、3%水剂、4%水剂、5%水剂、10%水剂、2.5%高渗水剂。

作用特点 主要用于防治水稻、麦类纹枯病，兼具保护和治疗作用，还可防治蔬菜等作物病害。井冈霉素是内吸性很强的农用抗生素，当水稻纹枯病菌的菌丝接触到井冈霉素后，能很快被菌体细胞吸收并在菌体内传导，干扰和抑制菌体细胞正常生长发育，从而起到治疗作用。最新研究表明井冈霉素可以激发水稻抗性防卫反应以防御水稻纹枯病为害，其防病效果可能是其自身的抑菌作用和诱导植株产生抗性防卫反应协同作用的结果。井冈霉素是防治水稻纹枯病的特效药，50mg/L浓度的防效可达90%以上，相当于或超过化学农药甲基砷酸锌，而且持效期可达20d，在水稻任何生育期使用都不会引起药害。也可以用于有效防治水稻稻曲病。

应用技术 防治麦类纹枯病，用5%水剂600～800ml拌种100kg，对少量的水，用喷雾器均匀喷在麦种上，边喷边拌，拌完后堆闷几小时再播种；3月下旬，田间麦纹枯病病株率达到30%左右，用5%水剂100～150ml/亩对水60～75kg喷雾，重病田隔15～20d再喷1次，药液应喷于植株茎部；防治水稻纹枯病，发病初期开始防治施药，视气候与病情变化而定，用5%可溶性粉剂100～150g/亩对水75～100kg喷在水稻中下部，一般间隔10d左右喷1次，通常喷药两次。

防治草坪褐斑病，发病初期用20%可溶粉剂500～1 000倍液喷雾。

另外，据资料报道还可用于防治水稻稻曲病，孕穗期用5%水剂100～150ml/亩对水50～75kg喷雾；防治玉米纹枯病，发病初期用20%可溶粉剂200g/亩对水75kg喷雾；防治玉米穗腐病，玉米大喇叭口期，用20%可溶粉剂200g/亩制成药土点心叶；防治棉花立枯病，播种后用5%水剂500～1 000倍液灌根，每平方米苗床用药液3L；防治黄瓜立枯病，黄瓜播种后，用5%水剂1 000～2 000倍液浇灌苗床，每平方米用药液3～4L；防治蔬菜、豆类、人参、柑橘苗立枯病，播种后，用10%水溶粉剂1 000～2 000倍液浇灌土壤。

注意事项 井冈霉素制剂可与多种杀虫剂混用，安全间隔期14d。施药时应保持稻田水深3～6cm。井冈霉素虽属低毒杀菌剂，配药和施药人员仍需注意防止污染手、脸和皮肤。如有中毒事故发生，无特效解毒剂，可采用对症处理。本剂属抗菌素类农药，虽加有防腐剂，还需存放于阴凉、干燥的仓库中并注意防霉、防腐、防冻。运输和储存应有专门的仓库和车皮，不得与食物及日用品一起运输和储存。施药后4h降雨不会影响药效。制剂有多种含量规格，配制药液时，要根据产品具体含量认真计算后进行稀释。长期大量使用，病菌可产生抗药性，提倡隔年使用或与其他杀菌剂混用。

开发登记 武汉科诺生物科技股份有限公司、浙江省桐庐汇丰生物科技有限公司等企业登记生产。

链霉素 streptomycin

其他名称 农用硫酸链霉素；细菌清；溃枯宁；细菌特克；溃枯宁；Agri-strep；Chemform；dihydrostrep tomycin；Embamycin。

化学名称 2,4-二胍基-3,5,6-三羟基环己基-5-脱氧-2-O-(2-脱氧-2-甲胺基-α-L-吡喃葡萄基)-3-C-甲酰-β-L-来苏戊呋喃糖甙。

结构式

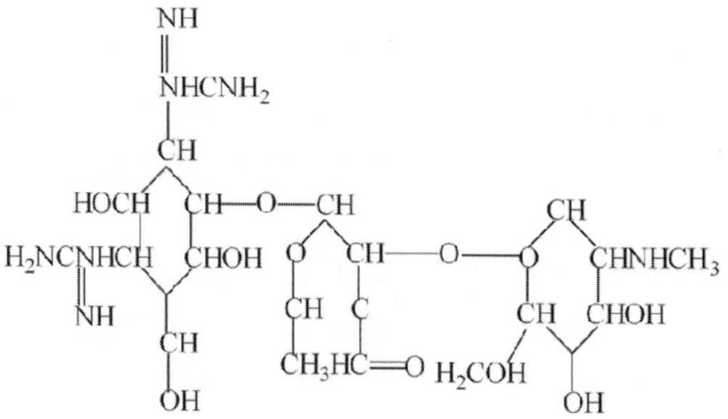

NH
NHCNH$_2$
CH
HOCH CH—O—CH
$H_2NCNHCH$ CHOH O CH—O—O CHNHCH$_3$
NH CH C CH CHOH
CH CH_3HC=O H_2COH
OH OH

理化性质 工业品为三盐酸盐，白色无定形粉末，有吸湿性。易溶于水，不溶于大多数有机溶剂，在pH值3.7时稳定。醛基还原为醇，即得双氢链霉素，其抗菌活性与链霉素活性相似。

毒　　性 对许多革兰氏阴性或阳性细菌有效。鼷鼠急性口服LD$_{50}$为9g/kg，原药对大鼠急性经口LD$_{50}$ > 10 000mg/kg，急性经皮LD$_{50}$ > 10 000mg/kg，可引起皮肤过敏反应。对人、畜低毒，无中毒报道，对鱼类及水生生物毒性很小。按我国农药毒性分级标准属低毒农药。

剂　　型 10%可溶粉剂、20%可溶粉剂、24%可溶粉剂、25%可溶粉剂、40%可溶粉剂、72%可溶粉剂、34%可湿性粉剂、68%可溶粉剂、50万单位/片泡腾片。

作用特点 属抗生素类杀菌剂，为放线菌所产生的代谢产物，杀菌谱广，有内吸治疗作用，特别是对细菌性病害效果较好，具有内吸作用，能渗透到植物体内，并传导到其他部位。用于防治多种作物细菌性病害，对一些真菌病害也有一定的防治作用。

应用技术 链霉素为杀细菌剂，可有效地防治植物的细菌病害，例如，烟草野火病、蓝霉病，芝麻细菌性叶斑病，黄瓜角斑病、番茄细菌性髓部坏死病、白菜软腐病、菜豆细菌性疫病，马铃薯种薯腐烂病、黑胫病，芹菜细菌疫病，苹果、梨火疫病。

据资料报道防治水稻白叶枯病、水稻细菌性条斑病、烟草野火病，发病初期用72%水溶性粉剂14～28g/亩对水75kg喷雾，间隔10d，喷药2～3次；防治烟草青枯病，发病初期72%可溶性粉剂1 000～2 000倍液喷雾。防治黄瓜细菌性角斑病，在发病初期开始喷药，间隔7～10d，施药2～3次，用72%水溶性粉剂14～28g/亩，对水75kg喷雾；防治大白菜软腐病、甘蓝黑腐病、甜椒疮痂病、软腐病、菜豆细菌性疫病、火烧病，发病初期用72%可溶性粉剂3 600倍液喷雾，间隔7～10d喷1次，连喷2～3次。防治柑橘溃疡病，发病初期用72%水溶性粉剂5 000～7 000倍液喷雾，间隔7～10d，施药3～4次。

另外，据资料报道还可用于，防治番茄、甜(辣)椒青枯病，发病前用72%可溶性粉剂4 800～7 200倍液灌根，每株灌药液0.25kg，每隔6～8d灌1次，连灌2次；防治番茄溃疡病，移栽时，用72%可溶性粉剂3 500倍液灌根，每株浇灌药液150ml；防治大蒜软腐病，发病前至发病初期用72%可溶性粉剂1 500～2 000倍液喷雾，每次间隔10d，连续喷施2～3次；防治李树褐腐病，发病初期用 72 %可溶性粉剂3 000倍液喷雾。

注意事项 本品切勿与碱性农药或污水混合使用，可与抗菌素农药、有机磷农药混合使用。药剂使用时应现配现用，药液不能久存。喷药后8h内遇降雨，应在晴天后补喷。使用浓度一般不超过220mg/kg，以防产生药害。储存于阴凉干燥处，切忌阳光直射。

开发登记 华北制药集团制剂有限公司、石家庄通泰生化有限公司等企业曾登记生产。

宁南霉素 ningnanmycin

其他名称 菌克毒克；植旺。

化学名称 1-(4-肌氨酰胺-L-丝氨酰胺-4-脱氧-β-D-吡喃葡萄糖醛酰胺)胞嘧啶。

结 构 式

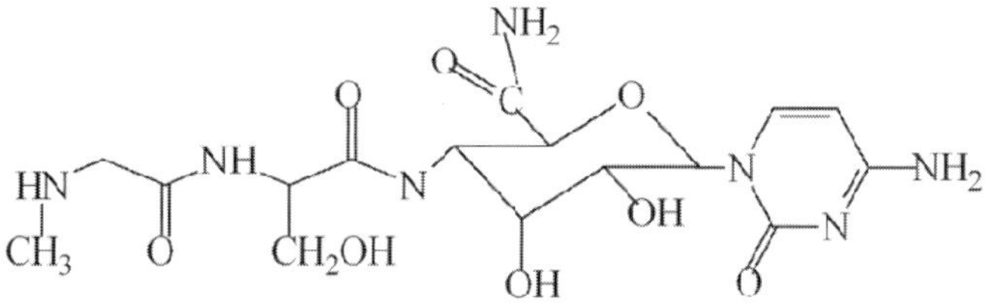

理化性质 其游离碱为白色粉末，熔点为195℃(分解)，易溶于水，可溶于甲醇，微溶于乙醇，难溶于丙酮、乙酯、苯等有机溶剂，pH值3.0～5.0较为稳定，在碱性时易分解失去活性。制剂外观为褐色液体，带酯香。无臭味，沉淀小于2%，pH值为3.0～5.0。遇碱易分解。

毒　　性 急性经口LD_{50}＞5 492mg/kg，急性经皮LD_{50}＞1 000mg/kg(小鼠)。

剂　　型 1.4%水剂、2%水剂、4%水剂、8%水剂、10%可溶粉剂。

作用特点 宁南霉素是一种胞嘧啶核甘肽型广谱抗生素杀菌剂，具有预防、治疗作用。对多种真菌性病害、细菌性病害及病毒病有良好的防治效果，而且有促进作物生长的作用。具有抗雨水冲刷、毒性低等特点。

应用技术 可用于防治小麦、水稻、烟草、蔬菜、果树、花卉等多种作物的病毒、真菌和细菌性病害。并具有良好的调节作物生长作用。

防治水稻条纹叶枯病，发病初期用2%水剂200～333ml/亩喷雾，间隔7d，再喷1次，连喷2次；防治大豆根腐病，发病前至发病初期用2%水剂60～80ml/亩对水40～50kg喷雾；防治病毒病，用8%水剂42～63ml/亩喷雾，在烟草苗床期喷1～2次，团棵、旺长期喷2～3次，每次间隔7～10d，最后1次至收获期14d以上。

防治黄瓜等作物的白粉病，发病前至发病初期用10%可溶粉剂50～75g/亩喷雾，以后间隔7d喷药1次，连喷3次；防治番茄、辣椒病毒病，发病前或发病初期用8%水剂75～100ml/亩喷雾，间隔7～10d，连喷3～4次。

防治苹果斑点落叶病，发病初期用8%水剂2 000～3 000倍液喷雾，间隔10d左右再喷1次，连喷2次以上。

另外，据资料报道还可用于防治油菜菌核病，油菜初花期至盛花期用2%水剂150～250倍液喷雾；防治棉花黄萎病，棉花3叶期，用2%水剂300倍液喷雾，6月上中旬喷1次，7月上旬和中旬各喷1次；防治荔枝和龙眼的霜霉病、疫霉病，发病初期用10%可溶性粉剂1 000～1 200倍液喷雾，间隔7～10d喷1次，连喷3～4次；防治桃细菌性穿孔病，发病前至发病初期用8%水剂2 000～3 000倍液喷雾。

注意事项 本剂不可与碱性物质混用，以免降效。在烟草上施用可与氧化乐果等防蚜剂混用。在烟草上施用，药液浓度不要高于100mg/L，即不要高于200倍液，否则有轻微药害。施药时期宜早，应立足预防用药，防病效果更好。轻病区，施药次数可根据病情适当减少。

开发登记 四川金珠生态农业科技有限公司、德强生物股份有限公司等企业登记生产。

申嗪霉素 phenazino-1-carboxylic acid

其他名称 农乐霉素。

化学名称 吩嗪-1-羧酸。

结 构 式

COOH
N
N

理化性质 制剂为可流动悬浮液体，存放过程中可能出现沉淀，但经手摇动应恢复原状，不应有结块。熔点241～242℃，溶于醇、醚、氯仿、苯，微溶于水，在偏酸性及中性条件下稳定。

毒　　性 大鼠急性经口LD_{50} > 5 000mg/kg(制剂)，大鼠急性经皮LD_{50} > 2 000mg/kg(制剂)。

剂　　型 1%悬浮剂。

作用特点 广谱性杀菌剂，具有预防和治疗作用，可以防治多种农作物真菌性病害。

应用技术 对小麦赤霉病、全蚀病，水稻纹枯病、稻曲病、稻瘟病，黄瓜灰霉病、霜霉病，西瓜枯萎病等有治疗作用。防治小麦赤霉病，用1%悬浮剂100~120ml/亩于扬花初期施药1次，间隔7d再施药1次；防治小麦全蚀病，应于播种时使用1%悬浮剂100~200ml/100kg种子拌种；防治辣椒疫病、水稻纹枯病、稻瘟病、黄瓜灰霉病和霜霉病时，用1%悬浮剂在病害发病初期施药，视病害发生情况隔7~10d喷雾1次，连续使用2~3次，防治黄瓜灰霉病、霜霉病用1%悬浮剂100~120ml/亩进行喷雾，方式辣椒疫病用1%悬浮剂50~120ml/亩，防治水稻纹枯病，用1%悬浮剂50~70ml/亩进行喷雾，防治水稻稻瘟病，用1%悬浮剂60~90ml/亩进行喷雾；防治水稻稻曲病，用1%悬浮剂60~90ml/亩，于破口前5~7d施药1次，破口期再施药1次；防治西瓜枯萎病，用1%悬浮剂500~1 000倍液于西瓜移栽时第1次施药，然后于西瓜枯萎病发病初期施药，每株西瓜灌根250ml。视病害发生情况隔7~10d灌根1次，连续使用3~4次。

防治辣椒疫病，发病初期用1%悬浮剂50~120ml/亩对水40~50kg喷雾；防治西瓜枯萎病，发病前至发病初期用1%悬浮剂500~1 000倍液灌根。

开发登记 上海农乐生物制品股份有限公司登记生产。

武夷菌素 wuyiencin

其他名称 轮黑净。

结 构 式

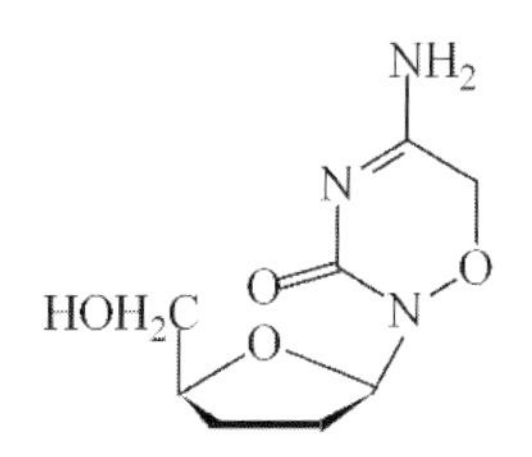

理化性质 制剂外观为棕色液体，比重为1.090~1.130，pH值5.0~7.0。

毒　　性 为低毒杀菌剂。急性经口LD_{50} > 10 000mg/kg(小鼠)。

剂　　型 1%水剂、2%水剂。

作用特点 本品为广谱性生物杀菌剂，对多种植物病原真菌具有较强的抑制作用。对黄瓜、花卉白粉病有明显的防治效果。可与中性杀菌剂混配使用。

应用技术 据资料报道,防治大豆灰斑病，发病前至发病初期用1%水剂125ml/亩对水40~50kg喷雾，可获得较明显的效果。防治黄瓜白粉病，发病初期用1%水剂100~200倍液喷雾，间隔10d左右再喷1次，连喷3次。

另外，据资料报道还可用于防治黄瓜灰霉病、番茄灰霉病、韭菜灰霉病，发病初期用2%水剂200倍液喷雾，每隔7d喷1次，连喷3次；防治番茄叶霉病，发病初期用2%水剂250倍液喷雾，隔7d喷1次，一般喷2次，因叶霉病发生在叶片背面，不容易喷上，所以喷药要仔细，每片叶都要喷匀，而且叶片背面要喷到，否则影响效果。

开发登记 山东潍坊万胜生物农药有限公司等企业曾登记生产。

公主岭霉素

其他名称 农抗109。

结构式

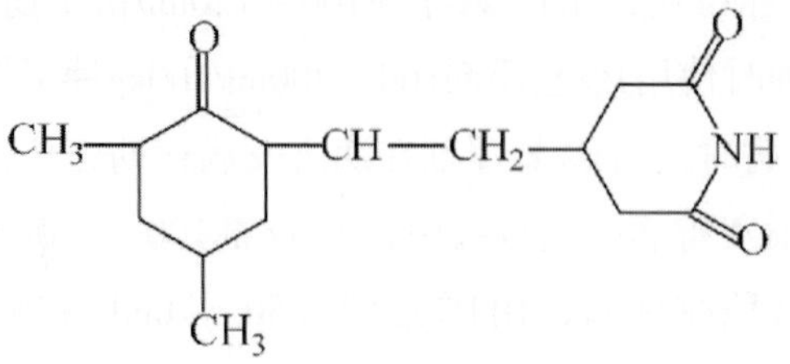

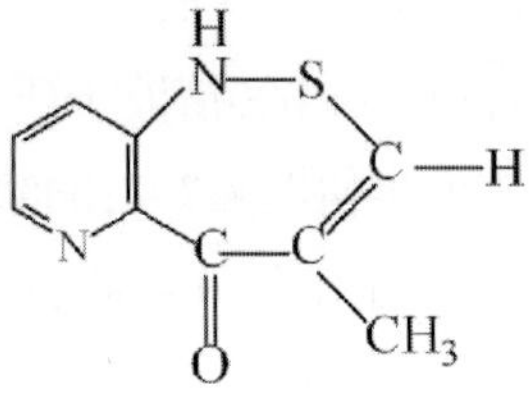

理化性质 公主岭霉素是由脱水放线酮、异放线酮、奈良霉素-B、制霉菌素、苯甲酸、荧光霉素6种组分(还有少量其他组分)混合的多组分抗菌素，其中，前3种属于放线酮类抗菌素，制霉菌素属于多烯类(四烯)抗菌素，苯甲酸为一种有机酸物质，荧光霉素为一种新的杀真菌霉素，这6种成分具有协同增效作用，单独使用效果都不理想。公主岭霉素的精制品呈白色无定形粉末，是一种碱性水溶性抗菌素；在酸性条件下对热、光稳定，日光照射7d或用100℃煮沸30min，活性基本不变；而在碱性条件下煮沸10min，活性就会被破坏。

毒　　性 本品注射小白鼠腹腔LD_{50}(95%可信限)为(132.3 ± 13.7)ml/kg；灌胃为(132.2 ± 17.2)ml/kg，属中等毒性；在常量下累积毒性不明显，在超剂量下有一定积蓄毒性，没有致突变作用。又据吉林省农业科学院植物保护研究所试验证明，作为种子消毒剂用量很少，植物不内吸，籽实无残留，对人、畜安全，是一种高效、低毒、无残留的微生物农药，处理种子后生产的粮食，没有任何残留。在土壤中半衰期，高温(20℃以上)为6d左右，春季期间土壤温湿度(10℃左右)条件下为10d左右，在5℃低温条件下也仅为15d左右，在紫外线照射下的半衰期为2周左右。说明公主岭霉素易被其他微生物和理化因素所降解，不存在土壤、环境污染。工业生产采用发酵液直接喷雾干燥，全部水分在塔内蒸发掉了，培养料全部被利用，没有残渣和污水，不存在环境污染。

剂　　型 0.25%可湿性粉剂。

作用特点 公主岭霉素虽说是一种表面杀菌剂，但处理作物种子可渗入种皮、种仁和种胚内，能控制禾谷类黑穗病菌的厚垣孢子萌发，亦可抑制已萌发的厚垣孢子前菌丝的生长(伸长)，甚至能杀死种子表面上的厚垣孢子。

应用技术 据资料报道,公主岭霉素主要用于防治种子表面带菌的小麦光腥黑穗病、网腥黑穗病，高粱散黑穗病、坚黑穗病、谷子粒黑穗病、糜子黑穗病、莜麦黑穗病等，防治效果明显。对土壤传染的高粱丝黑穗病、玉米丝黑穗病以及谷子白发病、水稻恶苗病、水稻粒黑粉病、苗稻瘟、稻曲病、蔬菜苗立枯病均有良好的防治效果。一般在小麦、高粱、谷子、糜子、玉米、水稻、蔬菜等作物播种前用公主岭霉素溶液闷种、浸种或拌种。

据资料报道,药液浸种：防治水稻恶苗病，用0.25%可湿性粉剂200倍液，按种子1份、药液2 ~ 3份的比例浸泡水稻种子。药液闷种：防治小麦光腥黑穗病，用0.25%可湿性粉剂50倍液浸种24h，然后将药种装在麻袋中闷种4h后直接播种或将种子晾干后播种。据资料报道,粉剂拌种：将公主岭霉素干粉1份浸在3～4份水中，历时24h以上，然后过滤，在滤液中加滑石粉；滑石粉的重量是干料(粉)重量的2倍或4倍(称为1∶2粉剂或1∶4粉剂)。将滑石粉和浸液混合在一起搅拌成糊状，在大盘或其他大型容器中摊成薄层，置于通风干燥的地方晾干，再磨碎，即成粉剂。粉剂可保存两年不变质，存放在低温干燥处，也不会降低杀菌力，3年不减效。使用时按种子重量的0.5%(即5kg药粉拌1 000kg种子)药量拌种，在拌种器中搅拌，使粉剂充分粘在种子表面，然后播种。对小麦光腥黑穗病、小麦网腥黑穗病、糜子黑穗病、莜麦黑穗病等的防效一般在90%以上。对土壤传染的高粱丝黑穗病及玉米丝黑穗病防治效果，分别稳定在50%和40%左右。

注意事项 鉴于公主岭霉素无内吸传导作用，要求喷施时仔细均匀，以便更好地提高防治效果。本品应在低温干燥处保存。

梧宁霉素 tetramycin

其他名称 四霉素。

化学名称 梧宁霉素为不吸水链霉菌梧州亚种(*Streptomyces ahygroscopicus* subpwu zhouensisn. Yan，Zhang & Dong)的发酵代谢产物。含有4个组分，称为A1、A2、B和C。A1、A2均属大环内脂类四烯抗生素，与文献报告的四霉素(Tetramycis)的A和B相同。梧宁霉素B属于肽类抗生素,与白诺氏菌素(Albonursin)为同一物质。梧宁霉素C属于含氮杂环类芳香族衍生物抗生素,与茴香霉素(Anisomycin)相同。

结构式

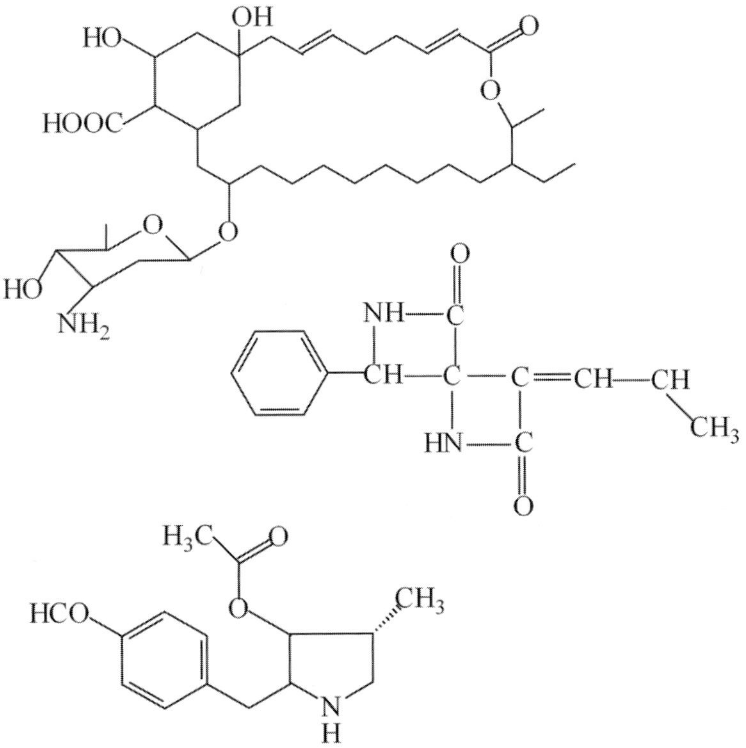

HO OH O HOOC O HO O NH₂ O NH—C CH—C—C═CH—CH CH₃ HN—C O H₃C O HCO O CH₃ N H

理化性质 梧宁霉素是从广西采土样中分离出11371号链霉菌经深层发酵的次级代谢产物，其主要成分为四霉素。梧宁霉素发酵液为深棕色碱性水溶液，在pH值7～9条件下，室温(20℃左右)放置45d后，对病原菌有较好活性，发酵液在pH值7～9时较稳定，在pH值6以下时稳定性差。梧宁霉素A易溶于碱性水、吡啶和醋酸中，不溶于水及苯、氯仿、乙醚等有机溶剂，A无固定熔点，晶粉在140～150℃开始变红，在250℃以上时分解。梧宁霉素B为白色长方形结晶，溶于含水吡啶等碱性溶液，微溶于一般有机溶剂，对光、热、酸碱性都很稳定。梧宁霉素组分中的C为白色长针状结晶，熔点为140～140℃，溶于甲醇、乙醇、丙酮、乙酸乙酯、氯仿和稀酸，微溶于水，性质稳定。

毒　　性　梧宁霉素发酵液为低毒生物抗菌素，口服急性毒性雄性小白鼠LD_{50}为2.6～3g/kg，雌性为2.7～3.2g/kg，大白鼠急性口服毒性，雄、雌鼠LD_{50}均在4g/kg左右。毒理试验结果表明，本药剂无致畸、致突变作用。

剂　　型　0.15%水剂。

作用特点　对苹果树腐烂病菌有较强杀灭作用，对苹果树腐烂病疤有明显促进愈伤作用。

应用技术　该药是作物真菌病害的广谱抗菌素，对苹果树腐烂病菌有较强的杀死作用，对其他果树、栽培人参、蔬菜等真菌病害均有较好的抑制效果。毒性低，对人、畜安全，无公害，不污染环境。在全国十几个省市试验应用结果表明，梧宁霉素防治苹果腐烂病好于其他农药，治愈率在90%以上，且有明显促进伤口组织愈合作用。

据资料报道，防治水稻稻瘟病，发病初期用0.15%水剂50～60ml/亩对水40～50kg喷雾。

据资料报道，防治苹果树斑点落叶病、腐烂病，发病初期用0.15%水剂800～1 200倍液喷至苹果树枝干全部湿润，杀死枝干表面病菌，可预防腐烂病的发生和蔓延。

注意事项　本剂不宜与酸性农药混用。配制好的药液不宜久存，应现配现用。本剂对眼睛有轻度刺激作用，施药时要注意保护眼睛。发酵液需放到低温、通风地方。最好使用当年产品，以防降低药效。

开发登记　辽宁微科生物工程有限公司登记生产。

中生菌素　zhongshengmycin

其他名称　中生霉素、农抗751、克菌康。

化学名称　1-N-甙基链里定基-2-氨基-L-赖氨酸-2-脱氧古罗糖胺。

结 构 式

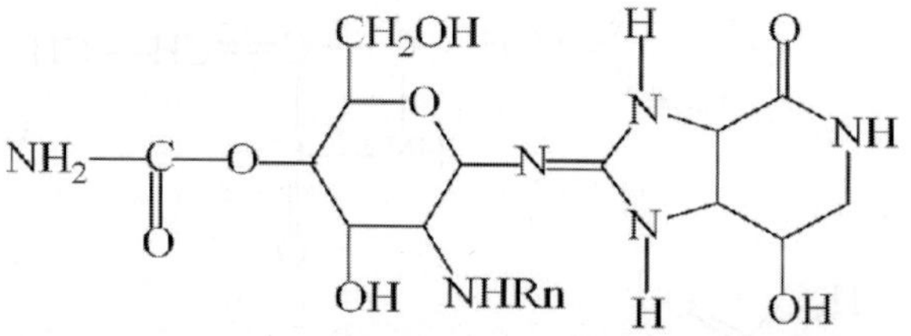

理化性质　纯品为糖苷类抗生素，水剂为深褐色，粉剂为浅黄色，无异味。

毒　　性　1%工业品口服及经皮LD_{50}大白鼠均大于10 000mg/kg；98%纯品雄性小白鼠口服LD_{50}为316mg/kg，雌性小白鼠口服LD_{50}为237mg/kg；对大白鼠的皮肤及眼睛无刺激。属低毒类、低蓄积农药。对大白鼠无致畸、无致突变、无亚慢性毒性。

剂　　型　1%水剂、3%水剂、3%可湿性粉剂。

作用特点 中生菌素具有广谱、高效、低毒、无污染等特点，对多种细菌及真菌病害具有较好的防治效果。该药是一种淡紫链霉菌海南变种产生的碱性、水溶性N–糖苷类农用抗生素杀菌剂。它可抑制病原菌菌体蛋白质的合成，并能使丝状真菌畸形，抑制孢子萌发和杀死孢子。通过抑制病原细菌蛋白质的肽键生成，最终导致细菌死亡；可刺激植物体内植保素及木质素的前体物质的生成，从而提高植物的抗病能力。

应用技术 茎叶喷雾可以防治多种真菌性和细菌性病害。

防治水稻白叶枯病，发病初期用3%水剂400～533ml/亩对水40～50kg喷雾。

防治黄瓜细菌性角斑病，发病初期用3%可湿性粉剂80～120g/亩对水40～50kg喷雾；防治青椒疮痂病，发病初期用3%可湿性粉剂50～100g/亩喷雾；防治白菜软腐病，在白菜苗期和莲座期用3%可湿性粉剂500～800倍液各喷雾；防治菜豆细菌性疫病，发病初期用3%可湿性粉剂300～600倍液浸种；防治姜瘟病，发病初期用3%可湿性粉剂600～800倍液灌根；防治芦笋茎枯病，发病初期3%可湿性粉剂50～100g/亩对水40～50kg喷雾。

防治苹果斑点落叶病、轮纹病、炭疽病，发病初期用3%可湿性粉剂800～1 000倍液喷雾，间隔10～15d喷1次；防治杏叶穿孔病，在4月中下旬，用1%水剂300～400倍液均匀喷雾，间隔15～20d喷1次，连喷5～6次；防治柑橘(果实)溃疡病，发病初期用3%可湿性粉剂800～1 000倍液喷雾。

据资料报道防治西瓜枯萎病，在西瓜定植期用3%可湿性粉剂800倍液灌根；防治番茄青枯病，发病初期用3%可湿性粉剂600～800倍液灌根；

注意事项 不能与碱性农药混用，防治苹果叶部和果实病害时要和波尔多液等药剂交替使用，药剂要现配现用，不要久存。

开发登记 福建凯立生物制品有限公司、四川金珠生态农业科技有限公司等企业登记生产。

华光霉素 nikkomycin

其他名称 日光霉素；尼柯霉素。

化学名称 2–[2–氨基–羟基–4–(5–羟基–2–吡啶基)–3–甲基丁酰]氨基–6–(3–甲酰基–4–咪唑咪酮–5–基)己糖醛(盐酸盐)。

结构式

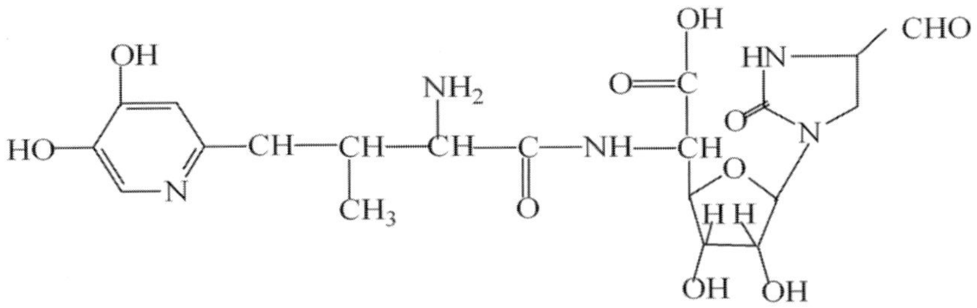

理化性质 本品是一种多组分的农用抗生素。原药为茶褐色粉末，熔点166～168℃，在水中溶解度为40%，能溶于二甲基亚砜、吡啶等，不溶于非极性溶剂。

毒　　性 大鼠急性经口LD_{50}＞5 000mg/kg，大鼠急性经皮LD_{50}＞10 000mg/kg。

剂　　型 2.5%可湿性粉剂。

作用特点 华光霉素是一种兼有杀螨和杀真菌活性的农用抗生素，属高效、低毒、低残留农药，对植物无药害，对天敌安全。本品是由唐德轮枝链霉菌S-9发酵产生的抗生素，能阻止葡萄糖胺的转化，干扰细胞壁几丁质的合成，抑制螨类和真菌的生长。

应用技术 资料报道，对螨类和农作物真菌有较好的防治作用，对螨类天敌无影响。

资料报道，防治苹果山楂叶螨，在山楂叶螨第一代卵孵化盛期，百叶平均螨高于2头时，用2.5%可湿性粉剂600～1 000倍液均匀喷雾；防治柑橘全爪螨，在柑橘全爪螨发生初期，用2.5%可湿性粉剂400～600倍液喷雾，以整株树喷湿为宜。

注意事项 该药剂杀螨作用较慢，应在叶螨发生初期施药效果才好，若螨的密度过高，效果不理想。无内吸性，喷药要均匀周到，药液要现配现用，一次用完，不能与碱性农药混用。避免烈日下喷雾，避免中午喷药。遇雨应补喷。储存于阴凉、干燥、避光处。

长川霉素 streptomyces melanosporofaciens

化学名称 1-(2-乙酰基-哌啶-1-基)2-{6-[7-乙基-10,12-二羟基]-14-(4-羟基-3-甲氧基-环己基)-1-甲氧基-3,5,11,13-四甲基-8-氧-十四烷-5,13-二烯}-2-羟基-5-甲氧基-3-甲基-四氢吡喃-2-基-1,2-乙二酮。

结构式

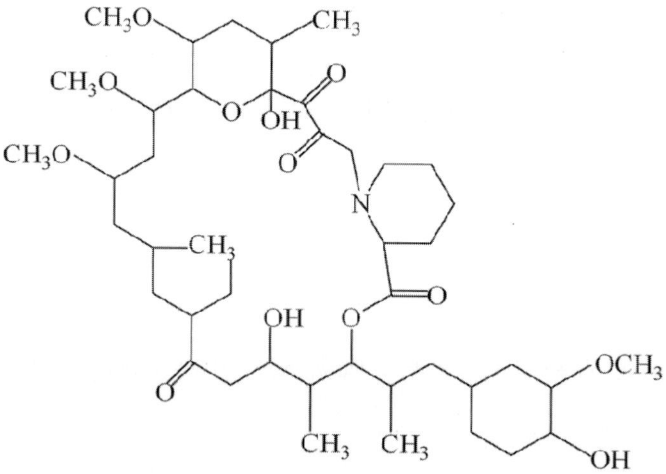

理化性质 原药(含量≥94%)外观为白色至淡黄色粉末，无可见外来杂质。熔点163～164℃；溶解度：溶于甲醇、乙醇、丙酮、乙酸乙酯、氯仿等，微溶于正己烷、石油醚，不溶于水；稳定性：在有机溶剂中稳定，在含水介质中有互变异构体形成。

毒　　性 原药属中等毒性杀菌剂，1%长川霉素乳油属低毒杀菌剂。对大鼠急性经口LD_{50}：雄性270mg/kg，雌性126mg/kg；大鼠急性经皮LD_{50}＞2 000mg/kg；对兔皮肤无刺激性，对兔眼睛有轻度刺激性；豚鼠皮肤致敏试验结果属中度致敏物；大鼠90d亚慢性喂饲试验最大无作用剂量雄性为6.5mg/(kg·d)，雌性为1.3mg/(kg·d)；致突变试验(Ames试验、小鼠骨髓细胞微核试验、小鼠睾丸细胞染色体畸变试验)均为阴性。环境生物安全性评价：1%乳油对斑马鱼LC_{50}(48h)1.35mg/L；蜜蜂LC_{50}(胃毒法，48h)271.08mg/L；鹌鹑LD_{50}(直接口注，7d)15.2mg/kg体重；家蚕LC_{50}(食下毒叶法，2龄)2 065mg/kg桑叶。1%乳油对鱼和鸟为中等毒，对蜜蜂为中等风险性，对家蚕为低风险性。注意对鱼、鸟、蜜蜂的危害。

剂　　型 1%乳油。

作用特点 长川霉素是一种农用抗生素杀菌剂，具有根部内吸作用，但无叶片内吸传导作用。对灰霉病病原菌的孢子萌发和菌丝生长有抑制作用。

应用技术 资料报道，防治番茄灰霉病，发病初期用1%乳油400～800ml/亩对水75kg喷雾。

开发登记 顺毅股份有限公司、上海南申科技开发有限公司曾登记生产。

金核霉素 aureonucleomycin

结 构 式

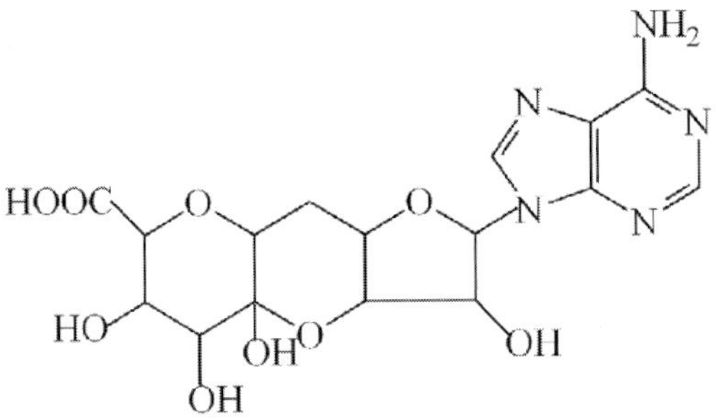

理化性质 其原药为无色针状或片状结晶，在水中结晶物含一分子结晶水，熔点146～148℃，分解变褐色。它不溶于多数有机溶剂，但易溶于水、二甲基甲酰胺、四氢呋喃，微溶于甲醇、乙醇、丙酮。在酸性条件下稳定，但在碱性条件下易分解。

毒　　性 原药与制剂对人畜均十分安全。原药对大、小鼠急性经口LD_{50}＞5 000mg/kg；急性经皮LD_{50}＞2 000mg/kg。对家兔、豚鼠的皮肤和眼睛无刺激和致敏作用。30%金核霉素可湿性粉剂对鹌鹑LD_{50}(7d)为240.1mg/kg，为低毒；对斑马鱼LC_{50}(48d)为5.06mg/L，对蜜蜂LC_{50}(48d)为72.7mg/L，为中等风险性。但对家蚕LC_{50}(2龄)为12.9mg/kg桑叶，属高风险性，使用时应注意避免药剂漂移到桑树上。

剂　　型 30%可湿性粉剂。

作用特点 是一种农用抗生素杀菌剂。预防和治疗柑橘溃疡病、水稻白叶枯病和细菌性条斑病等细菌性病害。

应用技术 防治柑橘溃疡病，发生初期，用30%可湿性粉剂150～300倍液喷雾。

另外，据资料报道还可用于防治水稻白叶枯病，发病初期用30%可湿性粉剂1 500～1 600倍液喷雾。

开发登记 上海农乐生物制品股份有限公司曾登记生产。

嘧肽霉素 cytosinpeptidemycin

其他名称 博联生物菌素。

化学名称 胞嘧啶核苷肽。

理化性质 由一种链霉菌新变种产生的嘧啶核苷肽类型抗病毒农用抗生素。外观为褐色均相液体，无可见的悬浮物和沉淀物。熔点为195℃。对光、热、酸稳定，在碱性状态下不稳定。

毒　　性 本剂为微毒抗植物病毒剂。大鼠急性经口LD_{50}＞10 000mg/kg(制剂)，急性经皮LD_{50}＞10 000mg/kg(制剂)。对人、畜无刺激性，无公害，无致癌、致畸、致突变作用。

剂　　型 2%水剂、4%水剂、6%水剂。

应用技术 能抑制植物病毒在蔬菜瓜果作物上增殖，并能调节促进植物生长发育。对TMV、CMV、PVY、大豆花叶病毒(SMV)、玉米矮花叶病毒(MDMV)、芜菁花叶病毒(TuMV)均有一定的防治效果。

注意事项 不能与碱性农药混用。存放于阴凉干燥处。若喷药后4h遇雨应补施。

开发登记 辽宁省沈阳红旗林药有限公司、大连贯发药业有限公司曾登记生产。

磷氮霉素 phosphazomycin

结 构 式

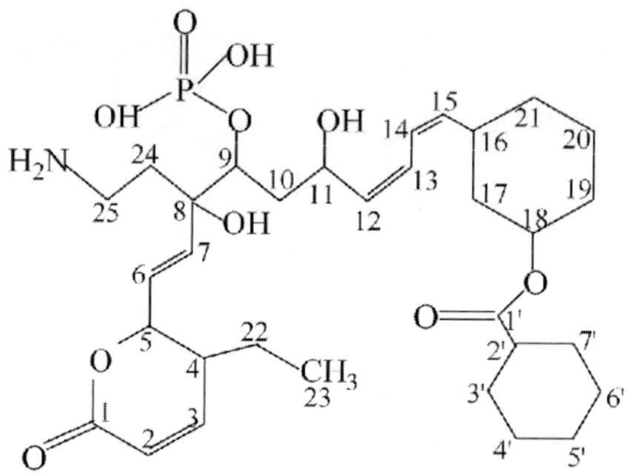

理化性质 是从土壤中分离得到的链霉属菌株的代谢物，它的产生菌为放线链霉菌的白孢类群。

毒　　性 对人、畜为中等毒性。

应用技术 资料报道，对灰霉病菌、稻瘟病菌、炭疽病菌和苹果斑点落叶病菌有较高的抑制活性，可广泛用于蔬菜(黄瓜、番茄)、瓜果、草莓、花卉等作物。尤其对对多菌灵、百菌清等传统杀菌剂产生抗性的灰霉病、炭疽病等病害高效，用量为每亩3g(有效成分)。

灰黄霉素 grisefulvin

其他名称 Grisetin；Fulvicin。

化学名称 6'-甲基-2',4, 6-三甲氧基-7-氯螺[苯并呋喃-2(3H),1'-[2]环己烯]-3,4'-二酮。

结 构 式

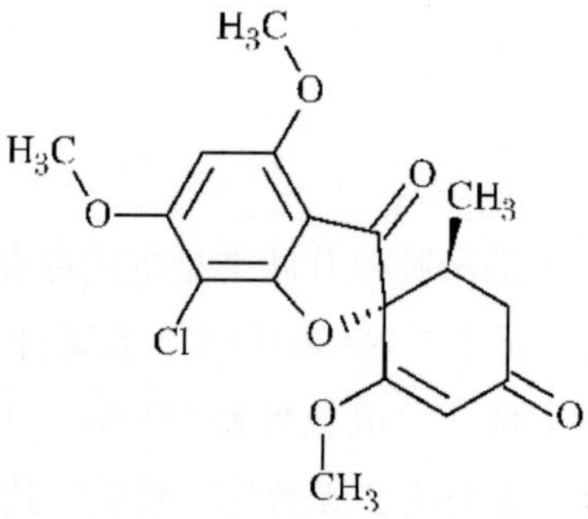

理化性质 其纯品外观为无色结晶，属中性，不溶于水，内吸性较强，在植株体内体外和pH3.0～8.8对环境因素均较稳定，能防治多种植物霉菌性病害。

毒　　性 大鼠口服LD_{50}为 10 000mg/kg，小鼠口服LD_{50}为50 000mg/kg。

剂　　型 片剂，糊剂等。

作用特点 在农业上对子囊菌、担子菌、半知菌及某些藻菌都有抑制作用，仅对细胞壁没有几丁质的卵菌类没有作用。喷施瓜类等作物后，可通过内吸传导，根系对水溶液的吸收及蒸腾等作用进入枝叶果实等部位，防治真菌性病害；灰黄霉素的作用机制主要是它对促进脱氧核糖核酸的合成起着特别作用。

应用技术 资料报道，防治西瓜炭疽病、草莓灰霉病等，用灰黄霉素500～1 000倍液喷雾；防治果树腐烂病，在初见病斑时刮掉病斑皮，用灰黄霉素500倍液涂药，防治苹果花腐病，用灰黄霉素1 000倍液喷雾。

注意事项 该药施药8h内遇雨要补喷，不能与碱性农药混用。对大豆、葡萄、柑橘、苹果等有轻微药害，在邻近大豆地使用时应注意。防治稻瘟病时应掌握在发病初期进行，每次用的药量要足，喷洒均匀，应随用随配以防霉菌污染变质失效。

开发登记 灰黄霉素是抗霉性抗菌素中最早发现的含氮的苯类抗生物质。我国已从国内土壤中分离到展青霉(*Penicillivm patulum* 4541)，并于1978年6月技术鉴定。灰黄霉素为农、医两用抗菌素。

氯霉素 chloiamphenicol

其他名称 Shirahangen。

化学名称 D(-)-苏-1-对硝基苯基-2-二氯乙酰胺基-1,3-丙二醇。

结 构 式

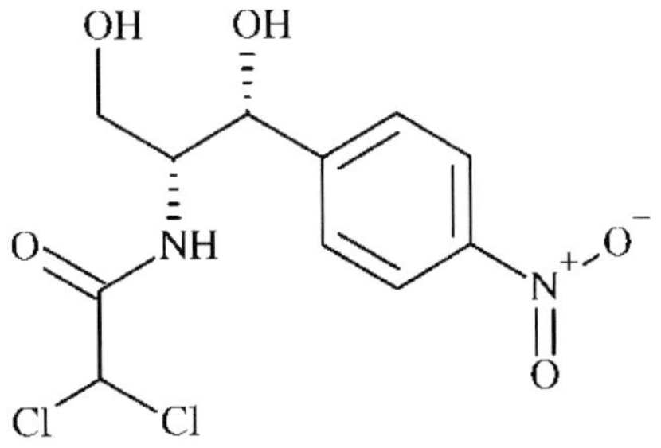

理化性质 工业品为针状结晶，白色、灰白色或黄白色，有苦味，熔点149～153℃，在水中溶解度极小(25℃时2.5mg/ml)，易溶于乙醇、丙二醇、丙酮与乙酸乙酯。在中性或弱酸性下稳定。

毒　　性 大鼠口服LD_{50}为2 500mg/kg，小鼠口服LD_{50}为1 500mg/kg。

作用特点 主治水稻白叶枯病，对稻瘟病也有效。

应用技术 资料报道，秧田后期用氯霉素1 000倍液喷雾，每隔3～5d喷1次，喷2～3次。发现症状，立即喷药，以防传染。防治适期从分蘖完后期到孕穗期，总用量100～150ml/亩。

开发登记 氯霉素于1947年发现。

水合霉素 oxytetracyclini hydrochloridum

其他名称 盐酸土霉素。

化学名称 6-甲基-4-(二甲氨基)-3,5,6,10,12,12a-六羟基-1,11-二氧代-1,4,4a,5,5a,6,11,12a-八氢-2-并四苯甲酰胺盐酸盐。

理化性质 制剂外观为黄色粉末，密度0.38g/L，pH1.5 ~ 3.5，易溶于水呈微酸性,在中性和酸性液体中稳定,在碱性液体中易失效。

剂　　型 88%可溶性粉剂。

作用特点 干扰细菌蛋白质的合成及信息核糖核酸与30S核糖体亚单位结合而抑制肽链的延长，对革兰氏阴性菌和阳性菌等均有较强的抑制作用。对黄瓜细菌性角斑病具有较好的防治效果。可与抗生素农药、有机磷农药混用。

应用技术 防治大白菜软腐病，用88%可溶性粉剂40 ~ 50g/亩，对水40 ~ 50kg喷雾。

注意事项 储存在避光通风处，结块不影响药效；避免和碱性农药、污水混合，否则易失效；本药现用现配，药液不能久存。

叶枯散 Cellomate

其他名称 Celloeidin。

化学名称 乙炔二甲酰胺。

结 构 式

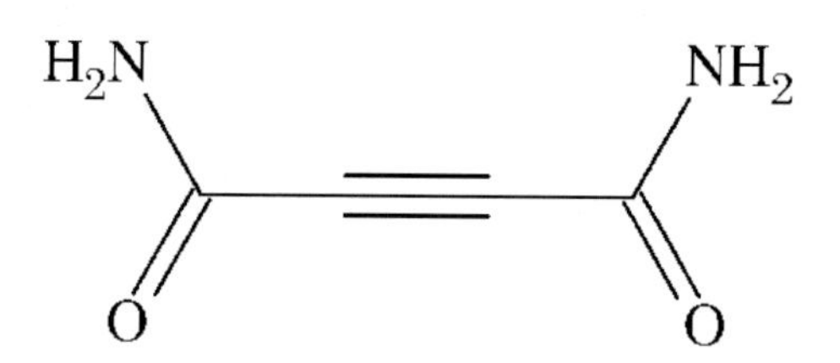

理化性质 在水、乙醇、乙醚、三氯甲烷、冰醋酸中几乎不溶，分解温度为294℃(也有记载为213℃)，不耐碱。

毒　　性 鼷鼠静脉注射毒性大，但经口、经皮毒性小，对鱼毒性小，幼鲤在10mg/L溶液中尚无大的妨碍。

剂　　型 10%可湿性粉剂。

应用技术 资料报道，防治水稻白叶枯病用10%可湿性粉剂700 ~ 1 000倍液喷雾。

开发登记 叶枯散是从放线菌(*Streptomyces chibaensis*)的培养液中发现的。现在应用的还是培养提取品(生产厂：日本明制果株式会社)。

米多霉素 mildiomycin

其他名称 抗菌剂B-08891；TF-138。

化学名称 (2R,4R)-2[(2R,5S,6S)-2-(4-氨基-1,2-二氢-5-羟甲基-2-氧嘧啶-1-基)-5,6-二氢-5-L-丝氨酰氨基-2H-吡喃-6-基]-5-胍基-2,4-二羟基戊酸。

结构式

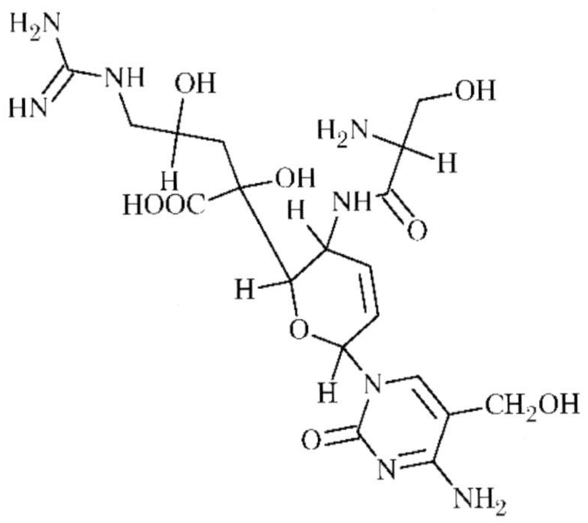

理化性质 吸湿性白色粉末，熔点大于300℃(分解)，易溶于水，微溶于吡啶、二甲基亚砜、N, N–二甲基乙酰胺、二恶烷、四氢呋喃，在中性介质中稳定，在pH9的碱性水溶液中和pH2的酸性水溶液中不稳定。

毒　　性 对哺乳动物的急性毒性：在浓度为1g/L时对兔眼睛和皮肤无刺激；对鱼毒性：鲤鱼LC_{50}(72h) > 40mg/L，水蚤LC_{50}(6h) > 20mg/L。

剂　　型 8%可湿性粉剂。

应用技术 对寄生真菌单丝壳属、白粉菌属、叉丝单囊壳属、叉丝壳属、钩丝壳属和双壁壳属有优良防效。对内丝白粉菌属和球针壳属也有效。用于防治各种作物的白粉病。

资料报道，防治大麦、烟草、豌豆、黄瓜、甜瓜、番茄、苹果、草莓、葡萄、桑和玫瑰的白粉病，发病初期用8%可湿性粉剂2 000 ~ 4 000倍液喷雾。

菜丰宁 B1

理化性质 白色粉末、无异臭。

作用特点 能有效地防治多种蔬菜的细菌性病害，对十字花科作物及马铃薯、黄瓜、萝卜等作物有较明显的防病增产作用。

应用技术 资料报道，用于拌种，100g药粉拌白菜种子150 ~ 200g。先将种子用水蘸湿，再加入药剂，充分拌匀，待晾干后播种；用于灌根，每亩用药200 ~ 300g对水50kg，沿菜根侧挖穴灌入，忌灌后浇水或下雨；用于喷雾，每亩用药300 ~ 500g对水50kg，进行茎部和叶基喷洒，喷雾最好在傍晚或阴天进行，忌在雨天或强日光照射下进行。

注意事项 采用聚氯乙烯塑料包装，储藏于4 ~ 10℃或常温下，严禁日光照射或高温。

菜丰宁 B2

理化性质 白色粉末、无异臭。

作用特点 主要用于防治油菜菌核病。

应用技术 资料报道，用于拌种，每100g药粉拌油菜种子300 ~ 500g；用于蘸根，油菜秧苗移栽时，种田用药100g，对水15 ~ 20kg，充分拌匀，将秧苗根部浸在药液中2 ~ 5min，然后移栽；用于喷雾，用

100g药粉对水40～50kg，搅匀，于抽薹盛期至始花期进行喷雾。

注意事项 采用聚氯乙烯塑料包装，储藏于4～10℃或常温下，严禁日光照射或高温。

香芹酚 carvacrol

其他名称 真菌净。

化学名称 2-甲基-5-异丙基苯酚。

结构式

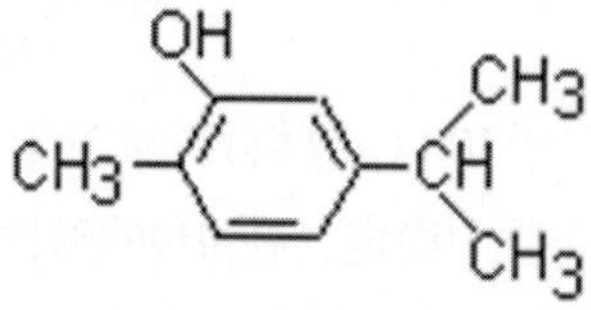

理化性质 外观为绿色液体，沸点237～238℃，微溶于乙醚、乙醇和碱性溶剂。制剂为稳定的均相液体，无可见悬浮物和沉淀物，比重1.1，pH4.0～6.5，可与酸性农药混用。

毒　　性 大鼠急性经口LD_{50} > 10 000mg/kg(制剂)，急性经皮LD_{50} > 10 000mg/kg(制剂)，低毒。

作用特点 是由多种中草药经提取加工而成的植物农药，具有较强的抗菌作用，抗真菌能力尤为突出。是预防和治疗黄瓜灰霉病、水稻稻瘟病有效药剂。不污染环境，对天敌安全。

剂　　型 10%母药、16%母药、0.5%水剂、1%水剂、5%水剂。

应用技术 防治番茄灰霉病、马铃薯晚疫病、烟草病毒病、枣树锈病、猕猴桃树灰霉病、枸杞白粉病。防治番茄灰霉病、烟草病毒病，于发病初期，用5%水剂100～120ml/亩对水均匀喷雾；防治马铃薯晚疫病，用5%水剂50～60ml/亩对水均匀喷雾；防治枣树锈病、猕猴桃树灰霉病、枸杞白粉病，于发病初期，用0.5%水剂800～1 000倍液均匀喷雾。

注意事项 不能与碱性农药等物质混用。对鸟类、鱼类等水生生物有毒。鸟类保护区附近禁用，远离水产养殖区施药。

开发登记 内蒙古清源保生物科技有限公司、成都新朝阳作物科学有限公司等公司登记。

甾烯醇 β-sitosterol

其他名称 beta-甾烯醇。

化学名称 24R-乙基胆甾-5烯-3β-醇。

结构式

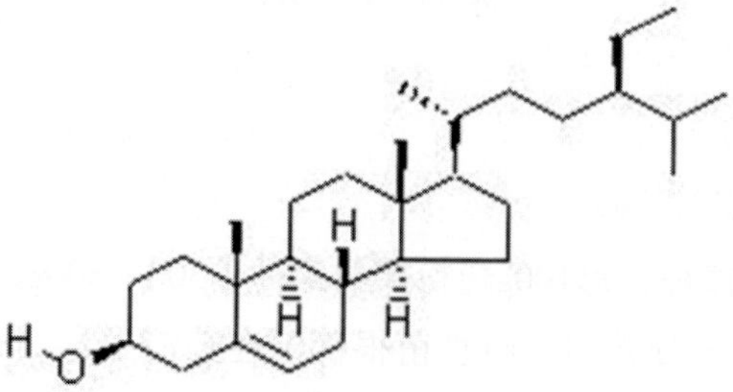

理化性质 母药为无味灰褐色粉末状固体。熔点：139～142℃；溶解性：不溶于水，常温下微溶于丙酮和乙醇，可溶于苯、氯仿、乙酸乙酯、二硫化碳和石油醚、乙酸等。

毒　　性 低毒。

作用特点 是植物源病毒病抑制剂，活性成分全部来源于植物，对人畜、环境和作物兼容性好。喷施后，被植物叶片吸收，能够直接抑制病毒复制，具有钝化病毒的作用。同时能够通过诱导寄主产生抗性，间接阻止病毒侵染，对作物病毒病如水稻黑条矮缩病、小麦花叶病毒病、烟草花叶病毒病、蔬菜病毒病等具有良好的预防作用。

剂　　型 0.66%母药、0.06%微乳剂。

应用技术 防治番茄、辣椒、烟草花叶病毒病，用0.06%微乳剂30～60ml/亩对水均匀喷雾；防治水稻黑条矮缩病、小麦花叶病毒病，用0.06%微乳剂30～40ml/亩对水均匀喷雾；预防病毒病为主，应于病毒病发生前施药；应配合杀虫剂轮换使用防除飞虱，以切断病害传播；累计使用次数2～3次，连续使用时的间隔时间7d左右。

注意事项 对鱼有毒，远离水产养殖区、河塘等水体附近施药，鱼或虾蟹套养稻田禁用，不建议与强酸性农药等物质混用。

开发登记 西北农林科技大学植物病毒研究团队发现，陕西上格之路生物科学有限公司登记。

大蒜素 allicin

其他名称 蒜素、蒜辣素、三硫二丙烯。

化学名称 2-烯丙基硫代磺酸烯丙酯。

结 构 式

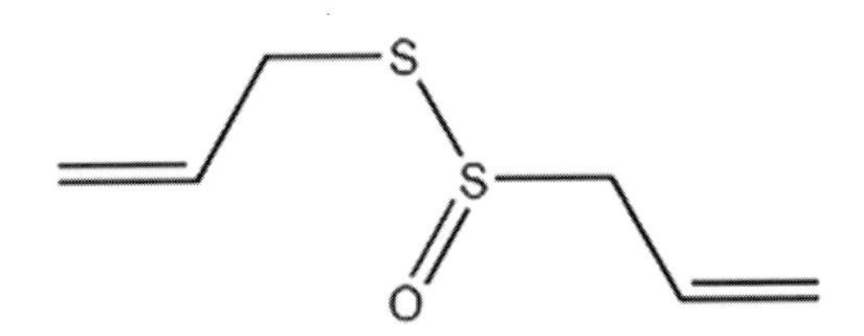

理化性质 常温下为白色乳状液体，有大蒜气味。

毒　　性 急性经口LD_{50}：大鼠＞5 000mg/kg，急性经皮LD_{50}：大鼠＞5 000mg/kg，低毒。

作用特点 为植物源杀菌剂，兼具杀菌和抑菌功能。能对含巯基的化合物发生竞争性抑制，能通过对细菌生长繁殖所必需的半胱氨酸分子中巯基的氧化使蛋白质失活，从而抑制病菌的生长和繁殖。

剂　　型 50%母药、5%微乳剂。

应用技术 防治黄瓜细菌性角斑病、甘蓝软腐病，于发病初期使用5%微乳剂60～80g/亩对水喷雾，施药3次，注意喷雾均匀。

注意事项 对鸟类、蜜蜂、鱼类等水生生物有毒，施药期间应避免对周围蜂群的影响。

小檗碱 berberine

其他名称 黄连素。

化学名称 5,6-二氢-9,10-二甲氧基苯并[G]-1,3-二噁茂苯并[5,6α]喹嗪。

结构式

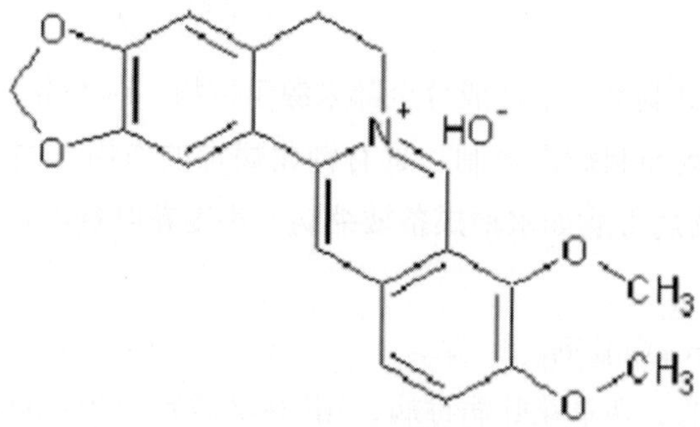

理化性质 黄色针状结晶，熔点为145℃，游离的小檗碱能缓缓溶于水（1∶20）及乙醇中（1∶100），易溶于热水及热醇，难溶于乙醚、石油醚、苯、三氯甲烷等有机溶剂。

毒　　性 低毒。

作用特点 为植物源生物碱杀菌剂，能迅速渗透到植物体内和病斑部位，通过干扰病原菌体内代谢，从而抑制其生长和繁殖。

剂　　型 0.5%水剂。应用技术 防治猕猴桃树褐斑病，于发病初期用0.5%水剂400～500倍液均匀喷雾；防治辣椒疫霉病、番茄灰霉病，于发病初期用0.5%水剂200～250ml/亩对水均匀喷雾。

注意事项 对蜜蜂、水生生物有毒，施药期间应避免对周围蜂群的影响，开花作物花期禁用。远离水产养殖区施药。

开发登记 河北万特生物化学有限公司、山东圣鹏科技股份有限公司等公司登记。

香菇多糖 fungous proteoglycan

其他名称 菇类蛋白多糖。

理化性质 外观应是稳定的深棕色均相液体，无可见的悬浮物和沉淀。

毒　　性 大鼠急性经口LD_{50}(雌/雄)>5 000mg/kg，大鼠急性经皮LD_{50}(雌/雄)>2 000mg/kg，低毒。

作用特点 本品为多糖类植物诱抗剂。具有增强植物抗病能力的功效，并能在植物体内形成一层致密保护膜，阻止病毒二次侵染，为预防型抗病毒剂。

剂　　型 10%原药、10%母药、2%母药、0.5%水剂、1%水剂、2%水剂。

应用技术 防治番茄病毒病、水稻条纹叶枯病、黑条矮缩病、烟草病毒病、辣椒病毒病、西瓜病毒病、西葫芦病毒病。防治番茄病毒病，可于发病初期用0.5%水剂166～250ml/亩对水均匀喷雾；防治水稻条纹叶枯病，可于发病初期可用1%水剂100～120ml/亩对水均匀喷雾；防治水稻黑条矮缩病，可于发病初期用2%水剂100～120ml/亩对水均匀喷雾；防治烟草病毒病，于发病初期用2%水剂34～43ml/亩对水均匀喷雾；防治辣椒病毒病，可于发病初期用0.5%水剂300～400ml/亩对水均匀喷雾；防治西瓜病毒病，可于发病初期用1%水剂稀释200～400倍液均匀喷雾；防治西葫芦病毒病，用0.5%水剂200～300ml/亩对水均匀喷雾。

开发登记 山东圣鹏科技股份有限公司、江西威力特生物科技有限公司等公司登记。

哈茨木霉菌 trichoderma harzianum

其他名称 KRL-AG2。

理化性质 原药外观为深绿色干孢子固体粉末，制剂外观为灰色至绿色微颗粒粉剂。

毒　　性 大鼠急性经口LD_{50}(雌/雄)>1×10^8mg/kg，大鼠急性经皮LD_{50}(雌/雄)>1×10^7mg/kg，低毒。

作用特点 是一种微生物杀菌剂，能够抑制温室作物的根部病害。该菌株在分类上属于真菌界，半知菌亚门，丝孢纲，木霉属，哈茨木霉种。

剂　　型 300亿CFU/g母药、1亿CFU/g水分散粒剂、3亿CFU/g可湿性粉剂。

应用技术 防治番茄灰霉病、立枯病、猝倒病，观赏百合（温室）根腐病，葡萄霜霉病，人参灰霉病、立枯病。防治番茄灰霉病，应于发病初期用3亿CFU/g可湿性粉剂100～166.7g/亩对水均匀喷雾，或用1亿CFU/g水分散粒剂60～100g/亩对水均匀喷雾；防治番茄立枯病、猝倒病应于番茄苗期发病前使用，用3亿CFU/g可湿性粉剂按每平方米4～6g用药量（制剂），对水灌根。防治观赏百合（温室）根腐病，应于观赏百合种植前，用3亿CFU/g可湿性粉剂按每升水用60～70g制剂，搅拌均匀，浸种球10min后播种。于葡萄霜霉病发病初期使用，用3亿CFU/g可湿性粉剂稀释200～250倍，茎叶喷雾。于人参灰霉病发病初期使用，用3亿CFU/g可湿性粉剂按每亩100～140g制剂，茎叶喷雾。防治人参立枯病在人参播种移栽前开始用药，用3亿CFU/g可湿性粉剂5～6g/m^3，土壤浇灌处理。

注意事项 远离水产养殖区施药，不可与呈碱性的农药等物质混合使用。

开发登记 美国拜沃股份有限公司、成都特普生物科技股份有限公司登记。

寡雄腐霉菌 pythium oligadrum

其他名称 多利维生、polyversm。

理化性质 外观为白色粉末；气味真菌味；40℃温度下存放8周检测特性没有变化；在常温下，产品至少保存2年。

毒　　性 急性经口LD_{50}＞5 000mg/kg(雌/雄)，急性经皮LD_{50}＞5 000mg/kg(雌/雄)，微毒。

作用特点 是一种新型的微生物杀菌剂，可有效地抑制多种土壤真菌的生长及其危害作用，具有较强的真菌寄生性和竞争能力，同时还能刺激植物抗病机体所需的植物激素产生，从而增强植物的抗病能力，促使植物生长与强壮，增强植物的防御机能及对致病真菌的抗性。

剂　　型 100万孢子/g可湿性粉剂。

应用技术 防治番茄晚疫病，用100万孢子/g可湿性粉剂6.67～20g/亩对水均匀喷雾；防治苹果树腐烂病，用100万孢子/g可湿性粉剂500～1 000倍液进行树干涂抹；防治水稻立枯病，用100万孢子/g可湿性粉剂2 500～3 000倍液进行苗床喷雾；防治烟草黑胫病，用100万孢子/g可湿性粉剂5～20g/亩对水均匀喷雾。于番茄晚疫病、烟草黑胫发病初期开始施药，每隔7d施药1次，共施用3次；防治水稻立枯病，在秧苗1叶1心、3叶1心时各喷1次；防治苹果树腐烂病，3、6、9月每月涂刷树干1次。使用前应先配制母液，取本品倒入容器中，加适量水充分搅拌后静置15～30min。将配制好的母液倒入喷雾器中。切勿将母液中的沉淀物倒入喷雾器中，以免造成喷头堵塞。喷施应在上午或傍晚。太阳暴晒、大风天或降雨前，请勿进行施药。

注意事项 不能与化学杀菌剂混合使用，使用过化学杀菌剂的容器和喷雾器，均不能直接用于本品，需用清水彻底清洗后使用。对鱼低毒，远离水产养殖区施药，对蜂低毒，开花植物花期禁用；瓢虫等天敌放飞区域、鸟类保护区禁用。

开发登记 捷克生物制剂股份有限公司登记。

厚孢轮枝菌 verticillium chlamydosporium Zk7

其他名称 线虫必克。

理化性质 母粉为淡黄色粉末。菌体、代谢产物和无机混合物占母粉干重的50%。该菌菌落白色到乳白色或苍白色，气生菌丝通常比较稀疏，光学显微镜下观察，分生孢子无色，单胞，球形，卵圆形至椭圆形。菌丝无色，分枝，具隔膜。产孢细胞长钻形，单生或生在菌丝上，基部稍膨大，向顶变细窄。

毒　　性 母粉，雌、雄大鼠急性经口LD_{50} > 5 000mg/kg，急性经皮LD_{50} > 2 000mg/kg。对皮肤、眼睛无刺激性，弱致敏性，无致病性，对人、畜和环境安全。

作用特点 通过孢子在作物根系周围土壤中萌发，产生菌丝作用于根结线虫雌虫，导致线虫死亡。通过孢子萌发产生菌丝寄生根结线虫的卵，使得虫卵不能孵化、繁殖。

剂　　型 25亿孢子/g母粉、25亿孢子/g微粒剂、2.5亿孢子/g微粒剂、2.5亿孢子/g颗粒剂。

应用技术 防治烟草根结线虫。可用25亿孢子/g微粒剂175 ~ 250g/亩，也可用2.5亿孢子/g微粒剂或2.5亿孢子/g颗粒剂1 500 ~ 2 000g/亩，施用本产品时须与根部接触，主要为穴施或沟施。每个作物周期分2次施用，在烟草育苗时与营养土混匀施用，在烟草移栽时与适量农家肥或土混匀穴施(1.5 ~ 2kg/亩)。

注意事项 不可与化学杀菌剂混用。

开发登记 云南大学省工业微生物发酵工程重点实验室筛选，云南微态源生物科技有限公司、广东真格生物科技有限公司等公司登记。

海洋芽孢杆菌 bacillus marinus

理化性质 原药外观为米白色至灰白色粉末，具有特有气味，无异味。海洋芽孢杆菌为革兰氏阳性菌，菌体杆状，近中生椭圆形芽孢。

毒　　性 低毒。

作用特点 属广谱的微生物杀菌剂，通过有效成分 — 海洋芽孢杆菌产生的抗菌物质和位点竞争的作用方式，杀灭和控制病原菌，从而达到防治病害的目的；同时对初发病的土传病害和叶部病害具有一定的治疗作用。海洋芽孢杆菌来自海洋，具有天然的耐盐性，适合于盐渍化土壤中的植物土传病害的防治。

剂　　型 50亿CFU/g原药、10亿CFU/g可湿性粉剂。

应用技术 对番茄青枯病等土传病害重在预防，在1年生作物的育苗、移栽、初发病前（始花期）期至少各施用10亿CFU/g可湿性粉剂1次，苗期用药不仅提高防效且具有壮苗作用，切勿省略；移栽当天用药特别关键。①育苗：60g/亩，即在种植1亩地所需营养钵（盘）或苗床上使用60g，稀释3 000倍液泼浇；②移栽定植当天使用240 ~ 300g/亩；③初发病前（始花期）时使用260 ~ 320g/亩。防治黄瓜灰霉病，发病初期开始用药，10亿CFU/g可湿性粉剂100～200g/亩，以后每隔7～10d再使用，连续使用3次。若病害较重，可在登记范围内加大用药量，效果更佳且无药害。

注意事项 不能与杀细菌的化学农药直接混用或同时使用，施药应选在傍晚或早晨，不宜在太阳暴晒下或雨前进行。

开发登记 浙江省桐庐汇丰生物科技有限公司登记。

坚强芽孢杆菌 bacillus firmus

理化性质 母药外观通常为乳白色或微黄色粉状物，由于发酵基质的不同颜色偶有差异，为均匀疏松的粉末。坚强芽孢杆菌菌体细胞杆状，革兰氏染色阳性，两端钝圆，无荚膜，周生鞭毛，芽孢卵圆形，近中生，孢囊无明显膨大。

毒　　性 低毒。

作用特点 施入土壤后能定殖、繁殖，在根部形成一个微生态保护屏障，控制线虫侵入。同时产生大量的代谢次生产物和分泌蛋白，如孢外酶，孢外蛋白质等，对线虫及线虫卵和二龄幼虫（J2）产生作用，阻止线虫卵和幼虫的生长、发育，同时破坏线虫角质层使其外层皮表脱落，形成裂痕，达到防治线虫的作用。

剂　　型 1 000亿芽孢/g母药、100亿芽孢/g可湿性粉剂。

应用技术 防治烟草根结线虫，烟草定植前用100亿芽孢/g可湿性粉剂400～800g/亩穴施1次。细土拌匀，穴施覆土，确保药剂与细干有机肥或细干土混合均匀。

注意事项 不可与含铜物质、402或链霉素等物质及呈碱性的农药或物质混合使用。

开发登记 江西顺泉生物科技有限公司登记。

甲基营养型芽孢杆菌 bacillus methylotro-phicus

理化性质 母药外观通常为黄色固体粉末，由于生产过程中添加的助剂和辅料不同而颜色略有差异，为均匀疏松的粉末。革兰氏染色阳性，细胞杆状或柱状，大小（0.6～0.8）μm×（1.5～3.0）μm，芽孢中生柱状或椭圆，不膨大。

毒　　性 微毒。

作用特点 是一种微生物杀菌剂，主要针对于黄瓜灰霉病。使用后甲基营养型芽孢杆菌可利用叶面上的营养和水分进行繁殖，同时产生抗菌活性物质，起到有效抑制、杀灭病菌的作用。

剂　　型 40亿芽孢/g母药、30亿芽孢/g可湿性粉剂。

应用技术 防治黄瓜灰霉病，于灰霉病发病前或发病初期用药，用30亿芽孢/g可湿性粉剂62.5～100g/亩稀释500～800倍均匀喷雾，连续施药3次，每次间隔7～10d。大风天或预计1h内降雨，请勿施药；不宜在太阳暴晒下施药。

注意事项 不能与其他杀细菌剂混用，使用过其他杀细菌剂的容器和喷雾器需要用清水彻底清洗。

开发登记 华北制药集团爱诺有限公司登记。

解淀粉芽孢杆菌 sphaerotheca amyloliquefaciens

理化性质 母药外观为类白色疏松粉末，由于发酵基质的不同颜色偶有差异。

毒　　性 大鼠急性经口LD_{50}(雌/雄) > 10 000mg/kg，大鼠急性经皮LD_{50}(雌/雄) > 4 640mg/kg。

作用特点 以芽孢杆菌直接入药的杀菌剂，用以菌治菌、抑菌杀菌及诱导作物产生抗病性等原理。

剂　　型 100亿芽孢/g母药、1 000亿芽孢/g母药、1.2亿芽孢/g水分散粒剂、10亿芽孢/g可湿性粉剂、200亿芽孢/g可湿性粉剂。

应用技术 防治番茄（保护地）枯萎病，亩用1.2亿芽孢/g水分散粒剂20 ~ 32kg，施药时期分别在定植时、第1次、第2次浇水时，间隔7 ~ 10d，施药3次。定植时开沟，将菌粉（16kg/亩）撒施沟中，移栽番茄苗，浇透活棵水；定植后7 ~ 10d，第1、第2次浇水前，分别将菌粉按3 ~ 4g/棵（8kg/亩）撒施（或穴施）于番茄根部，随后浇水。连续2 ~ 3次。防治烟草黑胫病，亩用药200亿芽孢/g可湿性粉剂150 ~ 200g灌根，防治烟草青枯病，亩用药200亿芽孢/g可湿性粉剂100 ~ 200g灌根，发病初期施药，根据病情发生情况，间隔7 ~ 10d施药1次。烟草青枯病可连续施药2 ~ 3次，烟草黑胫病可连续施药1 ~ 2次。防治黄瓜角斑病，用10亿芽孢/g可湿性粉剂35 ~ 45g/亩；防治水稻稻曲病、纹枯病，用10亿芽孢/g可湿性粉剂15 ~ 20g/亩，防治烟草青枯病，用10亿芽孢/g可湿性粉剂100 ~ 200g/亩灌根、淋根。黄瓜发病初期开始喷雾，间隔7d，连续喷雾2 ~ 3次；西瓜育苗期泼浇、定植时淋根，施药2次，使用剂量为苗期15 ~ 20g/亩，移栽期80 ~ 100g/亩；烟草移栽时或定植后，淋根1次；防治稻曲病在水稻破口前5 ~ 7d，开始喷雾，间隔7d，连续喷雾2次；防治纹枯病在水稻分蘖期和齐穗期分别喷雾1次。使用方法应该喷雾或淋根。

注意事项 不能与含铜物质、402或链霉素等杀菌剂混用。

开发登记 陕西先农生物科技有限公司、江西顺泉生物科技有限公司等公司登记。

二十四、生物源类杀菌剂

木霉菌 *Trichoderma* sp.

其他名称 生菌散；灭菌灵；特立克；木霉素；快杀菌。

化学名称 木霉菌。

理化性质 为半知菌亚门丛梗孢目丛梗孢科木霉属真菌。真菌活孢子不少于1.5亿/g，淡黄色至黄褐色粉末，pH值6 ~ 7。

毒　　性 大鼠急性经口LD_{50} > 2 150mg/kg、急性经皮LD_{50} > 4 640mg/kg。斑乌鱼LD_{50} > 3 200mg/kg。

剂　　型 1.5亿活孢子/g可湿性粉剂、2亿活孢子/g可湿性粉剂、3亿孢子/g水分散粒剂、1亿活孢子/g水分散粒剂。

作用特点 木霉素能对多种真菌性病害有很好的控制作用，所以对蔬菜上的其他一些真菌性病害也能兼治。无药害，由于它是一种生物制剂，以菌治菌，因而对蔬菜作物很安全。不产生抗性，而化学性杀菌剂长期使用容易使病菌产生诱导抗性。无残留，它是一种理想的无公害农药，大力推广使用符合“三高”农业发展的要求。投资少，节省生产成本，经济效益高。

应用技术 用于防治小麦纹枯病和根腐病、油菜菌核病，黄瓜、番茄、辣椒等作物霜霉病、灰霉病、根腐病、猝倒病、立枯病、白绢病、疫病以及大白菜霜霉病、葡萄灰霉病等。

防治小麦纹枯病，用1亿活孢子/g水分散粒剂2.5～5kg拌种100kg，在发病初期50～100g/亩对水60kg顺垄灌根。

防治黄瓜、番茄灰霉病、霜霉病，发病初期用2亿活孢子/g可湿性粉剂125～250g/亩对水40kg喷雾，喷2～3次，每次间隔10d；防治大白菜霜霉病，发病初期用1.5亿孢子/g可湿性粉剂200～300g/亩对水50kg喷雾。

防治菜豆根腐病、白绢病，用2亿活孢子/g可湿性粉剂1 500～2 000倍液灌根，每株灌药液250ml，为使药液接触根部和土壤吸附，可先将病株四周挖个圆坑后再灌药，药液渗下后及时覆土，防止阳光直射，降低菌体的活力。

注意事项 本品在将要发病或发病初期开始用药。露天使用时，最好于阴天或16时以后作业，喷药后8h内遇降雨，应在晴天后补喷，不可用于食用菌病害的防治。储存于阴凉干燥处，温度以不超过30℃为宜，切忌阳光直射。勿与碱性农药混用。可与多种杀菌剂或杀虫剂现混现用，但不可久置。

开发登记 山东泰诺药业有限公司等企业登记生产。

多黏类芽孢杆菌 *Paenibacillus polymyza*

其他名称 康地蕾得。

理化性质 淡黄褐色细粒，相对密度为0.42，有效成分可在水中溶解。

毒　　性 大鼠急性经口LD_{50}＞5 000mg/kg，大鼠急性经皮LD_{50}＞2 000mg/kg。

剂　　型 10亿CFU/g可湿性粉剂、5亿CFU/g悬浮剂。

作用特点 本品属于微生物农药，对植物细菌性青枯病有良好的防效。

防治小麦赤霉病应于抽穗扬花期初期开始用药，用5亿CFU/g悬浮剂400～600ml/亩，对穗部均匀喷雾；防治黄瓜角斑病，10亿CFU/g可湿性粉剂 150～200g/亩进行喷雾；防治西瓜枯萎病，发病初期开始灌根，用5亿CFU/g悬浮剂3～4L/亩喷雾，施2~3次，间隔7～10d；防治西瓜炭疽病，用10亿CFU/g可湿性粉剂 100～200g/亩，在炭疽病发生前或发病初期使用，连续施药2～3次，一般间隔7～10d；防治桃树流胶病，可以用50亿CFU/g可湿性粉剂1 000～1 500倍液进行灌根或者涂抹病斑；防治芒果细菌性角斑，用50亿CFU/g可湿性粉剂500～1 000倍液进行喷雾；防治人参立枯病，用50亿CFU/g可湿性粉剂4～6g/m^3进行参床撒施。

防治烟草、番茄、辣椒、茄子青枯病、角斑病、枯萎病，用10亿CFU/g可湿性粉剂300倍液浸种，发病前用10亿CFU/g可湿性粉剂3 000倍泼浇或440～680g/亩对水灌根。

开发登记 武汉科诺生物科技股份有限公司、山西省临猗中晋化工有限公司、广东顾地丰生物科技有限公司、山西运城绿康实业有限公司等登记生产。

地衣芽孢杆菌 *Bacillus licheniformis*

其他名称 “201”微生物。

理化性质 原药外观为棕色液体，略有沉淀，沸点100℃。

毒　　性 大鼠急性经口LD_{50} > 10 000mg/kg，急性经皮LD_{50} > 10 000mg/kg。对蜜蜂无毒害作用。

剂　　型 10IU/g水剂、80IU/ml水剂、1 000IU/ml水剂

作用特点 为微生物杀菌剂，是地衣芽孢杆菌利用培养基发酵而成的细菌性防病制剂。

应用技术 对植物病原真菌类有强烈的颉抗作用，能有效地防治黄瓜小麦、黄瓜、西瓜及烟草病害。

防治小麦全蚀病，发病初期施药，拌种或对水稀释后喷雾，间隔7d连续喷药3次。在小麦作物上每季最多使用4次。

防治烟草赤星病、黑胫病，发病初期用1 000IU/ml水剂6～10ml/亩喷雾；防治黄瓜霜霉病，发病初期用80IU/ml水剂150～300ml/亩对水40～50kg 喷雾；防治西瓜枯萎病，发病初期用80IU /ml水剂250～500倍液灌根。

开发登记 河南省安阳市国丰农药有限责任公司、广西金燕子农药有限公司等企业登记生产。

蜡质芽孢杆菌 *Bacillus cereus*

其他名称 叶扶力；叶扶力2号；BC752菌株。

理化性质 与假单孢菌形成的混合制剂，外观为淡黄色或浅棕色乳液状；略有黏性，有特殊腥味。密度为1.08g/cm^3，pH6.5～8.4、45℃以下稳定。

毒　　性 小鼠急性经口LD_{50}为175亿活芽孢/kg，急性经皮LD_{50}为36亿活芽孢/kg。

剂　　型 8亿活芽孢/g可湿性粉剂、300亿活芽孢/g可湿性粉剂、70亿活芽孢/ml水剂、10亿CFU/ml、20亿孢子/g、90亿个活芽孢/g可湿性粉剂。

作用特点 农用杀菌剂，蜡质芽孢杆菌能通过体内的SOD酶，调节作物细胞微生境，维持细胞正常的生理代谢和生化反应，提高抗逆性，加速生长，提高产量和品质，对人、畜和天敌安全，不污染环境。

应用技术 防治水稻稻曲病、稻瘟病、纹枯病，用20亿孢子/g可湿性粉剂150～200g/亩，进行喷雾，可以使用3次。据报道，用于水稻调节生长，用70亿/ml水剂20～40ml/亩对水40～50kg喷雾；用于油菜增产、抗病、壮苗，用300亿/g可湿性粉剂15～20g拌种1kg，生长期，用100～150g/亩对水40～50kg喷雾。

防治茄子青枯病，发病前至发病初期用300亿/g可湿性粉剂100～300倍液灌根；防治姜瘟病，用8亿/g可湿性粉剂0.2～0.3g/kg浸泡种姜30min，田间发病初期用400～600g/亩对水40～50kg顺垄灌根。

注意事项 本剂为活体细菌制剂，保存时避免高温，50℃以上易造成菌体死亡。应贮存在阴凉、干燥处，切勿受潮，避免阳光暴晒，本剂保质期2年，在有效期内及时用完。

开发登记 上海农乐生物制品股份有限公司、山东泰诺药业有限公司等企业登记生产

枯草芽孢杆菌 *Bacillus subilils*

其他名称 格兰；天赞好；力宝；Kodiak。

理化性质 微生物菌种，称革兰氏阳性菌。具内生孢子，为深褐色粉末。比重为0.49g/cm^3，温度高于50℃时不稳定。

毒　　性 大鼠急性经口LD_{50} > 10 000mg/kg，大鼠急性经皮LD_{50} > 4 600mg/kg。

剂　　型 20%可湿性粉剂、10亿/g可湿性粉剂、1 000亿/g可湿性粉剂、200亿芽孢/g可分散油悬浮剂。

作用特点 农用杀菌剂，芽孢杆菌为细菌性杀真菌剂，它通过竞争性生长繁殖而占据生存空间的方式来阻止植物病原真菌的生长，能在植物表面迅速形成一层高密保护膜，使植物病原菌得不到生存空间，从而保护了农作物免受病原菌为害，枯草芽孢杆菌可分泌抑菌物质，抑制病菌孢子发芽和菌丝生长，从而达到预防与治疗的目的。

应用技术 防治水稻稻瘟病，发病初期用1 000亿/g可湿性粉剂90～180g/亩对水40～50kg喷雾；防治棉花黄萎病，用10亿/g可湿性粉剂1：（10～15）拌种，生长期发病前用10亿/g可湿性粉剂75～100g/亩对水40～50kg喷雾。

防治玉米大斑病，发病前或初期，用200亿芽孢/ml可分散油悬浮剂70～80ml/亩进行喷雾。

防治黄瓜灰霉病，发病初期用1 000亿/g可湿性粉剂40～60g/亩对水40～50kg喷雾；防治黄瓜白粉病，发病初期1 000亿/g可湿性粉剂60～80g/亩对水40～50kg喷雾。

防治甜瓜白粉病，发病初期或者发病前施药，1 000亿芽孢/g枯草芽孢杆菌120～160g/亩对水50kg，匀喷至作物各部位。

防治大白菜软腐病，发病初期或者发病前施药，1 000亿芽孢/g枯草芽孢杆菌50～60g/亩对水50kg，匀喷至作物各部位。

防治草莓白粉病、灰霉病，发病初期用1 000亿/g可湿性粉剂30～50g/亩对水40～50kg喷雾。

注意事项 宜密封避光、在低温(15℃左右)条件储藏，在分装或使用前将本品充分摇匀，不能与含铜物质、乙蒜素或链霉素等杀菌剂混用；若黏度过大，包衣时可适量冲水稀释，但包衣后种子储存含水量不能超过国标；本产品保质期1年，包衣后种子可储存一个播种季节，若发生种子积压，可经浸泡冲洗后转作饲料。

开发登记 德强生物股份有限公司、河北绿色农华作物科技有限公司、湖北省武汉天惠生物工程有限公司、武汉科诺生物科技股份有限公司。

荧光假单胞杆菌 *Pseudomonas fluorescens*

其他名称 青萎散；消蚀灵。

理化性质 制剂外观为灰色粉末，pH值6.0～7.5。

毒　　性 属低毒农药。大鼠急性经口LD_{50}＞5 000mg/kg(制剂)，大鼠急性经皮LD_{50}＞5 000mg/kg(制剂)。对家兔眼睛和皮肤无刺激作用。

剂　　型 3 000亿/g粉剂、15亿/g水分散粒剂、5亿/g可湿性粉剂、10亿/g可湿性粉剂、10亿/ml水剂、1 000亿活孢子/g可湿性粉剂。

作用特点 农用杀菌剂，本品是通过颉抗细菌的营养竞争，位点占领等保护植物免受病原菌的侵染。本品主要用于番茄、烟草等作物青枯病的防治，并能催芽、壮苗，促使植物生长，具有防病和菌肥的双重作用。

应用技术 能有效地防治小麦因病害引起的烂种、死苗及中后期的干株、白穗，对小麦全蚀病有较好的防治效果。

防治小麦全蚀病，用15亿/g水粉散粒剂1 000～1 500g拌种1kg；防治烟草青枯病，用3 000亿/g粉剂

512～662g/亩对水40～80kg泼浇。

防治水稻稻瘟病于，水稻破口前，稻瘟病发病前或发病初期首次施药，用1 000亿活孢子/g可湿性粉剂50～67g/亩全株喷雾，间隔7～10d，共施药2次。

防治黄瓜灰霉病、靶斑病，在病害发生前或初期首次施药，用1 000亿活孢子/g可湿性粉剂70～80g/亩全株喷雾，间隔7d，共施药2～3次；防治番茄青枯病，发病初期用10亿/ml水剂80～100倍液灌根。

注意事项 拌种过程中避开阳光直射，灌根时使药液尽量顺垄进入根区，可与杀虫剂、杀菌剂混用。

开发登记 山东海利莱化工科技有限公司、山东泰诺药业有限公司等企业登记生产。

放射土壤杆菌 *Agrobacterium radibacter*

理化性质 制剂外观为黑色或黑褐色湿粉，pH值6.0～7.5，水分低于30%。

毒　　性 属低毒农药。大鼠急性经口LD_{50}＞5 000mg/kg制剂，大鼠急性经皮LD_{50}＞2 000mg/kg制剂。对兔眼睛有轻度刺激作用，对皮肤无刺激作用。

剂　　型 200万/g可湿性粉剂。

作用特点 该产品系中国农业大学最新研究成果，是经发酵生产的生物药剂，对植物根癌病具有较好的防效。

应用技术 蘸根时将菌剂加1倍水后调匀蘸根，有瘤子的植株要先剪掉瘤子及其附近的组织，然后蘸根。一年生苗木蘸根，每千克菌剂可处理40棵左右。

防治桃树根癌病，用200万/g可湿性粉剂1～5倍液，移栽前浸泡树苗10min，或浸蘸树苗根部。

注意事项 蘸根时随时搅拌，使菌粉悬浮并均匀附着在根上；蘸根后立即覆土，防止干燥。避免与强酸、强碱物质混用。

开发登记 辽宁三征化学有限公司登记生产。

丁子香酚 **eugenol**

其他名称 灰霜特。

化学名称 4-烯丙基-2-甲氧基苯酚。

结 构 式

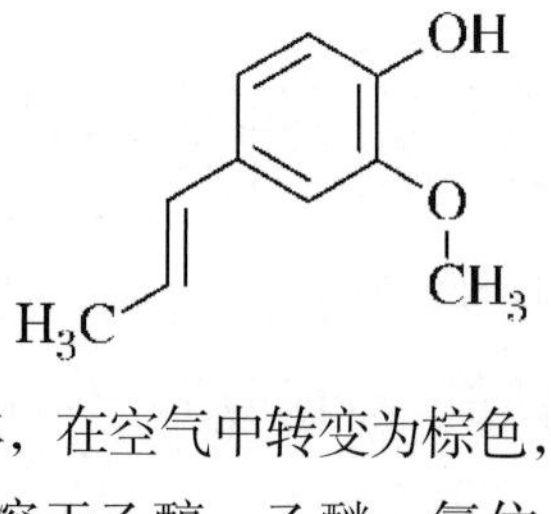

OH

O

CH_3

H_3C

理化性质 原药为无色到淡黄色液体，在空气中转变为棕色，并变成黏稠状。相对密度为1.066 4(20℃)，沸点253～254℃。微溶于水(0.427g/L)，溶于乙醇、乙醚、氯仿、冰醋酸、丙二醇。制剂为稳定，均相液体，无可见的悬浮物及沉淀物，pH为5.0～7.0。

毒　　性 属低毒农药。大鼠急性经口LD_{50}＞5 000mg/kg(制剂)，大鼠急性经皮LD_{50}＞10 000mg/kg(制剂)。

剂　　型 0.3%可溶性液剂、20%水乳剂。

作用特点 该药是从丁香等植物中提取的杀菌成分，辅以多种助剂研制而成的新型低毒杀菌剂。对人、畜及环境安全。

应用技术 防治番茄灰霉病、晚疫病，发病初期用0.3%可溶性液剂88 ~ 117g对水70kg喷雾，每隔7d喷1次，一般喷3次。

防治番茄病毒病，发病前或初期开始施药，用20%水乳剂，30 ~ 45ml/亩对水40 ~ 50kg，均匀喷雾，连续施用2 ~ 3次，间隔7 ~ 10d 1次。

注意事项 不能与碱性农药、肥料混用，放于阴凉处，误入眼睛，速用大量清水冲洗。

开发登记 山东亿嘉农化有限公司、河北省保定市亚达化工有限公司等企业登记生产。

葡聚烯糖

其他名称 引力索。

化学名称 葡聚烯糖。

理化性质 原药外观为白色粉末状固体，熔点78 ~ 81℃，水中溶解度大于100g/L，4℃时可储存2年以上，不可与强酸、碱类物质混合。

毒　　性 大鼠急性经皮LD_{50} > 4 640mg/kg，急性经口LD_{50} > 4 640mg/kg。

剂　　型 0.5%可溶性粉剂。

作用特点 是一种新型的植物诱导剂。作为外源诱导因子可以诱导植物产生能杀死病原菌的植保素，减少多种作物病害的发生；还可作为生长调节因子有效促进植物生长、分枝、开花、结果等各项代谢活动，提高作物产量。

应用技术 防治番茄病毒病，发病初期用0.5%可溶性粉剂10 ~ 15g/亩对水40 ~ 50kg，均匀喷雾。

开发登记 山东中新科农生物科技有限公司、海利尔药业集团股份有限公司登记生产。

二十五、其他类杀菌剂

拌种灵　amicarthiazol

其他名称 F-849；G-849；Seedvax；Sidvax。

化学名称 2-氨基-4-甲基-5-苯基氨基甲酰基噻唑。

结 构 式

N　CH_3
H_2N　S　CONH

理化性质 纯品为无色结晶固体，无味，工业品为米黄色或淡红色(由于溶剂带入)固体，含量在92%以上，易溶于二甲基甲酰胺、甲酸、乙醇，不溶于水和非极性溶剂，熔点222 ~ 224℃，在270 ~ 285℃则发生分解，密度稍大于水，在中性条件下较稳定，遇碱后会发生分解，遇酸会生成相应的盐类化合物。

毒　　性 大鼠急性口服LD_{50}为817mg/kg(雌)和820mg/kg(雄)，小鼠急性口服LD_{50}为564mg/kg(雌)和592mg/kg(雄)。急性经皮LD_{50}大于3 200mg/kg，剂量为125mg/kg(大鼠)和100mg/kg(小鼠)，没有发现有致畸作用，无作用剂量为200mg/kg。

剂　　型 40%可湿性粉剂。

作用特点 拌种用的内吸杀菌剂。具有内吸性，拌种后可进入种皮或种胚，杀死种子表面及潜伏在种子内部的病原菌；同时也可在种子发芽后进入幼芽和幼根，从而保护幼苗免受土壤病原菌的侵染。主要用于谷类种子的浸种，能够有效防治黑穗病和其他农作物的炭疽病的发生。与福美双混配可防治小麦黑穗病、高粱黑穗病、棉花苗期病害等。

应用技术 资料报道，防治玉米黑穗病，用40%可湿性粉剂200g拌种100kg；防治花生锈病，发病初期用40%可湿性粉剂500倍液喷雾；防治棉花苗期病害，用40%可湿性粉剂200g拌种100kg；防治红麻炭疽病，用40%可湿性粉剂160倍液浸种。

注意事项 制剂主要用于拌种，经药剂处理过的种子应妥善保存，以免人、畜误食，用药时应注意安全防护。

开发登记 江苏省南通江山农药化工股份有限公司登记生产。

敌磺钠 fenaminosulf

其他名称 地克松；地可松；地爽；敌克松；Bay 22555；Bayer5072；DAPA；Dexon；Lesan；Diazoben；Phenaminosulf(IS0-F)。

化学名称 对二甲胺基苯重氮磺酸钠。

结 构 式

$$(CH_3)_2N-C_6H_4-N{=}N-SO_2Na$$

理化性质 纯品为淡黄色结晶，工业品为黄棕色无味粉末，约200℃分解。25℃水中溶解度为20~30g/L；溶于高极性溶剂，如二甲基甲酰胺、乙醇等，不溶于苯、乙醚、石油。水溶液呈深橙色，见光易分解，可加亚硫酸钠使之稳定，在碱性介质中稳定。

毒　　性 属中等毒杀菌剂，纯品大鼠急性经口LD_{50}为75mg/kg，豚鼠经口LD_{50}为150mg/kg，大鼠经皮$LD_{50}>100$mg/kg。鲤鱼LC_{50}为1.2mg/L，鲫鱼LC_{50}为2mg/L。对皮肤有刺激作用，95%可溶性粉剂对雄性大鼠急性经口LD_{50}为68.28~70.11mg/kg，雌大鼠经口LD_{50}为66.53mg/kg。75%可溶性粉剂对雄大鼠经口LD_{50}为75.86~77.86mg/kg，雌大鼠经口LD_{50}为73.89mg/kg。

剂　　型 95%可溶性粉剂、70%可溶性粉剂、50%可溶性粉剂、55%膏剂、45%可湿性粉剂、50%可湿性粉剂、1%可湿性粉剂、1.5%可湿性粉剂。

作用特点 内吸性杀菌剂，具有一定内吸渗透作用，施药后经根、茎吸收并传导。以保护作用为主，兼有良好的治疗效果，是较好的种子和土壤处理剂。药剂遇光易分解。

应用技术 可以用于种子和土壤处理，也可以进行茎叶喷施。

防治水稻苗期立枯病、黑根病、烂秧病，秧田用70%可溶粉剂1 250g/亩对水泼浇；防治棉花苗期病害，用70%可溶粉剂药种比1∶333进行拌种；防治棉花立枯病，播种前，每平方米营养钵苗床用50%可湿性粉剂2.5g对水1.5kg喷洒钵土消毒，再播药剂处理过的棉种，棉花子叶平展及第一片真叶出现时，用50%可湿性粉剂1.5g/m^{2}对水1.5kg喷雾后，再喷少量清水，淋洗叶片药剂到根颈部，长出两片真叶时，如发现棉立枯病发病率在5%以上时，可再补喷1次；防治烟草黑胫病，在移栽时和起培土前，或者在发病前或发病初期用70%可溶粉剂285g/亩对水泼浇或喷雾，将药土撒在烟苗基部周围，并立即覆土；防治甜菜立枯病、根腐病，用70%可溶粉剂药种比1：333进行拌种。

防治黄瓜猝倒病，播种前苗床浇足底水后，用70%可溶粉剂250～500g/亩对水进行喷雾，黄瓜苗刚出土时，再用95%可溶性粉剂1 000倍液喷雾，出苗后3～4d，再喷1次；防治番茄绵疫病、炭疽病、冬瓜、西瓜等的枯萎病、猝倒病、炭疽病，大白菜软腐病等，用95%可溶性粉剂183～367g/亩对水40～50kg喷雾；防治番茄根腐病，发病初期用70%可溶性粉剂2 500～3 000倍液灌根，每株30ml，每隔6d再灌根1次，共灌根3次；防治白菜霜霉病，发病初期用55%膏剂250～500倍液喷雾；防治马铃薯环腐病，按播种量称取所需95%可溶性粉剂(药量为种子量的0.2%)，用水稀释后的药液及马铃薯种薯放在容器内，浸泡4h，取出等待播种。

防治松杉苗木立枯病、根腐病，用70%可溶粉剂药种比1：（200～500）进行拌种。

据文献报道，防治小麦黑穗病，用55%膏剂300g拌种100kg。

注意事项 敌磺钠能使食道、呼吸道和皮肤等部位引起中毒，可刺激皮肤，引起神经系统损害，出现嗜睡、萎靡等症状，严重者可发生抽搐和昏迷。中毒后应迅速用碱性液体洗胃或清洗皮肤，并对症治疗。使用时敌磺钠溶解较慢，可先加少量水搅拌均匀后，再加水稀释溶解。在使用时，不可饮食和吸烟，避免吸入粉尘和接触皮肤，工作完毕后用温肥皂水洗去污染物。敌磺钠能与碱性农药和农用抗菌素混合使用，敌磺钠应贮存在避光、通风、干燥、阴凉处。敌磺钠水溶液在日光照射下不稳定，最好是现用现配，并宜于在阴天或傍晚施药。

开发登记 四川润尔科技有限公司等企业登记生产。

克菌壮 NF-133

其他名称 二乙基二硫代磷酸铵盐。

化学名称 O,O-二乙基二硫代磷酸铵盐。

结 构 式

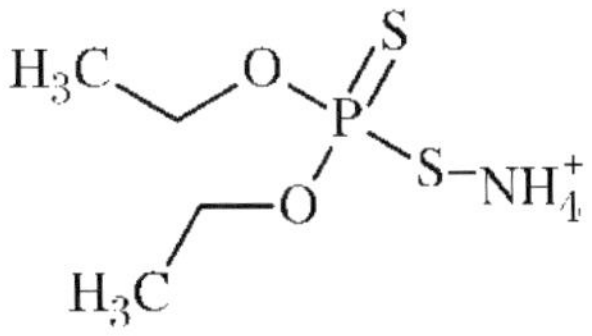

理化性质 工业品为白色或灰白色粉末，易溶于水、丙酮、乙醇等极性溶剂，纯品为白色针状结晶，熔点为180～182℃。

毒　　性 大鼠急性经口LD_{50}为7 636mg/kg，急性经皮LD_{50}＞10 000mg/kg。

剂　　型 50%可湿性粉剂。

应用技术 本品为保护性杀菌剂，主要用于防治水稻白叶枯病。

据报道，防治水稻白叶枯病，发病前用50%可湿性粉剂100～150g/亩对水40～50kg喷雾。

注意事项 喷药不得在强日光下进行，第一次使用的地区应先做药效药害试验，然后推广使用以免产生药害，不得在下雨前用药以免浪费，防止吸潮。

开发登记 江苏连云港立本农药化工有限公司曾登记生产。

稻瘟灵 soprothiolane

其他名称 富士1号(Fuji one)；Isoran；Fudiolan；IPT；NNF-109。

化学名称 二异丙基-1,3-二硫戊环-2-基丙二酸酯。

结构式

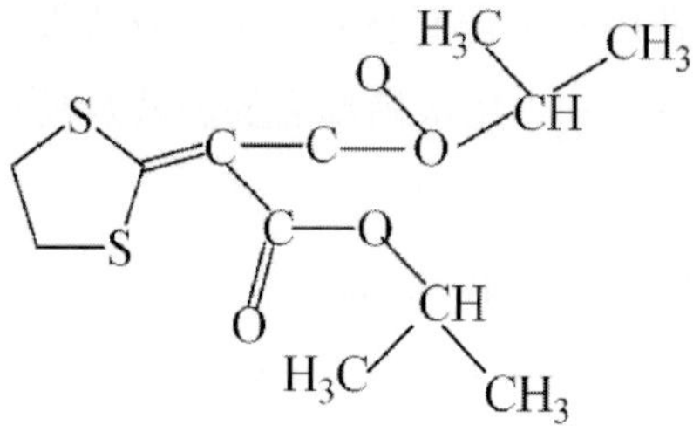

理化性质 纯品为白色结晶，工业品为淡黄色结晶。熔点50～54.5℃；沸点167～169℃(66.7Pa)；相对密度1.044；在25℃蒸气压为1.87Pa；20℃水中溶解度为48mg/L，能溶于多种有机溶剂。对酸、热稳定，在水中或紫外光下不稳定。

毒 性 大白鼠急性口服LD_{50}为1 190～1 340mg/kg，大鼠急性皮下LD_{50}＞10 250mg/kg。鲤鱼的TLm为6.7mg/L(48h)。在通常用量下，对蜜蜂、鸟及昆虫天敌无影响。对兔眼睛和皮肤无刺激性，无致畸、致癌、致突变性。

剂 型 30%乳油、40%乳油、30%可湿性粉剂、40%可湿性粉剂、30%膜油剂。

作用特点 为含硫杂环杀菌剂，是一种高效、内吸杀菌剂，它具有渗透移性，易被根、茎、叶吸收进入植物体内，从而转移到整个植株，因而兼具有治疗防治作用。对稻瘟病有预防效果，特别对穗稻瘟病有较高防效，兼有抑制稻褐飞虱、白背飞虱密度的效果。稻瘟灵虽然对稻瘟病菌分生孢子的发芽、附着孢的形成没有影响，但可使孢子失去侵入宿主的能力，阻碍磷脂合成(由甲基化生成的磷脂酰胆碱)，对病菌含甾族化合物的脂类代谢有影响，对病菌细胞壁成分有影响，能抑制菌体侵入，防止吸器形成，控制芽孢生成，控制病斑扩大。

应用技术 稻瘟灵对稻瘟病菌和小粒菌核病有特效，兼有杀虫作用，在施药的水稻上，稻飞虱和叶蝉的虫口密度也可明显降低；也可以防止因低温、土壤过湿、氧气不足等而发生的生理障碍。稻瘟灵可用于防治果树、茶树、桑树以及块根蔬菜上的根腐病；还可用作植物生长调节剂。

防治稻叶瘟，在秧田后期或水稻分蘖期，用40%可湿性粉剂75～120g/亩对水50～75kg喷雾，在稻瘟病经常严重发生的地区，也可以根据当地历年稻叶瘟的发生时间，在叶瘟发病前7～10d，用40%可湿性粉剂0.6～1kg/亩对水400kg泼浇，保持水层2～3d后自然落干，药效期可达6～7周；防治稻穗颈瘟，在水稻孕穗后期到破口期以及齐穗期，用40%乳油75～100ml/亩对水60～75kg喷雾。

另外据资料报道还可用于防治树木根腐病，每株树用40%乳油300g对水灌根，效果较好。

注意事项 不可与强碱性农药混用，水稻收获前15d停止使用本药。

开发登记 鹤壁全丰生物科技有限公司、浙江宇龙生物科技有限公司等企业登记生产。

二氰蒽醌 dithianon

其他名称 IT931；MV119A；merchdelan；二噻农；禾益炭克；Delan；Delan-Col；Thynon。

化学名称 2,3-二氰基-1,4-二硫代蒽醌。

结 构 式

理化性质 褐色晶体，熔点225℃(工业品约217℃)，25℃蒸气压为2.7×10^{-5}MPa，20℃密度为1 576kg/m^3，闪点300℃以上；溶解度(20℃)：水0.14mg/L，氯仿12g/L，丙酮10g/L，苯8g/L。在80℃以下稳定，水溶液(0.1mg/L)在人造阳光下DT_{50}为19h。在碱性介质、浓酸和长期在热环境下分解，DT_{50}为12.2h(pH值7，25℃)。

毒 性 大鼠急性口服LD_{50}为638mg/kg，犬＞900mg/kg，豚鼠为110mg/kg；经皮毒性较低，大鼠急性经皮LD_{50}＞2g/kg，对眼睛和皮肤无刺激，大鼠急性吸入LC_{50}(4h)2.1mg/L空气。每日以20mg/kg的药量喂大鼠120d，在以后的20个月中，大鼠既无中毒也无致癌现象出现。2年饲喂试验无作用剂量：犬为40mg/kg饲料，小鼠2.8 mg/(kg·d)，对人的ADI为0.01mg/kg体重。虹鳟鱼LC_{50}为0.07mg/L，金鱼为4～5mg/L，鲇鱼0.04mg/L。急性经口LD_{50}：雄鹌鹑280mg/kg，雌鹌鹑430mg/kg；对鱼有毒，鲤鱼LC_{50}(96h)0.1mg/L；对蜜蜂触杀毒性＞0.1mg/只，水蚤LC_{50}(24h)2.4mg/L。

剂 型 75%可湿性粉剂、25%水分散剂、22.7%悬浮剂、40%悬浮剂、50%悬浮剂、66%水分散粒剂、71%水分散粒剂、50%可湿粉剂。

作用特点 是一种保护性杀菌剂，可以防治多种作物病害。

应用技术 用于许多仁果、核果的多种叶部病害，对白粉病无效。它还能防治苹果、梨的黑星病、苹果污斑病和煤点病、樱桃的叶斑病、锈病、炭疽病和穿孔病、桃杏缩叶病、褐腐病和锈病、啤酒花和葡萄藤的霜霉病、柑橘的疮痂病和沙皮病、草莓叶斑病和叶焦病、咖啡浆果病和锈病。

防治苹果树轮纹病，用50%悬浮剂500～650倍液，于发病初期喷雾使用，每隔7～15d喷1次，每季最多使用3次，安全间隔期21d。

据资料报道，防治白菜霜霉病，发病初期用75%可湿性粉剂70～100g/亩对水40～50kg喷雾；防治辣椒炭疽病，发病初期用22.7%悬浮剂600倍液喷雾，间隔7～10d再喷1次，连喷2次。

另外，据资料报道还可用于，防治梨黑星病，发病初期用22.7%悬浮剂60～100ml对水40～50kg喷雾，间隔10～15d喷1次，连续喷施2次。

开发登记 郑州郑氏化工产品有限公司、江苏辉丰农化股份有限公司等企业登记生产。

氨基寡糖素 oligosaccharins

其他名称 好普；中科6号；OS-施特灵；好产。

化学名称 (1,4)-2-氨基-2-脱氧-D-寡聚糖。

结 构 式

$$*\left[\text{chitosan unit: } CH_2OH,\ H,\ O,\ OH,\ NH_2,\ H \right]_n - O - \text{(CH}_2\text{OH, H, O, OH, NH}_2\text{, H)}$$

理化性质 原药为黄色或淡黄色粉末，密度1.002g/cm^3(20℃)，熔点190～194℃。制剂为淡黄色(或绿色)稳定的均相液体，密度1.003g/cm^3 (20℃)，pH值3.0～4.0。

毒　　性 大鼠急性经口LD_{50}＞5 000mg/kg(制剂)，大鼠急性经皮LD_{50}＞5 000mg/kg(制剂)。

剂　　型 0.5%水剂、2%水剂、3%水剂、5%水剂、1%可溶液剂。

作用特点 该药属微生物代谢提取的一种具有抗病作用的杀菌剂，对某些病菌有抑制作用，如影响真菌孢子萌发、诱发菌丝形态发生变异、菌丝的胞内生化反应发生变化等；诱导植物产生抗病性的机理主要是激发植物基因表达，产生具有抗菌作用的几丁酶、葡聚糖酶、植保素及PR蛋白等，同时具有抑制病菌的基因表达，使菌丝的生理生化发生变异，生长受到抑制。同时还能刺激作物生长。

应用技术 防治棉花黄萎病，发病初期用0.5%水剂400倍液喷雾；防治烟草病毒病，在烟草苗期或病毒病发病前期用2%水剂300～400倍液喷雾，间隔7d喷1次，连续喷施3～4次。

防治西瓜病毒病，发病初期用2%水剂500倍液喷雾，间隔7d喷1次，连喷3次；防治番茄病毒病、晚疫病，发病初期用2%水剂550～800倍液喷雾，间隔7d，再喷1次，共喷2次；防治大白菜软腐病，发病初期用2%水剂200～250ml/亩对水40～50kg喷雾。

防治番茄晚疫病，在发病前或发病初，用0.5%的氨基寡糖素水剂219～250ml/亩对水进行喷雾。

另外，据资料报道还可用于，防治番茄青枯病，用2%水剂200～400倍液对番茄苗进行浸根处理6h，然后于96h后用同样的浓度喷雾强化处理1次；防治芦荟炭疽病，发病前至发病初期用2%水剂300倍液喷雾，间隔7～10d喷1次，连喷3～4次。

注意事项 不得与碱性农药和肥料混用。该药剂主要为免疫调节作用，防效一般在60%左右。

开发登记 河北奥德植保药业有限公司、陕西上格之路生物科学有限公司等企业登记生产。

乙蒜素 ethylicin

其他名称 抗菌素402。

化学名称 乙烷硫代磺酸乙酯。

结 构 式

$$C_2H_5-S(=O)(=O)-S-C_2H_5$$

理化性质 纯品为无色或微黄色油状液体，有大蒜臭味。工业品为微黄色油状液体，有效成分含量为90%～95%，有大蒜和醋酸臭味，挥发性强，有强腐蚀性，可燃。可溶于多种有机溶剂，水中溶解度为1.2%。加热至130～140℃时分解，沸点56℃(26.7Pa)，常温储存比较稳定。

毒　　性 属中等毒杀菌剂，原油大鼠急性经口LD_{50}为140mg/kg，小鼠急性经口LD_{50}为80mg/kg。对家兔和豚鼠皮肤有刺激作用，无致畸、致癌、致突变作用。

剂　　型 30%乳油、41%乳油、80%乳油、20%高渗乳油、15%可湿性粉剂。

作用特点 乙蒜素是大蒜素的乙基同系物，是一种广谱性杀菌剂，主要用于种子处理，也可以用于茎叶喷施，可有效地防治棉花苗期病害和枯、黄萎病、甘薯黑斑病、水稻烂秧、恶苗病、大麦条纹病等。其杀菌机制是其分子结构中的基团与菌体分子中含-SH的物质反应，从而抑制菌体正常代谢。乙蒜素对植物生长具刺激作用，经它处理过的种子出苗快，幼苗生长健壮。

应用技术 主要用于种子处理，经处理的稻种、棉种、薯块具有出苗快、壮苗、烂苗少等优点。用于叶面喷洒或灌根可防治甘薯黑斑病、水稻烂秧、稻瘟病、稻恶苗病、麦类腥黑穗病、棉苗病害等，并有刺激作物生长的作用。

防治水稻烂秧、恶苗、瘟病，用80%乳油6 000～8 000倍液浸种，籼稻浸2～3d，粳稻浸3～4d，捞出催芽播种；防治大麦条纹病，用80%乳油2 000倍液浸种24h后捞出播种；防治大豆紫斑病，可以用80%乳油5 000倍液，浸种1h；防治棉花枯、黄萎病，用80%乳油1 000倍液浸种半h，浸泡时药液温度维持在55～60℃；防治油菜霜霉病，发病初期用80%乳油5 500～6 000倍液喷雾；防治甘薯黑斑病，用80%乳油2 000～2 500倍液浸种薯10min，或用4 000～4 500倍液浸薯苗基部10min；防治甘薯烂窖，100kg鲜薯用80%乳油12.5～17.5g对水1～1.5kg，喷洒在稻草或稻壳上，然后再加一层未喷药的稻草或谷壳，上面放鲜薯，麻袋之类的物品盖在上面并密闭，自行熏蒸3～4d即可拿去覆盖物，进行敞窖。

防治黄瓜细菌性角斑病，发病初期用41%乳油70～80ml/亩对水40～50kg喷雾；防治黄瓜霜霉病，发病初期用30%乳油70～90ml/亩对水40～50kg喷雾。

防治苹果银叶病，发病初期用80%乳油50ml加水250～400kg喷雾，视树冠大小喷足药液，以不流失为宜；防治苹果树叶斑病，发病初期用80%乳油800～1 000倍液喷雾。

另外，据资料报道还可用于，防治苜蓿炭疽病和茎斑病，用30%乳油2 000倍液浸种24h，然后播种，生长期发病，用30%乳油5 000倍液对水40～50kg喷雾。

注意事项 乙蒜素不能与碱性农药混用，浸过药液的种子不得与草木灰一起存放，以免影响药效。乙蒜素属中等毒杀菌剂，对皮肤和黏膜有强烈的刺激作用。配药和施药人员需注意防止污染手脸和皮肤，如有污染应及时清洗，必要时用硫代硫酸钠液敷。操作时不要抽烟、喝水和吃东西。工作完成后应及时清洗手脸和被污染的部位。乙蒜素能通过食道、皮肤等引起中毒，急性中毒损害中枢神经系统，引起呼吸循环衰竭，出现意识障碍和休克。目前无特效解毒剂，一般采取急救措施和对症处理，注意抗休克，维持心、肺功能和防止感染。口服中毒者洗胃要慎重，注意保护消化道黏膜，防止消化道狭窄和闭锁，早期应灌服硫代硫酸钠溶液和活性炭，可试用二巯基丙烷磺酸钠治疗，经乙蒜素处理过的种子不能食用或作饲料，棉籽不能用于榨油。施药后各种工具要注意清洗，包装物要及时回收并妥善处理，药剂应密封储存于阴凉干燥处，运输和储存应有专门的车皮和仓库，不得与食物及日用品一起运输和储存。

开发登记 开封大地农化生物科技有限公司等企业登记生产。

盐酸吗啉胍　moroxydine hydrochloride

其他名称 攻毒；科克；速退病毒宝；毒净。

化学名称 N-(2-胍基-乙亚氨基)-吗啉盐酸盐。

结构式

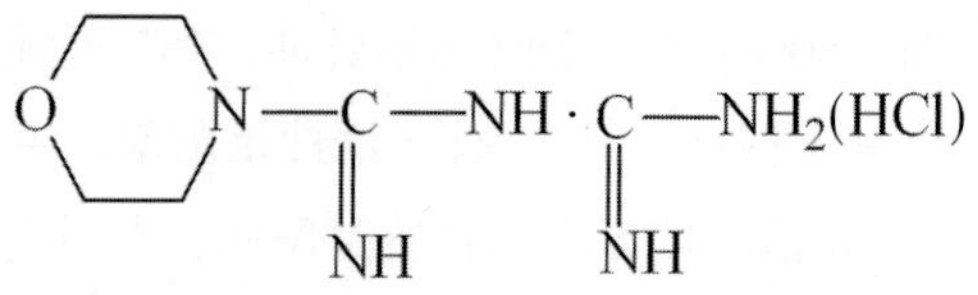

O N—C—NH·C—NH$_2$(HCl)（吗啉环；两个C上各有=NH）

理化性质 白色结晶状粉末，熔点206～212℃，易溶于水。

毒　性 大鼠急性经白LD_{50}＞5 000mg/kg，大鼠急性经皮LD_{50}＞10 000mg/kg。对人体未见毒性反应。

剂　型 5%可溶性粉剂、10%可溶性粉剂、40%可溶性粉剂、20%可湿性粉剂、10%水剂、20%悬浮剂、23%可溶粉剂、30%可溶粉剂、80%水分散粒剂、80%可湿性粉剂。

作用特点 是一种广谱、低毒病毒防治剂。稀释后的药液喷施到植物叶面后，药剂可通过气孔进入植物体内，抑制或破坏核酸和脂蛋白的形成，阻止病毒的复制过程，起到防治病毒病的作用。

应用技术 主要用来防治多种作物的病毒病。

防治水稻条纹叶枯病，发病前用5%可溶性粉剂400～500g/亩对水40～50kg喷雾；防治烟草病毒病，发病前用20%可湿性粉剂200～250倍液喷雾。

防治番茄病毒病、黄瓜苗期猝倒病、黄瓜花叶病、大白菜病毒病等，发病前用5%可湿性粉剂400～500g/亩对水40～50kg喷雾。

另外，据资料报道还可用于防治辣椒病毒病，发病前用40%可溶性粉剂700倍液喷雾，间隔10d喷1次，连续喷3次。

注意事项 使用时浓度不低于300倍，否则易产生药害。不可与碱性农药混用。

开发登记 山东省青岛奥迪斯生物科技有限公司、江西正邦作物保护有限公司等企业登记生产。

双胍辛胺 iminoctadine

其他名称 MC25；EM 379；DF-125；谷种定；GTA；guazatine；iminocta-dine(乙酸盐)；iminoctadine tris；albesilate；百可得；Belkute；派克定(Panoctine)；培福朗(Befran)；别腐烂(Befran)；Pastulat；Panolil；Guanocfine；Kenopel；Radam。

化学名称 双(8-胍基-辛基)胺。

结构式

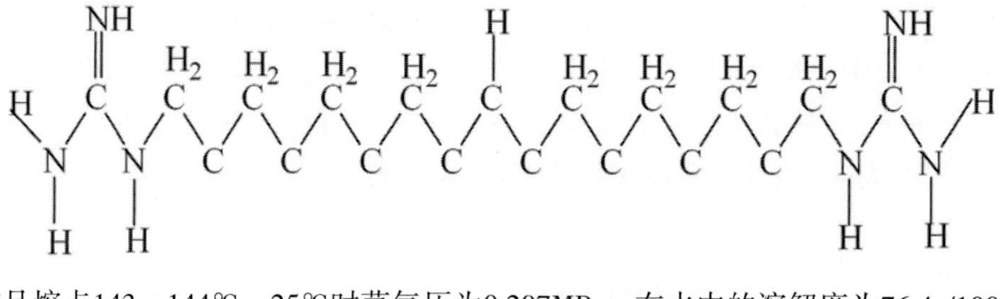

$H_2N-C(=NH)-NH-(CH_2)_8-NH-(CH_2)_8-NH-C(=NH)-NH_2$

理化性质 纯品熔点143～144℃，25℃时蒸气压为0.207MPa，在水中的溶解度为76.4g/100ml，在甲醇中为77.4/100ml，在乙醇中为11.7g/100ml。其三乙酸盐原药是黄色液体，有效成分含量为40%和70%。40%原药在20℃时密度为1.061，70%原药的密度为1.09，闪点＞120℃，25℃时蒸气压小于0.8MPa；25℃

时在水中的溶解度为3 000g/L，在乙醇中为200g/L，在甲醇中为300g/L。

毒　　性 属中等毒性杀菌剂。40%原药大鼠急性经口LD_{50}为300～326mg/kg，小鼠急性经口LD_{50}为377～427mg/kg；雄性大鼠急性经皮LD_{50}＞1 500mg/kg，雌性为1 400mg/kg。70%原药对大鼠急性经口LD_{50}为800mg/kg，对兔急性经皮LD_{50}＞1 000mg/kg，对大鼠急性吸入LC_{50}为225mg/kg，对眼睛和皮肤有轻度刺激作用，皮肤过敏试验为阴性。在试验剂量内对动物无致畸、致突变、致癌作用，在3代繁殖试验中未见异常。两年喂养试验作用剂量，40%原药对大鼠为0.36～0.43mg/kg，对小鼠为0.79～0.83mg/kg；70%原药对大鼠为10mg/kg，对犬为5mg/kg。双胍辛胺对鱼类及水生生物低毒，对鲤鱼48hTLm为33mg/L，对虹鳟鱼LC_{50}为23mg/L。对蜜蜂和鸟类毒性也较低，对蜜蜂急性经口LD_{50}为51.8μg/只，急性接触LD_{50}为59μg/只。对蚯蚓LC_{50}为43.1mg/L。对野鸭LD_{50}为985mg/kg，对日本鹌鹑LD_{50}为404mg，对石鸡LD_{50}为120mg/kg。

剂　　型 40%可湿性粉剂、25%水剂、3%糊剂。

作用特点 广谱性杀菌剂，局部渗透性较强，对某些病原真菌有很高的生长抑制活性。其作用方式是抑制病菌类脂的生物合成。主要在果树休眠期施用以防治苹果树腐烂病、花腐病、葡萄黑痘病、芦笋茎枯病以及麦类雪腐病、腥黑穗病和柑橘储藏期病害。特别对柑橘青霉病、绿霉病和酸腐效果更好。

应用技术 对苹果腐烂病有极好的防效，其液剂可在冬眠季节施用，其膏剂可在刮去果树受侵染部分后涂于患处。对苹果花腐病防效最好。对防治储藏期的柑橘病害非常有效，如可防治白孢意大利青霉、指状青霉、柑橘链格孢等。对防治小麦雪腐病也非常有效。

资料报道，防治小麦腥黑穗病，播种前1d用25%水剂200～300ml拌种100kg；防治高粱黑穗病，用25%水剂200～300ml拌种100kg。防治黄瓜白粉病，发病初期用40%可湿性粉剂1 000～2 000倍液喷雾；防治西瓜蔓枯病，发病初期用40%可湿性粉剂800～1 000倍液喷雾；防治芦笋茎枯病，发病初期用25%水剂800倍液喷雾，间隔10～15d喷1次，共喷8次。

防治苹果树腐烂病，在苹果树休眠期(3月下旬)，用25%水剂250～1 000倍液全树喷雾，使树干和树枝都均匀着药，7月上旬进行第2次施药，用大毛刷蘸取25%水剂100倍药液，均匀涂抹苹果树干及侧枝，尤其是病疤处，反复涂抹几次，以确保病疤处药液附着周密；防治苹果斑点落叶病，发病初期用25%水剂1 000倍液喷雾，间隔10d1次，共喷6次；防治葡萄灰霉病，发病初期用40%可湿性粉剂1 000～2 000倍液喷雾；防治柑橘储藏期病害，果实收获前，用40%可湿性粉剂1 000～2 000倍液喷雾。

注意事项 本药对皮肤和眼睛有刺激作用，应避免药液接触皮肤和眼。若不慎将药液溅入眼中或皮肤上，应立即用清水冲洗。如误服中毒，应催吐后静卧，并马上求医治疗。如患者伴有血压下降症状时，须采取适当措施对症治疗，此药剂无特效解毒剂。药剂应储存在远离食物、饲料和儿童接触不到的地方。

开发登记 是由英国Evans医药公司于1968年推出的杀菌剂，江苏省苏州富美实植物保护剂有限公司登记生产。

叶枯唑 bismerthiazol

其他名称 叶青双；噻枯唑；叶枯宁。

化学名称 N,N'-双(5-巯基-[1,3,4]噻二唑-2-基)甲基二胺或N,N' -亚甲基-双(2-氨基-5-巯基-1,3,4-噻二唑)。

结 构 式

理化性质 纯品为白色长方柱状结晶或浅黄色疏松细粉，原药为浅褐色粉末。熔点(190 ± 1)℃。溶于二甲基甲酰胺、二甲基亚砜、吡啶、乙醇和甲醇等有机溶剂，微溶于水，化学性质稳定。

毒　　性 对人、畜低毒。原粉对大鼠急性经口LD_{50}为3 160 ~ 8 250mg/kg，对小鼠急性经口LD_{50}为3 480 ~ 6 200mg/kg。用叶枯唑拌入饲料喂养大鼠1年无作用剂量为0.25mg/kg。蓄积毒性、慢性毒性、亚慢性毒性、致畸性试验、致突变试验和致癌试验均属安全范围。对人、畜未发现过敏、皮炎等现象。

剂　　型 15%可湿性粉剂、20%可湿性粉剂、25%可湿性粉剂。

作用特点 内吸性杀菌剂，具有保护和治疗作用。主要用于防治植物细菌性病害，对水稻白叶枯病、细菌性条斑病、柑橘溃疡病有一定的防效。

应用技术 据资料报道，防治水稻白叶枯病、细菌性条斑病，发病前至发病初期用25%可湿性粉剂100 ~ 150g/亩对水40 ~ 50kg喷雾，若病情严重，应适当增加用药量，秧田在4 ~ 5叶期施药1次，齐穗期在施药1次，前后间隔7 ~ 10d。

据资料报道，防治番茄青枯病，发病初期用20%可湿性粉剂300 ~ 500倍液灌根；防治大白菜软腐病，发病前用20%可湿性粉剂100 ~ 150g/亩对水40 ~ 50kg喷雾。

另外，据资料报道还可用于防治桃树穿孔病，在盛花期，用20%可湿性粉剂800倍液喷雾，1个月后再喷1次；防治柑橘溃疡病，在苗木或幼龄树的新芽萌发后20 ~ 30d(梢长1.5 ~ 3cm，叶片刚转绿期)各喷药1次，结果树在春梢、夏秋梢萌发初期喷药1 ~ 2次，用25%可湿性粉剂500 ~ 750倍液喷雾，间隔10d左右，视树冠大小喷足药量，重点在嫩梢、叶等部位，遇台风天气，应该在风雨过后及时地喷药保护嫩梢和幼龄树。

注意事项 施药方式以弥雾最好，不宜作毒土使用。不可与碱性农药混用。水稻收割和柑橘采摘前30d内停止使用，本品应储存于阴凉、干燥处、防止受潮。

开发登记 山东省青岛瀚生生物科技股份有限公司、深圳诺普信农化股份有限公司等企业曾登记生产。

丙烷脒 propamidine

化学名称 1,3–二(4–脒基苯氧基)丙烷。

结 构 式

理化性质 原药为白色到微黄色固体，熔点188 ~ 189℃，蒸气压小于1.0×10^{-6}Pa。溶解度(20℃，g/L)：水100，甲醇150。

毒　　性 大鼠急性经口LD_{50}为681mg/kg(雌)，1 470mg/kg(雄)；急性经皮LD_{50} > 4 640mg/kg。

剂　　型 2%水剂。

作用特点 农用杀菌剂。

应用技术 据资料报道，防治番茄、黄瓜灰霉病，发病初期用2%水剂50～100倍液喷雾，间隔7d左右施药1次，共施药4次。

开发登记 陕西省杨凌农药化工有限公司登记生产。

菇类蛋白多糖

其他名称 真菌多糖、抗毒剂1号、抗菌丰、菌毒宁。

化学名称 主要成分是菌类多糖，其结构中含有葡萄糖、甘露糖、半乳糖、木糖并挂有蛋白质片段。

理化性质 原药为乳白色粉末，溶于水，制剂外观为深棕色，稍有沉淀，无异味。pH值为4.5～5.5，常温贮存稳定，不宜与酸碱性药剂相混。

毒　　性 大鼠急性经口LD_{50}＞5 000mg/kg，急性经皮LD_{50}＞5 000mg/kg。1%菇类蛋白多糖水剂对大鼠急性经口雌雄性LD_{50}均＞5 000mg/kg，急性经皮雌雄性LD_{50}均＞5 000mg/kg，属于微毒农药；对家兔皮肤、眼睛无刺激；对豚鼠皮肤致敏率为0，属于弱致敏农药。

剂　　型 0.5%水剂、1%水剂。

作用特点 该药为生物制剂，为预防型抗病毒剂。对病毒起抑制作用的主要组分系食用菌菌体代谢所产生的蛋白多糖，蛋白多糖用作抗病毒剂在国内为首创，由于制剂内含丰富的氨基酸，因此施药后不仅抗病毒还有明显的增产作用。

应用技术 对烟草花叶病毒、蔬菜病毒病等的侵染均有良好的抑制效果，尤以对烟草花叶病毒抑制效果更佳。

防治水稻条纹叶枯病，发病前期用0.5%水剂100～120ml/亩对水40～50kg喷雾；防治烟草病毒病，发病前期用0.5%水剂150～200ml/亩对水40～50kg喷雾。

防治番茄病毒病，发病前期用1%水剂100～120ml/亩对水40～50kg喷雾，间隔5d喷1次，共喷5次。

另外还可用于防治大蒜花叶病，发病前期用0.5%水剂250～300倍液喷雾，间隔10d左右喷1次，连喷2～3次。

注意事项 避免与酸、碱性农药及其他物质混用。配制时用清水，配好的药液应即配即用，防止久存。

开发登记 黑燕化永乐（乐亭）生物科技有限公司等公司曾登记生产。

过氧乙酸 paracetic acid

其他名称 克菌星。

化学名称 过氧乙酸。

结 构 式

HO—O—C(=O)—CH_3

理化性质 无色或淡黄色透明液体，具弱酸性，有刺激性气味。可以以任何比例与水和有机溶剂相混合。本品不稳定，易挥发，在储存过程中能逐渐分解，遇各种金属离子则迅速分解，甚至引起爆炸。

毒　　性 大鼠急性经皮LD_{50}＞5 000mg/kg，急性经口LD_{50}＞10 000mg/kg。

剂　　型 21%水剂。

作用特点 内吸性强，用药后蔬菜灰霉病病斑木栓化，脓状腐败物消失，菌丝不再释放孢子，对低温高湿引起的病害效果显著。过氧乙酸可将蛋白质氧化而使微生物死亡，对多种微生物，包括芽孢及病毒都有高效快速的杀菌作用。具有强氧化性，是一种过氧化物，因而具有一定的火灾危险性。

应用技术 防治黄瓜灰霉病，发病初期用21%水剂140～235ml/亩对水40～50kg喷雾。

注意事项 过氧乙酸的性质不稳定，存放过程中遇热和光易氧化分解，加热至110℃时即会爆炸。储运于阴凉、通风、低温处，避光、防热、防压。本品有分层现象，不影响药效，用前摇匀即可。严禁与碱性农药混用。用药时间最好在上午10时前、下午4时以后。使用时宜现用现配。对金属具有腐蚀性，配制时宜采用塑料桶、搪瓷盆，应存放在儿童不易触及的地方。

开发登记 河北利时捷生物科技有限公司、河北润农化工有限公司等企业登记生产。

混合脂肪酸 mixed aliphatic acid

其他名称 83增抗剂、耐病毒诱导剂。

理化性质 一种脂肪酸混合物，主要含C13～C15脂肪酸。外观为乳黄色液体。

毒　　性 大鼠急性经口LD_{50}＞9 580mg/kg(制剂)。

剂　　型 10%水剂、8%水乳剂、10%水乳剂、24%水乳剂、40%水乳剂。

作用特点 抗病毒诱导剂处理的烟株抗耐病物质含量增加，内源激素活性提高。对植物本身有激素活性，对病毒有钝化作用，能有效抑制植物体内病毒的增殖和扩展速度。能诱导作物抗病基因的提前表达，有助于提高抗病相关蛋白酶的含量，使感病品种达到或接近抗病品种的抗性水平，对作物病毒病具有明显的防治效果，并对植物生长有刺激作用。

应用技术 防治烟草花叶病毒病，病初发期施药，用10%水乳剂600～1 000ml/亩对水50kg均匀喷雾，安全间隔期为7d，每个生长季最多使用次数为2次。

另外，据资料报道还可用于防治番茄病毒病，发病前用10%水剂100倍液喷雾，共施药3次，其中苗期2次分别在定植前15d和定植前2d喷雾，定植后再施1次药；防治甜(辣)椒病毒病、白菜类病毒病、榨菜病毒病，发病前期用10%水乳剂100倍液喷雾，隔10d喷1次，连喷3～4次。

注意事项 使用前应将制剂充分摇匀后再加水稀释。喷药后24h内遇雨应补施。本品宜在植株生长前期施用，生长后期施用效果不理想。本品在低温下会凝固，使用时先将凝固制剂放入温水中预热，待制剂溶化后，再加水稀释。

开发登记 潍坊万胜生物农药有限公司、河北利时捷生物科技有限公司等企业登记生产。

菌毒清

其他名称 环中菌毒清。

化学名称 2-(辛基氨乙基)-甘氨酸盐酸盐。

结 构 式

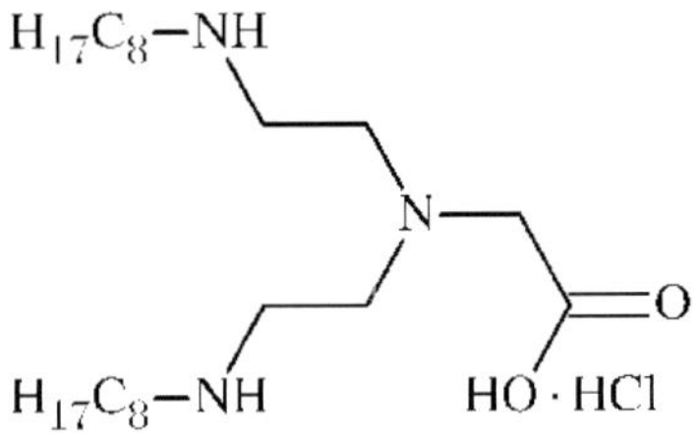

$$\begin{array}{l} H_{17}C_8-NH \\ \quad \diagdown\!\!\diagup \\ \qquad N-CH_2-C(=O)-OH\cdot HCl \\ \quad \diagup\!\!\diagdown \\ H_{17}C_8-NH \end{array}$$

理化性质 外观棕黄色或棕红色黏稠含结晶液体(常温)，比重1.02～1.04 (20℃)，沸点大于100℃，可与水混溶。

毒　　性 大鼠急性经口LD_{50}为851mg/kg，水生生物TLm(48h)约40mg/kg(鲤鱼、罗非鱼、草鱼、鲢鱼)，未见人中毒报道。

剂　　型 5%水剂、6.5%水剂、20%可湿性粉剂。

作用特点 该药有一定的内吸和渗透作用，可用于防治苹果树腐烂病等多种真菌性病害及部分病毒病。甘氨酸类杀菌剂，可以通过破坏各类病原体的细胞膜，凝固蛋白、阻止呼吸和酵素活动等方式杀菌(病毒)。

应用技术 防治水稻细菌性条斑病，在水稻分蘖盛期，用5%水剂100ml/亩对水40～50kg喷雾，间隔7d喷1次，连喷3次；防治棉花枯萎病，发病前期用5%水剂150～250ml/亩对水40～50kg喷雾。

防治番茄、辣椒病毒病，发病前6.5%水剂150～200g/亩对水40～50kg喷雾。

防治苹果腐烂病，将腐烂病疤彻底刮净后，用5%水剂50倍液充分涂刷于病疤处。

另外，据资料报道还可用于防治核桃腐烂病，确定病斑大小并及时刮治，刮时要求刀口平整光滑，茬口向外略倾，病疤要刮成菱形，且将病斑周围的好皮层刮去1cm左右，对于木质部已开始腐烂的，要将腐烂的木质部一并刮去，刮后用5%水剂40～50倍液涂抹。

注意事项 本品不宜与其他药剂混用，因气温低药液出现结晶沉淀时，应用温水将药液温升至30℃左右将其中结晶全部溶化后再进行稀释使用。

开发登记 山东省济南中科绿色生物工程有限公司等企业曾登记生产。

喹啉铜 oxine-copper

其他名称 Quinolate(La Quinoleine)；oxine-copper(BSI，JMAF)；oxine copper或oxine-Cu(E-IOS)；oxine-cuiver或oxine-Cu((m)F-ISO)；oxyquindeate de cuivre(France)；copper 8-quinolinolate(Canada)。

化学名称 喹啉铜。

结 构 式

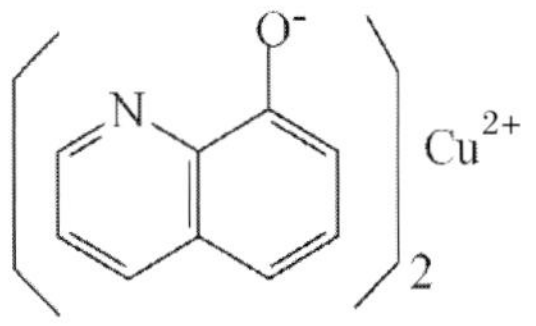

$$\left(\text{8-quinolinolate } (O^-) \right)_2 Cu^{2+}$$

理化性质 本品为油绿色粉末，270℃以上时分解，不挥发，不溶于水及一般有机溶剂中，微溶于吡啶中。在pH值2.7～12的范围内稳定，具有化学惰性，在紫外光下不分解。

毒　　性 大鼠急性经口LD_{50}4 700mg/kg，小鼠急性经口LD_{50}9 000mg/kg。对兔皮肤无刺激性，对兔眼有轻微刺激性。对大鼠无致畸作用。

剂　　型 40%悬浮剂、50%可湿性粉剂、33.5%悬浮剂、40%悬浮剂、50%水分散粒剂。

应用技术 主要用作种子处理剂：可用于谷类作物(防治雪腐镰孢、颖枯壳针孢和小麦网腥黑粉菌)、亚麻、甜菜、向日葵(防治链格孢属、葡萄孢属、尾孢属、茎点霉属、腐霉属和核盘菌属)、菜豆、豌豆(壳二孢属)。常与其他杀虫剂及杀菌剂混用，还可用于纺织物、皮革和木材涂料防霉。

防治小麦腥黑穗病，用40%悬浮剂80～100g拌种100kg。

防治黄瓜霜霉病，发病初期用33.5%悬浮剂34～38ml/亩对水40～50kg喷雾；防治番茄晚疫病，发病初期用40%悬浮剂30～40g/亩对水40～50kg喷雾；防治马铃薯早疫病，用33.5%悬浮剂60～75ml/亩对水40～50kg喷雾。

防治苹果树轮纹病，发病初期用50%可湿性粉剂1 500～2 000倍液喷雾；防治荔枝霜疫霉病，发病初期用40%悬浮剂1 000～1 500倍液喷雾；防治柑橘树溃疡病，用33.5%悬浮剂1 000～1 250倍液喷雾。

注意事项 喷药时药液应均匀，勿与强碱、强酸农药混配，安全间隔期为15d。

开发登记 兴农药业(中国)有限公司、山东省青岛东生药业有限公司等企业登记生产。

三苯基乙酸锡 fentin acetate

其他名称 薯瘟锡；tripHenyltin acetate(USA)；fentine acetate(ISO-F)；fenolovo acetate(USSR)；Suzu；Batasan；Bedilan；Brestan。

化学名称 三苯基醋酸锡。

结 构 式

理化性质 无色结晶固体。熔点121～123℃(工业品118～125℃)。60℃蒸气压为1.9MPa，密度为1.5(20℃)，溶解度(20℃)：水9mg/L(pH值5)，乙醇22g/L，乙酸乙酯82g/L，已烷5g/L，二氯甲烷460g/L，甲苯89g/L。置于干燥处储存是稳定的，当暴露于空气和阳光下较易分解，22℃在酸碱条件下不稳定，$DT_{50}<3h$(pH值5、7、9)。

毒　　性 急性经口LD_{50}：大鼠140～298mg/kg，豚鼠20mg/kg，兔30～50mg/kg。急性经皮LD_{50}：大鼠约450mg/kg，小鼠350mg/kg。对皮肤和黏膜有刺激。大鼠急性吸入LC_{50}(4h)：雄大鼠0.044mg/L空气，雌大鼠0.069mg/L空气。犬2年饲喂试验无作用剂量为5mg/kg饲料，鹌鹑LD_{50}为77.4mg/kg，鲤鱼LC_{50}(48h)为0.32mg/L，对蜜蜂无毒，水蚤LC_{50}(48h)为0.32～32μg/L。

剂　　型 20%可湿性粉剂、45%可湿性粉剂、60%可湿性粉剂。

作用特点 保护性杀菌剂。可以有效防治多种作物病害，药效比铜制剂高10～20倍，比代森类好，但没有内吸性。对一些水稻细菌性病害(如水稻条斑病、水稻胡麻斑病)也有较好的效果。对蔬菜病害(如洋葱黑斑病、芹菜叶枯病、菜豆炭疽病、胡萝卜斑点病等)和一些经济作物的病害(如可可和棕榈疫霉病、咖啡生尾孢病)也都有防效。除了上述杀菌作用外，还对稻田中的藻类及水蜗牛也有特殊作用。此外，对于某些害虫也有一定的忌避和拒食作用。

应用技术 防治水稻稻曲病，发病前期用20%可湿性粉剂150～200g/亩对水40～50kg喷雾；防治甜菜褐斑病，发病前期用45%可湿性粉剂60～67g/亩对水40～50kg喷雾。据资料报道，防治水稻水绵，用45%可湿性粉剂60～70g/亩撒毒土；防治水稻稻瘟病，发病前用20%可湿性粉剂200～350g/亩，对水40～50kg喷雾；

另外，据资料报道还可用于防治马铃薯晚疫病，用45%可湿性粉剂100～150g/亩对水40～50kg喷雾。

开发登记 浙江禾本科技有限公司等企业登记生产。

三氮唑核苷 ribavirin

其他名称 病毒必克。

化学名称 1-D-呋喃核糖-1,2,4-三氮唑-3-羧酰胺。

结 构 式

N CONH2 CH2OH N—N O H H OH

理化性质 原药为白色结晶粉末，无臭，在水中易溶，在乙醇中微溶，熔点205℃。稳定性：对水、光、空气、弱酸、弱碱均稳定。

毒　　性 大鼠急性经口LD_{50}＞10 000mg/kg；大鼠急性经皮LD_{50}＞10 000mg/kg。

剂　　型 3%水剂。

作用特点 核苷类抗病毒药。

应用技术 据资料报道，防治黄瓜病毒病，发病前期用3%水剂60～80ml/亩对水40～50kg喷雾。

注意事项 本品可与中性、酸性农药混合使用，不可与碱性物质混合，使用前充分摇匀，选晴天、无风、无雨时喷施，储存时应避光保存。

开发登记 华北制药集团爱诺有限公司曾登记生产。

三氯异氰尿酸 trichloroiso cyanuric acid

其他名称 强氯精。

化学名称 三氯异氰尿酸。

结 构 式

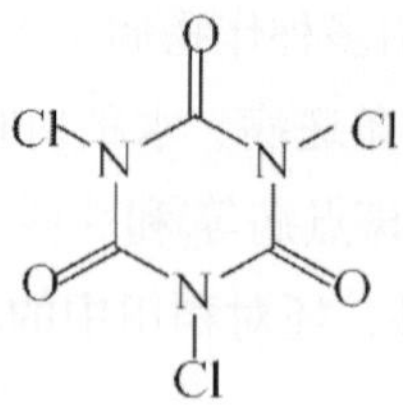

理化性质 原药外观为白色棱状结晶或白色粉末，密度4.1g/cm³，熔点240~250℃，20℃水中溶解度为1.2%。

毒　　性 急性经口LD_{50}为750mg/kg(大鼠)，急性经皮LD_{50}为750mg/kg(大鼠)。蜜蜂LD_{50} 2 000mg/kg，有益生物及鸟类LD_{50} 2 000mg/kg。

剂　　型 36%可湿性粉剂、40%可湿性粉剂、42%可湿性粉剂、50%可湿性粉剂、80%可溶粉剂、85%可溶粉剂。

注意事项 本品含有次氯酸分子，次氯酸分子不带电荷，其扩散穿透细胞膜的能力较强。可使病原菌迅速死亡，用于水稻种子消毒可有效地防治细菌性条斑病等多种病害。

应用技术 防治小麦赤霉病，发病初期用36%可湿性粉剂160~250g/亩对水40~50kg喷雾；防治水稻纹枯病、稻瘟病、白叶枯病、细菌性条斑病，发病初期用36%可湿性粉剂60~90g/亩对水40~50kg喷雾；防治棉花黄萎病、立枯病，发病初期用36%可湿性粉剂100~170g/亩对水40~50kg喷雾；防治油菜菌核病，发病初期用42%可湿性粉剂70~100g/亩对水40~50kg喷雾。

防治辣椒炭疽病，发病初期用42%可湿性粉剂60~80g/亩对水40~50kg喷雾。

防治苹果树腐烂病，用80%可溶粉剂300~400倍液枝干喷淋，防治烟草赤星病、青枯病，用42%可湿性粉剂30~50g/亩喷雾。

注意事项 勿与酸、碱物质接触，以免分解失效和爆炸燃烧，产品如遇碱、酸分解燃烧应以砂石扑灭或采用化学灭火剂灭火。

开发登记 天津博克百胜科技有限公司、东营康瑞药业有限公司、湖南神隆海洋生物工程有限公司等企业登记生产。

二氯异氰脲酸钠

其他名称 优氯特；优氯克霉灵；克霉灵(混剂)。

化学名称 二氯异氰脲酸钠。

结 构 式

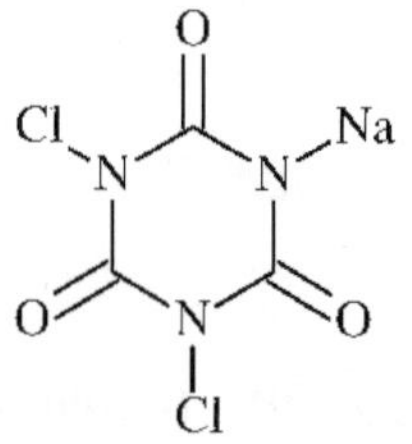

理化性质 白色粉末，密度0.74g/ml。

毒　　性 小鼠急性经口LD_{50} > 12 270mg/kg(制剂)，对人基本无毒。

剂　　型 20%可溶性粉剂、40%可溶性粉剂、50%可溶粉剂、25%可湿性粉剂、66%烟剂。

应用技术 对人、畜、禽等动物性病原细菌的繁殖体、芽孢、真菌和病毒，对鱼、虾池中的细菌、真菌、病毒及部分原虫，对小麦、水稻、花生、棉花、蔬菜、果树等田间作物的病原细菌、真菌、病毒均有极强的杀灭能力，对食用菌栽培过程中易发生的霉菌及其他病菌有较强的杀菌能力。

防治黄瓜霜霉病，发病初期用20%可溶粉剂188～250g/亩对水40～50kg喷雾；防治番茄早疫病，发病初期用50%可溶性粉剂75～100g/亩对水40～50kg喷雾；防治辣椒根腐病，发病初期用20%可溶性粉剂300～400倍液对水40～50kg灌根；防治茄子灰霉病，发病初期用20%可溶性粉剂200～250g/亩对水40～50kg喷雾。防治柑橘树炭疽病，发病初期用20%可溶性粉剂800～1 000倍液喷雾。防治平菇木霉，把经过高温灭菌的平菇筒趁热搬入密封的菇房中，待冷却后把66%烟剂8g/m^{3}放在菇房中央用明火点燃，使烟雾在菇房中密闭消毒30min，然后在菇房中接种。防治苹果树腐烂病、枝干轮纹病，用40%二氯异氰尿酸钠可溶粉剂70～130倍液对病疤刮除后涂抹均匀；防治人参立枯病，可用40%二氯异氰尿酸钠可溶粉剂6～12g/m^2，将药、干细土按1∶10比例混合均匀制成药土，均匀撒施入人参种植地。施药后立即用机械旋耕，将床土与药土混合均匀，深度为15cm左右，用药到位，土壤水分应达50%～60%；防治草坪褐斑病，在病发生初期施用50%可溶粉剂 75～150g/亩 进行喷雾防治。

注意事项 本品宜单独使用，不宜与其他农药混用。

开发登记 威海韩孚生化药业有限公司、四川润尔科技有限公司等企业登记生产。

氯溴异氰脲酸 propamocarb hydrochloride

其他名称 消菌灵。

化学名称 氯溴异氰脲酸。

结 构 式

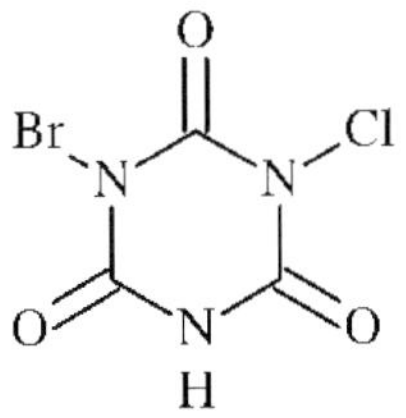

O
Br–N N–Cl
O N O
H

理化性质 原药外观为白色粉末，易溶于水。

毒　　性 急性经口LD_{50}为750mg/kg(大鼠)，急性经皮LD_{50}为750mg/kg(大鼠)。水生生物：鲤鱼、虹鳟鱼LD_{50}为1 500mg/kg，蜜蜂LD_{50}为2 000mg/kg，野鸭LD_{50}为2 000mg/kg。

剂　　型 50%可湿性粉剂、10%可溶粉剂、50%可溶粉剂。

应用技术 对作物的细菌、真菌、病毒具有强烈的杀灭、内吸和保护双重功能，该药喷施在作物表面能慢慢地释放氯离子和溴离子，形成次氯酸(HOCl)溴酸(HOBr)，因此具有强烈的杀菌作用。防治水稻白叶枯病、细菌性条斑病，发病初期用50%可溶粉剂40～60g/亩对水40～50kg喷雾；防治水稻纹枯病、稻瘟病、条纹叶枯病，发病初期用50%可溶粉剂50～70g/亩对水40～50kg喷雾。防治黄瓜枯萎病，坐果初期，用10%可溶粉剂800～1 000倍液灌根，间隔10d1次，连灌2～3次；防治黄瓜霜霉病、辣椒病毒病，发病初期用50%可溶粉剂60～70g/亩对水40～50kg喷雾；防治大白菜软腐病，发病前用50%可溶粉剂50～60g/亩对水40～50kg喷雾；防治梨树黑星病，发病初期用50%可溶粉剂70～80g/亩对水40～50kg喷雾；防治月季根癌病，发病初期用50%可溶性粉剂1 000倍液灌根。

注意事项 储存在干燥阴凉处，结块不影响药效。

开发登记 山西奇星农药有限公司等企业登记生产。

戊菌隆 pencycuron

其他名称 禾穗宁；万菌灵；戊环隆；Monceren；BAY NTN 19701；NTN 19701；NTN-5201。

化学名称 N-(N-氯苯甲基)-N-环茂烷基-N-苯基脲。

结构式

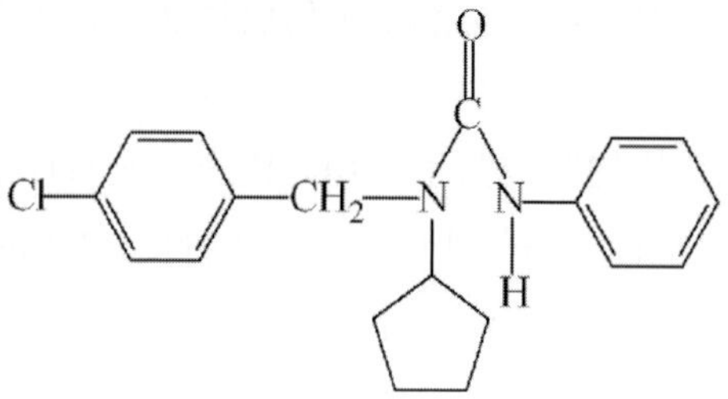

理化性质 无色结晶，熔点为129.5℃，20℃时蒸气压为3.3×10^{-10}Pa，溶解度为：水0.3mg/L，二氯甲烷200～500g/L，正己烷0.1～1.0g/L，异丙醇2～5g/L，甲苯20～50g/L。25℃正常情况下稳定，水解DT_{50}分别为(pH值4时)280d、(pH值7时)22年、(pH值9时)17年。

毒性 为低毒杀菌剂，大鼠急性经口LD_{50}>5g/L，急性经皮LD_{50}>2g/kg，急性吸入LC_{50}>625mg/m^3，亚急性经口无作用剂量为2g/kg(雄)和400mg/kg(雌)，家兔亚急性经皮作用剂量为250mg/kg。鱼毒LC_{50}(96h)为鲤鱼8.8mg/L，对家兔皮肤没有刺激作用，无致畸、致突变作用。

剂型 25%可湿性粉剂。

作用特点 非内吸性杀菌剂，具有保护作用和持效期长特性的接触性杀菌剂，对丝核菌引起的水稻纹枯病有特效。

应用技术 资料报道，防治小麦纹枯病，发病初期用25%可湿性粉剂50～67g/亩对水100kg喷雾；防治棉花炭疽病、立枯病，用25%可湿性粉剂200～250g拌种100kg。

注意事项 本品可与敌瘟磷等农药混用；本品要存放于儿童接触不到的地方，并且不要与食物和饲料一起存放；本品对哺乳动物有轻微毒性，若发生中毒事故，可对症治疗。

噻霉酮 benziothiazolinone

其他名称 菌立灭。

化学名称 1,2-苯并异噻唑啉-3-酮。

结构式

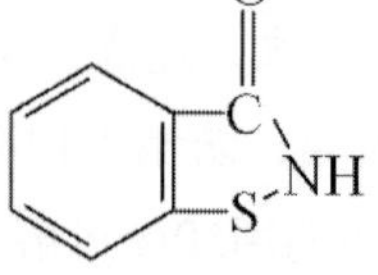

理化性质 原药为微黄色粉末，相对密度0.8，熔点158℃，20℃水中溶解度4g/L。

毒　　性 大鼠急性经口LD_{50}为1 000mg/kg，大鼠急性经皮LD_{50}为1 000mg/kg。

剂　　型 1.5%水乳剂、3%微乳剂、3%水分散粒剂、3%可湿性粉剂、5%悬浮剂、1.6%涂抹剂。

作用特点 该药是一种新型广谱杀菌剂，对真菌性病害具有预防和治疗作用。

应用技术 防治小麦赤霉病，于病害发病前或发病初期施用1.5%水乳剂40～50ml/亩，对水40～50kg均匀喷雾。

防治黄瓜霜霉病、细菌性角斑病，发病初期用1.5%水乳剂116～175g/亩对水40～50kg喷雾。

防治苹果轮纹病，发病初期用1.5%水乳剂600～750倍液喷雾；防治柑橘溃疡病，发病初期用1.5%水剂800～1 200倍液喷雾；防治梨树黑星病，于病害发病前或发病初期施用1.5%水乳剂800～1 000倍液喷雾；防治烟草野火病，用3%微乳剂90～100g/亩喷雾。

开发登记 陕西西大华特科技实业有限公司登记生产。

噻菌茂

其他名称 青枯灵。

化学名称 2-苯甲酰亚肼基-1,3-二噻茂烷。

结 构 式

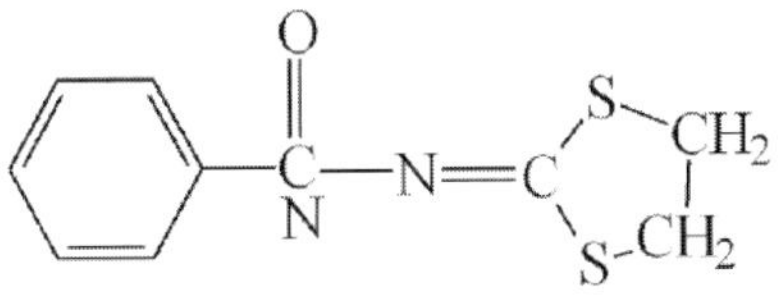

理化性质 外观为灰白粉末状固体。熔点为145℃，易溶于二甲亚砜，难溶于石油醚。

毒　　性 大鼠急性经口LD_{50}为1 000mg/kg，急性经皮LD_{50} > 2 000mg/kg。

剂　　型 20%可湿性粉剂。

应用技术 防治水稻白叶枯病、烟草青枯病，发病初期用20%可湿性粉剂150g/亩对水40～50kg喷雾。

开发登记 浙江斯佩斯植保有限公司曾登记生产。

噻唑锌

化学名称 2-氨基-5-巯基-1,3,4-噻二唑锌。

结 构 式

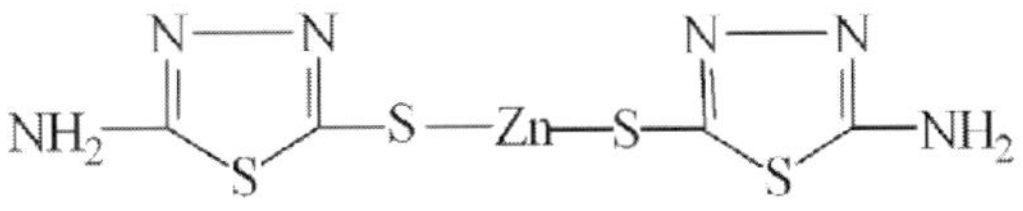

理化性质 熔点大于300℃。不溶于水和有机溶剂。在中性、弱碱性条件下较稳定。

毒　　性 大鼠急性经口LD_{50} > 5 000mg/kg(制剂)，急性经皮LD_{50} > 5 000mg/kg(制剂)。

剂　　型 20%悬浮剂、30%悬浮剂、40%悬浮剂。

作用特点 高效、低毒有机锌杀菌剂，具有活性高、杀菌谱广，对作物安全等特点，兼有保护和内吸杀菌治疗作用。

应用技术 对水稻、蔬菜、柑橘等细菌性病害的防治效果突出。

防治水稻细菌性条斑病，发病初期用20%悬浮剂100～125ml/亩对水40～50kg喷雾；防治柑橘溃疡病，发病初期用20%悬浮剂300～500倍液喷雾；防治黄瓜细菌性角斑病，用20%悬浮剂100～150ml/亩进行喷雾；防治烟草野火病，用40%悬浮剂60～85ml/亩在病害发生初期喷雾；防治烟草青枯病及芋头软腐病，用40%悬浮剂600～800倍液在病害发生初期进行喷雾。

开发登记 浙江新农化工股份有限公司登记生产。

噻森铜

化学名称 N,N−甲撑双(2−氨基−5−巯基−1,3,4−噻二唑)铜。

结构式

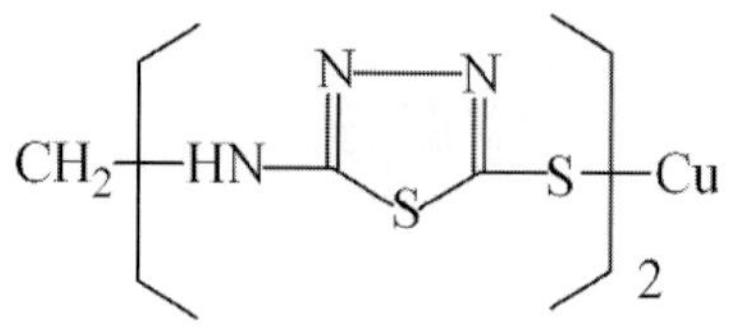

$$CH_2\left[HN-\underset{S}{\overset{N—N}{\langle\ \rangle}}-S\right]_2Cu$$

理化性质 纯品为蓝绿色粉状固体。熔点300℃(分解)；20℃时水中不溶，微溶于吡啶、二甲基甲酰胺。原药(含量≥95%)外观为蓝绿色粉状固体；噻森铜在碱性介质中不稳定，遇强碱易分解，能燃烧。

毒性 大鼠急性经口LD_{50}＞2 000mg/kg，大鼠急性经皮LD_{50}＞5 000mg/kg，对兔眼睛有轻微刺激，对兔皮肤无刺激。

剂型 20%悬浮剂、30%悬浮剂。

应用技术 噻森铜对水稻白叶枯病和细菌性条斑病、番茄青枯病、大白菜软腐病有较好的防效。

防治水稻白叶枯病和细菌性条斑病，发病初期用20%悬浮剂100～125ml/亩喷雾，喷2～3次，间隔7d左右。

防治番茄青枯病、大白菜软腐病，发病前用20%悬浮剂300～500倍液灌根，一般喷4～5次，间隔7d左右。防治姜瘟病，用20%悬浮剂500～600倍液进行灌根；防治铁皮石斛软腐病，用20%悬浮剂500～600倍液进行喷雾；防治柑橘溃疡病、芋头软腐病，用20%悬浮剂300～500倍液进行喷雾；防治烟草野火病、西瓜角斑病，用20%悬浮剂100～160ml/亩对水进行喷雾。

开发登记 浙江东风化工有限公司登记生产。

十二烷基苄基二甲基氯化铵 toshin

其他名称 杀菌力；杀菌优。

化学名称 十二烷基苄基二甲基氯化铵。

结构式

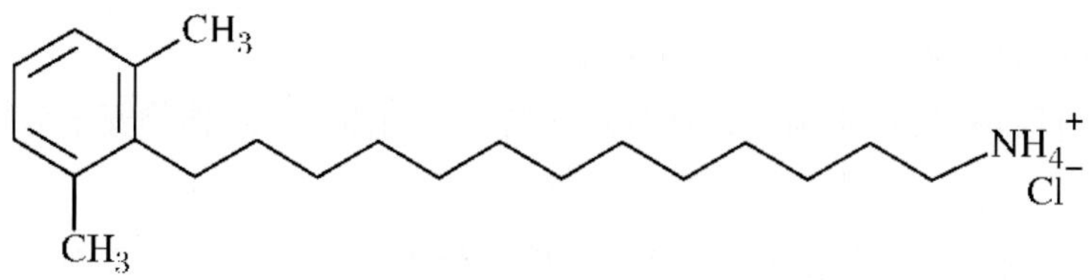

(2,6-二甲基苯基)−$(CH_2)_{12}$−NH_4^+ Cl^-

CH_3 CH_3 NH_4^+ Cl^-

理化性质 原药外观茶色或红褐色透明稳定的均相黏稠液体，比重1.07～1.065，易溶于水、乙酮和丙酮，难溶于乙醚，对酸、碱、热、光均稳定。

毒　　性 大鼠急性经皮LD_{50} 962mg/kg，急性经口LD_{50} > 2 000mg/kg。

剂　　型 5%水剂、10%水剂。

作用特点 该药由杀菌活性季铵盐和表面活性剂复配而成。具有强极性，能吸附于真菌、细菌、病毒表面、破坏真菌、细菌、病毒的细胞膜，进而渗透入细胞内，达到杀菌作用，该药具有高效、低毒、广谱、不受有机杂质干扰等特点。

注意事项 各种病害防治必须在发病初期开始用药，每隔7～10d 1次，一般要求喷施2～3次。可与大多数农药混用，不宜与碱性药剂混用。

防治苹果树斑点落叶病、炭疽病，发病初期用10%水剂600～800倍液喷雾。

开发登记 陕西省西安近代农药科技股份有限公司等企业登记生产。

双胍三辛烷基苯磺酸盐 iminoctadine tris (albesilate)

其他名称 百可得；Belkute。

化学名称 1',1–亚氨基(辛基亚甲基)双胍三(烷基苯基磺酸盐)。

结 构 式

$$H_2N-C(=NH)-NHCH_2(CH_2)_6CH_2NHCH_2(CH_2)_6CH_2NH-C(=NH)-NH_2$$

理化性质 原药为棕色固体，相对密度1.076，熔点92～96℃(98%纯品)，溶解度(g/L)甲醇5 660。

毒　　性 大鼠急性经口LD_{50}1 400mg/kg，急性经皮LD_{50} > 2 000mg/kg。

剂　　型 40%可湿性粉剂。

作用特点 一种广谱的杀真菌剂，局部渗透性强。其作用方式是抑制病菌类脂的生物合成。

应用技术 防治黄瓜白粉病，发病初期用40%可湿性粉剂1 000～2 000倍液喷雾；防治西瓜蔓枯病、芦笋茎枯病，发病初期用40%可湿性粉剂800～1 000倍液喷雾；防治番茄灰霉病，发病初期用40%可湿性粉剂30～50g/亩对水40～50kg喷雾。

防治苹果树斑点落叶病，发病初期用40%可湿性粉剂800～1 000倍液喷雾；防治葡萄灰霉病，发病初期用40%可湿性粉剂30～50g/亩对水40～50kg喷雾。

开发登记 江苏龙灯化学有限公司等企业登记生产。

霜脲氰 cymoxanil

其他名称 DPX–3217；霜疫清；清菌脲。

化学名称 2–氰基–N–[(乙胺基)羰基]–2–(甲氧基亚胺基)乙酰胺。

结 构 式

$$C_2H_5-NH-C(=O)-NH-C(=O)-C(=N-O-CH_3)-CN$$

理化性质 无色结晶固体，熔点160～161℃，25℃密度1.31，25℃蒸气压为80μPa(外推法)。25℃溶解度(g/kg)：水1，二甲基甲酰胺185，丙酮105，氯仿103，甲醇41，苯2，己烷小于1。在通常储藏条件和中性或微酸性介质中稳定。7d内在土壤中消失50%。

毒　　性 大鼠急性口服LD_{50}为1 196mg(工业品)/kg、豚鼠为1 096mg/kg；对兔急性经皮LD_{50}＞3 000mg/kg；对皮肤无刺激或过敏反应。对眼有很轻微的刺激作用。14d内，给大鼠经口饲喂10次，每次200mg/kg，未发现积蓄中毒的症状。LC_{50}(8d)：鹌鹑2.846mg/kg，野鸭＞10 000mg/kg。LC_{50}(96h)：虹鳟鱼18.7mg/L，太阳鱼13.5mg/L。

剂　　型 80%可湿性粉剂、20%悬浮剂。

作用特点 具有局部内吸作用的杀菌剂。可抑制孢子萌发，对葡萄霜霉病、疫病等有效，与保护性杀菌剂混用以延长持效期。

应用技术 资料报道，用于防治马铃薯、番茄、葡萄、黄瓜、白菜等作物上的霜霉病和晚疫病，其效果和甲霜灵相当，而霜脲氰保持药效时间长，没有药害，和代森锰锌混配效果更佳。

防治葡萄霜霉病，发病初期用20%悬浮剂2 000～2 500倍液对水40～50kg喷雾。

注意事项 多用在与其他杀菌剂混用提高防效。避免与碱性物质接触。

开发登记 青岛中达农业科技有限公司等企业登记生产。

溴菌腈 bromothalonil

其他名称 炭特灵；Tektamer 38；休菌清。

化学名称 2-溴-2-溴甲基戊二腈。

结 构 式

$$Br—CH_2—\overset{\overset{CN}{|}}{\underset{\underset{Br}{|}}{C}}—CH_2—CH_2—CN$$

理化性质 纯品为无刺激性气味的白色晶体，工业品为微黄色晶体。熔点52.5～54.5℃，难溶于水，溶于醇、苯等有机溶剂。

毒　　性 大白鼠经口急性毒性雌LD_{50}为794mg/kg，雄LD_{50}为681mg/kg。皮肤急性毒性LD_{50}＞10g/kg。对新西兰大白兔眼睛有轻度刺激作用，对皮肤无刺激性。Ames试验表明，对小鼠无遗传毒性。90d喂养试验无作用剂量＞170mg/kg或剂量＜340mg/kg无明显蓄积毒性作用。无致突变、无致癌性，在使用浓度内对鱼类、鸟类安全。25%乳油的口服急性毒性、雌大鼠LD_{50}为1 260mg/kg、雄大鼠LD_{50}为1 080mg/kg。

剂　　型 95%原药、25%乳油、25%可湿性粉剂。

作用特点 可抑制或铲除无色杆菌、蕈状芽孢杆菌、弗罗恩特氏柠檬酸细菌、金黄色葡萄球菌、大肠埃氏杆菌、赛氏杆菌、奇异变形杆菌、交链孢属、黑曲霉、青霉属、毛壳霉属、木霉属、丝核菌属等，是一种较好的杀菌防腐灭藻剂。

应用技术 是作物炭疽病的克星，对黄瓜、辣椒、番茄、落葵、西瓜、苹果、梨、桃、葡萄、柑橘、橡胶树等作物的炭疽病有很好的防治效果。对花生茎腐病，黄瓜灰霉病、霜霉病，西瓜枯萎病、根腐病，白菜软腐病、根肿病，芹菜斑枯病，梨黑星病，桃褐腐病，葡萄白腐病、黑痘病、生理裂果，柑橘疮痂病、溃疡病，香蕉叶斑病等有很好的防治作用。对食用菌的杂菌及黏菌杀灭作用突出。

资料报道，防治西瓜根腐病，在西瓜3~5片真叶期，用25%乳油300g/亩对水150~300kg灌根，每株灌药液0.25~0.5kg；防治大白菜根肿病，在6~10片真叶时，用25%乳油50g/亩对水150~300kg灌根，每株灌0.25~0.35kg。

注意事项 不宜与食物、饲料一起存放和运输。本品低毒，勿入口。储存于阴凉干燥仓库内，保持良好通风。使用时注意对眼睛和皮肤的防护，避免直接接触药液。

开发登记 江苏托球农化有限公司等企业登记生产。

溴硝醇 bronopol

其他名称 Bronocot；溴硝丙二醇；Bronotak；拌棉醇。

化学名称 2-溴-2-硝基-1,3-丙二醇。

结构式

$$HOHC_2-\underset{NO_2}{\overset{Br}{C}}-CH_2OH$$

理化性质 无色至淡黄棕色无味结晶固体，熔点130℃，20℃蒸气压为1.68MPa，在22℃水中的溶解度为25%(w/v)，溶解于2倍体积的丙酮、6倍体积的2-乙氧基乙醇和高于500倍体积的甲苯。

毒　　性 大鼠急性口服LD_{50}为180~400mg/g，小鼠为270~400mg/kg；犬为250mg/kg；大鼠急性经皮LD_{50}值>1 600mg/kg；用含有1g/kg药剂的饲料喂鼠12周，在临床和病理上均没有发生变化。

剂　　型 20%可湿性粉剂、25%可湿性粉剂、80%可溶性粉剂、95%可溶性粉剂、12%拌种剂。

作用特点 杀细菌剂。

应用技术 可有效地防治多种植物病原细菌，用于棉花种子处理剂，防治由棉花角斑病菌所引起的棉花黑铃病或细菌性角斑病具有特效。溴硝醇防治水稻恶苗病防效高，药效稳定，使用方便，用药成本低。防治水稻恶苗病，用20%可湿性粉剂160~200倍液浸种。

注意事项 不要与碱性农药混用。

开发登记 辽宁省丹东市农药总厂登记生产。

敌菌灵 anilazine

其他名称 防霉灵；代灵；Triazine；Triasyn B-622。

化学名称 2,4-二氯-6-(2-氯代苯氨基)均三氮苯。

结构式

（结构式：2,4-二氯-6-(2-氯苯氨基)-1,3,5-三嗪，含 Cl、N、H 标注）

理化性质 白色至黄色结晶，熔点159~160℃，20℃蒸气压为0.826μPa，不溶于水，但易水解。30℃

时在100ml有机溶剂中的溶解度：氯苯6g，苯5g，二甲苯4g，丙酮10g。常温下储存2年，有效成分含量变化不大。敌菌灵在中性和弱酸性介质中较稳定，在碱性介质中加热会分解。

毒　　性 原粉对大鼠急性经口$LD_{50}>5g/kg$，对兔急性经皮$LD_{50}>9.4g/kg$，长时间与皮肤接触有刺激作用。在试验条件下，未见致癌作用。对大鼠经口无作用剂量为5g/kg。鱼毒LC_{50}：虹鳟鱼0.15mg/L(48h)，蓝鳃<1.0mg/L(96h)；鹌鹑$LD_{50}>2g/kg$，对蜜蜂无毒。

剂　　型 50%可湿性粉剂。

作用特点 杀菌谱较广的内吸性杀菌剂。

应用技术 对交链孢属、尾孢属、葡柄霉属、葡萄孢属等真菌特别有效，对水稻瘟病、胡麻叶斑病，烟草赤星病，瓜类炭疽病、霜霉病、黑星病，番茄斑枯病等有效。

据资料报道,防治水稻稻瘟病、烟草赤星病，发病初期用50%可湿性粉剂500倍液喷雾。

防治黄瓜霜霉病、蔓枯病，发病初期用50%可湿性粉剂400～500倍液喷雾，间隔7～10d喷1次，连续喷3～4次；防治番茄斑枯病，用50%可湿性粉剂300～700倍液喷雾，间隔7～10d喷1次。

注意事项 切勿与碱性药剂混用。水稻扬花期应停止用药，以防产生药害。但配药和施药人员仍需注意安全，防止药液吸入或沾染皮肤，喷药后要及时冲洗。可通过食道和呼吸道引起中毒，长时间与皮肤接触也有刺激作用，但无特殊解药，需采用对症处理进行治疗。施药后各种工具要认真清洗，污水和剩余药液要妥善处理保存，不得任意倾倒，以免污染鱼塘、水源的土壤。搬运时应注意轻拿轻放，以免破损污染环境，运输和储存时应有专门的车皮和仓库，不得与食物及日用品一起运输，应储存在干燥和通风良好的仓库中。

开发登记 吉林市绿盛农药化工有限公司曾企业登记生产。

核苷酸 nucleotide

其他名称 绿风95。

化学名称 核苷酸。

理化性质 内含鸟苷酸、腺苷酸、尿苷酸。原药外观为浅黄色，相对密度1.25，沸点104℃，易溶于水。

毒　　性 大鼠急性经口$LD_{50}>5\ 000mg/kg$(制剂)，急性经皮$LD_{50}>4\ 000mg/kg$(制剂)。

剂　　型 0.05%水剂。

作用特点 本品是从养殖的蚯蚓、蚯蚓卵及粪便等经过发酵、碱解，混配铜、锌等微量元素络合而成的植物生物调节剂。水解时可使核酸降解为核苷酸，起到调节植物的作用。

应用技术 防治棉花黄萎病，还可用于黄瓜调节生长、增产。

注意事项 不宜与碱性农药混用及碱性物质混用，制剂喷施时间宜在晴天的上午10时以前或下午4时以后，本品储存于阴凉干燥处。

开发登记 宁夏绿泰生物工程有限公司、陕西汤普森生物科技有限公司等企业曾登记生产。

大黄素甲醚 physcion

其他名称 朱砂莲乙素；非斯酮。

化学名称 1,8–二羟基–3–甲氧基–6–甲基蒽醌。

结构式

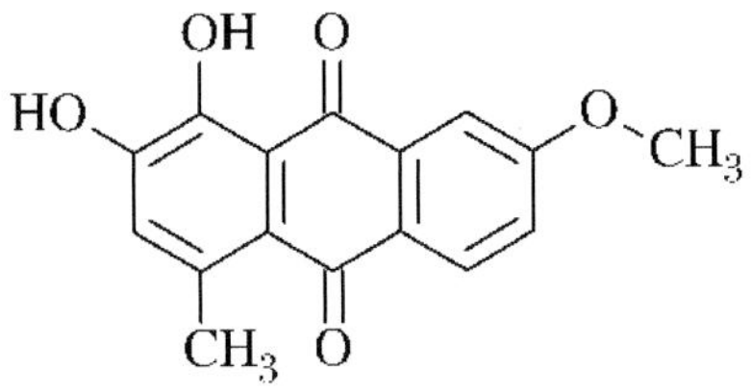

理化性质 金黄色针状结晶，203 ~ 207℃。溶于苯、氯仿、吡啶及甲苯，微溶于醋酸和醋酸乙酯，不溶于水、甲醇、乙醇、乙醚和丙酮。与乙酸镁试剂反应显橙红色或粉红色。

毒　　性 大鼠急性经口LD_{50} > 5 000mg/kg，大鼠急性经皮LD_{50} > 2 000mg/kg.

应用技术 防治黄瓜白粉病，发病初期用0.5%水剂1 000 ~ 2 000倍液进行喷雾。

开发登记 内蒙古清源保生物科技有限公司登记生产。

氰烯菌酯

化学名称 2–氰基–3–氨基–丙烯酸乙酯。

结构式

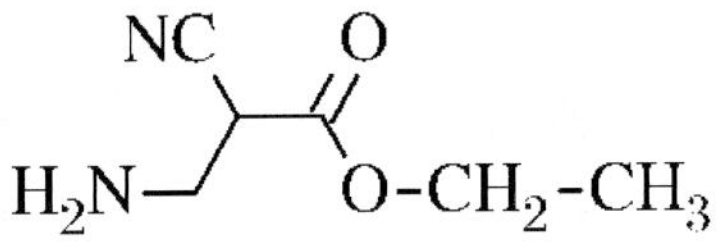

理化性质 原药外观为白色固体粉末；熔点123 ~ 124℃；蒸气压(25℃)：4.5×10^{-5}Pa；溶解性(20℃)：难溶于水、石油醚、甲苯，易溶于氯仿、丙酮、二甲基亚砜、N, N–二甲基甲酰胺。稳定性：在酸性、碱性介质中稳定，对光稳定。25%悬乳剂外观为可流动的灰白色悬浮液体，存放过程中可能出现沉淀，但经手摇动，应恢复原状，不应有结块。

毒　　性 氰烯菌酯原药和氰烯菌酯25%悬乳剂大鼠急性经口LD_{50}均大于5 000mg/kg，急性经皮LD_{50}>5 000mg/kg，对大耳白兔皮肤、眼睛均无刺激性，豚鼠皮态反应(致敏)试验结果为弱致敏物(致敏率为0)；原药大鼠13周亚慢性喂养试验最大无作用剂量：雄性44mg/（kg・d），雌性为47mg/（kg・d）；三项致突变试验结果均为阴性，未见致突变作用。

剂　　型 25%悬浮剂。

作用特点 氰烯菌酯对镰刀菌类引起的病害有效，具有保护作用和治疗作用。通过根部被吸收，在叶片上有向上输导性，面向叶片下部及叶片间的输导性较差。

应用技术 防治小麦赤霉病，用25%悬浮剂100 ~ 200ml/亩对水30 ~ 40kg进行喷雾。

开发登记 江苏省农药研究所股份有限公司登记生产。

二氯萘醌 dichlone

其他名称 LISR604；非冈；Phygon；Phygon XL。

化学名称 2,3-二氯-1,4-萘醌。

结构式

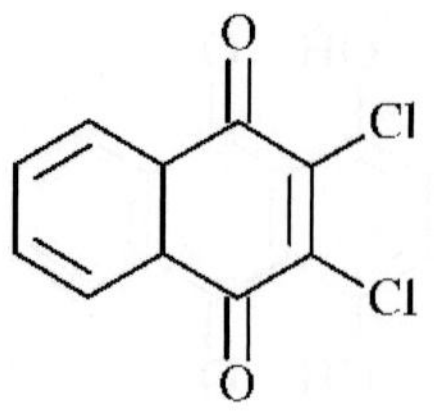

理化性质 纯品为黄色结晶，熔点193℃，在32℃以上时缓慢升华，沸点275℃(267Pa)，工业品纯度约为95%，熔点不低于188℃，在25℃水中溶解度为0.1mg/L，微溶于丙酮和苯，溶于二甲苯和二氯苯，对光和酸稳定，遇碱水解。不能与矿油、二硝基甲酚和石硫合剂混用，无腐蚀性。

毒　　性 大鼠急性口服LD_{50}为1 300mg/kg，兔急性经皮LD_{50}为5g/kg；在温热条件下对皮肤有刺激，用含1 500mg/kg药剂的饲料喂大鼠2年无致病影响。

剂　　型 50%可湿性粉剂。

作用特点 非内吸性杀菌剂，主要用于种子处理和叶面喷洒，但不能用于豆科植物种子处理，叶面喷洒对苹果的黑星病、豆的炭疽病、番茄晚疫病有效。该品也可作水田除草剂的原料，木、棉纤维、橡胶等的防霉剂，防治对象苹果黑星病、核果棕腐病、豆类炭疽病、番茄晚疫病，亦用作杀藻剂，防除蓝藻。

应用技术 非内吸性杀菌剂，种子处理或叶面喷雾，但不能用于豆科植物种子处理，二氯萘醌对固氮细菌有毒，用0.15mg/L作为杀藻剂使用时，能产生一个危害微生物的食物链。

注意事项 密闭操作，提供充分的局部排风，防止粉尘释放到车间空气中。操作人员必须经过专门培训，严格遵守操作规程。建议操作人员佩戴防尘面具(全面罩)，穿防毒物渗透工作服，戴橡胶手套，远离火种、热源，工作场所严禁吸烟，使用防爆型的通风系统和设备。避免产生粉尘，避免与氧化剂、碱类接触。配备相应品种和数量的消防器材及泄漏应急处理设备，倒空的容器可能残留有害物。

开发登记 1946年由Uniroyal Inc.公司推广，获有专利USP2302384、USP2349772。

四氯对醌 chloranil

其他名称 四氯苯醌；ENT-3797；G-25804；G-444E；Geigy-444E。

化学名称 2,3,5,6-四氯对苯醌。

结构式

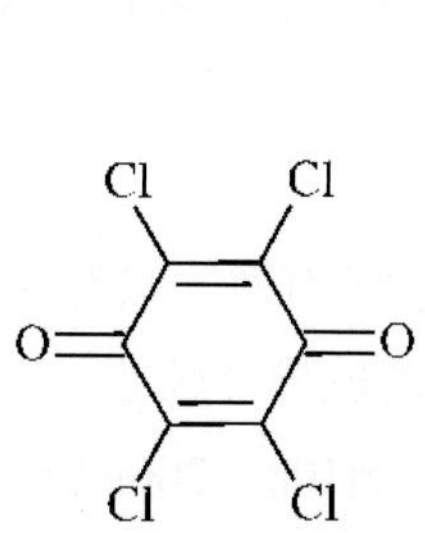

理化性质 黄色叶状或棱形结晶，熔点(在密闭管中)290℃(升华)。室温下水中溶解度为250mg/L，微溶于热乙醇，溶于乙醚。在一般条件下稳定，但能与碱反应生成四氯对苯醌酸盐，可与许多种子保护剂混用，无腐蚀性。

毒　　性 大鼠急性经口LD_{50}为4 000mg/kg。

剂　　型 95%～96%产品直接应用。

应用技术 非内吸性杀菌剂，单独使用或与其他种子保护剂混用，种子处理。

开发登记 1937年由Uniroyal Inc. 推广，获有专利USP2349711。

菲醌 Phenanthrenequinone

化学名称 9,10–菲醌。

结构式

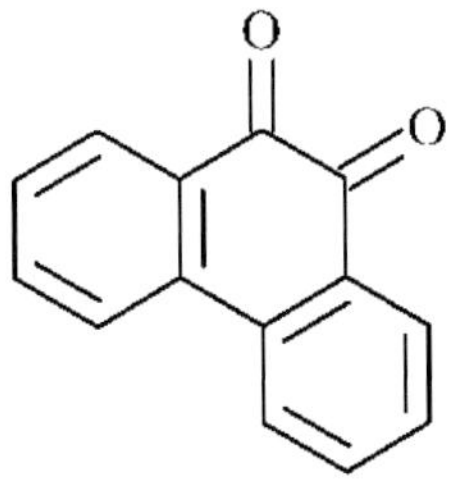

理化性质 菲醌为橙红色针状结晶，熔点为207℃，沸点为360℃。可溶于乙醇、冰醋酸、苯和硫酸，不溶于水。

毒　　性 对温血动物低毒，鼠急性口服LD_{50}为2.2g/kg。

剂　　型 粉剂。

作用特点 可以用作杀菌剂、拌种剂、电子照相，还可用作光导材料、光敏阻焊剂和纸张防腐剂，菲醌用于有机合成，可用来生产苯绕蒽酮，菲醌具有抑菌能力，用于拌种可防治谷物黑穗病、棉花苗期病，还可作为纸浆防腐剂。经氢氧化钠处理后可制得多效能的植物生长调节剂整形素。

应用技术 资料报道，进行种子处理，用于防治小麦赤霉病和黑腥病。

开发登记 苏联作为拌种剂使用。

醌肟腙 benquinox

其他名称 敌菌腙；Bayer 15080。

化学名称 N'–苯甲酰基–1–苯醌腙–4–肟(醌肟苯甲酰腙)。

结构式

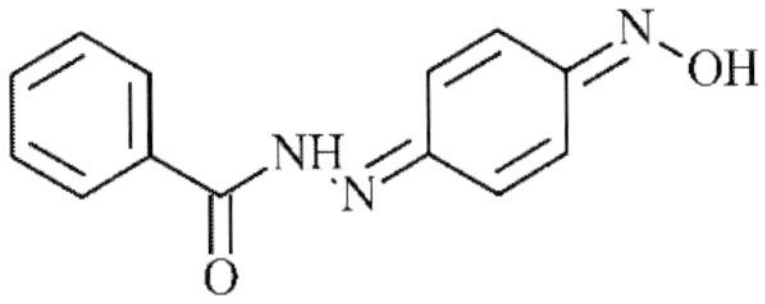

理化性质 为黄棕色粉末，在195℃分解，从乙醇中可得到黄色晶体，在207℃分解。不挥发，25℃在水中的溶解度为5mg/L，易溶于碱和有机溶剂，特别易溶于甲酰胺。

毒　　性 大鼠急性口服LD_{50}为100mg/kg。

剂　　型 10%拌种剂。

作用特点 适用于保护种子和幼苗，防治腐霉病和土壤真菌、稻苗绵腐病及其他苗期病害。

应用技术 资料报道，用10%拌种剂300g拌种100kg。

注意事项 可燃，燃烧产生有毒氮氧化物烟雾，储存于通风低温干燥，与库房食品原料分开存放。

开发登记 1951年发现，1955年由德国拜耳公司（Bayer Leverkusen）公司推广，获有专利EP1093364、USP2785101，现已停产。

丙烯酸喹啉酯 halacrinat

其他名称 CGA30599。

化学名称 7-溴-5-氯喹啉基-8-丙烯酸酯。

结构式

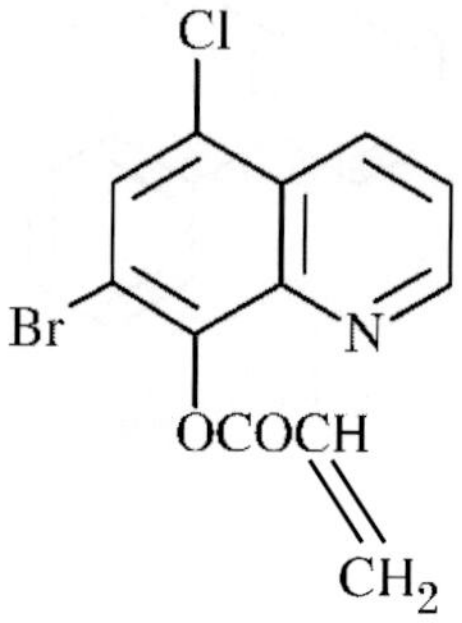

理化性质 无色至浅棕色结晶，甲醇中为2.7%，熔点为100~101℃，20℃时蒸气压为0.08MPa。20℃在水中溶解度为6mg/L，苯中为37%，二氯甲烷中为61%。它在中性和弱酸性介质中相当稳定，但在碱性条件下缓慢水解。

毒　　性 大鼠急性口服LD_{50} > 10g/kg；急性经皮LD_{50} > 3 170mg/kg。

剂　　型 25%乳油。

作用特点 内吸性的保护性和治疗性杀菌剂，用于防治麦类白粉病及其他一些叶部和穗部病害。

应用技术 资料报道，防治禾谷类白粉菌，用25%乳油33~50g/亩对水40~50 kg对水喷雾，在此剂量下对其他的叶面和穗病病原菌也有显著的作用；防治壳针孢属真菌，用25%乳油50~100g/亩对水40~50kg喷雾。

开发登记 1974年汽巴-嘉基公司开发，作为试验性杀菌剂，获有专利Swiss P528214，BP1324296，USP3183399。

乙氧喹啉 ethoxyquin

其他名称 Nix-Scald；Santoquin；Stop Scald。

化学名称 1,2-二氢-6-乙氧基-2,2,4-三甲基喹啉。

结构式

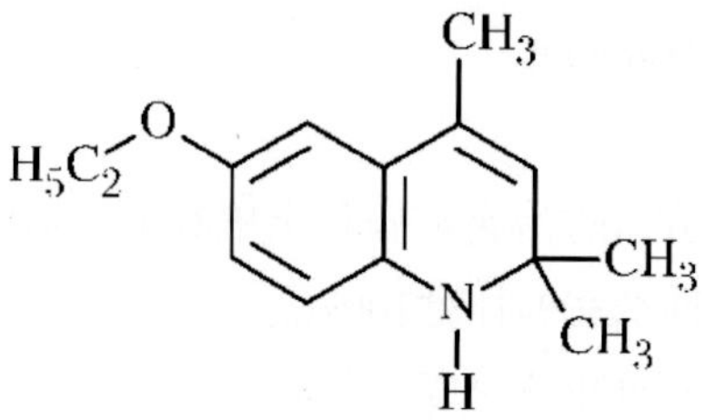

理化性质 暗黄色液体，闪点大于111℃。

毒　　性 大白鼠口服LD_{50}为3 150mg/kg，小白鼠口服LD_{50}为3 000mg/kg。

剂　　型 72%乳剂。

作用特点 用于果实(苹果、梨)灼伤病(Scald)的预防。

应用技术 资料报道，收获前喷洒或收获后浸泡果实，能预防苹果和梨在储藏中的一般灼伤病。

开发登记 孟山都公司产品，获有专利US2661277(1953)。

羟基喹啉盐 chinosol

其他名称 Oxyquinolime Sulfate。

化学名称 硫酸-8-羟基喹啉。

结 构 式

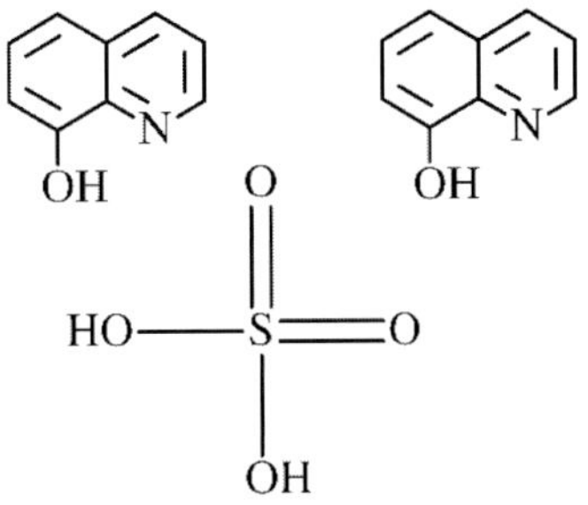

理化性质 纯品为黄色粉末结晶，易溶于水，微溶于乙醇，不溶于乙醚。熔点175～178℃，遇碱可游离出8-羟基喹啉，它是一种强有力的螯合剂，能沉淀重金属。

剂　　型 67.5%硫酸盐、苯甲酸盐溶液。

作用特点 用于防治维管束性枯萎病，荷兰榆树病和多种细菌性病害。

应用技术 资料报道，用于土壤处理，单独配成溶液或等分子溶液。

开发登记 1936年由G. Fron发现了它的内吸杀菌作用，首先由Gamma化学公司和Benzol Products公司进行了生产。

四氯喹恶啉 chlorquinox

其他名称 NC 1978；chloroxol。

化学名称 5,6,7,8-四氯喹恶啉。

结 构 式

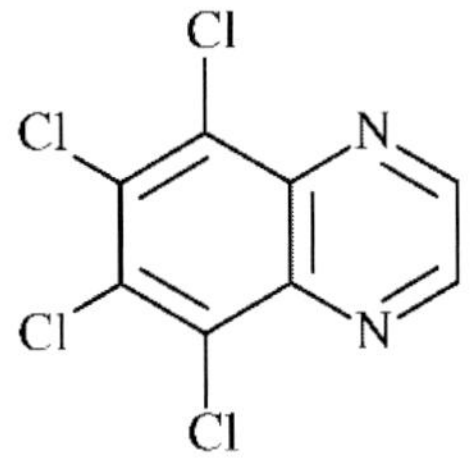

理化性质 纯品为结晶固体，熔点190℃。25℃在水中溶解度为1mg/L，在氯仿中为5%～10%，在苯中

溶解度为4%～5%，二恶烷中4～5%，在环己烷中低于0.1%；溶于浓硫酸中，生成黄色溶液，用水稀释后可以回收，没有变化。对光稳定(油溶液稍有褪色)，它对酸性和中性介质稳定，但对热碱不稳定，对热稳定，抗氧化。

毒　　性 大鼠急性口服LD_{50}＞6.4g/kg，鹌鹑为400mg/kg，大白兔为3g/kg。累积作用很小，以100mg/kg剂量饲喂大鼠3个月，未产生可觉察的影响。

剂　　型 25%可湿性粉剂。

作用特点 内吸性杀菌剂，具有良好的保护和治疗活性，对春大麦白粉病有较好的保护和治疗作用。

应用技术 资料报道，防治春大麦白粉病，发病初期用25%可湿性粉剂224g/亩对水40～50kg喷雾，施药2～3次。

注意事项 不能与热碱性农药混用，可湿性粉剂储存在通风干燥的仓库中，对较为敏感的小果品种有些药害，但对谷物无药害。

开发登记 1968年Fisons Ltd. 公司首先提出，巴斯夫生产该产品。

喹菌酮 oxolinic acid

其他名称 S-0208。

化学名称 5-乙基-5,8-二氢-8-氧代-[1,3]-二氧戊环并[4,5g]-喹啉-7-羧酸。

结 构 式

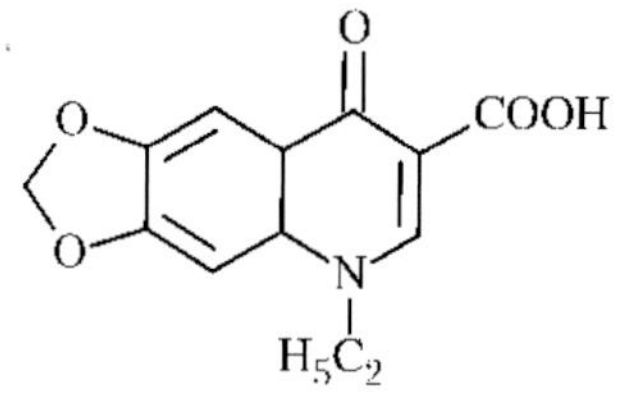

O
COOH
O
O
N
H_5C_2

理化性质 纯品为白色结晶粉末。密度为1.55(25℃)，熔点250℃，蒸气压为0.147MPa(100℃)，密度为1.5～1.6g/cm^3(23℃)。难溶于丙酮、氯仿、醋酸乙酯、二甲苯等有机溶剂及水，可溶于氢氧化钠溶液，其对热和光均稳定。

剂　　型 20%可湿性粉剂、1%超微粉剂。

作用特点 喹啉酮类杀细菌剂，具保护和治疗作用，抑制细胞分裂时必不可少的DNA复制而发挥其抗菌活性，用于防治水稻颖枯病菌、水稻内颖褐变病菌，水稻叶鞘褐条病菌、软腐病菌、水稻苗立枯细菌病菌。也可用于防治苹果和梨的火疫病、软腐病及白菜软腐病。

应用技术 资料报道，叶面喷雾，用20%可湿性粉剂100～200g/亩对水40～50kg喷雾；种子处理，用20%可湿性粉剂按种子重量的5%包衣或1～10mg/L浸种；预防喷洒需彻底，防治时期以出穗前后共10d左右为宜，在此期间为保证药效，宜施药2次，只愿喷洒1次时，应在穗期左右进行，可作种子消毒剂。

注意事项 施药时不能抽烟、喝水、吃东西，施药后要洗手、洗脸。如发生中毒事故，应立即请医生治疗。施药后，各种工具要注意清洗；清洗液和包装物要妥善处理。药剂应储存在避光和通风良好的仓库中，不能与铜制剂混合施用。

开发登记 该杀菌剂由D. Kaminksy和R. I. Meltzer报道， Y. Hikichi等报道对植物病原细菌有活性，由日本住友化学公司介绍用作种子处理剂，获专利号US3287458。

唑瘟酮

其他名称 Pp389。

化学名称 4,5–二氢–4–甲基四唑[1,5a]喹唑啉–5–酮。

结构式

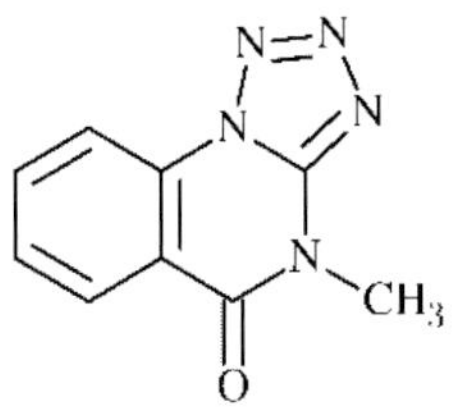

作用特点 保护性杀菌剂，作用机理阻碍黑色素合成。

应用技术 资料报道，叶面喷雾防治稻瘟病。

开发登记 首先由F. J. Schwinn 等报道，作为农用杀菌剂由瑞士汽巴–嘉基公司(Ciba–Geigy AG)开发。

肼甲锌 Zine carbazate

其他名称 硫肼甲锌、灭尔锌。

化学名称 二硫代肼基甲酸锌。

结构式

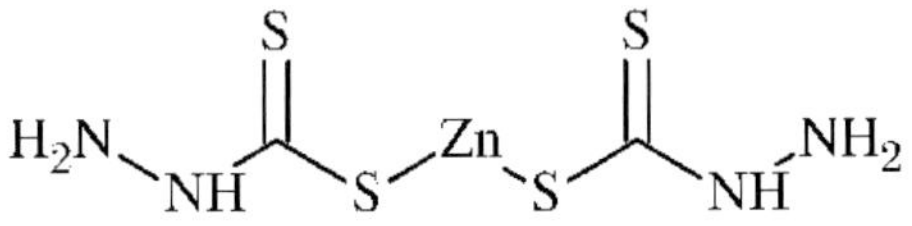

作用特点 用于防治番茄疫病、叶霉病，瓜类炭疽病、霜霉病，白菜霜霉病，梨黑星病、黑斑病、赤星病，苹果黑点病、斑点落叶病，薄荷锈病，柑橘锈螨。

剂　型 65%可湿性粉剂。

应用技术 资料报道，防治蔬菜果树病害，发病初期用65%可湿性粉剂400 ~ 600倍液喷雾；防治柑橘锈螨，发病初期用65%可湿性粉剂1 000 ~ 1 500倍液喷雾。

注意事项 不耐碱性物质，在储存中不能接触或混杂重金属化合物。

敌菌威

其他名称 Bayer 4681。

化学名称 N–三氯甲硫基–N–二甲氨基磺酰替苯胺。

结构式

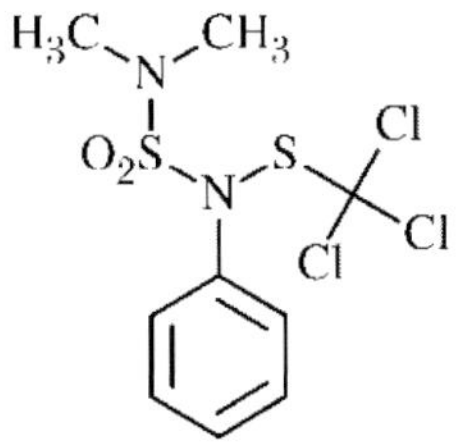

应用技术 资料报道，防治番茄早疫病、晚疫病优于克菌丹、灭菌丹。防治果树、葡萄的主要真菌病害的效果同上述两药剂。另外用于拌种及土壤处理，可以杀死土壤真菌、棉花立枯病原菌、腐霉属及镰刀菌属，可防棉花苗期病害及豆科植物苗期病害。

开发登记 1958年拜耳公司开发。

灭菌方

其他名称 Mesulfan。

化学名称 N–三氯甲硫基–N–对氯苯基甲基磺酰胺。

结构式

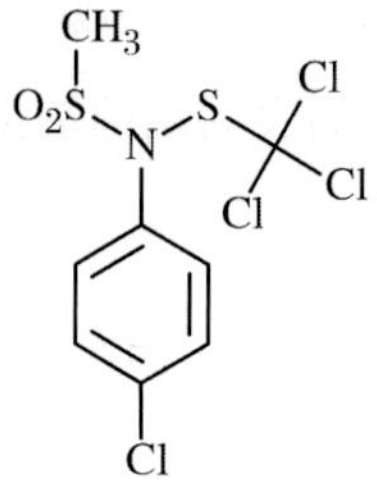

CH_3–SO_2–N(–S–CCl_3)–C_6H_4–Cl (p)

理化性质 黄色针状结晶，熔点114～115℃，不溶于水，溶于有机溶剂；对酸、碱稳定。

剂　　型 50%可湿性粉剂。

作用特点 防治水稻纹枯病、瓜类炭疽病、梨黑星病。

应用技术 资料报道，防治水稻纹枯病，发病初期用50%可湿性粉剂17～35g/亩对水40～50kg喷雾；防治瓜类炭疽病，发病初期用50%可湿性粉剂30～40g/亩对水40～50kg喷雾。

开发登记 1962年瑞士汽巴–嘉基公司开发。

硫氯散

其他名称 BTT。

化学名称 双(三氯甲基)三硫化物。

结构式

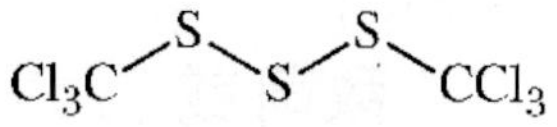

Cl_3C–S–S–S–CCl_3

理化性质 熔点57.4℃，在水中稳定。

剂　　型 50%拌种剂。

应用技术 资料报道，拌种防治小麦网腥黑穗病、燕麦散黑穗病。

开发登记 前捷克斯洛伐克开发。

腐必清

其他名称 松焦油原液。

理化性质 腐必清为植物源农药，由红松根干馏提炼而成。含有单元酚、二元酚、多元酚等各种酚类和松香酸、树脂酸等不饱和酸，以及多种杂环类化合物。已知有39种化学物质，占其重量的70%左右，尚有部分未查清。腐必清为棕褐色油状液体，具较浓香焦油气味，密度为0.97～1.20，黏度为27～60，水分小于1.2%，灰分小于或等于0.5%，酸度(HAc计)小于或等于0.5%。药剂在常温下(20℃左右)放置了3年对苹果树腐烂病菌杀菌活性无明显降低。

作用特点 对苹果树腐烂病菌有很强杀灭作用，为多种成分协同作用结果。对树皮死组织有良好渗透作用。可用于防治苹果树腐烂病。

应用技术 对刮治后的苹果树腐烂病疤，用小毛刷蘸药剂原液对病疤进行充分涂抹，可有效防治腐烂病疤复发，如每年春、夏季各涂1次（即全年涂刷2次），可基本控制住腐烂病疤复发。

注意事项 本药液易燃，运输和储存时应远离火源。原药液接触皮肤后，有较浓松焦油异味，用肥皂水不易洗除，可先将手洗湿，然后蘸去污粉搓洗，再用洗衣粉或肥皂水清洗。梨树、杨树等溃疡病斑刮除后涂抹本药液，有时有药害，需先试验后再用。

硫菌威 prothiocarb

其他名称 丙威硫；胺丙威；SN-41703。

化学名称 S-乙基-N-(3-二甲氨基－丙基)硫代氨基甲酸酯。

结 构 式

理化性质 其外观呈白色结晶固体，无味，但工业品有强烈气味，熔点120～121℃，其盐酸盐具有吸湿性，在23℃时，水中溶解度为890g/L，甲醇中为680g/L，氯仿中为100g/L，在苯和乙烷中低于150g/L。

毒　　性 70%制剂对大鼠经皮急性LD_{50}高于2 100mg/kg，家兔高于1 400mg/kg，盐酸盐对大鼠口服急性LD_{50}为1 300mg/kg；小鼠为600～1 200mg/kg。

剂　　型 70%可湿性粉剂、20%颗粒剂、60%种子处理剂。

作用特点 用于土壤处理的内吸性杀菌剂，对藻菌特别有效：它可经过根部吸收输导到茎叶，一般情况下，作为保护性杀菌剂，在一定条件下，具有治疗作用，防治藻菌有特效。

应用技术 作为种子处理剂时，对作物安全，对土壤处理后不需安全等待期，用70%可湿性粉剂药剂防治腐霉菌比代森锰和福美双有效。亦可喷雾。

开发登记 1974年由Schering. AG推广，获有专利DAS1567169，本品于1978年停产。

多果定 dodine

其他名称 AC5223；Syllit；Cyprex；Apadodine。

化学名称 十二烷基胍醋酸盐。

结构式

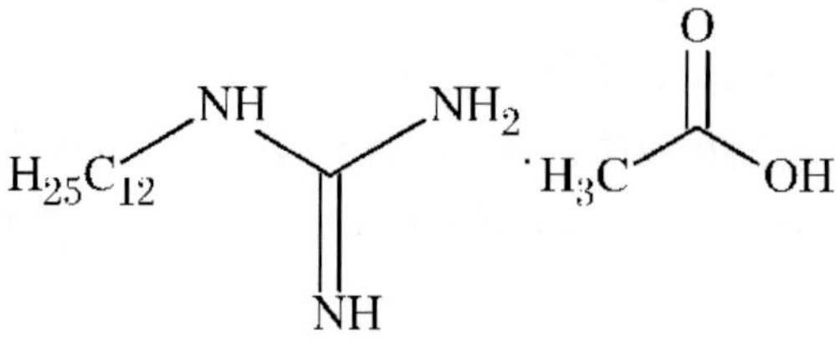

理化性质 纯品为无色结晶，熔点136℃，25℃时溶解度，水中630mg/L，低分子醇类7.23g/L，原粉为白色晶体粉末，有效成分含量96%～98%，熔点132～137℃，密度1.1kg/L，不吸潮，不易燃，不易分解，饱和的蒸馏水溶液(0.06%，25℃)pH为7.0±0.5。

毒　　性 属低毒杀菌剂。雄大鼠急性经口LD_{50}约为1g/kg，小鼠急性经口LD_{50}为1 720mg/kg。兔急性经皮LD_{50}为1 500mg/kg。大鼠急性经皮LD_{50}＞6g/kg，0.12%悬浮液对皮肤无刺激作用。

剂　　型 65%可湿性粉剂、50%悬浮剂。

作用特点 防治黄瓜枯萎病，发初期或黄瓜移栽后用50%多果定悬浮剂进行灌根处理，可视病害发生情况再施药1次，间隔7d左右。

防治果树、蔬菜病害，主要为保护作用，无内吸作用。杀菌机制是破坏细胞的渗透作用，导致细胞内含物的外渗和细胞死亡。

应用技术 防治黄瓜枯萎病，发初期或黄瓜移栽后用50%多果定悬浮剂进行灌根处理，可视病害发生情况再施药1次，间隔7d左右。

资料报道，可用于苹果和梨的黑星病的防治。保护性处理，发病前用65%可湿性粉剂1 600倍液喷雾，间隔8d喷1次；治疗性处理，在侵染后的2～3d内，用65%可湿性粉剂800～1 000倍液喷雾，间隔8d喷1次；防治樱桃穿孔病和褐斑病，开花后，用65%可湿性粉剂1 600倍液喷雾，以后每隔10～15d喷1次，至少喷3次。

注意事项 多果定是非内吸性杀菌剂，主要用于保护处理。在防治苹果黑星病、梨黑星病进行治疗生理时，一定要在侵染后的2～3d内使用，喷雾时注意保护眼睛和皮肤，避免吸入雾滴。如药液接触皮肤，立即用肥皂和大量清水清洗。

开发登记 如东县华盛化工有限公司登记生产。

2-氨基丁烷 2-aminobutane

其他名称 2-AB、仲丁胺。

化学名称 2-氨基丁烷。

结构式

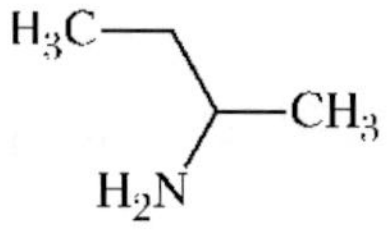

理化性质 其外观呈无色透明液体；带有氨味，沸点63℃；密度0.724；20℃时蒸气压为18kPa，能与水溶性溶剂互溶；能与酸作用生成盐。

作用特点 为一种表面杀菌剂，不能透过表皮渗入果肉，可抑制霉菌生长，主要用作防腐剂。用于防治储藏、运输中的柑橘青霉病、绿霉病，苹果轮纹病，黄瓜、菜豆、板栗、枣、草莓、马铃薯等的腐烂及花生储藏中的病害。

剂　　型 25%洗果剂、5%熏蒸剂、0.5%水溶液。

应用技术 据资料报道，防治苹果储藏期轮纹病，用0.5%水溶液浸果；防治柑橘储藏期青霉病、绿霉病，用5%熏蒸剂100～150g熏蒸处理柑橘100kg。

开发登记 1962年加利福尼亚大学推荐作为熏蒸杀菌剂，Eli Lilly & Co. 和Dow Chemical Co. 曾生产，现已停产。

敌锈酮

其他名称 DCTFA。

化学名称 1,3–二氯四氟丙酮。

结 构 式

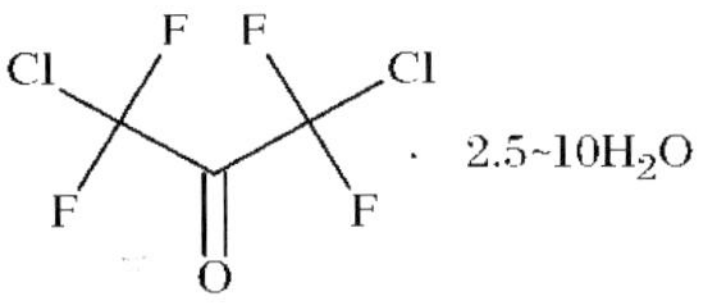

$ClCF_2C(=O)CF_2Cl \cdot 2.5\text{~}10H_2O$

理化性质 其外观呈无色液体状，沸点45.2℃，熔点–8℃，沸点106℃，密度1.503；可溶于水，也能溶于丙酮、煤油、二甲苯等和大多数有机溶剂中。

毒　　性 雄鼠口服LD_{50}为75.3mg/kg。

剂　　型 原药。

作用特点 对锈病有治疗作用，具内吸性。

应用技术 资料报道，采用叶片喷雾、浸渍根部、土壤处理和种子处理的方法，能防治各种作物上的锈病，防治小麦条锈病，用量500mg/L(有效浓度)。

开发登记 Allied Chemical Co. 1964年提出。

呋菌隆 furophanate

化学名称 3–(2–呋喃甲叉氨基苯基)–1–甲氧基羰基硫脲。

结 构 式

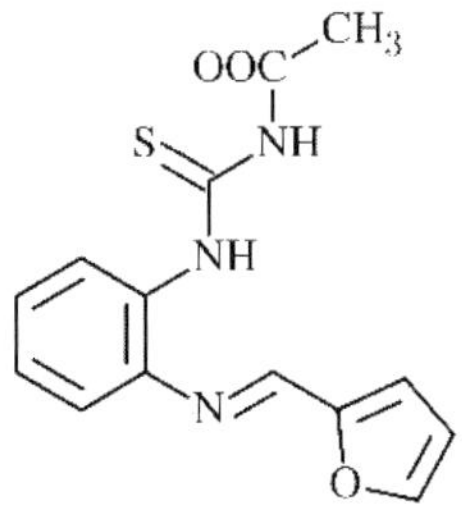

OOC–CH3, NH, S, NH, N, O

毒　　性 大鼠急性口服LD_{50}为10g/kg。

应用技术 资料报道，防治对象苹果黑星病、甜瓜白粉病，并可保护葡萄不受灰葡萄孢的侵染，

0.06%(有效成分)药液喷雾可完全保护葡萄。

醋酸镍 nickel acetate

其他名称 Ruston。

化学名称 醋酸镍(四水合物)。

结构式

$$H_3C-C(=O)-O^-\ Ni^{2+}\ {}^-O-C(=O)-CH_3$$

理化性质 其外观呈绿色单斜晶系柱状结晶，密度为1.744，脱去结晶水后为1.798；能溶于水(在21℃下为263g/L水)和醋酸，不溶于乙醇；在90℃失去结晶水成黄绿色粉末，在250℃分解。

毒　　性 对人畜、鱼低毒。

剂　　型 32%可湿性粉剂。

作用特点 为锈病治疗剂。

应用技术 资料报道，防治薄荷锈病，发病初期用32%可湿性粉剂600～800倍液喷雾；防治麦类锈病，发病初期用32%可湿性粉剂500～1 000倍液喷雾；防治小豆锈病，发病初期可以用32%可湿性粉剂600～1 000倍液喷雾；防治葱锈病，发病初期用32%可湿性粉剂500倍液喷雾。

开发登记 日本北兴化学工业株式会社开发，已停用。

喹啉盐 quinacetol sulfate

其他名称 G20072；Fongoren。

化学名称 5-乙酰基-8-羟基喹啉硫酸盐。

结构式

$$[\text{5-COCH}_3\text{-8-HO-quinoline}]_2 \cdot H_2SO_4$$

理化性质 黄色结晶固体，熔点234～237℃，20℃水中溶解度约为1%，微溶于有机溶剂，在中性和微酸性条件下稳定。

毒　　性 属低毒杀菌剂，对大鼠急性口服LD_{50}为1 250mg/kg，大鼠急性经皮LD_{50} > 4g/kg(67%制剂)，当直接应用时对蜜蜂无毒。

剂　　型 80%颗粒剂。

作用特点 残留性、保护性杀菌剂，用于防治糖用甜菜的凤梨病、马铃薯褐腐病；种子处理可防治冬小麦上颖枯病菌的侵染。

应用技术 资料报道，与代森锰(maneb)混合可有效地防治许多表面传播和土壤传播的种子病原菌，也用作浸渍处理。

开发登记 由汽巴-嘉基公司开发作为一个试验性杀菌剂，获有专利Swiss P490021、BP1182 525、1137836、USP3759719。

BF-51 izopamhos

化学名称 甲基磷酸-3-异壬基-氧丙基铵。

结构式

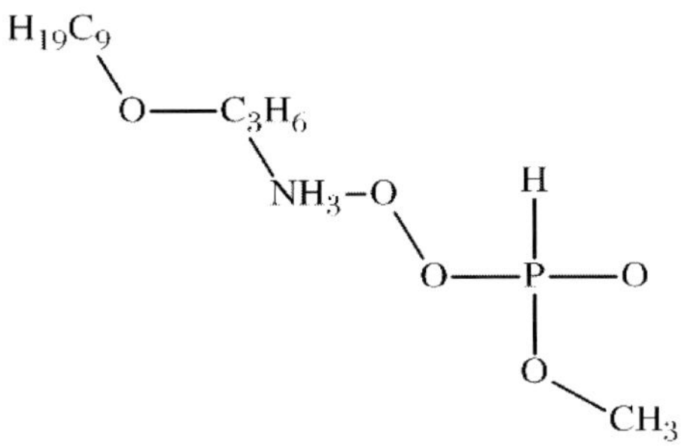

$$H_{19}C_9\text{—O—}C_3H_6\text{—}NH_3\text{—O—O—P(H)(=O)—O—}CH_3$$

理化性质 常温下为液体，密度为979.0kg/m^3(25℃)。

剂　　型 90%水溶性液剂。

作用特点 主要用于玉米、冬小麦和黑麦拌种，或用于烟草作茎叶喷雾，是一种有效的杀菌剂，适合作为玉米、冬小麦和其他谷物种子的拌种剂。大田茎叶喷雾试验表明，其对植物病菌，尤其对烟草霜霉病菌具有好的防治效果。

应用技术 防治冬小麦腥黑粉菌属及其他土壤病原菌的剂量建议为2ml/kg；防治玉米和黑麦种子发芽期病害的建议用量如下：小麦2ml/kg；玉米1.5ml/kg；黑麦2~2.5ml/kg。采用湿法拌种用水量可根据所用设备大小选择，一般4~20L/t。应用90%水溶性液剂叶面喷雾防治单囊霉属*Plasmorpara tabaeina*的剂量为2L/hm^2，两次处理的间隔期为10~11d。

开发登记 BF-51是由Borsodi Vegyi Kombinat在1980年初开发并取得专利权的新型杀菌剂。属于磷酸的烷基铵盐类，1983年报道其生物活性。

XRD-563

结构式

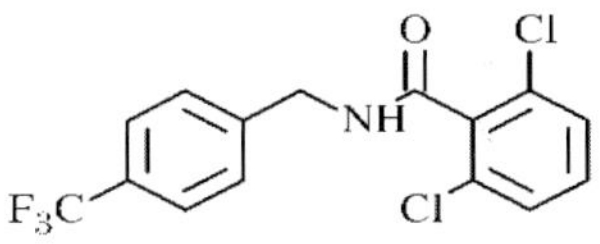

F_3C—C$_6$H$_4$—CH$_2$—NH—C(=O)—C$_6$H$_3$Cl$_2$ (2,6-二氯)

理化性质 水中溶解度为3.5mg/L，易溶于有机溶剂，如甲醇、丙醇。

作用特点 可防治小麦和大麦白粉病，叶面施药后，药剂迅速地渗入到植株组织中，并向顶转移。XRD-563对白粉病具有治疗、铲除和预防作用，可与唑类杀菌剂混用，以扩大杀菌谱。

应用技术 资料报道，以6.25和25.0mg(有效成分)/L处理，对小麦白粉菌的铲除作用均为94%，治疗活性均为99%。本品与唑类杀菌剂混用，扩大防治谱，低剂量的XRD-563与丙环唑混用，可防治小麦隐匿柄锈菌、条形柄锈菌、壳针孢属和大麦黑麦喙孢和锈病，对小麦、大麦安全，甚至在70g(有效成分)/亩的高剂量下，对作物仍无药害。

开发登记 XRD-563是新的苯甲酰类杀菌剂，由Dow-Elanco公司发现。

叶枯净 phenazine

其他名称 杀枯净；惠农精。

化学名称 夹二氮蒽-5-氧化物(5-氧吩嗪)。

结构式

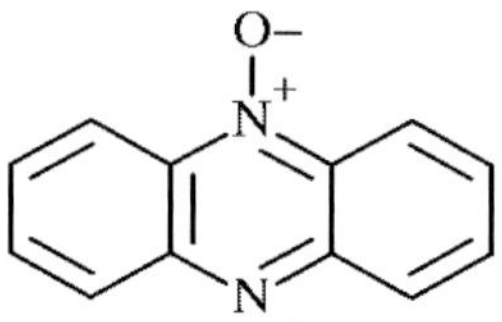

理化性质 纯品熔点为226.5℃(221～223℃)，原药系金黄色针状结晶体，难溶于水，易溶于二甲苯、氯仿和硝基苯；微溶于甲醇、乙醇、乙醚及芳烃，在碱性溶液中稳定，在浓度大于15%的盐酸溶液中形成盐酸盐，但在稀酸或水中又水解成5-氧吩嗪。化学性质稳定，燃烧产生有毒氮氧化物气体。在通风低温干燥地方储存，与食品原料分开储运。

毒性 对小鼠经口LD_{50}为3 310mg/kg，对鱼类低毒，鲤鱼LC_{50}为16mg/L。对雄性大鼠经口无作用剂量为125mg/kg，对雌性小鼠为1 250mg/kg，鲤鱼TLm>10mg/L。10%可湿性粉剂小鼠急性经口LD_{50}为12g/kg。

剂型 10%可湿性粉剂。

作用特点 是以保护作用为主的防治水稻白叶病的专用杀菌剂。主要是影响病菌在酵解过程中的电子传递过程，因而对病菌起到抑制的效果，一旦药效消失，菌又复原。

应用技术 资料报道，防治水稻白枯病，自水稻幼穗期形成至孕穗期用10%可湿性粉剂250～400g/亩对水60kg喷雾，一般喷药2～3次，间隔期为7～10d。在白叶枯病常发区，暴雨或台风过后应及时喷药预防。

注意事项 水稻秧期(尤其是黄瘦秧苗)和抽穗扬花对药剂比较敏感，喷药时必须掌握好浓度。重复喷药也易产生药害，应注意均匀喷药。叶枯净在水稻上使用，安全间隔期为7～10d，叶枯净虽属低毒杀菌剂，但对皮肤和黏膜有刺激性，配药和施药人员需注意防止污染手脸和皮肤，如有污染应及时清洗，操作时不要抽烟、喝水或吃东西，工作完毕后应及时清洗手脸和可能被污染的部位。

开发登记 日本明治制果株式会社于1966年注册生产，天津农药实验厂曾生产。

哌丙灵 piperalin

其他名称 粉病灵；白粉灵；哌啶宁；胡椒灵；EL-211。

化学名称 3-(2-甲基-1-哌啶基)丙基-3,4-二氯苯甲酸酯。

结 构 式

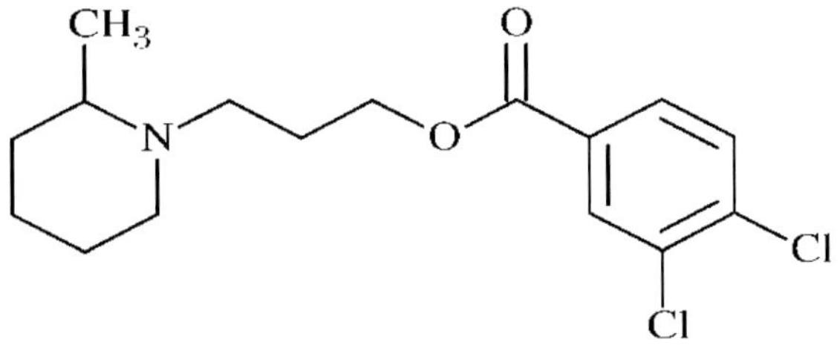

理化性质 琥珀色黏稠液体，沸点156～157℃(2.67kPa)，160～166℃(4.0kPa)；在水中可乳化，闪点71.1℃。

毒　　性 大鼠急性口服LD_{50}为2 500mg/kg。

剂　　型 82.4%液剂。

应用技术 资料报道，可以用于防治玫瑰、紫丁香、牡丹、夹竹桃、百日草、菊花等观赏植物的白粉病。

开发登记 Dow Elanco公司开发。

异喹丹 Isothan

其他名称 溴烷异喹灵。

化学名称 1,10-癸烷二羧酸。

结 构 式

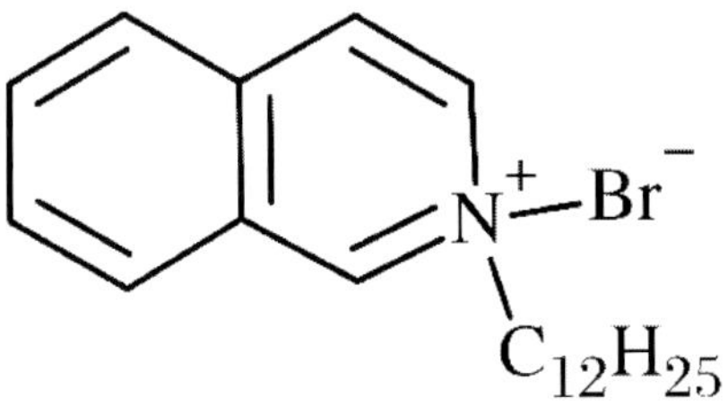

理化性质 大鼠急性口服LD_{50}为230mg/kg，豚鼠为200mg/kg。

剂　　型 20%、75%液剂。

应用技术 防治杏、桃的褐腐病，桃腐烂病，苹果黑星病。

注意事项 如皮肤，眼睛与该药剂接触，要用大量清水冲洗15min。如果误服此药，应饮用牛奶、蛋白质、胶质溶液或大量的水，并请医生治疗。

开发登记 Onyx Chemical Co. 开发，现已停产。

地青散 N-244

其他名称 氯苯绕丹。

化学名称 3-(对氯苯基)-5-甲基绕丹宁。

结 构 式

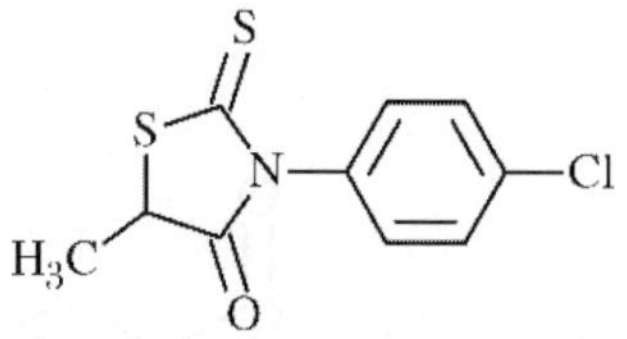

理化性质 工业品为黄色结晶性固体，稍带芳香味。熔点106~110℃；不溶于水和轻质链烃，稍溶于乙醚，溶于丙酮、三氯甲烷、四氯化碳和苯。

作用特点 杀菌、杀线虫剂。抑制孢子发芽的能力很强。

应用技术 资料报道，防菜豆锈病，用0.01%喷雾；防菜豆白粉病，用0.1%喷雾；土壤中用5mg/L可防根瘤线虫，用量高至4mg(有效成分)/亩，亦不伤番茄或柑橘幼株。

开发登记 1952年美国Stauffer公司开发，获有专利USP2743211。

氟菌安 fluoromide

其他名称 MK-23。

化学名称 2,3-二氯-N-氟苯基丁二酰亚胺。

结 构 式

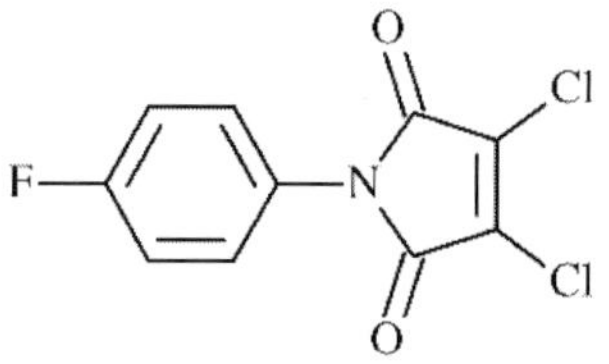

理化性质 本品为浅黄色结晶粉末，熔点240.5~241.8℃；20℃时溶解度：水中5.9mg/L，甲醇840mg/kg；在中性或微酸性介质中稳定，但在碱性介质中水解成无杀菌活性的产物。

毒　　性 对大鼠、小鼠的急性口服LD_{50}在15g/kg以上，对小鼠的急性经皮LD_{50}在5g/kg以上，两年饲喂试验的无作用剂量为0.6~2g/kg，鲤鱼致死中浓度(48h)为5.6mg/L。

剂　　型 50%可湿性粉剂。

应用技术 资料报道，用作园艺杀菌剂，适用于苹果、柑橘等作物，用50%可湿性粉剂260~330g/亩对水40~50kg喷雾。

开发登记 1970年由三菱化成工业株式会社和组合化学工业株式会社推广，专利Japanese P712681。

脱氢乙酸 dehydroacetic acid

其他名称 保果鲜。

化学名称 3-乙酰基-6-甲基-2,4-吡喃二酮。

结 构 式

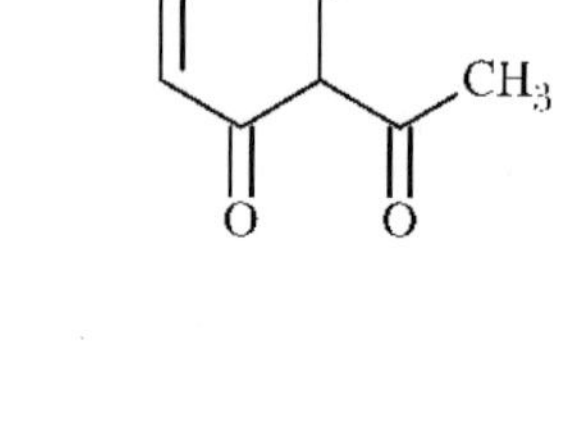

理化性质 无色无味的粉末，熔点109～111℃，沸点269℃，蒸气压253Pa/100℃，可随水蒸气蒸出。不溶于水，微溶于醇、乙醚，较易溶于苯、丙酮；因具烯醇官能团，可形成碱金属盐，其钠盐带一分子结晶体，溶于水和丙二醇。

应用技术 据资料报道主要用于防止新鲜水果以及干果和蔬菜上霉菌的生长，并用于浸泡食品包装纸。

注意事项 在使用时注意浓度。

开发登记 1950年美国Dow Chemical公司出品。

地茂酮

其他名称 Hercules 3944；苯氯噻酮；噻苦茂酮。

化学名称 5-氯-4-苯基-1,2-二噻茂酮-(3)。

结 构 式

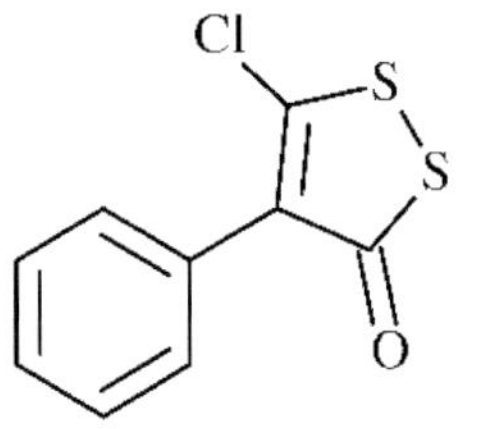

Cl S S O

理化性质 熔点98℃。

开发登记 拜耳公司(Bayer AG)开发，获有专利ED2802488。

甲菌利 myclozolin

其他名称 BASF436。

化学名称 (±)3-(3,5-二氯苯基)-5-甲氧基甲基-5-甲基-1,3-恶唑烷-2,4-二酮。

结 构 式

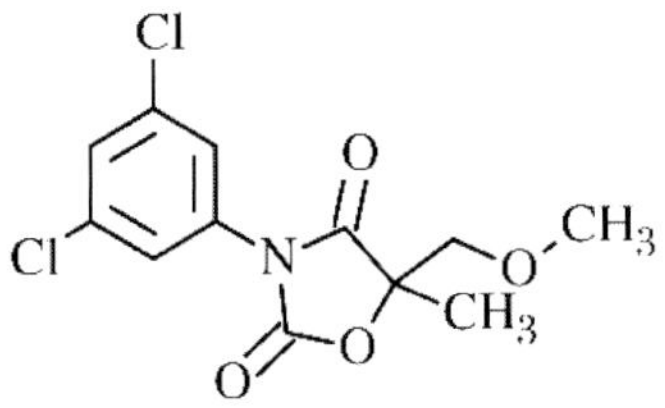

Cl Cl O N O CH_3 CH_3 O O

理化性质 本品为无色结晶固体，熔点111℃，20℃蒸汽压59μPa，20℃溶解度：水6.7mg/kg，氯仿400g/kg，乙醇20g/kg，碱性条件下水解。

毒　　性 大鼠急性口服LD_{50}＞5g/kg，大鼠急性经皮LD_{50}＞2g/kg。

剂　　型 33%可湿性粉剂。

作用特点 触杀型杀菌剂，不具有内吸性。

应用技术 资料报道，用于防治大豆、油菜、向日葵、黄瓜、番茄、莴苣、葡萄、石榴、草莓和观赏植物上由灰葡萄孢菌、丛梗孢属、核盘菌属引起的病害。

开发登记 德国巴斯夫公司开发。

种衣酯 fenitropan

其他名称 EGYT-2248。

化学名称 (1RS,2RS)-2-硝基-1-苯基三甲撑双醋酸酯。

结构式

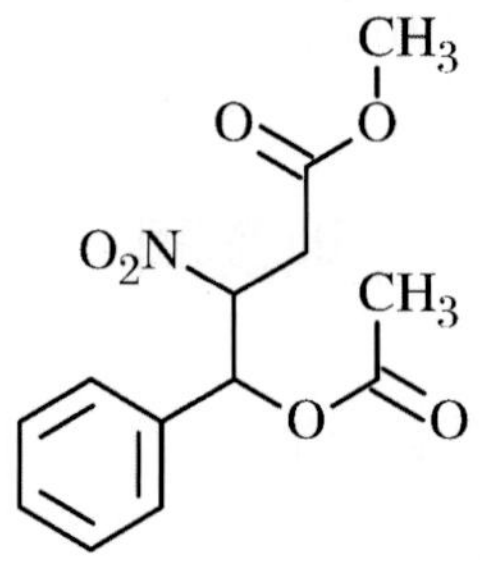

理化性质 本品为无色晶体，略具酸味，熔点70～72℃，25℃时溶解度：水0.03g/kg，氯仿1 250g/kg，二甲苯350mg/L。

毒　　性 雄大鼠急性经口LD_{50}为3 237mg/kg，雌大鼠为3 852mg/kg；雄大鼠腹腔注射LD_{50}为21.3mg/kg，雌大鼠为29.1mg/kg；大鼠90d饲喂试验的无作用剂量为2 000mg/kg饲料，无致癌、致畸作用。

剂　　型 20%乳油、15%可湿性粉剂、200g/L干拌种剂。

作用特点 触杀性杀菌剂，作用机理为抑制病菌RNA合成。

应用技术 资料报道，用于叶面喷雾防治苹果、葡萄白粉病；种子处理用于禾谷类作物(如玉米、水稻)及甜菜。

开发登记 该杀菌剂由A. Kistames 等报道，由EGYT Pharmacochemical Works开发。获有专利GR1561422(1980)、US4160035(1979)、DE2730523(1979)。

呋霜灵 furalaxyl

其他名称 CGA38140；呋氨丙灵。

化学名称 N-(2-呋喃甲酰基)-N-(2,6-二甲苯基)-消旋-氨基丙酸甲酯。

结构式

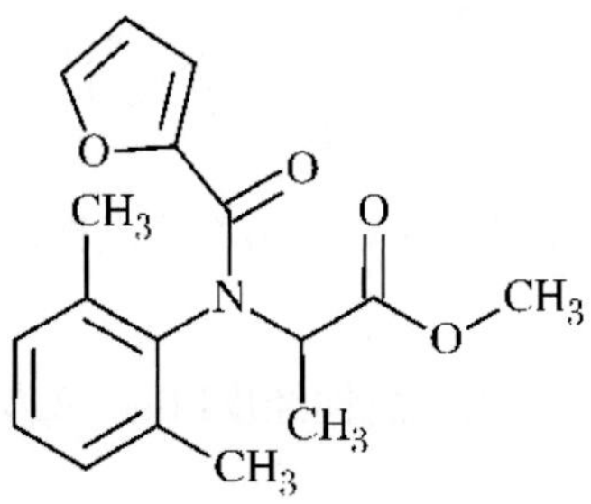

理化性质 本品为白色双晶形结晶固体，熔点70℃和84℃(双晶形)，20℃蒸气压0.07MPa，密度1.22(20℃)；20℃溶解度；水中为230mg/L，二氯甲烷600g/kg，丙酮520g/kg，甲醇500g/kg，苯480g/kg，己烷4g/kg(20℃)。水解(20℃)DT_{50}(计算值)＞200d(pH1和pH9)，22d(pH10)。稳定至300℃，在中性和弱酸条件下较稳定，在碱性条件下不稳定。

毒　　性　大鼠急性口服LD_{50}为940mg/kg，小鼠为603mg/kg；大鼠急性经皮LD_{50}为3 100mg/kg以上。兔急性经皮LD_{50}为5 508mg/kg，对兔皮肤和眼睛有轻微刺激，对豚鼠皮肤无过敏作用。

剂　　型　50%可湿性粉剂。

作用特点　兼有内吸性和铲除性杀菌剂，适于预防和治疗通过空气和土壤传播卵菌所引起的病害。用于防治观赏植物的猝倒病(*Pythium* spp.)和疫霉病(*Phytophthora* spp.)

应用技术　土壤处理和叶面喷洒均有效。

开发登记　由汽巴-嘉基公司合成和开发，获有专利BP1488810、BP1498199 、Be827419。

噻菌腈　thicyofen

其他名称　PH51-07；Du510311。

化学名称　(±)-3-氯-5-乙基亚磺酰噻吩-2,4-二腈。

结 构 式

H_3C S CN O NC Cl

理化性质　固体，熔点130℃，20℃蒸气压小于1MPa，20℃水中溶解度240mg/L，土壤中$DT_{50}<30d$。

毒　　性　雄大鼠急性经口LD_{50}为216mg/kg，鹌鹑和野鸭$LC_{50}>5\ 620$mg/kg饲料，无诱变性。

剂　　型　悬浮剂。

作用特点　非内吸性杀菌剂，多位点抑制病菌生长。

应用技术　资料报道，用于喷雾或土壤处理防治禾谷类作物、棉花等作物上的镰孢菌和腐霉菌、麦类核腔菌和小麦网腥黑粉菌。

开发登记　该杀菌剂由T. W. Hofman et a1. 报道，由DupHar B. V. 开发。

哒菌酮　diclomezin

其他名称　F-850；SF-7531。

化学名称　6-(3,5-二氯-4-甲苯基)-3(2H)哒嗪酮。

结 构 式

O H_3C S S N N Cl

理化性质　无色晶体，熔点250.5～253.5℃，60℃蒸气压小于0.013MPa。溶解度：水0.74mg/L(25℃)，甲醇2.0g/L(23℃)，丙酮3.4g/L(23℃)。迅速被土壤颗粒吸附，日光下稍有分解，在酸性、中性、碱性介质中稳定，不易燃，无爆炸性。

毒　　性 雄、雌大鼠急性经口LD_{50}≥12 000mg/kg，急性经皮LD_{50}≥5 000mg/kg，急性吸入LC_{50}为0.82mg/L (4h)。对皮肤无刺激作用，DNA损伤修复试验(枯草芽孢杆菌试验)阴性，回复试验亦呈现阴性，致畸性试验阴性，说明无致畸、致突变作用。鲤鱼LD_{50}为11.91mg/L (48h)，水蚤LD_{50}为300mg/L (5h)，鹌鹑LD_{50}为7 000mg/kg，蜜蜂LD_{50}为0.10mg/只。

剂　　型 1.2%粉剂、20%悬浮剂、20%可湿性粉剂。

作用特点 保护性杀菌剂，抑制隔膜形成和菌丝生长，防治水稻纹枯病及其他水稻病害。保护作用好，持效期长。

应用技术 防治水稻纹枯病和其他菌核病菌引起的病害，用1.2%粉剂24～32g/亩对水40～50kg喷雾。

开发登记 Y. Takahi报道该杀菌剂，日本制药公司1986年开发，日本三共公司1988年研制。获有专利US4052395(1978)、GB1533010(1979)、DE2810267(1979)、JP1170243，特开昭53-12879(1978)。

苯锈啶 fenpropidin

其他名称 CGA114900。

化学名称 (RS)-1-[3-(4-特丁基苯基)-2-甲基丙基]哌啶。

结 构 式

H_3C CH_3 H_3C N CH_3

理化性质 淡黄色无味液体，沸点大于250℃，25℃蒸气压为17MPa。25℃溶解度水中530mg/kg(pH7)，丙酮、氯仿、二烷乙醇、乙酸乙酯、庚烷、二甲苯大于250g/L；室温下密闭容器中至少稳定3年；水溶液对紫外光稳定，土壤吸附性强，闪点156℃。

作用特点 内吸性杀菌剂，具治疗作用，抑制甾醇分解，对白粉菌科真菌(尤其是禾白粉菌、黑麦喙孢和柄锈菌)有特效。

剂　　型 7.5%乳油。

应用技术 资料报道，防治大麦白粉病、锈病，发病初期用7.5%乳油400～600g/亩对水40～50kg喷雾。

开发登记 Dr. R. Maag Ltd. 开发，由Giba-Geigy AG(现为Novartis Crop Protection AG)全球推广。获有专利 GB1584290(1981)、DE-DS2752096(1979)、US4202894(1980)、特开昭55-24177(1980)、DE2752135、2727482(1979)、EP17893(1981)。

叶枯灵

其他名称 渝-7802。

化学名称 2-苯甲酰肼叉-1,3-二噻茂烷。

结构式

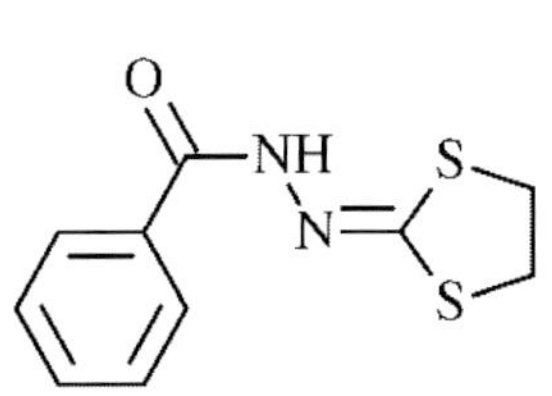

理化性质 纯品为白色鳞状结晶，熔点为145～146℃。易溶于二甲基亚砜，溶于氯仿、二氯甲烷，微溶于甲醇，不溶于石油醚、正已烷等，工业品为淡色颗粒，常温下稳定。

毒　　性 大鼠口服LD_{50}为4 640mg/kg；小鼠口服LD_{50}为6 810mg/kg。

剂　　型 25%可湿性粉剂。

作用特点 是防治水稻白叶枯病的噻二唑类杀菌剂。该药的内吸性强，水稻根部和叶面接触药剂2h后即能产生内吸传导作用，经根和叶吸收，输导到水稻维管束中，与病原细菌接触，在细菌体内对细胞代谢过程中的烟酰胺产生拮抗作用，抑制病菌细胞的蛋白质合成，使病原菌不能进行正常的代谢活动。

应用技术 在水稻孕穗初期至抽穗期喷药，用25%可湿性粉剂200～400g/亩对水50～60kg均匀喷雾，重病田块连喷3次，轻病田块喷药2次，每次间隔时间为7d，此外，还可以拌毒土或泼浇方法施用。

注意事项 施药时要按照农药安全操作规程进行，穿上保护衣、裤、戴上口罩、手套。施药时宜顺风方向进行、喷药结束后即用肥皂洗手、洗脸；本品应存放于阴凉干燥处，避免受潮；施药时严禁抽烟、喝水、吃东西；施药时或施药后如感身体不适、头昏、头疼等症状，立即去医院就医，对症治疗。

螺环菌胺 sptroxamine

其他名称 螺恶茂胺。

化学名称 N-乙基-N-丙基-8-叔丁基-1,4-二氧杂螺[4,5]癸烷-2-甲胺。

结构式

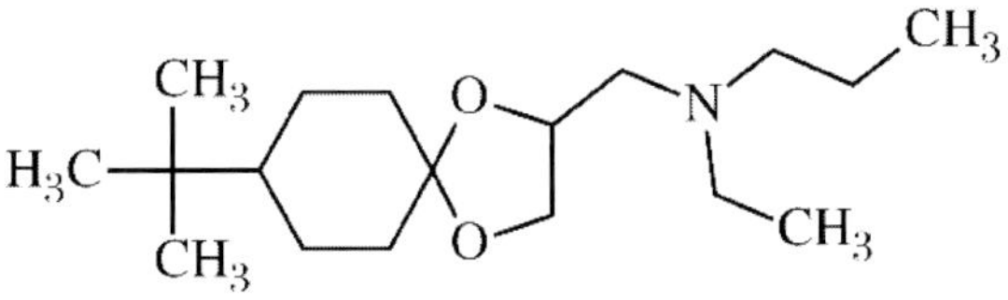

理化性质 原药为棕色液体。纯品为淡黄色液体，熔点小于-170℃，沸点120℃(分解)，相对密度0.930(20℃)。

毒　　性 大鼠急性经口LD_{50}(mg/kg)：雄595，雌550～560。大鼠急性经皮LD_{50}(mg/kg)：雄＞1 600，雌大约1 068。大鼠急性吸入LC_{50}(4h)(mg/m^3)：雄大约2 772，雌大约1 982。

作用特点 螺环菌胺是一种新型、内吸性的叶面杀菌剂，对白粉病特别有效。作用速度快且持效期长，兼具保护和治疗作用。甾醇生物合成抑剂型，主要抑制C-14脱甲基化酶的合成。

应用技术 资料报道，防治小麦白粉病和各种锈病、大麦云纹病和条纹病，25～50g(有效剂量)/亩。

嗪胺灵 triforine

化学名称 1,4-二(2,2',2'-三氯-1-甲酰胺基乙基)哌嗪。

结构式

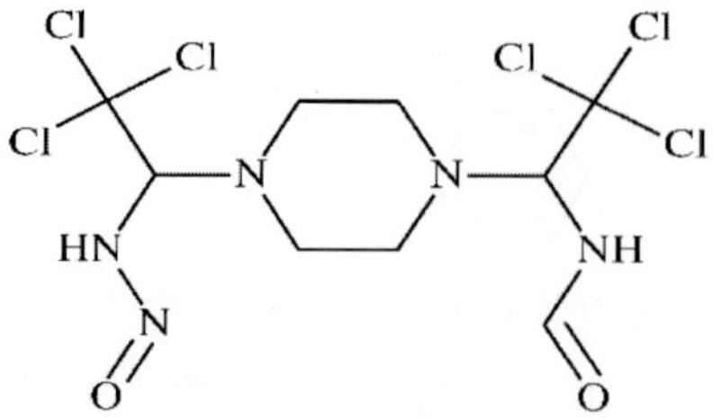

理化性质 纯品为白色结晶，熔点155℃，蒸气压2.67×10^{-8}Pa (25℃)。室温时溶解度：二甲基甲酰胺28.3g/L，甲醇1.13g/L，二恶烷1.66g/L，甲苯0.88g/L，微溶于丙酮、苯、四氯化碳、氯仿、二氯甲烷，难溶于二甲基亚砜，水中溶解度为27～29mg/L。

毒　　性 大鼠和小鼠急性经口LD_{50}>6 000mg/kg，大鼠和小鼠急性经皮LD_{50}>5 800mg/kg。对皮肤和眼睛有轻微刺激性，鲤鱼LC_{50}>40mg/L(48h)，水蚤LC_{50}40mg/L(48h)，鹌鹑急性经口LD_{50}>6 000mg/kg，对蜜蜂安全。

作用特点 哌嗪类内吸性杀菌剂，主要用于防治蔬菜、果树、谷物的白粉病和锈病。

应用技术 资料报道，当使用含量0.02%～0.025%时，可有效防治水果和浆果白粉病、疮痂病和其他病害；当使用含量0.015%时，能防止观赏植物白粉病、锈病和黑斑病；当使用含量为0.025%时，可防治蔬菜白粉病及其他病害，以13～17g(有效剂量)/亩剂量可防治谷物白粉病，20g/亩剂量可防治谷物锈病及水果储存病害。

氯硝胺 dicloran

化学名称 2,6–二氯–4–硝基苯胺。

结构式

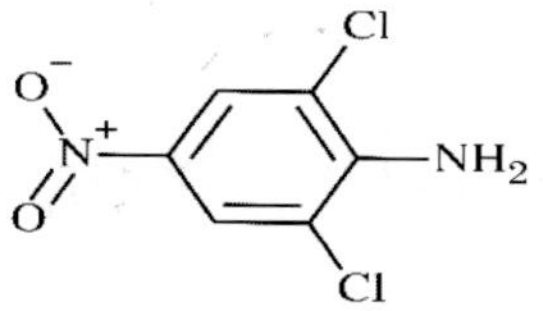

理化性质 黄色针状晶体，难溶于水，易溶于乙醇。在丙酮、氯仿、乙酸乙酯中的溶解度分别为3.4%，1.2%，1.9%。

毒　　性 大鼠口服LD_{50}为2 400mg/kg，小鼠口服 LD_{50}为1 500mg/kg。

作用特点 在50年代末期，开始作为杀菌剂商品出售。作为广谱性农用杀菌剂，可防治甘薯、黄葵、黄瓜、莴苣、棉花、烟草、草莓、马铃薯等的菌核病，甘薯、棉花及桃子的软腐病，马铃薯和番茄的晚疫病，杏、扁桃及苹果的枯萎病、小麦黑穗病、蚕豆花腐病。

注意事项 氯硝胺可与大多数杀虫剂、杀菌剂、波尔多液及石硫合剂等混配使用。

黄原酸镉 cadanx

化学名称 正丙基黄原酸镉。

结 构 式

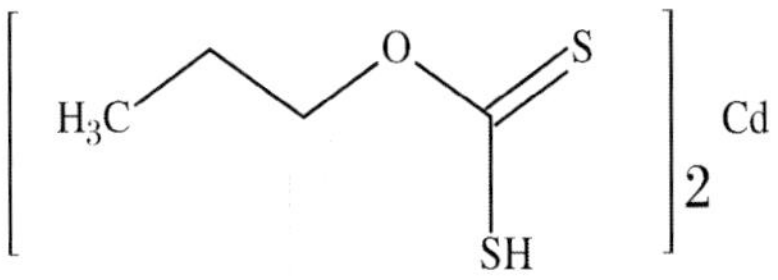

$$\left[H_3C-CH_2-CH_2-O-C(=S)-SH \right]_2 Cd$$

理化性质 原药为浅黄白色结晶，稍带特殊气味，含量95%以上。熔点137℃(分解)，从甲醇或三氯甲烷和四氯化碳混合溶剂再结晶，不溶于水，在有机溶剂中的溶解度(22℃，g/100ml)：丙酮0.85，三氯甲烷22.7，四氯化碳0.06，苯0.14，甲醇1.48，它对酸、强碱不稳定。

毒　　性 鼷鼠急性经口LD_{50}267.4mg/kg。

剂　　型 20%可湿性粉剂。

应用技术 资料报道，防治黄瓜霜霉病、白粉病，发病初期用20%可湿性粉剂500～800倍液喷雾；防治草莓白粉病，发病初期用20%可湿性粉剂500～1 000倍液喷雾，间隔5～7d喷1次，大发生时间隔3d，需外加展着剂。

氯化镉 cadmium chloride

化学名称 氯化镉。

结 构 式

$$CdCl_2$$

毒　　性 大鼠急性经口LD_{50}88mg/kg。

剂　　型 20.1%液剂(相当于12.3%Cd)

应用技术 是用于草坪上的杀菌剂。

琥珀酸镉 cadimium succinate

化学名称 琥珀酸镉。

结 构 式

$$Cd(OCO(CH_2)_2COO)$$

毒　　性 大鼠急性经口LD_{50}为660mg/kg。小鼠急性经口LD_{50}为312mg/kg。

剂　　型 60%可湿性粉剂。

应用技术 是用于草坪上的杀菌剂。

五氯酚钡 barium penta chlorophenate

化学名称 五氯酚钡。

结 构 式

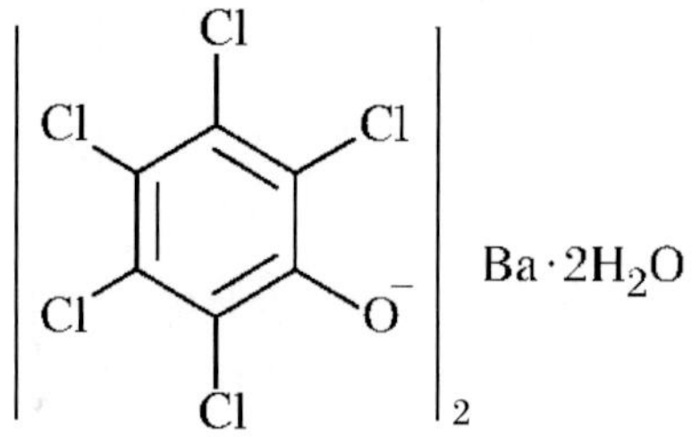

$$\left[C_6Cl_5O^- \right]_2 Ba \cdot 2H_2O$$

理化性质 工业品为针状结晶，难溶于冷水，较易溶于热水，在110℃时失去结晶水。

剂　　型 2.5%粉剂。

应用技术 预防水稻稻瘟病。

氯硝散

其他名称 chemagro 2635。

化学名称 三氯二硝基苯。

结 构 式

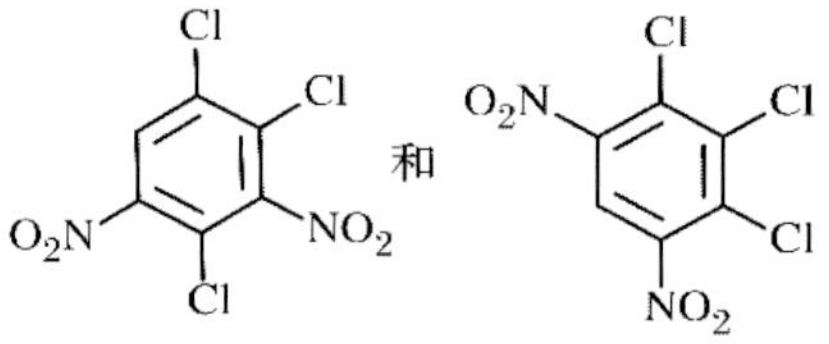

(2,3,5-三氯-4,6-二硝基苯) 和 (2,3,4-三氯-1,5-二硝基苯)

理化性质 工业品为两种异构体的混合物，其物理性质因其比例不同而有所差异。

毒　　性 大鼠急性经口LD_{50}值为500mg/kg。

剂　　型 粉剂、可湿性粉剂。

应用技术 据资料报道，在温室试验结果可使番茄晚疫病减少98%～100%，可作为土壤处理剂。

粘氯酸酐 mucochloric anhydride

化学名称 2,2',3,3'-四氯-4,4,-氧代丁-2-烯-4-交酯。

结 构 式

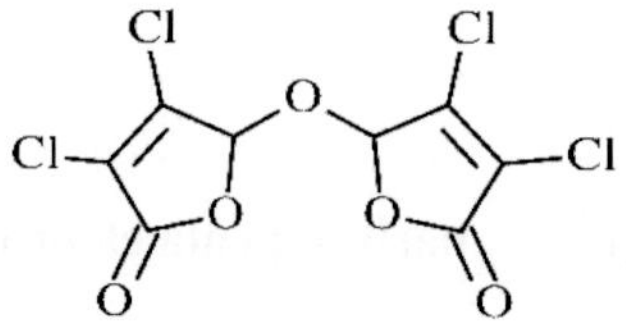

理化性质 产品主要含α-体和少量β-体。α-体熔点为141～143℃，β-体熔点为180℃。它们不溶于水和链烃，溶于丙酮、乙醚和芳烃。

毒　　性 雄大鼠口服LD_{50}值为2 000mg/kg。

应用技术 它是一种叶用保护性杀菌剂，同时也可作拌种剂，以1.21g/L的药液用于防治苹果黑星病等病害。

噻吩酯 thicyofen

化学名称 3–甲基–4–(间–甲苯酰氧基)噻吩–2,5–二羧酸二异丙酯。

结构式

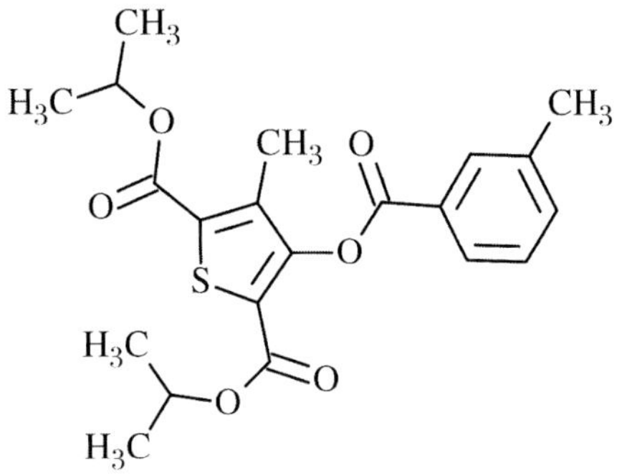

理化性质 白色结晶固体，熔点87℃，20℃时蒸气压为1.6×10^{-8}mmHg。在20℃时，在下列溶剂中的溶解度：丙酮372g/L，氯仿241.5g/L，甲醇15g/L，甲苯602g/L，二甲苯18g/L，水0.001 17g/L。

毒　　性 对小鼠和大鼠急性口服LD_{50}>1 000mg/kg，对白兔皮肤无刺激，对眼睛有轻微的刺激。

作用特点 噻吩酯是防治和治疗由子囊菌门真菌引起的白粉病的一种新型杀菌剂，在温室，以低剂量施用能卓越地防治黄瓜、谷类和苹果白粉病。在田间试验中，噻吩酯对黄瓜白粉病也很有防效，在大麦白粉病感染期，噻吩酯的防效等于三唑类杀菌剂，且无药害。

丁硫啶 buthiobate

其他名称 丁赛特。

化学名称 4–特丁基苄基–N–(3–吡啶基)亚胺逐二硫代碳酸丁酯。

结构式

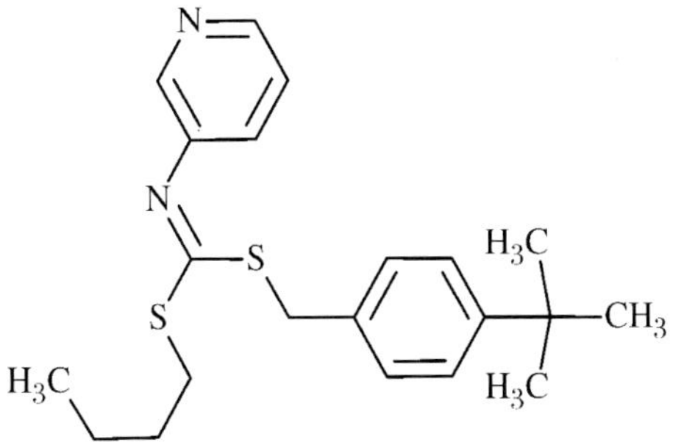

理化性质 原药为棕红色液体，熔点31～33℃，不溶于水，但溶于大多数有机溶剂。

毒　　性 对大鼠急性经口LD_{50}为3 200～4 400mg/kg。

作用特点 本品为一种预防、治疗和持效期长的杀菌剂，它对蔬菜、菜豆和其他作物的白粉病有防效，以15～250mg/L的剂量使用。

氯苯吡啶 parinol

其他名称 帕里醇。

化学名称 α, α-双(4-氯苯基)-3-吡啶甲醇。

结构式

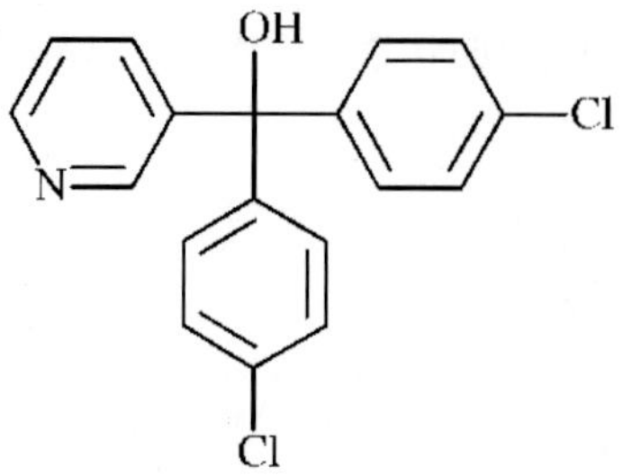

理化性质 淡黄色结晶固体。

毒　　性 大鼠急性口服中毒LD_{50}为5 000mg/kg。

应用技术 用于防治豆类，坐果前的苹果树和葡萄藤，以及玫瑰花和百日草上的白粉病。

咪唑嗪 triazoxide

其他名称 唑菌嗪。

化学名称 7-氯-3-咪唑-1-基-1,2,4-苯并三嗪-1-氧化物。

结构式

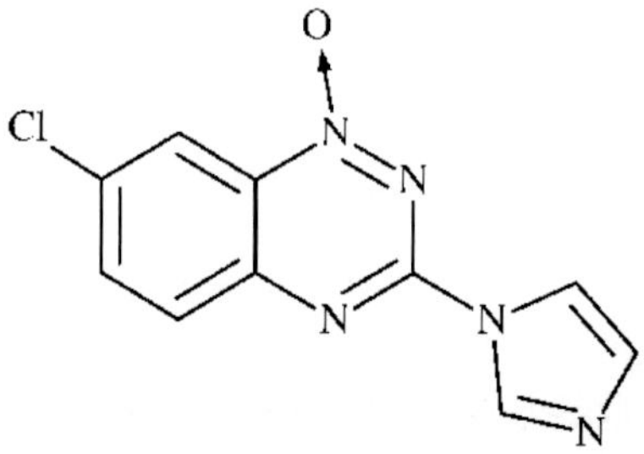

理化性质 本品为固体，熔点182℃，蒸气压0.15MPa(20℃)，溶解度(20℃)，水30mg/L。

作用特点 本品属苯并三嗪类杀菌剂，是触杀型杀菌剂，对长蠕孢属(*Helminthosporium* spp.)有效，也可与其他杀菌剂混用，作种子处理剂。

吡喃灵 pyracarbolied

化学名称 2-甲基-5,6-二氢吡喃-3-甲酰替苯胺。

结构式

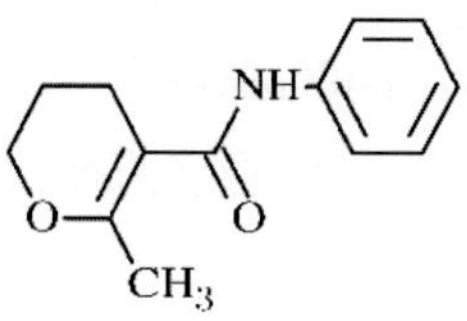

理化性质 纯品为亮灰色粉末，熔点106～107℃。对光、热均稳定，但遇酸则分解。

毒　　性 大鼠急性经口LD_{50}为15g/kg；雌大鼠经皮LD_{50}为1g/kg。

作用特点 内吸性杀菌剂，既有预防又有治疗作用，对受担子菌感染的植物具有特殊的作用。

剂　　型 50%可湿性粉剂、15%悬浮剂、75%拌种剂。

应用技术 用100～500mg/L药剂拌种、浸根或喷叶能防治豆锈病，黄瓜霜霉病，小麦秆锈病、条锈病，燕麦叶锈病，花生叶斑病，茶饼病。

注意事项 不能与酸性农药混用，拌过药的种子不能作饲料。

苯菌酮 metrafenone

化学名称 3'-溴-2,3,4,6'-四甲氧基-2',6-二甲基二苯酮。

结 构 式

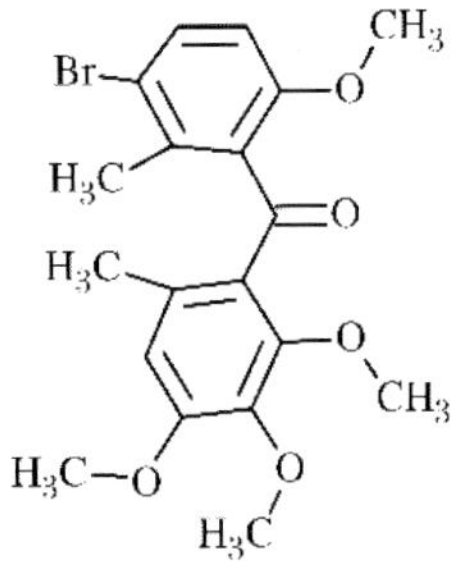

作用特点 主要用于防治白粉病等。

剂　　型 42%悬浮剂防治豌豆白粉病，用42%悬浮剂12～24ml/亩在发病前或初见病斑时均匀喷雾，间隔7～10d，每季最多用药3次，安全间隔期为5d；防治苦瓜白粉病，用42%悬浮剂12～24ml/亩在发病前或初见病斑时用药，间隔7～10d，每季节最多用药3次。安全间隔期为5d。

毒菌锡 lentin hydroxide

其他名称 Doweo 186；Erithane 50； OMS1017；ENT28009。

化学名称 三苯基氢氧化锡。

结 构 式

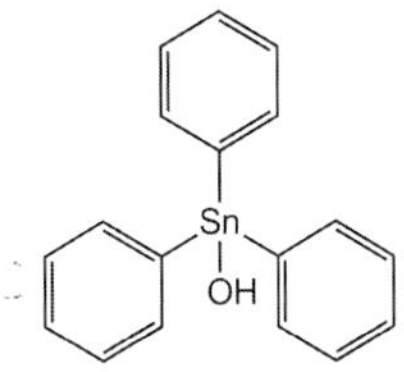

理化性质 工业品(≥95%纯度)为无色结晶固体，熔点118～120℃，50℃蒸气压为0.047MPa，密度为1.54(20℃)。溶解度(20℃)：丙酮中约50g/L，二氯甲烷中171g/L，乙醇中约10g/L。室温下黑暗处稳定，在≤45℃时稳定，高于此温度，脱水生成双(三苯基锡)氧化物，后者在≤250℃稳定。在日光下缓慢分解，在紫外光下分解加速，通过单或双苯锡生成无机锡，除强酸化合物外，可与其他农药混配。

剂　　型 19%可湿性粉剂。

作用特点 为非内吸性杀菌剂，能有效防治对铜类杀菌剂敏感的一些菌类。

应用技术 资料报道，防治马铃薯早疫病、晚疫病，发病初期用19%可湿性粉剂20g/亩对水40～50kg喷雾；防治水稻稻瘟病，发病初期用19%可湿性粉剂20～25g/亩对水40～50kg喷雾。

开发登记 1963年首先由Philips–Duphar B. V. 推广。

仲辛基二硝基巴豆酸酯 meptyldinocap

化学名称 2–仲辛基–4,6–二硝基苯–(2E)–2–丁烯酸甲酯。

结构式

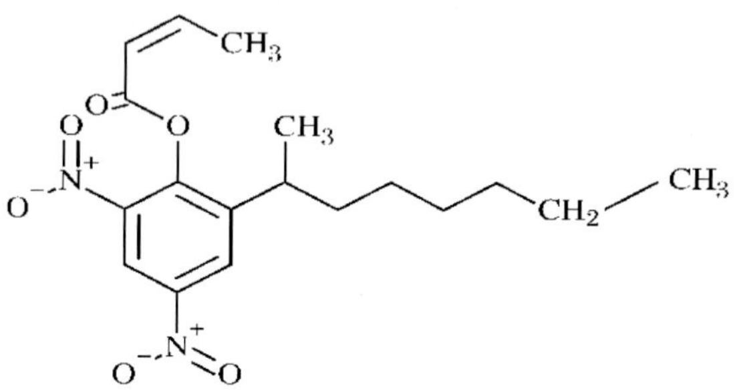

作用特点 一种新的具有有限渗透性能的接触性杀菌剂，对白粉病具有保护、治疗和根除作用，并具有更好的毒理学特性。是一种氧化磷酸化的解偶联剂，能扰乱细胞内的电化学平衡，阻止能量富集三磷酸腺苷的形成。主要用于防治葡萄白粉病，也用于南瓜和草莓白粉病等。由于它在防治白粉病的杀菌剂中的独特作用方式，因此与其他杀菌剂无交互抗性。

开发登记 由美国陶氏益农公司开发。

丙氧喹啉 proquinazid

其他名称 Talendo。

化学名称 6–碘–2–丙氧基–3–丙基–4(3H)喹唑酮。

结构式

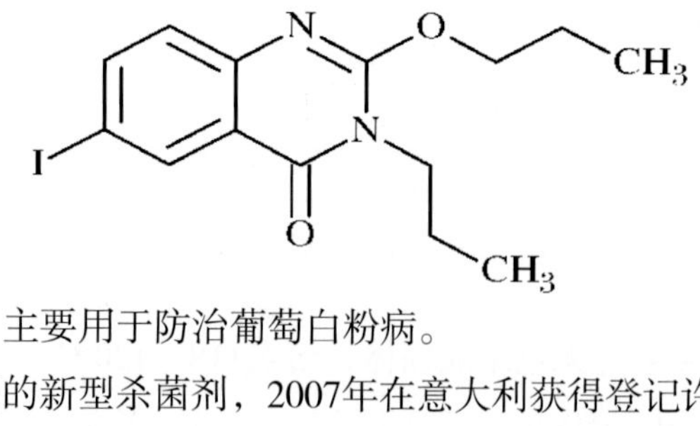

作用特点 喹啉类杀菌剂，主要用于防治葡萄白粉病。

开发登记 由杜邦公司研制的新型杀菌剂，2007年在意大利获得登记许可。

Valifenalate

其他名称 valiphenal；IR5885。

结 构 式

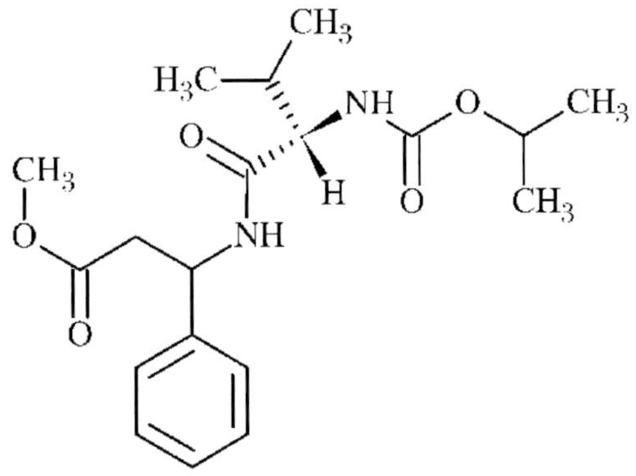

作用特点 主要用于防治霜霉病等。

开发登记 由Isagro公司开发。

Ametoctradin

化学名称 5–乙基–6–辛基[1,2,4]三唑并[1,5–1]嘧啶–7–胺。

结 构 式

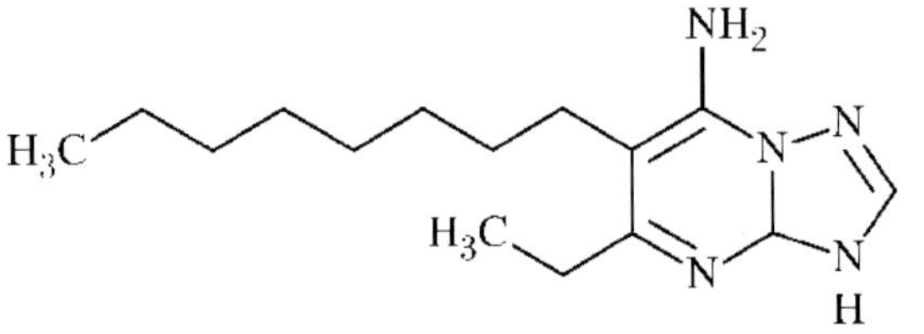

作用特点 三唑并嘧啶类杀菌剂，具有广谱的杀菌活性，对霜霉病等有特效。

开发登记 巴斯夫公司开发。

Tebufloquin

其他名称 AF–02；SN4524。

化学名称 6–(1–叔丁基)–8–氟–2,3–二甲基–4–乙酸喹啉酯。

结 构 式

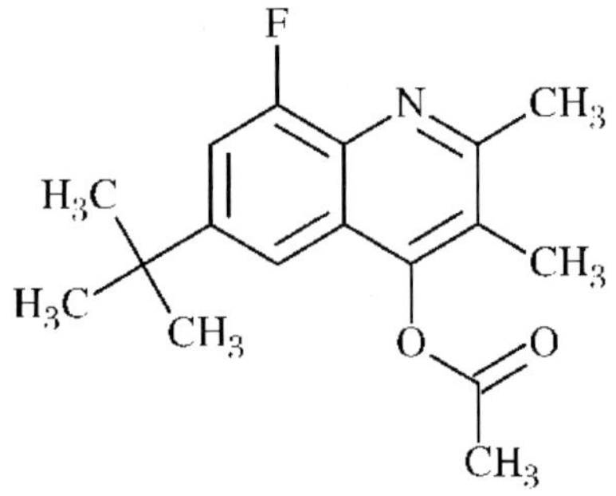

作用特点 其对稻瘟病有非常好的防效。

开发登记 是明治制药株式会社(Meiji Seika Kaisha)开发。

Penflufen

化学名称 2'-[(RS)-1,3-二甲基丁基]-5-氟 -1,3-二基咪唑-4-甲酰胺。

结 构 式

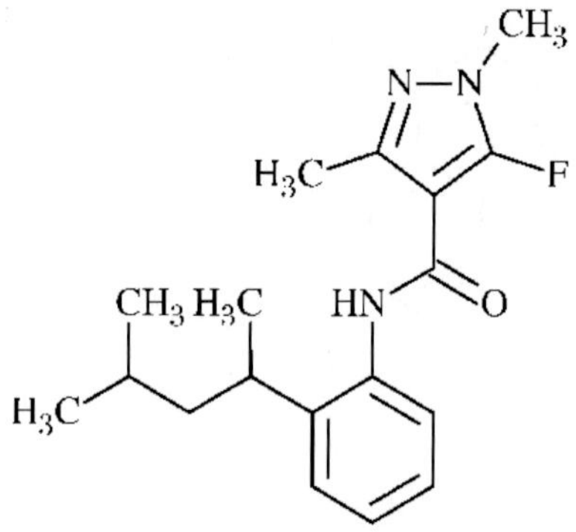

作用特点 吡唑酰胺类杀菌剂，对水稻纹枯病、苹果白粉病有很好的防效，尤其对番茄早疫病有特效。

开发登记 拜耳公司开发，目前正在以Initium为商品名在全球登记。

苯并烯氟菌唑 benzovindiflupyr

其他名称 SYN545192、Solatenol。

化学名称 N-[9-(二氯甲基)-1,2,3,4-四氢-1,4-亚甲基萘-5-基]-3-(二氟甲基)-1-甲基-1H-吡唑-4-羧酰胺。

结 构 式

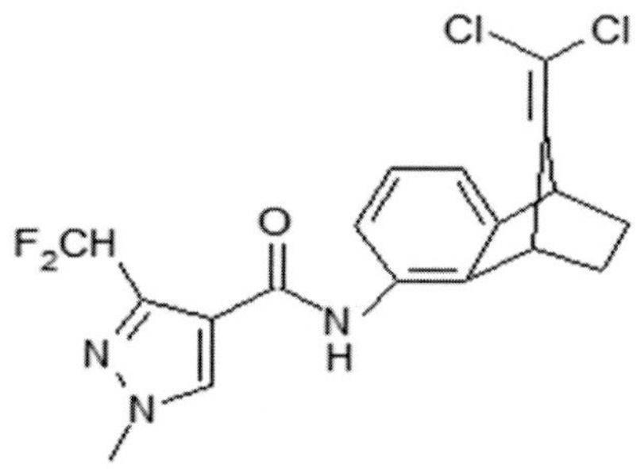

理化性质 该品纯品纯度97%，为白色粉末，无味，熔点148.4℃。水中溶解度0.98mg/L（25℃），原药在有机溶剂中的溶解度（g/L，25℃）:丙酮350，二氯甲烷450，乙酸乙酯190，正已烷270，甲醇76，辛醇19，甲苯48。分光光度滴定发现，此物质在pH值为2～12时不离解，遇铝、铁、醋酸铝、醋酸亚铁、锡、镀锌金属和不锈钢稳定。

毒　　性 原药对大鼠急性经口LD_{50}（雌性）55mg/kg（高毒），大鼠急性经皮＞2 000 mg/kg（低毒），大鼠急性吸入LC_{50}＞0.56 mg/L（微毒）。该剂对兔眼睛有微弱的刺激作用，对兔皮肤有微弱刺激作用，对CBA小鼠皮肤无致敏性。Ames试验、小鼠骨髓细胞微核试验、生殖细胞染色体畸变试验均为阴性，未见致突变作用。

作用特点 苯并烯氟菌唑是广谱叶用杀菌剂，是琥珀酸脱氢酶抑制剂，作用于病原菌线粒体呼吸电子传递链上的蛋白复合体Ⅱ，即琥珀酸脱氢酶（succinate dehydrogenase，SDH）或琥珀酸-泛醌还原酶（succinate ubiquinone reductase，SQR），影响病原菌的呼吸链电子传递系统，阻碍其能量代谢，抑制病原菌的生长，导致其死亡，从而达到防治病害的目的。

剂　　型 96%原药。

应用技术 与嘧菌酯制成的混配制剂45%苯并烯氟菌唑·嘧菌酯（15%+30%）水分散粒剂可防治观赏菊花白锈病，花生锈病。于发病前或者发病初期用药，防治观赏菊花白锈病的剂量为1 700～2 500倍液，两次喷雾间隔时间为7～10d，每季作物最多施用次数3次，连续使用次数不得超过2次。防治花生锈病的剂量为17～23g/亩，两次喷雾间隔时间为7～10d，每季最多施用次数2次，安全间隔期14d。建议选择与其作用方式不同的杀菌剂交替使用。不得用于苹果、山楂树、樱桃、李树和女贞，避免雾滴漂移到树上。

注意事项 对水生生物高毒，使用时防止对水生生物的影响。禁止污染灌溉用水和饮用水。水产养殖区、河塘等水体附近禁用。

开发登记 瑞士先正达作物保护有限公司开发并登记。

氟吡菌胺 fluopicolide

化学名称 2,6-二氯-N-[(3-氯-5-三氟甲基-2-吡啶基)甲基]苯甲酰胺。

结 构 式

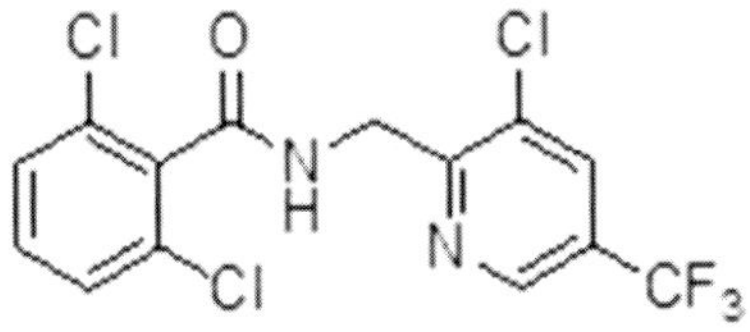

Cl O Cl N H N Cl CF_3

理化性质 原药外观为米色粉末状细微晶体，制剂为深米黄色、无味、不透明液体。熔点150℃，分解温度320℃。溶解度：水中4mg/L，有机溶剂(g/L)乙醇19.2、正己烷0.20、甲苯20.5、二氯甲烷126、丙酮74.7、乙酸乙酯37.7、二甲基亚砜183。在水中稳定，受光照影响较小。常温储存3年稳定。

毒　　性 大鼠(雌/雄)急性经口LD_{50}>5 000mg/kg，大鼠(雌/雄)急性经皮LD_{50}>5 000mg/kg，低毒。

作用特点 该药保护性好、渗透性强，对卵菌纲真菌病害有较高的生物活性，具有很好的防治效果。能从植物叶基向叶尖方向传导。

剂　　型 97%原药、97.5%原药。

应用技术 与精甲霜灵、烯酰吗啉、氰霜唑、霜霉威盐酸盐、代森锰锌等药剂混配，用于卵菌门真菌引起的霜霉病、疫病、晚疫病、猝倒病等重要病害的防控。对作物和环境安全，用于优质、绿色蔬菜生产。

注意事项 对水生生物有毒。

开发登记 拜耳股份公司开发，拜耳股份公司、陕西美邦药业集团股份有限公司等公司登记。

苯酰菌胺 zoxamide

其他名称 苯硐唑。

化学名称 （RS）-3,5-二氯-N-(3-氯-1-乙基-1-甲基-2-氧代丙基）对甲基苯甲酰胺。

结构式

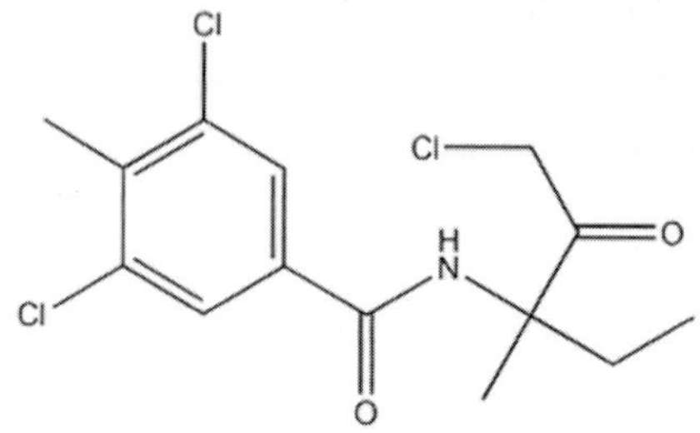

理化性质 外观为白色粉末状，气味为甘草味，难溶于水，稳定性好。熔点：159.5～161℃；相对密度：1.38（20℃）。

毒　　性 急性经口LD_{50}>5 000mg/kg，急性经皮LD_{50}>2 000mg/kg，低毒。

作用特点 苯酰菌胺是一种作用机理独特的、高效保护性杀菌剂，可防治由卵菌纲病原菌引起的病害如黄瓜霜霉病。它通过抑制细胞核分裂，使得病原菌游动孢子的芽管伸长受到抑制，从而阻止病菌穿透寄主植物。与市场上使用的其他防治卵菌纲病害药剂无交互抗性。

剂　　型 97%原药、96%原药。

应用技术 与代森锰锌制成的混配制剂75%锰锌·苯酰胺（代森锰锌66.7%+苯酰菌胺8.3%）水分散粒剂可防治黄瓜霜霉病，用量为100～150g/亩，用药时间：病害刚刚发生、或叶片长出后，每7～10d喷药1次。无内吸性，喷雾时应均匀透彻。在黄瓜上的安全间隔期为3d，于发病初期或发芽后每7～10d施药，每个作物生长季节最多连续使用3次。施药1h后有降雨，不影响药效。

注意事项 建议与其他作用机制不同的杀菌剂轮换使用，以延缓抗性产生，如果条件允许，使用无抗药性史的产品。对家蚕中等毒，对鱼类、蚤类等水生生物高毒，施药期间远离水产养殖区、蚕室和桑园。

开发登记 罗门哈斯公司（现为陶氏农业科学公司）开发，英国高文作物保护有限公司、辽宁省大连凯飞化学股份有限公司登记。

氟唑环菌胺 sedaxane

其他名称 环苯吡菌胺。

化学名称 2-顺式异构体与2-反式异构体的混合物：2'-[(1RS,2RS)-1,1'-双向环丙-2-基]-3-(二氟甲基）-1-甲基吡唑-4-碳酰苯胺；2'-[(1RS,2SR)-1,1'-双向环丙-2-基]-3-(二氟甲基）-1-甲基吡唑-4-碳酰苯胺。

结构式

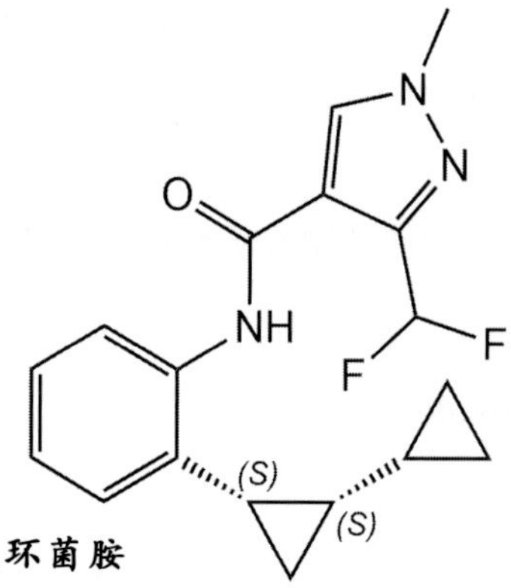

顺式氟唑环菌胺 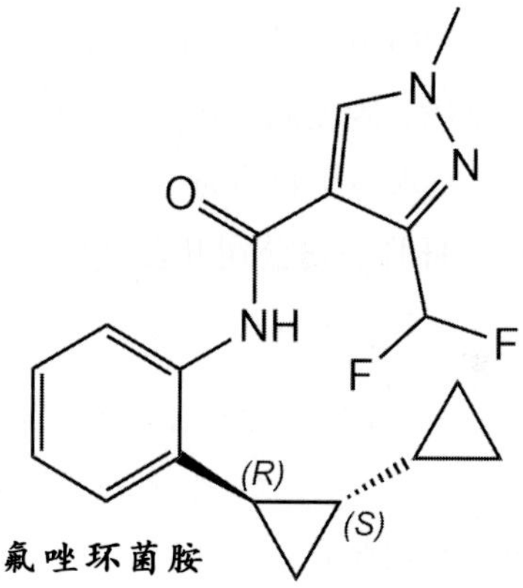　　反式氟唑环菌胺

理化性质 白色固体，相对密度1.23，熔点121.4℃，沸点270℃。溶解度（20℃，mg/L）：纯水中为570（pH7），丙酮410，二氯甲烷500，乙酸乙酯200，己烷0.41，甲醇110，辛醇20，甲苯70。稳定性：氮气或空气中稳定，铝、铁、乙酸铝及乙酸铁条件下稳定。水解：50℃，pH4、5、7及9时至少5d水解稳定，25℃，pH5、7及9时至少30d水解稳定。

毒　　性 LD_{50}（雌/雄）2 000～5 000mg/kg；对家兔眼睛无刺激性；对家兔皮肤无刺激性；对豚鼠皮肤不致敏或弱致敏物。

作用特点 氟唑环菌胺属吡唑酰胺类化合物，此类化合物可以通过与琥珀酸脱氢酶结合从而抑制真菌的代谢，属于新SDHI（琥珀酸脱氢酶抑制剂）类杀菌剂。氟唑环菌胺可以从种子渗透到周围的土壤，从而对种子、根系和基茎部形成一个保护圈。从有机土壤到沙质土壤，氟唑环菌胺在不同土壤类型中的移动性都较好，可以均匀分布于作物整个根系。氟唑环菌胺具有内吸性，同时可在根系周围形成保护圈，对玉米丝黑穗病害有较好的防效效果。

剂　　型 95%原药、96%原药、44%悬浮种衣剂。

应用技术 防治玉米黑粉病、丝黑穗病。用药量为44%悬浮种衣剂30～90ml/100kg种子，种子包衣方法：取规定用量的药剂，加入适量水（药浆种子比为150～100）搅拌，将种子倒入，充分搅拌均匀，晾干后即可播种。配制好的药液应在24h内使用，以免产生沉淀影响使用。在登记作物新品种上大面积应用时，必须先进行小范围的安全性试验。

注意事项 为延缓抗性的发生发展，建议与不同作用机制(非杀菌剂Group7）的药剂轮换使用。

开发登记 瑞士先正达作物保护有限公司开发并登记。

辛菌胺

化学名称 N-辛基-n-[2-(辛基氨基)乙基]乙烯二胺。

结 构 式

理化性质 密度0.85g/cm3，沸点413.9℃，闪点202.8℃，折射率1.46。

毒　　性 大鼠急性经口LD_{50}(雌/雄)825/464mg/kg，急性经皮LD_{50}(雌/雄)>2 000mg/kg，中等毒。

作用特点 通过破坏各类病原体得细胞膜、凝固蛋白、阻止呼吸和酵素活动等方式达到杀菌（病毒）。该药有一定的内吸和渗透作用，对导致作物病害的多种植物真菌、细菌和病毒均有显著的杀灭和抑制作用。

剂　　型 1.2%、1.26%、1.8%、1.9%、3%、5%、8%、20%，3%可湿性粉剂。

应用技术 可防治苹果树腐烂病、果锈病、番茄病毒病、水稻白叶枯病、细菌性条斑病、稻瘟病、黑条矮缩病、棉花枯萎病、烟草花叶病毒病、黑胫病、猝倒病、辣椒病毒病。防治苹果树腐烂病，可在苹果树春季和秋季腐烂病高发期，用1.26%水剂稀释50～100倍液喷雾，以喷施枝干部位为主。对于多年生较大病瘤应先把病瘤刮除干净后再施药，否则药物难以渗入病瘤内部，影响治疗效果。防治果锈病，用1.26%水剂稀释160～320倍液喷雾；防治番茄病毒病于发病初期，用1.2%水剂233～350ml/亩对水均匀喷雾；防治水稻白叶枯病、细菌性条斑病，于发病初期，用1.2%水剂463～694ml/亩对水均匀喷雾；防治水稻稻瘟病、黑条矮缩病，于发病初期，用1.8%水剂80～100ml/亩对水均匀喷雾；防治棉花枯萎病，于发病初期，用1.2%水剂200～300倍液均匀喷雾；防治烟草花叶病毒病，于发病初期，用8%水剂80～100ml/亩对水均匀喷雾；防治烟草黑胫病、猝倒病，于发病初期，用20%水剂20～30ml/亩对水均匀喷雾；防治辣椒病毒病，于发病初期，用1.8%水剂400～600倍液均匀喷雾。

开发登记 山东胜邦绿野化学有限公司、陕西美邦药业集团股份有限公司等公司登记。

氟噻唑吡乙酮 oxathiapiprolin

其他名称 DPX-QGU42；DKF-1001。

化学名称 1-[4-[4-[(5RS)-5-(2,6-二氟苯基)-4,5-二氢-1,2-恶唑-3-基]-1,3-噻唑-2-基]-1-哌啶基]-2-[5-甲基-3-(三氟甲基)-1H-吡唑-1-基]乙酮。

结构式

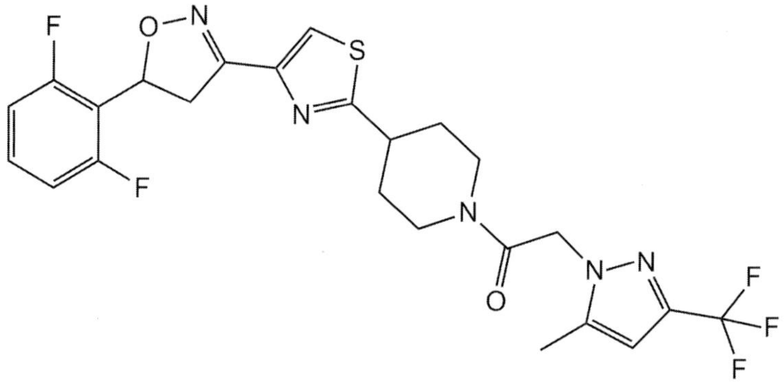

F O-N S N F N O N-N F F F

理化性质 纯品为灰白色结晶固体，熔点为146.4%，沸点前分解，分解温度为289.5℃。在20℃时，在水中的溶解度为0.1749mg/L，在正己烷中为10 mg/L，在邻二甲苯中为5.8 g/L，在二氯甲烷中为352.9 g/L，在丙酮中为162.8 g/L。

毒　　性 大鼠急性经口、经皮LD_{50}值均大于5 000mg/kg　急性吸入LC_{50}值为5.0mg/L。对哺乳动物低毒，对皮肤、眼睛等无刺激性，且无致癌、致突变及神经毒性，因此对生产者和使用者安全；其对鱼类、藻类等中毒。

作用特点 通过对氧化固醇结合蛋白（OSBP）的抑制达到杀菌效果。其对病原菌具有保护、治疗和抑制产孢作用，对卵菌纲病害具有优异的杀菌活性。该产品可以快速被蜡质层吸收，具有优秀的耐雨水冲刷作用。同时具有内吸向顶传导作用、保护新生组织的特点。

剂　　型 10%可分散油悬浮剂。

应用技术 为预防抗药性产生，建议与其他不同作用机理杀菌剂如代森锰锌等杀菌剂轮换使用。

防治番茄晚疫病、霜霉病、疫病、晚疫病，用10%可分散油悬浮剂13～20ml/亩。番茄晚疫病：发病前保护性用药，每隔10d左右施用1次，共计2～3次。辣椒疫病：发病前保护性用药，保护地辣椒于移栽3～5d缓苗后开始施药，每隔10d左右施用1次，共计2～3次，喷药时应覆盖辣椒全株并重点喷施茎基部。黄瓜霜霉病：发病前保护性用药，每隔10d左右施用1次，露地黄瓜每季可施药2次，保护地黄瓜可于秋季和春季两个发病时期分别施用2次。

防治葡萄霜霉病，用10%可分散油悬浮剂2 000～3 000倍液。施用时期：葡萄霜霉病发病前保护性用药，每隔10d左右施用1次，共计2次。马铃薯晚疫病：发病前保护性用药，每隔10d左右施用1次，共计

2～3次。

注意事项 不可与强酸、强碱性物质混用

开发登记 美国杜邦公司开发并登记。

硝苯菌酯 meptyldinocap

其他名称 CR-1693。

化学名称 2,4-二硝基-6-(1-甲基庚基)苯巴豆酸酯;CAS:反式-2-丁烯酸,2-(1-甲基庚基)-4,6-二硝基苯酯。

结构式

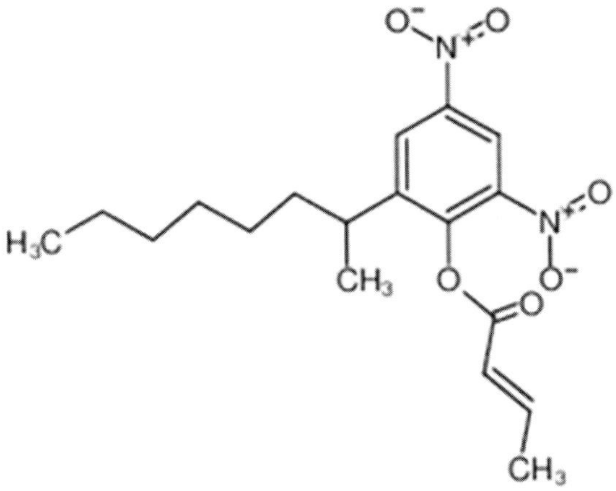

理化性质 原药外观为黄色到橙色，有甜味的液体。熔点－22.4℃，在200℃分解。溶解度(25±1℃,g/L)：丙酮252、醋酸乙酯256、二氯乙烷252、二甲苯256、正庚烷251、甲醇253。是可燃液体，受撞击和振动不爆炸。

毒性 急性经口LD_{50}：原药大鼠(雌/雄)>2 000mg/kg，制剂>1 030mg/kg，急性经皮LD_{50}：原药制剂大鼠(雌/雄)>5 000mg/kg，低毒。

作用特点 硝苯菌酯是将杀菌剂敌螨普(dinocap)进一步提纯，含有单一异构体，对环境及非靶标生物更加友善的新产品，作用机制与敌螨普一致。是一种病原氧化磷酸化的解偶联剂，具有预防、治疗及铲除功能。

剂型 90%原药、36%乳油。

应用技术 防治黄瓜白粉病，用36%乳油28～40ml/亩均匀喷雾，喷药时药液要均匀周到。在黄瓜作物上使用的安全间隔期为3d，每个作物周期的最多使用次数为3次。

注意事项 对水生生物高毒。防止对水生生物影响。远离水产养殖区施药。

开发登记 美国陶氏益农公司开发并登记。

吲唑磺菌胺 amisulbrom

其他名称 NC-224。

化学名称 3-(3-溴-6-氟-2-甲基吲哚-1-磺酰基)-N,N-二甲基-1H-1,2,4-三唑-1-磺酰胺。

结构式

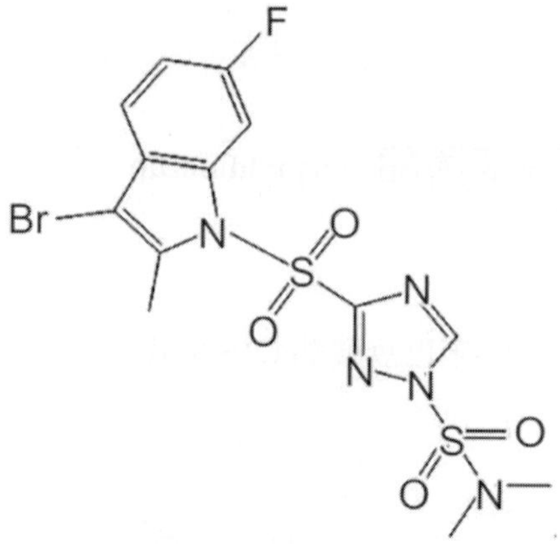

理化性质 纯品为无味粉末，相对密度（20℃）1.6，熔点128.6～130.0℃。水中溶解度（20℃，pH 6.9）：0.11mg/L；稳定性：25℃时，在pH9缓冲液中水解DT_{50} = 5d；水解：20℃，pH 7时，水解DT_{50} = 87.1d。

毒　　性 大鼠急性经口LD_{50} > 5 000mg/kg，急性经皮LD_{50} > 5 000mg/kg，大鼠急性吸入毒性LD_{50} > 2.85mg/L；对眼睛轻微刺激性；对皮肤无刺激性；对皮肤不致敏或弱致敏。

作用特点 不具有内吸性，是一种保护性杀菌剂，主要用于病害的预防。

剂　　型 97.5%原药、18%悬浮剂、50%水分散粒剂。

应用技术 防治水稻苗期立枯病，用50%水分散粒剂0.5～1.5g/m^2进行苗床浇灌；防治烟草黑胫病，用50%水分散粒剂250倍液进行苗期喷淋，用10～14g/亩喷雾；防治烟草黑胫病，每次施药间隔期7～10d，苗期移栽前及移栽后烟田黑胫病即将发病或零星发病初期使用；防治水稻苗期立枯病，在播种时覆土前使用；注意喷雾均匀、周到；在烟草上，安全间隔期为7d，每季最多使用次数为3次；在水稻苗床上，每季最多使用次数为1次。防治黄瓜霜霉病，用18%悬浮剂20～27ml/亩对水均匀喷雾；防治马铃薯晚疫病，用18%悬浮剂13～27ml/亩对水均匀喷雾；每次施药间隔期7d，于病害发生前期或初期开始使用。在黄瓜上，安全间隔期为3d，每季最多使用次数为3次；在马铃薯上，安全间隔期为7d，每季最多使用次数为3次。

注意事项 水产养殖区禁用。

开发登记 日产化学株式会社开发并登记。

二十六、杀线虫剂

棉隆　dazomet

其他名称 Basmaid Granular；必速灭；Mylone。

化学名称 3,5-二甲基-1,3,5-噻二唑-2-硫酮。

结 构 式

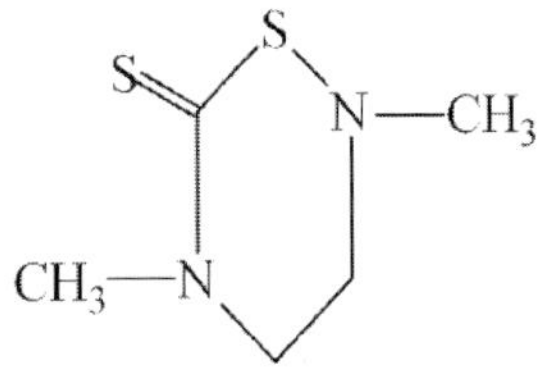

$$
\text{CH}_3\text{—N}\;(\text{ring: C(=S)–S–N(CH}_3\text{)–CH}_2\text{–CH}_2\text{–N})
$$

理化性质 原粉为灰白色针状结晶，纯度为98%～100%，熔点104～105℃，另有报道熔点为99.5℃(分解)，20℃时蒸气压0.4MPa。20℃时溶解度：在水中为0.3%，丙酮17.3%，氯仿39.1%，乙醇1.5%，二乙醚0.6%，环己烷40%，苯5.1%；25℃时在二氯乙烷中溶解度为26%，二氯乙烯21%。在30℃水中溶解度为0.12%，丙酮19.4%，在25℃溶解度：溶纤剂8%，二甲基甲酰胺35%，三氯乙烷26%，工业品纯度98%。常规条件下储存稳定，但遇湿易分解。在35℃以上，对热和潮气敏感。酸性水解放出二硫化碳，但在土壤中分解生成甲胺基甲基二硫代氨基甲酸酯，并进一步生成异硫氰酸甲酯。如果保持干燥，85%粉剂对锡板没有腐蚀性。

毒　　性 原药对雌、雄大鼠急性经口LD_{50}分别为710、550(mg/kg)，对雌、雄兔急性经皮LD_{50}分别为2 600mg/kg、2 360mg/kg，对兔皮肤无刺激作用，对眼睛黏膜具有轻微的刺激作用。在试验剂量内，对动物无致畸、致癌作用。两年喂养试验无作用剂量大鼠为10mg/(kg・d)，犬一年喂养试验无作用剂量为45mg/(kg・d)。对鱼毒性中等，鲤鱼LC_{50}(48h)为10mg/L。对蜜蜂无毒害，野鸭LD_{50}为473mg/kg。

剂　　型 98%棉隆颗粒剂、85%粉剂、98%微粒剂。

作用特点 广谱的熏蒸性杀线剂，兼治土壤真菌、地下害虫及杂草。易在土壤及其他基质中扩散，杀线虫作用全面而持久，并能与肥料混用。该药使用范围广，能防治多种线虫，不会在植物体内残留。但对鱼有毒性. 且易污染地下水，南方应慎用。

应用技术 用于温室、苗床、育种室、混合肥料、盆栽植物基质及大田等土壤处理，能有效地防治为害花生、烟草、茶、蔬菜(番茄、马铃薯、豆类)、草莓、果树、林木等作物的短体线虫(*Pratylenchus* spp.)、纽带线虫(*Hoplolaimus* spp.)、肾形线虫(*Rotylenchus* spp.)、矮化线虫(*Tylenchorhynchus* spp.)、针线虫(*Paratylenchus* spp.)、剑线虫(*Xip Hinema* spp.)、垫刃线虫(*Tylenchus* spp.)、根结线虫(*Meloidogyne* spp.)、孢囊线虫(*Heterodera* spp.)、茎线虫(*Citylenchus* spp.)等属的线虫。此外对土壤昆虫、真菌和杂草亦有防治效果。

防治番茄(保护地)线虫，用98%微粒剂30～45g/m^2，进行土壤处理；防治草莓、花卉线虫，用98%微粒剂30～40g/m^{2}进行土壤处理。

防治姜线虫病，用98%微粒剂50～60g/m^{2}进行土壤消毒。

注意事项 施入土壤后，受土壤温度、湿度及土壤结构影响甚大，为了保证获得良好的防效和避免产生药害，土壤温度应保持在6℃以上，以12～18℃最适宜，土壤的含水量保持在40%以上。施药时，应使用橡胶手套和靴子等安全防护用具，避免皮肤直接接触药剂，一旦粘污皮肤，应立即用肥皂、清水彻底清洗。应避免吸入，施后应彻底清洗用过的衣服和器械，废旧容器及剩余药剂应妥善处理和保管，注意该药剂对鱼有毒。储存应密封于原包装中，并存放在阴凉、干燥的地方，不得与食品饲料一起储存。使用棉隆应注意药害问题，用棉隆处理过的土壤应做水芹试验，如水芹种子正常萌发，表明棉隆及其分解产物已完全消失。

开发登记 江苏省南通施壮化工有限公司等企业登记生产。

氯化苦 chlorpicrin

其他名称 硝基氯仿；三氯硝基甲烷。

结构式

$$\mathrm{CCl_3NO_2}$$

理化性质 工业品为浅黄色液体。在空气中逐渐挥发，气体比空气重4.67倍。不爆炸，不易燃烧。难溶于水，可溶于丙酮、苯、乙醚、四氯化碳、乙醇和石油。化学性质稳定。吸附性很强，易被多孔物质吸附，特别在潮湿物体上，可保持很久。在空气中易挥发扩散，产生的氯化苦气体比空气重5倍。主要引起昆虫细胞肿胀和腐烂，最后死亡。

毒　　性 对高等动物高毒。具催泪作用，当每升空气中含氯化苦0.016mg时因强烈刺激黏膜引起流泪，可及时发现而减少中毒事故，每升空气中含2mg氯化苦暴露10min，或每升空气中含0.8mg氯化苦暴露30min，能致死。大白鼠急性经口LD_{50}为126mg/kg，室内空气中最高允许浓度1mg/m^3。

剂　　型 30%乳剂、99.5%液剂。

作用特点 易挥发，扩散性强，挥发度随温度上升而增大，它所产生的氯化苦气体比空气重5倍，其蒸气经昆虫气门进入虫体水解成强酸性物质引起细胞肿胀和腐烂，并可使细胞脱水和蛋白质沉淀造成生理机能破坏而死亡。对常见的储粮害虫如米象、米蛾、拟谷盗、谷蠹以及豆象等都有良好的杀伤力，但对螨卵和休眠期的螨效果较差，对储粮微生物也有一定的抑制作用。用氯化苦灭鼠是因其气体比空气重而能沉入洞道下部杀灭害鼠。氯化苦气体在鼠洞中一般能保持数小时，随后被土壤吸收而失效。损伤毛细管和上皮细胞，使毛细管渗透性增加、血浆渗出形成水肿。最终由于肺脏换气不良造成缺氧，心脏负担加重而死于呼吸衰竭。

应用技术 防治棉花枯萎病、黄萎病，用99.5%液剂125ml/m^{2}土壤消毒；防治根结线虫，将土地仔细翻耕20cm深度，保持土壤湿度，用手动土壤消毒设备每隔30cm注射99.5%液剂5～10g/穴，注射深度15cm，然后用土壤将注入孔封堵，立即覆膜7～25d，揭膜排气定植。施入土壤，施药深度不应少于25cm，沟距30cm。防治土壤青枯菌、疫霉菌，用99.5%液剂35～70g/m^{3}进行土壤熏蒸。

据资料报道，防治茄子黄萎病，施药前精细整地，使土壤含水量在50%～60%的范围内，用土壤注射器施98%原药液，左右相距30cm，每孔深度为15cm，施药后立即覆盖地膜，熏蒸19d揭膜，使药液挥发，防止烧苗，然后作畦定植；防治甜瓜黄萎病，用99.5%液剂20～25ml/亩土壤熏蒸；防治姜根结线虫病，用98%原液按24.5kg/亩处理土壤，对姜根结线虫病的防治效果良好，增产效果明显，对作物较为安全；防治姜瘟病，在姜栽培前1个月，用98%原液25～35kg/亩土壤熏蒸，施药后覆盖农膜20～30d，在姜苗定植前7d左右揭膜翻土，然后栽种姜苗。

防治草莓黄枯萎病，用99.5%液剂15～25ml/亩土壤熏蒸。

用于熏蒸粮仓防治储粮害虫，但只能熏原粮，不能熏加工粮，熏蒸储粮时，最低平均粮温应在15℃以上；也可用于土壤熏蒸防治土壤病害和线虫，还可用于鼠洞熏杀鼠类；由于氯化苦对眼有剧烈的刺激作用，因此，施用氯化苦需用专用的机械。熏蒸粮仓，一般粮堆体积用药35～70g/m^3，空仓体积用药20～

30g/m^3，熏蒸50～70h。氯化苦的蒸气比空气重，必须在高处均匀施药，仓库四角应适当增加药量；一般施药方法：一是将药散布在悬挂的麻袋或草席上，必要时在仓库顶部装置固定的喷头，将定量的药剂喷在麻袋或草席上；二是将药倒在高处的木制浅盆中；三是散储粮食，厚度超过70cm，应插入探管，将药倒在探管内。

氯化苦能有效控制导致草莓根病或枯萎的喙担子菌属、刺盘孢属、柱果霉属、镰刀菌属、疫霉属、须壳孢属、腐霉属、丝核菌属、轮枝菌属真菌，对土壤杆菌属细菌也有效，对地下害虫和土壤线虫也有很好的效果。氯化苦是在作物种植2周前，将液体注射到土壤15～25cm处，48h即可杀死土壤中的真菌，防治土壤真菌的效果高于甲基溴20倍。因为氯化苦防治根结线虫和杂草的效果较差，通常将氯化苦与1，3–二氯丙烯混用提高对土壤线虫的防治效果，或与除草剂混用提高除草效果。

注意事项 氯化苦对人、畜剧毒，熏蒸时施药人员必须戴防毒面具，氯化苦在光的作用下毒性降低，水解为强酸物质，加工粮(如面粉一类的细粉)因熏蒸后气体不易散出，故不能用氯化苦熏蒸。氯化苦会影响种子发芽，特别在种子含水量高时影响更大，因此谷类种子不宜用本剂，豆类种子熏蒸前后应检查发芽率。熏蒸的起点温度为12℃，最好在20℃以上进行熏蒸。由于氯化苦吸附力强，熏蒸后散气15d才能搬运出库。氯化苦对铜有很强腐蚀性，使用时库内的电源开关、灯头等裸露器材设备应涂以凡士林保护。氯化苦用于土壤处理及在室内使用，必须安全操作，预防发生中毒事故。

开发登记 辽宁省大连绿峰化学股份有限公司登记生产。

二氯丙烷 propylene dichloride

其他名称 Propylene dichloride；Dichlor；PDC；Dowfume EB–5(混剂)。

化学名称 1,2–二氯丙烷。

结 构 式

$$H_3C-CH(Cl)-CH_2-Cl$$

理化性质 无色液体，沸点为95.4℃，熔点–70℃，在19.6℃时蒸气压为28MPa，密度1.159，在水中的溶解度为0.27g/100g(20℃)，可溶于乙醇、乙醚，易燃，闪点21℃。

毒　　性 为强麻醉剂，但低浓度的二氯丙烷刺激呼吸道。豚鼠、兔和大鼠暴露在含1 600mg/L二氯丙烷环境中7h，前面两种动物能容忍，在空气中最大允许浓度为25mg/L。

剂　　型 Dowfume EB–5：含7.2%二氯乙烷，29.5%二氯丙烷，63.6%四氯化碳、D–D混剂(含二氯丙烷30%～35%)。

应用技术 据资料报道，用于储粮熏蒸，一般与其他熏蒸剂混用。以20～30ml/m^{2}D–D混剂土壤熏蒸杀线虫、金针虫、金龟子幼虫等。

二溴乙烷 ethylene dibromide

其他名称 Agrifume；Bromofume；Celmide；DB；Dowfumew；ENT15349；Edabrom；EDB；Kopfume；

Nephis; Nefis; Nemafume; Pestmaster; Soil Brom; Terrafume; Urifume。

化学名称 1,2-二溴乙烷。

结构式

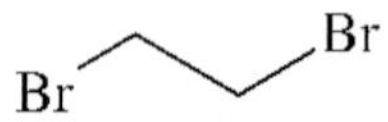

Br–CH2–CH2–Br

理化性质 似氯仿气味，沸点131.5℃，熔点9.3℃，25℃蒸气压1.5MPa，48℃蒸气压为5.2MPa，密度为2.172(25℃)。30℃水中溶解度4.3g/kg，溶于乙醚、乙醇和大多数有机溶剂，不易燃。碱性条件和光照条件下分解。

毒　　性 对雄大鼠的急性口服LD_{50}为146mg/kg；致畸、致癌。施用到皮肤上，将引起严重的烧伤，每天将大鼠暴露于二溴乙烷中7h，每周5d，共暴露6个月，大鼠的耐药量达25kg/mg。对人的毒性比溴甲烷强，在高浓度时能引起肺炎，但更容易造成肝和胃的损伤。在一般使用的熏蒸剂中，二溴乙烷是对昆虫毒杀力较高的一种，受二溴乙烷伤害的害虫，在死亡之前要挣扎数日。

剂　　型 30%油剂、83%油剂、40%乳剂。

应用技术 据资料报道，二溴乙烷容易被吸附，曾用作混合熏蒸剂的成分之一。二溴乙烷在美国曾有广泛应用，用于防治东方果蝇十分成功，因慢性毒性问题，现在已禁止使用。

二溴氯丙烷 dibromochloropropane

化学名称 1,2-二溴-3-氯丙烷。

结构式

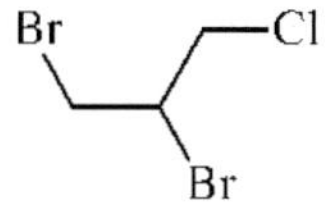

BrCH2–CHBr–CH2Cl

理化性质 原药为琥珀色至暗褐色液体，有刺鼻气味，沸点196℃，蒸气压106.6Pa(21℃)，水中溶解度在室温下为9.1%，可与石油、丙酮、2-丙醇、甲醇、1,2-二氯丙烷和1,1,2-三氯乙烷混合。在中性和酸性介质中稳定，遇碱水解成2-溴烯丙醇，可与氯化烃杀虫剂、固定和液态的氮磷钾肥料混用。对铝、锰及其合金有腐蚀性，如果含水量低于0.02%时，对钢和铜合金没有腐蚀性。

毒　　性 大鼠急性口服毒性LD_{50}为170～300mg/kg，小鼠LD_{50}为260～400mg/kg。经皮毒性LD_{50}家兔为1 420mg/kg。分别用150mg/kg、450mg/kg对雌、雄大鼠做90d的喂养试验能抑制鼠的生长。对眼和黏膜无明显刺激，但接触后必须用大量的水立即冲洗。24hLC_{50}对鲈鱼30～50mg/L，对翻车鱼50～125m/L。

剂　　型 40%油剂、20%颗粒剂、80%乳油。

应用技术 据资料报道，适用于烟草、蔬菜、花卉、草莓等作物的苗床和温室大棚的熏蒸，防治根结线虫、孢囊线虫、短体线虫、螺旋线虫、纽带线虫、矮化线虫等。甜瓜根瘤病，用20%颗粒剂700～800g/亩土壤处理，土壤温度21～27℃时，深度在15cm效果最好。

据资料报道，防治蔬菜根瘤线虫，发生初期用80%乳油1.5～3L/亩对水灌根。

据资料报道，防治草莓根瘤线虫，用20%颗粒剂3.5～4kg/亩，土壤温度21～27℃时撒施，深度在15cm效果最好；防治果树和花卉的根腐线虫，40%油剂2～7L/亩加2倍煤油，加水稀释后灌根；防治柑橘根粉壳虫，害虫发生初期用80%乳油1.5L/亩对水40～50kg喷雾。

除线磷 dichlofenthion

其他名称 VC-13；ENT17470；酚线磷；氯线磷；ECP(JMAF)；Mobilawn。

化学名称 O,O-二乙基-O-(2,4-二氯苯基)硫逐磷酸二乙酯。

结构式

$$(C_2H_5O)_2\overset{S}{\overset{\|}{P}}O-C_6H_3Cl_2\ (2,4\text{-}Cl)$$

理化性质 原药为无色液体。微溶于水，在水中溶解度为0.245mg/L(25℃)，能溶于大多数有机溶剂。对热稳定，175℃加热7h以上，有42%转为S-乙基异构体，除强碱外，化学性质稳定。沸点120～123℃(26.7Pa)。

毒　　性 急性口服LD_{50}大鼠为250mg/kg，雄小鼠为272mg/kg，雌小鼠为259mg/kg，鸡为148mg/kg，鸟为14mg/kg，人口服致死最低量为50mg/kg。兔经皮急性毒性LD_{50}为6g/kg，犬每天口服0.75mg/kg为90d，对胆碱酯酶的活性不受影响，也不产生其他病变或烦躁。鲤鱼TLm(48h)为5.1mg/L，水蚤LC_{50}(3h)为5μg/L。

剂　　型 25%乳油、50%乳油、75%乳油，10%颗粒剂。

作用特点 触杀，无内吸性。是一种作用于神经系统的神经毒剂，抑制胆碱酯酶的活性。可以用于防治各种线虫。

应用技术 资料报道，防治大豆、豌豆、小豆、芸豆、黄瓜的种蝇，萝卜的黄条跳甲，葱、洋葱的葱蝇，柑橘线虫，用50%乳油16～17kg/亩对水50kg喷洒在土壤上。

注意事项 除线磷属于中等毒性有机磷农药，使用时应注意安全。施药量大，禁止污染水源和地下水。

除线特 diamidafos

其他名称 Dowco 169；Nellite。

化学名称 O-苯基-N,N'-二甲基氨基磷酸酯。

结构式

$$C_6H_5-O-\overset{O}{\overset{\|}{P}}(NHCH_3)_2$$

理化性质 白色结晶固体，无味，无挥发性，熔点105.5～106℃，沸点162℃，25℃下水中溶解度为116g/L，易溶于极性溶剂，不溶于非极性溶剂。

毒　　性 对小鸡、豚鼠、兔子、雄鼠、雌鼠等LD_{50}值分别为30mg/kg、100mg/kg、63mg/kg、140mg/kg、200mg/kg。对皮肤有刺激作用，通过皮肤吸收。

剂　　型 90%可湿性粉剂。

作用特点 选择性杀线虫剂，有内吸作用。

应用技术 据资料报道，根结线虫幼虫，特别适宜用于灌溉水中，或用于大田移栽作物的灌溉水中。

资料报道，防治棉田根瘤线虫幼虫，用90%可湿性粉剂75～300g/亩对水100kg灌溉。

注意事项 除线特可残留在土壤中，会使果树幼苗落叶和嫩叶变黄。

治线磷 zinophos

其他名称 ACC18133；EN18133；Cynem；Nemafos；Thionazin；Nemaphos；硫磷嗪。

化学名称 O,O-二乙基-O-二氮苯-2-基硫逐磷酸酯。

结构式

$$\mathrm{(CH_3CH_2O)_2P(=S)O}\text{-(pyrazin-2-yl)}$$

理化性质 纯品为清澈至浅黄色液体，熔点-1.67℃，蒸气压0.4Pa/30℃，沸点80℃，密度1.207，27℃水中溶解度为1.140mg/L，与大多数有机溶剂互溶。工业品为暗棕色液体，纯度约90%，可被碱迅速分解。

毒性 大鼠急性口服LD_{50}为12mg/kg；经皮毒性LD_{50}为11mg/kg。用含25～50mg/kg的饲料喂大鼠90d，表现出对大鼠的生长稍有抑制，但无其他异常反应。

剂型 25%乳油、46%乳油、5%颗粒剂、10%颗粒剂。

作用特点 该药属于硫代磷酸酯类化合物，是乙酰胆碱酯酶抑制剂，具有内吸、胃毒、触杀作用。

防治对象 蔬菜、果树害虫。为土壤杀虫、杀线虫剂。可有效地防治植物寄生性和非寄生性线虫，如根结线虫、异皮线虫、花生线虫、柑橘线虫等及土壤害虫。

据资料报道，防治线虫全面施药时用46%乳油1.5～3kg，对水喷雾处理土壤，垄施可用半量；也可以用于防治叶面害虫，如蚜虫、潜叶蝇、二化螟等，残效期较短，其药效和对硫磷相当。

注意事项 药剂放在远离食物、饲料及儿童触及不到的地方。不慎溅入眼睛或身上，要立即用肥皂水冲洗。若发生中毒，可用解磷定、氯解磷定治疗。

线虫磷 fensulfothion

其他名称 丰索磷；Dasanit；Terracur P；BAY-25141(Bayer)；Dasanit (Chemagro)。

化学名称 O,O-二乙基-O-4-甲基亚磺酰基苯基硫逐磷酸酯。

结构式

$$\mathrm{CH_3S(=O)}\text{-}\mathrm{C_6H_4}\text{-}\mathrm{OP(=S)(OCH_2CH_3)_2}$$

理化性质 油状黄色液体，沸点为138～141℃(1.33Pa)密度1.202。微溶于水(1.540mg/L，25℃)，溶于大多数有机溶剂。它迅速氧化成砜并迅速转化成S–乙基异构体。

毒　　性 雄大鼠口服急性毒性LD_{50}为4.6～10.5mg/kg，雌大鼠LD_{50}为3.5mg/kg；雄大鼠经皮急性毒性30mg/kg。用含药20mg/kg的饲料喂养美洲大鼠16周，生长及食欲正常。

剂　　型 25%可湿性粉剂、10%粉剂、2.5%颗粒剂、5%颗粒剂、10%颗粒剂。

作用特点 杀线虫剂。防治自由活动的、囊状的和根瘤线虫，具有较长残效期和某些内吸活性。用作土壤处理。与氯并用可防治叶面害虫，如蚜虫、潜叶蝇、二化螟等，残效期较短，其药效和对硫磷相当。

应用技术 据资料报道，主要用于禾谷类、棉花、烟草、番茄、马铃薯、香蕉、可可、咖啡、柑橘、草莓和草坪等防治游离线虫、孢囊线虫和根瘤线虫等。通常为土壤处理。

威百亩 metam–sodium

其他名称 斯美地；Carbam；Chem–Vape；Herbatin；Karbation；Maposol；metam。

化学名称 N–甲基二硫代氨基甲酸钠。

结 构 式

S
HN S Na
CH_3

理化性质 白色结晶固体。溶解度水中20℃时为722g/L，在甲醇中有一定溶解度，但在其他有机溶剂中几乎不溶；稳定性：酸和重金属盐引起分解，对黄铜、铜、锌有腐蚀作用，在湿土中分解成异氰酸甲酯，这是实际起熏蒸作用的有效成分。

毒　　性 急性经口LD_{50}(mg/kg)：雄大鼠1 800，雌大鼠1 700，小鼠285，在土壤中形成的异硫氰酸甲酯对大鼠急性经口LD_{50}为97mg/kg。兔急性经皮LD_{50}为1 300mg/kg。对兔眼睛中等刺激性，对兔皮肤有损伤。

剂　　型 48%水溶液、32.7%水溶液、35%水剂、37%水剂、42%水剂。

作用特点 其活性是由于本品分解成异硫氰酸甲酯而产生，具有熏蒸作用。

应用技术 主要用于蔬菜田防治土壤病害、土壤线虫、杂草。

防治烟草(苗床)一年生杂草，用42%水剂40～60ml/m^2土壤喷雾；防治烟草(苗床)猝倒病，用35%水剂50～75ml/m^2土壤处理。

防治黄瓜、番茄根结线虫，用35%水剂4～6L/亩对水稀释后灌根。

据资料报道，防治茄子黄萎病，用37%水剂20～25ml/m^2对水灌根。

注意事项 该药能与金属盐起反应，在包装时要避免用金属器具；不能与波尔多液、石硫合剂及其他含钙的农药混用，施药时避开中午暴热天气。

开发登记 辽宁省沈阳丰收农药有限公司、潍坊中农联合化工有限公司等企业登记生产。

溴氯丙烯 chlorobromopropene

其他名称 CBP。

化学名称 3-溴-1-氯丙烯。

结 构 式

理化性质 原药含溴氯丙烯55%，另有若干卤代三碳烃。沸点130～180℃，密度为1.36～1.40。

毒　　性 中等毒性。

剂　　型 乳油。

应用技术 据资料报道，用作土壤熏蒸剂，杀真菌、线虫和杂草种子。

开发登记 1952年美国Shell化学公司生产。

二溴丙腈 DBPM

其他名称 N-906。

化学名称 2,3-二溴丙乙腈。

结 构 式

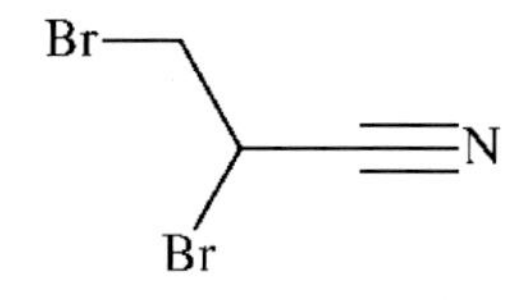

理化性质 淡黄色透明的液体，含量90%以上。沸点83～83.5℃(0.933kPa)；密度7.4(空气=1)；蒸气压13.3Pa/20℃，扩散常数0.065，溶解度在水中20℃时为1.0，有腐蚀作用。

剂　　型 混合乳油(DBPM20%加TCNE20%)。

作用特点 对腐霉属真菌有特效。

应用技术 据资料报道，用于防治旱秧田稻苗立枯病，在播前3d，每平方米浇700～1 000倍液3～4L；对蔬菜、甜菜的苗立枯病、瓜类断藤病、番茄凋萎病、白萝卜萎黄病、十字花科蔬菜根腐病等，在播种3～5d前每平方米浇500～800倍液2～3L。

开发登记 日本农药株式会社(1956)。

三氯硝基乙烷 TCNE

其他名称 BA1136。

化学名称 1,1,1-三氯-2-硝基乙烷。

结 构 式

$$CCl_3CH_2NO_2$$

理化性质 淡黄色透明液体，含量为50%以上，沸点50℃ 2MPa，蒸气压为0.467MPa(20℃)，扩散常数为0.066，20℃时在水中溶解度0.14。

剂　　型 混合乳油(Ground乳剂)。

应用技术 据资料报道，对镰刀菌属真菌特效。

开发登记 日本农药株式会社开发。

溴氯乙烷 Ethylene chlorobromide

作用特点 对温血动物毒性高，刺激黏膜，对植物有药害。

化学名称 1-溴-2-氯乙烷。

结 构 式

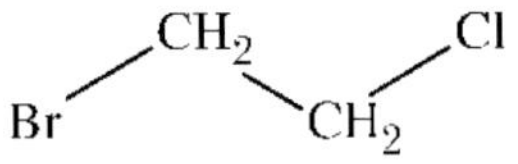

$$BrCH_2CH_2Cl$$

理化性质 无色液体，熔点-16.6℃，沸点107~108℃，蒸气压5.33MPa(29.7℃)，在30℃下溶于水中(6.88g/L)。可与乙醇及乙醚混溶。

剂　　型 42%油质溶液。

应用技术 据资料报道，土用熏蒸杀虫剂，杀橘小实蝇等，因有药害，在处理8d内不能种植。

开发登记 1951年开始用作土壤熏蒸杀虫剂。

杀线酯 ethyl rhodanacetate

其他名称 REE-200。

化学名称 异硫氰基乙酸乙酯。

结 构 式

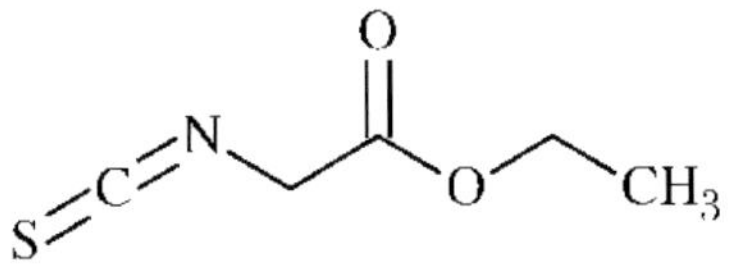

$$S=C=N-CH_2-C(=O)-O-CH_2-CH_3$$

理化性质 本品为无色或浅黄色液体，沸点225℃，密度1.174，可溶于水，易溶于有机溶剂。

剂　　型 20%、40%乳油。

应用技术 据资料报道，对植物寄生线虫有触杀作用，浸种杀水稻干尖线虫，用20%乳油500倍液浸12~24h，取出水洗。并能防治菊的叶枯线虫。

壮棉丹 lanstan

其他名称 Korax；NIA5961；Niagara 5961；FMC-5961。

化学名称 1-氨-2-硝基丙烷。

结 构 式

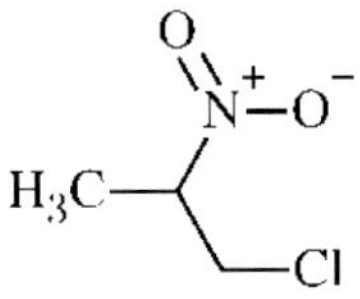

$$H_3C-CH(NO_2)-CH_2-Cl$$

理化性质 液体，沸点170.6℃(99.3MPa)，78～80℃(3.33MPa)；密度1.246，蒸气压3.33MPa(81℃)，在20℃时，在水中能溶解8.8g/L并能与大多数有机溶剂混合。

毒　　性 中等毒性。

剂　　型 20%颗粒剂、5%颗粒剂。

作用特点 土壤熏蒸杀菌剂，对根念珠属、丝核属、腐霉属、镰刀属、轮枝孢属等真菌及线虫所引起的病害均有效，用于棉花、瓜类、大豆等作物。

应用技术 据资料报道，5%浓度对传染黄热病的埃及伊蚊卵有100%杀卵力，防治棉花苗期病害，如猝倒病、立枯病、根腐病等，用5%颗粒剂0.3～1.3kg/亩土壤处理。

开发登记 1963年美国Niagara化学公司开发。

四氯噻吩 tetrachlorothiophene

其他名称 FD183；TCTP；Penphene。

化学名称 四氯噻吩。

结 构 式

Cl　Cl　Cl　S　Cl

理化性质 固体，熔点28.5～29.7℃，沸点91～94℃，较难溶于水，但溶于有机溶剂。

剂　　型 5%颗粒剂、10%颗粒剂、48%液剂。

应用技术 据资料报道，防治烟草和蔬菜作物上的根瘤线虫、异皮线虫，用48%液剂900ml/亩，此外还可防治仓库和卫生害虫，如谷象、米象、杂拟谷盗等。

开发登记 1948年美国Socony-Vacuum Oil公司合成，后来由英国Murphy公司商品化。

安百亩

其他名称 Kabam NCS。

化学名称 N-甲基二硫代氨基甲酸铵。

结 构 式

S　NH　H_3C　$S^-NH_4^+$

理化性质 黄色至琥珀色透明溶液，室温下密度1.2。

剂　　型 50%水剂。

作用特点 在土壤中催化分解为异硫氰酸甲酯(CH_3-N=C=S)起熏蒸作用，防治瓜类、甜菜立枯病，茄子、番茄枯萎病，黄瓜、番茄根结线虫，桔梗、马铃薯根结线虫。

应用技术 资料报道，土温达15℃以上时，在地面每30cm^2打1个孔，注原液3～5ml，盖土加塑料膜封闭1周后耕翻通气1～2周，而后再播种或定植作物。

注意事项 作物生长期禁用，勿触及皮肤。

二氯丙烯 Dichloropropene

其他名称 DCP；Taelone；Dorlone。

化学名称 1,3—二氯丙烯。

结构式

$$CHCl{=}CH{-}CH_2Cl$$

理化性质 白色至琥珀色液体，有甜味，凝固点-50℃，沸点108℃，闪点70℃，水中溶解度0.1%(20℃)，可与甲醇、丙酮、苯、四氯化碳、正庚烷混合。

剂　　型 二溴乙烯与二氯丙烯1∶5的混合剂。

作用特点 用于防治土壤线虫、根结线虫。

应用技术 资料报道，用药1.5～2kg/亩拌细沙土45～60kg，开沟6cm左右撒施，施后种或定植作物。

注意事项 勿触及皮肤，作物生长期禁用，施药时土壤温度不能低于10℃，温度以5～25℃为宜。

开发登记 1956年Dow Chemical Company推广。

甲　醛 formaldehyde

其他名称 福尔马林、Topclip、Karsan Mathan。

化学名称 甲醛。

结构式

$$CH_2O$$

理化性质 无色气体，具强烈的刺激气味，沸点-19.51℃，极易刺激眼、鼻及咽喉黏膜。溶于水、乙醇、乙醚，低温下呈透明可流动液体，储存期间成聚甲醛，400℃时分解成CO和H_2。

作用特点 杀细菌剂、杀真菌剂、土壤熏蒸剂、房间消毒剂、食品防腐剂。

应用技术 资料报道，种子消毒，用1∶80的福尔马林喷于稻种上，用麻袋覆盖闷4h，然后用清水冲洗、浸种催芽；房屋消毒，用制剂10ml盛于铁罐中，下面用酒精灯加热使其气化(酒精用量为3～4ml/m^2)，密闭6h，然后通风散气；土壤处理，用1∶50稀释液，每18kg/m^2淋于苗床土壤，1～2周后播种或定植作物。

注意事项 甲醛易挥发，宜保存于阴凉处，对皮肤有强腐蚀性，使用过程中应避免触及皮肤。

开发登记 1888年由Loew推广，1896年由Geuther首次用作种子消毒剂。

三聚甲醛 Parafo

其他名称 Triformol；Paraform。

化学名称 三聚甲醛。

结构式

$$\left(\mathrm{H_2C{=}O}\right)_3$$

理化性质 白色结晶，有刺激气味，强烈刺激黏膜。

应用技术 据资料报道，用于大麦和野燕麦的种子处理剂，并用于育苗和移栽秧苗时的杀菌剂。

杀线威 oxamyl

其他名称 草安威；草肟威；甲氨叉威；DPX1410。

化学名称 O-甲基氨基甲酰基-1-二甲氨基甲酰-1-甲硫基甲醛肟。

结构式

$$(CH_3)_2N{-}C(=O){-}C(SCH_3){=}N{-}O{-}C(=O){-}NH{-}CH_3$$

理化性质 白色结晶固体，略带硫的臭味，两种异构体，苯中重结晶的熔点是109～110℃；水中重结晶的熔点是101～103℃，在100～102℃熔化，变化到另一种结晶时，熔点为108～110℃；蒸气压0.051Pa(25℃)；0.187Pa(40℃)；1.013Pa(70℃)；25℃时100g溶剂的溶解度如下：水28g，丙酮67g，乙醇33g，异丙醇11g，甲醇144g，甲苯1g，其水溶液是无腐蚀性的。在固态和大多数溶剂中是稳定的，在天然水中和土壤中分解产物是无害的，通风、阳光、碱性介质、升高温度会加快其分解速度，DT_{50}>31d(pH5)，8d(pH7)，3h(pH9)。

剂　　型 10%颗粒剂、24%可溶性粉剂及油性可分散剂。

作用特点 具有内吸触杀性的杀虫、杀螨和杀线虫剂，能通过根或叶部吸收；在作物叶面喷药可向下输导至根部，可防治多种线虫的危害。

应用技术 资料报道，防治线虫有广谱性，可作叶面处理，亦可作土壤处理，叶面处理的用24%可溶性粉剂140～280g/亩，如在播种前混土处理，其用量为10%颗粒剂2～4kg/亩，在苏联，防治黄瓜和番茄地的根线虫，用10%颗粒剂2～4kg/亩，还被用以防治糖用甜菜的球形孢囊线虫、马铃薯的茎线虫、洋葱和大蒜的茎线虫，以及草莓茎线虫。

注意事项 防治线虫宜早期施药，不可在结实期应用。本品急性毒性较高，使用时要小心，应穿戴防护服和面具，要小心避免药液与皮肤、眼和衣服接触，贮存在远离食物和饲料的场所。

开发登记 1969年E. I Dupont De Nemours & Company 研制，获专利号USP3530220、USP3658870。

己二硫酯 SD-4965

化学名称 1,6-己烷二硫代二乙酸酯。

结 构 式

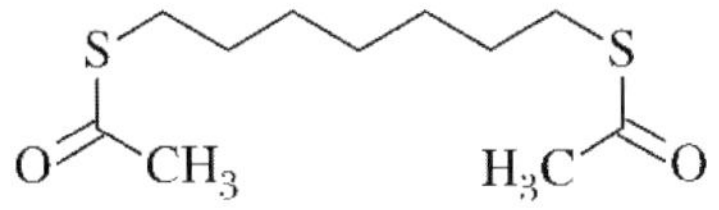

理化性质 原药为黄白色，沸点205～208℃(30mmHg)，熔点27℃。溶解度：水中80mg/kg，溶于丙酮、己烷、苯、乙醚、甲醇。

毒　　性 大鼠急性经口LD_{50}为504mg/kg。

应用技术 本品为杀线虫剂，同时也杀土壤真菌和细菌。以200mg/kg浸作物根部可防治内外寄生的线虫。

开发登记 1960年美国Shell开发。

二氯异丙醚 Nemamol

化学名称 二氯异丙基醚。

结 构 式

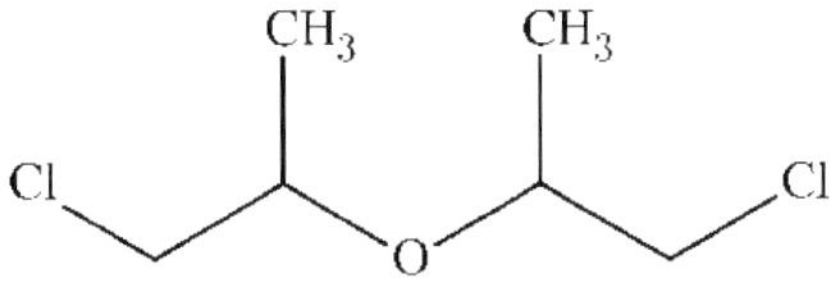

理化性质 本品为淡黄色液体，具有特殊刺激气味。沸点187℃，相对密度1.114(20℃)，蒸气压0.56mmHg(20℃)。在水中可溶解0.17%。

毒　　性 鼷鼠急性经口LD_{50}为295.8mg/kg。鲫鱼48hLC_{50}为10mg/kg。

剂　　型 95%油剂、85%乳剂。

应用技术 油剂用于防治胡萝卜、甘薯、番茄、茄等的根瘤线虫和胡萝卜的烂根线虫，在种植前7～10d，按30cm间距每穴注进2～3ml 95%油剂。乳剂除防治上述作物的根瘤线虫外，还能防治白菜、芹菜、黄瓜、菠菜的根瘤线虫和胡萝卜的根结线虫，用85%乳剂13～20L，其他如前所述。防治茶树线虫用85%乳剂500～1 000倍液，用喷壶灌注、覆土。以上都不需要翻耕透风。

氟烯线砜 fluensulfone

其他名称 Nimitz；联氟砜；氟噻虫砜；氟砜灵。

化学名称 5-氯-2-[(3,4,4-三氟丁-3-烯-1-基)磺酰基]-1,3-噻唑。

结 构 式

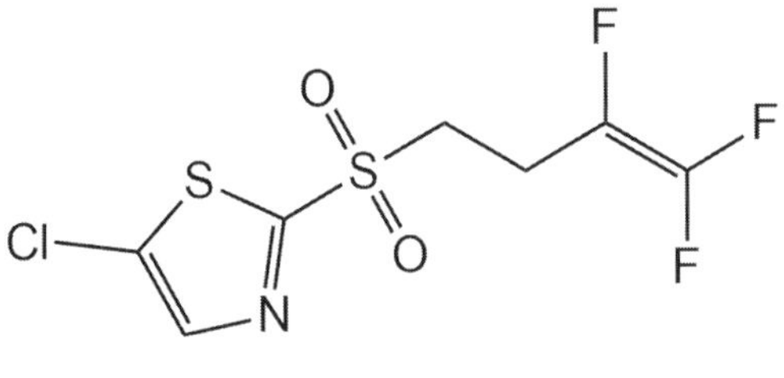

理化性质 纯品为淡黄色液体；熔点34.8℃；pH值为5.2（1%水溶液），蒸气压2.22MPa（20℃）。在有机溶剂中的溶解度（mg/L，20℃）：二氯甲烷306 100，乙酸乙酯351 000，正庚烷19 000，丙酮350 000。在215℃降解。

毒　　性 大鼠急性经口LD_{50} > 671mg/kg；急性经皮LD_{50} > 2 000mg/kg；急性吸入LC_{50} > 5.1 mg/L；对兔眼睛和皮肤无刺激性；对豚鼠皮肤有致敏性。

作用特点 氟烯线砜属于新型杂环氟代砜类低毒杀线虫剂，是植物寄生线虫获取能量储备过程的代谢抑制剂，通过与线虫接触阻断线虫获取能量通道从而杀死线虫。

剂　　型 95%原药、40%乳油。

应用技术 防治黄瓜根结线虫，于种植前至少7d进行土壤喷雾。首先将40%乳油500 ~ 600ml/亩稀释并均匀喷洒在土壤表面，随即进行旋耕，深度15 ~ 20cm，使土壤与药剂充分混合均匀。旋耕后浇水。每季最多施药1次，安全间隔期为收获期。

注意事项 对水生生物及寄生蜂有毒，桑园及蚕室附近禁用，赤眼蜂等天敌放飞区域禁用。

开发登记 安道麦马克西姆有限公司开发并登记。

第三章 除草剂

一、除草剂的作用机制

除草剂是通过干扰与抑制植物的生理代谢而造成杂草死亡，其中，包括光合作用、细胞分裂、蛋白质和脂类合成等，这些生理过程往往由不同的酶系统所引导；除草剂通过对靶标酶的抑制而干扰杂草的生理作用。不同类型除草剂会抑制不同的靶标位点(靶标酶)的代谢反应，只有在对这些除草机制充分把握的基础上，才能做到除草剂的合理应用。

(一)抑制光合作用

光合作用是高等绿色植物特有的、赖以生存的重要生命过程，通过对光合作用的抑制，使其无法完成正常的能量代谢，从而饥饿致死。通过体外试验研究，除草剂主要通过以下5个途径抑制杂草的光合作用：①电子传递抑制剂；②能量传递抑制剂；③电子受体抑制剂；④解偶联剂；⑤解偶联抑制剂。

1．抑制电子传递

主要转移或钝化一个或多个电子传递载体。其作用部位在质体醌还原之前的光合系统Ⅱ与光合系统Ⅰ之间，即Q_A和PQ之间的电子传递体B蛋白，它是由32～34kD多肽组成。除草剂与B蛋白结合后改变了蛋白质的氨基酸结构，抑制了电子从束缚性质体醌Q_A向第2个质体醌Q_B传递，从而影响光电子传递，改变Q/B复合物的氧化还原特性。属于此类作用机制的除草剂有脲类、均三氮苯类、哒嗪酮类、三氮苯酮类和嘧啶类等。

2．逆转电子传递

此类除草剂主要作用于光合系统I，联吡啶类是典型代表，它们具有300～500mV的氧化还原电势，能够拦截X–Fd的电子，使电子流脱离电子传递链，从而阻止铁氧化还原蛋白的还原及其后的反应。

(二)抑制呼吸作用

呼吸作用是能量释放过程。它是对底物的生物氧化作用，即从底物的糖酵解开始，分解为三碳丙酮酸，进而通过一系列氧化阶段(三羧酸循环)释放出CO_2与电子以及与氧结合形成水的H^+，电子则沿着还原电位化合物至高还原电位的电子传递系统进行传递等。除草剂对杂草呼吸作用的影响主要表现在以下4个方面。

1．破坏偶联反应

在呼吸作用的过程中，把氧化作用与氧化磷酸化作用这两个相互联系且又同时进行的不同过程称为偶联反应，并把破坏偶联反应的物质称为解偶联剂。五氯酚钠、地乐酚、溴苯腈、碘苯腈等是解偶联剂的代表。

2．抑制能量传递

抑制磷酸化电子传递，与能量偶联链中的中间产物结合，从而抑制ATP合成中的磷酸化作用。这类除草剂有磺草灵、燕麦灵、氯苯胺灵等。

3．抑制电子传递

抑制电子传递链上的电子流，与电子载体结合，阻止氧化还原偶联形成，表现为对呼吸阶段三和偶联磷酸化反应的抑制。二硝基苯胺类、二苯醚类等除草剂具有此种作用。此外，敌稗、氯苯胺灵等，在较低的浓度下抑制呼吸阶段三，但也促进呼吸阶段四，因此，它们不是纯粹的电子传递抑制剂，而是抑制性解偶联剂。

4．破坏偶联反应与抑制电子传递

在低浓度下是解偶联剂，高浓度时是典型的电子传递抑制剂，它促进呼吸阶段四和抑制呼吸阶段三。乙酰替苯胺、氨基甲酸酯类等除草剂属于此类。

(三)抑制核酸与蛋白质合成

1．抑制氨基酸合成

氨基酸用于合成蛋白质及其他含氮有机物，如叶绿素、维生素、激素及生物碱等。对氨基酸合成的抑制，将造成蛋白质及其他含氮物质的合成受阻。抑制氨基酸合成的除草剂，如广谱性除草剂草甘膦抑制芳氨酸、特别是莽草酸的合成；草丁磷与双丙氨磷则抑制谷氨酰胺的生物合成；超高效除草剂磺酰脲类、咪唑啉酮类抑制支链氨基酸——缬氨酸、异亮氨酸与亮氨酸的合成。

2．干扰核酸与蛋白质合成

一些除草剂通过对DNA与RNA酶活性的抑制，从而干扰DNA与蛋白质的合成，影响植物体内的正常生理代谢。野燕枯是直接影响DNA合成的典型除草剂；毒草胺抑制氨基酸的活化，从而抑制包括酶复合物在内的蛋白质化合物的形成；茵达灭(EPTC)主要抑制18SrRNA的合成；2, 4-滴促进RNA酶活性与线粒体RNA形成，造成核酸与蛋白质的过量产生，使组织快速生长而导致生长紊乱。

(四)抑制脂类的生物合成和膜的完整性

植物体内脂类是膜的完整性与机能以及一些酶活性所必需的物质，其中包括线粒体、质体与胞质脂类，每种脂类都是通过不同途径进行合成。通过大量的研究，目前已知影响酯类合成的除草剂有五类：①硫代氨基甲酸酯类；②氯乙酰胺类；③哒嗪酮类；④环己烯酮类；⑤芳氧基苯氧基丙酸类。其中，芳氧基苯氧基丙酸类、环己烯二酮类除草剂则是通过对乙酰辅酶A羧化酶抑制脂肪酸合成而导致脂类合成受抑制的。

膜在细胞机能中起着重要作用，它能防止溶质、代谢产物与酶从细胞质向外渗漏。百草枯、二硝基苯胺类、脲类除草剂影响膜的透性，促进氨基酸与电解质的渗漏；二苯醚类除草剂可使杂草叶片表皮及下表皮细胞内外的渗透压发生改变，造成细胞萎蔫，受害植物产生坏死褐斑；杂草焚烧在光活化后，可与细胞膜上磷酯的某些成分发生反应，破坏膜的选择透性，最终导致细胞死亡；联吡啶类除草剂是典型的破坏生物膜的除草剂，例如，百草枯能迅速破坏植物细胞内的各种膜结构，导致细胞解体、细胞内含物渗漏、膨压丧失；氯代乙酰胺类的异丙甲草胺等、芳氧基苯氧基丙酸类的禾草灵等除草剂也能破坏细胞的各种膜结构，造成各种超微结构受损、细胞内含物丧失，造成细胞的正常生理功能紊乱。

(五)抑制植物体内酶的活性

植物体内一系列生理生化反应均受各种酶的诱导与控制，一旦某种酶的活性受阻，将导致其所催化的生化反应停止，造成与此相连的许多生理和生化过程异常，代谢作用紊乱。

1．抑制ATP合成酶

质体ATP合成酶催化ATP形成的末期阶段，即无机磷酸盐与ADP结合，此种酶的抑制剂系能量传递抑制剂，如二苯胺类。

2．抑制氨基酸合成酶

不同除草剂对植物体内氨基酸合成酶的抑制存在着差异，具体情况见表3–1。

表3–1 抑制氨基酸合成酶的不同除草剂品种作用靶标酶

除草剂	靶标酶	抑制途径
杀草强	咪唑–甘油磷酸脱水酶(IGPD)	组氨酸合成
草甘膦	5–烯醇丙酮莽草酸–3–磷酸合成酶(EPSP)	芳香族氨酸合成
草铵磷	谷胺酰胺合成酶(GS)	谷胺酰胺合成
氯代乙酰胺类	谷胺酰胺合成酶(GS)	谷胺酰胺合成
双丙氨磷	谷胺酰胺合成酶(GS)	谷胺酰胺合成
磺酰脲类	乙酰乳酸合成酶(ALS)	支链氨基酸的合成
咪唑啉酮类	乙酰乳酸合成酶(ALS)	支链氨基酸的合成
磺酰胺类	乙酰乳酸合成酶(ALS)	支链氨基酸的合成

3．抑制脂肪酸合成酶

抑制脂类合成的除草剂往往是通过对酶活性的抑制而发挥作用，具体情况见表3–2。

表3–2 抑制脂肪酸合成酶的不同除草剂品种作用靶标酶

除草剂	靶标酶	抑制途径
芳氧基苯氧基丙酸类	乙酰辅酶A羧化酶(ACCase)	脂肪酸合成
环己烯二酮类	乙酰辅酶A羧化酶(ACCase)	脂肪酸合成
哒嗪酮类	叶绿体脂肪酸合成酶	磷酯与硫苷酯合成
苄醚类	单加氧酶	脂肪酸合成
硫代氨基甲酸酯类	单加氧酶	脂肪酸合成

4．干扰内源激素的作用

激素调节着植物的生长、分化、开花和成熟等，有些除草剂可以作用于植物的内源激素，抑制植物体内广泛的生理生化过程。苯氧羧酸类和苯甲酸类是典型的激素类除草剂。

苯氧羧酸类除草剂的作用途径类似于吲哚乙酸(IAA)，微量的2, 4–滴可以促进植物的伸长，而高剂量时则使分生组织的分化被抑制，伸长生长停止，植株产生横向生长，导致根、茎膨胀，堵塞输导组织，从而导致植物死亡。

苯甲酸类除草剂也有类似于吲哚乙酸的作用，可以导致植物的顶端生长和叶片形成停止，组织增生、植株生长畸形。

5．抑制细胞分裂

细胞自身具有增殖能力，是生物结构体结构功能的基本单位。细胞在不断地世代交替，即有一定的细胞发生周期，不断地进行DNA合成、染色体的复制，从而不断地进行细胞分裂、繁殖。很多除草剂对细胞分裂产生抑制作用，包括一些直接和间接的抑制过程。

二硝基苯胺类和磷酰胺类除草剂是直接抑制细胞分裂的化合物。二硝基苯胺类除草剂的氟乐灵和磷酰胺类的胺草磷是抑制微管的典型代表，它们与微管蛋白结合并抑制微管蛋白的聚合作用，造成纺缍体微管丧失，使细胞有丝分裂停留于前期或中期，产生异常多型核。氨基甲酸酯类除草剂作用于微管形成中心，阻碍微管的正常排列；同时他还通过抑制RNA的合成从而抑制细胞分裂。

吡啶类、环己烯酮类、酰胺类、磺酰脲类、芳氧基苯氧基丙酸类除草剂也有抑制细胞分裂的作用，但它们均是间接的抑制作用，例如，抑制细胞分裂的某一过程，或是通过抑制细胞分裂所需物质、所需能量而影响细胞分裂。

6．抑制色素合成

高等植物叶绿体内合成的色素主要是叶绿素和类胡萝卜素。干扰类胡萝卜素生物合成的除草剂及其作用部位，根据目前最常见的除草剂分类情况，现归纳见表3-3。

表3-3 除草剂的主要类型、作用靶标及其主要品种

除草剂类型	作用靶标	主要品种
1.酰胺类 (amides)	脂类合成 (lipid synthesis)	乙草胺、异丙甲草胺、甲草胺、丙草胺、克草胺、萘丙酰草胺、毒草胺、丁草胺、苯噻草胺、异丙草胺
2.均三氮苯类 (triazines)	光合系统Ⅱ (photosynthesis system Ⅱ) 光合系统Ⅱ (photosynthesis system Ⅱ)	莠去津、西玛津、扑草净、氰草净、西草净、扑草津、异丙净、氟草净
3.磺酰脲类 (sulfonylureas)	乙酰乳酸合成酶 (acetolactate synthase，简称ALS或AHAS)	噻磺隆、绿磺隆、甲磺隆、苯磺隆、醚苯磺隆、苄嘧磺隆、醚磺隆、氯嘧磺隆、嘧磺隆、吡嘧磺隆、烟嘧磺隆、胺苯磺隆、氟嘧磺隆
4.二苯醚类 (diphenylethers)	原卟啉原氧化酶 (protoporphyrinogen)	乙氧氟草醚、三氟羧草醚、乳氟禾草灵、甲羧除草醚、氟磺胺草醚
5.脲类 (ureas)	光合系统Ⅱ (photosynthesis system Ⅱ)	绿麦隆、异丙隆、利谷隆、灭草隆、伏草隆、环己隆
6.氨基甲酸酯类 (carbamates)	(1)细胞分裂抑制剂 (2)光合系统Ⅱ (photosynthesis system Ⅱ)	灭草灵、甜菜安、甜菜宁、磺草灵、燕麦灵、氯苯胺灵
7.硫代氨基甲酸酯类 (thiocarbamates)	脂类合成 (lipid ysthesis)	丁草特、禾草丹、灭草猛、禾草特、环草敌、燕麦畏、丙草丹、安磺灵
8.苯氧羧酸类 (phenoxy carboxylicacid)	合成激素 (synthetic auxins)	2, 4-滴丁酯、2, 4-滴、二甲四氯钠盐、二甲四氯
9.苯甲酸类 (benzoic acid)	合成激素 (synthetic auxins)	麦草畏、豆科畏、敌草索
10.芳氧基苯氧基丙酸类 (aryloxy phenoxypropionic acid)	乙酰辅酶A羧化酶 (acetyl-CoA carboxylase，简称ACCase)	禾草灵、精吡氟禾草灵、高效氟吡甲禾灵、喹禾灵、恶唑禾草灵、精恶唑禾草灵
11.联吡啶类 (bipyridyliums)	光合系统Ⅰ，电子转移抑制剂 (photosynthesis system Ⅰ)	百草枯、敌草快
12.二硝基苯胺类 (dinitroanilines)	作用于微管系统，抑制细胞分裂 (microtuble assembly)	二甲戊乐灵、地乐胺、氟乐灵
13.有机磷类 (organophosphoruses)	5-烯醇丙酮酰-莽草酸-3-磷酸合成酶 (EPSP synthase)	草甘膦
	谷氨酰胺合成酶(glutamine synthase)	草铵膦
	作用于微管系统，抑制细胞分裂 (microtuble assembly)	哌草磷、胺草磷、莎稗磷

续表3-3

除草剂类型	作用靶标	主要品种
14.咪唑啉酮类 (imidazolinones)	乙酰乳酸合成酶 (acetolactate synthase，简称ALS或AHAS)	咪唑喹啉酸、咪唑烟酸、咪唑乙烟酸、咪草酯
15.哒嗪酮类 (pyridazinones)	光合系统Ⅱ(photosynthesis system Ⅱ)	辟哒酮、杀莠敏、抑芽丹、哒草特
	类胡萝卜素生物合成 (carotenoid biosynthesis)	哒草灭
16.三氮苯酮类 (pyriazinones)	光合系统Ⅱ(photosynthesis system Ⅱ)	嗪草酮、环嗪酮、苯嗪草酮
17.脲嘧啶类 (uracils)	光合系统Ⅱ(photosynthesis system Ⅱ)	特草定、环草定、除草定
18.吡啶类 (pyridines)	合成激素(synthetic auxins)	氨氯吡啶酸、氯氟吡氧乙酸、三氯吡氧乙酸、二氯吡啶酸
19.环己烯二酮类 (cyclohexanediones)	乙酰辅酶A羧化酶 (acetyl-CoA carboxylase，简称ACCase)	稀禾啶、烯草酮、噻草酮、肟草酮
20.腈类 (nitriles)	光合系统Ⅱ (photosynthesis system Ⅱ)	溴苯腈、碘苯腈
21.环状亚胺类	原卟啉原氧化酶 (protoporphyrinogen)	恶草酮、丙炔恶草酮
22.磺酰胺类 (sulfonamide)	乙酰乳酸合成酶 (acetolactate synthase，简称ALS或AHAS)	唑嘧磺草胺
23.嘧啶水杨酸类 (pyrimidinylsalicylidacid)	乙酰乳酸合成酶 (acetolactate synthase，简称ALS或AHAS)	嘧草硫醚
24.哒嗪类 (pyridazines)	微管系统 (microtuble assembly)	氟硫草定
25.苯并噻二唑类 (benzothiadiazole)	光合系统Ⅱ (photosynthesis system Ⅱ)	苯达松
26.三唑类 (trizole)	类胡萝卜素生物合成 (carotenoid biosynthesis)	杀草强
27.异恶唑烷二酮类 (isoxazolidinone)	双萜合成 (diterpenes)	异恶草酮

二、酰胺类除草剂

(一)酰胺类除草剂的主要特性

酰胺类除草剂是一类发展快、除草效果高的新型除草剂，具有举足轻重的地位。该类除草剂发展迅速，产量逐年增长，至2007年，年产量、应用范围与使用面积仅次于有机磷除草剂，居世界第二位。在国际市场中，销量最大的酰胺类除草剂品种分别是乙草胺、丁草胺、甲草胺，并占酰胺类除草剂总产量的96%。该类除草剂目前全世界约有60个品种。

我国20世纪70年代，在黑龙江首先引进甲草胺，其后是异丙草胺。目前，中国登记了17个品种。其中，乙草胺是最为重要的品种，乙草胺活性最高、价位较低、产量最大，自1994年国产化以来产量迅速上升，现有156家企业生产或加工，原药生产厂家10多家，制剂和复配剂品种达292个，年生产能力在15万t左右，实际产量8万t左右(折百)；丁草胺1988年国产化，产量迅速上升，现有107家企业生产或加工，原药生产厂家有6家，制剂和复配剂品种达140个；苯噻酰草胺于1998年国产化后短期内发展原药生产企业10家、加工企业77家、产品达104个；丙草胺、异丙甲草胺、异丙草胺等酰胺类除草剂品种也开始大量国产化。

酰胺类除草剂类型较多，包括苯氧丙酰胺类、N–烃基酰胺类、N–苯基酰胺类、磺酰胺类、氯乙酰胺类等。

酰胺类除草剂的主要特性：几乎所有品种都是防治一年生禾本科杂草的特效除草剂，对阔叶杂草的防效较差。大多数品种都是土壤处理剂，主要在作物播后芽前施药，用于防治一年生杂草幼芽；而部分品种，如敌稗只能进行茎叶处理，施入土壤无活性。土壤处理的品种在土壤中的持效期较短，一般为1～3个月。而在植物体内易于降解，毒草胺一般5d，甲草胺与丁草胺多在10d内被植物代谢分解。所有品种的水溶性中等偏高，挥发性小，不电离。

(二)酰胺类除草剂的作用原理

1．吸收与传导

酰胺类除草剂，多数品种是土壤处理剂，其中氯代乙酰胺类占重要地位。单子叶植物的主要吸收部位是幼芽，而双子叶植物则主要通过根吸收，其次是幼芽。以禾本科杂草对甲草胺的吸收为例，芽吸收约占90%、种子吸收5%、根吸收5%，芽吸收后几乎全部停留在叶内。

酰胺类除草剂中部分品种是通过茎叶吸收并传导的。敌稗是一个典型叶面处理剂，它被稗草叶片迅速吸收，向生长点传导。

2．作用部位

氯代乙酰胺类除草剂品种通常抑制种子发芽和幼芽生长，使幼芽严重矮化而最终死亡。甲草胺、乙草胺和异丙甲草胺对高粱的作用部位研究结果表明，三种除草剂主要抑制次生根、胚轴和胚芽鞘的伸长，对主根影响不显著。酰胺类除草剂对禾本科及双子叶植物的作用部位存在着差异。禾本科种子发芽时，长出初生根并迅速向下生长，然后中胚轴伸长，促使胚芽鞘向上穿过土壤，胚芽鞘顶端停止生长；而双子叶植物的主要根系是初生根，它们生长于种子之下，但禾本科植物的次生根来源于种子之上，这种差异可以说明，芽区(次生根生育区)是禾本科植物对氯代乙酰胺最敏感的部位，而根部则是双子叶植物的最敏感作用部位。它们严重抑制幼芽或根的生长，杂草不发芽或从胚芽鞘抽出的第一片叶畸形、变厚、胚芽鞘不能伸展，因而阻碍未展开的幼龄叶片，其后生出的叶片畸形而死亡，这种变化乃是植物体内部结构变化的外部表现。

3．作用机制

酰胺类除草剂的主要作用机理在于抑制脂肪合成，可能主要是抑制脂肪酸的生物合成，包括对软脂酸和油酸的生物合成；也可能是抑制发芽种子α–淀粉酶及蛋白酶的活性，从而抑制幼芽和根的生长；另外，也能抑制植物的呼吸作用；作为电子传递链的抑制剂、解偶联剂而抑制植物的光合作用；并能干扰植物体蛋白质的生物合成，影响细胞分裂；影响膜的生物合成及完整性。敌稗还能够有效地通过抑制光合作用中的希尔反应而抑制植物的光合作用。

4．选择性原理

位差选择性在氯代乙酰胺类除草剂安全使用中起着较大的作用，此种选择性受除草剂本身的物理化学特性、土壤特性、气候条件以及植物吸收药剂部位的影响，但主要取决于在土壤中的位置及作物种子的播种深度。随着土壤湿度上升和温度下降，玉米和豌豆对甲草胺的抗性下降，愈接近马铃薯萌芽期施用甲草胺，药害愈重，而对棉花的选择性主要决定于播种深度。

5．酰胺类除草剂的代谢与降解

酰胺类除草剂在光下比较稳定，溶液为中性或碱性时能促进光解。酰胺类除草剂在土壤中主要通过微生物的作用进行降解与消化。其降解速度取决于土壤的湿度、温度、酸碱性等因素，一般在土壤中的持效期为1～3个月。

6．酰胺类除草剂的应用

酰胺类除草剂中大多数品种都是防治一年生禾本科杂草的特效除草剂，而对阔叶杂草次之，对多年生杂草的防效很差。氯代乙酰胺类除草剂，如乙草胺、甲草胺、异丙甲草胺、丁草胺等是土壤处理剂，它们是防治禾本科杂草的特效药剂。N–苯基–DL–丙氨酸类，如新燕灵、甲氟胺、异丙甲氟胺则是茎叶处理剂，是防治麦田野燕麦的特效药剂。敌稗是茎叶处理剂，可用于稻田防除稗草。苯噻草胺可用于稻田，既可以在杂草芽前施药，也可以在杂草生长期施药，防治多种禾本科杂草，对稗草有特效。

所有土壤处理的除草剂，其除草效果和用量均与土壤特性、特别是有机质含量及土壤质地有密切关系。氯代乙酰胺类除草剂，以乙草胺的除草活性最高，它适用于有机质含量高的土壤。通常在高温和土壤高湿条件下，土壤处理的酰胺类除草剂除草效果高，用药量可以适当降低；低温时效果差，用药量应加大。但施药后如遇低温及土壤高湿，对作物会产生一定的药害，表现为叶片褪色、皱缩、生长缓慢，随着温度的升高，便逐步恢复正常。此类除草剂的药效高低与土壤含水量关系密切，通常表土层含水量达15%～18%时，药效才能充分发挥，喷药后15d内需15ml降雨；在干旱条件下，喷药后宜浅混土或在作物播种前喷药拌土，或与作物播种同时进行带状喷药并盖土。

敌稗、丁草胺和萘丙酰草胺是酰胺类除草剂中用于稻田的主要品种。敌稗对水稻很安全，应用时无论是水稻秧田、直播田、及插秧田，喷药前必须彻底排水，在保证喷匀的情况下，加水量越少，药剂浓度越高，除稗效果越好；喷药后经过1～2d，可加深水层以淹没受害的稗草心叶为标准，这样能加速稗草死亡，提高除草效果。

新燕灵、甲氟胺和异丙甲氟胺防治野燕麦特效，而小麦的抗药性很强，用药量超过1倍以上也无药害，高温以及野燕麦生长旺盛时施药，除草效果最好。

（三）酰胺类除草剂的主要品种

乙草胺 acetochlor

其他名称 禾耐斯。

化学名称 N–(2–乙基–6–甲基苯基)–N–乙氧基甲基–氯乙酰胺。

结 构 式

Cl O N O

理化性质 为蓝色至紫色油状物，密度1.135 8g/ml，蒸气压室温下可忽略不计，水中溶解度为223mg/L，溶于有机溶剂。

毒 性 大白鼠急性经口LD_{50}为2 148mg/kg，大鼠急性吸入毒性LD_{50}(4h) > 3mg/L。

剂 型 50%乳油、90%乳油、20%可湿性粉剂。

除草特点 乙草胺是选择性芽前土壤处理除草剂。禾本科杂草通过幼芽吸收，阔叶杂草由根、幼芽吸收，使杂草幼芽、幼根停止生长而死亡。持效期40～70d。在土壤中的移动性小，主要保持在0～3cm的土层中。

适用作物 乙草胺可以广泛用于多种作物田。对乙草胺耐药性较强的作物有大豆、花生、玉米、烟草、菜豆、豌豆、芸豆、向日葵、蓖麻等，即使超过常用量的二倍量也无药害发生；对乙草胺中等耐药性的有棉花、小豆、芝麻及十字花科、茄科、菊科和伞形花科蔬菜；对乙草胺耐药性差的有水稻、高粱、黄瓜、冬瓜、西瓜、小麦、菠菜、韭菜、谷子等。葫芦科蔬菜、桑树对乙草胺较为敏感。

防除对象 乙草胺可以防除多种一年生禾本科杂草和部分阔叶杂草，对多年生杂草无效。对马唐、千金子、牛筋草、稗草、狗尾草、野燕麦、硬草、日本看麦娘、看麦娘等一年禾本科杂草效果突出；对藜科、苋科、龙葵、菟丝子等阔叶杂草效果明显；对蓼科杂草、播娘蒿、荠菜、碎米荠菜、牛繁缕、大巢菜等也有较好的效果，但对马齿苋、铁苋、猪殃殃、鸭跖草、问荆等效果较差。

应用技术 玉米、花生、大豆等常规播种作物田，播后苗前土壤处理用50%乳油100～200ml/亩加水40～50kg喷雾土表，干旱时应适当加大药量和喷施水量或灌水后施药以提高药效。

棉田，可以在直播棉田播后苗前，或在棉花移栽前，用50%乳油100～150ml/亩对水40～50kg喷施。地膜覆盖棉田或苗床用50%乳油40～60ml/亩，在棉籽播种覆土后对水喷洒药剂，而后覆膜，剂量不宜随便加大，施药不当棉苗生长速度缓慢，但一般后期可以恢复。

在玉米、花生、棉花等作物生长期，锄地灭茬后用50%乳油100～120ml/亩，加水40～50kg喷雾土表，也可以达到较好的除草效果，作物可能发生轻微药斑，但一般情况下对生长影响不大。

小麦田，用于防治硬草、看麦娘等禾本科杂草，可以在小麦播后1～4d内用50%乳油75～100ml/亩，对水35～40kg喷施。

稻田，在水稻移栽本田，水稻移栽后5～10d，用50%乳油15～20ml/亩，配成药土撒施，施药期田间水层3～4cm，保水5～7d，可以有效防除稗草、异型莎草等一年生禾本科杂草和一年生莎草科杂草、部分一年生阔叶杂草。乙草胺在水田施用除草效果优于旱田，但对水稻易产生药害，只适宜于在移栽田使用，弱苗、小苗不宜施用。在施药时期方面，宜在秧苗返青期和稗草1.5 叶期前施用，提前施药易发生药害；推后施用，降低对杂草的除草效果。在生产上可以考虑乙草胺与苄嘧磺隆等防治阔叶杂草和莎草科除草剂混用。

油菜田，在油菜播前、播后苗前施药，用50%乳油75～100ml/亩，对水均一喷雾土表。在推荐剂量下对油菜生长安全。移栽田宜在栽前3d喷雾处理，用50%乳油100～150ml/亩对水40～50kg喷施，移栽时尽量减少药土层松动。

蒜田，在大蒜播后苗前、或出苗后早期，用50%乳油200～400ml/亩对水50kg喷施，可控制杂草为害。

番茄、辣椒、茄子等蔬菜田，在移栽前2～4d，用50%乳油75～120ml/亩对水喷施土表。对于大棚应根据当地情况适当降低用药量。

直播小白菜、胡萝卜田，用50%乳油50～100ml/亩对水喷土表。以播种前3d施药，而后撒播种子并轻轻覆土为好，对白菜安全；也可以在播后芽前施药，但一般于播种后24～72h施药易产生严重的药害。

注意事项 杂草对乙草胺的主要吸收部位是芽，因此必须掌握在杂草出土前施药。土壤湿度对乙草胺药效的影响较大，随着土壤墒情的改善，药剂活性增强。乙草胺在地膜栽培条件下，只需乙草胺有效成分15～30ml/亩,生产中随便加大剂量往往会发生药害。乙草胺的使用剂量还取决于土壤有机质含量，在有机质含量低的砂质土壤上使用，应用低剂量。在大豆田使用时，如遇雨水多、持续低温、且为砂壤土时易产生药害，生产上不宜使用。黄瓜、菠菜、韭菜、谷子、高粱、西瓜、甜瓜对乙草胺敏感，应慎用；

水稻秧田绝对不能用，移栽稻田单独的用量为50%乳油10～20ml/亩。高温高湿下使用或药后持续低温高湿易产生药害，出苗后叶片会出现皱缩、发黄，但一般情况下10～15d后恢复正常生长。

开发登记 美国孟山都公司、山东滨农科技有限公司等企业登记生产。

丁草胺 butachlor

其他名称 马歇特；新马歇特。

化学名称 N-(2,6-二乙基苯基)-N-丁氧基甲基氯乙酰胺。

结构式

O
Cl—CH$_2$—C　CH$_2$—CH$_2$—CH$_2$—CH$_3$
N—CH$_2$—O
CH$_3$—H$_2$C　CH$_2$—CH$_3$

理化性质 淡黄色液体，室温下水中溶解度为23mg/L，溶于丙酮、乙醇、苯、乙酸乙酯、己烷。

毒性 大鼠急性经口LD_{50}为2 000mg/kg，兔急性经皮LD_{50}为13 000mg/kg，大鼠急性吸入LC_{50}(4h)＞4.7mg/kg，大鼠2年饲喂试验无作用剂量小于100mg/kg，野鸭急性经口LD_{50}＞4 640mg/kg，鱼毒LC_{50}(96h)：虹鳟鱼0.5mg/L，太阳鱼0.4mg/kg。

剂型 60%乳油、50%乳油、90%乳油、5%颗粒剂、60%水乳剂、40%水乳剂。

除草特点 丁草胺是内吸传导型选择性芽前除草剂。主要通过杂草幼芽和幼小的次生根吸收。对萌动及二叶期以前杂草有效。受害杂草幼芽肿大、畸形、色深绿，最终死亡。丁草胺在土壤中稳定性小，对光稳定，能被土壤微生物分解。残留期为60d左右，对后茬作物没有影响。

适用作物 水稻、麦、玉米、大豆、油菜、棉花、麻、花生、蔬菜、甘蔗等多种作物田。

防除对象 可以防治一年生禾本科杂草、莎草科杂草和某些阔叶杂草，如稗草、马唐、看麦娘、千金子、碎米莎草、异型莎草、耳叶水苋、节节菜等，对眼子菜、青萍、紫萍、四叶萍、水莎草、萤蔺、牛毛毡无效。对超过二叶期禾本科杂草无效。

应用技术 水稻秧田、直播田，粗秧板田做好后或直播田平整后，一般在播种前2～3d，用60%乳油50～75ml/亩对水50kg喷雾于土表，喷雾时田间灌浅水层，施药后保水2～3d，排水后播种；旱育秧苗床，水稻播种后覆土，然后施药；或在秧苗立针期，稻播后3～5d，用60%乳油75～100ml/亩对水30～50kg，稻板沟中保持有水，不但除草效果好，秧苗素质也好。喷药后灌浅水，不淹秧苗心叶，保持水层3～4d。旱直播田可在播后"浸蒙头水"之后施药。

移栽稻田，早稻在插秧后5～7d，晚稻在插秧后3～5d，掌握稗草萌动高峰时，用60%乳油100～150ml/亩，采用毒土法撒施，撒施时田间灌浅水层，药后田间保水5～6d。一般在土壤中的持效期可达40～60d。

玉米、花生、大豆常规播种田，在播后芽前，用60%乳油200～250ml/亩对水喷施土表。施药时要有较好的土壤墒情。

棉田，在直播棉田或育苗床上，在棉花播种覆土后施药，用60%乳油75～100ml/亩，对水喷洒，对棉苗生长安全。棉花大田，可在移栽前喷施60%乳油200～250ml/亩，移栽时尽可能少松动土层。

注意事项 用药适期试验结果表明：秧田在播后3d用药，除草保苗效果最佳；播后当天(秧苗芽期)用药，由于秧苗抗药性弱，除草效果虽好，但安全性稍差；播后7d用药，杂草抗药性增强，除草效果锐减。在秧田与直播稻田，丁草胺用量不能超过有效成分90g/亩，并切忌田面淹水，淹水时间6h以上，会明显削弱秧苗素质，表现为出叶速度慢、叶片狭小、植株矮小、茎秆细瘦、分蘖减少，因此，出苗期不能漫灌、深灌以防产生药害。早稻秧田若气温低于15℃施药会有不同程度的药害，不宜施用。丁草胺对三叶期以上的稗草差，因此，必须掌握在杂草1叶期以前，三叶期施用，水不要淹没秧心。

开发登记 孟山都公司、山东滨农科技有限公司等企业登记生产。

甲草胺 alachlor

其他名称 拉索。

化学名称 N-(2,6-二乙基苯基)-N-甲氧基甲基氯乙酰胺。

结构式

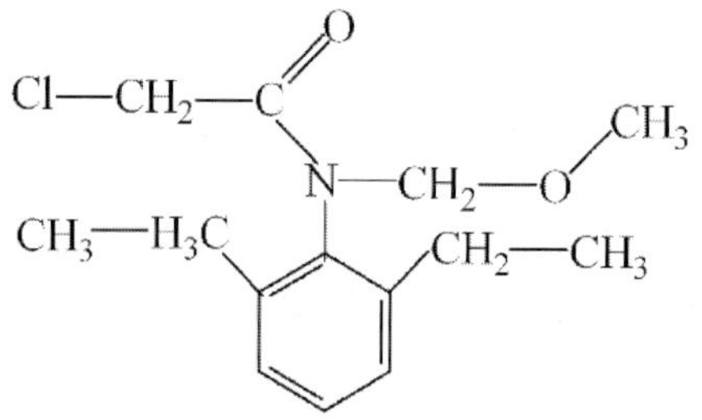

理化性质 纯品为乳色固体，熔点39.5～41.5℃，沸点(2.7 Pa)100℃，蒸气压2.9MPa，密度1.133。溶解度(25℃)：水242mg/L，溶于丙酮、苯、乙醇、乙酸乙酯。本品在105℃下分解，对紫外光稳定，在强酸和碱性条件下水解。

毒性 急性经口LD_{50}大鼠为9 301～9 350mg/kg，小鼠为1 000mg/kg，鹌鹑为1 536mg/kg；兔急性经皮LD_{50}为13 300mg/kg；大鼠急性吸入LC_{50}(4h)＞5mg/L。2年饲喂试验表明：对大鼠无作用剂量不超过2.5mg/(kg·d)，犬1年饲喂无作用剂量不超过1mg/(kg·d)。

剂型 48%乳油。

除草特点 甲草胺是一种旱地选择性芽前土壤处理剂。主要通过杂草芽鞘吸收，根部和种子也可少量吸收。甲草胺能被土壤团粒吸附，不易在土壤中淋失，也不易挥发失效，但能被土壤微生物所分解，一般有效控制杂草时间为60d左右。

适用作物 于播后芽前处理，玉米、花生、大豆、棉花等作物对甲草胺有很强的抗药性；甘蓝、油菜、萝卜、茄子、辣椒、番茄、茴香、绿豆、小豆、芝麻、麦类等也有较强的抗药性；水稻、高粱、谷子、黄瓜、韭菜、菠菜等作物对甲草胺很敏感，其敏感程度几乎与稗草、马唐相似，生产上不能用甲草胺。

防除对象 可以防治1年生禾本科杂草和部分阔叶杂草，如稗草、马唐、牛筋草、狗尾草、藜、反枝苋；对蓼、大豆菟丝子、马齿苋也有一定的除草效果；对田旋花、蓟、狗芽根等多年生杂草无效。

应用技术 旱地农作物田，一般于播种后至出苗前，视土壤有机质含量和质地选择用量，用48%乳油200～250ml/亩加水40～50kg，均匀喷雾于土表。

注意事项 除草效果受墒情影响较大，墒情好除草效果好。施药后1周内如果降雨或灌溉，有利于发挥除草效能。在干旱而无灌溉的条件下，应播前混土，混土深度以不超过5cm为宜，过深混土将会降低药效。土壤积水易发生药害。甲草胺对水稻药害严重，水稻播种覆土后或水稻苗一、二叶期施用甲草胺会对水稻产生明显的药害。

开发登记 本品由R. F. Husted等报道除草活性，1966年由孟山都开发，山东滨农科技有限公司等企业登记生产。

异丙草胺 propisochlor

其他名称 普乐宝。

化学名称 N-(2-乙基-6-甲基苯基)-N-(异丙氧基甲基)氯乙酰胺。

结构式

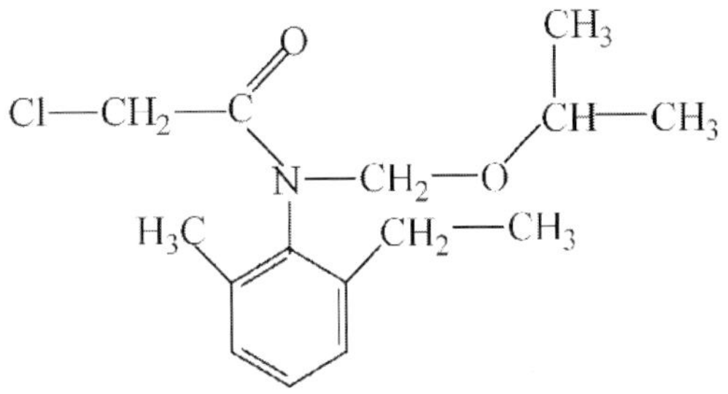

CH_3

Cl—CH_2—C(=O)　　CH—CH_3

N—CH_2—O

H_3C　　CH_2—CH_3

理化性质 原药外观为浅褐色至紫色油状物，有芬芳气味，熔点21.6℃，比重(20℃)1.097g/cm^3。水中溶解度184mg/L，溶于大部分有机溶剂。燃点110℃，易燃。

毒　　性 大鼠急性经口LD_{50}为3 433mg/kg(雄)，大鼠急性经皮LD_{50} > 2 000mg/kg(雄)；鲤鱼LC_{50}为507.94mg/L；水蚤LC_{50}为0.25mg/L；野鸭LD_{50} > 2 000mg/kg，日本鹌鹑LD_{50}为688mg/kg。

剂　　型 72%乳油、50%乳油。

除草特点 异丙草胺是内吸传导型选择性芽前除草剂。主要通过杂草幼芽吸收。对光稳定，在土壤中稳定性小，能为土壤微生物分解。持效期60 ~ 80d，对后茬作物没有影响。

适用作物 可以用于玉米、花生、大豆、棉花、马铃薯、向日葵、豌豆、洋葱、糖料作物等。

防除对象 可以防除1年生单子叶杂草及部分阔叶杂草，如马唐、旱稗、棒头草、牛筋草、看麦娘、早熟禾、异型莎草、蓼科、藜科、苋科杂草等，对1年生禾本科杂草的防效优于阔叶杂草。对多年生禾本科杂草和多年生阔叶杂草无效。

应用技术 在玉米、大豆、花生、棉花等作物田，在作物播后芽前以72%乳油150 ~ 200ml/亩对水40 ~ 50kg喷施。

在移栽棉花、番茄、辣椒、油菜、黄瓜、西瓜、茄子、烟等田块，以移栽前3 ~ 5d施药为宜。用72%乳油150 ~ 200ml/亩对水40 ~ 50kg喷施。要求整地时清除已出土的杂草，移栽时尽量保持土层不松动。

芝麻田，在芝麻播后1 ~ 2d出苗前用药，用72%乳油100 ~ 150ml/亩对水40 ~ 50kg喷施。土壤墒情差时以亩喷施60 ~ 75kg药液为宜。

注意事项 异丙草胺的除草效果，在较好土壤墒情下才能充分发挥。因此，该药适于在地膜覆盖田，有灌溉条件的田块以及夏季作物及南方的旱田应用。异丙草胺只能杀死萌芽的杂草，故应掌握在杂草出土前施药。

开发登记 河北宣化农药有限责任公司、辽宁省大连松辽化工有限公司等公司登记生产。

异丙甲草胺 metolachlor

其他名称 都尔；稻乐思。

化学名称 N-(2-乙基-6-甲基苯基)-N-(1-甲基-2-甲氧乙基)氯乙酰胺。

结 构 式

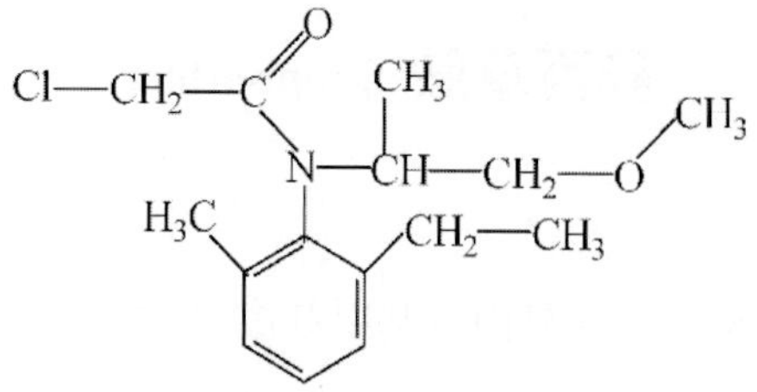

理化性质 无色到浅褐色液体，沸点(O.13Pa)100℃，蒸气压(25℃)4.2MPa，密度(20℃)1.12。溶解度：水488mg/L(25℃)，与苯、二甲苯、甲苯、辛醇和二氯甲烷、己烷、二甲基甲酰胺、甲醇、二氯乙烷混溶，不溶于乙二醇。300℃以下稳定，在强酸、强碱下和强无机酸中水解。

毒　　性 大鼠急性经口LD_{50}为2 780mg/kg，大鼠急性经皮LD_{50} > 3 170mg/kg；鱼LC_{50}(96h，mg/L)：虹鳟鱼2，鲤鱼4.9，蓝鳃太阳鱼15；野鸭和北美鹑急性经口LD_{50} > 2 510mg/kg；蜜蜂接触和摄入LD_{50} > 110μg/只。

剂　　型 72%乳油、96%乳油。

除草特点 异丙甲草胺为选择性芽前土壤处理除草剂。单子叶禾本科杂草主要通过芽鞘吸收，双子叶杂草通过幼芽和幼根吸收，向上传导，抑制幼芽与细根的生长，敏感杂草在发芽后出土前或刚刚出土即中毒死亡。禾本科杂草幼芽吸收异丙甲草胺的能力比阔叶杂草吸收力强，因而防除禾本科杂草效果好。在土壤中的持效期30～35d，施药后10～12周后活性自然消失。

适用作物 可以广泛用于多种作物田。如花生、大豆、玉米、棉花、油菜、马铃薯、甜菜、芝麻、萝卜、水稻、蔬菜、烟草、果树、豇豆、红小豆、甘蓝、辣椒、茄子、番茄、甜瓜、冬瓜、西瓜、大白菜、籽瓜、蚕豆、薯类、大蒜等。

防除对象 该药剂对马唐、千金子、牛筋草、稗草、狗尾草、野燕麦、硬草、看麦娘、早熟禾等1年生禾本科杂草效果突出；对藜科、苋科、龙葵、菟丝子、大巢菜等阔叶杂草效果明显；对蓼科杂草、播娘蒿、荠菜、碎米荠菜、牛繁缕等也有较好的效果，但对马齿苋、铁苋、猪殃殃、鸭跖草、问荆等部分阔叶杂草效果较差；对多年生禾本科杂草和多年生阔叶杂草无效。

应用技术 在玉米、大豆、花生、棉花等作物田，在作物播后芽前，以72%乳油150～200ml/亩对水40～50kg喷施。

在移栽棉花、番茄、辣椒、油菜、黄瓜、西瓜、茄子、烟等田块，以移栽前3～5d施药为宜。用72%乳油150～200ml/亩对水40～50kg喷施。要求整地时清除已出土的杂草，移栽时尽量保持土层不松动。

芝麻田，在芝麻播后1～2d出苗前用药，用72%乳油100～150ml/亩对水40～50kg喷施。土壤墒情差时以亩喷施60～75kg药液为宜。

注意事项 该药易被土壤微生物降解，持效期中等。药效受土壤湿度的影响较大，土壤湿度大，有利于药剂吸收，除草效果就比较好；湿度小，则效果降低。

开发登记 瑞士先正达作物保护有限公司、山东滨农科技有限公司等公司登记生产。

精异丙甲草胺 S-metolachlor

其他名称 高效异丙甲草胺；金都尔。

化学名称 (αRS,1R)-2-氯-6'-乙基-N-(2-甲氧基-1-甲基乙基)乙酰邻甲苯胺。

结构式

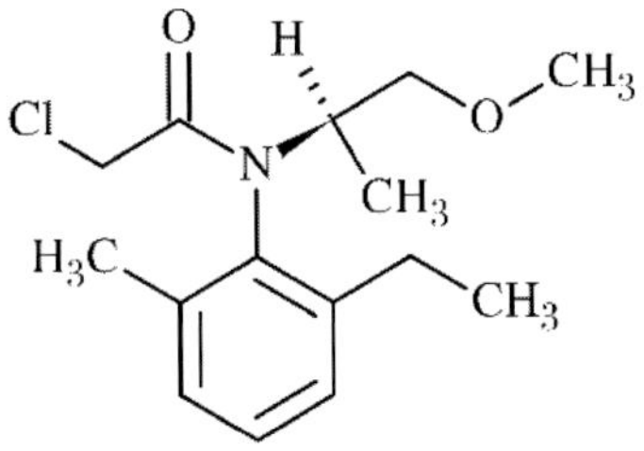

理化性质 原药为棕色油状液体，纯品为淡黄色至棕色液体，相对密度1.117(20℃)，熔点为-61.1℃，沸点334℃(760mmHg)，蒸气压3.7MPa。在水中溶解度480mg/L(25℃)，与如下有机溶剂互溶：苯、甲苯、甲醇、乙醇、辛醇、丙酮、二甲苯、二氯甲烷、二甲基甲酰胺、环己酮、己烷等。稳定性DT_{50} > 200d(pH 7～9，20℃)。

毒　　性 大鼠急性经口LD_{50}为2 672mg/kg，兔急性经皮LD_{50} > 2 000mg/kg。大鼠急性吸入LC_{50}(4h) > 2 910mg/L空气。对兔眼睛和皮肤无刺激性。山齿鹑和野鸭急性经口LD_{50} > 2 510mg/kg，山齿鹑和野鸭饲喂LC_{50}(8d) > 5 620mg/kg。鱼毒LC_{50}(mg/L，96h)：虹鳟鱼1.2，蓝色翻车鱼3.2。蜜蜂LD_{50}>0.085mg/只(经口) > 0.2mg/只(接触)。蚯蚓LC_{50}(14d)570mg/kg土壤。

剂　　型 96%乳油。

除草特点 高效异丙甲草胺主要是通过阻碍蛋白质的合成而抑制细胞的生长。通过植物的幼芽即单子叶植物的胚芽鞘、双子叶植物的下胚轴吸收向上传导，种子和根也吸收传导，但吸收量较少，传导速度慢。出苗后主要靠根吸收向上传导，抑制幼芽与根的生长。敏感杂草在发芽后出土前或刚刚出土立即中毒死亡，表现为芽鞘紧包着生长点，稍变粗，胚根细而弯曲，无须根，生长点逐渐变褐色、黑色烂掉。如果土壤墒情好，杂草被杀死在幼芽期。如果土壤水分少，杂草出土后随着降雨土壤湿度增加，杂草吸收异丙甲草胺，禾本科草心叶扭曲、萎缩，其他叶皱缩后整株枯死。1年生阔叶杂草叶皱缩变黄整株枯死。

适用作物 可以广泛用于多种作物田。大蒜田、春大豆田、番茄、甘蓝田、花生、芝麻、油菜(移栽田)、洋葱、烟草、向日葵、夏玉米田、夏大豆田、西瓜、甜菜、棉花田、马铃薯田、甘蓝田等。

防除对象 1年生禾本科杂草及部分1年生阔叶杂草。

应用技术 同异丙甲草胺不同的是亩用量为60～110ml，土壤墒情差时需增加用量，96%高效异丙甲草胺比72%异丙甲草胺除草效果高出1.67倍(理论上)。

开发登记 由诺华公司(现Syngenta公司)开发。

丙草胺 pretilachlor

其他名称 扫弗特。

化学名称 N-(2,6-二乙基苯基)-N-(丙氧基乙基)氯乙酰胺。

结 构 式

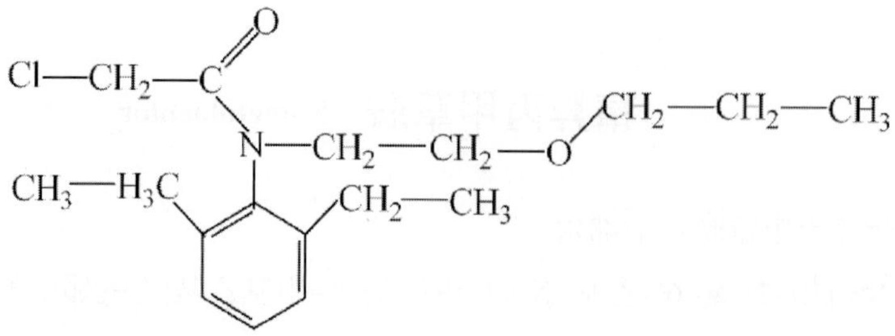

理化性质 无色液体，沸点(0.13Pa)135℃；蒸气压0.133MPa(20℃)，密度(20℃)1.076g/cm^3；溶解度(20℃)：水50mg/L，极易溶于苯、二氯甲烷、己烷、甲醇。

毒　　性 大鼠急性经口LD_{50}为6 099mg/kg，大鼠急性经皮LD_{50} > 3 100mg/kg；LC_{50}(96h，mg/L)：虹鳟鱼0.9，鲤鱼2.3，对鸟无毒。

剂　　型 30%乳油、50%乳油、50%水乳剂。

除草特点 丙草胺是一种选择性芽前处理剂。水稻4叶期以后的植株具可以将丙草胺分解为没有除草活性的代谢产物，但正在发芽的水稻幼苗对丙草胺的这种分解不够迅速，因此，单独的丙草胺只能用于移栽稻田，对秧田、直播稻田幼苗有损害，生产中加入安全剂可以克服这些不足。丙草胺药效发挥时间长，1个月后除草效果仍达90%以上，在水田中持效期达30～50d，杀草谱广。

适用作物 移栽水稻田，秧田和直播稻田应用时要加入安全剂。

防除对象 可以有效防除硬草、千金子、稗草、异型莎草等多种1年生禾本科杂草、莎草科杂草和阔叶杂草。对水芹、双穗雀稗、眼子菜、野慈姑、绿藻无效。

应用技术 水稻直播稻田或秧田，播种后2～4d内，用30%(含安全剂)乳油100～125ml/亩，对水喷雾或拌药土撒施。施药量过大时，药后5d稻苗自心叶、叶尖至叶缘褪绿，心叶卷曲，植株生长受抑，分蘖减少。

水稻移栽田，于移栽后5～10d，用30%乳油100～150ml/亩，配成药土撒施，施药期田间水层3～4cm，保水5～7d，施药过晚会降低除草效果。

注意事项 水稻扎根后和稗草1.5叶前是确保水稻安全和除草效果好的2个必要条件。药后保水时间，在长江流域稻田以5d为宜。保水时间过短，会影响除草效果，保水时间过长，则影响稻苗素质。

开发登记 内蒙古宏裕科技股份有限公司、先正达(苏州)作物保护有限公司等企业登记生产。

毒草胺 propachlor

其他名称 CP31393；Ramrod。

化学名称 α-氯代-N-异丙基乙酰替苯胺。

结 构 式

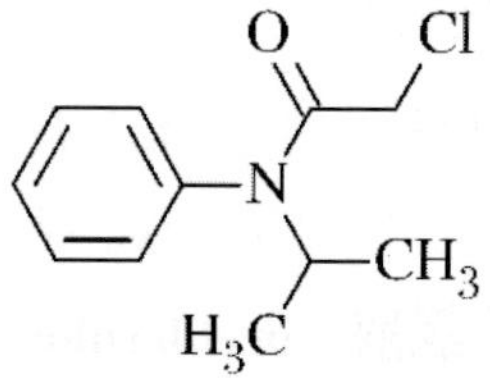

理化性质 原药外观为棕色细颗粒，熔点77℃；沸点110℃(0.03mmHg)；蒸气压30.6MPa(25℃)；溶解度(25℃)：水中613mg/kg，丙酮中448g/kg，苯中737g/kg，氯仿中602g/kg，乙醇中408g/kg；本品对紫外光稳定；170℃下分解；不易燃。在土壤中持留时间为28～42d，主要损失是微生物所致。

毒　　性 大鼠急性经口LD_{50}为550 ~ 1 700mg/kg。兔急性经皮LD_{50} > 20 000mg/kg。两年饲养试验表明，大鼠无作用剂量为500mg/kg饲料；犬1年喂养试验，无作用剂量为240mg/kg。鹌鹑急性经口LD_{50}为91mg/kg。鹌鹑和野鸭LC_{50}(5d)>5 620mg/kg饲料。

剂　　型 10%可湿性粉剂、50%可湿性粉剂、65%可湿性粉剂、20%可湿性粉剂。

除草特点 该药为选择性芽前除草剂，具有杀草谱宽、使用方便、对稻苗生长安全等优点，防除1年生禾本科杂草和某些阔叶杂草(如稗草、鸭舌草、异型莎草 、马唐、狗尾草、马齿苋、牛毛草等)具有良好的效果。除草效果与杂草出土前后的土壤湿度有关，持效期40d左右。

适用作物 毒草胺是一种选择性触杀型苗前及苗后早期施用的除草剂。可用于大豆、玉米、水稻、棉花、花生、高粱、甘蔗、十字花科蔬菜、洋葱、菜豆、豌豆、番茄、菠菜、马铃薯等作物上。

防除对象 有效防除1年生禾本科杂草和某些阔叶杂草，如马唐、稗、狗尾草、早熟禾、看麦娘、藜、苋、龙葵、马齿苋等；对红蓼、苍耳效果差；对多年生杂草无效；对稻田稗草效果显著，有特效，使用安全，不易发生药害。毒草胺在土壤中残效期约为40d。

应用技术 水稻秧田可在播后2 ~ 3d，本田在插秧后3 ~ 5d(杂草萌动出土前)每亩用10%可湿性粉剂1 ~ 1.5kg拌毒土撒施。旱地作物可在播后苗前进行土壤处理，每亩用10%可湿性粉剂1 ~ 1.5kg对水喷雾。气温高、湿度大时效果好。

注意事项 毒草胺对皮肤刺激性很大，施药和拌药时必须戴上胶手套及口罩等防毒用具。若溅入眼睛和皮肤，立即用清水冲洗，出现中毒症状送医院对症状治疗。

开发登记 D. D. Baird等于1964年报道了其除草活性，孟山都化学公司开发，江苏常隆化工有限公司登记生产。

克草胺 ethachlor

化学名称 N–(2–乙基苯基)–N–(乙氧基甲基)氯乙酰胺。

结 构 式

$$\text{2-}(C_2H_5)C_6H_4\text{-}N(CH_2OCH_2CH_3)\text{-}C(=O)CH_2Cl$$

理化性质 原油为黄棕色油状液体，可溶于丙酮、乙醇、苯、二甲苯等有机溶剂。在强酸或强碱条件下加热均可水解。

毒　　性 大鼠急性经口LD_{50}为2 330mg/kg，大鼠急性经皮LD_{50} > 2 150mg/kg。

剂　　型 25%乳油、50%乳油、47%乳油。

除草特点 克草胺是一种选择性芽前土壤处理剂，该药主要通过杂草的芽鞘吸收，其次由幼根吸收。该药的除草效果与杂草出土前后的土壤湿度有关，药剂的持效期为40d左右。

适用作物 水稻移栽田，也可以用于花生、棉花、芝麻、玉米、大豆、油菜、马铃薯、菜豆、大白菜、十字花科、茄科、菊科和伞形花科多种蔬菜田。黄瓜对克草胺敏感，不能用于瓜田除草。

防除对象 可以防除1年生单子叶及部分阔叶杂草，防除1年生禾本科杂草效果好，对阔叶杂草防效较差，对马唐、狗尾草、稗草、灰菜、大巢菜、扁蓄防效较好。

应用技术 水稻田，水稻移栽后4～7d完全返苗后施药，用25%乳油100～150ml/亩，加15kg潮湿土或肥土混匀，均匀撒入田中。施药后保水7d，水层3～4cm，不要淹没水稻生长点，否则会抑制秧苗生长，不准串灌。

玉米、花生、大豆、棉花等作物田，播后芽前，用25%乳油300ml/亩加水40～50kg均匀喷雾。如湿度大、气温高(不超过35℃)有利于发挥药效，可酌情减少用量。

辣椒田，在播后苗前或移栽前，用25%乳油150～200ml/亩，对水喷洒。

菜豆、白菜、胡萝卜田，在播后苗前，用25%乳油150～200ml/亩，对水喷洒。

注意事项 克草胺的活性高于丁草胺，而对于水稻的安全性低于丁草胺。因此，在水稻本田应用时应严格掌握施药时间及用药量。不宜在水稻秧田、直播田及小苗、弱苗及漏水的本田施用，施药时要保持田间水层。在水稻落谷秧田及寄秧田，虽可取得较好的除草效果，但会产生落黄、死苗、抑制分蘖等药害。水稻芽期对克草胺敏感。

开发登记 辽宁省大连瑞泽农药股份有限公司登记生产。

萘丙酰草胺 napropamide

其他名称 大惠利；敌草胺；草萘胺；萘氧丙草胺。

化学名称 N,N-二乙基-2-(2-萘基氧)丙酰胺。

结构式

CH_3 CH_3 H_3C N O O

理化性质 棕色固体，熔点68～75℃，蒸气压0.53MPa(25℃)，密度(20℃)0.584g/cm³。溶解度：水73mg/L(25℃)，二甲苯505，煤油62，己烷15(g/L，20℃)，与丙酮、乙醇、甲基异丁基酮混溶。100℃下16h未见分解，见光分解。

毒性 大鼠急性经口LD_{50}＞5 000mg/kg，大鼠急性经皮LD_{50}＞4 640mg/kg(兔)。

剂型 50%可湿性粉剂、20%乳油、50%干悬浮剂。

除草特点 萘丙酰草胺可以为杂草的幼根或芽鞘吸收，以杂草的芽前或芽后1叶期施药有效。它能阻碍细胞分裂，致使生长停止。但是吸收药剂的杂草从停止生长到完全枯死所需时间较长。该药在土壤中的移动距离为2～3cm，在湿润土地中，半衰期长达12周。

适用作物 大豆、花生、油菜、棉花、西瓜、黄瓜、麻、烟草、蔬菜(茄科、油菜、十字花科、葫芦科、豆科、石蒜科)以及果园、桑园、茶园、苗圃。

防除对象 可以防除1年生单子叶杂草及部分阔叶杂草，特别对马唐、旱稗、棒头草、牛筋草、看麦娘、早熟禾、异型莎草、蓼科、藜科、苋科杂草效果较好，对铁苋菜、马齿苋、小蓟、牛繁缕、婆婆纳、鳢肠等杂草也有65%左右的防效。对禾本科杂草的防效优于阔叶杂草。

应用技术 在作物播后芽前施用50%可湿性粉剂120～150g/亩，对水35～50kg喷施，有机质含量较高、黏土地应适当加大剂量。

棉田，可以在棉花播后苗前进行土壤处理，苗床喷施20%乳油100～120ml/亩，对棉花出苗影响较小。在棉花移栽田，棉苗移栽后的棉田土壤封闭处理，对棉花无明显影响，在以20%乳油200～300ml/亩加水50kg喷雾，喷到棉花植株上，个别棉株、叶片有水渍状斑点，几天后可以恢复正常，无明显药害。

大豆、花生及其他豆科作物，于播后苗前，用50%可湿性粉剂120～150g/亩，对水50～70kg，均匀喷雾于土表。

烟草，烟草苗床于播前喷药，用20%乳油100～120ml/亩，对水均一喷雾。移栽烟苗浇透水后用50%可湿性粉剂50～100g/亩，喷药后移栽即可。

西瓜田，在西瓜移栽前1～2d进行土壤处理，用50%可湿性粉剂100～150g/亩，对水40kg喷雾处理。

番茄、辣椒、茄子苗床化学除草，可在播后苗前，每亩用50%可湿性粉剂50～75g/亩，对水50kg喷雾。辣椒、番茄、茄子等，可在苗前或移植后，在灌水或雨后，用50%可湿性粉剂100～150g/亩对水40～60kg，均匀喷雾。在盖膜田，应适当降低用药量。

马铃薯栽后苗前，每亩用50%可湿性粉剂150g或20%乳油250ml，对水50kg，土壤处理。

油菜、白菜、菜花、萝卜等十字花科作物，直播或移栽田，可在播后苗前或移苗后，在土壤湿润情况下，用50%可湿性粉剂50～75g/亩对水40～60kg，均一喷施。

豇豆等豆科蔬菜可于播后苗前，用50%可湿性粉剂100～200g/亩对水50kg，土壤处理。

大蒜栽后苗前，用50%可湿性粉剂300～400g/亩对水50kg，土壤处理。

洋葱移栽前或移栽缓苗后，可用50%可湿性粉剂每亩100～150g对水50kg，土壤处理。

注意事项 试验表明，十字花科的油菜、白萝卜对敌草胺的耐药性较强；豆科的矮豆角、蚕豆、大豆、豌豆及禾本科的大麦次之；禾本科的小麦、百合科的韭菜、伞形科的芹菜、茴香、莴苣对敌草胺较为敏感。黄瓜幼苗期药液不能直接喷施在生长点上，否则有药害。本品对已出土的杂草效果差，故应在杂草出芽前较早施药。土壤墒情适宜，除草效果好。

开发登记 江苏快达农化股份有限公司、四川省宜宾川安高科农药有限责任公司等企业登记生产。

R–左旋萘丙酰草胺 R(–)–napropamide

其他名称 R–左旋敌草胺；麦平；敌草强；敌草胺；稻草敌。

化学名称 N,N–二乙基–2–(α–萘氧基)丙酰胺。

结构式

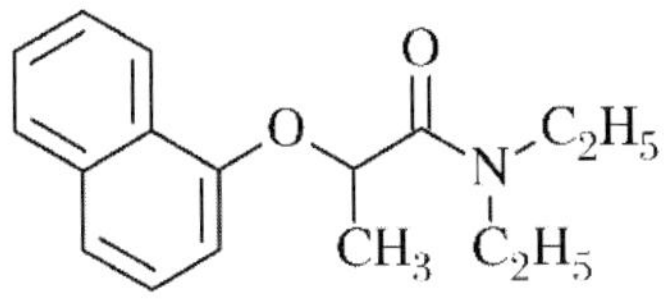

理化性质 原药外观为白色粉状物，比重1.02，沸点大于220℃，熔点90～95℃，难溶于水，易溶于二甲苯。制剂外观为白色粉状物，pH6.5～7.0。

毒　　性 对人、畜安全，大鼠急性口服LD_{50}＞5 000mg/kg，兔急性经皮LD_{50}＞5 000mg/kg。三代繁殖试验未见异常。对鸟、鹌鹑经口LC_{50}＞5 620mg/kg，野鸭LD_{50}＞4 640mg/kg。对鱼类毒性低，蓝鳃鱼48hLC_{50}＞32mg/kg，与生态环境相容。

剂　　型 25%可湿性粉剂、50%可湿性粉剂。

除草特点 R–左旋敌草胺为敌草胺的高效旋光异构体。

适用作物 小麦、油菜。

防除对象 野燕麦、日本看麦娘、棒头草、早熟禾等禾本科杂草，繁缕、荠菜、猪殃殃、大巢菜、藜、婆婆纳等多种1年生禾本科杂草和阔叶杂草。

应用技术 小麦，在麦播种后芽前至麦苗 4 叶前施药，每亩用25%可湿性粉剂30g对水50kg喷雾。

油菜，苗床及直播田在油菜播后苗前施药，油菜播种后应覆土，覆土后施药，不覆土露籽多会产生药害，移栽油菜可在移栽前后1～2d施药，每亩用25%可湿性粉剂50～60g对水40～50kg喷洒。

注意事项 该药活性高，应注意控制用量。该药为苗前土壤处理剂，施药不能过迟，应在杂草出土前施药，即使看麦娘对左旋敌草胺敏感，在1～2叶期施药，用药量也要增加。施药后土壤干旱防效降低。甘蓝型油菜较耐药，直播和移栽田块都可使用左旋敌草胺；白菜型、芥菜型油菜较敏感，禁止使用左旋敌草胺。油菜田施药后1年内不能种苜蓿、玉米、高粱、甜菜、莴苣等敏感作物。持效期达70d左右，最终被土壤微生物全部降解，对后茬作物和生态环境没有影响。对青稞、芹菜较敏感。

开发登记 南京南农农药科技发展有限公司登记生产。

敌稗 propanil

其他名称 斯达姆；DCPA。

化学名称 N-(3,4-二氯苯基)丙酰胺。

结 构 式

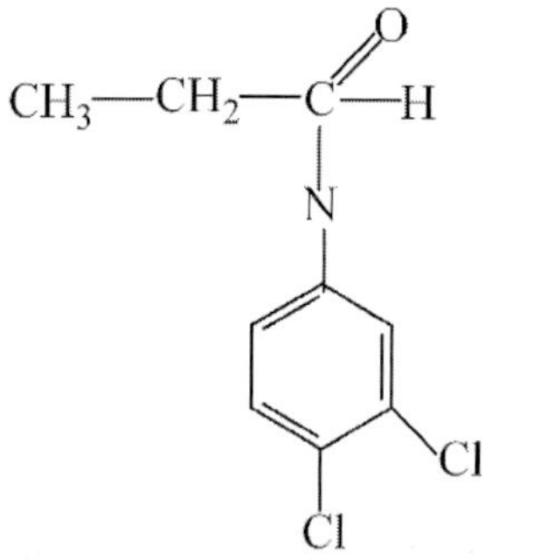

$CH_3—CH_2—C(=O)—H$

N

Cl

Cl

理化性质 无色晶体，熔点91.5℃。溶解度：水130mg/L，二氯甲烷＞200mg/kg，正己烷＜1g/L，二甲苯50～100g/L。

毒　　性 大鼠急性经口LD_{50}＞2 500mg/kg，小鼠为1 800mg/kg。兔急性经皮LD_{50}为7 080mg/kg。

剂　　型 20%乳油。

除草特点 敌稗是具有高度选择性的触杀型除草剂，他在植物体内不传导，只在接触部位起作用。敌稗进入水稻体内被分解成无毒物质，而对水稻生长安全。敌稗遇土壤后很快分解失效，仅宜作为茎叶处理。

适用作物 水稻。

防除对象 稗草。

应用技术 可以用于水稻秧田、水稻本田和直播稻田。

水稻秧田，在稗草1叶1心、稻苗立针时，用20%乳油750～1 000ml/亩，加水30kg喷雾。喷药前排干田水，喷药后1～2d不灌水，使稗草整株受害，在晒田后灌深水淹没稗心两昼夜，可提高杀稗效果。薄膜育秧田可在揭膜后2～3d用药。

水稻移栽田，于插秧后稗草1叶1心期，用20%乳油1 000ml/亩；稗草2～3叶期，亩用1 000～1 500ml/亩加水30kg，喷药前排干田水，选择晴天无风、在露水干后喷药，药后1～2d不灌水，晒田后再灌水淹没稗心2d，可提高防稗效果。

水稻直播田，水稻立针时用20%乳油250～500ml/亩，对水30～40kg，排干水后喷药。以稗草为主的田块，在稗草2叶期，用20%乳油1 000ml/亩作茎叶喷雾，方法同秧田。

旱直播田，水稻2～3叶期，稗草1～2叶期用20%乳油1 000ml/亩，加水30～50kg，进行茎叶处理。

注意事项 由于氨基甲酸酯类、有机磷类杀虫剂能抑制水稻体内敌稗解毒酶的活力，因此水稻在喷施敌稗前后10d之内不能施用此类农药。敌稗与2, 4-滴丁酯混用，即使混入不到1%的2, 4-滴丁酯也会引起水稻药害。应避免敌稗与液体肥料一起使用。气温高除草效果好，并可适当降低用药量。杂草叶面潮湿会降低除草效果，要待露水干后再施用，避免雨前施药。施药时最好为晴天，但不要超过30℃。盐碱较重的秧田，由于晒田引起泛盐，也会伤害水稻，可在保浅水或秧根湿润情况下施药，以免产生药害。

开发登记 捷马化工股份有限公司、辽宁省沈阳丰收农药有限公司等企业登记生产。

苯噻酰草胺 mefenacet

其他名称 苯噻草胺；环草胺；除稗特。

化学名称 N-甲基-N-苯基-2-(1,3-苯并噻唑-2-基氧)乙酰胺。

结构式

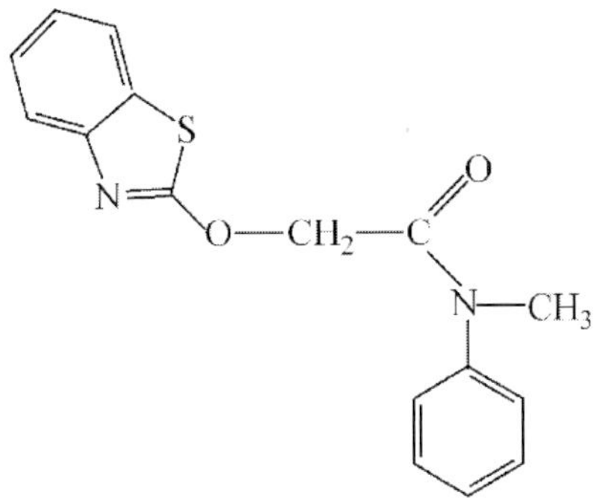

S N O—CH_2—C O N—CH_3

理化性质 无色无味晶体，熔点134.8℃，室温下溶解度(g/L)：水0.004，己烷0.1～1.0，丙酮60～100，甲苯20～50，二氯甲烷＞200，异丙醇5～10，乙酸乙酯20～50，二甲基亚砜110～220，乙腈30～60。对热、酸、碱、光稳定。

毒性 大、小鼠急性经口LD_{50}＞5 000mg/kg，大、小鼠急性经皮LD_{50}＞5 000mg/kg，大鼠急性吸入LC_{50}(4h)为0.02mg/L。对大鼠2年饲喂试验无作用剂量为100mg/kg。鱼毒LC_{50}(96h，mg/L)：鲤鱼8.0，虹鳟鱼6.8。

剂型 50%可湿性粉剂。

除草特点 苯噻酰草胺可以为杂草的幼芽吸收，是细胞生长和分裂的抑制剂，对母细胞的分裂具有特别强的抑制作用。据观察，该药剂在植物生长点通过抑制细胞的分裂和增大，而阻碍稗草的生长直至死亡。受害稗草外观症状是茎叶部和根部的生长点异常肥大，叶鞘叶身变浓绿，植株生长受抑，最终茎叶变黄枯死。该药对稗草敏感，对水稻高度安全，选择性极好。稗草枯萎时间随叶龄增大而延长。土壤对本药剂吸附力强，渗透少，在一般水田条件下，所施药剂大部分分布在表层1cm以内，形成处理药层，其持效期在1个月以上，秧苗的生长不要与此药层接触。

适用作物 水稻。

防除对象 对稗草特效，对水稻田其他一年生杂草(如牛毛毡、泽泻、鸭舌草、节节菜、异型莎草、扁穗莎草、碎米莎草等)也有一定的除草效果。

应用技术 水稻移栽田，在水稻移栽后3～10d(稗草2、3叶期)，用50%可湿性粉剂60～80g/亩，混土撒施，施药时保持水层4～5cm。

注意事项 施药时要撒施均匀。不要在水稻苗期施用，特别不能在秧苗的出苗期应用。

开发登记 辽宁省大连瑞泽农药股份有限公司、江苏常隆化工有限公司等企业登记生产。

双苯酰草胺 diphenamid

其他名称 草乃敌。

化学名称 N,N–二甲基二苯基甲酰胺。

结构式

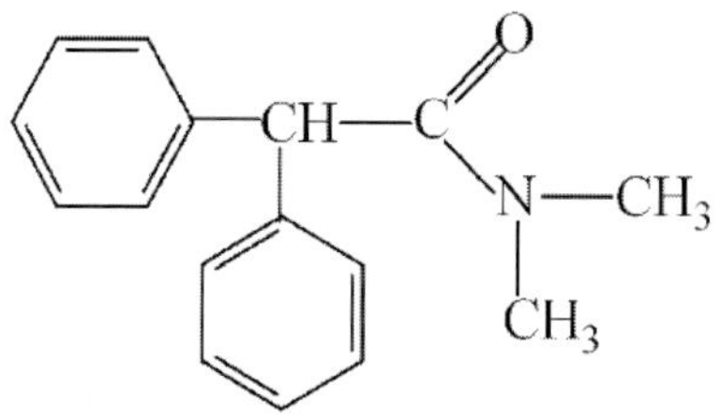

理化性质 纯品为无色结晶，熔点13.5～135.5℃。易溶于丙酮、二甲苯等有机溶剂。对热和紫外线较稳定。

毒　　性 大鼠急性经口LD_{50}为1 050mg/kg，大鼠急性经皮LD_{50}＞225mg/kg。

剂　　型 80%可湿性粉剂。

除草特点 内吸传导型选择性芽前除草剂。主要通过杂草幼芽吸收。一般条件下在土壤中的残效期较长，对光稳定。

适用作物 花生、大豆、棉花、马铃薯、甘薯、草莓、番茄、烟草、大豆、苹果、桃、柑橘等。

防除对象 可以防除多种1年生禾本科杂草和阔叶杂草，如马唐、牛筋草、稗草、看麦娘、早熟禾、狗尾草、蓼、马齿苋、繁缕、雀舌草、藜、扁蓄等。

应用技术 在玉米、大豆、花生、棉花等作物田，在作物播后芽前，以80%可湿性粉剂150～200ml/亩，对水40～50kg喷施。

在移栽棉花、番茄、辣椒、油菜、黄瓜、西瓜、茄子、烟等田块，以移栽前3～5d施药为宜。用80%可湿性粉剂150～200ml/亩，对水40～50kg喷施。要求整地时清除已出土的杂草，移栽时尽量保持土层不松动。

芝麻田，在芝麻播后1～2d出苗前用药，用80%可湿性粉剂100～150ml/亩，对水40～50kg喷施。土壤墒情差时以亩喷施60～75kg药液为宜。在作物播种后出苗前、杂草萌发前，用有效成分260～300g/亩，对水50kg喷施。

注意事项 施用本剂时，需1年后才能种植小麦等禾本科作物、瓜和菠菜。对1年生阔叶杂草和禾本科杂草效果好，但须在杂草发芽前施药。

开发登记 由Eli Lilly和Upjohn(现为NOR–AM)公司开发。

吡氟酰草胺 diflufenican

其他名称 吡氟草胺。

化学名称 N-(2,4-二氟苯基)-2-(3-三氟甲苯氧基)-3-吡啶甲酰胺。

结 构 式

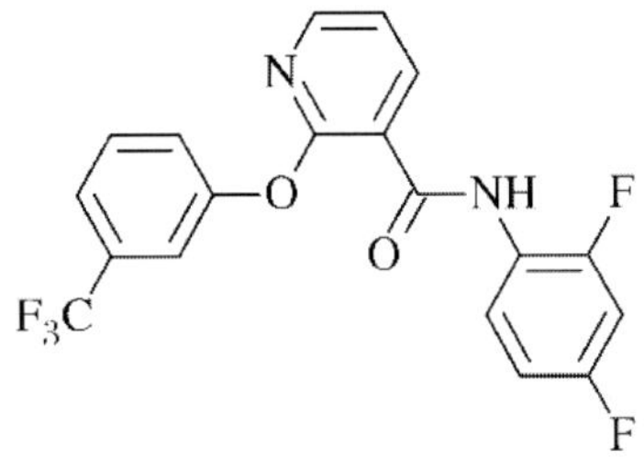

理化性质 无色晶体，熔点161℃，室温下溶解度(g/L)：水0.005。

毒　　性 大鼠急性经口LD_{50} > 2 000mg/kg，大鼠急性经皮LD_{50} > 1 000mg/kg。

剂　　型 50%可湿性粉剂。

除草特点 吡氟草胺在杂草发芽前后施药可在土表形成抗淋溶的药土层，在作物整个生育期内保持活性。当杂草萌发通过药土层时，幼芽和根系能够吸收药剂，通过抑制类胡萝卜素生物合成，杂草表现为幼芽脱色或白色，最后整株萎蔫死亡。杂草的死亡速度与光的强度有关，光强则死亡快，光弱则慢。施药时间以杂草芽前和芽后早期施用最为理想，随着杂草长大而防效下降。该药效果稳定，受气候条件的影响相对较小。在土壤中可以为各种土壤吸附，移动性差，冬季降雨不会降低其活性。在常温及供氧条件下，其半衰期为15 ~ 50周，时间长短取决于土壤类型和土壤有机质含量，降解速度随温度和湿度的提高而增加。

适用作物 小麦、水稻、胡萝卜、向日葵等。

防除对象 可以有效地防除多种1年生禾本科杂草和阔叶杂草。敏感的禾本科杂草有早熟禾、看麦娘、马唐、稗草、牛筋草、狗尾草；敏感的阔叶杂草有野苋、反枝苋、刺苋、播娘蒿、荠菜、刺甘菊、金鱼草、鹅不食草、芥菜、卷耳、地肤、佛座、酸模叶蓼、春蓼、马齿苋、龙葵、繁缕、遏蓝菜、猪殃殃、婆婆纳；中度敏感的杂草有苘麻、豚草、灰绿藜、麦家公、扁蓄、卷茎蓼；抗性杂草有野燕麦、雀麦、苍耳等。

应用技术 冬小麦田，吡氟草胺杀草谱宽、施药适期长，可以防除麦田多种杂草。可以在冬小麦芽前及芽后早期施用，用50%可湿性粉剂15 ~ 20g/亩，对水35kg喷施。

注意事项 吡氟草胺在冬小麦芽前和芽后早期施用对小麦生长安全，但芽前施药时如遇持续大雨，尤其是芽期降雨，可以造成作物叶片暂时脱色，但一般可以恢复。

开发登记 江苏省南通嘉禾化工有限公司、江苏辉丰农化股份有限公司等企业登记生产。

杀草胺 ethaprochlor

化学名称 N-(2-乙基苯基)-N-异丙基-氯乙酰胺。

结 构 式

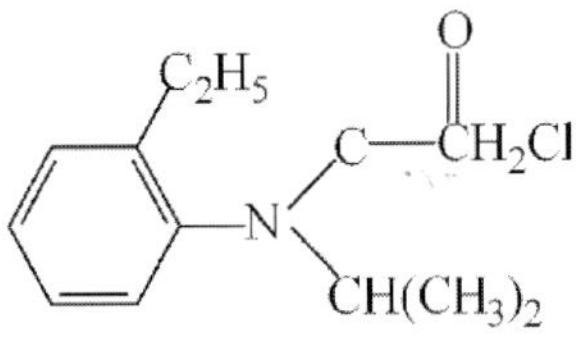

理化性质 纯品为白色结晶，熔点38～40℃，沸点(800Pa)159～161℃。原粉为棕红色粉末，难溶于水，易溶于乙醇、丙酮、二氯乙烷、苯、甲苯。在一般情况下对稀酸稳定，对强碱不稳定。

毒　　性 大鼠急性经口LD_{50}为5 432mg/kg，对鱼类有毒。

剂　　型 60%乳油。

除草特点 杀草胺为选择性芽前土壤处理剂，可杀死萌芽前期的杂草。药剂主要通过杂草的幼芽吸收，其次是幼根吸收。在土壤中可为土壤微生物降解，持效期为60d左右。

适用作物 水稻移栽田、大豆、花生、棉花、玉米、油菜和多种蔬菜田。

防除对象 可以防治一年生单子叶杂草、莎草和部分双子叶杂草，如牛筋草、马唐、狗尾草、藜等。

应用技术 水稻移栽田，在插秧后3～5d，施用60%乳油100～150ml/亩。施药时先将药剂拌入少量细砂，然后混入潮湿土中制成毒土，或制成毒肥，再均匀撒施于田中，施药后保持5～7d浅水层，不排水，也不能串灌。

旱田作物施药，用60%乳油250～300ml/亩，在播后苗前均匀喷雾于土表，夏季南方旱田用60%乳油200～300ml/亩，蔬菜田用60%乳油150～200ml/亩。地膜田应在覆膜前用药，并适当降低药量。

注意事项 杀草胺的除草效果在较好的土壤湿度下才能充分发挥，有灌溉条件的田块以及夏季作物及南方的旱田应用。水稻幼芽对杀草胺比较敏感，故不易在水稻秧田使用。

开发登记 辽宁抚顺丰谷农药有限公司登记生产。

氟丁酰草胺 beflubutamid

化学名称 N-苄基-2-(α,α,α,4-四氟间甲基苯氧基)丁酰胺。

结 构 式

F, F, F, F, CH_3, O, NH, O

理化性质 原药纯度97%以上。纯品为绒毛状白色粉状固体，熔点75℃。相对密度1.13，蒸气压为1.1×10^{12}MPa(25℃)。溶解度(20℃，g/L)：水0.003 29，丙酮＞600，二氯甲烷＞544，乙酸乙酯＞571，正辛烷2.18，二甲苯106。稳定性：对光稳定。在130℃下可稳定5小时以上。在正常储存条件下稳定。在21℃，pH5、7、9条件下放置5d稳定。

毒　　性 大鼠急性经口LD_{50}＞5 000mg/kg，大鼠急性经皮LD_{50}＞2 000mg/kg，对兔皮肤和眼睛无刺激性。山齿鹑急性经口LD_{50}＞2 000mg/kg。山齿鹑饲喂LC_{50}(5d)＞5 000mg/L。鱼毒LC_{50}(96h，mg/L)：虹鳟＞1.86，大翻车鱼2.69。对蜜蜂无毒，LD_{50}(经口、接触)＞100μg/只。蚯蚓LD_{50}(14d)＞732mg/kg土壤。

除草特点 胡萝卜素生物合成抑制剂。

适用作物 小麦、大麦，对小麦、环境安全，由于其持效期适中，对后茬作物无影响。

防除对象 主要用于防除重要的阔叶杂草，如婆婆纳、佛座、田堇菜、藜、荠菜、大爪草等。

应用技术 小麦、大麦田苗前或苗后早期使用。用量11.3~17g/亩。同异丙隆混用[比例：氟丁酰草胺5.6g(有效成分)/亩，异丙隆33.3g(有效成分)/亩]苗后茎叶处理，不仅除草效果佳，可防除麦田几乎所有杂草，而且对麦类很安全。

开发登记 氟丁酰草胺是由日本宇部产业公司开发的苯氧酰胺类除草剂。

溴丁酰草胺 bromobutide

其他名称 S-4347；Sumiherb。

化学名称 2-溴-3,3-二甲基-N-(1-甲基-1-苯基乙基)丁酰胺。

结构式

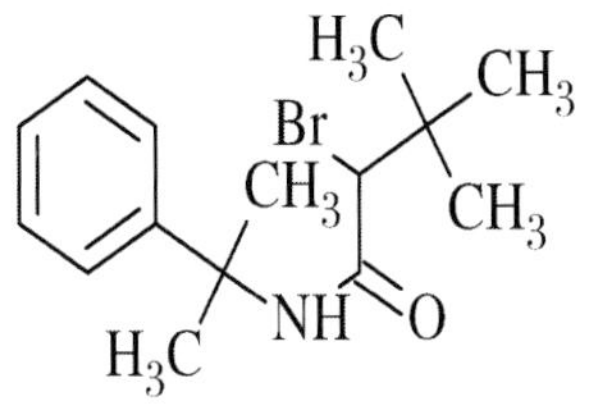

H_3C CH_3 Br CH_3 CH_3 NH O H_3C

理化性质 本品为无色至淡黄色晶体，原药为无色至黄色晶体，熔点180.1℃，蒸气压74MPa(25℃)。溶解度(25℃)：水3.54mg/L，己烷500mg/L，甲醇35g/L，二甲苯4.7g/L。稳定性：在可见光下稳定；在60℃下可稳定6个月以上；在正常储存条件下稳定。

毒　　性 大、小鼠急性经口LD_{50} > 5 000mg/kg，大、小鼠急性经皮LD_{50} > 5 000mg/kg，对兔皮肤无刺激作用，对兔眼睛有轻微的刺激作用，通过清洗可以消除。

剂　　型 主要与其他药剂混用。

除草特点 本品抑制细胞分裂，对光合作用和呼吸作用稍有影响。

适用作物 水稻等,在水稻和杂草间有极好的选择性。

防除对象 主在防除1年生和多年生禾本科杂草、莎草科杂草(如稗、鸭舌草、母草、节节菜)和多年生杂草(如细杆萤蔺、牛毛毡、铁荸荠、水莎草和矮慈姑等)，对部分阔叶杂草亦有效。

应用技术 以有效成分100 ~ 133g/亩剂量芽前或芽后施用，能有效防除1年生杂草。甚至在低于10 ~ 13g/亩剂量下，对细杆萤蔺防效仍很高。本品在水稻和杂草间有极好的选择性，在大田试验中，本品与某些除草剂混用对稗草、矮慈姑的防除效果极佳。

开发登记 该除草剂由O. Kirino等报道，由日本住友化学公司开发。

二甲噻草胺 dimethenamid

其他名称 二甲吩草胺；高效二甲噻草胺；Frontier。

化学名称 (RS)-2-氯N-(2,4-二甲基-3-噻吩基)-N-(2-甲氧基-1-甲基乙基)乙酰胺。

结构式

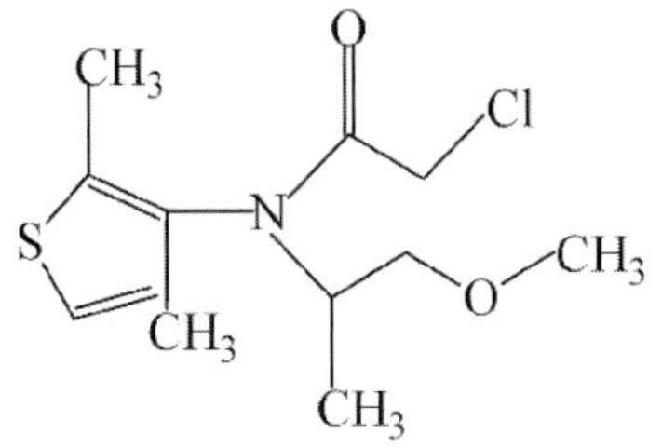

O CH_3 Cl S N O CH_3 CH_3 CH_3

理化性质 纯品为黄棕色黏稠液体，沸点127℃(26.7Pa)，相对密度1.187(25℃)。蒸气压3.67×10^{-2}Pa(25℃)。溶解度(25℃)：水中1.2g/L(pH7)，正庚烷282g/kg，异辛醇220g/kg，乙醚、煤油、乙醇等＞50%。稳定性：在54℃下可稳定4周以上，在70℃下可稳定2周以上。在20℃下放置2年分解率低于5%。在25℃，pH值5～9条件下放置30d稳定。

毒　　性 大鼠急性经口LD_{50}为1 570mg/kg。大鼠和兔急性经皮LD_{50}＞2 000mg/kg。对兔皮肤无刺激性，对兔眼睛有中度刺激性。大鼠急性吸入LC_{50}(4h)＞4 990mg/L空气。无致突变性、无致畸性、无致癌性。

剂　　型 72%乳油。

除草特点 细胞分裂抑制剂。在土壤中主要通过微生物降解而消失。由于土壤类型与气候条件差异，田间半衰期平均为1～2周(南部地区)至5～6周(北方地区)。

适用作物 玉米、大豆、花生、向日葵、油菜、高粱、大蒜、大葱及甜菜田苗前除草。

防除对象 本品主要用于防除1年生禾本科杂草(如稗草、马唐、牛筋草、稷属杂草、狗尾草等)和多数阔叶杂草(如反枝苋、鬼针草、荠菜、鸭跖草、香甘菊、粟米草及油莎草等)，但是对香附子、泽漆防效差。

应用技术 在大蒜播后芽前，用72%乳油75～90ml/亩，对水45kg均匀喷施。

在大葱移栽后，用72%乳油75～90ml/亩，对水45kg均匀喷施。对大葱安全。

播前混土，芽前及苗后早期使用，防治大豆、玉米、花生、菜豆、向日葵、油菜等多种作物田1年生禾本科杂草及小粒种子阔叶杂草，用72%乳油50～150ml/亩。

开发登记 由瑞士山道士(现Syngenta公司)研制，德国巴斯夫公司开发的氯乙酰胺类除草剂。

高效二甲噻草胺 dimethenamid-P

其他名称 S-dimethenamid；高效二甲吩草胺；二甲吩草胺磷。

化学名称 (S)-2-氯-N-(2, 4-二甲基-3-噻吩基) -N-(2-甲氧基-1-甲基乙基)乙酰胺。

结 构 式

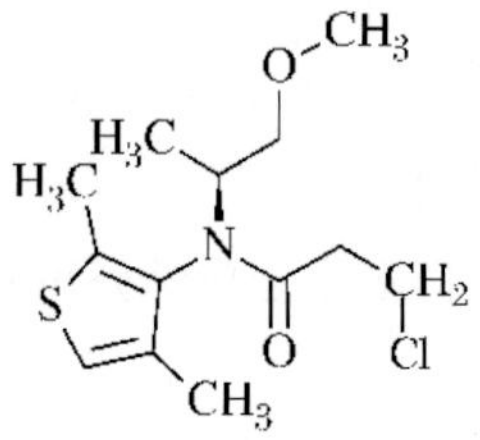

O–CH3 H3C H3C N S CH2 O Cl CH3

除草特点 细胞分裂抑制剂。

应用技术 为玉米、大豆、花生及甜菜田苗前除草，主要用于防除众多的1年生禾本科杂草如稗草、马唐、牛筋草、稷属杂草、狗尾草等和多数阔叶杂草。如反枝苋、鬼针草、荠菜、鸭跖草、香甘菊、粟米草及油莎草等。用量是二甲噻草胺的一半，即有效成分26.6～54.7g/亩。

开发登记 由瑞士山道士(现Sungenta公司)研制，德国巴斯夫公司开发的氯乙酰胺类除草剂。

乙氧苯草胺 etobenzanid

其他名称 Hodocide。

化学名称 2',3'-二氯-N-(4-乙氧基甲氧基苯酰)苯胺。

甲氧噻草胺 thenylchlor

其他名称 噻吩草胺；Alherb；NSK－850。

化学名称 2-氯-N-(3-甲氧基-2-噻吩基)-2',6'-二甲基乙酰苯胺。

结 构 式

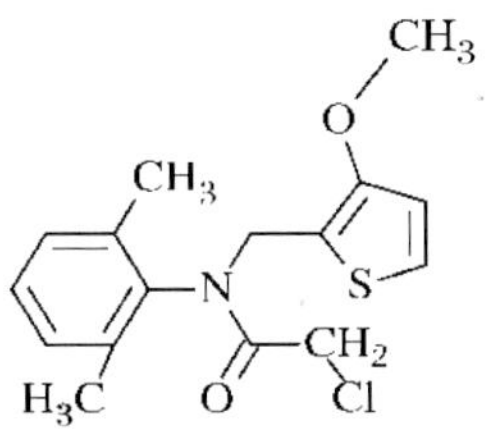

理化性质 原药纯度为95%。纯品为有硫磺气味的白色固体，熔点72～74℃，沸点173～175℃(0.5mmHg)。相对密度1.19(25℃)。蒸气压2.8×10^{-5}Pa(25℃)。水中溶解度为11mg/L(20℃)。在正常条件下稳定，加热到260℃分解。

毒　　性 大(小)鼠急性经口LD_{50}＞5 000mg/kg。大鼠急性经皮LD_{50}＞2 000mg/kg。大鼠急性吸入LC_{50}(4h)＞5.67mg/L。山齿鹑急性经口LD_{50}＞2 000mg/kg。蜜蜂LD_{50}(96h)100μg/只。

除草特点 药剂通过植物幼芽吸收，进入植物体内抑制蛋白酶合成，芽和根停止生长，不定根无法形成，最终导致枯死。它在水稻体内代谢为水溶性产物而丧失活性，在土壤中通过微生物降解而产生脱氯噻吩草胺、N－脱烷基化产物及芳基羟基化与O－脱甲基噻吩草胺，实验室半衰期为1～3周。

适用作物 水稻田。

防除对象 1年生禾本科杂草，如稗草和多数阔叶杂草。

应用技术 主要用于稻田苗前防除1年生禾本科杂草和多数阔叶杂草，对稗草(2叶期以前，包括2叶期)有特效。使用剂量为有效成分12～18g/亩。

开发登记 是由日本Tokuyama公司开发的氯乙酰胺类除草剂。

吡草胺 metazachlor

其他名称 吡唑草胺；Butisan S。

化学名称 N-(2,6-二甲基苯基)-N-(吡唑-1-基甲基)氯乙酰胺。

结 构 式

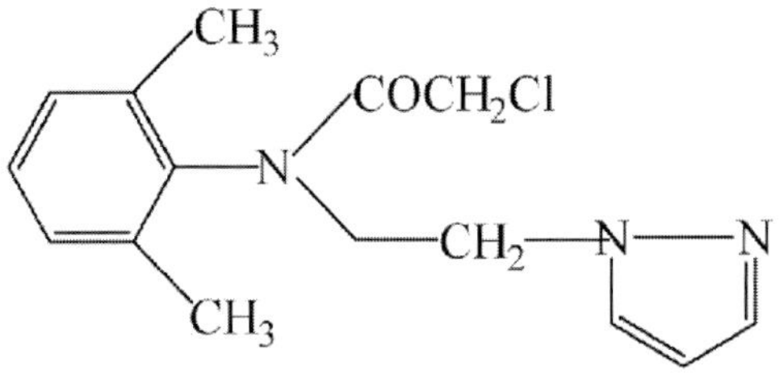

理化性质 原药纯度不低于94%。纯品为黄色结晶体，熔点85℃，相对密度1.31(20℃)，蒸气压0.093MPa(20℃)。水中溶解度(20℃)430mg/L，其他溶剂中溶解度(g/kg，20℃)：丙酮、氯仿＞1 000，乙醇200，乙酸乙酯590。在40℃，放置2年稳定。

毒　　性 大鼠急性经口LD_{50}为2 150mg/kg，大鼠急性经皮LD_{50}＞6 810mg/kg。大鼠急性吸入LC_{50}(4h)＞34.5mg/L。对兔皮肤和眼睛无刺激性。

结构式

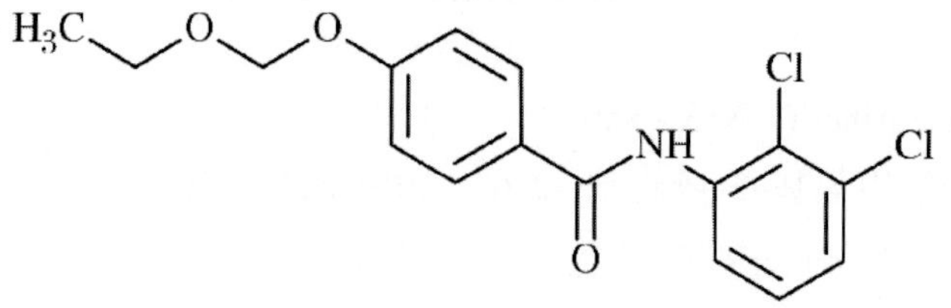

理化性质 纯品为无色晶体，熔点92～93℃。蒸气压2.1×10^{-2}MPa(40℃)。水中溶解度(25℃)0.92mg/L，其他溶剂中溶解度(g/L，25℃)：丙酮>100，正己烷2.42，甲醇22.4。

毒　　性 小鼠急性经口$LD_{50}>5\ 000$mg/kg。大鼠急性经皮$LD_{50}>4\ 000$mg/kg。对兔皮肤、眼睛有轻微刺激性。大鼠急性吸入LC_{50}(4h)1 503mg/L空气。

应用技术 主要用于水稻田亩前或苗后除草，使用剂量为有效成分10g/亩。

开发登记 是由日本Hodogaya公司开发的酰胺类除草剂。

氟噻草胺 flufenacet

其他名称 噻唑草酰胺；fluthiamide；thiadiazolamide。

化学名称 4'-氟-N-异丙基-N-2-(5-三氟甲基-1,3,4-噻二唑-2-基氧基)乙酰苯胺。

结构式

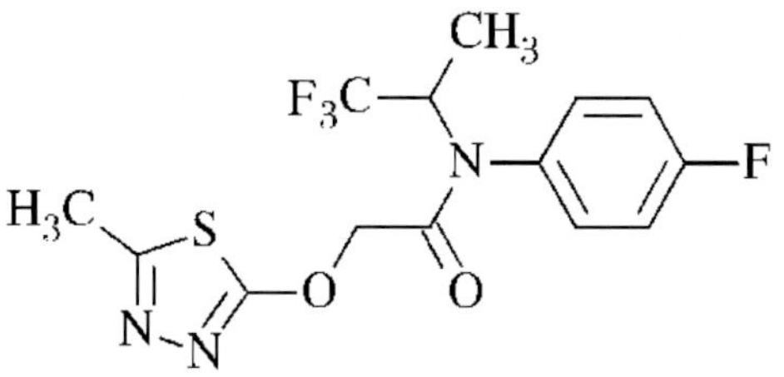

理化性质 纯品为白色至棕色固体，熔点75～77℃。相对密度1.312(25℃)。在水中的溶解度(mg/L，25℃)：56(pH4)、56(pH7)、54(pH9)。在其他溶剂中溶解度(g/L，25℃)：丙酮、二甲基甲酰胺、二氯甲烷、甲苯、二甲基亚砜>200，异丙醇170，正己烷8.7。在正常条件下储存稳定，在pH5条件下对光稳定，在pH5~9水溶液中稳定。

毒　　性 大鼠急性经口LD_{50}(雄)1 617mg/kg，(雌)589mg/kg。大鼠急性经皮$LD_{50}>2\ 000$mg/kg。对兔皮肤和眼睛无刺激性。大鼠急性吸入LC_{50}(4h)>3 740mg/L。

除草特点 幼芽(胚芽鞘)吸收、木质部传导，导致大多数禾本科杂草不能出苗，即使出土，则产生扭曲、畸形、心叶不能从胚芽鞘抽出。吸收后在玉米、大豆等抗性体物体内迅速降解而产生水解与氧化产物，但GST催化的谷胱甘肽缀合作用则是其主要降解反应。在土壤中的吸附作用中等，随土壤中黏粒与有机质含量增高，吸附作用增强；由于土壤类型不同，田间半衰期为29～62d。

适用作物 玉米、小麦、大麦、大豆等，对作物和环境安全。

防除对象 主要用于防除众多的1年生禾本科杂草，如多花黑麦草等和某些阔叶杂草。

应用技术 种植前或苗前用于玉米、大豆田除草，土豆种植前或土豆和向日葵苗前除草，小麦、大麦、水稻、玉米等苗后除草。通常与其他除草剂混用，使用剂量为有效成分66.7g/亩。

开发登记 是由德国拜耳公司开发的芳氧酰胺类除草剂。

剂　　型 50%悬浮剂。

除草特点 属氯乙酰苯胺类除草剂，主要是通过阻碍蛋白质的合成而抑制细胞的生长，即通过杂草幼芽和根部吸收，抑制体内蛋白质合成，阻止进一步生长。持效期长达60d。

适用作物 油菜、大豆、马铃薯、烟草、花生、果树、蔬菜(白菜、大蒜)、移植甘蓝田等。

防除对象 主要用于防除1年生禾本科杂草和部分阔叶杂草。禾本科杂草：如看麦娘、风剪股颖、野燕麦、马唐、稗草、早熟禾、狗尾草等；阔叶杂草：如苋属杂草、春黄菊、母菊、刺甘菊、香甘菊、蓼属杂草、龙葵、繁缕、荨麻、婆婆纳等。

应用技术 吡草胺主要于作物苗前或苗后早期施用。

油菜田，在油菜芽后早期至4叶期，以50%悬浮剂133～200ml/亩，在土壤适宜湿度条件下使用最适宜，防除的主要杂草有看麦娘、野燕麦、马唐、稗、早熟禾、狗尾草等1年生禾本科杂草和苋、春黄菊、母菊、蓼、芥、茄、繁缕、荨麻和婆婆纳等阔叶杂草。

大豆播后苗前土壤处理，以50%悬浮剂133～200ml/亩，对大豆出苗及幼苗安全，能有效防除大豆田1年生的禾本科和阔叶杂草，持效期长达60d以上，1次施药可以控制全生育期的主要杂草为害。

开发登记 由德国巴斯夫公司开发，江苏蓝丰生物化工股份有限公司登记生产。

异恶草胺 isoxaben

其他名称 异恶酰草胺；benzamizone。

化学名称 N-[3-(1-乙基-1-甲基丙基)-1,2-恶唑-5-基]-2,6-二甲氧基苯甲酰胺。

结 构 式

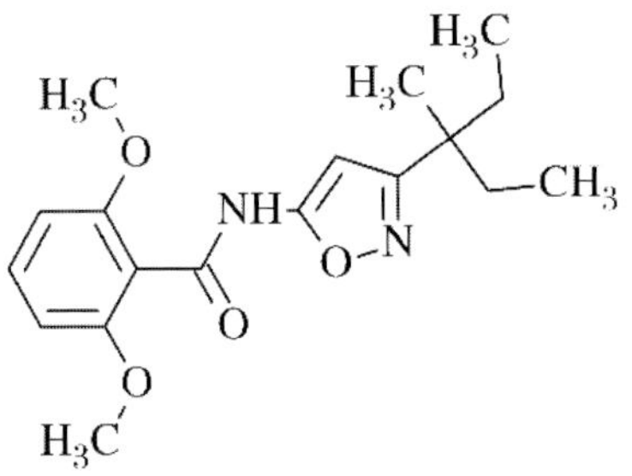

理化性质 纯品为无色晶体，熔点176～179℃。蒸气压5.5×10^{-4}MPa(20℃)。相对密度0.58(22℃)。水中溶解度1.42mg/L(pH 7，20℃)，其他溶剂中溶解度(g/L，25℃)：甲醇、乙酸乙酯、二氯甲烷50～100，乙腈30～50，甲苯4～5，已烷0.07～0.08。稳定性：在pH5～9的水中稳定，但其水溶液易发生光分解。在土壤中DT_{50}为5～6个月。

毒　　性 大鼠和小鼠急性经口$LD_{50}>10$g/kg，犬急性经口$LD_{50}>5$mg/kg，兔急性经皮LD_{50}为200mg/kg。对兔眼睛能引起轻微的结膜炎。大鼠急性吸入LC_{50}(1h) > 1.99mg/L空气。

剂　　型 50%悬浮剂。

除草特点 细胞壁生物合成抑制剂。药剂由根吸收后，转移至茎和叶，抑制根、茎生长，最后导致死亡。

适用作物 通常用于冬或春小麦、冬或春大麦田除草，也可用于蚕豆、豌豆、果园、苹果园、草坪、观赏植物、蔬菜(如洋葱、大蒜等)。推荐剂量下对小麦、大麦等安全。

防除对象 主要用于防除阔叶杂草，如繁缕、母菊、蓼属、婆婆纳、堇菜属等。

应用技术 主要用于麦田苗前除草，使用剂量为3.33～8.33g(有效成分)/亩。要防除早熟禾等杂草需与其他除草剂混用。在蚕豆、豌豆、果园、苹果园、草坪、观赏植物、蔬菜(如洋葱、大蒜等)中应用时，因用途不同，使用剂量亦不同3.33~66.6g(有效成分)/亩。

开发登记 由道农业科学公司开发的酰胺类除草剂，1984年在法国投产。

高效麦草伏甲酯 flamprop-M-methyl

化学名称 N-苯甲酰基-N-(3-氯-4-氟苯基)-D-丙氨酸甲酯。

结 构 式

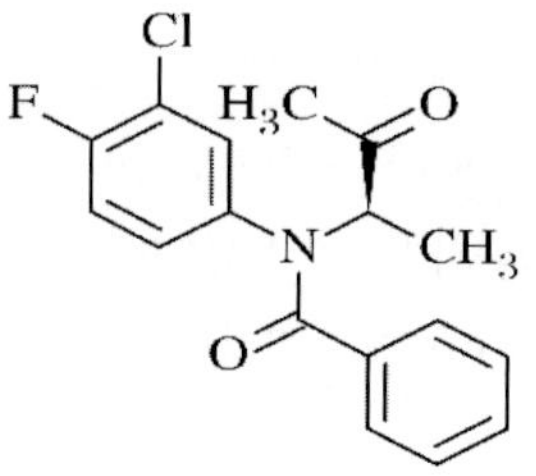

理化性质 原药纯度大于96%，熔点81～82℃。其纯品为白色至灰色结晶体，熔点84～86℃。蒸气压1.0MPa(20℃)。相对密度1.311(22℃)。水中溶解度0.016mg/L(25℃)，其他溶剂中溶解度(g/L，25℃)：丙酮406，正己烷2.3。

毒　　性 大鼠急性经口LD_{50}为1 210mg/kg，小鼠急性经口LD_{50}为720mg/kg。对兔眼睛和皮肤无刺激性。在田间条件下，对蜜蜂、蚯蚓无害。

除草特点 脂肪酸合成抑制剂。

适用作物 麦田。

防除对象 1年生禾本科杂草。

应用技术 主要用于麦田苗后防除野燕麦、看麦娘等杂草，使用剂量为有效成分20.6～40g/亩。

开发登记 由BASF公司开发的酰胺类除草剂。

高效麦草伏丙酯 flamprop-M-isopropyl

化学名称 N-苯甲酰基-N-(3-氯-4-氟苯基)-D-丙氨酸异丙酯。

结 构 式

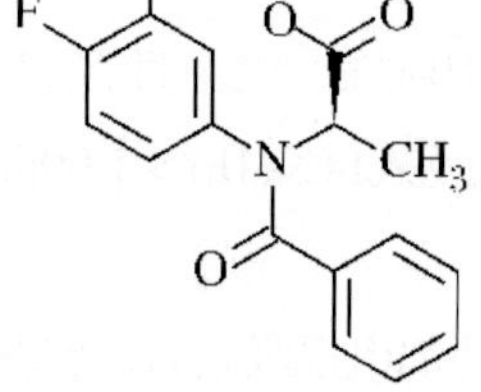

理化性质 原药纯度大于96%，熔点70~71℃。其纯品为白色至灰色结晶体，熔点72.5～74.5℃。蒸气压8.5×10^{-2}MPa(25℃)。相对密度1.315(22℃)。水中溶解度12mg/L(25℃)，其他溶剂中溶解度(g/L，25℃)：丙酮1 560，环己酮677，乙醇147，己烷16，二甲苯500。

毒　　性 大鼠、小鼠急性经口LC_{50}>4 000mg/kg。对兔眼睛和皮肤无刺激性。在田间条件下，对蜜蜂、蚯蚓无害。

除草特点 脂肪酸合成抑制剂。

适用作物 麦田。

防除对象 1年生禾本科杂草。

应用技术 主要用于苗后防除野燕麦、看麦娘等杂草，使用剂量为20.6 ~ 40g(有效成分)/亩。

开发登记 由BASF公司开发的酰胺类除草剂。

二丙烯草胺 allidochlor

其他名称 农家益；草毒死；萘多氯；烯草安。

化学名称 N,N–二丙烯基–2–氯乙酰胺。

结 构 式

H_2C=CH–CH_2–N(–CH_2–CH=CH_2)–C(=NH)–CH_2–Cl

理化性质 琥珀色液体；沸点92℃(2.0mmHg)；蒸气压9.4 × 10^{-3}mmHg/20℃，比重1.088；折光率1.493 2；20℃时微溶于水(1.97%)；在石油烃中溶解度中等，易溶于乙醇和二甲苯。

毒　　性 大鼠急性经口LD_{50}为700mg/kg；急性经皮LD_{50}为360mg/kg；对兔皮肤和眼睛有刺激性；以(70mg/kg · d)剂量饲喂30d对大鼠生长无明显影响。

剂　　型 20%颗粒剂。

除草特点 选择性芽前除草剂。

适用作物 玉米、高粱、大豆、菜豆、番茄、甘蓝、甜薯、洋葱、芹菜。

防除对象 1年生禾本科杂草。

应用技术 选择性芽前除草剂，适用于玉米、高粱、大豆、菜豆、番茄、甘兰、甜薯、洋葱、芹菜地芽前除1年生禾本科杂草，有效浓度为0.025mg/kg对于黑麦草的生长具有80%的抑制作用。施用有效成分206 ~ 333g/亩。在土壤中残效期为3 ~ 6周。

开发登记 本品由P. C. Hamm等报道除草活性，由Monsanto公司开发。

烯草胺 pethoxamid

化学名称 2–氯–N–(2–乙氧基乙酯)–N– (2–甲基–1–苯丙醇–1–烯基)乙酰胺。

结 构 式

Cl–CH_2–C(=O)–N(CH_2CH_2–O–CH_2–CH_3)–C(C_6H_5)=C(CH_3)(H_3C)

理化性质 原药为红褐色水晶状固体，熔点为37～38℃，沸点(140±0.15)℃，25℃时蒸气压为3.4×10^{-4}Pa，相对密度 1.19，难溶于水，水中溶解度为0.401g/L(20℃)。易溶于有机溶剂，20℃下在各种有机溶剂中的溶解度为：丙酮 3 566g/kg，二氯乙烷6 463g/kg，乙酸乙酯4 291g/kg，甲醇3 292g/kg，n-庚烷117g/kg，二甲苯2 560 g/kg。无爆炸性。主要通过生物降解，在水沉积物中降解半衰期 (DT_{50})为5.1～10d。水解速度慢，在pH值为5、7、9时稳定。

毒　　性 烯草胺属于低毒性除草剂。大鼠急性口服LD_{50}为1 196mg/kg，急性皮试LD_{50}＞2 000mg/kg，急性吸入体内的毒性LC_{50}(4h)＞4.16mg/L。对兔皮肤、眼睛无刺激性。对豚鼠皮肤有致敏性反应。无诱变性、致畸性、致癌性和繁殖毒性。

剂　　型 60%乳油。

除草特点 通过杂草的根和幼茎吸收，对禾本科杂草(如稗草、马唐和狗尾草)有很高的防除效果，对阔叶杂草(如反枝苋、红心藜、马齿苋、田旋花、龙葵、春蓼、荞麦蔓和地锦)也有好的防除效果。烯草胺在分子水平上精确的作用机制还不清楚，但研究表明，烯草胺的作用机理可能是抑制与长烷基链脂肪酸生物合成有关的酶活性，并主要影响链的延长，也即是说，烯草胺抑制植物体内长烷基链脂肪酸(如油酸)在非酯部分的结合。大豆田在作物芽前用药，玉米田芽前或芽后早期都可以用药。药效持续时间根据土壤湿度不同为8～10周。

适用作物 玉米、大豆。

防除对象 烯草胺是一种在土壤表面使用的长效兼内吸性除草剂，它能通过杂草的根和幼芽吸收。它对禾本科杂草(如稗、马唐、狗尾草)防效很高，对阔叶杂草(如反枝苋、藜、马齿苋、田旋花、龙葵、桃叶蓼、卷茎蓼、地锦等)也有很高的防效。

应用技术 烯草胺是一种新型的玉米和大豆田高效除草剂，药量为60%乳油110～266ml/亩。对禾本科杂草(如稗、马唐、狗尾草)有很高的防效，对阔叶杂草(如反枝苋、藜、马齿苋、田旋花、龙葵、桃叶蓼、卷茎蓼和地锦)也有很好的防效。为增加防效，推荐与其他除草剂品种(如阿特拉津、特丁津和除草通)混用。

注意事项 烯草胺使用剂量通常为60%乳油133ml/亩加水30kg。每种作物推荐只使用1次。大豆田推荐在苗前使用，玉米田可在作物苗前或苗后早期使用。在这两种作物田中，都应当在杂草萌芽前或出苗后早期用药。烯草胺的持效期因土壤湿度的不同为8～10周。由于在田间试验中未发现明显的残留，按推荐方法使用，在喷药和下茬作物种植之前不需要有时间间隔。

开发登记 日本Tokuyama公司开发的一种新型乙酰氯苯胺类除草剂。该公司在成功开发了新型稻田除草剂噻吩草胺(thenylchlor)之后，对其化学结构和生物活性进一步修饰和反复筛选研究的基础上开发的。

丁酰草胺 chloranocryl

其他名称 地快乐；甲叉敌稗。

化学名称 N-(3,4-二氯苯基)-2-甲基丙烯苯胺。

结 构 式

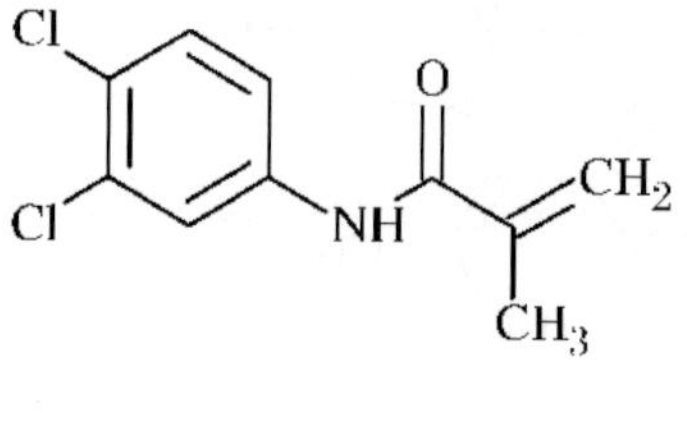

Cl Cl O NH CH_2 CH_3

理化性质 工业品为白色粉末，熔点111～126℃；(纯品熔点127～128℃)；不溶于水，溶于丙酮中为20%、吡啶中为33%、二甲基甲酰胺中为51%、二甲苯中为25%。

毒　　性 大鼠急性口服LD_{50}是3 160mg/kg，腹腔注射1 780mg/kg。

应用技术 丁酰草胺系接触性除草剂，主要用于棉花、玉米地的芽后除草。

环丙草胺 cypromid

其他名称 S6000；环酰草胺。

化学名称 3',4'–二氯环丙烷羧酰胺。

结 构 式

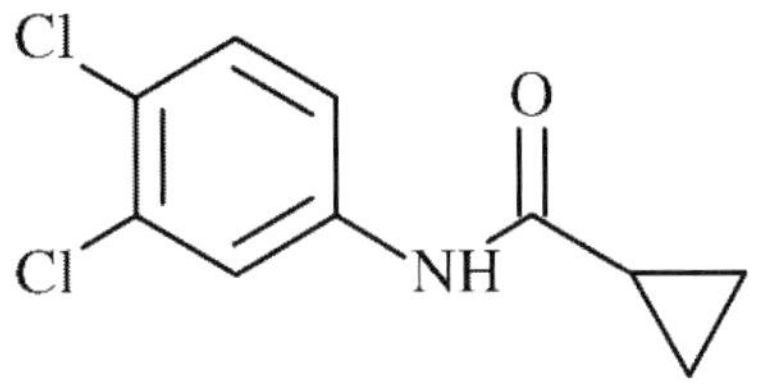

理化性质 白色无臭结晶，熔点129.5～130℃。溶解度：水中为0.01%，苯中为3%，二甲基甲酰胺60%，异戊醇15%，异佛尔酮30%，二甲苯1%。

毒　　性 白兔对Clobber制剂的LD_{50}为3 028mg/kg。青鳃翻车鱼TLm为15mg/kg。

应用技术 芽后除草剂。

开发登记 本品由Gulf Oil Corp公司开发。

氟磺酰草胺 mefluidide

其他名称 抑长灵。

化学名称 N–[2,4–二甲基–5–[(三氟甲基)磺酰]氨基]苯基]乙酰胺。

结 构 式

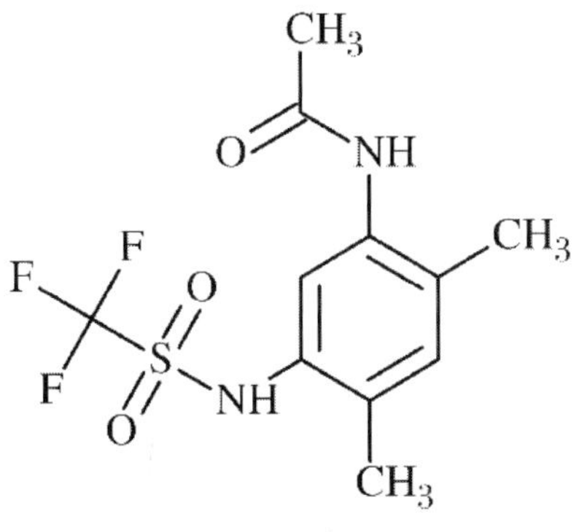

理化性质 溶解度在水在180mg/L(20℃)，有机溶剂(20℃)：醋酸乙酯50 000mg/L。

毒　　性 大鼠急性经口$LD_{50}>4\ 000$mg/kg，小鼠LD_{50}为1 920 mg/kg；兔急性经皮$LD_{50}>4\ 000$mg/kg。

除草特点 植物细胞分裂抑制剂，影响茎的伸长和生长。

注意事项 不要直接适用于湖泊，池塘或湿地。

庚酰草胺 monalide

其他名称 杀草利。

化学名称 N-(4-氯苯基)-2,2二甲基戊酰胺。

结构式

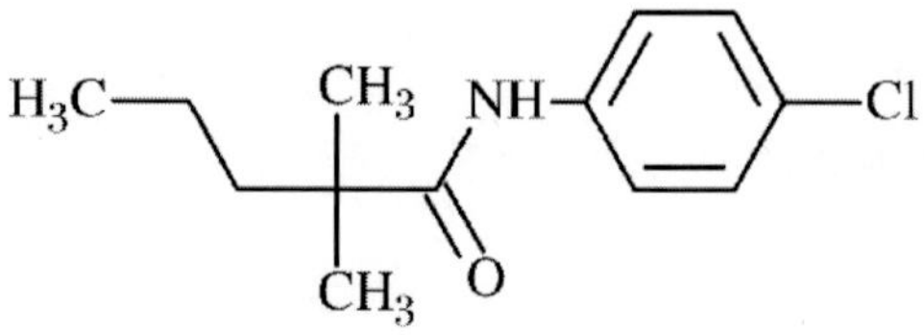

理化性质 熔点87～88℃，23℃在水中的溶解度为22.8mg/L。

毒　　性 大鼠急性经口LD_{50}为2 600mg/kg，兔子急性经皮LD_{50}＞800mg/kg。蜜蜂无毒。

除草特点 选择性除草剂，通过叶面吸收，抑制细胞分裂。

异丁草胺 delachlor

其他名称 Cp52223。

化学名称 2-氯-N-(2,6-二甲基苯基)-N-(2-甲基丙氧基甲基)乙酰胺。

结构式

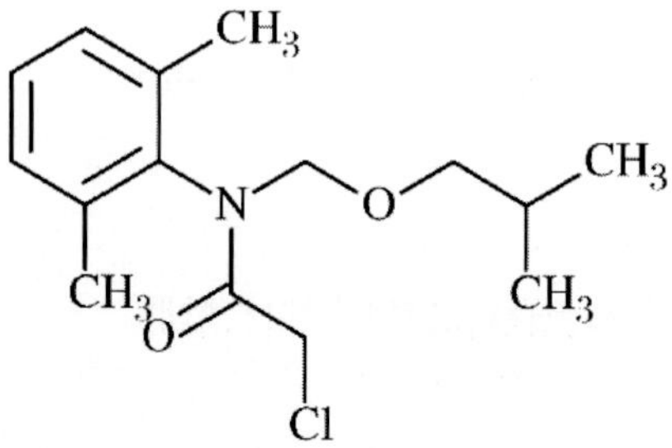

理化性质 沸点135～140℃，在水中溶解度为59mg/kg。

毒　　性 大鼠急性经口LD_{50}为1 750mg/kg。

应用技术 芽前除草剂，适用于甜菜、花生、玉米、马铃薯、大豆等作物田中防除1年生禾本科杂草和阔叶杂草，应用剂量为66～133g/亩。

开发登记 本品由Monsanto公司开发。

丙炔草胺 prynachlor

化学名称 2-氯-N-(1-甲基-2-丙炔基)-N-苯基乙酰胺。

结构式

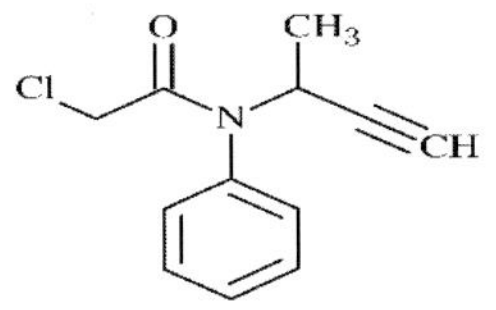

理化性质 20℃时水中溶解度500mg/kg。

毒　　性 大鼠急性经口LD_{50}为116mg/kg。

剂　　型 20%颗粒剂。

应用技术 可防除在大豆、高粱、玉米、马铃薯、白菜、十字花科植物田中稗、马唐、狗尾草、鼬瓣花属、野芝麻属、苋属、大戟属、母菊、马齿苋、繁缕和婆婆纳等杂草，在土壤中的持效期为6～8周。

开发登记 本品由BASF公司开发。

特丁草胺 terbuchlor

化学名称 N–丁氧基甲基–6'–特丁基–2–氯乙酰–邻–甲苯胺。

结构式

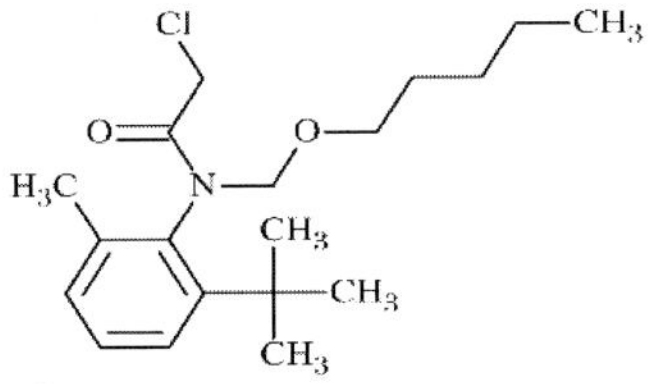

理化性质 水中溶解度为5.3mg/kg(25℃)。

毒　　性 大鼠急性经口LD_{50}为6 100mg/kg，鲤鱼LC_{50}为1.8mg/kg。

除草特点 除草作用机制与丁草胺类似，在土壤中的移动性小，持效期长。

应用技术 本品为旱田除草剂，土壤处理防除1年生杂草，对多年生杂草防效较差。甘蓝播种后，以有效成分66～133g/亩处理。

开发登记 本品由Monsanto公司开发。

二甲苯草胺 xylachlor

其他名称 AC 206784。

化学名称 2–氯–N–异丙基乙酰–2',3'–二甲代苯胺。

结构式

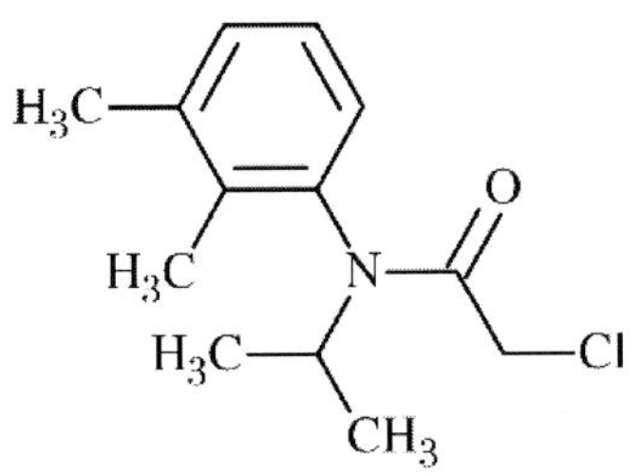

开发登记 本品由American Cyanamid公司开发。

二甲草胺 dimethachlor

其他名称 Teridox；CGA17020。

化学名称 2-氯-N-(2-甲氧基乙基)-乙酰-2',6'-替二甲苯胺。

结构式

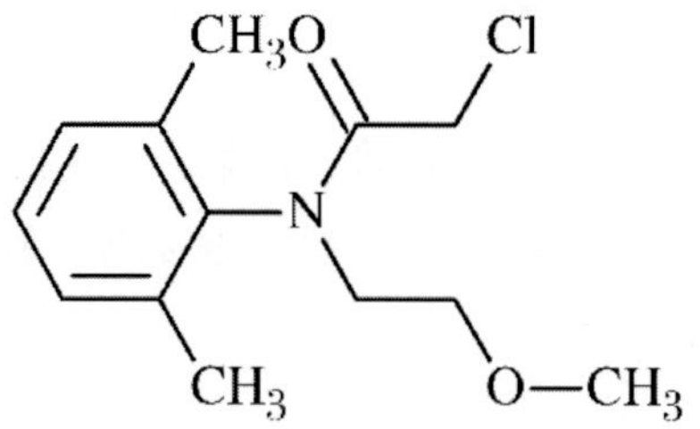

理化性质 纯品为无色结晶体；熔点47℃；蒸气压2.1MPa(20℃)；密度为1.21g/cm^3。(20℃)：水中2.1g/L；苯、二氯甲烷、甲醇中＞800g/kg；辛醇中340g/kg。20℃水解DT_{50}＞200d(1＜pH＜9)，9.3d(pH13)。土壤中DT_{50}为14～60d。

毒　　性 大鼠急性经口LD_{50}为1 600mg/kg。大鼠急性经皮LD_{50}＞3 170mg/kg；对兔皮肤和眼睛有轻微刺激。对鸟和蜜蜂微毒。

应用技术 油菜田用选择性除草剂，可防除1年生阔叶和禾本科杂草。剂量为有效成分83～133g/亩。

开发登记 1977年由J. Cortier等报道除草活性；Ci-ba-Geigy Ag开发。

落草胺 cisanilide

其他名称 咯草隆；落草胺；苯草咯；5328；S5328。

化学名称 顺-2,5-二甲基-1-吡咯烷羧酰替苯胺。

结构式

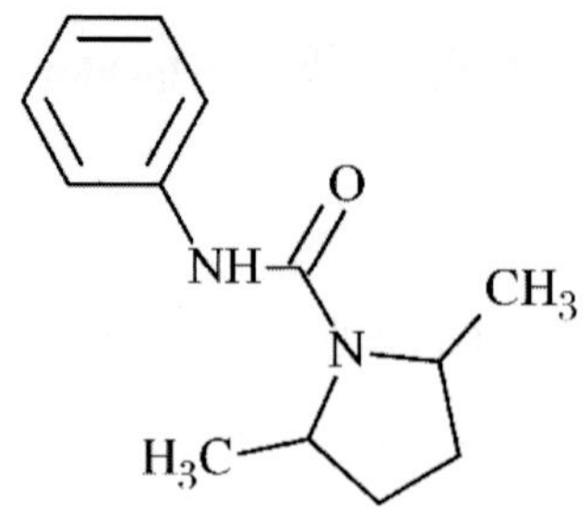

理化性质 固体结晶，熔点119～120℃，20℃时，水中溶解度为600mg/L。

毒　　性 大鼠急性经口LD_{50}为4 100mg/kg。

除草特点 选择性芽前土壤处理除草剂。希尔反应的抑制剂，通过抑制植物光合作用发挥除草作用。

适用作物 玉米、苜蓿。

防除对象 主要应用于玉米和苜蓿田中防除阔叶杂草和某些禾本科杂草。

应用技术 播后苗前，杂草未出土前用药，土表喷雾处理，用药量为73～200g/亩。芽前使用药效与利谷隆、敌草隆、伏草隆相当，对作物的药害小。

三甲环草胺 trimexachlor

其他名称 RST20024。

化学名称 N-(3,5,5-三甲基环己烯-1-基)-N-异丙基-2-氯代乙酰胺。

结 构 式

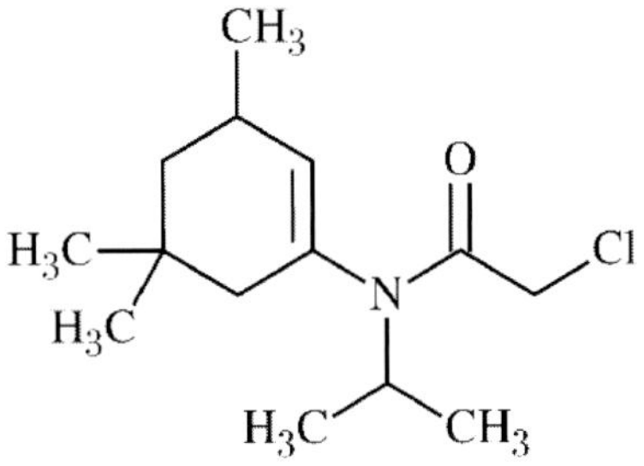

理化性质 原药有效成分大于93%，为淡黄色固状物，熔点37℃，溶于多数有机溶剂，常温干燥条件下储存稳定。在碱和无机酸高温条件下可使之水解失去杀草活性。

毒 性 对人、畜、鱼较低毒。原药大白鼠急性经口LD_{50}为990mg/kg。

剂 型 33%乳油。

除草特点 为内吸传导型选择性除草剂，对玉米的选择性为最明显，是玉米新的选择性除草剂，用作土壤处理时，被土壤表层吸附形成药土层。杂草幼苗根系吸收药剂后向上传导。药剂在杂草体内主要是抑制光合作用中的希尔反应，使叶片失绿变黄，最后“饥饿”死亡。而玉米、高粱、甘蔗等作物体内含有一种叫谷胱甘肽-S-转移酶的物质，可将三甲环草胺轭合成无毒物质，故形成明显的选择性。

适用作物 玉米。

防除对象 玉米新的选择性除草剂。对稗草、马唐、止血马唐、狗尾草等禾本科杂草具有高的活性。对野芝麻、母菊属和反枝苋等阔叶杂草也有相当活性。但对多数阔叶杂草效果不佳。

应用技术 于玉米播后芽前作土壤处理最好，但也可以芽后施用，一般量为三甲环草胺33%乳油300～400ml/亩，对水40～60kg均匀喷雾于土表。使用时为提高对阔叶杂草的防效，建议与阿特拉津混用。采用33%三甲环草胺+12.5%阿特拉津混剂，用300ml/亩制剂量即可。

注意事项 该药在土壤中残留的时间较长，易造成对后茬作物产生药害，故需控制用药量。用药地块不能套种敏感作物，如麦类、大豆、花生、棉花、瓜类、油菜、向日葵、马铃薯及十字花科蔬菜等。连作玉米、高粱、甘蔗等作物为最适宜使用。

开发登记 1979年由赫斯特化学公司和鲁尔氮素公司开发，1980年在西德推广，1982年在其他国家推广。

氯甲酰草胺 clomeprop

其他名称 稗草胺。

化学名称 (RS)-2-(2,4-二氯-3-甲苯氧基)丙酰苯胺。

结 构 式

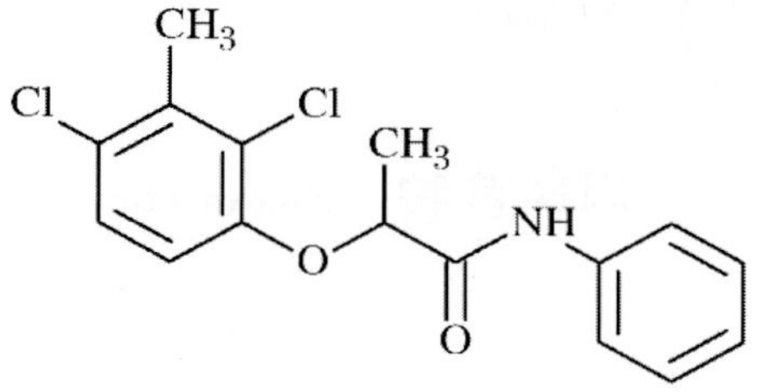

理化性质 纯品为无色结晶体，熔点146 ~ 147℃，蒸气压 < 0.013 3MPa。水中溶解度(25℃)为0.032mg/L。其他溶剂中溶解度(g/L，20℃)：丙酮33，环己烷9，二甲基甲酰胺20，二甲苯17。稳定性：土壤中，DT_{50}为3 ~ 7d(稻田)。

毒　　性 大鼠急性经口LD_{50}：雄大于5 000mg/kg，雌为3 520mg/kg。小鼠急性经口LD_{50} > 5 000mg/kg，大鼠、小鼠急性经皮LD_{50} > 5 000mg/kg。大鼠急性吸入LC_{50}(4h) > 1.5mg/L空气。

除草特点 与2, 4–滴一样，是植物生长激素型除草剂。具有促进植物体内RNA合成，并影响蛋白质的合成、细胞分裂和细胞生长。典型症状：如杂草扭曲、弯折、畸形、变黄，最终死亡。作用过程缓慢，杂草死亡需要一周以上时间。

适用作物 稻田。

防除对象 防除稻田中的阔叶杂草和莎草科杂草：如萤蔺、节节草、牛毛毡、水三棱、荸荠、异型莎草、陌上菜、鸭舌草、泽泻、矮慈姑等。

应用技术 是选择性苗前和苗后稻田除草剂。主要用于防除稻田中的阔叶杂草和莎草科杂草，如萤蔺、节节菜、牛毛毡、水三棱、荸荠、异型莎草、陌上菜、鸭舌草、泽泻、矮慈姑等。使用剂量为33g(有效成分)/亩。为达到理想的除草效果，需与丙草胺一起使用。

开发登记 是由日本三菱石油公司和罗纳普朗克公司共同组建的合资公司(现为安万特公司)开发。

炔苯酰草胺 propyzamide

其他名称 拿草特；戊炔草胺。

化学名称 N–(1,1–二甲基炔丙基)–3,5–二氯–苯甲酰胺。

结 构 式

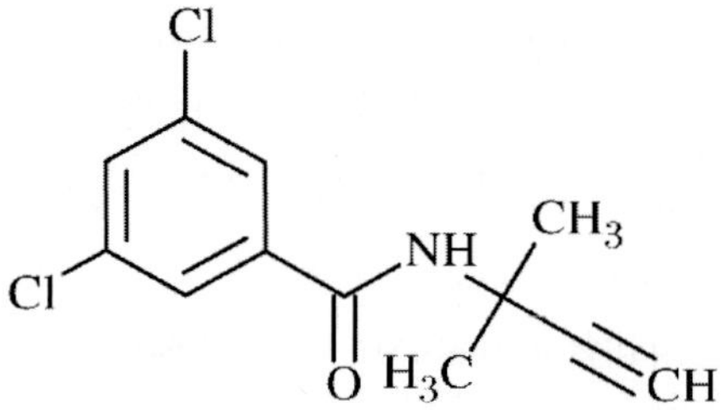

理化性质 纯品为无色结晶，熔点155 ~ 156℃；蒸气压(25℃)11.32MPa；溶解度(25℃)：水中15mg/L，易溶于许多脂肪族和芳香族溶剂。

毒　　性 大鼠急性经口LD_{50}为3 480/2 710mg/kg(雌/雄)，大鼠急性经皮LD_{50} > 5 000mg/kg。

剂　　型 50%可湿性粉剂。

除草特点 属苯酰胺类除草剂，通过根系吸收，抑制细胞的有丝分裂。

适用作物 花生、大豆、苜蓿、马铃薯、莴苣等。

防除对象 1年生禾本科杂草及部分小粒阔叶杂草。

应用技术 在莴苣等作物播后苗前施药，用50%可湿性粉剂200～260g/亩，对主要禾本科杂草及小粒阔叶杂草有理想防效。

在小粒种子豆科植物、某些果园、草皮和一些观赏作物中防除许多禾本科和阔叶杂草，如野燕麦、宿根高粱、马唐、稗、早熟禾等。施用剂量为50%可湿性粉剂200～260g/亩。

开发登记 由Rohm & Haas公司开发。瑞邦农化(江苏)有限公司、河北中化滏恒服分有限公司登记生产。

戊酰苯草胺 pentanochlor

其他名称 FMC4512；蔬草灭；甲氯酰草胺。

化学名称 3'-氯-2-甲基戊酰对甲苯胺。

结构式

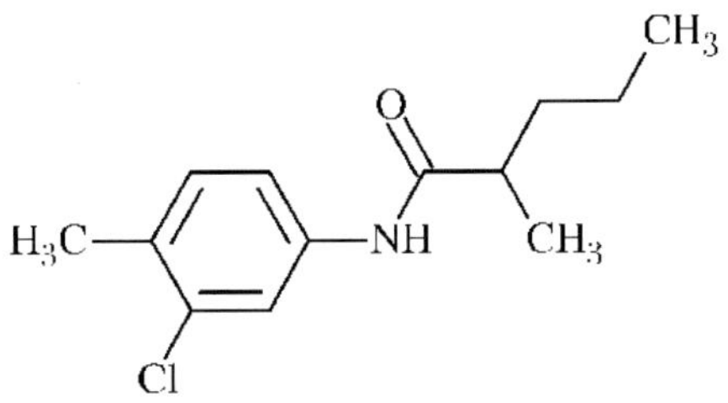

CH_3 O H_3C NH CH_3 Cl

理化性质 纯品为无色结晶固体；熔点85～86℃。原药为淡黄色结晶粉末；熔点82～86℃；溶解度(室温)：水中为8～9mg/L；2-异丁酮中460g/kg；4-甲基戊-2-酮中520g/kg；松节油中410g/kg；3, 5, 5-三甲基环己-2-烯酮中550g/kg；二甲苯中200～300g/kg。室温下不水解。

应用技术 选择性芽后除草剂，防除胡萝卜、大麦、芹菜、草莓、番茄田中1年生杂草，用量< 266g/亩，可直接喷到香石竹、菊花、玫瑰花、番茄、水果和观赏树上。也可芽前与氯苯胺灵混用，用于水仙花和郁金香。

开发登记 本品由FMC公司开发。

卡草胺 carbetamide

其他名称 雷克拉；双酰草胺；草长灭；草威胺；长杀草；11561RP。

化学名称 (R)-1-(乙基氨基甲酰)乙基苯氨基甲酸酯。

结构式

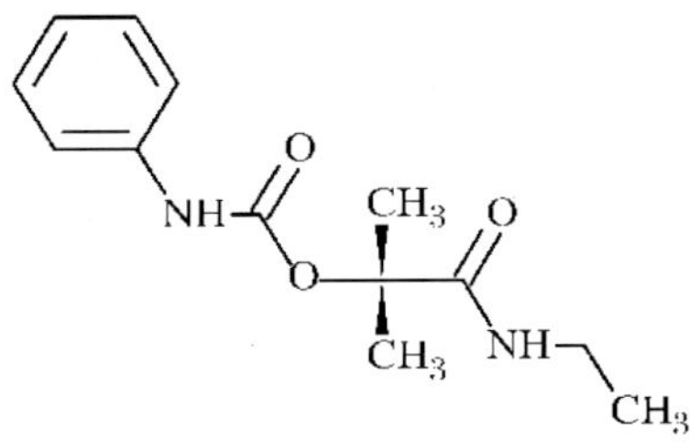

O NH O CH_3 O CH_3 NH CH_3

理化性质 无色晶体，密度0.5，熔点119℃，蒸气压可忽略(20℃)；在水、环已烷，丙酮、甲醇中的溶解度分别为3.5、0.3、900、1 400(g/L)。

毒　　性 大鼠急性经口LD_{50}为11 000mg/kg，小鼠为1 250mg/kg，犬为1 000mg/kg；家兔以500mg/kg皮涂敷皮肤无影响。大鼠90d饲喂无作用剂量为3 200mg/kg，动物试验无致癌、致畸、致突变作用。蓝鳃鱼LC_{50}为20mg/L，虹鳟鱼LC_{50}为6.5mg/L；鸽子LD_{50}为2 000mg/kg。对蜂无毒。对家兔眼睛和皮肤无刺激。

剂　　型 30%乳剂、70%草长灭可湿性粉剂。

除草特点 选择性苗后处理剂，也可作芽前土壤处理，一般情况下土壤残效期为60d左右；主要通过根部吸收，阻碍根部幼嫩组织及幼芽(分生组织)的增殖，植物的正常代谢受到干扰而死亡，施药后杂草首先变为深绿色，继而变黄死亡，药剂也可通过叶片渗入发挥作用。

适用作物 油菜、苜蓿、十字花科作物。

防除对象 防除1年生禾本科杂草(如马唐、看麦娘、早熟禾等)及一些阔叶杂草(如猪殃殃、繁缕等)，对狗牙根、野高粱无效。

应用技术 杂草芽前土壤处理。油菜田每亩用卡草胺有效成分140～186g，对水后于开春油菜转青初期至开花前均匀喷雾，1次用药可保油菜全生育期无草害，对油菜安全。

注意事项 注意掌握适宜使用时期和使用量，先试用后推广。不能与液态化肥混用。

开发登记 由Rhone-Poulenc Agrochimie公司开发。

新燕灵 benzoylprop

其他名称 Suffix；WL17731。

化学名称 N-苯甲酰-N-(3,4-二氯苯基)-DL-氨基丙酸。

结 构 式

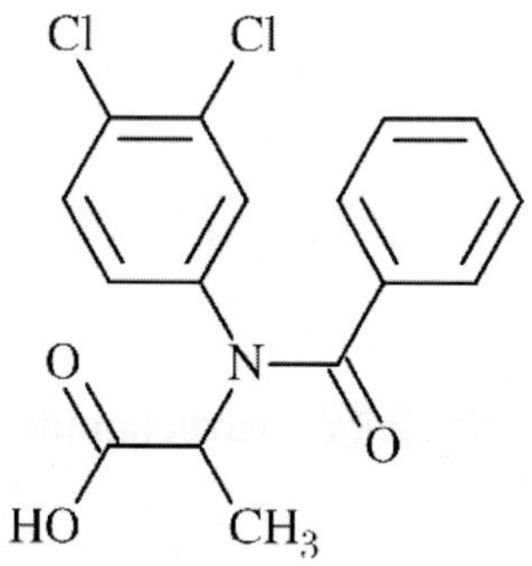

理化性质 工业品为灰白色结晶粉末，熔点70～71℃。25℃时为水中溶解度约为20mg/kg，20℃时在丙酮中的溶解度为70%～75%(w/v)。对光与水解稳定。蒸气压是3.5×10^{-8}mmHg(20℃)。

毒　　性 急性口服LD_{50}：大鼠1 555mg/kg，小鼠716mg/kg，家禽＞1 000mg/kg。急性经皮LD_{50}：大鼠＞1 000mg/kg。13周饲喂试验不引起中毒症状的饲料浓度：大鼠1 000mg/kg，犬300mg/kg。

剂　　型 浓乳剂。

应用技术 选择性芽后除草剂。用于防除麦田、甜菜、油菜、蚕豆和大田禾本科种子作物中野燕麦。用量有效成分为66～133g/亩，对野燕麦的防效为85%～95%。

开发登记 本品由Shell Research Ltd开发。

三环赛草胺 cyprazole

其他名称 S19073。

化学名称 N-(5-(2-氯-1,1-二甲基乙基) -1,3,4- 噻二唑-2-基)环丙烷羧酰胺。

结构式

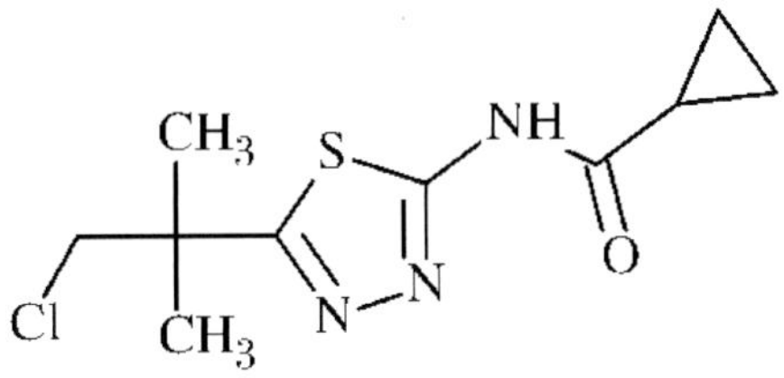

防除对象 可完全防除稗、马唐、西风古、马齿苋、藜等。

开发登记 由Gulf Oil化学公司开发。

丁烯草胺 butenachlor

其他名称 KH-218。

化学名称 (Z)-N-丁-2-烯基氧甲基-2-氯-2',6'-二乙基乙酰替苯胺。

结构式

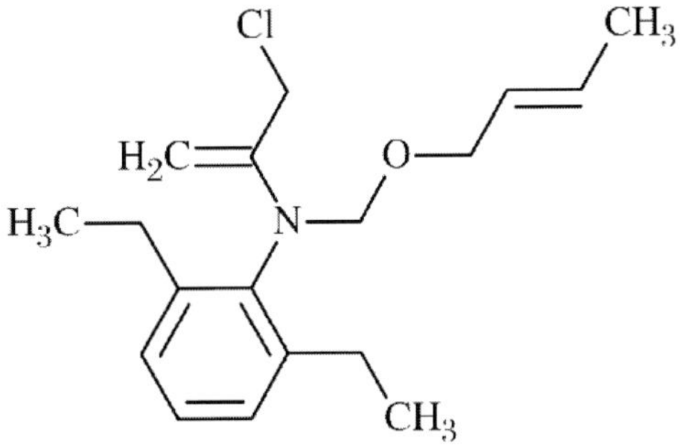

理化性质 本品为固体，熔点12.9℃。溶解度(27℃)：水29mg/L，与丙酮、乙醇、乙酸乙酯、己烷互溶。本品无腐蚀性。

毒性 雄大鼠急性经口LD_{50}为1 630mg/kg，雌大鼠急性经口LD_{50}为1 875mg/kg，雄小鼠急性经口LD_{50}为6 417mg/kg，雌小鼠急性经口LD_{50}为6 220mg/kg。大鼠急性经皮LD_{50} > 2 000mg/kg，大鼠急性吸入LC_{50}(4h)为3.34mg/L空气。鲤鱼LC_{50}(96h)为0.48mg/L。

除草特点 本品属2-氯乙酰苯胺类除草剂，是细胞分裂抑制剂。

适用作物 水稻。

应用技术 用量有效成分50 ~ 66g/亩，用于防除稻田杂草。

开发登记 该除草剂由Agro-Kanesho Co. Ltd. 开发。

牧草胺 tebutam

其他名称 丙戊草胺；butam。

化学名称 N–苄基–N–异丙基–2,2–二甲基丙酰胺。

结 构 式

$$(CH_3)_3C-CO-N(CH(CH_3)_2)-CH_2-C_6H_5$$

理化性质 无色结晶油状物；沸点95～97℃(10Pa)；蒸气压89MPa(25℃)；凝固点大于80℃(2%甲苯)。溶解度(25℃)：水中0.79mg/L(pH7)；丙酮、氯仿、已烷、甲醇、甲苯中大于500g/L。室温下，在密闭的容器中稳定期2年以上；在25℃，pH5、pH7、pH9条件下水解。

毒　　性 大鼠急性经口LD_{50}6 000mg/kg。急性经皮LD_{50}大鼠和兔＞2 000mg/kg；对兔眼和皮肤有轻微刺激。大鼠急性吸入毒性LC_{50}＞2.18mg/L空气。鱼毒LC_{50}(96h)：虹鳟鱼23mg/L；太阳鱼19mg/L。

适用作物 油菜、烟草、十字花科蔬菜。

防除对象 阔叶杂草和1年生禾本科杂草。

应用技术 芽前除草剂，用186～240g/亩，可以防除油菜、烟草、十字花科蔬菜地中阔叶杂草和1年生禾本科杂草。本品可以抑制发芽，虽然有一些杂草虽仍发芽，但其生长会受到强烈影响，畸形或立即死亡。

开发登记 由Gulf Oil化学公司开发，后来由DrR. Maag Ltd. 生产。

苄草胺 benzipram

其他名称 甲草苯苄胺。

化学名称 N–苄基–N–异丙基–3,5–二甲基苯甲酰胺。

结 构 式

$$3,5-(CH_3)_2C_6H_3-CO-N(CH(CH_3)_2)-CH_2-C_6H_5$$

理化性质 原药为固体，溶于丙酮、甲醇等有机溶剂，常温下稳定。

毒　　性 大鼠急性经口LD_{50}为4 000mg/kg。

剂　　型 70%可湿性粉剂。

除草特点 选择性苗后处理剂，也可以作为芽前土壤处理剂，主要通过根部吸收，阻碍根部幼嫩组织及幼芽(分生组织)的增殖，植物的正常代谢受到干扰而死亡，施药后杂草首先变为深绿色，继而变黄而死亡，药剂也可以通过叶片渗入而发挥作用。一般情况下在土壤中的持效期为60d左右。

适用作物 大豆、棉花、谷物田。

防除对象 防除1年生禾本科杂草和阔叶杂草，如马唐、看麦娘、早熟禾、猪殃殃、繁缕等，对狗牙根无效。对看麦娘、繁缕防效明显。

应用技术 油菜等十字花科作物田，在杂草芽前喷施，用70%可湿性粉剂200～300g/亩，对水喷施。对油菜田主要杂草看麦娘、繁缕、早熟禾、卷耳等有良好的防除效果。一般于开春油菜返青初期至开花前均匀喷雾，1次用药可以保证油菜全生育期无杂草，对油菜生长安全。

油菜苗龄不能低于5叶，剂量大于285g/亩，对油菜易产生药害。

注意事项 注意掌握适宜施药时期和使用量，先试用后推广。不能与液态化肥混用。储存时应放在干燥阴凉处以防冻结。

开发登记 由Gulf Oil Corp开发。

醌萍胺 quinonamid

其他名称 Hoe 02997。

化学名称 2,2–二氯–N–(3–氯萘醌–2–基)乙酰胺。

结构式

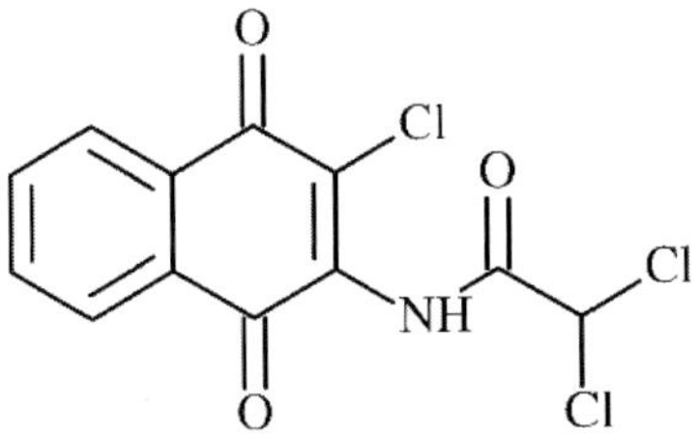

理化性质 黄色无味针状结晶，熔点212～213℃。23℃水中溶解度：pH4.6为3.0mg/L，pH7为60mg/L。蒸气压20℃时为0.011MPa，30℃时为0.037MPa。溶于苯、丙醇、氯仿、二甲苯等有机溶剂。在酸或碱中分解。

毒性 雄大鼠急性口服LD_{50}＞15g/kg，雌大鼠LD_{50}为11.7g/kg。

适用作物 水稻。

防除对象 藻类(如紫萍)。

应用技术 水田除草剂，水中处理可防除藻类如紫萍，对一般杂草防效较差。当以水田中紫萍为防除对象时，药剂在水中的浓度应为2～8mg/kg。

开发登记 1972年由P. Hartz等报道除草活性，Hoechst公司开发。

萘丙胺 naproanilide

其他名称 MT–101；Uribest。

化学名称 2–(2–萘氧基)丙酰替苯胺。

结构式

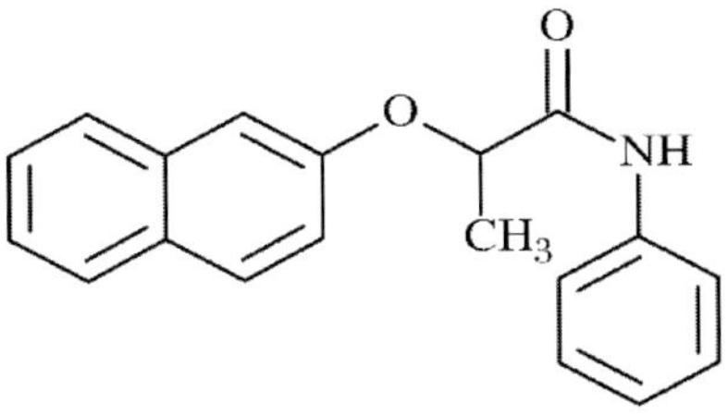

理化性质 本品为无色晶体，熔点128℃，相对密度1.256，蒸气压67Pa(110℃)。溶解性(27℃)：水中0.74mg/L，丙酮171g/L，苯46g/L，乙醇17g/L，甲苯42g/L。稳定性：固体不受光的影响，对温度、湿度稳定，但其水溶液接触紫外光则缓慢分解，土壤中DT_{50}为2～7d。

毒　　性 大鼠急性经口LD_{50}＞15 000mg/kg，大鼠急性经皮LD_{50}＞3 000mg/kg，小鼠急性经口LD_{50}＞20 000mg/kg，小鼠急性经皮LD_{50}＞5 000mg/kg。2年慢性毒性试验表明(供试动物为犬和大鼠)，该化合物具有高安全性。鱼毒LC_{50}(48h)：鲤鱼3.4mg/L，泥鳅>40mg/L；水蚤LC_{50}(6h)40mg/L。

防除对象 本品为芳氧链烷酰胺类除草剂，对1年生和多年生杂草具有触杀作用，如矮慈姑、萤蔺、牛毛毡、水莎草、萎、泽泻、小水葱、节节菜、牛繁缕、具芒碎米莎草等。

应用技术 10%颗粒剂以2kg/亩，在瓜皮草生长2叶期处理，防效在90%以上，而2叶期以后使用则防效降低。本品对稗草无效，但与杀草丹(本品10%+杀草丹7%)或去草胺(本品7%+去草胺3.5%)混用，对稗草的防效很好。施药时，田里水层应保持3～5cm，因本品无除草活性，在其水解为2-(2-萘氧基)丙酸后才显示除草活性，其在植株和土壤中代谢、分解较快，最终以二氧化碳消失。

开发登记 由S. Fujisawa报道，日本三井东压化学公司开发。

乙酰甲草胺 diethatyl

其他名称 甘草锁；Hercules 22234；Diethatyl-ethyl。

化学名称 N-氯乙酰基N-(2,6-二乙基苯基)甘氨酸。

结 构 式

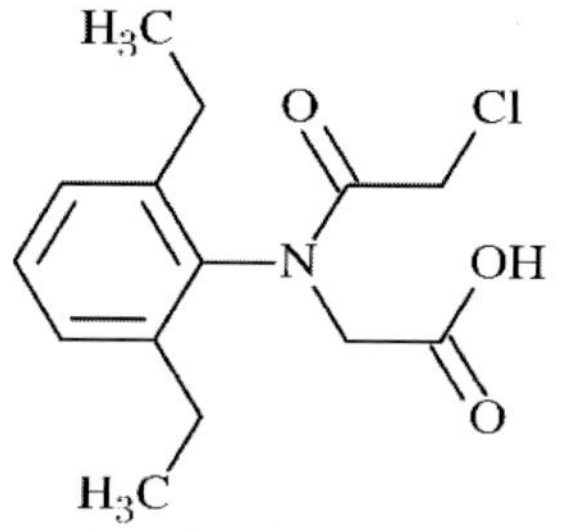

H_3C Cl O OH N O H_3C

理化性质 乙酯为结晶体，熔点49～50℃。25℃下水中溶解度为105mg/L，溶于普通有机溶剂，如二甲苯、异佛尔酮、氯苯、环己酮。在pH值小于5或pH值＞12时水解。工业品和制剂在常温条件下稳定期超过2年。0℃下有结晶析出。

毒　　性 大鼠急性经口LD_{50}为2 300～3 700mg/kg。兔急性经皮LD_{50}为4 000mg/kg。两年饲养无作用剂量：大鼠1 000mg/kg饲料，犬50mg/kg，小鼠1 000mg/kg。3代繁殖研究表明，大鼠无作用剂量为200mg/kg。鱼毒LC_{50}(24h)：太阳鱼7.14mg/L(无作用剂量2.4mg/L)；虹鳟鱼10.3mg/L(无作用剂量为1.0mg/L)。0.044mg/只剂量对蜜蜂无毒。

剂　　型 48%乳油。

应用技术 可用于花生、马铃薯、甜菜、大豆、冬小麦等田间除草，以48%乳油0.7～1.4L/亩剂量施用，可防除稗草、毛地黄属、看麦娘属和狗尾草等。本品可与防除阔叶杂草的除草剂混用，防除阔叶杂草，如龙葵、母菊属、苋属。

开发登记 由S. K. Lehman报道了乙酯的除草活性，Hercules公司现名Boots-Hercules Agrochemical生产。

萘草胺 naptalam

其他名称 Alanap。

化学名称 N-(1-萘基)酞氨酸。

结 构 式

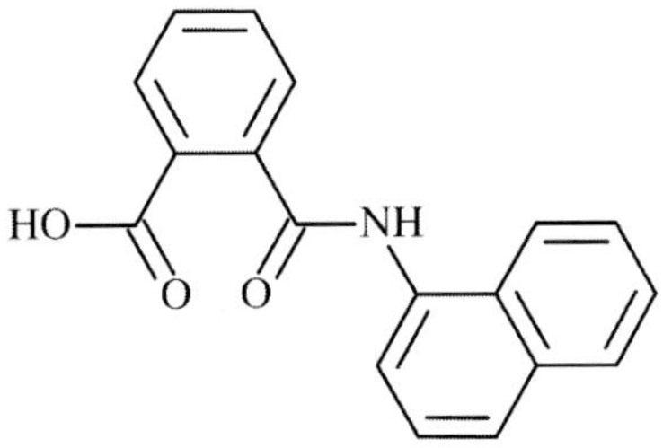

理化性质 结晶固体，熔点185℃；蒸气压小于133Pa(20℃)。溶解度：水中200mg/L，钠盐在水中为300g/kg。升温时不稳定，形成N-(1-萘基)苯二甲酰亚胺。

毒　　性 大鼠急性经口LD_{50}8 200mg/kg；钠盐1 770mg/kg。兔急性经皮LD_{50} > 2 000mg/kg。大鼠和犬90d饲养无作用剂量1 000mg/kg饲料(钠盐)。长期试验研究表明，≤3 000mg/kg饲料剂量下无致癌性。野鸭和鹌鹑急性经口LD_{50}(8d) > 10 000mg/kg饲料。鱼毒LC_{50}(96h)：太阳鱼354mg/L；虹鳟鱼76mg/L。

应用技术 可抑制种子发芽，是苗前除草剂，用在葫芦科植物、大豆、马铃薯和花生等作物中，用量133 ~ 366g/亩。

噻草胺 CMPT

其他名称 Select；To-2。

化学名称 5-氯-4-甲基-2-丙酰胺基噻唑。

结 构 式

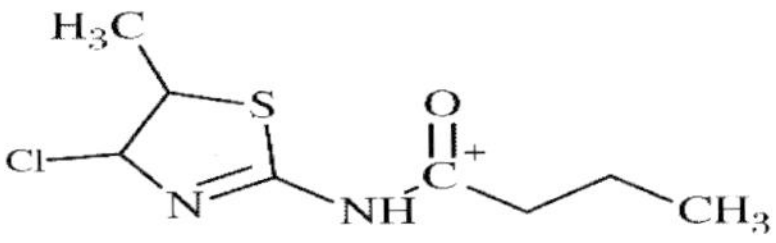

理化性质 熔点158 ~ 160℃，在水中溶解度为18mg/kg(21℃)，可溶于丙酮、乙醇。

毒　　性 小鼠急性口服LD_{50}为2 080mg/kg，鲤鱼TLm(48h)为15mg/kg。

剂　　型 可湿性粉剂。

应用技术 触杀型选择性芽后除草剂，用于麦田防除1年生禾本科杂草和某些阔叶杂草，施用剂量为133 ~ 266g/亩。

开发登记 1971年三井东压试验产品。

吡氰草胺 carboxamide

其他名称 EL-177。

化学名称 2-叔丁基-5-氰基-N-甲基吡唑-4-酰胺。

结构式

理化性质 无色结晶固体，熔点164~166℃，易溶于有机溶剂，如丙酮和二甲亚砜。在pH3~7不水解，在pH11时缓慢水解。遇光不分解，在粒状土壤、中等质地土壤和细质土壤中，土壤/水分配系数(Kd)分别为0.31、0.4和0.45。

毒　　性 对ICR小鼠的急性经口LD_{50}>500mg/kg。用344头Fisher大鼠试验：雄性LD_{50}>500mg/kg，雌性的LD_{50}值为50~500mg/kg。以2 000mg/kg原药局部施于新西兰白兔皮肤，对全身或皮肤无刺激性。

防除对象 可防除的1年生阔叶杂草有繁缕、千里光、马齿苋、番薯属等，可防除的1年生禾本科杂草有早熟禾、雀麦属、旱雀麦、秋稷、牛筋草、萹蓄、野燕麦、黍稷。与乙酰苯胺类或莠去津混用可防除看麦娘属的费氏狗尾草、狗尾草和黍属杂草。

应用技术 按推荐施药量使用，能防除1年生阔叶杂草，其中包括全世界主要谷物生产区域的主要杂草及对莠去津有抗性的阔叶杂草。另外，对某些1年生禾本科杂草也有效。当与乙酰苯胺类除草剂(甲草枯或甲草胺)或莠去津混用，可提高对禾本科杂草及其他杂草的防除效果。在含5%以下有机质的粗粒质地和中等质地土壤中，地表芽前施18~28g/亩即可。对含5%有机质的细质矿物质土壤，推荐的混剂中的剂量为22~28g/亩，建议乙酰苯胺类或莠去津大约按标明用量的一半与本品混合。

开发登记 由Eli Lilly公司的Lilly研究实验室开发。

苯草多克死 benzadox

其他名称 Topcide(Gulf)；MC0035(Murphy)；S6173(Gulf)。

化学名称 苯甲酰胺基氧乙酸。

结构式

理化性质 无色结晶，熔点140℃。20℃在水中溶解度为1.6%(*w/v*)，易溶于丙酮、甲醇、醋酸乙酯和其他极性溶剂，但仅微溶于烃类。工业品纯度约为94%。在干燥状态下稳定，可被水慢慢水解，在热酸或碱液中迅速水解为苯甲酸和氨基氧代乙酸。该药可被日光分解，对铸铁有腐蚀性。

毒　　性 大鼠急性经口LD_{50}5 600mg/kg，其铵盐2 500mg/kg。其铵盐对兔急性经皮LD_{50}>450mg/kg。90d无作用剂量：大鼠为10mg/kg，狗为5mg/kg。

剂　　型 可湿性粉剂、铵盐的水溶液。

应用技术 本品为触杀型除草剂，主要用于甜菜田中芽后喷施，在甜菜和杂草二叶期时喷施83～166g/亩。该药在甜菜中的允许残留量为0.1mg/kg。

开发登记 1967年报道了本品的除草性质，由Gulf Oil Corp和Murphy Chemical Co. (现归属Dow Chemical Co.)开发。

草克乐 chlorthiamid

其他名称 W15792。

化学名称 2,6–二氯硫代苯甲酰胺。

结构式

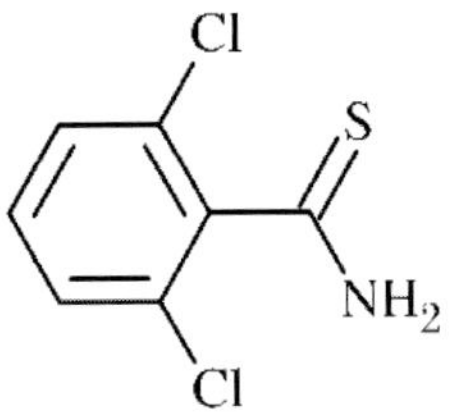

理化性质 灰白色固体，熔点151～152℃，蒸气压1×10^{-6}mmHg(20℃)。21℃时在水中溶解度为950mg/kg，溶于芳烃或氯代烃(5～10g/100g)，在90℃以下和酸性溶液中稳定，但在碱溶液中转化为敌草腈。

毒　　性 急性口服LD_{50}：大鼠757mg/kg，小鼠500mg/kg，鸡500mg/kg。对大鼠急性经皮LD_{50}>1 000mg/kg。对大鼠90d饲喂试验表明其无作用剂量为100mg/kg。对Harleguin鱼的LC_{50}(24h)为41mg/kg，鲤鱼TLm(48h)高于40mg/kg。

剂　　型 50%可湿性粉剂；75%和15%颗粒剂。

应用技术 该药对萌发种子有毒，可被根部吸收，在某种程度上被叶吸收，但仅有很小的向下传导能力。药害症状与缺乏元素硼的症状相似。该药被推荐以1.13~2.26kg/亩在非耕作区作为杂草灭生剂。苹果园中施用剂量0.45kg/亩，在黑醋栗、树莓中施用剂量为0.52kg/亩，在葡萄园中施用量为0.6～0.9kg/亩，在森林种植中使用量为0.3kg/亩，在某些观赏植物中用量0.45kg/亩。它也可作为“点处理”用来防除酸模和蓟。该药应在营养生长发生之前的早春施药，为了选择性除草，推荐使用7.5%的颗粒剂。在土壤中转化为敌草腈的半衰期在干燥状态下为5周，在湿润状态下为2周。

开发登记 1964年由H. Stanford报道除草活性；Shell Research Ltd开发。

氯酞亚胺 chlorphthalim

其他名称 MK–616。

化学名称 N–(4–氯苯基)–3,4,5,6–四氢酞酰亚胺。

结构式

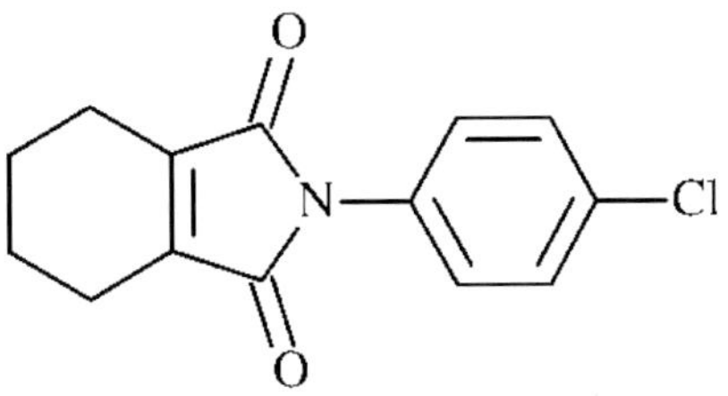

理化性质 淡黄色结晶，熔点167℃，水中溶解度为2～3mg/kg，易溶于二氯甲烷、丙酮、氯仿、二甲基甲酰胺，可溶于二乙醚、苯，难溶于环已烷、戊烷。

毒　　性 急性经口毒性LD_{50}：对大白鼠10 000mg/kg，对小白鼠为10 000mg/kg。鲤鱼TLm>100mg/kg。

剂　　型 50%可湿性粉剂。

适用作物 大豆、菜豆、马铃薯、棉花、草坪。

防除对象 用于防治马唐、牛筋草、稗草、莎草、看麦娘、野苋、马齿苋、春蓼、铁苋、佛座、苍耳、藜等杂草。对鸭跖草、半夏、艾蒿、繁缕、雀舌草、打碗花、车前草等防效差。

应用技术 旱田、草坪，可土壤处理，草坪也可茎叶处理。在土壤中的移动性距离1～1.5cm，残效期为3～4周。在大豆、菜豆、马铃薯、棉花播种后，以50%可湿性粉剂33～50g/亩的剂量进行土壤处理。

开发登记 三菱化成公司发展品种。

丁脒胺 isocarbamid

其他名称 丁咪酰胺；丁环隆。

化学名称 N-异丁基-2氧代咪唑啉-1-甲酰胺。

结 构 式

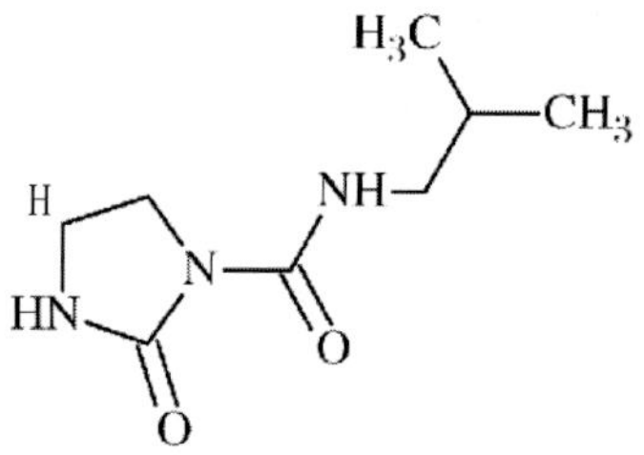

H₃C CH₃ NH H N HN O O

理化性质 无色结晶，熔点95～96℃，20℃在水中的溶解度为0.13g/L，溶于有机溶剂。

毒　　性 低毒，雄鼠急性经口LD_{50}＞2 500mg/kg，雄鼠急性经皮LD_{50}＞500mg/kg。对鸟、鱼低毒。

应用技术 主要用于甜菜芽前除草，用量0.2～0.26g/亩。

氟吡草胺 picolinafen

化学名称 4'-氟-6-(α,α,α-三氟间甲基苯氧基)吡啶-2-酰苯胺。

结 构 式

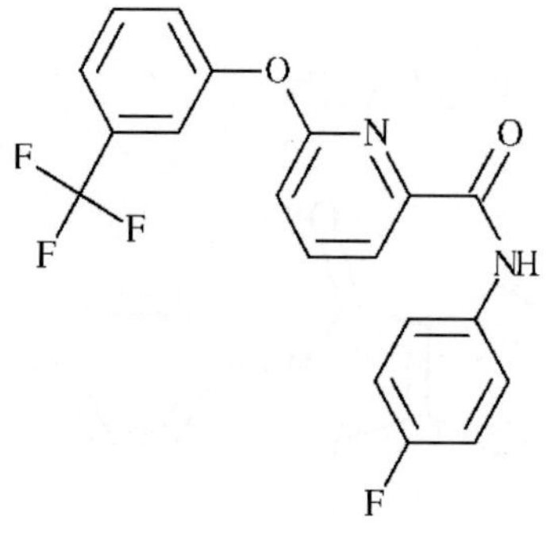

O N O F F F NH F

理化性质 纯品为无色晶体，有酚气味。熔点107.2 ~ 107.6℃，相对密度1.450，蒸气压1.66×10^{-7}MPa (20℃)。水中溶解度(g/L，20℃)：3.9×10^{-5}(蒸馏水)，4.7×10^{-5}(pH 7)。其他溶剂中溶解度(g/100ml，20℃)：丙酮55.7，二氯甲烷76.4，乙酸乙酯46.4，甲醇3.04。稳定性：pH4、pH7、pH9(50℃)水溶液中储存5d稳定。对光稳定性DT_{50}为24.8d(pH5)，31.4d(pH7)，22.6d(pH9)。

毒　　性 大鼠急性经口LD_{50} > 5 000mg/kg。大鼠急性经皮LD_{50} > 4 000mg/kg。对兔皮肤、眼睛无刺激性。大鼠急性吸入LC_{50} (4h) > 5.9mg/L空气。

除草特点 胡萝卜素生物合成抑制剂。被处理的植物植株中类胡萝卜素含量下降进而导致叶绿素被破坏，细胞膜破裂，杂草表现为幼芽脱色或呈白色，最后导致死亡。

适用作物 小麦、大麦。

防除对象 防除阔叶杂草，如猪殃殃、田堇菜、婆婆纳、佛座。

应用技术 主要用于小麦和大麦田苗后防除阔叶杂草，如猪殃殃、田堇菜、婆婆纳、佛座等，使用剂量为3.3g(有效成分)/亩。若与二甲戊乐灵混用效果更佳。

开发登记 是由美国氰氨公司(现为BASF公司)开发的吡啶酰胺类除草剂。

R–左旋敌草胺 R(–)–napropamide

化学名称 （R）–N,N–二乙基–2–(α–萘氧基)丙酰胺。

结 构 式

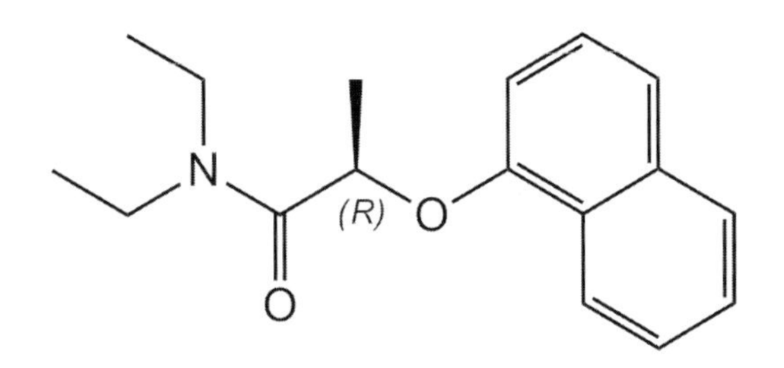

理化性质 原药外观为白色粉状物，比重1.02　沸点>220℃，熔点90~95℃，难溶于水，易溶于二甲苯。制剂外观为魄粉状物，pH6.5~7.0。

毒　　性 大鼠急性口服LD_{50} > 5 000mg/kg，兔子急性经皮LD_{50} > 2 000mg/kg，老鼠的急性吸入LD_{50}>4.8mg/L。在试验剂量下无致突变和致癌作用，无神经发育毒性。

作用特点 选择性芽前土壤处理剂，用于防除稗草、马唐、狗尾草、野燕麦、早熟禾、雀稗等一年生禾本科及多年生阔叶类杂草。

剂　　型 75%原药、25%可湿性粉剂。

应用技术 防治冬小麦田1年生杂草，冬油菜1年生禾本科杂草及部分阔叶杂草均用25%可湿性粉剂187.5 ~ 225g/hm^2均匀喷雾。

注意事项 除草效果在较好的土壤湿度下才能充分发挥，应用时应把握好墒情。

开发登记 南京南农农药科技发展有限公司曾登记。

三、均三氮苯类(三嗪类)除草剂

(一)均三氮苯类除草剂的主要特性

均三氮苯类除草剂是以三嗪为骨架的化合物，1952年Gast等发现了可乐津的除草活性，并于1955年发表第一篇报告，从而开创了三氮苯除草剂的研究。由于其高效低毒的特性，至今仍为有价值的旱田除草剂。此类除草剂迅速发展，并成为现代除草剂中最重要的类型之一，其中莠去津的年产量曾经居除草剂之冠。然而，均三氮苯类除草剂在农田及其他地区的大量使用引起了一系列为害人类健康及农业生态问题，造成巨大经济损失，尤其是以较难生物降解的莠去津为害最重，土壤中残留的莠去津还可以使后茬农作物发生药害。

目前，国内登记的品种有9个，其中，莠去津效果好、价位很低、生产较早、产量较大，尽管国外已淘汰或限制生产，但在我国却发挥着很大的作用，现有51家企业生产或加工、原药生产厂家7家、单剂厂家24家，制剂和复配剂品种达84个。扑草净现有34家企业生产或加工，原药生产厂家3家、单剂厂家6家，制剂和复配剂品种达40个。西草净、西玛津、氰草净、氟草净、莠灭净、扑灭津、异丙净也已经国产化。

均三氮苯类除草剂主要特性：所有品种都是土壤处理剂，主要通过根部吸收，个别品种也能被茎叶吸收。对植物体内的多种生理、生化功能具有抑制效果，但主要作用机制是抑制植物的光合作用，是典型的光合作用抑制剂。主要用于防除1年生杂草，对阔叶杂草的防治效果优于对禾本科杂草的防治效果。生物化学选择性是均三氮苯类除草剂的最重要特性，也是可以用于玉米等抗性作物的原因。位差选择性对于许多深根性作物来说是十分重要的。长期使用易于产生抗药性。结构不同，性质差异较大，可以分为三大类：氯-三氮苯类，如莠去津、西玛津、草达津、草净津、特丁津等，选择性强、除草活性高，主要通过根部吸收，水溶度低，易为土壤胶体吸附，在土壤中稳定，残效期较长，莠去津、西玛津残效期达1年以上，玉米对此类药剂具有高度耐药性；甲氧基-三氮苯类，如灭草通，灭生性除草剂，水溶度高，植物的根系和茎叶均能吸收，除草活性强，作用迅速，在土壤中稳定，残效期长；甲硫基-三氮苯类，如扑草净、特丁净等，通过根系与茎叶吸收，作用迅速，除草活性强，水溶度高，对刚出土的杂草有特效，在土壤中分解迅速，残效期短，一般残效期为1～2个月，故不影响后茬作物，选择性差。

(二)均三氮苯类除草剂的作用原理

1．吸收与传导

根系是植物吸收均三氮苯类除草剂的主要部位，因而，此类除草剂的所有品种都是土壤处理剂，当将他们施入土壤后，便迅速被根部吸收，通过木质部向上传导。

将植物培植于含均三氮苯的营养液中时，不论抗性植物或敏感植物均通过根系迅速吸收，而且随着药剂浓度的增高及时间的延长，吸收速度也加快。研究证明，均三氮苯类除草剂是沿着木质部向上传导的。虽然莠去津进行苗后茎叶处理时也具有一定的活性，但由于他从处理叶片向其他部位的传导较差，因而往往产生触杀作用，而重要的是，掉落于土壤中的药剂被根吸收并传导至整个植株而发挥作用。

由于均三氮苯类除草剂是通过根系吸收，沿木质部与蒸腾液流一起向上传导，所以较高的温度和较低的相对湿度都促进吸收，而促进蒸腾作用或降低相对湿度也有利于传导。

施药时，应尽量将药剂施于根系集中分布的土层并造成较高的药剂浓度，同时，创造有利于杂草对药剂吸收和传导的环境条件，可以显著提高除草效果。

2．生理效应与除草机制

均三氮苯类除草剂的生理效应是多方面的，他们不仅抑制植物的光合作用，而且也对植物体内许多代谢过程和生物化学反应发生影响。

(1)光合作用 均三氮苯类除草剂是典型的光合作用抑制剂。对光合作用的抑制是此类除草剂最重要的作用机制。它们抑制光合作用中的希尔反应，其作用部位是光合作用过程中糖类形成之前能量的光化学转变的早期阶段。干扰光合系统Ⅱ第二个电子受体的电子传递，其作用靶标是Q_B蛋白，由于Q_B与质体醌结合，结果抑制电子从Q_A向Q_B的传递。

由于这类除草剂的抑制作用是在光合作用中糖类形成之前发生的，所以补给糖类可以缓解其抑制作用。因此，在生产中加强作物营养，特别是喷施叶面肥料补充速效营养，可以减轻或控制药害。

(2)蒸腾作用 均三氮苯类除草剂抑制许多作物的蒸腾作用。蒸腾作用下降和气孔关闭有关，这是气孔周围细胞丧失膨压的结果。蒸腾作用下降是在连续光照条件下而不是在连续黑暗条件下发生的。

(3)呼吸作用 均三氮苯类除草剂对植物的呼吸可以产生抑制、促进作用或无影响。对呼吸作用产生促进作用是在短时间内发生的，而在较长时间内，不论是敏感植物或抗性植物，他们的呼吸作用均受抑制。大多数研究证明，均三氮苯类除草剂抑制植物的呼吸作用，特别是高浓度药剂显著抑制呼吸作用过程中氧的吸收和二氧化碳的释放，从而降低呼吸系数，造成呼吸过程的紊乱。事实上，均三氮苯类除草剂对植物光合作用的抑制远比呼吸作用的抑制程度严重，对前者的抑制要比后者大100倍以上。

(4)氮代谢和核酸代谢 作为除草剂的大多数均三氮苯衍生物能提高植物蛋白质含量与产量。用西玛津处理的各种植物，不论其抗性程度如何，成熟种子中含有较多的干物质与蛋白质。均三氮苯类除草剂对RNA的合成有一定的影响，因品种、浓度、使用时期的不同，对RNA的合成有一定的抑制或促进作用。

(5)植物生长调节作用 在农业生产上往往发现，施用莠去津与西玛津以后，一些植物生长旺盛而健壮。这种促进作用表现在各个方面，他们不仅刺激幼芽和根的生长，而且也促进叶面积加大、茎加粗等。但当用量较高时，则对植物又产生强烈的抑制作用。

均三氮苯除草剂对细胞分裂素的代谢也有影响。阿特拉津延迟玉米叶片衰老，他具有类似细胞分裂素的作用，显示“绿色效应”的玉米植株，其体内叶绿体直径加大、加重并含较多的结构蛋白质。

3．形态与解剖学变化

抑制光合作用是均三氮苯类除草剂的主要作用机制，而失绿是最先出现的药害典型症状。将阿特拉津施于土壤中后，经7～10d便发现杂草开始受害。首先，叶片尖端失绿干枯，然后叶片边缘退色，逐步扩展至整个叶片失绿，最后整个植株干枯死亡；在一些阔叶杂草的叶片上有时出现不规则的坏死斑点，随即逐步扩大而死亡。

4．选择性性原理

植物对均三氮苯类除草剂的抗性显著不同，不论在植物类群间、种间、变种间以及同种植物的不同生育阶段都存在着较大的差别。均三氮苯类除草剂的选择性主要有2个方面：

(1)位差选择性 位差选择性对于许多深根性作物来说是十分重要的。这种选择性一方面决定于除草剂本身的物理化学特性，特别是水溶度、土壤吸附作用及在土壤中的移动性；另一方面决定于作物的生育习性。水溶度高和碱性大的化合物吸附程度小，其选择范围也窄。甲氧基均三氮苯类除草剂水溶度高，选择性差，故多作为灭生性除草剂。

(2)解毒作用 生物化学选择性是均三氮苯类除草剂的最重要特性，也是用于玉米等抗性作物的原因。

5. 降解与消失

均三氮苯分子的类似部位产生化学与生物化学反应，即三氮苯环上第2位羟基化及第4与6位进行N-脱烷基化反应。在土壤中，水解作用和N-脱烷基化反应在均三氮苯除草剂中占主导作用。

(1)挥发 均三氮苯类除草剂的挥发性很低，不影响其除草作用与残留活性。

(2)光解 光解是均三氮苯类除草剂在田间消失的因素之一。均三氮苯类除草剂的光化学分解是接受光敏作用的游离基的反应过程，在离体情况下容易光解，而在土壤表面的光解作用很缓慢，这就是田间喷药后不强调混土的原因。

(3)在土壤中的降解 均三氮苯类除草剂在土壤中进行多种化学与生物化学反应，从而导致脱卤、N-脱烷基、脱氨基与酯水解、环的裂解以及硝基还原等。羟基化作用，均三氮苯类除草剂在土壤中能通过水解作用形成对植物无毒的羟基衍生物。不论是莠去津、西玛津或扑灭津在土壤中都形成这种羟基衍生物，这种羟基化反应是一种非生物学作用。土壤的物理化学特性影响此种反应。土壤有机质由于其具有催化特性，因而促进西玛津、莠去津和扑灭津的羟基化作用。黏粒增多对莠去津的羟基化影响较小。在酸性条件下水解较快，各类均三氮苯类除草剂的水解速率是：氯均三氮苯类 > 甲硫基均三氮苯类 > 甲氧基均三氮苯类。N-脱烷基化作用，脱烷基化作用是均三氮苯除草剂在土壤中降解的主要途径之一，这种作用是由土壤微生物进行的。脱烷基化作用并不能使除草剂完全丧失活性。脱氨基化作用，均三氮苯除草剂通过微生物可进行脱氨基化作用。三氮苯环的裂解，环境条件，主要是土壤类型、温度、湿度、通气以及能量的补充都影响环的裂解作用。

6. 均三氮苯类除草剂的应用技术

(1)防除对象与适用作物 均三氮苯除草剂主要防治1年生杂草及种子繁殖的多年生杂草，在1年生杂草中，他们防治双子叶杂草的效果又优于禾本科杂草；对多年生杂草的作用很差或无作用，其中甲氧基三嗪类除草剂的水溶度高，植物的根与叶均能吸收，在土壤中易于淋溶，故能防治一些多年生杂草。

均三氮苯除草剂对杂草种子无杀伤作用，也不影响种子发芽，他们主要防治杂草幼芽，故应在作物种植后、杂草萌芽前使用，有些品种虽然也可在苗后应用，但应在杂草幼龄阶段用药。

(2)土壤特性与使用 在土壤特性中，对均三氮苯除草剂活性影响最大的是土壤有机质与黏粒含量。由于他们对除草剂产生强烈吸附作用，因而导致除草效果下降。吸附作用机制因pH值而异，同时，土壤湿度、温度以及土壤溶液成分也影响三氮苯除草剂的吸附作用和生物活性。被吸附的药剂不能被植物吸收。在黏粒与有机质含量高的土壤中，西玛津对植物的毒性下降。

土壤酸度也是影响均三氮苯除草剂吸附作用的重要因素。当pH值由5.2增至9.6时，土壤对他们的吸附作用减弱，随着pH值下降，土壤和古敏酸对莠去津的吸附作用显著增强。研究证明，土壤pH值升高，扑草通与仲丁通对玉米的毒性增强，在石灰性土壤中，这两种除草剂严重伤害玉米，而在酸性土壤中则无此现象。但是，土壤pH值对莠去津影响不大，在任何pH值条件下，莠去津对玉米都较为安全。

土壤含水量下降，单位面积中除草剂浓度加大，吸附作用增强。吸附作用通常是一种放热反应，故温度升高，吸附作用下降。

(3)均三氮苯类除草剂的混用 为了扩大除草谱、缩短或延长持效期、控制敏感性杂草产生抗性生物型，均三氮苯类除草剂各品种之间以及与其他类型除草剂之间的混用比较普遍。虽然均三氮苯类除草剂的结构相似，但不同品种之间的杀草谱、持效期、水溶度等都存在着较大差异，进行混用可以取长补短。生产中应根据作物的轮作方式、作物种类、土壤特性以及杂草群落组成而灵活应用。均三氮苯类除草剂可以与其他许多类型除草剂混用，以有效提高除草效果，具体的情况可见以后的介绍。

(三)均三氮苯类除草剂的主要品种

莠去津 atrazine

其他名称 阿特拉津。

化学名称 2–氯–4–乙氨基–6–异丙氨基–1,3,5–三嗪。

结构式

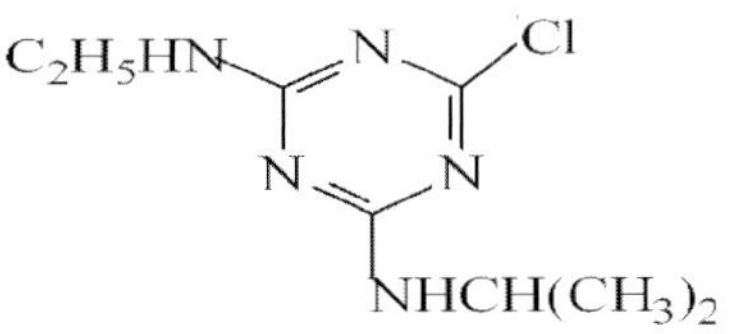

C_2H_5HN　N　Cl

N　N

$NHCH(CH_3)_2$

理化性能 纯品为无色粉末，熔点175.8℃，微溶于部分有机溶剂。在中性、弱酸、弱碱介质中稳定。

毒　　性 大鼠急性经口LD_{50}为1 869～3 080mg/kg，大鼠急性经皮LD_{50}为3 100mg/kg。

剂　　型 50%悬浮剂、50%可湿性粉剂、38%悬浮剂、48%可湿性粉剂、90%水分散粒剂、8%可湿性粉剂。

除草特点 莠去津是选择性内吸传导型苗前、苗后除草剂。该药能为杂草的根系、茎叶吸收，但以根系吸收为主，迅速传导至植物分生组织及叶部，抑制杂草光合作用，使杂草叶片变黄、饥饿死亡。在玉米等抗性作物体内，药剂能被玉米酮酶分解成无毒物质，因而对作物安全。莠去津的水溶性较大，在土壤中具有较大的移动性，易被雨水淋溶到较深层，致使对某些深根性杂草有抑制作用。该药在土壤中的持效期较长，在土壤中主要靠土壤微生物分解，残效期视药剂用量、土壤质地、温度和降水情况而变，一般情况下残效期可达半年左右。

适用作物 玉米、高粱、芦笋、甘蔗、茶树、果园、林地等。

防除对象 可防除1年生禾本科杂草和阔叶杂草，对阔叶杂草的防除效果优于对禾本科杂草的防除效果，如蓼、藜、苋、马齿苋、铁苋、马唐、狗尾草、牛筋草、看麦娘等。对多年生杂草也有一定抑制作用。

应用技术 春玉米，可于播后苗前喷雾，春旱时施药后可以混土或适当灌溉，也可在玉米四叶期前茎叶处理。可用38%悬浮剂200～250ml/亩，对水30～50kg喷雾。

夏玉米，可于播后苗前土壤处理，土壤有机质含量1%～2%时，用38%悬浮剂175～200ml/亩，土壤有机质含量3%～5%时，可用40%悬浮剂200～250ml/亩，砂质土壤用下限，黏质土壤用上限；也可于玉米4叶期前，杂草2～3叶期，砂质土壤用40%悬浮剂125～150ml/亩，黏质土壤用量为200～250ml/亩，加水喷雾。

茶园、果园，一般在开春后4—5月，田间杂草萌发高峰，先锄净越冬杂草和已出土的大草，用38%悬浮剂250～300ml/亩，加水30～50kg喷雾于土表。

芦笋田，用38%悬浮剂250～300ml/亩，对水50kg，在芦笋采收结束破埂后土表喷雾处理，防除1年生禾本科和阔叶杂草。

甘蔗田，甘蔗下种后5～7d，杂草出土前或幼苗期，每亩用50%可湿性粉剂或40%悬浮剂200～250g，加水30kg，均匀喷雾。

注意事项 莠去津的特点之一是残效期长，使用不当对某些后茬敏感作物有药害，玉米田后茬为小麦、水稻时，应降低用药量或与其他安全的除草剂混用，我国华北地区，玉米后茬作物多为冬小麦，故莠去津用量不能超过有效成分100g/亩，要求喷雾均匀，否则因用量过大或喷雾不均，常引起小麦点片受害，甚至死苗。土壤墒情影响药效，一般墒情好时除草效果较好；对于墒情较差田块，可以考虑加大施药水量或浅混土。有机质含量超过6%的土壤，不宜作土壤处理，以茎叶处理为好。降雨量大小对莠去津的淋洗起关键作用，而降雨强度与之关系不大。桃树对莠去津敏感，不宜在桃园使用。

开发登记 1957年由H. Gysin等报道除草剂活性；J. R. Geigy S. A. (现为Ciba-Geigy AG)公司开发。河北宣化农药有限责任公司、瑞士先正达作物保护有限公司等公司登记生产。

西玛津 simazine

其他名称 丁玛津；西玛嗪。

化学名称 2-氯-4,6-双(乙氨基)-1,3,5-三嗪。

结 构 式

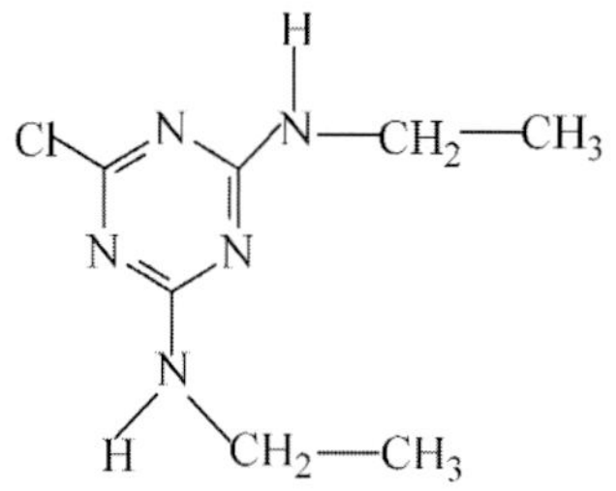

H

Cl N N—CH_2—CH_3

N N

N

H CH_2—CH_3

理化性能 纯品为无色粉末，熔点225℃，微溶于部分有机溶剂。在中性、酸性、弱碱性介质中稳定，被强酸和碱水解。

毒　　性 大鼠急性经口LDD$_{50}$ $>$ 5 000mg/kg。

剂　　型 40%悬浮剂、50%可湿性粉剂、80%可湿性粉剂、90%水分散粒剂。

除草特点 选择性内吸传导型土壤处理除草剂。被杂草的根系吸收后沿木质部随蒸腾迅速向上传导到绿色叶片内，抑制杂草光合作用，使杂草饥饿而死亡。西玛津水溶性极小，在土壤中不易向下运动，被土壤吸附在表层形成药土层，一年生杂草大多发生于浅层，杂草幼苗根吸收到药液而死，而深根性作物主根明显，并迅速下扎而不受害。在土壤中的残效期长，特别是在干旱、低温、低肥条件下微生物分解较慢，持效期可长达一年，因而影响下茬敏感作物出苗生长。

适用作物 玉米、高粱、甘蔗、茶树、果树。

防除对象 可以有效防除一年生阔叶杂草及部分禾本科杂草，如马唐、狗尾草、牛筋草、稗草、画眉草、虎尾草、看麦娘、早熟禾、苍耳、鳢肠、苋、青葙、马齿苋、野西瓜苗、铁苋、藜、繁缕、雀舌草、卷耳、猪殃殃等。对多年生杂草效果较差。

应用技术 玉米、高粱田，于播后苗前，杂草出土萌发盛期，用50%可湿性粉剂300～400g/亩，加水30～50kg喷雾处理土壤。

果园、茶园，一般在开春后4—5月，田间杂草处于萌发盛期出土前土壤处理，先将已出土的杂草铲除干净，用50%可湿性粉剂150～250g/亩，加水喷雾处理土壤。

注意事项 西玛津的残效期长，在土壤中残效期长达1年，对某些敏感后茬作物生长有不良影响，如对小麦、大麦、棉花、大豆、水稻、十字花科蔬菜等产生药害。西玛津用药量应视土壤的有机质含量、土壤质地、气温而定，一般气温低、有机质含量低、砂质土壤的用药量要低。西玛津不可用于落叶松的新播或换床苗圃。

开发登记 1956年由A. Gast等报道除草剂活性；J. R. Geigy S. A. (现为Ciba-Geigy AG)公司开发。山东胜邦绿野化学有限公司、浙江省长兴第一化工有限公司等公司登记生产。

扑草净 prometryne

其他名称 扑灭净；扑灭通。

化学名称 2-甲硫基-4,6-双(异丙氨基)-1,3,5-三嗪。

结 构 式

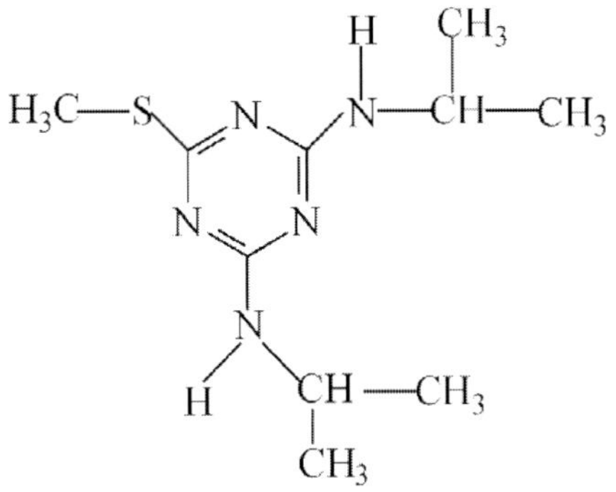

理化性能 白色粉末，微溶于部分有机溶剂。

毒　　性 大鼠急性经口LD_{50}为5 235mg/kg。

剂　　型 25%可湿性粉剂、50%可湿性粉剂、80%可湿性粉剂。

除草特点 选择性内吸传导型除草剂，主要通过根部吸收，也可以通过茎叶渗入到植物体内。吸收的扑草净通过蒸腾流进行传导，抑制光合作用中的希尔反应，使植物失绿、干枯死亡。本品施药后可为土壤黏粒吸附，在0～5cm表土中形成药层，持效期为45～70d。

适用作物 稻、麦、棉、花生、甘蔗、大豆、薯类、大蒜、芦笋、果树、蔬菜、向日葵、茶树等作物。

防除对象 可防除多种1年生禾本科杂草、阔叶杂草和莎草科杂草，如马唐、狗尾草、稗草、看麦娘、牛筋草、鳢肠、马齿苋、鸭舌草、藜、繁缕、卷耳、眼子菜、四叶萍、1年生莎草科杂草；对猪殃殃、野慈姑、伞形花科和一些豆科杂草防效较差。

应用技术 南方稻区，用50%可湿性粉剂20～40g/亩拌湿润细砂土20～30kg，在水稻移栽后5～7d均匀撒施，保持3～5cm水层7～10d，可防除大多数1年生单、双子叶杂草及牛毛草、眼子菜等多年生杂草，但对水稻的安全性稍差；北方稻区，用50%可湿性粉剂60～100g /亩，拌湿润细砂土20～30 kg，在水稻移栽后20～25d眼子菜由红转绿时均匀撒施，保持3～5cm水层7～10d。

旱田，大豆田用50%可湿性粉剂50～100g/亩，花生、棉花、甘蔗用50%可湿性粉剂75～100g/亩，谷子用50%可湿性粉剂50g/亩，于播种后出苗前喷雾法进行土壤处理。

麦田，可用50%可湿性粉剂75～100g/亩，于麦苗2～3叶期对水喷雾。

菜田，芹菜、洋葱、大蒜、韭菜、胡萝卜、茴香等，可在播种时、播后苗前，用50%可湿性粉剂50～100g/亩对水喷雾。

果园、茶园、桑园，在1年生杂草大量萌发初期，用50%可湿性粉剂250～300g/亩，对水喷雾。

注意事项 该药安全性差，施药时用药量要准确。有机质含量低的砂质土不宜施用。避免高温时施药，气温超过30℃时，易产生药害。用于水田一定要在秧苗返青后才可以施药。施药时适当的土壤水分有利于发挥药效。

开发登记 1962年H. Gysin报道除草剂活性；J. R. Geigy S. A. (现为Ciba-Geigy AG)公司开发。吉林省吉化集团农药化工有限责任公司、山东滨农科技有限公司等公司登记生产。

氰草津 cyanazine

其他名称 百得斯；草净津。

化学名称 2-甲硫基-4-乙氯基-6-(1-氰基-1-甲基乙基氨基)-1,3,5-三嗪。

结 构 式

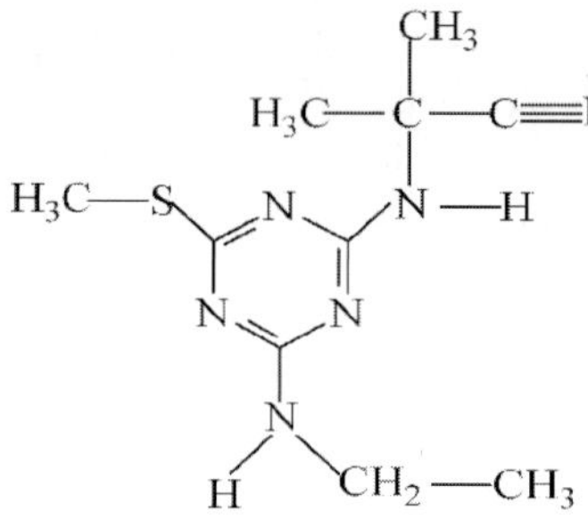

CH_3
$H_3C—C—C≡N$
$H_3C—S$ N N—H
N N
N
H $CH_2—CH_3$

理化性能 纯品(纯度≥95%)为无色结晶固体。溶解性差。对热 、光和水解稳定。

毒 性 中等毒。大鼠急性经口LD_{50}为288mg/kg，大鼠急性经皮LD_{50}为1 200mg/kg。

剂 型 50%可湿性粉剂、80%可湿性粉剂、40%悬浮剂。

除草特点 选择性内吸传导型除草剂，以根部吸收为主，叶部也能吸收，通过抑制光合作用，使杂草枯萎而死亡。玉米能代谢这种药剂。药效2～3个月，对后茬种植小麦无影响，在潮湿土壤中半衰期为14～16d。氰草津较少渗透到土层10cm以下。其除草活性与土壤类型密切相关，在土壤中可被土壤微生物分解。

适用作物 玉米、高粱。

防除对象 可以防治1年生禾本科杂草和阔叶杂草，如早熟禾、马唐、狗尾草、牛筋草、蓼、苋、藜、铁苋、马齿苋等；对双子叶杂草防除效果优于单子叶杂草，对反枝苋、马齿苋、狗尾草、牛筋草效果明显，对马唐有效，对稗草防效差。对多年生杂草和莎草科杂草效果差。

应用技术 于玉米、高粱播后苗前，用40%悬浮剂200～300ml/亩， 对水40～50kg喷雾。

玉米4叶期前(第5片真叶出现时禁用)，杂草3～5cm长时，进行茎叶喷雾处理，用40%悬浮剂200ml/亩。

注意事项 施药后遇雨或灌溉可提高药效，春玉米田宜作芽后施药处理；而芽前处理因干旱防效差，可以浅混土以提高药效。玉米4叶期后使用，易产生药害。温度过低、或过高时对玉米不安全。施药后即下中至大雨时玉米易发生药害，尤其是在积水的玉米田，药害更严重。砂土和有机质含量低于1%的砂壤土不宜施用。

对眼、皮肤及呼吸道有中等刺激，不大量摄入一般不产生全身中毒。对症治疗。误食者，催吐。但对失去知觉者，严禁催吐或灌喂东西。

开发登记 1976年由W. J. Hughes等报道除草活性；Shell Research Ltd. 开发。山东大成农药股份有限公司登记生产。

西草净 simetryne

化学名称 2-甲硫基-4,6-双(乙氨基)-1,3,5-三嗪。

结构式

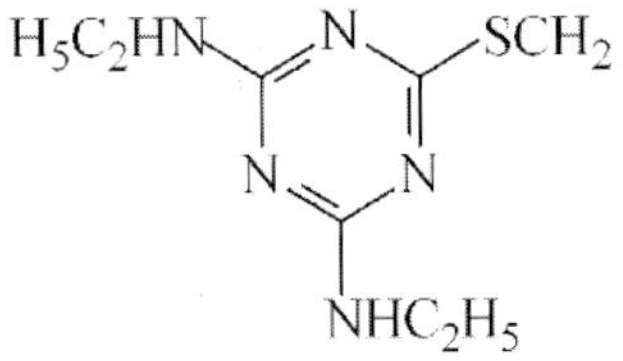

H_5C_2HN N SCH_2

N N

NHC_2H_5

理化性能 纯品为白色结晶，熔点81～82.5℃，溶于甲醇、乙醇和氯仿等有机溶剂。

毒　　性 大鼠急性经口LD_{50}为1 830mg/kg，大鼠急性经皮LD_{50} > 5 000mg/kg。

剂　　型 25%可湿性粉剂、95%原药、96%原药、13%乳油。

除草特点 选择性内吸传导型除草剂。根部吸收，也可以茎叶透入体内，运输至绿色叶片，抑制光合作用中的希尔反应，发挥除草作用。西草净在土壤中的移动性中等，药效长达35～45d。

适用作物 主要用于稻田，资料报道也可用于玉米、大豆、花生、棉花、小麦等地。

防除对象 可以防除稗草、牛毛草、异型莎草等多种1年生禾本科杂草和1年生阔叶杂草，对1年生莎草科杂草也有一定的防治效果。

应用技术 水稻移栽田，一般于水稻插秧后10～15d，用25%可湿性粉剂100～200g/亩，毒土法施药，施药时水层3～5cm，保持水层5～7d，可以防治2 叶期以前稗草和阔叶杂草。本田在秧苗返青后至分蘖期，眼子菜叶片转绿达60%～80%时施药，用25%可湿性粉剂200～240g/亩，拌细潮土15～20kg，施药前堵住进出水口，水层保持3～5cm，5～7d后转入正常管理。

旱田，于播后苗前，用25%可湿性粉剂200～240g/亩，加水40～60kg喷施，进行土壤处理。

注意事项 西草净安全性较差，根据杂草基数，选择合适的施药时间和用药剂量，田间以稗草及阔叶草为主，施药应适当提早，于秧苗返青后施药，但小苗和弱苗易产生药害，最好与除稗草药剂混用以降低用量。西草净在旱田施用更易于发生药害，生产上难于掌握应用技术。用药量要准确，避免重施，喷雾法不安全，应采用毒土法，撒药均匀。有机质含量少的砂质土、低洼排水不良地块、重盐或强酸性土壤施用，易发生药害，不宜施用。用药时温度应在30℃以下，超过30℃时易产生药害。不同品种对水稻耐药性不同，应用时务必注意。

开发登记 1955年由J. R. Geigy S. A. (现为Ciba-Geigy AG) 报道除草剂活性，由日本Nibon Nohyaku Co. Ltd.和Nippon Kayaku Co.开发。吉林省吉化集团农药化工有限责任公司、浙江省长兴第一化工有限公司等公司登记生产。

莠灭净 ametryne

其他名称 阿灭净。

化学名称 2-甲硫基-4-乙氨基-6-异丙氨基-1,3,5-三嗪。

结 构 式

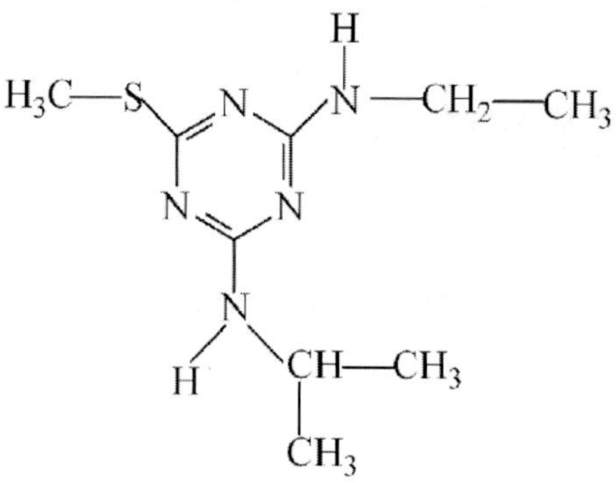

理化性能 原药为白色粉末，熔点85℃，易溶于有机溶剂。

毒　　性 大鼠急性经口LD_{50}为1 950mg/kg。

剂　　型 80%可湿性粉剂、50%可湿性粉剂。

除草特点 选择性内吸传导型土壤处理除草剂，可以通过抑制杂草的光合作用而杀死杂草；同时还可以通过对光合作用中电子传递的抑制，使叶片内有毒物质亚硝酸盐积累，有助于杀草。土壤中持效期较长。

适用作物 甘蔗、玉米、高粱、果树。

防除对象 可以防除1年生禾本科杂草和阔叶杂草，对双子叶杂草的杀伤力大于单子叶杂草，对一些多年生的杂草也有一定的杀伤力，对多年生的深根性杂草效果较差。

应用技术 甘蔗田，于甘蔗萌芽前或苗期、杂草苗前或幼苗期，用80%可湿性粉剂100～150g/亩，对水喷雾，进行土壤处理。

注意事项 土壤墒情影响除草效果，土壤墒情好除草效果好。莠灭净防除蔗田杂草，土壤封闭和茎叶喷雾处理对1年生阔叶杂草防效都达97%左右，非常理想。但土壤封闭处理对1年生单子叶杂草和恶性杂草基本无效，而茎叶喷雾处理对一年生单子叶杂草防效可达70%左右，对恶性杂草有一定的抑制作用，生产上应根据甘蔗田杂草群落选择适宜的除草方式。以1年生阔叶杂草为主的甘蔗田采用土壤封闭方法为好，以1年生单子叶杂草和恶性杂草为主的甘蔗田，以采用茎叶喷雾处理为好。茎叶喷雾处理应掌握在杂草幼嫩期，即3～4叶期、株高3～5cm时，效果好。

开发登记 山东滨农科技有限公司、浙江中山化工集团有限公司等公司登记生产。

扑灭津 propazine

其他名称 扑蔓尽；割草佳。

化学名称 2-氯-4,6-双(异丙氨基)-1,3,5-三嗪。

结 构 式

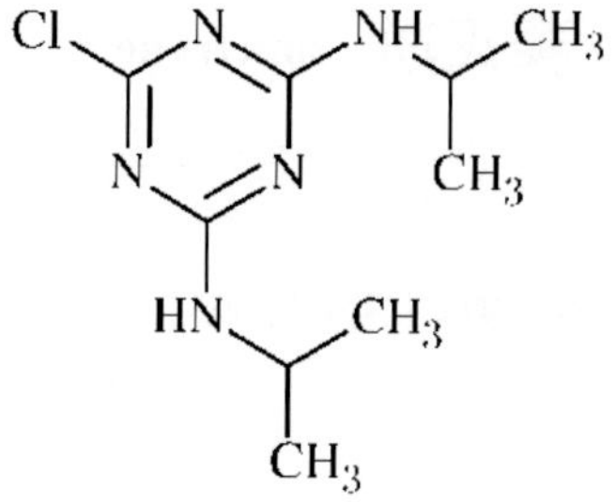

理化性能 原药外观为白色至黄色粉末状固体。溶解性差。

毒　　性 大鼠急性经口LD_{50}＞4 640mg/kg，大鼠急性经皮LD_{50}＞2 150mg/kg。

剂　　型 80%可湿性粉剂、50%可湿性粉剂、25%可湿性粉剂。

除草特点 选择性内吸传导型土壤处理除草剂，内吸作用迅速，并有一定的触杀作用。在土壤中有一定的移动性。对刚萌发的杂草防除效果显著，对较大的杂草及多年生的深根性杂草效果较差。土壤中持效期60～80d。

适用作物 谷子、玉米、高粱、甘蔗等。

防除对象 可以防除1年生禾本科杂草和阔叶杂草，对双子叶杂草的杀伤力大于对单子叶杂草，对一些多年生的杂草也有一定的杀伤力，对多年生的深根性杂草效果较差。扑灭津对刚萌芽的杂草防除效果显著，对较大的杂草防治效果差。

应用技术 玉米、谷子、高粱田，于播种后3～5d，用80%可湿性粉剂150～300g/亩，对水喷雾，进行土壤处理。

注意事项 施药时用量要准确无误。土壤墒情影响除草效果，土壤墒情好，除草效果好。

开发登记 1957年H. Gysin报道除草剂活性；J. R. Geigy S. A. (现为Ciba-Geigy AG)公司开发。山东东泰农化有限公司、天津市绿保农用化学科技开发有限公司登记生产。

异丙净 dipropetryn

其他名称 杀草净。

化学名称 2-乙硫基-4,6-双(异丙氨基)-1,3,5-三嗪。

结 构 式

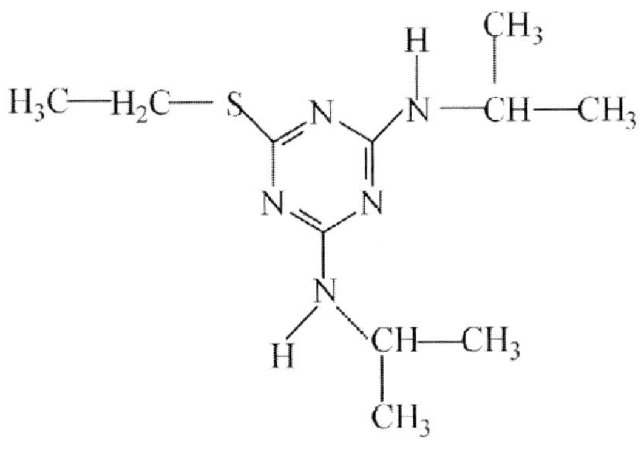

理化性能 无色粉末，微解于有机溶剂。

毒　　性 大鼠急性经口LD_{50}为3 900～4 200mg/kg，兔急性经皮LD_{50}＞1 000mg/kg，对兔眼睛皮肤有轻微刺激。

剂　　型 40%可湿性粉剂、80%可湿性粉剂、50%悬浮剂。

除草特点 选择性芽前土壤处理剂，适于棉田除草，因其在土壤中的淋溶性较差，施药后降雨或灌溉才能增加其淋溶能力，发挥其药效。持效期为30d左右。在麦田一般可持效一个生育期。

防除对象 可以防除1年生阔叶杂草，对苋、马齿苋、龙葵、牵牛花、藜、蓼等有较好的防除效果；也可以防治一些禾本科杂草，如稗草、马唐、牛筋草、千金子等。

适用作物 棉花、大豆、花生、小麦。

应用技术 直播棉田除草，用80%可湿性粉剂100～150g/亩对水30kg，于棉花播种时进行土壤处理。此剂量用于棉花苗床及直播田时，对棉花出苗及棉苗前期生长有一定的影响，但对棉花后期生长无影响。

育苗移栽棉花之前，用80%可湿性粉剂133～166g/亩，对水25～50kg，进行土壤喷雾处理，直接喷雾于棉苗时有药害。

麦田，在小麦1叶1心期到2叶1心期、杂草出土齐苗到1.5叶期施药最为适宜，用80%可湿性粉剂40～70g/亩，对水进行叶面喷洒。在气温正常情况下，麦苗叶尖出现少量枯白药害，但不久即可恢复；而在气温突然下降时，药害较重，使用时务必注意。在麦苗1叶1心期以前施药，麦苗抗药性弱，会减少有效穗数、推迟成熟。

茄果类蔬菜田，育苗床每亩用40%可湿性粉剂125g，加水100kg，于播后苗前喷雾处理。苗床保持湿润效果更明显。

注意事项 施药后降雨或灌水能增加药剂淋溶能力，有利于发挥药效。当土壤有机质含量高于2%时，须适当增加其用药量，在土壤有机质含量大于4.5%时，不宜施用。

开发登记 1968年G. A. Buchanan报道除草剂活性；J. R. Geigy S. A. (现为Ciba-Geigy AG)公司开发。

氟草净 taufluivalinate

化学名称 2-二氟甲硫基-4,6-双(异丙氨基)-1,3,5-三嗪。

结 构 式

$$(H_3C)_2HC—NH—C_3N_3(NH—CH(CH_3)_2)—S—CHF_2$$

理化性质 淡黄色或棕色固体，熔点56～57℃。易溶于有机溶剂，难溶于水。

毒　　性 大鼠急性经口LD_{50}为3 160mg/kg，大鼠急性经皮LD_{50}＞4 646mg/kg。对鱼低毒，对鸟安全。

剂　　型 20%乳油。

除草特点 氟草净为选择性内吸传导型除草剂。药剂可以从根部吸收，也可以从茎叶渗入植物体内，运送到绿色叶片内抑制光合作用。中毒杂草失绿逐渐干枯死亡。一般对刚萌发的杂草除草效果好。

适用作物 玉米。

防除对象 可以有效防除1年生阔叶杂草和禾本科杂草，一般对阔叶杂草的防除效果优于对禾本科杂草的防除效果，常规用量下，对反枝苋、凹头苋、刺苋等苋属杂草及繁缕有较高的防效，对鳢肠、婆婆纳，附地菜防效相对较差。对多年生杂草效果差。

应用技术 玉米田，在玉米播后苗前，以20%乳油150～200ml/亩，对水45kg喷施。

注意事项 氟草净的用药量应视土壤质地、气候条件选择适宜的用药量。该药除草效果与土壤湿度关系密切，土壤墒情好时除草效果好，但是，如果施药后3h内下大到中雨，除草效果降低。氟草净茎叶喷雾时易对作物产生药害。各地应先进行试验，取得经验后再推广应用。避免眼睛及皮肤接触药液，使用时，避免污染饮水、粮食和饲料。

开发登记 日本盐野义制药公司开发、江苏省江阴市农药二厂有限公司登记生产。

特丁净 terbutryne

其他名称 去草净。

化学名称 2-甲硫基-4-乙氨基-6-特丁氨基-1,3,5-三嗪。

结 构 式

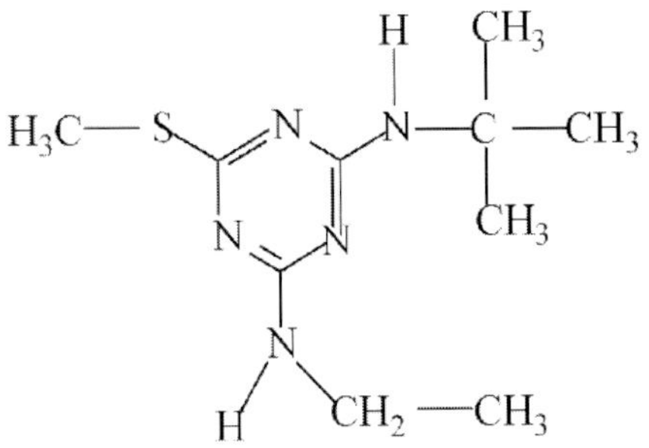

理化性质 白色粉末，熔点104～105℃。室温下溶解度：水25mg/L，甲醇250g/L。

毒　　性 大鼠急性经口LD_{50}为2 000mg/kg，急性经皮LD_{50}＞2 000mg/kg。

剂　　型 50%可湿性粉剂、80%可湿性粉剂、50%胶悬剂。

除草特点 特丁净为选择性内吸传导型除草剂。药剂以根部吸收为主，也可以被芽和茎叶吸收，运送到绿色叶片内抑制光合作用。用于芽前或芽后早期除草。在土壤中的持效期为3～10周。

适用作物 小麦、高粱、马铃薯、豌豆、大豆、花生。

防除对象 可以有效防除1年生阔叶杂草和禾本科杂草，一般对阔叶杂草的防除效果优于对禾本科杂草的防除效果。对繁缕、看麦娘、马唐、狗尾草等均有较好的除草效果。

应用技术 在作物播后芽前，以50%可湿性粉剂150～200g/亩，对水45kg喷施。

注意事项 特丁净的用药量应视土壤质地、气候条件选择适宜的用药量。该药除草效果与土壤湿度关系密切，土壤墒情好时除草效果好。

开发登记 1965年由A. Gast等报道除草活性；J. R. Geigy(现为Ciba-Geigy AG)公司开发。山东滨农科技有限公司、浙江中山化工集团有限公司等公司登记生产。

特丁津 terbuthylazine

化学名称 2-氯-4-特丁氨基-6-乙氨基-1,3,5-三嗪。

结 构 式

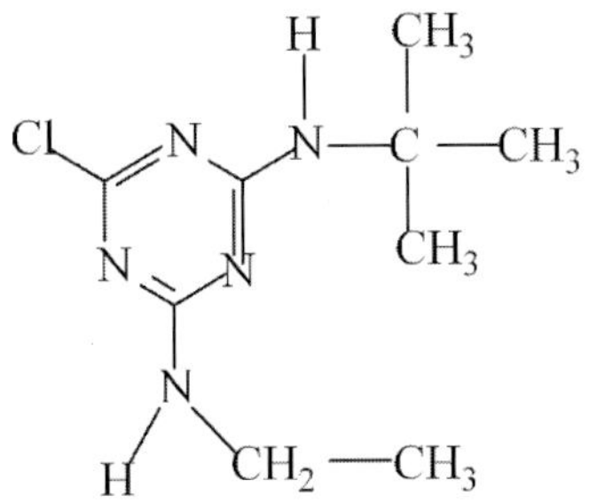

理化性质 无色粉末，熔点177～179℃。室温下溶解度：水8.5mg/L。二甲基甲酰胺100g/L，乙酸乙酯40g/L，辛醇14.3g/L。

毒　　性 大鼠急性经口LD_{50}为2 000mg/kg，大鼠急性经皮LD_{50}＞3 000mg/kg。

剂　　型 50%可湿性粉剂、80%可湿性粉剂。

除草特点 特丁津为选择性内吸传导型除草剂。药剂可以从根部吸收，也可以从茎叶渗入植物体内，运送到绿色叶片内抑制光合作用。一般对刚萌发的杂草除草效果好。

适用作物 大豆、玉米、高粱、仁果类果树、柑橘、葡萄。

防除对象 可以有效防除1年生阔叶杂草和禾本科杂草，一般对阔叶杂草的防除效果优于对禾本科杂草的防除效果，对多年生杂草效果差。

应用技术 在作物播后芽前，以50%可湿性粉剂160～200g/亩，对水45kg喷施土表。高粱田，芽前施用，以50%可湿性粉剂160～200g/亩对水喷施。

注意事项 用药量应视土壤质地、气候条件选择适宜的用药量。该药除草效果与土壤湿度关系密切，土壤墒情好时除草效果好。

开发登记 1966年由A. Gast等报道除草活性；J. R. Geigy(现为Ciba-Geigy AG)公司开发。浙江中山化工集团有限公司、山东潍坊润丰化工有限公司等公司登记生产。

三嗪氟草胺 triaziflam

化学名称 (RS)-N-[2-(3,5-二甲基苯氧基)-1-甲基乙基]-6-(1-氟-1-甲基乙基)-1,3,5-三嗪-2,4-二胺。

结 构 式

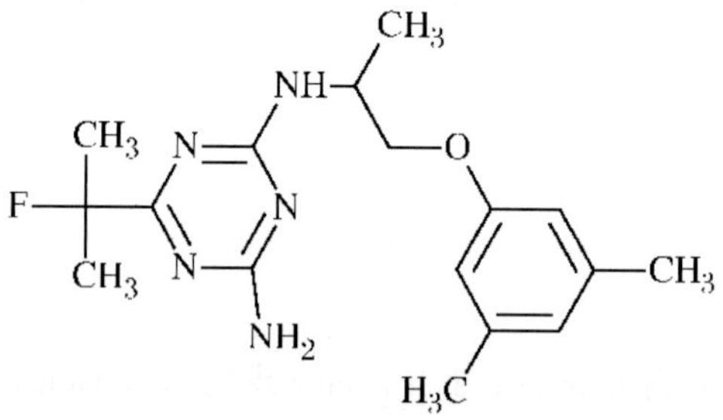

CH_3　NH　O　N　N　N　F　CH_3　CH_3　NH_2　H_3C

应用技术 主要用于稻田苗前和苗后防除禾本科杂草和阔叶杂草。

开发登记 是由日本的Idemitsu Kosan公司于20世纪90年代后期开发的三嗪类除草剂。

环丙津 cyprazine

其他名称 环草津；S6115；Outfox。

化学名称 2-氯-4-异丙氨基-6-环丙氨基-1,3,5-三嗪。

结 构 式

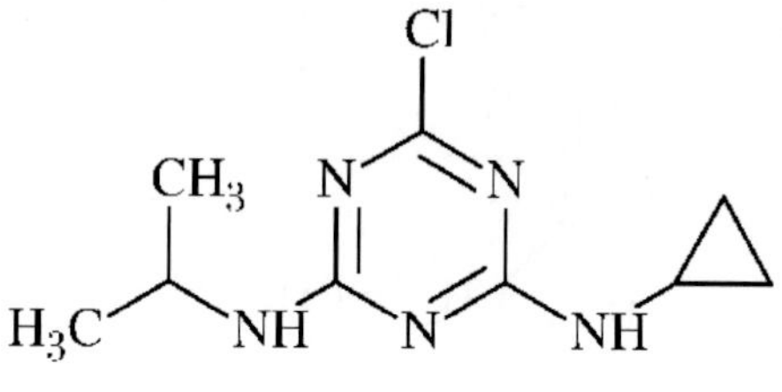

Cl　CH_3　N　N　H_3C　NH　N　NH

理化性质 白色无臭结晶，熔点167 ~ 169℃，不溶于水和正己烷，可适量溶于氯仿、甲醇、乙醇和醋酸乙酯，易溶于醋酸、丙酮和二甲基甲酰胺。

毒　　性 大白鼠急性经口LD_{50}为(1 200 ± 200)mg/kg，对虹鳟鱼的LC_{50}(96h)为6.2mg/kg，北美鹌鹑LD_{50}为1 100mg/kg。

剂　　型 浓乳剂。

应用技术 可通过撒施或喷施防除玉米田中的禾本科杂草和阔叶杂草。杂草高度不到50cm时芽后施用剂量为56g/亩。当玉米长到2.5m后不再喷药，不可将此药用于其他作物。施药后30d内不可收割作为饲料。

开放登记 1969年由O. C. Burnside等报道除草活性，Gulf Oil公司开发。

甘扑津 proglinazine

其他名称 MG-07。

化学名称 N-(4-氯-6-异丙基氨基-1,3,5-三嗪-2-基甘氨酸)

结 构 式

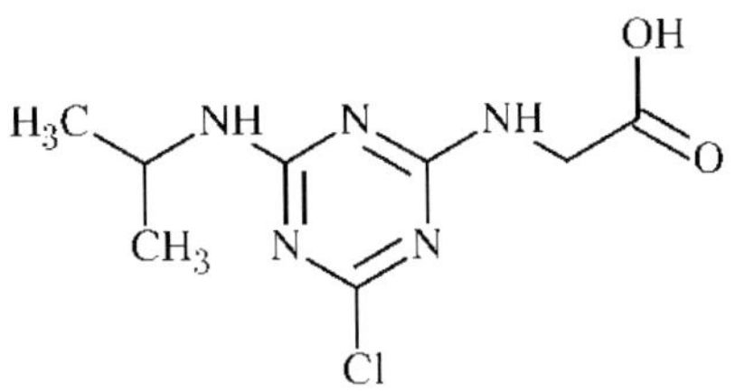

H_3C NH N NH OH O CH$_3$ N N Cl

理化性质 纯的乙酯为无色结晶固体，熔点110 ~ 112℃。溶解度(2 5 ℃)：水中750mg/L、二甲苯100g/L。160℃分解，对光稳定，土壤中DT_{50}为56 ~ 70d，TC级纯度约94%。

毒　　性 急性经口LD_{50}大鼠 > 8 000mg/kg；大鼠急性经皮LD_{50} > 1 500mg/kg；对皮肤和眼睛无刺激。

剂　　型 50%乙酯可湿性粉剂。

应用技术 玉米田用芽前除草剂，对芽期双子叶杂草特效。

开发登记 其乙酯由Nkrokemia Ipartelepek公司作为除草剂开发。

草达津 trietazine

其他名称 G 27901；Gesafloc；NCl667。

化学名称 2-氯-4-(二乙胺基)-6-乙胺基-1,3,5-三嗪。

结 构 式

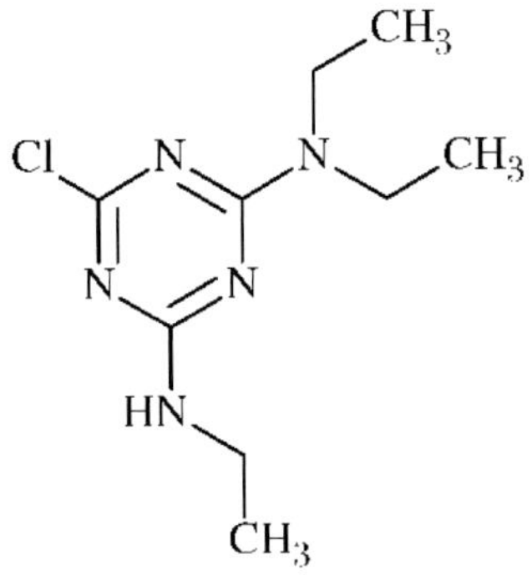

CH$_3$ Cl N N CH$_3$ N N HN CH$_3$

理化性质 结晶固体，熔点102～103℃，25℃时在下列溶剂中的溶解度：水20mg/L，丙酮17%，苯20%，氯仿>50%，二恶烷10%，乙醇3%。对空气和水稳定，无腐蚀性。

毒　　性 大鼠急性经口LD_{50}为494～841mg/kg，大鼠急性经皮LD_{50}>600mg/kg，对兔皮肤无刺激。用含16mg/kg的饲料喂养大鼠3个月，无中毒现象。对蜜蜂无毒。

剂　　型 可湿性粉剂。

除草特点 通过植物的根和叶部被吸收，抑制希尔反应。

适用作物 与利谷隆的混剂(Bronox)用于马铃薯田，与西玛津的混剂(Remtal)用于豌豆田，亦可用于大豆、洋葱、花生、烟草、胡萝卜、菜豆田。

防除对象 可防除多种田间主要杂草，如马唐、牛筋草、马齿苋、繁缕、狗尾草、看麦娘等。

应用技术 用量通常为100～300g/亩(有效成分)，于播后苗前喷雾。

开发登记 1958年由H. Gysin等报道除草活性，1960年由J. R. Geigy S. A. (现为Novartis Crop Protection AG)研制，1972年由Fisons(现为Shering Agrochemical Ltd.)公司商品化。

扑灭通 prometon

其他名称 G31435。

化学名称 2-甲氧基-4,6-双(异丙氨基)-1,3,5-三嗪。

结 构 式

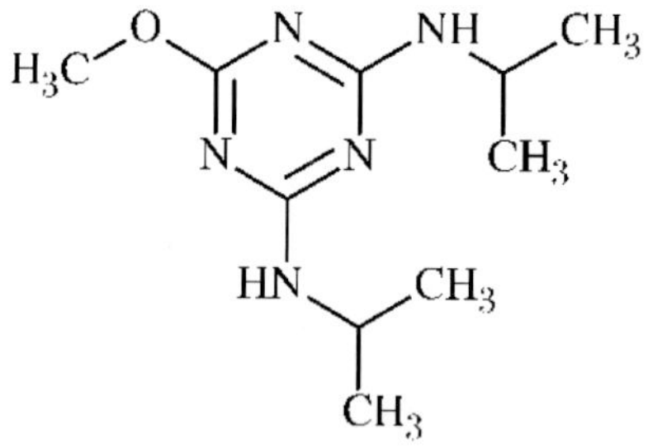

理化性质 纯品为无色粉末，熔点91～92℃。蒸气压0.306MPa(20℃)；溶解度(20℃)：水中620mg/L，丙酮中300g/L，二氯甲烷中350g/L，甲醇中600g/L，辛醇中150g/L，甲苯中250g/L。20℃下，在中性、碱性或弱酸性介质中对水解稳定。

毒　　性 大鼠急性经口LD_{50}3 000mg/kg。兔急性经皮LD_{50}>2 000mg/kg，对兔眼睛无刺激，对皮肤有轻微刺激。大鼠急性吸入LC_{50}>3.26mg/L空气。大鼠90d饲养无作用剂量为5.4mg/(kg·d)。

剂　　型 80%可湿性粉剂、25%乳油。

应用技术 非选择性除草剂。用于防除非耕地中一年生和多年生阔叶杂草，禾本科杂草和灌木丛，用80%可湿性粉剂825g～1 650g/亩，对水40～50kg喷雾。也可用在沥青铺路前使用。

开发登记 1960年由H. Gysin等报道除草活性，由Ciba-Geigy Ag公司开发。

西玛通 simeton

其他名称 G30044。

化学名称 N^2,N^4-二乙基-6-甲氧基-1,3,5-三嗪-2,4-二胺。

结 构 式

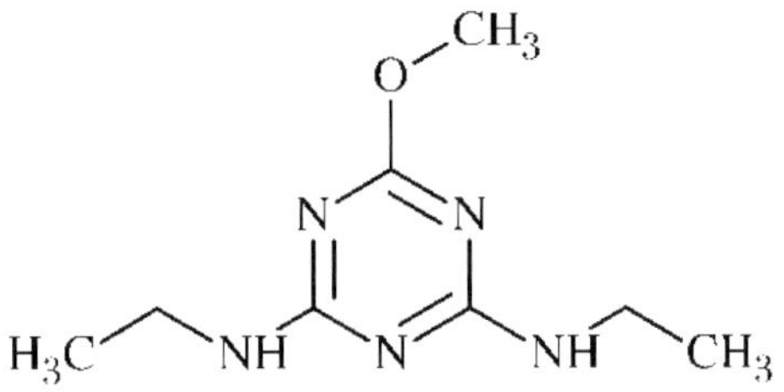

$$\mathrm{2,4\text{-}bis(CH_3CH_2NH)\text{-}6\text{-}OCH_3\text{-}1,3,5\text{-}triazine}$$

应用技术 芽前或芽后除草剂。

开发登记 1966年由J. R. Geigy S. A. (现为Ciba-Geigy)公司开发。

叠氮净 aziprotryne

其他名称 C7019；Mesoranil；Brasoran。

化学名称 2-叠氮基-4-异丙氨基-6-甲硫基-1,3,5-三嗪。

结 构 式

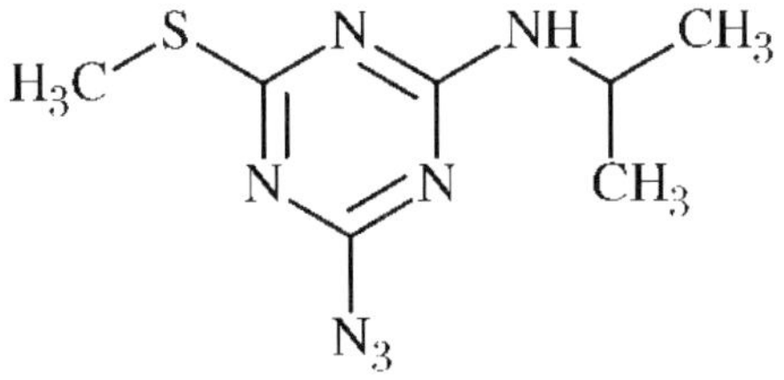

$$\mathrm{2\text{-}N_3\text{-}4\text{-}(CH_3)_2CHNH\text{-}6\text{-}H_3CS\text{-}1,3,5\text{-}triazine}$$

理化性质 无色无臭结晶粉末，熔点95℃，在20℃时的蒸气压为0.267MPa，室温下在水中的溶解度为75mg/L。

毒　　性 急性口服LD_{50}雌大鼠为3 600~5 833mg/kg，家兔为1 800mg/kg。0.5g工业品对家兔皮肤不引起刺激作用。对大鼠和犬90d饲喂无作用剂量＞50mg/kg。对野鸭和北美鹑的5d饲喂试验表明LD_{50}＞10g/kg，对鱼有毒。

剂　　型 50%可湿性粉剂。

除草特点 选择性内吸传导性，不但对于根部，对叶面也有活性。在土壤中持效期30～35d。

适用作物 玉米、大豆、豌豆、向日葵、花生、菜豆、洋葱，很适用于十字花科(如油菜、花椰菜等)。

防除对象 种子繁殖的1年生阔叶杂草和禾本科杂草。

应用技术 作物播后苗前或苗后均可使用(甘蓝等可芽前施药，也可在移栽后使用，豌豆等可在杂草1～3叶期施药)，用50%可湿性粉剂120～240g/亩，对水40～50kg喷雾。

开发登记 1967年由Ciba AG推广，获有专利BP1093376、FP1537312，曾由D. H. Green等作过报道。

敌草净 Desmetryn

其他名称 G 34360；Semeron；Samuron；Topusyn；Desmetryne。

化学名称 2-异丙胺基-4-甲胺基-6-甲硫基-1,3,5-三嗪。

结 构 式

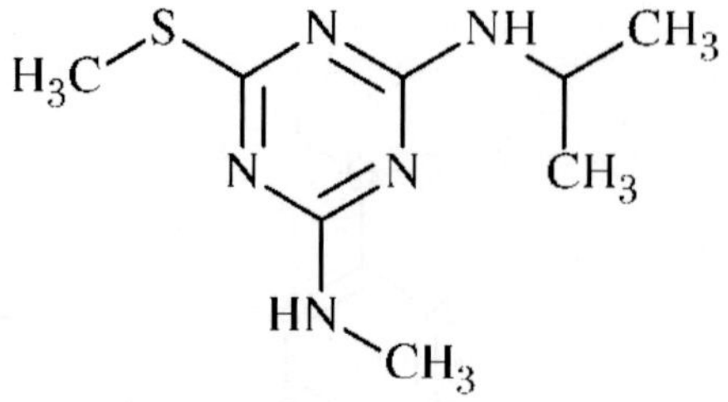

理化性质 白色结晶固体，熔点84～86℃，蒸气压0.133MPa(20℃)，密度为1.172(20℃)。室温下在水中的溶解度是580mg/L，甲醇中300g/kg，丙酮中230g/kg，甲苯中200g/kg，己烷中2.6g/kg，易溶于有机溶剂。在中性、微酸或微碱性介质中稳定，在正常剂量下使用时能与大多数农药和肥料混合使用，无腐蚀性。

毒　　性 大鼠急性口服LD_{50}为1 390mg/kg，小鼠急性口服LD_{50}为1 750mg/kg，大鼠急性经皮LD_{50}为2g/kg，对兔皮肤和眼睛无刺激。大鼠急性吸入LC_{50}(1h)＞1 563mg/m^3，90d饲喂试验无作用剂量，大鼠为20mg/kg饲料[1.5mg/(kg・d)]，犬为200mg/kg饲料[6.6mg/(kg・d)]。对人的ADI为0.007 5mg/kg。日本鹌鹑LC_{50}(8d)＞10g/kg，虹鳟鱼LC_{50}(96h)为2.2mg/L，普通鲤鱼为37mg/L。对蜜蜂无毒，LD_{50}(经口)＞197μg/头蜜蜂，LD_{50}(局部)＞10μg/只蜜蜂。蚯蚓LC_{50}(14d)为160mg/kg土壤，水蚤LC_{50}(48h)为45mg/L。

剂　　型 25%可湿性粉剂。

除草特点 内吸传导性，该药系选择性芽后除草剂，通过根和叶输导，在土壤内持效性短。在十字花科作物中能有效防除藜属、滨藜属和其他阔叶和禾本科杂草。

适用作物 油菜等十字花科作物及玉米、水稻、大豆等。

防除对象 1年生杂草，对阔叶杂草特别是藜属、滨藜属的防效优于禾本科杂草。

应用技术 用25%可湿性粉剂120～240g/亩，对水40～50kg于作物播后苗前施用，水稻秧田在秧苗2～3叶期，移栽田在栽后10d左右用药。

开发登记 1964年J. R. Geigy S. A. (现为Novartis Crop Protection AG)推广，获有专利CH337019、GB814948。

异戊乙净 dimethametryn

其他名称 C18898；戊草净；二甲丙乙净。

化学名称 2-(1,2-二甲基丙胺基)-4-乙胺基-6-甲硫基-1,3,5-三嗪。

结 构 式

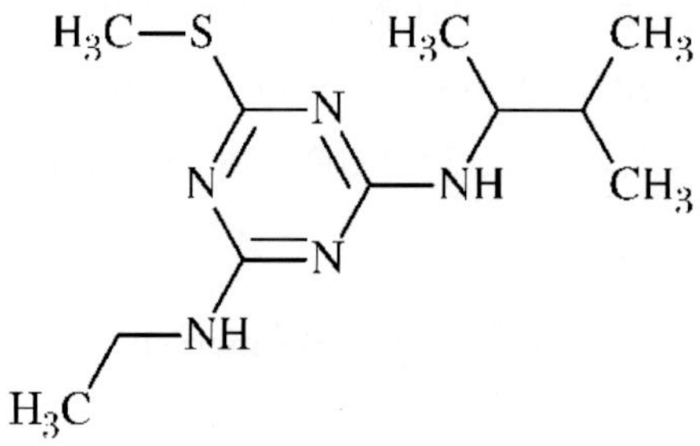

理化性质 油状液体，熔点65℃，沸点151～153℃(6.67Pa)。蒸气压0.186MPa(20℃)，密度为1.098(20℃)。20℃时在水中的溶解度为50mg/L，丙酮中650g/L，二氯甲烷中800g/L，己烷中60g/L，甲醇中700g/L，辛醇中

350g/L，甲苯中600g/L。70℃下28d(5≤pH≤9)无明显分解。

毒　　性 大鼠急性口服LD_{50}为3g/kg，急性经皮LD_{50} > 2 150mg/kg。对兔皮肤无刺激，对兔眼有轻微刺激。大鼠急性吸入LC_{50}(4h) > 5.4g/m^3。

除草特点 通过根、胚芽鞘和叶被幼小植物所吸收。

防除对象 禾本科杂草和阔叶草。用于稻田中的选择性除草剂，对单子叶和双子叶杂草都可防除。

应用技术 常与2, 4-滴异丙酯或哌草磷混用，它与哌草磷的混剂叫威罗生，在移栽水稻田用量60 ~ 120g(有效成分)/亩，在直播水稻田用量130 ~ 160g(有效成分)/亩。

开发登记 1969年由汽巴-嘉基公司(现为Novartis Crop Protection AG.)作为试验性除草剂推广，获有专利Swiss P485410、BP1191585、BE714992、USP3799925。

环丙青津

其他名称 CGA-18762；Cycle；procyazine。

化学名称 2-[[4-氯-6-环丙氨基-1,3,5-三嗪-2-基]氨基]-2-甲基丙腈。

结 构 式

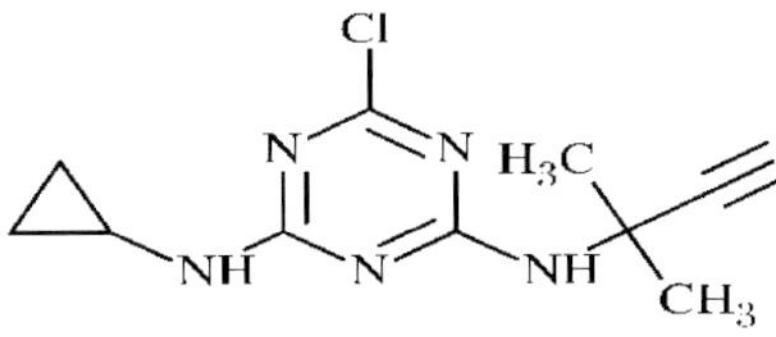

理化性质 无臭白色结晶，熔点168℃；20℃在水中溶解度300mg/L，在己烷中50mg/L，在苯中16.13%，在二氯甲烷中10.25%，在甲醇中12.5%。

毒　　性 急性口服LD_{50}大鼠290mg/kg，兔急性经皮LD_{50} >3g/kg(80%可湿性粉剂)。

剂　　型 80%可湿性粉剂。

除草特点 内吸传导型除草剂。

适用作物 玉米。

防除对象 防除大多数1年生禾本科杂草与阔叶杂草，如多花黑麦草、田菊、谷子、白芥、马唐等。

应用技术 播后苗前或苗后都可用药。

开发登记 1974年Ciba-Geigy研制。

灭莠津 mesoprazine

其他名称 CGA4999。

化学名称 2-氯-4-异丙氨基-6-(3-甲氧基丙氨基) -1,3,5,-三氮苯。

结 构 式

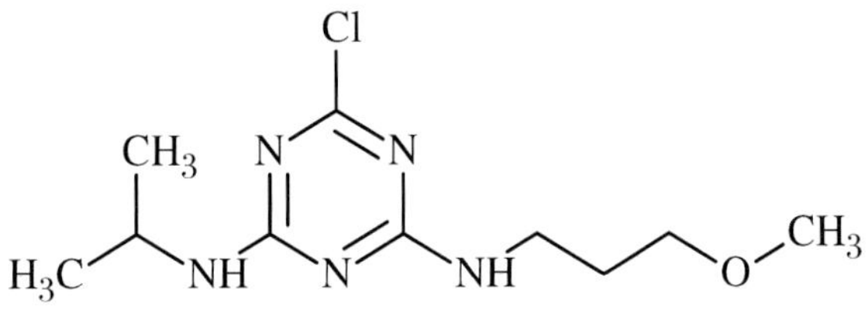

理化性质 结晶固体，熔点112 ~ 114℃。

应用技术 选择性除草剂，也可作棉花脱叶剂，通过脱水加速成熟，改善马铃薯的储存性能和延长收获期等用途。

另丁津 sebuthylazine

其他名称 GS-13528。

化学名称 2-氯-4-乙胺基-6-另丁胺基-1,3,5-三嗪。

结 构 式

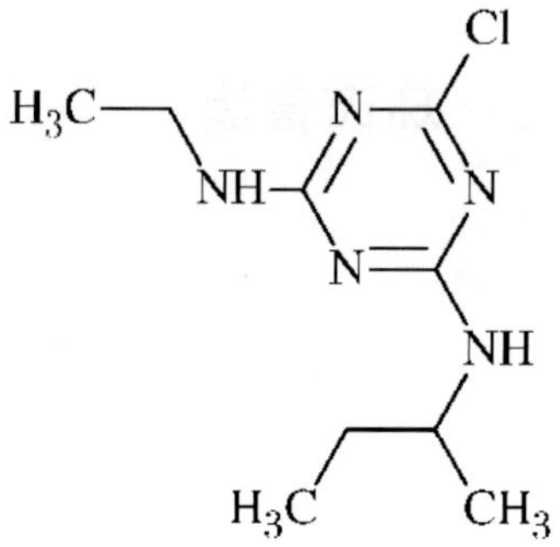

Cl
H_3C N
NH N
N
NH
H_3C CH_3

毒　　性 大鼠急性口服LD_{50}为2 900mg/kg。

防治对象 在玉米、棉花、大豆中使用的芽前和芽后除草剂，防除1年生阔叶和禾本科杂草。

使用方法 用量为66 ~ 133g(有效成分)/亩于作物播后苗前做土壤处理。

开发登记 Ciba-Geigy公司开发。

仲丁通 secbumeton

其他名称 Gs14254。

化学名称 2-另丁基氨基-4-乙氨基-6-甲氧基-1,3,5-三嗪。

结 构 式

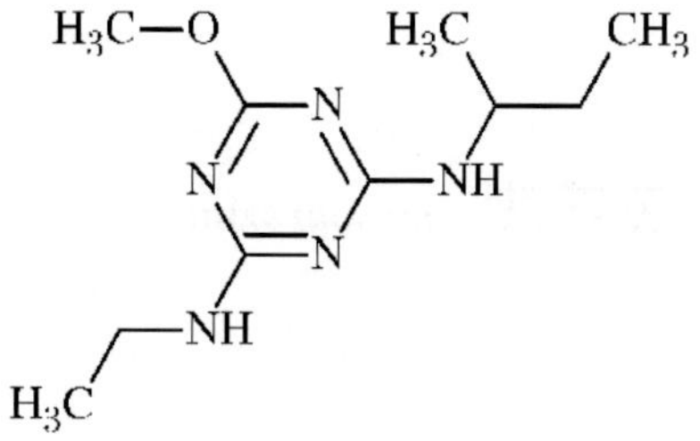

H_3C—O H_3C CH_3
N
N NH
N
NH
H_3C

理化性质 纯品为白色粉末，熔点86 ~ 88℃，20℃时蒸气压0.097MPa。25℃时水溶度为620mg/L，易溶于有机溶剂，在中性、弱酸及弱碱性介质中稳定，在强酸或强碱性介质中水解为无除草活性的6-羟基衍生物。

毒　　性 原药大鼠急性口服LD_{50}为2 680mg/kg，对野鸭及北美鹌鹑低毒。

剂　　型 50%可湿性粉剂，及与西玛津、莠灭净、特丁津的混合制剂。

除草特点 内吸传导型除草剂。通过根、叶吸收，随蒸腾流传导，抑制植物的光合作用。

防除对象 多数1年生和多年生杂草。

应用技术 用50%可湿性粉剂60～180g/亩，在苜蓿休眠期喷雾，甘蔗在植后用50%可湿性粉剂400～600/亩喷雾，可防除1年生禾本科及双子叶杂草，与特丁津混用可用于非选择性除草，与莠灭净的混剂可用于甘蔗和菠萝。

注意事项 本品及上述混剂残效期可达数年，应用时应特别注意对后茬作物的影响。

开发单位 1961年由瑞士汽巴-嘉基(Ciba-Geigy)公司开发。

特丁通 terbumeton

其他名称 GS14259；Caragard。

化学名称 2-特丁基氨基-4-乙氨基-6-甲氧基-1,3,5-三嗪。

结构式

H_3C O N NH CH_3 N N H_3C CH_3 HN CH_3

理化性质 纯品为无色固体，熔点123～124℃，密度1.08(20℃)。20℃时蒸气压为0.27MPa。溶解度(20℃)：水中130mg/L，丙酮中130g/L，甲苯中110g/L，甲醇中220g/L，二氯甲烷中360g/L，辛醇中90g/L，溶于有机溶剂。在微酸或微碱性介质中稳定，在强酸或强碱性介质中水解为无除草活性的2-特丁氨基-4-乙氨基-6-羟基-1, 3, 5-三嗪。水解DT_{50}(20℃)(计算值)29d(pH1)，1.6年(pH13)。

毒性 原药大鼠急性口服LD_{50}为651mg/kg，小鼠急性经口 LD_{50}为2 343mg/kg。大鼠急性经皮LD_{50}为3 170mg/kg，对大鼠皮肤无刺激，对兔眼睛有轻微刺激。大鼠急性吸入LC_{50}(4h)>10mg/L。饲喂试验无作用剂量为：大鼠(2年)为7.5mg/(kg·d)，小鼠(18个月)25mg/(kg·d)，犬(13周)25mg/(kg·d)。对人的ADI为0.075mg/kg体重。鱼毒LC_{50}(96h)：虹鳟鱼14mg/L，斑点叉尾鮰10mg/L，蓝鳃30mg/L，欧洲鲫鱼30mg/L。对蜜蜂无毒，水蚤LC_{50}(48h)40mg/L，海藻LC_{50}为0.009mg/L。

剂型 50%可湿性粉剂、25%特丁通与25%特丁津的混合制剂。

除草特点 内吸传导型除草剂，通过根、叶吸收，随蒸腾流传导，抑制植物的光合作用。适用作物果园、森林、非耕地等，防治对象1年生和多年生杂草。

应用技术 常用药剂为25%特丁通与25%特丁津的混合制剂，施用剂量为0.3～0.6kg(有效成分)/亩，在杂草出苗后施药。

开发登记 1966年由A. Gast和E. Fankhauser等报道除草活性，由J. R. Geigy S. A. (现为Novartis Crop Protection AG)公司开发，获专利CH337019、GB814948。

甲氧丙净 methoprotryne

其他名称 G36393；Gesaran；Lumeton；盖草津。

化学名称 2-异丙氨基-4-(3-甲氧丙基氨基)-6-甲硫基-1,3,5-三嗪。

结构式

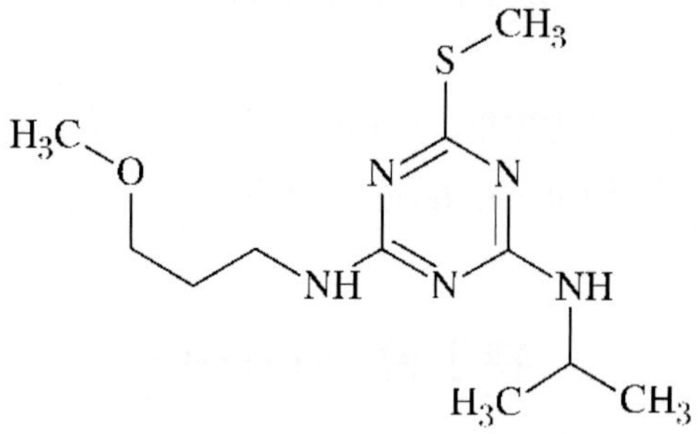

理化性质 熔点为68～70℃的结晶固体，20℃时的蒸气压为0.038MPa。室温下在水中的溶解度为320mg/L，溶于大多数有机溶剂。在通常状态下稳定，可与大多数其他农药混配，无腐蚀性。

毒　　性 大鼠急性口服LD_{50}＞5g/kg，对小鼠为2 400mg/kg。大鼠连续5d皮肤涂敷150mg/kg该药，无刺激与中毒症状，以60mg/(kg・d)对大鼠饲喂13周无毒害作用；而300mg/(kg・d)为临界值，对鱼低毒。

剂　　型 25%可湿性粉剂、与西玛津和mecoprop的混合制剂。

适用作物 小麦、大麦、玉米、亚麻、苜蓿等。

防除对象 早熟禾、扁蓄、卷茎蓼、繁缕、婆婆纳等1年生杂草。

应用技术 用25%可湿性粉剂200～400g/亩，于作苗后4～5叶或杂草芽前施用。

开发登记 1965年由J. R. Geigy S. A. 推广，获有专利Swiss P394704、BP927348、US3326914。

氰草净 cyanatryn

其他名称 WL63611；Aqualin；Aquafix。

化学名称 2-甲硫基-4-(1-氰基-1-甲基乙氨基)-6-乙氨基-1,3,5-三嗪。

结构式

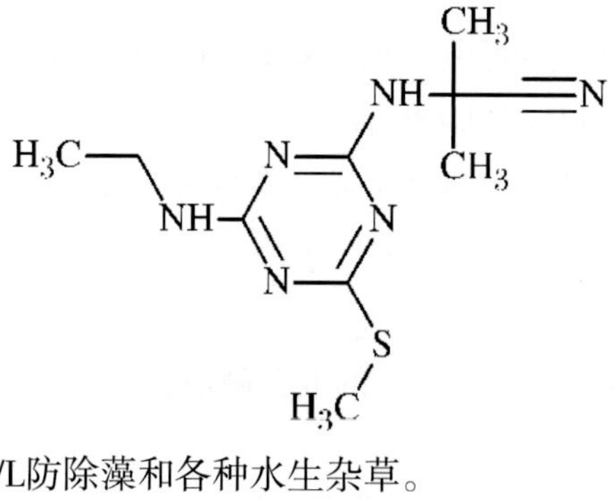

防除对象 以0.025～0.5mg/L防除藻和各种水生杂草。

抑草津 ipazine

其他名称 G30031；Gesabal。

化学名称 6-氯-N^2,N^2-二乙基-N^4-异丙基-1,3,5-三嗪-2,4-二胺。

结 构 式

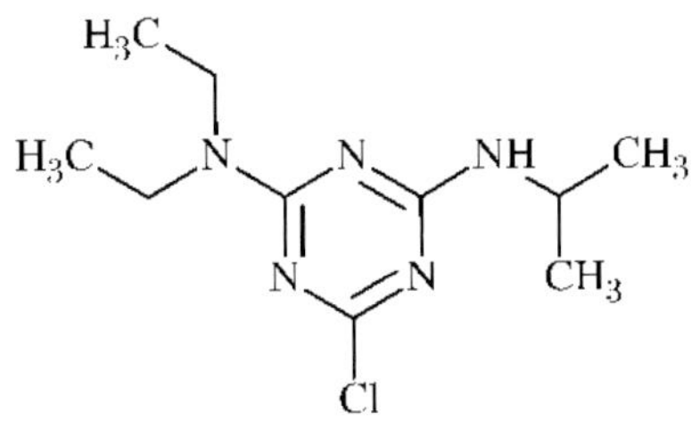

应用技术 芽后除草剂，在玉米、棉花田中防除禾本科杂草与1年生阔叶杂草。用量60 ~ 120g。

开发登记 由J. R. Geigy S. A. (现为Ciba–Geigy)公司开发。

可乐津 chlorazine

其他名称 G25804。

化学名称 6–氯–N^2, N^2, N^4, N^4–四乙基–1,3,5–三嗪–2,4–二胺。

结 构 式

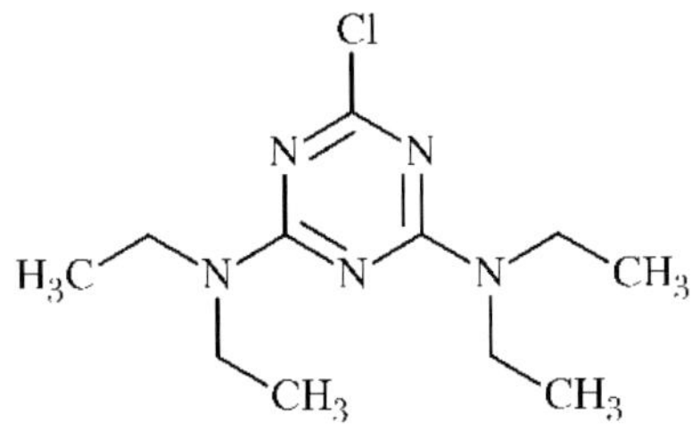

应用技术 芽前或芽后除草剂，可用于棉花、玉米、马铃薯等。

开发登记 由J. R. Geigy S. A. (现为Ciba–Geigy AG)公司开发。

莠去通 atraton

其他名称 G32293；Gestatamin。

化学名称 N^2–乙基–N^4–异丙基–6–甲氧基–1,3,5–三嗪–2,4–二胺。

结 构 式

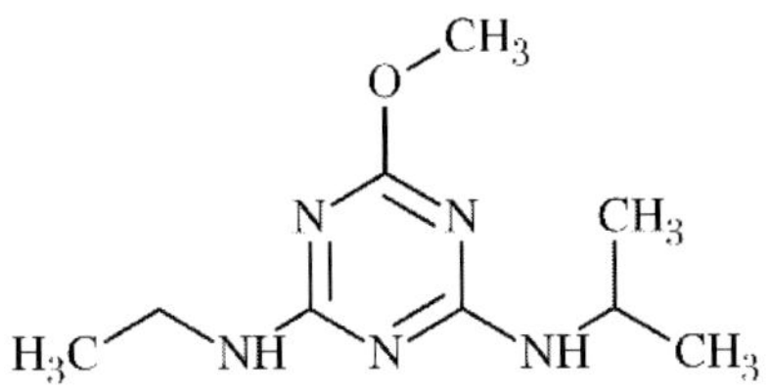

应用技术 芽前或芽后灭生或选择性除草。

开发登记 1958年由E. Knusli报道除草活性，由J. R. Geigy S. A .(现为Ciba–Geigy)公司开发。

灭草通 methometon

其他名称 34690。

化学名称 6-甲氧基-N^2,N^4-双(3-甲氧基丙基)-1,3,5-三嗪-2,4-二胺。

结构式

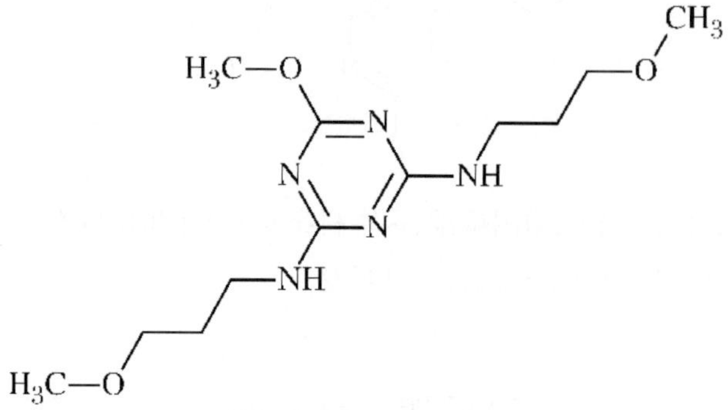

应用技术 内吸传导性除草剂。

开发登记 该产品由J. R. Geigy S. A. (现为Ciba-Geigy)公司开发。

甘草津 eglinazine

其他名称 MG-06。

化学名称 N-(4-氯-6-乙基氨基-1,3,5-三嗪-2-基)甘氨酸。

结构式

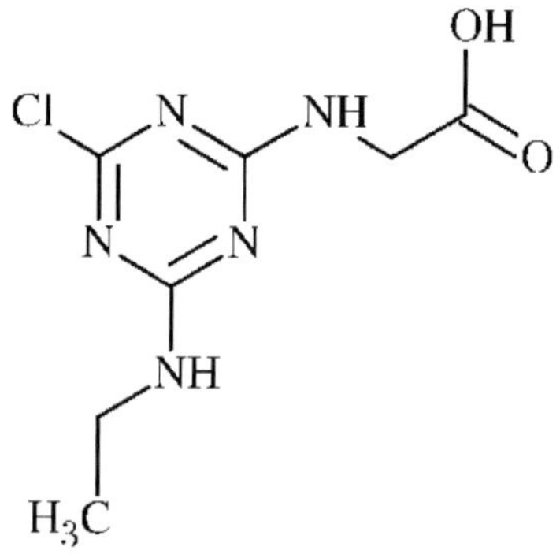

理化性质 纯酯为无色结晶；熔点228 ~ 230℃；蒸气压0.027MPa(20℃)。溶解度(25℃)：水中300mg/L；丙酮中200g/L；己烷中20g/L；甲苯中40g/L。在室温下，pH5~8时稳定，在加热时被酸、碱水解为对应的无除草活性的羟基三嗪。250℃下分解；对光稳定。土壤中DT_{50}为12 ~ 18d。TC级纯度约96%。

毒　　性 急性经口LD_{50}：大、小鼠 > 10 000mg/kg；大鼠和兔急性经皮LD_{50} > 10 000mg/kg；对皮肤或眼睛无刺激。豚鼠 > 3 375mg/kg。无明显的累积毒性。

剂　　型 50%可湿性粉剂。

应用技术 为选择性芽前除草剂，以200g/亩剂量防除禾谷类田中杂草，对淡甘菊特效。除草范围窄。

开发登记 乙酯、酸均由Nitrokemia Ipartelepek公司作为除草剂开发。

三聚氰酸 trihydroxytriazine

化学名称 1,3,5-三嗪-2,4,6-三醇。

结 构 式

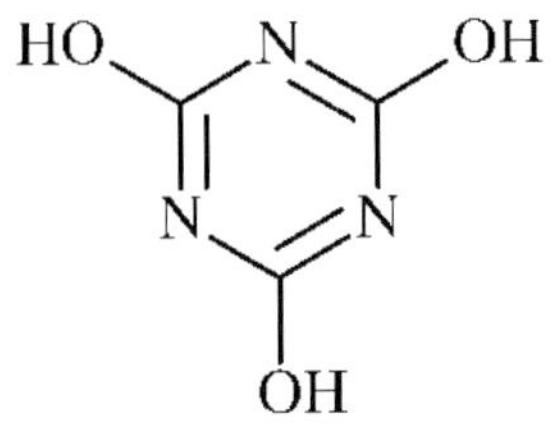

理化性质 白色结晶。约在330℃解聚为氰酸和异氰酸。从水中析出者含有2分子结晶水，相对密度1.768(0℃)，在空气中失去水分而风化；从浓盐酸或硫酸中析出者为无水结晶。1g能溶于约200ml水，无气味，味微苦。该品还以酮式(或异氰尿酸)形式存在。图中所示的两个结构间来回变换(互变异构)。三羟基的互变异构体通常具有芳香性而会主导。

Indaziflam

化学名称 N–[(1R, 2S)–2,3–二氢–2,6–二甲基–1H–茚–1–甲基]–6–(1–氟代乙基)–1,3,5–三嗪–2,4–二胺。

结 构 式

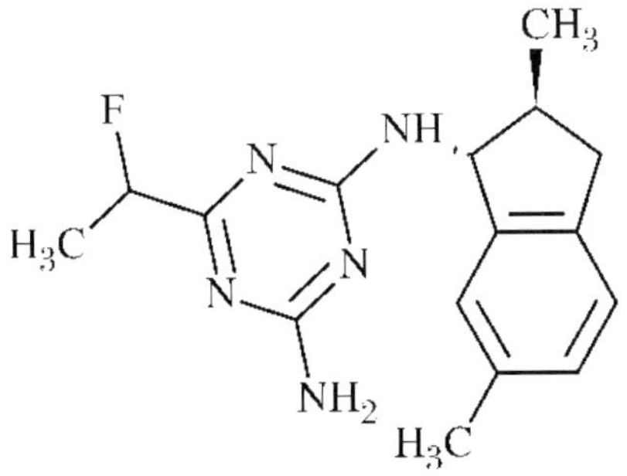

适用作物 indaziflam是一个烷基嗪除草剂，用于草坪、观赏植物和植被管理，防除一年生杂草，如马唐、猪殃殃、1年生早熟禾和65种其他1年生禾本科杂草，以及宽叶杂草。用于水果，葡萄树，橄榄，坚果和非作物应用。

除草特点 Indaziflam抑制细胞壁生物合成，并作用于分生组织的细胞生物合成。是一种长效除草剂，可以影响杂草种子发芽。

应用技术 推荐的使用量为1.6～6.6g/亩，作一次性，或在春、夏、秋季分开处理。据资料报道，在芽前或芽后早期使用，对防除1年生早熟禾特别有效。

开发登记 Indaziflam是由拜耳公司报道的三嗪类除草剂。

四、磺酰脲类除草剂

(一)磺酰脲类除草剂的主要特性

磺酰脲类除草剂的开发始于20世纪70年代末期。70年代初，美国杜邦公司的G. Levitt博士发现磺酰脲类化合物4–氰基苯基苯磺酰脲，在2kg/hm^{2}剂量下有弱的植物生长阻滞作用，于是将其作为先导化合物进行结构优化，合成了一系列该类化合物。发现由芳香基、磺酰脲桥和杂环3部分组成，其基本化学结构式在每一组分上取代基的微小变化都会导致生物活性和选择性的极大变化。杜邦公司在Levitt博士的指导下，经过不懈努力，终于在1978年研制出第一个磺酰脲类除草剂绿磺隆，并于1982年商品化。氯磺隆以极低用量进行芽前土壤处理或苗后茎叶处理，可有效地防治麦类与亚麻田大多数杂草。绿磺隆问世之后，除杜邦公司外，瑞士汽巴-嘉基、日本的石原产业、日产化学、武田、德国拜耳、美国氰胺等农药公司和韩国化学研究所、我国南开大学元素有机化学研究所等也进行了该类除草剂的研制和开发。甲磺隆、甲嘧磺隆、氯嘧磺隆、苯磺隆、噻磺隆、苄嘧磺隆等一系列产品随后相继问世，目前，已商品化40多个品种，他们分别用于小麦、水稻、玉米、大豆、油菜、甜菜、甘蔗、草坪等。其中苄嘧磺隆、烟嘧磺隆、氟嘧磺隆和噻磺隆4种产品的销售额分别为2.6亿、1.5亿、1.5亿和1.3亿美元。随着存在环境问题除草剂的淡出市场，磺酰脲类除草剂得到了快速的发展，目前，在世界农药市场中占有举足轻重的重要地位。

10%苄嘧磺隆可湿性粉剂于1986年登记注册，目前国内获准登记磺酰脲类除草剂20多种，分别为苯磺隆、醚磺隆、噻磺隆、乙氧磺隆(太阳星)、苄嘧磺隆、吡嘧磺隆、烟嘧磺隆、砜嘧磺隆(宝成)、甲嘧磺隆(傲杀、森草净)、单嘧磺隆、啶嘧磺隆、酰嘧磺隆(好事达)、四唑嘧磺隆(康利福)、环丙嘧磺隆(金秋)、甲酰氨基嘧磺隆(康施他)、甲基二磺隆(世玛)、甲基碘磺隆等。苄嘧磺隆国内1990年登记生产，现有原药厂家25个，混剂产品285个。氯嘧磺隆国内1992年登记生产，现有原药厂家8个，混剂产品31个。苯磺隆国内1992年开始，现有原药厂家14个，混剂产品95个。噻磺隆国内1997年登记生产，现有原药厂家6个，单剂152个、混剂15个。甲磺隆、绿磺隆国内1992年登记生产，现有原药厂家75个，混剂104个。另外，国产的品种还有单嘧磺隆、醚磺隆、甲嘧磺隆等。

磺酰脲类除草剂主要特性：活性极高，每公顷用药量以克计，属于“超高效”农药品种。杀草谱广，每个品种除草谱差别较大。选择性强，该类化合物的选择性主要靠生物化学选择性。每个品种均有相应的适用作物和除草谱，对作物高度安全、对杂草高效。使用方便，该类药剂可以为杂草的根、茎、叶吸收，既可以土壤处理，也可以进行茎叶处理。磺酰脲类除草剂对植物的主要作用靶标是乙酰乳酸合成酶。导致支链氨基酸异亮氨酸与缬氨酸缺乏，结果使细胞周期停滞于G_1和G_2阶段而使根生长受抑制，因此，它是细胞周期的特殊除草剂。这类药既不影响细胞伸长，也不影响种子发芽及出苗，其高度专化效应是抑制植物细胞分裂，使植物生长受抑制。植物受害后产生偏上性生长，幼嫩组织失绿，有时显现紫色或花青素色，生长点坏死、叶脉失绿、植物生长严重受抑制、矮化、最终全株枯死。该类除草剂作用迅速，杂草受害后生长迅速停止，而杂草全株彻底死亡所需时间较长。磺酰脲类除草剂易于发生酸性水解，水解途径包括磺酰脲桥的裂解和杂环上取代基的亲核取代反应，其水解的速度和机制主要取决于化合物本身的结构，酸和土壤中的某些无机离子能催化水解反应的进行，水解速度随pH值的降低和温度的升高及一定范围内湿度的增加而加速。磺酰脲类除草剂在弱碱性环境下水解缓慢，而强碱条件下的水解速度较快。对哺乳动物安全，在环境中易分解而不积累，部分品种在土壤中的持效期较长，可能会对后茬作物产生药害。

(二)磺酰脲类除草剂的作用原理

1. 吸收传导

磺酰脲类除草剂可以通过植物的根、茎、叶吸收，在体内向下和向上传导，茎叶处理时，掉落于土壤中的药液雾滴仍能不断地被植物吸收而长期发挥除草作用。

2．作用部位

磺酰脲类除草剂是植物生长的快速抑制剂，在它的影响下一些植物产生偏上性生长，幼嫩组织失绿，有时显现紫色或花青素色，生长点坏死、叶脉失绿、植物生长严重受抑制、矮化、最终全株枯死。

这类药既不影响细胞伸长，也不影响种子发芽及出苗，其高度专化效应是抑制植物细胞分裂，而对细胞的膨大影响较小，对植物细胞分裂不是通过抑制植物细胞的有丝分裂而起作用，而是对植物细胞有丝分裂之前的若干必经阶段产生抑制作用，从而导致细胞有丝分裂指数下降，使植物生长受抑制。

3．作用机制

生物化学或遗传学的研究都证明，乙酰乳酸合成酶是磺酰脲类除草剂对植物的主要作用部位。

磺酰脲类除草剂绿磺隆与甲基绿磺隆通过抑制缬氨酸与异亮氨酸生物合成而对植物发生作用，它们的这种抑制作用与其对乙酰乳酸合成酶的抑制有直接的联系，这种酶催化此两种氨基酸生物合成过程的第一阶段，此酶对磺酰脲类除草剂很敏感。绿磺隆抑制乙酰乳酸合成酶活性，导致异亮氨酸与缬氨酸缺乏，结果使细胞周期停滞于G_1和G_2阶段而使根生长受抑制，因此，它是细胞周期的特殊除草剂。

4．选择性

磺酰脲类除草剂对作物与杂草的选择性与植物对药剂的吸收和传导无关，而与其在植物体内的代谢作用速度密切相关。

5．磺酰脲类除草剂的降解与消失

磺酰脲类除草剂用量极低，此外，这类除草剂在土壤中降解比较迅速，并在非生物体内不进行生物积累，因而，它们是对环境较安全的一类除草剂。

绿磺隆在人工光照下稳定，1个月内，它在干燥植物表面仅分解30%，在干土表面分解15%，而在水溶液中则光解90%。磺酰脲类除草剂易于水解，溶液pH值对水解的影响很大，它们在酸性溶液中不稳定，极性溶剂如甲醇、丙酮也能促进水解。

在现有除草剂中，磺酰脲类除草剂是在土壤中吸附作用小、淋溶性强的一类化合物。绿磺隆对植物的毒性作用与土壤有机质含量负相关，而与黏粒含量无明显相关性，这说明它与土壤黏粒的亲和性低。

磺酰脲类除草剂在土壤中主要通过酸催化的水解作用及微生物降解而消失，光解与挥发是次要的过程；温度、pH值、土壤湿度及有机质对水解与微生物降解均有很大影响，特别是pH值的影响，pH值上升水解速度下降。不同地区以及不同土壤类型、降雨量及pH值的差异，导致其降解速度不同，因而在不同土壤中的残留及持效期具有较大的差异。

磺酰脲类除草剂各品种在土壤中的持效期差异很大。不同品种在土壤中的持效期是：绿磺隆＞嘧磺隆≌甲磺隆≌醚苯磺隆≌绿嘧磺隆＞噻磺隆≌苯磺隆。

绿磺隆是磺酰脲类除草剂中持效期最长的一个品种，如在美国中部大平原每公顷用量35g，其土壤持效期长达518 ± 30d，施药后第三年仍伤害玉米、向日葵等，但在有机质含量中等、pH值低的土壤，每公顷用药量高达68g也不伤害下茬作物；美国联邦法律规定，绿磺隆每公顷极限用量为26g。我国黑龙江及江苏省大面积应用结果表明，麦田每公顷用量15g，对后作水稻、春玉米、春大豆等明显影响。

6．磺酰脲类除草剂的应用

该类除草剂杀草谱广，不同品种适用于不同作物，具有较高的选择性。

醚苯磺隆、苯磺隆和噻磺隆是防除麦田杂草的除草剂品种，小麦、大麦和黑麦等对它们具有较高的耐药性，可以用于小麦播后芽前、出苗前及出苗后。其中的苯磺隆和噻磺隆在土壤中的持效期短，一般推荐在作物出苗后至分蘖中期、杂草不超过10cm高时应用。这些品种可用于麦田防除多种阔叶杂草，对部分禾本科杂草出苗有一定的抑制作用。

苄嘧磺隆、吡嘧磺隆和醚磺隆是稻田除草剂，可以有效防除莎草和多种阔叶杂草。氯嘧磺隆可以用于豆田防除多种1年生阔叶杂草。烟嘧磺隆可以用于玉米田防除多种1年生和多年生禾本科杂草和一些阔叶杂草。氟嘧磺隆可以用于油菜田防除多种阔叶杂草和部分禾本科杂草。甲嘧磺隆主要用于林地防除多种杂草。

空气湿度与土壤含水量是影响磺酰脲类除草剂药效的重要因素，一般来说，空气湿度高、土壤含水量大时除草效果相对较好。在同等温度条件下，空气相对湿度为95%～100%时药效大幅度提高；施药后降雨会降低茎叶处理除草剂的杀草效果。对于土壤处理除草剂，施药后土壤含水量高比含水量低时的除草效果高；施药后土壤含水量比施药前含水量高时更能提高除草效果。磺酰脲类除草剂在土壤中的差异性较大，一般的持效期为4～6周，在酸性土壤的持效期相对较短，而在碱性土壤中持效期相对较长。

磺酰脲类除草剂可与其他多种除草剂混合使用。考虑到绿磺隆麦田应用后对后茬作物的安全性以及防止杂草产生抗药性，宜将其与2, 4–滴或二甲四氯混用。非离子表面活性剂能提高磺酰脲类除草剂茎叶处理的活性；硝酸盐等一些无机盐能促进阔叶杂草对绿磺隆的吸收与传导，从而提高防治效果。

（三）磺酰脲类除草剂的主要品种

绿磺隆 chlorsulfuron

其他名称 嗪磺隆。

化学名称 3–(4–甲氧基–6–甲基–1,3,5–三嗪–2–基)–1–(2–氯苯基)磺酰脲。

结 构 式

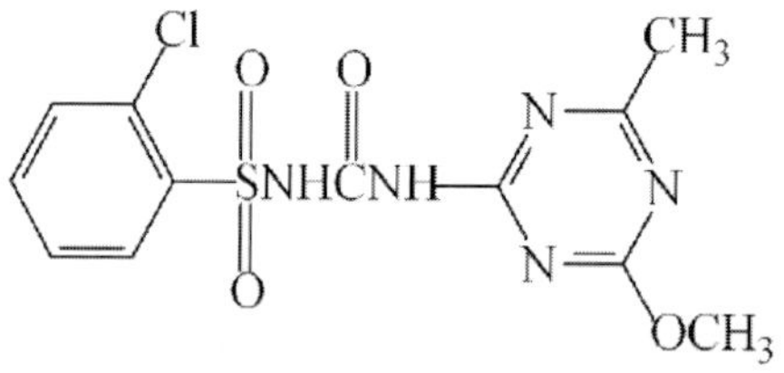

理化性质 白色晶状固体，熔点174～178℃。

毒　　性 雌大鼠急性经口LD_{50}为6 293mg/kg。

剂　　型 10%可湿性粉剂、20%可湿性粉剂。

除草特点 绿磺隆为选择性除草剂，可为植物的根、茎、叶吸收，并迅速传导。通过抑制侧链氨基酸的生物合成，阻止细胞分裂，使敏感植物停止生长，受药后杂草生长停止、失绿、叶脉褪色、顶芽枯死直至坏死。而小麦和大麦等耐药作物能很快使绿磺隆代谢为无害物质。在碱性土壤中残效期可达8个月以上。

适用作物 麦类。

防除对象 绝大多数阔叶杂草，如碎米荠、荠菜、大巢菜、繁缕、苋、藜、猪殃殃、扁蓄、蓼等；也能防治部分禾本科杂草(看麦娘、硬草等)；对阔叶杂草的效果比禾本科杂草防效好。

应用技术 作物播前、播后苗前土壤处理，苗后茎叶处理。麦类作物的各生长时期都对本药具有高度的抗性。但以小麦播后7～15d、麦苗1～2叶期施药的效果最高，此时用药，以看麦娘为主的禾本科杂草处于立针期，猪殃殃、繁缕等阔叶杂草处于萌发出土高峰期，抗药性弱，可获总体最佳除草效果；而播前或播后芽前施药，药害严重，且因杂草尚未出土，总体防效下降，对阔叶杂草防效更差。麦苗3叶期以上施药，看麦娘草龄偏大，防效显著下降。

注意事项 国内已禁用。小麦播前施药，种子接触药剂，会严重影响出苗；小麦播后芽前田面施药，对露籽出苗仍有显著影响。由于绿磺隆活性高，在土壤中的残留期达8个月以上，对后茬作物大豆、棉花有影响。对甜菜、玉米、油菜、菜豆、豌豆、芹菜、洋葱、棉花、辣椒、胡萝卜、苜蓿等作物有药害。因此，该药在旱地应禁用、在碱性土壤上应慎用。绿磺隆在土壤中持效期长、且有累积的作用，为此，国内外限定只能用于小麦连作的地块。

开发登记 江苏省激素研究所股份有限公司、江苏常隆化工有限公司等企业曾登记生产。

甲磺隆 metsulfuron-methyl

其他名称 合力；甲氧嗪磺隆。

化学名称 3-(4-甲氧基-6-甲基-1,3,5-三嗪基-2-基)-1-(2-甲氧基甲酰基苯基)磺酰脲。

结构式

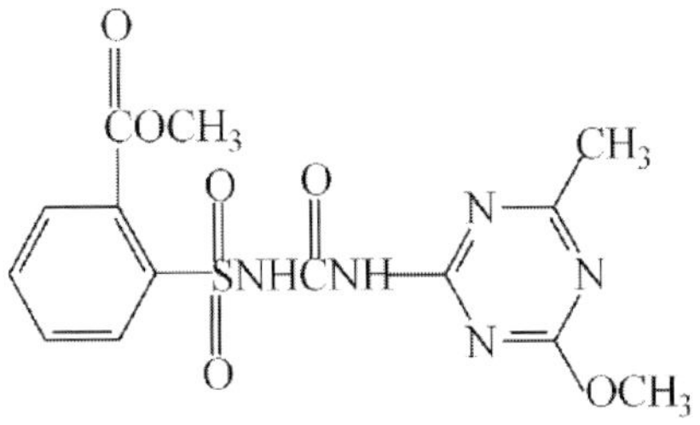

理化性质 无色晶体(原药灰白色固体，略带酯味)，熔点158℃。140℃以下在空气中稳定，25℃时中性和碱性介质中稳定。

毒　　性 大鼠急性经口LD_{50} > 5 000mg/kg，大鼠急性经皮LD_{50} > 2 000mg/kg。

剂　　型 20%可湿性粉剂、10%可湿性粉剂、60%可湿性粉剂、20%水分散粒剂、60%水分散粒剂、20%可溶粒剂。

除草特点 选择性内吸传导型除草剂，可为植物根、茎叶吸收，施药后数小时内迅速抑制根和幼芽顶端生长，植株变黄，组织坏死，14～21d全株枯死。在土壤中主要靠水解和微生物降解，持效期较长。

适用作物 麦类。

防除对象 可以有效防除多种阔叶杂草和部分1年生禾本科杂草，对堇菜属、蓼属杂草、播娘蒿、荠菜、碎米荠、牛繁缕等效果突出；对看麦娘等也有效；对猪殃殃、婆婆纳等效果相对较差。

应用技术 在麦类和杂草苗前、苗后均可施药；防除播娘蒿、荠菜、牛繁缕、婆婆纳等杂草，应掌握在早期，阔叶杂草2～3 叶期施药；防除看麦娘为主的杂草，应掌握在小麦2叶期，看麦娘立针期至2叶期施药。以10%可湿性粉剂10～20g/亩，加水25～30kg配成药液，均匀喷雾。

注意事项 甲磺隆残留期长，国内已禁用。国内生产的产品仅用于出口。

开发登记 辽宁省沈阳丰收农药有限公司等企业登记生产。

苄嘧磺隆 bensulfuron-methyl

其他名称 农得时；稻无草；苄磺隆。

化学名称 3-(4,6-二甲氧基嘧啶-2-基)-1-(2-甲氧基甲酰基苄基)磺酰脲。

结构式

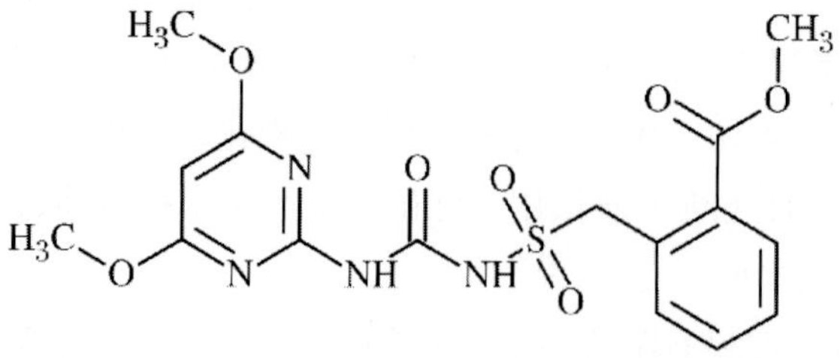

理化性质 白色略带浅黄色无味固体，熔点185～188℃。在微碱性溶液中(pH=8)最稳定，在酸性溶液中缓慢分解。

毒　　性 大鼠急性经口LD_{50}＞5 000mg/kg。

剂　　型 10%可湿性粉剂、30%可湿性粉剂、32%可湿性粉剂、60%可湿性粉剂、30%水分散粒剂、60%水分散粒剂、0.5%颗粒剂、5%颗粒剂、1.1%水面扩散剂。

除草特点 选择性内吸传导型除草剂，水稻能代谢成无毒化合物，对水稻安全，对环境安全。有效成分可在水中迅速扩散，为杂草根部和叶片吸收转移到杂草各部，能抑制敏感杂草的生长，症状为幼嫩组织失绿、叶子萎蔫死亡，同时根生长发育也受抑制。

适用作物 秧田、本田、直播田水稻、小麦。

防除对象 可以防除1年生和多年生阔叶杂草、莎草科杂草，如鸭舌草、眼子菜、节节菜、陌上菜、牛毛毡、异型莎草、水莎草、碎米莎草、萤蔺、扁秆藨草、播娘蒿、荠菜、碎米荠菜、猪殃殃等；对矮慈姑、稗草主要起抑制作用，对禾本科杂草防效差。

应用技术 水稻秧田和直播田，播种前或播种后20d内均可以施药，以播后杂草萌发初期施药防效最佳。防除1年生阔叶杂草和莎草，每亩用10%可湿性粉剂20～30g，对水30kg喷雾或混细潮土20kg撒施。施药时保持水层3～5cm，持续3～4d。

移栽田，在插秧前或插秧后20d内均可以施用，以插后5～7d内杂草萌发期施药最佳。水稻移栽后1d也可施药，除草效果最佳。因此在晚稻田施用苄嘧磺隆可以适当提早。施用10%可湿性粉剂10～15g/亩，对潮湿细土撒施，即可达到完全控制水稻生育期杂草的为害。施药时保持3～10cm的水层3～4d，不可漫灌，不可排水、串水。

在抛秧田使用10%可湿性粉剂，一般应在抛秧后第6～8d施药，刚好是杂草幼苗期，防除效果最佳。用药量应根据田间杂草种类和为害程度而定。阔叶草或1年生莎草为主时，10%可湿性粉剂10～15g/亩；在其他多年生阔叶杂草和多年生莎草科杂草严重发生时，剂量可以提高到10%可湿性粉剂15～20g/亩，对潮湿细土撒施。抛秧田既有阔叶草又有禾本科杂草的田块，混用杀稗剂，可一次性防治稻田杂草。施药后要保持浅水层7d，使药剂形成药膜层，不排水、串水，有效地杀伤杂草，提高除草效果，以后按正常排灌。

苄嘧磺隆对麦田播娘蒿、荠菜、碎米荠菜、猪殃殃、繁缕、大巢菜等阔叶杂草防效显著。苄嘧磺隆在麦田的用药适期应掌握在麦苗2～3叶期，阔叶杂草基本出齐时施药为宜，施用10%可湿性粉剂30～40g/亩，加水25～30kg/亩配成药液喷施。

注意事项 该药剂在土壤中移动性小，温度、土质对其影响较小。延长保水时间是提高除草效果的关键。随着保水时间的延长，苄嘧磺隆不同用药量对扁秆藨草的防效也相应提高，保水时间越长，除草效果越好。试验表明，保水时间以5～7d为宜，保水时间不得少于3d。

开发登记 连云港立本作物科技有限公司等企业登记生产。

氯嘧磺隆 chlorimuron

其他名称 豆草隆；豆威；豆磺隆；氯嗪磺隆。

化学名称 3-(4-氯-6-甲氧基嘧啶-2-基)-1-(2-乙氧基甲酰基苯基)磺酰脲。

结构式

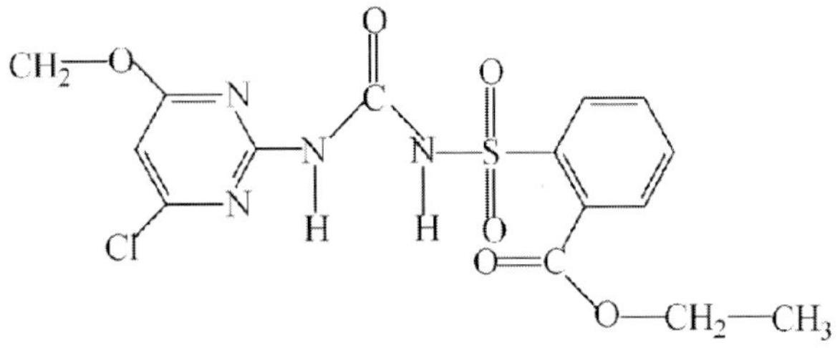

理化性质 无色晶体，熔点181℃，略溶于有机溶剂。

毒　　性 大鼠急性经口LD_{50}为4 102mg/kg。

剂　　型 10%可湿性粉剂、20%可湿性粉剂、50%可湿性粉剂、25%水分散粒剂、75%水分散粒剂。

除草特点 氯嘧磺隆是一种选择性芽前、芽后应用的内吸传导型除草剂，通过根、茎、叶片吸收，在体内传导，主要积累于植物分生组织，其作用机制为抑制氨基酸的生物合成，能迅速控制敏感杂草的生长，芽后施药时，敏感植物叶在3～5d失绿，生长点坏死，在7～21d内，杂草逐渐死亡。

适用作物 大豆。

防除对象 可以防除阔叶杂草及部分禾本科杂草，如苍耳、反枝苋、蓼、藜、苋、独行菜、香薷、苘麻、铁苋菜、牵牛花、马唐、牛筋草、狗尾草；对多年生杂草防效较差(如小蓟等)。

应用技术 据资料报道，在大豆播后芽前施药，用20%可湿性粉剂5～7.5g/亩(中国东北地区)、3～5g/亩，加水40～50kg喷雾。

注意事项 专供出口，不得在国内销售。在播后芽前土壤处理以有效成分2g/亩，大豆生长受到短暂抑制。苗后茎叶处理，会有不同程度的药害，生长受抑制、叶片轻度褪绿，一般情况下能够恢复，必须在技术人员指导下使用。氯嘧磺隆除草效果在很大程度上取决于土壤酸碱度和有机质含量，pH值越大，活性就越低；土壤中有机质含量越高，用药量就越多。该药持效期较长，后茬不宜种植甜菜、水稻、瓜类、蔬菜、马铃薯、棉花等。

开发登记 江苏省激素研究所股份有限公司 、江苏瑞邦农化股份有限公司等企业登记生产。

苯磺隆 tribenuron

其他名称 阔叶净；麦磺隆；巨星。

化学名称 3-(4-甲氧基-6-甲基-l,3,5-三嗪-2-基) -1-(2-甲氧基甲酰氨基苯基)磺酰脲。

结构式

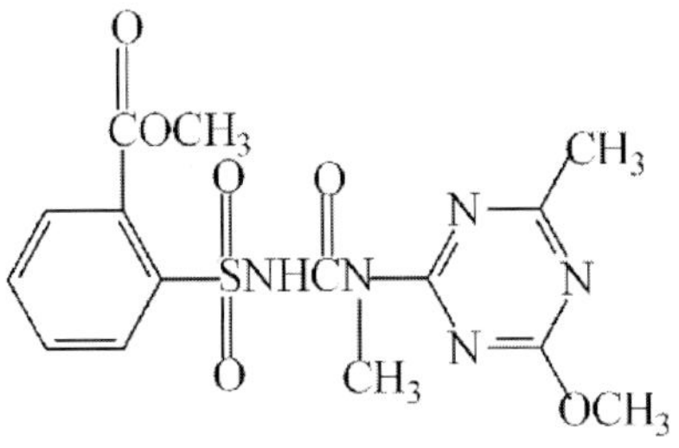

理化性质 原药为固体，熔点141℃。

毒　　性 大鼠急性经口LD_{50}＞5 000mg/kg，对眼睛稍有刺激。

剂　　型 10%可湿性粉剂、20%可湿性粉剂、75%可湿性粉剂、75%水分散粒剂、20%可溶粉剂、25%可溶粉剂、75%干悬浮剂。

除草特点 选择性内吸传导型除草剂，可为植物的根、叶吸收，并在体内传导。抑制芽鞘和根生长，敏感的杂草吸收药剂后立即停止生长，1～3周后死亡。在土壤中的残效期为60d左右。

适用作物 小麦。

防除对象 1年生阔叶杂草，对播娘蒿、荠菜、碎米荠菜、藜、反枝苋等效果较好，对地肤、繁缕、萹蓄、麦家公、猪殃殃等也有一定的除草效果。对田蓟、卷茎蓼、田旋花、泽漆等效果不显著，对野燕麦等禾本科杂草无效。

应用技术 在小麦2叶期至拔节期，杂草苗前或苗后早期施药。一般用药量10%可湿性粉剂10～20g/亩，对水量45kg，进行杂草茎叶喷雾处理。杂草较小时，低剂量即可取得较好的防效，杂草较大时，应用量高。

注意事项 苯磺隆活性高、药量低，施用时应严格药量，并注意与水混匀。施药时要注意避免药剂飘移到敏感的阔叶作物上。

开发登记 上海杜邦农化有限公司 、山东滨农科技有限公司等企业登记生产。

噻磺隆 thifensulfuron

其他名称 thiameturon-methy；阔叶散；宝收；噻吩磺隆。

化学名称 3-(4-甲氧基-6-甲基-1,3,5-三嗪-2-基)-1-(2-甲氧甲酰基噻吩-3-基)-磺酰脲。

结 构 式

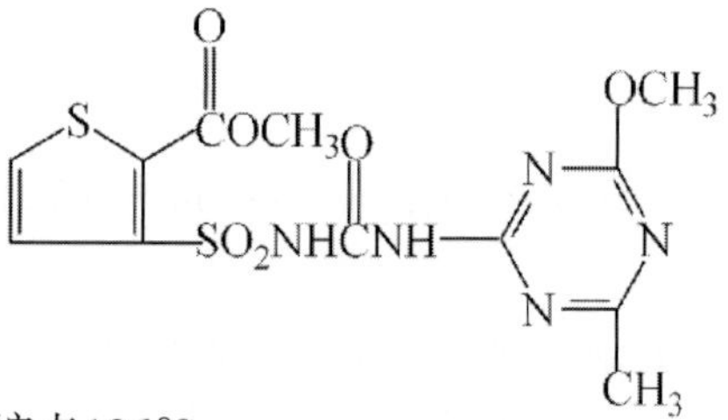

O
S　COCH₃O
OCH_3
N　N
SO_2NHCNH　N
CH_3

理化性质 纯品为无色固体，熔点186℃。

毒　　性 大鼠急性经口LD_{50}＞5 000mg/kg，对兔眼睛皮肤有轻微刺激。

剂　　型 75%干燥悬浮剂、15%可湿性粉剂、75%水分散粒剂。

除草特点 噻磺隆为苗后选择性除草剂，可为植物的茎叶、根系吸收，并迅速传导。通过抑制侧链氨基酸亮氨酸和异亮氨酸的生物合成，而阻止细胞分裂，使敏感植物停止生长，在受药后1～3周内死亡。该药剂在土壤中能迅速被土壤微生物分解。

适用作物 麦、玉米、大豆、花生。

防除对象 可以有效防除1年生阔叶杂草，如反枝苋、藜、播娘蒿、荠菜、大巢菜；对地肤、蓼、婆婆纳、猪殃殃等也有较好除草效果；对禾本科杂草的效果较差，对田蓟、田旋花、野燕麦、狗尾草、雀麦无效。

应用技术 小麦苗期，阔叶杂草2～4叶期，用15%可湿性粉剂10～20g/亩，对水35kg均匀喷施。

大豆、花生播后芽前，用15%可湿性粉剂8～10g/亩。生长期用药对大豆易产生药害。

玉米播后芽前或2～5叶期，阔叶杂草芽前至杂草2～4叶期，用15%可湿性粉剂8～10g/亩，对水35kg/亩喷施。

注意事项 在不良环境下(如干旱等)，噻磺隆与有机磷杀虫剂混用或顺序施用，可能有短暂的叶片变黄或药害。该药剂残留期30～60d。噻磺隆在20/10～30/20℃温变条件下对大豆安全，当温度升高到35/25℃时，大豆叶片呼吸强度明显升高，光合强度下降，对大豆安全性下降。

开发登记 上海杜邦农化有限公司、安徽丰乐农化有限责任公司等企业登记生产。

吡嘧磺隆 pyrazosulfuron

其他名称 草克星；水星；韩乐星。

化学名称 3-(4,6-二甲氧基嘧啶-2-基)-1-(1-甲基-4-乙氧基甲酰基吡唑-5-基)磺酰脲。

结 构 式

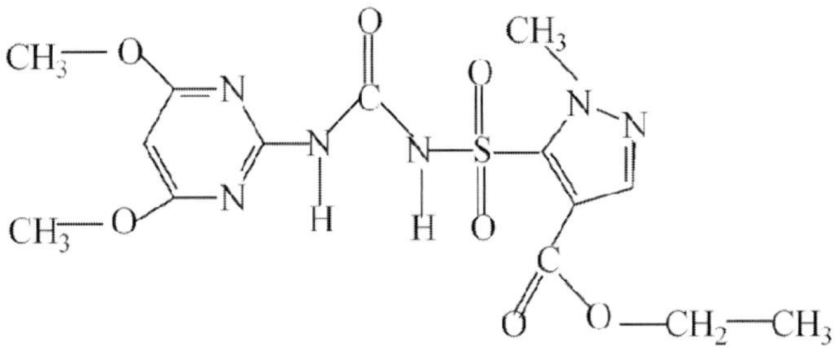

理化性质 无色晶体；熔点181℃；pH值7时相当稳定，酸碱介质中不稳定。

毒　　性 大鼠急性经口LD_{50}＞5 000mg/kg，大鼠急性经皮LD_{50}＞2 000mg/kg。

剂　　型 10%可湿性粉剂、20%可湿性粉剂、20%水分散粒剂、75%水分散粒剂、5%可分散油悬浮剂、15%可分散油悬浮剂、20%可分散油悬浮剂、30%可分散油悬浮剂、0.6%颗粒剂、2.5%泡腾片剂、10%泡腾片剂、15%泡腾颗粒剂。

除草特点 选择性内吸传导型除草剂，主要通过根系吸收，本品被吸收后，在杂草植株里迅速转移，迅速抑制生长，杂草逐渐死亡。水稻能分解该药剂，对水稻生长几乎没有影响。药效稳定，安全性高，持效期为25～35d。

适用作物 秧田、直播田、移栽田水稻。

防除对象 可以防除1年生和多年生阔叶杂草与莎草科杂草，如异型莎草、水莎草、萤蔺、鸭舌草、水芹、节节菜、野慈姑、眼子菜、青萍等。对千金子无效。

应用技术 水稻薄膜秧田，在水稻播种塌谷后或3叶1心期(稗草3.2叶期)喷施，除稗效果可达93.7%以上，对矮慈姑、节节菜、鸭舌草等的防效也达90%以上，水稻4叶1心期(稗草4.4叶期)喷施，除稗效果明显下降。

移栽田，插秧后3～20d施药，用10%可湿性粉剂15～30g/亩，加水喷雾。或于水稻移栽活棵后或栽秧后5～7d，用10%可湿性粉剂15～30g/亩，拌25kg细土均匀撒施，撒施时间田间应有5～7cm（1.5～2寸）水层，然后保水5～7d。

水稻直播田，水稻1～3叶期施用，用10%可湿性粉剂15～30g/亩，加水喷雾。施药后至少3d内保持一定水层。

旱稻直播田，在稻1～3叶期施药，用量10%可湿性粉剂15～30g/亩，应在施药后1～2d内漫灌一次，并保持水层1周以上。

注意事项 对水稻安全，最适宜施药时期是杂草的苗后早期，在杂草萌芽前和苗后用药也可以获得良好的效果。秧田或直播田施药，应保证田板湿润或有薄层水，移栽田施药后应保水5d以上，才能取得良好的除草效果。不同品种水稻的耐药性有差异，早籼品种安全性好，晚稻品种(粳、糯稻)相对敏感，应尽量避免在晚稻芽期施用，否则易产生药害。

开发登记 日产化学株式会社、辽宁省沈阳科创化学品有限公司、江苏快达农化股份有限公司等企业登记生产。

甲基二磺隆 mesosulfuron-methyl

其他名称 世玛。

化学名称 甲基-2-[3-(4,6-二甲氧基嘧啶-2-基)-脲基磺酰基]-4-甲磺酰基氨基甲基苯甲酸酯。

结 构 式

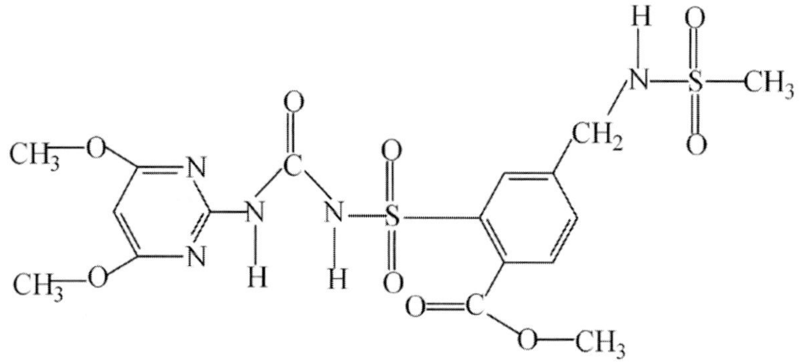

$$CH_3O-C_4HN_2(OCH_3)-NH-CO-NH-SO_2-C_6H_3(CH_2NHSO_2CH_3)(COOCH_3)$$

理化性质 原药(含量93%)外观为浅黄色粉末；熔点195.4，难溶于有机溶剂。制剂常温下贮存稳定。

毒　　性 大鼠急性经口、经皮LD_{50}为5 000mg/kg，急性吸入试验的最大浓度为1.33mg/L；对皮肤、眼睛无刺激性，无致敏性。

剂　　型 3%油悬剂、1%可分散油悬浮剂、30g/L可分散油悬浮剂。

除草特点 甲基二磺隆是内吸性传导型除草剂，可为杂草茎叶和根部吸收，随后在植物体内传导，通过抑制植物体内侧链氨基酸的生物合成，而造成敏感植物生长停滞、茎叶褪绿、逐渐枯死，施药后15～30d杂草死亡。加入安全剂(吡唑解草酯mefenpyrmethyl)后可以用于防除冬小麦、春小麦、硬质小麦田禾本科杂草和部分阔叶杂草。

适用作物 麦田。

防治对象 能防1年生禾本科杂草，如看麦娘、野燕麦、硬草、早熟禾、棒头草、茵草、雀麦(野麦子)、水草、蜡烛草、碱茅等，并可兼除部分阔叶杂草，如播娘蒿、牛繁缕、荠菜等。

应用技术 小麦田，在小麦3～6叶期，禾本科杂草出齐苗2.5～5叶期，用30g/L可分散油悬浮剂20～35ml/亩，对水25～130kg背负式喷雾器或拖拉机喷雾器对水7～15L/亩，对全田茎叶均匀喷雾处理。施用时必须临时桶混相当于0.2%～0.7%喷液量的表面活性剂，如与本剂按比例捆绑在一起的Biopower(伴宝)60～90ml/亩；防除旱茬麦田中的雀麦（野麦子）、节节麦、蜡烛草、毒麦、黑麦草等恶性禾本科杂草时，建议采用25～30ml/亩的制剂用量，防除稻茬等麦田中的早熟禾、硬草、碱茅、茵草、看麦娘等其他靶标禾本科杂草时，建议采用20～25ml/亩的制剂用量。

注意事项 小麦拔节后不宜使用。甲基二磺隆配有专用助剂，喷药时应桶混喷液量0.2%～0.5%的Genapol，否则防效会降低。遭受涝害、冻害、病害、盐碱害及缺肥的麦田不能使用，施药后5d内不能大水漫灌麦田，否则易产生药害。玉米、水稻、大豆、棉花、花生等作物需在施用100d后播种，间、套作上述作物的麦田慎用。

开发登记 拜耳股份公司、河南力克化工有限公司、山东滨农科技有限公司登记生产。

甲基碘磺隆钠盐 iodosulfuron-methyl-sodium

化学名称 4-碘-2-[3-(4-甲氧基-6-甲基-1,3,5-三嗪-2-基)脲基磺酰基]苯甲酸甲酯钠盐。

结 构 式

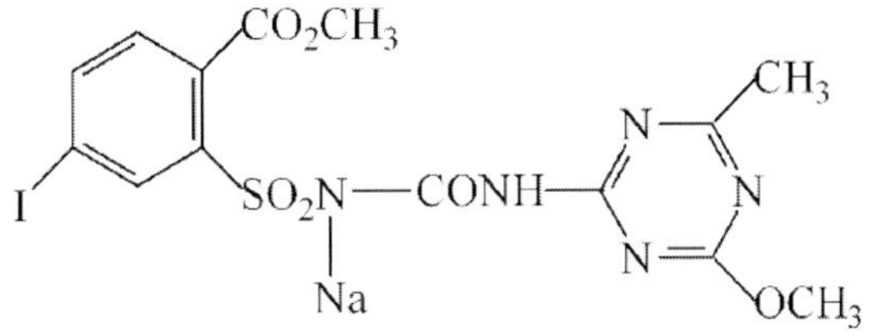

CO_2CH_3　CH_3　I　SO_2N—CONH—　N　Na　OCH_3

理化性质 纯品为无嗅白色固体，熔点152℃。生物水解半衰期(20℃)：31d(pH5)、365d以上(pH7)、362d(pH9)。光解半衰期约50d(北纬50°)。甲基碘磺隆钠盐在正常的环境条件(水的pH7，25℃，灭菌)下，甲基碘磺隆钠盐难以水解，其降解半衰期长达157.5d，而在酸性条件下稳定性较差，容易水解，其半衰期缩短了10倍，仅为15.5d；温度对甲基碘磺隆钠盐的水解速率有一定的影响，当pH为4时，其水解速率随温度的升高而加快，当温度为15℃、25℃、35℃时，半衰期分别为23.9d、15.5d、12.3d；甲基碘磺隆钠盐在蒸馏水中的水解速率与在河水中的水解速率相似。甲基碘磺隆钠盐在高温高湿地区土壤中降解快；甲基碘磺隆钠盐初始用量增大，在土壤中的降解速率减慢。这可能是由于农药用量增大，对土壤微生物毒性增强，微生物降解农药的能力下降所致。

毒　　性 大鼠急性经口LD_{50}为2 678mg/kg。大鼠急性经皮LD_{50}＞5 000mg/kg。对兔皮肤和眼睛无刺激性。

剂　　型 20%水分散粒剂、2%可分散油悬浮剂。

除草特点 为磺酰脲类除草剂，可通过植物根、茎、叶吸收，进入植物体内，在植物体内传导。内吸选择性芽后除草剂，是一种支链氨基酸合成抑制剂，通过抑制缬氨酸和异亮氨酸的生物合成，破坏细胞分裂，阻碍植物生长。杂草受药后叶片变厚、发脆、心叶发黄、生长抑制，10d以后逐渐干枯、死亡。

适用作物 小麦、硬质小麦、黑小麦、冬黑麦。不仅对禾谷类作物安全，对后茬作物无影响，而且对环境、生态的相容性和安全性极高。

防除对象 主要用于防除阔叶杂草(如猪殃殃、播娘蒿等)以及部分禾本科杂草(如知风草、野燕麦和早熟禾等)。

使用方法 苗后茎叶处理，用20%水分散粒剂0.5～1g/亩，对水45kg喷施。

开发登记 德国拜耳作物科学公司登记生产。该品种2001年在布莱顿植保会议上介绍，同年在中国冬春小麦田登记。

甲酰氨基嘧磺隆 foramsulfuron

其他名称 康施它。

化学名称 1-(4,6-二甲氧基嘧啶-2-基)-3-(2-二甲基氨基羰基-5-甲酰氨基苯基)磺酰脲。

结 构 式

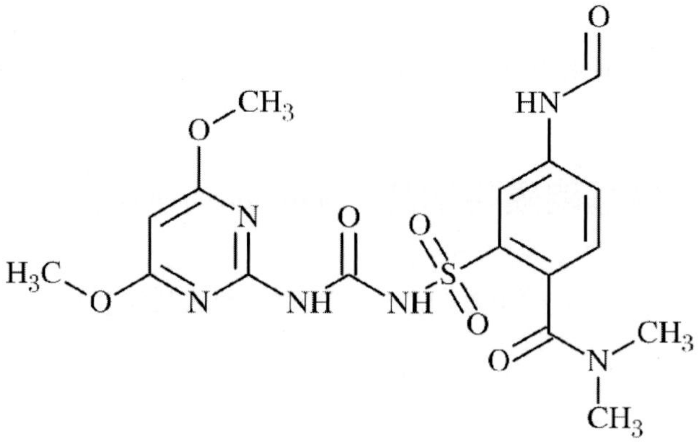

理化性质 原药为淡灰色或棕色固体，熔点199.5℃，难溶于有机溶剂。

毒　　性 大鼠急性经口LD_{50}＞5 000mg/kg，大鼠急性经皮LD_{50}＞2 000mg/kg。

剂　　型 2.25%油悬剂、35%水分散粒剂、3%可分散油悬浮剂。

除草特点 内吸传导型除草剂。主要通过植物茎叶吸收，抑制植物体内乙酰乳酸合成酶活性，阻止缬氨酸、亮氨酸、异亮氨酸支链氨基酸的生物合成。对作物和杂草敏感性差异较大，制剂中加入适量的安全剂，使除草活性成分，在玉米的特定部位，如分生组织和次分生组织代谢加快为非活性物，而不影响杂草体内代谢。因而有效地杀灭杂草而不伤害玉米。

适用作物 玉米。

防除对象 可以防治多种1年生或多年生禾本科杂草和阔叶杂草，如稗草、千金子、马唐、野燕麦、雀麦、假高粱、早熟禾、看麦娘、黑麦草、牛筋草、狗尾草、马齿苋、反枝苋、铁苋菜、藜、酸模叶蓼等。

应用技术 玉米田，于玉米苗后3～5叶期，1年生杂草2～5叶期，用3%可分散油悬浮剂80～120ml/亩，对水30～50kg均匀茎叶喷雾。

注意事项 本剂仅限于在普通杂交玉米，即硬粒型、粉质型、马齿型及半马齿型杂交玉米上使用。施用后玉米品种幼苗可能出现暂时性白化和矮化现象，但一般1～3周消失，最终不影响产量。禁止在爆玉米、糯玉米（蜡质型）及各种类型的玉米自交系上使用；本剂对甜玉米敏感，施用后玉米幼苗会出现严重白化、扭曲和矮化，故不推荐使用；本剂无土壤除草活性，建议采用扇形喷头喷施，田间喷药量要均匀一致，严禁“草多处多喷”、重喷和漏喷；在推荐的施用时期内，杂草出齐苗后用药越早越好；本品对鸟类、蜜蜂、鱼类等水生生物有毒，鸟类保护区，开花植物花期禁止施药，应远离水产养殖区、河塘等水体施药，每季最多使用1次。合理安排后茬作物，保证安全间隔时间。

开发登记 德国拜耳作物科学公司、河北兴柏农业科技有限公司 登记生产。

醚磺隆 cinosulfuron

其他名称 甲醚磺隆；莎多伏。

化学名称 3-(4,6-二甲氧基-1,3,5-三嗪-2-基)-1-[2(2-甲氧基乙氧基)苯基]磺酰脲。

结 构 式

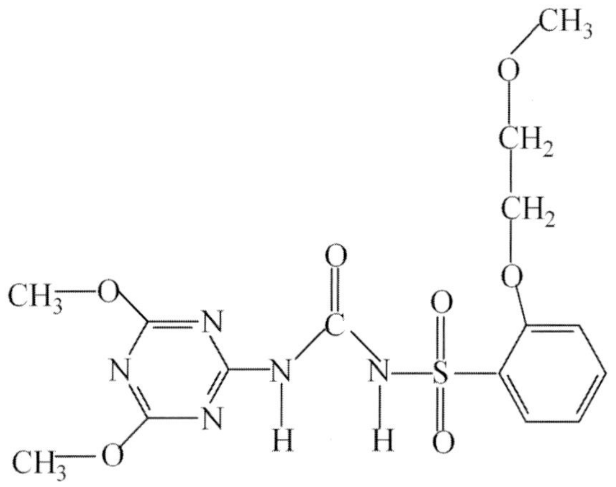

理化性质 无色晶体；熔点146℃；pH3～5水解明显，pH7～9时水解不明显，熔点以上分解。

毒　　性 大鼠急性经口LD_{50}＞5 000mg/kg，大鼠急性经皮LD_{50}＞2 000mg/kg。

剂　　型 20%水分散粒剂、10%可湿性粉剂。

除草特点 醚磺隆为苗后选择性除草剂，可为植物的根、茎吸收，但叶部吸收较少，药剂进入杂草体内后并迅速传导至分生组织。施药后中毒的杂草不会立即死亡，但生长停止，外表看来好像正常，其后植株开始黄化、枯萎，整个过程5～10d。醚磺隆对后茬作物安全，即使用药后1～2个月内种植轮作作物，也无不良影响。水稻极易将其降解，因而安全。

适用作物 水稻移栽田。

防除对象 可以防除稻田1年生阔叶杂草及莎草。防除效果最好的杂草有水苋菜、异型莎草、矮慈姑、繁缕、鳢肠、丁香蓼、鸭舌草、眼子菜、空心莲子草、反枝苋、萤蔺、牛毛毡；还有碎米莎草、节节草、瓜皮草等。

应用技术 在水稻移栽后4～10d内，用10%可湿性粉剂12～20g/亩，进行撒施毒土施药，施药前后田间应保持2～4cm的浅水层，药后保水5～7d，可防治水稻移栽田1年生阔叶杂草及莎草科杂草。

注意事项 该药的水溶性较高，因此施药时要封闭进出水口，保持田水以保证防效。该药不宜用于渗漏性大的田块，否则会使药剂向下移动，集中于稻根区而导致药害。重砂性土漏水田慎用，以免发生药害。施药后至收获期是安全的，每个作物周期的最多施用1次。

开发登记 安道麦安邦（江苏）有限公司等企业登记生产。

醚苯磺隆 triasulfuron

化学名称 3-(4-甲氧基-6-甲基-1,3,5-三嗪-2-基)-1-[2-(2-氯乙氧基苯基)磺酰脲]。

结 构 式

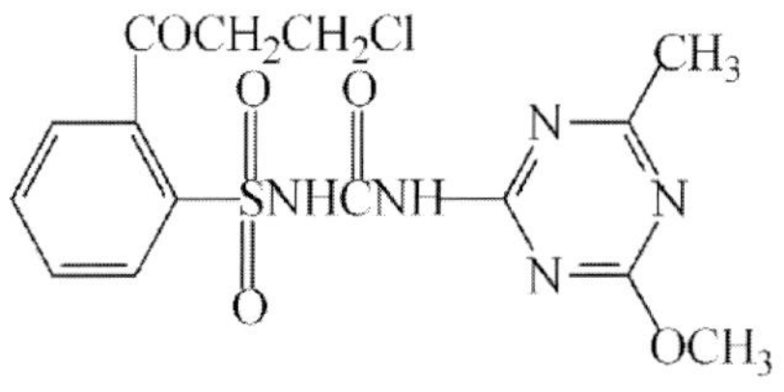

理化性质 无色晶体；熔点186℃，微溶于一般有机溶剂。

毒　　性 大鼠急性经口LD_{50}＞5 000mg/kg，大鼠急性经皮LD_{50}＞5 000mg/kg。

剂　　型 75%可分散粒剂、75%干悬浮剂。

除草特点 醚苯磺隆为苗后选择性除草剂，可为植物的茎叶、根系吸收，并迅速传导。通过抑制侧链氨基酸亮氨酸和异亮氨酸的生物合成，而阻止细胞分裂，使敏感植物停止生长。

适用作物 麦类。

防除对象 可以防除1年生阔叶杂草和某些禾本科杂草，对猪殃殃具有较好的芽前和芽后除草效果。

应用技术 在麦田芽后应用，以75%可分散粒剂0.8～1.5g/亩，加水25～30kg配成药液喷施。

注意事项 施药时要把握准确施药剂量，喷施要均匀。施药时不能把药剂喷施到其他作物上，特别是不能喷施到阔叶作物上。

开发登记 江苏常隆化工有限公司、江苏长青农化股份有限公司等企业登记生产。

甲嘧磺隆 sulfometuron-methyl

其他名称 森草净；嘧磺隆；傲杀。

化学名称 2-(4,6-二甲基嘧啶-2-基氨基甲酰氨基磺酰基)苯甲酸甲酯。

结 构 式

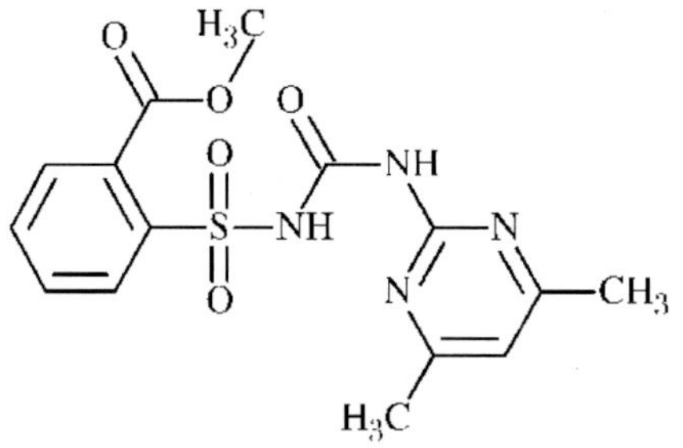

O H3C O O NH S NH N N CH3 O H3C

理化性质 无色晶体，熔点203℃，难溶于有机溶剂。

毒　　性 大鼠急性经口LD_{50}＞5 000mg/kg。

剂　　型 10%可溶性水剂、10%悬浮剂、10%可湿性粉剂、75%可湿性粉剂、75%水分散粒剂。

除草特点 甲嘧磺隆为苗后灭生性除草剂，可为植物的茎叶、根系吸收，并迅速传导，使敏感植物停止生长。受害植物外表呈现显著的红紫色、失绿、坏死、叶脉失色和端芽死亡。杀草谱广，且具有一定的选择性，针叶树对其忍耐性较大。该药持效期长，可保持1～2年内基本无草。是某些针叶树大苗苗床、针叶幼林地和非耕地优良的除草剂。

适用作物 林地、非耕地、防火隔离带。主要登记用于针叶苗圃、林地、非耕地、苹果园除草。

防除对象 可防除大多数1年生和多年生阔叶杂草、禾本科杂草、莎草科杂草及杂灌木，如丝叶泽兰、羊茅、柳兰、小飞蓬、黍、豚草、木樨等。

应用技术 非耕地、林地及防火隔离带杂草，用10%可湿性粉剂250～500g/亩对水30～50kg进行均匀茎叶喷雾；非耕地、林地及防火隔离带杂灌，用10%可湿性粉剂700～2 000g/亩对水40～50kg进行均匀茎叶喷雾；针叶苗圃杂草，用10%可湿性粉剂70～140g/亩对水30～50kg带保护罩的喷雾器，低压对杂草进行均匀喷雾。

注意事项 根据田间杂草的种类、大小确定用药量，杂草较大、多年生杂草种类偏多时应加大药剂量。该药持效期长，应远离农田施用，施药后1～3年内不能种植农作物。对阔叶林苗圃有一定的药害。

开发登记 美国杜邦公司、江苏省激素研究所股份有限公司、西安近代科技实业有限公司登记生产。

烟嘧磺隆 nicosulfuron

其他名称 烟磺隆；玉农乐。

化学名称 3-(4,6-二甲氧基嘧啶-2-基)-1-(3-二甲基氨基甲酰吡啶-2-基)磺酰脲。

结构式

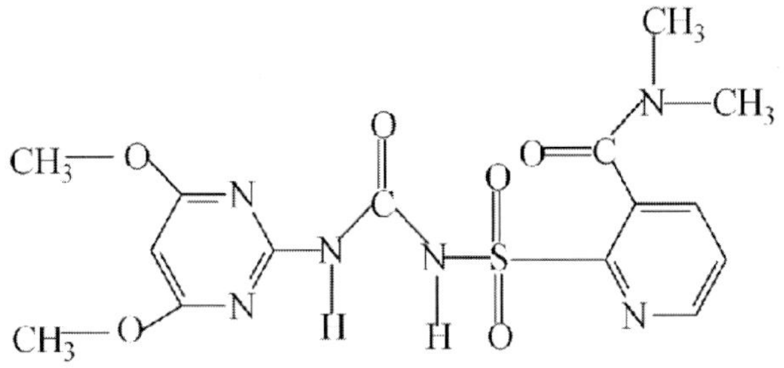

理化性质 无色晶体，熔点141～144℃，难溶于有机溶剂。

毒　　性 大鼠急性经口LD_{50}＞5 000mg/kg，大鼠急性经皮LD_{50}＞2 000mg/kg。

剂　　型 4%可分散油悬浮剂、6%可分散油悬浮剂、8%可分散油悬浮剂、10%可分散油悬浮剂、20%可分散油悬浮剂、80%可湿性粉剂、75%水分散粒剂、8%油悬浮剂。

除草特点 烟嘧磺隆是内吸性除草剂，可为杂草茎叶和根部吸收，随后在植物体内传导，造成敏感植物生长停滞、茎叶褪绿、逐渐枯死，一般情况下20～25d内死亡，但在气温较低的情况下或对某些多年生杂草需较长的时间。在芽后 4 叶期以前施药药效好，苗大时施药药效下降。该药具有芽前除草活性，但活性较芽后低。

适用作物 玉米。

防除对象 可以防除1年生和多年生禾本科杂草、部分阔叶杂草。试验表明，对药剂敏感性强的杂草有马唐、牛筋草、稗草、狗尾草、野燕麦、反枝苋；敏感性中等的杂草有本氏蓼、葎草、马齿苋、鸭舌草、苍耳和苘麻、莎草科杂草；敏感性较差的杂草主要有藜、龙葵、鸭跖草、地肤和鼬瓣花。

应用技术 玉米2～4叶期，杂草出齐且多为5cm左右株高，茎叶喷雾。用4%悬浮剂50～75ml/亩(夏玉米)、65～100ml/亩(北方春玉米)，对水30kg喷施。

注意事项 施药后观察，玉米叶片有轻度褪绿黄斑，但能很快恢复。玉米在2叶期以下、5叶期以上较为敏感，易于发生药害。玉米对此药剂敏感品种有甜玉米和爆裂玉米。用有机磷杀虫剂处理后的玉米对此药剂敏感。施药时气温在20℃左右，空气湿度在60%以上，施药后12h内无降雨，有利于药效的发挥。

开发登记 日本石原产业株式会社、京博农化科技有限公司、合肥久易农业开发有限公司、山东京博农化有限公司等企业登记生产。

胺苯磺隆 ethametsulfuron

其他名称 菜王星；油磺隆；金星；菜磺隆。

化学名称 3–(4–乙氧基–6–甲氨基–1,3,5–三嗪–2–基)–1–(2–甲氧基甲酰基苯基)磺酰脲。

结构式

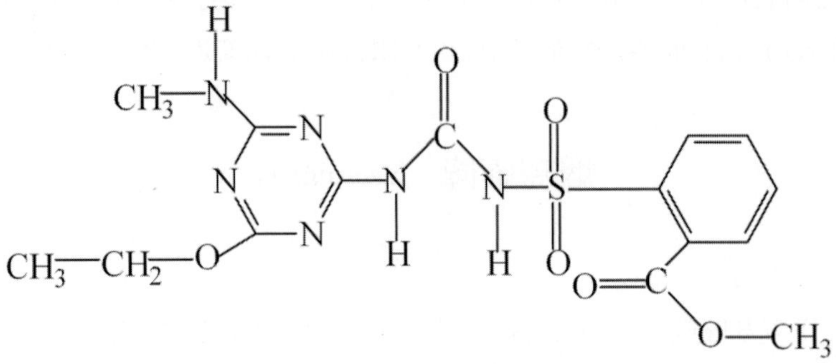

理化性质 无色结晶，熔点194℃，不溶于大多数有机溶剂。在中性及弱碱性条件下稳定。

毒　　性 低毒，对大、小鼠急性经口$LD_{50}>5\ 000mg/kg$，大鼠急性经皮$LD_{50}>2\ 150mg/kg$；对眼睛有中度暂时的刺激作用，对皮肤无刺激作用。

剂　　型 25%可湿性粉剂、20%可湿性粉剂、10%可湿性粉剂。

除草特点 胺苯磺隆是选择性内吸性除草剂，可为杂草茎叶和根部吸收，随后在植物体内传导，造成敏感植物生长停滞、茎叶褪绿、逐渐枯死，1～3周后出现坏死症状。而油菜能代谢该药剂，可不受其药害。

适用作物 油菜。

防除对象 可以防治阔叶杂草和禾本科杂草，如母菊、野芝麻、黏毛蓼、荠菜、鼬瓣花、苋菜、繁缕、猪殃殃、碎米荠、大巢菜、泥胡菜、雀舌草和看麦娘等。对野燕麦、茵草防效差。

应用技术 冬油菜3～4叶期，以10%可湿性粉剂15～20g/亩，对水40～50kg喷雾。直播田及育秧田于播后苗前或播种前1～3d土壤处理，移栽田于油菜移栽7～10d活棵后茎叶处理。

注意事项 国内已禁用。不同油菜品种安全性差异很大，一般甘蓝型油菜抗性较强、芥菜型油菜敏感。油菜秧苗1～2叶期茎叶处理有药害，为危险期；秧苗4～5叶期抗性增强。该药在土壤中残效期长，不可超量使用，否则会为害下茬作物产生药害，对后作是水稻秧田或棉花、玉米、瓜豆等旱作物田的安全性差，禁止使用。春施本品距后茬作物间隔期短，易产生药害。

开发登记 安徽华星化工股份有限公司、沈阳科创化学品有限公司等企业曾登记生产。

酰嘧磺隆 amidosulfuron

其他名称 好事达。

化学名称 1–(4,6–二甲氧基嘧啶–2–基)–3–甲磺酰基(甲基)氨基磺酰基脲。

理化性质 纯品为白色颗粒状固体，熔点160～163℃，相对密度1.5(20℃)。蒸气压2.2×10^{-5}Pa(20℃)。溶解度(20℃，mg/L)为：水中3.3(pH3)、9(pH5.8)、13 500(pH10)，异丙醇99，甲醇872，丙酮8 100。在水中半衰期(20℃)：>33.9d(pH5)，>365d(pH7)，在室温下存放24个月稳定。

毒　　性 大(小)鼠急性经口$LD_{50}>5\ 000mg/kg$，大鼠急性经皮$LD_{50}>5\ 000mg/kg$。大鼠急性吸入$LC_{50}(4h)>1.8mg/L$。对兔皮肤无刺激性，对兔眼睛有轻微刺激性，对豚鼠皮肤无致敏性。

剂　　型 50%水分散粒剂。

除草特点 乙酰乳酸合成酶(ALS)抑制剂。通过杂草根和叶吸收，在植株体内传导，杂草即停止生长、叶色褪绿，而后枯死。施药后的除草效果不受天气影响，效果稳定。低毒、低残留、对环境安全。

因其在作物中迅速代谢为无害物，故对禾谷类作物安全，对后茬作物如玉米等安全。因该药剂不影响一般轮作，施药后茬作物遭到意外毁坏(如霜冻)，可在15d后改种任何一种春季谷类作物(如大麦、燕麦等)或其他替代作物(如马铃薯、玉米、水稻等)。

适用作物 小麦。

防除对象 酰嘧磺隆具有广谱除草活性，可有效防除麦田多种恶性阔叶杂草，如猪殃殃、播娘蒿、荠菜、苋、独行菜、野萝卜、本氏蓼、皱叶酸模等。

应用技术 小麦田，于冬小麦2~6叶期，阔叶杂草基本出齐苗（3~5叶、2~5cm高）时，用50%水分散粒剂3~4g/亩，对全田茎叶均匀喷雾处理，可防除猪殃殃、播娘蒿、田旋花等麦田多种阔叶杂草。

酰嘧磺隆可与多种除草剂混用例如在防除小麦田看麦娘、野燕麦、猪殃殃、播娘蒿等禾本科和阔叶草混生杂草时，与精恶唑禾草灵(加解毒剂)按常量混用，可一次性用药解除草害。也可与2甲4氯、苯磺隆等防阔叶杂草的除草剂混用，扩大杀草谱。每亩用50%水分散粒剂3g加6.9%精恶唑禾草灵(加解毒剂)水乳剂50ml可防除阔叶杂草和禾本科杂草。每亩用50%水分散粒剂2g加20%2甲4氯水剂150~180ml或75%苯磺隆水分散粒剂0.7~0.8g可防除阔叶杂草。若天气干旱、低温或防除6~8叶的大龄杂草，通常采用上限用药量。若在防除猪殃殃等敏感杂草时，即使施药期推迟至杂草6~8叶期，亦可取得较好的除草效果。

开发登记 拜耳股份公司 、江苏瑞邦农化股份有限公司登记生产。

乙氧嘧磺隆 ethoxysulfuron

其他名称 太阳星；乙氧嘧磺隆。

化学名称 1-(4,6-二甲氧基嘧啶2-基)-3-(2-乙氧苯氧)磺酰脲。

结构式

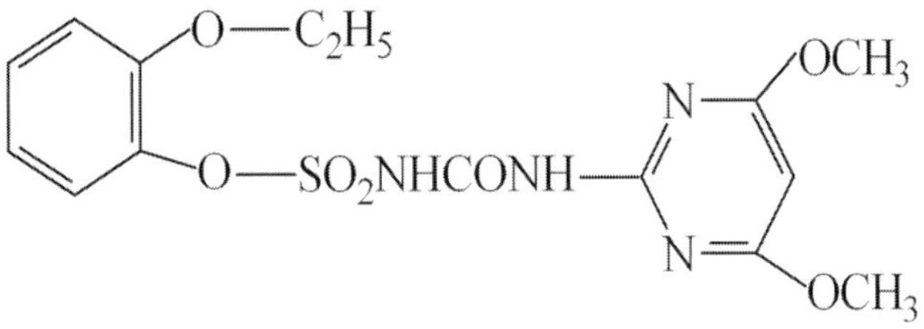

O—C_2H_5

OCH_3

N

O—$SO_2NHCONH$—

N

OCH_3

理化性质 纯品为白色至粉色粉状固体。熔点144~147℃。

毒　　性 大鼠急性经口LD_{50} > 3 270mg/kg。大鼠急性经皮LD_{50} < 4 000mg/kg。

剂　　型 15%水分散粒剂。

除草特点 乙酰乳酸合成酶(ALS)抑制剂。通过杂草根和叶吸收，在植株体内传导，杂草即停止生长，而后枯死。对小麦、水稻、甘蔗等安全，且对后茬作物无影响。

适用作物 小麦、水稻(插秧稻、抛秧稻、直播稻、秧田)、甘蔗等。

防除对象 主要用于防除阔叶杂草、莎草科杂草及藻类，如鸭舌草、青苔、雨久花、水绵、飘拂草、牛毛毡、水莎草、异型莎草、碎米莎草、萤蔺、泽泻、鳢肠、野荸荠、眼子菜、水苋菜、丁香蓼、四叶萍、狼把草、鬼针草、草龙、节节菜、矮慈姑等。

应用技术 乙氧嘧磺隆在我国南方(长江以南)插秧稻田、抛秧稻田水稻移栽后3~6d施用，用15%水分散粒剂3~5g/亩。直播稻田、秧田每亩用15%水分散粒剂4~6g。

水稻移栽田，在水稻移栽后5~7d，用15%水分散粒剂6~7g/亩，拌肥、拌土撒施。长江流域插秧稻田、抛秧稻田每亩用15%水分散粒剂5～7g，直播稻田、秧田每亩用15%水分散粒剂6～9g。

长江以北插秧稻田、抛秧稻田移栽后4～10d施用，每亩用15%水分散粒剂7～14g。

东北地区插秧田、直播田每亩用15%水分散粒剂10～15g。取以上用药量，先用少量水溶解，稀释后再与细沙土混拌均匀，撒施到3～5cm水层的稻田中。每亩用细沙土10～20kg或混用适量化肥撒施亦可。施药后保持浅水层7～10d，只灌不排，保持药效。

茎叶喷雾处理插秧田、抛秧田，施药时间为水稻移栽后10～20d或直播稻田稻秧苗2～4片叶时，每亩对水10～25kg，在稻田排水后进行喷雾茎叶处理，喷药后2d恢复常规水层管理。

注意事项 鉴于乙氧嘧磺隆主要通过杂草茎叶吸收，在干旱缺水和漏水稻田，于多数阔叶杂草和莎草出齐苗后或2～4叶期，应采用杂草茎叶喷雾处理，每亩对水20～40kg，将所施药量均匀喷施到稻田。

开发登记 安万特公司开发。德国拜耳作物科学公司登记生产。

环丙嘧磺隆 cyclosulfamuron

其他名称 金秋；环胺磺隆。

化学名称 3-(4,6-二甲氧基嘧啶-2-基)-1-[2-(环丙基甲酰基)苯基]氨基]磺酰脲。

结构式

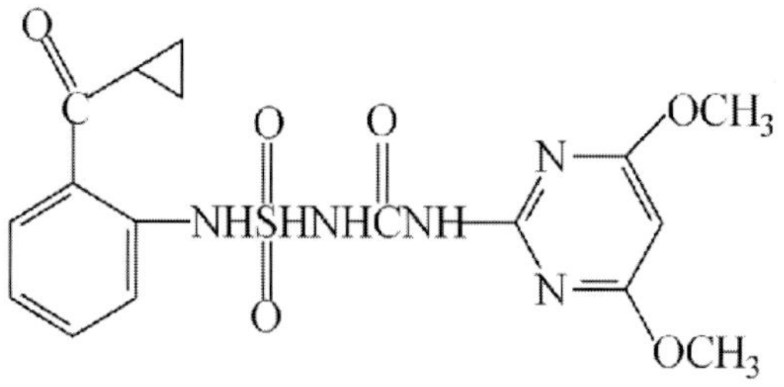

理化性质 灰白色或略带淡黄色固体，熔点170～171℃，难溶于有机溶剂。

毒　　性 兔急性经口LD$_{50}$＞4 000mg/kg，兔急性经皮LD$_{50}$＞5 000mg/kg。

剂　　型 10%可湿性粉剂。

除草特点 环丙嘧磺隆是内吸性传导型除草剂，可为杂草茎叶和根部吸收，随后在植物体内传导，通过抑制植物体内侧链氨基酸的生物合成，而造成敏感植物生长停滞、茎叶褪绿、逐渐枯死。杂草整个死亡过程需5～15d，有时虽然仍呈绿色，但整个植株已停止生长，以后逐渐死亡。

适用作物 水稻、小麦、大麦、草坪。

防除对象 可以有效地防治1年生和多年生阔叶杂草和莎草科杂草，对禾本科杂草效果较差。可有效地防治泽泻、鸭舌草、雨久花、母草、异型莎草、碎米莎草、丁香蓼、野慈姑、眼子菜、牛毛毡、萤蔺、小茨藻、水绵等；对麦田猪殃殃、荠菜、播娘蒿、牛繁缕、婆婆纳有良好的防效，对看麦娘有一定的抑制作用，但防效较低。

应用技术 水稻移栽田、直播田防治1年生阔叶杂草，用10%可湿性粉剂10～15g/亩。防治稗草和多年生阔叶杂草用10%可湿性粉剂20～30g/亩。防治狼把草和扁秆藨草等难治杂草用10%可湿性粉剂30～40g/亩。移栽田在水稻移栽前至移栽后20d均可施药，防治稗草时，在稗草1.5叶期以前施药。直播田应尽量缩短整地与播种间隔时间，最好随整地随播种，水稻出苗排水晒田后立即施药，防治扁秆藨草、日本藨草在株高7cm以前施药。

麦田，应在苗后杂草幼苗期施药，可以用10%可湿性粉剂10～20g/亩，对水50kg喷雾。

注意事项 该药易被土壤吸附，因此在北方漏水田或施药后短期内缺水田仍有良好的除草的药效，与二氯喹啉酸混用，施药前2d放浅水层或保持湿润，喷雾法施药，施药后2d放水回田。单、双子叶杂草混生田块，需与异丙隆等防除单子叶杂草的除草剂混用，以提高总防效。该药虽然对水稻分蘖有一定的抑制作用，但对产量无影响。

开发登记 由美国氰氨公司(现BASF公司)开发。德国巴斯夫欧洲公司登记生产。

砜嘧磺隆 rimsulfuron

其他名称 宝成；玉嘧磺隆。

化学名称 3-(4,6-二甲氧嘧啶-2-基)-3-(3-乙基磺酰基吡啶-2-基)磺酰脲。

结构式

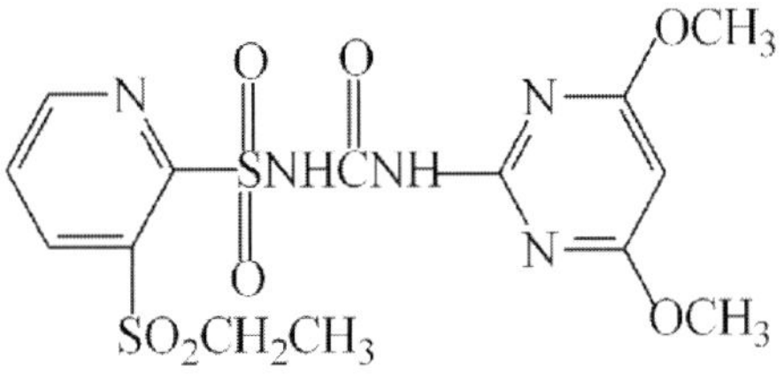

理化性质 无色晶体；熔点177℃，难溶于有机溶剂。

毒　　性 大鼠急性经口LD_{50}＞5 000mg/kg，大鼠急性经皮LD_{50}＞2 000mg/kg。

剂　　型 25%干悬浮剂、15%可湿性粉剂、25%水分散粒剂、4%可分散油悬浮剂、12%可分散油悬浮剂、17%可分散油悬浮剂、22%可分散油悬浮剂。

除草特点 砜嘧磺隆是内吸性传导型除草剂，可为杂草根系、茎叶吸收，随后在植物体内传导，运送到植物的分生组织，通过抑制植物体侧链氨基酸的生物合成而阻止细胞分裂，造成敏感植物生长停滞、茎叶褪绿、斑枯乃至全株死亡。玉米可以将药剂快速代谢为无毒物质，因而对玉米相对安全。药剂在土壤中主要进行化学降解，也可以进行微生物分解，其降解速度受土壤pH值的影响较大，在中性土壤中较为稳定，在碱性和酸性土壤中降解较快。对于正常轮作的后茬作物无害。

适用作物 玉米、烟草。

防除对象 可以有效防除大多数1年生和多年生禾本科及阔叶杂草，如狗尾草、金狗尾草、野燕麦、野高粱、牛筋草、野黍、藜、风花菜、鸭跖草、荠菜、马齿苋、猪毛菜、狼把草、反枝苋、野西瓜苗、铁苋菜、苘麻、鼬瓣花、鳢肠、莎草科杂草等。

应用技术 玉米田，玉米苗后3～5叶期，杂草2～5叶期，用25%水分散粒剂5～6.7g/亩，对水30～50kg行玉米行间定向喷雾；烟草田，杂草2～4叶期，用25%水分散粒剂5～6g/亩，对水30～50kg行间定向喷雾；马铃薯田，杂草2～4叶期，用25%水分散粒剂5.5～6g/亩，对水30～50kg行间定向喷雾；可以防除玉米田、烟草田、马铃薯田1年生禾本科及阔叶杂草，如自生麦苗、马唐、稗草、狗尾草、野燕麦、野高粱、蓼、鸭跖草、荠菜、马齿苋、反枝苋、野油菜、莎草等。

烟草田，用25%干悬浮剂4～6g/亩，对水30kg定向行间喷雾。

注意事项 该药活性较高，应用时应严格应用剂量，喷施要均匀，否则易于产生药害。施药时如能加入一些表面活性剂可以显著提高除草效果。施药后第二年不能种亚麻、油菜等敏感作物。使用本剂前后

7d内，尽量避免使用有机磷杀虫剂，否则可能会引起玉米药害。使用本剂应在4叶期前施药，如玉米超过4叶期，单一用或混用玉米均有药害发生，药害症状表现为拔节困难，长势矮小，叶色浅，发黄，心叶卷缩变硬，有发红现象，10～15d恢复。甜玉米、爆裂玉米、黏玉米及制种田不宜使用。

开发登记 由美国杜邦公司开发，获中国专利授权(CN87100436)，此专利于2007年1 月27日到期。1996年9月11日授予行政保护(NB-US96091107)，保护期已满。美国杜邦公司、江苏省农用激素工程技术研究中心有限公司等企业登记生产。

四唑嘧磺隆 azimsulfuron

其他名称 康宁；康利福。

化学名称 1-(4,6-二甲氧基嘧啶-2-基)-3-[1-甲基-4-(2-甲基-2H-四唑-5-基)吡唑-5-基]磺酰脲。

结 构 式

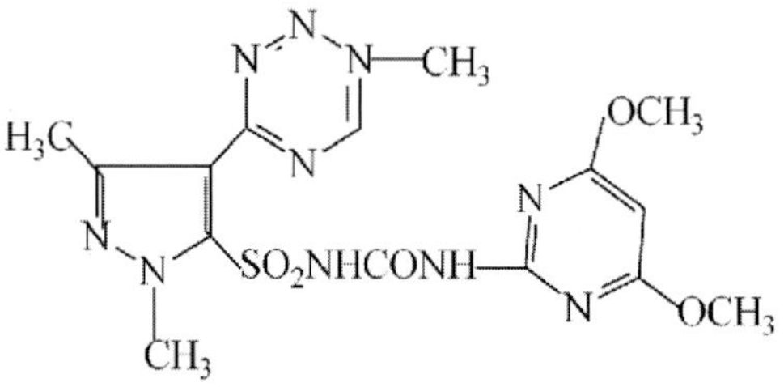

理化性质 纯品为白色固体，熔点170～173℃。难溶于有机溶剂。

毒　　性 大鼠急性经口LD_{50}＞5 000mg/kg。

剂　　型 75%悬浮剂、36%颗粒剂。

除草特点 本产品为乙酰乳酸合成酶抑制剂，尤其对具支链氨基酸(如缬氨酸、亮氨酸、异亮氨酸)的生化合成具有很好的抑制活性，由此阻碍杂草的细胞分裂和生长。四唑嘧磺隆对水稻具有卓效的选择性，故使用时十分安全。这是由于他在水稻体内迅速分解成无除草活性的代谢物；而在杂草中，则不易被代谢，从而发挥了良好的除草活性。耐淋洗，并在低温下仍有稳定的除草活性。在灌水条件下的土壤中可迅速代谢。他经微生物或非生物物质作用，会使嘧啶环的氧原子产生脱甲基化，及经水解生成磺酰胺及嘧啶胺。经试验表明，其在土壤中下方移行仅在2cm以内。四唑嘧磺隆在水田施用后，迅速分布于土壤中，但对水稻根部的渗透作用很小。作物即使吸收后，也与在土壤中一样，迅速代谢成上述的脱甲基化合物或被水解成磺酰胺及嘧啶胺，故而，在水稻收后的米粒中几无此药剂的残留。

适用作物 水稻。

防除对象 主要用于防除稗草、阔叶杂草和莎草科杂草，可有效地防除稗草、异型莎草、紫水苋菜、眼子菜、欧泽泻、蔺草等各种杂草。另外，他还可以破坏藻类的生长，使藻类剥离致死。

应用技术 据资料报道，主要用于水稻苗后施用，用75%悬浮剂0.7～2g/亩。

注意事项 四唑嘧磺隆在水稻植株上的半衰期为2.4d，在土壤中的半衰期为5.5d，在稻田水中的半衰期为1.9d，施药后7d四唑嘧磺隆在水稻植株上的消解达到80%以上。

开发登记 美国杜邦公司登记生产，从1996年开始，在多个国家登记或上市。

啶嘧磺隆 flazasulfuron

其他名称 秀百宫。

化学名称 3-(4,6-二甲氧基嘧啶-2-基)-1-(3-三氟甲基吡啶-2-基)磺酰脲。

结构式

CF_3 OCH_3 N —$SO_2NHCONH$— N N OCH_3

理化性质 纯品为白色结晶粉末，无味，熔点168℃，难溶于有机溶剂。

毒性 大鼠急性经口LD_{50}为5 000mg/kg，大鼠急性经皮LD_{50}为2 000mg/kg。

剂型 10%可湿性粉剂、25%水分散粒剂。

除草特点 啶嘧磺隆是内吸性传导型除草剂，可为杂草茎叶和根部吸收，随后在植物体内传导，通过抑制植物体内侧链氨基酸的生物合成，而造成敏感植物生长停滞、茎叶褪绿、逐渐枯死，一般情况下4～5d内新生叶片褪绿，然后扩展到整个植株，20～30d杂草彻底死亡。在田间持效期较短，不影响下茬作物的生长。

适用作物 暖季型草坪。

防除对象 可有效防除多种1年生阔叶杂草和禾本科杂草，而且也能很好的防除多年生阔叶杂草和莎草科杂草，对稗草、狗尾草、碎米莎草、绿苋、早熟禾、荠菜、佛座、繁缕、大巢菜防效特别突出。

应用技术 暖季型草坪，适用于结缕草类（马尼拉等）、狗牙根类（百慕大等）暖季型草坪，在杂草2～4叶期，用25%水分散粒剂10～20g/亩，对水25～30kg均匀茎叶喷雾，可防除稗草、马唐、牛筋草、早熟禾、看麦娘等禾本科杂草，空心莲子草、天胡荽、小飞蓬等阔叶杂草及碎米莎草、水蜈蚣、香附子等莎草科杂草都有很好的防治效果。

注意事项 在各地的除草效果和安全性不同，应先试验后推广。施药时用药量要准确，喷施要均匀。冷季型草坪如高羊茅、黑麦草、早熟禾等对该药高度敏感，不能使用；水产养殖区，河塘等水体附近禁用，每季作物最多使用1次。

开发登记 由日本石原产业化学公司开发的磺酰脲类除草剂，日本石原产业株式会社、浙江天丰生物科学有限公司 、江苏龙灯化学有限公司等企业登记生产。

单嘧磺隆 monosulfuron

其他名称 麦谷宁。

化学名称 N-[(4-甲基-2-嘧啶基)氨基甲酰基] -2-硝基苯磺酰胺。

结构式

N O O H_3C N NH NH S O O OH

理化性质 原药外观为淡黄色或白色粉末，熔点：191.0～191.3℃。不溶于大多数有机溶剂，易溶于N–二甲基甲酰胺，微溶于丙酮，碱性条件下可溶于水。制剂外观为均匀疏松的白色粉末，无团块。不可与碱性农药混用。

毒　　性 单嘧磺隆大鼠急性经口原药LD_{50}＞4 640mg/kg、制剂LD_{50}＞5 000mg/kg；大鼠急性经皮LD_{50}＞2 000mg/kg，对兔皮肤无刺激性，兔眼睛轻度刺激性。

剂　　型 10%可湿性粉剂。

除草特点 该药是一种新型磺酰脲类除草剂。药剂由植物初生根及幼嫩茎叶吸收，通过抑制乙酰乳酸合成酶来阻止支链氨基酸的全盛导致杂草死亡。杂草受药后叶片变厚、发脆、心叶发黄、生长抑制，10d以后逐渐干枯、死亡。

适用作物 小麦、谷子。

防除对象 可有效防除小麦田常见的1年生阔叶杂草和部分1年生禾本科杂草；春、夏谷子田藜、蓼、反枝苋、马齿苋、刺儿菜等1年生阔叶杂草。

应用技术 小麦田，冬小麦田应在冬前杂草第1次出苗高峰期或杂草春季出苗高峰期，用10%可湿性粉剂30～40g/亩均匀茎叶喷雾，可防除播娘蒿、荠菜等1年生阔叶杂草；春播谷子：播后苗前土壤喷施，或者谷苗3叶期后茎叶处理；夏播谷子田应在播种后、出苗前进行均匀土壤喷雾施药，用10%可湿性粉剂10～20g/亩，对水30～45kg均匀喷雾，施药时喷头距地面25cm左右，以喷施地面为主。

注意事项 该药使用时应根据不同地区的土质情况确定使用剂量，施药量要准确，不重喷、不漏喷，用药后仔细清洗喷雾器。冬小麦浇过返青水后用药，除草效果最好。不同品种小麦敏感性有差异。夏播谷子：前茬白地等雨播种，雨后最好翻地后再播种、施药。前茬为小麦，宜灭茬后播种、施药；春播谷子：要根据当地实际情况使用，如果杂草与谷苗同时出土，应播后苗前土壤喷施；若杂草出土迟于谷苗，应在谷苗3叶期后做定向土壤处理；对未试验过的谷子品种应先试验再推广，谷苗刚出土时对本品最敏感，此时严禁用药。对初次使用本品的用户应先小面积试验，掌握使用技术后再大面积施用，以防用药不当造成损失；使用本品后，后茬可以种植玉米、谷子等作物，慎种高粱、大豆、向日葵、花生等，严禁种植油菜、白菜等十字花科作物及棉花、苋菜、芝麻等作物；每个生长季只可施用1次，不可多次施用该除草剂。

开发登记 河北兴柏农业科技有限公司登记生产。

单嘧磺酯 monosulfuron-ester

其他名称 麦庆。

化学名称 N–[2–(4–甲基)嘧啶基]–2–甲酸甲酯基苯磺酰脲。

结 构 式

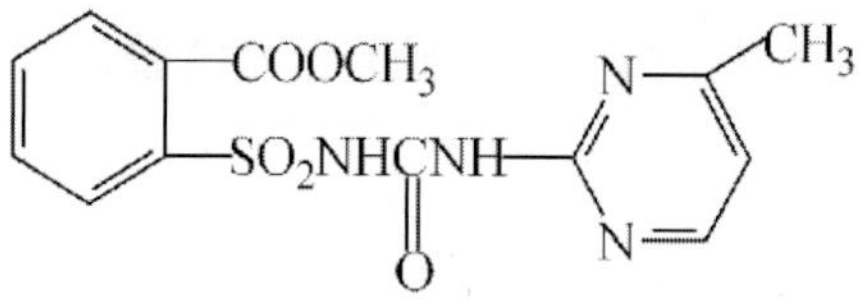

理化性质 原药(含量≥90%)外观为白色或浅黄色结晶或粉末。难溶于有机溶剂，碱性条件下可溶于水。在中性或弱碱性条件易水解。

毒　　性 单嘧磺隆原药大鼠急性经口和经皮LD_{50}均大于1 000mg/kg，对兔皮肤无刺激性，兔眼睛轻度刺激性。

剂　　型 10%可湿性粉剂。

除草特点 单嘧磺酯为高效磺酰脲类除草剂。具有内吸、传导性，可以通过植物根、茎、吸收，进入植物体内，并在植物体内传导。杂草受药后叶片变厚、发脆、心叶发黄、生长抑制，10d以后逐渐干枯、死亡。

适用作物 小麦。

防除对象 可有效防除小麦田常见的1年生阔叶杂草和部分1年生禾本科杂草。田间药效试验结果表明：10%可湿性粉剂对小麦田1年生阔叶杂草(如播娘蒿、糖芥、蚤缀、佛座、密花香薷、看麦娘等)有较好的防除效果，而对荞麦蔓、萹蓄、藜等防除效果较差。

应用技术 小麦苗后至返青中期、杂草3～4叶期茎叶均匀喷雾，可以用10%可湿性粉剂10～20g/亩均匀喷雾。持效期长，1次施药即可控制小麦田主要阔叶杂草。

注意事项 推荐剂量下对小麦安全，对不同小麦品种的敏感性无明显差异；对小麦田后茬作物玉米、谷子安全性好，对花生、大豆、棉花安全性较差，对油菜(白菜等十字花科蔬菜)最不安全。建议西北地区春小麦田后茬作物若要种植油菜，最好隔1年再种植。

开发登记 天津市绿保农用化学科技开发有限公司曾登记生产。

氟唑磺隆 flucarbazone-sodium

其他名称 氟酮磺隆、彪虎。

化学名称 N-(2-三氟甲氧基苯基磺酰基)-4,5-二氢-3-甲氧基-4-甲基-5-氧-1H-1,2,4-三唑甲酰胺钠盐。

结 构 式

CF_3 — O — (苯环) — SO_2 — N = C(ONa) — N(三唑酮环：C=O, N—CH_3, C—O—CH_3)

理化性质 纯品为无色无嗅结晶体，熔点为200℃(分解)。

毒　　性 大鼠急性经口LD_{50} > 5 000mg/kg，大鼠急性经皮LD_{50} > 5 000mg/kg。

剂　　型 70%水分散粒剂、75%水分散粒剂、5%可分散油悬浮剂、10%可分散油悬浮剂、35%可分散油悬浮剂。

除草特点 氟唑磺隆是磺酰脲类除草剂，是乙酰乳酸合成酶(ALS酶)的抑制剂，即通过抑制植物的ALS酶，阻止支链氨基酸如缬氨酸、异亮氨酸、亮氨酸的生物合成，最终破坏蛋白质的合成，干扰DNA的合成及细胞分裂与生长。他可以通过植物的根、茎和叶吸收，受害杂草生长停止、失绿、顶端分生组织死亡，植株在2~3周后死亡。因该化合物在土壤中有残留活性，故对施药后长出的杂草仍有药效。

适用作物 小麦。

防除对象 雀麦、看麦娘、茼草、硬草、狗尾草、稗草、冰草、早熟禾、日本看麦娘、节节麦、猪殃殃、荠菜、繁缕、播娘蒿、泥胡菜、遏蓝菜、大巢菜、婆婆纳，对苗期杂草和喷药后14d内出土的杂草仍有效。对野燕麦防效良好，对节节麦防效差。

应用技术 小麦田，冬小麦出苗后封垄前，杂草2~5叶期，用70%水分散粒剂3~4g/亩，对水15~30kg均匀茎叶喷雾，防除野燕麦、雀麦、狗尾草、看麦娘等禾本科杂草，并能防除多种阔叶杂草，对冬小麦安全性较好，持效期长。

注意事项 该药不可以在大麦、燕麦、十字花科和豆科等敏感作物上使用。对下茬作物安全，燕麦、芥菜、扁豆除外。在干旱、低温、冰冻、洪涝、肥力不足及病虫害侵扰等不良的环境气候条件下不宜使用，在种植冬小麦的地区晚秋或初冬时，应该注意选择天气较为温暖的时间施药，施药时的气温应高于8℃。氟唑磺隆作为播后苗前土壤处理剂，能有效地抑制看麦娘、野燕麦、雀麦等麦田禾本科杂草，对节节麦也有一定的抑制作用；作为苗后茎叶处理剂，在看麦娘、野燕麦和雀麦1.5~3叶期使用，除草效果好，但在5叶期使用，除草效果明显下降；对1.5叶期节节麦有一定活性，对稍大的节节麦的活性差。研究结果表明，氟唑磺隆对麦田禾本科杂草的活性大小，对叶龄很敏感。对敏感杂草看麦娘、野燕麦和雀麦需在3叶期或3叶前施用，对耐药性强的节节麦需在1.5叶期前使用。氟唑磺隆可作为前期土壤处理，即保证除草效果，又可降低对后茬作物残留药害的风险。在冬小麦产区对下茬作物：玉米、大豆、水稻、棉花和花生的安全间隔期为60~65d。

开发登记 由拜耳公司开发。爱利思达生物化学品北美有限公司 、江苏省农用激素工程技术研究中心有限公司、河南瀚斯作物保护有限公司等企业登记和生产。

氟啶嘧磺隆 flupyrsulfuron-methyl-sodium

其他名称 DPX-KE459；JE 138；IN-KE 459。

化学名称 2-(4,6-二甲氧嘧啶-2-基氨基羰基氨基磺酰基)-6-三氟甲基烟酸甲酯单钠盐。

结构式

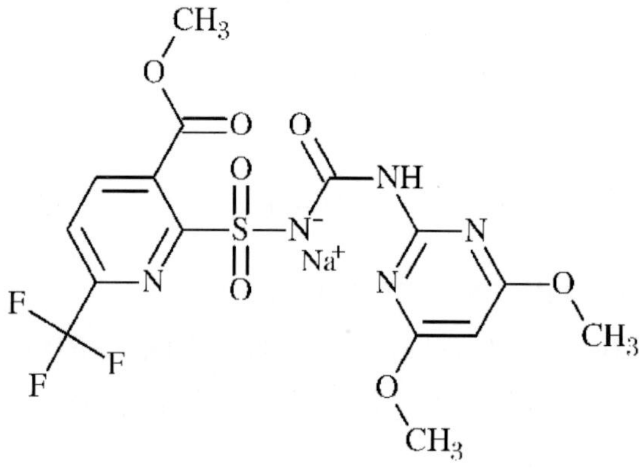

理化性质 纯品为具刺激性气味的白色粉状固体，熔点165~170℃，相对密度1.48。蒸气压1.0×10^{-9}Pa(20℃)。溶解度(20℃，mg/L)：乙腈4 332，丙酮3 049，正己烷>1.0，乙酸乙酯490，二氯甲烷600。水中溶解度(25℃，pH 5)为63。在水中的稳定性，半衰期为44d(pH 5)、12d(pH 7)、0.4d(pH 9)。

毒　　性 大(小)鼠急性经口LD_{50}>5 000mg/kg。大鼠急性吸入LC_{50}(4h)>2.0mg/L。对兔眼睛和兔皮肤没有刺激性。

剂　　型 水分散粒剂。

除草特点 氟啶嘧磺隆与其他磺酰脲类除草剂一样是乙酰乳酸合成酶(ALS)抑制剂。通过杂草根和叶吸收，在植株体内传导，杂草即停止生长，而后枯死。

应用技术 据资料报道,氟啶嘧磺隆为具有广谱活性的苗后除草剂。适宜作物为禾谷类作物如小麦、大麦等，对禾谷类作物安全，环境无不良影响。降解速度快，无论何时施用，对下茬作物都很安全。用于防除部分重要的禾本科杂草和大多数的阔叶杂草如看麦娘等，使用剂量为用量为0.67g(有效成分)/亩。

开发登记 美国杜邦公司开发的磺酰脲类除草剂。

氯吡嘧磺隆 halosulfuron-methyl

化学名称 3-氯-5-[(4,6-二甲氧基嘧啶-2-基)氨基甲酰基氨磺酰基]-1-甲基吡唑-4-甲酸甲酯。

结 构 式

理化性质 纯品为白色粉状固体，熔点175.5～177.2℃。在常规条件下储存稳定。

毒　　性 大鼠急性经口LD_{50}为8 865mg/kg。

剂　　型 25%、50%可湿性粉剂、75%水分散粒剂、35%水分散粒剂、12%可分散油悬浮剂、15%可分散油悬浮剂。

除草特点 氯吡嘧磺隆是磺酰脲类除草剂，选择性内吸传导型除草剂。有效成分可在水中迅速扩散，为杂草根部和叶片吸收转移到杂草各部，阻碍氨基酸、赖氨酸、异亮氨酸的生物合成，阻止细胞的分裂和生长。敏感杂草生长机能受阻，幼嫩组织过早发黄抑制叶部生长，阻碍根部生长而坏死。可有效防除番茄田阔叶杂草及莎草科杂草。

适用作物 小麦、玉米、直播水稻、高粱、番茄、甘蔗、草坪。

防除对象 氯吡嘧磺隆主要用于防除阔叶杂草和莎草科杂草，如苘麻、苍耳、曼陀罗、豚草、反枝苋、野西瓜苗、蓼、马齿苋、龙葵、草决明、牵牛、香附子等。

应用技术 玉米田，在玉米3～5叶，杂草2～5叶时，用75%水分散粒剂3～5g，对水10～30kg（人工喷雾20～30kg，机械喷雾10～15kg），搅拌均匀后对杂草喷雾；小麦田，在小麦田杂草2～5叶期，用35%水分散粒剂8.6～12.8g/亩，对水20～40kg进行均匀茎叶喷雾；水稻直播田，在秧苗2叶1心期，杂草2～3叶期，用35%水分散粒剂5.8～8.6g/亩，对水20～40kg进行均匀茎叶喷雾，水稻直播田施药前1d排干水，保持土壤湿润，药后1d复水，保水1周，勿淹没水稻心叶，恢复正常管理；高粱、甘蔗田，在杂草2～5叶时，用75%水分散粒剂3～5g，对水10～30kg均匀茎叶喷雾；番茄田，番茄移栽前1d，杂草2～4叶期，用75%水分散粒剂6～8g/亩，对水40kg对土壤进行均匀喷雾处理。

注意事项 玉米田苗前使用应同解毒剂MON13900一起使用，减少对玉米的伤害。施药时注意药量准确，做到均匀喷洒，尽量在无风无雨时施药，避免雾滴漂移，危害周围作物；大风或预计1h内有降雨，请勿使用。要远离水产养殖区、河塘等水体施药，禁止在河塘等水体中清洗施药器具；每季最多使用1次,请按照推荐剂量及农药安全使用准则使用本品。

开发登记 是由日产化学公司研制，孟山都公司开发的磺酰脲类除草剂。江苏省农用激素工程技术研究中心有限公司 、安徽丰乐农化有限责任公司 、山东奥坤作物科学股份有限公司等企业登记生产。

环氧嘧磺隆 oxasulfuron

其他名称 大能；Dynam；Expert。

化学名称 2-[(4,6-二甲基嘧啶-2-基)氨基羰基氨基磺酰基]-苯甲酸-3-氧杂环丁酯。

结 构 式

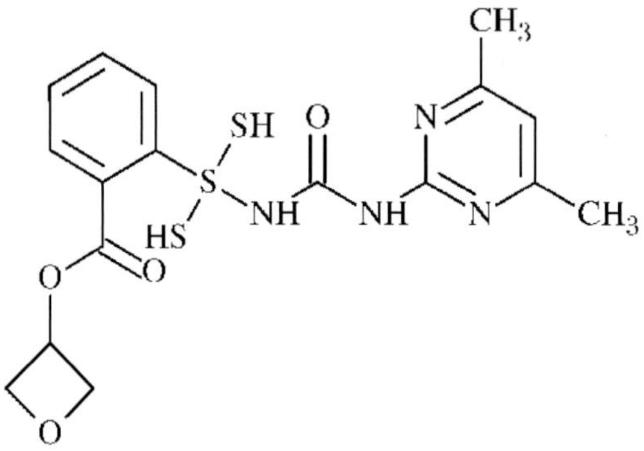

理化性质 纯品为白色无臭结晶体，熔点158℃。相对密度1.41，蒸气压小于2×10^{-5}Pa(25℃)，溶解度(25℃，mg/L)为：水63(pH5.0)、1 700(pH6.8)、19 000(pH7.8)，甲醇1 500，丙酮9 300，甲苯320，正己烷2.2，乙酸乙酯2 300，二氯甲烷6 900。

毒 性 大鼠急性经口$LD_{50}>5$ 000mg/kg，兔急性经皮$LD_{50}>2$ 000mg/kg，大鼠急性吸入LC_{50}(4h) 5.08mg/L。对兔眼睛和皮肤无刺激性。NOEL数据：大鼠(2年)8.3mg/(kg · d)，小鼠(1.5年)1.5mg/（kg · d）。野鸭和鹌鹑急性经口$LD_{50}>2$ 250mg/kg。鱼毒LC_{50}(96d)：虹鳟鱼>116mg/L，大翻车鱼>111mg/L。

剂 型 75%悬浮剂。

除草特点 与其他磺酰脲类除草剂一样是乙酰乳酸合成酶(ALS)抑制剂。通过杂草根和叶吸收，在植株体内传导，杂草即停止生长，叶色变黄、变红，而后枯死。

适用作物 适用于大豆田。

防除对象 主要用于防除阔叶杂草。

应用技术 环氧嘧磺隆用于大豆田苗后除草，使用75%悬浮剂5～8g/亩，对水30kg喷雾。

开发登记 由瑞士诺华公司(现为先正达公司)开发的磺酰脲类除草剂。

唑吡嘧磺隆 imazosulfuron

其他名称 咪唑磺隆；Takeoff；Sibatito。

化学名称 3-(4,6-二甲氧基嘧啶-2-基)-1-(2-氯咪唑并[1,2-a]吡啶-3-基]磺酰脲。

结 构 式

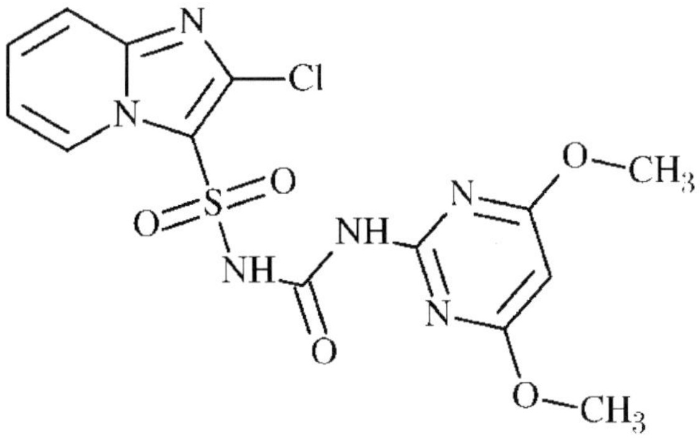

理化性质 纯品为颗粒状固体，熔点183 ~ 184℃(分解)。相对密度1.574(25.5℃)。蒸气压4.5×10^{-5}Pa(25℃)。溶解度(25℃，mg/L)：水6.75(pH5.1)、67(pH6.1)、308(pH7.0)，二氯甲烷12 900，丙酮4 800，乙酸乙酯2 200，二甲苯400。

毒 性 大(小)鼠急性经口LD_{50} > 5 000mg/kg，兔急性经皮LD_{50} > 2 000mg/kg。对兔眼睛和皮肤无刺激性。大鼠急性吸入LC_{50}(4d)2.4mg/L。NOEL数据：雄、雌大鼠(2年)为106.1和132.46mg/（kg·d），雄、雌犬(1年)均为75mg/（kg·d）。Ames试验呈阴性。野鸭和山齿鹑急性经口LD_{50} > 2 250mg/kg，野鸭和山齿鹑饲喂LC_{50}(5d) > 5 620mg/L，鲤鱼LC_{50}(48h) > 10mg/L，蜜蜂LD_{50}(48h) > 66.5ug/只(接触)。

剂 型 0.3%颗粒剂。

除草特点 乙酰乳酸合成酶(ALS)抑制剂，即通过根部吸收唑吡嘧磺隆，然后输送到整株植物中。唑吡嘧磺隆抑制杂草顶芽生长，阻止根部和幼苗的生长发育，从而使全株死亡。

适用作物 适用于水稻和草坪。由于唑吡嘧磺隆在水稻体内可被迅速代谢为无活性物质，因此即使水稻植株吸收一定量的唑吡嘧磺隆，也不会对水稻产生任何药害，在任何气候条件下，该药剂对水稻均十分安全，故可在任何地区使用。

防除对象 主要用于防除稻田大多数1年生与多年生阔叶杂草，如牛毛毡、慈姑、莎草、泽泻、眼子菜、水芹等。亦能防除野荸荠、野慈姑等恶性杂草。

应用技术 据资料报道，可苗前和苗后使用的除草剂，持效期为40~50d。水稻田使用剂量亩用量为5 ~ 6.7g(有效成分)，草坪中使用剂量亩用量为33.3 ~ 66.7g(有效成分)。

开发登记 是由日本武田制药公司开发的磺酰脲类除草剂。

氟嘧磺隆 primisulfuron

化学名称 2-[4,6-双(二氟甲氧基)嘧啶-2-基氨基甲酰胺基磺酰基]苯甲酸甲酯。

结 构 式

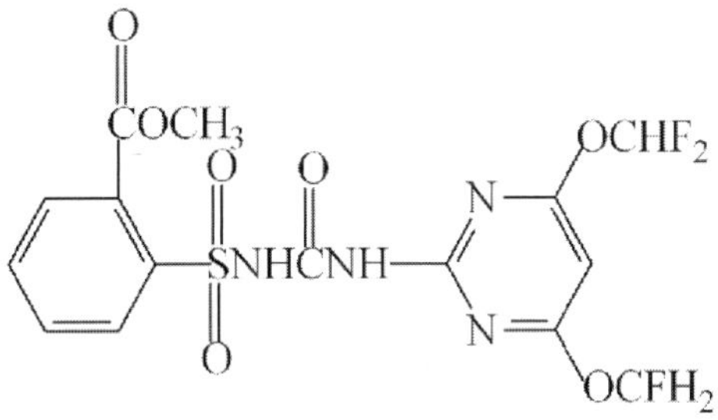

理化性质 纯品为白色粉状固体，熔点194.7 ~ 194.8℃，蒸气压小于5.0×10^{-3}Pa(25℃)。溶解度(mg/L，

20℃)：水3.7(pH5)、390(pH7)、11 000(pH8.5)，丙酮45 000，甲苯5 790，正辛醇130，正己烷＜1。小于150℃稳定，水解(50℃)DT_{50}：10h(pH3)，10h(pH5)，>300h(pH 7，9)；土壤中DT_{50}：10～60d。

毒　　性　大鼠急性经口LD_{50}＞5 050mg/kg，大鼠急性经皮LD_{50}＞2 010mg/kg。

剂　　型　75%可湿性粉剂。

除草特点　氟嘧磺隆是内吸性除草剂，可为杂草根系、茎叶吸收，随后在植物体内传导，运送到植物的分生组织，通过抑制植物体侧链氨基酸的生物合成而阻止细胞分裂，造成敏感植物生长停滞、茎叶褪绿、逐渐枯死，一般情况下10～20d内死亡。药剂在土壤中易被微生物分解，半衰期一般为30～60d。

适用作物　玉米。

防治对象　可以有效防除多种禾本科杂草和阔叶杂草，其中包括苋属、蓼科、豚草属、曼陀罗属、茄属、苍耳属等杂草。

应用技术　据资料报道，在玉米播后芽前或玉米3～5叶期，杂草芽前是最佳施用时期，杂草苗后施药太晚会降低除草效果，一般用75%可湿性粉剂1～2g/亩，对水45kg喷施土表。

注意事项　由于该药剂对一些杂草芽后防治效果较差，最好在芽前施药。

开发登记　由诺华公司(现为先正达公司)开发的磺酰脲类除草剂。

丙苯磺隆 propoxycarbazone

其他名称　procarbazone；propoxycarbazone-sodium。

化学名称　2-[(4,5-二氢-4-甲基-5-氧-3-丙氧基-1H-1,2,4-三唑-1-基)羰基]氨基磺酰基]苯甲酸甲酯钠盐。

结 构 式

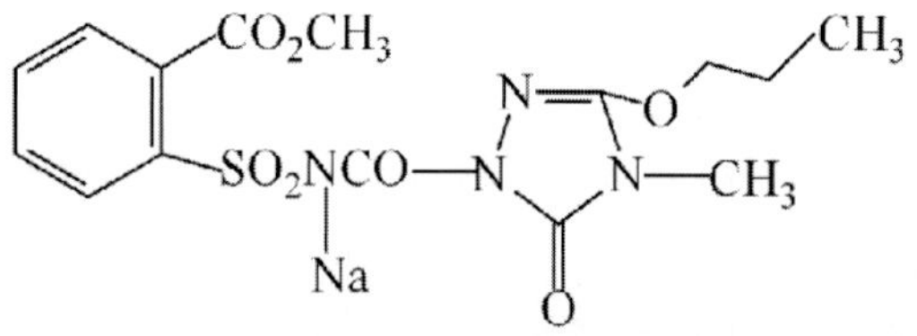

CO_2CH_3　CH_3
$SO_2NCO—N$　$N—CH_3$
Na　O

理化性质　纯品为无臭结晶体，熔点230～240℃(分解)。在25℃、pH值4～9的水溶液中稳定。纯水中光解半衰期大约为30d，土壤(沃土)中光解半衰期大约为36d。土壤降解半衰期大约为9d，对地下水不会产生污染。

毒　　性　大鼠急性经口LD_{50}＞5 000mg/kg，大鼠急性经皮LD_{50}＞5 000mg/kg。对兔眼睛和皮肤无刺激性。

剂　　型　70%水分散粒剂。

除草特点　磺酰胺基甲酰基三唑啉酮类除草剂，属ALS抑制剂。杂草(1～6叶期)通过茎叶和根部吸收，脱绿、枯萎，最后死亡。因该化合物有残留活性，故对施药后长出的杂草仍有活性。丙苯磺隆是一种内吸性除草剂，它既随蒸腾作用在木质部里向上扩散，又随同化作用在韧皮部里向基扩散。通过叶子的吸收是有限的，丙苯磺隆主要通过土壤吸收而起作用。不仅对禾谷类作物安全，对后茬作物无影响，而且对环境、生态的相容性和安全性极高。

适用作物　禾谷类作物，如小麦、黑麦、黑小麦。

防除对象　防除1年生禾本科杂草和部分多年生禾本科杂草，如野燕麦、雀麦、看麦娘、风剪股颖、茅草、鹅观草以及部分阔叶杂草荠菜、遏蓝菜等。

使用方法 据资料报道，麦田苗后茎叶处理，可以用70%水分散粒剂3～6g/亩，对水45kg均匀喷施。为了扩大杀草谱，丙苯磺隆还可与2甲4氯钠盐混用。

注意事项 天气干旱时，由于土壤水分不足，可与非离子表面活性剂一起使用，效果会更佳。

开发登记 拜耳公司开发，专利号EP0507171；专利公开日1992-10-07；专利申请日1992-03-23。

三氟丙磺隆 prosulfuron

其他名称 氟磺隆；顶峰；必克。

化学名称 1-(4-甲氧基-6-甲基-1,3,5-三嗪-2-基)-3-[2-(3,3,3-三氟丙基)苯基磺酰基]脲。

结 构 式

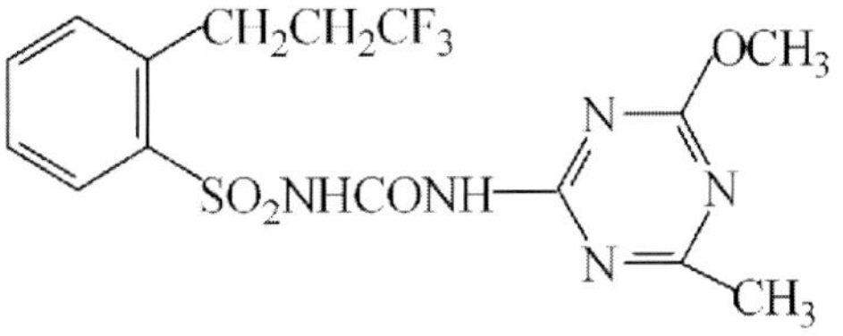

$CH_2CH_2CF_3$ OCH_3 N N $SO_2NHCONH$ N CH_3

理化性质 无色无味结晶体，难溶于有机溶剂。在室温下存放24个月稳定。在pH值5条件下可迅速水解。

毒　　性 大鼠急性经口LD_{50}为986mg/kg。

除草特点 磺酰脲类除草剂，是乙酰乳酸合成酶(ALS)的抑制剂。通过杂草根和叶吸收，在植株体内传导，杂草即停止生长、叶色褪绿，而后枯死。

适用作物 玉米、高粱、禾谷类作物、草坪和牧草。

防除对象 三氟丙磺隆主要用于防除阔叶杂草，对苘麻属、苋属、藜属、蓼属、繁缕属等杂草具有优异的防效。

应用技术 据资料报道，主要用于苗后除草，可以用0.65～3g(有效成分)/亩。若与其他除草剂混合应用，还可进一步扩大除草谱。

注意事项 因其在土壤中的半衰期为8～40d，在玉米植株内的半衰期为1～2.5h，明显短于其他商品化磺酰脲类除草剂在玉米植株内的代谢时间。对玉米等作物安全，对后茬作物(如大麦、小麦、燕麦、水稻、大豆、马铃薯)影响不大，但对甜菜、向日葵有时会产生药害。

开发登记 是瑞士诺华公司(现为先正达公司)开发的磺酰脲类除草剂。

磺酰磺隆 Sulfosulfuron

化学名称 1-(4,6-二甲氧嘧啶-2-基)-3-[2-乙基磺酰基咪唑并(1,2-α)吡啶-3-基]磺酰脲。

结 构 式

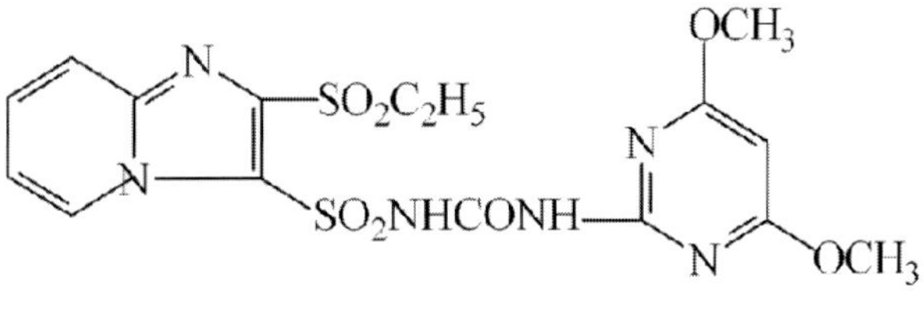

OCH_3 N $SO_2C_2H_5$ N N $SO_2NHCONH$ N OCH_3

理化性质 纯品为无臭白色固体，熔点201.1～201.7℃。

毒　　性 大鼠急性经口LD_{50}＞5 000mg/kg。

剂　　型 10%水分散粒剂。

除草特点 磺酰脲类除草剂，乙酰乳酸合成酶(ALS)抑制剂。通过杂草根和叶吸收，在植株体内传导，杂草即停止生长，而后枯死。

防除对象 1年生和多年生禾本科杂草和部分阔叶杂草，如野燕麦、早熟禾、蓼、风剪股颖等。对偃麦草或雀麦草效果差，但可抑制他们的疯长，使杂草保持在作物叶冠下面。

适用作物 小麦、玉米。

应用技术 据资料报道，小麦田苗后除草，用10%水分散粒剂10～20g/亩，对水45kg喷施。

注意事项 对小麦安全，基于其在小麦植株中快速降解。但对大麦、燕麦有药害。

开发登记 日本武田制药公司研制，并与孟山都公司共同开发的磺酰脲类除草剂。

三氟啶磺隆 trifloxysulfuron

其他名称 英飞特。

化学名称 1-(4,6-二甲氧基嘧啶-2-基)-3-[3-(2,2,2-三氟乙氧基)-2-吡啶]磺酰脲。

结 构 式

OCH_2CF_3　N　$SO_2NHCONH$　N　N　OCH_3　OCH_3

理化性质 三氟啶磺隆原药为白色或偏白色无味固体，熔点为170.2～177.7℃。

毒　　性 三氟啶磺隆属低毒除草剂，大鼠急性经口LD_{50}＞5 000mg/kg，大鼠急性经皮LD_{50}＞2 000mg/kg，大鼠急性吸入LD_{50}＞5.03mg/L。对皮肤、眼睛无刺激作用。

剂　　型 75%水分散粒剂。

除草特点 三氟啶磺隆是一种磺酰脲类除草剂，抑制植物中支链氨基酸(缬氨酸、亮氨酸、异亮氨酸)合成所必需的乙酰乳酸合酶(ALS)的活性。杂草的茎叶和根部都可吸收三氟啶磺隆，并且经过木质部和韧皮部快速转移至嫩枝、根部和顶端分生组织。受害后整个植株表现为生长停止、缺绿、顶端分生组织死亡，最后导致整个植株在1～3周后死亡。棉花对三氟啶磺隆的吸收和代谢方式与杂草不同，被棉花植株所吸收的三氟啶磺隆大部分被固定在棉花叶片中不能移动并且被迅速代谢掉，所以三氟啶磺隆对棉花无药害。土壤中的半衰期DT_{50}为52d，30℃时DT_{50}则减少至22d(均按田间土壤持水量为75%测算)，三氟啶磺隆在酸性条件下的稳定性很差，因此与碱性土壤相比，其在酸性土壤中的降解速度更快，在推荐的使用剂量下对后茬作物安全。

适用作物 棉花、甘蔗。

防除对象 可以有效地控制1年生禾本科杂草、阔叶杂草和莎草科杂草的防效，对3叶期以下的禾本科杂草(如牛筋草、狗尾草、稗草)及真叶期左右的阔叶杂草(如反枝苋、藜、酸浆等)均有理想的防效，对马唐、马齿苋、铁苋防效较差，对田旋花防效一般，对叶龄较大的禾本科杂草以及铁苋、龙葵、马齿苋效果较差。

应用技术 棉花30~40cm高，杂草4~6叶期，用75%三氟啶磺隆水分散粒剂1.5~5g/亩，对水40kg，在棉田均匀喷雾。

甘蔗生长期，用75%三氟啶磺隆水分散粒剂2~3g/亩，进行茎叶处理对甘蔗田杂草胜红蓟、赛葵、野塘蒿、叶下珠、香附子等效果理想，对3~4叶期的马唐、稗草也有较好的防效。

注意事项 三氟啶磺隆喷施到棉花上，5d后上部叶片皱缩变黄，边缘焦枯，但心叶生长不受影响。15d后棉花叶片恢复正常。要注意在施药时不宜喷施到棉花心叶，可以在田间定向喷施，但施药量不宜过大。

开发登记 瑞士先正达作物保护有限公司、江苏省昆山市鼎烽农药有限公司等企业登记生产。

氟胺磺隆 triflusulfuron-methyl

其他名称 DPX-66037。

化学名称 2-[4-二甲基氨基-6-(2,2,2-三氟乙氧基)-1,3,5-三嗪-2-氨基甲酰氨基磺酰基]间甲基苯甲酸甲酯。

结 构 式

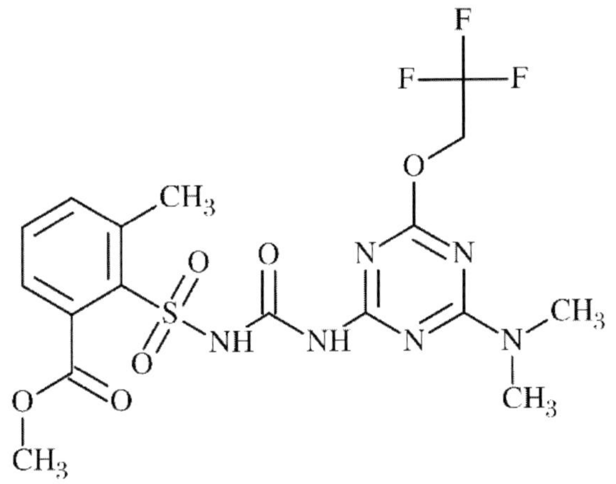

理化性质 本品熔点160~163℃，离解常数(pKa)4.4。水溶解性(25℃)：1mg/L(pH3)，3mg/L(pH5)，110mg/L(pH7)，11 000mg/L(pH9)。在25℃水中DT_{50}3.7d(pH5)，32d(pH7)，36d(pH9)。

毒　　性 大鼠急性经口LD_{50}>5 000mg/kg，兔急性经皮LD_{50}>2 000mg/kg。原药对兔眼睛无刺激作用，对豚鼠皮肤无过敏性，Ames试验为阴性。

剂　　型 50%可湿性粉剂、50%水分散粒剂。

除草特点 本品属磺酰脲类除草剂，抑制植物的乙酰乳酸酶合成，阻断侧链氨基酸生物合成，从而影响细胞的分裂和生长。对甜菜安全，能防除甜菜田许多阔叶杂草和禾本科杂草，而且是安全性高的芽后除草剂。在1~2叶以上的甜菜中的DT_{50}<6h。

适用作物 甜菜。

防除对象 可有效地防治甜菜田反枝苋、苘麻、稗草等1年生杂草。

应用技术 在甜菜出苗后3~5叶，禾本科杂草2~5叶期，阔叶杂草株高3~5cm，用50%水分散粒剂2.7~3.3g/亩进行均匀茎叶喷雾。

注意事项 施药时注意药量准确，做到均匀喷洒，尽量在无风无雨时施药，避免雾滴漂移，危害周围作物；大风天或预计1h内降雨，请勿施药；因各个地区具体情况不同，建议使用前请咨询当地植保专家；每季最多使用1次。

开发登记 杜邦公司开发，获中国专利授权，该专利于2009年9月23日到期。江苏省农用激素工程技术研究中心有限公司 登记生产。

三氟甲磺隆 tritosulfuron

化学名称 1-(4-甲氧基-6-三氟甲基-1,3,5-三嗪-2-基)-3-(2-三氟甲基苯基磺酰基)脲。

结构式

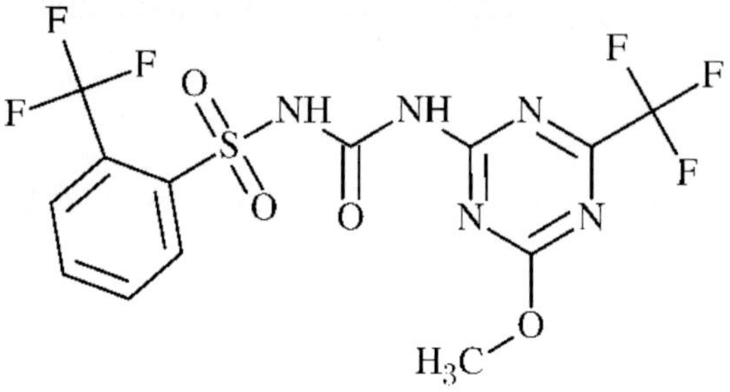

作用机理 乙酰乳酸合成酶抑制剂。

开发登记 由巴斯夫公司开发的新型磺酰脲类除草剂。

甲磺隆钠盐 sodium-methsulfuron-methyl

化学名称 2-[3-(4-甲氧基-6-甲基-1,3,5-三嗪基-2基)脲基磺酰基]苯甲酸甲酯钠盐。

结构式

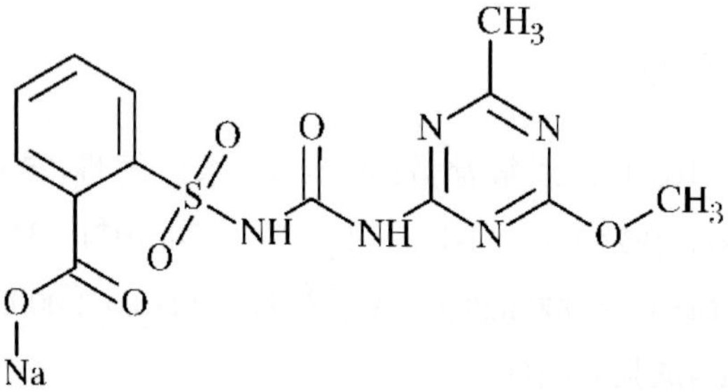

理化性质 为白色晶体，熔点158℃，蒸气压3.3×10^{-10}Pa(25℃)，密度1.47。室温水中溶解度约25%，二甲苯0.58，己烷0.97，乙醇2.3，甲醇7.3，丙酮36， 二氯甲烷121(g/L，20℃)，140℃以下稳定。土壤中半衰期为1～5周，pH低，高温高湿加速降解。

毒　　性 对眼、皮肤、黏膜有刺激作用，一般不会引起全身中毒。急性经口$LD_{50}>5\,000$mg/kg，急性经皮$LD_{50}>2\,000$mg/kg(兔)。

剂　　型 85%甲磺隆钠盐可溶性粉剂。

除草特点 本品为高活性、广谱、具有选择性的内吸传导型麦田除草剂。被杂草根部和叶片吸收后，在植株体内传导很快，可向顶和向基传导，在数小时内迅速抑制植物根和新梢顶端的生长，3～14d植株枯死。被麦苗吸收进入植株内后，被麦株内的酶转化，迅速降解，所以小麦对本品有较大的耐受能力。

本剂的使用量小，在水中的溶解度很大，可被土壤吸附，在土壤中的降解速度很慢，特别在碱性土壤中，降解更慢。

适用作物 长江以南稻麦轮作区小麦田。

防除对象 可有效地防治看麦娘、婆婆纳、繁缕、大巢菜、荠菜、碎米荠、播娘蒿、藜、蓼等杂草。

应用技术 据资料报道，长江以南稻麦轮作区的小麦地，播后苗前或苗后叶面处理(看麦娘2.5叶期)用85%甲磺隆钠盐可溶性粉剂0.58～0.94g/亩。

注意事项 国内早已停止使用，严禁在玉米、豆类、瓜类、果树、蔬菜、甜菜等及麦套此类作物田使用。施药时必须严格控制用药量，以免产生药害。

开发登记 天津农药股份有限公司登记生产。

氟吡磺隆 flucetosulfuron

其他名称 LGC-42153；韩乐盛；proposed。

化学名称 1-{[(4,6-二甲氧基嘧啶-2-基)氨基]羰基}-2-[2-氟-1-(甲氧基甲基羧基氧)丙基]-3-吡啶磺酰基脲。

结构式

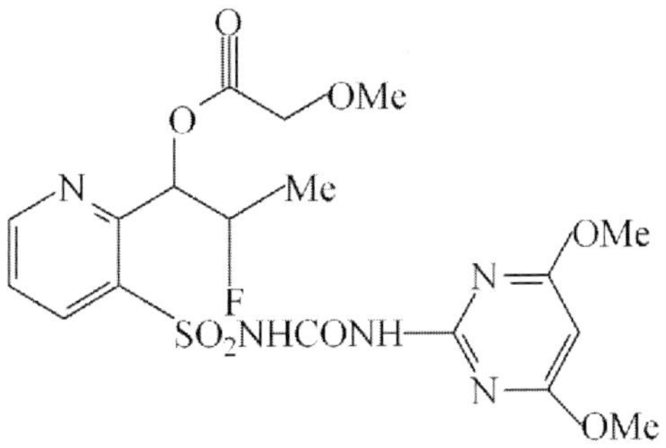

理化性质 原药有效成分含量大于97%，为无臭白色固体粉末(25℃)，熔点178～182℃，难溶于有机溶剂。常温25℃储存2年后活性成分稳定。

毒　　性 原药大鼠急性经口毒性LD_{50} > 5 000mg/kg。

剂　　型 10%可湿性粉剂。

除草特点 氟吡磺隆是磺酰脲类除草剂，是乙酰乳酸合成酶(ALS酶)的抑制剂，即通过抑制植物的ALS酶，阻止支链氨基酸如缬氨酸、异亮氨酸、亮氨酸的生物合成，最终破坏蛋白质的合成，干扰DNA的合成及细胞分裂与生长。它可以通过植物的根、茎和叶吸收，通过叶片的传输速度比草甘膦快。药害症状包括生长停止、失绿、顶端分生组织死亡，植株在2～3周后死亡。

适用作物 直播田水稻、移栽田水稻。

防除对象 氟吡磺隆可以用作土壤和茎叶处理，有很宽的杀草谱，包括1年生阔叶杂草、莎草科杂草和一些禾本科杂草，还有部分多年生杂草，可以防治无芒稗、长芒稗、旱稗等稗属杂草，慈姑、泽泻、三蕊沟繁缕、节节菜、陌上菜、雨久花、鸭舌草、沼生水马齿、母草、轮藻属、浮萍、小茨藻、异型莎草、水莎草、萤蔺、日照飘拂草等杂草。对稗草有特效，对节节菜、萤蔺、水莎草、丁香蓼、异型莎草、鳢肠防效突出，对野慈姑防效一般，对千金子防效较差。

应用技术 在直播稻田，稗草2～5叶期(也可以控制7叶期以上的大龄稗草)时，用10%可湿性粉剂13～

26g/亩，对水30～50kg，喷雾法施药，施药前排干田面积水；移栽稻田在水稻移栽后5～15d(稗草1.5～3叶期)，采用毒土法，混土30～50kg，撒施，或拌返青肥撒施，保水3～5d。氟吡磺隆对稗草的持效期达30～40d，显著长于禾草特和吡嘧磺隆，所以一次用药，即可保证整个水稻生长季节中无稗草为害，对后茬作物无药害作用。

水稻直播田，水稻直播田一般掌握在播种后10～20d(稗草2～5叶期)，禾本科杂草和其他阔叶杂草基本出齐时用药，田间杂草出苗较好的田块在适期范围内可提前用药，亩用10%可湿性粉剂40g，采用喷雾法防治，喷施均匀周到，每亩喷液量30～40kg，对大龄稗草(7叶以上)每亩用10%可湿性粉剂60～70g，对水30～40kg喷雾施药，用药前先排干田内水层。用药后隔1d上水，以后正常管理。除草效果也可在90%左右，杂草用药后分蘖发生褪绿、发黄，最后导致死亡，即使未死亡的其生长点也明显受抑制。

水稻抛秧田，以10%可湿性粉剂17～20/亩为宜(抛后6～7d)，拌化肥或细土20～30混匀后撒施，注意田水不要淹过秧心；茎叶喷雾一般在抛后10～20d(稗草3～5叶)用10%可湿性粉剂20～23g/亩为宜，药前排干田内水层施药，药后隔天上水。

注意事项 药土法在10%可湿性粉剂23g/亩，喷雾法在10%可湿性粉剂26g/亩以下用量对4叶以上的水稻抛秧秧苗安全。本品在水稻移栽田使用时，在杂草苗前或杂草2～4叶期采用毒土法处理1次；在水稻直播田使用时，在杂草2～5叶期对水喷雾处理，施药前排干田间积水，药后1～2d覆水，并保水3～5d；后茬仅可种植水稻、油菜、小麦、大蒜、胡萝卜、萝卜、菠菜、移栽黄瓜、甜瓜、辣椒、番茄、草莓、莴苣；每季作物最多使用1次 。

开发登记 氟吡磺隆是由韩国LG公司生命科学有限公司研制的一种新型磺酰脲类除草剂。江苏省苏州富美实植物保护剂有限公司、韩国株式会社LG化学等企业登记生产。

甲硫嘧磺隆 methiopyrisulfuron

化学名称 2-(4-甲氧基-6-甲硫基嘧啶-2-基氨基甲酰氨基磺酰基)苯甲酸甲酯。

结 构 式

$COOCH_3$, $SO_2NHCOHN$, N, N, OCH_3, SCH_2

理化性质 甲硫嘧磺隆原药(含量为95%以上)，外观为白色至浅黄色粉状结晶。难溶于有机溶剂。中性条件下稳定，酸性、碱性条件下不稳定；对热稳定，常温下对日光稳定。

毒 性 甲硫嘧磺隆原药大鼠急性经口LD_{50}＞4 640mg/kg，急性经皮LD_{50}＞10 000mg/kg。

剂 型 10%可湿性粉剂。

除草特点 甲硫嘧磺隆为磺酰脲类除草剂。其作用机理，为乙酰乳酸合成酶(ALS)的抑制剂。根据药效试验，该药残效期较长，在高剂量下该药剂存在对当茬和后茬作物的安全性问题。

适用作物 小麦。

防除对象 防除1年生阔叶杂草及禾本科杂草。

应用技术 小麦2～3叶期，用10%可湿性粉剂15～20 g /亩，加水30～50kg，均匀喷雾。

注意事项 要严格按照批准使用剂量及使用范围用药，不得擅自提高使用剂量及扩大使用范围。

开发登记 甲硫嘧磺隆是湖南化工研究院自主研制的新型磺酰脲类除草剂。湖南海利化工股份有限公司登记生产。

嘧苯胺磺隆 orthosulfamuron

化学名称 1-(4,6-二甲氧基嘧啶-2-基)-3-[(2-二甲氨基甲酰)苯胺基磺酰]脲。

结构式

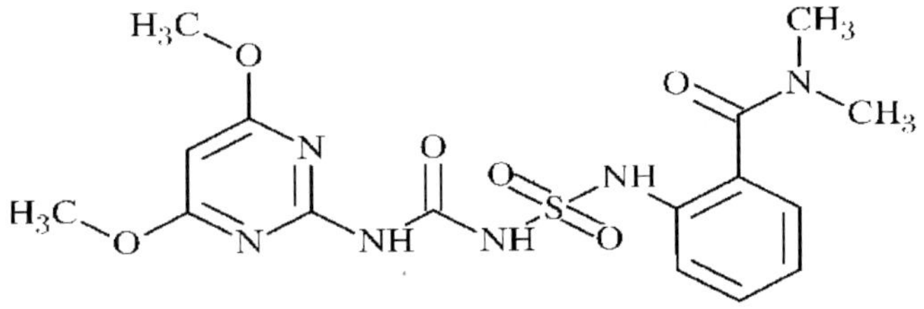

理化性质 外观为白色无味很细粉末。沸点在沸腾前分解，熔点157℃，分解温度：185℃，溶解度(20～25℃)：水中26.2mg/L(pH4)、629mg/L(pH7)，有机溶剂中：n-eptano为0.21mg/L、二甲苯126.8mg/L、丙酮19.2g/L。

毒　　性 低毒。大白鼠急性经口LD_{50}＞5 000mg/kg，急性经皮LD_{50}＞500mg/kg。嘧苯胺磺隆在土壤中滞留半衰期根据土壤性质而不同，地表水中8～16d土壤中10～25d；整个体系DT_{50}为9～23d。在水中滞留半衰期为24.4d(pH7)，227.9d(pH9)。酸性越高，降解越快。该药对鱼、鸟、蜜蜂、家蚕均为低毒，风险较低。

剂　　型 50%水分散粒剂。

除草特点 该产品属于磺酰脲类除草剂，但在化学桥上不同于磺酰脲类除草剂，它通过抑制植物体内乙酰乳酸合成酶，进而阻碍缬氨酸、亮氨酸、异亮氨酸及其支链氨基酸的生物合成。在脊椎动物和非脊椎动物体内不含有乙酰乳酸合成酶，因而该药对这些物种而言，毒性微乎其微。嘧苯胺磺隆阻止杂草体内蛋白质的生物合成，因而施药后的杂草的细胞分裂停止，随后杂草整株枯死。

适用作物 水稻。

防除对象 稗草、莎草及阔叶杂草。

应用技术 水稻田，50%水分散粒剂8~10g/亩在水稻移栽后5～7d施药，药剂混细沙土撒施，或茎叶喷雾。施药后田间保持3cm水层5d以上，注意水层勿淹没稻心叶避免药害。每生长季施药1次；对水稻田禾本科杂草稗草、部分阔叶杂草及莎草均有较理想的防效，对低龄杂草防效较明显。对移栽水稻安全，增产效果较明显。

注意事项 在南方稻田使用，对水稻存在一定程度抑制和失绿现象，2周后可恢复。在推荐的使用剂量下对当茬水稻和水稻主要后茬作物安全。本品对低龄杂草防治效果明显，在水稻生长前期使用，用药期间应避免极端持续高温，每季作物最多使用1次。

开发登记 意大利意赛格公司、日本农药株式会社 、江苏省盐城南方化工有限公司 等企业登记生产。

双醚氯吡嘧磺隆 Metazosulfuron

其他名称 NC-620。

化学名称 3-氯-4-(5,6-二氢-5-甲基-1,4,2-二恶嗪-3-甲基)-N-{[(4,6-二甲氧基嘧啶-2-嘧啶基)氨基]羰基}-1-甲基-1H-吡唑-5-磺酰脲。

结构式

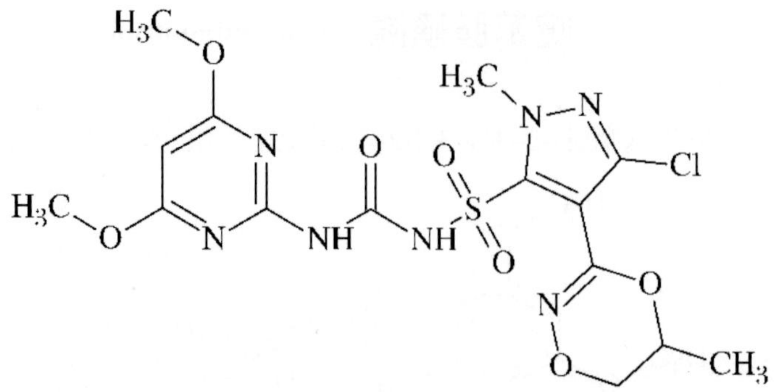

除草特点 该产品属于磺酰脲类除草剂，通过抑制植物体内乙酰乳酸合成酶，进而阻碍缬氨酸、亮氨酸、异亮氨酸及其支链氨基酸的生物合成。主要用于防除水稻田和小麦田的苘麻、反枝苋、马唐和稗草，是在除草剂氯吡嘧磺隆结构基础上进一步优化得到。

开发登记 日产化学株式会社开发，2009年开始公开报道的新品种。

三氟啶磺隆钠盐 trifloxysulfuron sodium

其他名称 英飞特。

化学名称 N-[(4,6-二甲氧基-2-嘧啶基)氨基甲酰]-3-(2,2,2-三氟乙氧基)-2-吡啶磺酰胺钠。

结构式

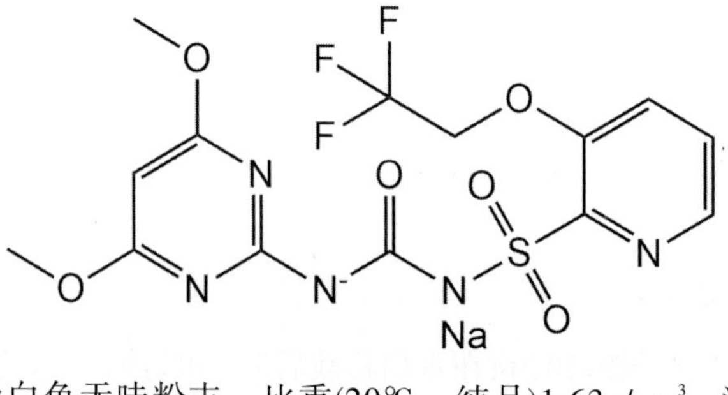

理化性质 原药为白色无味粉末。比重(20℃，纯品)1.63g/cm^3，沸点为纯品在熔化后立即开始热分解，熔点170.2~177.7℃时热分解，蒸气压：(25℃，纯品)＜1.3×10^{-6}Pa，溶解度(25℃)水中25.7g/L、丙酮17g/L、甲醇50g/L、甲苯＞500g/L、正己烷<1mg/L、辛醇4.4g/L。

毒　　性 大鼠急性经口LD_{50}＞5 000mg/kg，大鼠急性经皮LD_{50}均＞2 000mg/kg；对兔眼睛无刺激性，兔皮肤有轻度刺激性，豚鼠皮肤变态反应(致敏)试验结果为无致敏性。原药大鼠90d亚慢性喂养试验的最大无作用剂量：雄性为507mg/(kg・d)，雌性为549 507mg/(kg・d)。Ames试验、小鼠骨髓细胞微核试验等4项致突变试验结果均为阴性，未见致突变作用。虹鳟鱼LC_{50}(96h)＞103mg/L；绿头鸭急性经口LD_{50}＞2 250mg/kg；家蚕LC_{50}(96h)＞3 750mg/kg，该原药对鱼、鸟、蜜蜂和家蚕均属低毒。

作用特点 主要用于甘蔗和棉花除草，对杂草和作物的选择性主要是由于降解代谢的差异。其在棉花和甘蔗体内可以被迅速代谢为无活性物质，从而使作物植株免受伤害。

剂　　型 90%原药、75%水分散粒剂、11%可分散油悬浮剂。

应用技术 主要用于防除棉花田和甘蔗田中的阔叶杂草和香附子等莎草科杂草。还可用于防治暖季型草坪部分禾本科杂草、莎草及阔叶杂草，用11%可分散油悬浮剂20～30ml/亩防治。

注意事项 每季作物只能使用1次；主要用于甘蔗和棉花除草，如果用于其他作物，请先进行安全性试验；在棉花田喷药时，应尽量避开棉花心叶；对个别品种的棉花叶片有轻微灼伤，1周后可以迅速恢复，不影响产量。

开发登记 瑞士先正达作物保护有限公司开发并登记、上海绿泽生物科技有限责任公司和江苏省昆山市鼎烽农药有限公司登记。

嗪吡嘧磺隆 metazosulfuron

化学名称 1-{3-氯-1-甲基-4-[(5RS)-5,6-二氢-5-甲基-1,4,2-二噁嗪-3-基]吡唑-5-基磺酰基}-3-(4,6-二甲基氧吡啶-2-基)脲。

结构式

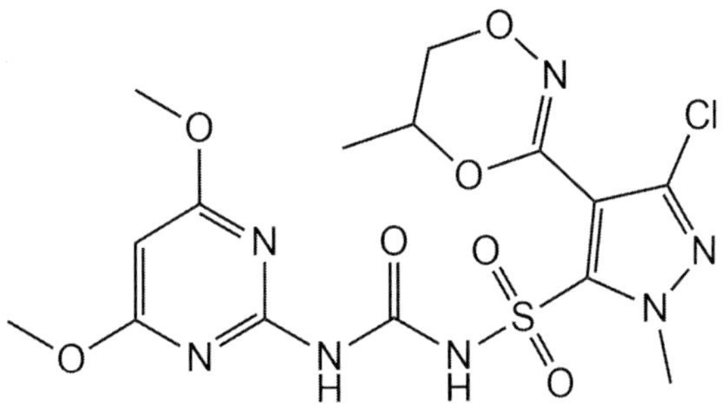

理化性质 白色粉末，熔点176~178 ℃，水溶性0.015(pH 4)，8.1 (pH 7)，7.7 (pH 9) mg/l。在充斥有氧土壤中的半衰期DT_{50}=39.3d。在水中半衰期DT_{50}=196.2d(pH7，25℃）。

毒　　性 鼠急性经口LD_{50} >2 000mg/kg。急性经皮LD_{50}> 2 000mg/kg。

作用特点 对现有磺酰脲类产生抗性的杂草有很好的防除效果，比如已产生抗性的萤蔺、三棱草、雨久花、鸭舌草、泽泻、野慈姑等也有效果，对萤蔺和野慈姑特效，并且能对其地下块茎产生抑制，能够降低次年的发生基数；同时能有效防治水田的幼龄稗草，一年生、多年生阔叶杂草及莎草科杂草。

剂　　型 91%原药、33%水分散粒剂。

应用技术 防治水稻移栽田1年生杂草，用33%水分散粒剂15～20g/亩，于水稻移栽后，缓苗后药土法施药1次，按用量均匀拌入细土中，均匀撒施至稻田。勿超剂量使用；本农药在每季水稻田中最多使用1次；对于插秧太浅或浮苗（根露出）的稻田要慎重使用，避免药害；用药后不要马上排水，保持3～5cm深的田水5～7d为佳，保水层勿淹没水稻心叶，避免造成药害；砂质土或漏水田有产生药害的可能，尽量避免使用。

注意事项 对席草、莲藕、芹菜、荸荠有生长抑制效果，所以相连田块有此作物时要注意；在推荐剂量范围内使用，否则可能会对后茬种植的油菜等作物产生一定的影响；用药后的田水不要用来灌溉其他作物。

开发登记 日产化学株式会社开发并登记、中农立华（天津）农用化学品有限公司登记。

五、二苯醚类除草剂

(一)二苯醚类除草剂的主要特性

20世纪50年代Rohm & Hass公司开始研究二苯醚类除草剂，发现了除草醚的除草活性，并于1955年取得美国专利。1966年开发出第二个品种草枯醚，以后又相继开发出多个旱田除草剂，使二苯醚类除草剂成为一类重要的除草剂。

该类除草剂的主要特性：部分品种是土壤封闭处理剂，部分品种为茎叶处理剂，施入土壤中无效。土壤封闭处理剂主要防治1年生杂草幼芽，而且防治阔叶杂草的效果优于禾本科杂草，应在杂草萌芽前施用；茎叶处理剂可以有效防除多种1年生和多年生阔叶杂草，但对多年生阔叶杂草仅能杀死杂草的地上部分。该类除草剂水溶度低，被土壤胶体强烈吸附，故淋溶性小，在土壤中不易移动，持效期中等。二苯醚类除草剂的作用靶标主要是植物体内的原卟啉原氧化酶。此种酶与植物细胞内的线粒体及叶绿体膜缔合，催化原卟啉原IX氧化为血红素与叶绿素生物合成中的最后一种中间产物原卟啉IX。由于原卟啉原氧化酶受抑制，造成原卟啉原IX积累，在光和分子氧存在的条件下，原卟啉原IX产生单态氧，使脂膜过氧化，最终造成细胞死亡。二苯醚除草剂对植物主要起触杀作用，受害植物产生坏死褐斑，特别是对幼龄分生组织的毒害作用较大。生产应用时防除低龄杂草效果好，施药时应喷施均匀。对作物易于发生药害，但这种药害为触杀性药害，一般经5～10d即可恢复正常，不会造成作物减产。对鱼、贝类低毒。

(二)二苯醚类除草剂的作用原理

1．吸收与传导

二苯醚除草剂能被植物迅速吸收，但不易传导。用除草醚处理植物幼苗，药害仅局限于叶细胞。

2．作用部位

虽然植物各部位都能吸收二苯醚除草剂，但接触药剂部位不同，其表现出的药效差异很大。对于二苯醚类中的土壤处理剂，杂草幼芽接触药剂时，受害最重，而种子及根部吸收药剂时，除草效果较小。凡是邻位取代的二苯醚除草剂只有施于种子之上的土层时，才对杂草产生显著的毒害作用，杂草在萌芽和幼芽伸长的过程中，幼芽通过药土层时吸收药剂并接触日光后死亡。间位取代的二苯醚除草剂不仅对幼芽，而且对幼根都发生显著毒害作用。

二苯醚类除草剂中的一些茎叶处理剂，主要通过触杀作用使受害植物叶片产生坏死斑而最后死亡，作用迅速。

3．生理效应与除草机制

(1)**对原卟啉原氧化酶的抑制** 邻位取代的二苯醚类除草剂是二苯醚类除草剂的主要类群，他们的作用靶标主要是植物体内的原卟啉原氧化酶。此种酶与植物细胞内的线粒体及叶绿体膜缔合，催化原卟啉原IX氧化为血红素与叶绿素生物合成中的最后一种中间产物原卟啉。由于原卟啉原氧化酶受抑制，造成原卟啉原积累，在光和分子氧存在的条件下，原卟啉原产生单态氧，使脂膜过氧化，最终造成细胞死亡。

(2)**对细胞的影响** 二苯醚除草剂对植物主要起触杀作用，受害植物产生坏死褐斑，特别是对幼龄分生组织的毒害作用较大。研究证明，用除草醚处理马齿苋后，叶片保卫细胞对溶质的透性增强，渗透梯度破坏，保卫细胞萎蔫，气孔关闭，蒸腾作用下降，乙烯形成增强，最终造成叶片脱落。

(3)**对光合作用的影响** 除草醚、草枯醚和三氟醚等邻位取代二苯醚除草剂，主要作为叶绿体非循环电子传递以及偶联光合磷酸化作用的抑制剂而起作用，它们的抑制效应是：草枯醚 > 三氟醚 > 除草醚，主要作用点是光合系统II和氧的释放途径。由于二苯醚除草剂抑制氧化磷酸化与光合磷酸化这两个主要过程，在此过程中，叶绿素机体形成ATP，由于ATP在细胞代谢中起重要作用，因此，抑制ATP形成至少是二苯醚除草剂除草作用的生物化学机制之一。

研究证明，二苯醚化合物都是非循环电子传递的抑制剂。研究了一系列二苯醚除草剂品种的除草作用与光的关系，结果发现，凡是邻位及对位取代的品种都具有光活化性作用，即只有在光下才能产生除草作用，在暗中无活性；而间位取代的品种不论在光下或暗中均有除草活性。

4．选择性

二苯醚类除草剂的选择性与吸收传导、代谢速度及在植物体内的轭合程度有关。

5．二苯醚类除草剂降解与消失

二苯醚除草剂通过动物、植物、微生物、日光等作用，发生硝基还原、酯键断裂、环裂解、脱氯、环羟基化等反应而分解。二苯醚类除草剂具有光解的特性，在光照条件下能较快分解。大多数二苯醚类除草剂品种在土壤中的持效期都比较短，基本上不存在残留毒性与污染问题。

6．二苯醚类除草剂应用技术

大多数二苯醚类除草剂品种在植物体内传导性差，主要起触杀作用，因而主要防治1年生与种子繁殖的多年生杂草幼芽，防治成株1年生杂草与无性器官繁殖的多年生杂草效果很差或无效，但是由于品种不同，其防除对象有较大差异。

乙氧氟草醚、三氟羧草醚是防治1年生双子叶杂草的特效药剂，防治禾本科的效果较差。

乙氧氟草醚是目前二苯醚除草剂中在稻田使用面积较大的品种，其杀草谱比除草醚广，对水稻的安全性比较高，温度与土壤类型对其效果的影响小，故在寒地稻区有较大意义。

用量的确定：土壤特性直接影响药剂效果。土壤黏重、有机质含量高，则单位面积用药量宜加大；反之，砂土及砂壤土用药量宜低；我国南方地区，气温高、湿度大，单位面积用药量比北方地区低。

温度的影响：温度既影响杂草萌发，又影响药剂的生物活性。日光充足，气温与土温高，杂草萌芽快，所以水稻插秧后应提早施药，否则施药应晚些。

水层管理水层管理对二苯醚除草剂各品种防治稻田杂草的效果影响极大，施药后水层保持时间愈长，药效愈稳定。通常在施药后，应保持4 ~ 6cm水层5 ~ 7d。

（三）二苯醚类除草剂的主要品种

三氟羧草醚 acifuorfen sodium

其他名称 三氟羧草醚钠盐；杂草焚；达克尔；杂草净。

化学名称 2–氯–4–三氟甲基苯基–3'–羧基–4'–硝基苯基醚。

结构式

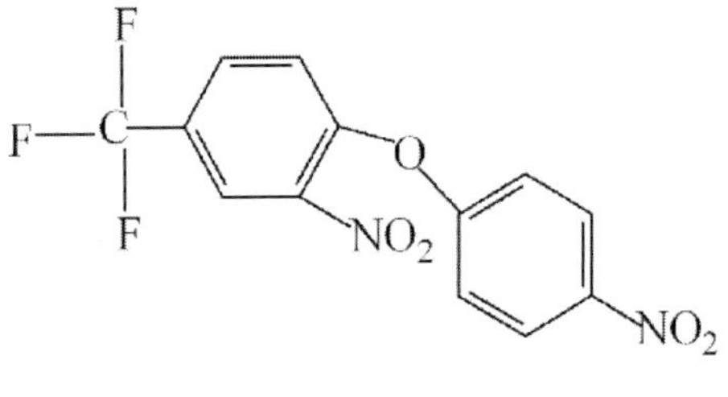

理化性质 本品为浅棕色至褐色固体，熔点240℃。溶解度：水120mg/kg，丙酮500g/kg，二氯甲烷50g/kg，乙醇400g/kg。在pH3～9，40℃下，不水解；在土壤中DT_{50}小于60d；无腐蚀性。

毒　　性 雌大鼠急性经口LD_{50}为1 370mg/kg。

剂　　型 21.4%水剂、14.8%水剂、28%微乳剂。

除草特点 具有选择性、触杀作用，杂草通过茎叶吸收，促使气孔关闭，借助于光照发挥除草作用，提高植物体温度引起坏死，控制线粒体电子传递引起呼吸系统和能量产生系统的停滞，抑制细胞分裂，使杂草致死。此药能为大豆降解，对大豆安全。在普通土壤中，不会渗透进入深土层，能为土壤中微生物和日光降解，在土壤中的半衰期为30～60d。

适用作物 大豆、花生。

防除对象 可以防除多种阔叶杂草，如马齿苋、鸭跖草、铁苋菜、龙葵、藜、苋、蓼、苍耳、香薷；也能杀死多年生阔叶杂草和莎草科杂草的地上部分，对1年生禾本科杂草也有一定的防治效果。该药剂对马齿苋药效特别突出。

应用技术 大豆田，在大豆1～3片复叶期以前，阔叶杂草2～4叶期，用21.4%水剂112～150ml/亩，对水30～40kg进行茎叶喷雾，大豆在3片复叶后用药会影响药效，加重药害，施药时注意不要使药液飘移至棉花、甜菜、向日葵、观赏植物等敏感作物上，否则会发生药害，套种或间种其他作物的大豆田请勿使用该除草剂。

资料报道，花生田，在作物2～4片羽状复叶期，田间双子叶杂草基本出齐，且大多数杂草株高5～10cm(2～4叶期)，用24%水剂50～75ml/亩，对水35kg喷施。

注意事项 易对作物发生药害，施药后可能会出现褐色斑点，务必严格掌握用药量，喷施均匀，最好在施药前先试验后推广。大豆4片复叶以后，叶片遮盖杂草，喷药会影响除草效果；同时，作物叶片接触药剂多，抗药性减弱，会加重药害。大豆如果生长在不良环境中，如干旱、水淹、肥料过多、寒流、霜害、土壤含盐过多、大豆苗已遭病虫为害以及要下雨前，不宜施用此药。施药后48h会引起大豆幼苗灼伤、呈黄色或黄褐色焦枯状斑点，但对新叶生长无影响，随着新叶发出会恢复生长，田间未发现有死亡植株。勿用超低容量喷雾器或机弥雾机施药。最高气温低于21℃或土温低于15℃，施用易产生药害。

开发登记 由美孚(Mobil Chemical Co.)和罗门哈斯公司开发。辽宁省大连松辽化工有限公司、山东省青岛瀚生生物科技股份有限公司、合肥星宇化学有限责任公司等企业登记生产。

氟磺胺草醚 fomesafen

其他名称 虎威；除豆莠；北极星；磺氟草醚。

化学名称 2-氯-4-三氟甲基苯基-3'-甲磺酰基-4'硝基苯基醚。

结 构 式

Cl　O　$C—NHSO_2CH_3$　CF_3　O　NO_2

理化性质 本品为无色结晶固体，溶于有机溶剂。50℃下稳定6个月以上，光下不稳定，在酸性或碱性条件下不易水解；在灌水土壤中，pH3～9、40℃下，不水解；在土壤中DT_{50}不超过6～12个月。

毒　　性 大鼠急性经口LD_{50}为1 500mg/kg。

剂　　型 16.8%水剂、42%水剂、10%乳油、12.8%乳油、20%微乳剂、30%微乳剂、75%水分散粒剂、90%可溶粉剂、25%水剂、48%水剂、20%乳油、12.8%微乳剂。

除草特点 具有选择性，大豆田芽前、苗后早期防除阔叶杂草极为有效。能被杂草的叶片、根吸收，进入叶绿体内，破坏光合作用引起叶部枯斑，迅速枯萎死亡。药剂在韧皮部内传导作用差，叶面、叶腋、生长点上药液雾滴需覆盖均匀。喷药后4h下雨不降低药效。大豆吸收此药后，能迅速降解，故对大豆安全。持效期可达1个月以上。

适用作物 大豆、花生。

防除对象 防除阔叶杂草，如苘麻、柳叶刺蓼、铁苋菜、反枝苋、豚草、鬼针草、田旋花、荠菜、藜、裂叶牵牛、卷茎蓼、马齿苋、龙葵、苍耳。对小蓟、问荆基本无效。对狼把草、鸭跖草防效一般。

应用技术 春大豆田，春大豆苗后1～3片复叶时，1年生阔叶杂草1～3叶期，用250g/L水剂100～125ml/亩，对水30～40kg均匀茎叶喷雾；花生3～4叶期，在杂草2～4叶期，用250g/L水剂40～50ml/亩，对水30～40kg均匀茎叶喷雾。

注意事项 此药在土壤中的残效期长，在土壤中不会钝化，可保持活性数个月，并为植物根部吸收，有一定程度的残余杀草作用。在正常施用情况下，对后茬作物的影响不会太大，但用药量不易过大，否则会对后茬敏感作物(如白菜、高粱、玉米、小麦、谷子、甜菜、亚麻等)产生药害。喷施此药时要注意风向，防止雾滴飘移到邻近敏感作物上。在大豆田干旱等不良条件下用药，叶面会受到一些伤害，严重者暂时萎蔫，但在一周后可以恢复正常，不影响后期生长。

开发登记 由英国捷利康公司开发。江苏长青生物科技有限公司、英国先正达有限公司等企业登记生产。

乳氟禾草灵 lactofen

其他名称 克阔乐。

化学名称 (1–乙氧基–1–氧代丙–2–基)–5– [2–氯–4–(三氟甲基)苯氧基]–2–硝基苯甲酸。

结 构 式

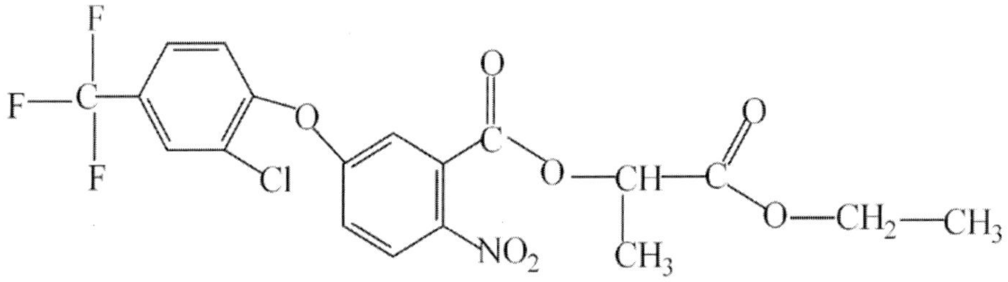

F
F—C
F
O
Cl
O
C
O—CH—C
O
O—CH_2—CH_3
NO_2
CH_3

理化性质 纯品外观为棕色至深褐色，溶于有机溶剂。

毒　　性 大鼠急性经口$LD_{50}>5\ 000$mg/kg，大鼠急性经皮$LD_{50}>2\ 000$mg/kg。

剂　　型 24%乳油。

除草特点 本品为选择性芽后茎叶处理除草剂，施药后植物茎叶吸收，在体内进行有限的传导，通过破坏细胞膜的完整性而导致细胞内含物的流失，最后使杂草叶干枯而致死。在充足光照条件下，施药后1～3d，敏感的阔叶杂草出现灼伤斑，并逐渐扩大，整个叶片变枯，最后全株死亡。本品施入土壤易被土壤微生物分解。

适用作物 花生、大豆。

防除对象 可以防除阔叶类杂草，对马齿苋、铁苋菜、苋、藜、苘麻、青葙等防效突出。也能杀死多年生阔叶杂草和莎草科杂草的地上部分。

应用技术 大豆、花生田，苗后2～4复叶期，阔叶杂草基本出齐，大多数株高不超过5cm时，用24%乳油22～50ml/亩，加水15～30kg均匀喷雾，要使杂草能够均匀接触药液。

注意事项 对作物的安全性差，施药后大豆、花生会呈现不同程度的药害，轻者叶片灼伤，重者作物心叶扭曲皱缩，但后期长出的叶片生育正常。杂草的生长情况和气候都可能影响药剂的活性，对4叶期以前生长旺盛的杂草杀草活性高；当气温、土壤水分有利于杂草生长时施药，药效得以充分发挥，反之低温、持续干旱影响药效；施药后连续阴天，没有足够的光照，也会影响药效的迅速发挥。施药时应选择适宜的天气。

开发登记 由PPG Industries公司研制、美国Valent(住友化学公司)开发。江苏长青生物科技有限公司、安徽丰乐农化有限责任公司、山东先达农化股份有限公司等企业登记生产。

乙羧氟草醚 fluoroglycofen-ethyl

化学名称 2-氯-4-三氟甲基苯基-3'-甲羧基甲酰基甲氧基甲酰基-4'-硝基苯基醚。

结 构 式

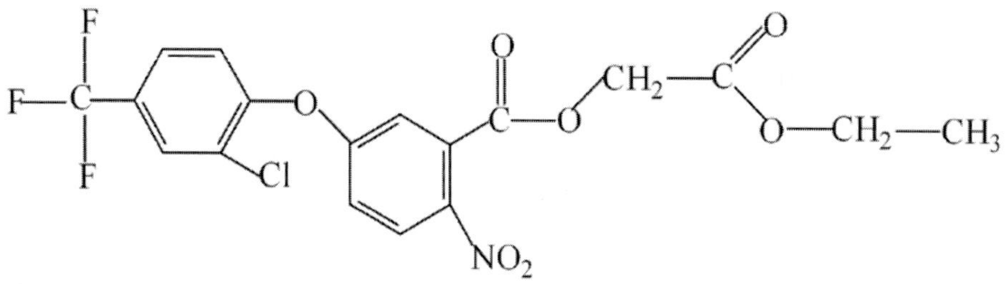

理化性质 原药为深琥珀色固体，熔点64～65℃，溶于有机溶剂，一般条件下稳定。

毒　　性 大鼠急性经口LD_{50}为926mg/kg，大鼠急性经皮LD_{50}为2 150mg/kg。

剂　　型 5%乳油、10%乳油、15%乳油、20%乳油、10%微乳剂。

除草特点 本品是一种选择性触杀型除草剂，是原卟啉氧化酶抑制剂。该药剂同分子氯反应，生成对植物细胞具有毒性的化合物四吡咯，积聚后发生作用，在积聚过程中，使植物细胞膜完全消失，然后引起细胞内含物渗漏。本品作用迅速，在光照条件下，杂草几个小时内即有显著的受害症状。而大豆能代谢该药剂，因此对大豆较为安全。持效期较短，15d左右。乙羧氟草醚受外界环境温度变化影响较小。

适用作物 大豆、花生、小麦。

防除对象 可以防除多种1年生阔叶杂草，对马齿苋、铁苋、反枝苋、青葙、龙葵防效突出，对苘麻、猪殃殃、婆婆纳、荠菜、繁缕防效明显，对蓼、藜、鸭跖草防效一般。

应用技术 春大豆田，春大豆1～2片复叶期，阔叶杂草2～5叶期，用10%乳油50～70ml/亩，对水30～50kg均匀茎叶喷雾；夏大豆田，大豆1～3片三出复叶期，杂草较小时，用10%乳油30～50ml/亩，对水30～50kg均匀茎叶喷雾。

小麦田，在春小麦3～4片复叶期，阔叶杂草2～5叶期，用10%乳油40～60ml/亩，对水30～50kg均匀茎叶喷雾。

花生田，花生2～4片复叶期；阔叶杂草2～5叶期，用10%乳油30～50ml/亩，对水30～50kg均匀茎叶喷雾，人工施药时最好选择扇形喷嘴，顺垄施药，不可左右甩动施药。

注意事项 该药活性较高，施药时应严格施药量，并且要喷施均匀，否则易对作物产生药害。施药时要在晴天进行，施药后4h内不能有降雨。该药对大豆易发生药害，应用前应先试验后推广。用药后2d直接接触乙羧氟草醚药液的大豆、花生叶片和叶柄上产生黑褐色的斑点，高剂量处理的症状表现较为明显。对大豆、花生的中后期生长无明显影响。

开发登记 由罗门哈斯公司开发。江苏长青生物科技有限公司、海利尔药业集团股份有限公司、河南瀚斯作物保护有限公司等企业登记生产。

乙氧氟草醚 oxyfluorfen

其他名称 果尔；割草醚；割地草；乙氧醚。

化学名称 2-氯-4-三氟甲基苯基-4'-硝基-3'乙氧基苯基醚。

结构式

F
F—C
F
O
O—CH_2—CH_3
Cl
NO_2

理化性质 橘黄色结晶固体，熔点85～90℃(工业品65～84℃)，溶于大多数有机溶剂。pH值5～9中保存28d，无明显水解(25℃)，紫外光下分解迅速，50℃以下稳定。

毒　　性 大鼠急性经口LD_{50}＞5 000mg/kg。

剂　　型 20%乳油、24%乳油、32%乳油、5%悬浮剂、25%悬浮剂、35%悬浮剂、10%水乳剂、30%微乳剂、10%展膜油剂。

除草特点 是选择性触杀型芽前除草剂，主要通过胚芽鞘、中胚轴进入植物体内，根部也能少量吸收，这些极微量的由根部吸收的药剂通过植物体向叶部运转，在芽前及芽后早期施用效果好。药剂在有光的条件下可以发挥杀草作用，作用机理是破坏细胞的透性，促进乙烯的释放，从而使细胞的生理功能紊乱，衰老加速，叶片或幼芽发生萎蔫，最终脱落死亡。施入稻田后24h内沉降在土表并很快为土壤吸附，积聚在0～3cm土层中，尤其是0～0.5cm的土表中最多。药剂被土壤吸附后，经过土壤微生物的作用而降解，在土壤中的半衰期为30d左右，对后茬作物无残留毒害。在稻田的持效期一般为20～25d。

适用作物 稻、大豆、棉花、花生、玉米、油菜、甘蓝、番茄、甘蔗、甘薯、林木。

防除对象 可以防除1年生单子叶杂草、双子叶杂草，如蓼、藜、苘麻、龙葵、铁苋、马齿苋、苍耳、牵牛花、节节草、耳叶水苋、异型莎草、稗草、牛毛草、狗尾草等；对大部分多年生杂草无效，在稻田水层控制较好的情况下，也可以控制某些多年生杂草如牛毛毡、水绵等。

应用技术 稻移栽后5～7d，用24%乳油10～20ml/亩，对水100～200ml稀释成母液后混成毒土撒施(毒砂10kg或毒土20kg)，保持3～5cm水层5～7d。最佳用量为15ml/亩。

大豆、花生、棉花等旱作作物田，播后苗前用24%乳油20～30ml/亩，对水40～60kg稀释后喷于土表。

棉花移栽田，在棉田最后1遍整地，棉苗移栽前，用24%乳油40～60ml/亩，对水30～50kg，均匀喷雾于土表。或当棉花植株50cm以上时，田间杂草未出土时用24%乳油40～60ml/亩，对水30～50kg压低喷头均匀喷施杂草，行间定向喷施要避免喷及棉花植株。

大蒜，以24%乳油40～60ml/亩，对水30kg/亩，在大蒜播后芽前喷施。

油菜、蔬菜(辣椒、茄子、番茄)，在整地后移栽前，用24%乳油30～50ml/亩，对水30～50kg均匀喷雾于土表，药后第2～4d可移栽。

茶园、果园、针叶苗圃，用24%乳油40～50ml/亩，加水稀释后用低压喷雾器定向喷于杂草茎叶及土壤表面。银杏、水杉播后芽前，50ml/亩，对水均匀喷雾。

注意事项 施药要均匀。移栽稻田使用此药，稻苗应高于20cm，秧龄应为30d以上的壮秧，气温应达20～30℃。应在稻苗上露水退后施药，否则药剂易于沾到叶上而产生药害。施药后如遇大雨应及时排出深水，保持3～5cm浅水层，以免伤害稻苗。

开发登记 由罗门哈斯公司开发。美国陶氏益农公司、浙江一帆生物科技集团有限公司 、河南瀚斯作物保护有限公司等企业登记生产。

草枯醚 chlornitrofen

其他名称 CNP；MO338。

化学名称 2,4,6-三氯苯基-4'-硝基苯基醚。

结 构 式

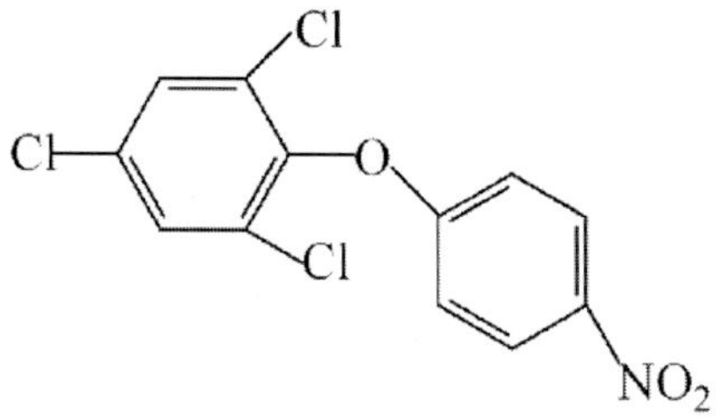

Cl, Cl, Cl, O, NO_2

理化性质 淡黄色结晶体，熔点107℃，溶于有机溶剂。

毒　　性 大、小鼠急性经口LD_{50}＞10 000mg/kg，大、小鼠急性经皮LD_{50}＞10 000mg/kg。

剂　　型 20%乳油、25%可湿性粉剂。

除草特点 是选择性触杀型芽前除草剂，主要通过芽鞘、中胚轴吸收，在芽前及芽后早期施用效果好。药剂在有光的条件下可以发挥杀草作用，施入稻田后24h内沉降在土表并很快为土壤吸附，积聚在0～3cm，尤其是0～0.5cm的土表中。药剂被土壤吸附后，经过土壤微生物的作用，易于降解，对后茬作物无残留毒害。对水稻安全。

适用作物 水稻。

防除对象 可以用于防除多种1年生杂草，如稗草、鸭舌草、矮慈姑、马唐、水马齿、牛毛毡、看麦娘、狗尾草等。

应用技术 资料报道，水稻移栽后3～6d，在杂草萌芽前及发芽初期施药，施药量为有效成分10～25g/亩，对水喷施，施药时保持水层3～4cm，保水5～7d。

注意事项 施药应在杂草萌芽前或萌芽早期，否则会降低除草效果。施药时应有适宜的水层，水层过深可能会对水稻发生药害。

开发登记 1966年由日本Mitsui Toatsu Chemicals公司开发。

苯草醚 aclonifen

化学名称 2–氯–3–氨基–4–硝基苯氧苯基醚。

结 构 式

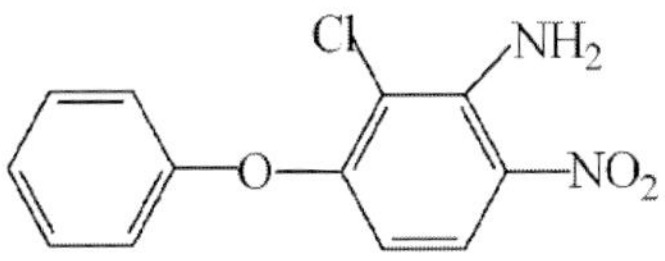

理化性质 原药纯度大于95%。纯品为黄色晶体，熔点81～82℃，溶于有机溶剂。在植物体内DT_{50}约为2周，在土壤中的DT_{50}为7～12周。

毒　　性 大、小鼠急性经口LD_{50}＞5 000mg/kg，大鼠急性经皮LD_{50}＞5 000mg/kg，对兔皮肤有轻微刺激性，对兔眼睛无刺激性。

剂　　型 60%悬浮剂。

除草特点 原卟啉原氧化酶抑制剂。苯草醚施用后，在土壤表面沉积一层药膜，当禾本科杂草和阔叶杂草穿透土壤表面时，除草剂分别被幼苗的嫩芽、(下)胚轴或胚芽鞘吸收，吸入几天后，幼苗就变黄。生长受阻，最后死亡。施药后必须避免耕作，因为土壤表面的除草剂膜必须保持完整，才有最佳的除草活性，将除草剂混入土壤中则大幅度地降低除草功效。苯草醚对土壤湿度的依赖性，比大多数别的除草剂都小。

适用作物 冬小麦、马铃薯、向日葵、豆类、胡萝卜、玉米等。

防除对象 主要用于防除马铃薯、向日葵和冬小麦田中禾本科杂草和阔叶杂草，对猪殃殃、野芝麻、繁缕、婆婆纳和水苦荬以及田堇菜等有很好的活性，对母菊、荞麦蔓的活性稍低。

应用技术 资料报道，主要用于苗前除草，可以用60%悬浮剂260ml/亩，对水45kg喷雾。

注意事项 对马铃薯、向日葵、豆类安全，高剂量下对禾谷类作物、玉米可能产生药害。

开发登记 由W. Buck等报道，由Celamerck Gmbh & Co.(现为Shell Agrar)开发，后来卖给了Rhone-Poulenc Agrochimie。

氯氟草醚乙酯 ethoxyfen-ethyl

其他名称 氯氟草醚；氟乳醚。

化学名称 O–(2–氯–5–(2–氯–α,α,α–三氟–P–甲苯基氧)苯甲酰基)–L–乳酸乙酯。

结 构 式

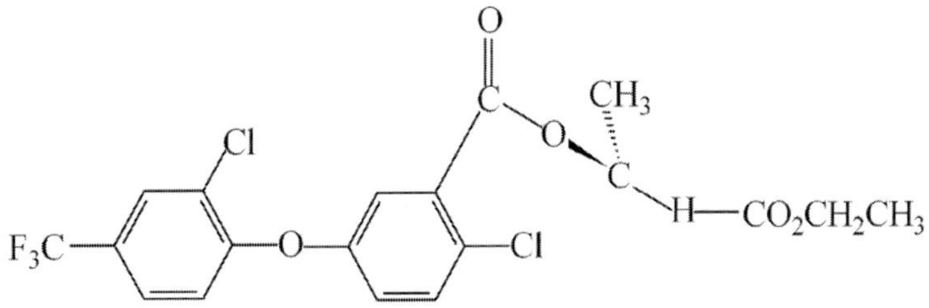

理化性质 纯品为黏稠状液体，易溶于丙酮、甲醇和甲苯等有机溶剂。

毒　　性 雌大鼠急性经口LD_{50}为963mg/kg。

剂　　型 12%乳油。

除草特点 原卟啉原氧化酶抑制剂，触杀型除草剂。

适用作物 主要用于苗后防除大豆、小麦、大麦、花生、豌豆等作物，使用剂量为10～30g(有效成分)/亩。

防除对象 主要用于防除阔叶杂草，如苘麻、苋菜、藜、马齿苋、猪殃殃、苍耳等。对反枝苋、龙葵、鳢肠防效突出，对青葙防效良好。

应用技术 资料报道，在大豆、花生2～3片复叶期或小麦苗期，阔叶杂草2～4叶期，用12%乳油10～12ml/亩，对水30kg均匀喷雾。

注意事项 用量大于12ml/亩，大豆叶片易产生触杀性药斑，对大豆生长无不良影响。

开发登记 由匈牙利Budapest化学公司开发。

甲羧除草醚 bifenox

其他名称 茅毒；治草醚。

化学名称 5-(2,4-二氯苯氧基)-2'-硝基苯甲酸甲酯(I)。

结 构 式

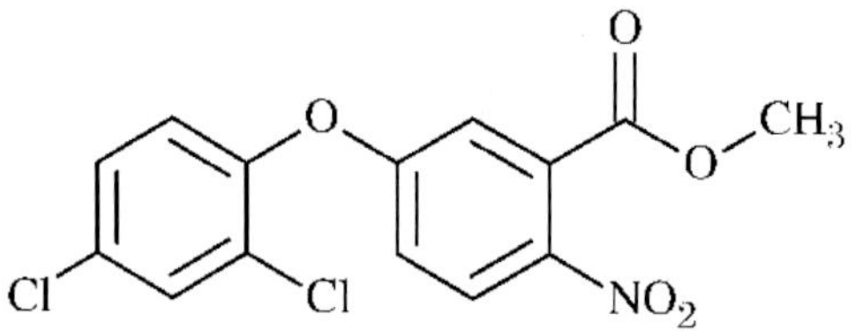

$$\text{Cl}-\text{C}_6\text{H}_3(\text{Cl})-\text{O}-\text{C}_6\text{H}_3(\text{NO}_2)-\text{C(=O)O}-\text{CH}_3$$

理化特性 具有轻微芳香味黄色晶体，熔点84～86℃，溶于有机溶剂；290℃以上分解，微酸或微碱介质中稳定，pH9以上快速水解。

毒　　性 大鼠急性经口LD_{50}＞5 000mg/kg，大鼠急性经皮LD_{50}＞2 000mg/kg。

剂　　型 80%可湿性粉剂、48%悬浮剂。

除草特点 是一种触杀型芽前土壤处理剂。可以被杂草幼芽吸收，根吸收很少。药剂在植物体内很难传导，但在植物体内水解成游离酸后易于传导。本药剂需光活化后才能发挥除草作用，对杂草幼芽的毒害作用最强。杂草种子在药层中或药层之下发芽时接触药剂，其表皮组织遭破坏抑制光合作用。对阔叶作物的作用比禾本科杂草大。其选择性与其在植物体内的吸收、代谢差异有关。播后苗前处理后，药在玉米、大豆中只存在于接触土层的部位，很少传导；但敏感杂草的整个茎、叶和子叶中均有分布；此外，水稻降解药剂的速度快，而稗草慢，也是形成选择性的原因之一。用药量受土壤质地影响小，湿度影响药效。持效期与降雨、土壤类型和植物品种有关，一般35～70d。

适用作物 大豆，也可用于玉米、小麦、高粱、水稻。

防除对象 可以防除阔叶杂草和某些禾本科杂草，如鸭跖草、酸模叶蓼、龙葵、猪毛菜、苋、马齿苋、苘麻、地肤、苍耳、泽泻等。

应用技术 资料报道，大豆田，在播种前施药，用48%悬浮剂250～300g/亩，加水15～30kg，均匀喷雾后混土3～5cm，然后播种；也可在大豆播后苗前施药，用48%悬浮剂167～250g/亩，对土表进行喷雾处理。如果土壤水分适宜或有灌溉条件时，可采用推荐剂量的低限；如果干旱，可以进行浅混土，以2～3cm，不翻出种子为宜。

注意事项 用于大豆田间除草，气候干旱时尽量采用播前混土施药，混土可增加对大豆的安全性。施药后遇雨，药剂随水溅到大豆叶上会造成药害，表现为叶片枯斑，1～2周可恢复。在低温、低湿、播种过深的条件下，大豆在出土过程中，有的下胚轴被破坏，会造成大豆缺苗。水稻插秧后施药注意水层不要过深，淹没稻苗心叶易产生药害。

开发登记 1970年由莫比尔化学公司开发。

三氟甲草醚 Nitrofluorfen

化学名称 2–氯–1–(4–硝基苯氧基)–4–(三氟甲基)苯。

结 构 式

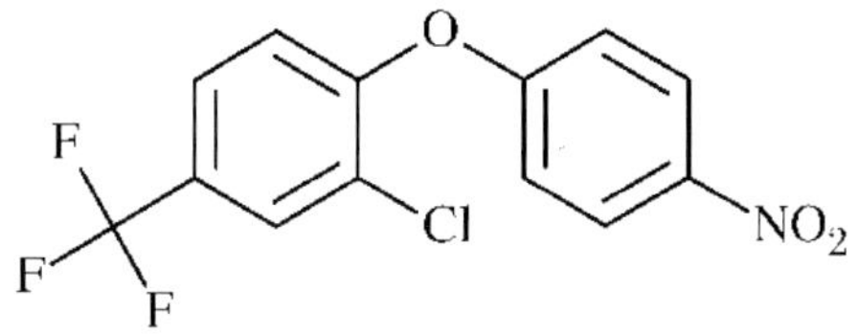

开发登记 美国罗门哈斯公司开发。

甲氧除草醚 chloromethoxyfen

其他名称 甲氧醚；氯硝醚。

化学名称 2,4–二氯苯基–3'–甲氧基–4'–硝基苯基醚。

结 构 式

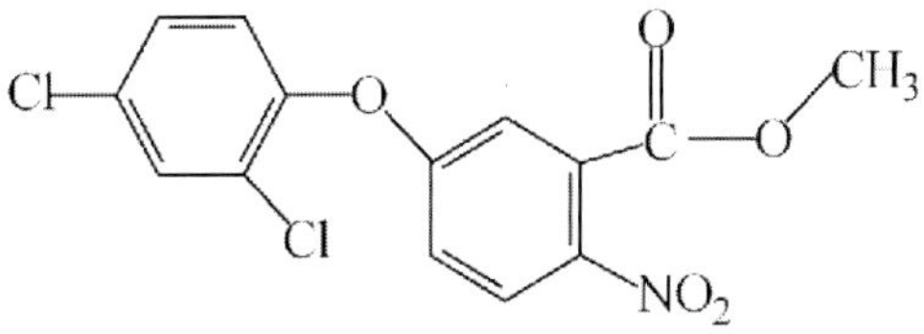

理化性质 原药为黄色结晶，熔点113～114℃；溶于有机溶剂。对酸、碱、光稳定。

毒　　性 低毒。大鼠急性经口LD_{50}＞10 000mg/kg，小鼠急性经口LD_{50}＞33 000mg/kg，大鼠急性经皮LD_{50}＞ 5 000mg/kg。

剂　　型 70%可湿性粉剂。

除草特点 本品是接触性土壤处理除草剂，该药在土壤表面形成药土层，当杂草幼芽通过处理药土层时与药剂接触，从而使杂草受害死亡。甲氧除草醚施于土表形成的药土层较为稳定，不向下移动，且不会被根系吸收，所以对水稻安全。该药在稻田中应用药效快，持效期3～4周，土壤中的半衰期6～19d。

适用作物 主要用于水稻，也可用于小麦、花生、马铃薯、萝卜、白菜。

防除对象 可以防治多种1年生杂草，如鸭舌草、益母草、繁缕、稗草、节节菜、马唐、看麦娘、碎米莎草、异型莎草、瓜皮草、紫萍、泽泻、藜、牛毛毡等。

应用技术 资料报道，水稻移栽田，在移栽后2～5d，杂草发芽之前或杂草发芽早期施药，用70%可湿性粉剂140～210g/亩，拌药土撒施，施药后应保持水层3～5cm，保水3～4d，以后进行正常管理。

萝卜、白菜田，应在播种后出苗前施药，用70%可湿性粉剂140～280g/亩，土表喷施或药土撒施。

注意事项 水稻上施用本品的安全间隔期为39d。施药时要在保水状态下进行，至少要保水3～4d，不能一边灌水一边排水，对于小秧苗不宜水层太深。在白菜、萝卜地施用时，注意不能将药剂喷施到作物上，以免产生药害。

开发登记 由日本农药公司开发。

三氟硝草醚 fluorodifen

其他名称 C6989；Preforan。

化学名称 4-硝基苯基-α,α,α-三氟-2-硝基-P-甲苯基醚。

结 构 式

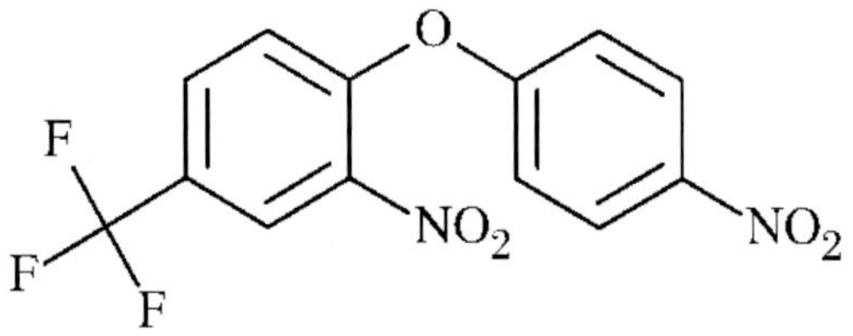

理化性质 黄棕色结晶，熔点94℃，20℃时蒸气压为7×10^{-8}mmHg。在20℃时，其在水中的溶解度为2mg/kg；在丙酮中为75%，在苯中为52%，在己烷中为1.4%，在异丙醇中为12%，在二氯甲烷中为68%。

毒　　性 对大鼠急性经口LD_{50}为9 000mg/kg；急性经皮LD_{50}>3 000mg/kg。对犬的平均呕吐剂量为2 500mg/kg。本药可引起轻度的皮肤刺激，以含高剂量本药的饲料饲喂大鼠、犬和鸟类没有引起组织病理学和其他的中毒反应，本药对鱼有毒。

剂　　型 30%浓乳剂。

应用技术 本药为触杀型芽前芽后除草剂。可在芽前用于大豆。在稻田中，可于芽前或芽后，以及移植后，杂草的三叶期前使用，有无水均可，用30%浓乳剂800～900g/亩。不能在芽前施于土表播种的直播稻，但对移栽稻是安全的。在用于其他作物时，其除草作用可持续8～12周，尤其在干燥的土壤内，暴雨、灌溉以及机械对土壤的搅动都可降低持效期。

开发登记 1968年由L. Ebner等报道除草活性，由Ciba AG(现为Ciba-Geigy AG)开发。

氟化除草醚 fluoronitrofen

其他名称 Mo500；氟除草醚。

化学名称 2,4-二氯-6-氟苯基-4-硝基苯基醚。

结构式

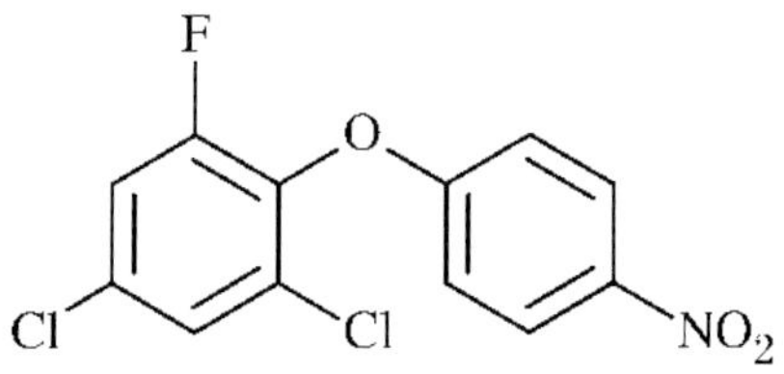

理化性质 熔点67.1～67.9℃。23℃时在水中溶解度为0.66mg/kg。

毒　　性 小鼠急性口服LD_{50}为2 500mg/kg。鲤鱼TLm(48h)为0.5mg/kg。

除草特点 可抑制萌发杂草的胚轴和幼芽的生长。

适用作物 水稻、大豆、花生、棉花、向日葵、森林苗木及作为脲类除草剂的增效剂。

防除对象 大多数2年生杂草、大豆菟丝子及海水浮游生物。

应用技术 资料报道，用33～66g(有效成分)/亩作土壤处理，可防除升马唐。本药还可作脲类除草剂的增效剂，用于森林苗木中除草，以及海边电站冷却水中防除海水浮游生物，稻田除草等。

开发登记 1965年由Mitsui Toatsu公司开发。

氟呋草醚 furyloyfen

其他名称 MT-124。

化学名称 (±)-5-(2-氯-α,α,α-三氟-对-甲苯氧基)-2-硝基苯基甲氢-3-呋喃醚。

结构式

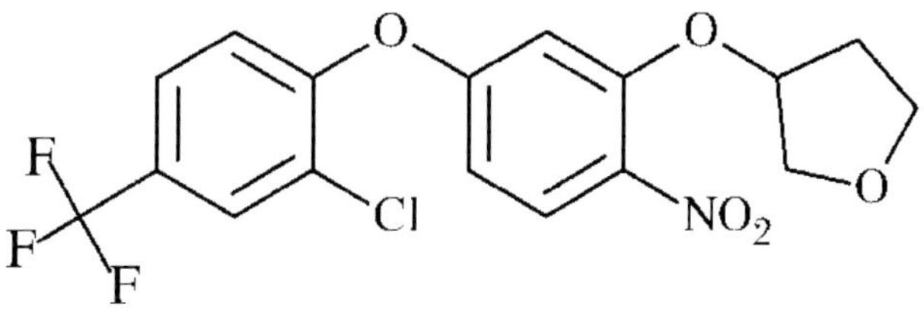

理化性质 黄色晶体，熔点73～75℃，水中溶解度为0.4mg/L。

应用技术 资料报道，水稻芽前、芽后早期防除稗草等1年杂草及某些多年生杂草，用30～50g(有效成分)/亩处理。旱田花生、大豆芽前、早期芽后40～60g(有效成分)/亩处理。

开发登记 由日本三井东压化学公司开发。

除草醚 nitrofen

其他名称 FW-925。

化学名称 2,4-二氯苯基-4'-硝基苯基醚。

结构式

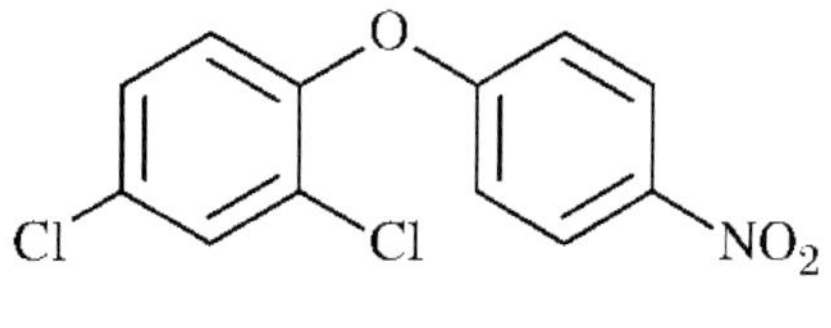

理化性质 奶油色针状结晶固体，熔点70～71℃；蒸气压8×10^{-6}mmHg(40℃)；22℃时在水中溶解度为0.7～1.2mg/kg。易溶于乙醇、甲醇、醋酸、丙酮和苯。

毒　　性 对大鼠急性经口LD_{50}为(3 050±500)mg/kg，对家兔为(1 620±420)mg/kg。用药结果对兔皮肤无刺激，也未发现毒性作用。鲤鱼TLm(48h)为2.5mg/kg。

剂　　型 25%乳剂、50%可湿性粉剂。

应用技术 除草醚已被禁用。

开发登记 本品由Rohm & Haas公司于1964年开发。

甲草醚 tope

其他名称 HE314；Attackweed。

化学名称 对硝基苯基间甲苯基醚。

结 构 式

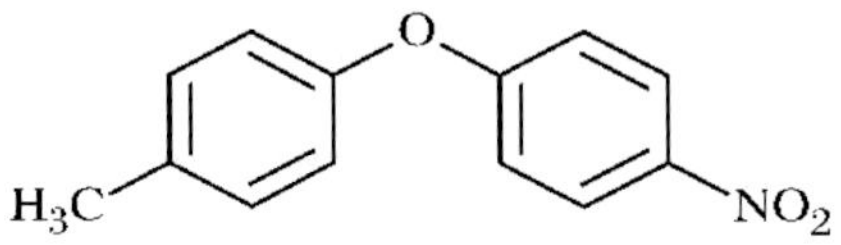

H_3C—C_6H_4—O—C_6H_4—NO_2

理化性质 褐色固体，25℃时水中溶解度为5mg/L，烃类溶剂的溶解度约为25%。

毒　　性 鼠急性口服LD_{50}是1.7g/kg，鲤鱼的TC_{50}为1.2mg/L(48h)，正常使用不会对鱼造成为害。

剂　　型 10%颗粒剂、25%乳剂。

适用作物 水稻田防除稗草等1年生杂草。从杂草发芽到2叶期均有效。可叶面处理，也可土壤处理，对水稻比较安全，有良好的选择性。在水稻生育期使用不易产生药斑，但可能会对根的发育有较强的抑制作用。

应用技术 资料报道，杀草谱较广，在土壤中移动性小，其土壤中的残效可在20～35d。在存水情况下，可用粒剂水面施药，在施药后的4～6d里，应保持杂草株的2/3浸在水里。移植水稻，在插秧后5～10d，灌水下均匀施药。使用剂量为10%颗粒剂1.3～2.6kg/亩，25%乳剂0.53～1L/亩，大面积使用时，要注意对鱼的为害。

二甲草醚 dmnp

其他名称 farmaid；HW-40187。

化学名称 对硝基苯基-3,5-二甲基苯基醚。

结 构 式

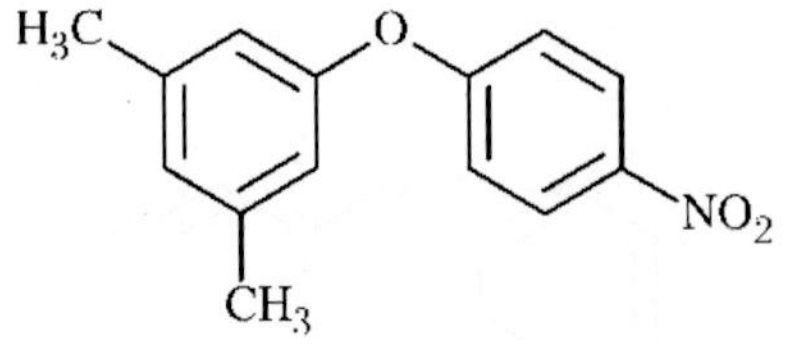

H_3C, CH_3—C_6H_3—O—C_6H_4—NO_2

理化性质 结晶固体，熔点81 ~ 82℃，易溶于乙基丙酮，对热、酸、碱比较稳定，在紫外线照射下缓慢分解。

毒　　性 大鼠急性口服LD_{50}为3 400mg/kg，小鼠LD_{50}为2 730mg/kg；鲤鱼LC_{50}为14mg/kg(48h)，25%乳剂(折成原药)为3.5 mg/kg；鱼食的LC_{50}为12mg/kg(3h)。

剂　　型 25%乳剂。

应用技术 资料报道，麦田防除1年生杂草，采用土壤处理。但砂壤地不能使用。同2甲4氯混用可防除水稻田中1年生杂草。25%的乳剂麦田的用量是0.8 ~ 1L/亩。播种后土壤处理时，要严格注意使用剂量、时期和土壤条件。

开发登记 日本保土谷化学公司于1971年推广的产品。

氟酯肟草醚 ppg 1013

商品名称 PPG1013。

结 构 式

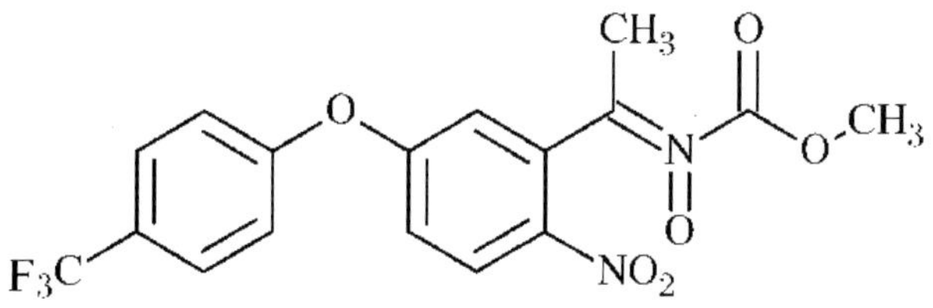

适用作物 适用于大豆、花生、水稻、小麦、大麦田除草，以及玉米、高粱地除草。也可作棉花脱叶剂。

防除对象 阔叶杂草，苋属、茄属、大果田菁、田芥菜、美洲豚草、曼陀罗、马齿苋、轮生粟米草等。

应用技术 资料报道，芽前施用0.66 ~ 2.66g(有效成分)/亩，玉米、高粱地适于芽前施用，而大豆、花生、水稻、小麦、大麦等作物地可芽前和芽后施用。

开发登记 美国PPG公司在1983年开发。

氟草醚酯

其他名称 AKH-7088。

化学名称 (E,Z)-1-[5-(2-氯-α,α,α三氟-对-甲苯氧基)-2-硝基苯基]-2-甲氧基亚乙基氨基氧乙酸甲酯。

结 构 式

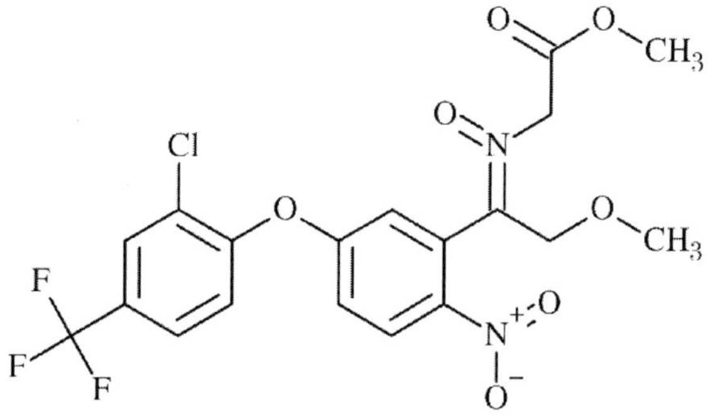

理化性质 无色结晶固体，熔点57.7～58.1℃，挥发性极低，溶解度(20℃)：水1mg/L，二氯甲烷>50%、甲苯15%。

毒　　性 原药对哺乳动物的急性毒性：大鼠，雄性雌性急性经口LD_{50}均为5g/kg，急性经皮LD_{50}均为2g/kg；雄兔刺激试验：皮肤刺激轻微，眼睛刺激极微。

除草特点 速效、触杀除草剂。对大多数阔叶杂草具有茎叶活性，特别是对大豆田难防除杂草有优异防效。

防除对象 大多数阔叶杂草，如苘麻、大马蓼、曼陀罗。

应用技术 资料报道，在3.3g(有效成分)/亩剂量下，对大马蓼、曼陀罗和刺黄花稔的防效优异，在6.6～13g(有效成分)/亩剂量下，对反枝苋、苍耳和大果田菁的防效很好，对红心藜的防效稍差。施药后3～10d呈最佳防效，芽前施用防效较差，若要有效地防除杂草，则剂量要高于33g(有效成分)/亩。E-异构体、Z-异构体及其不同比例的混合物、原药对所有试验杂草的防除活性实际上是相同的。

开发登记 该化合物1984年发现，1989年日本旭日化学工业公司开发。

Halosafen

化学名称 5-[2-氯-6-氟-4-(三氟甲基)苯氧基]-N-乙磺酰基-2-硝基苯甲酰胺。

结 构 式

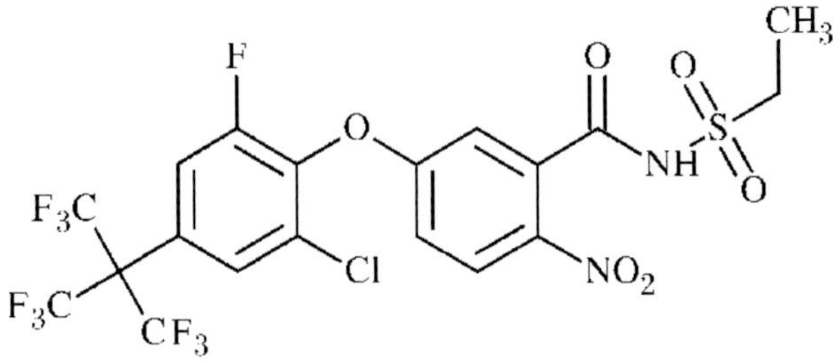

CH_3 F O O O NH S O F_3C Cl NO_2 F_3C CF_3

开发登记 先正达公司开发。

六、脲类除草剂

(一)脲类除草剂的主要性能

早在1946年，就发现很多取代脲化合物具有抑制植物生长的活性，1951年发现了灭草隆的除草作用，以后脲类品种相继发展，成为一类重要品种。我国从20世纪60年代开始，先后生产了除草剂一号、绿麦隆、利谷隆、敌草隆、异丙隆、莎扑隆等品种。

脲类除草剂主要特性：主要防治1年生杂草，特别是防治1年生阔叶杂草效果好，防治多年生杂草的效果低。作用原理主要是抑制植物光合作用中的希尔反应，光强有助于药效的发挥。该类除草剂不抑制种子发芽，通过植物根系吸收，沿蒸腾液流向上传导，积累于叶片内，主要防治杂草幼苗，在杂草芽前施药除草效果好。大多数品种的水溶度低，一般为3.7～320mg/kg，多为土壤处理剂，施用后迅速被土壤胶体吸附，停留于0～3cm土层，不易向下淋溶。除草效果与土壤含水量密切相关，在一般情况下，土壤墒情好除草效果高。主要通过土壤微生物进行降解，挥发及化学分解较少，但在干燥、炎热的气候条件下也进行光解，在土壤中的持效期为数月至1年以上。

(二)脲类除草剂的除草原理

1. 吸收与传导

脲类除草剂主要被植物根系吸收，通过蒸腾流迅速向茎、叶传导，积累于叶片内。其吸收与传导速度因除草剂品种、植物种类及环境条件而异。绿谷隆、利谷隆、氯醚隆、氯溴隆等虽然被植物根与叶吸收，但根是其主要吸收部位，生产应用中主要进行土壤处理。

2. 作用部位

大多数脲类除草剂品种不抑制种子发芽，对植物的毒害症状主要表现在叶片。当叶片内所含药剂浓度较高时，在几天内便产生急性药害症状，叶片部分面积淡绿，然后呈水浸状，最后坏死；当叶片内药剂浓度较低时，经数天后叶片才褪色或出现灰斑并迅速黄化，叶片凋萎。禾本科杂草的形态变化往往在叶尖最先发生，然后向基部发展。个别品种也可能抑制根系的生长。

3. 生理效应与除草机制

(1)**光合作用** 脲类除草剂对植物的主要作用是抑制光合作用中希尔反应。脲类除草剂抑制光合系统Ⅱ还原部位的电子流，与光合系统Ⅱ反应中心复合物32千道尔顿蛋白质体结合，阻碍电子从束缚性质体醌QA向第二个质体醌QB传递，导致光合作用停止，使叶片失绿而最终植株死亡。

(2)**蒸腾作用** 脲类除草剂抑制植物蒸腾作用。气孔是蒸腾作用的主要途径，而脲类除草剂导致气孔关闭，使水蒸气通过气孔的扩散停止，故蒸腾作用下降。

(3)**细胞效应** 脲类除草剂的亲脂性高，它们与细胞有较强的亲和性，从而影响细胞生长。它们能改变膜对质子的透性，也有一些品种能改变膜对离子和中性溶质的透性，所以，影响膜的结构、透性或流动性可能是脲类除草剂的作用机制之一。

(4)**选择性** 不同品种的脲类除草剂对植物的敏感性显著不同，其选择性的原因也是多方面的。由于大多数脲类除草剂品种都是土壤处理剂，它们的水溶度低，不易向土壤下层移动，因而其位差选择性在其应用中起较大作用。吸收与传导的差异也是某些脲类除草剂品种的选择性原因之一。脲类除草剂在植物体内代谢的差异也是选择性的重要原因。

4. 脲类除草剂的降解与消失

脲类除草剂在土壤中不易淋溶，并能长期残留于土壤表层，光解在降解代谢中起重要作用，特别在干旱地区，光解是其消失的基本途径。土壤温度对光解有很大影响。

脲类除草剂的水溶度小，蒸气压低，在土壤中的移动性差，有一定的稳定性。在常温条件下，它们对纯化学过程的水解和氧化是比较稳定的，因而，在土壤中主要通过微生物进行降解。

参与降解脲类除草剂各品种的土壤微生物是不同的，而且，土壤微生物区系对脲类除草剂逐步具有适应性，例如，在重复使用绿谷隆后，其分解速度便显著加快。有利于土壤微生物活动的条件，如适宜的土壤温度和湿度、酸碱性与土壤有机质等均能促进脲类除草剂的降解。

5. 脲类除草剂的应用技术

大多数脲类除草剂品种主要防治1年生禾本科与阔叶杂草幼苗，它们对阔叶杂草的防效应优于禾本科杂草。通常，多在作物播种后，杂草萌芽前进行土壤处理。许多品种，如利谷隆、敌草隆、绿谷隆、氯醚隆、异丙隆、伏草隆、绿麦隆、甲氧醚隆等除了在杂草芽前施用以外，苗后处理也有1定活性，但杂草越幼龄，药效发挥越好，一般杂草株高不宜超过10cm。莎草隆等一些品种在兼治1年生杂草的同时，还可以防治多年生杂草。

影响药效的因素有以下几种：

土壤特性：绝大多数脲类除草剂品种都是土壤处理剂，它们的药效及持效期长短与土壤特性有密切关系。吸附作用与含水量是影响脲类除草剂活性的重要因素。土壤对脲类除草剂的吸附作用强弱是：氯醚隆 > 利谷隆 > 敌草隆 > 绿谷隆 > 灭草隆。由于脲类除草剂具弱酸性，故其吸附作用主要是在有机质上通过偶极－阴离子与偶极－偶极体的相互作用来进行的，因而单位面积用药量应根据土壤有机质含量而增减。

温度与土壤含水量：温度与土壤含水量是影响脲类除草剂的另一个重要因素。由于大多数脲类除草剂品种的水溶度低，故在干旱条件下药效不易发挥，通常苗前土壤处理时，于施药后2～3周内需有12～25mm的降水才能保证其活性充分发挥；在干旱条件下浅拌土是必要的。适当的高温也有助于提高脲类除草剂的效果。我国北方由于春旱、低温，脲类除草剂的除草效果远不如南方地区好。

（二）脲类除草剂的主要品种

绿麦隆 chlorotoluron

化学名称 1,1–二甲基–3–(3–氯–4–甲基苯基)脲。

结 构 式

Cl　O

H_3C—(苯环)—NHCN$(CH_3)_2$

理化性质 纯品为无色粉末，溶解性较差。熔点148.1℃，蒸气压0.017MPa(25℃)，密度1.40(20℃)；溶解度：水74mg/L(25℃)，其他溶剂(g/L，25℃)丙酮54，二氯甲烷51，乙醇48，甲苯3，己烷0.06，正辛醇24，乙酸乙酯21；对热和紫外光稳定，强酸、强碱条件下缓慢水解。

剂　　型 25可湿性粉剂。

毒　　性 大鼠急性经口LD_{50}为10 000mg/kg，兔急性经皮LD_{50} > 2 000mg/kg，鱼LC_{50}(96h，mg/L)：虹鳟鱼35，鲤鱼 > 100，蓝鳃太阳鱼50，鲶鱼60；鸟LC_{50}(8d膳食，mg/L)：鸭 > 6 800，鹌鹑 > 2 150，雏鸡 > 10 000；蚯蚓LC_{50}为1 000mg/kg；蜜蜂LD_{50}(接触48h) > 20μg/只。

除草特点 选择性内吸传导型除草剂，主要通过植物的根系吸收，也可以通过茎叶吸收，抑制杂草的光合作用，使杂草“饥饿”而死亡，受害植物叶片褪绿，叶尖和心叶相继失绿，经10d左右整株枯死。在土壤中的持效期与施用剂量、土壤湿度、耕作条件差异较大，一般约70d。

适用作物 小麦、玉米、大麦。

防除对象 可以防除多种阔叶杂草和禾本科杂草，如繁缕、苍耳、藜、看麦娘、马唐、早熟禾、野燕麦、狗尾草；对问荆、猪殃殃、刺儿菜、田旋花、蓼等效果不好。对看麦娘、牛繁缕、碎米荠防效突出。

应用技术 小麦田，小麦播种后出苗前至麦苗2叶期，杂草1～2叶期以前，用25%可湿性粉剂400～800g/亩(北方地区)，160～400g/亩(南方地区)，对水50～60kg均匀喷雾施药；玉米、大麦田，可在作物播种后出苗前或苗期用25%可湿性粉剂400～800g/亩(北方地区)，160～400g/亩(南方地区)，对水50～60kg均匀喷雾施药；用于防治大麦、小麦、玉米等1年生杂草有良好的防除效果。

注意事项 25%绿麦隆可湿性粉剂，南方一般每亩用200～300g，气温较高时和砂性土壤，以每亩200g为宜，低温和黏性土壤及有机质含量高的土壤，可提高到300g。绿麦隆性质稳定，药效期长，一般一季小麦只宜用1次，且亩用量不能超过300g，否则对小麦有药害。施用时期宜在小麦播后出苗前或1～3叶期施用。墒情差防除效果不好。

对看麦娘、硬草发生严重的麦田，在适期范围内改1次用药为再次用药。防除效果可以提高到90%以上，亩用药量不得超过300g，否则对下茬水稻有影响。第1次，在小麦播后每亩用25%绿麦隆150g对水40kg喷雾，第二次在麦苗3叶1心时，此时草苗正当2叶1心或1叶1心。选择大雾天或露水较大的早晨，每亩用25%绿麦隆150g加平平加添加剂8～10g对水20kg喷雾。

开发登记 1969年由Y. L Hermite等报道除草活性，Ciba AG(现为Ciba-Geigy AG)开发。江苏省泰兴市东风农药化工厂、四川润尔科技有限公司等企业登记生产。

异丙隆 isoproturon

化学名称 1,1-二甲基-3-(4-异丙苯基)脲。

结 构 式

$$CH_3-N(CH_3)-C(=O)-NH-C_6H_4-CH(CH_3)-CH_3$$

理化性质 纯品为无色粉末，熔点155～156℃，蒸气压(20℃)0.003MPa。溶解度(20℃)：水55g/L，苯5g/L，二氯甲烷63g/L，已烷100mg/kg，甲醇56g/L。对光、酸、碱稳定，230℃以上出现缓慢的放热分解，土壤中DT_{50}为12～29d。

毒　　性 急性经口LD_{50}：大鼠1 826～3 600mg/kg，小鼠3 350mg/kg。大鼠经皮LD_{50}＞3 170mg/kg。90d饲养无作用剂量：大鼠400mg/kg饲料，犬50mg/kg饲料。鱼毒LC_{50}(96h，mg/L)：鲤鱼193，虹鳟鱼240，太阳鱼＞100，鲶鱼9。急性经口LD_{50}：日本鹌鹑3 042～7 926mg/kg，鸽子＞5 000mg/kg。

剂　　型 50%可湿性粉剂、25%可湿性粉剂、70%可湿性粉剂、75%可湿性粉剂、75%水分散粒剂、50%悬浮剂、35%可分散油悬浮剂。

除草特点 选择性内吸传导型除草剂，杂草由根部和叶片吸收，抑制光合作用，杂草多于施药2～3周后死亡。土壤中分解快，对后茬作物无影响，秋季施药持效期可达2～3个月。

适用作物 小麦。

防除对象 可以防除1年生禾本科杂草和阔叶杂草，如马唐、看麦娘、小藜、早熟禾、野燕麦、碎米荠、荠菜、蓼、扁蓄、繁缕、苋，对麦田硬草也有较好的防效。猪殃殃、婆婆纳对此药有抗性。

应用技术 播后苗前处理，麦种播后覆土至出苗前，用50%可湿性粉剂125～150g/亩，加水40kg喷雾土表。苗后处理，麦3叶期至分蘖末期，杂草2～5叶期，用50%可湿性粉剂100～125g/亩，加水喷于杂草茎叶。

注意事项 该药正常用量和湿度下对小麦安全，对其他作物安全性相对较差。在有机质含量高的土壤上，因持效期短只能在春季施用。作物生长不良或受冻，砂性重或排水不良地块不能施用。施药后降水或灌溉可以提高除草效果，施药后墒情差除草效果差。施药时气温高除草效果好而且作用迅速，而气温低时除草效果差，当气温低至日均温4℃时对麦苗生长有药害，其表现为顶部1～2叶叶尖褪绿，个别叶尖枯黄，作物生长可能暂时受抑制或出现黄化现象，一般情况下短期可恢复。

开发登记 由Hoechst AG、Ciba-Geigy AG和Rhone-Poulenc Agrochimie公司开发。安徽华星化工有限公

司、江苏常隆农化有限公司、江苏快达农化股份有限公司等企业登记生产。

利谷隆 linuron

化学名称 1–甲氧基–1–甲基–3–(3,4–二氯苯基)脲。

结构式

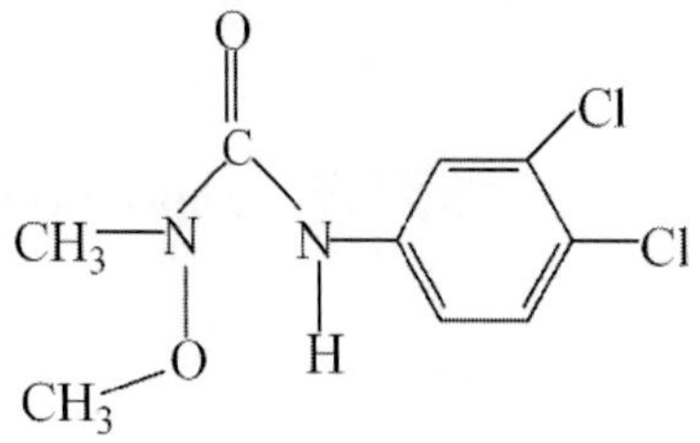

理化性质 纯品为无色无臭结晶固体；熔点85～94℃，蒸气压2.0MPa(24℃)。溶解度(25℃)：水75mg/L，微溶于脂肪烃，可溶于丙酮、乙醇，无腐蚀性。在酸、碱、潮湿土壤中缓慢分解。

毒　　性 大鼠急性经口(雌雄)LD_{50}为4 000mg/kg，兔急性经皮LD_{50}＞5 000mg/kg，2年饲喂试验犬和大鼠无作用剂量为125mg/kg饲料，对皮肤中等刺激，无过敏反应，鲤鱼LD_{50}(48h)10mg/L。

剂　　型 50%可湿性粉剂、50%悬浮剂。

除草特点 选择性内吸传导型除草剂，通过植物的根和叶吸收，抑制杂草的光合作用，受害植物叶尖和心叶、其他叶片相继失绿，经10d左右整株枯死。在土壤中的持效期约为4个月。

适用作物 小麦、玉米、大豆、花生、棉花、胡萝卜、果树。

防除对象 可以防除多种禾本科杂草和阔叶杂草，如稗草、牛筋草、狗尾草、马唐、蓼、藜、马齿苋、鬼针草、卷耳、猪殃殃等，对香附子、空心苋也有一定的防除效果。

应用技术 据资料报道，小麦、玉米田，在播种后出苗前或作物20～40cm高时、杂草1～2叶期，可做茎叶喷雾处理。用50%可湿性粉剂120～150g/亩，加水40kg均匀喷雾。

注意事项 该药正常用量和湿度下对小麦安全，对其他作物安全性相对较差。除草效果与土壤关系密切，药后半月内如不降雨，可进行灌水或进行浅混土，混土深度以1～2cm为宜。对于土壤有机质含量低于1%或高于5%的田块不宜施用，砂性重和雨水多的地区不宜施用。

开发登记 1962年由K. Hartel报道除草活性。江苏快达农化股份有限公司、江苏瑞邦农药厂有限公司等企业登记生产。

敌草隆 diuron

其他名称 地草净；达有龙。

化学名称 1,1–二甲基–3–(3,4–二氯苯基)脲。

结构式

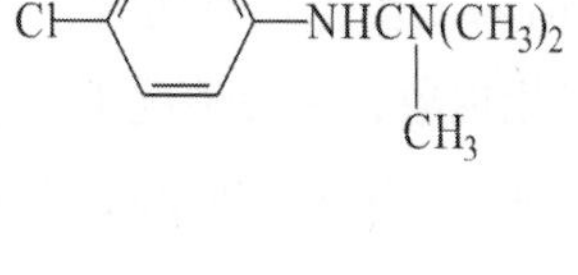

理化性质 无色晶体，熔点158～159℃，蒸气压(25℃)1.1×10^{-6}Pa，密度1.48，水中溶解度42mg/L(25℃)，丙酮53g/kg，丁基硬脂酸盐1.4g/kg，苯1.2g/kg(27℃)，微溶于烃类。常温时中性条件下稳定，温度升高发生水解，酸碱介质中水解，180～190℃分解。

毒　　性 大鼠急性经口LD_{50}为3 400mg/kg，兔急性经皮LD_{50}＞2 000mg/kg，LC_{50}(96h，mg/L)虹鳟鱼5.6，蓝鳃鱼5.9；LC_{50}(8d膳食，mg/kg)：北美鹌鹑1 730，日本鹌鹑＞5 000，野鸭＞5 000。

剂　　型 80%可湿性粉剂、25%可湿性粉剂、20%悬浮剂、50%可湿性粉剂、80%水分散粒剂、90%水分散粒剂、40%悬浮剂、63%悬浮剂、80%悬浮剂。

除草特点 敌草隆是一种选择性除草剂，主要通过根部吸收，也可以被茎叶吸收。通过抑制杂草的光合作用而使杂草死亡。一般受害杂草从叶尖和边缘开始褪色，终至全叶枯萎。敌草隆对种子萌发及根系无显著影响，持效期一般可达60d。

适用作物 棉花、甘蔗。

防除对象 可以有效防除大多数1年生和多年生杂草，如马唐、牛筋草、狗尾草、旱稗、藜、苋、蓼、马齿苋、繁缕、繁穗苋、胜红蓟、龙葵、莎草等，也可以用于稻田防除眼子菜、四叶萍、牛毛草等。

应用技术 棉花田，棉花播后苗前，用80%水分散粒剂81～94g/亩，对水50kg土壤均匀喷雾；甘蔗田，甘蔗出苗前，杂草种子处于萌发期尚未出土时，用80%可湿性粉剂100～200g/亩，对水40～50kg均匀喷于土壤表面，土壤干旱用水量应增至每亩60～80kg。

注意事项 敌草隆对小麦苗有杀伤作用，麦田禁用。该药对棉叶有很强的触杀作用，施药必须施于土表，棉苗出土后不宜施用。砂土地用药量应比黏土地适量减少，砂性漏水稻田不宜施用。对果树及多种作物的叶片有较强的杀伤力，应避免药液漂移到作物叶片上，桃树对敌草隆敏感，使用时务必注意。本品对辣椒、西瓜、油菜、黄瓜等作物敏感，施药时应避免药液飘移到邻近作物，果蔗田禁用；后茬轮作花生、大豆、西瓜的间隔期不少于240d，套种其他作物的甘蔗地严禁使用本品，使用本品的甘蔗地下茬作物可种植甘庶、芦笋、花生、大豆、棉花，毁种时只能种植甘蔗或棉花。

开发登记 1951年由H. C. Bucha等报道除草活性，E. I. Dupont de Nemour＆Co.开发。美国杜邦公司、辽宁省沈阳丰收农药有限公司等企业登记生产。

莎扑隆 daimuron

其他名称 杀草隆；香草隆；cyperon；dymron；dimuron。

化学名称 1-(1-甲基-1-苯乙基)-3-甲基-苯基脲。

结 构 式

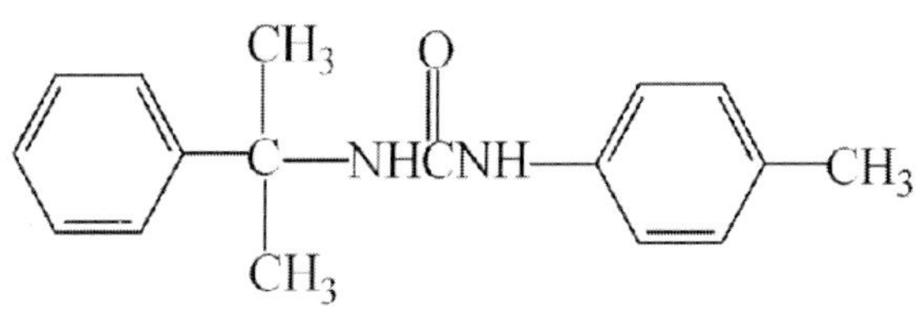

理化性质 外观灰红色粉末。熔点203℃，蒸气压(20℃)：0.45MPa，溶解度：乙醇1%，乙醚10%，二甲基甲酰胺18.2%，二甲基亚砜20%，在pH值2～10及加热或紫外光照射下稳定。

毒　　性 大鼠急性经口LD_{50}＞4 640mg/kg，大鼠急性经皮LD_{50}＞2 000mg/kg。

剂　　型 50%可湿性粉剂、70%可湿性粉剂。

除草特点 莎扑隆是一种选择性除草剂，主要通过根部吸收，有较弱的叶部活性。通过抑制杂草的根和地下茎的伸长，从而抑制地上部的生长。持效期一般可达50d。

适用作物 水稻，也可用于棉花、玉米、小麦、大豆、胡萝卜、果树。

防除对象 可以有效防除扁秆藨草、牛毛草、萤蔺、日照飘拂草、香附子等莎草科杂草，对稻田稗草也有一定的效果，对其他禾本科杂草和阔叶杂草无效。

应用技术 资料报道，该药可以进行土壤混土处理，土壤表层处理或杂草茎叶处理无效。稻田，以50%可湿性粉剂100～200g/亩，在稻田犁耙前将药剂混土撒施，混土深度2～5cm，施药后即可以播种或插秧。施药后持效期可以达40～60d。旱田施药应在杂草芽前施用，以50%可湿性粉剂200～300g/亩，拌细土撒施，并进行浅混土。

注意事项 50%可湿性粉剂500g/亩，对水稻安全，对出苗、株高、分蘖无不良影响。用莎扑隆防治扁秆藨草一定要混土8～10cm。施药时田间水层不可太深，以3～5cm为宜。莎扑隆使用量和混土深度应根据杂草种子和地下茎、鳞茎在土壤中的深浅而定，一般浅根性杂草用量低混土浅，反之则用量大而混土深。

开发登记 是由日本昭和电工公司(现为SDS生物技术公司)开发的脲类除草剂。江苏省江阴凯江农化有限公司曾登记生产。

氟草隆 fluometuron

其他名称 棉草完；棉草伏；伏草隆。

化学名称 1, 1–二甲基–3–(3–三氟甲基苯基)脲。

结 构 式

NHCON(CH)$_2$

CF_3

理化性质 纯品为无色晶体，熔点163～164℃，蒸气压(20℃)0.066MPa。溶解度(20℃)：水150mg/L，二氯甲烷23g/L，甲醇110g/L。土壤中DT_{50}为10～15d。

毒　　性 急性经口LD_{50}：大鼠6 426～8 000mg/kg。大鼠经皮LD_{50}＞2 000mg/kg。90d饲养无作用剂量：大鼠100mg/kg饲料,犬400mg/kg饲料。鱼毒LC_{50}(96h，mg/L)：鲤鱼47，太阳鱼＞96。

剂　　型 80%可湿性粉剂。

除草特点 伏草隆是一种选择性除草剂，主要通过根部吸收，有较弱的叶部活性。通过抑制杂草的光合作用而使杂草死亡，该药对杂草的萌发无影响，往往于杂草出土后死亡。持效期一般可达100d。

适用作物 棉花、玉米、马铃薯、葱、果园。

防除对象 可以有效防除1年生单、双子叶杂草，如马唐、牛筋草、狗尾草、苋、藜、蓼、苍耳、牵牛花等，对多年生及深根性杂草无效。

应用技术 资料报道，棉田，在棉花移栽前，用80%可湿性粉剂120～150g/亩，加水40kg喷雾，较干旱时可以进行浅混土。玉米等田，在播种后出苗前80%可湿性粉剂100～150g/亩，加水40kg喷雾。

注意事项 土壤干旱时会降低除草效果，配合灌水可以明显提高除草效果，在高温、土壤墒情好时除草效果发挥最好。小麦、甜菜、黄瓜、茄子、大豆对该药剂敏感，不可施用。

开发登记 1964年由C. J. Coumselman等报道除草活性，Ciba-Geigy Ag开发。

苯噻隆 benzthiazuron

其他名称 Bay60618；S22012；Gatnon；Merpelan。

化学名称 1-(1,3-苯并噻唑-2-基)-3-甲基脲。

结构式

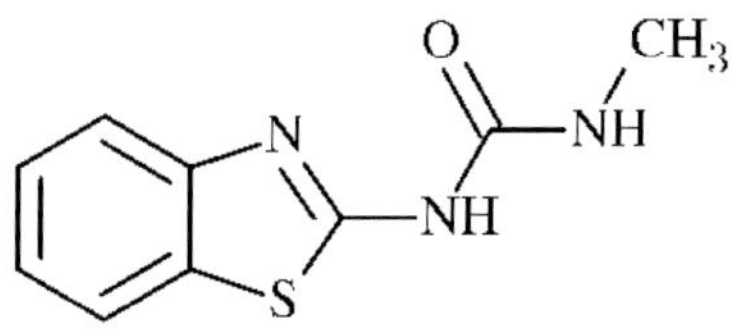

理化性质 白色无臭粉末，在287℃分解并伴随升华。在90℃时的蒸气压为1.33MPa。20℃时在水中的溶解度为12mg/L；在丙酮、氯苯和二甲苯中的溶解度在5～10mg/L。无腐蚀性，可与其他农药混配。

毒　　性 雄大鼠急性经口LD_{50}＞2 500mg/kg，雄小鼠和雄犬＞1 000mg/kg。大鼠急性经皮LD_{50}为500mg/kg。

剂　　型 80%可湿性粉剂。

适用作物 甜菜。

防除对象 种子繁殖的杂草。

应用技术 资料报道，用80%可湿性粉剂250～500g/亩于甜菜芽前施用，若4月份施用，对10月播种小麦无影响。

开发登记 1966年Bayer Leverkusen公司开发。

甲基苯噻隆 methabenzthiazuron

其他名称 Tribunil；methibenzuron。

化学名称 1-(1,3-苯并噻唑-2-基)-1,3-二甲基脲。

结构式

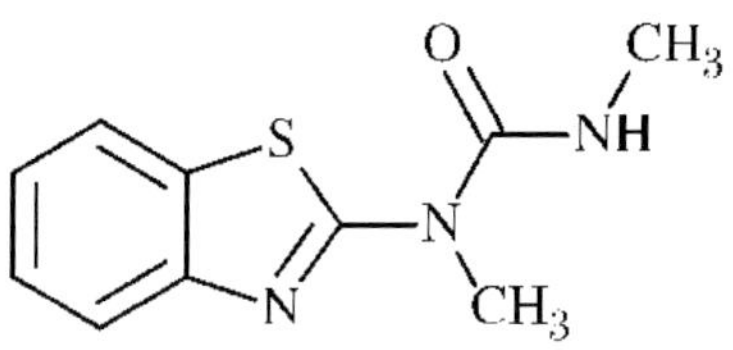

理化性质 本品为无色结晶固体，熔点119～121℃，蒸气压590MPa(20℃)。溶解度(20℃)水中59mg/L，丙酮中116g/L，二氯甲烷中>200g/L，己烷中1～2g/L，丙醇中20～50g/L，甲苯中50～100g/L。

毒　　性 急性经口LD_{50}：大鼠>2 500mg/kg，犬和小鼠>1000mg/kg；大鼠急性经皮LD_{50}>5 000mg/kg。两年饲养试验表明：对大鼠无作用剂量为150mg/kg饲料。鱼毒LC_{50}(96h)：虹鳟鱼15.9mg/L，金鱼29mg/L。

剂　　型 70%可湿性粉剂。

应用技术 资料报道，用70%可湿性粉剂133～266g/亩，防除禾谷类、蚕豆、大蒜、豌豆田中许多禾本科及阔叶杂草，与其他除草剂混用防除果园和葡萄园中杂草。

开发登记 1969年H. Hack报道除草活性，1968年由Bayer Ag开发。

苄草隆 cumyluron

其他名称 可灭隆。

化学名称 1-[(2-氯苯基)甲基]-3-(1-甲基-1-苯基乙基)脲。

结构式

$$\text{C}_6\text{H}_5-\underset{\text{CH}_3}{\overset{\text{CH}_3}{\text{C}}}-\text{NHCONH}-\text{CH}_2-\text{C}_6\text{H}_4\text{Cl}(2)$$

理化性质 纯品为无色针状结晶体，熔点166～167℃，相对密度1.213(20℃)，蒸气压1.33×10^{-6}MPa。溶解度(20℃，g/L)：水0.001、甲醇21.5、丙酮14.5、苯1.4、二甲苯0.4、己烷0.8，在150℃下稳定，常温储存稳定至少2年。

毒性 大鼠急性经口LD_{50}雄2 074 mg/kg，雌961mg/kg，小鼠急性经口LD_{50}＞5 000mg/kg。大鼠、小鼠急性经皮LD_{50}＞2 000mg/kg，大鼠吸入LC_{50}(4h)为6.21mg/L。无致突变性，无致畸性。在试验条件下未见致畸、致癌作用。45%悬浮剂对大鼠急性经口LD_{50}＞5 000mg/kg，急性经皮LD_{50}＞2 000mg/kg；对皮肤、眼睛有轻度刺激；豚鼠皮肤无致敏性。原药和45%悬浮剂均为低毒除草剂。对鱼、鸟、蜜蜂、家蚕均为低毒。

剂型 45%悬浮剂、8%颗粒剂。

除草特点 细胞分裂与细胞生长抑制剂。主要由杂草的根部和茎部吸收，阻碍根部细胞的分裂和生长，从而使杂草在发芽时至生长初期的发根受到抑制，阻碍根的伸长，抑制根的发育，最终使杂草枯死。

适用作物 草坪(苯特草、蓝骨草)、水稻(移栽和直播)。

防除对象 主要用于防除1年生和多年生禾本科杂草，对早熟禾防效突出。

应用技术 资料报道，用于水稻(移栽和直播)田防除1年生和多年生禾本科杂草，可以用45%悬浮剂160～355g/亩，拌细土撒施，施药时田间保持4～6cm水层5～7d。成草草坪(苯特草、蓝骨草)，在生长期或新植该种草坪播种后出苗前，防除早熟禾杂草有较好的防除效果，但对其他杂草效果差。一般在早熟禾杂草出苗前土壤喷雾处理，或茎叶喷雾处理，用45%悬浮剂150～300g/100m²，加水稀释后均匀喷雾。对剪股颖(苯特草)、蓝骨草的成草草坪安全。

注意事项 用药后喷水保持土壤湿润是该药发挥药效的关键。

开发登记 由日本Carlit公司研制，日本Carlit公司、丸红、八洲化学公司共同开发。日本丸红株式会社登记生产。

磺噻隆 ethidimuron

其他名称 MET1486；Ustilan；赛黄隆。

化学名称 1-(5-乙基磺酰基-1,3,4-噻二唑-2基)-1,3-二甲基脲。

结构式

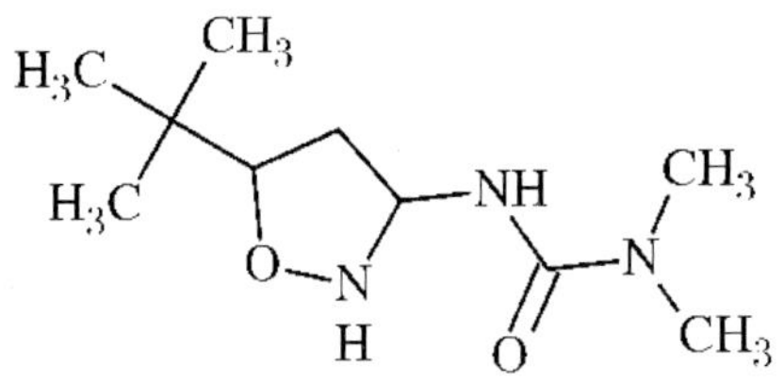

理化性质 无色结晶体；熔点156℃；蒸气压80MPa(20℃)。溶解度(20℃)：水中3.04g/kg；二氯甲烷中100～200g/L；己烷中＜0.1g/L；异丙醇中5～l0g/L；甲苯中0.1～1.0g/L。在217℃下分解；对碱不稳定。

毒　　性 急性口服LD_{50}：大鼠＞5 000mg/kg；小鼠＞2 500mg/kg；雄犬＞5 000mg/kg。大鼠急性经皮LD_{50}＞5 000mg/kg；90d饲养无作用剂量：大鼠＞1 000mg/kg饲料。日本鹌鹑急性经口LD_{50}300～400mg/kg；金丝雀1 000mg/kg。鱼毒LC_{50}：金圆腹雅罗鱼＞1 000mg/L。对蜜蜂无毒。

剂　　型 70%可湿性粉剂。

应用技术 资料报道，非耕地用除草剂，用70%可湿性粉剂466g/亩。

开发登记 1973年由L. Eue等报道除草活性，Bayer公司开发。

异恶隆 isouron

其他名称 EL-187；SSH-43；Isoxyl。

化学名称 3-(5-特丁基异噻唑-3-基)-1,1-二甲基脲。

结构式

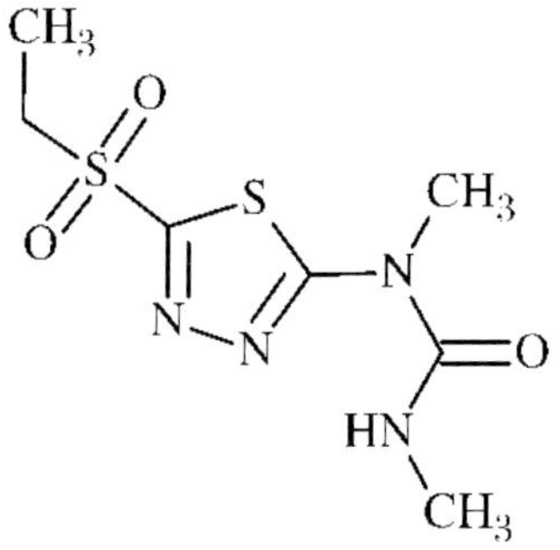

理化性质 纯品为无色晶体，熔点119~120℃，密度1.23g/cm^3。溶解度(25℃)：水300mg/L，乙醇中357g/L，丙酮中270g/L，二甲苯中240g/L。日光下稳定，但在水溶液中缓慢分解，土壤中的DT_{50}约为22d。

毒　　性 急性经口LD_{50}：雄大鼠630mg/kg，雌大鼠760mg/kg，雄小鼠520mg/kg，雌小鼠530mg/kg。大鼠急性经皮LD_{50}＞5g/kg，对兔皮肤和眼睛无刺激作用，大鼠急性吸入LC_{50}(8h)＞0.415mg/L。2年饲喂试验无作用剂量为：雄大鼠7.26mg/(kg·d)，雌大鼠为8.77mg/(kg·d)，雄小鼠为3.42mg/(kg·d)，雌小鼠为16.6mg/(kg·d)。对人的ADI为0.034 2mg/kg。本品无诱变性。鹌鹑急性经口LD_{50}＞2g/kg。蓝鳃LC_{50}(96h)约140mg/L，虹鳟鱼LC_{50}(96h)为110～140mg/L。鱼毒LC_{50}(48h)：鲤鱼79mg(原药)/L，日本金鱼173mg/L。蜜蜂急性经口LC_{50}(72h)为1 600mg/kg，在接触试验中，在200mg/只剂量下无影响。

剂　　型 50%可湿性粉剂、4%颗粒剂、1%颗粒剂。

除草特点 属脲类选择性除草剂，是光合电子传递抑制剂。

适用作物 适用于旱田、非耕地、草坪、林地等，可作土壤处理或茎叶处理。

防除对象 主要有马唐、狗尾草、雀稗、白茅、莎草、蓼、艾蒿等。

应用技术 资料报道，甘蔗田用50%可湿性粉剂66～200g/亩于芽前和芽后早期使用，土壤处理或茎叶处理均可。非耕地用50%可湿性粉剂333～1 333g/亩，可彻底防除杂草。

开发登记 该除草剂分别由H. Yukinaga等报道，日本野盐义公司(Shionogi & Co. Ltd.)1980年在日本开发。

特丁噻草隆 tebuthiuron

其他名称 丁唑隆；EL103；Brulan；Perflan；Perfmid。

化学名称 N-(5-特丁基-1,3,4-噻二唑-2-基)-N,N-二甲基脲。

结构式

H_3C CH_3 H_3C S CH_3 N N—N O HN CH_3

理化性质 无色固体，熔点161.5～164℃，25℃时在水中溶解度为2.9mg/L；蒸气压为0.27MPa，丙酮中为70g/L，苯中3.7g/L，氯仿中250g/L，乙腈中为60g/L，己烷中6.1g/L，甲醇中为170g/L，2-甲氧基乙醇中为60g/L。对光稳定，对金属、聚乙烯和喷雾器械无腐蚀性。在52℃下稳定，pH5和pH9时水溶液稳定，在pH3.6和pH9(25℃)下水解DT_{50}＞64d。

毒性 大鼠急性口服LD_{50}为644mg/kg，小鼠为579mg/kg，兔为286mg/kg，猫＞200mg/kg。犬＞500mg/kg，对兔经皮施用200mg/kg剂量未产生刺激作用，对大鼠和狗进行3个月饲喂试验，无作用剂量为1g/kg，对小鸡用含1g/kg的饲料饲喂30d，未发现中毒现象，对大鼠饲喂18g/kg，无致畸作用。大鼠2年饲喂试验无作用剂量为800mg/kg饲料。对人的ADI为0.07mg/(kg・d)(基于大鼠两代繁殖试验)。对鼠和兔无致畸作用。本品对鹌鹑、野鸭和鸡急性经口LD_{50}>500mg/kg。鱼毒LC_{50}(96h)：虹鳟鱼144mg/L，蓝鳃太阳鱼112mg/L。蜜蜂LD_{50}＞100μg/只，水蚤LC_{50}297mg/kg。

剂型 80%可湿性粉剂。

除草特点 内吸传导型灭生性除草剂，主要是抑制植物的光合作用。

防除对象 在非种植地区防除各种植物的生长，甘蔗田中选择性防除杂草，牧场中防除灌木。

应用技术 资料报道，防1年生杂草用80%可湿性粉剂133～208g/亩，多年生杂草用80%可湿性粉剂333～500g/亩，于杂草苗前和苗后使用。

开发登记 1974年由Eli Lilly and Company推广，获有专利BP1266172。

炔草隆 buturon

其他名称 播土隆；H95；Eptapur。

化学名称 3-(4-氯苯基)-1-甲基-1-(1-甲基丙炔-2-基)脲。

结构式

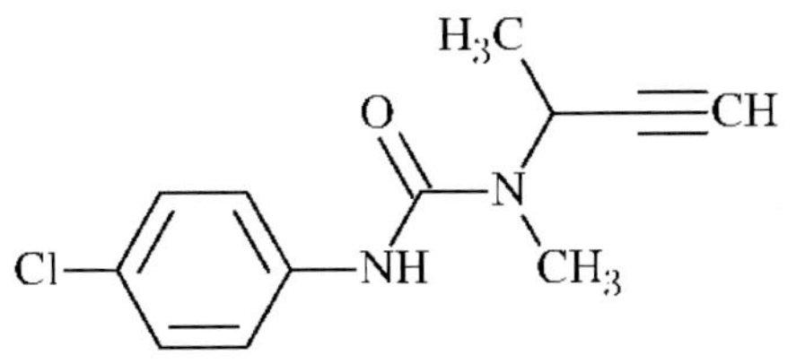

理化性质 白色固体，略带胺味，熔点145～146℃。20℃在水中溶解度为30mg/kg，在丙酮中27.9%，苯中0.98%，甲醇中12.8%。工业品熔点为132～142℃，在正常状态下稳定，在沸水中缓慢分解，可与其他除草剂混配，无腐蚀性。

毒　　性 大鼠急性口服LD_{50}为3 000mg/kg，家兔背部接触20h，产生轻微红斑，但对耳部无作用。在120d的饲喂试验中，大鼠可耐受500mg/kg的剂量而无症状。

剂　　型 50%可湿性粉剂。

除草特点 芽前和芽后除草剂，主要由植物根部吸收。

适用作物 谷物、玉米、亚麻、大豆、甘蔗、棉花、马铃薯等。

防除对象 是内吸传导型除草剂，可防除1年生禾本科杂草和阔叶杂草。

应用技术 资料报道，用50%可湿性粉剂66～200g/亩剂量防除禾谷类及玉米田中的杂草；其他作物用50%可湿性粉剂266～400g/亩于播后苗前施用。

开发登记 本品由BASF公司开发。

氯溴隆 chlorbromuron

其他名称 绿秀隆；C6313。

化学名称 3-(4-溴-3-氯苯基)-1-甲氧基-1-甲基脲。

结构式

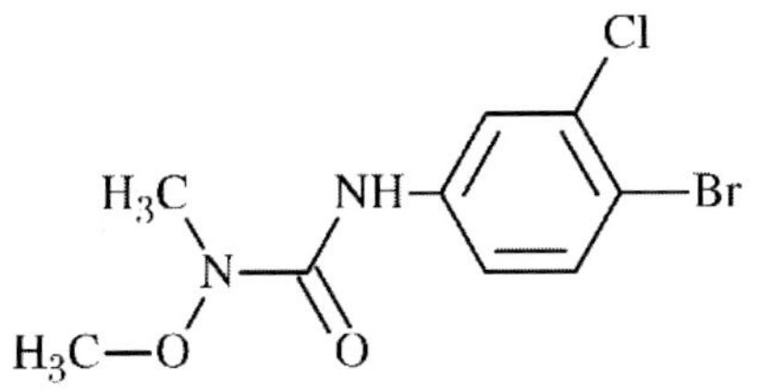

理化性质 无晶体，熔点95～97℃，蒸气压0.053MPa(20℃)，密度为1.69(20℃)。室温下在水中的溶解度为35mg/L，丙酮中460g/kg，苯中72g/kg，二氯甲烷中170g/kg，己烷中89g/kg，丙醇中12g/kg。可溶于丁酮、异佛尔酮、氯仿、二甲基甲酰胺、二甲基亚砜。在二甲苯中溶解度中等。在中性、弱酸和弱碱介质中分解缓慢。工业品纯度大约为95%，熔点为90～95℃。在室温下稳定，无腐蚀性，可与其他可湿性粉剂混配。

毒　　性 对雄性及雌性大鼠的急性口服LD_{50}>5g/kg；大鼠急性经皮LD_{50}>2 000mg/kg。对兔的急性经皮LD_{50}>10g/kg。急性吸入毒性LC_{50}(6h)；大鼠>1.05mg/L空气。对雄大鼠和犬进行3个月饲喂试验，其无作

用剂量大于316mg/kg。对鸟类和蜜蜂低毒

剂　　型 50%可湿性粉剂。

适用作物 芽前用于胡萝卜、豌豆、马铃薯、大豆、向日葵田，芽后用于移栽芹菜、胡萝卜田。

应用技术 资料报道，为芽前和芽后施用之除草剂。芽前适用于胡萝卜、大豆、马铃薯，用50%可湿性粉剂133～266g/亩，芽后可用于胡萝卜、葱、芹菜和冬小麦，用50%可湿性粉剂66～200g/亩时，在土壤中的持效期为8周或更长。

开发登记 1966年由D. H. Green等报道除草活性，由Ciba AG(现为Ciba-Geigy AG)开发。

甲基杀草隆 methyldymron

其他名称 K-1441；SK-41；Stacker。

化学名称 1-甲基-3-(1-甲基-1-苯乙基)-1-苯基脲或3-(α,α-二甲基苄基)-1-甲基-1-苯基脲。

结 构 式

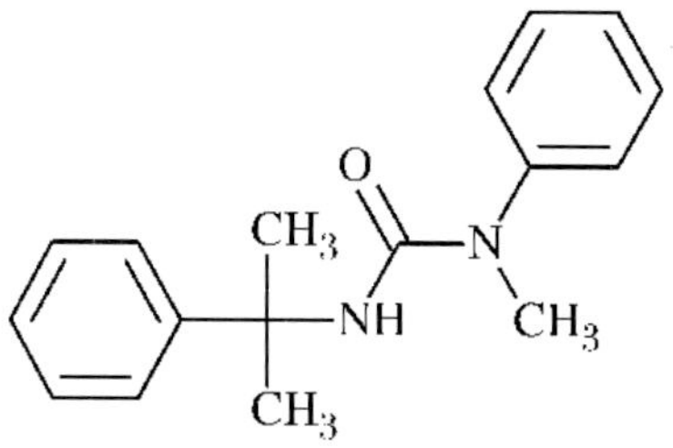

CH_3 O NH N CH_3 CH_3

理化性质 无色无味结晶；熔点76℃，溶解度(20℃)：水中120mg/L，丙酮中913g/L，正己烷中8.2g/L，甲醇中637g/L。对紫外光稳定，土壤中DT_{50}为9～19d。

毒　　性 大鼠急性口服LD_{50}：雌大鼠3 948mg/kg，雌小鼠为5 269mg/kg。

剂　　型 50%可湿性粉剂。

应用技术 资料报道，芽前、芽后早期施用50%可湿性粉剂266～1 333g/亩，可防除草坪莎草属和1年生禾本科杂草。本品主要通过根吸收并转移至分生组织，在植物中迅速代谢。

开发登记 1975年由T. Takematsu等报道除草活性，日本Showa Denko(现为SDS Biotech)公司于1978年开发。

酰草隆 phenobenzuron

其他名称 苯酰敌草隆；PP65-25；Benzomarc。

化学名称 1-苯甲酰基-1-(3,4-二氯苯基)-3,3-二甲基脲。

结 构 式

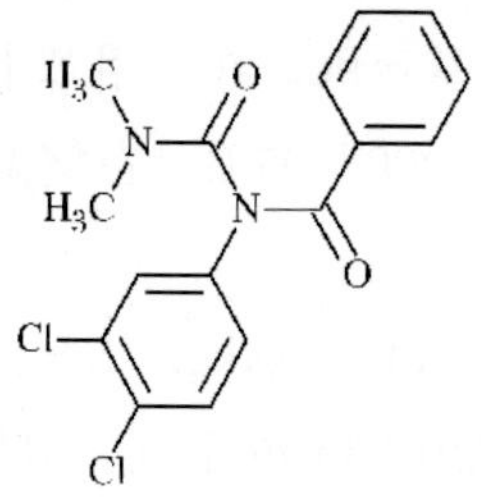

H_3C O N H_3C N O Cl Cl

理化性质 白色固体，熔点119℃。在22℃水中溶解度为16mg/kg。20℃时在下列溶剂中的溶解度：丙酮315g/L，苯中105mg/L，乙醇中28g/L。在正常状态下储存时对氧和水分稳定。

毒　　性 大鼠急性经口 LD_{50}为5 000mg/kg，豚鼠急性经皮中毒LD_{50}>4 000mg/kg。

剂　　型 50%可湿性粉剂。

应用技术 资料报道，该药为土壤施用的除草剂，芽前和芽后早期防除一年生杂草。可用于春大麦、水稻、豌豆、亚麻、甘蔗及柑橘园中。施用50%可湿性粉剂66～200g/亩。在多年生作物如葡萄和水果树中用量为50%可湿性粉剂533～800g/亩。芽前土壤处理或芽后早期施用，土壤中持效期12个月左右。

开发登记 本品由P. Poignant等报道除草活性，Pechiney Progil(现为Rhone–Poulenc Agrochime)公司开发。

甲氧杀草隆 SK-85

其他名称 SK–85(SK–3185)。

化学名称 1–(α,α–二甲基苄基)–3–甲氧基–3–苯基脲。

结 构 式

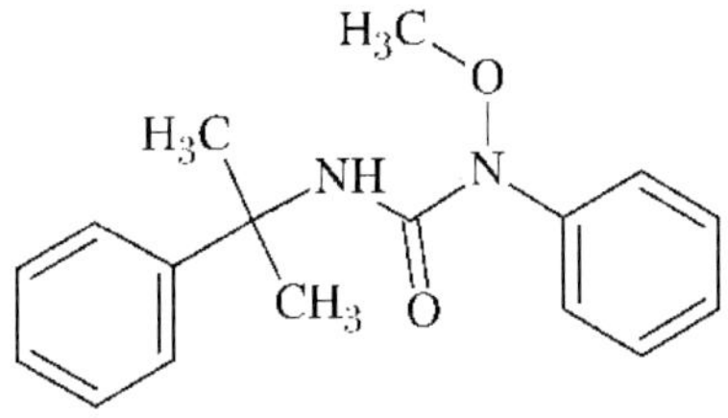

理化性质 白色结晶，溶点75.2℃。溶解度：水(20℃)79mg/kg，甲醇53%，乙醇22%，甲苯47%，二甲苯27%。

毒　　性 小白鼠急性经口LD_{50}为1 070mg／kg。鲤鱼的TLm值>7mg/kg。

制　　剂 80%可湿性粉剂

应用技术 资料报道，用于旱田、草坪，土壤或茎叶处理，防治莎草、水蜈蚣，对阔叶杂草及禾本科杂草防效差。防治莎草以150～200g/亩剂量，3～5cm表土混合处理。

开发登记 日本昭和电工公司开发

溴谷隆 metobromuron

其他名称 C3126；CIBA3126；秀谷隆；Patoran。

化学名称 3–(4–溴苯基)–1–甲氧基–1–甲基脲。

结 构 式

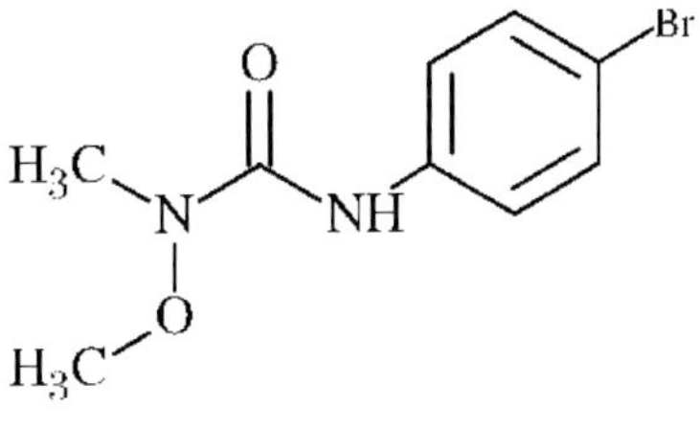

理化性质 白色结晶，熔点95.5～96℃，20℃时蒸气压为0.40MPa，密度为1.60。溶解度(20℃)：水中330mg/L；丙酮中500g/L，二氯甲烷中550g/L，甲醇中240g/L，甲苯中100g/L，辛醇中70g/L，氯仿中62.5g/L，已烷中2.6g/L。在中性、稀酸、稀碱介质中非常稳定。在强酸和强碱中水解。DT_{50}(20℃)为150d(pH1)、>200d(pH9)、83d(pH13)。

毒　　性 大鼠急性口服LD_{50}为2 603mg/kg，大鼠急性经皮LD_{50}>3 000mg/kg。兔急性经皮LD_{50}>10 200mg/kg；对兔眼和皮肤有轻微刺激。大鼠急性吸入LC_{50}(4h)>1.1mg/L空气。

剂　　型 50%可湿性粉剂。

除草特点 是芽前除草剂，可为植物根和叶吸收。

适用作物 马铃薯、菜豆、花生、向日葵。

应用技术 资料报道，通过叶、根吸收。芽前施用，菜豆、马铃薯田中用50%可湿性粉剂200～266g/亩；烟草和番茄田中用50%可湿性粉剂200～332g/亩。本品可与甲草胺混用，用于防除大麻、辣椒和向日葵田中杂草。另有报道，该药具有杀真菌活性，如对马铃薯致病疫霉、芹菜小壳针孢等有效。

开发登记 本品1964年由J. Schuler等报道除草活性，由Ciba-Geigy Ag公司开发。

甲氧隆 metoxuron

其他名称 San 6602；Herbicide 6602；SAN6915H；SAN7102H；绿不隆。

化学名称 3-(3-氯-4-甲氧基苯基)-1,1-二甲基脲。

结 构 式

理化性质 白色无臭结晶粉末，熔点126~127℃，蒸气压为4.3MPa(20℃)。23~24℃时在水中的溶解度为678mg/L，可溶于丙酮、环己酮及热乙醇，在苯和冷乙醇中溶解度中等，不溶于石油醚中。在正常条件下储存稳定，54℃稳定4周，在强酸和强碱条件下水解。溶解度(24℃)，储存稳定(20℃下4年以上)，在50℃下水解50%，DT_{50}(50℃)18d(pH3)、21d(pH5)、20d(pH7)、>30d(pH9)、26d(pH11)。在紫外线下分解，工业品纯度大约为97%。

毒　　性 大鼠急性口服LD_{50}为3 200mg/kg；大鼠急性经皮LD_{50}>2 000mg/kg。对蜜蜂无毒，LD_{50}(经口)850mg/kg。虹鳟鱼LC_{50}(96h)18.9mg/L，蚯蚓LC_{50}>1 000mg/kg土。水蚤LC_{50}(24h)为215.6mg/L。

剂　　型 80%可湿性粉剂。

除草特点 选择性芽前及芽后除草剂，本药施药适期较长，可作芽前土壤处理，也可作芽后茎叶处理，从谷物3叶期到分蘖末期均可喷药。

适用作物 冬小麦、春小麦、冬大麦、亚麻、番茄、马铃薯和胡萝卜等。

防除对象 飞蓬、看麦娘属、大车前、西风古、荠菜、藜、稗、早熟禾、皱叶酸模、繁缕、芥菜、黑麦草、蓼、野萝卜、鼬瓣花、野燕麦等1年生禾本科和阔叶杂草。

应用技术 资料报道，用量一般为80%可湿性粉剂200～400g/亩。根据土壤类型不同，在土壤中的半衰期为10～30d。

开发登记 1968年由W. Berg报道除草活性，Sandoz Ag开发。

绿谷隆 monolinuron

其他名称 HOE002747；Aresin。

化学名称 3-(4-氯苯基)-1-甲氧基-1-甲基脲。

结构式

$$H_3C-N(OCH_3)-C(=O)-NH-C_6H_4-Cl$$

理化性质 白色无味结晶，熔点80～83℃，蒸气压为1.3MPa(20℃)。密度为1.3(20℃)。室温下在水中溶解度为735mg/L，可溶于丙酮、二恶烷、乙醇和二甲苯。在熔点的温度下，以及在水溶液中均稳定。但在酸和碱中，以及在潮湿的土壤中会慢慢分解，无腐蚀性。

毒　　性 大鼠急性经口LD_{50}为1 430～2 490mg/kg，大鼠急性经皮LD_{50}>2 000mg/kg。大鼠急性吸入LC_{50}(4h)>3.39mg/L空气。鹌鹑急性经口LD_{50}1 260mg/kg，日本鹌鹑>1 690mg/kg，野鸭>500mg/kg。鱼毒LC_{50}(96h)，鲤鱼74mg/L，虹鳟鱼56～75mg/L。蜜蜂急性经口LD_{50}>296.3μg/g体重，水蚤LC_{50}(48h)为32.5mg/L。

除草特点 芽前除草剂，通过植物根、叶吸收，可有效防除1年生禾本科杂草和阔叶杂草。

应用技术 资料报道，玉米和菜豆33～66g(有效成分)/亩，马铃薯66～100g(有效成分)/亩，芦笋66～132g(有效成分)/亩，葡萄园132～200g(有效成分)/亩。在土壤中于3个月内降解至原来的5.6%，而在10个月内可少至0.2%。

开发登记 本品由Hoechst公司开发。

灭草隆 monuron

其他名称 GC-2996。

化学名称 3-(4-氯苯基)-1,1-二甲基脲。

结构式

$$(H_3C)_2N-C(=O)-NH-C_6H_4-Cl$$

理化性质 原药为白色无味结晶固体，熔点174～175℃，蒸气压为5×10^{-7}mmHg(25℃)。25℃时在水中溶解度为230mg/kg；可少量地溶在石油和极性有机溶剂中，如在丙酮中5.2%(27℃)。室温下对水解和氧化稳定，在185～200℃分解。在升温和酸性或碱性介质下发生水解。在潮湿的土壤中缓慢分解。无腐蚀性，不易然。

毒　　性 大鼠急性口服LD_{50}为3 600mg/kg，对豚鼠皮肤无刺激和过敏性。大鼠两年饲喂、犬1年饲喂无作用剂量为250～500mg/kg。

剂　　型 80%可湿性粉剂。

应用技术 资料报道，该药系光合抑制剂并通过根部吸收。芽前和芽后除草剂，在非耕作区灭生性除草用量为80%可湿性粉剂0.6~2kg/亩；以后每年使用80%可湿性粉剂0.3~0.6kg/亩，剂量其药效可维持1年。在棉花、甘蔗、凤梨、花生、洋葱、桑等作物中使用量为80%可湿性粉剂0.05~0.32kg/亩，在土壤中持效期为4～12个月。

开发登记 本品由E. I. Dupont公司开发。

环草隆 siduron

其他名称 Du Pont 1318；H1318。

化学名称 1-(2-甲基环己基)-3-苯基脲。

结 构 式

H_3C NH NH O

理化性质 白色无臭结晶，熔点133～138℃。25℃时蒸气压5.3×10^{-4}MPa，密度为1.08。25℃时在水中溶解度为18mg/L，但在二甲基乙酰胺、二甲基甲酰胺、二氯甲烷和异佛尔酮中能溶解10%以上。在熔点的温度下和在水中均稳定，在酸和碱中能慢慢分解，无腐蚀性。

毒　　性 大鼠急性口服LD_{50}为7 500mg/kg。以5 500mg/kg药量涂于家兔完好与擦伤的皮肤上，均未引起中毒症状。用含5～7.5g/kg的饲料喂养大白鼠95～97d，未见营养不良与临床中毒症状。大鼠急性吸入LC_{50}(4h)>5.8mg/L。

剂　　型 50%可湿性粉剂。

适用作物 是用在草皮上防除某些1年生禾本科杂草的专效除草剂。大多数草皮草从种子萌发时也耐此药，仅对个别的翦股颖属和狗牙根草皮造成伤害。

防除对象 对马唐、止血马唐、金色狗尾草和稗草特别有效。对1年生早熟禾、3叶草和大多数阔叶草无作用。

应用技术 资料报道，一般使用50%可湿性粉剂266～932g/亩。

开发登记 由R. W. Varnei等于1964年报道除草活性，由E. I. Dupont de Nemoms and Co. 开发，自1994年由Gowan销售，获专利LIS3309192。

非草隆 fenuron

其他名称 Dybar；fenuron-TCA；Ffenidin；Fenulonl；PDU；PMU；Vulpex。

化学名称 1,1-二甲基-3-苯基脲。

结 构 式

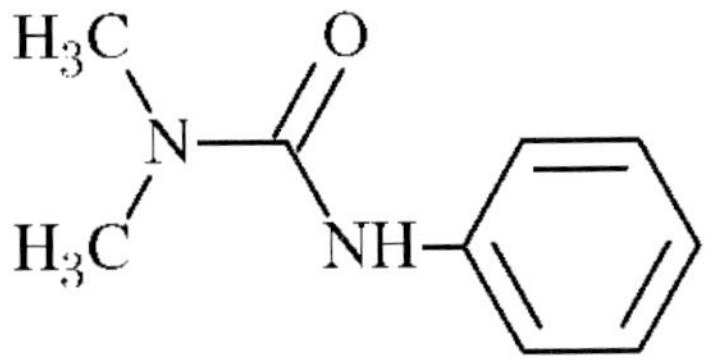

理化性质 白色无臭结晶固体，熔点133~134℃，蒸气压21MPa(60℃)，25℃水中溶解度为3.85g/L，溶解度(20~25℃)：乙醇中108.8g/kg，乙醚中5.5g/kg，丙酮中80.2g/kg，苯中3.1g/kg，氯仿中125g/kg，己烷中0.2g/kg，花生油中1.0g/kg，在自然条件下稳定，在强酸、强碱中水解。对氧化稳定，但可被微生物分解。

毒　　性 大鼠急性口服LD_{50}为6.4g/kg；大鼠用含500mg/kg的饲料喂养90d，未见明显症状。

剂　　型 可与其他除草剂(如氯苯胺灵、苯胺灵等)制成混合制剂。

除草特点 由于有较大的水溶解度，因此它比相类似的灭草隆和敌草隆更适合于防除木本植物、多年生杂草、深根多年生杂草。通过植物根系被吸收，抑制光合作用。非草隆大剂量使用时，具有很强的灭生性。施药量20g/m^{2}以上时，单、双子叶植物死亡率均达90%以上。因此可用于开辟和维护森林防火道、公路、铁路、路基、运动场、仓库空场、易燃品贮存场等地，进行灭生性除草。非草隆小剂量并利用位差选择可谨慎地用于棉花、甘蔗、橡胶园、果园、玉米、小麦、大豆、蚕豆、胡萝卜、甜菜等作物田中防除1年生杂草，如马唐、莎草、野西瓜苗、看麦娘、苋菜、藜等，对多年生杂草，如三棱草、小蓟等具有很好的抑制作用。

应用技术 资料报道，非耕地灭生性除草：施药期为芽前，用量为20g/m^{2}以上的25%可湿性粉剂，制成毒土撒施或对水喷洒。农田选择性除草：如用于棉花，宜作苗前土壤处理用量为25%可湿性粉剂250～400g/亩，拌细土20kg撒施或对水50kg喷洒。

注意事项 非草隆对棉叶的触杀作用很强，因此不可苗后使用。一般农田使用，必须准确掌握施药期、施药量、施药方法和施药浓度，以防药害发生，非草隆最宜用于干旱少雨地区。

开发登记 1951年由H. C. Bucha和C. W. Todd报道该除草剂，获专利US2655447、GB691403。

氟硫隆 flurothiuron

其他名称 KUE-2079A；Cleareide；氟苯隆。

化学名称 3-(3-氯-4-(氯二氟甲硫基)苯基)-1,1-二甲基脲。

结 构 式

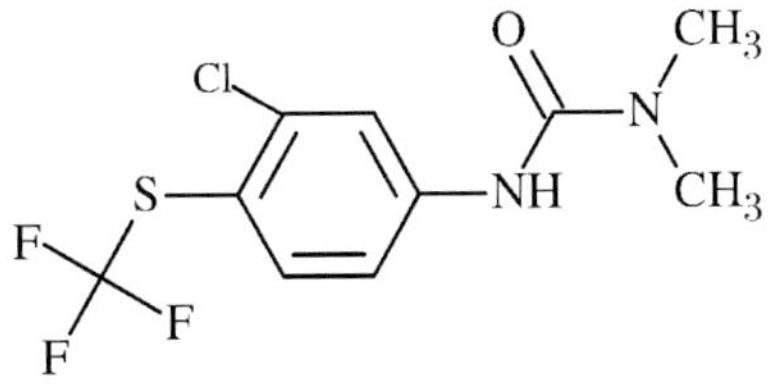

理化性质 水中溶解10mg/L，熔点116℃。产品为无色结晶固体，熔点113～114℃；20℃蒸气压小于0.017Pa。20℃水中溶解度为7.3%，环己酮中37.7%，二氯甲烷中31.6%。

毒　　性 小鼠急性经口 LD_{50}为600mg/kg，大鼠急性经口LD_{50}为770mg/kg；大鼠经皮LD_{50}为3g/kg。圆腹雅罗鱼TLm为2～4mg/L，鲤鱼TLm为1～2mg/L，对鸟类毒性极低。

剂　　型 乳油、颗粒剂。

除草特点 抑制光合作用，杂草受害后失绿、黄化、枯死。

防除对象 水田防除稗草、1年生杂草和牛毛草。

应用技术 资料报道，稻田使用剂量3.3～6.6g(有效成分)/亩时，对水稻安全。剂量高时，则抑制分蘖和生根。气温对药效影响不大。易被土壤吸附，所以排水、溢水对药效影响不大。杂草发芽前处理，对1年生杂草高效，生长期处理对阔叶杂草高效。可同禾草丹、甲氧基除草醚等混用。残效期可达40d。

开发登记 1974年由拜耳公司(Bayer Leverkusen)推广，用作除草剂，获有专利BP1314864、USA3931312。

草不隆 neburon

其他名称 丁敌隆；Kloben；Neburex。

化学名称 1–丁基–3–(3,4–二氯苯基)–1–甲基脲。

结 构 式

O
NH
NH
H_3C
Cl
H_3C
Cl

理化性质 白色无臭结晶，熔点102~103℃，25℃时在水中溶解度为5mg/L，在普通的烃类溶剂中的溶解度很低，在正常贮藏情况下，对氧化作用和水分稳定。在酸、碱介质中水解。

毒　　性 大鼠急性口服LD_{50}＞11g/kg，15%侧苯二甲酸二甲酯悬浮液对豚鼠剃过毛的背部皮肤仅有轻微的刺激，无过敏性。对蜜蜂低毒。

剂　　型 60%可湿性粉剂。

应用技术 资料报道，通过根部被吸收，抵制植物的光合作用，作物苗前防除一年生禾本科杂草，可在小麦、苜蓿、花生、草莓及某些观赏植物苗圃中使用，用60%可湿性粉剂222～333g/亩。

开发登记 1951年由H. C. Bucha和C. W. Todd等报道除草活性，1957年由杜邦公司开发，获专利号US2655444、US2655445。

枯草隆 choloroxuron

其他名称 C1983；Hercules 1983；氯醚隆；Tenoran；Norex。

化学名称 3–[4–(4–氯苯氧)–苯基]–1,1–二甲基脲。

结 构 式

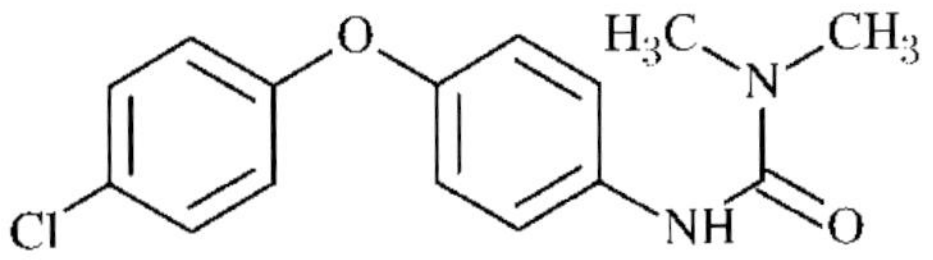

理化性质 白色结晶，熔点151～152℃，在20℃和pH7的水中溶解度为3.7mg/L、微溶于苯和乙醇，溶于丙酮、氯仿。性质稳定、无腐蚀性，可与其他农药混配。

毒　　性 对大鼠急性经口LD_{50}>3g/kg。大鼠急性经皮LD_{50}>3g/kg。对鸟稍有毒性，对蜜蜂无毒。

剂　　型 50%可湿性粉剂。

除草特点 脲类选择性除草剂，通过根、叶吸收，抑制光合作用。

应用技术 资料报道，推荐在草莓中防除杂草，也可用于圆葱苗、韭菜、芹菜(移植前或移植后)、大豆、胡萝卜等，还可用于观赏植物。

开发单位 1960年Ciba-Geigy Ag推广。

草完隆 noruron

其他名称 Norea；Hercules7531；NP-10 Herban。

化学名称 3-(六氢-4,7-甲基茚-5-基) -1,1-二甲基脲。

结 构 式

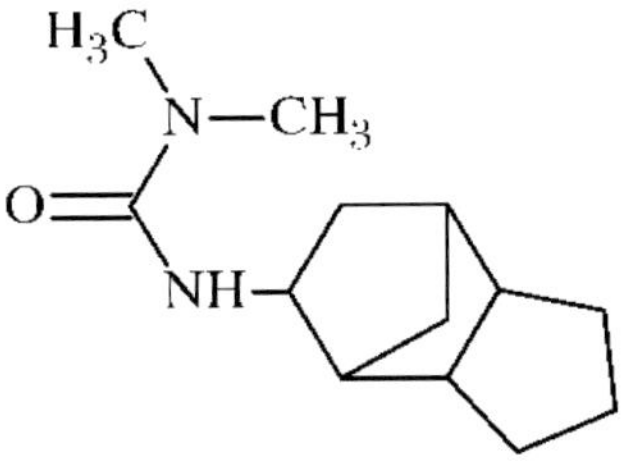

理化性质 白色结晶固体，熔点171～172℃，25℃时在水中溶解度为150mg/L，易溶于丙酮、乙醇、环己烷，微溶于苯。

毒　　性 大鼠急性口服LD_{50}为1.5～2g/kg，犬为3.7g/kg，兔急性经皮LD_{50}>23g/kg。大鼠和犬以0.05g/kg、0.5g/kg和5g/kg的饲料喂养2年无中毒症状。鱼毒TLm(48h)为18mg/L。

剂　　型 可湿性粉剂或颗粒剂。

适用作物 棉花、高粱、甘蔗、大豆、菠菜和马铃薯等。

防除对象 1年生禾本科和阔叶杂草，如繁缕、看麦娘、马唐等。

应用技术 资料报道，砂壤土用66～133g(有效成分)/亩，中质土133～200g(有效成分)/亩，高质土200～266g(有效成分)/亩。

开发登记 1962年美国Hercules公司推广。

异草完隆 isonoruron

化学名称 3-(六氢-4,7-甲撑茚满-1-基)-1,1-二甲基脲(Ⅰ)和3-(六氢-4,7-甲撑茚满-2-基)-1,1-二甲基脲(Ⅱ)的混合物。

结 构 式

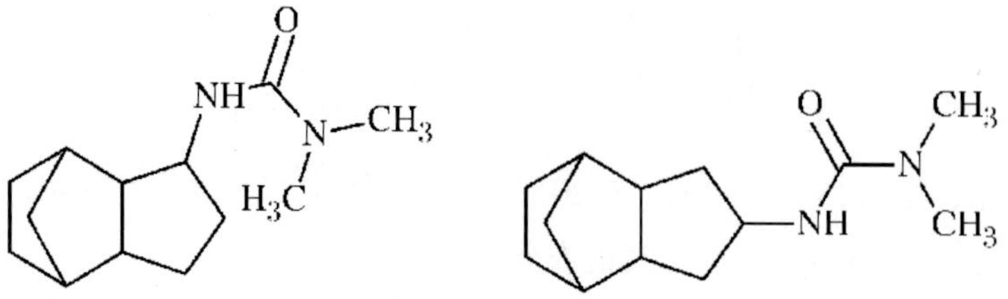

理化性质 白色结晶粉末，熔点150～180℃。20℃时在水中溶解度为220mg/L，在丙酮中为1.1%，苯0.78%，氯仿13.8%，乙醇中17.5%。

毒　　性 大鼠急性口服LD_{50}为0.5g/kg，制剂Basfitox的急性经皮LD_{50}大鼠2.5g/kg、兔4g/kg。50%的该药溶液用于兔背部20h未引起症状。用含0.4g/kg的饲料喂养大鼠或1.6g/kg的饲料喂养猎兔犬4个月未引起中毒症状。对虹鳟鱼的LC_{50}(用Basfitox制剂接触24h、48h和4d)分别为18mg/L、12mg/L和8.0mg/L。

剂　　型 Basanor是含25%本品和25%杀秀敏(brompyrazon)的可湿性粉剂；Basfitox是含20%本品和30%播土隆(buturon)的可湿性粉剂。

防除对象 与杀秀敏(bromopyrazone)的1∶1混剂用在冬季谷物田中防除鼠尾看麦娘、绢毛翦股颖和1年生阔叶杂草。

应用技术 资料报道，施用与杀秀敏(bromopyrazone)的1∶1混剂226～266g/亩，加水20～40kg，直到条播后3周作芽前除草剂，在秋季或在春季谷物从休眠返青时作芽后除草剂。施药最好在鼠尾看麦娘不多于4叶期，绢毛剪股颖不多于7叶期，阔叶杂草不多于3～5叶期。与播土隆(buturon)的2∶3混合制剂用作马铃薯的芽前除草剂剂量为226～300g/亩。

开发登记 1968年由德国巴斯夫公司创制。

环莠隆　cycluron

其他名称 OMU；环辛隆；Alipur。

化学名称 3-环辛基-1,1-二甲基脲。

结 构 式

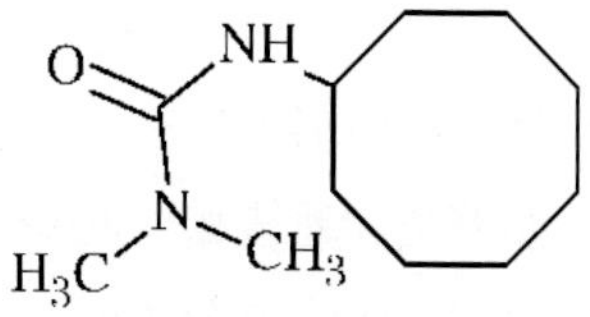

理化性质 白色无臭结晶固体，熔点138℃。20℃时的溶解度：水0.11%，丙酮6.7%，苯5.5%，甲醇50%。工业品纯度大约为97%，熔点为134～138℃。性质稳定，可与其他农药混配，无腐蚀性。

毒　　性 大鼠急性口服LD_{50}为2.6g/kg。以50%水剂处理白兔背部及耳部皮肤20h，无刺激性。

剂　　型 每升含150g环莠隆和100g稗蓼灵(chlorbufam)的浓乳剂。

应用技术 资料报道，通常与稗蓼灵(chlorbufam)3∶2混用作芽前除草剂防除甜菜及多种蔬地中的一年生杂草。

开发登记 1958年由BASF公司开发。

噻氟隆 thiazafluron

其他名称 GS29696；Erbotan。

化学名称 1,3-二甲基-1-(5-三氟甲基-1,3,4-噻二唑-2-基)脲。

结构式

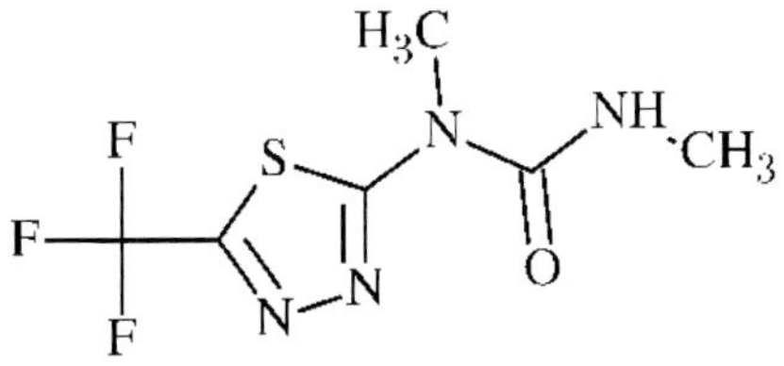

理化性质 纯品为无色晶体，熔点136～137℃，蒸气压0.27MPa(20℃)，密度为1.60 g/cm³(20℃)。溶解度(20℃)：水中2.1g/L、苯12g/kg、二氯甲烷中146g/kg、己烷100mg/L、甲醇257g/kg、辛醇60g/kg。稳定性：在pH1、pH5或pH7时28d内无明显水解。土壤中DT_{50}为50～200d。

毒　　性 大鼠急性口服LD_{50}278mg/kg、急性经皮LD_{50}>2 150mg/kg、对兔皮肤和眼睛有轻微刺激。90d饲养无作用剂量：大鼠160mg/kg饲料[11mg/(kg・d)]、犬(105d)为250mg/kg饲料[8mg/(kg・d)]。鱼毒LC_{50}(96h)：虹鳟鱼82mg/L、太阳鱼和鲤鱼>100mg/L。对鸟有轻微毒性，对蜜蜂无毒。

除草特点 非选择性除草剂。主要通过植株的根部吸收，芽前芽后施用，也可用于工业上除草。

防除对象 主要防除大多数1年生和多年生禾本科杂草和阔叶杂草。

应用技术 资料报道，剂量为温湿地区133～533g(有效成分)/亩，在干热地区400～800g(有效成分)/亩。

开发登记 1973年G. Muller等报道除草活性，Ciba-Geigy公司开发。

丁噻隆 Tebuthiuron

其他名称 特丁噻草隆、MET1489。

化学名称 N-(5-特丁基-1,3,4,-噻二唑-2-基)-N,N'-二甲基脲。

结构式

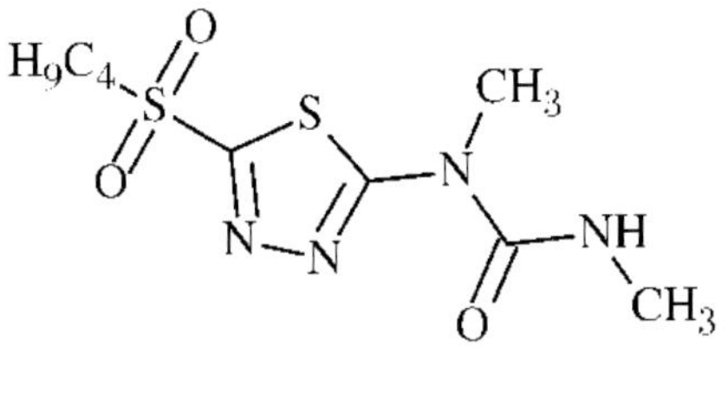

毒　　性 丁噻隆对水生生物有极高毒性，可能对水体环境产生长期不良影响。

剂　　型 46%悬浮剂。

除草特点 丁噻隆是一种广谱性的磺酰脲类除草剂，通过根部吸收，然后传导至茎秆及叶子，抑制光合作用，对1年生和多年生的禾本科以及阔叶杂草均有良好防效，可用于防除1年生或多年生杂草。

适用作物 非耕地。

防除对象 主要用于防除森林防火道杂草等非耕地杂草。

应用技术 森林防火道，在杂草生长初期至杂草生长旺盛期，可用46%悬浮剂100～130ml/亩，对水45kg均匀茎叶喷细雾。

注意事项 本品仅用于开辟防火道除草，不得用于农田、果茶园、沟渠、田埂、路边、抛荒田及耕地附近；避免在有风的天气施药，以免发生飘移。大风天或预计1h内降雨，请勿用药。本品对藻类等水生植物有毒，远离水产养殖区、河塘等水体附近施药，禁止在河塘等水域内清洗施药器具。

开发登记 浙江禾田化工有限公司、杭州颖泰生物科技有限公司、江苏常隆农化有限公司等企业登记生产。

枯莠隆 difenoxuron

其他名称 C3470；Lironion。

化学名称 3-[4-(4-甲氧基苯氧基)苯基]-1,1-二甲基脲。

结构式

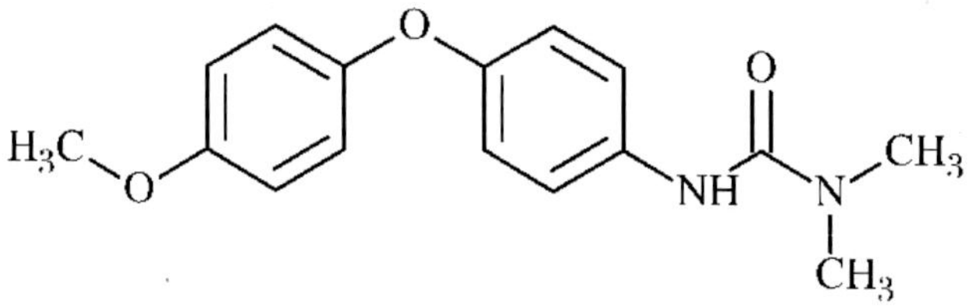

理化性质 纯品为无色结晶体，熔点138～139℃，蒸气压1.24MPa(20℃)。溶解度(20℃)：水中20mg/L，丙酮中63g/kg，苯中8g/kg，二氯甲烷中156g/kg，已烷中52mg/kg，丙醇中10g/kg。在30℃、pH1或pH13条件下无明显水解。

毒　　性 大鼠急性口服LD_{50}>7 750mg/kg，大鼠急性经皮LD_{50}>2 150mg/kg，对兔皮肤和眼睛无刺激。急性吸入LC_{50}(6h)：大鼠>0.66mg/L空气。90d饲养无作用剂量：大鼠50mg/kg·d，犬220mg/kg·d。虹鳟鱼LC_{50}(48h)5～10mg/L。

剂　　型 50%可湿性粉剂。

应用技术 资料报道，选择性除草剂。用50%可湿性粉剂333g/亩，用于洋葱田除草，也可用于韭葱和大蒜田。

开发登记 L. Ebner等报道除草活性，Ciba-Geigy Ag开发。

对氟隆 parafluron

其他名称 C15935。

化学名称 1,1-二甲基-3-(α,α,α-三氟-对-甲苯基)脲。

结构式

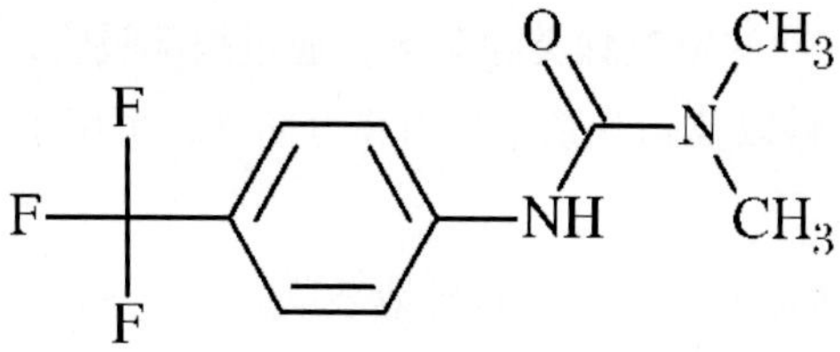

应用技术 资料报道，旱田除草剂，可防除1年生禾本科及阔叶杂草。土壤处理，在生长初期也可叶面处理，在甜萝卜播种后至生长初期以33～66g(有效成分)/亩处理。

开发登记 本品由Ciba AG(现为Ciba-Geigy AG)开发。

甲胺噻唑隆 sulfathiazuron

其他名称 甲胺噻磺隆；甲胺赛黄隆。

化学名称 3-(2-二甲基氨基磺酰基-1,3,4-噻二唑-5-基)-1,3-二甲基脲。

结 构 式

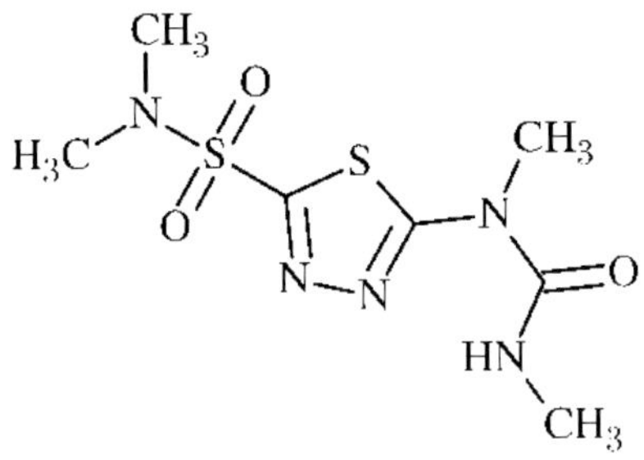

CH_3 H_3C N S O O S N N N CH_3 O HN CH_3

除草特点 非选择性除草剂。

开发登记 Eli Lilly公司开发。

隆草特 karbutilate

其他名称 FMC 11092；CGA61837。

化学名称 特丁基氨基甲酸3-(3,3-二甲基脲基)苯基酯。

结 构 式

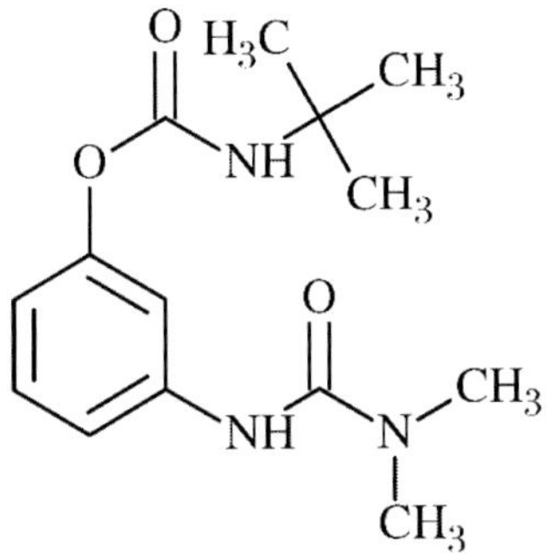

O H_3C CH_3 O NH CH_3 O NH N CH_3 CH_3

理化性质 纯品为无色固体，熔点176～176.5℃，密度1.2g/cm³(20℃)，蒸气压6.0MPa(20℃)。溶解度(20℃)：水中325mg/L，丙酮、丙醇、3, 5, 5-三甲基环-2-烯醇、二甲苯中<30g/kg，二甲基甲酰胺或二甲基亚砜中为250g/kg以上。在酸性介质中稳定、22℃下水解DT_{50}为4.6d(pH8)。土壤中降解DT_{50}为20～120d。

毒　　性 大鼠急性口服LD_{50}3 000mg/kg。大鼠急性经皮>15 400mg/kg、对兔眼睛稍有刺激，对皮肤无刺激。90d饲养试验无作用的剂量：大鼠1 000mg/kg饲料（70mg/kg・d）、犬15mg/kg・d。鱼毒LC_{50}：虹鳟鱼>135mg/L、太阳鱼>75mg/L。

剂　　型　80%可湿性粉剂。

应用技术　资料报道，非选择性除草剂。防除大多数1年生和多年生阔叶及禾本科杂草。本品主要通过根吸收。彻底铲除杂草用量80%可湿性粉剂0.3~1kg/亩、防除灌丛和蔓藤植物，用量80%可湿性粉剂4～16g/丛。

开发登记　1967年由J. H. Dawson报道除草活性，由FMC公司研制，该公司未长期生产，后来由C：ba-Geigy公司生产并销售。

三甲异脲　trimeturon

其他名称　BAY40557。

化学名称　3-(4-氯苯基)-1,1,2-三甲基异脲。

结 构 式

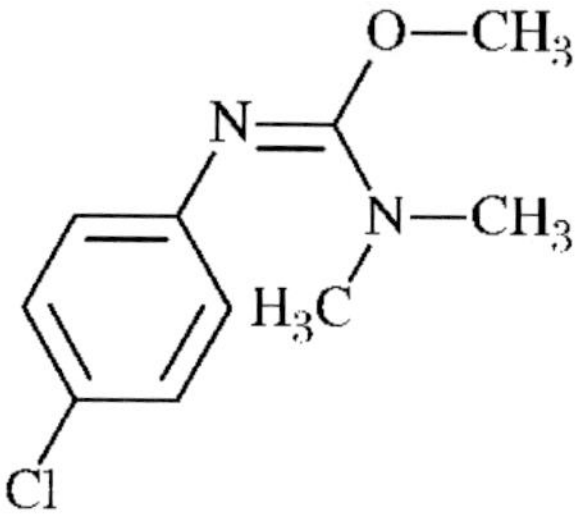

理化性质　熔点147～148℃，20℃时在水中溶解760mg/kg，易溶于丙酮、苯和二甲基甲酰胺。

开发登记　本品由德国拜耳公司公司开发。

恶唑隆　dimefuron

其他名称　丁恶隆。

化学名称　3-[4-(5-特丁基-2,3-二氢-2-氧代-1,3,4-恶二唑-3-基)-3-氯苯基]-1,1-二甲脲。

结 构 式

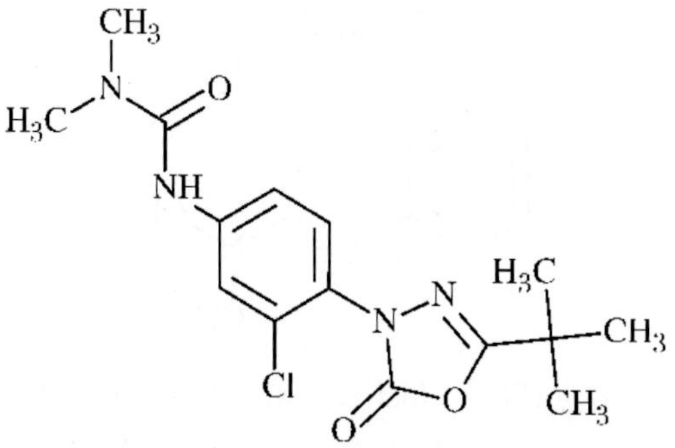

Monisouron

化学名称　1-(5-特丁基-1, 2-恶唑-3-基)-3-甲脲。

结 构 式

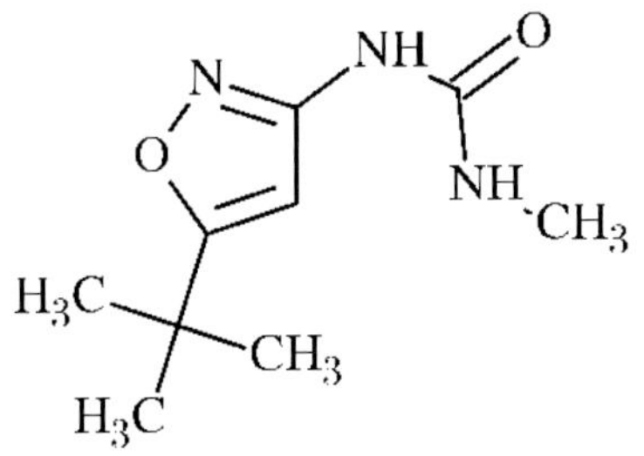

Anisuron

化学名称 N-(3,4二氯苯基)-N-(3,4二氯苯基)-N-[(二甲氨基)羧基]-4-甲氧基苯甲酰胺。

结 构 式

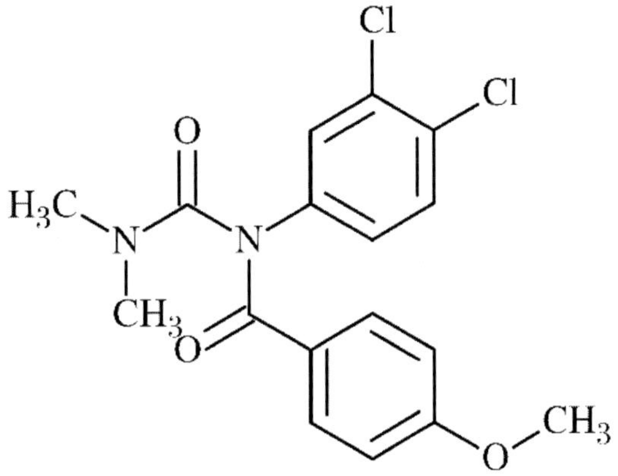

Methiuron

其他名称 灭草恒。

化学名称 1,1-二甲基-3-间甲基苯基-2-硫脲。

结 构 式

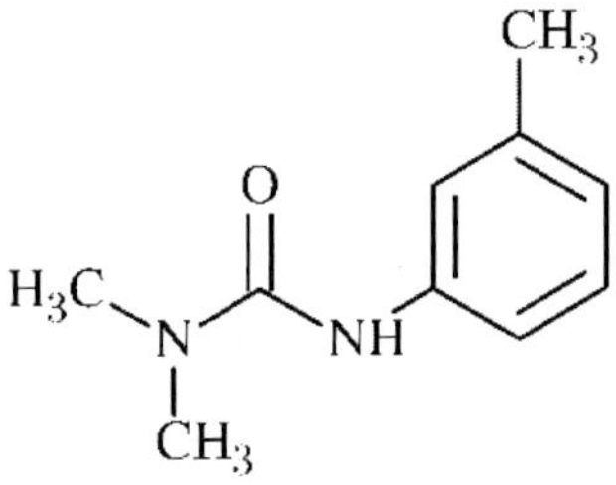

理化性质 熔点145℃。

毒　　性 中毒，大鼠急性经口LD_{50}为2 200mg/kg。

Chloreturon

化学名称 3-(3-氯-4-乙氧苯基)-1,1-二甲脲。

结构式

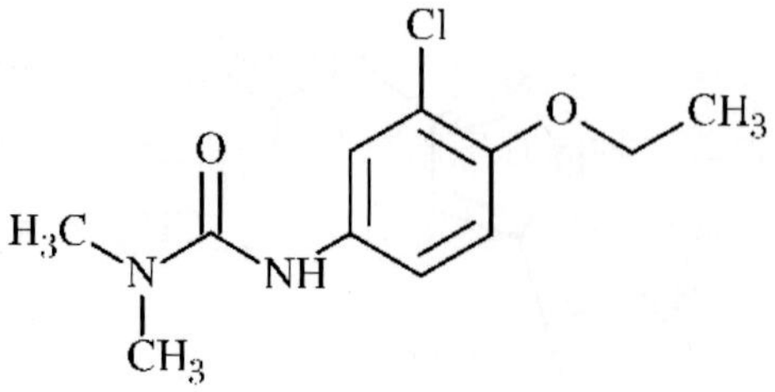

$$H_3C-N(CH_3)-C(=O)-NH-C_6H_3(Cl)-O-CH_2CH_3$$

四氟隆 tetrafluron

化学名称 1,1–二甲基–3–[3–(1,1,2,2–四氟乙基)苯基]脲。

结构式

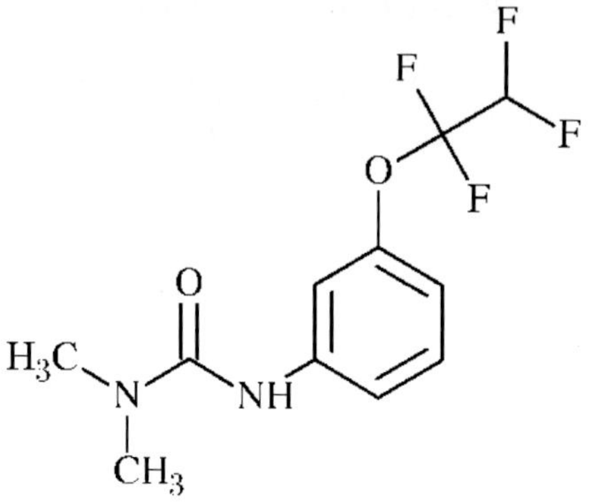

$$H_3C-N(CH_3)-C(=O)-NH-C_6H_4-O-CF_2-CHF_2$$

开发登记 安万特公司开发。

七、氨基甲酸酯类除草剂

(一)氨基甲酸酯类除草剂的主要特性

1945年开始发现苯胺灵的除草活性，1951年发现了氯苯胺灵的除草活性，以后相继开发投产了多个品种。

氨基甲酸酯类除草剂主要特性：不同品种，可被植物根、胚芽鞘及叶片吸收，并在体内传导。主要防治杂草幼芽及幼苗，对成株杂草的防效较差。主要作用部位是植物的分生组织，抑制根、芽生长，受害植物根尖肿大、矮化、幼芽畸形。主要作用机制是抑制植物细胞分裂，其次是抑制光合作用和氧化磷酸化作用。微生物降解是土壤处理品种从土壤中消失的主要因素。在土壤中的持效期较短，在温暖而湿润的土壤中3～6周。

(二)氨基甲酸酯类除草剂的作用原理

1．吸收与传导

氨基甲酸酯类除草剂由于品种不同，吸收部位存在差异，土壤处理的品种，如氯苯胺灵、燕麦灵、灭草灵，主要通过植物的幼根和幼芽吸收；叶面处理的品种，如甜菜宁、甜菜安，则通过茎叶吸收。不论是通过植物何种部位吸收，吸收后的药剂往往都向分生组织生长点传导。

2．作用部位

大多数氨基甲酸酯类除草剂品种强烈抑制植物顶芽及其他分生组织的发育，药剂被植物吸收后主要集中于分生组织活跃的部位如生长点等，抑制其细胞分裂。因而此类除草剂对于分生组织活跃的杂草幼芽及幼苗具有较强的杀伤作用，而对成株杂草的防效较差。植株受药害后由于分生组织的活动被抑制，根、芽的生长停止，根尖肿大、矮化，幼芽畸形。

3．生理效应与除草机制

氨基甲酸酯类除草剂由于品种不同，其对植物的生理效应与生物化学作用存在着一定的差异。氨基甲酸酯类除草剂主要作用于细胞微管形成中心，阻碍微管的正常排列，同时它还通过抑制RNA的合成从而抑制细胞分裂，抑制细胞分裂可能是其主要作用机制。另外还能够抑制氧化磷酸化作用、RNA合成、蛋白质合成以及光合作用中的希尔反应。

4．选择性

选择性因品种而异，但在植物体内代谢速度的差异则是大多数品种选择性的重要原因。

5．氨基甲酸酯类除草剂降解与消失

氨基甲酸酯类除草剂在光下比较稳定，光解作用较差。微生物降解是氨基甲酸酯除草剂从土壤中消失的主要原因。

6．氨基甲酸酯类除草剂应用技术

不同品种间的差异较大。此类除草剂苗前处理或苗后早期茎叶处理防治1年生禾本科杂草幼芽与幼苗，而甜菜灵和甜菜宁则是茎叶处理防除1年生阔叶杂草。土壤湿度、有机质等因素可以影响除草效果。一般在土壤墒情较好时除草效果高。

(三)氨基甲酸酯类除草剂的主要品种

甜菜宁 phenmedipham

其他名称 凯米双；凯米丰；苯敌草；甲二威灵。

化学名称 3-(3-甲苯基氨基甲酰氧基)苯基氨基甲酸甲酯。

结构式

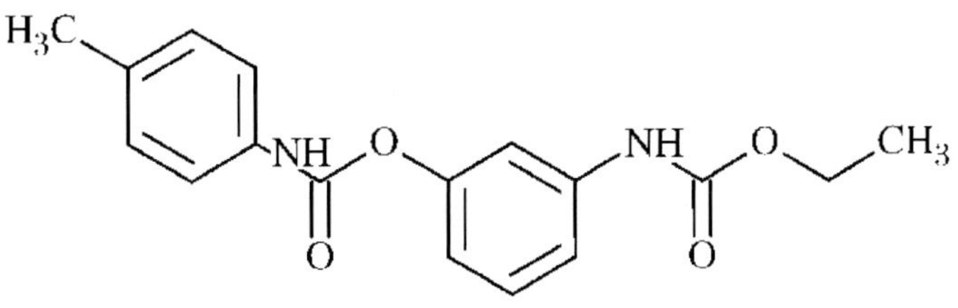

理化特性 纯品为无色结晶，相对密度0.25～0.3g/ml，25℃时蒸气压1.32MPa，熔点143～144℃(147℃分解)。室温下水中溶解度为4.7mg/L，丙酮200g/kg，甲醇50g/kg，苯2.5g/kg。在碱性中易分解。

毒　　性 大鼠急性经口LD_{50}＞8 000mg/kg，大鼠急性经皮LD_{50}＞4 000mg/kg。

剂　　型 16%乳油。

除草特点 一种苗后茎叶处理剂，药剂由叶片吸收，土壤施用作用小。阻止光合作用中的希尔反应而使杂草饥饿死亡。甜菜对进入体内的甜菜宁可进行水解代谢，转化为无毒化合物。土壤中半衰期小于26d。

适用作物 甜菜。

防除对象 可以防除多种阔叶杂草，如藜、豚草、牛舌草、鼬瓣花、繁缕等，但蓼、苋等双子叶杂草耐药性强，对禾本科杂草和未萌发的杂草无效。

应用技术 一般于甜菜生长期、大部分阔叶杂草发芽后和阔叶杂草子叶2～4叶期，阔叶杂草株高5cm以下用药，用16%乳油370～400ml/亩，对水20kg均匀茎叶喷雾。

资料报道，菠菜，在菠菜4～6叶期，阔叶草2～4叶期，低量分次使用，首次可在菠菜4叶期，5～8d后再用第2次。16%乳油400ml/亩分成2次，每次200ml/亩处理。高温高湿有助于杂草叶片吸收药剂。在配制甜菜宁药液时，应先在桶内加入少量水，倒入药剂摇匀后再加足水再次摇匀。一旦稀释后应立即喷雾，久置会出现结晶沉淀，影响药效。甜菜宁可与稀禾啶混用以扩大杀草范围。甜菜宁用量不变，另加20%稀禾啶乳油40～110ml/亩，何时施药视禾本科杂草出土程度而定(即杂草影响菠菜生长时随时可用)。气温高于32℃，相对湿度大于60%时用药易出现药害，可考虑早晚用药，避开中午高温期。

注意事项 药剂配好后应立即喷施，久放后会有结晶沉淀。

开发登记 1967年由F. Arndt等报道除草活性，Schering Ag开发。江苏好收成韦恩农化股份有限公司、浙江富农生物科技有限公司 、永农生物科学有限公司等企业登记生产。

甜菜宁-乙酯 phenmedipham-ethyl

其他名称 甜菜宁乙酯；苯草敌-乙酯。

化学名称 N-{3-[N'-(3-甲基苯基)氨基甲酰氧基]苯基}氨基甲酸乙酯。

结构式

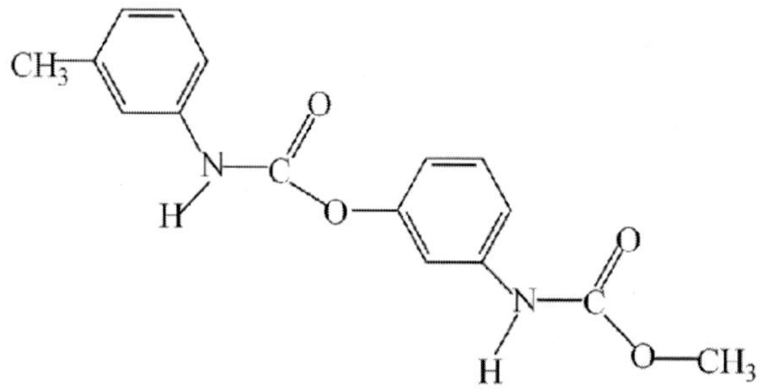

CH_3 N H C O O N H C O O—CH_3

理化性质 熔点140～144℃。

甜菜安 desmedipham

其他名称 甜菜灵；异苯草敌。

化学名称 N-苯基氨基甲酸-[3-(乙氧基甲酰基氨基)苯基]酯。

结构式

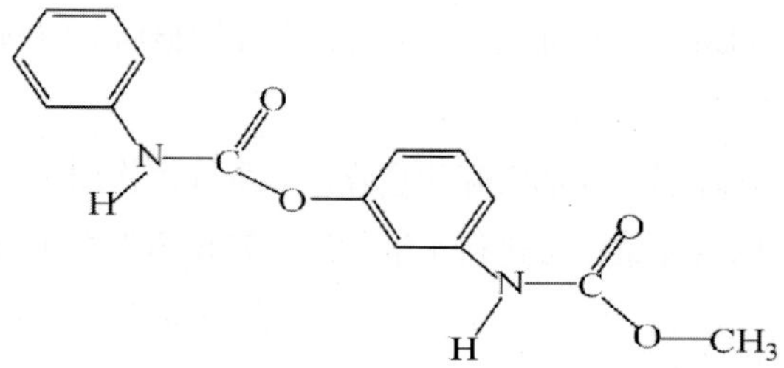

N H C O O N H C O O—CH_3

理化特性 无色结晶，熔点120℃。室温下在水中的溶解度为7mg/L，在丙酮中为400g/L，在甲醇中为180g/L，氯仿中为78g/L，苯中为1.6g/L。

毒　　性 大鼠急性经口LD_{50}为10 250mg/kg，小鼠＞500mg/kg。兔急性经皮LD_{50}＞4 000mg/kg。2年饲喂试验大鼠无作用剂量为60mg/kg。

剂　　型 16%乳油。

除草特点 甜菜安是一种苗后茎叶处理剂，药剂可由叶片吸收。通过阻止光合作用中的希尔反应而使杂草饥饿死亡。甜菜对进入体内的甜菜安可进行水解代谢，使之转化为无毒化合物。杂草在2～4片真叶时对药剂最敏感。

适用作物 甜菜。

防除对象 可以防除多种阔叶杂草，如藜属、苋属、荠属、豚草属、鸭舌草、鼬瓣花、繁缕、荠菜等，蓼等1年生阔叶杂草，对禾本科杂草和未萌发的杂草无效。

应用技术 一般于甜菜生长期、大部分阔叶杂草发芽后和2～4片真叶期前用药，用16%乳油370～400ml/亩，对水30kg均匀茎叶喷雾。配制药剂时，应先在喷雾箱内加少量水，倒入药剂摇匀后加入足量清水再摇匀，一经稀释应立即喷雾。

注意事项 该药对作物十分安全，应用时可以视杂草而定，一般于杂草2～4叶时应用除草效果最好。药剂配好后应立即喷施，久放后会有结晶沉淀形成。

开发登记 1969年由F. Arndt等报道除草活性，Schering Ag开发。江苏好收成韦恩农化股份有限公司、浙江东风化工有限公司、永农生物科学有限公司等企业登记生产。

磺草灵 asulam

其他名称 黄草灵。

化学名称 N-(4-氨基苯磺基)氨基甲酸甲酯。

结 构 式

理化特性 微黄色结晶粉末，熔点140～144℃，蒸气压(20℃)1.16Pa。

毒　　性 大鼠、兔、小鼠急性经口LD_{50}＞4 000mg/kg，大鼠急性经皮LD_{50}＞1 200mg/kg、鸽子、鹌鹑急性经口LD_{50}＞2 000mg/kg。

剂　　型 40%钠盐水剂、33.3%水剂。

除草特点 磺草灵是一种内吸传导型除草剂。药剂可以由植物的叶片和根系吸收，并能传导到其他部位，药剂对地上部分的作用远大于对地下部位的作用。本品主要阻碍脂肪酸的生物合成、阻碍植物分生组织的细胞分裂。施药后嫩叶变黄停止生长，最后枯死，生长点的枯芽通常在施药后7～20d。

适用作物 甘蔗。

防除对象 可以防除多种1年生杂草，如马唐、看麦娘、碎米荠、稗草、野苋、蓼、藜等。

应用技术 资料报道，甘蔗田除草，应掌握在甘蔗株高20～40cm，杂草正处在生长旺盛期施药，用40%水剂300～400ml/亩，防除多年生杂草时应适当加大剂量。

注意事项 气温低时不利于磺草灵的渗透和传导、因此应选择晴天气温高时施用。在阔叶杂草多的田块应与其他除草剂混用。

开发登记 1965年由H. J. cottrell等报道除草活性，由May Baker Ltd. 公司开发。江苏剑牌农药化工有限公司、浙江省慈溪农药化工有限公司等企业登记生产。

特草灵 terbucarb

其他名称 特草克；Hercules 9573；Azak。

化学名称 2,6–二特丁基–对甲苯基甲基氨基甲酸酯。

结 构 式

HN–CH3 / O=C–O / H3C, CH3, H3C / H3C, CH3, CH3 / CH3

理化性质 原药为白色结晶固体，熔点为200～201℃。在25℃水中的溶解度是6～7mg/kg，不溶于环己烷和煤油，微溶于苯和甲苯，溶于丙酮和乙醇。工业品纯度95%，其熔点为 185～190℃。该药稳定，与水在130℃下5h不发生变化。可与其他农药混配，无腐蚀性。挥发性导致从土壤中流失的量很低，耐水冲刷淋溶，在潮湿的温室土壤中2个月后仍保有活性。

毒　　性 大鼠急性经口LD_{50}>34 600mg/kg、对兔的急性经皮LD_{50}>10 250mg/kg。眼睛涂抹50mg该药仅引起轻度暂时性刺激，不经洗涤，72h后症状即行消失。

剂　　型 80%可湿性粉剂和5%颗粒剂。

除草特点 该药为选择性芽前除草剂，2–、4–和6–位取代物对马唐的芽前活性是特效的，但4，6–二特丁基–邻甲苯基甲基氨基甲酸酯没有活性。

应用技术 推荐在定植草皮中防除马唐，施用剂量为80%可湿性粉剂416～832g/亩，用80%可湿性粉剂416g/亩叶面施药，对番茄、棉花、玉米、谷子的药害很小。

开发登记 1965年由A. H. Haubein等报道除草活性，Hercules Inc. 开发。

燕麦灵 barban

其他名称 巴尔板；氯炔草灵。

化学名称 N-(3-氯苯基)氨基甲酸-(4-氯丁炔-2-基)酯。

结构式

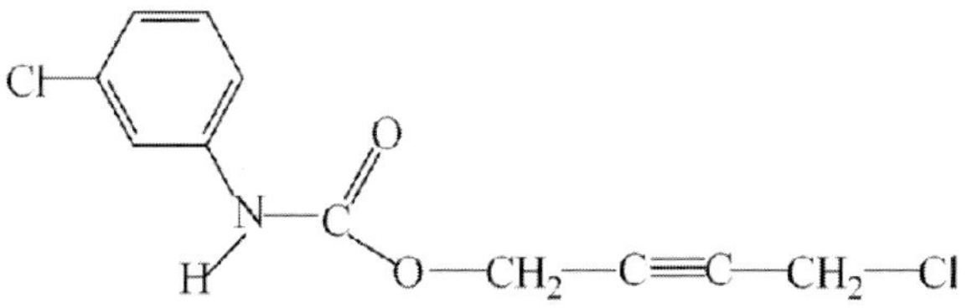

理化性质 纯品为白色晶体，熔点75~76℃，蒸气压(25℃)0.05MPa，溶解度(25℃，mg/L)：水0.011，苯327、二氯乙烷546、正己烷0.0 014。

毒　　性 大鼠急性经口LD_{50}为1 300mg/kg，兔急性经皮LD_{50} > 20 000mg/kg。

剂　　型 15%乳油。

除草特点 燕麦灵是一种选择性内吸除草剂，药剂可以为杂草叶片吸收，通过体内传导而进入生长点，破坏细胞有丝分裂，而使生长点分生组织肿大，产生巨型细胞，阻止叶腋分蘖和生长点的生长。施药后1周，野燕麦会呈现明显中毒症状，停止生长发育，叶色深绿，叶片变厚变短，心叶干枯，约1个月后死亡。施药后会有一部分植株恢复生长，但生长也会受到明显的抑制。本品能为土壤颗粒吸附，并能为土壤微生物降解，在植物体内也能转化为水溶性衍生物而迅速消失。

适用作物 麦类。

防除对象 可以有效防除野燕麦，对看麦娘、早熟禾等少数禾本科杂草也有较好的防除效果，对阔叶杂草无效。

应用技术 苗期喷雾处理，在小麦3叶期、野燕麦2~3叶期施药为最好，用15%乳油200~300ml/亩，对水20kg喷施。

注意事项 野燕麦4叶期后药效变差，但施药过早，野燕麦苗小，受药面积小，效果也差。施药时，用药量可以根据田间野燕麦大小、土壤肥力、小麦苗生长势而定，如果野燕麦密度过大可以适当加大用药量、在土壤贫瘠、小麦生长差的田块，不宜施用燕麦灵。田间湿度影响除草效果，湿度大时除草效果好，土壤干旱时除草效果差。燕麦灵在低温(12℃以下)时喷施则对小麦易产生药害。

开发登记 1958年由A. D. Brow报道除草活性，Spencer Chemical Co. and Later Velsicol Chemical Corp开发。

苯胺灵 propham

化学名称 异丙基苯氨基甲酸酯。

结构式

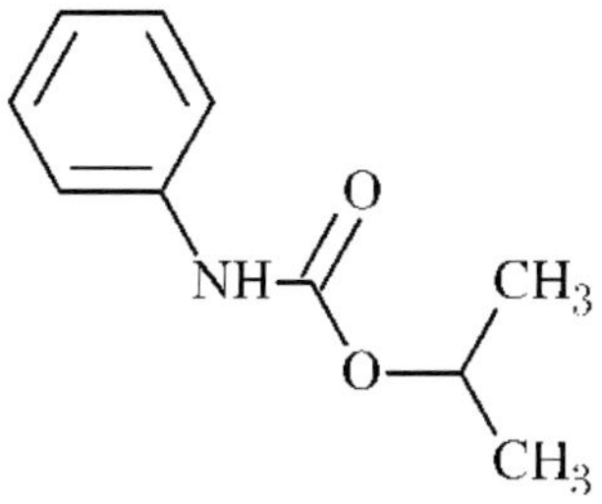

理化性质 纯品为无色结晶，熔点87.0~87.6℃。溶解度(20~25℃)：水中32~250mg/L，溶于大多数有机溶剂。原药纯度为99%，熔点86.5~87.5℃，在小于100℃下稳定。

毒　　性 急性经口LD_{50}：大鼠5 000mg/kg，小鼠3 000mg/kg。30d饲养中，以10 000mg/kg饲料喂大鼠未产生不良影响，也未有明显的致癌作用，5mg/L浓度对鱼无不良影响。

除草特点 氨基甲酸酯类除草剂，本品经根部吸收而非叶面吸收的除草剂，主要用防除豌豆和甜菜地中1年生禾本科杂草。

应用技术 用量133～333g(有效成分)/亩，或与其他除草剂混用，防除甜菜、饲用甜菜和莴苣田中杂草，本品可与氯苯胺灵混用，作为马铃薯发芽抑制剂。

开发登记 1945年W. G. Templeman等报道其植物生长调节活性，ICI Plant Protection(现为ICI Agrochemicals)公司作为除草剂开发。

氯苯胺灵 chlorpropham

其他名称 CIPC；chloro-IPC。

化学名称 3-氯氨基甲酸异丙基酯。

结 构 式

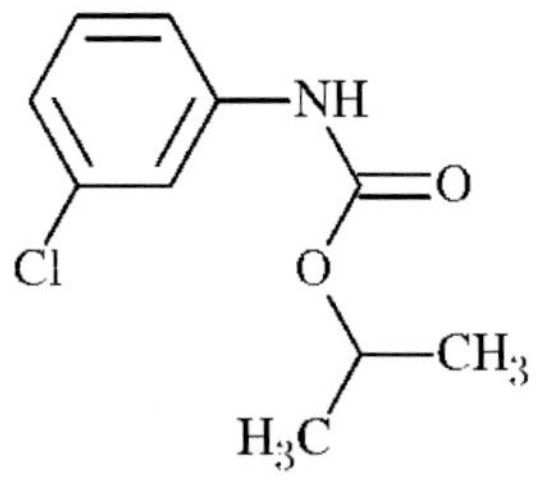

NH, O, Cl, O, CH_3, H_3C

理化性质 纯品为固体，熔点41.4℃。溶解度(25℃)：水中89mg/L，煤油中100g/kg，可与醇类、芳香烃及大多数有机溶剂混溶。在小于100℃下稳定，在酸、碱介质中缓慢水解。

毒　　性 大鼠急性经口LD_{50}为5 000～7 000mg/kg。以2 000mg/kg饲料喂大鼠，2年无不良影响。

剂　　型 40%、80%乳油。

除草特点 氨基甲酸酯类除草剂。芽前施用，可单用或与其他除草剂混用以扩大除草谱。主要用于防除胡萝卜、块茎观赏植物、韭葱、莴苣、洋葱田中杂草，如繁缕。本品也抑制商品马铃薯发芽。

开发登记 1951年由E. D. Witman等报道除草活性，同年开发。美国仙农有限公司、四川国光农化股份有限公司等企业登记生产。

二氯苄草酯 dichlormate

其他名称 UC22463A；Rowmate。

化学名称 N-甲基氨基甲酸-3,4-二氯苄基酯。

结 构 式

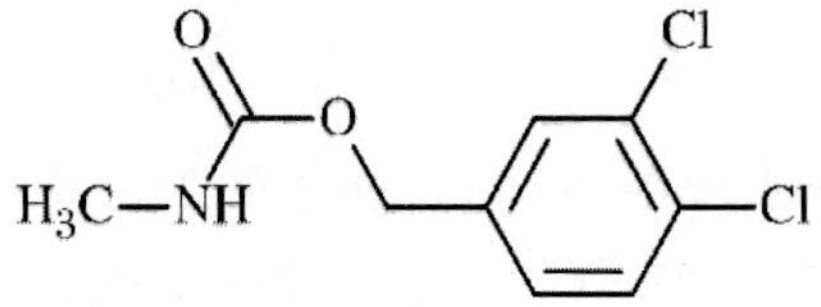

O, O, Cl, H_3C—NH, Cl

理化性质 白色结晶，熔点52℃。25℃时在水中溶解度为170mg/kg，溶于丙酮、苯、甲苯、不溶于正己烷和石油醚中。

毒　　性 大鼠急性经口LD_{50}为1 870～2 140mg/kg。大鼠90d饲喂的无作用剂量为750mg/kg。

剂　　型 浓乳剂和颗粒剂

除草特点 芽前或芽后除草剂，用于定植苜蓿、芦笋、菜豆、观赏植物、甜玉米、西瓜、小麦和烟草田除草。防除一年生禾本科杂草和阔叶杂草，剂量为266～532g(有效成分)/亩，在土壤中的持效期为6～12周。

开发登记 1965年由R. A. Herrett等报道除草活性，Union Carbide Corp(现为Rhone-Poulenc AG)开发，该品种目前很少生产。

灭草灵 swep

化学名称 3,4-二氯苯基氨基甲酸甲酯。

结 构 式

Cl, Cl — 苯环 — N(H)—C(=O)—O—CH_3

理化特性 白色固体，熔点112～114℃，室温下溶于丙酮(46%)、二异丁酮(19.2%)、二甲基甲酰胺(64%)。

毒　　性 大鼠急性经口LD_{50}为550mg/kg，兔急性经皮LD_{50}＞2 480mg/kg。

剂　　型 25%可湿性粉剂。

除草特点 灭草灵是一种内吸兼触杀性除草剂，可以在芽前或芽后早期施用，为植物的根系吸收，向上传导到地上部，其作用机制是抑制细胞分裂，扰乱代谢过程而杀死杂草。药效比较缓慢，施药后1～2周敏感杂草才逐渐死亡。中毒症状为生长停止，叶片发白萎蔫，然后变黄腐烂。对水稻无论在芽前芽后或苗期均很安全。在土壤中的持效期为2～8周，旱田4周左右。

适用作物 水稻、玉米、小麦、大豆、甜菜、花生、棉花。

防除对象 可以防除1年生禾本科杂草和某些阔叶杂草，如稗草、马唐、看麦娘、狗尾草、三棱草、藜等。对莎草也有一定的防除效果。

应用技术 水稻本田，水稻插秧后3～5d，用25%可湿性粉剂100～150g/亩，拌毒土15～20kg撒施，或排干田水后喷雾。

旱田在作物播后苗前进行土壤处理。

百合，25%可湿性粉剂75g/亩，加水50～75kg，在百合苗期、鳞茎期对地表土壤均匀喷雾2～3次，即可有效防除各类杂草。

注意事项 日平均气温低于18℃时药效低，而且易发生药害，不宜施用。漏水田也不宜施用。灭草灵不仅不能与有机磷、氨基甲酸酯杀虫剂混用，也不能前后相接使用，否则对水稻易产生药害。

开发登记 1963年由H.R.Hudgins报道除草活性，FMC公司开发。

氯炔灵 chlorbufam

其他名称 氯草灵；稗蓼灵。

化学名称 1–甲基–2–丙炔(3–氯苯基)氨基甲酸酯。

结 构 式

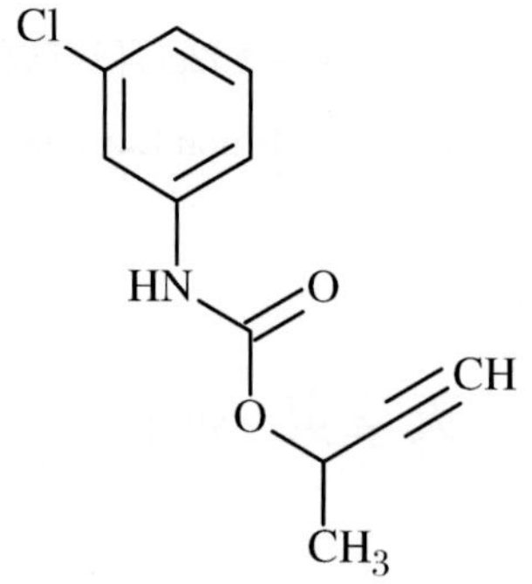

理化性质 无色结晶。熔点46～47℃。20℃时的蒸气压为2.1MPa。20℃时在水中的溶解度为540mg/L，易溶于有机溶剂。

毒 性 大鼠急性经口LD_{50}为2 500mg/kg。对家兔皮肤有刺激性。

应用技术 芽前除草剂。常与其他除草剂混用，防除甜菜及某些蔬菜作物中杂草，用量200～400g(有效成分)/亩。

Carboxazole

化学名称 甲基[5–(1,1–二甲基乙基)–3–异恶唑]氨基甲酸酯。

结 构 式

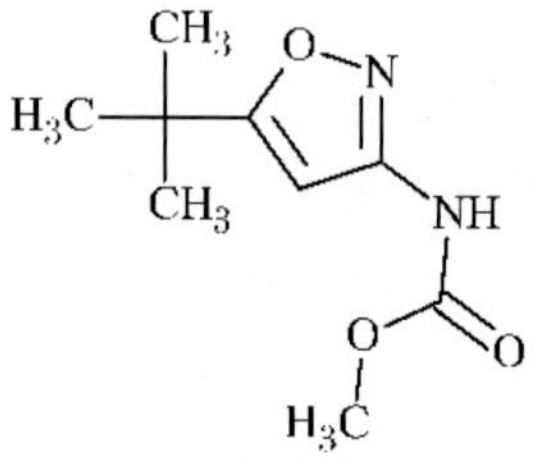

Chlorprocarb

化学名称 3–[(甲氧羰基)氨基]–苯基[1–(氯甲基)丙基]氨基甲酸酯。

结 构 式

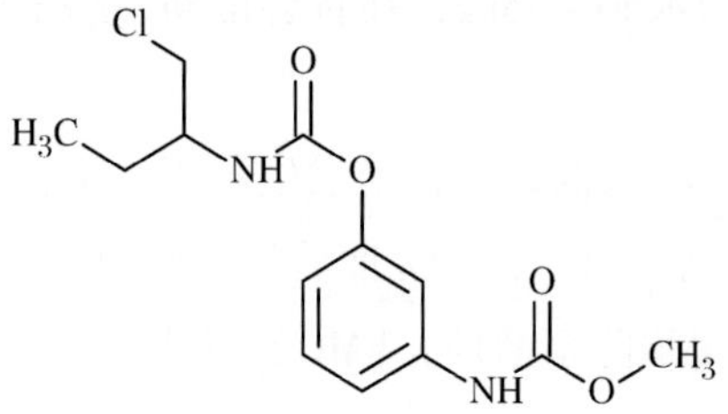

Fenasulam

化学名称 甲基{[4-(4-氯-2-甲苯氧基)乙酰基]氨基磺酰}氨基甲酸酯。

结构式

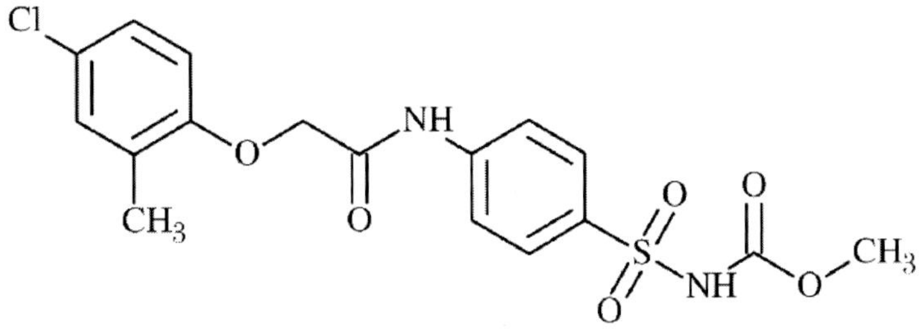

BCPC

化学名称 1-甲基丙基-(3-氯苯基)氨基甲酸酯。

结构式

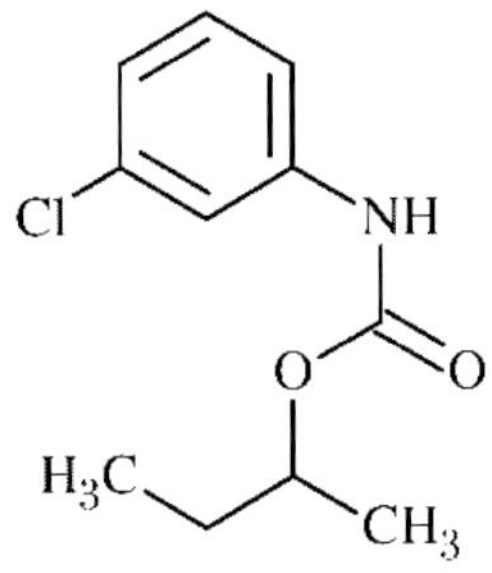

茵草敌 EPTC

其他名称 EPTC、丙草丹

化学名称 N,N-二丙基硫代氨基甲酸-S-乙基酯。

结构式

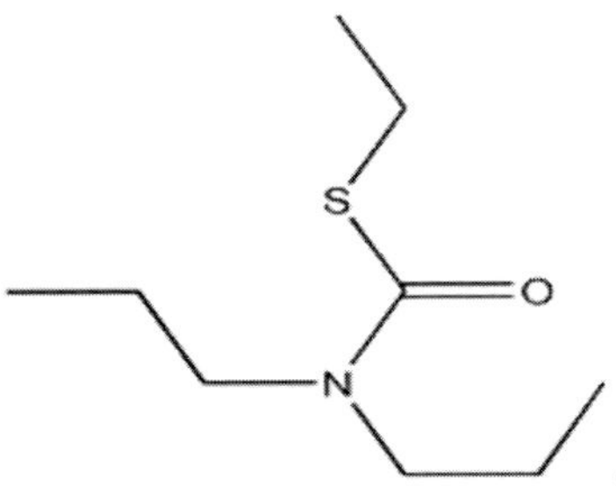

理化性质 淡黄色液体，密度0.95 g/cm^3，沸点127℃，水溶解性0.375 g/100mL。

毒　　性 低毒，对雄大鼠急性经口LD_{50}为2 550mg/kg，雌大鼠急性经口LD_{50}为2 525mg/kg。兔急性经皮LD_{50} >5 000mg/kg，对皮肤和眼睛有轻微刺激作用。

作用特点 选择性芽前土壤处理剂。经根或幼茎吸收、传导而起作用。作用机制为抑制核酸代谢和蛋白质合成。广泛用于玉米、棉花等作物,防除1年生杂草及部分阔叶杂草。

剂　　型 96%原药。

应用技术 可防治某些多年生杂草萌发的种子和抑制地下部分幼芽的发育，对防治匍匐冰草和多年生莎草属非常有效。

注意事项 专供出口。

开发登记 南通泰禾化工股份有限公司登记。

CPPC

化学名称 2-氯-1-甲基乙基(3-氯苯基)氨基甲酸酯。

结 构 式

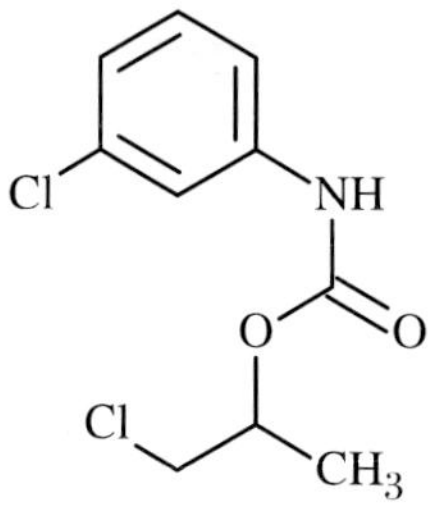

Cl NH O O Cl CH_3

除草隆 carbasulam

化学名称 甲基[4-(甲氧羰基氨基) 苯基]磺酰氨基甲酸酯。

结 构 式

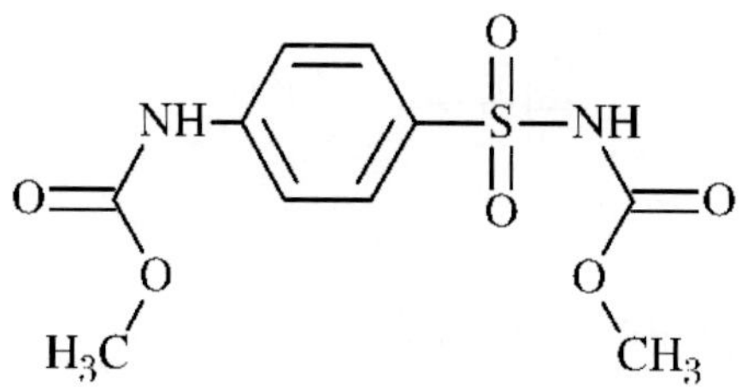

O NH S NH O O O O O H_3C CH_3

八、硫代氨基甲酸酯类除草剂

(一)硫代氨基甲酸酯类除草剂的主要特性

是于1954年开发起来的一类除草剂，1954年施多福(Stauffer)公司首先发现丙草丹的除草活性，随后又开发了禾大特、灭草猛、丁草特等品种。20世纪60年代初孟山都(Monsanto)公司开发了燕麦敌一号与燕麦畏，60年代中期稻田高效除稗剂禾草丹问世，不久即被广泛应用。我国亦于1967年研制成燕麦敌2号，促进了我国除草剂创新工作。

硫代氨基甲酸酯类除草剂主要特性：可以有效防治多种1年生禾本科杂草，对部分阔叶杂草也有效。大多数品种是通过幼根和芽吸收，主要是土壤处理除草剂。主要抑制植物分生组织的生长，这种抑制作用的原因主要是抑制脂肪合成，可能主要是抑制脂肪酸的生物合成、干扰类酯物形成，从而影响膜的完整性。植物受害的主要症状是禾本科植物从胚芽鞘抽出的叶片异常、生长畸形。大多数情况下，施药后，禾本科植物发芽、出苗，并长出1～2片真叶后死亡。选择原理主要靠位差选择性，吸收和传导的差异及其在植物体内的降解也是影响选择性的重要因素。大多数品种都为芳香味的透明液体或低熔点固体，可与许多有机溶剂混溶，其水溶度较低。一般比较稳定，低毒。

(二)硫代氨基甲酸酯类除草剂的作用原理

1. 吸收与传导

主要进行土壤处理并混拌于土壤中，绝大部分品种都是通过植物的根吸收，并迅速向茎、叶传导。

2. 作用部位

硫代氨基甲酸酯类除草剂主要抑制植物生长，他们对幼芽的抑制作用比根强，抑制作用的强弱与药剂浓度有关。

禾草丹、禾草特、丙草丹等大多数品种都是典型的植物生长抑制剂，这种生长受抑制是植物分生组织，也就是细胞分裂受抑制的结果。显微照相表明，禾草丹对稗草生长点的抑制作用最严重，对迅速生长的叶片也有显著影响，细胞构型与大小、叶缘细胞均异常。禾草特抑制稗草幼芽与叶片发育，导致生长停止。

硫代氨基甲酸酯类除草剂引起植物受害的形态特征：叶片卷曲、茎脆、叶鞘矮化与扭曲、颜色暗绿，前3种是缺乏赤霉素的症状，而第4种则是正常叶绿素合成所伴生的生长延缓的结果。

3. 生理效应与除草机制

硫代氨基甲酸酯类除草剂可以抑制多个代谢过程，如抑制脂肪代谢、赤霉素合成等，但其明确的作用机制尚不清楚。硫代氨基甲酸酯类除草剂主要作用机理可能在于抑制脂肪合成，可能主要是抑制脂肪酸的生物合成、干扰类酯物形成，从而影响膜的完整性。

4. 选择性

药剂在植物体内降解作用的差异是硫代氨基甲酸酯除草剂选择性的重要原因，位差选择性、吸收与传导的差异也是造成其选择性的原因。

5. 硫代氨基甲酸酯类除草剂降解与消失

挥发是该类除草剂从土壤中消失的一个重要因素。丙草丹的挥发与土壤湿度、有机质含量以及黏粒含量显著相关。该类除草剂从土壤表面的挥发速度顺序：丙草丹＞灭草猛＞克草丹＞禾草特＞环草敌。

土壤有机质的吸附作用在防止硫代氨基甲酸酯类除草剂的挥发中起很大的作用，例如，禾草丹从水溶液中的挥发十分迅速，但是当水溶液中加入一定量的土壤后，挥发作用大大下降，其挥发作用的强弱是：水溶液＞灌溉土壤的水表面＞土壤表面＞土壤中。

生产上如何防止挥发是使用硫代氨基甲酸酯类除草剂的关键问题，用于旱田作物时，在喷药后必须尽快耙地将其混拌于土壤中；而用于稻田除草，宜保持水层施药，而且在施药后一定时间内也需保持水层。

光解是该类除草剂消失的另一个重要因素。

土壤微生物在硫代氨基甲酸酯类除草剂的降解中起着很大作用。其降解速度因土壤种类而异，但与土壤特性的相关性小，而与土壤氧化还原状态关系密切，在旱田土中降解最快，在具有氧化状态的灌水条件下降解也较快，而在还原状态的灌水条件下降解速度最慢。

6．硫代氨基甲酸酯类除草剂应用技术

硫代氨基甲酸酯类除草剂是典型的畸形化制剂，主要抑制杂草幼芽，造成畸形，导致最后死亡，故往往在作物播种前或播种后出苗前使用。硫代氨基甲酸酯类除草剂易挥发，特别是从湿土表面挥发更为迅速，使用中的关键问题是喷药后应及时将其混拌于土中，可利用机械或进行灌水来混土，一般混土深度为5cm左右。

(三)硫代氨基甲酸酯类除草剂的主要品种

丁草特 butylate

其他名称 异丁草丹；莠丹；苏达灭；丁草敌。

化学名称 N,N–二异丁基硫代氨基甲酸–S–乙酯。

结构式

$$[(CH_3)_2CHCH_2]_2N\overset{O}{\overset{\|}{C}}SCH_2CH_3$$

理化特性 清亮液体，蒸气压170MPa(30℃)、溶解度(20℃)：水46mg/L，溶于丙酮、乙醇。

毒　　性 大鼠急性经口LD_{50}为3 500mg/kg，对皮肤有轻微刺激，对眼无刺激。

剂　　型 85.1%乳油。

除草特点 丁草特是一种具有选择性苗前土壤处理剂，通过杂草幼芽吸收(禾本科杂草由胚芽鞘吸收，双子叶杂草为下胚轴吸收)，能在体内传导，通过抑制脂肪代谢而发挥除草作用。受害杂草不能出土或生长点破裂，出土后的杂草地上部卷曲不展、茎肿大、脆而易断。玉米可以代谢分解该药，因此对玉米安全。本品挥发性强，施药后应立即混土。在土壤中易被微生物分解，持效期为1～3个月，对后茬安全。

适用作物 玉米。

防除对象 可以防除1年生禾本科杂草，如稗草、马唐、狗尾草等，也可以防治种子发芽的多年生杂草，如狗牙根、部分种类的莎草科杂草。

应用技术 玉米田，在玉米播种前，砂质土用85.1%乳油270ml/亩、黏重土壤用85.1%乳油350ml/亩，加水30～50kg喷施，喷药后立即混土以防止挥发。混土7.5～15cm为宜。

注意事项 本品挥发性强，施药后应立即混土。该药对未出土的杂草有效，对已出土的杂草无效。

开发登记 1962年由R. A. Gray等报道除草活性，Stauffer Chemical Co. (现为ICI Agrochemicals)开发。

禾草丹 thiobencarb

其他名称 杀草丹；灭草丹；稻草丹；稻草完；除田莠。

化学名称 N,N–二乙基硫代氨基甲酸–S–4–氯苄酯。

结构式

Cl S N CH3 CH3 O

理化特性 纯品淡黄色液体，溶解度(20℃)：水46mg/L，溶于有机溶剂。

毒　　性 大鼠急性经口LD_{50}为1 300mg/kg，小鼠急性经口LD_{50}为560mg/kg，大鼠急性经皮LD_{50}为2 900mg/kg。

剂　　型 50%乳油、10%颗粒剂、90%乳油、900g/L乳油。

除草特点 禾草丹是一种具有良好选择性的内吸传导型土壤处理除草剂，可以被杂草的根部和幼芽吸收，特别是幼芽吸收后转移到植物体内，通过对脂肪合成作用的抑制，而阻止杂草的生长导致死亡。稗草吸收该药的速度比水稻快，而在体内降解该药的速度要比水稻慢，这是形成选择性的生理基础。该药能迅速被土壤吸附，因而水分的淋溶性小，一般分布在土层2cm处，正是由于土壤的强烈吸附作用而减少了蒸发和光解造成的损失。在土壤中的半衰期，通气良好条件下为2～3周；厌氧条件下则为6～8个月。在土壤中能为土壤微生物降解，厌氧条件下被土壤微生物形成的脱氯禾草丹，能强烈地抑制水稻生长。

适用作物 主要用于稻田，资料报道也可以用于麦类、棉花、大豆、花生、马铃薯、甜菜。

防除对象 可以有效防除多种1年生禾本科、阔叶杂草和莎草科杂草，如稗草、马唐、狗尾草、牛筋草、蓼、藜、苋、繁缕等。对稗草、异型莎草等有特效。

应用技术 水稻育秧田，可在播种前或水稻立针期施药，用50%乳油150～200ml/亩，拌毒土撒施，或加水后均匀喷雾，施药时水层深2～3cm，施药后保水5～7d。

水直播稻田，水稻播后苗前施药，可在水稻直播后3d内（播种、盖籽、上水自然落干后），使用50%乳油260～320ml/亩，将药液加水搅拌后均匀土壤喷雾，用药后保持土面润湿，可有效防除水稻田中1年生杂草。

水稻移栽田，水稻移栽后5～7d，田间杂草大量萌发至2叶期以前施药，南方地区：用50%乳油250～300g/亩；其他地区：用50%乳油266～400ml/亩；对水30～40kg进行均匀喷雾，施药时及施药后田间保持3～5cm，保持5～7d。

注意事项 水稻田施药后应保持一定的水层。水稻出苗时至立针期不能施用此药，否则易产生药害、如在播前施药，不宜播种催芽的谷种。冷湿田块或使用大量未腐熟的有机肥田块，禾草丹用量过高时易形成脱氯杀草丹，使水稻产生矮化药害，发生这种现象时，应注意及时排水、晒田。砂质田及漏水田不宜施用禾草丹。连续六年单用禾草丹田块的稗草、节节菜、牛毛毡、异型莎草等，年度间变化不大，而矮慈姑则随用药年数的增加而递增，生产中应注意轮用，不宜连年施用。

开发登记 1969年由日本组合化学公司在日本本开发，美国Chevron Chemical公司在美国开发。日本组合化学工业株式会社、连云港纽泰科化工有限公司 、辽宁省沈阳市和田化工有限公司 等企业登记生产。

灭草猛 vernolate

其他名称 灭草丹；卫农；灭草敌。

化学名称 S-丙基-N,N-二丙基硫代氨基甲酸酯。

结 构 式

$$(CH_3-CH_2-H_2C)_2N-C(=O)-S-CH_2-CH_2-CH_3$$

理化特性 原药为透明具有芳香气味的液体，蒸气压1.39MPa(30℃)、溶解度(20℃)：水90mg/L，溶于丙酮、乙醇。光照下分解。

毒　　性 大鼠急性经口LD_{50}为1 500mg/kg，兔急性经皮LD_{50} > 5 000mg/kg、对皮肤和眼睛无刺激。

剂　　型 88.5%乳油。

除草特点 灭草猛是一种选择性土壤处理剂。在杂草种子发芽出土过程中，通过幼芽和根系吸收，并在植物体内传导，通过抑制脂肪代谢等生理过程而抑制杂草的生长。受害杂草多在出土前的幼苗期生长点被破坏而死亡，少数受害轻的杂草虽能出土，但幼叶卷曲变形、茎肿大，不能正常生长。大豆和花生也能吸收该药剂，并能转移到叶和茎中，但能迅速代谢为无害的成分，因此对大豆、花生安全。本品具有挥发性，喷药后应立即混入土层中，也可在施药后适当灌水，多雨地区在降雨前后施药，利用雨水将有效成分带入土中，以便杂草的根吸收。该药在土壤中降解速度取决于温度、土壤类型、湿度和微生物活性，在正常条件下，21～26℃时，土壤中半衰期大约为2周，持效期为1～3个月，到收获时已完全分解，对后茬作物无影响。

适用作物 大豆、花生、马铃薯、甘薯、烟草。

防除对象 可以防除多种1年生禾本科杂草和阔叶杂草，如稗草、马唐、狗尾草、牛筋草、野燕麦、藜、苋、马齿苋、苘麻等，对香附子、油莎草等莎草科杂草也有较好的防除效果。

应用技术 资料报道，大豆田，在大豆播种前施药，砂质土壤用88.5%乳油175ml/亩、壤土地用225ml/亩、黏土地用265ml/亩，用水量为40kg，喷施后马上进行浅混土，混土深度以10～15cm为宜。施药后可以立即播种大豆，播种深度为3～4cm，如果大豆播种深度超过5cm则可能产生药害。

资料报道，花生田，播种前施药，用88.5%乳油150～200ml/亩，用水量为40kg，喷施后马上进行浅混土，混土深度以3～5cm为宜。在施药后也可以立即播种。

资料报道，甘蔗田使用 浅植田可在种植前施药，深植(15cm以上)田可在播种后施药。每亩用88.5%乳油200～266ml，对水喷雾。

注意事项 灭草猛挥发性强，施药后应立即混土，混土之后要镇压土壤并保墒。大豆在发芽时如果遇低温，因生长缓慢易发生药害，症状为叶片皱缩不展、不平滑，发生药害时灌水1次促使幼苗生长可使药害消除，逐渐恢复正常生长。

开发登记 本品由Stauffer Chemical(现为ICI Agro-chemicals)公司开发。英国先正达有限公司登记生产。

禾草特 molinate

其他名称 禾大壮；禾草敌；环草丹；草达灭。

化学名称 N,N-六亚甲基硫代氨基甲酸-S-乙酯。

结 构 式

N　S　O　CH_3

理化性质 原药为透明具有芳香气味的液体，溶解度(20℃)：水880mg/L，溶于丙酮、乙醇。在好气土壤中(pH值4.9～5.9)DT_{50}为8～25d，在漫灌土壤中为40～160d。本品无腐蚀性。干燥时对光稳定。

毒　　性 大鼠急性经口LD_{50}为450mg/kg，兔急性经皮LD_{50}＞4 640mg/kg、对皮肤有无刺激，对眼睛刺激中等。

剂　　型 78.4%乳油、90.9%乳油、96%乳油。

除草特点 是一种稻田选择性除草剂，土壤处理兼茎叶处理，施于田中后，由于比重大，而沉降在水与泥的界面，形成高浓度的药层。杂草通过药土层时，能迅速被初生根、尤其被芽鞘吸收，并积累在分生组织，通过抑制脂肪酸合成等代谢过程而抑制杂草生长。受害杂草的细胞膨大，生长点扭曲而死亡。经过催芽的稻种播于药层之上，稻根向下穿过药层吸收药量少，芽鞘向上生长不能过药层，因而不会受害。除稗效果在 1 个月内可达100%，3叶以下稗草3d内即可死亡，3叶以上稗草3d以后叶片呈葱管状，整株呈鸡爪状，植株萎缩，陆续死亡，是目前水稻秧田较理想的除草剂品种之一。

禾草特易引起水稻幼苗受害，立针期即表现异常、秧苗矮缩、幼根细长、入土较健株浅、东倒西歪；3～5叶期则表现为基部膨大、叶片扭曲、僵缩呈葱管状不能展开、叶色深绿、肥厚、新抽心叶也不能伸展。受害较轻的植株，初期部分叶片有褐色斑点，继而扩大到整个叶片，心叶可冲破葱管状，从叶鞘一侧伸出，新长叶片在2～3叶期时仍皱缩、畸形，以后逐渐恢复正常。受害重的植株，心叶不能展开，移栽到大田后植株表现矮化、分蘖减少、生长停滞、抽穗延迟、导致减产。

适用作物 水稻田。

防除对象 对稗草有特效，对莎草科杂草，如牛毛草、碎米莎草也有一定的效果，对异型莎草防效差，对阔叶杂草无效。

应用技术 资料报道，水稻秧田、直播田，一般在稗草2～3叶期，华南稻区用90.9%乳油100～150ml/亩，华北及东北稻区用90.9%乳油150～220ml/亩，混细土撒施或粗喷雾。施药时田间应保持水层4～5cm深度5～7d。

资料报道，水稻移栽田，一般在移栽后7～14d，用90.9%乳油150～175ml/亩，混细土撒施或粗喷雾。施药时田间应保持水层4～5cm深度5～7d，以后正常管理。

注意事项 低温阴雨天气，使用该药1周左右，水稻秧苗幼嫩叶会出现褐色斑点，然后所有叶片均出现斑点，如果天气及时转晴、气温升高，斑点将自然消失，生长未有明显变化。施药时如果风大，下风头水稻易造成药害。在施药后遇大雨时也易造成药害。施药时不能采用弥雾法，以防挥发降低药效，同时也易产生药害。籼稻对该药敏感，剂量过高或喷施不匀时易产生药害。切忌发芽稻种浸在药液中。漏水田或整地不平的田块，均会降低除草效果。秧田施药期要避开水稻敏感期，提倡在秧苗2叶期用药。撒毒土(砂)时秧板保持水层，有利于药土(砂)中有效成分均匀扩散，减少药害。另外，在操作时药土(砂)要拌匀、撒匀，切忌重复施药。

开发登记 1965年由Stautter Chemical Co. (现为ICI Agrochemicals)公司开发。天津市施普乐农药技术发展有限公司、江苏省南通泰禾化工有限公司等企业登记生产。

野麦畏 triallate

其他名称 燕麦畏；阿畏达；野燕畏；三氯烯丹。

化学名称 N,N–二异丙基硫代氨基甲酸–S–2,3,3–三氯烯丙基酯。

结构式

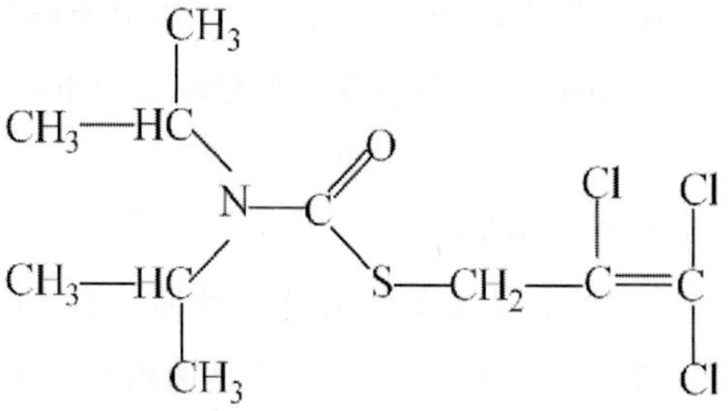

理化性质 琥珀色油状物，熔点29～30℃，密度(25℃)1.273。溶解度：水4mg/L，易溶于大多数有机溶剂如丙酮、乙醚、乙酸乙酯、苯。一般储存条件下稳定，强酸、碱中水解，光稳定，超过200℃分解。

毒　性 大鼠急性经口LD_{50}为1 100mg/kg，兔、大鼠急性经皮LD_{50}为8 200mg/kg；鱼LC_{50}(96h，mg/L)：虹鳟鱼1.2，蓝鳃太阳鱼1.3。

剂　型 40%乳油、37%乳油、400g/L乳油、40%微囊悬浮剂。

除草特点 野麦畏是一种选择性芽前土壤处理剂，野燕麦在萌芽通过土层时，主要由芽鞘或第一片子叶吸收药剂，并在体内传导，生长点部位最为敏感，抑制脂肪酸的生物合成，芽鞘顶端膨大，鞘顶空心，导致野燕麦不能出土而死亡、而出苗后的野燕麦，由根部吸收药剂，中毒后，生长停止，叶片深绿，心叶干枯而死亡。野麦畏挥发性强，其蒸气对野燕麦也有毒杀作用，施药后要及时混土。在土壤中主要为土壤微生物分解。

适用作物 麦类。

防除对象 野燕麦。

应用技术 麦田，对麦安全，可以在播种之前，将地整平用40%乳油150～200ml/亩，对水20～40kg，均匀喷施于土表，也可混土撒施、播后苗前，也可以施药，用40%乳油200ml/亩，对水喷雾，施药后立即进行浅混土2～3cm，以不耕出小麦种子为宜，用40%乳油200ml/亩，拌细土撒施，随施药随灌水。

注意事项 该药对燕麦的活性高，除草效果好，播种前处理以亩施60～80g、苗期和秋施处理以亩施80g为宜，对小麦安全。野麦畏有挥发性，需随施药随混土，如间隔4h后混土，除草效果显著降低。播种深度与药效、药害关系很大，如果小麦种子在药层之中直接接触药剂，则会产生药害。

开发登记 1960年由G. Friesen报道除草活性，Monsanto公司开发。英国高文作物保护有限公司 、江苏苏州佳辉化工有限公司 、兰州石油化工宏达公司等企业登记生产。

哌草丹 dimepiperate

其他名称 优克稗；哌啶酯。

化学名称 N,N-五亚甲基硫代氨基甲酸-S-(α,α-二甲基)苄基酯。

结构式

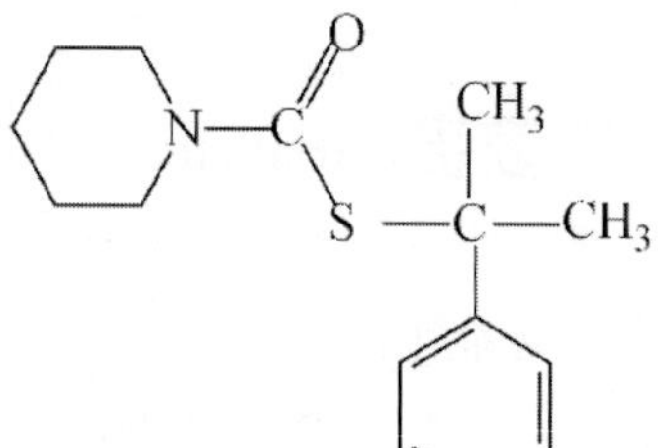

理化性质 原药为蜡状固体，熔点38.8～39.3℃，沸点(100Pa)164～168℃，蒸气压0.53MPa(30℃)，溶解度(25℃)：水20mg/L、丙酮6.2、环己酮4.9、乙醇4.1、己烷2.0(kg/L)，干燥时对光稳定。

毒　　性 大鼠急性经口LD_{50}949mg/kg，大鼠急性经皮LD_{50}＞5 000mg/kg；鱼LC_{50}(48h，mg/L)：虹鳟鱼5.7，雄日本鹑急性经口LD_{50}＞2 000mg/kg，鸡＞5 000mg/kg。

剂　　型 50%乳油。

除草特点 哌草丹是一种内吸传导型选择性除草剂，对防治2 叶期以前的稗草效果突出，对水稻安全。该药属生长抑制型除草剂，其主要作用是抑制和延迟杂草茎叶的形成。能为杂草的根、叶和茎吸收，主要向顶部转移，在稗草中的吸收和转移较快。哌草丹是植物内源生长素的拮抗剂，可以打破内源生长素的平衡，进而使细胞内脂肪酸等合成受到阻碍，破坏生长点细胞的分裂，致使生长发育停止，茎叶由浓绿变黄、变褐、枯死，需1～2周。该药能被水稻代谢为无毒物质，因此对水稻安全。在土壤中的残留适度，药效期可持续20d，可以渗入土壤1～3cm。

适用作物 水稻。

防除对象 可以有效防除稗草和牛毛草，对稻田其他杂草无效。

应用技术 水稻育秧田，旱育秧或湿育秧苗，可在播种前或播种覆土后，用50%乳油150～200ml/亩，对水25～30kg进行床面喷雾。水育秧田可在播后1～4d，采用毒土法施药。

水稻本田，可在插秧后3～6d，稗草1.5叶以前，用50%乳油150～260ml/亩，对水喷雾或拌成毒土撒施。施药时保持3～5cm水层5～7d。

注意事项 对稗草1.5叶后的大草效果差，施药时应注意防治适期。本药剂只对稗草特效，使用时可以考虑与其他药剂混用，以扩大杀草谱。

开发登记 该除草剂由M. Tanaka报道，由日本三菱油化公司(Mitsubishi Petrochemical Limited Co.)开发。浙江乐吉化工股份有限公司登记生产。

禾草畏 esprocarb

其他名称 ICIA2957；SC-2957；YH-432；戊草丹。

化学名称 S-苄基-1,2二甲基丙基(乙基)硫代氨基甲酸酯。

结 构 式

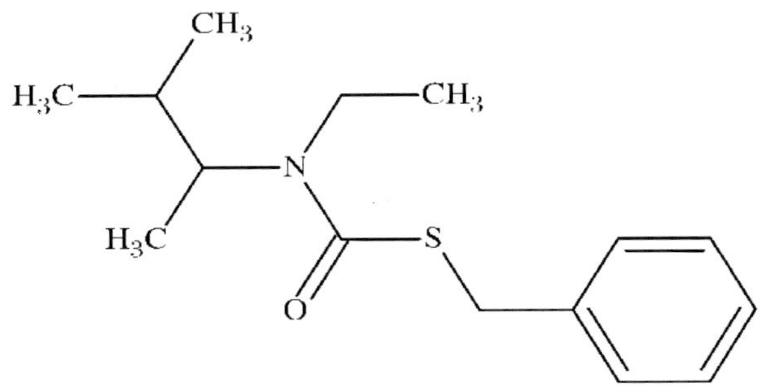

理化性质 本品为液体，沸点135℃(46.6Pa)，蒸气压10.1MPa(25℃)，密度1.035 3g/cm^3。溶解度(20℃)：水中4.9mg/L，丙酮、乙腈、氯苯、乙醇、二甲苯中>1kg/kg。120℃稳定。在水中水解，其DT_{50}为21d(pH7、25℃)，土壤中DT_{50}为30～70d。

毒　　性 大鼠急性经口LD_{50}>2 000mg/kg，大鼠急性经皮LD_{50}>2 000mg/kg，对皮肤和眼睛有轻微刺激作用，大鼠吸入LC_{50}(4h)>4mg/L。饲喂试验中，犬1年无作用剂量为1mg/(kg·d)，大鼠2年无作用剂量为1.1mg/(kg·d)，无致癌作用和致畸作用。

除草特点 资料报道，在稻田进行芽前和芽后处理，防除1年生杂草和稗草，直至2～5叶期，单用266g(有效成分)/亩，或与苄嘧磺隆混用133g(有效成分)/亩。

开发登记 该除草剂由Stauffer Chemical Co. (现为ICI Agrochemicals)发现，1988年在日本开发，1990年报道其除草活性。

稗草丹 pyributicarb

其他名称 稗草畏；TSH-888；Eigen；Seezet；Oryzaguard。

化学名称 O-3-特丁基苯基-6-甲氧基-2-吡啶(甲基)硫代氨基甲酸酯。

结 构 式

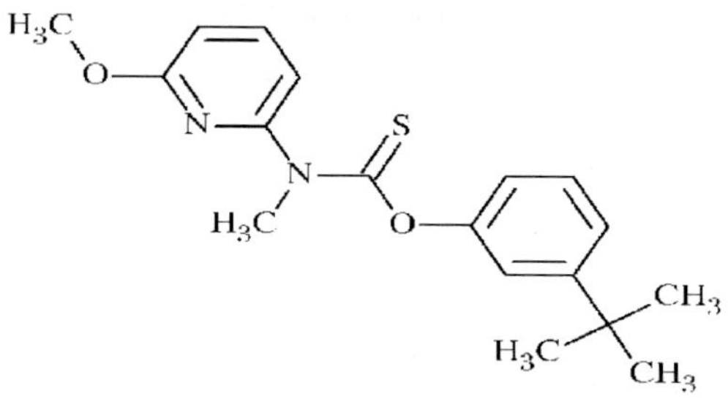

理化性质 纯品为白色结晶固体，熔点85.7～86.2℃，蒸气压0.269MPa(40℃)。溶解度(20℃)：水0.32mg/L，丙酮780g/L，甲醇28g/L，乙醇33g/L，氯仿390g/L，二甲苯580g/L，乙酸乙酯560g/L。稻田中DT_{50}为13～18d。

毒　　性 雄、雌大鼠急性经口、经皮LD_{50}>5 000mg/kg；雄、雌小鼠急性经口、经皮LD_{50}>5 000mg/kg；雄、雌大鼠急性吸入LC_{50}(4h)>6 520mg/kg；对兔皮肤有轻微刺激作用。

剂　　型 47%可湿性粉剂。

除草特点 本品属硫代氨基甲酸酯类除草剂，对1年生禾本科杂草有很高的除草活性，尤其在芽前至芽后早期施用时，对稗草有优异防效。其与其他除草剂的混剂，在水稻田早期施用，对1年生和多年生杂草有优异除草活性。持效期约为40d。

适用作物 水稻、草坪。

防除对象 在水田条件下，对稗属、异型莎草和鸭舌草的活性高于对多年生杂草活性。在旱田条件下，对稗草、马唐和狗尾草等禾本科杂草有较高活性。

应用技术 防除稻稗、异型莎草、鸭舌草、1年生阔叶杂草、萤蔺、水莎草、矮慈姑、眼子菜，在水稻移栽后3～10d施药，用47%可湿性粉剂2～2.66kg/亩，1年生禾本科杂草萌发前施用，作草坪地除草剂。

开发登记 该除草剂由日本东洋曹达工业公司(ToyoSoda Mfg Co. Ltd.)开发。

环草敌 cycloate

其他名称 灭草特；环己丹；乐利；草灭特；环草灭；R-2063；Ro-Neet。

化学名称 S-乙基环己基(乙基)硫代氨基甲酸酯。

结构式

$$\text{C}_6\text{H}_{11}-\text{N}(\text{CH}_2\text{CH}_3)\text{COSCH}_2\text{CH}_3$$

理化性质 本品是一种具有芳香气味的清亮液体，溶于有机溶剂。易挥发和光解。在土壤中的半衰期为56～180d。

剂　　型 72乳油、10%颗粒剂。

毒　　性 雄、雌大鼠急性经口LD_{50}2 710mg/kg。兔急性经皮LD_{50}>4 640mg/kg、对兔眼睛无刺激性。对犬以≤240mg(/kg·d)剂量喂养90d无不良作用。

除草特点 环草特是一种选择性芽前土壤处理除草剂。通过杂草胚芽鞘、下胚轴吸收，传导至整个植物体内，抑制脂肪酸合成，破坏杂草幼芽的发育而致死，对刚萌发的杂草效果最好。在黏土及有机质土壤中抗淋溶，能通过土壤微生物降解，在土壤中半衰期为4～8周，持效期为2～3个月。

适用作物 甜菜、菠菜。

防除对象 可以防除1年生禾本科杂草、莎草科和某些阔叶杂草，如旱稗、早熟禾、马唐、野燕麦、狗尾草、碎米莎草、香附子、藜、苋、马齿苋、龙葵等。

应用技术 资料报道，甜菜田，播前或种植前、杂草出土前，用73.9%乳油333～400ml/亩，加水25～40kg，均匀喷洒，药后立即混土5～10cm，或灌溉混入土中，然后播种覆盖地膜或移植。

注意事项 本品易挥发、易光解，施药后20min内必须将药剂及时混入土中，使用前整地要细、平，喷洒药剂要均匀，混土要匀。

开发登记 本品由Stauffer Chemical(现在为ICI Agrochemicals)公司开发。

燕麦敌 di-allate

其他名称 Avadex；diallate；CP15336。

化学名称 S-2,3-二氯烯丙基-2-异丙基硫赶氨基甲酸酯。

结构式

$$[(\text{CH}_3)_2\text{CH}]_2\text{N}-\text{C}(=\text{O})-\text{S}-\text{CH}_2-\text{C}(\text{Cl})=\text{CH}-\text{Cl}$$

理化性质 琥珀色液体，沸点150℃(9mmHg)、凝固点-15～-8℃。25℃时在水中的溶解度为14mg/kg、可与乙醇和其他有机溶剂混溶。存在(E)和(Z)两种异构体。

毒　　性 急性口服LD_{50}：大鼠395mg/kg，犬510mg/kg。对大鼠和犬无作用剂量是125mg/d。兔的急性经皮LD_{50}是2 000～2 500mg/kg。浓溶液对皮肤、眼睛和黏膜有刺激。

剂　　型 浓乳剂和10%颗粒剂。

应用技术 资料报道，在十字花科作物，胡萝卜和甜菜等作物中对防除野燕麦特别有效。由于药剂具有挥发性，因此需要立即拌土。一般用10%的颗粒剂1 000～2 666g/亩，在施药的下年不要种植燕麦。该药在土壤中的半衰期约为30d。

开发登记 1959年由L. H. Hannah报道除草活性，孟山都公司开发。

茵达灭 eptc

其他名称 R-1608；Eptam。

化学名称 S-乙基-二正丙基硫代氨基甲酸酯。

结构式

$$[CH_3(CH_2)_2NCOSCH_2CH_3]$$

理化性质 本品(纯度99.5%)为清亮无色液体，带有芳香气味，沸点127℃(20mmHg)，蒸气压4.5Pa(25℃)。溶解度(24℃)：水中375mg/L，溶于丙酮、乙醇、煤油、4-甲基戊-2-酮、二甲苯中。在小于200℃下稳定。在21～32℃下，土壤中DT_{50}约为1周。

毒　　性 急性经口LD_{50}：雄大鼠2 550mg/kg，雌大鼠2 525mg/kg、兔急性经皮LD_{50} >5 000mg/kg，对皮肤和眼睛有轻微刺激。吸入毒性LC_{50}(4h)：大鼠4.3mg/L。大鼠饲养21d除兴奋和体重减轻外无其他症状。2年饲养试验对小鼠无作用剂量为20mg/（kg・d）。对鹌鹑LC_{50}(7d)20 000mg/kg。鱼毒LC_{50}(96h)：太阳鱼27mg/L，虹鳟鱼19mg/L，蜜蜂LD_{50}为0.11mg/只。

剂　　型 72%、80%乳油。

除草特点 本药可杀死某些多年生杂草萌发的种子和抑制地下部分幼芽的发育。

应用技术 在多种作物种植前用80%乳油250～500ml/亩剂量施用。利用机械将药拌入土内，并进行灌溉，以防药剂由于挥发性而损失，对防治匍匐冰草和多年生莎草属非常有效。

开发登记 1957年由J. Antognini等报道除草活性，Stauffer Chemical Co. (现为ICI Agrochemicals)开发。

乙硫草特 ethiolate

其他名称 S15076；S6176；乙草丹；抑草威；Prefox；硫草敌。

化学名称 S-乙基-N,N-二乙基硫赶氨基甲酸酯。

结构式

H_3C—CH_2—N(—CH_2—CH_3)—C(=O)—S—CH_2—CH_3

理化性质 浅黄色液体，带有胺味。凝固点-75℃，沸点206℃，蒸气压200Pa(57～59℃)，11.6kPa(142～143℃)。25℃时在水中溶解度为0.3%，可与大多数有机溶剂混溶，工业品纯度97%。

毒　　性 大鼠急性口服LD_{50}0.4g/kg。对家兔眼睛有刺激性。大鼠在每升空气含15.9mg气雾中接触

4h出现痛苦症状，但能很快复原。大鼠和犬分别以60mg/(kg·d)和15mg/(kg·d)的剂量饲喂90d，未发现明显中毒症状。

除草特点 选择性芽前土壤处理除草剂。用药后杂草出芽后很快就发生弯曲畸形，然后出现黑斑。敏感的阔叶作物也有类似效应，并在芽后很快死亡。

适用作物 玉米。

应用技术 资料报道，播前施药并要拌土。它与环丙津16∶3的混剂叫Prefox，以353g(有效成分)/亩用于玉米田除草。加水10～40kg，土表干后使土壤能彻底混匀，用药后立即播种玉米。

开发登记 1972年由海湾石油化学公司(Gulf Oil Co.)作为其市售玉米除草剂的一个组分推广，获有专利US3453802、US3503971。

坪草丹 orbencarb

其他名称 B-3356；Lanray；orthobencarb。

化学名称 S-2-氯苄基-N,N-二乙基硫代氨基甲酸酯。

结 构 式

H_3C—, H_3C—, N, O, S, Cl

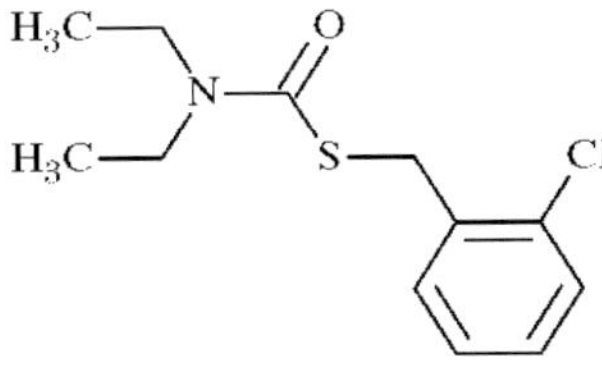

理化性质 本品为液体，沸点158℃(1mmHg)。27℃水中溶解度为23.9mg/L，室温下，丙酮、乙醇、己烷、二甲苯中>1kg/L，对日光稳定，水解DT_{50}为60d。

剂　　型 50%乳油。

应用技术 资料报道，小麦和大麦田用量50%乳油332ml/亩，牧场用50%乳油666ml/亩。

开发登记 1974年由S. Jori等报道除草活性，1970年日本组合化学公司开发。

克草猛 pebulate

其他名称 克草敌；R-2061；Tillam。

化学名称 S-丙基丁基(乙基)硫代氨基甲酸酯。

结 构 式

H_3C, CH_3, H_3C, CH_3, CH_3, CH_2, N, S, CH_3, CH_2, CH_3, O

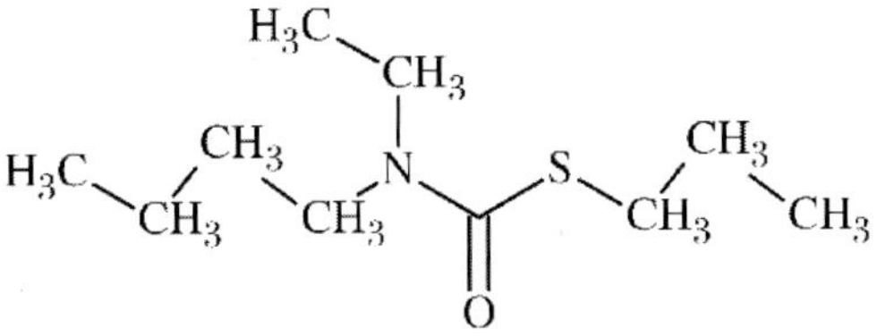

理化性质 本品为清亮无色液体，带有芳香气味，沸点142℃(21mmHg)，蒸气压4.7Pa(25℃)、20℃在水中溶解度为60mg/L，溶于丙酮、乙醇、煤油、二甲苯。在小于200℃下稳定，在40℃水中，pH4和pH10下11d损失50%，pH7下12d损失50%，土壤中DT_{50}2～3周，对铝、碳钢和不锈钢无腐蚀。

毒　　性　大鼠急性经口LD_{50}1 120mg/kg，兔急性经皮LD_{50}4 640mg/kg。在动物体内可以迅速地代谢，在3d内大鼠所服用的大约50%的标记化合物变为CO_2排出，同时约25%由尿液排出，5%由大便排出。

剂　　型　72%乳油、10%和25%颗粒剂。

除草特点　该药为芽前除草剂，可在甜菜、番茄、移植烟草等作物中防除1年生禾本科杂草、莎草和阔叶杂草，研究表明该药可迅速被根部吸收，通过植株转移。

应用技术　用10%颗粒剂2.66～4kg/亩，拌土使用。

开发登记　1959年由E. O. Burt报道除草活性，Stauffer Chemical Co. (现为ICI Agrochemicals)开发。

苄草丹　Prosulfocarb

其他名称　ICIA0574；SC-0574；oxer；deft。

化学名称　S-苄基-N,N-二丙基硫代氨基甲酸酯。

结 构 式

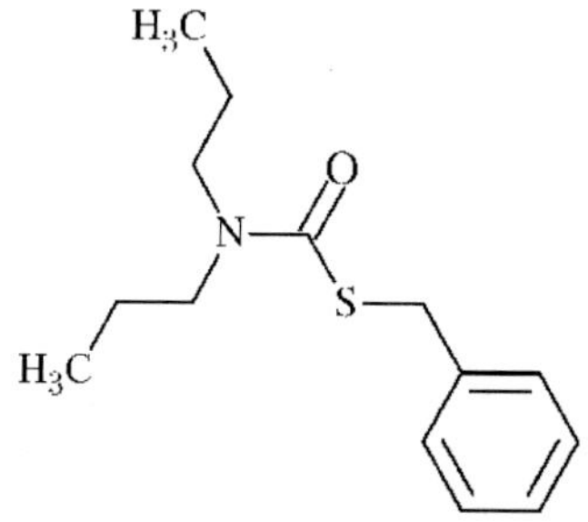

理化性质　纯品为无色透明液体，原药为黄色透明液体，凝固点低于-10℃，沸点129℃(33Pa)，蒸气压6.93MPa(25℃)，密度1.042g/cm³。溶解性(20℃)：水中13.2mg/L，可溶于丙酮、氯苯、乙醇、煤油、二甲苯。稳定性：52℃下60d不降解，pH7、25℃下DT_{50}为25d，土壤中DT_{50}10～35d。

毒　　性　大鼠急性经口LD_{50}1 820～1 958mg/kg，兔急性经皮LD_{50}>2 000mg/kg。对皮肤和眼睛有轻微刺激作用，但不会引起皮肤过敏。大鼠急性吸入LC_{50}(4h)>4.7mg/L，大鼠两年饲喂试验的无作用剂量为0.5mg/(kg·d)，小鼠18个月饲喂试验的无作用剂量>65mg/(kg·d)，野鸭5d饲喂试验的无作用剂量为3 160mg/kg，鹌鹑为1 780mg/kg。

剂　　型　72%、80%乳油。

除草特点　本品属硫代氨基甲酸酯类除草剂。

应用技术　资料报道，用80%乳油250～333g/亩，芽前或芽后早期施于冬小麦、冬大麦和黑麦田，可有效地防除禾本科杂草和阔叶杂草，尤其是猪殃殃、鼠尾看麦娘、多花黑麦草、早熟禾、荠菜、繁缕、婆婆纳属等，也可用于蚕豆田。

开发登记　该除草剂由J. L. Glasgow et al. 报道，由Stauffer Chemical Co. (现为ICI America)发现，1988年由ICI Agrochemicals在比利时投产。

仲草丹　tiocarbazil

其他名称　Drepamon。

结 构 式

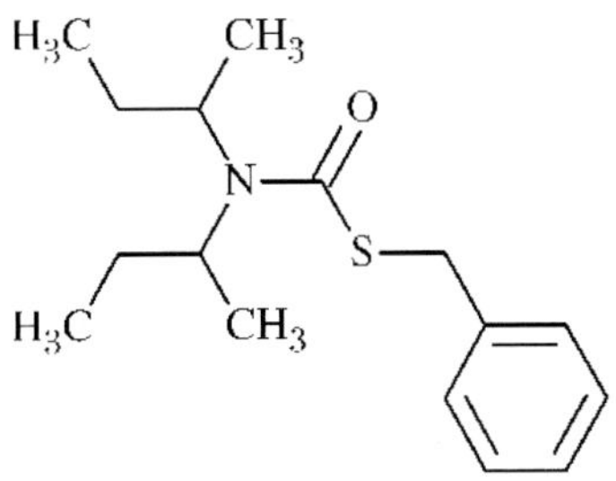

理化性质 纯品为无色液体，沸点130～132℃(0.1mmHg)，蒸气压93MPa(50℃)。30℃在水中溶解度为2.5mg/L，可与大多数有机溶剂混溶。在5.6<pH<8.4条件下对水解稳定，在pH1.5的乙醇水溶液中，40℃下30d后有轻微分解。水溶液在40℃贮藏60d没有分解，光照100d也没有分解。

毒 性 急性经口LD_{50}：大鼠、豚鼠、兔>10 000mg/kg，小鼠8 000mg/kg。大鼠和兔急性经皮>1 200mg/kg。以1 000mg/kg饲料饲养大鼠和犬，除了雄犬有体重减轻外无其他不良影响。以300mg/kg饲料喂大鼠3代，对繁殖无影响。鸡、鹌鹑、野鸡急性经口LD_{50}>10 000mg/kg。所试验鱼种LC_{50}≥8mg/L。对蜜蜂无为害。

剂 型 50%和70%可溶性液剂、70%种子处理剂、5%和7.5%颗粒剂。

应用技术 仲草丹为芽前芽后除草剂，用50%可溶性液剂532ml/亩防除稻田杂草，尤其是对稗草、芒稷、千金子属的*Leptochloa fascicularis*、黑麦草和莎草属效果更好。施药后，在稻田浸泡20d，对各种水稻均无不良影响。

开发登记 1973年由N. Caracalli等报道除草活性、1974年由意大利Montedison S. P. A. (现为Agrimont S. P. A.)公司开发。

硫烯草丹 sulfallate

其他名称 草克死；CP4742；Vegadex；菜草畏。

化学名称 2-氯-2-丙基二乙基二硫代氨基甲酸酯。

结 构 式

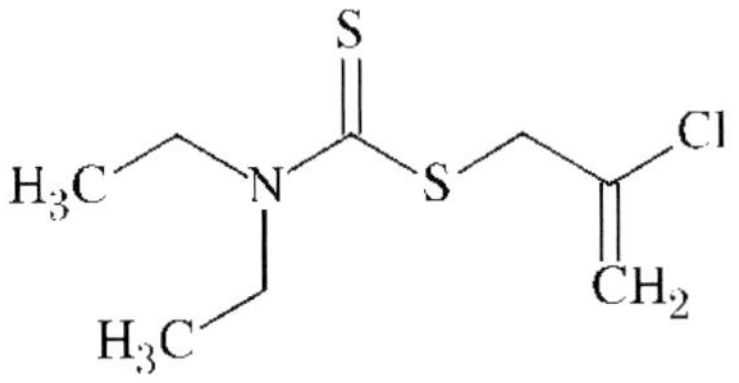

理化性质 本品为琥珀色油状液体、沸点128℃(1mmHg)，蒸气压2.2×10^{-3}mmHg(20℃)、25℃在水中溶解度为92mg/kg，可溶于大多数有机溶剂，遇碱水解。在pH5时的半衰期是47d，pH8时是30d。

毒 性 大鼠急性经口LD_{50}为850mg/kg，以0.085mg/(kg·d)剂量饲喂大鼠1个月以上，无死亡发生，对皮肤和眼睛有一定刺激性。

剂 型 20%颗粒剂。

应用技术 苗前除草剂，适用于多种蔬菜作物，用20%颗粒剂1～2kg/亩。对1年生杂草有效，对无性繁殖的植物无效。不能被叶面吸收，但易由根部吸收。用量在20%颗粒剂1.33kg/亩时，药效可维持3～6周。

开发登记 本品由Monsanto公司开发。

草灭散 dimexano

其他名称 敌灭生；dimexan。

结构式

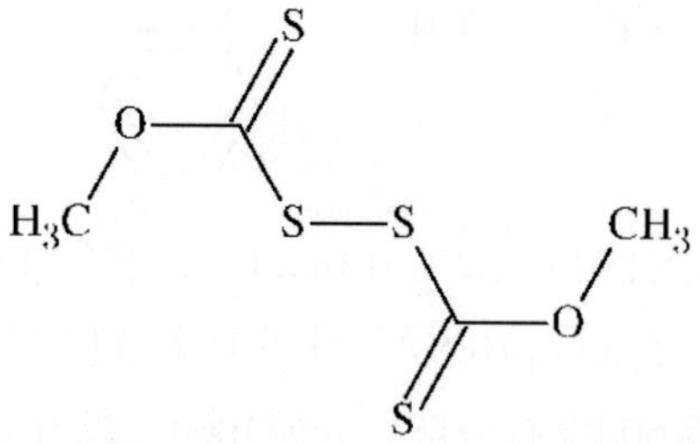

理化性质 熔点22.5～23℃。21℃蒸气压为399.9Pa。可溶于丙酮、乙醇、苯等有机溶剂，

毒　　性 大鼠急性经口LD_{50}为340mg/kg。

剂　　型 有67%浓乳。

除草物点 触杀型除草剂。

应用技术 可在洋葱，豌豆等作物地中防除阔叶杂草。用67%浓乳533g/亩。

Isopolinate

化学名称 氮杂环庚烷-1-硫代羧酸(丙-2-基)酯。

结构式

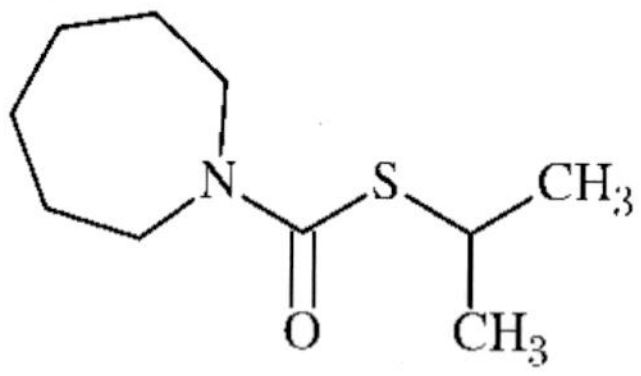

除草特点 选择性除草剂，根和茎叶均能吸收。

Methiobencarb

化学名称 S-4-甲氧基苯二乙酯(硫代)。

结构式

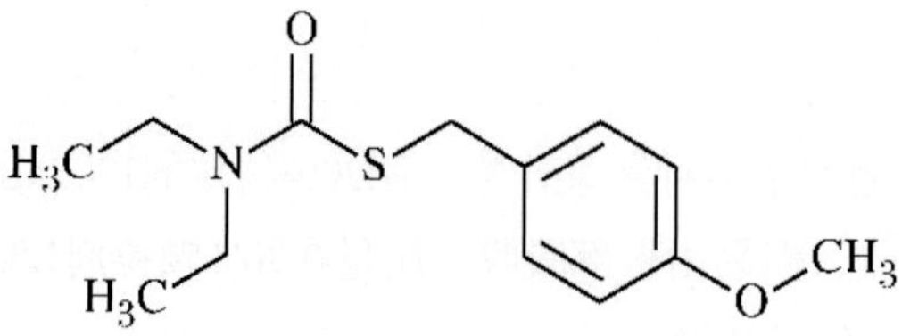

九、苯氧羧酸类和苯甲酸类除草剂

(一)苯氧羧酸类和苯甲酸类除草剂的主要特性

1941年合成了第一个苯氧羧酸类和苯甲酸类除草剂的品种2, 4–滴，1942年发现了该化合物具有植物激素的作用，1944年发现2, 4–滴和2, 4, 5–涕对田旋花具有除草活性，1945年发现除草剂2甲4氯。

苯氧羧酸类和苯甲酸类除草剂选择性强、杀草谱广、成本低、工业上易于合成，是一类重要的除草剂。苯氧羧酸类和苯甲酸类除草剂的主要特性：通常用于进行茎叶处理防治一年生与多年生阔叶杂草、进行土壤处理时，对于1年生禾本科杂草及种子繁殖的多年生杂草幼芽也有一定的防效，但在这些禾本科杂草出苗后，防效便显著下降或没有防效。苯氧羧酸类和苯甲酸类除草剂可被阔叶杂草的根系与茎叶迅速吸收，能通过木质部导管与蒸腾流一起传导，也能与光合作用产物结合在韧皮部的筛管内传导，在植物的分生组织(生长点)中积累。当将其盐或酯类喷布于植株后，植物将其变为相应的酸而发生毒害作用。不同剂型的除草活性大小为：酯 > 酸 > 盐。在盐类中，胺盐 > 铵盐 > 钠盐(钾盐)。苯氧羧酸类和苯甲酸类除草剂属于激素类除草剂，几乎影响植物的每一种生理过程与生物活性。导致植物形态的普遍变化是：叶片向上或向下卷缩，叶柄、茎、叶、花茎扭转与弯曲，茎基部肿胀，生出短而粗的次生根，茎、叶褪色、变黄、干枯，茎基部组织腐烂，最后全株死亡，植物的分生组织如心叶、嫩茎最易受害。用于土壤处理后，盐类比酯易淋溶，在轻质土以及降雨多的地区更易淋溶。施于土壤中的苯氧羧酸类和苯甲酸类除草剂，主要通过土壤微生物进行降解，温暖湿润的条件下，在土壤中的残效期为1 ~ 4周，冷凉、干燥的气候条件下，残效期较长，可达1 ~ 2个月。正常用量条件下，对人、畜与动物低毒，对环境安全。

(二)苯氧羧酸类和苯甲酸类除草剂的除草原理

1. 吸收与传导

该类除草剂可以通过茎叶、也可以通过根系吸收，茎叶吸收的药剂与光合作用产物结合沿韧皮部筛管在植物体内传导，而根吸收的药剂则随蒸腾流沿木质部导管移动。

叶片吸收药剂的速度决定于三方面的因素：叶片结构，特别是蜡质厚度及角质层的特性、除草剂的特性、环境条件，高温、高湿条件下有利于药剂的吸收和传导。

2. 作用部位与形态变化

该类除草剂导致植物形态的普遍变化是：叶片向上或向下卷缩，叶柄、茎、叶、花茎扭转与弯曲，茎基部肿胀，生出短而粗的次生根，茎叶褪色、变黄、干枯，茎基部组织腐烂，最后全株死亡，特别是植物的分生组织如心叶、嫩茎最易受害。

3. 生理效应与除草机制

该类除草剂属于激素类除草剂，几乎影响植物的每一种生理过程与生物活性。其对植物的生理效应与生物化学影响因剂量与植物种类而异，即低浓度促进生长，高浓度抑制生长。

4. 选择性

该类除草剂的选择性问题比较复杂，因使用剂量和植物种类不同而有较大差异。

5. 降解与消失

光影响其除草活性，在光照条件下可加速其降解。在高温、高湿及有机质含量高的土壤中，2, 4–滴消失迅速，而在风干土以及消毒的土壤中，2, 4–滴的降解显著受抑制。在土壤中的降解是通过微生物而降解的。

6. 应用技术

苯氧羧酸类和苯甲酸类除草剂杀草谱比较广，主要防治一年生与多年生双子叶杂草以及莎草科杂草，芽前进行土壤处理时对一年生禾本科杂草及种子繁殖的多年生杂草也有强烈的抑制作用。

此类除草剂不同品种与剂型的防治对象及杀草活性存在着一定程度的差异。在苯氧乙酸类除草剂中，几个常用品种的除草效果是：2甲4氯 ≥2, 4–滴 > 2, 4, 5–滴，而同一品种不同制剂的除草效果是：酯 > 酸 > 胺盐 > 钠盐(钾盐)。

各种杂草对苯氧羧酸类和苯甲酸类除草剂的敏感性差异很大，因此，根据田间杂草的种类、群落组成及其优势种，选择适宜的品种及使用时期是十分必要的。通常，酯类除治多年生双子叶杂草的效果优于盐类。长期使用会产生抗药性。

该类除草剂主要应用于禾本科作物，特别广泛用于麦田、稻田、玉米田除草。高粱、谷子抗性稍差。寒冷地区水稻对2, 4–滴的抗性较低，特别是在喷药后遇到低温时，而应用2甲4氯的安全性较高。小麦不同品种以及同一品种的不同生育期对该类除草剂的敏感性不同，在小麦生育初期、即2叶期(穗分化的第二与第三阶段)对除草剂很敏感，此期用药，生长停滞、干物质积累下降、药剂进入分蘖节并积累，抑制第一和第二层次生根的生长，穗原始体遭到破坏、在穗分化第三期用药，则小穗原基衰退、但在穗分化的第四与第五期，即分蘖盛期至孕穗初期植株抗性最强，这是使用除草剂的安全期。研究证明，禾谷类作物在5 ~ 6叶期由于缺乏传导作用，故对苯氧乙酸类除草剂的抗性最强。

影响药效的因素：通常，高温与强光促进植物对2, 4–滴等苯氧乙酸类除草剂的吸收及其在体内的传导，有利于药效的发挥，因此，应选择晴天、高温时施药。空气湿度大时，药液滴在叶表面不易干燥，同时气孔开放程度也大，有利于药剂吸收，而喷药时，土壤含水量高，有利于药剂在植物体内传导。喷药后降雨早晚影响药效。苯氧羧酸类除草剂酸根解离程度的下降能提高其进入植物的速度和植物的敏感度，当溶液pH值从10下降至2的范围内，进入叶片的2, 4–滴数量增多，当pH值低于2时，叶片表面迅速受害。由于2, 4–滴等除草剂的解离程度决定于溶液pH值，在酸性介质中其解离程度差，多以分子状态进入植物体内，所以在配制2, 4–滴溶液时，加入适量的酸性物质如硫酸铵、过硫酸钙等，即可以显著提高除草效果。当用井水等天然碱性水配制除草剂溶液时，加入少量磷酸二氢铵或磷酸二氢钾可使pH值下降，而且除草剂本身稳定。

(三)苯氧羧酸类和苯甲酸类除草剂的主要品种

2, 4–滴丁酯 2, 4–D butylate

化学名称 2,4–二氯苯氧基乙酸丁酯。

结构式

Cl O O O Cl CH_3

理化性质 纯品为无色油状液体，沸点169℃(266.7Pa)，比重1.242 8，原油为褐色液体，20℃时比重1.21，沸点146 ~ 147℃(133.3Pa)，难溶于水，易溶于多种有机溶剂，挥发性强，遇碱分解。

毒　　性 大鼠急性经口LD_{50}为500mg/kg。

剂　　型 57%乳油、72%乳油、76%乳油、1 000g/L乳油。

除草特点 苯氧乙酸类激素型选择性除草剂。具有较强的内吸传导性。主要用于苗后茎叶处理，穿过角质层和细胞膜，最后传导到各部分。在不同部位对核酸和蛋 白质的合成产生不同影响，在植物顶端抑制核酸代谢和蛋白质的合成，使生长点停止生长，幼嫩叶片不能伸展，抑制光合作用的正常进行，传导到植株 下部的药剂，使植物茎部组织的核酸和蛋白质的合成增加，促进细胞异常分裂，根尖膨大，丧失吸收能力，造成茎秆扭曲、畸形，筛管堵塞，韧皮部破坏，有机物运输受阻，从而破坏植物正常的生活能力，最终导致植物死亡。

适用作物 麦、玉米、谷子、高粱、水稻。

防除对象 对播娘蒿、荠菜、离蕊芥、泽漆防除效果特别好。可以防除藜、蓼、反枝苋、铁苋菜、马齿苋、问荆、苦荬花、小蓟、苍耳、苘麻、田旋花、野慈姑、雨久花、鸭舌草等。对麦家公、婆婆纳、猪殃殃、米瓦罐等有抑制作用。

应用技术 据资料报道，在北方冬小麦区，可在冬前11月中旬至12月上旬麦苗达3大叶2小叶时，亩用72%乳油20～25ml/亩、在越冬后可在2月下旬至3月下旬，气温稳定到15℃时，小麦返青至分蘖末期，用72%乳油50～70ml/亩、不宜在小麦4叶以前或拔节以后或气温偏低时施药，以免发生药害。玉米田，玉米在播后苗前或苗后，播后苗前3～5d，用57%乳油97ml/亩，对水20～30kg土壤均匀喷雾；玉米苗后3～6叶期，田间杂草2～4叶期，用57%乳油42～49ml/亩，对水20～30kg均匀茎叶喷雾，玉米自交系和某些单交种对2,4－滴丁酯敏感。高粱田，当高粱生长出5～6片叶时，用72%乳油40～60ml/亩，对水25～30kg，进行茎叶喷雾。谷子田，当谷苗长出4～6片叶时，用57%乳油49ml/亩，对水25～30kg，进行茎叶喷雾。水稻田，在水稻4叶至分蘖末期施药，用57%乳油27～49ml/亩，对水20～30kg均匀茎叶喷雾。喷药前1d排干水层，施药后隔天灌水，以后正常管理，4叶前和拔节后对2，4–滴丁酯敏感，施药会发生药害。

另据资料报道：本品可用于大麦、青稞等禾本科作物田及禾本科类草地，防除播娘蒿、藜、蓼、芥菜、离子草与阔叶杂草，对禾本科杂草无效。

注意事项 国内已禁止使用。小麦4叶前和拔节后禁止使用，小麦的安全临界期为小麦拔节期。小麦返青期施药，能引起小麦植株倾斜匍匐，叶色明显褪淡，并会产生畸形穗，其严重程度及持续时间会随用药量的增加而增加。小麦拔节后施用会造成明显的减产。环境条件对药剂的除草效果和安全性影响很大，一般在气温高、光照强、空气和土壤湿度大时不易产生药害，而且能发挥药效，提高除草效果。低于10℃的低温天气亦不宜使用。该药的挥发性强，施药作物田要与敏感的作物如棉花、油菜、瓜类、向日葵等有一定的距离，特别是大面积使用时，应设50～100m以上的隔离区，还应在无风或微风的天气喷药，风速≥3m/s禁止使药。风速4m/s以上时停止喷药，据报道顺风可使500m以外的棉花受害。此药不能与酸碱性物质接触，以免因水解而失效。

开发登记 佳木斯黑龙农药有限公司 、辽宁省大连松辽化工有限公司 、山东潍坊润丰化工股份有限公司等企业曾登记生产。

2甲4氯钠 MCPA–sodium

化学名称 2–甲基–4–氯苯氧乙酸钠。

结 构 式

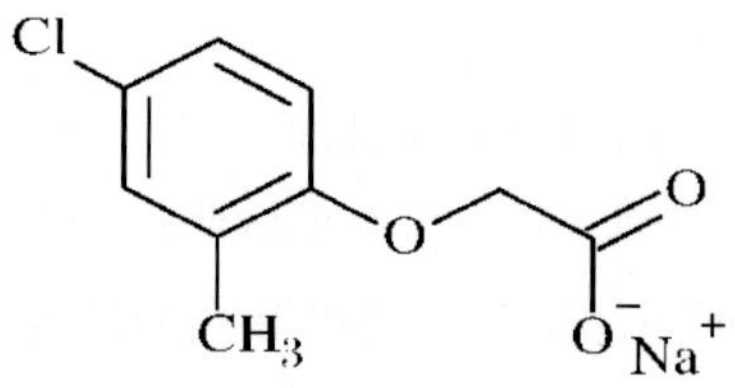

$$ \text{Cl}-C_6H_3(CH_3)-O-CH_2-C(=O)-O^- \, Na^+ $$

理化性质 为无色结晶，熔点119～120.5℃，蒸气压2.3×10^{-5}Pa(25℃)，溶解度(mg/L，25℃)：水734、乙醇1 530、乙醚770、甲醇26.5、二甲苯49、庚烷5g/L(25℃)。

毒　　性 大鼠急性经口LD_{50}为900～1 160mg/kg，大鼠急性经皮LD_{50}＞4 000mg/kg。

剂　　型 20%水剂、56%可湿性粉剂、90%可溶性粉剂、13%水剂、40%可湿性粉剂、56%可溶粉剂、85%可溶粉剂。

除草特点 为苯氧乙酸类选择性激素型除草剂。其作用方式选择性与2, 4–滴相同。但其挥发性、作用速度较2, 4–滴丁酯乳油低且慢，因而在寒地稻区使用比2, 4–滴安全。禾本科植物幼苗期很敏感，3～4叶期后抗性逐渐增强，分蘖末期最强，到幼穗分化敏感性又上升，因此宜在水稻分蘖末期施药。适用于水稻、小麦及其他旱地作物防治三棱草、鸭舌草、泽泻、野慈姑及其他阔叶杂草。

适用作物 小麦、玉米、水稻。

防除对象 可以防除1年生阔叶杂草及莎草科杂草，播娘蒿、荠菜、离蕊芥、泽漆、藜、蓼、反枝苋、铁苋菜、问荆、小蓟、苍耳、苘麻、田旋花、马齿苋、空心莲子草等。对麦家公、婆婆纳、猪殃殃、米瓦罐等有抑制作用。

应用技术 小麦田，小麦5叶期至拔节前，用13%水剂450～600ml/亩，对水20～25kg均匀茎叶喷雾，防除播娘蒿、荠菜、藜、蓼、问荆、苦荬菜等1年生阔叶杂草及莎草科杂草。

玉米田，玉米4～5叶期，杂草2～4叶期，用56%可溶粉剂100～150g/亩，对水20～30kg进行茎叶喷雾。施药方式最好用扇形喷头，顺垄低空定向喷雾。即将喷头走在玉米心叶下部，尽可能不让心叶着药，这是减轻玉米药害的关键。如用空心圆锥喷头最好加防护罩，控制雾滴方向，不让玉米心叶着药。

移栽稻田，在移栽后3周，移栽后10～15d，移栽稻分蘖盛期至末期，杂草2～4叶期，注意水层勿淹没水稻心叶。用13%水剂240～450ml/亩，对水25～30kg均匀茎叶喷雾，用药前排田水，药后1～2d灌水回田，保浅水5～7d后常规田管。能够有效地防除移栽水稻田三棱草、空心莲子草、鸭舌草、泽泻、野慈姑及其他阔叶杂草。

注意事项 棉花、马铃薯、油菜、豆类、瓜类、果树等阔叶作物对本品敏感，用药时要防止雾滴飘移造成危害。喷药时应选择无风晴天，不能离敏感作物太近，药剂飘移对双子叶作物威胁极大，应尽量避开双子叶作物地块。低温天气影响药效的发挥，且易产生药害。施药后12h内如降中到大雨，需重喷1次。每季作物只能使用一次，对下茬作物无影响。

开发登记 黑龙江省佳木斯黑龙农药化工股份有限公司、山东滨农科技有限公司、安徽华星化工有限公司等企业登记生产。

2,4–滴异辛酯 2, 4–D–ethylhexyl

化学名称 2–甲基–4–氯苯氧乙酸异辛酯。

结 构 式

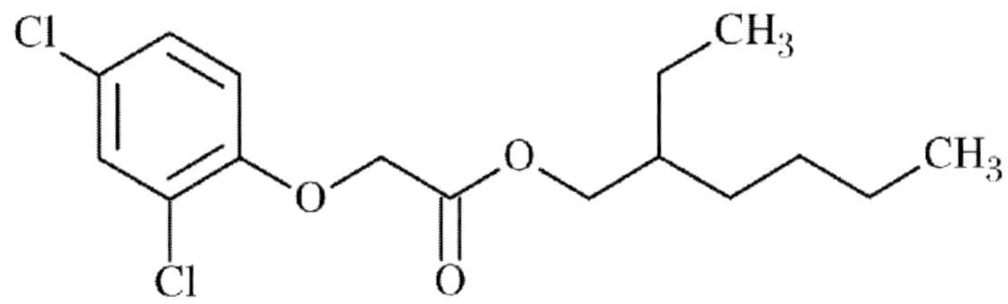

理化性质 难溶于水，易溶于甲苯、二甲苯、三氯甲烷等有机溶剂。

剂　　型 50%乳油、87.5%乳油、62%乳油、77%乳油、900g/L乳油、30%悬浮剂。

除草特点 2,4-滴异辛酯为苯氧乙酸类，选择性苗后茎叶处理触杀型除草剂。可被植物根、茎、叶吸收和传导，茎叶吸收可通过植物的韧皮部向下传导到达根部；根吸收可通过植物的木质部向上传导到达全株，使整个植物表现畸形，严重破坏植物的生理功能，导致死亡。

适用作物 大豆、玉米、小麦。

防除对象 小蓟、苣荬菜、鸭跖草、问荆、藜(灰菜)、蓼、米瓦罐、龙葵、苘麻、遏蓝菜、离子草、繁缕、苋菜、葎草、苍耳、田旋花等1年生或多年生阔叶杂草。

应用技术 小麦田，冬小麦返青至分蘖末期，春小麦3叶期，杂草2～5叶期，用50%乳油100～120ml/亩，对水20～30kg均匀的茎叶喷雾。

春玉米、春大豆田播后苗前，用87.5%乳油40～44ml/亩，对水20～30kg土壤均匀喷雾，玉米自交系和某些单交种对本品敏感。

防治玉米田阔叶杂草，播后苗前用50%乳油86～122ml/亩，对水30～40kg 进行土壤喷雾。

防治大豆田杂草，播后苗前用50%乳油76～90ml/亩，对水30～40kg进行土壤喷雾。

注意事项 本药对阔叶作物药害较严重，使用时注意药液的漂移。本品在小麦3叶期前或拔节开始后施药，否则会产生药害，植株畸形、葱管叶、匍匐或产生畸形穗。每季最多使用一次；禾本科作物对本品耐性较大，但在其幼苗、幼芽、幼穗分化期较为敏感，用药过早、过晚，用量大都可能造成药害。初次使用本品请征询植保技术人员指导；施药最好选择无风，空气相对湿度大于65%，气温低于28℃的气候条件下进行或晴天8时前17时以后进行；周围种植有阔叶作物的小麦田和田间套或混种有其他作物的小麦田，不能使用本品；赤眼蜂等天敌昆虫放飞区禁用。

开发登记 山东滨农科技有限公司、辽宁省大连松辽化工有限公司等企业登记生产。

2甲4氯异辛酯 MCPA-ethylhexyl

其他名称 MCPA-isooctyl。

化学名称 4-氯-2-甲基苯氧乙酸异辛酯。

结 构 式

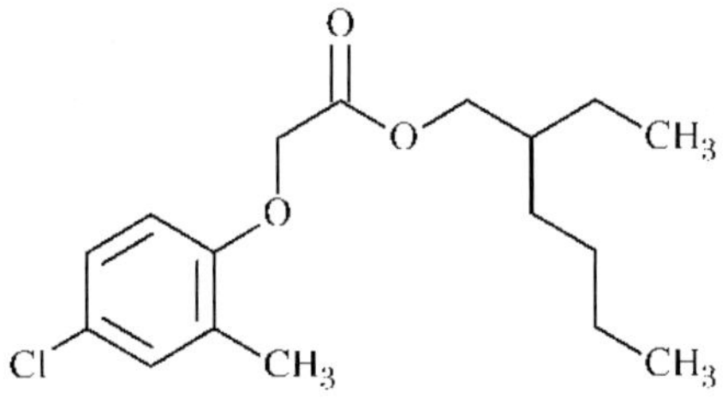

剂　　型 45%微囊悬浮剂 、85%乳油

除草特点 2甲4氯异辛酯 是苯氧羧酸类选择性除草剂，具有较强的内吸传导性。主要用于苗后茎 叶处理，穿过角质层和细胞膜，能迅速传导至杂草各个部位，最后全株死亡。本品可用于防除麦田荠菜、猪殃殃、播娘蒿、泽漆、繁缕、萹蓄、藜、田旋花、小蓟等等多种阔叶杂草及香附子等，喷雾后3d可见杂草扭曲、并通过根、茎、叶内吸传导到整株杂草，最终使其枯死。

适用作物 小麦

防除对象 可防除播娘蒿、荠菜、猪殃殃等多种一年生阔叶杂草。

应用技术 小麦田，冬小麦在冬后返青期或分蘖盛期至拔节前期，春小麦3～4叶期，杂草2～5叶期，用45%微囊悬浮剂100～120ml/亩，对水25～30kg时进行茎叶喷雾处理。

注意事项 本品最适施药温度为5～25℃。白天施药时温度应不低于2℃；用药前需进行二次稀释；避免施药时药液飘移到邻近敏感作物田；赤眼蜂等天敌放飞区域禁用；每季作物最多使用1次。

开发登记 安徽美兰农业发展股份有限公司、河北荣威生物药业有限公司、江苏辉丰生物农业股份有限公司等企业登记生产。

2,4–滴钠盐　2, 4–D–sodium

其他名称 2, 4–D Na。

化学名称 2,4–二氯苯氧乙酸钠盐。

结 构 式

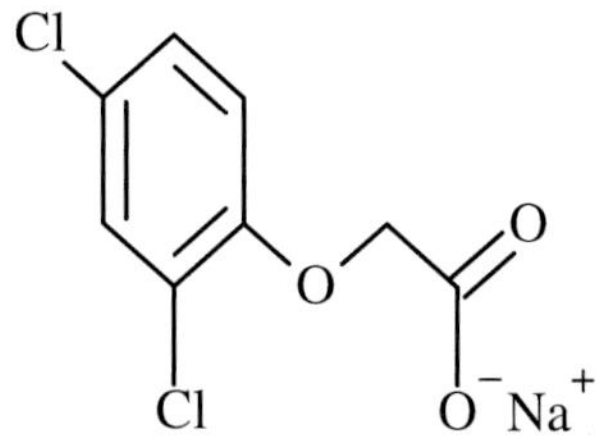

Cl, O, O, Cl, O^- Na^+

剂　　型 2%水剂、85%可溶性粉剂。

除草特点 低剂量使用时调节植物生长，高剂量可除草。它能促进番茄坐果，防止落花，加速幼果发育。

适用作物 小麦。

防除对象 多种阔叶杂草。

应用技术 小麦田阔叶杂草，用85%可溶性粉剂80～104g/亩，对水30～40kg进行茎叶喷雾。

注意事项 该药在大剂量下为除草剂，低剂量使用为植物生长调节剂，因此使用时必须在规定的浓度范围内使用，以免造成药害而减产。在没有使用过的地区，应通过小面积作物试验，取得经验后再扩大施用、留作种用的农田禁用本品，以免造成植物生长畸形。

开发登记 四川国光农化股份有限公司、黑龙江省佳木斯黑龙农药化工股份有限公司等企业登记生产。

2,4–滴二甲胺盐　2, 4–D dimethyl amine salt

化学名称 2,4–二氯苯氧乙酸二甲基胺盐。

结 构 式

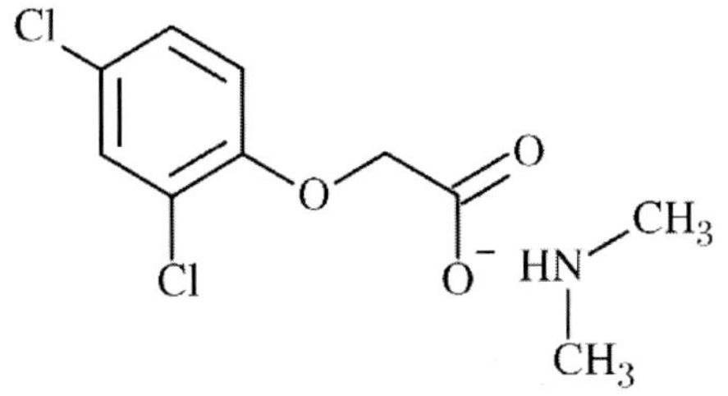

理化性质 浅黄色固体颗粒；熔点为140.5℃，蒸气压为53Pa(160℃)，25℃以下水中溶解度为620mg/L，可溶于乙醇、乙醚、丙酮等有机溶剂，不溶于石油。

毒　　性 大鼠急性经口LD_{50}为1 260mg/L(制剂)，急性经皮LD_{50}为2 150mg/kg(制剂)。

剂　　型 55%水剂、70%水剂。

除草特点 是激素型、选择性除草剂。可被植物根、茎、叶吸收和传导，茎叶吸收可通过植物的韧皮部向下传导到达根部；根吸收可通过植物的木质部向上传导到达全株，使整个植物表现畸形，严重破坏植物的生理功能，导致死亡。对人、畜低毒，具有较强的传导作用，微量对植物生长有刺激作用。本剂与其他除草剂混配使用，可增加安全性，扩大杀草谱。

适用作物 小麦、玉米、非耕地、水稻等。

防除对象 多种1年生阔叶杂草。

应用技术 春小麦4～5叶至分蘖盛期，1年生阔叶杂草2～5叶期，用50%水剂80～120ml/亩，对水30～40kg进行茎叶喷雾；冬小麦返青期至拔节期、阔叶杂草3～5叶期进行茎叶喷雾用55%水剂80～90ml/亩，对水30～40kg均匀茎叶喷雾。

玉米田，玉米苗后4～6叶期，杂草2～4叶期，可用720g/L水剂80～120ml/亩，对水20～30kg均匀茎叶喷雾，可防除1年生阔叶杂草

水稻移栽田，可用70%水剂25～40ml/亩，对水20～30kg均匀茎叶喷雾，可防除1年生阔叶杂草及莎草科杂草

非耕地，杂草生长旺盛时期，1年生阔叶杂草3～5叶时，可用70%水剂185～280g/亩，对水40～50kg均匀茎叶喷雾进行茎叶喷雾，施药后5h内遇雨应再次喷施。

开发登记 辽宁省大连松辽化工有限公司等企业登记生产。

2甲4氯乙硫酯 MCPA-thioethyl

其他名称 芳米大；酚硫杀；禾必特。

化学名称 2-甲基-4-氯苯氧基硫代乙酸酯。

结 构 式

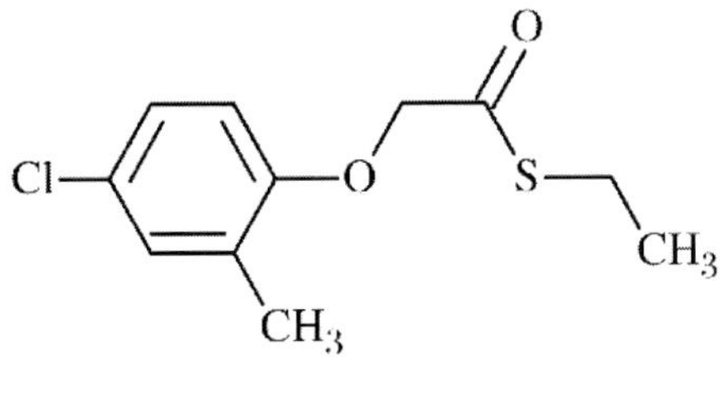

理化性质 原药纯度大于92%，为黄色至浅棕色固体。纯品为白色针状结晶，熔点41～42℃，沸点

165℃(7mmHg)。20℃时蒸气压2MPa。微溶于水，25℃时水中溶解度2.3mg/L。易溶于有机溶剂，20℃时在下列溶剂中的溶解度(g/L)：甲醇＞130，己烷290，乙醇＞330，丙酮＞1 000，氯仿＞1 000，二甲苯＞1 000，苯＞1 000。在弱酸性介质中稳定，在碱性介质中不稳定，遇热易分解。

毒　　性 雄、雌大鼠急性经口LD_{50}分别为790mg/kg和877mg/kg，大鼠急性经皮LD_{50}＞1 500mg/kg，大鼠急性吸入LC_{50}(4h)＞5mg/L。对兔皮肤无刺激性，对兔眼睛有轻度刺激性。在试验剂量内对动物无致突变、致畸、致癌作用。两年喂养试验无作用剂量大鼠为100mg/kg饲料，犬为20mg/kg饲料。对鱼类毒性中等，如鲤鱼LC_{50}(48h)为2.5mg/L。对蜜蜂低毒，LD_{50}＞40μg/只(接触)。对鸟类毒性很低，对日本鹌鹑LD_{50}为3 000mg/kg。

剂　　型 20%乳油、1.4%颗粒剂。

作用特点 2甲4氯乙硫酯为内激素型选择性苗后茎叶处理剂。药剂被茎叶和根吸收后进入植物体内，干扰植物的内源激素的平衡，从而使正常生理机能紊乱，使细胞分裂加快，呼吸作用加速，导致生理机能失去平衡。杂草受药后的症状与2,4-滴类除草剂相似，即茎叶扭曲、畸形、根变形。

适用作物 小麦、水稻。

防除对象 一年生及部分多年生阔叶杂草，如播娘蒿、香薷、繁缕、藜、泽泻、柳叶刺蓼、荠菜、小蓟、野油菜、问荆等。

应用技术 用于冬、春小麦田，于小麦3～4叶期(杂草长出较晚或生长缓慢时，可推迟施药，但不能超过小麦分蘖末期)施药，每亩用20%乳油130～150ml，对水15～30kg茎叶喷雾。

资料报道，还可用于水稻田防除阔叶杂草，每亩用20%乳油130～200ml，对水20～50kg茎叶喷雾，或者每亩用1.4%颗粒剂2～2.7kg，对水20～50kg茎叶喷雾。

注意事项 2甲4氯乙硫酯对双子叶作物有药害，若施药田块附近有油菜、向日葵、豆类等双子叶作物。喷药一定要留保护行。如果有风，则不应在上风头喷药。小麦收获前30d应停止使用。

开发登记 日本北兴化学工业公司开发、日本北兴化学工业株式会社登记生产。

2甲4氯 MCPA

化学名称 2-甲基-4-氯苯氧乙酸。

结 构 式

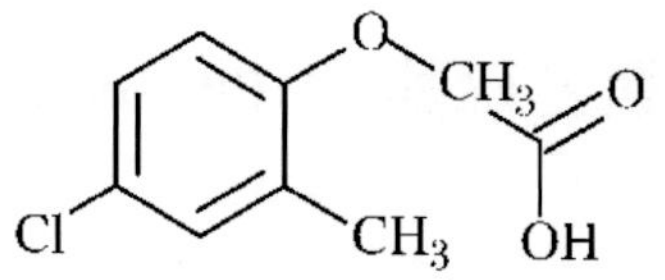

O CH3 O

Cl CH3 OH

理化性质 酸为无色结晶，熔点119～120.5℃，蒸气压2.3×10^{-5}Pa(25℃)；溶解度(25℃，mg/L)：水734、乙醇1 530、乙醚770、甲醇26.5、二甲苯49、庚烷5g/L(25℃)。

毒　　性 急性经口LD_{50}：大鼠700mg/kg，小鼠550mg/kg。急性经皮LD_{50}：大鼠＞1 000mg/kg。蜜蜂LD_{50}为0.104μg/只。

剂　　型 13%水剂。

除草特点 2甲4氯为苯氧乙酸类选择性激素型除草剂，具有较强的内吸传导性。主要用于苗后茎叶处理，穿过角质层和细胞膜，最后传导到各部分。在不同部位对核酸和蛋白质的合成产生不同影响，在植物顶端抑制核酸代谢和蛋白质的合成，使生长点停止生长。挥发性、作用速度比2, 4-滴丁酯低且慢，因而在寒冷地区使用比较安全。禾本科植物幼苗期很敏感，3～4叶期后抗性逐渐增强，分蘖末期最强，到幼穗分化期敏感性又上升，因此宜在小麦、水稻分蘖末期施药。

适用作物 小麦、水稻。

防除对象 可以防除水稻、小麦田的多种阔叶杂草及莎草科杂草，播娘蒿、荠菜、离蕊芥、泽漆、藜、蓼、反枝苋、铁苋菜、小蓟、苍耳、苘麻、田旋花、马齿苋、空心莲子草等。对麦家公、婆婆纳、猪殃殃、米瓦罐等有抑制作用。

应用技术 小麦田，小麦5叶期至拔节前，用13%水剂308～462ml/亩，对水30～40kg，均匀喷雾，可以防治大部分一年生阔叶杂草。

移栽稻田，移栽后30d至拔节前喷雾，用13%水剂231～462ml/亩，对水50～60kg均匀茎叶喷雾，用药前1d傍晚排干田水，喷药后24h后灌水。防治水稻田的多种阔叶杂草及莎草科杂草。

注意事项 喷药时应选择无风晴天，对棉花、油菜、豆类、蔬菜等作物较敏感，喷药时应避免药液飘移到上述作物田，在间、套作有阔叶作物的禾谷类作物田勿用。 每季最多使用1次。低温天气影响药效的发挥，且易产生药害。施药后12h内如降中到大雨，需重喷1次。

开发登记 安徽兴隆化工有限公司等企业登记生产。

2,4-滴丙酸 dichlorprop

其他名称 2,4-DP。

化学名称 (RS)-2-(2,4-二氯苯氧)丙酸。

结构式

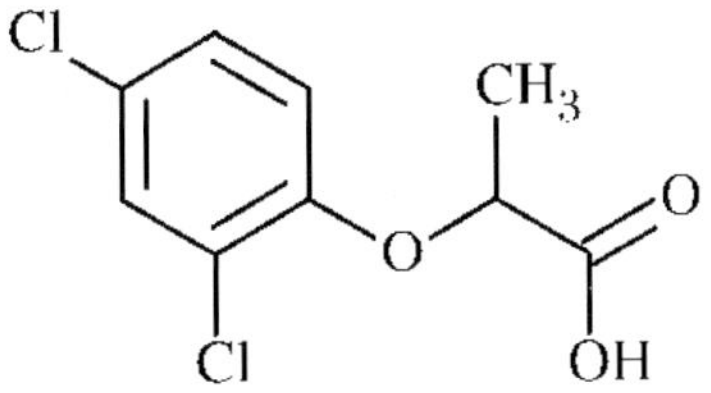

理化性质 2, 4-滴丙酸为无色结晶固体、熔点117.5～118.1℃，室温下蒸气压可忽略。20℃溶解度：水350mg/L(pH7)、丙酮595g/L、苯85g/L、甲苯69g/L，二甲苯51g/L。原药熔点114℃。

毒　　性 大鼠急性经口LD_{50}为800mg/kg。小鼠急性经口LD_{50}＞400mg/kg，小鼠急性经皮LC_{50}1 400mg/kg，在10g/L剂量下对眼无刺激，24g/L剂量下对皮肤无刺激。

除草特点 传导型芽后除草剂，对春蓼、大马蓼等特有效，也可防除猪殃殃和繁缕，对扁蓄防效较差。

应用技术 据资料报道，施用剂量180g(有效成分)/亩，可单独施用，也可与其他除草剂混用。

开发登记 1944年由P. W. Zimmerman等作为植物生长调节剂报道，1961由Boots Co. Ltd. (现为Schering Agricullture公司)作为除草剂开发。

高2,4-滴丙酸 dichlorprop-P

其他名称 精2, 4-滴丙酸。

化学名称 (R)2-(2,4-二氯苯氧基)丙酸。

结构式

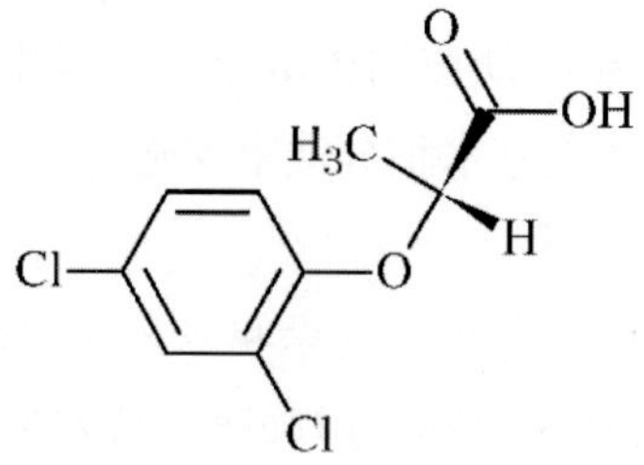

理化性质 晶体，熔点：121～123℃，蒸气压：0.062MPa(20℃)；20℃溶解度：水0.59g/L(pH7)，丙酮、乙醇大于1kg/kg，乙酸乙酯560g/kg，甲苯46g/kg。对日光稳定，在pH值3～9条件下稳定。

毒　　性 大鼠急性经口LD_{50}为825～1 470mg/kg。大鼠急性经皮LD_{50}＞4 000mg/kg，大鼠急性吸入LC_{50}(4h)＞7.4mg/L空气。大鼠(2年)无作用剂量为3.6mg/(kg·d)。

除草特点 本品属芳氧基烷基酸类除草剂，是激素型内吸性除草剂。

防除对象 对春蓼、大马蓼特别有效，也可防除猪殃殃和繁缕，也对扁蓄有一定的防除效果。

应用技术 据资料报道，在禾谷类作物上单用时，用量为80～100g/亩，或与其他除草剂混用。也可在更低剂量下使用，以防止苹果落果。

开发登记 1987年由BASF Ag开发。

2,4-滴丁酸 2, 4-DB

化学名称 4-(2,4-二氨苯氧)丁酸。

结构式

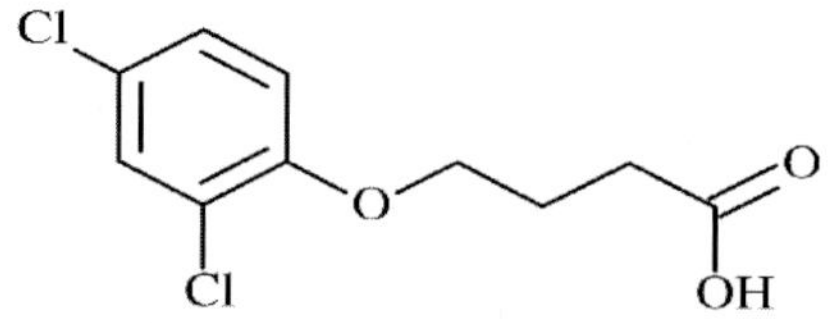

理化性质 无色结晶，熔点117～119℃，25℃时在水中溶解度为46mg/L，溶于丙酮、苯、乙醇和乙醚中，碱金属盐及胺盐可溶于水，但在硬水中将沉淀出钙盐和镁盐，其酸、盐和酯都是稳定的。在土壤中的DT_{50}小于7d。

毒　　性 其酸对大鼠急性口服LD_{50}为370～700mg/kg、其钠盐对大鼠是1 500mg/kg，对小白鼠约为400mg/kg。

除草特点 它是激素型除草剂，除草活性为2, 4-滴的一半。但它的活性取决于其在植物体内经β位氧化成2, 4-滴而起除草作用，因而具有较大的选择性。2, 4-滴丁酸用于播种后的谷物和草地防除阔叶草。能安全用于防除青豆、大豆、花生和苜蓿中某些阔叶杂草，因为这些作物把2, 4-滴丁酸氧化成2, 4-滴的能力比杂草差，在这些作物上它的用量很小。

应用技术 据资料报道，每亩用20～150g（有效成分)苗后茎叶喷雾，大豆在株高20cm，花生在播后15～30d内进行药剂处理。

注意事项 避免与氧化物接触。储存于阴凉、通风的库房。远离火种、热源。防止阳光直射。包装密封。应与氧化剂分开存放，切忌混储。配备相应品种和数量的消防器材。储区应备有合适的材料收容泄漏物。

开发登记 本品由M. E. Synerholm等于1947年报道植物生长调节剂特性，由May & Baker Ltd(现为Rhone-Poulenc Agriculture公司)作为除草剂开发。

2甲4氯丙酸 mecoprop

其他名称 Rd4593。

化学名称 (RS)-2-(4-氯-邻-甲苯氧基)丙酸。

结构式

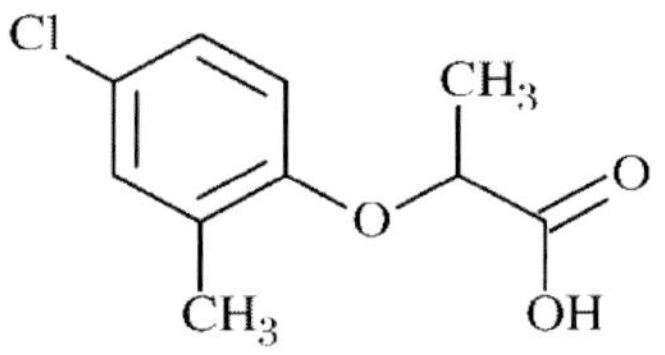

Cl, CH_3, O, O, OH, CH_3

理化性质 纯品为无色结晶体，熔点94～95℃。蒸气压0.31MPa(20℃)。20℃下溶解度：水中620mg/L、易溶于大多数有机溶剂。容易形成盐，大多数盐易溶于水，2甲4氯丙酸钠盐在水中溶解度为460g/L(15℃)、其钾盐为795g/L(0℃)、其双(2-羟基乙基)铵盐为580g/L(20℃)。工业品熔点≥90℃本品对热稳定，并抗还原、水解和空气氧化，它在潮湿的条件下腐蚀金属，其钾盐在80℃以下，pH≥8.6时不腐蚀黄铜、铁和软钢。

毒　　性 大鼠急性经口LD_{50}为930～1 166mg/kg、小鼠为650mg/kg。大鼠急性经皮LD_{50}>4 000mg/kg。大鼠急性吸入毒性LD_{50}(4h)>12.5mg/L。21d喂养试验表明，对大鼠无作用剂量为65mg/（kg·d）；2年为1.1mg/（kg·d）。用含100mg/kg饲料喂大鼠210d仅仅肾脏出现轻度肿大。

剂　　型 其钾盐、钠盐及铵盐的悬浮剂，酯的乳油，以干燥的非吸湿的盐为基础的乳油。

应用技术 据资料报道，芽后除草剂，可防除禾谷类作物田中藜、猪殃殃和繁缕及其他杂草，用量为120～160g(有效成分)/亩。本品可与其他除草剂混用以扩大除草谱。牧场用量为220～260g(有效成分)/亩，仅(R)-(+)异构体有除草活性。

开发登记 1953年由C. H. Fawcett等报道本品的植物生长调节活性，1956由G. B. Lush等报道除草用途。本品由Boots Co. ,Ltd. Agricultural Division(现为Schering Agriculture)公司开发。

高2甲4氯丙酸 mecoprop-P

其他名称 2甲4氯丙酸盐。

化学名称 (R)-2-(4-氯乙甲苯氧基)丙酸。

结构式

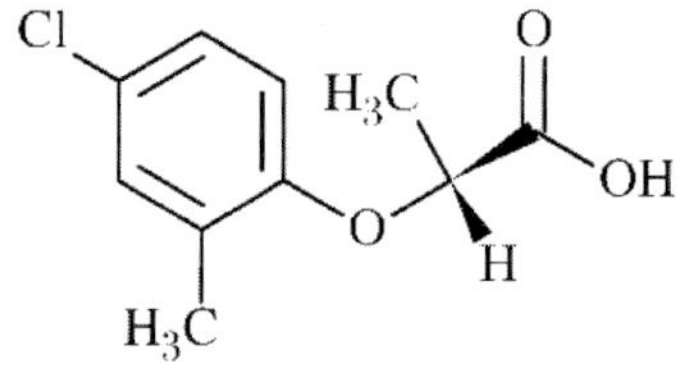

Cl, O, H_3C, OH, O, H, H_3C

理化性质 纯品为无色晶体，熔点94.6～96.2℃(原药84～91℃)。蒸气压0.4MPa(20℃)，相对密度1.31(20℃)。溶解度(20℃)：水860mg/L(pH7)，丙酮、乙醚、乙醇＞1kg/kg，二氯甲烷968g/kg，已烷9g/kg，

甲苯330g/kg。稳定性：对日光稳定，在pH3～9条件下稳定。

毒　性 大鼠急性经口LD_{50}为1 050mg/kg，大鼠急性经皮LD_{50}＞4 000mg/kg，大鼠急性吸入LC_{50}(4h)＞5.6mg/L。无致癌作用。对蜜蜂无毒。

作用特点 属激素型的芳氧基链烷酸类除草剂。

适用作物 禾谷类作物、水稻、豌豆、草坪和非耕作区。

防除对象 猪殃殃、藜、繁缕、野慈姑、鸭舌草、三棱草、日本藤草等多种阔叶杂草。该品种仅对阔叶杂草有效，欲扩大杀草谱要与其他除草剂混用。

应用技术 据资料报道，苗后茎叶处理，使用剂量为80～100g/亩。

注意事项 高2甲4氯丙酸对地下水污染有潜在危险。

开发登记 1987年BASF AG在FRG投产。

2甲4氯丁酸 MCPB

化学名称 4-(4-氯-邻-甲基苯氧基)丁酸。

结 构 式

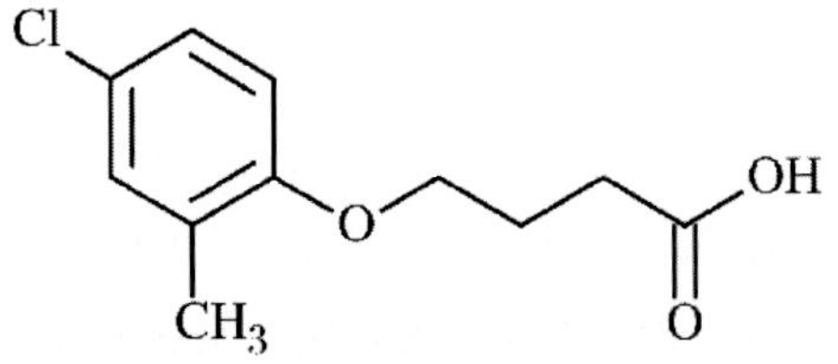

Cl, O, OH, O, CH_3

理化性质 纯品为无色晶体，熔点100℃，沸点>280℃，20℃时蒸气压为5.77×10^{-2}MPa，22℃时密度为1.254g/cm^3。溶解度(室温)：水中44mg/L，丙酮中313g/L，二氯烷160g/L，乙醇中150g/L，己烷65g/L，甲苯中8g/L。它的碱金属盐类溶于水，能被硬水沉淀、工业品(纯度92%)熔点95～100℃。土壤中T_{50}小于6d。

毒　性 大鼠急性经口LD_{50} 4 700mg/kg，大鼠急性经皮LD_{50}>2g/kg。对眼睛有刺激，对皮肤无刺激，对皮肤无致敏作用。大鼠急性吸入LC_{50}(4h)>1.14mg/L空气。大鼠90d饲喂试验无作用剂量为100mg/kg饲料。

除草特点 它是能在敏感植物中传导的除草剂。在植物体内转变为2甲4氯而起除草作用。

应用技术 据资料报道，可用于禾本科作物，豌豆、蚕豆、亚麻、胡萝卜、马铃薯和定植的草地中防除阔叶杂草如藜、蓼、马齿苋、豚草、蓟等。用量为水稻20～33g(有效成分)/亩，其他作物40～120g(有效成分)/亩，苗后茎叶处理。

开发登记 1955年由R. L. Wain和F. Wightman报道除草活性。

2,4,5-涕 2, 4, 5-T

化学名称 2,4,5-三氧苯氧酸。

结 构 式

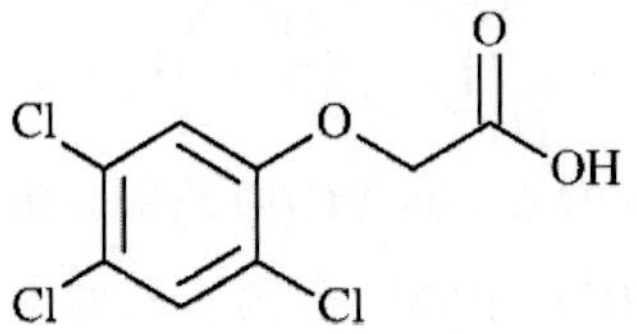

O, O, OH, Cl, Cl, Cl

理化性质 工业品纯度为94%，无色结晶体，熔点153～156℃。25℃下溶解度：水中150mg/L，二乙酯、乙醇、甲醇、甲苯中为>50g/L，庚烷中为400mg/L。在pH5～9的水溶液中稳定。与碱金属和胺类所成的盐可溶于水，在无悬浮剂存在的硬水中会出现沉淀。3-(2-羟乙基)铵盐的熔点为113～115℃、三乙基铵及其他的盐可溶于水，不溶于油类。

毒　　性 急性经口LD_{50}：大鼠为300～700mg/kg(取决于载体和鼠的品系)，小鼠389～1380mg/kg、大鼠急性经皮LD_{50}>5 000mg/kg。90d饲养试验表明，无作用剂量为30mg/kg饲料、以60mg/kg饲料喂犬90d。该化合物在0.009 1mg/kg时导致仓鼠胎儿致死，鹌鹑LC_{50}(8d)2 776mg/kg食物、鸭>4 650mg/kg食物。虹鳟鱼LC_{50}(96h)350mg/L、鲤鱼355mg/L。

剂　　型 65%乳油。

应用技术 2, 4, 5-涕与2, 4-滴有相似的除草性质，可单独施用或与2, 4-滴一起施用，用于防除灌木和木质植物。本品可叶面喷雾或喷于基部茎皮部位。也可用于环状剥皮、注射或切茎处理。可通过茎皮、根、叶部吸收。也可作为植物生长调节剂在苹果收获时使用，防止落果。酯类可用做超低容量喷雾。

开发登记 由C. L. Hamner和H. B. Tukey报道除草活性，由Amchem Products Inc. (现为Rhone-Poulenc Agrochemicals)生产。

2,4,5-涕丙酸 fenoprop

化学名称 2-(2,4,5-三氯苯氧)丙酸。

结 构 式

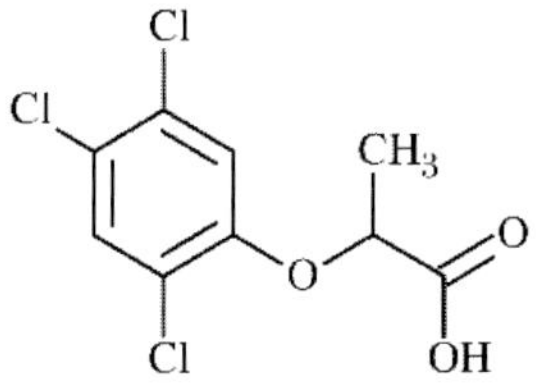

理化性质 白色粉末，熔点179～181℃，25℃时的水溶解度为140mg/L，溶于丙酮和甲醇(分别为180g/kg和134g/kg)。其低烷基酯略有挥发性，但2, 4, 5-涕丙酸和其丙二醇丁基醚酯是不挥发的，制剂和其稀释液对喷雾机具无腐蚀性。

毒　　性 大鼠急性口服LD_{50}为650mg/kg，其丁酯与丙二醇丁基醚酯的混合物的急性口服LD_{50}为500～1 000mg/kg。酸与未稀释的酯对眼都有刺痛。

除草特点 激素型除草剂，可被叶和茎吸收和传导，可防治木本植物和阔叶杂草，如灌木、栎树，猪殃殃、蒿属杂草等，也可防除水生杂草。

应用技术 据资料报道，主要用于非耕地，在低剂量下与2甲4氯丙酸混用防除谷物田中的多种一年生杂草。其三乙醇胺盐用于减少苹果收获前的落果。

开发单位 1953年由Dow Chemical Company推广，国内无登记。

2,4,5-涕丁酸 2, 4, 5-TB

化学名称 4-(2,4,5-三氨苯氧基)丁酸。

结 构 式

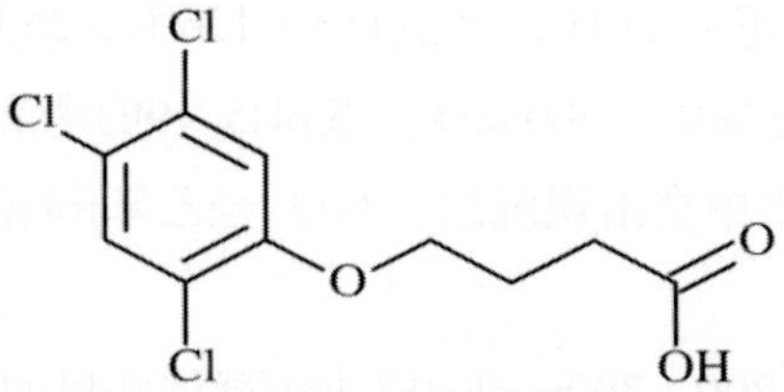

理化性质 纯品为无色结晶，熔点114～115℃，其钠盐25℃在水中溶解度20%以上。

除草特点 选择性除草剂，主要是由于它在植物体内发生侧键β-氧化而降解为2, 4, 5-TB而表现出来。2, 2, 4, 5-TB和2, 4-D一样，在植物体内类似于天然植物激素吲哚乙酸(IAA)的作用，由于它们的参与，打破了体内调节激素的合成和正常水平，同时也影响体内某些酶和蛋白质的合成，从而影响到杂草的新陈代谢，因而对某些杂草显示出选择性很高的除草作用。在低剂量下，由于上述过程在作物体内的发生，2, 4, 5-TB对作物显示出明显生长调节作用。

2甲4氯胺盐

其他名称 百阔净。

化学名称 4-氯-2-甲基苯氧乙酸铵。

结 构 式

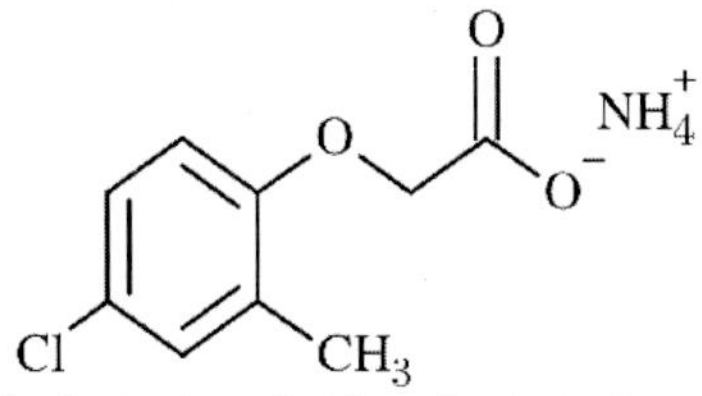

除草特点 该药施用后可迅速为杂草茎叶吸收并聚集在杂草生长点和根部，使杂草细胞大量分裂变形，通常在施药后2～3d杂草扭曲变形，部分茎叶变红，7～15d死亡，禾本科作物有抗药性而安全。

剂　　型 62%水剂、75%水剂。

适用作物 冬小麦、甘蔗、水稻、玉米。

防除对象 可以有效防除香附子、三棱草、铁苋、凹头苋、藜、空心莲子草、播娘蒿、泽漆、荠菜、大巢菜、繁缕、米瓦罐、田旋花、苍耳等。

应用技术 水稻移栽田，75%水剂40～50ml/亩，莎草及阔叶杂草。

开发登记 英国玛克斯有限公司、江苏省农垦生物化学有限公司等企业登记生产。

麦草畏 dicamba

其他名称 百草敌。

化学名称 2-甲氧基-3,6-二氯苯甲酸。

结 构 式

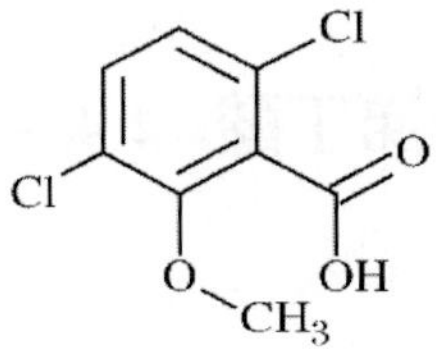

理化性质 淡黄色结晶，熔点114～116℃。溶解度6.5g/L，丙酮810g/L，二氯甲烷261g/L，乙醇922g/L，甲苯130g/L。

毒　　性 大鼠急性经口LD_{50}为1 700mg/kg，兔急性经皮LD_{50}为2 000mg/kg。

剂　　型 48%水剂、480g/L水剂、70%水分散粒剂、70%可溶粒剂。

除草特点 麦草畏具有内吸传导作用，可以被杂草根、茎、叶吸收，通过木质部和韧皮部上下传导，集中在分生组织及代谢活动旺盛的部位，阻碍植物激素的正常活动，从而使其死亡。

适用作物 小麦、玉米、芦苇。

防除对象 可以有效地防除播娘蒿、荠菜、藜、苋、马齿苋、牛繁缕、大巢菜、苍耳、问荆、萹蓄、猪殃殃、鳢肠等。对田旋花、小蓟、苦荬菜防除效果差。

应用技术 冬小麦3叶期后至拔节期，阔叶杂草3～5叶期，用48%水剂20～30ml/亩，对水30～40kg进行茎叶喷雾；春小麦，于春小麦3～5叶期，1年生阔叶杂草2～4叶期，用48%水剂20～30ml/亩，对水30～40kg进行茎叶喷雾，小麦拔节时不能施用麦草畏及其混剂。

玉米田，在玉米播后苗前或苗后早期，在玉米2～4叶期、阔叶杂草基本出齐且株高2～5cm时，用48%水剂20～40ml/亩，对水40kg左右均匀喷雾。

芦苇阔叶杂草防治，杂草幼期用药，用48%乳油30～75ml/亩，对水30～40kg茎叶喷雾。

注意事项 小麦4叶前和拔节后禁止使用，小麦对百草敌的安全临界期为小麦拔节期。小麦拔节期施药，能引起小麦植株倾斜匍匐，叶色明显变淡，并会产生畸形穗，其严重程度及持续时间会随用药量的增加而增加。小麦拔节后施用会造成明显的减产。防治小麦阔叶杂草，1季最多使用1次。在玉米田施用时，切勿使玉米种子与本品接触；喷药后20d内避免铲地；玉米株高达90cm或雄穗抽出前15d内，不能施用本品；甜玉米、爆裂玉米等敏感品种，勿用本品，以免发生药害；切勿将麦草畏喷在大豆、棉花、烟草、蔬菜、向日葵和果树等阔叶作物上，以免发生药害。防治玉米阔叶杂草，按推荐用量，播后苗前或苗后早期用药，1季最多使用1次；防治芦苇阔叶杂草，按推荐用量，杂草幼期用药，1季最多使用1次。

开发登记 瑞士先正达作物保护有限公司、江苏好收成韦恩农化股份有限公司 、东莞市瑞德丰生物科技有限公司等企业登记生产。

抑草蓬 erbon

化学名称 2-(2,4,5-三氯苯氧基)乙基-2,2-二氨丙酸酯。

结 构 式

Cl　OH
O
Cl　O
CH_3
Cl

理化性质 纯品为无色结晶，熔点49～50℃，沸点161～164℃(66.7Pa)。水中不溶，溶于丙酮、乙醇、煤油、二甲苯、对紫外光稳定，不易燃烧，无腐蚀性、工业品为暗褐色固体，纯度大于95%。

毒　　性 工业品急性经口对大鼠LD_{50}为1 120mg/kg，对兔为710mg/kg，对雏鸡为3 170mg/kg，属低毒农药，但是像2, 4, 5-T除草剂一样，要注意产品没有被TODD污染。TODD是原料2, 4, 5-三氨苯酚合成时的伴生物(见2, 4, 5–TB)，它有极高的胎儿和胚胎致畸作用。

除草特点 它是内吸传导，主要通过土壤由根部吸收，本品施于土地，首先被水解为2, 4, 5–三氯苯乙醇，它在微生物作用下被氧化为2, 4, 5三氨苯乙酸(2, 4, 5–T)而发挥其除草作用。它为灭生性除草剂，用于非作物的林间地、路林、灌渠等灭杀性除草，对早熟禾、野萝卜、车前草、狗牙根、蒺藜、藜、田旋花、酢浆草、蓟等1年生杂草和多年生杂草有效。

应用技术 据资料报道，在非农田，以本品9 ~ 12kg(有效成分)/亩的大剂量，彻底喷洒，对大多数杂草均有杀灭作用。

注意事项 本品无选择性，能被根部和叶吸收，土壤中药效可长达2 ~ 3个月，土壤直接施药效果最好，但由于它会被土壤微生物缓慢分解，所以不宜用量太少。

开发登记 本品由Dow Chem. Co. 作为除草剂研制。

伐草克 chlorfenac

化学名称 2,3,6–三氯苯乙酸。

结构式

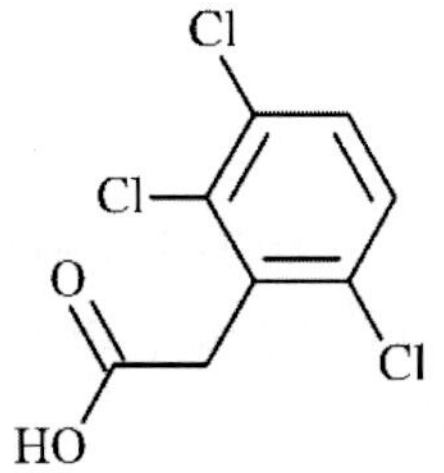

Cl Cl O Cl HO

理化性质 为无色固体，熔点156℃，蒸气压1.1Pa(100℃)。28℃，水中溶解度为200mg/L，溶于大多数有机溶剂。本品与碱作用形成水溶性盐。

毒　　性 大鼠急性经口LD_{50} 576 ~ 1 780mg/kg，兔急性经皮LD_{50} 1 440 ~ 3 160mg/kg。

应用技术 据资料报道，本品通常使用的是钠盐，是由根吸收的除草剂，抗淋溶，在土壤中长期存在，可于非耕地防除1年生和多年生杂草，用量为1.2kg(有效成分)/亩。

开发登记 由Amchem Products Inc.和Hooker Chemical Corp.作为除草剂开发。

赛松 disul

化学名称 2–(2,4–二氯苯氧基)乙基硫酸氢钠。

结构式

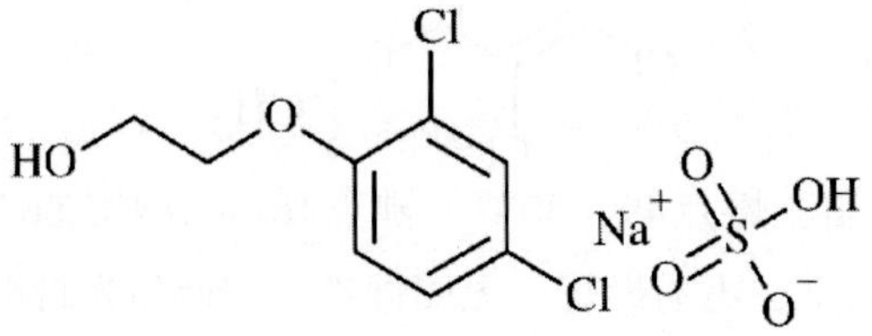

Cl HO O Na^+ O OH S O O⁻ Cl

理化性质 钠盐纯品为无色结晶，熔点170℃，室温蒸气压极低。水中溶解度为250g/kg，可溶于甲醇，但不溶于大多数有机溶剂，它的钙盐在热水中有较好的溶解性能，它可被碱分解为2-(2, 4-二氯苯氧)乙醇和硫酸氢或硫酸钠)。

毒　　性 大鼠急性经口LD_{50}为730mg/kg，2年内喂养大鼠试验中，无影响可接受剂量为2 000mg/kg，赛松对鱼类毒性较高。

剂　　型 90%可湿性粉剂。

除草特点 土壤中降解，氧化后被植物吸收。赛松本身不具有植物毒性，即没有除草效能。它施于土地后，在土地湿润条件下，通过微生物作用和化学分解作用分解为2-(2, 4-二氯苯氧基)乙醇，后者再被微生物(或空气中氧)氧化为2, 4-D，而起到除草作用，实验证明它在肥沃土地(多菌)中活性比贫瘠土地大得多，分解持续10～20d。

适用作物 用于玉米、小麦、大豆、马铃薯、蔬菜、花生、芝麻、茶树、烟草、桑树和林木苗圃。

防除对象 用以防除繁缕、马唐、簇生粟米草、看麦娘、藜、萹蓄、马齿苋、圆叶牵牛等1年生杂草。与西玛津混用，可在玉米、果树和观赏植物芽前土地处理防除1年生杂草。对土地中发芽的种子和株高0.5cm以内的杂草也有良好效果。

应用技术 据资料报道，作物播种后覆土在3~5cm时，可用90%可湿性粉剂40～65g/亩，加水40kg稀释，土地全面喷布。薯类覆土5～6cm时，可用90%可湿性粉剂100g/亩。作物生育期中，使用90%可湿性粉剂75～100g/亩，加水60～80kg，土壤表面全面喷洒。

三氯苯酸　2, 3, 6-TBA

其他名称 草芽平、草芽畏。

化学名称 2,3,6-三氯苯甲酸。

结 构 式

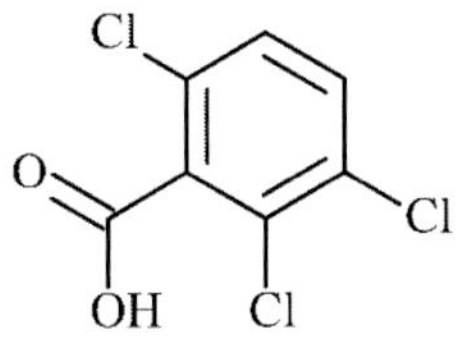

Cl
O
Cl
OH　Cl

理化性质 纯品为白色结晶固体，熔点125～126℃。工业品是白色到浅棕色的结晶粉末，蒸气压3.2Pa(100℃)，在22℃时水中溶解度为7.7g/L，并易溶于大多数有机溶剂中，如丙酮中60.7g/100ml、苯中23.8g/100ml、氯仿中23.7g/100ml、乙醇中63.7g/100ml、甲醇中71.7g/100ml、二甲苯中21.0g/100ml。可形成水溶性的碱金属盐和胺盐，其中钠盐在25℃时溶解度44%，对光稳定，温度高至60℃也稳定，并可与其他激素型除草剂混用。

毒　　性 大鼠急性口服LD_{50}为1.5g/kg，小鼠1g/kg，豚鼠>1.5g/kg，兔为600mg/kg，母鸡>1.5g/kg。大鼠急性经皮LD_{50}>1g/kg。用含10g/kg的饲料喂大鼠，64d后大鼠的水代谢受到轻微影响，但用1 000mg/kg的饲料喂养69d未发现上述情况，药物未经变化基本由尿排出体外。

除草特点 非选择性除草剂。用于防除某些深根多年生阔叶杂草，例如田旋花、田蓟、大戟属、矢车菊属、佛座和某些灌木。用量为0.66～1.32kg(有效成分)/亩时，易于受害的敏感作物有菜豆、番茄、棉花、各种观赏植物、葡萄等。时常与2甲4氯等激素型除草剂混用，防除禾谷类田中的一年生双子叶杂草。

开发登记 本品由H. J. Miller于1952年报道除草活性，1954年由Heyden Chemical Croporation和E. I. Dupont de Nemours & Co. 推广，获有专利USP2848470、USP3081162。

氨二氯苯酸 chloramben

其他名称 灭草平；豆科威；ACPM629；ADBA；Amiben；Amoben Naptol；Veriben。

化学名称 3-氨基-2,5-二氯苯甲酸。

结构式

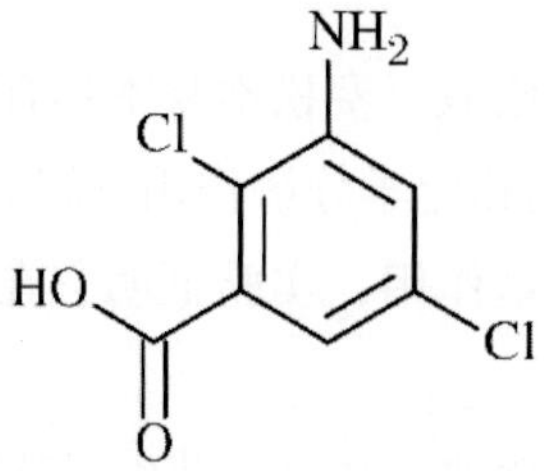

理化性质 白色无臭结晶固体，熔点200～201℃，蒸气压0.93Pa(100℃)，25℃时在水中溶解度700mg/L，在乙醇中173g/kg，二甲基亚砜中1 206g/kg，丙酮、甲醇中223g/kg，异丙醇113g/kg，乙醚70g/kg，氯仿0.9g/kg，苯0.2g/kg。其碱金属盐可溶于水。对热、氧气和酸、碱性介质的水解都是稳定的。

毒　　性 大白鼠急性口服LD_{50}是5.0g/kg、对大白鼠的急性经皮LD_{50}>3.16g/kg。1次施药3mg，对皮肤引起轻微刺激，并在24h之内消失。以含10 000mg/kg的饲料喂养大鼠2年无不良影响。对鱼、蜜蜂无毒。

剂　　型 20%铵盐水溶液。

适用作物 大豆、甘蓝、菜豆、玉米、花生、辣椒、向日葵、甜薯、番茄等作物上。

防除对象 防除稗草、马唐、狗尾草、牛筋草、石茅高粱、粟米草、猪毛菜、地肤、藜、苋、蓼、龙葵、马齿苋、豚草、繁缕等多种1年生单、双子叶杂草。对多年生的小蓟、苣荬菜，有强的抑制作用。对阔叶杂草的防效高于禾本科杂草。

应用技术 据资料报道，选择性苗前除草剂，一般作土壤处理。大豆播种至出苗前，用20%水剂0.66～1.32L/亩，对水40kg喷雾。如遇土壤干旱，施药后可进行浅混土。

注意事项 由于易为有机质吸附而减效，故在有机质含量超过3%的田块，用药量应适当增加。田间土块要整细以提高药效，施药后遇暴雨，田间积水，不但会降低除草活性，同时对大豆易产生药害，施磷肥后再施本药也易产生药害。如果药量过大，会抑制大豆的前期生长，表现为主根粗大，须根发育受阻，伸展不良，植株较矮小，叶色发锈或皱缩。但大豆4片复叶后可恢复正常生长，该对大豆生长有一定的刺激作用，使用不当易贪青晚熟。

开发登记 1958年由Amchem Products。Ineor-porated推广，获有专利US 3014063、US 3174842。

甲氧三氯苯酸 tricamba

其他名称 氯敌草平；杀草畏；杀草威。

化学名称 3,5,6-三氯-邻甲氧基苯甲酸。

结构式

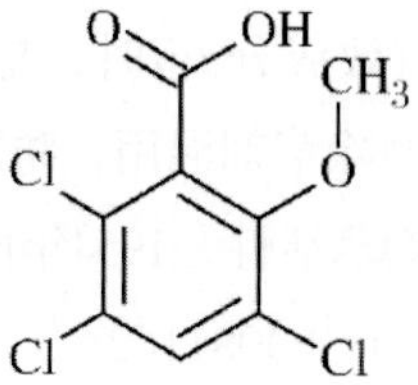

理化性质 白色无臭结晶，熔点137～139℃，微溶于水，略溶于二甲苯，可溶于乙醇。

毒　　性 大鼠急性口服LD_{50}为970mg/kg。

除草特点 激素型芽前和芽后除草剂。

应用技术 据资料报道，适用小麦、大麦田中防除一年生阔叶和禾本科杂草，应用剂量为33～200g(有效成分)/亩。

十、芳氧基苯氧基丙酸类除草剂

(一)芳氧基苯氧基丙酸类除草剂的主要特性

自1973年发现禾草灵以来，该类除草剂很多品种相继问世，取得了较快的发展，是目前农业生产中一类相当重要的除草剂。我国登记的品种达13种，其中精喹禾灵产量最大，国内1992年登记生产，现有原药生产厂家9个、制剂36个厂家、产品达57个。

芳氧基苯氧基丙酸类除草剂主要特性：可用于阔叶作物，有效防治多种禾本科杂草，具有极高的选择性。该类除草剂是苗后茎叶处理剂，可为植物茎叶吸收，具有内吸和局部传导的作用。作用部位是植物的分生组织，对幼嫩分生组织的抑制作用强，主要作用机制是抑制乙酰辅酶A合成酶，从而干扰脂肪酸的生物合成，影响植物的正常生长。一般于施药后48h即开始出现药害症状，生长停止、心叶和其他部位叶片变紫、变黄，枯萎死亡。此类除草剂在土壤中无活性，进入土壤中即无效。

(二)芳氧基苯氧基丙酸类除草剂的除草原理

1．吸收与传导

此类除草剂可为植物根、茎、叶吸收，叶面处理时，对幼芽的抑制作用强、施于根部时，对芽的抑制效应小，对根的作用强、土壤处理时，他们通过胚芽鞘、幼芽第一节间或根进入植物体内。同一剂量茎叶处理防治燕麦草与绿狗尾草的效果优于土壤处理，因而，苗后叶面喷雾是最有效的使用方法。此类除草剂被植物吸收后，迅速水解为酸，然后向代谢活跃部位传导。他们的传导作用较差，大部分药剂停留于叶表面或吸收后停留于叶片表皮层和薄壁细胞。

不同施药部位影响吸收与传导，当将禾草灵甲酯施于燕麦草幼芽顶端与茎部不同部位后发现，第一片叶基部的吸收量比顶端多64%，第二片叶多95%、由于药剂向基部传导有限，故靠近幼芽施药，可使较多药剂保持于基部，而基部是其主要作用部位，为此，将药剂施于叶鞘内，即可机械地达到基部，渗入幼芽基部的分生组织内，从而提高其除草效果。环境条件影响此类除草剂在植物体内的传导。一般情况下，温度高除草效果好。

2．作用部位

主要作用部位是植物的分生组织，一般于施药后48h即开始出现药害症状，生长停止、心叶和其他部位叶片变紫、变黄，枯萎死亡。

3．生理效应与除草机制

芳氧基苯氧基丙酸类除草剂的主要作用机制是抑制乙酰辅酶A合成酶，从而干扰脂肪酸的生物合成，影响植物的正常生长。同时，也能抑制植物生长和破坏细胞超微结构而导致植物死亡。研究表明，禾草灵甲酯在燕麦草植株内引起两种毒害作用：第一，由于叶组织内膜的受害而造成失绿和坏死；第二，分生组织内细胞分裂受抑制。不论在敏感或抗性植物体内，禾草灵甲酯都迅速脱甲酯而水解为禾草灵酸。禾草灵甲酯及其酸都具有除草活性，前者是一种强烈的植物激素拮抗剂，主要抑制茎的生长，造成叶组织失绿和坏死，其对燕麦胚芽鞘生长的抑制比酸高3倍；而禾草灵酸则是一种弱拮抗剂，它对根的抑制作用远大于前者，它引起燕麦超微结构和细胞受害并抑制分生组织的活性。禾草灵甲酯的除草效应乃是两种活性型在敏感植物内不同部位共同发生作用的结果，茎生长的抑制主要是由酯引起，而超微结构的破坏及细胞解体则是酸的作用。酯向上传导，造成叶组织失绿和坏死；而酸以共质体向分生组织传导，抑制分生组织细胞分裂与伸长过程。

喷施禾草灵甲酯后，燕麦草叶绿素a与叶绿素b含量显著下降，光合作用明显受抑制，叶绿体质壁分离，细胞破坏，幼芽内糖积累，光合作用产物向根部的传导下降，从而造成根系的发育不良。

4．选择性

该类除草剂的选择性主要是生理生化选择性。在单、双子叶间有良好的选择性，在单子叶内禾本科植物之间，也有明显的选择性。以禾草灵甲酯为例，几种禾本科植物的敏感性：玉米＞燕麦草＞小麦。

5．降解与消失

挥发作用较低，而随温度升高，挥发增强。其在温暖而湿润的条件下，在土壤中迅速降解而失效，因而，它们都可以作为茎叶处理剂来使用。此类除草剂在土壤中迅速水解为酸，其水解速度因土壤含水量而异。

6．应用技术

该类除草剂各品种的适用作物及防除对象基本一致。它们对几乎所有的双子叶作物都很安全。有些品种还可用于玉米、小麦等作物。

防治禾本科杂草特效，其中芳氧基苯氧基丙酸类品种主要防治一年生禾本科杂草，而杂环氧基苯氧基丙酸类品种既防治一年生禾本科杂草，也能有效地防治多年生禾本科杂草。

此类除草剂各品种都是苗后茎叶处理剂，喷药时期以杂草叶龄为指标，一般在杂草幼龄时期施用除草效果高，如禾草灵甲酯、氟氯禾草灵等在燕麦草2～4叶期而稗草等禾本科杂草2～6叶期使用较好。低剂量可以防治2～3叶期禾本科杂草，高剂量可以防治分蘖期的杂草。

影响药效的因素：该类除草剂与一般除草剂不同，高温促使其药效显著下降。当用低剂量时，温度的影响特别大，当温度从10℃上升到24℃时，50mg禾草灵甲酯防治燕麦草的效果下降33%，而温度上升至17℃时不受影响，高剂量下受温度的影响较小。在低温条件下，药剂在植物体内的降解速度缓慢，毒性增强。在生产中，特别是在麦田应用禾草灵甲酯防治燕麦草时，应根据作物与杂草情况，适当提早用药。湿度高，药效好。用禾草灵甲酯进行土壤处理时，土壤湿度为10%的防效大大低于湿度为20%或30%的防效、喷药前土壤湿度为10%，喷药后当天或1d、2d与4d后增至30%的防效，与土壤湿度始终保持30%的防效无显著差异，但是，如果在喷药后经6～8d再增加土壤湿度时，防效便显著下降。个别品种可以用于土壤处理，此类除草剂进行土壤处理时，药效直接受处理时的土壤湿度制约。在干旱地区，施药后混土的效果优于土表喷施。幼龄杂草易于防治，用禾草灵甲酯处理后，2叶期稗草比4叶期死亡迅速，但最终的防治效果相同。6叶期比2～4叶期死亡更缓慢，1个分蘖的稗草死亡最慢，但处理后灌水时，各生育期稗草都能被低剂量禾草灵甲酯迅速而完全防治。芳氧基苯氧基丙酸类除草剂与激素类除草剂苯达松、敌稗等多种除草剂混用具有明显拮抗作用，这样会显著降低对一些禾本科杂草的除草效果，具体混用技术可见以后各章节的具体介绍。

(三)芳氧基苯氧基丙酸类除草剂主要品种

禾草灵 diclofop-methyl

其他名称 禾草灵甲酯；禾草除；伊洛克桑。

化学名称 2-[4-(2,4-二氯苯氧基)苯氧基]丙酸甲酯。

结构式

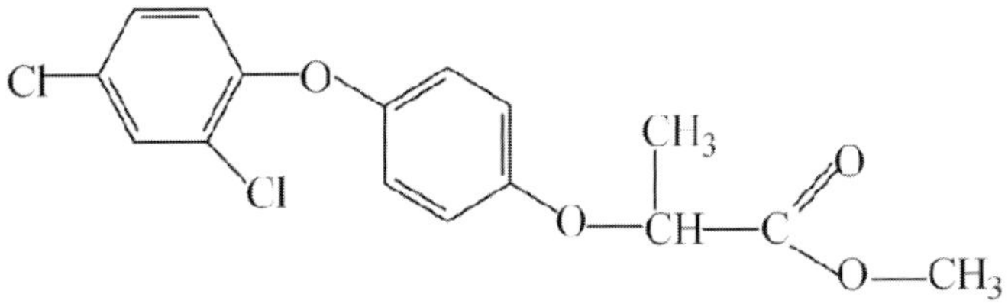

Cl, Cl, O, CH_3, O, O—CH—C, O—CH_3

理化特性 无色晶体，密度(40℃)1.3g/cm^3，熔点39～41℃，溶解度(25℃)：水0.8mg/L，丙酮、二氯甲烷、甲苯＞500g/L，聚乙二醇148g/L，甲醇120g/L，异丙醇51g/L。

毒性 大鼠急性经口LD_{50}为693mg/kg，大鼠急性经皮LD_{50}＞5 000mg/kg。

剂型 28%乳油、36%乳油。

除草特点 选择性茎叶处理除草剂，禾草灵作叶面处理时，可为植物的根、茎、叶局部吸收，但传导性能差。主要作用于植物的分生组织。通过对乙酰辅酶A羧化酶的抑制而抑制杂草的脂肪酸合成，而使杂草致死。受害杂草经5～10d后即出现褪绿等中毒现象。禾草灵在单子叶和双子叶植物之间有良好的选择性，主要是在双子叶等抗性植物体内能迅速进行生理代谢，降解为无毒化合物，在小麦体内能发生不可逆转的芳基羟基化反应，对小麦生长安全。

适用作物 春小麦。

防除对象 可以防除禾本科杂草，如野燕麦、看麦娘、稗草、马唐、狗尾草、画眉草、千金子、牛筋草等。对阔叶杂草无效。

应用技术 春小麦田，在春小麦3～5叶期，禾本科杂草2～3叶期时施药，用36%乳油180～200ml/亩，对水35～40kg进行均匀茎叶喷雾。施药越晚除草效果越低。

据资料报道，油菜、大豆、甜菜田，宜在杂草2～4叶期施药，用36%乳油160～200ml/亩，对水进行茎叶喷雾处理。

注意事项 土壤含水量对禾草灵药效有显著影响，土壤含水量为30%左右时，禾草灵甲酯的活性最高，如药前土壤含水量达不到最佳含水量，则喷药后迅速浇水药效不致下降，若推迟浇水，降低药效。不宜在玉米、高粱、谷子、棉花田施用。禾草灵在气温高时药效降低，麦田施用宜早。土地湿度高时有利于药效发挥，宜在施药后1～2d内灌水。

开发登记 浙江一帆生物科技集团有限公司 、山东潍坊润丰化工股份有限公司等企业登记生产。

吡氟禾草灵 fluazifop-butyl

其他名称 稳杀得；氟草除；氟吡醚；氟草灵。

化学名称 (RS)-2-[4-(5-三氟甲基-2-吡啶氧基)苯氧基]丙酸丁酯。

结构式

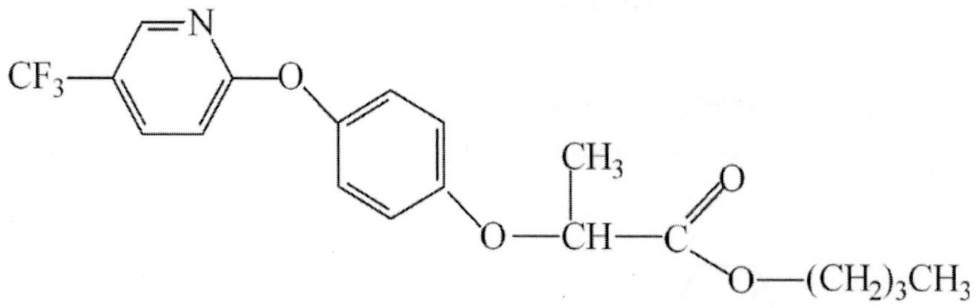

理化性质 浅草绿色液体，熔点13℃(工业品10℃)，沸点165℃(0.02mmHg)，蒸气压0.05MPa(20℃)。密度1.21(20℃)；溶解度：水1mg/L(pH6.5)，溶于丙酮、环己烷、己烷、甲醇、二氯甲烷和二甲苯，丙二醇24g/L(20℃)，25℃时保存3年，37℃时保存6个月，在酸性、中性中稳定，碱性介质中水解迅速(pH9)。

毒性 大鼠急性经口LD_{50} > 2 000mg/kg，大鼠急性经皮LD_{50} > 6 050mg/kg。LC_{50}(96h，mg/L)：虹鳟鱼1.37，鲤鱼1.31，蓝鳃太阳鱼0.53；急性经口LD_{50}野鸭 > 17 000mg/kg。

剂型 35%乳油。

除草特点 内吸传导型茎叶处理除草剂，有良好的选择性。对禾本科杂草有很强的杀伤作用，对阔叶作物安全。杂草吸收药剂的部位主要是茎和叶，但施入土壤中的药剂通过根也能被吸收。进入植物体的药剂水解成酸的形态，经筛管和导管传导到生长点及节间分生组织，干扰植物的ATP(三磷酸腺苷)的产生和传递，破坏光合作用和抑制禾本科植物的茎节和根、茎、芽的细胞分裂，阻止其生长。由于它的吸收传导性强，可达地下茎，因此对多年生禾本科杂草也有较好的防除作用。

适用作物 可以用于多种阔叶作物田，如棉花、大豆、花生、油菜、甜菜、甘薯、马铃薯、西瓜、烟草、阔叶蔬菜、果树。

防除对象 可以防治1年生和多年生禾本科杂草，如看麦娘、狗尾草、稗草、马唐、牛筋草、野燕麦、芦苇、狗牙根等。对双子叶杂草无效。

应用技术 棉花、花生、大豆、甜菜等阔叶作物苗期，禾本科杂草2～5叶期，用35%乳油50～100ml/亩，对水30kg均匀喷施。

注意事项 防除阔叶作物田禾本科杂草时，应防止药液飘移到禾本科作物上，以免发生药害。同时，使用过的器具应彻底清洗干净方可用于禾本科作物。空气湿度和土地湿度较高时，有利于杂草对药剂的吸收、输导，药效容易发挥。高温干旱条件下施药，杂草茎叶不能充分吸收药剂，药效会受到一定程度的影响，此时应增加用药量。该药仅能防除禾本科杂草，对阔叶杂草无效。可与氟磺胺草醚混用，与三氟羧草醚混用应慎用。本品为易燃性液体，运输时应避开火源。

开发登记 日本石原产业株式会社登记生产。

精吡氟禾草灵 fluazifop-p-butyl

其他名称 精稳杀得；精吡氟禾灵。

化学名称 (R)-2-[4-(5-三氟甲基-2-吡啶氧基)苯氧基]丙酸丁酯。

结构式

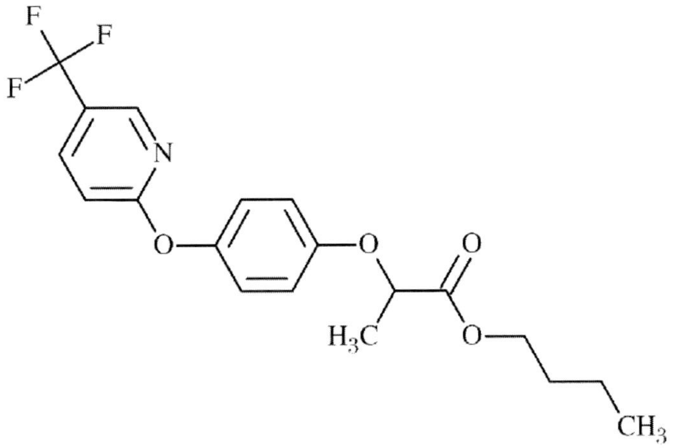

理化性质 浅色液体，熔点约5℃，沸点164℃(0.02mmHg)。溶解度水1mg/L，溶于丙酮、甲醇、乙酸乙酯、甲苯和二甲苯，紫外光下稳定，25℃保存1年以上，50℃保存12周，210℃分解。

毒　　性 大鼠急性经口LD_{50}为3 680mg/kg，大鼠急性经皮LD_{50}为2 076mg/kg；LC_{50}(96h，mg/L)：虹鳟鱼1.07；野鸭急性经口LD_{50} > 3 528mg/kg。无致畸、致癌作用。

剂　　型 15%乳油、150g/L乳油。

除草特点 选择性内吸传导型茎叶处理除草剂。用作茎叶处理，可为植物的茎叶吸收，通过木质部、韧皮部的输导组织传导到生长点和分生组织，通过对乙酰辅酶A羧化酶的抑制而抑制杂草的脂肪酸合成，抑制杂草节、根、茎、芽的生长，受药作物逐渐枯萎死亡。作用速度缓慢，一般在施药后3～5d内杂草停止生长，7d左右节点或芽发生坏死、嫩叶枯萎，10～15d后杂草死亡。

适用作物 大豆、花生、棉花、油菜、甜菜、烟草、甘薯、马铃薯、西瓜、甜瓜、果园等。

防除对象 可以防治1年生和多年生禾本科杂草，如看麦娘、狗尾草、稗草、马唐、牛筋草、野燕麦、芦苇、狗牙根等。对双子叶杂草无效。

应用技术 在禾本科杂草出苗高峰后、杂草2～5叶期间，用15%乳油40～60ml/亩，对水30kg，进行茎叶喷雾处理。在干旱、杂草较大时，或防除多年生禾本科杂草时，用药量可以增加到65～100ml/亩，或在药后40d前后再施药1次。防治多年生杂草如芦苇、茅草、狗牙根等，则需用130～165ml/亩，方能取得较好的除草效果。

注意事项 禾本科杂草在3～5叶期施药除草效果最佳，一般可达82.4%～97.7%；在杂草萌发前施药，除草效果低下，仅为9.5%～20.1%；在成株期施药，除草效果也不理想，仅为23.7%～57.6%，施药后能抑制其继续生长，上部叶片生长受到影响，部分在30d后恢复生长。本剂对水稻、玉米、小麦等禾本科作物有药害，施药时避免药剂飘移到禾本科作物上。空气湿度和土地湿度较高时，有利于杂草对药剂的吸收、输导，药效易于发挥。高温、干旱条件下施药，杂草茎叶不能充分吸收药剂，药效会受到一定程度的影响，此时应适当增加用药量。

开发登记 日本石原产业株式会社 、安徽丰乐农化有限责任公司等企业登记生产。

氟吡甲禾灵 haloxyfop

其他名称 盖草能；吡氟氯草灵。

化学名称 (RS)2-[4-(3-氯-5-三氟甲基-2-吡啶氧基)苯氧基]丙酸或(RS)2-[4-(3-氯-甲基-2-吡啶氧基)苯氧基]丙酸甲酯。

结构式

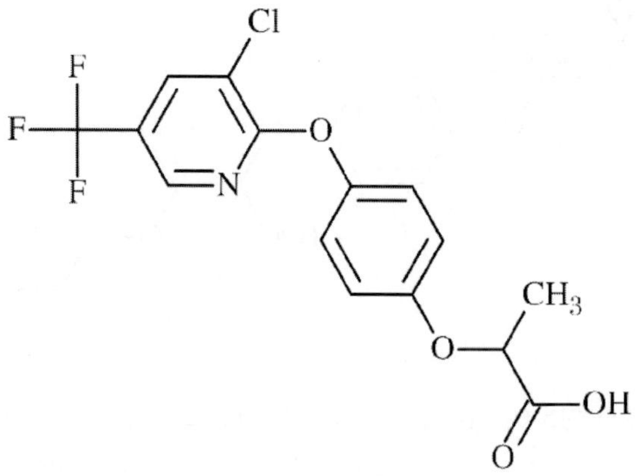

Cl
F
F—
F
N
O
CH₃
O
OH
O

理化性质 酸为无色结晶，熔点107～108℃，蒸气压1 330MPa(20℃)，溶解度：水43.3mg/L，其他溶剂(g/L，20℃)：丙酮、甲醇、异丙醇＞1 000，甲苯118、二甲苯74。甲酯为无色结晶，熔点55～57℃，溶解度：水43.3mg/L，其他溶剂(g/L，20℃)：二甲苯1.27、丙酮3.5、乙腈4。

毒　　性 大鼠急性经口LD_{50}518mg/kg，大鼠急性经皮LD_{50}＞2 000mg/kg。LC_{50}(96h，mg/L)虹鳟鱼1.37，鲤鱼1.31，蓝鳃太阳鱼0.53；急性经口LD_{50}野鸭＞17 000mg/kg。

剂　　型 12.5%乳油、108g/L乳油。

除草特点 是一种选择性内吸传导型茎叶处理除草剂。用作茎叶处理，可为植物的茎、叶吸收，通过木质部、韧皮部的输导组织传导到生长点和分生组织，通过对乙酰辅酶A羧化酶的抑制而抑制杂草的脂肪酸合成，从而抑制根、茎分生组织的生长，受药杂草逐渐枯萎死亡。对苗后到分蘖期的1年生和多年生禾本科杂草有很好的防除效果。该药剂在土壤中降解快，对后茬作物无影响。

适用作物 广泛应用于大豆、花生、棉花、油菜、马铃薯、西瓜、地瓜等作物和多种蔬菜、果园、花卉、苗圃等。

防除对象 防除马唐、狗尾草、牛筋草、画眉草、稗草、看麦娘、千金子等1年生禾本科杂草以及狗牙根、白茅、荻等多年生禾本科杂草；对莎草和阔叶类杂草无效。

应用技术 大豆、花生、棉花等阔叶作物田，禾本科杂草3～5叶期，用12.5%乳油40～50ml/亩，对水40kg常规喷雾。干旱条件下可以适当加大施药量。在多年生禾本科杂草较多时，可以提高剂量，用12.5%乳油100～150ml/亩，对水40～50kg常规喷雾。在阔叶杂草较多的地块，可与防除阔叶杂草的除草剂混用，提高防除效果。

苗圃及果园除草，适用于针叶及阔叶树苗圃如松、杉、柏、杨树、海棠、梧桐等，防除禾本科杂草。在杂草3～6叶期，每亩用12.5%乳油50～80ml，多年生杂草较多时，可以适当加大施药量，可以用12.5%乳油130～150ml/亩，对水30～50kg，对杂草茎叶喷雾。

注意事项 施药后杂草吸收快，一般下雨前3～5h施药不影响除草效果。视田间杂草种类敏感程度、杂草密度、生长状况，适当调整用药剂量，一般于杂草较大、天气干旱、杂草过密时加大用药量。防治多年生禾本科杂草时，要适当加大施药剂量。单、双子叶杂草混生田块可以采用与防除阔叶及莎草的除草剂混用。

开发登记 江苏富田农化有限公司 、山东光扬生物科技有限公司登记生产。

高效氟吡甲禾灵 haloxyfop-R-methyl

其他名称 高效盖草能。

化学名称 R-2-[4-(5-三氟甲基-3-氯-吡啶-2-氧基)苯氧基]丙酸甲酯。

结 构 式

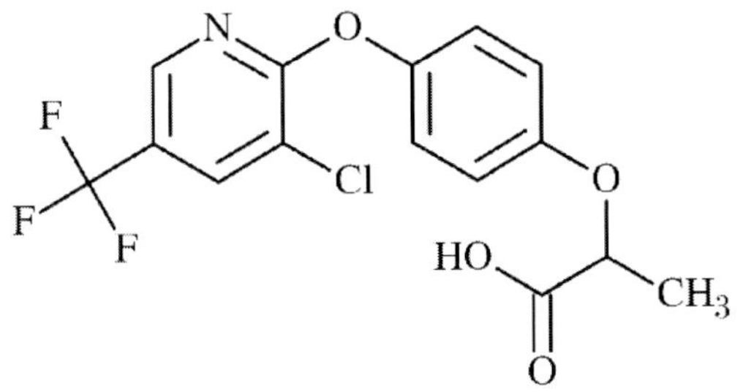

理化性质 明亮的棕色液体，无味，沸点>280℃，蒸气压(25℃)0.328MPa。溶解度水8.74mg/L(25℃)、在丙酮、环己酮、二氯甲烷、乙醇、甲醇、甲苯、二甲苯中>1kg/L(20℃)。

毒　　性 大鼠急性经口LD_{50} > 300mg/kg，大鼠急性经皮LD_{50} > 2 000mg/kg。LC_{50}(96h，mg/L)虹鳟鱼0.7；原药对鸟类低毒，鹌鹑、野鸭急性经口LD_{50}大于5 620mg/kg(喂食8d)。对鱼中等毒性，虹鳟鱼LD_{50}(96h)0.4mg/L。

剂　　型 10.8%乳油、22%乳油、48%乳油、158g/L乳油、17%微乳剂、28%微乳剂。

除草特点 一种苗后选择性除草剂。茎叶处理后能很快被禾本科杂草的叶子吸收，传导至整个植株，抑制植物分生组织而杀死杂草。喷洒落入土壤中的药剂易被根部吸收，也能起杀草作用，在土壤中半衰期平均55d。与氟吡甲禾灵相比，高效氟吡甲禾灵在结构上以甲基取代氟吡甲禾灵中的乙氧乙基；并由于氟吡甲禾灵结构中丙酸的a－碳为不对称碳原子，故存在R和S两种光学异构体，其中S体没有除草活性，高效氟吡甲禾灵是除去了非活性部分(S体)的精制品(R体)，同等剂量下它比氟吡甲禾灵除草活性高，药效稳定，受低温、雨水等不利环境条件影响少。药后1h后降雨对药效影响就很小。

适用作物 大豆、花生、油菜、棉花、马铃薯、甜菜、西瓜、甜瓜、豇豆、辣椒、茄子、黄瓜、甘蓝、向日葵等多种阔叶作物。

防除对象 对苗后至分蘖、抽穗初期的1年生和多年生禾本科杂草都有很好的防效，包括稗草、野燕麦、日本看麦娘、看麦娘、狗尾草、马唐、牛筋草、千金子、早熟禾、雀麦、野稷、狗牙根、双穗雀稗、假高粱、芦苇等。

应用技术 大豆、花生、棉花等阔叶作物田，禾本科杂草3～5叶期，用10.8%乳油40～50ml/亩，对水20kg常规喷雾。干旱条件下可以适当加大施药量。在多年生禾本科杂草较多时，可以提高剂量，用10.8%乳油100～150ml/亩，对水20kg常规喷雾。

注意事项 本品能为杂草迅速吸收，一般下雨前1～3h施药不影响除草效果。但应避免中午高温、大风天或降雨前施药。施药时应根据杂草种类对药剂的敏感程度、杂草密度、生长状况，适当调整用药剂量，一般于杂草较大、天气干旱、杂草过密时加大用药量。防治多年生禾本科杂草时，要适当加大施药剂量。该药不能防除阔叶杂草，在单双子叶杂混生情况下，大豆田可选用与氟磺胺草醚混用。当与DE-

498等除除阔叶杂草除剂混用时，大豆药害重，降低高效盖草能对禾本科杂草的防效，两者不可混用。高效盖草能对禾本科作物敏感，如玉米、水稻和小麦等，喷雾时应注意勿飘移到邻近敏感作物田。

开发登记 美国陶氏益农公司、安徽华星化工股份有限公司、河南瀚斯作物保护有限公司等企业登记生产。

喹禾灵 quizalofop

其他名称 禾草克。

化学名称 2-[4-(6-氯喹恶啉-2-氧基)苯氧基]丙酸乙酯。

结 构 式

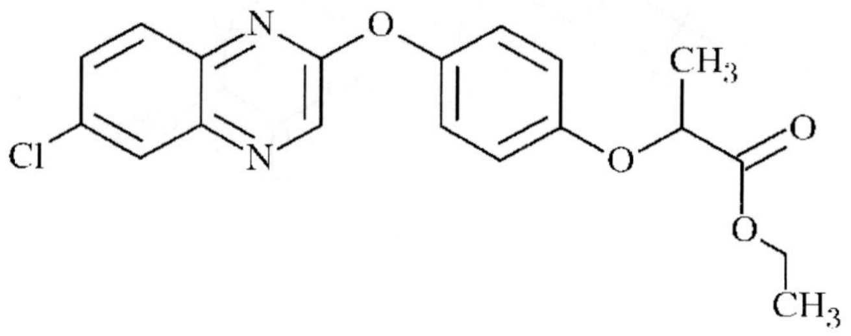

理化性质 无色结晶，熔点91.7～92.1℃，沸点(26.6Pa)220℃，蒸气压0.866nPa(20℃)，密度1.35(20℃)、溶解度(g/L，20℃)：苯290、二甲苯120、丙酮111、乙醇9、己烷2.6，50℃条件下90d稳定性不变，在有机溶剂中40℃条件下90d稳定不变，对光不稳定，pH值3～7稳定。

毒 性 大鼠急性经口LD_{50}为1 670mg/kg，大鼠急性经皮LD_{50}＞10 000mg/kg。鱼LC_{50}(96h，mg/L)：虹鳟鱼10.7，蓝鳃太阳鱼2.8、急性经口LD_{50}野鸭＞2 000mg/kg。蜜蜂急性LD_{50}为50μg/只。

剂 型 10%乳油、5%乳油。

除草特点 选择性内吸传导型茎叶处理除草剂。药液为杂草叶片吸收后，向植株上下方移动，1年生杂草在药后24h内传导到整个植株，有效地积累在分生组织中，通过对乙酰辅酶A羧化酶的抑制而抑制杂草的脂肪酸合成，破坏分生组织的生长，施药后2～3d内新叶退绿变黄，植株4～7d新叶以外的茎叶也开始呈坏死状，10～14d后整株死亡。多年生杂草受到破坏，失去再生能力。具有较好的耐雨性，处理后1～2h内降雨，不影响除草效果，他对大多数阔叶作物安全。

适用作物 大豆、花生、棉花、油菜、西瓜、甘薯等多种阔叶作物及蔬菜和果树。

防除对象 可以有效防除1年生禾本科杂草，如稗草、牛筋草、狗尾草、看麦娘、野燕麦、马唐、画眉草。提高剂量可以防除狗牙根、白茅、芦苇等多年生禾本科杂草。对莎草、阔叶杂草无效。

应用技术 在阔叶作物田，禾本科杂草苗后旺盛生长期内，最好在禾本科杂草3～6叶期施药。防除1年生禾本科杂草，用10%乳油40～75ml/亩、防除多年生禾本科杂草，用10%乳油75～125ml/亩加水30kg左右，均匀喷雾杂草茎叶。

注意事项 对禾本科作物敏感，喷药时切勿喷到邻近水稻、玉米、小麦等禾本科作物。喷药后2h降雨，药效影响不大，不必重喷。土壤干燥、杂草生长缓慢时，可以适当增加药量。在天气干燥的情况下，作物的叶片有时会出现药害，但对新叶不会有药害，对产量无影响。

开发登记 江苏丰山集团股份有限公司 、江苏省激素研究所有限公司、日本日产化学工业株式会社等企业登记生产。

精喹禾灵 quizalofop-p-ethyl

其他名称 精禾草克；盖草灵。

化学名称 (R)-2-[4-(6-氯喹恶啉-2-氧基)苯氧基]丙酸乙酯。

结构式

理化性质 淡褐色结晶，熔点76.1～77.1℃，沸点220℃(26.6Pa)，相对密度1.36，蒸气压110nPa(20℃)，水中溶解度0.61mg/L(20℃)，溶剂中溶解度(g/L，20℃)：丙酮650、乙醇22、己烷5、甲苯360；pH9时半衰期20h，酸性中性介质中稳定，碱性介质中不稳定。

毒　　性 急性经口LD_{50}为：雄大鼠1 210mg/kg，雌大鼠1 182mg/kg，雄小鼠1 753mg/kg，雌小鼠1 805mg/kg。大鼠90d饲喂无作用剂量7.7mg/kg饲料。对兔眼睛和皮肤无刺激性。

剂　　型 5%乳油、8.8%乳油、10%乳油、15%乳油、20%乳油、15%悬浮剂、20%悬浮剂、10.8水乳剂、20%水分散粒剂等。

除草特点 精喹禾灵是在合成禾草克的过程中去除了非活性的光学异构体(L－体)后的精制品。其作用机制、杀草谱与禾草克相似，通过杂草茎叶吸收，在植物体内向上和向下双向传导，积累在顶端及居间分生组织，抑制细胞脂肪酸合成，使杂草坏死。精喹禾灵是一种高速选择性的新型旱田茎叶处理剂，在禾本科杂草和双子叶作物间有高度的选择性，对阔叶作物上的禾本科杂草有很好的防效。精喹禾灵与喹禾灵相比，提高了被植物吸收性和在植株内移动性，所以作用速度更快，药效更加稳定，不易受雨水、气温及湿度等环境条件的影响，同时用药量减少，药效增加，对环境安全。

适用作物 大豆、花生、棉花、油菜、西瓜、甘薯等多种阔叶作物及蔬菜和果树。

防除对象 可以有效防除1年生禾本科杂草，如稗草、牛筋草、狗尾草、看麦娘、野燕麦、雀麦、白茅、马唐、画眉草。提高剂量可以防除狗牙根、白茅、芦苇等多年生禾本科杂草。但对莎草、阔叶杂草无效。

应用技术 在阔叶作物田，禾本科杂草苗后旺盛生长期内，最好在禾本科杂草3～6叶期施药。防除1年生禾本科杂草，用5%乳油50～70ml/亩；防除多年生禾本科杂草，用5%乳油75～100ml/亩加水30kg左右，均匀喷雾杂草茎叶。

注意事项 对禾本科作物敏感，喷药时切勿喷到邻近的水稻、玉米、小麦等禾本科作物。喷药后2h降雨，药效影响不大，不必重喷。土壤干燥、杂草生长缓慢时，可以适当增加药量。在天气干燥的情况下，作物的叶片有时会出现药害，但对新叶不会有药害，对产量无影响。

开发登记 日本日产化学工业株式会社、安徽华星化工股份有限公司等企业登记生产。

恶唑禾草灵 fenoxaprop-ethyl

其他名称 恶唑灵；豆草灵。

化学名称 (R,S)-2-[4-(6-氯-1,3-苯并恶唑-2-氧基)苯氧基]丙酸乙酯。

结 构 式

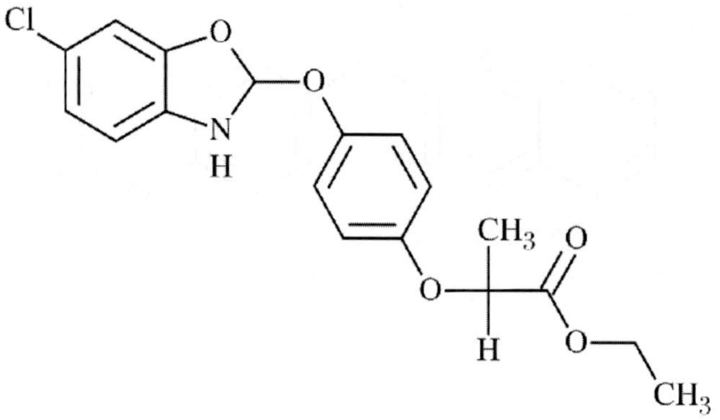

理化性质 无色固体，熔点84～85℃。溶解度(25℃)：水(pH7)0.9mg/L，甲苯＞300g/kg，乙酸乙酯＞200g/kg，乙醇、环己烷、正辛醇＞10g/kg。50℃条件下可存放6个月，对光敏感，遇酸、碱分解。

毒　　性 急性经口LD_{50}为：雄大鼠2 357mg/kg、雌大鼠2 500mg/kg，雄大鼠急性经皮LD_{50}＞2 000mg/kg，兔急性经皮LD_{50}＞1 000mg/kg。对鼠、兔皮肤和眼睛仅有轻微的刺激作用。

剂　　型 10%乳油。

除草特点 内吸性芽后除草剂，是脂肪酸合成抑制剂。选择性强、活性高、用量低。用作茎叶处理，可为植物的茎叶吸收，传导到生长点和分生组织，通过对乙酰辅酶A羧化酶的抑制而抑制杂草的脂肪酸合成，抑制其节、根茎、芽的生长，损坏杂草的生长点分生组织，受药杂草2～3d内停止生长，5～7d心叶失绿变紫色，分生组织变褐，然后分蘖基部坏死，叶片变紫逐渐枯死。本品中加入安全剂，对小麦安全。

适用作物 用于大豆、花生、棉花、甜菜、马铃薯、蔬菜等。恶唑禾草灵含有安全剂，适于麦田除草。

防除对象 可以防治1年生和多年生禾本科杂草，如看麦娘、硬草、野燕麦、稗草、狗尾草、马唐、牛筋草等。对阔叶杂草无效。

应用技术 小麦苗期，从杂草2叶期到拔节期均可施用，但以冬前杂草3～4叶期施用最好。杂草3～4叶期，用10%乳油(加入了安全剂)50～75ml/亩，加水30kg均匀茎叶喷雾。

大豆、花生田，可以在杂草3叶期至分蘖期施药，用10%乳油50～100ml/亩，对水30kg进行茎叶喷雾。

注意事项 不能用于大麦、燕麦、玉米、高粱田除草。不能防治1年生早熟禾本科和阔叶杂草。小麦播种出苗后，看麦娘等禾本科杂草2叶至分蘖期施药效果最好。长期干旱后会降低药效。制剂中不含安全剂时不能用于麦田。某些小麦品种施药后会出现短时间叶色变淡现象，7～10d逐渐恢复。施药后5h下雨，不影响药效的发挥。不能与苯达松、百草敌、甲羧除草醚等混用。

开发登记 德国拜耳作物科学公司、江苏瑞禾化学有限公司等企业登记生产。

精恶唑禾草灵 fenoxaprop-p-ethyl

其他名称 骠马(加入了安全剂)、威霸。

化学名称 (R)-2-[4-(6-氯-1,3-苯并恶唑-2-基氧)苯氧基]丙酸乙酯。

结构式

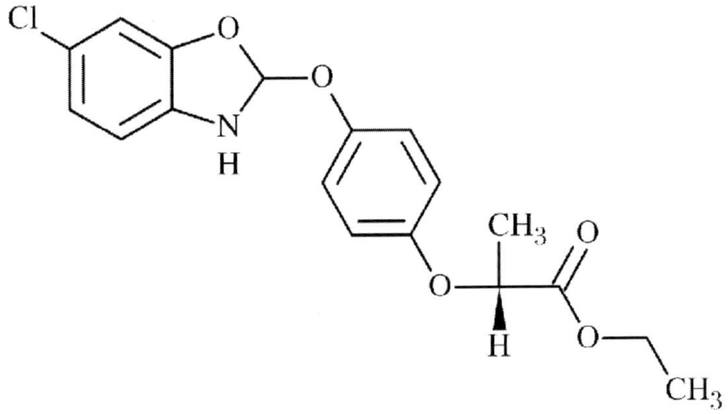

理化性质 无色无味固体，熔点89～91℃，蒸气压530nPa(20℃)，20℃时相对密度1.3。水中溶解度0.7mg/L(pH5.8，20℃)；其他溶剂中溶解度(25℃，g/kg)：丙酮>500，甲苯>300，乙酸乙酯>200，乙醇、环己烷、正丁醇>10。50℃储藏90d稳定，见光不分解。强碱中分解，DT_{50}(20℃)：>1 000d(pH5)，100d(pH7)，2.4d(pH9)。

毒　　性 大鼠急性经口LD_{50}为3 040mg/kg，大鼠急性经皮LD_{50}>2 000mg/kg。

剂　　型 80.5g/L乳油、10%乳油、5%可分散油悬浮剂、6.9%水乳剂、7.5%水乳剂、6.9%浓乳剂。

除草特点 选择性内吸传导型茎叶处理除草剂。用作茎叶处理，可为植物的茎、叶吸收，传导到生长点和分生组织，通过对乙酰辅酶A羧化酶的抑制而抑制杂草的脂肪酸合成，抑制其节、根茎、芽的生长，损坏杂草的生长点分生组织，受药杂草2～3d内停止生长，5～7d心叶失绿变紫色，分生组织变褐，然后分蘖基部坏死，叶片变紫逐渐枯死。本品中加入安全剂，对小麦安全。

适用作物 精恶唑禾草灵含有安全剂，适于麦田除草，也可用于大豆、花生、棉花、甜菜、马铃薯、蔬菜等。

防除对象 可以防治1年生和多年生禾本科杂草，如看麦娘、硬草、野燕麦、稗草、狗尾草、马唐、牛筋草等。对阔叶杂草无效。

应用技术 小麦苗期，从杂草2叶期到拔节期均可施用，但以冬前杂草3～4叶期施用最好。杂草3～4叶期，用10%乳油(加入了安全剂)50～75ml/亩，加水30kg均匀茎叶喷雾。

大豆、花生田，可以在杂草3叶期至分蘖期施药，用6.9%水乳剂50～75ml/亩，对水30kg进行茎叶喷雾。

注意事项 不能用于大麦、燕麦、玉米、高粱田除草。小麦播种出苗后，看麦娘等禾本科杂草2叶至分蘖期施药效果最好。长期干旱后会降低药效。制剂中不含安全剂时不能用于麦田。某些小麦品种施药后会出现短时间叶色变淡现象，7～10d逐渐恢复。施药后5h下雨，不影响药效的发挥。

开发登记 安徽华星化工股份有限公司、河南瀚斯作物保护有限公司、拜耳股份公司等企业登记生产。

喔草酯 poropaquizafop

其他名称 爱捷；恶草酸。

化学名称 (R)-2-[4-(6-氯喹喔啉2-氧基)苯氧基]丙酸-2-异亚丙基氨基氧乙基酯。

结 构 式

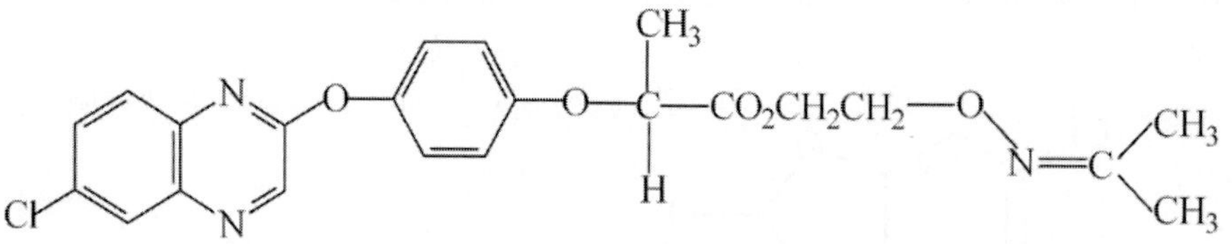

理化性质 无色晶体，熔点62.5～64.5℃，蒸气压(25℃)0.44MPa，密度为(20℃)1.30g/cm^3，溶解度(25℃)：水(pH7)1.9mg/L，乙醇59g/L，丙酮730g/L，甲苯630g/L，正己烷37g/L，正辛醇16g/L。中性条件下稳定，碱性条件下很快水解，紫外光下稳定。

毒　　性 大鼠急性经口LD_{50}＞5 000mg/kg，大鼠急性经皮LD_{50}＞12 000mg/kg；鱼LC_{50}(96h)：虹鳟鱼1.2，鲤鱼0.19，蓝鳃翻车鱼0.34mg/L；水蚤EC_{50}(48h)＞2mg/L；LD_{50}(5d)：野鸭、鹌鹑＞6 592mg/kg；蜜蜂LD_{50}(48h)＞200μg/只。

剂　　型 10%乳油。

除草特点 选择性内吸传导型茎叶处理除草剂。用作茎叶处理，可为植物的茎、叶吸收，传导到生长点和分生组织，通过对乙酰辅酶A羧化酶的抑制而抑制杂草的脂肪酸合成，而抑制杂草生长，受药杂草3～4d内停止生长，7～12d后植物组织发黄或发红，以后逐渐枯死。在相对低温下，本品也具有良好的除草活性，对阔叶作物安全。

适用作物 大豆、棉花、马铃薯。

防除对象 可以防治1年生和多年生禾本科杂草，如看麦娘、硬草、野燕麦、稗草、狗尾草等。对阔叶杂草无效。

应用技术 大豆、棉花、马铃薯田，可以在杂草3叶期至分蘖期施药，用10%乳油35～50ml/亩，对水30kg进行茎叶喷雾。

注意事项 注意不能在临近禾本科作物田施用，否则易对禾本科作物产生药害。长期干旱条件下施药会降低药效。在杂草幼苗期施药除草效果较好，杂草过大时效果差、施药时应适当加大剂量。施药后5h下雨，不影响药效的发挥。

开发登记 由P. E. Bocion等报道，Dr. R. Maag Ltd. 开发。安道麦阿甘有限公司登记生产.

氰氟草酯 cyhalofop-butyl

其他名称 千金；千秋。

化学名称 (R)-2-[4-(4-氰基-2-氟苯氧基)苯氧基]丙酸丁酯。

结 构 式

理化性质 原药为琥珀色透明液体，比重为(20℃)1.237 5，沸点363℃，溶于大多数有机溶剂中：乙醇37.3g/L，丙酮60.7%，氯仿59.4%，不溶于水。

毒　　性 大鼠急性经口LD_{50}为5 000mg/kg，大鼠急性经皮LD_{50}为2 000mg/kg。

剂　　型 10%乳油、15%乳油、20%乳油、30%乳油、20%可湿性粉剂、20%可分散油悬剂、30%可分散油悬剂、20%水乳剂、30%水乳剂、10%微乳剂、15%微乳剂。

除草特点 选择性内吸传导型茎叶处理除草剂。用作茎叶处理，可为植物的茎叶吸收，传导到生长点和分生组织，通过对乙酰辅酶A羧化酶的抑制而抑制杂草的脂肪酸合成，抑制杂草生长，受药杂草几天即内停止生长，以后逐渐枯死。

适用作物 水稻。

防除对象 可以防治1年生和多年生禾本科杂草，如千金子、稗草等。对阔叶杂草无效。

应用技术 水稻田，可以在杂草3叶期至分蘖期施药，用10%乳油40 ~ 60ml/亩对水30kg进行茎叶喷雾，施药前1d将田间水排干，保持土壤湿润，药后2d灌水入田，保持3 ~ 5cm水层，水层不淹没稻心，保水5 ~ 7d。

注意事项 注意不能在临近禾本科作物田施用，否则易对禾本科作物产生药害。在杂草幼苗期施药除草效果较好，杂草过大时效果差，施药时可以适当加大剂量。本品对水生生物有毒，对赤眼蜂有风险，天敌放飞区附近禁用，应远离水产养殖区、河塘等水体施药，鱼或虾蟹套养的稻田禁用，施药后的田水不得直接排入水体。本品每季最多施用1次。

开发登记 美国陶氏益农公司、上海农乐生物制品股份有限公司、河南瀚斯作物保护有限公司等企业登记生产。

恶唑酰草胺 metamifop

其他名称 K-12974；DBH2129。

化学名称 (R)-2-[(4-氯-1,3-苯并恶唑-2-基氧) 苯氧基]-2'-氟-N-甲基丙酰替苯胺。

结 构 式

Cl O O N CH_3 O O H N—CH_3 F

理化性质 原药外观为浅褐色粉末，制剂为液体。熔点77.0 ~ 78.5℃。20℃下分配系数(辛醇/ 水)为5.45 (pH7)， 水中溶解度0.69mg/L(20℃，pH7)。制剂能稳定3年。

毒　　性 急性经口：原药(雌/雄)LD_{50}>2 000mg/kg，制剂：雌LD_{50}为3 563mg/kg、雄LD_{50}为3 763mg/kg；急性经皮：大鼠(雌/雄) LD_{50}>2 000mg/kg，制剂(雌/雄) LD_{50}>4 000mg/kg。

剂　　型 10%乳油。

除草特点 为芳氧基苯氧基丙酸酯类(AOPP)除草剂，能抑制ACC酶，能促进植物脂肪酸合成。即使作为一种乙酰辅酶A羧化酶(ACCase)抑制剂，通过对乙酰辅酶A羧化酶的抑制而抑制杂草的脂肪酸合成，抑制杂草生长，用药后几天内敏感品种出现叶面退绿，抑制生长，有些品种在施药后2周出现干枯，甚至死亡。可很好地防除大多数1年生禾本科杂草。对水稻安全。

适用作物 水稻田。

防除对象 防治1年生和多年生禾本科杂草，如稗草、千金子、马唐和牛筋草等。对阔叶杂草无效。

应用技术 苗后以10%乳油60～133ml/亩，施用于移栽稻田和直播稻田中，可有效地防除稻田中主要杂草，如稗属、千金子、马唐属和牛筋草，其最佳施药时期为稗草2叶期到分蘖末期。

开发登记 韩国东部高科技株式会社、江苏省苏州富美实植物保护剂有限公司等企业登记生产。

炔草酯 clodinafop-propargyl

其他名称 顶尖；麦极；炔草酸。

化学名称 (R)-2-[-4-(5-氯-3-氟-2-吡啶氧基)苯氧基]丙酸炔丙酯。

结构式

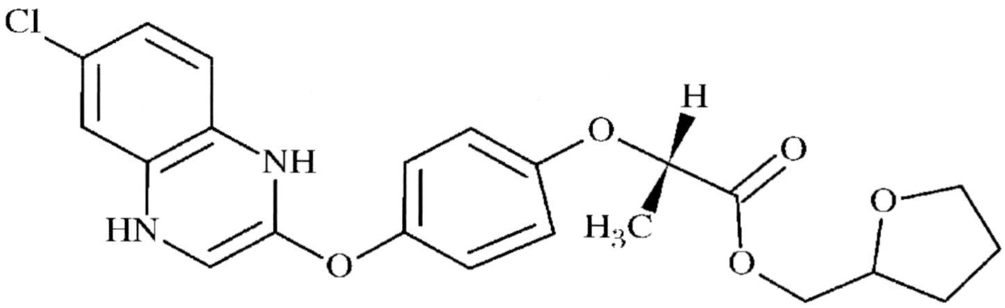

理化性质 纯品为白色结晶体，熔点59.5℃(原药48.2～57.1℃)，相对密度为1.37(20℃)。蒸气压3.19×10^{-3}MPa(25℃)。水中溶解度为4.0mg/L(25℃)。其他溶剂中溶解度(g/L，25℃)：甲苯690、丙酮880、乙醇97、正己烷0.008 6。在酸性介质中相对稳定，碱性介质中水解：DT_{50}(25℃)：64h(pH7)、2.2h(pH9)。

毒　　性 大鼠急性经口LD_{50}为1 829mg/kg，小鼠急性经口LD_{50}＞2 000mg/kg。大鼠急性经皮LD_{50}＞2 000mg/kg。对兔眼和皮肤无刺激性。大鼠急性吸入LC_{50}(4h)3.325mg/L空气。喂养试验无作用剂量(mg/kg·d)：大鼠2年0.35、小鼠18个月1.2、犬1年 3.3。无致突变性、无致畸性、无致癌性、无繁殖毒性。

剂　　型 15%可湿性粉剂、20%可湿性粉剂、8%水乳剂、15%水乳剂、15%微乳剂、24%微乳剂、8%乳油、24%乳油。

除草特点 乙酰辅酶A羧化酶(ACCase)抑制剂，内吸传导性除草剂，由植物体的叶片和叶鞘吸收，韧皮部传导，积累于植物体的分生组织内，抑制乙酰辅酶A羧化酶(ACCase)，使脂肪酸合成停止，细胞的生长分裂不能正常进行，膜系统等含脂结构破坏，最后导致植物死亡。从炔草酯被吸收到杂草死亡比较缓慢，施药后1周受药杂草整体形态没有明显变化，但其心叶容易脱落，生长点坏死，随后幼叶失绿，生长停止，老叶依然保持绿色，一般全株死亡需要1～3周。

防除对象 野燕麦、硬草、看麦娘等1年生禾本科杂草，对早熟禾防效较差，对阔叶杂草无效。

适用作物 小麦。

应用技术 小麦田，冬小麦返青至拔节期或冬前、春小麦苗后3～5叶期，杂草2～5叶期，用15%可湿性粉剂16～20g/亩，对水30kg均匀喷雾。

注意事项 药效受气温和湿度影响较大，在气温低、湿度低时施药，除草效果较差，因此，应避免在干、冷的条件下使用。本品偏弱酸性，不能与碱性农药混用，防治小麦禾本科杂草（野燕麦、看麦娘、硬草、茵草、棒头草、稗草等）按推荐剂量苗后全田喷雾苗后全田喷雾，在大多数杂草出苗后施药效果最佳。硬草、茵草所占比例较大时或春季草龄较大时应使用核准剂量的高剂量；大麦或燕麦田禁止使用本品；本品对蜜蜂、鱼类等水生生物、家蚕有毒。远离水产养殖区施药；每季最多使用1次。

开发登记 瑞士先正达作物保护有限公司、河南绿保科技发展有限公司、等企业登记生产。

喹禾糠酯 quizalofop-ptefuryl

其他名称 喷特。

化学名称 (RS)-2-[4-(6-氯喹喔啉-2-氧基)苯氧基]丙酸-2-四氢呋喃甲基酯。

结 构 式

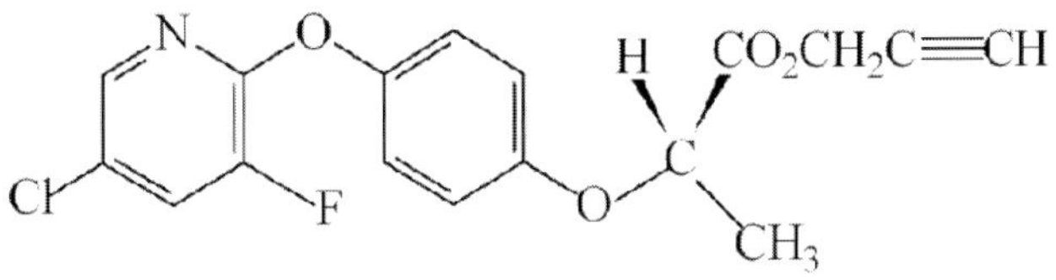

$$\text{Cl},\ \text{F},\ \text{N},\ \text{O},\ \text{H},\ CO_2CH_2C\equiv CH,\ \text{C},\ CH_3$$

理化性质 深黄色液体，在室温下有结晶存在，熔点59～68℃。溶解度(25℃)：水4mg/L，甲苯652g/L，已烷1g/L。

毒　　性 大鼠急性经口LD_{50}为1 012mg/kg。鱼LC_{50}(96h)：0.51mg/L(鲑鱼)，0.23mg/L(翻车鱼)。水蚤LC_{50}(48h)0.29mg/L。鸟急性经口LD_{50} > 5 000mg/kg(野鸭)。

剂　　型 4%乳油、7%乳油、8%乳油。

除草特点 高效广谱的苗后除草剂，防除阔叶作物田中1年生和多年生禾本科杂草。茎叶处理后能很快被禾本科的杂草茎叶吸收，传导至整个植株的分生组织，抑制脂肪酸的合成，阻止发芽和根茎生长而杀死杂草。喷药后杂草很快停止生长，3～5d心叶基部变褐，5～10d杂草出现明显变黄坏死，14～21d内整株死亡。

适用作物 大豆、花生、马铃薯、油菜、甜菜、豌豆、西瓜、棉花、阔叶蔬菜及果树、林业苗圃等。

防除对象 稗草、狗尾草、金狗尾草、野燕麦、马唐、看麦娘、硬草、千金子、牛筋草、雀麦、棒头草、画眉草、野黍、大麦属、多花黑麦属、稷属、狗牙根、白茅、匍匐冰草、芦苇、双穗雀稗、龙爪茅、假高粱等1年生和多年生禾本科杂草。对阔叶杂草无效。

应用技术 阔叶作物田生长期，1年生禾本科杂草3～5叶期，用4%乳油50～80ml/亩，对水30kg均匀茎叶喷施。对多年生杂草芦苇、狗牙根、假高粱等，用4%乳油80～120ml/亩，对水30kg均匀喷施。

注意事项 施药时田间墒情好时有利于发挥药效、相反，田间干旱会影响防除效果。耐雨水冲刷，施药后1h降雨不会影响药效，不用重新喷施、禁止喷洒到小麦、青稞等禾本科作物上。本品在禾本科杂草和双子叶植物之间有高度的选择性；对鱼及其他水生生物有毒，对赤眼蜂毒性较高；每年最多使用1次。

开发登记 爱利思达生物化学品有限公司 、河南丰收乐化学有限公司等企业登记生产。

高效氟吡甲禾灵 haloxyfop-P-methyl

其他名称 精盖草能、高效盖草能、高效微生物氟吡乙草灵

化学名称 2-[4-(5-三氟甲基-3-氯-吡啶-2-氧基)苯氧基]丙酸甲酯

结构式

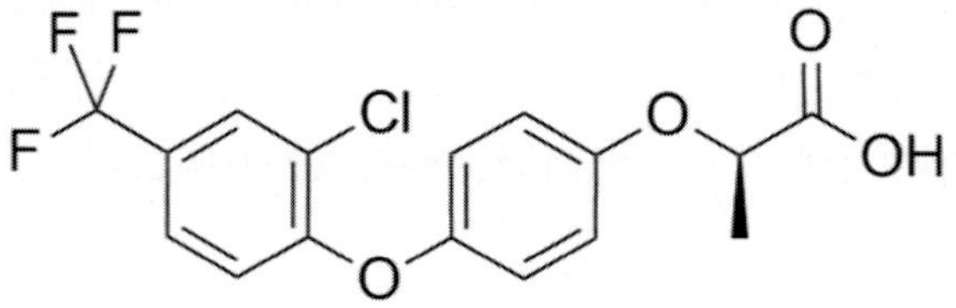

理化性质 沸点>280℃，蒸气压0.328MPa(25℃)。溶解度水8.74mg/L(25℃)、丙酮、乙醇、甲醇和二甲苯中>1kg/L(20℃)，土中半衰期<24h。

毒　　性 对皮肤、眼有刺激作用，无全身中毒报道。急性经口LD_{50}(mg/kg)：50～500，急性经皮LD_{50}(mg/kg)：200～2 000，吸入LC_{50}(mg/L)：0.2～2.0；对眼睛的影响：角膜浑浊，在7d内可逆，刺激持续7d；对皮肤的影响：72h内有严重刺激。LC_{50}(96h)虹鳟鱼0.7mg/L，LD_{50}(48h，经口接触)>100μg/蜂，急性经皮LD_{50}北美鹑1 159mg/kg。

作用特点 苗后选择性除草剂。茎叶处理后能很快被禾本科类草的叶子吸收，传导至整个植株，抑制植物分生组织而杀死禾草。喷洒落入土壤中的药剂易被根部吸收，也能起杀草作用，在土壤中半衰期平均55d。与盖草能相比，高效盖草能在结构上以甲基取代盖草能中的乙氧乙基；并由于盖草能结构中丙酸的a-碳为不对称碳原子，故存在R和S两种光学异构体，其中S体没有除草活性，高效盖草能是除去了非活性部分(S体)的精制品(R体)。同等剂量下它比盖草能活性高，药效稳定，受低温、雨水等不利环境条件影响少。药后1h后降雨对药效影响就很小。对苗后到分蘖、抽穗初期的1年生和多年生禾本科杂草，有很好的防除效果，对阔叶草和莎草无效。

剂　　型 10.8%乳油、108g/L乳油、17%微乳剂、22%乳油、28%微乳剂、48%乳油、8.5%可分散油悬浮剂、4%可分散油悬浮剂、3.5%可湿性粉剂、108g/L水乳剂。

应用技术 防除1年生禾本科杂草，于杂草3～5叶期施药，亩用10.8%高效氟吡甲禾灵乳油20～30ml，对水20～25kg，均匀喷雾杂草茎叶。天气干旱或杂草较大时，须适当加大用药量至30～40ml，同时对水量也相应加大至25～30kg；用于防治芦苇、白茅、狗牙根等多年生禾本科杂草时，亩用量为10.8%高效氟吡甲禾灵乳油60～80ml，对水25～30kg。在第一次用药后1个月再施药1次，才能达到理想的防治效果。

注意事项 本品使用时加入有机硅助剂可以显著提高药效；在有单子叶和双子叶杂草混生地块，应与相应的除草剂混用。

开发登记 陶氏益农农业科学公司开发并登记，通州正大农药化工有限公司登记。

唑啉草酯 pinoxaden

其他名称 唑啉草。

化学名称 2,2-二甲基-丙炔酸8-(2,6-二乙基-4-甲基-苯基)-9-氧-1,2,4,5-4氢-9H-吡唑[1,2-

d][1,4,5]氧二氮卓-7-基酯。

结构式

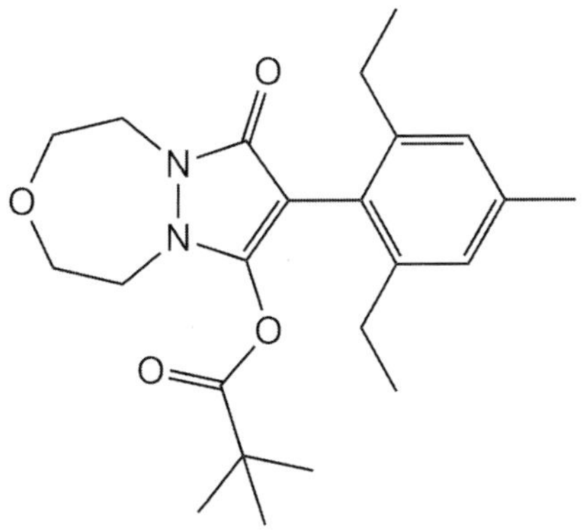

理化性质 原药是白色无味粉末状固体，熔点为120.5～121.6℃。相对密度为1.16。25℃时，水中的溶解度为200mg/L，在有机溶剂丙酮中溶解度250g/L、二氯甲烷中溶解度>500g/L、乙酸乙酯中溶解度130g/L、甲醇中溶解度260g/L、甲苯中溶解解度130g/L。稳定性：水解DT_{50}值为24.1d(pH4）、25.3d(pH5）、14.9d(pH7）、0.3d(pH9）。

毒　　性 大鼠急性经口LD_{50} >5 000mg/kg，急性经皮LD_{50} >2 000mg/kg，对兔皮肤无刺激性；眼睛有刺激性；无腐蚀性；豚鼠皮肤变态反应(致敏)试验致敏率为0，属弱致敏物；大鼠90d亚慢性(灌胃)毒性试验有害的作用剂量为100mg/（kg·d）。未见致突变性。

作用特点 唑啉草酯属新苯基吡唑啉类除草剂，作用机理为乙酰辅酶A羧化酶（ACC）抑制剂。造成脂肪酸合成受阻，使细胞生长分裂停止，细胞膜含脂结构被破坏，导致杂草死亡。具有内吸传导性。主要用于大麦田防除1年生禾本科杂草，经室内活性试验和田间药效试验，结果表明对大麦田一年生禾本科杂草如野燕麦、狗尾草、稗草等有很好的防效。

剂　　型 95%原药、96.2%原药、97%原药、5%乳油、50g/L乳油、10%可分散油悬浮剂、水分散粒剂。

应用技术 防治小麦田1年生禾本科杂草用5%乳油60～80ml/亩在大多数禾本科杂草出苗后3 ～5叶期，每亩对水15～30kg均匀茎叶喷雾处理。不推荐与激素类除草剂混用，如2甲4氯、麦草畏等。防治大麦田一年生禾本科杂草用5%乳油60～100ml/亩。

注意事项 不要给昏迷的病人经口服入任何东西。请勿催吐。

开发登记 瑞士先正达公司开发，瑞士先正达公司、江苏瑞邦农化股份有限公司等公司登记。

噻唑禾草灵 fenthiaprop-ethyl

其他名称 Hoe 35609(Hoechst)；fentiaprop。

化学名称 (±)-2-[4-(6-氯-1,3-苯并噻唑-2-基氧)苯氧基]丙酸或(±)-2-[4-(6-氯苯并噻唑-2-基氧)苯氧基]丙酸。

结构式

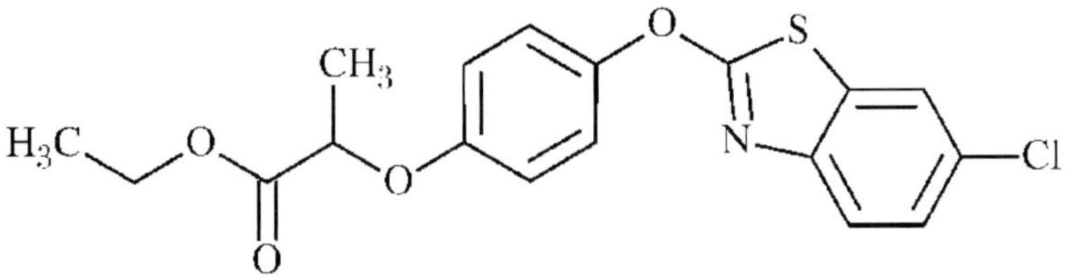

理化性质 fenthiaprop-ethyl为晶体固体，熔点56.5～57.5℃，蒸气压510NPa(20℃)。溶解性(25℃)：水中0.8mg/L，乙醇、正辛醇中>50g/L，丙酮、甲苯、乙酸乙酯中>500g/kg，环己烷中>40g/kg。

毒　　性 急性经口LD_{50}：雄大鼠970mg/kg，雌大鼠919mg/kg，雄小鼠1 030mg/kg，雌小鼠1 170mg/kg。急性经皮LD_{50}：雌大鼠2 000mg/kg，兔628mg/kg。对鼠、兔皮肤和眼睛有轻微刺激作用。

剂　　型 24%乳油。

除草特点 芽后除草剂，具有触杀和内吸作用，其主要通过叶部吸收后进人植物体内，由导管和筛管输导至根茎，使分生组织的生长点枯死，继而使嫩枝节间分生组织和叶片坏死。一般施药后2～3d，杂草停止生长，植株出现褪绿，导致叶片和嫩枝枯死。在1年生和多年生禾本科杂草生长旺期施药防效特高，从作物2叶期至分蘖后期均可使用，匍匐冰草宜在株高10～25cm、每个分蘖有3～4叶片时施药。

应用技术 资料报道,用24%乳油50～66ml/亩剂量防除鼠尾看麦娘、野燕麦、稗草、牛筋草、千金子、黑麦草以及需防除的自生作物(如小麦、大麦和玉米等)。用24%乳油133～200ml/亩剂量防除蓖麻、马铃薯和甜菜田的匍匐冰草。对马唐、臂形草、高粱和狗尾草的防效较差，对双子叶杂草和莎草属无效。

开发登记 该除草剂由R. Handte等报道，其乙酯由原联邦德国赫斯特公司(Hoechst AG)开发。

炔禾灵 chlorazifop

其他名称 CGA82725。

化学名称 (±)-2-[4-(3,5-二氯-2-吡啶氧基)苯氧基]丙酸。

结 构 式

Cl N O O CH CH3 O O Cl

应用技术 芽后施167g/亩，防除狗尾草、鼠尾看麦娘和看麦娘的效果比防治茵草属要好。每亩施667g以下时，对甜菜和小扁豆无药害。将本品与甜菜安-甜菜宁(每组分均占8.25%)或与苯嗪草酮混合，也可有效地防除藜和龙葵。以17～34g/亩用量在双子叶作物栽培时施用防除单子叶杂草。

开发登记 本品由Ciba-Geigy公司开发。

羟戊禾灵 poppenate-methyl

其他名称 SC-1084。

化学名称 2-[4-(4-三氟甲基吡啶氧基)苯氧基]-3-羟基戊酸甲酯。

结 构 式

F F F N O O OH O CH3 O CH3

除草特点 芽后除草剂，防除大豆田中1年生杂草，本品可与稀禾啶等混用。

开发登记 Stauffer公司1983年开发。

三氟禾草肟 trifopsime

其他名称 RO13-8895。

化学名称 (R)-O-{2-[4-(α,α,α-三氟-对-甲苯氧基)苯氧基]丙酰}丙酮肟。

结 构 式

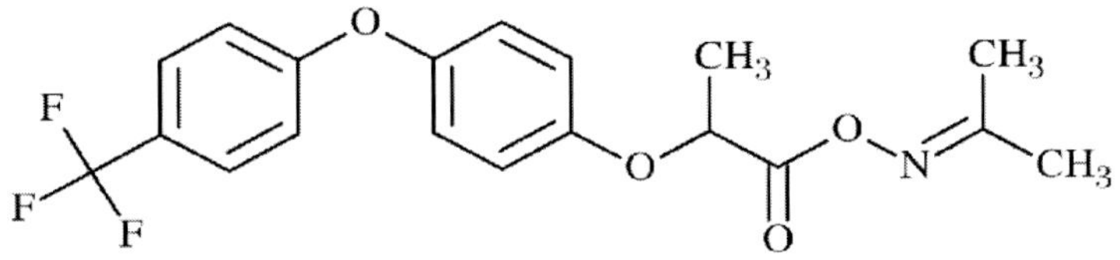

除草特点 可选择性地防除甜菜地中稗草、狗尾草、野燕麦。

开发登记 本品为Hofmamn-La Roche公司开发。

异恶草醚 isoxapyrifop

其他名称 HOK-1566；HOK-868；RH-089。

化学名称 (RS)-2-[2-[4-(3,5-二氯-2-吡啶基氧)苯氧基]丙酰]-1,2-恶唑烷。

结 构 式

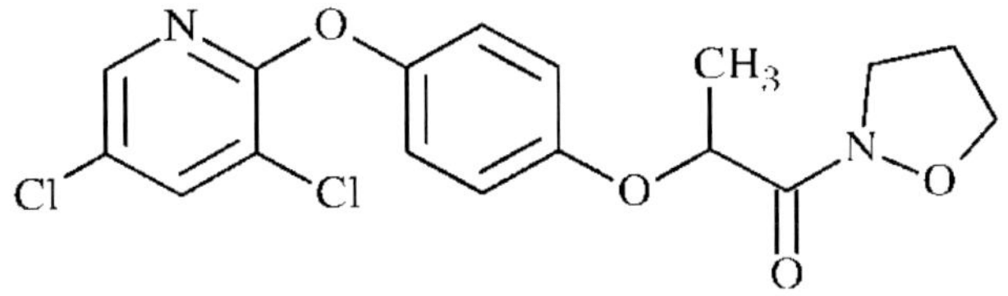

理化性质 本品为无色晶体，熔点121～122℃。溶解性(25℃)：水9.8mg/L。稳定性：在土壤中降解DT_{50}1～4d；生成相应的酸(chloraz-ifop)，其DT_{50}为30~90d。

毒　　性 雄大鼠急性经口LD_{50}为500mg/kg，雌大鼠急性经口LD_{50}为1 400mg/kg，大鼠急性经皮LD_{50}>5 000mg/kg，兔急性经皮LD_{50}>2 000mg/kg。对大鼠、兔皮肤和眼睛无刺激作用，对小鼠1.5年饲喂试验的无作用剂量为0.02mg/（kg·d）。在标准试验中，无致诱变，无致畸性。日本鹌鹑急性经口LD_{50}>5 000mg/kg。

剂　　型 20%胶悬剂、50%水分散颗粒剂。

除草特点 本品属2-(4-芳氧基苯氧基)链烷酸类除草剂，是脂肪酸合成抑制剂。

应用技术 资料报道,本品以5～10g(有效成分)/亩芽后用于水稻和小麦，可有效地防除禾本科杂草。使用时添加0.5%～2%(体积比)植物油可提高其渗透性。防除禾本科杂草，在2～4叶期，用5g/亩；若在4～6叶期，则需6.6g/亩；在5～6.6g/亩剂量下比敌稗333g(有效成分)/亩能更有效地防除千金子和4～6叶稗草。

开发登记 由H. Ohkama等报道，日本北兴化学工业公司发现，并与Rhom and Hass Company 联合开发。

十一、联吡啶类除草剂

(一)联吡啶类除草剂的主要特性

联吡啶类化合物发现很早，而作为除草剂则开始于20世纪50年代中期，ICI公司最早研究了此类化合物的活性，在20世纪60年代以来，此类除草剂开发了不少品种，但到目前为止，敌草快、百草枯获得了广泛应用，而百草枯已禁用。

联吡啶类除草剂主要特性：杀草谱广，敌草快可以有效地防治绝大多数双子叶杂草，而百草枯既能防治双子叶杂草，也能防治禾本科杂草。触杀性除草剂，作用特别迅速，主要杀伤植物绿色部分，茎叶处理后，往往在1～2h内，植物便产生十分明显的受害症状。非选择性除草剂，通常多在作物播种前或出苗前使用以及出苗后定向处理，它们接触土壤后，迅速而完全被土壤胶体吸附，故在土壤中无残留活性。在植物体内不进行代谢降解，而在植物表面进行光化学分解。

(二)联吡啶类除草剂的除草原理

1．吸收与传导

该类除草剂被植物茎与叶迅速吸收并传导。在光照条件下，敌草快或百草枯处理植物后数小时植物便死亡、而在黑暗条件下，植物在数日内几乎不受影响而正常生长、当在暗中处理使植物吸收药剂后，再置于光照条件下，植物迅速死亡，这说明在光照前叶片内的药剂已经传导。

敌草快与百草枯主要通过木质部进行传导，而且处理后经过一定时间的黑暗能促进其传导。由于该类除草剂都是高度水溶性化合物，能在木质部内传导，因而影响植物需水的因素对他们的传导具有显著的影响。该类除草剂施药的最有效条件：土壤含水量低、空气湿度高、光照强度低、处理前后保持一定的黑暗时期，因此，以傍晚喷药最好。

2．生理效应与除草机制

此类除草剂主要作用于光合系统Ⅰ，它们具有300～500mV的氧化还原电势，能够拦截X-Fd的电子，使电子流脱离电子传递链，从而阻止铁氧化还原蛋白的还原及其后的反应，因而造成植物最终死亡。

联吡啶类除草剂还能显著影响植物膜的透性。由于膜受害造成细胞内含物的渗漏，从而导致溶液的电阻下降，在8～37℃范围内，这种对膜的影响随温度上升而增强，在低温条件下效应最小。在光下对植物的毒害作用比暗中迅速得多。

3．选择性

百草枯对绝大多数绿色植物都具有很强的杀伤作用，基本上没有选择性。

4．降解与消失

在光下进行光化学分解。敌草快在光下降解比百草枯更迅速。在6月强日照下，施于植物茎叶的敌草快在4d内可以光解80%，1周后在植物表面残留的敌草快很少。该类药剂在土壤中主要通过吸附作用而丧失活性，此种吸附作用的原因在于除草剂的高度极性和离子交换机制。黏土矿物、土壤有机质会明显增加吸附作用。该类除草剂在土壤中不挥发，而化学分解也不是从土壤中消失的重要途径。微生物降解是此类除草剂从土壤中消失的根本原因。

5．应用技术

联吡啶类除草剂是快速触杀性除草剂，它们杀死植物的绿色组织，药剂一旦接触土壤便丧失活性。

他们防治1年生与2年生杂草的效果特别好，而对多年生杂草只能杀死地上部分。该类除草剂多为叶面处理剂，敌草快对大多数阔叶杂草具有很高的活性，而百草枯不仅能防治阔叶杂草，而且对禾本科杂草效果也好，目前已禁用。

过去，在作物播种前以及播种后、出苗前喷洒百草枯，可以有效地消除已出生的杂草，适于玉米、豌豆、麦、大豆、水稻、甘蓝、胡萝卜、棉花、马铃薯等多种作物免耕除草，在作物生育期内应用时，应进行定向喷雾。

木本植物组织不受此类除草剂的影响，因此，可以用于防治树木及灌木周围的杂草。

(三)联吡啶类除草剂的主要品种

百草枯 paraquat

其他名称 克芜踪；对草快；百朵；Gramoxone。

化学名称 1,1'-二甲基-4,4'-联吡啶阳离子。

结 构 式

CH_3—N^+ ⟨吡啶环⟩—⟨吡啶环⟩ N^+—CH_3

理化性质 无色，吸湿性晶体，熔点约为300℃(分解)，蒸气压小于0.1MPa，密度(20℃)1.24～1.26g/cm^3，溶解度：水约700g/L(20℃)，几乎不溶于大多数有机溶剂。在中性和酸性介质中稳定，在碱性介质中迅速水解，在水溶液中、紫外光照射下发生光分解。

毒　　性 大鼠急性经口LD_{50}为157mg/kg，兔急性经皮LD_{50}为230~500mg/kg。鱼毒LC_{50}(96h)：虹鳟鱼32mg/L，褐鳟鱼2.5～13mg/L。急性经口LC_{50}(mg/kg)：鸡262～380。LC_{50}(5 d，mg/kg)：北美鹌鹑981，野鸭4 048，日本鹌鹑970。

剂　　型 20%水剂、200g/L水剂、250g/L水剂、20%可溶胶剂。

除草特点 触杀型灭生性除草剂，并兼有一定的内吸作用。植物细胞内的叶绿素在光照下进行光合作用，同时释放出自由电子可将百草枯的离子还原为游离基，空气中的氧分子又将游离基氧化成离子状态，同时产生过氧化物，这些高活性的过氧化物可以破坏植物叶绿体膜细胞和细胞质，使细胞内水分蒸发加快，呈现萎黄，最后干枯死亡。晴朗条件下药效快，喷药2～3h后杂草叶片即开始变色。施药后数小时内不下雨，不影响药效。该药剂不损伤非绿色的树茎部分，在土壤中会失去杀草活性，进入土壤中便与土壤结合而钝化，无残留，不损害植物根部。不宜作土壤处理。向下传导的作用弱，不能杀死杂草的地下根茎。残效期10～15d，除草效果不受温度的影响。

适用作物 茶园、桑园、非耕地、免耕田、免耕油菜等作物播种前除草。对于玉米、棉花等高秆作物，在其生长中后期，如果有防护罩或定向喷雾，可以进行行间除草。

防除对象 可以有效防除1年生杂草、2年生杂草。对多年生杂草的地上部分有控制作用，但不能杀死多年生杂草的地下根茎，所以无法根除。对车前草、蓼、毛地黄、茅草、鸭跖草等杂草效果差。

应用技术 资料报道，免耕麦田、油菜田，轮作倒茬时免耕除草。前茬收割后，在播种前1～2d，用20%水剂150～200ml/亩，加水25～30kg，对杂草均匀喷雾。不经翻耕，即可直接播种。

资料报道，玉米田，在玉米9～10叶期后、最好在玉米生育中期(7月中下旬，玉米抽雄前)施药，可用20%水剂150～200ml/亩，采用定向喷雾，避免药液喷洒到玉米叶片上。田间施药时应在无风或微风的天气。

果、桑、茶园除草，在杂草生长旺盛期，草的高度不超过15cm时进行施药，用20%水剂200ml/亩，加水25～30kg在果树下进行定向喷雾。

注意事项 国内禁用。施药时间最好选择在杂草全部萌芽出土，草龄在三叶一心以下时施药效果最好，因为此时的杂草草龄小，抗逆性差，很易受药害死亡。把好施药技术关，防止漏喷，切忌将药液喷到作物的绿色部分，以免使作物受到药害。在气温高、雨量充沛时，施药后3周可能有杂草开始再生，应根据季节和草情采取是否再次喷药。光照可加速药效发挥，阴天或蔽荫处虽然延缓药剂显效速度，但最终不降低除草效果。施药后2h遇雨时能基本保证药效。

开发登记 先正达南通作物保护有限公司、江苏省南京红太阳生物化学有限责任公司、湖北仙隆化工股份有限公司等企业曾登记生产。

敌草快 diquat

其他名称 利农。

化学名称 1,1'-亚乙基-2,2'-联吡啶阳离子。

结 构 式

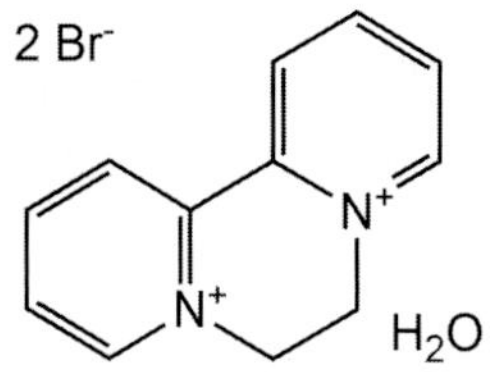

2 Br⁻ H_2O

理化性质 无色至黄色结晶，密度(20℃)1.22～1.27g/cm^3。在水中溶解度为700g/L，微溶于醇类和含羟基的溶剂，难溶于非极性有机溶剂中。在中性和酸性溶液中稳定，但在碱性溶液中易水解。

毒　　性 大鼠急性经口LD_{50}为231mg/kg，大鼠急性经皮LD_{50} > 2 000mg/kg。

剂　　型 20%水剂、10%水剂、25%水剂、200g/L水剂。

除草特点 敌草快是联吡啶盐类触杀型灭生性除草剂，可被植物绿色组织迅速吸收，破坏植物细胞，使受药部位枯黄。施药后数小时下雨，药效不受影响。药剂接触土壤后立即钝化，不影响作物根部。可以用于马铃薯茎叶的催枯，种子作物的干燥，种植前除草。

适用作物 果树、免耕小麦、免耕田油菜、免耕蔬菜、水稻、马铃薯、棉花、非耕地。

防除对象 可以防除多种杂草，对菊科、十字花科、唇形花科等杂草防除效果突出，对蓼科、鸭跖草科、田旋花科杂草防效差。

应用技术 果园等，用20%水剂200ml/亩，加水25kg，在杂草生长旺盛期进行杂草叶面喷雾。

免耕蔬菜地，于前茬作物收获后，下茬蔬菜播种/移栽前，用20%水剂200～300ml/亩，对水30～45kg全田均匀茎叶喷雾；冬油菜田，于免耕冬油菜移栽前1～3d，杂草2～5叶期，用20%水剂150～200ml/亩，对水30～50kg均匀喷雾杂草茎叶上；免耕小麦田，1年生阔叶草占优势的地块，用20%水剂150～200ml/亩，进行均匀茎叶定向喷雾；非耕地，杂草生长旺盛期，用20%水剂250～400ml/亩，进行均匀茎叶喷雾；水稻催枯，于水稻成熟后期，收割前5～7d，用20%水剂150～200ml/亩均匀喷雾。

注意事项 本品是非选择性除草剂，切勿对作物进行直接喷雾，避免药液漂移到邻近的作物田，勿与碱性磺酸盐湿润剂、激素型除草剂、金属盐类等碱性物质混合使用；切勿使用手动超低量喷雾器或弥雾式喷雾器；远离水产养殖区施药，赤眼蜂等天敌放飞区域禁用；每季作物最多使用1次。

开发登记 先正达南通作物保护有限公司、河南精典农业科技有限公司、山东绿霸化工股份有限公司等企业登记生产。

敌草快二氯盐 diquat dichloride

化学名称 1,1'-亚乙基-2,2'-联吡啶二氯盐。

结 构 式

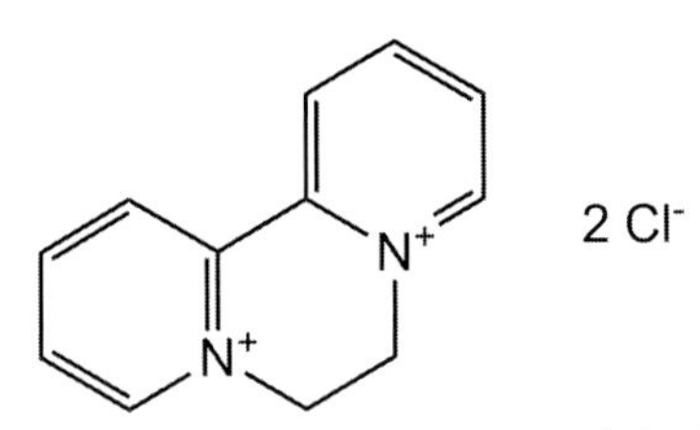

理化性质 母药外观为均相液体。蒸气压小于10Pa，溶解度（20℃）：水中700g/L，微溶于乙醇和羟基溶剂，不溶于非极性有机溶剂。

毒　　性 大鼠吸入LC_{50} > 23mg/m^3，经皮LD_{50} > 10mg/kg，小鼠皮刺激LD_{50}180mg/kg，中等毒性。

作用特点 通过产生超氧化物破坏植物细胞，非选择性触杀型除草剂，可迅速被绿色植物组织吸收，但是与土壤接触后会很快失去活性，可用于大田、果园、非耕地、收割前等除草是一个更具潜力的百草枯替代品，其除草效果与百草枯相仿，而毒性较低，在作物催枯、种子处理等方面更具优势。

剂　　型 30.3%母药。

应用技术 杀草活性成分为敌草快，用于防治非耕地杂草。

注意事项 施药后7d内，不要在施药区放牧、割草。赤眼蜂等天敌放飞区域禁用。桑园及蚕室附近禁用；水产养殖区、河塘等水体附近禁用。

开发登记 瑞士先正达公司开发、江苏省南京红太阳生物化学有限责任公司登记。

十二、二硝基苯胺类除草剂

(一)二硝基苯胺类除草剂的主要特性

该类除草剂自1953年发现以来发展较快，氟乐灵于1964年商品化生产，1973年成为美国8个主要农药品种之一，以后相继开发出多个品种。

二硝基苯胺类除草剂的主要特性：杀草谱广，不仅是防治1年生禾本科杂草的特效除草剂，而且还可以防治部分1年生阔叶杂草。所有品种都是土壤处理剂，主要防治杂草幼芽，因而多在作物播种前或播种后出苗前施用。其效应是在种子产生幼根或幼芽过程以及幼芽出土过程中发生的。此类除草剂的典型作用特性是抑制次生根生长，而完全抑制次生根形成的剂量对主根却没有影响。除了抑制次生根生长以外，其对幼芽也产生明显抑制作用，它们对单子叶植物的抑制作用比双子叶重。除草机制主要是抑制细胞的有丝分裂与分化，破坏核分裂被认为是一种核毒剂。其破坏细胞正常分裂，根尖分生组织内细胞变小或伸长区细胞未明显伸长，特别是皮层薄壁组织中细胞异常增大，胞壁变厚，由于细胞极性丧失，细胞内液胞形成逐渐增强，因而在最大伸长区开始放射性膨大，从而造成通常所看到的根尖呈鳞片状。易于挥发和光解是此类除草剂的突出特性，因此，在田间喷药后必须尽快进行耙地拌土。除草效果比较稳定，在土壤中挥发的气体也起着重要的杀草作用，因而，在干旱条件下也能发挥较好的除草效应。这是其他除草剂所不具备的特性，故对干旱现象普遍的我国北方地区是十分有利的。在土壤中的持效期中等或稍长，大多数品种的半衰期为2～3个月，正确使用时，对于轮作中绝大多数后茬作物无残留毒害。水溶度低以及被强烈吸附，故在土壤中既不垂直移动，也不横向移动，在土壤含水量高的情况下也难以向下移动。因此，不会污染地下水源，在多次重复使用时，在土壤中也不累积。

(二)二硝基苯胺类除草剂的作用原理

1. 作用部位

该类除草剂在作物种植前或出苗前进行土壤处理防止杂草出苗。它们对种子发芽没有抑制作用。其效应是在种子产生幼根或幼芽过程以及幼芽出土过程中发生的。此类除草剂的典型作用特性是抑制次生根生长，而完全抑制次生根形成的剂量对主根却没有影响。除了抑制次生根生长以外，其对幼芽也产生明显抑制作用，它们对单子叶植物的抑制作用比双子叶植物重。

二硝基苯胺类除草剂造成植物最普遍而典型的受害症状是严重抑制次生根形成，植物不产生次生根，或次生根少、短而膨大或畸形。从幼芽受害的形态特征来看，双子叶植物幼芽伸长下降或矮化，子叶革质状，茎或下胚轴膨胀、脆弱，色深绿；单子叶植物幼芽平卧、扭曲、矮化，呈红紫色。在正常条件下，敏感性杂草，特别是1年生禾本科杂草绝大部分是在出土之前死亡，即使有少数杂草能够出苗，但生长缓慢，根系发育不良，次生根少而受抑制，极易拔除。

2. 吸收与传导

单子叶植物的幼芽和双子叶植物的下胚轴或下胚轴钩状突起是主要吸收部位。芽吸收的药剂传导至根部，而它们无论被植物根吸附或吸收，它们从根向芽的传导是极其有限的。

3. 生理效应与除草机制

此类除草剂严重抑制细胞的有丝分裂与分化，破坏核分裂被认为是一种核毒剂。其破坏细胞正常分裂，根尖分生组织内细胞变小或伸长区细胞未明显伸长，特别是皮层薄壁组织中细胞异常增大，胞壁变厚，由于细胞极性丧失，细胞内液胞形成逐渐增强，因而在最大伸长区开始放射性膨大，从而造成通常所看到的根尖呈鳞片状。此类除草剂对木质部细胞的分化也有一定的影响。

4. 选择性

生理选择性发挥着重要作用。

5. 降解与消失

挥发是消失的原因之一。温度、湿度对挥发有显著影响，特别是喷药后及时把药剂混拌于土壤中可大大降低挥发作用。挥发与土壤湿度呈负相关。此类除草剂在田间施用后进行光化学分解。在土壤中的降解主要通过微生物降解与化学分解而逐渐失效。

6. 应用技术

二硝基苯胺除草剂各品种的防治对象虽有细微差别，但更多的是它们有着共同特性：主要防治1年生禾本科杂草及种子繁殖的多年生杂草的幼芽，对成株杂草无效或效果很差，它们虽然对一些1年生小粒种子阔叶杂草(如苋、藜等)有一定效应，但防治效果远比禾本科杂草差，对多年生杂草无效。

(三)二硝基苯胺类除草剂的主要品种

氟乐灵 trifluralin

其他名称 氟特力；茄科宁；特福力。

化学名称 N,N–二丙基–4–三氟甲基–2,6–二硝基苯胺。

结构式

NO_2

F_3C $N(CH_2CH_2CH_3)_2$

NO_2

理化性质 橘黄色晶体，熔点43～47.5℃，沸点(560Pa)139～140℃，蒸气压(25℃)6.1MPa，密度(22℃)1.36g/cm^3，溶解度(25℃，g/L)：水(pH7)0.221、(pH 9)0.189，丙酮、氯仿、乙腈、甲苯＞1 000，甲醇33～40，己烷50～67。紫外光下分解。

毒　　性 大鼠急性经口LD_{50}＞5 000mg/kg，兔急性经皮LD_{50}为5 000mg/kg。鱼LC_{50}(96h，mg/L)：虹鳟鱼0.01～0.04，小蓝鳃太阳鱼0.02～0.09。北美鹌鹑急性经口LD_{50}＞2 000mg/kg，北美鹌鹑和野鸭LC_{50}(5d，mg/kg)＞5 000。

剂　　型 45.5%乳油、48%乳油、480g/L乳油。

除草特点 选择性触杀除草剂，在植物体内输导能力差。杂草种子发芽生长穿出土层的过程中吸收，禾本科杂草通过幼芽吸收，阔叶草通过下胚轴吸收，子叶和幼根也能吸收，出苗后的幼叶也能吸收。该药易挥发，施药后应立刻混土。在土壤中易被土壤胶体吸附，不易被雨水淋溶，土壤中半衰期为57～126d。

适用作物 为旱田作物及园艺作物的芽前除草剂。可用于棉花、花生、大豆、豌豆、油菜、甜菜、果树、蔬菜、针阔叶苗圃。

防除对象 可以防除1年生单子叶杂草和1年生阔叶杂草，如马唐、牛筋草、狗尾草、稗草、野苋、马齿苋、藜、蓼等。对鸭跖草、铁苋、繁缕、车前草防效较差，对苘麻、青葙、苍耳防效一般。对多年生杂草基本无效。

应用技术 氟乐灵是一种应用广泛的旱田除草剂。作物播前或播后苗前或移栽前进行土壤处理，施药后及时混土3～5cm，混土要均匀，混土后即可以播种，一般有机质含量在2%以下的用48%乳油150～200ml/亩，有机质含量超过2%的用200～250ml/亩，砂质土用低限，黏土用高限。

棉田，直播棉田可在播种前2～3d施药，48%乳油150～200ml/亩，对水45kg喷施，药后浅混土；地膜棉田，翻耕整地以后施药，播种覆膜。

大豆田，用48%乳油100ml/亩，对水40～50kg，在大豆播种前整地后及时土壤处理，阴天可以全天施药，晴天宜在16时后施药，药后尽快混土以防光解，混土深度3～5cm，力求喷药混土都均匀。黏土地用药量可提高到150ml/亩，土壤处理后可随即播种，也可隔期播种。

花生，较适宜于土壤墒情好或灌溉条件好的花生田芽前除草，48%乳油150～200ml/亩，对水45kg喷施，药后浅混土。

油菜田，在油菜播后苗前，用48%乳油100ml/亩，对水45kg喷施，药后浅混土，可以防除多种杂草。

蔬菜田，一般在粗地平整后施药，隔天进行播种，直播蔬菜，如胡萝卜、芹菜、茴香、香菜、菜豆、豇豆、豌豆等蔬菜，播种前或播种后均可用药：大、小白菜等十字花科蔬菜，可在播前3～7d施药、移栽蔬菜，如番茄、茄子、辣椒、甘蓝、花椰菜等移栽前后均可施药，黄瓜在移栽缓苗后苗高15cm时使用，移栽芹菜、洋葱、沟葱、老根韭菜缓苗后可用药，用药量为48%乳油100～150ml/亩。

注意事项 氟乐灵易挥发和光解，喷药后应及时拌土3～5cm深，不宜过深，以免相对降低药土层的含药量和增加对作物幼苗的伤害。从施药到混土的时间一般不能超过8h，否则会影响药效。药效受土壤质地和有机质含量影响较大，用量应根据不同条件而定。氟乐灵残效期较长，在北方低温干旱地区可长达10～12个月，对后茬的高粱、谷子有一定的影响。瓜类作物及育苗韭菜、直播小葱、菠菜、甜菜、小麦、玉米、高粱等对氟乐灵比较敏感，不宜应用，以免产生药害。氟乐灵饱和蒸气压高，在棉花地膜床使用，一般用药量不超过80ml/亩，否则易产生药害。氟乐灵在叶菜田应用一般不超过48%乳油150ml/亩。土壤有机质含量大于10%时，不宜应用。

开发登记 瑞士先正达作物保护有限公司、天津市施普乐农药技术发展有限公司、江苏连云港立本农药化工有限公司等企业登记生产。

地乐胺 butralin

其他名称 仲丁灵；丁乐灵；双丁乐灵；止芽素；硝苯胺灵。

化学名称 N,N–二正丙基–2,6–二硝基对甲苯胺。

结 构 式

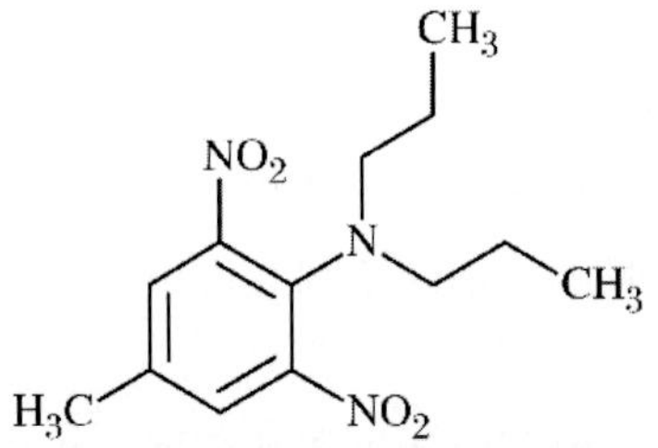

理化性质 原药为黄色固体，熔点为42℃，沸点(13.3Pa)为118℃，水中溶解度27℃为304mg/L。

毒　　性 小鼠急性经口LD_{50}为3 600mg/kg。

剂　　型 48%乳油。

除草特点 本药为选择性芽前土壤处理剂，药剂进入植物体后，主要抑制分生组织的细胞分裂，从而抑制杂草幼芽及幼根的生长。对双子叶植物的地上部分抑制作用的典型症状为抑制茎伸长、子叶呈革质状、茎或下胚轴膨大变脆；对单子叶植物的地上部分产生倒伏、扭曲、生长停滞，幼苗逐渐变成紫色。持效期为50～72d。

适用作物 棉花、小麦、水稻、大豆、玉米、花生、蔬菜、马铃薯、茴香、胡萝卜、韭菜、芹菜等。

防除对象 可以防除1年生禾本科杂草和部分阔叶杂草，如马唐、狗尾草、牛筋草、旱稗、苋、藜、马齿苋等。也可以防治菟丝子。

应用技术 播种前或移栽前土壤处理，可用于大豆、豌豆、菜豆、胡萝卜、韭菜、芹菜田、茄果蔬菜，用48%乳油200～300ml/亩，土壤均匀喷雾处理，施药后立即混土。

棉花，在播种后出苗前或营养钵移栽前。每亩用48%乳油100～150ml/亩，对水30～40kg进行全田喷雾，施药后立即混土。地膜棉施药后应及时盖膜。

瓜类，在北方砂壤土上施用，西瓜、西葫芦适宜的用药量为48%乳油150ml/亩左右，甜瓜100ml/亩左右，必须先施药混土后覆膜，间隔4～5d破膜点种，这样安全性好、除草效果好。

注意事项 地乐胺用药后一般要混土，混土深度3～5cm，可以在一定程度上提高施药效果。茎叶处理防除菟丝子时，喷雾力求细微均匀，使菟丝子缠绕的茎尖能接受到药剂。在瓜田先播种后喷药覆膜药害重。在西瓜缓苗期间用药200ml/亩以上时易产生药害。

开发登记 山东滨农科技有限公司、江西盾牌化工有限责任公司等企业登记生产。

二甲戊乐灵 pendimethalin

其他名称 除草通；施田补；除芽通；二甲戊灵。

化学名称 N-(乙基丙基)-3,4-二甲基-2,6-二硝基苯胺。

结构式

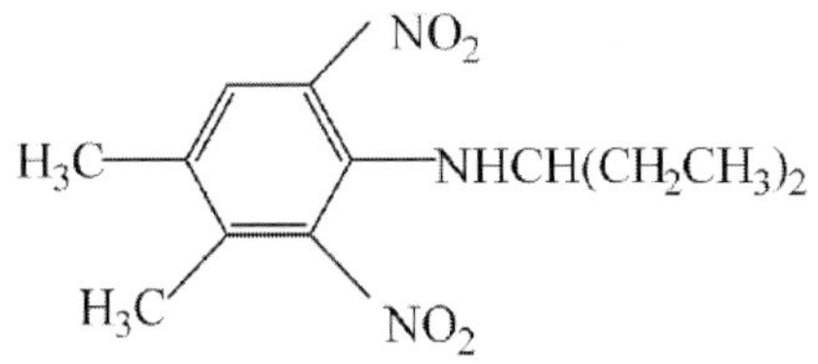

NO_2

H_3C—　—$NHCH(CH_2CH_3)_2$

H_3C

NO_2

理化性质 橙色晶状固体，熔点54～58℃，蒸气压(25℃)4.0MPa。溶解度：水(20℃)0.3mg/L，丙酮700g/L，玉米油148g/L，庚烷138g/L，异丙醇77g/L(26℃)，易溶于甲苯、氯仿、二氯甲烷，微溶于石油醚和汽油。5～130℃下储存稳定，对酸、碱稳定，光下缓慢分解。

毒　　性 大鼠急性经口LD_{50}为1 250mg/kg，兔急性经皮LD_{50}为5 000mg/kg。鱼毒LC_{50}(96h，mg/L)：虹鳟鱼0.14，蓝鳃太阳鱼0.2，水渠鲶鱼0.42。LC_{50}(8d膳食，mg/kg)：北美鹌鹑4 187，野鸭10 388。

剂　　型 33%乳油。

除草特点 该药主要抑制分生组织细胞分裂，不影响杂草种子的萌发，在杂草种子萌发过程中幼芽、茎、根吸收药剂后而起作用。双子叶植物吸收部位为下胚轴，单子叶植物吸收药剂部位为幼芽，其受害症状为幼芽和次生根被抑制。持效期为30～45d。

适用作物 大豆、玉米、棉花、花生、水稻、多种蔬菜、果树等。

防除对象 可以防除1年生禾本科杂草和某些阔叶杂草，如马唐、狗尾草、牛筋草、早熟禾、稗草、藜、苋、蓼等。

应用技术 大豆田，播前土壤处理，用33%乳油100～150ml/亩，由于该药吸附性强、挥发性小，且不易光解，因此，施药后混土与否对防除杂草效果影响不大。如果遇长期干旱，土壤含水量低时，适当混土3～5cm，以提高药效。也可于大豆播后苗前进行土壤处理，但必须在大豆播种后2d内施药，否则易发生药害。

玉米田，苗前苗后均可以施用此药剂，如果苗前施药，必须在玉米播后出苗前5d内施药，用33%乳油200ml/亩，对水35～50kg均匀喷雾。如果施药时土壤含水量低可以适当混土，但切忌药剂接触玉米种子。

如在玉米苗后施药，应在阔叶杂草长出2片真叶、禾本科杂草1.5叶期之前进行。

花生田，可以在播种前或播后苗前处理，用33%乳油200ml/亩，对水35～40kg喷雾。覆膜花生使用量应为100ml/亩。

棉田，通常在棉花播种前1～3d或播后苗前3d内，用33%乳油150～175ml/亩，对水喷雾于土表。营养钵苗床可在播种覆土后喷雾，用33%乳油100ml/亩，然后覆膜。

蔬菜田，如韭菜、小葱、甘蓝、花椰菜、小白菜等直播蔬菜田，可在播种施药后浇水，用药量为33%乳油100ml/亩。蔬菜田，用量范围内进行适当调整。蔬菜田除草每亩推荐用量为33%乳油100～200ml。一般春季用上限，夏季用下限。如5月初播种韭菜每亩可用200ml，进入6月份用150ml效果就很好；夏播芹菜、香菜、胡萝卜每亩用100ml，甚至可以降至75ml也会取得较好效果，但必须有一定的湿度。施药方法，直播田一般要求播后苗前进行土壤处理，可以先喷药后浇水，也可以先浇水隔1d再施药。

大蒜田，通常采用播后苗前处理，用33%乳油150～200ml/亩，对水40～50kg，均匀喷雾于土表。还可在采用苗后早期使用，通常在大蒜1～5片真叶期，使用剂量同播后苗前。

油菜移栽田，移栽前根据田间杂草发生情况决定用量，重草田块的亩用量150～200ml，中等发生田块亩用量以100～150ml为宜，不能低于100ml。

果园，在果树生长季节，杂草出土前，用33%乳油200～300ml/亩，对水喷雾处理土壤。

注意事项 该药剂防除单子叶杂草的效果优于双子叶的效果。为增加土壤的吸附，减少对作物的药害，在土壤处理时，应先浇水后施药。遇黏质土壤应适当加大药量。蔬菜播种后要覆土2～3cm，避免种子接触药液。

开发登记 山东华阳农药化工集团有限公司、江苏丰山集团股份有限公司、东莞市瑞德丰生物科技有限公司等企业登记生产。

安磺灵 oryzalin

化学名称 3,5-二硝基-N',N'-二丙基对氨基苯磺酰胺。

结构式

$$H_2NO_2S-C_6H_2(NO_2)_2-N(C_3H_7)_2$$

理化性质 原药纯度为98.3%，熔点138～143℃。纯品为淡黄色至橘黄色晶体，熔点141～142℃。沸点265℃(分解)。蒸气压小于0.001 3MPa(20℃)。水中溶解度2.6mg/L(25℃)，其他溶剂中溶解度(g/L，25℃)：丙酮＞500，乙腈＞150，甲醇50，二氯甲烷＞30，二甲苯2。52℃下稳定(高温存储试验)，pH值3、6、9时稳定期为28d。遇紫外光分解。

毒　　性 大鼠和小鼠急性经口LD_{50}为10 000mg/kg，犬急性经口LD_{50}＞1 000mg/kg。兔急性经皮LD_{50}＞200mg/kg。对兔眼睛和皮肤无刺激性。大鼠2年饲喂试验的无作用剂量为300mg/kg。

除草特点 本药为选择性芽前土壤处理剂，药剂进入植物体后，主要抑制分生组织的细胞分裂，从而抑制杂草幼芽及幼根的生长。持效期50～70d。

适用作物 棉花、花生、冬油菜、大豆、向日葵。

应用技术 据资料报道，主要用于棉花、花生、冬油菜、大豆、向日葵苗前除草，使用剂量为有效成分60～120g/亩。

开发登记 由美国道农业科学公司开发，US3367949。

乙丁烯氟灵 ethalfluralin

其他名称 EL-161；Sonalan；Sonalen。

化学名称 N-乙基-α,α,α-三氟-N-(2-甲基烯丙基)-2,6-二硝基对甲基苯胺。

结 构 式

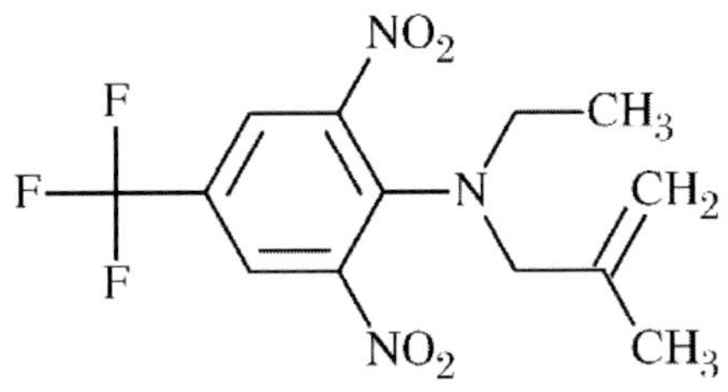

$$\text{NO}_2,\ \text{F},\ \text{F},\ \text{F},\ \text{N},\ \text{CH}_3,\ \text{CH}_2,\ \text{NO}_2,\ \text{CH}_3$$

理化性质 纯品为黄至橘黄色结晶固体、熔点55～56℃、蒸气压0.11MPa(25℃)。溶解度(25℃)：水中0.2mg/L(pH7)，丙酮中>500g/L，甲醇中>82g/L，二甲苯中>500g/L。52℃下稳定，pH3、6、9(51℃)时稳定期33d以上，紫外光下分解，土壤中DT_{50}为25～46d。

毒　　性 大、小鼠急性经口LD_{50}>10 000mg/kg，猫、犬>200mg/kg。兔急性经皮LD_{50}>2 000mg/kg，对皮肤和眼有轻微刺激。

应用技术 据资料报道，芽前除草剂。以66～83g(有效成分)/亩混土施用防除棉花、大豆田中大多数阔叶杂草和一年生禾本科杂草。

开发登记 1974年由Eli Lilly(现为Dow Elanco)公司开发。

异丙乐灵 isopropalin

其他名称 EL-179；Paarlan。

化学名称 4-异丙基-2,6-二硝基-N,N-二丙基苯胺。

结 构 式

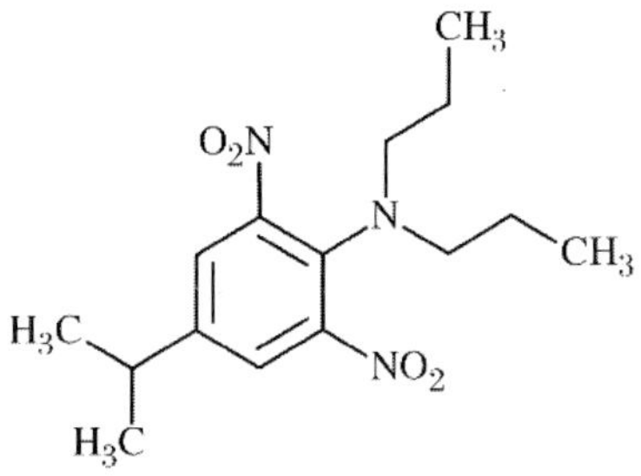

$$\text{CH}_3,\ \text{O}_2\text{N},\ \text{N},\ \text{CH}_3,\ \text{H}_3\text{C},\ \text{NO}_2,\ \text{H}_3\text{C}$$

理化性质 原药为橘红色液体。溶解度(25℃)：水中0.1mg/L，丙酮、己烷和甲醇中为1kg/L。在田间主要通过紫外光分解，土壤中DT_{50}小于0.5年。

毒　　性 大、小鼠急性经口LD_{50}>5 000mg/kg。犬和兔口服2 000mg/kg(最高剂量)未出现死亡。兔急性经皮LD_{50}>2 000mg/kg，对皮肤和眼睛稍有刺激。鸡、野鸭口服2 000mg/kg(最高剂量)，鹌鹑1 000mg/kg未出现死亡。金鱼LC_{50}(96h)>0.15mg/L，蜜蜂LD_{50}为0.011mg/只。90d饲养试验，对大鼠和犬无作用剂量>250mg/kg饲料。

剂　　型 72%乳油。

应用技术 植前土壤混施除草剂。用72%乳油91.6～183.2g/亩，用于防除直播辣椒和番茄及移栽烟草田中阔叶杂草及禾本科杂草。

开发登记 1972年由美国陶氏公司开发。

甲磺乐灵 nitralin

其他名称 Sd11831；DSh1006H。

化学名称 4-甲基磺酰基-2,6-二硝基-N,N-二丙基苯胺。

结 构 式

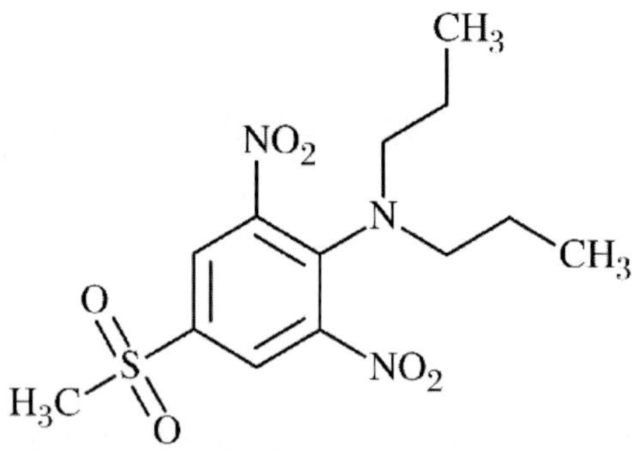

理化性质 原药为淡黄色至橙色晶体，熔点151~152℃，沸点225℃(分解)。蒸气压1.2MPa(20℃)，4.4MPa(30℃)。22℃时水中溶解度为0.6mg/L，丙酮中37%。

毒　　性 大白鼠急性口服LD_{50}>2g/kg，对鱼类毒性较低。

剂　　型 75%可湿性粉剂。

除草特点 此药主要是在杂草种子萌发期被种子吸收，或被根部吸收，如果能被叶吸收，其吸收量也很少。甲磺乐灵在土壤中比较稳定，不易淋失，除草效果比较稳定。对环境因素，特别是对湿度的要求不严格。其挥发的蒸气亦能对杂草产生伤害作用，因而在气候干旱的地区使用具有明显的优越性。主要抑制细胞分裂，在根部分生组织部位引起细胞膨胀，同时抑制根的生长，阻碍或限制细胞分裂中纺锤体的形成。

适用作物 棉花、大豆、花生、莴苣、豆类作物、葫芦科作物、红花、移植蔬菜地的辣椒、番茄以及定植苜蓿。

防治对象 大多数1年生禾本科杂草，如稗草、马唐、绿狗尾草，以及繁缕、马齿苋等几种阔叶杂草。

应用技术 资料报道，通常采用土壤混合处理的方法。定植苜蓿田：本品在苜蓿田中，防治大多数1年生禾本科杂草和许多1年生阔叶杂草。这种除草剂需要混土才有效，一般在苜蓿休眠期或最后1次收割后施药。混土深度为3～5cm，用履带式覆盖机或圆盘耙混土时，要调整好机具，做到既把除草剂混进了所需的土层深度，又对苜蓿的伤害最小。用药量为75%可湿性粉剂50～147g/亩，一般在轻质土中施用。花生田、大豆田、菜豆田：可植前、芽前进行土壤喷雾处理，施用剂量为75%可湿性粉剂50～147g/亩。甘蓝类田：在直播甘蓝田，可混土处理防治1年生杂草，播种后立即进行芽前施药，如果芽前施药后几天内无雨，应进行灌溉。在移栽甘蓝类田，移栽前作土壤处理，使用剂量为75%可湿性粉剂50～147g/亩。番茄田：在移植或定植地，防治1年生杂草，用75%可湿性粉剂50～147g/亩。

注意事项 本品不能作为茎叶处理剂，因为叶部吸收量极微，本品在棉花上作为芽后除草剂，要求定向喷雾，在苜蓿地中施用混土时要小心，避免过多的伤害苜蓿根茎。

环丙氟灵 profluralin

其他名称 CGA10832；Tolban；Pregard。

化学名称 N-(环丙甲基)-α,α,α-三氟-2,6-二硝基-N-丙基对甲苯胺。

结 构 式

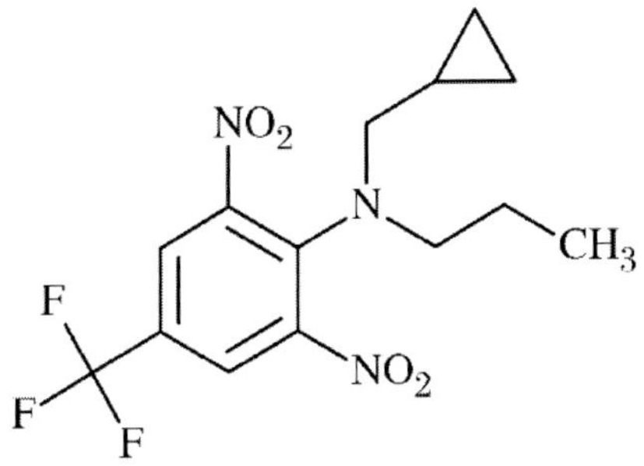

理化性质 纯品为无定形黄色至橘黄色结晶，熔点32～33℃，蒸气压8.4MPa(20℃)，密度1.38g/cm^3(20℃)。溶解度(20℃)：水中0.1mg/L，辛醇中220g/L。

毒　　性 大鼠急性经口LD_{50}约10 000mg/kg。大鼠急性经皮LD_{50}>3 170mg/kg。90d饲养试验表明，对大鼠无作用剂量为200mg/kg饲料，犬600mg/kg饲料。鱼毒LC_{50}(96h)：虹鳟鱼0.015mg/L，太阳鱼0.023mg/L，对鸟无毒但对蜜蜂有毒。

剂　　型 48%乳油。

应用技术 据资料报道，种植前土壤混施除草剂，用于防除棉花，大豆田中禾本科杂草和许多其他作物田中1年生和多年生杂草。

开发登记 本品由Ciba-Geigy公司开发。

氨基丙氟灵 prodiamine

其他名称 氨氟乐灵；USB-3153；CN-11-2936；SAN745H。

化学名称 5-二丙基氨基-α,α-三氟-4, 6-二硝基-邻-甲苯胺-2,6-二硝基-N',N' -二丙基-4-三氟甲基间亚苯基胺。

结 构 式

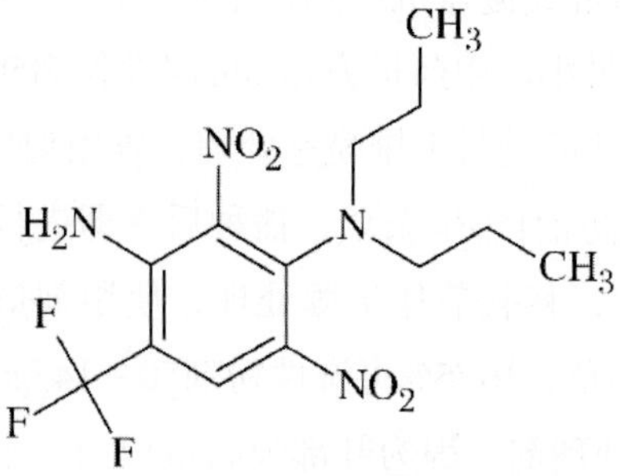

理化性质 黄色结晶体，熔点124℃，蒸气压0.003 3MPa(25℃)为1.47。25℃在水中溶解度为0.03mg/L、(20℃)溶解度：丙酮中205g/L，乙腈中45g/L，苯中74g/L，氯仿中93g/L，乙醇中7g/L，己烷中20g/L，二甲苯中37g/L。对光稳定性中等，无腐蚀性。

毒 性 急性经口LD_{50}：小鼠>15 000mg/kg，大鼠>5 000mg/kg。大鼠急性经皮LD_{50}>2 000mg/kg，急性吸入LC_{50}>256mg/m^3(最大值)。饲养无作用剂量：犬200mg/kg(1年)，小鼠500mg/kg(1.5年)，大鼠200mg/kg(2年)。鹌鹑急性经口LD_{50}>2 250mg/kg，野鸭和鹌鹑LC_{50}(8d)>10 000mg/kg。

剂 型 50%可湿性粉剂、40%悬浮剂。

应用技术 二硝基苯胺类除草剂。以20%可湿性粉剂50～200g/亩施用，可有效地防除苜蓿、棉花、观赏作物、大豆和其他阔叶作物田中的1年生和多年生禾本科杂草、单子叶和阔叶杂草。

开发登记 本品由US Borax发现，Velsicol Chemical公司开发，现由Sardoz销售。

乙丁氟灵 benfluralin

其他名称 EL-110；Balan；Bonalan；benfluralie；benefin；bethordine；氟草胺。

化学名称 N-丁基-N-乙基-α,α-三氟-2,6-二硝基对甲苯胺。

结 构 式

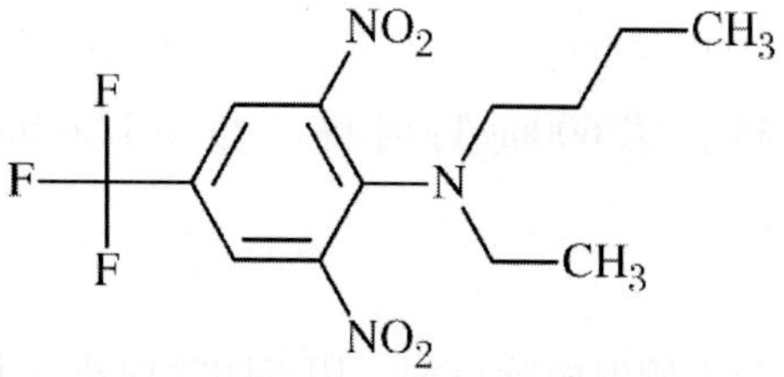

理化性质 纯品为橘黄色结晶固体，熔点65～66.5℃，蒸气压52MPa(30℃)。溶解度(25℃)：水中<1mg/L，丙酮中650g/L，乙醇中24g/L，二甲苯中420g/L。紫外光照射下分解，在pH3～9(26℃)稳定30d以上。

毒 性 大鼠急性经口LD_{50}>10 000mg/kg，小鼠>5 000mg/kg，犬和家兔>2 000mg/kg。在200mg/kg时对兔皮肤和眼睛无刺激，2年饲养试验大鼠无作用剂量为1 000mg/kg饲料。鹌鹑、野鸭、鸡急性经口LD_{50}>2 000mg/kg，太阳鱼LC_{50}为0.37mg/L。

剂 型 乳油、颗粒剂、可湿性粉剂。

应用技术 据资料报道，芽前混土施药，用量66～90g(有效成分)/亩，用于防除菊苣、黄瓜、苦苣、花生、莴苣、苜蓿、烟草和其他饲料作物田中1年生禾本科和阔叶杂草，防除草坪中1年生杂草用量为100g(有效成分)/亩。

开发登记 本品于1963年由美国Eli Lilly公司开发(现为Dow Elanco公司)。

氯乙氟灵 fluchloralin

其他名称 BAS392H；BAS3920；BAS3921；BAS3922；Basalin。

化学名称 N-(2-氯乙基)-α,α-三氟-2,6-二硝基-N-丙基对甲苯胺。

结构式

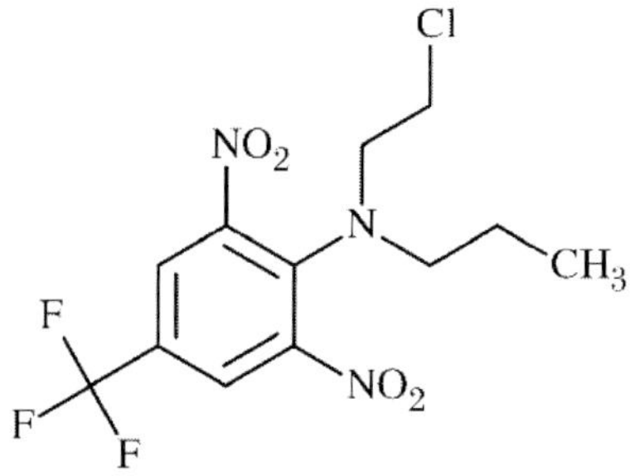

理化性质 橘黄色固体，熔点42～43℃，蒸气压4MPa (20℃)。溶解度(20℃)：水中<1mg/kg，丙酮、苯、氯仿、乙醚中>1kg/kg，环己烷中251g/kg，乙醇中177g/kg。紫外光下不稳定，原药纯度97%以上。

毒　　性 大鼠急性经口 LD_{50}>6 400mg/kg，小鼠730mg/kg、兔急性经皮LD_{50}>10 000mg/kg，大鼠吸入毒性LC_{50}(4h)8.4mg/L。90d饲养试验表明，以5 000mg/kg饲料喂大鼠，150mg/kg饲料喂犬均无毒作用。鸭急性经口LD_{50}1 300mg/kg、白鹌鹑7 000mg/kg。鱼毒LC_{50}(24h)：太阳鱼0.031mg/L，虹鳟鱼0.027mg/L、LC_{50}(96h)分别为0 016和0.012mg/L。

剂　　型 48%乳油。

应用技术 据资料报道，植前或芽前除草剂。用于防除棉花、花生、黄麻、马铃薯、水稻、大豆和向日葵田中禾本科和阔叶杂草，用量依不同的作物和土壤类型为48%乳油66～139ml/亩，持效期10～12周左右。

开发登记 本品由BASF公司开发。

氨基乙氟灵 dinitramine

其他名称 氨氟灵；USB3584；Cobex。

化学名称 N',N'-二乙基-2,6-二硝基-4-三氟甲基-m-苯二胺。

结构式

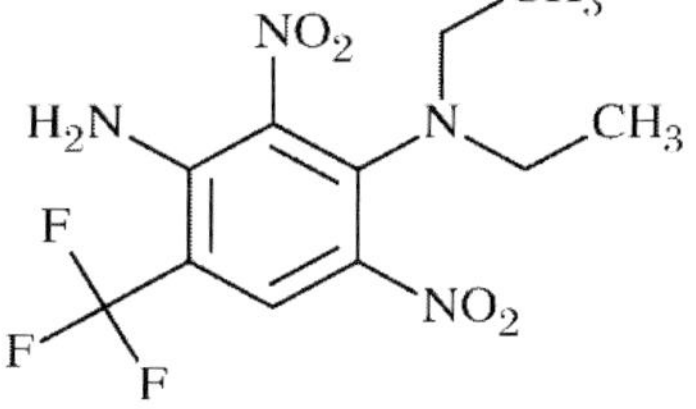

理化性质 纯品为黄色结晶固体，熔点98～99℃，蒸气压0.479MPa(25℃)。溶解度(25℃)：水中1.1mg/L，丙酮中640g/kg，乙醇中120g/kg。原药纯度大于83%，本品70℃以上分解，纯品和原药在常温下贮存2年均无明显的分解，但易于光分解。土壤中DT_{50}为10～66d，乳油对铁或铝稍有腐蚀性，本品与氯酞酸甲酯不能混配。

毒　　性 大鼠急性经口LD_{50}为3 000mg/kg。兔急性经皮LD_{50}>6 800mg/kg。90d喂养试验表明，对大鼠

和猎犬无作用剂量2 000mg/kg饲料。以100或300mg/kg饲料饲养大鼠，无致癌作用。野鸭急性经口LD_{50}>10 000mg/kg，鹌鹑>1 200mg/kg。鱼毒LC_{50}(96h)：鳟鱼6.6mg/L，太阳鱼11mg/L，鲤鱼3.7mg/L。

剂　　型　24%、25%乳油。

应用技术　芽前除草剂，土壤混施，用于防除菜豆、胡萝卜、棉花、花生、大豆、向日葵、芜菁、甘蓝、萝卜、移栽辣椒和移栽番茄田中许多1年生禾本科和阔叶杂草，用量为25%乳油106~212ml/亩，对水喷雾。

开发登记　本品由美国Borax化学公司于1973年开发，但未长期生产，1982年开始由Wacker Gmbh公司生产。

地乐灵　dipropalin

其他名称　L35455。

化学名称　2,6–二硝基–N,N–二正丙基对甲苯胺。

结 构 式

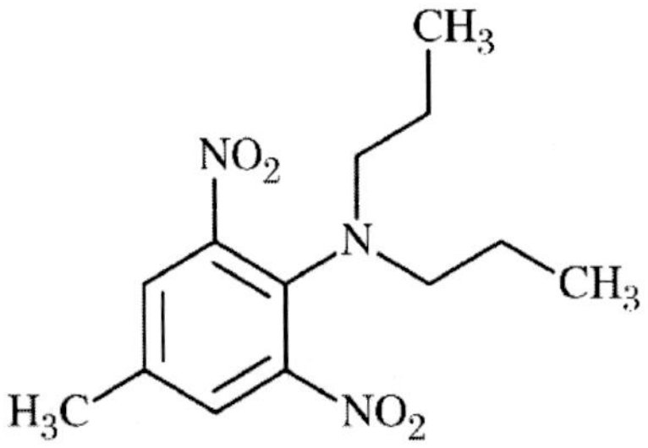

CH_3 NO_2 N CH_3 H_3C NO_2

理化性质　原药为黄色固体，熔点42℃，沸点118℃(0.1mmHg)，溶于水。

毒　　性　小白鼠急性口服毒性LD_{50}为3 600mg/kg。

应用技术　据资料报道，用在草皮中芽前除草。

开发登记　1960年Eli Lilly公司研制。

氯乙地乐灵　chlornidine

其他名称　An56477；HOK–717。

化学名称　N,N–二(2–氯乙基)–4–甲基–2,6–二硝基苯胺。

结 构 式

Cl NO_2 N Cl H_3C NO_2

理化性质　黄色固体，熔点42~43℃，蒸气压6×10^{-6}mmHg(20℃)，20℃时在100g溶剂中的溶解度：苯、乙醚、丙酮、氯仿均为100g，乙醇为17.7g、环己烷为25.1g，水为0.007g。对光敏感。

毒　　性　大鼠急性口服LD_{50}>2 200mg/kg，急性经皮LD_{50}>1 640mg/kg。亚急性毒性试验中对大鼠和小鼠用20 ~ 1 620mg/kg饲料喂养13周，除雄小鼠死亡率增加和睾丸损害外无其他明显毒理变化。

剂　　型 浓乳剂。

应用技术 据资料报道，可用于棉花、大豆、玉米、高粱和花生田中防除禾本科杂草，对阔叶杂草效果较差。播前土壤处理，施用剂量为75g(有效成分)/亩。

开发登记 本品Ausul公司开发。

Methalpropalin

化学名称 N-(2-甲基-2-丙烯基)-2,6-硝基-N-丙基-4-(三氟甲基)苯胺。

结 构 式

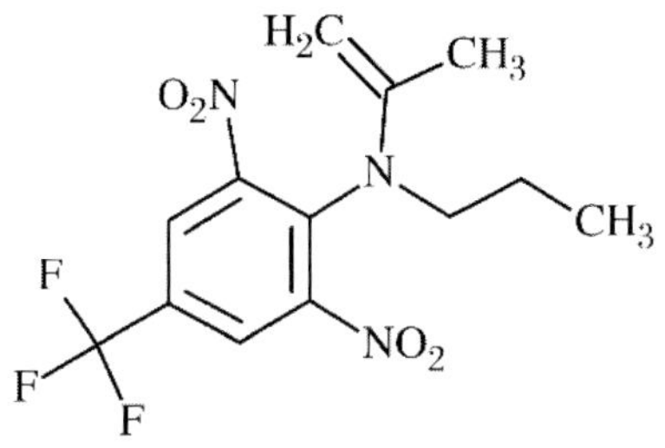

H_2C CH_3 O_2N N CH_3 F F F NO_2

丙硝酚 dinoprop

化学名称 3-甲基-2-(1-甲基乙基)-4,6 -二硝基苯酚。

结 构 式

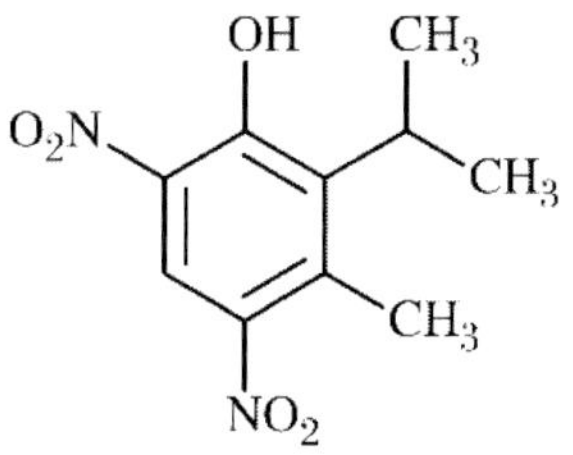

OH CH_3 O_2N CH_3 CH_3 NO_2

氨氟乐灵 prodiamine

其他名称 颜化。

化学名称 N,N-二丙基-4-三氟甲基-5-氨基-2,6-三硝基苯胺(GB 4839-1998)、2,4-二硝基-N3,N3-二丙基-6-三氟甲苯-1,3-二胺(IUPAC)

结 构 式

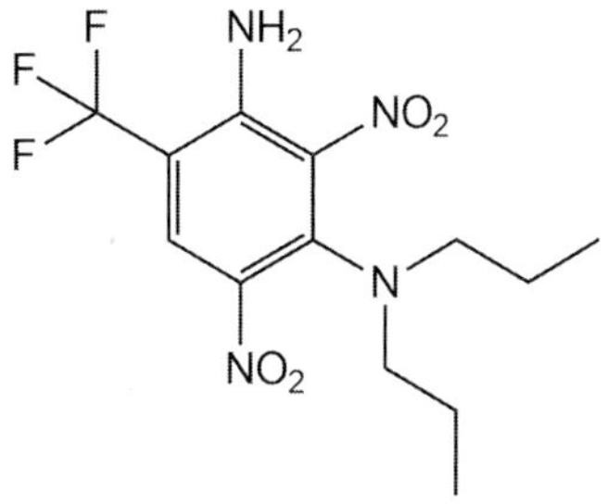

F NH_2 F NO_2 F N NO_2

理化性质 原药外观为橘黄色粉末，密度1.4107g/mL，pH6.8，沸点194℃，熔点122.5~124℃。溶解度(20℃，mg/mL)：二甲苯甲酰胺321、二甲苯35.4、异丙醇8.52、庚烷1、丙酮226、乙腈45、苯74、氯仿93、乙醇7、正己烷20；有轻微氧化的可能性。

毒　　性 对大鼠(雄/雌)急性经口LD_{50}>5 000mg/kg，经皮LD_{50}>2 000mg/kg。对家兔眼睛有轻微刺激作用、皮肤无刺激性。低毒。

作用特点 是一种芽前封闭除草剂，主要作用方式为抑制纺锤体的形成，从而抑制细胞分裂、根系和芽的生长。主要通过杂草的胚芽和胚轴吸收，对已出土杂草及以根茎繁殖的杂草无效果。可用于控制草坪上多种禾本科杂草和阔叶杂草。

剂　　型 65%水分散粒剂。

应用技术 对光照中等稳定，对酸、碱、热稳定。在土壤中持续时间长，适用于定植后较长时间不改种或长时间固定种植某种植物的地域，如高尔夫草坪、园林绿化用草坪、苗圃、园林植物及果树等。主要防除种子发芽的禾本科杂草，对由根茎繁殖的杂草无效。可防除部分小颗粒的阔叶杂草，对菊科等部分阔叶杂草效果差使用剂量：585～1 170g(有效成分）/hm^2。

注意事项 在草的次生根接触到土壤深层前，氨氟乐灵可能造成药害。为降低风险，请在播种60d后或2次割草后(取两者间隔较长的），再施用氨氟乐灵；施药后，如过早盖播草种，氨氟乐灵将影响交播草坪的生长发育；请勿用于高尔夫球场球洞区。

开发登记 瑞士先正达作物保护有限公司、泸州东方农化有限公司等公司登记。

十三、有机磷类除草剂

(一)有机磷类除草剂的主要特性

有机磷类除草剂是一类重要除草剂，其中草甘膦2002年销售额达到47亿美元，成为产销量最大的除草剂品种。有机磷类除草剂的主要特性：有机磷类除草剂部分品种的选择性比较差，往往作为灭生性除草剂用于林业、果园、非农田及免耕田，部分品种具有较好的选择性。多数品种杀草谱较广，草甘膦不仅能防除1年生杂草，而且还可以防除一些多年生杂草，一些土壤处理剂可以防除多种1年生杂草。哌草膦、胺草膦和莎稗膦通过根、胚芽鞘及幼叶吸收，哌草膦的传导作用较差，其他品种均具有较好的内吸传导作用、草甘膦能为植物茎叶吸收，在植物体内迅速传导，既能沿木质部向上传导，也能沿韧皮部向下传导。植物分生组织是一些有机磷除草剂品种的主要作用部位，草甘膦迅速向植物分生组织传导，迅速积累至致死浓度，影响整个植株分生组织的代谢作用过程，草甘膦主要抑制5-烯醇丙酮酰-莽草酸-3-磷酸合成酶 (EPSP synthase)，同时草甘膦对植物叶绿素合成也有抑制作用，草甘膦也影响植物的蒸腾作用；草铵膦的除草特点在于抑制谷氨酰胺合成酶，而引起游离氨的蓄积和光合能力；哌草膦、莎稗膦等主要作用于微管系统，抑制细胞分裂。有机磷类除草剂的稳定性较差，在酸和碱性条件下会迅速分解。

(二)有机磷类除草剂的作用原理

1. 吸收与传导

有机磷类除草剂品种不同，植物对他们的吸收与传导途径也不同。哌草膦、胺草膦和莎稗膦通过根、胚芽鞘及幼叶吸收，哌草膦的传导作用较差，其他品种均具有较好的内吸传导作用。

草甘膦能为植物茎叶吸收，在植物体内传导迅速，既能沿木质部向上传导，也能沿韧皮部向下传导。喷施茎叶后，1年生杂草在2～4d、多年生杂草在7～10 d内产生明显的受害症状，但处理后遇冷凉及阴天，则受害症状延迟出现，处理后6h内降雨会降低药效，2h内降雨会将药剂从叶面冲洗掉。

2．作用部位

植物分生组织是一些有机磷除草剂品种的主要作用部位。草甘膦迅速向植物分生组织传导，迅速积累至致死浓度，影响整个植株分生组织的代谢作用过程，叶绿素合成则是其主要作用点之一。失绿是植物最先产生的药害症状，随着失绿植株逐渐变黄而枯萎，植株地上部分全部褐变，地下部分坏死。

3．生理效应与除草机制

草甘膦主要抑制5–烯醇丙酮酰–莽草酸–3–磷酸合成酶(EPSP synthase)，同时草甘膦对植物叶绿素合成也有抑制作用，草甘膦也影响植物的蒸腾作用。草铵膦的除草特点在于抑制谷氨酰胺合成酶(glutamine synthase)，而引起游离氨的蓄积和光合能力。哌草膦、胺草膦、莎稗膦等主要作用于微管系统，抑制细胞分裂。

4．降解与消失

有机磷类除草剂不稳定，在酸性或碱性条件下迅速分解，在土壤中进行化学或微生物分解，从而丧失活性。土壤处理剂在土壤中的移动性很差。胺草膦停留于土表，处理后20～40d内除草效果达90%。土壤中的一些离子和有机质能吸附草甘膦，从而失去活性。

5．应用技术

有机磷类除草剂包括两大类：土壤处理剂：如胺草膦、哌草膦、莎稗膦。通常在作物播种后、芽前施用，主要防治1年生杂草；茎叶处理剂：如草甘膦、蔓草磷，杀草谱广，不仅防治1年生杂草，而且也能防治2年生与多年生杂草。

有机磷除草剂与其他许多除草剂混用会产生拮抗作用，应用时务必注意。

(三)有机磷类除草剂的主要品种

草甘膦 glyphosate

其他名称 农达；农民乐；时拔克。

化学名称 N–(磷酸甲基)甘氨酸、N–磷羧基甲基甘氨酸胺盐、N–(磷酰基甲基)甘氨酸异丙胺盐、N–(磷酸甲基)甘氨酸钾。

结 构 式

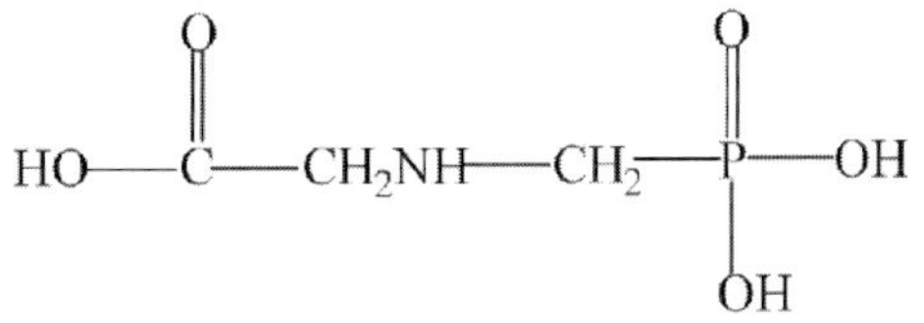

$$HO-\overset{\overset{\displaystyle O}{\|}}{C}-CH_2NH-CH_2-\underset{\underset{\displaystyle OH}{|}}{\overset{\overset{\displaystyle O}{\|}}{P}}-OH$$

理化特性 草甘膦：无色晶体，熔点200℃，密度0.5g/cm^3，25℃在水中溶解度为12g/L，不溶于丙酮、乙醇、二甲苯等有机溶剂，低于60℃稳定，对光稳定。草甘膦铵盐：在pH3的水中溶解度为(1 445±19)mg/kg，基本不溶于有机溶剂，在常温下，储存稳定，不可燃、不易爆，对光稳定不分解。草甘膦异丙胺盐：完全溶解于水，不可燃、不爆炸，常温储存稳定。

毒　　性 草甘膦：兔急性经口LD_{50}＞5 000mg/kg，兔急性经皮LD_{50}为4 320mg/kg。对皮肤、眼睛和上呼吸道有刺激作用。草甘膦铵盐：大鼠急性经口LD_{50}为4 640mg/kg，大鼠急性经皮LD_{50}为2 150mg/kg，低毒。草甘膦异丙胺盐：原粉对大鼠急性经口LD_{50}为4 300mg/kg，兔急性经皮LD_{50}大于5 000mg/kg，对兔眼睛和皮肤有轻度刺激作用，对豚鼠皮肤无过敏和刺激作用。

剂　　型 草甘膦：30%水剂、50%可分散油悬浮剂、50%可溶粉剂、58%可溶粉剂、70%可溶粒剂。草甘膦钠盐：50%可溶粉剂、58%可溶粉剂、80%可溶粉剂。草甘膦钾盐：35%水剂、41%水剂、58%可溶粉剂、58%可溶粒剂、68%可溶粒剂、68%可溶粉剂。草甘膦铵盐：30%水剂、58%可溶粒剂、68%可溶粉剂、68%可溶粒剂、70%可溶粒剂、74.7%可溶粒剂、80%可溶粉剂、草甘膦异丙胺盐：30%水剂、35%水剂、41%水剂、46%水剂、62%水剂、58%可溶粒剂。

除草特点 为内吸传导型广谱灭生性除草剂。药剂通过植物茎叶吸收，在体内输导到各部位，不仅可以通过茎叶传导到地下部分，并且在同一植株的不同分蘖间传导，使蛋白质合成受干扰导致植株死亡，一般施药后植株迅速黄化、褐变、枯死。对多年生深根性杂草的地下组织破坏力强，但不能用于土壤处理。

适用作物 可用于果园、茶园、农田、非耕地等，还可用于高秆玉米、棉花田定向喷雾。

防除对象 可以防除几乎所有的1年生和多年生杂草。对常见的马唐、铁苋、反枝苋、莎草等杂草防除效果突出。

应用技术 草甘膦在作物播种前、果园、茶园、田边等杂草生长旺盛期，用药剂进行茎叶喷雾处理。由于各种杂草对药剂的敏感程度不同，因此使用量也不同。

草甘膦：棉田，棉株高度在50cm以上，田间杂草较多且多为幼苗时可以用30%水剂80～130ml/亩，对水30～40kg，低位定向喷雾，应选择无风天气施药，以免雾点飘移到棉花叶片上而产生药害。

玉米田，一般在7月下旬至8月初杂草基本发芽出齐后，玉米抽雄期后，基部茎秆老化红化时喷药，既能控制草，又不致伤及玉米。一般每亩用30%水剂166g， 对水40kg进行均匀定向喷雾，防除效果较好。

草甘膦铵盐：防治玉米田、油菜田、棉花田杂草，用95%可溶性粒剂53～116g/亩对水30～40kg进行定向茎叶喷雾。防治梨园、甘蔗园、香蕉园、橡胶园、剑麻园、茶园、桑园等果园杂草，用95%可溶性粒剂78～156g/亩对水30～40kg进行定向茎叶喷雾。对于非耕地杂草，用95%可溶粒剂78～210g/亩对水30～40kg进行茎叶喷雾。

草甘膦异丙胺盐：防治玉米田、油菜田、棉花田杂草，用41%水剂150～250ml/亩对水30～40kg进行定向茎叶喷雾。防治梨园、甘蔗园、香蕉园、橡胶园、剑麻园、茶园、桑园等果园杂草，用41%水剂182～365ml/亩对水30～40kg进行定向茎叶喷雾。对于非耕地杂草，用41%水剂182～487ml/亩对水30～40kg进行茎叶喷雾。

注意事项 草甘膦属灭生性除草剂，喷药时在玉米行间压低喷头顺垄定向喷施，施药时要特别注意风力与风向以免飘移到作物茎叶上产生药害。在土壤干旱的条件下防效较差。草甘膦与土壤接触立即钝化丧失活性，仅适于作茎叶处理，施药时间以在杂草出齐处于旺盛生长期到开花前，有较大叶面积接触较多药液为宜。水中的泥沙能吸附药剂，故不宜用混浊的河水或硬度较大的井水配制药液。温暖晴天用药效果优于低温天气，施药后4～6h内遇雨会降低药效，应酌情补喷。低温贮存时，会有结晶析出，用时应充分摇动容器，使结晶重新溶解，以保证药效。喷雾4h后遇雨不影响防效。

开发登记 先正达南通作物保护有限公司、安徽华星化工有限公司、湖北仙隆化工股份有限公司等企业登记生产。

莎稗膦 anilofos

其他名称 阿罗津。

化学名称 O,O-二甲基-S-4-氯-N-异丙基苯氨基甲酰基甲基二硫代磷酸酯。

结 构 式

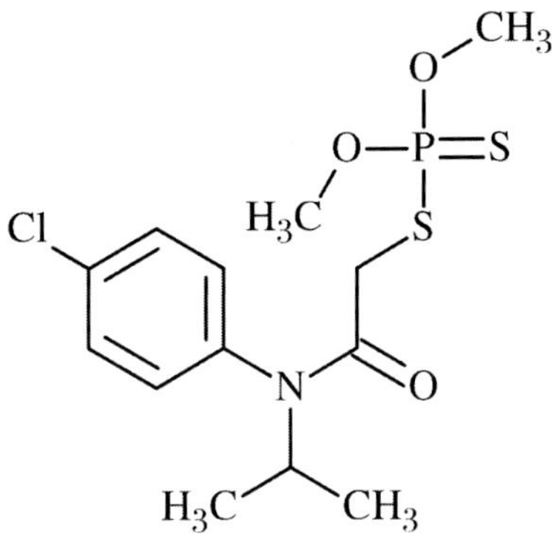

理化特性 无色或黄褐色晶体，熔点50.5～52.5℃，蒸气压(20℃)2.2MPa，密度(25℃)1.27。溶解度：水13.6mg/L，丙酮、氯仿、甲苯＞1 000g/L，苯、乙醇、二氯甲烷、乙酸＞200g/L，已烷＞12g/L。pH值5～9(22℃)时稳定，分解温度150℃。

毒 性 大鼠急性经口LD_{50}830mg/kg，大鼠急性经皮LD_{50}＞2 000mg/kg；鱼毒LC_{50}(96h，mg/L)：金鱼4.6，虹鳟鱼2.8；急性经口LD_{50}(mg/kg)：日本雄鹑3 360，雌鹑2 239，雄鸡1 480，雌鸡1 640。

剂 型 30%乳油、26%可湿性粉剂。

除草特点 内吸传导型选择性土壤处理除草剂，主要通过植株根部吸收，部分通过新芽或嫩叶吸收。对正在萌发的杂草幼芽效果好，对已长大的杂草效果差。受害植物叶片深绿、变脆、厚、短，心叶不易抽出，生长停止，最后枯死。在土壤中的持效期为20～40d。

适用作物 水稻、棉花、油菜、玉米、小麦、大豆、花生、黄瓜。

防除对象 主要防治1年生禾本科杂草和莎草科杂草，如马唐、狗尾草、牛筋草、野燕麦、稗草、千金子、水莎草、异型莎草、碎米莎草、扁秆藨草、牛毛毡等，对阔叶杂草防效差。

应用技术 稻田，杂草萌发至一叶一心期或水稻移栽后4～7d进行处理，用30%乳油60～100ml/亩。施药后保持水层3～6cm，保水4～5d。莎稗膦对水稻有轻微的药害表现，但后期均可恢复正常，对产量无影响。同样的秧龄下，随着施药时期延后，安全性下降。

旱田在播后苗前或苗后中耕后施药，用30%乳油100～150ml/亩，喷雾或撒施毒土。

注意事项 直播稻田4叶期以前施用该药敏感，可用于大苗移栽田，不可用于小苗移栽田，抛秧田慎用。旱育秧苗对本品的耐药性与丁草胺相近，轻度药害一般在3～4周消失，对分蘖和产量没有影响。水育秧苗即使在较高剂量时也无药害，若在栽后3d前施药则药害很重，直播田的类似试验证明，苗后10～14d施药，作物对本品的耐药性差。本品颗粒剂分别施在1cm、3cm、6cm水深的稻田里，施药后水层保持4～5d，对防效无影响。

开发登记 德国拜耳作物科学公司登记生产。

草铵膦 glufosinate-ammonium

化学名称 (RS)-2-氨基-4-(羟基甲基氧膦基)丁酸铵。

结构式

$$\mathrm{H_3C{-}P(=O)(OH){-}CH_2CH_2{-}CH(NH_2){-}COOH}$$

理化性质 原药为白色至浅黄色结晶粉末，密度1.4g/ml(20℃)，熔点215℃，沸点99.5℃，蒸气压小于0.1MPa(25℃)；高度稳定，25℃可储存2年；20℃、pH7时水溶度1 370g/L，20℃时有机溶剂溶解度(g/100ml)：丙酮0.016，乙醇0.065，乙酸乙酯0.014，正己烷0.02，甲苯0.014。对光稳定，在pH值5~9时水解，在土壤中$DT_{50}<10d$。

毒 性 急性经口LD_{50}(mg/kg)：雄大鼠2 000，雌大鼠1 620，雄小鼠431，雌小鼠416，犬200~400。大鼠急性经皮$LD_{50}>2\,000$(雄)，4 000(雌)。鱼毒LC_{50}(96h)虹鳟鱼320mg/L。无致畸和神经毒性影响的征兆。

剂 型 10%水剂、20%水剂、200g/L水剂、30%水剂、50%水剂、10%可溶液剂、30%可溶液剂、50%可溶粒剂、88%可溶粒剂。

除草特点 本品属膦酸类除草剂。是谷氨酰胺合成抑制剂，为非选择性触杀除草剂，防除单子叶和双子叶杂草，在叶片内转移，但不能转移到别处，谷氨酰胺合成受抑制后，植物体内氮代谢紊乱，导致铵离子累积，叶绿体解体，从而光合作用受抑制，最终导致植物死亡。草铵膦的传导较差，但草铵膦既可以在植物体内随蒸腾流在木质部内向上运输，也可以在韧皮部内向地下部分运输。

适用作物 果树、葡萄、非耕地。

防除对象 本品可用于防除1年生和多年生双子叶及禾本科杂草，可防除鼠尾草、看麦娘、马唐、稗、野大麦、多花黑麦草、狗尾草、金狗尾草、野小麦、野玉米、鸭茅、曲芒发草、羊茅、绒毛草、黑麦草、双穗雀稗、芦苇、早熟禾，森林和高山牧场的悬钩子和蕨类植物等。

应用技术 在木瓜、香蕉田、柑橘园，于杂草生长旺盛期，用200g/L水剂300~450ml/亩，对水30~50kg进行定向茎叶喷雾，对1年生杂草和部分多年生杂草的防效可达90%以上，采用涂抹方式对附着在树干的地衣、苔藓也有杀除效果。

对于非耕地的杂草，应在杂草生齐，雨后3d，用200g/L350~450ml/亩，对水30~50kg对杂草进行茎叶喷雾，选择无风或微风天气常规方法喷雾，喷雾前用保护罩套上喷头，让药液充分接触杂草。

注意事项 防除阔叶杂草应在旺盛生长始期施药，防除禾本科杂草应在分蘖始期施药。草铵膦因为有很好的溶解性，所以其在土壤中的移动性非常好。如果草铵膦施于黏土中，大约有80%以上的草铵膦会淋溶。由此可以看出，田间施用的草铵膦很容易污染地表水和地下水。草铵膦的持效性表现在土壤中的半衰期较长。虽然其代谢受到土壤特性、微生物活性和环境气候等条件影响，半衰期为12~70d，在有些土壤可以持续到100d，但一般情况下为40d。草铵膦的活性受水分、温度、光照的影响。温度在一定范围内，高温可以促进草铵膦的除草效果，McWh (1980)研究表明，当温度由24℃增加到35℃时，草铵膦对假高粱的防效增加；随着温度降低，草铵膦对狗尾草和大麦草的防效降低。温度在12～24℃，草铵膦对猪殃殃的防效较理想，但如温度继续降低，防效也会降低。空气湿度对草铵膦的活性影响很大。在空气湿度40%，温度22℃/17℃情况下，6.7g/亩(有效量)的草铵膦无法杀死狗尾草；而同样条件下，当空气湿度达到95%时，6.7kg/亩的草铵膦就可以彻底杀死狗尾草。空气湿度对草铵膦药效的影响要显著于温度的影响。在弱光下，草铵膦的蒸散速度低、转运慢、植物局部受药量大、植物体内铵的含量高，药害更严重，因此傍晚施用效果会比白天施用好。该药的作用速度介于百草枯和草甘膦之间，但安全、环保，防除对百草枯有耐药性的杂草有独特的优势，另一特点是耐雨水冲刷，施药后5～6h降雨其防效不受影响。

开发登记 安道麦股份有限公司 、湖北仙隆化工股份有限公司等企业登记生产。

固杀草磷 glufosinate-P

结 构 式

理化性质 熔点230℃。

除草特点 非选择性除草剂，谷氨酰胺合成酶抑制剂：积累铵离子，抑制光合作用。

开发登记 Glufosinate-P是Meiji Seika Kaisha报道的草铵膦异构体。

甲基胺草磷 amiprophos-methyl

其他名称 NTN-80；Tokunol-M。

化学名称 O-(2-硝基-4-甲基苯基)-O-甲基-N-异丙基硫代磷酰胺酯。

结 构 式

理化性质 淡黄色固体，熔点64～65℃，在水中溶解度10mg/L，在通常条件下稳定。

毒 性 小白鼠急性口服LD_{50}为570mg/kg，大白鼠急性口服LD_{50}为1 200mg/kg。

剂 型 60%可湿性粉剂。

除草特点 选择性芽前土壤处理除草剂，在夏季播种后，做土壤处理选择性强，对作物安全，持效期适当。

适用作物 水稻、棉花、花生、番茄、莴苣、甘蓝、洋葱、胡萝卜、黄瓜、草莓。

防除对象 稗草、马唐、看麦娘、马齿苋、牛毛毡、鸭跖草、陌上菜等1年生禾本科和阔叶杂草。

应用技术 于作物播后苗前或中耕松土后杂草萌发盛期施用，喷雾或毒土处理。本药对作物安全，持效期约为45d。施药后降雨或灌溉可提高防效。用于蔬菜地除草极为安全。

开发登记 日本特殊农药公司1974年推广。

草硫膦 glyphosate-trimesium

其他名称 Sulphosate；SC-0224；ICIA-0224。

化学名称 三甲基硫羧甲基氨基甲基磷酸酯。

结构式

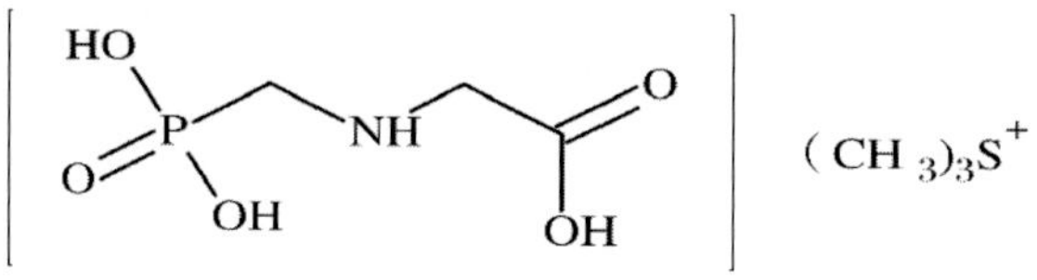

$$\left[(HO)_2P(=O)CH_2NHCH_2COOH \right] (CH_3)_3S^+$$

理化性质 淡黄色清澈液体，25℃蒸气压为0.04MPa，密度为1.23g/cm^3。溶解性：非常易溶于水，丙酮、氯苯、乙醇、煤油、二甲苯中<5g(工业品)/L。

毒　　性 急性经口LD_{50}雄大鼠748mg/kg，雌大鼠755mg/kg，小鼠1 250mg/kg。鹌鹑>2 050mg(工业品)/kg，野鸭950(工业品)mg/kg。兔急性经皮LD_{50}>2g/kg，大鼠急性吸入LC_{50}(4h)>0.81mg/L空气。饲喂试验无作用剂量为100mg/（kg·d)，无致畸作用。鱼毒LC_{50}(96h)：虹鳟鱼1.8g/L。蜜蜂LD_{50}(接触)0.39mg/只蜜蜂，(经口)>0.4mg/只蜜蜂。

除草特点 非选择性芽后除草剂，该药的活性高于草甘膦，在166g(有效成分)/亩时就显著降低了新叶的长度。以小麦做生测试材，测定了草甘膦和该药对不同生长期小麦的残留活性，以333g(有效成分)/亩剂量处理，两种除草剂均显著降低新叶的长度。

适用作物 禾谷类作物，播前免耕田除草，非耕地、作物行间定向用。

防除对象 1年生、多年生禾本科杂草及阔叶杂草和某些木本植物。

应用技术 使用量为166g(有效成分)/亩。

开发单位 Stauffer公司1983年开发。

哌草膦 piperophos

化学名称 O,O-二丙基-S-(2-甲基哌啶基甲酰基甲基) 二硫代磷酸酯。

结构式

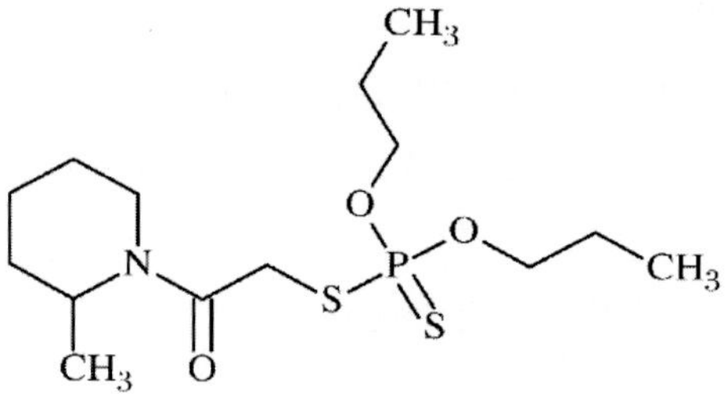

$$CH_3CH_2CH_2O-P(=S)(OCH_2CH_2CH_3)-S-CH_2-C(=O)-N\text{(2-甲基哌啶基)}$$

理化特性 淡黄色，略带甜气味，微黏稠透明液体，沸点大于250℃，190℃分解，蒸气压0.032MPa(20℃)，密度1.13(20℃)，溶解度：水25mg/L，溶于苯、乙烷、丙酮、二氯甲烷，和辛醇混溶，一般储存稳定，pH值9时缓慢水解。

毒　　性 大鼠急性经口$LD_{50}>324$mg/kg，兔急性经皮LD_{50}为2 150mg/kg、鱼毒LC_{50}(96h，mg/L)虹鳟鱼6，鲤鱼5、蜜蜂急性摄入$LD_{50}>22\mu$g/只，鸟LC_{50}(5d膳食，mg/kg)11 629mg/L。

剂　　型 50%浓乳剂。

除草特点 选择性除草剂。通过幼小杂草的根、胚芽鞘和子叶从土壤中吸收药剂，抑制其生长而死亡。

适用作物 水稻、玉米、棉花、大豆等。

防除对象 可以防除1年生禾本科杂草和莎草科杂草，如稗草、牛毛毡、眼子菜、日照飘拂草、萤蔺、莎草、鸭舌草、节节草、矮慈姑、小苋菜、水马齿等。对双子叶杂草防效差。

应用技术 据资料报道，水稻田，插秧后6～12d，杂草发芽以后，用50%浓乳剂133～200ml/亩，拌混细土或潮砂土15～20kg，均匀撒施，或者加水40～50kg，用一般扇形喷头的喷雾器均匀喷雾，施药时田间保持水层3cm左右，药后5～7d只灌不排，以后按照正常水管理，稻田内水深度变化对除草效果影响不大，但用药后的几天内排水则会影响除草效果。

注意事项 施药后应认真清喷雾器。漏水田、渗透性强的土壤，在水稻未扎好根时易产生药害。插秧时气温在30℃以上时应谨慎使用，降低用量或在晚间换低温水后施药。

草甘膦异丙胺盐　Glyphosate isopropylamine salt

化学名称 N-(膦酰基甲基)甘氨酸异丙胺盐。

结 构 式

O
‖
HO—P—CH₂—N(H)—CH₂—C(=O)—OH　NH₂—CH(CH₃)—CH₃
|
OH

理化性质 分子量228.18，外观为白色粉末，比草甘膦更优越的特点是完全溶于水，基本不溶于有机溶剂。

毒　　性 低毒。

作用特点 通过抑制植物体丙烯醇丙酮基莽草素磷酸合成酶，从而抑制莽草素向苯丙氨酸、酪氨酸及色氨酸的转化，使蛋白质的合成受到干扰导致植物死亡。非选择性芽后除草剂，对多年生深根杂草，1年生或2年生禾本科杂草和莎草有特效，可有效防治一、二年生的单子叶禾本科杂草，对多年生深根杂草非常有效。草甘膦异丙胺盐入土后很快与铁、铝离子结合而失去活性。通常用于玉米、棉花、大豆田和果园中，并可用于非耕地除草。

剂　　型 62%母液、62%母药、10%水剂、16%水剂、41%水剂、62%水剂、41%水剂、480g/L水剂、410g/L水剂、600g/L水剂、微乳剂、悬浮剂、可溶液剂。

应用技术 灭生性除草剂，用于防治非耕地、果园、橡胶园、免耕油菜田等地1年生及多年生杂草。

注意事项 容易与钙、镁、铝等离子络合失去活性，配制药液时应使用清洁的软水，掺入泥水或脏水时会降低药效；本品为内吸传导型灭生性除草剂，施药时注意防止药雾飘移到非目标植物上造成作物药害。

开发登记 江苏龙灯化学有限公司、海南正业中农高科股份有限公司等公司登记。

草甘膦铵盐 Ammonium glyphosate

其他名称 草甘膦铵。

化学名称 N-膦羧基甲基甘氨酸胺盐。

结构式

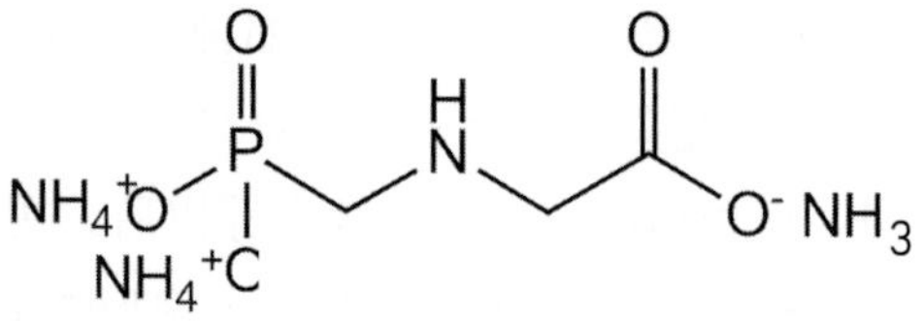

理化性质 分子量186.1036，沸点465.8℃。溶于水，基本不溶于有机溶剂。在常温下，储存稳定。不可燃、不易爆，对光稳定不分解。

毒　　性 大鼠急性经口LD_{50}4 640mg/kg，急性经皮LD_{50}2 150mg/kg。

作用特点 它比草甘膦更优越的特点是完全溶于水。是灭生性有机膦除草剂，具有杀草谱广的特点，不仅可防治1年生杂草，而且还能防治多年生深根杂草。

剂　　型 98%原药、95.5%原药、10%水剂、31.5%可溶粉剂、33%可溶粉剂、65%可溶粉剂、75%可溶粉剂、80%可溶粒剂、95%可溶粒剂、77.7%可溶粒剂、74.7%可溶性粒剂。

应用技术 防治非耕地杂草可在杂草生长旺盛期用33%水剂250～500g/亩对水均匀喷雾，也可与2甲4氯钠、麦草畏等制成混配制剂防治非耕地杂草。

注意事项 施药后5d内不能放牧、割草、耕翻等。

开发登记 美国孟山都公司开发，江苏省南通飞天化学实业有限公司等公司登记生产。

草甘膦钾盐 glyphosate potassium salt

化学名称 N-磷酰甲基-甘氨酸。

结构式

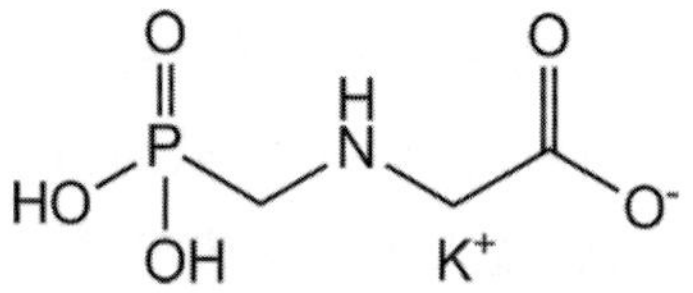

理化性质 原药外观为白色粉末，无特别气味。200℃时分解。溶解度(25℃)：丙酮<0.6mg/L、甲醇<10mg/L、辛醇<0.6mg/L。

毒　　性 急性经口LD_{50}>5 000mg/kg，急性经皮LD_{50}>5 000mg/kg。

作用特点 新型草甘膦制剂，属于EPSP合成酶抑制剂，其作用靶标是质体EPSP，蜡质EPSP，蜡质-3-脱氧-O-阿拉伯-庚酮-7-磷酸合成酶。由于EPSP被抑制，导致莽草酸大量积累，色氨酸、铬氨酸与苯丙氨酸等蛋白质生物合成所必需的芳香氨基酸衰竭，植物生长受抑制，最终死亡。

剂　　型 613g/L水剂、95%原药。

应用技术 防治非耕地杂草。

注意事项 使用时切勿饮水、吃东西或抽烟。保存在原装容器中，储存温度35℃时稳定。用沙子、土或吸附物吸附溢出的药剂。

开发登记 江西金龙化工有限公司、四川省乐山市福华通达农药科技有限公司登记。

精草铵膦 glufosinate-p

化学名称 4-[羟基(甲基)膦酰基]-L-高丙氨酸。

结构式

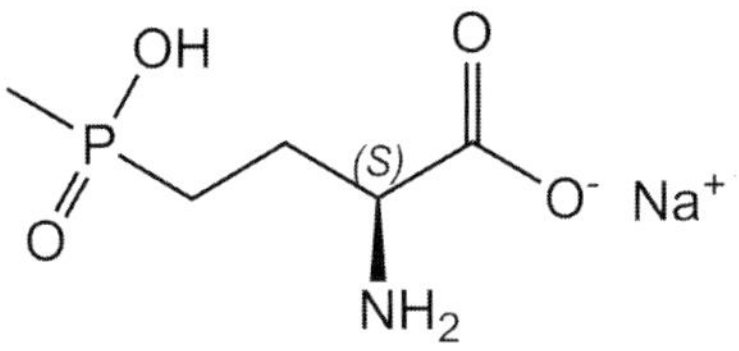

理化性质 原药外观为白色粉末，制剂外观为蓝色水溶性液体。密度或比重(20℃)1.469g/cm³，熔点210.6~213.2℃。溶解度(20℃)水500g/L以上、丙酮和甲苯<0.01g/L。

毒　　性 大鼠急性经口LD_{50}(雄/雌)>300mg/kg，急性经皮LD_{50}>2 000mg/kg，中等毒。

作用特点 属灭生性触杀型杂草茎叶处理除草剂，兼具微弱内吸作用，仅限于叶片基部向叶片顶端传导。

剂　　型 10%水剂、90%原药、91%原药。

应用技术 用10%水剂400～600ml/亩防治柑橘园1年生和多年生杂草，于杂草生长期，每亩对水30~60kg进行树行间或者树下均匀定向茎叶喷雾。

注意事项 避免施药时药液漂移至邻近作物。遇土钝化，因此在稀释和配制本品药液时应使用清水，禁止使用浑浊的河水或沟渠水配药。

开发登记 日本明治制果药业株式会社和永农生物科学有限公司登记。

草甘膦二甲胺盐 glyphosate dimethylamine salt

化学名称 N-(膦酰基甲基)甘氨酸二甲胺盐。

结构式

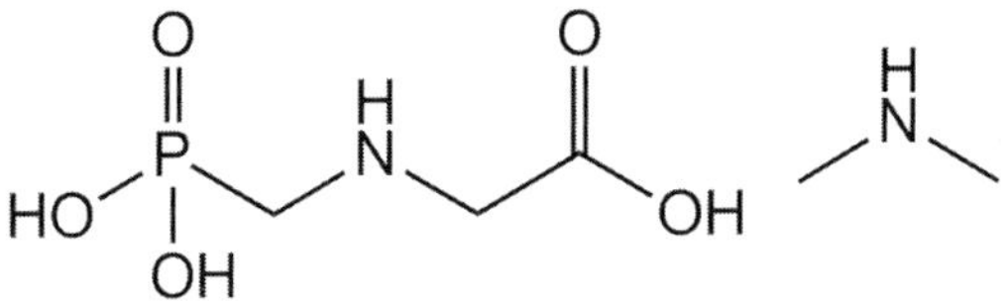

理化性质 原药外观为浅黄至浅褐色液体，微弱氨类气味。草甘膦可溶性盐。

毒　　性 大鼠急性经口LD_{50}(雌/雄)5 000mg/kg，急性经皮LD_{50}>5 000mg/kg，微毒。

作用特点 可抑制植物体内的烯醇丙酮基莽草素磷酸合成酶，从而抑制莽草素向苯丙氨酸、酪氨酸及色氨酸的转化，使蛋白质合成受到干扰。

剂　　型 50.2%水剂、62%水剂、95%原药。

应用技术 防治非耕地1年生杂草。

注意事项 施药后5d内勿割草、放牧、翻地等。

开发登记 浙江新安化工集团股份有限公司、四川省乐山市福华通达农药科技有限公司等公司登记。

双丙氨膦 bilanafos-sodium

其他名称 双丙氨酰膦钠盐；好必思。

化学名称 4-(羟基甲基膦酰基)-L-2-氨基丁酰-L-丙氨酰基-L-丙氨酸钠。

结 构 式

$$H_3C-P(=O)(OH)-CH_2CH_2-CH(NH_2)-C(=O)-NH-CH(CH_3)-C(=O)-NH-CH(CH_3)-COO^-\ Na^+$$

理化性质 双丙氨酰膦由*Streptomyces hygroscopicus*在发酵过程中产生。纯品为无色粉末，熔点约160℃(分解)。溶解性：易溶于水，不溶于丙酮、苯、正丁醇、氯仿、乙醚、乙醇、己烷，溶于甲醇。在土壤中失去活性。

毒　　性 大鼠急性经口LD_{50}雄268mg/kg，雌404mg/kg，大鼠急性经皮$LD_{50}>5\ 000$mg/kg。对兔眼睛和皮肤无刺激性。无致畸作用。Ames试验和Rec试验结果表明，无诱变作用。大鼠2年、90d饲喂试验结果表明，无致癌作用。鲤鱼LC_{50}(48h)1 000mg/L。

剂　　型 20%可溶性液剂。

除草特点 双丙氨酰膦属膦酸酯类除草剂，是谷酰胺合成抑制剂。通过抑制植物体内谷酰胺合成酶，导致氨的积累，从而抑制光合作用中的光合磷酸化。因在植物体内主要代谢物为草铵膦(glufosinate)的L-异构体，故显示类似的生物性。双丙胺膦进入土壤中即失去活性，只宜作茎叶处理。除草作用比草甘膦快，比百草枯慢。易代谢和生物降解，因此使用安全。在土壤中的DT_{50}为20～30d，而其中的80%在30～45d内降解。

适用作物 果园、菜园、免耕地及非耕地。

防除对象 主要用于非耕地，防除1年生、某些多年生禾本科杂草和某些阔叶杂草，如荠菜、猪殃殃、雀舌草、繁缕、婆婆纳、冰草、看麦娘、野燕麦、藜、莎草、稗草、早熟禾、马齿苋、狗尾草、车前、蒿、田旋花、问荆等。

应用技术 据资料报道，主要用于果园和蔬菜的行间除草。如防除苹果、柑橘和葡萄园中1年生杂草，用20%可溶性液剂333～500ml/亩；防除多年生杂草用量为20%可溶性粉剂500～667ml/亩；防除蔬菜田中1年生杂草用量为可溶性粉剂200～333ml/亩。

开发登记 日本明治制果株式会社、华北制药集团爱诺有限公司等企业登记生产。

地散磷 bensulide

其他名称 Presan；GBH；R-4461；砜草磷；Betasan；Prefar。

化学名称 O,O-二异丙基-S-2-苯磺酰胺基乙基硫代磷酸酯。

结 构 式

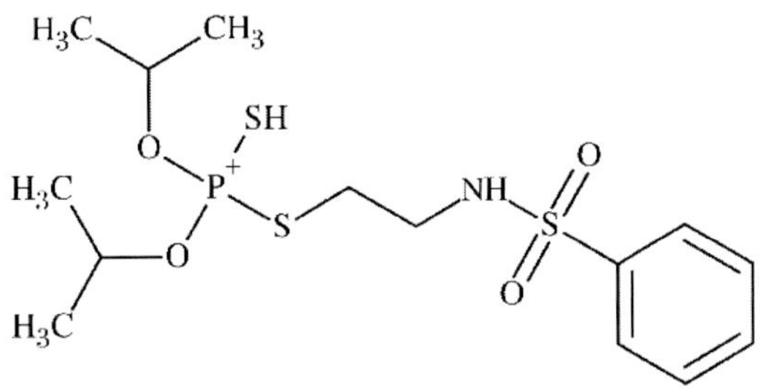

理化性质 琥珀色液体，熔点34.4℃，密度为1.25，蒸气压小于0.133MPa(20℃)。室温下在水中的溶解度为25mg/L，煤油中300mg/L，微溶于汽油，在二甲苯中溶解度中等，易溶于丙酮和甲醇。在80℃下50h是稳定的，但在200℃下18～40h就可分解，无腐蚀性，闪点>104℃。

毒　　性 急性经口LD_{50}雄大鼠为360mg/kg，雌大鼠为270mg/kg。大鼠急性经皮LD_{50}>2g/kg，对兔皮肤和眼睛有轻微刺激。对豚鼠皮肤无致敏作用。大鼠急性吸入LC_{50}(4h)>1.75mg/L。90d饲喂试验无作用剂量为：大鼠25mg/（kg·d），犬2.5mg/（kg·d），小鼠为30mg/（kg·d），无致畸、致癌作用。鹌鹑急性经口LD_{50}为1 386mg/kg，野鸭LC_{50}(5d)>5.62g/kg，鹌鹑LC_{50}(21d)>1g/kg。

剂　　型 48%浓乳剂、10%颗粒剂。

除草特点 选择性芽前、芽后土壤处理除草剂，易被土壤颗粒吸附，在土壤中持效期为4～12个月。

适用作物 莴苣、葫芦科植物、棉花、十字花科植物、草坪等。

防除对象 多种1年生禾本科杂草和阔叶杂草，如马唐、看麦娘、早熟禾、藜、苋、稗草、马齿苋、荠菜、牛筋草、野苘麻等。

应用技术 据资料报道，作物播前或播后苗前，杂草芽前用药，用48%浓乳剂312.5～937.5ml/亩，施药方法为土表喷雾，施药后降雨或灌溉能提高防效。

开发登记 约在1964年由Stauffer Chemical Company推广，获有专利US3205253。

抑草磷 butamifos

其他名称 S-28；克蔓磷；Crmart。

化学名称 O-乙基-O-(5-甲基-2-硝基苯基)-N-仲丁基氨基硫代磷酸酯。

结 构 式

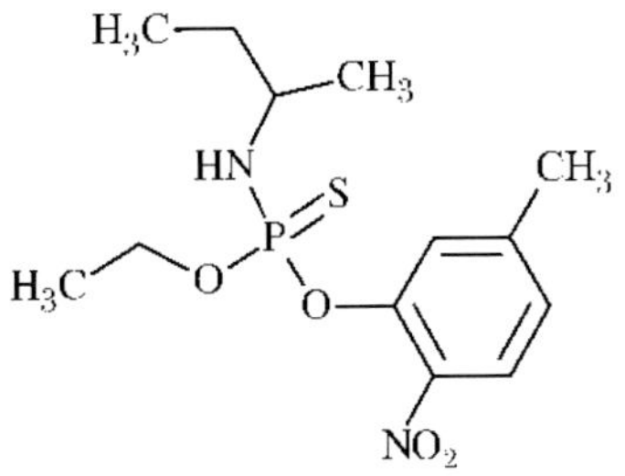

理化性质 棕色液体，蒸气压0.084Pa(27℃)。溶于有机溶剂，如二甲苯、甲醇、丙醇等可溶解50%以上。难溶于水，20℃时溶解度为5.1mg/L，对热稳定，对酸和中性溶液稳定。

毒　　性 小鼠急性口服LD_{50}为400～430mg/kg，经皮LD_{50}为2.5g/kg以上，大鼠急性经口LD_{50}为630~790mg/kg，经皮LD_{50}为4.0g/kg以上。以300mg/kg喂鼠80周对体重增加无影响，也不影响鼠的繁殖和胎鼠发育，急性中毒症状同一般有机磷相似。但母鸡喂750mg/kg(2次)，或每天以50mg/kg剂量喂4周，均未引起迟发性神经毒性作用，在体内易代谢，代谢物很快从尿、粪中排出。

剂　　型 50%乳剂。

除草特点 该药在土壤中的移动性很小，主要破坏植物的分生组织。因此，作物和杂草的分生组织位置和结构、土壤结构、施药方法对该药的选择性有很大影响。

适用作物 适用于水稻、小麦、大豆、棉花、菜豆、马铃薯、玉米、胡萝卜和移栽莴苣、甘蓝、洋葱等。

防除对象 看麦娘、稗、马唐、牛筋草、早熟禾、狗尾草、雀舌草、藜、酸模、猪殃殃、一年蓬、苋、繁缕、马齿苋、小苋菜、车前、莎草、菟丝子等一年生禾本科杂草和某些阔叶杂草。

应用技术 据资料报道，一般旱田作物如胡萝卜、棉花、麦类、豆类、薯类、旱稻等可用50%乳剂132～320ml/亩，作播后苗前土壤处理。而莴苣、甘蓝、洋葱等芽前处理有药害，可在移栽前后处理。水稻田可用50%乳剂132～200ml/亩于生长初期和中期处理，而芽期处理则有药害。杂草4叶前可用50%乳剂66～132g/亩处理，但该法对胡萝卜、番茄和棉花等有药害。

开发登记 1972年由日本住友公司推广，获有专利USP3936433、USP3943203。

蔓草磷 fosamine

其他名称 膦铵素；杀木磷；DPX11108；Krenite。

化学名称 氨基甲酰基磷酸乙酯铵盐。

结 构 式

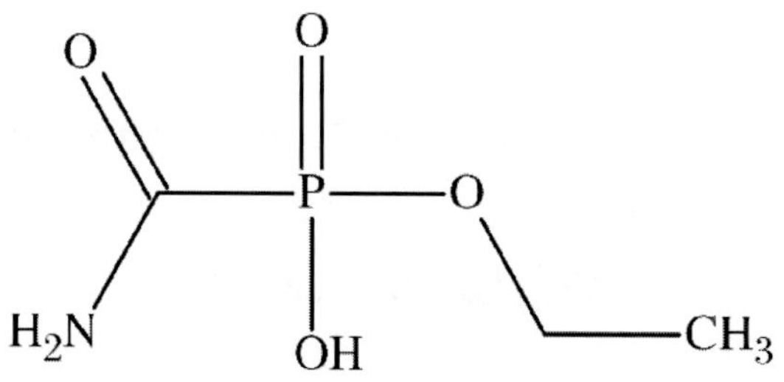

理化性质 白色结晶固体，密度1.24，25℃蒸气压0.53MPa。熔点173～175℃，25℃在水中的溶解度大于2.5kg/L，微溶于许多普通有机溶剂，甲醇15.8g/100g，乙醇1.2g/100g，二甲基甲酰胺1.4g/100g，苯40mg/100g，氯仿40mg/kg，丙酮1mg/kg，己烷<1mg/kg。水剂和喷雾溶液稳定，但稀溶液(50g/L)在酸性条件下会分解，在土壤中迅速分解。

毒　　性 铵盐大鼠急性经口LD_{50}>5g/kg，兔急性经皮LD_{50}>1 683mg/kg。含有或不含有表面活性剂的乳油对兔眼睛和皮肤无刺激，对豚鼠皮肤无过敏现象。雄大鼠急性吸入LC_{50}(1h)>56mg/L空气(制剂)。大鼠90d饲喂的无作用剂量为1g/kg饲料。鹌鹑和野鸭急性经口LD_{50}>10g/kg，鹌鹑和野鸭LC_{50}为5 620mg/kg。鱼毒LC_{50}(96h)：蓝鳃鱼590mg/L，虹鳟鱼300mg/L。对蜜蜂无毒，急性接触LD_{50}>200μg/只蜜蜂，水蚤

LC_{50}(48h)1 524mg/kg。

剂　　型 41.5%的水溶性液剂。

除草特点 触杀，可有效地防除木本植物。

适用作物 防除灌木的叶面处理剂，可适用于非耕地，如铁路、管道、公用设施、公路用地、排水沟、贮放场地、工厂所在地，也适用于其他类似的地方，包括给生活用水水库周围占地、供水站、湖泊、池塘。

防除对象 藤蔓和蕨类及田旋花等。

应用技术 据资料报道，叶面喷洒用药量为41.5%水溶性液体1.09 ~ 2.18L/亩，用于夏末或秋初(入秋叶色转黄之前60d内)施药，防除或抑制木本植物的生长。处理后的敏感植物通常不能再生出新叶，最后死亡。推荐使用非离子型表面活性剂，可用于靠近水源的非耕地。也可用于防治田旋花和欧洲蕨，以及选择性地用于森林(针叶树除外)。在土壤中能迅速分解，残效期较短。

开发登记 1974年由Dupont公司推广。获有专利USP 3627507、USP 3846512。

伐垅磷 2, 4–DEP

其他名称 EH3Y9；伐草磷；Falone；Fiodine；Falodin；Galone。

化学名称 三(2,4–二氯苯氧乙基)亚磷酸酯。

结 构 式

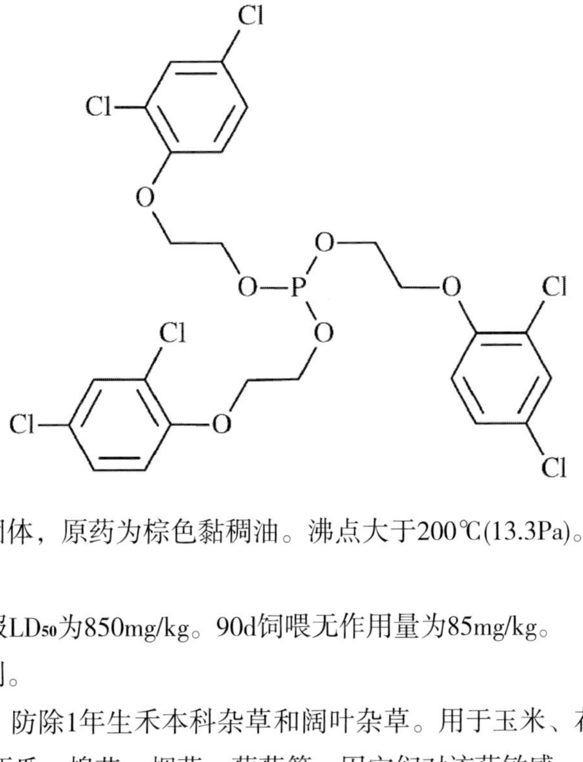

理化性质 纯品为蜡状固体，原药为棕色黏稠油。沸点大于200℃(13.3Pa)。在煤油中的溶解度10g/L，溶于芳烃石脑油，微溶于水。

毒　　性 大鼠急性口服LD_{50}为850mg/kg。90d饲喂无作用量为85mg/kg。

剂　　型 乳油和颗粒剂。

适用作物 芽前除草剂，防除1年生禾本科杂草和阔叶杂草。用于玉米、花生、草莓、马铃薯等，不可用于甘蓝、莴苣、大豆、西瓜、棉花、烟草、葡萄等，因它们对该药敏感。

应用技术 据资料报道，用于玉米、花生、草莓，用量267 ~ 467g(有效成分)/亩，该药在土壤中持效期为3 ~ 8周。

开发登记 1958年由美国橡胶公司Naugatuck化学分公司推广，获有专利USP2828198。

双甲胺草磷

化学名称 O-甲基-O-(2-硝基-4,6-二甲基苯基) -N-异丙基硫代磷酰胺酯。

结构式

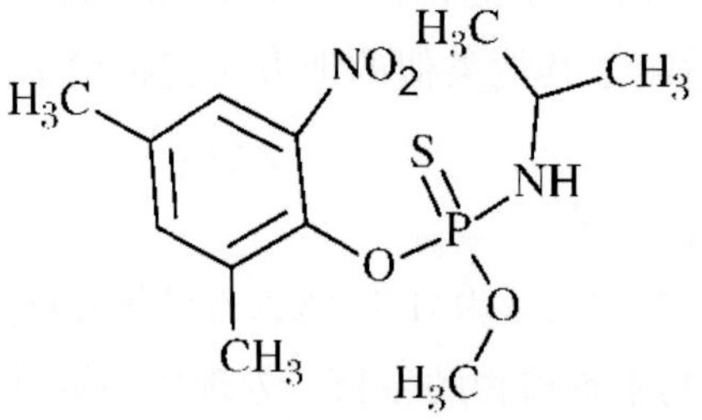

理化性质 原药(含量大于95%)外观为浅黄色固体，熔点92～93℃，溶解度(g/L，25℃)：易溶于丙酮、氯仿等有机溶剂，如乙酸乙酯中300、乙醚中65、油醚中40、甲醇15，微溶于醇类，难溶于水。20%双甲胺草磷乳油外观为黄色均相透明液体。稳定性：在规定的储运条件下，质量保证期为2年。高温(＞120℃)下发生分解。在pH值5～9条件下稳定，在强酸和强碱条件下易发生水解反应。

毒　　性 原药大鼠急性经口LD_{50}为2 150mg/kg，急性经皮LD_{50}＞2 000mg/kg，对家兔皮肤无刺激性，对眼睛轻度刺激性、豚鼠皮肤变态反应(致敏)试验结果属弱致敏物(致敏率为0)。大鼠90d亚慢性灌胃染毒试验无作用剂量为25mg/(kg・d)。20%乳油雌、雄大鼠急性经口LD_{50}均＞5 000mg/kg，急性经皮LD_{50}＞2 000mg/kg。家兔皮肤无刺激性，眼睛轻度刺激、豚鼠皮肤变态反应(致敏)试验结果属弱致敏物(致敏率为0)。原药和20%乳油均属低毒除草剂。20%乳油对鱼为中毒级，对鸟、蜜蜂、家蚕属低毒级。

剂　　型 20%乳油。

除草特点 对正在萌发的杂草幼芽防治效果较好，其除草特点是通过杂草出土过程中幼芽、幼根和分蘖节等吸收的药剂，来抑制其分生组织的生长而达到除草目的。

适用作物 胡萝卜、大豆、玉米、小麦、水稻。

防除对象 马唐、稗草、牛筋草、铁苋、马齿苋、矮慈姑等1年生禾本科杂草及部分阔叶杂草，对禾本科杂草的防效优于对阔叶杂草的防效。

应用技术 据资料报道，在胡萝卜播后芽前，用20%乳油250～375g/亩，对水45kg均匀喷雾，能有效防除马唐、牛筋草、铁苋、马齿苋等杂草。

开发登记 江苏省南通江山农药化工股份有限公司登记生产。

草特磷 DMPA

其他名称 K22023；Dowco118；Zytron。

化学名称 O-2,4-二氯苯基-O-甲基-异丙基硫代磷酰胺酯。

结构式

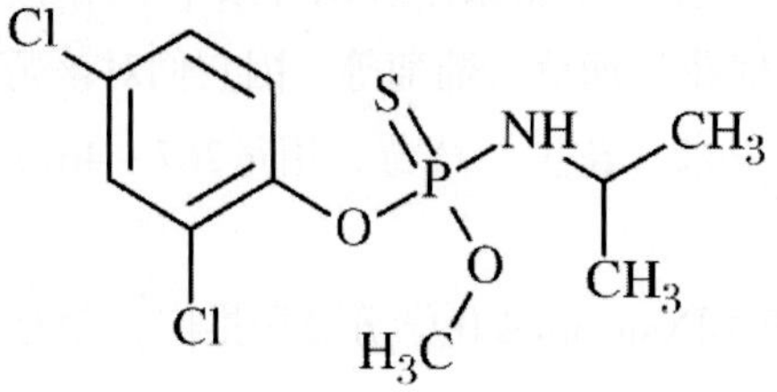

理化性质 本品为固体，熔点51℃，蒸气压小于2mmHg(150℃)，微溶于水(5mg/L)，易溶于许多有机溶剂。

毒　　性 豚鼠急性经口LD_{50}为210mg/kg，小鸡急性经口LD_{50}为2 000mg/kg。

剂　　型 22.5%乳油、25%粉剂、8%颗粒剂。

应用技术 据资料报道，本品为选择性根部触杀除草剂。用25%粉剂3～6kg/亩芽前处理防除马唐、看麦娘、龙爪茅属、繁缕、大画眉草、芥、蓼、牛筋草、马齿苋等杂草。

开发登记 本品种由Dow Chemical Company 作为除草剂开发。

十四、咪唑啉酮类除草剂

(一)咪唑啉酮类除草剂的主要特性与作用原理

咪唑啉酮类除草剂是美国氰胺公司于1971年发现的一类新型除草剂，目前有7个品种商品化，其中，在我国登记的品种有5个。

咪唑啉酮类除草剂主要特性和作用原理：该类除草剂内吸传导作用强，通过茎叶和根吸收后在木质部与韧皮部内传导，积累于分生组织。作用机制在于抑制乙酰乳酸合成酶活性，使支链氨基酸缬氨酸、亮氨酸与异亮氨酸的生物合成受抑制，从而导致植物生长停止而死亡。此类除草剂可以作土壤处理，也可作茎叶处理。土壤处理后，杂草分生组织坏死，生长停止，虽然一些杂草能发芽出苗，但不久便停止生长，而后死亡、茎叶处理后，杂草生长停止，并在2～4周内死亡。该类杂草可以防治一年生或多年生阔叶杂草与部分禾本科杂草，有些品种对莎草科杂草也有较好的防治效果。该类除草剂在土壤中不易挥发和光解，残效期长，有些品种可达半年之久，对后茬敏感作物有伤害。

(二)咪唑啉酮类除草剂的主要品种

咪唑烟酸　imazapyr

其他名称 灭草烟。

化学名称 2-(4-异丙基-4-甲基-5-氧代-2-咪唑啉-2-基)吡啶-3-羧酸。

结 构 式

H
O N N
CH_3—CH— N C
CH_3 CH_3 O OH

理化性质 本品的异丙铵盐为无色固体，熔点128～130℃，蒸气压0.013MPa(60℃)。溶解度(15℃)：水9.74g/L、11.3g/L(25℃)，丙酮6g/L，乙醇72g/L，二氯甲烷72g/L，二甲基甲酰胺473g/L，二甲基亚砜665g/L，甲醇230g/L，甲苯5g/L。稳定性：在45℃可稳定3个月，在室温下可稳定2年，在pH值5～9，暗处、水介质中稳定，储存时不能高于45℃。本品溶液在模拟日光下被分解，水解DT_{50}为6d(pH值5～9)，土壤中DT_{50}90～120d。因其有腐蚀性，不能在无衬里的容器中混合或储存。与碱性或酸性和强氧化剂结合均能起反应。

毒　　性 大鼠急性经口LD_{50}>5 000mg/kg，急性经皮LD_{50}>2 000mg/kg、对皮肤有中等刺激性，对兔眼睛有可逆的刺激作用。鹌鹑和野鸭急性经口LD_{50}>2 150mg/kg。鱼毒LC_{50}(96h，mg/L)、虹鳟鱼、鲶鱼>100。

剂　　型 2%颗粒剂、25%水剂。

除草特点 非选择性灭生性除草剂，能迅速地被植物叶、芽、和根部吸收并迅速传导到整个植物体，积累在植物体的分生组织部位。处理过的植物会很快停止生长，新生叶片首先开始退绿。对多年生的杂草，药剂会传导到植物的根部，抑制其发芽，退绿及植物组织坏死可能会在施药后几周出现。持效期较长，可达3~4个月；即可用于苗前处理防除正在萌发的杂草，又可用于苗后茎叶处理，施药后迅速被植物体吸收，耐雨水冲刷。可用于非耕地，如铁路，公路、高速公路，管道，木材场，露天储油罐，露天仓库，泵站，围栏，非灌溉水渠，森地，军事基地，港湾、海、河岸及其他地区。

适用作物 林地、非耕地。

防除对象 可以防除一年生和多年生的单、双子叶杂草、莎草。

应用技术 在杂草芽前或芽后早期，用25%水剂200~400ml/亩，对水50~60kg均匀喷雾，当杂草密度较高或需达到长持效处理结果时，使用高剂量，可防除绝大多数非耕地杂草包括1年生和多年生禾本科杂草、阔叶杂草、莎草等。

注意事项 本品在土壤中的残效期长，最长可达 8 年，在应用中务必注意，以免对其他作物产生影响。不要在雨雾或大风气候条件下施药，不要用此药剂处理作物旁边的垄沟等区域；防止药剂飘移至非靶标植物，不要施药于作为灌溉水的水渠，操作时避免污染水源、溪流、水渠等；不要施药于那些有可能流入农田水体，以避免引起作物的伤害。

开发登记 衡水景美化学工业有限公司 、山东先达化工有限公司、巴斯夫欧洲公司等企业登记生产。

咪唑乙烟酸 imazethapyr

其他名称 普杀特；豆草唑；普施特；咪草烟。

化学名称 (RS)-5-乙基-2-(4-异丙基-4-甲基-5-氧代-2-咪唑啉-2-基)吡啶-3-羧酸。

结 构 式

理化性质 浅褐色固体，熔点56~57℃，密度1.09(24℃)，溶解度：水91mg/L，其他溶剂(g/L，20℃)：丙酮51.0、甲醇34.6、乙酸乙酯10.6、异丙醇9.2、甲苯0.8、二甲苯0.3，酸性介质中稳定，本品为酸性，与碱性物质反应形成盐，低于熔点前稳定，可见光下稳定。

毒　　性 大鼠急性经口LD_{50}>2 405mg/kg，大鼠急性经皮LD_{50}>5 000mg/kg；鱼毒LC_{50}(96h，mg/L)：蓝鳃太阳鱼、虹鳟鱼>100；北美鹌鹑和野鸭LD_{50}>2 000mg/kg。

剂　　型 5%水剂、10%水剂、15%水剂、16%水剂、20%水剂、5%微乳剂、70%水分散粒剂、70%可溶粉剂。

除草特点 内吸传导型选择性芽前及苗后早期除草剂。通过根、叶吸收，并在木质部和韧皮部内传导，积累于分生组织内，阻止支链氨基酸的生物合成，破坏蛋白质合成，使植物生长受抑制而死亡。叶面处理后，杂草立即停止生长，一般在2～4周后死亡。豆科植物能将药剂迅速代谢。遇光分解，在土壤中半衰期为1～3个月。

适用作物 大豆。

防除对象 可以防除一年生和多年生禾本科杂草及莎草、某些阔叶杂草，如稗草、黍、金狗尾、绿狗尾、千金子、莎草、苘麻、反枝苋、藜、龙葵、苍耳等均有极好的防效，对子叶期杂草的防效要高于2～4叶期杂草。经试验，对野油菜、小藜、刺苋、凹头苋、蓼、通泉草等阔叶杂草及狗尾草、碎米莎草等单子叶杂草具有很高的除草活性，其效果稳定在90%以上。对稗草、马唐、千金子、双穗雀稗，以及自生麦苗等单子叶杂草，及马齿苋、鳢肠等也具有较高的除草活性，防效均在80%左右。但对成苗后的牛筋草、紫菀、空心连子草等只有短期抑制作用，没有明显的防效。对田旋花、斑地锦、乌蔹莓等杂草也具有明显的抑制作用，喷药后上述杂草停止生长，并逐渐干枯死亡、而对狗牙根、香附子、婆婆纳、大巢菜、蒲公英等没有效果。

应用技术 大豆等豆科作物，用5%水剂100～150ml/亩，于作物播种前进行混土处理，也可在作物播种后出苗前进行土壤处理，也可在苗后，禾本科杂草1～ 2叶期进行茎叶处理，对水30～50kg喷雾。

注意事项 进行土壤处理时，其药效受土壤质地和有机质含量影响，在土壤黏重、有机质含量高的情况下，用药量适当高些。作杂草茎叶处理时，其药效因杂草种类和大小而异，杂草过高，应适当增加施药量。土壤处理时，土壤墒情好或施药内短期有雨，可以不必混土；如果土壤干旱，应进行浅混土。苗后处理，喷药后2～4 d大豆叶片普遍褪色，喷药后10～15d叶色逐渐恢复正常，高剂量时药剂对大豆虽有短期的抑制作用，但一般并不影响大豆的最终产量。低洼田块、碱性土壤慎用。该药在土壤中残效期长，对本药的敏感性作物，如白菜、油菜、黄瓜、马铃薯、茄子、辣椒、番茄、甜菜、西瓜、高粱，在北方施用咪草烟3年内不能种植，但按推荐剂量处理，后茬可以种春小麦、大豆或玉米。在我国1年多熟地区，更应根据具体情况选择轮作作物。

开发登记 山东先达农化股份有限公司 、沈阳科创化学品有限公司 、江苏长青农化股份有限公司等企业登记生产。

咪唑喹啉酸 imazaquin

其他名称 灭草喹。

化学名称 (RS)2-(4-异丙基)-4-甲基-5-氧代-2-咪唑啉-2-基)喹啉-3-羧酸。

结 构 式

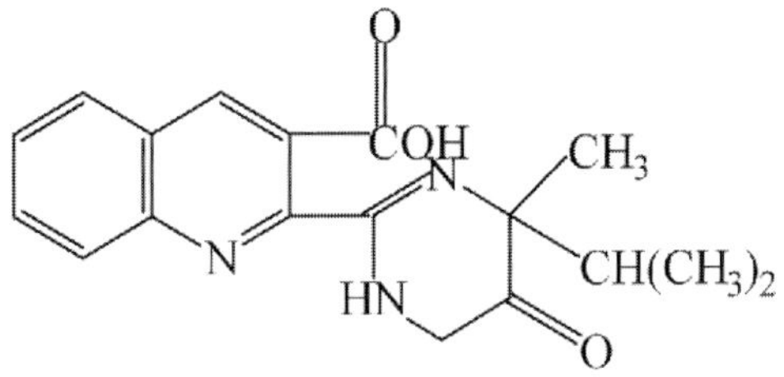

O
COH
CH_3
N
N
$CH(CH_3)_2$
HN
O

理化性质 原药浅黄色结晶，熔点218～225℃。蒸气压(60℃)0.13MPa。溶解度：水(25℃，*w/v*)60mg/L。在酸性介质中稳定，遇碱生成盐，溶于水。制剂为浅棕色液体，pH值9～10。

毒　　性 大鼠急性经口LD_{50}＞4 640mg/kg，大鼠急性经皮LD_{50}为2 150mg/kg。

剂　　型 18%浓可溶剂、10%水剂、15%水剂、5%水剂。

除草特点 药剂可为植物的叶和根吸收，在木质部和韧皮部传导，积累于分生组织中。茎叶处理后，敏感杂草立即停止生长，经2～4d后死亡。土壤处理后，杂草顶端分生组织坏死，生长停止，而后死亡。在土壤中吸附作用小，不易水解，持效期较长。

适用作物 主要用于春大豆田，也可用于豇豆、烟草、豌豆和苜蓿田。

防除对象 可以防除阔叶杂草和禾本科杂草，如苘麻、苋、藜、蓼、马齿苋、苍耳、马唐、狗尾草、稗草、牛筋草等。对小蓟、苣荬菜、鸭跖草有抑制作用。

应用技术 东北大豆田，在种植前、播后芽前和苗后均可以施药，防除大豆田杂草用5%水剂150～200ml/亩，对水20～30kg 干旱时应加大用水量，进行均匀土壤喷雾。

注意事项 较高剂量会引起大豆叶片皱缩、节间缩短，但很快恢复正常，对产量没有影响。随大豆生长，抗性进一步增强，故出苗后晚期处理更为安全。在土壤中吸附作用小，不易水解，持效期较长。仅限于在1年1季大豆的产区使用。仅限于连续种植春大豆地区使用，对本品敏感的作物， 如白菜、油菜、马铃薯、茄子、辣椒、番茄、甜菜、高粱、水稻等均不能在施用本品3年内种植。每季最多使用1次。

开发登记 辽宁先达农业科学有限公司、沈阳科创化学品有限公司等企业登记生产。

甲氧咪草烟 imazamox

其他名称 金豆。

化学名称 2-(4-异丙基-4-甲基-5-氧代-2-咪唑啉-2-基)-5-甲氧甲基烟酸。

结 构 式

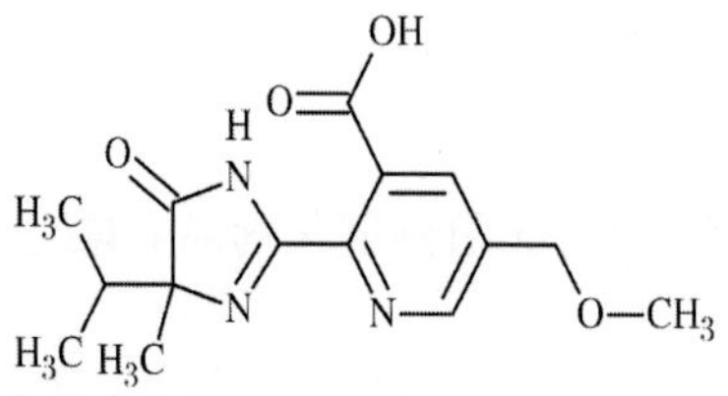

OH, O, H, N, O, H_3C, N, N, $O—CH_3$, H_3C, H_3C

理化性质 原药外观为白色至浅黄色粉末，略带气味。熔点164～165℃，密度0.3g/ml(25℃)。水中溶解度4.5g/ml(25℃)，制剂外观为透明黄色黏稠液体，密度1.07g/ml，pH值6.3。

毒　　性 大鼠急性经皮LD_{50}＞5 000mg/kg，急性经口LD_{50}＞2 000mg/kg。

剂　　型 4%水剂。

除草特点 内吸传导型选择性苗后除草剂。主要通过茎叶吸收，也能通过根系吸收，传导积累于分生组织内，阻止支链氨基酸的生物合成，破坏蛋白质合成，使植物生长受抑制而死亡。叶面处理2～4周后死亡。该药持效期短于该类其他品种，施药后4个月可以种植春小麦。

适用作物 大豆。

防除对象 可以有效防治多种禾本科杂草和阔叶杂草，反枝苋和龙葵最敏感，稗草、狗尾草、藜、本氏蓼、苍耳等也比较敏感。对鸭跖草、苣荬菜、小蓟防效差。

应用技术 大豆2～4片羽状复叶期，4%水剂66～83ml/亩，于大豆苗后进行茎叶喷雾，药液中可加

2%硫酸铵以增加药效。如果剂量偏高，又遇到特殊潮湿条件，可能产生短暂药害，但能恢复。

注意事项 低剂量(66～100ml/亩)下，施药后12个月对小麦、玉米、油菜、甜菜和白菜等作物的出苗、生长和产量均无明显影响。133～200ml/亩高剂量施药12个月后，小麦无明显药害症状，油菜和甜菜的株高、株鲜重和产量均降低；200ml/亩处理区中，玉米和白菜有药害表现，株高和株鲜重明显降低。

开发登记 江苏省农用激素工程技术研究所有限公司、沈阳科创化学品有限公司等企业登记生产。

甲氧咪草烟铵盐 imazamox-ammonium

化学名称 2-(4-异丙基甲基-5-氧代-2-咪唑啉-2-基)-5-甲氧基甲基烟酸铵盐。

结构式

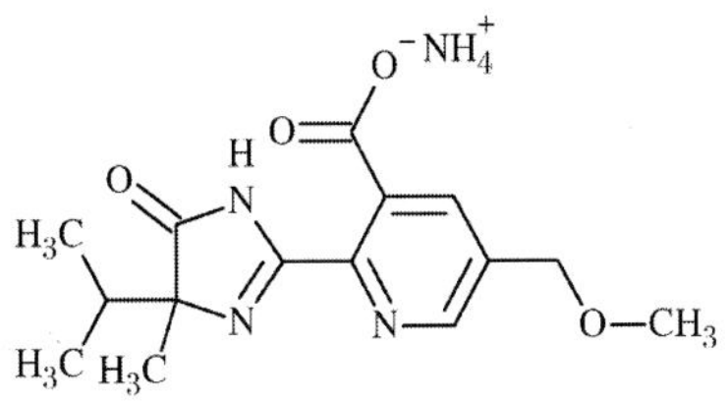

理化性质 原药白色粉末。熔点165.5～167.2℃。溶解度(20℃)：水中4.16g/L、乙酸乙酯10.5g/L。

毒　　性 兔急性经皮LD_{50}>4 000mg/kg，大鼠急性经口LD_{50}>5 000mg/kg。对皮肤无致敏性。

除草特点 内吸传导型选择性苗后除草剂。主要通过茎叶吸收，也能通过根系吸收，传导积累于分生组织内，阻止支链氨基酸的生物合成，破坏蛋白质合成，使植物生长受抑制而死亡。该药剂见效较慢，施药后的1周左右杂草变赤、变褐，2～3周枯死。该药剂对豆类作物有选择作用，其在豆科植物中可迅速分解成无活性的化合物，而表现了豆科植物对它的耐药性。

适用作物 大豆。

防除对象 可以有效防除黎、蓼、粟米草、尼泊尔蓼、风花菜、皱果苋、大爪草、龙葵、蔊菜等阔叶杂草。它对鸭跖草、马齿苋、香薷及禾本科杂草效果不佳。

应用技术 据资料报道，大豆2～4片羽状复叶期，1年生杂草的始发期至2叶期的阔叶杂草，通过茎叶喷施兼土壤处理具有杀草活性，以10～16g/亩即有显著的活性。

注意事项 在大豆施用中，有时会发生叶片发黄，卷缩现象，但能迅速恢复，并不影响产量。在喷洒药剂时，为防止微量药剂因风等原因飞散到周边的非豆类作物上，在进行施药时必须注意风向。

开发登记 巴斯夫日本公司于1993年最早在英国植保大会上介绍。

甲咪唑烟酸 imazapic

其他名称 百垄通；甲基咪草烟。

化学名称 (RS)-2-(4-异丙基-4-甲基-5-氧代-2-咪唑啉-2-基)-5-甲基吡啶-3-羧酸。

结构式

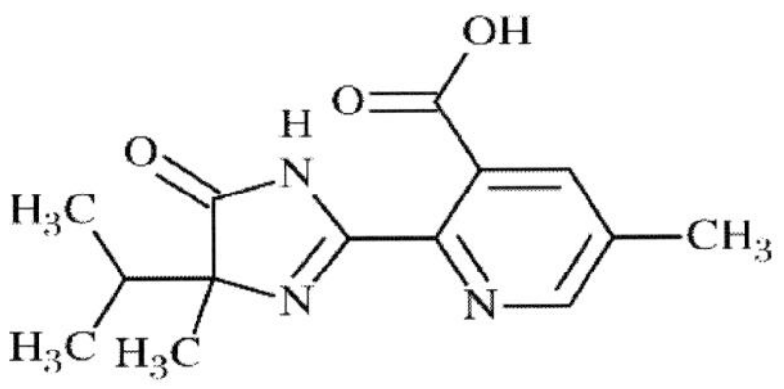

理化特性 纯品为无臭灰白色或粉色固体，熔点204～206℃，蒸气压小于1×10^{-2}MPa(25℃)。溶解度(20℃)：水2.15g/L，丙酮18g/L。

毒　性 大鼠急性经口LD_{50}＞5 000mg/kg，虹鳟鱼、大翻车鱼LC_{50}(96h)＞100mg/L，兔急性经皮LD_{50}＞2 000mg/kg、大鼠急性吸入LC_{50}(4h)4.83mg/L空气，对兔皮肤无刺激性。山齿鹑LD_{50}＞2 150mg/kg、蜜蜂急性接触LD_{50}＞100μg/只。

剂　型 24%水剂、240g/L水剂。

除草特点 内吸传导型选择性苗后除草剂。主要通过茎叶吸收，也能通过根系吸收，传导积累于分生组织内，阻止支链氨基酸的生物合成，破坏蛋白质合成，使植物生长受抑制而死亡。叶面处理2～4周后死亡。该药持效期短于该类其他品种，施药后4个月可以种植冬小麦。

适用作物 花生、甘蔗。

防除对象 1年生单、双子叶杂草及部分多年生杂草，对莎草科杂草有较好的防治效果。

应用技术 播后苗前或苗后早期，禾本科杂草2.5～5叶期；阔叶杂草5～8cm高；花生为1.5～2.0复叶时，均匀喷雾。甘蔗田：喷雾处理，播后苗前（芽前喷雾）或甘蔗苗后行间定向均匀喷雾。甘蔗苗后行间定向喷雾需使用保护罩，并在无风天谨慎施药。如不使用保护罩，大风等致使喷雾雾滴飘移至甘蔗苗，可能会产生药害。果蔗田慎用，或请教当地植保专家后使用。对水量为每公顷675～900kg（每亩45～60kg）。施药应均匀周到，避免重喷，漏喷或超过推荐剂量用药。在大风时或大雨前不要施药。保持适当的土壤湿度有利于药效发挥，当土壤湿度不够理想时，中耕应在施药14d以后进行。播后苗前处理后，一些敏感性杂草可能仍会出土，但很快这些杂草会变黄、枯萎、停止生长，最终死亡。偶尔会引起花生或蔗苗轻微的褪绿或生长暂时受到抑制，但这是暂时的，作物很快恢复正常生长，不会影响作物产量。

注意事项 该药持效期较长，施药剂量不能过大、施药期也不宜过晚，否则会对小麦产生药害。施药剂量偏高，施药后遇高温干旱，特别是砂土地花生会发生一定的药害，施用时务必注意。

开发登记 巴斯夫欧洲公司、江苏龙灯化学有限公司、山东先达农化股份有限公司等企业登记生产。

咪草酯 imazamethabenz

其他名称 Dagger；咪草酸酯。

化学名称 imazamethabenz是一个反应产物。酸含(±)-6-(4-异丙基-4-甲基-5-氧代-2-咪唑啉-2-基)-间-甲苯甲酸(i)和(±)-2-(4-异丙基-4-甲基-5-氧代-2-咪唑啉-2-基)对-甲苯甲酸(ii)；而酯含(±)-6-(4-异丙基-4-甲基-5-氧代-2-咪唑啉-2-基)-对-甲苯甲酸甲酯(Ⅰ,50%)和(±)-6-(4-异丙基-4-甲基-5-氧代-2-咪唑啉-2-基)-间-甲苯甲酸甲酯(Ⅱ,50%)。

结构式

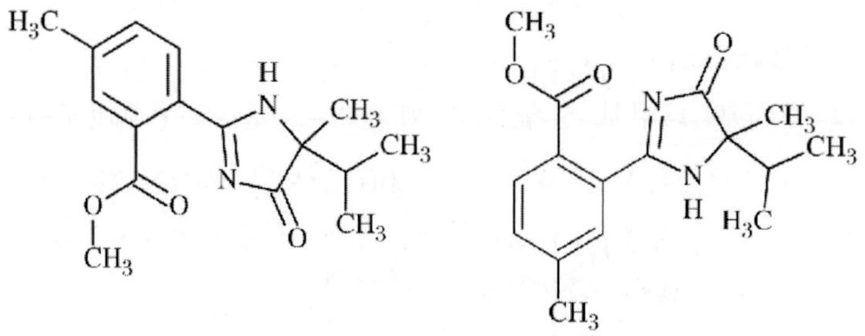

H_3C H N CH_3 CH_3 N O O O CH_3 CH_3

(Ⅰ)

CH_3 O O O N CH_3 CH_3 N H H_3C CH_3

(Ⅱ)

理化性质 混合异构体为无色晶体，熔点113～153℃。溶解度(25℃)：在蒸馏水中1 370mg/kg、丙酮中230g/kg、甲醇中309g/kg、甲苯中45g/kg、二甲基亚砜216g/kg。酯在25℃稳定储存2年，37℃稳定储存1年，45℃稳定储存3个月。在pH9迅速水解，但在pH5和pH7水解缓解，2个异构体在水中或土壤表面发生光化学降解，在土壤中DT_{50}30～60d，只能在衬聚氯乙烯的容器中储存或混合，不能与浓酸或浓碱配伍。

毒　　性 大鼠急性经口$LD_{50}>5$mg(原药)/kg，兔急性经皮$LD_{50}>2$g/kg。对皮肤无刺激作用，对鼠、兔眼睛有中逆的刺激作用，对豚鼠无皮肤过敏性。大鼠急性吸入$LC_{50}>5.8$mg/L空气。大鼠2年饲喂试验的无作用剂量为250g/kg饲料，犬1年饲喂试验的无作用剂量为250mg/kg饲料。显性致死试验表明，对大鼠无诱变性。对大鼠2年和小鼠1年的试验结果表明，无致癌作用。大鼠[≤lg/(kg·d)]和兔[≤750mg/(kg·d)]在试验剂量下，无致突变作用。Ames试验表明无诱变性。

除草特点 咪唑啉酮类除草剂，其作用原理基本同灭草喹，为侧链氨基酯合成抑制剂。咪草酯迅速被植物根和叶吸收，在敏感植物体内水解为有除草活性的咪草酯，转移至分生组织，抑制蛋白质和脱氧核糖核酸(DNA)的合成，而在耐性植物体内，发生解毒作用，该芳基–甲基被羟基化，转变成葡萄糖苷。

适用作物 大麦、小麦、黑麦和向日葵等作物。

防除对象 野燕麦、鼠尾看麦娘、凌风草以及卷茎蓼等单子叶、双子叶杂草。

应用技术　芽后处理，用药量为27～60g(有效成分)/亩，也可与某些防除阔叶杂草的除草剂现混现用。对甘蓝、萝卜、芜菁、胡萝卜、香芹菜、欧防风、菠菜、豌豆和大豆等有药害。莴苣有耐药性，黑麦草有一定耐药性，洋葱和韭菜在1～2叶期也有一些耐药性。

开发登记 由美国氰胺公司开发。

十五、吡啶类除草剂

(一)吡啶类除草剂的主要特性和作用原理

吡啶羧酸类除草剂比较重要，现已商品化10个品种，其中6个品种在我国登记注册。氯氟吡氧乙酸、二氯吡啶酸在国内已经登记生产。

吡啶类除草剂的主要特性和作用原理：该类除草剂杀草谱广，不仅防治一年生阔叶杂草，个别品种还能有效地防除多年生杂草、灌木及木本植物。可以被植物叶片与根迅速吸收并在体内迅速传导。具有植物激素的作用，对植物的杀伤力强，单位面积的用药量少。在土壤中的稳定性强，故持效期长。水溶度高，在土壤中易于淋溶至深层，而且纵向移动性也较强，故防治深根性多年生杂草特效。在光下比较稳定，不易挥发。在土壤中易于移动，并通过降雨向土壤下层淋溶，从而导致其在土壤中的持效期很长。

(二)吡啶类除草剂的主要品种

氯氟吡氧乙酸 fluroxypyr

其他名称 使它隆；治莠灵；氟草定；氟草烟。

化学名称 4–氨基–3,5–二氯–6–氟–2–吡啶氧乙酸。

结构式

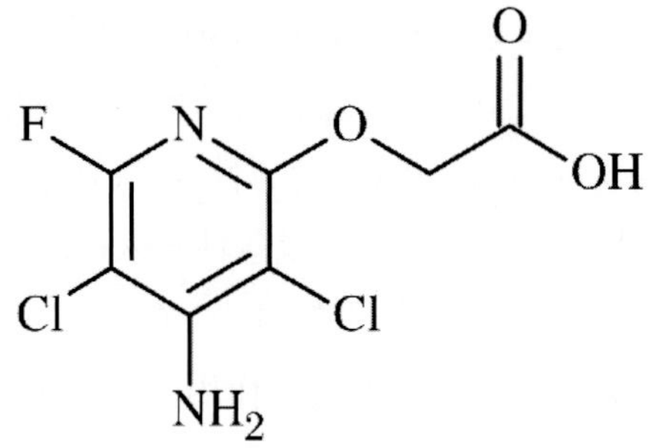

理化性质 无色无臭晶体，熔点169～174℃，蒸气压小于0.013MPa(60℃)，溶解度(25℃，g/L)：水1.4、丙酮48.2、二氯甲烷185、甲醇105、异丙醇17、甲苯5，日光下迅速降解。

毒性 大鼠急性经口LD_{50}＞5 000mg/kg，兔急性经皮LD_{50}＞2 000mg/kg；鱼LC_{50}(96h，mg/L)：蓝鳃太阳鱼420，虹鳟鱼340；蜜蜂急性接触LD_{50}＞0.1mg/L；北美鹑和野鸭急性经口LD_{50}＞2 150mg/kg。

剂型 20%乳油、200g/L乳油。

除草特点 内吸传导型苗后除草剂。施药后被植物叶片和根迅速吸收，在体内很快传导，敏感杂草受药后2～3d内顶端萎蔫，出现典型的激素类除草剂反应，植株畸形、扭曲。在光下比较稳定，不易挥发。温度对除草的最终效果无影响，但影响药效发挥的速度，低温时药效发挥慢，植物受害时不立即死亡，气温升高后马上死亡。本剂在土壤中淋溶性差，大部分在0～10cm表土层中。在土壤中的半衰期短，对后茬阔叶作物无不良影响。对杂草小至刚出土的子叶期杂草，大至株高50～60cm、有10 多个分枝的大草都有良好的除草效果，并且杂草的大小与防效无明显差异。在小麦、玉米、水稻体内，被转化为无毒物质而相对安全。

适用作物 小麦、玉米、水稻、水田畦畔。

防除对象 可以防除多种阔叶杂草，其中，敏感的杂草有猪殃殃、泽漆、牛繁缕、泥胡菜、大巢菜、小藜、空心莲子草、荠菜、播娘蒿；较为敏感(中毒后生长受抑，但仍能开花结籽)的杂草有毛茛、1年蓬、小飞蓬、紫菀、卷耳、通泉草；耐药(轻微中毒，短期即可恢复正常生长)杂草有婆婆纳、益母草。对禾本科杂草无效。

应用技术 冬小麦3～5叶期、返青期或小麦分蘖盛期至拔节期，杂草生长旺盛期用药，用20%乳油50～70ml/亩，对水30kg左右均匀喷雾。

玉米田施药，在玉米3～5叶期，田间阔叶杂草生长旺盛期(2～4叶期)，用20%乳油50～70ml/亩，对水30kg左右均匀喷雾。

请勿在甜玉米、爆裂玉米等特种玉米田以及制种玉米田使用。移栽水稻田1年生阔叶杂草，用20%乳油62.5～75ml/亩，对水30～40kg喷雾。

柑橘园1年生阔叶杂草，用20%乳油60～80ml/亩，对水30kg茎叶喷雾。

水田畦畔空心莲子草，用20%乳油50～60ml/亩，对水30～40kg茎叶喷雾；非耕地1年生阔叶杂草，用20%乳油30～40ml/亩，对水30～40kg茎叶喷雾。

注意事项 每季最多使用1次。施药作业时避免雾滴飘移至大豆、花生、甘薯和甘蓝等阔叶作物，以免产生药害。对大麦有一定的药害，部分敏感品种超过20%乳油25ml/亩即出现严重药害。

开发登记 四川利尔化学股份有限公司、美国陶氏益农公司等企业登记生产。

氯氟吡氧乙酸异辛酯 fluroxypyr-mepthyl

化学名称 4-氨基-3,5-二氯-6-氟-2-吡啶氧乙酸异辛酯。

结构式

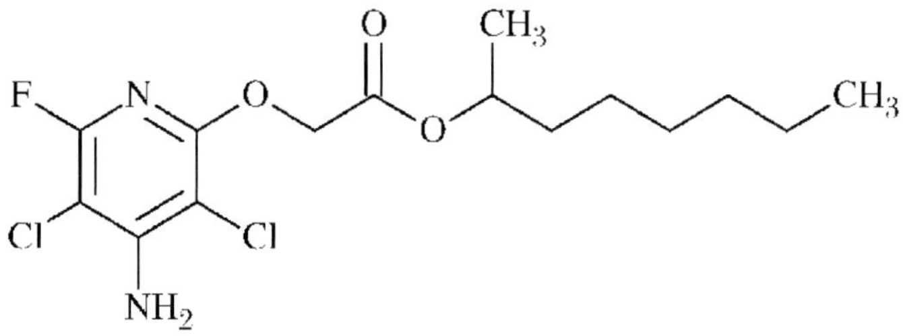

理化性质 外观为浅褐色固体。熔点56~57℃，蒸气压(20℃)3.78×10^{-9}Pa，溶解度(20℃，g/L)：水0.091、丙酮51.0、甲醇34.6、乙酸乙酯10.6、异丙酮9.2、二氯甲烷0.1、二甲苯0.3，在酸性介质中稳定，温度高于熔点分解。

毒　　性 大鼠急性经口LD_{50}为3 690mg/kg，大鼠急性经皮$LD_{50}>5\ 000$mg/kg。

剂　　型 20%乳油、20%悬浮剂、20%水乳剂、20%可湿性粉剂、200g/L乳油。

除草特点 本品为传导型苗后茎叶处理的选择性除草剂，除草活性高，渗透性强，药效迅速，能有效防除冬小麦田等多种1年生阔叶杂草，如猪殃殃、泽漆、播娘蒿、荠菜、大巢菜、野油菜等。在土壤中半衰期较短，不会对下茬阔叶作物产生影响。对双子叶作物和阔叶作物敏感。每季节作物使用该除草剂不超过1次。

防除对象 可以防除多种阔叶杂草，对猪殃殃、泽漆、小藜、空心莲子草等效果较好，对1年蓬、小飞蓬、打碗花、婆婆纳、益母草效果次之。对禾本科杂草无效。

应用技术 冬小麦田，20%悬浮剂50～70ml/亩；水田畦畔、狗牙根草坪，用20%乳油40～55ml/亩，茎叶喷雾。

开发登记 美国陶氏益农公司、深圳诺普信农化股份有限公司、郑州郑氏化工产品有限公司等企业登记生产。

二氯吡啶酸 clopyralid

其他名称 毕克草。

化学名称 3,6-二氯吡啶-2-羧酸。

结构式

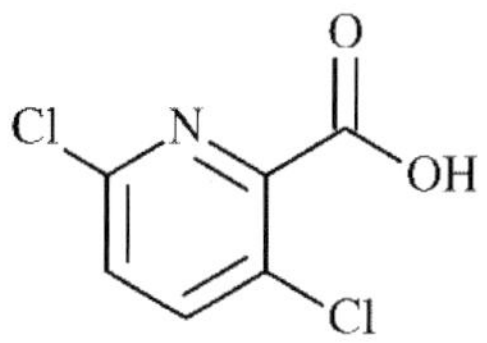

理化性质 原药外观为白色或浅褐色粉末。熔点151℃～152℃。蒸气压1.6MPa(25℃)。溶解度(20℃)：水1.0g/kg，丙酮153g/kg，环己酮387g/kg，二甲苯6.5g/kg。

毒　　性 原药急性经口大鼠$LD_{50}>5\ 000$mg/kg，大鼠急性经皮$LD_{50}>5\ 000$mg/kg、急性吸入LC_{50}(4h)>

1mg/kg/L。对鸟类无急性毒性，无作用浓度为1 000mg/kg。对水蚤低毒，LC_{50}为225mg/L。对鱼类低毒，虹鳟鱼LC_{50}(96h)为103.5mg/L。对藻类有毒，LC_{50}为6.9mg/L，对浮萍有害。对蜜蜂无急性毒性，对蚯蚓无毒性，对微生物和其他益虫无不良影响。对哺乳动物、野生及水生动物安全，不易造成环境污染。

剂　　型 75%可溶性粒剂、20%可溶性液剂。

除草特点 二氯吡啶酸是合成激素类除草剂，主要通过茎叶吸收，经韧皮部及木质部传导，积累在生长点，使植物产生过量核糖核酸，促使分生组织过度分化，根、茎、叶生长畸形，养分消耗过量，维管束输导功能受阻，引起杂草死亡。二氯吡啶酸可经木质部传导至根，因而可彻底杀死深根的多年生杂草。在敏感植物体内，二氯吡啶酸引发典型的激素类反应。阔叶植物茎扭曲、卷曲、叶片呈杯状、皱缩状，或伴随反转、根增粗，根毛发育不良、茎顶端形成针状叶、茎脆，易折断或破裂、根分生组织大量增生、茎部、根部生疣状物，根和地上部生长受抑制。二氯吡啶酸是内吸传导型除草剂，可在作物播前混土、播后苗前以及苗后茎叶处理，具有高度的选择性。

适用作物 油菜，还可以用于大麦、小麦、燕麦、玉米、十字花科蔬菜、芦笋、甜菜、亚麻、薄荷、草莓、禾本科草坪、松树、枞树等防除阔叶杂草。

防除对象 可以防治多种阔叶杂草，如大巢菜、卷茎蓼、稻槎菜、鬼针草、小蓟、大蓟、苣荬菜、小飞蓬、一年蓬等。对单子叶杂草基本无效。

应用技术 在麦类作物田，4叶后至分蘖末期，在推荐剂量75%可溶性粒剂5～15g/亩，对小麦、大麦、燕麦、青稞等均较安全，但施药过早或过晚时安全性差。对麦田1年生及多年生的恶性杂草，如稻槎菜、大巢菜、鼠曲草、小蓟、苣荬菜、块茎香豌豆、卷茎蓼等均有较好的效果。

玉米5～7叶期，在阔叶草3～6叶期对水喷洒，用75%可溶性粒剂10～15g/亩，在玉米生长期使用过早或过晚安全性差。防除多年生杂草小蓟应在其株高10～20cm时施药；防治苣荬菜应在苣荬菜莲座期施药。

油菜田，在阔叶草3～6叶期喷洒，用75%可溶性粒剂5～15g/亩，对水20～30kg/亩喷施，对冬油菜和春油菜苗期至现蕾期有较好的安全性。

二氯吡啶酸还可与防除禾本科杂草及阔叶杂草的除草剂混用，扩大杀草谱。75%可溶性粉剂5～15g/亩与10.8%氟吡甲禾灵乳油 20～30ml/亩、15%精吡氟禾草灵乳油40～60ml/亩或10%精喹禾灵25～40ml/亩混用，可以兼除油菜田的看麦娘、日本看麦娘、硬草、茵草、早熟禾等禾本科杂草。

注意事项 二氯吡啶酸仅能在甘蓝型、白菜型油菜田使用，不能在芥菜型油菜田使用，否则易产生药害。二氯吡啶酸在土壤中的持效期中等，一般情况下大多数作物在二氯吡啶酸施用10个月后种植，不会造成药害。但本药剂在一些植物体内不易消解，如玉米、小麦施用二氯吡啶酸后用麦秸、玉米秆制造堆肥或秸秆还田可造成过量积累，影响后茬，在使用时应予注意。二氯吡啶酸有效成分3.5～7.5g/亩，对大部分后茬作物生长和产量无影响，当其用药量增加到有效成分11g/亩，向日葵、棉花和大豆出苗率不受影响，但株高、单株鲜重和产量受到不同程度的影响。在有效成分15g/亩剂量下，会影响后茬菠菜的出苗和产量，使用二氯吡啶酸的田块，后茬不能种植菠菜。

开发登记 四川利尔化学股份有限公司、美国陶氏益农公司等企业登记生产。

氨氯吡啶酸　picloram

其他名称 毒莠定。

化学名称 4–氨基–3,5,6–三氯吡啶–2–羧酸。

结构式

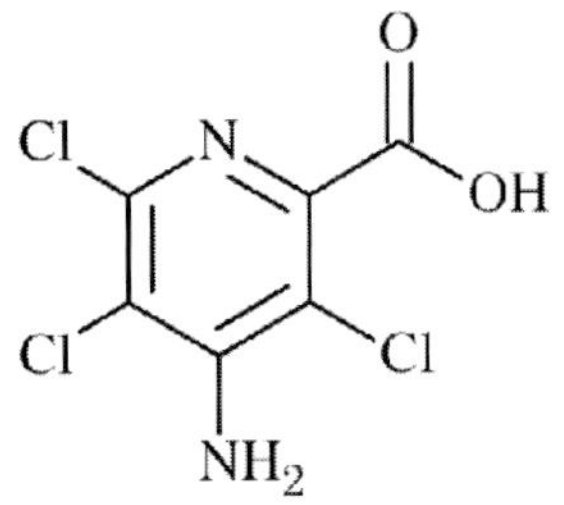

理化性质 为无色粉末，带有氯的气味。水中溶解度为0.43mg/L(20℃)，其他溶剂中(g/L，20℃)：丙酮19.8、甲醇34.6、乙酸乙酯10.6、异丙醇5.5、甲苯0.8、二甲苯0.3。与浓酸或浓碱不能配伍。

毒　　性 大鼠急性经口LD_{50}为8 200mg/kg，兔急性经皮LD_{50} > 4 000mg/kg。

剂　　型 21%水剂、24%水剂。

除草特点 可为植物茎叶、根系吸收传导。大多数禾本科植物是耐药的，而大多数双子叶作物(除十字花科外)、杂草、灌木都对此药敏感。在土壤中的半衰期为1～12个月。可为土壤吸附集中在0～3cm土层中，湿度大、温度高的土壤中消失较快。

适用作物 麦、玉米、高粱、森林。

防除对象 可以防治大多数双子叶杂草、灌木。对十字花科杂草效果差。

应用技术 麦田，用24%水剂30～60ml/亩，对水30～45kg喷雾，对小麦株高有一定的影响，但一般不影响产量。

玉米田，在玉米2～5叶期，可以用24%水剂90ml/亩，对水35～40kg进行叶面喷雾处理。

林地使用，在杂草和灌木生长旺盛时，进行叶面处理用24%水剂300～900ml/亩对水30～40kg茎叶喷雾；森林阔叶杂草，用21%水剂333～500ml/亩，对水量30～50L均匀喷雾；非耕地紫茎泽兰，用24%水剂300～600ml/亩，对水30～40kg茎叶喷雾。

注意事项 光照和高温有利于药效发挥。豆类、葡萄、蔬菜、棉花、果树、烟草、甜菜对药剂敏感，轮作倒茬时要注意。施药后2h内遇雨，会使药效降低。

开发登记 重庆双丰化工有限公司、四川利尔化学股份有限公司、杭州颖泰生物科技有限公司等企业登记生产。

三氯吡氧乙酸 triclopyr

其他名称 盖灌能；乙氯草定；盖灌林；绿草定；定草酯。

化学名称 (3,5,6–三氯–2–吡啶)氧基乙酸。

结构式

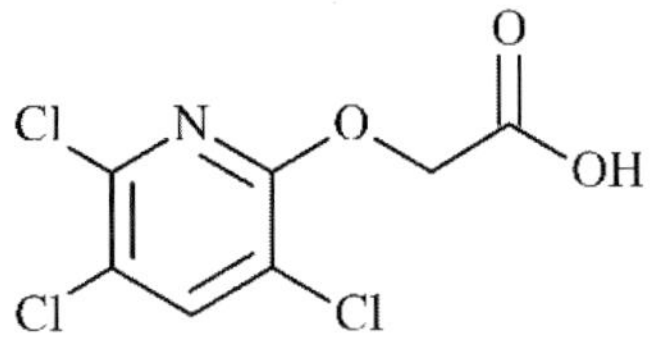

理化性质 蓬松固体，熔点149～150℃，蒸气压0.168MPa(25℃)，溶解度(25℃)：水440mg/L，丙酮

989g/kg、氯仿27.3g/kg、辛醇307g/kg。

毒　　性 大鼠急性经口LD_{50}为713mg/kg，兔急性经皮LD_{50} > 2 000 mg/kg。

剂　　型 48%乳油、480g/L乳油。

除草特点 选择性内吸除草剂，能迅速被茎叶和根系吸收，并在植物体内传导。其作用于核酸代谢，使植物产生过量的核酸，使一些组织转变成分生组织，造成叶片、茎和根生长畸形，储藏物质耗尽，维管束组织被栓塞或破裂，植株逐渐死亡。在土壤中能被土壤微生物迅速分解，半衰期为46d。

适用作物 林地。

防除对象 可以防除多种阔叶杂草、无益林木、无益灌木，对禾本科杂草和莎草科杂草无效。

应用技术 林地，可以用480ml/L278～417ml/亩，在杂草旺盛生长期对水30kg叶面喷雾。

注意事项 用药后2h内无雨才能见效。防火线及造林前灭灌：以柴油稀释50倍，喷洒于灌木及幼树基部。非目的树种防除及林分改造：以柴油稀释50倍，在离地面70～90cm喷洒。桦、柞、椴、杨胸径在10～20cm，每株用药液70～90ml。幼林抚育及非耕地，防除幼小灌木、藤木和阔叶草本植物：以清水稀释100～200倍，低容量定向喷雾，使目标防除植物充分着药。避免药液喷及敏感目的树种。施药时避免药液喷洒或飘移到阔叶作物，以免产生药害。本剂对于松树和云杉的剂量要求非常严，有效成分的用量超过1kg/hm^{2}将有不同程度药害发生，有的甚至死亡。应用喷枪定量穴喷。在作物上的安全性差，应先试验后推广。

开发登记 美国陶氏益农公司、山东埃森化学有限公司等企业登记生产。

氟硫草定 dithiopyr

化学名称 S,S'-二甲基-2-二氟甲基-4-异丁基-6-三氟甲基吡啶-3,5-二硫代甲酸酯。

结 构 式

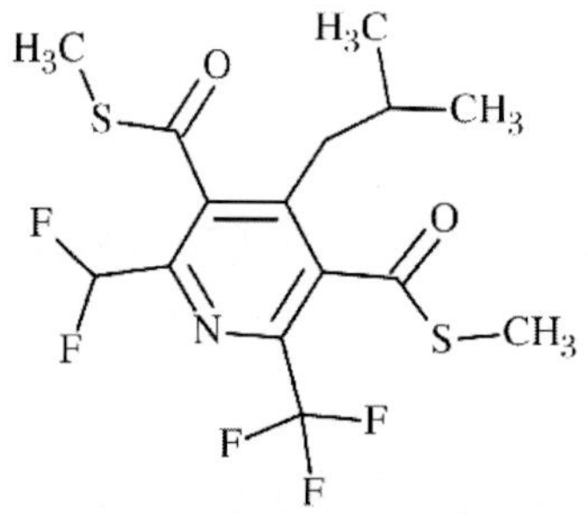

理化性质 纯品为无色结晶体，熔点65℃，蒸气压0.53MPa(25℃)。相对密度1.41(25℃)。25℃水中溶解度为1.4mg/L。

毒　　性 大鼠、小鼠急性经口LD_{50} > 5 000mg/kg，大鼠、兔急性经皮LD_{50}～5 000mg/kg，大鼠急性吸入LC_{50}(4h) > 5.98mg/L。对大鼠2年饲喂试验无作用剂量不超过10mg/L，小鼠1.5年饲喂试验无作用剂量为3mg/(L·d)，犬1年饲喂试验无作用剂量为≤0.5mg/kg。山齿鹑急性经口LD_{50} > 2 250mg/kg，山齿鹑和野鸭饲喂LC_{50}(5d) > 5 620mg/kg。鱼毒LC_{50}(96h)：虹鳟鱼0.5mg/L，鲤鱼0.7mg/L。蜜蜂点滴LC_{50}0.08mg/只。蚯蚓LD_{50}(14d) > 1 000mg/kg土壤。

剂　　型 32%乳油、95%原药、91.5%原药。

除草特点 属内吸传导型除草剂。施药后被植物叶片和根迅速吸收，在体内很快传导，敏感杂草受药后2～3d内顶端萎蔫，出现典型的激素类除草剂反应，植株畸形、扭曲。在光下比较稳定，不易挥发。在水稻体内，被转化为无毒物质而相对安全。

适用作物 稻田、草坪。

防除对象 可防除稗、鸭舌草、异型莎草、节节菜、窄叶泽泻等1年生杂草，但不能防除萤蔺、水莎草、瓜皮草和野慈姑。

应用技术 水稻田，芽前施用32%乳油12ml/亩，芽后(稗草1.5叶期)施用32%乳油25ml/亩，除草活性不受环境因素变化的影响，对水稻安全，持效期达80d。

在草坪芽前施用，32%乳油75～100ml/亩，可防除升马唐、紫马唐等1年生禾本科杂草和球序卷耳、景天、拟漆姑草等1年生阔叶杂草。

开发登记 美国陶氏益农公司、迈克斯（如东）化工有限公司登记生产。

卤草定 haloxydine

其他名称 Pp493；氟啶草。

化学名称 3,5–二氯–2,6–二氟–4–羟基吡啶。

结 构 式

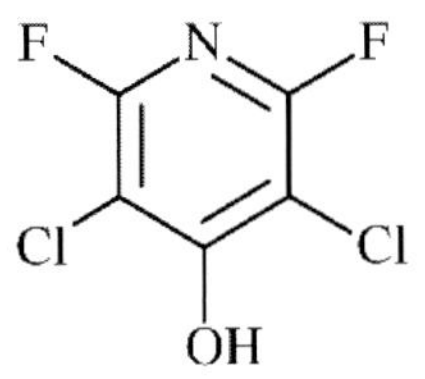

F N F Cl Cl OH

理化性质 白色结晶，熔点102℃。

毒　　性 大鼠急性经口LD_{50}为217mg/kg，腹腔注射为50～100mg/kg。

应用技术 据资料报道，芽前除草剂、适用于马铃薯、油菜、甘蔗等，田间可以用有效成分为20～40g/亩。

开发登记 由ICI公司研制。

三氯吡啶酚 pyriclor

其他名称 Daxtron。

化学名称 2,3,5–三氯–4–吡啶酚。

结 构 式

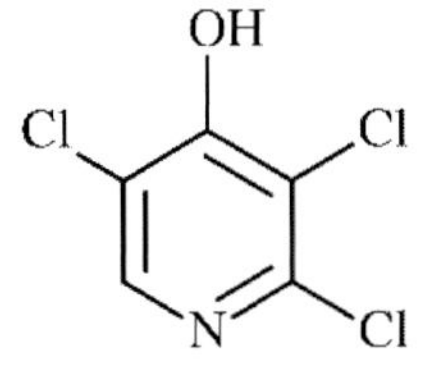

OH Cl Cl N Cl

理化性质 固体，熔点216℃，20℃时在水中溶解度为570mg/kg。

毒　　性 大鼠急性经口LD_{50}为80～130mg/kg。

应用技术 据资料报道，本品是可传导的芽前除草剂。应用于甘蔗、玉米、高粱、亚麻。用量66～

132g(有效成分)/亩。

开发登记 1965年由M. J. Huraux等报道除草活性，Dow Chemical Company (现为Dow Elanco)公司开发，现已淘汰，无工业化价值。

噻草啶 thiazopyr

其他名称 噻唑烟酸。

化学名称 2-二氟甲基-5-(4,5-二氢-1,3-噻唑-2-基)-4-异丁基-6-三氟甲基烟酸甲酯。

结构式

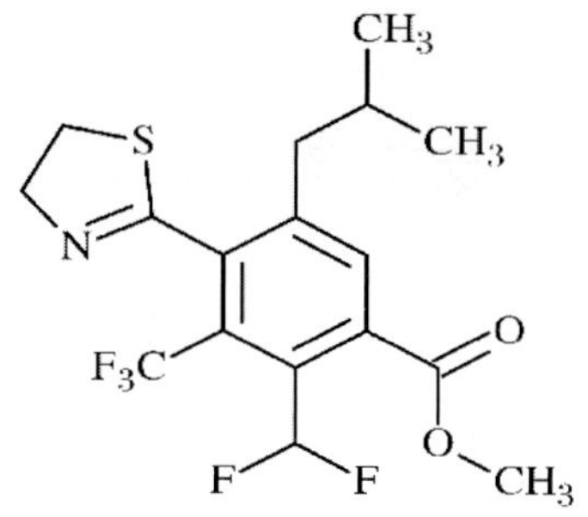

理化性质 纯品为具硫黄气味的浅棕色固体，熔点77.3～79.11℃。蒸气压3×10^{-2}Pa(25℃)。水中溶解度为2.5mg/L(20℃)。在正常条件下储存稳定，干燥条件下对光稳定，水溶液(15℃)半衰期为50d。

毒　　性 大鼠急性经口$LD_{50}>5\,000$mg/kg，兔急性经皮$LD_{50}>5\,000$mg/kg，对兔皮肤无刺激性，对兔眼睛有轻微刺激性。大鼠急性吸入LC_{50}(4h)＞1.2mg/L空气。山齿鹑急性经口LD_{50}1 91300mg/kg。鱼毒LC_{50}(96h，mg/L)：虹鳟鱼3.2，大翻车鱼3.4。无致突变性、无致畸性。

除草特点 细胞分裂抑制剂。

应用技术 据资料报道,果树、森林、棉花、花生等苗前用除草剂。主要用于防除众多的1年生禾本科杂草和某些阔叶杂草，使用剂量为有效成分10～132g/亩。

开发登记 是由孟山都公司研制、罗门哈斯公司开发的吡啶类除草剂。

氟啶草酮 fluridone

其他名称 氟啶酮；杀草吡啶；EL-171；Sonar；Pride。

化学名称 1-甲基-3-苯基-5-(α,α,α-三氟间甲苯基)-4-吡啶。

结构式

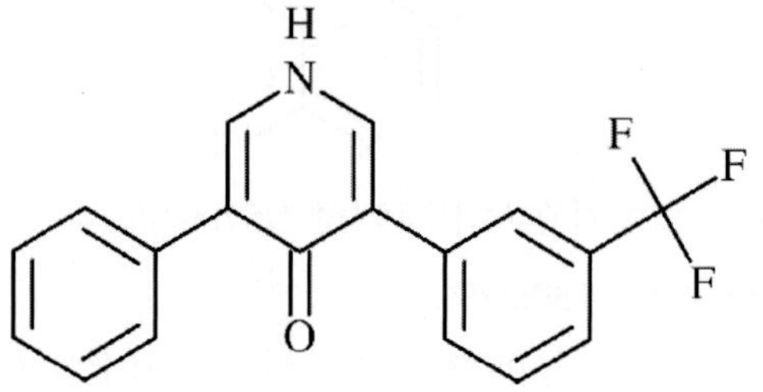

理化性质 灰白色结晶固体，熔点151～154℃，蒸气压0.013MPa(25℃)。溶解度：水中(pH7)约12mg/L，氯仿、甲醇中＞10g/L，己烷中＞500mg/L。在pH3、6、9(37℃)下，稳定期＞120h。水中紫外光照射下DT_{50}为23h，在淤泥中的DT_{50}＞343d(pH3，有机质2.6%)。

毒　　性 急性经口LD_{50}：大鼠和小鼠>10 000mg/kg，犬＞500mg/kg，猫＞250mg/kg。兔急性经皮LD_{50}＞500mg/kg，在此剂量下对皮肤无刺激，当以26mg用于眼睛上，有轻微刺激。大鼠以200mg/kg饲料喂养2年无不良影响，鹌鹑LD_{50}＞2 000mg/kg。

剂　　型 42%悬浮剂。

适用作物 棉花田。

防治对象 1年生杂草。

应用技术 棉花田苗前除草剂。主要用于防除狗尾草、牛筋草、稗草、马唐等1年生杂草，使用剂量为30～40ml/亩，土壤喷雾。

注意事项 限制在西北内陆棉区使用 。

开发登记 迈克斯（如东）化工有限公司登记生产。

氯氨吡啶酸 aminopyralid

其他名称 氨草啶；Forefront；Hotshot。

化学名称 4-氨基-3,6-二氯-2-羧酸或4-氨基-3,6-二氯-2-吡啶甲酸。

结 构 式

Cl　N　O　OH　Cl　NH_2

理化性质 熔点163.5℃，蒸气压9.52×10^{-9}Pa(20℃)，水溶性(pH7.0)：2.48g/L(18℃)。主要的降解过程是光解作用，夏天在北纬40° 的环境情况下推测其DT_{50}为0.6d，光解作用通过脱氯和环断裂进行。

毒　　性 大鼠急性经口LD_{50}＞5 000mg/kg、大鼠急性经皮LD_{50}＞5 000mg/kg、雄大鼠急性吸入LD_{50}＞5.50mg/kg，对兔皮肤无刺激，对豚鼠皮肤无致敏性，对兔眼睛有刺激，无致癌性，无诱变性，对繁殖无影响。

剂　　型 21%水剂

除草特点 吡啶羧酸类新型除草剂，是合成激素型除草剂(植物生长调节剂)，通过植物叶和根迅速吸收，在敏感植物体内诱导产生偏上性(如刺激细胞伸长和衰老，尤其在分生组织区表现明显)，最终引起植物生长停滞并迅速死亡。可用于小麦、水稻、玉米、牧场、山地、草原、种植地和非耕地的选择性杂草防除，现正被研究开发应用于油菜和禾谷类作物田防除杂草。

适用作物 草原牧场（禾本科）。

防除对象 可用于防除草原牧场（禾本科），阔叶杂草，该产品对垂穗披碱草、高山蒿草、线叶蒿草等有轻微药害。对蒲公英、凤毛菊，冷蒿有中等药害。阔叶牧草为主的草原牧草区域慎用。

应用技术 草原牧场，用21%水剂25～35ml/亩，对水30～45kg进行茎叶喷雾处理。本品属于内吸传导型草原及牧场苗后除草剂，应在杂草出苗后至生长旺盛期使用，可有效防除草原和草场橐吾、乌头、棘豆属及蓟属等有毒有害阔叶杂草，每季施药1次。

注意事项 在推荐的施用时期范围内，原则上阔叶杂草出齐后至生长旺盛期均可用药，杂草出齐后，用药越早，效果越好。如草场混生牛羊等牲畜喜食的阔叶草如三叶草及苜蓿等，建议对有害杂草进行点喷。不得直接施用于或漂移至邻近阔叶作物，避免产生药害。

开发登记 美国陶氏益农公司开发。

氟吡草腙 diflufenzopyr

化学名称 2-{1-[4-(3,5-二氟苯基)氨基羰基腙]乙基}烟酸。

结构式

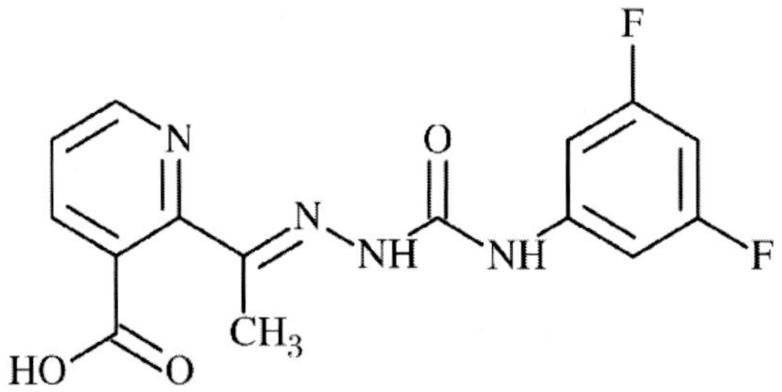

F, N, O, N, NH, NH, F, CH_3, HO, O

理化性质 纯品为灰白色无嗅固体，熔点135.5℃，蒸气压1×10^{-3}pa(20℃)，相对密度0.24(25℃)。水中溶解度(25℃，mg/L)：63(pH5)、5 850(pH7)、10 546(pH9)。水解DT_{50}(25℃)：13d(pH5)、24d(pH7)、26d(pH9)。水溶液光解稳定性DT_{50}(25℃)：7d(pH5)、17d(pH7)、13d(pH9)。

毒　　性 大鼠急性经口LD_{50}＞5 000mg/kg。急性经皮LD_{50}＞5 000mg/kg。大鼠急性吸入LC_{50}(4h)2.93mg/L。对兔皮肤无刺激性，对兔眼睛有轻微刺激性。雄犬(1年)无作用剂量为750mg/kg[26mg/(kg·d)]，雌犬(1年)无作用剂量为28mg/(kg·d)。ADI值0.26mg/kg，无致突变作用。山齿鹑急性经口LD_{50}2 250mg/kg，野鸭和山齿鹑饲喂LC_{50}(5d)>5 620mg/L饲料，虹鳟鱼LC_{50}(96h)106mg/L，蜜蜂LD_{50}＞90h/只(接触)。

除草特点 生长素转移抑制剂。

适宜作物 禾谷类作物、玉米、草坪、非耕地。

防除对象 可用于防除众多的阔叶杂草和禾本科杂草，文献报道其除草谱优于目前所有玉米田用除草剂。

应用技术 据资料报道，玉米田苗后用除草剂，使用剂量为13～26g(有效成分)/亩。

开发登记 是由诺华公司研制，巴斯夫公司开发的除草剂。氟吡草腙与麦草畏混剂已于1999年在美国、加拿大登记，用于玉米田除草。

三氯吡氧乙酸丁氧基乙酯 triclpyr-butotyl

其他名称 绿草定丁氧基乙酯；绿草定酯。

化学名称 3,5,6-三氯-2-吡啶氧基乙酸丁氧基乙酯。

结构式

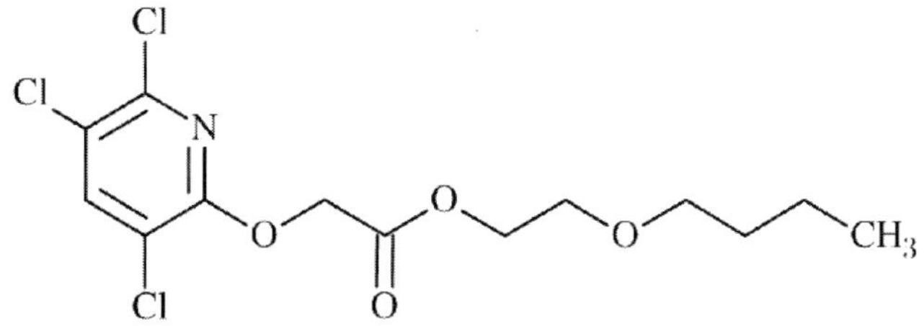

理化性质 三氯吡氧乙酸丁氧基乙酯乳油外观为棕黄色透明均相液体，无沉淀和悬浮物。溶解性(25℃)：水中157mg/L，是一种油溶性液体，易溶于甲醇、丙酮、氯仿和正己烷。常温条件下储存稳定。

毒　　性 低毒。急性经口LD_{50}：大鼠(雌/雄)2 330/2 710mg/kg；急性经皮LD_{50}：大鼠(雌/雄)均＞2 150mg/kg。

剂　　型 45%乳油、48%乳油、62%乳油、70%乳油。

除草特点 三氯吡氧乙酸丁氧基乙酯乳油属传导型激素类除草剂，低毒、苗后茎叶处理传导型，能很快被叶面和根系吸收，并传导到植物全身。用来防治针叶树幼林地中的阔叶杂草和灌木，在土壤中能迅速被微生物分解。

适用作物 森林。

防除对象 可用于防除森林地、非耕地阔叶杂草。

应用技术 森林、杂灌、非耕地苗后除草剂，使用剂量为45%乳油350～420ml/亩或70%乳油160～240ml/亩，对水50kg，于阔叶杂草始盛期低容量定向喷雾。

注意事项 本品对蜜蜂、家蚕有毒，花期蜜源作物周围禁用，施药期间应密切注意对附近蜂群的影响，蚕室及桑园附近禁用；对鱼类等水生生物有毒，养鱼稻田禁用，施药后的田水不得直接排入河塘等水域；远离水产养殖区施药，禁止在河塘等水域内清洗施药器械。不要用此药剂处理作物旁边的垄沟等区域。防止药剂飘移至非靶标植物。

开发登记 深圳诺普信农化股份有限公司 、山东潍坊润丰化工股份有限公司 、南京华洲药业有限公司登记生产。

Cliodinate

化学名称 2-氯-3,5-二碘-4-吡啶基醋酸。

结构式

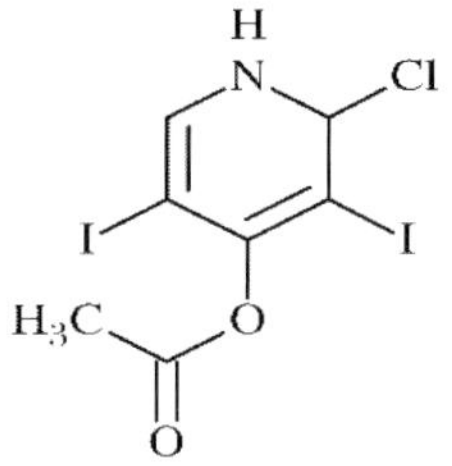

氯氟吡啶酯 florpyrauxifen-benzyl

其他名称 灵斯科。

化学名称 4-氨基-3-氯-6-(4-氯-2-氟-3-甲氧基苯基)-5-氟吡啶-2-羧酸苯甲酯。

结构式

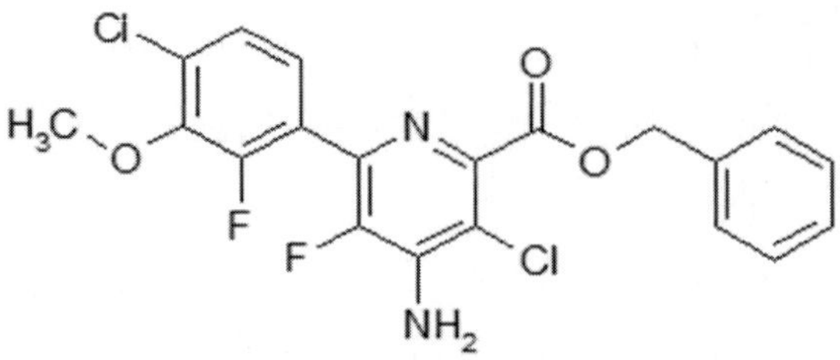

理化性质 相对分子质量439.248，熔点137.1℃。溶解度（20℃）：水为0.015mg/L，易溶于丙酮、苯等大多数有机溶剂。稳定性：对光稳定，不易燃、易爆、无腐蚀性。>400℃分解。

毒　　性 对哺乳动物安全，急性、慢性毒性低，无致突变、致畸作用，无生殖毒性。

作用特点 芳香基吡啶甲酸酯类除草剂，杀草谱较广，对禾本科杂草和莎草科杂草防效较好，尤其对抗性杂草也有较好的活性，对阔叶杂草防效出众，对水稻安全，对环境友好，对激素类除草剂也未产生交互抗性，且适配性强，既可配制成乳油、悬浮剂等液体制剂，还可配制成颗粒剂等固体制剂。

剂　　型 3%乳油、91.4%原药、可分散油悬浮剂。

应用技术 防治水稻田（直播）、水稻移栽田1年生杂草，用3%乳油40～80ml/亩。水稻直播田应于秧苗4.5叶即1个分蘖可见时，同时稗草不超过3个分蘖时期施药；移栽田应于秧苗充分返青后1个分蘖可见时，同时稗草不超过3个分蘖时期施药。茎叶喷雾时，用水量15～30L/亩，施药时可以有浅水层，需确保杂草茎叶2/3以上露出水面，施药后24～72h内灌水，保持浅水层5～7d，注意水层勿淹没水稻心叶避免药害。施药量按稗草密度和叶龄确定，稗草密度大、草龄大，使用上限用药量。

注意事项 不宜在缺水田、漏水田及盐碱田的田块使用。不推荐在秧田、制种田使用。缓苗期、秧苗长势弱，存在药害风险，不推荐使用。弥雾机常规剂量施药可能会造成严重药物反应，建议咨询当地植保部门或先试后再施用。不能和敌稗、马拉硫磷等药剂混用，施用本品7d内不能再施马拉硫磷，与其他药剂和肥料混用需先进行测试确认。

开发登记 美国陶氏益农公司开发并登记、江苏苏州佳辉化工有限公司登记。

氟氯吡啶酯 halauxifen-methyl

化学名称 4-氨基-3-氯-6-（4-氯-2-氟-3-甲氧基苯基）吡啶-2-羧酸甲酯。

结 构 式

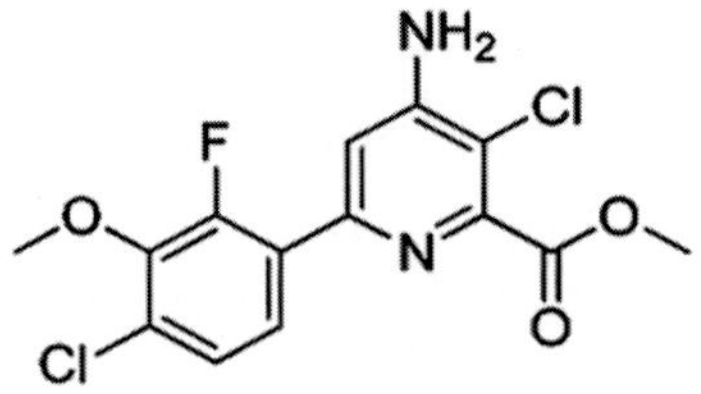

理化性质 白色粉末状固体。熔点145.5℃。分解温度222℃。溶解度：在水中的溶解度为1 830mg/L，在甲醇中为38.1mg/L，在丙酮中为250mg/L，在乙酸乙酯中为129mg/L，在正辛醇中为9.83mg/L。

毒　　性 大鼠急性经口LD_{50}>5 000mg/kg，急性经皮LD_{50}>5000mg/kg。氟氯吡啶酯无致癌性，无神经毒性，对皮肤和眼睛无刺激。

作用特点 人工合成激素类除草剂，可防除多种阔叶杂草。

剂　　型 93%原药、乳油、水分散粒剂。

应用技术 于谷物和其他农作物苗后施用，包括黑麦、黑小麦、小麦、大麦等，苗后防除播娘蒿、荠菜、猪殃殃等多种阔叶杂草以及恶性杂草。对猪殃殃、播娘蒿株防效较好，对麦瓶草防效较差，对麦家公无效。

注意事项 远离水产养殖区、河塘等水体用药。赤眼蜂等天敌放飞区域禁用。

开发登记 美国陶氏益农公司开发并登记、南通泰禾化工股份有限公司登记。

十六、环己烯酮类除草剂

(一)环己烯酮类除草剂主要特性和作用原理

环己烯酮类除草剂在20世纪80年代发展较快，国际上几个大的公司纷纷推出此类结构新颖的除草剂，如美国奇弗龙化学公司于1985年开发的烯草酮，也是此类中一个除草效果很为优秀的除草剂品种，而后卜内门开发了苯草酮、巴斯夫公司开发了噻草酮等，目前共发现10个品种，在我国登记应用3个品种，其中稀禾啶、吡喃草酮和稀草酮已经国产。

环己烯酮类除草剂的主要特性和作用原理：环己烯酮类除草剂具有高度选择性，防治多种禾本科杂草，包括1年生和多年生禾本科杂草，而对双子叶作物安全。适用作物广，可以用于多种阔叶作物，而不能飘移至禾本科作物田，否则易发生药害。具有好的内吸性(渗透转移型)，施药后药剂可为杂草茎和叶迅速吸收，并很快传导到根系和植物生长点，破坏杂草的分裂组织，使被处理的植物生长缓慢，失去竞争力。有效成分在施药后1～3h内即被吸收，随后降雨并不降低其除草活性。环己烯酮类除草剂的作用靶标是乙酰–辅酶A羧化酶，通过对乙酰辅酶A羧化酶抑制而阻碍脂肪酸的生物合成。除草效果显著，一般在施药后7～14d内，可以观察到嫩组织开始褪绿、坏死，随后其余叶子逐渐干缩。易分解。主要用于芽后对杂草茎叶处理，掉落在土壤中的药剂会很快分解成安全的物质，即在土壤中的持效期短，因此，对后茬作物安全无影响。使用方便，对人畜毒性低。

(二)环己烯酮类除草剂的主要品种

稀禾啶 sethoxydim

其他名称 拿捕净；硫乙草灭；乙草丁。

化学名称 2–[1–(乙氧基亚氨基)丁基–5–[2–(乙硫基)丙基]–3–羟基环己–2–烯酮。

结 构 式

CH_3 O N O CH_3 CH_3 H_3C S OH

理化性质 为流性液体，密度(20℃)1.043，溶解度：水300～4 700mg/L(pH5～7)，可与甲醇、丙酮、二氯甲烷、己烷等有机溶剂互溶。

毒　　性 大鼠急性经口LD_{50}为3 200mg/kg，大鼠急性经皮LD_{50}＞5 000mg/kg。

剂　　型 20%乳油、12.5%机油乳剂。

除草特点 具有高度选择性的芽后除草剂，主要通过杂草茎叶吸收，迅速传导至生长点和节间分生组织，通过对乙酰辅酶A羧化酶的抑制而阻碍脂肪酸的生物合成。适宜施药期长，对禾本科杂草1叶期至分蘖期均有很好的药效。其作用缓慢，禾本科杂草一般在施药后3d停止生长，5～7d叶片褪绿、变紫，基部逐渐变褐枯死，10～14d后整株枯死。对阔叶作物安全。本药剂在土壤中的残留时间短、移动性强，在土壤中的半衰期12～26d，施药后当天可以播种阔叶作物，施药后4周可播种禾谷类作物。

适用作物 对阔叶作物安全，可以用于大豆、棉花、油菜、花生、西瓜、甜菜、向日葵、马铃薯、萝卜、番茄、白菜、菜豆、豌豆、甜瓜、西瓜、洋葱、胡萝卜、茄子、烟草、亚麻、落叶松、茶园、果园等多种双子叶作物田。

防除对象 可以防除1年生和多年生禾本科杂草，敏感的杂草有：看麦娘、野燕麦、雀麦草、马唐、稗、牛筋草、黑麦草、狗尾草；较敏感的杂草有：匍匐冰草、狗牙根、白茅、石茅；抗性杂草有：紫羊茅、早熟禾。对阔叶草、莎草无效。

应用技术 在阔叶作物幼苗期，1年生禾本科杂草3～5叶期，用20%乳油或12.5%机油乳剂50～80ml/亩；可以防除多年生禾本科杂草，使用20%乳油或12.5%机油乳剂80～150ml/亩，加水30～50kg进行茎叶喷雾。

注意事项 用于苗后茎叶处理，用药量应根据杂草的生长情况和土壤墒情确定。水分适宜、杂草小，用量宜低、反之宜高。本品在油菜、大豆、甜菜、花生等作物上用药的安全间隔期分别为60d、14d、60d和90d，在亚麻、棉花作物上不要求制订安全间隔期；应用时应注意避免飘移到小麦、水稻、玉米等禾本科作物上。

开发登记 由日本曹达公司开发，并于1983年在美国投产。日本曹达株式会社、中农立华(天津)农用化学品有限公司、山东滨农科技有限公司 等企业登记生产。

烯草酮 clethodim

其他名称 赛乐特；收乐通。

化学名称 (RS)-2-(E)-1-[(E)-3-氯烯丙氧基亚氨基]丙基-5-[2-(乙硫基)丙基]-3-羟基环己-2-烯酮。

结 构 式

理化性质 为黄褐色油状液体，密度(20℃)1.14，低于沸点分解。易溶于大多数有机溶剂。对光、热、碱不稳定，可配制成任意倍数的均匀乳液。

毒　　性 大鼠急性经口LD_{50}为1 630mg/kg，大鼠急性经皮LD_{50} > 5 000mg/kg；鱼毒LC_{50}(96h，mg/L)；虹鳟鱼56，蓝鳃太阳鱼 > 120；野鸭和北美鹌鹑LD_{50} > 2 000mg/kg，日本鹑LC_{50}(8d膳食) > 6 000mg/kg。

剂　　型 24%乳油、30%乳油、120g/L乳油、240g/L乳油、12%可分散油悬浮剂。

除草特点 内吸传导型选择性芽后除草剂，可迅速为植物叶片吸收，并传导至根部和生长点，抑制植物支链脂肪酸的生物合成，被处理的植物体生长缓慢并丧失竞争力，幼苗组织早期黄化，随后其余叶片萎蔫，导致杂草死亡。水溶液中的烯草酮在光和腐殖酸的作用下，不产生降解。

适用作物 大豆、油菜。

防除对象 1年生和多年生禾本科杂草，以及许多阔叶作物田中的自生禾谷类作物，防除稗草、野燕麦、马唐、狗尾草、牛筋草、看麦娘等禾本科杂草，防效良好。

应用技术 在阔叶作物苗期、禾本科杂草生长旺盛期、1年生禾本科杂草3～5叶期、多年生杂草于分蘖后施药最为有效。

大豆田，用24%乳油20～40ml/亩，对水30～50kg，在大豆苗后2～3片复叶期，1年生禾本科杂草2～5叶期，茎叶喷雾，防除马唐、狗尾草、稗草、牛筋草、早熟禾、看麦娘、日本看麦娘、棒头草、茵草、野燕麦、虎尾草等1年生禾本科杂草。油菜田，用240g/L乳油15～25ml/亩，对水30～40kg，进行茎叶喷雾。

注意事项 在干旱、低温时除草效果低，应用时应注意加大施药剂量。在杂草较大、较密时要适当加大施药剂量。不宜用在小麦、大麦、水稻、谷子、玉米和高粱等禾本科作物。施药时避免药液飘移到邻近禾本科作物田，对鱼等水生物有毒，远离水产养殖区，河塘等水体施药。

开发登记 江苏龙灯化学有限公司、沈阳科创化学品有限公司等企业登记生产。

噻草酮 cycloxydim

化学名称 (RS)-2[1-(乙氧亚氨基)丁基]-3-羟基-5-噻烷-3-基环己-2-烯酮。

结 构 式

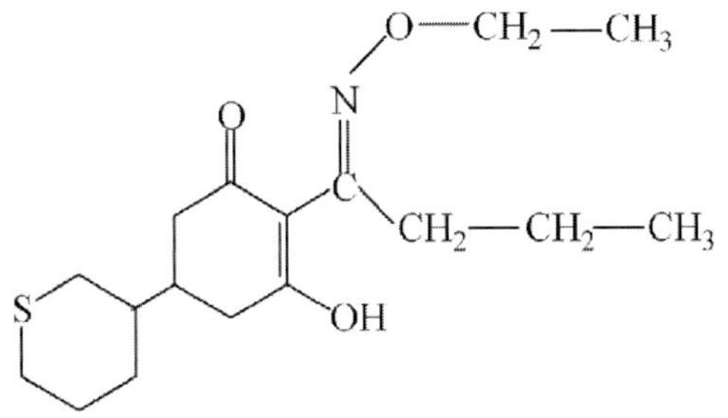

理化性质 黄色固体，熔点37～39℃，密度1.12。溶解度：水85mg/kg，易溶于大多数有机溶剂。对热不稳定。

毒　　性 大鼠急性经口LD_{50}为3 940mg/kg，大鼠急性经皮LD_{50} > 2 000mg/kg。

剂　　型 20%乳油。

除草特点 选择性芽后除草剂，杂草幼苗组织早期黄化，随后其余叶片萎蔫，导致死亡。在土壤中的持效期较长。

适用作物 可以用于棉花、亚麻、油菜、马铃薯、大豆、甜菜、向日葵、蔬菜等阔叶作物。

防除对象 可以防除1年生和多年生禾本科杂草，如野燕麦、看麦娘、自生禾谷类作物。

应用技术 据资料报道，在作物苗期，杂草苗后早期用20%乳油15～30ml/亩，可以有效地防除1年生禾本科杂草。以20%乳油25～35ml/亩，可以有效防除多年生禾本科杂草。

注意事项 该药剂在土壤中持效期较长，生产中应注意对后茬禾本科作物的安全性。

开发登记 W. Zwicl等和N. Meyer等报道该除草剂，由BASF Ag开发。

禾草灭 alloxydim

其他名称 Kusagard。

化学名称 (E)-(RS)-3-[1-(烯丙氧基亚氨基)丁基]-4-羟基-6, 6-二甲基-2-氧代环己-3-烯羧酸甲酯。

结构式

CH_2 O O N O H_3C O CH_3 H_3C H_3C OH

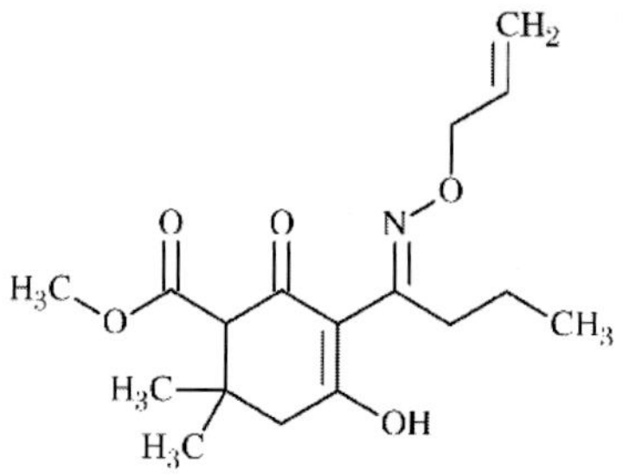

理化性质 Alloxydim钠盐为无色结晶固体，熔点185.5℃(分解)。溶解度 (30℃)：水中＞2kg/kg，丙酮中14kg/kg，二甲苯中＜4g/kg，二甲基甲酰胺中1kg/kg，乙醇中50g/kg，甲醇中619g/kg。非常易吸湿。

毒　　性 大鼠急性经口LD_{50}：雄2 322mg/kg，雌2 260mg/kg。大鼠急性经皮LD_{50}＞5 000mg/kg。

应用技术 据资料报道，Alloxydim钠盐为选择性苗后除草剂，以33～66g/亩可有效防除甜菜、蔬菜和阔叶作物田中禾本科杂草和自生谷物。与其他除草剂桶混或分别施用可提高对阔叶杂草的防效。

开发登记 1976年报道了其除草性质，其钠盐由日本纯碱公司及后来由BASF AG和May & Baker Ltd开发。

环苯草酮 profoxydim

其他名称 clefoxydim；BAS625H；Aura；Tetris；泰穗。

化学名称 2-[1-(2,4-氯苯氧基)丙氧基亚氨基]丁基-3-羟基-5-(噻烷-3-基)环己-2-烯酮。

结构式

Cl O CH_2—CH_2—CH_3 O N O C—CH_2—CH_2—CH_3 S OH

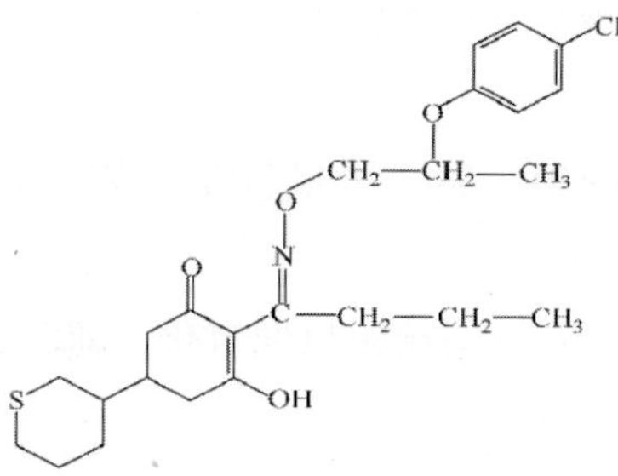

理化性质 纯品为棕色或无色黏稠液体，具微弱的芳香气味。固化温度大于-20℃。185℃分解。闪点82℃。溶解度(20℃)：水0.53mg/100g，密度0.94g/cm^3(20℃)。二丙醇33g/100g，丙酮＞70g/100g，乙酸乙酯＞70g/100g。与水不互溶。燃烧可产生一氧化碳、氯化氢、氮氧化物、二氧化硫。

毒　　性 大鼠急性经口LD_{50}：雄＞5 000mg/kg，雌＞3 000mg/kg。大鼠急性经皮LD_{50}＞4 000mg/kg。大鼠急性吸入LC_{50}(4h)＞5.2mg/L空气。兔急性经口LD_{50}＞519mg/kg，对兔皮肤和眼睛无刺激性。无致突变作用。野鸭经口LD_{50}＞2 000mg/kg。蜜蜂LD_{50}(48h)＞200μg/只(经口和接触)。蚯蚓LD_{50}(14d)＞1 000mg/kg土壤。

剂　　型 7.5%乳油、20%乳油。

除草特点 具有选择性的苗后除草剂，主要通过杂草茎叶吸收，迅速传导至生长点和节间分生组织，通过对乙酰辅酶A羧化酶的抑制而阻碍脂肪酸的生物合成。叶面施药后迅速被植株吸收和转移，在韧皮部转移到生长点，在此抑制新芽的生长，杂草先失绿，后变色枯死，一般2～3周内完全枯死。由于环苯草酮同目前水田使用的除草剂如磺酰脲类、酰胺类等作用机理不同，且对难防杂草稗草、千金子、马唐、狗尾草等具有很好的活性，对直播水稻和移栽水稻均安全。

适用作物 水稻。

防除对象 主要用于稻田防除禾本科杂草，如稗草、兰马草、马唐、千金子、狗尾草、筒轴茅等，对直播水稻和移栽水稻均安全。

应用技术 据资料报道，稗草幼苗期，用7.5%乳油45～100ml/亩，对水30kg茎叶处理。

开发登记 巴斯夫公司开发，专利申请日：1990-05-09 。1999年在南美登记，2000年在泰国登记。目前正在中国、欧洲、美国、韩国、日本进行登记，登记作物为水稻。

丁苯草酮 butroxydim

其他名称 三甲苯草酮；Falcon。

化学名称 5-(3-丁酰基-2,4,6-三甲苯基)-2-[1-(乙氧亚氨基)丙基]-3-羟基环己-2-烯-1-酮。

结 构 式

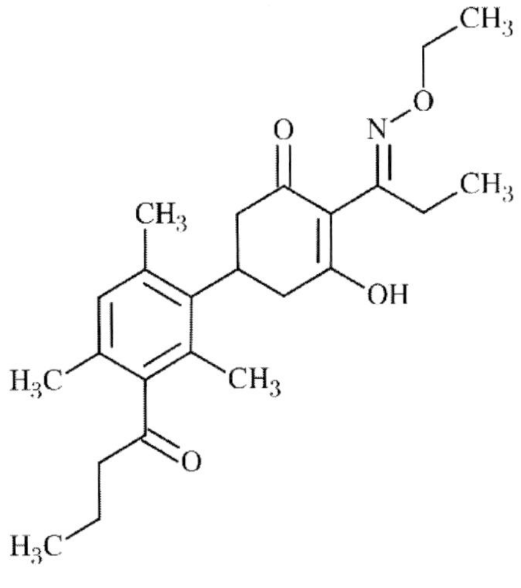

CH_3 O N O CH_3 CH_3 OH H_3C CH_3 O H_3C

理化性质 纯品为粉色固体，熔点80.8℃。蒸气压1×10^{-6}Pa(20℃)。水中溶解度为6.9mg/L(20℃)，其他溶剂中溶解度(g/L，20℃)：二氯甲烷＞500，丙酮450，乙腈380，甲醇90，己烷30。在正常条件下储存稳定，水中半衰期DT_{50}(25℃)：10.5d(pH5)、＞240d(pH7)、稳定(pH9)。

毒　　性 大鼠急性经口LD_{50}雌性1 635 mg/kg、雄性3 476mg/kg。大鼠急性经皮LD_{50}＞2 000mg/kg。对兔皮肤无刺激性，对兔眼睛有中度刺激性。大鼠急性吸入LC_{50}(4h)>2.99g/L。NOEL数据：大鼠(2年)无作用剂量为2.5mg/(kg·d)，小鼠(2年)无作用剂量为10mg/(kg·d)，犬(1年)无作用剂量为5mg/(kg·d)。ADI值0.025mg/kg。无致突变性、无致畸性。急性经口LD_{50}(mg/kg)：野鸭＞2 000，山齿鹑1 221。亚急性饲喂LD_{50}(5d，mg/kg)：野鸭＞5 200，山齿鹑5 200。鱼毒LC_{50}(96h，mg/L)：虹鳟鱼＞6.9，大翻车鱼8.8。蚯蚓LD_{50}(14d)＞1 000mg/kg土壤。

除草特点 ACCase抑制剂。茎叶处理后经叶迅速吸收，传导到分生组织，在敏感植物中抑制支链脂肪酸和黄酮类化合物的生物合成而起作用，使其细胞分裂遭到破坏，抑制植物分生组织的活性，使植株生长延缓。在施药后1～3周内植株褪绿坏死，随后叶干枯而死亡。

应用技术 据资料报道，阔叶作物苗后用除草剂，主要用于防除禾本科杂草，使用剂量为1.67～5g(有效成分)/亩。

开发登记 由捷利康公司开发的环己烯酮类除草剂。

肟草酮　tralkoxydim

其他名称 苯草酮；三甲苯草酮。

化学名称 2-[1-(乙氧基亚氨基)丙基]-3-羟基-5-(2,4,6-三甲苯基)环己-2-烯酮。

结 构 式

理化性质 原药纯度92%～95%，熔点99～104℃。纯品为无色无味固体，熔点106℃，相对密度2.1(20℃)。蒸气压3.7×10^{-4}MPa(20℃)。水中溶解度(20℃，mg/L)：6(pH5.0)、6.7(pH6.5)、9 800(pH9)，其他溶剂溶解度(24℃，g/L)：甲苯213、二氯甲烷＞500、甲醇25、丙酮89、乙酸乙酯110。在15～25℃下稳定期超过1.5年。DT_{50}(25℃)：6d(pH5)、114d(pH7)，pH9时28d后87%未分解。在土壤中DT_{50}约3d(20℃)，灌水土壤中DT_{50}约25d。

毒　　性 大鼠急性经口LD_{50}：雄1 258mg/kg，雌934mg/kg。小鼠急性经口LD_{50}：雄1 231mg/kg，雌为1 100mg/kg。大鼠急性经皮LD_{50}＞2 000mg/kg。大鼠急性吸入LC_{50}(4h)＞3.5mg/L空气。大鼠(90d)饲喂试验的无作用剂量为20.5mg/kg饲料，犬(1年)为5mg/kg饲料。兔急性经口LD_{50}＞519mg/kg。对兔皮肤用药4h后有轻微刺激性，对兔眼睛有极其轻微的刺激性，对豚鼠皮肤无过敏性。在一系列毒理学试验中，无致突变、致畸作用。野鸭经口LD_{50}＞3 020mg/kg。野鸭饲喂LC_{50}(5d)＞7 400mg/L，鹌鹑饲喂LC_{50}(5d) 6 237mg/L。鱼毒LC_{50}(96h，mg/L)：鲤鱼＞8.2、虹鳟鱼＞7.2、蓝鳃太阳鱼＞6.1。蜜蜂LD_{50}＞0.1mg/只(接触)、0.054mg/只(经口)。蚯蚓LD_{50}(14d)87mg/kg土壤。

剂　　型 10%乳油。

除草特点 具有高度选择性的芽后除草剂，主要通过杂草茎叶吸收，迅速传导至生长点和节间分生组织，通过对乙酰辅酶A羧化酶的抑制而阻碍脂肪酸的生物合成。适宜施药期长，对禾本科杂草1叶期至分蘖期均有很好的药效。叶面施药后迅速被植株吸收和转移，从韧皮部转移到生长点，在此抑制新芽的生长，杂草先失绿，后变色枯死，一般3～4周内完全枯死。

适用作物 小麦、大麦。

防除对象 看麦娘、日本看麦娘、野燕麦(5叶期以前)、瑞士黑麦草、狗尾草等禾本科杂草。

应用技术 据资料报道，小麦和大麦田苗后茎叶处理，用10%乳油100～250ml/亩，对水喷雾。

注意事项 注意叶面喷雾要1h内无雨，添加0.1%～0.5%表面活性剂可以提高除草效果。可彻底防除分蘖终期以前的野燕麦，抑制期可延至拔节期。

开发登记 由R. B. Warner 等报道该除草剂，由ICI Arstalia Limited 发现并于ICI Agrochemicals共同开发。

吡喃草酮　tepraloxydim

其他名称 快捕净；快灭净。

化学名称 (EZ)-(RS)-2-{1-[(2E)-3-氯烯丙氧基亚氨基]丙基}-3-羟基-5-四氢吡喃-4-基环已-2-烯-1-酮。

结 构 式

Cl　O　N—O　O　CH$_3$　OH

理化性质 纯品为米色固体。熔点71.5℃。蒸气压1.1×10^{-5}Pa(20℃)。水中溶解度(20℃)0.14mg/L。

毒　　性 大鼠急性经口$LD_{50}>2\,200$mg/kg。对兔皮肤和眼睛无刺激性。蚯蚓LD_{50}(14d)$>1\,000$mg/kg土壤。大鼠急性经皮$LD_{50}>2\,000$mg/kg。大鼠急性吸入LC_{50}(4h)5.1mg/L空气。虹鳟鱼LC_{50}(96h)>100mg/L。鹌鹑急性经口$LD_{50}>2\,000$mg/kg。蜜蜂经口$LD_{50}>200\,\mu g$/只。

剂　　型 5%乳油、10%乳油、20%乳油。

除草特点 具有高度选择性的芽后除草剂，通过对乙酰辅酶A羧化酶的抑制而阻碍脂肪酸的生物合成。叶面施药后迅速被植株吸收和转移，从韧皮部转移到生长点，在此抑制新芽的生长，杂草先失绿，后变色枯死，一般2～4周内完全枯死。该化合物在土壤中极易降解，实验室条件下半衰期为1～9d，故对地下水、环境安全。

适用作物 用于多种阔叶作物(如大豆、棉花、油菜、甜菜等)苗后除草。

防除对象 主要防除1年生和多年生禾本科杂草，如旱熟禾、阿拉伯高粱、狗牙根、兰马草等，以及自生的小粒谷物(如玉米)。

应用技术 大豆田防除禾本科杂草，用10%乳油25～40ml/亩于芽后进行茎叶喷雾；棉花，用10%乳油40～50mg/亩，对水30kg均匀喷雾；对10叶以上的禾本科杂草也有良好的防效。油菜田防除禾本科杂草，于杂草3～5叶期用10%乳油25～40ml/亩，对水40kg均匀喷洒。

注意事项 该药用药时间变幅较大，冬季油菜田一般掌握在11月下旬至12月中旬，移栽油菜栽后20～50d，直播油菜4叶期以上，禾本科杂草基本出齐时用药、晚秋气温偏高，田间墒情较好的年份可适当提前用药，用药量以亩用10%乳油45ml为宜，采用喷雾法防治，喷布均匀周到，每亩喷液量40～50kg、早春对分蘖盛期(大龄)的早熟禾以每亩用10%乳油75～90ml为好，除草效果一般可达90%左右，杂草用药后表现失绿、萎缩、呈匍匐状，最后导致死亡，即使未死亡的杂草其生长点也明显受抑。

开发登记 日本曹达株式会社、江苏龙灯化学有限公司等企业登记生产。

Buthidazole

化学名称 3–[5–(1,1–二甲基乙基)–1,3,4–噻二唑–2基]– 4–羟基–1–甲基–2–咪唑啉酮。

结构式

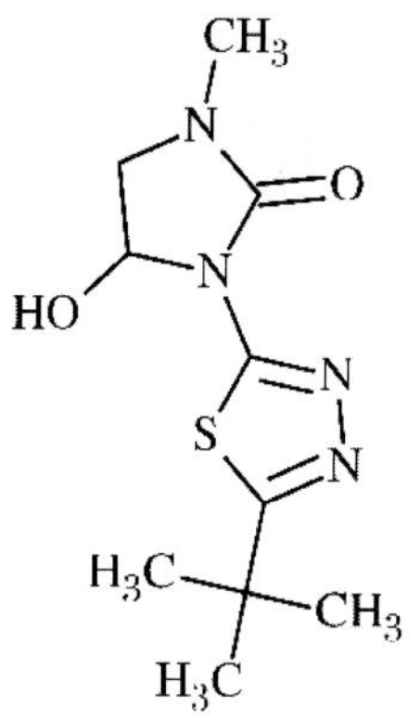

CH_3 N O HO N N S N H_3C CH_3 H_3C

十七、三氮苯酮类除草剂

(一)三氮苯酮类除草剂的主要特性和作用原理

三氮苯酮类除草剂是一类重要的除草剂，可以有效防治多种1年生杂草。三氮苯酮类除草剂的主要特性和作用原理：该类除草剂除草谱广，可以防治多种1年生阔叶杂草和禾本科杂草。三氮苯酮类除草剂可以为植物根与茎叶吸收，而以根吸收为主，根吸收药剂后，沿着木质部导管向地上部传导。该类除草剂是光合作用的强烈抑制剂，他们抑制光合作用中CO_2的固定，并导致碳水化合物含量下降。主要通过土壤微生物降解和化学分解而消失，部分品种在土壤中比较稳定。

(二)三氮苯酮类除草剂的主要品种

嗪草酮 metribuzin

其他名称 赛克津；赛克；立克除；甲草嗪；特丁嗪。

化学名称 3–甲硫基–4–氨基–6–特丁基–4,5–二氢–1,2,4–三嗪–5–酮。

结构式

理化特性 无色晶体，略带特殊气味，熔点126.2℃，沸点132℃(2Pa)，蒸气压(20℃)0.058MPa，密度(20℃)1.31。溶解度(20℃，g/L)：水1.05，二甲基甲酰胺1 780、环已酮1 000、氯仿850、丙酮820、甲醇450、二氯甲烷333、苯220、正丁醇150、乙醇190、甲苯50～100、二甲苯90、异丙醇50～100、已烷0.1～1。对紫外光稳定，20℃稀酸、碱中稳定，水中光解迅速。

毒　　性 大鼠急性经口LD_{50}为2 000mg/kg，大鼠急性经皮LD_{50}＞2 000mg/kg，鱼LC_{50}(96h)：虹鳟鱼64mg/kg，北美鹌鹑LD_{50}为168mg/kg。

剂　　型 70%可湿性粉剂、75%干燥悬浮剂、50%可湿性粉剂、70%水分散粒剂、75%水分散粒剂、44%悬浮剂、480g/L悬浮剂。

除草特点 嗪草酮为选择性除草剂，药剂可为杂草根系吸收随蒸腾流向上部传导，以根系吸收为主，也可为叶片吸收，在体内作有限的传导。主要抑制敏感植物的光合作用而发挥杀草活性，施药后各敏感杂草萌发出苗不受影响，出苗后叶片褪绿，最后营养枯竭而死亡。一般在土壤中的半衰期为28d左右，持效期达90d，对后茬作物不会产生药害。

适用作物 大豆、玉米、马铃薯。

防除对象 可以防除1年生的阔叶杂草和部分禾本科杂草，如蓼、苋、藜、荠菜、萹蓄、马齿苋、苦荬菜、繁缕、牛繁缕、香薷。对苘麻、苍耳、鳢肠、龙葵、狗尾草、马唐、稗草、野燕麦、莎草也有一定的除草效果。对多年生杂草效果不好。

应用技术 嗪草酮可在播前、播后苗前或移栽前进行喷雾处理，在作物苗期施用易产生药害而引起减产。

大豆田，可在大豆播前混土，或土壤水分适宜时作播后苗前土壤处理。我国东北春大豆一般用70%可湿性粉剂50～75g/亩，播后苗前加水30kg进行土表喷雾，土壤干旱时可以进行浅混土。我国山东、江苏、河南、安徽及南方等省份夏大豆田通常土壤属轻质土，温暖湿润，有机质含量低，一般用70%可湿性粉剂35～55g/亩，加水30kg，于播后苗前进行土壤处理。

玉米田，在玉米播后苗前处理，以50%可湿性粉剂60～80g/亩，对水40kg喷施，可以防除多种阔叶杂草和部分禾本科杂草。

马铃薯田，在马铃薯3～5叶期，田间杂草处于2～5叶期，用70%可湿性粉剂18～22g/亩，对水30～40kg全田茎叶均匀喷雾，可防除多种1年生阔叶杂草。

注意事项 嗪草酮的安全性较差，施药量过高或施药量不均匀，施药后遇有较大降雨或大水漫灌，大豆根部吸收药剂而发生药害，使用时要根据不同情况灵活用药。土壤具有适当的湿度有利于根的吸收，温度对除草效果及作物的安全性也有一定的影响，温度高的地区用药量应较温度低的地区用药量低。在砂质土、有机质含量2%以下的大豆田不能施药。土壤pH7.5以上的碱性土壤和降雨多、气温高的地区要适当减少用药量。大豆播种深度至少3.5～4cm。大豆子叶刚拱土，地表干旱有裂纹时施药，播种过浅易发生药害。本品在马铃薯作物上的安全间隔期为35d。本品每季作物最多使用1次。

开发登记 德国拜耳作物科学公司、江苏剑牌农药化工有限公司、合肥星宇化学有限责任公司等企业登记生产。

环嗪酮 hexazinone

其他名称 威尔柏；林草净。

化学名称 3-环己基-6-二甲基氨基-1-甲基-1,3,5-三嗪-2,4-二酮。

结构式

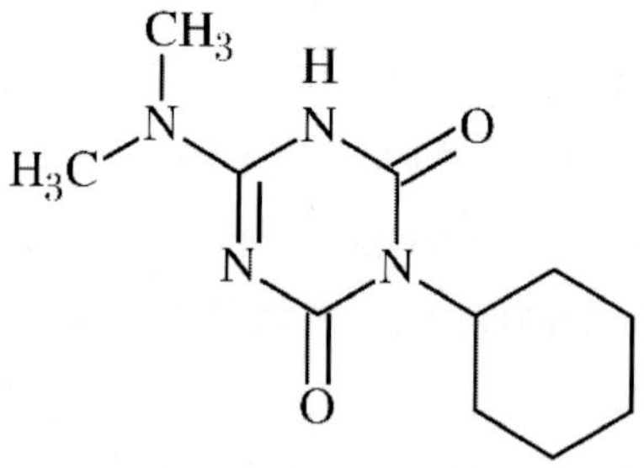

理化性质 无色无味晶体，熔点115～117℃，密度1.25g/cm³，25℃时蒸气压0.03MPa。溶解度(25℃，g/L)：水33，氯仿3 880，苯940，丙酮792，甲苯386，二甲基甲酰胺836。在pH值5～9的水性介质中稳定，低于37℃稳定，在酸和强碱中分解，对光稳定。

毒　　性 大鼠急性经口LD_{50}＞5 278mg/kg，急性经皮LD_{50}为1 690mg/kg、对眼睛有严重的刺激作用。

剂　　型 25%可溶液剂、5%颗粒剂、75%水分散粒剂、90%可溶粉剂。

除草特点 环嗪酮是一种内吸选择性、芽后触杀性三氮苯酮类除草剂，它可以通过直接干扰植物的光合作用，使代谢紊乱而导致植株死亡；也可以被植物根系吸收，通过木质部运输传导至茎、叶来干扰植物的光合作用，使代谢紊乱而导致植物死亡。草本植物在温暖潮湿的条件下，施药2周内死亡，低温时4～6周才表现药效、木本植物通过根系吸收向上传导到叶片阻碍叶的光合作用，造成杂草死亡，一般情况下3周左右显示药效。在土壤中的移动性大，进入土壤后能为土壤微生物分解，土壤中半衰期180d。

适用作物 森林防火道。

防除对象 可以防除多种1年生、多年生杂草和木本植物。

应用技术 森林防火道，用75%水分散粒剂110～200g/亩，对水30～40kg进行茎叶喷雾，对个别残存灌木及杂草可再进行定向点射补足药量茎叶喷雾。

注意事项 环嗪酮的药效发挥与降水量有密切关系，只有在土壤湿度合适时才能发挥良好的除草效果。施药时要注意树种，如常绿树种、落叶松对其敏感，应禁止施用。

开发登记 中农立华（天津）农用化学品有限公司、美国杜邦公司等企业登记生产。

苯嗪草酮 metamitron

其他名称 甲苯嗪；苯甲嗪。

化学名称 3-甲基-4-氨基-6-苯基-4,5-二氢-1,2,4-三嗪-5-酮。

结构式

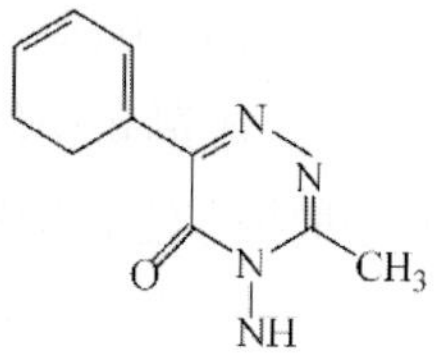

理化性质 无色结晶，熔点166.6℃，溶解度：水1.7g/L，环己酮10～50g/kg，二氯甲烷20～50g/L，甲苯2～5g/L。对酸稳定，对碱不稳定。

毒　　性 急性经口LD_{50}大鼠为2 000mg/kg，小鼠为1 450mg/kg，雄犬＞1 000mg/kg。大鼠急性经皮LD_{50}＞4 000mg/kg。大鼠2年饲养无作用剂量为250mg/kg饲料。对蜜蜂无毒。

剂　　型 70%水分散粒剂、75%水分散粒剂、58%悬浮剂。

除草特点 苯嗪草酮是属于三嗪类选择性芽前除草剂，可为茎叶吸收，但主要是通过根部吸收，再通过木质部传送至叶内，抑制光合作用中的希尔反应而起到杀草作用。在土壤中的半衰期为1～3周。

适用作物 甜菜。

防除对象 可以防除多种单子叶和双子叶杂草。

应用技术 甜菜田，可以在播种前进行喷雾润土处理，也可在播后苗前进行土壤喷雾处理，或者在甜菜萌发后，于杂草1～2叶期进行处理，若甜菜处于4叶期，杂草徒长时，也可以进行茎叶喷雾处理。施用药量70%水分散粒剂400～500g/亩。

注意事项 播前及播后芽前土壤处理时，如果春季干旱、低温、多风，土壤风蚀严重，整地质量不佳而又无灌溉条件时，都会影响这种除草剂的除草效果。该药除草效果不稳定，最好与其他除草剂混用。

开发登记 江苏省农用激素工程技术研究中心有限公司 、安徽中山化工有限公司等企业登记生产。

乙嗪草酮 ethiozin

其他名称 SMY 1500；BAY SMY1500；Tycor；Lektan。

化学名称 4-氨基-6-特丁基-3-乙硫基-1,2,4-三嗪-5(4H)-酮。

结 构 式

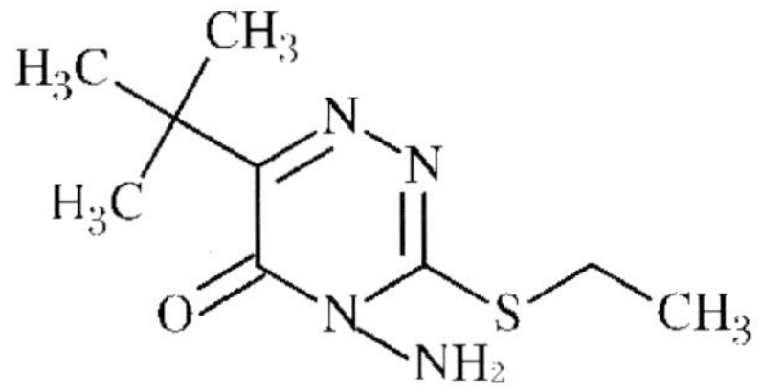

CH_3 H_3C H_3C N N O N S CH_3 NH_2

理化性质 无色晶体，熔点95～96.4℃，溶解度水0.34mg/L，正己烷2.5g/L，二氯甲烷＞200g/kg，异丙醇、甲苯100～200g/kg。

毒　　性 雄、雌大鼠急性经口LD_{50}分别为2 740mg/kg和1 280mg/kg，小鼠急性经口LD_{50}约1g/kg，犬急性经口LD_{50}＞5g/kg，大鼠急性经皮LD_{50}＞5g/kg，大鼠2年饲喂试验的无作用剂量为25mg/kg。

剂　　型 50%可湿性粉剂。

除草特点 属三嗪酮类除草剂，是光合作用抑制剂，并转移至木质部。根据不同防治对象，可采取芽前和秋季芽后、分蘖前施用，从而达到应有的防效。

适用作物 禾谷物作物(小麦等)、番茄。

防除对象 禾本科杂草，尤其是雀麦、鼠尾看麦娘、燕麦，和某些阔叶杂草(繁缕、波斯水苦荬等)。

应用技术 据资料道，芽前施用，施药量为50%可湿性粉剂73～226g(有效成分)/亩；分蘖前施用，施药量为50%可湿性粉剂50～100g/亩，该药可与嗪草酮混用，提高对雀麦的防效。

开发登记 该除草剂是由H. Hacdk & L. Eue报道，德国拜耳公司开发，1989年在以色列投产。

Ametridione

化学名称 1–氨基–3–(2,2–二甲丙基)–6–(乙硫醚)–1,3,5–三唑–2,4–(1H,3H)–二酮。

结构式

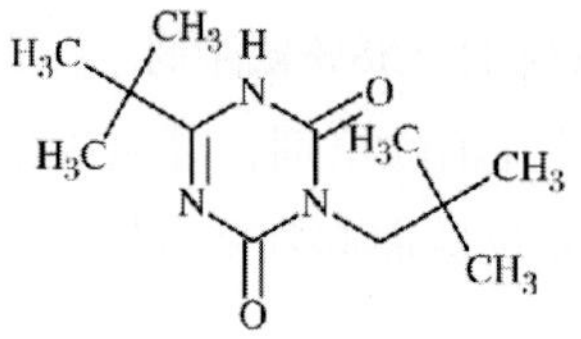

Amibuzin

化学名称 3–(二甲氨基)–6–(1,1–异丙基)–4–甲基–1,2,4–三唑–5–(4H)–酮。

结构式

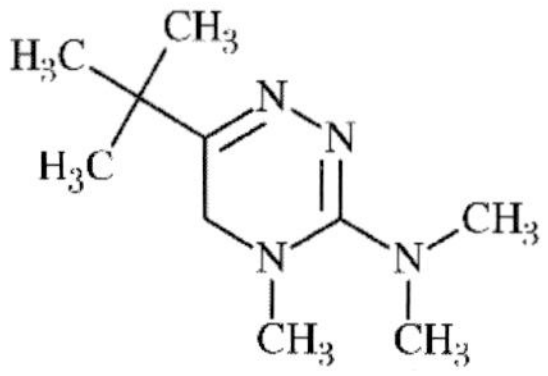

十八、腈类除草剂

(一)腈类除草剂的主要特性和作用原理

腈类除草剂是一类重要的除草剂，商品化的品种约10种。可以有效防治多种1年生阔叶杂草。腈类除草剂的主要特性和作用原理：该类除草剂除草谱广，可以防治多种1年生阔叶杂草、选择性触杀型苗后茎叶处理除草剂、主要通过叶片吸收，在植物体内进行极其有限的传导，通过抑制光合作用使植物组织坏死、光合作用的强烈抑制剂，施药24h内叶片褪绿，出现坏死斑，在气温较高、光照较强的条件下，叶片加速枯死。

(二)腈类除草剂的主要品种

溴苯腈 bromoxynil

其他名称 伴地农。

化学名称 3,5–二溴–4–羟基苄腈。

结构式

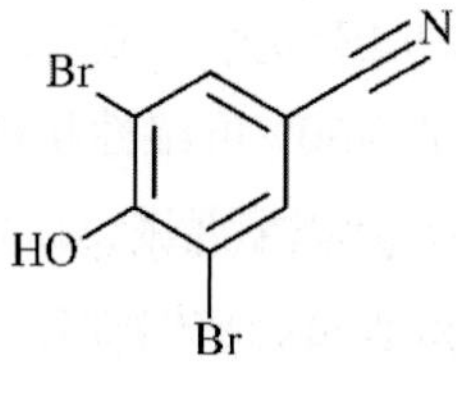

理化特性 无色晶体，熔点194～195℃。室温下溶解度(g/L)：水0.13，甲醇90，丙酮170，四氢呋喃410。对光、热稳定。

毒　　性 大白鼠急性经口LD_{50}为90mg/kg，小鼠急性经口LD_{50}为110mg/kg，大鼠急性经皮LD_{50}＞2 000mg/kg。大鼠90d饲喂无作用剂量16.6mg/kg。虹鳟鱼LC_{50}(48h)0.15mg/kg。对蜜蜂没有触杀毒性。

剂　　型 22.5%乳油、80%可溶粉剂。

除草特点 选择性触杀型苗后茎叶处理除草剂。主要通过叶片吸收，在植物体内进行极其有限的传导，通过抑制光合作用使植物组织坏死。施药24h内叶片褪绿，出现坏死斑。在气温较高、光照较强的条件下，叶片加速枯死。

适用作物 小麦、玉米。

防除对象 可以防除多种1年生阔叶杂草，如蓼、藜、苋、苘麻、播娘蒿、荠菜、米瓦罐、麦家公、龙葵、苍耳等。对马齿苋、鸭跖草、问荆效果差。

应用技术 小麦，在小麦3～5叶期，阔叶杂草基本出齐，处于4叶期前、生长旺盛时施药，用用80%可溶粉剂30～40g/亩，加水30kg均匀喷洒。

玉米田，在玉米3～8叶期，阔叶杂草3～5叶期，用用80%可溶粉剂40～50g/亩，加水30kg茎叶处理，均匀喷洒到杂草上。

注意事项 施用该药剂遇到低温(高温)或高湿的天气，除草效果下降，作物安全性可能降低，尤其是当气温超过35℃、湿度过大时不能施药，否则会发生药害。施药后需6h内无雨，以保证药效。不宜与肥料混用，也不能随意添加助剂，否则也会造成作物药害。

开发登记 江苏联合农用化学有限公司、江苏辉丰农化股份有限公司等企业登记生产。

辛酰溴苯腈 bromoxynil octanoate

其他名称 Mb10731；OxytrilP；16272RP；Buctril；Bronate。

化学名称 3,5-二溴-4-辛酰氧苯甲腈。

结 构 式

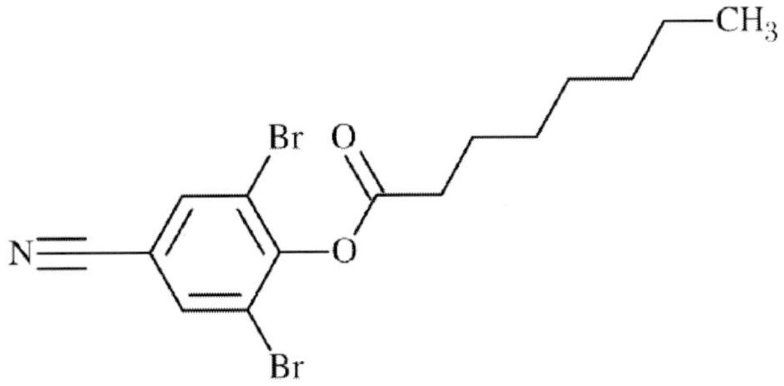

理化性质 淡黄色低挥发性蜡状固体，熔点45～46℃。在90℃(13.33Pa)下升华。工业品微有油脂气味，在40～44℃以上熔融。不溶于水。25℃时的溶解度为：丙酮＞10%，甲醇10%，二甲苯70%。在储存中稳定，与大多数其他农药不反应，稍有腐蚀性，易被稀碱液水解。在土壤中通过微生物作用和化学过程被迅速分解，半衰期大约10d。在动植物中水解成酚，腈基水解为酰胺和游离羧酸，并有一些脱卤作用。

毒　　性 急性口服LD_{50}大鼠为250mg/kg，小鼠为245mg/kg，家兔为325mg/kg，犬为50mg/kg。大鼠以

含312mg/kg的饲料饲养3个月无不良影响，但含781mg/kg的饲料则抑制大鼠生长。犬每天饲喂5mg/kg 3个月无不良影响；以25mg/kg剂量饲喂，虽无厌食现象，但体重减轻。野鸡LC_{50}(8d)为4 400mg/kg。虹鳟鱼LC_{50}(96h)为0.05mg/L。

剂　　型 25%乳油、30%乳油、25%可分散油悬浮剂。

除草特点 本品为选择性苗后茎叶触杀型除草剂，通过抑制光合作用的各个过程 迅速使植物组织坏死。在气温较高、光照较强的条件下，加速叶片枯 死。对蓼、藜、苋、苘麻、苍耳、鸭跖草、田旋花、荠菜、苣荬菜、刺儿菜、大蓟、问荆、龙葵等多种1年生阔叶杂草均有较高的除草效果，具有杀草谱广，除草效果较好，在土壤中残留期短，不影响后茬作物等特点。

适用作物 小麦、玉米、大蒜。

防除对象 1年生阔叶杂草。

应用技术 春小麦田，用25%乳油120～150ml/亩，对水30～40kg进行茎叶喷雾；冬小麦田，冬小麦3～6叶期，用25%乳油100～150ml/亩，对水20～25kg进行茎叶喷雾；玉米3～5叶期、1年生阔叶杂草2～5叶期；大蒜田，大蒜3～4叶期，阔叶杂草基本出齐后施药，用30%乳油75～90ml/亩，对水30～40kg进行茎叶喷雾。

开发登记 1963年May and Baker公司推广，获有专利BP 977755，江苏辉丰农化股份有限公司、张掖市大弓农化有限公司 、江苏长青生物科技有限公司等企业登记生产。

辛酰碘苯腈 ioxynil octanoate

其他名称 Mb11641；15830RP；Actril；Totril。

化学名称 3,5–二碘代–4–辛酰氧苄腈。

结 构 式

N, I, O, O, CH_3, I

理化性质 蜡状固体，熔点59～60℃。105℃时蒸气压为3.7MPa。溶解度(20～25℃)：不溶于水，丙酮中100g/L，苯、氯仿中650g/L，环己酮、二甲苯中500g/L，二氯甲烷中700g/L，乙醇中150g/L。本品储存稳定，但在碱性介质中迅速水解。

毒　　性 大鼠急性经口LD_{50}为190mg/kg，小鼠急性经口LD_{50}为240mg(制剂)/kg。大鼠急性经皮LD_{50}＞912mg/kg，小鼠急性经皮LD_{50}1 240mg/kg。大鼠90d饲喂试验无作用剂量为4mg/(kg・d)。野鸡急性经口LD_{50}为1 000mg/kg，野鸭急性经口LD_{50}1 200mg/kg。花斑鱼LC_{50}(48h)为4mg/L。

剂　　型 30%水乳剂。

除草特点 本品是一种内吸活性的触杀型除草剂。能被植物茎叶迅速吸收，并通过抑制植物的电子传递、光合作用及呼吸作用而呈现杀草活性。

适用作物 玉米。

防除对象 用于芽后防除1年生阔叶杂草。

应用技术 玉米田，在玉米3～4叶期，杂草2～4叶期，用30%水乳剂120～170ml/亩，对水30～40kg，定型茎叶喷雾。

注意事项 本品对阔叶作物敏感，施药时应避免药液漂移到这些作物上，以防产生药害；施药应选择晴天。光照强，气温高，有利药效发挥，加速杂草死亡；大风天或预计6h内降雨，请勿施药；不宜与肥料混用，也不可添加助剂，否则易产生药害；在玉米田每个周期的最多使用次数为1次，安全间隔期为收获期；对鱼类、溞类等水生生物、鸟类有毒，赤眼蜂等天敌放飞区域禁用。

开发登记 江苏辉丰生物农业股份有限公司登记生产。

碘苯腈 ioxynil

其他名称 ACP63-303；MB8873；SSH-20；Bentrol；Iotox。

化学名称 4-羟-3,5-二碘苯腈。

结构式

I OH I N

理化性质 纯品为无色固体，熔点212～213℃(在140℃/0.1mmHg下升华)，20℃时蒸气压小于1MPa。20℃在水中溶解度50mg/L，其他溶液中的溶解度(25℃)：丙酮中70g/L，甲醇、乙醇中20g/L，环己酮中140g/L，四氢呋喃340g/L，氯仿10g/L，二甲基甲酰胺740g/L，四氯化碳＜1g/L。碘苯腈储存稳定，但在碱性介质迅速水解，在紫外光线下分解。

毒　　性 急性经口LD_{50}大鼠110mg/kg，120mg(含盐制剂)/kg，小鼠230mg/kg，190mg(含盐制剂)/kg。急性经皮LD_{50}大鼠＞2 000mg/kg，大鼠急性吸入LC_{50}(6h)＞3mg/L空气。90d饲喂试验无作用剂量：大鼠为5.5mg(钠盐)/(kg·d)。野鸡急性经口LD_{50}野鸡75mg/kg，35mg(钠盐制剂)/kg，母鸡200mg/kg。鱼毒LC_{50}(96h)：虹鳟鱼8.5mg/L(酚)，花斑鱼LC_{50}(48h)3.3mg(钠盐)/L。

除草特点 触杀性除草剂，具有一定传导活性。该药能被叶片吸收，抑制植物光合作用，呼吸作用和蛋白质合成。

适用作物 水稻、玉米、小麦、大麦等。

防除对象 繁缕、婆婆纳、田旋花、田芥等阔叶杂草。

应用技术 据资料报道，用27～54g(有效成分)/亩剂量，于作物2叶期到孕穗期喷雾。

开发登记 1963年由Amchem Products Inc. 推广。

敌草腈 dichlobenil

其他名称 H133；NIA5996；Casoran；Du-Casoran；Du-Sprex。

化学名称 2,6-二氯苯腈。

结 构 式

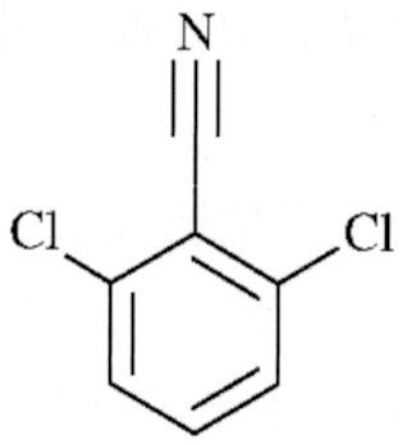

理化性质 白色或灰白色结晶固体，熔点145~146℃，蒸气压为66.7MPa(25℃)。20℃时在水中的溶解度为14.6mg/L，二氯甲烷中100g/L、(8℃)丙酮，二恶苯中50g/L，(25℃)二甲苯53g/L，乙醇15g/L，环己烷3.7g/L. 在非极性溶剂＜10g/L。工业品纯度大约98%，熔点143.8～144.3℃。对热和酸稳定，可被碱水解为苯甲酰胺，无腐蚀性，可与其他除草剂混配。

毒　　性 急性经口LD_{50}大鼠4 460mg/kg，雄小鼠1 014mg/kg，雌小鼠1 621mg/kg。白兔急性经皮LD_{50}为2g/kg，对兔皮肤和眼睛无刺激，大鼠急性吸入LC_{50}(4h)＞250mg/m^3。饲喂试验无作用剂量大鼠(2年)为50mg/kg饲料，两代饲喂大鼠试验中，无作用剂量为60mg/kg饲料。对人的ADI为0.025mg/kg。鹌鹑急性经口LD_{50}为683mg/kg，鹌鹑LC_{50}(8d)约5.2g/kg饲料，野鸭LC_{50}(8d)＞5.2g/kg饲料。

剂　　型 45%可湿性粉剂、6.75%颗粒剂、10%粉剂、20%粉剂。

除草特点 内吸传导型土壤处理剂，主要通过根吸收并传导，叶面可吸收但传导差。作用部位主要是生长点和根尖。破坏分生组织的细胞分裂，抑制蛋白质合成，使根、茎、叶柄肿胀、易断。本药对刚萌芽的杂草效果好，对某些地下茎繁殖的杂草也有效。

适用作物 水稻、小麦、棉花，已成长的果树等。

防除对象 水田可防除稗、莎草、鸭舌草、水马齿、牛毛草等，旱地可防除看麦娘、狗牙根、野燕麦、藜、蓟、田旋花等，还可做更生性除草。

应用技术 据资料报道，水稻用45%可湿性粉剂111～148g/亩，于栽后7~10d喷雾或毒土施用，并保持浅水层。旱地用45%可湿性粉剂37～222g/亩于播前或播后苗前作土壤处理，施药后应混土。果树用45%可湿性粉剂于栽后1个月施用，但核桃栽后6个月，柑橘1年后才能用药。灭生性除草用量为45%可湿性粉剂1.18～3.26kg/亩，该药残效期为2～6个月。

注意事项 施药的淡水中的鱼90d后才能食用，果树收获前不可用药，施过药的草不能放牧。

开发登记 1960年B. V. Philips-Duphar(现为Uniroyal Chemical Co., Inc.)推广，获有专利NL 572662、US-3027248。

二苯乙腈 diphenatrile

其他名称 Dipan BL。

化学名称 二苯基乙腈。

结 构 式

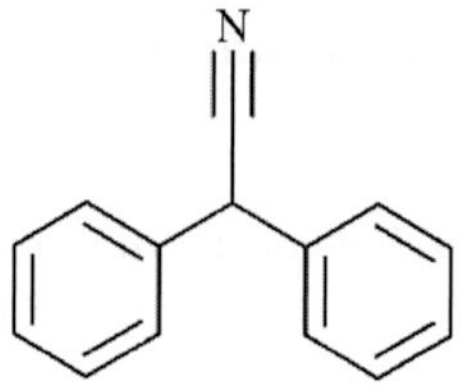

理化性质 黄色结晶固体，熔点73～73.5℃，在水中的溶解度为270mg/L。

毒　　性 大鼠急性口服LD_{50}为3.5g/kg。

应用技术 据资料报道，芽前用于草皮防除禾本科幼草。用量66～200g(有效成分)/亩。

开发单位 由Eill Lilly公司开发。

双唑草腈 pyraclonil

化学名称 1-(3-氯-4,5,6,7-四氢吡唑并[1,5-α]吡啶-2-基)-5-[甲基(丙-2-炔基)氨基]吡唑-4-腈。

结 构 式

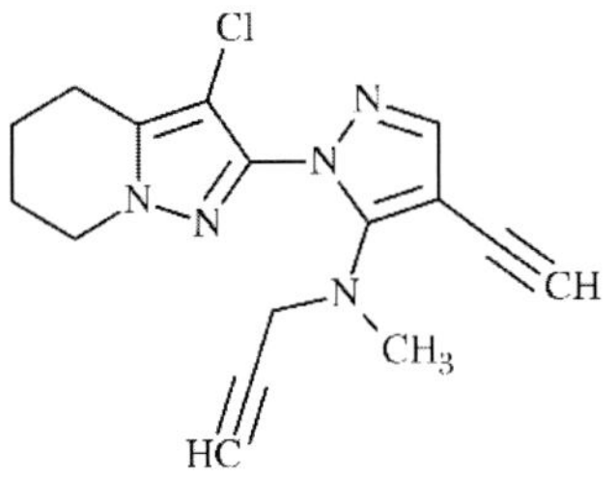

理化性质 白色或黄褐色结晶性粉末。

剂　　型 2%颗粒剂。

除草特点 本产品是一种触杀型除草剂，通过杂草的根部、基部吸收后，杂草呈褐变状，然后黄叶、坏死、凋零或干燥失水引起枯死。主要防治1年生杂草。

适用作物 水稻移栽田。

防除对象 1年生杂草。

应用技术 人工插秧后5～7d撒施，抛秧或机插后8～10d撒施，用2%颗粒剂550～700g/亩，可以直接均匀撒施，拌土均匀撒施，或者拌肥均匀撒施。撒施时控制水层3～5cm，并保持4～5d，水层不能淹没秧心。

注意事项 施药田块应力求整平；机插秧、抛秧田由于根系浅，需等秧苗充分缓苗扎根后施药；不宜在缺水田、漏水田使用； 在东北区域，遇气温低时适当延长保水时间至10d左右；本品对黄瓜、玉米、大豆生长有影响，使用时应注意，本品对水藻类、藻有毒，远离水产养殖区、河塘等水体施药；早春低温4叶期以下的早稻移栽田不宜使用；每季作物最多使用1次。

开发登记 由安万特公司研制开发。

羟敌草腈 chloroxynil

化学名称 3,5-二氯-4-羟基苯腈。

结 构 式

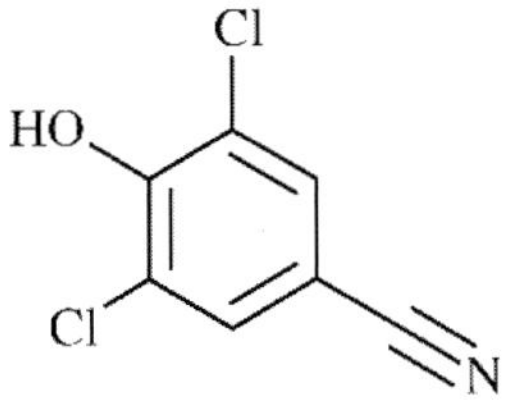

Iodobonil

化学名称 4-氰基-2,6-二碘苯基-2-烯丙基甲酸酯。

结 构 式

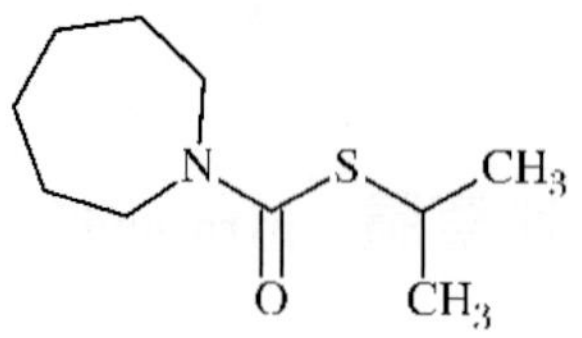

除草溴 bromobonil

化学名称 2,6-二溴-4-氰基(四氢-2-呋喃基)碳酸二甲酯。

结 构 式

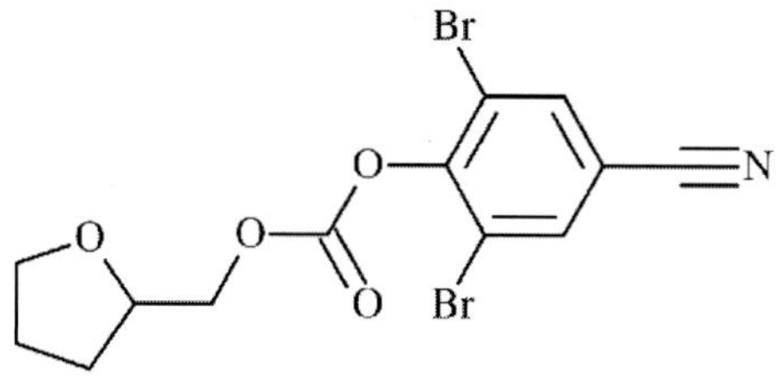

十九、磺酰胺类除草剂

(一)磺酰胺类除草剂的主要特性和作用原理

磺酰胺类除草剂是继磺酰脲类及后来发现的咪唑啉酮类除草剂之后，由美国陶氏益农公司研制开发的一类新的乙酰乳酸合成酶抑制剂，其主要结构形式是三唑并嘧啶磺酰胺，20世纪80年代末期，陶氏公司对三唑嘧啶类化合物进行了大量研究，并阐明了其基本特性。唑嘧磺草胺是三唑嘧啶磺酰胺类除草剂中第一个品种，它于1984年发现，1992—1993年完成田间试验，1993年首次注册登记并销售。其后又相继开发出若干其他品种，如1989年发现、1997年在美国注册的氯酯磺草胺，2000年注册的双氯磺草胺以及新近开发的五氟磺草胺、甲氧磺草胺等，现有7个品种。

磺酰胺类除草剂的作用机制与磺酰脲类除草剂类似，是典型的乙酰乳酸合成酶抑制剂。其作用特点如下：作用原理以ALS为靶标，是涉及丙酮酸与TPP的混合型抑制剂，对酶的结合点进行竞争，而对基质或辅因子不产生竞争作用；不同植物对磺酰胺类除草剂的敏感性差异很大；在土壤中，磺酰胺类系长残留性除草剂，在土壤中主要通过微生物降解而消失，对大多数后茬作物安全。

(二)磺酰胺类除草剂的主要品种

唑嘧磺草胺 flumetsulam

其他名称 阔草清。

化学名称 2',6'-二氟-5-甲基[1,2,4]三唑并[1,5-α]嘧啶-2-磺酰苯胺。

结构式

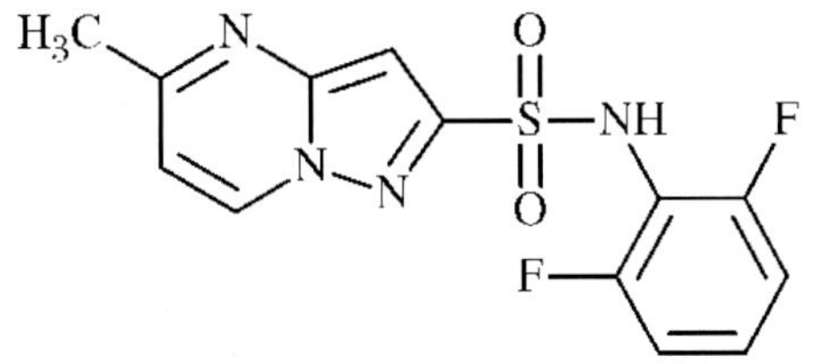

理化性质 熔点250～253℃，蒸气压3.7×10^{-13}Pa。水溶解度随pH上升而增加：49mg/L(pH2.5)、5 650 mg/L(pH7.0)。

毒　　性 大鼠急性经口$LD_{50}>5\ 000$mg/kg，急性经皮$LD_{50}>2\ 000$mg/kg、鹌鹑$LD_{50}>5\ 000$mg/kg，野鸭$LD_{50}>5\ 000$mg/kg、银鲑鱼$LD_{50}>379$mg/L。

剂　　型 80%水分散粒剂、10%悬浮剂。

除草特点 内吸传导性除草剂，杂草根系和茎叶均能吸收药剂，并能通过木质部和韧皮部向上和向下传导，最终积累在植物分生组织内，通过抑制乙酰乳酸合成酶、抑制支链氨基酸的生物合成，从而导致杂草体内蛋白质合成受阻、生长停滞、死亡。一般杂草从开始受害到死亡需用6～10d。在土壤中的半衰期为1～3个月，在中性及碱性土壤中降解较快，残留时间短、在酸性土壤中降解较慢，残留时间较长。

适用作物 小麦、玉米、大豆。

防除对象 可以有效防除多种1年生和多年生阔叶杂草，如藜、苋、播娘蒿、荠菜、苘麻、蓼、苍耳、龙葵、铁苋、繁缕等。对幼龄禾本科杂草也有一定的抑制作用。

应用技术 小麦田，在小麦3叶期至拔节期，用80%水分散粒剂1.5～2.5g/亩，对水30kg茎叶喷施。

大豆田，播前或播后芽前，用80%水分散粒剂4～5g/亩，对水量30kg进行土壤喷雾。

夏玉米田，播前或播后芽前，用80%水分散粒剂2～4g/亩，对水30～40kg进行土壤喷雾。春玉米田，播前或播后芽前，用80%水分散粒剂3.75～5g/亩，对水量30kg进行土壤喷雾。

注意事项 施药时应严格掌握用药量，喷施均匀。应选择晴天、高温时进行，在干旱、冷凉条件下，除草效果下降。播后苗前施药后如遇干旱，宜在喷药后进行浅混土。喷药时注意避免药液飘移到其他敏感作物上。在正常用量($<70g/hm^2$)时，次年可以安全种植大豆、玉米、花生、豌豆、马铃薯、小麦与大麦、苜蓿、三叶草等，而油菜、甜菜与棉花最敏感。

开发登记 江苏省农用激素工程技术研究中心有限公司 、美国陶氏益农公司等企业登记生产。

双氟磺草胺 florasulam

其他名称 麦施达。

化学名称 2',6'-二氟-5-甲氧基-8-氟-1,2,4-三唑并(1,5-c)嘧啶-2-磺酰苯胺。

结构式

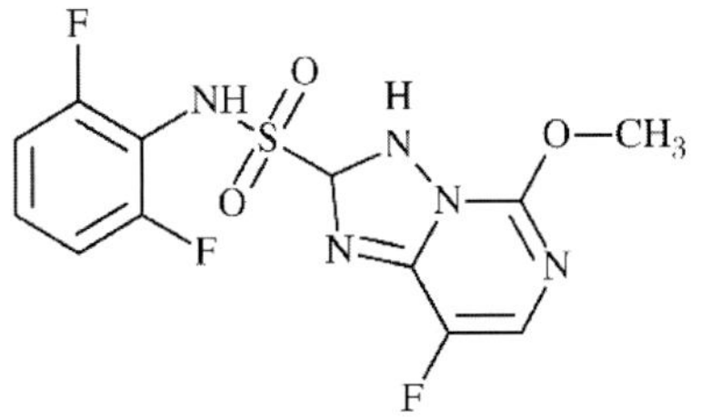

理化性质 纯品熔点193.5～230.5℃，相对密度1.77(21℃)。蒸气压1×10^{-2}MPa(25℃)。水中溶解度(20℃，pH7.0)为6.36g/L。土壤半衰期$DT_{50}<(1\sim4.5d)$，田间DT_{50}为(2～18d)。

毒　　性 大鼠急性经口$LD_{50}>6\ 000$mg/kg，兔急性经皮$LD_{50}>2\ 000$mg/kg。对兔眼睛有刺激性，对兔皮肤无刺激性。大、小鼠(90d)100mg/(kg·d)。无致畸、致癌、致突变作用，对遗传亦无不良影响。鹌鹑急性经口$LD_{50}>6\ 000$mg/kg。鹌鹑和野鸭饲喂LD_{50}(5d)＞5 000mg/kg饲料。鱼毒LC_{50}(96h，mg/L)：虹鳟鱼＞86，大翻车鱼＞98。蜜蜂LD_{50}(48h)＞100μg/只(经口和接触)。蚯蚓LD_{50}(14d)＞1 320mg/kg土壤。

剂　　型 50g/L悬浮剂、10%悬浮剂、5%可分散油悬浮剂、10%可湿性粉剂、10%水分散粒剂。

除草特点 选择性内吸传导性除草剂，杂草根系和茎叶均能吸收药剂，并能通过木质部和韧皮部向上和向下传导，最终积累在植物分生组织内，通过抑制乙酰乳酸合成酶、抑制支链氨基酸的生物合成，从而导致杂草体内蛋白质合成受阻、生长停滞、死亡。喷药后数小时，植物生长便受抑制，但需经数日才能出现明显的受害症状，分生组织失绿与坏死，往往上层新生叶片凋萎，然后扩展至植物其他部位，有的植物叶脉变红，正常条件下经7～10d植株全部干枯死亡、在不良生育条件下，需6～8周植株才能死亡。双氟磺草胺在土壤中主要通过微生物降解而消失，其降解速度决定于土壤温度与湿度，20～25℃时半衰期1.0～8.5d，5℃时6.4～85d，所有初生与次生降解产物均对植物无害。

适用作物 小麦。

防除对象 可以防治多种阔叶杂草，如猪殃殃、龙葵、繁缕、蓼属杂草、旋花科、锦葵科、菊科杂草等。

应用技术 冬小麦田，小麦苗后返青期至分蘖末期，1年生阔叶杂草2～6叶期，用50g/L悬浮剂5～7ml，对水20～30kg，均匀茎叶喷雾。

注意事项 严格按推荐剂量、时期和方法施用，喷雾时应恒速、均匀喷雾，避免重喷、漏喷或超范围施用；每季作物最多使用1次；水产养殖区、河塘等水体附近禁用。

开发登记 美国陶氏益农公司、河南瀚斯作物保护有限公司登记生产。

五氟磺草胺 penoxsulam

其他名称 稻杰。

化学名称 2-(2,2-二氟乙氧)-N-{5,8-二甲氧[1,2,4]三唑-[1,5-c]嘧啶-2-基}-6-三氟甲基苯磺胺。

化 学 式

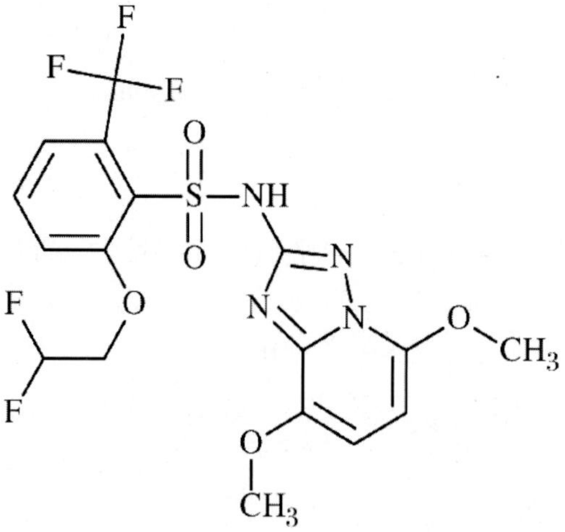

F F F O S NH O N N N O CH_3 F O F O CH_3

理化性质 原药(含量98%)为白色固体，有霉味。熔点223～224℃。蒸气压(20℃)1.87×10^{-6}mmHg，挥发性很低。溶解度(g/L，19℃)：水中0.408(pH7)，乙腈15.3，丙酮20.3，甲醇1.48，辛醇0.035，二甲基甲酰胺39.8，二甲苯0.017。稳定性：在pH4、5、7、9的缓冲液和水中稳定，在常温下稳定。2.5%油悬浮剂为黄色、不透明液体，有油味，pH3.7。

毒　　性 五氟磺草胺原药和2.5%油悬浮剂对大鼠急性经口、经皮LD_{50}均＞5 000mg/kg、对兔眼睛均有刺激性、对豚鼠皮肤致敏试验结果均无致敏性、对兔皮肤刺激性：原药为轻度刺激性，2.5%油悬浮剂有刺激性，原药对大鼠急性吸入LC_{50}(4h)＞3.5mg/L，原药大鼠13周亚慢性喂饲试验最大无作用剂量：雄性为17.8mg/(kg・d)，雌性为19.9mg/(kg・d)。致突变试验、Ames试验、小鼠骨髓细胞微核试验等4项致突变试验均为阴性，未见致突变作用。繁殖试验在1 000mg/(kg・d)(最高剂量)未见大鼠母体和胚胎毒性。五氟磺草胺原药和2.5%油悬浮剂均属低毒除草剂。2.5%油悬浮剂对鱼、鸟、蜜蜂为低毒，对家蚕为中等毒。

剂　　型 2.5%油悬剂、5%、10%、15%、20%可分散油悬浮剂、25g/L可分散油悬浮剂、22%悬浮剂、0.3%颗粒剂。

除草特点 其杀草谱广，除草活性高，药效作用快。该药剂为乙酰酸合成酶(ALS)的抑制剂。经由杂草叶片、鞘部或根部吸收，传导至分生组织，造成杂草停止生长，黄化，然后死亡。

适用作物 移栽田、水稻育秧田、直播田水稻。

防除对象 可以防治多种1年生杂草，如稗草、泽泻、萤蔺、异型莎草、眼子菜、鳢肠等杂草有较好的防效，但对牛毛毡、雨久花、日本藨草的防效各地表现不一致。对野慈姑防效突出，对陌上菜、丁香蓼防效一般，对千金子、水竹叶无效。

应用技术 用于水稻移栽田和直播田防除多种杂草，叶面喷雾和土壤处理均可。在稗草2～3叶期，茎叶喷雾，使用25g/L可分散油悬浮剂40～80ml/亩；在稗草2～3叶期，毒土法，使用25g/L可分散油悬浮剂60～100ml/亩。

水稻育秧田 水稻苗期杂草2～4叶期，茎叶喷雾，使用25g/L可分散油悬浮剂30～45ml/亩，对水30kg。

水稻直播田，在水稻播后10～15d，秧苗处于2叶期、稗草2～2.5叶期，用25g/L可分散油悬浮剂60～100ml/亩，对水喷雾，对稗草及野慈姑、节节菜、母草、莎草等防效达100%。施药时田间有1.5cm水层，药后保水3d，以后正常灌溉。

注意事项 施药时应在技术指导下进行，严格把握药量。在推荐剂量下对水稻安全，未见药害发生。施药前排水，使杂草茎叶2/3以上露出水面，施药后24～72h内灌水，保持3～5cm水层5～7d后恢复田间管理，注意水层勿淹没水稻心叶避免药害。本品对水生生物有毒，应远离水产养殖区、河塘等水体施药，禁止在河塘等水体中清洗施药器具，鱼或虾蟹套养稻田禁用。

开发登记 深圳诺普信农化股份有限公司 、兴农药业(中国)有限公司、广西田园生化股份有限公司等企业登记生产。

磺草唑胺 metosulam

其他名称 甲氧磺草胺；Eclipse；Pronto；Sansae。

化学名称 2',6'-二氯-5,7-二甲氧基-3'-甲基[1,2,4]三唑并[1,5-α]嘧啶-2-磺酰苯胺。

结 构 式

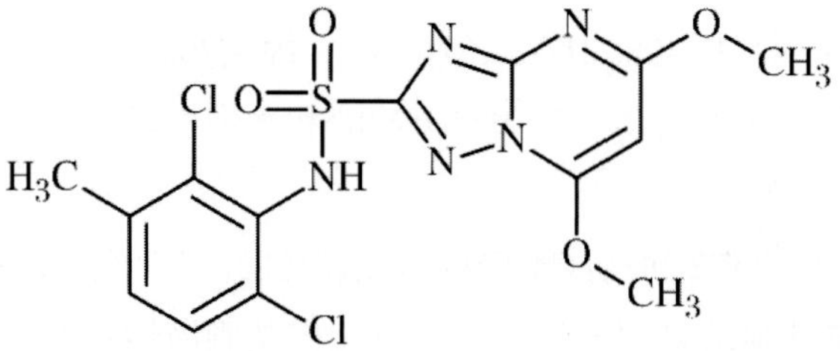

理化性质 纯品为灰白或棕色固体，熔点210～211.5℃。相对密度1.49(20℃)，蒸气压4×10^{-1}MPa(25℃)。水中溶解度为(20℃，mg/L)：200(蒸馏水，pH 7.5)，100(pH 5.0)，700(pH 7.0)，5 600(pH 9.0)。其他溶剂中溶解度：丙酮、乙腈、二氯甲烷大于0.5g/L，正辛醇、己烷、甲苯不＞0.5g/L。

毒　　性 大、小鼠急性经口LD_{50}＞5 000mg/kg，兔急性经皮LD_{50}＞2 000mg/kg。大鼠急性吸入LC_{50}(4h)＞1.9mg/L。NOEL数据：大鼠(2年)5mg/(kg・d)，小鼠(1.5年)1 000mg/(kg・d)。山齿鹑和野鸭急性经口LD_{50}＞5 000mg/kg。蚯蚓LD_{50}(14d)＞1 000mg/kg。

除草特点 乙酰乳酸合成酶(ALS)抑制剂，对小麦安全是基于其快速代谢，生成无活性化合物，磺草唑胺可被杂草通过根部和茎叶快速吸收，而发挥作用。

适用作物 玉米、小麦、大麦、黑麦。

防除对象 主要用于防除大多数重要的阔叶杂草如猪殃殃、繁缕、藜、西风谷、龙葵、蓼等。

应用技术 苗后用于小麦、大麦、黑麦田中大多数重要的阔叶杂草，如猪殃殃、繁缕等，使用剂量为0.33～0.67g(有效成分)/亩。苗前和苗后使用可防除玉米田中大多数重要的阔叶杂草，如藜、西风谷、龙葵、蓼等，使用剂量为1.33～2.0g(有效成分)/亩。

开发登记 是由美国陶氏益农公司开发。

氟酮磺草胺　triafamone

化学名称 N-{2-[(4,6-二甲氧基-1,3,5-三嗪-2-基) 羰基] -6-氟苯}-1,1-二氟-N-甲基甲磺酰胺

结 构 式

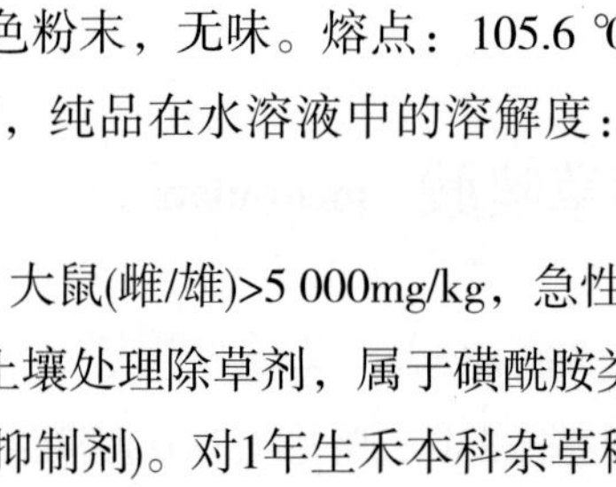

理化性质 纯品外观为白色粉末，无味。熔点：105.6 ℃，在20℃时，蒸气压为6.4×10^{-6} Pa，相对密度D=1.53，溶解度：在20℃时，纯品在水溶液中的溶解度：pH = 4时，0.036g/L；pH = 7时，0.033 g/L；pH = 9时，0.034 g/L。

毒　　性 急性经口LD_{50}：大鼠(雌/雄)>5 000mg/kg，急性经皮LD_{50}：大鼠(雌/雄)＞2 000mg/kg，低毒。

作用特点 水稻田广谱性土壤处理除草剂，属于磺酰胺类除草剂，可经由植物根部和叶面吸收，通过抑制乙酰乳酸合酶起作用(ALS抑制剂)。对1年生禾本科杂草稗有很好的防除效果，对阔叶杂草、莎草科杂草也有很好的防除效果。主要对臂形草、黄香附、碎米莎草、光头稗、千金子、阔叶牵牛有很好的防治

效果，特别是作为室外处理剂时，对臂形草、黄香附、碎米莎草等的杀死率达到100%。

剂　　型 93.6%原药、19%悬浮剂。

应用技术 防治水稻移栽田1年生杂草，用19%悬浮剂8～12ml/亩，甩施法或药土法施用。用药前应整平土地，注意保证整地质量，施药时田里须有均匀水层。配药前先将药剂原包装摇匀，配药时采用二次法稀释。将每亩药量对50～100ml水稀释为母液待用；甩施法：先将每亩母液量对2～7L水搅匀，再均匀甩施；药土法：先将每亩母液量与少量沙土混匀，再与3～7kg沙土拌匀后均匀撒施。移栽当天用甩施法，移栽后用甩施法或药土法，于水稻充分缓苗后、大部分杂草出苗前施用。移栽当天对水甩施时，须确保均匀甩施于水稻行间的水面上，避免药液施到稻苗茎叶上。均匀施药，严禁重施、漏施或过量施用。用药后保持3～5cm水层7d以上，只灌不排，水层勿淹没水稻心叶避免药害。病弱苗、浅根苗及盐碱地、漏水田、已遭受或药后5d内易遭受冷涝害等胁迫田块，不宜施用。水稻整个生育期最多使用1次。

注意事项 不可与长残效除草剂混用，以免药害和药效不佳。栽前4周内前茬作物秸秆还田的稻田，须酌情减量施药。秸秆还田时，要将秸秆打碎并彻底与耕层土壤混匀，以免因秸秆集中腐烂造成水稻根际缺氧而引起稻苗受害。

开发登记 德国拜耳公司开发并登记。

氯酯磺草胺 cloransulam-methyl

化学名称 3-氯-2-{5-乙氧基-7-氟[1,2,4]三唑并[1,5-c]嘧啶-2-基磺酰基氨基}苯甲酸甲酯。

结 构 式

Cl O=S(=O)–NH ... F N N N ... O–CH3 ... CH3 O

理化性质 纯品为灰白色固体，熔点216～218℃(分解)。相对密度1.538(20℃)。蒸气压4×10^{-11}MPa(25℃)。水中溶解度(20℃，mg/L)：3(pH5.0)，184(pH7.0)。

毒　　性 大(小)鼠急性经口$LD_{50}>5\ 000$mg/kg。兔急性经皮$LD_{50}>2\ 000$mg/kg。大鼠急性吸入LC_{50}(4h)>3.77mg/L。对兔眼睛有轻微的刺激性。NOEL数据：狗(1年)10mg/(kg·d)，雄小鼠(90d)50mg/(kg·d)。ADI值0.1mg/kg。无致畸、致癌、致突变作用，对遗传亦无不良影响。对鸟类、鱼类、蜜蜂、蚯蚓等低毒。山齿鹑急性经口$LD_{50}>2\ 250$mg/kg。山齿鹑和野鸭饲喂LC_{50}(5d)>5 620mg/L饲料。鱼毒LC_{50}(96h，mg/L)：虹鳟鱼>86，大翻车鱼>295。蜜蜂LD_{50}(接触)>25μg/只。蚯蚓LD_{50}(14d)>859mg/kg土壤。

剂　　型 40%水分散粒剂、84%水分散粒剂。

除草特点 内吸传导性除草剂，杂草根系和茎叶均能吸收药剂，并能通过木质部和韧皮部向上和向下传导，最终积累在植物分生组织内，通过抑制乙酰乳酸合成酶、抑制支链氨基酸的生物合成，从而导致杂草体内蛋白质合成受阻、生长停滞、死亡。该药既有茎叶处理效果也有土壤封闭作用，是防除东北地区“三菜”(蓝花菜、苣荬菜、刺儿菜)较理想的药剂。在推荐剂量下使用对大豆安全。氯酯磺草胺在大豆中的半衰期小于5h，在阴冷潮湿的条件下施药有可能会对作物产生药害，通常条件下土壤中的微生物可对其进行降解。对后茬作物的影响：施药后3个月可种小麦。9个月后可种植苜蓿、燕麦、棉花、花生。30个月后可种植甜菜、向日葵、烟草。氯酯磺草胺对作物的安全性非常好，早期药害表现为发育不良，但对产量没有影响，后期没有明显的药害。

适用作物 春大豆。

防除对象 主要用于防除大多数重要的阔叶杂草，有效防除鸭跖草、红蓼(东方蓼)、本氏蓼、苍耳、苘麻、豚草等，并有效抑制苣荬菜、小蓟等阔叶杂草的生长。

应用技术 春大豆第一片三出复叶后，鸭跖草3～5叶期，茎叶喷雾，用84%水分散粒剂2～2.5g/亩，对水量15～30kg/亩 施药时添加适量有机硅助剂、甲基化植物油助剂，可提高干旱条件下的除草效果。

注意事项 该药施用后大豆叶片有褪绿现象，在推荐剂量下，用药15d药害症状不明显，不影响大豆产量。本品仅限于黑龙江、内蒙古地区1年一茬的春大豆田使用，正常推荐剂量下第二年可以安全种植小麦、水稻、玉米(甜玉米除外)、杂豆、马铃薯；不得种植本标签未标明的作物。 施药后大豆叶片可能出现暂时轻微褪色，很快恢复正常，不影响产量。对甜菜、向日葵、马铃薯(12个月)敏感，后茬种植此类敏感作物需慎重。种植油菜、亚麻、甜菜、向日葵、烟草等十字花科蔬菜等，安全间隔期需24个月以上。

开发登记 江苏省农用激素工程技术研究中心有限公司 、美国陶氏益农公司等企业登记生产。

双氯磺草胺 diclosulam

其他名称 Crosser；Spider；Strongram。

化学名称 2',6'-二氯-5-乙氧基-7-氟-[1,2,4]三唑并[1,5-c]嘧啶-2-磺酰苯胺。

结构式

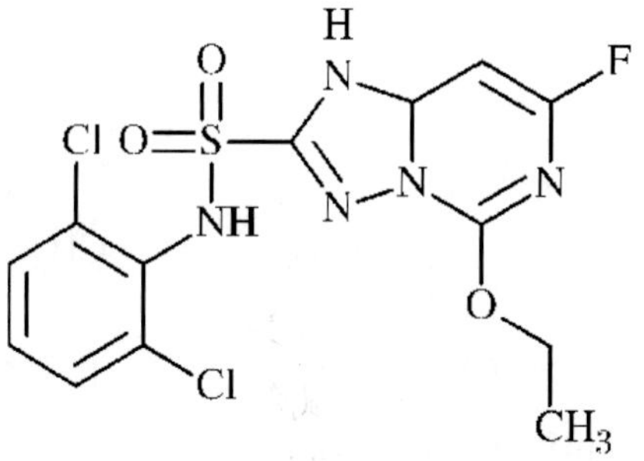

理化性质 纯品为灰白色固体，熔点218～221℃，相对密度1.77(21℃)。蒸气压6.67×10^{-10}MPa(25℃)。其他溶剂中溶解度(mg/100ml，20℃)：丙酮797、乙腈459、二氯甲烷217、乙酸乙酯145、甲醇81.3、辛醇4.42、甲苯5.88。

毒　　性 大鼠急性经口LD_{50}＞5 000mg/kg，大鼠急性经皮LD_{50}＞2 000mg/kg。大鼠吸入LC_{50}(4h)＞5.04mg/L。NOEL数据：大鼠5mg/(kg・d)。ADI值0.05mg/kg。无致畸、致癌、致突变作用，对遗传亦无不良影响。鱼毒LC_{50}(96h，mg/L)：虹鳟鱼＞110，大翻车鱼＞137，蚯蚓LC_{50}(14d)＞991mg/kg土壤。

剂　　型 84%水分散粒剂。

除草特点 本品为磺酰胺类除草剂，通过杂草叶片、鞘部、茎部或根部吸收，在生长点累积，抑制乙酰乳酸合成酶，无法合成支链氨基酸，进而影响蛋白质合成，最终影响杂草的细胞分裂，造成杂草停止生长，黄化，然后枯死。对夏大豆田阔叶杂草凹头苋、反枝苋、马齿苋等有较好的防效，对鸭跖草、苘麻、碎米莎草也有好的防效。

适用作物 夏大豆。

防除对象 1年生阔叶杂草。

应用技术 夏大豆，播后苗前，使用84%水分散粒剂2～4g/亩，对水量30～50kg/亩，土壤均匀喷雾，每季最多使用1次。

注意事项 南方地区低温阴雨时，不宜使用高剂量。敏感作物套种的大豆田慎用，合理安排后茬作物，保证安全间隔时间，后茬不宜种植苋菜、蔬菜等敏感作物；水产养殖区、河塘等水体附近禁用。

开发登记 江苏省农用激素工程技术研究中心有限公司。

啶磺草胺 pyroxsulam

其他名称 甲氧磺草胺。

化学名称 N-(5,7-二甲氧基[1,2,4]三唑[1,5-α]嘧啶-2-基)-2-甲氧基-4-(三氟甲基)-3-吡啶磺酰胺。

结 构 式

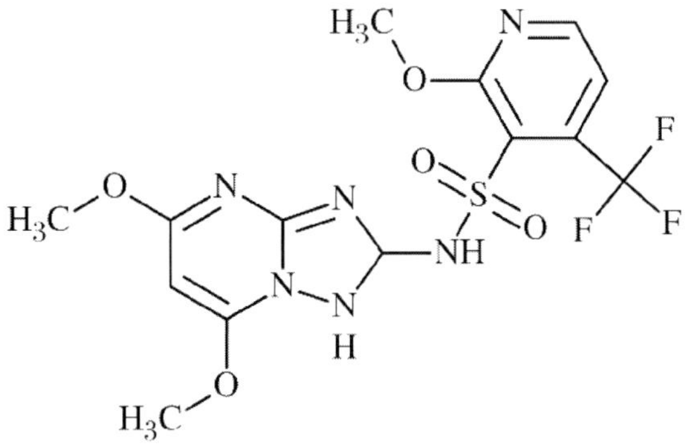

理化性质 原药外观为棕褐色粉末。比重(20℃)1.618g/cm^3，沸点213℃，熔点208.3℃，分解温度213℃。蒸气压(20～25℃)＜1×10^{-7}Pa，溶解度(20℃)：纯净水0.062 6g/L，pH4缓冲液0.016 4g/L，pH7缓冲液3.20g/L，pH9缓冲液13.7g/L，甲醇1.01g/L、丙酮2.79g/L、正辛醇0.073g/L、乙酸乙酯2.17g/L、1, 2-二氯乙烷3.94g/L、二甲苯0.035 2g/L、庚烷<0.001g/L。半衰期为3.2d。

毒　　性 大鼠急性经口LD_{50}＞2 000mg/kg，大鼠急性经皮LD_{50}＞2 000mg/kg，

剂　　型 7.5%水分散粒剂、4%可分散油悬浮剂。

除草特点 内吸传导型、选择性冬小麦苗后除草剂，杀草谱广、除草活性高、药效作用快。该药经由杂草叶片、鞘部、茎部或根部吸收在生长点累积，抑制乙酰乳酸酶，无法合成支链氨基酸，进而影响蛋白质的合成，影响杂草细胞分裂，造成杂草停止生长、黄化、然后死亡。对冬小麦田多种1年生杂草(如抗性看麦娘、日本看麦娘、野燕麦、雀麦、硬草)都有非常好的效果，对婆婆纳、野老鹳草、大巢菜、播娘蒿、米瓦罐、野油菜、荠菜等阔叶草都有极佳的防效，安全性较好，只有轻微黄化、蹲苗，不影响产量。

适用作物 小麦。

防除对象 有效防除看麦娘、日本看麦娘、硬草、雀麦、野燕麦、野老鹳草、婆婆纳,并可抑制早熟禾、猪殃殃、泽漆、播娘蒿、荠菜、繁缕、米瓦罐、稻槎菜等1年生杂草。

应用技术 冬小麦，于小麦3～6叶期，禾本科杂草2.5～5叶期，用7.5%水分散粒剂9.4～12.5g/亩，对水15kg/亩，茎叶均匀喷雾，杂草出齐后用药越早越好。施药后杂草即停止生长，一般2～4周后死亡；干

旱、低温时杂草枯死速度稍慢；施药1小时后降雨不显著影响药效。

注意事项 正常施药后麦苗会出现临时的黄化和蹲苗现象，小麦返青后会逐渐恢复，不影响小麦产量。小麦起身拔节后不得施用。在冬麦区建议，啶磺草胺冬前茎叶处理使用正常用量（187.5g/ha）3个月后可种植小麦、大麦、燕麦、玉米、大豆、水稻、棉花、花生、西瓜等作物；6个月后可种植西红柿、小白菜、油菜、甜菜、马铃薯、苜宿、三叶草等作物；如果种植其他后茬作物，事前应先进行安全性测试，测试通过后方可种植。

开发登记 江苏省南通泰禾化工有限公司、美国陶氏益农公司等企业登记生产。

氟草黄 benzofluor

化学名称 N–[4–(乙硫基)–2–(三氟甲基)苯基]磺酰胺。

结构式

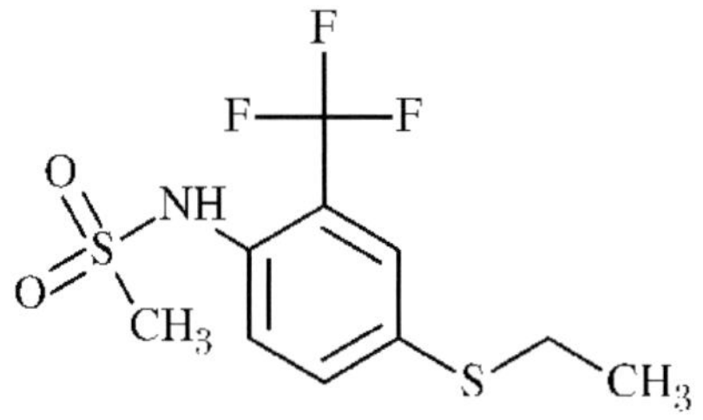

F
F—C—F
O NH
S
O CH3
S CH3

二十、嘧啶氧(硫)苯甲酸类除草剂

(一)嘧啶氧(硫)苯甲酸类除草剂的主要特性和作用原理

嘧啶氧(硫) 苯甲酸类除草剂也称嘧啶水杨酸类除草剂，是由日本组合化学公司于20世纪90年代初首先开发成功的又一类新的ALS抑制剂。现有5个品种。

嘧啶氧(硫) 苯甲酸类除草剂的作用机制与磺酰脲类除草剂类似，是典型的乙酰乳酸合成酶抑制剂。其作用特点如下：作用原理以ALS为靶标，能有效地抑制杂草体内支链氨基酸生物合成过程中乙酰乳酸合成酶的活性，从而妨碍敏感植物的细胞分裂，使其停止生长进而出现黄化、枯萎、死亡或严重抑制生长；药效发挥缓慢，约需数周，喷药后生长点伸长停止，伴随着植株轻度失绿，最终死亡;弱光下药效延迟产生，但最终效果与强光下相同；杀草谱广，能有效防治大多数阔叶杂草以及若干禾本科杂草使用方便，多为苗后喷雾，也可苗前土壤处理；在土壤中残留期短，不会伤害轮作中的后茬作物；毒性低，对动物与环境安全，动物口服后96h内，大部分药剂通过尿粪排出体外。

(二)嘧啶氧(硫)苯甲酸类除草剂的主要品种

双草醚 bispyribac–sodium

其他名称 农美利；水杨酸双嘧啶；KIH–2023；Nominee；一奇。

化学名称 2,6–双[(4,6–二甲氧嘧啶基–2–基)氧]苯甲酸钠。

结 构 式

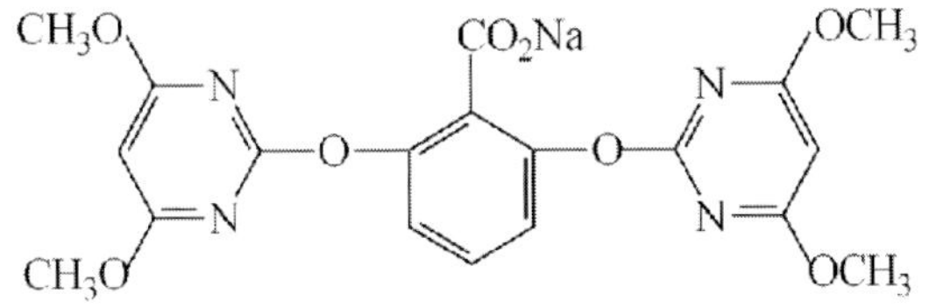

理化性质 原药为白色粉末，熔点223～224℃，蒸气压5.05×10^{-9}Pa(25℃)，比重0.073 7(20℃)。溶解度(25℃)：水73.3g/L，甲醇26.3g/L，丙酮0.043g/L。

毒 性 大鼠急性经口LD_{50}为4 111mg/kg(雄)，大鼠急性经皮LD_{50}为2 635mg/kg(雌)、虹鳟鱼和蓝鳃翻车鱼$LC_{50} > 100$mg/L，水蚤LC_{50}(48h) > 100mg/L、鹌鹑急性经口$LD_{50} > 2\ 250$mg/kg。

剂 型 20%可湿性粉剂、40%可湿性粉剂、10%悬浮剂、20%悬浮剂、40%悬浮剂、20%可分散油悬浮剂。

除草特点 嘧啶羧酸类化合物，是苗后茎叶除草剂，进行茎叶处理后，能有效地抑制杂草体内支链氨基酸生物合成过程中乙酰乳酸合成酶的活性，从而妨碍敏感植物的细胞分裂，使其停止生长进而出现黄化、枯萎、死亡或严重抑制生长现象。其对水稻及杂草(稗草)杀伤作用的差异在于他对水稻及杂草的生理影响强度的差异。

适用作物 直播稻。

防除对象 可以防除直播稻田的1年生和多年生禾本科杂草、阔叶杂草、莎草科杂草。对直播稻田多数常见杂草都具有优异的防除效果，其杀草谱包括禾本科的稗草、双穗雀稗，莎草科的异型莎草、扁秆藨草、牛毛毡和阔叶草的节节菜、鳢肠、鸭舌草、矮慈姑、空心莲子草、耳叶水苋等。尤其对高龄稗草、恶性杂草双穗雀稗及多年生杂草扁秆藨草、空心莲子草有特效。多数阔叶杂草和莎草对该药的敏感性高于禾本科和部分阔叶杂草(鸭舌草、矮慈姑、耳叶水苋)。然而，对千金子基本无效，对水莎草效果也较差，防效一般均低于60%。

应用技术 直播稻田，在水稻4～6叶期(播种后10～15d)，稗草3～7叶期，10%悬浮剂10～20ml/亩，对水25～45kg喷雾。施药前必须排干水，田间湿润即可，施药后1～2d及时灌水，5d内田间须保持4～5cm浅水层，以保证药效的稳定性。否则，将会影响除草效果。

注意事项 施药前后稻田水层管理是关键。对敏感的多数阔叶杂草和莎草用10%悬浮剂15～22ml/亩即可达到防除目的，而禾本科和部分阔叶杂草(鸭舌草、矮慈姑、耳叶水苋)的防除则需用10%悬浮剂20～30ml/亩。温度超过35℃水稻易产生药害。籼稻、杂交稻品种安全性好于粳稻、插秧田使用对新生分蘖有药害，因此插秧田不能使用，不宜在水稻移栽田使用。水稻超过6叶施用易产生药害。对水稻的典型症状为矮化、黄化(新抽出叶发黄最明显)、叶片及叶鞘变褐色，敏感品种茎基部变宽扁，各叶与主茎严重分离，根变稀少，施药时无水层可加重药害。

开发登记 安徽久易农业股份有限公司、江苏省农用激素工程技术研究中心有限公司等登记生产。

嘧啶肟草醚 pyribenzoxim

其他名称 韩乐天；嘧啶水杨酸。

化学名称 O–{2,6–双[(4,6–二甲氧基–2–嘧啶基)氧基]苯甲酰基}二苯酮肟。

结构式

$$\text{(Ph)}_2\text{C}{=}\text{N}{-}\text{O}{-}\text{C}(=\text{O}){-}\text{C}_6\text{H}_3{-}2,6{-}[\text{O}{-}(4,6{-}(\text{OCH}_3)_2\text{-pyrimidin-2-yl})]_2$$

理化性质 无臭白色固体，熔点128℃，蒸气压7.3×10^{-5}MPa(20℃)。水中溶解度(20℃)3.5g/L。

毒　　性 大鼠急性经口$LD_{50}>5\ 000$mg/kg，小鼠急性经皮$LD_{50}>2\ 000$mg/kg，对兔的眼睛和皮肤没有刺激作用。

剂　　型 1%乳油、5%乳油、10%乳油、5%微乳剂、10%水乳剂、10%可分散油悬浮剂。

除草特点 该药可被植物的茎叶吸收，在体内传导，抑制敏感植物氨基酸的合成。敏感杂草吸收药剂后，幼芽和根停止生长，幼嫩组织如心叶发黄，随后整株枯死。该药为光活性除草剂，需有光才能发挥作用。杂草吸收药剂至死亡有一个过程，喷药后24h，杂草新叶伸长受抑制，3～5d植株停滞、失绿，15～20d植株干枯死亡，多年生杂草要更长。在低温条件下施药过量水稻会出现叶黄、生长受抑制，几天后可恢复正常生长，一般不影响产量。

适用作物 直播稻，移栽稻。

防治对象 可以有效防治多种禾本科杂草、阔叶杂草和莎草科杂草，对稗草、看麦娘、马唐、野慈姑、雨久花、萤蔺、日本藨草、眼子菜、四叶萍、鸭舌草、泽泻、牛毛毡、异型莎草、水莎草、千金子等。对稗草效果突出。

应用技术 水稻直播田，水稻3叶期后，杂草2～4叶期，使用5%乳油40～50ml/亩，对水20～30kg，茎叶喷雾，施药前排浅水，使杂草茎叶2/3以上露出水面，充分接触药剂，施药后24h至72h内复水，并保持3～5cm水层5～7d，之后恢复正常田间管理。

水稻抛秧田，水稻抛秧后7～15d，稗草3～5叶期、阔叶草2～4叶期、莎草5叶期前为宜，用5%乳油60～70ml/亩为宜，排干田水后喷雾、隔天复水后并保水层5～7d为宜。

水稻移栽田，在水稻移栽后15d左右，用5%乳油60～70ml/亩，对水40kg均匀喷雾，可获得较好的防效，且对水稻安全。

注意事项 嘧啶肟草醚为茎叶处理剂，必须喷雾到叶面上才有效果，毒土、毒沙无效。本品具有迟效性，用药7d后逐渐见效。在水稻直播田使用时安全性比移栽水稻高，在移栽田使用要慎重，施药期不宜过晚(分蘖盛期施药，药害严重)。后茬仅可种植水稻、油菜、小麦、大蒜、胡萝卜、萝卜、菠菜、移栽黄瓜、甜瓜、辣椒、草莓、西红柿、莴苣。每亩用量60ml以上有时会引起秧苗黄化，但后期表现正常，对水稻产量无明显影响。水稻每季最多使用1次，预计6h内降雨，请勿施药。

开发登记 韩国株式会社LG化学 、浙江天丰生物科学有限公司等登记生产。

环酯草醚 pyriftalid

化学名称 (RS)-7-(4,6-二甲氧基嘧啶-2-基硫)-3-甲基-2-苯并呋喃-1(3H)-酮。

结 构 式

毒　　性 急性经口LD_{50} > 5 000mg/kg，急性经皮LD_{50} > 2 000mg/kg。

剂　　型 24.3%悬浮剂、25%悬浮剂。

理化性质 环酯草醚纯品外观为白色无味晶体粉末，熔点163℃，在300℃时开始热分解，蒸气压(25℃) 2.2×10^{-8}Pa，水中溶解度(25℃)1.8mg/L。

除草特点 属芽后除草剂，其化学结构与嘧啶羟苯甲酸相近，此类化合物主要作用是抑制乙酰乳酸合成酶(ALS)的合成。环酯草醚本身为前提除草剂(Prherhicid)离体条件下用酶测定其活性较低，但通过茎叶吸收，在植株体代谢后，产生药效更佳的代谢物，并经内吸传导，使杂草10～21d停止生长，而后枯死。

适用作物 水稻移栽田。

防除对象 1年生禾本科、莎草科及部分阔叶杂草。

应用技术 本品仅限用于南方移栽水稻田的杂草防除，防治水稻移栽田1年生禾本科、莎草科及部分阔叶杂草，水稻移栽后5～7d，于杂草2～3叶期（稗草2叶期前，以稗草叶龄为主），使用24.3%悬浮剂50～80ml/亩，对水15～30kg/亩，茎叶喷雾，施药前1d排干田水，施药1～2d后复水3～5cm，保持5～7d。使用次数为1次。对移栽水稻田的稗草、千金子防治效果较好，对丁香蓼、碎米莎草、牛毛毡、节节菜、鸭舌草等阔叶杂草和莎草有一定的防效。推荐用药量对水稻安全。使用后要注意抗性发展，建议与其他作用机理不同的药剂混用或轮换作用。环酯草醚可与磺酰磺隆和丙草胺混用以扩大除草谱。

注意事项 勿将药液或空包装弃于水中或在河塘中洗涤喷雾器械，避免影响水生生物和污染水源。鱼或虾蟹套养稻田禁用，施药后田水不得直接排入水体。

开发登记 为先正达公司1999年开发的新颖除草剂，其于1990年申请专利，于2001年最早报道，主要用于水稻田。瑞士先正达作物保护有限公司、顺毅股份有限公司 、顺毅南通化工有限公司登记生产。

嘧草醚 pyriminobac-methyl

其他名称 必利必能。

化学名称 2-(4,6-二甲氧基-2-嘧啶氧基)-6-(1-甲氧基亚胺乙基)苯甲酸甲酯。

结构式

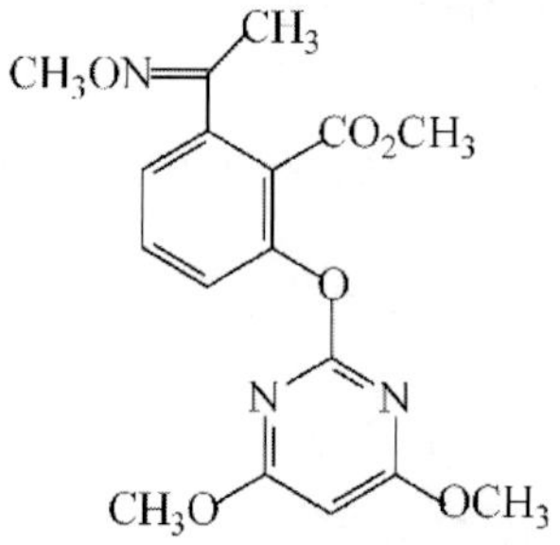

$$\text{CH}_3\text{ON}=\text{C(CH}_3\text{)}\text{-}\text{C}_6\text{H}_3(\text{CO}_2\text{CH}_3)\text{-O-(4,6-(CH}_3\text{O)}_2\text{-pyrimidin-2-yl)}$$

理化性质 原药纯度高于93%，顺式占75%~78%，反式占21%~11%。纯品为白色粉状固体(原药为浅黄色颗粒状固体)，熔点105℃(纯顺式70℃，纯反式107~109℃)。蒸气压(25℃)：顺式为2.681×10^{-5}Pa，反式为3.5×10^{-5}Pa。相对密度(20℃)：顺式1.386 8，反式1.273 4。溶解度(g/L，20℃)：顺式为水0.009 25、甲醇14.6，反式为水0.175、甲醇14.0。在水中(pH4~9)存放1年稳定，55℃储存14d未分解。

毒　　性 大鼠急性经口LD_{50}>5 000mg/kg。兔急性经皮LD_{50}>5 000mg/kg。对兔皮肤和眼睛均有轻微的刺激性。大鼠急性吸入LC_{50}(4d)5.5mg/L空气。NOEL数据(mg/kg·d)：雄大鼠(2年)无作用剂量为0.9，雌大鼠(2年)无作用剂量为1.2，雄小鼠(2年)无作用剂量为8.1，雌小鼠(2年)无作用剂量为9.3。无致突变性、致畸性。ADI值：0.009mg/(kg·d)。山齿鹑急性经口LD_{50}>2 000mg/kg。鱼毒LC_{50}(96h，mg/L)：鲤鱼30.9，虹鳟鱼21.2。蜜蜂LD_{50}(24h，经口与接触)>200μg/只。蚯蚓LD_{50}(14d)>1 000mg/kg土壤。

剂　　型 10%可湿性粉剂、25%可湿性粉剂、6%可分散油悬浮剂、2%大粒剂。

除草特点 乙酰乳酸合成酶(ALS)抑制剂，通过阻止支链氨基酸的生物合成而起作用。通过茎叶吸收，在植株体内传导，杂草即停止生长，而后枯死。稗草从叶片和茎秆、根部吸收后很快传导到全株，抑制乙酰合成酶，影响氨基酸的生物合成，从而妨碍植物体的细胞分裂，并停止生长，逐渐白化枯死。只防除稗草，对其他杂草基本无效。

适用作物 直播稻、移栽稻。

防除对象 稗草(苗前至4叶期的稗草)。用药量随稗草叶龄增加而增加，如每亩用量20g时只能杀死2叶期稗草，每亩用量为25~30g时，可防除2.5~3叶期稗草。在对3~4叶期的稗草，使用时与苄嘧磺隆混用的防效要高于嘧草醚单用，嘧草醚对苄嘧磺隆防除莎草和阔叶杂草的效果没有影响。

应用技术 苗后茎叶处理，用10%可湿性粉剂20~50g/亩，持效期长达50d。

水稻移栽田或水稻直播田施药，稗草3叶期前用10%可湿性粉剂20~30g/亩+10%苄嘧磺隆可湿性粉剂20g/亩，在水深为3~5cm的状况下药土施药。

水稻直播田，水稻立针期排水晒田后，覆水1~3d施药(此时稗草为1~2叶期，个别有2.5叶期)每亩用10%可湿性粉剂20~30g，施药时水层为3~5cm，采用毒土、毒肥或喷雾法施药，施药后保持水层5~7d，如阔叶杂草多的地块应与防除阔叶杂草的除草剂混用。

水稻插秧田和抛秧田，稗草2叶期前施药，也可在播前整地后1d施药。施10%可湿性粉剂每亩20g，如阔叶杂草多时应与防除阔叶杂草的除草剂混用。水层管理和施药方法同上。稗草1叶期开始吸收药剂，对发芽的稗草无效。因此，1叶期前稗草仍生长到1叶期后才吸收枯死。

注意事项 在推荐剂量下，对所有水稻品种具有优异的选择性，并可在水稻生长的各个时期施用。室内试验，在淹水条件下嘧草醚2~6g(有效成分)/亩在水稻芽前、2叶期和3叶期3个阶段使用对水稻的毒性极为微小，尤其是芽前处理嘧草醚对水稻的安全性要明显好于其他杀稗剂，用药量增加2~3倍时，对水稻仍然安全。

开发登记 安徽圣丰生化有限公司、山东先达农化股份有限公司等企业登记生产。

嘧草硫醚 pyrithiobac-sodium

其他名称 嘧硫草醚。

化学名称 2-氯-6-(4,6-二甲氧基嘧啶-2-基硫基)苯甲酸钠盐。

结 构 式

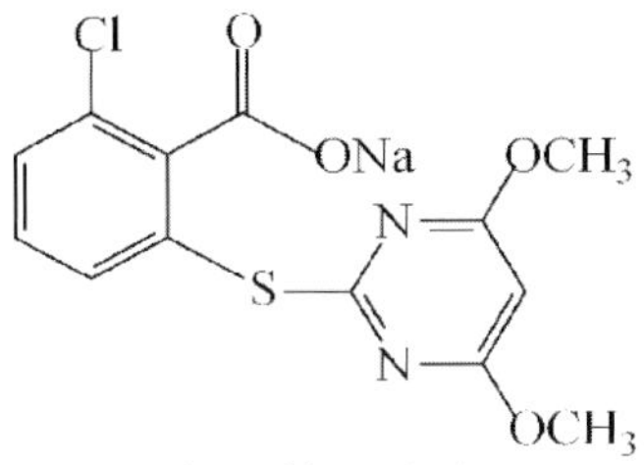

理化性质 原药纯度高于93%。纯品为白色固体，熔点233.8～234.2℃(分解)，蒸气压4.80×10^{-9}Pa，相对密度1.609。水中溶解度(20℃，g/L)：264(pH5)、705(pH7)、690(pH9)、728(蒸馏水)。其他溶剂中溶解度(20℃，mg/L)：丙酮812、甲醇270 000、二氯甲烷8.38、正己烷10。在pH5～9、27℃水溶剂中32d稳定，54℃加热储存15d稳定。

毒　　性 大鼠急性经口LD_{50}：雄性3 300、雌性3 200mg/kg。兔急性经皮LD_{50}＞2 000mg/kg。对兔皮肤无刺激性，对兔眼睛有刺激性。大鼠吸入LC_{50}(4h)＞6.9mg/L。

剂　　型 75%水分散粒剂。

除草特点 内吸传导性除草剂，杂草根系和茎叶均能吸收药剂，并能通过木质部和韧皮部向上和向下传导，最终积累在植物分生组织内，通过抑制乙酰乳酸合成酶、抑制支链氨基酸的生物合成，从而导致杂草体内蛋白质合成受阻、生长停滞、死亡。对棉花安全，是基于其在棉花植株中快速降解。苗前苗后均可使用，土壤处理和茎叶处理均可。

适用作物 棉花。

防除对象 1年生和多年生禾本科杂草和大多数阔叶杂草。对难除杂草如各种牵牛花、苍耳、苘麻、刺黄花稔、田菁、阿拉伯高粱等均有很好的防除效果。

应用技术 主要用于棉花田苗前及苗后除草。土壤处理和茎叶处理均可，可以用20%水分散粒剂3～9g/亩。苗后需同表面活性剂等一起使用。

注意事项 在冷凉、多云及湿润条件下使用，棉花有失绿及矮化现象产生。

开发登记 由日本组合化学公司开发。

二十一、三酮类除草剂

(一)三酮类除草剂的主要特性和作用机理

对羟基苯基丙酮酸双氧化酶(HPPD)是20世纪80年代发现的新除草剂作用靶标，目前发现的HPPD抑制剂有三酮类、吡唑类和异恶唑类等。敏感杂草接触到药剂即产生白化症状，其后缓慢死亡。经过多年的研究，主要是结构修饰，捷利康(现先正达公司)于1982年发现三酮类化合物磺草酮，随后，活性更高的化合物硝磺酮开发成功。现已成功开发7个除草剂品种。

三酮类除草剂的作用特点如下：抑制4–羟基苯基丙酮酸双加氧酶(HPPD)的活性，影响对羟基苯基丙酮酸酯的合成，导致酪氨酸和生育酚的生物合成受阻，从而影响类胡萝卜素的生物合成，杂草出现白化而死亡；选择性广谱除草剂，可以为杂草根系和茎叶吸收，使用方便；毒性低，对动物与环境安全。

(二)三酮类除草剂的主要品种

双环磺草酮 benzobicylon

化学名称 3–(2–氯–4–甲基磺酰基苯甲酰基)–2–苯硫基双环[3,2,1]辛–2–烯–4–酮。

结构式

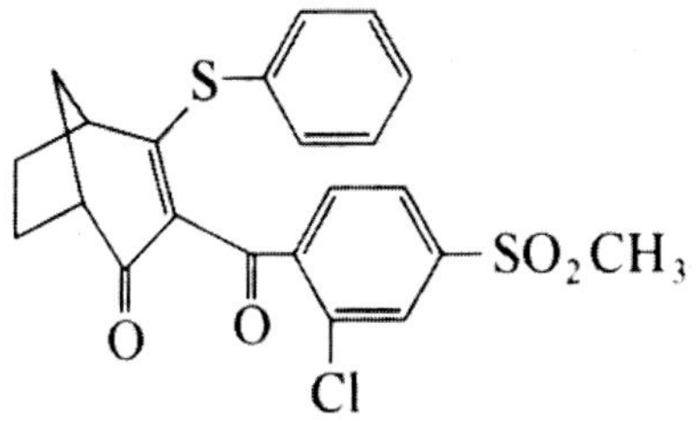

理化性质 纯品浅黄色无臭结晶体，熔点187.3℃。相对密度1.45(20℃)，20℃在水中溶解度为0.052mg/L。

毒　　性 大鼠急性经口LD_{50}>5 000mg/kg。大鼠急性经皮LD_{50}>2 000mg/kg。山齿鹑和野鸭饲喂LC_{50}(5d)>5 620mg/kg。山齿鹑和野鸭LD_{50}>2 250mg/kg，

剂　　型 5.7%悬浮剂、3%颗粒剂、25%悬浮剂。

除草特点 属于HPPD(对羟基苯基丙酮酸双氧化酶)抑制剂。是内吸传导型除草剂，主要通过植物根茎部的吸收，导致新叶白化。对萤蔺、异型莎草、扁秆藨草、鸭舌草、雨久花、陌上菜、泽泻、幼龄稗草、假稻、千金子等都有较好的效果。

适用作物 移栽水稻。

防除对象 1年生杂草。

应用技术 水稻移栽当天或移栽后1～5d，用25%悬浮剂40～60ml/亩，对15～30kg，水面喷雾施药。施药时保持田间3～5cm水层，勿淹没水稻心叶并保水5～7d（能达到7d以上更佳）。

注意事项 本品对水稻籼稻不安全，仅能在粳稻上使用。每季作物最多使用1次。

开发登记 日本史迪士生物科学株式会社 登记生产。

硝磺草酮 mesotrion

其他名称 甲基磺草酮。

化学名称 2–[4–(甲基磺酰)–2–硝基苯]–1,3–环己胺酮。

结构式

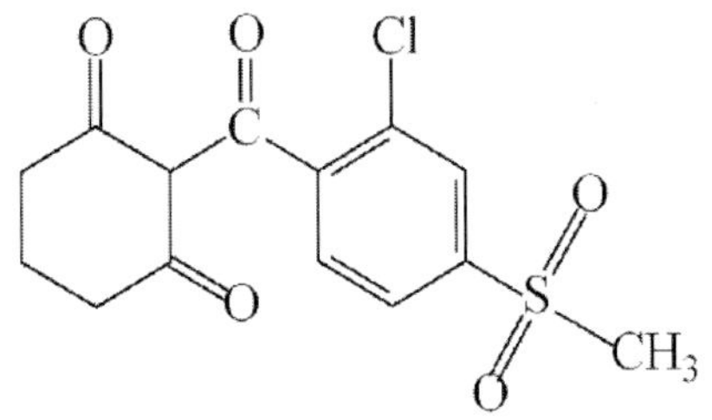

理化性质 纯品为固体，熔点165℃，蒸气压＜4.27×10^{-8}mmHg(20℃)。25℃水中溶解度(g/L)：2.2(pH 4.8)、15(pH 6.9)，22(pH9.0）。在pH5～9水溶液中稳定，25℃时30d仅分解10%以下。

毒　　性 工业品大鼠急性经口LD_{50}＞5 000mg/kg，急性经皮LD_{50}＞2 000mg/kg，急性吸入LC_{50}(4h)＞5mg/L，对兔眼睛刺激性中等，对皮肤无刺激作用，无致畸性、致癌性与致突变性。工业品鹌鹑急性经口LD_{50}＞2 000mg/kg，野鸭LD_{50}＞5 000mg/kg，蓝鳃太阳鱼与虹鳟鱼LC_{50}(96h)＞120mg/L，水蚤LC_{50}为900mg/L。

剂　　型 10%可分散油悬浮剂、10%悬浮剂、9%悬浮剂、15%悬浮剂、40%悬浮剂、15%可分散油悬浮剂。

除草特点 选择性广谱除草剂，可为杂草根系和茎叶吸收，抑制4-羟基苯基丙酮酸双加氧酶(HPPD)的活性，影响对羟基苯基丙酮酸酯的合成，导致酪氨酸和生育酚的生物合成受阻，从而影响类胡萝卜素的生物合成，杂草出现白化而死亡。施药后3～5d内植物分生组织出现黄化、白化症状、随之引起枯死斑，两星期后遍及整株植物。硝磺草酮具弱酸性，在大多数酸性土壤中，能紧紧吸附在有机物质上、在中性或碱性土壤中，主要以不易被吸收的阴离子形式存在。本品能快速地降解，并且最终的代谢产物为CO_2，土壤中的半衰期平均值为9d。

适用作物 玉米、草坪（早熟禾）。

防除对象 防除玉米田1年生阔叶杂草和一些禾本科杂草，对藜、苋、苘麻、苍耳、龙葵、马唐、狗尾草、牛筋草等均有较好的防治效果，对香附子等莎草科杂草也有较好的效果。

应用技术 玉米田 玉米3～5叶期，主要杂草2～5叶期，40%悬浮剂18～30ml/亩，对水20～30kg，均匀茎叶喷雾。甜玉米、糯玉米、爆裂玉米和自交系玉米禁止使用本品。

早熟禾草坪 冷季型草坪杂草旺盛生长期，1年生阔叶杂草和部分禾本科杂草(稗草，马唐)草龄较小时（杂草2～4叶前）施药，40%悬浮剂24～40ml/亩，对水30～50kg，均匀茎叶喷雾。每季使用次数不超过3次。

注意事项 施药量偏大时玉米会有短暂的脱色白化症状，多数情况下短时可以恢复，但对玉米的产量无影响。在正常轮作条件下，对后茬作物麦类、油菜、马铃薯、甜菜等安全。暖季型草坪对本品敏感，不能用于狗牙根、海滨雀稗、结缕草和狼尾草等暖季型草坪草。冷季型草坪草翦股颖和1年生早熟禾对本品敏感，禁止使用。

开发登记 辽宁省大连松辽化工有限公司、瑞士先正达作物保护有限公司、安徽华星化工有限公司等企业登记生产。

磺草酮 sulcotrione

化学名称 2-(2-氯-4-甲磺酰苯甲酰)环己烷-1,3-二酮。

结构式

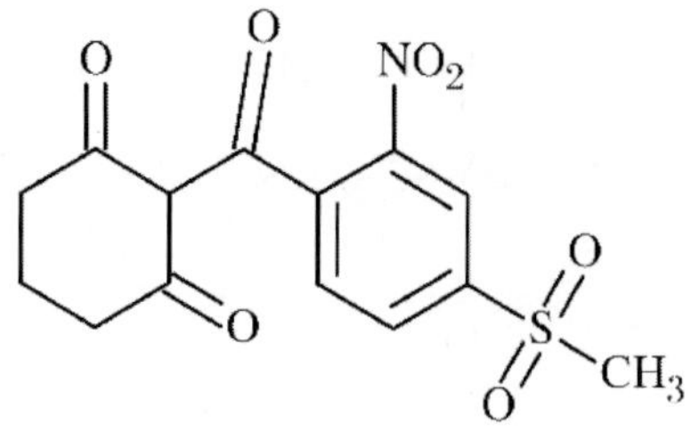

理化性质 淡褐色固体，熔点139℃，蒸气压(25℃)小于533.8MPa，25℃水中溶解度为165mg/L，溶于丙酮和氯苯。对水、光、热稳定。

毒　　性 大鼠急性经口LD_{50}＞5 000mg/kg，大鼠急性经皮LD_{50}＞2 000mg/kg。

剂　　型 30%悬浮剂、15%水剂、26%悬浮剂。

除草特点 磺草酮属三酮类除草剂，具有广谱的除草活性，芽前和芽后均可使用。是4-羟基苯基丙酮酸双加氧酶抑制剂(简称HPPD抑制剂)，抑制对羟基苯基丙酮酸酯的合成，导致酪氨酸和生育酚的生物合成受阻，从而影响类胡萝卜素的生物合成，杂草出现白化而死亡。土壤中的半衰期为7～15d。

适用作物 玉米。

防除对象 可以有效地防除狗尾草、稗草、马唐、牛筋草、藜、龙葵、蓼等多种禾本科和阔叶杂草。对香附子也有较好的防治效果。

应用技术 玉米田 玉米3～6叶期，禾本科杂草2～4叶期，阔叶杂草2～6叶期，使用26%悬浮剂130～200ml/亩，对水15～30kg，均匀茎叶喷雾。

注意事项 施药后遇干旱或低洼积水时，玉米会有短暂的脱色白化症状，但对玉米的产量无影响。在正常轮作条件下，对后茬作物麦类、油菜、马铃薯、甜菜等安全。

开发登记 沈阳科创化学品有限公司、江苏长青农化股份有限公司等企业登记生产。

Tembotrione

其他名称 Laudis。

化学名称 2-(2-氯-4-甲磺酰基-3-[(2,2,2一三氟乙氧基)甲基]苯甲酰基)环己烷-1,3-二酮。

结构式

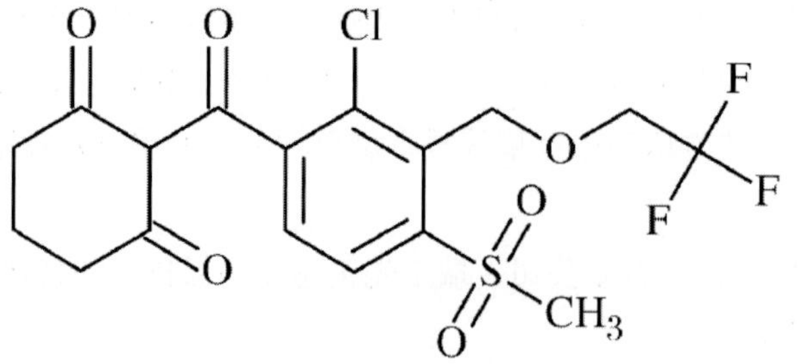

理化性质 原药为米黄色粉末，无特殊气味，常温下纯品为固体或粉末，熔点为123℃，分解点大约为150℃，25℃时的蒸气压为2.9×10^{-10}MPa，在水中的离解度为pKa=3.18；水中的溶解度(20℃)：pH4时溶解度为0.22g/L，pH7溶解度为28.3g/L，pH9时溶解度为29.6g/L、在有机溶液中的溶解度(20℃)，乙醇中8.2g/L，正己烷中47.6g/L，甲苯中75.7g/L，二氯甲烷中＞600g/L，丙酮中300～600g/L，乙酸乙酯中

180.2g/L，二甲基亚砜中＞600g/L。

毒　　性 急性毒性较低，大鼠急性经口LD_{50}＞ 2 000mg/kg，大鼠急性经皮LD_{50}＞2 000mg/kg，大鼠急性吸入LC_{50}＞5.03 mg/L，对家兔眼睛有轻度刺激作用、对家兔皮肤无刺激、对豚鼠皮肤有轻微过敏现象。经口、经皮和接触性吸入(毒性三级或四级)均对人体造成伤害，对皮肤敏感，对眼睛或皮肤刺激性较强。

剂　　型 30%悬浮剂。

除草特点 属三酮类除草剂，具有广谱的除草活性。是4–羟基苯基丙酮酸双加氧酶抑制剂(简称HPPD抑制剂)，抑制对羟基苯基丙酮酸酯的合成，导致酪氨酸和生育酚的生物合成受阻，从而影响类胡萝卜素的生物合成，杂草出现白化而死亡。在植物体中也具有良好的吸收、运输和代谢稳定性(特别是杂草)。对多种杂草有很强的杀灭作用，无残留活性，有较强的抗雨水冲刷能力，且除草谱广，能有效防除蓟属、旋花属、婆婆纳属、辣子草属、荨麻属、春黄菊和猪殃殃等杂草。

适用作物 玉米。

防除对象 可以有效地防除狗尾草、稗草、马唐、牛筋草、藜、龙葵、蓼等多种禾本科和阔叶杂草。对香附子也有较好的防治效果。

应用技术 资料报道，玉米3～4叶期、杂草基本出齐且多为2～5叶幼苗期时施药，用30%悬浮剂100～200ml/亩，对水30kg喷施。

注意事项 施药后遇干旱或低洼积水时，玉米会有短暂的脱色白化症状，但对玉米的产量无影响。在正常轮作条件下，对后茬作物麦类、油菜、马铃薯、甜菜等安全。

开发登记 拜耳作物科学公司开发。2007年在奥地利登记推广。

Tefuryltrione

结 构 式

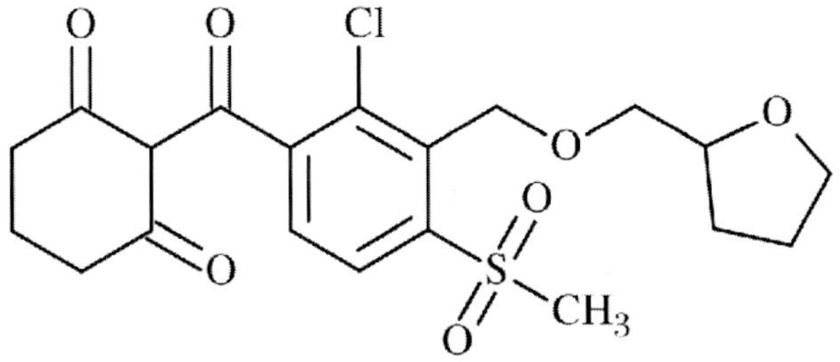

除草特点 三酮类除草剂，4–羟基苯基丙酮酸双加氧酶抑制剂(简称HPPD抑制剂)，主要用于水稻田的单子叶和双子叶除草和玉米田除草。

开发登记 拜耳公司开发，2007年公开的三酮类玉米田除草剂。

Bicyclopyrone

结 构 式

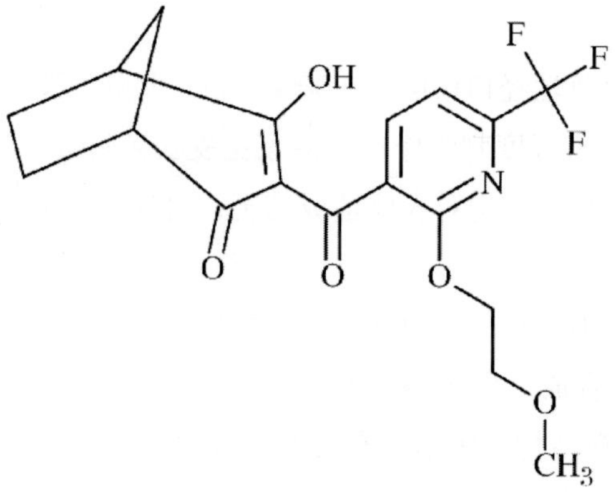

除草特点 Bicyclopyrone是三酮结构的玉米田除草剂，其在苗前和苗后对苘麻、苋菜、黍、马唐和稗草等具有很好的防除效果。

开发登记 先正达开发，2009年公开的三酮类玉米田除草剂。

Ketodpiradox

结构式

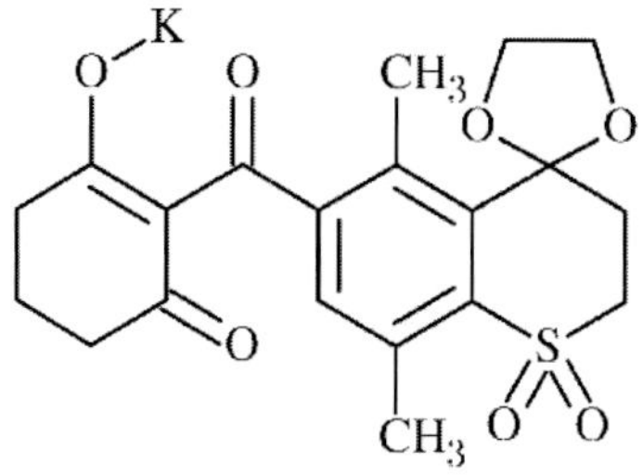

除草特点 三酮类除草剂，4-羟基苯基丙酮酸双加氧酶抑制剂(简称HPPD抑制剂)，主要用于防除玉米田1年生阔叶杂草和禾本科杂草。

开发登记 杜邦公司开发，2006年公开的三酮类玉米田除草剂。

二十二、异恶唑类除草剂

(一)异恶唑类除草剂的主要特性

对羟基苯基丙酮酸双氧化酶(HPPD)是20世纪80年代发现的新除草剂作用靶标，目前发现的HPPD抑制剂有三酮类、吡唑类和异恶唑类等。敏感杂草接触到药剂即产生白化症状，其后缓慢死亡。该类化合物可能是在吡唑类和三酮类除草剂的基础上进一步优化而得，该类除草剂中第一个商品化的品种是异恶唑草酮。

异恶唑类除草剂的作用特点如下：抑制4-羟基苯基丙酮酸双加氧酶(HPPD)的活性，影响对羟基苯基丙酮酸酯的合成，导致酪氨酸和生育酚的生物合成受阻，从而影响类胡萝卜素的生物合成，杂草出现白化而死亡；广谱性除草剂；毒性低，对动物与环境安全。

（二）异恶唑类除草剂的主要品种

三唑磺草酮 tripyrasulfone

其他名称 QYR301。

化学名称 4-{2-氯-3-[(3,5-二甲基-1H-吡唑-1-基)甲基]-4-(甲磺酰基)苯甲酰基}-1,3-二甲基-1H-吡唑-5-基1,3-二甲基-1H-吡唑-4-甲酸酯。

结 构 式

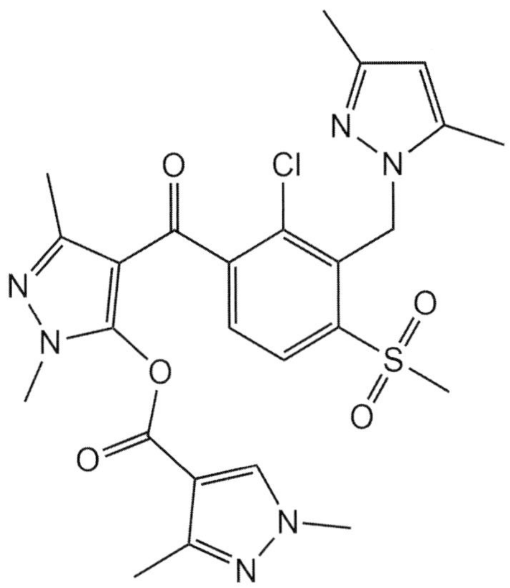

理化性质 原药外观为类白色粉末状固体，无刺激性异味，pH4.0～6.0，常温条件下稳定。

毒　　性 低毒。

作用特点 三唑磺草酮杀草谱广，苗后除草活性高，尤其对稗草、千金子、鸭舌草和鳢肠有较高活性。并且与当前稻田主流除草剂氰氟草酯、五氟磺草胺和二氯喹啉酸不存在交互抗性，同时，其对水稻幼苗安全，适用于水稻移栽田和直播田。

剂　　型 95%原药、6%可分散油悬浮剂

应用技术 在水稻2叶期以后至稗草2～4叶期，选择天气晴朗，气温高20℃的情况下施药。如药后8h以内遇降雨天气，则需进行补喷。

注意事项 不能与有机磷类、氨基甲酸酯类农药混配混用或在间隔7d内使用，赤眼蜂等天敌放飞区域禁用。

开发登记 青岛清原化合物有限公司研制开发、江苏清原农冠杂草防治有限公司登记。

苯唑氟草酮 fenpyrazone

其他名称 QYC101。

化学名称 4-{2-氯-4-(甲磺酰基)-3-[(2,2,2-三氟乙氧基)甲基]苯甲酰基}-1-乙基-1H-吡唑-5-基1,3-二甲基-1H-吡唑-4-甲酸酯。

结 构 式

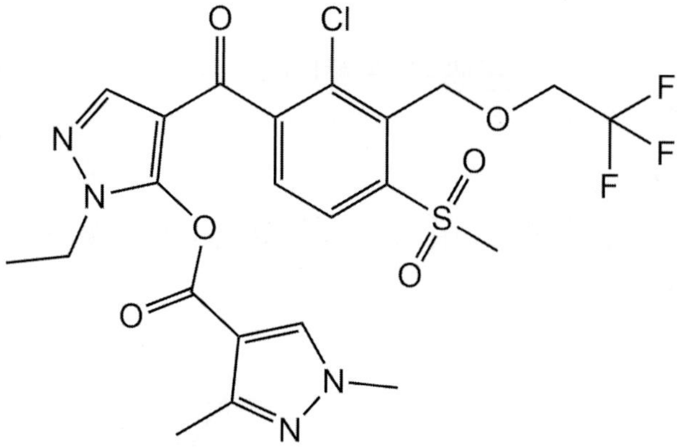

理化性质 棕褐色粉末，熔点144.5～149.2℃；沸点286℃；溶解度（明确温度和溶剂）：3.2mg/L（20℃，水），不具有爆炸性，对包装材料无腐蚀性。

毒　　性 低毒。

作用特点 具有高效、广谱的特点，对玉米田常见杂草均有较高的防效，尤其对玉米田阔叶杂草龙葵、藜、苍耳、反枝苋的生物活性极高，对禾本科杂草野稷、牛筋草、止血马唐、金色狗尾草、稗草、狗尾草也有很高的防效。

剂　　型 95%原药、6%可分散油悬浮剂。

应用技术 防治夏玉米田1年生杂草，6%可分散油悬浮剂用量为75～100ml/亩，均匀茎叶喷雾。

注意事项 不能与有机磷类、氨基甲酸酯类农药混配混用或在间隔7d内使用，不能与氯虫苯甲酰胺、四氯虫酰胺及乙草胺等酰胺类农药混配使用。

开发登记 青岛清原化合物有限公司研制开发、江苏清原农冠杂草防治有限公司登记。

双唑草酮 bipyrazone

其他名称 QYM102。

化学名称 1,3-二甲基-4-[2-(甲砜基)-4-(三氟甲基)苯甲酰基]-1H-吡唑-5-基-1,3-二甲基-1H-吡唑-4-甲酸酯。

结 构 式

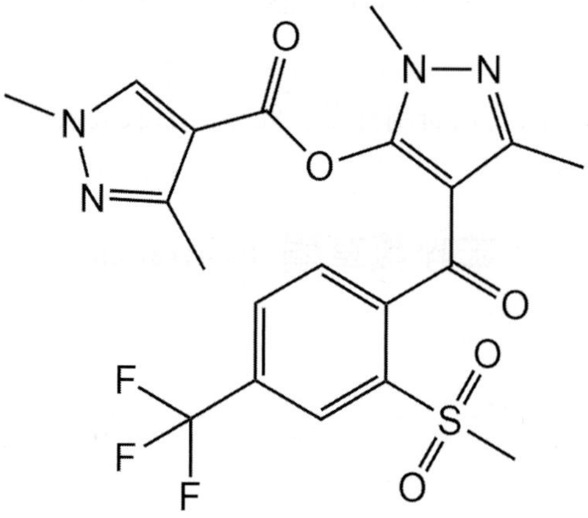

理化性质 纯品的熔点为159.8～170.8℃。在水中（20℃）的溶解度为236.7mg/L，密度(20℃)为1.402g/mL（不具有爆炸性）。

毒　　性 低毒。

作用特点 通过抑制HPPD的活性，使对羟基苯基丙酮酸转化为尿黑酸的过程受阻，从而导致生育酚及质体醌无法正常合成，影响靶标体内类胡萝卜素合成，导致叶片发白，而最终死亡。双唑草酮具有较高的安全性和复配灵活性，与当前麦田常用的双氟磺草胺、苯磺隆、苄嘧磺隆、噻吩磺隆等ALS抑制剂类除草剂，唑草酮、乙羧氟草醚等PPO抑制剂类除草剂，以及2甲4氯钠、2,4-滴等激素类除草剂之间不存在交互抗性。对小麦田阔叶杂草荠菜、播娘蒿的防效好。

剂　　型 96%原药、10%可分散油悬浮剂。

应用技术 防治冬小麦田1年生阔叶杂草，如播娘蒿、荠菜、野油菜、繁缕、牛繁缕、麦家公、宝盖草等，在冬小麦返青至拔节前，阔叶杂草2～5叶期，每亩用20～25ml，对水15～30kg，均匀茎叶喷雾，施药时避免药液飘移到邻近阔叶作物上，以防产生药害。

注意事项 水产养殖区，河塘等水体附近禁用。

开发登记 青岛清原化合物有限公司开发，江苏清原农冠杂草防治有限公司独家登记。

环吡氟草酮 cypyrafluone

化学名称 1-(2-氯-3-(3-环丙基-5-羟基-1-甲基-1H-吡唑-4-羰基)-6-三氟甲基苯基)哌啶-2-酮。

结 构 式

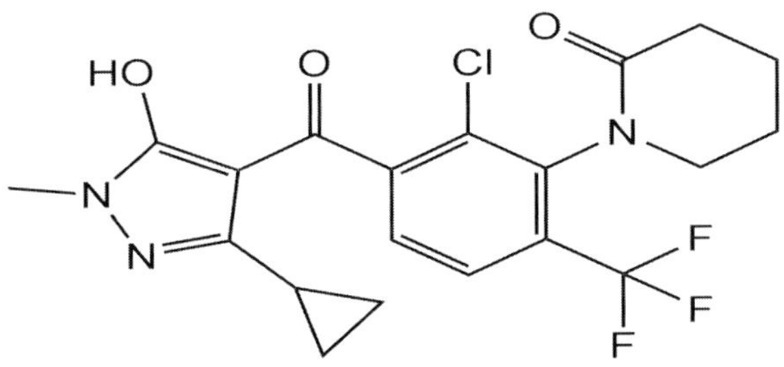

HO O Cl O N N N F F F

理化性质 原药外观为浅黄色颗粒或粉末状固体，熔点189.6℃。溶解度（25℃）：水溶解度515.3mg/L。稳定性：弱酸碱性及中性条件下均稳定。

毒　　性 低毒。

作用特点 通过抑制HPPD的活性，使对羟基苯基丙酮酸转化为尿黑酸的过程受阻，从而导致生育酚及质体醌无法正常合成，影响靶标体内类胡萝卜素合成，导致叶片发白。与当前麦田常用的精恶唑禾草灵、炔草酯、唑啉草酯、三甲苯草酮、啶磺草胺、甲基二磺隆、氟唑磺隆、异丙隆等不存在交互抗性，麦田多抗性禾本科杂草的克星。可以有效防除抗性和多抗性的看麦娘、日本看麦娘、硬草、棒头草、早熟禾等禾本科杂草及部分阔叶杂草。

剂　　型 95%原药、6%可分散悬浮剂。

应用技术 有效防除抗性和多抗性的看麦娘、日本看麦娘、硬草、棒头草、早熟禾等禾本科杂草及部分阔叶杂草。茎叶喷雾用于防治冬小麦田1年生禾本科杂草及部分阔叶杂草，有效成分用药量分别为

150～200ml/亩和160～250ml/亩；10%双唑草酮可分散油悬浮剂和22%氟吡·双唑酮可分散油悬浮剂（16.5%氯氟吡氧乙酸异辛酯+5.5%双唑草酮），毒性均为低毒，茎叶喷雾用于防治冬小麦田1年生阔叶杂草，有效成分用药量分别为20～25ml/亩和30～50ml/亩。

注意事项 水产养殖区，河塘等水体附近禁用。

开发登记 青岛清原化合物有限公司开发，江苏清原农冠杂草防治有限公司登记。

异恶唑草酮 isoxaflutole

其他名称 百农思；Balance；Merlin；RPA201772。

化学名称 (5-环丙基-1,2-恶唑-4-基)-(4-三氟甲基-2-甲磺酰基)苯酮。

结构式

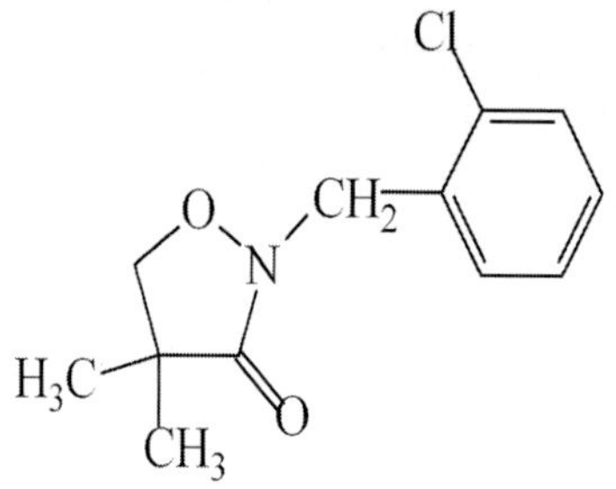

理化性质 纯品为灰白色或浅黄色固体，熔点140℃。蒸气压0.01MPa(25℃)。密度1.590(20℃)。水中溶解度为6.2mg/L(20℃，pH5.5)。对光稳定，54℃下加热储14d未发生分解。

毒　　性 大鼠急性经口LD_{50}＞2 000mg/kg，急性经皮LD_{50}＞5 000mg/kg。

剂　　型 75%水分散粒剂。

除草特点 选择性内吸型苗前除草剂，具有广谱的除草活性，主要由杂草幼根吸收传导。它是4-羟基苯基丙酮酸双加氧酶抑制剂(简称HPPD抑制剂)，影响对羟基苯基丙酮酸酯的合成，导致酪氨酸和生育酚的生物合成受阻，从而影响类胡萝卜素的生物合成，杂草出现白化而死亡。持效期可达60d。

适用作物 玉米、甘蔗、甜菜。

防除对象 可以防除藜、苋、马齿苋、龙葵、蓼、苍耳、铁苋等多种1年生阔叶杂草，对马唐、狗尾草、稗草、牛筋草等1年生禾本科杂草也有较好的除草效果。对阔叶杂草防除效果好于禾本科杂草。

应用技术 玉米播后芽前，用75%水分散粒剂8～10g/亩对水50kg喷施。

注意事项 该药活性高，施药时务必药量准确，施药均匀。墒情好可以提高除草效果，墒情差时除草效果不好。用于碱性土壤或有机质含量低、淋溶性强的砂质土，有时会使玉米叶片黄化、白化。

开发登记 德国拜耳作物科学公司开发，专利公开日1992年2月12日，德国拜耳作物科学公司登记生产。

异恶氯草酮 isoxachlortole

其他名称 RPA-201736。

化学名称 4-氯-2-甲磺酰基苯基(5-环丙基-1,2-恶唑-4-基)酮。

结 构 式

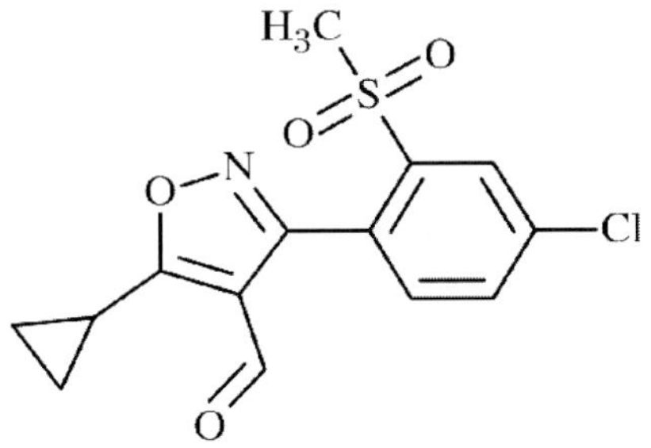

除草特点 该产品为HPPD(对羟基苯基丙酮酸双氧化酶)抑制剂。

开发登记 是安万特公司开发的异恶唑酮类除草剂，专利公开日1992年2月12日。

Fenoxasulfone

其他名称 KIH-1419；KUH-071。

化学名称 3-甲基[(2,5-二氯-4-乙氧苯基)磺酰]-4,5-二氢-5,5-二甲基异恶唑。

结 构 式

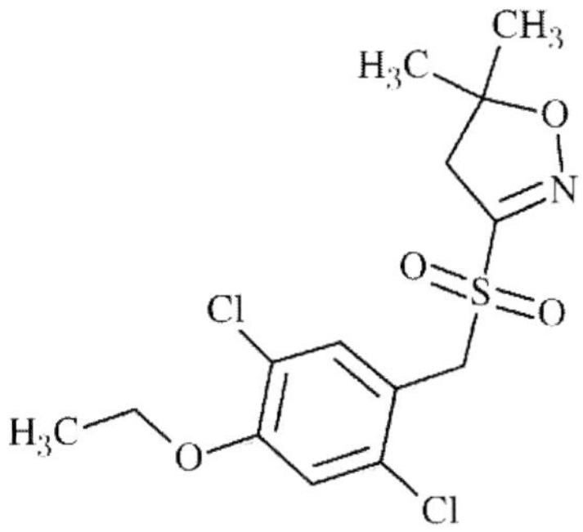

理化性质 沸点468.3℃。

应用技术 与苄嘧磺隆混用，可有效防除水稻田里的稗草、鸭舌草、水莎草等；与异恶草酮混用，可有效防除水稻田里的稗草、千金子、鸭舌草等。

开发登记 Fenoxasulfone是日本组合化学株式会社开发的异恶唑啉类除草剂，是在pyroxasulfone(KIH-485)基础上开发出来的，2009年公开的除草剂品种。

Methiozolin

化学名称 5-[(2,6-二氟苯基)甲氧基]甲基]-4,5 -二氢-5-甲基-3-(3-甲基-2-噻吩基)异恶唑。

结 构 式

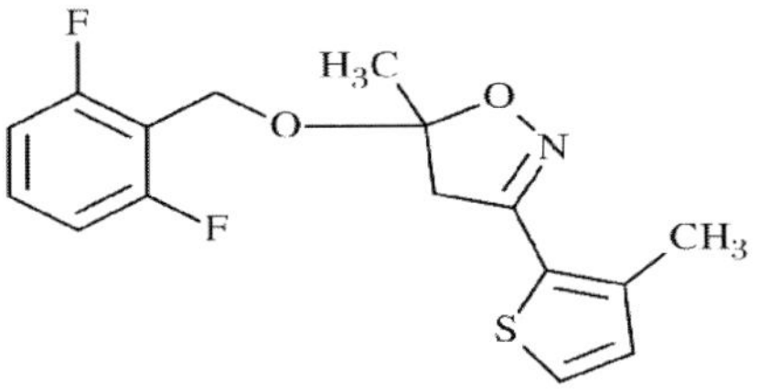

除草特点 本剂对芽前至4叶期稗草的活性好，杀草谱广，对移栽水稻具有良好的选择性。

应用技术 用于苗后处理，对水稻安全，防除4叶龄的杂草，低毒对环境安全。芽前至插秧后5d，用量62.5g/hm^{2}对稗草、鸭舌草、节节菜、异型莎和丁香蓼防效甚好，稗草2～3叶期用量32.5 g/hm^{2}防效极好，4叶期需250g/hm^2；本剂可与苄嘧磺隆、环丙嘧磺隆、四唑嘧磺隆和氯吡嘧磺隆等磺酰脲类除草剂混用。

开发登记 是韩国化学技术研究所开发的异恶唑啉类除草剂，2009年公开的除草剂品种。

二十三、吡唑类除草剂

(一)吡唑类除草剂的主要特性

吡唑类化合物以其高效、低毒和对环境友好的特性而成为农药界追捧的热门品种，而吡唑环上取代位点和取代基的多样性变化使市场化的吡唑类化合物日益丰富，并涌现出多个重量级产品，其中氟虫腈和吡唑醚菌酯更是荣登全球十大顶级品种之列。从目前商品化的品种来看，当吡唑环的3位被芳基取代时，大多呈现出除草活性，如吡草醚和异丙吡草酯等；4位芳酰基吡唑类化合物也呈现出除草活性，如苄草胺、吡草酮和吡唑特等，从而为吡唑类化合物的发展提供更多、更广阔的发展空间。该类除草剂中第一个商品化的品种是吡草醚，20世纪80年代初期，日本三共、三菱油化、石原产业公司分别开发成功吡唑类除草剂吡唑特、吡草酮和苄草唑，现在已相继开发十余个除草剂品种。

吡唑类除草剂的作用特点如下：抑制4-羟基苯基丙酮酸双加氧酶(HPPD)的活性，能阻止植物体中的4-羟基丙酮酸向脲黑酸的转变，从而导致无法合成质体醌和生育酚，进而间接抑制了类胡萝卜素的生物合成，使植物产生白化症状，直至最终死亡；广谱性除草剂；毒性低，对动物与环境安全。

(二)吡唑类除草剂的主要品种

异丙吡草酯 fluazolate

其他名称 isopropazal。

化学名称 5-(4-溴-1-甲基-5-三氟甲基吡唑-3-基)-2-氯-4-氟苯甲酸异丙酯。

结构式

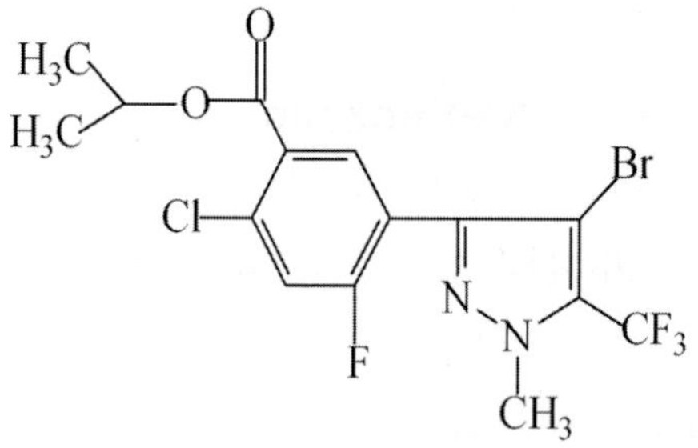

理化性质 纯品为绒毛状的白色结晶体，熔点79.5～80.5℃。水中溶解度为53 μg/L(20℃)。在20℃，pH4～5稳定，pH9时半衰期为48.8d。

毒　　性 大鼠急性经口LD_{50}＞5 000mg/kg。大鼠急性经皮LD_{50}＞5 000mg/kg。对兔眼睛有轻微刺激性，对兔皮肤无刺激性。大鼠急性吸入LC_{50}(4h)＞1.7mg/L。野鸭和山齿鹑急性经口LD_{50}＞2 130mg/kg，野鸭和山齿鹑饲喂LC_{50}(5d) > 5 330mg/kg。虹鳟鱼LC_{50}(96h) > 0.045mg/L。Ames试验呈阴性，小鼠淋巴瘤和活体小鼠微核试验呈阴性，蚯蚓LD_{50}(14d) > 1 170mg/kg土壤。

剂　　型 50%乳油。

除草特点 原卟啉原氧化酶抑制剂，是一种新型的触杀型除草剂。通过植物细胞中原卟啉原氧化酶积累而发挥药效。茎叶处理后，敏感植物或杂草迅速吸收到组织中，使植株迅速坏死，或在阳光照射下，使茎叶脱水干枯而死。

适用作物 对小麦具有很好的选择性，在麦秸和麦粒上没有发现残留，其淋溶物对地表和地下水不会构成污染，因此对环境安全。残效适中，对后茬作物，如亚麻、玉米、大豆、油菜、大麦、豌豆等无影响。

防除对象 主要用于防除阔叶杂草(如猪殃殃、老鹳草、野芝麻、麦家公、虞美人、繁缕、苣荬菜、田野勿忘草、婆婆纳、荠菜、野萝卜等)，禾本科杂草(如看麦娘、早熟禾、风剪股颖、黑麦草、不实雀麦等)以及莎草科杂草。对猪殃殃和看麦娘有特效。

应用技术 冬小麦田苗前除草，用50%乳油16 ~ 24ml/亩，对水30 ~ 50kg喷雾。

开发登记 孟山都公司研制，并与BASF公司共同开发的吡唑类除草剂。

吡草醚 pyraflufen-ethyl

其他名称 速草灵；霸草灵；吡氟苯草酯；Ecopart。

化学名称 2-氯-5-(4-氯-5-二氟甲氧基-1-甲基吡唑-3-基)-4-氟苯氧乙酸乙酯。

结 构 式

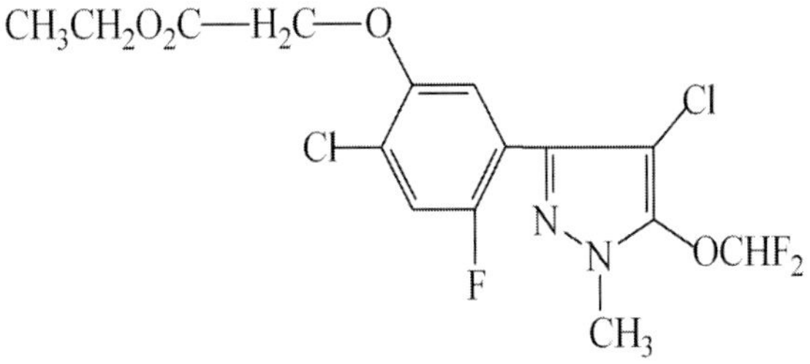

$CH_3CH_2O_2C—H_2C—O$

Cl　Cl　N　N　$OCHF_2$　F　CH_3

理化性质 原药为棕色固体，纯度 > 96%。纯品为奶油色粉状固体，熔点126 ~ 127℃。相对密度1.565。蒸气压1.6×10^{-8}Pa(25℃)。水中溶解度为0.082mg/L(20℃)。其他溶剂中溶解度(20℃，g/L)：二甲苯41.7 ~ 43.5、丙酮167 ~ 182、甲醇7.39、乙酸乙酯105 ~ 111。pH4水溶液中稳定，pH7时DT_{50}为13d，pH9时快速分解。光解稳定性DT_{50}为30h。

毒　　性 大鼠急性经口LD_{50} > 5 000mg/kg。大鼠急性经皮LD_{50} > 2 000mg/kg。对兔皮肤无刺激性，对兔眼睛有轻微刺激作用。大鼠急性吸入LC_{50}(4h)5.03mg/L空气。NOEL数据：大鼠(2年)2 000mg/kg饲料。小鼠(1.5年)2 000mg/kg饲料，犬(1年)1 000mg/kg饲料。Ames试验呈阴性，无致突变性。山齿鹑急性经口LD_{50} > 2 000mg/kg，山齿鹑和野鸭饲喂LC_{50}>5 000mg/kg。鱼毒LC_{50}(48h，mg/L)：鲤鱼 > 10、虹鳟鱼 > 0.1。蜜蜂LD_{50}：>111 μg/只(经口)，>100 μg/只(接触)。蚯蚓LD_{50} > 1 000mg/kg土壤。

剂　　型 2%悬浮剂、2%微乳剂。

除草特点 原卟啉原氧化酶抑制剂，是一种新型的触杀型除草剂。通过植物细胞中原卟啉原IX积累而发挥药效。茎叶处理后，其可被迅速吸收到植物组织中，使植物迅速坏死，或在阳光照射下，使茎叶脱水干枯。适宜作物与安全性禾谷类作物(如小麦、大麦等)。对禾谷类作物具有很好的选择性，虽有某些短暂的伤害。对后茬作物无残留影响。也可作非选择性除草剂，见专利与登记部分。

适用作物 小麦

防除对象 主要用于防除阔叶杂草，如猪殃殃、繁缕、阿拉伯婆婆纳等。对猪殃殃(2～4叶期)活性尤佳。

应用技术 小麦，冬前或春后杂草2～4叶期，使用2%悬浮剂30～40g/亩，对水40～50kg，茎叶均匀喷雾。

注意事项 小麦拔节开始后要避免使用本剂，使用本剂后小麦会出现轻微的白色的小斑点，但一般对小麦的生长发育及产量无影响。对后茬作物棉花、大豆、瓜类、玉米等安全性较好。勿与有机磷系列药剂（乳油）以及2,4-滴或2甲4氯（乳油）进行混用。安全间隔期：收获前45d，每季最多使用次数2次。

开发登记 日本农药公司开发的吡唑类除草剂。日本农药株式会社、江苏龙灯化学有限公司等企业登记生产。

吡唑特 pyrazolate

其他名称 A-544；H-468T；SW-751；Sanbird。

化学名称 4-(2,4-二氯苯甲酰基)-1,3-二甲基吡唑-5-基甲苯-4-磺酸酯。

结构式

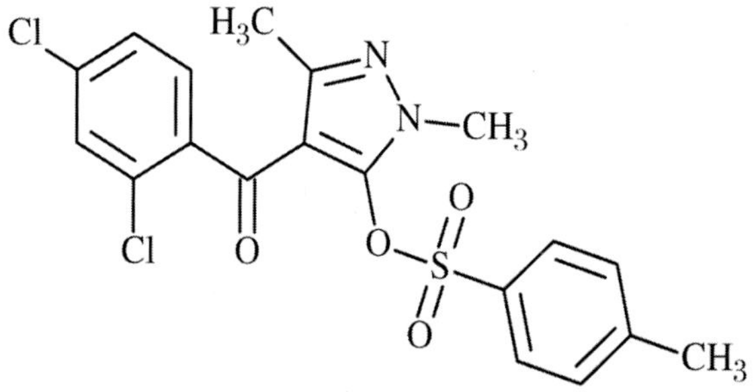

Cl H_3C N N—CH_3 O O S O Cl O CH_3

理化性质 无色杆状晶体，熔点117.5～118.5℃，25℃溶解度：水0.056mg/L，乙醇4g/L，乙酸乙酯118g/L，己烷0.6g/L。其水溶液迅速水解，土壤中DT_{50}10～20d。加热至220℃，30min后分解。在甲醇和1,4-二氧六环中不稳定，在氯甲烷和苯中稳定。

毒　　性 急性经口LD_{50}雄大鼠为9.5g/kg，雌大鼠为10g/kg，雄小鼠为10g/kg，雌小鼠为11g/kg。大鼠急性经皮LD_{50}＞5g/kg，对皮肤无刺激作用。在标准试验中，无致突变性，鲤鱼LC_{50}为92mg/L。

剂　　型 10%颗粒剂。

除草特点 属吡唑类除草剂，是叶绿素合成抑制剂。它的活性成分是DTP[4-(2, 4-二氯苯甲酰)-1, 3-二甲基-5-羟基吡唑]，系吡唑特水解失去甲基磺酰基后的产物，它被杂草幼芽及根吸收而发生作用。是防治水稻田多年生杂草的特效除草剂，在土壤中持效期长。

适用作物 水稻。

防除对象 禾本科、莎草科杂草、泽泻、野慈姑和眼子菜等。

应用技术 单独使用或与丁草胺、杀草丹及丙草胺混用均可。在插秧前后及播种前、播种后7天保水撒施，用药量为10%颗粒剂2kg/亩。

野燕枯 difenzoquat

其他名称 双苯唑快；野麦枯。

化学名称 1,2-二甲基-3,5-二苯基吡唑阳离子或硫酸甲酯。

结构式

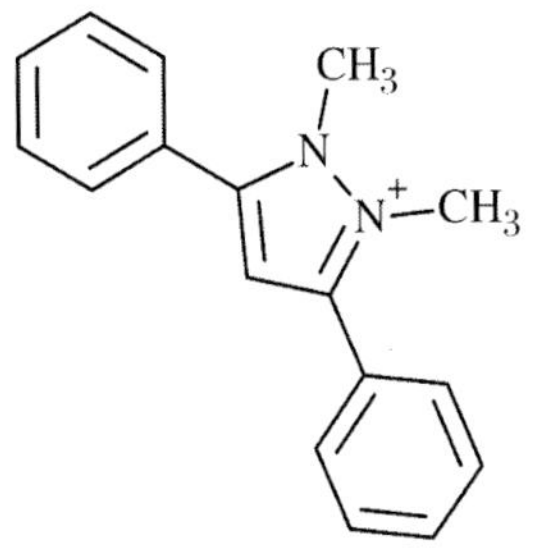

理化性质 纯品白色固体，略吸湿，熔点155～157℃，相对密度1.13。25℃水中溶解度为760g/L，37℃为780g/L，56℃为850g/L(硫酸甲酯)。稍溶于醇和乙二醇，不溶于石油烃类。20℃时蒸气压为13.33Pa。对光和酸稳定，对碱不稳定。热储稳定性良好，120℃放置169h无分解现象。

毒　　性 中等毒。原药急性经口毒性LD_{50}雄大白鼠为470mg/kg，小白鼠为920mg/kg。雄兔急性经皮毒性LD_{50}为3 540mg/kg。对眼睛和皮肤无刺激作用，对蜜蜂触杀毒性LD_{50}0.036mg/只。

剂　　型 65%可溶性粉剂、40%水剂。

除草特点 选择性苗后处理剂，主要用于防除野燕麦，作用于植株的生长点，使顶端、节间分生组织中细胞分裂和伸长受破坏，抑制植株生长。

适用作物 小麦。

防除对象 野燕麦。

应用技术 小麦，野燕麦3～5叶期，使用40%水剂200～250ml/亩，对水20～30kg，均匀茎叶喷雾。

注意事项 日平均温度10℃、相对湿度70℃以上，土壤墒情较好，药效更佳；推荐剂量下对小麦安全，不同品种小麦耐药性有差异，用药后可能会出现暂时褪绿现象，20d后可恢复正常，不影响产量；本品在-5℃以下贮存会有白色晶体析出，温热溶解后使用，不影响药效；不可与防除阔叶杂草的钠盐、钾盐除草剂或其他碱性农药混用。

开发登记 1974年由美国ACC公司生产。陕西秦丰农化有限公司登记生产。

苄草唑 pyrazoxyfen

其他名称 AC-49；SL-49；Paicer。

化学名称 4-(2,4-二氯苯甲酰基)-1,3-二甲基-5-苯酰甲氧乙基吡唑。

结构式

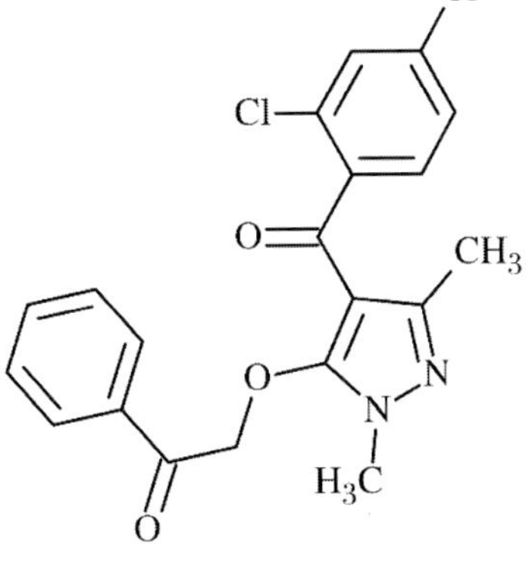

理化性质 原药为白色晶体，熔点为111～112℃，密度1.37g/cm³(20℃)，25℃蒸气压48μPa，溶解度(20℃)：水0.9g/L，甲苯200g/L，丙酮223g/L，二甲苯116g/L，乙醇14g/L，正己烷900g/L，苯325g/L，氯仿1 068g/L，对酸、碱、光热稳定。

毒　　性 属低毒性除草剂，大鼠急性经口LD_{50}雄鼠为1 690mg/kg，雌鼠为1 644mg/kg，小鼠为8 450mg/kg。大鼠急性经皮LD_{50} > 5g/kg。大鼠急性吸入LC_{50} > 0.28mg/kg。对鲤鱼的TLm(48h)2.5mg/L，虹鳟0.79mg/L。水蚤LC_{50}(3h)127mg/L。

除草特点 选择性内吸传导型除草剂，主要通过杂草的叶片吸收，有时根也可吸收，在体内向顶端和基部传导，抑制叶绿素的合成与光合作用使杂草死亡。

适用作物 漫灌条件下对水稻很安全，半衰期4～15d，适用于插秧田和水稻直播田。

防除对象 稻田的稗草、慈姑、萤蔺等1年生和多年生杂草，不能有效地用于旱田作物，因为此时杂草的根和叶对药剂的摄取大大减少，除非杂草浸在水中。

应用技术 本品可用于水稻移栽田与直播田，水稻移栽后1～7d杂草萌芽前后每亩施用有效成分200g。直播田温度高于35℃会发生暂时性药害。苄草唑的药效与处理时间、处理时的温度、土壤湿度等有密切关系。必须在漫灌条件下施药才能保证其防除效果。例如，稗草4～5叶期后处理，其效果较差，而在漫灌条件下，处理后3～5周，对稗草和慈姑有持久性抑制作用，药效期取决于处理时的温度，温度低于15℃，药效下降，尤其对萤蔺，低温下防效更差。另外，苄草唑不能有效地用于旱田，因为土壤湿度差而不宜被杂草吸收。常与丙草胺、哌草膦、溴丁酰草胺等混用。

注意事项 灌水是充分发挥药效的重要因素之一，土壤处理和叶面处理除草活性下降。处理时的气温不得超过35℃以免发生药害，而不得低于15℃以保证药效。因为温度高于35℃时，对水稻幼苗新叶有轻微和暂时退绿现象，而温度低于15℃时除草活性降低。

开发登记 F. Kimura首先报道该除草剂，日本石原产业化学公司开发。

吡草酮 benzofenap

其他名称 MY-98；MY-71；Yukawide。

化学名称 2-[4-(2,4-二氯-间-甲苯酰基)-1,3-二甲基吡唑-5-基氧]-4-甲基苯乙酮。

结 构 式

Cl H₃C N N—CH₃ H₃C Cl O O O CH₃

理化性质 无色固体，熔点133.1～133.5℃，相对密度1.3。25℃在水中溶解度为0.13mg/L，在其他溶剂中的溶解度(25℃)：丙酮73g/L，氯仿920g/L，正己烷0.46g/L，乙醇5.6g/L，二甲苯69g/L。对光、热稳定，遇酸稳定，在碱性介质中水解。

毒　　性 大鼠、小鼠急性经口LD_{50} > 15g/kg，大鼠、小鼠皮下注射LD_{50} > 5g/kg，雄大鼠腹腔内注射

LD_{50}为1 775mg/kg，雌大鼠腹腔内注射LD_{50}为1 094mg/kg，小鼠腹腔内注射LD_{50} > 5g/kg，大鼠急性吸入LC_{50}(4h) > 1 930mg/m^3。对皮肤和眼睛有极其轻微的刺激作用，无致畸、致癌作用。大鼠2年饲喂试验无作用剂量为0.15mg/kg体重。对人的ADI为0.001 5mg/kg，鲤鱼、虹鳟鱼LC_{50}(48h) > 10mg/L。水蚤LC_{50}(3h) > 10mg/L。

除草特点 是非激素型内吸传导型除草剂，由杂草的根和基部吸收后，抑制叶绿素生成引起白化现象，使其逐渐枯死，持效期45 ~ 50d，在土壤中向下移动在1cm以内。

适用作物 主要用于水稻田除草。

防除对象 本品杀草谱广，尤其对1年生及多年生阔叶杂草有卓效，如稗草、萤蔺、牛毛毡、水莎草、瓜皮草、窄叶泽泻等，对水稻安全。

应用技术 芽前和芽后早期使用，剂量根据施药地区、防除杂草种类、施药时间而有所变动，一般为80 ~ 160g(有效成分)/亩。

开发登记 该除草剂由日本三菱油化公司(Mitsubishi Petrochemical Co. Ltd.)推广，获有专利特开昭57-72903(1982)。

吡氯草胺 nipyraelofen

其他名称 SLA3992。

化学名称 1-(2,6-二氯-α,α,α-三氟-对-甲苯基)-4-硝基吡唑-5-基胺。

结构式

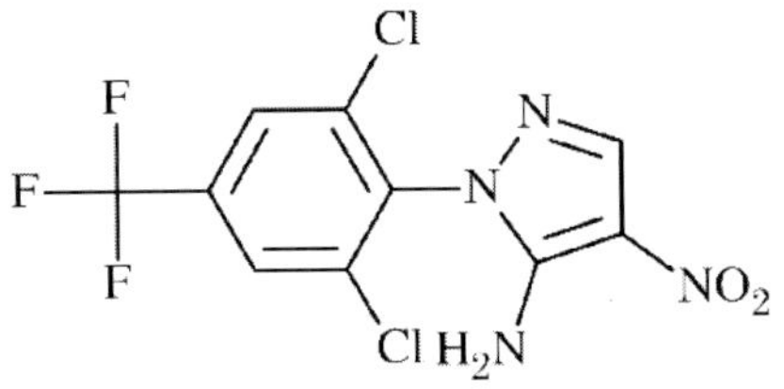

Cl, F, F, F, N, N, NO_2, Cl, H_2N

除草特点 内吸传导性除草剂，主要是抑制叶绿素的合成及光合作用而导致杂草死亡。

开发登记 该除草剂由德国拜耳公司开发。

Pyrasulfotole

化学名称 (5-羟基-1,3-二甲基氢-吡唑-4基)[2-(甲磺酰基)-4-(三氟甲基)苯基]甲酮。

结构式

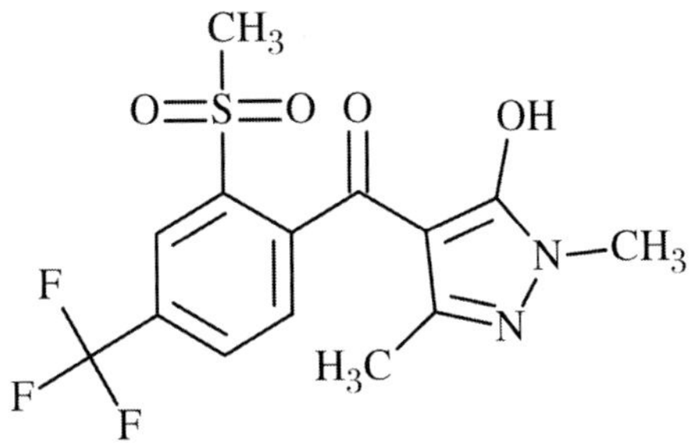

CH_3, O=S=O, O, OH, N—CH_3, N, H_3C, F, F, F

除草特点 通过抑制酶4 -羟基-苯丙酮酸双加氧酶(HPPD)。此外，pyrasulfotole阻止植物的光合能力，通过质体醌消耗，同时增加了杂草的敏感性。因此，过量的氧反应形成的快速移动造成的损害，最终植物死亡。

适用作物 麦田等禾谷类作物。

应用技术 资料报道，用于麦田等禾谷类作物田苗后防除阔叶杂草。

开发登记 2007年和2008年拜耳作物科学公司介绍该除草剂。

苯唑草酮 topramezone

其他名称 玉可安。

化学名称 [3-(4,5 -二氢-3-异恶唑)-2-甲基-4-(甲磺酰基)甲酮苯基](5-羟基-1-甲基-1H -吡唑-4-基)甲酮。

结构式

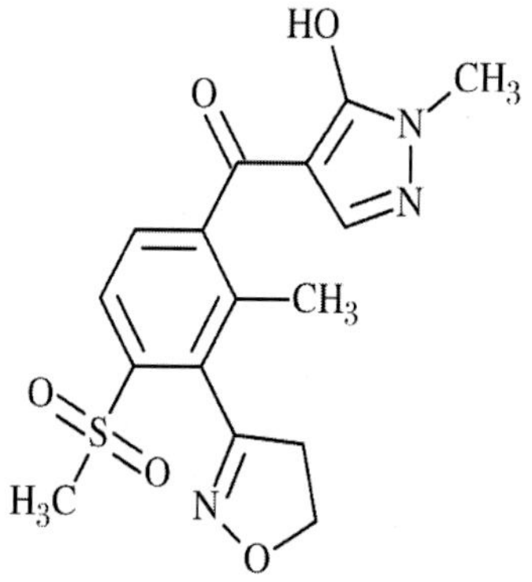

毒　　性 低毒

剂　　型 4%可分散油悬浮剂、30%可分散油悬浮剂、30%悬浮剂

除草特点 苯唑草酮是三酮类苗后茎叶处理剂。具有内吸传导作用除草剂，可以被植物的茎叶和根吸收。杀草谱广，防效迅速，药后2~5d就能见效，且持效期较长。对各种品种的玉米安全。

适用作物 玉米。

防除对象 1年生禾本科杂草和阔叶杂草。可有效防除马唐、稗草、牛筋草、狗尾草、藜、苘麻、反枝苋、马齿苋、苍耳、龙葵等。

应用技术 玉米2~4叶期，1年生杂草2~4叶期，30%悬浮剂4~6ml/亩，对水15~30L均匀喷雾。

注意事项 低温和干旱的天气，杂草生长会变慢从而影响杂草对苯唑草酮的吸收，杂草死亡的时间会变长。施药应均匀周到，避免重喷，漏喷或超过推荐剂量用药。一旦毁种，勿再次施用本品。在大风时或大雨前不要施药，避免漂移。后茬种植苜蓿、棉花、花生、马铃薯、高粱、大豆、向日葵、菜豆、豌豆、甜菜、油菜等作物需先进行小面积试验，然后种植。赤眼蜂等天敌放飞区域禁用。每季最多使用1次。

开发登记 巴斯夫欧洲公司、深圳诺普信农化股份有限公司、山东滨农科技有限公司 等企业登记生产。

Pyroxasulfone

化学名称 3-5-二氟甲氧基-1-甲基-3-(三氟甲基)吡唑- 4 -基甲基磺酰基-4,5-二氢-5,5-二甲基-1,2-

恶唑。

结构式

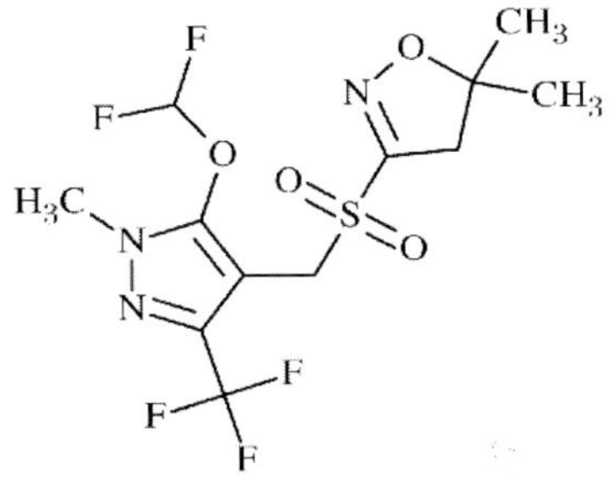

除草特点 被杂草根与幼芽吸收，抑制幼苗早期生长，顶端分生组织与胚芽鞘生长被破坏，它是植物体内VLCFA生物合成的潜在高效抑制剂。

防除对象 广谱性除草剂，防治1年生禾本科杂草。

应用技术 为芽前土壤处理除草剂，可安全用于玉米、大豆、花生、棉花、向日葵与马铃薯等作物，用量为8g(有效成分)/亩(砂壤土)。其单位面积用药量比异丙甲草胺及其他氯代乙酰胺类除草剂品种低8～10倍，它是现有常规芽前土壤处理除草剂中生物活性最高的品种。

开发登记 是日本组合化学公司(Kumiai)开发的广谱、高活性的残留性除草剂新品种，试验代号KIH-485。

二十四、三唑类除草剂

(一)三唑类除草剂的主要特性

三唑类除草剂是近几十年研究和开发的一类新型除草剂， 它具有高效、选择性好、生物降解率高的特点， 是一种极有发展前景的除草剂，现在已相继开发3个除草剂品种。

三唑类除草剂的作用特点如下：大量研究结果显示其作用机理与氯乙酰胺类化合物相似，是细胞生长抑制剂；选择性除草剂，对稻田中的稗草、萤蔺等多数杂草可以全部杀死，而对水稻作物有极高的安全性；毒性低，对动物与环境安全。

(二)三唑类除草剂的主要品种

吡唑草胺 metazachlor

其他名称 灭草胺。

化学名称 N-氯乙酰-2,6-二甲基苯胺。

结构式

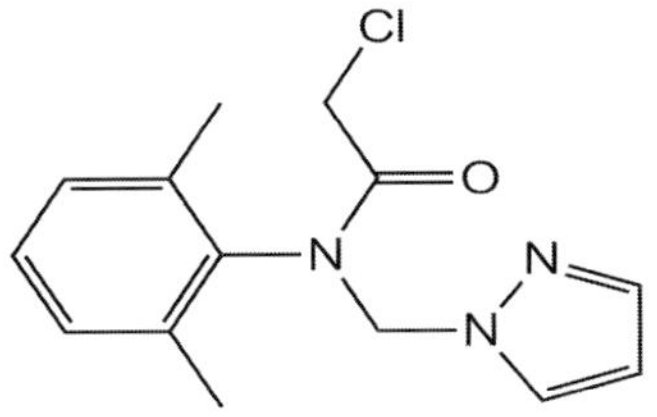

理化性质 原药外观为白色晶体，比重1.31，熔点85℃。在20℃时，溶解度为丙酮1 000g/kg、氯仿1 000g/kg、200g/kg、水17mg/L。对酸稳定。

毒　　性 低毒。

剂　　型 500g/L悬浮剂。

除草特点 吡唑草胺为酰胺类选择性除草剂，由下胚轴和根部吸收，抑制杂草种子发芽。能有效防治油菜田1年生禾本科杂草和部分阔叶杂草。

适用作物 冬油菜。

防除对象 1年生杂草。

应用技术 冬油菜田，油菜移栽前1～3d，使用500g/L悬浮剂80～100ml/亩，对水30～40kg土壤喷雾处理。

注意事项 施药时严格控制剂量，不要在暴雨前施药；本品对鱼中毒，应注意对周边鱼塘等水域的防护，药液不可进入池塘；每季最多使用1次。

开发登记 江苏蓝丰生物化工股份有限公司、山东中石药业有限公司 登记生产。

唑草胺 cafenstrole

其他名称 苯酮唑；Grachitor；CH-900。

化学名称 N,N-二乙基-3-均三甲基苯磺酰基-1H-1,24-三唑-1-甲酰胺。

结 构 式

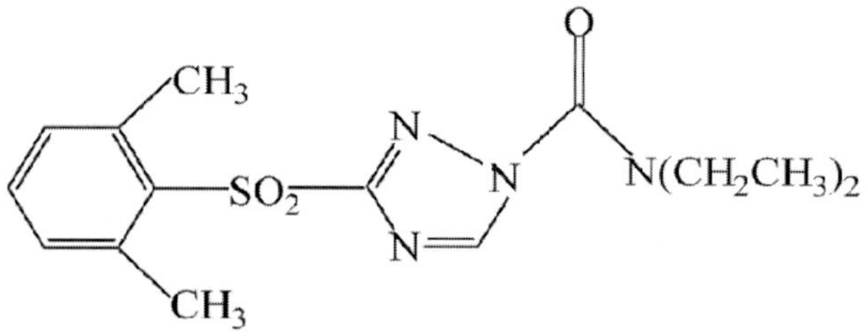

CH_3 SO_2 N N N O $N(CH_2CH_3)_2$ CH_3

理化性质 纯品为无色结晶体，熔点114～116℃。相对密度1.30(20℃)。蒸气压5.3×10^{-5} MPa(20℃)。水中溶解度为2.5mg/L(20℃)中性和弱酸性条件下稳定。

毒　　性 大(小)鼠急性经口LD_{50} > 5 000mg/kg，大鼠急性经皮LD_{50} > 2 000mg/kg，大鼠急性吸入LC_{50}(4h) > 1.97g/L。Ames试验呈阴性，无致突变性，野鸭和鹌鹑急性经口LD_{50} > 2 000mg/kg。鲤鱼LC_{50}(48h) > 1.2mg/L，蜜蜂LC_{50}(72h，接触) > 5 000mg/L。

除草特点 具体作用机理尚不清楚，大量研究结果显示其作用机理与氯乙酰胺类化合物相似，是细胞生长抑制剂。

适用作物 对移栽水稻安全。

防除对象 可防除稻田大多数1年生与多年生阔叶杂草如稗草、鸭舌草、异型莎草、萤蔺、瓜皮草等。对稗草有特效。持效期超过40d。

应用技术 据资料报道,是一种可苗前和苗后使用的除草剂，使用剂量为14～20g(有效成分)/亩。草坪用剂量为66.7～133.3g/亩。

开发登记 由日本中外制药公司研制，永光化成、日产化学、杜邦、武田化学等公司开发的三唑酰胺类除草剂。

氟胺草唑 flupoxam

其他名称 胺草唑。

化学名称 1–[4–氯–3–(2,2,3,3,3–五氟丙氧基甲基)苯基]–3–氨基甲酰基–5–苯基–1H–1,2,4–三唑。

结构式

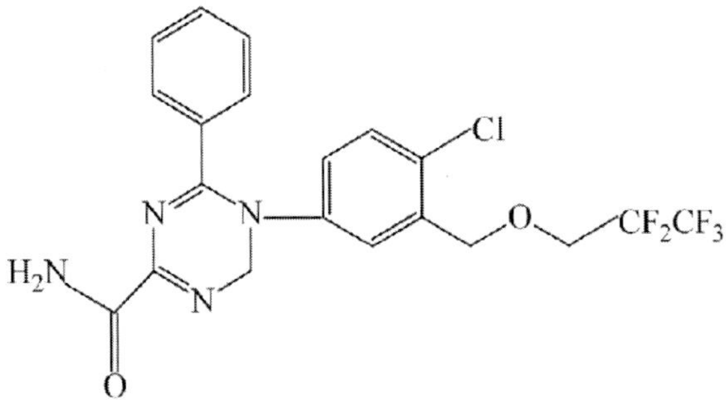

理化性质 纯品为浅米色无臭晶体，熔点144～148℃，蒸气压2.0×10^{-2}MPa(25℃)，相对密度1.433(20.5℃)。溶解度：水5.0mg/L(pH5.1)、1.0mg/L(pH值7.4)，己烷3mg/L，甲苯5.6g/L，甲醇133g/L，丙酮267g/L，乙酸乙酯102g/L。

毒　　性 大鼠急性经口$LD_{50}>5\ 000$mg/kg。兔急性经皮$LD_{50}>2\ 000$mg/kg。对兔眼睛有轻微刺激性，对皮肤无刺激性。无致畸、致突变性。

剂　　型 10%乳油、12.5%悬浮剂、50%悬浮剂。

除草特点 有丝分裂抑制剂。苗前施用可使阔叶杂草不发芽，这是由于根系生长受抑制、子叶组织受损而致。苗后施用使植株逐渐停止生长，直至生长点死亡、幼株枯死。在植株中不移动，主要通过触杀分生组织而起作用，因此施于迅速生长的植株则十分有效。在自然土壤中的半衰期为69d。此药剂的降解系由微生物进行。在生物活性高的土壤中或在土壤温度、湿度适于微生物活动时，其降解速度较快。在土壤中作垂直而非横向移行，其速度取决于土壤类型和降水量。

适用作物 小麦、大麦。

防除对象 主要用于防除越冬禾谷类作物田中1年生阔叶杂草，如荠菜、藜、鼬瓣花、大马蓼、佛座、繁缕、猪殃殃、婆婆纳、野油菜等。

应用技术 据资料报道，小麦、大麦苗前苗后均可使用，可以用10%乳油100ml/亩，在杂草2～4叶期施用，防除效果达90%以上。与异丙隆混用效果更佳。

注意事项 药剂的除草效果与土壤类型有关，通常在轻质土壤中的效果优于黏重土或有机质土。施用剂量和时期会影响对杂草的防除效果，一般宜在杂草生长旺盛的子叶至2片真叶期施药。

杀草强 amitrole

其他名称 3–氨基–1,2,4–三唑。

结构式

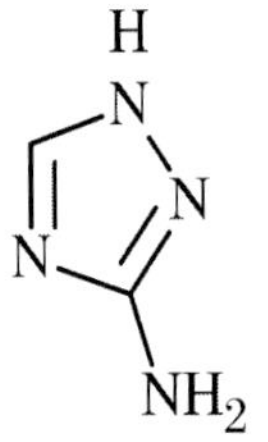

理化性质 无色结晶。熔点157～159℃。25℃时在水中的溶解度为280mg/L。易溶于乙醇，不溶于非极性溶剂。能和大多数酸和碱反应生成盐。

毒　　性 大鼠急性经口LD_{50}为1 100～2 500mg/kg，急性经皮LD_{50}＞10 000mg/kg，可引起甲状腺肿大。

剂　　型 水溶性粉剂。

应用技术 据资料报道，主要用于休闲地上防除萌发的1年生杂草和一些多年生杂草。

二十五、三唑啉酮类除草剂

（一）三唑啉酮类除草剂的主要特性

该类化合物可能是在N-苯基酞酰亚胺和恶二唑酮类除草剂的基础上进一步优化而得，该类除草剂中第一个商品化的品种是唑啶草酮，现已有5个品种商品化。

三唑啉酮类除草剂的作用特点如下：通过对原卟啉氧化酶的抑制而抑制杂草的正常光合作用，受药杂草失绿、斑枯死亡；选择性触杀型苗后茎叶处理除草剂；该药剂在土壤中的持效期较短。

（二）三唑啉酮类除草剂的主要品种

胺唑草酮 amicarbazone

化学名称 4-氨基-N-叔丁基-4,5-二氢-3-异丙基-5-氧-1H-1,2,4-三唑酮-1-酰胺。

结 构 式

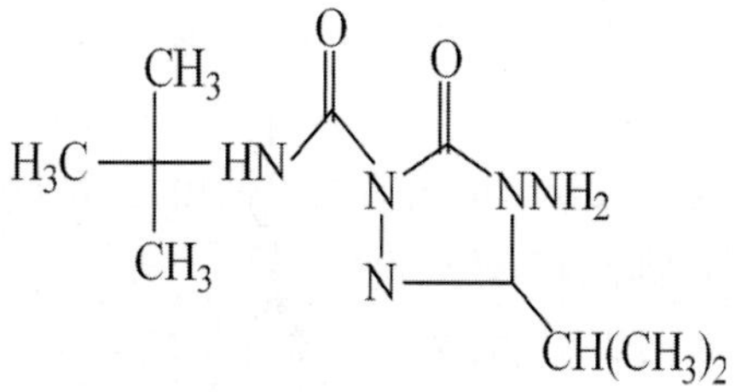

理化性质 纯品为无色结晶，熔点137.5℃。蒸气压：1.3×10^{-6}Pa(20℃)，3.0×10^{-6}Pa(25℃)。相对密度1.12，水中溶解度(20℃)4.6g/L(pH4～9)。

毒　　性 雌大鼠急性经口LD_{50}为1 015mg/kg。大鼠急性经皮LD_{50}＞2 000mg/kg，对兔眼睛和皮肤无刺激性，对豚鼠皮肤无致敏作用。大鼠急性吸入LC_{50}(4h)2.242mg/L空气。山齿鹑急性经口LD_{50}＞2 000mg/kg，日摄入LC_{50}＞5 000mg/L。

剂　　型 70%水分散粒剂。

除草特点 胺唑草酮属于三唑啉酮类除草剂，光合作用抑制剂。敏感植物的典型症状为褪绿、停止生长、组织枯黄直至最终死亡，与其他光合作用抑制剂有交互抗性，主要通过根系和叶面吸收。

适用作物 玉米和甘蔗。

防除对象 有效防治玉米和甘蔗上的主要1年生阔叶杂草和甘蔗田许多1年生禾本科杂草。在玉米上，对苘麻、藜、野苋、苍耳等具有良好防效，施药量33g/亩、还能有效防治甘蔗田的泽漆、车前臂形草和蒺藜等，施药量33～80g/亩。其触杀性和持效性决定了他具有较宽的施药适期，可以方便地选择种植前或芽前土壤使用，用于甘蔗时，也可以芽后施用。

应用技术 主要用于玉米和甘蔗苗前或苗后除草，防除大多数双子叶和1年生单子叶杂草如苘麻、藜、苋属杂草、苍耳、裂叶牵牛等。用70%水分散粒剂35～70g/亩，对水30kg喷施。

开发登记 是由德国拜耳公司开发的氨基三唑啉酮类除草剂。

唑啶草酮 azafenidin

其他名称 Milestone；Evolus。

化学名称 2-(2,4-二氯-5-丙炔-2-氧基苯基)-5, 6,7,8-四氢-1,2,4-三唑并(4,3-α)吡啶-3(2H)-酮。

结构式

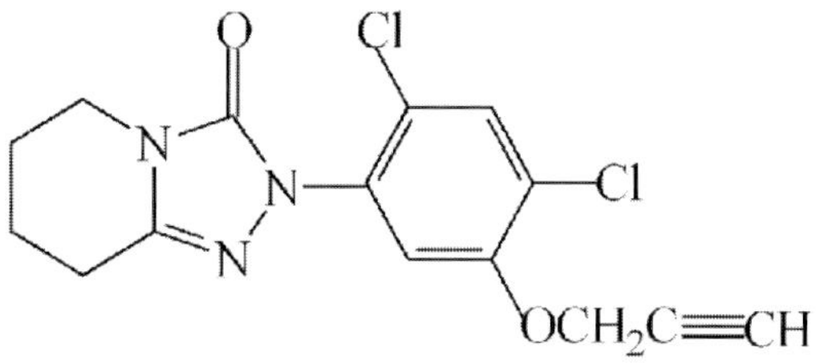

理化性质 纯品为铁锈色、具强烈气味的固体。熔点168～168.5℃。相对密度1.4(20℃)，蒸气压1.0×10^{-9}Pa(25℃)。水中溶解度为12mg/L(pH7)。对水解稳定，水中光照半衰期大约为12d。

毒　　性 大鼠急性经口LD_{50}＞5 000mg/kg，兔急性经皮LD_{50}＞2 000mg/kg。大鼠急性吸入LC_{50}(4h) 5.3mg/L。对兔眼睛和兔皮肤无刺激性，野鸭和山齿鹑急性经口LD_{50}＞2 250mg/kg、野鸭和山齿鹑饲喂LD_{50}(8d)＞5 620mg/L。鱼毒LC_{50}(96h，mg/L)：大翻车鱼48，虹鳟鱼33。蜜蜂LD_{50}＞20μg/只(经口)。Ames试验呈阴性，无致突变性。

剂　　型 80%可湿性粉剂。

除草特点 原卟啉原氧化酶抑制剂。

适用作物 如橄榄、柑橘、森林及不需要作物及杂草生长的地点等。可防除许多重要杂草，阔叶杂草，如苋、马齿苋、藜、荠菜、千里光、龙葵等；禾本科杂草如狗尾草、马唐、早熟禾、稗草等。对三嗪类、芳氧羧酸类、环已二酮类和ALS抑制剂(如磺酰脲类除草剂等)产生抗性的杂草有特效。

应用技术 在杂草出土前施用，使用剂量为16g(有效成分)/亩。因其在土壤中进行微生物降解和光解作用，无生物积累现象，故对环境和作物安全。

开发登记 是杜邦公司开发的三唑啉酮类除草剂。

氟唑草酮 carfentrazone-ethyl

其他名称 快灭灵；唑草酮；唑酮草酯。

化学名称 乙基-2-氯-3-[2-氯-5-[4-(二氟甲基)-4,5-二氢-3-甲基5-氧-1H-1,2,4-三唑-卜基]-4-氟苯

基]丙酸乙酯。

结 构 式

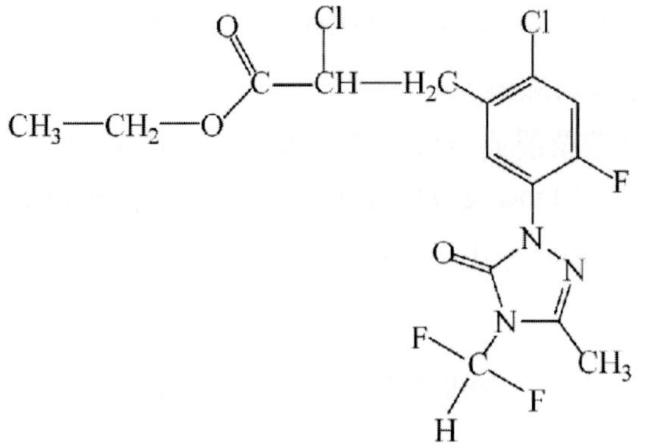

理化性质 原药为黏性黄色液体，密度(20℃)1.457，沸点350～355℃，熔点-22.1℃，蒸气压(25℃)1.6×10^{-5}Pa。溶解度(25℃)：水22 mg/L，甲苯1 060g/L，己烷50g/L。

毒　　性 大鼠急性经口$LD_{50}>5\ 000$mg/kg，大鼠急性经皮$LD_{50}>4\ 000$mg/kg，鱼LC_{50}(96h)1.6～43mg/L，鹌鹑LD_{50}为1 000mg/kg，鹌鹑、野鸭$LC_{50}>5\ 000$mg/L。

剂　　型 40%干悬浮剂、40%水分散粒剂。

除草特点 选择性触杀型苗后茎叶处理除草剂。通过对原卟啉氧化酶的抑制而抑制杂草的正常光合作用，受药杂草失绿、斑枯死亡。该药剂在土壤中的持效期较短。

适用作物 小麦、水稻、玉米。

防除对象 可以防除多种阔叶杂草，对本氏蓼、香薷、鸭跖草、苍耳、鼬瓣花、猪殃殃、播娘蒿、荠菜防效突出，对藜、卷茎蓼、泽漆、眼子菜防效明显，对大巢菜、稻槎菜防效一般，对蚤缀效果差。

应用技术 在小麦苗期，杂草基本出齐且多处于幼苗期，用40%干悬浮剂3～4g/亩，对水30kg均匀喷施。

注意事项 该药剂效果高，施药时要注意准确把握用量，喷施均匀。若喷药不匀，着药多的麦叶上出现少量斑点，一般情况下10d后白斑会逐渐消失，不影响小麦生长。防除婆婆纳必须掌握在子叶期施用才能获得最佳效果。4对真叶期至5个分蘖期抗药性很强，氟唑草酮已不能杀死婆婆纳。稻田施药时要排水，药后2d正常管理。

开发登记 美国富美实公司、江苏省苏州富美实植物保护剂有限公司等企业登记生产。

甲磺草胺 sulfentrazone

其他名称 磺酰唑草酮；磺酰三唑酮。

化学名称 2',4'-二氯-5'-(4-二氟甲基-4,5-二氢-3-甲基-5-氧-1H-1,2,4-三唑-1-基)甲基磺酰基苯胺。

结 构 式

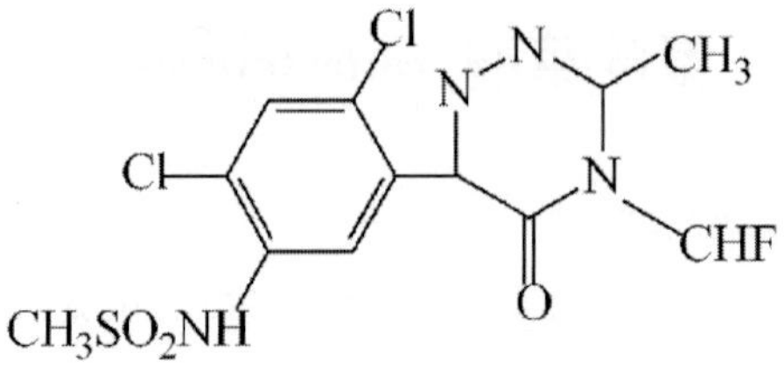

理化性质 纯品为棕黄色固体，熔点121 ~ 123℃。相对密度1.21(20℃)。水中溶解度为(25℃，mg/L)：0.11(pH6)，0.78(pH7)，16(pH7.5)。可溶于丙酮和大多数极性有机溶剂。

毒　　性 大鼠急性经口LD_{50}为2 855mg/kg。兔急性经皮LD_{50} > 2 000mg/kg。对兔眼睛无刺激性，对兔皮肤有轻微刺激性但无致敏性。大鼠急性吸入LC_{50}(4h) > 4.14mg/L。野鸭急性经口LD_{50} > 2 250mg/kg。野鸭和鹌鹑饲喂LC_{50}(8d) > 5 620mg/L。虹鳟鱼LC_{50}(96h) > 130mg/L。Ames试验呈阴性。小鼠淋巴瘤和活体小鼠微核试验呈阴性。

剂　　型 38.6%胶悬剂、40%悬浮剂、48%悬浮剂、75%干悬浮剂、75%水分散粒剂。

除草特点 原卟啉原氧化酶抑制剂，即通过抑制叶绿素生物合成过程中原卟啉原氧化酶而引起细胞膜破坏，使叶片迅速干枯、死亡。可由植物的根或叶吸收，此药剂由根部进入植物体后主要靠蒸散作用向上运输，最后累积在叶绿体外膜。在土壤中具中度移动性，主要通过微生物降解，光照下稳定，在土壤中半衰期为110 ~ 280d，残效期较长。

适用作物 甘蔗。

防除对象 1年生阔叶杂草、禾本科杂草和莎草，如牵牛花、反枝苋、铁苋菜、藜、曼陀罗、蓼、马唐、狗尾草、苍耳、牛筋草、油莎草、香附子等，对目前较难防除的牵牛花、藜、苍耳、香附子等杂草效果突出，对豆科杂草防效较差。

应用技术 甘蔗田，甘蔗定植后、杂草出苗前用75%水分散粒剂32 ~ 48g/亩，对水30 ~ 50kg，对土壤均匀喷雾；或者用40%悬浮剂60 ~ 90ml/亩，对水20 ~ 40kg均匀喷雾。

注意事项 在施药后遇到湿冷环境则会对少数大豆品种的幼苗产生短暂抑制，但对产量无影响。直接施用于烟苗时，对烟苗有明显的伤害。甲磺草胺不能有效杀灭香附子的再生块茎。其在土壤中残效期较长，半衰期为110 ~ 280d。对下茬禾谷类作物安全，但对棉花和甜菜有一定的药害。每季作物最多使用1次。对水生生物有毒，水产养殖区、河塘等水体附近禁用。

开发登记 美国富美实公司 、浙江天丰生物科学有限公司 、泸州东方农化有限公司 等企业登记生产。

Bencarbazone

化学名称 4-[4,5-二氢-4 -甲基-5-羰基-3-(三氟甲基)-1H-1,2,4-三唑-1-基]-2- [乙磺酰基氨基]-5氟苯基硫代羧酰胺。

结 构 式

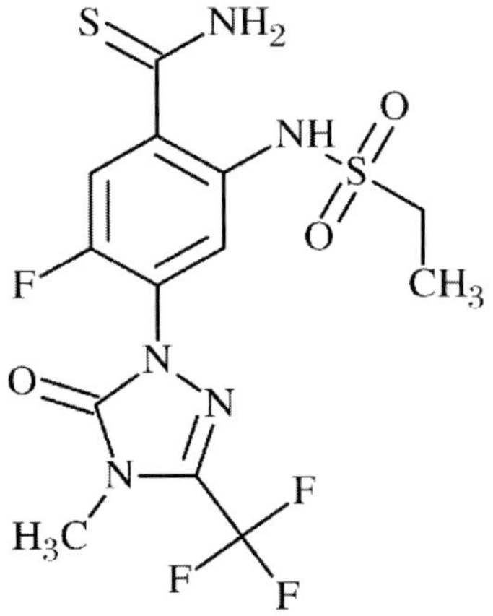

应用技术 属于原卟啉原氧化酶抑制剂，主要用于禾谷类作物(如小麦、大麦、玉米)田除草，苗后防

除阔叶杂草，使用剂量1.3~2g/亩。

开发登记 是拜耳公司报道的，并与日本爱立斯达公司合作开发的三唑啉酮类除草剂。

二十六、脲嘧啶类除草剂

(一)脲嘧啶类除草剂的主要特性

在新发表的专利中，有许多芳基脲嘧啶类除草剂，其中不乏超高效的化合物，已成为除草剂开发的一个热点，现已商品化7个除草剂品种，如FMC公司开发的双苯嘧草酮和诺华公司开发的氟丙嘧草酯均是具有很好活性的原卟啉原氧化酶抑制剂。

脲嘧啶类除草剂的作用特点如下：原卟啉原氧化酶抑制剂；选择性除草剂；毒性低，对动物与环境安全。

(二)脲嘧啶类除草剂的主要品种

双苯嘧草酮 benzfendizone

化学名称 2-{5-乙基-2-[4-(1,2,3,6-四氢-3-甲基-2,6-二氧-4-三氟甲基嘧啶-1-基)苯氧基甲基]苯氧基}丙酸甲酯。

结构式

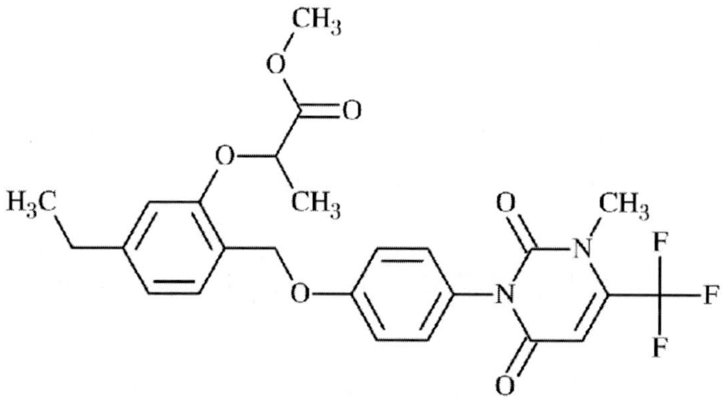

除草特点 原卟啉原氧化酶抑制剂。

开发登记 是FMC公司开发的脲嘧啶类除草剂。

氟丙嘧草酯 butafenacil

其他名称 fluobutracil。

化学名称 2-氯-5-[1,2,3,6-四氢-3-甲基-2,6-二氧-4-(三氟甲基)嘧啶-1-基]苯甲酸-1-(烯丙氧基羰基)-1-基乙基酯。

结 构 式

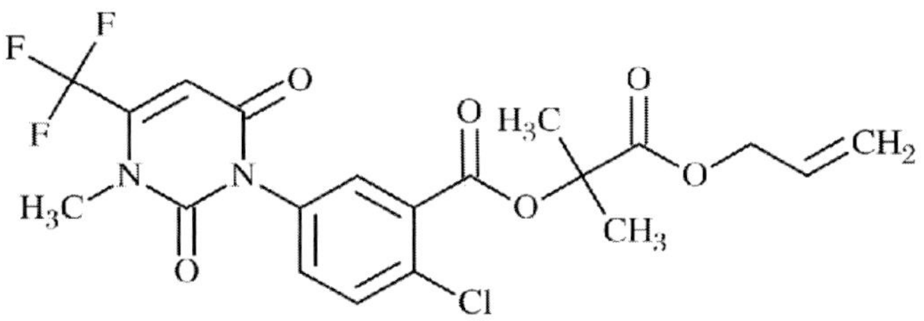

理化性质 纯品为无色粉状固体，熔点113℃，沸点270~300℃。相对密度1.37(20℃)，蒸气压7.4×10^{-9} Pa(25℃)，25℃在水中溶解度为10mg/L。

毒　　性 大、小鼠急性经口$LD_{50}>5\ 000$mg/kg。大鼠急性经皮$LD_{50}>2\ 000$mg/kg。大鼠急性吸入LD_{50}(4h) > 5 100mg/L。对兔眼睛和皮肤无刺激性，山齿鹑和野鸭急性经口$LD_{50}>2\ 250$mg/kg，野鸭和山齿鹑饲喂LC_{50}(5d) > 5 620mg/L。虹鳟鱼LC_{50}(96h)3.9mg/L。对蜜蜂和蚯蚓无毒，蜜蜂$LD_{50}>20\mu$g/只(经口)、>100μg/只(接触)，蚯蚓$LD_{50}>1\ 250$mg/kg土壤。

除草特点 原卟啉原氧化酶抑制剂，非选择性除草剂。主要用于果园、非耕地除草。

开发登记 诺华公司研制的尿嘧啶类除草剂。

除草定 bromacil

化学名称 5-溴-3-仲丁基-6-甲基脲嘧啶。

结 构 式

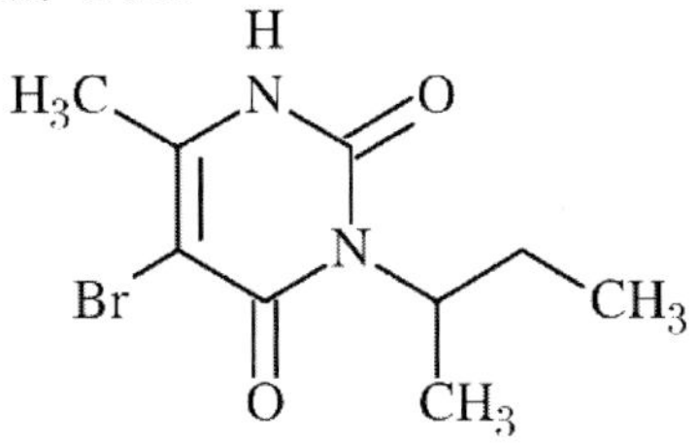

理化性质 纯品除草定是无色结晶固体，熔点158~159℃，蒸气压0.033MPa。(25℃)溶解度、水中815mg/L、丙酮中201g/kg、乙腈中77g/kg、乙醇中155g/kg、甲苯中33g/kg。低于熔点温度下稳定，可被强酸慢慢分解。其水溶性制剂不能与氨基磺酸铵、2号柴油、甲苯或杀草强液体制剂混配，钙盐可引起沉淀。

毒　　性 大鼠急性口服LD_{50}5 200mg/kg。兔急性经皮$LD_{50}>5\ 000$mg/kg、对幼豚鼠皮肤稍有刺激，对成年豚鼠皮肤无刺激。大鼠急性吸入毒性$LG_{50}>4.8$mg/L。两年饲养无作用剂量：大鼠和犬均为250mg/kg饲料，野鸭和鹌鹑LC_{50}(96h)为10 000mg/L。鱼毒LC_{50}(48h)：太阳鱼71mg/L、虹鳟鱼75mg/L、鲤鱼164mg/L。

剂　　型 80%可湿性粉剂。

除草特点 除草定属取代脲嘧啶类系统性除草剂，为非选择性除草剂，主要被根吸收，内导，也有接触茎叶杀草作用，通过干扰植物光合作用而达到杀草效果。

适用作物 柑橘、菠萝。

防除对象 1年生和多年生杂草。

应用技术 菠萝田，杂草苗前或苗后早期，用80%可湿性粉剂300~400g/亩，对水20~40kg定向茎叶喷雾；柑橘园，杂草生长盛期，用80%可湿性粉剂125~290g/亩，对水30~40kg定向均匀喷雾于杂草叶面上。

注意事项 晴天、气温较高、无风或微风时定向喷雾，喷雾时均匀不漏喷，药液避免接触作物；本产品土壤移动性较强，对地下水具有一定的污染风险性，建议减少使用剂量，仅限在柑橘园和菠萝园使用。防除多年生杂草时应适当增加用药量。避免污染水源、在桑园附近及蜜源作物花期禁止使用。

开发登记 江苏中旗科技股份有限公司 、江苏绿叶农化有限公司登记生产。

异草定 isocil

其他名称 Hyvar。

化学名称 5-溴-3-异丙基-6-甲基尿嘧啶。

结构式

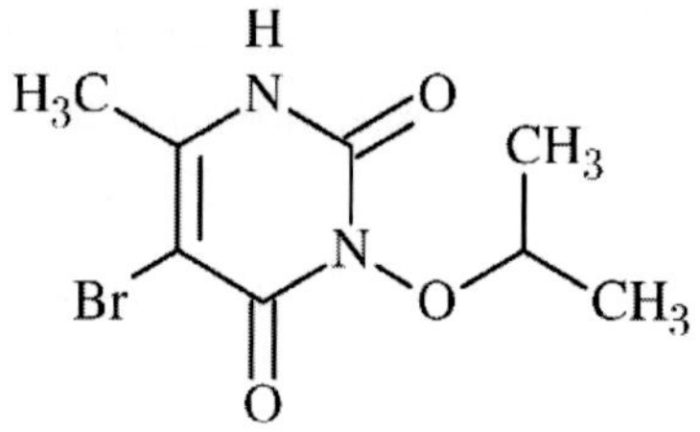

理化性质 原药为白色固体，无气味，熔点158～159℃，在水中溶解(25℃)2 150mg/kg，溶于强碱、丙酮、乙醇和乙腈。直到熔点还稳定，遇碱分解。

毒　　性 雄大鼠急性口服LD_{50} 3 400mg/kg。

剂　　型 80%可湿性粉剂。

应用技术 用于非耕作区用80%可湿性粉剂280～560g/亩，除1年生杂草、用80%可湿性粉剂373～1 870g/亩，除多年生杂草。

开发登记 1962年由H. C. Bucha等报道除草活性，杜邦公司开发。

环草啶 Lenacil

其他名称 Du Pont 634；Venzar。

化学名称 3-环己基-1,5,6,6,-四氢环戊嘧啶-2,4- (3H)-二酮。

结构式

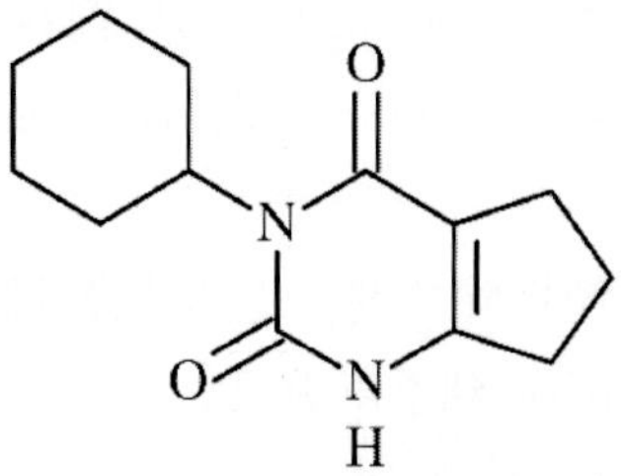

理化性质 纯品为无色结晶、熔点315.6～316.8℃，溶解度(25℃)：水中6mg/L、环已酮中约4g/kg、二甲基甲酰胺中约8g/kg、二甲基亚砜中约6g/kg、甲苯中约2g/kg。在水和酸的水溶液中316℃以下稳定。

毒　　性 大鼠急性口服LD_{50}＞11 000mg/kg。兔急性经皮LD_{50}＞5 000mg/kg，对兔眼有轻微刺激。

剂　　型 80%可湿性粉剂。

应用技术 种植前混土或芽前处理，防除饲料萝卜、红萝卜和甜菜中杂草，用80%可湿性粉剂50～

100g/亩，浅层拌土可以在干燥情况下改善药效和降低剂量；亚麻田芽前处理，用80%可湿性粉剂33～83g/亩；菠菜、草莓和多种观赏作物，用80%可湿性粉剂83～166g/亩，本品可与其他甜菜用除草剂混用。

开发登记 1964年由G. W. Cussans报道除草活性，由杜邦公司开发。

特草定 terbacil

其他名称 R732；Du Pont732；特氯定；Sinbar。

化学名称 3-特丁基-5-氯-6-甲基尿嘧啶。

结构式

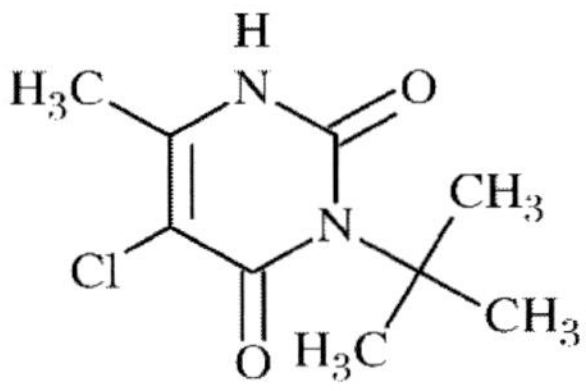

理化性质 白色结晶固体，熔点175～177℃，蒸气压为0.062 5MPa(29.5℃)。25℃时在水中的溶解度为710mg/L，在甲基异丁基甲酮、乙酸丁酯和二甲苯中溶解度中等。在环己酮、二甲基甲酰胺中易于溶解。直到熔点时，性质稳定；低于熔点时，该化合物缓慢升华。无腐蚀性。

毒　　性 大鼠急性经口LD_{50}为934mg/kg。兔急性经皮LD_{50}＞2g/kg。对兔皮肤和眼睛有轻微刺激，对豚鼠皮肤无致敏作用。大鼠急性吸入LC_{50}(4h)＞4.4mg/L。

剂　　型 80%可湿性粉剂。

除草特点 选择性芽前土壤处理除草剂，通过根部吸收，传导至叶片内抑制光合作用，使叶片褪绿枯死，对根的生长也有抑制作用。

适用作物 甘蔗、苹果、桃、柑橘和薄荷及苜蓿等。

防除对象 防除多种1年生禾本科杂草、阔叶杂草和狗牙根、阿拉伯高粱等多年生杂草，对莎草科杂草有特效。

应用技术 防除1年生杂草，用80%可湿性粉剂83～332g/亩，当杂草出苗前将药剂施于土表。防除多年生杂草，用80%可湿性粉剂332～664g/亩，在施药前用圆盘耙彻底耙1次。

开发登记 1962年由H. C. Bucha等报道该除草剂，由杜邦公司1966年推广。

Flupropacil

化学名称 1-甲基乙基-2-氯-5-[3,6-二氢-3-甲基-2,6-二氧-4-(三氟甲基)-1(二高)嘧啶]苯甲酸。

结构式

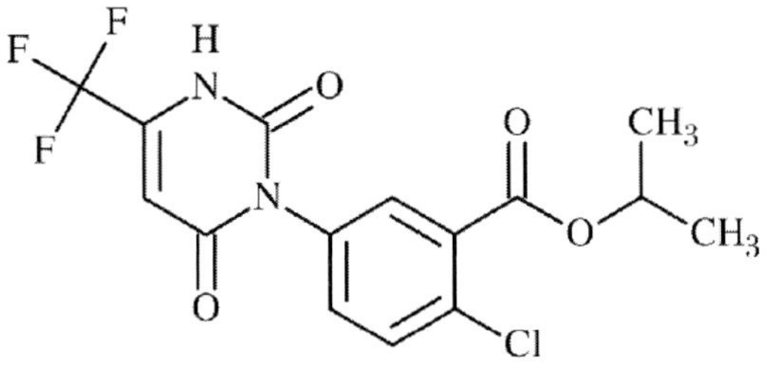

二十七、N–苯基酞酰亚胺类除草剂

(一)N–苯基酞酰亚胺类除草剂的主要特性

酞酰环状亚胺类除草剂是20世纪90 年代初期发现的国际上新型高效低毒无污染除草剂，它具有高效、低剂量、残留时间短、降解迅速、选择性强、对非目标生物安全、对环境无污染等特点，特别适合于我国这种农业化规模小，复种指数高的国情，与21世纪绿色农药的发展方向相吻合。该类除草剂是原卟啉原氧化酶抑制剂，触杀型除草剂。作用速度快，应用灵活，活性受天气影响小。

(二)N–苯基酞酰亚胺类除草剂的主要品种

吲哚酮草酯 cinidon–ethyl

化学名称 2–氯–3–[2–氯–5–(环己–1–烯–1,2–二甲酰亚氨基)苯基]丙烯酸乙酯。

结 构 式

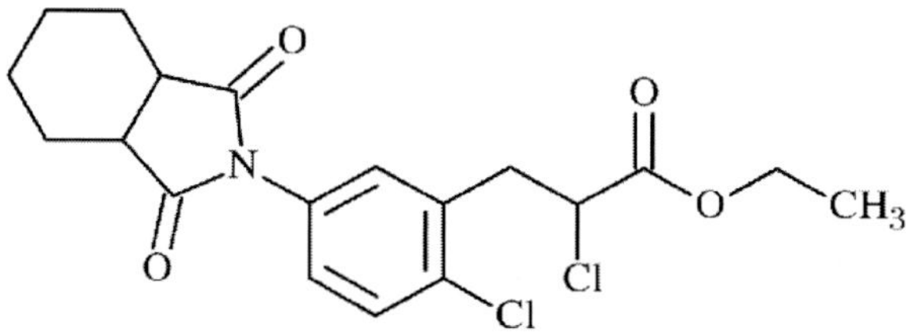

O O N O O Cl Cl CH_3

理化性质 纯品为白色无味结晶体，熔点112.2～112.7℃，溶于有机溶剂。快速水解和光解，水解DT_{50}(20℃)：5d(pH5)、35h(pH7)、54min(pH9)，光解DT_{50}2.3d(pH5)。

毒　　性 大鼠急性经口LD_{50}＞2 200mg/kg，大鼠急性经皮LD_{50}＞2 000mg/kg。大鼠急性吸入LC_{50}(4h)＞5.3mg/L。对兔眼睛和皮肤无刺激性。

剂　　型 80%乳油。

除草特点 原卟啉原氧化酶抑制剂，触杀型除草剂。作用速度快，应用灵活，活性受天气影响小。耐雨水冲刷，施药1～2h后，下雨对药效无影响。因其土壤降解半衰期不超过4d，故对地下水造成为害的可能性极小。

适用作物 小麦。

防除对象 苗后防除多种阔叶杂草，如鼬瓣花、猪殃殃、佛座、野芝麻、婆婆纳等。

应用技术 据资料报道，主要用于苗后防除冬播和春播禾谷类作物如小麦、大麦等中阔叶杂草，可以用80%乳油1～4ml/亩。为提高对某些阔叶杂草的防除效果可与激素型除草剂，如高2, 4–滴丙酸、高2甲4氯丙酸混用，也可与灭草松混用。

开发登记 巴斯夫公司开发。

氟烯草酸 flumiclorac–pentyl

其他名称 利收；氟胺草酯；阔氟胺。

化学名称 戊烷基[2–氯–5–(环己烷–1–烯基–1,2– 二羧甲酰亚胺基)–4–氟苯基]醋酸酯。

结 构 式

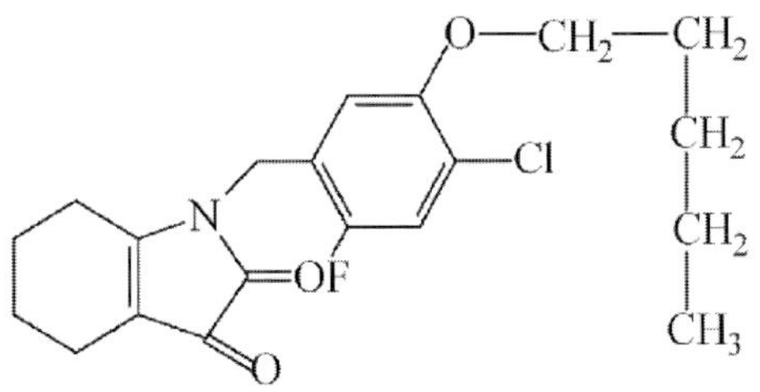

理化性质 米黄色固体，熔点90℃，溶于有机溶剂。

毒　　性 大鼠急性经口LD_{50}为3 600mg/kg，兔急性经皮LD_{50} > 2 000mg/kg。

剂　　型 10%乳油。

除草特点 本品是一种选择性触杀型苗后茎叶处理剂，可以被杂草茎叶吸收，迅速作用于植物组织，通过对原卟啉氧化酶的抑制引起原卟啉的积累，使细胞膜脂质过氧化作用增强，导致杂草细胞膜结构和细胞功能损害。药剂在光照条件下才能发挥杀草作用，一般在1～2d内出现叶面白化、斑枯等症状。大豆有良好的耐药性，大豆可以分解该药剂，但在高温条件下施药，大豆可能出现轻微触杀性药害，而对新出叶无影响。

适用作物 大豆。

防除对象 可以防除1年生阔叶杂草，如苍耳、藜、蓼、苋、苘麻、龙葵等、对铁苋菜，鸭跖草也有一定的效果，对多年生的小蓟等有一定的抑制作用。

应用技术 大豆2～4片羽状复叶期，于杂草基本出齐且多为2～4叶期茎叶喷洒，用10%乳油30～40ml/亩对水30kg均匀喷施。

注意事项 药剂稀释后要立即施用，不要长时间搁置。在干旱墒情差的情况下防效低。如果施药后8小时内有雨，也不要施用。喷药时应注意避免药液飘移至周围作物上，宜在无风时施药。

开发登记 上海菱农化工有限公司等企业登记生产。

丙炔氟草胺 flumioxazin

其他名称 速收。

化学名称 7–氟–6–(3,4,5,6–四氢)苯二甲酰亚氨基–4–(2–丙炔基)–1,4–苯并恶嗪–3(2H)–酮。

结 构 式

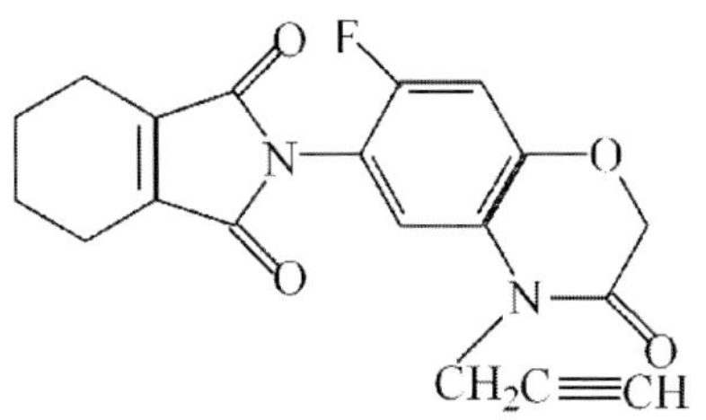

理化性质 熔点201.8～203.8℃，溶于有机溶剂。

毒　　性 大鼠急性经口LD_{50} > 5 000mg/kg，急性经皮LD_{50} > 2 000mg/kg。对皮肤无刺激作用，对兔眼睛有中等刺激作用。

剂　　型 50%可湿性粉剂、51%水分散粒剂、480g/L悬浮剂。

除草特点 广谱触杀性土壤处理除草剂。其具有良好的速效性，一经施到叶面，便迅速被敏感的植物组织吸收，引起萎蔫、干枯、变白、转黄或坏死，大多数症状在1d之内可以观察到。在作物播后苗前，用本品处理土壤表面后，吸附在土壤粒子上，在土壤表面形成处理层，等到杂草发芽时，幼芽接触药剂处理层时芽苗可以吸收药剂导致嫩芽坏死并抑制根的生长。光和氧能加速药剂的除草活性。其作用机制是诱导卟啉的大量积累，增强膜内酯的过氧化作用，导致敏感植物结构和膜功能的不可逆损坏。大豆、花生对该药剂有很好的耐性。在土壤中的半衰期为12d，持效期为20～30d，对后茬作物无药害。

适用作物 大豆、花生、柑橘园。

防除对象 可以防除1年生阔叶杂草和部分禾本科杂草。该药剂对苋、藜、蓼、鸭跖草、铁苋菜、龙葵防效突出，对苘麻和稗草、本氏蓼的防效较差，对苍耳防效一般，对香薷、荠菜、马唐、狗尾草、牛筋草等也有较好的防除效果。

应用技术 大豆田，播后苗前，用50%可湿性粉剂8～12g/亩 或者5.3～8g/亩或6g/亩+乙草胺有效成分25～38g/亩，对水30～50kg，土壤均匀喷雾处理；春大豆田，应在大豆苗后早期，用50%可湿性粉剂3～4g/亩（东北地区）均匀喷雾；夏大豆，应在苗后早期，用50%可湿性粉剂3～3.5g/亩或6g/亩+乙草胺有效成分25～38g/亩均匀喷雾；一般播后不超过3d施药；苗后杂草2～3叶期茎叶喷雾。花生田，应在花生播后苗前，用50%可湿性粉剂5.3～8g/亩或6g/亩+乙草胺有效成分25～38g/亩土壤均匀喷雾处理；柑橘园，用50%可湿性粉剂53～80g/亩，对水30～50kg，定向茎叶均匀喷雾。

注意事项 该药对杂草的防效取决于土壤条件，干旱时严重影响除草效果，应先灌水后施药。本品如果在大豆发芽后施药，有可能引起严重药害。为确保除草效果，药剂喷洒后要注意不要破坏药土层。药剂稀释后要及时施用，不要长时间放置。按推荐剂量施药，不要过量用药。在有风时施药，避免药液飘移到邻近作物上。在玉米田，如遇到较大的急雨，药土溅到玉米小苗的叶片上和喇叭口中，可造成玉米叶片接触性药害斑。柑橘园施药应定向喷雾杂草上，避免喷施到柑橘树的叶片及嫩枝上。禾本科杂草较多的田块，在技术人员指导下，和防禾本科杂草的除草剂混用。避免药液飘移到敏感作物田。 本品在大豆、花生、柑橘园施用每季最多施药1次。

开发登记 四川利尔作物科学有限公司 、浙江天丰生物科学有限公司 等企业登记生产。

炔草胺 flumipropyn

其他名称 S-23121。

化学名称 (1RS)-(+)-(N)-[4-氯-2-氟-5-(1-甲基-丙炔-2-基氧)苯基]-3,4,5,6-四氢苯邻二甲酰亚胺。

结构式

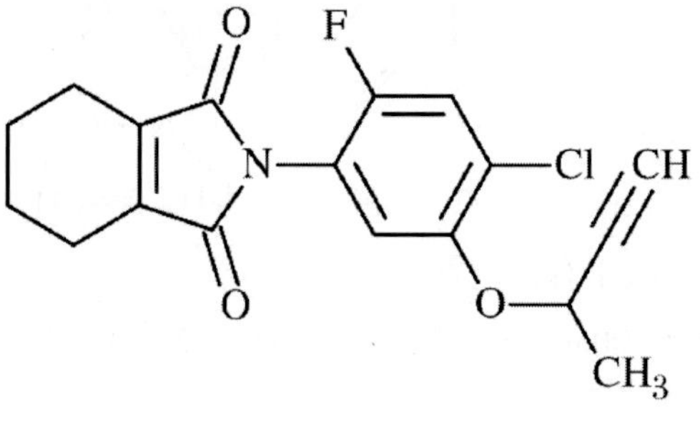

O, F, N, Cl, CH, O, O, CH_3

理化性质 本品为白色或浅棕色结晶固体，熔点115～116.5℃，密度1.39g/cm^3，蒸气压0.28MPa(20℃)。溶解性：水＜1mg/L，丙酮＞500g/kg，二甲苯200～300g/kg，甲醇50～100g/kg，乙酸乙酯330～500g/kg。

毒　　性 大鼠急性经口LD_{50} > 5 000mg/kg，大鼠急性经皮LD_{50} > 2 000mg/kg。

剂　　型 10%胶悬剂。

除草特点 本品属酰亚胺类，是触杀型除草剂。施于植物叶片不转移，施于植物根部在24h内移至芽部，施于土壤表面几乎不同水一起向下移动，主要用于防治谷物田阔叶杂草，可在芽前土壤表面施用，也可在芽后叶面施用。

适用作物 冬小麦和冬大麦。

防除对象 本品以10%胶悬剂单独施用，或者与异丙隆、2甲4氯丙酸、甲黄隆桶混用于冬小麦和冬大麦，在英国于播种后7d内芽前处理，英、法、德分别于播种后40 ~ 120d和150 ~ 200d进行芽后早期和芽后处理。在英国，以有效成分0.6 ~ 1.3g/亩芽前施用，可有效防除荠菜、母菊、田野勿忘草、野生萝卜、繁缕、阿拉伯婆婆纳、田堇菜，与异丙隆桶混使用，对鼠尾看麦娘和早熟禾的防效极佳。

开发登记 该除草剂由日本住友化学公司开发。

酞苄醚 MK-129

化学名称 N-[4-(4-氯苄氧基)苯基]-3,4,5,6-四氢酞酰亚胺。

结 构 式

理化性质 外观淡黄色结晶，熔点162 ~ 164℃，易溶于氯仿、二甲基甲酰胺、丙酮，可溶于醋酸、甲醇，难溶于环己烷。在水中溶解度为3mg/kg。

毒　　性 对小白鼠急性经口LD_{50} > 6 500mg/kg。鱼毒：对鲤鱼的TLm值为40mg/kg。

剂　　型 5%粒剂。

适用作物 水田。

防除对象 可防治稗草、节节草、母草、繁缕、窄叶泽泻、莎草、萤蔺(初期)、鸭舌草、虻眼等杂草。对瓜皮草、水莎草、牛毛毡(生长期)、荸荠、眼子菜等的防效较差。

应用技术 适用于水田的土壤处理。在移植水田，插秧后5 ~ 8d，用MS-8(与dymrone的混剂)进行处理，剂量为2 ~ 2.6kg/亩。

开发登记 三菱化成公司开发品种。

Flumezin

化学名称 2-甲基-4-(α,α,α-间甲苯基)-1,2,4- oxadiazinane-3,5-二酮。

结 构 式

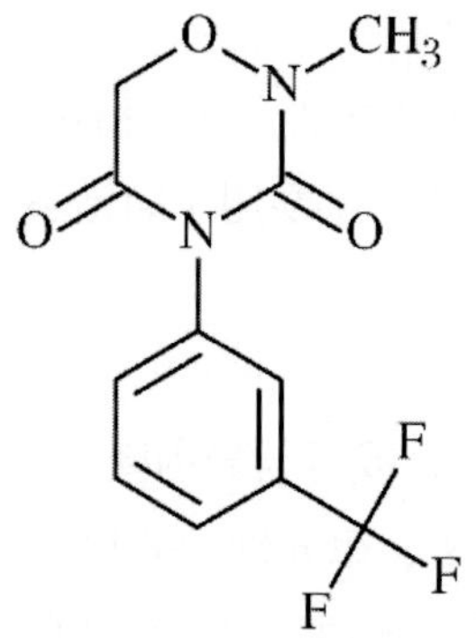

二十八、酚类除草剂

（一）酚类除草剂的主要特性

在化学除草的发展史上，酚类化合物是最早应用的有机选择性除草剂。早在1932年，2,4-二硝基酚与3, 5-二硝基-邻-甲酚能够有效地防治禾谷类作物田中多种1年生杂草。另一个重要的品种是五氯酚钠，用于大豆田除草和棉花脱叶、防治稻田浮草和稗草。以后相继开发的多种除草剂品种。酚类除草剂基本上包括两类：取代酚和氯酚。均为触杀性除草剂，由于它们的迅速触杀作用而破坏了共质体和非共质体传导的器官。主要抑制植物的呼吸作用，是典型的氧化磷酸化解偶联剂，导致植物由于缺能而生育恶化死亡。

（二）酚类除草剂的主要品种

五氯酚（钠） PCP

化学名称 五氯代酚。

结 构 式

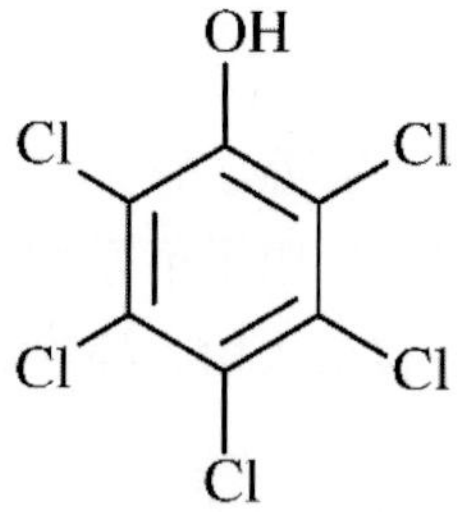

理化性质 纯品为无色晶体，带有芳香气味，熔点191℃，蒸气压16Pa(100℃)。30℃在水中溶解度为20mg/L，易溶于有机溶剂，微溶于四氯化碳和石油烃中。工业品为深灰色，熔点187～189℃。不易燃，在干燥情况下无腐蚀性，油溶液可使天然橡胶变坏但不损坏合成橡胶。本品为弱酸性。钠盐25℃在水中溶解度为330g/L，不溶于石油，其钙镁盐溶于水。

毒 性 大鼠急性经口LD_{50} 210mg/kg。对黏膜有刺激、用含3.9～10mg/kg·d饲料喂犬和大鼠，70～

190d死亡，虹鳟鱼LC_{50}为0.17mg/L(钠盐)。

应用技术 本品作为杀虫剂，用于防治白蚁；作为杀菌剂，防止木材被菌类侵害和虫钻孔；也可用做除草剂。

开发登记 本品约在1936年作为一种木材防腐剂开发，后来作为普通的杀菌剂使用。

地乐酚 dinoseb

其他名称 Dn289；Hoe26150。

化学名称 2-仲丁基-4,6-二硝基酚(Ⅰ),2-仲丁基-4,6-二硝基苯乙酸酯(Ⅱ)。

结构式

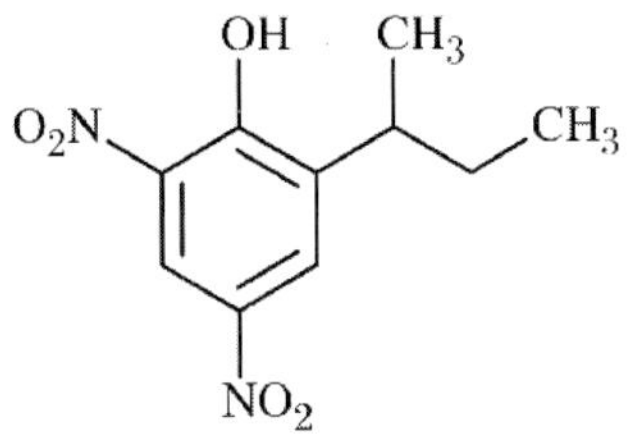

OH CH3
O2N CH3
NO2

理化性质 纯品为橙色固体、熔点38～42℃。原药(纯度95%～98%)为橙棕色固体，熔点30～40℃。室温下水中溶解度约为100mg/L，溶于石油和大多数有机溶剂。可与无机碱或有机碱形成水溶性的盐，在水存在下对低碳钢有腐蚀性。纯的地乐酚乙酯为带有香醋气味的棕色油状物，熔点26～27℃，蒸气压183MPa(60℃)。原药(纯度约94%)为黏性棕色油状物，20℃在水中溶解度为1.6g/L，溶于芳香溶剂。酯在水存在下缓慢水解，对酸、碱敏感。原药有轻微的腐蚀性。

毒　　性 大鼠急性经口LD_{50}58mg(地乐酚)/kg，60～65mg(地乐酚乙酯)/kg。兔急性经皮LD_{50}80～200mg(地乐酚)/kg、以200mg(地乐酚可湿性粉剂)/kg涂于兔皮肤上(5次)，没有引起刺激作用。在180d饲养试验表明：100mg(地乐酚)/kg对大鼠无不良影响；2年饲养试验表明：地乐酚乙酯对大鼠的无作用剂量为100mg/kg饲料，犬为8mg/kg饲料。

剂　　型 25%可溶性粉剂。

应用技术 据资料报道,触杀型除草剂，其铵盐或乙酸酯用于芽后防除禾谷类作物、套种禾谷类作物、苗期苜蓿和豌豆田中杂草。浓乳剂芽前施用防除蚕豆、豌豆和马铃薯田中杂草，也用作豆科种子作物和马铃薯收获前的催枯剂，用作树莓和草莓的长匐茎和根出条的防止剂。地乐酚乙酯与绿谷隆混用，芽前可矮化蚕豆和马铃薯。

开发登记 1945年由A. S. Craffts报道dinoseb的除草活性，1960年由H. Hartel报道其乙酸盐的除草活性，由Dow Chemical和Hoechst Ag开发。

特乐酚 dinoterb

其他名称 Ls63133；P1108；Herbogil。

化学名称 2-特丁基-4,6-二硝基苯酚。

结构式

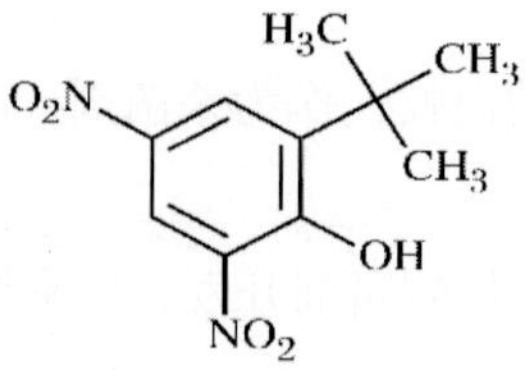

$$O_2N-C_6H_2(NO_2)(OH)-C(CH_3)_3$$

理化性质 黄色固体，熔点125.5～126.5℃，蒸气压20MPa(20℃)。溶解度：水中4.5mg/L，乙醇、乙二醇、脂族烃中约100g/kg，环己酮、二甲基亚砜、乙酸乙酯中约200g/kg。本品为酸性，可形成水溶性盐，低于熔点下稳定，约220℃分解，pH5～9(22℃)稳定期至少34d。

毒　　性 小鼠急性经口LD_{50}约25mg/kg，豚鼠急性经皮LD_{50}150mg/kg。2年饲养试验表明，大鼠无作用剂量0.375mg/kg饲料，虹鳟鱼LC_{50}(96h)为0.003 4mg/L。

剂　　型 25%乳油。

应用技术 据资料报道,触杀性芽后除草剂，在作物生育期使用的适期宽，既可芽前土壤处理，也可苗后茎叶处理。以常量喷雾效果好。在冬小麦和冬大麦分蘖期使用时，可与2甲4氯丙酸混用，但更广泛地与异丙隆混用，因其能促进杂草对异丙隆的吸收，提高药效，既可防阔叶草，也可防燕麦草等禾本科杂草。

开发登记 由G. A. Emery等报道除草活性，Pepro(现为Rhone-Poulenc Agrochemic)公司和Murphy Chemical Ltd. (没有长期生产和销售)开发。

特乐酯 dinoterb acetate

其他名称 P1108；地乐消。

化学名称 2-特丁基-4,6-二硝基苯基醋酸酯。

结构式

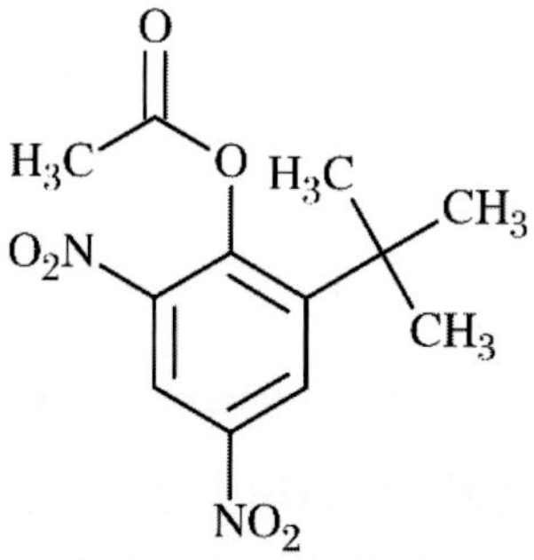

$$CH_3C(=O)O-C_6H_2(NO_2)_2-C(CH_3)_3$$

理化性质 淡黄色固体，熔点134～135℃，难溶于水，微溶于乙醇或正己烷，易溶于丙酮或二甲苯。性能稳定，但遇碱易发生水解(室温下进行较慢，遇热则加速)。

毒　　性 大鼠急性口服LD_{50}是62mg/kg，兔急性口服LD_{50}是100mg/kg，母鸡的急性口服$LD_{50}>4$g/kg、大鼠和豚鼠的急性经皮$LD_{50}>2$g/kg。

剂　　型 36%油状膏剂、5%颗粒剂、25%～50%可湿性粉剂。

适用作物 谷子、棉花、甜菜、豆科作物田苗前防除杂草，也用于杀线虫和防治蚜螨，对蚜虫和榆全爪螨的卵有效。

防除对象 1年生阔叶草及禾本科杂草。

应用技术 据资料报道,33~66g(有效成分)/亩作苗前土壤处理。

开发单位 1964年Marphy公司推荐作为除草剂，1965年详细讨论了除草活性。获有专利BP1098351。

戊硝酚 dinosam

其他名称 DNAP。

化学名称 2-(1-甲基丁基)-4,6-二硝基酚。

结构式

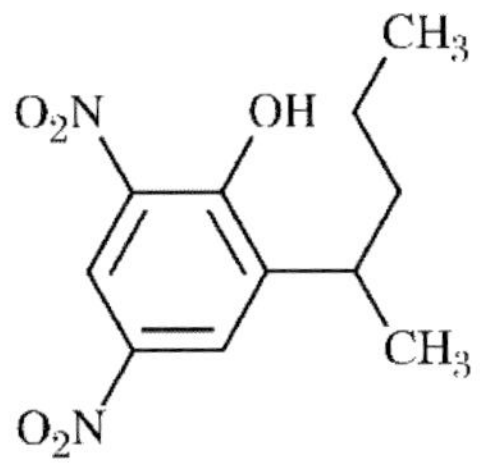

应用技术 据资料报道,作为一般除草剂使用和在收获前施用，可防除荠菜、藜、千里光属、繁缕、酸模等，并具有杀螨活性。

二硝酚 DNOC

其他名称 二硝甲酚；DNC；Dinitrocresol；ENT154。

化学名称 4,6-二硝基邻甲酚。

结构式

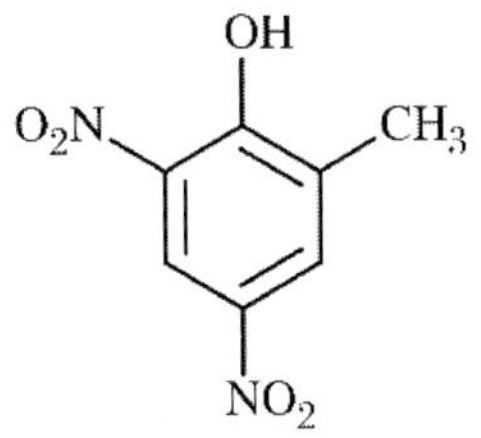

理化性质 黄色无臭结晶固体，熔点88.2～89.9℃，蒸气压为0.016Pa(25℃)。密度1.58(20℃)。15℃时在水中的溶解度为130mg/L，溶于大多数有机溶剂和醋酸中。碱金属盐可溶于水。溶解度(20℃)：水中6.94g/L，甲苯251g/L，甲醇58.4g/L，己烷4.03g/L，乙酸乙酯338g/L，丙酮514g/L，二氯甲烷503g/L。工业品纯度为95%～98%，熔点83～85℃。有爆炸性，通常使其含水达10%。以减小危险性。有水存在时对软钢有腐蚀性。易于还原成2-氨基-6-甲基-4-硝基酚，与胺类、烃类和酚类能形成络合物。

毒　　性 对大鼠急性经口LD_{50}为25～40mg/kg，急性经皮LD_{50}大鼠200～600mg/kg，山羊急性经口LD_{50}为100mg/kg，猫急性经口LD_{50}50mg/kg，其钠盐对绵羊为200mg/kg，大鼠可以耐受含100mg/kg的饲料。该药虽然对供试动物有很小的蓄积性，但对人却是一种蓄积性毒物。如果人在二硝酚中暴露8h后，血内含量就会超过20mg/L，应与药剂脱离接触。

除草特点 触杀型茎叶处理剂，通过氧化磷酸化的解偶联而起作用。

适用作物 谷物田中防除阔叶杂草，以及在马铃薯和豆科种子作物收获前作植株催枯剂，还是一个具有胃毒和触杀作用的杀虫剂。对某些昆虫有杀卵作用。由于它作为杀虫剂对植物有较强的药害，因此限于在休眠期喷药，或在荒地上(例如防治蝗虫)喷药。

防除对象 1年生阔叶杂草，如繁缕、猪殃殃、婆婆纳、蓼等，对多年生阔叶杂草只能杀死地上部分。

应用技术 据资料报道,250 ~ 400g/亩在作物苗后茎叶处理，亚麻地苗后处理的用量为100 ~ 133g/亩。浓乳剂作马铃薯、大豆等作物收获前的催枯剂。亦可于荒地上或某些作物休眠期防治某些害虫(如蝗虫等)，具胃毒和触杀作用。

开发登记 1892年，Fr. Bayer & Co. (现为德国拜耳公司，后来不再生产制造)最先将其用作杀虫剂，商品名Antinonnin，获有专利BP3301，1932年由G. Truffaut et Cie作为除草剂推广，商品名Sinox，获有专利BP 425295。

氯硝酚 chloronitrophen

其他名称 DCNP。

化学名称 2,4–二氯–6–硝基酚。

结 构 式

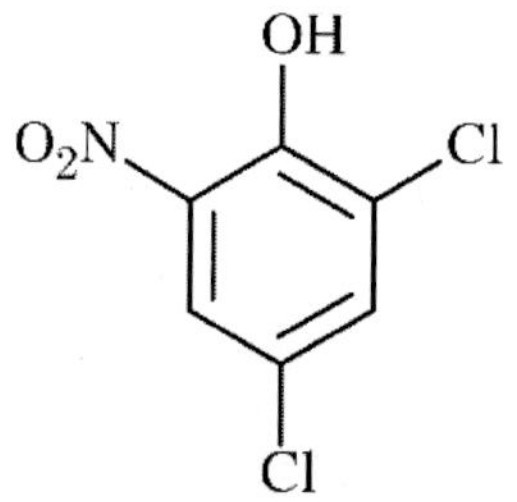

OH, O_2N, Cl, Cl

理化性质 熔点124 ~ 125℃，20℃时在水中溶解度为3.1%。

毒　　性 小鼠急性经口LD_{50}为71mg/kg。

应用技术 据资料报道,触杀型除草剂。可在小麦和大麦田中芽前或芽后施用，防除一年生宽叶杂草及禾本科杂草。用量叶面处理200 ~ 400g/亩。

开发登记 Diamond Shamroch公司研制。

地乐施 medinoterb

其他名称 P1488；MC1488。

化学名称 6–特丁基–2,4–二硝基间甲酚。

结 构 式

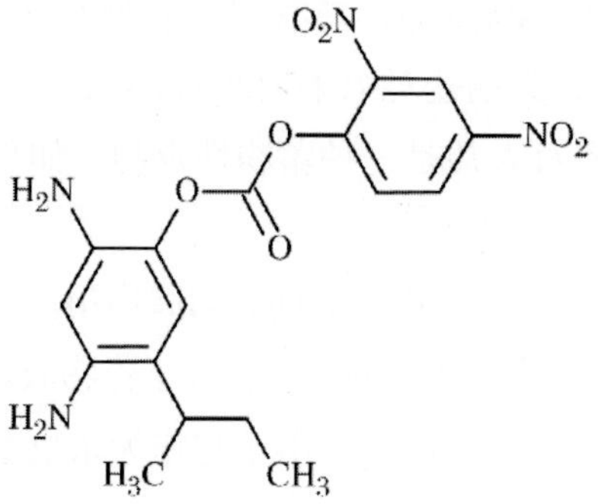

O_2N, O, NO_2, H_2N, O, O, H_2N, H_3C, CH_3

理化性质 原药为浅黄色固体，熔点是86～87℃，室温时水中溶解度低于10mg/kg，微溶于正己烷，易溶于丙酮、二甲苯中。在一般条件下它是稳定的，但是遇热碱则迅速水解，室温下缓慢水解。

毒　　性 大鼠急性经口LD_{50}为42mg/kg，大鼠急性经皮LD_{50} 1 300mg/kg。

剂　　型 25%可湿性粉剂。

应用技术 据资料报道,对草苗有毒，用25%可湿性粉剂152～680g/亩作甜菜地的芽前除草剂，也可用于棉花和豆科植物地除草，在土壤中残留期为4个月。

开发登记 1965年由G. A. Emery等报道除草活性，Murphy Chemical公司开发。

地乐特 dinofenate

其他名称 B377；Tribonate。

化学名称 2,4–二硝基苯基–2–(1–甲基丙基)–4,6–二硝基苯基碳酸酯。

结 构 式

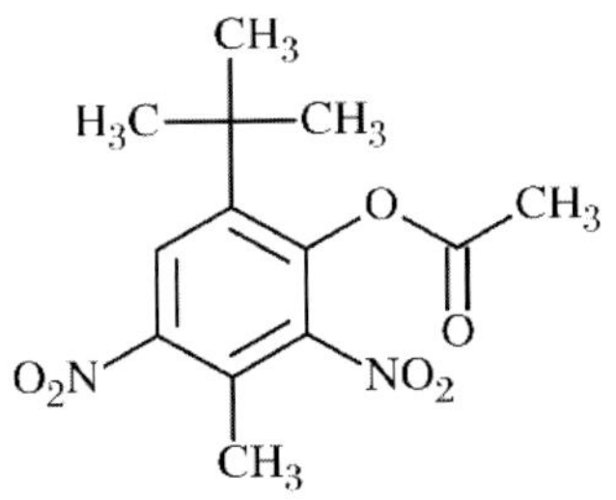

CH_3, H_3C, CH_3, O, CH_3, O, O_2N, NO_2, CH_3

理化性质 原药熔点129～131℃，溶于苯、丙酮、醇。

毒　　性 大鼠急性经口LD_{50}108mg/kg。

应用技术 据资料报道，本品具有触杀作用，可用于豌豆、蚕豆、玉米、菖蒲、银莲花等和马铃薯地中芽前处理除草，本品在土壤中有较强的残效期。

开发登记 由Hoechst公司开发。

二十九、其他类除草剂

丙炔恶草酮 oxadiargyl

其他名称 炔恶草酮；稻思达。

化学名称 5–特丁基–3–(2,4–二氯–5–炔丙氧基苯基) –1,3,2–(3H)–酮。

结 构 式

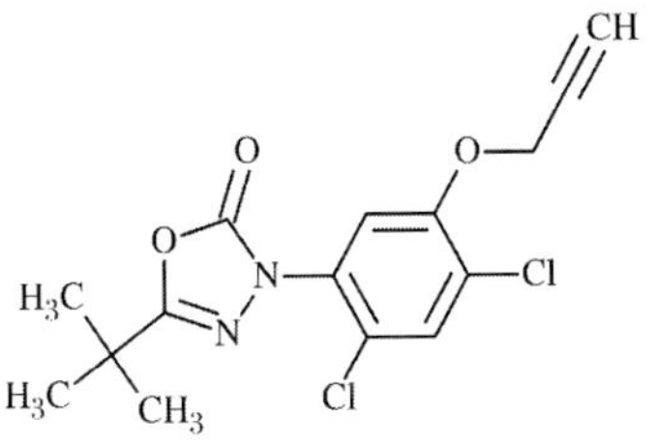

CH, O, O, O, N, H_3C, N, Cl, H_3C, CH_3, Cl

理化性质 无色无味粉末，密度(20℃)为1.413g/cm^3，熔点130℃，蒸气压(25℃)2.5×10^{-6}Pa，溶解度(g/L)：丙酮250，乙腈94.6，二氯甲烷>500，醋酸乙酯121.6，甲醇14.7，正庚烷0.9，正辛烷3.5，甲苯77.6。

毒　　性 大鼠急性经口LD_{50}>5 000mg/kg，大鼠急性经皮LD_{50}>2 000mg/kg。水蚤LC_{50}(48h)>349μg/L，虹鳟鱼LC_{50}(96h)>225μg/L，翻车鱼LC_{50}(96h)>304μg/L，鹌鹑LD_{50}>2 000mg/kg。

剂　　型 80%水分散粒剂、8%可湿性粉剂、80%可湿性粉剂、10%可分散油悬浮剂、25%可分散油悬浮剂、10%乳油。

除草特点 芽前触杀型选择性广谱除草剂。其作用机制是抑制原卟啉氧化酶，诱导卟啉的大量积累，增强膜内酯的过氧化作用，导致敏感植物结构和膜功能的不可逆损坏。在土壤中的移动性较小，因此不易触及杂草的根部。持效期约30d。

适用作物 移栽稻、马铃薯。

防除对象 防除稗草、千金子、碎米莎草、鸭舌草、异型莎草、水蓼等多种1年生禾本科杂草、莎草科杂草和阔叶杂草，对某些多年生杂草也有显著的除草效果，对恶性杂草四叶萍、水绵也有良好的防除效果。

应用技术 水稻移栽田：在水稻移栽前3～7d，稗草1叶期以前，稻田灌水整平后呈泥水或清水状时，南方地区，用80%可湿性粉剂6g/亩倒入甩施瓶中，加水500～600ml，用力摇瓶至本剂彻底溶解后，均匀甩施到5～7cm水层的一亩稻田中（甩施幅度4m宽，步速0.7～0.8m/s）。施药后2d内不排水，插秧后保持3～5cm水层10d以上，避免淹没稻苗心叶；东北等“一年一作”地区，用80%可湿性粉剂6～8g/亩，避免使用高剂量，以免因稻田高低不平、缺水或施用不均等造成作物药害；马铃薯田：作物播后苗前、杂草出苗之前，用80%可湿性粉剂15～18g/亩，对水20～40L，采用（扇形雾或空心圆锥雾）细雾滴喷头，进行土壤封闭喷雾处理。施用前后要求田间土壤湿润，否则应灌水增墒后使用。

注意事项 本剂为触杀型土壤处理剂，不推荐用于抛秧和直播水稻及盐碱地水稻田；插秧时勿将稻苗淹没在施用本剂的稻田水中，水稻移栽后施药，应在水稻充分缓苗后稗草1叶期前，采用“毒土法”撒施，以保药效，避免药害。东北地区水稻移栽前后两次用药防除稗草(稻稗）、三棱草、慈姑、泽泻等恶性或抗性杂草时，可按说明先于栽前施用本剂，再于水稻栽后15～20d使用其他杀稗剂和阔叶除草剂，2次使用杀稗剂的间隔期应在20d以上；用于露地马铃薯田时，建议于作物播后苗前将本剂半量与其他苗前土壤处理的禾本科除草剂混用采用二次稀释法配药。作物整个生育期最多使用1次。

开发登记 拜耳股份公司、安徽久易农业股份有限公司、侨昌现代农业有限公司等企业登记生产。

恶草酮 oxadiazon

其他名称 恶草灵；农思它。

化学名称 5-特丁基-3-(2,4-二氯-5-异丙氧苯基)-1,3,4-(3H)-酮。

结 构 式

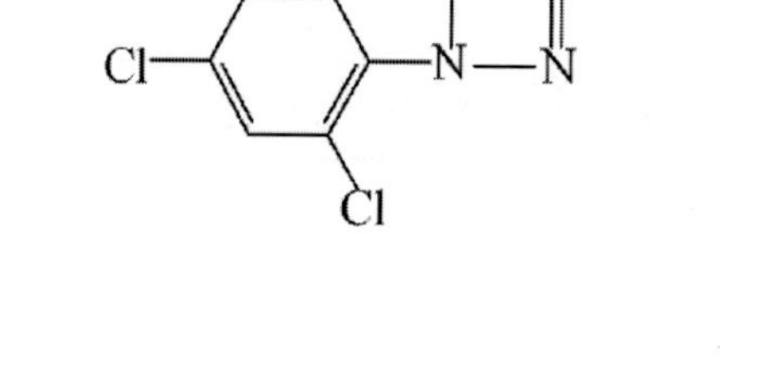

[CH$_3$]$_2$CHO　O　O　C[CH$_3$]

Cl　N—N

Cl

理化性质 无色无味结晶，熔点87℃，蒸气压(20℃)<0.1MPa，溶解度(20℃)：水1mg/L，甲醇、乙醇100g/L，环己烷200g/L，丙酮、甲基乙基酮、四氯化碳600g/L，甲苯、氯仿1 000g/L。常温下储存稳定。

毒　　性 大鼠急性经口LD_{50}>5 000mg/kg，大鼠急性经皮LD_{50}>2 000mg/kg；鱼毒LC_{50}(96h，mg/L)：虹鳟鱼和蓝鳃太阳鱼1.2，鲤鱼1.76，鲶鱼>15.4；野鸭急性经口LD_{50}>1 000mg/kg，北美鹌鹑6 000mg/kg。

剂　　型 12%乳油、25%乳油、120g/L乳油、250g/L乳油、380g/L悬浮剂、35%悬浮剂、30%可湿性粉剂。

除草特点 选择性芽前除草剂，可以在水田、旱田施用。土壤处理，通过杂草幼芽或幼苗与药剂接触、吸收而起作用。药剂进入植物体后积累在旺盛生长部位，抑制生长，致使杂草组织腐烂死亡。药剂在光照条件下才能发挥杀草作用，但并不影响光合作用的希尔反应，而是通过对原卟啉氧化酶的抑制而发挥除草作用。杂草自萌芽至2～3叶期均对药剂敏感，以杂草萌芽期施药效果最好，随杂草长大，效果下降。水田用药后药液很快在水面扩散，迅速被土壤吸附，向下移动有限，也不会被根部吸收。在土壤中代谢较慢，半衰期为2～6个月。

适用作物 水稻、棉花、花生、大豆、马铃薯、洋葱、大蒜、胡萝卜、芦笋、甘蔗、茶园、果园及花卉。

防除对象 可以防除1年生禾本科和阔叶杂草，如马唐、狗尾草、稗草、千金子、异型莎草以及苋科、藜科、大戟科杂草。对多年生杂草无效。

应用技术 水稻秧田，在整地后趁水混浊使用，北方用25%乳油100～120ml/亩，南方用250g/L乳油60～100ml/亩，直接用瓶甩施，施药时田间水层保持3cm，也可以喷雾或药土撒施。施药2～3d后，待药剂沉降至床面无水层时播种。也可在整地后播种，覆土后喷雾处理，盖地膜，湿润管理。

水稻旱直播田，于播种后5d内芽前土壤湿润喷施于土表，或稻1叶期后施药，用药量为25%乳油100～150/亩。

水稻移栽田，施药时间为移栽前1～2d，即在最后一遍平地趁水浑浊时以“瓶甩法”施用，或在栽秧后2～5d用25%乳油100～200ml/亩，以药土法或药肥法施用，栽秧5d后施用防效下降。

花生播后苗前进行土壤处理，北方用25%乳油150～200ml/亩，南方为25%乳油100～150ml/亩，对水45kg均匀喷施。地膜覆盖栽培花生，整畦后用药，用药量为25%乳油100～150ml/亩，覆膜前在花生床面上进行喷雾处理。

棉花田，在播种后2～3d施药，用药量25%乳油100～150ml/亩，对水45kg均匀喷施。

胡萝卜地，在播种后1～3d内用药，用25%乳油100～150ml/亩，对水30～45kg进行喷雾，如遇土壤干燥，应在药前浇湿土壤，以防止土壤过于干燥影响出苗和除草效果，药后如遇持续晴燥天气，应及时灌水，保持田间湿润，以免影响药效。

大蒜，在播种后出苗前，以25%乳油200ml/亩对水45kg均匀喷施土表，可有效防除大蒜田杂草。

果园，用25%乳油150～200ml/亩，对水45kg于杂草芽前进行土壤处理。

注意事项 水稻田施药后要保持一定的水层才能充分发挥作用，保持水深2～3cm 的要比不保水的除草效果要高。由于恶草酮在水中的溶解度只有0.7mg/kg，与其他除草剂比较，它对水层的要求不严格，因此，在旱直播地和旱水管田施用要比其他除草剂效果好。施用恶草酮24h后，有80%～90%被土壤吸附，如药水漫入未用药田，不会降低用药田的防效。恶草酮应用不当，可能对水稻产生药害，过量用药，施药方法不对、施药时间不当、整地质量差、直播稻盖籽不严、小苗田水层管理不当及敏感品种田用药，均可能导致药害。秧田药害表现为幼芽弯曲、呈黄褐色，茎基部发粗、根系短、叶环状。直播田轻的为幼芽生长和扎根缓慢，重的同秧田、若在立针期以恶草酮喷雾，药后秧苗可能出现灼斑，但几天后即恢复。移栽稻田，如果在栽秧后瓶甩，症状为叶片失绿，有灼斑，严重的凋萎。施药后药剂很快为土壤颗粒吸附，不会降到土层深处，也不侧向扩散。施入土中后经过土壤微生物的活动，在土壤中缓慢的降解，在水稻田中半衰期为40d，在旱土中的半衰期为3～6个月。施用过药剂的稻田，不会影响后茬种麦、油菜及其他敏感作物。

开发登记 德国拜耳作物科学公司、浙江嘉化集团股份有限公司、合肥星宇化学有限责任公司等企业登记生产。

环戊恶草酮 pentoxazone

其他名称 恶嗪酮；KPP-314；Wechser；Kusabue；Shokinel。

化学名称 3-(4-氯-5-环戊氧基-2-氟苯基)-5-异亚丙基-1,3-恶唑啉-2,4-二酮。

结构式

理化性质 纯品为无色无臭粉状固体，熔点104℃。相对密度1.418(25℃)。溶解度(25℃)：水中为0.216mg/L，甲醇24.8g/L，已烷5.10g/L，对光、热、酸稳定性，对碱不稳定。

毒　　性 大鼠急性经口LD_{50}5 000mg/kg，小鼠急性经口LD_{50}5 000mg/kg，大鼠急性经皮LD_{50}2 000mg/kg，大鼠急性吸入LC_{50}(4h)5 100mg/L。NOEL数据：大鼠(雄性)6.92，(雌性)43.8mg/(kg·d)、小鼠(雄性)250.9，(雌性)190.6mg/(kg·d)，犬(雄性)23.1，(雌性)25.2mg/(kg·d)。山齿鹑急性经口LD_{50}2 250mg/kg，鲤鱼LC_{50}(96h)21.4mg/L。蜜蜂LC_{50}：458.5mg/L(经口)，98.7mg/L(接触)。蚯蚓LC_{50}(14d)851mg/kg(土壤)。

剂　　型 2.9%悬浮剂、8%悬浮剂、8.6%悬浮剂、1.5%颗粒剂。

除草特点 环戊恶草酮是一种新型恶唑烷二酮类除草剂，原卟啉原氧化酶抑制剂。该药剂于杂草出芽前到稗草等出现第1片叶子期有效，在杂草发生前施药最有效，因其持效期可达50d，对磺酰脲类除草剂产生抗性的杂草有效。

适用作物 对水稻极安全。可在水稻插秧前、插秧后或种植时的任意时期内使用，对环境包括地下水无影响。

防除对象 主要用于防除稗草、鸭舌草、异型莎草等1年生禾本科杂草、阔叶杂草和莎草等。

应用技术 水稻移栽田，水稻移栽后当天起3d内，用8%悬浮剂160～280ml/亩，直接使用瓶甩法均匀施药。水田的灌水状态至少要保持3～4d（水深3～5cm），防止水的流失和田面露出。施药后5～7d不要排水或边放边排。

注意事项 施药前要精心地进行整地翻土，尽量除去稻草碎片等悬浮物。施药时要使水田处于灌水状态，防止水的流入或排出。使用前将原始包装容器充分地摇晃。施药时无须使用施药器材，直接使用瓶甩法。在稻苗淹没于水中的深水状态时，叶鞘会出现轻度的褐变症状。要注意水的管理。注意水层勿淹没水稻心叶，避免药害。每季水稻移栽田最多施药1次。

开发登记 日本科研制药株式会社 、江苏中丹化工技术有限公司 等企业登记生产。

氟唑草胺 profluazol

化学名称 N-{5-[(6S,7aR)-6-氟-1,3-二氧代-5,6,7,7a-四氢吡咯并(1,2-c)咪唑-2-基]-2-氯-4-氟苯基}-1-氯甲磺酰胺。

结构式

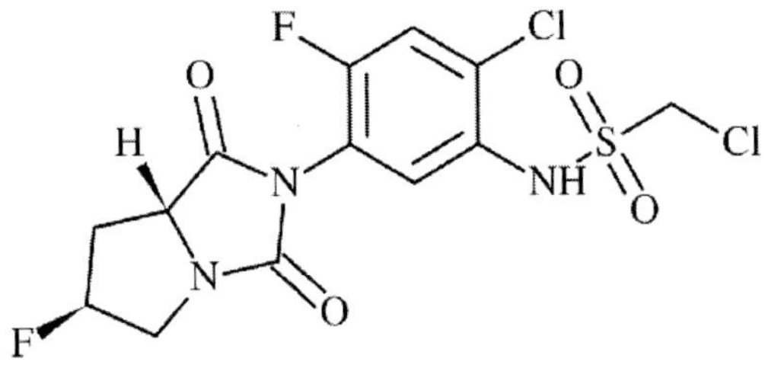

除草特点 原卟啉原氧化酶抑制剂。

开发登记 是杜邦公司研制的酰亚胺类除草剂。

嗪草酸甲酯 fluthiacet-methyl

其他名称 嗪草酸；氟噻乙草酯。

化学名称 2-{2-氯-4-氟-5-[(3-氧代-5,6,7,8-四氢-1,3,4噻二唑并3,4-a哒嗪-1-亚基)氨基]苯基}硫基乙酸甲酯。

结构式

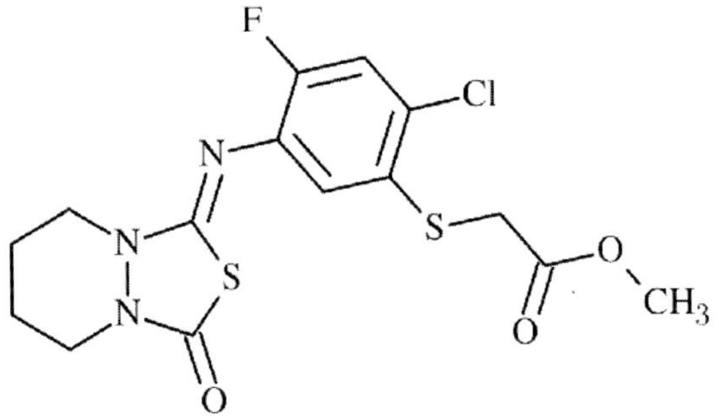

理化性质 纯品为白色粉状固体，熔点105.0～106.5℃。相对密度0.43(20℃)。蒸气压4.41×10^{-7}Pa(25℃)。水中溶解度为0.85(蒸馏水)，0.78(pH5和pH7)mg/L(25℃)。其他溶剂中溶解度(g/L，25℃)：甲醇4.41，丙酮101，甲苯84，乙腈68.7，乙酸乙酯73.5，二氯甲烷9，正辛醇1.86。水中半衰期：484.8d(pH5)、17.7d(pH7)、0.2d(pH9)。对光稳定性：半衰期为4.92d。

毒　　性 大鼠急性经口LD_{50}＞5 000mg/kg，兔急性经皮LD_{50}＞2 000mg/kg，对兔皮肤无刺激性，对兔眼睛有轻微刺激性。大鼠(2年)2.1mg/(kg・d)，小鼠(1.5年)0.1mg/(kg・d)，大鼠急性吸入LC_{50}(4h)5.048mg/L空气。雄犬(1年)2 000mg/L[58mg/(kg・d)]，雌犬(1年)1 000mg/L[30.3mg/(kg・d)]。ADI值：0.014mg/(kg・d)。无致突变性、无致畸性。

剂　　型 20%可湿性粉剂、5%乳油。

除草特点 嗪草酸甲酯为稠杂环类选择性芽后高效除草剂，原卟啉氧化酶抑制剂，在敏感杂草叶面作用迅速，引起原卟啉积累，使细胞膜脂质过氧化作用增强，从而导致敏感杂草的细胞膜结构和细胞功能不可逆损害。阳光和氧是除草活性必不可少的。常常在施药24～48h后出现叶面枯斑症状。对大豆和玉米安全。由于嗪草酸甲酯苗前土壤处理，甚至超过有效剂量8g/亩，活性也很低，故对后茬作物无不良影响，加之其用量低，且土壤处理活性低，故对环境安全。

适用作物 大豆和玉米。

防除对象 主要防除大豆、玉米田阔叶杂草，特别对一些难防除的阔叶杂草苍耳、苘麻、西风古、裂叶牵牛、圆叶牵牛、大马蓼、马齿苋、大果田菁等有极好的活性。最为敏感的杂草有苘麻、野西瓜苗、曼陀罗，对繁缕、刺黄花稔、龙葵、藜等亦有很好的活性，对小蓟、鬼针草、鸭跖草防效较差。

应用技术 东北春大豆田，在大豆2～4片复叶期，阔叶杂草2～4叶期，用5%乳油10～20ml/亩，对水30 kg均匀喷施。在施药初期大豆出现触杀性的药害，随着大豆的生长，药害逐渐减轻，对大豆的生长产生无明显影响。

东北春玉米，在玉米3～4叶期，阔叶杂草2～4叶期，用5%乳油10～15ml/亩，对水30kg均匀喷施。

注意事项 施药后大豆会产生轻微灼伤斑，1周可恢复正常生长，对大豆产量无不良影响。在大豆田施用嗪草酸甲酯不要轻易提高使用剂量，一般不要超过有效成分1g/亩，以防产生严重药害，造成损失。若与氯嘧磺隆、三氟羧草醚、咪草烟、苯达松等除草剂混用，不仅可扩大杀草谱，还可进一步提高对阔叶杂草(如藜、苍耳等)的防除效果。东北地区每亩用5%乳油10～15ml，华北及华南地区每亩用5%乳油5～10ml，于大豆1～3片复叶期、玉米2～4叶期、阔叶杂草出齐2～5叶期茎叶喷雾施用，每亩用药液量20～30 kg为宜。

开发登记 美国富美实公司、大连九信作物科学有限公司、沈阳科创化学品有限公司等企业登记生产。

四唑酰草胺 fentrazamide

其他名称 拜田净；NBA061；LECS；LECSPRO；DOUBLE STAR。

化学名称 N-环己基-N-乙基-4-(2-氯苯基)-4,5-二氢-5-1H-四唑-1-酰胺。

结 构 式

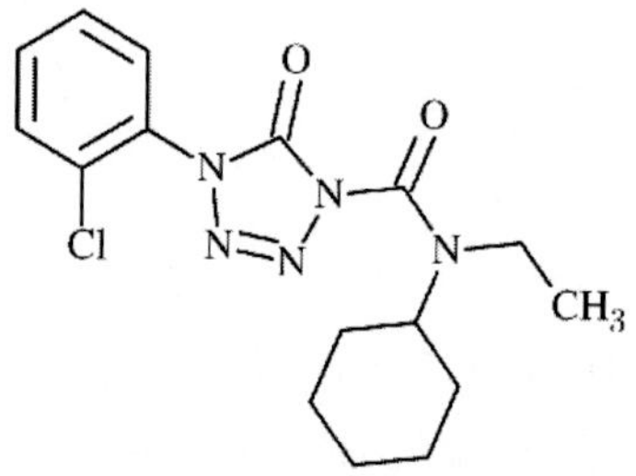

理化性质 无色晶体，熔点79℃，蒸气压5×10^{-5}nPa(20℃)。水中溶解度(20℃)0.002 5g/L。

毒　　性 大鼠急性经口$LD_{50}>5\ 000$mg/kg，小鼠急性经皮$LD_{50}>5\ 000$mg/kg、日本鹌鹑急性经口$LD_{50}>2\ 000$mg/kg、鲤鱼(96h)LC_{50}为3.2mg/L。对兔的眼睛和皮肤没有刺激作用，对豚鼠的皮肤属弱致敏性。

剂　　型 50%可湿性粉剂。

除草特点 该药可被植物的根、茎、叶吸收并传导到根和芽顶端的分生组织，抑制其细胞分裂，生长停止，组织变形、使生长点、节间分生组织坏死，心叶由绿变紫色，基部变褐色而枯死，从而发挥除草作用。持效期达40d，对后茬作物安全。水稻吸收四唑酰草胺后，在体内能很快将其分解为无害的惰性物质，因而表现出极好的选择性，对水稻安全，并有良好的保护环境和生态的特性。在稻田移动性差，水系中光解迅速，对化学水解敏感。

适用作物 水稻(移栽田、抛秧田、直播田)。

防除对象 禾本科杂草(稗草、千金子)、莎草科杂草(异型莎草、牛毛毡)和阔叶杂草(陌上菜、鸭舌草)等，对丁香蓼、空心莲子草、扁秆藨草、泽泻效果差。对禾本科杂草的防效优于阔叶杂草。

应用技术 水稻直播田苗后(播后5d)、移栽田插秧后0～10d、抛秧田抛秧后0～7d，在稗草苗前至2.5叶期施药，每亩用50%可湿性粉剂13～26g，毒土法或喷雾均可。使用毒土法时，需保证土壤湿润即田间有薄水层3cm，药后保水5～7d，以保证药剂能均匀扩散。

注意事项 施药后田间水层不可淹没水稻心叶(特别是立针期幼苗)。在水育秧田和水直播田，要求浸种催芽并整平土地播种，整地与播种间隔期不宜过长。药剂应贮藏在干燥、通风和儿童接触不到的地方。

开发登记 德国拜耳作物科学公司、上海农乐生物制品股份有限公司等企业登记生产。

氟哒嗪草酯 flufenpyr-ethyl

化学名称 2-氯-5-[1,6-二氢-5-甲基-6-氧-4-(三氟甲基)哒嗪-1-基]-4-氟苯氧乙酸乙酯。

结构式

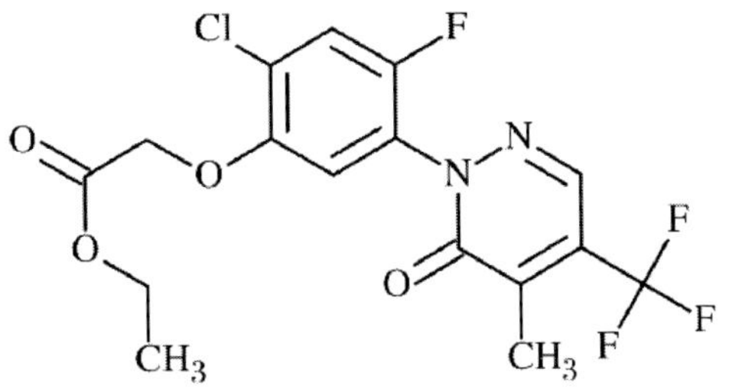

Cl F O O N N O O F F CH_3 CH_3 F

除草特点 原卟啉原氧化酶抑制剂。

应用技术 据资料报道，旱田(玉米、大豆等)除草剂。

开发登记 氟哒嗪草酯是住友化学公司研制的哒嗪酮类除草剂。

杀草敏 chloridazon

其他名称 氯草敏；BASll9H；Pyramin；pyrazon。

化学名称 5-氨基-4-氯-2-苯基哒嗪-3(2H)-酮。

结构式

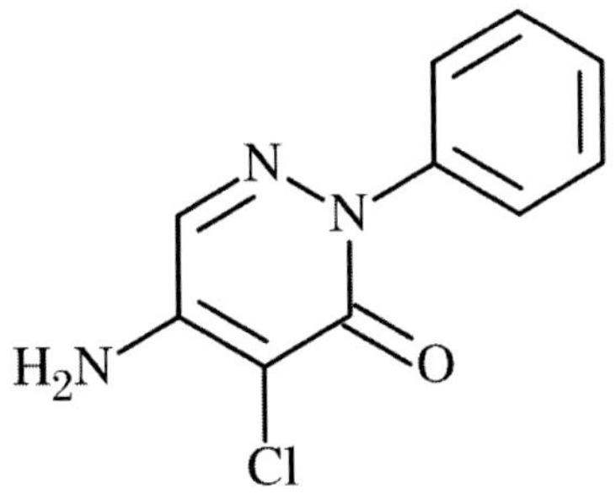

N N H_2N O Cl

理化性质 淡棕色固体，熔点198～202℃，密度1.54g/m³，蒸气压小于0.01MPa(20℃)。溶解度(20℃)：水中400mg/L、丙酮中28g/kg、苯中0.7g/kg、甲醇中34g/kg。在50℃以上，18 000 lx氙灯照射下，24h稳定。

毒　　性 急性经口LD_{50}：雄大鼠3 830mg/kg，雌大鼠2 140mg/kg。大鼠急性经皮LD_{50}＞2 000mg/kg。对兔皮肤和眼睛无刺激。

应用技术 据资料报道，以86～233g(有效成分)/亩施用，可防除甜菜地中阔叶杂草，种植前混施，芽前或芽后(子叶期后)施用均可。

开发登记 1962年由A. Fischet报道除草活性，BASF公司开发。

溴莠敏 brompyrazon

其他名称 BAS2430H；杀莠敏。

化学名称 5-氨基-4-溴-2-苯基哒嗪-3-(2H)酮。

结 构 式

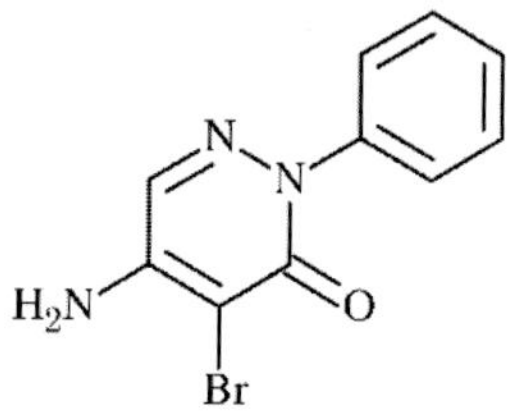

理化性质 黄色结晶粉末，熔点223～224℃。20℃时在水中的溶解度为0.02%，在丙酮中2.2%，在苯中0.03%，在氯仿中0.20%，在乙醇中1.1%。

毒　　性 与异草烷隆的混剂Basanor对大鼠的急性口服LD_{50}＞6 400mg/kg、兔皮肤涂抹原药后20h，仅引起微红。对虹鳟鱼的LC_{50}为10～20mg/kg。

剂　　型 Basanor是含25%brompyrazone和25%异草烷隆的可湿性粉剂。

应用技术 据资料报道，可用于甜菜中芽前防除阔叶杂草和禾本科杂草。也可在小粒谷物、玉米和水稻田中选择防除1年生杂草。施用剂量为53～100g/亩。

开发登记 1962年A. Fischer报道除草活性，BASF公司开发。

二甲达草伏 metflurazon

化学名称 4-氯-5-二甲胺基-2-(α,α,α-三氟间甲苯基)-3(2H)-哒嗪酮。

结 构 式

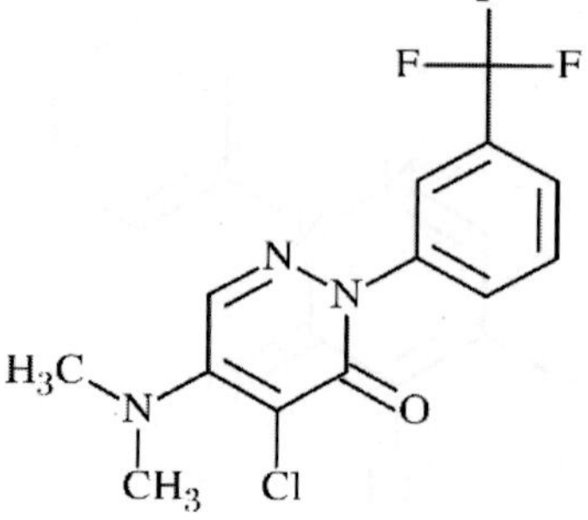

理化性质 结晶固体。熔点153℃。

除草特点 芽前除草，可抑抑制Hill反应和光合作用，阻止植物体内的解毒代谢和叶绿体的发育。

应用技术 据资料报道，芽前除草剂。可用于棉花、大豆、高粱、玉米和花生田中防除一年生阔叶杂草和禾本科杂草，用量66～266g(有效成分)/亩。

哒草醚 credazine

其他名称 H722；SW-6701；SW-6721；Kusakira。

化学名称 3-(2-甲基苯氧基)哒嗪。

结 构 式

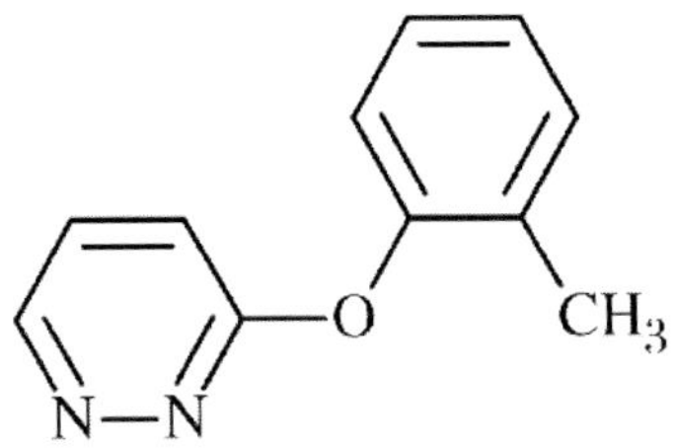

理化性质 无色针状晶体，熔点78～80℃，室温下在水中的溶解度为2 000mg/kg，易溶于有机溶剂。对光、热和水稳定，对铁和不锈钢无腐蚀性。

毒　　性 急性口服LD_{50}：大鼠3 090mg/kg，小鼠569mg/kg，急性经皮LD_{50}：小鼠＞10mg/kg，对大鼠和小鼠的90d饲喂无作用剂量分别为16.5和42mg/(kg·d)。鲤鱼TLm(48h)是62mg/kg。

剂　　型 50%可湿性粉剂。

应用技术 据资料报道，该药是选择性土壤施用的除草剂，在日本用于番茄、辣椒和草莓等，防除一年生禾本科杂草和某些宽叶杂草，用50%可湿性粉剂266～400g/亩。还可用于稻、棉、大豆、甘蔗等，在甘蔗收获前4～5周施药可增加糖产量。

开发登记 1968年由T. Tojima等报道除草活性，Sankyo Chemicals公司开发。

草哒酮 dimidazon

化学名称 4,5-二甲氧基-2-苯基-3(2H)-哒嗪酮。

结 构 式

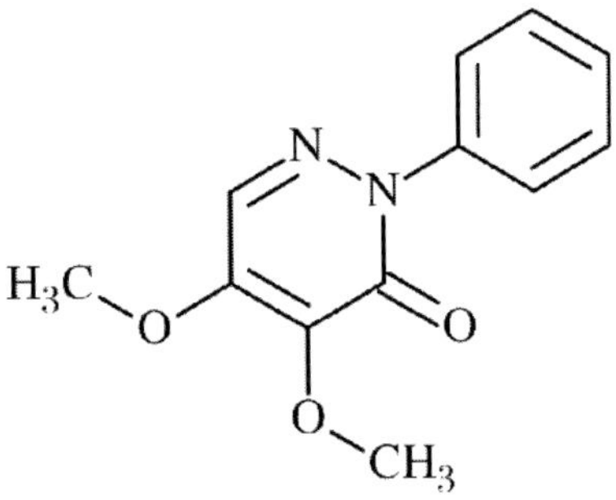

草哒松 oxapyrazon

其他名称 BAS3308H。

化学名称 5-溴-1,6-二氢-6-氧-1-苯基哒嗪-4-基草氨酸。

结构式

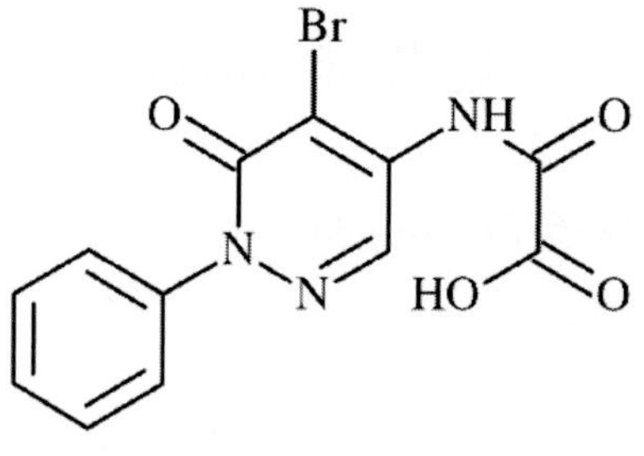

毒　　性 大鼠急性口服LD_{50}为3 090mg/kg。

应用技术 据资料报道，在甜菜、玉米、高粱等作物田中芽前或芽后防除1年生阔叶杂草和禾本科杂草，用量100～200g(有效成分)/亩。

开发登记 BASF公司作为除草剂开发。

哒草伏 norflurazon

其他名称 达草灭；氟草敏；H52143；H9789；Zorial；Evital；Solicam。

化学名称 4-氯-5-(甲氨基)-2-(α,α,α-三氟间甲苯基)哒嗪-3(2H)-酮。

结构式

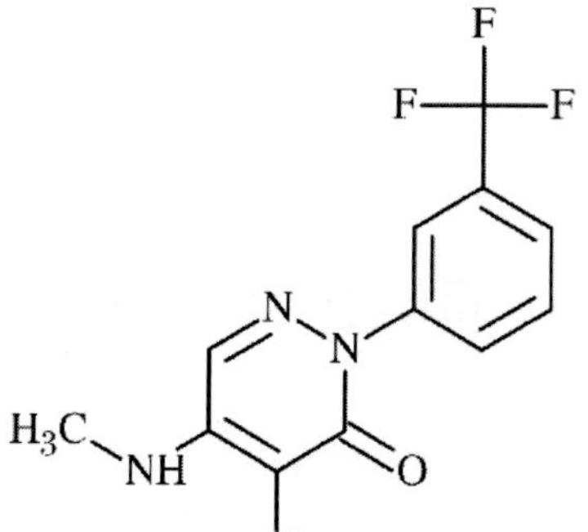

理化性质 纯品为无色结晶固体，熔点174～180℃，蒸气压0.002 8MPa(20℃)。溶解度(25℃)：水中28mg/L、丙酮中50g/L、乙醇中142g/L、二甲苯中2.5g/L。在pH3～9的水溶液中稳定(24d内损失小于8%)、20℃储存适用期≤4年。光照下迅速降解。土壤中DT_{50} 21～28d。

毒　　性 大鼠急性经口LD_{50}>800mg/kg。兔急性经皮LD_{50}＞20 000mg/kg。大鼠两年饲养无作用剂量375mg/kg饲料，狗90d饲养无作用剂量125mg/(kg·d)。鹌鹑和野鸭急性经口LD_{50}＞1 250mg/kg。鱼毒LC_{50}：Catfish和金鱼＞200mg/L。0.235mg/只剂量对蜜蜂无毒。

剂　　型 80%可湿性粉剂。

应用技术 据资料报道，芽前土壤处理除草剂，主要用于防除柑橘、棉花、大豆、酸果蔓、坚果、仁果类、核果类园中许多1年生阔叶杂草，用量80%可湿性粉剂83～333g/亩，也可抑制多年生禾本科和莎草科杂草。

开发登记 Sandoz公司开发。

Pyridafol

化学名称 六氯三苯基-4-哒嗪。

结 构 式

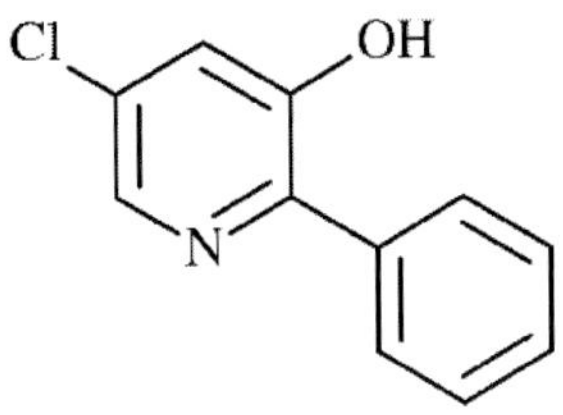

二氯喹啉酸 quinclorac

其他名称 快杀稗；神锄；杀稗灵；杀稗王；克稗星。

化学名称 3,7-二氯-8-喹啉羧酸。

结 构 式

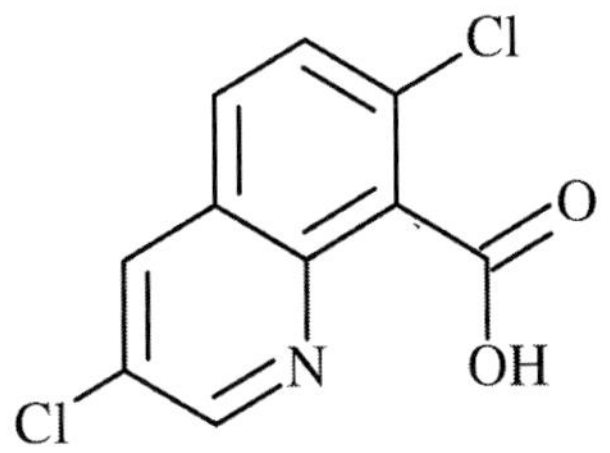

理化性质 无色结晶，熔点274℃，难溶于有机溶剂，对光、热稳定。

毒　　性 大鼠急性经口LD_{50}＞2 680mg/kg，大鼠急性经皮LD_{50}＞2 000mg/kg。

剂　　型 25%可湿性粉剂、50%可湿性粉剂、50%水分散粒剂、75水分散粒剂、25%可分散油悬浮剂、25%泡腾粒剂等。

除草特点 二氯喹啉酸是防除稻田稗草的特效选择性除草剂，该药是激素抑制剂，主要是通过抑制稗草生长点，使其心叶不能抽出从而达到防除稗草的目的。药剂能被萌发的种子、根、茎及叶部迅速吸收，并迅速向茎和顶端传导，使杂草中毒死亡，与生长素类物质的作用症状相似。对水稻生长高度安全。对大龄稗草活性高，效果好，药效反应迅速，施药1～2d后稗草嫩叶边缘开始褪绿、黄化，2～3d后叶片变软、叶色发黄、部分呈红褐色，1周后，叶片下垂萎蔫、腐烂致死。该药对水层管理要求不严格。持效期25d左右。

适用作物 水稻。

防除对象 可以有效地防除稗草，对鸭舌草、三棱草、眼子菜也有一定的防除效果，对莎草及阔叶杂草基本无效。

应用技术 秧田、水直播田，在稻苗3～5叶期、稗草1～5叶期内，用50%可湿性粉剂20～30g/亩(华南)、30～50g/亩(华北、东北)，加水40kg，在田中无水层但湿润状态下喷雾，施药后24～48h复水。稗草5叶期后应加大剂量。

旱直播田，在直播前用50%可湿性粉剂30～50g/亩，加水50kg喷雾，出苗后至2叶1心期施药，效果最好，施药后保持浅水层1d以上或保持土壤湿润。

移栽本田施用，栽植后即可施药，一般在移栽后5～15d，用50%可湿性粉剂20～30g/亩(华南)，30～50g/亩(华北、东北)，加水40kg，排干田水后喷雾，施药后灌浅水层。

注意事项 本品对稻苗无不良影响，秧田除草有效施药适期长。田内无水层时，便于稗草全株着药，与有水层相比土壤中药液浓度高，便于稗草吸收，除草效果好，药效稳定。生产上应在施药前一天田间放水，施药后1～2d灌浅水，保持2～3cm水层2～3d。稗草越小除稗效果越好，5～6叶期的稗草在施药后的第二天开始出现受害症状，主要表现为失水萎蔫，症状由心叶逐渐扩大到整个叶片，最后全株黄化死亡、已拔节或抽穗的夹棵稗对药剂的抗性较强，死亡部分仅限于主茎和分蘖的心叶以及抽出的穗子，其他部分会仍保持绿叶，继续维持生长活力，以后慢慢恢复生长。机播水稻田因稻根露面较多，需待稻苗转青后方能施药。浸种和露芽种子对该药剂敏感，故不能在此期用药，直播田及秧田应在水稻2叶以后用药为宜。水稻不同品种对药剂的敏感性差异不大。高温下施药易产生药害。本剂对胡萝卜、芹菜、香菜等伞形花科作物相当敏感，施药时应予注意。二氯喹啉酸不可在水稻生长中后期使用，二氯喹啉酸在适期内超量使用，尤其在秧苗4叶期前超量使用，易发生药害。施药时期应掌握在秧苗2叶期以后，以确保安全。一般有效用量不能超过25g/亩。在施药前一段时期遇连阴雨，低温，秧苗素质较差，若此时施药，易导致秧苗药害。

开发登记 江苏天容集团股份有限公司、山东先达农化股份有限公司等企业登记生产。

氯甲喹啉酸 quinmerac

其他名称 喹草酸。

化学名称 7-氯-3-甲基喹啉-8-羧酸。

结构式

O OH
Cl N
CH_3

理化性质 纯品为无色无臭晶体，熔点244℃，相对密度1.49。蒸气压＜0.01MPa(20℃)。水中溶解度(20℃，mg/L)：223(去离子水)、240(pH9)。其他溶剂中溶解度(g/kg，20℃)：丙酮2，乙醇1，二氯甲烷2，橄榄油＜1，正己烷、甲苯、乙酸乙酯＜1。稳定性：对光、热稳定，在pH3～9条件下稳定，无腐蚀性。

毒　　性 大鼠急性经口LD_{50}＞5 000mg/kg，大鼠急性经皮LD_{50}＞2 000mg/kg。对兔皮肤和眼睛无刺激性。大鼠急性吸入LC_{50}(4h)＞5.4mg/L。NOEL数据：大鼠(1年)404mg/(kg・d)，犬(1年)8mg/(kg・d)。ADI值0.08mg/(kg・d)。山齿鹑急性经口LD_{50}＞2 000mg/kg。虹鳟鱼LC_{50}(96h)为86.8mg/L，鲤鱼LC_{50}(96h)＞100mg/L。蜜蜂LD_{50}(经口或接触)＞200μg/只，蚯蚓LD_{50}＞2 000mg/kg土壤。

剂　　型 50%可湿性粉剂。

除草特点 喹啉羧酸类激素型除草剂。可被植物的根和叶吸收，向顶和向基转移。

适用作物 禾谷类作物、油菜和甜菜。

防除对象 防除猪殃殃、婆婆纳和其他杂草，伞型花科作物对其非常敏感。

应用技术 苗前和苗后除草，禾谷类作物田用50%可湿性粉剂50～120g/亩；油菜50%可湿性粉剂60～100g/亩；甜菜50%可湿性粉剂40g/亩。

开发登记 由巴斯夫公司开发。

苯达松 bentazon

其他名称 排草丹；灭草松。

化学名称 3–异丙基–(1H)–苯并–2,1,3–噻二嗪–4–酮–2,2–二氧化物。

结 构 式

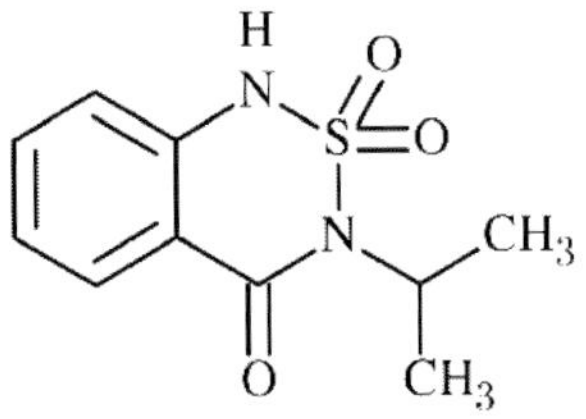

理化性质 纯品为无色晶体，熔点137～139℃，蒸气压0.46MPa (20℃)，密度1.47，溶解度(20℃，g/kg)：丙酮1 507，苯33，乙酸乙酯650，乙醚16，环己烷0.2，三氯甲烷180，乙醇861，水570(mg/L，pH7，20℃)、酸、碱介质中不易水解，紫外光分解。

毒　　性 大鼠急性经口LD_{50}为1 000mg/kg，大鼠急性经皮LD_{50}＞2 500mg/kg、虹鳟鱼和蓝鳃太阳鱼LC_{50}(96h)＞100mg/L，绿藻EC_{50}(72h)62mg/L、北美鹌鹑急性经口LD_{50}为1 140mg/kg、LC_{50}(饲喂)北美鹑和野鸭＞5 000mg/kg、蜜蜂急性摄入LD_{50}＞100μg/只。

剂　　型 25%水剂、48%水剂、560g/L水剂、80%可溶粉剂、25%悬浮剂、480g/L可溶液剂。

除草特点 触杀型选择性苗后除草剂，用于苗期茎叶处理，通过叶片接触而起作用，旱田施用，先通过叶片渗透传导到叶绿体内抑制光合作用、水田施用，植物根、茎、叶均吸收苯达松，以叶片吸收最快。该药强烈抑制光合作用和水分代谢，造成营养饥饿，使生理机能失调而致死。耐性作物能代谢药剂，是其选择性的主要原因。该药不易挥发，光下易光解。在土壤中不稳定，在土壤中的半衰期为2～5周。

适用作物 水稻、大豆、花生、玉米、麦、茶园、草原牧场。

防除对象 可以防除多数1年生双子叶杂草和莎草科杂草，如苍耳、苘麻、藜、鸭跖草、蓼、水莎草、三棱草、矮慈姑、萤蔺等。对多年生杂草只能防除其地上部分。对禾本科杂草无效。

应用技术 水直播稻田、插秧田均可施用，插秧后20～30d，直播田播后30～40d，杂草生长3～5叶期，用48%水剂133～200ml/亩，对水30kg，施药前把田水排干，使杂草露出水面，选高温、无风晴天施药，将药液均匀喷洒在杂草上，施药后4～6h可渗入杂草体内。喷药后1～2d再灌水入田，恢复正常水管理。

水稻移栽田，48%水剂100～133ml/亩，在水稻移栽后15～20d，杂草处于3～5叶期，采用常规喷雾法施药，除草效果好，对水稻安全。

大豆田除草，大豆2～4片复叶，杂草3～4叶期为施药适期，用48%水剂100～200ml/亩，对水30～40kg，土壤水分适宜、杂草出齐、生长旺盛、杂草幼小时可以用低剂量。

花生田除草，可在杂草2～5叶期施药，用48%水剂133～200ml/亩，对水30kg，茎叶处理。

玉米田，玉米3～5叶期，用480g/L水剂150～200ml/亩，对水15～40kg进行茎叶均匀喷雾，遇特殊条件如高温干旱、低温、玉米生长弱小时，请慎用。

小麦田，冬麦区应在小麦返青后，春麦区在小麦2叶1心、杂草子叶到2片真叶，用25%水剂200g/亩，对水15～40kg进行茎叶喷雾处理。

茶园，在杂草子叶到2片真叶，用25%水剂200～400g/亩，对水15～40kg进行茎叶喷雾处理。

草原牧场，在杂草子叶到2片真叶，用25%水剂400～500g/亩，对水15～40kg进行茎叶喷雾处理。

注意事项 旱田施药应待阔叶杂草基本出齐、且处于幼苗期时施药。稻田除草时，一定要在杂草出齐、排水后，均匀喷施，2d后灌水，否则影响药剂效果。该药为苗后茎叶处理剂，其除草效果与杂草生育期、生育状况、环境条件有关，施药时应注意以下因素：药液尽量覆盖杂草叶面、渍水、干旱时不宜使用，喷药24h以内降雨效果下降、光照强效果好、低温下除草效果不好，如防除麦田杂草在12月施药，基本上没有除草效果、而在春季施药，如在3月份施药除草效果较好。

开发登记 江苏剑牌农药化工有限公司、江苏瑞邦农药厂有限公司、浙江中山化工集团股份有限公司、巴斯夫植物保护（江苏）有限公司等企业登记生产。

哒草特 pyridate

其他名称 阔叶枯。

化学名称 6-氯-3-苯基哒嗪-4-基-S-辛基硫代碳酸酯。

结构式

Cl N N O O C S CH_3

理化性质 无色结晶固体到棕色油状液体，熔点20～27℃，沸点(13.3Pa)220℃，蒸气压(20℃)130MPa，密度(20℃)1.16g/cm^3，水中溶解度(20℃)1.5mg/L，易溶于有机溶剂。中性介质中稳定，遇强酸、强碱分解。

毒　　性 大鼠急性经口LD_{50}＞2 000mg/kg，兔急性经皮LD_{50}2 000mg/kg，鱼LC_{50}(96h，mg/L)：鲶鱼48，蓝鳃太阳鱼＞100，鲤鱼＞100，虹鳟鱼81，鸟急性经口LD_{50}(mg/L)：北美鹌鹑(5d)1 502，北京鸭和野鸭(10d)＞10 000，鸟LC_{50}(8d膳食)：日本鹌鹑＞1 000mg/kg，蚯蚓LC_{50}＞799mg/kg，蜜蜂的急性摄入LD_{50}＞100μg/只，接触LD_{50}＞160μg/只。

剂　　型 45%乳油、45%可湿性粉剂。

除草特点 选择性苗后除草剂，具有叶面触杀活性，茎叶处理后迅速被叶片吸收，阻碍光合作用的希尔反应，使杂草叶片变黄并停止生长，最终枯萎致死。

防除对象 可以有效防除1年生双子叶植物，特别是猪殃殃、反枝苋等，对莎草有效。

适用作物 花生、小麦、玉米、水稻。

应用技术 麦田，春小麦分蘖盛期，用45%可湿性粉剂133 ~ 200g/亩，加水30 ~ 50kg进行茎叶喷雾处理、冬小麦在小麦分蘖初期(11月下旬)，杂草2 ~ 4 叶期进行茎叶处理，也可在小麦拔节期(3月中旬)施药，可用45%可湿性粉剂167 ~ 233g/亩对水30 ~ 50kg喷雾。

玉米田，在玉米3 ~ 5叶期，杂草2 ~ 4叶期，用45%可湿性粉剂167 ~ 233g/亩，加水30 ~ 50kg喷雾，进行茎叶处理。

花生田，阔叶杂草2 ~ 4叶期，施用45%乳油133 ~ 200ml/亩加水40 ~ 50kg，进行茎叶喷雾处理。

注意事项 施药期不宜过早或过晚，施药适期应掌握在杂草发生早期阔叶杂草出齐时施药为最理想。喷药后一天内应无雨，以保证药效。不宜与酸性农药混用，以免分解失效。

开发登记 1976年A. Diskus等报道除草活性，Chemie Linz Ag开发，日本八洲化学工业株式会社登记生产。

恶嗪草酮 oxaziclomefone

其他名称 去稗安。

化学名称 3–[1–(3,5–二氯苯基)–1–甲基乙基]–2,3–二氢–6–甲基–苯基–4H–1,3–恶嗪–4–酮。

结构式

H_3C O N CH_3 Cl O H_3C Cl

理化性质 白色或浅黄色均匀粉末，无味，熔点为148 ~ 149℃。溶解度(20℃)：水(pH7)0.10mg/L，乙烷1.3g/L，甲苯74.2g/L，丙酮96.0g/L，甲醇15.2g/L，乙酸乙酯67.0g/L。

毒　　性 大鼠急性经口LD_{50} > 5 000mg/kg，大鼠急性经皮LD_{50} > 2 000mg/kg、对兔眼睛有轻微刺激作用，对兔皮肤无刺激。对豚鼠皮肤有致敏作用。

剂　　型 1%悬浮剂、10%悬浮剂、30%悬浮剂、2%大粒剂。

除草特点 新型的杂环类除草剂，具有内吸传导性。主要由杂草的根和茎叶基部吸收，除草机理是阻碍植物内生赤霉素GA_3激素的形成，使杂草茎叶失绿，生长受抑制，直至枯死。杀草保苗的原理主要是药剂在水稻与杂草中的吸收传导以及代谢速度的差异所致。本品扩散性较好、除草作业省力，可以从瓶中直接甩施。本品有效成分使用量低、适宜施药期长、持效期长，药效期长达60d以上，对土壤吸附力极强，所以漏水田、药后下雨等均不影响药效，对水稻的选择安全性较高。对千金子、稗草等杂草有很长的持效期。

防除对象 对千金子、稗草、牛毛毡、异型莎草、矮慈姑及部分一年生阔叶草均有很好的防效。对鳢肠、节节菜防效明显，对鸭舌草防效一般，对陌上菜无效。

适用作物 秧田水稻、直播田水稻、水稻移栽田。

应用技术 水稻秧田，于播后5d后使用，过早施药会产生严重药害，用药量以1%悬浮剂80～150ml/亩较为合适。直播稻田，在稗草1.5～2.5叶期使用，过早施药也易产生药害，过迟使用则影响药效发挥；稗草1.5叶期施药，可以用1%悬浮剂100～150ml/亩；稗草2.5叶期施药，150～200ml/亩为宜，对水40～50kg喷雾，喷雾时田面保持湿润，药后灌浅水或保持田间湿润状态(田间干燥会降低药效)。移栽田：水稻移植后5～7d，可用1%悬浮剂267～333g/亩，对水30～45kg均匀喷雾或直接用瓶甩施药；施药时，田间有水层3～5cm，保水5～7d。此期间只能补水，不能排水，水深不能淹没水稻心叶。

注意事项 秧田和直播田上，一律采用喷雾法。早稻于直播后8d左右喷施；单季稻于直播后5d左右喷施，施药前后田板保持湿润，施药2～3d后恢复田间正常水层管理。在水稻播后2d施药会产生较重的药害，表现为秧田部分低洼处缺苗。用药偏迟，除稗草效果下降。田板保持湿润状态或浅水层，不淹没稻苗心叶，是确保安全性的关键技术。施药期要根据当地当年早稻直播和单季稻直播期的气温特点决定，气温高偏前施用，气温低偏后施用。施药前要用力摇瓶，使药液混合均匀，每季最多施药次数为1次。

开发登记 江苏省农用激素工程技术研究中心有限公司 、合肥星宇化学有限责任公司登记生产。

草除灵 benazolin

其他名称 高特克；草除灵乙酯；benazolin-ethyl。

化学名称 4-氯-2-氧代-3(2H)-苯并噻唑乙酸乙酯。

结构式

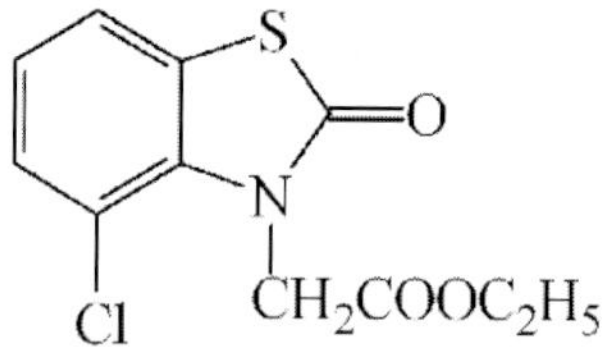

S, O, N, Cl, $CH_2COOC_2H_5$

理化性质 无色晶状固体，熔点79.2℃，蒸气压(25℃)0.37 MPa，密度(20℃)1.45g/cm³，溶解度(20℃)：水47mg/L、丙酮229g/L、二氯甲烷603g/L、乙酸乙酯148g/L、甲醇28.5g/L、甲苯198g/L，在300℃以下稳定，在酸和中性溶液中稳定。

毒　　性 大鼠急性经口LD_{50}＞6 000mg/kg，大鼠急性经皮LD_{50}＞2 100mg/kg；鱼LC_{50}(96h，mg/L)蓝鳃太阳鱼2.8，虹鳟鱼5.4；鸟急性经口LD_{50}：日本鹌鹑＞9 709mg/kg，北美鹌鹑＞6 000mg/kg，野鸭＞3 000mg/kg。

剂　　型 10%乳油、30%悬浮剂、15%乳油、42%悬浮剂、50%悬浮剂、500g/L悬浮剂。

除草特点 选择性内吸传导型芽后除草剂，是一种激素生物合成干扰抑制剂。可以为植物的叶片吸收，并输导到植株其他部位。草除灵的药效发挥较慢，敏感植物受药后生长停滞、叶色僵绿、叶片增厚反卷、新生叶扭曲畸形、节间缩短，最后死亡，其死亡症状与激素型除草剂相似。在油菜等耐药性作物体内，可以迅速代谢为无活性物质，这是其选择性的主要机制。敏感植物死亡速度与施药后气温有关，气温高作用快，气温低作用慢。能在土壤中转化成游离酸并很快降解成无活性物质，对下茬作物无影响。

适用作物 油菜。

防除对象 可以防除1年生阔叶杂草，如繁缕、牛繁缕、泥胡菜、猪殃殃、雀舌草、卷耳、田荠菜、母菊属、苋属植物及豚草、苍耳等。对婆婆纳、堇菜属杂草效果较差，但对稻槎菜基本无效。

应用技术 油菜田，阔叶杂草出齐后，油菜达6叶龄，可用15%乳油100~133ml/亩，对水30~40kg茎叶均匀喷雾，应避开低温天气施药， 在单、双子叶杂草混生田，应与其他药剂混用，本品不宜在直播油菜2~3叶期过早使用；冬油菜田，直播甘蓝型油菜4~8叶期或油菜移栽后7~10d，可用15%乳油100~140ml/亩，对水30~40kg茎叶均匀喷雾，白菜型油菜慎用；芥菜型油菜禁用。

注意事项 草除灵为芽后阔叶杂草除草剂，在阔叶杂草基本出齐后使用效果最好，对未出土杂草无效。本品对芥菜型油菜高度敏感，不能应用，对白菜型油菜有轻微药害，应适当推迟施药期，一般情况下抑制现象可以恢复，不影响产量，施药适期应在油菜越冬后期或返青期使用可避免发生药害、耐药性较强的甘蓝型冬油菜，要根据当地杂草出草规律确定。对后茬作物安全。在11月下旬使用，药后2~3d，叶部会出现不同程度的药害，症状为叶片向下皱卷，严重的植株出现暂时性萎蔫。

开发登记 沈阳科创化学品有限公司、安徽久易农业股份有限公司 、吉林省八达农药有限公司等企业登记生产。

异恶草酮 clomazone

其他名称 广灭灵；豆草灵；异恶草松。

化学名称 2-(2-氯苄基)-4,4-二甲基异恶唑-3-酮。

结 构 式

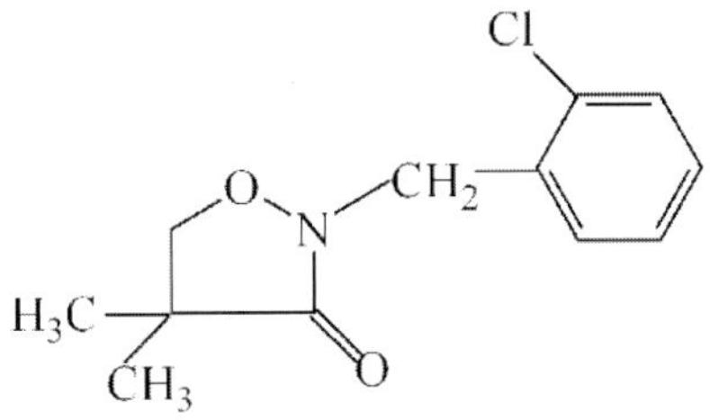

理化特性 无色透明至浅褐色黏稠液体，熔点25℃，沸点275℃，25℃密度1.192，水中溶解度1.1g/L，可与环己酮、二氯甲烷、甲醇、甲苯等互溶。常温下储存至少2年。

毒 性 大鼠急性经口LD_{50}为2 077mg/kg，兔急性经皮LD_{50} > 2 000mg/kg；鱼LC_{50}(96h，mg/L)：蓝鳃太阳鱼34，虹鳟鱼19，牡蛎5.3，粉虾8.9；北美鹌鹑和野鸭急性经口LD_{50} > 2 510mg/kg。

剂 型 48%乳油。

除草特点 该药可为杂草根部或幼芽吸收，在植物体内向上传导。主要抑制异戊二烯化合物合成，是双萜生物合成抑制剂，虽然敏感杂草能出土，但组织失绿、白化，植物在很短时间内就死亡。大豆可以降解代谢该药是其选择性的主要原因。

适用作物 大豆、水稻、油菜。

防除对象 可以防除阔叶杂草和禾本科杂草，如苘麻、铁苋、反枝苋、藜、曼陀罗、马齿苋、龙葵、苍耳、马唐、稗草、牛筋草、狗尾草等。对禾本科杂草防效优于阔叶杂草，对莎草、反刺苋、青葙、田旋花无效。

应用技术 水稻田1年生杂草，播后苗前用48%乳油21~26ml/亩对水30kg进行土壤喷雾；大豆田，芽前或播前土壤处理，也可在幼苗期施药，用48%乳油50~100ml/亩，对水40kg喷施，用量根据土壤情况而定；油菜田一年生杂草，播后苗前用48%乳油20~25ml/亩，对水30~40kg进行土壤喷雾。

注意事项 在土壤中的生物活性可持续6个月以上，施用当年的秋天(即施用后4～5个月)或次年春天(即施用后6～10个月)都不宜种植小麦、大麦、燕麦、黑麦、谷子、苜蓿。施用广灭灵后的次年春季，可以种植水稻、玉米、棉花、花生、向日葵等作物，可根据每一耕作区的具体条件安排后茬作物。第2年种小麦如因后茬药害出现叶片发黄或变白，一般10～15d恢复正常生长，如及时追施叶面肥，5～7d可使黄叶转绿，恢复正常生长。可与乙草胺、嗪草酮、氟乐灵、丙炔氟草胺、异丙草胺等药剂混用，用药量各为单用的1/3～1/2。当土壤沙性过强，有机质含量过低或土壤偏碱性时，不宜与嗪草酮混用，否则会使大豆产生药害。雾滴或蒸汽如飘移到施药区以外可能会导致某些植物叶片变白或变黄，林带中杨树、松树安全，柳树敏感，但20～30d后可恢复生长。飘移可使小麦叶受害，茎叶处理仅有触杀作用，不向下传导，拔节前小麦心叶不受害，10d后恢复正常生长，对产量影响甚微。用于土壤处理，在土壤有机质含量低、质地疏松、涝洼地时用低药量，反之用高药量。人工喷药时应用扇形喷嘴，需逐垄施药，一次喷一条垄，定喷头到地面高度，定压力和行走速度，不要左右甩动施药，不能用超低容量喷雾器或背负式机动喷雾器进行超低容量喷雾。在4℃以下可能会使药剂出现结晶现象，使用前如发现有结晶沉积现象，应移到温暖地方使药剂温度上升到18℃以上，然后摇动或滚动容器使结晶重新溶解后才可使用。

开发登记 美国富美实公司、山东先达化工有限公司等企业登记生产。

环庚草醚 cinmethylin

其他名称 艾割；恶庚草烷；仙治。

化学名称 (1S,2R,4R)-1-甲基-2-[(2-甲基苯基)甲氧基]-4-丙-2-基-7-氧杂二环[2,2,1]庚烷。

结构式

CH_3 CH_3

O—CH_2

O

$CH(CH_3)_2$

理化性质 深琥珀色液体，沸点(1.01×10^5Pa)313℃，蒸气压10.1MPa，密度(20℃)1.014g/ml。溶解度：水63mg/L(20℃)，可与多种有机溶剂互溶。低于145℃时稳定。

毒　　性 大鼠急性经口LD_{50}为960mg/kg，大鼠急性经皮LD_{50}＞2 000mg/kg。鱼LC_{50}(96h，mg/L)：虹鳟鱼6.6，蓝鳃太阳鱼6.4，鲦鱼1.6。急性经口LD_{50}＞2 150mg/kg，LD_{50}(5d膳食)野鸭和北美鹑＞5 620mg/kg膳食。

剂　　型 10%乳油。

除草特点 是一种选择性内吸传导型土壤处理的除草剂。可为植物的根吸收，经木质部传导到芽的生长点。该药属于二苄醚类除草剂，是典型的细胞分裂抑制剂，抑制分生组织的生长，使之死亡。水稻等作物能代谢药剂，耐药力强，环庚草醚进入水稻体内被代谢成羟基衍生物、并与水稻体内的糖苷结合成共轭化合物而失去毒性、另外水稻根插入泥土，生长点在土中还具有位差选择性。当水稻根露在土表或砂质土，漏水田可能受药害。环庚草醚在无水层情况下，易被蒸发和光解，因此在漏水田和施药后短期内缺水的条件下除草效果差、并能为土壤微生物分解、在有水层的情况下，分解速度减慢。环庚草醚在水稻田有效期为35d左右，温度高持效期短、温度低持效期长。

适用作物 水稻、花生、大豆、棉花等。

防除对象 可以防治多数单子叶杂草，如稗草、马唐、牛筋草、牛毛草、异型莎草等，对鸭舌草、丁香蓼、鳢肠、水苋菜、母草、节节菜也有一定的防治作用，防效一般达43%～78%。对眼子菜、矮慈姑防效更差。

应用技术 水稻田，移栽后5～8d，稗草1.5叶期，用10%乳油13～20ml/亩，采用毒土、毒肥、喷雾或瓶洒施均可。施药后保持水层3～5cm，保水5～7d。

注意事项 本田用药时应掌握在秧苗活棵、杂草萌芽期，草龄大、药效差用药时田间应保持3～4cm的水层5d以上。要严格掌握用药量，过量时水稻将出现滞生矮化现象。药剂的持效期短，故用药期要准，除草的最佳时期是杂草处于幼芽或幼嫩期，待杂草长大后伸出水面除草效果显著下降，草龄越大，效果越差。在高温30℃以上时，防除稗草效果有所下降，以20～30℃条件下施药为宜。

开发登记 巴斯夫欧洲公司登记生产。

异丙酯草醚

化学名称 4–[2–(4,6–二甲氧基嘧啶–2–氧基)苄氨基]苯甲酸异丙酯。

结构式

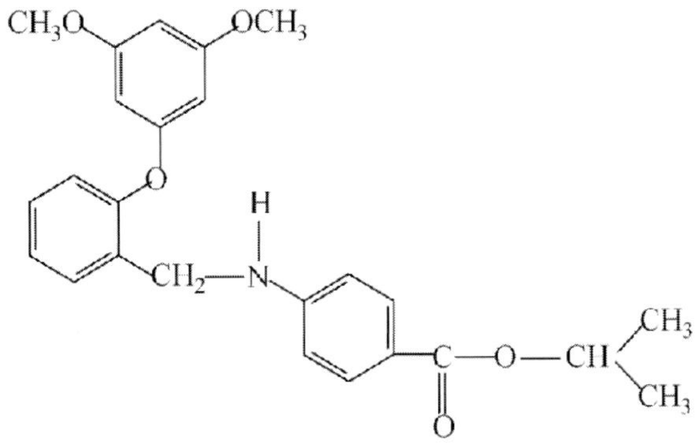

理化性质 纯品外观为白色固体，熔点(83.4±0.5)℃；沸点280.9℃(分解温度)，316.7℃(最快分解温度)；溶解度(g/L，20℃)：水1.39×10^{-3}，乙醇1.07，二甲苯23.2，丙酮52；原药含量>95%，外观为白色至米黄色粉末。稳定性：对光、热稳定，在中性和弱酸、弱碱性介质中稳定，但在一定的酸碱强度下会逐渐分解。

毒　　性 原药雌、雄性大鼠急性经口LD_{50}>5 000mg/kg，急性经皮LD_{50}>2 000mg/kg，兔眼睛轻度刺激性，对兔皮肤无刺激性，皮肤致敏试验原药属弱致敏物，3项致突变试验(Ames试验、小鼠骨髓细胞微核试验、小鼠睾丸细胞染色体畸变试验)均为阴性，未见致突变性，大鼠13周亚慢性喂饲试验最大无作用剂量雄性14.78mg/(kg·d)，雌性16.45mg/(kg·d)。制剂大鼠急性经口LD_{50}雄性4 300mg/kg、雌性>4 640mg/kg，急性经皮LD_{50}>2 000mg/kg，对兔眼睛中度刺激性，兔皮肤无刺激性；皮肤致敏试验属弱致敏物。该原药和制剂毒性分级均为低毒。

剂　　型 10%悬浮剂、10%乳油。

除草特点 嘧啶氧苄胺类除草剂，为乙酰乳酸合成酶(ALS)的抑制剂，通过阻止氨基酸的生物合成而起作用。可通过植物的根、芽、茎、叶吸收，并在体内双向传导，但以根吸收为主，其次为茎、叶、向上传导性能好，向下传导性较差。

适用作物 油菜田、冬油菜（移栽田）。

防除对象 对1年生禾本科杂草和部分阔叶杂草有较好的除草效果。对看麦娘、日本看麦娘、牛繁缕、雀舌草等杂草防效较好，但对大巢菜、野老鹳草、碎米荠效果差，对泥胡菜、稻槎菜、鼠曲草基本无效。

应用技术 冬油菜（移栽田）油菜移栽活棵后，杂草4叶前，用10%乳油35～50g/亩，对水20～30kg均匀茎叶喷雾，能有效防治1年生杂草，如：看麦娘、繁缕等；油菜田，油菜田移栽活棵后，杂草4叶前，用10%悬浮剂30～45ml/亩，对水20～30kg均匀茎叶喷雾，能有效防治1年生禾本科杂草和部分阔叶杂草，如：看麦娘、日本看麦娘、繁缕、牛繁缕、雀舌草等。

注意事项 异丙酯草醚活性发挥比较慢，施药后15d才能表现出明显的受害症状，30d以后除草活性完全发挥。对甘蓝型移栽油菜较安全。在用10%乳油不超过60ml/亩，对4叶期以上的油菜安全。此药不要与酸碱性物质接触，以免降低药效；冬春季阴雨天用药应注意田间排水情况，避免低洼处田间积水；每季作物只能使用一次。对下茬作物无影响。建议在大面积推广应用前，应针对不同油菜品种开展田间小试。

开发登记 山东侨昌化学有限公司、首建科技有限公司曾登记生产。

丙酯草醚

化学名称 4-[2-(4,6-二甲氧基嘧啶-2-氧基)苄氨基]苯甲酸正丙酯。

结 构 式

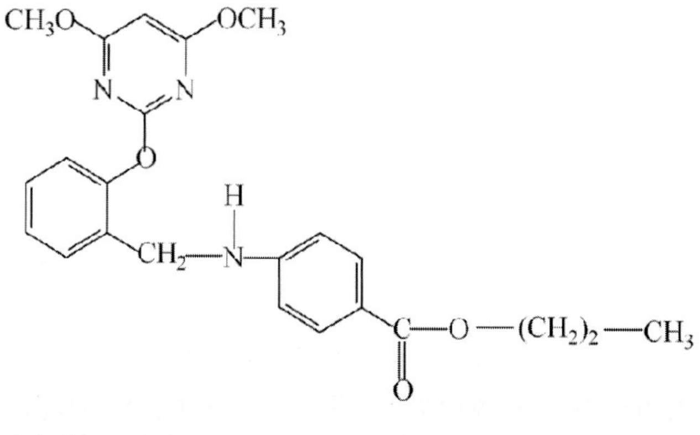

CH_3O OCH_3 N N O H CH_2—N C—O—$(CH_2)_2$—CH_3 O

理化性质 纯品为白色固体，熔点(96.9±0.5)℃；沸 点279.3℃(分解温度)，310.4℃(最快分解温度)；溶解度(g/L，20℃)：水1.53×10^{-3}、乙醇1.13、二甲苯11.7、丙酮43.7。原药含量≥95%，外观为白色至米黄色粉末。稳定性：对光、热稳定，在中性或微酸、微碱介质中稳定，但在一定的酸、碱强度下会逐渐分解。

毒 性 原药雌、雄大鼠急性经口$LD_{50}>4\ 640$mg/kg，急性经皮$LD_{50}>2\ 150$mg/kg，对兔眼睛、皮肤均无刺激性；皮肤致敏试验属弱致敏物；3项致突变试验(Ames试验、小鼠骨髓细胞微核试验、小鼠睾丸细胞染色体畸变试验)均为阴性，未见致突变作用；大鼠13周亚慢性喂饲试验最大无作用剂量雄性417.82mg/(kg·d)，雌性76.55mg/(kg·d)。制剂大鼠急性经口$LD_{50}>5\ 000$mg/kg，急性经皮$LD_{50}>2\ 000$mg/kg，对兔眼睛中度刺激性，对兔皮肤无刺激性，皮肤致敏试验属弱致敏物，原药和制剂毒性分级均为低毒。该药对鱼、鸟、蜜蜂均为低毒，对家蚕低风险。

剂 型 10%乳油、10%悬浮剂。

除草特点 丙酯草醚属于嘧啶苄胺类衍生物，乙酰乳酸合成酶(ALS)的抑制剂，通过阻止氨基酸的生物合成而起作用。可通过植物根、芽、茎、叶吸收，并在体内双向传导，其中以根吸收为主，其次为茎、叶向上传导性能好，向下传导性能较差。药剂的活性发挥与土壤有机质含量和pH值较为相关，且随土壤有机质含量的升高和 pH的增大而除草活性降低。即轻质中性土壤中的生物活性最高，土壤结构、微生物含量等因子可能通过吸附、解吸附、分解等间接地影响着丙酯草醚的生物活性发挥。

适用作物 油菜。

防除对象 对冬油菜田的1年生禾本科杂草及部分阔叶杂草有较好的除草效果。对看麦娘、日本看麦娘、棒头草、繁缕、雀舌草等防效较好，但对猪殃殃、大巢菜、野老鹳草、稻槎菜、泥胡菜等杂草效果差。

应用技术 冬油菜，冬油菜移栽20～35d充分缓苗后，禾本科杂草2叶1心期，阔叶杂草基本出齐用药为宜，用10%乳油50g/亩，对水15～30kg均匀茎叶喷雾。

注意事项 丙酯草醚活性发挥相对较缓慢，施药10d以后，杂草才表现出受害症状，20d后除草活性完全发挥。推荐剂量下，以鲜重防效为指标评价结果为：敏感杂草分别为看麦娘、日本看麦娘、茵草、牛繁缕、小藜；中度敏感杂草分别为早熟禾、棒头草、刺果毛茛；敏感杂草在药后几天内停止生长，最初受害症状表现是单子叶幼叶组织黄化、双子叶叶片合拢、茎弯曲，2～3周受害症状明显，幼叶坏死、茎部褐烂、整株枯萎，最后死亡。中度敏感杂草在药后几天内基本停止生长，2周后表现的明显受害症状为幼叶黄化、畸形和整株矮化。在芽前土壤喷施丙酯草醚后，敏感杂草出苗后，黄化、畸形和生长极其缓慢(双子叶杂草停止在子叶期，单子叶杂草停止在立针期)。该药对甘蓝型油菜较安全。在用10%乳油60ml/亩以上时，对油菜生长前期有一定的抑制作用，但能很快恢复正常，对产量无明显不良影响。温室试验结果表明在有效成分25～30g/亩剂量范围内对6种作物幼苗的安全性由大至小顺序为：棉花、油菜、小麦、大豆、玉米、水稻，对4叶期以上的油菜安全。

开发登记 山东侨昌化学有限公司、首建科技有限公司登记生产。

茚草酮 indanofan

化学名称 (RS)2-[2-(3氯苯基)-2,3-环氧丙基] -2-乙基茚满-1,3-二酮。

结构式

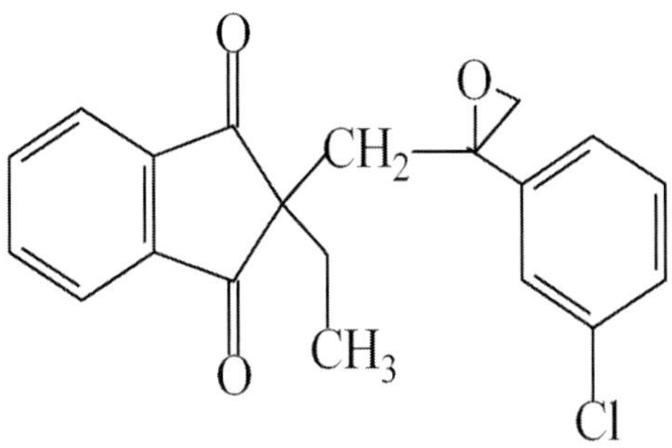

理化性质 纯品为灰白色晶体，熔点60.0～61.1℃，相对密度1.24(25℃)，水中溶解度为17.1mg/L(25℃)，在酸性条件下水解。

毒　　性 雌性大鼠急性经口LD_{50}＞631mg/kg，雄性大鼠急性经口LD_{50}为460mg/kg。大鼠急性经皮LD_{50}＞2 000mg/kg。大鼠急性吸入LC_{50}为1.5mg/L。对兔皮肤无刺激性，对兔眼睛有轻微刺激性。无致突变性。鲤鱼LC_{50}(48h)5mg/L。

剂　　型　50%可湿性粉剂、50%水分散粒剂、3%悬浮剂、40%乳油。

除草特点　杀草谱广，对作物安全。主要由根部吸收，茚草酮是通过抑制生长来除草的，这与丙草胺和苯噻酰草胺等乙酰胺类除草剂类似。初步断定这种作用方式是通过抑制脂肪酸的合成来实现的。茚草酮在好气的灌水土壤中半衰期为10d左右，在好气的旱田土壤中为40d左右。在供试动物、作物和土壤中，茚草酮主要代谢途径为环氧乙烷环发生水解。以后，在动物中与葡萄糖醛酸螯合成羟基化等，在作物中为甲基化，土壤中酮基化、二氧化等。

适用作物　水稻、小麦、大麦。

防除对象　能很好地防除1年生杂草，如稗草、马唐、早熟禾、野燕麦、叶蓼、繁缕、藜、扁秆藨草、鸭舌草、异型莎草、牛毛毡等。

苗后每亩用16.7～33.3g(有效成分)茚草酮能防除旱地1年生杂草。对水稻、大麦、小麦以及草坪安全。用药时期宽，能防除水稻田苗后至3叶期稗草。低温性能好，即使在低温下，茚草酮也能有效地除草。适用的创新剂型像茚草酮的低容量分散粒剂和大丸剂。这样的创新剂型很适用。茚草酮是第一个以500g这种低容量分散粒剂剂型登记的除草剂。农民可以从水稻田堤上施用，不必遍布水稻田，这样大大节省了劳动力。

应用技术　据资料报道，水稻移栽返青后，用50%可湿性粉剂10～30g/亩，拌毒土撒施。

注意事项　茚草酮对移栽深度为2～3cm的水稻，以50%可湿性粉剂20～40g亩的剂量处理时十分安全。但对移栽深度为1cm的浅栽水稻则有生长抑制作用，会使干物重降低。对移栽深度为2cm的3个移栽后时间(移栽后5d、7d和10d)，用茚草酮处理的安全性也进行了试验，结果认为在同一剂量差异不大。

开发登记　由日本三菱化学公司开发，1999年在日本登记。

氯酸钠 sodium chlorate

其他名称　Altacide；Atlacide。

化学名称　氯酸钠。

结 构 式

$$NaClO_3$$

理化性质　白色粉末。熔点248℃(分解)，在300℃左右放出氧气。0℃时水中溶解度为790g/L，可溶于乙醇和乙二醇。它是强氧化剂，接触有机物时易爆炸和燃烧，对锌和碳钢有腐蚀性。

毒　　性　大鼠急性口服LD_{50}为1.2g/kg，对皮肤和黏膜有局部刺激作用。对人的LD_{50}为15～25g/kg。

剂　　型　70%粉剂、25%颗粒剂。

除草特点　对所有绿色植物都有强的植物毒性，植物根、茎对其具有内吸作用。

适用作物　广泛用于非耕地(村区、运动场、仓库、公路和铁路等)和开垦荒地时的灭生性除草。

防除对象　多种植物均可被杀死，对菊科、禾本科植物有根绝的效果，对深根多年生禾本科杂草非常有效。

应用技术　据资料报道，植物生长旺盛时期施药，用量视杂草种类、类量及大小而定，一般用70%粉剂4.7～28kg/亩对水喷洒或撒粉。荒地在雨季来临前用药效果最好，果园、桑园等在10月后休眠期施药较安全。也可与残留性有机除草剂(如灭草隆、敌草隆、除草定等)混用作灭生性除草。

注意事项 具有强烈氧化作用，天气干燥时可能引起火灾，需加阻燃剂，浓液中可用氯化钙，可溶性粉剂中可用氯化钠、硫酸钠、磷酸三钠等。重黏质土壤施药效果差，土壤墒情好时防效高，施药时应严格注意防止药剂飘移到农作物或非目标植物上，施药前后不要施用草木灰或石灰，以免降低防效，药后1个月施用草木灰或石灰可促使杂草地下根茎腐烂。高剂量下药效可持续约6个月，但大雨可将其淋溶，运输和贮存按易燃化学危险品处理。

开发登记 约1910年起用作除草剂。

茅草枯 dalapon

其他名称 Dowpon；Radapon；Basfapon。

化学名称 2,2–二氯丙酸。

结 构 式

$$H_3C-C(Cl)_2-C(=O)OH$$

理化性质 茅草枯为无色液体，沸点185～190℃，蒸气压0.01MPa(20℃)。稳定性：易水解，温度≥50℃时水解更快，因此水溶液不宜长期保存。温度超过120℃时，碱可引起脱氯化氢。茅草枯钠盐是一种吸湿性粉末，熔化前在166.5℃分解。溶解度(25℃)：水中900g/kg、丙酮中1.4g/kg、苯中20mg/kg、乙醚中160mg/kg、乙醇中约185g/kg、甲醇中179g/kg。其钙盐、镁盐易溶于水，钠盐溶液对铁有腐蚀性。50℃以上分解，土壤微生物可迅速地分解本品。

毒　　性 大鼠急性经口LD_{50}7 570～9 300mg(钠盐)/kg。兔急性经皮LD_{50}＞2 000mg/kg(85%钠盐制剂)。固体和浓溶液对眼睛不产生永久性刺激。吸入毒性LC_{50}>20mg/L(25%制剂，8h)。以15mg/(kg・d)剂量喂大鼠无不良影响，以50mg/(kg・d)喂大鼠，肾脏重量略有增加。

应用技术 据资料报道，钠盐是一选择性触杀型除草剂，可由叶和根部传导。在非耕作区，以2.5kg(有效成分)/亩的剂量施用，防除一年生和多年生禾本科杂草；在柑橘园用量133～366g(有效成分)/亩；咖啡园用量366～667g(有效成分)/亩；橡胶园用量0.733～1.466kg(有效成分)/亩；甘蔗田中用量600～860g(有效成分)/亩；茶园中用量366g(有效成分)/亩。

开发登记 本品由Dow Chemical Co. (但未长期生产和销售)和BASF公司开发。

三氯醋酸 TCA

化学名称 三氯醋酸；三氯醋酸钠。

结 构 式

$$Cl_3COO^-Na^+$$

理化性质 三氯醋酸为无色吸潮的结晶体，熔点55～58℃，沸点196～197℃，相对密度为1.6。25℃在水中溶解度为10kg/L，溶于乙醚、乙醇。在干燥状态下稳定，在碱性条件下分解为氯仿，对铝、铁和锌有腐蚀性。钠盐原药为淡黄色可潮解的粉末，室温下水中溶解度为1.2kg/L，溶于乙醇和许多有机溶剂，比酸的腐蚀性低。

毒　　性　急性经口LD_{50}：大鼠3 200～5 000mg(钠盐)/kg，400mg(酸)/kg、小鼠5 460mg(钠盐)/kg，酸对皮肤腐蚀强烈，钠盐对皮肤和眼睛也有刺激。

剂　　型　95%颗粒剂。

应用技术　据资料报道，三氯醋酸为芽前土壤施用除草剂。在羽衣甘蓝、豌豆或甜菜种植前施用，防除匍匐冰草用95%颗粒剂1.05～2.1kg/亩，防除野燕麦用95%颗粒剂594g/亩。土壤中的持效期依据土壤的湿度和温度，从14d到约90d。

开发登记　1947年由K. C. Barrons等报道钠盐的除草活性，由E. I. Dupont de Nemours & Co. Inc. 和Dow Chemical Co.开发，但现在两公司均未生产。

一氯醋酸 chloroacetic acid

其他名称　Monoxone；SMA；SMCA。

化学名称　一氯醋酸。

结 构 式

$$ClCH_2COOH$$

理化性质　一氯醋酸为一种吸湿性固体，有三种异构体：α-异构体熔点63℃，β-异构体熔点55～56℃，γ-异构体熔点50℃。沸点189℃，易溶于水、溶于苯、氯仿、乙醚、乙醇。原药熔点61～63℃，本品无腐蚀性，钠盐为无色结晶固体，溶解度(20℃)，水中850g/L，原药纯度约90%。

毒　　性　大鼠急性经口LD_{50}650mg钠盐/kg、小鼠165mg/kg，对皮肤和眼睛有刺激。以700mg/kg饲料剂量喂大鼠几个月对健康无不良影响。虹鳟鱼LC_{50}(48h)900mg/L。

剂　　型　钠盐95%可溶性粉剂。

应用技术　据资料报道，钠盐为芽后触杀型除草剂，可防除抱子甘蓝、羽衣甘蓝、韭葱和洋葱田中大多数一年生杂草。本品可与莠去津混用，彻底防除工业区及其他非耕地杂草。

开发登记　本品于1951年由A. E. Hitchcock等报道除草活性，钠盐的除草活性于1956年由T. C. Breese等报道，由ICI Plant Protection Division(现为ICI Agrochemicals)公司开发，但未长期生产和销售。

六氯丙酮 hexachloroacetone

其他名称　Gc1106。

化学名称　六氯丙酮。

结 构 式

$$Cl_3C-CO-CCl_3$$

理化性质　本品为无色至浅黄色液体，带有发霉的气味。沸点203.6℃，密度为1.74。微溶于水，在25℃时能与脂肪及芳香烃、异丙醇、甲醇、氯苯和植物油混溶。可与水缓慢反应生成三氯乙酸和氯仿，该反应可被碱加速，工业品纯度约85%。

毒　　性 雄性大白鼠急性口服LD_{50}(1 550 ± 180)mg/kg，雄性白兔急性经皮LD_{50}(2 980 ± 1 080)mg/kg。

剂　　型 与除草定按等量混合配制成的乳油、可湿性粉剂和颗粒剂。

应用技术 据资料报道，很少单独用作除草剂，通常都是与其他除草剂混用。

开发登记 1954年由Allied Chemical Corp. Agricultural Division(现为Hopkins Agricultural Chemical Co.)开发。

四氟丙酸 flupropanate

其他名称 Orga 3045。

化学名称 2,2,3,3-四氟丙酸。

结 构 式

$$F_2CHCF_2COOH$$

理化性质 钠盐为无色结晶体，熔点152℃。20℃水中溶解度为3kg/L，微溶于非极性溶剂。

毒　　性 急性经口LD_{50}：大鼠11 900mg(钠盐)/kg，小鼠9 200mg/kg。急性经皮LD_{50}：大鼠 > 2 600mg/kg，兔 > 4 000mg/kg。大鼠8d饲养无作用剂量 > 2 000mg/kg体重。鲤鱼LC_{50}(48h) > 100mg(钠盐)/L。

剂　　型 74.5%、90%可溶性液剂。

应用技术 据资料报道，用90%可溶性液剂111 ~ 166ml/亩，防除牧场中1年生和多年生禾本科杂草；防除非耕作区杂草用90%可溶性液剂0.5 ~ 1.22kg/亩。本品对阔叶杂草防效低，主要通过根吸收，有较小的触杀性。

开发登记 1969年由E. Aelbers等报道除草活性，N. V. Orgachemia和Daikin Kogyo Co. 发现，现在由ICI公司销售。

吗草快 morfamquat

其他名称 PP745；Morfoxone。

化学名称 1,1-双(3.5-二甲基吗啉基羰甲基)-4,4-联吡啶。

结 构 式

CH3 / O N / N+ / O / CH3 / 2Cl− / 2

毒　　性 鼠急性经口LD_{50}354mg/kg，猫的口服LD_{50}160mg/kg。

开发登记 1964年H. M. Fox等报道除草活性、ICI Plant Protection Division(现为ICI Agrochemicals)公司开发。

牧草快 cyperquat

其他名称 S21634。

化学名称 1-甲基-4-苯基吡啶。

结构式

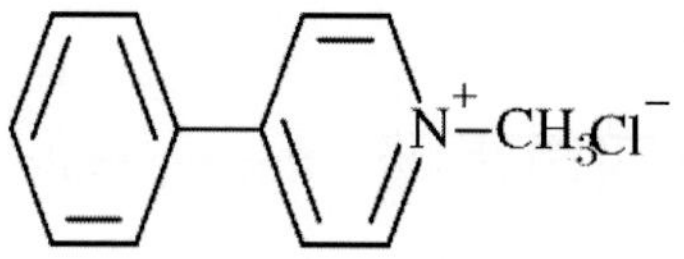

毒　　性 大鼠急性经口LD_{50}为71.4mg/kg，猴经皮LD_{50}大于3 038mg/kg。

应用技术 用于休耕地和牧场中防除紫莎草和黄莎草。

开发登记 1973年Gulf Oil公司开发。

溴酚肟 bromofenoxim

其他名称 C9122；Faneron。

化学名称 3,5-二溴-4-羟基苯甲醛-2,4-二硝基苯基肟。

结构式

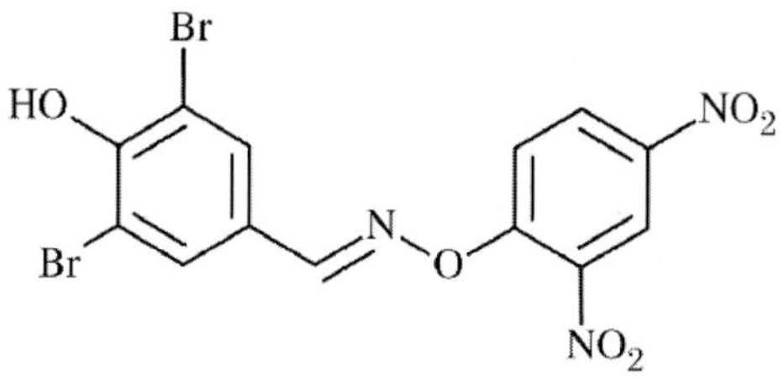

理化性质 纯品为奶油色晶体，熔点196～197℃，蒸气压0.001 3MPa(20℃)，密度2.15g/cm^3(20℃)。溶解性(20℃)：水中0.1mg/L，苯中500mg/L，己烷中200mg/L，异丙醇中400mg/L。70℃时水解50%的时间：pH1时41.4h，pH5时9.6h，pH9时0.76h。

毒　　性 大鼠急性经口LD_{50}1 217mg(原药)/kg，大鼠急性经皮LD_{50} > 3 000mg/kg；对兔皮肤和眼睛有轻微刺激；大鼠急性吸入LD_{50}(6h) > 0.242mg/L空气。在90d饲喂试验的无作用剂量：大鼠300mg/kg饲料(每日20mg/kg)，犬100mg/kg饲料(每日3mg/kg)。对鱼有中等至高度毒性，对鸟和蜜蜂实际上无毒。

剂　　型 50%悬浮剂。

应用技术 本品为对1年生双子叶杂草有强触杀作用的叶面作用除草剂，通过土壤基本无效。用50%悬浮剂200～332ml/亩对水30kg，在杂草出现后施于冬播谷物；用50%悬浮剂132～266ml/亩，在阔叶杂草出现后(至6叶期)施于春播谷物；也可以与特丁津混用以扩大除草谱及增加活性。

开发登记 1969年D. H. Green等报道了本品的除草性质，由Ciba AG(现Ciba-Geigy AG)开发。

三唑磺草酮 epronaz

其他名称 BTS30843。

化学名称 N-乙基-N-丙基-3-丙基磺酰基-1H-1,2,4-三唑-1-甲酰胺或1-(N-乙基-N-丙基氨基甲酰基)-3-丙基磺酰基-1H-1,2,4-三唑。

结 构 式

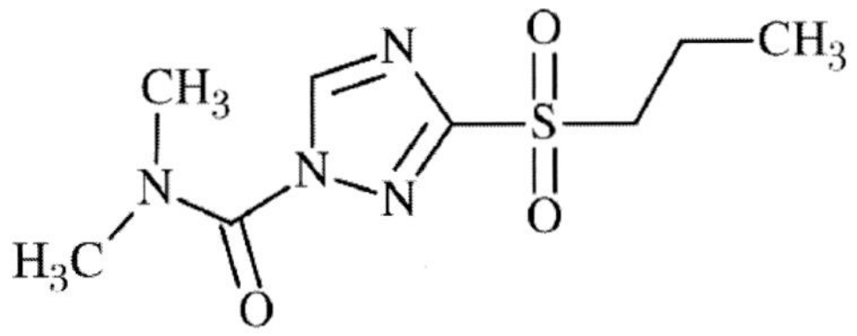

理化性质 白色晶体，熔点51～51.6℃，水中溶解度0.19%。

毒　　性 急性经口LD_{50}：大白鼠为100～200mg/kg，小白鼠为400～800mg/kg。大白鼠急性经皮LD_{50}>200mg/kg。

剂　　型 6%可分散油悬浮剂。

适用作物 直播稻、移栽稻。

应用技术 水稻，直播田，用6%可分散油悬浮剂115～150ml/亩，对水20～30kg均匀茎叶喷雾；移栽田，用6%可分散油悬浮剂，东北地区，200～250ml/亩；其他地区，150～180ml/亩，对水20～30kg均匀茎叶喷雾。

开发登记 江苏清原农冠杂草防治有限公司登记生产。

灭杀唑 methazole

其他名称 VCS-438；Probe。

化学名称 2-(3,4-二氯苯基)-4-甲基-1,2,4-恶二唑啉-3,5-二酮。

结 构 式

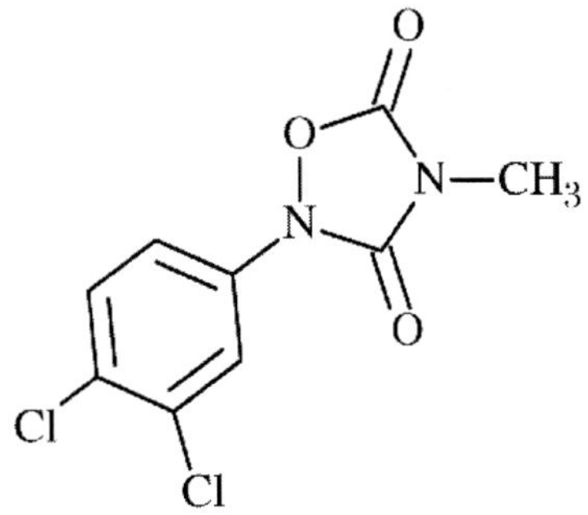

理化性质 TC级纯度95%，浅棕色固体，熔点123～124℃，蒸气压0.133MPa(25℃)，在达到沸点前分解。溶解度(25℃)：水中1.5mg/L、丙酮中40g/L、甲醇6.5g/L、二甲苯中55g/L。其甲醇溶液在紫外光照射下分解，但水悬液对光稳定。

毒　　性 大鼠急性经口LD_{50}2 500mg/kg，兔急性经皮LD_{50}>12 500mg/kg，对兔皮肤和眼睛刺激性小，对豚鼠皮肤无致敏性，急性吸入毒性LD_{50}(4h)(大鼠暴露在粉尘中)>200mg/L。以>100mg/kg饲料喂大、小鼠两年，在脾和肝脏出现黄至棕色色素。以≤60mg/(kg·d)剂量喂兔无致突变和致畸作用，但在≤30mg/(kg·d)剂量对胎儿有影响。对大鼠三代繁殖无作用剂量为50mg/kg饲料，在≥100mg/kg饲料出现白内障，但无其他不良影响。非哺乳动物LC_{50}(8d)：野鸭11 500mg/kg饲料，鹌鹑1 825mg/kg饲料。一代繁殖研究表明，对鹌鹑和野鸭无作用剂量3mg/kg饲料，鱼毒LC_{50}(96h)：太阳鱼和虹鳟鱼均为4mg/L。

剂　　型　75%可湿性粉剂、5%颗粒剂。

应用技术　据资料报道，用于防除主要的禾本科杂草和许多阔叶杂草，大蒜和马铃薯芽前用75%可湿性粉剂88～176g/亩；在柑橘园、核果、胡桃、茶和移植葡萄园中，直接喷到土壤或杂草上，用75%可湿性粉剂533g/亩；棉花在15cm高时用药，用75%可湿性粉剂88～176g/亩：洋葱(>2叶期)用75%可湿性粉剂222g/亩；新播种的或休眠苜蓿(>1年)用75%可湿性粉剂200g/亩。最好施用于湿润的土壤中，轻质砂壤土中可降低用药量。

开发登记　1970年由W. Furness报道除草活性，Velsicol Chemical公司开发，现由山道士公司生产并销售。

呋草酮　flurtamone

化学名称　(RS)-5-甲胺基-2-苯基-4-(α,α,α-三氟间甲苯基)呋喃-3(2H)-酮。

结 构 式

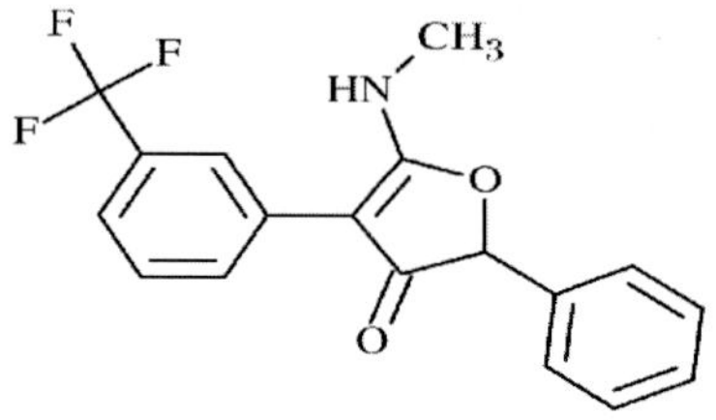

理化性质　纯品为乳白色粉状固体，熔点152～155℃。20℃水中溶解度为35mg/L，溶于丙酮、甲醇、二氯甲烷，微溶于异丙醇。

毒　　性　大鼠急性经口LD_{50} 500mg/kg，兔急性经皮LD_{50} 500mg/kg。鱼毒LC_{50} (96h)：虹鳟鱼7mg/L，蓝鳃11mg/L。蜜蜂经口LD_{50} > 100μg/只；山齿鹑饲喂LC_{50} (8d)6 000mg/L；Ames试验表明无诱变性。

除草特点　是类胡萝卜素合成抑制剂。通过植物根和芽吸收而起作用，敏感品种发芽后立即呈现普遍褪绿白化现象。

适用作物　棉花、花生、高粱、向日葵及豌豆田。

防除对象　可防除多种禾本科杂草和阔叶杂草，如苘麻、美国豚草、马松子、马齿苋、大果田菁、龙葵以及苋、山扁豆、蓼等。

应用技术　植前拌土，苗前或苗后处理。推荐使用剂量随土壤结构和有机质含量不同而改变，在较粗结构，低有机质土壤上作植前混土处理时，施药量为37～56g(有效成分)/亩；而在较细结构、高有机质含量的土壤上，施药量为56～75g(有效成分)/亩，或高于此量。为扩大杀草谱，最好与防除禾本科杂草的除草剂混用，苗后施用，因高粱和花生对其有耐药性，故使呋草酮可作为一种通用的除草剂来防除这些作物中难防除的杂草。喷雾液中加入非离子表面活性剂可显著地提高药剂的苗后除草活性。

开发登记　由拜耳股份公司 、上海赫腾精细化工有限公司 登记生产。

呋草磺　benfuresate

其他名称　Cyperal；Morlone。

化学名称　乙基磺酸-2,3-二氢-3,3-二甲苯并呋喃-5-基酯。

结 构 式

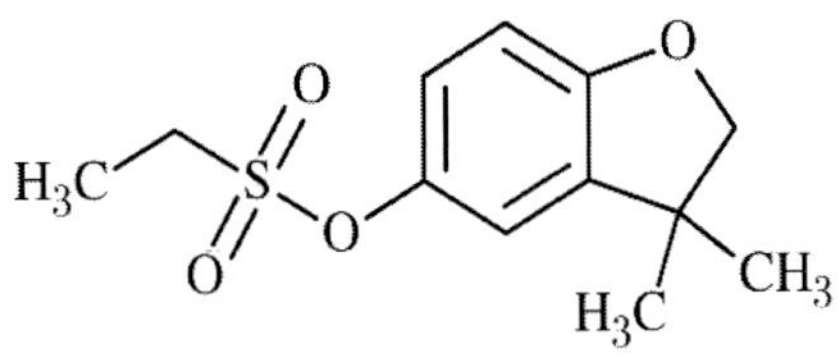

$$H_3C-CH_2-SO_2-O-\text{(3,3-dimethyl-2,3-dihydrobenzofuran-5-yl)}$$

理化性质 原药纯度≥95%，熔点32～35℃。纯品为灰白色晶体，熔点30.1℃。蒸气压1.43MPa(20℃)，2.78MPa(25℃)。相对密度0.957，溶解度(25℃，g/L)：水0.261、丙酮＞1 050、二氯甲烷＞1 220、甲苯＞1 040、甲醇＞980、乙酸乙酯＞920、环己烷51、己烷15.3。稳定性：在37℃，pH 5.0、7.0、9.2的水溶液中放置31d稳定。0.1mol/L氢氧化钠水溶液中DT_{50}为12.5d。

毒　　性 大鼠急性经口LD_{50}雄3 536mg/kg、雌2 031mg/kg，小鼠急性经口LD_{50}雄1 986mg/kg、雌2 809mg/kg，狗急性经口LD_{50}＞1 600mg/kg。大鼠急性经皮LD_{50}＞5 000mg/kg，大鼠急性吸入LC_{50}＞5.34mg/L。NOEL数据：小鼠(90d)无作用剂量为3 000mg/kg。ADI值为0.030 7mg/(kg・d)。山齿鹑急性经口LD_{50}＞32 272mg/kg，野鸭急性经口LD_{50}＞10 000mg/kg。鱼毒LC_{50}(96h)：鲤鱼35mg/L，虹鳟鱼12.28mg/L。蚯蚓LD_{50}(14d)＞734.1mg/kg土壤。

应用技术 据资料报道，呋草磺属苯并呋喃磺酸酯类除草剂。种植前以133～187g (有效成分)/亩拌土用于棉花，芽后处理以30~40g(有效成分)/亩用于水稻，可有效防除许多禾本科杂草，包括莎草和木贼状荸荠及阔叶杂草。日本田间试验表明，持效期可达100d。作物对药剂的选择性主要由施药浓度、次数、移栽深度、土壤类型和温度来决定。推迟用药时间可改善对作物的安全性，移栽后5d用药是可行的。

开发登记 是由安万特公司开发的除草剂。

乙呋草磺 ethofumesate

其他名称 Betanal Tandem；Betanal Progress；Nortron。

化学名称 甲基磺酸(RS)-2-乙氧基-2,3-二氢-3,3-二甲基苯并呋喃-5-基酯。

结 构 式

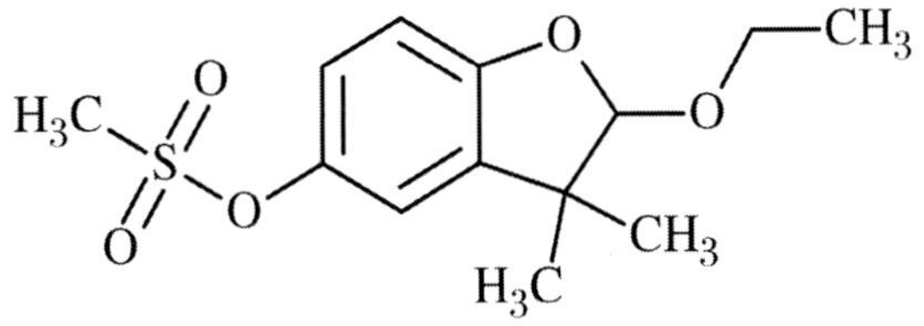

$$H_3C-SO_2-O-\text{(2-ethoxy-3,3-dimethyl-2,3-dihydrobenzofuran-5-yl)}$$

理化性质 纯品为无色结晶固体，熔点70~72℃(原药69～71℃)，蒸气压0.12～0.65MPa(25℃)。相对密度为1.29。溶解度(25℃，g/L)：水0.05，丙酮、二氯甲烷、二甲基亚砜、乙酸乙酯＞600，甲苯、二甲苯300～600，甲醇120～150，乙醇60～75，异丙醇25～30，己烷4.67。在pH7.0、9.0的水溶液中稳定，在pH5.0下DT_{50}为940d。水溶液光解DT_{50}为31d，空气中DT_{50}为4.1d。

毒　　性 大鼠急性经口LD_{50}＞6 400mg/kg，小鼠急性经口LD_{50}＞5 000mg/kg。大鼠急性经皮LD_{50}＞2 000mg/kg。对兔眼睛、皮肤无刺激性。大鼠急性吸入LC_{50}(4h)＞3.97mg/L空气。两年饲养大鼠无作用剂量＞1 000mg/kg饲料。非哺乳动物急性经口LD_{50}山齿鹑>8 743mg/kg，鹌鹑>1 600mg/kg，野鸭>3 552mg/kg。鱼毒LC_{50}(96h)：太阳鱼12.37～21.2mg/L，虹鳟鱼>11.92～20.2mg/L。

应用技术 据资料报道，乙呋草磺为苗前和苗后均可使用的除草剂，可有效地防除许多重要的禾本科和阔叶杂草，土壤中持效期较长。以66~133g(有效成分)/亩剂量，防除甜菜、草皮、黑麦草和其他牧场中杂草。甜菜地中用量66~200g(有效成分)/亩，但乙呋草磺与其他甜菜地用触杀型除草剂桶混的推荐剂量为33~133g(有效成分)/亩。草莓、向日葵和烟草基于不同的施药时期对该药有较好的耐受性，洋葱的耐药性中等。

开发登记 是由AgrEvo Co. 开发的除草剂。

嘧草胺 tioclorim

其他名称 UK–J1506。

化学名称 6–氯–5–(甲硫基)嘧啶–2,4–二胺。

结 构 式

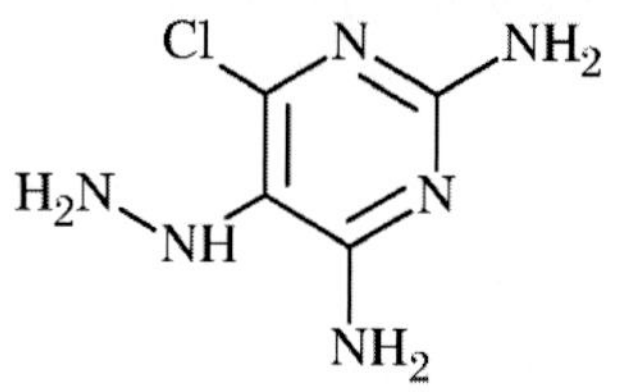

Cl N NH_2 N H_2N NH NH_2

开发登记 本品由Produits Chimiques Ugine Kuhl–mann公司开发。

氯酞酸 chlorthal

其他名称 DAC893；Dacthal；四氯对苯二甲酸。

化学名称 四氯对苯二甲酸。

结 构 式

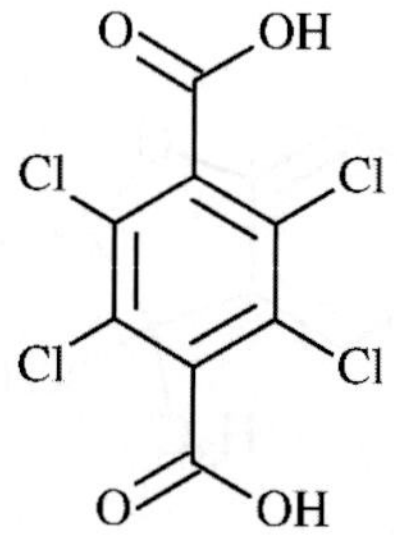

O OH Cl Cl Cl Cl O OH

理化性质 甲酯为无色结晶，熔点156℃，蒸气压＜67Pa(40℃)。溶解度(25℃)：水中＜0.5mg/L、丙酮中为100g/kg、苯中250g/kg、二恶烷中120g/kg、甲苯中170g/kg、二甲苯中140g/kg，纯品及可湿性粉剂的性质稳定，土壤中DT_{50}＜100d。

毒　　性 大鼠急性经口LD_{50}＞3 000mg/kg，对兔急性经皮LD_{50}＞10 000mg/kg。一次用药3mg对白兔眼睛产生轻微刺激，而在24h内即可消失。大鼠和犬用含1%的饲料喂养未见不良影响，在动物体内代谢为单甲酯和酸，并从尿排出。

剂　　型 75%可湿性粉剂、5%颗粒剂。

应用技术 据资料报道，芽前除草剂，适用于多种作物，其中，包括玉米、棉花、大豆、菜豆、洋葱、辣椒、马铃薯、草莓、甜薯、莴苣、茄子、芜菁等。对1年生禾本科杂草和许多宽叶杂草有效。施用量为75%可湿性粉剂0.533～1.24kg/亩。

开发登记 1960年由P. H. Schuldt等报道除草活性，由Diamond Alkali公司开发。

氟咯草酮 flurochloridone

其他名称 Racer。

化学名称 (3RS,4RS,3RS,4SR)-3-氯-4-氯甲基-1-(α,α,α-三氟-间-甲苯基)-2-吡咯烷酮(比例为3：1)。

结构式

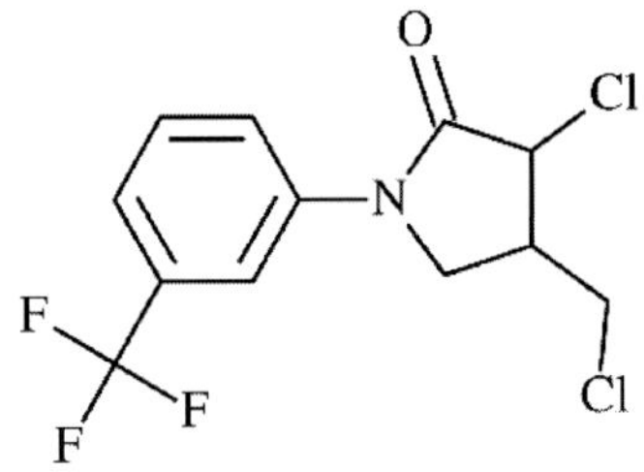

理化性质 纯品为棕色固体，熔点：40.9℃(共晶体)；69.5℃(反式异构体)、沸点：212.5℃(10mmHg)、蒸气压0.44MPa(25℃)，相对密度1.19(20℃)。水中溶解度(20℃，mg/L)：35.1(蒸馏水)、20.4(pH9)。其他溶剂中溶解度(20℃，g/L)：乙醇100，煤油＜5，易溶于丙酮、氯苯、二甲苯。水中稳定性DT_{50}：138d(100℃)，15d(120℃)，7d(60℃、pH4)，18d(60℃、pH7)。

毒　　性 大鼠急性经口LD_{50}雄4 000mg/kg、雌3 650mg/kg。兔急性经皮LD_{50}＞5 000mg/kg，对兔皮肤和眼睛无刺激性。大鼠急性吸入LC_{50}(4h)0.121mg/L。雄大鼠2年试喂试验的无作用剂量为100mg/kg饲料(3.9mg/kg・d)，雌大鼠则为400mg/kg饲料(19.3mg/kg・ d)。Ames试验和小鼠淋巴组织结果表明，无致突变性。山齿鹑急性经口LD_{50}＞2 000mg/kg，虹鳟鱼LC_{50}(96h)3mg/L，蜜蜂LD_{50}＞100μg/只(接触或经口)。

剂　　型 25%乳油、25%干悬浮剂。

除草特点 类胡萝卜素合成抑制剂。

适用作物 冬小麦、冬黑麦、棉花、马铃薯、胡萝卜、向日葵。

防除对象 可防除冬麦田、棉田的繁缕、田堇菜、婆婆纳、反枝苋、马齿苋、龙葵、猪殃殃、波斯水苦荬等，并可防除马铃薯和胡萝卜田的各种阔叶杂草，包括难防除的黄木樨草和蓟。

应用技术 据资料报道，用25%乳油132～200g/亩苗前施用，可有效防除冬小麦和冬黑麦田繁缕、常春藤叶、婆婆纳和田堇菜，棉花田反枝苋、马齿苋和龙葵，马铃薯田的猪殃殃、龙葵和波斯水苦荬，以及向日葵田的许多杂草。如用25%悬浮剂200g/亩施于马铃薯和胡萝卜田，可防除包括难防除杂草在内的各种阔叶杂草(黄木樨草和蓝蓟)，对作物安全。在轻质土中生长的胡萝卜，用25%乳油132g/亩施用可获得相同的防效，并增加产量。

开发登记 是由美国斯托弗化学公司(Stauffer Chemical CO.)开发的吡咯烷酮类除草剂。

稗草烯 TCE-styrene

其他名称 TCE-styrene；M-3429；Dowco 221；Tavron。

化学名称 1-(2,2,2-三氯乙基)苯乙烯。

结构式

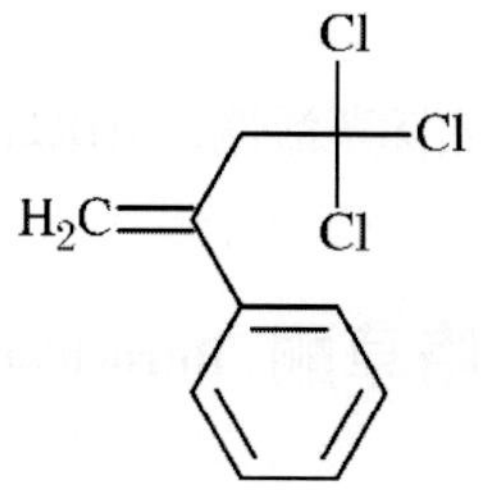

理化性质 纯品为无色透明黏稠液体，沸点83℃(1mmHg)。工业品为棕褐色黏稠液体，难溶于水(约12mg/kg)，易溶于丙酮、氯仿、苯等有机溶剂。

毒　　性 雌大鼠急性经口LD_{50}为8 530mg/kg。

应用技术 据资料报道，水稻直播田或插秧田在稗草2～3叶期时，以33～66g(有效成分)/亩剂量苗后土壤处理，对稗草和三棱草有较高药效。同苯氧羧酸类混用可防除禾本科及阔叶杂草。苗前处理能有效地抑制杂草种子的萌发，可选择性地防除甜菜、萝卜、黄瓜、亚麻、棉花、花生、大豆、果树等阔叶作物的杂草。

丙烯醛 acrolein

其他名称 Acrylaldehyde；Biocide。

化学名称 丙烯醛。

结构式

理化性质 本品为可流动液体，沸点52.5℃，凝固点-87.7℃，蒸气压280kPa(20℃)。20℃时水中溶解度为208g/kg，可溶于大多数有机溶剂。在≤80℃下稳定，具有较高的化学反应性，遇光会聚合。本品必须在氮气保护下储存于黑暗处。水解DT_{50}为3.5d(pH5)、1.5d(pH7)、4h(pH10)。闪点(在密闭的杯中)低于-17.8℃。需在无氧和抗聚合剂存在的条件下运输，土壤中吸附作用低，无明显的移动过程。

毒　　性 急性经口LD_{50}：大鼠29mg/kg，雄小鼠13.9mg/kg，雌小鼠17.7mg/kg。急性经皮LD_{50}：大鼠231mg/kg，对兔皮肤和眼睛有刺激，有催泪作用并能灼烧皮肤，空气中含量浓度为1mg/kg时，在2～3min内就会刺激黏膜，刺激达5min就不可忍耐。大鼠急性吸入毒性LC_{50}(4h)为8.3mg/L空气。90d饲喂试验，大鼠无作用剂量为5mg(kg·d)。对二代大鼠以7.2mg(kg·d)饲喂，不再产生毒性。对兔无致畸(最高剂量2mg/kg·d)作用。非哺乳动物毒性，急性经口LD_{50}：鹌鹑19mg/kg，野鸭9.1mg/kg。鱼毒LC_{50}(24h)：银鱼0.04mg/L，虹鳟鱼0.15mg/L，鲱鱼0.39mg/L，蓝鳃鱼0.079mg/L；LC_{50}(48h)：牡蛎0.56mg/L。

剂　　型 85%液剂。

应用技术 据资料报道，将该药剂注入水表面(1～15mg/L)，可防除灌溉水道和排水沟渠中的水生杂草和藻类。在推荐剂量下对突生杂草作用较小。在15mg/L只能控制漂浮杂草大藻属和水龙属的蔓延。

开发登记 本品早期由Shell公司开发，但未长期生产。

苯草灭 bentranil

其他名称 benzazin；H170；BAS-1700H；草恶嗪；恶草嗪酮。

化学名称 2-苯基-3,1-苯并恶嗪酮。

结 构 式

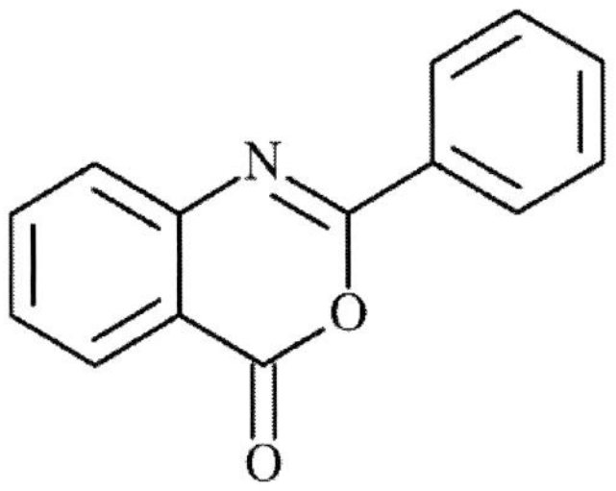

理化性质 白色固体，无臭，熔点123～124℃，20℃水中溶解5～6mg/L，在一些有机溶剂中的溶解度为：乙醇0.74，苯13.2，乙醚3.0，石油醚0.41。化学性质比较稳定，无腐蚀性，可与其他除草剂混配。

毒　　性 鼠急性口服LD_{50}为1 600mg/kg。

除草特点 选择性芽后除草剂，它只能由叶部吸收，通常同其他除草剂混用，其植物毒性受温度和光的影响，温度高、阳光足，对植物的毒性就增加。因此。在土壤中的残留物不会造成有害影响。

适用作物 大麦、小麦、水稻、马铃薯、玉米、高粱、谷子等。

防除对象 阔叶杂草。

应用技术 据资料报道，芽后茎叶喷雾，用量66～133g(有效成分)/亩。

开发登记 由Badische & Soda Fabrik AG推广。获有专利DBP1191271。

灭草环 tridiphane

其他名称 Tandem；Nelpon。

化学名称 (RS)-2-(3,5-二氯苯基)-2-(2,2,2-三氯乙基)环氧乙烷。

结 构 式

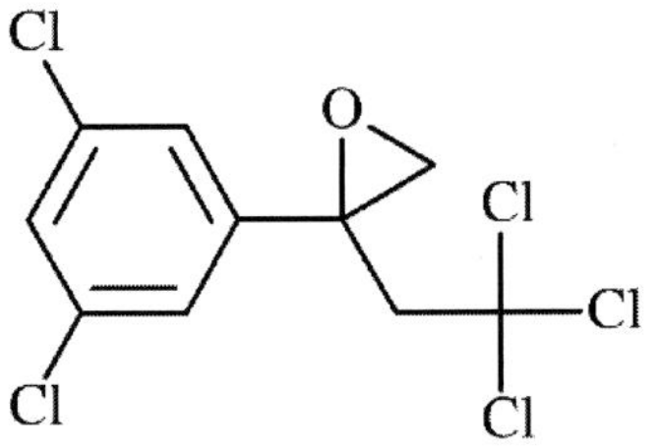

理化性质 无色结晶体，熔点42.8℃，蒸气压29MPa(25℃)。25℃下溶解度：水中1.8mg/L、丙酮中为9.1kg/kg、氯苯中为5.6kg/kg、二氯甲烷中为7.1kg/kg、甲醇中为980g/kg、二甲苯中为4.6kg/kg。在好气条件下，本品在土壤中DT_{50}为26d，闪点46.7℃。

毒　　性 大鼠急性经口LD_{50}为1 743～1 918mg/kg，野鸭＞2 510mg/kg，兔经皮LD_{50}为3 536mg/kg，本品对眼和皮肤刺激中等，对皮肤有潜在的致敏性。

剂　　型 48%或50%乳剂。

除草特点 选择性内吸除草剂。主要通过叶也可通过根吸收。

适用作物 玉米、水稻、草坪等，本品有希望用于选择性地防除草坪和水稻中的主要苗期杂草，本品可被植株代谢。

防除对象 可防除苗期禾本科杂草和阔叶杂草。

开发登记 Dow Elanco开发。

燕麦酯 chlorfenprop-methyl

其他名称 Bayer70533；Bidish。

化学名称 (±)-2-氯-3-(4-氯苯基)丙酸甲酯。

结构式

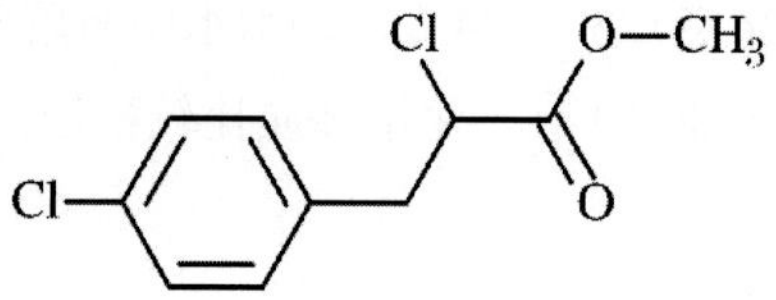

理化性质 纯品为无色液体，有茴香气味，熔点高于-20℃，沸点110～113℃(0.1mmHg)，蒸气压930MPa(50℃)。20℃水中溶解度为40mg/L，溶于丙酮、芳香烃、二乙醚和脂油。

毒性 急性经口LD_{50}：大鼠约1 190mg/kg，豚鼠和兔500～1 000mg/kg，犬＞500mg/kg，小鸡约1 500mg/kg。大鼠急性经皮LD_{50}＞2 000mg/kg。在90d饲喂试验中大鼠接受1 000mg/kg饲料未见有害影响。

剂型 50%、80%乳油。

应用技术 据资料报道，本品为具有触杀作用的防除野燕麦的专效除草剂，在野燕麦出苗后1叶期与分蘖期之间最敏感，以266g(有效成分)/亩，可有效防除野燕麦，但不防除不实野燕麦。谷物作物(燕麦除外)、饲料作物、豌豆和甜菜对喷雾剂有很好的耐药性。

开发登记 1968年报道了本品的除草性质，由德国拜耳公司开发。

噻二唑草胺 thidiazimin

其他名称 Sn124085。

化学名称 6-[(3Z)-6,7-二氢-6,6-二甲基-3H,5H-吡咯并(2,10)(1,2,4)噻二唑-3-基亚胺]-7-氟-4-(2-丙炔基)-2H-1,4-苯并恶嗪-3(4H)-酮。

结构式

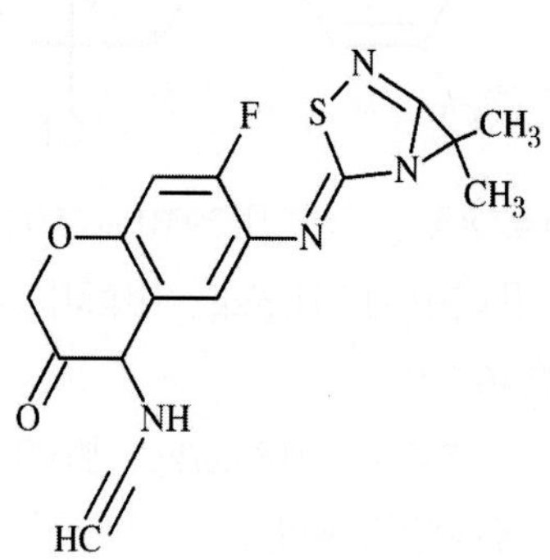

除草特点 用于冬季谷物田防除阔叶杂草的触杀型除草剂。并可考虑与其他谷物用除草剂混用。

应用技术 在谷物芽后施用剂量为1.33～2.66g(有效成分)/亩，对众多阔叶杂草有卓著的防效且十分迅速，其中，包括荠菜、猪殃殃、小野芝麻、母菊、田野勿忘草、虞美人、繁缕、婆婆纳、阿拉伯婆婆纳和田堇菜等杂草。

开发登记 1987年由德国schering公司开发。

棉胺宁 phenisopham

其他名称 SN58132；Diconal；Verdinal。

化学名称 3-[乙基(苯基)氨基甲酰氧基]苯氨基甲酸异丙酯。

结 构 式

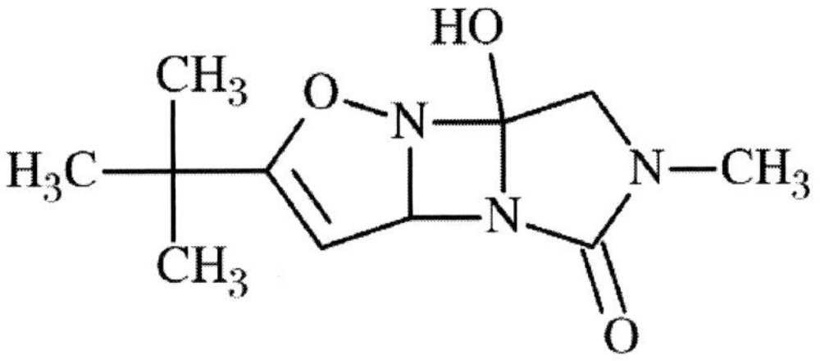

理化性质 本品为无色固体，熔点109～110℃。它不溶于水，易溶于丙酮和其他极性有机溶剂。在碱性条件下不稳定。

毒　　性 急性经口LD_{50}：大鼠＞4 000mg/kg，小鼠＞5 000mg/kg。兔急性经皮LD_{50}＞1 000mg/kg。

剂　　型 15%乳油。

应用技术 据资料报道，棉胺宁是一个选择性除草剂，主要用于防除棉田中阔叶杂草。其主要作用方式是触杀，土壤施药也有活性。棉胺宁应在发芽后立即施用，不要在2～4真叶期用药。

开发登记 1977年由Schering公司开发。

羟草酮 busoxinone

其他名称 PPG-259。

化学名称 3-[5-(1,1-二甲基乙基)-3-异恶唑基]-4-羟基-1-甲基-2-咪唑啉二酮。

结 构 式

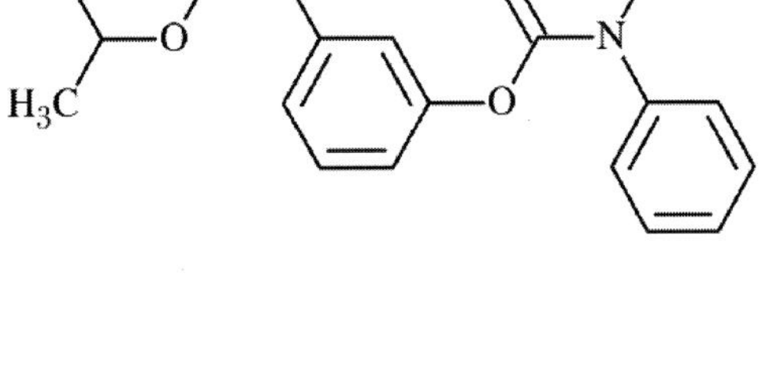

剂　　型 60%乳油。

除草特点 大部分豆科作物耐受力较强。在低剂量下几乎没有影响，在较高剂量下出现纹理、失绿、发育迟缓，某些植株被杀死，但影响出现较慢。所有的阔叶作物对该药都非常敏感。

适用作物 蔬菜。

防除对象 波斯水苦荬、藜、千里光属、荠菜和早熟禾。

应用技术 据资料报道，在杂草早期生长阶段，以133g(有效成分)/亩剂量使用。

开发登记 PPG公司1984年开发。

氨氯苯醌 quinoclamine

其他名称 ACNQ；TH1568；Mogeton；氨氯苯醌；萘醌；杀灭藻醌。

化学名称 2-氨基-3-氯-1,4-萘醌。

结构式

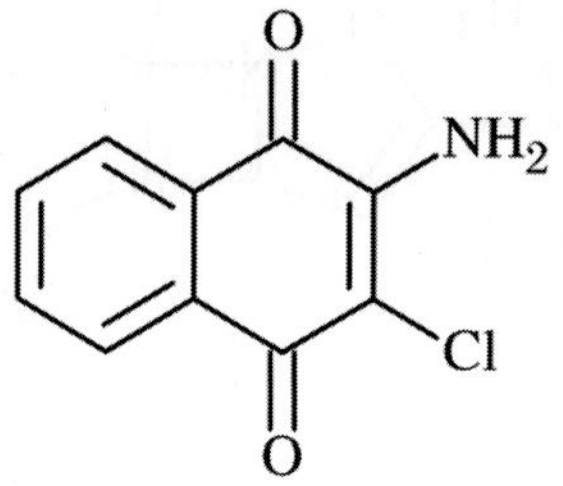

理化性质 黄色晶体，熔点198～200℃，蒸气压0.06Pa(25℃)，密度1.6g/cm^3。溶解度(20℃)：乙酸16g/L，丙酮13g/L，氯苯5g/L，硝基苯37g/L。其水溶液在不超过155℃下、暗处稳定，对金属无腐蚀性。

毒　　性 雄大鼠急性经口LD_{50}为1 360mg/kg，雌性大鼠急性经口LD_{50}为1 600mg/kg，雄小鼠急性经口LD_{50}为1 350mg/kg，雌小鼠急性经口LD_{50}为1 260mg/kg。大鼠急性经皮LD_{50}＞500mg/kg，大鼠急性吸入LC_{50}(4h)为0.79mg/L空气。大鼠2年饲喂试验的无作用剂量为5.7mg/kg饲料。鲤鱼LC_{50}(48h)为0.7mg/L，水蚤LC_{50}(32h)＞100mg/L。

剂　　型 25%可湿性粉剂、9%颗粒剂。

除草特点 属苯醌类触杀型杀藻剂和除草剂，对萌发出土后的杂草有效。通过抑制植物光合作用使杂草枯死。药剂须施于水中才能发挥除草作用，土壤处理无效。

适用作物 水稻、莲、工业输水管、储水池等。

防除对象 苹、藻及水生杂草。

应用技术 据资料报道，在苗后的田地中灌水后施药，用25%可湿性粉剂0.532～1.064kg/亩。对苹、藻类有卓效，对一些1年生和多年生杂草亦有效。也做杀菌剂用于防腐漆中。

注意事项 砂质土壤不可使用，在土壤中的移动性较小。灌水施药后2周不可排水或灌水。

开发登记 最早由Umiroyal Inc. 开发，未长期生产或销售。日本1972年由Agro-Kanesho Co. 投产，获有专利BE610312(1962)、FR1534269(1968)。

甲氧苯酮 methoxyphenone

其他名称 NK-049；Kayametone 。

化学名称 4-甲氧基-3, 3-二甲基二苯酮。

结 构 式

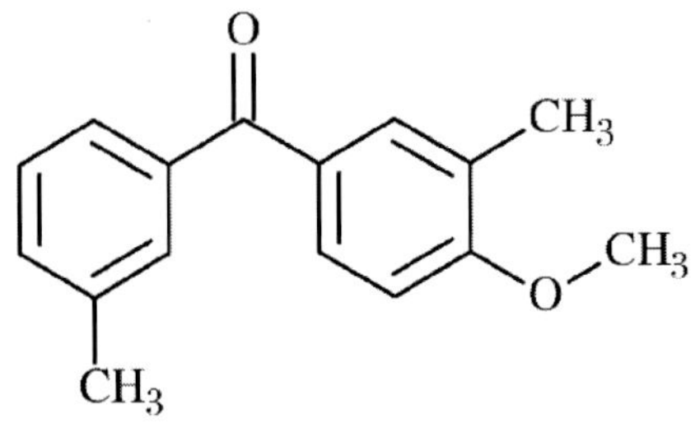

理化性质 白色粉末，熔点189 ~ 193.4℃，有机溶剂中的溶解度（g/100mL，20℃）：甲醇 2.98、异丙醇 0.25、甲苯 0.23、1-辛醇 < 0.01、正庚烷 < 0.005，室温下稳定。酸性条件下不易水解，碱性条件下水解DT504 ~ 6d。

毒　　性 大鼠急性经口、经皮LD_{50}均 > 2 000mg/kg。

剂　　型 70%水分散粒剂。

除草特点 苯嘧磺草胺是新型脲嘧啶类苗后茎叶处理除草剂，是原卟啉原氧化酶(PPO)抑制剂。可作为灭生性除草剂用，可有效防除多种阔叶杂草，包括对草甘膦、ALS和三嗪类产生抗性的杂草。具有很快的灭生作用且土壤残留降解迅速。可以与禾本科杂草除草剂(如草甘膦)除草剂效果很好，在多种作物田和非耕地都可施用，轮作限制性小。

适用作物 柑橘、非耕地。

防除对象 可有效防除或抑制马齿苋、反枝苋、藜、蓼、苍耳、龙葵、苘麻、黄花蒿、苣荬菜、泥胡菜、牵牛花、苦苣菜、铁苋菜、鳢肠、饭包草、旱莲草、小飞蓬、一年蓬、蒲公英、委陵菜、还阳参、皱叶酸模、大籽蒿、酢浆草、乌蔹莓、加拿大一支黄花、薇甘菊、鸭跖草、牛膝菊、耳草、粗叶耳草、胜红蓟、地桃花、天名精、葎草等阔叶杂草。

应用技术 据资料报道，用于非耕地杂草防治，用70%水分散粒剂5 ~ 7.5g/亩,均匀茎叶喷雾；柑橘园，可在阔叶杂草株高或茎长达10 ~ 15cm时，用70%水分散粒剂5 ~ 7.5g/亩，均匀定向茎叶喷雾。

注意事项 本品加入增效剂可有增得提高药剂对杂草的防效，或降低使用剂量。本品推荐包装所附专用助剂使用，使用时无需再加入其他助剂。施药应均匀周到，避免重喷，漏喷或超过推荐剂量用药，在大风时或大雨前不要施药，避免飘移。

开发登记 巴斯夫欧洲公司登记生产。

氯酰草膦

其他名称 旺牛。

化学名称 O,O-二甲基-1-(2,4-二氯苯氧基乙酰氧基)乙基磷酸酯。

结 构 式

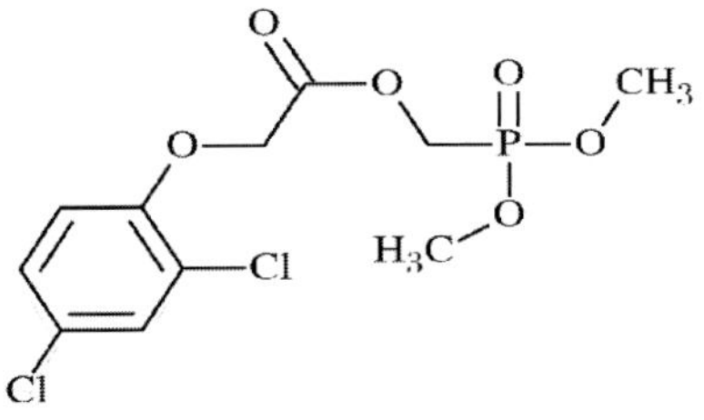

理化性质 原药为淡黄色液体；25℃时溶解度(g/L)：水中0.97，正己烷4.31、与丙酮、乙醇、氯仿、

甲苯、二甲苯混溶；密度(g/cm³，25℃)为1.371，常温下对光热稳定，在一定的酸碱强度下易分解。

毒　　性 低毒，急性经口LD_{50}：大鼠(雄/雌)1 467.53/1 711.06mg/kg；急性经皮LD_{50}：>2 000mg/kg(雄/雌)。该药剂对鱼、鸟、蜜蜂和家蚕的毒性均属于低毒。

剂　　型 30%乳油。

除草特点 氯酰草膦为我国一种具有自主知识产权的新型除草剂。它是一种激素类除草剂，具有内吸传导性，为新型的丙酮酸脱氢酶系抑制剂。

应用技术 据资料报道，30%乳油经室内活性测定试验和田间药效试验结果表明它对草坪(高羊茅)中的阔叶杂草有较好的防治效果。使用药量为30%乳油为90～120 g/亩，于草坪(高羊茅)中的杂草2～4叶期茎叶喷雾。对1年生阔叶杂草(如反枝苋、铁苋菜、苘麻等)有较好的防效。对草坪(高羊茅)安全。

开发登记 山东侨昌化学有限公司登记生产。

三氯丙酸 chloropon

化学名称 2,2,3-三氯丙酸。

结 构 式

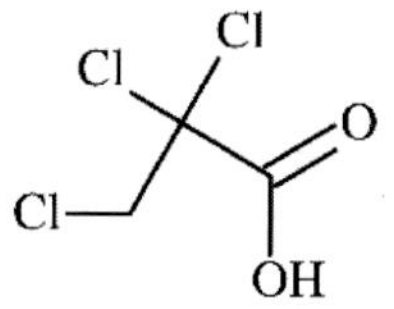

Cl Cl Cl O OH

理化性质 在水中溶解度为3 140mg/L(20℃)，熔点65.5℃。

毒　　性 大鼠急性经口LD_{50}>2 460mg/kg。

除草特点 卤代脂肪族类除草剂。通过叶片和根系吸收。抑制脂质合成。

Alorac

化学名称 (Z)-五氯-4-酮-2-烯戊酸。

结 构 式

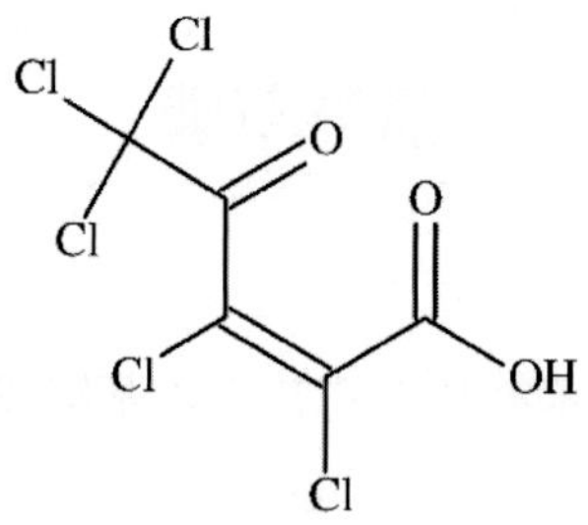

Cl Cl Cl O O Cl OH Cl

除草特点 卤代脂肪族类除草剂。

Diethamquat

化学名称 1,1'-二(二乙胺乙酰基)-4,4'联吡啶。

结 构 式

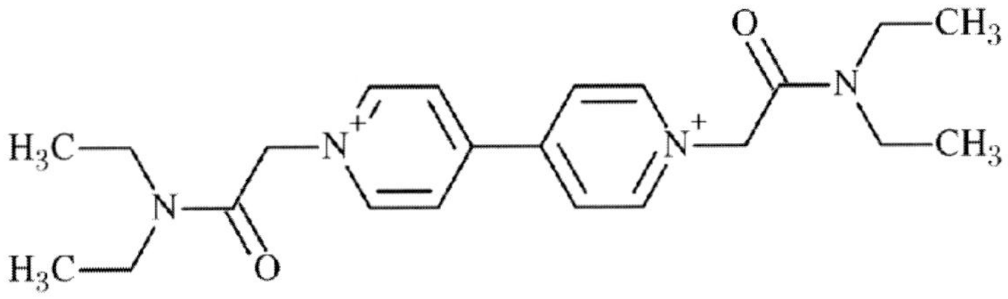

除草特点 季铵盐卤代脂肪族类除草剂。

Etnipromid

化学名称 2–[5–(2,4–二氯苯氧基)–2–硝基苯氧基]–N–乙基丙酰胺。

结 构 式

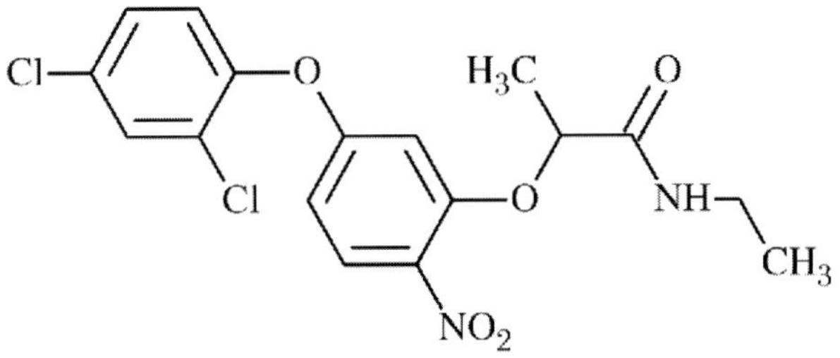

除草特点 硝基苯醚类除草剂。

Iprymidam

化学名称 6–氯–2–氨基–4–N–异丙胺基–2,4–嘧啶二胺。

结 构 式

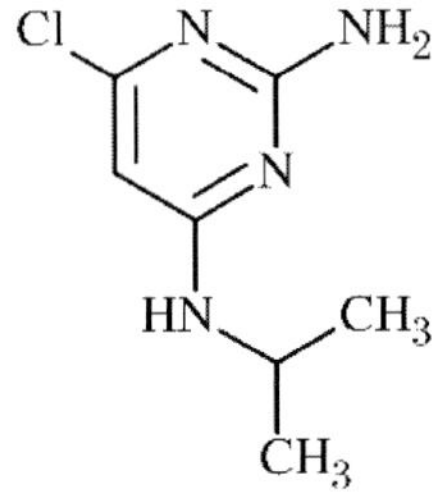

除草特点 嘧啶二胺类除草剂。

Ipfencarbazone

化学名称 1–(2,4–二氯苯基)–N的–(2,4二氟苯基)–1,5–二氢–N的–(1–甲基乙基)–5–羰基4个H–1,2,4三氮唑–4甲酰胺。

结 构 式

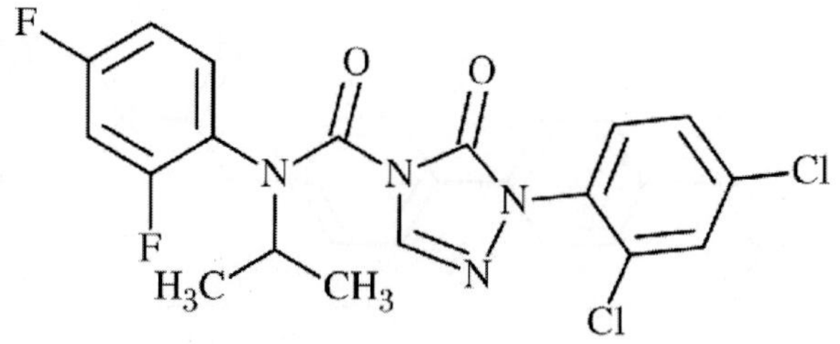

应用技术 据资料报道，主要用于防治稻田杂草(如稗草)等。

开发登记 Ipfencarbazone是由日本北行化学公司报道的三唑啉酮类除草剂。

Thiencarbazone-methyl

化学名称 甲基-4-[(4,5-二氢-3-甲氧基-4-甲基-5-氧1-1,2,4-三唑-1-基)甲酰胺磺酰基]-5-甲基噻吩-3-甲酸甲酯。

结 构 式

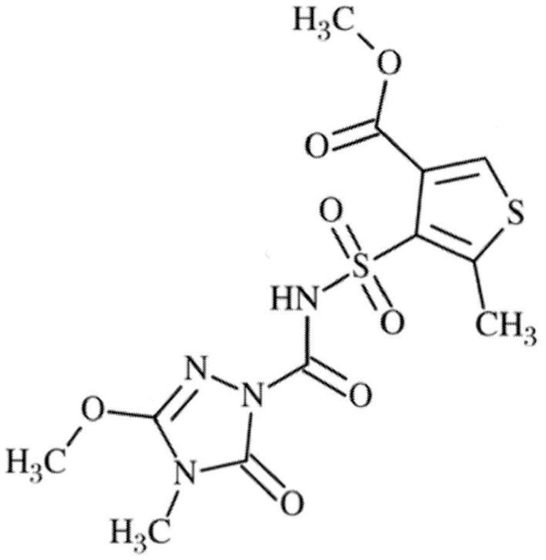

除草特点 是一种广谱磺酰胺基羰基三唑啉酮类除草剂，它通过对乙酰乳酸合成酶的抑制而发挥防除禾本科和阔叶杂草的作用。

防除对象 可有效防除玉米田禾本科杂草和阔叶杂草，在叶面应用和残留作用间显示了很好的平衡。芽前和芽后早期都可使用。

应用技术 据资料报道，Thiencarbazone的单位施用量即使低至0.5～0.6g(有效成分)/亩对玉米杂草也有效。但为了保证防效，建议若芽后使用其应用量可达1g(有效成分)/亩，若芽前应用其用量可达2.4～2.5g(有效成分)/亩。

开发登记 拜耳作物科学公司开发登记。

Pyrimisulfan

化学名称 N-{2-[(4,6-二甲氧基-2-嘧啶)羟甲基]-6-(甲氧基甲基)苯基}-1,1-二氟代甲烷氨磺酰胺。

结 构 式

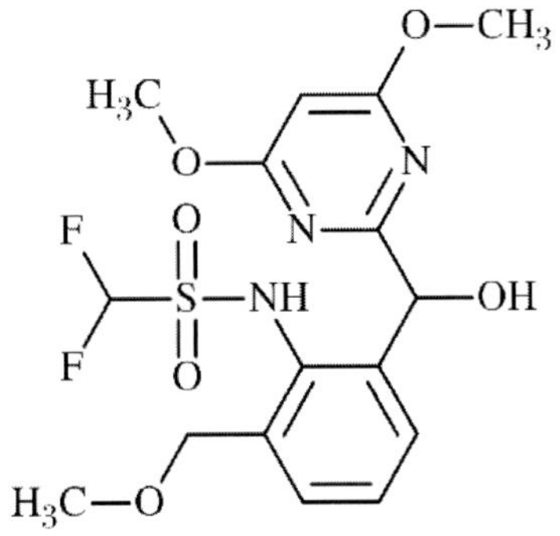

除草特点 属乙酰乳酸合成酶(ALS)/乙酸羟酸合成酶(AHAS)抑制剂。

应用技术 据资料报道，防除水稻田多年生杂草的新型除草剂。

开发登记 Pyrimisulfan是由日本组合化学公司开发的除草剂。

Chlorflurazole

化学名称 4,5-二氯-2-(三氟甲基)-1H-苯并咪唑。

结 构 式

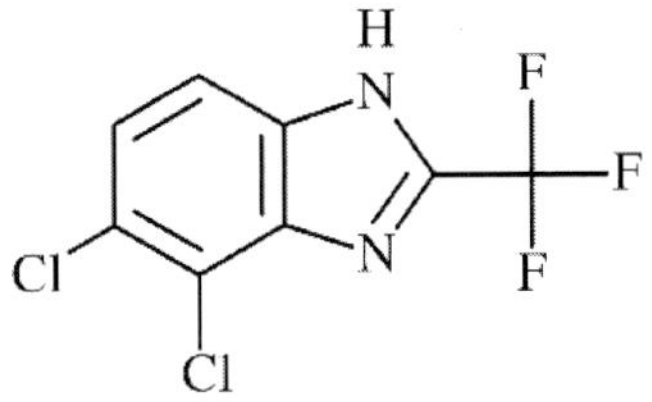

Tripropindan

化学名称 1-(6-异丙基-1,1,4-三甲基茚酮-5-基)丙酮-1-1。

结 构 式

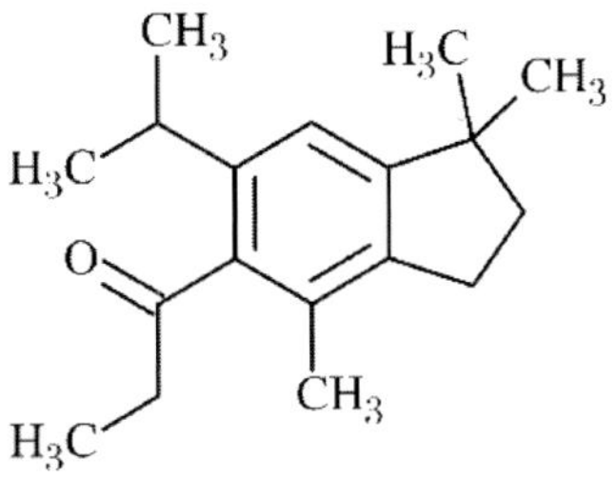

Sulglycapin

化学名称 2-(六氢-1H-环庚烷-1-基)-2-氧乙基甲基硫酰胺。

结 构 式

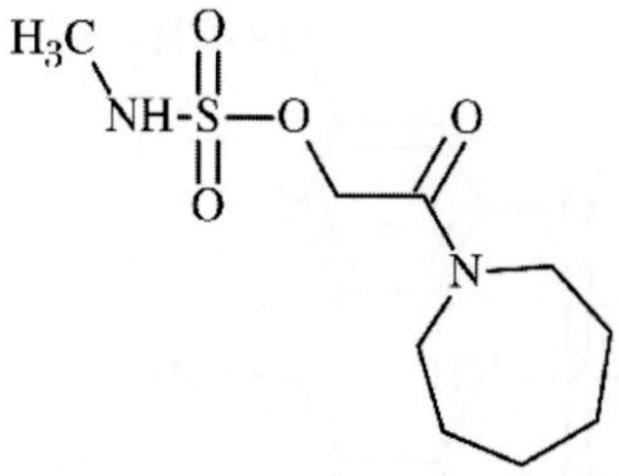

甲硫磺乐灵 Prosulfalin

其他名称 草硫亚胺

化学名称 N–[[4–(二丙胺基)–3, 5–二硝基苯]磺酰]–S, S–二甲基硫酰胺。

结 构 式

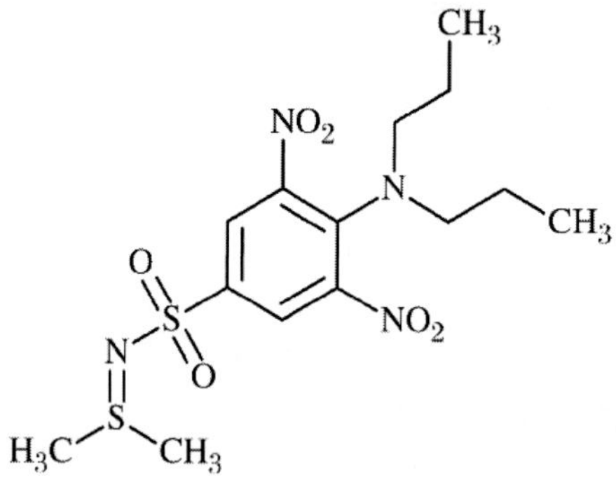

Cambendichlor

化学名称 (苯胺)–2,1–乙烷bis(3,6–二氯–2–甲氧基苯甲酸酯)。

结 构 式

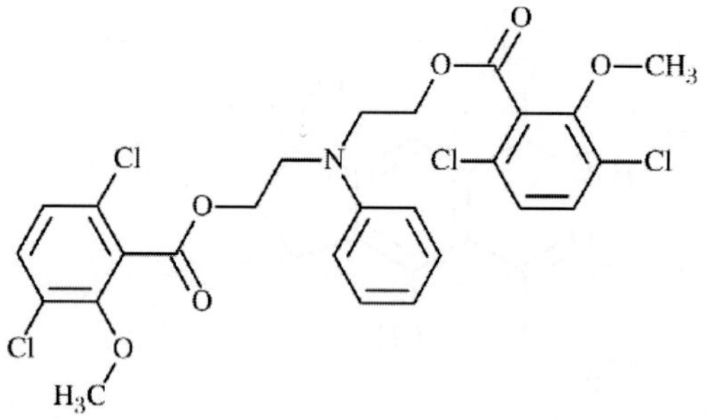

环丙嘧啶酸 aminocyclopyrachlor

化学名称 6–氨基–5–氯–2–环丙基–4–嘧啶甲酸。

结构式

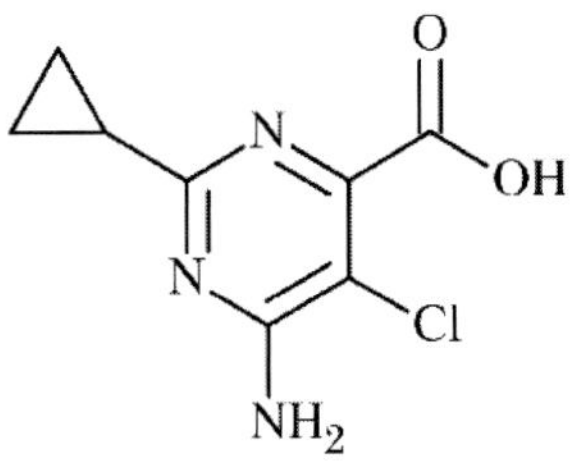

应用技术 据资料报道，主要用于棉花等收获前脱叶。草坪及非作物地区用除草剂。

开发登记 Aminocyclopyrachlor是由杜邦公司报道的嘧啶胺类除草剂。

乙氧呋草黄 ethofumesate

其他名称 甜菜净、甜菜呋、灭草呋喃、乙呋草黄

化学名称 2-乙氧基-2,3-二氢-3,3-二甲基苯并呋喃-5-基甲磺酸酯。

结构式

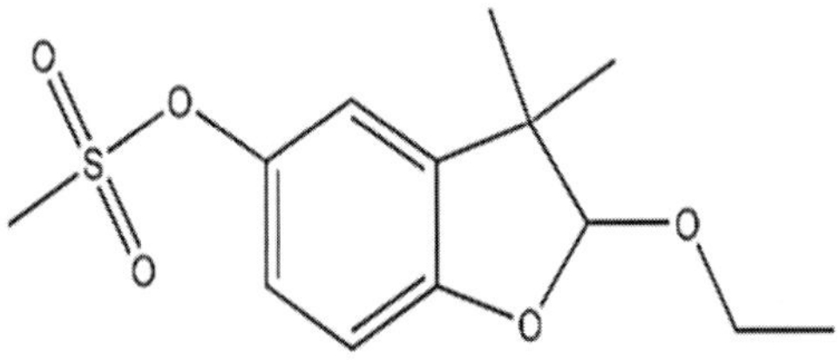

理化性质 原药外观为白色粉末晶体，相对密度1.24。溶解度(20℃）水中0.05g/L、乙醇100g/L、己烷40g/L。稳定性:在pH7.0~9.0的水溶液中稳定，在pH5.0时DT_{50}为940d，水溶液中光解DT_{50}为31d。

毒性 大鼠急性经口LD_{50} > 4 640mg/kg，急性经皮LD_{50} > 2 150mg/kg。对蜜蜂、鸟和家蚕为低毒。

作用特点 广谱性芽前芽后除草剂，防除甜菜、草皮、黑麦草和其他牧场中杂草。

剂型 20%乳油、95%原药、95%原药、96%原药、97%原药。

应用技术 芽前芽后除草剂。以1.0～2.0kg/ha剂量；防除甜菜、草皮、黑麦草和其他牧场中杂草。本品可有效地防除许多重要的禾本科和阔叶杂草，土壤中持效期较长。草莓、向日葵和烟草基于不同的施药时期对该药有较好的耐受性。洋葱的耐药性中等。

注意事项 施药器械不得在河塘等水域内清洗，以免污染水源，并注意对蜜蜂的影响。

开发登记 江苏好收成韦恩农化股份有限公司、广东广康生化科技股份有限公司等公司登记。

氯丙嘧啶酸 aminocyclopyrachlor

化学名称 6-氨基-5-氯代-2-环丙基嘧啶-4-羧酸(IUPAC)、6-氨基-5-氯-2-环丙基-4-嘧啶羧酸(CA)

结构式

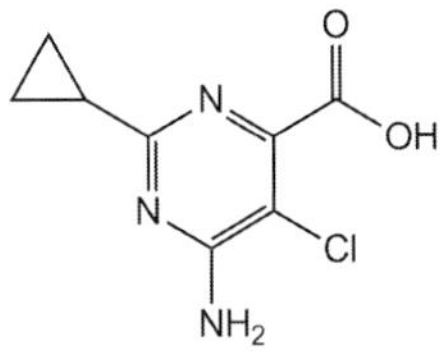

理化性质 原药外观为白色固体，制剂外观为淡黄色粒剂，有轻微水果香味。比重0.668 7g/ml(堆积密度)，制剂0.529g/mL。水中溶解度4.209/L(pH7，20℃)，易溶于甲醇等有机溶剂。无爆炸性，不易燃。在弱酸、弱碱介质中稳定，对热(540℃，14d)稳定，常温下储存稳定。

毒　　性 大鼠急性经口(雌/雄)LD_{50}＞5 000mg/kg，大鼠急性经皮(雌/雄)LD_{50}＞5 000mg/kg。对哺乳动物、鸟类、藻类低毒，对兔皮肤无刺激性，对兔眼睛中度刺激，对豚鼠皮肤无致敏反应；无致畸、致突变作用。

作用特点 全新开发的一种嘧啶羧酸类除草剂，能快速被杂草叶和根部吸收，转移进入分生组织，表现出激素类除草剂作用。对阔叶杂草、灌木等有非常好的除草效果，而且针对现日益严重的抗草甘膦、乙酰乳酸合成酶和三嗪类杂草有突出的防效。

剂　　型 87%原药、88.7%原药、50%可溶粒剂。

应用技术 用50%可溶粒剂10～20g/亩对水均匀喷雾，防治非耕地阔叶杂草。

注意事项 远离水产养殖区、河塘等水体施药。禁止在河塘等水体施药。

开发登记 美国杜邦公司开发并登记、江苏联化科技有限公司登记。

四氟丙酸钠　flupropanate-sodium

化学名称 2,2,3,3-四氟-1-丙醇。

结 构 式

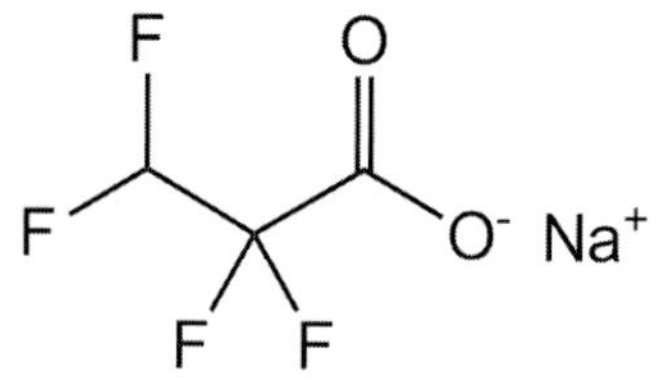

理化性质 纯品为白色结晶，熔点140℃，沸点101.6℃，无爆炸性、氧化性、旋光性，易溶于水，溶于甲醇、乙醇、丙酮、四氢呋喃等有机溶剂。工业产品常带有杂质，其水溶液为浅棕黄色透明液体，无刺激性怪异味。

毒　　性 急性经口LD_{50}大鼠(雌/雄)＞5 000mg/kg，急性经皮LD_{50}大鼠(雌/雄)＞2 000mg/kg。

作用特点 可迅速被植物根部吸收，通过输导组织转移至植物体内，通过抑制脂肪合成达到抑制植物生长的效果。是一种选择性安全除草剂，具有长效、可降解、无毒无害的特点。

剂　　型 60%原药。

应用技术 四氟丙酸钠是一种选择性安全除草剂，主要用于蔗田、森林、热带草原、橡胶园、茶园等，对清除锯齿草、非洲爱草等有特效。

注意事项 专供出口，不在国内销售。

开发登记 浙江兰溪巨化氟化学有限公司登记。

氯酞酸甲酯　chlorthal-dimethyl

化学名称 氯酞酸二甲酯。

结 构 式

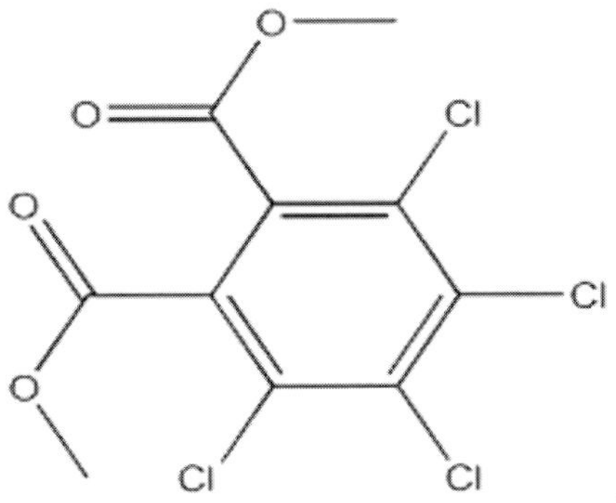

理化性质 熔点：154～155℃，40℃时蒸气压低于66.7Pa。25℃水中溶解度小于0.5mg/L、丙酮中为10%(*w*/*w*)、苯中25%、二恶烷中12%、甲苯中17%、二甲苯中14%。

毒　　性 大鼠急性经口LD_{50}雄1 680mg/kg、雌1 575mg/kg，大鼠吸入LC_{50}(4h)5.8g/L。对兔眼有轻微刺激，对兔皮肤无刺激。无致畸、致突变、致癌作用。

作用特点 防除阔叶类杂草和禾本科杂草的芽前除草剂。

剂　　型 96%原药。

应用技术 芽前芽后除草剂，适用于玉米、菜豆、黄瓜、洋葱、辣椒、草莓、莴苣、茄子等作物，还适用于草坪和观赏植物。可防除1年生禾本杂草及某些阔叶杂草，如狗尾草、马唐、地锦、马齿苋、繁缕、菟丝子等。

开发登记 江苏维尤纳特精细化工有限公司登记。

五氯酚钠 Sodium pentachlorophenol

其他名称 PCP-Na。

化学名称 五氯苯酚钠。

结 构 式

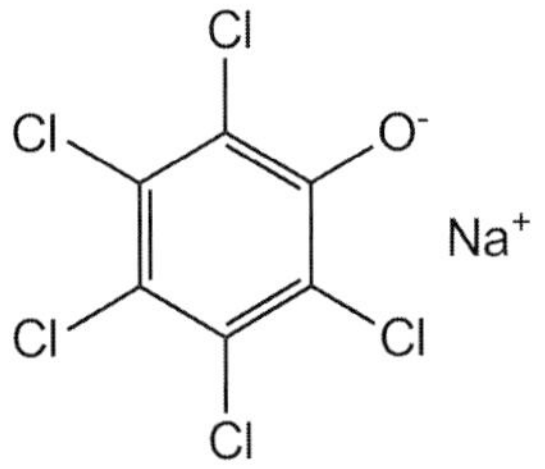

理化性质 纯品为白色针状晶体，原药为浅红色鳞片状结晶，熔点170～174℃。易溶于水(水中溶解度33g/100g)和甲醇。水溶液呈碱性，阳光下易分解，易吸潮。

毒　　性 急性经口LD_{50}≤50mg/kg，急性经皮LD_{50}≤200mg/kg，吸入LC_{50}≤0.2mg/L。对眼睛的影响：腐蚀、角膜浑浊在7d内不可逆；对皮肤的影响：腐蚀。

作用特点 触杀型灭生性除草剂，用于农田除草主要利用它残效期短，在太阳光下容易分解的物性，在推荐用量下只要经过3～5个晴天，在水层中的药剂即分解，毒性基本消失。少量药剂在土壤中与铝、铁等离子形成难溶盐类，难发挥毒性、因此，水稻秧田或直播田，在播种前4～5d施药，就能保证种谷安全。在插秧本田，主要利用位差选择性，因为浅水层施药后，药剂溶于水中，扩散并被吸附在土表2~5cm处形成药层；这也正是一年生杂草种子的萌发层，所以草芽接触药剂而死亡，而栽插的秧苗则根深叶高，难接触药剂，所以比较安全。

剂　　型 90%原药、65%可溶粉剂、65%可溶性粉剂。

应用技术 主要用于水稻田，其次用于棉花、玉米、花生、果、桑、茶园中，防除多种由种子萌发的杂草和藻类等，如稗草、鸭舌草、瓜皮草、水马齿苋、狗尾草、节节草、碱草、三棱草、藻类、马唐、看麦娘、蓼、早熟禾等。秧田和直播田应提前整地灌水，稗草萌发高峰施药，每公顷用药6.75～8kg，毒土或喷雾法均可，保持3～5cm水层。气温低，8～10d后播种；气温高，5～7d后播种。播前应灌入新水后再播种。插秧田，插秧后杂草大量萌发时，每公顷用药6～9kg，撒施毒土，施药时保持3～5cm水层7d。旱田作物，一般在播种后出苗前3～5d或播前施药，每公顷用药量9～12kg，对水喷施。最好在雨前或雨后有利于杂草种子萌发的条件下施药。注意不要在靠近鱼塘的地方拌药，不能在养鱼田使用。配毒土时注意勿与皮肤接触。储存在干燥、阴暗的地方，勿与食物、种子和饲料混放。本剂可与2甲4氯以及三氮苯类和取代脲类除草剂混用。

注意事项 该药为灭生性除草剂苗期用药严禁加水喷雾。苗嫩、叶片上露水未干不能用药，不得在水稻和其他作物上进行叶面喷雾，以防产生药害；稻田使用在规定时间内不能串灌和排水。漏水田、砂质田、积水田不能用药；对鱼类剧毒，注意不要在靠近鱼塘的地方拌药，洗刷容器后的污水切不可随便倾入河川。

开发登记 湖南京西祥隆化工有限公司和天津市大沽化工股份有限公司登记。

二氯喹啉草酮 Quintrione

化学名称 2-(3,7-二氯喹啉-8-基)-羰基-环己烷-1,3-二酮。

结 构 式

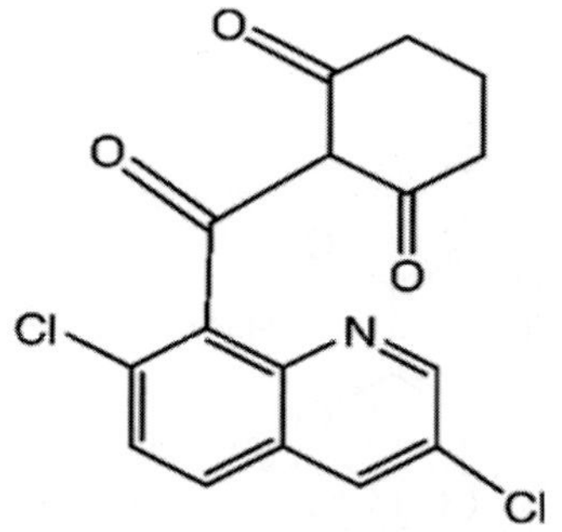

理化性质 纯品外观为均匀的淡黄色粉末，无刺激性异味;熔点:141.8~144.2℃；沸点248.2℃；溶解度(20℃)水中为0.423mg/L；有机溶剂中(g/L)：二甲基甲酰胺79.84，丙酮25.3，甲醇2.69。

毒　　性 二氯喹啉草酮原药和20%可分散油悬浮剂对大鼠急性经口、经皮LD_{50}>5 000mg/kg；急性吸入LC_{50}>2 000mg/m^3；兔皮肤、眼睛有轻度刺激性；豚鼠皮肤变态反应(致敏性)试验结果为弱致敏性；原药大鼠90d亚慢性喂养毒性试验最大无作用剂量：雄性为2 379mg/kg，雌性为2 141mg/kg；4项致突变试验：Ames试验、小鼠骨髓细胞微核试验、人体外周血淋巴细胞染色体畸变试验、体外哺乳动物细胞基因突变试验结果均为阴性，未见致突变作用。对鸟、蜜蜂和蚕低毒。

作用特点 可经茎叶表面渗透到植物体内，还可通过根部吸收。是新型水稻田具有双重作用机制除草剂，同时兼有土壤和茎叶处理活性，对水稻田稗草、马唐、丁香蓼、鳢肠等效果较好，对抗五氟磺草胺的稗草防除突出，具有作用速度快、杀草谱广、安全性高等优势特点。

剂　　型 20%可分散油悬浮剂。

应用技术 20%二氯喹啉草酮可分散油悬浮剂对稗草、马唐、鳢肠、丁香蓼有较高活性和较好防治效果。于水稻移栽缓苗后，稗草2～4叶期，或直播水稻出苗3.5叶期后，稗草2～3叶期，以200～300ml/亩茎叶喷雾处理。

注意事项 使用时注意远离水产养殖区、河塘等水体施药，禁止在河塘等水体中冲洗施药器具，施药后的田水不得直接排入水体。

开发登记 北京法盖银科技有限公司研发、定远县嘉禾植物保护剂有限责任公司登记。

三十、除草剂解毒剂

解草酮 benoxacor

其他名称 解草嗪；CGA15。

化学名称 (±)-2,2-二氯-1-(3,4-二氢-3-甲基-2H-1,4-苯并嗪-4-基)乙酮。

结 构 式

O N CH_3 O Cl Cl

理化性质 纯品为固体，熔点107.6℃，20℃时，蒸气压0.59MPa，密度1.52g/cm^3。20℃时溶解度：水20mg/L，丙酮230g/kg，环己酮300g/kg，二氯甲烷400g/kg，甲醇30g/kg，正辛醇11g/kg，甲苯90g/kg，二甲苯60g/kg。土壤中半衰期DT_{50}约50d。

毒　　性 大鼠急性经口LD_{50}>5g/kg，兔急性经皮LD_{50}>2 010mg/kg，对兔皮肤和眼睛无刺激，可能会引起豚鼠皮肤致敏作用。大鼠急性吸入LC_{50}(4h)>2.0mg/L空气。大鼠2年饲喂试验无作用剂量为0.5mg/(kg·d)，对人的ADI为0.005mg/kg体重。野鸭急性经口LD_{50}>2 150mg/kg，鹌鹑为2g/kg。鱼毒LC_{50}(96)：虹鳟鱼2.4mg/L，鲤鱼10mg/L，蓝鳃鱼6.5mg/L。蜜蜂LD_{50}(48h)(经口和接触)>100μg/只蜜蜂。蚯蚓LC_{50}(14d)>1g/kg。水蚤LC_{50}(48h)为4.8mg/L。

应用技术 属氯代酰胺类除草剂安全剂，本身不具有除草活性，在正常和不利环境条件下，可增加玉米对异丙甲草胺的耐药性，不影响异丙甲草胺的除草活性。以1份本品对30份异丙甲草胺再种植前或芽后使用，不影响异丙甲草胺对敏感品系的活性。

解草啶 fenclorim

其他名称 CGA-123407。

化学名称 4,6-二氯-2-苯基嘧啶。

结构式

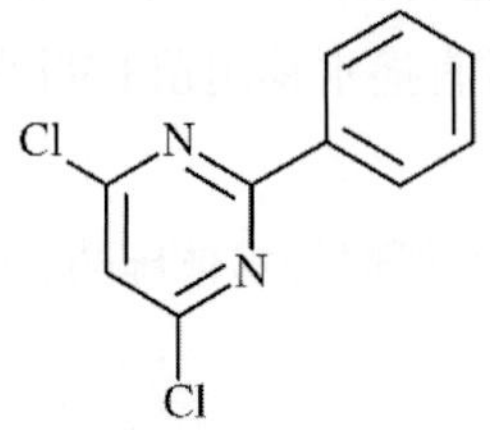

理化性质 纯品为无色结晶，熔点96.9℃，密度1.5g/cm³，20℃蒸气压12MPa。20℃水中溶解度2.5mg/L，溶于丙酮、环己酮、二氯甲烷、甲苯、二甲苯，微溶于己烷、甲醇、正辛醇、异丙醇。400℃以下稳定，土壤中半衰期DT_{50} 17～35d。

毒　　性 大鼠急性经口LD_{50}>5g/kg，大鼠急性经皮LD_{50}>2g/kg，大鼠急性吸入LC_{50}(4h)＞2.9mg/L空气。对兔皮肤有轻微刺激作用，对眼睛无刺激作用，对豚鼠皮肤无过敏性。饲喂试验无作用剂量：大鼠(2年)10.4mg/(kg·d)，小鼠(2年)113mg/(kg·d)，犬(1年)10mg(kg·d)；90d饲喂试验的无作用剂量为大鼠100mg/kg饲料。日本鹌鹑急性经口LD_{50}＞500mg/kg，日本鹌鹑LC_{50}＞10g/kg。鱼毒LC_{50}(96h)：虹鳟鱼0.6mg/L，鲶鱼1.5mg/L。对蜜蜂无毒，LC_{50}(吸入)＞20μg/只蜜蜂，(接触)＞1g/kg。水蚤LC_{50}(48h) 2.2mg/kg。

应用技术 除草剂解毒剂，用来保护直播水稻不受丙草胺的侵害。热带和亚热带条件一般以66～133g/亩与丙草胺(比例为1∶3)混合使用，在温带比例为1∶2。对水稻叶的生长率无影响。当将丙草胺施到根茎上，施至枝叶上时，除草作用有些延迟；施除草剂前将本品施于水稻上也有效。田间试验表明，安全剂吸收后2d，施除草剂效果最好，而丙草胺施用1～4d再施本品，则很大程度上影响作物恢复。

解草安 flurazole

其他名称 Mon-4606；Screen；解草胺。

化学名称 苄基-2-氯-4-三氟甲基-1,3-噻唑-5-羧酸酯或2-氯-4-三氟甲基-1,3-噻唑-5-羧酸苄酯。

结构式

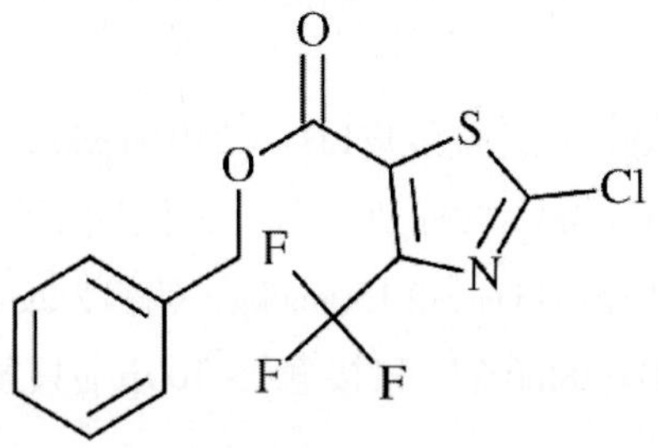

理化性质 纯品为具淡香味的无色结晶。工业品纯度98%，黄色至棕黄色固体。熔点51～53℃，25℃蒸气压为3.9×10^{-2}MPa。密度0.96(工业品)。25℃在水中的溶解度为0.5mg/L，能溶于很多有机溶剂，93℃以下稳定，闪点392℃(工业品，闭杯)。

毒　　性 大鼠急性经口LD_{50}>5g/kg，兔急性经皮LD_{50}>5.01g/kg。对兔皮肤无刺激，对兔眼睛有轻微刺激，对豚鼠刺皮肤不过敏。90d饲喂试验的无作用剂量：犬＜300mg/(kg·d)，大鼠≤5 000mg/(kg·d)饲料。鱼毒LC_{50}(96h)：鲤鱼1.7mg/L，虹鳟鱼8.5mg/L，蓝鳃鱼11mg/L。鹌鹑急性经口LD_{50}＞2 510mg/kg，鹌鹑和野鸭LC_{50}(5d)>5 620mg/kg。水蚤LC_{50}(48h)6.3mg/L。

应用技术 噻唑酸类除草剂安全剂，以2.5g(有效成分)/kg剂量拌高粱种子，可保护高粱免受甲草胺，异丙甲草胺的药害。

解草唑 fenchlorazole-ethyl

化学名称 1-(2,4-二氯苯基)-5-三氯甲基-1H-1,2,4-三唑-3-羧酸乙酯。

结构式

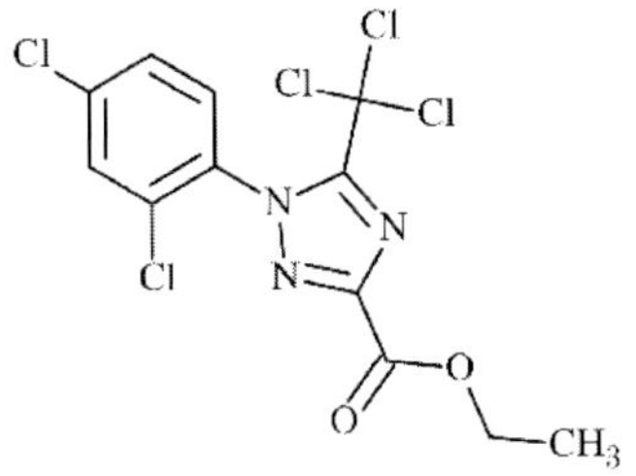

理化性质 纯品(乙酯)为固体，熔点108～112℃。溶解度(20℃，g/L)：水0.9mg/L，丙酮360，二氯甲烷≥500，正己烷2.5，甲醇27，甲苯270。水溶液中稳定性：DT_{50}为115d(pH5)、5.5d(pH7)。

毒性 大鼠急性经口LD_{50}＞5 000mg/kg，小鼠急性经口LD_{50}>2 000mg/kg。大鼠和兔急性经皮LD_{50}＞2 000mg/kg。对兔皮肤和眼睛无刺激性。大鼠急性吸入LC_{50}(4h)＞1.52mg/L空气。90d饲喂试验的无作用剂量：大鼠1 280mg/kg饲料，雄小鼠80mg/kg，雌小鼠320mg/kg饲料，犬80mg/kg饲料。犬1年饲喂试验的无作用剂量为80mg/kg饲料。无致突变、致畸性。蜜蜂经口LD_{50}(48h)>300μg/只。

剂型 主要与恶唑禾草灵一起使用。

应用技术 解草唑的作用是加速恶唑禾草灵在植株中的解毒作用，可改善小麦、黑麦等对恶唑禾草灵的耐药性，对禾本科杂草的敏感性无明显影响。不影响恶唑禾草灵的除草活性。其本身无论苗前或苗后施用，均无除草活性，剂量高达666g/亩也无除草活性。

开发登记 现为安万特公司开发，1989年商品化。

解毒喹 cloquintocet-mexyl

其他名称 Celio；Topik；解草酯。

化学名称 (5-氯喹啉-8-基氧基)乙酸(1-甲基己)酯 或1-甲基己基5-氯-8-喹啉氧基。

结构式

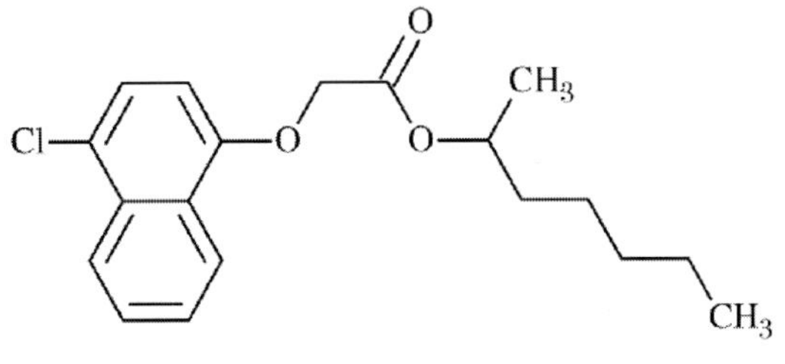

理化性质 纯品为无色固体，熔点69.40℃(原药61.4～69.01℃)，蒸气压5.31×10^{-3}MPa(20℃)。相对密度1.05。溶解度(25℃，g/L)：水中0.59mg/L，乙醇190，丙酮340，甲苯360，正己烷0.14。对酸稳定，碱中水解。

毒　　性 大、小鼠急性经口LD_{50}＞2 000mg/kg，大鼠急性吸入LC_{50}(4h)：＞0.935mg/L空气，大鼠急性经皮LD50＞2 000mg/kg。对兔皮肤和眼睛无刺激性。NOEL数据：大鼠(2年)无作用剂量为44mg(kg·d)。ADI值：0.04mg(kg·d)。山齿鹑和野鸭急性经口LD_{50}＞2 000mg/kg。鱼毒LC_{50}(96h，mg/L)：虹鳟鱼和鲤鱼>76、大翻车鱼>51。蜜蜂LD_{50}(48d)>100μg/只(经口和接触)。蚯蚓LD_{50}＞1 000mg/kg土壤。

应用技术 是炔草酯(clodinafop-propargyl)的安全剂。解草喹与炔草酯(1∶4)混用于禾谷类作物除草。

开发登记 是由诺华公司(现先正达公司)开发的除草剂解毒剂。

解草腈　oxabetrinil

其他名称 oncepⅡ；GA92194。

化学名称 (Z)-1,3二氧戊环-2-基甲氧氨基(苯基)乙腈。

结 构 式

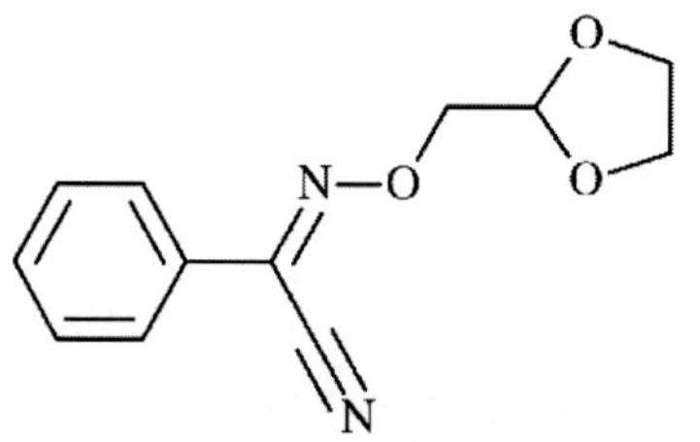

理化性质 品为无色结晶体；熔点77.7℃；蒸气压0. 520MPa(20℃)；密度1.33g/cm³(20℃)。溶解度(20℃)：水中20mg/L；丙酮中250g/kg；环己烷中300g/kg；二氯甲烷中450g/kg；甲苯中220g/kg；二甲苯中150g/kg。240℃以下稳定。

毒　　性 大鼠急性经口LD_{50}>5 000mg/kg。大鼠急性经皮LD_{50}>5 000mg/kg。大鼠急性吸入约1.5mg/L空气。实验室试验表明，对鸟有轻微毒性。

应用技术 为除草剂解毒剂。可使高粱免于异丙甲草胺、甲草胺、毒草胺的药害及产量损失。施药剂量为1～2g(有效成分)/kg种子。

开发登记 1982年由T. R. Dill等报道除草剂解毒作用，Ciba-Geigy公司开发。

解草烷　MG 191

其他名称 MG191。

化学名称 2-甲基-2-甲基-1,3-二恶茂烷。

结 构 式

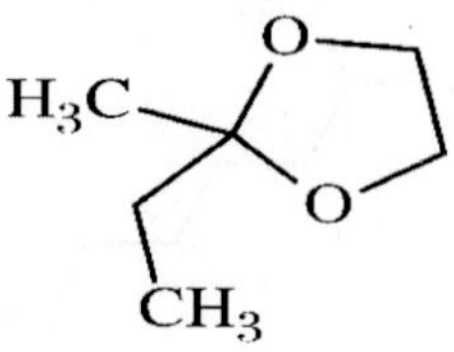

H_3C O O CH_3

理化性质 外观为无色液体，沸点91～92℃(4kPa)。溶解度：水中为9.75g/L，溶于极性和非极性有机溶剂。光稳定性：在25℃强光下，4周后分解率小于1%；化学稳定性：在pH4、6、8时，4周后水解率小于2%。

毒　　性 原药大鼠急性经口LD_{50}：雄465mg/kg，雌492mg/kg；急性经皮LD_{50}(大鼠)：雄652mg/kg，雌654mg/kg。对鱼类低毒。

应用技术 是玉米用新选择性高效硫代氨基甲酸酯类除草剂的解毒剂，其结构与二氯乙酰胺类完全不同。解毒活性取决于浓度，在浓度高于0.1μmol时发现有明显的活性，解毒剂浓度高于3μmol时可完全保护玉米(取决于所研究的玉米品种)。当单独施用时，对玉米无药害，直到浓度超过正常用量的100倍为止。本品在植株内易传导，茵达灭能促进解毒剂由根向芽传递。通过提高谷胱甘肽含量、激活谷胱甘肽S转移酶和谷胱甘肽还原酶，来提高玉米对硫代氨基甲酸酯类除草剂的解毒能力。在生物学介质中通过氧化和水解的酶促反应而迅速代谢。

开发登记 匈牙利科学院化学中心研究院和Nitrokemia制药厂研制。

解草胺腈 cyometrinil

其他名称 CGA43089；Concep。

化学名称 (Z)-氰基甲氧亚氨基(苯基)乙腈。

结 构 式

N≡C–CH₂–O–N=C(C₆H₅)–C≡N

理化性质 纯品为无色晶体，熔点55～56℃，密度1.260g/cm^3，蒸气压46.5μPa/20℃。20℃以下溶解度：水95ml/L，苯550g/kg，二氯甲烷700g/kg，甲醇23g/kg，异丙醇74g/kg。

毒　　性 大鼠急性经口LD_{50} 2 277mg/kg，急性经皮LD_{50} 3 100mg/kg以上，对兔皮肤和眼睛无刺激。在90d喂养试验中，犬无作用剂量为100mg/kg(3.1mg/kg・d)。LC_{50}(96h)：虹鳟鱼5.6mg/L。对鸟有轻微毒性。

应用技术 本品可提高作物对乙酰替氯苯胺类除草剂的耐药力。用甲氧毒草胺对高粱作用的试验表明，当它与CGA43089一同施用，浓度比为1∶3可避免因甲氧毒草胺而使生长减缓。当在甲氧毒草胺之前施，其解毒作用与混合使用一样好。当解毒剂较除草剂晚1～2d施用时，解毒作用减少。植株吸收解毒剂在3d以上，足够避免甲氧毒草胺的作用，当解毒剂施用毕和除草剂开始施用之间的间隔增加时，解毒作用减小。CGA43089不干扰除草剂被植株吸收，但是，当解毒剂在适当的时间呈现于作用部位上时，可以减小除草剂的活性程度。

开发登记 由Ciba-Geigy公司作为除草剂解毒剂开发。

解草烯 DKA.24

其他名称 DKA-24。

化学名称 N',N^2-二烯丙基-N^2-二氯乙酰基甘氨酰胺。

结构式

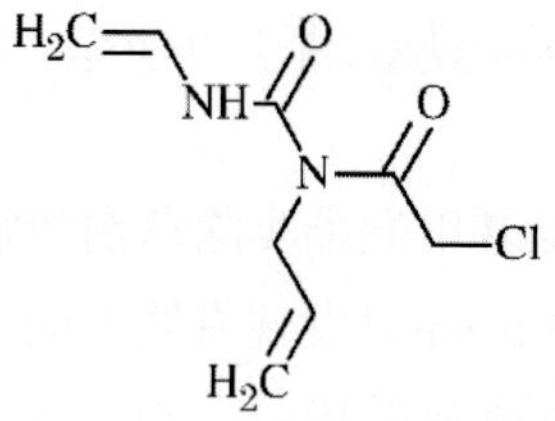

理化性质 本品为浅黄色液体。溶解性(20℃)：水24.2g/L，丙酮、氯仿、二甲基甲酰胺>200g/L。稳定性：140℃以下和pH 4.5～8.3稳定。

毒　　性 大鼠急性经口LD_{50}2 500～2 520mg/kg，雄小鼠急性经口LD_{50}1 010mg/kg，雌小鼠急性经口LD_{50}1 660mg/kg，大鼠急性经皮LD_{50}>5 000mg/kg，对皮肤和眼睛无刺激作用。

剂　　型 20%和15%乳剂。

应用技术 本品属2, 2-二氯乙酰胺类除草剂安全剂。以13.3～66.6g(有效成分)/亩用于玉米地。烟草局部用本品处理可控制烟草侧芽，并在整个生长季节有效。

开发登记 该除草剂安全剂由J. Nagy和K. Balogh报道，由Eszakmagyarorszagi Vegyimuvek开发。

吡唑解草酯 mefenpyr-diethyl

化学名称 (RS)-1-(2,4-二氯苯基)-5-甲基-2-吡唑啉-3,5-二羧酸二乙酯。

结构式

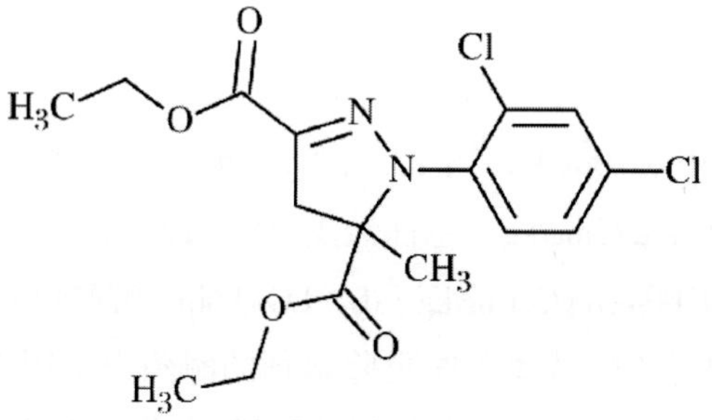

理化性质 纯品为白色至粉色固体，熔点50～52℃。相对密度1.31(20℃)。分配系数log P=3.83(25℃)。水中溶解度为20mg/kg(pH 6.2，20℃)。其他溶剂中溶解度(g/L，20℃)：丙酮>500、乙酸乙酯>400、甲苯>400、甲醇>400。对酸碱稳定。

毒　　性 大(小)鼠急性经口LD_{50}>5 000mg/kg。大鼠急性经皮LD_{50}>4 000mg/kg。大鼠急性吸入LC_{50}(4h)>1.32mg/L。NOEL数据：大鼠(2年)无作用剂量为48mg(kg・d)，小鼠(2年)无作用剂量为71mg(kg・d)。日本鹌鹑急性经口LD_{50}>2 000mg/kg。鱼毒LC_{50}(96h，mg/L)：虹鳟鱼4.2，鲤鱼2 .4。蜜蜂LD_{50}(接触)>700 μg/只。蚯蚓LD_{50}(14d)：>1 000mg/kg土壤。

剂　　型 胶悬剂。

应用技术 是恶唑禾草灵用于小麦、大麦等的安全剂。即同恶唑禾草灵一同使用可使作物小麦、大麦等免受伤害。也是除草剂碘甲磺隆钠盐(iodosulfuron-methyl sodium)的解毒剂，可用于禾谷类作物如小麦、大麦、燕麦等，吡唑解草酯与碘甲磺隆钠盐(1∶3)的使用剂量为2.6g(有效成分)/亩。

开发登记 是由安万特公司开发的吡唑类解毒剂。

呋喃解草唑 furilazole

其他名称 解草恶唑；Battalion。

化学名称 (RS)-3-二氯乙酰基-5-(2-呋喃基)-2,2-二甲基恶唑烷。

结构式

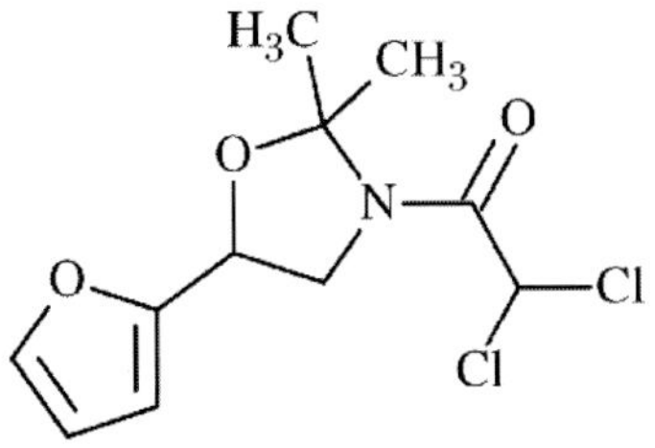

H_3C CH_3 O O N O Cl Cl

理化性质 纯品为浅棕色粉状固体，沸点96.6～97.6℃。蒸气压8.84×10^{-2}MPa(25℃)。水中溶解度为19.7mg/L(20℃)。

毒性 大鼠急性经口LD_{50}869mg/kg。对兔皮肤无刺激性。对兔眼睛有轻微刺激性。大鼠急性经皮LD_{50}大鼠急性经皮LD_{50}>2 000mg/kg，5 000mg/kg。大鼠急性吸入LC_{50}大鼠急性经皮LD_{50}大鼠急性经皮LD_{50}>2 000mg/kg，2 000mg/kg，2.3mg/L空气。NOEL数据：大鼠(90d)无作用剂量为100mg/L(5mg/kg)，犬(90d)无作用剂量为15mg/kg。山齿鹑急性经口LD_{50}大鼠急性经皮LD_{50}>2 000mg/kg，2 000mg/kg。

剂型 可湿性粉剂。

作用机理 用于玉米等的磺酰脲类、咪唑啉酮类除草剂的安全剂。其作用是基于除草剂可被作物快速的代谢，使作物免受伤害。

适用作物 玉米、高粱等。与磺酰脲类、咪唑啉酮类除草剂一同使用可使玉米等作物免受伤害。对环境安全。

应用技术 除草剂安全剂。可用于多种禾本科作物的除草剂安全剂。特别是与氯吡嘧磺隆一起使用，可减少氯吡嘧磺隆对玉米可能产生的药害。

开发登记 是由Monsanto Co. 公司开发的氯乙酰胺类安全剂。

肟草安 fluxofenim

化学名称 4'-氯-2,2,2-三氟乙酰苯-O-1,3-二恶戊环-2-基甲基肟。

结构式

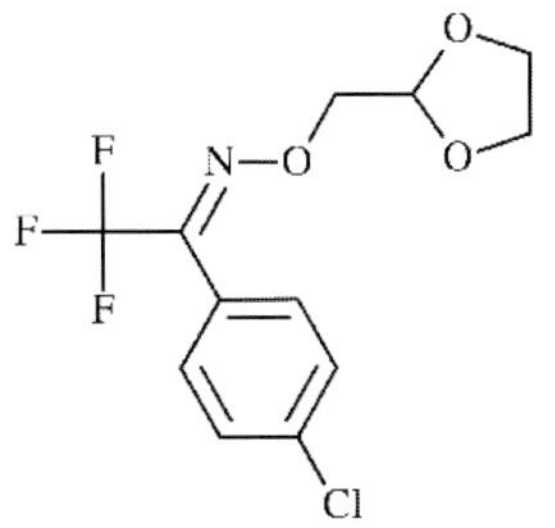

O O N-O F F F Cl

理化性质 纯品为油状物，沸点94℃(13.3Pa)。蒸气压38MPa(20℃)。溶解度(20℃)：水30mg/L，与多数有机溶剂互溶。稳定性：200℃以下稳定。

毒　性 大鼠急性经口LD_{50}670mg/kg。大鼠急性经皮LD_{50}1 540mg/kg。大鼠急性吸入LC_{50} (4h) 1.2mg/L。对兔皮肤和眼睛无刺激性。NOEL数据：大鼠(90d)无作用剂量为10mg/L[1mg/(kg・d)]，犬(90d)无作用剂量为20mg(kg・d)。山齿鹑急性经口LD_{50}>2 000mg/kg，山齿鹑饲喂LC_{50}(8d)>5 000mg/L。鱼毒LC_{50}(96h)：虹鳟鱼0.86mg/L，大翻车鱼2.5mg/L。

剂　型 乳油。

应用技术 属肟醚类除草剂安全剂。该安全剂保护高粱不受异丙甲草胺的危害。以0.02~0.026g(有效成分)/kg作种子处理，可迅速渗入种子，其作用是加速异丙甲草胺的代谢，可保持高粱对异丙甲草胺的耐药性。若混剂中存在1, 3, 5-三嗪类，可增加防除阔叶杂草的活性。

开发登记 是由诺华公司(现为先正达公司)开发的肟醚类安全剂。

双苯恶唑酸 isoxadifen

化学名称 4,5-二氢-5,5-二苯基-1,2-恶唑-3-羧酸。

结构式

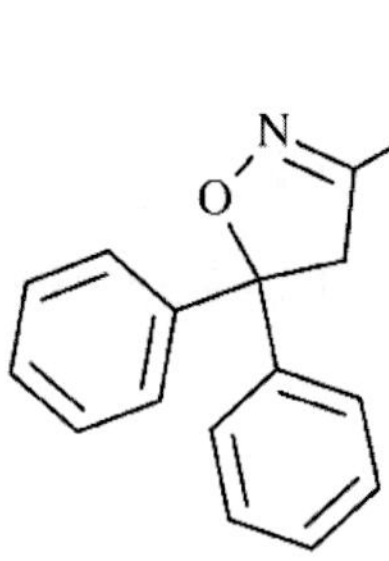

OH N O O

开发登记 双苯恶唑酸是由安万特公司研制的异恶唑类安全剂。

二氯丙烯胺 dichlormid

化学名称 N,N-二烯丙基-2,2-二氯乙酰胺。

结构式

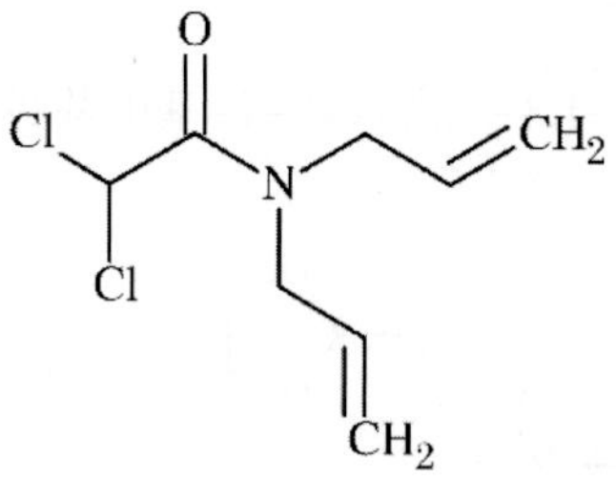

O Cl N CH_2 Cl CH_2

理化性质 本品(纯度>99％)为澄清黏性液体；蒸气压800MPa(25℃)。原药(纯度约95％)为琥珀至棕色；熔点5.0 ~ 6.5℃；溶解度：水中约5g/L；煤油中15g/L；与丙酮、乙醇、4-甲基戊-2-酮、二甲苯混溶。在100℃以上不稳定；在铁存在下迅速地分解。本品对光稳定，在pH7、251℃条件下，每天光照

12h，32d后损失小于1%。在土壤中DT_{50}约8d。对碳钢有腐蚀性。

毒　　性 急性经口LD_{50}：雄大鼠2 816mg/kg；雌鼠2 146mg/kg。兔急性经皮LD_{50}对兔皮肤无刺激性。对兔眼睛有轻微刺激性。5 000mg/kg；对兔皮肤有轻微刺激，对眼睛无刺激。急性吸入LC_{50}(1h)：大鼠5.5mg/L。90d饲养对大鼠无作用剂量为20mg/kg饲料。野鸭LD_{50}(5d)14.5g/kg，鹌鹑对兔皮肤无刺激性。对兔眼睛有轻微刺激性。10g/kg。鱼毒LC_{50}(96h)：虹鳟鱼141mg/L。

应用技术 可提高玉米对硫代氨基甲酸酯类除草剂的耐药性，剂量以9.3 ~ 46.6g (有效成分)/亩为宜。

开发登记 1972年由F.Y. Chang等报道本品可增加除草剂选择性，由Stauffer Chemical(现为ICI Agrochemicals)公司开发。

第四章 植物生长调节剂

一、植物生长调节剂的作用原理

植物生长调节剂是通过影响植物的内源激素系统来调节作物生长的，具体而言，调节剂可以影响植物激素的合成、运输、与受体的结合等环节。调节剂除了直接作用于植物激素的合成、运输和代谢，可能还存在其他的作用方式和机制，如影响膜的性质、蛋白质和核酸的合成等。

(一)生长素(IAA)运输的化学控制

TIBA(三碘苯甲酸)及NPA(N–萘基邻氨羟基苯甲酸)是最常用的IAA运输抑制剂，在研究方面应用最广。它们能抑制IAA从植物细胞输出、增加细胞内IAA净吸收量，使植物体的向光性和向地性及顶端优势现象削弱或消失。

TIBA和NPA均为非竞争性的IAA输出抑制剂，表明这两种抑制剂及IAA在输出载体上占有不同的位置。TIBA本身也能在载体的作用下通过质膜而输出，并受IAA或NPA的抑制，但NPA本身无极性运输现象。TIBA、NPA及IAA在载体上特殊位置的结合不受彼此的干扰，但如果TIBA或NPA任何一种与载体发生结合，则载体分子可能因形态发生变化而抑制IAA的输出。

酚类化合物中的黄酮类可在西葫芦的下胚轴组织取代已结合的NPA。漆树黄酮(fisetin)、栎精(quercetin)、紫杉叶素(taxifolin)、apigenin及莰非醇(kaempferol)均具有取代NPA并增进IAA净吸收的功能。栎精等黄酮类对IAA净吸收量的促进并不是由于植物细胞内酸度的改变和IAA输入载体活动的促进，而是由于IAA输出载体活动的抑制所造成的。另外，黄酮类化合物与NPA在IAA输出载体上的结合位置相同，可见黄酮类可能是植物体内IAA极性运输及IAA自细胞内输出的天然调节剂。

植物体内的黄酮类物质及TIBA和NPA均抑制IAAO(IAA氧化酶)的活性，因此这些物质对IAA有双重影响，即抑制极性运输和抑制氧化，这两种作用都能提高细胞内IAA的浓度。TIBA及NPA应用于植物组织所表现的生理效应，如抑制根生长与向地性以及促进胚芽鞘生长，可能不仅仅是由于对IAA极性运输的抑制。黄酮类对离体植物组织生长的促进也可能不仅仅限于对IAA氧化的抑制，它们对IAA极性运输的影响应受到同等的重视。

抑制IAA运输的物质还有整形素(2–氯–9–羟基芴–9–羧酸甲酯)、丁酰肼等。

(二)赤霉素(GA)生物合成的化学控制

多种植物生长延缓剂抑制赤霉素的生物合成，主要的根据：经延缓剂处理的植物，其赤霉素含量较低；施用外源赤霉素能使延缓剂处理后的植株恢复正常的节间长度；生长延缓剂对赤霉素合成途径不同阶段有专一性抑制作用。

1．抑制环化

早在20世纪60年代已发现季铵盐类化合物是有效的生长延缓剂，其中最著名的是AMO-1618及矮壮素，它们抑制赤霉素合成途径中自GGPP(牛儿基焦磷酸)开始的环化步骤。由GGPP到古巴基焦磷酸到内-贝壳杉烯必须经过两个环化过程，分别由贝壳杉烯合成酶A和B所控制。AMO-1618对合成酶A有较强的抑制作用。与矮壮素比较，AMO-1618抑制性较强、专一性较高。除AMO-1618及矮壮素外，其他季铵类化合物也具有相似的抑制作用，例如，甲哌及DMC(N-dimethylmorpH值olinium chloride)。此外，含有以磷或硫原子为中心的类似季铵类的化合物也有延缓生长及抑制赤霉素合成的作用，这些化合物统称为鎓类化合物。

矮壮素对植物内源赤霉素含量影响的报道不尽一致，因不同的测定方法而引起的准确性差异以及矮壮素施用浓度的不同都是可能的影响因素。例如，矮壮素的施用浓度为2.5mmol/L时，其对小麦生长的延缓作用可被同时施用25 μmol/L的GA_3所逆转，但矮壮素的施用浓度很高时，GA_3只能部分抵消矮壮素的抑制作用，说明矮壮素确能抑制小麦内源赤霉素的合成，但可能尚有其他作用。据报道，高浓度矮壮素也可能通过抑制固醇合成而影响生长。

2．抑制氧化

另有三类植物生长延缓剂能抑制赤霉素合成途径中由内-贝壳杉烯到异-贝壳杉烯酸逐步氧化的过程，它们对环化作用没有影响。嘧啶醇是较早被发现的氧化抑制剂，属于嘧啶类，它以非竞争方式抑制由贝壳杉烯开始的3个氧化步骤。随后又合成了具有与嘧啶醇作用相似的GA合成抑制剂，包括norbornenotiazetin类和三唑类(triazoles)。

高等植物中贝壳杉烯氧化酶的作用依赖细胞色素P450。赤霉素合成的这些氧化抑制剂在含氮原子的环上具有一对孤立的电子，存在于抑制剂分子的外缘，易与细胞色素P450分子中血红素铁原子作用而取代氧，因而阻止单加氧酶的催化作用，抑制贝壳杉烯的氧化。虽然这些氧化抑制剂对赤霉素生物合成途径早期的内-贝壳杉烯氧化步骤有专一性，但在高浓度或其他特殊情况下，也可能抑制细胞色素P450参与的其他氧化作用。

赤霉素合成氧化抑制剂能显著增加ABA含量，但其抑制程度与植物水分供应状况及取样分析时间有关。GA和ABA有共同的前体甲羟戊酸，所以很可能由于植物生长延缓剂对GA合成的抑制，使得有更多的甲羟戊酸用于ABA的合成。

3．抑制羟基化步骤

一种新的植物生长延缓剂Prohexadione calcium(简称BX-11)抑制水稻生长，其抑制作用能被GA_3逆转。它能抑制GA_{19}和GA_{20}所促进的生长，但对GA_1的促进生长作用无抑制效果。其作用可能是阻碍由GA_{20}到GA_1的3β-羟基化步骤以及由GA_1到GA_8的2β-羟基化步骤。

另一种抑制剂BX-112抑制GA_{12}醛以后的3β-羟基化作用步骤。应用于水稻，使GA_1含量减少、GA_{19}及GA_{20}累积.均能抑制GA氧化，阻碍GA合成途径中的3β-羟基化步骤。用于多种植物，如小麦、大麦、油菜等可获得与其他赤霉素合成抑制剂相似的效果，阻碍节间伸长，但不影响植物其他方面的发育，且有效浓度低。

(三)乙烯(ETH)生物合成的调控

1．磷酸吡哆醛抑制剂

ACC合成酶需要磷酸吡哆醛。磷酸吡哆醛的抑制剂，如AVG(氨基乙烯基甘氨酸)及AOA(氨基氧乙酸)对ACC合成酶有专一的抑制作用。例如，AVG可抑制由SAM(S–腺苷蛋氨酸)合成ACC，但不能抑制由甲硫氨酸(Met)合成SAM以及由ACC合成乙烯。这些抑制剂对ACC合成酶的专一性抑制在乙烯合成调控研究方面已发挥很大的作用。

2．钴及其他抑制剂

钴抑制ACC氧化酶的催化步骤，这是乙烯合成途径的最后一步。钴不仅能抑制IAA、CTK及钙等对乙烯合成的促进，而且提高ACC含量。二硝基苯酚(DNP)及CCCP(Carbonyl Cyanidem Chloro Phenylhydrocone)对ACC合成酶也有抑制作用，经处理的植物组织ACC含量增加，依赖外源ACC的乙烯合成亦受显著的抑制。DNP及CCCP是氧化磷酸化作用的有效抑制剂，但这是否是抑制ACC氧化酶活性的基本原因尚待探究。因为ACC氧化酶活性依赖于液泡膜的完整，并且ACC氧化作用包括连续的电子转移，所以膜的破坏或电子传递系统中断皆可抑制ACC氧化酶的作用。如影响膜结构功能的试剂、亲脂化合物(磷酸胆碱、Tween 20，Triton X–100等)、温度或渗透压振动都能抑制ACC转化为乙烯。

3．物理伤害及逆境促进乙烯的发生

物理伤害可诱导植物组织ACC合成酶的合成。刘愚(1982)等报道，绿豆下胚轴和小麦黄化苗受机械伤害后产生两个乙烯峰，其中之一在伤害后立即出现，不受AVG和钴离子的抑制；另一峰在伤害后16～23min出现，56～59min达到最高，但能被AVG和钴离子所抑制。第一个乙烯峰可能由体内已有的ACC所产生，第二个乙烯峰则可能依赖伤害刺激的ACC合成酶的生成和活化。虫害及环境胁迫都可促进ACC合成酶的合成或活性的提高。

4．光及二氧化碳与乙烯合成的关系

光能抑制绿色叶片组织中的ACC生成乙烯，但这一作用是间接的可能通过光合系统起作用。CO_2促进以ACC为前体的乙烯合成作用，但对其他乙烯合成途径无影响。CO_2是ACC合成乙烯的副产物，低浓度CO_2对ACC氧化有促进作用，但高浓度CO_2对乙烯有抑制作用。

(四)酚类物质对生长素(IAA)代谢的调节

酚类物质是天然的植物成分，种类繁多，其基本结构是1个六碳环和1个或1个以上的羟基。

酚类化合物对IAA代谢及运输的影响包括3个方面：抑制IAA与氨基酸结合；促进或抑制IAA侧链氧化；抑制IAA极性运输。第一方面的资料极少，第三方面已在上面论及，现主要介绍第二方面。

第二方面的试验多以从植物中提取的IAA氧化酶或过氧化物酶为材料，分析酚类化合物对IAA侧链氧化的抑制或促进作用。酚类化合物与IAA侧链氧化的关系归纳为：

一元酚类促进IAA侧链氧化，其活性随羟基在环上的取代位置而异。如羟基苯甲酸，羟基在第4位活性最高，第3位次之，第2位最低。在具有强烈促进IAA氧化活性的酚类物质同时存在时，一元酚类表现不同的结果，或促进或抑制。

二元酚类的作用视羟基的相对位置而异。间二酚对IAA侧链氧化有促进效果，而邻二酚及对二酚大部分强烈抑制IAA的氧化作用。邻二酚的两个例外是3, 4–二羟苯乙酮和3, 4–二羟苯丙酮。

酚类化合物对IAA侧链氧化有两种抑制类型，一种为暂时性，另一种为持久性。2, 6–二羟苯乙酮表现持久性的抑制，儿茶酚、3, 4–邻二羟苯甲酸及咖啡酸等的抑制作用均属于暂时性。

邻二酚的一个羟基与甲基结合后表现出低浓度促进IAA的氧化而高浓度抑制IAA氧化的特性，如香草酸、愈创木酚、阿魏酸等。

有些酚类化合物能抑制IAA氧化，主要是由于这些酚类能竞争性地与过氧化物酶结合，从而阻止该酶分子的活性中心血红素铁卟啉基团与IAA作用，防止氧化活性更强的酶底物中间形态的形成。

植物体内有多种天然存在的酚类化合物，其复杂关系提示酚类在自然环境中对植物生长的影响很难确定。李宗霆发现，2, 6-二羟苯乙酮、阿魏酸及咖啡酸能在一定范围内保护大豆免收除草剂草甘膦的抑制作用，并认为这种效果与IAA有关。因为草甘膦阻止酚类化合物的合成，又可促进植物体内IAA代谢，降低IAA含量。这种双重作用显示草甘膦对IAA代谢的影响可能是内源酚类物质代谢的变化所致。2, 6-二羟苯乙酮、阿魏酸及咖啡酸对整株植物生长的影响可能是通过补充因草甘膦所引起的某些酚类物质的不足，从而维持生长必需的内源IAA水平。

当将酚类物质施用于植物体时，常常缺乏明确的调节活性，这可能是由于一元酚和多元酚之间相互转化以及有些化合物难以进入植物体所造成的。

(五)乙烯(ETH)与受体结合的化学控制

银离子以非竞争方式阻止乙烯与受体结合(如，抑制玉米细胞质膜ATPase的活性)是乙烯作用的有效拮抗剂，能阻止因乙烯而引起的各种植物生理反应。由于银离子对乙烯拮抗作用的发现，硫代硫酸银不但成为研究乙烯生理作用的有效试剂，而且已发挥商业价值。

2, 5-降冰片二烯是抑制乙烯作用的环状烯烃中效应最强的，它可能与乙烯直接竞争在受体上的结合位置。由于环状烯烃的挥发性高，在某些情况下更适合试验的需要。

在乙烯浓度较低的情况下，CO_2可抑制或延缓植物对乙烯的生理反应。Burg(1967)认为CO_2是乙烯作用的抑制剂，高浓度的CO_2早已应用于水果的储运，以延缓其成熟。但CO_2与乙烯的作用是否直接相关，尚待研究。

在20世纪90年代中期，美国科学家发现了一系列能够抑制植物内源和外源乙烯作用的化学物质，包括1-MCP(1-甲基环丙烯)、2, 5-NBD(降冰片二烯)、3, 3-DMCP(3, 3-dimethylcyclopropene)、DACP(diazocyclopen tadiene)、CP(cyclopropene)等。其中，1-MCP是一种效果特别突出的乙烯抑制剂，在美国已经获得在花卉作物上使用的专利，得到美国环保局的使用许可。

1-MCP的作用机理是：当植物器官进入成熟期，作为成熟激素的乙烯就会产生，并与细胞内部的相关受体相结合，激活一系列与成熟有关的生理生化反应，加快器官的衰老和死亡，1-MCP与乙烯分子结构相似，可以与乙烯的受体结合，但不会引起成熟的生化反应。因此，在植物内源乙烯释放出来之前，施用1-MCP，可以封阻乙烯与受体的结合和随后产生的负面影响，延迟了成熟过程，达到保鲜的效果。

二、生长素类植物生长调节剂

(一)生长素类植物生长调节剂的生理功能

生长素类植物生长调节剂有很多生理功能。

1．促进细胞伸长生长

生长素吲哚乙酸(IAA)的主要生理功能之一是调节茎节细胞的伸长生长。随着生长素浓度的升高，其促进茎节伸长生长就越快，直到一个最适浓度为止；超过最适浓度，IAA促进伸长的作用会下降；高到一定浓度反而抑制伸长生长，这是因为过高的IAA浓度会诱导乙烯生成，而乙烯抑制细胞伸长生长。

2．诱导维管束分化

生长素吲哚乙酸(IAA)的另一个重要生理作用就是诱导和促进植物细胞分化，尤其是促进植物维管组织的分化。这在组织培养中有很多有力的例证，如将一个幼芽嫁接到一块愈伤组织上，培养一段时间后，嫁接幼芽的下边会分化出维管束组织，这是因为幼芽产生并分泌生长素吲哚乙酸(IAA)到愈伤组织内。如果把嫁接的幼芽换成含IAA的琼脂块，也会观察到同样的现象。

3．促进侧根和不定根发生

IAA也促进根系的伸长生长，但是最适浓度很低，稍高会抑制根系的伸长，可能原因是IAA诱导乙烯的产生，而乙烯抑制了根系生长。有实验证实，如果特异地抑制根系中的乙烯合成，很低浓度的IAA可以促进根系的生长，但是即使在这种情况下，稍高一些浓度的IAA仍然会抑制根系的生长。根系生长需要IAA极低，可能是因为根尖生长区距离茎尖等IAA合成部位最远，根系对IAA更敏感。

高浓度IAA促进植物侧根和不定根发生。侧根一般在伸长区和根毛区上端发生，由中柱鞘的某些细胞分化而成，IAA可以诱导这些细胞分裂，促进侧根原基和侧根形成。IAA在侧根形成中的作用分为两步：首先是IAA极性运输到中柱鞘细胞并在其中积累到一定浓度，诱导这些细胞开始分裂；然后，IAA刺激并维持细胞持续分裂、生长和分化，最后形成侧根。如果去掉植株幼芽或幼叶，会大幅度减少侧根发生，可能与IAA供应减少有关。

不定根可以从根、茎、叶片、愈伤组织等多种器官上发生，这些组织中的成熟细胞会脱分化重新恢复分裂，形成不定根原基，最后形成不定根。IAA促进不定根发生的性质在园艺和农业生产上应用非常广泛。植物的无性营养体繁殖主要靠插条繁殖，植物插条或叶片在水培或湿润的土壤培养条件下，可以从切口附近长出不定根。这是因为叶片或幼芽形成的IAA从上向下极性运输，最后积累在插条的切口附近，从而刺激不定根的发生。如果利用IAA处理插条切口，会大幅度促进不定根的形成速度和数量。

4．调节开花和性别分化

生长素与花芽诱导，生长素强烈促进凤梨属植物开花，在生产中利用喷施生长素刺激菠萝开花，同时控制成熟时间。但是在许多植物上，目前IAA与花芽诱导和发育之间的关系不是十分明确，多表现低浓度促进而高浓度抑制开花，这种抑制可能是一种通过乙烯的次级反应。

生长素和性别控制，花芽一旦形成，IAA在花的发育以及性别决定方面可能担负重要角色，特别对雌雄异株和雌雄同株异花植物。IAA一般增加雌株和雌花，如用IAA处理的黄瓜，雌花初现节位和雌花都增加。三碘苯甲酸(TIBA)等IAA运输抑制剂则促进雄花增加。

5．调节坐果和果实发育

在正常情况下，坐果(即子房开始发育)必须在成功授粉和受精后才能进行。这是因为花粉和胚乳细胞中大量产生IAA，刺激子房发育形成果实。果实发育初期的IAA来源主要依赖胚乳细胞，在果实发育后期，IAA的主要来源是胚。同时人们发现花粉中含有大量的IAA，花粉的提取物可以刺激未受粉的茄科(Solanaceous)植物的坐果。这种不通过授粉就能坐果的现象称为单性结实(parthenocarpy)。因为单性结实会产生无籽果实，所以在生产中具有重要的应用价值。例如，生产中经常使用IAA类物质处理茄科植物(如番茄、辣椒)、葫芦科植物(黄瓜、南瓜等)以及柑橘等，促进坐果和生产无籽果实。

另外，IAA还被用来控制果实的脱落。根据应用时间和应用浓度的不同，IAA既可以促进坐果、早期果实的脱落，也可以防止未成熟果实的脱落。利用IAA处理促进坐果早期果实的脱落，在生产上是一种化学疏果技术，用来防止坐果过密，有利于剩下的果实发育成大果；利用IAA处理防止未成熟果实的脱落，可以保证果实正常成熟，增加产量。

在IAA对植物花和果实发育影响的研究中，发现在很多情况下，IAA的许多生理作用与IAA诱导产生乙烯有关，特别是高浓度IAA产生的抑制作用，多数是乙烯的效应。反过来乙烯的许多生理效应可以由IAA产生。

6．控制顶端优势

顶端优势是指主茎顶端对侧枝侧芽萌发和生长的抑制作用，植物整体形态很大程度上是受顶端优势控制的。玉米等强顶端优势植物，只有1条主茎，很少或没有侧枝发生；而顶端优势很弱的灌木，分枝很多甚至呈丛生状。

早期的研究表明，茎顶端优势主要是由IAA控制的。主要是茎尖合成的IAA向下运输，在侧芽积累，抑制了侧芽的发育。在根的顶端优势中，正好与根系相反，IAA是侧根诱导和发生的关键因子。

(二)生长素类植物生长调节剂的主要品种

吲哚乙酸 indol-3-ylacetic acid

其他名称 IAA；生长素；吲哚醋酸；异生长素；茁长素；3-吲哚乙酸；β-吲哚乙酸；Indolyle acetic acid；Heteroauxin；Rhizopon A。

化学名称 吲哚-3-基-乙酸。

结构式

O
OH
H—N

理化性质 纯品无色结晶，见光速变为玫瑰色；熔点168～169℃，微溶于水，20℃水中的溶解度1.5g/L，极易溶于乙酸乙酯，在酸性介质中很不稳定，在无机酸的作用下迅速胶化，水溶液不稳定，其钠盐、钾盐比游离酸稳定。

毒　　性 对动物毒性较低，对小白鼠皮下注射LD_{50}为1 000mg/kg，对鲤鱼48h的LD_{50}＞40mg/kg。

剂　　型 0.11%水剂、97%原药、98%原药。

作用特点 吲哚乙酸有维持植物顶端优势、诱导同化物质向库(产品)中运输、促进坐果、促进植物插条生根、促进种子萌发、促进果实成熟及形成无籽果实等作用，还具有促进嫁接接口愈合的作用。属植物生长促进剂。主要作用方式是促进细胞伸长与细胞分化。吲哚乙酸可促使植物组织中的水解酶合成，提高RNA聚合酶的活性，促进不定根产生，也能促使茎、下胚轴、胚芽鞘伸长，促进雌花的分化，但植株内由于吲哚乙酸氧化酶的作用，使脂肪酸侧链氧化脱羧而降解。在细胞组织培养中证明，在生长素与细胞分裂素的共同作用下，才能完成细胞分裂过程。吲哚乙酸被植物吸收后，只能极性运输，即从顶部自上向下输送。根据生长素类物质具有低浓度促进、高浓度抑制的特性，这类化合物的不同效应往往与植物体内的内源生长素的含量有关。如当果实成熟时，内源生长素含量降低，如外施生长素可以延缓果柄离层形成，防止果实脱落，延长挂果时间。在生产中可用于保果。果实正在生长时，内源生长素水平较高，如外施生长素类调节剂，会诱导植物体内乙烯的生物合成，乙烯含量增加会促进离层形成，可起疏花疏果的作用。在组织培养基中，可诱导愈伤组织扩大与根的形成。

应用技术 可用于促进水稻、花生、棉花、茄子和油桐种子萌发；促进李树、苹果树、柞树、松树、葡萄、桑树、杨树、水杉、亚洲扁担秆、绣线菊、马铃薯、甘薯、中华猕猴桃、西洋常春藤等插条促使生根；促进马铃薯、玉米、青稞(稞麦)、蚕豆、斑鸠菊、甜菜、萝卜和其他豆类的生长，提高产量。控制水稻、西瓜、番茄和应用纤维的大麻性别和促使单性结实。

小麦、花生，促进种子萌芽，播种前，用0.11%水剂18～27ml/kg拌种；茶树促进萌芽，发芽前，用0.11%水剂4～8ml/亩对水40kg喷雾。

保护地黄瓜，促进坐果，开花坐果初期，用0.11%水剂8～10ml/亩对水40kg喷雾。

番茄，促进和调控作物的营养与生殖生长，用0.11%水剂0.4～0.8ml/亩对水喷雾，在苗期和花期各施药1次。

苹果，促进萌芽、坐果，萌芽期和谢花后，用0.11%水剂7～11ml/亩对水40kg喷雾。

沙棘，提高成活率，用0.11%水剂90～180ml/kg浸插条基部。

注意事项 吲哚乙酸易在植物体内分解，降低应有的促根效能，可在IAA溶液中加入儿茶酚、邻苯二酚、咖啡酸、槲皮酮等多元酚类，可以抑制植株体内吲哚乙酸氧化酶的活性，减少对其降解。吲哚乙酸用于促进生根时，应掌握浓度高浸蘸时间短，浓度低浸泡时间长。浓度的配制应根据植物种类而定。在配制溶液时，可先称取一定量粉末后，加水定容至一定浓度，稀释后使用。

开发登记 广东省佛山市盈辉作物科学有限公司、河北兴柏农业科技有限公司、北京艾比蒂生物科技有限公司等企业登记生产。

吲哚丁酸 4-indolyl-butyric acid

其他名称 IBA。

化学名称 4-吲哚-3-基-丁酸。

结构式

COOH
N
H

理化性质 纯品为白色结晶固体，原药为白色至浅黄色结晶。熔点121～124℃。溶于丙酮、乙醚和乙醇等有机溶剂，难溶于水。

毒　　性 低毒，对人、畜无害。小鼠腹腔注射LD_{50}为100mg/kg体重。

剂　　型 50%吲哚·萘乙可溶性粉剂。

作用特点 与吲哚乙酸相似。具有生长素活性，植物吸收后不易在体内输送，往往停留在处理的部位。因此，主要用于促进插条生根。吲哚丁酸使用后插条生出细而疏、分杈多的根系。而萘乙酸能诱导出粗大、肉质的多分枝根系。因此，吲哚丁酸与萘乙酸混合使用，生根效果更好。

用吲哚丁酸(IBA)处理桉树的插条后，在扦插生根的不同阶段，插条内的PPO(多酚氧化酶)活性呈现规律性的变化。蛋白质含量呈上升趋势。PPO同工酶谱带也随生根的进程出现增多现象。IBA对插条的作用，是IBA刺激了形成层细胞的活性，形成层细胞产生大量IAA，然后通过IAA而起作用的。而IAA能促进体内PPO的活性变化，从而促进细胞的脱分化，产生愈伤组织；在IBA的作用下，促进了基因的表达，基因表达被促进后，一方面PPO活性提高，另一方面又改变PPO同工酶数，从而将邻二羟基酚类物质与生长素结合而形成一种生根素，然后由生根素促进不定根的发生。

应用技术 小麦增产，扬花期，用50%吲哚·萘乙可溶性粉剂40～60mg/kg喷雾；水稻增产，扬花期，用50%吲哚·萘乙可溶性粉剂30～40mg/kg喷雾；水稻秧田促进新根生长、增加分蘖，在移栽前1周左右，用50%吲哚·萘乙可溶性粉剂1 000～2 000倍液喷雾；玉米增产，播种前，用50%吲哚·萘乙可溶性粉剂30～40mg/kg浸种8h。

黄瓜促进坐果，开花坐果初期，用50%吲哚·萘乙可溶性粉剂4 000倍液喷雾。

葡萄，将沙藏的色拉葡萄枝条取出，剪成7～9cm长的双芽插穗，芽上端留1.0～1.5cm平剪，下端离节部0.5～1.0cm平剪，插前先将插条基部浸入50%吲哚·萘乙可溶性粉剂300mg/L的吲哚丁酸药液14h，然后扦插。插后立即浇透水，并盖上薄膜。以后每隔3～4d浇1次水，插条成活率较高、成苗质量较好，超过50%吲哚·萘乙可溶性粉剂400mg/L对插条组织造成一定伤害，反而不利于插条的发芽、生根和成苗。

将沙藏后的巨峰葡萄枝条剪成含有2芽的短枝条，上剪口距芽2cm左右，下端紧靠节部平剪，在50%吲哚·萘乙可溶性粉剂2 000mg/L的药液中浸根部5s后扦插，可提高成活率，生根数也多，且根系以细而短的吸收根为主，有利于苗木前期生长。

促进葡萄插条生根常用浸蘸法，又因浸蘸时间长短和剂型不同，还可分为以下3种：

(1)快浸法 采用50%吲哚·萘乙可溶性粉剂2 000mg/kg高浓度溶液。使用时取2g用少量酒精溶解，然后加水1kg。把配好的溶液放在平底盆内，溶液深度3～4cm，然后将一小捆的插条基部直立于容器内，浸5s后取出晾干即可插于苗床中。此法操作简便，投资少，同一溶液可重复使用，用药量少，速度快。

(2)慢浸法 用50%吲哚·萘乙可溶性粉剂50mg/kg(易生根的品种)、400mg/kg(不易生根的品种)溶液，再将插条基部浸入药液中8～12h后取出扦插。此法浸蘸时间长，大批量插条时容器设备多，用药量大。

(3)蘸粉法 先配成粉剂，取50%吲哚·萘乙可溶性粉剂2g用适量 95%酒精溶解，然后再与1 000g滑石粉充分混合，酒精挥发后即成50%吲哚·萘乙可溶性粉剂2 000mg/kg的。然后先将插条基部用水浸湿，再在准备好的粉剂中蘸一蘸，抖去过多的粉末，插入苗床中。

梨，酥梨嫁接前，将接穗在50%吲哚·萘乙可溶性粉剂400～800mg/L药液中速蘸一下后嫁接，可提高成活率，但对芽的生长有抑制效应，且浓度越高抑制效应越大，可以促进其加粗生长。石榴，选取发育充实、芽眼饱满、无病虫害的1～2年生枝条，将其剪成60～80cm长，每50根1捆进行沙藏后，在上端距眼芽1.5cm剪平，下端于芽下1.5cm处剪成马耳形，插条长15～20cm，斜面搓齐朝下在1×10^{-4}的药液中浸8～12h后扦插，可加快插条生根速度，增加根系数量，提高成活率，加快插条新梢的生长速度，增强苗木的长势。

红豆杉，以1年生及2年生全部木质化的红豆杉枝条为插穗，插穗长10～15cm，有1个顶芽或短侧芽。上切口平，下切口斜，在5×10^{-5}μl/L的药液中浸泡12h，对于提高插条的生根率和促进根系发育有明显的作用。扶桑扦插繁殖，5—10月进行，以梅雨季成活率最高。冬季在温室内进行。插条以当年生半质化枝条最好，长10cm，剪去下部叶片，留顶端叶片，切口要平，插于沙床，保持较高空气湿度，室温为18～21℃。用0.3%～0.4%处理插条基部1～2s，可缩短生根期。根长3～4cm时移栽上盆。相对湿度70%～80%的条件下，20d后即可普遍生根，1个月左右可以上盆。一般当年即可开花。满天星、杜鹃花、倒挂金钟、蔷薇、菊花，用50%吲哚·萘乙可溶粉剂200mg/kg溶液浸3h，或用50%吲哚·萘乙可溶性粉剂4 000mg/kg溶液快蘸20s，对满天星、杜鹃花有促进插条生根的效果。用50%吲哚·萘乙可溶性粉剂1 000～2 000mg/kg溶液处理倒挂金钟，促生根效果明显。用50%吲哚·萘乙可溶性粉剂30～50mg/kg溶液浸蔷薇插条、50%吲哚·萘乙可溶性粉剂50mg/kg溶液浸泡菊花插条，能促进生根。

注意事项 使用时应注意有效期，吲哚丁酸溶液的有效期仅有几天，而吸入滑石粉中的吲哚丁酸活性可保持数月，故水溶液最好现配现用，以免失效。

开发登记 重庆双丰化工有限公司、四川国光农化有限公司等企业登记生产。

萘乙酸 1-naphthyl ace acid

化学名称 2-(1-萘基)乙酸。

结 构 式

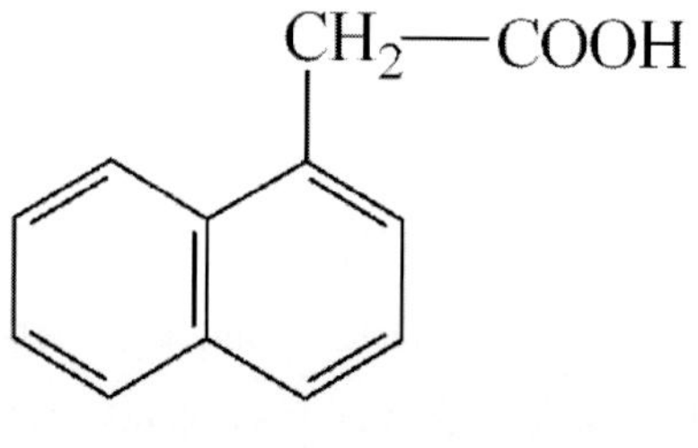

$$CH_2—COOH$$

理化性质 纯品为白色无臭结晶体，80%萘乙酸原粉为浅土黄色粉末，难溶于水，易溶于热水、乙醇、乙酸等。在一般有机溶剂中稳定。其钠盐和乙醇胺盐能溶于水。通常加工成钾盐或钠盐，再配制成水溶液后使用。密度 1.563、熔点 137～141℃、沸点160℃，有吸湿潮解性，见光易变黄色。

毒　　性 大鼠急性口服LD_{50}为3 580mg/kg，兔经皮LD_{50}为2 000mg/kg(雌)，鲤鱼LC_{50}(48h)＞40mg/L，对皮肤、黏膜有刺激作用。

剂　　型 0.1%水剂、0.6%水剂、5%水剂、20%可溶性粉剂。

作用特点 萘乙酸是类生长素物质，主要生理作用是促使细胞伸长，促进生根，推迟果实成熟、抑制乙烯产生。低浓度抑制离层形成，可用于防止落果；高浓度促进离层形成，可用于疏花疏果、诱导雌花的形成、产生无子果实；能调节植物体内物质的运输方向。萘乙酸被植物吸收后不会被植物体内的吲哚乙酸氧化酶降解。浓度过高容易诱导植物切口产生愈伤组织。萘乙酸的促根作用主要表现于消除了根的顶端优势，使新根量增加并向老根的中、后部分布。萘乙酸促进扦插生根的原理是因为他能促进插条基部的薄壁细胞脱分化，使细胞恢复分裂的能力，产生愈伤组织，进而长出不定根。萘乙酸在用作生根剂时，单用时生根作用虽好，但往往苗生长不理想，所以一般与吲哚丁酸或其他有生根作用的调节剂进行混用效果才好。

应用技术

(1)疏花疏果

葡萄使果枝疏松，花期或坐果期，用5%水剂100～200mg/kg喷雾；苹果、桃、梨、柑橘改变大小年现象，盛花期或花瓣脱落后2～8d，用5%水剂800mg/kg喷雾；金冠、元帅系苹果和鸭梨疏果，盛花后14d，用5%水剂400mg/kg喷雾，国光苹果盛花后10d，用5%水剂400mg/kg+300mg/kg乙烯利喷雾；梨疏花疏果，盛花后1周，用5%水剂600mg/kg全树均匀喷雾，缓和树体营养生长与生殖生长之间的矛盾；雪梨疏果，盛花期，用5%水剂2 000mg/kg喷雾，盛花期的疏除效果比盛花后14d的疏除效果明显。

(2)防止落花、落果、促进坐果

大豆减少花荚脱落，早熟高产，结荚盛期，用5%水剂100～200mg/kg喷雾， 重点喷豆荚和柄；棉花防止蕾铃的脱落，提高产量，盛花期，用5%水剂400mg/kg喷雾，间隔10d喷洒1次，连喷2～3次。

番茄、西瓜防落花，促坐果，开花期间，用5%水剂2 000～6 000mg/kg喷花；南瓜及笋瓜防止幼瓜脱落，促进结无籽瓜，开花期，用5%水剂2 000～4 000mg/kg，用毛笔蘸药涂抹雌蕊柱头花托。

苹果中元帅、红玉、红星及其短枝型品种防止采前落果，促进果实着色，采前5～21d，用5%水剂100～200mg/kg的萘乙酸药液全株喷雾；梨防止采前落果，在采前5～21d，用5%水剂200～400mg/kg全株均匀喷雾1次；巨峰葡萄提高坐果率，果实豌豆粒大小时，用5%水剂6 000mg/kg药液浸渍果穗；金丝小枣减少落枣，近成熟期((8月上中旬)，用5%水剂800～1 000mg/kg喷雾，喷施时间掌握在晴天无风的8—10时或16时以后，全树喷匀，喷1次即可；樱桃防止采前落果，采前10～20d， 用5%水剂10～20mg/L喷新梢及果柄1～2次。

秋海棠控制落花，在花芽刚在叶簇中出现时，用5%水剂250mg/kg喷雾。

(3)促进开花，增加果实数量与重量

黄瓜增加雌花密度，定植前，用5%水剂200～600mg/kg全株喷雾1～2次；番茄促长、壮棵，早现蕾，番茄定植前6～7d，用5%水剂100mg/kg喷雾。

草莓增加坐果率、减少畸形果、增加果重，提高果实品质，初花期、盛花期、着果期，用5%水剂2 000mg/kg喷雾，对草莓的花序与生长点进行喷施，每株用5ml，并在开花前10d叶面喷施0.3%硼酸；番石榴促进花芽分花，增加果实数量与重量，吐梢前，用5%水剂4 000～8 000mg/kg喷雾；荔枝促进开花，增加果实数量，用5%水剂4 000～8 000mg/kg喷雾。

(4)促进萌发，增强抗性

水稻培育壮苗，减少烂秧，播种前，用5%水剂100～200mg/kg浸种6h，晾干后播种；小麦使麦苗健壮，提高抗寒能力，播种前，用5%水剂400～1 200mg/kg浸种6h；棉花、玉米早发芽，苗全苗壮，根深根多，播种前，用5%水剂200～400mg/kg浸种24h，播种时用清水洗1次；高粱、谷子早发芽，全苗，根深苗壮，播种前，用5%水剂100～200mg/kg浸种24h；甜菜苗全、苗壮，促进早发，提高抗冻、抗病能力，播种前，用5%水剂40～100mg/kg浸种12h。

番茄出苗后幼苗整齐、健壮，抗逆性增强，播种前，用5%水剂100～200mg/kg浸种10～12h，之后用清水冲洗干净播种；番茄苗床使用，番茄出苗后，用5%水剂100～140mg/kg喷雾；幼苗进入中后期，当苗床内的温度为26～28℃时，用5%水剂100～140mg/kg喷雾，可防止番茄早疫病的发生。

山楂促进种子萌发，播种前，用5%水剂100～200mg/kg浸种。

(5)促进生根，提高成活率

水稻促进返青，提高产量，在移栽前，用5%水剂200～400mg/kg浸秧根1～2h。

番茄促进生根成活，侧枝，用5%水剂2 000mg/kg浸3～6s后，插入苗床，插后埋实，灌足底水。高温、强光时要遮阴。

绿豆芽、黄豆芽促进生根，根系肉质，直而粗壮，侧根少，生豆芽时，用5%水剂100～200mg/kg浸泡8～10h，然后用清水洗去多余的药液，按常规发豆芽。

佛手瓜提高成活率，选用健壮的具2～4个芽的佛手枝梢，用5%水剂4 000mg/kg浸渍基部10h后，插植于疏松肥沃、排水良好的插床上，搭棚遮阴，每日淋水1次。

金银花提高成活率，用健壮的1年生枝条，用5%水剂1 000～1 500mg/kg浸泡10min后扦插，但当浓度超过5%水剂2 500mg/kg时可能会抑制枝条的成活。

果树移栽提高定植成活率，幼树定植时，把根浸入5%水剂1 000～2 000mg/kg的溶液中20min或喷到根上；果树嫁接有利于愈伤组织形成，提早成活，用5%水剂20ml对水10kg配成溶液，然后用废纸剪成条状浸入溶液中，捞出阴干后包扎果树嫁接部位；葡萄提高扦插成活率，用5%水剂1 000～2 000mg/kg的溶液对葡萄插条进行蘸根(速蘸)处理，并可增加根量；葡萄促进生根，又可抑制插条过早萌发，从而缩短插条萌发与新根产生的时间差，提高扦插成活率，用5%水剂200mg/kg溶液浸泡8～12h。

菊花促进生根，用菊花嫩茎在5%水剂4 000mg/kg的溶液中浸泡2min，然后扦插；车桑、夹竹桃、薄荷、金鸡纳、桑、茶、侧柏促进生根，用5%水剂500mg/kg溶液浸车桑子、夹竹桃插条基部5～10h；用5%水剂1 000～2 000mg/kg溶液浸泡薄荷、金鸡纳、桑、茶等插条基部12～24h；侧柏插条要在5%水剂4 000～8 000mg/kg溶液中浸12h；龙柏、山茶、醋栗促进生根，用5%水剂1 000mg/kg快蘸5s，山茶用5%水剂2 000mg/kg溶液中快蘸3～5s，待药液干后，将插条栽在苗床中；对醋栗插条用5%水剂5 000mg/kg加2 500mg/kg吲哚丁酸50%酒精溶液快蘸5s。

(6)抑制生长

马铃薯控制发芽，用5%水剂5 000ml拌细土15kg，均匀撒在5 000kg马铃薯储堆内，有效期4～6个月。马铃薯抑制发芽，延长储存与销售时间，采收后用5%水剂8 000mg/kg溶液浸薯块12h，晾干后储存。

苹果元帅系和富士系中的品种抑制新梢生长，较大的剪、锯口处极易抽生萌蘖枝，用1%或1.5%的溶液涂抹剪、锯口，可防以上萌蘖枝的发生；鳄梨，为抑制鳄梨嫁接后枝条在接口下面生长，当嫁接株枝条生长至约12cm时，用5%水剂15%～20%溶液处理枝条。

(7)促进籽粒饱满，增加产量

小麦、玉米、谷子促进灌浆，使子粒饱满，增加千粒重，灌浆期，用5%水剂400～800mg/kg溶液喷穗与旗叶，如与磷酸二氢钾同时喷施，效果更好；棉花增长、增重，盛花期，用5%水剂400～800mg/kg均匀喷雾。

番茄促进果实膨大，果肉增厚，含糖量增加，幼果长到鸡蛋大小时，用5%水剂200mg/kg药液喷雾，连喷2次；番茄防止植株早衰，延长采收期，提高总产，无限生长型的番茄，结果后期，用5%水剂200mg/kg的药液喷雾。

(8)提高品质

大白菜防脱帮，收获前5～6d或入窖后，用5%水剂1 000～2 000mg/kg喷洒白菜基部，或在入窖前用药液浸蘸白菜基部；萝卜防生长期糠心，播后25～30d和30～40d，用5%水剂200mg/kg药液喷雾；萝卜储藏期早糠心，收获前10d左右再喷1次。

桃、苹果等果树促进果实着色。在桃着色前20d，喷施5%水剂100～200mg/L溶液；在着色前5d，再喷施1次5%水剂200～300mg/L溶液，着色不良品种，浓度可高些，这样可促进下部内膛果90%以上的果面着色；苹果，在采收前1个月，用5%水剂600mg/kg喷雾，并重点喷施果柄、果洼、果实、果萼等部位，半个月后再喷1次，可防止采前落果，并能促进果实着色。

注意事项 国际粮农组织和世界卫生组织建议在小麦上的最大残留限量(MRL)为5mg/kg；它虽在插枝生根上效果好，但在较高浓度下有抑制枝生长的副作用，故它与其他生根剂混用为好；用它做叶面喷洒，不同作物或同一作物在不同时期其使用浓度不尽相同，切勿任意增加使用浓度，以免产生药害；它用作坐果剂，注意只对花器喷洒，以整株喷洒促进坐果，要少量多次，并与叶面肥，微肥配用为好。

开发登记 四川国光农化有限公司、重庆双丰化工有限公司等企业登记生产。

萘乙酸甲酯 MENA

其他名称 α-萘乙酸甲酯；Methyl；1-naparthylacletic acid。

化学名称 1-萘乙酸甲酯。

结构式

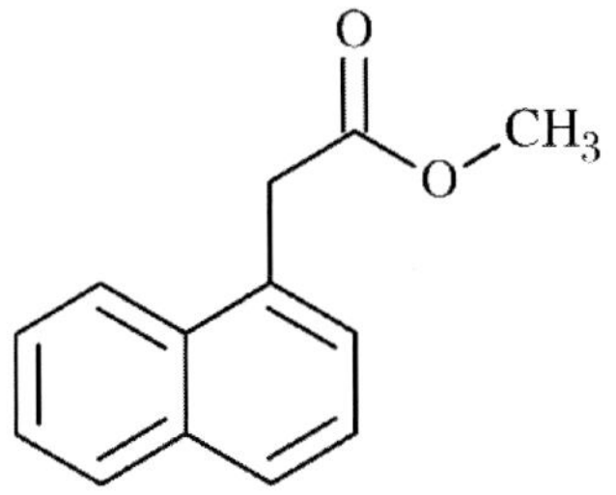

理化性质 纯品为无色油状液体，沸点为122～122.5℃，相对密度为1.459，折光率为1.597 5，不溶于水，易溶于有机溶剂。工业品萘乙酸甲酯常含有少量萘二乙酸二甲酯。有挥发性，一般以蒸气方式使用。温度越高挥发越快，也可与惰性材料滑石粉混合使用。

作用特点 萘乙酸甲酯具有挥发性，可通过挥发出的气体抑制芽的萌发。可抑制马铃薯块茎在储藏期间发芽，大量地用于马铃薯的储藏。

应用技术 萘乙酸甲酯可以用于防治马铃薯和萝卜等根菜类发芽，还能用于延长果树和观赏树木芽的休眠期。

注意事项 灵活掌握用药量，对刚进入休眠期的马铃薯进行处理时用药量要多些；对芽即将萌发的马铃薯用药可少些；对休眠期短的品种可适当增加用药量来延长储藏时期。如处理后的马铃薯要改为食用，可将其摊放在通风场内，让残留的萘乙酸甲酯挥发掉。

萘乙酸乙酯

其他名称 Tm-Hold。

化学名称 α-萘乙酸乙基酯。

结 构 式

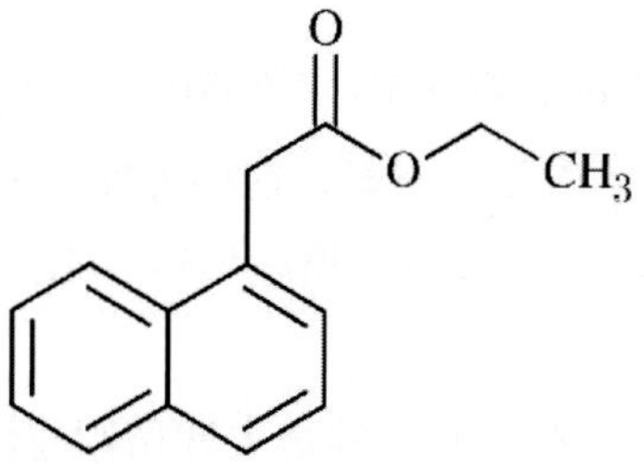

理化性质 无色液体，不溶于水。

毒　　性 大白鼠急性口服LD_{50}为3 580mg/kg体重。

应用技术 该品具有生长素的活性，主要用于化学整枝，可代替人工修剪。对槭树、榆树、栎树均有效。

萘氧乙酸 Naphthyl oxyacetic acid

其他名称 BNOA；beta-naphthyloxy acetic acid；NOA；(2-naphthyloxy) acetic acid；β-Naphthoxyacetic acid；2-Naphthoxyacetic acid。

化学名称 2-萘氧乙酸。

结 构 式

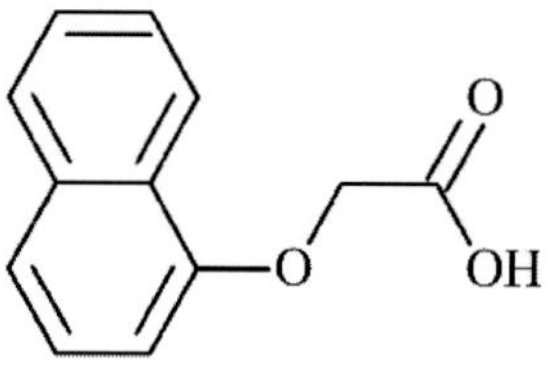

理化性质 白色结晶，熔点156℃，难溶于水，稍溶于热水，溶于醇、醚、乙酸等有机溶剂。性质稳定。

毒　　性 对哺乳动物低毒。大鼠急性经口LD_{50}为1g/kg。对蜜蜂无毒。

剂　　型 一般系加工成钾盐、钠盐或其铵盐使用。

作用特点 调节作物生长，防止落果。其生理作用与萘乙酸相似，主要用于防止果实脱落。

应用技术 本品能调节菠萝(凤梨)和草莓的生长，提高坐果率；能防止番茄落果，提早成熟；还能防止苹果树的采前落果，增加产量。能与某些杀菌剂一起使用，兼治植物病害。

注意事项 采取一般防护，避免吸入药雾，避免眼睛和皮肤接触药液。可用有机溶剂溶解后再稀释成所需浓度。

开发登记 本品由S. C. Bausor报道，由Syn- chemicals Ltd. 开发。

萘氧乙酸甲酯 naphthoxyacetic acid methyl ester

其他名称 Methyl 2-naphthyloxyacetate(IUPAC, BSI, ISO)；Methyl 2-naphthaleneoxyacetate(CA)。

化学名称 2-萘氧乙酸甲酯或β-萘氧乙酸甲酯。

结 构 式

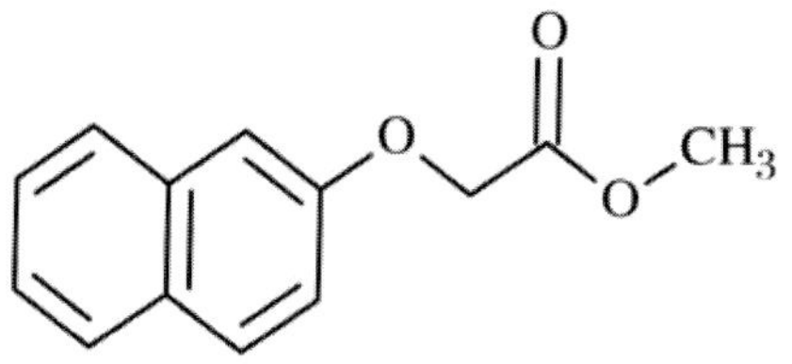

理化性质 无色结晶固体，熔点106℃，沸点为181℃，几乎不溶于水，稍溶于矿油和直链烃，易溶于乙醚、丙酮、环己酮、乙酸、氯仿、二甲替甲酰胺等。在酸性介质中，酯链能缓慢水解。在碱性条件下则迅速皂化。

毒 性 大鼠急性口服LD_{50}为2.8g/kg，兔急性经皮LD_{50}(24h)>4g/kg。大鼠可以耐受连续4周每天饲喂125mg/kg体重的药量，但在较高剂量下可产生为害。本品对蜜蜂无毒。

剂 型 可湿性粉剂。

作用特点 通过植物叶子和根吸收，进入体内向上输导，具有选择性激素的调节生长作用。

应用技术 据资料报道，本品专用于春黄菊属，游离酸及其主要则用于促进插条生根和在果树栽培上抑止早熟落果。在番茄上防止出现单性结实(parthenocarpy)。

注意事项 注意防护，避免药液溅到眼睛和皮肤。无专用解毒药，按出现症状，对症治疗。

萘乙酰胺 naphthalene acetamide

其他名称 NAAm；NAD；Amid-Thin W；NAAmide。

化学名称 1-萘乙酰胺。

结 构 式

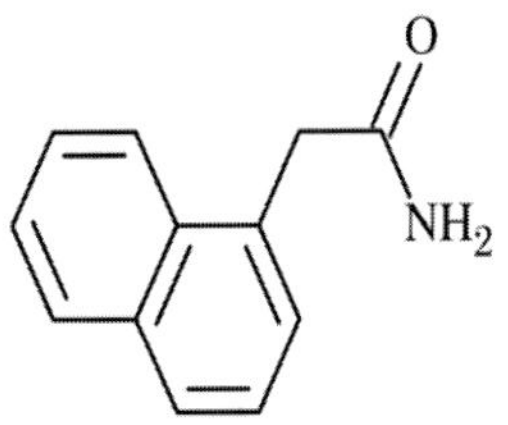

理化性质 原药为无味白色结晶，相对分子量为185.2，熔点182～184℃。在20℃溶于丙酮、乙醇、异丙醇，微溶于水，不溶于二硫化碳、煤油和柴油。在常温下稳定。

毒 性 大白鼠急性口服LD_{50}为6 400mg/kg体重；兔急性皮试LD_{50}5 000mg/kg体重。无毒，对皮肤无刺激作用，但可引起不可逆的眼损伤。

剂 型 8.4%可湿性粉剂、10%可湿性粉剂。

作用特点 萘乙酰胺可经由植物的茎、叶吸收，传导性慢。可引起花序梗离层的形成，从而作苹果、梨的疏果剂，同时也有促进生根的作用。

应用技术 萘乙酰胺是良好的苹果、梨的疏果剂。萘乙酰胺与有关生根物质混用是促进苹果、梨、桃、葡萄及观赏作物的广谱生根剂。

注意事项 用作疏果剂应严格掌握时间，且疏果效果与气温等有关，因此要先取得示范经验再逐步推广。操作时应戴保护镜，以防药液溅到眼内。

乙酰胺 acetamide

其他名称 Limit；Amidochlor；Mon-4620；CP76963。

化学名称 N-[(乙酰胺基)甲基]-2-氯-N-(2,6-二乙苯基)乙酰胺。

结 构 式

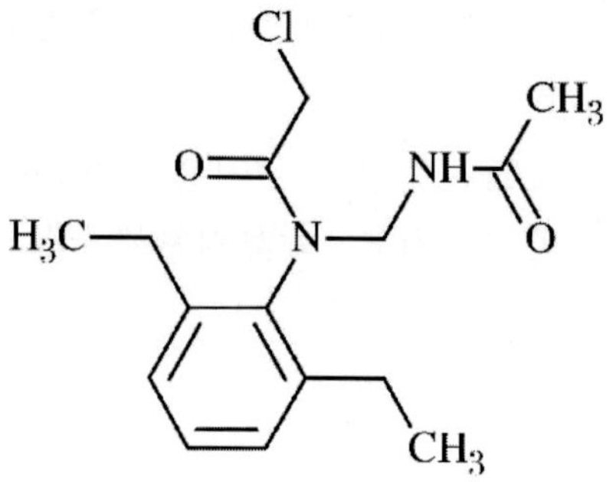

毒 性 大鼠急性口服LD_{50}为3.1g/kg，相对分子量为286.8，对眼睛和皮肤有轻微刺激性。本品对鹌鹑、野鸭等禽鸟无毒，对鱼有轻微毒性，对蜜蜂安全。

剂 型 0.4kg/L乳油、流动剂。

作用特点 主要通过植物根部吸入，用于草地以减少生长和抑制结实。

应用技术 适用于早熟禾、羊茅草和多年生黑麦草等草占优势的草地，以控制其生长结实。本品对牧草和阔叶杂草无影响。

注意事项 本品勿用于居民、学校和运动场地；施药后直至杂草干枯前，人、畜勿进入施药区。无专用解毒药，发生中毒，可对症治疗。

开发登记 Monsanto Agric. Chem。1993年停止生产。

增产灵 4-IPA

其他名称 保棉铃；对碘苯氧乙酸。

化学名称 4-碘苯氧乙酸。

结 构 式

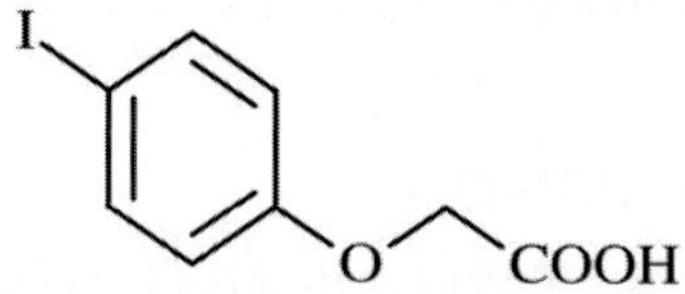

理化性质 纯品为白色针状结晶，相对分子量为278.05。熔点154～156℃，略带刺激性碘臭味。商品为橙黄色结晶。微溶于热水，易溶于乙醇和丙酮等有机溶剂。配制方法与吲哚乙酸相同。遇碱金属离子易生成盐，性质稳定，可长期储存。其盐类易溶于水。

毒 性 低毒，对人畜无害。小白鼠急性口服LD_{50}为1 872mg/kg体重。

剂　　型 0.1%乳油。

作用特点 增产灵能调节植物体内的营养物质从营养器官转移向生殖器官，加速细胞分裂，促进作物生长，缩短发育周期，促进开花、结实，还有保花、保蕾作用，从而增加产量。用于棉花可防止蕾铃脱落，增加铃重；用于小麦、水稻、玉米、高粱、小米等禾谷类作物可减少秕谷，使穗大粒饱；用于花生、大豆、芝麻等油料作物可防止落花、落荚；用于果树、蔬菜、瓜果可促进生长提高坐果率。

应用技术 防止棉花、大豆、花生、芝麻、番茄、苹果、酥梨、大枣、葡萄等落花落果；促进水稻、玉米、小麦、谷子、甘薯、茶树和叶菜类同化物质运输，增加产量。

增产灵可采用喷雾、点涂或浸种等方法使用。配制药液时先将原药用酒精或热水溶解，配成母液，再用冷水稀释至规定浓度，便可使用。

(1)防止蕾铃脱落，增加铃重

棉花盛花期，用0.1%乳油15～20ml/L药液喷雾，隔10～15d后再用喷1次；或用0.1%乳油50ml/L药液浸棉种，其效果与喷洒处理相同。

(2)减少秕谷，使穗大粒饱

水稻晚发秧苗促进生长，用0.1%乳油10～20ml/L喷雾；水稻降低秕谷率，增加千粒重，扬花末至灌浆期，用0.1%乳油30～40ml/L喷雾；高粱降低秕谷率，增加千粒重，抽穗、扬花期，用0.1%乳油15～20ml/L喷穗部或全株；玉米促生大棒，抽丝期，用0.1%乳油20～30ml/L喷穗部或全株。

(3)提高产量

大豆增产，始花期、盛花期，用0.1%乳油10ml/L喷雾；蚕豆、豌豆增产，盛花、结荚期，用0.1%乳油10ml/L喷雾；绿豆增产，生长期或花期，用0.1%乳油10ml/L药液喷雾；芝麻促籽粒饱满，蕾花期，用0.1%乳油10～20ml/L喷雾；花生增产，开花和花针入土时，用0.1%乳油10～20ml/L药液喷雾。

开发登记 河北保定农药厂。

三碘苯甲酸 TIBA

其他名称 Regmi-8；Floratohe。

化学名称 2,3,5-三碘苯甲酸。

结 构 式

I

COOH

I　I

理化性质 纯品为无定形粉末，熔点345℃，稍溶于水，常温下水中的溶解度，易溶于乙醚、热乙醇，微溶于沸腾的苯中。

毒　　性 口服急性毒性LD_{50}大鼠为813mg/kg，小鼠为2 200mg/kg，对鲤鱼48h的TLm > 40mg/kg。

剂　　型 液剂、0.02ml/L二甲胺盐水剂。

作用特点 三碘苯甲酸是一种弱生长素，也是生长素传导抑制剂，具有抗生长素的作用，降低植株体内的生长素浓度，抑制生长素向基极性运输，因而可抑制茎尖和侧枝的形成，阻碍节间伸长，使植株变矮，增加分蘖，叶片增厚，叶色深绿，顶端优势受阻，对植株有整形和促使花芽形成的作用，还能促进早熟增产。

应用技术 可用于水稻、小麦防倒伏、增产；用于大豆、番茄促进花芽形成；防止落花、落果，用于苹果幼树整形。

施用于红星苹果树和类似品种的果树上，可使幼树整形，促进花芽的形成，并能克服苹果树出现的大小年。

用三碘苯甲酸盐溶液喷在大豆叶面上，可减少落荚，促进早熟，增加产量。不宜施于作为饲料用的豆科植物上。使用时要严格控制喷药时期、浓度、次数，以发挥其增产作用。

注意事项 该品用于大豆可增产和提高大豆的蛋白质含量，但要注意不能在作饲料的豆科作物上使用。三碘苯甲酸不溶于水，使用时先将1g药剂溶于100ml酒精中，为加速溶解，可进行振荡，溶液变成金黄色，待全部溶解后，将酒精溶液配制成所需的使用浓度即可。

开发登记 上海农药研究所、上海师范学院化学系等企业登记生产。

3–氯苯氧丙酸 3–CPA

其他名称 坐果胺；间氯苯氧丙酸；Fruitone CPA。

化学名称 2–(3–氯苯氧基)丙酸。

结 构 式

H_3C
COOH
O
Cl

理化性质 纯品为白色结晶，无臭，难溶于水，微溶于热水，易溶于乙醇、丙醇、丁基溶纤剂、二甲亚砜等有机溶剂。在植物体内不易移动，要均匀喷用；施用后3h内遇雨，活性减低。配制方法与生长素相同，也有的商品为钠盐，可溶于水。

毒　　性 大鼠急性口服LD_{50} > 750mg/kg。

剂　　型 75g/L钠盐水剂。

作用特点 作用效果具有生长素活性，抑制植株生长，有疏花疏果，增大果实的作用。通过植物内吸，不能通过叶片向外运输，需直接处理果实，能抑制叶簇生长，延迟果实成熟，高浓度可作除莠剂。

应用技术 减低菠萝顶冠生长，增加结实，提高产量。一般在收获前15周喷药，正当树上最后花朵已皱缩干枯时进行。较早喷药，果实越大。喷药至全株湿透，药剂浓度为在2 500L水中加制剂2.5～6L。低剂量可增加产量，较高剂量则对菠萝顶端生长有更大的抑制作用。

防止菠萝和番茄落花，促进坐果，并能在没有授粉的情况下，诱导产生无籽果实。此外，本品还可用于李树的疏花疏果。

注意事项 注意防护眼睛，皮肤不要接触药剂。注意施药浓度避免出现药害。误服催吐，应及时送至医院治疗。

开发登记 1976年美国Union Carbide Co. 开发。

4-氯苯氧乙酸 4-CPA

其他名称 番茄灵；坐果灵；防落素；促生灵；对氯苯氧乙酸钠；sodium 4-CPA；PCPA P-chlorophenoxyacetic acid。

化学名称 4-氯苯氧乙酸。

结构式

Cl—C₆H₄—O—CH₂—C(=O)OH

理化性质 纯品为白色结晶，熔点157℃，能溶于热水、酒精、丙酮，其盐水溶性更好，在酸性介质稳定，对光热稳定，耐储藏。

毒　　性 属低毒性植物生长调节剂，大鼠急性口服LD_{50}为850mg/kg，LC_{50}鲤鱼为3～6mg/L、泥鳅为2.5mg/L(48h)、水蚤＞40mg/L。

剂　　型 98%粉剂、95%可湿性粉剂、2.5 %水剂、10%可溶性粉剂。

作用特点 对氯苯氧乙酸钠可经由植株的根、茎、叶、花、果吸收，生物活性持续时间较长。具有生长素活性的苯氧类植物生长调节剂，由植物的根、茎、叶、花和果吸收，生物活性持续时间较长其生理作用类似内源生长素，刺激细胞分裂和组织分化，刺激子房膨大，诱导单性结实，形成无籽果实，促进坐果及果实膨大，防止落花落果，促进果实发育，提早成熟，增加产量，改善品质等作用。

应用技术 是一个较为广谱性的植物生长调节剂。主要用途是促进坐果、形成无籽果实。主要用于番茄防止落花落果，也可用于茄子、辣椒、葡萄、柑橘、苹果、水稻、小麦等多种作物的增产增收。

(1)防止落花，提高坐果

小麦防止落花，促进结实，苗期，用10%可溶性粉剂30g加水50kg喷雾；水稻防止落花，促进结实，扬花灌浆期，用10%可溶性粉剂30g加水50kg均匀喷于稻茎叶。

西瓜防止落花，促进结实，花期，用10%可溶性粉剂200mg/L喷雾；番茄，花期，用10%可溶性粉剂10ml加水0.8～1kg稀释，在开花时用毛笔点花，随开随点。一般浸蘸花朵用10%可溶性粉剂250～300mg/L，蘸花梗用10%可溶性粉剂300～350mg/L。春季防低温落花用10%可溶性粉剂300～350mg/L，夏季防高温落花用10%可溶性粉剂250mg/L； 茄子，用10%可溶性粉剂500～600mg/L喷雾，可明显地增加早期产量。若气温低于20℃以下时，浓度可选用10%可溶性粉剂600mg/L，气温高时浓度应该下降；辣椒保花保果，盛花期，用10%可溶性粉剂150～250mg/L喷花。

葡萄减少落花落果、增产、改善果实品质，初花期和落花后，分别喷施2次10%可溶性粉剂150 mg/L药液。用10%可溶性粉剂100 mg/L浓度的防落素对玫瑰香葡萄的效果最好，坐果率增加13.4%，单株产量增加21.49%，果穗着色指数86.3%，果穗整齐度92.56%，糖酸比16.7，如果能与磷酸二氢钾混合喷施，效果会更可观；桃提高坐果率，开花期，用10%可溶性粉剂100～200mg/L药液喷雾，或4月下旬至

5月中下旬，用10%可溶性粉剂250～400mg/L药液喷雾；枣提高坐果率，盛花末期，用10%可溶性粉剂200mg/L溶液喷雾；用10%可溶性粉剂200～400mg/L喷雾，可提高坐果率40%～70%，用10%可溶性粉剂500mg/L以上可提高70%以上；葡萄、柑橘、荔枝、龙眼、苹果防止落花，促进坐果，增加产量，花期，用10%可溶性粉剂250～350mg/L喷雾。

(2)其他应用

大白菜防止储存期间脱帮，保鲜，收获前3～15d，用10%可溶性粉剂200～400mg/L药液喷雾。一般储存120d左右的用10%可溶性粉剂400mg/L为好；储存60d左右的用10%可溶性粉剂200～300mg/L为宜。

注意事项 在蔬菜上使用剂量过高或全株喷药，对叶片有不良影响。留种番茄不可使用。喷药时间宜在晴天早晨或傍晚进行，避免在高温、烈日及阴雨天施药，以免发生药害。要严格掌握药液浓度，配制药液时宜将粉剂用热水溶解，然后再加水稀释。配制时的容器最好是搪瓷盆、玻璃器皿等，不要用金属容器，特别是生锈的铁锅、铁盆，以免发生化学作用，使药效减低。

增产素 4-bromophenoxyacetic acid

其他名称 对溴苯氧乙酸。

化学名称 4-溴苯氧乙酸。

结 构 式

Br

O COOH

理化性质 纯品为白色针状结晶，熔点156～159℃，易溶于乙醇、丙酮等有机溶剂。常温储存不稳定。

毒　　性 低毒。

剂　　型 99%粉剂。

作用特点 增产素通过茎叶吸收，传导到生长旺盛部位，使植株叶色变深，叶片增厚，新梢枝条生长快，提高坐果率，增大果实体积和增加重量，并使果实色泽鲜艳。

应用技术

(1)保花保果

苹果盛花期，用99%粉剂11～21mg/L溶液喷雾，成龄树每株喷2.5kg药液为宜。

(2)使籽粒饱满，增加产量

小麦减少空秕率，增加千粒重，扬花灌浆期，用99%粉剂31～41mg/L溶液喷雾；水稻提高成穗率和结实率，使籽粒饱满、增加产量，抽穗期、扬花期或灌浆期，用99%粉剂21～31mg/L溶液喷雾。

注意事项 因原药水溶性差，配药时应先将原药溶于95%乙醇中，然后再加水稀释。药液中加入0.1%中性皂可增加展着黏附率，提高药效。要严格掌握施药浓度，在苹果花期喷洒该剂要严格掌握浓度，施药浓度要严格控制在30mg/kg以下，以免对苹果产生不良后果。选择晴天早晨或傍晚施药，避免在降雨或烈日下用药。施药后6h内遇下雨，要重新喷。

增产胺 DCPTA

其他名称 SC-0046。

化学名称 2-(3,4-二氯苯氧基)三乙胺。

结构式

$$H_5C_2\text{-}N(C_2H_5)\text{-}CH_2CH_2\text{-}O\text{-}C_6H_3\text{-}3,4\text{-}Cl_2$$

理化性质 纯品为液体，有芳香味，难溶于水，可溶于乙醇、甲醇等有机溶剂，常温下稳定。

毒　　性 低毒。

剂　　型 98%原粉。

作用特点 是至今为止所发现的植物生长调节剂中第一个直接作用于植物的细胞核，通过影响某些植物的基因、修补残缺的基因来改善作物品质的物质，能显著增加作物产量，显著提高光合作用，增加对二氧化碳的吸收、利用，增加蛋白质、脂类等物质的积累储存，促进细胞分裂和生长，增加某些合成酶的活性等效果。能显著地增加绿色植物的光合作用，使用后叶片明显变绿、变厚、变大。对棉花的试验表明，用21.5mg/L喷施，可增加CO_2的吸收21%，增加干茎重量69%，棉株增高36%，茎直径增加27%，棉花提前开花，蕾铃增多。具有阻止叶绿素分解、保绿保鲜、防止早衰的功能。经甜菜、大豆、花生的田间试验证明，能防止老叶褪绿，使其仍具有光合作用功能，防止植物早衰。经花卉离体培养试验，可使叶片保绿，防止花、叶衰败。所以，具有很好的防早衰的推广前途。可以增加豆类作物中蛋白质、脂类等物质的积累，可以增加有色果类着色，增加水果、蔬菜的维生素、氨基酸等营养物质含量，加强瓜类、水果的香味，改善口感，提高产品的商品价值。可增加作物的抗旱、抗冻、抗盐碱、抗贫瘠、抗干热、抗病虫害的能力。在天气恶劣有变化时不减产。

应用技术

(1)促进块根块茎生长，增加产量

萝卜、甜菜、马铃薯、甘薯、洋葱、大蒜、芋、人参、西洋参、党参等块根块茎类作物，膨大果实，改善品质，增加产量，成苗期、根茎形成期、膨大期，用98%原粉21~31mg/L药液均匀喷雾。尤其是甜菜，喷施后能促进生长发育和增强甜菜的抗褐斑病性，同时对提高甜菜的含糖量和产糖量有重要作用。喷施浓度以98%原粉31mg/L为佳。

(2)促进营养生长

大白菜、芹菜、菠菜、生菜、芥菜、空心菜、甘蓝等叶菜类，促使壮苗，提高植株抗逆性，促进营养生长，长势快，叶片增多，叶片宽、大、厚、绿，茎粗、嫩，达到提前采收的效果，成苗期、生长期，用98%原粉21~31mg/L药液喷雾；韭菜、大葱、洋葱、大蒜等葱蒜类，促进营养生长、提高抗性的效果，营养生长期，用98%原粉21~31mg/L药液均匀喷雾，间隔10d以上喷施1次，共2~3次。

(3)膨果拉长

大豆、油菜、荷兰豆、豇豆、豌豆等豆类作物，提高产量，改善质量，营养成分含量提高，4片真叶以后、始花期、结荚期，用98%原粉31～41mg/L药液均匀喷雾；花生提高结荚数，膨果增产，始花期、下针期、结荚期，用98%原粉31～41mg/L药液均匀喷雾。

番茄、茄子、辣椒、马铃薯、山药、西瓜、甜瓜、哈密瓜、黄瓜、苦瓜等，提高坐果率，增加单瓜重，增加含糖量，提前成熟，4片真叶期、初花期、花期、坐果期、膨果期，用98%原粉21～31mg/L药液均匀喷雾，对黄瓜、苦瓜、辣椒等膨果拉长，增产提高商品价值，番茄增色膨果；西瓜、甜瓜、哈密瓜等瓜类，在坐果期、膨果期，用98%原粉21～31mg/L药液均匀喷雾。

香蕉膨果拉长，增加维生素、氨基酸等营养物质含量，改善口感，提高产品的商品性，花蕾期、果成长期，用98%原粉31～41mg/L药液均匀喷雾；荔枝、龙眼、柑橘、苹果、梨、葡萄、桃、李、枇杷、杏等果树，保花保果，促进幼果膨大，使果实大小均匀，味甜着色好，始花期、幼果期、膨果期，用98%原粉21～31mg/L药液均匀喷雾。

(4)壮苗、壮秆、增强抗逆性

水稻、小麦、玉米等粮食作物，促使壮苗，灌浆充分，提高营养成分含量，增加千粒重，同时增强植株的抗虫性、抗寒性和抗倒性，4叶期、拔节期、抽穗扬花期、灌浆期，用98%原粉21～31mg/L药液均匀喷雾；玉米促使苗壮苗齐，播种前，用98%原粉1.1mg/L药液浸泡7h。

草坪促使草坪苗壮浓绿，在生长期，用98%原粉11～21mg/L药液均匀喷施。

(5)着色，提高品质，增强果香，改善口感

西瓜、甜瓜、哈密瓜等，促进着色，增加含糖量，改善口感，提高商品性，4片真叶期、初花期、花期、坐果期、膨果期，用98%原粉21～31mg/L药液均匀喷雾。

荔枝、龙眼、柑橘、苹果、梨、葡萄、桃、李、枇杷、杏等果树，增加有色果类着色，增加水果的维生素、氨基酸等营养物质含量，加强水果的香味，改善口感，提高产品的商品价值，始花期、幼果期、膨果期，用98%原粉21～31mg/L药液均匀喷雾。

草莓膨果增色，提高产量，4片真叶以后、初花期、幼果期，用98%原粉21～31mg/L药液均匀喷雾。

茶叶增加维生素、茶多酚、氨基酸和芳香物质的含量，提高口感，提高商品性，芽萌动期、采摘期，用98%原粉21～31mg/L药液均匀喷雾。

(6)保花保果，提高坐果率

棉花，增加叶片光合作用，增加叶片和茎秆干重，提前开花，蕾铃数增加，防止落铃，4片真叶以后、花蕾期、花铃期，用98%原粉21～41mg/L药液均匀喷雾。

番茄、茄子、辣椒等茄果类，增花保果，提高结实率，果实均匀光滑，品质提高，早熟增产的效果，幼苗期、初花期、坐果后，用98%原粉21～31mg/L药液均匀喷雾；黄瓜、冬瓜、南瓜、丝瓜、苦瓜、西葫芦等瓜类苗壮、抗病、抗寒，开花数增多，结果率提高，瓜型美观，色正，干物质增多，品质提高，早熟增产的效果，幼苗期、初花期、坐果后，用98%原粉21～31mg/L药液均匀喷雾；西瓜、香瓜、哈密瓜、草莓等达到味好汁多，含糖量提高，增加单瓜重，提前采收，增产，抗逆性好，初花期、坐果后、果实膨大期，用98%原粉21～31mg/L药液均匀喷雾。

桃、李、梅、枣、樱桃、枇杷、葡萄、杏、山楂等提高坐果，果实生长快，大小均匀，百果重增加，酸度下降，含糖度增加，抗逆性好，提前采收，增产，始花期、坐果后、果实膨大期，用98%原粉21～31mg/L药液均匀喷雾；苹果、梨、柑橘、橙、荔枝、龙眼等果树保花保果，坐果率提高，果实大小均匀，味甜着色好，早熟增产，始花期、坐果后、膨果期，用98%原粉21～31mg/L药液均匀喷雾；香蕉结实多，果簇均匀，增产早熟，品质好，花蕾期、断蕾期后，用98%原粉31～41mg/L药液均匀喷雾。

(7)抗早衰

烟草促使苗壮、叶绿，防早衰，定植后、团棵期、生长期，用98%原粉21～31mg/L药液均匀喷雾。

花卉及观赏作物叶片保绿保鲜，防止花叶衰败，成苗后、初蕾期、花期，用98%原粉11～21mg/L药液均匀喷雾。

注意事项 对敏感作物及新品种需先做试验，然后再推广应用。储存于阴凉通风处，与食物、种子、饲料隔开；避免药液接触眼睛和皮肤。

苯酞氨酸 phenyl-phthalamic acid

其他名称 Nevirol。

化学名称 N-苯基酞氨酸。

结构式

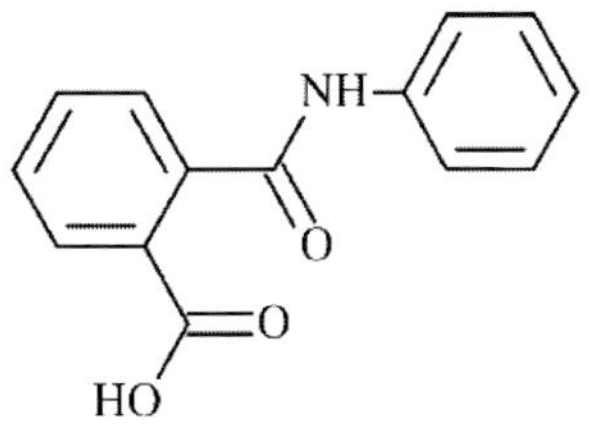

理化性质 本品为白色无味粉末，相对分子量为241.2，水中溶解度为20mg/L。

毒　　性 大鼠急性口服LD_{50}为9g/kg。对鱼、其他水生生物和蜜蜂无毒。

剂　　型 20%和60%可湿性粉剂。

作用特点 苯肽氨酸是具有内吸性的生长调节剂，用于蔬菜和果树上，在不利的气候条件下，可增加授粉，提高坐果率和产量。

应用技术 可用于水稻、豌豆、大豆、油菜、羽扁豆、向日葵、番茄、辣椒、菜豆、苜蓿、葡萄、樱桃和苹果等。花期用13～33g/hm^2。本品亦适用于温室。

注意事项 本品低毒，应采取一般防护措施。专用解毒药，如出现中毒，采取对症治疗。可与杀虫剂、杀菌剂、叶面肥混用，但不能与碱性物质混用。

开发登记 陕西上格之路生物科学有限公司登记生产。

甲苯酞氨酸

其他名称 Duraset；Tomaset。

化学名称 N-间-甲苯基邻氨基羰基苯甲酸。

结构式

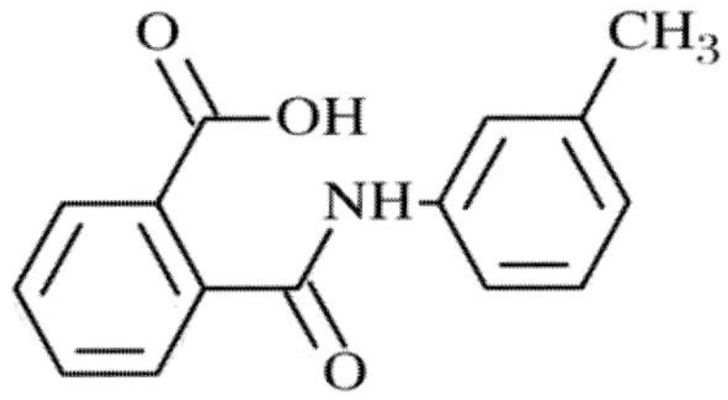

理化性质 本品为结晶固体，相对分子量255.3，25℃时水中溶解度为1.0g/L，丙酮中为130.8g/L。

毒　　性 对雄大鼠急性口服LD_{50}为5.2g/kg。

剂　　型 20%可湿性粉剂。

作用特点 为内吸性植物生长调节剂，有防止落花和增加坐果率的作用。在不利的气候条件下，可增加花朵，并防止花和幼果的脱落。

应用技术 用于番茄、白扁豆、樱桃、梅树等，能促使植物多开花，增加坐果率。

注意事项 施药切勿过量，勿与其他农药合用。其他参见苯酞氨酸。

开发登记 Makhteshim-Agan(以色列)生产；Uniroyal公司1970年已停止生产。

2,4,5-涕　2, 4, 5-T

其他名称 Weedone。

化学名称 2,4,5-三氯苯氧乙酸。

结 构 式

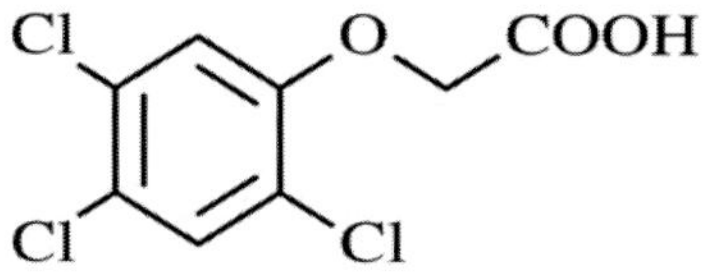

理化性质 纯品为无色无臭晶体。相对分子量为255.5，熔点154～155℃，难溶于水，稍溶于热水，易溶于乙醇、乙醚、丙酮等有机溶剂，合成钠盐或铵盐后易溶于水。

毒　　性 大白鼠急性口服LD_{50}为300mg/kg体重。此药因含有二恶英杂质，残余物对人畜有害，禁止用于食用植物，如瓜果、蔬菜等，可用2, 4, 5-涕丙酸代替。

剂　　型 一般加工成液剂、乳剂或粉剂。产品含量98%，很稳定。

作用特点 本品与2, 4-滴相似，经叶片吸收后抑制离层形成。可与营养物质一起在韧皮部中运输。有防止花蕾和果实脱落的作用，还可用于化学整枝。高浓度可用来防除禾谷类作物田间双子叶杂草，也用于抑制灌木生长或林中伐木后残根的再萌发，还用于促进橡胶树排胶。

应用技术 用于棉花能防止棉花落蕾、落铃，促进植株生长，并增加棉铃数，棉铃干重也有所提高。还能增加橡胶树乳胶增产。

2,4,5-涕丙酸　Fenoprop

其他名称 Silex；Fruitone T；Nu-Set。

化学名称 2-(2,4,5-三氯苯氧)丙酸。

结 构 式

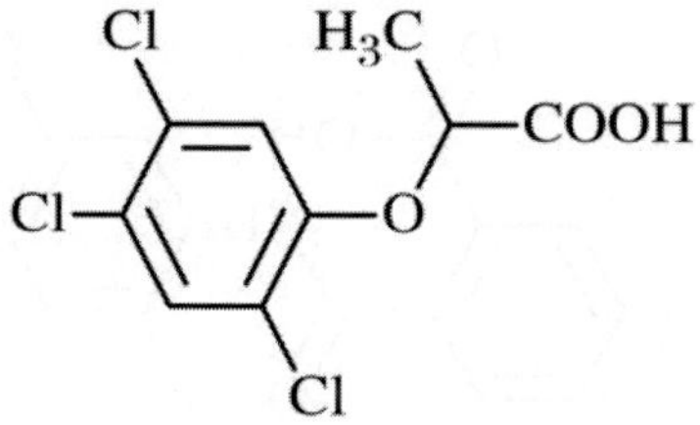

理化性质 本品相对分子量为269.5，纯品为白色粉末，略有气味。熔点179～181℃。微溶于水，易溶于乙醇、丙酮、甲醇和类似极性溶剂。商品为合成钠盐、铵盐的粉剂。易溶于水，不溶于芳香性溶剂，如苯、二甲苯、甲苯，也不溶于氯化物溶剂，如氯仿、二氧乙烯和四氯化碳等。

毒　　性 大白鼠口服LD_{50}为6 125mg/kg体重。

作用特点 本品经叶片与茎吸收后，能通过韧皮部运输，可阻止离层形成。高浓度可作除草剂。

应用技术 促进梅子、桃树和柿子果实成熟，防止李子、苹果、梨树和杏落果。

2,4–滴钠盐 2, 4–D

其他名称 稳果灵。

化学名称 2,4–二氯苯氧乙酸钠盐。

结 构 式

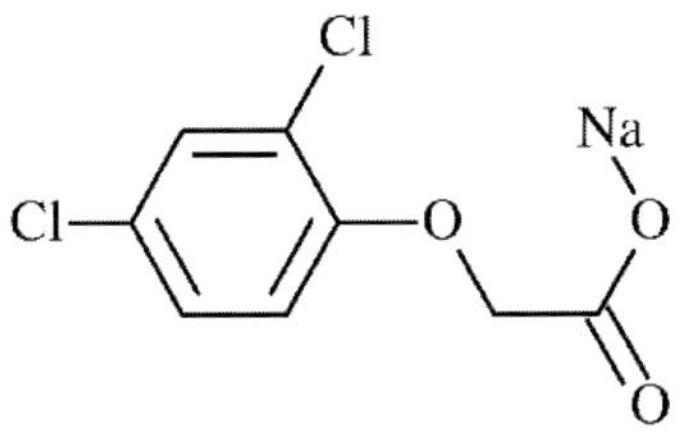

Cl
Na
Cl
O
O
O

理化性质 强酸性化合物。纯品为白色结晶，无臭。熔点140.5℃。商品为白色或淡白色结晶粉末。有酚类气味。难溶于水，溶于乙醇、乙醚、丙酮等有机溶剂；其酯类不溶于水，而钠盐和铵盐都溶于水。常温下较稳定。配制方法与吲哚乙酸相同。为使用方便，常加工成钠盐、铵盐或酯类的液剂，80%可湿性粉剂，90%粉剂，72%丁酯乳油和油膏等剂型。

毒　　性 低毒，对人、畜无害。大鼠急性口服2, 4–滴钠盐的LD_{50}为375mg/kg，2, 4–滴钠盐的LD_{50}为666～805mg/kg。

剂　　型 0.2%可溶性粉剂、85%可溶性粉剂、2%水剂。

作用特点 具生长素作用，有低浓度促进，高浓度抑制的效果。使用后能被植物各部位(根、茎、花、果实)吸收，并通过输导系统运送到各生长旺盛的幼嫩部位。可促进同化产物向幼嫩部位转送，它能促进番茄坐果，防止落花，加速幼果发育。果实膨大，根系生长，促进细胞伸长，防止离层的形成，维持顶端优势，并能诱导单性结实。在植株组织培养时，常作为生长素组分配制在培养基中，促进愈伤组织生长与分化，高浓度抑制植物生长甚至杀死植物(双子叶植物)，可作为除草剂。

应用技术

(1)防止落花落果，提高坐果率

番茄防落花落果，促进果实发育，形成无籽果实，用85%可溶性粉剂6～12mg/kg溶液喷洒花簇或浸花簇都可，操作时应避免接触嫩叶及花芽，以免发生药害。施用时间以开花前1d至开花后1～2d为宜。冬季温室及春播番茄用药，可以提早10～15d采摘上市，还可以改善茄果类品质和风味，增加果实中的糖和维生素含量；茄子开2～3朵花时，用85%可溶性粉剂18～24mg/kg溶液喷雾在花簇上，可显著增加坐果率，如用85%可溶性粉剂35mg/kg浸蘸花朵还可增加早期产量；冬瓜、西葫芦提高坐果率，可防止落花，并提高产量，开花时，用85%可溶性粉剂18～24mg/kg溶液涂花柄。

柑橘、葡萄柚减少落果，增加大果实数量，盛花期后或绿色果实趋于成熟将变色时，用24mg/kg溶液喷洒柑橘果实。如用85%可溶性粉剂12mg/kg加20mg/kg赤霉素混合液处理，效果更显著，可防止果皮衰老，耐储存。用85%可溶性粉剂235mg/kg和2%柠檬醇混合液处理，采收的柑橘可减少糖、酸、抗坏血酸的损失，并能阻止果实腐烂。对葡萄柚也有同样效果；葡萄防止果实在储藏期落粒，采收前，用85%可溶性粉剂6～12mg/kg溶液喷洒果实；香豌豆、金鱼草、飞燕草、朱砂根减少蕨花，用85%可溶性粉剂3mg/kg溶液喷洒花蕾。

(2)促进生长，增加产量

水稻增产，促进秧苗生长，播种前，用85%可溶性粉剂12mg/kg浸种36h；玉米播种前，用85%可溶性粉剂6mg/kg浸种24h，可增加植株高度和产量，用85%可溶性粉剂35mg/kg浸泡时可增加产量约20%；用85%可溶性粉剂60mg/kg时也有增产作用；浓度超过85%可溶性粉剂588mg/kg，对植株有伤害作用。

马铃薯促进发芽并增加产量，种植前，用85%可溶性粉剂235mg/kg溶液喷雾种薯；菜豆增加茎高、叶面积和根、茎、叶的鲜重，增加产量，增加维生素C含量，用85%可溶性粉剂2mg/kg溶液及50mg/kg的铁、锰、锌、硼盐类的水溶液，施用于生长2周的菜豆植株；叶部施用85%可溶性粉剂0.6mg/kg或者85%可溶性粉剂1.5mg/kg并加硫酸铁溶液的植株，产量显著增加，单用产量也可增加20%。

人参果、椰子促进果实成熟一致，成熟更快，还原糖含量较高，储藏时水分损失较少，用85%可溶性粉剂58mg/kg溶液喷雾。椰子促进萌发，用85%可溶性粉剂117mg/kg喷雾；菠萝植株完成营养生长后，用85%可溶性粉剂6～12mg/kg溶液从株心处注入，每株约30ml，促进开花，使开花期一致。适用于分期栽种、分期采收的菠萝园。

(3)储藏保鲜

萝卜储藏期间抑制生根发芽，防止糠心，用85%可溶性粉剂12～24mg/kg溶液处理，浓度不宜过高，过高影响萝卜的色泽，降低质量，而且在储藏后期易造成腐烂。

主要用于储藏期间，过了2月药逐渐分解，反会起刺激作用；大白菜、甘蓝、花椰菜，防止窖藏或运输时白菜大量脱帮，采收前3～7d，用85%可溶性粉剂30～58mg/kg溶液喷施至外部叶片湿透为止，外部晾干后再储藏在窖内。

对甘蓝同样有效；甘蓝防止落叶，在采收前3～5d，用85%可溶性粉剂117～588mg/kg溶液喷雾，然后储藏；花椰菜延长储藏，采前2～7d，用85%可溶性粉剂117～588mg/kg溶液喷雾，然后采收，储藏在低温冷库中。

板栗防止发芽，用85%可溶性粉剂352～588mg/kg溶液喷雾，晾干后储藏。

注意事项 根据2, 4-滴钠盐对双子叶植物有选择性杀灭作用，施用浓度不宜过高，处理时要注意周围的作物，如有棉花、大豆等作物，防止药液随风飘洒到这些植物上，以免引起药害，而使叶片发黄枯萎，造成减产；被植物吸收后，能运输到各幼嫩部位，包括种子；处理过的植株不宜留作种用。

开发登记 四川润尔科技有限公司、江苏永泰丰作物科学有限公司等企业登记生产。

2,4-滴三乙醇胺盐 trialcohol amine salt

化学名称 2,4-二氯苯氧基乙酸三乙醇胺盐。

结构式

理化性质 原药为白色结晶粉末，熔点140.1～141℃，蒸气压5. 33×10^4MPa(160℃)，在15℃时在水中溶解度为620mg/L，易溶于乙醇、乙醚和碱性溶液。

毒　　性 按我国农药毒性分级标准，2, 4–滴三乙醇胺盐属中等毒性的植物生长调节剂。原药对大鼠急性经口LD_{50}为375mg/kg。

剂　　型 0.5%水剂。

作用特点 与生长素相同，促进生长作用快，应用范围广。番茄、茄子、辣椒、西葫芦在保护地和露地提早栽植，早春低温妨碍了花粉的发芽和花粉管的伸长，造成受精不良，小花梗处产生离层而产生落花、落果，用2, 4滴三乙醇胺盐水剂处理可刺激花粉的发芽，增强花粉对外界不良环境的抵抗能力，能较好地完成受精过程达到保花、保果的目的。露地番茄气温达到番茄花粉发芽的适温，不必借助激素的作用即完成正常的受精过程，此时处理与对照的坐果率基本接近不必再处理。施用适宜浓度果实可提前早熟，是保护地生产中获得丰产的一项行之有效的措施。

应用技术 番茄防落花、落果，用0.5%水剂250～500倍液，用毛笔蘸药液涂花心，第1穗初花开始每隔2d蘸花1次，到第2穗花全开放完停止，开1朵浸蘸1朵，浸蘸过的花不宜再蘸。也可选用射角较小、雾滴较细的喷嘴喷雾，将喷嘴从内向外喷，这样可减少2, 4–滴的药液喷到嫩叶上。喷射力要求均匀一致，喷花时间宜选在晴天上午9—10时进行，每隔2～3d喷1次。喷后加强水肥管理，以满足果实对养分营养的需要。用过的喷雾器应彻底清洗，勿再用于蔬菜等敏感作物作喷雾用。该剂对棉花及蔬菜敏感勿用。

西葫芦坐瓜，露地塑料小棚或地膜覆盖栽培，由于前期温度较低授粉不良，大量落花“化瓜”，用0.5%水剂2ml，加水250ml，用小喷雾器对花喷，处理早期开花，解决落花“化瓜”早熟高产；茄子提高坐果率，用0.5%水剂2ml，加水250ml，用笔涂蘸花，处理中下部早开花，开1朵蘸1朵，可提高坐果率；防止大白菜储存脱帮，于收前或储存前，用0.5%水剂2ml，加水250ml喷雾。

注意事项 本药剂不可与酸性物质混合；施用本药剂后，施药器具要彻底清洗，洗后的残液要妥善处理，切勿倒入田间；本品应储放在阴凉、通风处，不可与种子、饲料、食品混放。

开发登记 辽宁省大连松辽化工有限公司登记生产。

2–(乙酰氧基)苯甲酸 aspirin

其他名称 阿司匹林、邻乙酰水杨酸、乙酰水杨酸。

化学名称 2–(乙酰氧基)苯甲酸。

结构式

理化性质 原药外观为白色结晶性粉末。20℃时水中溶解度为1.2%；常温下稳定，强热源、遇酸、碱易分解。

毒　　性 大鼠急性经口LD_{50}2 150mg/kg，急性经皮LD_{50}75 000mg/kg，低毒。

作用特点 具有细胞激活、抗旱、助长、抗病作用，使植物保持水分，增大叶片毛孔，加速二氧化碳吸收，提高植物的光合作用，是作物能增产为10%～20%/亩。

剂　　型 30%可溶粉剂。

应用技术 调节水稻生长、增产，用30%可溶粉剂50～60g/亩。在水稻移栽后25d左右，每亩对水30～45kg，间隔21d，连续喷施2～3次，安全间隔期为21d。应使用2次稀释法，先将粉剂倾入一定量的水中，适当搅拌3min，速溶呈透明溶液，然后再稀释至800～1 000倍液。

注意事项 在偏酸和中性溶液中稳定，切忌与碱性物质混用。

开发登记 湖南神隆海洋生物工程有限公司登记。

对氯苯氧乙酸钠 sodium 4-CPA

其他名称 4-氯苯氧乙酸钠。

化学名称 对氯苯氧乙酸钠;4-氯苯氧乙酸钠。

结 构 式

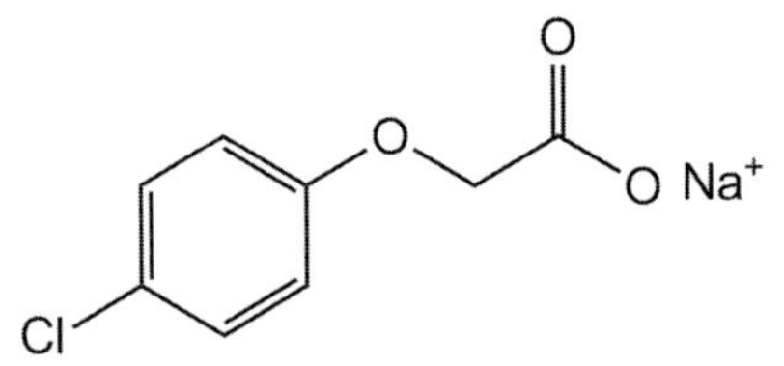

O Na⁺ Cl

理化性质 白色针状或棱柱状结晶，略有酚味。熔点154～156℃。易溶于水。性质稳定。

毒　　性 低毒，小白鼠经口LD_{50}794mg/kg。

剂　　型 8%可溶粉剂。

作用特点 具有防止落花落果，提高坐果率，加速幼果生长发育，提高产量等作用。在低浓度时有促进植物生长的作用，对双子叶植物效果尤为明显，但高浓度时反而有抑制作用。

应用技术 在番茄开花盛期1~4花序时，用8%可溶粉剂3 200~5 000倍液，对准花心或花柄均匀喷雾，每朵花只喷1次，不重复喷施，喷湿为度，安全间隔期7d；气温较高时，使用较低浓度，气温低时，使用较高浓度。由于同一植株上不同花序（花朵）开花时间不一致，因此根据不同开花时期分别施药，用药后的花朵应作标记以便区分。荔枝谢花末期用8%可溶粉剂5 000~8 000倍液，对有花穗的树体均匀喷雾，间隔8~10d再喷1次，共喷2次，每季最多施药2次，安全间隔期为收获期，气温超过25度时，使用剂量为稀释8 000倍。

开发登记 四川润尔科技有限公司登记生产。

萘乙酸钠 Sodium naphthalene-1-acetate

其他名称 α-萘乙酸钠;1-萘乙酸钠。

化学名称 1-萘乙酸钠。

结构式

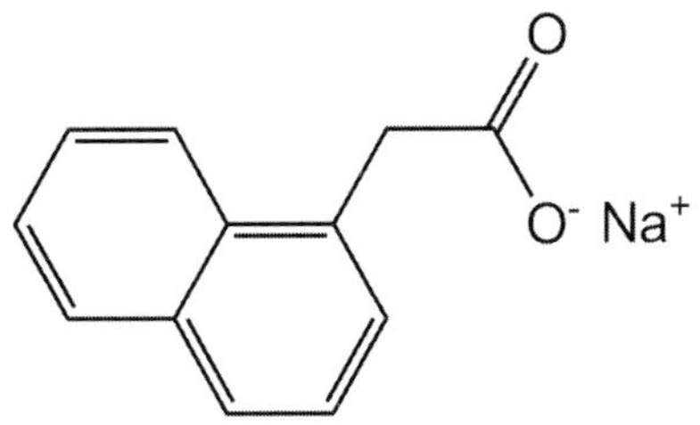

理化性质 纯品为白色颗粒、粉末或结晶粉末，相对分子量为208.19。无臭或微臭，微甜、微咸。熔点120℃，沸点373.2℃，易溶于水，微溶于甲醇、乙醇和丙酮等有机溶剂，不含任何杂质和颜色，具有水、油两溶性。常温条件下空气中稳定。

毒　　性 大鼠急性口服LD_{50}约为1 000mg/kg体重，小鼠急性口服LD_{50}约为700mg/kg体重。低毒，对皮肤和黏膜略有刺激，避免吸入药雾，避免药液与皮肤、眼睛接触；勿将残余药液倒入河、池、塘等，以免污染水源。产品使用剂量范围内，对蜜蜂无毒。

剂　　型 10%可溶粒剂。

作用特点 萘乙酸钠水解后产生萘乙酸根离子，经由植物叶片，嫩枝表皮等进入植物体内，随营养液输导到作用部位，起到和萘乙酸相同的作用。即，促进不定根的形成和根的形成，因此可用于促进种子发根，插扦生根，但浓度过大亦可抑制生根。并且能促进细胞分裂与扩大，促进果实膨大和块根块茎的膨大，因此可作为膨大素使用，可大幅度提高产量，改善品质。同时促进细胞的快速膨大，还可以防止落花落果，具有防落功能。还具有促进叶绿素合成，促进芽和花芽的分化，改变雌、雄花比率，提高作物的抗旱、抗寒、抗倒伏等抗逆能力，达到提高产量，改善品质的作用。

应用技术 萘乙酸钠是一个广谱型植物生长调节剂，它有着内源生长素的作用特点和生理功能，能促进不定根和根的形式，加快扦插生根和种子发根，能促进细胞的分裂与扩大，促进芽及花芽的分化，加速叶绿素的合成，促使果实膨大防止落花落果，改变雌雄花的比率，以及促进植株根叶茂盛，提高产量，改善品质，增强抗旱、抗寒、抗病等抗逆能力。高纯度萘乙酸钠主要有以下3方面的应用。

（1）促进不定根的形成和根的形成，因此可用于促进种子发根，插扦生根，但浓度过大时可能抑制生根。

（2）萘乙酸钠能促进果实膨大和块根块茎的膨大，因此可作为膨大素使用，经田间试验证明对猕猴桃、葡萄、西瓜、黄瓜、番茄、辣椒、茄子、梨、苹果、可大幅度提高产量，改善品质。同时促进细胞的快速膨大的作用，蘑菇效果特别显著，且不降低果实的品质。在番茄开花期，使用10%萘乙酸钠可溶粒剂5 000~10 000倍液，喷雾施药2次，间隔7~10d，可以提高产量和品质。但在番茄上每季作物最多使用2次。

（3）萘乙酸钠具有防止落花落果，促进开花坐果，促进枝叶茂盛、提高产量，改善品质的作用，提高作物的抗旱、抗寒、抗倒伏等抗逆能力。

开发登记 陕西美邦药业集团股份有限公司、台州市大鹏药业有限公司、郑州郑氏化工产品有限公司等公司登记生产。

2,4-滴异丙酯 Isopropyl ester of 2, 4-D

其他名称 Citrus Fix。

化学名称 2,4-二氯苯氧乙酸异丙酯。

结构式

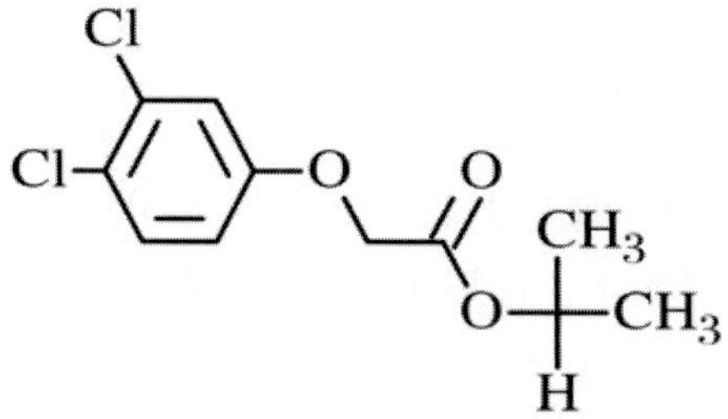

理化性质 本品为黏稠液体，相对分子量263.1，20℃时密度为1.26。不溶于水，易溶于大多数有机溶剂中。工业品为淡黄至琥珀色液体，含量为93%。

毒性 大鼠急性口服LD_{50}为375mg/kg。对眼睛和皮肤有刺激性。

剂型 45%乳油。

作用特点 通过植物体内吸输导，具有防止落果、保鲜活性。在柑橘成熟时施用，防止采前落果。土壤或植物中降解成2, 4-二氯苯酚，再分解。

注意事项 操作时注意防护。避免药液接触眼睛和皮肤，勿吸入药雾，勿让儿童接近。药品远离种子、化肥和农药储存，亦勿靠近火源。无专用解毒剂，出现中毒，可进行对症治疗。

开发登记 Amvac Chem. Co.开发生产。

调果酸 cloprop

其他名称 Fruitone-CPA；Peachthim；Chlonop；3-CPA。

化学名称 (±)-2-(3-氯苯氧基)丙酸。

结构式

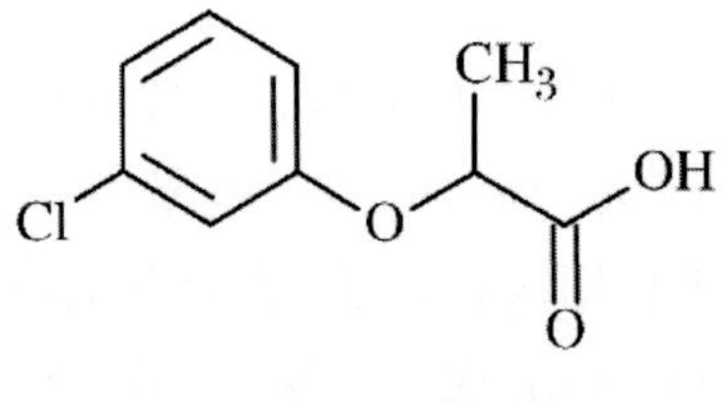

理化性质 纯品为无色无臭结晶粉末，相对分子量200.6，熔点为117.5～118.1℃，在室温下无挥发性，20℃水中溶解度为350mg/L，易溶于大多数有机溶剂。原药略带酚味。

毒性 雄大鼠急性经口LD_{50}为3 336mg/kg，雌大鼠急性经口LD_{50}为2 140mg/kg，急性经皮$LD_{50}>$ 2g/kg。在小鼠(1.88年)6g/kg(饲料)、大鼠(2年)8g/kg(饲料)的饲喂试验中，无致突变作用。野鸭和鹌鹑的LC_{50}(8d) > 5.6g/kg饲料，鱼毒LC_{50}(96h) > 100mg/L。

剂型 水剂。

作用特点 调果酸为芳氧基链烷酸类植物生长调节剂。

应用技术 用16～46g/亩作植物生长调节剂使用，增加菠萝(凤梨)果实大小。

坐果酸 cloxyfonac

其他名称 CHPA；PCHPA(eloxyfonac)；RP–7194(cloxyfonacsodiun)； Tomat– lane(cloxyfonacsodium)。

化学名称 4–氯–α–羟基–邻–甲苯氧基乙酸。

结 构 式

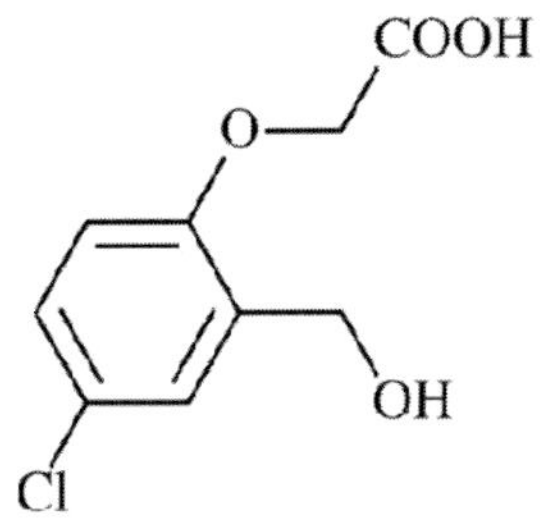

COOH
O
OH
Cl

理化性质 无色结晶，熔点148℃。溶解性：水2g/L，丙酮100g/L，二恶烷125g/L，乙醇91g/L，甲醇125g/L，溶于苯和氯仿。

毒　　性 大鼠和小鼠急性经口LC_{50} > 5g/kg，鱼毒LC_{50} < 28.5mg/L。

剂　　型 98g/L悬浮液剂(钠盐)。

作用特点 芳氧基乙酸类植物生长调节剂，具有生长素的作用，在番茄、茄子的花期施用，促进果实大小均匀。

开发登记 Shingi and Co. Ltd. 发现其植物生长调节作用。

三、赤霉素类植物生长调节剂

赤霉素 gibberellic acid

其他名称 九二Ｏ；奇宝。

化学名称 2β,4α,7–三羟基–1–甲基–8–亚甲基–4α,β–赤霉–3–烯–1α,10β–二羧酸–1,4α–内酯。

结 构 式

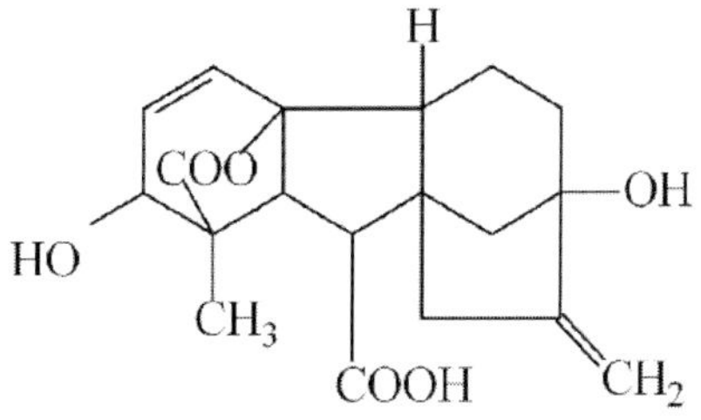

H
COO
OH
HO
CH_3
COOH
CH_2

理化性质 工业品为白色结晶粉末，含量在85%以上，熔点233～235℃，可溶于乙酸乙酯、甲醇、乙醇、丙酮或pH6.2的磷酸缓冲液，难溶于煤油、氯仿、醚、苯、水等。同系物钾盐、钠盐、铵盐可直接溶于水，结晶状态在室内存放稳定，为酸性化合物，在pH3～4时最稳定，加热后易降解。配制成乙醇溶液后，会缓慢地水解。遇碱易分解。

毒　　性　按我国农药毒性分级标准，赤霉素属低毒植物生长调节剂。小鼠急性经口LD_{50}＞25 000mg/kg，大鼠吸入无作用剂量为200～400mg/kg，小鼠经口无作用剂量为129mg/kg，未见致突变及致肿瘤作用。

剂　　型　40%可溶性粒剂、20%可溶性片剂、4%乳油、75%结晶粉、85%结晶粉、10%泡腾粒剂、20%可溶粉剂、2%膏剂、2%水分散粒剂等。

作用特点　促进细胞分裂、伸长。赤霉素可以诱导膨胀素的产生和活性增加，提高木葡聚糖内葡糖基酶(XET)的活性、促进微管与细胞长轴呈垂直排列；促进分生细胞数量增加，使正在延长的细胞分裂和伸长。

打破种子休眠，提高种子活力和发芽率。赤霉素在两个方面对种子发芽起促进作用：一是促进种胚生长，GA是DNA复制的必需条件；二是大幅度生产和提高能水解胚乳细胞壁的水解酶活性。在禾本科植物的种子萌发期间，GA能诱导糊粉层细胞中α－淀粉酶、蛋白酶、核酸酶等酶的合成，为种子萌发提供能量和底物。

促进花芽分化，影响开花，减少落花、落果。赤霉素是开花的一种信号分子，外施赤霉素可以促进日中及日长性植物开花，低温促进植物开花是通过GA和DNA甲基化水平变化体现出来的。

赤霉素可促进细胞中淀粉、果聚糖和蔗糖水解成葡萄糖和果糖，通过呼吸提供生长所需要的能量；提高细胞壁的可塑性，降低细胞的水势，间接起到疏花疏果的作用；赤霉素促进植物体内生长素含量的增加，高水平的生长素导致了乙烯的产生，乙烯加速了花朵的衰老，造成落花落果，从而起到疏花疏果的作用。

赤霉素可代替低温打破休眠或代替低温、长日照诱导花芽分化。故可促进多种植物提前开花。

诱导果实无核、孤雌生殖。外施赤霉素一方面增加子房细胞核酸的含量，加速细胞分裂，同时促使子房内生长促进物质的增加，造成有利于子房发育的激素平衡状态，使植物体内营养物质流入果内；另一方面增加异常胚囊或未分化胚囊，降低花粉授精力，造成开花期与胚囊成熟期不一致，阻碍种子形成，从而诱导有核果实不形成种子或减少种子的形成。

由于外用GA导致种子败育而影响了果实内源激素的正常合成与平衡，使得果实中有种子的一侧花托和胎座能正常发育，而无种子的一侧果实组织发育不正常导致产生畸形果。

影响光合产物的分配、提高产量。外源GA_3可以提高其植物体内的生长素含量，使其成为强大的生理上的“库”，增进子房或幼果吸收营养，还可提高α－淀粉酶、总淀粉酶的活性，提高蔗糖转化酶的活性,进而导致淀粉类储藏物质的降解以提供丰富的能量底物与结构碳架，外源GA_3引起的高坐果率与高糖酶活性相关，从而促进坐果与果实发育。

外源赤霉素提高了植物体内赤霉素的水平，并使内源抑制物含量降低。促进生长素(IAA)合成的作用，IAA可促进果肉细胞的膨大；另外，可显著提高C_{14}－光合产物向果穗的调配；提高植物淀粉酶活性，导致淀粉储藏物质的降解以提供丰富的能量底物和结构碳架，促进了植物的生长和发育，从而促进了果实的生长。

延缓衰老，促进保鲜。GA_3是作为自由基清除剂和抑制内源乙烯的生物合成而延缓衰老的。GA_3使SOD(超氧化歧化酶)活性及POX(过氧化物酶)活性增高，促进细胞对活性氧的清除，保护细胞膜结构的完整性，阻止叶绿素的降解及蛋白质、可溶性糖含量的下降；减少机体内活性氧的积累，减轻自由基对细胞的损害，防止早衰，提高产量。

GA_3可提高过氧化物酶活性和Ca水平，延缓原果胶降解，增进果皮硬度；避免细胞膜结构的破坏，降低呼吸强度、抑制呼吸峰的出现和乙烯释放速率以及酒化程度，防止果实软化。GA_3有抑制枣果酶促褐变的效果，能抑制乙醇脱氢酶的活性，降低枣果乙醛、乙醇的积累，推迟枣果酒化的发生，延长枣果储藏期。

影响品质 在红提葡萄果实膨大期施用赤霉素，对可溶性固形物含量有着不利的影响，GA_3处理果穗显著降低了果实含糖量，对果实色泽和肉质无明显影响。水分含量也无明显差别。果形略有变化，并可使果实提前着色和提早成熟。使苹果纵径拉长，促进生长，是因为它具有促进果实发育早期细胞分裂和伸长的双重作用。

应用技术

(1)促进营养生长、增加产量

再生稻发苗盛期、始穗期或头季齐穗后15d，用4%乳油37.5ml/亩对水40kg喷雾，有条件的可在再生稻发苗期及始穗期分2次施用，每次4%乳油37.5ml/亩对水40kg喷雾。能有效地促进再生活芽数，对提高有效穗、穗粒数、粒重和单产达到良好作用；苎麻，分别在雌、雄两花现蕾时，用4%乳油750mg/kg喷雾，能有效地抑制苎麻的生殖生长，增加纤维产量。对种子生长发育也有很大影响。

大白菜增产，叶色变绿，开始包心时，用4%乳油625～750mg/kg喷雾，7～10d后再喷1次；芹菜植株长高，叶数增多，在收获前2～3周，用4%乳油25ml对水50kg喷雾1～2次；莴苣提早收获，冬莴苣收前15～20d，秋莴苣收前10d，用4%乳油375～625mg/kg喷雾；蒜苗增产，提高品质，收获前10～15d，用4%乳油375～625mg/kg喷雾；蒜薹提高增长、变嫩，且出茎整齐一致，抽苔前3～5d，用4%乳油250～375mg/kg喷雾；葱头促进其生长，提高产量，于苗高1.0cm时，用4%乳油125mg/kg喷雾；香椿促进提早萌芽，提高单株产量，在植株平均苗高1.6～1.9m,茎粗2.5cm左右时，用4%乳油25ml/亩对水40kg均匀喷雾，相隔10d再喷1次。

草莓防止秧苗细弱，长出3～4片新叶时，用4%乳油1.25～1.875g/kg喷雾，为了喷药时可加入中性或酸性的叶面肥；保护地草莓促进植株生长发育、提早物候期和成熟期、增加产量，在扣棚保温后7d左右(即萌芽前至现蕾期)，用4%乳油125～250mg/kg喷雾。

矮秆菊花品种促使花枝增长，可在生长期，用4%乳油12.5～25g/kg喷雾；郁金香促进花柄伸长，提高品质，在株高7～20cm时，从叶鞘滴入4%乳油10g/kg溶液；1、2年生草本花卉矢车菊、翠菊、金鱼草、瓜叶菊、飞燕草等促进植株增长，在生长初期用4%乳油12.5～25g/kg喷雾；印度杜鹃植株长得高大，在茎伸长期，用4%乳油2.5～5g/kg喷雾；百合茎秆高度增长，生长初期(5～6片叶)，用4%乳油2.5g/kg喷雾。

(2)促进花芽分化，提早开花

黄瓜促进多生雌花，在幼苗2～6片真叶时，用4%乳油1.25～2.5g/kg喷雾；苦瓜第一雌花形成节位下降，在4片真叶开始，用4%乳油0.625～1.25g/L喷雾，以叶片湿润并稍有液体下滴时为止；白菜在加代繁殖中促进大白菜抽薹开花，将萌动的种子在3℃的低温下处理15～20d可通过低温春化，播种后1周，待幼苗长出真叶，开始隔天用4%乳油7.5g/L喷雾，共喷10次；萝卜促进由营养生长转向生殖生长，促进抽薹开花，在萝卜制种中对耐抽薹萝卜3～4叶期，用4%乳油12.5g/L喷雾，每隔7d喷洒1次，连喷3次；花椰菜促进花球的形成，提早现花球，增加花球重量，在花椰菜4叶1心时，用4%乳油12.5g/kg叶面喷雾。

梅树延迟开花，提高梅树坐果率，在9月上旬至10月上旬的1个月时间内，用4%乳油2.5g/L喷雾，连年施用对花期推迟作用没有累积效应；香雪兰提早开花，对香雪兰球茎，用4%乳油0.25mg/kg溶液浸泡24h，再放12℃的环境中存放45d；杜鹃花提早开花，且开花整齐一致，花芽期，用4%乳油75～10g/kg溶液处理；满天星促成抽薹开花，用4%乳油5～7.5g/kg喷雾，每3d喷1次，连续3次；仙客来提前开花，用4%乳油25～125mg/kg喷花蕾；郁金香代替冷处理，使之在温室中开花，用4%乳油2.5～3.75g/kg溶液浸泡鳞茎；月季花枝增长，开花期提前，用4%乳油2.5g/L溶液处理。

(3)打破休眠 提高发芽率

苦瓜促进种子迅速萌发，提高种子活力，播种前，用55～60℃温水浸种2h后将种子风干，再用4%乳油12.5～25g/L溶液浸泡24h；茄子提高发芽势、发芽率，使发芽较整齐一致，播种前，用4%乳油1.25g/kg浸种3h，可以缩短发芽天数,对茄子幼苗的生长发育无不良影响；莴苣打破种子休眠，促进发芽，夏播莴苣温度超过28℃发芽困难，播种前，用4%乳油1.25～1.875g/kg溶液浸种24h；马铃薯打破休眠，用4%乳油0.5g/L均匀喷雾薯块，使块茎表皮湿润为止，然后置于黑暗的房间催芽，7d后进行第二次喷雾，可提高出苗率和减少种薯腐烂；马铃薯打破休眠，增加有效茎数，用4%乳油1.25g/L溶液浸泡种薯1h，可以提高单株叶面积，提高产量；在长江流域栽培秋马铃薯时，解除休眠，提早萌芽，用4%乳油12.5～25mg/kg处理种薯，能延长生长期，增加产量。

保护地草莓打破休眠，在草莓植株第2片新叶展开时，保温3～5d，用4%乳油125～250mg/L喷雾，对休眠较深的品种，可喷2次，第2次在现蕾期喷，用4%乳油250mg/L。切忌喷施量过大、过晚(现蕾期后)或处理后温度过高；杜梨提高种子发芽率、发芽势，播种前，用4%乳油20～25g/L溶液在常温下浸种24h；开心果提高种子发芽率，将除去果皮的种子，用4%乳油5g/L溶液浸种3～4d，药液量为种子重量的2倍，浸泡后，进行露地层积处理60d。层积处理期湿度保持60%～70%、温度2～7℃，3月下旬，5cm土层温度15～18℃时播种；毛桃提高种子发芽率，用4%乳油25g/L溶液浸泡2～4d，埋在河沙沙床中进行露地层积处理，层积90d。层积期保持沙床湿润。

桂花提高种子发芽率，低温层积前，用4%乳油50～75g/L溶液浸泡2d，层积60d，可显著提高发芽率。赤霉素浸泡必须与低温层积相结合，其作用效果才能发挥；白蜡树促进种子发芽，提高发芽率，用4%乳油2.5g/kg溶液在20～30℃温度下浸种12h后播种。

(4)减少落花、落果、增加产量

水稻控制分蘖、提高成穗，在分蘖盛期，用4%乳油250mg/kg喷雾；棉花，提高杂交授粉成活率，在棉花人工杂交授粉后用4%乳油750mg/kg溶液涂抹在子房上；甜菜，促进种株基生叶早生、快发、生育期提前，提高种球发芽率，在叶丛再生期，用4%乳油12.5ml/亩对水30kg均匀喷雾。

西瓜防止幼瓜脱落，加速幼瓜生长，幼瓜出现后，用4%乳油0.75～1.25g/kg溶液喷幼果1～2次或用4%乳油75～125g/kg溶液浸幼瓜3～5s。

保护地草莓提早成熟，减少前期烂果，提高产量，定植后，在顶花序现蕾时，用4%乳油250mg/kg喷雾，10d后喷雾第2次；草莓增加初期收获量与总收获量，在生长点肥大开始期，用4%乳油250mg/kg喷雾，间隔1周喷1次，共喷3次，与摘除花序等田间管理相结合，以增加药效；苹果提高坐果率，在花蕾现红期和幼果期，用4%乳油500～750mg/kg喷雾；新红星苹果改善果实形状，初花期和幼果期，用4%乳油1.25～1.875g/L喷雾，可以促进果实生长发育，增大果个，改善品质；山楂提高产量，提前成熟，在盛花期和幼果膨大期，用4%乳油1.25～1.875mg/kg喷雾；葡萄果实增大，在盛花期和幼果膨大期，用4%乳油37.5g/L喷雾，间隔7～10d先后处理2次；无核白鸡心葡萄增大果穗，减少大小粒现象，推迟成熟，盛花期，用4%乳油50mg/L溶液蘸穗10s；在盛花后13d，用4%乳油2.5g/L蘸果穗，可增大果粒；无核布朗葡萄解决适口性差，盛花后5～10d内，用4%乳油25g对水10kg处理果穗，大面积应用宜用喷雾器喷果穗，小面积应用则以浸蘸果穗为宜；8611葡萄增果粒，使果形指数减小，在葡萄花前2～6d和花后10d，用4%乳油

0.75g/L溶液浸蘸果穗；魏可葡萄正常结果，又可拉长果穗，在浆果开始生长期，用4%乳油250～500mg/L浸泡果穗30s；金丝小枣提高坐果率，减少采前落果，在枣树萌芽后1周，用4%乳油10g/L喷雾，在枣幼果期(7月中旬左右)，用4%乳油250mg/kg喷雾；温州蜜柑提高坐果率，在盛花后期至谢花期，用4%乳油0.75～1.25g/kg喷雾；牛心李防止幼果脱落、保花保果，在盛花期，用4%乳油5g/L喷雾；甜柿提高坐果率，在盛花期，用4%乳油2g/kg喷雾；青桃提高坐果率，于花期和谢花后，用4%乳油750mg/L喷雾；桃促进果实膨大,增加单果重，提高果实的含糖量、降低酸含量，改善风味，在盛花后30d，用4%乳油2.5～7.5g/L溶液喷果面，一定要注意喷布均匀，否则容易出现畸形果；甜杨桃提高坐果率，增加坐果数量，在低温条件下，于盛花期和幼果期，用4%乳油1.25g/kg喷雾；杏树减少败育花，提高坐果率，于花前，用4%乳油0.75～1.25g/kg喷雾；麦黄杏提高单果重和单株产量，提高果实含糖量和着色程度，于盛花期，用4%乳油2.25g/L喷雾。

大花蕙兰减少黄蕾，花芽形成和花穗伸长期将植株置于高山或温度相对较低的地方，用4%乳油5g/kg溶液直接喷洒到花穗上，每周喷1次，连喷2～3次。

平菇促进生长，改善品质，用1mg/kg溶液处理培养基质。

(5)诱导无核

赤霉素诱导有核葡萄形成无子果实实现无核化栽培。一般是在盛花前7～14d，用4%乳油0.625～5g/L溶液处理花序，促进无核果的发育膨大，在花后10～20d再处理1次，可获得无籽果实。

玫瑰露品种，盛花前14d、盛花后10d，用4%乳油2.5g/L喷雾，在盛花后7～10d内处理完，最晚不超过20d；先锋葡萄，在始花前2～3d至始花期，用4%乳油250～500mg/L溶液处理；木纳格葡萄，在花前12d、盛花期，用4%乳油1.5g/L溶液蘸花穗2～3s，花后12d用相同的浓度喷果穗，使无核化效果达到100%，并增加坐果率，提早成熟；巨峰葡萄，初花前4～6d和盛花后10d，用4%乳油1.25g/L溶液浸穗，可使巨峰葡萄果实95%以上无核，无核单果重7g以上；白玉葡萄，当有95%的花朵开放时，用4%乳油5g/L溶液浸蘸花序，1周后再用相同浓度蘸3～5s，葡萄的无核果率可达到84.9%。

(6)提早成熟

赤霉素促进果实早熟,主要应用于有核葡萄的早期丰产栽培中。赤霉素促进葡萄早熟的效应，主要是赤霉素通过诱导葡萄无核而间接作用的，核的存在是抑制成熟的关键，可能是种子中产生某种抑制成熟物质或是果实第二生长期(种子发育期)变短或营养消耗少。

露地草莓提早成熟，增加产量，在展叶至露蕾初期，用4%乳油75～125mg/kg喷雾，可提早物候期5～6d，采收期提早1周；葡萄提早开花，提早上色，在盛花前7～14d、盛花后10d，用4%乳油5g/L溶液喷雾；在巨峰葡萄提早成熟，谢花后7d(幼果期)，用4%乳油500mg/L喷雾；大樱桃提前着色，提早成熟，在盛花期，用4%乳4g/kg混加0.2%硼砂喷雾；甜樱桃提早成熟，在盛花后7d，用毛笔蘸4%乳油1.5g/L溶液涂抹果实。

(7)改善品质

烟叶提高钾含量，降低上部烟叶烟碱含量和叶片厚度，增加顶部和中部叶单叶重，打顶当天，用4%乳油500mg/L溶液喷雾。

藤稔葡萄促进果实增大、减少果形指数、降低果实糖酸比、提高品质，在盛花后，用4%乳油0.625g/L溶液浸蘸花序3～5s；刺梨提高坐果率、产量，增加果实中维生素C含量，减少果实中的种子数量和可溶性总糖含量，在梨树盛花期，用4%乳油1.5～2.25g/kg均匀喷雾；苹果防治果锈病，提高坐果率，提高果品质量和产量，花后，用4%乳油500～750mg/kg均匀喷雾，隔10～15d再喷1次。

(8)延缓衰老，促进保鲜

蒜薹延缓衰老，促进保鲜，入库前将蒜薹，用4%乳油10g/kg溶液浸10min，可以使蒜薹在10～15℃条件下储存4个月不变质。

甜樱桃延迟花期，减轻冻害，秋季落叶后，用4%乳油1.25g/L喷雾；杏延迟花期，9月份对香白杏，用4%乳油1.25～5g/L喷雾；梨延迟花期，提高坐果率，于9月中下旬和10月上中旬，用4%乳油2.5g/L喷雾；油桃延缓底色的变化及红色的发育，延缓果实变软速度及酸的降解，果实发育过程中喷3次或在硬核期结束时，用4%乳油0.825～2.5g/L喷雾。

(9)提高切花质量

郁金香改善切花品质，在现蕾期、抽葶期和花苞着色初期，用4%乳油1.25g/L喷雾；洋桔梗增加植株高度和降低植株苗期的莲座率，促进花瓣伸长、变宽、变厚，使花冠直径增大，定植成活后当侧芽发出1～2对新叶时，用4%乳油0.625～1.25g/L喷雾，每周1次，连续3次，喷洒叶片背面、正面，以叶面滴水为准；彩色马蹄莲促进种球花芽的分化，提高种球的开花率、增加产量、使花梗生长，提高切花的质量，用4%乳油5～7.5g/L浸泡种球10min；仙客来(品种——皱边玫瑰) 提早开花，增加花数，增大花径，盆栽仙客来用4%乳油500mg/kg溶液滴入花蕾及球根上。

(10)其他

黄瓜解除 "花打顶"，在黄瓜出现"花打顶"现象后，用4%乳油12.5～37.5g/亩对水2kg喷雾。

注意事项 赤霉素在水稻杂交制种田应用有以下缺点：①种子颖壳吻合不好，形成裂谷粒，饱满度差，且脱壳率增高；②种子胚乳淀粉质疏松，极易吸饱水分，在浸种时易产生"退糖"现象，发生酒精中毒，成苗率也低；③种子耐储藏的能力下降；④籽粒成熟阶段壳上有紫红色或麻褐色的斑点，影响后期熟相。无核白葡萄在花序未散期使用赤霉素，能强烈地刺激花轴伸长，其作用的大小与赤霉素的浓度成正相关；且所有被处理的果穗均可发生严重的豆果现象，引起减产。在诱导葡萄形成无子果实时，如果处理的时期过早，果穗会伸长，穗轴弯曲状况多；处理时推至盛花期或花后再施用，则葡萄已经完成授粉受精，形成种子。用药浓度过低，将不起作用；过高，会使穗轴、果梗硬化，果粒脱落，甚至果梗破裂，果穗干枯。温度条件：白天温度超过30℃，夜晚温度超过25℃，部分品种不能诱导无核化。蔬菜上使用赤霉素掌握好浓度和施用时期是使蔬菜优质高产的2个技术关键。过早施药易引起早抽薹，增产不显著；过迟使用，不能充分发挥其作用。一般生长期短的叶菜类，宜在前期使用，生长期长的和易抽薹的茎、叶菜应在后期使用。赤霉素一般不宜根施，可用来喷雾或浸穗，以喷雾较常用。使用时以晴天上午10时前或下午16时后进行为宜，且气温在18℃以上。雨天不宜使用。严禁烈日下用药，施药后6h内遇雨应补施。

开发登记 上海同瑞生物科技有限公司、江西新瑞丰生化股份有限公司、江西新瑞丰生化股份有限公司、上海悦联化工有限公司、浙江钱江生物化学股份有限公司等企业登记生产。

赤霉酸A4+A7 gibberellic acid A4,A7

化学名称 (1α,2β,4aα,4bβ,10β)-2,4-α-羟基-1-甲基-8-亚甲基赤霉素烷-1,10-二羧酸-1,4α-内酯（GA4）；(1α,2β,4aα,4bβ,10β)-2,4-α-羟基-1-甲基-8-亚甲基赤霉-3-烯-1,10-二羧酸-1,4α-内酯（GA7）。

结构式

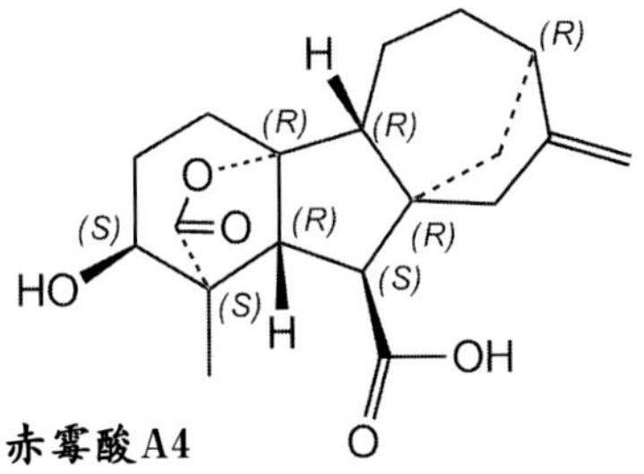

赤霉酸A4 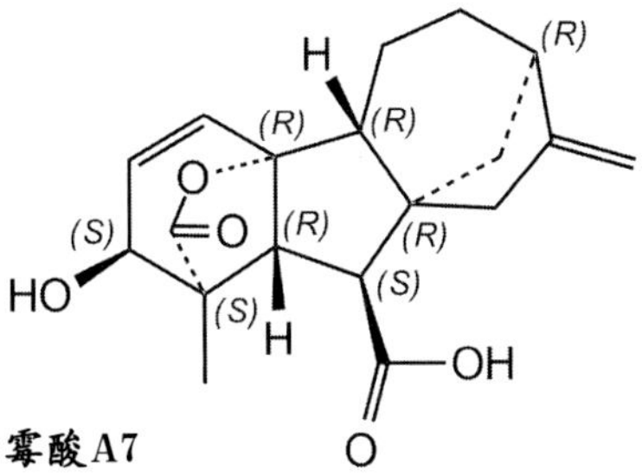　　　　赤霉酸A7

理化性质 白色结晶粉或白色棱状结晶粉，赤霉酸A4相对分子量332.4，赤霉酸A7相对分子量330.4。甲醇中溶解度453g，异丙醇中溶解度338g，可溶于碳酸氢钠及pH6.2的磷酸缓冲液中。丙酮中溶解度242g，乙酸乙酯中溶解度67.7g，水中溶解度0.39g。在干燥状态下稳定，在酸性溶液中也较稳定，遇碱易分解。

毒　　性 大鼠$LD_{50}>5\ 000mg/kg$。无致畸、致癌、致突变作用。

剂　　型 2%膏剂、10%可溶粉剂、2%水分散粒剂、10%水分散粒剂。

作用特点 可以促进细胞生长，使果实膨大，增加成果数，促进果实早熟和提早采收，增产。能促进细胞伸长，增加苹果高桩率，提高果形指数；增加大型果比例；减少裂果，改善果实的外观质量，果面光洁。

应用技术 苹果幼果期和果实膨大期各施药1次，用10%水分散粒剂4 000~8 000倍液或2%水分散粒剂800~1 600倍液或10%可溶粉剂4 000~5 000倍液，对水喷雾。梨树落花后20~40d幼果膨大期使用，用2%脂膏20~25mg/果(约绿豆大小)，均匀涂抹于果柄中部，涂药长度1cm左右，药剂不可触及果面，以免影响果型，每季果实只能涂抹1次药剂。

开发登记 陕西汤普森生物科技有限公司、北京比荣达生化技术开发有限责任公司、江苏丰源生物工程有限公司、陕西汤普森生物科技有限公司、江西核工业金品生物科技有限公司、浙江钱江生物化学股份有限公司等公司登记生产。

四、细胞分裂素类植物生长调节剂

(一)细胞分裂素类植物生长调节剂的生理功能

细胞分裂素类植物生长调节剂有很多生理功能。

1. 促进细胞分裂

细胞分裂素(CTK)的主要生理功能就是促进细胞分裂。

细胞分裂周期的调节是由周期素依赖的蛋白激酶(CDK)及其调节亚基周期素(cyclin)共同进行的，植物细胞中一种主要的CDK蛋白质称为CDC_2，CDC_2基因表达受IAA的诱导和调节。

2. 促进细胞扩大

CTK显著促进一些双子叶植物如菜豆、黄瓜、芥菜、向日葵和萝卜等的子叶或叶圆片扩大，主要是细胞体积增大而非细胞数目增多。该效应常用作CTK生物测定的特异方法，因为IAA只促进细胞纵向伸长，而GA对子叶扩大没有显著效应。

子叶在光照下比黑暗下扩大生长速度要快得多，CTK对光照和黑暗下的子叶生长都有促进作用。CTK促进细胞生长与IAA促进细胞伸长类似，也是因为通过增加细胞壁的伸展性，不同的是CTK诱导的细胞壁松弛过程并不伴随质子分泌和细胞壁酸化。目前对这种独特作用的机理了解甚少。

CTK促进子叶或叶片细胞扩大，但却抑制茎和根细胞的伸长生长。例如，能促进子叶扩大的外源CTK浓度处理会抑制幼苗上胚轴伸长，而且在转ipt植物和CTK过量的突变体中，茎和根的生长都受到抑制。诸多用上胚轴或茎节切段、避免茎尖内源IAA干扰的实验也支持这一点。有证据表明CTK抑制茎伸长生长与诱导乙烯产生有关，与IAA抑制根伸长情况类似。

3．促进芽的分化

较高的IAA/KT可以刺激生根，相反较高的KT/IAA可以刺激芽的发生，通过调整两者比例，可诱导愈伤组织再生完整植株。适中的IAA/KT可以维持愈伤组织的生长而不发生分化。

4．促进侧芽发育、消除顶端优势

植物茎的顶端优势主要是由IAA控制的，但是实验发现CTK具有诱导侧芽生长的生理效应。例如，用CTK直接处理侧芽会刺激芽的细胞分裂和生长，CTK过量产生的突变体常常有顶端优势抑制的表型。CTK是削弱或打破顶端优势的激素。

5．延缓叶片衰老

CTK能延缓或抑制衰老过程中叶片结构被破坏、生理紊乱和功能衰退，如延缓叶绿素和蛋白质降解。稳定多聚核糖体，抑制DNA酶、RNA酶、蛋白酶和一些水解酶活性，改善活性氧代谢，维持生物膜的完整性。近年的诸多研究表明，CTK能转录和翻译水平诱导衰老特异基因的表达，可能是延缓作物衰老的本质原因。

(二)细胞分裂素类植物生长调节剂的主要品种

胺鲜酯 diethyl aminoethyl hexanoate

其他名称 植物龙；DA-6。

化学名称 己酸二乙氨基乙醇酯。

结 构 式

$H_3C-CH_2CH_2CH_2CH_2-C(=O)-O-CH_2CH_2-N(CH_2CH_3)_2$

理化性质 纯品为无色液体，工业品为浅黄色至棕色油状液体，沸点87～88℃(113Pa)，易溶于乙醇、丙酮、氯仿等大多数有机溶剂。微溶于水。

毒 性 胺鲜酯原药对雄性和雌性大鼠急性经口LD_{50}分别为3 690mg/kg和3 160mg/kg，急性经皮LD_{50}＞2 150mg/kg；对眼睛为轻度刺激性，对皮肤为强刺激性；对皮肤属弱致敏物，属低毒。

剂 型 8%可溶性粉剂、27.5%可溶性粉剂、1.6%水剂、2%水剂、5%水剂、8%水剂、10%可溶粒剂、98%原药。

作用特点 对植物生长具有调节、促进作用。促进植物细胞分裂和生长，加速生长点分化；促进种子萌发，提高发芽率；促进分蘖和分枝；提高植株内过氧化酶和硝酸还原酶的活性，提高叶绿素、蛋白质、核酸的含量及光合速率；提高植株碳氮代谢比率，促进根系发育，增强植株对水、肥的吸收和干物质积累，调节体内水分平衡，提高作物抗旱、抗寒能力，促进茎、叶生长，提早现蕾开花，提高坐果率，促进作物早熟、丰产；提高植物中有效成分的含量，降低有机酸、酚类等物质的含量，并能诱导植株抑制病毒的复制、增殖和传播。

应用技术 棉花促进分枝、提高坐果率，初花期、盛花期用5%胺鲜酯水剂2 000 ~ 3 000倍液喷雾；玉米提高作物抗旱、促进作物早熟、丰产，玉米拔节初期（8 ~ 12叶期）2%胺鲜酯水剂20 ~ 30ml/亩喷雾。

白菜提高产量，白菜苗期，用1.6%水剂800 ~ 1 000倍液喷雾，隔7d在喷1次，全生育期共施2次药；番茄改善品质，提高产量，在番茄开花期、坐果期，用1.6%水剂1 000 ~ 1 500倍液喷雾。

果树提高坐果率、改善品质，在花前、第1次生理落果前和第二次生理落果前，用1.6%水剂1 500倍液均匀喷雾；葡萄提高光合效率，促进葡萄根系对肥水吸收利用，提高糖分的作用，降低果穗干尖率，提高穗形指数，促进提早成熟，在无核白葡萄果实第1次膨大高峰后，用8%可溶性粉剂1 500倍液喷雾。

注意事项 不宜与碱性农药、化肥混用；使用次数不宜过频，至少要间隔1周以上；喷施后5h内遇下雨应补喷 1 次。

开发登记 陕西美邦药业集团股份有限公司、江苏剑牌农化股份有限公司、广东农密生物科技有限公司、郑州郑氏化工产品有限公司、四川润尔科技有限公司等企业登记生产。

细胞分裂素 cytogen

其他名称 Arise；Burst Yield Booslle；Jump。

理化性质 为含有可悬浮固体的棕色液体，在20℃时，其可悬浮固体能立即与水溶合，pH为4.0，具不燃性。在0℃到100℃温度间稳定，25℃时储藏3年无变化。

毒　　性 大鼠急性口服$LD_{50}>5g/kg$。对兔皮肤和眼睛均有适度刺激毒性。刺激维持时间仅7d，7d后即能恢复。

剂　　型 有叶面喷射液，土壤浇灌液等多种制剂。

作用特点 本品是一种激动素类的植物生长调节物，在6 ~ 12h内能被作物吸收，从茎叶向下输送，作用于植物激素系统，影响细胞分裂和繁殖力，促进生根和花芽形成，增强植物活力和抗逆力，提高作物产量。

应用技术 适用于棉花、水稻、玉米、高粱、小麦、大豆、蔬菜以及多种果树等，提高活力，增加产量。用药量48 ~ 188ml/亩。本品按推荐剂量使用，对农作物安全，但对已受除草剂药害的植物，在药害未恢复前不宜使用。

注意事项 本品有刺激性，处理时应避免药液沾染皮肤、眼睛。如有沾染，需用大量肥皂和清水冲洗。如皮肤仍有刺激感，可就医诊视。药品储存在通风阴凉房间内，勿和食物、饲料混置，勿让儿童接近。无专用解毒药，出现中毒，可对症治疗。

开发登记 1982年Burst Agric. Tech. 开发。

苄氨基嘌呤 6-benzy-lamino-purine

化学名称 6-(N-苄基)氨基嘌呤。

结构式

$$\text{C}_6\text{H}_5-\text{CH}_2-\text{NH}-(\text{C}_5\text{H}_3\text{N}_4)$$

理化性质 纯品为白色结晶，工业品为白色或浅黄白色，无臭味。纯品熔点235℃，在酸、碱中稳定，光、热不易分解。水中溶解度小，为60mg/L，在乙醇、酸中溶解度较大。

毒 性 大鼠急性口服LD_{50}为(雄)2 125mg/kg、(雌)2 130mg/kg，小鼠急性经口LD_{50}为(雄)1 300mg/kg、(雌)1 300mg/kg。对鲤鱼48hTLm值为12～24mg/kg。

剂 型 1%可溶性粉剂、2%可溶性液剂、5%可溶性液剂、5%水剂、20%水分散粒剂。

作用特性 苄氨基嘌呤可经由发芽的种子、根、嫩枝、叶片吸收进入体内，移动性小。苄氨基嘌呤有多种生理作用：促进细胞分裂；促进非分化组织分化；促进细胞增大、增长；促进种子发芽；诱导休眠芽生长；抑制或促进茎、叶的伸长生长；抑制或促进根的生长；抑制叶的老化；打破顶端优势，促进侧芽生长；促进花芽形成和开花；诱发雌性性状；促进坐果；促进果实生长；诱导块茎形成；物质调运、积累；抑制或促进呼吸；促进蒸发和气孔开放；提高抗伤害能力；抑制叶绿素的分解；促进或抑制酶的活性。

应用技术 苄氨基嘌呤是广谱多用途的植物生长调节剂。

(1)促进作物生长

小麦、大麦、水稻促进灌浆，使籽粒饱满，增加谷粒产量，开花期或孕穗期，用1%可溶性粉剂1～2g/kg溶液喷雾；小麦、玉米、豌豆、羽扇豆等促进幼苗与幼根生长，播种前，用1%可溶性粉剂1～2g/kg溶液浸种；蚕豆增加叶绿素和胡萝卜素含量，提高产量，播种前，用1%可溶性粉剂2～3g/kg溶液浸种。

黄瓜促进果实增大，开花后2～3d，用1%可溶性粉剂50～100g/kg溶液直接浸蘸幼瓜；萝卜提高产量，播种前，用1%可溶性粉剂0.1g/kg溶液浸种24h后播种。

枞树和秋海棠促进生根，用1%可溶性粉剂2～20g/kg溶液浸泡枝条。

(2)打破植株休眠

向日葵打破休眠，提早萌发，播种前，用1%可溶性粉剂1～10g/kg溶液浸种。

莴苣在秋季高温季节提高种子发芽率，播种前，用1%可溶性粉剂10g/kg溶液浸种。

桃、苹果使根萌芽，植株生长正常，对未经低温处理的植株，用1%可溶性粉剂5～20g/kg溶液要浸泡24h。

鸢尾或唐菖蒲打破植株休眠，用1%可溶性粉剂2g/kg溶液浸球茎12～24h；宿根霞草打破植株休眠，用1%可溶性粉剂25g/kg溶液喷雾处于休眠初期的莲座，不需经过低温，在15℃长日照下花梗开始伸长；

宿根霞草防止莲座化，用1%可溶性粉剂30g/kg溶液喷雾；虾脊兰、冬兰、小苍兰、石斛，虾脊兰打破休眠，促进萌发，落花后在鳞茎的芽腋上涂0.5%膏剂(与羊毛脂混合的油膏)；石斛打破休眠，促进芽形成，在春季3—5月间，将鳞茎切成2节一段的接穗，在切口上涂0.5%膏剂；蔷薇解除休眠，提早播种，提高萌发率，采花后，在切口上涂0.5%溶液。

(3)打破顶端优势，促进侧芽生长

苹果及梨、蜜橘、樱桃诱导主干中下部长出分枝角度较大的侧枝，有利于苗木培育，幼树6—7月新梢伸长旺盛时期，用1%可溶性粉剂30g/kg溶液喷雾；苹果促进高接1年枝侧芽的发生，在苹果高接枝生长旺盛期，用1%可溶性粉剂30g/kg溶液喷雾。

黑松增加侧枝数，改善株型，5月中下旬，用浸有0.25%～0.5%溶液的脱脂棉盖在新梢顶部，外包以铝箔；蔷薇促进下位杈发生，春秋两季，在靠近地面枝基部腋芽上下方各5mm用利刀划两个伤口深度达形成层，分别用0.5%～1%膏剂涂在伤口与芽上，在旧品种的下位枝上嫁接新品种的芽，在接芽部分涂以0.5%膏剂，不仅可以促进主芽萌发，也可诱导主芽两侧长出两个副芽，增加了新芽可得到更多的枝条供繁殖时用，加快繁殖率。

山茶花、杜鹃花促进侧枝生长，摘心后，用1%膏剂涂在前1年枝的腋芽上。

(4)促进坐果

西瓜、香瓜、网纹甜瓜、南瓜、葫芦等促进坐瓜，在开花当天，用1%可溶性粉剂10倍液涂果梗。

番茄提高坐果率与增加产量，用1%可溶性粉剂2～5g/kg溶液或加100mg/kg对氯苯氧乙酸蘸花簇。

苹果促进坐果，使果实增大、增重，改善果实色泽，在花瓣开始脱落或已脱落至一半时，用200mg/kg溶液喷雾；苹果使新生的杈角度增大，有利于坐果，定植前几周，用含有羊毛脂的0.5%溶液涂抹在潜伏芽上；葡萄提高结粒数，防止落花落果，使有核葡萄提高无核率，在葡萄开花前，用1%可溶性粉剂10～20g/kg溶液加100mg/kg的赤霉素处理；温室栽培葡萄防止落花落果，在盛花期前12～16d，用1%可溶性粉剂10g/kg溶液加100mg/kg赤霉素浸花簇；柑橘提高坐果率，柑橘盛花期后，用1%可溶性粉剂2～5g/kg喷洒幼果。

(5)促进开花

黄瓜增加雌花数，提高产量，幼苗定植前，用1%可溶性粉剂1.5g/kg溶液喷幼苗根部，24h后进行定植。

郁金香防止花蕾坏死，促进开花，并提高切花品质，开花前，用1%可溶性粉剂2.5～5g/kg加100～200mg/kg赤霉素混合处理；蟹爪兰促进开花，7—8月份，蟹爪兰遮光开始后7～10d，用1%可溶性粉剂5g/kg喷雾。调节开花的效果与处理时期有关。如在蟹爪兰花芽分化前还处于营养生长时期处理，可使叶片数目增加；在临近花芽分化时处理，可促进更多的幼芽生长；当花芽刚分化后处理，能增加坐蕾数，可促进开花；现蕾后处理则无效；仙客来促进开花，现蕾前，用1%可溶性粉剂5～10g/kg加1～2mg/kg赤霉素喷球茎中心部，每株5ml；落地生根、樱花、杜鹃花、珍珠梅等促进开花，用1%可溶性粉剂5～10g/kg溶液处理。

(6)保绿保鲜，防止衰老

水稻防止因播种不适时而老化，并保持根系活力，提高插秧成活率，在水稻幼苗1～5叶期，用1%可溶性粉剂0.5～1g/kg溶液喷雾。

花椰菜储藏保鲜效，在临采收前，用1%可溶性粉剂1～2g/kg溶液喷雾，或采收后用1%可溶性粉剂20g/kg溶液浸一下再晾干，储藏在5℃与相对湿度95%的条件下，可延长储藏3～5d；甘蓝、芹菜保持新鲜品质，延长储藏期，在甘蓝或芹菜收获后立刻用1%可溶性粉剂1g/kg溶液喷雾或浸蘸，晾干后储藏；抱子甘蓝保持原有品质，延长储藏期，采收后，用1%可溶性粉剂1g/kg溶液浸蘸处理，如果用1%可溶性粉剂1g/kg溶液加25mg/kg萘乙酸混合使用，保鲜效果更好；莴苣、胡萝卜、萝卜保鲜，采收后，用1%可溶性粉剂0.5～1g/kg溶液处理，对带鲜叶的胡萝卜和萝卜用1%可溶性粉剂0.5～1g/kg溶液浸蘸，使叶片保鲜期延长，储藏效果良好；芥菜、菠菜、花椰菜、石刁柏、甘蓝、芹菜和莴苣等蔬菜延长储藏期，采前，用1%可溶性粉剂0.5～1g/kg溶液喷雾，采后，用1%可溶性粉剂1g/kg溶液浸泡或喷雾。

甜樱桃保鲜期延长，采果后，用1%可溶性粉剂1g/kg溶液浸泡10min；柑橘采果前3d，用1%可溶性粉剂800倍液喷树冠，果实的耐储性相当于常规防腐剂处理；草莓、柑橘、香蕉、苹果、葡萄延长储存期，采收后，用1%可溶性粉剂1g/kg溶液喷洒或浸蘸果实，晾干后分装在盒内；葡萄减少浆果在装箱储藏和运输过程中脱落，采后，用1%可溶性粉剂10g/kg溶液加100mg/kg萘乙酸混合处理。

香石竹、郁金香、月季、鸢尾、玫瑰、菊花、紫罗兰、君子兰延长插瓶和储藏寿命，用1%可溶性粉剂1～1g/kg溶液浸泡切枝。

(7)诱导块茎的形成

马铃薯促进在试管培养条件下形成块茎，在匍匐茎的培养基中加入1%可溶性粉剂25～250mg/kg溶液。

秋海棠促进块茎增大，用1%可溶性粉剂300mg/kg溶液处理。

(8)在组织培养中的应用

香蕉，在香蕉胚状体快速繁殖中，用1%可溶性粉剂300mg/kg溶液加0.2mg/kg萘乙酸可促使胚状体保持旺盛的生长发育能力，不易衰老，再生植株的生长能力也较强。

采用茎尖培养进行快速繁殖时，新梢增殖阶段非常重要，而在培养基中加入6-BA是新梢增殖的关键。在苹果、葡萄、桃和草莓等园艺植物的茎尖培养中，6-BA是最有效的细胞分裂素，增殖效果显著比KT、2T为好，浓度在$(0.2\times10^{-6})\sim(2\times10^{-6})$，浓度越高增殖率也越高。浓度过高会抑制新梢生长，使新梢矮化，叶片变小；为了提高分化新梢的质量，常在培养基中附加较低浓度的生长素、赤霉素等。

天竺葵、四季海棠，天竺葵叶片消毒后，培养在含有1%可溶性粉剂200mg/kg溶液加0.2mg/kg萘乙酸的MS培养基上，可以得到愈伤组织与分化的芽；四季海棠的叶片培植养在含有1%可溶性粉剂20mg/kg萘乙酸加2mg/kg的培植养基上，可以诱导产生愈伤组织并分化成芽；花叶芋，将花叶芋愈伤组织继代在含有1%可溶性粉剂200mg/kg溶液加0.5mg/kg萘乙酸的培养基上，愈伤组织生长得好，将愈伤组织转移到只含有1%可溶性粉剂200mg/kg溶液的培基上，3～5d可分化出幼芽，6～12d可以分化出新根，每块愈伤组织1次继代分化的芽为5～10株，在1%可溶性粉剂200mg/kg溶液培植养上继代近1年，增殖能力保持不变，繁殖量大增加。

注意事项 苄氨基嘌呤用作绿叶保鲜，单独使用有效果，然而与赤霉素混用效果更好；苄氨基嘌呤移动性小，单作叶面处理效果欠佳，它与某些生长抑制剂混用时效果才较为理想；苄氨基嘌呤可与赤霉素混用作坐果剂效果好，但储存时间短。若选择一个好的保护稳定剂，使两种药剂能存放2年以上，则会给它们的应用带来更大的生机。

开发登记 兴农药业(中国)有限公司、重庆依尔双丰科技有限公司、四川省兰月科技有限公司、陕西汤普森生物科技有限公司、陕西美邦药业集团股份有限公司、郑州郑氏化工产品有限公司、江苏丰源生物化工有限公司等企业登记生产。

羟烯腺嘌呤 oxyenadenine

其他名称 富滋；Boost；玉米素。

化学名称 4-羟基异戊烯基腺嘌呤。

结 构 式

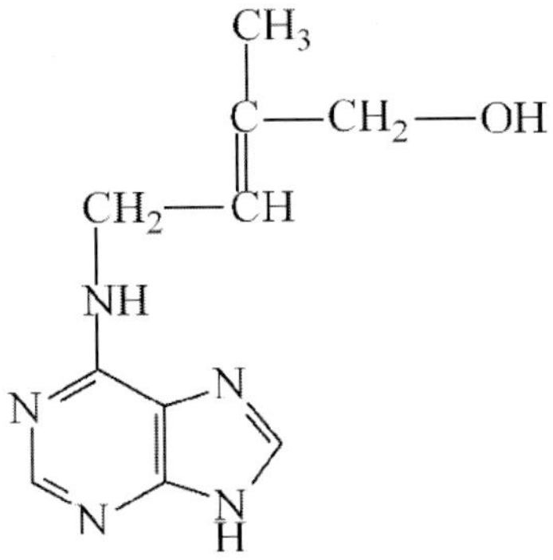

CH_3

C—CH_2—OH

CH_2—CH

NH

N N

N N

H

理化性质 该产品为海藻经粉碎后用碱液的萃取物，先浓缩成含0.04%有效成分，再制成0.01%的成品。成品外观为棕色水溶液，比重1.03，pH5 ~ 5.5，在0 ~ 100℃时稳定性良好，室温下稳定性保持4年。

毒 性 按我国农药毒性分级标准，属低毒植物生长调节剂。产品大鼠急性经口LD_{50} > 10 000mg/kg。对兔皮肤有轻微刺激，但可很快恢复。无吸入毒性。动物试验表明没有亚慢性、慢性、致畸、致癌、致突变、繁殖、迟发性神经毒性。在土壤、水中的半衰期只是几天。由于可作为鱼、鸟、蚕的食物，所以对上述动物无毒性。

剂 型 0.01%水剂。

作用特点 此类化合物的嘌呤环与核酸中的一些碱基结构近似。从一些转移RNA分子中含有细胞激动素的事实中推测，被核酸分子“吸收”之后，可能对蛋白质合成、酶活性以及细胞代谢平衡具有调节作用。其主要功能：①促进细胞的分裂和分化。细胞分裂素与生长素共同作用下，植物不规则的愈伤组织的细胞的分裂和膨大明显加强。细胞分裂素与生长素二者比例高时，有利于芽的形成；反之则利于根的形成。②突出的延缓植物组织的衰老作用。细胞分裂素除了能抑制一些水解酶(如核酸酶和蛋白酶)的活性之外，经细胞分裂素处理的组织能对周围未受药的部位诱发定向运输。把氨基酸、生长素及无机盐等营养物质吸引过去，从而对离体叶片具有保绿作用。③器官形成。细胞分裂素使培养的离体叶片诱导出新生芽。对不定根和侧根形成有促进和抑制双重作用，能对抗顶端优势，拮抗生长素促进侧芽生长。④促进花芽分化。细胞激动素作用下，一些植物在非诱导条件下，也能加速花芽形成，并能使葡萄等的两性花变为雌花，雄花变为两性花，并能诱导单性结实，提高坐果率等。

应用技术 在水稻秧苗期，使用0.000 1%可湿性粉剂100 ~ 150倍液浸种。水稻移栽返青期，使用0.000 1%颗粒剂1 000 ~ 3 000g/亩拌肥撒施或0.000 1%可湿性粉剂588倍液喷雾。水稻孕穗期和灌浆期，使用0.000 1%可湿性粉剂588倍液喷雾，能促进根系的生长发育和叶绿色的形成，增强水稻的光合作用，促进水稻对营养物质的吸收，积累有机物，提高植物产量及抗病性。

在玉米播种前，使用0.000 1%可湿性粉剂100 ~ 150倍液浸种，拔节期和喇叭口期使用0.000 1%可湿性粉剂喷雾，能促进叶绿色的形成，增强玉米的光合作用，促进玉米对营养物质的吸收，积累有机物，提高植物产量及抗病性。

在大豆生育期，使用0.000 1%可湿性粉剂588倍液喷雾，在甘蔗田使用0.000 1%可湿性粉剂200～250倍液喷雾，能促进叶绿色的形成，增强植物的光合作用，促进营养物质的吸收，积累有机物，提高植物产量及抗病性。

据资料报道，棉花移栽时，用0.01%水剂500倍液蘸根，在盛蕾、初花、结铃期喷3次，用0.01%水剂67～100ml/亩对水50kg均匀喷雾，可使结铃数增加，最终增产。低洼积水使棉花根部生长不良，内源细胞分裂素在根部合成不足，造成落铃，此时使用细胞分裂素对根部恢复生长和防止落铃都是有益的。棉花促进根、茎、叶的生长和花芽分化，5～6片叶时，用0.01%水剂60～80ml/亩对水50kg叶面喷雾；玉米提高结实率、果穗、千粒重，在玉米6～8叶片展开喷第1次，9～11叶片展开时喷第2次，用0.01%水剂50～60ml/亩对水50kg叶面喷雾。水稻促进进发芽，播种前，用0.01%水剂100～150倍液浸种；玉米防倒伏，用0.01%水剂100～150倍液浸种；大豆提高产量，苗期、生长旺盛期，用0.01%水剂200～300倍液喷雾；茶叶调节生长提高产量，发芽后，用0.01%水剂800～1 200倍液喷雾；烟草预防病毒病，苗期、旺盛生长期，用0.01%水剂30～40ml/亩对水40kg喷雾。

番茄促进单株结果数和果重，分别在西红柿定植1周前，定植后每隔2周，用0.01%水剂80～100ml对水40kg喷雾；辣椒提高产量，增强抗病能力，苗期、生长旺盛期，用0.01%水剂200～500倍液喷雾；黄瓜、甘蓝提高产量，于苗期、生长旺盛期，用0.01%水剂150～200倍液喷雾。

苹果促进花芽分化，提高坐果率，改善果实品质，于苹果花芽分化期(如华东地区为5月下旬至6月初)，用0.01%水剂300～450倍液叶面喷雾。

此外，对蔬菜(洋葱、胡萝卜、黄瓜、甘蓝、茄子等)、瓜类、果树(葡萄、柑橘、香蕉)、豆科作物均能增加坐果率，提高产量。

注意事项 不可在下雨前24h内使用，以保证叶片有充分吸收药剂的时间；使用前必须充分摇匀。已稀释的溶液及时使用。不能保存。用量太大则增产效果不明显，甚至会造成减产；储存于阴凉处，避免太阳直接照射，不要放在冰箱内；要避免接触皮肤、眼睛。避免吸入雾液。一旦接触，要用清水冲洗；如误服。要用1～2杯开水并以手指伸入喉咙催吐。在做上述急救措施后要请医生治疗。

开发登记 浙江惠光生化有限公司、上海惠光环境科技有限公司等企业登记生产。

氨基嘌呤 adenine

其他名称 腺嘌呤。

化学名称 6-氨基嘌呤。

结构式

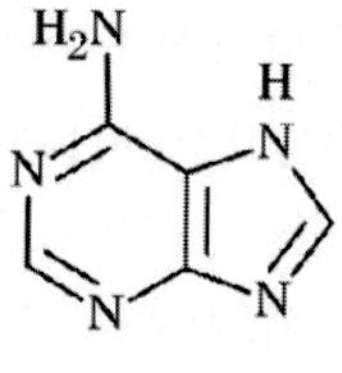

H_2N H N N N N

理化性质 纯品白色无臭针状结晶，含有3分子结晶水，有强烈的盐味，广泛存在于动物和植物器官内。110℃以上失水成无水化合物，熔点360～365℃(分解)。在22℃开始升华。它的盐酸盐熔点为285℃。

不溶于氯仿和乙醚，微溶于冷水、酒精，能溶于沸水，亦溶于酸或碱中，其水溶液呈中性。工业品为微黄色结晶，熔点352℃(分解)。

毒　　性 对大鼠急性口服LD_{50}为745mg/kg。当给狗注射投药剂量为10～135mg/(kg・d)时，增加了血清中肌酸酐和血尿氮的含量，损害了动物浓缩尿的能力。当剂量在10mg/kg以上，对肾脏显示出有损害。在注入药剂4d后，剂量为135mg/kg时，可使试验组的3只犬全部死亡；为85mg/kg时，3只犬中的2只出现死亡。

作用特点 6–氨基嘌呤环是细胞激动素的基本结构，因此它对一些植物的作用，不少是和激动素类似。

应用技术 本品能改进赤霉素对植物叶部的作用，赤霉素对植株茎或茎轴的作用，补喷本品盐酸盐和氮磷肥的混合液可以得到很大程度的克服。本品与6–苄氨基嘌呤对抑制植株生长上有类似之处，但其作用却没有6–苄氨基嘌呤大。例如乙烯利(100mg/L)能抑止花生结节生成和开花，其抑制开花作用不能用100mg/L的赤霉素、萘乙酸或吲哚乙酸来解除，但用本品(50mg/L)或激动素(25mg/L)可以得到部分消除。采用本品与赤霉素和硝酸钾的合剂，于9～10周喷洒石竹属(康乃馨)，可以改善花的品质。

注意事项 储存于阴凉、通风、干燥处，注意防热、防晒和防潮。勿与食物和饲料共储，勿让儿童接近。使用时采取一般防护，参见激动素。

氯吡脲 forchlorfenuron

其他名称 吡效隆；施特优；调吡脲；联二苯脲。

化学名称 1–(2–氯–4–吡啶)–3–苯基脲。

结 构 式

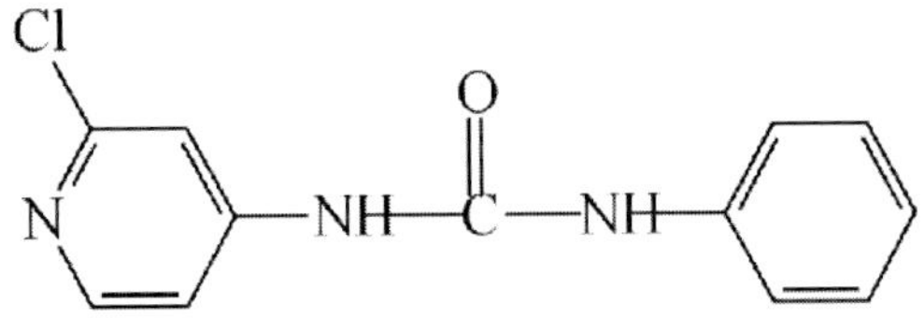

Cl

O

N —NH—C—NH—

理化性质 是椰子汁中的主要组分之一，原药(含量85%以上)为白色固体粉末，熔点168～174℃，在水中的溶解度65mg/L。易溶于丙酮、乙醇、二甲基亚砜。

毒　　性 按我国农药毒性分级标准，属低毒植物生长调节剂。原药小鼠急性经口LD_{50}为1 510mg/kg，大鼠急性经皮LD_{50} > 10 000mg/kg。对家兔皮肤有轻度刺激性，两项致突变试验(Ames试验和微核试验)均为阴性，表明无致突变作用。

剂　　型 0.1%可溶性液剂、0.1%醇溶液。

作用特点 氯吡脲是苯基脲类衍生物，是通过调节作物内的各种内源激素水平来达到促进生长的作用，它对内源激素的影响大大超过一般细胞分裂素类物质。

用烟草髓愈伤组织生长测定表明确具细胞分裂素活性，其作用机理与嘌呤型细胞分裂素(6–BA、KT)相同，但活性要比KT、6–BA高10～100倍。

氯吡脲能促进细胞分裂、分化和扩大，促进器官形成、蛋白质合成；促进叶绿素合成，提高光合效率，防止植株衰老；打破顶端优势，促进侧芽生长。保绿效应比嘌呤型细胞分裂素好，时间长，提高光合作用；诱导休眠芽的生长；增强抗逆性和延缓衰老效应，尤其对瓜果类植物处理后促进花芽分化，对防止生理落果极显著，提高坐果率，使果实膨大的直观效果明显；诱导单性结实。

与赤霉素混用，可解决生产杂交种过程中亲本难保存、种子纯度差和成本高的困难。

应用技术 麦类提高产量，生长期，用0.1%可溶性液剂1.5g/kg醇溶液喷雾。

西瓜提高坐瓜率及增产，开花当天或前1d，用0.1%可溶性液剂10～20g/kg喷于授粉雌花的子房上；黄瓜提高坐果率及产量，开花当天或前1d，用0.1%可溶性液剂10～20g/kg浸瓜胎；甜瓜促进坐果，在开花后，用0.1%可溶性液剂10～20g/kg喷瓜胎。

葡萄提高坐果率，增加产量，谢花后10～15d，用0.1%可溶性液剂5～15g/kg浸渍幼果穗；桃树提高果实产量，促进着色，在开花后10d，用0.1%可溶性液剂100～150倍液喷雾；梨提高坐果率、产量和改善品质，于盛花后10d，用0.1%可溶性液剂100～150倍液喷湿树冠而不滴水为宜；柑橘提高坐果率，于谢花后3～7d及谢花后25～35d，用0.1%可溶性液剂5～20g/kg涂果梗蜜盘；猕猴桃果实膨大，增加产量，谢花后20～25d，用0.1%可溶性液剂5～20g/L浸渍幼果；脐橙防止落果，加快果实生长，在盛花后20～35d，用0.1%可溶性液剂5～20g/L溶液涂果梗；枇杷增产，提高品质，谢花后20～30d，用0.1%可溶性液剂10～20g/kg浸幼果。

注意事项 应严格按规定时期、用药量和使用方法，浓度过高可引起果实空心、畸形果，并影响果内维生素C的含量；使用吡效隆醇溶液剂，必须与增强树势的栽培措施相结合，特别是疏果、定果；增施有机肥料,增加氮、磷、钾速效肥料的措施必须到位，否则，到了果实品质形成期，若树体营养失调，极易造成未熟落果；加水稀释后，应当天使用，久置药效降低。当施药后6h内遇雨应补施；可与赤霉素及其他农药混用；本品易挥发，用后盖紧瓶盖；本品对眼睛及皮肤有刺激性，施用时应避免药液溅入眼内和接触皮肤，万一溅入眼内应立即用清水洗净。

开发登记 成都施特优化工有限公司等企业登记生产。

激动素 kinetin

其他名称 Kt；凯尼汀；糠基腺嘌呤。

化学名称 6-糠基氨基嘌呤。

结构式

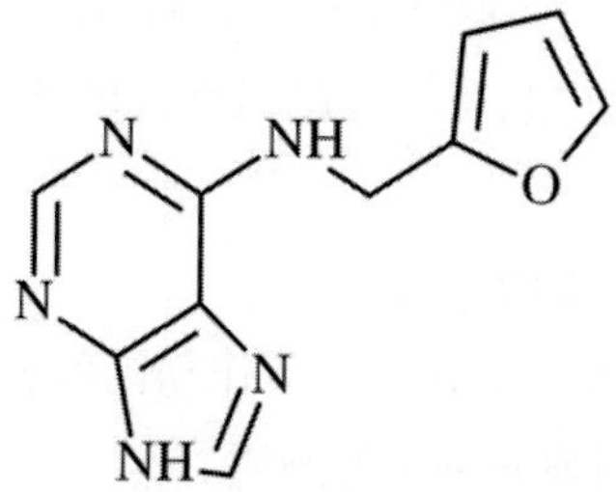

NH N N N NH O

理化性质 纯品为白色片状固体，熔点266～267℃。溶于强酸、碱和冰醋酸，微溶于乙醇、丁醇、丙酮、乙醚，不溶于水。

作用特点 激动素是一类低毒植物生长调节剂，和6-苄氨基嘌呤类似，具有促进细胞分裂，诱导芽的分化，解除顶端优势，延缓衰老等作用。

应用技术 本品具有促进细胞分裂、诱导芽的分化、解除顶端优势、延缓衰老等作用。以10～20mg/kg喷洒花椰菜、芹菜、菠菜、莴苣、芥菜、萝卜、胡萝卜等植株或在收获后浸蘸植株，能延缓绿色组织中蛋白质和叶绿素的降解，防止蔬菜产品的变质和衰老，可以延迟运输和储藏时间，起到保鲜的作用。结球白菜、甘蓝等可加大浓度至40mg/kg进行处理。

注意事项 储存于阴凉处；使用时采用一般防护。

糠氨基嘌呤 kinetin

其他名称 6-糠氨基嘌呤

化学名称 N-(2-呋喃甲基)-6-氨基(1H)嘌呤。

结构式

理化性质 纯品为白色无味晶体，相对分子质量为215.21。熔点为269～271℃，在密闭管中220℃升华；水中溶解度51.0 mg/L25℃），难溶于甲醇、乙醇、醚和丙酮，易溶于稀酸稀碱。

毒　性 原药和0.4%水剂对大鼠急性经口LD_{50}＞5 000 mg/kg、经皮LD_{50}＞2 000 mg/kg，急性吸入LC_{50}＞2 000 mg/kg；兔皮肤、眼睛无刺激性；豚鼠皮肤变态反应(致敏性)试验结果为弱致敏性。对蜜蜂有毒，蜜源作物花期禁用；对水生生物有毒，使用时应远离水产养殖区、河塘水体，禁止在河塘等水体中清洗施药器具，鱼或虾蟹套养的稻田禁用，施药后的田水不得直接排入水体。

剂　型 0.40%水剂。

作用特点 糠氨基嘌呤是人类发现的第1个细胞分裂素，可促进植物细胞分裂分化，广泛存在于海藻及大多数植物体中，属于植物体产生的内源(天然)植物生长调节剂，其功能主要为促进细胞分裂、分化和生长；诱导愈伤组织长芽，解除顶端优势；打破侧芽休眠，促进种子发芽；延缓离体叶片和切花衰老；诱导芽分化和发育及增加气孔开度；调节营养物质的运输；促进结实等作用。

应用技术 0.4%糠氨基嘌呤水剂用于水稻、小麦、玉米、大豆、茶树、棉花、柑橘、苹果、油菜、菜豆等作物有显著的调节作用效果，增产作用明显。在水稻分蘖期、扬花初期和灌浆期用0.40%水剂600～1 000倍，各施药1次；菜豆开花前1周用0.40%水剂600～1 000倍，间隔2周施药1次，连续3次；茶叶萌发期、萌发始期、萌发后20d用0.40%水剂600～1 000倍，各施药1次(每次间隔为3周)；棉花4~6叶期开始用0.40%水剂600～1 000倍，每4周施药1次，共施药3次；小麦分蘖期、拔节期、抽穗期用0.40%水剂600～1 000倍，各施药1次；柑橘树初花期、幼果期、果实膨大期用0.40%水剂600～1 000倍，各施药1次；花生苗期、花期、下针期用0.40%水剂600～1 000倍，各施药1次，共施药3次；苹果树初花期、幼果期、果实膨大期用0.40%水剂600～1 000倍，各施药1次；油菜苗期、抽薹期、花期用0.40%水剂600～1 000倍，各施药1次，共施药3次；玉米苗期、小喇叭口期、大喇叭口期用0.40%水剂

600～1 000倍，各施药1次，共施药3次。

开发登记 天门易普乐农化有限公司、湖北荆洪生物科技股份有限公司等公司登记生产。

五、释放乙烯类植物生长调节剂

(一)释放乙烯类植物生长调节剂的生理功能

释放乙烯类植物生长调节剂有很多生理功能。

1．诱导三重反应和偏上生长

乙烯对生长的典型效应是三重反应，如黄化豌豆幼苗等植物放置在含有适当浓度乙烯的密闭容器内，会发生茎伸长生长受抑制、侧向生长(即增粗生长)、上胚轴水平生长的现象。

乙烯的三重反应在各种植物中非常普遍，在豌豆等双子叶植物幼苗、燕麦、小麦等单子叶植物的胚芽鞘和中胚轴上都很明显。乙烯抑制茎纵向生长却促进茎的横向生长，是因为乙烯影响了茎细胞内微管的排列状态，即乙烯减少了微管的横向排列，增加了微管纵向排列。微管纵向排列相应地增加了微纤丝的纵向沉积，限制细胞纵向扩张的幅度，却有利于膨压推动的细胞扩张生长向横向进行。乙烯诱导茎水平生长表明可能使植物失去负地性，但是适量的乙烯对维持正常的负地性也是重要的。

另外，乙烯还抑制双子叶植物上胚轴顶端弯钩的伸展，引起叶柄的偏上生长。

三重反应中的水平生长对种子幼苗生长有重要意义，如果种子萌发后在土壤中遇到障碍时，可产生乙烯诱导上胚轴水平生长绕过障碍，有利于幼苗出土。同样，弯钩是植物幼苗在穿透土层时保护幼嫩茎尖的重要机制，乙烯抑制双子叶植物上胚轴顶端弯钩伸展，也有利于保护幼苗长出地表。

2．促进果实的成熟

果实成熟分为“呼吸跃变”和“非呼吸跃变”两种类型，如苹果、香蕉和番茄等是呼吸跃变型果实，葡萄、柑橘等则属于非呼吸跃变型果实。促进跃变型果实成熟是乙烯的显著效应，果实自然成熟过程伴随着乙烯高峰的产生，外施乙烯可以加速果实成熟。外源乙烯处理呼吸跃变型果实可以导致果实通过“自催化”，合成大量乙烯，产生呼吸高峰，快速成熟。而外源乙烯处理非呼吸跃变型果实，虽然随着乙烯处理浓度的增加也能促进果实呼吸速率的增加，但是并不能诱导果实自身乙烯的合成，所以乙烯处理不能促进非呼吸跃变型果实的成熟。

乙烯合成抑制剂(如AVG)和乙烯生理作用抑制剂(如CO_2或Ag^+)可以延迟甚至完全抑制果实成熟。利用生物技术方法将ACC合成酶或ACC氧化酶的反义基因导入番茄等植物，可抑制果实内这两种酶的mRNA翻译，加速tuRNA降解，从而完全抑制乙烯的生物合成，这样的果实只能用外源乙烯处理才能成熟，高度耐储存。

3．促进叶片衰老

叶片、花等器官和整株植物的衰老都与乙烯有关。乙烯和CTK在叶片衰老控制中作用相反，用乙烯或ACC处理可促进叶片衰老，而CTK则延迟衰老。内源乙烯发生量与叶片失绿和花瓣褪色程度呈正相关，而内源CTK水平与衰老程度呈负相关。利用乙烯生物合成抑制剂可以延迟叶片衰老。乙烯与ABA对叶片衰老有协同作用。

4．促进离层形成和脱落

叶片、果实和花朵等器官在衰老后或异常环境下都会发生脱落，脱落发生在这些器官基部的一些特殊细胞层，称为离层。乙烯是脱落过程的主要调节激素，叶片内的IAA可抑制脱落，但是过高浓度IAA诱导乙烯发生，反而促进脱落，一些合成的IAA类化合物可以作为脱叶剂使用。

叶片脱落的激素控制模式分为3个阶段：正常阶段，在无ABA信号诱导时，叶片保持健全的功能状态，叶片和茎之间维持一个从高到低的IAA浓度梯度，使离层处于一种不敏感状态；诱导阶段，随叶片衰老进行，从叶片到茎的IAA浓度梯度陡度下降或者成为反向梯度，使离层细胞对乙烯敏感；脱落阶段，致敏的离层细胞在乙烯的诱导下，合成并分泌大量的纤维素酶、果胶酶等细胞壁水解酶类，使离层细胞壁发生裂解，离层细胞分离，最后导致叶片脱落。

在上述模式中，是叶片和茎之间的IAA浓度梯度，而不是绝对量，决定着离层对乙烯的敏感性。例如在正常阶段除去叶片会促进叶柄的脱落，但是在除去叶片的切口处施用IAA则抑制叶柄脱落；在离层靠近茎的一侧施用IAA加速叶柄脱落。在脱落诱导阶段，叶片中IAA水平下降而乙烯发生水平升高，叶片中升高的乙烯水平不仅抑制IAA合成，而且会加速IAA降解。叶片中IAA水平的下降增加了离层细胞对乙烯的敏感性。上述事实说明IAA和乙烯在脱落的控制中是协同作用的。

5．诱导不定根和根毛发生

在通气良好的情况下，少量乙烯就可促进水稻、番茄和蚕豆根的生长，但高浓度则抑制根的生长。在淹水情况下，乙烯的累积对根产生不良影响。10 μl/L左右浓度的乙烯可诱导植物茎段、叶片、花茎甚至根上的不定根发生。乙烯还能刺激根毛的大量发生。

6．促进开花和参与性别控制

乙烯能有效诱导和促进菠萝及同属植物开花，在菠萝栽培中被用来诱导同步开花，达到坐果一致的目的。但对有些植物，乙烯抑制开花。

7．参与逆境反应

乙烯在植物抗逆反应中发挥着重要的作用。植物组织受到机械伤害或病虫侵害时，会快速产生大量的“伤害乙烯”，一般认为乙烯与植物的防御或减轻伤害机制的启动有关。

(二)释放乙烯类植物生长调节剂的主要品种

噻节因 dinethipin

其他名称 哈威达。

化学名称 2,3–二氢–5,6–二甲基–1,4–二硫–1,1,4,4–四氧化物。

结构式

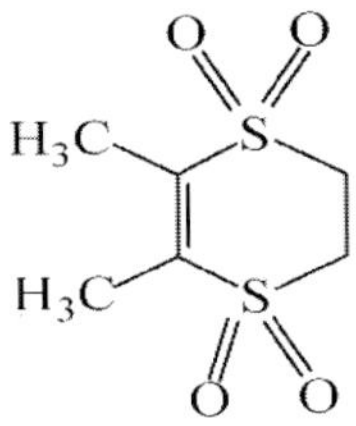

H_3C, H_3C, S, S, O, O, O, O

理化性质 为白色结晶，微溶于水。

毒　　性 低毒，对眼睛有刺激性。大鼠急性口服LD_{50}为1 180mg/kg，兔急性皮试LD_{50} > 8 000mg/kg。

剂　　型 22.4%悬浮剂。

作用特点 能促进植物叶柄离层区纤维素酶的活性，诱导离层的形成，引起叶片干燥而脱落。

乙烯最典型的生理作用是促进果实的成熟，未成熟的果实中虽然也存在少量乙烯，但它的量不足以推动成熟过程，只有乙稀的含量达到一定数值时，成熟过程才开始。外源的乙烯可以促进果实成熟，其原理在于引起内源乙烯自身催化产生。

乙烯具有明显的抑制植物生长的作用，其原因在于它与生长素的相互作用，乙烯对生长素有三个作用：①抑制生长素合成；②抑制生长素极性运输；③促进吲哚乙酸氧化酶活性；高浓度的生长素又促进乙烯的产生，因此可以认为高浓度生长素所表现出对植物生长的抑制作用，与乙烯大量产生有关。

在棉花上应用影响药效的因素：①温度与湿度，高温高湿，植株新陈代谢快，脱叶快；低温干燥，植株代谢慢，脱叶效果慢，效果差；②光照强度，在较强的光照下，药效发挥良好。持续阴天将会降低作物的新陈代谢，直接影响药剂的作用；③棉田密度大，覆盖度大，田间郁闭，叶面积系数大，药液很难自上而下喷洒到下部叶片，造成喷药不均匀而影响药效。若采用常规脱叶剂用量和用水量，难以达到理想的脱叶催熟效果；④田间含水量，最后1次灌溉既要满足棉铃发育成熟的用水需求，又避免后期土壤含水量偏高带来的棉株贪青晚熟。最后1次灌溉应保证作物脱叶时，土壤的水分也刚好消耗完，作物对激素型脱叶剂特别敏感；⑤棉株后期营养状况，棉田生长发育一致，棉株正常自然衰老，结铃和成熟度均匀一致，吐絮率达30%以上，棉株上部棉铃铃期在40d以上，营养生长显著减弱时，喷药效果显著；⑥棉田管理水平，部分棉田管理措施不当造成贪青晚熟、繁茂郁闭、生长不一，上部果枝过长，晚秋桃多，棉株漏打顶较多，植株倒伏叠压，棉田杂草较多等都直接影响到药剂的作用，使药效受到影响；⑦病虫害防治，害虫控制不当可增加脱落，延迟成熟，质量下降，产量降低，增加脱叶的难度；⑧棉花品种差异，不同棉花品种对脱叶剂的反应程度不同，一般早熟品种对脱叶剂反应敏感，药效显著，中晚熟品种反应迟钝，影响药效；⑨其他因素，施药后24h内降雨等都直接影响药剂的作用和药效的发挥。

应用技术 棉花脱叶(新疆地区)，棉铃开裂吐絮达30%以上或下部叶片变紫色时，上部棉铃铃期在40d以上，或收获前7～14d，用22.4%悬浮剂20～25ml/亩对水40kg均匀茎叶喷雾。确定药剂用量的基本原则：正常棉田适量；过旺棉田的管理措施不当棉田适量偏多；早熟敏感品种适量，晚熟不敏感品种适量偏多；喷施早的适量，喷施晚的适量偏多；高密度棉田、营养体过大适量偏多。

注意事项 喷后7～10d内的日均气温连续在18℃以上，日最低气温在13℃以上。具体喷施时间应根据天气情况确定，避开降温天气；在使用之前一定要充分摇匀后再开桶混配加药，防止因沉淀影响药效；在使用时，用量杯量取药剂体积，保证药剂的准确；配药时要先加入1/3的水后再加入药剂，然后再加水，确保水与药剂混合均匀，以免药液混合不均降低药效；噻节因是一种接触型脱叶剂，施药时应对棉花各部位的叶片均匀喷雾，以达到预期的脱叶效果；施药后24h内降雨会影响药效，需要重喷。

开发登记 美国科聚亚公司、中农住商(天津)农用化学品有限公司等企业登记生产。

噻苯隆 thidiazuron

其他名称 脱落宝。

化学名称 N-苯基-N-(1,2,3-噻二唑-5-基)脲。

结构式

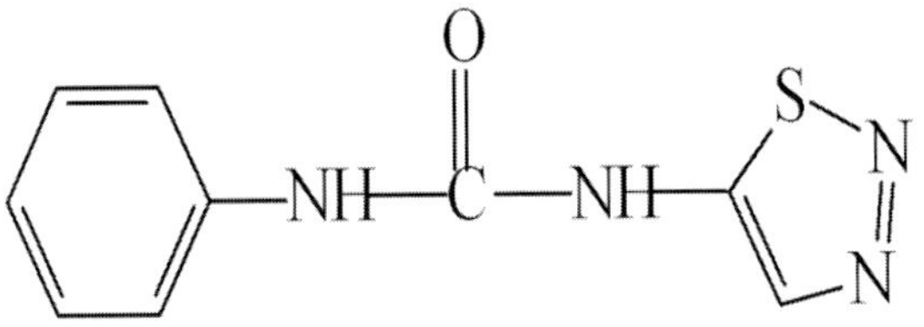

理化性质 纯品外观为无色晶状固体,熔点210.5～212.5℃(分解)，蒸气压为4MPa(25℃)。溶解度(25℃)：水31mg/L，环己酮21.5mg/L，二甲基酰胺、二甲基亚砜＞500g/L，乙酸乙酯0.8g/L，乙烷6mg/kg，甲醇4.5g/L，在200℃以下稳定，室温下水解稳定超过24d(pH1～14)，被土壤强烈吸收。

毒　　性 低毒、无致畸、无致癌、无致突变性，对皮肤无刺激性，大鼠急性经口LD_{50}＞4 000mg/kg，急性经皮LD_{50}＞1 000mg/kg。对眼睛有轻度刺激，对皮肤无刺激作用。

剂　　型 50%悬浮剂、80%可湿性粉剂、0.2%可溶液剂、80%水分散粒剂、55%悬浮剂、70%水分散粒剂、30%可分散油悬浮剂、0.5%可溶液剂、0.1%可溶性液剂、50%可湿性粉剂。

作用特点 在棉花种植上作落叶剂使用。叶片吸收后，可及早促使叶柄与茎之间的离层的形成而落叶，有利于机械采收，并可使棉花收获期提前10d左右，有助于提高棉花品级。噻苯隆促使棉花落叶的效果，取决于许多因素及其相互作用。主要是温度、湿度以及施药后降雨量。

高纯度的噻苯隆具有很强的细胞分裂素活性，能够诱导植物细胞分裂，促进愈伤组织的形成，在低浓度下就可促进植物生长，具有保花、保果，加速果实发育及增产作用。

适用作物 用于棉花作脱叶剂使用，而用于菜豆、大豆、花生等作物时会起到明显的抑制生长的作用，从而使它们提高产量。

应用技术 棉花脱叶，当棉桃开裂70%时，用50%可湿性粉剂15～20g/亩对水40kg全株喷雾；

黄瓜促进果实发育，增产，花期，用0.1%可溶性液剂4～5g/kg浸瓜胎；甜瓜提高坐瓜率，花期，用0.1%可溶性液剂150～300倍液浸瓜胎或喷雾瓜胎。

番茄(保护地) 调节生长，使用0.1%可溶液剂1 000倍液喷雾。

枣树促进果实生长，使用0.1%可溶液剂1 000倍液喷雾。

苹果促进果实纵向生长，改变果形指数，提高果实的高桩率，在苹果初花期和盛花期，用0.1%可溶性液剂2～4g/kg喷花器；葡萄促进坐果增加产量，开花期，用0.1%可溶性液剂175～250倍液均匀喷雾；葡萄增大果粒，在花后幼果黄豆粒大小时，用0.1%可溶性液剂3g/kg浸蘸果穗约5s，然后抖尽残药。蘸穗前也必须抖动果穗，使授粉不良的果粒尽可能脱落，再进行疏穗疏粒，使留粒量达到生产优质果的要求；葡萄促进苗木生长、恢复树势和增强叶果的抗逆性，生长期，用0.1%可溶性液剂2～4g/kg喷雾。

据资料报道，烟草促进早熟，增强抗旱能力，提高原烟内在品质，在烟苗生长到5叶期及移栽前7d，用0.1%可溶性液剂4g/kg叶面喷雾。

注意事项 施药时期不能过早，否则会影响产量；施药后两日内降雨会影响药效，施药前应注意天气预防；不要污染其他作物，以免产生药害；50%可湿性粉剂用于棉花脱叶时每亩用量不能低于30g，施药时间不能晚于采摘前12d左右；在葡萄上使用时要避免阳光太强及高温时施药，以17时后至傍晚时用药效果最佳。蘸穗时一定要抖净残药，否则会因药剂残存引发果粒日灼或变形，使用后10h内遇雨应补喷。

开发登记 江苏辉丰生物农业股份有限公司、山东绿霸化工股份有限公司等企业登记开发。

乙烯利 ethephon

其他名称 乙烯磷；一试灵。

化学名称 2–氯乙基磷酸。

结 构 式

$$ClCH_2CH_2P(=O)(OH)_2$$

理化性质 纯品为白色蜡针状晶体，熔点74～75℃。工业品为浅黄色黏稠液体，相对密度1.258，pH<3，易溶于水和酒精。在酸性介质中十分稳定。在碱性介质中很快分解放出乙烯，pH＞4时开始分解。

毒 性 按我国农药毒性分级标准，乙烯利属低毒植物生长调节剂。家鼠急性吸入LC_{50}为90mg/m^{3}空气(4h)，原药大鼠急性经口LD_{50}为4 229mg/kg，兔急性经皮LD_{50}为5 730mg/kg。对皮肤、黏膜、眼睛有刺激性。无致突变、致畸和致癌作用。乙烯利与酯类有亲和性，故可抑制胆碱酯酶的活力。

理化性质 属有机磷酸，长针状无色结晶，熔点75℃，极易吸潮，易溶于水、乙醇、乙醚，微溶于苯和二氯乙烷,不溶于石油醚。乙烯利的水溶液呈强酸性，由于β位上的氯原子比较活泼，在常温pH3以下比较稳定，几乎不放出乙烯，pH4以上即逐渐分解放出乙烯。随着溶液温度和pH值的增加，乙烯释放的速度加快。在碱性沸水浴中40min就全部分解放出乙烯、氯化物及磷酸盐。

剂 型 40%水剂、1%膏剂、5%膏剂、4%超低容量液剂、20%颗粒剂、70%水剂、85%可溶粉剂、75%水剂、10%可溶粉剂。

作用特点 乙烯利是乙烯的代用品，它在一定条件下，可释放出乙烯。乙烯利的作用机制和乙烯一样主要是增强细胞中核糖核酸的合成能力，促进蛋白质的合成，在植物离层区如叶柄、果柄、花瓣基部，由于蛋白质合成增强，促使在离层区纤维素酶重新合成，因而加速了离层形成，导致器官脱落；乙烯能增强酶的活性，在果实成熟时还能活化磷酸酶和其他与果实成熟有关的酶，促进果实成熟；在衰老和感病植物中，由于乙烯促使蛋白质合成而引起过氧化物酶的变化，乙烯能抑制内源生长素的合成，延缓植物生长。当植物使用了乙烯利后，乙烯利就被植物吸收进入植物体内就地释放乙烯起作用或扩散转移影响其他部位或直接运输到其他器官释放乙烯，从而起到调节作用。主要通过韧皮部运行，服从源库关系。植物组织的pH值一般为5～6，可使乙烯利在植物体内缓慢释放出乙烯，分解速度因植物种类而不同，同时也受到酸碱性、温度、浓度、放置时间、喷施时间等外因的影响。

乙烯利能够诱导瓜类雌花的分化，降低第1雌花的节位，增多雌花数量，促进早熟。作用机理：乙烯利能引起体内IAA含量降低，而体内IAA含量降低促进了雌花分化。控制植物性别的不是一种激素而是多种激素的相互作用结果，有可能在植物体内存在着一个生长素与赤霉素的平衡问题，而其他因素对性别表现的控制，则是通过调节这种平衡实现的。

乙烯利对橡胶树的作用，最主要的是促进排胶，乙烯利刺激增产的机理主要有3种假说：即解除乳管堵塞说、诱导愈伤反应说和解除基因表达阻遏说。

应用技术 玉米矮化，缩短雌、雄花间株，提前成熟，有1%的玉米植株雄穗初露时，用40%水剂50ml/亩对水40kg均匀喷雾；偏早或过晚都会影响增产效果；玉米矮化、增产，6～12片叶期，用10%水剂10～15ml/亩喷雾；玉米降低株高，提高抗倒能力，9～10叶期，用40%水剂50ml/亩对水30kg均匀喷雾；玉米提高果穗授粉结实率，增加穗粒数， 在大喇叭口期和抽雄期，用40%水剂25ml/亩对水15kg均匀喷雾；棉花催熟，在主体桃成熟度能达75%以上(绝大多数铃期超过45d)、需要催熟的棉铃成熟度应达到铃期的70%时，通常认为初霜期前20d是乙烯利催熟的临界期，日最高气温达到20℃以上，用40%水剂100～150ml /亩对水40kg均匀喷雾，对长势较旺，有贪青趋向的田块，用40%水剂160～200ml/亩对水45kg均匀喷雾。如果喷药时气温较高，棉株长势较弱，可适当减少用药量；如果喷药时间晚，气温低，棉株长势较强，则可以适当加大用药量；棉花青铃桃催熟，青铃采摘(要去净苞叶)后，用加40%水剂100～150倍液均匀喷在棉铃上，用农膜等物盖好堆放约0.5h后摊开晾晒，约1周左右自然开裂；

烟草催熟，一般在烟株上部叶片已长成接近成熟时，选择晴朗天气，在植株叶面露水干后，用40%水剂1 000～2 000倍液均匀喷在植株上，以叶面湿润为度，对于黑暴叶及气温低的季节可适当增大浓度，若烟株上部剩下的叶片过多可增喷2次，浸叶柄。将采收下来的烟叶的叶柄放在40%水剂175g/kg 溶液中浸半小时，然后堆积24h促使叶片均匀变黄。施药后，当烟株上的叶片变黄时要及时采收，上房烘烤。烘烤时注意小火，时间要适当缩短，同时加快排潮速度和次数。

据资料报道，小麦增产，在小麦旗叶刚伸出时，用40%水剂50 ml/亩对水30kg均匀喷雾；水稻增产，秧苗5～6叶期，用40%水剂600倍液喷雾；大麦防倒伏，苗期，40%水剂15～25ml/亩对水30kg均匀喷雾；水稻提早成熟，乳熟期，用40%水剂800倍液喷雾；高粱缩短节间，降低株高，提高茎秆韧性，增强抗倒性，推迟开花，缩短枝梗长度，增加穗粒数，提高千粒重，在高粱出苗后45d，植株处理于抽穗前(10叶期)，用40%水剂1 200～1 500倍液均匀喷雾；

据资料报道，黄瓜增加雌花数，增加产量，在幼苗第1片真叶及第3片真叶期，用40%水剂4 000倍液均匀喷雾,以幼苗叶片布满雾状小水珠，不滴流为宜；哈密瓜提高主蔓雌花数和雌花质量，提高产品商品性，在大棚哈密瓜第3片真叶完全展开后，用40%水剂3 000倍液均匀喷雾；瓠瓜促进雌花的形成，在瓠瓜苗4～6叶期，用40%水剂1ml对水2.5～2.7kg喷幼苗，主蔓从第10节开始着生雌花，一直可连续到20～22节。在第1次喷药后如果瓠瓜苗长势好，施肥水平高，田间管理精细，可间隔7～10d再喷洒1次，早熟品种喷的浓度要低些，而中晚熟品种喷的浓度要高些；南瓜降低第1雌花节位，增加雌花数量，促进早熟，提高产量，在1～2片真叶期，用40%水剂50ml/L喷雾；西葫芦增加雌花，减少雄花，提早成熟，增加产量，当瓜苗长到3～4片真叶时，用40%水剂37.5ml/L喷雾，每10～15d喷1次，共喷洒3次；生姜提高出苗率，使植株增高，增多分枝数，增大叶面积，提高产量，将种姜晒2d后，用40%水剂50～100ml/L溶液浸种15min；番茄提早成熟，在果实白熟期，用40%水剂150倍液涂在花序的倒二节梗上。番茄果实在3～5d内即能红熟，且红熟后的果实光泽鲜艳，不会引起番茄黄叶及落叶，亦不影响后期生长；用40%水剂100倍液涂在白熟番茄果实花的萼片及附近果面(不必涂遍整个果面)，经此方法处理的番茄可提早红熟6～8d，且果面光泽鲜亮；在果实转色期，将果实采收后放在40%水剂300～400倍液溶液中浸泡1min，再捞出放在25℃的地方催熟，4～6d后即可全部转红。但催熟的果实不如植株上的鲜艳，果实尚处在青熟期或这之前，采用此方法处理也不易转红；在番茄进入转色期后，于采收前半个月，用棉球、毛笔等蘸取40%水剂150～300倍液涂果，或用纱布、纱手套等抹果，可使果实提早6～8d成熟。

据资料报道，苹果催熟，采收前3～4周，用40%水剂1 000倍液喷雾；核桃离皮，将正常成熟的核桃青皮果采收后，用40%水剂50ml/L浸蘸约30s，捞出后堆放在通风的屋里或荫棚里，堆放高度30～50cm；李子提前成熟，果实采前20～25d，用40%水剂1 000倍液傍晚喷雾；柿脱涩，采后，用40%水剂400倍液浸泡10min，捞取后置于敞口纸箱或筐中，在室温下，经24～48h脱涩处理后，在空气温度55℃条件下按工艺流程进行柿饼干制，干制时间较未处理的柿子可缩短3～13h；在45℃(因未处理柿果在55℃下干制,柿饼不能完全脱涩)条件下干制；枣提高果品质量，缩短晒干时间，在采收前8d，用40%水剂1 000倍液喷雾，浓度过高时，容易引起枣树落叶；甘蔗促进前中期的生长，提高糖分及品质，分蘖初期，用40%水剂800～1 000倍液喷雾，以叶片布满液滴但不下滴为度；甘蔗提高成茎率、单茎重，播种前，用40%水剂25ml/L浸种10min；香蕉催熟，采后，用40%水剂150～200倍液浸渍。

橡胶树提高产量，在13～15割制龄的实生树上，先沿割线下方浅割去2cm宽的粗皮，用40%水剂5～10倍液涂于伤口，每8周为1个涂药周期，采用“隔天割，割5周停3周”的周期割制。每1涂药周期割15刀，涂药宽2cm，天亮后割胶。

注意事项 喷洒过乙烯利的棉花不能留种；留种棉田施用乙烯利，棉铃日龄要在45d以上，日龄少于35d时，发芽率仅60%左右，相反，低浓度的乙烯利促进棉子萌发，只有当乙烯利处理浓度超过临界值(2μl/ml)时，才表现为抑制效应；乙烯利不宜过大，过大会抑制光合产物的形成，棉籽得不到充足的养分而发育受阻。适宜浓度为每亩用40%水剂40～50ml，对水50kg，喷1次即可。乙烯利用于棉花催熟时，对于长势强、后劲足的棉花要加大药量，一般可比正常用量增加50%～80%，对于长势弱甚至显早衰趋势的棉田则宜降低浓度，可比正常用量减少20%～30%。其次，必须根据用药期及当时天气状况(主要是温度)而定，施药早温度高，药量宜轻，反之，要加大药量。对早衰棉、黄瘦棉或吐絮比较集中的棉田，不可用乙烯利催熟；秋桃过多的棉田，特别是晚秋桃偏多、铃龄期差距大的，最好能分期分层喷施乙烯利，先喷施中下部棉铃，间隔一段时间再喷施上部棉铃，效果较好。乙烯利用于番茄催熟时要注意：必须在果顶泛白期进行，过早转色速度慢，即使转色，色泽也不好；不能使用过大浓度。浓度过大，着色不均匀，影响商品品质；乙烯利处理后转红速度与果实成熟期和催熟温度有关。为了加快着色，除了应在果顶泛白时进行处理外，还应注意催熟温度，温度以25～28℃为宜，过低转色慢，过高(超过32℃)果实带黄色。黄瓜4叶1心期用乙烯利处理，浓度大于200mg/L时易发生药害,发生药害可用20～50mg/L的赤霉素液在药害症状出现后及早喷施，否则效果欠佳。第1次喷施1周后喷施第2次，15d左右能全部恢复正常。同时要提高棚内温度，加强肥水管理。葡萄不宜用乙烯利催熟，因为易对树体产生危害、落粒严重、水疸病严重。喷药后6h内降雨需重喷。乙烯利加水稀释后pH值达3.8以上就可以释放乙烯，且pH值易发生变化，因此，要现用现配；使用时温度一般以20～30℃效果好，最佳温度25℃左右、低于10℃或高于30℃均达不到理想效果；温度高，浓度低些，温度低，浓度高些。

开发登记 江苏龙灯化学有限公司、江门市大光明农化新会有限公司等企业登记生产。

乙烯硅 etacelasil

其他名称 CGA13586。

化学名称 2-氯乙基-三(2'-甲氧基-乙氧基)硅烷。

结构式

$$Cl-CH_2CH_2-Si(OCH_2CH_2OCH_3)_3$$

理化性质 无色液体，沸点85℃(0.13Pa)。20℃时水中溶解度为2.5%。

毒　　性 工业品对大鼠急性口服LD_{50}为2g/kg，急性经皮LD_{50}>3g/kg。

剂　　型 80%乳油。

作用特点 具有乙烯释出活性，用于果实收获时促使落果。在欧洲，用作橄榄的化学脱落剂，有利于机械采收(由机械震动可使90%以上的橄榄脱落)。乙烯硅释放乙烯速度比乙烯利快。

应用技术 在收获前6～10d，当气温在15～25℃、相对湿度较高的状况下喷药，使枝叶和果全部被药液湿透，剂量为65g/亩。药液中加表面活性剂可提高脱落效果。但在不良气候状况下，喷施药液勿过量，亦勿加表面活性剂。

注意事项 采取一般防护，避免吸入药雾，避免药液沾染皮肤和眼睛，储藏时与食物、饲料隔离，勿让儿童接近。无专用解毒药，出现中毒症状，对症治疗。

开发登记 1974年瑞士汽巴-嘉基公司开发。

六、脱落酸类植物生长调节剂

(一)脱落酸类植物生长调节剂的生理功能

脱落酸类植物生长调节剂有很多生理功能。

1. 促进种子和芽休眠

休眠是种子适应不良环境的一个重要方式，分为种皮型休眠和胚胎型休眠，脱落酸(ABA)在其中都有重要的作用。

种皮型休眠的原因主要是种皮含有的抑制物或对种子内抑制物渗出的阻碍，ABA是最常见和主要的抑制物。胚胎型休眠的决定因素是胚胎组织中存在ABA，或者缺乏生长促进物GA。

在ABA发现的早期研究中就明确了ABA促进芽休眠的作用。

2. 促进气孔关闭和增加抗逆性

ABA是对环境因素反应最强烈的激素之一，如叶片中的ABA浓度在水分胁迫条件下短时间内可以上升50倍，在植物抗旱、抗寒、抗盐、抗病的生理过程中都有重要的作用。因此，ABA被普遍认为是一个介导环境因子，特别是逆境因子的信号物质，被称为“逆境激素”。

水分胁迫下，叶片保卫细胞ABA含量比正常提高。ABA的升高促进气孔关闭、减少了蒸腾，有利于维持叶片水分平衡，同时还能促进根系吸水和地上部的水分供应能力。

除干旱外，涝渍、盐、低温、高温等胁迫条件都可使植物体内ABA剧增，这些逆境都会直接或间接地诱导细胞水分状态变化，使细胞膨压下降，诱导ABA合成。

3. 促进叶片衰老和脱落

ABA在叶片的衰老过程中起着重要的调节作用，由于ABA促进了叶片的衰老，增加了乙烯的生成，从而间接地促进了叶片的脱落。虽然ABA能够刺激乙烯的生成，但是ABA对衰老的促进作用并非以乙烯为中介，而是直接发挥作用的。

4. 脱落酸与种子发育

ABA对种子发育和成熟有重要作用。在以细胞分裂增殖为特征的胚胎建成阶段ABA含量较低，在以储藏物积累为特征的种子发育中后期，ABA水平达到最高，然后随种子成熟而下降。其中ABA的主要作用是促进种子脱水和储存物质的合成和积累。ABA促进种子脱水和胚胎耐干燥性形成。ABA还是控制储藏物质积累的重要因素，ABA诱导与储存和积累相关蛋白及基因的表达。

(二)脱落酸类植物生长调节剂的主要品种

S-诱抗素 (+)-abscisic acid

其他名称 壮芽灵；天然脱落酸。

化学名称 5-(1'-羟基-2',6',6'-三甲基-4'-氧代-2'-环己烯-1'-基)-3-甲-2-顺-4-反-戊二烯酸。

理化性质 原药为白色或微黄色结晶体。熔点160～163℃，水中溶解度：1～3g/L(20℃)缓慢溶解。稳定性：天然脱落酸的稳定性较好，常温下放置2年有效成分含量基本不变。对光敏感，属强光分解化合物。制剂为无色溶液，密度$1.0\times10^3kg/m^3$，pH4.5～6.5。

毒　　性 诱抗素为植物体内的天然物质，大鼠急性口服$LD_{50}>2\,500mg/kg$，对生物和环境无任何副作用。

剂　　型 0.006%水剂、0.02%水剂、0.1%水剂、1%可溶性粉剂、0.1%可溶粉剂、5%可溶液剂、10可溶液剂、5%水剂、0.25%水剂、0.03%水剂、0.1%可溶液剂。

作用特性 S-诱抗素可诱导植物呼吸跃变，促进物质转化及色素的合成与积累，增强光合作用和肥料的利用率，加速种子和果实储存蛋白和糖分的积累，提高农产品和水果的品质等。

诱抗素在植物的生长发育过程中，其主要功能是诱导植物产生对不良生长环境(逆境)的抗性，如诱导植物产生抗旱性、抗寒性、抗病性、耐盐性等，诱抗素是植物的“抗逆诱导因子”，被称为是植物的“胁迫激素”。

在土壤干旱胁迫下，诱抗素启动叶片细胞质膜上的信号传导，诱导叶面气孔不均匀关闭，减少植物体内水分蒸腾散失，提高植物抗干旱的能力。

在寒冷胁迫下，诱抗素启动细胞抗冷基因的表达，诱导植物产生抗寒能力。一般而言，抗寒性强的植物品种，其内源诱抗素含量高于抗寒性弱的品种。

在某些病虫害胁迫下，诱抗素诱导植物叶片细胞*Pin*基因活化，产生蛋白酶抑制物阻碍病原或害虫进一步侵害，减轻植物机体的受害程度。

在土壤盐渍胁迫下，诱抗素诱导植物增强细胞膜渗透调节能力，降低每克干物质Na^+含量，提高PEP羧化酶活性，增强植株的耐盐能力。

应用技术 外源施用低浓度诱抗素，可诱导植物产生抗逆性，提高植株的生理素质，促进种子、果实的储藏蛋白和糖分的积累，最终改善作物品质，提高作物产量。

水稻促进稻种生根和发芽，促进秧苗生长和早期分蘖，用0.006%水剂150～200倍液浸种24h，捞出种子，沥干，催芽露白，常规播种；烟草预防病毒病，移栽期，用0.02%水剂55～85ml/亩对水40kg喷雾，可使烤烟苗提前3d返青，须根数较对照多1倍，染病率减少30%～40%，烟叶蛋白质含量降低10%～20%，烟叶产量提高8%～15%。

番茄调节生长，预防病毒病，定植后，用1%可溶性粉剂800～1 000倍液喷雾。

葡萄促进着色，在葡萄转色初期用5%可溶液剂170～250倍液喷果穗1次。

柑橘促进花芽分化、花芽数、花朵数、坐果率、单果重，对改善品质，提高产量有一定效果，在柑橘秋梢老熟后、柑橘采收后、次年春芽萌动时各施药1次，用1%可溶粉剂3 000～4 000倍液整株喷施。

注意事项 由于诱抗素国内外没有现成的大面积应用技术，国内又刚投产不久，许多应用技术有待完善、补充、修改，从产品本身及初步应用应注意如下几点：

本产品为强光分解化合物，应注意避光储存。在配制溶液时，操作过程应注意避光；本产品可在0～30℃的水温中缓慢溶解(可先用极少量乙醇溶解)；田间施用本产品时，为避免强光分解降低药效，施用时间请在早晨或傍晚进行，施用后12h内下雨需补施1次；本产品施用1次，药效持续时间为7～15d；应用诱抗素注意先试验后逐步推广。

开发登记 四川龙蟒福生科技有限责任公司、安阳全丰生物科技有限公司等企业登记生产。

七、其他类植物生长调节剂

芸苔素内酯 brassinolide

其他名称 油菜素内酯；油菜素甾醇；农乐利；天丰素；益丰素；Epibranoid；BR–120；Kayaminori(日本商品名)。

化学名称 2α,3α,22R, 23R–四羟基–24–S–甲基–β–7–氧杂–5α–胆甾醇–6–酮。

结构式

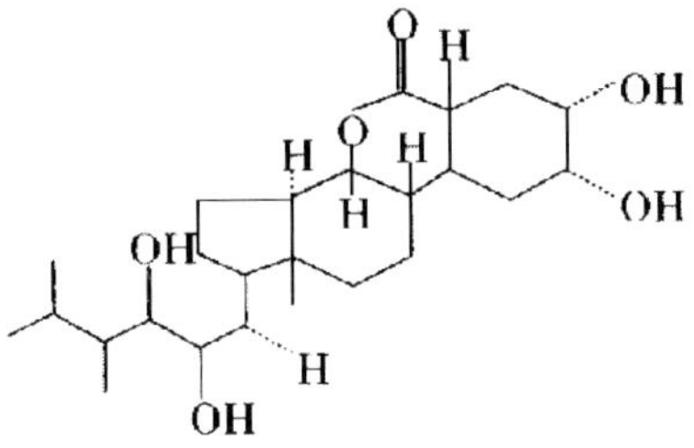

理化性质 原药为白色结晶粉末，熔点256～258℃(另有报道为274～275℃)，水中溶解度为5mg/kg，易溶于甲醇、乙醇、四氢呋喃、丙酮等有机溶剂。

毒　性 原药对大鼠经口急性毒性LD_{50}2 000mg/kg，经皮LD_{50}2 000mg/kg，对鲤鱼96h的半数致死浓度LC_{50}>10mg/kg，Ames试验表明无致突变作用，均属于低毒农药。

剂　型 0.01%乳油(天丰素)、0.04%乳油、0.15%乳油、0.01%可溶性液剂、0.001 6%水剂、0.004%水剂、0.01%水剂、0.04%水剂、0.02%可溶性粉剂、0.1%可溶性粉剂、0.007 5%水剂。

作用特点 本品是具有植物生长调节作用的第一个甾醇类化合物，在低浓度下(10^{-6}～10^{-5}mg/L)能显示各种活性，是一类新的植物内源激素，具有增强植物营养生长、促进细胞分裂和生殖生长的作用，增加植物的营养体生长和促进受精的作用。现已从几十种植物体中分离出这类化合物，含量很低，如植物体中含有吲哚乙酸(IAA)和脱落酸(ABA)分别约为2mg/kg和60mg/kg，而芸薹素内酯仅0.1mg/kg。作物吸收后，能促进根系发育，使植株对水、肥等营养成分的吸收利用率提高；可增加叶绿素含量，增强光合作用，协调植物体内对其他内源激素的相对水平，刺激多种酶系活力，促进作物均衡茁壮生长，增强作物对病害及其他不利自然条件的抗逆能力。经处理的作物，也可达到促进生长，增加营养体收获量。提高坐果率，促进果实肥大；提高结实率，增加千粒重；提高作物耐寒性，减轻药害，增强抗病的目的。

应用技术 目前生产上应用的是芸薹素内酯的化学复制品，用于小麦浸种可促使根系生长；用于玉米可增强光合作用，提高产量；用于黄瓜、番茄、青椒、菜豆、马铃薯，具有保花、保果、增大果实和改善品质等作用。

小麦调节生长、增产，苗期，用0.004%水剂0.5～1g/kg喷雾。分蘖期以此浓度进行叶面处理，可使分蘖数增加。小麦调节和促进光合作用，小麦扬花和齐穗期，用0.01%可溶性液剂0.2～0.3g/kg喷雾。并能加速光合产物向穗部输送。处理后2周，茎叶的叶绿素含量高于对照，穗粒数、穗重、千粒重均有明显增加，一般增产7%～15%。经芸薹素内酯处理的小麦幼苗耐冬季低温的能力增强，小麦的抗逆性增加，植株下部功能叶长势好，从而减少青枯病等病害侵染的机会；玉米提高种子发芽率，播种前，用0.004%水剂0.25～1g/kg浸种，可使陈年种子由30%提高到85%，且幼苗整齐健壮。幼苗期，用0.004%水剂0.25～1g/kg对玉米进行全株喷雾处理，能明显减少玉米穗顶端籽粒的败育率，可增产20%左右。抽雄前处理的效果优于吐丝后施药。喷施玉米穗的次数增加，虽然能减少败育率，但效果不如全株喷施。处理后的玉米植株叶色变深，叶片变厚，比叶重和叶绿素含量增高，光合作用的速率增强。果穗顶端籽粒的活性增强(即相对电导率下降)。另外，吐丝后处理也有增加千粒重的效果。在喇叭口至吐丝初期喷施0.01%可溶性液剂0.5～2g/kg喷雾，每穗粒数增加41粒，减少秃顶0.7cm和百粒重增加2.38g，增产21.1%；水稻提高幼苗素质，出苗整齐，叶色深绿，茎基宽，带蘖苗多，白根多，播种前，用0.004%水剂2.5～5g/kg浸种。秧苗移栽前后，用0.01%乳油0.3～0.45g/kg喷雾，可使移栽秧苗新根生长快，迅速返青不败苗，秧苗健壮，增加分蘖。水稻预防纹枯病，始穗初期，用0.1%可溶性粉剂25～100mg/kg喷雾。单用可降低发病指数35.1%～75.1%，增加产量9.7%～18.2%。若与井冈霉素混合使用，对纹枯病防除可达45%～95%，增加产量11%～37.3%；棉花促进茎粗叶厚，预防黄萎病，苗期、初花、盛花期，用0.01%可溶性液剂0.2～0.4g/kg喷雾；大豆调节生长，增加产量，生长期，用0.01%可溶液剂0.2～0.4g/L喷雾；花生增强植株活力，提高抗逆性能，增产，生长期，用0.01%可溶性液剂0.2～0.4g/L喷雾；油菜调节生长，增加产量，生长期用0.001 6%水剂0.625～1.25g/kg喷雾；烟草增大增厚上部叶片，烟叶移栽后30d，用0.001 6%水剂800～1 000倍液喷雾。移栽后45d，主要增大增厚上部叶片，同时增强烟株抗旱能力，对叶斑病、花叶病也有明显预防作用，后期落黄好，增产20%～40%。同时可使烟叶所含的化学成分中该高的有所升高，该低的有所降低，更趋协调状态；甘蔗促进生长，苗期、生长期，用0.004%水剂0.25～1g/kg喷雾。亩有效基数增加1.37%，茎长增加6.75%，茎粗增加2.9%，茎重增加9.72%，产量增加525kg/ha，且含蔗糖量也明显增加；茶树调节生长，增加产量，生长期，用0.01%可溶性液剂0.2～0.4g/L喷雾；甜菜促进植株生长，促进块根膨大、增产，生长期用0.004%水剂0.25～0.5g/kg喷雾。

向日葵在苗期、始花期、盛花期0.01%可溶液剂1 500～2 000倍液各喷施1次；芝麻在苗期、始花期、结实期0.01%可溶液剂1 500～2 000倍液各喷施1次。

黄瓜可调节生长，增加产量，苗期，用0.01%可溶性液剂0.2～0.4g/L喷雾，可提高黄瓜苗抗夜间7～10℃低温、叶子变黄之能力；番茄增产，果实膨大期，用 0.01%可溶性液剂0.2～0.4g/L喷雾；辣椒调节生长，生长期，用0.04%水剂0.112 5～0.15g/kg喷雾；大白菜调节生长、增产，苗期及莲座期，用0.001 6%水剂0.75～1g/kg喷雾；叶菜类蔬菜调节生长，提高产量，苗期及莲座期，用0.004%水剂0.25～0.5g/kg喷雾。

苹果树调节生长，增加产量，生长期，用0.001 6%水剂800～1 000倍液喷雾；梨树调节生长，增加产量，生长期，用0.01%可溶性液剂0.2～0.4g/L喷雾；葡萄树调节生长，增加产量，生长期，用0.01%可溶液剂0.3～0.4g/L喷雾；枣树在初花期、幼果期、果实膨大期0.01%可溶液剂2 000～3 000倍液各喷施1次；西瓜在苗期、花期、果实膨大期0.01%芸苔素内酯可溶液剂1 500～2 000倍液各喷施1次；柑橘树提高坐果率，开花盛期和第1次生理落果后，用0.007 5%水剂0.66～1.06g/kg喷雾，共喷施3次；草莓调节生长，增加产量，生长期，用0.01%可溶性液剂0.2～0.4g/L喷雾；香蕉调节生长，生长期，用0.01%可溶性液剂0.2～0.4g/L喷雾；荔枝树调节生长，增加产量，生长期，用0.01%可溶性液剂0.2～0.4g/L喷雾。

注意事项 芸薹素内酯活性较高，施用时要正确配制使用浓度，防止浓度过高。操作时防止溅到皮肤与眼中，操作后用肥皂和清水洗净手、脸再用餐。储存在阴凉干燥处，远离食物、饲料、人畜等。

开发登记 浙江世佳科技股份有限公司、上海绿泽生物科技有限责任公司等企业登记生产。

14–羟基芸苔素甾醇 14–hydroxylated brassinosteroid

化学名称 (20R,22R)–2β,3β,14,20,22,25–六羟基–5β–胆甾–6–酮。

结 构 式

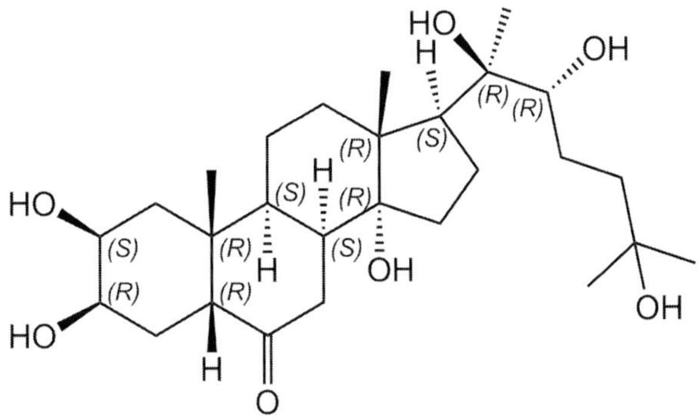

HO H OH (R) (R) (S) (R) H (S) (R) HO (S) (R) H (S) OH (R) (R) HO H O OH

理化性质 相对分子质量为482.7。

毒 性 低毒。

剂 型 0.007 5%可溶液剂；0.004%水剂；0.01%水剂；0.01%可溶液剂。

作用特点 14–羟基芸苔素甾醇是一类广谱、高活性的甾醇类植物生长调节剂。其活性主要表现为促进植物生长，提高结实率，增加产量、改善品质、抗逆等。此有效成分和其他结构、功能类似的芸苔素类物质，被誉为继生长素、赤霉素、细胞分裂素、脱落酸和乙烯后的第六类植物激素。其生理活性高，调节生长发育的作用独特，极其微小的剂量就可表现出良好的调节效果。其作用方式主要是促进细胞伸长和分裂的双重功效，可促进作物根系发达；调控叶片形状；改变细胞膜电位和酶活性，增强光合作用；提高作物叶绿素含量，促进作物新陈代谢与对肥料的有效吸收，辅助作物劣势部分的良好生长；促进DNA、RNA和蛋白质的生物合成，提高植株对环境胁迫的耐受力等。促进作物生长、达到丰产的效果。

应用技术 14–羟基芸苔素甾醇是一种广谱、高活性植物生长调节剂，能促进植物生长、提高坐果率、结实率、增加产量、改善品质。

苗期促根、壮苗，用作苗床喷洒，对水稻、小麦、玉米、蔬菜等作物幼苗有显著的促根作用，须根明显增多，根系鲜重增加，干重增加，使得苗株根系发达、叶片抽势旺，苗株健壮。小麦苗期用0.007 5%可溶液剂1 000～1 500倍液喷雾壮苗。黄瓜苗期使用0.01%可溶液剂2 000～3 300倍液喷施壮苗。

调节植物生长，增强光合效率，增加产量：具有促进细胞分裂和细胞伸长的双重作用，又能提高叶片叶绿素含量，增强叶片光合作用，增加光合产物的积累，因而有明显的促进植物营养生长的功效，可以提高作物的产量。小麦孕穗期和扬花期使用0.01%水剂2 000～5 000倍液各喷1次，亩喷液量25～30kg。水稻分蘖期、孕穗期、灌浆期使用0.004%水剂1 000～2 000倍液喷雾，提高产量。用0.007 5%水剂1 250～2 000倍液喷雾柑橘树，调节柑橘树生长。用0.007 5%水剂1 250～2 000倍液喷雾小白菜，调节生长，增加产量。

提高坐果率：可以促进花芽分化，促进营养生长向生殖生长转化，增加开花数量，同时促进花粉管的伸长，提高坐果率和结实率，减少大小年。黄瓜花期使用0.01%可溶液剂2 000～3 300倍液喷雾，提高坐果率。

促进果实生长，提高品质：调节植株营养供给结构，调节养分向果实运输，从而促进果实的生长发育，减少畸形果、弱果。同时提高肥料的吸收利用率，进一步促进作物生长发育、果实膨大、转色等，提高农产品品质。在葡萄花蕾期、幼果期和果实膨大期使用0.01%可溶液剂2 500～5 000倍液喷施，促进果实生长，提高品质。

增强抗逆性，提高抗旱抗冻能力：可激发植株体内多种免疫酶活性，激活免疫系统，增强植株抗旱、抗高温、抗冻等抗逆能力。

规避药害，解除药害，恢复生长：具有解除药害的作用，可调节养分运输，减少缓解药害作用，加快作物恢复正常生长。与农药一同使用，可以规避药害，同时增强药效。

开发登记 成都新朝阳作物科学有限公司、江苏江南农化有限公司、山东圣鹏科技股份有限公司、河南锦绣之星作物保护有限公司、山东焱农生物科技股份有限公司、浙江天丰生物科学有限公司等公司登记生产。

2，4-表芸苔素内酯　2，4-epibrassinolide

其他名称 2，4-表油菜素内酯；八仙丰产素；2，4-表油菜甾醇内酯。

化学名称 （22R,23R,24R）-2α,3α,22,23-四羟基-24-甲基-β-高-7-氧杂-5α-胆甾-6-酮。

结构式

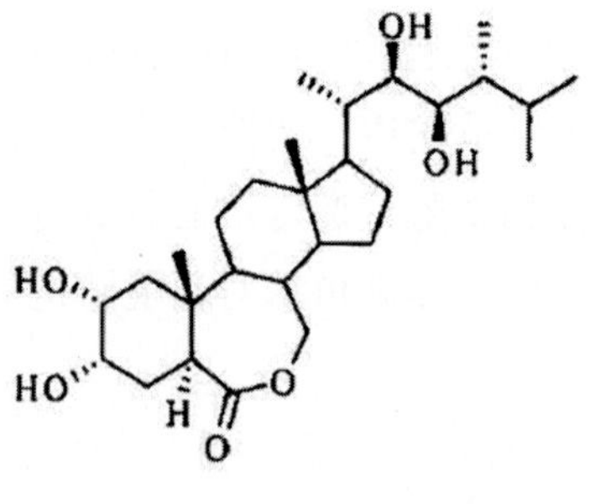

HO HO H O OH OH

理化性质 白色晶体粉末，分子量480.68。熔点256～258℃，水中的溶解度为0.5mg/100g，可溶于甲醇、乙醇、四氢呋喃、丙酮等多种有机溶剂。

毒　　性 低毒。

剂　　型 0.01%可溶液剂、0.001 6%可溶液剂、0.004%可溶液剂、0.01%水剂。

作用特点 促使植物细胞分裂和延长的双重功效，可提高种子活力，促进植物根系发育，增强光合作用，提高作物叶绿素含量，促进作物新陈代谢，提高肥料利用率，增强作物抗逆能力，辅助作物劣势部分的良好生长，提高结实率。

应用技术 玉米苗后6～7片真叶期，用0.004%可溶液剂1 000～2000倍液对水正反叶面喷雾处理。水稻孕穗期、扬花期用0.01%可溶液剂2 000～5 000倍液各喷雾1次，共施药2次。小麦扬花期、灌浆期或拔节期和齐穗期用0.01%可溶液剂 1 000～2 000倍液各喷雾施药1次，共施药2次。在水稻和小麦上每季使用2次。苹果树谢花后、幼果期、果实膨大期用0.01%水分散粒剂4 000～6 000倍液，施药1～3次。草莓盛花期和花后1周用0.01%可溶液剂3 300～5 000倍液各喷雾1次。黄瓜苗期和开花期用0.01%可溶液剂2 000～3 300倍各喷雾1次，每季最多使用2次。

开发登记 四川润尔科技有限公司、安阳全丰生物科技有限公司、江苏万农生物科技有限公司、河北兰升生物科技有限公司、郑州郑氏化工产品有限公司等公司登记生产。

2，8−表高芸苔素内酯 2，8-epihomobrassinolide

化学名称 （22S,23S,24S）−2α,3α,22,23−四羟基−24−乙基−B−高−7−氧杂−5α−胆甾−6−酮。

结 构 式

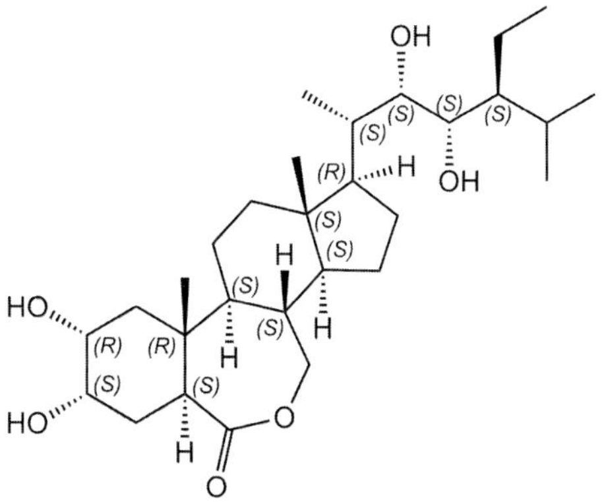

理化性质 纯品为白色粉末或结晶固体。熔点198~200℃，溶于甲醇、乙醇、乙醚、氯仿、乙酸乙酯等有机溶剂，难溶于水。对酸稳定，具有良好的储存稳定性。

毒　　性 低毒。

剂　　型 0.001 6%水剂、0.004%水剂。

作用特点 甾醇类植物生长调节剂，具有使植物细胞分裂和延长的双重作用，促进根系发达，增强光合作用，提高作物叶绿素含量，促进作物对肥料的有效吸收，辅助作物劣势部分良好生长。

应用技术 小麦拔节期、抽穗期，0.001 6%水剂400～1 600倍液或0.004%水剂1 000～2 000倍液茎叶喷雾；水稻浸种或拔节期、抽穗期，0.001 6%水剂400~1 600倍液或0.004%水剂2 000～4 000倍液茎叶喷雾；苹果树、梨树、柑橘树、荔枝树初花期、幼果期、膨大期，0.001 6%水剂800～1 000倍液喷雾，共3次；油菜、大豆，苗期、花期、抽薹期，0.001 6%水剂800～1 600倍液茎叶喷雾；大白菜苗期、旺长期，0.001 6%水剂1 000～1 333倍液茎叶喷雾；棉花蕾期、初花期，0.001 6%水剂750～1 500倍液茎叶喷雾，共3次；黄瓜、番茄苗期、花蕾期、幼果期，0.001 6%水剂800~1 600倍液茎叶喷雾；烟草苗期、团棵期、旺长期，0.001 6%水剂800~1 600倍液茎叶喷雾；玉米浸种或苗期、小喇叭口、大喇叭口期，用0.004%水剂2 000 ~ 4 000倍液喷雾；甘蔗分蘖期、抽节期，用0.004%水剂1 000 ~ 4 000倍液叶面喷雾。

开发登记 云南云大科技农化有限公司登记生产。

丙酰芸苔素内酯 Propionyl brassinolide

化学名称（24S）-2α,3α-二丙酰氧基-22R,23R-环氧-7-氧-5α-豆甾-6-酮。

结构式

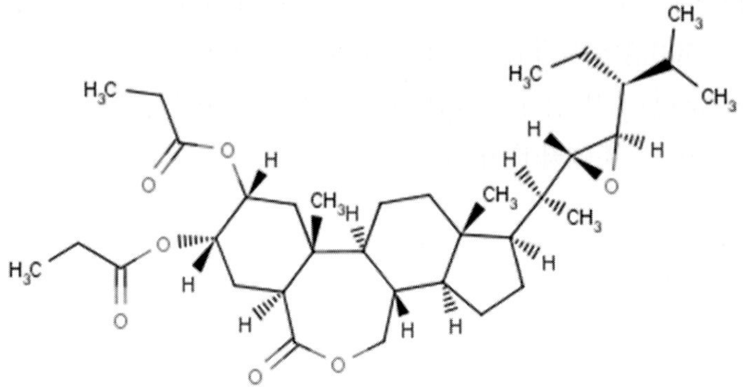

理化性质 原药外观为白色结晶粉末，相对分子量588.8。溶于甲醇、乙醇、乙醚、氯仿等有机溶剂，难溶于水，其化学性质稳定。

毒　　性 低毒。

剂　　型 95%原药、0.003%水剂。

作用特点 具有活性高、持效期长、药效相对缓慢等特点，能促进细胞生长和分裂，促进花芽分化，提高光合效率，增加作物产量，改善作物品质；提高作物对低温、干旱、抗药、病害、和盐碱的抵抗力；并具有强化其他生长素的作用。

应用技术 丙酰芸苔素内酯具有保花保果，改善果实内在品质和外观，促进营养生长，延长叶片寿命，增强作物抗逆性能，能增强作物的抗逆性等作用。柑橘树、芒果树用0.003%水剂2 000~3 000倍液喷雾，能提高坐果率。花生初花期下针期用0.003%水剂2 000~3 000倍液喷雾1次，可提高产量，增加含油量。黄瓜、葡萄用0.003%水剂3 000~5 000倍液喷雾，开花前后7d喷雾2次，可确保坐果，同时能延长叶片衰退，多采收1~2次；苗期喷雾1次还可提高幼苗抵抗夜间7~10℃低温能力。辣椒用0.003%水剂2 000~3 000倍液喷雾，能提高坐果率，延长叶片衰退。水稻、小麦幼穗形成期用0.003%水剂2 000 ~ 3 000倍液喷雾，能更好地促进籽粒灌浆，增加穗重和千粒重。棉花用0.003%水剂2 000~4 000倍液喷雾，提高产量。同时还可提高水稻对除草剂的耐药性，减轻纹枯病的发生。烟草用0.003%水剂2 000 ~ 4 000倍液，能延长叶片衰退，提高产量。

注意事项 黄瓜使用的安全间隔期为3d，最多施药2 ~ 3次；葡萄使用的安全间隔期为20 ~ 30d，最多施药2 ~ 3次。

开发登记 威海韩孚生化药业有限公司、中农立华（天津）农用化学品有限公司、江苏龙灯化学有限公司、日本三菱化学食品株式会社等公司登记生产。

对硝基苯酚钾 potassium para-nitrophenate

其他名称 复硝基苯酚钾盐；potassium ortho-nitrophenopheate。

化学名称 对硝基苯酚钾。

结构式

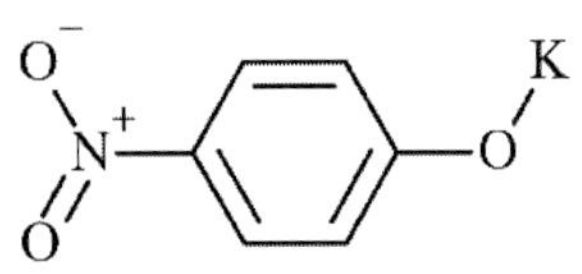

理化性质 复硝基苯酚钾盐制剂为茶褐色液体，相对密度1.028～1.032，易溶于水。pH7.5～8，呈现为中性。

毒　　性 大鼠急性经口LD_{50}为14 187mg/kg(复盐制剂)。

剂　　型 2%水剂、2.5%赤霉酸·复硝酚钾水剂。

应用技术 叶面喷施能迅速地渗透于植物体内，促进根系吸收养分。对萌芽、发根生长及保花和果均有明显的功效。

开发登记 广东省东莞市瑞德丰生物科技有限公司、河南省安阳市全丰农药化工有限责任公司等企业登记生产。

邻硝基苯酚钾 potassium ortho-nitrophenate

其他名称 复硝基苯酚钾盐。

化学名称 邻硝基苯酚钾。

结构式

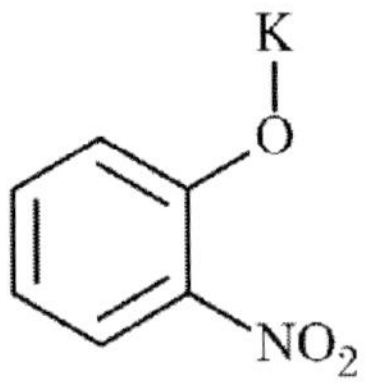

理化性质 复硝基苯酚钾盐制剂为茶褐色液体，相对密度1.028～1.032，易溶于水。pH7.5～8，呈中性。

毒　　性 大鼠急性经口LD_{50}为14 187mg/kg(复盐制剂)。鱼毒LC_{50}(mg/L，48h)：鲤鱼16.65(制剂)。对蜜蜂LD_{50}>33mg/只，LC_{50}为3 350mg/kg蜜液(制剂)；对蚕的LC_{50}>3 000mg/kg，桑叶，LD_{50}为54mg/蚕重(制剂)。

剂　　型 2%水剂、2.5%赤霉酸·复硝酚钾水剂。

应用技术 叶面喷施能迅速地渗透于植物体内，促进根系吸收养分。对萌芽、发根生长及保花和果均有明显的功效。

开发登记 广东省东莞市瑞德丰生物科技有限公司、河南省安阳市全丰农药化工有限责任公司等企业登记生产。

2,4–二硝基苯酚钠 2, 4–dimitrophenate sodium

其他名称 快丰收(其中一个有效成分)。

化学名称 2,4–二硝基苯酚钠。

结构式

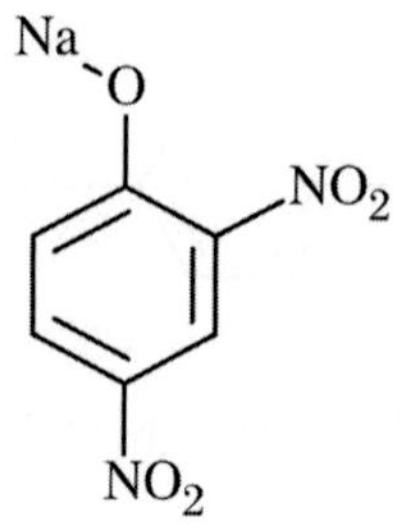

理化性质 黄色晶体，相对密度1.683(24℃)，熔点114～115℃。微溶于水，溶于乙醇、乙醚、苯。毒性大鼠急性经口LD_{50}为1 494mg/kg(快丰收)，急性经皮LD_{50} > 20 000mg/kg(快丰收)。

剂　　型 19.5%复硝酚钠母液、2%复硝酚钠水剂、1.95%复硝酚钠水剂、2.8%萘乙·硝钠水剂。

应用技术 植物生长调节剂。

2,4–二硝基苯酚钾 2, 4–dimitrophenate potassium

其他名称 复硝基苯酚钾盐。

化学名称 2,4–二硝基苯酚钾。

结构式

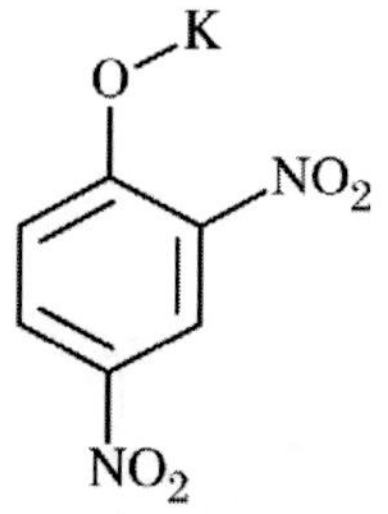

理化性质 复硝基苯酚钾盐制剂为茶褐色液体，易溶于水。pH 7.5～8，呈中性。

毒　　性 大鼠急性经口 LD_{50}为14 187mg/kg(复盐制剂)。

剂　　型 2%复硝酚钾水剂

应用技术 叶面喷施能迅速地渗透于植物体内，促进根系吸收养分。对萌芽、发根生长及保花、保果有明显的功效。

5–硝基邻甲氧基苯酚钠 5–nitro guaiacolate sodium

其他名称 复硝酚钠(组分之一)；爱多收；特多收。

化学名称 5–硝基邻甲氧基苯酚钠。

结构式

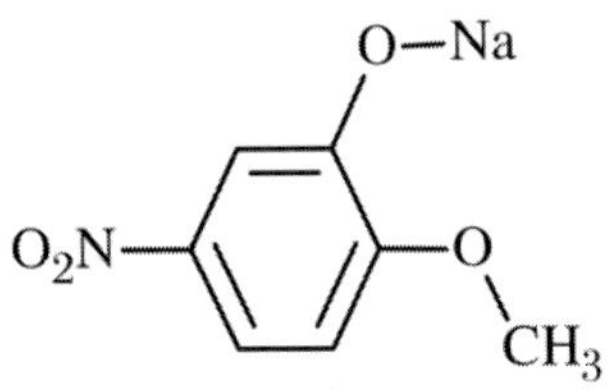

理化性质 无臭橘红色片状晶体，熔点105～106℃。溶于水，易溶于丙酮、乙醇、乙醚等有机溶剂。

毒　　性 大鼠急性经口LD_{50}为3 100mg/kg。

剂　　型 1.4%复硝酚钠水剂、1.8%复硝酚钠水剂。

应用技术 本品为单硝化愈创木酚钠盐植物细胞复活剂。能迅速渗透到植物体内，以促进细胞的原生质流动，加快植物发根速度，对植物发根、生长、生殖及结果等发育阶段均有不同程度的促进作用。尤其对于花粉管的伸长的促进，帮助受精结实的作用尤为明显。可用于促进植物生长发育、提早开花、打破休眠、促进发芽、防止落花落果、改良植物产品的品质等方面。

开发登记 日本旭化学工业株式会社、天津市绿亨化工有限公司等企业登记生产。

邻硝基苯酚铵 ammonium ortho-nitrophenolate

其他名称 多效丰产灵；复硝铵(其中一个有效成分)。

化学名称 邻硝基苯酚铵。

结构式

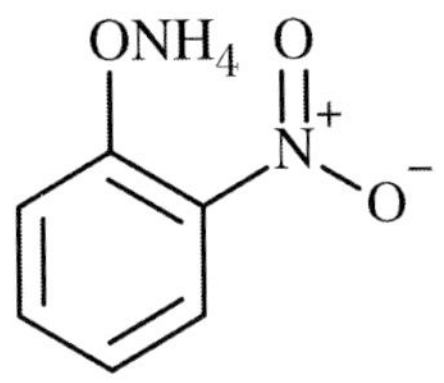

毒　　性 低毒。

剂　　型 1.2%复硝铵水剂。

应用技术 通过根部吸收，促进细胞原生质的流动。叶面处理能迅速被植物吸收进入体内，能加速植物发根、发芽、生长。具有保花、保果、增产作用。

开发登记 广东普宁市华泰联化工厂登记生产。

对硝基苯酚铵 ammonium opava-nitrophenolate

其他名称 多效丰产灵；复硝铵(其中一个有效成分)。

化学名称 对硝基苯酚铵。

结构式

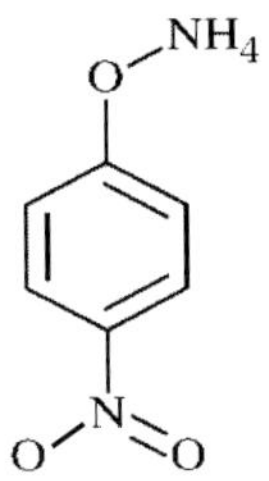

毒　　性 低毒。

剂　　型 1.2%复硝铵水剂。

应用技术 通过根部吸收，促进细胞原生质的流动。叶面处理能迅速被植物吸收进入体内，能加速植物发根、发芽、生长。具有保花、保果、增产作用。

开发登记 广东普宁市华泰联化工厂登记生产。

复硝酚钠 sodium nitrophenolate

其他名称 特丰收；丰产素；爱多收。

化学名称 邻硝基苯酚钠+对硝基苯酚钠+5-硝基邻甲氧基苯酚钠。

结 构 式

$$\text{邻硝基苯酚钠: } C_6H_4(ONa)(NO_2)\text{;}\quad \text{对硝基苯酚钠: } O_2N-C_6H_4-ONa\text{;}\quad \text{5-硝基邻甲氧基苯酚钠: } O_2N-C_6H_3(ONa)(OCH_3)$$

理化性质 复硝酚钠为以上3种硝基苯酚类化合物组成的钠盐，为单硝化愈创木酚钠盐。易溶于水，在常温下储存较稳定，可与一般农药混用。沸点约100℃，冰冻点为-10℃，易溶于水，不易燃，常规条件下储存稳定性超过2年以上。1.8%水剂外观为淡褐色液体，含邻硝基苯酚钠0.6%、对硝基苯酚钠0.9%、5-硝基邻甲氧基苯酚钠0.3%。

毒　　性 本品对高等动物低毒，对眼睛皮肤无刺激性。1.8%水剂小鼠口服LD_{50}为4 800mg/kg体重。兔皮试LD_{50} > 2 000mg/kg体重。

剂　　型 0.7%水剂、0.9%水剂、1.4%水剂、1.8%水剂、2%水剂、0.9%可湿性粉剂、1.4%可溶性粉剂、2%可溶性粉剂。

作用特点 经处理后本品能迅速渗透到植物体内，促进细胞内原生质流动，促进细胞分裂和增殖，有利于叶绿素和蛋白质的合成，可打破种子休眠，促进发芽、发根，促使花芽形成，提早开花和果实增重，防止落花落果，并可消除吲哚乙酸形成的顶端优势，以利与腋芽生长。

应用技术 本品可用于水稻、大麦、小麦、豆类、瓜类、花生、大白菜等作物浸种处理，提高发芽率，用于柑橘、梨、桃、李、梅、柿等果树防止落花落果。

小麦调节生长，生长期，用1.4%水剂0.2～0.25g/kg茎叶喷雾；水稻促进生长、增产，播种前，用1.8%水剂6 000倍液浸种36～72h；移栽前5～7h，用1.8%水剂6 000倍液喷秧苗；幼穗形成期、齐穗期，用1.8%水剂1 000～2 000倍液喷雾次；棉花调节生长、增产，苗前、蕾期和盛花期，用1.8%水剂0.33～0.5g/kg喷雾；大豆调节生长、增产，生长期，用1.8%水剂3 000～4 000倍液喷雾；花生调节生长，生长期，用1.8%水剂5 000～6 000倍液喷雾。

番茄调节生长、增产，生长期，用1.8%水剂0.33～0.5g/kg喷雾；茄子促进生长，生长期，用1.4%水剂6 000～8 000倍液喷雾；黄瓜调节生长、增产，生长期，用1.4%水剂0.15～0.2g/kg喷雾；十字花科蔬菜调节生长、增产，生长期，用1.8%水剂3 000～4 000倍液茎叶喷雾。

苹果树调节生长，生长期，用1.8%水剂5 000～6 000倍液喷雾；柑橘调节生长、增产，生长期，用1.8%水剂3 000～4 000倍液喷雾；荔枝保花、保果，花前、盛花末和幼果期，用1.8%水剂0.33～0.5g/kg喷雾。

注意事项 施用本品时，要严格控制使用浓度，浓度过高会抑制种子发芽率和植物正常生长。本品可与农药和化肥混合使用，喷洒时可加入展着剂，以减少药液流失。结球性叶菜应在结球前停用，烟草需在收烟叶前1个月停用，防止生殖生长过于旺盛。

开发登记 北京华戎生物激素厂、河南省郑州豫珠新技术实验厂等登记生产。

复硝酚钾

其他名称 802。

理化性质 本品为混合物，由对-硝基苯酚钾、邻-硝基苯酚钾和2, 4-二硝基苯酚钾组成。商品为茶褐色液体，易溶于水而澄清，水溶液呈中性，能使皮肤和衣物着色。

毒　　性 对人、畜低毒。

剂　　型 2%水剂、1.8%水剂、98%原药、1.4%水剂。

作用特点 该剂能迅速渗透于植物体内，增强植物的光合作用，促进根系吸收养分，对萌芽、发根、生长和保花保果等有明显的功效，从而提高产量，改善品质。

应用技术 本品用于稻、麦、蔬菜、甘蔗、麻类、柑橘树等作物。一般使用浓度为200～500mg/kg，具体到一种作物的应用，应先试验后推广。

甘蔗调节生长，播种前，用2%水剂3 000～4 000倍液液浸种；茶树调节生长，生长期，用2%水剂4 000～6 000倍液喷雾；亚麻调节生长，生长期，用2%水剂2 000～3 000倍液喷雾；黄麻调节生长，生长期，用2%水剂5 000～6 000倍液喷雾。

番茄调节生长，生长期，用2%水剂87.5～115mg/kg或1.8%水剂3 000~4 000倍液或1.4%水剂15~30ml/亩茎叶喷雾；黄瓜调节生长，生长期，用2%水剂2 000～3 000倍液茎叶喷雾；瓜菜类蔬菜调节生长，生长期，用2%水剂2 000～3 000倍液喷雾；白菜调节生长，生长期，用2%水剂1.25～2.5g/kg喷雾；甘蓝调节生长，生长期，用2%水剂0.4～0.665g/kg喷雾；十字花科蔬菜调节生长、增产，生长期，用2%水剂2 000～3 000倍液喷雾；叶菜类蔬菜调节生长，生长期，用2%水剂2 000～3 000倍液喷雾。

柑橘树调节生长，花前用5 000～6 000倍液喷雾，可以催花、开花后喷施，保花、保果；在果实膨大期喷施可以膨大果实，果实大小均匀。可连续使用2～3次。间隔期7d。

注意事项 施药要均匀，药后6h内下雨应重喷。宜在晴天15时后施药。持效期为10～15d，甘蓝在结球前1个月内不宜使用，以免影响结球。可与一般农药混用，与适量尿素混喷效果更好。

开发登记 江苏剑牌农化股份有限公司、浙江天丰生物科学有限公司、桂林桂开生物科技股份有限公司、山东澳得利化工有限公司河南省安阳市全丰农药化工有限责任公司等企业登记生产。

矮壮素 chlormequat

其他名称 三西；氯化氯代胆碱；CCC。

化学名称 2-氯乙基三甲基氯化铵。

结构式

$$\left[Cl—CH_2—CH_2—\overset{\displaystyle CH_3 \atop |}{\underset{| \atop \displaystyle CH_3}{N}}—CH_3 \right]^+ \cdot Cl^-$$

理化性质 白色粉末状固体，熔点240～241℃，蒸气压(20℃)小于0.01MPa；溶解度：易溶于水，能溶于乙醇，微溶于二氯乙烷，不溶于苯、二甲苯、乙醚、无水乙醇、丙酮；稳定性：露于空气中极易潮解，在中性和微酸性溶液中稳定，遇强碱性物质加热后分解。

毒　　性 对人、畜低毒。大白鼠急性经口LD_{50}(雄性)681mg/kg，(雌性)383～825mg/kg，大白鼠急性经皮LD_{50}＞2 000mg/kg，对皮肤、眼睛无刺激性。

剂　　型 50%水剂、80%可溶性粉剂。

作用特点 矮壮素是季铵型化合物，它主要是通过抑制GGPP转变为贝壳极烯而抑制GA的合成从而达到矮化植株的效果，矮壮素可从叶片、幼枝、芽、根系和种子进入，从而抑制植株的徒长，使植株节间缩短，长得矮、壮、粗，根系发达，抗倒伏。同时叶色加深、叶片变厚、叶绿素含量增多，光合作用增强。生理功能主要表现：抑制徒长，培育壮苗；延缓茎叶衰老，推迟成熟；诱导花芽分化；控制顶端优势，改造株型，使株型紧凑，根系发达，叶色加深，叶片增厚，从而提高作物的抗旱、抗寒、抗盐碱能力。从而提高某些作物的坐果率，改善品质，提高产量。矮壮素可抑制细胞伸长抑制茎叶生长，但不抑制细胞的分裂。

应用技术 小麦防倒伏，提高产量，用50%水剂3%～5%拌种；返青、拔节期，用50%水剂2～3.4g/kg喷雾，可以矮化植株，增强了春小麦的抗倒伏能力；水稻调节生长，生长期，用50%水剂60～80ml/亩对水40kg喷雾；玉米可矮化植株，结棒位低，无秃尖，穗大，粒满种，用50%水剂0.5%浸种6h后播种；在玉米孕穗前用50%水剂200倍液喷植株顶部叶片，有同样的效果。在拔节期旺长田块，用50%水剂15～30ml/亩对水40kg对玉米植株顶部叶片喷雾；另外，玉米11～14叶期，用50%水剂40ml/亩对水40kg对玉米上部叶片均匀喷雾，可以控制株高，促进果穗分化，提高结穗和结实率；高粱矮化植株，使穗长，增加产量，在拔节前，用50%水剂500～300倍液全株喷雾；棉花高水肥田，长势旺，防止徒长，植株紧凑，化学整枝，提高产量，用50%水剂0.3%～0.5%浸种；或在初花期、盛花期、蕾铃期，用50%水剂4 000～5 000倍液喷雾，每亩用药液30kg，喷施于棉株上部和果枝顶部；大豆促进大豆根深叶茂，提早成熟，开花期，用50%水剂200～500倍液均匀喷雾；花生植株徒长、过早封行、田间郁闭，播种后50d左右，用50%水剂1 000～5 000倍液均匀喷雾。应用时，应视群体长势、肥水条件酌情施用。当高产田花生等情况时，应及时喷施，以抑制徒长，而对苗弱、长势差，地力差的田块切勿用药；甘蔗矮化植株，增加含糖量，收获前6周，用50%水剂500～200倍液喷雾。

番茄提早开花，提高坐果率，增产，3～4叶至定植前1周，用50%水剂2 000～2 500倍液喷雾。秧苗较小，徒长程度轻微的，可使用喷雾器均匀喷雾；当秧苗较大、徒长程度重时，可使用喷壶进行喷洒或浇施，每平方米用1kg稀释液，注意用药均匀，防止局部过多；辣椒促进早熟，壮苗增产，分苗时(两片真叶)，用50%水剂20mg/kg喷雾，对有徒长趋势的辣椒植株，花期，用50%水剂40～50mg/kg喷雾；黄瓜防止幼苗徒长，提高秧苗质量，用50%水剂2%～3%浸种8h后播种，一般苗龄较短时宜用较低浓度(2%)浸种，苗龄较长时宜用较高浓度(3%)浸种；黄瓜促进坐果，增产，14～15片叶时，用50%水剂1 000～5 000倍液喷雾；厚皮甜瓜改善植株的生长发育状况，提高产品品质，提高抗逆性，幼苗3叶1心时，用50%水剂50～150mg/kg喷雾，隔7d喷施第2次；马铃薯提高抗旱、抗寒、抗盐碱的能力，增加产量，开花前，用50%水剂200～300倍液喷雾；莴笋防止徒长，促进幼茎膨大，苗期，用50%水剂500mg/kg喷雾。

葡萄控制副梢，使果穗齐，提高坐果率，开花前15d，用50%水剂500～1 000倍液喷雾；柑橘抑制晚秋梢发生，提高树体越冬抗寒能力，促进花芽形成，晚秋梢发生前2周，用50%水剂4 000mg/kg喷雾，1周后喷施第2次。

一串红抑制株高，株型紧凑、茁壮，叶色浓绿，幼苗2对真叶展开时，用50%水剂800～1 000倍液喷雾；杜鹃花延缓营养生长，加速花芽形成，生长期，用50%水剂1 500～2 000mg/kg溶液浇灌盆土；郁金香矮化植株，增大鳞茎，开花后10d左右，用50%水剂500倍液喷雾；天竺葵降低植株高度，提前开花，定植时，用50%水剂500mg/kg施入盆土中；一品红延缓营养生长，促进提前开花，用50%水剂2 000～3 000mg/kg浇灌盆土；一品红节间变短，降低株高，提高一品红的观赏价值，摘心后每周用50%水剂1 500倍液喷雾；高羊茅抑制株高，减少修剪次数，修剪后当天，用50%水剂0.8mg/kg喷雾。

注意事项 矮壮素作为矮化剂使用时土壤水肥条件要好，肥力差、作物长势不旺时不宜使用。作物在使用矮壮素后叶色呈深绿，不可据此判断为肥水充足的表现，而应加强肥水管理，防止脱肥。葡萄在喷施矮壮素以后果实甜度会有所下降，若与硼混用则不会降低含糖量。矮壮素使用效果与温度有关，18～25℃为最适用药温度，宜早晚或阴天施药，施药后禁止通风，冷床需盖上窗框，塑料大棚须扣上小棚或关闭门窗，以便提高空气温度，促进药液吸收。施药后1d内不可浇水，以免降低药效。中午施药，因阳光强烈，气温过高，水分蒸发快，药液来不及吸收，易产生药害，不可用药。如秧苗未出现徒长现象，最好不用矮壮素处理，即使徒长，次数不超过2次。施用矮壮素后必须加强水肥管理。

开发登记 四川国光农化有限公司、上海升联化工有限公司等企业登记生产。

甲哌鎓 mepiquat chloride

其他名称 调节啶；缩节胺；助壮素；壮棉素。

化学名称 1,1–二甲基哌啶氯化铵。

结 构 式

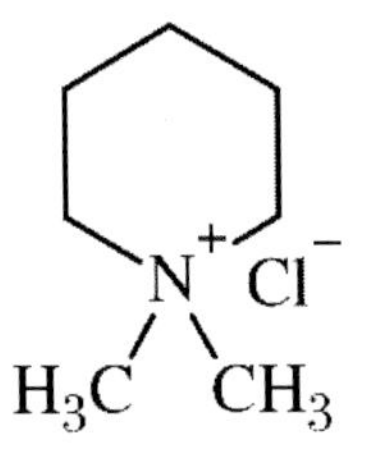

理化性质 纯品为无味白色结晶体，熔点285℃(分解)，蒸气压小于1×10^{-7}mg(20℃)。20℃时100g溶剂中溶解度：水大于100g，乙醇16.2g，氯仿1.1g，丙酮、乙醚、乙酸乙酯、环己烷、橄榄油均小于0.1g。对热稳定。含甲哌鎓99%的原粉外观为白色或灰白色结晶体，比重1.87(20℃)，熔点约223℃，不可燃，不爆炸。中性，比较稳定，50℃以下储存稳定期2年以上。含甲哌鎓97%的原粉为白色或浅黄色结晶体，水分含量小于3%。常温储存稳定期2年以上。可与杀虫剂、杀菌剂或营养液混合使用。

毒　　性 按我国农药毒性分级标准，甲哌鎓属低毒植物生长调节剂，99%原粉大鼠急性经口LD_{50}为1 490mg/kg，急性经皮LD_{50}为7 800mg/kg，急性吸入LC_{50}为3.2mg/L。97%原粉小鼠急性经口LD_{50}为1 032(雄)mg/kg和920(雌)mg/kg，急性经皮LD_{50} > 10 000mg/kg。对兔眼睛和皮肤无刺激作用。在动物体内蓄积性较小。

剂　　型 25%水剂、98%原粉、96%可溶性粉剂、8%可溶性粉剂、40%泡腾片剂、10%可溶粉剂、98%可溶粉剂。

作用特点 甲哌鎓是棉花生长调节剂。是高效内吸性药剂，在植物体内上下双向运输，全株分配，尤以根茎分配最多，一般只要求喷药均匀，植株着药不漏棵，不必全株喷洒。

棉花的叶子吸收而起作用，棉叶对甲哌鎓吸收快而输出慢，喷药后2h内是快吸收期，可吸收总量的50%，2～6h吸收变慢，6h之后，可基本吸够起作用量。不仅抑制棉株高度，对顶部果枝数也有影响，而且对果枝的横向生长有抑制作用。施药3～6d发挥作用，棉花叶子即变色。喷药后10～15d是药效发挥最大作用期，20～25d药效逐渐消失，干旱年份药效较长。由于营养生长与生殖生长协调，纵向与横向生长变小，株型紧凑，从而减少蕾、铃的脱落，开花结铃集中，伏前桃与伏桃比例增加，衣分、衣指、籽指、铃重及结果子棉产量都有增加，且对皮棉质量无不良影响。喷施缩节胺对棉花后代种子的发芽率无不良影响。

棉花化控作用特点：控上(地上部分)和促下(根系)的作用并存；修饰外形与调节内部生理作用同步；营养生长和生殖生长相互协调。

甲哌鎓在喷施3～5d后，主茎的日生长量开始下降，喷施后10～15d是药效发挥作用最大的时期，20～25d后其药效就很弱了。

应用技术 花生生长前期植株较小，应遵循少量多次的原则施用。中期棉花长势强，营养生长和生殖生长并进，是对保铃棉进行化学调控的关键时期，应及时施用甲哌鎓。后期保铃棉棉株基本长成，生长发育缓慢，棉株自身调节能力加强，疯长的可能性小，一般不再施用化控。在高温强光条件下易分解和干燥固定，效果降低，因此应在早晨或傍晚喷施。当保铃棉田需要打群尖时，可通过施用缩甲哌鎓来替代打群尖。

玉米大喇叭口期，使用25%水剂300~500倍液，对水喷雾，调节生长。

棉花苗矮壮，根系发达，提高成活率，现蕾期提前，增产，营养钵育苗田，棉苗出真叶前，用25%水剂10mg/L均匀喷雾；在棉花株高45～60cm早期开花阶段，出现8～10朵白色或黄色花朵时，用25%水剂66～100ml/亩对水20kg均匀喷雾，若施药后6h之内有雨时，需加黏着剂或展着剂；棉花提高种子的吸水与保水能力，促进侧根发生，提高幼苗对低温的抗性，用25%水剂200mg/kg浸种8h；棉花生育期间全程化控，第1次，苗期施用量一般不超过25%水剂1ml/亩对水20kg喷雾。此时棉株矮小，喷施时不要有棉株漏喷；在初蕾期(6～10片真叶)，用粉剂(含量96%)0.5～0.8g/亩，配成50mg/kg浓度，每亩喷药液15～20kg，保根壮苗，增强抗性；第二次在初花期，用96%可溶性粉剂2～3g/亩，配成50～100mg/kg，每亩喷药液30～40kg，可抑制棉株旺长，塑造理想株型，推迟封行增结优质铃数；第三次在花铃期，用96%可溶性粉剂2～4g/亩，配成100～150mg/kg，可抑制后期无效枝蕾和赘芽生长，防贪青迟熟，增加铃重，如果此时棉花长势偏旺，阴雨天多，可每隔10～15d喷施1次。喷后6h内遇雨，雨停后要再次喷施。若用化学封顶，可加大药量和提高浓度，用96%粉剂3～5g/亩，配成200mg/kg，向植株外围喷施，控制果枝顶端生长，起到打群尖的作用；花生提高根系活力，增加荚果重量，改善品质，下针期和结荚初期，用25%水剂150～

200mg/kg喷雾；在始花期至盛花期，用98%原粉2～4g/亩对水40kg均匀喷雾；甘薯增加薯块数，提高产量，在甘薯长至0.5～0.7m蔓长时，用8%可溶性粉剂150～300mg/L均匀喷雾。

控制马铃薯藤蔓，在薯块快速生长期（雨水多的地区藤长约1m，雨水少的地区藤长0.8m左右）10%可溶粉剂333%～500%倍液喷全株1次，肥水好的地块可间隔15～20d再喷1次。

番茄促进壮苗，提高抗寒能力，苗期，用25%水剂500～800mg/L溶液喷雾；大棚黄瓜矮化植株，促进坐果，提高产量，7～8个叶片时，用25%水剂100～150mg/L喷雾；黄瓜增加雌花数量，3～4片真叶时，取1g结晶对水50kg叶面喷雾，注意事项；①喷洒后，因此要间隔20%～30%的瓜苗不喷，留作传粉；②喷洒处理的瓜苗，结果特别多，要加强施肥管理和叶面喷肥，并及时摘采成瓜；花椰菜采收一致，球径6cm左右时，用25%水剂105mg/kg喷雾；大蒜或洋葱推迟鳞茎抽芽，延长储存时间，收获前，用25%水剂100～150mg/kg喷雾。

注意事项 甲哌鎓人体每日允许摄入量(ADI)是105mg/kg。美国规定在棉籽中最高残留限量(MRL)为1.0mg/kg；使用甲哌鎓应遵守一般农药安全使用操作规程，避免吸入药雾和长时间与皮肤、眼睛接触；甲哌鎓易潮解，要严防受潮，潮解后可在100℃左右温度下烘干；药剂虽毒性低，但储存时还需妥善保管，勿使人、畜误食。不要与食物、饲料、种子混放；在强光下易分解，故应避免在强度光下喷药，在田间相对湿度高时喷施，可发挥最大药效。

开发登记 郑州郑氏化工产品有限公司、天津市绿亨化工有限公司等企业登记生产。

哌壮素 piproctanyl

其他名称 菊壮素；Stemtrol；Aiden；Piproctanly；Piproctanylbromide(BSI，ISO)；ACR-1222。

化学名称 1-烯丙基-1-(3,7-二甲基辛基)溴氮己环。

结 构 式

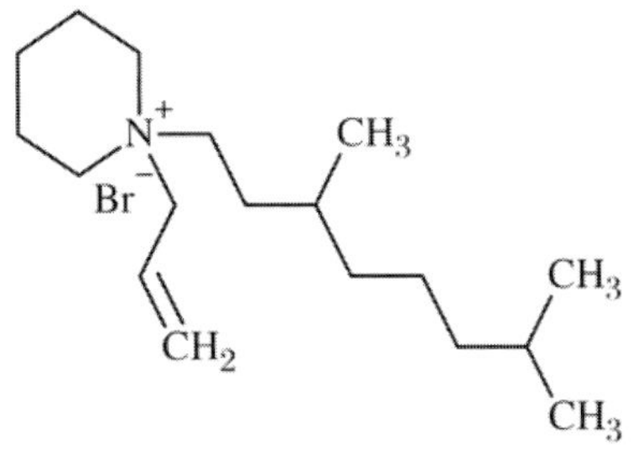

N^+ Br^- CH_3 CH_3 CH_2 CH_3

理化性质 哌壮素为浅黄色固体(蜡状)，对光稳定，对碱稍不稳定。哌壮素为季铵性植物生长延缓剂。处理植物后叶片和根系能很快吸收，并运输到茎秆中。能影响一些酶系统，促进内源赤霉素的代谢，抑制植物节间伸长，使植株茎秆矮化，花梗粗壮，叶色浓绿。适用于温室花卉。

毒　　性 微毒，大鼠急性口服LD_{50} > 15 000mg/kg体重，大鼠急性经皮LD_{50} > 5 000mg/kg体重。

剂　　型 可湿性粉剂。

应用技术 施用抗倒胺能延缓植物生长。易被根系吸收。在稻株体内、土壤和水中易代谢，无残留。适用作物对水稻有很强的抗倒伏作用，用于观赏植物的株型控制，防止徒长。如菊花、倒挂金钟、凤仙花、马缨丹、蒲包花、矮牵牛等。

注意事项 哌壮素不宜用于可食用的植物。

多效唑 paclobutrazol

其他名称 pp333(代号)；氯丁唑。

化学名称 (2RS, 3RS)-1-(4-氯苯基)-4,4-二甲基-2-(1H-1,2,4-三唑-1-基)戊-3-醇。

结构式

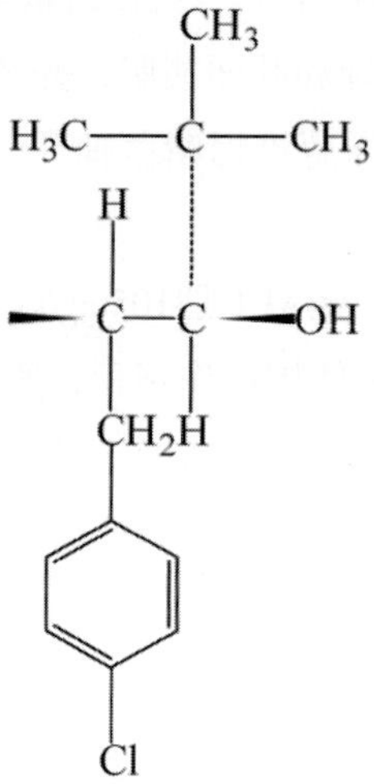

理化性质 属三唑类化合物。原药外观为白色固体，比重1.22，熔点165～166℃，20℃时蒸气压为1×10^{-6}MPa，水中溶解度为35mg/kg，溶入甲醇、丙酮等有机溶剂。可与一般农药相混。50℃时储存，至少6个月稳定。常温(20℃)储存稳定期在2年以上。

毒　　性 按我国农药毒性分级标准，多效唑为低毒植物生长调节剂。原药大鼠急性经口LD_{50}为2 000(雄)、1 300(雌)mg/kg，急性经皮LD_{50}对大鼠及兔均大于1 000mg/kg，对大鼠和家兔的皮肤、眼睛有轻度刺激。大鼠亚急性经口无作用剂量为250mg/(kg·d)，大鼠慢性经口无作用剂量为75mg/(kg·d)，试验室条件下未见致畸、致癌、致突变作用，对鱼低毒，虹鳟鱼LC_{50}(96h)为27.8mg/L，对鸟低毒，对野鸭急性经口$LD_{50}>7$ 900mg/kg，对蜜蜂低毒，$LD_{50}>0.002$mg/只。

剂　　型 10%可湿性粉剂、15%可湿性粉剂、5%乳油、0.4%悬浮剂、25%悬浮剂、30%悬浮剂、15%悬浮剂。

作用特点 多效唑的作用机制是专一地阻碍贝壳杉烯向异贝壳杉烯酸氧化，抑制赤霉素的生物合成。主要对植物的以下生理活动产生影响：

对内源激素的影响：多效唑能降低内源GA3的含量，并且是通过抑制GA3的生物合成而实现的。①多效唑处理后，内源GA3含量下降。且下降值随多效唑处理浓度的增大而变大；②多效唑的作用效应可被GA3所逆转，GA3可以逆转多效唑对玉米愈伤组织生长的抑制作用和对愈伤组织内过氧化物酶活性的影响；③高等植物中非细胞体系的GA3的生物合成被多效唑所抑制。多效唑对植物生长的抑制等作用是通过调节内源激素之间的平衡来实现的。

多效唑对酶活性的影响：多效唑处理后，植株愈伤组织内过氧化物酶活性和吲哚乙酸氧化酶活性均显著提高，因为这两种酶均可分解IAA使其含量下降，IAA含量的下降可能也是多效唑控制生长、矮化株型的机理之一。

多效唑对光合作用的影响：植物经多效唑处理后，叶色浓绿，叶绿素含量增加，光合作用增强，光合产物增多，这可能就是多效唑能改善再生苗或移栽苗素质，提高其移栽成活率，并增加农作物产量的原因之一。

多效唑对束缚水和脯氨酸含量、细胞质膜透性的影响：经多效唑处理后，植物叶片中自由水含量降低，束缚水含量增加，脯氨酸含量提高，细胞质膜的差别透性则降低，特别是在高温和低温的逆境下这种效果更为明显；这可能就是多效唑增强植物抗逆性的原因。

多效唑的农业应用价值在于它对作物生长的控制效应：缩短茎节，降低株高，改善群体结构；调节光合产物分配去向，影响开花结实性及产量；影响植株的光合特性和生化特性；提高幼苗的抗旱性和植株的抗逆力。

应用技术

(1)**控制营养生长**

小麦 提高产量，播种前，用15%可湿性粉剂100g拌细土均匀撒施，耙耱平地面后及时播种，施在晚熟、低秆品种上，易贪青晚熟或减产；用15%可湿性粉剂8～10g拌10kg种子或用100mg/L浸种8～10h后播种，可缩短基部节间，使茎粗增加，降低株高；小麦增强抗倒伏能力，根系发达，延长叶片功能期，提高产量，幼穗分化二棱中期或末期，用15%可湿性粉剂20g/亩对水30kg均匀喷雾。

水稻 增加分蘖，增强根系生长，水田耙平后，用15%可湿性粉剂75～100g/亩与尿素8～10kg拌匀后均匀施于已耙平的大田，施后再抹田1次。插秧后不再灌水让其自动落干；水稻培育矮壮长龄抛秧苗，播前，将水稻种子在15%可湿性粉剂350～450mg/kg药液中浸种24h，洗净再浸清水中24h，播种；水稻促进秧苗分蘖，移栽后返青快，提高成穗数，薄膜育秧田，在移栽前6～18d，用15%可湿性粉剂100～150g/亩拌细土10kg，田间排干水后均匀撒施，第2d覆水；水稻抑制植株节间伸长，增强抗倒伏能力，抗倒伏较好的长秧龄品种，在秧苗5叶1心期，用15%可湿性粉剂150g/亩对水60kg喷雾；易倒伏的品种，2次用药，第1次在播种后至1叶1心时，用15%可湿性粉剂120g/亩对水60kg喷雾，第2次在10叶期，用15%可湿性粉剂60～80g/亩对水60kg喷雾。施时把水排干，8h后再灌水。

花生 控长促枝和防倒作用，促进幼果生长和荚果充实饱满，用15%可湿性粉剂50～100mg/kg浸种1h，捞出晒干播种；在花生结荚期(花后20～25d)，用15%可湿性粉剂23.3g/亩，矮生型品种以15%可湿性粉剂16.7～20g/亩、稳长型以15%可湿性粉剂20～26.7g/亩对水30kg均匀喷雾。

大豆 控制株高，降低节间长度，增加单株分枝和荚粒数，提高产量，初花前5d至始花后7d，用15%可湿性粉剂50～100g/亩对水50kg均匀喷雾，以叶片湿润不滴流为限。

油菜 控制茎段伸长，增加茎粗，提高产量，幼苗3叶期，用15%可湿性粉剂50～100g/亩对水50～60kg均匀喷雾，注意：定量稀播，苗床播量控制在0.5kg/亩内，增施后期肥料。

马铃薯 抑制植株高度，单株结薯数下降，大薯率上升，提高淀粉含量、增加产量，初花期，用15%可湿性粉剂2.5g/L喷雾。

网纹甜瓜 降低植株下胚轴，增加根系生长量，将种子先浸种30min，而后用15%可湿性粉剂100mg/L浸种1h后播种。

黄　瓜 黄瓜降低第1雌花节位，增多雌花数，1叶1心期，用15%可湿性粉剂100mg/kg喷雾。抑制瓜蔓生长，提高坐果率，增强抗逆性、抗病性，提高含糖量，瓜蔓伸至60cm左右时，对生长过旺的植株用15%可湿性粉剂200～500mg/L喷雾，每隔10d喷1次，共喷2～3次；也可用15%可湿性粉剂50mg/L灌根。

春萝卜 控制徒长、抑制抽薹、增强抗性、增加产量，采收前20～30d膨大前期，用15%可湿性粉剂

100mg/kg喷雾。

辣椒 促使发根，抑制茎叶徒长，3～4叶期，用15%可湿性粉剂5～20mg/kg喷雾或撒药土处理幼苗，视苗情施用1～2次；辣椒提高根冠比，提高产量，移栽前，用15%可湿性粉剂50～100mg/kg浸根；不能用于浸种，不宜在辣椒3叶期以前施用。

甜椒 增加开花数和坐果率，提高单果重，改善品质，大棚青椒始花期，用15%可湿性粉剂1 000mg/L叶面喷雾，隔12d喷1次，连喷3次。

草莓 抑制匍匐茎的抽生，使果型变大，提高产量，现蕾初期，用15%可湿性粉剂50～100mg/kg喷雾，间隔3～4周喷施1次。

苹果 促进花芽形成，提高坐果率和增加产量，对8年生红星、富士苹果偏旺幼株树，红星苹果树，用15%可湿性粉剂500～1 000mg/kg喷雾较好，富士苹果用15%可湿性粉剂1 000mg/kg喷雾好，在新梢长到10～15cm时第1次喷施，隔10d喷施第2次。

梨树 促进幼果脱萼，改善果形外观和品质，控制新梢生长，促进花芽分化，盛花期，用15%可湿性粉剂250～300mg/kg叶面喷雾。

香梨抑制新梢的生长，促进花芽的形成，提高产量，3年生树在新梢长至10～20cm时，用土施50%可湿性粉剂5g/株或喷施15%可湿性粉剂500mg/L+土施5g/株。

柑橘 抑制秋梢伸长，促进花芽分化。秋梢萌发初期，用15%可湿性粉剂1 000～1 600mg/kg叶面喷雾，柑橘控制春梢营养生长，减少养分消耗，提高坐果率，花蕾期，用15%可湿性粉剂125～167g对水25kg均匀喷雾，以喷洒后叶片滴水为止，重点喷洒春梢幼嫩的梢尖。

芦柑 控制冬梢萌发，促进结果母枝充实和花芽分化，秋梢长至3～5cm时，用15%可湿性粉剂500mg/kg喷雾。

核桃 降低新梢生长量，提高抗冻性，避免越冬抽条。在新梢长15cm左右时，用15%可湿性粉剂1 000～2 000mg/L喷雾，喷到叶面滴水为度。

胡椒 抑制植株抽生顶梢的数量，增加坐果率。初花期，用15%可湿性粉剂1 000～2 000mg/L喷雾。

李子 控制新梢加长和加粗生长、降低株高、缩短节间、增加短果枝、降低长果枝和中果枝比例、促进花芽分化、提高单株产量，对3年生大石早生李，土施在10月以后至翌年3月底以前，新梢旺长前、长度在10cm左右时进行，土施按用15%可湿性粉剂4g/m^2(投影面积)。

葡萄 代替人工摘心打杈，生长期，用15%可湿性粉剂2 000mg/kg叶面喷雾；巨峰葡萄抑制副梢生长，减少落花落果，提高产量，花期前后，叶面喷雾，方法是：第1次施药在花前，新梢叶片8～12时，用15%可湿性粉剂500mg/kg喷雾；第二次在盛花期，用15%可湿性粉剂100mg/kg喷雾；第3次在谢花后，子房开始膨大时，用15%可湿性粉剂200mg/kg喷雾；葡萄抑制营养生长，提高芽眼萌动率、坐果率、单粒重，降低果形指数，提高耐贮运能力，灌淤土条件下栽培6～8年生的圆葡萄，用15%多效唑可湿性粉剂5～8g对水5L，葡萄上架后，距主蔓50～80cm，挖30cm深环形沟，浇在沟内。

石榴 控制新梢加长及加粗生长、缩短节间长度、促进花芽分化、提高产量，对8年生石榴，5月底和7月中旬，用15%可湿性粉剂1 500mg/L喷雾，以滴水为度；5月底每株土施15%可湿性粉剂1.5g。

杏 抑制树枝条生长，提高当年坐果率，3～5年生树春季发芽前，用15%可湿性粉剂8～10g/株稀释100倍灌根。

桃 土施要在枝梢旺长前施入，在春季发芽后至4月下旬，桃新梢长10～20cm，叶面喷施在5月中下旬，新梢长30cm左右时进行；使用方法：①土施法：即在树冠投影边缘以内50cm，绕树干挖一宽30～40cm、深15～20cm(以见到部分吸收根为度)的浅沟，将称量过药用适量水充分溶解稀释，再用喷壶均匀施入浅沟内，然后覆土，以浸透沟内根系为宜。土施用量，按树冠正投影面积每1m²施15%可湿性粉剂1g，根据品种、树势灵活掌握。②叶喷法：在桃树生长季内，新梢长30cm左右开始，配成不同浓度的溶液，喷洒在嫩梢和嫩叶上。根据立地条件、品种特性和树势强弱，合理确定使用浓度，对北方品种和黄桃及壮旺树，15%可湿性粉剂300～150倍液，间隔20d连喷2次，每株用药量不超过5kg稀释液；对南方品种和中庸树使用15%可湿性粉剂500～300倍液，间隔20d连喷2次，每株用药量不超过3kg稀释液。③涂环法：在桃树主干或大枝基部用刮树挠刮去粗老翘皮，上下宽10～20cm，用毛刷蘸已配好的多效唑溶液，涂抹严实，然后用报纸或塑料布包扎伤口，浓度以15%可湿性粉剂50～37.5倍液。

荔枝 树控梢，生长期，用10%可湿性粉剂250～500喷雾。

龙眼 控梢，生长期，用10%可湿性粉剂250～500喷雾。

大棚桃 郑州地区在6月中下旬，当2次枝长到40～50cm，或2次枝摘心后3次枝长到25～30cm时喷施15%可湿性粉剂300倍液。10～15d后再喷1次100倍液。7月下旬，如果生长过旺还需再喷1次。不同品种成花能力和对多效唑的敏感性强弱依次分别为早美光、曙光、早红珠、五月火、丹墨、华光、早露蟠桃、艳光。

草坪 施药时间宜选在草坪旺盛生长期到来之前，进行过第1次修剪后再行施药，施用量：对高羊茅、早熟禾、黑麦草等各类高生型，冷季型草坪品种系列，施药剂量应掌握在每平方米用15%可湿性粉剂1.2g左右，成坪后的中龄坪可提高到每平方米1.5g，初龄坪可降到低1.0g，按此药量施入，一般每年2次，基本可以达到少剪或不剪的目的。

蝴蝶兰 提高品质，夏季反季节生产，在花梗长10～15cm时，用15%可湿性粉剂3 000倍液喷雾；一品红矮化植株，分枝多，叶色浓绿，扦插定植后，用15%可湿性粉剂每盆20mg/kg溶液5～10ml土壤浇灌，摘心后2～3周的植株，用15%可湿性粉剂每盆浇灌20mg/kg10～20ml，植株长到5节时，用15%可湿性粉剂160mg/kg叶面喷雾。

(2)**影响开花期**

水稻制种田延迟开花，对母本偏早的田块(母本幼穗偏早3期以上预测花期早5～7d)，可在母本幼穗分化在五六期末，母本叶片在12.5叶左右时，一般花期偏早5～7d，用15%可湿性粉剂100g/亩对水50kg喷雾，具体还应视苗情、花期差异程度灵活掌握，使用多效唑的副作用，表现为抽穗速度缓慢，穗形变小、柱头外露率降低，影响产量。

萝卜制种田延缓花期，使植株变矮、分枝增多，对已通过春化的萝卜种苗，用15%可湿性粉剂160～320mg/L喷雾，隔3d喷1次，共喷3次。

菊花延长观赏时间，蕾期，用15%可湿性粉剂300mg/kg喷雾；金鸡菊矮化，延迟花期，4～5片真叶时，用15%可湿性粉剂6g/kg喷雾；月季延长开花期，花发育早期(小绿芽期)，用15%可湿性粉剂500mg/kg喷雾。

(3)**在组织培养中的应用**

水稻提高再生绿苗的获得率，并使秧苗叶色浓绿，苗型矮壮，根数多而短，提高试管苗移栽成活率，将再生绿芽和未成熟的胚接种在含有15%可湿性粉剂16mg加BA 2mg加萘乙酸0.2mg/L的B6培养基上；小麦根系发达、茎秆粗壮、叶色深绿的壮苗，提高再生苗移栽成活率，将冬小麦花粉再生植株培养在含

15%可湿性粉剂20mg/L和8%蔗糖的MS培养基中。

马铃薯降低株高和节间长度，增加节数和生根数，植株叶片变厚，提高移栽的成活率，组培快繁过程中，在MS培养基中加入15%可湿性粉剂1.3～2mg/L。

草莓脱毒苗生根数明显增多，根粗、根长明显增加，应用时应在生根培养基MS中加入15%可湿性粉剂1.3～2.5mg/L。

注意事项 多效唑在土壤中残留时间较长，施药田块收获后必须经过耕翻，以防止对后作有抑制作用；一般情况下，使用多效唑不易产生药害。若用量过高、秧苗抑制过度时，可增施氮肥或赤霉素解救；不同品种的水稻田其内源赤霉素、吲哚乙酸水平不同，生长势也不相同，生长势较强的品种需多用药；生长势弱的品种则少用。另外，温度高时多施药，反之少施；植株生长不良时不宜喷施，旱薄地不宜使用多效唑。使用多效唑要与加强肥水管理相结合；多效唑可大幅度提高坐果率增加产量，特别是葡萄。因此，应注意增施肥料，疏花疏果，以免因结果过多影响树势或造成大小年；3～4年生以下的树，树体积累的营养较少，不要急于让其大量结果，以免影响树冠扩展；多效唑不能代替肥料。还应加强土肥水综合管理和病虫害综合防治，保证营养供应。未经试验的果园，应先试验后推广；多效唑用量过头时，可喷施赤霉素缓解。

开发登记 江苏百灵农化有限公司、安阳全丰生物科技有限公司等企业登记生产。

烯效唑 uniconazole

其他名称 特效唑。

化学名称 (E)-(RS)-1-(4-氯苯基)-4,4-二甲基-2(1H-1,2,4-三唑-1-基)-戊-1-烯-3-醇。

结构式

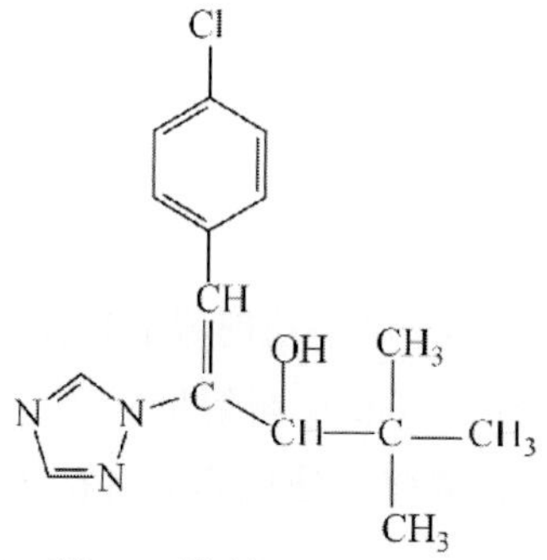

毒　　性 对人畜低毒。小鼠经口鼠LD_{50}雄性4 000mg/kg，雌性2 850mg/kg。对鱼毒性中等，金鱼TLm(48h)＞1.0mg/kg，蓝鳃鱼6.4mg/kg，鲤鱼6.36mg/kg。

理化性质 白色结晶固体，熔点147～164℃，20℃蒸气压为5.82mmHg。25℃时水中溶解度为8.4mg/kg，21℃时正己烷小于1%(w/w)，丙酮为10%～20%(w/w)，甲醇为10%～20%(w/w)。烯效唑比多效唑易降解，在土壤中的降解半衰期约为多效唑的1/2。

剂　　型 5%可湿性粉剂、5%乳油、10%悬浮剂。

作用特点 是赤霉素合成抑制剂，阻碍贝壳杉烯甲基的氧化，从而切断赤霉酸的生物合成途径，抑制节间细胞的伸长，使植物生长延缓。E型异构体活性最高，他的结构与多效唑类似，只是烯效唑有碳双链，而多效唑没有，这是烯效唑比多效唑持效期短的一个原因。同时烯效唑E型结构的活性是多效唑的10倍以上。若烯效唑的4种异构体混合在一起，则活性大大降低。

烯效唑浸种抑制种子胚乳中α-淀粉酶活性，表现活性峰滞后，峰值比对照下降60%～80%。具有控制营养生长，抑制细胞伸长、缩短节间、矮化植株，促进侧芽生长和花芽形成，增进抗逆性的作用。其活性较多效唑高6～10倍，但其在土壤中的残留量仅为多效唑的1/10，因此对后茬作物影响小，可通过种子、根、芽、叶吸收，并在器官间相互运转，但叶吸收向外运转较少。向顶性明显。

烯效唑使植株矮壮的生物学基础是使植株细胞变小，而组织的细胞层数增加；抑制植株伸长生长的原因是细胞长度变短，细胞排列小而紧密，而不是细胞数量减少。也就是说，烯效唑抑制生长的原因是通过改变单个细胞的大小、长度及细胞间的排列程度来抑制节间伸长，而不是延缓细胞分裂。

应用技术 水稻浸种，使用5%可湿性粉剂330～1 000倍液，浸种24～36h，其间搅拌1～2次，稍加洗涤后催芽，待齐芽后播种。不同植物或同一植物不同品种对本品敏感性不同。糯稻> 粳稻>杂交稻，敏感程度越高，对水量越多。水稻增加分蘖，使用5%可湿性粉剂333～500倍液，在水稻秧苗1叶1心或1叶1心施药均匀喷雾。水稻分蘖后期（拔节前1周），控制生长，使用5%可湿性粉剂15～20ml/亩，用水量30～45kg/亩，均匀喷雾。

花生盛花末期，使用5%可湿性粉剂400～800倍液喷施全株1次，喷湿为度，不重喷和漏喷，不随意增大使用浓度。能有效控制花生植株旺长，增加花生产量。在干旱期或植株长势弱时禁用。一般亩用药液30～40kg。

油菜：在油菜抽薹初期至抽薹20cm高时，使用5%可湿性粉剂400～533倍液喷施全株1次，能降低株高增强抗倒能力，增加产量。不重喷和漏喷，在干旱期或植株长势弱时禁用。一般亩用药液30～40kg。每季最多用药1次。

柑橘树春梢老熟夏梢未抽时，使用10%悬浮剂1 000～1 500倍液，喷雾对柑橘树控梢。每个生长季最多使用2次。

在草坪生长期、修剪后2～3d内，使用5%可湿性粉剂111～167倍液茎叶喷雾喷施。一般冷季型草坪可在春季或秋季施用，暖季型夏季施用，一年内用药1～2次。

番茄抑制秧苗株高的伸长生长及叶面积的扩展，促进地上部和根系的干物质积累，在幼苗2叶1心期，用5%可湿性粉剂1～5mg/kg叶面喷雾；马铃薯降低株高和植株地上鲜重，提高地下植株的块茎数量和块茎干重，增加块茎重量，提早成熟，初花期，用5%可湿性粉剂30～40mg/kg叶面喷雾；萝卜降低株高，增产，膨大中期，用5%可湿性粉剂30～50mg/kg的药液30kg喷雾。

葡萄促进果实着色，增加可溶性糖含量，提高糖酸比，增加果重，在果实成熟前10～20d，用15%可湿性粉剂500～1 000倍液喷于果穗上。

据资料报道，小麦分蘖提早，分蘖增多成穗率高，一般按每亩播种量计算，用5%可湿性粉剂4.5g/亩加水22.5kg处理麦种150kg，用喷雾器喷施到麦粒上，边喷雾边搅拌，手感潮湿而无水流，经稍摊晾后直接播种，或置于容器内堆闷3h后播种，如播种前遇雨，未能及时播种，即摊晾伺机播种，播种量要在原有基础上增加8%，无不良影响，但不能耽误过久；小麦控制节间伸长，增强抗倒伏能力，小麦拔节期，用5%可湿性粉剂30～50mg/kg药液50kg均匀喷雾；玉米植株粗壮，叶片厚度、叶宽和茎基宽增加，根数增多，用5%可湿性粉剂40mg/kg浸种8h，种子与水的比为1：4；甘薯叶色变深，茎蔓变粗，节间缩短，增加产量，在茎叶生长盛期向块根肥大转变初期，夏薯一般在成活后60～90d，用5%可湿性粉剂30～40mg/kg喷雾；大豆降低株高、增加结荚数，提高产量，始花期，用5%可湿性粉剂30～50g/亩对水30～50kg均匀喷雾。

注意事项 烯效唑浸种降低发芽势，随用药量增加更明显，浸种种子发芽推迟8～12h，对发芽率及苗生长无大差异，本田增施钾、磷肥有助于发挥烯效唑的增产效果。以浸种代替苗期处理方法；烯效唑在水稻秧苗控长促蘖方面需建立在稀播基础上，控制播种量，每亩勿超过30kg；烯效唑活性高，要根据作物品种控制用药浓度，以免浓度过高控长过头，相反，浓度过低达不到理想的效果。若秧苗抑制过度时，可增施氮肥或赤霉素解救。

开发登记 江苏剑牌农药化工有限公司、江苏七洲绿色化工股份有限公司等企业登记生产。

三十烷醇 triacontanol

其他名称 TA。

化学名称 正三十烷醇。

结 构 式

CH3(CH2)28CH2OH

理化性质 外观：白色粉末或鳞片状晶体。几乎不溶于水，难溶于冷的乙醇、苯，可溶于热乙醇、乙醚、苯、甲苯、氯仿、二氯甲烷、石油醚等有机溶剂。熔点：85.5 ~ 86.5℃。

毒 性 三十烷醇是对人、畜十分安全的植物生长调节剂，小鼠急性口服LD_{50}为1 500mg/kg(雌)，8 000mg/kg(雄)，以18 750mg/kg的剂量给10只体重17 ~ 20g小鼠灌胃，7d后照常存活。

剂 型 0.1%微乳剂、0.1%可溶性液剂。

作用特点 三十烷醇普遍存在于植物根、茎、叶、果实和种子的角质层蜡质中，其作用机理至今还不很清楚。Ries教授在1987年的“三十烷醇国际学术会议”上指出：TA能快速地改善植物的代谢作用，其表现为增加糖、氨基酸及总氮量的积累，TA处理后，对光合作用、胡萝卜素的合成及ATPase(三磷酸腺苷酶)、NR(硝酸还原酶)及RuBP羧化酶的活力皆有提高。TA能快速地穿过植物表皮，并在其原生质膜上激发了水溶性的第二信使TRIM(TA诱导产生的高活性物质)，它很迅速地在植株内转移，并明显地参加了膜上的ATPase的活力。由于在关键性的中间代谢产物的合成中，通过一个阶式连接作用的结果，引起了综合效应，这就是TA快速促进植物生长、增加作物产量及有时改善作物品质的基本原理。

中国科学院上海植物生理研究所陈敬祥研究员指出：TA导致作物增产的代谢途径可能是一个环式循环，环的集中点是有机养料供应增多，环的上半部是：光合磷酸化的促进→高能态积累→腺三磷(ATP)形成→二氧化碳同化加强→有机养料增加→作物产量增加；环的下半部是：细胞透性改善、硝酸还原酶活力提高→氨基酸活跃→蛋白质合成促进→根系生长增益→有机养料增多→作物产量增加。

三十烷醇(TA)主要生理效应包括：①增加光合色素含量，提高光合速率；②促进细胞分裂、生长及干物质积累；③提高多种酶的活性等。

应用技术 小麦叶色深绿，减少不孕穗数和花数，增加穗粒数、促进灌浆、增加粒重和抗御、减轻干热风危害，小麦返青期、孕穗期、抽穗期、扬花期均可使用，0.1%三十烷醇微乳剂1 667 ~ 5 000倍均匀喷雾，整个生育期不超过3次，施药后，与0.2%的尿素或微量元素混合喷施，增产效果明显。

花生提高种子发芽势，促使苗全、苗壮，用0.1%微乳剂0.1g/kg浸种；花生提高叶绿素含量和光合能力，提高花生成果率，促进果实膨大增重，增加产量，花生在苗期、开花末期及下针初期，使用0.1%三十烷醇微乳剂1 000 ~ 1 250倍液叶面均匀喷雾，整个生育期使用2次。

平菇促进和抑制污染杂菌的菌丝生长，缩短平菇生育期和提高产量，生料栽培中，拌入0.1%微乳剂

5g/kg 2ml拌150g料；金针菇促使提早现蕾出菇，提高产量，用0.1%微乳剂0.003%喷在袋内出现幼蕾的料面上，并使料面均匀湿润；蘑菇提高产量与品质，平菇现苗期，用0.1%三十烷醇1 333～2 000倍液1～2次，间隔3d左右（可将菌袋直立地面，上端开口，用手持式喷壶喷至菇蕾表面有薄薄1层雾滴即可）。

据资料报道，水稻提升午前开花率，提高结实率，制种田在不育系植株的盛花前期，用0.1%微乳剂500mg/kg喷雾；水稻促进稻株生长发育，增加有效穗、穗粒数、穗实粒数，提高结实率、千粒重和晒干率，幼穗分化2～3期和孕穗期，用0.1%微乳剂1～2g/L喷雾，将叶片双面喷匀喷湿；水稻提高发芽率，增加发芽势，增产，用0.1%微乳剂0.5～1g/kg浸种2d后催芽播种；玉米植株粗壮、果穗大、籽粒饱满均匀、秃顶少、叶片功能延长，始花期和灌浆期，用0.1%微乳剂0.1～0.3g/kg喷雾；甘蔗促进萌发，选取大小均匀、无病虫害的植株中上部茎，切成单芽苗，用0.1%微乳剂0.5～2.0g/L溶液浸30h，播种；山楂树叶色浓绿、叶片增大，果实生长迅速，着色早、颜色鲜艳，提高坐果率，在开花期，用0.1%微乳剂0.1～0.2g/kg叶面喷雾。

注意事项 应选用经重结晶纯化不含其他高烷醇杂质的制剂，否则防治效果不稳定；三十烷醇生理活性很强，使用浓度很低，配置药液要准确；喷药后4～6h，遇雨需补喷；本品不得与酸性物质混合，以免分解失效。

开发登记 四川润尔科技有限公司、广西桂林市宏田生化有限责任公司等企业登记生产。

丁酰肼 daminozide

其他名称 比久；二甲基琥珀酸酰肼；Daminozide；B9；SADHDaminozide(ANSO，ISO，BSI)。

化学名称 N-二甲基氨基琥珀酰胺酸。

结构式

$$HOOC-CH_2-CH_2-C(=O)-NH-N(CH_3)_2$$

理化性质 纯品带有微臭的白色结晶，工业品为灰白色粉末，熔点157～164℃。易溶于水，能溶于丙酮、乙醇、二甲苯等。在25℃时每百克溶剂中的溶解度：水10g，丙酮2.5g，甲醇5g，不溶于一般碳氢化合物。储藏稳定性好。在pH5～9比较稳定，在酸碱中加热分解。粉剂在室温下可储存4年以上，配成液体后需当日使用，不宜与其他药剂(如铜制剂、油剂)或农药混合使用。

毒　　性 对高等动物低毒。大白鼠急性经口LD_{50}8 400mg/kg。对鱼低毒，虹鳟鱼LC_{50}(96h)360mg/kg。

剂　　型 50%可溶性粉剂、92%可溶性粉剂。

作用特点 是一种生长抑制剂，具有杀菌作用，可作为矮化剂、坐果剂、生根剂与保鲜剂等。丁酰肼一般经茎、叶进入植物体内，随营养流传导到作用部位。其作用机理尚未肯定，研究表明它可以抑制内源赤霉素的生物合成，也可以抑制内源生长素的合成。主要作用是抑制新枝徒长，缩短节间长度，增加叶片厚度及叶绿素含量，延缓叶绿体衰老使生长速度减慢，光合净同化率高，有利于增加干物质积累，提高果实品质、硬度与坐果率，促进果实成熟期集中。防治落花，促进坐果，诱导不定根形成，刺激根系生长，提高抗寒力。丁酰肼使植物细胞内糖含量增加、能量消耗降低、蒸腾减少等，丁酰肼促进花青素的生物合成，有利于改善果实的色泽，防止果实在储存期脱色。丁酰肼在土壤中能很快被微生物分解。为广谱性植物生长调节剂。

应用技术 据资料报道，苹果、葡萄、桃等果树如前期干旱，后期多雨时施用，可明显减轻裂果率。桃、李、杏等硬核期喷施，可使核变小，提早成熟7～10d。

甘薯促进生根、提高成活，栽前，用92%可溶性粉剂2.7g/kg浸插苗下部几分钟。

马铃薯抑制地上部徒长，促进块茎膨大，开花初期，用92%可溶性粉剂3.26g/L喷雾。

苹果抑制新梢旺长，促进果实着色，盛花后3周，用92%可溶性粉剂1.08～2.16g/L喷雾；苹果防采前落果，延长储存期，采前45～60d，用92%可溶性粉剂2 000～4 000mg/L喷雾；梨防止幼果及采前落果，盛花后2周和采前3周，用92%可溶性粉剂1.08～2.16g/L喷雾；桃增加着色、促进早熟，成熟前，用92%可溶性粉剂1.08g/L喷雾；葡萄抑制新梢旺长，促进坐果，新梢6～7片时，用92%可溶性粉剂1.08～2.16g/L喷雾；葡萄防止落粒延长储存期，采收后，用92%可溶性粉剂1.08～2.16g/L浸泡3～5min；巨峰葡萄抑制新梢与副梢的生长，促进果实增大，提高产量，盛花后，用92%可溶性粉剂1.08～2.16g/kg喷雾；樱桃促进着色、早熟且果实均匀，盛花后2周，用92%可溶性粉剂2.16～4.32g/L喷雾；草莓促进坐果增加产量，移植后，用92%可溶性粉剂1.08g/L喷雾。

蘑菇、香菇、平菇、金针菇保鲜，用92%可溶性粉剂0.1%溶液浸泡鲜菇10min，取出沥干装袋密封，在5～25℃下保鲜15d以上。

注意事项 不能与波尔多液、硫酸铜等含铜药剂混用或连用，也不能与铜器接触，以免产生药害。药液随配随用，如变成红褐色就不能用；水肥条件越好，使用的效果越明显。在水肥严重不足的情况下使用，可能会导致大幅度减产。当使用浓度成倍提高时，只会增加对茎生长的抑制程度，不会有杀死的危险。

丁酰肼一般为叶面喷洒，由于叶片表面的角质层会影响药剂吸收，可以加入0.1%中性洗衣粉或展着剂(吐温20)，以利于植物充分吸收，植物吸收后才能见效。如处理后6h内下雨，需要重喷。植物处于不良条件(如旱、涝、寒等)下，应暂不处理。在花生地，丁酰肼可与氮肥、磷肥混用，增产效果显著。

开发登记 河北省邢台市农药有限公司、邢台宝波农药有限公司等企业登记生产。

氟节胺 flumetralim

其他名称 灭芽灵；抑芽敏；Prime；Flumetralin (SI，ISO–E draft)；Prime Plus。

化学名称 N–(2–氯–6–氟苄基)–N–乙基–4– 三氟甲基–2,6–二硝基苯胺。

结构式

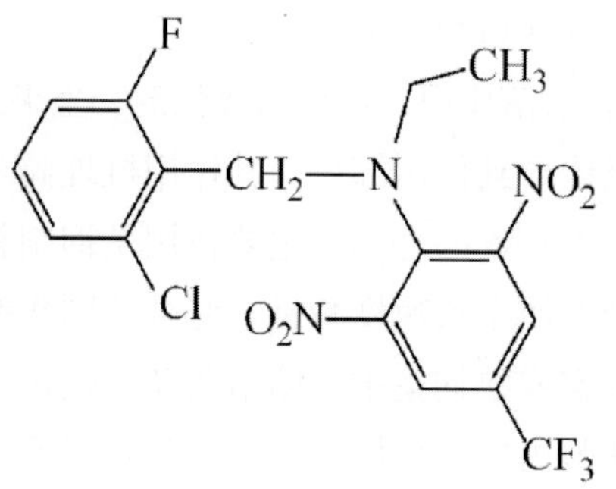

理化性质 原药为橘黄色结晶，几乎不溶于水，易溶于有机溶剂中，熔点101～103℃。制剂外观为橘黄色液体，常温储存2年稳定。避免在低于0℃和高于35℃的温度条件下存放。

毒　　性 原药大鼠急性经口LD_{50}＞5 000mg/kg，兔急性LD_{50}＞2 000mg/kg，乳油急性经口、经皮LD_{50}＞2 000mg/kg。

剂　　型 25%乳油、12.5%乳油、25%悬浮剂、12%水乳剂、40%悬浮剂、40%水分散粒剂、30%悬浮剂、25%可分散油悬浮剂。

作用特点 氟节胺为二硝基苯胺类化合物。本品为接触兼局部内吸性高效烟草侧芽抑制剂，适用于烤烟、明火烤烟、马丽兰烟、晒烟、雪茄烟。打顶后施药1次，能抑制烟草腋芽发生直至收获。作用迅速，吸收快，施药后只要2h无雨即可奏效，雨季中施药方便。药剂接触全伸展的烟叶不产生药害。还可减轻田间花叶病的接触传染，对预防烟叶花叶病有一定作用。也可用于棉花抑制顶芽（顶端）生长，同时可塑造理想株型，促进早熟，提高棉花品质，增加棉花产量，替代人工打顶。

应用技术 烟草，施药时期应掌握在烟草植株上部花蕾伸长期至始花期进行人工打顶(摘除顶芽)，打顶后24h内施药，通常是打顶后随即施药。打顶后各叶腋的侧芽大量发生。一般进行人工打侧芽2～3次，以免消耗养分，影响烟草产量与品质。用25%乳油300～400倍液，采用喷雾法、杯淋法或涂抹法均可，每株用稀释药液15ml为宜。也可用毛笔蘸取药液涂抹各侧芽。省药但花工较多。有些烟区应用氟节胺，在剪除顶芽的同时，药液顺主茎流下，使打顶和施药1次完成，更为简易省工。

当药液稀释倍数低时(100倍液)，效果更佳，但成本较高，药液浓度低于600倍液时，有时不能抑制生长旺盛的高位侧芽。在山东、湖北等烟区，施用500倍液的药液也获得良好的效果。

棉花，替代人工打顶。用25%乳油60～80ml/亩，采用喷雾法，棉花打顶前5d喷施1次，20d后再喷施1次，在棉花上每季最多使用2次，安全间隔期为收获期。

注意事项 不可与其他农药混配；氟节胺药液对2.5cm以上的侧芽效果不好，不能杀死，施药时应事先打去；适期打顶与施药结合，勿过早或过迟打顶施药；注意药液勿接触烟叶；避免药雾漂移到邻近的作物上。氟节胺对人体每日允许摄入量(ADI)是0.000 75mg/kg，汽巴嘉基公司推荐在烟叶中的最大残留允许量为2mg/kg。对鱼类有毒，对人、畜的眼、口、鼻及皮肤有刺激作用，对金属有轻度腐蚀作用，应注意避免接触。如误服本剂，应给患者服用大量医用活性炭，但不要给昏迷患者喂食任何东西。此药无特殊解毒剂，需对症治疗。避免药剂污染水塘、水沟和河流，以免对鱼类造成毒害。本药剂应储存在远离食品、饲料和避光、阴凉的地方，避免将药剂存放在低于0℃和高于35℃的温度条件下。

开发登记 浙江禾田化工有限公司、陕西上格之路生物科学有限公司等企业登记生产。

抑芽丹 Maleic hydrazide

其他名称 青鲜素；马来酰肼。

化学名称 1,2-二氢-3,6-哒嗪二酮。

结 构 式

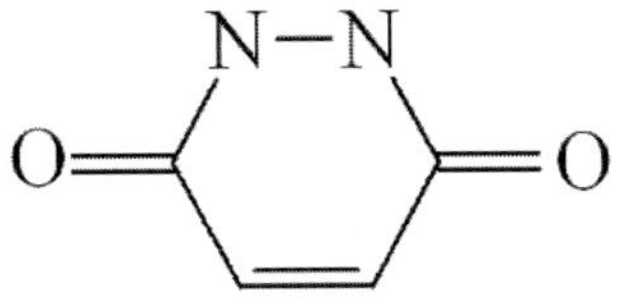

N—N

O═ ═O

理化性质 纯品为白色结晶，密度1.60(25℃)，稍溶于水，在水中的溶解度为2 000mg/kg，其钾盐、钠盐、铵盐在水中的溶解度较大，易溶于醋酸、二乙醇胺或三乙醇胺，稍溶于乙醇，在乙醇中的溶解度为1 000mg/kg，而难溶于热乙醇。

毒　　性 大鼠口服急性毒性LD_{50}纯品为3 800～6 800mg/kg，二乙醇胺盐为2 340mg/kg，对鲤鱼48h的TLm为40mg/kg，钾盐为3 900mg/kg，钠盐为6 950mg/kg。对大白鼠用含钠盐的饲料在50 000mg/kg剂量下饲喂2年，未出现中毒症状，不致癌，无刺激性。

剂　　型 18%水剂、25%水剂、30.2%水剂、23%水剂。

作用特点 抑芽丹的分子结构与尿嘧啶类似，是植物体内尿嘧啶代谢拮抗物，可渗入核糖核酸中，抑制尿嘧啶进入细胞与核糖核酸结合。主要作用是阻碍核酸合成，并与蛋白质结合而影响酶系统。

抑芽丹经植物吸收后，能在植物体内传导到生长活跃部位，并积累在顶芽里，但不参与代谢。抑芽丹在植物体内与巯基发生反应，抑制植物顶芽和侧芽生长的作用，可有效地防止大白菜、甘蓝等叶菜抽薹，防止马铃薯、胡萝卜、萝卜、洋葱、葱、蒜等块根、块茎、鳞茎类蔬菜在储藏期抽芽，用于蔬菜储藏保鲜，减少长途运输和储藏期间变质造成的损失。可减少甜菜在储藏中糖分的损失；抑制烟草顶芽和腋芽的生长，节约人工打顶权；提高烟草产量，改善烟叶品质；能抑制甘薯茎叶的徒长，使养料集中到块根中以增加产量；可调节果树的开花时间，改善果实的品质；育种上可用作杀雄剂。

应用技术 烟田现蕾至10%中心花开放，顶叶大于20cm时，选择晴天1次性打顶，留有效叶18～20片，并将大于2cm的腋芽打掉，打顶当天用30.2%的水剂40～60倍稀释药液，用塑料杯淋植株顶端叶柄两侧腋芽处，每株烟施药量为20～25ml。本品在烟草整个生长期只能使用1次，安全间隔期7d。

马铃薯抑制腋芽生长，在收获前15～20d，30.2%水剂对水40～60倍混匀后，均匀喷在叶面上。本品在马铃薯整个生长期只使用1次，安全间隔期7d。

洋葱、大蒜控制发芽，延长储藏期，收获前2～3星期，用30.2%水剂6.5～10g/L喷雾；大蒜抑制储存期间发芽，收获前15～20d，叶片开始干枯时，用25%水剂100倍液喷雾，喷后10h内下雨重喷；洋葱抑制储存期间发芽，收获前15d左右，选晴好天气，用30.2%水剂1.65～8g/kg向绿色叶上喷雾，药量以药液能从叶鞘滴下为标准，一般每亩用药液60～70kg，再者喷药前后不能多浇水，否则，影响储藏效果；胡萝卜抑制抽薹，采收前1～4周，用30.2%水剂3.3～6.5g/L喷雾；甘蓝、结球白菜抑制抽薹，采收前1～4周，用30.2%水剂8g/L喷雾。

据资料报道，玉米杀死雄蕊，玉米在6～7叶，用30.2%水剂1.65g/L喷雾，每周喷1次，共3次；棉花杀死雄蕊，棉花第1次在现蕾后，第2次在接近开花初期，用30.2%水剂2.65～3.3g/L喷雾；甘薯防止发芽或空心，收前2～3周，用30.2%水剂7g/L喷雾；甜菜抽薹，收获前30～40d，长势旺的用25%水剂125倍液每亩喷50kg，甜菜长势差时用25%水剂150倍液每亩喷50kg。苹果苗期诱发花芽形成，矮化，早结果，生长期，用30.2%水剂16.5g/L喷雾；石榴延长花芽萌发的休眠期，减少结果枝在早春不良气温(如“倒春寒”)下生长的营养消耗，有效地提高一二茬花的完全花比率，萌发前10d左右，用30.2%水剂2.5g/L喷雾。

注意事项 在块茎作物上喷洒抑芽丹，要视收获后储藏与否，若在收获后不需储藏，则不要喷青鲜素，以免农药残留量过大，对食用不安全；抑芽丹在土壤表面和植物茎叶表面不易蒸发消失，也不易在土壤中淋失，因此不宜用于作食品的作物，而只能用于留种植物。植物吸收抑芽丹较慢，如施用24h内下雨，将降低药效。对有些作物在生长前期使用时要做好残留试验后方能推广；在酸性、碱性和中性水溶液中均稳定，在硬水中析出沉淀。但对氧化剂不稳定，遇强酸时可分解放出氮，对铁器有轻微腐蚀性；

处理过的马铃薯不能作种用，不要处理因缺水或霜冻所致生长不良的马铃薯。

开发登记 潍坊中农联合化工有限公司、重庆依尔双丰科技有限公司等企业登记生产。

仲丁灵 butralin

其他名称 止分素；止芽素；地乐胺；双丁乐灵。

化学名称 N-仲丁基-4-特丁基-2,6-二硝基苯胺。

结 构 式

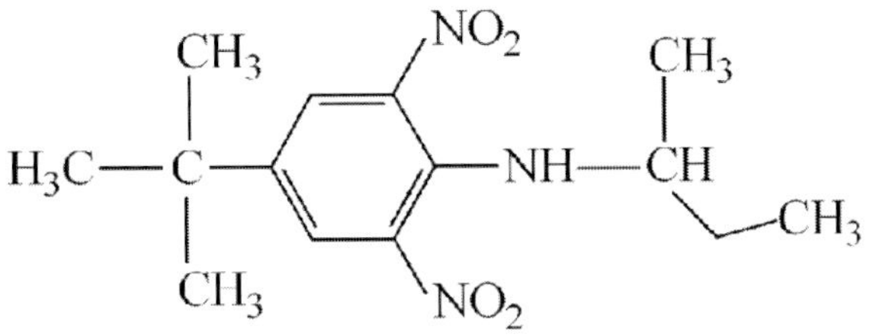

理化性质 外观为橘黄色，带有芳香气味的液体。比重(0.975 ± 0.005)，pH值6.65。乳液稳定性合格，水分含量不超过0.5%。闪点44℃，冷、热稳定和常温储存稳定。

毒　　性 大鼠急性经口毒性LD_{50}为2 000mg/kg，经皮LD_{50} > 2 000mg/kg。急性吸入毒性LC_{50} > 7.28mg/L。

剂　　型 36%乳油、37.3%乳油、48%乳油。

作用特点 仲丁灵(止芽素)为接触内吸型烟草腋芽抑制剂。当烟草植株由营养生长转入生殖生长的生理阶段，花芽出现时烟株有20片左右可烤叶，开花结籽影响烟叶产量和质量，此时打顶可减少有机养料的消耗，使营养集中供应叶片，然而打顶后生长素流向腋芽生长点，促使腋芽萌发。其作用主要抑制细胞分裂，使萌芽2.5叶以内之腋芽停止生长而卷曲萎蔫，未萌发之腋芽无法生长出来，施药1次，能抑制烟草腋芽发生直至收获结束，使养分集中供应叶片，叶中干物质积累增加，烟叶化学成分比人工抹杈更接近适宜值，烟叶钾的含量及钾氯比比人工抹杈高，使自然成熟一致。提高烟叶上、中部级的比例。品质提高，提高烟叶燃烧性。还可减轻田间花叶病的接触传染，对预防花叶病有一定的作用。适用于烤烟、晾烟、晒烟、马丽兰、雪茄等烟草抑制腋芽生长。

应用技术 烟草，施药要与适期打顶结合，当大部分植株处于花蕾延长期至始花期进行打顶，其余的也应于花蕾伸长期便陆续进行，一般打顶1～2次，打顶后马上或打顶后24h内施药，打顶同时抹去超过2cm的腋芽，将所有倾斜或倒伏植株扶直后施药。根据每亩株数及烟株高矮长势而定施药方法。用36%乳油75～100倍液，杯淋法每株15～20ml，用小杯盛装稀释液，杯口对准烟株打顶处倒下，使药液沿茎而下流到各叶腋部位和所有腋芽接触药液达烟株基部。一般每亩1 200～1 500株，每亩用36%乳油225～300ml对水40kg，笔涂法是用毛笔蘸药液涂每个叶腋，速度慢，耗工大，但省药。每株稀释液5～10ml，只要不遗漏效果佳。喷雾法是将配成的稀释液放入改进的背负式或半自动喷雾器内，喷杆换上有调节器开关的喷嘴，低压喷雾，将喷头对准株茎正上方10cm左右，喷嘴不可太靠近株茎顶端，防止药液流失，按下调节器，药液就以三角锥状喷出而沿茎秆均匀流下到地面，而触及每一个腋部。放开调节器，药液就停止喷出，要预先测定按的时间多少就喷出20～25ml药液，速度快、省工，但用药量多，成本高。通常多采用杯淋法。

注意事项 选晴天露水干后施药，雨后植株太湿，气温30℃以下不宜施药，勿在风大的天气条件下使用，以免药液飘移，避免药液与烟叶片接触，因不是喷雾剂勿喷到烟株叶片上；打顶时顶部叶最低长度应不低于20cm，以免施药后产生畸形；本剂极易与水混合而形成橙黄色溶液，使用时极易分辨药液是否接触到每一个腋部，要注意有时会有个别叶腋遗漏，及时补涂。对已控制呈卷曲的腋芽不要人工摘除，以免再生长新腋芽；本剂会促进根系发达，对氮素吸收力强，可酌减氮肥的用量，不影响产量与品质；施药后应至少有2h的晴朗天气；施药时，避免眼睛、皮肤接触；用药后用肥皂洗净暴露的皮肤，并以清水冲洗。储藏于阴凉、干燥处，勿与食物、饲料同放。

开发登记 山东省绿士农药有限公司、江西盾牌化工有限责任公司等企业登记生产。

二甲戊乐灵 pendimethalin

其他名称 除芽通。

化学名称 N-1-(乙基丙基)-2,6-二硝基-3,4-二甲基苯胺。

结构式

CH_3, NO_2, CH, CH_3, H_3C, NH, CH_3, NO_2

理化性质 橙色晶状固体，熔点54～58℃，蒸气压4.0MPa(25℃)，密度1.19(25℃)；溶解度：水0.3mg/L(20℃)，丙酮700，二甲苯628，玉米油148，庚烷138，异丙醇77(g/L，26℃)，易溶于苯、甲苯、氯仿、二氯甲烷，微溶于石油醚和汽油中，5～130℃储存稳定，对酸碱稳定，光下缓慢分解，DT_{50}水中＜21d。

毒性 原药大鼠急性经口LD_{50}为1 250mg/kg，小鼠急性经口LD_{50}为1 620mg/kg，家兔急性经皮LD_{50}＞5 000mg/L，大鼠急性吸入LC_{50}＞320mg/m^3，对皮肤和眼睛无刺激作用。在试验剂量内对动物无致畸、致突变、致癌作用。在三代繁殖试验和迟发性神经毒性试验中未见异常，属低毒植物生长调节剂。

剂型 33%乳油。

作用特点 是一种局部内吸触杀型抑芽剂，通过幼芽、幼茎、幼根吸收，抑制生长点的细胞分裂，达到高效抑制烟草腋芽生长及防除杂草的效果。

应用技术 烟草抑制腋芽生长，植株上部花蕾生长至全田30%烟株第一朵中心花开放时，1次性定叶打顶，顶部留叶的叶片最小长度不少于20cm，并摘除所有长于2cm的腋芽，打顶后24h内施药，用33%乳油80～100倍液，若使用更高稀释倍数100～200倍液或添加活性剂，应以当地专家推荐为准。

标准药液配制：将10～12ml二甲戊乐灵加入1kg水中均匀混合，配成标准药液。

(1)**杯淋法** 将倾斜植株扶直，用杯等容器将15～20ml标准药液从每株烟草顶部浇淋，使药液沿主茎流下并浸湿所有腋芽。

(2)**笔抹法** 用毛笔等蘸取标准药液均匀涂抹每个叶腋。

(3)**定向喷淋法** 使用喷雾器(将喷雾器的喷片拿下)，直接定向喷淋烟株顶部，使下流药液逐一浸湿每个腋芽，一般每株烟草需药液12～15ml。

(4)**瓶滴法** 即用矿泉水瓶盛装用33%乳油100倍药液，并在瓶盖上扎7个小孔进行施药，使药液均匀接触每一个叶腋部位，特别是要注意打顶后烟株的第1个顶腋芽，要从不同的角度喷淋，不要遗漏打顶伤口周围的腋芽，喷淋施药时，应将倾斜的烟株扶正后再施药。

注意事项 无论采用何种施药方法，都必须使药液与每一个腋芽接触；避免药液与幼嫩烟叶直接接触；避免过早摘顶施药，否则叶皱影响烟叶产量和质量；避免过晚花盛开时摘顶施药打顶同时抹去超过2.5cm的腋芽。对于已施药被控制而呈卷曲状之腋芽，不要人工摘除，以免再生新芽在早上有露水或温度高于30～35℃时及刮风天勿施；不是叶面处理剂，药液勿接触烟叶上；施药后应有3h的晴天；药后15d为安全采收期。

对农药残留最为严格的日本、欧洲国家，例如德国目前对二甲戊乐灵的残留量规定为5mg/kg，并且大量进口使用过二甲戊乐灵的烟叶。测定表明，烟草上使用二甲戊灵后10d，残留量为0.514～2.208mg/kg，大大低于允许范围。所以烟草上使用二甲戊乐灵不存在残留毒害。

开发登记 江苏龙灯化学有限公司、江西盾牌化工有限责任公司等企业登记生产。

氯化胆碱 choline chloride

其他名称 高利达。

化学名称 N,N,N-3-甲基-2-羟乙基氯化铵。

结构式

$$\left[H_3C-\underset{\underset{CH_3}{|}}{\overset{\overset{CH_3}{|}}{N}}-CH_2-CH_2-OH \right]^+ \cdot Cl^-$$

理化性质 纯品为白色结晶，熔点240℃，易溶于水，有吸湿性，进入到土壤易被微生物分解，无环境污染。

毒　　性 大鼠急性口服LD_{50}(雄)为2 692mg/kg，LD_{50}(雌)为2 884mg/kg；小鼠LD_{50}(雄)为4 169mg/kg，LD_{50}(雌)为3 548mg/kg；鲤鱼TLm(48h)在5 100mg/L以上。

剂　　型 30%水剂、60%水剂。

作用特点 氯化胆碱是一种季铵盐，是一种植物光合作用促进剂，对增加产量有明显的效果，主要用于促进根系发达、提高块根、块茎产量、提高水稻和小麦的产量。

可明显促进光合作用中的希尔反应，ATP酶、RuBP羧化酶、3-磷酸甘油脱氢酶的活性，光合速率增高50%以上，叶片可溶性蛋白、糖和叶绿素含量一般增加30%，叶色深绿，促进光合作用的光反应和暗反应，可更有效地吸收光能和二氧化碳，制造更多的碳水化合物，从而对增加产量有明显的效果。

氯化胆碱增强多种逆境下的膜稳定性可能是通过防止膜及细胞内失水、修复膜结构、保护膜酶活性而实现的。

对作物的调控效应主要有以下几个方面:

促进种子发芽，幼苗生根；促进块根膨大、增加产量；抑制生长，降低株高。氯化胆碱能抑制玉米、大豆等植物的植株生长，降低株高；改善果实品质，提高产量；增强抗逆性。

应用技术 促使块根、块茎提早膨大，增加大、中块根块茎的比率，提高产量。马铃薯始花期；大蒜头膨大初期；花生始见花蕾期、下针期；山药块根膨大初期（山药蔓藤约长至1m左右时）；甜菜块根膨大初期（块根约鸡蛋大小时）；莴笋嫩茎膨大初期；白术第1次去花蕾后用；姜三股叉期；萝卜7~9叶期用60%水剂15~20ml/亩对水30kg茎叶面喷施，间隔10~15d喷施1次，连续施用2~3次。

据资料报道，小麦促进根系发育，增加产量，扬花期、灌浆期，用60%水剂16~33ml/亩对水30kg喷雾，下午16时后喷雾，施药后6h内遇雨应补喷，可与其他农药配合使用，若因存放出现少量沉淀，摇匀后即可使用，不影响效果；水稻促进生根、壮苗，播种前，用60%水剂1.6g/kg浸种12~24h；大豆抑制生长，降低株高，初花期，用60%水剂2.5g/kg叶面喷雾；玉米抑制生长，降低株高，10~11片叶期，用60%水剂1.6g/kg喷雾；甘薯促进发根和早期块根膨大，移栽时，将苗基部2~3cm浸入60%水剂333mg/kg的溶液中20~24h；甘薯提高产量，移栽后30~50d，用60%水剂1.6~2.5g/kg叶面喷雾。

注意事项 本品不可与强酸、强碱性物质混合；本品应储存在阴凉、避光处，不可与饲料、食品、种子混放；使用时按一般农药安全防护。

开发登记 陕西韦尔奇作物保护有限公司、重庆市诺意农药有限公司、四川省兰月科技有限公司等企业登记生产。

氯苯胺灵 chlorpropham

其他名称 戴科。

化学名称 3-氯苯基氨基甲酸异丙基酯。

结 构 式

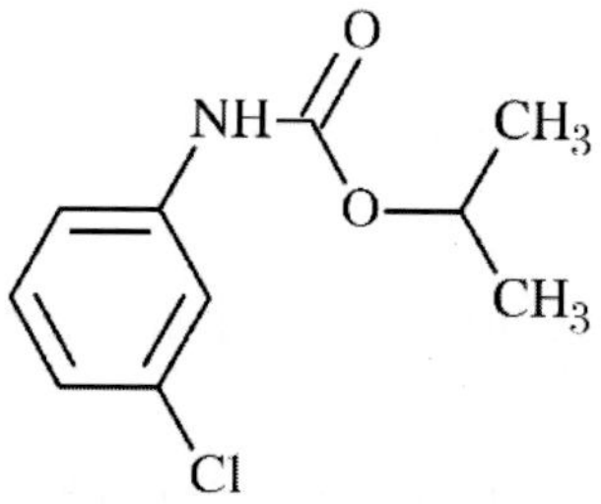

理化性质 无色固体，熔点41.4℃(纯品)，密度1.180，25℃时在水中的溶解度为89mg/L，在石油中溶解度中等，在煤油中10%，可与低级醇、芳烃和大多数有机溶剂混溶，在低于100℃时稳定，紫外线下稳定，在酸碱性条件下慢慢水解，超过150℃分解。制剂外观为细、灰黄色粉末，密度1.2g/cm³。

毒　　性 大鼠急性经口LD_{50}为5 000~7 000mg/kg。以2 000mg/kg饲料喂大鼠，2年无不良影响。在5mg/L浓度下对鱼没有影响，属低毒。

剂　　型 2.5%粉剂，99%热雾剂，55%热雾剂，99%熏蒸剂，49.65%热雾剂。

作用特点 主要通过植物的幼根和幼芽吸收，抑制细胞分裂，其次抑制氧化磷酸化作用、RNA合成、蛋白质合成及光合作用。用于马铃薯储藏抑制其发芽。

应用技术 每t马铃薯用2.5%粉剂500~600g或99%热雾剂30~40g或55%热雾剂48~64ml。施用时间：马铃薯收获后需要等至少14d，待马铃薯收获时的损伤自愈合后方可施用，在块茎解除休眠期之前，即将进入萌芽时是施药的最佳时间。同时还要根据储藏的温度条件做具体安排。比如窖温一直保持2～3℃温度就可以强制块茎休眠，在这种情况下，可在窖温随外界气温上升到6℃之前施药。如果窖温一直保持在7℃左右，可在块茎入窑后1～2个月的时间内施药。

施用剂量：2.5%粉剂，药粉和块茎重量比是(0.5～0.6)：1 000，用49.65%热雾剂，每1 000kg块茎用药60～80ml。还可以根据计划储藏时间，适当调整使用浓度。储藏3个月以内(从施药算起)的，可用20mg/kg的浓度，储藏半年以上的，可用40mg/kg的浓度。

施药方法：如果处理数量在50kg以下，可把药粉直接均匀地撒于装在筐、篓、箱或堆在地上的块茎上面。若数量大(多于50kg)，则堆放时需层撒施，有通风管道的窖，可将药粉随鼓入的风吹进薯堆里边，并在堆上面再撒一些。用手撒或喷粉器将药粉喷入堆内也均可。药粉有效成分挥发成气体，便可起到抑芽作用。无论哪种方法，撒上药粉后要密封24～48h。处理薯块，数量少的，可用麻袋、塑料布等覆盖，数量大的要封闭窖门、屋门和通气孔。

气雾剂目前只适用于储藏10t以上并有通风道的窖内。用1台热力气雾发生器(用小汽油机带动)，将计算好数量的抑芽剂药液，装入气雾发生器中，开动机器加热产生气雾，使之随通风管道吹入薯堆。药液全部用完后，关闭窖门和通风口密闭24～48h。

注意事项 氯苯胺灵有阻碍块茎损伤组织愈合及皮木栓化的作用，所以块茎收获后，必须经过2～3周时间，使损伤组织自然愈合后才能施用；切忌用于种薯和在种薯储藏窖内进行抑芽处理，并将处理后的商品薯与种薯隔离储藏，以防止影响种薯的发芽，给生产造成损失。

开发登记 美国仙农有限公司、四川润尔科技有限公司等企业登记生产。

核苷酸 nucleotide

其他名称 702；桑兰990A；绿泰宝；绿风95；Nucleotide。

化学名称 核苷酸为核酸的分解混合物：一类是嘌呤-3'-磷酸或嘧啶-3'-磷酸；另一类是嘌呤-5'-磷酸或嘧啶-5'-磷酸。

结构式

HO 嘌呤或嘧啶碱 H H H H O OH HO_3P

PO_3H O 嘌呤或嘧啶碱 H H H H HO OH

理化性质 核苷酸干制剂容易吸水，但并不溶于水，在稀碱液能完全溶解。核苷酸不溶于乙醇，能在水溶液pH为2.0～2.5时形成沉淀。

毒　　性 核苷酸为核酸水解产物，纯属天然生物制剂。其对人畜安全，不污染环境。毒理学资料不详。

剂　　型 0.05%水剂。

作用特点 核苷酸可经由植物的根、茎、叶吸收。它进入体内的主要生理作用：一是促进细胞分裂；

二是提高植株的细胞活力；三是加快植株的新陈代谢，从而表现为促进根系较多，叶色较绿，加快地上部分生长发育，最终可不同程度地提高产量。

应用技术 小麦调节生长、增产，生长期，用0.05%水剂150～200倍液喷雾；棉花黄萎病，苗期，用0.05%水剂120～150ml/亩对水40kg喷雾。

黄瓜增产促进生长，生长期，用0.05%水剂400～600倍液喷雾。

注意事项 核苷酸使用对作物安全，使用浓度安全范围宽，可多次喷洒，不同水解产品效果有差异。

开发登记 广东省东莞市瑞德丰生物科技有限公司、河南省洛阳桑兰生化科技工程有限公司等企业登记生产。

抗倒酯 trinexapac-ethyl

其他名称 CGA163935。

化学名称 4-环丙基(羟基)亚甲基-3,5-二氧代环己烷甲酸乙酯。

结 构 式

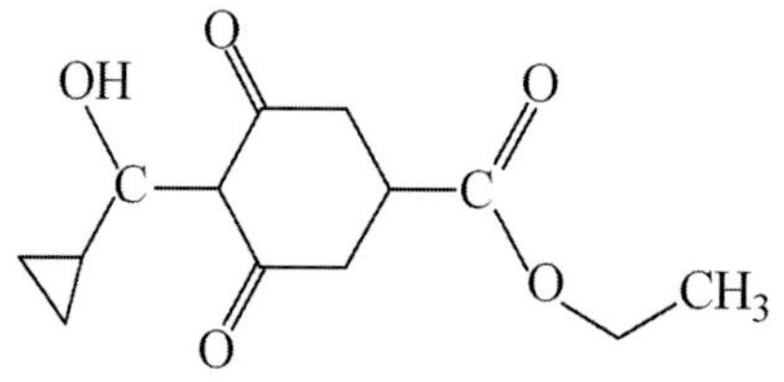

理化性质 固体，20℃蒸汽压1.6MPa。20℃时溶解度：水中pH为7时27g/L、pH为4.3时2g/L，乙腈、环己酮、甲醇>1g/L，己烷35g/L，正辛醇180g/L，异丙醇9g/L。呈酸性。

毒　　性 大鼠急性经口LD_{50}为4 460mg/kg，大鼠急性经皮LD_{50}>4g/kg，大鼠急性吸入LC_{50}(48h)>5.3mg/L。对兔的眼睛和皮肤无刺激作用。对鸟类无毒。

剂　　型 25%乳油、121g/L可溶性液剂、25%微乳剂、25%可湿性粉剂、11.3%可溶液剂。

作用特点 属环己烷羧酸类生长延缓剂。在禾谷类作物、蓖麻、水稻、向日葵和草皮上施用，显示生长抑制作用。芽后施用可防止倒伏和改善收获效率，施于叶部，可以转移到生长枝条上，减少节间的生长，提高作物的抗到伏能力。

应用技术 玉米防倒伏，在玉米6～10叶期20～30ml/亩茎叶喷雾，每季最多使用1次。小麦防倒伏，生长期，用25%微乳剂20～30g/亩喷雾对水40kg喷雾。

高羊茅草坪调节生长，生长期，用25%微乳剂20～30g/亩喷雾对水40kg喷雾。

开发登记 安阳全丰生物科技有限公司、安徽丰乐农化有限责任公司登记生产。

吡啶醇 pyripropanal

其他名称 丰啶醇；7841；增产醇；PGR-1。

化学名称 3-(α-吡啶基)丙醇。

结构式

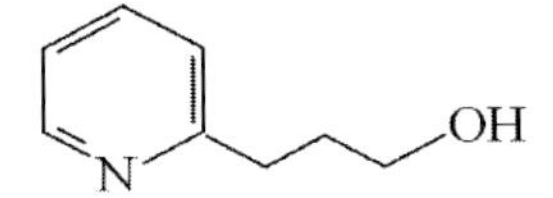

理化性质 纯品(99.6%)为无色透明油状液体，具特殊臭味，沸点为26℃，蒸气压在90～95℃时为6.67×10^4MPa，比重1.07，微溶于水(3.0g/L，16℃)，易溶于乙醚、丙酮、乙醇、氯仿、苯、甲苯等有机溶剂，不溶于石油醚。原药(90%～96%)为浅黄色至红棕色油状液体，具特殊臭味，微溶于水，易溶于常用有机溶剂，不溶于石油醚。乳液在常温条件下储存稳定在2年以上。

毒　　性 按我国农药毒性分级标准，吡啶醇属中等毒性。在动物体内蓄积性低，分解快。原药雄性大鼠急性经口LD_{50}为111.5mg/kg，急性经皮LD_{50}为147mg/kg。大鼠90d喂养亚慢性最大无作用剂量5.57mg/(kg·d)，大鼠2年喂养慢性无作用剂量10mg/kg，无致癌作用。在18.5mg/(kg·d)剂量下大鼠无致畸作用，但对胎鼠生长发育有一定的影响。无致突变作用。

剂　　型 80%乳油、90%乳油。

作用特点 吡啶醇是一种新型植物生长抑制剂。

它的结构较特殊，不同于五大类植物内源激素。它能抑制植物的营养生长，促进生殖生长，加强脂肪及蛋白质的转化等。

在作物营养生长期，可促进根系生长，茎秆粗壮，叶片增厚。叶色变绿，增强光合作用；在作物生殖期使用，可控制营养生长，促进生殖生长，提高结实率和增加千粒重。

可增加豆科植物的根瘤数，提高固氮能力，降低大豆的结荚部位，增加结荚数和饱果数，促进早熟丰产。

吡啶醇还有一定防病作用和抗倒伏能力。

该药对粮、棉及多种经济作物有良好的增产作用。

吡啶醇用于水稻、小麦促使根系生长，提高成苗率。

用于棉花增加蕾铃数和结铃率，提高棉花品质。

在油菜、玉米、芝麻等作物上也有增产作用。

用于花生，可提早出苗，提高出苗率，增加茎粗，提高结实率和饱果率，可以增加饱果的双仁和三仁数。

用于大豆，可抑制株高，使株茎变粗，花数增多，叶面积指数加大，促进光和产物积累，提高结实率，控制营养生长，促进生殖生长。

用于西瓜，可控制蔓徒长，促进瓜大，早熟3～5d。也可用于果树。

应用技术 广泛用于大豆、花生、向日葵、水稻、玉米、棉花、油菜、芝麻、西瓜、黄瓜、番茄、枣树、苹果、葡萄、板栗等多种作物，促进早熟，提高品质，增加产量。

大豆促进早熟，提高品质，增加产量，播前浸种，90%乳油4ml加水18L浸种2h，晾干后播种。

花生促进早熟，提高品质，增加产量，播种前浸种，90%乳油4 500～9 000倍液浸种2～3h，晾干后及时播种。

小白菜，调节生长、增产，生长期，用90%乳油88～120mg/L茎叶喷雾。

注意事项 不同作物品种对药剂的敏感性有差异，应在试验的基础上再推广应用；使用时应根据作物种类及生长时期确定浓度，配药要准确，浓度不宜过高，以免抑制过度；施药田块要加强水肥管理，防止缺水干旱和缺肥而影响植物的正常生长；要防止药液流入鱼塘，药后余液要妥善处理，避免鱼类中毒。施用本剂时应穿戴好防护衣服，操作时严禁吸烟、喝水、吃东西；操作完毕应用清水洗手、洗脸。应妥善保管，人畜切勿误食。

开发登记 江苏常隆化工有限公司、上海威敌生化(南昌)有限公司等企业登记生产。

吲熟酯 etychlozate

其他名称 Ethychlozate。

化学名称 5-氯-1H-吲哚-3-基乙酸乙酯。

结 构 式

H N N Cl O O CH_3

理化性质 原药为黄色结晶，熔点76.6～78.1℃，250℃以上分解，遇碱也分解。丙酮中的溶解度67.3g/100ml，乙醇中51.2g/100ml，异丙醇38.1g/100ml，水0.025 5g/100ml。

毒　　性 吲熟酯属低毒性植物生长调节剂。大鼠急性口服LD_{50}(雄)4 800mg/kg、(雌)5 210mg/kg，大鼠经皮LD_{50}＞10 000mg/kg，对皮肤和眼无刺激作用。大鼠3代繁殖致畸研究无明显异常，均呈阴性。大鼠口服或静脉注射给药的代谢实验表明药物可被消化道迅速吸收，24h内几乎全部由尿排出，残留极少。

剂　　型 20%乳油、95%粉剂、15%乳油。

作用特性 吲熟酯可经过植物的茎、叶吸收，然后在植物体内代谢成5-氯-1H-吲唑甲酸起生理作用。它可阻止生长素运转，促进生根，增加根系对水分和矿质元素的吸收，控制营养生长促进生殖生长，使光合产物尽可能多地输送到果实部位，有早熟增糖等作用。能促进乙烯的产生，加速离层的形成，促进果实脱落，通过促进生理落果达到疏果的目的。主要作用于柑橘疏果，促进柑橘果实成熟，并有改善果实品质的作用。

应用技术 西瓜抑制生长，提前成熟，增加糖度，幼瓜0.25～0.5kg时，用15%乳油335～665mg/kg喷雾。

①柑橘，疏果作用(温州蜜橘)，盛花后35～45d(幼果20～25mm时)，用15%乳油335～1 350mg/L喷雾，使用后可使较小的果实脱落，导致保留果实的大小均匀一致，调节柑橘的大小年；②改善品质(温州蜜橘)，盛花后70～80d，用15%乳油335～1 350mg/L对水喷雾，能使果实早着色7～10d，糖分增加，增加氨基酸总量，改善风味；③减少浮皮，在温州蜜橘盛花后60～70d，喷施2次15%乳油665mg/L喷雾，可减轻浮皮率，果实转色期喷施效果更好；枇杷降低酸度，提高糖酸比和维生素C含量，改善果实品质，果实迅速生长中期、末期，用15%乳油75mg/kg喷雾，以叶片、果实全部喷湿为度；苹果、梨、桃疏果，花瓣脱落3周后，用15%乳油335～1 350mg/kg喷雾；梨和桃防止果实脱落，未成熟果实开始落果前，用15%乳

油335～665mg/kg喷雾；菠萝促进果肉成熟，提高固态糖含量，收获前20～30d，用15%乳油665～1 350mg/kg喷雾；葡萄增加单果重，提高糖度，改善品质，盛花期、谢花末期、花后5d，用15%乳油335mg/L喷花穗或果穗至湿润。

注意事项 报道吲熟酯可作苹果、梨、桃的修剪剂，增加葡萄、凤梨、甘蔗的含糖量，促进苹果早熟，增加小麦、大豆蛋白质含量等，它的最终效果还有待在实践中确定；本品最佳施药期为果实膨大期。温度过高、湿度过大易引起过度疏果；葡萄结果枝生长过旺，花量不足的花穗，不宜使用吲熟酯；柑橘坐果量多的年份，新叶率低，老叶多，喷后药剂不易被吸收，疏果效果不佳。施用本品的次数一般以1～2次/年为宜，间隔期为15d。本品遇碱易分解，本品勿与其他农药混用，以免影响药效，本剂严禁与碱性农药混用，在施用本品前7d和施用本品2～3d后，要注意避免喷施带碱性化学药剂。

开发登记 湖北沙隆达股份有限公司等企业登记生产。

苯哒嗪丙酯

其他名称 达优麦。

化学名称 1-(4-氯苯基)-1,4-二氢-4-氧-6-甲基哒嗪-3-羧酸丙酯。

结 构 式

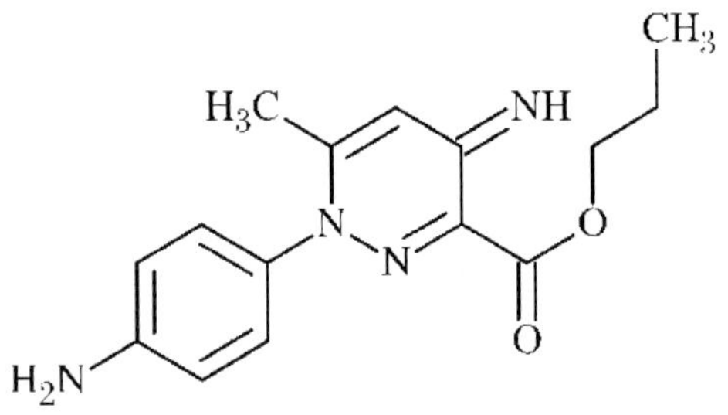

理化性质 原药(含量超过95%)为浅黄色粉末，熔点101～102℃；溶解度(g/L，20℃)：水＜1，乙醚12，苯280，甲醇362，乙醇121，丙酮427；在一般储存条件下和中性介质中稳定。

毒　性 原药对雄性和雌性大鼠急性经口LD_{50}分别为3 160mg/kg和3 690mg/kg，急性经皮LD_{50}＞2 150mg/kg，对皮肤、眼睛无刺激性，为弱致敏性，致突变试验(Ame试验小鼠，髓细胞微核试验、小鼠睾丸细胞染色体畸变试验)均为阴性，大鼠(90d)喂饲亚慢性试验无作用剂量：雄性为31.6mg/(kg·d)，雌性为39mg/(kg·d)。10%乳油对雄性和雌性大鼠急性经口LD_{50}分别为5 840mg/kg和2 710mg/kg，急性经皮LD_{50}＞2 000mg/kg；对皮肤和眼睛无刺激性。

剂　型 10%乳油。

作用特点 为新型小麦化学去雄剂，诱导自交作物雄性不育，培育杂交种子，主要用于小麦育种，具有优良的选择性小麦去雄效果。田间药效试验表明，该药施药时期为小麦幼穗发育的雌雄蕊原基分化期至药隔后期。

应用技术 小麦幼穗发育的雌雄蕊原基分化期至药隔后期，1次喷药，用10%乳油500～666g/亩对水30～40kg喷于小麦母本植株，具有诱导小麦雄性彻底不育，提高小麦去雄质量，达到杂种小麦制种纯度要求，对小麦的生长发育无不良影响，且施药适期较长等优点。在施药剂量范围内，随着施药剂量的升高，小麦去雄效果越好，不育率可达95%以上。

开发登记 河北新兴化工有限责任公司等企业登记生产。

苯哒嗪钾 clofencet

其他名称 金麦斯。

化学名称 2-(4-氯苯基)-3-乙基-2,5-二氢-5-氧哒嗪-4-羧酸钾盐。

结构式

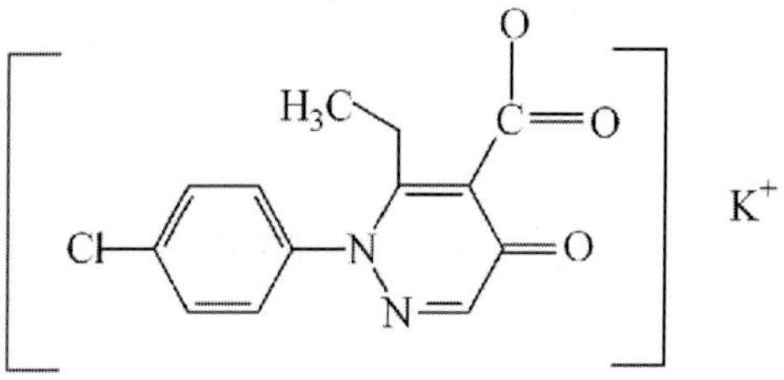

理化性质 原药(含量≥91%)外观为浅灰褐色固体粉末，熔点269℃；蒸气压＜10^{-7} mmHg(25℃)；溶解度(*W/V*)：水中＞69.6%(23℃，pH7)，甲醇1.6%(24℃)，丙酮中＜0.05%(24℃)，正己烷中＜0.06%(25℃)，甲苯中＜0.04%(24℃)。

毒 性 原药对大鼠急性经口LD_{50}为3 306mg/kg，急性经皮LD_{50}＞5 000mg/kg，急性吸入LC_{50}(4h)＞3.8mg/L；对皮肤无刺激性，对眼睛轻度至中度刺激性；无致敏性致突变试验(Ames试验，人体淋巴C细胞遗传毒性(染色体)试验等致突变试验)均为阴性，大鼠2年慢性试验最大无作用剂量为5.9mg/(kg・d)(100mg/kg饲料中)，未见致畸、致癌作用。

剂 型 22.4%水剂。

作用特点 该药具有优良的选择性小麦杀雄效果，能有效抑制小麦花粉粒发育，诱导自交作物雄性不育，用于培育小麦杂交种子。不同品种的小麦对苯哒嗪钾的敏感性有差异。

应用技术 小麦杀雄，旗叶露尖至展开期，用22.4%水剂893～1 488ml/亩对水30～40kg茎叶喷雾。施药时应加入占喷施药液总量的1%非离子表面活性剂或2%乳化剂。该药适宜作喷施的母本品种较多，施药剂量范围较宽，施药适期长，对小麦植株影响较小，是较为优良的。

开发登记 美国孟山都公司登记生产。

津奥啉 cintofen

化学名称 1-(4-氯苯基)-1,4-二氢-5-(2-甲氧基乙氧基)-4-氧代噌啉-3-羧酸。

结构式

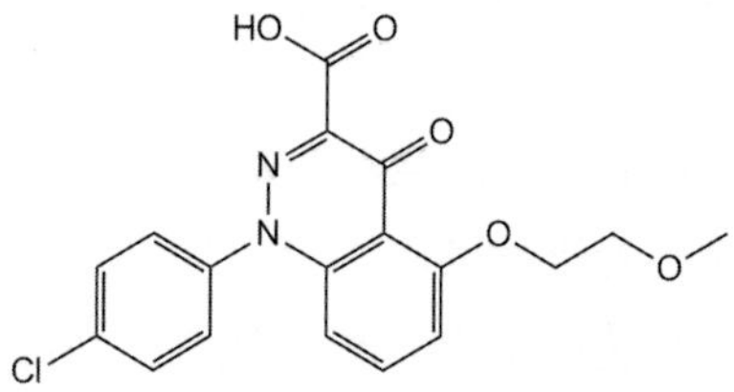

理化性质 原药为黄白色粉末，略带气味。有效成分含量大于98%，熔点260～263℃，微溶于水和大多数有机溶剂，溶于氢氧化钠溶液。

毒　　性 原药大鼠急性经口LD_{50}＞1 000mg/kg。对眼睛、皮肤无刺激作用，对皮肤无致敏作用，大鼠1个月喂养试验无作用剂量为800mg/kg，犬无作用剂量＞800mg/kg。无致畸、致突变作用。

剂　　型 33%水剂。

作用特点 能阻滞小麦及小粒禾谷类作物的花粉发育，抑制其白花授粉，以便进行异花授粉，获取杂交种子。具有杀雄选择性强、活性期较长、副作用小等优点。

是小麦及其他小粒谷物花粉发育的化学抑制剂。在花粉形成前(减数分裂发生)，绒毡层细胞为小孢子发育提供营养的组织，能抑制孢粉质前体化合物的形成。单核阶段小孢子的发育受到抑制。药剂由叶面吸收，并主要向上运输，大部分存在于穗状花序及地上部分。根部及分蘖极少。该化合物在叶内半衰期为40h。湿度大时，利于该物质吸收。

小麦雌雄蕊分化期是喷施津奥啉最佳时期。这个时期喷药，小麦雄蕊虽然还能继续发育，但在药物作用下，使花粉发育受阻，花粉粒大多停滞在四分体时期(单核期)，不能继续发育成正常花粉，而且花粉内部的生理生化过程也基本处于停滞状态，无法完成糖到淀粉的转化，花粉内无淀粉积累。

应用技术 春小麦杀雄，幼穗长到0.6～1.0cm，即处于雌雄蕊原基分化至药隔分化期之间（5月上旬，持续5～7d），用33%水剂40ml/亩对水17～20kg均匀喷雾，小麦叶面雾化均匀不得见水滴。雄性相对不育率可达98%以上，自然异交结实率达65%，杂交种纯度达97%(国家规定二级良种标准)以上，而且副作用小。若过早施药，相对不育率高，但结实率低，药害重；过晚施药时，虽药害轻，但不育度及杂交种纯度均降低；冬小麦杀雄，4月上旬，小麦抽穗前10～14d，在雌雄蕊原基形成至药隔分化期，小穗长0.55～1cm，叶龄余数2.8～0.8，用33%水剂30～40ml/亩对水17～20kg均匀喷雾。

注意事项 在春季气温回升快，冬小麦生长迅速的地区，应注意在幼穗发育期适时施药；不同品种的小麦对津奥啉反应不同，对敏感品系，在配制杂交种之前，应对母本基本型进行适用剂量的试验研究；每亩用药量大于60g有效成分时，除了抑制株高和穗节长度之外，还造成心叶和旗叶皱缩、基部失绿白化、生长缓慢、幼小分蘖死亡、抽穗困难、穗茎弯曲；使用前若发现结晶，可加热溶解后再使用；但不同品种主茎与分蘖以及同一穗子不同部位小花的穗分化进程不一致。因此，化学杀雄时应尽可能使较多的主茎、分蘖处于适宜的喷药期外，津奥啉一般使小麦株高降低3～18cm，穗下茎节缩短4.1～8.2cm，但不影响异交结实；本剂应在室温避光保存；用前随配随用，配制液要当天用完，避免保存过久失效。

开发登记 法国海伯诺瓦公司登记生产。

1-甲基环丙烯　1-methylcyclopropene

其他名称 聪明鲜；1-MCP。

化学名称 1-甲基环丙烯。

结 构 式

理化性质 外观为无色气体，沸点4.68℃，熔点＜100℃；分解温度＞100℃；20℃时，在水中溶解

137mg/L、庚烷 > 2 450mg/L、二甲苯 > 2 250mg/L、丙酮 > 2 400mg/L；光解半衰期为4.4h。

剂　　型　3.3%微胶囊剂。

作用特点　在常温下，能与乙烯受体蛋白(有学者推测为一种金属蛋白)结合，但不会引起成熟的生化反应，由于1–甲基环丙烯为不可逆竞争抑制剂，具有较强的竞争力，所以一经与乙烯受体蛋白结合，则不易脱落，使乙烯作用信号的传导和表达受阻，其与受体较强的作用力来源于1–甲基环丙烯1位上的氢离子被一个甲基所取代，使整个分子呈平面结构，形成比乙烯更高的双键张力和化合。

1–甲基环丙烯对采后果实生理生化的影响：①降低采后果实的呼吸强度，延缓呼吸高峰的到来；②延缓采后果实硬度或可滴定酸下降，而对于可溶性固形物的影响不明显，且1–甲基环丙烯只有对于那些依赖于乙烯的果实和组织，才能起到抑制作用；③1–甲基环丙烯能延迟超氧化物歧化酶和过氧化物酶峰值的出现，延迟ACO活性高峰的出现，抑制果实乙烯跃变期间蛋白激酶活性的升高。

影响1–甲基环丙烯作用效果的因素：浓度、温度、处理时间、外源乙烯或其作用类似物、果实成熟度，以及不同水果的差异性等都或大或小的影响1–甲基环丙烯作用效果。

应用技术　在对果实进行处理时，须将收获的果实置于密闭的容器内，处理12 ~ 24h。处理浓度在3.3%微胶囊剂15 ~ 30mg/L，需根据果实种类而定。处理过的果品在常温下抑制老化的时间为无处理果实的数倍。

甜瓜保鲜，用3.3%微胶囊剂35 ~ 70mg/m^3密闭熏蒸。

苹果抑制过熟和保鲜，用3.3%微胶囊剂35 ~ 75g/m^3密闭熏蒸。

处理时将药剂加入到盛有约40℃蒸馏水的小瓶中(最小用水量应大于2ml)，然后立即将盖拧紧，充分摇动后分别将瓶放入玻璃缸中，打开瓶盖，然后密封24h。

注意事项　1–甲基环丙烯为无色且不稳定的气体，其本身无法单独作为一种产品存在。该气体一经生成，便即刻与α–环糊精吸附，形成一种十分稳定的吸附混合物，并根据所需浓度，直接加工成所需制剂。所以本产品不存在高浓度原药。由于1–甲基环丙烯易透过薄的塑料，不宜作为处理容器。

开发登记　美国罗门哈斯公司登记生产。

硅丰环

其他名称　杂氮硅三环；壮而丰。

化学名称　1–氯甲基–2,8,9–三氧杂–5–氮杂–1–硅三环[3,3,3]十一碳烷。

结 构 式

CH_2

CH_2 — N — CH_2

CH_2　CH_2　CH_2

O　O　O

Si

CH_2Cl

剂　　型 50%湿拌种剂、98%原药。

作用特点 有机硅化合物，是一种具有特殊分子结构及显著生物活性的新型有机硅化合物。可提高细胞活力，刺激植物细胞有丝分裂，增强光合作用，促进蛋白质合成，从而提高植株吸收养分的能力，促进作物籽粒的形成，增加果实的蛋白质含量，达到使作物早熟，增加千粒重的效果，使作物产量大幅度增加。能提高植株抗病、抗寒、抗倒伏等抗逆能力。

应用技术 冬小麦提高根系吸收养分和水分的能力，对籽粒的形成、增加千粒重提供了物质保证，提高产量，小麦播前，用50%湿拌种剂2～4g/kg拌种或400mg/kg浸种后播种。

据资料报道，可以增强马铃薯植株长势、增加结薯数量、提高产量，用50%湿拌种剂25g对水100kg浸150kg种薯，以药液淹没种子为宜， 也可采用闷种法，用0.02%溶液将摆放好的薯块进行均匀喷施，闷种4h，阴干后即可播种。

开发登记 辽宁山水益农科技有限公司登记生产。

菊胺酯

其他名称 菊乙胺酯；增长菊胺酯。

化学名称 N,N–二乙胺基乙基–4–氯–α–异丙基苄基羧酸酯盐酸盐。

结 构 式

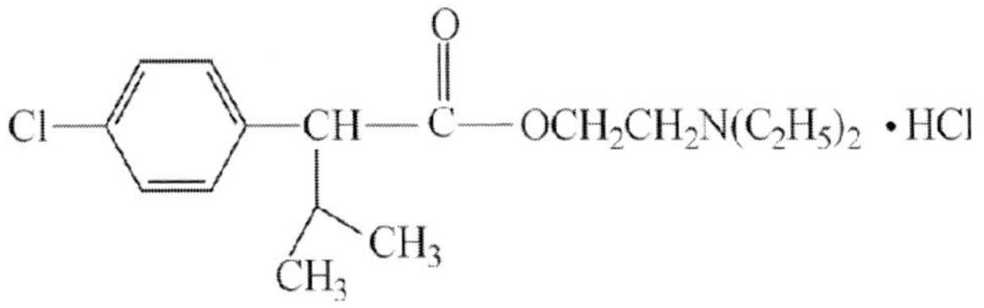

$$Cl-C_6H_4-CH(CH(CH_3)_2)-C(=O)-OCH_2CH_2N(C_2H_5)_2 \cdot HCl$$

毒　　性 大白鼠急性经口LD_{50}雄1 130.21mg/kg，雌1 171.25mg/kg，经皮LD_{50}＞2 500mg/kg。Ames试验呈阴性。菊乙胺酯对鱼是中毒，对蜂、鸟、蚕的毒性都是低毒，使用时对环境生物安全。

剂　　型 95%可溶性粉剂。

应用技术 小麦增加单穗结粒数、提高小麦千粒重和产量，分蘖期、拔节期、抽穗期，用95%可溶性粉剂52～112mg/kg对水40kg喷雾。

开发登记 湖北旺世化工有限公司登记生产。

调节胺 dimethyi morpholinium chloride

其他名称 助壮素。

化学名称 N,N–二甲基吗啉氯化物。

结 构 式

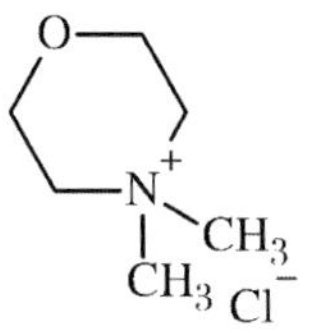

$$O(CH_2CH_2)_2N^+(CH_3)_2\ Cl^-$$

理化性质 纯品为无色针状晶体，易溶于水，微溶于乙醇，难溶于丙酮和芳香烃。有强烈的吸湿性。水溶液为中性，不可燃，不爆炸，化学性质稳定。含有效成分95%的原粉外观为白色或浅黄色固体粉末，水分含量小于3%。常温储存稳定期2年以上。

毒　　性 属于低毒植物生长调节剂。95%原粉急性经口毒性LD_{50}雄性大鼠为740mg/kg，雌性大鼠为8 840mg/kg。在动物体内蓄积性较低。无致畸诱变作用。

剂　　型 原药直接对水使用。调节胺原粉在空气中易吸潮，但不影响药效。

作用特点 一种高效、低毒植物生长调节剂，甲哌啶的吗啉类似物。主要应用于棉花。药剂被植物根或叶吸收后迅速传导到作用部位，使正在伸长的节间缩短；顶芽、侧芽和产生营养枝的腋芽的生长势减弱；尚未定型的叶面积变小而叶绿素增加；已出现的生殖器官的生长势加强，流向这些器官的营养流增强；从而促进早熟、增加产量。

开发登记 1972年由德国巴斯夫(BASF)公司试验研究。

乳酸 lacticacid

其他名称 Propel；SY-83。

化学名称 2-羟基丙酸。

结 构 式

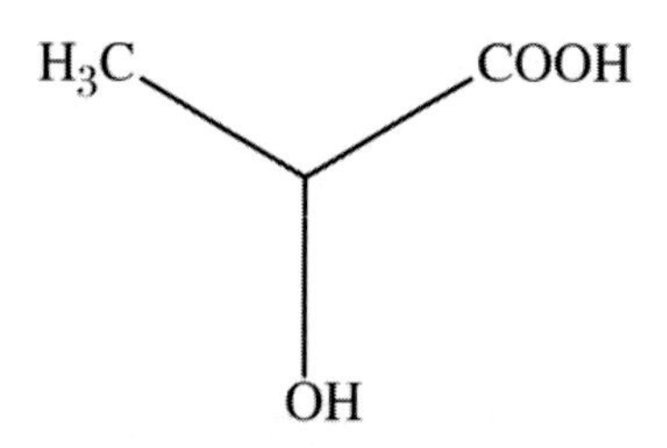

理化性质 纯品为无色晶状体，相对分子量90.1，熔点16.8℃，沸点122℃(1 900~2 000Pa)，82~85℃(67~133Pa)。25℃时的解离常数为1.38×10^{-9}。工业品为带有酸味的液体，能溶于水、酒精和乙醚，而不溶于氯仿、二硫化碳和石油醚可用蒸馏进行提纯。

毒　　性 急性口服LD_{50}值，大鼠4 936mg/kg(雄)和3 543mg/kg(雌)，对兔急性经皮$LD_{50}>2$g/kg，禽鸟口服毒性LD_{50}为鹌鹑(饲料中喂食)>2.25g/kg，绿头鸭>5.6g/L。鱼毒性LD_{50}：蓝鳃鱼为130mg/L，虹鳟鱼为130mg/L。

剂　　型 80%水溶液。

应用技术 乳酸作为植物生长调节剂，促进作物生长，提高产量。适用于扁桃、苹果、梨、柑橘、菠萝、梅、核桃、樱桃、葡萄、草莓、甘蔗、番茄、青椒、莴苣、菜豆、甘蓝、白菜、花椰菜、棉花、小麦、玉米等。

注意事项 避免眼睛和皮肤与药液接触，误服时先用水漱嘴，再饮水或牛奶，禁止催吐。储存于阴凉、干燥、通风处，防止儿童和动物接触。有腐蚀性。

开发登记 Sigma公司提供多种乳酸试剂，Unocal Chemicals Minerals Div有生产。

几丁聚糖 chitosan

其他名称 聚氨基葡萄糖；可溶性甲壳素；壳聚糖。

化学名称 β-(1-4)-2-氨基-2-脱氧-β-D-葡聚糖。

结构式

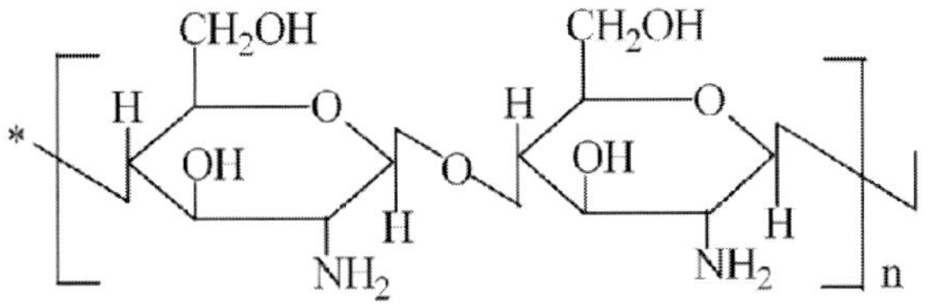

CH_2OH H O OH H NH_2 O CH_2OH H O OH H NH_2 n

理化性质 纯品为白色或灰白色无定形片状或粉末，无臭无味。不溶于水、碱和有机溶液，可溶于稀酸及有机酸中。化学性质稳定，具有耐高温性，经高温消毒后不变性。可以溶解于许多稀酸中，吸湿性大于500%，在盐酸水溶液中加热100℃，能完全水解成氨基葡萄糖盐酸盐，在强碱水溶液中可脱去乙酰成为甲壳胺，在碱性条件下与氯乙酸生成羧甲基甲壳质。

毒　　性 几丁聚糖的毒性极低。口服、皮下给药、腹腔注射的急性毒性试验，口服长期毒性试验均显示非常小的毒性，也未发现有诱变性、皮肤刺激性、眼黏膜刺激性、皮肤过敏、光敏性。

剂　　型 0.3%水剂、0.5%水剂、0.5%悬浮种衣剂。

作用特点 几丁聚糖促进作物生长可能是通过调控内源激素水平影响多种酶的合成及相关生理生化实现的。几丁聚糖能在种子表面形成一层薄膜，能保持种子体内的水分，当土壤内的水分太多时，又防止种子腐烂；几丁聚糖是含氮高分子化合物，能缓慢释放“氮”营养；能促进mRNA重新合成，使酶活大大增强；激发作物休眠态和缓慢基因的活力，促进木质素形成及其合成率的提高；改善种子周围的土壤微环境。

几丁聚糖果蔬保鲜的机理主要有：几丁聚糖涂布果蔬表面可形成保护膜质；可促进果蔬表面伤口的木栓化，调节生理功能；可使机体组织活性氧形成减少，延缓细胞的衰老和死亡；减少病菌侵染。

应用技术 将几丁聚糖溶解于1%～3%的醋酸溶液，使用时稀释为0.5%～0.01%的溶液，在播种前涂于种子的表面自然干燥后使用，可以增强植物的抗病能力，调节植物生长。

小麦调节生长，提高产量，播种前，用0.5%悬浮种衣剂1:（30～40）（药种比）/亩种子包衣；春大豆、棉花、玉米提高种子发芽率和调节生长，用0.5%悬浮种衣剂1:（30～40）（药种比）/亩种子包衣；茶树促进芽叶萌发和生长，提高产量，增加茶叶中水浸出物和氨基酸含量，降低酚氨比，生长期，用0.5%水剂20～30g/kg喷雾，每亩用药液45kg，隔7～10d喷施1次连喷2次。

据资料报道，番茄提高单果重，提高品质，增强抗病能力，始花期，用0.5%水剂200倍液均匀喷雾；黄瓜促进种子萌发，提高幼苗对低温的抗性，用0.3%溶液浸种12h用水冲洗后播种；苦瓜提高种子的活力和发芽率，促进幼苗生长，种子用0.75%～1%浸种24h后，催芽播种；青花菜提高品质，花序分化期，用0.5%水剂8～10g/kg喷雾，每隔10d喷施1次，共喷施3次。

作为保鲜剂有3种施用方法：浸涂法，将果品整体浸入配制好的几丁聚糖保鲜液中，约经30s后，取出果品放到一个底面倾斜的容器中，自然晾干或风机吹干，果蔬表面即形成了一层保护膜；刷涂法，用细软毛刷蘸上配制成的壳聚糖保鲜液，将果品在刷子表面辗转擦刷，使果蔬表面涂上一层保鲜剂膜；喷涂法，可以利用喷雾器将几丁聚糖保鲜液通过人工喷雾涂膜；也可以将几丁聚糖保鲜剂代替果蜡，用喷蜡机自动完成涂膜。使浓度一般为0.5%～2.0%。

据资料报道，草莓保鲜，用1%溶液浸渍新鲜草莓1h，然后捞起晾干自然成膜，在4～8℃储藏，可储存到15～20d；苹果保鲜，用1%溶液涂抹在果实上，在常温下储藏5个月后，果实仍保持绿色，有光泽，无皱缩，好果率高达98%；梨枣保鲜，将梨枣在1%溶液中浸泡3min，捞出后自然晒干，装袋储放，明显降低果实的呼吸强度、保持梨枣的硬度，延缓梨枣维生素C含量的减少。

注意事项 低分子量几丁聚糖的拮抗能力明显高于高分子量几丁聚糖。

开发登记 康欣生物科技有限公司等企业登记生产。

单氰胺 cyanamide

化学名称 氨基氰；氰胺；氨基甲腈。

结构式

$$H_2N—C\equiv N$$

理化性质 无色结晶，易潮解，熔点45℃，在极性有机溶剂中溶解度较大，在非极性溶剂中溶解度较小，在水中溶解度很大。结晶应以密封容器包装，保持干燥和阴凉(25℃或更低)，任何情况下温度不得超过45℃。在低于10℃保存时，保质期约为1年。

毒　　性 原药大鼠急性经口LD_{50}雄性147mg/kg，雌性271mg/kg，急性经皮$LD_{50}>2\ 000$mg/kg，对家兔皮肤轻度刺激性，眼睛重度刺激性，原药对豚鼠皮肤变态反应试验属弱致敏类农药，属中等毒性。

剂　　型 50%水溶液。

作用特点 单氰胺是良好的植物生长调节剂，同时兼有杀虫、灭菌、除草、脱叶等功效。单氰胺可以打破葡萄类和落叶类水果作物的休眠期，促使其提前发芽、开花、结果、成熟，提高单果重和亩产量。在植物体内，单氰胺被迅速新陈代谢，全部转化为植物生长所需要的碳源，在成熟期不会存在任何残留。

应用技术 对葡萄、樱桃可调节生长、增产，在葡萄发芽前15～20d，均匀喷雾枝条，使芽眼处均匀着药，可提早发芽7～10d，对初花期、盛花期、着色期、成熟期等都有提早的作用。在樱桃休眠期均匀喷雾，使芽眼处均匀着药，可打破休眠、促进发芽、提早发芽、提早开花、提早成熟、有明显提高产量和改善品种质量的作用。使用稀释倍数均为50%水溶液10～20倍液，对葡萄和樱桃安全。

葡萄，在温室内栽培的乍娜葡萄于其发芽前30～50d，用50%水溶液20倍液喷枝条，可使乍娜葡萄萌芽期提前17～19d，坐果期提前16～18d，果实成熟上市期提前14～16d，其萌芽率和产量均有明显提高。对葡萄果实的可溶性固形物含量无影响。

注意事项 过量的氰胺会伤害花芽，如浓度大于6%时。过早应用该药能使果实提前成熟2～6周，但产量可能会由于花期低温造成的落花和授粉不良而降低；对蜜蜂具有较高的风险性，在蜜源作物花期应禁止使用。

开发登记 陕西喷得绿生物科技有限公司、宁夏大荣化工冶金有限公司等企业登记生产。

二苯基脲磺酸钙 diphenylurea sulfonic calcium

其他名称 多收宝。

理化性质 原药(含量≥95%)为浅棕黄色固体，分解温度300℃(常压)，水中溶解度为122.47g/L(20℃)，对酸、碱、热稳定，光照分解。

毒　　性 原药对大鼠急性经口LD_{50}＞5 000mg/kg，急性经皮LD_{50}＞4 640mg/kg，对兔皮肤、眼睛无刺激性，为弱致敏性；该药属低毒植物生长调节剂。

剂　　型 6.5%水剂。

作用特点 二苯基脲磺酸钙具有典型的细胞分裂素和明显的生长素双重功能，它可影响植物细胞内核酸和蛋白质的合成，促进或抑制植物细胞的分裂或伸长，可调控植物体内多种酶的活性、叶绿素含量、根茎叶和芽的发育，从而提高农作物的产量。对棉花、小麦、蔬菜等作物有增产效果。

应用技术 棉花促进生长发育，增加植株抗旱能力，减少蕾、铃脱落，提高单株结铃数，促进棉花纤维发育及干物质累积，使棉花的产量和质量有明显提高和改善，棉花苗期、蕾期、初花期，用6.5%水剂770～1 155mg/kg喷雾；小麦促进生长，促进有效分蘖，提高成穗率，提高小麦产量，出齐苗后，拔节前、扬花期，用6.5%水剂1.5～2.3g/kg，每亩用药液30kg喷雾。

黄瓜调节生长，增加产量，增强抗病性，苗期7叶期后，用6.5%水剂150～300mg/kg，每亩用药液30k喷雾，每隔20d喷药1次，共喷药3～4次。

注意事项 喷药后4h内请勿浇水，4h内如遇雨，应重喷；可与一般农药混合喷施，不能与叶肥混合使用；最佳喷施时间为10时前或16时以后。

开发登记 山西省太原山大新化工有限公司登记生产。

抗坏血酸 VitaminC

其他名称 维生素C；AsA；维生素丙；维他命C；丙种维生素。

化学名称 L–抗坏血酸。

结 构 式

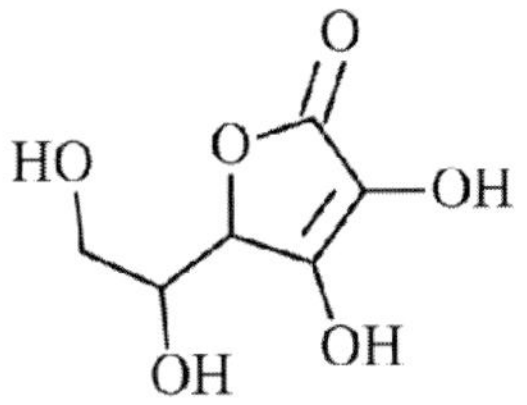

理化性质 纯品为白色结晶，熔点190～192℃。易溶于水(100℃水溶解度为80%，45℃溶解度水为40%)，稍溶于乙醇，不溶于乙醚、氯仿、苯、石油醚等。其水溶液呈酸性，溶液接触空气很快氧化成脱氢抗坏血酸。溶液无臭。储藏时间较长后变淡黄色。

毒　　性 本品属于微毒，对人畜安全，每日以500～1 000mg/kg饲喂小鼠一段时间，未见异常现象。

剂　　型 1.5%水剂、6%水剂。

作用特点 抗坏血酸作为维生素型的生长物质，在植物体内参与电子传递系统中的氧化还原作用，促进植物的新陈代谢。它与吲哚丁酸混用在诱导插枝生根上往往表现比单用有更好的作用。抗坏血酸也有清除植物体内自由基的作用，提高作物抗逆的能力。抗坏血酸可以明显提高植物叶片的抗坏血酸过氧化物酶和过氧化氢酶活性，降低叶片的丙二醛含量，减少细胞内电解质外渗，对叶绿素和蛋白质的降解有抑制作用，因而有延缓衰老的效应。

应用技术 小麦提高有效分蘖率、成穗率，增产，对小麦的白粉病也有良好的防效，幼苗期(2～3片叶)、孕穗期，用6%水剂1 500～2 000倍液喷雾，每亩用40kg；水稻提高有效分蘖率、成穗率、千粒重，提高产量，秧田1～2片真叶、大田分蘖期、孕穗期(或齐穗期)，用6%水剂1 500～2 000倍液喷雾，每亩喷施药液40kg；烟草防治花叶病，使分层落黄均匀，橘黄烟增多，单叶重增加，产量、产值增加，成苗期、团棵期、旺长期，用6%水剂1 500～2 000倍液喷雾，每亩用药液40～50kg，还有调节生长的作用；茶树增加蓬面发芽密度，提高茶叶品质，增加产量，无公害茶园，用6%水剂3 000～4 000倍液喷雾，每亩用药液40kg。

辣椒增产，苗期、花蕾期、盛果期，用6%水剂1 500～2 000倍液喷雾，每亩用药液40～50kg。

蜜橘提前着色，提高品质，提早上市，水果长足(发亮)时，用6%水剂1 500～2 000倍液喷雾，每亩喷液量50kg，7～10d再喷施1次。

非洲菊增大花茎，延长花期，实现保鲜，用6%水剂835 mg/L浸泡鲜切花枝条。

注意事项 抗坏血酸水溶液呈酸性，接触空气后很快氧化成脱氢抗坏血酸。储藏时间较长后变淡黄色。

开发登记 贵州省贵阳市花溪茂业植物速丰剂厂登记生产。

柠檬酸钛 citricacide-titatnium chelate

化学名称 柠檬酸钛；Citricacide-titatnium chelate。

结构式

$$\left[\begin{array}{l} \quad\;\; CH_2-COO \\ HO-C-COOH \\ \quad\;\; CH_2-COO \end{array}\right]_2 Ti$$

理化性质 外观为淡黄色透明均相液体，比重1.05，pH2～4。可与弱酸性或中性农药相混。

毒　　性 低毒。大鼠急性经口LD_{50}＞5 000mg/kg，急性经皮LD_{50}＞2 000mg/kg。

剂　　型 34g/L水剂。

作用特点 为植物生长调节剂，用于黄瓜、油菜等上，植物吸收后，其体内叶绿素含量增加、光合作用加强、使过氧化氢酶、过氧化物酶、硝酸盐还原酶活性提高，可促进植物根系的生长加快，对土壤中的大量元素和微量元素的吸收，促进根系的生长，达到增产的效果。

应用技术 大豆提高出苗率，促进营养生长，增加干鲜重，增加产量，用34g/L水剂10g/L拌种。

黄瓜促进根系加快生长，生长中期，用34g/L水剂稀释500～1 000倍液喷雾。

枣树提高坐果率，促进果实着色，早熟，增产量，初花期、盛花期和初果生长期，用34g/L水剂10～15g/L喷雾；苹果提高果实色泽，提高果实级别，开花前和开花后，幼果长到直径1.5cm左右时，用

34g/L水剂1 700倍液喷雾，每隔10d喷1次，共计喷药8次；葡萄提高成熟期果实的含糖量、着色程度，降低果实含酸量，增大果粒体积，果实着色时，用34g/L水剂1 000倍液均匀喷雾，每次间隔10d。

注意事项 不能与碱性农药、除草剂混用。

开发登记 北京富力特农业科技有限责任公司登记生产。

乙二醇缩糠醛 furalane

其他名称 润禾宝。

化学名称 2-(2-呋喃基)-1,3-二氧五环。

结构式

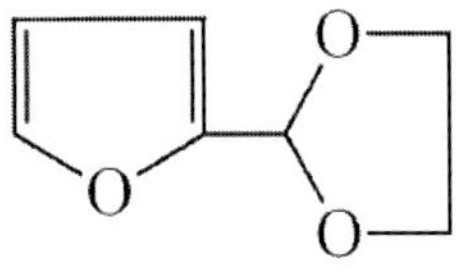

理化性质 原药(含量≥95%)为浅黄色均相液体。沸点(1.33×10^{-2}Pa)82～84℃；溶解度：易溶于丙酮、甲醇、乙醇、苯、乙酸乙酯、四氢呋喃、二氧六环、二甲基甲酰胺、二甲基亚砜等有机溶剂，微溶于石油醚和水，光照下接触空气不稳定，弱酸性中性及碱性条件下稳定。

毒　　性 原药对大鼠急性经口LD_{50}为562mg/kg，急性经皮LD_{50}＞2 150mg/kg，对皮肤、眼睛无刺激作用，无致敏反应。大鼠90d饲喂亚慢性试验最大无作用剂量为11.24mg/(kg·d)，属植物生长调节剂。

剂　　型 20%乳油。

作用特点 乙二醇缩糠醛是从植物的秸秆中分离精制而成的，其生物活性是促进植物的抗旱和抗盐能力。其作用机制是在光照条件下表现出很强的还原能力。叶面喷药后，能够吸收作物叶面的氧自由基，使用植物叶面细胞质膜免受侵害，在氧自由基催化下发生聚合反应，生成单分子薄膜，封闭一部分叶面气孔，减少植物水分的蒸发，增强作物的保水能力，起到抗旱作用；作物在遭受干旱胁迫时，使用该药后，可提高作物幼苗的超氧化物歧化酶(SOD)、过氧化氢酶(CAT)和过氧化物酶的活性，并能持续较高水平，有效地消除自由基；还可促进植物根系生长，尤其次生根的数量明显增加，提高作物在逆境条件下的成活力。

应用技术 小麦增强对逆境抵抗能力，促进生长，提高产量，播种前，用20%乳油250～500mg/kg浸种10～12h，晾干后再播种；棉花促进光合作用，提高抗逆性，增加产量，现蕾后，用20%乳油2 000倍液均匀喷雾，以叶湿不滴为度，用药量40kg/亩，间隔15d喷第2次。

注意事项 光照下接触空气不稳定，应尽量密封、避光储存。喷药时防止药液溅入眼睛，药后余液不要污染水源。施药后要认真清洗喷雾器。

开发登记 山西省平遥腾龙科技发展有限公司登记生产。

植物激活蛋白 plant Activator Protein

毒　　性 低毒无残留，是一种对环境友好的新型绿色环保产品。雄性大鼠急性经口毒性LD_{50}＞

5 000mg/kg，雌性大鼠经口LD_{50}＞3 830mg/kg，对家兔皮肤无刺激作用。

剂　　型 3%可湿性粉剂。

作用特点 植物激活蛋白是利用生物高新科学技术从微生物中分离提取的一种新型结构蛋白。促进植物根系生长，提高土壤肥料利用率；促进细胞伸长和分裂、增加产量、改善果实发育、提高品质；促进花粉受精，提高坐果率和结实率；提高叶绿素含量，增强光合作用；改善植物生理代谢作用，增强抗病防虫等抗逆性能。主要功能表现：

(1)**苗期促根** 用做种子处理或苗床期喷洒，对水稻、小麦、玉米、棉花、烟草、蔬菜、油菜等作物的幼苗根系有明显的促进生长作用，表现为根深叶茂，苗棵茁壮。

(2)**营养期促长** 具有促进细胞分裂与伸长的双重作用。能提高叶片内叶绿素的含量，增强光合作用和增加产物。作物表现为叶色加深、叶面积增大、叶片肥厚、生长整齐。

(3)**生殖期促实** 能提高花粉的发芽率和受精率，从而提高结实率和坐果率，尤其是对弱势部位的提高尤为明显；作物成熟期表现为粒数和粒重增加，瓜果类表现为果实均匀，提高产品品质。

(4)**防病抗虫** 调节植物体内的新陈代谢，促进植物叶片的蜡质形成，从而构成阻碍病菌侵入的屏障，从而达到防病抗虫的目的。

应用技术 油菜，增强光合作用、提高抗冻抗逆能力、提高产量、改善品质、降低芥油含量。同时对病毒病、菌核病和蚜虫有较好的防效，用3%可湿性粉剂1 000倍液喷雾，直播田在间苗后喷第1次药，移栽田在移栽成活后7d喷第1次药，间隔30d，连续2次始花时喷第3次药，间隔25～30d，连续2～3次，即可达到提高坐果率和防治病虫害的目的；烟草预防病毒病，苗床十字期、移栽成活后5～7d、团棵期和旺长期，用3%可湿性粉剂1 000倍液喷雾。

辣椒、番茄预防青枯病、疫病、病毒病，移栽成活1周后，用3%可湿性粉剂1 000倍液喷雾或灌根浇根，间隔20～25d喷雾1次，连续施药3～4次，具体喷药次数根据病情而定。同时还能促生增产10%以上，明显改善品质。

葡萄预防黑痘病、白粉病、霜霉病、炭疽病，同时促进生长、改善品质，展叶后、开花前和落花70%～80%时，用3%可湿性粉剂1 000倍液喷雾，发病高峰期用800倍液，间隔20～25d喷1次；柑橘提高坐果率、促生增产、改善品质，同时对红蜘蛛、疮痂病、溃疡病等有较好的防效，用3%可湿性粉剂 1 000倍液喷雾，3月底喷第1次药，间隔20～25d。喷药次数可根据天气和病情而定，重点做好小芽期、现花期和壮果期的喷药处理，摘果后喷施可促进秋梢即果枝的生长。

注意事项 不能与碱性物质混用；喷雾要均匀，现配现用；喷药时间于早上露水干后，或傍晚用药，喷药后6h内遇雨需要补喷；药剂宜放在阴凉通风处，有效期2年。

超敏蛋白 Harpin Ea

其他名称 康壮素。

毒　　性 微毒。

剂　　型 3%微粒剂。

作用特点 使用本品后，植物根部发达，毛根、须根增多，干物质、吸肥量特别是吸钾(K)量明显增加，并可增强作物对包括线虫在内的土传病害的抵抗力。植物普遍表现为茎节粗壮，叶片肥大，色泽鲜亮，长势旺盛，植物健壮等。在茄果类蔬菜上使用可以提高坐果率、单果增大增重，果实个体匀称整齐。增强光合作用活性，促进作物提前开花和成熟。延长农产品货架保鲜期，明显可以减轻采后病害的发生。改善品质，提高商品等级，实现增产增收。

应用技术 油菜预防菌核病，促进植株生长发育，增加分枝数、角果数、单角结籽数和千粒重，增产，生长期，用3%微粒剂1 g/L喷雾。

黄瓜预防霜霉病、白粉病，生长期，用3%微粒剂1～2g/L喷雾；蔬菜促进植株生长发育，提早开花，增产，用3%微粒剂0.5～1g/L喷雾。

开发登记 美国伊甸生物技术公司、江苏省农垦生物化学有限公司等企业登记生产。

苯肽胺酸 Phethalanilic acid

其他名称 宝赢；Phethalanilic acid；果多早；Nevirol。

化学名称 邻-(-N-苯甲酰基)苯甲酸。

结构式

COOH

CONH—

理化性质 本品原药外观为白色或淡黄色固体粉末，熔点(168±1)℃，溶解度(20℃)：水1.97，丙酮7.57，无水甲醇16.80。

毒　　性 急性经口LD_{50}>10 000mg/kg，急性经皮LD_{50}>10 000mg/kg，属低毒农药。

剂　　型 20%水剂、20%可溶性液剂、60%可湿性粉剂。

作用特点 通过叶面喷施，能迅速浸入植物体内，促进营养物质向花的生长点调动，利于受精授粉，具有诱发花蕾、成花结果，并能提早成熟，诱导单穗植物果实膨大，使子房、蜜盘细胞正常分裂，柱头相对伸长，利于授粉受精，增强抵御低温、连阴雨、干旱、大风等不良气候条件的能力，从而提高坐果率，减少落果。

主要功能：促花孕花。喷施后能快速被作物吸收，促进叶绿素和花青素形成，使营养物质向花芽移动，诱导成花。

保花保果。喷施后能迅速渗透到植物体内，增强植物细胞活力，阻止叶柄、果柄基部形成离层，防止落花落果。

提高抗逆性。增强植株对不良气候条件(低温、干旱、连阴雨、大风)的抵抗能力，使植株正常成花、授粉。

改善品质，提高产量。促进叶绿素形成，提高叶片光合作用效能，利于积累更多的干物质，提高产量，改善品质。

应用技术 大豆提高抗逆性，提高产量，盛花期和结荚期，用20%水剂270～400倍液喷雾，每亩用药液40～60kg。

番茄、辣椒、菜豆、豌豆、大豆、油菜、苜蓿、扁豆、向日葵、水稻、苹果、葡萄、樱桃等提高坐果率，促进果实膨大，提前成熟，花期用，用20%水剂800～1 000倍液喷雾。

枣树减少落花落果，花期结合开甲、摘心、枣园放蜂、防治病虫害等农艺措施，用20%水剂1 000倍液喷雾，间隔10d左右喷1次，连续喷2～3次，具体时间在9时之前或17时之后。

注意事项 本品不可与碱性物质混用。避免在烈日下喷雾，喷后3h内下雨需重喷，储存于阴凉处。

开发登记 陕西上格之路生物科学有限公司、西安北农华农作物保护有限公司等企业登记生产。

硫脲 Thiourea

其他名称 Cittol。

化学名称 硫代尿素。

结构式

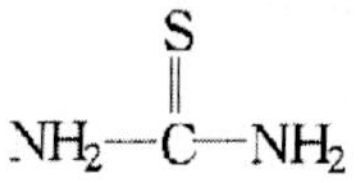

$$NH_2-\overset{\overset{\Large S}{\|}}{C}-NH_2$$

理化性质 硫脲纯品为白色结晶，有苦味，熔点176～178℃，相对密度为1.405。硫脲溶于冷水、醇类，不溶于醚。

毒　　性 硫脲对挪威大鼠急性口服LD_{50}为1 830mg/kg，家鼠急性口服LD_{50}为125～640mg/kg。1984年发现慢性投药引起大鼠肝长瘤、骨髓衰退、甲状腺肿大，是早期诱癌可疑物。

作用特点 硫脲一种有弱激素作用的硫代尿素。硫脲是一个古老的有机化工产品，早在1940年由Robin F. 首先合成，为可溶性粉剂。硫脲在植物体上有以下三方面的生理功能。

有弱细胞激动素的作用：叶片吸收硫脲后，既可延缓叶片衰老，又可促进黑暗中CO_2的固定，在谷类作物灌浆时使用可增加叶片光合作用效率增加产量。另外，在缺乏激动素的大豆愈伤组织中添加硫脲，可诱导形成细胞激动素，促进愈伤组织的生长。

抑制植物活性硫脲与羟胺等可以抑制植物体内过氧化氢酶的活性。而过氧化氢酶通常阻碍种子的萌发，因而硫脲处理某些种子有打破休眠、促进萌发的作用。

提高抗病力，硫脲进入植物体内具有捕捉体内自由基的作用或作为抗氧化剂，因而可以提高番茄抗灰霉病的能力。

应用技术 增加小麦、玉米产量；打破桃树种子休眠；促进叶芥菜、甘蓝、莴苣种子早发芽；提高番茄抗灰霉病的能力。

矮健素

其他名称 7102。

化学名称 2-氯丙烯基三甲基氯化铵。

结构式

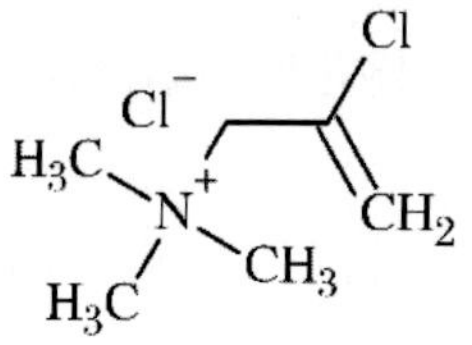

$$\left[(CH_3)_3\overset{+}{N}-CH_2-C(Cl)=CH_2\right]Cl^-$$

理化性质 矮健素是一种季铵盐类型化合物，相对分子量为170，纯品为白色粉末状结晶。商品为米黄色粉末，略带腥臭味，易溶于水，不溶于苯、乙醚等有机溶剂。结晶吸湿性强，性质较稳定，遇碱易分解，熔点168～170℃，相对密度为1.10。

毒　　性 对人、畜毒性低。小鼠急性口服LD_{50}为1 940mg/kg体重。

作用特点 通过阻止植物体内赤霉素类物质的生物合成，起到抑制植物细胞伸长的作用。故有促进农作物根系发育，增加有效分蘖，使植株矮化，茎秆增粗、节间缩短、叶色浓绿、叶片宽厚等作用。控制作物地上部徒长，防止倒伏，使茎秆粗壮，植株矮化，叶片挺立，叶色浓绿，根系发达；使植株提早分蘖，增加有效分蘖，增强作物抗旱、抗盐碱的能力，适用于肥力条件良好、生长旺盛的作物。可用于浸种和喷雾。

应用技术 对小麦、大麦、棉花、玉米、高粱、水稻、油菜、黄瓜、番茄等作物幼苗生长有抑制作用，但地上部分鲜重明显增加。

浸种处理使用浓度为0.25%～0.5%。使用0.07%～0.15%浓度在小麦拔节期作喷雾处理，可促分蘖，抗倒伏，增强抗旱、抗盐碱的能力。以0.4%浓度浸蚕豆种子24h，可使增产。花生于开花期以40～140mg/L药液60～75kg进行叶面喷雾，可使百果重增加。棉花在盛蕾期或开花期每亩使用20～80mg/L处理，可防止植株徒长，防铃蕾脱落。在果树花期用100mg/L处理，还能增加坐果率。

注意事项 在作物的适宜生育期施药，太早施用会造成早期抑制，过迟时又会产生药害。如发现药害出现时，可以用相当于或低于1/2矮健素浓度的赤霉素来解除药害。储存在阴凉通风处。远离食物、饲料。施药时防止污染手、脸和皮肤，如有污染，要及时清洗。无专用解毒药，按照出现症状进行治疗。

开发登记 天津南开大学有机化学研究所、河北保定化工四厂等企业登记生产。

大豆激素

其他名称 PGR-1；7841；78401；丰啶醇。

化学名称 3-(2-吡啶基)丙醇。

结 构 式

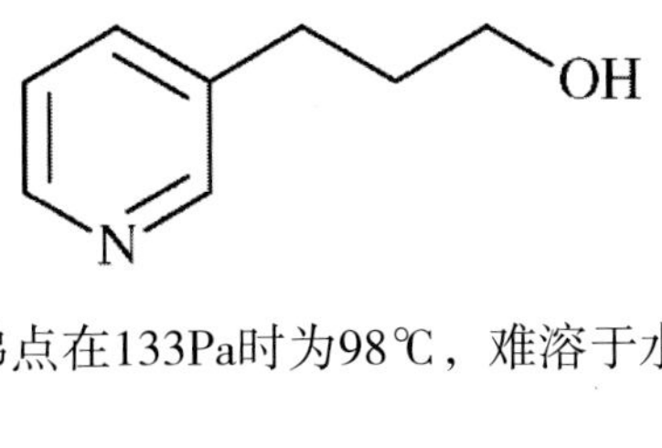

OH

N

理化性质 无色透明油状液体，沸点在133Pa时为98℃，难溶于水，可溶于氯仿、甲苯等有机溶剂。原药为棕红色油状液体。

毒　　性 急性口服LD_{50}大鼠(雄)111.5mg/kg，小鼠(雄)154.9mg/kg，小鼠(雌)152.1mg/kg。本品属弱蓄积性农药，蓄积系数K＞5。对大鼠致畸试验表明，除4.13mg/kg剂量组外，高浓度组对怀孕大鼠有一定胚胎毒，但各给药组对胎鼠未发现有致畸作用。2个月的亚急性毒性试验结果，大鼠饲料含有效成分223mg/kg，未发现肾和肝功能的异常；但据病理组织学观察，对肝脏有一定程度的特异性毒性作用。对鱼有毒，白鲢鱼TLm(96h)为0.027mg/L。

剂　　型 80%乳油。

作用特点 能促使植株矮化，茎秆变粗，加大叶面积，促进光合产物的积累，增多花数；并刺激根的形成，促进胚芽鞘伸长，有促进营养生长和生殖生长的作用。

应用技术 大豆、花生、向日葵、玉米、小麦、水稻、果树等作物上。用于花生，可提早出苗，提高出苗率，增加茎粗，提高饱果率，增加饱果的双仁和单仁数。用于大豆，可抑制株高，使株茎变粗，花数增多，叶面积指数加大，促进光合产物积累，控制营养生长。促进生殖生长。用于西瓜，可控制瓜蔓徒长，促进瓜大。早熟3～5d。浸种处理时，用80%乳油4 000～8 000倍液，浸种时间因作物品种而异，一般4 000倍液浸4h，8 000倍液浸2h。

注意事项 避免吸入药雾，勿让药液沾染皮肤和眼睛。如有沾染，要用大量清水冲洗。药品储存在低温通风场所，储存处要与食物和饲料隔离。无专用解毒药，发生误服，可对症治疗。

Pironetin

化学名称 (5R,6R)-5-乙基-5,6-二氢-6-[(E)-(2R, 3S, 4R, 5S)-2-羟基-4-甲氧基-3,5-二甲基-7-壬烯基]-2H-吡喃-2-酮。

结构式

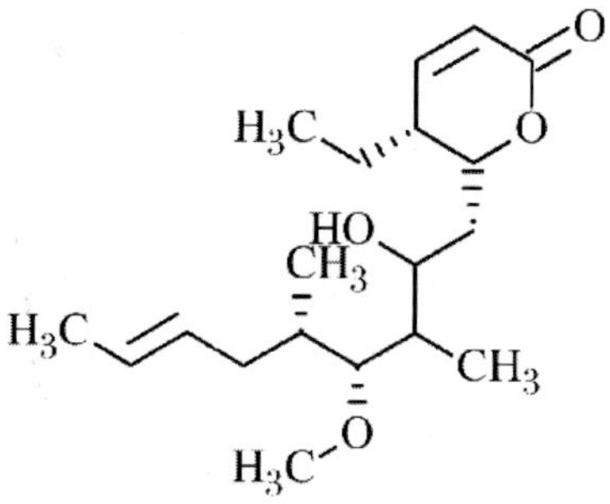

H_3C HO CH_3 O H_3C CH_3 H_3C O O

理化性质 纯品为无色针状结晶，熔点78～79℃。可溶于甲醇、乙醇、二甲基亚砜、丙酮、乙酸乙酯等有机溶剂，不溶于水。

毒　　性 雄小鼠急性经口LD_{50}325mg/kg。致突变试验(Ames试验)呈阴性。

作用特点 pironetin与现有的生长抑制剂的作用机理不同，它并非抑制赤霉素的生化合成，而是通过抑制植物的细胞分裂而发挥抑制生长作用。具有抗倒伏作用，对产量影响很小。

应用技术 在水稻生长期用100g/hm^2剂量进行处理，对其地面部分抑制程度达到18%~23%，而以25g/hm^2处理，则对地面部分几乎无抑制作用，在出穗前5～9d施用pironetin对产量无影响。小麦用125~1 000mg/L的喷洒浓度处理，对小麦株高呈现20%左右的生长抑制活性，但对小麦穗数并无影响。2 000mg/L处理对小麦有药害，平均每穗重及千粒重减少10%左右。

开发登记 pironetin是由日本化学公司1990年发现。

调节膦 fosamine ammonium

其他名称 杀木膦；膦胺素；蔓草膦。

化学名称 氨基甲酰基膦酸乙酯铵盐。

结 构 式

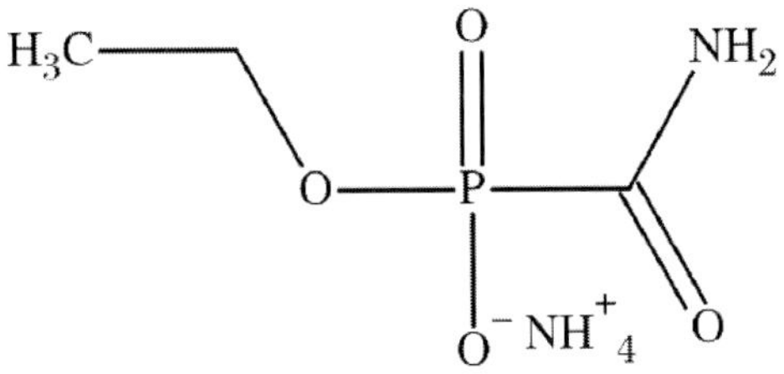

理化性质 纯品为白色结晶，略带薄荷香味，相对分子量或原子量为170.11，密度1.33，熔点175℃，易溶于水，微溶于有机溶剂，在100ml溶剂中，可溶纯品的质量：氯仿0.004g，丙酮0.03g，苯0.04g，乙醇1.2g。在酸性条件下易分解，与土壤接触后迅速分解，因而对环境较为安全。

毒 性 大鼠口服急性毒性LD_{50}为10 200mg/kg，土拨鼠7 380mg/kg，工业品为24 400mg/kg，小鼠90d喂饲无作用剂量为1 000mg/kg。大鼠经皮LD_{50} > 1 683mg/kg，兔急性经皮 > 4 000mg/kg，对虹鳟鱼48h的TLm > 1 000mg/kg，鲶鱼TLm为670mg/L。

剂 型 40%水剂。

作用特点 调节膦在低浓度时被植物吸收后进入幼嫩部位，抑制细胞分裂和伸长，使植物株形矮化，抑制新梢生长。调节膦不但可以提高坐果率和增加产量而且还有整枝、矮化、增糖、保鲜等多种生理功能。高浓度的调节膦(15 000 ~ 60 000mg/L)可抑制植物光合反应过程中的光合磷酸化，因而使植物缺少能量而死亡。因此调节膦也是一种除草剂，可以防除森林中的杂灌木和缠绕植物(旋花科)。调节膦抑制植物内源乙烯的生物合成，可防止枝叶早衰，常用于切花保鲜。可行土壤浇灌或叶面喷洒。在土壤中易被微生物分解。一般于入秋前2个月处理，翌年春季仍可抑制芽的生长，有效期长达2 ~ 3年。

应用技术 防止柑橘、花生、棉花、葡萄、橡胶等徒长。切花保鲜，控制柚灌木生长。

注意事项 调节膦是一种除草剂，当使用40%水剂2.5 ~ 12.5g/kg时，可抑制植株生长；40%水剂37.5 ~ 150g/kg时，可抑制植物的光合作用，从而杀灭植物。因而在作为植物生长调节剂时要严格掌握浓度，以免产生药害。喷药后2h内遇雨会降低药效，可根据具体情况确定补喷与否，但要注意避免过量喷药。因调节膦是铵盐，对黄铜或铜器及喷雾零件易腐蚀，药械施用后应立即冲洒干净。被处理的灌木一般不要超过1.5m高，过高地面喷洒有困难；落叶前20d最好不要用药。果树只能连续2年喷施调节膦，第三年要改用其他调节剂，以免影响树势生长。调节膦不能与酸性农药混用，但可与少量的草甘膦、赤霉素、整形素或萘乙酸混用，有增效作用。 调节膦对眼和皮肤有刺激，使用时要注意，施药后要用清水或肥皂洗手、脸和暴露部分。若误服中毒，应立即送医院诊治，采用一般有机磷农药的解毒和急救方法。

甲磺威

其他名称 Methasulfocarb；Kayabest；NK-191。

化学名称 S-(4-甲基磺酰氧本基)-N-甲基硫代氨基甲酸酯。

结 构 式

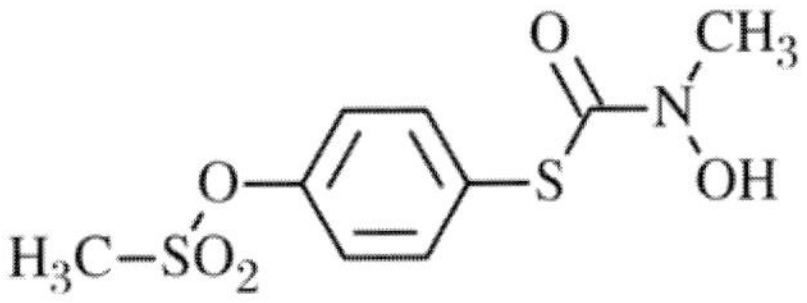

理化性质 纯品淡黄色结晶固体，相对分子量261.3，熔点137.5～138.5℃。溶于苯和丙酮，不溶于水和乙醇。性质较稳定。

毒　　性 口服急性毒性LD_{50}(mg/kg)：小鼠342(雄)，262(雌)；大鼠119(雄)，112(雌)。经皮LD_{50}(mg/kg)：小鼠＞5 000(雄，雌)；大鼠＞5 000(雄，雌)。大鼠吸入LC_{50}＞436.2mg/m^3。对大鼠致畸试验小鼠两代繁殖试验和迟发神经毒性试验，均呈阴性。

剂　　型 10%粉剂。

作用特点 甲磺威是具有植物生长调节活性的土壤杀菌剂，在水稻育苗箱中，能抑制初生叶鞘过度生长而阻止禾苗徒长，且使根部α-萘胺氧化活性增加，促进根系生长；同时还能防治因多种病菌引起的稻苗枯萎病。

注意事项 处理本品时戴橡胶手套，避免吸入或眼、鼻等污染粉尘；和食物、饲料等分隔储存；发生中毒，用适量硫酸阿托品处理，不宜使用其他镇静剂和麻醉剂。

开发登记 1985年日本化学公司研究开发。

形态素 dichlorflurecol

其他名称 Flurenol-n-butylester(ISO，BSI)IT-3233；Flurecol；Aniten；Ani-tope。

化学名称 9-羟基芴-9-羧酸丁酯(正)。

结 构 式

OH　O　O-C_4H_9

理化性质 本品为无色棒状晶体，相对分子量282.3，熔点71℃，微溶于水，易溶于醇类、苯、四氯化碳等有机溶剂。

毒　　性 大鼠急性口服LD_{50}＞10g/kg，急性经皮LD_{50}为10g/kg。对鱼低毒，对蜜蜂无害。

作用特点 本品有内吸性，能使植株矮化，亦适用于除草。当和某些除草剂合用时，有增效作用，可极大地提高本品的药效。

剂　　型 本品有多种复配剂，如商品Aniten D为本品81g/L与2, 4-D异辛酯267g/L的合剂；Aniten M为本品79g/L与2甲4氯异辛酯251g/L的合剂；2甲4氯(酯)150g/L和2, 4-D丙酸(酯)333g/L的合剂；Anitop为本品50g/L与碘苯腈(酯)80g/L。Aniten P为本品(原药)50g/L与2甲4氯(原药)170g/L和2甲4氯丙酸(原药)280g/L二者的胺盐溶剂的合剂。

注意事项 制剂对光敏感，避光、阴凉处保存。

抑芽唑 triapenthenol

其他名称 抑高唑；Triapentheno(BSI，ISO)draft；Baronet；EA19393；RSW0411。

化学名称 (E)-(RS)-1-环己基-4,4-二甲基-2-(1H-1,2,4-三唑-1-基)戊-1-烯-3-醇。

结构式

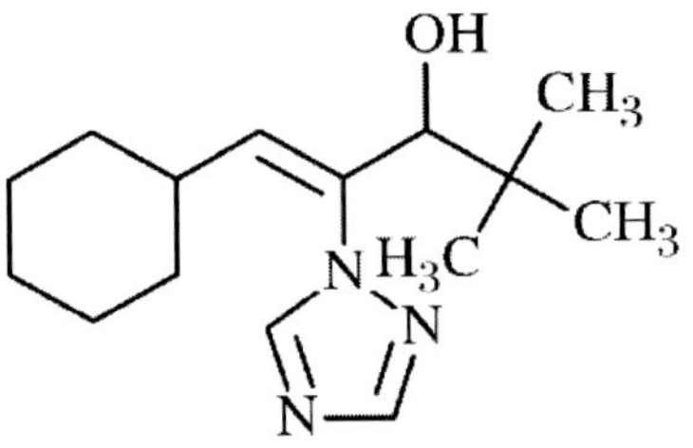

理化性质 本品为无色晶体，熔点135.5℃，蒸气压为44MPa(20℃)。溶解度(20℃)：水68mg/L，甲醇433g/L，丙酮1 508/L，二氯甲烷>200g/L，己烷5～10g/L，异丙醇100～200g/L，二甲基甲酰胺468g/L，甲苯20～50g/L。Kow为188。

毒　　性 大鼠急性经口LD_{50}为5g/kg，小鼠急性经口LD_{50}约为4g/kg，犬急性经口LD_{50}约为5g/kg，大鼠急性经皮LD_{50} > 5g/kg。大鼠2年饲喂试验的无作用剂量为100mg/(k・d)。母鸡和日本鹌鹑急性经口LD_{50} > 5g/kg(14d)，金丝雀急性经口LD_{50} > 18/kg(7d)。鱼毒LD_{50}(96h)：鲤鱼18mg/L，虹鳟鱼37mg/L。水蚤LD_{50}(48d) > 70mg/L(作为70%可湿性溶剂)。对蜜蜂无害。

剂　　型 70%可湿性粉剂。

作用特点 本品为唑类植物生长调节剂，是赤霉素生物合成抑制剂，但不是唯一的作用方式。本品主要抑制茎秆生长，并能提高作物产量，在正常剂量下，不抑制根部生长，无论通过叶或根吸收，都能达到抑制双子叶作物生长的目的，而单子叶作物必须通过根吸收，叶面处理不能产生抑制作用，还可使大麦的耗水量降低，单位叶面积蒸发量减少。如果施药时间与感染时间一致时，(S)-(+)-对映体抑制甾醇脱甲基化，是杀菌剂，具有杀菌作用。

应用技术 适用作物水稻、油菜抗倒伏。

水稻抗倒伏，穗前12～15d，用70%可湿性粉剂28～47g/亩对水40kg喷雾；油菜防倒伏，生长期，用70%可湿性粉剂20～50g/亩对水40kg喷雾。

禾本科草坪防倒伏，用70%可湿性粉剂66～135g/亩对水40kg喷雾。

注意事项 注意防护，避免药液接触皮肤和眼睛，误服时饮温开水催吐，送医院治疗；保存时应放在阴凉通风处。

开发登记 该植物生长调节剂在第44届Deutsche Pflanzen chutztag(1984)会上由K. Lurssen & W. Reiser报道，德国拜耳公司开发，比利时和法国1989年引进。

四环唑 tetcyclacis

其他名称 调环烯；BAS106W；BAS-106 tetcyclacis；Kenbyo。

化学名称 5-(4-氯苯基)-3,4,5,9,10-五氮杂四环[5,4,1,02,6,08,11]+二-3,9-二烯。

结构式

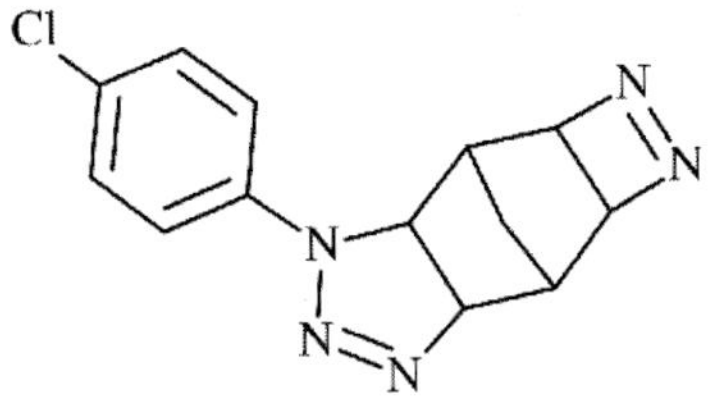

理化性质 无色结晶固体，熔点190℃。20℃下溶解度：水3.7mg/kg，氯仿42mg/kg，乙醇2mg/kg，在阳光和浓酸下分解。

毒　　性 大鼠急性口服LD_{50}为261mg/kg，经皮＞4.64g/kg。对鱼有毒，对眼睛、皮肤有刺激。

剂　　型 1%可溶性粉剂，3.5%颗粒剂。

作用特点 通过植物种子、根系和叶面吸收抑制赤霉酸的合成。用作浸种、浇灌和叶面喷洒。经过药液浸种的稻苗，生长紧凑且矮壮，根系发达。

应用技术 用作浸种、浇灌和叶面喷洒，浸种用1%可溶性粉剂500～1 500mg/L；经过药液浸种的稻苗，生长紧凑且矮壮，根系发达。土壤浇灌，以稻苗3～4叶期进行为宜。叶面喷洒，在水稻抽穗前10d使用，效果最好。

注意事项 本品有刺激性，使用时要注意对眼睛和皮肤的保护，并勿吸收药雾。眼睛和皮肤被污染时，用清水冲洗，严重时到医院治疗；药物储存于阴凉通风处；无专用解毒药，根据症状对症治疗。

促生酯

其他名称 M&25-105；M&B25105；特丁滴。

化学名称 3-特丁基苯氧基乙酸丙酯。

结 构 式

O
O　　　　O　　CH_3
H_3C—　—CH_3
CH_3

理化性质 无色透明液体，带有特殊臭味，沸点162℃(2.67kPa)，微溶于水(0.05%)。

毒　　性 急性口服LD_{50}为大鼠1.8g/kg，急性经皮LD_{50}＞2g/kg。日本鹌鹑急性口服LD_{50}为2.16g/kg。对兔皮肤和眼刺激中等，对蜜蜂和蚯蚓无毒。

剂　　型 75%乳油。

作用特点 本品为植物生长调节剂。通过吸收进入植物体内，暂时抑制顶端分生组织生长，促进结果树和幼树(未修剪)(苹果和梨树)侧生枝分枝，不损伤顶枝。

应用技术 苹果、梨树等。

注意事项 本品无专用解毒药，中毒时对症治疗；采用一般防护。处理制剂时要戴橡胶手套和面罩。

开发登记 May & Baker公司推广。

抑霉唑 imazalil

其他名称 抑霉唑；Triazole 117682。

化学名称 1-(4-氯苯基)-4,4-二甲基-3-(1H-1,2,4-三唑-1-基)-1-戊酮。

结构式

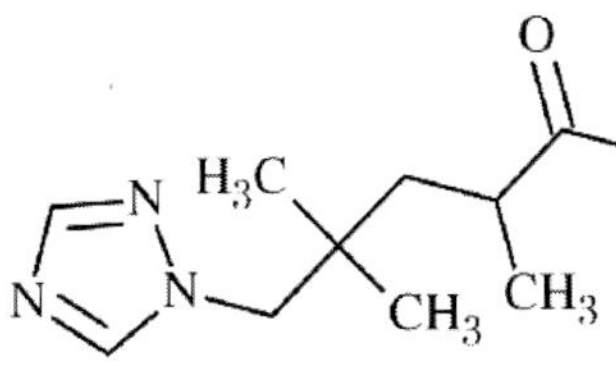

毒　　性 原药对大鼠口服急性毒性雌、雄鼠LD_{50}分别为227mg/kg、343mg/kg，兔急性经皮毒性LD_{50}为4 200mg/kg。制剂对大鼠口服急性毒性$LD_{50}>5\ 000$mg/kg，兔急性经皮毒性$LD_{50}>20\ 000$mg/kg。按我国农药毒性分级标准属中等毒农药。

剂　　型 0.1%涂抹剂，22.2%、50%乳油。

作用特点 为植物生长调节剂，可降低水稻、油菜、玉米、大豆、豌豆等植株芽中类赤霉素的活性。在南瓜胚乳的无细胞制备中，当本品浓度为$10^{-7}\sim10^{-5}$mol时，即抑制赤霉素的生物合成。其作用机理涉及抑制从贝壳杉烯到异贝壳杉烯酸的氧化反应。同时，也是内吸性广谱杀菌剂，通过影响病菌细胞膜的渗透性、生理功能和脂类合成代谢，从而破坏霉菌的细胞膜，同时抑制霉菌孢子的形成。抑霉唑对柑橘、香蕉和其他水果喷施或浸渍，能防治收获后水果的腐烂。抑霉唑对抗苯并咪唑类的青霉菌、绿霉菌有较高的防效。

应用技术 可抑制小麦、大麦、油菜等作物的生长，效果优于矮壮素。

注意事项 避免药液接触皮肤和眼睛。误服饮温水催吐，送医院治疗；储存于阴凉处。

开发登记 1979年德国巴斯夫公司开发，获有专利Get. Offen，2739352(1979)。

甲基抑霉唑 imazalil

其他名称 Triazole 130827。

化学名称 1-(4-氯苯基)-2,4,4-三甲基-3-(1H-1,2,4-三唑-1-基)-1-戊酮。

结构式

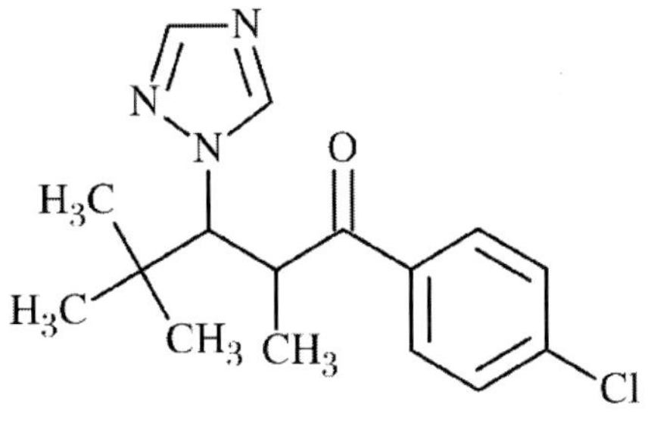

作用特点 该品为三唑类植物生长调节剂，可降低水稻、豌豆、玉米、大豆芽中赤霉素的活性。这些化合物的作用效果与抑制由ent-贝壳杉烯至ent-异贝壳杉烯酸的氧化反应相关联。

注意事项 储存于阴凉干燥处；使用时注意防护。无专用解毒药，对症治疗。

开发登记 1981年德国巴斯夫公司开发，获有专利Get. Offen，2921168(1980)。

抗倒胺 inabenfide

其他名称 Inabenfide；Seritad；CGR-811。

化学名称 N-[4-氯-2-(α-羟基苄基)苯基]-4-吡啶甲酰胺。

结构式

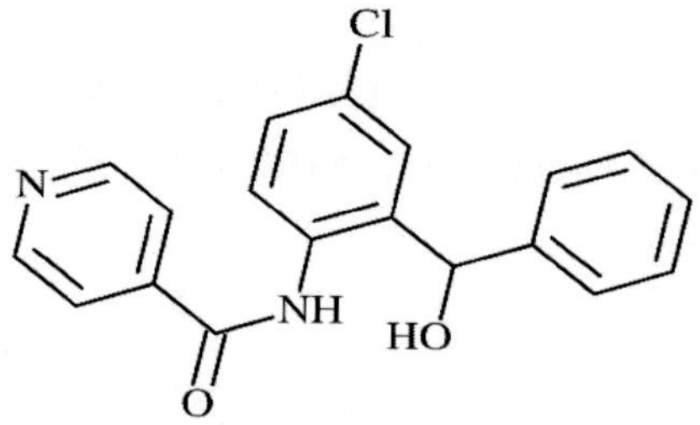

理化性质 抗倒胺为淡黄色至棕色晶体，相对分子量为338.8，熔点210～212℃，微溶于水，易溶于二甲苯。对光稳定，对碱稍不稳定。

毒　　性 抗倒胺无毒。大鼠急性口服LD_{50}＞15 000mg/kg体重量，大鼠急性皮试LD_{50}＞5 000mg/kg体重量。

剂　　型 5%颗粒剂、50%可湿性粉剂。

作用特点 抑制水稻植株赤霉素的生物合成。对水稻具有很强的选择性抗倒伏作用。而且无药害。施用抗倒胺能延缓植物生长。易被根系吸收。在稻株体内、土壤和水中易代谢，无残留。

应用技术 对水稻有很强的抗倒伏作用。在漫灌条件下，用5%颗粒剂2～3kg/亩施于土表后，能极好地缩短稻秆长度及上部叶长度，从而提高其抗倒伏能力，通过根部吸收后。应用本品后，每穗谷粒数减少，但谷粒成熟率提高，千粒重和穗数/m^2增加，使实际产量增加。

开发登记 该植物生长调节剂由K. Nakamura报道，1986年由日本中外制药株式会社开发。

环丙酸酰胺 cyclanilide

其他名称 环丙酰胺酸。

化学名称 1-(2,4-二氯苯胺基羰基)环丙羧酸。

结构式

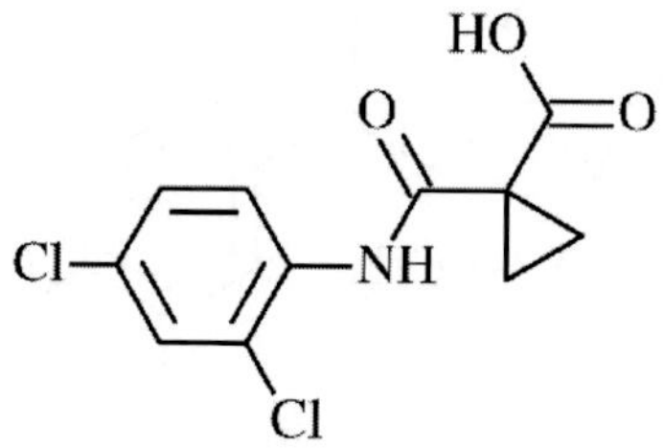

理化性质 纯品为粉色固体，熔点195.5℃。蒸气压＜1×10^{-5}Pa(25℃)，8×10^{-6}Pa(50℃)。相对密度1.47(20℃)微溶于水，不溶于石油醚，易溶于其他有机溶剂。

毒　　性 大鼠急性经口LD_{50}：雌性208、雄性315mg/kg。兔急性经皮LD_{50}＞2 000mg/kg。对兔眼睛无刺激性，对兔皮肤有中度刺激性。大鼠急性吸入LC_{50}(4h)＞5.15mg/L。鱼毒LC_{50}(96h，mg/L)：虹鳟鱼＞11，大翻车鱼＞16。蜜蜂LD_{50}（接触）＞100mg/只。

剂　　型 仅与乙烯利等其他药剂等混用。

应用技术 植物生长调节剂，主要用于棉花、禾谷类作物、草坪和橡胶等。使用剂量10~200 g/hm^2。

开发单位 罗纳普朗克公司(现为安万特公司)开发。

三丁氯苄膦 chlorphonium

其他名称 Phosphon；Phosphon D；Phosphone；Phosfon；氯化膦；福斯方；矮形膦。

化学名称 三丁基-2,4-(二氯苄基)氯化膦。

结 构 式

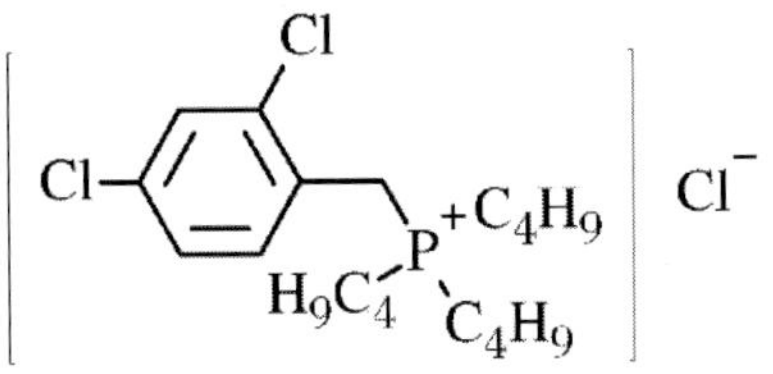

理化性质 白色结晶固体，有芳香气味，熔点114～120℃。能溶于水、丙酮、乙醇和异丙醇中，而不溶于己烷和乙醚。

毒　　性 对大鼠急性口服LD_{50}为210mg/kg，兔急性经皮LD_{50}为750mg/kg。原药和制剂均对皮肤和眼睛有刺激。虹鳟鱼LC_{50}(96h)为115mg/L。

剂　　型 10%液剂、10%粉剂。

作用特点 抑制植物细胞生长，使植株矮化。用途本品主要用于观赏作物，用于抑制温室盆栽菊花和室外栽培耐寒菊花的株高。也能抑制牵牛花、鼠尾草、薄荷科植物、杜鹃、石南属、冬青属的乔木或灌木以及一些其他观赏植物的株高。蔬菜上用于抑制冬季菜种子的发芽，果树上用于抑制葡萄藤的生长和苹果树梢生长及花的形成。

注意事项 避免药液接触皮肤和眼睛，避免吸入药雾。误服而引起中毒症状，应立即送医院诊治，采用一般有机磷农药的解毒及急救办法救治。储存处要远离食物和饲料，勿让儿童接近。

开发登记 1966年由Mobil. Co. 开发产品。

脂肪酸甲酯

其他名称 Off-Shoot-O。

化学名称 本品为C_8～C_{12}脂肪酸的甲酯，其中主要是C_8～C_{10}的脂肪酸甲酯。

结 构 式

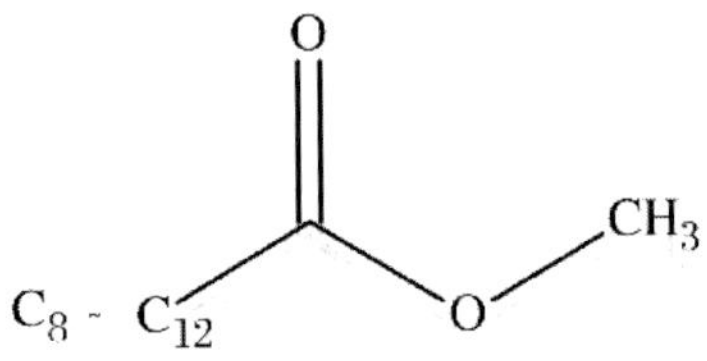

理化性质 本品为无色液体，沸点为193 ~ 224℃。几乎不溶于水，极易溶于醇类、乙醚等有机溶剂中。性质稳定，在密封容器中储藏寿命可达几年之久。

毒　　性 大鼠急性口服LD_{50}为20g/kg。

剂　　型 63%、79%、85%溶液剂，78.4%、85%乳油。

作用特点 本品为调节植物生长，作为化学修剪剂，适用于观赏植物尤其是木本花卉打尖分枝，可使分枝多，株形紧密，不向上伸长。

应用技术 用于杜鹃、松树、女贞、紫杉、枸子属、鼠李属等植物。

注意事项 本品低毒。眼睛被药液溅到，可以大量清水冲洗；如出现中毒征兆，可对症治疗。

开发登记 1968年Procter & Gamble Co. 开发，Cockran Co. 生产。

正十碳醇

其他名称 Agent 148；Sucker Agent 504；Alfol-10；Fair-85；Royaltac M-2；Royaltac 85；Sellers 85。

化学名称 正-癸醇或癸醇-[1]。

理化性质 中等黏性黄色透明液体，6.4℃固化形成长方形片状体。沸点232.9℃，密度0.829 7(商品Sucker Plucker 20℃时密度为0.855g/ml)。折光指数1.435 87，闪点(开杯)84℃，几乎不溶于水，而溶于乙醇和乙醚中。

毒　　性 对大鼠急性口服LD_{50}25g/kg；小鼠为6.5g/kg。对皮肤和眼睛稍有刺激性。

剂　　型 63%、79%、78.4%、85%乳油。

作用特点 本品为接触性植物生长调节剂，用于控制烟草腋芽。

应用技术 烟草杀腋芽，拔顶前约1周或拔顶后2d，用85%乳油1 ~ 1.5L/亩对水40kg喷雾。有时在第1次喷药后7 ~ 10d，需再喷第2次。

注意事项 采取一般防护，避免药液接触皮肤和眼睛，勿吸入药雾。如药液溅到皮肤和眼睛要用肥皂和水冲洗。脱下的工作服需经洗涤后再用。药品储存于低温干燥的通风房间，离开任何热源，与食物和饲料隔离，勿让儿童进入储存处。误服后可饮以大量牛奶、蛋白或白明胶水溶液，进行催吐，但勿饮酒类，并送医院救治。

开发登记 1968年由Cellulose公司的Proctor& Gamble开发。

环烷酸钠 sodium naphthenate

其他名称 生长素；石油助长剂；Naphthenatc。

化学名称 环烷酸钠(铵)。

结 构 式

$$\left[\text{C}_5\text{H}_9\text{-C(=O)-O-Na}(\text{NH}_4) \right]_m$$

理化性质 环烷酸钠(铵)是一种褐色透明液体，带柴油味，能溶于水，呈乳白色，性质稳定，水溶液50℃呈红棕色液体。不燃烧，不腐蚀，可用各种容器储存。是从石油产品精制碱洗时产生的废液(碱渣)中分离出来的混合物质，具有促进生长活性的有机酸，含有硫酸盐、氯化物、游离碱与钠、钾、钴、铜、锰、氯等阳离子，主要成分为环烷酸。由于原料来源与制备方法不同，产品成分不完全相同。一般为含有40%环烷酸钠的溶液，易溶于水，制剂为红棕色透明液体，呈弱碱性。具柴油臭味，性质稳定，耐储存。不燃烧，不挥发，如遇酸性物质易变质。不能与酸性农药混合使用。

毒　　性 本品对人畜无害，低毒，口服急性毒性LD_{50}大鼠为6 810～9 260mg/kg，小鼠为7 253～9 260mg/kg。

剂　　型 40%乳液、40%水液。

作用特点 环烷酸钠(铵)具有生长素促进生根的效应，可提高根系吸收氮、磷肥与水分的能力，促进光合作用，增加同化产物的积累，提高植物对不良环境(干旱或寒冷)的忍受能力。可通过茎叶吸收传导，加强植株的生理功能和生化过程，促进植物细胞的新陈代谢，促使根系和输导组织发达，提高种子的发芽率，减少落花落果，以使植株茎秆粗壮，结实率高，籽粒饱满。一般使用浓度较低，与肥料混合进行根外追肥，比单用肥料追肥促进植物生长发育的效果更好。浓度不宜过高，否则对植物有抑制作用。

应用技术 用于水稻、玉米、高粱、谷子、甘薯、马铃薯、棉花、花生、大豆、烟草、西瓜、蔬菜和果树等作物。以产品40%为基数，用水稀释后使用。

开发登记 山东淄博红旗化工厂、辽宁营口润滑油脂厂等企业登记生产。

玉雄杀 chloretazate

其他名称 karetazan；Detasselor。

化学名称 2-(4-氯苯基)-1-乙基-1,4-二氢-6-甲基-4-氧烟酸。

结 构 式

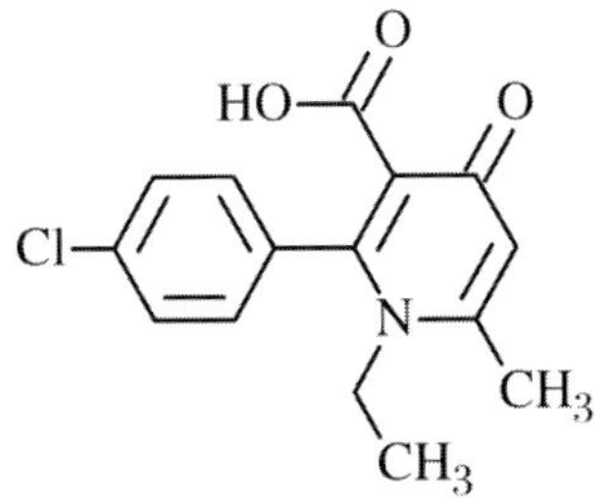

理化性质 纯品为固体，熔点为235～237℃。

应用技术 玉米用杀雄剂。

开发登记 是由Rhom & Hass公司研制、捷利康公司开发的玉米用杀雄剂。

调嘧醇 flurprimidol

其他名称 Cutless；EL-500。

化学名称 (RS)-2-甲基-1-嘧啶-5-基-1-(4-三氟甲氧基苯基)丙-1-醇。

结 构 式

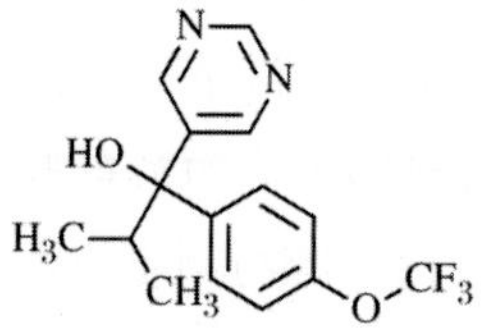

$$\text{[结构式: 含嘧啶环、HO、H}_3\text{C、CH}_3\text{、O-CF}_3\text{]}$$

理化性质 本品无色结晶，熔点94～96℃，纯品熔点96.8～96.6℃，相对密度1.35，25℃时蒸气压为0.02MPa，溶解度：水120～140mg/L(pH4.79)，丙酮700～800g/L，氯仿、二氯甲烷800～900g/L，环己烷2～3g/L，已烷1～2g/L。Kow930(pH7)。稳定性：其水溶液遇光分解，水解DT_{50}小于0.5d。

毒　　性 大鼠急性经口LD_{50}为709mg/kg，腹腔注射LD_{50}为390mg/kg，急性吸入LC_{50}为0.94mg/L；小鼠急性经口LD_{50}为602mg/kg，腹腔注射LD_{50}为352mg/kg；兔急性经皮$LD_{50}>500$mg/kg，接触皮肤呈现轻微的红斑，无内吸毒性，对兔眼睛引起暂时的角膜混浊、中等巩膜炎、轻微的结膜炎。鹌鹑急性经口$LD_{50}>$ 2g/kg。鲤鱼LD_{50}(48h)为134.29mg/L，太阳鱼LD_{50}为17.2mg/L，无作用剂量为0.8mg/L，虹鳟鱼LD_{50}为18.3mg/L，无作用剂量为0.5mg/L。50%可湿性粉剂急性毒性：大鼠经口$LD_{50}>500$mg/kg，吸入LC_{50}为2.37mg/L，兔经皮$LD_{50}>2$g/kg。

剂　　型 50%可湿性粉剂。

作用特点 调嘧醇属嘧啶醇类植物生长调节剂，赤霉素合成抑制剂。通过根、茎吸收传输到植物顶部，其最大抑制作用在性繁殖阶段。

应用技术 改善冷季和暖季草皮的质量，减缓生长和减少观赏植物的修剪次数，抑制大豆、禾本科、菊科的生长，减少早熟禾本科草皮的生长，用于2年生火炬松湿地松的叶面表皮部，能降低高度，而且无毒性。

对水稻具有生根和抗倒作用，在分蘖期施药，主要通过根吸收，然后转移至水稻植株顶部，使植株高度降低，诱发分蘖，增进根的生长，在抽穗前40d施药，提高水稻的抗倒能力，不会延迟抽穗或影响产量。

注意事项 本品对眼睛和皮肤有刺激性，应注意防护；本品应储存于干燥阴凉处；无专用解毒药，对症治疗。

开发登记 该植物生长调节剂由G. E. Brown等报道，由Eli Lilly & Co. (现为Dow Elanco AG)开发，1989年美国投产，获专利号US4002628。

三环苯嘧醇 ancymidol

其他名称 嘧啶醇；α-环丙基-d-(4-甲氧基苯基)-5-嘧啶甲醇；EL-531；69231。

化学名称 α-环丙基-4-甲氧基-α-(嘧啶-5-基)苯甲醇。

结 构 式

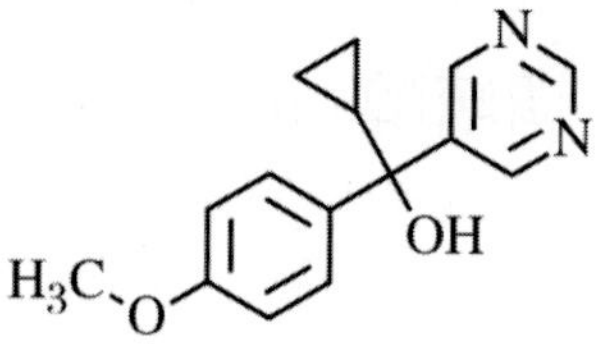

$$\text{[结构式: 环丙基、嘧啶环、OH、H}_3\text{C-O-苯环]}$$

理化性质 纯品为白色结晶固体，熔点为110～111℃。工业品在50℃下蒸气压小于0.13MPa。25℃时在水中的溶解度约为650mg/L，易溶于普通有机溶剂(如丙酮、乙醇、乙基溶纤剂、氯仿、苯、乙腈等)，在芳烃中溶解度中等，而微溶于饱和烃等溶剂中。本品水溶液在pH7～11时，储存4个月仍稳定，在pH<4的强酸和强碱性介质中能分解。本品没有腐蚀性。52℃以下稳定，紫外线下稳定。

毒　　性 大鼠急性口服LD_{50}为4.5g/kg，小鼠为5g/kg。对兔急性经皮$LD_{50}>200$mg/kg。10mg(悬浊液)对兔眼微有刺激。大鼠在5.6mg/L，空气急性吸入(4h)无死亡。以含药8 000mg/kg体重的饲料喂犬和大鼠3个月，未出现不良影响。小鸡急性经口$LD_{50}>500$mg/kg。鱼毒LC_{50}：蓝鳃鱼146mg/L，虹鳟鱼55mg/L，金鱼大于100mg/L。本品在30mg/L浓度对鱼能致死。本品对蜜蜂无毒。

剂　　型 0.025%水剂。

作用特点 根部或叶面吸收嘧啶醇后，通过韧皮部输导至植株体内其他部位，抑制植物的节间伸长，此作用可以被赤霉酸所抵消。

应用技术 可用作叶面或土壤施药，对多种观赏植物，如菊花、一品红、东方百合、郁金香、黄水仙等，均表现出明显的生长调节活性。

注意事项 储存时防止受冻，未用制剂仍储入原包装容器内。储处勿让儿童进入。使用时避免与皮肤、眼睛和衣服接触。并注意药液勿污染饮水、食物和饲料。无专用解毒药，根据受害症状治疗。

开发登记 该植物生长调节剂由M. Snel和J. V. amlich报道，1973年Eill Lilly & Co. (现为Dow Elanco)开发。

缩株唑

其他名称 BAS1100W；BAS111W；BASF111。

化学名称 1–苯氧基–3–(1H–1,2,4–三唑–1–基)–4–羟基–5,5–二甲基己烷。

结 构 式

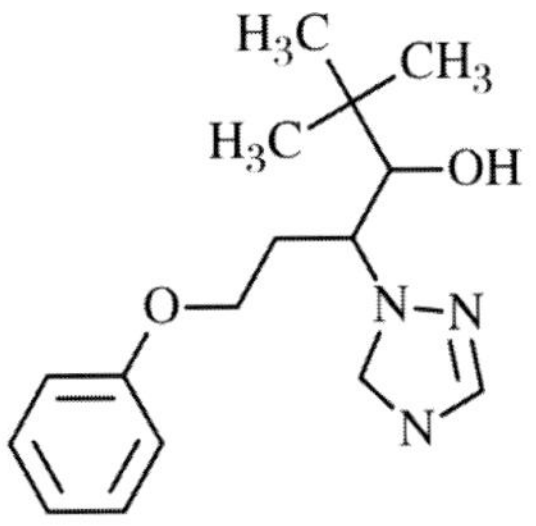

毒　　性 大鼠急性经口LD_{50}为5g/kg。

剂　　型 25%悬浮液剂。

作用特点 本品为三唑类抑制类，可通过植物的叶或根吸收，在植物体内阻碍赤霉素生物合成中从贝壳杉烯到异贝壳杉烯酸的氧化，抑制赤霉素的合成。促进作物增产的原因：改善树冠结构，延缓叶片衰老，改进同化物分配，促进根系生长，提高作物抗低温干旱能力。

应用技术 秋季施用可增加油菜的耐寒性。

注意事项 本品宜储存在阴凉场所；勿靠近食物和饲料处储藏；避免药液接触眼睛和皮肤，如溅入眼中，要用清水冲洗5min；皮肤用肥皂和水洗涤。如果眼睛和皮肤继续出现刺激感，去医院用药物治疗。

发生误服，应给患者饮温水，促使呕吐，送医院治疗；对本品无专用解毒药，根据症状对症治疗。

开发登记 1987年德国巴斯夫公司开发。

芴丁酸 flurenol-butyl

其他名称 IT3233；芴丁酯。

化学名称 9-羟基芴-9-羧酸。

结构式

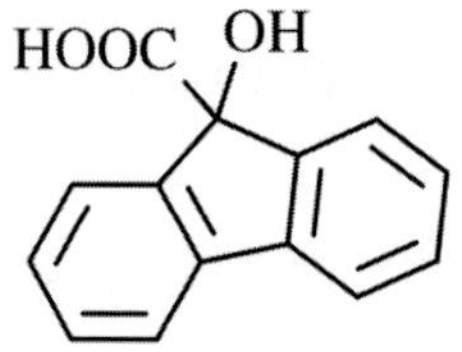

理化性质 芴丁酸为无色晶体，熔点71℃，蒸气压0.13MPa(25℃)。溶解度(20℃)：水中36.5mg/L，丙酮中1.45mg/L，苯中950mg/L，四氯化碳中550m/L，环己烷中35g/L，乙醇中700g/L，轻石油(沸点50～70℃)中约7g/L，甲醇中1.5kg/L。阳光照射下分解。在0.5～2.6%有机碳及pH6~7.6时的Freundlich土壤吸附系数K为1.6～5.0mg/kg。

毒　　性 大鼠急性经口LD_{50}＞10 000mg/kg，小鼠急性经口LD_{50}＞5 000mg/kg，大鼠(78d)和犬(81d)在1 000mg/kg饲喂试验中未见不良影响。大鼠急性经皮LD_{50}＞10 000mg/kg。鱼毒LC_{50}(96h)：虹鳟鱼约12.5mg/L，鲤鱼约18.2mg/L。蜜蜂接触LD_{50}约0.1mg/只。

剂　　型 12.5%乳油。

应用技术 芴丁酸通过被植物根、叶吸收而导致对植物生长的抑制作用，但它主要用于与苯氧链烷酸除草剂一起使用，起增效作用，可防除谷物作物中杂草。

开发登记 由E. Merk公司开发。

正形素 chlorflurenol

其他名称 2-氯-9-羟基-9H-芴-9-羧酸甲酯、CFI25、IT3456。

化学名称 2-氯-9-羟基芴-9-羧酸甲酯。

结构式

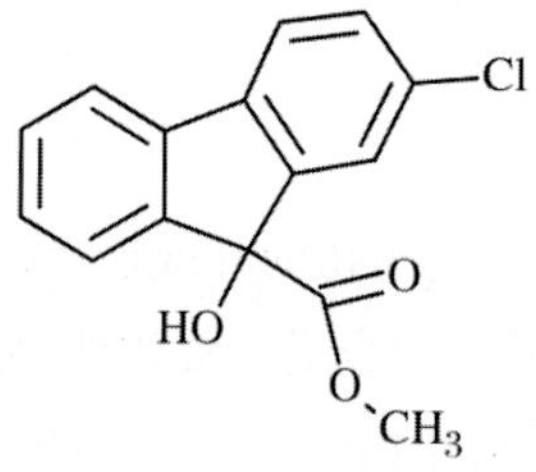

理化性质 纯品为白色无臭结晶固体，熔点152℃，25℃时蒸气压为0.67MPa。20℃时在水中的溶解度为18mg/L，50～70℃时在下列溶剂中的溶解度(g/100g)为：丙酮26；甲醇15；乙醇8；苯7；异丙醇2.4；四氯化碳2.4；环己烷0.34；石油醚0.16。本品在储存条件下稳定，在强酸和碱中能分解。对光敏感，其苯溶液在紫外线照射下约10min即分解50%。本品无腐蚀性。

毒　　性 大鼠急性口服LD_{50}为12.7g/kg，犬＞6.4g/kg。大鼠急性经皮LD_{50}＞10g/kg。对皮肤无刺激性(另有文献称对眼睛和皮肤有刺激性)。每天以含药300mg/kg体重饲料喂犬与含药：300mg/kg和1g/kg体重饲料喂大鼠，分别长达52周，未出现有病变。鱼毒性：LC_{50}96h虹鳟鱼为0.015 3mg/L：鲤鱼为9mg/L，蓝鳃鱼为7.2mg/L。对蜜蜂无毒。

剂　　型 12.5%乳油、水分散剂、气雾剂。

作用特点 正形素从植物的叶面和根部吸入后，阻止植株体内的细胞分裂，可以用于抑制禾草和阔叶杂草的生长，并使植株矮化。

应用技术 本品可用作阔叶草和葡萄藤的生长抑制剂和除草剂。在草坪，非放牧地带或不使用修剪的场地，如保安部门防护网和警戒围栏四周、警号界标周围、涵洞、沟渠、坡堤等施用防除杂草。推荐用量：抑制植株生长用12.5%乳油1～2L/亩对水40kg喷雾；施于土壤抑制杂草生长用12.5%乳油260～800ml/亩对水40kg喷雾。还可防止椰子落果，促进水稻生长，促进黄瓜坐果和生长无籽果实。

注意事项 储存于阴凉处，避光。本品较安全，作用时采取一般防护措施。无专用解毒药，按受害症状治疗处理。

开发登记 1965年由德国E. Merck公司提出。

羟基乙肼 2-hydrazinoethanol

其他名称 Omaflora；Brombloom；2-肼基乙醇。

化学名称 2-羟基乙肼。

结 构 式

HOCH2CH2NHNH2

理化性质 本品为无色液体，熔点为-70℃，沸点110～130℃(117.5mmHg)。溶解性(室温)：可与水及低级醇混溶。在低温和暗处稳定，稀释溶液易于氧化。

剂　　型 10mg/L水剂。

应用技术 能促使菠萝树提前开花。

开发登记 本品由Olin Corp开发。

增产肟 heptopargil

其他名称 limbolid；EGYT2250。

化学名称 (E)-(1RS, 4RS)-莰-2-酮-O-丙-2-炔基肟。

结 构 式

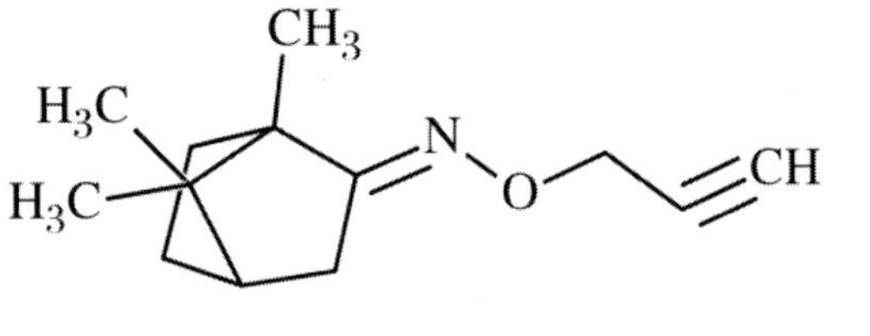

CH_3 H_3C H_3C N O CH

理化性质 本品为浅黄色油状液体，沸点95℃(1mmHg)，相对密度0.986 7。溶解性(20℃)：水中1g/L，与质子及非质子传递有机溶剂互溶。

毒　　性 大鼠急性经口LD_{50}：雄2 100mg/kg，雌2 141mg/kg。大鼠急性吸入$LC_{50}>1.4$mg/L空气。

剂　　型 50%乳油。

应用技术 本品可提高作物产量，用于玉米、水稻和甜菜的种子处理，以及菜豆、苜蓿、玉米、豌豆、向日葵和各种蔬菜的胚前及胚后施用。

开发登记 1980年由A. Kis-Tamas等报道，由EGYTPharmacochemical Works开发。

玉米健壮素

理化性质 以乙烯利为主剂并与多种植物生长营养物质组成的复合制剂。无色透明酸性液体，pH<1，密度1.23~1.25。能溶于水和乙醇，不溶于二氯乙烷及苯。遇碱性物质发生化学反应，生成磷酸盐并放出乙烯，同时失去药效。本品有轻度腐蚀性。

毒　　性 白鼠急性口服LD_{50}值为6.8g/kg。

作用特点 本品易被玉米叶片吸收，进入植物体内，使根系生长发达，气根增多；叶片增厚，叶色加深，提高光合速率和叶绿素含量；并使株形矮健，节间缩短，提高群体光能利用率，防止倒伏。还使抽雄和开花期提前，促进早熟。

应用技术 在玉米雌穗小花分化末期喷药，用药15支(15ml×30ml)，对水225~300kg，均匀喷洒于玉米植株上部叶片。

注意事项 储存在低温通风处。勿让日光照射，勿与食物和饲料共储。使用时采取一般防护。不能与碱性农药及化肥混用。稀释后的药液，要随配随用。本品低毒，采取一般防护，如发生误服，根据出现症状对症治疗。

开发登记 1980年江苏省淮阴教育学院植物激素服务部试制，1986—1989年淮阴电化厂完成小试和中试并投入生产。

古罗酮糖 dikegulac-sodium

其他名称 Dk钠盐；二凯古拉酸钠糖酸钠；Atrimmec；Atrinal。

化学名称 2,3,4,6-双-O-(1-甲基亚乙基)-α-L-二甲氧-2-己酮五环糖酸钠；2,3, 4,6-二-O-异丙叉-2-酮基-L-古罗糖酸钠。

结 构 式

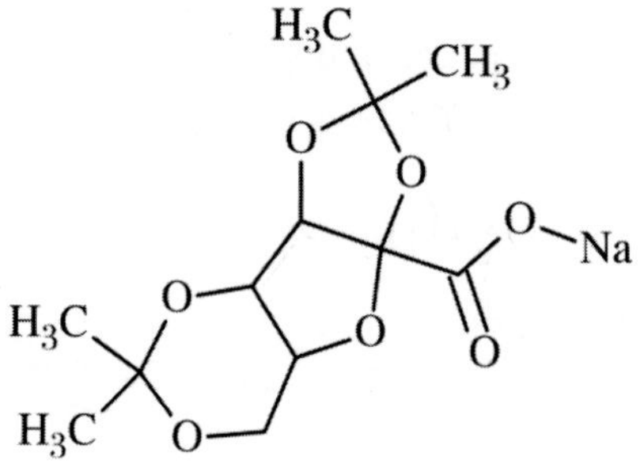

H_3C CH_3 O O O—Na H_3C O O O H_3C O

理化性质 古罗酮糖白色粉状固体，熔点≥300℃。在25℃时的蒸气压为0.13MPa，20℃时在下列溶剂中的溶解度为：水590g/L，甲醇＞1 000g/L；乙醇230g/L，氯仿140g/L，丙酮＜10g/L，苯＜10g/L；环己酮＜10g/L。在悬浊液中，有与溶剂形成链的趋势。古罗酶糖在固体状态时对光稳定，能稳定地储存几年。在中性和碱性水溶液中稳定，在酸性介质中能分解，当加热到500℃以上时，分解作用加快。本品无腐蚀性。

毒　　性 雄大鼠急性：口服LD_{50}为31g/kg，雌大鼠为18g/kg，小鼠为1g/kg。兔急性经皮LD_{50}＞1g/kg，大鼠＞2g/kg。对大鼠急性吸入LC_{50}＞0.4mg/L空气。以含药饲料喂养大鼠，其无作用剂量为3g/[kg(体重)·d]。其20%溶液对皮肤和3%溶液对眼均无刺激。对绿头鸭的LC_{50}＞50g/kg。对虹鳟鱼、蓝鳃鱼(96h)LC_{50}值均＞5g/L。本品对蜜蜂无毒。

剂　　型 1.67%悬浮剂。

作用特点 本品系内吸性植物生长调节剂，能从植物的叶面或根部吸收，可降低顶端优势和增加观赏植物的枝和花蕾的形成。

应用技术 本品施于灌木篱、杜鹃和其他观赏植物上，增加侧枝和花蕾，使其生长紧密。

注意事项 注意防冻结冰；不需采用专门措施防护，但勿将喷射药液溅到作物地上；本品中毒无专用解毒药，应按出现症状，对症治疗。

抑芽醚 belvitan

其他名称 M-2；抑芽醚。

化学名称 1-萘甲基甲醚。

结 构 式

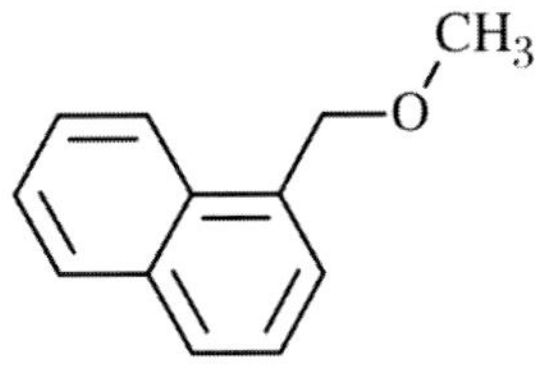

CH_3

O

理化性质 本品为无色无臭液体，相对分子量172.1，沸点为106～107℃(400Pa)，133℃(1 333Pa)。性质较稳定，不易皂化。

剂　　型 6%粉剂。

作用特点 本品能抑制马铃薯在储藏期发芽。

注意事项 使用时必须戴面具和着工作服，慎勿吸入药雾。药品储于干燥通风库房，与食物、饲料共贮，勿让儿童进入储存处。本品中毒无专用解毒药，出现中毒可对症治疗。

花卉激动素

化学名称 N-苄基-9-(四氢-2H-吡喃-2-基)-9H-嘌呤-6-胺。

结构式

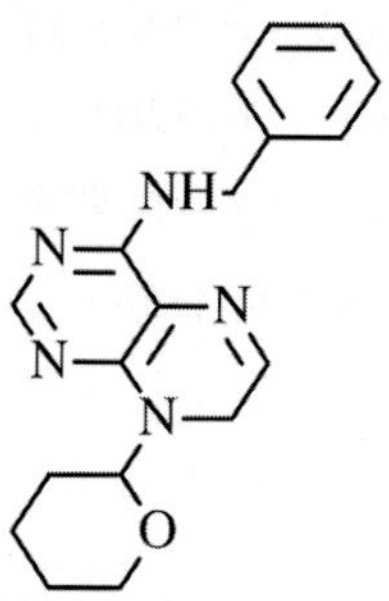

理化性质 相对分子量305.4，本品有腐蚀性。

毒　　性 大鼠急性口服LD_{50}为1 640mg/kg。对眼睛和皮肤有刺激性。

剂　　型 1%水悬浮液。

作用特点 本品为激动素类化合物，能促进细胞分裂、扩大，诱导芽的分化和解除顶端优势。

应用技术 主要用于观赏植物，对盆栽花卉，需多生侧枝和长得矮壮的；对那些须作剪摘繁殖的花卉，如玫瑰、康乃馨(香石竹)等；扦插繁殖而带生长矮壮的花卉，如菊花等；对在灌木丛上增加花朵的，如杜鹃等。

注意事项 储存在阴凉通风房间，避免日光照射。

开发登记 AbbottLabs生产。

海藻素 cytex

其他名称 Cytolinin。

理化性质 棕色液体，pH4.9，在15.6℃时的密度为1.045，极易溶解于水。储藏稳定期约48个月。

毒　　性 对大鼠急性口服LD_{50}为15g/L。

剂　　型 水溶浓缩液，含有相当于100mg/kg激动素的生物活性。

作用特点 是一种激动素类型的植物生长调节物质，能促进细胞分裂，延缓衰老期，并增进根和茎的生长。

应用技术 适用于柑橘、黄瓜、番茄、芹菜、甘蓝等，试验证明，能使马铃薯、苹果和桃树增产。甜菜上使用可以提高含糖量。11.3L水溶浓缩液可对水561～1 124L(稀释50～100倍)，施用1hm^2。对甜菜、芹菜和甘蓝，可在种子发芽前作土壤浇灌。苹果，番茄等结果植物可在结果前或结果期作叶面喷洒；对桃树则要在果核硬化时喷药。本品可与其他农药混用，并与克菌丹、半叶素等混用有增效作用。

注意事项 本品应储存在阴凉场所，防止过冷或过热。本品低毒，使用时采取一般防护。无专用解毒药，出现中毒，采用对症疗法。

开发登记 1976年Atlantic & Pacific Research Inc. 开发。

半叶素 folcisteine

其他名称 Ergostim。

化学名称 3–乙酰基–4–四氢噻唑羧酸。

结 构 式

毒　　性 大鼠急性口服LD_{50}为4.5g/kg。

剂　　型 有可用于种子处理的粉剂和用于作物喷洒的液剂。

作用特点 本品是一种实验性刺激生长调节剂，能迅速被植物吸收，用以强化作物在生物化学和生理学上的储备能力。

应用技术 可用于促进种子发芽和作物的生长，提高果树坐果率和增加小麦、玉米、水稻、苹果和一些其他作物的产量。

注意事项 参照一般农药使用和储存要求。本品尚在试验阶段在食物和饲料作物上谨慎使用。无专用解毒药，采取对症治疗。

开发登记 生产厂家Montedison。

半叶合剂

其他名称 Ergostim。

理化性质 稳定在缓冲溶液中的5%L–半胱氨酸衍生物和0.1%叶酸的混合制剂。黄色无气味液体。20℃时蒸气压为2kPa。25℃时水中溶解9%，甲醇中20%，丙酮中2.5%。在通风干燥处储藏在密封容器中放置2年，生物活性无变化。

毒　　性 大鼠急性口服LD_{50} > 20g/kg；经皮LD_{50} > 5g/kg。

剂　　型 水溶性液剂。

应用技术 使用剂量为200～800g/hm^2。用作种子包衣，或在各类植物的生长期作叶面喷洒。

注意事项 该农药低毒，不能与碱性物质混用。储存在阴凉场所，防止过冷或过热。

保绿素

其他名称 Heptogargil；Limbolid；EGYT–2250。

毒　　性 大鼠急性口服LD_{50}为2.1g/kg，对眼睛有刺激性。对鱼和蜜蜂有中等程度的毒性。

剂　　型 50%乳油。

作用特点 用保绿素处理后的作物能维持较长的保幼期和抗旱力。通过其对叶绿素的稳定作用，使作物结实期延长。当花芽初现时，对大豆、苜蓿等作物全株喷药，可以增产5%～10%。

注意事项 储存在阴凉通风处，勿与食物和饲料混置，勿让儿童接近。使用时注意防护。避免药液蘸染皮肤和眼睛，防止吸入药雾。本品无专用解毒药，根据出现症状可作对症治疗。

开发登记 EGISPharmaceuticals(匈牙利)登记生产。

增糖酯 dicamba-methyl

其他名称 Racuza；拉库扎；60-CS-16。

化学名称 3,6-二氯-2-甲氧基苯甲酸甲酯。

结构式

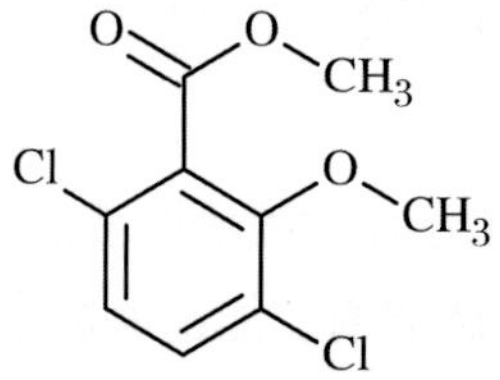

理化性质 纯品白色结晶固体，熔点31～32℃。沸点118～128℃(40～53Pa)。工业品有效成分含量90%，为黏稠清亮液体。易溶于丙酮、二甲苯、甲苯、异丙醇等有机溶剂，在水中溶解度小于1%。

毒　　性 大鼠急性口服LD_{50}为2.7g/kg；对兔急性经皮LD_{50}＞10g/kg。

剂　　型 420g/L乳油。

作用特点 通过根部和叶面吸收，抑制酸性转化酶的活性，促进成熟，提高含糖量。

应用技术 本品在夏威夷进行过大规模田间试验，证明是甘蔗和甜菜的良好催熟剂。在甘蔗收获前2～4周作叶面喷洒，用量为1～2L制剂/hm^2(折合有效成分0.5～1.0kg)，可使每公顷蔗田多产蔗糖1 500～1 200kg。使用时宜在药液中加入少量非离子型表面活性剂，以增加湿润。

注意事项 本品低毒，采取一般防护。无专用解毒药，发生误服，可对症治疗。

开发登记 1975年美国Velsicol Co. 开发。

增糖胺 fluoridamid

其他名称 撒斯达；Sustar；MBR-6033。

化学名称 2-(三氟甲基磺酰氨基)-4-乙酰替甲苯胺。

结构式

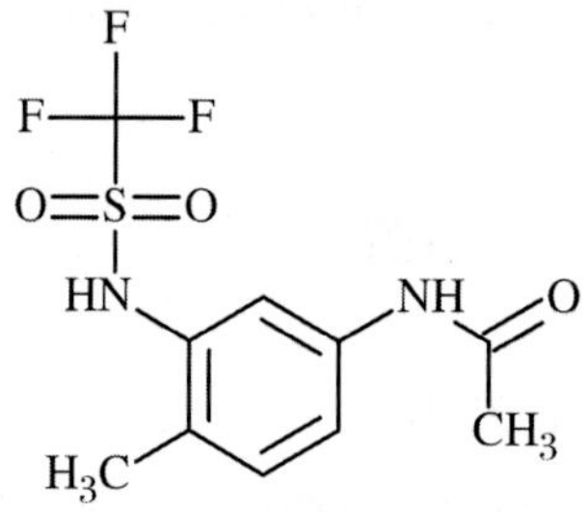

理化性质 纯品为白色固体，相对分子量296.3，熔点182～184℃，22℃时在水中的溶解度为130mg/kg。

毒　　性 其二乙醇胺盐对大鼠急性口服LD_{50}为2.6g/kg，小鼠为1g/kg，对皮肤无刺激性。

剂　　型 一般系使用其二乙醇胺盐。

作用特点 本品既是植物生长抑制剂，也是除草剂，作为甘蔗催熟剂，其作用方式是抑制后期营养生长，积累糖分。同时可用于抑制杂草结子、草坪和观赏植物的生长。

应用技术 本品作甘蔗催熟剂，在收获前6～8周喷施，可以增加甘蔗含糖量。亦可用以抑制草坪与某些木本观赏植物的生长。

注意事项 按照一般农药的要求处理，要避免药液与皮肤和眼睛接触；勿吸入药雾。本品中毒无专用解毒药，应按照出现中毒症状作对症治疗。

杀雄嗪 fenridazon-potassium

其他名称 Rh-0007；Hybrex。

化学名称 1-(4-氯苯基)-1, 4-二氢-6-甲基-4-氧代哒嗪-3-羧酸钾。

结构式

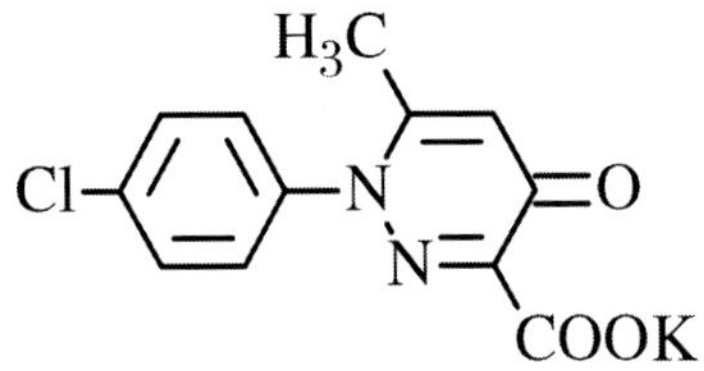

$$\text{Cl}-\text{C}_6\text{H}_4-\text{N}_1\text{(pyridazine ring: 6-CH}_3\text{, 4=O, 3-COOK)}$$

理化性质 本品为深棕红色液体，略带二甲苯气味，沸点100.2℃，熔点300～305℃(分解)。其钾盐能溶于水。

毒　　性 兔急性经皮LD_{50}为5g/kg。对大鼠经口无作用剂量＞500mg/kg[25mg/(kg・d)]。大鼠喂饲高于30g/kg剂量，未出现致畸，诱变试验为阴性。对兔眼有中等程度刺激，对皮肤有轻微刺激。本品对鱼和蜜蜂均低毒。

剂　　型 21.9%浓液剂(该制剂不含湿润剂，在使用时，400L喷雾液中需加入1LTriton AG 98)、24%乳油。

作用特点 为化学杀雄剂，能诱导花粉发育反常而致雄性不育，主要用于小麦杂交品种的培育。

应用技术 在春小麦分蘖初期使用效果最好。当小麦开始分蘖高达10～40mm时，全株喷药，用24%乳油155～1 250ml/亩对水40kg喷雾，雄性不育率达100%，可使杂交小麦种子增产10%～20%。在生长期不均一的田块，最好推迟使用，直至生长缓慢的矮小植株达到所要求的生长期。大多数较大、生长较快植株的旗叶将不会超过10mm。

注意事项 采取防护，避免药液接触到眼、脸和皮肤，如有沾染，要用大量清水冲洗。如有灼痛或发炎持续不退，则需就医。药液储存在低温通风场所，勿与食物和饲料混置，勿让儿童接近。无专用解毒药，如中毒可对症治疗。

开发登记 1981年美国Rohm-Haas公司开发。

杀雄啶 3-azetidine carboxylic acid

其他名称 氮杂环丁烷-3-羧酸；丙撑亚胺-3-羧酸；CHA-811-SD 84811。

化学名称 3-吖丁啶羧酸。

结构式

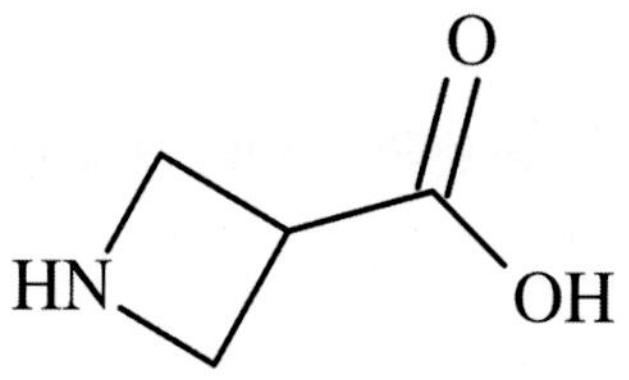

理化性质 白色结晶固体，熔点150℃，分解温度为280～290℃，密度(20℃)1.40g/cm³，20℃时的蒸气压为6.7～67μPa。20℃时在下列溶剂中的溶解度(g/L)为：水780；甲醇3.0；乙醇0.3；二甲苯0.005。工业品纯度96%，为能溶解于水的白色结晶固体。

毒　　性 大鼠急性口服LD_{50}为5g/kg；兔急性经皮LD_{50} > 1g/kg。对眼睛和皮肤有刺激性，对豚鼠皮肤有过敏作用。

剂　　型 96%原粉。

作用特点 杀雄啶是诱导自花不亲和的化合物。用杀雄啶处理过的植株，花粉成熟后从花药中释出。虽然显微镜下可观察到正常的花粉，但其花粉不能使雌蕊受精，而雌蕊则不受影响。雌蕊能从无处理植物的花粉中受精。

应用技术 用杀雄啶600g/hm²的剂量对大麦、小麦、燕麦、黑麦、玉米等禾本科植物进行处理，有较好的杀雄作用。雄蕊不熟率可达95%，雌性成熟率为70%，处理时期以在幼穗长3cm至孕穗后期和出穗期之间，都有较好效果。以杀雄浓度3倍的药量进行处理亦未产生药害。

注意事项 储存低温阴凉通风处。操作时注意防护。皮肤和眼睛接触药液时，及时用大量清水冲洗。严重时去医院就诊。

开发登记 1984年Shell Chem.公司开发。

杀雄酮

其他名称 DPX3778；KMS-1。

化学名称 3-(4-氯苯基)-6-甲氧基-均三嗪-2,4(1H,3H)二酮三乙醇胺盐。

结构式

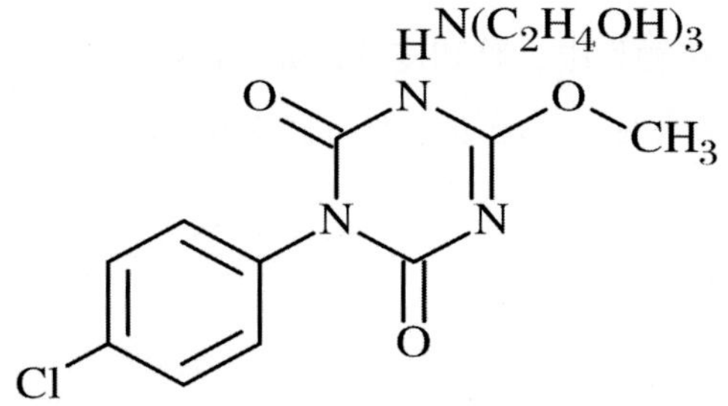

理化性质 纯品为白色固体，熔点219～220℃，不溶于水，稍溶于甲醇、乙醇、乙腈、丙酮，能溶于二氧六环、二甲基亚砜等溶剂中。

毒　　性 对大鼠急性口服LD_{50}为4.7g/kg，无致癌活性。

剂　　型 本品系加工成三乙醇铵盐使用。

作用特点 杀雄酮是一种花粉控制剂。具有防止药破裂和花粉脱落作用，并改变植物开花和有性繁殖，能杀雄。

应用技术 适用小麦、水稻、玉米、燕麦等作物杀雄。多次重复试验表明，在小麦和水稻上使用浓度为0.4%～1.0%，在作物开花或接近开花时喷洒，杀雄率可达95%～100%。此外，本品亦可用作水稻、玉米等作物地的选择性除草剂或植物生长调节剂。

注意事项 储存在低温通风房间内，勿与食物和饲料共储，勿让儿童接近。使用时注意防护，勿吸入药雾，避免皮肤和眼睛沾染药液。如有粘染，要用大量水冲洗。无专用解毒药，如发生误解，可对症治疗。

开发登记 1973年美国杜邦公司开发。

脱果硅

其他名称 CGA-15281。

化学名称 (2-氯乙基)甲基-双(苯基甲氧基)硅烷。

结 构 式

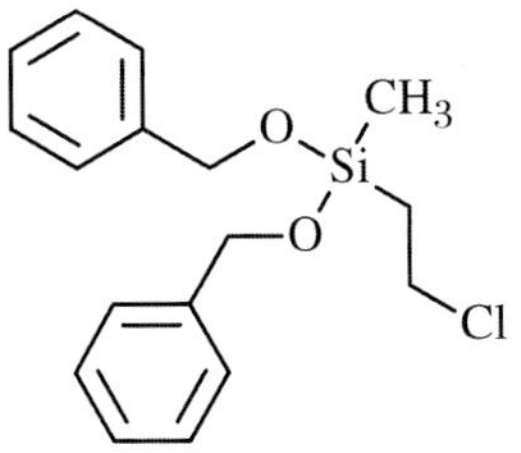

CH_3 Si O O Cl

毒　　性 本品正在试验中，对皮肤有刺激。

剂　　型 0.4mg/L乳剂。

作用特点 本品和乙烯硅类似，具有乙烯释放活性，在花青苷形成时可促使果实脱落。可用作桃树疏果剂和大果越橘脱落剂。且果实在储存期能使表皮颜色增艳。

注意事项 储存在阴凉通风处，使用时采取一般防护。本品中毒无专用解毒药，应对症治疗。

氯酸镁 magnesium chlorate

其他名称 Desecol；Magron；MC Defoliant；Ortho MC。

化学名称 氯酸镁(六水合物)。

理化性质 纯品为无色针状或片状结晶，在118℃以上时分解。在35℃时熔化分析出水后而转化为四水化合物。本品易溶于水，18℃时100ml水中溶解56.5g；微溶于丙酮。由于具有很高的吸湿性，易引起爆炸和着火。对金属有腐蚀性。

毒　　性 大鼠急性口服LD_{50}为5.25g/kg。

剂　　型 颗粒剂，水溶剂。在俄罗斯氯酸镁制剂含氯酸镁不低于30%，氯化镁不超过15%。

作用特点 本品具触杀作用，能被根部吸收，并在植物体内传导，以杀死植物的根和顶端，当其用量小于致死剂量时，可使绿叶褪色和茎秆与根中的淀粉量减少。本品既是除草剂，又是脱叶剂，过去主要用于棉田，使棉株脱叶。

注意事项 使用时要注意防护；皮肤粘染时，及时用肥皂和水清洗；眼睛溅入药液，至少用清水洗15min；误服该药应立即送医院治疗。剩余药液宜妥善处理，以免其他作物受害；注意施药浓度。

脱叶磷 tribufos

其他名称 Merphos；DEF；Easy OffD；E-Z-Off-D；Fos-Fall A；Ortho Phosphate Defoliant；13-1 776。

化学名称 S,S,S-三丁基三硫赶磷酸酯。

结构式

$$O=P(SC_4H_9)_3$$

理化性质 本品为浅黄色透明液体，具有类似硫醇的气味，相对分子量为314.5，沸点为150℃(400Pa)。熔点在-25℃以下，20℃时密度为1.057，折光指数1.532，闪点＞93℃。难溶于水，能溶于丙酮、乙醇、苯、二甲苯、正己烷、煤油、柴油和甲基萘。对热和酸相当稳定，但在碱性介质中能缓慢分解。

剂　　型 45%、67%和70%乳油，7.5%粉剂。

毒　　性 对大鼠急性口服LD_{50}>348mg/kg，大鼠(雄)急性经皮LD_{50} 850mg/kg。用含25mg/L药量的饲料分别喂雌、雄性犬12周，均无不利影响，对皮肤有刺激性。本品对鱼毒性：蓝鳃鱼LC_{50}(96h)0.72mg/L，对禽鸟毒性：鹌鹑LC_{50}1 649mg/kg。

作用特点 本品为为棉花脱叶剂，对植物高毒。

注意事项 使用本品时注意保护脸、手等部位；残余药液勿倒入河塘；应储存于低温、干燥处，勿近热源，勿与食物和饲料混量；出现中毒，可采取有机磷中毒救治疗办法，硫酸阿托品是有效解救药。

脱叶亚磷

其他名称 Tribufos；Merphos；Deleaf Defoliant；Easy Off-l；Folex；Va-Caolina；B-1776；Phosphotrithioate；Tribuphos。

化学名称 S,S,S-三丁基三硫赶亚磷酸酯。

结构式

$$P(SC_4H_9)_3$$

理化性质 本品为无色至浅琥珀色液体，相对分子量298.5，闪点为51℃。能溶于丙酮、乙醇、苯、己烷、煤油、柴油、二甲苯和甲基萘，而不溶于水。

毒　　性 大鼠急性口服LD_{50}为1.27g/kg，对皮肤有刺激性。

剂　　型 6%乳油。

作用特点 本品为棉花脱叶剂。

促叶黄 sodium ethylxanthate

化学名称 乙基黄原酸钠。

结构式

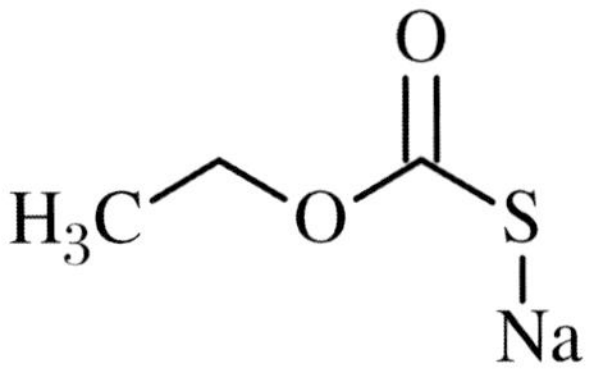

理化性质 本品为淡黄色固体粉末，相对分子量144，含量为99%，有特殊刺激气味，极易溶于水，在加热情况下极易分解。独联体工业品呈粉末或块状，含乙基黄原酸钠不低于80%。游离碱不高于5%。

毒　　性 大鼠急性口服LD_{50}为660mg/kg。

剂　　型 水剂。

作用特点 本品可作棉花、水稻、小麦、萝卜等作物收获时使用的干燥剂。

注意事项 使用本品时注意防护。勿吸入药雾，避免药液或药粉接触眼睛和皮肤。如有沾染，迅速用大量清水冲洗。药剂宜储存在低温、干燥和通风的房间，远离食物和饲料，勿让儿童接近。本品中毒无专用解毒药，可对症治疗。

保鲜酯 quinoline

其他名称 Oxine citrate；Oxyquinoline citrate。

化学名称 8-羟基喹啉柠檬酯。

结构式

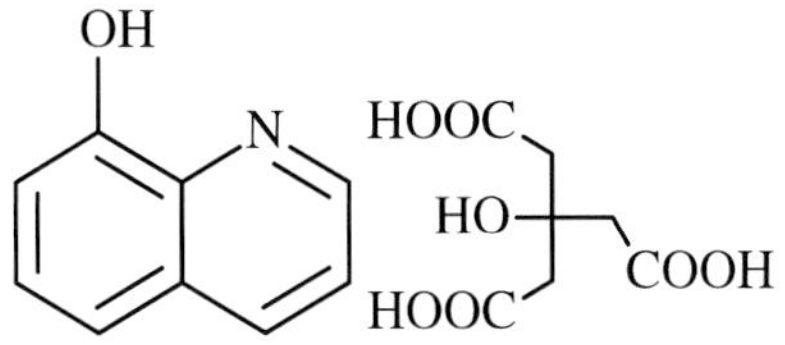

理化性质 白色结晶，熔点76℃，沸点约267℃。易溶于乙醇、丙酮、苯和多种无机酸，几乎不溶于水及乙醚。它和柠檬酸结合的酯则是黄色结晶粉末，具有番红花的气味，易溶于水，呈酸性反应。

毒　　性 大鼠急性经皮LD_{50}为48mg/kg。它的柠檬酯对皮肤、黏膜和眼睛略有刺激性。

剂　　型 水剂。

应用技术 保鲜酯可以用作切花的保鲜防腐。

注意事项 按一般农药处理。无专用解毒药，采取对症治疗措施。

开发登记 由MSD Agvet，Mertck & Co.,Inc.开发登记。

增甘膦 glyphosine

其他名称 Cp41845；催熟膦；Polaris。

化学名称 N,N-双(膦羧基甲基)甘氨酸。

结构式

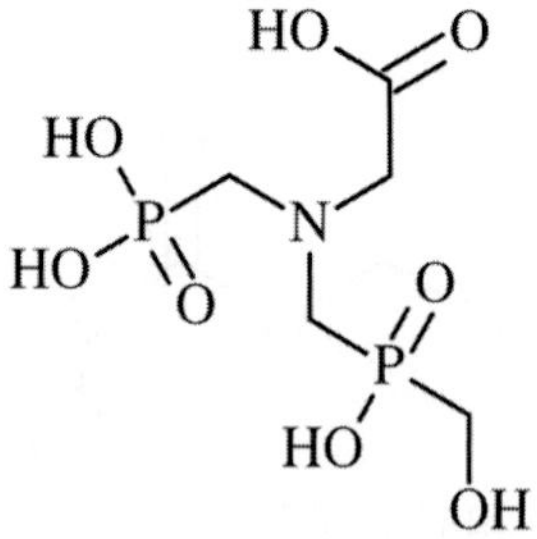

理化性质 纯品为白色固体，20℃时水中溶解度为24.8g/L。

毒　　性 急性口服LD_{50}大鼠为3.9g/kg，小鼠为2.8g/kg，家兔皮肤吸收的最高致死量＞5 010mg/kg。对皮肤、眼睛等稍具刺激性。

剂　　型 85%可湿性粉剂。

作用特点 通过植物叶面吸收. 对甘蔗和甜菜等作物具有催熟和增糖作用。属于能刺激植物生成乙烯的药剂。对甘蔗和甜菜的成熟和含糖量提高有显著作用。在甘蔗内具有阻止酸性转化酶对蔗糖的转化作用，从而使蔗糖积累，增加了产量。在高浓度情况下，它具有除草剂作用，被用作棉花脱叶剂。

应用技术 叶面喷施能增加甘蔗糖含量。甜菜于收获前30d，用85%可湿性粉剂43g/亩对水40kg喷雾，可使蔗糖收量增加l0%。能促进甘蔗的生长和催熟。甘蔗收获前9周用85%可湿性粉剂156～470g/亩对水40kg喷雾。增加蔗糖含量的效果最佳。棉花开荚时期，用85%可湿性粉剂43g/亩对水40kg喷雾，7d之内可有70%～80%棉花脱叶。苹果和梨增加可溶性固形物含量，采前9周，用85%可湿性粉剂1.75g/L喷雾。

注意事项 本品在高浓度下有除草作用，故用作生产调节剂促进作物增产时应严格掌握用药物剂量。对人畜低毒，对眼睛和皮肤有刺激性。在使用和储存时可采用一般防护。当溅到皮肤上和眼睛中，应立即用大量清水冲洗。无专用解毒药，如误服中毒，采取对症治疗。

新增甘膦

其他名称 Polado。

化学名称 N-(膦酸基甲酯)甘氨酸的一个半钠盐。

结构式

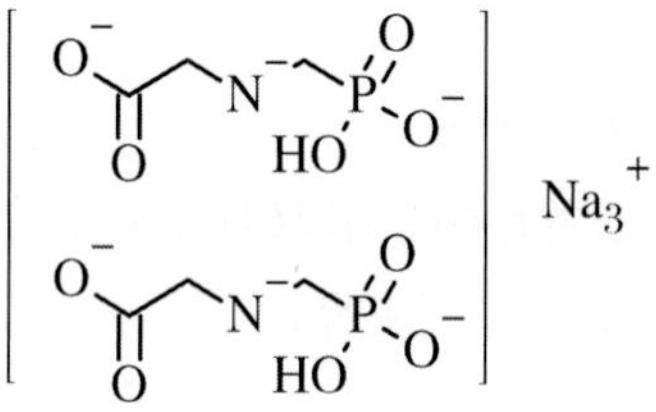

理化性质 白色固体，有可忽略不计的挥发性，能溶于水。

毒　　性 急性口服LD_{50}值：大鼠3.9g/kg；鱼毒性：LC_{50}(96h)虹鳟鱼＞1 000mg/L。哺乳动物高于5g/kg。

剂　　型 75%水溶性粉剂。

作用特点 通过植物叶面吸收，对甘蔗和甜菜等作物具有催熟和增糖作用。属于能刺激植物生成乙烯的药剂。对甘蔗和甜菜的成熟和含糖量提高有显著作用。在甘蔗内具有阻止酸性转化酶对蔗糖的转化作用，从而使蔗糖积累，增加了产量。在高浓度情况下，它具有除草剂作用，被用作棉花脱叶剂。

应用技术 施于叶面，能促进甘蔗含糖量提高和提早成熟。在甘蔗收获前3～10周施药，用75%水溶性粉剂60～120g/亩对水40kg喷雾。作为种苗用的甘蔗，不可施药。

注意事项 本品在高浓度下有除草作用，故用作生产调节剂促进作物增产时应严格掌握用药物剂量。对人畜低毒，对眼睛和皮肤有刺激性。在使用和储存时可采用一般防护。当溅到皮肤上和眼睛中，应立即用大量清水冲洗。无专用解毒药，如误服中毒，采取对症治疗。

开发登记 1980年美国孟山都公司开发。

氨基磺酸 sulphamic acid

其他名称 Amidosulfomic acid；Amidosulphuric acid。

化学名称 氨基磺酸。

结 构 式

$H_2N-S(=O)_2-OH$

理化性质 纯品为无气味的白色菱形状晶体，不吸潮，密度(12℃)为2.03，不挥发。在200℃时没有经过熔化而即分解。能溶于水，0℃时100g水中可溶14.7g，难溶于甲醇、乙醇和含氧有机溶剂。干燥时稳定，在溶液中能缓慢水解而成硫酸氢铵。

毒　　性 对大鼠急性口服LD_{50}为1.6g/kg。

剂　　型 喷射液(将原药直接溶于水中使用)。

作用特点 本品和氨基磺酸铵最初是作为除草剂开发的。据称，将它们直接施用于植物上时，有接触毒剂的作用；而当施于土壤后，即有一种杀雄作用。

应用技术 1978年在我国广东省进行的氨基磺酸对水稻的杀雄效果试验中，药效比其他盐类为好，以0.05%～0.5%浓度喷洒，杀雄率达95%～100%，但药效不够稳定，有药害。氨基磺酸的除草浓度，通常为75g/L有效成分。

注意事项 避免药液接触皮肤和眼睛，如有接触，立即用水冲洗，勿吸入药雾。储存在阴凉场所，远离食物和饲料，勿让儿童接近。误服时对症治疗。

甲基胂酸二钠

其他名称 杀雄剂2号；Ansar 184；Ansar 8100；DMA-100；MG 2；DSMA63P；DSMA81P；DSMA。

化学名称 甲基胂酸二钠。

结 构 式

$$CH_3-As(=O)(OH)_2$$

理化性质 白色无臭结晶固体，熔点132～139℃，在升温时慢慢分解。在湿空气中无水化合物吸水形成稳定的六水化合物。25℃时在水中的溶解度是25.4%。可溶于甲醇，但不溶于其他有机溶剂。商品DSMA81P和AnSar8100是白色固体。熔点300℃，水合物在潮湿空气中为稳定化合物。溶解度：甲醇260g/L，乙烷25mg/L。本品对碱性水解稳定，在pH6～7时能生成酸式单钠盐(MSMA)。能被强氧化剂或还原剂分解。不易燃，对铁、橡胶和大多数塑料无腐蚀性。

毒　　性 工业品对大鼠急性口服LD_{50}为1.8g/kg，对兔急性经皮$LD_{50}>2$g/kg。对大鼠(DSMA溶液)吸入LC_{50}(4h)>22.1mg/L。其酸对兔的眼睛和皮肤有轻微刺激性。以100mg/L的酸对犬进行饲喂试验，对体重与健康无明显作用；用含300mg/L酸的2.27kg棉籽粉喂乳牛9周，其奶或食用组织中的含砷量无明显增加。以含3mg/L甲基胂酸饲料喂养的鸡，在鸡蛋和肉中均不含有砷。对青鳃翻车鱼的LC_{50}(48h)>1g/L，但加入表面活性剂后可使毒性增加。

剂　　型 液剂、63%水溶性粉剂、0.73kg/L浆剂。

作用特点 可引起植物体内的琥珀酸脱氢酶和细胞色素氧化酶的活性下降，从而导致呼吸受抑，妨碍花粉正常发育，造成雄性不育。

应用技术 本品是人们熟知的除草剂。经试验，以0.02%水溶液在杂交稻减数分裂期到花粉内容充实期处理，雄蕊不熟率可达99.8%～100%同时表现了很好的雌蕊结实率。杂交种子第1代(F1)中含砷量为0.214～0.765mg/kg，未超过国家规定的标准(1mg/kg)。另据报道，本品对小麦也有杀雄作用。本品又是有较强传导能力的选择性芽后触杀型除草剂。可用于棉田防治禾本科杂草。在棉株长到6～7cm后到棉铃开放之前喷药。也可用作草坪处理或在非耕作区防除杂草。

注意事项 本品是除草剂，作为杀雄剂使用时须注意使用浓度。本品有毒，使用时要采取防护，避免吸入药雾，亦勿让药液接触眼睛和皮肤。如有沾染，用清水冲洗眼睛15min；卸去受污染的工作服，用大量水冲洗皮肤，然后请医生诊治敷药。如发生误服，先饮大量温水进行催吐，再用泻药导泻，并送医院服药诊治。本品勿与食物和饲料等共储于一室，勿让儿童接近。BAS(二巯基丙醇)为救治砷中毒的特效药。

二苯胺 diphenylamine

其他名称 Decc；OSCRld 282；EC-283；No-ScaldDPA31；No-Seald DPA 283。

化学名称 二苯胺。

结 构 式

$$C_6H_5-NH-C_6H_5$$

理化性质 无色结晶固体，有芳香气味。密度1.159，熔点53～54℃，沸点302℃，闪点153℃。25℃时溶解度：水中为0.03%，甲醇为57.5%。乙醇45.5%，正丙醇22.2%，能溶于苯、乙醚、冰乙酸和二硫化碳等。与强酸可形成盐。经日光照射，颜色转黄变深。

毒　　性 豚鼠急性口服LD_{50}为300mg/kg，对鱼有毒。

剂　　型 31%乳油、35%液剂、83%可湿性粉剂。

作用特点 二苯胺有杀菌防腐和生物调节活性，用于收获后处理苹果和梨，用于预防在储藏期间果皮上出现的果伤病。它既作为植物生长调节剂，又是杀菌剂，且可用作牲畜药品防治螺旋锥蝇。

应用技术 收获前用31%乳油6.45g/L浓度在果园喷洒，使全部果实上有药液滴落，然后在36h内采摘收储。对一些品种苹果树，过高浓度可致药害。浸泡果实的浓度31%乳油6.45g/L，果实采摘后必须在7d内处理完毕，浸果时间勿超过30s，温度以在15～25℃为宜。浸泡后待药液稍稍滴干，即可入储。用31%乳油16g/L浓度，即可浸泡包果纸，待稍干后方可包果。浸泡过果实，勿再用药纸包裹。

注意事项 储存在阴凉通风处，注意防止受冻。

开发登记 Pennwalt Corp开发。

乙氧喹啉 ethoxyquin

其他名称 Stop Scald；Nix-Scald；Santoquin Deccoquin 305。

化学名称 1,2-二氢-6-乙氧基-2,2,4-三甲基喹啉。

结 构 式

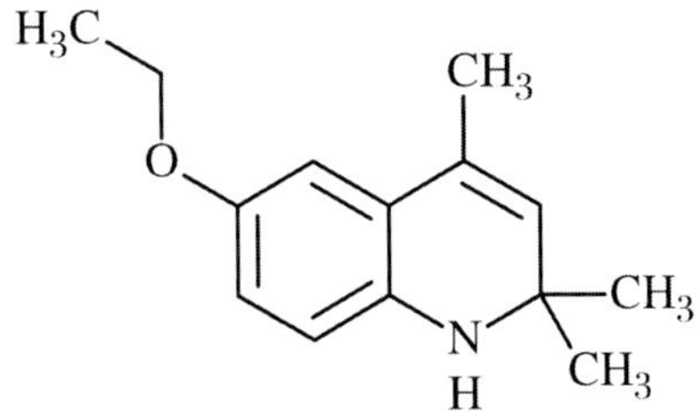

理化性质 黄色液体，沸点123～125℃(267Pa)，25℃时密度1.029～1.031。折光指数1.569～1.672，闪点大于93℃。

毒　　性 大鼠急性口服LD_{50}为800mg/kg。

剂　　型 52.2%乳油。

作用特点 为抗氧化防腐剂，作为植物生长调节剂用于防止苹果、梨表皮的一般灼伤病。

应用技术 收获前喷洒、收获后浸泡果实或将药液浸渍包果实的纸，以预防苹果和梨在储藏期间出现的灼伤病和Stayman斑点。浸泡果实药液浓度52.2%乳油5.7g/L；浸渍包装纸浓度为52.2%乳油2.5g/L。果实浸泡温度以在15～25℃间为宜，浸泡时间约30s。处理后的果实待药液晾干后储存。剩余药品仍放入原包装中，密封储存，120d内保持无变化。

注意事项 未作试验前，请勿与其他药剂混用；药品储存在低温处，但须防止受冻，避光照射，免受高温。处理时戴橡胶手套。药液沾到皮肤要用肥皂和水清洗。无专用解毒药，可对症治疗。

开发登记 美国Pennwalt Corp. Decco Div. 开发。

十一碳烯酸 9-undecylenlenicacid

化学名称 10-十-碳烯酸。

结构式

$$H_2C{=}CH{-}(CH_2)_8{-}C(=O)OH$$

理化性质 液体或晶体. 熔点245℃，沸点275℃(101.3kPa)(分解)，24℃时密度0.907 2。折光指数1.448 6，碘值137.8。不溶于水，溶于乙醇、氯仿及乙醚。

毒　　性 对大鼠急性口服LD_{50}为2.5g/kg，浓度高于10%时对皮肤有刺激。对人和牲畜有局部的抗菌作用。

剂　　型 可溶性盐的水溶液。

应用技术 可作脱叶剂及除草剂使用。十一碳烯酸三乙醇铵盐的1%溶液，可用于云杉苗圃芽前防除禾本科杂草；用0.5%～32%的十一碳烯酸溶液可作脱叶剂。本品亦可作杀线虫剂，还对蚊蝇有驱避作用。

注意事项 本品不宜受热。要避光、低温储存。药液对皮肤有刺激，处理时要避免接触。无专用解毒药，可对症治疗。

过氧化钙 calcium peroxide

其他名称 calper。

结构式

$$CaO_2$$

理化性质 过氧化钙为无色固体，在常温下于水中慢慢变为$CaO_2 \cdot 8H_2O$，遇酸分解生成过氧化氢。$CaO_2 \cdot 8H_2O$为无色正方晶系结晶，密度为1.70，在空气中变为不透明物，慢慢生成碳酸盐。遇水能水解。可用乙醇脱水。在100℃则脱去结晶水，在270℃分解(爆炸)。

毒　　性 对大鼠和小鼠的急性口服LD_{50}值均在10g/kg以上，属于低毒的普通物。对鲤鱼TLm(48h)>125mg/kg。

剂　　型 粉剂(含35%CaO_2)。

作用特点 本品在土壤中，由于土壤中存在的多种还原性物质而使其分解，与水产生氧和消石灰。由于过氧化钙分解而徐徐放出的氧，供给水稻种子，促进其发芽、发根和初期生育。残存的消石灰与大气中二氧化碳结合生成碳酸钙，有益于中和酸性土壤。

应用技术 对稻种先用水浸种到涨胖，充分除去水分并按常规进行种子消毒，然后用过氧化钙粉剂对种子作包衣。过氧化钙粉剂用量与干燥种子等重。包衣处理时将药粉和水投入简单容器，种子加入时边搅拌边用喷雾器喷水以使种子表面均匀润湿。以后，每次撒入药规定量的一部分，直至规定量全部均匀包上为止。包衣后继续搅拌2～3min。包衣种子要阴干30~60min，待药剂变硬后才能播种。包衣后的种子最好当天播种，当天不播种时，应保存在通风良好雨水飘淋不到处，并尽早播种。种子这样处理后可提高发芽率和稳定出苗百分率，使苗壮而健，且改变使用插秧机为播种机，节省直播水稻的劳力。

注意事项 药粉要储存在干燥阴暗处，注意防潮。药粉受潮不能使用，开封后要立即用完。处理时应戴好橡胶手套，处理后用肥皂和水洗面、手、足等皮肤露出部分。用过的容器等要立即用水充分洗净，以免时间久了药剂固化。

开发登记 1951年曾发表过“过氧化钙对作物供氧”的研究报告，当时尚未能工业生产，1982年在日本投产。

抑蒸保温剂 oxyethylene doeosan

化学名称 羟乙基二十二烷醇。

结构式

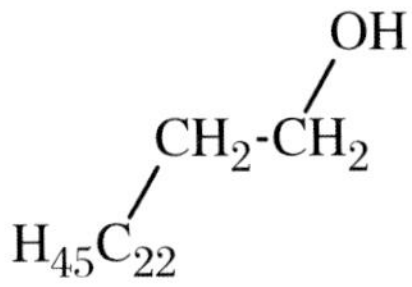

$$H_{45}C_{22}-CH_2-CH_2-OH$$

理化性质 白色或淡黄色蜡状固体，无固定熔点。几乎不溶于水，稍溶于酒精。

毒　　性 对人畜和水生动物低毒。

剂　　型 糊状剂。

作用特点 本品是一种成膜型抗蒸剂，由物理作用在水面组成一层薄膜覆盖，防止水分蒸发，提高薄膜覆盖下的水温，有利于促进作物生长。

应用技术 抑蒸保温剂属于表面活性剂类物质，用于水稻秧田，在气温较低时用水稀释50～80倍，喷洒到秧田水中，在水面形成一层薄膜，可防止田水蒸发，促使水温上升，防止烂秧，促进秧苗生长发育，达到健苗壮苗目的。作为药液喷洒，还适用于柑橘的抗蒸防寒。此外，将药液涂布在水果表面，可防止水分蒸发，保持果实新鲜和湿润。

注意事项 本品低毒，采取一般防护。

开发单位 日本1957年开发，用于水稻秧田。

杀雄 RH-531

其他名称 CCDP。

化学名称 1-(4-氯苯基)-1,2-二氢-2,4-二甲基-2-氧代-3-吡啶羧酸(钠盐)。

结构式

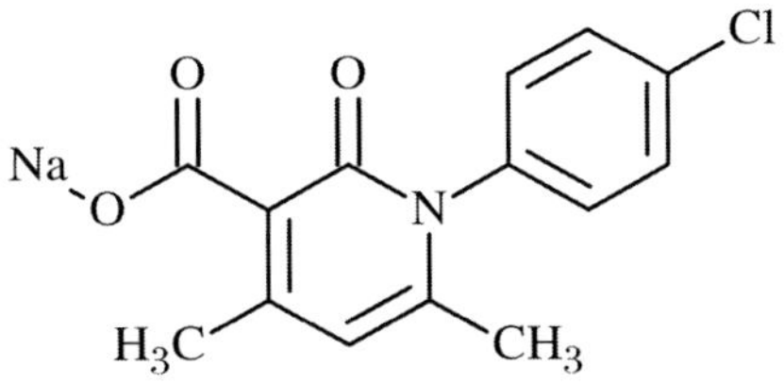

Na, O, O, O, N, Cl, H_3C, CH_3

理化性质 淡黄色固体粉末，从乙醇中重结晶得淡黄色针状结晶，熔点215～217℃(酸)。较易溶于丙酮，稍溶于醇类，不溶于水。其钠盐熔点270～272℃，易溶于水，20℃时水中溶解度20%，水溶液呈红棕色。

毒　　性 对雄大鼠急性口服(12.5%酸悬浮于丙二酮)LD_{50}为1.5g/kg。

剂　　型 80%钠盐。

作用特点 属于抑制细胞分裂型活性的化学杂交剂。能阻碍小麦、大麦的花粉母细胞减数分裂和花粉外膜形成，从而抑制雄蕊成熟，并抑制秆和穗的伸长和开颖。本品还有抑制植物节间伸长和促进开花等作用。

应用技术 国外已试用于大麦和小麦上作化学杀雄剂，在大麦抽穗前20d，进行叶面喷药，剂量80%钠盐1.25g/亩对水40kg喷雾，可诱导100%的雄蕊不熟率，但亦能影响部分雌蕊的成熟。据日本报道，在水稻出穗前14d用80%钠盐500mg/L浓度处理，雄蕊发育停止和不熟率可达98.4%；而雌蕊成熟率为62%。在出穗前7d以80%钠盐65mg/L再次处理，雄性不熟率为99.5%，雌性成熟率亦达52.5%。本品作为水稻杀雄剂仍在试验中。此外，可以用80%钠盐10～20g/亩对水40kg喷雾，使大麦、小麦、燕麦、水稻等禾本科作物矮化，用80%钠盐10～20g/亩对水40kg喷雾，使大豆、花生、豌豆等植株矮化，防止倒伏。用80%钠盐10～20g/亩对水40kg喷雾，使黄瓜、西瓜、甜瓜、南瓜等增加雌花数，提高产量。

注意事项 储存在阴凉通风处，使用时注意保护，避免吸入药雾和沾染皮肤、眼睛，无专用解毒药，误服时对症治疗。

开发登记 1971年美国Rohm & Haas公司开发。

杀雄 RH-532

化学名称 1-(3, 4-二氯苯基)-1, 2-二氢-2, 4-二甲基-2-氧代-3-吡啶羧酸(钠盐)。

结构式

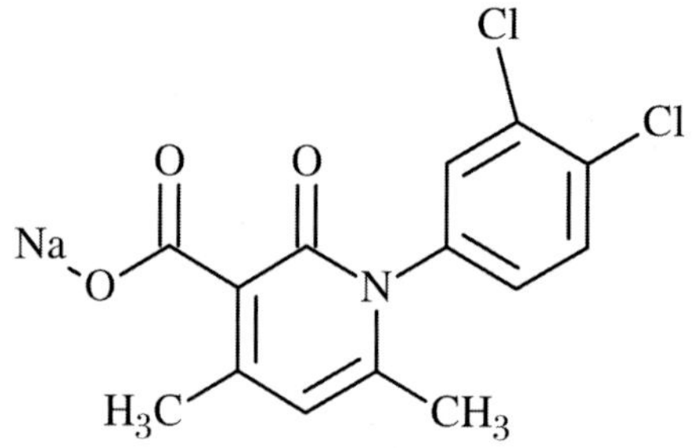

Cl Cl O O Na O N H_3C CH_3

理化性质 淡黄色晶体，熔点240～242℃(酸)。较易溶于丙酮，不溶于水。其钠盐熔点为253～255℃。易溶于水，20℃时水中溶解度20%。

毒　　性 对雄大鼠急性口服(12.5%悬浮于丙二醇)LD_{50}为325mg/kg。

剂　　型 80%钠盐可溶性粉剂。

作用特点 是化学杀雄剂，用于小麦、大麦杂交育种时杀雄。主要是阻止花粉母细胞减数分裂，从而使雄蕊败育。

应用技术 国外已试用于大麦和小麦上作化学杀雄剂，在大麦抽穗前20d，进行叶面喷药，剂量80%钠盐可溶性粉剂1.25g/亩对水40kg喷雾，可诱导100%的雄蕊不熟率，但亦能影响部分雌蕊的成熟。据日本报道，在水稻出穗前14d用80%钠盐可溶性粉剂500mg/L浓度处理，雄蕊发育停止和不熟率可达98.4%；而雌蕊成熟率为62%。在出穗前7d以80%钠盐可溶性粉剂60mg/L再次处理，雄性不熟率为99.5%，雌性成熟率亦达52.5%。本品作为水稻杀雄剂仍在试验中。此外，可以用80%钠盐可溶性粉剂10～20g/亩对水40kg喷雾，使大麦、小麦、燕麦、水稻等禾本科作物矮化，用80%钠盐可溶性粉剂10～20g/亩对水40kg喷雾，使大豆、花生、豌豆等植株矮化，防止倒伏。用80%钠盐可溶性粉剂10～20g/亩对水40kg喷雾，使黄瓜、西瓜、甜瓜、南瓜等增加雌花数，提高产量。

注意事项 储存在阴凉通风处，使用时注意保护，避免吸入药雾和沾染皮肤、眼睛，无专用解毒药，误服时对症治疗。

开发登记 1971年美国Rohm Haas公司开发

调环酸钙 prohexadione calcium

其他名称 调环酸、环己酮酸钙、调环酸钙盐。

化学名称 3,5-二氯代-4-丙酰基环己烷羧酸及钙盐。

结构式

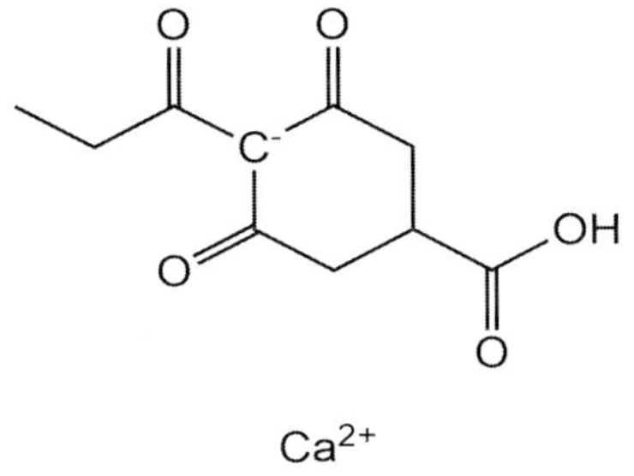

O O C⁻ OH O O Ca^{2+}

理化性质 对光和空气较稳定，在酸性介质中易分解，在水中及碱性介质中稳定，热稳定性好。

毒　　性 大鼠(雌/雄)急性经口LD_{50} >5 000mg/kg，急性经皮LD_{50} >2 000mg/kg，低毒。

作用特点 是赤霉素生物合成抑制剂，通过降低植物体内赤霉素含量抑制作物旺长。

剂　　型 5%泡腾片剂、5%泡腾粒剂。

应用技术 调节花生、水稻、小麦生长，花生、小麦用5%泡腾粒剂50～75g/亩，水稻用5%泡腾粒剂或5%泡腾片剂20～30g/亩，于水稻分蘖末期或拔节前7～10d，按推荐用药量进行喷雾施药1次。

注意事项 勿与碱性农药混用。对蜜蜂、鱼类等水生生物、家蚕低毒。蜜源作物花期、蚕室及桑园附近禁用；远离水产养殖区施药。

开发登记 湖北移栽灵农业科技股份有限公司、安阳全丰生物科技有限公司登记。

二氢卟吩铁 iron chlorin e6

化学名称 铁(3-),(7S,8S)-3-羧基-5-(羧甲基-13-乙烯基-18-乙基-7,8-二氢-2,8,12,17-四甲基-21H,23H-卟吩-7-丙酸(5-)-kN21,kN22,kN23,kN24)氯,三氢,(SP-5-13)-(9Cl)。

结构式

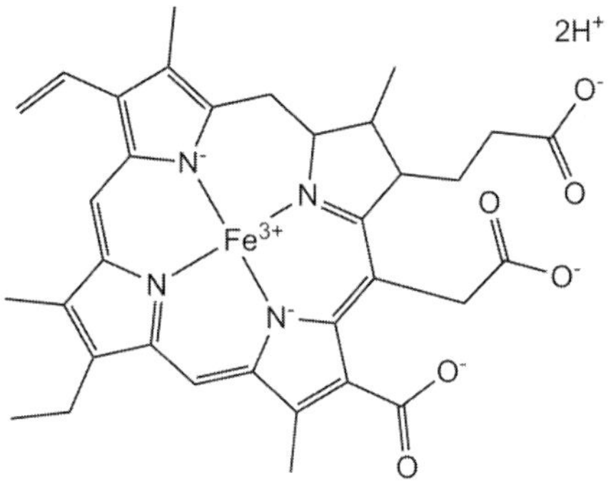

$2H^+$ O⁻ O N⁻ N Fe^{3+} O O⁻ N N⁻ O⁻ O

理化性质 墨绿色疏松粉末状固体，无臭气。密度0.230 g/ml，堆密度0.292 g/ml；对包装材料不具有腐蚀性。溶解度(25℃，g/L)：不溶于水；丙酮0.5 g/L；甲醇0.45 g/L。pH范围4.5～6.5，溶解程度和溶液稳定性（通过75 μ m试验筛）≤98%，湿筛试验(200目)≥98.0%，润湿时间≤120s，持久起泡性（1 min后泡沫体积）≤50 ml，产品的热储存和常温2年储存均稳定。

毒　　性 大鼠急性经口LD_{50}＞5 000 mg/kg；大鼠急性经皮LD_{50}(4 h)＞5 000 mg/kg；急性吸入LC_{50}(2h)＞5 000 mg/m^3。刺激性：对兔的皮肤无刺激性，对兔的眼有轻度刺激性，属于弱致敏物。二氢卟吩铁母药和可溶粉剂急性毒性为微毒。

作用特点 二氢卟吩铁是一种新型高效植物生长调节剂，属于叶绿素类衍生物。具有延缓叶绿素降解，增强光合作用，促进根系生长，增加抗逆性，促进对肥料的有效吸收，调节生长。

剂　　型 2%母药、0.02%可溶粉剂。

应用技术 调节油菜生长，用0.02%可溶粉剂10 000～20 000倍液均匀喷雾，在油菜苗期、抽薹前各喷施1次。

注意事项 对家蚕高毒，对鱼等水生物有毒，施药时远离桑园和蚕室，水产养殖区，河塘等水体附近禁用。

开发登记 成都科利隆作物研发，南京百特生物工程有限公司登记。

3–癸烯–2–酮 3–Decen–2–one

化学名称 3–癸烯–2–酮。

结 构 式

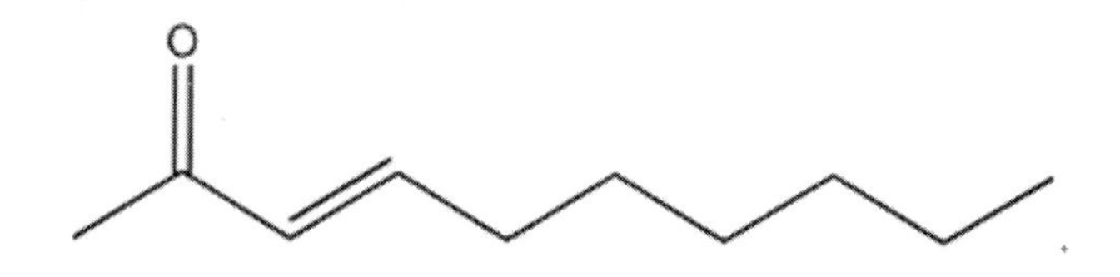

毒　　性 低毒。

剂　　型 98% AMV–1018浓缩液。

作用特点 3–癸烯–2–酮的作用机理尚未完全明确。据文献报道，该物质主要通过增加根茎的呼吸影响植物生长。能够破坏分生组织，以及顶生和腋生芽。会干扰膜的完整性，增强氧化应激反应，使组织干燥。

应用技术 据资料报道，3–癸烯–2–酮主要是用作抑制采后根茎类蔬菜的发芽的抑制剂。在土豆贮存过程中出现发芽时，可喷雾施用，抑制马铃薯发芽。

开发登记 美国Amvac Chemical公司登记生产，制剂名称Smart Block。

化血红素 Hemi

其他名称 盐酸血红素；氯化高铁血红素；血晶素。

化学名称 1,3,5,8-四甲基-2,4-二乙烯基卟。

结构式

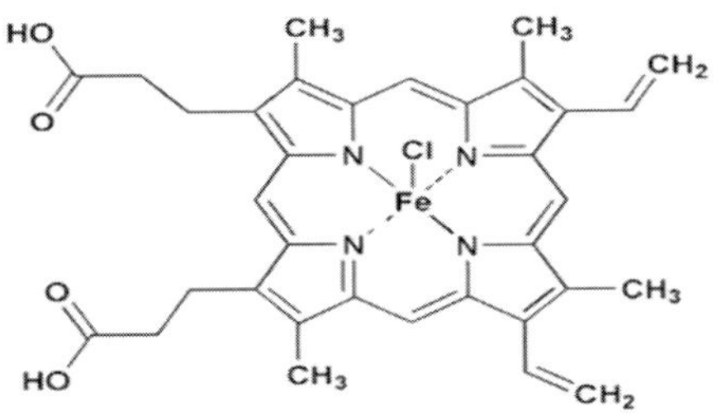

理化性质 结晶或粉末，透光为黑褐色，折光为钢蓝色，无嗅无味，不溶于水及醋酸，微溶于乙醇，溶于酸性丙酮，溶于稀氢氧化钠溶液，于氢氧化钠溶液中生成羟高铁血红素。

毒　性 微毒。对蜜蜂、家禽无毒，对眼睛、皮肤无刺激性。对蚕有毒，蚕室桑园附近禁用。剂型0.3%可湿性粉剂。

作用特点 氯化血红素（henin）是天然血红素（heme）的体外基团取代物，其化学性质与血红素类似。在植物体内天然血红素作为重要组分起着不可替代的作用。作为多种酶的辅基，天然血红素分布在细胞的各个区域内。而这些酶在植物细胞的发育和代谢中起着重要作用。天然血红素还可以作为植物光敏色素发色团的合成前体。而光敏色素发色团是感受红光/远红光（R/FR）受体的一部分，调控着多种植物光形态建成。因此天然血红素的代谢能影响植物感受R/FR的信号途径。此外，由于天然血红素和叶绿素具有相同的前体物质，天然血红素还能够反馈调节植物的叶绿素合成。具有促进细胞原生质流动、提高细胞活力、加速植株生长发育、促根壮苗、保花保果、增强抗氧化能力以及改善抗逆性等作用。

应用技术 能够加速植株生长发育，诱导调控植物根系形态的建成，番茄、马铃薯苗期用0.3%可湿性粉剂20~30g/亩对水40kg，茎叶喷雾，能够促根壮苗。番茄始花期和马铃薯苗期、现蕾期，用0.3%可湿性粉剂20~30g/亩，茎叶、花蕾喷雾，能够促进保花保果。据资料报道，氯化血红素还可以有效缓解植物的重金属、盐碱、干旱等多种非生物胁迫。

开发登记 江苏省南通飞天化学实业有限公司登记生产。

茉莉酮 prohydrojasmon，PDJ

其他名称 茉莉酸丙酯；二氢茉莉酸丙酯。

化学名称 3-甲基-(2-戊烯基)-2-环戊烯-1-酮；(Z)-3-甲基-2-(2-戊烯基)-2-环戊烯-1-酮；3-甲基-2-(2-戊烯基)-2-环戊烯酮-1；(Z)-2-(2-戊烯基)-3-甲基-2-环戊烯酮。

结构式

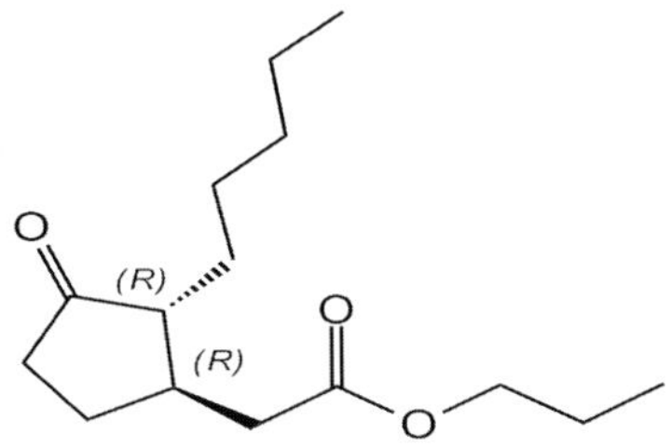

理化性质 无色透明至淡黄色油状液体，相对分子量为254.365。沸点340.2℃，密度0.967g/cm^3，折射率1.456。微溶于水，溶于乙醇、乙醚和四氯化碳及油脂。

毒　　性 低毒。

剂　　型 95%原药。

作用特点 茉莉酮（PDJ）是一种人工合成的植物生长调节剂，与维管束植物中普遍存在的天然植物调节剂茉莉酸（JA）的结构相似，具有相同功能和相似的作用模式，能促进植物内源脱落酸（ABA）的合成，增加ABA的含量，从而提高植物的抗性，且具有增糖降酸的作用。茉莉酮处理后，可增大葡萄果穗、单粒重及可溶性固形物含量，并促进果实着色；改善苹果果色、提高小麦、玉米、水稻抗寒抗旱抗病毒能力。与脱落酸及乙烯利相比，不会产生落叶脱果现象，能促进葡萄、樱桃，苹果等提前健康成熟，完美着色，还能有效改善果实品质。

应用技术 据资料报道，茉莉酮（PDJ）可以促进苹果、葡萄等果实着色及提早成熟。可明显增大藤稔葡萄果穗、单粒重及可溶性固形物含量，并促进果面着色。用95%茉莉酮0.01~0.1mg/L浸种，对促进发根和幼苗生长，但浓度大于0.1mg/L时会抑制生长。2013年美国批准茉莉酮用于改善苹果果色。另据报道，茉莉酮还能够提高水稻、玉米、小麦等作物的抗寒抗旱抗病毒能力。

开发登记 由美国Fine Agrochemicals公司推出，制剂名为Blush。

第五章 农药混剂

一、杀虫混剂

阿维·哒螨灵

作用特点 本品为新型高效杀螨剂，内吸性强、快速渗透，施药后药效逐步加强，对成螨、若螨有极强的杀灭作用。药效持久、残留低、无药害。可以加入油性渗透助剂，提高卵、若螨和成螨的渗透力，可渗透蜡质表皮，兼具速效性和持效性两大优点，药效持续40d以上。

毒　　性 制剂低毒。

剂　　型 10%乳油(阿维菌素0.2%+哒螨灵9.8%)、10.2%乳油(阿维菌素0.2%+哒螨灵10%)、10.5%水乳剂(阿维菌素0.3%+哒螨灵10.2%)、16%乳油(阿维菌素0.4%+哒螨灵15.6%)、21%悬浮剂(（阿维菌素1%+哒螨灵20%)和25%悬浮剂(阿维菌素1.5%+哒螨灵23.5%)。

应用技术 防治棉花红蜘蛛，用10%乳油60~80ml/亩对水60~75kg喷雾。防治苹果树红蜘蛛，在红蜘蛛发生始盛期，用10%乳油2 000~3 000倍液对整株叶面均匀喷雾，在苹果树上的安全间隔期为14d，每季最多使用2次。防治柑橘树红蜘蛛，在红蜘蛛始发期至盛期施药，用25%悬浮剂3 000~4 000倍液对叶片正反面均匀喷雾。防治柑橘树锈蜘蛛，用10.5%微乳剂2 500~3 000倍液喷雾。

注意事项 本品与波尔多液等碱性农药混用时，需现混现用。配制药液时，应充分搅拌。要按农药使用规则操作，注意安全防护，如遇中毒，请及时就医。注意喷药质量，力求喷雾均匀，覆盖全株。本品应于阴凉、干燥、避光处密封储存，勿与食物和饲料存放在一起。

开发登记 海南正业中农高科股份有限公司、陕西恒田生物农业有限公司等企业登记生产。

阿维·毒死蜱

作用特点 阿维菌素是一种农用抗生素类杀虫、杀螨、杀线虫剂，与毒死蜱有机结合，具有触杀、胃毒、内吸、熏蒸作用。该产品渗透力强，持效期长，对多种作物上的害虫有较好的防治作用。

毒　　性 制剂中等毒性。

剂　　型 5.5%乳油(阿维菌素0.1%+毒死蜱5.4%)、15%乳油(阿维菌素0.1%+毒死蜱14.9%)、17%乳油(阿维菌素0.1%+毒死蜱16.9%)、24%乳油(阿维菌素0.15%+毒死蜱23.85%)、40%乳油(阿维菌素0.8%+毒死蜱39.2%)、10%乳油（阿维菌素0.1%+毒死蜱9.9%）、42%乳油（阿维菌素0.2%+毒死蜱41.8%）、45%乳油（阿维菌素2.5%+毒死蜱42.5%）和50%乳油（阿维菌素0.5%+毒死蜱49.5%）。

应用技术 防治水稻二化螟，用17%乳油100～120ml/亩对水50～70kg喷雾或用45%乳油15~20ml/亩对水50~60kg喷雾；防治稻纵卷叶螟，用40%乳油25～30ml/亩对水50～60kg喷雾；防治稻飞虱，用15%乳油50～70ml/亩对水50～60kg喷雾；防治棉花棉铃虫，用5.5%乳油60～80ml/亩对水50～60kg喷雾或用50%乳油60～90g/亩对水50～60kg喷雾。

防治棉花蚜虫，用42%乳油 80～90ml/亩对水50～60kg喷雾。防治大豆甜菜夜蛾，在甜菜夜蛾低龄幼虫期开始施药，用10%乳油55～60ml/亩对水50~60kg喷雾。

防治梨树梨木虱，用24%乳油4 000～5 000倍液喷雾。防治柑橘树红蜘蛛，用5.5%乳油1 000～2 000倍液喷雾。

注意事项 本品在棉花上安全间隔期为20d，每季最多使用3次。蔬菜田禁用。本品为有机磷杀虫剂，建议与其他不同作用机制的杀虫剂轮换使用，以延缓抗性产生。本品对蜜蜂、鱼类等水生生物有毒，使用时请保护，不可污染池塘等水域，不可污染蜜源植物。施药器械不可在河塘等水域清洗。本品不宜与碱性物质混用。本品对人畜有毒，使用时应穿防护服，戴手套口罩，严禁饮食或吸烟，施药后应及时洗手和洗脸。施药地块严禁人畜入内。使用后，废包装容器不得他用，应集中销毁。孕妇和哺乳期妇女避免接触此药。本品应储存于通风、阴凉、干燥处。远离火源或热源，置于儿童触及不到之处，并加锁。运输时，严防雨淋、日晒，不能与食品、饮料、粮食、饲料等物品同储同运，避免与皮肤接触，防止由口鼻吸入。不慎吸入，应将病人移至空气流通处。不慎接触皮肤或溅入眼睛，应用大量清水冲洗至少15min。

开发登记 广东省惠州市中迅化工有限公司等企业登记生产。

阿维·高氯

作用特点 本品是生物农药阿维菌素与拟除虫菊酯类农药高效氯氰菊酯复配而成的一种高效杀虫、杀螨剂，是神经毒剂。对鳞翅目、同翅目和双翅目害虫具有触杀、胃毒和干扰昆虫正常的神经生理活动和熏蒸作用。杀虫谱广，对抗性害虫作用效果明显。本品对叶片有很强的渗透作用，残留量低，受雨水影响小，对作物安全，对益虫损伤小。

毒　　性 制剂低毒。

剂　　型 3%微乳剂(阿维菌素0.6%+高效氯氰菊酯2.4%)、5%乳油（阿维菌素0.5%+高效氯氰菊酯4.5%）、6%乳油（阿维菌素1%+高效氯氰菊酯5%）、6.3%可湿性粉剂（阿维菌素0.7%+高效氯氰菊酯5.6%）、10%水乳剂（阿维菌素1%+高效氯氰菊酯9%）。

应用技术 防治棉花棉铃虫应在卵孵化及低龄幼虫高峰期进行防治，用10%水乳剂30~50g/亩对水50～60kg喷雾。防治十字花科蔬菜菜青虫和小叶蛾，在低龄若虫期，用6%乳油15～30ml/亩对水45～60kg喷雾。防治黄瓜美洲斑潜蝇，在低龄若虫期，用3%微乳剂33～66ml/亩对水45~60kg喷雾。防治梨树梨木虱，在低龄若虫期，用3%微乳剂1 250～2 500倍液喷雾。防治柑橘树潜叶蛾，用6.3%可湿性粉剂4 000～5 000倍液喷雾。

注意事项 本品在十字花科蔬菜叶菜上的安全间隔期为7d，每个作物周期的最多使用次数为1次。在梨树上安全间隔期21d，每季最多使用2次，在柑橘树上安全间隔期14d，每季作物最多使用2次。本品不可与呈碱性的农药等物质混合使用，建议与其他作用机制不同的杀虫剂轮换使用。施药人员都应穿戴手套、口罩、护目镜及操作服等防护用品，并坚持每日更换1次。施药人员应避免与乳油或稀释液直接接触。施药时不要吸烟进食。施药后及时洗手和洗脸。本品对鱼类、家蚕高毒，对蜜蜂、蚯蚓有毒，施药期间应避免对周围蜂群的影响，蜜源作物花期、蚕室和桑园附近禁用。远离水产养殖区施药。禁止在河塘等水体中清洗施药器具。用过的容器应妥善处理，不可做他用，也不可随意丢弃。不慎吸入，应将病人移至空气流通处；不慎接触皮肤或溅入眼睛，应用大量清水冲洗至少15min。本品应储存在干燥、阴凉、通风、防雨处，远离火源或热源。运输时严防潮湿和日晒，装卸人员穿戴防护用具，要轻搬轻放。置于儿童触及不到之处，并加锁。勿与食品、饮料、饲料等其他商品同储同运。

开发登记 上海沪联生物药业（夏邑）股份有限公司、河北威远生物化工股份有限公司等企业登记生产。

阿维·甲氰

作用特点 本品对害虫具有触杀、胃毒和驱避作用。杀虫谱广，残效期长。对作物安全，不伤果实表面。可用于防治棉花、果树、蔬菜等作物上的鳞翅目、同翅目、半翅目、双翅目、鞘翅目等害虫。它与一般杀螨剂不同之处在于它干扰螨类神经的生理活动，刺激释放γ-氨基丁酸，从而抑制螨类的神经传导，促使螨类死亡。

毒　　性 制剂低毒。

剂　　型 1.8%乳油(甲氰菊酯1.7%+阿维菌素0.1%)、2.5%乳油(甲氰菊酯2.4%+阿维菌素0.1%)、2.8%乳油(甲氰菊酯2.5%+阿维菌素0.3%)、5.1%可湿性粉剂(甲氰菊酯5%+阿维菌素0.1%)、10%乳油（甲氰菊酯9%+阿维菌素1%）和25%乳油（甲氰菊酯24%+阿维菌素1%）。

应用技术 防治棉花红蜘蛛，在成、若螨发生期施药，用2.5%乳油100～120ml/亩，对水50～75kg喷雾；防治棉铃虫，于卵盛孵期用药，用2.5%乳油100～120g/亩对水50～75kg喷雾 。

防治蔬菜小菜蛾，用2.8%乳油600～1 000倍液喷雾或用10%乳油 30～45ml/亩，对水50～60kg喷雾；防治菜青虫，用2.8%乳油1 500～2 000倍液喷雾。

防治柑橘树红蜘蛛，在卵孵盛期至低龄幼虫期间开始施药 ，用25%乳油4 000～5 000倍液喷雾；防治苹果树红蜘蛛，用1.8%乳油1 000～1 200倍液喷雾 。

注意事项 使用前充分摇匀，喷施时务必均匀喷透，并在傍晚为好。若不慎溅到眼睛和皮肤上，应立即用大量清水冲洗，误服立即送医院对症用药。本产品应储存在阴凉、干燥、避光处，安全间隔期为8～10d。本产品不能和碱性农药混用，虽为低毒农药，但仍应按常规操作进行。

开发登记 山东源丰生物科技有限公司 、广西田园生化股份有限公司等企业登记生产。

阿维·噻嗪酮

作用特点 该组合物两种成分之间具有显著的增效作用，可达到优势互补、提高药效、增强防治效果、降低成本和延缓抗药性的作用。对成、幼、若螨和螨卵有效，对害螨整个生育阶段均有效。对雌成螨所产的卵有抑制孵化的作用。

毒　　性 制剂低毒。

剂　　型 15%可湿性粉剂(阿维菌素0.15%+噻嗪酮14.85%)、和15%悬浮剂（阿维菌素0.5%+噻嗪酮14.5%）。

应用技术 防治水稻稻飞虱，若虫初发期，用15%可湿性粉剂30～45g/亩对水60～70kg喷雾。

防治蔬菜温室白粉虱，虫口上升期，用15%可湿性粉剂1 000～1 500倍液喷雾。

防治柑橘等果树白粉虱，虫害发生初期，用15%可湿性粉剂或15%悬浮剂1 000～1 500倍液喷雾。

开发登记 湖南农大海特农化有限公司、青岛星牌作物科学有限公司登记生产。

阿维·三唑磷

作用特点 本剂为阿维菌素与三唑磷复配产品，属广谱杀虫剂，集渗透、胃毒、触杀等多种杀虫机理于一体，可有效防治水稻、果树、豆类害虫。适合抗性地区使用，杀虫彻底，持效期长。药效稳定，黏附力强，耐雨水冲刷，阴雨天施药药效同样强劲。

毒　　性 制剂中等毒性。

剂　　型 10.2%乳油(阿维菌素0.2%+三唑磷10%)、11%微乳剂（阿维菌素1%+三唑磷10%）、11.2%乳油(阿维菌素0.2%+三唑磷11%)、15%乳油(阿维菌素0.1%+三唑磷14.9%)、20%乳油(阿维菌素0.2%+三唑磷19.8%)、20.5%乳油(阿维菌素0.3%+三唑磷20.2%)。

应用技术 防治水稻二化螟，于卵孵化高峰期，用20%乳油60～90ml/亩对水60～70kg喷雾，施药时田间最好保持3～4cm水层；防治稻纵卷叶螟，用20%乳油50～100ml/亩对水60～70kg喷雾；防治三化螟，用20%乳油100～120ml/亩对水60～70kg喷雾；防治棉花棉铃虫，用15%乳油60～80ml/亩对水50～60kg喷雾。

防治蔷薇科观赏花卉红蜘蛛 11%微乳剂1 000~2 000倍液喷雾 。

注意事项 本品不能与碱性物质混用，以免分解失效。作物收获前1周停止使用本品。使用时需严格遵守《农药安全使用规范》。施药时带好口罩，避免与皮肤接触，喷雾时要顺风进行，防止口鼻吸入，用后请用肥皂洗手和脸。若发生中毒现象，可用阿托品，解磷定急救，并立即送医院治疗。蜜蜂、蚕、鱼对本品比较敏感，施药时需注意。避免高温逆风作业，安全间隔期为14d。

开发登记 江苏克胜集团股份有限公司、江苏丰山集团股份有限公司等企业登记生产。

阿维·四螨嗪

作用特点 本品系广谱杀螨剂。具有触杀作用强、速效性好。卵螨兼杀，持效期长和耐雨水冲刷等特点。

毒　　性 制剂低毒。

剂　　型 10%乳油(阿维菌素0.1%+四螨嗪9.9%)、20.8%乳油(阿维菌素0.5%+四螨嗪20.3%)、5.1%可湿性粉剂(阿维菌素0.1%+四螨嗪5%)、40%悬浮剂（阿维菌素0.5%+四螨嗪39.5%）。

应用技术 防治苹果红蜘蛛，用10%乳油1 500～2 000倍液喷雾；防治苹果二斑叶螨，用10%乳油1 000～2 000倍液喷雾；防治柑橘树红蜘蛛，用20.8%乳油1 500～2 500倍液喷雾。

开发登记 济南泰禾化工有限公司、山东曹达化工有限公司等企业登记生产。

阿维·苏云菌

作用特点 本品是由高毒力的Bt专用菌株作为生产菌的发酵液与生物源农药阿维菌素复配而成。当靶标害虫取食本品后，虽不能立即造成死亡，但能导致靶标害虫产生拒食和麻痹等症状，以致不再造成为害，随后就会生理代谢紊乱以及神经系统功能遭破坏而死亡。本品低毒、低残留，适合无公害蔬菜基地及抗性害虫的综合治理。

毒　　性 制剂低毒。

剂　　型 2%可湿性粉剂(阿维菌素0.1%+苏云金杆菌1.9%)、2%可湿性粉剂（阿维菌素0.5%+苏云金杆菌1.5%）、1.6%悬乳剂（阿维菌素0.2%+苏云金杆菌1.4%）。

应用技术 本品以卵孵化期至低龄幼虫盛发期施药效果好，使用时先加水稀释，后搅拌均匀喷洒即可。防治十字花科蔬菜小菜蛾和菜青虫，用2%可湿性粉剂40～50g/亩对水50～60kg喷雾。防治森林松毛虫，用1.6%悬乳剂 50～70ml/亩对水60～70kg 喷雾 。

注意事项 本品不得与强碱性农药混用，在害虫卵孵盛期至低龄幼虫期施用效果最佳，施药用足水量，均匀喷于植物叶片两面，确保防治效果，不宜在桑树、茶树上使用。

开发登记 山东省泰安市泰山现代农业科技有限公司、武汉科诺生物科技股份有限公司等企业登记生产。

阿维·辛硫磷

作用特点 本品是专门针对虫体较大的害虫而开发研制的复配的杀虫剂，为广谱型杀虫剂。对害虫有强烈的内吸、触杀和一定的胃毒作用。具有击倒速度快，速效性好，持效期长达10～20d。

毒　　性 制剂低毒。

剂　　型 15%乳油(阿维菌素0.1%+辛硫磷14.9%)、20%乳油(阿维菌素0.2%+辛硫磷19,8%)、3.2%颗粒剂(阿维菌素0.1%+辛硫磷3.1%)、35%乳油（阿维菌素0.3%+辛硫磷34.7%）、15%微乳剂（阿维菌素0.1%+辛硫磷14.9%）。

应用技术 防治甘蓝菜青虫，用15%微乳剂60~80g/亩对水45～60kg喷雾；防治十字花科蔬菜小菜蛾，在害虫始发期，用20%乳油1 000～1 200倍液喷雾或35%乳油25～50g/亩对水50～60kg喷雾。

防治柑橘等果树，红蜘蛛、蚜虫，用20%乳油500～1 000倍液喷雾。防治杨树上的美国白蛾，用15%乳油1 000～2 000倍液喷雾。

注意事项 使用前请详细阅读标签。喷药须均匀打透，以保证药剂充分发挥效果。使用时应注意个人防护，勿使皮肤直接接触本品，施药后应立即用肥皂水洗净。对鱼、蜜蜂有毒，施药时避免污染水源和池塘等水体，不要在开花期施用，远离蚕区、养蜂区。安全间隔期为7d，每季最多使用1次。本剂易燃，本品应储存在干燥、阴凉、通风、防雨处，远离火源或热源。本品为有机磷类农药与生物制剂复配的杀虫剂，建议与其他作用机制不同的杀虫剂轮换使用。在高粱、黄瓜、菜豆、甜菜地块附近用药时注意保护，避免药液飘移造成药害。不可与呈碱性的农药等物质混合使用。

开发登记 海利尔药业集团股份有限公司、广东省东莞市瑞德丰生物科技有限公司等企业登记生产。

苯丁・哒螨灵

作用特点 本品对害螨的卵、若螨、成螨均有强烈的触杀和胃毒作用。快速使害螨停止取食并死亡，螨卵滞育不能孵化。渗透力超强，能迅速溶解卵螨表皮蜡质层，有效成分直接渗入害螨体内，使螨体气门封闭窒息而死。性能稳定，不受温度变化的影响。在高温和低温环境下均能发挥出色药效，药后10min即可解除害螨为害。对作物安全，在作物的全物候期均可施用。可广泛用于红蜘蛛的防治。

毒　　性 制剂中等毒性。

剂　　型 10%乳油(苯丁锡5%+哒螨灵5%)、15%乳油(苯丁锡5%+哒螨灵10%)、25%可湿性粉剂(苯丁锡8%+哒螨灵17%)；

应用技术 防治柑橘红蜘蛛，本品应于红蜘蛛卵孵化盛期至红蜘蛛发生为害初期用药，用10%乳油或25%可湿性粉剂1 000～1 500倍液喷雾。

注意事项 本品在柑橘树上使用的安全间隔期为21d，每个作物生长季节最多使用次数为2次。本品不能与碱性物质混用。本品对鱼高毒，对蜜蜂、家蚕有毒，不要污染鱼塘、河流等水源，尽量避开作物花期用药，不要在桑园附近施药，禁止在河塘等水体中清洗施药器具。宜采用二次稀释法配药。喷药时应穿戴防护服和手套，对眼睛有刺激，应戴防护镜。施药时不准吃东西和饮水，施药后要及时清洗手和脸。本品由有机锡类农药与杂环类农药混配而成，建议与其他作用机制不同的农药轮换使用。孕妇及哺乳期妇女慎接触本品和施药。本品应储存在干燥、阴凉、通风处，本品易燃，应远离火源。储存时应远离儿童，不与食品、粮食种子及饲料等同储同运。

开发登记 河南远见农业科技有限公司、山东省青岛奥迪斯生物科技有限公司等企业登记生产。

吡虫・噻嗪酮

作用特点 本品为高效、低毒、触杀、胃毒、熏蒸、内吸性杀虫剂，更具高效神经毒剂和几丁质合成抑制剂不同作用机理，可有效解除害虫体内抗源。使害虫迅速死亡，且用药量少，持效期长，是高毒有机磷农药的理想替代产品。药效稳定、持久，不受气温及物候变化影响，适合南北不同区域使用。对刺吸式口器害虫、鳞翅目、鞘翅目害虫均有较高的防效。

毒　　性 制剂低毒。

剂　　型 22%可湿性粉剂(噻嗪酮20%+吡虫啉2%)、10%乳油(噻嗪酮8%+吡虫啉2%)、300g/L悬浮剂(噻嗪酮250g/L+吡虫啉50g/L)、18%悬浮剂（噻嗪酮16%+吡虫啉2%）、20%可湿性粉剂（噻嗪酮18%+吡虫啉2%）、38%悬浮剂（噻嗪酮18%+吡虫啉2%）。

应用技术 防治水稻稻飞虱，用20%可湿性粉剂40~50ml/亩或300g/L悬浮剂12～16ml/亩对水60～

70kg喷雾，施药时大田灌水2～4cm，施药后保水4～6d；防治茶树茶小绿叶蝉，用10%乳油60～80ml/亩对水60～70kg喷雾。

防治蔬菜蚜虫、粉虱，可用22%可湿性粉剂1 000～1 500倍液喷雾。

防治果树蚜虫、梨木虱，可用22%可湿性粉剂1 000～1 500倍液喷雾；防治柑橘介壳虫，用18%悬浮剂1 000~1 500倍液喷雾。防治芒果树介壳虫，用38%悬浮剂1 500~2 000倍液喷雾。

注意事项 严格按施药技术喷雾。喷药时应在早晨或傍晚，要均匀周到。用药时注意安全防护，如有中毒及时就医。

开发登记 江苏克胜集团股份有限公司、海南正业中农高科股份有限公司登记生产。

吡虫·杀虫单

作用特点 本品系高效广谱杀虫剂，具有很强的触杀、胃毒、内吸传导和一定熏蒸杀虫作用。是具有多种作用机理的新型、高效杀虫剂。害虫中毒后神经阻断麻痹、呆滞不动、停止进食、软化瘫痪死亡，施药适期较长，既有速杀性又有持效性，药效稳定。

毒　　性 制剂中等毒性。

剂　　型 35%可湿性粉剂(吡虫啉1%+杀虫单34%)、70%可湿性粉剂(吡虫啉2%+杀虫单68%)、40%可湿性粉剂（吡虫啉1.2%+杀虫单38.8%）、50%水分散粒剂（吡虫啉25%+杀虫单25%）、1%颗粒剂（吡虫啉0.1%+杀虫单0.9%）等。

应用技术 防治水稻稻飞虱、稻纵卷叶螟、二化螟、三化螟，用35%可湿性粉剂86~143g/亩对水60～70kg喷雾；防治螟虫，应在水稻秧田和本田分蘖末期以前用药，以压低下代螟虫基数，施药后田间应保持3～5cm水层5～7d。防治甘蔗蚜虫和蔗螟，在甘蔗下种时或甘蔗苗期，用1%颗粒剂15～20kg/亩沟施 。防治椰树椰心叶甲，用50%水分散粒剂 600～800倍液喷雾。

注意事项 本品在水稻上使用的安全间隔期为20d，每季最多使用2次。建议与其他作用机制杀虫剂交替使用，以延缓抗性产生。不得与碱性农药等物质混用，以免降低药效。本品对蜜蜂、家蚕有毒，花期蜜源作物周围禁用，施药期间应密切注意对附近蜂群的影响，蚕室及桑园附近禁用；对鱼类等水生生物有毒，远离水产养殖区施药，禁止在河塘等水域内清洗施药器具。对棉花、烟草和某些豆类易产生药害，马铃薯也较敏感，避免药液漂移到上述作物上。

开发登记 安徽华星化工股份有限公司、湖北沙隆达股份有限公司等企业登记生产。

吡虫·异丙威

作用特点 本品为硝基亚甲基类农药与氨基甲酸酯类农药的混剂，具有触杀、胃毒、渗透作用，可迅速穿透害虫体表蜡质层，同时抑制昆虫几丁质合成和干扰其新陈代新，将其击倒。

理化性质 外观灰白色疏松粉末，含水量≤3.0%，pH5.0～8.0，在水中的湿润时间不超过120s，其细度为≥95%，通过325目筛，该产品易燃。

毒　　性 低毒。

剂　　型 25%可湿性粉剂(吡虫啉5%+异丙威20%)、45%可湿性粉剂(吡虫啉5%+异丙威40%)、20%乳油(吡虫啉2%+异丙威18%)、10%可湿性粉剂（吡虫啉2%+异丙威8%）、30%悬浮剂（吡虫啉5%+异丙威25%）。

应用技术 防治稻飞虱，在稻飞虱卵孵高峰期至三龄若虫盛期之前防治，大发生年份宜适当提早，并防治1～2次。用25%可湿性粉剂30～40g/亩或30%悬浮剂20～40ml/亩对水50～60kg均匀喷雾，可有效控制水稻褐飞虱及白背飞虱的为害。

注意事项 施用本药剂前后至少10d不能使用敌稗，以免产生药害。本品在水稻上安全间隔期为30d，每季最多使用2次。施药时应严格按照农药安全使用规定操作，穿戴防护服和手套，避免吸入药液。施药期间不可吃东西或饮水。施药后应立即洗手和洗脸。对蜜蜂、鱼类等水生动物和家蚕有毒，不要在鱼塘、河流、养蜂场、蚕室和桑园附近使用，禁止在河塘等水体中清洗施药器具。本品不要与呈碱性的农药等物质混合使用。孕妇和哺乳期妇女远离此药。密封放置阴凉处保存，远离火源和热源。置于儿童触及不到之处并加锁。勿与食品、饮料、饲料、肥料等共同存放，运输时防高温雨淋。容器妥善处理，不可随意丢弃。

开发登记 江苏龙灯化学有限公司、山东曹达化工有限公司等企业登记生产。

吡虫·灭多威

作用特点 本品为吡虫啉和灭多威的混配杀虫剂，具有胃毒和触杀作用。吡虫啉是烟酸乙酰胆碱酶受体的作用体，干扰害虫运动神经系统使化学信号传递失灵而使害虫致死。灭多威可抑制乙酰胆酯酶，使昆虫神经传导中起重要作用的乙酰胆碱无法分解造成神经冲动无法控制传递。对产生抗性的刺吸式和咀嚼式类口器害虫有效。

毒　　性 制剂中等毒性。

剂　　型 10%乳油(吡虫啉1%+灭多威9%)、22.6%可湿性粉剂(吡虫啉1.3%+灭多威21.3%)、10%可湿性粉剂（吡虫啉1%+灭多威 9%）。

应用技术 防治小麦蚜虫，用10%乳油60～80ml/亩对水50～60kg喷雾；防治棉花蚜虫，用10%乳油30～40ml/亩对水50～60kg喷雾。

开发登记 山东省青岛海利尔药业有限公司、陕西美邦药业集团股份有限公司等企业登记生产。

吡虫·辛硫磷

作用特点 本品杀虫剂组合物高效、低毒、内吸性强，对作物地下害虫有特殊防治效果，可作为防治地下害虫高毒、高残留农药的替代药剂。同时用此杀虫剂组合物拌种或浇灌不仅对地下害虫防效好，而且对地上刺吸式口器害虫(如小麦麦蚜虫、蔬菜蚜虫、白粉虱等)防治效果明显。

毒　　性 制剂低毒。

剂　　型 20%乳油(吡虫啉1%+辛硫磷19%)、22%乳油(吡虫啉2%+辛硫磷20%)、25%乳油(吡虫啉1%+辛硫磷24%)。

应用技术 防治水稻飞虱，用25%乳油80～100ml/亩对水60～70kg喷雾；防治棉花蚜虫，用20%乳油100～120ml/亩对水50～60kg喷雾；防治棉铃虫，用20%乳油100～120ml/亩对水50～60kg喷雾；防治花生田蛴螬，花生开花下针期(蛴螬孵化盛期，这也是蛴螬真正开始为害的时期)进行灌根或撒毒土防治，用22%乳油400～500ml/亩对水120kg灌根；或用22%乳油400～500ml/亩，拌土60kg撒施。

防治十字花科蔬菜蚜虫，用25%乳油2 000～3 000倍液喷雾；防治韭菜韭蛆，用20%乳油500～750ml/亩对水100～120kg灌根。

注意事项 本品由有机磷类农药与吡啶类农药混配而成，建议与其他作用机制不同的杀虫剂轮换使用；本品对蚜虫的天敌七星瓢虫的卵、幼虫和成虫均有杀伤作用，用药时应注意；药液要随配随用，不可与呈碱性的农药等物质混合使用；使用本品时应穿戴防护服和手套，避免吸入药液。施药期间不可吃东西和饮水。施药后应及时洗手和洗脸；本品对玉米、高粱、黄瓜、菜豆、苜蓿、甜菜有药害，应避免飘移到上述作物上；蜜源作物花期、蚕室及桑园禁用，瓢虫等天敌放飞区域禁用。远离水产养殖区施药，禁止在河塘等水域中清洗施药器具；用过的容器应妥善处理，不可做他用，也不可随意丢弃；孕妇及哺乳期妇女应避免接触。

开发登记 昆明云大科技农化有限公司、广东省东莞市瑞德丰生物科技有限公司等企业登记生产。

吡蚜·噻嗪酮

作用特点 具有对靶标作物安全、对环境污染小、用药量小、持效期长的特点。

毒　　性 制剂低毒。

剂　　型 50%水分散粒剂(吡蚜酮17%+噻嗪酮33%)、25%悬浮剂(吡蚜酮8%+噻嗪酮17%)、50%可湿性粉剂（吡蚜酮10%+噻嗪酮40%）、60%可湿性粉剂（吡蚜酮5%+噻嗪酮55%）、75%（吡蚜酮25%+噻嗪酮50%）。

应用技术 防治水稻稻飞虱，应在稻飞虱卵孵化盛期至低龄若虫发生高峰期使用，用50%水分散粒剂13～20g/亩或60%可湿性粉剂 30～40g/亩对水60～70kg喷雾。

注意事项 使用本品时应穿戴适当的防护服及用具，避免吸入药液。施药期间不可吃东西和饮水。施药后应用肥皂和大量清水洗净手部、脸部及接触到药剂的身体部位。本品对鱼类等水生生物有毒，远离水产养殖区施药，禁止在河塘等水体清洗施药器具，避免污染水源。桑田及蚕室附近禁用，赤眼蜂等天敌放飞区域禁用。用过的容器应妥善处理。不可作他用，也不可随意丢弃。建议与其他作用机制不同的杀虫剂轮换使用，以延缓抗性产生。白菜、萝卜对本品敏感，应避免药液漂移到上述作物上。孕妇及哺乳期妇女禁止接触。

开发登记 江苏安邦电化有限公司、上海沪联生物药业（夏邑）股份有限公司登记生产。

丙溴·毒死蜱

作用特点 本品由三元不对称有机磷杀虫剂丙溴磷与低毒杀虫剂毒死蜱复配而成，起到了取长补短的作用。杀虫谱广，具有触杀、胃毒作用，兼具杀卵性能，对植物叶片有较强渗透性，能够杀死卷曲于水稻叶片内的害虫，且作用迅速。

毒　　性 制剂中毒。

剂　　型 30%乳油(毒死蜱18%+丙溴磷12%)、40%乳油(毒死蜱25%+丙溴磷15%)。

应用技术 防治水稻稻纵卷叶螟，用40%乳油100 ~ 120ml/亩对水50 ~ 60kg喷雾。

开发登记 浙江新安化工集团股份有限公司、江西正邦生物化工股份有限公司等企业登记生产。

丙溴·炔螨特

作用特点 本品采用了丙溴磷和炔螨特复合而成，具有速效性和持效性特点，集熏蒸、触杀、胃毒三种作用机理，对成螨、幼螨、若螨、卵等各种形态的红蜘蛛均有较好的防治效果，适合在柑橘作物上防治红蜘蛛。

毒　　性 制剂中等毒性。

剂　　型 45%乳油(丙溴磷15%+炔螨特30%）、40%乳油（丙溴磷15%+ 炔螨特25%）、50%乳油（丙溴磷20%+ 炔螨特30%）。

应用技术 防治棉花红蜘蛛，用45%乳油20 ~ 30ml/亩，对水50 ~ 60kg喷雾。

防治柑橘红蜘蛛，4—6月和9—11月为柑橘红蜘蛛发生高峰期，在此之前为防治最佳时期，用40%乳油1 250 ~ 2 000倍液喷雾。

开发登记 山东省青岛奥迪斯生物科技有限公司、山东省青岛东生药业有限公司等企业登记生产。

丙溴·辛硫磷

作用特点 本品具有触杀、胃毒作用，作用迅速，击倒力强，且对害虫有强烈的驱避作用。特别对其他的有机磷和拟除虫菊酯类杀虫剂产生抗性的害虫有良好的杀灭效果，对高龄顽固害虫及卵均有卓越防效。含量高、药效强，可广泛应用于水稻、蔬菜、果树等上的害虫防治。

毒　　性 制剂中毒。

剂　　型 24%乳油(丙溴磷10%+辛硫磷14%)、25%乳油(丙溴磷5%+辛硫磷20%)、30%乳油(丙溴磷10%+辛硫磷20%)、40%乳油(丙溴磷6%+辛硫磷34%)、45%乳油(丙溴磷10%+辛硫磷35%)、35%乳油（丙溴磷 8.5% +辛硫磷 26.5%）。

应用技术 防治水稻稻飞虱，用40%乳油60 ~ 80ml/亩对水60 ~ 70kg喷雾；防治稻纵卷叶螟，用40%乳油60 ~ 80ml/亩对水60 ~ 70kg喷雾；防治三化螟，用40%乳油100 ~ 200ml/亩对水60 ~ 70kg喷雾；防治二化螟，用30%乳油80 ~ 100ml/亩对水60 ~ 70kg喷雾；防治棉花棉铃虫，在卵孵盛期、幼虫低龄期、棉花蕾铃初期，用25%乳油60 ~ 80ml/亩对水50 ~ 60kg喷雾。

防治十字花科蔬菜小菜蛾，用25%乳油1 000 ~ 1 500倍液喷雾；防治十字花科蔬菜菜青虫，用24%乳油2 000 ~ 2 500倍液喷雾；防治甘蓝甜菜夜蛾，用40%乳油2 000 ~ 2 500倍液喷雾。

防治苹果蚜虫，用25%乳油1 000 ~ 2 000倍液喷雾。

注意事项 不可与碱式农药混用，以免降低药效。建议与其他作用机制不同的杀虫剂轮换使用，以延缓抗性产生。本品对瓜类、高粱、菜豆、苜蓿、甜菜敏感，不慎使用会引起药害。丙溴磷对冬季落叶果树有药害，易引起落叶。本品在茶叶上禁用。严格按农药操作规程使用，如不慎中毒，立即就医，对症治疗。安全间隔期为7～10d。远离水源，火源，食物及儿童，储存于阴凉干燥处。

开发登记 山东曹达化工有限公司、广西田园生化股份有限公司等企业登记生产。

敌畏·毒死蜱

作用特点 广谱、高效、低残留新型杀虫剂，并具有良好杀螨作用，兼具触杀、胃毒及熏蒸作用；击倒力强，有一定渗透作用，药效期较长。害虫对该药基本无抗药性；对抗性害虫防效出色。

毒　　性 制剂中等毒性。

剂　　型 40%乳油(毒死蜱10%+敌敌畏30%)、35%乳油（毒死蜱10% +敌敌畏25%）、70%乳油（毒死蜱20%+敌敌畏50%）。

应用技术 防治水稻稻飞虱、二化螟、三化螟、稻纵卷叶螟、叶蝉、稻蓟马、瘿蚊、稻蝗，用40%乳油1 500～2 000倍液或35%乳油80～100ml/亩对水60～70kg喷雾；防治棉花棉铃虫，用35%乳油70～90ml/亩对水45～60kg喷雾。

注意事项 在水稻上安全间隔期为15d，每季最多使用2次。本品对烟草、高粱、豆类和玉米等作物敏感，施药应避免药液漂移到上述作物上。本品对鱼类等水生物、蜜蜂及家蚕均有毒性，施药期间应避免在蜜源作物花期、蚕室和桑园附近使用，远离水产养殖区施药，禁止在河塘等水体中清洗施药器具。本产品不可与碱性农药等物质混用，建议与其他不同种类杀虫剂轮换使用。使用本品时应穿戴防护服、手套及口罩，施药期间禁止吃东西及饮水，施药后要及时洗手和洗脸。

开发登记 海利尔药业集团股份有限公司、浙江天一农化有限公司等企业登记生产。

氟铃·毒死蜱

作用特点 对暴发性、高抗性害虫高效，广谱、低毒、低残留、见效快、持效长。具有抑制胆碱酯酶和阻断神经信号传递、阻碍正常蜕皮三种作用机理，使其见效更加迅速，害虫难产生抗药性，对已产生抗性的害虫仍高效。强烈的胃毒、触杀、拒食、熏蒸、渗透作用于一体，对防治高龄害虫效果突出。杀虫杀卵，药剂能封闭卵孔，使卵不能孵化，持效期是其他产品的2～3倍。

毒　　性 制剂低毒。

剂　　型 10%乳油(毒死蜱8.5%+氟铃脲1.5%)、22%乳油(毒死蜱20%+氟铃脲2%)、20%乳油（毒死蜱18%+氟铃脲2%）、46.8%乳油（毒死蜱44%+氟铃脲2.8%）。

应用技术 防治棉铃虫，应于棉铃虫卵孵盛期至低龄幼虫钻蛀期间施药，用20%乳油100～120ml/亩或22%乳油 80～120ml/亩对水50～60kg 喷雾；防治二代棉铃虫，于卵孵盛期或低龄幼虫发生期施药；防治三、四代棉铃虫，可视虫情选择合适剂量；在棉花上安全间隔期为21d，每个作物周期最多使用2次。

注意事项 部分桃树品种对化学农药较敏感，请慎用。本剂对鱼类有害，应避免药液流入湖泊、河流或鱼塘中。请储存在阴凉干燥处，远离食品、儿童和饲料。如中毒，请立即携带本标签到医院就诊。

开发登记 山东省青州市农药厂、威海韩孚生化药业有限公司等企业登记生产。

氟铃·辛硫磷

作用特点 本品为有机磷类与苯甲酰脲类杀虫剂的混配制剂。作用机制独特，不但有神经毒性，还能抑制几丁质合成，阻碍害虫正常蜕皮和变态，具有杀虫活性高，杀虫谱广，击倒力强，速效性好等特点，与其他杀虫剂无交互抗性。对棉铃虫、红铃虫、菜青虫、甜菜夜蛾、豆荚螟、卷叶虫、潜叶蛾等害虫有特效。

毒　　性 制剂中毒。

剂　　型 20%(辛硫磷18%+氟铃脲2%)、15%乳油（辛硫磷13%+氟铃脲2%）、42%乳油（辛硫磷40%+氟铃脲2%）。

应用技术 防治棉花棉铃虫，用15%乳油75～100ml/亩或20%乳油 50～100g/亩对水50～60kg喷雾；防治十字花科小菜蛾用20%乳油40～50ml/亩对水45～60kg喷雾；防治枣树盲蝽，用20%乳油1 600～2 000倍液喷雾。

注意事项 田间作物虫、螨并发时，应加杀螨剂使用。使用时喷洒均匀周到。不要在桑园、鱼塘等地及其附近使用。防治叶面害虫宜在低龄幼虫盛发期施药，防治钻蛀性害虫宜在卵孵盛期施药。

开发登记 山东滨农科技有限公司、大连九信作物科学有限公司等企业登记生产。

甲氰·噻螨酮

其他名称 农螨丹。

作用特点 本品是一种高效的复配杀虫杀螨剂，对柑橘树红蜘蛛具有较好的速效性。对害螨具有较强的杀卵、杀若螨的特性，对成螨效果差。但对接触到药液的雌成虫所产生的卵具有抑制孵化的作用。适用于防治棉花、果树等害螨，对其他害虫也有兼治作用。长期使用，不易产生抗性。与其他杀螨剂无交互抗性。可与杀虫杀菌剂混用，具有增效作用。

理化性质 本品外观为浅黄棕色液体，在弱酸或中性条件下稳定，遇碱易分解。

毒　　性 中毒。

剂　　型 7.5%乳油(噻螨酮2.5%+甲氰菊酯5%)、12.5%乳油(噻螨酮2.5%+甲氰菊酯10%)。

应用技术 防治果树红蜘蛛，用7.5%乳油1 500～2 000倍液，在害螨发生初期喷雾，可以防治苹果、山楂、柑橘上的红蜘蛛。

注意事项 作物收获前10～15d停止用药。不宜与碱性农药混用。为防止螨类产生抗药性，避免连续使用本剂，尽可能1年使用1次并且与其他杀螨剂交替使用。一般叶螨类的繁殖速度很快，随着繁殖密度增大其防除越是困难，因此在发生初期，请谨慎均匀喷洒。

开发登记 广东省东莞市瑞德丰生物科技有限公司、深圳诺普信农化股份有限公司等企业登记生产。

甲维·丙溴磷

作用特点 本品由丙溴磷和甲氨基阿维菌素苯甲酸盐复配而成。丙溴磷为有机磷杀虫剂，是一种胆碱酯酶抑制剂，速效性较好，在植物叶片上有较好的渗透性，能够抑制昆虫体内胆碱酯酶；甲维盐具有胃毒作用，能有效渗入施用作物表皮组织。药效显著、持效期长、耐雨水冲刷。施药当天害虫即停止为害，48h后出现死亡高峰。

毒　　性 制剂低毒。

剂　　型 20.2%乳油(甲氨基阿维菌素苯甲酸盐0.2%+丙溴磷20%)、24.3%乳油(甲氨基阿维菌素苯甲酸盐0.3%+丙溴磷24%)、40.2%乳油(甲氨基阿维菌素苯甲酸盐0.2%+丙溴磷40%)、15.2%乳油（甲氨基阿维菌素苯甲酸盐 0.2%+丙溴磷 15% ）。

应用技术 防治棉花棉铃虫，用40.2%乳油60～80ml/亩对水50～60kg喷雾；防治棉花红蜘蛛，用24.3%乳油45～60ml/亩对水50～60kg喷雾。

防治枣、苹果、梨、桃等果树卷叶虫、食心虫、各种刺蛾、各种毛虫、潜叶蛾、尺蠖等害虫，用40.2%乳油2 000～4 000倍液喷雾。

开发登记 青岛星牌作物科学有限公司、陕西上格之路生物科学有限公司等企业登记生产。

甲维盐·毒死蜱

作用特点 本品为甲维盐和毒死蜱复配而成的杀虫剂，残效期较长，其作用机理阻碍害虫运动神经信息传递而使身体麻痹死亡。作用方式以胃毒、触杀为主，对作物无内吸性，在常规剂量范围内对有益昆虫及天敌、人、畜安全。可用于防治十字花科蔬菜小菜蛾。

理化性质 外观为稳定的均相液体，无可见悬浮物和沉淀。

毒　　性 制剂中等毒性。

剂　　型 15%乳油(甲氨基阿维菌素苯甲酸盐0.2%+毒死蜱14.8%)、15.5%乳油(甲氨基阿维菌素苯甲酸盐0.5%+毒死蜱15%)、20%乳油(甲氨基阿维菌素苯甲酸盐0.5%+毒死蜱19.5%)、40%水乳剂(甲氨基阿维菌素苯甲酸盐0.4%+毒死蜱39.6%)。

应用技术 防治水稻稻纵卷叶螟，在卵孵化盛期至低龄幼虫期，用15.5%乳油60～70ml/亩对水50～60kg喷雾；防治水稻二化螟，在卵孵化盛期至低龄幼虫期，用40%水乳剂20～30ml/亩对水50～60kg喷雾；防治水稻稻飞虱，在害虫为害初期，用20%乳油100～120ml/亩对水50～60kg喷雾；防治棉花棉铃虫，在低龄幼虫期，用20%乳油100～150ml/亩对水50～60kg喷雾。

防治玉米的玉米螟，用20%乳油 67～133ml/亩对水50～60kg喷雾。

防治苹果树绵蚜，在绵蚜为害初期，用15.5%乳油2 000～3 000倍液喷雾。

注意事项 本品对蜜蜂、鱼类等水生生物、家蚕有毒，施药期间应避免对周围蜂群的影响、蜜源作物花期、蚕室和桑园附近禁用。远离水产养殖区施药，禁止在河塘等水体中清洗施药器具。本品不可与呈碱性的农药等物质混合使用。使用本品时应穿戴防护服和手套，避免吸入药液。施药期间不可吃东西和饮水。施药后应及时洗手和洗脸。孕妇及哺乳期妇女避免接触。

开发登记 江苏克胜集团股份有限公司、陕西美邦药业集团股份有限公司等企业登记生产。

甲维盐·氟铃脲

作用特点 本品对鳞翅目害虫幼虫高效，由甲氨基阿维菌素与特异性杀虫剂氟铃脲组合而成。具有胃毒和触杀双重作用，害虫着药后，1～2h停止进食，不再为害作物，6h内发生不可逆转的麻痹中毒，1d左右达到死虫高峰。本品高活性成分可在植物表皮下沉积，形成二次杀虫高峰，虫卵兼杀，1次用药可控制害虫14d以上。

毒　　性 对哺乳动物的毒性较低，在常规剂量下对人畜安全，对大多数节肢动物和益虫安全，在土壤中微生物可降解为无毒物质，不会污染环境，制剂低毒。

剂　　型 2.2%乳油(氟铃脲2%+甲氨基阿维菌素苯甲酸盐0.2%)、10.5%水分散粒剂(氟铃脲10%+甲氨基阿维菌素苯甲酸盐0.5%)、11%水分散粒剂（氟铃脲10% +甲氨基阿维菌素苯甲酸盐1%）、4%微乳剂（氟铃脲3.4% +甲氨基阿维菌素苯甲酸盐0.6%）、5%乳油（氟铃脲4.2% +甲氨基阿维菌素苯甲酸盐0.8%）。

应用技术 防治水稻稻纵卷叶螟，在低龄幼虫期，用2.2%乳油15～25ml/亩对水40～50kg均匀喷雾；高龄幼虫期，为害严重时，用2.2%乳油30～50ml/亩对水45～60kg喷雾，才能达到理想的防治效果；防治棉花棉铃虫，第二代棉铃虫卵孵化高峰期开始，用2.2%乳油1 000～1 500倍液喷雾，间隔7～10d，防治2次；防治大豆斜纹夜蛾，用2.2%乳油1 000～1 500倍液均匀喷雾，为害严重时7～10d复喷1次，可兼治蟒象、蚜虫、螟虫等害虫。

防治甘蓝甜菜夜蛾，在低龄幼虫期，用2.2%乳油1 500～2 000倍液或4%微乳剂15～25ml/亩对水50～60kg喷雾；防治甘蓝小菜蛾，用10.5%水分散粒剂1 000～1 500倍液或11%水分散粒剂15～30g/亩对水50～60kg喷雾。

注意事项 安全间隔期7d，每季作物最多使用次数为2次。施药时，应尽量避免与喷雾药液直接接触；应穿保护服、戴口罩、风镜和胶皮手套等，以防中毒；施药后应洗澡，更换及清洗工作服；空容器应土埋或烧毁，切勿再用。使用时喷洒均匀周到。远离水产养殖区施药，禁止在河塘等水体中清洗施药器具。不可与碱性物质混用，在强碱性土壤使用易出现红褐斑，但对生长无不良影响。不可在白菜、萝卜上使用。

开发登记 福建新农大正生物工程有限公司、山东省青岛海利尔药业有限公司等企业登记生产。

甲维盐·氯氰

作用特点 本产品由甲氨基阿维菌素苯甲酸盐、氯氰菊酯配制而成，对甜菜夜蛾等抗性害虫效果显著。触杀、胃毒、内渗作用强，可穿透厚滑的表皮直接杀死害虫，并在植株内形成二次杀虫高峰，歼杀隐蔽为害的害虫及卵，杀虫彻底，持效期长。

毒　　性 制剂低毒。

剂　　型 3.2%微乳剂(氯氰菊酯3%+甲氨基阿维菌素苯甲酸盐0.2%)。

应用技术 防治甘蓝甜菜夜蛾，用3.2%微乳剂50～60g/亩对水50～60kg喷雾。防治甘蓝小菜蛾，用3.2%微乳剂15～25ml/亩对水50～60kg 喷雾。

注意事项 与波尔多液混用，现混现用不得久储，需在当地植保技术人员的指导下用药。

开发登记 广东园田生物工程有限公司、山东东合生物科技有限公司等企业登记生产。

氯虫·高氯氟

作用特点 可以有效地防治鳞翅目害虫和部分其他害虫。具有杀虫效果好、杀虫谱广、用量少的特点。

毒　　性 制剂中等毒。

剂　　型 14%微囊悬浮–悬浮剂(高效氯氟氰菊酯4.7%+氯虫苯甲酰胺9.3%)。

应用技术 防治大豆食心虫、番茄棉铃虫、番茄蚜虫、姜甜菜夜蛾、辣椒蚜虫、辣椒菜青虫、棉花棉铃虫、玉米玉米螟、豇豆豆荚螟，用14%微囊悬浮－悬浮剂15～20ml/亩对水45～60kg喷雾；防治苹果树桃小食和苹果树小卷叶蛾用14%微囊悬浮－悬浮剂3 000～5 000倍液喷雾。

注意事项 本品在番茄、辣椒上1季最多施用次数2次，安全间隔期5d。苹果1季最多施用次数2次，安全间隔期30d；棉花上1季最多施药数2次，安全间隔期21d；大豆上1季最多施药数2次，安全间隔期20d；姜上1季最多施药数2次，安全间隔期14d；豇豆上1季最多施药数2次，安全间隔期5d；玉米上1季最多施药数2次，安全间隔期21d。

开发登记 先正达南通作物保护有限公司登记生产。

氯氰·丙溴磷

作用特点 本品为广谱型高渗杀虫杀螨剂，具有强烈的触杀、胃毒、熏蒸、渗透四重功效，渗透力强，杀虫活性高，作用迅速。是防治鳞翅目害虫(棉铃虫、小菜蛾、甜菜夜蛾、斜纹夜蛾)的特效药剂。同时可兼治红蜘蛛、蚜虫、盲蝽及各类水稻害虫。因本品具有很强的渗透作用，可杀死未着药一侧叶面的害虫，省时省工。并且对钻蛀、卷叶类害虫(如豆荚螟、潜夜蛾)有显著效果。本品具备高强度破卵功能，阻止虫卵孵化，从根本上降低虫口密度，同时具备触杀、胃毒和熏蒸多种毒杀机理，可有效地杀死幼虫及成虫，在害虫世代重叠、猖獗为害时使用可一举歼灭。对抗性害虫、大龄害虫效果显著，是替代高毒有机磷农药的理想药剂。

理化性质 本品外观为黄至棕色液体。pH3.0～6.5。乳液稳定性合格，水分含量小于0.5%，闪点＞24℃(闭式检测法)，常温储存稳定期为3年。

毒　　性 中毒。

剂　　型 44%乳油(丙溴磷40%+氯氰菊酯4%)、440g/L乳油（氯氰菊酯40g/L+丙溴磷400g/L）。

应用技术 防治棉花红铃虫和棉铃虫，在卵孵化盛期用药，用440g/L乳油65～100ml/亩对水50～60kg喷雾；防治棉花棉蚜，用440g/L乳油30～60ml/亩对水50～60kg喷雾 。

防治柑橘树潜叶蛾，用44%乳油2 000～3 000倍液喷雾；防治十字花科蔬菜小菜蛾，用60～80g/亩对水40～60kg喷雾 。

注意事项 本品在棉花上的安全间隔期为7d，最多使用3次。不能与呈碱性的农药等物质混用，以免分解失效。建议与其他作用机制不同的杀虫剂轮换使用，以延缓抗性产生。本品对蜜蜂、鱼类等水生生物、家蚕有毒，施药期间应避免对周围蜂群的影响、蜜源作物花期、蚕室和桑园附近禁用。远离水产养殖区施药，禁止在河塘等水体中清洗施药器具。使用本品时应穿戴防护服和手套，避免吸入药液。施药期间不可吃东西和饮水。施药后应及时洗手和洗脸。孕妇及哺乳期妇女避免接触。

开发登记 瑞士先正达作物保护有限公司、山东曹达化工有限公司等企业登记生产。

氯氰·毒死蜱

作用特点 本品由毒死蜱和氯氰菊酯复配的一种杀虫剂，具有良好的触杀、胃毒作用和一定的熏蒸作用，击倒力强，药效持久。渗透杀虫活性强，不易产生抗药性，1次打药防治多种害虫，省钱省力。

理化性质 本品为浅棕色均相液体，酸度(以H_2SO_4)40.5%，水分含量≤0.5%，乳液稳定性合格，冷热及常温储存稳定性合格。

毒　　性 中毒。

剂　　型 20%乳油(毒死蜱18%+氯氰菊酯2%)、50%乳油(毒死蜱45%+氯氰菊酯5%)、52.25%乳油(毒死蜱47.5%+氯氰菊酯4.75%)、20%微乳剂(毒死蜱19%+氯氰菊酯1%)、25%可湿性粉剂(毒死蜱24%+氯氰菊酯1%)、522.5g/L乳油（毒死蜱475g/L+氯氰菊酯47.5g/L ）。

应用技术 防治大豆蚜虫，用522.5g/L乳油20～25ml/亩对水45~60kg喷雾，发生初期施药1～2次，间隔10d。

防治柑橘树潜叶蛾，于新梢长3～5cm时施药1次，用522.5g/L乳油950～1 400倍液喷雾。

防治梨树梨木虱，在低龄若虫期施药1～2次，用522.5g/L乳油1 500～2 000倍液喷雾，在低龄若虫期施药1～2次，间隔5～7d。

防治荔枝树蒂蛀虫，用522.5g/L乳油1 000~2 000倍液喷雾，应在成虫始盛期施药1次，隔7d再施药1次。

防治龙眼蒂蛀虫，用522.5g/L乳油1 000～2 000倍液喷雾，应在成虫产卵前，羽化率为40%时，施第1次药，之后在幼虫初孵至盛孵期施第2次药。

防治棉花棉铃虫，用522.5g/L乳油70～105ml/亩，对水45～60k喷雾，在低龄幼虫期施药1～2次，间隔5～7d。

防治苹果树食心虫，用522.5g/L乳油1 400～1 900倍液喷雾，应在卵孵期施药1～2次，间隔7d。

防治桃树介壳虫，用522.5g/L乳油1 500～2 000倍液喷雾，宜在爬虫高峰期施药1次，隔10d再施药1次。

注意事项 不能与碱性农药混用。不能与食物或种子放在一起。本品易燃，注意安全防火。产品在荔枝树上使用的安全间隔期为21d，每个作物周期的最多使用次数为2次。本品由菊酯类农药与有机磷类农药混配而成，建议与其他作用机制不同的杀虫剂轮换使用。本品对蜜蜂、鱼类等水生生物、家蚕有毒，施药期间应避免对周围蜂群的影响，在蜜源作物花期、蚕室和桑园附近禁用。远离水产养殖区施药，禁止在河塘等水体中清洗施药器具。本品不可与呈碱性的农药等物质混合使用。使用本品时应穿戴防护服和手套，避免吸入药液。施药期间不可吃东西和饮水。施药后应及时洗手和洗脸。本品应储存在干燥、阴凉、通风、防雨处，远离火源或热源。置于儿童触及不到之处，并加锁。勿与食品、饮料、饲料等其他商品同储同运。用过的容器应妥善处理，不可做他用，也不可随意丢弃。

开发登记 南京红太阳股份有限公司、美国陶氏益农公司等企业登记生产。

噻虫·高氯氟

毒　　性 制剂中等毒。

剂　　型 22%微囊悬浮-悬浮剂(高效氯氟氰菊酯9.4%+噻虫嗪12.6%)、20%悬浮剂（高效氯氟氰菊酯4%+噻虫嗪16%）、15%悬浮剂（高效氯氟氰菊酯5%+噻虫嗪10%）。

应用技术 防治小麦蚜虫，用22%微囊悬浮-悬浮剂5~9ml/亩对水45~75kg喷雾。

防治烟草蚜虫，用22%微囊悬浮-悬浮剂5~10ml/亩对水45~75kg喷雾。

防治烟草烟青虫，用22%微囊悬浮-悬浮剂5~10ml/亩对水45~75kg喷雾。

防治茶树茶小绿叶蝉，用22%微囊悬浮-悬浮剂5~9ml/亩对水45~75kg喷雾。

防治大豆蚜虫，用22%微囊悬浮-悬浮剂5~9ml/亩对水45~75kg喷雾。

防治大豆造桥虫，用22%微囊悬浮-悬浮剂5~9ml/亩对水45~75kg喷雾。

防治甘蓝菜青虫，用22%微囊悬浮-悬浮剂5~15ml/亩对水45~75kg喷雾。

防治甘蓝蚜虫，用22%微囊悬浮-悬浮剂5~15ml/亩对水45~75kg喷雾。

防治辣椒白粉虱，用22%微囊悬浮-悬浮剂5~10ml/亩对水45~75kg喷雾。

防治马铃薯蚜虫，用22%微囊悬浮-悬浮剂10~15ml/亩对水45~75kg喷雾。

防治棉花棉铃虫，用22%微囊悬浮-悬浮剂10~15ml/亩对水45~75kg喷雾。

防治棉花棉蚜，用22%微囊悬浮-悬浮剂10~15ml/亩对水45~75kg喷雾。

防治苹果树蚜虫，用22%微囊悬浮-悬浮剂5 000~10 000倍 喷雾。

防治茶树茶尺蠖，用22%微囊悬浮-悬浮剂5~9ml/亩对水45~75kg喷雾。

开发登记 瑞士先正达作物保护有限公司、先正达南通作物保护有限公司 等企业登记生产。

噻嗪·毒死蜱

作用特点 具有胃毒、触杀作用，击倒速度快、持效期长等特点。

毒　　性 制剂中等毒性。

剂　　型 30%乳油(毒死蜱20%+噻嗪酮10%)、40%可湿性粉剂(毒死蜱30%+噻嗪酮10%)、42%乳油（毒死蜱28% +噻嗪酮14%）。

应用技术 防治水稻稻飞虱，在低龄若虫高峰期施药，用40%可湿性粉剂60~100g/亩或42%乳油 30~40g/亩对水30~50kg进行均匀喷雾，间隔10~15d再喷1次。

防治柑橘介壳虫，用30%乳油600~1 000倍液喷雾。

注意事项 本品不能与碱性物质混用。每季水稻最多施药2次，安全间隔期为30d。本品对蜜蜂、鱼类、家蚕高毒，勿用于靠近蜂箱的田地，蜜源植物花期禁用。蚕室、桑园、鸟类保护区禁用。远离河塘等水域施药。本品对烟草、茭白、瓜类(特别是大棚内)、莴苣苗期较敏感；接触白菜、萝卜易产生褐斑和绿叶白化，避免飘移到上述作物上。在防治褐飞虱时，应对准稻株的中下部位喷雾。

开发登记 浙江天一农化有限公司、江苏省盐城利民农化有限公司等企业登记生产。

噻嗪·异丙威

作用特点 本品具有强烈的触杀、胃毒、熏蒸作用，可抑制害虫的表皮合成和干扰新陈代谢，致使若虫蜕皮畸形或翅畸形而死亡。药效迅速威猛，同时可减少害虫的产卵量，并且产出的多是不育卵，幼虫即使孵化也很快死亡。对稻飞虱有良好防治效果，药效期长达30d以上。对天敌较安全，综合效应好。

理化性质 本品外观为浅灰色可湿性粉末，悬浮性好，常温储存稳定性在3年以上。

毒　　性 大鼠急性经口为LD_{50}为680～770mg/kg，急性经皮LD_{50}＞2 000mg/kg，急性吸入LC_{50}＞3.31mg/L。对鱼类和鸟类毒性低。

剂　　型 25%可湿性粉剂(噻嗪酮5%+异丙威20%)、30%可湿性粉剂（噻嗪酮6%+异丙威24%）、50%可湿性粉剂（噻嗪酮12%+异丙威38%）。

应用技术 防治稻飞虱、叶蝉，于若虫高峰期，用25%可湿性粉剂100～150g/亩或30%可湿性粉剂100～125g/亩对水50～60kg，常量喷雾或对水15～20kg低容量喷雾，重点于稻株中心部，施药时保持田水5cm左右。

注意事项 不可采用毒土法施药。施工时田间应保水5～7d。喷药后10d内不能在附近喷洒敌稗。使用时，如附近有白菜和萝卜地，注意避免污染，以防药害。

开发登记 成都皇牌作物科学有限公司、广东省东莞市瑞德丰生物科技有限公司等企业登记生产。

三唑磷·毒死蜱

作用特点 本品是由毒死蜱、三唑磷加工制成的有机磷杀虫剂。具有强烈的触杀，胃毒，渗透和内吸功效，是针对水稻害虫研制而成的高效配方。本品杀虫机理独特，能够迅速突破害虫的抗氧化防御系统，快速到达害虫的作用靶标，使害虫很快死亡。本品对卵有一定的杀灭活性，持效期长。本品对环境友好，不伤害到田中害虫天敌，对作物安全。是替代甲胺磷、对硫磷、水胺硫磷等高毒农药的理想药剂。

理化性质 本品为半透明液体，带蓝光迅速自动分散，200倍稀释液为深蓝光浅乳状液；粒径0.51μm；24h无乳析或浮油。热储[(54±2)℃]14d稳定；冷储-5～0℃7d稳定。

毒　　性 制剂中等毒性。

剂　　型 13%微乳剂(三唑磷8%+毒死蜱5%)、20%乳油(三唑磷15%+毒死蜱5%)、25%乳油(三唑磷20%+毒死蜱5%)、30%乳油(三唑磷20%+毒死蜱10%)、32%水乳剂（三唑磷16%+毒死蜱16%）。

应用技术 防治水稻三化螟，在卵孵盛期及低龄幼虫高峰期，用20%乳油80～100ml/亩对水40～50kg喷雾；防治水稻二化螟，在卵孵盛期及低龄幼虫高峰期，用25%乳油100～120ml/亩对水40～50kg喷雾；防治水稻稻纵卷叶螟，在卵孵盛期及低龄幼虫高峰期，用25%乳油80～100ml/亩对水40～50kg喷雾；防治水稻稻飞虱，用30%乳油150～180ml/亩对水40～50kg喷雾。

注意事项 施药时严格按照《农药操作安全手册》作业。本品可与除碱性农药外的大多数农药混用。安全间隔期7d。施药时注意安全防护，施药后清洗身体裸露部位，若不慎中毒，请立即携此标签就医对症治疗。储存于阴凉、干燥、通风处，远离水源及火源，且勿让儿童接触本品。

开发登记 江苏丰山集团有限公司、浙江新安化工集团股份有限公司等企业登记生产。

辛硫磷·三唑磷

作用特点 本品是由两种有机磷类农药复配而成的高效杀虫剂。对鳞翅目害虫防效突出，虫卵兼杀。该药触杀作用显著，同时兼有胃毒和渗透作用，是目前水稻用药的理想产品。高效、广谱、低残留的有机磷杀虫剂。可广泛用于防治水稻、棉花、蔬菜、小麦、果树、林木等作物上的害虫，也可用于防治地下害虫。击倒力强、见效快，渗透＋触杀＋胃毒3种作用方式有机结合，对虫卵(尤其对鳞翅目害虫虫卵)有明显的杀伤作用。当害虫接触药液后，神经系统麻痹停食中毒死亡。低毒且杀虫效果优良，可延缓害虫抗性的产生。

理化性质 工业品为黄色液体。

毒　　性 制剂中等毒性。

剂　　型 20%乳油(辛硫磷10%+三唑磷10%)、30%乳油（辛硫磷22.5%+三唑磷7.5%）、40%乳油（辛硫磷20%+三唑磷20%）。

应用技术 防治水稻 二化螟，用20%乳油100～150ml/亩对水45～60kg喷雾；防治水稻三化螟，用20%乳油120～160ml/亩对水45～60kg喷雾；防治水稻稻纵卷叶螟，用20%乳油100～150g/亩，对水45～60kg喷雾。 防治棉花棉铃虫，用20%乳油30～40ml/亩对水45～60kg喷雾 。

注意事项 高粱对本药敏感，蔬菜田禁用；本品不能与碱性物质混用，以免降低药效。对光不稳定，要注意保存，同时注意施药时的条件，应在早晨或傍晚施药。本品属中等毒农药，使用时应遵守农药安全施用规则，若不慎中毒，则按有机磷农药中毒一样用阿托品或解磷啶进行救治，并应及时送医院诊治。本品易燃，远离火种并存放阴凉处。作物收获前5d停止用药。

开发登记 江西威牛作物科学有限公司、深圳诺普信农化股份有限公司等企业登记生产。

烟碱·苦参碱

作用特点 本品为棕褐色水剂，杀蚧、螨效果特好，施药后能使植物的叶片更加嫩绿，果实更加鲜亮，品质更加优良。以触杀为主，并有胃毒作用，害虫接触药液后，使其中枢神经麻痹，继而使蛋白质凝固，堵塞气门而窒息死亡。杀虫广谱，能有效杀灭果树蚧类、螨类及其他多种作物害虫，毒力强，药效高。药效受温度影响较小，在低温下也有较好的防治效果，可用于早春和冬季防治。

理化性质 本品由烟碱、苦参碱、酒精、苯、乳化剂、渗透剂等组成，外观为深褐色液体，pH值6～6.5，水分含量为0.9%。能与大多数化学农药混用。

毒　　性 雌雄大鼠急性经口LD_{50}为5 000mg/kg，急性经皮LD_{50}为4 000mg/kg。对眼睛有刺激作用。

剂　　型 1.2%乳油(苦参碱0.5%+烟碱0.7%)、0.5%水剂(苦参碱0.05%+烟碱0.45%)、0.6%乳油（苦参碱 0.5% +烟碱 0.1%）、3.6%微囊悬浮剂（苦参碱3% +烟碱 0.6%）。

应用技术 防治小麦黏虫，在3龄以前喷药防治，用1.2%乳油50～65ml/亩对水40kg搅匀喷雾。

防治甘蓝菜青虫和黄瓜蚜虫、红蜘蛛。甘蓝菜青虫3龄以前幼虫期和黄瓜蚜虫、红蜘蛛为害期喷药防治，用1.2%乳油40～50ml/亩对水50kg，搅匀喷雾。

防治苹果黄蚜，在苹果黄蚜发生期开始喷药，用1.2%乳油800～1 000倍液，均匀喷雾。

防治林木上的美国白蛾，用3.6%微囊悬浮剂1 000～3 000倍液喷雾。

注意事项 储存于避光阴凉处。严禁与碱性物质混用。喷药要均匀周到，配好的药液要1次喷完。喷药时要穿戴防护用具。本品药效稍缓，药效期长，宜在晴天喷药，施药后8h内若遇下雨应重喷。本品用中草药提取，如有沉淀，请摇匀后使用，不影响药效。储藏于阴凉、干燥、通风安全处。施药最佳时期为各代若虫盛发期。

开发登记 黑龙江省平山林业制药厂、内蒙古赤峰市帅旗农药有限责任公司等企业登记生产。

啶虫・毒死蜱

作用特点 本品具有较强的触杀、胃毒、熏蒸和内吸传导性，不仅对成虫防治效果好，对卵和幼虫也有较好的杀灭活性。

毒　　性 制剂中等毒性。

剂　　型 20%乳油(啶虫脒2%+毒死蜱18%)、31%微乳剂(啶虫脒5%+毒死蜱16%)、30%水乳剂(啶虫脒1%+毒死蜱29%)、40%微乳剂（啶虫脒5%+毒死蜱35%）、41%微乳剂（啶虫脒1.5%+毒死蜱40%）。

应用技术 防治柑橘树红蜡蚧，用40%微乳剂 750～1 000倍液 喷雾。防治小麦蚜虫，用 41%微乳剂12～15ml/亩对水50～60kg喷雾。

注意事项 本品对蜜蜂、鱼类等水生生物、家蚕有毒，施药期间应避免对周围蜂群的影响，禁止在（周围）开花植物花期、蚕室和桑园附近使用。远离水产养殖区、河塘等水域施药，禁止在河塘等水域清洗施药器具。赤眼蜂等天敌放飞区域禁用；必须密封保存于阴凉、干燥、通风处，远离火源或热源，严防潮湿和日晒。

开发登记 浙江新安化工集团股份有限公司、成都皇牌作物科学有限公司等企业登记生产。

氟啶・毒死蜱

作用特点 本品是新型化学杀虫剂氟啶虫胺腈和毒死蜱的混配制剂，作用于昆虫神经系统，氟啶虫胺腈具有触杀和内吸作用，毒死蜱具有触杀、胃毒和熏蒸作用，用于防治多种作物上的刺吸式口器和咀嚼式口器害虫。

毒　　性 制剂中等毒性。

剂　　型 10%水乳剂(毒死蜱9%+氟啶脲1%)、37%悬乳剂（氟啶虫胺腈3.4%+毒死蜱33.6%）。

应用技术 防治水稻稻飞虱，用37%悬乳剂70～90ml/亩对水50～60kg喷雾。防治小麦蚜虫和黏虫，用37%悬乳剂20～25ml/亩对水30～40kg喷雾 。

注意事项： 本品在水稻上使用的安全间隔为30d，每个作物周期最多使用次数为1次。本品在小麦上使用的安全间隔期为14d，每个作物周期最多使用1次。本产品为悬乳剂，配药前务必充分摇匀。

开发登记 美国陶氏益农公司登记生产。

高氯·啶虫脒

作用特点 本品是以拟除虫菊酯类农药高效氯氰菊酯和吡啶类农药啶虫脒为有效成分的复配制剂，具有两种成分的双重特点，主要具有触杀、胃毒作用，还具有较强的渗透作用，速效性较好，持效期较长，可杀死表皮下的害虫。

毒　　性 制剂低毒。

剂　　型 3%微乳剂(啶虫脒1%+高效氯氰菊酯2%)、4%微乳剂(啶虫脒3%+高效氯氰菊酯1%)、7.5%微乳剂(啶虫脒2.5%+高效氯氰菊酯5%)、5%乳油(啶虫脒1.5%+高效氯氰菊酯3.5%)、5%可湿性粉剂(啶虫脒3%+高效氯氰菊酯2%)。

应用技术 防治小麦蚜虫，用7.5%微乳剂20～40ml/亩对水40～50kg喷雾。

防治番茄蚜虫，用5%乳油1 000～2 000倍液喷雾；防治番茄烟粉虱，用5%可湿性粉剂25～40g/亩对水45～60kg喷雾；防治十字花科蔬菜菜青虫，用40～50ml/亩对水45～60kg喷雾；防治十字花科蔬菜蚜虫，用5%乳油40～50ml/亩对水45～60kg喷雾。

防治苹果蚜虫，用10.5%乳油6 000～7 000倍液喷雾；防治柑橘树蚜虫，用7.5%微乳剂500～1 500倍液喷雾。

注意事项 本品不可与碱性物质混用，以免影响药效。对蜜蜂高毒，避免在开花作物花期，有授粉蜂群的大棚及其他有蜂群采粉区和赤眼蜂等天敌放飞区使用。 本品对鸟类高毒，禁止在鸟类保护区及其周边使用。本品对鱼类及水生生物剧毒，禁止在鱼类养殖区、河塘等水域附近使用。 对家蚕剧毒，禁止在蚕室及桑园附近禁用。 应严防潮湿和日晒，远离火源或热源。

开发登记 河北威远生物化工股份有限公司、安徽华星化工股份有限公司等企业登记生产。

高氯·马拉

作用特点 本品为拟除虫菊酯与有机磷结合的复配性农药，不仅具有拟除虫菊酯的速效性、触杀性，结合马拉硫磷的熏蒸与胃毒作用，杀虫速度快，进入虫体后首先马拉硫磷被氧化成毒力更强的马拉氧磷，从而发挥毒杀作用。是高毒农药的替代品种。

毒　　性 制剂中等毒性。

剂　　型 20%乳油(高效氯氰菊酯2%+马拉硫磷18%)、25%乳油（高效氯氰菊酯1%+马拉硫磷24%）、30%乳油（高效氯氰菊酯28%+马拉硫磷2%）。

应用技术 防治小麦蚜虫，用20%乳油40～50ml/亩对水30～40kg喷雾；防治棉花蚜虫，用20%乳油40～60ml/亩对水40～60kg喷雾；防治棉花棉铃虫，用20%乳油40～60ml/亩对水40～60kg喷雾；防治茶树小绿叶蝉，用20%乳油40～60ml/亩对水40～60kg喷雾；防治茶树茶毛虫，用20%乳油40～60ml/亩对水40～60kg喷雾。

防治十字花科蔬菜甜菜夜蛾，用20%乳油1 000～1 500倍液喷雾；防治甘蓝小菜蛾，用20%乳油1 000～2 000倍液喷雾；防治甘蓝蚜虫，用20%乳油1 000～2 000倍液喷雾；防治甘蓝菜青虫，用20%乳油1 000～2 000倍液喷雾；防治甘蓝黄曲条跳甲，用20%乳油1 000～2 000倍液喷雾。

防治苹果树桃小食心虫，用20%乳油1 000～1 500倍液喷雾；防治苹果蚜虫，用20%乳油1 000～1 300倍液喷雾；防治柑橘蚜虫，用20%乳油1 000～1 300倍液喷雾。

注意事项 使用本品时应穿戴防护服和手套，避免吸入药液。施药期间不可吃东西和饮水。施药后应及时洗手和洗脸。本品对蜜蜂、鱼类等水生生物、家蚕有毒，施药期间应避免对周围蜂群的影响、蜜源作物花期、蚕室和桑园附近禁用。远离水产养殖区施药，禁止在河塘等水体中清洗施药器具。本品不可与呈碱性的农药等物质混合使用。产品在苹果树上使用的安全间隔期为21d，在每个作物周期最多使用3次。孕妇及哺乳期妇女禁止接触此药。

开发登记 广西田园生化股份有限公司、山东鑫星农药有限公司等企业登记生产。

高氯·杀虫单

作用特点 本品是拟除虫菊酯氯氰菊酯类杀虫剂和沙蚕毒类农药加注剂混配而成的杀虫剂，对害虫具有触杀、胃毒、内吸渗透作用。

毒　　性 制剂中等毒性。

剂　　型 16%微乳剂(高效氯氰菊酯1%+杀虫单15%)、16%水乳剂(高效氯氰菊酯1%+杀虫单15%)、25%水乳剂(高效氯氰菊酯3%+杀虫单22%)。

应用技术 防治番茄美洲斑潜蝇，在番茄斑潜蝇卵盛期至成虫为害期间施药，用16%微乳剂75～150ml/亩对水50～60kg喷雾。防治黄瓜美洲斑潜蝇，用16%水乳剂50～75ml/亩对水50～60kg喷雾。

开发登记 广西昊旺生物科技有限公司，河北盛世基农生物科技股份有限公司等企业登记生产。

高氯·辛硫磷

作用特点 本品是高效氯氰菊酯与辛硫磷复配的杀虫剂，具有触杀、胃毒、高效、广谱、低毒，具有强烈的触杀、胃毒和熏蒸作用，尤其对抗性蚜虫和螨类具有正面打药背面死虫的特殊效果，药效迅速，超强渗透力击倒快，持效期长，可广泛用于防治多种作物上的多类害虫。

毒　　性 制剂中等毒性。

剂　　型 20%乳油(高效氯氰菊酯2%+辛硫磷18%)、22%乳油(高效氯氰菊酯1.7%+辛硫磷20.3%)、24%乳油(高效氯氰菊酯1.5%+辛硫磷22.5%)、25%乳油（高效氯氰菊酯 2.5% +辛硫磷22.5%）。

应用技术 防治小麦蚜虫，用20%乳油40 ~ 60ml/亩对水40 ~ 50kg喷雾；防治棉花棉铃虫，用20%乳油75 ~ 100ml/亩对水40 ~ 50kg喷雾；防治大豆甜菜夜蛾，用20%乳油80 ~ 120ml/亩对水40 ~ 50kg喷雾。

防治十字花科蔬菜菜青虫，用20%乳油2 000 ~ 2 500倍液喷雾；防治十字花科蔬菜蚜虫，用20%乳油1 500 ~ 2 000倍液喷雾；防治甘蓝小菜蛾，用24%乳油1 000 ~ 1 500倍液喷雾。

防治苹果桃小食心虫，用20%乳油2 000 ~ 3 000倍液喷雾；防治荔枝树卷叶虫，用22%乳油1 500 ~ 2 000倍液喷雾。

注意事项 本品在棉花上使用的安全间隔期为7d，每季作物最多使用3次。建议与其他作用机制不同的杀虫剂轮换使用。本品对鱼类、水生生物和蜜蜂毒性高，施药期间应避免对周围蜂群影响、蜜源作物开花期禁用。不要在水产养殖区施药，禁止在河塘等水体中清洗施药器具。本品不能与呈碱性的物质混合使用。使用本品时应穿戴防护服和手套，避免吸入药液。施药期间不可吃东西和饮水。施药后应及时洗手和洗脸。用过的容器应妥善处理，不可做他用，也不可随意丢弃。孕妇及哺乳期妇女禁止接触本品。

开发登记 山东省青岛海利尔药业有限公司、河北威远生物化工股份有限公司等企业登记生产。

甲氰·辛硫磷

作用特点 本品为菊酯类与有机磷类复合杀虫剂，具有触杀、胃毒与驱避作用，按推荐剂量使用，对防治棉花棉铃虫有较好效果，是代替高毒有机磷农药的新型杀虫杀螨剂。

毒　　性 制剂中等毒性。

剂　　型 20%乳油(甲氰菊酯9%+辛硫磷11%)、25%乳油（辛硫磷 20%+甲氰菊酯5%）、33%乳油(甲氰菊酯6.5%+辛硫磷26.5%)。

应用技术 防治棉花棉铃虫，用25%乳油60 ~ 92g/亩对水50 ~ 60kg喷雾；防治棉花红蜘蛛，用33%乳油25 ~ 33ml/亩对水50 ~ 60kg喷雾；防治茶树茶尺蠖，用25%乳油20 ~ 30ml/亩对水50 ~ 60kg喷雾。

防治十字花科蔬菜菜青虫，用25 ~ 50ml/亩对水50~60kg喷雾。

防治苹果树红蜘蛛，用25%乳油1 000 ~ 1 500倍液喷雾；防治苹果黄蚜，用25%乳油800 ~ 1 200倍液喷雾；防治苹果桃小食心虫，用20%乳油3 000 ~ 4 000倍液喷雾。

注意事项 本品在棉花上使用的安全间隔期为15d，每季最多使用3次。不能与呈碱性的农药等物质混用，以免分解失效。建议与其他作用机制不同的杀虫剂轮换使用，以延缓抗性产生。本品对蜜蜂、鱼类等水生生物、家蚕有毒，施药期间应避免对周围蜂群的影响，蜜源作物花期、蚕室和桑园附近禁用。远离水产养殖区施药，禁止在河塘等水体中清洗施药器具。使用本品时应穿戴防护服和手套，避免吸入药液。施药期间不可吃东西和饮水。施药后应及时洗手和洗脸。孕妇及哺乳期妇女避免接触。大豆、玉米、高粱、瓜类及十字花科蔬菜对本剂较敏感；避免在强光下喷药，傍晚喷药较好。

开发登记 威海韩孚生化药业有限公司、山东省青岛瀚生生物科技股份有限公司等企业登记生产。

甲维·高氯氟

作用特点 本品具有触杀和胃毒的作用，并且有一定的熏蒸作用，杀虫广谱，持效期长，强烈透杀，杀虫彻底。内含高渗透剂和环保型抗生素类杀虫杀螨成分，能有效的融入作物表皮组织，具有较长的持效期。对人畜安全，不伤害瓜果表皮，不污染环境，是生物无公害农产品首选农药。

毒　　性 制剂中等毒性。

剂　　型 2%微乳剂(高效氯氟氰菊酯乳油1.8%+甲氨基阿维菌素苯甲酸盐0.2%)、2.6%微乳剂(高效氯氟氰菊酯乳油2%+甲氨基阿维菌素苯甲酸盐0.6%)、5%水乳剂(高效氯氟氰菊酯4%+甲氨基阿维菌素苯甲酸盐1%）、10%水乳剂(高效氯氟氰菊酯9%+甲氨基阿维菌素苯甲酸盐1%）。

应用技术 防治甘蓝小菜蛾，用2%微乳剂2 000 ~ 3 000倍液或10%水乳剂7 ~ 9ml/亩对水50 ~ 60kg喷雾；防治甘蓝甜菜夜蛾，用2.6%微乳剂2 500 ~ 4 000倍液或5%水乳剂8 ~ 12g/亩对水50 ~ 60kg喷雾。

注意事项：严格按照规定用药量使用。本品在甘蓝上使用的安全间隔期为7d，每季作物最多使用次数为2次。本品不可与呈碱性的农药混合使用。建议与其他作用机制不同的杀虫剂轮换使用，以延缓抗性产生。

开发登记 深圳诺普信农化股份有限公司、云南省昆明沃霖生物工程有限公司等企业登记生产。

甲维·辛硫磷

作用特点 本品是由甲氨基阿维菌素苯甲酸盐与辛硫磷复配而成的杀虫剂，甲氨基阿维菌素苯甲酸盐能够阻碍害虫运动神经信息传递而使身体麻痹死亡，以胃毒为主，对作物无内吸性能，但能有效渗入施用作物表皮组织，辛硫磷以触杀和胃毒为主，无内吸作用，杀虫谱较广，击倒力较强，两者复配能够有效防治十字花科蔬菜甜菜夜蛾。

毒　　性 制剂低毒。

剂　　型 20%乳油(甲氨基阿维菌素苯甲酸盐0.1%+辛硫磷19.9%)、20.2%乳油(甲氨基阿维菌素苯甲酸盐0.2%+辛硫磷20%)、35.5%乳油(甲氨基阿维菌素苯甲酸盐0.5%+辛硫磷35%)、21%乳油（甲氨基阿维菌素苯甲酸盐 0.1%+辛硫磷20.9%）、20.2%乳油（甲氨基阿维菌素苯甲酸盐 0.2%+辛硫磷20%）。

应用技术 防治甘蓝小菜蛾，用21%乳油85 ~ 90ml/亩或20.2%乳油150 ~ 200ml/亩对水50 ~ 60kg喷雾。

注意事项 本品在十字花科蔬菜上使用的安全间隔期为7d，每季作物最多使用2次。用时应遵守农药安全使用规定，穿好工作服，戴好口罩、手套，药后及时用肥皂清洗干净。本品对蜜蜂有毒，在蜜源作物花期禁用，施药期间应避免对周围蜂群的影响。鸟类保护区和蚕室及桑园附近禁用本品。对鱼高毒，使用时应注意不要污染水源和池塘，禁止在河、塘等水域中清洗施药器具。本品不可与碱性物质混用。辛硫磷对高粱、黄瓜、菜豆、甜菜等敏感，施药时避免药液飘移到上述作物上。建议与其他作用机制不同的杀虫剂轮换使用，以延缓抗性产生。

开发登记 深圳诺普信农化股份有限公司、陕西美邦农药有限公司等企业登记生产。

联苯·炔螨特

作用特点 本品由联苯菊酯及炔螨特混配加工而成，是一种由丙炔基亚磺酸酯类杀螨剂与拟除虫菊酯类杀虫剂杀螨剂组合的混配制剂，具有胃毒和触杀作用，能有效防治柑橘树的红蜘蛛等害螨。

毒　　性 制剂低毒。

剂　　型 27%乳油(联苯菊酯2%+炔螨特25%)。

应用技术 防治柑橘树红蜘蛛，用27%乳油800～1 000倍液喷雾。

注意事项 掌握在柑橘上红蜘蛛的卵孵化期至若螨盛发期，将本品用水稀释，搅匀后均匀喷雾。本剂用于柑橘防治红蜘蛛时，安全间隔期为30d，每季作物最多可使用1次。本剂不可与强碱性药剂混用，以免降低药效。

开发登记 江西巴姆博生物科技有限公司、江西威敌生物科技有限公司登记生产。

氯氟·毒死蜱

作用特点 本品为广谱、高效杀虫剂。具有极强的内吸、触杀、胃毒和一定的熏蒸作用，作用于害虫的神经系统，能迅速溶解害虫表层蜡质层，击倒迅速，药效持久等特点，可杀死十字花科蔬菜上的菜青虫幼虫，宜在幼虫早期施药。

毒　　性 制剂中等毒性。

剂　　型 20%微乳剂(毒死蜱19%+氯氟氰菊酯1%)、10%乳油(毒死蜱8.5%+氯氟氰菊酯1.5%)、25%可湿性粉剂(毒死蜱24%+氯氟氰菊酯1%)。

应用技术 防治棉花蚜虫，用20%微乳剂40～60ml/亩对水50～60kg喷雾。

注意事项 施药后1h内下雨会影响杀虫效果。本品对瓜类(特别在大棚中)、莴苣(苗期)、烟草比较敏感，请慎用。本品对鱼类有害，切忌污染有关水源。本品为中毒农药，但使用时要注意防护，保证人畜安全。本品对皮肤、眼和上呼吸道有刺激作用，施时应注意安全防护。如误服注射阿托品可解毒。洗胃时，应注意保护气管和食管，引吐时避免呼吸中毒。该药为易燃品，远离火源。在阴凉、干燥、通风处存放。不与粮食、种子、饲料混放。

开发登记 山西三立化工有限公司等企业登记生产。

高氯·甲维盐

作用特点 本品是由甲氨基阿维菌素苯甲酸盐和高效氯氰菊酯配制而成。具有胃毒和触杀作用。害虫在接触药剂后停止取食为害，渗透性较强，药剂可穿透作物表皮，在细胞间形成储存层，有2次死虫 的现象。

毒　　性 制剂低毒。

剂　　型 4%微乳剂(高效氯氰菊酯3.7%+甲氨基阿维菌素苯甲酸盐0.3%)、5%微乳剂(高效氯氰菊酯

4.8%+甲氨基阿维菌素苯甲酸盐0.2%)、1.1%乳油(高效氯氰菊酯1%+甲氨基阿维菌素苯甲酸盐0.1%)、3%乳油(高效氯氰菊酯2.5%+甲氨基阿维菌素苯甲酸盐0.5%)、4.2%水乳剂（高效氯氰菊酯4%+甲氨基阿维菌素苯甲酸盐0.2%）、3.2%微乳剂（高效氯氰菊酯3%+甲氨基阿维菌素苯甲酸盐0.2%）。

应用技术 防治棉花棉铃虫，用3%乳油80～100ml/亩对水40～50kg喷雾；防治烟草斜纹夜蛾，用5%微乳剂15～30ml/亩对水40～60kg喷雾。

防治十字花科蔬菜小菜蛾，用4%微乳剂2 000～3 000倍液喷雾；防治十字花科蔬菜甜菜夜蛾，用4%微乳剂1 500～2 500倍液或4.2%微乳剂60～70ml/亩对水40～50kg喷雾喷雾；防治十字花科蔬菜菜青虫，用1.1%乳油1 500～2 000倍液喷雾。

注意事项 配药和施药时，应穿防护服，戴口罩或防毒面具以及胶皮手套，以避免污染皮肤和眼睛，施药完毕后应及时换洗衣物，洗净手、脸和被污染的皮肤。施药前、后要彻底清洗喷药器械，洗涤后的废水不应污染河流等水源，未用完的药液应密封后妥善放置。开启封口应小心药液溅出，废弃瓶子应冲洗压扁后深埋或由生产企业回收处理。本品对蜜蜂、鱼类等水生生物、家蚕有毒，施药期间应避免对周围蜂群的影响、蜜源作物花期、蚕室和桑园附近禁用。远离水产养殖区施药，禁止在河塘等水体中清洗施药器具。建议与其他作用机制不同的杀虫剂轮换使用，以延缓抗性产生。本品不能与石硫合剂和波尔多液等强碱性物质混用。每季作物最多使用2次，安全间隔期为7d。

开发登记 河北威远生物化工股份有限公司、山东绿邦作物科学股份有限公司等企业登记生产。

氯氰·马拉硫磷

作用特点 本品为高效氯氰菊酯和马拉硫磷复配而成的杀虫剂，具有良好的触杀和熏蒸作用，对虫体的击倒速度较快。其药剂中含有的马拉硫磷进入虫体后先被氧化成毒力较强的马拉氧磷，从而发挥较好的毒杀作用。

毒　　性 制剂中等毒性。

剂　　型 16%乳油(氯氰菊酯2%+马拉硫磷14%)、36%乳油(氯氰菊酯0.8%+马拉硫磷35.2%)、40%可湿性粉剂(氯氰菊酯15%+马拉硫磷25%)、20%乳油（氯氰菊酯1.5%+马拉硫磷18.5%）、37%乳油（氯氰菊酯0.8%+马拉硫磷36.2%）。

应用技术 防治棉花棉铃虫，用37%乳油60~80ml/亩对水50~60kg喷雾。

防治十字花科蔬菜菜青虫，用16%乳油1 500～3 000倍液喷雾。

防治柑橘树东方果实蝇，用40%可湿性粉剂800～1 000倍液喷雾；防治荔枝蝽，用16%乳油1 500～2 000倍液喷雾。

防治滩(草)地蝗虫，用20%乳油 50～70ml/亩对水50～60kg喷雾 。

防治苹果树桃小食心虫，用20%乳油1 000～1 500倍液 喷雾。

注意事项 本品由菊酯类农药与有机磷类农药混配而成，建议与其他作用机制不同的杀虫剂轮换使用。 本品对蜜蜂、鱼类等水生生物、家蚕有毒，施药期间应避免对周围蜂群的影响。开花植物花期、桑室和桑园附近禁用。远离水产养殖区施药，禁止在河塘等水体中清洗施药器具。本品不可与呈碱性的农药等物质混合使用。

开发登记 广西金燕子农药有限公司、湖北省武汉中鑫化工有限公司等企业登记生产。

氯氰·烟碱

作用特点 本制剂为复配杀虫剂，对害虫有胃毒、触杀、熏蒸作用，并有杀卵作用。其主要作用机理是麻痹神经，可防治对有机磷产生抗性的害虫，用于防治甘蓝上的蚜虫。

毒　　性 制剂中等毒性。

剂　　型 4%水乳剂(氯氰菊酯0.6%+烟碱3.4%)。

应用技术 防治十字花科蔬菜蚜虫，用4%水乳剂100～200g/亩对水50kg喷雾。

注意事项 本品不可与碱性物质混用，药液要现配现用。对水生动物、蜜蜂、家蚕高毒，周围蜜源作物花期，蚕室及桑园附近、赤眼蜂等天敌放飞区域禁用，远离水产养殖区。禁止在河塘等水体中清洗施药器具。为减缓抗药性，请注意与其他不同作用机制的杀虫剂轮换使用。安全间隔期7d，每季最多使用3次。

开发登记 广西壮族自治区化工研究院登记生产。

马拉·三唑磷

作用特点 高效、低毒，杀虫广谱有机磷杀虫剂，具有触杀、胃毒、熏蒸和渗透作用，对害虫击倒力强，作用迅速，残效期短，高温时效果好，具有良好的触杀作用。

毒　　性 制剂中等毒性。

剂　　型 20%乳油(马拉硫磷10%+三唑磷10%)、25%乳油(马拉硫磷12.5%+三唑磷12.5%)。

应用技术 防治水稻二化螟，用25%乳油85～100ml/亩 对水60～70kg喷雾；防治稻纵卷叶螟，用25%乳油75～100ml/亩对水60～70kg喷雾。

注意事项 本品主要用于防治水稻二化螟，施药时注意喷雾均匀。施药时应避免药液漂移到其他作物上，以防产生药害。大风天或预计1h内降雨，请勿施药。

开发登记 安徽朝农高科化工股份有限公司、江西威牛作物科学有限公司等企业登记生产。

噻嗪·速灭威

作用特点 具有强烈触杀、胃毒、内渗作用，并具有一定到熏蒸和内渗作用，防效迅速。不易产生抗药性，持效期长。有较强的耐雨水冲刷性能，施药后1～2h内遇到小雨对药效无明显影响。无污染，无残留，对天敌伤害小。

毒　　性 制剂中等毒性。

剂　　型 25%乳油(噻嗪酮5%+速灭威20%)。

应用技术 防治水稻稻飞虱，用25%乳油50～75g/亩对水60～70kg喷雾。

注意事项 配药和施药时，应穿防护服，戴口罩或防毒面具以及胶皮手套，以避免污染皮肤和眼睛，施药完毕后应及时换洗衣物，洗净手、脸和被污染的皮肤。施药前、后要彻底清洗喷药器械，洗涤后的废水不应污染河流等水源，未用完的药液应密封后妥善放置。开启封口应小心药液溅出，废弃瓶子应冲洗压扁后深埋或由生产企业回收处理。本品对蜜蜂、鱼类等水生生物、家蚕有毒，施药期间应避免对周围蜂群的影响、蜜源作物花期、蚕室和桑园附近禁用。远离水产养殖区施药，禁止在河塘等水体中清洗施药器具。建议与其他作用机制不同的杀虫剂轮换使用，以延缓抗性产生。本品不能与碱性物质混用。

开发登记 江苏景宏生物科技有限公司、江西禾益化工有限公司等企业登记生产。

噻嗪·仲丁威

作用特点 本品主要由噻嗪酮和仲丁威复配而成的杀虫剂，具有触杀、胃毒和一定的熏蒸作用，在水稻植株上有一定的内吸传导作用，对水稻飞虱的防治具有特效、速效，对飞虱天敌安全。

毒　　性 制剂中等毒性。

剂　　型 25%乳油(噻嗪酮5%+仲丁威20%)。

应用技术 防治水稻稻飞虱，用25%乳油50～75ml/亩对水60～70kg喷雾。

注意事项 配药和施药时，应穿防护服，戴口罩或防毒面具以及胶皮手套，以避免污染皮肤和眼睛，施药完毕后应及时换洗衣物，洗净手、脸和被污染的皮肤。本品对蜜蜂、鱼类等水生生物、家蚕有毒，施药期间应避免对周围蜂群的影响、蜜源作物花期、蚕室和桑园附近禁用。远离水产养殖区施药，禁止在河塘等水体中清洗施药器具。建议与其他作用机制不同的杀虫剂轮换使用，以延缓抗性产生。本品不能与碱性物质混用。

开发登记 浙江锐特化工科技有限公司、安徽省宁国市朝农化工有限责任公司等企业登记生产。

四螨·三唑锡

作用特点 四螨嗪为特效杀螨剂，药效持久。对红蜘蛛的卵和若螨有效，对捕食螨、天敌无害。三唑锡触杀作用较强，可杀死若螨、成螨和夏卵，对光和雨水有较好的稳定性，残效期较长。两者复配可以起到增效作用，防治红蜘蛛 效果较好。

毒　　性 制剂低毒。

剂　　型 10%悬浮剂(四螨嗪3%+三唑锡7%)、20%悬浮剂（四螨嗪5%+三唑锡15%）。

应用技术 防治柑橘树红蜘蛛，用10%悬浮剂1 000～1 500倍液或20%悬浮剂 3 000～4 000倍液喷雾 。

注意事项 本品对蜜蜂、鱼类等水生生物、家蚕有毒，施药期间应避免对周围蜂群的影响、蜜源作物花期、蚕室和桑园附近禁用。建议与其他作用机制不同的杀虫剂轮换使用，以延缓抗性产生。本品不能与碱性物质混用。

开发登记 广东省东莞市瑞德丰生物科技有限公司、山东兆丰年生物科技有限公司等企业登记生产。

辛硫·氟氯氰

作用特点 具有广谱杀虫活性、极强的触杀和胃毒作用，是高效、低残留的产品，尤其是对3龄以上高抗性棉铃虫、甜菜夜蛾、小菜蛾有独特的防效，是防治各种作物高抗害虫的首选用剂。

毒　　性 制剂中等毒性。

剂　　型 26%乳油(氟氯氰菊酯1%+辛硫磷25%)、25%乳油（氟氯氰菊酯1%+辛硫磷24%）、30%乳油（氟氯氰菊酯1%+辛硫磷29%）。

应用技术 防治十字花科蔬菜菜青虫，在菜青虫发生初期开始施用，用25%乳油25～35ml/亩对水50～60kg喷雾；防治十字花科美洲斑潜蝇和蚜虫，用30%乳油30～45g/亩对水50～60kg喷雾。防治棉花棉铃虫用30%乳油33～50g/亩对水50～60kg喷雾；防治棉花美洲斑潜蝇，用30%乳油40～60g/亩对水50～60kg喷雾。

注意事项 本品见光易分解，最好于早晨或傍晚施药。本品对蜜蜂、鱼类等水生生物、家蚕有毒，施药期间应避免对周围蜂群的影响、蜜源作物花期、蚕室和桑园附近禁用。建议与其他作用机制不同的杀虫剂轮换使用，以延缓抗性产生。本品不能与碱性物质混用。在阴凉、干燥、通风处存放，不与粮食、种子、饲料混放。

开发登记 山东绿邦作物科学股份有限公司、河南恒信农化有限公司登记生产。

辛硫·高氯氟

作用特点 本品为高效氯氟氰菊酯和辛硫磷复配而成的一种杀虫剂，具有强熏蒸、触杀和胃毒作用，对抗性卷叶类害虫和钻蛀性害虫防效优异；虫卵兼杀，正常使用浓度下对虫、卵即有杀灭作用，无需加大用量；持效期长，1次用药可对害虫达到长时间的控制，减少用药次数，延缓害虫抗性产生。

毒　　性 制剂中等毒性。

剂　　型 25%乳油（氟氯氰菊酯1%+辛硫磷24%）、26%乳油(高效氯氟氰菊酯0.6%+辛硫磷25.4%)、30%乳油（氟氯氰菊酯1%+辛硫磷29%）。

应用技术 防治棉花美洲斑潜蝇，用30%乳油40～60g/亩对水50～60kg 喷雾；防治棉花棉铃虫30%乳油33～50g/亩30%乳油喷雾 。

防治十字花科蔬菜美洲斑潜蝇，用30%乳油30～45g/亩对水50～60kg喷雾 。

防治十字花科蔬菜蚜虫，用30%乳油 30～45g/亩对水50～60kg喷雾。防治十字花科蔬菜菜青虫25%乳油 25～35ml/亩对水50～60kg 喷雾。

注意事项 本产品的安全间隔期为21d，每个作物周期最多使用2次。

本品对蜜蜂、鱼类等水生生物、家蚕有毒，施药期间应避免对周围蜂群的影响、蜜源作物花期、蚕室和桑园附近禁用。远离水产养殖区施药，禁止在河塘等水体中清洗施药器具。喷雾时，避免漂移到高粱、黄瓜、菜豆和甜菜等作物上。

药液要随配随用，禁止与碱性药剂等物质混用。使用本品时应穿戴防护服和手套，避免吸入药液。施药期间不可饮食、吸烟，药后应及时洗手和洗脸。孕妇和哺乳期妇女禁止使用本产品。其与作用机制不同的杀虫剂合理轮换使用，以防止抗性的产生。

储运时，应轻装轻卸，储存于阴凉、干燥、通风处，严防日晒雨淋，远离热源火源，远离儿童，禁止与食品、饮料、粮食、饲料等物品同储同运。

开发登记 山东绿邦作物科学股份有限公司、河南恒信农化有限公司等企业登记生产。

二、杀菌混剂

霜霉威盐酸盐·氟吡菌胺

其他名称 银法利。

作用特点 对多种卵菌类病害有效；适合无公害和绿色蔬菜的生产，能在作物的任何生长时期使用，并且对作物还兼有刺激生长，增强作物活力，促进生根和开花的作用；对病害控制快，用药后耐雨水冲刷。对病菌的作用，一方面通过抑制病菌孢囊孢子和游动孢子的形成，抑制病菌菌丝生长和增殖扩散，影响到病菌细胞膜磷脂和脂肪酸的合成；另一方面它作用于细胞膜和细胞间的特异性蛋白而表现杀菌活性，属于多作用位点的杀菌剂。具很强的内吸性，用药后其有效成分可以通过植株的叶片吸收，也可以被根系吸收，在植株体内能够上下传导。此外，还可以从植物体叶片的上表面向下表面，从叶基向叶尖方向传导。

理化性质 纯品为米色粉末状微细晶体，工业原药是米色粉末。比重(对液体要求，30℃)1.65，在常压下沸点不可测，熔点150℃，分解温度320℃。室温下，水中溶解度约4mg/L，在有机溶剂中的溶解度(20℃，mg/L)：乙醇19.2、正己烷0.20、甲苯20.5、二氯甲烷126、丙酮74.7、乙酸乙酯37.7、二甲基亚砜183。在各pH条件下，在水中稳定(水解半衰期可达365d)。对光照也较稳定。

毒　　性 属低毒杀菌剂，对环境、作物安全。大鼠急性经口LD_{50} > 2 500mg/kg，急性经皮LD_{50} > 5 000mg/kg；对兔皮肤和眼睛无刺激性，豚鼠皮肤致敏试验结果为无致敏性。对虹鳟鱼LC_{50}(96h)6.6mg/L；日本鹌鹑LD_{50}(急性经口) > 3 440mg/kg；蜜蜂经口LD_{50} > 203.52mg/只，接触LD_{50} > 143.1mg/只；家蚕LC_{50}2 374mg/kg桑叶；蚯蚓LC_{50}(14d) > 1 000mg/kg土壤。该制剂对鱼类为中毒，对鸟类、蜜蜂、家蚕均为低毒。

剂　　型 687.5g/L悬浮剂(氟吡菌胺62.5g/L+霜霉威盐酸盐625g/L)。

应用技术 防治大白菜霜霉病、番茄晚疫病、黄瓜霜霉病、辣椒疫病、西瓜疫病，用687.5 g/L悬浮剂60～75ml/亩对水45～60kg喷雾；防治马铃薯晚疫病，用687.5 g/L悬浮剂75～100ml/亩对水45～60kg喷雾；防治洋葱疫病，用687.5 g/L悬浮剂 80～100ml/亩对水45～60kg喷雾；防治蔷薇科观赏花卉霜霉病，可以用687.5 g/L悬浮剂 900～1 100倍液喷雾 。

注意事项 黄瓜和番茄安全间隔期为3d；每季最多施用3次。用药时应穿戴防护衣物，禁止吸烟、饮食。施药后用肥皂和清水彻底清洗手和面部以及其他可能接触药液的身体部位。禁止在河塘等水体中清洗施药工具。建议与不同作用机制杀菌剂轮换使用。本品应储存于阴凉、干燥和通风处。勿与食物、饮料、饲料、种子和肥料等其他商品同储同运。

开发登记 拜耳作物科学(中国)有限公司、陕西美邦药业集团股份有限公司登记生产。

吡唑醚菌酯·代森联

其他名称 百泰。

作用特点 杀菌谱广，杀菌活性强，作用迅速，药效可靠，持效期长，对作物安全，可在病菌侵入后防止病菌扩散和清除体内病菌，对绝大多数真菌病害有效，能够促进作物对氮、二氧化碳吸收，抑制二氧化碳逃逸，进而增强作物的抵抗力。主要用于防治瓜果、蔬菜的霜霉病等，早期使用可阻止病菌侵入并提高植物体免疫能力，减少植物发病次数和用药次数。

毒　　性 制剂对人畜低毒。

剂　　型 60%水分散粒剂(吡唑醚菌酯5%+代森联55%)。

应用技术 发病轻或作为预防处理时使用批准登记低剂量；发病重或作为治疗处理时使用批准登记高剂量。防治大白菜炭疽病、番茄晚疫病、番茄早疫病、黄瓜霜霉病、马铃薯晚疫病、马铃薯早疫病，用60%水分散粒剂40～60g/亩对水45～60kg喷雾；防治大蒜叶枯病、花生叶斑病、黄瓜炭疽病、黄瓜疫病、姜叶斑病、西瓜蔓枯病、西瓜疫病、烟草赤星病，用60%水分散粒剂 60～100g/亩对水45～60kg喷雾；防治辣椒疫病，用60%水分散粒剂 40～100g/亩对水45～60kg喷雾；防治棉花立枯病，用60%水分散粒剂60～120g/亩对水45～60kg喷雾；防治甜瓜霜霉病，用60%水分散粒剂100~120g/亩对水45～60kg喷雾；防治柑橘树炭疽病，用60%水分散粒剂750～1 500倍液喷雾；防治西瓜炭疽病，用60%水分散粒剂80～120g/亩对水45～60kg喷雾；防治柑橘树疮痂病、荔枝霜疫霉病、苹果树斑点落叶病 、苹果树轮纹病、苹果树炭疽病、葡萄白腐病、葡萄霜霉病 、桃树褐斑穿孔病、用60%水分散粒剂1 000～2 000倍液喷雾；防治枣树炭疽病，用60%水分散粒剂1 000～1 500倍液喷雾 。

注意事项 施药时必须穿戴防护衣或使用保护措施。避免药液接触皮肤和眼睛。施药后用清水及肥皂彻底清洗脸及其他裸露部位。工作时不要饮食、饮水、吸烟。操作时应远离儿童、家畜，食品和饲料，放置于儿童触及不到的地方并加锁。药液接触皮肤，可能会引起皮肤过敏。

开发登记 巴斯夫欧洲公司、河南比赛尔农业科技有限公司等企业登记生产。

烯酰·锰锌

其他名称 安克·锰锌；博优；净爽。

作用特点 对病害具有内吸、预防和治疗等作用，耐雨水冲刷，持效期7～10d，适宜在发病前或发病初期使用。

理化性质 本品由烯酰吗啉、代森锰锌、助剂和填料等组成。可湿性粉剂为绿黄色粉末，细度 < 10μm，pH6～8，悬浮率 > 70%，水分含量 < 2%。常温储存2年内稳定。水分散粒剂外观为米色圆柱形颗粒，粒径为3.76～3.83μm，pH6.4～6.7，水分含量2.9%，常温储存2年内稳定。

毒　　性 对人、畜低毒。大鼠急性经口LD_{50}为2 400mg/kg，急性经皮LD_{50} > 2 000mg/kg。对眼睛有轻微刺激作用。对皮肤无刺激作用。

剂　　型 50%可湿性粉剂(代森锰锌44%+烯酰吗啉6%)、69%可湿性粉剂(代森锰锌60%+烯酰吗啉9%)、69%水分散粒剂(代森锰锌60%+烯酰吗啉9%)。

应用技术 防治黄瓜霜霉病，发病初期，用69%可湿性粉剂100～133g/亩对水40～60kg喷雾；防治甜椒疫病、马铃薯晚疫病，发病初期，用69%可湿性粉剂600～800倍液喷雾。

防治葡萄葡萄，发病初期，用69%可湿性粉剂133～167g/亩对水40～80kg喷雾。

注意事项 应避免长期单一使用本剂，在每季作物生长期内使用不得超过4次，应与其他类型药剂轮换使用。做好安全防护工作。在幼苗期用药或预防性施药，宜用低药量(高稀释倍数)；成株期发病后，宜用高药量(低稀释倍数)。喷药时应戴口罩、手套和穿防护衣服。本品应储存在阴凉、干燥、通风处。同时应远离饲料和食物以及儿童触及不到的地方。

开发登记 安徽丰乐农化有限责任公司、四川利尔作物科学有限公司等企业登记生产。

霜脲·锰锌

其他名称 克露；霜露；霜霉疫清；克抗灵；赛露；疫菌净。

作用特点 本产品是由具有不同作用机理的霜脲氰和代森锰锌混配而成，在推荐剂量下，不仅可有效防治番茄晚疫病、黄瓜霜霉病、荔枝霜疫霉病和马铃薯晚疫病，而且可延缓抗性产生。

理化性质 霜脲·锰锌是由霜脲氰、代森锰锌、载体和表面活性剂等组成。可湿性粉剂外观为淡黄色粉末，pH值6～8，悬浮率60%，水分含量2%。常温下储存至少2年稳定。

毒　　性 霜脲·锰锌可湿性粉剂对大鼠急性经口LD_{50}＞5 000mg/kg，急性经皮LD_{50}＞5 000mg/kg，大鼠急性吸入LC_{50}＞7.03mg/L。

剂　　型 36%可湿性粉剂(代森锰锌32%+霜脲氰4%)、72%可湿性粉剂(代森锰锌64%+霜脲氰8%)、5%粉剂(代森锰锌4.5%+霜脲氰0.5%)、36%悬浮剂(代森锰锌32%+霜脲氰4%)、44%水分散粒剂（代森锰锌40% +霜脲氰4% ）。

应用技术 防治番茄晚疫病，72%可湿性粉剂130~180g/亩对水45～60kg喷雾，每次间隔7d，共计2～3次；防治黄瓜霜霉病，72%可湿性粉剂133～167g/亩对水45～60kg茎叶喷施，需均匀覆盖作物全株，每次间隔7d，共计2～3次。

防治荔枝树霜疫霉病，用72%可湿性粉剂500～700倍液喷雾。由荔枝花穗长3cm时开始施药，始花期、谢花期、变色期及收获前14d 各施药1次。

注意事项 工作时应穿戴好防护衣物、手套、口罩等。工作结束后用清水清洗全身及更换衣物。该药储存于阴凉干燥通风和儿童触及不到的地方，并远离食物、饲料和火源。开封后没有用完的药剂，应密封保存。如污染皮肤，可用肥皂和水清洗；如误入眼睛，用水冲洗眼睛至少15min；如误吸入，将中毒者移至空气流通外；如误服，饮2大杯水引吐。若中毒者已昏迷，不可喂服任何东西，应立即送医院急救。配药时先以少量水在容器内混合搅拌好，再加至所需的水量搅匀喷雾。

开发登记 广西田园生化股份有限公司、美国杜邦公司等企业登记生产。

恶霜灵·锰锌

其他名称 杀毒矾；润博；福乐尔；金矾。

作用特点 本品是由恶霜灵和代森锰锌混配制成的杀菌剂，兼具内吸传导性和触杀性作用。专用于防治霜霉科、白锈科和腐霉科等真菌所引起的烟草黑胫病、黄瓜霜霉病，具有预防和治疗双重功效。

理化性质 本品可湿性粉剂为米黄色至浅黄色细粉末，润湿时间＜60s，悬浮率≥80%，含水量低于2%，在pH5～9的溶液中及温度≤70℃下稳定，在常温下可储存3年。

毒　　性 低毒。

剂　　型 64%可湿性粉剂(恶霜灵8%+代森锰锌56%)。

应用技术 防治烟草黑胫病，在发病前或发病初期，即移栽后7～10d，用64%可湿性粉剂203～250g/亩对水40～60kg采用茎基喷淋法施药，每隔7～14d喷药1次，1季作物最多施用次数3次，安全间隔期20d。

防治黄瓜霜霉病，在发病前或发病初期喷药，用64%可湿性粉剂172～203g/亩对水60～100kg，一般每隔7～14d喷药1次，1季作物最多施用次数3次，安全间隔期3d。

注意事项 本品除碱性农药外，可与大部分农药混用。建议混用前先在小范围内做安全性试验。本品应加锁保存，勿让儿童、无关人员和动物接触。本品应放在阴凉、干燥、通风处，勿与食品、饮料和动物饲料存放在一起。清洗喷药器具，勿将清洗液倒入河流、池塘中。

开发登记 先正达(苏州)作物保护有限公司、山东鑫星农药有限公司等企业登记生产。

氟吗·锰锌

其他名称 施得益；菌清风。

作用特点 具有预防、治疗、铲除作用，持效期长。本品是由氟吗啉和代森锰锌复配而成。适用于防治黄瓜、番茄、辣椒、马铃薯上防治霜霉病、疫病、晚疫病，持效期长10～15d。

毒　　性 属低毒杀菌剂。

剂　　型 50%可湿性粉剂(氟吗啉6.5%+代森锰锌43.5%)、60%可湿性粉剂(氟吗啉10%+代森锰锌50%)。

应用技术 防治番茄晚疫病和辣椒疫病，用50%可湿性粉剂67～100g/亩对水45～75kg喷雾；防治黄瓜霜霉病，用50%可湿性粉剂67～120g/亩对水45～75kg喷雾； 防治马铃薯晚疫病，用50%可湿性粉剂80～107g/亩对水45～75kg喷雾 。

注意事项 本品在番茄、黄瓜、辣椒上的安全间隔期为3d，每季最多使用3次。在马铃薯上安全间隔期为5d，每季最多使用3次。不能与铜制剂或碱性农药混用。每季作物最多施药3次，安全间隔期5d。建议与其他作用机制不同的杀菌剂轮换使用，以延缓抗性产生。本品应存放在阴凉、干燥、通风处。

开发登记 沈阳科创化学品有限公司登记生产。

恶唑·霜脲

其他名称 抑快净。

作用特点 具有内吸和治疗作用，能深入渗透叶片表层，保护期长，对作物安全。极耐雨水冲刷，是夏季防治霜霉病的较好药剂。

毒　　性 属低毒杀菌剂，对环境安全。

剂　　型 52.5%水分散粒剂(恶唑菌酮22.5%+霜脲氰30%)。

应用技术 防治番茄晚疫病，用52.5%水分散粒剂 20～40g/亩对水45～75kg 喷雾，于番茄挂果初期（病害发生前）开始喷药，连续喷施2～3次，间隔7～10d。防治番茄早疫病，用52.5%水分散粒剂 30～40g/亩对水45～75kg 喷雾，于番茄挂果初期（病害发生前）开始喷药，连续喷施2～3次，间隔7～10d。防治黄瓜霜霉病，用52.5%水分散粒剂23～35g/亩对水45～75kg 喷雾，病症初现时或第1批黄瓜采收后立即施第1次药，每隔7～9d喷施1次。防治辣椒疫病，用 52.5%水分散粒剂32.5～43g/亩对水45～75kg 喷雾，每隔7～10d施用1次，每生长季2~3次。防治马铃薯晚疫病，在马铃薯封行前，用 52.5%水分散粒剂20～40g/亩对水45～75kg，间隔7～10d，连续2～3次用药。防治马铃薯早疫病，在马铃薯封行前，用52.5%水分散粒剂 30～40g/亩对水45～75kg 喷雾，间隔7～10d，连续2～3次用药。

注意事项 不能与碱性农药混用。黄瓜和辣椒安全采收间隔期为3d，黄瓜每季最多使用4次，辣椒每季最多使用3次。番茄安全采收间隔期为3d，每季最多使用3次。马铃薯安全采收间隔期为14d，每季最多使用3次。大风天或预计1h内降雨，请勿施药。建议与其他作用机制不同的杀菌剂轮换使用，以免病菌产生抗药性。该药对鱼剧毒，严禁将剩余药液倒入或流入鱼塘；施药器械不得在鱼塘中洗涤。

开发登记 美国杜邦公司、兴农药业(中国)有限公司等企业登记生产。

甲霜灵·锰锌

其他名称 雷多米尔·锰锌；进金；农士旺；稳达；金瑞霉。

作用特点 本本药剂含有活性异构体—精甲霜灵，兼具保护和治疗活性，在多种作物上专用于防治卵菌纲引起的霜霉病、霜疫。

理化性质 可湿性粉剂为黄色至浅绿色粉末，悬浮率≥65%，pH 6.5～8.5，常温储存期在3年以上。

毒　　性 对人、畜的毒性较低，对皮肤有中等刺激性。

剂　　型 58%可湿性粉剂(代森锰锌48%+甲霜灵10%)、53%水分散粒剂(代森锰锌48%+甲霜灵5%)、68%水分散粒剂(精甲霜灵4% +代森锰锌64%)、72%可湿性粉剂（代森锰锌64% +甲霜灵 8%）。

应用技术 防治番茄晚疫病、黄瓜霜霉病、辣椒疫病、马铃薯晚疫病、葡萄霜霉病、西瓜疫病、烟草黑胫病，用68%水分散粒剂100～120g/亩对水45～75kg喷雾。防治花椰菜霜霉病，用68%水分散粒剂100～130g/亩对水45～75kg 喷雾。防治荔枝霜疫霉病，用68%水分散粒剂 800～1 000倍液喷雾。防治番茄晚疫病，1季作物最多施用4次，安全间隔期为5d；防治黄瓜霜霉病，1季作物最多施用3次，安全间隔期为4d；防治辣椒疫病，1季作物最多施用4次，安全间隔期为5d；防治马铃薯晚疫病，1季作物最多施用3次，安全间隔期为7d；防治葡萄霜霉病，1季作物最多施用4次，安全间隔期为7d；防治西瓜疫病，1季作物最多施用3次，安全间隔期为7d；防治花椰菜霜霉病，1季作物最多施用3次，安全间隔期为3d；防治荔枝霜疫霉病，1季作物最多施用4次，安全间隔期为7d；防治烟草黑胫病，1季作物最多施用3次，安全间隔期为7d。

注意事项 大风或预计药后1h内降雨，请勿使用本品。尽量于作物生长的早期阶段或发病初开始用药，使用前需充分摇匀。根据推荐剂量，对水叶面均匀喷雾。根据天气条件和病情发展用药，蔬菜间隔7～10d，果树间隔7～14d，并与其他有不同作用机理的药剂轮换使用；在连续阴雨或病害压力较大时，推荐使用推荐剂量的较高剂量并适当缩小间隔期。喷液量：根据作物生育阶段和种植密度，蔬菜一般45～75L/亩；果树：整株均匀喷雾至开始滴水为止。与其他药剂桶混前宜先行小面积试验。

开发登记 兴农药业(中国)有限公司、瑞士先正达作物保护有限公司等企业登记生产。

嘧菌·百菌清

其他名称 阿米多彩。

作用特点 本品为保护性杀菌剂，杀菌谱较广，用于叶面喷雾防治多种作物上的叶片和果实病害。本品由两种具有不同作用机制的杀菌有效成分混配而成，非常适于抗性管理和病害综合治理，对由半知菌、子囊菌引起的病害如炭疽病、霜霉病和蔓枯病有较好的效果。

毒　　性 高效、广谱、低毒。

剂　　型 560g/L悬浮剂(百菌清500g/L+嘧菌酯60g/L)。

应用技术 防治番茄早疫病，发病前或发病初期用药，用560g/L悬浮剂98～120ml/亩对水40～60kg喷雾，1季最多使用次数3次，安全间隔期5d。防治黄瓜霜霉病，用560g/L悬浮剂60～120ml/亩对水40～60kg喷雾，叶面均匀喷雾，1季最多使用3次，安全间隔期3d。防治辣椒炭疽病，用560g/L悬浮剂80～120ml/亩对水40～60kg喷雾，1季最多使用3次，安全间隔期5d。防治荔枝树霜疫霉病 500～1 000倍液喷雾，1季最多使用3次，安全间隔期14d。防治西瓜蔓枯病 75～120ml/亩对水40～60kg喷雾1季最多使用次数3次，安全间隔期14d。

防治蔷薇科观赏花卉炭疽病20%水乳剂 40~50ml/亩对水40～60kg喷雾每隔7～9d施药1次，连续喷药2～3次。防治枸杞炭疽病20%水乳剂 1 000～1 500倍液 喷雾，每隔7d施药1次，连续喷药2次。防治苹果树炭疽病20%水乳剂 1 200～1 700倍液 喷雾，间隔10~14d施药，一般连续施药1～2次。防治黄瓜靶斑病，用35%水乳剂60～90ml/亩对水40～60kg雾。防治西瓜炭疽病，用40%水乳剂 8～11ml/亩对水40～60kg喷雾，安全间隔期为7d，每季最多使用2次。防治冬枣炭疽病，用40%水乳剂2 000～2 500倍液喷雾，安全间隔期为28d，每季最多使用3次。

注意事项 使用前请先摇匀后再取药。避免与乳油类农药和有机硅助剂混用。本品对某些苹果和葡萄品种敏感，请避免在苹果或葡萄上及其果园附近使用。请避免在极端高温高湿、大风或作物长势较弱的环境下使用本品。

开发登记 先正达南通作物保护有限公司等登记生产。

苯醚·咪鲜

作用特点 高效、广谱型，具有内吸传导、预防保护和治疗等多重作用。

毒　　性　属低毒杀菌剂。对鱼和水生生物中等毒；对兔皮肤和眼睛有刺激作用，对豚鼠无皮肤过敏；对蜜蜂无毒。

剂　　型　20%微乳剂(咪鲜胺15%+苯醚甲环唑5%)、20%水乳剂（咪鲜胺16% +苯醚甲环唑4%）、35%水乳剂（咪鲜胺25% +苯醚甲环唑10%）、40%水乳剂（咪鲜胺30% +苯醚甲环唑10%）。

应用技术　防治黄瓜炭疽病，发病前至发病初期，用30 ~ 50ml/亩喷雾，每7d左右施药1次。

防治蔷薇科观赏花卉炭疽病20%水乳剂 40 ~ 50ml/亩对水40 ~ 60kg喷雾每隔7 ~ 9d施药1次，连续喷药2 ~ 3次。防治枸杞炭疽病20%水乳剂 1 000 ~ 1 500倍液 喷雾，每隔7d施药1次，连续喷药2次。防治苹果树炭疽病20%水乳剂 1 200 ~ 1 700倍液 喷雾 ，间隔10 ~ 14d施药，一般连续施药1 ~ 2次。防治黄瓜靶斑病，用35%水乳剂60 ~ 90ml/亩对水40 ~ 60kg雾。防治西瓜炭疽病，用40%水乳剂8 ~ 11ml/亩对水40~60kg喷雾，安全间隔期为7d，每季最多使用2次。防治冬枣炭疽病，用40%水乳剂2 000 ~ 2 500倍液喷雾，安全间隔期为28d，每季最多使用3次。

注意事项　本品为环保无公害产品，使用前应先摇匀再稀释，即配即用。可与多种农药混用，但不宜与强酸、强碱性农药混用。施药时不可污染鱼塘、河道、水沟。药物置于阴凉干燥避光处保存。勿使药液溅入眼或沾染皮肤。进食、饮水或吸烟前必须先清洁手及裸露皮肤。

开发登记　郑州郑氏化工产品有限公司、北京富力特农业科技有限责任公司登记生产。

苯醚甲・丙环

其他名称　爱苗。

作用特点　广谱、内吸、治疗性杀菌剂，可被根、茎、叶部吸收。可防治子囊菌、担子菌和半知菌所引起的病害，对许多重要病害均具有持久的保护和治疗活性。

理化性质　生产工艺比较简单，易于操作，产品质量稳定，分散性和展着性好，黏附在植物体表面的能力比较强，耐雨水冲刷，药效比较显著且持久。

毒　　性　属低毒性杀菌剂。

剂　　型　30%乳油(苯醚甲环唑15%+丙环唑15%)、300g/L乳油（苯醚甲环唑150g/L+丙环唑150g/L）、50%乳油（苯醚甲环唑25%+丙环唑25%）、60%乳油（苯醚甲环唑30%+丙环唑30%）、30%水乳剂（苯醚甲环唑15%+丙环唑15%）。

应用技术　防治大豆锈病、花生叶斑病、小麦纹枯病，用300g/L乳油 20 ~ 30ml/亩对水45 ~ 75kg喷雾；防治水稻纹枯病，用300g/L乳油15 ~ 20ml/亩对水45 ~ 75kg喷雾；防治榛子树白粉病，可用50%乳油2 500 ~ 5 000倍液喷雾；防治草坪币斑病 ，用30%乳油44 ~ 67ml/亩对水45 ~ 75kg喷雾；防治香蕉叶斑病，用30%乳油1 000~2 000倍液喷雾；防治苹果树褐斑病，用30%水乳剂 2 000 ~ 3 000倍液喷雾 。

注意事项　在水稻上防治纹枯病一季作物最多施用次数2次，安全间隔期28d；在大豆上防治锈病一季作物最多施用次数3次，安全间隔期30d；在小麦上防治纹枯病一季作物最多施用次数2次，安全间隔期21d；在花生上防治叶斑病一季作物最多施用次数3次，安全间隔期21d；于发病前或发病初期施药，对水均匀喷雾。

开发登记　瑞士先正达作物保护有限公司、深圳诺普信农化股份有限公司等企业登记生产。

锰锌·腈菌唑

其他名称 叶斑宁。

作用特点 具有较强的内吸性，对病菌具有预防和治疗作用。两者混配，可以延缓抗性的产生。对果树的多种病菌有良好的预防和铲除效果。

理化性质 本品由腈菌唑、代森锰锌、助剂和填料等组成。可湿性粉剂为浅黄色粉末，熔点138℃，分解温度150℃，pH6.5～7.2。水分含量2%～4%，常温储存2年。

毒　　性 制剂低等毒性。

剂　　型 47%可湿性粉剂(腈菌唑5%+代森锰锌42%)、50%可湿性粉剂(腈菌唑2%+代森锰锌48%)、52.25%可湿性粉剂(腈菌唑2%+代森锰锌50.5%)、60%可湿性粉剂(腈菌唑3%+代森锰锌57%)、62.25%可湿性粉剂(腈菌唑2.25%+代森锰锌60%)、32%可湿性粉剂（腈菌唑2%+代森锰锌30%）、47%可湿性粉剂（腈菌唑5%+代森锰锌42%）。

应用技术 防治黄瓜白粉病，用 62.25%可湿性粉剂200～250g/亩或50%可湿性粉剂220～280g/亩对水45～75kg 喷雾。

防治番茄叶霉病，用 47%可湿性粉剂100～135g/亩对水45～75kg 喷雾。

防治梨树黑星病，用50%可湿性粉剂500～700倍液或60%可湿性粉剂900～1 500倍液喷雾。

防治苹果树轮纹病，用50%可湿性粉剂800～1 300倍液喷雾。

注意事项 储存于阴凉、干燥、通风处。要远离儿童和家畜。作业时应穿戴防护衣物，以避免药液直接接触。作业结束后，应用肥皂清洗脸、手、脚等裸露部位。药剂包装物应统一烧毁或深埋。如误服中毒，应立即送医院诊治。

开发登记 浙江一帆生物科技集团有限公司、上海沪联生物药业（夏邑）股份有限公司等企业登记生产。

多·霉威

作用特点 具有保护、治疗作用，多菌灵与乙霉威复配应用，不易产生抗药性，对灰霉病效果较好。

理化性质 本品由乙霉威、多菌灵、助剂、硅藻土等组成。外观呈灰白色粉末，pH5～8，95%通过325目筛，悬浮率大于或等于60%，湿润时间≤120s，含水量3%以下。

毒　　性 制剂低等毒性。

剂　　型 25%可湿性粉剂(多菌灵20%+乙霉威5%)、50%可湿性粉剂(多菌灵25%+乙霉威25%)、60%可湿性粉剂(多菌灵30%+乙霉威30%)。

应用技术 防治番茄灰霉病，施药的最佳时期是病害发病前或发病初期，用60%可湿性粉剂90～120g/亩或50%可湿性粉剂100～150g/亩对水45～75kg喷雾。施药时尽可能做到均匀，番茄的果实、叶面及叶背都要喷到。本品对番茄安全间隔期为5d及农作物每个周期的最多使用次数为2次。

注意事项 按农药安全使用规定操作，作业后用肥皂冲洗外露部位，用水漱口。不能与铜制剂及碱性较强的农药混用。建议和其他杀菌剂轮换使用，以防病菌对该药产生抗性。储藏于阴凉、通风、干燥的地方。

开发登记 江苏蓝丰生物化工股份有限公司、山东潍坊双星农药有限公司等企业登记生产。

甲硫·乙霉威

其他名称 万霉灵；克得灵。

作用特点 具有保护和治疗作用，还具有内吸渗透性，药液能够均匀地覆盖在植物体表面，起到保护作用，持效期长，杀菌谱广。对蔬菜灰霉病、菌核病效果较好，对叶霉病防效也较好。

毒　　性 属低毒杀菌剂。

剂　　型 65%可湿性粉剂(甲基硫菌灵52.5%+乙霉威12.5%)、66%可湿性粉剂(甲基硫菌灵54%+乙霉威12%)、44%悬浮剂（甲基硫菌灵33% +乙霉威11%）。

应用技术 防治番茄灰霉病，发病初期均匀喷雾使用，用65%可湿性粉剂50～75g/亩或44%悬浮剂80～120g/亩 对水45～75kg喷雾，连续施药的间隔期为7～10d。防治黄瓜灰霉病，在发病前或发病初期使用，用 65%可湿性粉剂80～125g/亩对水45～75kg 叶面喷雾，每隔10d喷1次，每季的最多使用次数为3次。

注意事项 不能与碱性农药混用。施药时穿戴防护服，戴口罩、防护镜，施药后清洗手、脸等。本品应存放在阴凉、干燥、通风处。

开发登记 山东省青岛东生药业有限公司、江苏蓝丰生物化工股份有限公司等企业登记生产。

嘧霉·百菌清

作用特点 属广谱、高效杀菌剂。具有内吸传导和熏蒸作用，同时具有保护作用，在作物表面有良好的黏着性能，不易被雨水冲刷掉。与其他杀菌剂无交互抗性。对蔬菜灰霉病有良好的防治效果。

毒　　性 属低毒杀菌剂。

剂　　型 40%悬浮剂(百菌清25%+嘧霉胺15%)、40%可湿性粉剂（百菌清 27% +嘧霉胺13%）。

应用技术 防治番茄灰霉病，发病前或发病初期施药，用40%悬浮剂 350～400ml/亩或40%可湿性粉剂100～133g/亩对水45～75kg 喷雾，在番茄上的安全间隔期为7d，每季作物最多使用次数为2次。

注意事项 本品对眼睛和皮肤有刺激性，应注意防护。每季作物最多使用3次，安全间隔期为7d。

开发登记 深圳诺普信农化股份有限公司、浙江一帆生物科技集团有限公司等企业登记生产。

多·福·锌

毒　　性 属中毒杀菌剂。

剂　　型 25%可湿性粉剂(多菌灵5%+福美双10%+福美锌10%)、80%可湿性粉剂(多菌灵25%+福美双25%+福美锌30%)。

应用技术 防治苹果树轮纹病或炭疽病，在苹果轮纹病发病前或者发病初期喷药，用80%可湿性粉剂700～800倍喷雾，间隔7～10d再喷1次，可连喷2次 本品在苹果树上使用的安全期为28d，每个作物周期的最多使用次数为3次。

注意事项 作物发病前或发病初期用药，喷雾后4h内遇雨应补施。在发病初期用药量可以减少，发病严重或后期时应适当的增加用药量，高温季节应增加用水量来稀释药液。用药时应注意安全防护措施，如药剂误入眼内要用清水冲洗15min；误食时应立即送医院治疗。作物采收前1～2周停止施药。不能与碱性农药及铜制剂农药混用。

开发登记 山东省青岛海利尔药业有限公司等企业登记生产。

硫磺·多菌灵

其他名称 威王。

作用特点 具内吸性和保护性。其主要作用机制是干扰病菌的有丝分裂中纺锤体的形成，从而影响细胞分裂。防治对象包括稻瘟病、纹枯病、秆腐病，小麦赤霉病、白粉病，花生锈病、褐斑病，黄瓜白粉病，苹果和梨的炭疽病、轮纹病、黑星病、白粉病及柑橘炭疽病、疮痂病等。

理化性质 悬浮剂为灰白色黏稠状可流动的悬浮剂，可以同任意量的水混合成喷洒用的悬浮液。

毒　　性 广谱、低毒、复合内吸性杀菌剂，抗性低、药效期长、使用安全、方便。对大鼠急性经口 LD_{50}为25 740mg/kg。

剂　　型 40%悬浮剂(多菌灵15%+硫磺25%)、42%悬浮剂(多菌灵7%+硫磺35%)、50%悬浮剂(多菌灵15%+硫磺35%)、50%可湿性粉剂(多菌灵20%+硫磺30%)、25%可湿性粉剂（多菌灵10%+硫磺15%）。

应用技术 防治小麦赤霉病，在发病初期用 25%可湿性粉剂赤霉病 250～300g/亩对水45～75kg喷雾，连续使用2～3次，间隔7～10d施药。防治水稻稻瘟病，用40%悬浮剂200～300g/亩对水45～75kg喷雾，于水稻叶瘟发病前或发病初期进行第1次施药，此后视病情发生情况每次间隔7～10d施第2次药，一般连续施药2～3次；防治穗颈瘟于水稻破口期和齐穗期各施药1次。防治甜菜褐斑病，用40%悬浮剂150～200g/亩对水45～75kg喷雾 。防治黄瓜白粉病，在发病初期，用42%悬浮剂250～375g/亩对水45～75kg 喷雾。

注意事项 不能与硫酸铜等金属盐类药液混用；为了防止药害，尽量避免在高温天气或中午施药；如要在黄瓜， 大豆上使用时，宜降低使用浓度，避免在李、桃等作物上使用。本品应储存于阴凉通风处，严禁在阳光下暴晒。

开发登记 江门市大光明农化新会有限公司、山东美罗福农业科技股份有限公司等企业登记生产。

醚菌·啶酰菌

其他名称 翠泽。

作用特点 本品为啶酰菌胺和醚菌酯的混配制剂，两者均为呼吸抑制剂，混配后双重抑制病原菌呼吸。对黄瓜、甜瓜、草莓及苹果等各种作物的白粉病以及葡萄穗轴褐枯病具有较好的防治作用。药剂可通过植物茎叶和根部吸收发挥作用，有一定的向顶传导性和较好的跨膜传导性。

毒　　性 属低毒杀菌剂。

剂　　型 300g/L悬浮剂(醚菌酯100g/L+啶酰菌胺200g/L)。

应用技术 防治草莓白粉病，发病前或发病初期用药，用300g/L悬浮剂 25 ~ 50ml/亩对水45 ~ 75kg喷雾，连续施药3 ~ 4次，间隔7 ~ 14d，每季节最多用药3次，安全间隔期为7d。防治黄瓜白粉病，发病前或发病初期用药，用300g/L悬浮剂 45 ~ 60ml/亩对水45 ~ 75kg喷雾，连续施药3次，间隔7 ~ 14d，每季节最多用药3次，安全间隔期为2d。防治苹果树白粉病，发病前或发病初期用药，用300g/L悬浮剂 2 000 ~ 4 000倍液喷雾，连续施药3次，间隔7~14d，每季节最多用药3次，安全间隔期为7d。防治葡萄穗轴褐枯病，用 300g/L悬浮剂1 000 ~ 2 000倍液喷雾。防治甜瓜白粉病，发病前或发病初期用药用300g/L悬浮剂45 ~ 60ml/亩对水45 ~ 75kg喷雾，连续施药3次，间隔7 ~ 14d，每季节最多用药3次，安全间隔期为3d。

注意事项 不能与碱性农药混用。喷药时注意防护。储存在阴凉、干燥通风处，以免分解。

开发登记 巴斯夫植物保护（江苏）有限公司、山东辉瀚生物科技有限公司等企业登记生产。

甲基硫菌灵・硫磺

其他名称 混杀硫。

作用特点 本品由硫黄与甲基硫菌灵混配而成的农用杀菌剂，具有内吸、预防和治疗作用，对黄瓜白粉病和炭疽病具有较好的防治效果。

理化性质 悬浮剂为灰白色黏稠状可流动的悬浮液，悬浮率 > 90%，分散性好，可以同任意量的水混合成喷洒用的悬浮液。

毒　　性 对雌雄大鼠的急性经口 LD_{50} > 5 000mg/kg，雌雄大鼠急性经皮 LD_{50} > 1 000mg/kg。

剂　　型 50%悬浮剂(甲基硫菌灵20%+硫黄30%)、70%可湿性粉剂(甲基硫菌灵25%+硫黄45%)。

应用技术 防治黄瓜白粉病，在发病初期施药，用70%可湿性粉剂80 ~ 100g/亩对水45 ~ 60kg喷雾,每隔7 ~ 10d用药1次，可连续用药2次；防治黄瓜炭疽病，用50%悬浮剂100 ~ 140g/亩对水45 ~ 60kg喷雾。产品在黄瓜作物上使用的安全间隔期为4d，(大田)每季最多使用2次。

注意事项 本品长期存放，出现分层，摇匀后使用，不影响药效。不能与铜制剂农药混用。

开发登记 江西正邦作物保护有限公司 、陕西西大华特科技实业有限公司等企业登记生产。

三环・异稻

其他名称 稻瘟立静；奔牛。

理化性质 三环・异稻由三环唑、异稻瘟净和助剂、填料组成。可湿性粉剂外观为灰褐色疏松粉末，pH5.0 ~ 8.0，悬浮率(以三环唑计)≥60%，湿润时间≤120s，水分≤3.0%。悬浮剂外观为灰白色可流动悬浮液，悬浮率≥90%，(54 ± 2)℃储存14d，有效组分的分解率≤8%。

毒　　性 制剂中等毒性。

剂　　型 20%可湿性粉剂(三环唑10%+异稻瘟净10%)、30%可湿性粉剂(三环唑8%+异稻瘟净22%)、30%悬浮剂(三环唑10%+异稻瘟净20%)。

应用技术 防治水稻叶瘟病，发病前或发病初期；防治穗瘟，破口期和齐穗期，用20%可湿性粉剂100～150g/亩对水50～75kg喷雾。

注意事项 因本剂内吸性强，喷药1h后遇雨，也不必补喷。不宜在蔬菜和梨上应用，安全间隔期14d。水稻苗期稻瘟病于秧苗移栽前4～5d喷雾预防；稻瘟病中等至严重程度发生，第1次宜于破口初期至孕穗末期用药；第二次用药须避开扬花期用药，以免影响花粉受精。喷药过程中要不断加压搅动，以确保用药均匀。宜于阴凉干燥处储存。误服本品，可用浓盐水催吐，并立即送医院救治。

开发登记 江苏丰登作物保护股份有限公司、江苏龙灯化学有限公司等企业登记生产。

井冈·三环唑

作用特点 三环唑是稻瘟病专用杀菌剂，内吸性强，主要是预防保护作用，井冈霉素是抗生素类内吸性杀菌剂，主要用于防治水稻纹枯病，兼有保护和治疗作用。两者的复配可以提高药效，扩大杀菌谱的作用，防治对象主要是水稻病害。

理化性质 悬浮剂为黄色至棕黄色液体，在中性溶液中稳定，在强酸、强碱性溶液中易分解。

毒　　性 制剂中等毒性。

剂　　型 20%可湿性粉剂(三环唑15%+井冈霉素5%)、20%悬浮剂(三环唑15%+井冈霉素5%)、6%颗粒剂（三环唑 5%+井冈霉素1%）。

应用技术 防治水稻稻曲病、稻瘟病、纹枯病，在水稻破口期前7d用药，用20%可湿性粉剂100～150g/亩对水45～75kg喷雾，一般用药1～2次，间隔7～10d。

注意事项 本剂应在病害发生前使用，特别是防治穗颈瘟，切莫贻误用药时间。储放在阴凉干燥处，使用前应充分摇匀。使用时应穿戴好防护用具，用药后用肥皂清洗身上暴露部分。

开发登记 山西省临猗中晋化工有限公司、江苏东宝农化股份有限公司等企业登记生产。

三环唑·春雷霉素

作用特点 本品由三环唑和春雷霉素混配制成。三环唑是内吸性较强的保护性杀菌剂，而春雷霉素是抗菌素杀菌剂，也具有较强的内吸性，主要为治疗作用兼有预防作用。两者混合使预防和治疗作用都得到加强，有效防治水稻稻瘟病。

理化性质 本剂为春雷霉素和三环唑的混配制剂，可湿性粉剂为褐色粉末，pH值4.0，细度为95%以上通过325目筛；悬浮率为60.9%，湿润时间为37s，含水量≤5%。

毒　　性 对雄性小鼠的急性经口LD_{50}为3 160mg/kg，雌性小鼠为3 480mg/kg；对小鼠的急性经皮LD_{50} > 10 000mg/kg；属低毒农药。

剂　　型 10%可湿性粉剂(春雷霉素1%+三环唑9%)、13%可湿性粉剂(春雷霉素3%+三环唑10%)、22%可湿性粉剂（春雷霉素2%+ 三环唑20%）、28%可湿性粉剂（春雷霉素3.6%+ 三环唑24.4%）。

应用技术 防治水稻稻瘟病，发病初期，用13%可湿性粉剂130～150g/亩或22%可湿性粉剂 55～60g/亩对水30～40kg喷雾，穗瘟在出穗5%左右时施药，病重田在齐穗期再喷1次。

注意事项 本品不得与碱性农药混配使用。药液随配随用。喷施后4h内遇雨应补喷。收获前10d停止用药。施药后应用肥皂洗手洗脸。存放于阴凉干燥处。

开发登记 山东曹达化工有限公司、广西田园生化股份有限公司等企业登记生产。

多·酮

其他名称 禾枯灵；粉霉灵；麦病灵；纹霉净。

作用特点 具有内吸作用，是高效、低毒、广谱性杀菌剂，是同时兼治多种病害的复配制剂。防治对象包括禾谷类作物、油菜及其他作物的多种病害。

理化性质 可湿性粉剂外观为灰白色至棕白色粉末，常温下储存稳定。

毒　　性 该剂对大白鼠的急性经口LD_{50}>10 000mg/kg。

剂　　型 30%可湿性粉剂(多菌灵20%+三唑酮10%)、40%可湿性粉剂(多菌灵35%+三唑酮5%)、50%可湿性粉剂(多菌灵40%+三唑酮10%)、33%可湿性粉剂（多菌灵24%+三唑酮9%）、36%悬浮剂（多菌灵32.5%+三唑酮3.5%）。

应用技术 防治小麦白粉病，用40%可湿性粉剂75～100g/亩，对水45～75kg喷雾；防治小麦赤霉病，用 50%可湿性粉剂50～70g/亩或30%可湿性粉剂100~130g/亩，对水45～75kg喷雾。

防治油菜菌核病，用40%可湿性粉剂100～140g/亩或33%可湿性粉剂100～130g/亩，对水45～75kg喷雾。防治水稻稻瘟病，用50%可湿性粉剂60～80g/亩，对水45～75kg喷雾；防治水稻叶尖枯病，用50%可湿性粉剂60～80g/亩，对水45～75kg喷雾；防治水稻云形病，用40%可湿性粉剂75～100g/亩，对水45～75kg喷雾。

注意事项 防治各种病害，应掌握适期，喷雾均匀，雾滴越细越好。本品可与一般农药混用，与敌百虫、乐果混用有增效作用，但不可与铜制剂混用。本品虽为低毒，仍需遵守农药安全使用规定操作。应储存于干燥阴凉处，远离食品及儿童接触不到的地方。

开发登记 上海绿泽生物科技有限责任公司、江苏粮满仓农化有限公司等企业登记生产。

井冈·多菌灵

作用特点 本制剂是由苯并咪唑类杀菌剂多菌灵与抗生素井冈霉素复配而成的杀菌剂，具有微毒、内吸性较强等特点。药剂能被菌体细胞广泛吸收，并在作物内传导，从而有效抑制菌丝的生长和蔓延，持效期较长，对作物兼具保护和治疗作用。

理化性质 悬浮剂为灰白色黏稠状可流动的悬浮液，可与水任意混合，悬浮率>90%，pH3～5。

毒　　性 制剂低毒。

剂　　型 28%悬浮剂(多菌灵24%+井冈霉素4%)、12%可湿性粉剂(多菌灵8%+井冈霉素4%)、30%可湿性粉剂（多菌灵 20%+井冈霉素 10%）、20%可湿性粉剂（多菌灵 14%+井冈霉素 6%）。

应用技术 防治水稻稻瘟病，在发病初期施药，用28%悬浮剂150～200ml/亩，对水45～60kg喷雾。防治水稻纹枯病，在发病初期施药，用150～200ml/亩或30%可湿性粉剂120～150g/亩，对水45～60kg喷雾。

防治小麦赤霉病，在发病初期施药，用28%悬浮剂100 ~ 125g/亩或20%可湿性粉剂150 ~ 200g/亩对水45 ~ 60kg喷雾。在水稻上的安全间隔期为30d。每季最多使用次数不超过2次。在小麦上使用的安全间隔期为28d，每个作物周期的最多使用次数为1次。

注意事项 使用前要摇匀，配药要均匀。注意用药适期，一般在发病前或初期用药。不宜与碱性农药混用。

开发登记 浙江钱江生物化学股份有限公司 、威海韩孚生化药业有限公司等企业登记生产。

恶·甲

其他名称 秀苗。

理化性质 由恶霉灵、甲霜灵、助剂和水组成。水剂为红棕色液体，相对密度为1.05 ~ 1.09(25℃)，pH4，水分含量80% ~ 85%，热储分解率小于10%。

毒　　性 大鼠急性经口LD_{50}4 640mg/kg，急性经皮LD_{50} > 4 640mg/kg，急性吸入LC_{50} > 21.6mg/m^3。

剂　　型 3%水剂(恶霉灵2.5%+甲霜灵0.5%)、3.2%水剂(恶霉灵2.6%+甲霜灵0.6%)。

应用技术 防治水稻苗期立枯病，秧苗1心1叶期，用3%水剂600 ~ 800倍液喷雾。

防治黄瓜枯萎病，发病前至发病初期，用3%水剂500 ~ 700倍液灌根，每株250ml。

注意事项 不可与碱性农药混用。秧苗喷药后应喷洒清水洗苗。安全间隔期为7 ~ 10d。使用时勿吸烟、进食和饮水，工作后，彻底清洗。预计1h内降雨天气，请勿施药。本品应存放在阴凉、通风、干燥处。

开发登记 海南正业中农高科股份有限公司等企业登记生产。

甲基立枯磷·福美双

其他名称 盼丰。

作用特点 本产品为有机硫类杀菌剂和有机磷类杀菌剂的混剂。对半知菌类、担子菌纲和子囊纲等各种病原菌均有很强的杀菌活性，可防治棉花苗期立枯病及炭疽病。

作用特点 属保护性杀菌剂，主要用于防治土传病害，其吸附力强、不易流失、持效期长。

理化性质 悬浮率为85%，润湿时间为60s，细度为325目；外观：原药灰白色，经过染色，形成蓝色粉末。

毒　　性 属低毒。大白鼠急性口服LD_{50}为5 000mg/kg，经皮LD_{50} > 5 000mg/kg，慢性毒性试验表明无致突变和致畸作用。对鸟和鱼低毒，常规用量无药害。

剂　　型 15%悬浮种衣剂(福美双10%+甲基立枯磷5%)、20%悬浮种衣剂（福美双15%+甲基立枯磷5%）。

应用技术 防治棉花立枯病和炭疽病，选发芽率在85%以上、含水量在11%以下、破损率低于5%、残酸量低于0.15%的良种，在播前两周以上进行包衣，药种比1：（30~50），使药液均匀包在种子表面即可，根据需要适当晾晒。

注意事项 不能与碱性农药混用。使用本品时应穿戴防护服和手套，避免吸入药液。施药期间不可饮食、吸烟，药后应及时洗手和洗脸。储存在阴凉干燥处。

开发登记 安徽省六安市种子公司安丰种衣剂厂、新疆锦华农药有限公司等企业登记生产。

春雷霉素·氧氯化铜

其他名称 加瑞农。

作用特点 春雷·氧氯铜对真菌蛋白质合成和细菌核糖核蛋白系统中氨基酸的合成有抑制作用。兼有内吸、预防和治疗作用。防治对象包括多种作物的真菌性和细菌性病害。

理化性质 可湿性粉剂外观为浅绿色粉末，除碱性农药外，可与多种农药混合。

毒　　性 制剂对人、畜低毒。

剂　　型 47%可湿性粉剂(春雷霉素2%+氧氯化铜45%)、50%可湿性粉剂(春雷霉素5%+氧氯化铜45%)。

应用技术 防治黄瓜霜霉病，发病前至发病初期，用47%可湿性粉剂800～1 000倍液喷雾；防治番茄叶霉病，发病前至发病初期，用47%可湿性粉剂600～800倍液喷雾。

防治柑橘溃疡病，发病前至发病初期，用47%可湿性粉剂600～800倍液喷雾；防治荔枝霜疫霉病，发病前至发病初期，用47%可湿性粉剂800～1 000倍液喷雾。

注意事项 为保证施药效果，请使用加压喷雾器喷药。不要把药液喷在藕、白菜、马铃薯、杉树(特别是苗)上；对柑橘，高温期易引起轻微褐点药害。不要在黄瓜幼苗期和高温时喷药。番茄、黄瓜、西瓜、辣椒于收获前1d，洋葱于收获前5d，柑橘、甘蓝、丝瓜、苦瓜、莴苣、沙田柚于收获前7d，花椰菜于收获前21d停止使用。对金属容器有腐蚀性。

开发登记 日本北兴化学工业株式会社、江西禾益化工有限公司等企业登记生产。

琥·乙膦铝

其他名称 百菌通。

作用特点 具有保护和双向内吸传导作用，对细菌和真菌中的子囊菌亚门、半知菌亚门、轮枝菌、单轴菌属、霜霉属、疫霉属所引起的病害具有预防、治疗、铲除功效。

理化性质 可湿性粉剂为浅绿色或浅蓝色粉末，pH值(1%溶液)3～5，悬浮率≥50%，有效成分为三乙膦酸铝和琥胶肥酸铜。既有三乙膦酸铝的内吸治疗作用，又有琥胶肥酸铜的保护作用。

毒　　性 制剂低等毒性。

剂　　型 23%可湿性粉剂(琥胶肥酸铜7.5%+三乙膦酸铝15.5%)、48%可湿性粉剂(琥胶肥酸铜20%+三乙膦酸铝28%)、50%可湿性粉剂(琥胶肥酸铜30%+三乙膦酸铝20%)。

应用技术 防治黄瓜霜霉病，在发病初期，用48%可湿性粉剂125～186g/亩对水45～60kg喷雾，每隔7～10d喷1次，一般喷2～3次，每季作物最多使用3次，安全间隔期为4d。

防治黄瓜细菌性角斑病，在发病初期，用48%可湿性粉剂125~186g/亩对水45~60kg喷雾，每隔7～10d喷1次，一般喷2～3次，每季作物最多使用3次，安全间隔期为4d。防治黄瓜霜霉病，用50%可湿性粉剂150~188g/亩对水45～75kg喷雾施用次数3次，7～10d喷1次，每季作物最多使用3次，安全间隔期为4d。防治水稻苗期立枯病，用23%可湿性粉剂0.6～1.2g/m²苗床喷洒。防治甜菜立枯病，用23%可湿性粉剂1:（200～250）（药种比）拌种 。

注意事项 喷药前要充分搅拌，喷洒均匀。不宜与强酸、强碱性药剂混用。在发病前或发病初期施药。本品每季最多使用4次，安全间隔期为3d。作物苗期应慎用。本品对水生生物有毒，应避免在养殖池塘或附近使用，严格控制在水田使用。

开发登记 齐齐哈尔华丰化工有限公司、黑龙江省齐齐哈尔市田丰农药化工有限公司等企业登记生产。

盐酸吗啉胍·乙酸铜

其他名称 病毒清；病毒净；病毒灵；病毒A。

作用特点 具有保护和治疗作用。施到植物叶片上后，药剂进入植物体内，抑制或破坏病毒的核酸和脂蛋白的形成，阻止病毒的复制过程，起到防治病毒的作用；并可保护植物，预防由于菌类引起的一些病害。对病毒病具有良好的预防和治疗作用。

毒　　性 制剂属低毒。

剂　　型 20%可湿性粉剂(盐酸吗啉胍10%+乙酸铜10%)、60%可溶性片剂(盐酸吗啉胍30%+乙酸铜30%)。

应用技术 防治水稻条纹叶枯病，发病初期，用20%可湿性粉剂150～250g/亩对水45～60kg茎叶喷雾，每7d左右施药1次，可连续用药3次。

防治番茄病毒病，用20%可湿性粉剂150～200g/亩对水45～60kg喷雾。防治烟草病毒病，用20%可湿性粉剂167～250g/亩对水45～60kg喷雾。

防治辣椒病毒病，用20%可湿性粉剂120～150g/亩对水45～60kg喷雾，茎叶喷雾连续使用2次，间隔7～10d用药1次。

防治烟草病毒病，用20%可湿性粉剂150～200g/亩对水45～60kg喷雾。

注意事项 不能与碱性农药混用。使用本品时应穿戴防护服和手套，避免吸入药液。施药期间不可饮食、吸烟，药后应及时洗手和洗脸。与不同的杀菌剂合理轮换使用，以防止抗性的产生。禁止在河塘等水域内清洗施药器具。

开发登记 海利尔药业集团股份有限公司、山东潍坊双星农药有限公司等企业登记生产。

萎锈·福美双

其他名称 萎福。

作用特点 具有内吸作用的种子处理剂，二组分复配具协同增效作用，高效、低毒、杀菌谱广，可防治多种作物种子和土壤传播的病害。

理化性质 外观为蓝绿色粉末，润湿时间为5～10s，5min内悬浮率可达65%以上，常温储存稳定期一般在3年以上。

毒　　性 对大鼠急性经口LD_{50}＞1 600mg/kg，对兔急性经皮LD_{50}＞1 000mg/kg，对大鼠急性吸入LC_{50}＞14mg/L。对皮肤无刺激性，但对眼睛有严重刺激作用。对鱼类高毒，蓝鳃太阳鱼(96h)LC_{50}为0.6mg/L，虹鳟鱼(96h)LC_{50}为0.4mg/L。对鸟类低毒，鹌鹑LD_{50}为2 410mg/kg。

剂　　型 400g/L悬浮剂(福美双200g/L+萎锈灵200g/L)、49%悬浮剂(福美双24.5%+萎锈灵24.5%)、75%种子处理可分散粉剂（福美双37.5%+萎锈灵37.5%）。

应用技术 防治大豆根腐病，用400g/L悬浮剂1：（200~286）（药种比）拌种；防治大麦黑穗病，用400g/L悬浮剂1：（333～500）(药种比）拌种； 防治大麦条纹病，用400g/L悬浮剂1：（333～500）（药种比）拌种； 防治花生根腐病，用400g/L悬浮剂200～300ml/100kg种子拌种； 防治棉花立枯病，用400g/L悬浮剂1：（200～250）(药种比) 拌种；防治水稻恶苗病，用400g/L悬浮剂1：（250～333）（药种比）拌种； 防治水稻立枯病，用400g/L悬浮剂1：200～250(药种比) 拌种 ；防治小麦散黑穗病，用400g/L悬浮剂 1：（305～368）（药种比）拌种 ；防治玉米苗期茎基腐病，用400g/L悬浮剂 200～300ml/100kg种子拌种；防治玉米丝黑穗病，用400g/L悬浮剂1：（200～250）(药种比) 拌种；调节大麦生长，用400g/L悬浮剂 1：（333～400）（药种比）拌种；调节玉米生长，用400g/L悬浮剂 1：333(药种比) 拌种 ；调节小麦生长，用400g/L悬浮剂 1：333(药种比) 拌种 。

注意事项 不宜与碱性农药混用。配药时搅匀，拌种时搅拌均匀。拌过药的种子有残毒，不能再食用。对皮肤和黏膜有刺激作用，喷药时注意防护。储存在阴凉干燥处，以免分解。

开发登记 爱利思达生物化学品有限公司、陕西恒田化工有限公司等企业登记生产。

多·福

其他名称 多丰农；斑点净。

作用特点 兼有内吸治疗作用和预防保护作用。防治对象包括果树、蔬菜、瓜类等多种作物的炭疽病、轮纹病、霜霉病等。

理化性质 可湿性粉剂为灰白色粉末，比较稳定。

毒　　性 制剂低等毒性。

剂　　型 18%种衣剂(多菌灵6%+福美双12%)、20%悬浮种衣剂(多菌灵10%+福美双10%)、25%悬浮种衣剂(多菌灵15%+福美双10%)、30%可湿性粉剂(多菌灵10%+福美双20%)、45%可湿性粉剂(多菌灵6%+福美双39%)、80%可湿性粉剂(多菌灵10%+福美双70%)、40%可湿性粉剂（多菌灵10%+福美双 30%）、14%悬浮种衣剂（多菌灵5%+福美双 9%）、15%悬浮种衣剂（多菌灵7%+福美双 8%）。

应用技术 防治葡萄霜霉病，用45%可湿性粉剂360～450倍液喷雾； 防治苹果树轮纹病，用45%可湿性粉剂500～700倍液喷雾；防治梨黑星病，用45%可湿性粉剂300～450倍液或者40%可湿性粉剂400～500倍液喷雾；防治水稻稻瘟病，用45%可湿性粉剂160～200g/亩360～450倍液喷雾；防治辣椒苗期根腐病，用40%可湿性粉剂11～13g/m^2拌土撒施；防治小麦根腐，用15%悬浮种衣剂1：（60～80）（药：种比）种子包衣；防治小麦黑穗病，用15%悬浮种衣剂，1：（60～80）(药：种比) 种子包衣。

注意事项 本品使用前先用少量水调成均匀的糊状，然后稀释至规定倍数。不能与铜、汞及碱性农药混用。拌过药的种子有残毒，不能食用。储存在阴凉干燥处，以免分解。对皮肤和黏膜有刺激作用，喷药时注意防护。误服会出现恶心、呕吐、腹泻等症状，皮肤接触易发生瘙痒及出现斑疹等，应催吐、洗胃及对症治疗。

开发登记 江西威牛作物科学有限公司、重庆树荣作物科学有限公司等企业登记生产。

咯菌·精甲霜

其他名称 满适金。

作用特点 主要是由精甲霜灵和咯菌腈混配而成的。主要用于防治禾本科作物由腐霉菌、镰刀菌、立枯丝核菌所引起的根腐病、茎基腐病等病害。

毒 性 制剂属低毒杀菌剂。

剂 型 35g/L悬浮种衣剂(咯菌腈25g/L+精甲霜灵10g/L)、62.5g/L悬浮种衣剂(咯菌腈25g/L+精甲霜灵37.5g/L)、4%种子处理悬浮剂（咯菌腈2.5%+精甲霜灵1.5%）。

应用技术 防治玉米茎基腐病，用35g/L悬浮种衣剂1：（500～1 000）（药种比）种子包衣；防治向日葵菌核病，用35g/L悬浮种衣剂500～665ml/100kg种子种子包衣；防治向日葵霜霉病，用35g/L悬浮种衣剂500～665ml/100kg种子种子包衣；防治水稻恶苗病，用62.5g/L悬浮种衣剂300～400ml/100kg种子种子包衣。

注意事项 本品如与其他药剂混用时，或在作物新品种上大面积应用时，必须先进行小范围的安全性试验。配药和种子处理应在通风处进行。种子处理结束后，彻底清洗防护用具。饮水、进食和抽烟前，应先洗手、洗脸。本品不能与食物和饲料放在一起。应储藏在避光、干燥、通风处。

开发登记 先正达南通作物保护有限公司、上海沪联生物药业（夏邑）股份有限公司登记生产。

腐霉·百菌

作用特点： 百菌清能预防真菌侵染，腐霉利具有保护治疗的作用，将两者复配后制成烟剂，用于防治保护地灰霉病。

理化性质 腐霉·百菌由腐霉剂、百菌清和助燃剂、发烟剂等组成，烟剂外观为浅褐色圆片状固体，pH7～9，含水量≤4.0%，自燃温度为130℃。

毒 性 制剂低等毒性。

剂 型 15%烟剂(百菌清12%+腐霉利3%)、20%烟剂(百菌清10%+腐霉利10%)、50%烟剂(百菌清33.3%+腐霉利16.7%)、50%可湿性粉剂（百菌清33.3%+腐霉利16.7%）。

应用技术 防治保护地黄瓜灰霉病，用20%烟剂175～200g/亩点燃放烟，每隔10d用药1次，视发病情况连续用药2～3次，并注意加强管理，控制温湿度，每60m²放置1个放烟点。防治番茄(保护地)灰霉病，用25%烟剂200～250g/亩点燃放烟，在番茄上的安全间隔期3d，每季最多使用3次。放烟时，应关闭保护地门窗，放烟6h后开门、窗通风，使用时要和植株保持一定的距离，以免灼伤作物。

注意事项 该药剂对眼睛和皮肤有一定的刺激作用，施放药后用肥皂洗手。放烟前要将棚关闭好，放烟后人不要入棚。储运时要注意防火、防潮。对刚定植的幼苗、弱苗慎用，收获前3d停止施药。

开发登记 安徽华微农化股份有限公司、河南省安阳市安林生物化工有限责任公司等企业登记生产。

甲硫·菌核净

其他名称 灰核净；万霉净。

理化性质 甲硫·菌核是甲基硫菌灵与菌核净复配的混剂。

毒　　性 制剂属低毒杀菌剂。

剂　　型 25%烟剂(甲基硫菌灵20%+菌核净5%)，55%可湿性粉剂(甲基硫菌灵35%+菌核净20%)。

应用技术 防治保护地黄瓜、番茄灰霉病，发病前至发病初期，用25%烟剂200～300g/亩熏烟，也可用55%可湿性粉剂600～800倍液喷雾。

注意事项 该药剂对眼睛和皮肤有一定的刺激作用，施放药后用肥皂洗手。放烟前要将棚关闭好，放烟后人不要入棚。该药剂属可燃品，储运时要注意防火、防潮。

开发登记 山东神星药业有限公司、山东潍坊双星农药有限公司等企业登记生产。

丙森·霜脲氰

作用特点 本品由两种作用机理不同的杀菌剂混配而成，具有保护、治疗及内吸作用。其杀菌机制是抑制病原菌体内丙酮酸的氧化，多位点抑制病菌体内的蛋白质、线粒体、细胞质的合成，还具有接触和局部内吸作用，可抑制孢子萌发。

毒　　性 属低毒杀菌剂。

剂　　型 50%可湿性粉剂(丙森锌38%+霜脲氰12%)、60%可湿性粉剂(丙森锌50%+霜脲氰10%)、76%可湿性粉剂(丙森锌70%+霜脲氰6%)、75%水分散粒剂(丙森锌60%+霜脲氰15%)、70%水分散粒剂（丙森锌56%+霜脲氰14%）。

应用技术 防治番茄晚疫病，在发病初期用50%可湿性粉剂170～230g/亩对水45～75kg喷雾，安全间隔期为5d，每季作物最多使用次数为3次。防治黄瓜霜霉病，在发病初期或未发病前用药，用70%水分散粒剂65～80g/亩或60%可湿性粉剂70～80g/对水45～75kg，在黄瓜上安全间隔期为4d，每季最多使用3次。防治马铃薯晚疫病，用60%可湿性粉剂80～100g/亩喷雾，马铃薯上安全间隔期为7d，每季最多使用3次。

注意事项 本药不能与铜制剂或碱性农药混用。在黄瓜上使用的安全间隔期为3d，每季最多施用3次。本品应存放在阴凉、通风、干燥处。

开发登记 福建新农大正生物工程有限公司、上海惠光环境科技有限公司等企业登记生产。

烯肟·戊唑醇

其他名称 爱可。

作用特点 具有保护和治疗作用，内吸性强。应用后能提高作物抗逆能力，改善作物品质，促进作物生长发育，显著提高作物产量。适用于防治水稻纹枯病、稻瘟病、小麦锈病和黄瓜白粉病等。

毒　　性 属低毒杀菌剂。对人眼、皮肤无刺激性，无致癌、致畸、致突变等作用，对蜂、鸟、鱼等生物低毒。

剂　　型 20%悬浮剂(戊唑醇10%+烯肟菌胺10%)、24%可分散油悬浮剂（戊唑醇18%+烯肟菌胺6%）。

应用技术 施药应选择在发病前或发病初期，做预防使用时，经济作物在苗期、初花期和幼果期喷施效果佳，粮食作物在分蘖初期、孕穗中期和齐穗期喷施效果佳。防治花生叶斑病，用20%悬浮剂30～40ml/亩喷雾；

防治黄瓜白粉病，用20%悬浮剂33～50ml/亩喷雾；

防治水稻稻曲病，用用20%悬浮剂40～53ml/亩喷雾；防治水稻稻瘟病，用20%悬浮剂50～67ml/亩喷雾；

防治水稻纹枯病，用20%悬浮剂33～50ml/亩喷雾；防治小麦锈病，用20%悬浮剂13～20ml/亩喷雾 。

注意事项 本品在小麦上使用的安全间隔期14d，每季最多使用2次；在水稻上使用的安全间隔期21d，每季最多使用3次；在黄瓜上使用的安全间隔期3d，每季最多使用3次；在花生上使用的安全间隔期7d，每季最多使用2次。本品不能与碱性农药混用。高浓度施用对黄瓜易产生药害。施药时注意安全防护，以免处理不当引起中毒。本品不能与食物和饲料放在一起。应储藏在避光、干燥、通风处。

开发登记 沈阳科创化学品有限公司、沈阳化工研究院（南通）化工科技发展有限公司登记生产。

腈菌・福美双

其他名称 黑白两清；贵福。

作用特点 具有外部保护和内吸治疗作用。持效期长，对子囊菌、半知菌引起的多种作物病害有较好的效果。用于防治作物的白粉病、黑星病、疮痂病等，且病菌不易产生抗性。

毒　　性 制剂属低毒杀菌剂。

剂　　型 40%可湿性粉剂(福美双34%+腈菌唑6%)、62.5%可湿性粉剂(福美双 60%+腈菌唑2.25%)。

应用技术 防治黄瓜白粉病，用20%可湿性粉剂80～120g/亩对水45～75kg喷雾；防治黄瓜黑星病，用20%可湿性粉剂67～133g/亩对水45～75kg喷雾，视病害发生情况，每5～7d施药1次，可连续用药3次；防治梨树黑病，用20%可湿性粉剂600～700倍液喷雾，每株梨树喷施药液2.5kg左右，在病原初发期，每隔7～10d施药1次，施药3次，施药量以叶片、果实湿润，药滴大多数不下淌为度。

注意事项 产品在黄瓜上的安全间隔期为4d，每季作物最多使用3次。产品在梨树上的安全间隔期为14d，每季作物使用本品不能超过3次。不能和碱性农药混用。应置于儿童触及不到的阴凉干燥处。勿与食品、饮料、饲料等商品同储同运。

开发登记 沈阳科创化学品有限公司、海南正业中农高科股份有限公司等企业登记生产。

三、除草混剂

乙・莠

作用特点 乙草胺可以用于玉米田防除1年生禾本科杂草和阔叶杂草，对禾本科杂草的防效优于对阔叶杂草的防效；可以在玉米播后芽前、玉米1～4叶期，杂草未出土前施药。莠去津可为杂草根系和茎叶吸收，对于未出土的杂草具有土壤封闭除草效果，对于杂草幼苗也有较好的杀伤效果；它对阔叶杂草的防除效果优于对禾本科杂草的防除效果；莠去津在土壤中的持效期较长，易于对后茬作物产生药害。两者混用可以扩大杀草谱，提高对一些杂草的防治效果，有效防治马唐、稗草、牛筋草、狗尾草、苋菜、铁苋、苍耳、藜、马齿苋、龙葵、苘麻等1年生单、双子叶杂草。

毒　　性 制剂低毒。

剂　　型 40%悬乳剂(乙草胺20%+莠去津20%)、48%悬乳剂(乙草胺16%+莠去津32%)、55%悬乳剂(乙草胺33%+莠去津22%)、50%悬浮剂（乙草胺25% +莠去津 25% ）、62%悬乳剂（乙草胺31% +莠去津 31% ）、52%悬乳剂（乙草胺26% +莠去津 26%）。

适用作物 玉米。

应用技术 防治春玉米田1年生杂草，可用62%悬乳剂175～230ml/亩对水45～60kg土壤喷雾；防治夏玉米田1年生杂草，可用62%悬乳剂155～175ml/亩对水45～60kg土壤喷雾。

可在玉米播后苗前，施药也可在玉米苗后杂草2叶前用药。田间持效期70～80d，施药1次可保证玉米整个生育期无草。用40%悬浮剂200～240ml/亩对水40～60kg，用人工背式喷雾器进行均匀喷洒。南方墒好多雨，注意选用乙草胺含量较高的产品，因为酰胺类除草剂比较耐雨水；莠去津的功能主要是辅助防治马齿苋等乙草胺难于防治的阔叶杂草。北方干旱多麦茬，注意选用莠去津含量较高的产品。

注意事项 蔬菜、大豆、小麦、水稻、花生、甜菜、油菜、谷子、高粱及桃树、杨树等浅根系树木对本品敏感，喷药时防止药液飘移到相邻作物上，以免造成药害。该药药效发挥与土壤关系较大，墒情好时药效较好；土壤干旱效果不好，干旱时最好在浇水后施药。严格使用时期，该产品在杂草出土前使用，如杂草出土后，草龄应控制于2叶期前，否则草龄过大，效果不好。喷雾时要全田喷雾，要均匀，切忌漏喷或重喷，以免效果不好和局部药害。土壤有机质含量较高的土地，应加大用药量，有机质含量低于1%的砂壤土地不宜喷施。机割麦田、麦茬高且麦秸、麦糠在田间遗留大，应适当加大药量和对水量。

开发登记 登封市金博农药化工有限公司、山东胜邦绿野化学有限公司等企业登记生产。

乙・扑

作用特点 乙草胺和扑草净分别属于酰胺类和三氮苯类除草剂，它们的作用机制不同、杀草谱互补性强，两者混用可以扩大杀草谱，提高除草效果。乙草胺对禾本科杂草效果较好，对马齿苋等阔叶杂草效果较差；扑草净对作物安全性较差，与乙草胺混用时的主要作用是辅助防治马齿苋等阔叶杂草和部分芽后杂草，一般不能随意加大扑草净的用量。本品杀草谱宽，对多种2叶期以下的单、双子叶杂草有良好的防除效果；适用范围广，可应用于花生、棉花、大豆、玉米、葱、蒜、等多种旱田作物。

毒　　性 制剂低毒。

剂　　型 40%乳油(乙草胺25%+扑草净15%)、50%乳油(乙草胺40%+扑草净10%)、30%悬乳剂(乙草胺20%+扑草净10%)、40%悬乳剂(乙草胺30%+扑草净10%)、40%可湿性粉剂(乙草胺20%+扑草净20%)、69%乳油(乙草胺52%+扑草净17%)、55%乳悬剂(乙草胺38.5%+扑草净16.5%)、70%乳悬剂(乙草胺49%+扑草净21%)。

适用作物 棉花、大豆、玉米、小麦、花生、大蒜、大葱、水稻(移栽田)。

防除对象 可以有效防除1年生禾本科杂草和阔叶杂草，如马唐、狗尾草、稗草、马齿苋、藜、蓼、苋菜、荠菜、风花菜、龙葵、繁缕等多种杂草。

应用技术 水稻移栽田，20~30g/亩毒土法施药，使用时应于水稻移栽后3～5d施药，并保水1周左右，缺水缓补。

在玉米播后芽前施药，用40%乳油200～300ml/亩对水40～60kg，均匀喷雾。

在棉花直播田或地膜田，在棉花播后芽前施药，用40%乳油150～200ml/亩对水40～60kg，均匀喷雾。移栽棉花田，可以在棉花移栽前，用40%乳油200～250ml/亩对水40～60kg，均匀喷雾于土表，移栽时尽可能少的松动土层。

在夏大豆田，在大豆播后苗前，最好在播种当天或第2d，用40%乳油200～250ml/亩，对水40～60kg，均匀喷雾。

花生田，可以在花生播后芽前，用40%乳油200～250ml/亩对水40～60kg，均匀喷雾。北方春花生田，砂壤地按低量，黏土地按高量，并适当加大对水量，每亩对水40～60kg，在花生播种后出苗前，均匀喷雾于土表。土壤干旱、有机质含量高，应加大对水量并酌情加大用药量；覆膜田、南方湿度较大旱田、北方夏花生田及低温多雨地区、砂壤土、有机质含量较低地区用药量酌减；纯砂地、盐碱地、低洼易涝地及有明水时易产生药害。

大蒜田，在大蒜播后芽前，用50%乳油130～150ml/亩g对水40～60kg，均匀喷雾。应在大蒜播种后及时施药，大蒜播种过浅或大蒜芽后施药产生严重的药害。

于油菜、大葱移栽前2d，用40%乳油200～250ml/亩加水40～60kg，均匀喷雾。

在农技部门的指导下，本品还可用于姜、马铃薯、油菜等作物，在作物播种后出苗前均匀喷施于土壤表面，可以封闭防治多种1年生禾本科杂草和阔叶杂草。

注意事项 本品属低毒农药，施药时，应避免接触皮肤，如不慎溅到眼睛或皮肤，用清水或肥皂水冲洗。该药剂的除草效果与土壤墒情关系较大，墒情好时除草效果好，墒情差时，应先灌水后再施药。有机质含量极低的砂土地禁用。覆膜田根据实际施药面积计算用药量，地膜田药量减少1/3～1/4，直播棉田遇大雨，影响棉籽发芽，不可使用。施药时应防止药液飘移，大风天避免施药。施药时不得污染河流、池塘及水源，储藏时勿与食品、饲料及粮食混放。

开发登记 山东滨农科技有限公司、山东省济南科赛基农化工有限公司等企业登记生产。

丁·扑

作用特点 丁草胺为选择性芽前除草剂，药剂主要通过杂草幼芽、胚芽鞘和幼小的次生根吸收，可以用于防治水稻田稗草、异型莎草、鸭舌草等多种1年生杂草，对多年生杂草基本无效。扑草净为内吸型选择性除草剂，药剂可被杂草根系吸收，能够防治多种1年生阔叶杂草和禾本科杂草。两种药剂在杂草体内的作用部位和作用机制不同、除草谱不同，两者混用具有较好的互补性，可以扩大杀草谱，同时能够加强相互间的除草效果，对水蓼、莎草、马唐等杂草有增效作用。

毒　　性 制剂低毒。

剂　　型 40%乳油(丁草胺30%+扑草净10%)、19%可湿性粉剂(丁草胺16%+扑草净3%)、1.2%粉剂(丁草胺1%+扑草净0.2%)、1.15%颗粒剂(丁草胺1%+扑草净0.15%)。

适用作物 水稻。

防除对象 可以防除多种1年生禾本科杂草、阔叶杂草及莎草科杂草。对眼子菜、牛毛毡等多年生杂草也有一定的防效。

应用技术 水稻秧田，可以有效防除稗草、藜、蓼、苋、马唐等，于水稻播种覆土后，把拌好的药土均匀撒施于土表。一般100m^{2}秧田用1.2%粉剂1～1.25kg，或用40%乳油267~333ml/亩旱育秧播种盖土后喷雾，每100m^{2}用药量对水15kg左右，拌匀后均匀喷洒于苗床。

水稻移栽后5～7d，保持水层3～5cm，施药时及施药后不要有泥露出水面，保水5～7d，可以进行喷雾或药土法撒施。水层以不淹秧心为宜，自然落干，切忌串灌、漫灌。

注意事项 本药剂仅适用于水稻旱育秧田、盘育秧田及湿润育秧田的东北地区使用，施药后床面湿润(土壤含水量不能超过30%)，不可有浅水层，严防药剂与种子接触，否则易造成药害。在旱田应用时该药药效发挥与土壤关系较大，墒情好时药效较好，土壤干旱效果不好，干旱时最好在浇水后施药。旱田应在作物芽前施药，芽后施药会发生严重的药害。

开发登记 黑龙江科润生物科技有限公司、吉林金秋农药有限公司等企业登记生产。

丁·莠

作用特点 丁草胺可以用于玉米田防除1年生禾本科杂草和阔叶杂草，对禾本科杂草的防效优于对阔叶杂草的防效；可以在玉米播后芽前、玉米2～4叶期、杂草未出土前施药。莠去津可为杂草根系和茎叶吸收，对于未出土的杂草具有土壤封闭除草效果，对于杂草幼苗也有较好的杀伤效果；它对阔叶杂草的防除效果优于对禾本科杂草的防除效果；莠去津在土壤中的持效期较长，易于对后茬作物产生药害。两者混用可以扩大杀草谱，提高对一些杂草的防治效果，有效防治1年生单、双子叶杂草。

毒　　性 制剂低毒。

剂　　型 40%悬浮剂(丁草胺20%+莠去津20%)、48%悬乳剂(丁草胺19%+莠去津29%)、42%悬乳剂(丁草胺22%+莠去津20%)。

适用作物 玉米。

防除对象 可以有效防除1年生禾本科杂草和阔叶杂草，如马唐、稗草、牛筋草、狗尾草、苋菜、铁苋菜、苍耳、藜、马齿苋、龙葵、苘麻等。

应用技术 在玉米播后芽前、玉米2～4叶期杂草出土前，用48%悬乳剂150～200ml/亩对水45～60kg均匀喷施。

注意事项 该药药效发挥与土壤关系较大，墒情好时药效较好，土壤干旱效果不好，干旱时最好在浇水后施药。严格使用时期，该产品在杂草出土前使用，如杂草出土后，草龄应控制于2叶期前，否则草龄过大，效果不好。喷雾时要全田喷雾，要均匀，切忌漏喷或重喷，以免效果不好和局部药害。土壤有机质含量较高的土地，应加大用药量，有机质含量低于1%的砂壤土地不宜喷施。机割麦田、麦茬高且麦秸、麦糠在田间遗留大，应适当加大药量和对水量。

开发登记 侨昌现代农业有限公司、海利尔药业集团股份有限公司等企业登记生产。

异丙草·莠

作用特点 异丙草胺可以用于玉米田防除1年生禾本科杂草和阔叶杂草，可以在玉米播后芽前、玉米1～4叶期，杂草未出土前施药。莠去津可为杂草根系和茎叶吸收，对于未出土的杂草具有土壤封闭除草效果，对于杂草幼苗也有较好的杀伤效果；它对阔叶杂草的防除效果优于对禾本科杂草的防除效果；莠去津在土壤中的持效期较长，易于对后茬作物产生药害。两者混用可以扩大杀草谱，提高对一些杂草的防治效。在玉米苗前、苗后均可使用，1次用药可保整季无草。

毒　　性 制剂低毒。

剂　　型 40%悬乳剂(异丙草胺24%+莠去津16%)、40%悬乳剂(异丙草胺16%+莠去津24%)、41%悬乳剂(异丙草胺21%+莠去津20%)、42%悬乳剂(异丙草胺16%+莠去津26%)、50%悬乳剂(异丙草胺30%+莠去津20%)、52%悬乳剂（异丙草胺32%+莠去津 20%）。

适用作物 玉米。

防除对象 可以有效防除1年生禾本科杂草和阔叶杂草，如马唐、稗草、牛筋草、狗尾草、苋菜、铁苋、苍耳、藜、马齿苋、龙葵、苘麻等。

应用技术 防治春玉米田1年生杂草，用52%悬乳剂190～300ml/亩对水50～60kg土壤喷雾，在玉米播后苗前用药；防治夏玉米田1年生杂草用52%悬乳剂 135～190ml/亩对水50～60kg土壤喷雾，在玉米播后苗前用药。

注意事项 本品对蔬菜、大豆、小麦、水稻等作物敏感，不宜使用。本品为土壤处理剂，在杂草出土前、土壤湿度大时施药，效果最好。 该药药效发挥与土壤关系较大，墒情好时药效较好，土壤干旱效果不好，干旱时最好在浇水后施药。严格使用时期，该产品在杂草出土前使用，如杂草出土后，草龄应控制于2叶期前，否则草龄过大，效果不好。喷雾时要全田喷雾，要均匀，切忌漏喷或重喷，以免效果不好和局部药害。土壤有机质含量较高的土地，应加大用药量，有机质含量低于1%的砂壤土地不宜喷施。机割麦田、麦茬高且麦秸、麦糠在田间遗留大，应适当加大药量和对水量。

开发登记 吉林省吉享农业科技有限公司、山东省青岛瀚生生物科技股份有限公司等企业登记生产。

噻磺·乙草胺

作用特点 噻磺隆是一种超高效、选择性磺酰脲类除草剂，可以被植物的根系和茎叶吸收；传导至植物的分生组织，抑制支链氨基酸的生物合成，阻止细胞分裂，敏感植物着药后生长停止，1～3周内死亡；噻磺隆可以广泛用于玉米、小麦和大豆等作物田防治多种阔叶杂草；具有效果好、除草谱广、在土壤中残留短、对下茬作物安全等优点；但是，这个品种仅对部分阔叶杂草有效，对玉米、大豆等作物较易产生药害。乙草胺可以广泛用于多种作物田防除1年生禾本科杂草和部分阔叶杂草。乙草胺与噻磺隆混用可以扩大除草谱，提高对一些杂草的除草效果，混用后对下茬作物安全性提高，噻磺隆和乙草胺混用增效显著。

毒　　性 制剂低毒。

剂　　型 20%可湿性粉剂(噻磺隆1%+乙草胺19%)、50%乳油(噻磺隆0.3%+乙草胺49.7%)、48%乳油(噻磺隆1%+乙草胺47%)、50%可湿性粉剂。

适用作物 玉米、花生、大豆、小麦。

防除对象 可以有效防除1年生禾本科杂草和阔叶杂草，如马唐、稗草、牛筋草、狗尾草、苋菜、铁苋、苍耳、藜、马齿苋、龙葵、苘麻等。

应用技术 可以在玉米、大豆、花生播后苗前，用20%可湿性粉剂200～250g/亩，对水45～60kg均匀喷施，进行土壤处理。

在冬小麦田，用在小麦播种后或在小麦返青后至起身期，用20%可湿性粉剂80～100g/亩对水30～50kg喷雾。在夏花生田，播后苗前 用50%乳油80～100ml/亩对水30～50kg土壤喷雾。

注意事项 一般施药时墒情良好可以提高除草效果，否则会降低除草效果。玉米苗后施药安全性较差。对于土壤有机质较高的土壤，可以适当加大药量。喷雾时要全田喷雾，要均匀，切忌漏喷或重喷，以免效果不好和产生局部药害。

开发登记 江西威敌生物科技有限公司、河南绿保科技发展有限公司 等企业登记生产。

苄·乙

作用特点 本产品是一种由苄嘧磺隆和乙草胺复配而成的除草剂，它集内吸性除草剂及选择性芽前除草剂的优点，苄嘧磺隆可在水中较迅速地扩散，为杂草根部和叶片吸收转移到杂草各部，阻碍氨基酸、赖氨酸、异亮氨酸的生物合成，阻止细胞的分裂和生长。乙草胺可被植物幼芽吸收，单子叶植物通过芽鞘吸收，双子叶植物下胚轴吸收传导，必须在杂草出土前施药，有效成分在植物体内干扰 核酸代谢及蛋白质合成，使幼芽、幼根停止生长，如果田间水分适宜幼芽未出土即被杀死，如果土壤水分少，杂草出土后，随土壤湿度增大杂草吸收药剂后而起作用，禾本科杂草至叶卷曲萎缩，其他叶皱缩，整株枯死。

毒　　性 制剂低毒。

剂　　型 14%可湿性粉剂(苄嘧磺隆3.2%+乙草胺10.8%)、18%可湿性粉剂(苄嘧磺隆4%+乙草胺14%)、20%可湿性粉剂(苄嘧磺隆4.5%+乙草胺15.5%)、25%可湿性粉剂(苄嘧磺隆4%+乙草胺21%)、20%大粒剂（苄嘧磺隆4.5%+乙草胺15.5%）、30%可湿性粉剂（苄嘧磺隆6.7%+乙草胺23.3%）、35%细粒剂（苄嘧磺隆10%+乙草胺25%）。

适用作物 水稻。

防除对象 可以防除1年生禾本科杂草、双子叶杂草和莎草科杂草，对稗草、异型莎草、碎米莎草、丁草蓼、水苋、鳢肠防效突出，也可以有效防除千金子、水龙、牛毛毡、萤蔺、鸭舌草、雨久花、节节菜、日照飘拂草、陌上菜、水苋、眼子菜、泽泻、益母草等，但对矮慈姑、四叶萍、鬼针草等仅有抑制作用。

应用技术 水稻移栽田，于水稻移栽后5~7d，杂草2~4叶期，用20%可湿性粉剂28~39.3g/亩拌湿润细土15~20kg匀撒施 。

注意事项 该类复配药剂适用于水稻大苗秧(4叶期以上)移栽田除草，药剂在低温条件下对小苗秧、弱秧易出现抑制作用。限于大秧苗移栽田使用，不可用于秧田、直播弱苗田、小苗移栽田、杂交稻制种田、抛秧田、弱苗倒苗、工厂化育苗秧田，避开高湿施药，要求施药田块平整，施药后1周内保水3～5cm，仅防水干田或水淹稻苗心叶，以确保高效、安全施药。施药稻田应保持3cm浅水层，水层高度不宜超过水稻心叶，施药后应保水3d以上，不能断水，对漏水田要采用缓灌补水，切忌断水干田或水淹水稻心叶。严禁使用喷雾法施药，稻田露水未干不可施药。严禁用于其他植物。施药后的田水不能流入其他田地及池塘、漏水田、砂性田不能使用，以免产生药害。

开发登记 安徽久易农业股份有限公司、安徽华星化工股份有限公司等企业登记生产。

苯·苄·乙草胺

作用特点 乙草胺主要为杂草幼芽胚芽鞘和幼小次生根所吸收，通过抑制脂肪合成而使杂草死亡，可于芽前有效地防治水田中的稗草、碎米莎草、异型莎草等杂草。苯噻酰草胺属酰胺类除草剂，该药对稗草敏感，对水稻高度安全，选择性极好，对牛毛毡、泽泻、鸭舌草、节节菜和莎草科杂草防治效果也很好。苄嘧磺隆主要是破坏敏感植物体内氨基酸的合成，阻止细胞的分裂和生长，并且兼具芽期和苗期灭草作用，可以有效防治多种阔叶杂草和莎草科杂草。三者互补性强，混用可以扩大杀草谱，适于防除稻田1年生及多年生杂草，为较好的稻田1次性除草剂。适于杂草芽前芽后使用，它在杀死刚出土杂草的同时，又抑制后发生的杂草。混用后药剂对水稻生长安全。

毒　　性 制剂低毒。

剂　　型 30%可湿性粉剂(苯噻酰草胺22.5%+苄嘧磺隆2.5%+乙草胺5%)、32%可湿性粉剂(苯噻酰草胺27%+苄嘧磺隆3%+乙草胺2%)、45%可湿性粉剂（苯噻酰草胺36%+苄嘧磺隆4.5%+乙草胺4.5%）、40%可湿性粉剂（苯噻酰草胺33.4%+苄嘧磺隆 3.6%+乙草胺3%）、33%可湿性粉剂（苯噻酰草胺25%+苄嘧磺隆 3%+乙草胺5% ）。

适用作物 水稻。

防除对象 可以防除1年生禾本科杂草、双子叶杂草和莎草科杂草，对稗草、异型莎草、节节菜、碎米莎草、丁草蓼、鳢肠防效突出，也可以有效防除千金子、牛毛毡、鸭舌草、雨久花、节节菜、日照飘拂草、陌上菜、水苋菜、眼子菜、泽泻、益母草等，但对矮慈姑、萤蔺、四叶萍、水莎草、鬼针草、扁秆草等仅有抑制作用。

应用技术 在水稻抛秧后5～7d，秧苗立苗后，稗草1叶1心期前，用45%可湿性粉剂30～40g/亩（南方地区）与1kg左右湿润细砂土拌匀，再加入10～20kg适量细湿土或砂土，于杂草萌发初期施药，防效最佳。用药砂（土）法药前需保持水层3～5cm，药后保水5～7d, 缺水续灌。

注意事项 该类复配药剂适用于水稻大苗秧(4叶期以上)移栽田除草，药剂在低温条件下对小苗秧、弱秧易出现抑制作用。限于大秧苗移栽田使用，不可用于秧田、直播弱苗田、小苗移栽田、杂交稻制种田、抛秧田、弱苗倒苗、工厂化育苗秧田，避开高湿施药，要求施药田块平整，施药后1周内保水3～5cm，仅防水干田或水淹稻苗心叶，以确保高效、安全施药。施药稻田应保持3cm浅水层，水层高度不宜超过水稻心叶，施药后应保水3d以上，不能断水，对漏水田要采用缓灌补水，切忌断水干田或水淹水稻心叶。严禁使用喷雾法施药，稻田露水未干不可施药。严禁用于其他植物。施药后的田水不能流入其他田地及池塘，漏水田、砂性田不能使用，以免产生药害。

开发登记 江阴苏利化学股份有限公司、江苏富田农化有限公司等企业登记生产。

苄·丁

作用特点 丁草胺是酰胺类选择性芽前除草剂，主要是通过杂草幼芽胚芽鞘和幼小次生根吸收，主要用于防治1年生禾本杂草、阔叶杂草和部分1年生莎草科杂草；苄嘧磺隆为选择性内吸传导型除草剂，能够防治多种阔叶杂草和莎草科杂草。两种除草剂在杂草体内的作用机制不同，而且杀草谱有着较好的互补性，混用可以扩大杀草谱，对部分杂草如鳢肠等可以提高除草效果。药效高于单用苄嘧磺隆或丁草胺，成本低，可经济、安全、有效地防除稗草、泽泻、水苋菜、鸭舌草、陌上草、节节菜、眼子菜、野慈姑、野荸荠、鳢肠、碎米莎草、飘拂草和牛毛毡等1年生和多年生的水田杂草。在连续单用杀稗剂如丁草胺、禾草特、二氯喹啉酸、敌稗等，草相变得复杂的稻区，本剂可以作为替代品，具有良好应用前景。持效期约为40～50d。

毒　　性 制剂低毒。

剂　　型 20%可湿性粉剂(苄嘧磺隆1%＋丁草胺19%)、25%可湿性粉剂(苄嘧磺隆1%＋丁草胺24%)、30%可湿性粉剂(苄嘧磺隆1.5%＋丁草胺28.5%)、35%可湿性粉剂(苄嘧磺隆1.5%＋丁草胺33.5%)、0.32%颗粒剂（苄嘧磺隆 0.016%+丁草胺0.304%）、0.64%颗粒剂（苄嘧磺隆 0.608%+丁草胺0.032%）。

适用作物 适用于水稻抛秧田、小苗移栽田、大苗移栽田、直播田。

防除对象 可以防除1年生禾本科杂草、莎草科和阔叶杂草，如稗草、千金子、牛毛毡、碎米莎草、异型莎草、鳢肠、水苋菜、节节菜、陌上菜、鸭舌草、水绵、泽泻、眼子菜、雨久花等。对稗草、雨久花、慈姑、泽泻、丁香蓼、节节菜、鸭舌草、陌上菜、异型莎草、碎米莎草、水莎草防效均在90%以上，对萤蔺等防效也在70%以上。对野荸荠防效较差。

应用技术 抛秧田应在抛秧后，当秧苗已扎根、竖苗后施药，一般在抛秧后5～7d施药；小苗和大苗移栽本田，移栽后待秧苗已生新根并开始返青时施药，早稻一般在移栽后4～6d，晚稻在移栽后3～5d。南方水稻移栽后3～5d、北方水稻移栽后7～12d，即水稻返青后、稗草1～1.5叶期，按30%可湿性粉剂150～200g/亩拌细土25kg或20kg碳氨或10kg尿素，撒施。施药时要有水层3～5cm，并保持4～6d，以后恢复正常管理。

注意事项 施药前田间灌上3～5cm浅水层，在水稻抛秧田、小苗带土移栽田如用这类产品时，应先经过试验，取得经验后再推广应用。一般用药适期为抛栽前1d或抛后3～5d，稗草2叶期后施药，防效会下降。本药剂不能用作叶面喷雾，撒药土和药肥时，应避免稻叶上有露水。漏水田、弱苗和病苗田应慎用。本药剂对直播田早期处理会造成药害。本药剂对水稻分蘖稍有影响。秧苗素质不好，施药时水层过深，田块漏水时，都可能产生药害。对鱼有毒。

开发登记 沈阳科创化学品有限公司、湖南迅超农化有限公司等企业登记生产。

苄嘧·苯噻酰

作用特点 苯噻酰草胺对稻田稗草活性高，但对阔叶杂草活性较差，而苄嘧磺隆对稻田阔叶杂草和莎草科杂草有特效，但对稗草活性较差，采用苯噻酰草胺和苄嘧磺隆复配，可以弥补两者单剂的不足，扩大杀草谱，提高对杂草的总体防效和对水稻的安全性，减少用药量，降低用药成本。其防治稗草的叶龄比丁草胺宽，除草效果优于丁草胺与苄嘧磺隆混用，杀稗作用比丁草胺长，可控制稻田整个季节杂草的为害。

毒　　性 制剂低毒。

剂　　型 50%可湿性粉剂(苯噻酰草胺47%+苄嘧磺隆3%)、53%可湿性粉剂(苯噻酰草胺50%+苄嘧磺隆3%)、60%可湿性粉剂(苯噻酰草胺56.5%+苄嘧磺隆3.5%)、68%可湿性粉剂(苯噻酰草胺64.8%+苄嘧磺隆3.2%)、80%可湿性粉剂（苯噻酰草胺75.5%+苄嘧磺隆4.5%）、85%可湿性粉剂（苯噻酰草胺79%+苄嘧磺隆6%）。

适用作物 水稻。

防除对象 可以防除1年生禾本科杂草和莎草科、阔叶类杂草，对稗草等效果突出，可以有效防除异型莎草、碎米莎草、牛毛毡、日照飘拂草、鸭舌草、鳢肠、丁香蓼等多种1年生和多年生杂草。对矮慈姑、野荸荠、萤蔺、三棱草、竹叶草、水莎草、狼把草、扁秆藨草等有较强的抑制作用。

应用技术 在水稻移栽后5～7d，利用80%可湿性粉剂40～50g/亩采用毒土方式施药，每亩拌细土或细砂20～30kg撒施。施药后保持3～5cm水层5～7d。

注意事项 最好在稗草3叶期前施药。必须采用毒土法，并不可擅自增加用药量，适期用药，用药量要准。本品仅限于水稻移栽田，或抛秧大田，不宜在秧田、直播稻田、杂交制种田及小于3叶1心的小苗、弱苗的抛秧田使用。抛秧大田适宜在抛秧苗直立扎根后，早稻抛秧后5～8d施药，晚稻抛药秧后4～5d施药；水稻移栽田：水稻移栽后4～5d施药。秧苗2叶至3叶期施药对水稻安全，稗草1叶1心期前施药防效良好。整地必须平整，施药后按要求保持水层，漏水田药效不好，缺水时立即灌水，严重渗漏稻田禁用。药后保水5～7d，水层不得淹过心叶，切忌深水或断水。在瓜茬稻或晚稻田高温时施药，要适当降低用药量。防止施药后的水流入其他田地及池塘，以免药害；漏水田、砂性田不能使用；本品每亩用药量与土壤、气温有关，气温较高地区可减量用药；稻田露水未干不可施药，严禁用喷雾法施药。

开发登记 安徽省圣丹生物化工有限公司、重庆双丰化工有限公司等企业登记生产。

苄嘧·丙草胺

作用特点 丙草胺对稻田稗草活性高，但对阔叶杂草活性较差，而苄嘧磺隆对稻田阔叶杂草和莎草科杂草有特效，但对稗草活性较差。两者混用弥补了单用时的不足，拓宽了杀草谱。试验还表明，丙草胺与苄嘧磺隆混用在丙草胺用量为40g/亩以内对移栽水稻安全，但用于抛秧田的用量应在30g/亩以下。

毒　　性 制剂低毒。

剂　　型 20%可湿性粉剂(苄嘧磺隆2%+丙草胺18%)、25%可湿性粉剂(苄嘧磺隆5%+丙草胺20%)、35%可湿性粉剂(苄嘧磺隆2%+丙草胺33%)、40%可湿性粉剂(苄嘧磺隆4%+丙草胺36%)、40%可分散油悬浮剂（苄嘧磺隆4%+丙草胺36%）、55%可分散油悬浮剂（苄嘧磺隆5.5%+丙草胺49.5%）。

适用作物 水稻。

防除对象 可以防除1年生禾本科杂草、莎草科和阔叶类杂草，对稗草、千金子、日照飘拂草、陌上菜 鸭舌草、碎米莎草、节节菜防效突出。对矮慈姑、野荸荠、萤蔺、竹叶草、水莎草、狼把草、扁秆藨草等有较强的抑制作用。

应用技术 水稻田(直播)，在水稻播种后2～5d内用药，40%可分散油悬浮剂60～70ml/亩对水30～50kg土壤喷雾。药后1周保持田间湿润。

注意事项 施药田块要求平整，谷种必须先催芽，哑谷播种不宜使用；不可将有药田水排入席草田、荸荠田或藕田，更不可在上述田中使用本剂；每季作物最多使用1次；施药时穿戴好口罩、长衣长裤等防护用品，不宜饮食、吸烟等，施药后洗干净手脸等；避免孕妇及哺乳期妇女接触本品；本品对水生生物有毒，药液不能排入鱼池、河道等水域，不能在鱼池等水体内清洗喷雾器；阔叶作物对本品敏感，施药时避免飘移到阔叶作物上；用过的容器应妥善处理，不可做他用，也不可随意丢弃。

开发登记 浙江天一农化有限公司、安徽沙隆达生物科技有限公司等企业登记生产。

氧氟·乙草胺

作用特点 乙草胺是酰胺类选择性芽前除草剂，可用于防治1年生禾本杂草和部分1年生阔叶杂草，对阔叶杂草的防效相对较差，对马齿苋、铁苋效果更差；乙氧氟草醚是二苯醚类芽前选择性土壤封闭除草剂，防治1年生禾本杂草和1年生阔叶杂草，对阔叶杂草的效果更显突出；但乙氧氟草醚的安全性较差，施药量过大或施药后田间湿度较大时易于产生斑点性药害。乙草胺和乙氧氟草醚混用可以扩大杀草谱，对马齿苋、铁苋、鳢肠、野薄荷、青葙、鸭跖草的防效有所提高，对多种杂草的防效显示显著的增效作用,对作物相对安全。两者混用是一个比较理想的封闭性除草剂，可以用于多种作物田，对多种杂草有效，又有较长的持效期，1次用药可以控制整个生育期内的杂草为害。

毒　　性 制剂低毒。

剂　　型 40%乳油(乙氧氟草醚6%+乙草胺34%)、42%乳油(乙氧氟草醚8%+乙草胺34%)、57%乳油（乙氧氟草醚6%+乙草胺51%）、43%乳油（乙氧氟草醚5.5%+乙草胺37.5%）。

适用作物 棉花、大豆、花生、大蒜、葱、胡萝卜。

防除对象 可以有效防除多种1年生禾本科杂草、莎草科杂草和阔叶杂草，如稗草、马唐、千金子、水莎草、碎米莎草、苘麻、野薄荷、青葙、蓼、反枝苋、马齿苋、裂叶牵牛、鳢肠、鸭跖草、铁苋等，对香附子莎草防效较差。

应用技术 大豆田，播后苗前施用，用40%乳油80～120ml/亩对水45kg均匀喷雾。用药后如遇特大暴雨，子叶有褐色斑点，真叶皱缩，轻者会逐渐恢复生长，重者可能皱缩死亡。

花生播后芽前，用40%乳油100～125ml/亩对水30～50kg均匀喷施，1次用药可以控制花生整个生长期的杂草为害。

棉花移栽田，在棉花移栽前，用43%乳油100~150ml/亩对水45~60kg 土壤喷雾 。

大蒜田，应在大蒜播后芽前，用40%乳油90～140ml/亩对水30～50kg均匀喷施。对大蒜安全，田间施药后降雨或田间湿度较大时偶然有极少数叶片产生小白斑灼伤，对大蒜生长无影响，但用药量应严格控制，不能随意加大用量。

注意事项 田块土表应平整，以利保证药膜完整而保证药效。该药干旱墒情差时药效不好；但施药后降雨或灌溉田间湿度较大时，易于出现药害。施药出苗后遇雨雨滴将药膜反溅到花生叶片会出现触杀性药害症状但对花生产量没有影响。

开发登记 浙江一帆生物科技集团有限公司、上海惠光环境科技有限公司等企业登记生产。

嗪酮·乙草胺

作用特点 乙草胺是土壤封闭除草剂，它具有使用安全、除草效果好的特点，但它主要用于防除1年生禾本科杂草，对阔叶杂草的防除效果较差。嗪草酮可为杂草根系吸收，也可为杂草的叶片吸收，主要通过抑制杂草的光合作用，使叶片褪绿、营养枯竭死亡，嗪草酮主要防除一年生阔叶杂草和部分禾本科杂草，但对作物的安全性差，对禾本科杂草防效差于对阔叶杂草的防治效果，且具有较大的淋溶性，尤其是在砂性土壤，若施药量过高或施药不均匀，施药后遇有较大降雨或大水漫灌，作物易产生药害。乙草胺与嗪草酮混用可以扩大除草谱，提高对作物的安全性。混用对稗草、野黍、反枝苋、铁苋、苘麻、鸭跖草的防效十分明显，较单用的除草效果大幅度提高。

毒　　性 制剂低毒。

剂　　型 50%乳油(嗪草酮10%+乙草胺40%)、56%乳油(嗪草酮14%+乙草胺42%)。

适用作物 玉米、大豆、马铃薯、甘蔗。

防除对象 可以有效防除禾本科杂草和阔叶杂草，对稗草、野黍、反枝苋、铁苋菜、苘麻防除效果很好。对鸭跖草、刺儿菜也有较好的效果，对苣荬菜效果较差，对问荆、芦苇的防效很差。

应用技术 东北春玉米、春大豆播种后出苗前，杂草初发期，土壤处理最好，一般用50%乳油150～250ml/亩对水50kg喷施于土表。

夏玉米田、夏大豆田播后芽前用50%乳油100～150ml/亩对水30kg喷雾。

马铃薯，在苗前5～7d施用，用50%乳油150～200ml/亩对水30kg喷雾，可有效防除苋菜、野苏子、黄鹌菜、藜、苘麻、龙葵、苍耳，对稗草、猪毛菜防效一般。

甘蔗田，用50%乳油120~150ml/亩对水30~45kg土壤喷雾。

注意事项 本品为土壤处理剂，必须在杂草出土前施药，为保证安全，作物拱土前2d停止用药。本品除草效果受土壤条件影响较大，应根据具体情况确定用药量和对水量，有机质含量高时选用高剂量，低时选用低剂量，严重干旱时应于施药后15d内进行喷以保证药效发挥，砂质土壤及有机质低于1.5%田块禁用，持续低温多雨年份不宜使用，碱性土壤应适当减少用药量。大风天不可施药，以防止漂移，施药时应定喷头高度，工作压力及行走速度等，要顺垄施药，切勿左右摆动喷头。为保证安全，甜玉米、爆裂型玉米及制种田禁用。嗪草酮对作物安全性差，易于发生药害，施药时要严格掌握用药量，药害表现为玉米下部叶片淡绿、叶片略有反卷、新叶发育较慢，与空白对照相比玉米略显矮化，31d后可以恢复，对玉米产量没有影响；对大豆也有一定的药害，其表现为叶片失绿枯黄、真叶焦边卷曲、生长缓慢、根系弱小，受害程度随嗪草酮的用量加大而加重。使用时应根据土壤有机质含量和降雨量适当增减。

开发登记 辽宁省大连松辽化工有限公司、安徽华星化工股份有限公司等企业登记生产。

甲戊·乙草胺

作用特点 乙草胺为酰胺类除草剂，二甲戊乐灵为二硝基苯胺类除草剂，两者被杂草吸收的方式和作用方式相似，但有一定差异，两者除草机制不同，对各种杂草的敏感程度不同，通过混用可以扩大除草谱，适用于多种经济作物和蔬菜。

毒　　性 制剂低毒。

剂　　型 40%乳油(二甲戊乐灵10%+乙草胺30%)、33%乳油(二甲戊灵10%+乙草胺23%)。

适用作物 花生、大蒜、姜、棉花等。

防除对象 可以有效防除1年生禾本科杂草和阔叶杂草，如马唐、稗草、雀稗、千金子、牛筋草、莎草、鳢肠、鸭舌草、铁苋菜、苋科、藜科等多种杂草。对1年生阔叶杂草如牛繁缕、猪殃殃等也有较好的防效。

应用技术 棉花直播田、花生田，可于作物播后芽前，用40%乳油150～175ml/亩对水50kg均匀喷雾于土表。

大蒜田、姜田防治1年生杂草，播后芽前封闭处理，用40%乳油100～200ml/亩对水50kg均匀喷雾。

注意事项 施药时应在较好的墒情下进行，使用时土壤干旱除草效果差；但施药后遇降雨或灌水、土壤湿度过大时易对作物产生药害，特别是在砂土地应用产生药害的风险更大。本药剂对芹菜、茴香等可能有一定的药害，应用时应予以注意。

开发登记 山东华阳农药化工集团有限公司、吉林市绿盛农药化工有限公司等企业登记生产。

异松·乙草胺

作用特点 乙草胺为酰胺类选择性芽前除草剂，它可以为杂草胚芽鞘和幼芽吸收，抑制杂草幼芽的生长出苗，用于多种作物田防除1年生禾本科和阔叶杂草。异恶草松可以被杂草的根部和幼芽吸收，使组织失绿死亡，可以用于大豆等作物田防除1年生阔叶杂草和一些禾本科杂草。乙草胺和异恶草松混用能扩大除草谱，提高除草效果，提高对大豆、油菜等靶标作物的安全性。

毒　　性 制剂低毒。

剂　　型 50%乳油(异恶草松10%+乙草胺40%)、45%乳油(异恶草松15%+乙草胺30%)、35%可湿性粉剂(异恶草松10%+乙草胺25%)。

适用作物 大豆、油菜、花生。

防除对象 可以防除多种1年生禾本科和阔叶杂草，对看麦娘、马唐、狗尾草、稗、千金子、茼草、早熟禾、硬草、牛筋草、繁缕、猪殃殃、婆婆纳、藜、苍耳、龙葵、皱叶酸模、铁苋菜、苋菜等防效较好，对多年生禾本科杂草、香附子、小蓟、问荆、叶下珠、田旋花、稻槎菜、鸭跖草等杂草防除效果较差，对多年生杂草有一定的抑制作用。

应用技术 大豆播后苗前用药，最好在大豆播种后随即用药；在杂草未出土前施药效果最佳，东北地区用45%乳油150～200ml/亩，拖拉机喷雾每亩用药量加水30kg以上，人工喷雾40～50kg以上均匀喷雾于土表。

油菜移栽前1～3d或蚕豆播后1～3d，用50%乳油70～80ml/亩对水40～50kg均匀喷施土表。

花生田，在花生播前施药，药后混土或播种盖土后立即喷雾施药，用35%可湿性粉剂120～200g/亩对水30～40kg均匀喷施。

甘蔗，整地后移栽前1～3d，用35%可湿性粉剂120～150g/亩加水30～50kg均匀喷雾于土表。雨后避免积水，干旱时要加大喷水量。

注意事项 注意整地质量，整平、整细土壤，提高封闭效果。施药要均匀，防止重喷、漏喷，切勿超量使用，应根据土壤质地及土壤有机质含量正确选择用药量。土壤质地疏松，有机质含量低，用低量；土壤质地黏重，有机质含量高、用高量、不可重喷；漏喷。低温寒流、阴雨积水田勿用。移栽油菜在移栽前1～3d杂草未出苗前使用，移栽油菜应为5叶以上大苗，小苗、弱苗勿用。异恶草松与乙草胺混用，在减少两种药剂剂量前提下可保证除草效果，减少油菜白化苗，提高对油菜安全性，移栽前施药至移栽间隔时间长，对油菜安全性好，移栽时苗龄越大，白化率愈低，反之，白化率就愈高。直播油菜必须覆土后及时使用，出苗后禁用；迟播直播油菜低温时勿用。使用本药后，移栽油菜7～20d或直播油菜出苗后，部分油菜叶片可能会出现退绿现象，属正常反应，1周时间后自动恢复，不影响油菜的品质和产量。应尽量缩短播种与施药间隔期，及早施药，施后浅混土，耙深5～7cm；播种施药，施后培土2cm，可减轻干旱，风蚀对药效的影响。使用要注意，不要在风天施药，施药田要远离敏感作物。在土壤中的活性期较长，施用后的当年秋天或次年春天不宜种植小麦、大麦、燕麦、苜蓿，可种植水稻、玉米、棉花、大豆等作物，若种植小麦，可能出现叶片发黄或变白，一般14d后可恢复正常，如及时追施叶面肥，5～7d可使黄叶转绿恢复正常生长。

开发登记 江苏长青农化股份有限公司、河北宣化农药有限责任公司登企业登记生产。

异甲·特丁净

作用特点 特丁·异丙组分中的特丁净为麦田用选择性一年生阔叶杂草和禾本科杂草的除草剂，可由杂草的根、叶吸收，经木质部向上传导，积累在分生组织中，使杂草细胞内的能量代谢受破坏。还可被黏土和有机质含量较高的土壤迅速吸附，淋溶和移动性较小。异丙甲草胺可被杂草芽鞘或幼根吸收，向上传导，抑制幼芽与根的生长。禾本科杂草幼芽吸收异丙甲草胺能力比阔叶杂草强，故防除禾本科杂草的效果优于阔叶杂草。混剂兼备了两制剂的优点，增加了对杂草的作用部位，扩大了杀草谱。

理化性质 本品外观为黄色或褐色透明液体，比重1.02～1.03，闪点(闭式)39～52℃，可燃，不易爆。常规条件下储存稳定期至少2年。

毒　　性 对人、畜低毒，对兔皮肤有中等刺激作用，对兔眼黏膜有轻微刺激作用，在试验剂量内无致突变、致畸作用。

剂　　型 40%乳油(特丁净17%+异丙甲草胺33%)。

适用作物 花生。

防除对象 马唐、旱稗、牛筋草、铁苋菜、反枝苋、藜、马齿苋等多种1年生禾本科、阔叶类杂草。

应用技术 花生田 用40%乳油200～300ml/亩对水30～45kg土壤喷雾，如只喷膜下或起垄全田喷药，应按实际喷药面积计算用药量，每季节使用1次。

注意事项 本品不宜在有机质含量低的砂壤地和水土流失严重的地块使用。施药时避免药剂接触皮肤、眼睛及衣服，避免吸入药雾或药剂蒸气；若沾染药液应立即用清水冲洗。应储存于通风干燥处，避免阳光直接照射。

开发登记 山东滨农科技有限公司登记生产。

磺草・莠去津

作用特点 两者同属光合作用抑制剂，但其作用机制剂各异，莠去津作用于植物的光合系统Ⅱ，防除1年生阔叶杂草及部分禾本科杂草，对禾本科杂草防效较差；磺草酮作用于植物的碳同化过程，可防除1年生杂草和香附子。两者混用，作用机制剂互补，可扩大杀草谱，提高除草效果，提高对作物的安全性。

毒　　性 制剂低毒。

剂　　型 40%悬浮剂(磺草酮10%+莠去津30%)、38%悬浮剂(磺草酮14%+莠去津24%)。

适用作物 玉米。

防除对象 1年生杂草及部分多年生杂草，如马唐、狗尾草、牛筋草、稗草、苋、藜、马齿苋、鳢肠等，对香附子也有良好的防治效果。

应用技术 玉米，在播后芽前，用40%悬浮剂200～250ml/亩对水45kg均匀喷施，施药后忌用大水漫灌。

注意事项 墒情好时药效较好，土壤干旱效果降低。土壤有机质含量较高的土地，应加大用药量，有机质含量低于1%的砂壤土地不宜喷施。该药对玉米和后茬的安全性较差，不宜随意加大剂量，玉米5叶后不宜施药。

开发登记 沈阳科创化学品有限公司等企业登记生产。

烟嘧・莠去津

作用特点 莠去津兼有土壤封闭除草和苗后早期除草效果，它可以为杂草的根系和茎叶吸收，可以防治1年生阔叶杂草和多种1年生禾本科杂草。烟嘧磺隆可以为杂草的根系和茎叶吸收，主要在玉米生长期施用，防治1年生禾本科杂草、阔叶杂草和莎草科杂草，对部分阔叶杂草防效较差。莠去津和烟嘧磺隆混用可扩大杀草谱，对多种杂草表现出较好的增效作用；因为混用能降低了莠去津和烟嘧磺隆的用量，所以该配方既降低莠去津在土壤中的残留，又减轻了烟嘧磺隆对玉米的药害，进而对玉米和后茬作物的安全性均有大量的提高。

毒　　性 制剂低毒。

剂　　型　20%油悬浮剂(烟嘧磺隆2%+莠去津18%)、22%油悬浮剂(烟嘧磺隆2%+莠去津20%)、36%可分散油悬浮剂（烟嘧磺隆 6%+莠去津30%）、52%可湿性粉剂（烟嘧磺隆 4%+莠去津48%）、24%可分散油悬浮剂（烟嘧磺隆4%+莠去津20%）。

适用作物　玉米。

防除对象　可以有效地防除1年生禾本科杂草、莎草和阔叶杂草。对牛筋草、稗草、狗尾草、马唐、画眉草、千金子、苘麻、马齿苋、反枝苋、本氏蓼、藜等多种阔叶杂草和禾本科杂草，对香附子也有突出的防治效果。

应用技术　在玉米2～4叶期，杂草大量发生期，且杂草多数为5cm高左右、3～5叶期，用20%油悬浮剂80～120ml/亩加水45kg均匀喷雾，除草效果突出。

注意事项　也可以在玉米播后芽前施药，但在玉米2～4叶期，杂草大量发生期且杂草为幼苗期时施药效果最好。在玉米2～4叶期施药对玉米比较安全，施药过早(玉米发芽出苗期至1叶1心期)、施药过晚(5叶期以后)易于发生药害；药害症状为叶片有黄色斑块，后期玉米穗变小畸形，重者叶黄化、皱缩、严重减产或死亡。不能与有机磷杀虫剂或氨基甲酸酯类杀虫剂混用，也不能在用药前后7d内施用有机磷类或氨基甲酸酯类农药，否则易产生药害。不同玉米品种对烟嘧磺隆的安全性存在很大差异，施药前应咨询当地技术人员或经销商，禁止在玉米自交系、甜玉米、黏玉米、爆裂玉米田及制种田使用。施药时气温在20～25℃、相对湿度在60%以上、施药后12h内无降雨、墒情较好时施药有利于药效的发挥，不宜在高温正午时施药。

开发登记　深圳诺普信农化股份有限公司、山东滨农科技有限公司等企业登记生产。

苄嘧·苯磺隆

作用特点　两者作用机制、杀草谱相近，混用后具有相加作用，可增加对部分阔叶的防效，但与单用相比，优势不明显。

毒　　性　制剂低毒。

剂　　型　30%可湿性粉剂(苯磺隆10% +苄嘧磺隆20%)、35%可湿性粉剂（苯磺隆10% +苄嘧磺隆25%）、38%可湿性粉剂（苯磺隆13% +苄嘧磺隆25%）。

防除对象　可以有效防治多种1年生阔叶杂草，如播娘蒿、荠菜、碎米荠菜等十字花科杂草、牛繁缕、繁缕、苘麻、藜、反枝苋、独行菜、委陵菜、遏蓝菜、野油菜、米瓦罐、大巢菜、卷耳，对佛座、猪殃殃、麦家公、婆婆纳、蚤缀、泥胡菜、地肤、萹蓄也有较好的防治效果，但对泽漆、通泉草、稻槎菜、田旋花、小蓟等效果较差。

适用作物　小麦。

应用技术　小麦，在小麦苗期，用30%可湿性粉剂10～15g/亩或38%可湿性粉剂7.5~10g/亩对水30kg均匀喷雾。

注意事项　该药剂活性高、药量低，施药剂量要准确，应视草情和杂草种类适当调整药量。在华北盐碱砂地、砂地、砂壤地且后茬作物为花生、大豆、棉花等敏感作物的田块，易于对后茬作物发生药害；如果必须施用时，应在冬前使用，并适当降低剂量。施药时要注意避免药剂飘移到敏感的阔叶作物上。

在小麦与经济林间种的田块使用应注意在枣树、梨树萌发时禁止使用。

开发登记 安徽华星化工股份有限公司、山东胜邦绿野化学有限公司登记生产。

二磺·甲碘隆

作用特点 两者作用机制相同，杀草谱不同，甲基碘磺隆钠盐对1年生阔叶杂草防效突出，甲磺二磺隆可防除1年生禾本科杂草及十字花科杂草，两者混用具有相加作用，可扩大杀草谱。

毒　　性 制剂低毒。

剂　　型 3.6%水分散粒剂(甲基二磺隆3%+甲基碘磺隆钠盐0.6%)、1.2%可分散油悬浮剂(甲基二磺隆1%+甲基碘磺隆钠盐0.2%)。

适用作物 小麦。

防除对象 可以有效防治多种1年生阔叶杂草和禾本科杂草，如播娘蒿、荠菜、碎米荠菜等十字花科杂草、米瓦罐、大巢菜、卷耳、看麦娘、硬草、棒头草、早熟禾，对佛座、猪殃殃、麦家公、婆婆纳、泽漆、蚤缀、泥胡菜、地肤、萹蓄、日本看麦娘、菵草也有一定的防治效果，但对多年生杂草防除效果差。

应用技术 小麦3～6叶期，禾本科杂草刚出齐苗（2.5～5叶期），晴天无风日，背负式喷雾器每亩对水25～30L，或拖拉机喷雾器每亩对水7～15L，对全田茎叶均匀喷雾处理。防除旱茬麦田中的雀麦（野麦子）、节节麦、蜡烛草、毒麦、黑麦草等恶性禾本科杂草时，建议采用25～30g/亩的制剂用量，防除稻茬等麦田中的早熟禾、硬草、碱茅、菵草、看麦娘等其他靶标禾本科杂草时，建议采用20～25g/亩的制剂用量。

注意事项 田间杂草基本出齐苗后用药越早越好。本剂有蹲苗作用，施用后某些小麦品种可能出现黄化或矮化现象，小麦返青起身后黄化自然消失，可抑制小麦徒长倒伏。在小麦越冬期、拔节后禁止使用；不宜随意加大使用剂量。

开发登记 拜耳股份公司、山东奥坤作物科学股份有限公司登记生产。

乙羧·苯磺隆

作用特点 苯磺隆属内吸性磺酰脲类除草剂，可以防除多种阔叶杂草，杂草吸收后，迅速传导，效果突出；但死亡较慢，一般需2～3周，对大龄杂草防治效果较差。乙羧氟草醚属触杀型原卟啉氧化酶抑制剂，对阔叶杂草作用迅速，可以杀死多种杂草的地上茎叶；但杂草受害后斑点性死亡，不易根治、易于复发。两者混用互补性强，可扩大杀草谱，显著提高对猪殃殃、麦家公、泽漆、婆婆纳的防治效果。

毒　　性 制剂低毒。

剂　　型 20%可湿性粉剂(乙羧氟草醚15%+苯磺隆5%)。

适用作物 小麦。

防除对象 可以有效防治多种1年生阔叶杂草，如播娘蒿、荠菜、碎米荠菜等十字花科杂草、牛繁缕、繁缕、苘麻、藜、反枝苋、独行菜、委陵菜、遏蓝菜、野油菜、米瓦罐、大巢菜、卷耳，对猪殃殃、麦家公、婆婆纳、泽漆、佛座、蚤缀、泥胡菜也有较好的防治效果，但对通泉草、稻槎菜、田旋花、小蓟等多年生杂草效果较差。

应用技术 在小麦苗期封行前，阔叶杂草2～5叶期，用20%可湿性粉剂15～20g/亩对水40kg均匀喷雾。

注意事项 施用小麦叶片出现少量干枯性斑块，对小麦的生长无不良影响。应在杂草基本出齐、且处于苗期时施药效果突出；因为乙羧氟草醚为茎叶触杀型除草剂，杂草未出齐时没有效果，小麦过大封行时施药没有除草效果，且易于发生斑点性药害。低温下施药药害会有所加重。

开发登记 江苏东宝农化股份有限公司、侨昌现代农业有限公司等企业登记生产。

苯磺·异丙隆

作用特点 苯磺隆属支链氨基酸抑制，可以被杂草茎叶吸收和根系吸收，用于小麦田防除一年生阔叶杂草，异丙隆属光合作用抑制，主要被杂草根系吸收，也能被杂草茎叶吸收，可防除一年生禾本科及部分阔叶杂草，两者混可扩大杀草谱，用于防除单双子叶杂草混生的地块。

毒　　性 制剂低毒。

剂　　型 50%可湿性粉剂(苯磺隆1%+异丙隆49%)、70%可湿性粉剂（异丙隆69%+苯磺隆1%）。

适用作物 麦类。

防除对象 1年生单双子叶杂草，对播娘蒿、荠菜、繁缕、蚤缀、看麦娘、硬草防效突出，对泽漆、猪殃殃、婆婆纳、日本看麦娘等杂草防效一般。

应用技术 在小麦冬前分蘖期或冬后返青期，在禾本科杂草和阔叶杂草混生田块，用50%可湿性粉剂120～150g/亩对水30kg均匀喷雾。

注意事项 对弱苗、少苗及在寒潮来临前禁止施药。严格掌握用药适期、用药量及施药时间，施药时气温一般要在15℃以上，选择无风或微风的晴天，每天施药最佳时间是11时到16时，无露水、气温高，药效好。

开发登记 江苏富田农化有限公司、江苏快达农化股份有限公司等企业登记生产。

苄·二氯

作用特点 苄嘧磺隆可以为杂草的根、茎叶吸收，用于防治阔叶杂草和某些莎草。二氯喹啉酸可以为萌发的种子、根、茎叶吸收，并能迅速传导，能有效防除稗草，也能兼治其他少量杂草。两者混用可以扩大杀草谱，对稗草防治具有一定的增效作用。混用后可以防治稗草、莎草科杂草和阔叶杂草，1次施药基本可以控制水稻生育期内的杂草为害；同时，两者混用对水稻的安全性提高。

毒　　性 制剂低毒。

剂　　型 36%可湿性粉剂(苄嘧磺隆3%+二氯喹啉酸33%)、40%可湿性粉剂(苄嘧磺隆5%+二氯喹啉酸35%)、35%可湿性粉剂（苄嘧磺隆 6%+二氯喹啉酸29%）、30%可湿性粉剂（苄嘧磺隆 5%+二氯喹啉酸25%）。

适用作物 水稻(移栽田、直播田、抛秧田)。

防除对象 可以有效防除稗草、莎草科杂草和阔叶杂草，如对稗草、鸭舌草、慈姑等都有较好的除草效果。试验表明，苄嘧磺隆和二氯喹啉酸对鸭舌草、眼子菜、稗草、异型莎草的防效均可达95%以上。

应用技术 该药无论在稻苗1～4叶期或是在稻苗移栽后返青时施用，对水稻均较安全，都能收到较好的除草效果，一般喷雾施药效果较好。水稻育秧田，水稻1～6叶期均可，秧田、直播田秧苗2叶1心期，稗草2叶期时施药最佳，可用36%可湿性粉剂40～50g/亩喷雾或毒土撒施。水稻插秧田，在插秧4～10d，秧苗返青后，用36%可湿性粉剂40～60g/亩，加细土30kg撒施或对水喷雾。施药前1d排干水，施药2d后灌水保持浅水层。而以水稻插秧后3～4d施药，稗草、异型莎草刚刚萌芽，杂草尚未顶出水面时施药除草效果最好。注意要用准药量，如草量草龄较大时要适当加大用药量，同时要防止污染其他作物。

注意事项 秧田须经当地农业技术部门试验、示范取得经验后，在其指导下方可应用。喷雾法，稗草两叶后，施药前排干田间水，保持湿润，对水50kg搅匀后喷雾处理，2d后复水2～3cm，保持5～7d；毒土法，稗草1叶1心前，施药前整平田面，灌水3～5cm，加细土或尿素10kg，拌匀后均匀撒施，保持5～7d，缺水缓灌，水稻心叶不能浸泡在水中。保水条件差的田块，不宜采用毒土法；井水灌溉保水性好的田块(水温较低)，毒土法施药时应使用高剂量。用在秧田，施药前需排干秧板积水进行喷药，药后24h复水并保持水层5d，稻种若不催芽播种，则必须等稻谷长出幼根后施药；秧田在3叶期前用药，易产生药害，大田对水低于20kg易产生药害；肥床旱育苗床在揭膜立苗1～2d后施药，药后1～2d浇水保持苗床湿润；避免在水稻播种早期胚根暴露在外时使用，低温弱苗避免使用；避免高温使用，在地膜覆盖旱育秧田、制种田慎用；使用多效唑、烯效唑后的秧田严禁使用。

开发登记 江苏瑞邦农化股份有限公司、安徽华星化工有限公司等企业登记生产。

苄嘧·莎稗磷

作用特点 苄嘧磺隆用在水稻移栽田主要防治1年生及部分阔叶杂草、莎草科杂草，但对禾本科杂草无效；莎稗磷属于脂肪酸抑制剂主要用于防除稗草、异型莎草等1年生禾本科杂草及1年生莎草科杂草，对阔叶杂草及多年杂草防效较差。两者作用机制不同，杀草谱互补，混用可以扩大杀草谱，1次用药可保持水稻全生育期无草。

毒　　性 制剂低毒。

剂　　型 17%可湿性粉剂(苄嘧磺隆2%＋莎稗磷15%)、20%可湿性粉剂(苄嘧磺隆2.5%＋莎稗磷17.5%)、38%可湿性粉剂（苄嘧磺隆5%+莎稗磷33%）、15%可湿性粉剂（苄嘧磺隆1.5%+莎稗磷13.5%）。

适用作物 水稻(移栽田)。

防除对象 可以防治稗草、牛毛毡、三棱草、狼把草、鸭舌草、泽泻、慈姑、眼子菜等大多数1年生和多年生单双子叶杂草。

应用技术 水稻移栽后5～7d，缓苗后，田间保持浅水层3～5cm，但不能淹没稻秧心叶，按亩用量拌药土20kg均匀撒施。施药后保水5～7d，之后正常管理。

注意事项 以插秧后4～10d，缓苗后，稗草0～2叶期间，施药效果最佳，稗草超过2叶1心期，莎稗磷防效降低；施药后要保持水层3～5cm，保水4d。

开发登记 山东滨农科技有限公司、吉林省八达农药有限公司等企业登记生产。

苄嘧·禾草丹

作用特点 苄嘧磺隆可为杂草的根、茎叶吸收，可以有效防除多种阔叶杂草和莎草科杂草，对稗草也有一定的抑制作用。禾草丹主要为杂草幼芽和根吸收，当杂草萌发时吸收药剂发挥除草作用，它主要防除1年生禾本科杂草和部分莎草科杂草、部分阔叶杂草。苄嘧磺隆和禾草丹作用机理不同，除草谱有较大的互补性，两者混用后可以扩大除草谱，提高对杂草的防除效果，对有些杂草具有增效除草作用。

毒　　性 制剂低毒。

剂　　型 35.75%可湿性粉剂(苄嘧磺隆0.75%+禾草丹35%)、35%可湿性粉剂（苄嘧磺隆 0.8%+禾草丹34.2%）、50%可湿性粉剂（苄嘧磺隆 1%+禾草丹49%）。

适用作物 水稻直播田、水稻育秧田、水稻移栽田。

防除对象 可以防除多种禾本科杂草、阔叶杂草和莎草，对千金子、稗草、鸭舌草、泽泻、牛毛毡、眼子菜、野慈姑、陌上菜、节节菜、四叶萍等防除效果在95%以上，对异型莎草、狼把草等防除效果为60%～80%。

应用技术 水稻直播田，在播种后7～12d，用35.75%可湿性粉剂150～200g/亩加水喷雾，施药时田间水层3cm，药后保水3～5d。

水稻育秧田，露地施药适期在播种当天至1叶1心期，覆膜秧田宜在秧苗1叶1心期施药，用35.75%可湿性粉剂150～200g/亩，施药时，板面保持湿润，但不可积水或有水层，待秧苗长到2叶1心期后才可灌浅水层。

水稻移栽田，在水稻移栽后10d、稗草1.5～2.5叶期，是施药最适宜期，用35.75%可湿性粉剂200～300g/亩，施药时田间水层3cm，药后保水3～5d，以药土或药沙法施药。

注意事项 保证催芽质量，保持秧板湿润，促使芽谷迅速扎根冒青。因为只有秧苗扎根入土并冒青以后对除草剂才有较强的抵抗力。砂性土壤，特别是缺少有机肥的田块易出现干旱现象，不利于芽谷扎根冒青，所以要看芽谷扎根冒青情况，适当推迟用药时间。用药后如遇到干旱，应在30h后灌1次跑马水，并继续保持湿润。直播田施药适期为谷种催芽后，播种后的第3～7d；秧田板面保持湿润、无积水。水稻出苗时至立针期不要用药，播前用药，不宜播种催芽的稻谷。水稻出苗时至立针期不宜使用，冷湿田、未腐熟的有机肥田、沙质田及漏水田不宜使用。水稻移栽田、水稻直播田及秧田，施药后应注意保持水层，缺水时应缓灌补水，切勿排水；施药后田间水层不宜过深，严禁水层淹过水稻心叶。砂质土壤及漏水田不宜使用，水稻生长不良或弱苗，避免使用。对旱秧田及旱直播田，应先试验后方可使用。

开发登记 浙江吉顺植物科技有限公司、江苏东宝农化股份有限公司等企业登记生产。

精喹·氟磺胺

作用特点 氟磺胺草醚属二苯醚类原卟啉氧化抑制剂，可以为杂草茎叶吸收，可以有效防除1年生阔叶杂草，对禾本科杂草防效较差；精喹禾灵属乙酰辅A抑制剂，可以为杂草茎叶吸收，对禾本科杂草防效突出，对阔叶杂草无效。氟磺胺草醚和精喹禾灵作用机制不同，杀草谱互补，混用可以扩大杀草谱；但对防治禾本科杂草具有一定的拮抗作用，也可能对部分阔叶杂草产生拮抗作用。先施用精喹禾灵而后施用氟磺胺草醚，也可在混用时加大精喹禾灵的用量。

毒　　性 制剂低毒。

剂　　型 15%微乳剂(精喹禾灵3% + 氟磺胺草醚12%)、21%乳油(精喹禾灵3.5% + 氟磺胺草醚17.5%)、20%乳油（精喹禾灵4%+氟磺胺草醚16%）。

适用作物 大豆、花生。

防除对象 可有效防除稗草、野燕麦、狗尾草、马唐等1年生禾本科杂草和铁苋菜、反枝苋、藜、鳢肠、蓼、龙葵、苍耳、鬼针草等1年生阔叶杂草。

应用技术 作物苗后2～3片复叶期，禾本科杂草3～5叶期，阔叶杂草2～4叶期，茎叶喷雾，施药1次。春大豆田，用15%微乳剂150～180ml/亩对水30kg茎叶喷雾；夏大豆田，用15%微乳剂110～140ml/亩对水30kg茎叶喷雾；花生田，用15%微乳剂110～140ml/亩对水30kg茎叶喷雾。

注意事项 宜在杂草小时使用，杂草过大影响药效，施药后，遇高温、干旱时或接触药液过多的叶片可能产生药害斑，但新生叶片生长正常。不影响大豆产量。喷雾时勿落在其他作物上(如小麦、玉米、水稻等)。

开发登记 山东绿邦作物科学股份有限公司、河南绿保科技发展有限公司等企业登记生产。

氧氟・甲戊灵

作用特点 乙氧氟草醚属原卟啉氧化酶抑制剂，主要在芽前施用防除1年生阔叶杂草和禾本科杂草。二甲戊乐灵属细胞分裂抑制剂，在芽前施用可有效防除1年生禾本科杂草及部分阔叶杂草，两者作用机制不同，混用具有增效作用，可以扩大杀草谱，但同时也有可能加重对作物的药害，表现症状为乙氧氟草醚的触杀性药斑。

毒　　性 制剂低毒。

剂　　型 34%乳油(乙氧氟草醚9% + 二甲戊乐灵25%)、38%乳油(乙氧氟草醚5% + 二甲戊乐灵33%)、20%乳油（乙氧氟草醚2.5% +二甲戊灵17.5%）。

适用作物 花生、大蒜、姜、水稻。

防除对象 可以防除马唐、狗尾草、反枝苋、马齿苋、小藜、牛筋草、异型莎草等1年生杂草。

应用技术 花生播后芽前，用34%乳油80～120ml/亩对水45kg均匀喷施。

大蒜播后芽前，可以用34%乳油70～100ml/亩对水45kg均匀喷施。

水稻移栽田，水稻移栽前4～7d，水整地澄清后毒土法施药，用34%乳油 30~40ml/亩拌土10~20kg施药，施药时有水层3～5cm，并保水7d，插秧时注意田水不能淹没心叶。姜田，在姜播后苗前土壤喷雾处理，用20%乳油130～180ml/亩对水40～60kg土壤喷雾。

注意事项 作物播后芽前施药后遇雨可能会出现斑点性药害，一般情况下随着生长会逐渐恢复。作物苗后禁止用药，在作物移栽前用药，移栽时要注意保护好药土层。

开发登记 江苏龙灯化学有限公司、哈尔滨理工化工科技有限公司等企业登记生产。

氟胺·稀禾啶

作用特点 氟磺胺草醚可以为杂草茎叶吸收，是一个较好的阔叶杂草防除剂。稀禾啶是安全、高效的茎叶处理除草剂，对1年生和多年生禾本科杂草均有较好的除草效果。两者混用可以扩大除草谱，但对部分杂草具有拮抗作用，混用还会增加对作物的药害。Minton等研究表明氟磺胺草醚＋稀禾啶混用对防治稗草等1年生禾本科杂草具有一定的拮抗作用。应用时不宜混合施用，应先施用稀禾啶而后施用氟磺胺草醚，不能先施用氟磺胺草醚后施用稀禾啶，否则会影响稀禾啶对稗草等1年生禾本科杂草的除草效果，也可在混用时加大稀禾啶的用量。两者间产生的拮抗作用与杂草大小、天气、土壤湿度均有较大的关系，一般天气干旱条件下的拮抗作用更为严重，除草效果表现为明显下降。

毒　　性 制剂低毒。

剂　　型 20.8%乳油(氟磺胺草醚12.5%＋稀禾啶8.3%)、31.5%乳油（氟磺胺草醚14%+烯禾啶17.5%）。

适用作物 大豆。

防除对象 防除稗草、看麦娘、马唐、狗尾草、藜、苋、小蓟、苍耳、苣荬菜、苘麻、鬼针草等1年生禾本科杂草和1年生阔叶杂草。

应用技术 在春大豆1～2片复叶期，杂草2～5叶期，用20.8%乳油130～150ml/亩对水30～45kg，茎叶均匀喷雾1次。

注意事项 在高湿、干旱等不良条件下施药会影响对禾本科杂草的防效，大豆叶片会受到轻度抑制，产生触杀性干枯斑，但1周后可恢复正常，对大豆生长无不良影响；氟磺胺草醚残留期长，后茬不宜种植谷子、高粱、油菜、白菜、甜菜等作物。

开发登记 陕西美邦药业集团股份有限公司、吉林金秋农药有限公司等企业登记生产。

氟醚·灭草松

作用特点 三氟羧草醚和苯达松都是阔叶杂草的除草剂，但它们对不同阔叶杂草的敏感程度不同。两者混用可以扩大除草谱，提高对一些杂草的除草效果；混合还可减轻三氟羧草醚和苯达松各自对作物的药害。两者混用对大多数杂草的防治具有较好的增效作用，但有时对曼陀罗等杂草表现出拮抗作用。

毒　　性 制剂低毒。

剂　　型 440g/L水剂（灭草松360g/L＋三氟羧草醚80g/L）、44%水剂(三氟羧草醚8%+苯达松36%)、40%水剂（灭草松32%＋三氟羧草醚8%）、47%水剂（灭草松37.6%＋三氟羧草醚9.4%）。

适用作物 大豆、花生。

防除对象 可以有效防除多种阔叶杂草和莎草。对其敏感的杂草有马齿苋、铁苋、蓼、香薷、龙葵、苍耳、反枝苋、风花菜等，对鳢肠、藜也有较好的防效，对莎草一般也可获得80%以上的防效，对香附子等多年生莎草只能杀死其地上部分。对其有耐药性的杂草有荞麦蔓、水棘针、苘麻等。

应用技术 在春大豆田，大豆苗后1～2叶期，杂草2～5叶期，用440g/L水剂120～150ml/亩对水茎叶喷雾。在花生5～6片叶，阔叶杂草较小，用440g/L水剂75～100ml/亩对水30～45kg 茎叶喷雾。

注意事项 该混剂的杀草机理为抑制植物的代谢过程，施药时要选择晴好的天气，有充足的光照才能提高除草活性；在1d中，9时前做好施药准备，待露水消失，9时后施药比较好；施药时要估计6h内无雨；施药温度一般在20～28℃时防效较好，温度低活性差，温度高叶面气孔关闭，不利于药液吸收；避免在土壤十分干燥时施药，否则作物易受药害。使用时应避免中午高温时施药。对水量太低时大豆叶片会出现黄褐色焦枯状斑点，5～7d恢复正常，一般不会出现死苗。对阔叶杂草的使用时期一般不能超过6叶期，否则除草效果差。天气恶劣时如遇干旱、洪涝或受其他除草剂伤害时不能施用。

开发登记 江苏长青农化股份有限公司、印度联合磷化物有限公司等企业登记生产。

精喹·草除灵

作用特点 两者作用机制不同，精喹禾灵属乙酰辅酶A抑制剂，对禾本科杂草防效突出，对阔叶杂草无效；草除灵属植物内源激素抑制剂，对1年阔叶杂草具有良好的防效，对禾本科杂草无效，两者作用机制不同，杀草谱互补性强，混用具有增效作用，混用提高了对杂草的毒杀能力，杂草在吸收药剂后很快停止生长。施药2～3d后即发生中毒症状，6～10d后全株死亡。1次施药基本可以解决作物整个生长期杂草的危害。施药适期长。对禾本科杂草从3叶期到生长盛期均可施药杀草。

毒　　性 制剂低毒。

剂　　型 17.5%乳油(精喹禾灵2.5% +草除灵15%)、38%悬乳剂（精喹禾灵8%+草除灵30%）、14%乳油（精喹禾灵2%+草除灵12%）。

适用作物 油菜(移栽或直播甘蓝型油菜田)。

防除对象 可以有效防治多种1年生禾本科杂草和阔叶杂草，如看麦娘、日本看麦娘、稗草、狗尾草、马唐、早熟禾、牛繁缕、繁缕、猪殃殃、雀舌草、碎米荠、大巢菜等。

应用技术 直播油菜4～6叶期，移栽油菜活棵后，杂草出齐后且杂草多在3～6叶期，用17.5%乳油100～150ml/亩对水30kg均匀喷施。

注意事项 只适用于甘蓝型油菜田，对白菜型和芥菜型油菜不能使用。移栽田要在油菜移栽成活后使用；不宜在直播油菜2～3叶期使用，直播田应在油菜4叶期后使用，以免产生药害。该药没有封闭除草效果，应在杂草长出苗后施药。当气温低于8℃时不宜用药。油菜抽薹后，停止使用，施药后，油菜因品种的差异可能有轻微敏感药害症状，一般1～2周内可恢复，对油菜生长无不影响。为防止油菜叶片遮阴，喷雾时务必针对杂草喷全、喷透。

开发登记 安徽丰乐农化有限责任公司、浙江新安化工集团股份有限公司等到企业登记生产。

唑啉·炔草酯

其他名称 大能。

作用特点 新型麦田高效除草剂，杀草谱广、作用快，对小麦田禾本科杂草均有较好的防效，特别是对顽固性杂草茵草、看麦娘防效明显，对硬草、棒头草防效也很突出，对早熟禾无效；苗后茎叶处理剂，小麦冬前期至拔节前都可使用，与异丙隆、麦喜等除草剂混用能显著提高对杂草的防效。

毒　　性 制剂低毒。

剂　　型 50g/L乳油(唑啉草酯25g/L+炔草酯25g/L)、5%乳油（唑啉草酯2.5%+炔草酯2.5%）。

适用作物 麦田。

防除对象 看麦娘、日本看麦娘、茵草、硬草、棒头草、黑麦草、野燕麦等麦田主要禾本科杂草。

应用技术 在小麦3叶期之后，麦田1年生禾本科杂草3~5叶期时茎叶喷雾，春小麦5%乳油40 ~ 80ml/亩对水15~30kg，冬小麦冬用5%乳油60 ~ 80ml/对水15~30kg，冬小麦春用5%乳油80 ~ 100ml/亩对水15~30kg，杂草草龄较大或发生密度较大时，采用高剂量。

注意事项 不可以与激素类除草剂(如二甲四氯钠盐)同时混用；与其他除草剂、农药、肥料混用建议先进行小面积测试。请勿在大麦和燕麦田使用；避免药液飘移到邻近作物田；施药后仔细清洗喷雾器避免药物残留造成玉米、高粱及其他敏感作物药害。避免在极端气候如气温大幅波动，异常干旱，极端低温高温，田间积水，小麦生长不良等条件下使用，否则可能影响药效或导致作物药害。

开发登记 瑞士先正达作物保护有限公司登记生产。

甜菜宁·安

作用特点 该混剂是具选择性的苗后除草剂。杂草可通过茎叶吸收，抑制光合作用的电子传递，可以防除子叶至4叶期的大多数阔叶杂草，但对禾本科杂草和多年生杂草无效。适用于甜菜、草莓等作物田内防除藜、反枝苋、野苋等阔叶杂草。本品受土壤湿度的影响小。

毒　　性 16%乳油对大鼠急性经口LD_{50}为4 059 ~ 5 042mg/kg，家兔急性经皮LD_{50} > 1 980mg/kg。对家兔眼睛有中度刺激作用，但对皮肤无刺激作用。属低毒农药。

剂　　型 16%乳油(甜菜宁8%+甜菜安8%)、160g/L乳油（甜菜宁80g/L+甜菜安80g/L ）。

适用作物 甜菜、草莓。

防除对象 藜、豚草、牛舌草、野芝麻、野胡萝卜、繁缕、荞麦蔓等阔叶杂草。

应用技术 草莓田，在草莓定植4叶1心期以后，阔叶杂草2 ~ 6叶期，用160g/L乳油300 ~ 400ml/亩对水25 ~ 30kg茎叶喷雾处理；甜菜田，在甜菜苗后，阔叶杂草2~4叶期、用160g/L乳油300 ~ 400ml/亩对水25 ~ 30kg 茎叶喷雾。

注意事项 甜菜田整个生育期最多使用1次。遇到早春低温霜冻、冻雹灾害、营养缺乏或病虫害侵入是甜菜自身解毒能力下降，从而对药物特别敏感，易发生药害，此时应慎用。对前茬有残留药害，如玉米、大豆田曾使用过烟嘧磺隆、莠去津、氟磺胺草醚等长残留农药的田块，甜菜苗会表现出弱苗、斑秃状死苗、失绿等现象，此类田块严禁用药。另各地应结合田间实际情况咨询当地农技部门。

开发登记 广东广康生化科技股份有限公司 、浙江省永农生物科学有限公司等企业登记生产。

西净·乙草胺

作用特点 乙草胺可以用于多种作物田防治1年生禾本科杂草和部分阔叶杂草，是一种重要的封闭除草剂。西草净可以为杂草根系吸收，能够防治1年生阔叶杂草和部分禾本科杂草。它们的作用机制不同，杀草谱互补性强，两者混用可以扩大杀草谱，提高除草效果，并能提高对作物的安全性。

毒　　性　制剂低毒。

剂　　型　40%乳油(乙草胺30%+西草净10%)、50%乳油(35%乙草胺＋15%西草净)、2.4%颗粒剂(乙草胺1.6%+西草净0.8%)。

适用作物　玉米、花生、大豆、水稻。

防除对象　可以有效防除1年生禾本科杂草和阔叶杂草，如马唐、狗尾草、稗草、异型莎草、碎米莎草、马齿苋、藜、蓼、苋菜、荠菜、风花菜、龙葵、繁缕等多种杂草。

应用技术　春大豆田，用40%乳油200～250ml/亩对水45～60kg播后苗前喷雾；春玉米田，用40%乳油200～250ml/亩对水45～60kg播后苗前喷雾；花生田，用40%乳油150～200ml/亩对水45～60kg播后苗前喷雾；夏大豆田，用40%乳油150～200ml/亩对水45～60kg播后苗前喷雾。

稻田，在水稻移栽后5～7d，用2.4%颗粒剂100g/亩拌毒土撒施，施药时要有浅水层，施药后保水3～5d，以后正常管理。

注意事项　该药剂对作物安全性较差，施药时要严格掌握施药剂量和施药适期。本品对黄瓜、水稻、菠菜、小麦、韭菜、谷子、高粱敏感，施药时应避免药液漂移到上述作物上，以防产生药害。该药剂的除草效果与土壤墒情关系较大，墒情好时除草效果好，墒情差时，应先灌水后再施药。砂壤土、有机质含量较低地区，应根据试验安全用药量施药；有机质含量极低的砂土地禁用。施药时不得污染河流、池塘及水源。

开发登记　吉林美联化学品有限公司、吉林金秋农药有限公司等企业登记生产。

甲·乙·莠

作用特点　其作用特点和乙莠混用相似，是三元复配而成，具有杀草谱广、活性高、持效期长等特点，能有效地防除玉米田多种1年生禾本科杂草和阔叶杂草。1次用药能保证整个玉米生育期不受杂草为害，并且对玉米及下茬小麦无影响，对作物的安全性会有所提高。

毒　　性　制剂低毒。

剂　　型　40%悬乳剂(甲草胺11%+乙草胺9%+莠去津20%)、42%悬乳剂(甲草胺8%+乙草胺9%+莠去津25%)、55%悬乳剂（甲草胺6%+乙草胺24%+莠去津 25%）。

适用作物　玉米。

防除对象　可以有效防除马唐、狗尾草、牛筋草、稗草、画眉草、千金子、藜、反枝苋、马齿苋等多种1年生禾本科杂草或阔叶杂草，对铁苋、龙葵、苍耳等杂草也有一定的防治效果。对多年生杂草效果差。

应用技术　在玉米播后苗前进行土壤处理，也可以在玉米2～4叶期、杂草芽前施药，用42%悬乳剂150～250ml/亩(东北地区350～400ml/亩)对水40～60kg均匀喷施。

注意事项　施药时注意土壤墒情，墒情较差时除草效果降低。在苗后使用时，应掌握在禾本科杂草2叶期以前、阔叶杂草4叶期以前施药。机收麦田由于麦茬较高，麦茬会吸附大量药液，药效降低。必须加大药量和对水量。做到喷匀、喷透，切忌重喷、漏喷。喷雾应在无风天或微风天进行，三级以上风禁止作业，以防药液飘移为害临近其他农作物。

开发登记　山东乐邦化学品有限公司、山东省青岛瀚生生物科技股份有限公司等企业登记生产。

乙·莠·异丙甲

作用特点 其作用特点和乙莠混用相似，是三元复配而成，具有杀草谱广、活性高、持效期长等特点，能有效地防除玉米田多种1年生禾本科杂草和阔叶杂草。1次用药能保证整个玉米生育期不受杂草危害，并且对玉米及下茬小麦无影响，但对作物的安全性会有所提高。

毒　　性 制剂低毒。

剂　　型 40%悬乳剂(乙草胺9%+莠去津20%+异丙甲草胺11%)。

适用作物 玉米。

防除对象 可以有效防除马唐、狗尾草、牛筋草、稗草、画眉草、千金子、藜、反枝苋、马齿苋等多种1年生禾本科杂草和阔叶杂草，对铁苋、龙葵、苍耳等杂草也有一定的防治效果。对多年生杂草效果差。

应用技术 播后苗前进行土壤处理，用40%悬浮乳剂200～250ml/亩对水40～60kg均匀喷施。也可于玉米2～4叶期、杂草2叶1心期以前，进行茎叶喷雾，对玉米生长安全，但杂草太大除草效果差。

注意事项 土壤湿度与除草效果关系明显，土壤墒情好除草效果高。在苗后使用时，应掌握在禾本科杂草2叶期以前、阔叶杂草4叶期以前施药。机收麦田由于麦茬较高，麦茬会吸附大量药液，药效降低。必须加大药量和对水量。做到喷匀、喷透，切忌重喷、漏喷。喷雾应在无风天或微风天进行，三级以上风禁止作业，以防药液飘移为害临近其他农作物。

开发登记 山东滨农科技有限公司登记生产。

乙·莠·氰草津

作用特点 该配方为三元复配，安全性提高。乙草胺可以用于多种作物田防治1年生禾本科杂草和部分阔叶杂草，是一种重要的封闭除草剂。莠去津、氰草津是三氮苯类除草剂，主要被杂草的根系吸收，也能被杂草的茎叶吸收；能够用于玉米田防除1年生阔叶杂草和禾本科杂草，特别是防除阔叶杂草效果突出。三者混用可以扩大杀草谱，提高多数杂草的除草效果，提高对目标作物和后茬作物的安全性。

毒　　性 制剂低毒。

剂　　型 70%悬浮剂(乙草胺35%＋氰草津10%＋莠去津25%)、40%悬浮剂(乙草胺6.7%＋氰草津26.6%＋莠去津6.7%)。

适用作物 玉米。

防除对象 可以有效地防除多种1年生禾本科杂草、阔叶杂草，如马唐、狗尾草、稗草、马齿苋、藜、蓼、苋菜、龙葵、繁缕等，对多年生杂草无效。

应用技术 玉米播后芽前施药，以40%悬浮剂220～300ml/亩或春玉米用70%悬浮剂200～250ml/亩，夏玉米用70%悬浮剂120~180ml/亩对水45kg喷雾于土表，进行土壤封闭处理。

注意事项 施药时应在土壤墒情较好情况下进行，该药剂的除草效果与土壤墒情关系较大，墒情好时除草效果好；墒情差时，应先灌水后再施药。该药对玉米芽后安全性差，宜在玉米芽前施药。砂壤土、有机质含量较低地区，应根据试验安全用药量施药；有机质含量极低的砂土地禁用。

开发登记 山东滨农科技有限公司、河北中保绿农作物科技有限公司等企业登记生产。

甲草·莠去津

作用特点 甲草胺可用于玉米等作物田防除1年生禾本科杂草和阔叶杂草，它能为杂草的幼芽吸收，具有土壤封闭除草作用。莠去津可以为杂草根系吸收，对于1年生阔叶杂草和禾本科杂草都有较好的除草效果，但一般对阔叶杂草的效果优于对禾本科杂草的效果。两者作用机制互不相同，除草谱方面具有较大的互补性，混用后除草谱扩大，两者混用有一定的增效作用，对水蓼、莎草、马唐、粟米草等杂草有增效作用，一般持效期40～60d，对后茬作物安全。

毒　　性 制剂低毒。

剂　　型 38%悬乳剂(甲草胺18%＋莠去津20%)、55%可湿性粉剂（甲草胺25%+莠去津30%）。

适用作物 玉米。

防除对象 可以防除1年生禾本科杂草和阔叶杂草，如牛筋草、马唐、狗尾草、稗草、藜、蓼、苋菜、马齿苋、苘麻、铁苋菜、反枝苋、本氏蓼等。

应用技术 玉米播后芽前、或玉米2～4叶期杂草未出土前进行土壤处理，用38%悬乳剂250～300ml/亩或55%可湿性粉剂200～250g/亩对水50～60kg进行均匀喷施。

注意事项 施药时应在土壤墒情较好情况下进行，该药剂的除草效果与土壤墒情关系较大，墒情好时除草效果好；墒情差时，应先灌水后再施药。砂壤土、有机质含量较低地区，应根据试验安全用药量施药。在夏玉米上每季最多使用次数为1次。高粱、谷子、水稻、小麦、黄瓜、瓜类、胡萝卜、韭菜、菠菜、大豆、桃树等对本品敏感，不能使用。玉米田后茬为小麦、水稻时，应降低剂量使用。

开发登记 辽宁省丹东市红泽农化有限公司、济南天邦化工有限公司登记生产。

丁·西

作用特点 丁·西兼有丁草胺和西草净的优点；丁草胺通过破坏敏感植物蛋白质合成起杀草作用，能防除稻田多种单子叶和某些阔叶杂草，西草净为光合作用抑制剂，除对一年生杂草有效外，对恶性杂草眼子菜杀死力突出。混合制剂增加了对杂草的作用部位，扩大了杀草谱，并延长了持效期。特别适用于眼子菜和稗草并重的稻田。在连续使用禾草丹、禾草特、丁草胺的稻田，阔叶杂草比例增加时，本品可作为替代品种。持效期为40～50d。

理化性质 为灰褐色无定形颗粒，比重0.9～1.0，粒度(10～30目)≥95%，水分≤2.0%，pH7.0～9.0。在水中溶解，扩散性能良好。

毒　　性 5.3%颗粒剂对大鼠急性经口LD_{50}＞1 500mg/kg，大鼠急性经皮LD_{50}＞3 078mg/kg，属低毒农药。

剂　　型 5.3%颗粒剂(丁草胺4%+西草净1.3%)。

适用作物 水稻。

防除对象 主要用于防除稻田稗草、眼子菜、四叶萍、节节菜、陌上菜、鸭跖草、牛毛毡、异型莎草、萤蔺、丁香蓼、浮萍、紫萍等杂草。

应用技术 一般在稻田插秧5～15d后施药，施药时稻田灌浅水层3～6cm，施药后保水层5～7d。用5.3%颗粒剂1～2kg/亩均匀撒施。其中，南方地区1 000～1 500g/亩，北方地区1 500～2 000g/亩。

注意事项 本品在气温高(30℃以上)时应适当降低用药量，否则易产生药害。此外，20cm以下的弱秧苗或水层淹没秧苗2/3，土壤还原性强的老稻田，均易造成药害。若发生药害，应及时换水。不同类型水稻的耐药力有差异，粳稻耐药力强，用量2kg还较安全；籼稻特别是杂交稻用0.75～0.9kg，超过1kg易产生药害；用0.8kg无药害，用1kg有轻微药害，用1.5kg时有严重药害。本品适用于插秧本田，直播田慎用。对鱼类毒性较高，稻田内养鱼应禁用此药。稻田应平整，凹凸不平的田块药效低。

开发登记 吉林省吉林市新民农药有限公司等企业登记生产。

苄嘧·西草净

作用特点 西草净属光合作用抑制剂，用于水稻田防除多种1年生阔叶杂草和禾本科杂草；但安全性较低，对水稻易于发生药害。苄嘧磺隆属磺酰脲类除草剂，对水稻安全。两者作用机制不同，混用具有增效作用，可提高对部分恶性阔叶杂草(如眼子菜、慈姑及稗草)的防效，并提高对水稻安全性。

毒　　性 制剂低毒。

剂　　型 22%可湿性粉剂(西草净19%+苄嘧磺隆3%)。

适用作物 水稻移栽田。

防除对象 可防除1年生、多年生阔叶杂草、莎草科杂草及部分1年生禾本科杂草。

应用技术 水稻移栽田，在水稻移栽后4～7d秧苗返青后，用22%可湿性粉剂100～120g/亩拌湿润细砂土25kg均匀撒施，并保持3～5cm水层5～7d。

注意事项 此混剂只适宜用于大苗移栽田，弱苗、少苗移栽田不宜用；严禁随意加大西草净的用量；一般田块不能随意连茬使用此配方。施药前田间灌上3～5cm浅水层。不能用作叶面喷雾，撒药土和药肥时，应避免稻叶上有露水。漏水田、弱苗和病苗田应慎用。对直播田早期处理会造成药害。对水稻分蘖稍有影响。秧苗素质不好，施药时水层过深，田块漏水时，都可能产生药害。应用时切忌与化肥混用。对鱼有毒。

开发登记 吉林金秋农药有限公司登记生产。

敌隆·2甲·莠

作用特点 莠去津为均三氮苯类除草剂、敌草隆为脲类除草剂，两者作用机制基本相同，可以为杂草根系和茎叶吸收，兼有土壤封闭除草和苗后早期除草效果；可以防治1年生阔叶杂草和禾本科杂草，但对苗后较大的杂草效果差。2甲4氯钠盐属于激素类除草剂，它可以防除多种阔叶杂草和莎草科杂草。三者混用可以扩大除草谱，兼有封闭和杀死苗后阔地杂草和莎草科杂草的功能。

毒　　性 制剂低毒。

剂　　型 20%可湿性粉剂(敌草隆6%+莠去津9%＋2甲4氯钠盐5%)。

适用作物 甘蔗。

防除对象 1年生及多年生阔叶杂草、1年生禾本科杂草和莎草科杂草。

应用技术 在田间杂草正处于发芽出苗期，且田间有大量已出苗阔叶杂草和莎草科杂草时，用20%可湿性粉剂500～600g/亩加水30～45kg喷雾。

注意事项 施药时应根据田间阔叶杂草的大小适当调整2甲4氯钠盐的用量，对龄期较高的杂草要适当增加用药量。施药时不宜随意加大莠去津和敌草隆的用量，以免对下茬作物产生药害。于甘蔗植后苗前或杂草2~3叶期喷雾施药。甘蔗植后杂草萌芽前喷雾施药封闭土壤表层；甘蔗苗期，杂草2~3叶为最佳防除时期，喷雾于杂草茎叶及土壤表层。产品在该作物周期的最多使用1次。当杂草草龄超过3叶期及杂草基数较大时，可适当增加用药量，但每亩用量不宜超过600g。砂质土壤不宜使用。

开发登记 浙江省长兴第一化工有限公司、广西化工研究院有限公司等企业登记生产。

酰嘧·甲碘隆

作用特点 两者同属内吸传导型磺酰脲类除草剂，其有效成分主要通过植物的茎叶吸收，经韧皮部和木质部传导至植物的分生组织，抑制敏感植物体内乙酰乳酸合成酶的活性，阻止支链氨基酸的合成，抑制细胞分裂，最终导致敏感植物死亡。一般地，杂草苗后施药后，敏感杂草几乎立即停止生长，5～7d叶片黄化，10～14d植株枯萎，4～6周后完全死亡。

毒　　性 制剂低毒。

剂　　型 6.25%水分散粒剂(酰嘧磺隆5%＋甲基碘磺隆钠盐1.25%)。

适用作物 冬小麦。

防除对象 可有效防除播娘蒿、荠菜、碎米荠、刺儿菜、苣荬菜、藜、米瓦罐、小花糖芥、独行菜、离子草、遏蓝菜等多种麦田阔叶杂草；对猪殃殃、婆婆纳、蓼、田旋花、大巢菜、泥胡菜、泽漆等阔叶杂草也有良好的防治效果。

应用技术 在小麦苗期、阔叶杂草苗后3～5叶期，用6.25%水分散粒剂10～20g/亩对水40kg均匀喷施。

注意事项 可用于防除小黑麦、黑麦和大麦田中的阔叶杂草，但不能用于燕麦田；严格按推荐的使用剂量、时期和方法均匀喷施，不可超剂量、超范围使用。在推荐使用时期范围内，原则上阔叶杂草出齐苗后用药越早越好，但小麦起身拔节或株高达13cm后不得施用；麦田套种下茬作物时，应用60～80d间隔期。

开发登记 德国拜耳作物科学公司登记生产。

苄嘧·异丙隆

作用特点 苄嘧磺隆属磺酰脲类除草剂，主要抑制支链氨基酸的生物合成，可用于小麦田防除1年生阔叶杂草。异丙隆属光合作用抑制剂，可防除1年生禾本科及部分阔叶杂草，两者混可扩大杀草谱，用于防除单双子叶杂草混生的地块。

毒　　性 制剂低毒。

剂　　型 50%可湿性粉剂(苄嘧磺隆3%+异丙隆47%)、70%可湿性粉剂(苄嘧磺隆2%+异丙隆68%)。

适用作物 麦田、水稻田、大蒜田。

防除对象 可以有效防治多种1年生单双子叶杂草，对播娘蒿、荠菜、繁缕、蚤缀、看麦娘、硬草防效突出，对泽漆、猪殃殃、婆婆纳、日本看麦娘、早熟禾等杂草也有较好的防效。

应用技术 在小麦冬前分蘖期或冬后返青期，在禾本科杂草和阔叶杂草混生田块，用50%可湿性粉剂100～150g/亩对水30kg均匀喷雾。

水稻田(直播)防治 1年生及部分多年生杂草，用60%可湿性粉剂40～50g/亩对水30～40kg喷雾；水稻移栽田防治1年生及部分多年生杂草，用60% 可湿性粉剂60～80g/亩药土法施用。水直播稻田掌握在做平秧板后播前当天或播后2d内施用；旱直播稻田掌握在播种浇水后施用，播后土壤湿度不够的直播田施用时不利药效的发挥；籼稻或含籼稻成分的杂交稻严禁在水稻放叶后再用，否则易伤苗，每季作物最多施药1次；禁止在制种秧田上使用；本产品对双子叶作物敏感，施药时应避免将药液飘移到双子叶作物上，以防产生药害。

防治大蒜田1年生杂草，必须在大蒜播后芽前(未出土前)使用，用70%可湿性粉剂100～150g/亩对水30~40kg土壤喷雾。

注意事项 除草效果的好坏与土壤湿度密切相关，用药后土壤湿润或湿度大，药效得到充分发挥，除草效果显著，用药后干旱，除草效果就会大幅度下降，除草效果较差。施药适期宜掌握在田间墒情良好、禾本科杂草不超过3叶期为宜。稻茬麦撒施田要在充分壮苗后方可用药，嫩苗、弱苗田不宜施药，必须充分炼苗后再用；少苗、寒潮来临前禁止施药。严格掌握用药适期、用药量及施药时间，施药时气温一般要在15℃以上，选择无风或微风的晴天，每天施药最佳时间是上午11时到下午16时，无露水、气温高，药效好。禁止将药液飘移到油菜、蚕豆等阔叶作物上。

开发登记 江苏快达农化股份有限公司、江苏省苏州市宝带农药有限责任公司等企业登记生产。

四、植物生长调节混剂

矮壮·甲哌鎓

其他名称 瑞丰宝；肯特丰；丽而壮。

作用特点 矮壮素与甲哌鎓都是赤霉素生物合成抑制剂，但它们在抑制赤霉素生物合成的部位不同，两者混用后在一些作物上表现有增效作用。对植物有较好的内吸传导作用。能促进作物根系生长、提高抗逆，抗病虫能力，抑制茎叶疯长、控制侧枝、塑造理想株型，使果实增重，品质提高。

毒　　性 制剂低毒。

剂　　型 18%水剂(矮壮素15% +甲哌鎓3%)、45%水剂(矮壮素43% +甲哌鎓2%)。

适用作物 棉花。

应用技术 棉花田，主要用在棉花上，一般在棉花初花期，用18%水剂15～25ml/亩或45%水剂8～12ml/亩，对水50kg自上向下进行均匀喷施。玉米拔节初期(6～10真叶期)用45%水剂15～20ml/亩，对水20～25kg，均匀喷施于叶面。

注意事项 严禁与碱性农药混用，可与中性、酸性农药或叶面肥混合使用。水肥较好、生长势旺的棉花用矮·甲哌合剂效果较好，土壤贫瘠，长势不旺的地块请勿使用。应在晴朗无风天气喷施，若喷后6h遇雨，可减半补喷。该产品大面积推广前，请先做试验示范。应储存在塑料或陶瓷容器中，密闭、阴凉处存放，勿与食品混放。使用过程中，避免原液溅入眼睛和接触皮肤。

开发登记 河南省博爱惠丰生化农药有限公司、天津市施普乐农药技术发展有限公司等企业登记生产。

胺鲜·乙烯利

作用特点 胺鲜酯对植物生长具有调节、促进作用。能提高植物内叶绿素、蛋白质、核酸的含量；提高光合速率，提高过氧化物酶及硝酸还原酶的活力；提高植株碳、氮的代谢，增强植物对水、肥的吸收，调节植株体内水分的平衡，从而提高植物的抗旱，抗寒性。乙烯利是促进成熟的植物生长调节剂。

两者复配可以集控旺、壮苗、增产等效果于一体，克服了以乙烯利为主的调节剂所引起的不利影响(因后期营养供应不足造成秃尖、瘪粒等)。

毒　　性 制剂低毒。

剂　　型 30%水剂(胺鲜酯3%+乙烯利27%)。

适用作物 玉米。

应用技术 在玉米喇叭口期中，用30%水剂20～30ml/亩对水50kg喷施，能够促进气生根形成，定向控制基部节间生长，增强茎秆强度和韧性，降低玉米株高和穗位高，防止玉米倒伏，提高综合抗逆能力，促进玉米成熟，增加穗粒数，显著提高玉米产量，并保持玉米淀粉和蛋白质的含量。

注意事项 本品进入植株体内在短期内可被代谢分解，对环境和人畜安全。不宜与碱性农药、化肥混用。使用次数不宜过频，至少要间隔1周以上。

开发登记 四川国光农化股份有限公司、河南农王实业有限公司等企业登记生产。

苄氨·赤霉酸

其他名称 宝丰灵；果型宝；保美灵；普洛马林。

作用特点 是一种新型、高效的复合植物生长调节剂，主要活性成分是赤霉酸(A4+A7)和6-苄基腺嘌呤(6-BA)，它可经由植物的叶、茎、花吸收，再传导到分生组织活跃部位，促进坐果。适用于瓜果类，主要用于苹果，能明显提高苹果的果形指数和高桩率，促进果项五棱突起，提高苹果的品质。

理化性质 棕褐色或微黄色均相液体。

毒　　性 制剂低毒。

剂　　型 3.6%乳油(苄氨基嘌呤1.8%+赤霉酸(A4+A7)1.8%)、3.8%乳油(苄氨基嘌呤1.9%+赤霉酸(A4+A7)1.9%)、4%可溶液剂（赤霉酸2%+苄氨基嘌呤2%）。

适用作物 苹果。

应用技术 在苹果初花期至盛花后10d的小幼果期使用，其中以初花期(中心花开5%～10%)使用效果最佳，一般用3.6%乳油600～800倍液喷雾施药1次，喷洒要仔细、均匀，以喷湿不滴水为宜。

在葡萄谢花后1周用4%可溶液剂1 500～2 000倍液喷果穗。在辣椒第一批幼果期开始用药，4%可溶液剂2 000～3 000倍液喷雾，间隔7～10d用药第2次。

注意事项 应单独使用，不能与酸、碱性农药混合使用，稀释后的药液应在24h内使用，不能存放。施药时间一般在早上或傍晚为佳，若喷药后6h内遇雨，应补喷。避免小孩接触药品，入眼或误食会造成伤害，如不慎入眼，立即用清水洗并请医生诊治。切勿在近湖泊、池塘、小溪处使用，切勿将洗涤机件的污水及废液污染水源。药液应远离火源，放置在阴凉、干燥处保存。

开发登记 美商华仑生物科学公司、江西新瑞丰生化有限公司等企业登记生产。

芸苔·吲乙·赤霉酸

其他名称 碧护；康凯。

作用特点 本产品含有多种植物内源激素。能够打破休眠；促进生根和发芽、活化细胞；诱导作物提高抗逆性、抗病、抗虫、抗病毒、缓解药害，增加产量和改善品质。

毒　　性 制剂低毒。

剂　　型 0.136%可湿性粉剂(赤霉酸0.135%+吲哚乙酸0.000 52%+芸苔素内酯0.000 31%)。

适用作物 小麦、苹果、茶叶、黄瓜、水稻、烟草。

应用技术 茶叶芽苞萌发初期3.5～7g/亩对水50～60kg第1次叶面喷雾，间隔15～20d第2次叶面喷雾。黄瓜苗期或移栽定植后 7～14g/亩对水50～60kg第1次叶面喷雾，间隔15d或开花期5～7d第2次叶面喷雾。小麦浸种或2～6叶期7～14g/亩对水50～60kg第1次叶面喷雾，拔节期后第2次叶面喷雾。苹果萌芽前、开花后分两次进行5～7g/亩对水50～60kg茎叶喷雾处理，施药时对叶片的正面和背面均匀喷雾。水稻分蘖初期3～6g/亩对水50～60kg第1次叶面喷施，破口期第2次叶面喷雾。烟草移栽后7～10d3 500～5 000倍液第1次叶面喷雾，团棵期第2次叶面喷雾，旺长期第3次叶面喷雾。

开发登记 德国阿格福莱农林环境生物技术股份有限公司开发等企业登记生产。

多唑·甲哌鎓

其他名称 国光矮丰；壮丰安。

作用特点 可以显著抑制茎秆基部节间伸长，增加各节间充实度，其中赤霉素(GA)和生长素(IAA)降低，可显著增强小麦抗倒伏能力和降低田间倒伏率。

毒　　性 制剂低毒。

剂　　型 10%可湿性粉剂(多效唑2.5%+甲哌鎓7.5%)、20%微乳剂(多效唑3.3%+甲哌鎓16.7%)、30%悬浮剂(多效唑 25%+甲哌鎓 5%)。

适用作物 大豆、花生、小麦。

应用技术 冬小麦返青至拔节期，用20%微乳剂30～40ml药液对水25～30kg叶面喷雾。大豆苗期，用10%可湿性粉剂65～80g/亩对水25～30kg叶面喷雾。花生在初花期至盛花期，用10%可湿性粉剂65～

80g/亩或30%悬浮剂20～30ml/亩对水30kg叶面喷雾，可控制花生徒长，提高花生出油率、增加产量。

注意事项 尽可能不做土壤处理，以免影响后茬作物或污染环境。肥力充足地块使用效果明显。小麦、油菜要谨慎使用，以免殃及后茬作物。可与一般杀虫剂、除草剂、肥料混用。 使用时需严格控制剂量，以免因过量使用多效唑而造成残留，对后茬敏感作物引起抑制作用。该药遇潮易分解，需储存于干燥阴凉处。

开发登记 四川国光农化股份有限公司、北京北农天风农药有限公司等企业登记生产。

氯胆·萘乙

其他名称 保丰素；地胖哥；羟季铵·萘合剂。

作用特点 氯胆·萘乙是生长抑制剂与生长促进剂科学混用形成的复合制剂。主要可经由植物幼茎、叶片、根系吸收，然后传导到起作用部位，抑制C_3植物的光呼吸，提高光合作用效率和促进有机物质的运输，并能将叶片的光合产物尽可能输送到块根、块茎中去，刺激储藏组织细胞分裂和增大，表现块根或块茎明显增重，最终增加块根块茎的产量。

毒　　性 制剂低毒。对人畜安全，可溶性粉剂的急性经口LD_{50}>5 000mg/g(大鼠)，LD_{50}>5 000mg/g(小鼠)。

剂　　型 50%可溶性粉剂(氯化胆碱47%+萘乙酸3%)、18%可湿性粉剂(氯化胆碱17%+萘乙酸1%)、20%水剂（氯化胆碱19%+萘乙酸1%）、21%水剂（氯化胆碱20%+萘乙酸1%）。

适用作物 适用于马铃薯、甘薯、萝卜、洋葱、大蒜、人参等许多根、茎作物。

应用技术 甘薯，在块根形成初期，用21%水剂40～45ml/亩对水50～60kg茎叶喷雾，调节生长；大蒜，用18%可湿性粉剂66～80g/亩喷雾；姜田，用18%可湿性粉剂50～70g/亩或20%水剂45~60ml/亩对水50～60kg喷雾，调节生长。

注意事项 生长旺盛的作物使用本剂效果明显，本品与叶面肥联合使用效果更佳。喷洒要均匀，喷洒药液量以10～50kg/亩为好。本品作用较为温和，喷后12h遇雨可适当补喷。缺水少肥或瘦弱作物请勿使用本剂。

开发登记 重庆双丰化工有限公司、郑州郑氏化工产品有限公司等企业登记生产。

硝钠·萘乙酸

其他名称 根快爽；久炼；禾苗壮；银丰；快丰收；多多收。

毒　　性 制剂低毒。

剂　　型 2.85%水剂(萘乙酸1.2%+复硝酚钠1.65%)、3%悬浮剂（萘乙酸 2%+复硝酚钠 1%）。

适用作物 水稻、马铃薯。

应用技术 马铃薯，用3%悬浮剂3 750～6 250倍液在现蕾期喷雾，可调节生长 。

注意事项 制剂使用时，如浓度过高将会对幼芽及生长产生抑制作用。可与一般农药化肥混用，但与除草剂及极酸性农药不可混用。喷药时要均匀，不可重复喷施。

开发登记 河南中威高科技化工有限公司、艾格福作物科技有限公司等企业登记生产。

吲丁·萘乙酸

其他名称 根旺；根多壮；高效生根粉。

作用特点 吲丁·萘合剂(IBA+NAA)是一种由吲哚丁酸和萘乙酸组成的复合型植物生长调节剂。萘乙·吲丁的主要功能是促进生根，药剂经由根、叶、发芽的种子吸收后，刺激根部内鞘部位细胞分裂生长，使侧根生长快而多，提高植株吸收水分和养分的能力，促使植株生长健壮。还刺激不定根形成，促进插条生根，提高扦插成活率。因而它是广谱性生根剂，使用方法简便灵活。

理化性质 本品为白色至浅红色粉末，溶于乙醇、甲醇、二甲基甲酰胺，微溶于温水，不溶于冷水。

毒　　性 该混剂大鼠急性口服LD_{50}>5 000mg/kg(雌)，小鼠急性口服LD_{50}>5 000mg/kg(雌)，大鼠经皮LD_{50}>5 000mg/kg。属于低毒性植物生长调节剂。

剂　　型 2%可溶性粉剂(萘乙酸1%+吲哚丁酸1%)、10%可湿性粉剂(萘乙酸2%+吲哚丁酸8%)、1.05%水剂(萘乙酸0.2% +吲哚丁酸0.85%)、5%可溶液剂（萘乙酸2.5%+吲哚丁酸 2.5% ）、50%可溶粉剂（ 萘乙酸10% +吲哚丁酸40% ）。

适用作物 可在林木、花卉、蔬菜、粮食及经济作物上广泛应用。

应用技术 水稻，干稻种用2%可溶性粉剂500～1 200倍液浸泡10～12h再浸种催芽后播种，能提高发芽率； 用2%可溶性粉剂1 000～2 000倍液浸秧苗根部10～20min，可使栽插后缓苗快。

玉米，播前用10%可湿性粉剂5 000～6 600倍液浸种8h或浸种2～4h再闷种2～4h后播种，可提高出芽率、苗齐、苗壮、气生根多，抗逆性强，增产。

黄瓜，促进生长，用1.05%水剂4 000倍液茎叶喷雾。

葡萄，用 50%可溶粉剂25 000~50 000倍液茎叶喷雾可调节生长，使秧苗很快缓活，新根多，抗逆性强。

其他作物，如小麦、花生、大豆、蔬菜、棉花等，都可以浸种或拌种方式处理。浸种，一般用10～20ml/L浓度药液1～2h再闷种2～4h。拌种，一般用25～30ml/L浓度药液1kg拌种子15～20kg，再闷种2～4h。

树苗和花卉，在移栽时用25～30ml/L浓度药液蘸苗根，或在移栽后用10～15ml/L浓度药液顺植株灌根，可促进新根长出，提高成活率。

红薯秧在栽插前，用50～60ml/L浓度药液浸蘸薯秧下部3～4cm处，可促进生根、成活。

开发登记 开发单位1991年由沈阳化工研究院激素组开发。四川省兰月科技开发公司、重庆双丰化工有限公司等企业登记生产。

吲乙·萘乙酸

其他名称 吲乙·萘合剂；ABT(艾比蒂)生根粉。

作用特点 萘乙酸进入植物体内能诱导乙烯生成，内源乙烯在低浓度下有促进生根的作用。吲哚乙酸是植物体内普遍存在的内源生长激素，可诱导不定根的生成、促进侧根增多的作用，但它易被吲哚乙酸氧化酶分解，因而一直未商品化。由萘乙酸与吲哚乙酸复配的混剂比单剂促进生根的效果更好，可以促进插条不定根形成，缩短生根时间；使移栽苗木受伤根系迅速恢复，提高成活率；在组织培养中能促进生根，减少白化苗。故两者的混剂会比各自单用时促进生根的效果更好。

毒　　性 制剂低毒。

剂　　型 50%可溶性粉剂(萘乙酸20%+吲哚乙酸30%)。

适用作物 花生、小麦、沙棘等作物。

应用技术 先用65度以上酒精溶解后再加水。花生用50%可溶性粉剂 0.2g/亩（1g加水30~50kg）拌种来调节生长；小麦用50%可溶性粉剂 0.1g/亩（1g加水30~50kg）拌种来调节生长；沙棘用50%可湿性粉剂3 000~6 000个/g（处理枝条每克加水5~10kg）浸插条基部来调节生长和提高成活率。

注意事项 储藏时严防日晒雨淋，保持良好通风。

开发登记 国外于20世纪70年代就有报道并有类似产品，国内于1981年由中国林业科学研究院林研所研制并开发，已由北京艾比蒂研究开发中心登记。

烯腺·羟烯腺

其他名称 玉米素。

作用特点 为新型细胞分裂素类调节剂，能有效刺激细胞分裂，促进叶绿素形成，防止早衰及果实脱落：促进光合作用和蛋白质合成，促进花芽分化和形成。

毒　　性 制剂微毒。

剂　　型 0.000 4%可湿性粉剂(羟烯腺嘌呤0.000 35%+烯腺嘌呤0.000 05%)、0.000 1%可湿性粉剂(羟烯腺嘌呤0.000 04%+烯腺嘌呤0.000 06%)、0.000 2%水剂(羟烯腺嘌呤0.000 1%+烯腺嘌呤0.000 1%)。

适用作物 水稻、玉米、番茄、甘蓝等。

应用技术 水稻、玉米调节生长，可用0.000 1%可湿性粉剂0.001 7mg/kg喷雾或100 ~ 150倍液浸种。番茄4叶期，用0.0004%可湿性粉剂1 000 ~ 1 500倍液或0.000 1%可湿性粉剂200 ~ 400倍液对水喷雾，连喷3次；甘蓝生长期用0.000 2%水剂800 ~ 1 000倍液喷雾。茶叶从1叶1芽期开始，用0.000 4%可湿性粉剂800 ~ 1 200倍液，每隔7 d喷雾1次，连喷3次，可以增加咖啡碱、茶多酚，提高茶叶品质，促进生长。

注意事项 储存在阴凉、干燥、通风处，切勿受潮。不可与种子、食品、饲料混放。

开发登记 海南博士威农用化学有限公司、浙江惠光生化有限公司等企业登记生产。

28-表芸·烯效唑

其他名称 禾富。

作用特点 具有使植物细胞分裂和延长的双重作用，促进根系发达，增强光合作用，提高作物叶绿素含量，促进作物对肥料的有效吸收，辅助作物劣势部分良好生长。

毒　　性 制剂低毒。

剂　　型 0.751%水剂(烯效唑0.75%+28-表高芸苔素内酯0.001%)。

适用作物 水稻、小麦。

应用技术 水稻，用0.751%水剂500～700倍液进行浸种，可促进生根发芽、控制旺长。

小麦，用0.751%水剂250～500倍液进行浸种，可促进生根发芽、控制旺长。

开发登记 吉林省吉林市升泰农药有限责任公司和吉林市吉九农科农药有限公司登记生产。

芸苔·乙烯利

其他名称 壮丰灵。

作用特点 作用效果单用乙烯利(10～12g/亩)在玉米1%抽雄穗时从上向下全株喷雾，有矮化作用，且叶片增宽、叶色深绿、叶片偏上、气生根增多，但易出现早衰现象。此混剂除保持了以上功能外，能缓解早衰现象，故玉米穗光顶现象减少，增加玉米产量。

毒　　性 制剂低毒。

剂　　型 30%水剂 (乙烯利30%+芸苔素内酯0.000 4%)。

适用作物 玉米。

应用技术 在玉米大喇叭口后期(即玉米抽雄穗前7～10d喷施)叶面均匀喷雾，每亩用30%水剂26ml，具有矮化增产的功效。

注意事项 该混剂切勿与碱性农药混用。处理后水肥要充足，干旱、缺水、玉米长势不旺时请勿使用。另外，可适当增加10%～15%玉米种植密度，增产潜力则更大些。

开发登记 吉林省吉林市农业科学院高新技术研究所登记生产。

作用特点：具有使植物细胞分裂和延长的双重作用，促进根系发达，增强光合作用，提高作物叶绿素含量，促进作物对肥料的有效吸收，辅助作物愈伤组织恢复等。

毒　　性：低毒。

剂　　型：0.751%水剂（乙烯利0.75%+28-表高芸苔素内酯0.001%）。

适用作物：水稻、小麦。

应用技术：水稻，用0.751%水剂500～700倍液进行喷雾，可提高千粒重等，控制旺长。

小麦，用0.751%水剂250～500倍液进行喷雾，可提高其抗逆，控制旺长。

生产单位：吉林省[illegible]有限责任公司和吉林省[illegible]有限公司等。

芸苔·乙烯利

主要成分：[illegible]

作用特点：[illegible]

剂　　型：[illegible]

适用作物：水稻。

应用技术：[illegible]

生产单位：[illegible]